钢铁企业电力设计手册

《钢铁企业电力设计手册》编委会　编

上　册

北　京
冶 金 工 业 出 版 社
2017

内 容 提 要

《钢铁企业电力设计手册》分上、下两册，共四十一章，上册有二十二章，主要内容为高压供配电，下册有十九章，内容包括低压配电、电力传动、电气照明设计等。

书中详细介绍了工程规划、设计各阶段电力设计原则、方案确定、技术经济比较、设备选择、传动与控制、补偿及保护、设备安装、线路敷设等。本书附有常用计算公式、数据、图表、曲线，并列举若干实例，可供从事钢铁企业电力设计人员和有关专业技术人员参考。

图书在版编目(CIP)数据

钢铁企业电力设计手册．上册／《钢铁企业电力设计手册》编委会编．—北京：冶金工业出版社，1996.1（2017.3 重印）

ISBN 978-7-5024-1534-1

Ⅰ．钢…　Ⅱ．钢…　Ⅲ．钢铁工业—电力系统—设计—技术手册　Ⅳ．TF083.2-62

中国版本图书馆 CIP 数据核字(2007)第 164248 号

出 版 人　谭学余

地　　址　北京市东城区嵩祝院北巷 39 号　邮编　100009　电话　(010)64027926

网　　址　www.cnmip.com.cn　电子信箱　yjcbs@cnmip.com.cn

ISBN 978-7-5024-1534-1

冶金工业出版社出版发行；各地新华书店经销；三河市双峰印刷装订有限公司印刷

1996 年 1 月第 1 版，2017 年 3 月第 13 次印刷

787mm×1092mm　1/16；82.25 印张；2655 千字；1285 页

185.00 元

冶金工业出版社　投稿电话　(010)64027932　投稿信箱　tougao@cnmip.com.cn

冶金工业出版社营销中心　电话　(010)64044283　传真　(010)64027893

冶金书店　地址　北京市东四西大街 46 号(100010)　电话　(010)65289081(兼传真)

冶金工业出版社天猫旗舰店　yjgycbs.tmall.com

《钢铁企业电力设计手册》编委会

各章编审人员

章	编写人	审核人	审定人
1	张述志　王正雄	夏传泰	王敬义
2	吕一堂	张炳炎	濮松夫
3	章顺祯	夏传泰	万述章
4	黄迪生	张述志	邢顺录
5	陈锡昆	赫福林	张之忠
6	万吉昆	陈锡昆	魏志刚
7	赫福林　周本华	万吉昆	王敬义
8	张述志	夏传泰	王敬义
9	郑希湘		王邦俊
10	郭礼生	孙国涵	赫福林
11	陆济仁	夏　华	赫福林
12	唐昭玉	孙国涵	郝福林
13	季人杰	吴天呈	邢顺录
14	王敬义	刘懋功	陈尊民
15	孔宪桧	濮松夫	崔全胜
16	陈绍祖	吴天呈	崔全胜
17	吴天呈	陈绍祖	赫福林
18	陈益民　孙伯康	周柏春	陈尊民
19	陈尊民	周柏春	吕光波
20	陈尊民	周柏春	董文权
21	邵成杰　段玉玺	王邦俊	陈尊民
22	邵成杰	王邦俊	张之忠
23	刘懋功　聂　西	肖晓明	魏志刚
24	肖晓明　石　珊 张　澍　刘映喜	刘懋功	朱鸿贻

章	编写人	审核人	审定人
25	白　勇	濮汝琳	魏志刚
26	濮汝琳　顾旭庭	陆乃城	万述章
27	吴　俊	刘懋功	朱鸿贻
28	郑希湘		肖诗凡
29	文执中	彭竞存	吕光波
30	朱文彬	张炳炎	董文权
31	朱文彬　罗勇存	张炳炎	朱鸿贻
32	文执中	张炳炎	陆锡荣
33	李文信	段玉玺	董文权
34	王邦俊	段玉玺	吕光波
35	徐绍维　刘凤英	于兆忠	陆锡荣
36	徐绍维　刘凤英	于兆忠	陆锡荣
37	万述章	张炳炎	吕光波
38	张广启	王道仁　董文权	王邦俊
39	张广启　张家彬	王道仁　董文权	王邦俊
40	吕光波	王道仁　董文权	王邦俊
41	吕光波	王道仁　董文权	崔全胜
总附录	董文权　金文蕴 马克有	王道仁	魏志刚

前　　言

1976年《钢铁企业电力设计参考资料》(以下简称《参考资料》) 出版后，已成为钢铁系统电力设计人员必不可少的工具书，在设计工作中一直发挥着重要的作用。改革开放以来，我国钢铁工业有了飞跃的进步和发展，设计水平不断提高，电气技术日新月异，技术标准、规范陆续修订，原《参考资料》已不能满足当前工作的需要，广大电力设计人员迫切希望出版一本新的、内容完整的《钢铁企业电力设计手册》(以下简称《手册》)，用以指导设计、提高设计水平和工作效率。为此，1988年底冶金工业部建设司委托中国冶金建设协会组建了《钢铁企业电力设计手册》编委会。编委会组织北京钢铁设计研究总院（第13、14、15、16、17、23、24、25、26、27章)、重庆钢铁设计研究院（第1、3、4、5、6、7、8、9、28章)、武汉钢铁设计研究院（第2、29、30、31、32、37章)、马鞍山钢铁设计研究院（第10、11、12、18、19、20章)、包头钢铁设计研究院（第21、22、33、34、35、36章)、鞍山焦化耐火材料设计研究院（第38、39、40、41章、总附录）六个单位的七十多位专家、设计人员经过四年多的努力，共同编写出这本《手册》。

《手册》对原《参考资料》作了较大的修改，增补了若干章节，使《手册》内容更加丰富，同时充分体现了钢铁工业的特点。《手册》总结了多年来钢铁企业电力设计的实践经验，吸收了最近国内外电力和电子技术的新成就，贯彻了新标准、规范的技术要求，对每章、节尽量做到既有简明的解说或理论介绍，又具体地举例说明应用方法，为有关技术人员使用《手册》提供了方便条件。但由于当前规程规范正在陆续修改、制订，文字符号尚无统一规定，电力及电子技术设备的发展、更新很快，加之我们水平有限，《手册》中难免有不少问题和不妥之处，欢迎读者给予批评指正。

在《手册》编写过程中，冶金工业部建设司领导同志给予了多方面的指导和支持，得到许多钢铁生产、科研和设备制造单位的热情协助，参考了有关单位和个人的资料，又蒙各位专家提出了审查意见，在此，我们一并表示由衷的感谢。与此同时，向冶金工业出版社的同志们表示我们的敬意。

《钢铁企业电力设计手册》编委会

1992年11月20日

《钢铁企业电力设计手册》总目录

上　　册

第 1 章　高压供配电系统
第 2 章　负荷计算
第 3 章　供电系统中的有功和无功冲击负荷
第 4 章　短路电流计算
第 5 章　电压偏差和电压波动
第 6 章　电技术节能
第 7 章　自备电厂及柴油机组发电
第 8 章　电弧炉供电
第 9 章　能源管理系统（电力部分）
第 10 章　功率因数的改善
第 11 章　高次谐波及其滤波装置
第 12 章　静止型动态无功补偿装置（SVC）
第 13 章　高压电器选择
第 14 章　直流操作电源
第 15 章　继电保护
第 16 章　供电自动装置及电动机自起动
第 17 章　变电所二次接线
第 18 章　高压配电装置与变电所布置
第 19 章　高压电缆选择与敷设
第 20 章　母线的选择
第 21 章　架空电力线路
第 22 章　电炉短网

下　　册

第 23 章　电动机选择与容量校验
第 24 章　交流电动机的起动和制动
第 25 章　交流电动机调速系统
第 26 章　晶闸管变流器及直流电动机调速
第 27 章　可编程序控制器（PC）及其应用

第 28 章　低压配电系统
第 29 章　低压电器设备选择
第 30 章　干线及滑触线选择
第 31 章　低压电线、电缆选择与敷设
第 32 章　电气室的一般设计原则
第 33 章　防雷及过电压保护
第 34 章　接地
第 35 章　照明
第 36 章　照明装置供电
第 37 章　电修
第 38 章　爆炸危险环境的电力设计
第 39 章　火灾危险环境的电力设计
第 40 章　腐蚀环境的电力设计
第 41 章　电气设备及电气设施的防震措施
总附录

目　录

第1章　高压供配电系统 …………（1）

1.1　电力负荷分级及对供电要求 …………（1）

1.1.1　电力负荷分级 …………（1）

1.1.2　各级负荷对供电电源的要求 …………（7）

1.2　供电电源 …………（8）

1.2.1　工作电源 …………（8）

1.2.2　保安负荷及保安电源 …………（8）

1.2.3　电源选用原则 …………（10）

1.3　电源系统 …………（10）

1.3.1　一般要求 …………（10）

1.3.2　电源电压 …………（10）

1.3.3　企业总变电所数量 …………（11）

1.3.4　电源系统结线 …………（11）

1.3.5　电源系统结线举例 …………（14）

1.4　配电系统 …………（20）

1.4.1　一般要求 …………（20）

1.4.2　配电电压 …………（20）

1.4.3　车间电源 …………（22）

1.4.4　配电系统结线 …………（23）

1.4.5　配电系统结线举例 …………（27）

1.4.6　网络结构 …………（34）

1.5　配电系统中性点接地方式 …………（35）

1.5.1　概述 …………（35）

1.5.2　中性点不接地系统 …………（35）

1.5.3　中性点经消弧线圈接地系统 …………（36）

1.5.4　中性点经电阻接地系统 …………（37）

1.5.5　中性点接地的结线和比较 …………（38）

1.6　35～220kV变电所 …………（41）

1.6.1　变电所位置 …………（41）

1.6.2　主变压器的选择 …………（41）

1.6.3　变电所主结线 …………（44）

1.6.4　限制短路电流措施 …………（46）

1.6.5　所用电源及操作电源 …………（48）

1.6.6　变电所主结线图举例 …………（49）

1.7　6～10kV车间变、配电所 …………（56）

1.7.1　6～10kV主结线 …………（56）

1.7.2　6～10kV主要设备选用 …………（58）

1.7.3　车间变、配电所主结线系统图举例 …………（59）

1.8　技术经济比较 …………（64）

1.9　供配电设计的原始资料 …………（65）

1.9.1　需向电力部门提出的资料 …………（65）

1.9.2　需从电力部门取得的资料 …………（65）

1.9.3 设计基础资料 …………… (65)
附录1.1 主要电气设备技术数据 …………… (65)
附录1.2 供电线路方案设计参考资料 …………… (81)
附录1.3 技术经济指标 …………… (86)
参考文献 …………… (89)

第2章 负荷计算 …………… (90)

2.1 概述 …………… (90)
2.2 设备的分组 …………… (91)
2.3 设备功率的确定 …………… (91)
2.4 需要系数法确定计算负荷 …………… (92)
2.5 二项式法确定计算负荷 …………… (99)
2.6 利用系数法确定计算负荷 …………… (101)
2.6.1 计算的具体步骤 …………… (102)
2.6.2 利用系数法计算负荷的些补充规定 …………… (108)
2.7 单位产品耗电量法计算负荷 …………… (108)
2.8 单位面积负荷密度法计算负荷 …………… (109)
2.9 单相负荷计算 …………… (109)
2.9.1 概述 …………… (109)
2.9.2 单相负荷换算为等效三相负荷的一般方法 …………… (109)
2.9.3 单相负荷换算为等效三相负荷的简捷计算法 …………… (110)
2.10 尖峰电流计算 …………… (111)
2.11 企业年电能消耗量计算 …………… (112)
2.12 功率损耗计算 …………… (113)
2.12.1 供电线路的功率损耗 …………… (113)
2.12.2 电抗器的功率损耗 …………… (118)
2.12.3 电力变压器的功率损耗 …………… (119)
2.12.4 电容器的有功功率损耗 …………… (124)
2.13 年电能损耗计算 …………… (125)
2.13.1 供电线路年电能损耗计算 …………… (125)
2.13.2 电抗器年电能损耗计算 …………… (125)
2.13.3 电力变压器年电能损耗计算 …………… (125)
2.13.4 电容器年电能损耗计算 …………… (125)
2.14 直流负荷计算 …………… (125)
2.14.1 不同工作制直流设备的负荷计算 …………… (126)
2.14.2 部分常用直流负荷数据及设备资料 …………… (126)
2.15 负荷计算示例 …………… (129)
2.15.1 三相交流负荷计算 …………… (129)
2.15.2 单相交流负荷计算 …………… (133)
2.15.3 直流负荷计算 …………… (137)
附录2.1 普通功率电弧炉负荷计算 …………… (138)
附录2.2 设有自备发电装置企业的负荷计算 …………… (138)
附录2.3 钢铁企业单位产品耗电指标 …………… (139)
附录2.4 钢铁企业各车间综合需要系数 …………… (142)
参考文献 …………… (145)

第 3 章　供电系统中的有功和无功冲击负荷 ………………（146）
3.1　概述 ……………………（146）
3.2　冲击负荷的种类及特点 ……（146）
3.2.1　冲击负荷的种类 ………（146）
3.2.2　冲击负荷的特点 ………（146）
3.2.3　冲击负荷曲线示例 ……………………………（147）
3.3　冲击负荷的危害 …………（150）
3.3.1　冲击负荷对电力系统的影响 ……………………（150）
3.3.2　冲击负荷对用电设备的影响 ……………………（151）
3.4　有功冲击负荷对电力系统影响的分析 ……………………（151）
3.4.1　有功负荷与频率的关系 ……………………………（151）
3.4.2　发电机输出功率与频率的关系 ……………………（151）
3.4.3　有功冲击负荷与电力系统频率的关系 ……………（152）
3.4.4　有功冲击负荷与联络网系统的频率关系 …………（155）
3.4.5　有功冲击负荷与电力系统电压的关系 ……………（155）
3.4.6　有功冲击负荷与电力系统稳定的关系 ……………（156）
3.5　冲击负荷的计算 …………（158）
3.5.1　冲击负荷的简化计算 ……………………………（158）
3.5.2　轧钢机有功和无功冲击负荷曲线的编制 …………（160）
3.5.3　冲击负荷的整形 ………（163）
3.5.4　轧钢机冲击负荷的综合 ……………………………（169）
3.5.5　冲击负荷概率计算 ……………………………（172）
3.6　电弧炉冲击无功负荷的计算 ……………………………（175）
参考文献 ……………………………（176）

第 4 章　短路电流计算 …………（177）
4.1　短路电流计算的目的及一般规定 ……………………（177）
4.2　电路元件的计算及网络变换 ……………………………（178）
4.2.1　基准值计算 ……………（178）
4.2.2　标幺值计算 ……………（178）
4.2.3　各元件电抗及短路功率的计算 ……………………（179）
4.2.4　网络的简化 ……………（180）
4.3　架空线、电缆、母线、变压器及其它电气设备的阻抗计算 ……………………………（189）
4.3.1　架空线和电缆的电抗计算 ……………………………（189）
4.3.2　母线的电抗计算 ………（190）
4.3.3　变压器、调相机、发电机及电抗器的电抗标幺值计算 ……………………………（190）
4.3.4　同步电动机的电抗计算 ……………………………（190）
4.4　三相短路电流计算 ………（208）
4.4.1　三相短路电流计算的基本假设 ……………………（208）
4.4.2　三相短路电流的周期分量 I_{zt} 的计算 ………………（209）
4.4.3　短路电流非周期分量 I_{fzt} 的计算 ……………………（215）
4.4.4　三相短路冲击电流 i_{ch} 及全电流最大有效值 I_{ch} 的计算 ……………………（215）

4.4.5 三相短路电流简化计算 ……………………… (216)
4.5 晶闸管装置和异步电动机的反馈冲击短路电流计算 …… (218)
4.5.1 晶闸管装置反馈冲击短路电流计算 ……… (218)
4.5.2 异步电动机反馈冲击短路电流计算 ……………… (219)
4.5.3 短路点总的冲击短路电流计算 ……………… (219)
4.6 计算示例 ……………………… (219)
4.7 电压在1kV及以下网络短路电流计算 ……………………… (228)
4.7.1 低压元件阻抗计算 ……………………… (228)
4.7.2 等值网络阻抗变换 ……………………… (242)
4.7.3 低压短路电流计算 ……………………… (242)
4.7.4 计算示例 ……………… (255)
4.8 直流电机供电网络的短路电流计算 ……………… (258)
附录4.1 国际电工委员会IEC-909标准中的部分规定 …… (258)
参考文献 ………………………… (259)

第5章 电压偏差和电压波动

……………………… (260)
5.1 概述 ……………………… (260)
5.2 电压偏差 ……………………… (262)
5.2.1 允许电压偏差 ………… (262)
5.2.2 电压偏差对用电设备的影响 ……………………… (263)
5.2.3 电压偏差的原因及计算 ……………………… (266)
5.2.4 线路电压损失允许值 ……………………… (268)
5.2.5 改善电压偏差的主要措施 ……………………… (269)
5.3 电压波动和闪变及其允许值 ……………………… (272)
5.3.1 电压波动对受电设备的影响及其允许值 ……………………… (272)
5.3.2 电压闪变及其允许值 ……………………… (274)
5.4 高压电动机起动时的电压波动 ……………………… (274)
5.4.1 鼠笼型电动机和同步电动机的起动方式 ……… (274)
5.4.2 电动机允许全压起动的条件 ……………………… (275)
5.4.3 选择降压起动设备需要满足的基本条件 ……… (275)
5.4.4 降压起动方式的选择 ……………………… (276)
5.4.5 电动机起动时电压水平计算 ……………… (277)
5.4.6 计算示例 ……………… (280)
5.5 三相炼钢电弧炉工作短路时的电压波动 ……………… (282)
5.5.1 电压波动计算 ………… (282)
5.5.2 限制电弧炉引起的电压波动的措施 ………… (284)
5.5.3 电压波动计算实例 …… (284)
5.6 电阻焊机焊接时的电压波动 ……………………… (286)
5.6.1 焊机焊接时电压波动计算 ……………………… (286)
5.6.2 限制电焊机引起的电压波动的措施 ……………… (286)
5.7 轧钢机工作时的电压波动 ……………………… (287)

5.7.1　电压波动计算 ………… (287)
5.7.2　限制冲击负荷引起的电压波动的措施 ……… (287)
参考文献 ……………………………… (288)
第6章　电技术节能 …………………… (289)
6.1　概述 ……………………………… (289)
6.1.1　钢铁企业节电的意义 ……………………… (289)
6.1.2　节电的前提 ………… (289)
6.1.3　节电体制 …………… (289)
6.2　变压器的节电 ………………… (289)
6.2.1　变压器的运行特性 …… (289)
6.2.2　低损耗电力变压器 …… (290)
6.2.3　变压器的经济运行 …… (290)
6.2.4　实施时的注意事项 …… (296)
6.3　变配电设备的节电 ………… (297)
6.4　电动机的节电 ………………… (298)
6.4.1　各种电动机的特性 …… (298)
6.4.2　电动机的节电方法 …… (301)
6.5　晶闸管变流装置供电方式的节电 ……………………… (305)
6.6　风机、水泵的节电 ………… (306)
6.7　电弧炉的节电 ………………… (310)
6.8　照明设备和低压电器的节电 ……………………………… (312)
6.8.1　照明设备节电的方法 …………………… (312)
6.8.2　常用照明光源的主要特性 …………………… (314)
6.8.3　低压电器的节电 ……… (314)
参考文献 ……………………………… (314)
第7章　自备电厂及柴油机组发电 ……………………………… (315)
7.1　自备电厂概述 ………………… (315)
7.2　建造自备电厂的必要性 ……………………………… (315)
7.3　自备电厂厂址选择 ………… (317)
7.4　自备电厂的接线 ……………… (317)
7.4.1　自备电厂与系统连接的要求 ………………… (317)
7.4.2　自备电厂与系统连接方式 ………………………… (317)
7.4.3　自备电厂发电机电压母线接线 ……………… (319)
7.5　自备电厂容量确定和机组选择 ……………………………… (320)
7.5.1　自备电厂容量确定 …… (320)
7.5.2　自备电厂机组选型 …… (320)
7.6　自备电厂发电机对钢铁厂无功冲击负荷的补偿 …… (321)
7.6.1　发电机的励磁调节方式 …………………………… (321)
7.6.2　自备发电机对无功冲击负荷的补偿效果 …… (321)
7.6.3　系统调频和调压对无功冲击负荷的补偿 …… (327)
7.7　自备电厂的运行方式及保安措施 ……………………… (328)
7.7.1　运行方式 ……………… (328)
7.7.2　保安措施 ……………… (329)
7.7.3　发电机的并列与解列 ……………………… (330)
7.8　柴油发电机组概述 ………… (330)
7.9　柴油发电机容量选择 ……… (330)
7.9.1　选择柴油发电机的原始条件 ………………… (331)
7.9.2　发电机的容量计算和选择 ………………… (331)
7.9.3　发电机容量选择计算实例 ………………… (334)
7.9.4　柴油机容量选择 ……… (336)

7.10 柴油发电机的起动及供电特性 ……………………… (337)
7.10.1 原动机组的起动和起动装置 ………………… (337)
7.10.2 发电机组的起动和供电特性 ………………… (337)
7.11 柴油发电机组的电压选择和结线系统 ……………… (339)
7.12 柴油发电机的继电保护和励磁装置 ……………… (341)
7.12.1 柴油发电机的继电保护 ………………… (341)
7.12.2 柴油发电机的励磁装置 ………………… (341)
7.13 柴油机的燃油和燃油供给系统 ……………………… (343)
7.14 柴油机的润滑系统 ……………… (345)
7.15 柴油机的冷却系统 ……………… (345)
7.15.1 柴油机的冷却方式 ……………………… (345)
7.15.2 柴油机冷却水消耗量及对水质的要求 ……… (345)
7.16 柴油机的进气及增压和排气系统 ……………………… (345)
7.17 柴油发电机组的设备配置 ……………………… (346)
7.17.1 机组位置的确定 ……… (346)
7.17.2 发电机组设备的配置 ……………………… (346)
7.17.3 常用机组的一般配置尺寸 ………………… (346)
附录 7.1 汽轮发电机技术性能 … (349)
参考文献 ……………………… (349)

第 8 章 电弧炉供电 ………………… (350)

8.1 普通功率电弧炉 ……………… (350)
8.1.1 生产特点 ……………… (350)
8.1.2 变压器参数 …………… (351)
8.1.3 短网设计要求 ………… (351)
8.1.4 串联电抗器的选择 ……………………… (353)
8.1.5 主电路参数 …………… (353)
8.2 超高功率电弧炉 ………………… (353)
8.2.1 生产特点 ……………… (353)
8.2.2 变压器选择 …………… (355)
8.2.3 短网设计要求 ………… (357)
8.2.4 电气特性及供电措施 ……………………… (359)
8.3 交流电弧炉供电系统 ………… (361)
8.3.1 供电电源 ……………… (362)
8.3.2 供电主结线系统 ……… (363)
8.4 直流电弧炉供电 ……………… (366)
8.4.1 概述 ……………………… (366)
8.4.2 供电主结线及设备布置 ……………………… (366)
8.4.3 二极管整流装置供电方式 ……………………… (369)
8.4.4 晶闸管整流装置供电方式 ……………………… (371)
8.4.5 电压闪变及电压波动 ……………………… (372)
8.4.6 高次谐波 ……………… (372)
8.4.7 起动电极 ……………… (373)
附录 8.1 国外炼钢直流电弧炉应用概况 ……………… (373)
参考文献 ……………………………… (374)

第 9 章 能源管理系统(电力部分) ……………………… (375)

9.1 概述 ……………………………… (375)
9.1.1 能源管理的目标 ……… (375)
9.1.2 能源管理系统的特点 ……………………… (375)

9.1.3 能源管理系统的分类 …………………… (376)
9.1.4 能源管理系统的设计 …………………… (376)
9.1.5 能源管理系统的可靠性 …………………… (378)
9.2 能源管理系统的管理功能 …………………… (381)
9.2.1 功能设置的一般原则 …………………… (381)
9.2.2 能源管理功能 …………… (382)
9.3 能源管理系统的监控功能 …………………… (387)
9.3.1 概述 …………………… (387)
9.3.2 显示功能 ……………… (387)
9.3.3 遥控功能 ……………… (392)
9.3.4 报警功能 ……………… (393)
9.4 信号收集与传递 …………… (395)
9.4.1 信号数量的估计 ……… (395)
9.4.2 信号的规格 …………… (395)
9.4.3 电量变送器 …………… (396)
9.4.4 非电量变送器 ………… (397)
9.4.5 信号的预处理 ………… (397)
9.4.6 信号的传送 …………… (399)
9.5 能源管理系统的构成 ……… (402)
9.5.1 概述 …………………… (402)
9.5.2 设计条件 ……………… (402)
9.5.3 能源管理系统的总体构成 …………………… (402)
9.5.4 实例 …………………… (404)
参考文献 …………………………… (411)

第10章 功率因数的改善

第10章 功率因数的改善 ……… (412)
10.1 提高功率因数的意义和方法 …………………… (412)
10.2 用电设备自然功率因数的提高 …………………… (413)
10.3 同步电动机补偿法 ………… (413)
10.4 并联电容器补偿装置 ……… (414)
10.4.1 并联电容器补偿容量的计算 ………………… (414)
10.4.2 并联电容器的装设地点 …………………… (416)
10.4.3 并联电容器装置的接线 …………………… (416)
10.4.4 并联电容器的投切方式 …………………… (417)
10.5 高次谐波对并联电容器的影响及抑制措施 …………………… (417)
10.5.1 对并联电容器的影响 …………………… (417)
10.5.2 抑制措施 …………… (417)
10.6 成套并联电容器补偿装置 …………………… (418)
10.6.1 成套并联补偿装置技术性能 …………………… (418)
10.6.2 成套并联补偿装置的组成及结构特点 ……… (419)
10.6.3 密集型成套并联补偿装置 …………………… (419)
10.6.4 成套并联补偿装置的接线形式 ……………… (419)
10.7 电容器室的布置和对土建、通风的要求 …………… (420)
参考文献 …………………………… (421)

第11章 高次谐波及其滤波装置

第11章 高次谐波及其滤波装置 …………………… (422)
11.1 概述 …………………… (422)
11.1.1 滤波器的种类 ……… (422)
11.1.2 滤波器设置原则 …… (423)
11.1.3 谐波电流和流向 …… (423)

11.1.4 谐波电压的计算 ……… (423)
11.2 变流器谐波电流发生量 ……………………………… (423)
11.2.1 变流器谐波电流理论值 ……………………… (423)
11.2.2 变流器特征谐波电流实际值 ………………… (424)
11.2.3 变流器非特征谐波电流 ……………………… (427)
11.2.4 多个谐波源的同次谐波电流迭加计算 ……… (428)
11.2.5 计算实例 ……………… (428)
11.3 电弧炉谐波电流发生量 ……………………………… (429)
11.3.1 熔化期谐波电流发生量 ……………………… (429)
11.3.2 电弧炉同次谐波电流的迭加计算 …………… (429)
11.4 母线上背景谐波电压的处理 ……………………………… (429)
11.5 谐波标准 …………………… (430)
11.5.1 电压波形畸变率 ……… (430)
11.5.2 电压波形畸变率标准的换算 ………………… (430)
11.5.3 电压波形畸变率和用户注入电网的谐波电流允许值 ……………………… (430)
11.6 电压谐振和电流谐振 ……… (431)
11.6.1 电压谐振 ………………… (431)
11.6.2 电流谐振 ………………… (431)
11.7 等值频率偏差 ……………… (432)
11.7.1 电网频率变化引起的偏差 δ_f ……………………… (432)
11.7.2 环境温度变化引起的电容器电容变化 δ_c ……… (432)
11.7.3 调谐整定电抗器电感值偏差 δ_L ……………… (432)
11.7.4 测量误差 δ_m ……… (433)
11.8 单调谐滤波器 ……………… (433)
11.8.1 单调谐滤波器的接线 ……………………… (433)
11.8.2 单调谐滤波器的阻抗特征 ……………………… (433)
11.8.3 阻尼式滤波器 …………… (434)
11.8.4 阻尼式滤波器的无功输出和 R_{fn} 计算 ……… (435)
11.8.5 分流式滤波器 …………… (435)
11.8.6 按分流法运行条件计算实际参数公式 ……… (436)
11.8.7 单调谐滤波器与电力系统电流谐振估算 …… (436)
11.8.8 阻尼式和分流式滤波器实例分析 ………………… (437)
11.8.9 阻尼式和分流式滤波器计算参数的比较 ……… (439)
11.8.10 单调谐滤波器的合闸涌流 ……………… (439)
11.8.11 单调谐滤波器的谐波电阻 ……………… (440)
11.8.12 单调谐滤波器的并联运行 ……………… (440)
11.9 偏谐振式和全偏谐振式单调谐滤波器 …………………… (440)
11.9.1 偏谐振式滤波器的电压谐振点 ……………… (440)
11.9.2 偏谐振式滤波器设计方法 ……………………… (440)
11.9.3 偏谐振式滤波器的简化设计 ……………………… (441)
11.9.4 全偏谐振式单调谐滤波器 ………………………… (444)
11.9.5 各种单调谐滤波器比较 ……………………………… (444)
11.10 滤波电容器参数选择和

校验 …………………………… (445)
11.10.1 滤波电容器的参数选择 …………………………… (445)
11.10.2 滤波电容器的校验 …………………………… (445)
11.10.3 电容器 X_{C1} 的计算 …………………………… (445)
11.10.4 电容器等值发热谐波电流允许值 ……… (446)
11.10.5 设计实例 …………… (446)
11.11 二阶高通滤波器 ………… (449)
11.11.1 Z_{HP} 和 Y_{HP} 计算式 …………………………… (449)
11.11.2 二阶高通滤波器电压谐振点的谐波次数 n_f …………………………… (449)
11.11.3 二阶高通滤波器的 K_{fn} 值 (Z_{HP} 为容性时) …… (450)
11.11.4 二阶高通滤波器最小谐波阻抗时的谐波次数 $n_{z_{min}}$ ……………… (450)
11.11.5 高通滤波器输出的基波无功功率 …………… (451)
11.11.6 高通滤波器谐波电压畸变率 DF_n 与 Q_{HP-1} 的关系 …………………… (451)
11.11.7 高通滤波器设计计算方法 ………………………… (451)
11.11.8 设计实例 …………… (452)
11.11.9 HP_{13} 和 HP_{11} 高通滤波器设计 ……………… (452)
11.11.10 HP_{13} 设计举例 ……… (453)
11.11.11 二阶高通滤波器的调谐整定 …………… (454)
11.11.12 二阶高通滤波器电抗器的品质因数 …… (454)
11.12 滤波器保护 …………… (455)
11.12.1 中性点不平衡电压保护 …………………… (455)
11.12.2 单星形接线滤波器零序电压保护 ………… (456)
11.13 阻抗曲线和运行计算 …………………………… (456)
11.13.1 多台滤波器与电力系统的阻抗曲线 …… (456)
11.13.2 运行计算 …………… (457)
参考文献 ………………………… (457)

第 12 章　静止型动态无功补偿装置（SVC） ……… (458)

12.1 概述 …………………………… (458)
12.2 SVC 的类型 …………………… (458)
12.2.1 SR 型 SVC ……………… (458)
12.2.2 TCR 型 SVC …………… (463)
12.2.3 TSC 型 SVC …………… (480)
12.2.4 混合型 SVC …………… (486)
12.3 SVC 的设置原则和设计条件 …………………………… (487)
12.3.1 SVC 的应用功能 ……… (487)
12.3.2 SVC 的设置原则 ……… (487)
12.3.3 SVC 有关参数定义和设计需考虑的内容 ……… (488)
12.3.4 SVC 设计所需要的电力系统参数及负荷资料 …………………………… (489)
12.3.5 SVC 电气主接线及有关问题 …………………… (490)
12.4 晶闸管 TCR 型 SVC 的设计计算 ……………………… (491)
12.4.1 电弧炉用 TCR 型 SVC 的计算 …………………… (491)
12.4.2 轧机用的 TCR 型 SVC 的计算 …………………… (493)

12.4.3 计算实例 ……………………(493)
12.5 自饱和电抗器（SR）型SVC的设计计算 ……………………(497)
12.5.1 电弧炉用SR型SVC的计算 ……………………(497)
12.5.2 轧机类负荷用SR型SVC的计算 ……………………(500)
12.5.3 SVC电容器组总容量的选择 ……………………(500)
12.5.4 SR的控制系统——负荷控制器 ……………………(500)
12.5.5 计算实例 ……………………(501)
12.6 土建资料及布置要求 ……………………(508)
12.6.1 电容器 ……………………(508)
12.6.2 滤波用电抗器 ……………………(508)
12.6.3 电阻器 ……………………(509)
12.6.4 主电抗器 ……………………(510)
12.7 工程实例 ……………………(511)
12.7.1 轧机负荷用的SR型SVC ……………………(511)
12.7.2 电炉负荷用的SR型SVC ……………………(516)
12.7.3 一个型钢轧机用的SR型SVC ……………………(517)
12.7.4 电炉负荷用的TCR型SVC ……………………(519)
12.7.5 初轧机负荷用的TCT型SVC ……………………(530)
12.7.6 用于热轧的SVC ……………………(530)
附录12.1 三相电弧炉电流和电压不对称计算 ……………………(533)
附录12.2 电弧炉电压跌落及电压闪变计算方法（英国） ……………………(534)
附录12.3 TCR容量计算方法 …(536)
参考文献 ……………………(538)

第13章 高压电器选择 …………(539)

13.1 选择高压电器时应校验的项目 ……………………(539)
13.2 按工作电压、工作电流及断流容量选择高压电器 ……(540)
13.2.1 按工作电压选择高压电器 ……………………(540)
13.2.2 按工作电流选择高压电器 ……………………(540)
13.2.3 按断流容量选择高压电器 ……………………(542)
13.2.4 按机械负载选择高压电器 ……………………(542)
13.3 短路热稳定校验 ……………………(542)
13.3.1 短路的热稳定校验的条件 ……………………(542)
13.3.2 按热稳定计算导体的最小截面 ……………………(543)
13.3.3 高压设备短路热稳定的计算公式 ……………………(545)
13.4 短路动稳定校验 ……………………(546)
13.4.1 断路器、负荷开关、隔离开关及电抗器的动稳定计算 ……………………(546)
13.4.2 电流互感器的动稳定计算 ……………………(546)
13.4.3 母线的动稳定计算 ……………………(547)
13.4.4 按共振条件校验母线 ……………………(551)
13.4.5 按电晕条件校验母线 ……………………(553)
13.4.6 支持绝缘子和穿墙套管的动稳定计算 ……(553)
13.5 短路电流校验简化计算表格 ……………………(562)

13.6 电力变压器的容量选择及负载能力 …………………… (568)
13.6.1 变压器容量选择 ……… (568)
13.6.2 变压器的绕组选择 ………………………… (568)
13.6.3 变压器的负载能力 ………………………… (568)
13.6.4 变压器的正常过负载 ………………………… (569)
13.6.5 变压器的事故过负载 ………………………… (570)
13.6.6 变压器冷却系统电源发生故障时允许的运行时间 ………………… (570)
13.7 高压断路器的选择 ……… (571)
13.7.1 参数选择 ……………… (571)
13.7.2 型式选择 ……………… (571)
13.8 高压负荷开关和高压熔断器选择 ………………………… (572)
13.8.1 高压负荷开关选择 ………………………… (572)
13.8.2 高压熔断器选择 ……… (572)
13.9 互感器选择 ……………… (574)
13.9.1 电流互感器选择 ……… (574)
13.9.2 电压互感器选择 ……… (575)
13.10 企业变电所的消弧线圈选择 ………………………… (578)
13.10.1 参数选择 …………… (578)
13.10.2 选用条件 …………… (578)
13.10.3 型式、容量等选择 ………………………… (579)
13.11 中性点避雷器选择 ……… (579)
13.11.1 高压电动机中性点的避雷器选择 ……… (579)
13.11.2 变压器中性点的避雷器选择 …………… (579)
13.12 限流电抗器选择 ………… (580)
13.12.1 普通电抗器电抗值的计算 ……………… (580)
13.12.2 分裂电抗器电抗值的计算 ……………… (581)
13.13 湿热带和高海拔地区的高压设备选择 ……… (582)
13.13.1 湿热带地区的环境条件 …………………… (582)
13.13.2 高海拔地区的环境条件 …………………… (583)
13.13.3 高海拔地区电气设备的选择 ………… (584)
参考文献 ………………………… (585)

第14章 直流操作电源

第14章 直流操作电源 ………… (586)
14.1 直流操作电源的特点 ……… (586)
14.2 直流系统的负荷及电压 ………………………… (586)
14.2.1 直流系统的负荷 ……… (586)
14.2.2 直流系统的电压 ……… (586)
14.3 铅酸蓄电池 ……………… (589)
14.3.1 蓄电池的组数与端电池设置 …………………… (589)
14.3.2 直流系统和直流屏 ………………………… (589)
14.3.3 蓄电池的选择 ……… (600)
14.3.4 充电设备的选择 ……… (605)
14.3.5 熔断器及载流导体的选择 …………………… (608)
14.3.6 计算实例 ……………… (609)
14.3.7 蓄电池组的布置与安装 ………………………… (610)
14.4 整流式直流电源 ………… (615)
14.4.1 电容储能跳闸装置的交流电源 ………………… (615)
14.4.2 合闸用硅整流器 ……… (616)
14.4.3 直流系统 ……………… (616)

14.4.4 储能电容器组 …………(618)
14.4.5 其它元件选择 …………(622)
14.4.6 解决电动机低压保护操作电源的措施 ………(622)
14.5 镉镍电池直流电源 …………(623)
14.5.1 镉镍碱性蓄电池 ………(623)
14.5.2 镉镍蓄电池与铅酸电池的比较 ……………(628)
14.5.3 直流母线电压波动及调压措施 ……………(628)
14.5.4 镉镍蓄电池型式的选择 ……………………(629)
14.5.5 镉镍蓄电池个数的选择 ……………………(629)
14.5.6 充电及浮充电装置 ……………………(629)
14.5.7 镉镍碱性电池容量计算 ……………………(630)
14.5.8 蓄电池容量计算实例 ……………………(637)
14.5.9 成套镉镍电池直流屏 ……………………(638)
14.5.10 小容量镉镍电池跳闸装置 ……………(651)
参考文献 ……………………………(654)
第15章 继电保护 ……………(655)
15.1 设计继电保护的原则 ………(655)
15.2 电力变压器的保护 …………(657)
15.2.1 保护装设的原则 ………(657)
15.2.2 保护原理图 ……………(660)
15.2.3 保护整定计算 …………(668)
15.2.4 计算实例 ……………………(683)
15.3 3～10kV 电动机的保护 ……………………(690)
15.3.1 保护装设的原则 ………(690)
15.3.2 保护原理图 ……………(692)
15.3.3 保护整定计算 …………(697)
15.3.4 计算实例 ………………(700)
15.4 电炉变压器的保护 …………(703)
15.4.1 保护装设的原则 ………(703)
15.4.2 保护原理图 ……………(704)
15.4.3 保护整定计算 …………(705)
15.4.4 计算实例 ………………(706)
15.5 硅整流变压器的保护 ………(708)
15.5.1 保护装设的原则 ………(708)
15.5.2 保护原理图 ……………(708)
15.5.3 保护整定计算 …………(710)
15.6 6～35kV 并联电容器的保护 ……………………(711)
15.6.1 保护装设的原则 ………(711)
15.6.2 保护原理图 ……………(712)
15.6.3 保护整定计算 …………(712)
15.6.4 计算实例 ………………(715)
15.7 变电所母线保护 ……………(716)
15.7.1 保护装设的原则 ………(716)
15.7.2 保护原理图 ……………(716)
15.7.3 保护整定计算 …………(719)
15.8 母线分段及母线联络断路器的保护 ……………………(724)
15.8.1 保护装设的原则 ………(724)
15.8.2 保护原理图 ……………(724)
15.8.3 保护整定计算 …………(725)
15.8.4 计算实例 ………………(725)
15.9 6～10kV 架空和电缆线路的保护 ……………………(726)
15.9.1 保护装设的原则 ………(726)
15.9.2 保护原理图 ……………(727)
15.9.3 保护整定计算 …………(727)
15.9.4 计算实例 ………………(731)
15.10 6～10kV 母导线的保护 ……………………(734)
15.11 35～66kV 线路的保护

………………………… (734)
15.11.1 保护装设的原则 ………………………… (734)
15.11.2 保护原理图 ………… (736)
15.11.3 保护整定计算 ……… (740)
15.11.4 计算实例 …………… (744)
15.12 110～220kV 中性点直接接地电网的线路保护 …… (745)
15.12.1 保护装设的原则 ………………………… (745)
15.12.2 保护原理图 ………… (746)
15.12.3 相间距离保护整定计算 ………………………… (746)
15.12.4 零序电流保护整定计算 ………………………… (752)
15.13 自备发电厂发电机保护 ………………………… (757)
15.13.1 发电机内部故障及异常运行方式 ……… (757)
15.13.2 发电机保护装设的原则 ………………………… (757)
15.13.3 发电机保护整定计算 ………………………… (758)
15.14 交流操作的继电保护 ………………………… (764)
15.14.1 交流操作的继电保护接线 …………………… (764)
15.14.2 交流操作的继电保护整定计算 …………… (766)
15.15 保护装置的动作配合 ………………………… (767)
15.15.1 保护装置的动作配合要求 …………… (767)
15.15.2 继电保护装置之间的电流配合 ………… (767)
15.15.3 继电保护装置之间的时限配合 ………… (769)
15.15.4 继电保护与自动装置的配合 ……………… (769)
15.15.5 继电保护与熔断器的配合 ……………………… (769)
15.15.6 继电保护配合的计算实例 ……………… (771)
15.15.7 继电保护方式的配置实例 ……………… (773)
15.16 保护用电流互感器 ……… (776)
15.16.1 保护用电流互感器的选择原则 …………… (776)
15.16.2 按照10%误差曲线校验的步骤 ……… (776)
15.16.3 电流互感器允许误差的计算 ……………… (777)
15.17 小接地电流电网中接地电容电流的计算及补偿 ……………………… (782)
15.17.1 单相接地电容电流的计算 ……………… (782)
15.17.2 单相接地电容电流的补偿原则和方法 … (783)
15.17.3 消弧线圈主要参数的选择和接有消弧线圈的变压器的校核 ………… (783)
15.18 中性点经电阻接地的继电保护 ……………… (786)
附录15.1 各种故障情况下保护装置回路内的电流分布 ……………………… (786)
附录15.2 各种故障情况下的相对灵敏系数……………… (790)
附录15.3 同步电动机的短路比及失步时定子电流倍数的估算……………………… (792)
附录15.4 常用继电器的技术性能 ……………………… (793)

附录 15.5　操动机构中的脱扣器 …………………………………………… (804)
附录 15.6　各种零序电流互感器的单相接地保护参数…… (807)
附录 15.7　高压熔断器熔丝的安时特性曲线……………… (809)
参考文献 ………………………………… (812)
第 16 章　供电自动装置及电动机自起动 ……………… (813)
16.1　概述 ………………………………… (813)
16.2　自动重合闸（ZCH） ……… (813)
16.2.1　自动重合闸（ZCH）的必要性和分类 ………… (813)
16.2.2　对三相自动重合闸装置的基本要求和选择原则 ……………………………… (813)
16.2.3　常用的几种三相自动重合闸装置 ……………… (814)
16.3　三相自动重合闸装置与继电保护的配合 ……………… (819)
16.3.1　自动重合闸前加速保护动作 ……………………… (819)
16.3.2　自动重合闸后加速保护动作 ……………………… (819)
16.3.3　重合闸前加速和重合闸后加速比较 ………… (819)
16.3.4　单侧电源线路三相重合闸装置的整定计算动作时限 …………………………… (819)
16.3.5　返回时间 ………………………… (822)
16.4　备用电源自动投入装置（BZT） ……………………………… (822)
16.4.1　备用电源自动投入装置的配置 ……………………… (822)
16.4.2　对 BZT 的基本要求 ……………………………… (822)
16.4.3　1kV 以上网络的 BZT 接线 …………………………… (822)
16.4.4　1kV 以下网络的备用电源自动投入装置 …… (827)
16.5　自动按频率减负荷装置（ZPJH） …………………… (829)
16.5.1　自动按频率减负荷装置的分类及其整定 …… (830)
16.5.2　自动按频率减负荷装置原理接线图 ……… (830)
16.6　电动机自起动 ………………… (831)
16.6.1　电动机自起动的特点及要求 ……………………… (831)
16.6.2　感应电动机自起动计算 …………………………… (832)
16.6.3　同步电动机自起动计算 ……………………………… (835)
16.6.4　计算实例 …………………… (837)
参考文献 ……………………………… (839)
第 17 章　变电所二次接线 ……… (840)
17.1　变电所控制方式 …………… (840)
17.2　断路器的控制、信号回路 ………………………………… (840)
17.2.1　断路器的控制、信号回路的设计原则 ……… (840)
17.2.2　灯光监视的断路器控制、信号回路接线 ………… (842)
17.2.3　音响监视的断路器控制、信号回路接线 ………… (847)
17.2.4　隔离开关（含接地隔离开关）的位置指示信号 ……………………………… (849)
17.2.5　隔离开关与断路器的闭锁接线 ……………… (849)
17.2.6　防误跳误合断路器

…………………………… (851)
17.2.7 断路器控制、信号回路接线图实例 ………………… (851)
17.3 电气测量与电能计量 ……… (857)
17.3.1 计测仪表装置的设计原则 …………………… (857)
17.3.2 常用测量与计量仪表的接线图 ………………… (861)
17.3.3 电流互感器及二次电流回路 ………………… (864)
17.3.4 电压互感器及二次电压回路 ………………… (870)
17.3.5 绝缘监视 ………………… (873)
17.4 中央信号装置 ……………… (880)
17.4.1 中央信号装置的设计原则 ………………… (880)
17.4.2 中央信号装置的主要设备——冲击继电器 …………………………… (880)
17.4.3 中央事故信号装置的接线 ………………… (883)
17.4.4 中央预报装置的接线 ………………… (883)
17.4.5 中央信号装置接线实例 ……………………… (883)
17.4.6 闪光装置 ………………… (890)
17.5 二次回路的保护及控制、信号回路的设备选择 ……… (891)
17.5.1 二次回路的保护 ……… (891)
17.5.2 控制开关的选择 ……… (892)
17.5.3 信号灯及其附加电阻的选择 ……………… (892)
17.5.4 跳、合闸位置继电器的选择 ……………… (892)
17.5.5 电气“防跳”继电器的选择 ……………………… (892)
17.5.6 串接型（电流型）信号继电器与附加电阻的选择 …………………………… (893)
17.6 控制屏、继电器屏及信号屏设计 ………………………… (894)
17.6.1 屏面布置的要求 ……… (894)
17.6.2 屏面设备的布置尺寸 …………………………… (895)
17.6.3 屏结构的选型 ………… (895)
17.6.4 屏面布置实例 ………… (898)
17.7 二次回路配线 ……………… (902)
17.7.1 导线和电缆的一般要求 ……………………… (902)
17.7.2 端子排 ………………… (903)
17.7.3 屏的内部接线 ………… (906)
17.7.4 小母线 ………………… (906)
17.7.5 外部接线 ……………… (906)
17.7.6 控制电缆芯数和根数的选择 ………………… (906)
17.7.7 控制电缆的敷设 ……… (907)
附录 17.1 控制室的屏间距离和通道宽度 ………………… (907)
附录 17.2 小母线的色别 ………… (907)
附录 17.3 小母线符号和回路标号 …………………………… (908)
附录 17.4 二次直流回路数字标号 …………………………… (910)
附录 17.5 二次交流回路数字标号 …………………………… (911)
附录 17.6 关于图形符号和文字符号的说明 ……………… (914)
参考文献 ………………………………… (914)

第 18 章　高压配电装置与变电所布置 …………………… (915)

18.1 高压配电装置的设计原则 …………………………………… (915)

18.2 高压配电装置设计的一般规定 …………………………… (915)
18.3 屋内高压配电装置 ………… (915)
18.3.1 对屋内高压配电装置的一般要求 ………… (915)
18.3.2 6～35kV 成套配电装置 ………………… (918)
18.3.3 110kV 屋内配电装置 ………………… (928)
18.3.4 110～220kVSF$_6$ 全封闭组合电器配电装置 …… (931)
18.4 屋外配电装置 ……………… (934)
18.4.1 对屋外配电装置的一般要求 ………………… (934)
18.4.2 35～220kV 屋外配电装置的布置尺寸 ………… (939)
18.4.3 35～220kV 屋外配电装置布置方案 …………… (942)
18.5 35～220kV 变电所布置 ………………………………… (944)
18.5.1 变电所位置选择 ……… (944)
18.5.2 变电所结构与布置 …… (945)
18.5.3 控制室（楼） ………… (949)
18.5.4 主变压器检修及油设施 ………………… (952)
18.5.5 消防设施 ……………… (952)
18.5.6 变电所总布置实例 ………………… (953)
18.6 10kV 及以下变（配）电所 ………………………………… (957)
18.6.1 变（配）电所位置的选择 ………………… (957)
18.6.2 变（配）电所形式与布置 ………………… (957)
18.6.3 屋外变压器装置 ……… (958)
18.6.4 屋内变压器装置 ……… (964)
18.6.5 成套变电站 …………… (971)
18.6.6 低压配电装置 ………… (971)
18.7 土建、采暖、通风、通讯设计条件 ………………… (974)
18.7.1 土建设计条件 ………… (974)
18.7.2 采暖通风设计条件 ………………… (978)
18.7.3 水道设计条件 ………… (978)
18.7.4 通讯设计条件 ………… (980)
参考文献 ………………………… (980)

第19章 高压电缆选择与敷设

………………………………… (981)
19.1 电缆型号及其使用范围 ………………………………… (981)
19.1.1 电缆型号编制及字母含义 ………………… (981)
19.1.2 聚氯乙烯绝缘电力电缆型号、电压等级、标称截面及芯数 ……………… (984)
19.1.3 交联聚乙烯绝缘电力电缆型号、电压等级、标称截面及芯数 ……………… (985)
19.1.4 高压单芯自容式铅包充油电力电缆 ………… (986)
19.1.5 110kV 交联聚乙烯绝缘电力电缆型号、名称及用途 ……………………… (987)
19.2 电缆型号的选择 ………… (987)
19.2.1 电缆导体及外护层的确定 ………………… (987)
19.2.2 各种绝缘材料的特性和选择 ………………… (988)
19.2.3 电缆电压的确定 ……… (989)
19.3 电缆截面的选择及其载流量 ………………………………… (989)
19.3.1 按持续工作电流选择

电缆 ……………………… (989)
19.3.2 电力电缆长期允许电流的计算条件 ………… (989)
19.3.3 按经济电流密度选择电缆 ……………………… (991)
19.3.4 按短路电流热稳定选择电缆 ………………… (991)
19.3.5 不滴流油纸绝缘电力电缆载流量及其校正系数 ……………………… (992)
19.3.6 35kV及以下交联聚乙烯绝缘电力电缆载流量及其校正系数 ……… (999)
19.3.7 110kV铜芯充油电力电缆载流量 ………… (1008)
19.4 电缆的敷设 ……………… (1013)
19.4.1 选择敷设方式的一般原则 ……………………… (1014)
19.4.2 电缆直接埋地敷设 ……………………… (1015)
19.4.3 电缆在沟内敷设 …… (1015)
19.4.4 电缆在充砂沟内敷设 ……………………… (1017)
19.4.5 电缆在隧道内敷设 ……………………… (1017)
19.4.6 电缆架空敷设 ……… (1018)
19.4.7 单芯电缆护层保护和接地 …………………… (1018)
参考文献 ……………………… (1020)
第20章 母线的选择 ………… (1021)
20.1 概述 ……………………… (1021)
20.2 母线截面的选择 ………… (1021)
20.2.1 按持续工作电流选择母线 ……………………… (1021)
20.2.2 按经济电流密度选择母线 ……………………… (1021)
20.3 母线型式的选择 ………… (1024)
20.3.1 集肤效应系数 ……… (1024)
20.3.2 邻近效应系数 ……… (1025)
20.4 各种电阻和损耗系数 …… (1026)
20.4.1 电阻和系数 ………… (1026)
20.4.2 损耗公式 …………… (1026)
20.5 大电流母线的电阻和电抗 ……………………… (1026)
20.5.1 母线的电阻计算 …… (1026)
20.5.2 母线的电抗计算 …… (1026)
20.6 三相母线电压降及换位计算 ……………………… (1027)
20.6.1 三相单回路母线电压降计算 ……………… (1027)
20.6.2 双回路平行母线电压降计算 ……………… (1028)
20.6.3 平行的备用母线上感应电压计算 ………… (1029)
20.7 电力损失计算 …………… (1029)
20.7.1 有功电力损失计算 ……………………… (1029)
20.7.2 无功电力损失计算 ……………………… (1030)
20.8 计算实例 ………………… (1030)
20.8.1 单回路母线的计算实例 ……………………… (1030)
20.8.2 双回路平行母线的计算实例 ……………… (1030)
20.9 封闭式母线 ……………… (1032)
附录20.1 各种形状母线截面的几何均距 ……………… (1034)
附录20.2 大电流母线附近钢结构的损耗和发热 ……… (1037)
参考文献 ……………………… (1043)
第21章 架空电力线路 ……… (1044)
21.1 架空电力线路的设计 …… (1044)

21.1.1 初步设计 …………… (1045)
21.1.2 施工图设计 ………… (1045)
21.2 电气部分 ………………… (1045)
21.2.1 线路正序阻抗 ……… (1045)
21.2.2 导线及避雷线选择 ……………………… (1046)
21.3 电线力学计算 …………… (1051)
21.3.1 气象条件 …………… (1051)
21.3.2 电线的品种规格和机械特性 …………… (1053)
21.3.3 电线的比载 ……… (1057)
21.3.4 电线状态方程及其求解 ……………………… (1058)
21.3.5 连续挡的代表挡距 ……………………… (1058)
21.3.6 水平挡距和垂直挡距 ……………………… (1064)
21.3.7 极大挡距 ………… (1064)
21.3.8 电线的特性曲线 …… (1064)
21.3.9 电线架线曲线 ……… (1065)
21.3.10 电线的断线张力 ……………………… (1069)
21.3.11 电线的防振 ……… (1069)
21.4 绝缘子及金具 …………… (1070)
21.4.1 绝缘子的种类及其选择 ……………………… (1070)
21.4.2 线路金具 ………… (1072)
21.5 杆塔设计 ………………… (1078)
21.5.1 送电线路杆塔的荷重条件 ……………… (1079)
21.5.2 导线及避雷线在杆塔上的布置 …………… (1079)
21.5.3 杆塔外荷重计算 …… (1081)
21.5.4 杆塔外荷重作用情况及计算式 …………… (1082)
21.5.5 杆塔强度及拉线计算 ……………………… (1089)
21.5.6 离心成型环形钢筋混凝土电杆 ……… (1094)
21.6 线路路径的选择及杆塔定位 ……………………… (1096)
21.6.1 概述 ………………… (1096)
21.6.2 选线、定位所需资料和准备工作 ………… (1098)
21.6.3 定位模板的制作和使用 ……………………… (1099)
21.6.4 选线、定位工作中的验算 ………………… (1100)
21.6.5 定位的原则 ……… (1102)
21.7 混凝土杆塔基础 ……… (1102)
21.7.1 概述 ………………… (1102)
21.7.2 土壤的允许承载力 ……………………… (1103)
21.7.3 关于基础的一些规定 ……………………… (1103)
21.7.4 底盘及其选择 ……… (1104)
21.7.5 卡盘 ………………… (1104)
21.7.6 不带卡盘的杆塔倾覆稳定计算 ………… (1107)
21.7.7 带单卡盘（一个上卡盘）的杆塔倾覆稳定计算 ……………………… (1112)
21.7.8 带双卡盘（上、下卡盘各一个）的杆塔倾覆稳定计算 ……… (1117)
21.7.9 带三卡盘（两个上卡盘、一个下卡盘）的杆塔倾覆稳定计算 ……… (1121)
21.7.10 基础计算实例 ……… (1126)
21.7.11 拉线盘 ……………… (1126)
21.8 10（6）kV 相分裂架空线路 ……………………… (1140)
21.8.1 概述 ………………… (1140)
21.8.2 导线选择 ………… (1140)

21.8.3 线路电气参数计算 …………………… (1144)
21.8.4 分裂导线间电气作用力的计算 …………… (1145)
21.8.5 感应电压计算 ……… (1148)
21.8.6 线路机械特性计算 …………………… (1148)
21.8.7 间隔棒安装 ………… (1149)
21.8.8 杆塔及基础设计 …… (1151)
21.8.9 某工程的10kV3×LJ-400相分裂导线架空线简介 ………………… (1152)
参考文献 ………………………… (1158)

第22章 电炉短网 ……………… (1159)

22.1 工频电炉短网 …………… (1159)
22.1.1 概述 ………………… (1159)
22.1.2 电炉短网各段导体元件的选择 …………… (1160)
22.1.3 电炉短网接线系统的选择 ………………… (1164)
22.1.4 电阻和电抗计算 …… (1175)
22.1.5 导体冷却及发热计算 ………………… (1226)
22.1.6 导体允许负荷 ……… (1230)
22.1.7 短网安装结构 ……… (1237)
22.1.8 计算实例 ………… (1246)
22.2 中频电炉短网 ………… (1273)
22.2.1 概述 ………………… (1273)
22.2.2 中频主电路 ………… (1273)
22.2.3 传送线的参数计算 ……………………… (1273)
22.2.4 中频电流传送线种类及选择 ……………… (1273)
22.2.5 中频电流传送线安装及注意事项 ………… (1284)
22.3 直流电弧炉短网主要特点 ……………………… (1284)
参考文献 ……………………… (1285)

第1章

高压供配电系统

高压供配电系统是指从取得电源到电能分配至各用户低压变压器和高压电动机的系统。

高压供配电系统设计必须贯彻党和政府的各项建设方针和政策，根据国家现状和企业的实际情况开展工作。要考虑企业的重要性、规模大小、电力系统的情况以及企业的总图布置、当地自然条件和企业的发展规划等因素，经过全面地分析和技术经济比较后制定高压供配电系统。

高压供配电系统的基本要求：

(1) 应保证生产，满足用电设备对供电可靠性和电能质量的要求；

(2) 结线方式应力求简单可靠、操作安全、运行灵活、便于施工、便于维护、节省劳动力；

(3) 力求技术先进、投资少、运行经济合理；

(4) 便于企业的发展和适当留有技术改造的可能。

1.1 电力负荷分级及对供电要求

1.1.1 电力负荷分级

电力负荷分级是根据负荷重要性和负荷中断供电在政治、经济上所造成的损失或影响程度来划分的，共分为三级。

(1) 一级负荷。突然中断供电将造成人身伤亡者；突然中断供电将在经济上造成重大损失者，如重大设备损坏和用重要原料生产的产品大量报废、国民经济中重点企业的连续生产过程被打乱需要长时间才能恢复等；突然中断供电将影响交通枢纽、通讯枢纽、重要宾馆等有重要政治、经济意义的用电单位正常工作者。

(2) 二级负荷。突然中断供电在经济上造成较大损失者，如主要设备损坏、大量产品报废、重要企业大量减产等；突然中断供电将影响大型公共场所等重要用电单位的正常工作者。

(3) 三级负荷。不属于一级和二级负荷者。

根据上述负荷分级的原则，钢铁企业详细的负荷分级见表1-1。

表1-1 电力负荷分级

（适用于50万t及以上的钢铁企业）

车间、工段及设备名称		负荷级别	说明
炼铁系统			
高炉	贮矿槽运料皮带及原料场其他设备	三	高炉贮矿槽一般有8～16h的贮量，短时停电不会影响高炉生产
	高炉装料系统（从贮矿槽至炉顶的装料设备）	二	突然停电后如不能及时恢复，会影响高炉生产

续表 1-1

车间、工段及设备名称		负荷级别	说明
高炉	开口机	一	在高炉即将出铁时突然停风，必须把铁水及时放出，如此时突然断电，会造成铁水灌风口，烧坏风口水套
	堵渣机	二	
	电动泥炮机	一	正在工作时突然断电，堵不住铁口，造成喷铁喷渣，会产生灼伤事故
	出铁场桥式起重机	二	在高炉故障时为了及时清理出铁场，不允许长时停电
	热风炉的各种阀门	二	每个阀门都有手动机械，故突然停电时对高炉生产影响不大
	热风炉助燃风机	一	突然断电时，煤气可能倒灌入风机引起爆炸
	热工控制装置电源	二	突然停电后，自动记录仪表停止，将影响对高炉生产的监视和生产
辗泥机室	辗泥机	三	辗泥机一般是按一班或两班制生产配备的，停电后不致影响高炉生产
修理间	机床等	三	一般是按一班或两班制生产配备的，停电后不致影响高炉生产
铸铁机工段	铸铁机链条传动和铁水灌倾翻卷扬机	一	工作时突然断电会造成铁水外溢事故。要求两者之间有电气联锁
	桥式起重机	三	
	铸铁机喷涂料水泵	一	工作时突然断电会使铁块不能脱模，造成铁水外溢事故
高炉鼓风机站	电动高炉鼓风机及蒸汽透平鼓风机的用电设备	一	突然停电后高炉发生“坐”料，会造成铁水灌风口，烧坏风口水套
	鼓风机润滑油泵	一	在鼓风机停车时突然停电，会烧坏鼓风机轴承。当有高位油箱时可为二级
水泵站	炉体冷却水泵	一	突然断电会烧坏炉壁、炉壳、风口、渣口和铁口水套等设备，使生产造成重大损失
	汽化冷却装置水泵	一	突然停电后如不能及时恢复，将烧坏被冷却的设备（在采用电动水泵强迫循环时）
	煤气洗涤水泵	一	突然停电后如不能及时恢复，会造成煤气中大量灰尘堵塞洗涤塔，甚至迫使高炉停产，并难以恢复正常生产
	蒸汽鼓风机站的冷凝水泵	一	
	蒸汽鼓风机站的循环水泵	一	

续表 1-1

车间、工段及设备名称		负荷级别	说明
喷煤粉	喷煤粉空压机	一	
电除尘装置	电除尘	二	停电后将使煤气中大量灰尘进入煤气管道
排水装置	灰泥收集装置	二	突然停电后如不能及时恢复，将造成耙子被污泥淤住，重新投入运行困难
炼钢系统			
转炉	氧气顶吹转炉上料装置（高位料仓之前）	三	一般高位料仓有大于 6～10h 的储量，短时停电不会影响转炉生产
	氧气顶吹转炉上料装置（高位料仓到转炉）	二	突然停电将影响本炉钢的冶炼
	吹氧管升降机构	一	在吹炼时突然断电，吹氧管提不起来，将会烧坏吹氧管并引起严重爆炸事故
	烟罩升降机构	一	要出钢时突然停电，将影响出钢时间，如电源不能及时恢复，可能造成凝炉事故
	氧气顶吹转炉炉体倾动机构，钢水包车和渣罐车	一	要出钢时突然停电，将影响出钢时间，如电源不能及时恢复，可能造成凝炉事故
	废气净化装置引风机（除尘风机）	一	突然停电后如不能及时恢复，转炉废气无法向车间外排出，严重影响炼钢生产甚至引起其他事故
	煤气回收风机	二	突然停电后，将使煤气无法回收，造成浪费
电炉	炼钢电炉 电极升降及倾动机构 电磁搅拌	二	突然停电将影响电炉生产
连铸机	连铸机传动装置	二	突然停电时间超过 3～4min，会报废一部分钢水
主厂房	原料跨（场）桥式起重机	二	突然停电将影响炼钢生产
	兑铁水和铸锭桥式起重机，钢水包车、渣罐车、除尘风机	一	突然停电后如不能及时恢复，会造成凝包事故，小型企业内的兑铁水桥式起重机和铸锭桥式起重机可为二级
	混铁炉倾动装置	二	突然停电将影响炼钢生产
	热工控制装置电源	二	突然停电后，自动记录仪表停止，将影响对炼钢生产的监视和监查
	炉前快速化验室	二	如果有直读光谱仪，突然停电后不能及时恢复，将影响其工作，并将影响炼钢生产
余热锅炉房	余热锅炉引风机	二	突然停电将影响锅炉运行
	余热锅炉给水泵	一	突然停电后如不能及时恢复，将烧坏锅炉
辅助车间	脱锭、整模工段	二	停电时间稍长会使钢锭模周转不开，影响炼钢生产

续表 1-1

车间、工段及设备名称		负荷级别	说明
水泵站	供炉体、吹氧管、烟罩等冷却用的水泵	一	突然断电会烧坏炉体、吹氧管及烟罩等重要设备
	汽化冷却装置水泵	一	突然断电后如不能及时恢复，将烧坏被冷却的设备（在采用电动水泵强迫循环时）
	泥浆处理装置	二	
轧钢系统			
轧钢机	初轧机、轨梁轧机、型钢轧机、钢板轧机、钢管轧机、线材轧机及冷轧机等的主传动及辅助传动	二	停电后将大量减产
	大型连续钢板轧机	一	国家重要装备，建设投资大，停电造成的损失大
均热炉	均热炉的钳式起重机	一	当夹钳伸入炉内夹钢锭时突然停电，如不能及时恢复，烧坏夹钳
	揭盖机、钢锭车	二	突然停电将影响轧钢生产
加热炉	推钢机、出钢机	二	同上
	加热炉助燃风机	一	烧煤气或烧油的加热炉，突然断电时煤气或油气可能灌入风机引起爆炸
其他	轧钢电动机的强迫通风	二	突然停电将影响轧钢生产
	酸洗线、剪切线、电镀线	二	停电后影响产量和质量
水泵站	加热炉等设备的冷却水泵	一	突然断电会烧坏加热炉或烧坏设备
	烟道排水泵	二	长时间停电将堵塞烟道
	冲铁皮水泵及除鳞高压水泵	二	停电后影响轧钢生产
	汽化装置冷却水泵	一	突然停电后如不能及时恢复，将烧坏被冷却的设备（在用电动水泵强迫循环时）
	废酸处理设施	二	突然停电会造成废液停滞于容器和管道内，有局部性腐蚀
铁合金系统			
电炉冶炼车间	贮存料仓上料装置	二或三	根据贮量确定。贮量在数小时以上者为二级
	供料料仓上料装置	二或三	大型电炉供料料仓只作供料缓冲之用，一般为二级。小型电炉供料，可采用倒运措施时，为三级
	铁合金电炉	二或三	停电后影响生产。大型电炉为二级，小型电炉为三级
	电极升降机构	一	突然停电后需提升电极，以防止电极与炉料凝结
	压放、夹紧装置	二	停电后将影响冶炼
	电炉旋转装置	三	一般设备无特殊要求
	电炉冷却水	一	突然断电会烧坏电炉
	浇注间桥式起重机	一	浇注时突然停电如不能及时恢复，会造成凝包事故
	成包间桥式起重机	三	
	原料间桥式起重机	二或三	贮存料仓无上料装置时为二级。有上料装置时为三级
	电动绞盘	三	

续表 1-1

车间、工段及设备名称		负荷级别	说明
湿法冶金车间	原料加工及原料库桥式起重机	三	短时停电可利用料仓贮料供料
	回转窑	一	突然停电后窑身不能转动，如不能及时恢复供电，会产生热变形，无法继续生产 当有其他非电性措施时可为二级
	浸出及化学处理罐、槽、泵	二	突然停电后如不能及时恢复时，将无法再起动。
	电解槽（直流电）	二	停电将引起电积物重溶槽液混淆，严重影响生产
金属制品系统			
拉丝间	拉丝机及其所属设备	二	停电后影响生产
钢绳间	股绳、成绳机及其所属设备	二	同上
酸洗间	起重机、风机及其所属用电设备	二	同上
织网或制钉	织网机、制钉机及其所属用电设备	二或三	一般为二级。如产量很少时为三级
电镀	电镀机组及其所属用电设备	二	停电后影响生产
电热处理	热处理炉及所属用电设备	二	停电后影响生产
热镀	加热风机	一	使用煤气加热时，突然停电后煤气可能倒灌入风机引起爆炸
	收线机	二	停电后影响生产
煤气热处理	加热风机	一	同热镀间加热风机
	收线机	二	停电后影响生产
大中型焦化系统			
备煤	贮煤场皮带、破碎机及粉碎机等	二	配煤槽、配煤塔均有8～16h贮量，长期停电会影响焦炉生产
焦炉	拦焦机、熄焦机	一	工作时突然停电，要烧坏推焦杆和熄焦车。即使有措施也不能避免设备无损
	交换机	一	突然停电后，仍需要煤气交换，人工交换困难
	装煤车	一	出焦后停电，空烧炭化室会损坏焦炉炉体
筛焦	筛焦设备及皮带机	二	长期停电，焦台堆积影响生产
煤气净化	煤气鼓风机	一	停电后影响外供煤气和煤气净化各系统正常生产及产品回收
	循环氨水泵	一	焦炉煤气管上不喷洒氨水，煤气鼓风机就不能运行
	冷凝、硫铵、粗苯、脱萘、脱硫的各种泵	二	停电后需重新开工，费事费时

续表 1-1

车间、工段及设备名称		负荷级别	说　明
精制	精苯各种泵、苯加氢各种泵	二	长期停电产品损失较大
	焦炉洗涤各种泵、工业萘结晶机	二	突然停电，物料凝固或堵塞管道，蒸馏釜油管内无料，高油将烧坏设备，停电时间过长，重新开工时，清扫管路设备费事费时
辅助生产设施	生物脱酚各种泵和鼓风机	二	停电时间稍长，不能供给焦油用水或者引起酚水外排危险大
	制冷站	二	突然停电将影响煤气脱水
耐火材料系统			
原料破粉碎	皮带机、破粉碎机械、筛分设备	三	一般情况，不会因短时停电而影响生产
煅烧	竖窑、回转窑、双膛竖窑	二	回转窑突然停电，窑体会变形，一定要转动窑身；竖窑停电，窑内原料凝块，恢复生产困难
	汽化冷却竖窑的上水泵	二	竖窑缺水、严重损害冷却水管，只能停窑修理
烧成	隧道窑的鼓风机、排风机	二	烧窑停电产品报废、恢复生产时间长
动　力　设　施			
全厂给排水设施	全厂取水泵	一或二	无贮水池时为一级。有贮水池时为二级
	全厂加压泵	一	突然停电后冷却水将停供，会烧坏设备
	净环水泵	一或二	按供水对象分级
	浊环水泵	二	停电后影响水质和产量
	给水净化设施	二	停电后影响水质
	污水处理设施	二	停电后会造成污染
	消防水泵	一	
全厂蒸汽设施	煤场	三	
	锅炉的上煤系统	二	停电后煤仓一般能继续供煤约 2h
	生产锅炉房	一或二	根据锅炉的容量、使用的燃料或蒸汽用户的重要性而定 大容量锅炉（汽包水容量小）的给水泵为一级 使用煤气或燃油的锅炉引风机，因为突然停电会引起爆炸，故为一级 供重要用户（如高炉透平鼓风机等）的锅炉给水泵及风机均为一级
	采暖锅炉房	三	根据蒸汽用户确定，一般为三级

续表 1-1

车间、工段及设备名称		负荷级别	说明
煤气设施	煤气发生炉加煤机和炉体旋转	二	突然停电后如不能及时恢复，重新投入运行困难
	煤气加压机	一	突然停电后煤气管道内出现负压会引起爆炸
	煤气加压机油泵	一	在鼓风机停车时突然断电，会烧坏轴承。当有高位油箱时可为二级
	煤气发生站鼓风机	一	突然停电后空气管道、发生炉、净化装置会引起爆炸
氧气设施	氧压机、空压机	一或二	突然停电后如不能及时恢复，造成工艺过程混乱，难以恢复供氧。供炼钢用的大型制氧机为一级。供铆焊用的小型制氧机为二级
	冷却水泵	一	停电将使压缩机体温急剧上升而烧坏
	润滑油泵	一	在氧气机等停车时突然停电，会烧坏轴承。当有高位油箱时可为二级
空压站	空气压缩机	二或三	全厂性或区域性空压站为二级。供不重要用户的单独空压机为三级
	离心式压缩机润滑油泵	一	在压缩机停车时突然停电，会烧坏轴承。当有高位油箱时可为二级
其他设施			
机修设施		三	
电修设施		三	
机车车辆修理设施		三	
中心化验室		二	对重要化验停电将造成废品
电讯间		二	无蓄电池设施时为一级
计器修理间		三	

1.1.2 各级负荷对供电电源的要求

钢铁企业各级负荷的供电电源，应按照企业的规模、性质和用电容量，并结合地区电网的供电条件全面地加以选定，一般不低于下列要求：

(1) 一级负荷　应由两个独立电源❶ 供电。对特殊重要的一级负荷应由两个独立电源点❷ 供电。如果得不到两个独立电源点时，须设立保安电源。

(2)二级负荷　应由两回线路供电，该两回线路应尽可能引自不同的变压器和母线段。当取得两回线路确有困难时，允许由一回专用线路供电。

(3)三级负荷　对供电无特殊要求，一般按其容量

❶ 独立电源是指若干电源中，任一电源因故障而停止供电时，不影响其他电源继续供电。同时具有下列两个条件的发电厂、变电所的不同母线段均属独立电源：

1) 每段母线的电源来自不同的发电机；

2) 母线段之间无联系；或虽有联系但在其中一段发生故障时，能自动断开联系，不影响其余母线段继续供电。

❷ 独立电源点是指若干独立电源来自不同地点，任一电源点因故障而停止供电时，不影响其他电源点继续供电。两个发电厂、一个发电厂和一个地区电网或一个电力系统中的两个区域性变电所都属两个独立电源点。

大小来决定。

1.2 供电电源

1.2.1 工作电源

工作电源主要是保证正常生产的电源。

钢铁企业是连续性生产企业。如果突然停电，造成的经济损失一般都很可观。但由于企业规模和性质不同，突然停电后造成的损失程度是不同的。大型钢铁联合企业的停电损失甚至会影响国民经济。生产关键产品的中型特殊钢厂，其停电损失也难以估计。小型企业的停电损失相对较小。因此从保证生产出发，钢铁企业对工作电源可靠程度的要求，应根据企业规模和性质有所区别。

工作电源的可靠程度一般随供电回路，电源和电源点的数量而异。例如企业的两个独立电源来自同一电源点的两段母线就不如分别来自两个独立电源点可靠；由接自同一段母线的两回路供电就不如由接自不同母线段的两回路供电可靠。故钢铁企业的供电电源，应根据企业的规模和性质选定。

钢铁企业的工作电源，一般要求如下：

(1)年产钢100万t及以上的大型钢铁企业，应有两个（或两个以上）独立电源点供电。

(2)年产钢50万t及以上的中型钢铁企业，一般由两个独立电源点供电；当地区供电条件有困难时，允许由一个电源点的两个独立电源供电。

(3)小型钢铁企业，在难以从地区电网取得两个独立电源时，允许只有一个工作电源。但必须对保安负荷采取保安措施。

钢铁企业供电电源容量，应满足正常生产时全部用电负荷的需要。当企业的工作电源有多个时，应同时工作，互为备用。要求在任一电源因故障而停止供电时，其余的电源仍能满足企业全部用电负荷的需要。

1.2.2 保安负荷及保安电源

1.2.2.1 保安负荷

保安负荷是指一级负荷中由于突然中断供电，会造成人身伤亡事故或重大设备损坏事故的负荷，它还包括事故时紧急抢修的负荷。

因为各企业的构成不同，规模不同，用统一的规定选定保安负荷是困难的，对具体企业要做具体分析确定。对保安负荷的供电，在事故时只须保证能安全停产。现将某大型钢铁企业在电力系统发生严重事故时所安排的安全停产负荷列出供参考，见表1-2。

表1-2 某大型钢铁企业在电力系统发生严重事故时所安排的安全停产负荷

用户	保安负荷(kW)	用途
发电厂	8500	保证厂用电设备正常生产并供蒸汽
给水厂	9600	供发电厂及焦化厂部分新水，供高炉、平炉、转炉系统部分冷却用水
焦化厂	1400	供2～4回收鼓风机各一台及1～3炼焦部分的部分鼓风机
炼铁厂	2300	确保1～2高炉50%的负荷，使之不跑铁、不跑渣、不跑料以及操作用电
1～3炼钢厂	9600	确保正常出钢
燃气厂	3000	确保两台煤气发生炉供气，使煤气管道不产生负压
其他	600	
共计	35000	

保安电源的容量取决于保安负荷的大小。保安负荷应根据保证企业安全停产所必须的用电设备进行计算，应尽可能符合实际，不宜保守偏大，否则会给解决保安电源带来困难。因为企业在需要保安电源时，也往往是电力系统发电容量严重短缺的时候，所以，必须从全局出发来对待这个问题。

计算保安负荷时，应注意以下几点：

(1)多台同一用途的用电设备，在保证安全停产时可能只需要其中一部分。例如有5台高炉冷却用水泵，为保证安全停产只需要两台水泵就能满足要求，则应按两台水泵计算保安负荷。

(2)在安全停产的过程中，不同时使用的设备，不要全部计入。例如停电开始阶段，高炉循环水的补充新水系统的负荷可不计入；高炉休风之后，风机负荷可不计入。因此，只要计算其中负荷较大者即可。

(3)如果保证某一生产流程安全停产，可采取两种措施者，只需计算其中负荷较大的一种。

计算求得的保安负荷，还应和类似企业的实际值进行比较核实。现将各企业实际的安全停产用保安负荷列出供设计中参考，见表1-3。

表 1-3 各企业的安全停产用的负荷

企业	总负荷 (kW)	保安负荷 (kW)	百分数 (%)	保安负荷用途
A 钢厂	355000	35000	9.9	安全停产用电量
B 钢厂	307000	30000	9.8	电厂保安用水及冶炼系统安全停产冷却水及主要生产车间部分用电
C 一厂	32000	4000	12.5	主要是冶炼系统安全停产冷却水用电
C 三厂	63000	5000	7.9	主要是冶炼系统安全停产冷却水用电
C 五厂	100000	10000	10.0	同上
D 钢厂	54000	8000	14.8	同上
E 钢厂	60000	10000	16.7	主要是冶炼系统安全停产冷却水用电
F 钢厂	32000	1000	3.1	总水站
G 钢厂	25000	4500	18.0	炼铁、水泵站及焦化
H 钢厂	23000	6000	26.0	水泵站、锅炉房、炼铁、炼钢
I 钢厂	24000	2000	8.3	水泵站

在没有保安负荷资料时，可根据企业的总负荷粗略估算(包括事故时紧急抢修负荷，但不包括自备发电厂的保安负荷和高炉采用电动鼓风机时的保安负荷)如下：

企业规模或性质	保安负荷/总负荷
大型和中型联合企业	约 10～15%
当轧钢机负荷占总负荷的比例过大的上述联合企业	约 5～10%

1.2.2.2 保安措施的种类

对保安负荷可以采用保安电源解决，也可以采用其他非电类措施来解决，因此，在具体工程设计中需要经过技术、经济比较后确定。保安电源和非电类保安措施一般有下列几种。

保安电源有：

(1)引自电力系统发电厂或枢纽变电所，但该处未接企业工作电源；

(2) 企业自备发电厂；

(3) 企业设置的柴油发电机；

(4) 企业设置的蓄电池。

非电类保安措施有：

(1) 采用柴油机泵及其他柴油机拖动设备；

(2) 采用高位水池、水塔、油箱等；

(3) 用蒸汽充填煤气管道使之不产生负压；

(4) 设置手动机械人工处理。

1.2.2.3 保安电源

A 保安电源设置要求

对已具有两个及以上独立工作电源的大、中、小型企业，当电源能互起保安电源作用时，一般不需要再另设保安电源。

大型企业以及具有两个独立电源点的 50 万 t 及以上的中型企业，为了使其保安负荷中特别重要的部门（见 1.4.3 节，表 1-8）进一步提高安全停产的可靠性，可以另设保安电源。此电源可引自电力系统的发电厂或枢纽变电所、能起保安作用的自备发电厂、柴油发电机或蓄电池等。

两个独立工作电源引自一个发电厂或枢纽变电所的 50 万 t 及以上中型企业，应由另一个发电厂或枢纽变电所引来一回路保安电源。企业中特别重要部门(见 1.4.3 节，表 1-8) 的保安负荷可由此保安电源供电。

小型企业由一个工作电源供电时，应尽量取得一回路保安电源。

B 选用自备电厂作为保安电源时需注意的问题

当电源系统发生严重故障时，自备电厂能够与电源系统自动解列，还应根据负荷的重要性装设自动按频率减负荷装置，首先将冲击负荷切除，以确保自备电厂的安全运行和对保安负荷可靠供电。

发电不稳定的能源综合利用的发电机组，不能作为保安电源使用，例如，高炉鼓风机加装背压式发电机组、高炉炉顶余压发电机 (TRT)、焦化厂干熄焦(CDQ) 发电机等。

采用蒸汽兼作保安措施的发电机组，必须考虑电源系统中断供电时的蒸汽平衡，避免蒸汽既要供保安电源的发电机组又要供保安蒸汽的矛盾。

要考虑发电机组故障和发电机组每年检修的时间较长等因素，确定合理的型式、台数和单机容量。至少设两台机组。

C 选用其他保安电源时需注意的问题

当选用电力系统的电源为保安电源时，要求当电力系统发生严重故障时不能影响保安电源的运行，必要时需加装解列和减负荷装置，确保保安负荷的用电量。

选择保安电源电压等级，最好与工作电源的等级不同。

保安电源线路应与工作电源线路分开敷设，避免相互影响，以提高供电可靠性。保安电源与线路应经常处于准备状态，等待应急使用。

小型企业有可能选用柴油发电机作为全厂性的保安电源，而大、中型企业，一般是作为个别厂或车间的保安电源。

由于选用的柴油发电机容量比较小，要注意电动机起动能否满足要求。

为了经济运行，正常情况下柴油发电机是不工作的，当工作电源中断供电时才自动开机，从开机到送电大约需要10～15s时间，因此，不能作为特别重要部位的事故照明电源或断电立即会出事故的用电设备的电源。

1.2.3 电源选用原则

在下列情况下，经综合技术经济比较证明合理时，才建立适当容量的自备发电厂：

(1)当企业有大量富裕煤气、大量余热可供综合利用时；

(2) 当企业需要大量蒸汽时。

电源选择的原则为：

(1) 钢铁企业应从电力系统取得供电电源；

(2)当企业需要建设自备电厂作为保安电源时，此时发电机组型式、台数、容量的选择应保证在应急使用时能起到保安电源的作用；

(3)在保安负荷不大的情况下，可采用小容量发电设备（如柴油发电机）作为保安电源。

1.3 电源系统

企业电源系统结线是指从电源点至企业总变电所（或总配电所）的结线系统。

在企业的电源点、用电负荷容量、负荷等级及总图布置确定之后，即可制定电源系统结线。其主要内容有：选定电压等级、电源线路的回路数及其连结方式，同时确定总变电所一次侧的结线方式等。电源系统结线设计，必须经过多方案技术经济比较才能选定合理的方案。

1.3.1 一般要求

电源系统的一般要求有：

(1)电源系统结线应根据负荷等级、用电负荷及地区供电条件等与有关电力部门进行协商，共同确定；

(2)企业内的保安负荷在具备其他保安措施时，电源系统设计不应考虑一电源回路检修时，另一电源回路又发生故障；

(3) 当供电电源线路为两回路及以上且同时工作互为备用时，线路的输送能力，应满足在其中一回路停电时，其余回路仍能保证其供电范围内的全部负荷用电；

(4) 高压供电电源线路应尽可能伸入负荷中心；

(5)电源系统结线设计，应考虑近期合理并便于今后发展；

(6) 改建、扩建工程应尽可能利用旧有设备。

1.3.2 电源电压

电源电压应根据企业的负荷、电源点至企业的距离以及地方电网可能供给的电压与有关电力部门协商，共同确定。

钢铁企业的电源电压的选择原则为：一般选用110kV；用电负荷较小的小型企业，可选用35kV；用电负荷很大的大型企业，也可选用220kV；当由地区变电所的配电母线或发电厂的发电机母线直接供电时，则取决于配电母线电压或发电机电压。

一个企业的电源电压可根据需要选用一种或两种。

假若选用两回架空电源线路供电，按照经济输送容量选导线截面积，并考虑其中一回电源线路故障时，另一回路不超过持续允许容量，此时线路电压损失不超过额定电压的10%的条件下，根据负荷大小和输送的距离来选择电源电压，可参照表1-4进行（负荷功率因数按0.85计）。

当负荷容量已接近所选择电源电压的经济输送容量时，最好将电源电压再提高一级，以便于今后企业的

表 1-4　电源电压选择表

负荷容量（MVA）	电源回路数	最低电源电压（kV）	允许输送距离（km）	导线截面积（mm^2）
26 以下	2	35	15.3	LGJ-240
54 以下	2	60	23.2	LGJQ-300
54 以下	2	110	76.6	LGJQ-300
134 以下	2	110	34.0	LGJQ-400
476 以下	2	220	27.1	LGJQ-700

发展。当电源电压不能改变时，要考虑以后有增加一回电源线路的可能。

对于小企业有大容量的高压电动机，在选择电源电压时，要满足电动机起动的要求（包括电动机采取降压起动措施）。

对于有较大冲击负荷的企业，例如，有电弧炉或有连轧机等企业，选择电源电压时要考虑这一因素。

1.3.3　企业总变电所数量

这里所指的总变电所是以电源电压受电的变电所，包括由一个总变电所以电源电压配电或转送的变电所。例如表 1-5 中的（8）、（9）结线图。

一个企业应设置几个总变电所是电源系统设计的重要问题，必须认真对待。但由于此问题涉及面很广，如电力系统和企业的现状情况，技术经济方面的考虑，及企业和地区供电习惯做法等，因此人为的做出统一规定是困难的。在表 1-5 中列出了各种电源系统结线方式供设计中参考。在一般情况下要考虑的问题有以下几个方面：

（1）在无特殊情况下尽量采用一个总变电所。因为这种方式基建投资省、运行费用低、电源管理集中并且节省人力，当作为终端变电所运行时供电可靠性也很高。如果企业内设有自备发电厂，而且发电厂是经过企业配电系统到总变电所与电力系统相连接时，因为发电厂和电力系统只有一点相连接，不会在企业内形成环形网络，继电保护简单，设置解列点少；又因为发电厂直接与企业配电系统相连接，发电机发出无功功率能充分的作为企业的无功补偿容量使用，有效的提高功率因数和电压质量。

（2）在下列的情况下可考虑设多个总变电所：

1）当电源电压偏低，根据厂区的布置和负荷分布，采用比电源电压低一级电压作为企业一次配电电压不经济时，只好以电源电压代替一次配电电压向多个总变电所供电；

2）当企业内部没有保安电源，从电力系统供一回保安电源，而且能供给的保安容量又有限制时，需要建两个总变电所，其中一个兼作保安变电所或者专用保安变电所。

1.3.4　电源系统结线

1.3.4.1　电源系统结线一般原则

电源系统结线的一般原则为：

（1）钢铁企业一般采用专用电源线路和企业变电所；

（2）全企业一般设置一个总变电所，个别情况设置两个最多不超过三个总变电所（改扩建企业除外）；

（3）企业总变电所一般作成终端式；

（4）电源系统结线采用放射式，个别情况采用干线式，其分支点不得多于一个。

1.3.4.2　电源系统结线方式

电源系统结线方式结合实际情况会有很多种，这里仅列出常用的几种方式，见表 1-5。

表 1-5　电源系统结线

结线图	简要说明
放射式结线	
（1）一回电源线路和一台变压器结线 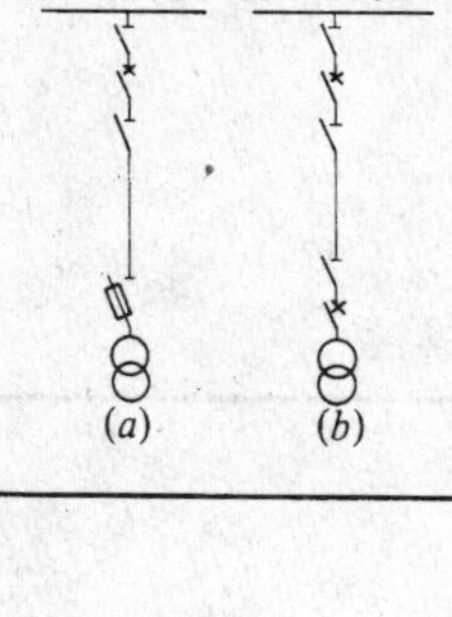	（1）对于系统短路容量较小的 35～110kV 不太重要的小型变电所，当高压熔断器参数能满足要求时，可采用变压器一次侧装设高压熔断器的结线。但在设计上仍应考虑到扩建或改建的可能性 （2）当由于操作或继电保护等要求时，变压器一次侧装设断路器

续表 1-5

结 线 图	简 要 说 明
	放 射 式 结 线
(2)具有两回电源线路和两台变压器的内桥结线 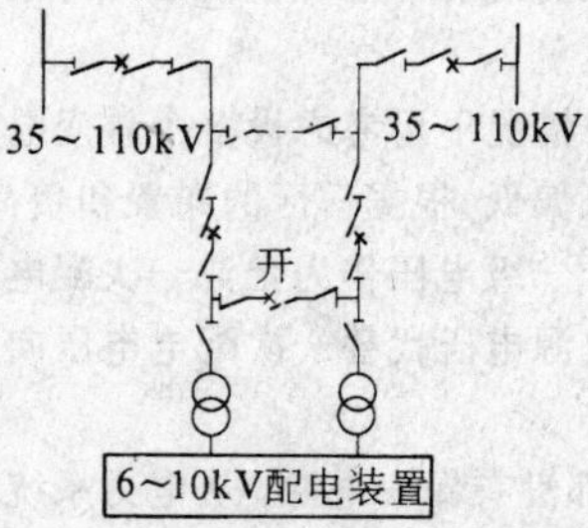	当电源线路较长（线路的故障机会较多）或不需要经常切断变压器时采用内桥结线 当桥接断路器是合闸运行时，任何一回电源线路故障，继电保护装置将其相应的断路器断开，并不影响所有变压器的正常运行。当桥接断路器是断开运行时，一回电源线路故障，可采用自动投入装置将桥接断路器合闸，使接于故障线路的变压器继续运行 为了在抢修线路断路器时保证不中断线路的供电，可在线路断路器的外侧增设带两组隔离开关（考虑隔离开关本身检修）的跨条，如图中虚线所示 适用于对一、二级负荷供电和以后不发展的变电所
(3)具有两回电源线路和两台变压器的外桥结线 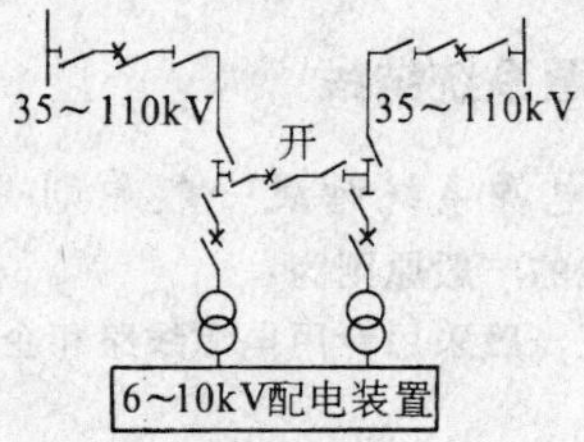	当供电线较短或需要经常切断变压器（例如由于负荷昼夜变化相当大）时，一般采用外桥结线 当一路电源线路发生故障时，短时间内（操作开关所需时间）停止对相应一台变压器的供电 当操作无要求时，桥接断路器也可采用隔离开关 适用于对一、二级负荷供电和以后不发展的变电所
(4)具有两回电源线路和三台变压器的内扩大桥结线 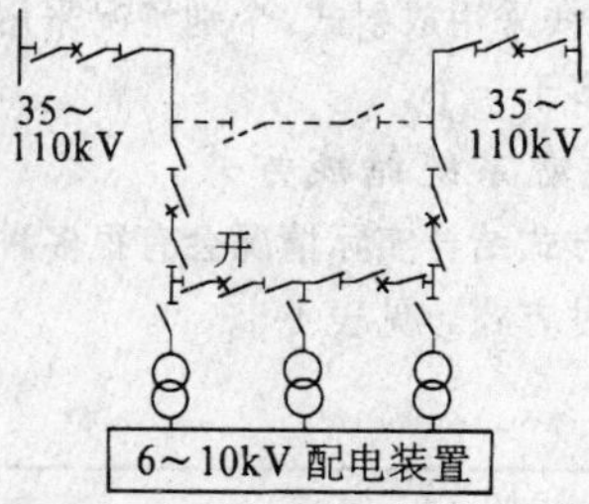	采用本结线的条件和运行情况与图（2）说明相同 适用于对各级负荷既集中容量又很大且需要装设三台变压器的变电所和以后不发展的变电所
(5)具有两回电源线路和三台变压器的外扩大桥结线 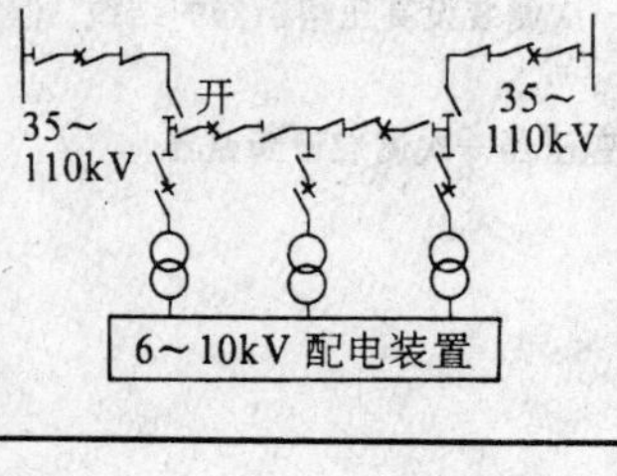	采用本结线的条件和运行情况与图（3）说明相同。但桥接方式在任何情况均应采用断路器 适用于对各级负荷既集中容量又很大且需要装设三台变压器的变电所和以后不发展的变电所

续表 1-5

结　线　图	简　要　说　明
(6) 单母线分段结线 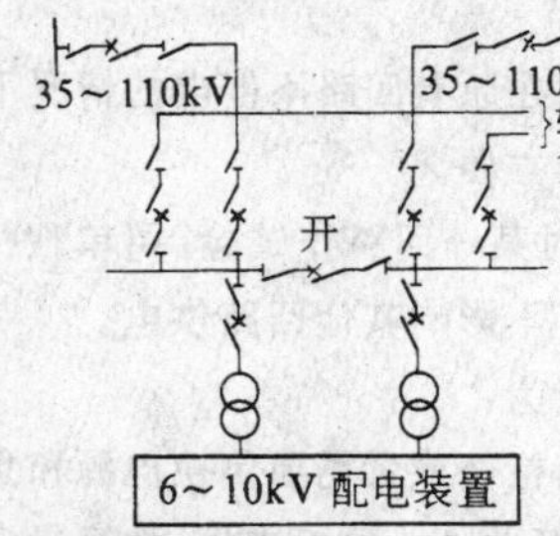 	具有两回路电源线路，一、二回转送线路和两台变压器的变电所，一般采用单母线分段结线 母线检修时，接在该母线上的电源线路和馈出线路均要停止运行。因此对重要用户应由两段母线分别供电 本结线在大、中型企业中采用较多
(7) 双母线结线 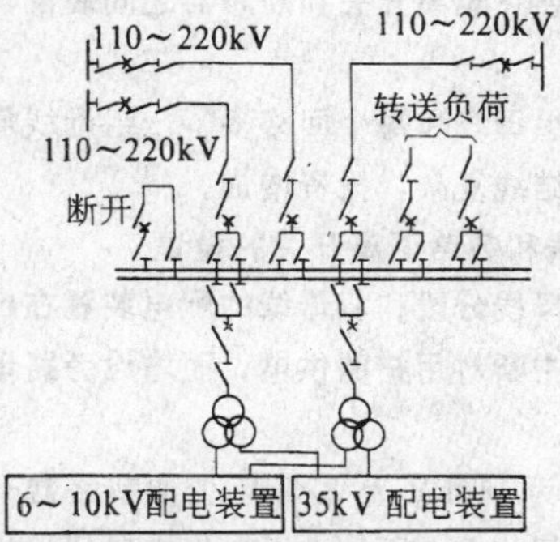 	具有 35～110kV 电压、负荷重要、线路回路数较多或有其他特殊要求时，可采用双母线结线 母线检修时，可不停电的将所接回路倒换到另一组母线上继续供电。但结线复杂，投资较贵 本结线在大型企业中采用较多
(8) 三回路电源线路和两个总变电所 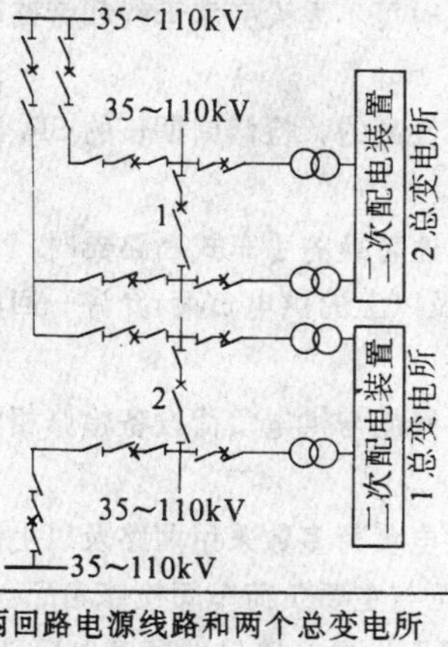 	大、中型企业需建两个总变电所时采用 均作为终端变电所运行，故 1、2 分段断路器在正常运行时断开 其特点是每个总变电所均有一回专用电源线路供电，并且还有一回共用电源线路供电，提高供电可靠性，故均可向一级负荷供电，尤其是 1 总变电所供电可靠性更高
(9) 两回路电源线路和两个总变电所 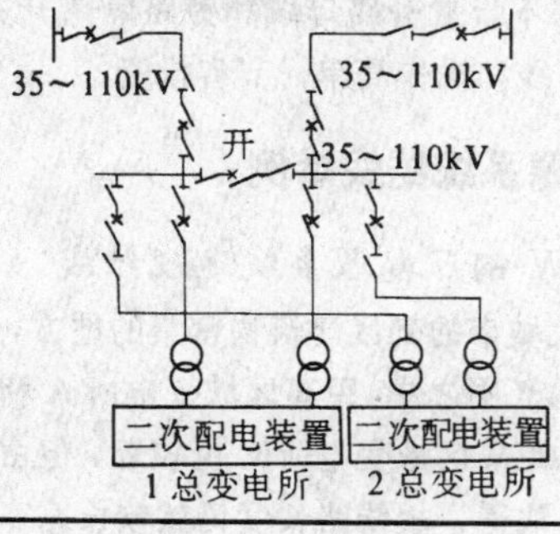 	当只有两回电源线路又需要建两个总变电所时采用 1 总变电所作为终端变电所运行，分段断路器在正常运行时断开。2 总变电所的变压器一次侧不设置配电装置，但需在变压器一次套管内装电流互感器或另外装电流互感器作为变压器差动保护使用，其保护信号转送到电源断路器跳闸 特点是结线简单，供电可靠性高，管理集中，投资省，运行费省。均可向一级负荷供电

1.3.4.3 电源系统典型结线比较

A 单电源单变压器结线

当企业仅设单台变压器由单电源供电时，由于电源是由电力部门供给的，故不能采用线路—变压器组单元结线方式，在变压器高压侧要装设可断开电路的开关和保护装置，便于企业对设备检修、操作和管理。

单电源单变压器结线方式（见表1-5中图（1））结线简单、设备少，但线路或变压器故障或检修时企业均停电，供电可靠性差。

B 桥形结线

桥形结线（见表1-5中图（2）～（5））的优点是采用断路器少。其缺点为：(1)内桥结线时变压器的投切；外桥结线时线路的投切，均操作复杂，需要动作两台断路器，并且使得相对应的线路和变压器短时停运。(2) 因为无母线设施，对变电所扩建很困难。

C 单母线分段结线

单母线分段结线（见表1-5中图（6））的优点为：

(1)作为终端总变电所时，分段断路器断开运行，用户可以由不同段母线分别供电，获得两个电源；

(2)一段母线故障或检修时，另一段母线仍保证不间断供电，使重要用户不停电，供电可靠性较高；

(3)比桥形结线操作简便、灵活，任一线路或变压器投切时只需操作一只断路器；

(4) 因为设有母线，对变电所以后扩建有利。

单母线分段结线的缺点为：

(1)当一段母线或母线隔离开关检修或故障时，接于该段母线上的所有回路都在检修期间内停电；

(2)当母线上接有转送架空出线回路时，常常使架空线路发生交叉跨越；

(3) 在扩建时，常使电源线路负荷不均衡。

D 双母线结线

双母线结线（见表1-5中图（7））的优点为：

(1)当母联断路器合上时，可以通过两组母线隔离开关的操作，将电源或负荷回路从一组母线不停电地倒换到另一组母线上；

(2)可轮流检修一组母线，而不使任何回路中断供电；

(3)当一组母线故障时，经过倒换操作可以迅速恢复所有回路供电；

(4)检修任一回路母线隔离开关时，只是该回路停电；

(5)电源和负荷可以任意分配到两组母线上，能适应供电系统各种运行方式的调度；

(6)出线回路可以按次序排列，不会造成架空出线的交叉跨越现象；

(7) 扩建容易，可在原有回路不停电的情况下进行，新增负荷调配同样方便。

(8)便于试验，如对某一回路作试验，可单独将它接到一组母线上进行，不影响其他回路供电。

双母线结线的缺点为：

(1) 当母线故障和检修或者需要倒换电源和负荷操作时，都把母线隔离开关作为倒换电器，故容易发生误操作，为此需要在隔离开关和断路器之间装设联锁装置。

(2) 多了一组母线和每个回路多了一组母线隔离开关，故设备多结线复杂，投资增加。

E 旁路母线和旁路隔离开关的设置

为了保证单母线分段和双母线的配电装置在出线断路器检修时不中断对用户的供电，而增设旁路母线或旁路隔离开关。

这主要是因为110kV及220kV少油断路器平均每台每年检修时间约需5天到7天，停电时间长的缘故。具有下列情况时可不需设旁路母线和旁路隔离开关。

(1) 采用可靠性高的，检修周期长的SF_6断路器时；

(2) 采用可迅速替换的手车式断路器时；

(3)两路电源及以上的供电负荷，允许一回路断路器停电检修时；

(4) 断路器检修能与供电负荷设备检修相配合进行时。

钢铁企业的供电负荷多数采用两路及以上电源供电，变电所的检修可与主要负荷车间检修相配合进行，因此变电所一般都不设置旁路母线和旁路隔离开关。这样可使变电所结线和操作简单，节省投资。

1.3.5 电源系统结线举例

1.3.5.1 W钢厂电源系统地理结线

W钢厂位于大城市的郊区建筑物密集的地方，处于城市220kV电力环网之中，距离区域变电所A和火力发电厂F很近，距离区域变电所E也较近，但由于近路线路走廊难以取得，故线路长度仍然较长。

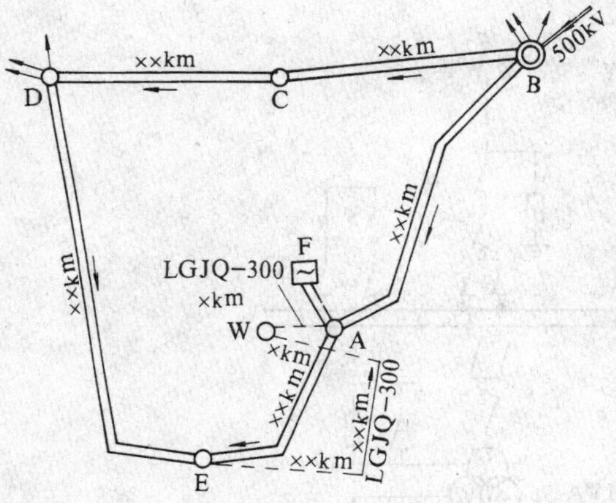

图 1-1 W 钢厂总变电所 220kV 电源系统地理结线图

B—500kV 变电所；

A、C、D、E—220kV 变电所；

F—火力发电厂

W 钢厂为旧厂改建，分两期建设，一期负荷为 70MW。安装两台 50MVA 变压器；二期最终负荷为 150MW，共安装四台 50MVA 变压器。其一次侧为单母线分段结线作为终端变电所运行。其电源系统结线经多方案比较后确定如图 1-1 所示方案（除标明电压外的线路均为 220kV；虚线部分为新建或改建的线路），其优缺点如下：

(1) 电源电压 220kV，电源引自区域变电所 A 和 E 各一回路，故具有两个不同方向的独立电源点，供电可靠性高。

(2) 两回路电源都接到 220kV 环网上，联接的电源点多，对安全供电有利。

(3) 不受火力发电厂 F 的开机方式的影响。

(4) 220kV 线路较短，线路走廊容易解决，实现条件好，可利用原有线路调整走廊。

(5) 从区域变电所 E 引来的一回电源线路与 E-A 双回路线路相交叉，施工和运行都不利。

该钢厂的工作电源虽然比较可靠，但是，仍然设有一回保安电源，即从火力发电厂 F 引来一回路 35kV 电源。

1.3.5.2 J 钢铁厂电源系统结线

J 钢铁厂电源除由厂外电力系统引来三回路 220kV 电源外，还在厂内建有一座自备发电厂，内装两台 350MW 的机组。

J 钢铁厂电源系统结线方式（见图 1-2）的特点是：自备发电厂——中央变电所——总降压变电所——电力系统，称为串联式联结方式。这种结线方式的优点是：

(1) 由于自备发电厂是通过总降压变电所，间接与电力系统相联结，而直接与钢铁厂一次配电系统相联结，故可作为钢铁厂的保安电源使用。

(2) 自备发电厂是钢铁厂工作电源之一，对钢铁厂实现了两端电源供电，故提高了企业供电可靠性。

(3) 自备发电厂发出的无功电力，直接供给厂内无功负荷，提高了企业负荷的功率因数，减少装设了功率因数补偿装置的容量。

(4) 可通过总降压变电所的变压器有载调压开关装置，控制自备发电厂的无功电力向电力系统输送量，从而提高企业配电电压的质量。

(5) 由于发电机装有自动电压调节装置（AVR），采取适当措施可对厂内冲击无功负荷起到动态无功补偿作用，从而抑制配电系统的电压波动，其响应时间为 1s。

(6) 由于自备发电厂发出的大部分电力经一级升压后直接供给企业负荷，仅有少量富裕电力才需再经一级升压后输出到电力系统中，故减少了输电损耗。

(7) 和电力系统联接只有一个总降压变电所，企业与电力系统关系简单，管理容易。

其缺点是：

(1) 在中央变电所和总降压变电所之间需敷设两回路大容量的联络线路。

(2) 继电保护比较复杂。

钢铁厂内还设有能源综合利用发电机，如高炉煤气余压发电机 2×21.8MVA 和焦化车间的干熄焦发电机 2×23.8MVA，这种发电机不作保安电源使用。

J 厂高炉鼓风机为同步电动机传动，容量为 48MW，共有三台，不仅容量大而且是非常重要的保安负荷。

该厂对大型同步电动机和发电机作过稳定性模拟计算，当 110kV 配电系统发生短路故障时，发电机的稳定性高于烧结机的同步电动机，而烧结机的同步电动机稳定性又高于高炉鼓风机同步电动机，高炉鼓风机同步电动机稳定性最差，其稳定时间仅为 180ms。如何保证高炉鼓风机安全运行，成为非常重要的问题。该厂是靠继电保护来解决这一问题的，已知现代继电保护的速断保护切除故障的时间能满足 180ms 的要求，如果考虑速断保护万一失灵时，靠后备保护动作不能满足要求。该厂采用当 110kV 配电系统故障时，先将

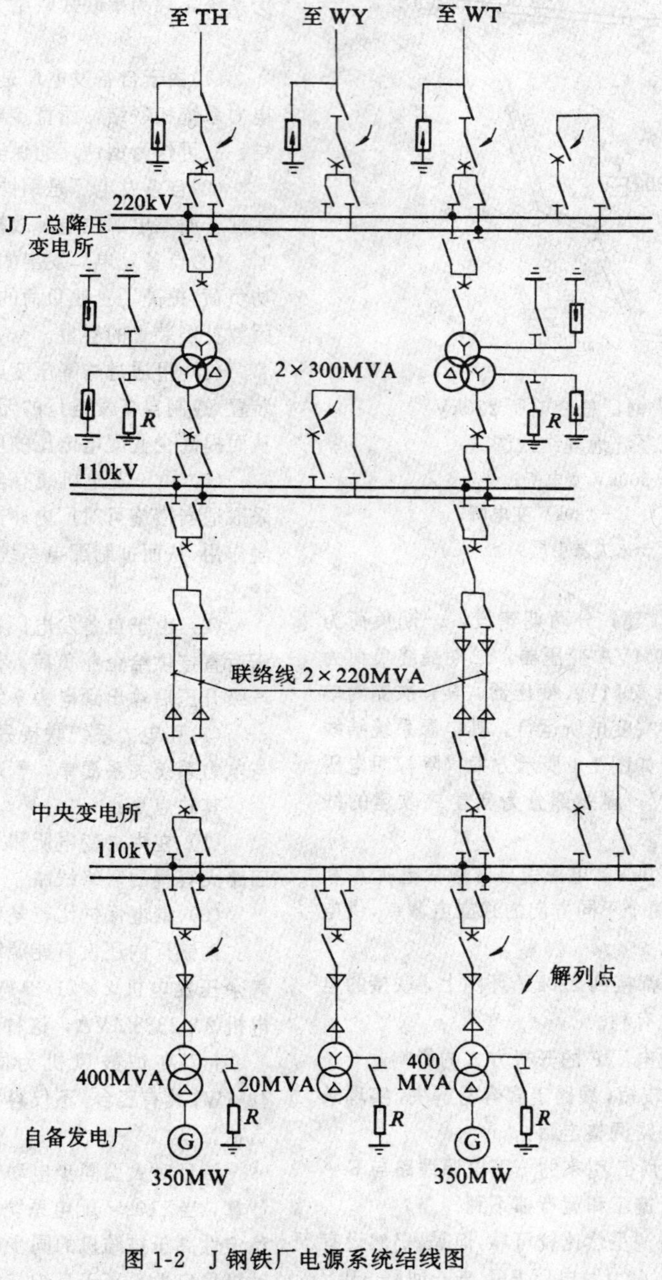

图 1-2　J 钢铁厂电源系统结线图

110kV 系统瞬时解列，然后靠继电保护动作切除故障点，这样做能至少保证一台高炉鼓风机的运转。

1.3.5.3　H 钢铁厂电源系统结线

H 钢铁厂分两期建设，第一期工程建成后，最大负荷 120MW，年耗电量 7.6 亿 kWh。第二期工程建成后，总负荷为 290MW，年耗电量 14.9 亿 kWh。相应的建设 HG 自备发电厂 3×100MW 容量和电力系统新建 D 变电所与地区 220kV 电网联结。

电源系统结线（见图 1-3，其中点划线框属于钢铁厂，虚线框属于电力部门）特点：

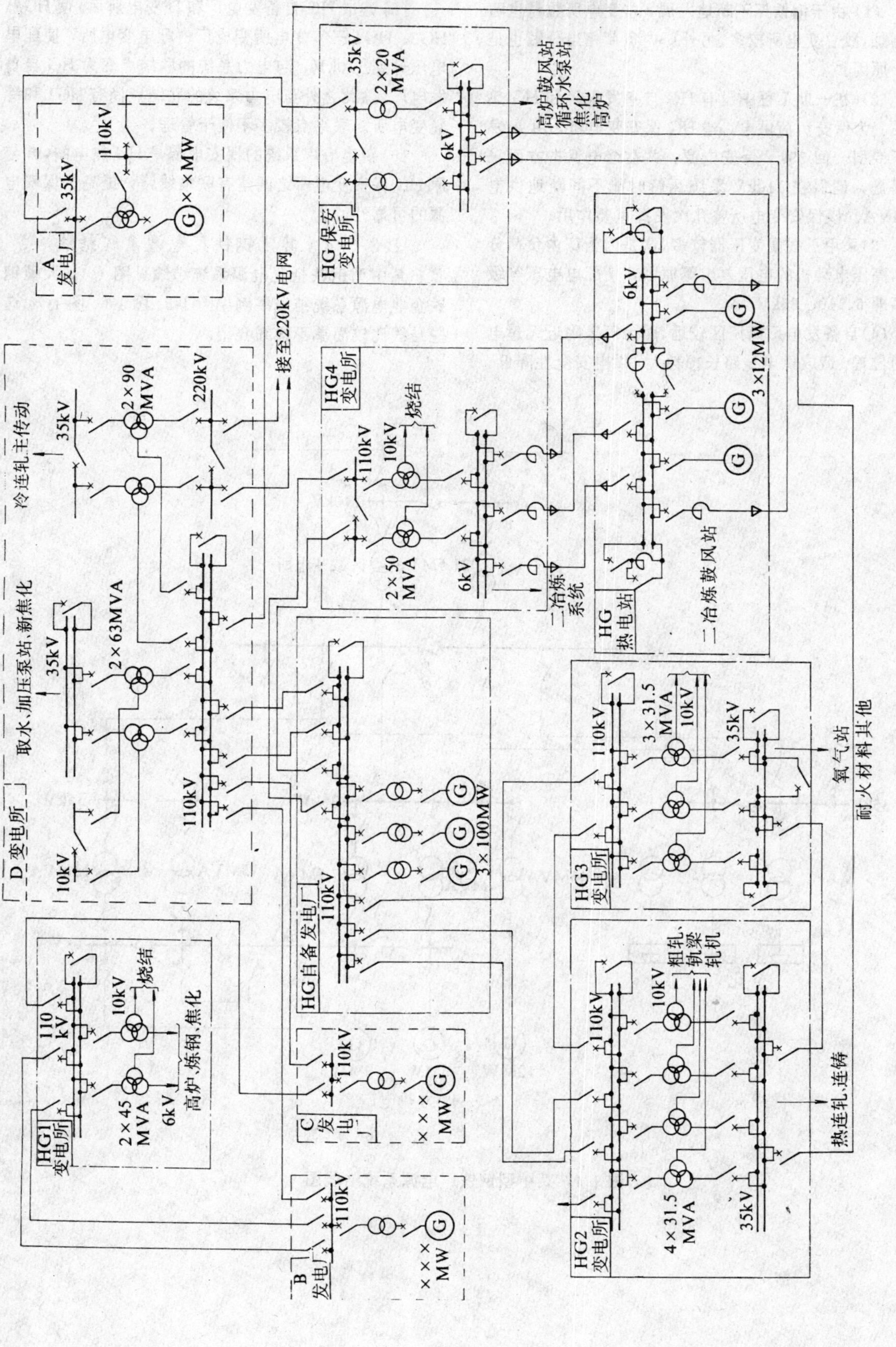

图 1-3 H 钢铁厂电源系统结线图

(1) 由于钢铁厂不断地发展，总变电所数量也随着增加，故总变电所较多。另外厂内负荷相当分散也是一个原因。

(2) 在一期工程中没有HG自备发电厂和HG热电站。为保安负荷供电，建HG保安变电所，由A发电厂专引一回35kV保安电源，并在继电保护方面采取措施，确保在110kV系统瓦解时能不间断地供电20MVA。该保安变电所曾几次发挥重要作用。

(3)采用三线圈变压器较多，这是因为厂内负荷分散和高压电动机的电压要求等原因，使配电电压等级较多即6、10、35kV。

(4)自备发电厂离厂区较远，因为厂区附近无建电厂的位置。造成供电线路长损耗大，供电安全性降低。

(5)建成HG自备发电厂和D变电所后，使HG2、HG3、HG4三座变电所变成厂内配电变电所，使配电电压升到110kV，与电力系统的联结点变为HG自备发电厂。除此之外与电力系统的联结点尚有HG1和冷轧变电所。联结点较多不便于管理。

(6)新建冶炼系统的保安电源是HG热电站，并与原HG保安变电所之间建有联络线路，提高了保安电源的可靠性。

1.3.5.4 其他钢铁厂电源系统结线

某中型钢铁企业电源系统结线见图1-4。大型钢铁企业电源系统结线举例见图1-5、图1-6、图1-7，这些结线比较简单不详细介绍。

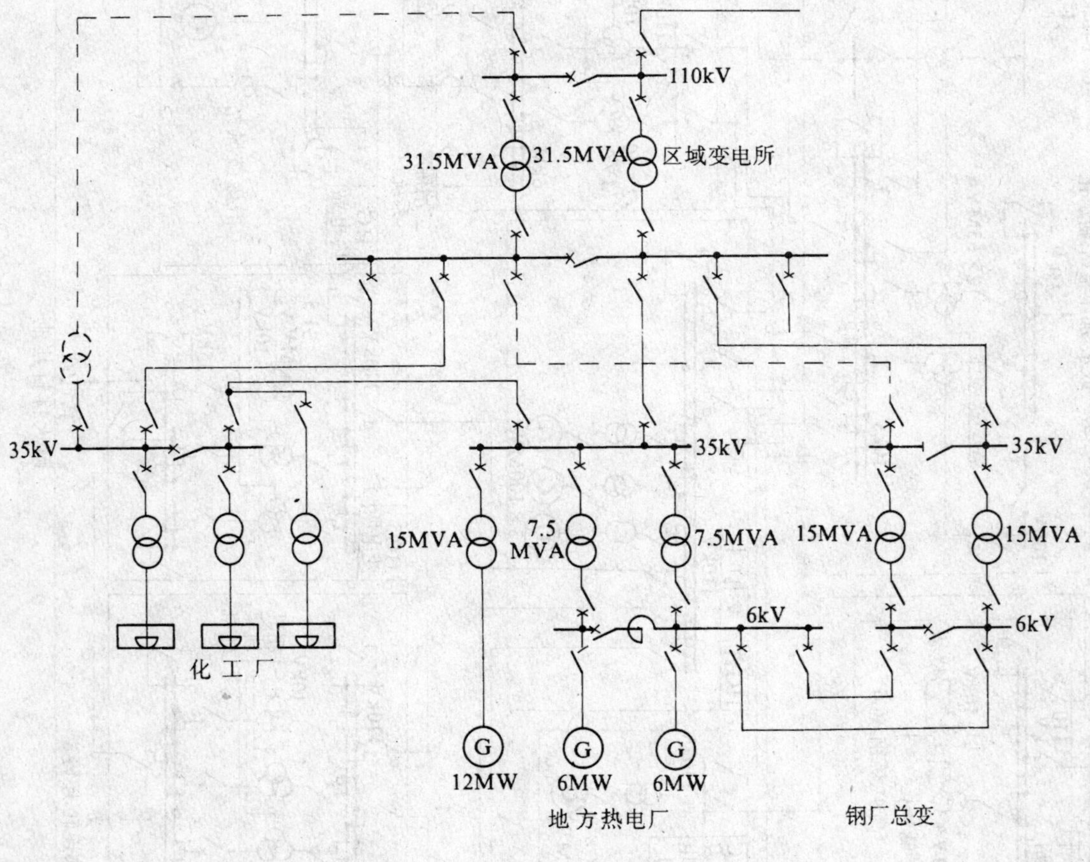

图1-4 某中型钢铁厂电源系统结线图

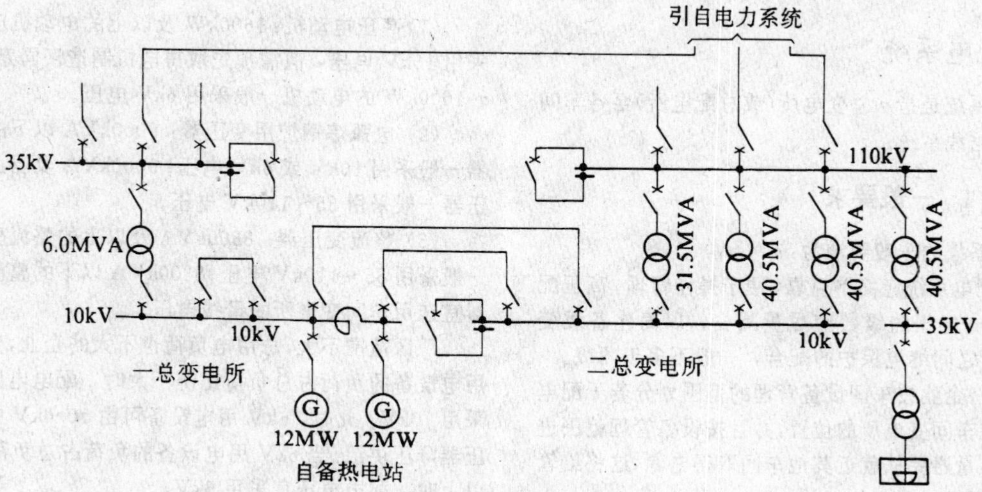

图 1-5　某大型钢铁厂电源系统结线图（例 1）

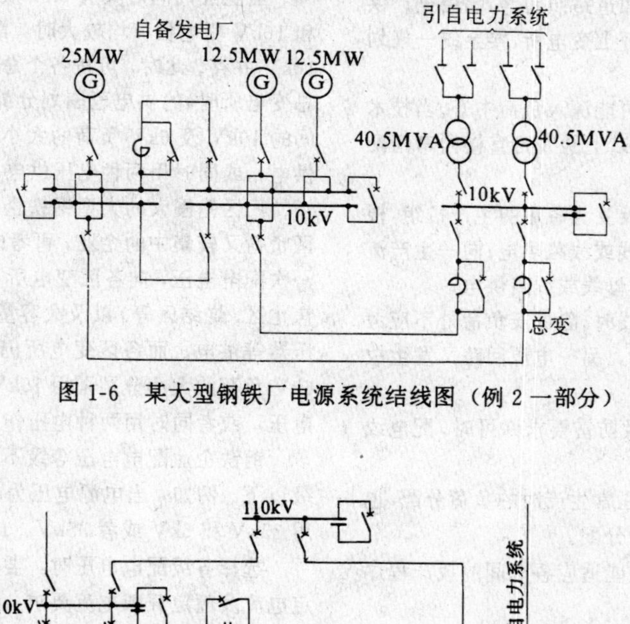

图 1-6　某大型钢铁厂电源系统结线图（例 2 一部分）

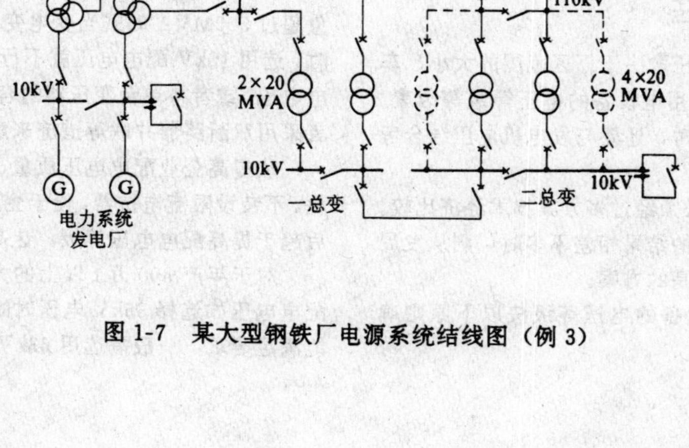

图 1-7　某大型钢铁厂电源系统结线图（例 3）

1.4 配电系统

配电系统是指从总变电所(或总配电所)至各车间变电所的结线系统。

1.4.1 一般要求

配电系统的一般要求为：

(1)配电系统应简单可靠，便于操作管理。高压配电系统同一电压的级数应尽量减少，以简化各级变(配)电所之间继电保护的配合，一般不多于两级。

(2)将企业按车间设备管理的范围划分若干配电区域，确定车间变电所的位置，并且按设备管理范围进行供电。尽量避免从就近其他车间取得电源，这将给管理上带来麻烦。

(3)对于零星公共负荷如道路照明等，需由全厂供电部门统一管理，因此宜用杆上变电所，接至统一规划的公共电源线上供电。

(4)高压配电线路应尽可能深入负荷中心。当技术经济合理时应采用35kV及以上的线路直接向车间配电的方式。

(5)平行的生产流水线及互为备用的生产机组，根据生产要求，宜由不同的母线或线路供电；同一生产流水线的各用电设备宜由同一母线或线路供电。

(6)在设计配电系统结线时，除保安负荷外不应考虑一电源回路检修或故障时，另一电源回路又发生故障。

(7)在走廊、环境条件及防雷要求许可时，配电线路宜采用架空线。

(8)配电系统既应考虑正常生产时的负荷分配，也要考虑检修和故障时的负荷分配。

(9)配电系统的结线应能适应各车间的投产程序和分期建设的需要。

(10)改建和扩建工程应尽量利用现有设备。

1.4.2 配电电压

钢铁企业的配电电压取决于厂区范围的大小、车间用电负荷的大小以及用电设备的电压等级等因素。当企业设有自备发电厂时，还要与发电机电压结合考虑。

配电电压的确定，必须经过多方案技术经济比较。如果两种不同电压比较的结果相差不多时，则从发展的观点，宜采用电压较高的方案。

企业内高压用电设备的电压等级按以下原则确定：

(1)高压电动机：1600kW及以上的电动机应尽量采用10kV电压，但需预先取得电机制造厂同意，200～1600kW的电动机一般采用6kV电压。

(2)电弧炼钢炉用变压器：9000kVA以下的变压器一般采用10kV或6kV电压；9000kVA及以上的变压器一般采用35～110kV电压。

(3)整流变压器：8300kVA及以上的整流变压器一般采用35～110kV电压；8300kVA以下的整流变压器宜选用车间变电所的母线电压。

厂区范围不大，总用电负荷也不大的企业，当6kV用电设备的负荷占总负荷比例不大时，配电电压一般采用10kV。此时，6kV用电设备可由10/6kV中间变压器降压供给。当6kV用电设备的负荷占总负荷30%以上时，配电电压宜采用6kV。

当企业内同时具有6kV及10kV用电设备且6kV和10kV用电负荷均较大时，配电电压可采用6kV和10kV并存。此时，可按各个总变电所(当企业有几个总变电所时)的供电范围划分配电电压等级，或按各车间的10kV及6kV负荷的大小分别采用10kV或6kV供电，或同时用两种电压供电。

厂区范围大的大型钢铁企业，或厂区较分散而各区负荷又较集中的企业，可考虑采用35～110kV作为一次配电电压，向各区变电所(例如冶炼区、轧钢区、焦化区、烧结区等)以及大容量电弧炉变压器，整流变压器等供电。而各区变电所仍可按各车间的10kV及6kV负荷的大小分别采用10kV或6kV作为二次配电电压，或者同时用两种电压作为二次配电电压。

钢铁企业配电电压等级不宜过多，一般来说在三级以下，例如，当电源电压为110kV时，配电电压选用35kV和6kV或者35kV、10kV和6kV。

选择各级配电电压时，要符合现有国产断路器额定电流及额定开断电流要求，根据此要求配电电压与系统短路容量、受电变压器容量的关系见表1-7。表1-7所指的变压器为双线圈变压器。例如当系统短路容量超过500MVA时或当受电变压器容量超过50MVA时，选用10kV配电电压就不行了，需要选用35kV配电电压；或者将单台变压器的容量降低，台数增多；或者采用双断路器并联等措施来解决。

从提高企业配电电压质量、输电容量，减少线路损耗，不装设限流电抗器，便于企业发展等因素考虑，今后趋于提高配电电压等级，让高压伸入负荷中心。

对于年产300万t以上的大型钢铁企业，其一次配电电压如选择35kV电压时断路器额定参数往往不能满足要求，一般需选用63kV或110kV电压。选用

63kV 电压从技术和经济角度来看可能是比较合适的，但我国仅在东北地区钢铁企业中采用。

对于特殊用户，例如大型热、冷连轧板厂或大型电弧炉炼钢厂的配电电压应特殊对待，选用更高的电压对它们配电。

对于改建、扩建工程，应尽量利用原有设备，一般不宜更改原来的配电电压，经技术经济比较改变原来的配电电压确有显著优越性而必须改变时，应有过渡措施使在施工期间尽量不影响原有车间的生产。

在一般情况下，钢铁企业配电电压的确定，可参考表 1-6 和表 1-7 选定。

表 1-6　配电电压选择参考表

配电项目	配电电压（kV）
（1）电动机	
200kW 以下的	0.38～6
200～1600kW	3～10
1600kW 及以上的	6～10
（2）电弧炉变压器	
9000kVA 及以下的	6～35
9000kVA 及以上的	35～110
（3）整流变压器	
8300kVA 以下的	6～35
8300kVA 及以上的	35～110
（4）一般车间或厂内部配电（除 0.38kV 配电外）	6～10
（5）年产 300 万 t 以上热、冷连轧板厂配电（除 0.38kV 配电外）	35～63 和 6 或 10
（6）企业内部配电（指一次配电）	
小型企业	6～10
50～100 万 t 企业	6～35
100～300 万 t 企业	35～63
300 万 t 以上的企业	63～110

表 1-7　配电电压与系统短路容量、受电变压器容量的关系（根据断路器额定值）

配电电压（kV）	断路器额定开断电流（kA）	允许系统最大短路容量（MVA）	断路器最大额定电流（A）	允许受电变压器最大容量（MVA）	备　注
6	31.5	327	3000	31.5	采用 10kV 少油断路器，馈电断路器额定电流为 1000A 时
10	31.5	500	3000	50.0	同上
	25.0	433	1250	20.0	采用真空或 SF_6 断路器时
35	16.5	1000	1200	63.0	采用少油手车式断路器时（手车式开关柜）
	16.0	970	1250	63.0	采用 SF_6 手车式断路器时
	24.3	1500	1500	90.0	采用户外少油断路器时
	12.5	753	1000	50.0	采用户内真空断路器时（手车式开关柜）
63	31.5	3400	1600	150.0	采用户外少油断路器时
110	40.0	7600	2000	360.0	采用户外少油断路器时
	50.0	9500	4000	400.0	采用 GIS 或瓷瓶式 SF_6 断路器时
145	31.5	7900	1500		采用户外少油断路器时
220	31.5	12000	3150		同上
	63.0	24000	4000		采用 GIS 或其他 SF_6 断路器时

注：受电变压器系指双线圈变压器。受电断路器为单台，不包括双断路器并联方式。

1.4.3 车间电源

1.4.3.1 电源确定

大、中型企业内具有一级用电负荷的车间,应有两个独立电源作为正常生产用的工作电源。当两回独立电源引自同一电源点(总变电所或发电厂)时,大型企业尚应由另一独立电源点引来一回路保安电源,以满足车间安全停产及紧急抢修等(保安负荷)的需要;中型企业有条件时也应这样做。

对于小型企业内具有一级用电负荷的车间,正常生产的工作电源取决于企业的供电电源的数量,如果只有一个电源时,则应再取得一回路保安电源或采取其他非电类的保安措施。

只有二、三级用电负荷的车间,在大、中型企业内宜有两回独立电源供电;在小型企业内允许只有一回电源。

仅具有三级用电负荷的车间,其电源数量取决于技术经济的合理性,可以有两回电源,也可以有一回电源。

1.4.3.2 配电线路容量选择

配电线路容量的选择应符合下列要求:

(1)当多回线路同时工作,互为备用的配电线路中的一回路故障时,其他配电线路应至少保证一级和二级负荷用电。

(2) 专用的保安电源线路应保证一级负荷用电。

企业内主要车间变、配电所对供电电源的要求,见表 1-8。

表 1-8 主要车间的变、配电所对供电电源的要求

序号	车间名称	正常工作电源		保安措施	备注
		回路数	备用量(%)		
大型以及 50 万 t 及以上的中型联合企业					
1	焦化车间	2	100	需要	
2	炼铁车间	2	100	需要	
3	转炉、平炉炼钢车间	2	100	需要	
4	蒸汽鼓风机站	2	100	需要	
5	中央锅炉房	2	100	需要	包括其他按工艺要求不允许中断供汽的锅炉房
6	供焦炉、炼铁、炼钢冷却水泵站;轧钢区加热炉冷却用水的中央水泵站	2	100	需要	应加设一个可用于保安的电源
7	各轧钢车间分设的加热炉冷却水泵站	2	100	需要	
8	煤气站 (1) 煤气加压站 (2) 煤气发生站	2	100	①	
9	轧钢车间 (1) 1000mm 及以上初轧车间 (2) 轨梁车间 (3) 大型轧钢车间 (4) 其他轧钢车间	 2 2 2 2	 100 100 	 ① ① ① ①	
10	供轧钢、炼钢用的空气压缩机站;中央空气压缩机站	2	100	不需	
11	冶炼用氧气站	2	100	需要	
12	牵引变电所	2		需要	

续表 1-8

序号	车间名称	正常工作电源		保安措施	备注
		回路数	备用量（%）		
13	水源设施	2	100	①	如采用直流供水系统时，应按序号 6 执行
14	耐火材料车间	2	70～80	不需	
15	机修设施	1 或 2	70 以上	需要	
50 万 t 以下的中型联合企业					
16	焦炉车间	2	100	②	
17	炼铁车间	2	100	需要	
18	转炉、平炉炼钢车间	2	100	需要	
19	供焦炉、炼铁、炼钢、轧钢加热炉冷却用水的水泵站	2	100	②	
20	中央锅炉房	2	100	需要	包括其他按工艺要求不允许中断供汽的锅炉房
21	蒸气、电动鼓风机站	2	100	需要	
22	煤气站 (1) 煤气加压站 (2) 煤气发生站	2	100		需要时见②
23	轧钢车间	1 或 2		不需	
24	供轧钢、炼钢用的空气压缩机站	2	100	不需	
25	冶炼用氧气站	2	100	不需	
26	水源设施	2	100	①	如采用直流供水系统时，应按序号 19 执行
27	机修设施	1		不需	
小型联合企业					
28	所有各车间	1 或 2		不需	5 万 t 及以上的小型联合企业的冶炼车间应尽量取得两个独立电源

①是否需要保安电源视具体情况而定。

②当工作电源引自同一企业变电所（发电厂）时，如果企业有保安电源，则应再引来一回可用于保安的电源。

注：当变电所受电回路多于两回路时，表中备用量的百分数系指当其中任一回路故障时，其余回路能共同承担全部负荷的百分数；当变电所的供电范围超出本车间范围时（例如炼钢变电所除供炼钢系统的车间外还供机修车间），变电所受电线路的备用量根据具体情况决定；电弧炉供电要求见第 8 章。

1.4.4 配电系统结线

配电系统结线的选择原则：

(1)企业内部的配电方式有放射式、树干式和环形几种。设计时按具体情况选用。

35kV 及以上宜采用放射式或环形配电系统；6～10kV 宜采用放射式和树干式相结合的配电系统。

小型企业的配电系统一般以树干式为主。

(2)6～10kV 树干式配电。干线上连接的用户数不宜太多，电缆干线的用户不应超过 2 个；架空干线的用户不应超过 5 个。具有一级用电负荷车间的两路电源线路，如果采用双干线（电缆或架空）时，不应超过一个分支；如果采用一路专线和一路干线供电，则架空干线可以有两个分支，而电缆干线仍不应超过一个分支。

(3) 对于大容量的用电设备（大型电弧炉变压器、整流变压器或大型轧钢机电动机等），因接于车间变、配电所将会引起母线电压波动超过允许值，故一般采用直接由总变电所供电或由专用变压器供电的方式。

(4)具有稳定负荷的隐极式同步电动机（如用于空压机、水泵和风机等），不应与有较大冲击负荷（如大型轧钢机和大型电弧炉）的用电设备接于同一段母线上。因为较大的冲击负荷，使网络的功率角随冲击负荷规律的变化，将造成隐极式同步电动机功率振荡，引起定子电流发生较大幅度的变化。

(5) 为防止较大冲击负荷（如轧钢机、电弧炉等）对其他负荷的影响，可将冲击负荷由专用变压器供电或将冲击负荷都接在同一段母线上，以便减少动补（SVC）的投资。

配电系统的结线一般可参考表 1-9 选用。

表 1-9　配电系统结线

<table>
<tr><th>结线图</th><th>简要说明</th></tr>
<tr><td colspan="2">放射式结线</td></tr>
<tr><td>(1) 6～10kV 单回路放射式
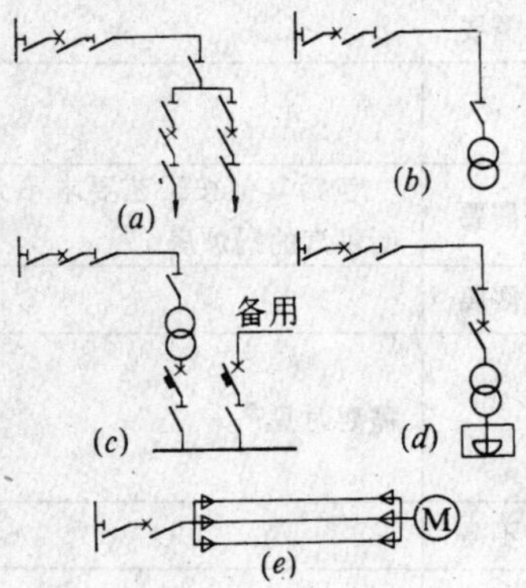
</td><td>这种结线，一般用于配电给没有一级负荷的小容量用户或专用设备
图（a）向只设一段母线配电所的配电。当母线上馈电回路较多或需要经常操作时，则受电开关应采用断路器
图（b）向单台变压器变电所配电
图（c）向单台变压器变电所配电，并从邻近车间取得低压备用电源（另外独立电源），故可以供给带有不大的一级负荷用户用电。
图（d）对电弧炉变压器的配电。较大容量的电弧炉变压器，一般由总变电所直接配电，其电源电缆多根时宜增加一根备用电缆
图（e）较大容量的大型电动机宜由总变电所直接配电。电源电缆多根时，宜增加一根备用电缆</td></tr>
<tr><td>(2) 6～10kV 双回路放射式
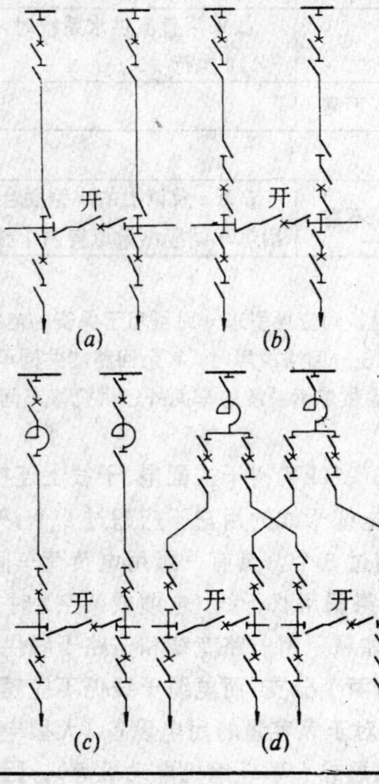
</td><td>这种结线一般用于较大容量或具有一级负荷的用电点
图（a）用于配电给二、三级负荷，容量大于 2000kVA 的用户
图（b）用于配电给一级负荷，容量大于 2000kVA 的用户，或配电给二、三级负荷，但每段母线馈出回路在 5 回及以上者
图（c）、(d) 同(b) 图说明</td></tr>
</table>

续表 1-9

结线图	简要说明
(3) 6～10kV 有联络线的单回路放射式 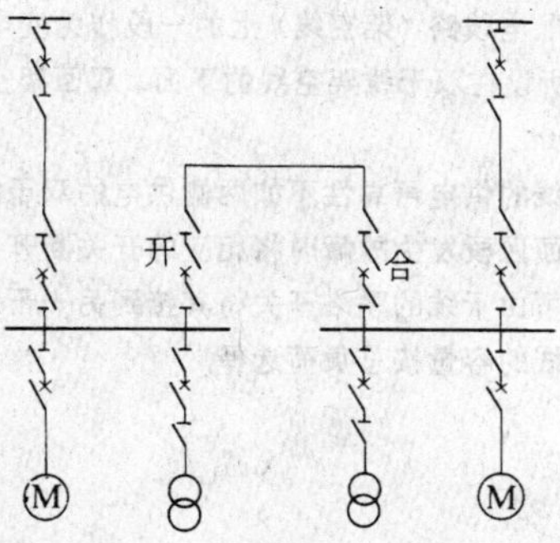	适用于供二、三级负荷的小容量配电所，当电源线路故障或检修时，由联络线供电 电源线路容量按照两个配电所总负荷选择，联络线容量按照配电所中较大负荷选择 缺点：继电保护增加一级为三级保护，而电源断路器的保护时限按规程规定不能超过 0.7s，故必须选择特殊时间继电器使保护时限级差在 0.35s 以内
树干式结线	
(4) 6～10kV 单回路干线式 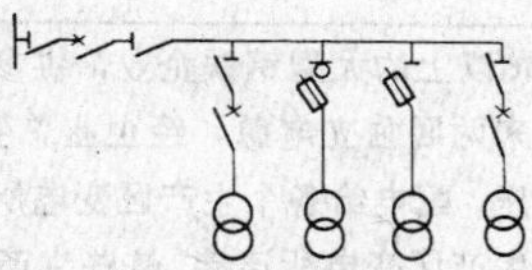	一般用于架空线路上，对三级负荷分散用户供电 干线的分支数不应超过 5 个，变压器容量在 315kVA 及以下时，采用隔离开关熔断器保护；户外安装的变压器采用跌落式熔断器保护 电源最好接到总变电所母线上，如果接到二级配电所母线上继电保护要无选择性动作或者采用自动重合闸来弥补
(5) 6～10kV 双干线式之一 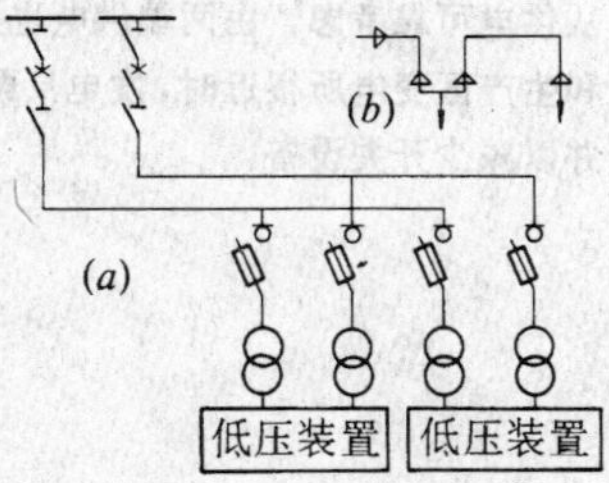	用以配电给各级负荷装有两台变压器的变电所，干线可采用架空线也可采用电缆，前者接变压器不得超过 5 台，后者不得超过 2 台，但当供一级负荷时都不得超过 2 台 继电保护的缺点同 (4) 图说明 图 (*b*) 为电缆干线接法
(6) 6～10kV 双干线式之二 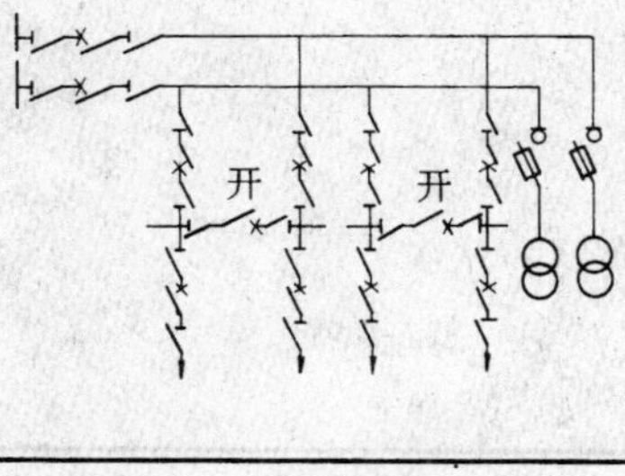	用以配电给二、三级负荷用户。当每条干线上只有 1 个分支 (接 2 个变电所) 时，也可配电给一级负荷用户 缺点同 (4) 图，继电保护时限级差要减少到 0.35s 以内

续表 1-9

结线图	简要说明
([illegible]) 35～110kV 单侧电源供电的双干线式 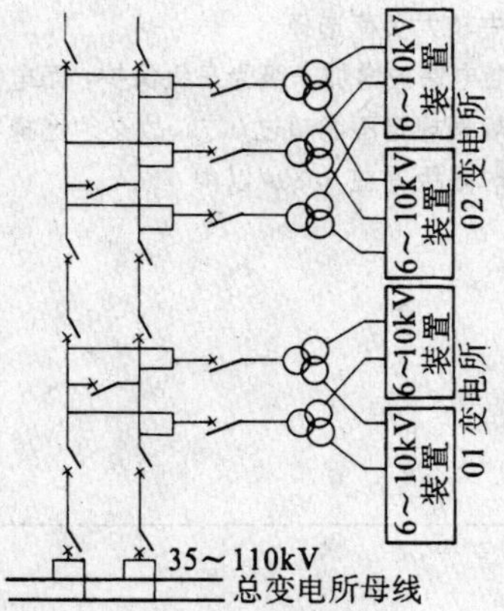	用于 100 万 t 以上的大型钢铁企业，供参考 电源引自电力网和发电厂。企业内采用双干线式配电，其特点是在配电线路（架空线）上的一段作为变电所的一次母线，变电所设在双干线架空线的下面。双回架空线之间的距离约为 20m 这种结线的供电可靠性不如两侧供电的双干线系统 干线前面区段发生故障时将相应的开关断开，干线后面区段上负荷可由干线的联络开关将其接到另一干线上 每条干线的容量按总负荷选择
([illegible]) 35～110kV 以干线为主的配电系统 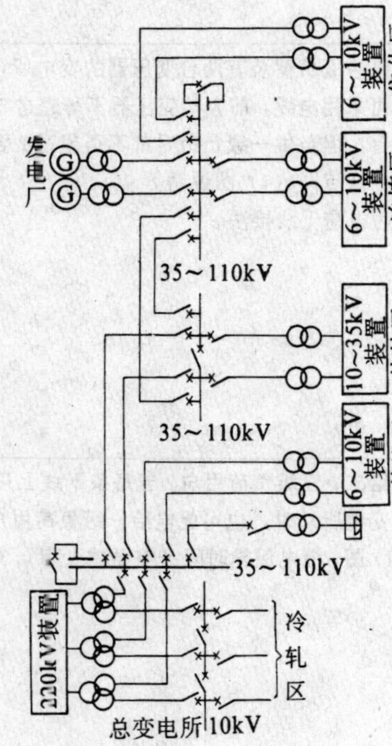	用于 100 万 t 以上的大型钢铁企业，供参考 从电力网引来两回独立电源，经企业总变电所降压后，作为主要配电电压，配电给各个生产区变电所。发电厂的两台发电机与一个生产区变电所连接。这些生产区变电所再降压到 6～10kV 后向各车间变、配电所配电 由电力网受电的总变电所和发电厂各在企业的一端。将发电厂直接连接到总变电所是不经济的。同时主要配电系统是树干式的，从供电可靠考虑，由两端供电也是很好的 当发电厂和生产区变电所很近时，发电厂配电室和生产区变电所可合并以减少开关设备

续表 1-9

结线图	简要说明
(9) 35～110kV 两侧电源供电的双干线式 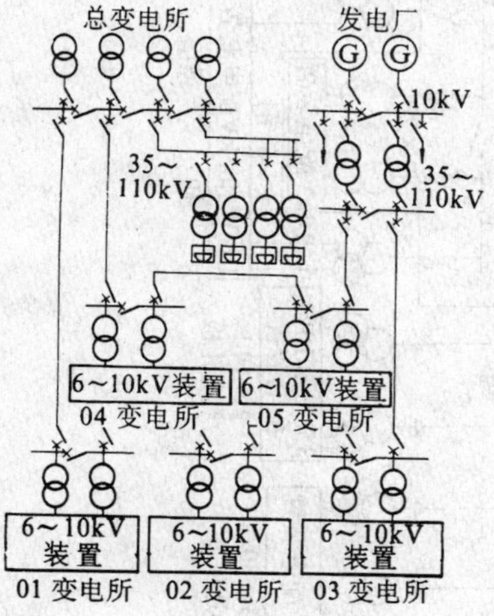 	用于 100 万 t 以上的大型钢铁企业，供参考 企业有四个独立电源：即接自电力网的两个独立电源和发电厂的两台发电机。双干线网络的一端接自总变电所，另一端接自发电厂。备用容量是能保证的，因为任何一台发电机、主变压器或电源线路发生故障都不致影响生产 在正常情况下，每条干线仅担负 50%总负荷，考虑到事故情况，每条干线都按 100%总负荷能力设计
环形式结线	
(10) 35～110kV 的环形配电系统 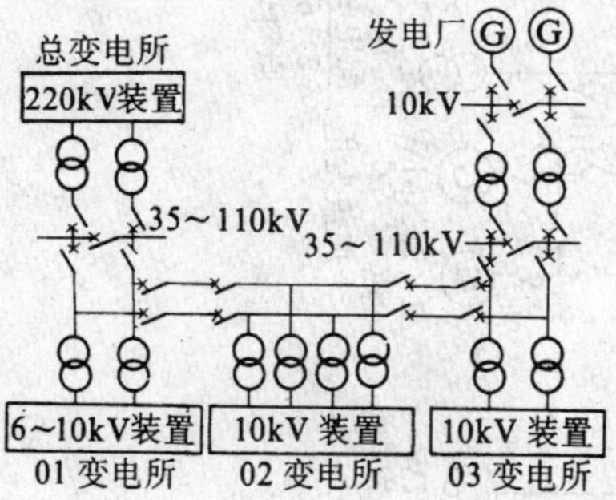 	用于 100 万 t 以上的大型钢铁企业，供参考 环形网络有四个独立电源：即通过总变电所与电力网连接有两回电源线路和发电厂有两台发电机。环形网络一端接自总变电所，另一端接至发电厂。备用容量是保证的，因为任何一台发电机、主变压器或电源线路发生故障不致影响生产 在企业内部环形网络中，任何一段线路故障或变压器故障，通过继电保护装置将相应区段断开，不影响其他线路和变电所的继续供电 大容量的炼钢电弧炉（或其他大容量的用电设备）由总变电所以高压直接进行配电

注：电源系统的结线（见表 1-5）也适用于 35～110kV 配电系统。

1.4.5 配电系统结线举例

1.4.5.1 J 钢铁企业配电系统

J 钢铁企业一次配电系统结线见图 1-8。

J 钢铁企业配电系统的特点：

(1) 配电电压高、等级多。该企业电力负荷大，尤其是自备发电厂发电机容量大，考虑到断路器的断流能力，联络线的输送容量和地区电网电压等级等因素，采用 110kV 作为一次配电电压，经变压后的二次和三次配电电压，主要是根据各分厂的设备电压要求和配电容量及范围等因素确定，采用 35kV 和 10kV 作为二次配电电压，采用 6kV 和 3kV 作为三次配电电压。

(2) 放射式配电方式。35kV 和 110kV 配电系统全为放射式；10kV、6kV 和 3kV 配电系统，以放射式配电为主、干线式配电为辅。

(3) 全企业未装一台限流电抗器。配电系统设计充分考虑到各电压级的短路电流和断路器开断电流的配合，不需装设限流电抗器。110kV 断路器开断电流还需考虑短路电流的非周期分量。

(4) 线路—变压器组单元结线。110kV 级变压器全部采用线路—变压器组单元结线方式，取消惯用的变电所 110kV 配电装置。变压器的差动保护，采用转送

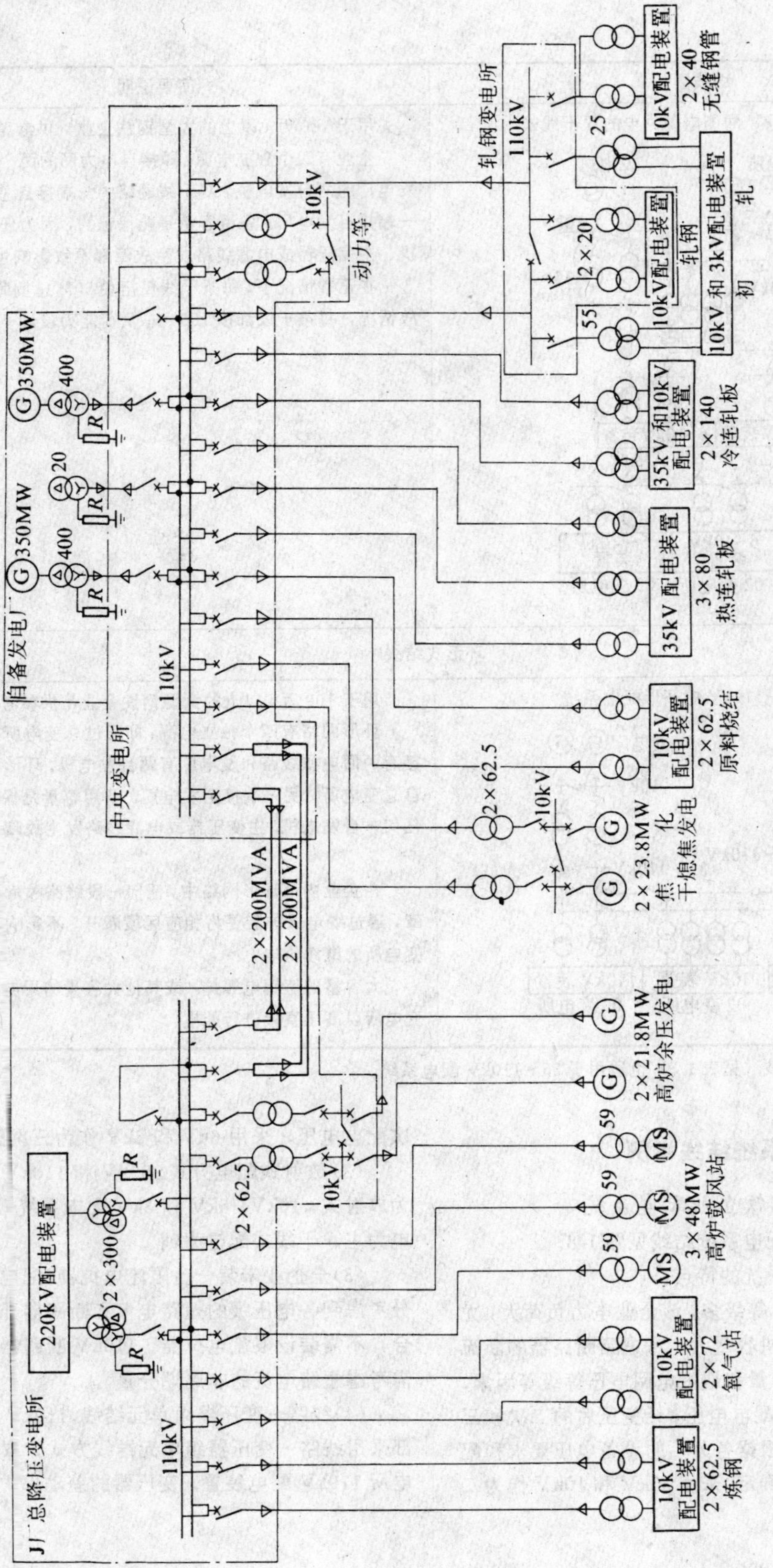

图 1-8 J钢铁企业一次配电系统结线图

跳闸方式，即将差动保护动作信号转送到线路电源侧的断路器跳闸。因此使系统结线大为简化，节省基建投资。

(5)对一级负荷供电的保安措施。除自备发电厂作为全企业的保安电源外，对各分厂一级负荷供电还分别采取下列保安措施：

正常情况两路电源分别供电；或同时设有保安发电机，如高炉、焦化、热连轧板和排洪水泵等；或同时设有蓄电池；对正常情况两回电源但容量不足或者只有一回路电源者，则设联络线，如焦化和原料、轧钢和钢管、炼钢和炼钢电气室等。

(6)高炉鼓风机的巨型同步电动机的结线及起动。高炉鼓风机的同步电动机容量为48MW，采用110kV电源，由线路—变压器—电动机组成的单元结线方式。即使这种结线方式电动机也不能采用直接起动方式，而是采用VVVF变频起动方式。

关于该同步电动机在系统发生故障时的稳定性问题，见1.3.5.3节所述。

(7) 自备电厂发电机承担有功冲击负荷量。共有700MW发电机容量，以自然调速特性(调速率5%)可承担95.2MW有功冲击负荷，其余的有功冲击负荷134.8MW由电力系统承担。

(8) 动态无功补偿措施：

1) 发电机和高炉鼓风同步电动机，通过自动调压调节(AVR)和自动比例无功调节(APQR)装置的运行，承担部分无功冲击负荷，其响应时间为1s。

2) 在热连轧板和冷连轧板厂内，装设动态无功补偿装置解决本厂部分无功冲击负荷的变化。并且在这些厂内还装设谐波滤波装置，兼做无功补偿的功能。

通过上述措施，抑制供电系统的电压波动、电压闪变、电压畸变率及改善负荷的功率因数，提高电能质量。

(9) 配电系统中性点采用电阻接地方式。

1) 110kV配电系统，设五点接地，即总降压变电所的两台主变器中性点、自备发电厂的两台升压变压器和一台起动变压器的中性点经电阻接地，但正常运行时只四点接地，一点备用。110kV配电系统的电容电流I_C为910A，为了限制非故障相对地过电压不超过相电压2.8倍，电阻接地电流I_R取1000A，故每点接地电流为250A，电阻为254Ω。接地电阻额定通电时间为10s，根据110kV电缆金属外皮发热要求，接地故障电流切除时间限制在6s以内。接地过电流保护作为主保护，按总接地电流30%保护动作，切除故障时间一般为0.2s，最长为0.9s，接地过电压保护作为后备保护，有选择性地动作。

2)10kV和3kV配电系统，在每台变压器(D,yn11连接)的中性点处经电阻接地。对于10kV系统，一般选取接地电流I_R为300A，人身安全要求高的场所选取I_R为100A；对于3kV系统均选取I_R为100A。电阻$R=U/(\sqrt{3}I_R)$，接地电阻额定通电时间为30s。接地过电流保护作为主保护，按照配电级有选择性动作，时限级差为1s，末端为2s，首端不超过10s，按本系统总接地电流的30%保护动作；接地过电压保护作为后备保护，只发出警报信号。

(10) 全部电缆配线。该企业各次配电系统的配电线路，均采用电缆配线，敷设在电缆隧道、电缆沟和电缆混凝土槽中。

1.4.5.2 2050mm 热连轧板厂配电系统

2050mm热连轧板厂配电系统(见图1-9，图中容量单位—变压器为MVA，电动机为MW，电抗器为Mvar；除图上注明外，35kV断路器为1250A，6kV断路器为630A)的特点：

(1) 不设110kV配电装置。从企业变电所引来三回电源线路，分别直接接到三台变压器上，构成线路—变压器组单元结线方式，不设110kV配电装置，结线简单，投资省。

(2) 设三台变压器分列运行。其优点是：

1) 变压器备用容量减少。

2) 动态无功补偿和谐波滤波装置容量减少

3) 节省基建投资。与另两个方案比较如下：

2×150MVA，110/35/10kV	投资100%
2×150MVA，110/35	投资95%
3×80MVA，110/35	投资91%

(3)配电系统简单。配电系统为放射式，主传动设备配电电压为35kV，辅传动和其他负荷的配电电压为6kV。设有六台35/6kV，20MVA配电变压器，分别设在各负荷区域内，伸入负荷中心，每两台变压器之间设有联络线作为备用电源。系统结线简单，节省投资，供电可靠性高。

(4)照明电源。由于粗轧主传动会引起供电母线上闪变电压严重，为减少照明受闪变电压的影响，故把全厂照明变压器的电源都分别接到1A和1B变电所，相当于接至35kVA1和B段母线上。

(5) 保安电源。在水处理车间内设有一台1450kVA柴油发电机，专供一级负荷用电。另外给水泵中还设有两台柴油机泵，确保安全供水。

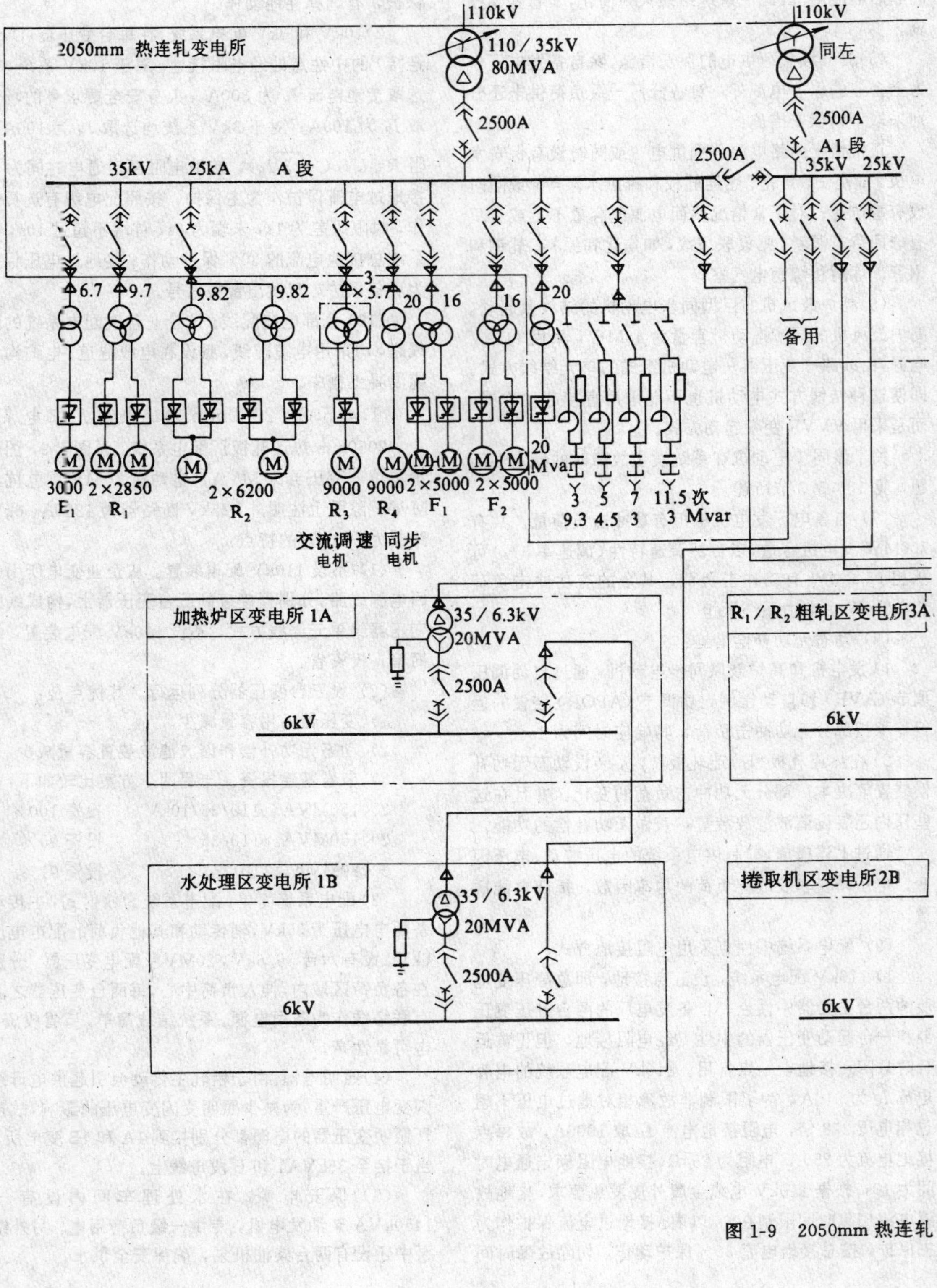

图 1-9 2050mm 热连轧

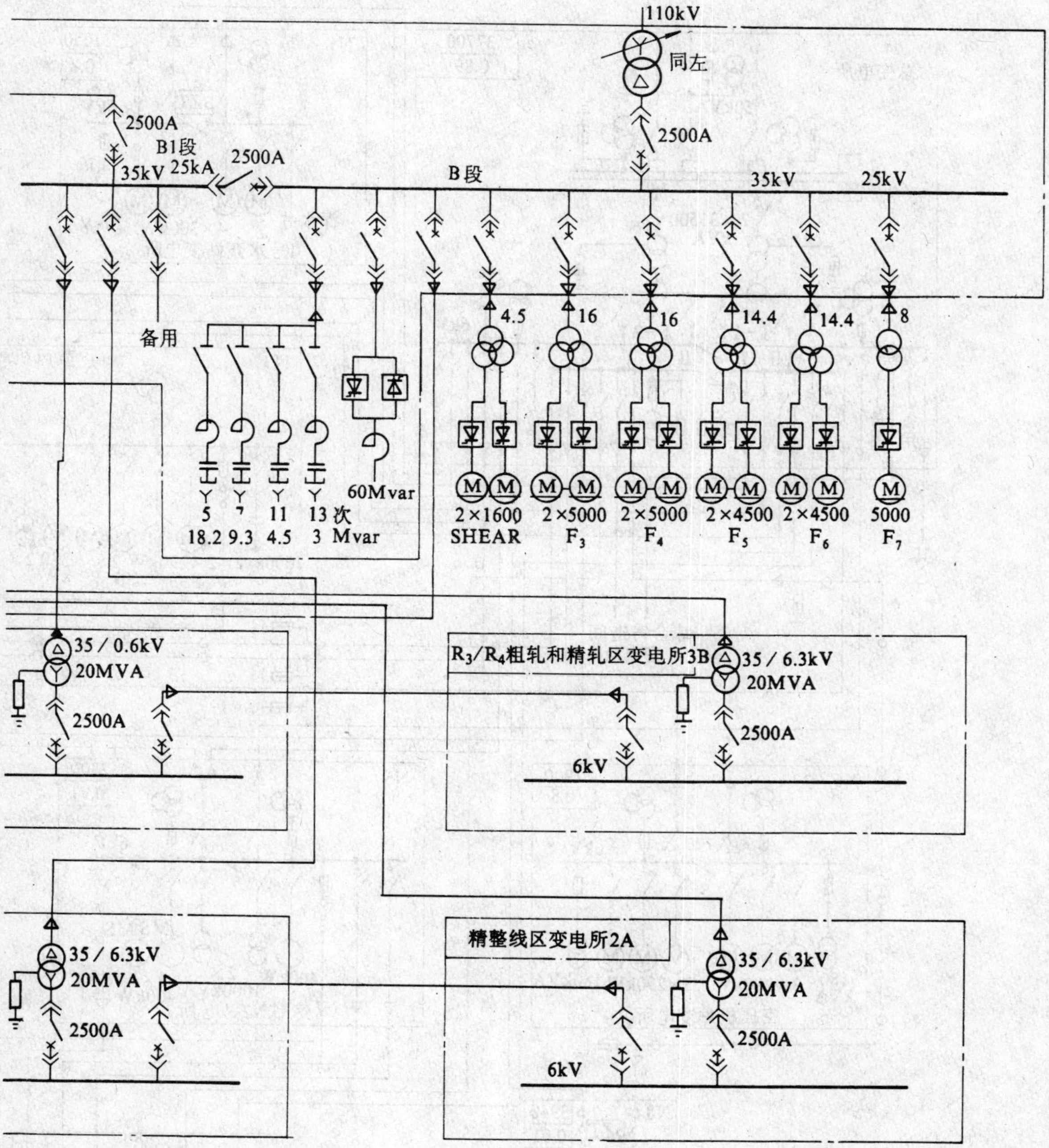
110kV
同左
2500A
B1段
35kV
25kA
2500A
B段
35kV
25kV
备用
4.5
16
16
14.4
14.4
8
5
7
11
13次
18.2 9.3 4.5 3 Mvar
60Mvar
2×1600
SHEAR
2×5000
F3
2×5000
F4
2×4500
F5
2×4500
F6
5000
F7
35/0.6kV
20MVA
2500A
R3/R4粗轧和精轧区变电所3B
35/6.3kV
20MVA
2500A
6kV
35/6.3kV
20MVA
2500A
精整线区变电所2A
35/6.3kV
20MVA
2500A
6kV

板厂配电系统图

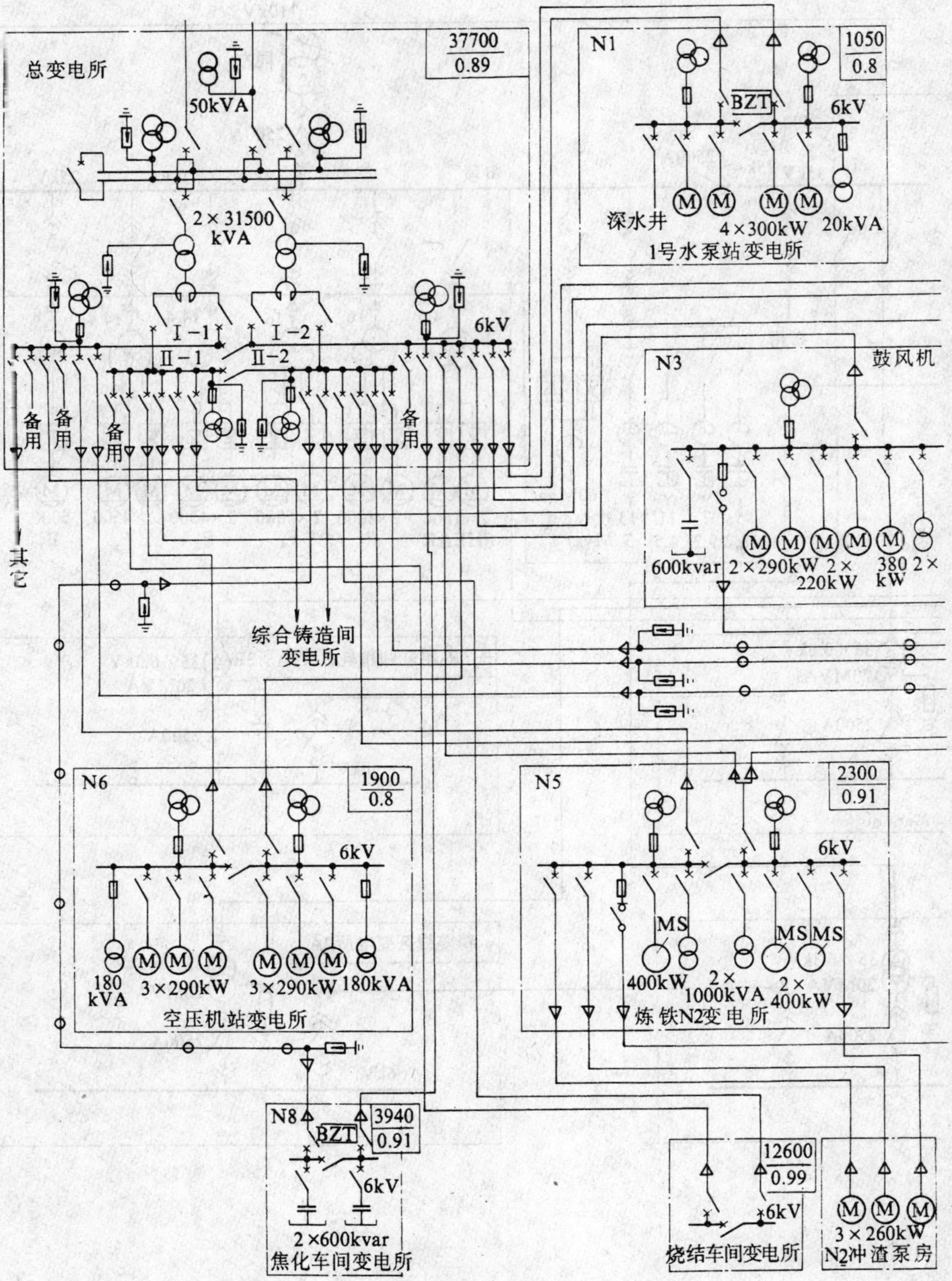
总变电所
37700
0.89
50kVA
2×31500
kVA
Ⅰ-1
Ⅰ-2
Ⅱ-1
Ⅱ-2
6kV
备用
备用
备用
备用
其它
N1
1050
0.8
BZT
6kV
深水井
4×300kW
20kVA
1号水泵站变电所
N3
鼓风机
600kvar
2×290kW
2×
220kW
380
kW
2×
综合铸造间
变电所
N6
1900
0.8
6kV
180
kVA
3×290kW
3×290kW
180kVA
空压机站变电所
N5
2300
0.91
6kV
MS
MS
MS
400kW
2×
1000kVA
2×
400kW
炼铁N2变电所
N8
BZT
3940
0.91
6kV
2×600kvar
焦化车间变电所
12600
0.99
6kV
烧结车间变电所
3×260kW
N2冲渣泵房

图 1-10 某厂炼铁

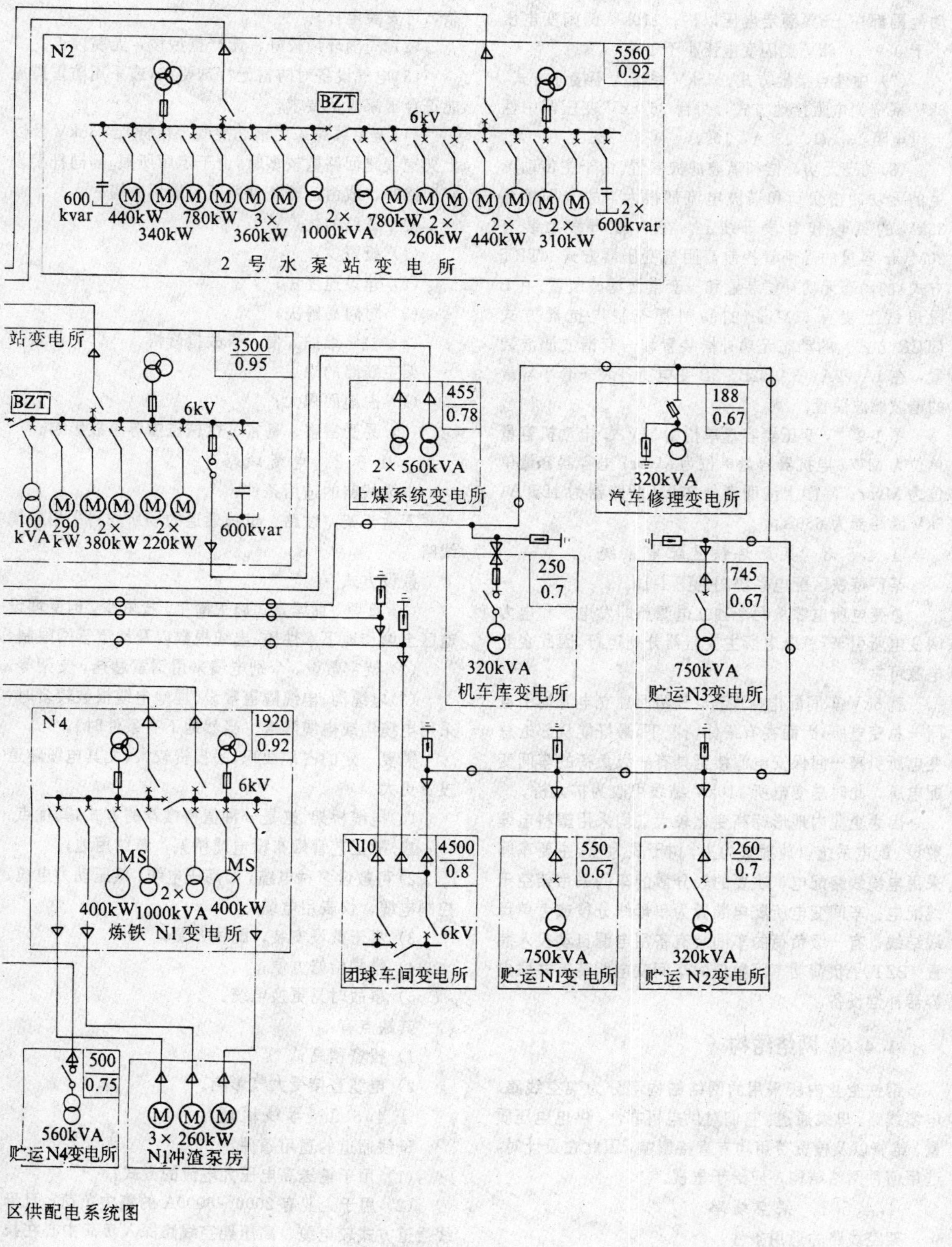
N2
5560
0.92
BZT
6kV
600
kvar
440kW
340kW
780kW
3×
360kW
2×
1000kVA
780kW
2×
260kW
2×
440kW
2×
310kW
2×
600kvar
2 号 水 泵 站 变 电 所
站变电所
3500
0.95
BZT
6kV
100
kVA
290
kW
2×
380kW
2×
220kW
600kvar
455
0.78
2×560kVA
上煤系统变电所
188
0.67
320kVA
汽车修理变电所
250
0.7
320kVA
机车库变电所
745
0.67
750kVA
贮运N3变电所
N4
1920
0.92
6kV
MS
400kW
2×
1000kVA
MS
400kW
炼铁 N1 变电所
N10
4500
0.8
6kV
团球车间变电所
550
0.67
750kVA
贮运N1变 电所
260
0.7
320kVA
贮运 N2变电所
500
0.75
560kVA
贮运N4变电所
3×260kW
N1冲渣泵房

区供配电系统图

(6) 电压质量。35kV，6kV，0.4kV 母线电压波动范围都在±5%额定电压以内；110kV 侧闪变电压小于 0.9%；6kV 侧闪变电压小于 1%。

(7) 中性点接地方式。35kV 系统为不接地方式，6kV 系统为电阻接地方式，每台 35/6kV 变压器中性点设电阻 13.8Ω，250A，10s。

(8)动态无功补偿和谐波滤波装置。由于主传动产生的无功冲击负荷和谐波电流都很大，故分别接至 35kV 的 A 段和 B 段母线上。在 A 段母线上装有 20Mvar 容量的晶闸管控制高阻抗变压器方式（TRT 方式）的动态无功补偿装置和一套谐波滤波装置；在 B 段母线上装有 60Mvar 的晶闸管控制电抗器方式（TCR 方式）的动态无功补偿装置和一套谐波滤波装置，在 1A、2A、3A、2B、3B 变电所各装一套小容量的谐波滤波装置。

图 1-9 中，变压器容量单位为 MVA；电动机容量单位为 MW；电抗器容量单位为 Mvar；电容器容量单位为 Mvar；除图上注明者外 35kV 断路器为 1250A，6kV 断路器为 630A。

1.4.5.3 某厂炼铁区配电系统

某厂炼铁区配电系统图见图 1-10。

总变电所电源从两个独立电源点即发电厂和电力网变电所引来，总变电所主变压器分列运行，因此企业电源可靠。

就 6kV 车间配电所而言。其两回独立电源均引自同一总变电所，因而在有条件情况下，最好能从邻近总变电所引来一回保安电源接至具有一级负荷的车间变配电所，此时总变电所 110kV 结线可改为扩大桥。

因为企业内地形标高变化较大，均采用塑料电缆敷设。配电系统以放射式为主，树干式为辅，主要车间采用电缆线路配电，次要的较分散的车间采用架空干线配电。车间变电所配电装置为单母线分段或者单母线结线，有一级负荷的车间装有备用电源自动投入装置（BZT）。负荷功率因数低的车间变电所装有并联电容器补偿设备。

1.4.6 网络结构

钢铁企业内所采用的网络结构可分为架空线路、电缆线路、母线通道。它们对供电可靠性、供电电压质量、维修以及投资费用均有直接影响，因此在设计时，选用何种网络结构，应给予重视。

1.4.6.1 架空线路

架空线路的适用条件：

(1)配电线路的路径应有足够宽度，地下管网不复杂，可安装电杆；

(2) 周围环境较好，无严重污秽，无腐蚀；

(3)电气设备对防雷无特殊要求，或采用防雷措施能符合国家规范要求。

(4)架空线路采用钢筋混凝土电杆，当 35kV 及以上架空线路回路数较多时，由于走廊所限，需同杆架设双回路时，或由运输条件所限可选用铁塔。

架空线路的优点：

(1) 投资少；

(2) 建设速度快；

(3) 材料易解决；

(4) 检修维护方便，事故抢修快。

架空线路的缺点：

(1) 占地面积大；

(2) 易受雪害、鸟害、机械碰撞等事故影响。

1.4.6.2 电缆线路

电缆线路的适用条件：

不适于架空线路、母线通道的场所均可采用电缆线路。

敷设方式有：

(1) 直埋。直埋方式施工简单、投资少，但受埋设地区土壤和地下水性质、电缆根数以及地下管网限制。

(2) 架空敷设。个别电缆采用钢索悬挂，支架等。

(3)电缆沟、电缆隧道敷设。埋地电缆根数较多时，采用电缆沟或电缆隧道（当然地下有条件时）。

需要一定的占地面积，另投资较大，尤其电缆隧道投资更大。

(4)电缆桥架。这是一种值得推荐的方式，其优点：

1) 随工艺管廊布设电缆桥架，节约用地；

2)可敷设多种电缆，如高压电缆、低压动力电缆、控制电缆、仪表用电缆；

3) 易于敷设安装，配线方便；

4) 维护检修方便；

5) 事故时易更换电缆。

其缺点有：

1) 投资稍高；

2) 电缆直接受大气影响。

1.4.6.3 母线通道

母线通道的适用条件：

(1) 用于输送高电压大电流的方式；

(2) 用于企业有 2000～6000A 的集中负荷，且母线通道方式较电缆、高压架空线路深入负荷中心在技术经济上有显著优越性时选用。

母线通道的优点：

(1) 节省材料造价与节省有色金属；

(2) 母线连接可靠；

(3) 由于母线输送容量较大，可减少回路数；

(4) 事故情况下，有较大过负荷能力。

母线通道缺点：

(1)土建工程造价高，特别是地下母线通道造价更高；

(2) 维护高压绝缘子工作量大；

(3) 母线较电缆电抗大，向大型同步电动机供电是，需提高供电电压，有时可能超过电动机额定电压+5%的允许值。此点需与制造厂协商提高电动机的额定电压，否则限制了同步电动机的无功功率输出，这样便降低了采用同步电动机的优越性。

母线通道的适用场所：

(1) 由热电厂母线直接向大容量集中负荷的车间配电时；

(2)由热电厂向总变电所或总配电所输电，距离不超过 1～1.5km 时；

(3)当总变所不可能靠近集中负荷，而必须采用大电流输电时；

(4)在企业总平面布置和环境许可，能建设地上通廊或地下隧道，且不致使通道转弯过多时(即有条件布置母线通道时)；

(5) 当随企业的工艺管廊敷设，会相应降低造价时。

1.5 配电系统中性点接地方式

1.5.1 概述

额定电压为 1kV 及以上的高压系统，单相接地电流或同点两相接地时入地电流大于 500A 的称为大接地短路电流系统，500A 及以下的称为小接地短路电流系统。在一般情况下，中性点直接接地电网属于大接地短路电流系统，非直接接地电网属于小接地短路电流系统。

发电机或变压器的中性点直接或经小阻抗与接地装置连接，称为中性点直接接地，在一般情况下，其零序阻抗与正序阻抗的比值 $X_0/X_1<3$。

发电机或变压器的中性点不接地或经消弧线圈、电阻和电压互感器等接地的，称为中性点非直接接地。

我国电网按不同电压等级通常采用的接地方式如下：

220kV 及以上的	中性点直接接地方式
154 及 110kV	大部分中性点直接接地方式，小部分为非直接接地方式
3～60kV	中性点非直接接地方式

根据《电力设备过电压保护设计技术规程》(SDFJ—79) 规定，单相接地故障电流在 3～10kV 电网超过 30A，在 20kV 及以上电网超过 10A，应装设消弧线圈接地，否则发生单相接地时不能自动消弧。但对发电机直接接于 3～20kV 电网，单相接地故障电流大于 5A 时，如要求发电机能带内部单相接地故障运行，应装设消弧线圈。

1.5.2 中性点不接地系统

中性点不接地系统属于非直接接地系统的一种，实际上可以看作是经容抗接地系统。该容抗是由电网中的架空线路、电缆线路、电动机和变压器绕组等对地耦合电容所组成。当发生单相接地时，流过故障点的故障电流为单相接地电容电流，并有以下特点：

(1)当发生单相接地时，仅非故障相对地电压升高而相间电压对称性并未破坏，故不影响三相用电设备的供电。当单相接地电容电流不大时，所引起的热效应为电网各元件的绝缘所能承受，故允许电网带接地故障继续运行一段时间，通常为 1～2h。

(2)对于单相接地电容电流很小的系统(6～10kV 电网在 5A 以下)，许多瞬时性接地闪络，常能自动消弧，不致于转化为稳定性故障，因而能迅速恢复电网正常运行。

(3) 单相接地电容电流不大时继电保护灵敏系数高。单相接地故障常常是经过过渡电阻接地的，其电阻值可达数百欧姆以上，这时电网产生的零序电压和接地故障电流都要降低，需要乘一个小于 1 的接地系数 β，单相接地电容电流越大，β 值越小，因此对于单相接地电容电流不大的系统(如 6～10kV 为 10A 以下)，采用零序功率方向保护，其零序电压和零序电流的保护灵敏系数均能满足要求。但对于单相接地电容电流较大的电网，有时零序电压保护灵敏系数不够，需经计算确定 (见第 6 项)。

(4)可能产生异常过电压。当发生单相接地故障或操作时，有时会产生铁磁谐振过电压，使非故障相的高电压达运行相电压的 4～4.5 倍，当发生弧光接地时，由于多次反复重燃使非故障相过电压，一般为运行相电压的3倍，最高可达3.5倍，并且能量大，持续时间长，遍及全系统。这将影响设备绝缘，大大降低使用寿命，还会使接地型电压互感器产生磁饱和而引起铁磁谐振，以致使熔断器熔丝熔断甚至烧坏电压互感器；还会引起相间接地短路故障，扩大了电网的故障范围。因此产生异常过电压成为中性点不接地系统的主要缺点。

(5) 适用场所。仅适用于单相接地电容电流较小（对6～10kV电网为10A及以下），高压电动机和电缆都较少的电网；对于旧厂改建因设备绝缘已老化，不宜采用。

(6)零序保护灵敏系数。经过渡电阻单相接地故障时，电网的零序电压 U_0 和故障点单相接地电流 I_j 按下式计算

$$U_0 = \beta U_\phi = \frac{U_\phi}{\sqrt{1+(3R_j\omega C_0\times10^{-6})^2}} \tag{1-1}$$

$$I_j = \beta I_{jd} = \frac{3\omega C_0 U_\phi\times10^{-6}}{\sqrt{1+(3R_j\omega C_0\times10^{-6})^2}} \tag{1-2}$$

式中　β——单相经过渡电阻接地时，中性点不接地电网的接地系数；

U_ϕ——电网运行的相电压，V；

I_{jd}——单相完全接地电容电流绝对值，A；

R_j——接地过渡电阻，Ω；

C_0——电网每相对地电容，μF；

ω——电网角频率（$\omega=2\pi f$）。

由式1-1和式1-2可知，在单相经过渡电阻接地时，电网产生的零序电压和单相接地故障电流均比单相完全接地时小 β 倍，随着电网对地电容的增大及故障点过渡电阻的增大，β 值都减小。

表1-10列出了不同参数的6kV中性点不接地电网，经过渡电阻单相接地时的接地系统 β 值。从表1-10中看出6kV不接地电网，单相接地电容电流小于10A及以下时，接地故障过渡电阻估为1000Ω时，β 值仍大于0.327。

又知电网在正常运行时，由于各相对地电容不平衡和高次谐波等影响，存在着残余零序电压，其值可达电网运行相电压的10～30%，因此零序电压保护的动作整定值取为

$$U_{dz} = (0.2\sim0.3)U_{\phi n} \tag{1-3}$$

式中　$U_{\phi n}$——电网额定相电压，当单相金属性完全接地时 $U_0=U_{\phi n}$。

表1-10　6kV电网接地系数

单相接地电容电流 I_{jd}（A）	5	10	15	20
电网每相对地电容 $C_0\times10^{-6}$（μF）	1.53	3.06	4.57	6.12
接地故障过渡电阻 R_j（Ω）	$\beta=\frac{U_0}{U_\phi}$			
200	0.960	0.867	0.756	0.655
400	0.867	0.655	0.500	0.397
600	0.756	0.500	0.359	0.277
800	0.656	0.397	0.277	0.212
1000	0.571	0.327	0.225	0.171

零序电压保护灵敏系数为

$$K_{Lu} = \frac{U_0}{U_{dz}} = \frac{\beta U_{\phi n}}{(0.2\sim0.3)U_{\phi n}} = \frac{\beta}{0.2\sim0.3} \tag{1-4}$$

由此可知，当单相接地电容电流超过10A时，难以保证零序电压保护的灵敏系数要求。

零序电流保护灵敏系数 K_{LI}。当经过渡电阻接地时，被保护线路的零序电流保护的整定值 I_{dzB} 为

$$I_{dzB} = \frac{I_{jd}-I_{jdB}}{K_{LI}}$$

$$\text{或}\ I_{dzB} = \beta(I_{jd}-I_{jdB})$$

$$\text{故}\ K_{LI} = \frac{1}{\beta} \tag{1-5}$$

式中　I_{jdB}——被保护线路单相接地电容电流最大值，A。

对于架空线路 $K_{LI}\geqslant1.5$；对于电缆线路 $K_{LI}\geqslant1.25$。对应于 K_{LI} 的 β 值及可检出过渡电阻 R_j 公式如下

K_{LI}	β	R_j
1.5	0.667	$1.1\times\frac{1}{3\omega C_0\times10^{-6}}$
1.25	0.800	$0.75\times\frac{1}{3\omega C_0\times10^{-6}}$

当电网单相接地电容电流为10A及以下时，6kV电网可检出最小过渡电阻为

$K_{LI}=1.5$　　$R_j=382\Omega$

$K_{LI}=1.25$　　$R_j=260\Omega$

1.5.3　中性点经消弧线圈接地系统

中性点经消弧线圈接地系统必须采用过补偿运行

方式，即消弧线圈的感抗小于电网对地的容抗，$X_L < X_C$，可调节消弧线圈分接头来达到。由于是人为地增加了一个比电网接地电容电流略大一些而相位相差180°的电感电流，电容电流被电感电流补偿掉，流过接地故障点的接地故障电流，仅为补偿后的数值很小的残余电感电流，并具有以下特点：

(1)电网运行可靠性高。和不接地电网相同，补偿电网发生单相接地时相间电压仍然对称，不影响电网继续供电。又因电网单相接地故障电流很小，不会危及电网各元件的绝缘，因而即使电网的单相接地电容电流很大，补偿后通常可以带着接地故障继续运行，所以电网运行可靠性高，这是补偿电网一个重要的优点。

(2)对瞬时性单相对地闪络能自动熄弧。在补偿电网中，许多瞬时性单相对地闪络，在刚一发生后，接地电容电流就被电感电流所补偿，由于流过故障点的残余电流很小，使接地电弧不能维持而立即自动熄弧，电网迅速地恢复了正常运行。

(3)故障点对地电位小，零序电压保护的灵敏系数大。与中性点不接地电网相比较，因为故障残余电流很小，故障点的对地电位要小得多，同时由于补偿电网的接地系数β值很高，其零序电压保护的灵敏系数也很高，即使对几千欧姆的过渡电阻接地，也可以检测出来。

(4)能将单相接地时的异常过电压抑制在2.5倍相电压以下。补偿电网由于采用了过补偿运行方式，其脱谐度在$-0.05\sim-0.1$，不超过10%，调谐度在1.05～1.1范围内进行，可将弧光接地过电压抑制在2.5倍运行相电压以下，同时不会产生象中性点不接地系统的基波串联谐振，因此保证了用电设备的安全运行，同时提高了电网供电的可靠性，这是补偿电网的主要优点。

(5)由于补偿电网接地故障电流很小，又是电感电流，所以就不能采用简单零序电流和零序功率方向保护，而需要采用复杂的例如反应于高次谐波的单相接地保护。

(6)运行维护复杂。补偿电网处于过补偿状态运行时，才会有上述的优点，但在实际电网运行中，会经常遇到要改变电网结线方式或改变运行方式，致使电网参数随之变化，这就有可能出现全补偿或欠补偿状态运行，为了避免这种状态出现，就需要维护人员及时地调节补偿电流，这就是经消弧线圈接地系统的主要缺点。

(7)全补偿运行和欠补偿运行的危害。全补偿运行时，即消弧线圈感抗等于电网对地的容抗，在正常运行的时候，由于消弧线圈电感和电网对地电容组成的L-3C串联回路，将会产生串联谐振过电压，致使中性点位移电压升高到最大而超过允许值（相电压的15%）。

欠补偿运行时，消弧线圈的电抗大于电网对地的容抗，当电网在正常运行时的中性点位移电压比较高时，会使消弧线圈的铁芯趋于饱和并使电感值降低，这就会发生电感-电容回路的串联谐振（称为铁磁谐振），并产生谐振过电压，以致危及设备绝缘，同时可能产生很大的过电流使消弧线圈温升过高；欠补偿电网当因线路故障或者运行需要而切除部分线路时，电网对地总电容减少，电网会趋于全补偿状态运行；同时电网的脱谐度与系统频率的平方成正比，当系统频率降低时，欠补偿电网会又趋于全补偿状态，使电网中性点位移电压升高。欠补偿电网在发生一相断线时，会出现很大的中性点位移电压，并使某一相的对地电压升高到危及设备绝缘的程度。欠补偿电网所需消弧线圈容量比较小，因而不能适应电网发展的需要。

(8)适用范围。中性点经消弧线圈接地的系统，适用于单相接地电容电流比较大的电网，既可抑制异常过电压，又可在电网单相接地时保持连续供电，保证了大型电网供电可靠性，同时也显著降低了单相接地故障电流对电气设备引起的热效应。但必须加强维护管理工作，否则会破坏设备绝缘，反而影响供电可靠性。

1.5.4 中性点经电阻接地系统

中性点经电阻接地系统，当电网发生单相接地故障时，由于人为地增加了一个与电网接地电容电流数值相等或略大，而相位相差90°的有功电流，这就使流过故障点的接地故障电流绝对值比不接地电网增大$\sqrt{2}$倍或略大，这种系统具有以下特点：

(1)能抑制单相接地时的异常过电压（谐振过电流）。中性点经电阻接地电网可将接地时的异常过电压抑制在运行相电压的2.8倍以下，从而有效地防止了异常过电压对电机、电缆绝缘的危害，并且减少了由于单相接地发展为多重接地短路的可能性，既保证了用电设备的安全运行，又提高了整个电网的供电可靠性。

(2)继电保护简单。由于单相接地电流较大，可人为地增加接地有功电流，故可以采用简单的零序电流保护，同时能检测出高值过渡电阻接地，保护动作选择性强。由于保护动作于跳闸，迅速切除故障，有利于电缆防火。

(3)系统运行维护简单，并对企业电网发展适应性强。中性点接地电阻值按照企业最终规模选择，即使在运行过程中电网参数发生变化，也不需要调节电阻值，所以运行维护很简单。对于初期电网运行，只会更有利于抑制接地时的异常过电压。例如当阻性电流为容性电流的两倍以上时，则异常过电压为运行相电压的两倍以下。

(4)接地故障电流引起的热效应增大。由于人为地增加接地有功电流，来保证零序保护的灵敏系数和检测出高值过渡电阻值，从而引起电流热效应增大，当单相接地故障电流 30A 及以上时，则保护装置应动作于跳闸断开故障线路。

(5)节省电缆投资。中性点经电阻接地系统在发生单相接地故障时，继电保护动作，迅速将故障切除（不象中性点不接地系统发生单相接地而允许持续运行 1～2h），因而对电缆的对地绝缘水平要求降低，例如 6kV 和 10kV 系统分别可选用对地额定电压为 3.6kV 和 6kV 的电缆，从而节省电缆的投资。

(6)适用范围。当电网接有较多的高压电动机或者较多的电缆线路时，由于它们的绝缘水平较低，瞬时性的接地故障相对较少，为了保证绝缘不受损坏，为减少单相接地发展为多重接地故障，宜采用中性点经电阻接地系统。对已经运行多年的电网，电动机和电缆的绝缘已降低和老化，也宜改造成为中性点经电阻接地系统，所需投资不多而经济效益较大，改造工作也简便易行。

近年来，在冶金企业中采用电阻接地方式逐渐多起来，尤其是在 3～10kV 配电系统中采用，对应于电压选用阻性电流为：3kV，100A；6kV，250A；10kV，300A。阻性电流值远大于系统容性电流值，一般都在两倍以上，因此抑制异常过电压都在相电压两倍以下，这对钢铁企业中大量低绝缘水平的高压电动机和电力电缆等提高运行安全性和供电可靠性。又由于继电保护装置能够迅速而可靠地动作于跳闸，切除故障线路，可使电缆达不到着火漫延程度，对防止电缆火灾十分有利。具体实用情况可参见 1.4.5.1 节（9）和 1.4.5.2 节（7）。

1.5.5　中性点接地的结线和比较

企业供电主变压器应采用有一个三角形线圈的结线，以便将电源接地系统和企业配电接地系统隔离开，这样，电源系统不论采用何种接地系统对企业配电接地系统均无关系。

各种中性点接地的结线见表 1-11。

各种中性点接地方式比较见表 1-12。

表 1-11　配电系统中性点接地的结线

接地方式	结线简图	简要说明
中性点不接地	(1) 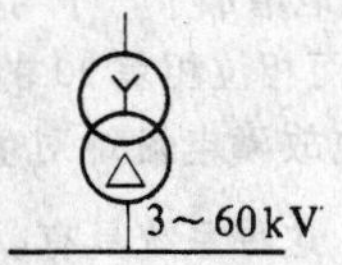	(1) 主变压器为 Y，d11 联结组，二次侧配电系统为不接地方式（一次侧可以为任何接地方式） (2) 供电可靠性较高，投资少，但在单相接地故障时会产生异常过电压，一般为运行相电压的 3 倍，最高为 3.5 倍 (3) 适用于单相接地电容电流小，高压电动机和电缆线路少的系统
	(2) 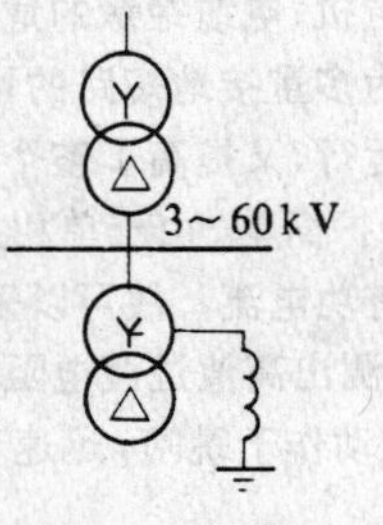	(1) 因主变压器为 Y，d11 联结组，需在二次侧专门装接地变压器供给中性点连接消弧线圈接地之用 (2) 供电可靠性高，采用过补偿方式可抑制单相接地时的异常过电压，但运行复杂，投资大 (3) 适用于单相接地电容电流较大，高压电动机和电缆线路较多的系统

续表 1-11

接地方式	结线简图	简要说明
中性点经消弧线圈接地	(3) 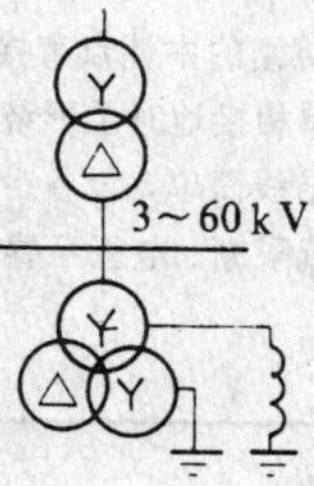	同上情况，接地变压器因采用 YN，yn0，d11 联结组，故可用于各种动力变压器，但容量不小于消弧线圈容量的 5 倍
	(4) 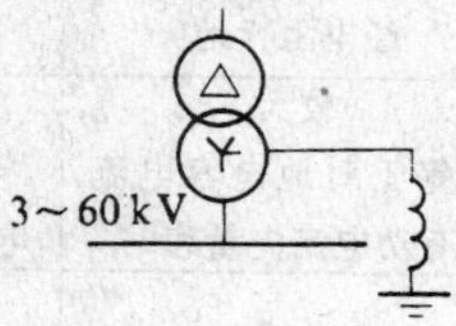	(1) 主变压器为 D，yn11 联结组，二次侧提供了中性点可直接连接消弧线圈，结线简单，节省投资 (2) 其他情况见 (2) 图说明
中性点经电阻接地	(5) 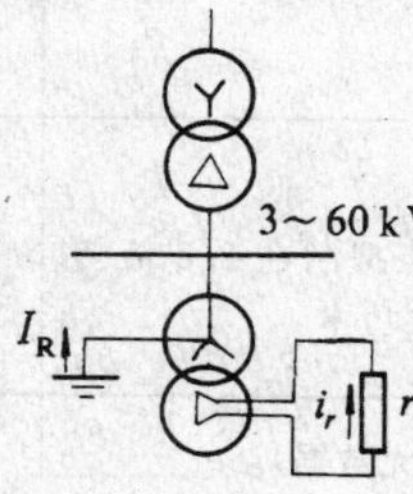	(1) 情况与 (2) 图相同，仅接地变压器不同 (2)在接地变压器二次侧开口三角形上接入电阻 r，相当于在电网中性点直接接入电阻 R 一样。当接地变压器变比为 n 时其关系式为 $R=\frac{n^2r}{9}$；$I_R=\frac{3Ir}{n}$，因为 I_r 值很大，只能适用于单相接地电容电流很小的心网，并宜采用短时工作制
	(6) 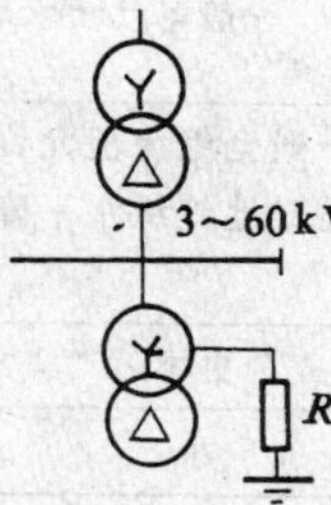	(1) 因主变压器为 Y，d11 联结组，需在二次侧专门装接地变压器，供给中性点连接接地电阻使用 (2) 能抑制接地时的异常过电压在运行相电压的 2.8 倍以下，保护灵敏性高，动作选择性好 (3) 适用于高压电动机多或电缆线路多的系统
	(7) 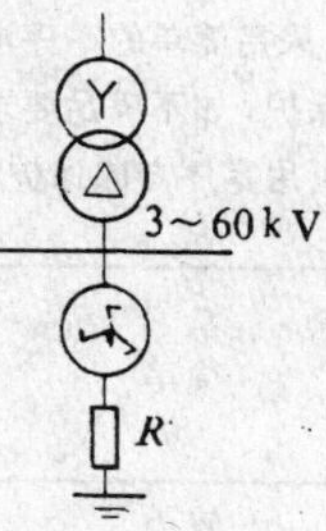	(1) 情况与 (6) 图相同，但接地变压器采用三相曲折形接地变压器 (2) 当发生单相接地时，接地变压器零序阻抗很小，允许通过很大零序电流，每相铁芯上两个绕组所感生的零序磁通互相抵消，因此适用于单相接地电容电流较大的电网

续表 1-11

接地方式	结线简图	简要说明
中性点经电阻接地	(8) 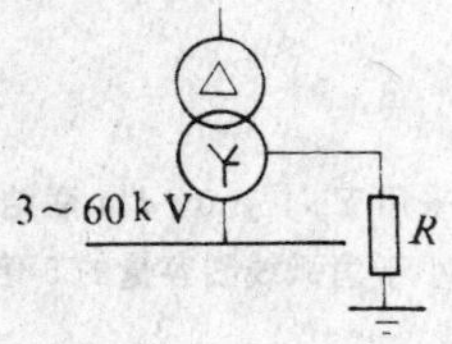 	通过主变压器二次星形绕组的中性点直接连接电阻器。一次绕组为三角形结线，用以抵消单相接地时星形绕组产生的零序磁通，并将一、二次系统相隔离。结线简单，设备少，节省投资，适用范围广，不受单相接地电容电流限制。电压互感器开口三角端子上应加限流电阻

表 1-12　各种中性点接地方式比较

比较项目	不接地	经消弧线圈接地	经电阻接地	直接接地
单相接地电流	较小 仅对地电容电流	最小 等于残流	较大 等于对地电容电流和有功电流向量和	最大 有时比三相短路电流还大
一相接地时非故障相电压升高	最高 等于或略大于 $\sqrt{3}$ 倍	过补偿时升到 $\sqrt{3}$ 倍欠补偿时往往升到危险电压	升到 $\sqrt{3}$ 倍	最小 几乎和正常一样不变化
弧光接地过电压	最高 一般为相电压 3 倍最高为 3.5 倍	低 能抑制在 2.5 倍相电压以下	低 能抑制在 2.8 倍相电压以下	最低
操作过电压	最高可达 4～4.5 倍相电压	一般不超过 4 倍相电压	(暂无数据)	最低
变压器采用分级绝缘的可能性	不可	一般不可	一般可以	可以
高压电器绝缘(如断路器、互感器、电缆等)	全绝缘	全绝缘	一般全绝缘但允许电缆对地绝缘水平降低	可降低 20%
重复故障可能性	大	小	更小	最小
对通讯的感应危害	最小	小	小	最大
继电保护	继电保护灵敏系数难以满足要求，即使采用 ZD-4 型小电流接地信号装置也仅用于接地电流 10A 以下	需采用复杂的 ZD-5 型小接地电流信号装置，但仅用于电容电流较大的电网	继电保护灵敏系数高，采用简单的零序电流保护，如不满足要求时可用零序方向保护	继电保护灵敏系数最高
运行维护	简单	最复杂 要经常根据电网的变化来调节	简单	简单
接地装置投资	最小	最大	较小	小

续表 1-12

比较项目	不接地	经消弧线圈接地	经电阻接地	直接接地
单相接地后果	接地时异常过电压高，可能损坏设备	仅过补偿时过电压小，不损坏设备，大部分故障能自动消除但全补偿和欠补偿时会损坏设备	接地时过电压小，不会损坏设备，当接地电流大时需切除故障线路，对防止电缆火灾有利	能损坏设备，要尽快切除故障

1.6 35～220kV 变电所

1.6.1 变电所位置

变电所的位置按下列原则确定：

(1) 靠近负荷中心；

(2) 进出线方便；

(3) 设备运输方便；

(4) 地质和地形较好；

(5)设在污秽和多尘污源的上风侧，否则将配电装置采用户内安装或者提高绝缘水平；

(6) 远离易燃、易爆或剧烈振动的场所；

(7) 留有扩建余地。

1.6.2 主变压器的选择

1.6.2.1 主变压器选择一般要求

主变压器选择一般要求为：

(1) 变压器台数应根据用电负荷的大小、负荷等级、企业发展等因素确定，一般可参考表 1-13，表 1-14。

(2) 一般采用三相变压器，其容量可按投运后 5～10 年的预期负荷选择，至少留有 15～25%的裕量。

(3) 装有两台以上变压器的变电所，当一台断开时，其余变压器的容量至少应满足一级和二级负荷的要求。同时与断路器额定电流相配合。

表 1-13 变压器台数选择

主变压器台数	适用条件
1台	一般用于对不重要负荷供电。也可用于当一级负荷可由邻近取得低压备用电源或采用其他安全措施时
2台	(1) 适用于各种类型的钢铁企业，其一、二级负荷占全部负荷的比例较多时 (2) 适用于原有一台变压器的变电所，当容量已不适应企业生产发展的需要而又不能换得大容量变压器时；或换大容量变压器需要增加限制短路电流的设备时
2台以上	投资较多，操作和结线较复杂。但能适应企业分期建设的需要。与装设两台变压器比较，设备总容量相等而备用容量可以较大 (1) 技术经济比较有优越性时可考虑采用 (2) 分期建设的企业或企业负荷平衡有需要时采用 (3) 为了改善配电电压质量，例如避免冶炼电弧炉对变电所 6kV 或 10kV 母线电压波动的影响，而需要设置专用变压器对电弧炉变压器供电时 (4) 用于原有两台变压器的变电所，当容量不能适应企业发展的需要而又不能取得大容量变压器来更换时；或原有变压器更换大容量变压器需增加限制短路电流的设备时

(4) 具有两种配电电压的变电所，主变压器宜采用三线圈变压器，但配电侧两个线圈容量均应在变压器额定容量的 15%以上。当两种配电电压为 10kV 和 6kV 时，也可采用特制的三线圈变压器。当低压侧虽无负荷但需要装设无功补偿设备时(如电弧炉变压器)也可采用三线圈变压器。

(5)电力潮流变化大和电压偏移大的变电所，应采用有载调压变压器，每级调压幅度一般为 1.25～2.5%，总的调压范围应大于最大电压偏移值。

(6)选择变压器联结组标号时，配电侧同级电压相位角要一致。

(7) 变压器结构性能：

1) 结构型式。根据系统的需要及运输条件，可选用普通或自耦，单相或三相，双线圈、三线圈或分裂线圈，升压或降压等变压器以及组别接法。

表 1-14 35kV 以上变压器容量的选择

序号	项目		内容
1	按最大计算负荷选择		变压器容量大于最大计算负荷
2	变压器备用率的选择	(1) 独立变压器运行	根据发展需要确定备用量，无资料时一般取 15～25%
		(2) 互为备用变压器	对一级负荷备用率 100%，对主要车间或厂的备用率见表 1-8 对其它负荷可根据需要考虑一定的备用率
		(3) 企业总降压变电所	要考虑当其中一台变压器故障，其它台变压器能够承担全部负荷
		(4) 有自备发电厂和企业总降压变电所	考虑一台发电机组检修期间，当一台总降压变压器故障或者一台发电机组故障，非故障的降压变压器和发电机组共同能承担企业的全部负荷
3	根据断路器额定电流选择	(1) 对二次侧为 6kV	31.5MVA
		(2) 对二次侧为 10kV	50.0MVA
		(3) 对二次侧为 35kV	90.0 (63) MVA
		(4) 对二次侧为 60kV	150.0MVA
		(5) 对二次侧为 110kV	360.0MVA
4	根据限制短路电流选择		见表 1-7

注：1. 断路器额定电流只考虑少油式断路器；
2. 括号内的数字是采用手车式开关柜使用；
3. 变压器的备用容量不考虑其过负荷能力。

2) 调压方式。按运行要求可选用有载调压或无激磁调压变压器以及分接头变比。

3) 阻抗。按系统的短路容量、系统稳定、继电保护、供电电压水平等要求以及变压器具体结构条件确定，一般情况则采用标准阻抗。

(8) 变压器运行特性：

1) 过载能力。需满足运行要求。

2) 游离及防晕。运行中游离电晕及电晕放电不超过规定。

3) 噪音。不超过环境保护规定。

4) 损耗。不超过规定，一般采用低损耗变压器。

(9) 中性点接地方式。按系统的需要可选择中性点直接接地或非直接接地两种方式，一般要有中性点引出 绝缘水平按标准或实际需要确定。

1.6.2.2 变压器分类及技术参数

电力变压器的分类和型号见表 1-15。

表 1-15 电力变压器的分类和型号

型号中代表符号排列顺序	分类	类别	代表符号
1	线圈耦合方式	自耦	O
2	相数	单相	D
		三相	S
3	冷却方式	油浸自冷	J
		干式空气自冷	G
		干式浇注绝缘	C
		油浸风冷	F
		油浸水冷	S
		强迫油循环风冷	FP
		强迫油循环水冷	SP
4	线圈数	双线圈	
		三线圈	S
5	线圈导线材料	铜	
		铝	L

续表 1-15

型号中代表符号排列顺序	分类	类别	代表符号
6	调压方式	无激磁调压 有载调压	 Z

电力变压器容量等级有：63，80，100，125，160，200，250，315，400，500，630，800，1000，1250，1600，2000，2500，3150，4000，5000，6300，8000，10000，12500，16000，20000，25000，31500，40000，50000，63000，90000，120000，150000，180000，260000，360000，400000kVA 等。通常，容量为 630kVA 及以下的变压器统称为小型变压器；800～6300kVA 的变压器称为中型变压器；8000～63000kVA 的变压器称为大型变压器；90000kVA 及以上的变压器称为特大型变压器。

油浸电力变压器的电压组合和联接组标号见表 1-16。

表 1-16　油浸式电力变压器的电压组合和联接组标号表

类别	容量(kVA)	电压组合(kV)			联接组标号
		高压	中压	低压	
1	10～1600	6,10		0.4	Y,yn0
2	630～6300	6,10		3.15, 6.3	Y,d11
3	50～1600	35		0.4	Y,yn0
4	800～31500	35 (38.5)		3.15～10.5 (3.3～11)	Y,d11 (YN,d11)
5	6300～120000	110 (121)		6.3,11 (10.5,13.8)	YN,d11
6	6300～63000	110 (112)	38.5	6.3,11	YN,yn0,d11
7	31500～120000	220 (242)		6.3～13.8 (38.5)	YN,d11 (YN,yn0)
8	31500～63000	220 (242)	121	6.3,11 (38.5)	YN,yn0,d11 (YN,yn0,yn0)
9	63000～120000	220 (242)	121	10.5,13.8 (38.5)	YN,a0,d11 (YN,a0,yn0)
10	120000以上	110以上	按技术协议		

风冷却和水冷却的技术数据见表 1-17 和表 1-18。

油浸式变压器温升限值见表 1-19。

表 1-17　风冷却器的技术数据

（按环境温度 40℃）

额定容量（kW）	70	95	120
油流量（m²/h）	25	25	41.5
平均油温/进口油温（℃）	75/79	75/79	75/79
潜油泵功率（kW）	1.7	1.7	2
潜油泵扬程（Pa）	0.16	0.16	0.13
风扇电动机（三相 380V）台数	3	4	4
风扇功率（kW）	0.4	0.4	0.4
风扇转数（r/min）	1450	1450	1450
每扇风量（m³/h）	5600	5600	5600
风压（Pa）	1733	1733	1733
冷却器内油重（kg）	122	130	136
冷却器重（kg）	850	1000	1000
联管头中心距 d_a（mm）	2485	3250	3250

表 1-18　水冷却器的技术数据

（按冷却水温度 25℃）

额定容量（kW）	n×110	n×150	n×300
并联冷却器数	n=2,3,4	n=2,3,4	n=3
油流量（m³/h）	n×25	n×25	n×80
平均油温/进口油温（℃）	65/70	65/70	65/70
潜油泵功率（kW）	1.7	1.7	13
潜油泵扬程（Pa）	0.16	0.16	0.2
水流量（m³/h）	n×12	n×12	n×25
安装油管中心距（mm）	1500	2000	
油重（kg）	n×85	n×115	n×250
水重（kg）	n×50	n×65	n×150
冷却器重（kg）	n×500	n×610	n×1000

表 1-19　油浸式变压器温升限值

变压器的部分		温升限值（℃）	测量方法
线圈	自然油循环 强迫油循环	65	电阻法
铁芯表面		75	温度计法
与变压器油接触（非导电部分）的结构件表面		80	温度计法
油面		55	温度计法

1.6.3 变电所主结线

变电所主结线设计应根据负荷容量大小、负荷性质、电源条件、变压器容量及台数以及进出线回路数等综合分析来确定。

主结线应力求简单、运行可靠、操作方便、设备少并便于维修。需要时还要考虑扩建的可能性。

变电所高压侧结线见电源系统结线 1.3.4 节。

变电所低压侧结线的选择原则：

(1) 变压器低压侧通常采用单母线或单母线分段结线。仅当单台变压器容量超过 20000kVA 和变压器台数为三台及以上时，或大容量变压器带有出线电抗器时，或变压器馈出回路较多时，可考虑采用双母线结线或环形母线结线。

(2) 低压出线上一般应采用配有轻型断路器的成套开关柜。大容量变电所出线上的短路电流过大时，要采取限制短路电流措施。

变电所主结线型式见表 1-20。

表 1-20 变电所 6～110kV 侧主结线

主结线型式	简要说明
(1) 单台变压器单母线 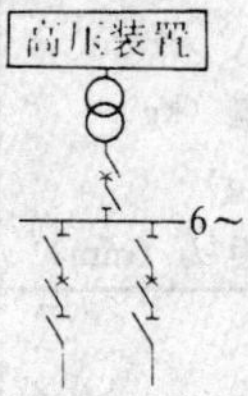	图中变压器为三相变电器（以下各图相同），适用于变压器容量较小，馈出线上短路电流能满足采用轻型断路器要求的变电所
(2) 单母线分段 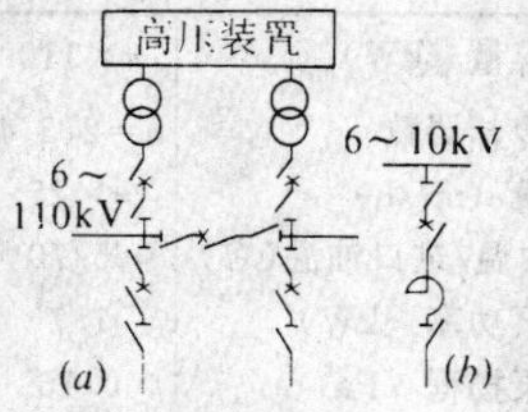	两台变压器低压侧采用单母线分段结线 为了提高供电可靠性和限制短路电流，一般两台变压器分列运行 结线简单、运行可靠，工程中采用较多 当变压器容量大，致使低压侧短路电流过大需要限制时，可在馈出线上装设电抗器，其结线如图 (*b*)。电抗器也可以接到断路器前面，见主结线型式 (9)；也可以适当增加变压器的阻抗值
(3) 装设分裂电抗器的单母线分段 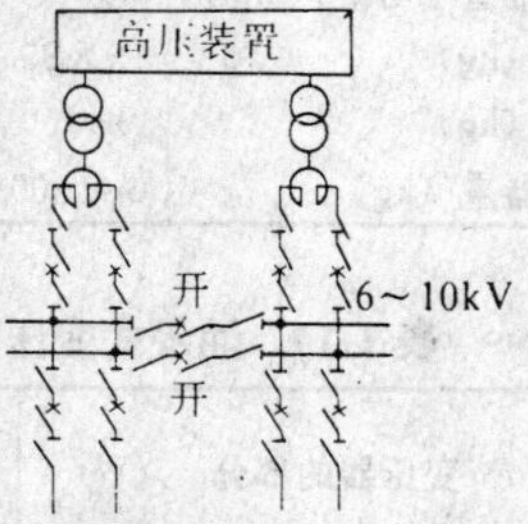	当低压侧短路电流需要限制时，在每台变压器回路上装设分裂电抗器来限制，详见 1.6.4 节 致使低压侧设有四段母线，使供电可靠性提高，可向一级负荷供电
(4) 具有分裂线圈变压器的单母线分段 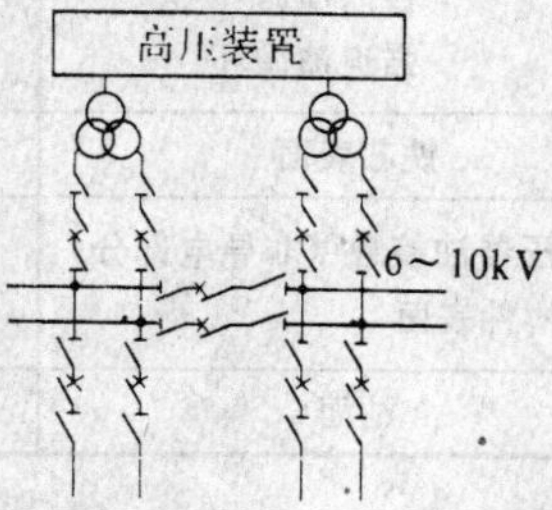	采用 6～10kV 侧具有分裂线圈的变压器限制短路电流，详见 1.6.4 节 这种变压器可作成单相的或三相的。必要时，分裂线圈各支路可制成不同的相近的额定电压（如 6kV 和 10kV） 要求分裂线圈一支路断开，另一支路仍能运行，相同额定电压的各支路可并联运行，分裂线圈各支路之间总阻抗很大，分裂线圈各支路与不分裂线圈之间总阻抗相等且较大（与双线圈变压器比）

续表 1-20

主结线型式	简要说明
(5) 两台三线圈变压器的单母线分段 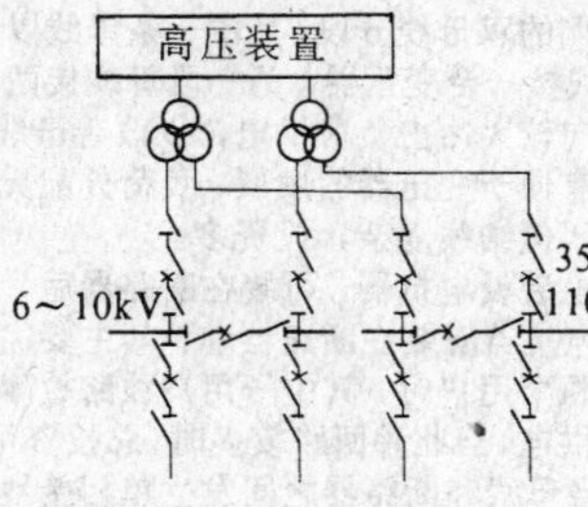	采用两台三线圈变压器，供给企业两种配电电压。以适应近距离和远距离负荷的配电 但采用 60kV 配电时，变压器需特殊订货
(6) 两台三线圈变压器的 6kV 和 10kV 单母线分段 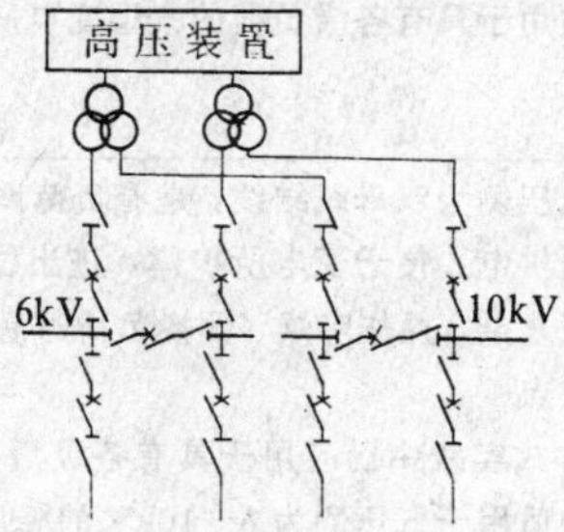	采用两台三线圈变压器，供给企业 6kV 和 10kV 两种配电电压，以适应向高压电动机和电力变压器的配电需要 但变压器需特殊订货
(7) 两台变压器的双母线分段 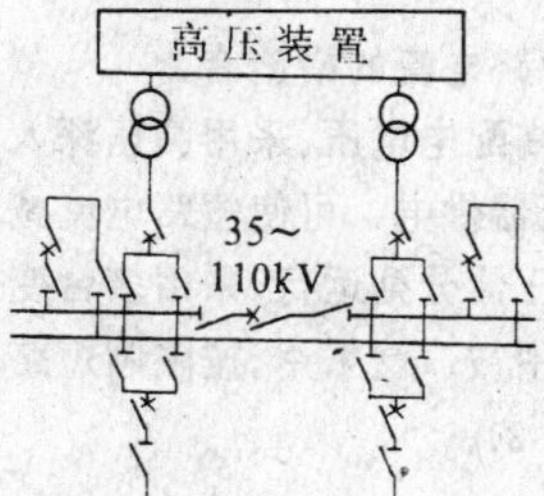	变压器低压侧接成双母线，其中一条母线分成两段，对各级负荷或具有冲击负荷的用户供电。正常时，负荷分别接在分成两段的母线上，当母线故障或检修时，将负荷倒换到未分段的备用母线上。操作灵活，供电可靠性高 用于企业总降压变电所，低压侧电压为 35～110kV；也可用于低压侧为 6～10kV 所有变电所 根据需要也可以做成不分段的双母线，可节省两个母联开关，正常运行时，既可并联运行也可分列运行
(8) 三台变压器的单母线分段 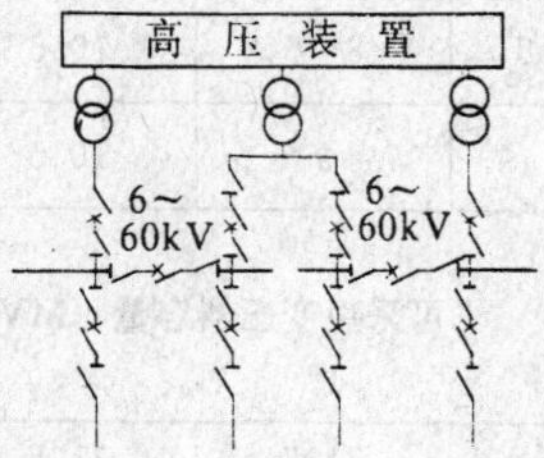	这种结线，负荷调配灵活，当一台变压器故障或检修时，一般能充分发挥其余变压器的备用容量。并且由于变压器容量减小，有时可避免装设限流电抗器等设备 正常运行时，中间两段母线作为一段母线运行，由中间变压器供电 如果设自动装置，结线稍复杂，动作的断路器也较多

续表 1-20

主结线型式	简要说明
(9) 三台三线圈变压器的双母线 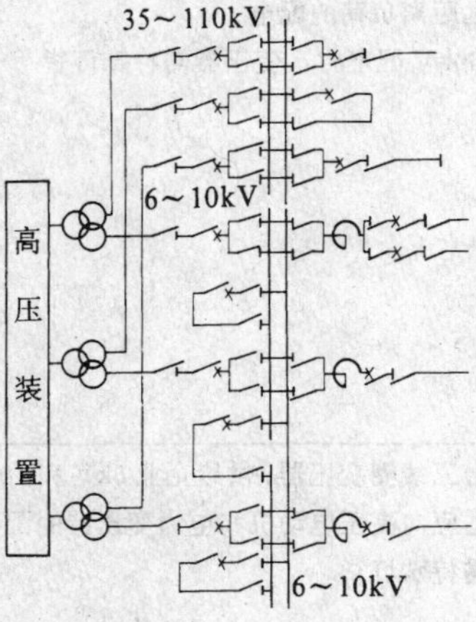 	变压器低压侧的两种电压的配电装置均采用双母线结线。其中 6～10kV 侧为双母线分段结线 6～10kV 侧的双母线分段，其中一条母线以断路器分为两段，一段母线接一台变压器，另一段母线接两台变压器并联运行。后者向较大冲击负荷供电，以改善母线的电压波动 此结线具有便于变压器的发展，负荷分配灵活，供电可靠性高等优点。但结线复杂，投资多 在馈出线上装设电抗器，可装在断路器后，也可装在断路器前。推荐电抗器安装在断路器前，其主要优点是：当一台电抗器分送几个用户时，其中一用户线路故障，可不影响对其它用户的供电，当此种回路较多时，总投资可相对地减少。其缺点是：当母线和断路器之间发生单相接地时，寻找接地点需大量地倒闸操作。馈出线电流互感器前的电气距离一般较长，增加了母线故障切除电源的机会。部分运行人员认为用隔离开关拉合空载电抗器不安全 本结线适用于具有各级负荷的大型变电所
(10) 三台变压器的双母线 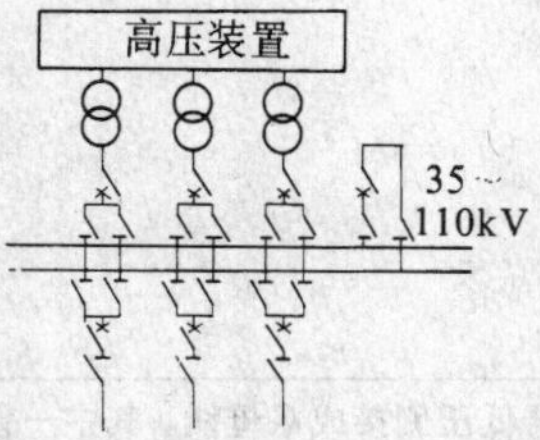 	变压器低压侧为双母线结线，是有负荷调配灵活，检修母线可不中断供电，便于变电所扩建，进出线不交叉等优点 具有结线复杂，操作麻烦（倒换负荷时易发生误操作）和投资多等缺点 本结线方式实践中已应用于具有各级负荷的企业总降压变电所。也适用于低压侧为 6～10kV 的降压变电所

1.6.4 限制短路电流措施

当短路故障发生后要求断路器能安全地切除故障，当系统短路电流大于断路器断流能力时，则断路器遭到破坏甚至爆炸，会引起重大事故，在这种情况下就必须采取限制短路电流措施。

限制短路电流的措施有：

(1)提高配电电压。采用高压深入负荷中心再经较小容量变压器供电，可使短路电流减小。

(2)变压器分列运行。采用多台变压器分列运行的措施，实际中被广泛采用。按限制短路电流选择变压器容量见表 1-21。

表 1-21 按限制短路电流选择变压器容量

变压器高压侧额定电压（kV）				35	60	110	220
变压器百分阻抗范围（%）				6.5～8	8～9	10.5	12～24
计算时取百分阻抗（%）				8	9	10.5	15
低压侧额定电压（kV）	低压侧允许短路容量（MVA）	以 100MVA 为基准的阻抗 x 值	变压器运行方式	可采用变压器容量（MVA）			
6	320	0.313	分列	31.5	31.5	31.5	31.5
			并列	2×16	2×16	2×16	

续表 1-21

低压侧额定电压（kV）	低压侧允许短路容量（MVA）	以 100MVA 为基准的阻抗 x 值	变压器运行方式	可采用变压器容量（MVA）			
10	500	0.200	分列	50	50	50	50
			并列	2×25	2×25	2×25	2×31.5
35	1500 (1000)	0.0667 (0.1)	分列		90（63）	90（63）	90（63）
			并列		2×90（63）	2×90（63）	2×90（63）
60	3400	0.0294	分列			150	150
			并列			2×150	2×150
110	7600	0.0132	分列				360
			并列				2×360
220	12000	0.0083	分列				
			并列				

注：1. 本表仅考虑采用少油断路器。
2. 本表未考虑自备发电机和电动机等供给的短路电流。
3. 电源系统短路容量按断路器允许断开容量考虑。
4. 变压器系指双线圈变压器。
5. 本表把各电压级断路器最大额定电流也一并考虑。
6. 二次额定电压为 35kV，当用手车式开关柜时，采用括号内数字。

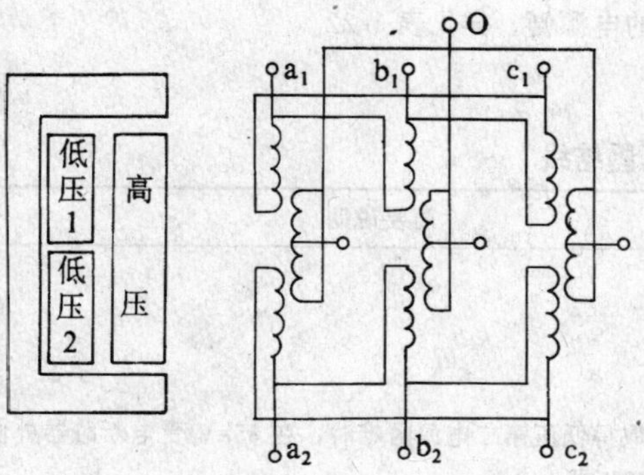

（a）　（b）

图 1-11　三相轴向双分裂变压器
（a）— 示意图；（b）—结线图

(3) 采用分裂线圈变压器，可省去其他限流设备，简化配电装置结构，节省基建投资，并且限流效果明显。分裂线圈变压器近年来已开始试制，设备价格比同容量的普通变压器稍贵。钢铁企业采用这种结线尚待积累经验。

分裂线圈变压器是在轴向或幅向把低压线圈分成相同两部分或更多部分。它可增大线圈之间的阻抗，轴向分裂时的示意图和结线图，见图 1-11。图 1-11 中一个分裂线圈与高压线圈之间的阻抗、分裂线圈并联后与高压线圈之间的阻抗，分别称为半穿越阻抗 Z_b、穿越阻抗 Z_k 和分裂阻抗 Z_f。分裂阻抗与穿越阻抗之比称为分裂系数 K_f，它对限制短路电流有显著作用。其阻抗之间的关系为

$$Z_f = K_f Z_k \tag{1-6}$$

$$Z_b = (1 + \frac{K_f}{4})Z_k \qquad (1\text{-}7)$$

（4）在变压器二次回路中装设分裂电抗器。这种结线的优点是：当变电所装设较小容量的变压器（例如15MVA以下）但需考虑以后更换较大容量的变压器（例如31.5MVA）时，只需在设计时预留将来能够建分裂电抗器小间的场地即可。

这种结线的缺点是：当分裂电抗器一臂的馈出线上发生短路时，另一臂的母线电压会突然升高超过额定值，将引起电动机的无功电流增大这个情况应在系统继电保护设计时考虑到。

采用这种结线时，要注意钢铁企业内同步电动机多且具有冲击负荷的特点，如果分裂电抗器两个臂上的同步电动机容量分配不均，或者是由于轧钢机用电动机出现周期性大幅度冲击负荷，或者由于运行方式的变动，均将引起两个臂上电压质量的差异或波动。如果冲击负荷不太大，只要参数选择得合适，6～10kV母线上的电压波动仍可保持在允许范围内，即使在昼夜负荷变化较大的变电所采用这种结线也是合适的。在采用这种结线时，必须进行必要的验算。

（5）在馈出线上装设电抗器。当馈出线的容量不大时，推荐采用两或三回出线合用一台电抗器的方式，以减少电抗器间隔和建筑物的面积。为了使每回出线有各自的断路器，一般将电抗器装在断路器前。

这种结线方式与带分裂电抗器的结线方式相比较，6～10kV配电装置及建筑物的结构比较复杂，基建投资较多，是其缺点。但这种结线也有其一定的优点，主要是馈出线上发生三相短路时，总变电所的6～10kV母线可保持一定的剩余电压（设计一般按保持60～70%剩余电压选择电抗器）。此外，这种结线比较能适应对冲击负荷供电，能减少6～10kV母线的电压波动。大型钢铁企业的总变电所有许多采用这种结线方式。

1.6.5 所用电源及操作电源

1.6.5.1 所用电源的设置

所用电源的设置应按变电所的重要性、容量大小及采用的操作方式等因素确定。

所用电源的设置原则：

（1）变电所一般装设两台所用变压器。

（2）变电所在下列情况下允许只装一台所用变压器：

1）当能够从变电所外引入可靠的380V备用电源时；

2）当只有一回路电源和一台主变压器时；

3）当设有蓄电池直流电源时。

（3）当变电所内装有380V配电变压器能满足所用电要求时，可不设专用的所用变压器，所用电负荷可由配电变压器兼供。

（4）所用变压器一般不供所外用电。

（5）采用蓄电池组（包括镉镍蓄电池组）直流操作电源的变电所，当用两台所用变压器时，分别接至不同主变压器二次侧母线上；当用一台所用变压器时，也可接至主变压器二次侧母线上。

（6）采用硅整流式直流操作电源的变电所，当用两台所用变压器时，宜将一台接至电源进线断路器的电源侧，一台接至另一电源系统的主变压器二次侧母线上；当用一台所用变压器时，应将其接至电源进线断路器的电源侧。详见表1-22。

表1-22 所用变压器结线

主结线型式	简要说明
（1）所用变压器接在受电断路器外侧 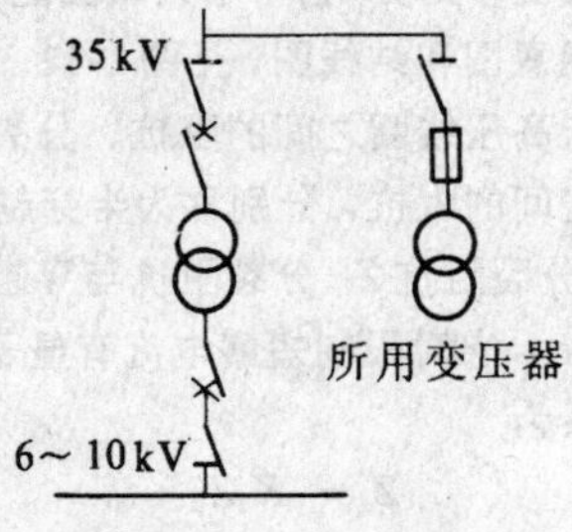 	当从所外取得低压第二电源困难时，在35kV受电断路器外侧，装一台所用变压器 适用于采用硅整流式直流操作电源和无特殊要求的变电所

续表 1-22

主结线型式	简要说明
(2) 所用变压器接在低压侧母线上 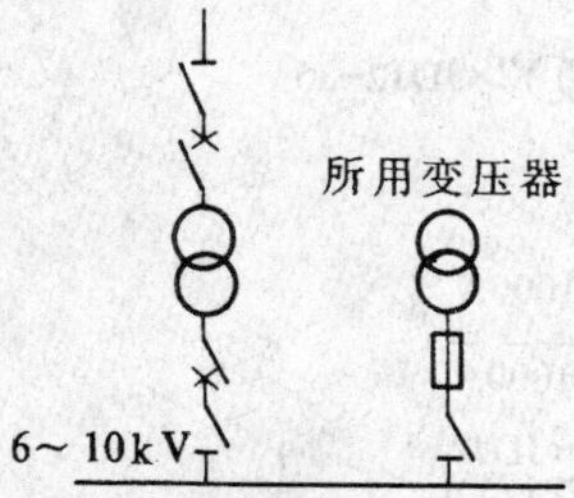	当能从所外引来与本变电所无联系的 380V 第二电源时，在主变压器二次侧母线上接一台所用变压器 适用于采用各种操作电源和二、三级用电负荷的变电所
(3) 接两台所用变压器变电所 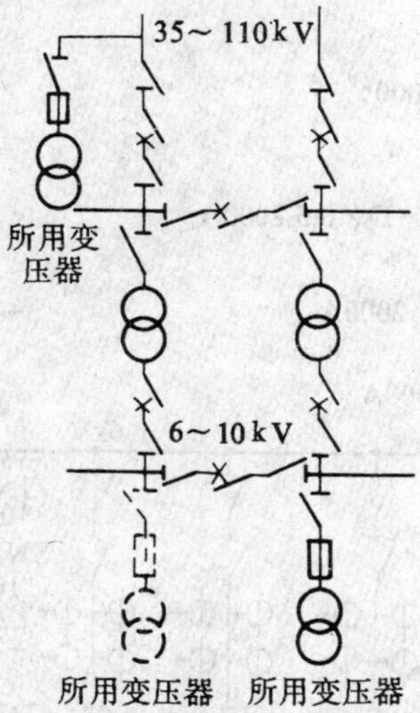	电压为 35kV，两台主变压器的变电所。当从所外引来可靠的低压电源有困难时，装设两台所用变压器。一台接在 35kV 的受电断路器外侧，一台接在另一电源系统的主变压器二次侧母线上 当电源电压为 110kV 时，接在受电断路器外侧的所用变压器可选用单相变压器，此单相变压器需要特殊订货 适用于采用硅整流式直流操作电源和各级用电负荷的变电所 当采用蓄电池组或硅整流镉镍蓄电池直流操作电源时，可将两台所用变压器分别接至不同主变压器二次侧母线上，如虚线所示

(7)当总变电所为满足 6～10kV 网络电压质量的要求而将母线电压提高时，所用变压器的一次侧额定电压宜采用 10.5kV 或 6.3kV。

(8)当条件允许时，宜将所用变压器装在与配电装置同一系列的开关柜内。

(9) 两个所用电源宜在 380V 侧装设备用电源自动投入装置。当两台所用变压器一次电压等级不同，引起二次电压相位不同时，应设有防止并联运行的措施。

1.6.5.2 操作电源的设置

硅整流镉镍蓄电池，变电所均可采用。一般变电所采用一组蓄电池即可；大型或重要的变电所可采用两组蓄电池。硅整流镉镍蓄电池是碱性蓄电池，与铅酸蓄电池比较，它放电倍率高，可减少总容量，不需专门房间，减少运行维护工作量，因此目前得到广泛地应用。

硅整流式直流操作电源的主要缺点是：断路器采用整流合闸电源，故要求交流电源非常可靠。如整流合闸电源是由所内某一母线上引接时，当该母线上引出线路发生永久性故障，在合闸或重合闸时，由于交流电源电压降低，整流合闸电源电压也会降低，可能引起断路器爆炸事故。因此其交流电源除按 1.6.5.1 节结线之外，还需要校核整流合闸电源能否保证断路器在事故情况下可靠合闸。对小型的不重要的变电所仍可采用这种方式。

其它方式操作电源，如铅酸蓄电池组、复式整流装置、交流操作或 48V 蓄电池组等，由于目前采用越来越少，仅在特殊情况下采用，故不详细介绍。

关于直流操作电源设计参见第 14 章。

1.6.6 变电所主结线图举例

变电所主结线图举例见图 1-12～图 1-16。

图 1-12 中，35kV 配电装置和主变压器为户内安装；操作电源为镉镍蓄电池组；35kV 电源引自电力系统。

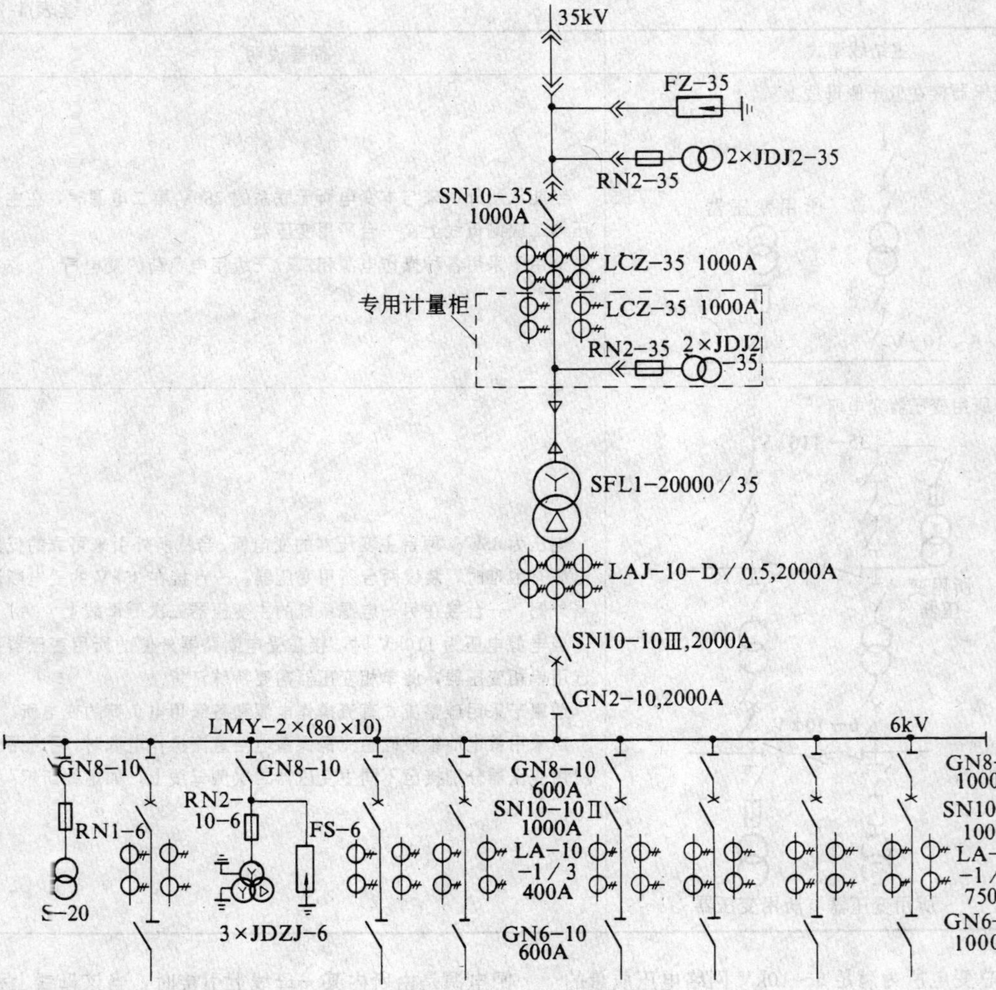

图 1-12　35kV 单台变压器变电所主结线图

图 1-13 中，因为要求在 35kV 侧装电能测量仪表，故安装 35kV 电压互感器；因为采用硅整流式直流操作电源，故在 35kV 受电断路器外侧安装所用变压器一台　6kV 侧馈出线有架空线出线。

图 1-14 中，因为要求在 110kV 侧安装电能测量仪表，故安装 110kV 电压互感器；因为采用硅整流式直流操作电源，故在 110kV 受电断路器外侧安装所用单相变压器一台（特殊订货）；主变压器订货要注明套管内安装电流互感器。

图 1-15 中，是采用蓄电池直流操作电源；因为 10kV 配电网络单相接地电容电流超过了允许值，故要安装消弧线圈补偿。

图 1-16 为某厂总降压变电所，又是终端变电所。内设 220/38.5/10.5kV50MVA 变压器，近期先装两台，最终装四台。220kV 配电装置为双母线结线，两回路 220kV 电源 N_1 和 N_2，分别引自不同地点的区域变电所，每回路电源容量能承担全部负荷用电。正常时 220kV 母联断路器断开运行，并设有备用电源自动投入装置。35kV 配电装置为双母线分段结线，正常时母联及分段断路器均断开运行；10kV 配电装置为单母线分段结线，正常时分段断路器断开运行，各台主变压器分别接至相应的母线上分列运行。35kV 母线向较远的负荷较大的用户配电；10kV 母线向附近的负荷用户配电和所用电配电。

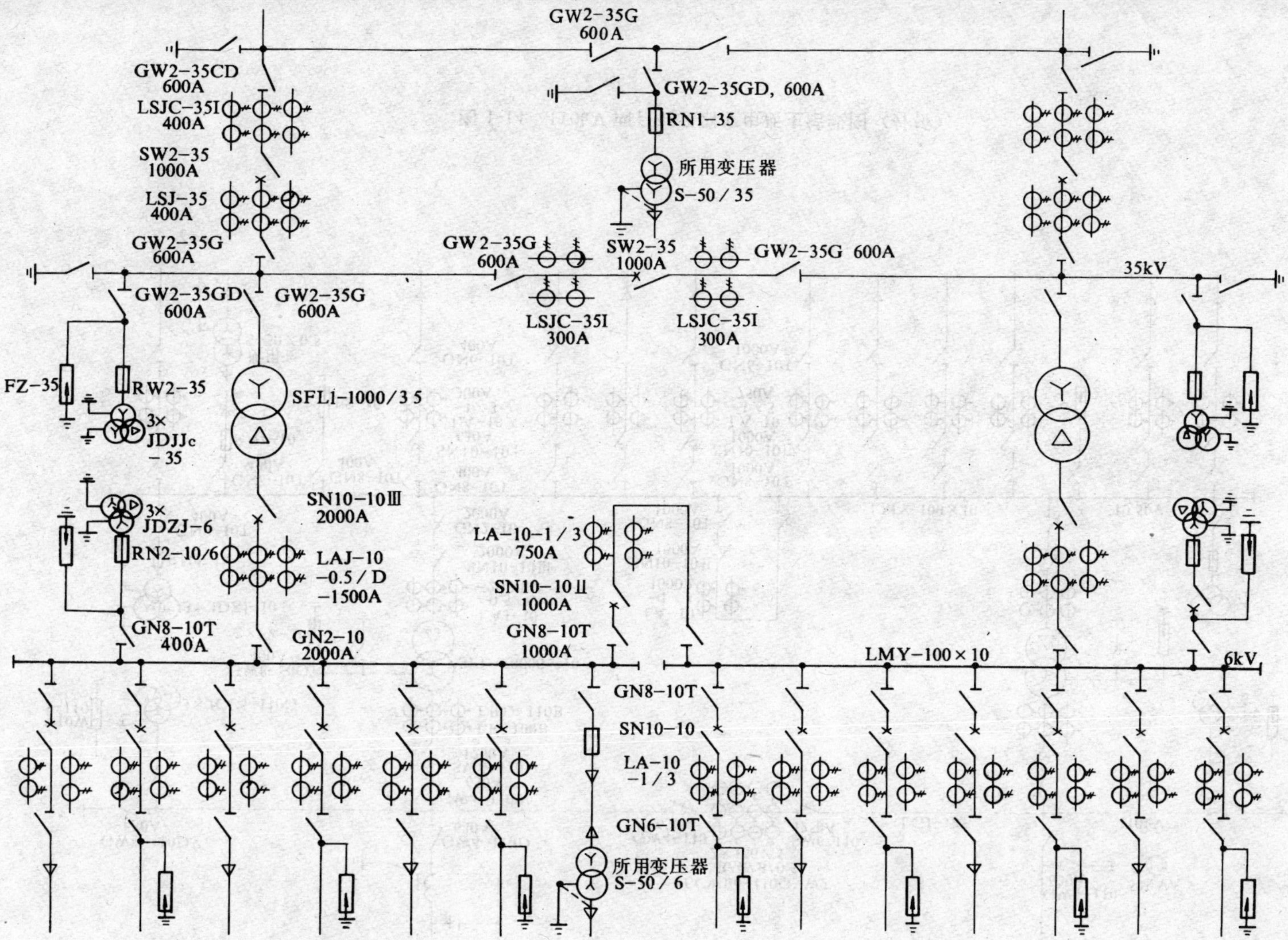

图 1-13　35kV 两台变压器变电所主结线图（内桥）

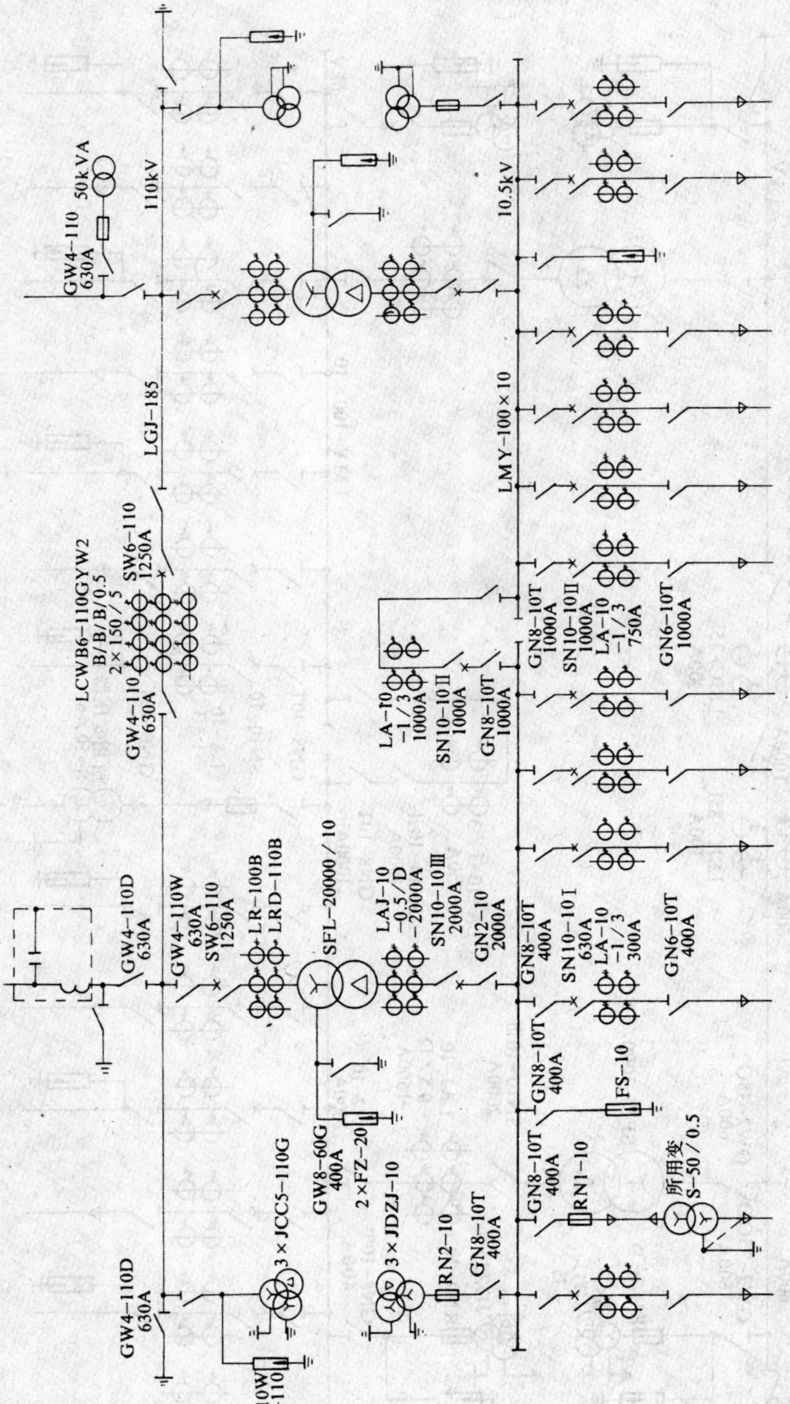

图 1-14 110kV 两台变压器变电所主结线图（外桥）

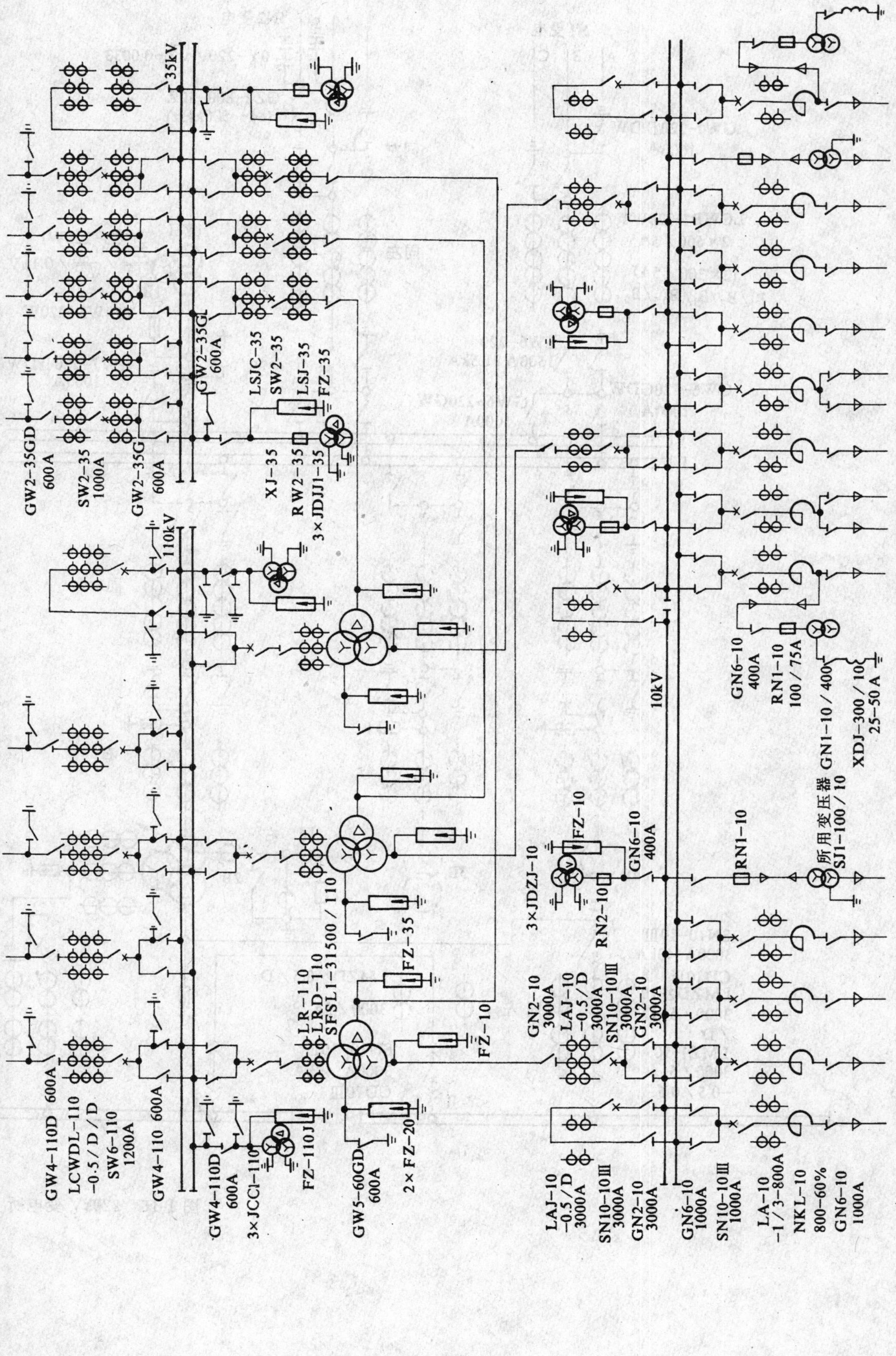

图 1-15　三台三线圈变压器变电所主结线图（双母线）

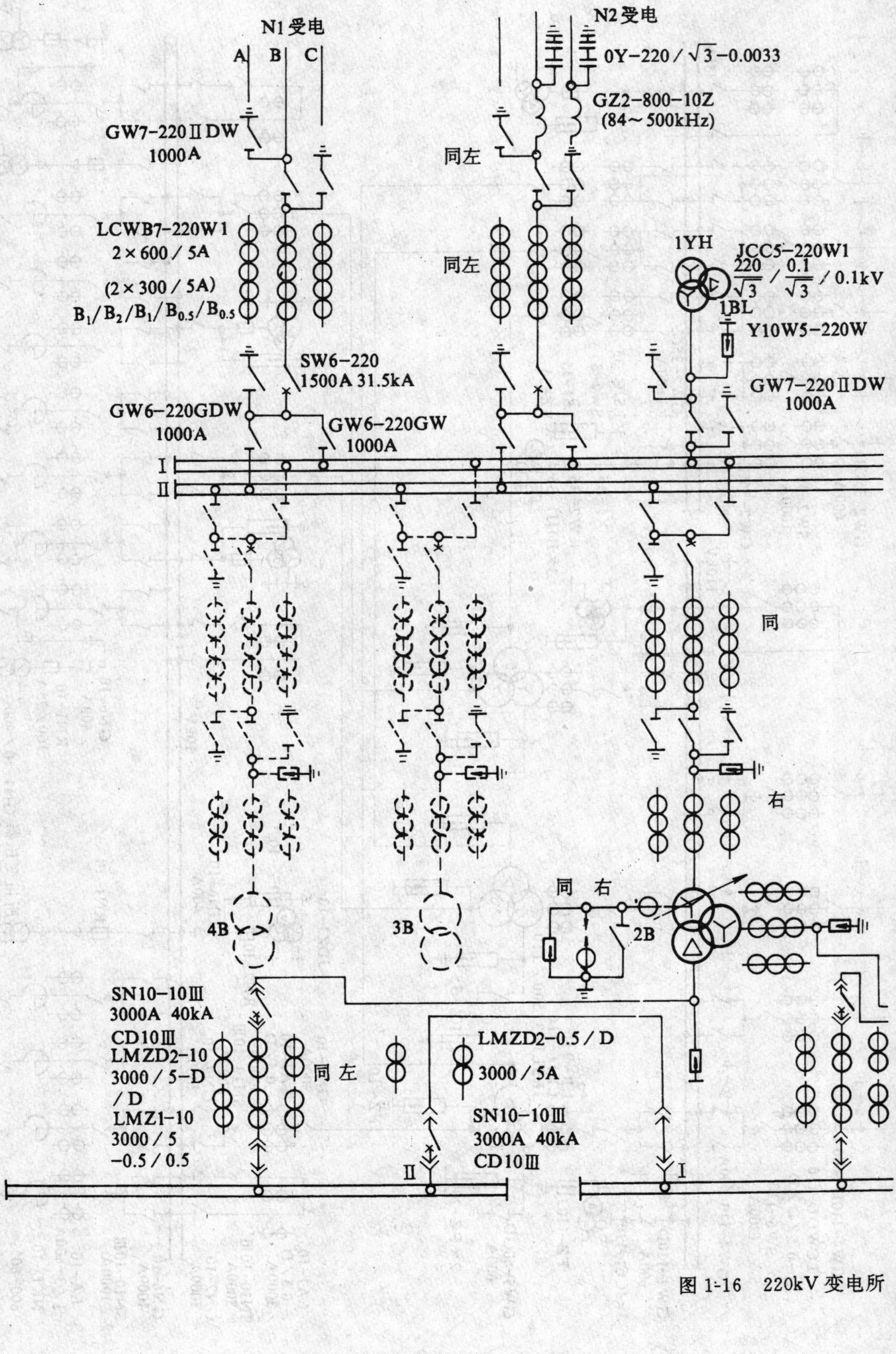

图 1-16 220kV 变电所

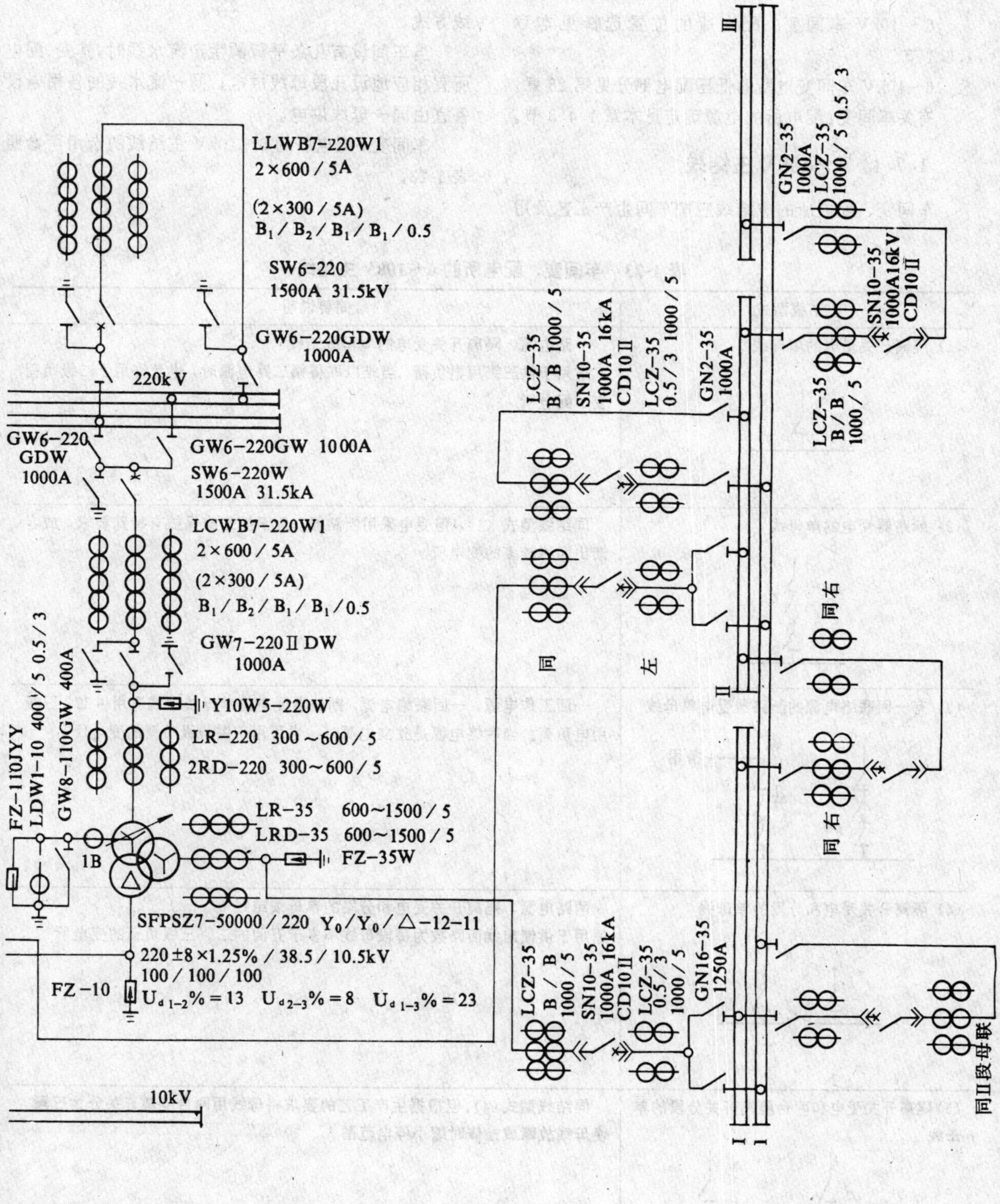
LLWB7-220W1
2×600／5A
(2×300／5A)
B1／B2／B1／B1／0.5
SW6-220
1500A 31.5kV
GW6-220GDW
1000A
220kV
GW6-220
GDW
1000A
GW6-220GW 1000A
SW6-220W
1500A 31.5kA
LCWB7-220W1
2×600／5A
(2×300／5A)
B1／B2／B1／B1／0.5
GW7-220ⅡDW
1000A
Y10W5-220W
LR-220 300～600／5
2RD-220 300～600／5
FZ-110JYY
LDW1-10 400／5 0.5／3
GW8-110GW 400A
1B
LR-35 600～1500／5
LRD-35 600～1500／5
FZ-35W
SFPSZ7-50000／220 Y0／Y0／△-12-11
220±8×1.25%／38.5／10.5kV
100／100／100
FZ-10
Ud1-2%＝13 Ud2-3%＝8 Ud1-3%＝23
10kV
Ⅲ
GN2-35
1000A
LCZ-35
1000／5 0.5／3
SN10-35
1000A16kV
CD10Ⅱ
LCZ-35
B／B
1000／5
LCZ-35
B／B 1000／5
SN10-35
1000A 16kA
CD10Ⅱ
LCZ-35
0.5／3 1000／5
GN2-35
1000A
同右
同
左
Ⅱ
同右
LCZ-35
B／B
1000／5
SN10-35
1000A 16kA
CD10Ⅱ
LCZ-35
0.5／3
1000／5
GN16-35
1250A
同Ⅱ段母联
Ⅰ
Ⅰ
主结线图

1.7 6～10kV 车间变、配电所

6～10kV 车间变、配电所的位置选择见本章 1.6.1 节。

6～10kV 车间变电所的低压配电部分见第 28 章。

有关车间变、配电所的电源确定见本章 1.4.3 节。

1.7.1 6～10kV 主结线

车间变、配电所的主结线应按车间生产工艺及用电负荷性质等因素确定。

6～10kV 母线一般采用单母线或单母线分段的结线方式。

当车间设有几条平行的生产流水线时，其变、配电所宜相应地设几段母线供电；同一流水线的各用电设备宜由同一母线供电。

车间变、配电所的 6～10kV 主结线的选用可参照表 1-23。

表 1-23 车间变、配电所的 6～10kV 主结线

主结线型式	简要说明
(1) 隔离开关受电的单母线 	一路电源，隔离开关受电的单母线结线 适用于供三级用电负荷。当难以取得第二路电源时，也允许用于二级负荷变、配电所
(2) 断路器受电的单母线 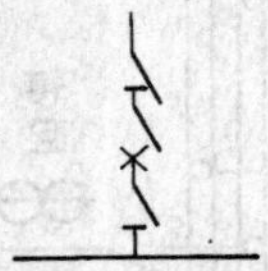	同结线型式 (1)，但受电采用断路器。用于操作或保护有特殊要求，或者馈出回路较多的变电所
(3) 有一回联络电源的断路器受电单母线 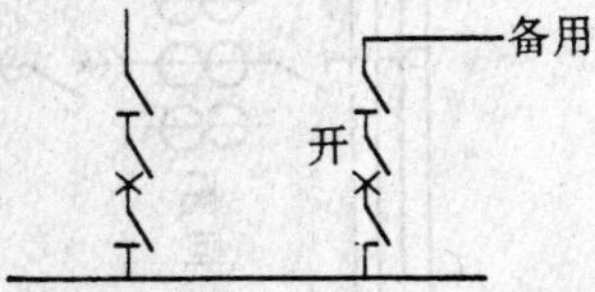	一回工作电源，一回联络电源，断路器受电的单母线结线适用供二、三级用电负荷。当联络电源是独立电源时，也可用于供一级负荷的变电所
(4) 隔离开关受电和分段的单母线 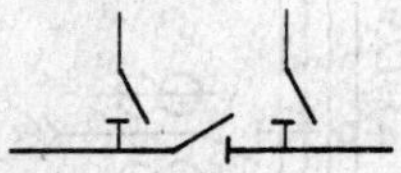	两路电源，隔离开关受电和分段的单母线结线 适用于供馈出线回路数为每段母线不多于五回的二、三级负荷的变电所
(5) 隔离开关受电和两台隔离开关分段的单母线 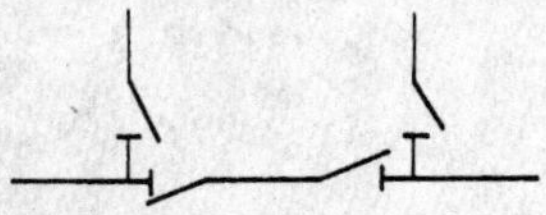	同结线型式(4)。但根据生产工艺的要求将母线用两台隔离开关分为三段，使母线故障或检修时缩小停电范围

续表 1-23

主结线型式	简要说明
(6) 隔离开关受电和断路器分段的单母线 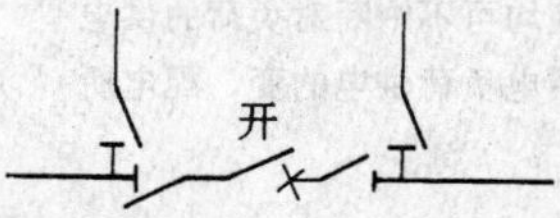	两路电源，隔离开关受电，断路器分段的单母线结线 比结线型式 (4) 在电源倒换时操作方便，缩短停电时间，当电源可以并联运行时甚至可不停电倒换电源
(7) 断路器受电和分段的单母线 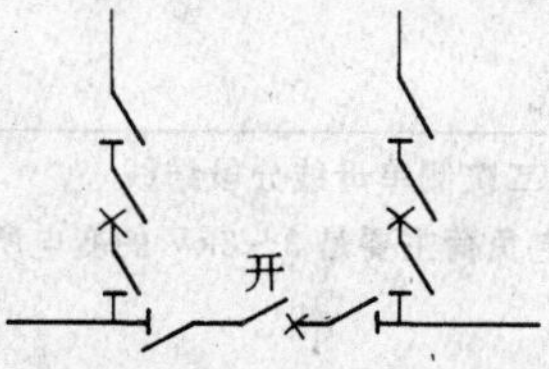	两路电源，断路器受电和分段的单母线结线 适用于对有备用电源自动投入 (BZT) 要求，或操作、保护有特殊要求，或者每段母线馈出回路在五回及以上的各级用电负荷的变、配电所 适用于供一级负荷用电的变、配电所
(8) 断路器受电无联络的两段母线 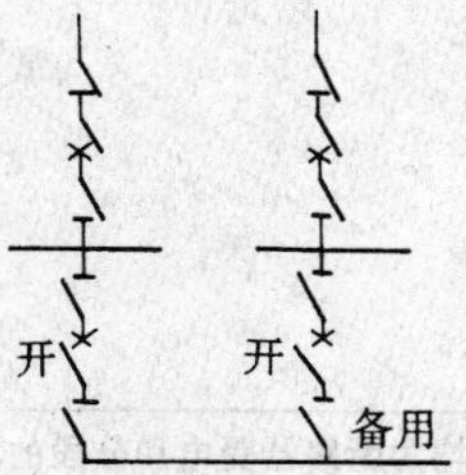	两路工作电源和一路联络电源，均为断路器受电，但两段母线无联络 适用于供一级负荷用电的变、配电所
(9) 断路器受电和分段的单母线 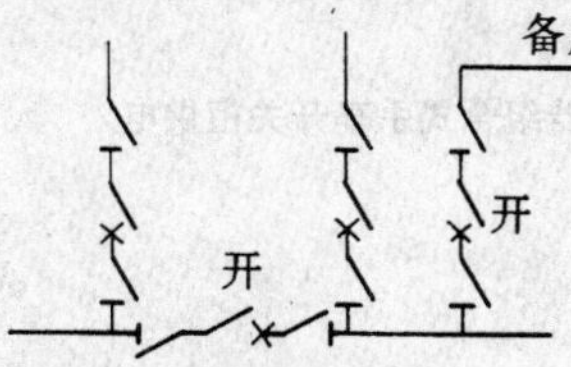	同结线型式 (7)，但有一回保安电源 用于两回工作电源引自一个电源点的供给一级负荷的变、配电所
(10) 三路电源断路器受电和分段的单母线 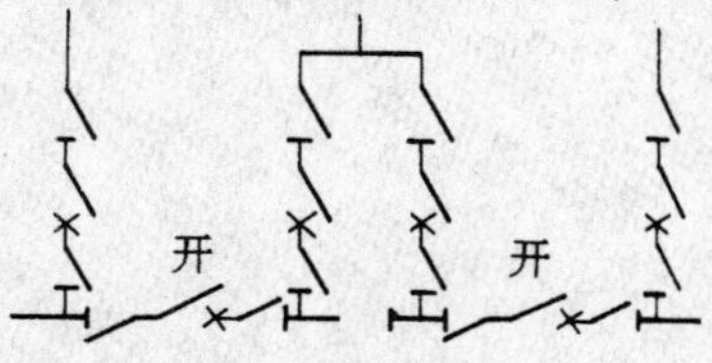	三路电源，断路器受电和分为四段的单母线 负荷调配灵活。如果需要保证变电所有 100% 的线路备用容量，当采用电缆线路时，每回路可按总负荷的 50% 选择，与采用两回路电缆供电时比较，选用的电缆少。但要增加开关柜的数量，操作及自动装置亦较复杂 适用于供大容量的各级用电负荷的变电所
(11) 三路电源断路器受电和分为三段的单母线 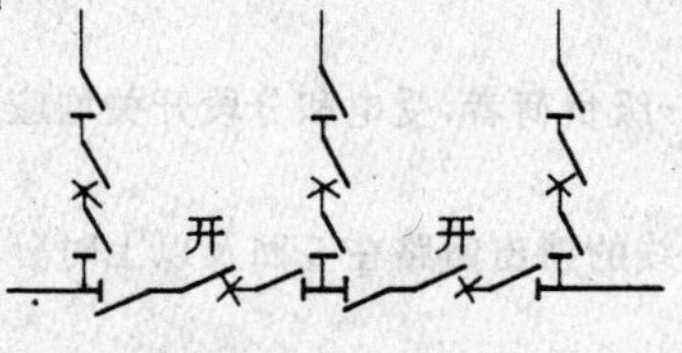	三路电源，三台断路器受电和以断路器分为三段的单母线结线 与结线型式 (10) 比较，负荷调配较差，因此电源线路容量需增大到变电所总容量的 2/3。但操作和自动装置较简单 适用于供各级用电负荷。且电源线路按短路电流选择比按负荷电流选择需要增大截面积，足以能担负变电所总容量的 2/3 要求的变、配电所

续表 1-23

主结线型式	简要说明
(12) 三路电源断路器受电和断路器联络的双母线 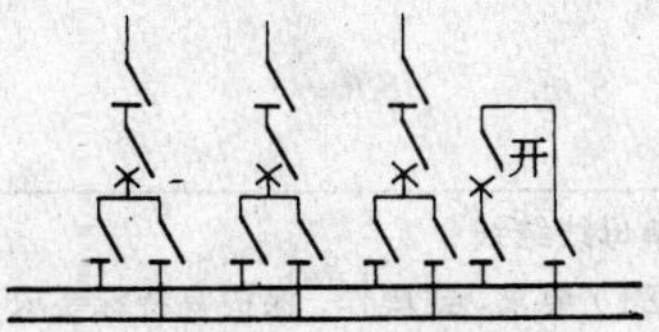	三路电源，三台断路器受电和一台断路器联络的双母线结线 负荷调配灵活，母线检修和电源倒换均可不中断对负荷的供电 适用于对馈出回路较多的一、二级用电负荷供电的变、配电所
(13) 两台变压器二次侧单母线分段 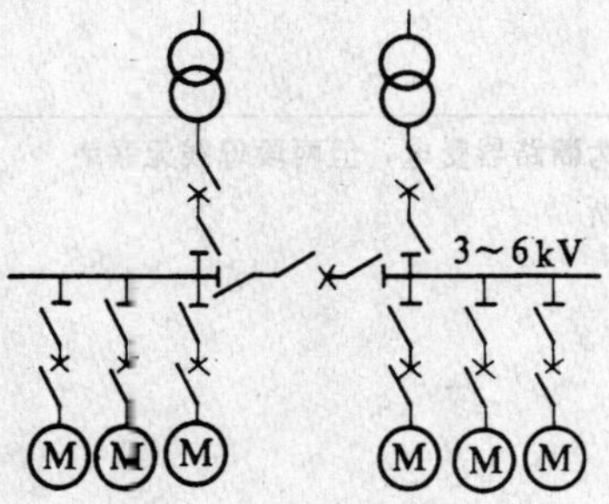	两回电源，两台变压器，高压侧无母线，二次侧单母线分段结线 适用于企业配电电压为 10～35kV，而用电负荷主要是 3～6kV 的变电所，但 3kV 不向车间外配电
(14) 两台变压器一、二次侧均为单母线分段 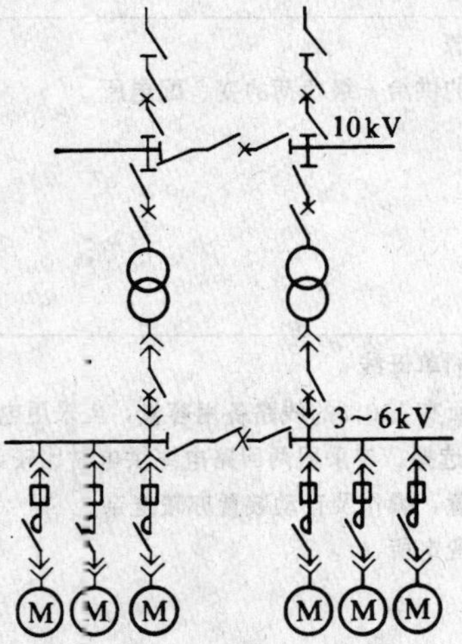	两回电源，两台变压器，一次侧和二次侧均为断路器受电和分段的单母线结线 适用于企业配电电压为 110kV 而用户负荷有 10kV 的也有较多的 3～6kV 的变电所，但 3kV 不向车间外配电 高压电动机采用高压熔断器＋高压接触器组合式手车开关柜供电

1.7.2 6～10kV 主要设备选用

受电及母线分段开关的选用：

(1) 供电给二、三级用电负荷者，受电及分段开关均可以采用隔离开关。但为操作方便，分段开关宜采用断路器。

(2) 供电给一级负荷者，受电和分段开关均应采用断路器。

(3) 每段母线的馈出回路在 5 回及以上时分段开关应采用断路器。

(4) 电源为树干式供电的受电开关，应采用断路器。

(5)电源引自电力部门或其它企业时，受电开关宜采用断路器。

馈出线上开关的选用：

(1)馈电给下一级变、配电所母线的回路，应采用断路器。

(2) 馈电线为树干式的回路，应采用断路器。

(3)馈电给高压电容器组的回路，容量在400kvar及以下时可采用带熔断器的负荷开关；容量在400kvar以上时应采用断路器。

(4)馈电给高压电动机和电弧炉变压器的回路，应采用断路器。

(5) 电源联络回路，一般采用断路器。

(6)馈电给三相变压器的回路，315kVA及以下时宜采用隔离开关熔断器；500kVA及以下时一般采用带熔断器的负荷开关，但馈电给重要用户时宜采用断路器；630kVA及以上时宜采用断路器。

接在母线上的阀型避雷器和电压互感器，一般共用一组隔离开关。

以架空线馈电的引出线上及有反馈可能的电缆出线上，应装设线路隔离开关。

1.7.3 车间变、配电所主结线系统图举例

车间变、配电所主结线系统图举例见图1-17～图1-28。

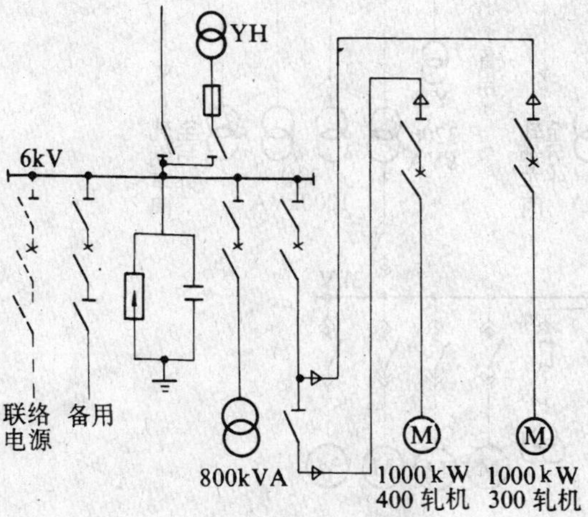

图 1-17 2×400mm/5×300mm 轧钢车间变电所

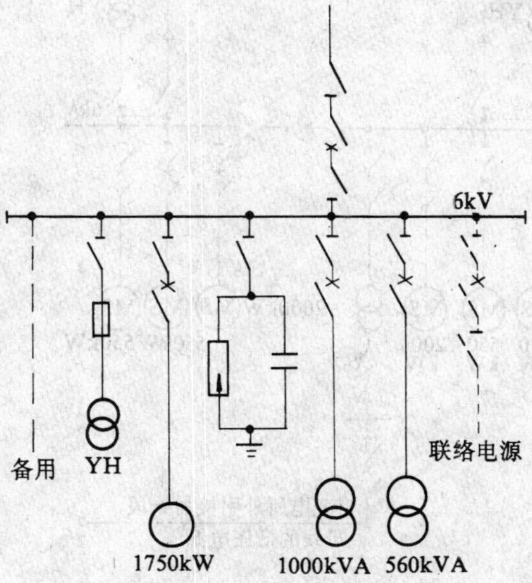

图 1-18 2300mm 中板轧钢车间变电所

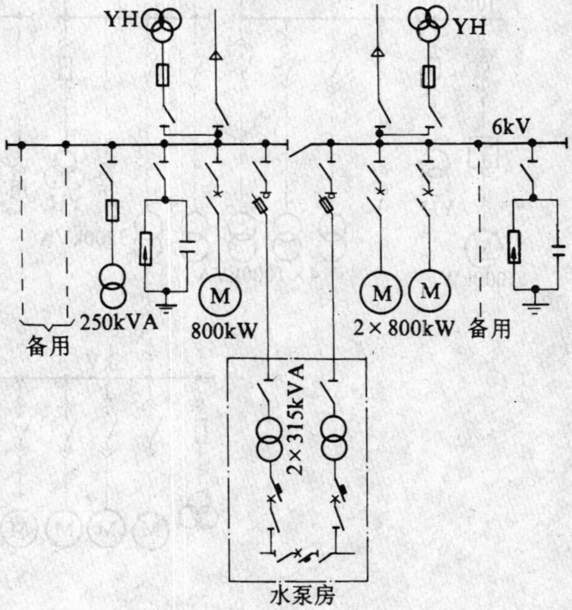

图 1-19 2×100m³ 高炉变电所

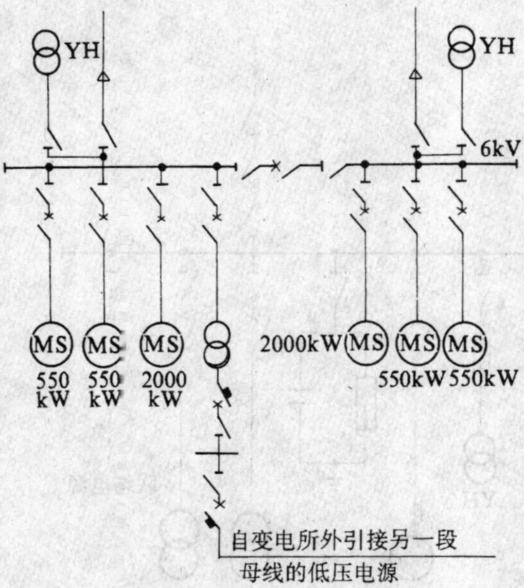

图 1-20 空气压缩机站变电所

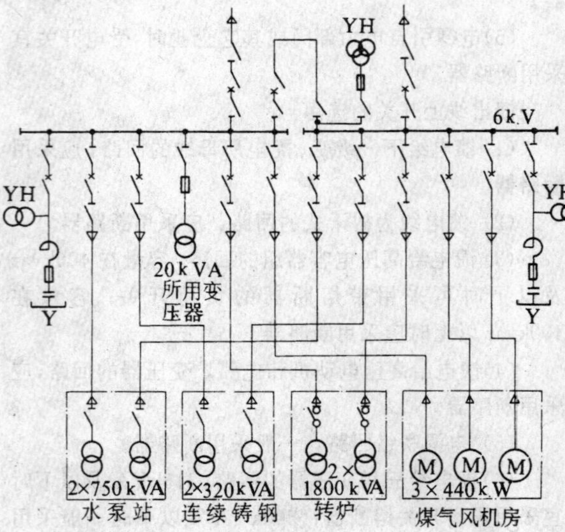

图 1-21 3×25t 氧气顶吹转炉变电所

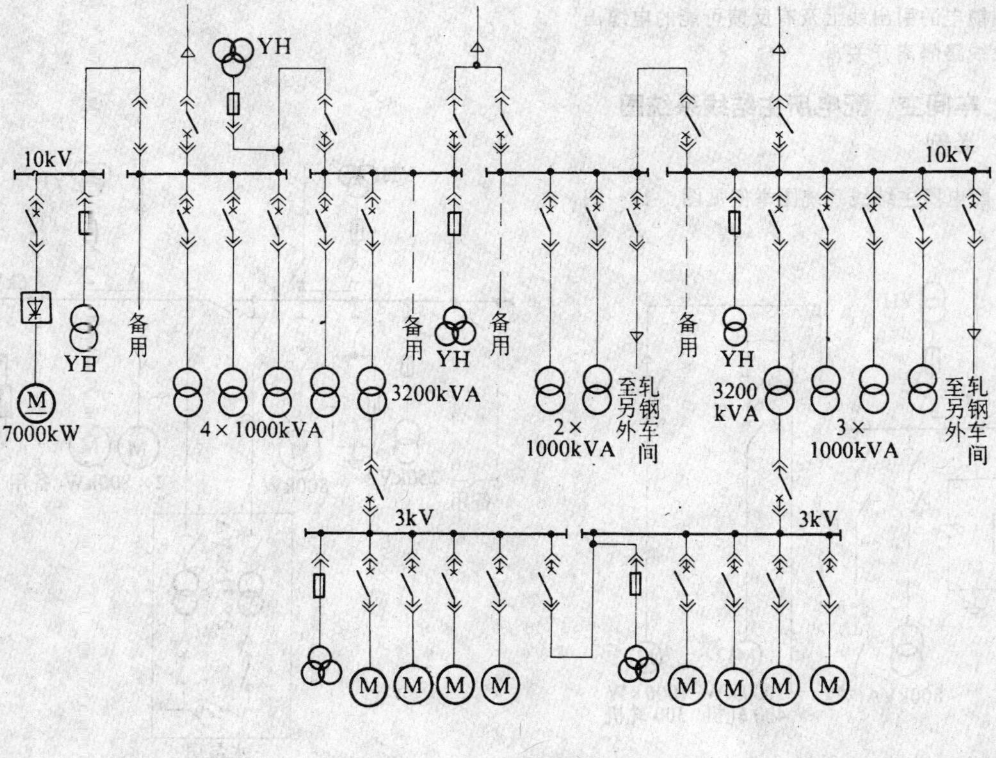

图 1-22 轨梁轧钢车间变电所

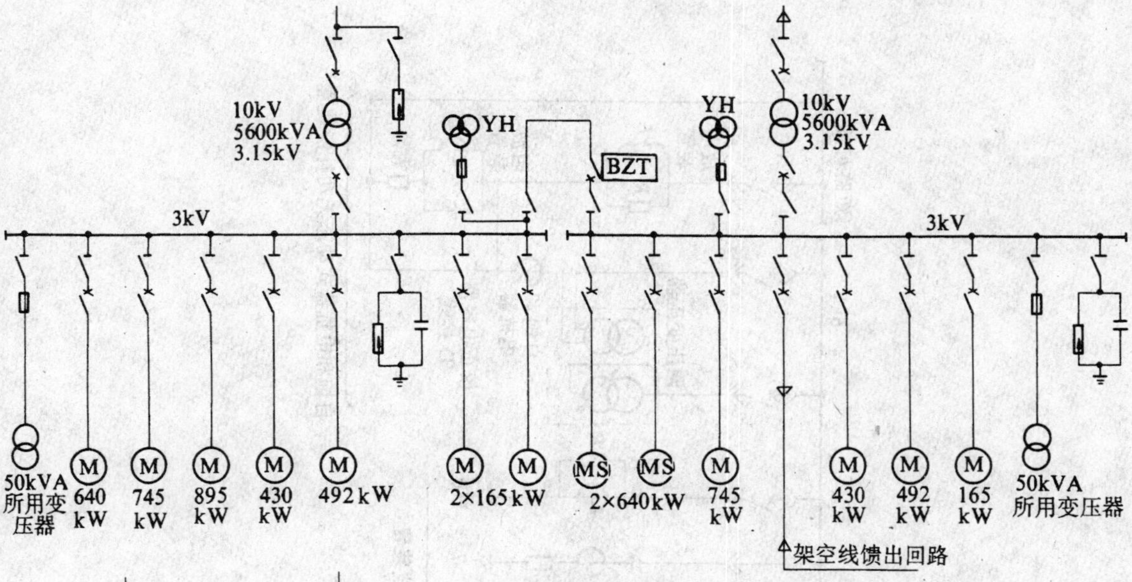

图 1-23　水泵站变电所

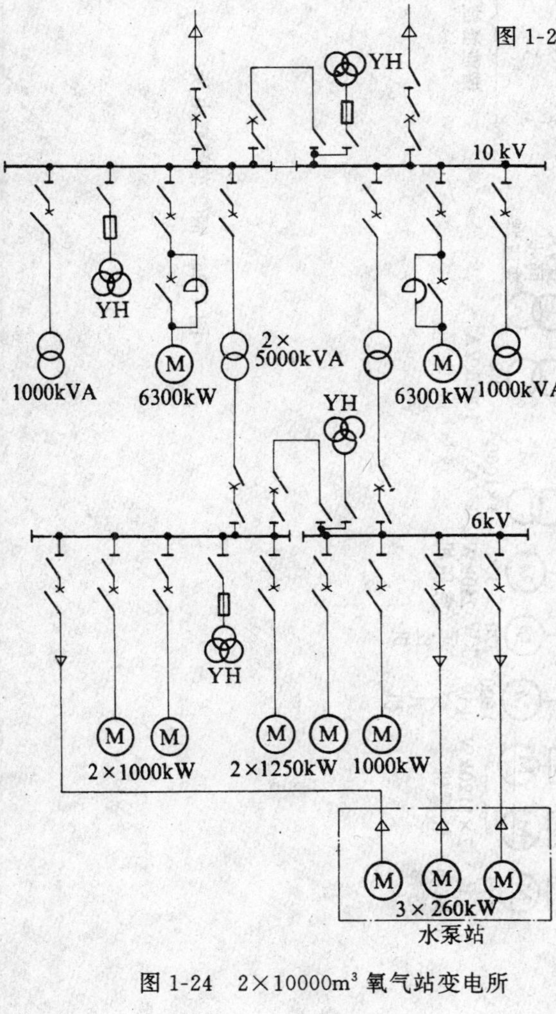

图 1-24　2×10000m³ 氧气站变电所

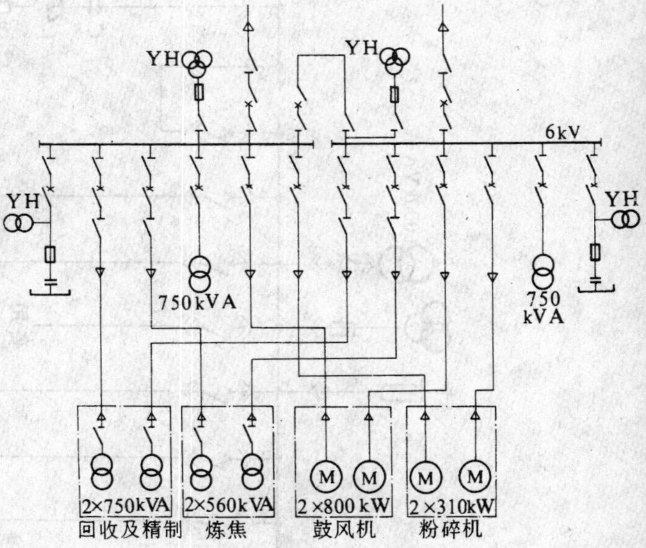

图 1-25　60 万 t 焦化车间变电所

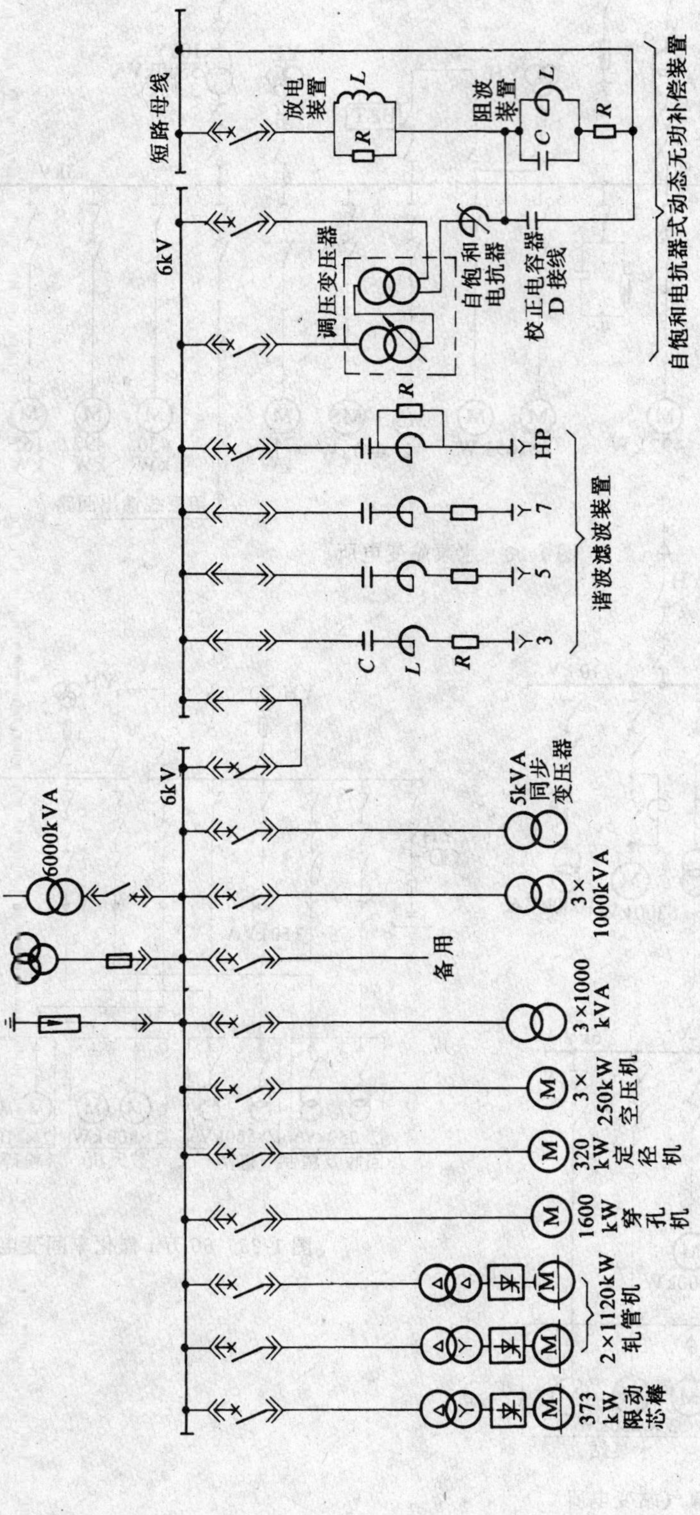

图 1-26　钢管车间变电所

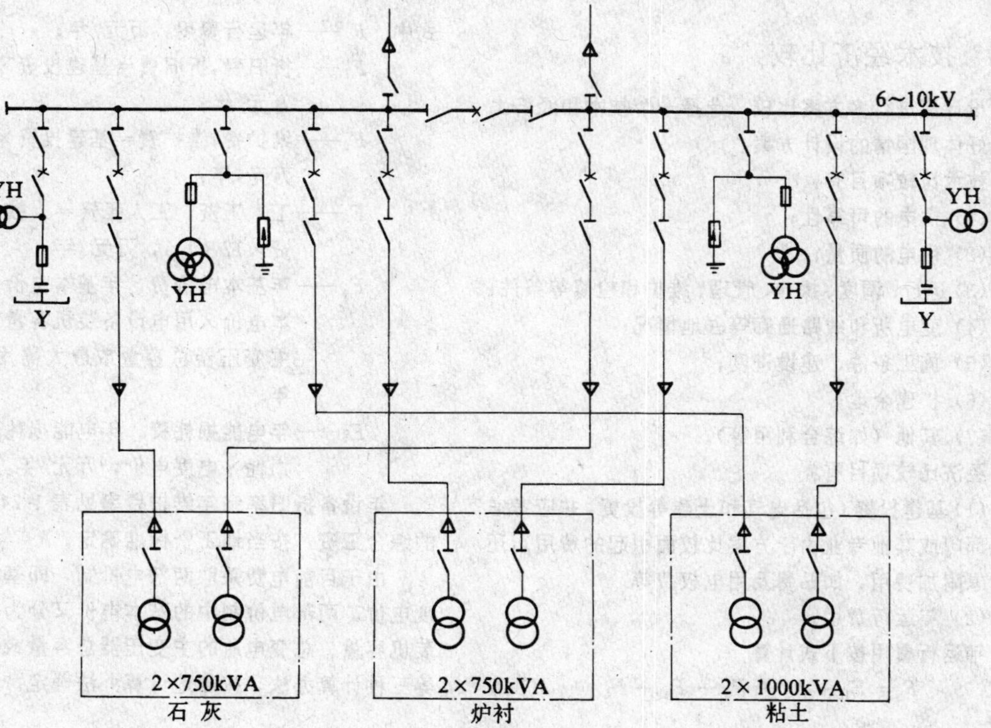

图 1-27 中型耐火车间变电所

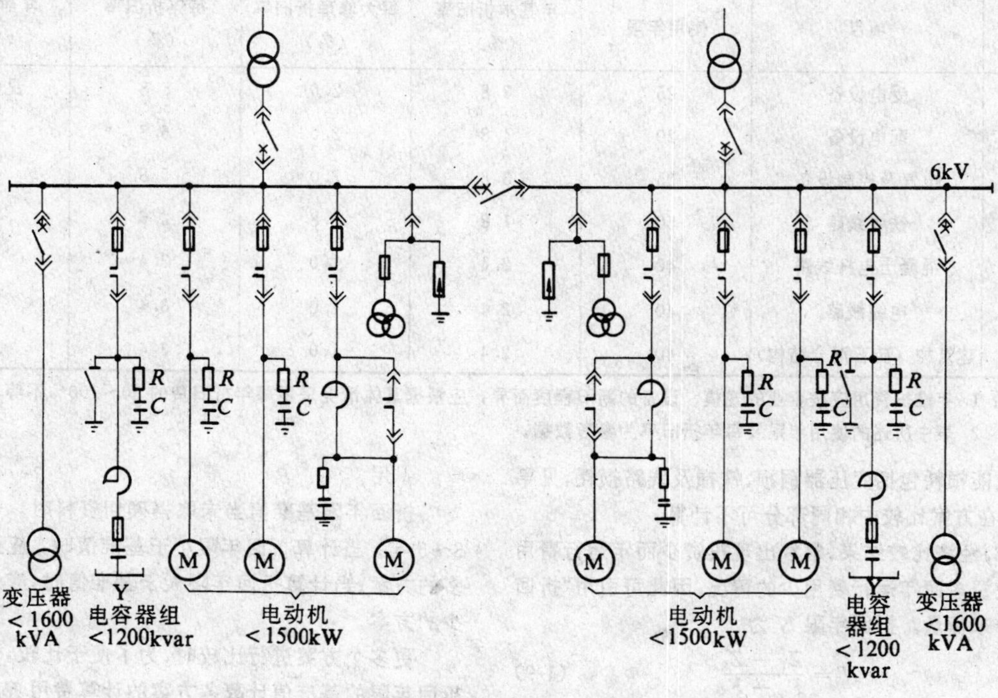

图 1-28 高压熔断器＋高压接触器组合式手车高压开关柜应用示例

1.8 技术经济比较

设计应进行多方案比较，选择一个技术和经济上能较好体现国情的设计方案。

技术比较项目有：

(1) 供电的可靠性；

(2) 供电的质量；

(3) 运行、调度、操作、管理、维护和检修等条件；

(4) 变电所和线路通廊等占地情况；

(5) 施工条件、建设进度；

(6) 扩建余地；

(7) 其他（如综合利用等）。

经济比较项目有：

(1) 基建投资（包括电气和土建等投资，并应考虑其他部门或其他专业由于方案比较而引起的费用），还应考虑附加费用，如贴费及用电权费等。

(2) 年运行费用。

年运行费用按下式计算

$$F = F_1 + F_2 + F_3 + F_4 + F_5 \qquad (1\text{-}8)$$

式中 F ——年运行费用，万元/年；

F_1——折旧费，折旧费＝基建投资×折旧费率，万元/年；

F_2——维护费，维护费＝基建投资×维护费率，万元/年；

F_3——工人工资，工人工资＝人数×平均月工资×12×1.1，万元/年；

F_4——年基本电价费，年基本电价费＝12×基本电价×用电设备装机容量或总变电所主变压器总容量或最大需用量，万元/年；

F_5——年电能损耗费，年电能损耗费＝年电能损耗×电度电价，万元/年。

年设备折旧率和年维护费率见表1-24。工作人员的综合工资，按当地工资标准确定。

由于目前电费采取两部电价制，即基本电价和电度电价。两部电价制中的基本电价又分为按用电设备装机容量、总变电所的主变压器总容量或最大需要量等三种计算办法，按当地计算办法确定。

表1-24 电力工程的年折旧费率和维修费率

序号	项目	使用年限	年基本折旧率 (%)	每大修理折旧率 (%)	每年折旧率 (%)	年维护率 (%)
1	受电设备	25	3.8	2.0	5.8	见注1
2	配电设备	20	4.8	2.0	6.8	
3	电气及控制设备	25	3.8	2.0	5.8	
4	铁塔线路	50	1.8	0.8	2.6	
5	混凝土电杆线路	40	2.4	1.0	3.4	
6	电缆线路	40	2.4	1.0	3.4	
7	建筑物（砖石混合结构）	40	2.4	1.0	3.4	

注：1. 年维护费用应按企业的规模、设备的新旧程度而异，应根据具体情况采用每年折旧费的50～100%不等。
2. 表中所述的使用年限及每年折旧率为参考数据。

电能损耗包括变压器铜损、铁损及线路损耗，见第2章。在方案比较中相同部分可不计算。

(3)经济比较结果，常常出现投资少而年运行费用多或投资多而年运行费用少的情况。因此可引用“折回年限”来衡量。折回年限 N 为

$$N = \frac{Z_1 - Z_2}{F_2 - F_1} \qquad (1\text{-}9)$$

式中 Z_1、Z_2——第一方案和第二方案的基建投资；

F_1、F_2——第一方案和第二方案的年运行费用。

折回年限基准值当未取得确切资料时，一般可取3～5年。当计算折回年限小于基准值时，应采用投资多的方案；当计算折回年限大于基准值时，应采用投资少的方案。

更多个方案进行比较时，为了便于比较，可以根据折回年限的基准值计算各方案的计算费用 F_{js}。

$$F_{js1} = \frac{Z_1}{N'} + F_1 \qquad (1\text{-}10)$$

$$F_{js2}=\frac{Z_2}{N'}+F_2 \quad (1\text{-}11)$$

式中 N'——折回年限基准值。

计算费用最小时的方案，即为最经济方案。

供电方案的技术经济比较，有时涉及到其他专业，如厂区线路采用架空线比采用电缆要多占线路通廊，将引起厂区面积的扩大，则各种管线、道路都增加了，其投资和运行费用需相应地增加。因此完整的方案比较应进行全面分析。

1.9 供配电设计的原始资料

在进行供配电设计之前，须与电力部门联系电源及有关问题。

1.9.1 需向电力部门提出的资料

需向电力部门提出的资料内容包括：

(1)企业逐年及最终规模的最大负荷和保安负荷、年耗电量、功率因数值及企业投产日期；

(2) 总变电所数量、容量和位置的初步意见；

(3) 说明负荷性质，对供电可靠性等要求；

(4)电源电压、供电方式及电源线路数量的初步意见；

(5)大型同步电动机、电弧炉及整流装置等的特殊要求；

(6)总变电所主结线系统图(注明同步电动机的总容量) 和标有电源进线方向的总变电所位置平面图；

(7)如果企业总变电所由电力部门设计，尚须提供每回馈出线名称、负荷值、线路结构、对继电保护和自动装置的要求等；

(8)电源线路一般由电力部门设计，此时须提供线路的负荷值及回路数、总变电所进出线的平面图、进线门型架坐标和标高等。

1.9.2 需从电力部门取得的资料

需从电力部门取得的资料内容包括：

(1) 向企业供电的区域变电所或发电厂的近期和远期的单线系统图；

(2)向企业供电的线路规格、电压、长度及回路数；

(3) 企业总变电所受电端的电力系统最小运行方式和最大运行方式短路数据（包括近期和远期的数据）；

(4)电力部门对继电保护的要求，包括电源供电端的继电保护方式(有无自动重合闸装置等)及时限配合关系；

(5) 区域变电所或发电厂与企业之间的地理结线图；

(6)电力部门对企业负荷功率因数的要求，对供电方式、大型电动机起动的意见以及对自动减负荷的要求；

(7) 计量要求及电费的收取办法（包括计算方法、奖罚规定、地区电价等)；

(8) 对通讯和调度要求以及管理分工意见等；

(9) 其他（如防雷、转送负荷等)。

根据企业的最大用电负荷，开始供电日期，协助建设单位与电力部门共同协商确定有关供电电源及高压电气设备检修和试验的协作关系等主要问题，并签订供电协议书，作为设计依据。

1.9.3 设计基础资料

地区气象与地质资料按表 1-25 中项目索取。

对于改建、扩建工程，除收集上述资料外，尚须向改建、扩建企业取得下列资料：

(1) 企业供配电系统图及线路平面布置图；

(2) 有关变电所和发电厂平断面图及主结线系统图；

(3)企业最近三年来各变电所的最大负荷、年耗电量、功率因数等；

表 1-25 索取气象、地质资料表

资料内容	用途
最高年平均温度	选变压器
最热月平均最高温度	选室外裸导体和母线
最热月平均温度	选室内导线和母线
一年中连续三次的最热日昼夜平均温度	选空气中电缆
土壤中 0.7～1.0m 深处一年中最热月平均温度	选地下电缆
最热月平均水温	选半导体元件等
年雷电小时数和雷电日数	防雷装置
土壤冻结深度	地下装置

(4)如果要求利用库存设备，则须收集可利用设备的详细型号、规格等。

附录 1.1 主要电气设备技术数据

(1) 10kV 级 S9 系列电力变压器技术数据见附表

1-1。

(2) 10kV 级 S7 系列电力变压器技术数据见附表 1-2。

(3) 10kV 级 SL7 系列电力变压器技术数据见附表 1-3。

(4) BS7、BS9 系列全密闭电力变压器技术数据见附表 1-4。

(5) 35kV 级 S7 系列电力变压器技术数据见附表 1-5。

(6) 35kV 级 SL7 系列电力变压器技术数据见附表 1-6。

(7) 63kV 级双线圈电力变压器技术数据见附表 1-7。

(8) 110kV 级电力变压器技术数据见附表 1-8。

(9) 220kV 级电力变压器技术数据见附表 1-9。

(10) 高压断路器主要技术数据见附表 1-10。

(11) 负荷开关主要技术数据见附表 1-11。

(12) 限流式熔断器主要技术数据见附表 1-12。

(13) 几种类型的成套配电装置示例见附表 1-13。

(14) 户内隔离开关主要技术参数见附表 1-14。

(15) 户外隔离开关主要技术参数见附表 1-15。

(16) 接地短路器主要技术参数见附表 1-16。

(17) 断路器操动机构的类型及特点见附表 1-17。

(18) 隔离开关操动机构类型及其特点见附表 1-18。

(19) 直流电磁机构的基本技术数据见附表 1-19。

(20) 蓄能式液压操动机构的基本技术数据见附表 1-20。

(21) 电压互感器二次线圈的准确级次和误差限值见附表 1-21。

(22) 单相三线圈电压互感器零序电压线圈的准确级次和误差限值见附表 1-22。

(23) 电压互感器额定二次负荷 S_{2n} 见附表 1-23。

(24) 电压互感器零序电压线圈额定负荷 S_{3n} 见附表 1-24。

(25) 电压互感器开口三角额定负荷见附表 1-25。

(26) 电流互感器额定电压和电流等级见附表 1-26。

(27) 电流互感器型号字母含义见附表 1-27。

(28) 电流互感器的准确级次和误差限值见附表 1-28。

(29) 常用避雷器系列及其应用范围见附表 1-29。

附表 1-1　10kV 级 S9 系列电力变压器技术数据

型号	额定容量 (kVA)	额定电压 (kV) 高压	额定电压 (kV) 低压	阻抗电压 (%)	连接组	损耗 (W) 空载	损耗 (W) 短路	空载电流 (%)	质量 (kg) 油重	质量 (kg) 器身重	质量 (kg) 总重	外形尺寸 (mm) 长×宽×高
S9-30/10	30	10 6.3 6	0.4	4	Y,yn0	130	600	2.4	105	165	355	990×650×1055
S9-50/10	50					170	870	2.2	115	260	470	1070×690×1100
S9-63/10	63					200	1040	2.2	130	280	515	1090×710×1155
S9-80/10	80					250	1250	2.0	145	340	605	1120×770×1225
S9-100/10	100					290	1500	2.0	160	380	670	1220×808×1335
S9-125/10	125					350	1750	1.8	175	440	760	1385×850×1328
S9-160/10	160					420	2100	1.7	195	530	895	1415×870×1360
S9-200/10	200					500	2500	1.7	215	605	1010	1390×980×1420
S9-250/10	250					590	2950	1.5	250	730	1200	1410×860×1400
S9-315/10	315					700	3500	1.5	275	855	1385	1540×1010×1510
S9-400/10	400					840	4200	1.4	320	1010	1640	1440×1230×1580
S9-500/10	500					1000	5000	1.4	360	1155	1880	1570×1250×1610
S9-630/10	630			4.5		1230	6000	1.2	610	1720	2830	1870×1526×1920
S9-800/10	800					1450	7200	1.2	690	1965	3260	2225×1550×2320
S9-1000/10	1000					1720	10000	1.1	865	2180	3820	2300×1560×2480
S9-1250/10	1250					2000	11800	1.1	985	2615	4525	2310×1215×2662
S9-1600/10	1600					2450	14000	1.0	1145	2960	5185	2370×1892×2719

附表 1-2　10kV 级 S7 系列电力变压器技术数据

型号	额定容量 (kVA)	额定电压 (kV) 高压	额定电压 (kV) 低压	阻抗电压 (%)	连接组	损耗 (W) 空载	损耗 (W) 短路	空载电流 (%)	质量 (kg) 油重	质量 (kg) 器身重	质量 (kg) 总重	外形尺寸 (mm) 长×宽×高
S7-30/10	30	10 6.3 6	0.4	4	Y,yn0	150	800	3.5	80	135	295	945×610×980
S7-50/10	50					190	1150	2.8	105	201	400	1125×725×1138
S7-63/10	63					220	1400	2.8	125	240	480	1060×770×1150
S7-80/10	80					270	1650	2.7	135	294	560	1245×795×1187
S7-100/10	100					320	2000	2.6	165	330	645	1120×760×1227
S7-125/10	125					370	2450	2.5	170	360	695	1350×820×1360
S7-160/10	160					460	2850	2.4	185	440	820	1280×785×1350
S7-200/10	200					540	3400	2.4	235	548	1010	1390×803×1410
S7-250/10	250					640	4000	2.3	265	590	1110	1410×974×1480
S7-315/10	315					760	4800	2.3	295	705	1310	1630×990×1570
S7-400/10	400					920	5800	2.1	365	852	1585	1530×995×1595
S7-500/10	500					1080	6900	2.1	395	1000	1820	1708×1038×1676
S7-630/10	630			4.5		1300	8100	2.0	545	1280	2385	1700×1015×1735
S7-800/10	800					1540	9900	1.7	655	1635	2950	2170×1130×2200
S7-1000/10	1000					1800	11600	1.4	850	1960	3685	2190×1250×2325
S7-1250/10	1250					2200	13800	1.4	1000	2348	4340	2360×1445×2430
S7-1600/10	1600					2650	16500	1.3	1100	2780	5070	2410×1490×2698
S7-630/10	630	10	6.3	4.5	Y,d11	1300	8100	2.0	545	1280	2385	
S7-800/10	800			5.5		1540	990	1.7	630	1675	3060	2250×1150×2112
S7-1000/10	1000					1800	11600	1.4	770	1900	3530	2305×1181×2142
S7-1250/10	1250					2200	13800	1.4	745	2055	3795	2450×1365×2152
S7-1600/10	1600					2650	16500	1.3	960	2675	4800	2607×1377×2462
S7-2000/10	2000					3100	19800	1.2	1135	2875	5395	2650×1371×2525
S7-2500/10	2500					3650	23000	1.2	1335	3370	6340	2680×1540×2690
S7-3150/10	3150					4400	27000	1.1	1735	3975	7775	2500×2780×2800
S7-4000/10	4000					5300	3200	1.1	1905	4820	9210	3500×2780×2800
S7-5000/10	5000					6400	36700	1.0	2335	5805	10765	3600×2950×2875
S7-6300/10	6300					7500	41000	1.0	2640	7235	13045	3250×3040×3220

附表 1-3　10kV 级 SL7 系列电力变压器技术数据

型号	额定容量 (kVA)	额定电压 (kV) 高压	额定电压 (kV) 低压	阻抗电压 (%)	连接组	损耗 (W) 空载	损耗 (W) 短路	空载电流 (%)	质量 (kg) 油重	质量 (kg) 器身重	质量 (kg) 总重	外形尺寸 (mm) 长×宽×高	轨距 (mm)
SL7-30/10	30	6 6.3 10	0.4	4	Y，yn0	150	800	7	78	145	300	925×560×1072	400
SL7-50/10	50					190	1150	6	118	226	460	1077×810×1277	400
SL7-63/10	63					220	1400	5	130	255	515	1083×820×1307	400
SL7-80/10	80					270	1650	4.7	135	292	570	1102×820×1347	550
SL7-100/10	100					320	2000	4.2	170	340	675	1219×840×1486	550
SL7-125/10	125	6 6.3 10	0.4	4	Y，yn0	370	2450	4	215	370	780	1360×890×1500	550
SL7-160/10	160					460	2850	3.5	250	470	945	1390×980×1610	
SL7-200/10	200					540	3400	3.5	283	535	1070	1430×1000×1653	
SL7-250/10	250					640	4000	3.2	326	636	1255	1460×1090×1700	
SL7-315/10	315					760	4800	3.2	380	765	1525	1420×1190×1920	

续附表 1-3

型号	额定容量(kVA)	额定电压(kV)		阻抗电压(%)	连接组	损耗(W)		空载电流(%)	质量(kg)			外形尺寸(mm)长×宽×高	轨距(mm)
		高压	低压			空载	短路		油重	器身重	总重		
SL7-400/10	400	6 6.3 10	0.4	4	Y，yn0	920	5800	3.2	445	900	1775	1480×1380×1980	660
SL7-500/10	500					1080	6900		514	1045	2055	1500×1400×2020	
SL7-630/10	630	6 6.3 10 10	0.4 6.3	4.5	Y，yn0 Y，d11	1300	8100	3	730 810	1440 1520	2745 2935	1640×1310×2290 2080×1250×2560	660
SL7-800/10	800	6 6.3 10 10	0.4 6.3	4.5 5.5	Y，yn0 Y，d11	1540	9900	2.5	875 880	1715 1600	3305 3160	2130×1330×2665 2170×2000×2450	820
SL7-1000/10	1000	6 6.3 10 10	0.4 6.3	4.5 5.5	Y，yn0 Y，d11	1800	11600	2.5	1207 975	2108 1845	4135 3590	2180×1360×2816 2230×2010×2510	820
SL7-1250/10	1250	6 6.3 10 10	0.4 6.3	4.5 5.5	Y，yn0 Y，d11	2200	13800	2.5	1450 1080	2435 2050	5030 4135	2240×1470×2970 2260×2030×2560	820
SL7-1600/10	1600	6； 6.3； 10 10	0.4 6.3	4.5 5.5	Y，yn0	2650	16500	2.5	1622 1395	3040 2410	6000 4935	2300×1660×3150 2390×2140×2630	820
SL7-2000/10	2000	10	6.3	5.5	Y，d11	3100	19800	2.5	1485	2740	5575	2390×1830×2700	1070
SL7-2500/10	2500					3650	23000	2.2	1760	3275	6685	2490×2020×2840	
SL7-3150/10	3150					4400	27000	2.2	2010	3950	7830	2580×2050×2940	
SL7-4000/10	4000					5300	32000	2.2	2245	4630	9040	2640×2070×3000	
SL7-5000/10	5000					6400	36700	2.0	2603	5660	10650	3340×2160×3190	
SL7-6300/10	6300					7500	41000	2.0	2953	6985	12705	3400×2300×3280	

附表 1-4　BS7、BS9 系列全密闭电力变压器技术数据

型号	额定电压(kV)		连接组	损耗(W)		阻抗电压(%)	空载电流(%)	质量(kg)			外形尺寸(mm)长×宽×高
	高压	低压		空载	短路			油重	器身重	总重	
BS7-315/6	6±5%	0.4	Y，yn0	760	4800	4	2.3	262	710	1430	1482×1966×1599
BS7-400/6				920	5800	4	2.1	314	1206	1770	1806×1966×1772
BS7-500/6				1080	6900	4	2.1	348	1210	2100	1810×1966×1800
BS7-630/6				1300	8100	4.5	2.0	584	1610	2820	1943×1730×2050
BS7-800/6				1540	9900	4.5	1.7	661	1737	3400	2237×1806×2204
BS7-1000/6				1800	11600	4.5	1.4	716	2500	3850	2353×1395×2284
BS7-1250/6				2200	13800	4.5	1.4	910	2800	4570	2491×1389×2524
BS7-1600/6				2650	16500	6.0	1.3	1035	2755	5400	2586×1545×2634
BS7-2000/6				3100	20700	6.5	1.2	1085	2796	5875	2650×1577×2732

续附表 1-4

型号	额定电压（kV）		连接组	损耗（W）		阻抗电压（%）	空载电流（%）	质量（kg）			外形尺寸（mm）长×宽×高
	高压	低压		空载	短路			油重	器身重	总重	
BS9-315/6	6±5%	0.4	Y，yn0	670	3650	4	1.1	280	910	1430	1525×1966×1570
BS9-400/6				800	4300	4	1.0	320	1070	1645	1825×1966×1575
BS9-500/6				960	5100	4	1.0	360	1230	1890	1845×1966×1615
BS9-630/6				1200	6200	4.5	0.9	605	1820	2825	1722×1736×1960
BS9-800/6				1400	7500	4.5	0.8	680	2100	3215	2205×1892×2315
BS9-1000/6				1700	10300	4.5	0.7	870	2350	3945	2288×1364×2473
BS9-1250/6				1950	12000	4.5	0.6	980	2785	4650	2291×1375×2604
BS9-1600/6				2400	14500	6.0	0.6	1150	3160	5205	2335×1555×2680

附表 1-5　35kV 级 S7 系列电力变压器技术数据

型号	额定容量（kVA）	额定电压（kV）		阻抗电压（%）	连接组	损耗（W）		空载电流（%）	质量（kg）			外形尺寸（mm）长×宽×高
		高压	低压			空载	短路		油重	器身重	总重	
S7-50/35	50	35	0.4	6.5	Y，yn0	265	1350	3.5	350	380	800	1145×935×1800
S7-100/35	100			6.5		370	2250	3.2	445	490	1240	1190×980×1900
S7-125/35	125			6.5		420	2650	3.0	520	540	1410	1310×995×2050
S7-160/35	160			6.5		470	3150	2.5	575	595	1650	1420×995×2100
S7-200/35	200			6.5		550	3700	2.3	650	690	1720	1750×1000×2180
S7-250/35	250			6.5		640	4400	2.3	710	880	1960	1800×1060×2250
S7-315/35	315			6.5		760	5300	2.2	770	945	2250	1920×1150×2310
S7-400/35	400			6.5		920	6400	2.0	860	1100	2600	1960×1180×2360
S7-500/35	500			6.5		1080	7700	1.8	900	1270	2900	1980×1200×2400
S7-630/35	630			6.5		1300	9200	1.7	945	1485	3320	1980×1210×2420
S7-800/35	800			6.5		1540	11000	1.6	1040	1960	4150	2200×1250×2500
S7-1000/35	1000			6.5		1800	13500	1.5	1150	2110	4410	2230×1260×2600
S7-1250/35	1250			6.5		2200	16300	1.5	1310	2220	4780	2475×1275×2650
S7-1600/35	1600			6.5		2650	19500	1.4	1440	2840	6005	2560×1470×2730
S7-800/35	800	38.5 35	10.5 6.3	6.5	Y，dll	1540	11000	1.6	1040	1960	4150	2560×1275×2520
S7-1000/35	1000			6.5		1800	13500	1.5	1150	2110	4410	2595×1400×2550
S7-1250/35	1250			6.5		2200	16300	1.5	1310	2220	4780	2600×1410×2590
S7-1600/35	1600			6.5		2650	19500	1.4	1440	2840	6005	2650×1120×2625
S7-2000/35	2000			6.5		3400	19800	1.0	1700	3000	6120	2780×1600×2740
S7-2500/35	2500			6.5		4000	23000	1.32	1810	3520	7540	2870×1523×2785
S7-3150/35	3150			7.0		4750	27000	1.2	1940	4435	8780	3055×2820×2840
S7-4000/35	4000			7.0		5650	32000	1.2	2570	4920	10540	3020×3050×2897
S7-5000/35	5000			7.0		6750	36700	1.1	2400	6050	11010	3650×3070×3127
S7-6300/35	6300			7.5		8200	41000	1.05	2860	7450	13990	3800×3120×3227

附表 1-6　35kV 级 SL7 系列电力变压器技术数据

型号	额定容量(kVA)	额定电压(kV)		阻抗电压(%)	连接组	损耗(W)		空载电流(%)	质量(kg)			外形尺寸(mm) 长×宽×高
		高压	低压			空载	短路		油重	器身重	总重	
SL7-50/35	50					265	1350	3.2	330	385	830	1145×935×1790
SL7-100/35	100					370	2250	3.2	390	540	1090	1185×995×1905
SL7-125/35	125					420	2650	3	505	590	1300	1200×980×2165
SL7-160/35	160					470	3150	2.5	570	680	1465	1310×980×2205
SL7-200/35	200					550	3700	2.3	635	810	1695	1770×1200×2240
SL7-250/35	250					640	4400	2.3	692	910	1890	1815×1020×2310
SL7-315/35	315					760	5300	2.2	760	1055	2185	1960×1020×2460
SL7-400/35	400	35	0.4	6.5	Y, yn0	920	6400	2	855	1270	2510	2080×1100×2620
SL7-500/35	500					1080	7700	1.8	925	1445	2810	2100×1340×2680
SL7-630/35	630					1300	9200	1.7	1030	1680	3225	2080×1360×2770
SL7-800/35	800					1540	11000	1.6	1280	2165	4200	2320×1410×2975
SL7-1000/35	1000					1800	13500	1.5	1435	2300	4595	2375×1900×3095
SL7-1250/35	1250					2200	16300	1.5	1590	2720	5470	2410×1710×3170
SL7-1600/35	1600					2650	19500	1.4	1715	3150	6060	2450×1910×3240
SL7-800/35	800					1540	11000	1.6	1280	1950	4200	2605×1490×2875
SL7-1000/35	1000					1800	13500	1.5	1435	2095	4595	2380×1300×2900
SL7-1250/35	1250	35	10.5 6.3	6.5		2200	16300	1.5	1590	2440	5470	2420×1705×3025
SL7-1600/35	1600					2650	19500	1.4	1715	2870	6060	2500×2070×3020
SL7-2000/35	2000				Y, d11	3400	19800	1.4	1630	3050	6240	2750×1870×3135
SL7-2500/35	2500			6.5		4000	23000	1.32	1770	3530	6980	2620×1890×3170
SL7-3150/35	3150			7.0		4750	27000	1.2	2040	4180	8280	2800×2210×3260
SL7-4000/35	4000	38.5 35	10.5 6.3	7.0		5650	32000	1.2	2310	5020	9590	2920×2220×3590
SL7-5000/35	5000			7.0		6750	36700	1.1	2590	5900	11000	2880×2370×3690
SL7-6300/35	6300			7.5		8200	41000	1.05	2970	7230	13340	3350×2520×3760
SL7-8000/35	8000			7.5		9800	50000					
SL7-10000/35	10000	35	6.3,6.6 10.5,11	7.5	Y,d11	11500	59000	1.0				
SL7-12500/35	12500			8.0		13500	70000					

附表 1-7 63kV 级双线圈电力变压器技术数据

型号	额定容量(kVA)	额定电压(kV)		冷却方式	线圈联结组标号	阻抗电压(%)			损耗(kW)		空载电流(%)	质量(t)			外形尺寸(mm)		
		高压侧	低压侧			高-中	高-低	中-低	空载	负载		器身	油重	总重	长	宽	高
SFL7	40000	60,63,66±2×2.5%	11,10.5,6.6,6.3	ONAF	YN,d11		9		46	165.5	0.8	49.2	15.6	64.8	5600	4460	6140
SFZL7	31500	63±8×1.5%	10.5	ONAF/ONAN	YN,d11		9		42.2	141	0.9	44.91	22.6	67.51	6400	3965	6144
SFL7	25000	66,63,60±2×2.5%	11,10.5	ONAF	YN,d11		9		32.5	117	0.9	33.6	11.6	45.2	5000	4500	5620
SFL7	20000	同上	11,10.5,6.6,6.3	同上	同上		9		27.5	99	0.9	29.3	10.8	40.1	5730	4230	5425
SFL7	16000	同上	同上	同上	同上		9		23.5	81.7	1	26.65	9.65	36.3	5680	3850	5205
SFL7	12500	同上	同上	ONAN/ONAF 70/100%	同上		9		19.5	66.5	1	20.5	8.0	28.5	4900	3725	5125
SFL7	10000	同上	同上	ONAF	同上		9		16.5	56	1.1	18.86	7.74	26.6	4680	3520	4980
SFZ7	31500	63±8×1.25%	11	ONAN/ONAF	同上		9		42.2	141	0.8	44.7	18.2	62.9	6450	4100	5960
SFZ7	20000	63±8×1.25%	11,10.5,6.6,6.3	ONAN/ONAF 70/100%	同上		9		30	99	0.9	31.2	14.0	45.2	5865	4320	5280

附表 1-8 110kV 级电力变压器技术数据

型号	额定容量(kVA)	额定电压(kV)			线圈联结组标号	阻抗电压(%)			损耗(kW)		空载电流(%)	质量(t)			外形尺寸(mm)		
		高压侧	中压侧	低压侧		高-中	高-低	中-低	空载	负载		器身	油重	总重	长	宽	高
SFFQ7	31500	110±2×2.5%	6.3(50%)②	6.3(50%)②	YN,d11,d11	(低$_1$+低$_2$)① 10.4	(低$_1$或低$_2$)① 18.5	(低$_1$-低$_2$)① 31.6	33	155	0.9	39.3	13.4	52.7	5620	4540	6140
SFS7	31500	110±2×2.5%	38.5±2×2.5%(100%)	11(100%)	YN,yn0,d11	10.5	18	6.5	46	175	1.02	47.1	14.6	61.7	6160	4290	4990
SFSZQ7	31500	110±8×1.25%	38.5±2×2.5%(100%)	10.5(100%)	同上	10.5	18	6.5	50.3	175	1.15	58.5	27.9	86.4	7300	4875	6639
SFSZQ7	40000	同上	38.5±8×1.5%	同上	同上	10.5	17.5	6.5	60.2	210	1.1	73.5	33.7	107.2	6850	5120	6590
SFPSZ7	63000	115±8×1.25%	38.5±5%(100%)	6.3(100%)	同上	10.5	18.5	6.5	84.7	300	1	88.8	38.4	127.2	8450	4890	6652
SFL7	20000	110,121±2×2.5%		10.5,6.6,6.3	YN,d11		10.5		27.5	104	0.9	28.3	10.8	39.1	5020	4280	5700
SFPZ7	50000	110±8×1.25%		10.5	YN,d11		10.5		59.7	216	0.743	58.7	22.3	81.0	6790	4475	6240
SFZL7	31500	110±8×1.25%		11	YN,d11		10.5		42.2	148	0.974	44.9	19.6	64.5	6340	5270	6110
SFP7	120000	121±2×2.5%		13.8	YN,d11		10.5		99.4	410	0.5	99.2	26.2	125.4	6690	4110	6810

①阻抗电压依次序是指高-低$_1$+低$_2$；高-低$_1$或低$_2$；低$_1$-低$_2$的线圈。

②括号内百分数为线圈容量占额定容量的百分数。

附表 1-9 220kV 级电力变压器技术数据

型号	额定容量(kVA)	额定电压(kV)			线圈联结组标号	阻抗电压(%)			损耗(kW)		空载电流(%)	质量(t)			外形尺寸(mm)		
		高压侧	中压侧	低压侧		高-中	高-低	中-低	空载	负载		器身	油重	总重	长	宽	高
SFP7	40000	220,242±2×2.5%		11,10.5,6.6,6.3	YN,d11		12		52	175	1.1	68.6	26.4	95	7600	4850	6430
SFP7	50000	242±2×2.5%		13.8	YN,d11		12		61	210	1.0	69.43	27.16	96.59	7570	4880	6580
SFP7	63000	220±2×2.5%		69	YN,d11		12.5		73	245	1.0	90.03	29.38	119.41	7670	4840	6930
SFP7	120000	242±2×2.5%		10.5	YN,d11		13		118	385	0.9	139.47	41.93	181.4	9780	5360	6640
SFP7	240000	242±2×2.5%		15.75	YN,d11		14		200	630	0.7	204.2	46.8	251	13340	6700	7180
SFPZ7	120000	220±8×1.25%		38.5	YN,d11		12-14		124	385	0.8	139.1	48.9	188	8907	5687	6396
SFPSZ4	63000	230±8×1.25%	66	11	YN,d11,d11	14	22.6	7.5	90	320① 95 75	10	108.6	53.4	162	9240	5480	6990
SFPSZ4	90000	220±8×1.5%	69	10.5	YN,yn0,d11	13.84	22.47	7.14	96.57	420① 150 103	0.65	141.8	57.4	199.2	9380	5215	7240
SFPSZ4	90000	230±8×1.5%	115	37	YN,yn0,d11	23.1	14.3	7.4	99	168① 430 120	0.9	142	57.5	199.5	10600	5240	7250
SFPSZ4	120000	220±8×1.5%	121	38.5	YN,yn0,d11	14	23	7.3	155	640	1.2	165.7	61.3	227	14100	6700	6990
SFPSZ4	120000	同上	69	10.5	YN,d11,d11	14	23	7.3	155	500	0.85	165.7	61.3	227	14100	5360	6990
SFPS3	150000	220±2×2.5%	66	13.8	YN,d11,d11	24	14.8	8	172	750	1.1	183.7	42.3	226	13560	6600	7030
SFPS3	180000	$220^{+3}_{-1}\times2.5\%$	115	37.5	YN,yn0,d11	13.8	22.8	7.2	196	650	1.1	197.2	48.02	245.2	12800	5180	6810

①3个数依次为高-中，高-低，中-低的线圈的损耗。

附表 1-10 高压断路器主要技术数据

额定电压(kV)	断路器型号、名称	额定电流(A)	额定开断电流(kA)	额定断流容量(MVA)
6	CN2-10 电磁式空气断路器	600	14.4	150
	同上	1000	14.4	150
	ZN-6 高压真空接触器	600	5.0	50
	CZG1-150/6 同上	150	1.5	15
	CGZ-150/6 同上	150	1.5	15
10	SN10-10 Ⅰ 高压少油断路器	630	16.0	300
	SN10-10 Ⅰ 高压少油断路器	1000	16.0	300
	SN10-10 Ⅱ 高压少油断路器	1000	31.5	500
	SN10-10 Ⅲ 高压少油断路器	1250	40.0	750
	SN10-10 Ⅲ 高压少油断路器	2000	40.0	750
	SN10-10 Ⅲ 高压少油断路器	3000	40.0	750
	SN4-10G 高压少油断路器	5000	103.9	1800
	ZN3-10/600-8.7 高压真空断路器	600	8.7	150
	ZN3-10/630-8 同上	630	8.0	138
	ZN3-10/630-12.5 同上	630	12.5	216
	ZN3-10/1000-20 同上	1000	20.0	346
	ZN4-10/1000-17.3 同上	1000	17.3	300
	ZN4-10C/600-17.3 同上	600	17.3	300
	ZN5-10/630-20 高压真空断路器	630	20.0	350
	ZN5-10/1000-20 同上	1000	20.0	350
	ZN5-10/1250-20 同上	1250	20.0	350
	ZN5-10/630-25 同上	630	25.0	430
	ZN5-10/1000-25 同上	1000	25.0	430
	ZN5-10/1250-25 同上	1250	25.0	430
	CN2-10 电磁式空气断路器	600	11.6	200
	CN2-10 同上	1000	11.6	200
	LN1-10 六氟化硫断路器	1250	25.0	433
20	SN4-200 高压少油断路器	6000		300
	同上	8000		300
	同上	12000		300

续附表 1-10

额定电压(kV)	断路器型号、名称	额定电流(A)	额定开断电流(kA)	额定断流容量(MVA)
35	SW2-35 Ⅰ/Ⅱ 固定式户外少油断路器	1500	24.8	1500
	SW2-35 Ⅱ C 手车式户外少油断路器	1500	24.8	1500
	SW3-35 固定式户内、外少油断路器	600	6.6	400
	SW3-35 同上	1000	16.5	1000
	SW3-35 手车式户内、外少油断路器	600	6.6	400
	SW3-35 同上	1000	16.5	1000
	SW4-35A/1200-1000 高型户内、外少油断路器	1200	16.5	1000
	SW4-35B/1200-1000 低型户内、外少油断路器	1200	16.5	1000
	SW4-35C/1200-1000 手车型户内、外少油断路器	1200	16.5	1000
	SN10-35 框架式、手车式少油断路器	1000	16.0	1000
	ZN-35 真空断路器	630	8.0	480
	ZN-35/630-1000-12.5 户内真空断路器	630	12.5	750
	同上	1000	12.5	750
	LN2-35/1250-16 户内六氟化硫断路器	1250	16.0	970
63	SW2-60	1000		2500
	SW2-63 Ⅰ/Ⅱ 户外少油断路器	1600	25	2700
	SW2-63 Ⅰ 同上	1600	20	2180
	SW2-63 Ⅲ 同上	1600	31.5	3400
	ZSN-63 户内手车式组合少油断路器	1250	25	2700

续附表 1-10

额定电压(kV)	断路器型号、名称	额定电流(A)	额定开断电流(kA)	额定断流容量(MVA)
110	SW2-110 Ⅰ户外少油断路器	1600	31.5	6000
	SW2-110 Ⅱ同上	1600	21.0	4000
	SW2-110 Ⅱ同上	1600	25.0	4700
	SW2-110 Ⅲ同上	2000	40.0	7600
	SW3-110G 同上	1200	15.8	3000
	SW3-110G 同上	1200	21.0	4000
	SW4-110 同上	1200	15.8	3000
	SW6-110 同上	1200	21.0	4000
	SW6-110 同上	1200	31.5	6000
	SW6-110 Ⅰ户外少油断路器	1500	31.5	6000
	SW7-110 同上	1500		3000
	SFM 瓷瓶式六氟化硫断路器	2000		
	SFM 同上	2500	31.5	6000
	SFM 同上	3150	40.0	7500
	SFM 同上	4000	50.0	9500
	SFLT SFMT 罐式六氟化硫断路器	1200		
	同上	2000	31.5	6000
	同上	3150	40.0	7600
	同上	4000		
	GIS 六氟化硫封闭式组合电器	2000	31.5	6000
	同上	2500	40.0	7600
	同上	3150	50.0	9500
154	SW6-154 户外少油断路器	1200	16.0	4000

续附表 1-10

额定电压(kV)	断路器型号、名称	额定电流(A)	额定开断电流(kA)	额定断流容量(MVA)
154	SW6-154 Ⅰ同上	1500	31.5	7900
220	SW2-220 Ⅰ～Ⅲ同上	1600	31.5	12000
	SW2-220 Ⅳ同上	2000	40.0	15000
	SW4-220 同上	1000		7000
	SW6-220 同上	1200	21.0	8000
	SW6-220 同上	1200	31.5	12000
	SW6-220 同上	1500	31.5	12000
	LW1-220 六氟化硫断路器	2000	31.5	12000
	LW2-220 同上	2500	40.0	15000
	LW1-220 同上	3150	40.0	15000
	LW2-220 同上	2500	50.0	19000
	SFM 瓷瓶式六氟化硫断路器	2000	40.0	15000
	同上	2500	50.0	19000
	同上	3150	63.0	24000
	同上	4000		
	SFLT、SFMT 罐式六氟化硫断路器	2000	40.0	15000
	同上	4000	50.0	19000
	同上	8000	63.0	24000
	GIS 六氟化硫封闭式组合电器	2000	31.5	12000
	同上	2500	40.0	15000
	同上	4000	50.0	19000
			63.0	24000

附表 1-11 负荷开关主要技术参数

类别与型号		额定电压(kV)	最大工作电压(kV)	额定电流(A)	最大允许开断电流(A)	断流容量(MVA)	动稳定电流(kA)	热稳定电流(kA/s)
户内	压气式 FN2-10	6 10	6.9 11.5	400	2500 1200	25 20	25	4/10
	压气式 FN3-6/10	6 10	6.9 11.5	400	1950 1450	10 25	25	14.5/1 8.5/5
	全绝缘 MFF-10	10	11.5	200	400		31.5	12.5/2

续附表 1-11

类别与型号		额定电压 (kV)	最大工作电压 (kV)	额定电流 (A)	最大允许开断电流 (A)	断流容量 (MVA)	动稳定电流 (kA)	热稳定电流 (kA/s)
户外 (柱上)	固体产气式 FW5-10	10	11.5	200	1500 (1次)		10	4/4

附表 1-12 限流式熔断器主要技术参数

系列型号	额定电压 (kV)	额定电流 (A)	断流容量 (MVA)	备注
6 RN1-10 35	6 10 35	20，75，100，200，300， 20，50，100，150，200， 7.5，10，20，30，40	200	
6 RN2-10 35	6 10 35	0.5	1000	保护户内电压互感器

续附表 1-12

系列型号	额定电压 (kV)	额定电流 (A)	断流容量 (MVA)	备注
6 RN3-10 35	6 10 35	50，70，200 50，75，200 7.5	200	
RW9-35	35	0.5 2~10	2000 600	保护户外电压互感器

附表 1-13 几种类型的成套配电装置示例

序号	类型		型号	断路器类型与型号	主要技术参数
1	手车式	封闭式	GC-1	少油 SN10-10	10kV，600~1000A，300~500MVA
			GC-2		10kV，600~3000A，300~750MVA
2		封闭式	GFC	真空 ZN $\frac{3}{5}$-10	10kV，600A，1000A，138~430MVA
				少油 SN10-10	10kV，600~3000A，300~750MVA
3		户外	GWC-3 GWC-15	少油 SN10-10	10kV，600~1000A，300~500MVA
4	固定式	开启式	GG-1A	少油 SN10-10	10kV，600~3000A，300~750MVA
5		双母线	GSG-1A	少油 SN10-10	10kV，600~3000A，300~750MVA
6		手车开启式	GBC-35	少油 SN10-35	35kV，1000A，1000MVA
7	移开式	封闭间隔式	JYN2-10	少油 SN10-10	10kV，630~2500A
8		封闭式	KYN-10	同上	同上
9		封闭间隔式	JYN1-35	少油 SN10-35	35kV，1000A
10	固定式	封闭式	KGN-10	少油 SN10-10	10kV，630~1000A

附表 1-14 户内隔离开关主要技术参数

型号	额定电压 (kV)	额定电流 (A)	动稳定电流 (kA)	热稳定电流 (kA) (s)	质量 (kg)	附注
GN6-6T GN8-6T	6	200 400	25.5 52	10 (5) 14 (5)		GN8 型带穿墙套管
GN6-10T GN8-10T	10	600 1000	52 75	20 (5) 30 (5)		
GN19-10 GN19-10C1	10	400 630 1000 1250	31.5 50 80 100	12.5 (4) 20 (4) 31.5 (4) 40 (4)		GN19-10C1 为闸刀转动侧装套管绝缘子
GN2-35T	35	400 600 1000	52 64 70	14 (5) 25 (5) 27.5 (5)		
GN2-10	10	2000 3000	85 100	51 (5) 70 (5)		

附表 1-15 户外隔离开关主要技术参数

型号	额定电压 (kV)	额定电流 (A)	动稳定电流 (kV)	热稳定电流 (kA) (s)	质量 (kg)	附注
GW4-10	10	200 400 600	15 25 50	5.7 (4) 11 (4) 15.8 (4)	～10	
GW4-35、35D	35	600 1000 2000	50 80 104	15.8 (4) 23.7 (4) 46 (4)	～65	
GW4-60、60D	60					
GW4-110、110D	110				～235	
GW4-220、220D	220				～600	
GW5-35G、35GD GW5-35GK	35	600 1000	72 83	16 (4) 25 (4)	～92	35GK：0.25s (分闸)
GW5-60G、60GD GW5-60GK	60				～120	60GK：0.30s
GW5-110G、110GD GW5-110GK	110				～150	110GK：0.35s
GW6-220G、220GD	220	1000	50	21 (5)	～500	
GW6-330	330	2000	62	40 (3)	～750	
GW7-110、110D	110	600	55	14 (5)		

续附表 1-15

型号	额定电压 (kV)	额定电流 (A)	动稳定电流 (kV)	热稳定电流 (kA)(s)	质量 (kg)	附注
GW7-220、220D	220	600 1000 1200	55 83 80	21 (5) 33 (4) 36 (5)	~900	
GW7-330、330D	330	1000 1500	55 67	21 (5) 33.6 (5)	~1450	
GW8-35	35	400	15	5.6 (5)	70	中性点隔离开关
GW8-60	60				100	
GW8-110	110				135	
GW9-10G	10	200 400 600	15 21 35	7 (5) 14 (5) 19.6 (5)	~13	单极式

注：型号中符号意义：D—带有接地刀；K—快分型。

附表 1-16 接地短路器主要技术参数

型号	额定电压 (kV)	最大合闸电流峰值 (kA)	2 秒钟热稳定电流 (kA)	合闸时间 (s)	断口最小距离 (mm)	总高 (mm)	宽度 (mm)
JW1-35G	35	40	18	≤0.20	300	740	340
JW1-60G	60	40	18	≤0.25	560	1020	340
JW1-110G	110	40	18	≤0.25	880	1350	340

附表 1-17 断路器操动机构的类型及特点

类型	基本特点	使用场合
手动机构	用人力合闸，用已贮能的弹簧分闸 不能遥控合闸操作及自动重合闸 结构简单 须有自由脱扣机构 关合能力决定于操作者，不易保证	可用于电压 10kV、开断电流 6kA 以下的断路器或负荷开关
直流电磁机构	靠直流螺管电磁铁合闸，靠已储能的分闸弹簧分闸 合闸时间长，电源电压的变动对合闸速度影响大 可遥控操作与自动重合闸 结构较简单，制造工艺要求不高 机构输出力特性与本体反力特性配合较好 需大功率直流电源	可用于 110kV 及以下的断路器

续附表 1-17

类型	基本特点	使用场合
弹簧机构	用合闸弹簧（用电动机或手力储能）合闸，靠已储能的分闸弹簧分闸 动作快，能快速自动重合闸 能源功率小 结构较复杂，冲击力大，构件强度要求较高 输出力特性与本体反力特性配合较差	可用于交流操作，适用于 220kV 及以下的断路器。是 35kV 及以下油断路器配用的操动机构的主要品种
液压机构	以高压油推动活塞实现合闸与分闸 动作快，能快速自动重合闸 结构较复杂，密封要求高、工艺要求高 操作力大、冲击力小、动作平稳	适用于 110kV 及以上的断路器，是超高压油断路器配用的操动机构的主要品种
气动机构	以压缩空气推动活塞，使断路器分、合闸，或仅用压缩空气推动活塞合闸（或者分闸），而以已储能的弹簧分闸（或合闸） 动作快，能快速自动重合闸 合闸力容易调整 制造工艺要求较高 需压缩空气源，操作噪音大	适用于有压缩空气源的开关站

附表 1-18 隔离开关操动机构类型及其特点

类型	基本特点	使用场合
手动机构	用人力合闸及分闸 不能遥控操作	主要用于不要遥控操作的开关站
电动机机构	以电动机通过机械减速或液压减速实现合闸与分闸 可以进行遥控操作 可以进行交流操作，操作平稳	主要用于电压较高的开关站
气动机构	用压缩空气推动活塞合闸与分闸 可遥控操作 需要有压缩空气源	有压缩空气源的开关站

附表 1-19 直流电磁机构的基本技术数据

型号	合闸线圈				分闸线圈				所配断路器型号
	电压 (V)	电流 (A)	线径 (mm)	圈数	电压 (V)	电流 (A)	线径 (mm)	圈数	
CD2-40	110/220	195/97.5	2×1.56/1.56	334/668	110/220	5/2.5	2×0.35/0.35	1825/3650	SN$\frac{1}{2}$-10G,DW1-35
CD3-346	110/220	157/78.5	2×2.1/2.1	370/740	110/220	5/2.5	2×0.35/0.35	1825/3650	SN3-10,DW2-35
CD5-370G11X	110/220	333/166.5	2(1.68×4.1)/1.68×4.1	270/540	110/220	5/2.5	2×0.35/0.35	1825/3650	SW2-60G
CD5-XG	110/220	470/235	2(1.81×6.4)/1.81×6.4	162/324	24/48	17.2/8.6	2×0.8/0.8	298/496	SW3-110G,DW3-110G
					110/220	5.5/2.75	2×0.38/0.38	800/1600	
CD8-370	110/220	333/166.5	2×2.83/2.83	250/500	110/220		2×0.44/0.44	1340/2680	SN4-$^{10}_{20}$G
CD10-Ⅰ	110/220	197/99	2×1.62/1.62	325/650	110/220	5/2.5	2×0.35/0.35	880/1760	SN10-10/300
CD10-Ⅱ	110/220	239/121	2×1.81/1.81	326/652	110/220	5/2.5	2×0.35/0.35	880/1760	SN10-10/500, SN10-10/1250-750
CD10-Ⅲ	110/220	296/148	2×2.26/2.26	330/660	110/220	5/2.5	2×0.35/0.35	880/1760	SN10-10/3000-750
CD11-X	110/220	163/81.5	2×2.1/2.1	185/370	24/48	18/9	2×0.41/0.41	738/1760	DW8-35
					110/200	5/2.5	2×0.35/0.35	880/1760	

附表 1-20 蓄能式液压操动机构的基本技术数据

型号	油泵停止压力	油泵启动压力	合闸闭锁压力	分闸闭锁压力	预充气压力	液压缸参数		合(力)闸线圈				自动重合闸次数	一台断路器所用的机构数	所配断路器的型号
						杠/杆直径	行程	电压(直流)	电流	线径	圈数			
	(kPa)					(mm)		(V)	(A)	(mm)	(匝)			
CY3	22700	22000	19300	18500	14200	28/52	132	24/28	18/9	0.69/0.49	250/500	1	1	SW6-110
	19200	18600	16300	15600	12000			110/220	4/2	0.31/0.23	1000/2000		3	SW6-220
CY4	33000	31000	28000	27000	24000	35/60	175	110/220	4/2	0.31/0.23	1000/2000	1	1	SW7-110
	28500	27500	24000	23000									3	SW7-220
CY11	17800	17000	16200	14600	12500	28/52	135	110/220	4/2			1	3	SW6-220
CY12	14200	13000	12000	11200	8000	28/52	135	110/220	4/2	0.23/0.28	2000	1	1	SW2-60G
	20000	19200	17500	16800	10500		110			0.31/0.36	1000		1	SW6-110G

附表 1-21 电压互感器二次线圈的准确级次和误差限值

准确级次	误差限值		一次电压变化范围	二次负荷变化范围
	比值差（±%）	相角差（±分）		
0.5	0.5	20	$(0.85\sim1.15)U_{1n}$	$(0.25\sim1)S_{2n}$①
1	1.0	40		
3	3.0	不规定		

①S_{2n}为相应准确级次下的额定二次负荷。

附表 1-22 单相三线圈电压互感器零序电压线圈的准确级次和误差限值

准确级次	误差限值		一次电压变化范围		零序电压线圈负荷变化范围	二次线圈负荷变化范围
	比值差（±%）	相角差（±分）	中性点直接接地系统	中性点不直接接地系统		
3B	3.0	120	$(0.85\sim1.5)U_{1n}$		$(0.25\sim1)S_{3n}$②	$(0\sim1)S_{2n}$①
6B	6.0	240		$(0.85\sim1.9)U_{1n}$		

①S_{2n}为相应准确级次下的额定二次负荷。

②S_{3n}为零序电压线圈的额定负荷。

附表 1-23 电压互感器额定二次负荷 S_{2n}

互感器种类	额定一次电压（kV）	相应准确级次下的额定二次负荷（VA）		
		0.5级	1级	3级
单相双线圈	0.38	15	25	60
	3	25	40	100
	6，10，15，20	50	80	200
	35	150	250	500
单相三线圈	$\frac{3}{\sqrt{3}}$	25	40	100
	$\frac{6}{\sqrt{3}}$，$\frac{10}{\sqrt{3}}$，$\frac{15}{\sqrt{3}}$，$\frac{20}{\sqrt{3}}$	50	80	200
	$\frac{35}{\sqrt{3}}$	150	250	500
	$\frac{110}{\sqrt{3}}$，$\frac{220}{\sqrt{3}}$	250	400	1000
三相双线圈三线圈	3	45	75	180
	6	75	120	300
	10，15，20	120	180	450

附表 1-24 电压互感器零序电压线圈额定负荷 S_{3n}

互感器额定一次电压（kV）	零序电压线圈额定负荷（VA）	
	零序电压线圈（额定电压为100V）	零序电压线圈（额定电压为100/3V）
$\frac{3}{\sqrt{3}}$，$\frac{6}{\sqrt{3}}$，$\frac{10}{\sqrt{3}}$		40
$\frac{15}{\sqrt{3}}$，$\frac{20}{\sqrt{3}}$		80
$\frac{35}{\sqrt{3}}$		100
$\frac{110}{\sqrt{3}}$，$\frac{220}{\sqrt{3}}$	300	

附表 1-25 电压互感器开口三角额定负荷

三相三线圈		单相三线圈	
U_{1n}（kV）	开口三角额定负荷（VA）	U_{1n}（kV）	开口三角额定负荷（VA）
3，6，10	200	$35/\sqrt{3}$	520
15，20	400	$110/\sqrt{3}$，$220/\sqrt{3}$	300

附表 1-26 电流互感器额定电压和电流等级

电流互感器的额定电压等级（kV）
0.5，10，15，20，35，60，110，220，330
额定电流等级（A）
5，10，15，20，30，40，50，75，100，150，200，(250)，300，400，(500)，600，(750)，800，1000，1200，1500，2000，3000，4000，5000，6000，8000，10000，15000，20000，25000

附表 1-27 电流互感器型号字母含义

字母排列次序	代号含义
1	L—电流互感器
2	A—穿墙式　B—支持式 C—瓷箱式　D—单匝式 F—多匝式　J—接地保护 M—母线式　Z—支柱式 Q—线圈式　R—装入式 Y—低压的

续附表 1-27

字母排列次序	代号含义
3	C—瓷绝缘的　G—改进过的 K—塑料外壳式　L—电缆电容型 M—母线式　P—中频的 S—速饱和的　Z—浇注式 W—户外式
4	B—保护级

注：在电流互感器型号的第二位字母以后，如出现字母J和Q时，J代表加大容量，Q代表加强式。

附表 1-28 电流互感器的准确级次和误差限值（GB1208—75）

准确级次	一次电流为额定电流的百分数（%）	误差限值		二次负荷变化范围
		比值差（±%）	相角差（±分）	
0.2	10 20 100～120	0.5 0.35 0.2	20 15 10	(0.25～1) S_n
0.5	10 20 100～120	1 0.75 0.5	60 45 30	(0.25～1) S_n
1	10 20 100～120	2 1.5 1	120 90 60	(0.25～1) S_n
3	50～120	3.0	不规定	(0.5～1) S_n
10	50～120	10	不规定	
B	100 100n	3 −10	不规定	S_n

注：1. 二次负荷的下限值：$I_{2n}=5A$ 时，为3.75VA；$I_{2n}=1A$ 时，为2.5VA。
2. n 为额定10%倍数。
3. 误差限值是以额定负荷为基准的。

附表 1-29 常用避雷器系列及其应用范围

名称	代号	应用范围
低压阀式避雷器	FS	用于低压网路保护交流电器、电表和配电变压器低压绕组
配电用普通阀式避雷器	FS	用于3～10kV交流配电系统，保护配电变压器和电缆头
电站用普通阀式避雷器	FZ	用于3～220kV交流系统，保护电站设备绝缘

续附表 1-29

名称	代号	应用范围
电站用磁吹阀式避雷器	FCZ	用于35kV及以上的交流系统，保护电站设备绝缘。对于比较重要、需要限制操作过电压、雷电活动特别强烈或设备绝缘水平降低的电站，更为适合
全封闭磁吹避雷器	FB	用于保护110kV及以上全封闭组合电器绝缘
保护旋转电机用磁吹阀式避雷器	FCD	保护性能较好（冲击放电电压较低），适用于保护交流旋转电机的绝缘
直流磁吹阀式避雷器	FCL	用于保护直流电气设备绝缘
纤维管式避雷器	GX	用于电站进线保护和线路绝缘弱点保护
纤维管式避雷器	GS	用于保护配电变压器
无续流管式避雷器	GSW	可用于保护配电变压器
氧化锌避雷器	Y5W	用于输变电设备、变电器、电缆、开关、互感器等大气过电压保护及限制真空断器操作过电压
氧化锌避雷器	Y3W	用于旋转电机等弱绝缘的设备
串联间隙氧化锌避雷器	Y5C	用于中性点不接地系统，保护相应额定电压的设备

附录 1.2 供电线路方案设计参考资料

（1）架空线路允许输送距离（km）见附表1-30。

（2）电缆线路5%电压损失允许输电距离见附表1-31。

（3）架空线路经济输电容量（MVA）见附表1-32。

（4）架空线路持续允许负荷（MVA）见附表1-33。

（5）6～10kV架空导线电压损失计算常数（%/MW·km）见附表1-34。

（6）35kV输电线路电压损失计算常数（kV/10MW·km）见附表1-35。

（7）60kV架空线路电压损失计算常数（kV/10MW·km）见附表1-36。

(8) 110kV 架空线路电压损失计算常数（kV/10MW·km）见附表 1-37。

(9) 1～10kV 铝芯电缆线路电压损失计算常数见附表 1-38。

(10) 钢芯铝绞线的结构及主要技术参数见附表 1-39。

(11) 钢芯铝合金绞线的主要技术参数见附表 1-40。

(12) 电力电缆持续允许负荷和相分裂架空线路经济输送容量见第 19 章。

附表 1-30 架空线路允许输电距离（km）

截面 (mm²)	5%电压损失								10%电压损失			
	0.4kV		3kV		6kV		10kV		35kV		110kV	
	在允许负荷下	在经济负荷下	在允许负荷下	在经济负荷下	在允许负荷下	在经济负荷下	在允许负荷下	在经济负荷下	在允许负荷下	在经济负荷下	在允许负荷下	在经济负荷下
16	0.052	0.38										
25	0.06	0.36	0.43	2.5	0.86	5	1.43	8.34				
35	0.064	0.347	0.455	2.5	0.91	5	1.52	8.34	10.64	58.8		
50	0.068	0.325	0.48	2.38	0.96	4.54	1.61	7.15	11.0	52.6		
70	0.071	0.3	0.5	2.03	1	4.17	1.67	7.15	11.24	50	35.8	166.8
95	0.072	0.275	0.5	1.85	1	3.85	1.67	6.25	11.24	43.4	35.8	143.0
120	0.07	0.233	0.49	1.72	0.98	3.33	1.61	5.56	11.24	38.4	35.8	125.0
150	0.065	0.213	0.47	1.56	0.94	3.12	1.56	5	10.48	34.4	34.4	111.2
185	0.069	0.206	0.463	1.39	0.93	2.78	1.56	4.55	10.14	31.2	32.2	100
240	0.064	0.18							9.1	26.4	29.4	83.4
300											27.8	71.4

附表 1-31 电缆线路 5%电压损失允许输电距离（km）

电压 (kV)	截面 (mm²)													
	2.5	4	6	10	16	25	35	50	70	95	120	150	185	240
0.4	0.033	0.039	0.047	0.056	0.069	0.079	0.091	0.104	0.118	0.128	0.137	0.142	0.152	0.159
3		0.31	0.37	0.44	0.54	0.625	0.725	0.8	0.91	1.01	1.08	1.09	1.19	1.30
6				1.02	1.3	1.43	1.62	1.92	2.07	2.3	2.44	2.54	2.69	3.1
10					2.2	2.5	2.95	3.33	3.73	4.06	4.3	4.55	4.7	5.6

注：按允许负荷计算的。

附表 1-32 架空线路经济输电容量（MVA）

导线牌号	电压					
	10kV			35kV		
	年利用小时			年利用小时		
	<3000	3000～5000	>5000	<3000	3000～5000	>5000
LGJ-35	1.053	0.733	0.576	3.68	2.57	2.01
LGJ-50	1.38	0.962	0.753	4.83	3.36	2.63
LGJ-70	1.94	1.358	1.06	6.78	4.73	3.71
LGJ-95	2.71	1.88	1.483	9.5	6.63	5.18
LGJ-120	3.29	2.29	1.792	11.5	8.02	6.27
LGJ-150	4.22	2.945	2.31	14.77	10.3	8.07
LGJ-185	5.18	3.6	2.82	18.1	12.6	9.87
LGJ-240	6.83	4.74	3.71	23.9	16.6	12.95
	60kV			110kV		
LGJ-50	8.28	5.76	4.52			
LGJ-70	11.62	8.1	6.35	21.3	14.9	11.65
LGJ-95	16.3	11.35	8.90	29.9	20.9	16.3
LGJ-120	19.7	13.75	10.75	36.2	25.3	19.7
LGJ-150	25.3	17.65	13.83	46.5	32.4	25.4
LGJ-185	31.0	21.6	16.9	56.8	39.6	31.1
LGJ-240	41.0	28.4	22.2	75.2	52.2	40.7
LGJQ-300	49.8	34.8	27.2	91.4	63.6	49.8
LGJQ-400				123.2	86.0	67.2
	154kV			220kV		
LGJ-120	50.6	35.3	27.6			
LGJ-150	65.2	45.4	35.6			
LGJ-185	79.7	55.4	43.5			
LGJ-240	105.3	73.2	57.1			
LGJQ-300	128	89.4	69.8	182.5	127.5	99.7
LGJQ-400	172.5	120.5	94.2	246	172	134.5
LGJQ-500	212	148	115.8	303	212	165
LGJQ-600	254.5	177.5	139	364	254	198
LGJQ-700	313	219	171	449	312	244

附表 1-33 架空线路持续允许负荷（MVA）

导线牌号	持续允许电流（A）	电压				
		35kV	60kV	110kV	154kV	220kV
LGJ-25	135					
LGJ-35	170	10.3				
LGJ-50	220	13.3	22.8			
LGJ-70	275	16.6	28.5	52.4		
LGJ-95	335	20.3	34.7	63.8	89.3	
LGJ-120	380	23.0	39.4	72.4	101	

续附表 1-33

导线牌号	持续允许电流（A）	电压				
		35kV	60kV	110kV	154kV	220kV
LGJ-150	445	27.0	46.2	84.8	119	
LGJ-185	515	32.4	53.4	102	143	
LGJ-240	610	37.0	63.3	116	163	
LGJQ-300	710		73.6	135	190	270
LGJQ-400	845			161	226	320
LGJQ-500	966				258	367
LGJQ-600	1090				291	414
LGJQ-700	1250				335	476

注：导线允许温度为 70℃。空气温度为 25℃。

附表 1-34 6～10kV 架空导线电压损失计算常数（%/MW·km）

导线牌号	电压					
	10kV			6kV		
	cosφ			cosφ		
	0.8	0.85	0.9	0.8	0.85	0.9
L-16	2.25	2.20	2.15	6.26	6.13	5.98
L-25	1.65	1.51	1.46	4.34	4.20	4.05
LG-35	1.20	1.15	1.10	3.34	3.20	3.05
LG-50	0.922	0.872	0.818	2.56	2.43	2.28
LG-70	0.742	0.692	0.638	2.06	1.93	1.78

附表 1-35 35kV 输电线路电压损失计算常数（kV/10MW·km）

导线牌号	R_0	X_0	cosφ			
			0.9	0.85	0.8	0.75
LGJ-35	0.85	0.432	0.303	0.32	0.336	0.353
LGJ-50	0.65	0.421	0.244	0.261	0.276	0.292
LGJ-70	0.46	0.411	0.188	0.204	0.220	0.235
LGJ-95	0.33	0.400	0.150	0.165	0.180	0.195
LGJ-120	0.27	0.394	0.132	0.147	0.162	0.177
LGJ-150	0.21	0.387	0.113	0.129	0.143	0.157
LGJ-185	0.17	0.380	0.101	0.116	0.130	0.144
LGJ-240	0.132	0.372	0.0891	0.1035	0.1175	0.1315

附表 1-36　60kV 架空线路电压损失计算常数

(kV/10MW·km)

导线牌号	R_0	X_0	cosφ			
			0.90	0.85	0.80	0.75
LGJ-50	0.65	0.427	0.1426	0.1523	0.1615	0.171
LGJ-70	0.46	0.417	0.1103	0.1199	0.1289	0.138
LGJ-95	0.33	0.406	0.0878	0.0969	0.1057	0.1147
LGJ-120	0.27	0.400	0.0773	0.0863	0.0950	0.1038
LGJ-150	0.21	0.394	0.0667	0.0756	0.0843	0.093
LGJ-185	0.17	0.386	0.0595	0.0682	0.0766	0.0851
LGJ-240	0.132	0.378	0.0526	0.0610	0.0692	0.0776
LGJQ-300	0.108	0.372	0.048	0.0564	0.0645	0.0727

附表 1-37　110kV 架空线路电压损失计算常数

(kV/10MW·km)

导线牌号	R_0	X_0	cosφ			
			0.95	0.90	0.85	0.80
LGJ-70	0.46	0.429	0.0546	0.0607	0.0660	0.0711
LGJ-95	0.33	0.418	0.0425	0.0484	0.0536	0.0586
LGJ-120	0.27	0.412	0.0368	0.0417	0.0477	0.0526
LGJ-150	0.21	0.405	0.0312	0.0369	0.0419	0.0467
LGJ-185	0.17	0.398	0.0274	0.0330	0.0379	0.0426
LGJ-240	0.132	0.391	0.0237	0.0292	0.0340	0.0386
LGJQ-300	0.108	0.383	0.0213	0.0266	0.0313	0.0358
LGJQ-400	0.08	0.374	0.0185	0.0238	0.0284	0.0328

附表 1-38　1～10kV 铝芯电缆线路电压损失计算常数

(%/km)

截面 (mm^2)	在允许负荷下			
	380V	3kV	6kV	10kV
3×2.5	154			
3×4	128	16.15		
3×6	107	13.5		
3×10	90	11.4	4.9	
3×16	73	9.25	3.85	2.27
3×25	63	8	3.5	2
3×35	55	6.9	3.1	1.7
3×50	48	6.22	2.6	1.5
3×70	42.2	5.5	2.42	1.34
3×95	39.2	4.95	2.18	1.23
3×120	36.5	4.65	2.05	1.16
3×150	35.3	4.6	1.97	1.1
3×185	33	4.2	1.86	1.06
3×240	31.5	3.67	1.61	0.89

注：1. 按 $\cos\varphi=0.85$ 计算，并采用＋15℃时的允许负荷；
2. 电抗值：380V，$X=0.07\Omega/km$；3～10kV，$X=0.08\Omega/km$；
3. 电阻率：$T=20$℃时为 $0.0295\Omega/mm^2/m$。

附表 1-39 钢芯铝绞线的结构及主要技术参数

型号类型	标称截面(mm²)	结构尺寸根数/直径(mm)		截面(mm²)		铝钢截面比	直径(mm)		直流电阻(Ω/km)(20℃)	拉断力(N)	弹性系数(N/mm²)	线胀系数(1/℃)(×10⁻⁶)	单位质量(kg/km)	载流量 A			制造长度(不小于)(m)
		铝	钢	铝	钢		导线	钢芯						70℃	80℃	90℃	
LGJ 普通型	10	6/1.50	1/1.5	10.6	1.77	6.0	4.50	1.5	2.774	3670	78000	19.1	42.9	65	77	87	1500
	16	6/1.80	1/1.8	15.3	2.54	6.0	5.40	1.8	1.926	5300	78000	19.1	61.7	82	97	109	1500
	25	6/2.20	1/2.2	22.8	3.80	6.0	6.60	2.2	1.289	7900	78000	19.1	92.2	104	123	139	1500
	35	6/2.80	1/2.8	37.0	6.16	6.0	8.40	2.8	0.796	11900	78000	19.1	149	138	164	183	1000
	50	6/3.20	1/3.2	48.3	8.04	6.0	9.60	3.2	0.609	15500	78000	19.1	195	161	190	212	1000
	70	6/3.80	1/3.8	68.0	11.3	6.0	11.40	3.8	0.432	21300	78000	19.1	275	194	228	255	1000
	95	28/2.07	7/1.8	94.2	17.8	5.3	13.68	5.4	0.315	34900	80000	18.8	401	248	302	345	1500
	95(1)	7/4.14	7/1.8	94.2	17.8	5.3	13.68	5.4	0.312	33100	80000	18.8	398	230	272	304	1500
	120	28/2.30	7/2.0	116.3	22.0	5.3	15.20	6.0	0.255	43100	80000	18.8	495	281	344	394	1500
	120(1)	7/4.60	7/2.0	116.3	22.0	5.3	15.20	6.0	0.253	40900	80000	18.8	492	256	303	340	1500
	150	28/2.53	7/2.2	140.8	26.6	5.3	16.72	6.6	0.211	50800	80000	18.8	598	315	387	444	1500
	185	28/2.88	7/2.5	182.4	34.4	5.3	19.02	7.5	0.163	65700	80000	18.8	774	368	453	522	1500
	240	28/3.22	7/2.8	228.0	43.1	5.3	21.28	8.4	0.130	78600	80000	18.8	969	420	520	600	1500
	300	28/3.80	19/2.0	317.5	59.7	5.3	25.20	10.0	0.0935	111000	80000	18.8	1348	511	638	740	1000
	400	28/4.17	19/2.2	382.4	72.2	5.3	27.68	11.0	0.0778	134000	80000	18.8	1626	570	715	832	1000
LGJQ 轻型	150	24/2.76	7/1.8	143.6	17.8	8.0	16.44	5.4	0.207	41500	74000	19.8	537	318	389	447	1500
	185	24/3.06	7/2.0	176.5	22.0	8.0	18.24	6.0	0.168	51100	74000	19.8	661	359	442	509	1500
	240	24/3.67	7/2.4	253.9	31.7	8.0	21.88	7.2	0.117	71200	74000	19.8	951	446	553	638	1500
	300	54/2.65	7/2.6	297.8	37.2	8.0	23.70	7.8	0.0997	86300	74000	19.8	1116	485	602	695	1000
	300(1)	24/3.98	7/2.6	298.6	37.2	8.0	23.72	7.8	0.0994	83600	74000	19.8	1117	491	610	707	1000
	400	54/3.06	7/3.0	397.1	49.5	8.0	27.36	9.0	0.0748	111000	74000	19.8	1487	573	716	829	1000
	400(1)	24/4.60	7/3.0	398.9	49.5	8.0	27.40	9.0	0.0744	107000	74000	19.8	1491	582	729	847	1000
	500	54/3.36	19/2.0	478.8	59.7	8.0	30.16	10.0	0.0620	139000	74000	19.8	1795	639	802	929	1000
	600	54/3.70	19/2.2	580.6	72.2	8.0	33.20	11.0	0.0511	162000	74000	19.8	2175	714	900	1040	1000
	700	54/4.04	19/2.4	692.2	86.0	8.0	36.24	12.0	0.0429	194000	74000	19.8	2592	790	995	1155	1000
LGJJ 加强型	150	30/2.50	7/2.5	147.3	34.4	4.3	17.50	7.5	0.202	61700	83700	18.2	677	326	400	460	1500
	185	30/2.80	7/2.8	184.7	43.1	4.3	19.60	8.4	0.161	72000	83700	18.2	850	373	460	530	1500
	240	30/3.20	7/3.20	241.3	56.3	4.3	22.40	9.6	0.123	94100	83700	18.2	1110	437	542	626	1500
	300	30/3.67	19/2.2	317.4	72.2	4.4	25.68	11.0	0.0937	125000	83300	18.3	1446	513	640	743	1000
	400	30/4.17	19/2.5	409.7	93.3	4.4	29.18	12.5	0.0726	161000	83300	18.3	1868	596	750	873	1000

注：环境温度为40℃，风速0.5m/s，日照强度1000W/m²，辐射及吸热系数为0.9条件计算的载流量。

附表 1-40 钢芯铝合金绞线的主要技术参数

型号类型	标称截面 (mm^2)	结构尺寸 根数/直径 (mm)		拉断力 (N)		直流电阻 (Ω/km)	载流量 (A)		
		铝合金	钢	热处理型	非热处理型	(20℃)	70℃	80℃	90℃
HLGJ HL2GJ 普通型	10	6/1.50	1/1.5	5000	4800	3.137	62	73	83
	16	6/1.80	1/1.8	7200	6500	2.178	78	92	104
	25	6/2.20	1/2.2	10700	9800	1.458	100	117	132
	35	6/2.80	1/2.8	16800	14500	0.900	131	156	176
	50	6/3.20	1/3.2	22000	19000	0.689	153	181	203
	70	6/3.80	1/3.8	31000	26100	0.489	185	218	245
	95	28/2.07	7/1.8	46500	42500	0.356	235	287	329
	95 (1)	7/4.14	7/1.8	46500	39800	0.353	220	260	292
	120	28/2.30	7/2.0	57400	52400	0.288	267	327	375
	120 (1)	7/4.60	7/2.0	57400	49200	0.286	245	290	326
	150	28/0.53	7/2.2	69600	60800	0.239	310	368	423
	185	28/2.88	7/2.5	90000	78600	0.184	350	431	497
	240	28/3.22	7/2.8	109000	94800	0.147	400	495	572
	300	28/3.80	19/2.0	157000	134000	0.106	486	607	705
	400	28/4.17	19/2.2	188000	162000	0.088	542	680	792
HLGJJ HL2GJJ 加强型	150	30/2.50	7/2.5	80000	73500	0.228	309	380	438
	185	30/2.80	7/2.8	96700	85200	0.182	354	437	505
	240	30/3.20	7/3.2	126000	111000	0.139	415	515	596
	300	30/3.67	19/2.2	170000	148000	0.106	487	610	708
	400	30/4.17	19/2.5	220000	191000	0.082	566	713	831

注：载流量计算条件为环境温度 40℃，风速 0.5m/s，日照强度 1000W/m^2，辐射及吸热系数 0.9。

附录 1.3 技术经济指标

下述各综合经济指标仅供钢铁企业供配电初步设计作方案比较时参考使用。有关设备、电缆等价格，应向制造厂索取。现举例如下：

例 1 电缆敷设×××工程采用 VLV22-6000，3×95mm^2 电缆直埋，长度 2km。

电缆价格 5.06 万元/km。

电缆敷设费 1.32 万元/km。

即 5.06×2+1.32×2=12.76（万元），这 12.76 万元为该工程投资。

例 2 变电所投资：×××工程为 10/0.4kV 变电所，主要设备为：变压器 SL7-1000/10 的 2 台，低压配电屏 PGL1-06 的 2 台，PGL1-07 的 2 台，PGL1-20 的 10 台，轴流风机 T35-11 的 2 台。土建为：变压器室 140m^2，配电室 380m^2。防雷接地：投影面积为 200m^2。道路为 1000m^2。

变压器设备费为 5.81 万元/台×1.07=6.22 万元/台。

低压配电屏 PGL1-06，1.04 万元/台×1.07=1.113 万元/台；PGL1-07，0.81 万元/台×1.07=0.87/台；PGL1-20，0.91 万元/台×1.07=0.97 万元/台。

变压器室土建	350 元/m^2
配电室土建	500 元/m^2
轴流风机	500 元/台
照明	30 元/台
上下水	5 元/台
防雷接地	5 元/台
道路	60 元/台

电气设备安装费占设备费 20%

电气设备费为 6.22×2+1.11×2+0.87×2+0.97×10=26.10（万元）。

电气设备安装费为 26.10×20%=5.22（万元）（含变电所内电缆、主母线等）。

土建等费用为 350×140+500×380+500×2+30×（140+380）+5×（140+380）+5×200+60×1000=31.92（万元）。

即工程投资为：26.1＋5.22＋31.92＝63.24（万元）。

注：设备费乘以1.07为含设备运杂费。设备运杂费按7%考虑，不同地区可按当地规定计算。

技术经济指标如下：

（1）变电所综合造价指标见附表1-41。

（2）谐波滤波及动态无功补偿装置设备造价指标见附表1-42。

（3）火力发电厂单位投资参考指标见附表1-43。

（4）户内110kV单母线结线和双母线结线见附表1-44。

附表1-41　变电所综合造价指标（元）

序号	名称	单位	6～10kV	35kV	110kV
1	变压器室	m^2	350	550～600	700
2	配电室	m^2	500	500～550	600～650
3	控制室	m^2	550～600	550～600	550～600
4	电缆夹层	m^2	200	200	200
5	电缆沟（断面1.0×1.0）	m	700	700	700
6	电缆沟（断面0.8×0.8）	m	500	500	500
7	电缆隧道（断面1.5×2.1）	m	2000	2000	2000
8	电缆隧道（断面2.0×2.1）	m	2400	2400	2400
9	围墙	m	160～180	160～180	160～180
10	道路	m^2	60	60	60
11	上下水（按建筑面积）	m^2	5～10	5～10	5～10
12	轴流风机	台	500～600	500～600	500～600
13	空调（仅为安装费）	台	500	500	500
14	照明	m^2	20～30	20～30	20～30
15	防雷接地	m^2	5	5	5
16	电气设备安装费占设备费	%	15～20	15～20	20～25

附表1-42　谐波滤波及动态无功补偿设备造价指标（仅供参考）（元/kvar）

序号	名称	电气设备	电气安装
1	高次谐波滤波装置（LC）		
	（1）6～10kV	140～160	
	（2）35kV	180～200	
2	动态无功补偿装置		
	（1）高阻抗变压器方式（TCT）	200～250	
	（2）高压电抗器方式（TCR）	190～240	
	（3）变压器＋电抗器方式（TCR）	230～280	
	（4）变压器内藏电抗器方式（TCR）	200～250	
	（5）自饱和电抗器方式（SR）	200～250	

附表 1-43 火力发电厂单位投资参考指标（万元/kW）

序号	汽机型式	燃料名称 / 机炉容量 (10^3kW) (t/h)	燃煤		燃油		燃天然气	
			新建	扩建	新建	扩建	新建	扩建
1	凝汽式	2×0.75+2×6.5	0.38～0.43	0.29～0.33	0.33～0.38			
2		2×1.5+2×10	0.31～0.36	0.24～0.28	0.27～0.32			
3		2×3+2×20	0.26～0.31	0.20～0.24	0.22～0.26			
4		2×6+2×35	0.22～0.26	0.17～0.20	0.20～0.21			
5		2×12+2×65	0.18～0.23	0.14～0.17	0.15～0.18			
6		2×25+2×130	0.15～0.19	0.12～0.15	0.12～0.15			0.09～0.12
7		2×50+2×220	0.13～0.16	0.10～0.12	0.10～0.13			
8	抽汽式	2×6+3×35	0.42～0.46	0.31～0.35	0.26～0.30			
9		2×12+3×65	0.33～0.37	0.24～0.27	0.20～0.23		0.21～0.23	0.16～0.19
10		2×25+3×130	0.28～0.32	0.21～0.24	0.19～0.21			
11		2×50+3×220	0.24～0.27	0.17～0.20	0.14～0.17			
12	背压式	2×6+4×35	0.44～0.49	0.32～0.36	0.35～0.38		0.30～0.35	
13		2×12+4×65	0.37～0.41	0.26～0.30	0.29～0.32			
14		2×25+4×130	0.34～0.38	0.25～0.28	0.26～0.30			

注：1. 本表摘自《电力建设经济技术手册》；

2. 采用北京地区 1980 年价格已乘以 1.9 的系数。

附表 1-44 户内 110kV 单母线结线和双母线结线（元/间隔）

序号	名　　称	单位	单价	主变进线		馈出线		母线分段		电压互感器及避雷器	
				数量	合价	数量	合价	数量	合价	数量	合价
	110kV 单母线结线										
	一、设备费				129980		137540		109880		58840
1	少油断路器 SW7-110C/1600	台	85000	1	85000	1	85000	1	85000		
2	隔离开关 GW5-110GD/1600	组	7500			1	7500				
3	隔离开关 GW5-110GIID/600	组	6100							1	6100
4	电流互感器 L-110	台	8100	3	24300	3	24300	3	24300		
5	电压互感器 JCC-110	台	8100							3	24300
6	避雷器 FCZ3-110J	组	28000							1	28000
7	穿墙套管 CRLQ-110	只	6700	3	20100	3	20100				
8	其它设备				580		640		580		440
	二、安装费				17200		19600		11700		6500
	三、基价				141780		157140		121580		65340

续附表 1-44

序号	名　　称	单位	单价	主变进线		馈出线		母线分段		电压互感器及避雷器	
				数量	合价	数量	合价	数量	合价	数量	合价
110kV 双母线结线											
	一、设备费.				116800		122760		116100		35500
1	少油断路器 SW4-110/1000	台	81000	1	81000	1	81000	1	81000		
2	隔离开关 GW5-110G/1000	组	5200	1	5200	1	5200	2	10400		
3	隔离开关 GW5-110GD/1000	组	5900	1	5900	2	11800			1	5900
4	带电流互感器穿墙套管 CRL2-110/600	台	8000	3	24000	3	24000	3	24000		
5	电压互感器 JCC1-110	台	8100							3	24300
6	避雷器 FZ-110J	组	4900							1	4900
7	其它设备				700		760		700		400
	二、安装费				11800		16100		14400		6100
	三、基价				128600		138860		130500		41600

参 考 文 献

[1] 机械工程手册　电机工程手册　编辑委员会编，电机工程师手册，机械工业出版社，1982.

[2]机械工程手册　电机工程手册　编辑委员会编，电气工程师手册，机械工业出版社，1987.

[3]水利电力部西北电力设计院编，电力工程电气设计手册，第一册（电气一次部分），水利电力出版社，1989.

第2章

负荷计算

2.1 概述

作为钢铁企业供配电设计基础而进行的负荷计算，其主要内容包括：

(1) 计算最大负荷（计算负荷❶）。计算全企业和各级变、配电所的最大负荷，是设计前期正确确定供、配电电压和对外提出供电容量及其要求，对内制订合理配电系统的基础。在施工设计阶段，上述最大负荷也是按发热条件选择变压器、馈电线和其他电器元件的根据。

(2)计算尖峰电流或冲击负荷。尖峰电流是计算电压波动，校验电压损失和选择保护元件的依据。

对于某些具有巨大冲击负荷（如现代大型热连轧机组、冷连轧机组、大型电弧炉等）的企业，要考虑冲击负荷对电力系统产生的影响。有功、无功冲击负荷有关数据是计算和研究系统的稳定性与电压波动等重大问题的原始资料。

(3)计算最大负荷班的平均负荷，作为计算电能消耗和选择无功补偿装置的依据。

进行负荷计算一般应按供配电的顺序，由用电设备端的配电支线、干线、车间变电所逐级向总变电所推进。

由于厂内配电线路的功率损耗相对很小，故在总降压变电所和配电所的负荷计算中，通常不计入配电线路的功率损耗，而只计算其中变压器的功率损耗。但作供配电方案比较时，有时要进行供配电线路的功率损耗和电能损耗的计算。

钢铁企业的电力负荷通常采用以下几种方法进行计算：

(1) 需要系数法；

(2) 二项式法；

(3) 利用系数法；

(4) 单位产品耗电量法；

(5) 单位面积负荷密度法。

需要系数法公式简单，计算方便，适用于各类变、配电所和供配电干线以及长期运行而且负载平稳的用电设备和生产车间（如锅炉引风机、水源泵站、集中空压站）的负荷计算。但不适合用电设备台数少，各台间容量相差悬殊且工作制度不同时的电力负荷计算。需要系数法多用于初步设计。有时亦应用于施工设计。

二项式法将负荷分为基本部分和附加部分，后者系考虑一定数量大容量设备的影响，适用于机修类用电设备的计算。其他各类车间和车间变电所施工设计亦常采用。二项式法所得计算结果一般偏大。

利用系数法以概率论为基础，根据设备利用率并考虑设备台数以及各台间功率差异的影响确定计算负荷与平均负荷间的偏差量（这反映在最大系数中大于1的部分），从而求得最大负荷。这种计算方法更具客观性和普遍性，适用于各种类型负荷的计算，所求得的结果更接近实际。但由于国内对利用系数缺乏切实的工作和数据的积累，计算方法本身也较上述两种方法复杂，故尚未得到广泛采用。

单位产品耗电量法适用于可行性研究和初步设计

---

❶ 计算负荷与由负荷曲线求得的30min平均最大负荷（简称半小时最大负荷）在发热上是等效的，故可视为在数值上相等。

阶段电力负荷的估算。

单位面积负荷密度法适用于确定照明用电设备功率和估算部分机修设施的负荷。

当采用需要系数法、二项式法和利用系数法计算时，用电设备组中的数量为三台及以下时，则以这些设备的设备功率之和作为计算负荷；当超过三台时，则应通过负荷计算确定其负荷。但这一规定不适用于具有冲击负荷的大容量电动机，如轧钢机主传动电动机。

当采用上述（1）～（3）方法计算时，应将所有用电设备按负荷性质分组，并将其功率（容量）换算为设备功率（容量）。

2.2 设备的分组

设备按负荷性质分组即按用电设备的负载图模式（主要是工作周期和负荷率）、功率因数和能量转换效率的差异分组。电动机的负载主要取决于生产工艺和工作机械。钢铁企业内各种机械可以概括地分为连续工作、反复短时工作和短时工作三种类型，即电动机有上述三种相应的工作制❶。

不同工作制应别类分组，即使同种工作制也应注意由于工艺条件不同，造成实际负载持续率和负荷率不同，因而计算负荷有显著的差别（例如，设备的负载持续率 FC 完全相同的起重机，在炼钢原料跨与冶炼跨有明显不同的负荷）。所以，电机的三种工作制不能作为设备分组的唯一准则。尤其是同类设备众多而实际负荷率和负载持续率参差不齐时，对于这点设备分组时应予以注意。

用电设备分组中，不应包括备用和专门用作检修的设备❷。

在计算车间干线和车间变电所负荷时，设备分组中也可不包括容量不大，工作时间很短的短时工作制设备❸。

采用利用系数法计算时，还可忽略不超过全组总功率5%的最小设备的功率，参见2.6.1节。

2.3 设备功率的确定

用电设备铭牌标明的额定功率（容量），系厂家规定工作条件下的额定输出功率（容量）。各种设备规定的工作条件不完全相同，故负荷计算时应将其换算为统一规定工作条件下的功率（容量），即设备功率（容量）。

设备功率换算的规定如下：

（1）连续工作制电动机的设备功率 P_s，等于其铭牌的额定功率 P_e。

（2）断续周期工作制或短时工作制电动机的设备功率，应换算到统一负载持续率下的有功功率。

当采用需要系数法和二项式法计算时，应统一换算到负载持续率为25%时的额定功率。其换算关系如下

$$\text{设备功率}\quad P_s=P_e\sqrt{\frac{FC_e}{FC_{25}}}=2P_e\sqrt{FC_e} \qquad (2\text{-}1)$$

当采用利用系数法时，应统一换算到负载持续率为100%时的有功功率。

$$\text{设备功率}\quad P_s=P_e\sqrt{\frac{FC_e}{FC_{100}}}=P_e\sqrt{FC_e} \qquad (2\text{-}2)$$

式中 P_s——设备功率，kW；

P_e——电动机的额定功率，kW；

FC_e——电动机铭牌所规定的额定负载持续率；

FC_{25}——负载持续率25%，即0.25；

FC_{100}——负载持续率100%，即1。

（3）电焊机和电焊变压器的设备功率系将其额定容量统一换算到负载持续率为100%时的有功功率。

$$P_s=S_e\cos\varphi\sqrt{\frac{FC_e}{FC_{100}}}=S_e\cos\varphi\sqrt{FC_e} \qquad (2\text{-}3)$$

式中 FC_e——电焊机或电焊变压器的额定负载持续率；

S_e——电焊机或电焊变压器的额定容量，kVA

$\cos\varphi$——功率因数。

（4）电炉变压器的设备功率系额定功率因数时的有功功率。

$$P_s=S_e\cos\varphi \qquad (2\text{-}4)$$

式中 S_e——电炉变压器的额定容量，kVA；

$\cos\varphi$——额定功率因数。

---

❶ 这里所说的电动机三种工作制是沿用过去的分类，这与国际电工委员会标准《旋转电机，第一部分：额定值和性能》（IEC 34-1），以及我国参照上述标准制订的《旋转电机基本技术要求》（GB 755—87）中所规定的电机工作制不完全吻合，在上述我国新标准中，反复短时工作制应按其具体内容不同，分属于各种断续周期工作制。

❷ 如主电室起重机、检修起重机用电葫芦、检修用电焊机、大型轧钢机换辊小车等。

❸ 属于这类设备有电动闸门、翻板、事故排风机、消防水泵、轧机电动导卫装置等。

(5)整流器的设备功率系额定输出时的直流功率。

(6)照明装置的设备功率，对白炽灯和卤素灯为灯泡功率。对气体放电灯则为灯泡功率加镇流器的损耗功率。

镇流器的损耗：

荧光灯　　按20%灯管功率计算

高压汞灯　按8%灯泡功率计算

高压钠灯　按15%灯泡功率计算

2.4 需要系数法确定计算负荷

对同类设备组的计算负荷，按下式计算

有功功率　$P_{js}=K_xP_s$　(2-5)

无功功率　$Q_{js}=P_{js}\mathrm{tg}\varphi$　(2-6)

视在功率　$S_{js}=\sqrt{P_{js}^2+Q_{js}^2}$　(2-7)

对于车间变电所（或配电干线）的计算负荷，按下式计算

有功功率　$P_{js}=K_{\Sigma y}\Sigma\ (K_xP_s)$　(2-8)

无功功率　$Q_{js}=K_{\Sigma w}\Sigma\ (K_xP_s\mathrm{tg}\varphi)$　(2-9)

视在功率　$S_{js}=\sqrt{P_{js}^2+Q_{js}^2}$　(2-10)

根据式2-7和式2-10可求得相应的计算电流

$$I_{js}=\frac{S_{js}}{\sqrt{3}U_e} \quad (2\text{-}11)$$

式中　P_s——用电设备组的设备功率，kW；

K_x——需要系数，见表2-1和表2-2；

tgφ——功率因数角的正切值，见表2-1和表2-3；

$K_{\Sigma y}$、$K_{\Sigma w}$——有功、无功功率的同时系数，分别取0.85～0.95和0.93～0.97；

U_e——额定线电压，kV。

P_{js}、Q_{js}、S_{js}、I_{js}的单位分别为kW、kvar、kVA、A❶。

对于总降压变电所和配电所的负荷，不用重复上述的计算，而直接累计其母线所接负荷（所接车间变电所及高压设备的有功、无功计算负荷）乘以同时系数$K_{\Sigma y}$和$K_{\Sigma w}$求得。$K_{\Sigma y}$和$K_{\Sigma w}$对总降压变电所分别取0.8～0.9和0.93～0.97，对配电所分别取0.85～1和0.95～1。

在简化计算时，有功功率同时系数和无功功率同时系数可取同值，即取上述$K_{\Sigma y}$值。

需要系数法负荷计算示例见2.15节例1及例3。

表2-1　电气设备的需要系数和功率因数

用电设备组名称	K_x	cosφ	tgφ
（一）贮矿场			
推料机、堆取料机、混匀堆料机、斗式取料机	0.15～0.25	0.5	1.73
翻车机	0.2	0.5	1.73
推车机	0.4	0.5	1.73
板式给料机、圆盘给料机	0.65	0.75	0.88
带式给料机	0.5	0.65	1.17
振动给料机（连续/间歇）	0.75/0.35	0.6	1.33
链斗卸车机	0.25	0.5	1.73
胶带运输机	0.6～0.7	0.75	0.88
电铲（交流传动）	0.6～0.65	0.65	1.17
电铲（直流传动）	0.7～0.75	0.7	1.02
（二）炼铁车间			
料车、大小钟、探尺卷扬机（交流）	0.5	0.6	1.33
大小钟均压阀、旋转布料器、开口机、煤气取样器、煤气遮断阀、运输小车、螺旋输送机、卸灰阀、清灰阀、放散阀、联合车床、磨床	0.2	0.5	1.73
焦炭筛、焦炭称量漏斗闸门、碎焦分配筛、碎焦振动筛、碎焦卷扬机、电动泥炮、矿槽闸门、上料皮带、电梯、炉顶悬臂起重机、炉台单梁起重机、干油泵、料坑水泵	0.3	0.5	1.73
除尘器搅拌机、燃烧器通风机、原料运输皮带机、碾泥机、搅拌机、铸铁机履带	0.7	0.8	0.75
焦炭、矿石胶带运输机、碾泥机提升机	0.65	0.75	0.88

❶ 本章内以后各计算式中P_{js}、Q_{js}、S_{js}和I_{js}的单位均与此相同。

续表 2-1

用电设备组名称	K_x	cosφ	tgφ
烟道阀、废气阀、冷风阀、热风阀、燃烧阀、冷风安全阀、出铁场起重机、卷扬机室起重机、润滑油泵	0.1	0.5	1.73
水泵、空压机、煤气清洗机	0.7～0.8	0.8～0.85	0.75～0.62
稀油泵、通风机	0.8	0.8	0.75
电焊机	0.4	0.65	1.17
料车、探尺卷扬机（晶闸管整流装置供电）	0.5～0.6	0.75	0.88
旋转布料器（晶闸管整流装置供电）	0.2	0.7～0.75	1.02～0.88
布料溜槽旋转机构（晶闸管整流装置供电）	0.6	0.75	0.88
无钟炉顶装料设备、移动漏斗	0.1～0.15	0.5	1.73
上料胶带机	0.5～0.6	0.75	0.88
各种阀门	0.1	0.5	1.73
液压站油泵	0.7～0.8	0.8	0.75
环保除尘设备	0.6～0.8	0.8	0.75
出铁场除尘风机	0.6～0.8	0.8	0.75
槽下除尘风机	0.7～0.8	0.8	0.75
电除尘器	0.6～0.7	0.8	0.75
球磨机（异步机）	0.7～0.85	0.75～0.8	0.88～0.75
抽风机	0.8	0.8	0.75
（三）炼钢车间			
转炉			
转炉倾动机、活动烟罩	0.2	0.5	1.73
吹氧管主枪卷扬机、副枪卷扬机	0.2	0.5	1.73
转炉车间起重机	0.2～0.35	0.5	1.73
混铁炉倾动机	0.2	0.5	1.73
上料胶带机	0.5	0.75	0.88
供水水泵、除尘抽风机、余热锅炉排烟风机	0.8	0.8	0.75
通风机、空气压缩机	0.65	0.8	0.75
高压静电除尘装置	0.5～0.65	0.8	0.75
平炉			
原料场起重机、整模场起重机、脱锭间起重机、涂油间起重机、平炉装料机、推动机	0.25～0.35	0.5	1.73
平炉倾动机、混铁炉倾动机、开盖机、吹氧管、闸门操作机械、连续铸锭起重机、钢包车	0.2	0.5	1.73
电炉			
电弧炼钢炉辅助机械	0.15	0.5	1.73

续表 2-1

用电设备组名称	K_x	cosφ	tgφ
连铸			
结晶器振动（直流晶闸管整流装置）	0.65	0.7～0.8	1.02～0.75
拉矫机（直流晶闸管整流装置）	0.65	0.7～0.8	1.02～0.75
剪断机（电动）	0.35	0.5	1.73
切割小车	0.2	0.75	0.88
钢包车、起重机	0.2	0.5	1.73
运输、辊道	0.2	0.5	1.73
铸坯推出机	0.35～0.5	0.5	1.73
循环水泵、排雾抽风机	0.8	0.8	0.75
空压机	0.65	0.8	0.75
（四）轧钢车间			
反复短时工作机械：辊道、升降台、翻钢机、定尺机、推钢机、拉钢机、回转台	0.35	0.5	1.73
短时工作机械：加热炉炉门升降、滤油机及干油泵	0.1	0.5	1.73
通风机、泵类、空气压缩机、连续工作的辊道、切头运输机、剪断机、锯片	0.6	0.8	0.75
初轧均热炉跨起重机、钢坯跨起重机、成品跨起重机	0.3	0.5	1.73
轧机跨起重机、精整跨起重机	0.2	0.5	1.73
压下、工作辊道、推床变流机组同步电动机	0.7	−0.65	−1.17
剪断机变流机组同步电动机	0.52	−0.62	−1.27
钢锭车、机架辊道变流机组同步电动机	0.73	−0.7	−1.02
（五）钢管车间			
120　焊管机组的辅助机械	0.72	0.95	0.33
120　焊管辅助机械变流机组	0.55	0.65	1.17
120　焊管变频机组	0.7	0.8	0.75
120　焊管油设施	0.65	0.65	1.17
120　焊管电焊变压器	0.13	0.6	1.33
650　螺旋焊管生产机组	0.25	0.5	1.73
650　螺旋焊管精整设备	0.21	0.67	1.11
650　螺旋焊管单独传动辊道及变频机组	0.51	0.75	0.88
650　螺旋焊管熔剂间电炉	0.8	0.9	0.48
650　螺旋焊管熔剂间其他设备	0.32	0.5	1.73
650　螺旋焊管变流机组	0.65	0.8	0.75
400　无缝钢管主传动	0.3	0.87	0.57
400　无缝钢管辅助机械	0.27	0.8	0.75
400　无缝加热炉设备	0.5	0.62	1.27

续表 2-1

用电设备组名称	K_x	cosφ	tgφ
400　无缝单独传动辊道及变频机组	0.58	0.7	1.02
400　无缝钢管油设施	0.65	0.8	0.75
400　无缝钢管励磁机组、放大机组	0.64	0.8	0.75
318　无缝钢管主传动	0.85	0.85	0.62
318　无缝钢管定径机及辅助机械	0.35	0.61	1.3
（六）金属制品车间			
交流传动拉丝机	0.4	0.65	1.17
直流传动拉丝机变流机组	0.65	0.8	0.75
压尖机、砂轮机、磨模机、钢缆剪断机、钢绳切断机	0.16	0.5	1.73
收线机、卷线机、股绳机、成绳机、麻芯捻股机、麻芯合绳机、涂油槽	0.35	0.65	1.17
对焊机	0.42	0.7	1.02
交流弧焊机	0.35	0.35	2.67
钢丝直接加热热处理炉、电热干燥箱	0.8	0.95	0.33
水泵、酸泵、真空泵	0.8	0.85	0.62
通风机、送风机	0.7	0.8	0.75
管道阀门	0.1	0.5	1.73
（七）制氧车间			
6000m³/h 制氧机透平空压机（同步机）（国产）	0.8～0.85	－0.9	①
10000m³/h 制氧机透平空压机（同步机）（国产）	0.85～0.9	－0.9	①
高压氧气压缩机	0.73	0.89	0.52
膨胀机	0.6	0.4	2.29
转换机械	1	0.79	0.78
氮预热器、干燥预热器、空气预热器	1	1	0
碱液泵	0.71	0.84	0.65
（八）中心试验室			
实验室用硬度计、分析仪、破碎机、球磨机、筛子	0.2	0.75	0.88
实验室用电阻炉、干燥箱、加热器	0.8	0.95～1	0.33～0
实验室用小型电热设备	0.3	1	0
自动装料电阻炉	0.7	0.95	0.33
非自动装料电阻炉	0.6	0.95	0.33
高频感应电炉（真空管）	0.7	0.65	1.17
中频感应电炉（电动发电机组）	0.8	0.8	0.75
低频感应电炉	0.6	0.35	2.67
电解槽和溶胶罐的加热器	0.8	0.95	0.33

续表 2-1

用电设备组名称	K_x	cosφ	tgφ
（九）机修车间			
金属切削机床（车、刨、钻、铣、磨床等）小批量生产、正常工作制	0.14～0.16	0.5	1.73
同上，大批量生产	0.2	0.5	1.73
大型车、刨、铣、镟床等繁重工作制	0.25	0.65	1.17
同上，特重工作制	0.35～0.4	0.65	1.17
可移动工具机（电钻、砂轮机）	0.1	0.5	1.73
不带联锁的运输机	0.5	0.75	0.88
带联锁的运输机	0.65	0.75	0.88
FC＝25%及以下的起重机	0.1～0.15	0.5	1.73
FC＝40%起重机	0.2～0.25	0.5	1.73
单头焊接变压器	0.35	0.35	2.67
多头焊接变压器	0.4	0.35	2.67
自动弧焊变压器	0.5	0.5	1.73
点焊机、缝焊机	0.5	0.6	1.3
对焊机、铆钉加热器	0.35	0.7	1.02
单头焊接电动发电机组	0.35	0.6	1.33
多头焊接电动发电机组	0.7	0.7	1.02
铸造　0.5～1.5t 电弧炉	0.65	0.8	0.75
0.25～0.5t 电弧炉	0.75	0.85	0.62
生产用通风机	0.75～0.85	0.8	0.75
卫生通风机	0.65～0.7	0.8	0.75
（十）铁合金电炉车间			
金属锰炉、中低碳锰铁炉	0.85	0.96	0.29
精炼铬铁炉	0.85	0.95	0.33
中碳铬炉、微碳铬炉、硅铁炉	1	0.9	0.48
钨铁炉、碳素铬炉	1	0.93	0.39
硅铁合金炉、201 产品炉	0.85	0.9	0.48
锰渣、硅锰炉	1	0.88	0.54
硅铁炉（公称容量 12500kVA）	0.92	0.9	0.48
碳素铬炉（公称容量 12500kVA）	0.89	0.9	0.48
硅锰合金炉（公称容量 12500kVA）	0.88	0.92	0.43
硅铬炉（公称容量 16500kVA）	0.9	0.87	0.57
硅铁合金炉（公称容量 28000kVA）	1	0.88	0.54
辅助动力	0.55～0.65	0.72～0.75	0.96～0.88

续表 2-1

用电设备组名称	K_x	cosφ	tgφ
（十一）焦化车间			
1. 备煤与筛焦			
粉碎机（异步机或同步机）	0.8	±0.8	±0.75
配煤盘	0.6	0.65	1.17
机械化运煤联锁线（胶带机、破碎机、粉碎机、振打装置、除铁器电源设备、移动小车、除尘通风机等）和机械化运焦联锁线（胶带机、各式筛、除尘通风机等）	0.75	0.75	0.88
试样取样机械、试样设备（包括转鼓）	0.4	0.75	0.88
翻车机（包括机械化自动装置）	0.2	0.8	0.75
门型抓斗起重机、装卸桥、螺旋卸车机、堆取料机	0.25	0.5	1.73
2. 炼焦			
焦炉车辆：36、42、65孔焦炉	0.15	0.5	1.73
32孔焦炉、捣固式焦炉	0.2	0.5	1.73
小型焦炉	0.25	0.5	1.73
固定机械（煤气交换机、炉门卷扬机、余煤单斗机、碾泥机、切焦机等）	0.5	0.5	1.73
熄焦水泵	0.5	0.8	0.75
粉焦抓斗	0.25	0.5	1.73
烟囱地下排水泵、排水泵	0.7	0.75	0.88
3. 煤气净化和精制及其辅助设施			
煤气鼓风机、冷凝液泵、焦油泵、氨水泵、清水泵、氨水沉清槽，硫铵、粗苯、洗氨、洗萘、蒸氨各种泵	0.8	0.8	0.75
硫铵干燥联锁线	0.75	0.8	0.75
供水设施水泵、冷冻机、生物脱酚泵类和鼓风机、板框过滤机、刮油机	0.8	0.8	0.75
焦油洗涤、蒸馏，古马隆，黄血盐，精苯各种泵	0.8	0.8	0.75
煤气鼓风机用油泵和通风机	0.75	0.75	0.88
事故排风机	0.7	0.75	0.88
电捕焦油器：机械整流	0.8	0.8	0.75
硅整流	0.9	0.8	0.75
卫生通风机	0.7	0.75	0.88
4. 煤气发生站、加压站、贮配站			
运煤联锁线	0.7	0.75	0.88
空气鼓风机、煤气鼓风机	0.8	0.8	0.75
除渣系统	0.65	0.75	0.88
卫生通风机	0.7	0.75	0.88
煤气加压机、排送机（异步机或同步机）	0.8	±0.8	±0.75

续表 2-1

用电设备组名称	K_x	cosφ	tgφ
煤气排送机的附属机械（如油泵、通风机等）	0.75	0.75	0.88
（十二）耐火材料车间			
1. 原料工段（含高温镁砂竖窑）			
门型或桥式抓斗起重机	0.35	0.5	1.73
料仓闸门电振给料机（连续/间歇）	0.75/0.35	0.35	2.67
竖窑单斗卷扬机、料钟、探尺、旋转布料器	0.5	0.6	1.17
出料机、链板运输机	0.15	0.5	1.73
回转窑交流主传动、竖窑鼓风机、排烟机、水泵、电动发电机组	0.8	0.8	0.75
回转窑辅传动（冷却筒、喂料机、烟帽、提升机等）	0.6	0.7	1.02
干燥筒	0.65	0.7	1.02
螺旋输送机、胶带机、电机振动输出机等构成的机械化运输联锁线	0.7	0.75	0.88
2. 破碎、混合、成型工段			
联锁线（含颚式、对辊、圆锥破碎机及其润滑油泵、干碾，各式给料机、各式筛、皮带机、提升机、通风机等）	0.7	0.75	0.88
联锁线（含各式给料机、提升机等）	0.7	0.75	0.88
筒磨机、球磨机（异步机或同步机）	0.85	±0.8	±0.75
湿碾机	0.7	0.75	0.88
下料刮板、螺旋出料机、桥式起重机、电葫芦	0.2	0.5	1.73
压砖机	0.7	0.75	0.88
3. 干燥烧成工段			
隧道窑风机	0.8	0.8	0.75
烟道闸门、煤气阀	0.1	0.5	1.73
电拖车（螺旋、钢绳）、推焦车、钢绳返车机、升降机	0.4	0.8	0.75
4. 活性石灰车间			
单斗卷扬	0.5	0.6	1.17
燃烧鼓风机、冷却鼓风机、煤粉输送鼓风机等及其油泵、喷枪冷却鼓风机、煤气加压机、排烟机、除尘卸料机	0.8	0.8	0.75
除尘振打器、油气阀、分离器	0.25	0.75	0.88
点火齿轮泵	0.1	0.75	0.88
电梯	0.4	0.5	1.73
液压油泵、油加热器、油冷却器	0.75	0.75	0.88
煤粉仓回转阀、搅拌器	0.75	0.75	0.88
石灰卸料联锁线和石灰来料联锁线（分别包括各自的电振给料机、筛、除尘通风机、胶带机）	0.7	0.75	0.88

续表 2-1

用电设备组名称	K_x	cosφ	tgφ
煤粉制备联锁线（包括给煤机、鼓风机、除尘通风机）	0.75	0.75	0.88
球磨机	0.85	0.8	0.75
煤粉制备辅助加热联锁线	0.4	0.5	1.73

①大功率同步电动机的无功补偿功率应根据电动机的额定功率因素及其负荷率，并考虑励磁电流确定，参阅第 10 章中同步电动机的无功补偿有关内容。

表 2-2　建筑物照明用电设备的需要系数

建筑物类别	K_x
生产厂房	0.8～1
变电所	0.8～0.9
办公楼	0.7～0.8
仓　库	0.5～0.7
外部照明	1
生活区宿舍	0.6～0.8
俱乐部、影剧院	0.7～0.8
医　院	0.5
学　校	0.6～0.8
商　店	0.6～0.9

表 2-3　各种照明光源的 cosφ、tgφ 值

光源种类	cosφ	tgφ
白炽灯、卤钨灯	1	0
高压汞灯、无补偿电容	0.5～0.6	1.73～1.33
高压钠灯、无补偿电容	0.44	2.04
荧光灯、有补偿电容	0.9	0.48
荧光灯、无补偿电容	0.5	1.73

2.5　二项式法确定计算负荷

对于单个和多个用电设备组（车间变电所或配电干线）的计算负荷，分别按下述方法进行计算。

（1）单个用电设备组的计算负荷：

有功功率　$P_{js}=cP_n+bP_s$　(2-12)

无功功率　$Q_{js}=P_{js}\text{tg}\varphi$　(2-13)

（2）多个用电设备组的计算负荷：

有功功率　$P_{js}=(cP_n)_{max}+\Sigma bP_s$　(2-14)

无功功率　$Q_{js}=(cP_n)_{max}\text{tg}\varphi_n+\Sigma(bP_s\text{tg}\varphi)$　(2-15)

视在功率 S_{js}，计算电流 I_{js} 分别按式 2-16 式 2-17 求得

$$S_{js}=\sqrt{P_{js}^2+Q_{js}^2} \tag{2-16}$$

$$I_{js}=\frac{S_{js}}{\sqrt{3}U_e} \tag{2-17}$$

式中　P_s ——用电设备组的设备功率，kW；

P_n ——用电设备组中功率最大的 n 台设备的设备功率之和（n 值见表 2-4），kW；

c、b ——二项式系数。其值见表 2-4；

$(cP_n)_{max}$ ——用电设备组（cP_n）项中选出的最大值，kW；

$\text{tg}\varphi_n$ ——与 $(cP_n)_{max}$ 对应的功率因数角正切值。

用二项式法计算时，应将计算对象的所有用电设备统一分组，然后进行计算，不应逐级计算后代数相加。同时各用电设备组第一、二项分别累加的结果不再乘同时系数。因为二项式法求多组设备计算负荷是由第二项功率 ΣbP_s 加各组第一项（cP_n）中的最大值作为其计算负荷值的，这与需要系数法为各用电设备组计算功率的代数和截然不同。后者计算总负荷时应考虑各组计算功率（即各组最大负荷）出现的不同时性，故应乘以同时系数。

二项式法负荷计算示例见 2.15 节例 2。

表 2-4　电气设备的二项式系数和功率因数

用电设备组名称	c	b	cosφ	tgφ	n
（一）炼 铁 车 间					
大小钟、探尺卷扬机、布料器、烟道阀、废气阀、冷风阀、热风阀、燃烧阀	0.3	0.18	0.5	1.73	3

续表 2-4

用电设备组名称	c	b	$\cos\varphi$	$\mathrm{tg}\varphi$	n
大小钟均压阀、焦炭称量漏斗闸门、焦炭振动筛、碎焦卷扬机、矿槽闸门、上料皮带机、运输小车、炉顶旋臂起重机、电梯	0.3	0.11	0.5	1.73	3
电动泥炮、开口机	0.4	0.4	0.75	0.88	3
原料运输皮带机、除尘器搅拌机、碾泥机、燃烧器通风机、铸铁机履带、倾翻卷扬机	0.25	0.65	0.8	0.75	3
煤气遮断阀、煤气放散阀、清灰阀、铸铁场起重机、炉台单梁起重机、卷扬机室单梁起重机、热风炉起重机	0.3	0.09	0.5	1.73	3
通风机、水泵、油泵、空压机	0.25	0.65	0.8	0.75	5
车床、磨床	0.4	0.4	0.5	1.73	5
焊接变压器	0	0.35	0.35	2.67	
焊接电动发电机组	0	0.35	0.6	1.33	
（二）炼钢车间					
原料场起重机、整模起重机、脱锭起重机、涂油起重机、平炉及转炉跨起重机、铸锭跨起重机、平炉装料机、推动机	0.25	0.22	0.5	1.73	3
平炉及转炉倾动机、卷扬机、开盖机、转炉活动烟罩、吹氧管连铸铸锭起重机、钢包车、电弧炉辅助机械、平炉闸门操作机械、混铁炉	0.15	0.15	0.5	1.73	3
连铸拉坯机、结晶器、搅拌机、电除尘机组、通风机、泵、空气压缩机	0.25	0.65	0.8	0.75	5
转炉上料运输系统	0.4	0.4	0.75	0.88	5
修理转炉、平炉的非联锁机械、锤	0.4	0.4	0.75	0.88	3
自动调整连续装料电弧炼钢炉	0.3	0.7	1	0	5
非自动调整连续装料电弧炼钢炉	0.5	0.5	1	0	5
稀油泵及过滤器	0.3	0.11	0.8	0.75	5
滤油器的保温器	0.25	0.65	1	0	1
电焊变压器	0	0.35	0.35	2.67	
（三）轧钢车间					
反复短时工作机械	0.3	0.11	0.5	1.73	3
短时工作机械	0.2	0.06	0.5	1.73	3
长期工作机械	0.25	0.65	0.8	0.75	5
初轧均热炉跨、钢坯跨、成品运输跨起重机	0.3	0.18	0.5	1.73	3
轧机跨起重机、精整跨起重机	0.2	0.06	0.5	1.73	3
气锤	0.5	0.26	0.65	1.17	3
（四）机修及动力设施					

续表 2-4

用电设备组名称	c	b	$\cos\varphi$	$\mathrm{tg}\varphi$	n
机床类：					
小批和单独生产的金属冷加工机床	0.4	0.14	0.5	1.73	5
大批和流水作业的金属冷加工机床	0.5	0.14	0.5	1.73	5
大批和流水作业的金属热加工机床	0.5	0.26	0.65	1.17	5
长期工作制类：					
泵、通风机、空气压缩机、变流机组	0.25	0.65	0.8	0.75	5
搅拌机、碾泥机、输送机	0.5	0.5	0.75	0.88	5
带联锁的运输机械	0.2	0.6	0.75	0.88	5
不带联锁的运输机械	0.4	0.4	0.75	0.88	5
起重机类：					
FC=25%及以下起重机和锅炉房、机修装配间起重机	0.2	0.06	0.5	1.73	3
FC=40%起重机	0.3	0.09	0.5	1.73	3
铸造车间起重机	0.15	0.1	0.5	1.73	3
仓库起重机	0.3	0.18	0.5	1.73	3
电焊机类：					
单头焊接变压器	0	0.35	0.4	2.29	
多头焊接变压器	0	0.7～0.9	0.5	1.73	
点焊机及缝焊机	0	0.35	0.6	1.33	
对焊机及铆钉加热器	0	0.35	0.7	1.02	
自动弧焊变压器	0	0.5	0.5	1.73	
单头焊接电动发电机组	0	0.35	0.6	1.33	
多头焊接电动发电机组	0	0.7～0.9	0.75	0.88	
实验室设备：					
硬度计、分析仪	0.25	0.42	0.75	0.88	5
小型电热设备（干燥箱、加热设备）	0	0.7	1	0	
电炉类					
自动装料电阻炉	0.3	0.7	0.95	0.33	2
非自动装料电阻炉	0.3	0.5	0.95	0.33	1

2.6 利用系数法确定计算负荷

利用系数法计算负荷时以最大负荷班平均负荷为基数。乘以根据设备利用率和换算台数❶确定的最大系数，求得计算负荷。

计算设备的换算台数较为烦琐，尤其当设备台数

❶ 原《钢铁企业电力设计参考资料》中有效台数现改称换算台数。它是将设备功率和工作制度不同的设备的台数，换算为设备功率和工作制度相同的等效值。

很多时。为了减轻计算工作，在2.6.1节（3）中提出了换算台数的简化计算法。为了使计算更切合实际，对临界条件下的某些设备（如单台起重机）及具有多个冲击负荷情况下的计算，作了一些补充规定。

2.6.1 计算的具体步骤

（1）求同类设备组的最大负荷班平均负荷：

有功功率 $P_p = K_1 P_s$ (2-18)

无功功率 $Q_p = P_p \mathrm{tg}\varphi$ (2-19)

式中 P_s ——用电设备组的设备功率，kW；

K_1——用电设备组最大负荷班的利用系数，见表2-5；

$\mathrm{tg}\varphi$——用电设备组功率因数角的正切值，见表2-5。

（2）求全部设备的平均利用系数：

$$K_{lp} = \frac{\Sigma P_p}{\Sigma P_s} \quad (2\text{-}20)$$

式中 ΣP_p——各用电设备组最大负荷班平均负荷之和，kW；

ΣP_s——各用电设备组设备功率之和，kW。

（3）求用电设备组的换算台数 n_{hs}；

$$n_{hs} = \frac{(\Sigma P_s)^2}{\Sigma P_{1s}^2} \quad (2\text{-}21)$$

式中 ΣP_{1s}^2——用电设备组单台用电设备平方值之和。

当设备台数很多时，按式2-21计算 n_{hs} 甚为烦琐。根据下列条件，可用简化方法计算 n_{hs}。而使计算误差在一定允许范围（≤±10%）内。

1）当用电设备组的实际台数 $n \geqslant 4$，且当

$$m = \frac{P_{s\max}\text{（最大一台设备功率）}}{P_{s\min}\text{（最小一台设备功率）}} \leqslant 3 \text{ 时}$$

取 $n_{hs} = n$

确定上述比值 m 及换算台数 n_{hs} 时，可忽略不超过全组总设备功率5%的那些最小功率的设备（即计算 n_{hs} 时可忽略不计上述最小设备的功率及其台数）。

2）当 $m > 3$ 和 $K_1 \geqslant 0.2$ 时，换算台数可由下式确定

$$n_{hs} = \frac{2\Sigma P_s}{P_{s\max}} \quad (2\text{-}22)$$

如上式求得的 $n_{hs} > n$ 时，取 $n_{hs} = n$。

3）当 $m > 3$，$K_1 < 0.2$ 时，按下列近似公式计算 n_{hs}

$$n_{hs} \approx \frac{0.95\ (\Sigma P_s)^2}{\frac{P_{n_1}^2}{n_1} + \frac{(\Sigma P_s - P_{n_1})^2}{n - n_1}}$$

或以相对值表示

$$n_{hs}' = \frac{n_{hs}}{n} \approx \frac{0.95}{\frac{\left(\frac{P_{n_1}}{\Sigma P_s}\right)^2}{\frac{n_1}{n}} + \frac{\left(1 - \frac{P_{n_1}}{\Sigma P_s}\right)^2}{\frac{n - n_1}{n}}}$$

$$= \frac{0.95}{\frac{(P')^2}{n'} + \frac{(1-P')^2}{1-n'}} \quad (2\text{-}23)$$

$$P' = \frac{P_{n1}}{\Sigma P_s} \quad (2\text{-}24)$$

$$n' = \frac{n_1}{n} \quad (2\text{-}25)$$

式中 n_1 ——用电设备单台设备功率为最大一台的一半及以上的台数；

P_{n_1}——上述 n_1 台设备的设备功率，kW；

P'——P_{n_1} 功率的相对值，即式2-24之值；

n'——n_1 台数的相对值，即式2-25之值；

n'_{hs}——换算台数 n_{hs} 的相对值，根据式2-24、2-25求得的 P'、n' 值，从表2-6中查得；

ΣP_s——各组设备功率之和，kW。

从表2-6查得 n_{hs}' 后，可求得

$n_{hs} = n_{hs}' n$

4）求最大系数 K_m

根据换算台数 n_{hs} 和平均利用系数 K_{lp} 查表2-7可得 K_m。

5）确定计算负荷

有功功率 $P_{js} = K_m \Sigma P_p$ (2-26)

无功功率 $Q_{js} = K_m \Sigma Q_p$ (2-27)

视在功率 $S_{js} = \sqrt{P_{js}^2 + Q_{js}^2}$ (2-28)

计算电流 $I_{js} = \frac{S_{js}}{\sqrt{3}\, U_e}$ (2-29)

用利用系数法确定计算负荷时，不论计算范围大小，设备类型多少，都必须先将各类用电设备组的平均有功功率 P_p 和平均无功功率 Q_p 分别代数相加，求得 ΣP_p 和 ΣQ_p，再依次求 K_{lp}、n_{hs}、K_m 各值，求计算负荷时，只需将 ΣP_p 和 ΣQ_p 分别乘以 K_m 值即可，不需再乘同时系数。

利用系数法负荷计算示例见2.15节例2。

表 2-5 电气设备的利用系数和功率因数

用电设备组名称	K_1	cosφ	tgφ
（一）炼铁车间			
料车、大小钟、探尺卷扬机、整流装置	0.3～0.5	0.5～0.7	1.73～1.02
大小钟均压阀、电动泥炮、开口机、电梯	0.2	0.5	1.73
焦炭称量漏斗闸门、焦炭振动筛、碎焦卷扬机	0.2	0.5	1.73
矿槽闸门、上料皮带机、运输小车	0.2	0.5	1.73
原料运输皮带机、除尘器搅拌机	0.6	0.8	0.75
热风炉阀门炉顶旋臂起重机	0.2	0.5	1.73
煤气遮断阀，煤气放散阀、清灰阀	0.1	0.5	1.73
燃烧器通风机、通风机、泵、压缩机	0.6～0.65	0.8	0.75
铸铁场、炉台、卷扬机室的起重机	0.1	0.5	1.73
热风炉鼓风机、铸铁机履带、倾翻卷扬机	0.6	0.8	0.75
水泵	0.7～0.8	0.8～0.85	0.75～0.62
煤气清洗机	0.7	0.7	1.02
旋转布料器	0.03	0.7	1.02
碾泥机	0.7	0.65	1.17
原料场起重机、抓斗起重机	0.35	0.7	1.02
（二）炼钢车间			
原料场、整模间、脱锭间、涂油间起重机、转炉车间起重机、平炉装料机、推动机	0.22	0.5	1.73
铸锭起重机	0.22	0.6	1.33
平炉及转炉倾动机、炉门卷扬机、开盖机、转炉活动烟罩、吹氧管、平炉闸门操作机械	0.2	0.5	1.73
连铸拉坯机、结晶器、搅拌机、电除尘机组	0.5	0.8	0.75
连续铸钢用起重机、钢包车	0.15	0.5	1.73
转炉上料运输系统、输送辊道、修理转炉、平炉的非联锁机械、锤	0.35	0.75	0.88
3～10t 电弧炼钢炉	0.6	0.87	0.57
通风机、泵、空气压缩机	0.6～0.8	0.8	0.75
混铁炉、电弧炉辅助机械	0.2	0.5	1.73
原料准备跨起重机	0.35	0.6	1.33
浇注机	0.35		
（三）轧钢车间			
受料辊道	0.34	0.5～0.6	1.73～1.33
单独辊道	0.15	0.5～0.6	1.73～1.33
剪机前、后辊道	0.22	0.5～0.6	1.73～1.33
称量前、后辊道	0.3	0.5～0.6	1.73～1.33

续表 2-5

用电设备组名称	K_1	cosφ	tgφ
机架辊	0.2	0.5～0.6	1.73～1.33
通风机	0.6～0.75	0.75～0.9	0.88～0.48
均整辊道（轧管）	1～0.3	0.6	1.33
输出辊道	0.25		
中间辊道	0.17		
变频辊道	0.2～0.5		
翻钢机	0.2	0.7	1.02
板坯推出机	0.32		
推料机	0.12		
垛板机	0.1	0.8	0.75
螺杆提升台架	0.15		
拖运机	0.25	0.7	1.02
（板坯）切头运输机	0.1～0.22		
钢坯剪	0.25	0.5	1.73
热锯（剪）	0.15	0.9	0.48
飞剪	0.25	0.9	0.48
冷却区剪机	0.3	0.5	1.73
切头剪	0.13	0.5	1.73
张力卷取机	0.2～0.4		
钳型起重机	0.5～0.6		
磁力起重机	0.5		
铰链起重机	0.3	0.6	1.33
成品运输起重机	0.45	0.6	1.33
其他各种起重机	0.07～0.15	0.6	1.33
钢锭车	0.2		
辊式矫正机	0.15		
短时工作机械	0.1	0.5	1.73
主电室通风机	0.65	0.8	0.75
（四）机修及动力设施			
机床类：			
小批生产金属冷加工机床	0.12～0.14	0.4～0.5	2.29～1.73
大批生产金属冷加工机床	0.16	0.5～0.6	1.73～1.33
同上，繁重工作制（冲床、自动六角车床、自动粗加工车床、自动齿轮铣床，以及大型车、刨、铣、磨床、立式镗床）	0.17	0.65	1.17

续表 2-5

用电设备组名称	K_1	cosφ	tgφ
同上，特重工作制（电镟、锻床、拉丝机、清砂滚筒、碾砂机）	0.2～0.24	0.65	1.17
长期工作类：			
通风机、泵、空气压缩机	0.6～0.7	0.8	0.75
碾泥机、搅拌机、输送机、带联锁的连续运输机	0.5	0.75	0.88
不带联锁的连续运输机	0.35	0.75	0.88
起重机类：			
FC=25%及以下的起重机	0.15	0.5	1.73
FC=40%起重机	0.2	0.5	1.73
短时工作机械，各种电动阀门、移动式电动工具	0.05	0.5	1.73
实验室设备：			
电阻炉、干燥箱、加热器	0.65	0.95～1	0.33～0
小型电热设备	0.35	1	0
电焊机类：			
多头焊接变压器	0.3	0.35	2.67
单头焊接变压器	0.25	0.35	2.67
点焊机缝焊机	0.2～0.25	0.6	1.33
对焊机、铆钉加热器	0.2～0.5	0.7	1.02
自动弧焊变压器	0.35～0.5	0.5	1.73
多头焊接电动发电机组	0.5	0.7	1.02
单头焊接电动发电机组	0.3	0.6	1.33
热处理电热设备：			
连续装料电阻炉	0.8	1	0
周期装料电阻炉	0.6	1	0
自动装载制品的电阻炉、干燥柜、加热装置	0.75～0.8	0.95	0.33
小型加热装置	0.6	1	0
铸造及其他用途电炉：			
0.25～0.5t 熔炼有色金属（铜）电弧炉手动调节电极	0.7	0.75	0.88
3～10t 熔炼优质钢电弧炉、机械化装料	0.75	0.9	0.48
3～10t 熔炼优质钢电弧炉、非机械化装料	0.6	0.87	0.57
3～10t 异形铸造熔钢电弧炉、机械化装料	0.75	0.9	0.48
3～10t 异形铸造熔钢电弧炉、非机械化装料	0.65	0.87	0.57
0.5～1.5t 异形铸造熔钢电弧炉、自动调节电极，（辅助车间）	0.5	0.8	0.75
三相矿热炉、变压器容量为 6.75 和 9MVA	0.9	0.9	0.48

表 2-6 用电设备换算台数相对值 n'_{hs}

n' \ P'	1.0	0.95	0.9	0.85	0.8	0.75	0.7	0.65	0.6	0.55	0.5	0.45	0.4	0.35	0.3	0.25	0.2	0.15	0.1
0.01	0.01	0.01	0.01	0.01	0.02	0.02	0.02	0.02	0.03	0.03	0.04	0.05	0.06	0.08	0.10	0.14	0.20	0.32	0.52
0.02	0.02	0.02	0.02	0.03	0.03	0.03	0.04	0.04	0.05	0.06	0.07	0.09	0.11	0.14	0.19	0.26	0.36	0.51	0.71
0.03	0.03	0.03	0.03	0.04	0.04	0.05	0.06	0.07	0.08	0.09	0.11	0.13	0.16	0.21	0.27	0.36	0.48	0.64	0.81
0.04	0.04	0.04	0.04	0.05	0.06	0.07	0.08	0.09	0.10	0.12	0.15	0.18	0.22	0.27	0.34	0.44	0.57	0.72	0.86
0.05	0.05	0.05	0.06	0.07	0.07	0.08	0.10	0.11	0.13	0.15	0.18	0.22	0.26	0.33	0.41	0.51	0.64	0.79	0.90
0.06	0.06	0.06	0.07	0.08	0.09	0.10	0.12	0.13	0.15	0.18	0.21	0.26	0.31	0.38	0.47	0.58	0.70	0.83	0.92
0.08	0.08	0.08	0.09	0.11	0.12	0.13	0.15	0.17	0.20	0.24	0.28	0.33	0.40	0.48	0.57	0.68	0.79	0.89	0.94
0.10	0.09	0.10	0.12	0.13	0.15	0.17	0.19	0.22	0.25	0.29	0.34	0.40	0.47	0.56	0.66	0.76	0.85	0.92	0.95
0.15	0.14	0.16	0.17	0.20	0.23	0.25	0.28	0.32	0.37	0.42	0.48	0.56	0.67	0.72	0.80	0.88	0.93	0.95	
0.20	0.19	0.21	0.23	0.26	0.29	0.33	0.37	0.42	0.47	0.54	0.64	0.69	0.76	0.83	0.89	0.93	0.95		
0.25	0.24	0.26	0.29	0.32	0.36	0.41	0.45	0.51	0.57	0.64	0.71	0.78	0.85	0.90	0.93	0.95			
0.30	0.29	0.32	0.35	0.39	0.43	0.48	0.53	0.60	0.66	0.73	0.80	0.86	0.90	0.94	0.95				
0.35	0.33	0.37	0.41	0.45	0.50	0.56	0.62	0.68	0.74	0.81	0.86	0.91	0.94	0.95					
0.40	0.38	0.42	0.47	0.52	0.57	0.63	0.69	0.75	0.81	0.86	0.91	0.93	0.95						
0.45	0.43	0.47	0.52	0.58	0.64	0.70	0.76	0.81	0.87	0.91	0.93	0.95							
0.50	0.48	0.53	0.58	0.64	0.70	0.76	0.82	0.87	0.91	0.94	0.95								
0.55	0.52	0.57	0.63	0.69	0.75	0.82	0.87	0.91	0.94	0.95									
0.60	0.57	0.63	0.69	0.75	0.81	0.87	0.91	0.94	0.95										
0.65	0.62	0.68	0.74	0.81	0.86	0.91	0.94	0.95											
0.70	0.66	0.73	0.80	0.86	0.90	0.94	0.95												
0.75	0.71	0.78	0.85	0.90	0.93	0.95													
0.80	0.76	0.83	0.89	0.94	0.95														
0.85	0.80	0.88	0.93	0.95															
0.90	0.85	0.92	0.95																
1.00	0.95																		

表 2-7 最大系数 K_m[①]（由 K_{lp} 及 n_{hs} 确定）

n_{hs}	K_{lp}									
	0.1	0.15	0.2	0.3	0.4	0.5	0.6	0.7	0.8	0.9
4	3.43	3.11	2.64	2.14	1.87	1.65	1.46	1.29	1.14	1.05
5	3.23	2.87	2.42	2.0	1.76	1.57	1.41	1.26	1.12	1.04
6	3.04	2.64	2.24	1.88	1.66	1.51	1.37	1.23	1.10	1.04
7	2.88	2.48	2.10	1.80	1.58	1.45	1.33	1.21	1.09	1.04
8	2.72	2.31	1.99	1.72	1.52	1.4	1.30	1.20	1.08	1.04
9	2.56	2.20	1.90	1.65	1.47	1.37	1.28	1.18	1.08	1.03
10	2.42	2.1	1.84	1.60	1.43	1.34	1.26	1.16	1.07	1.03
12	2.24	1.96	1.75	1.52	1.36	1.28	1.23	1.15	1.07	1.03

续表 2-7

n_{hs}	K_{lp}									
	0.1	0.15	0.2	0.3	0.4	0.5	0.6	0.7	0.8	0.9
14	2.10	1.85	1.67	1.45	1.32	1.25	1.20	1.13	1.07	1.03
16	1.99	1.77	1.61	1.41	1.28	1.23	1.18	1.12	1.07	1.03
18	1.91	1.70	1.55	1.37	1.26	1.21	1.16	1.11	1.06	1.03
20	1.84	1.65	1.50	1.34	1.24	1.20	1.15	1.11	1.06	1.03
25	1.71	1.55	1.40	1.28	1.21	1.17	1.14	1.10	1.06	1.03
30	1.62	1.46	1.34	1.24	1.19	1.16	1.13	1.10	1.05	1.03
35	1.56	1.41	1.30	1.21	1.17	1.15	1.12	1.09	1.05	1.02
40	1.50	1.37	1.27	1.19	1.15	1.13	1.12	1.09	1.05	1.02
45	1.45	1.33	1.25	1.17	1.14	1.12	1.11	1.08	1.04	1.02
50	1.40	1.30	1.23	1.16	1.14	1.11	1.10	1.08	1.04	1.02
60	1.32	1.25	1.19	1.14	1.12	1.11	1.09	1.07	1.03	1.02
70	1.27	1.22	1.17	1.12	1.10	1.10	1.09	1.06	1.03	1.02
80	1.25	1.20	1.15	1.11	1.10	1.10	1.08	1.06	1.03	1.02
90	1.23	1.18	1.13	1.10	1.09	1.09	1.08	1.05	1.02	1.02
100	1.21	1.17	1.12	1.10	1.08	1.08	1.07	1.05	1.02	1.02
120	1.19	1.16	1.12	1.09	1.07	1.07	1.07	1.05	1.02	1.02
140	1.17	1.15	1.11	1.08	1.06	1.06	1.06	1.05	1.02	1.02
160	1.16	1.13	1.10	1.08	1.05	1.05	1.05	1.04	1.02	1.02
180	1.16	1.12	1.10	1.08	1.05	1.05	1.05	1.04	1.01	1.01
200	1.15	1.12	1.09	1.07	1.05	1.05	1.05	1.04	1.01	1.01
220	1.14	1.12	1.08	1.07	1.05	1.05	1.05	1.04	1.01	1.01
240	1.14	1.11	1.08	1.07	1.05	1.05	1.05	1.03	1.01	1.01
260	1.13	1.11	1.08	1.06	1.05	1.05	1.05	1.03	1.01	1.01
280	1.13	1.10	1.08	1.06	1.05	1.05	1.05	1.03	1.01	1.01
300	1.12	1.10	1.07	1.06	1.04	1.04	1.04	1.03	1.01	1.01

①本表 K_m 值计算条件按导体发热时间常数 τ 为 10min，负荷电流热效应稳定时间约为 $3\tau=30$min（这相当于最常使用的中等偏小截面电缆和导线的载流、温升过程）为依据求得。当电缆或导线发热时间常数 τ 大大超过 10min 时，最大系数可近似按下式换算

$$K_{mt}=1+\frac{K_m-1}{\sqrt{2t}}$$

式中 K_{mt}——导体发热稳定时间为 t 小时的最大系数；

K_m——热稳定时间为 30min 时的最大系数。

2.6.2 利用系数法计算负荷的一些补充规定

利用系数法计算负荷的一些补充规定为：

(1)对于单台起动机，选择其中最大两台用电设备的设备功率之和作为其计算负荷。但当有几台起重机时，应按2.6.1节中所述方法计算其负荷。

(2)对于设备组(或多电动机传动设备)的单个用电设备的数量虽为3台以上，但其换算台数小于4台时，其计算负荷取各台设备功率与其负荷系数乘积之总和。即

$$P_{js} = \Sigma K_f P_s \quad (2\text{-}30)$$

式中 K_f❶——用电设备的负荷系数；

P_s——用电设备的设备功率，kW。

当缺乏负荷系数数据时，对连续工作制设备可取$K_f=0.9$；对反复短时工作制设备取$K_f=0.75$。为了确定计算电流，在这种情况下，功率因数应取额定值。如缺乏功率因数资料，对连续工作制设备取$\cos\varphi=0.8$；对反复短时工作制设备取$\cos\varphi=0.7$。

上述计算方法，仅适用于确定本组设备的计算负荷，当它与其他组设备综合确定计算负荷时，仍按2.6.1节中所述方法进行计算。

(3)对于连续运行且负载基本平稳不变的用电设备，(即当利用系数$K_l\geqslant0.6$接通系数K_{jt}❷$=1$和最大负荷班的负荷充满系数K_{ch}❸>0.9的情况)求算计算负荷时不必通过2.6.1中所述步骤来确定最大系数，而直接取K_m为1。故这类设备的计算负荷

$$P_{js}=K_mK_lP_s =K_lP_s =P_p \quad (2\text{-}31)$$

供水水泵，通风机电动机及不调节负载的电阻炉等即属于这类负荷。

(4)具有多个冲击负载的大型设备(轧钢机、大功率电炉等)的企业，其最大负荷，可由这些大型设备的计算负荷与其他用电设备计算负荷相加确定。

2.7 单位产品耗电量法计算负荷

在初步设计阶段，可根据车间的单位产品耗电定额，产品的年产量和年工作小时数按下式计算其负荷。

有功功率 $$P'_{js}❹=K'_m\frac{\omega M}{\alpha T_n} \quad (2\text{-}32)$$

式中 K'_m——最大系数，为最大负荷与最大负荷班平均负荷之比，见表2-8；

ω——单位产品耗电量，由工艺设计提供。附表2-2中列出部分产品的耗电指标，供设计参考，kWh/t；

M——产品的年产量，t；

T_n——年工作小时，三班制为8760h，二班制为5840h，一班制为2920h；

α——年电能利用率，为年平均负荷与最大负荷班平均负荷之比，见表2-8。

表2-8 钢铁企业电能利用率α和最大系数K'_m值

车间名称	α	K'_m
炼铁车间	0.65	1.5～1.8
炼钢车间	0.75	1.3～1.9
轧钢车间	0.65	1.5～2.5
焦化车间	0.82	1.4～1.5
辅助车间	0.55	1.2～2.0
全企业	0.7～0.75	

求得各车间负荷后，企业的总负荷按下式计算

有功功率 $$P'_{js\Sigma}=K_\Sigma\Sigma P'_{js} \quad (2\text{-}33)$$

无功功率 $$Q'_{js\Sigma}=P'_{js\Sigma}\mathrm{tg}\varphi_p \quad (2\text{-}34)$$

视在功率 $$S'_{js\Sigma}=\sqrt{(P'_{js\Sigma})^2+(Q'_{js\Sigma})^2} \quad (2\text{-}35)$$

式中 $\Sigma P'_{js}$——企业各车间有功计算功率的总和，kW；

$\mathrm{tg}\varphi_p$——企业平均功率因数角的正切值，按补

---

❶ K_f为设备接通时间内，平均功率与设备功率的比值。

❷ 接通系数 $K_{jt}=\dfrac{t_{jt}(\text{工作周期内接通时间})}{T(\text{工作周期时间})}$。

❸ 负荷充满系数 $K_{ch}=\dfrac{P_p(\text{最大负荷班平均有功功率})}{P_{js}(\text{有功计算功率})}$。

❹ 由于用本法及下节所述单位面积负荷密度法计算的负荷，具有估算的性质，对这类计算负荷以P'_{js}、Q'_{js}、S'_{js}表示，以与前述三种细算性质的负荷P_{js}、Q_{js}、S_{js}相区别。

偿后功率因数 $\cos\varphi_p=0.9\sim0.92$ 考虑。

K_Σ——同时系数，取 0.8～0.9。

2.8 单位面积负荷密度法计算负荷

单位面积负荷密度法适用于可行性研究和初步设计阶段，当缺乏工艺资料时估算下列车间的负荷。

(1)中小型机修、工具车间、木工间等这类有众多中、小型电机大致均匀分布在整个生产场地的车间。

(2)铆焊、金属结构、机械修理的装配、电机电器修理、拆卸、绕线和钳工装配等生产工艺不固定、多用移动式用电设备的作业场地和车间。

此外，初步设计阶段的工业厂房和民用建筑的照明，目前亦采用单位面积负荷密度法确定照明装置的设备功率。

采用单位面积负荷密度法计算负荷按下述进行：

有功功率 $P'_{js}=\rho_0 S$ (2-36)

无功功率 $Q'_{js}=P'_{js}\mathrm{tg}\varphi$ (2-37)

式中 ρ_0——单位面积负荷密度，对部分机修车间见表 2-9。对车间照明见本手册第 35 章照明部分 35.6.2 节，kW/m^2；

S——厂房面积，m^2；

$\mathrm{tg}\varphi$——功率因数角正切值，参见表 2-9 或表 2-3。

表 2-9 部分车间单位面积负荷密度 ρ_0、$\cos\varphi$ 及 $\mathrm{tg}\varphi$ 值

车间或作业场地名称	负荷密度 ρ_0(kW/m^2)	$\cos\varphi$	$\mathrm{tg}\varphi$	备注
金工车间				
小型机床部	0.1～0.29	0.55～0.65	1.52～1.17	
中型机床部	0.3～0.5	0.55～0.65	1.52～1.17	
装配部	0.15～0.35	0.4～0.5	2.29～1.73	起重、运输、焊接装配机具等设备
铸铁车间	≈0.06	0.7	1.02	
铸钢车间	0.055～0.06	0.65	1.17	不包括电弧炉
工具车间	0.1～0.12	0.65	1.17	
铆焊车间	0.04～0.2	0.45～0.5	1.98～1.73	
金属结构车间	0.15	0.35～0.45	2.67～1.98	
电修车间				
拆卸装配	≈0.4	0.4～0.5	2.29～1.17	
绕　线	0.08			
木工(木模)车间	0.06	0.6	1.33	

2.9 单相负荷计算

2.9.1 概述

为了使三相电路的功率和电流平衡，单相用电设备应均匀分配到各相上，使各相负荷的不平衡度尽可能小。

当回路中单相负荷的总容量小于该回路三相对称负荷总容量的 15%时，则可将这些单相负荷作为三相(对称)负荷，直接参与计算。当超过 15%或明显不平衡时，则应按本节所述方法，进行单相负荷的计算。

单相负荷计算的原则是：当单相负荷与三相负荷同时存在时，应将单相负荷换算为等效三相负荷，才能与三相负荷相加，计算总负荷。

单相负荷进行换算时，一般采用计算功率。即对需要系数法为需要功率；对二项式法为计算负荷中的基本部分(即式 2-12 中的 bP_s 项和相应的无功项)；对利用系数法为平均功率。当为同类设备时，亦可采用设备功率。此外，称接于线电压上的负荷为线负荷，称接于相电压上的负荷为相负荷。

当线路和供电设备无无功补偿装置时，最大负荷相取视在功率 S_{d1}(亦即相电流 I_{d1})的最大相。当有补偿时，取最大有功功率相。

单相负荷换算为等效三相负荷，根据不同的要求和条件，可按下述第 2.9.2 节或第 2.9.3 节方法和步骤进行。

2.9.2 单相负荷换算为等效三相负荷的一般方法

对于既有线负荷又有相负荷的情况，计算步骤如下：

(1)先将线负荷换算成相负荷。各相的换算式分别

为

a 相 $P_a=P_{ab}p_{(ab)a}+P_{ca}p_{(ca)a}$ (2-38)

$Q_a=P_{ab}q_{(ab)a}+P_{ca}q_{(ca)a}$ (2-39)

b 相 $P_b=P_{bc}p_{(bc)b}+P_{ab}p_{(ab)b}$ (2-40)

$Q_b=P_{bc}q_{(bc)b}+P_{ab}q_{(ab)b}$ (2-41)

c 相 $P_c=P_{ca}p_{(ca)c}+P_{bc}p_{(bc)c}$ (2-42)

$Q_c=P_{ca}q_{(ca)c}+P_{bc}q_{(bc)c}$ (2-43)

式中 P_a、P_b、P_c——分别为线负荷换算为 a、b、c 相相负荷的有功功率，kW；

Q_a、Q_b、Q_c——分别为线负荷换算为 a、b、c 相相负荷的无功功率，kvar；

P_{ab}、P_{bc}、P_{ca}——分别为接于 ab、bc、ca 线电压上的单相用电设备的有功功率，kW；

$p_{(ab)a}$、$q_{(ab)a}$、$p_{(ab)b}$、$q_{(ab)b}$——分别为接于 ab……线间换算为 a 相、b 相……有功及无功功率的换算系数，见表 2-10。

表 2-10 不同功率因数时线负荷换算为相负荷的换算系数

换算系数	cosφ								
	0.35	0.4	0.5	0.6	0.65	0.7	0.8	0.9	1
$p_{(ab)a}$ $p_{(bc)b}$ $p_{(ca)c}$	1.27	1.17	1.0	0.89	0.84	0.8	0.72	0.64	0.5
$p_{(ab)b}$ $p_{(bc)c}$ $p_{(ca)a}$	−0.27	−0.17	0	0.11	0.16	0.2	0.28	0.36	0.5
$q_{(ab)a}$ $q_{(bc)b}$ $q_{(ca)c}$	1.05	0.86	0.58	0.38	0.3	0.22	0.09	−0.05	−0.29
$q_{(ab)b}$ $q_{(bc)c}$ $q_{(ca)a}$	1.63	1.44	1.16	0.96	0.88	0.8	0.67	0.53	0.29

注：表中 cosφ 值由表 2-1、表 2-4 及表 2-5 查得。

(2)计算相负荷的有功功率和无功功率。

对于需要系数法根据式 2-5 及式 2-6；对于利用系数法根据式 2-18 及式 2-19；对于二项式法根据式 2-44 及式 2-45 分别计算 P_{a0}、Q_{a0}、P_{b0}、Q_{b0}、P_{c0}、Q_{c0}。

P_{a0}(P_{b0}或 P_{c0})$=bP_s$ (2-44)

Q_{a0}(Q_{b0}或 Q_{c0})$=bP_s\text{tg}\varphi$ (2-45)

式中 P_{a0}、P_{b0}、P_{c0}——分别为接于 a、b、c 相的有功负荷，kW；

Q_{a0}、Q_{b0}、P_{c0}——同上，但为无功负荷，kvar；

P_s——接于 a(或 b、或 c)相上的设备功率，kW；

b——二项式法计算系数；

tgφ——单相设备 P_s 功率因数角正切值。

(3)上述各相有功、无功相负荷分别相加，算出各相有功、无功和视在功率。

a 相 有功功率 $\Sigma P_a=P_a+P_{a0}$ (2-46)

无功功率 $\Sigma Q_a=Q_a+Q_{a0}$ (2-47)

视在功率 $S_{d1(a)}=\sqrt{(\Sigma P_a)^2+(\Sigma Q_a)^2}$ (2-48)

b 相 $\Sigma P_b=P_b+P_{b0}$ (2-49)

$\Sigma Q_b=Q_b+Q_{b0}$ (2-50)

$S_{d1(b)}=\sqrt{(\Sigma P_b)^2+(\Sigma Q_b)^2}$ (2-51)

c 相 $\Sigma P_c=P_c+P_{c0}$ (2-52)

$\Sigma Q_c=Q_c+Q_{c0}$ (2-53)

$S_{d1(c)}=\sqrt{(\Sigma P_c)^2+(\Sigma Q_c)^2}$ (2-54)

(4)选取三相视在功率中最大者乘以 3 即为等效三相负荷(当无补偿时)。

上述 $S_{d1(a)}$、$S_{d1(b)}$、$S_{d1(c)}$中如 $S_{d1(c)}$最大，则等效三相有功功率

$$P_d=3\Sigma P_c$$

无功功率

$$Q_d=3\Sigma Q_c$$

如有补偿，则只需算出 ΣP_a、ΣP_b、ΣP_c进行比较，选取其中最大者即可。

对于只有相负荷的情况，则只需进行上述(2)～(4)步骤，即可求得等效三相负荷。

2.9.3 单相负荷换算为等效三相负荷的简捷计算法

只有线负荷时，可根据线负荷的大小选取其中最大线负荷或最大的两个线负荷进行计算，求得 P_d或 S_d，下面以 $P_{ab}\geqslant P_{bc}\geqslant P_{ca}$为例来说明。

只求等效三相有功负荷时，可用下述方法：

(1)当 $P_{bc}>0.15P_{ab}$时

取 $P_d=1.5(P_{ab}+P_{bc})$ (2-55)

(2)当 $P_{bc}\leqslant 0.15P_{ab}$时

取 $P_d=\sqrt{3}\,P_{ab}$ (2-56)

(3)当只有 P_{ab}时

取 $P_d=\sqrt{3}P_{ab}$ (2-57)

如为同类设备,功率因数相同或相近时,亦可以相应的视在功率 S_{ab}、S_{bc}、S_{ca}代替式 2-55、式 2-56 和式 2-57 中的 P_{ab}、P_{bc}、P_{ca}直接求出等效三相视在功率 S_d。

单相负荷的计算示例见 2.15.2 节例 4。

2.10 尖峰电流计算

电动机或其他用电设备起动或加冲击性负载时所出现的一定时间(1～2s)的最大负荷电流称为尖峰电流。低压配电网络的尖峰电流是计算低压网络电压波动和电压损失,选择和整定自动开关保护元件,确定熔断器规格的依据。高压网络的尖峰电流则用来估算电压波动和进行继电保护元件的整定。

本节主要介绍 1000V 以下电动机或其他用电设备起动(或接通)时的尖峰电流计算。其中(1)、(3)、(5)、(6)中有关内容亦可用于 1000V 以上网络的尖峰电流计算。至于加冲击性负载时的尖峰电流计算,参见冲击负荷计算部分及其他有关章节。

(1)接单台电动机、电焊机等电器的配电线路,其尖峰电流为

$$I_{jf}=KI_e \quad (2\text{-}58)$$

式中 K——起动电流倍数,即起动电流(堵转电流)与额定电流的比值,对于鼠笼型电动机,可由产品样本中查得(一般可达 6～7);绕线型电动机一般取 2～2.5;直流电动机,取 1.5～2;电焊机取决于结构形式,对于焊接变压器,不大于 2.1;电阻焊机取 1;闪光对焊机为 2;对于电弧炉为 2.5～4;一般带电抗器时取 2.5～3;不带电抗器时不小于 3;

I_e——电动机或电焊机等电器的额定电流,电焊机换算至 $FC=100\%$,A。

(2)链式供电给数台(一般≤4 台)电动机的支线

$$I_{jf}=\Sigma I_e-(K-1)I_{e_{max}} \quad (2\text{-}59)$$

式中 ΣI_e——各台 电动机额定电流之和,A;

$I_{e_{max}}$、K——具有最大起动电流电动机的额定电流,A,及其起动电流倍数。

(3)接有多台电动机的配电干线

$$I_{jf}=I_{js}+(K-1)I_{e_{max}} \quad (2\text{-}60)$$

或 $$I_{jf}=I_{js}+\left(K-\frac{I_{js}}{\Sigma I_e}\right)I_{e_{max}} \quad (2\text{-}61)$$

或 $$I_{jf}=I_{js}+(K-K_1)I_{e_{max}}\text{(利用系数法计算时)} \quad (2\text{-}62)$$

当起动电动机的额定电流在干线中所占的比重不大时,对上述式 2-60～式 2-62 可取简化算式

$$I_{jf}=I_{js}+KI_{e_{max}} \quad (2\text{-}63)$$

式中 I_{js}——配电干线的计算电流,A;

K_1、K——起动电动机的利用系数及其起动电流倍数。

(4)滑触线的供电干线

1)当采用需要系数法或二项式法时

$$I_{jf}=I_{js}+\left(K-\frac{I_{js}}{\Sigma I_{25}}\right)I_{25_{max}} \quad (2\text{-}64)$$

由于$\frac{I_{js}}{\Sigma I_{25}}$值通常在 0.2～0.5 之间,可忽略不计。

2)当采用利用系数法时

$$I_{jf}=I_{js}+(K-K_L)I_{100_{max}} \quad (2\text{-}65)$$

以上两式中 I_{js}——干线计算电流,A;

ΣI_{25}——滑触线上所有起重机在 $FC=25\%$时额定电流之和,A;

$I_{25_{max}}$——具有最大起动电流电动机在 $FC=25\%$时的额定电流,A;

$I_{100_{max}}$——具有最大起动电流电动机在 $FC=100\%$时的额定电流,A;

K_L——起动电动机的利用系数。

式 2-60～式 2-65 只考虑起动电流最大的一台电动机起动,但实际工艺过程中有可能两台或两台以上电动机同时起动(如炼钢车间的铸锭跨起重机),此时应按实际可能取两台或两台以上电动机的起动电流参与上述各式的尖峰电流计算。

(5)自起动电动机组的供电线,其尖峰电流为所有参与自起动电动机的起动电流之和,即

$$I_{jf}=\Sigma(K_{zq}I_e) \quad (2\text{-}66)$$

式中 K_{zq}——自起动时 电动机的起动电流倍数,参见第 16.5 节电动机自起动一节,在实际计算中如作为校验供电电缆或导线,可取 $K_{zq}=K$(起动电流倍数);

I_e——自起动电动机的额定电流,A。

(6)大容量同步电动机为主要负荷的用户,采用利用系数法计算其尖峰电流。

当一台同步电动机起动时

$$I_{jf}=KI_{e_{max}}+K''_m\frac{\sqrt{(\Sigma P_p-P_{pm})^2+(\Sigma Q_p-Q_{pm})^2}}{\sqrt{3}U_e} \quad (2\text{-}67)$$

式中 K、$I_{e_{max}}$——分别为具有最大起动电流同步机的起动电流倍数(由产品样本查得)及其额定电流,A;

ΣP_p、ΣQ_p——分别为所计算用户的各用电设备组平均有功功率之和,及平均无功功率之和,kW,kvar;

P_{pm}、Q_{pm}——分别为具有最大起动电流同步机的平均有功功率和平均无功功率,kW,kvar;

K''_m——扣除同步机起动电流后,用电设备组的最大系数,在实际计算中可取$K''_m=K_m$(全部用电设备组的最大系数)。

2.11 企业年电能消耗量计算

企业年电能消耗量可按下列方法计算:

(1)用最大负荷利用小时数计算。

按负荷计算求得全企业最大负荷 P_{js}和 Q_{js}后,如已知该企业最大负荷利用小时数,企业的年有功电能消耗量 W_n和无功电能消耗量 V_n可分别按下式求得

$$W_n=P_{js}T_{max_y} \tag{2-68}$$

$$V_n=Q_{js}T_{max_w} \tag{2-69}$$

式中 T_{max_y}——最大有功负荷年利用小时,h;

T_{max_w}——最大无功负荷年利用小时,h(如无此数据可以 T_{max_y} 代替)。

W_n、V_n 单位分别为 kwh,kvarh(下同)。

钢铁企业(包括焦化、烧结、耐火、炼铁、炼钢、轧钢、机修辅助等车间)的 T_{max_y} 约为 4500~6000h。特殊钢厂的 T_{max_y}要小些。

各类生产车间的 T_{max_y} 为:

冶炼(炼铁、炼钢)车间	4500~6000h
轧钢车间	2000~4000h
氧气站、锅炉房、空压站、供水、供电等能源、介质集中供应的车间	5000~6500h

焦化、耐火车间如单独计算年电能消耗量,则当焦化全部采用蒸气透平驱动煤气鼓风机时,其最大有功负荷年利用小时数取 5500h,但应另加 3 个月的电动鼓风机的电耗量,如全部采用电动机驱动煤气鼓风机时,则 T_{max_y}取 7000h。

耐火车间为两班制时,T_{max_y} 取 2100h;三班制时,T_{max_y}取 4200h;三班兼两班时,T_{max_y} 取 3500h。

(2)用最大负荷班平均负荷和年电能利用率计算。

用最大负荷班平均负荷 P_p和 Q_p计算企业的年有功和无功电能消耗量

$$W_n=\alpha P_pT_n \tag{2-70}$$

$$V_n=\alpha Q_pT_n \tag{2-71}$$

式中 T_n——年工作小时,h;

α——年电能利用率,见表 2-8。

当装有补偿电容器和超前运行的同步电动机时,应将感性负载的年无功电能消耗量和同步机、电容器产生的无功电能分别求出,然后以前者减去后者,即得企业的年无功电能消耗量。

同步电动机、电容器产生的无功电能

$$V_{np}=(\gamma Q_{syn}+Q_{cap})T_n \tag{2-72}$$

式中 γ——同步电动机补偿能力利用系数,确定同步电动机电气负载时可取 1;

Q_{syn}——同步电动机无功功率,kvar;

Q_{cap}——静电电容器无功功率,kvar;

(3)用单位产品耗电量计算。

当车间或企业的单位产品耗电定额已知时,年有功电能、无功电能消耗量

$$W_n=\omega m \tag{2-73}$$

$$V_n=W_n\mathrm{tg}\varphi_p \tag{2-74}$$

式中 ω——单位产品耗电量,由工艺提供 kW·h/t;

m——企业年实物产量,t;

$\mathrm{tg}\varphi_p$——企业年平均功率因数角正切值,按补偿后的功率因数 $\cos\varphi_p=0.9\sim0.92$ 考虑。

(4)用最大负荷班平均负荷和班相对负荷系数计算。

如有班相对负荷系数(其他班有功负荷与最大负荷班有功负荷的比值)资料,车间的有功电能消耗可用下式计算

$$W_n=P_p(T_1+K_{f2}T_2+K_{f3}T_3)K_b \tag{2-75}$$

式中 T_1、T_2、T_3——分别为最大负荷班和其他两个班(当为三班制时)的年工作小时(由工艺提供),表 2-11 列出部分生产车间年工作小时(或工作日)数。当缺乏资料时,可供参考,h;

K_{f2}、K_{f3}——班相对负荷系数,即作业时间分别为 T_2、T_3班的平均有功功率与最大负荷班平均有功功率的比值;

K_b——考虑节假日、季节负荷波动的系数,$K_b<1$。

表 2-11 钢铁企业部分车间(厂)年工作日(或作业小时)

车间(厂)或生产设备名称	设备类型	年产量(1×10^4t)	年工作日(或 h)	备注
炼铁高炉	容积 250m^3 以下		340	
	容积 250m^3 以上		350	
转炉			340～350	
电炉	1.5,3,5,10,15,20t		～340	
连铸			与炼钢车间同	
初轧	1150	300	7200h	
开坯	850	80	6800h	
开坯	650～430	40～15	6600h	
大型型钢	700 以上	60	6500h	
中型型钢	650～500	20～10	6500h	
线材	高速单线	30～20	6300h	
	高速双线	50～40	6300h	
中厚板	2300 单机架	20～15	6500h	
	双机架	20～30	6500h	
1700 热轧钢卷		300	6450h	
1200 热轧钢卷		80	6000h	
1700 冷连轧		100	7450h	
ϕ170 无缝		10	5600h	
ϕ100 热轧无缝		5	6000h	
ϕ76 热轧无缝		2	6000h	
ϕ114 感应电焊管		5	6000h	
ϕ114 电阻电焊管		5	6000h	
ϕ102 连续炉焊管		5	6000h	

(5)设有自备发电装置企业的电能消耗计算。

为了综合利用能源，确保重要工艺设备安全工作和出于对供电合理性的综合考虑，某些企业设有自备发电装置(包括自备电厂、保安电源发电机和余压、废热回收发电机——如 TRT❶等)。对于这些企业的电能消耗应分别计算出企业生产所需电能 W_n和自备发电装置生产的电能 W_g。后者可按下式计算

$$W_g=\Sigma P_{gpi}T_{gpi}+\Sigma P_{gri}T_{gri} \qquad (2\text{-}76)$$

式中 P_{gpi} ——各自备发电机(含保安电源发电机)的平均输出功率(有功)，kW；

T_{gpi} ——上述各发电机相应的年工作小时，h；

P_{gri} ——各能量(余压、废热)回收发电机的平均输出功率(有功)，kW；

T_{gri} ——上述各能量回收发电机相应的年工作小时，h。

由此可求得企业需电力部门提供的电能为

$$W_{ps}=W_n-W_g \qquad (2\text{-}77)$$

2.12 功率损耗计算

2.12.1 供电线路的功率损耗

三相交流线路的有功及无功功率损耗分别按下式计算

$$\Delta P_x=3I_{js}^2R\times10^{-3} \qquad (2\text{-}78)$$

$$\Delta Q_x=3I_{js}^2X\times10^{-3} \qquad (2\text{-}79)$$

式中 I_{js}——线路计算电流，A；

R——线路每相电阻，应取导线或电缆实际运行温度时的电阻值，一般按 55℃考虑，Ω。

X——线路每相电抗，Ω。

ΔP_x，ΔQ_x单位分别为 kW、kvar。

图 2-1～图 2-8 中曲线表示三相电力线路每公里

❶TRT—— Top gas pressure energy recovery turbine 的缩写，国内称高炉煤气余压发电或压差发电。

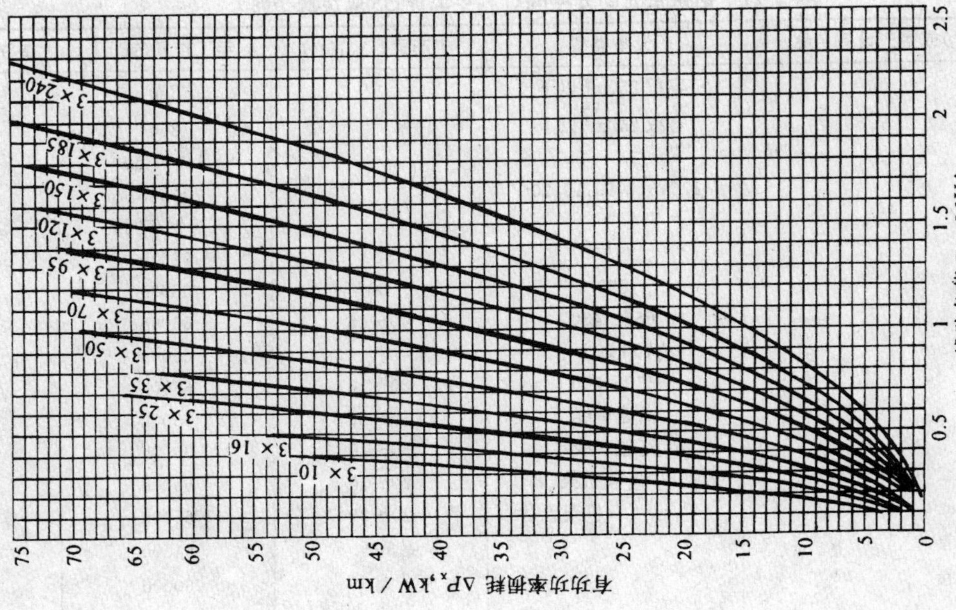

图 2-1 3kV 铝芯电缆和架空铝线有功功率损耗曲线

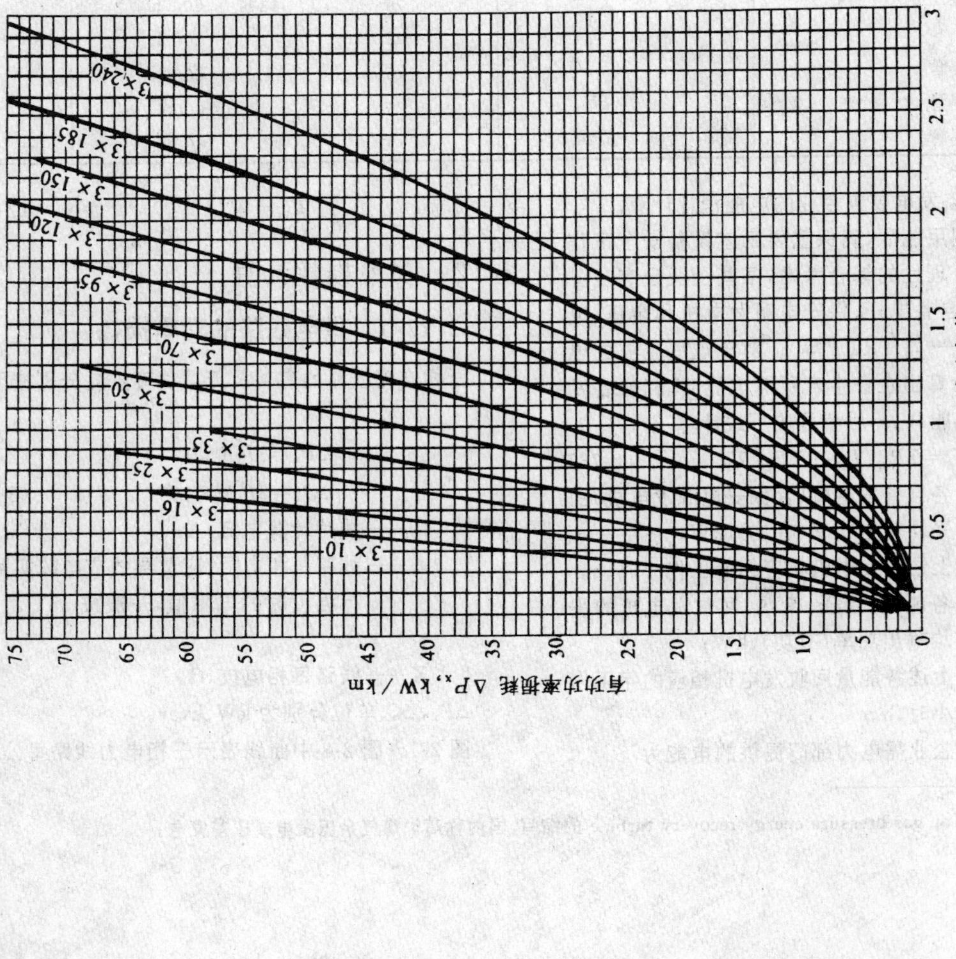

图 2-2 3kV 铜芯电缆和架空铜线有功功率损耗曲线

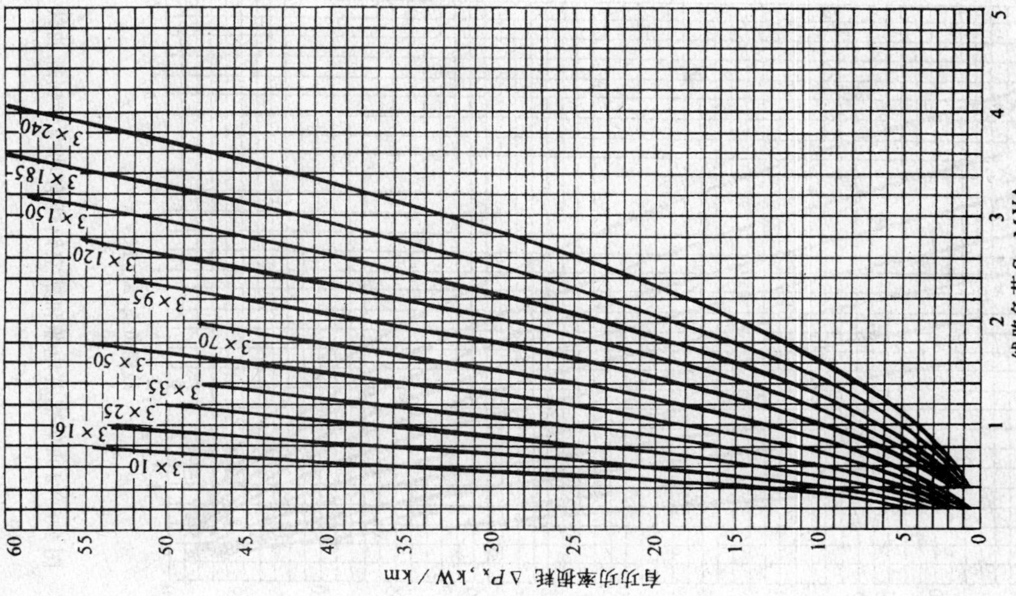

图 2-3 6kV 铝芯电缆和架空铝线有功率损耗曲线

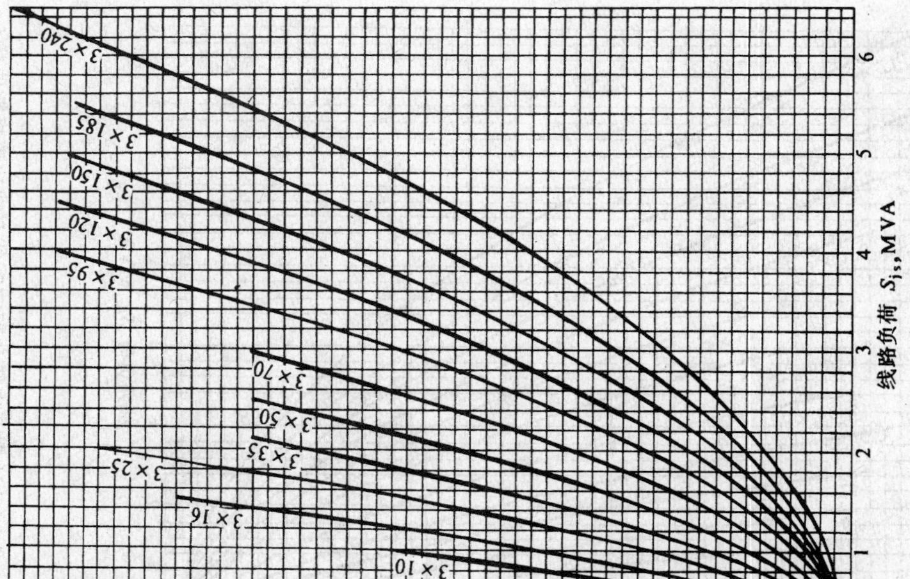

图 2-4 6kV 铜芯电缆和架空铜线有功功率损耗曲线

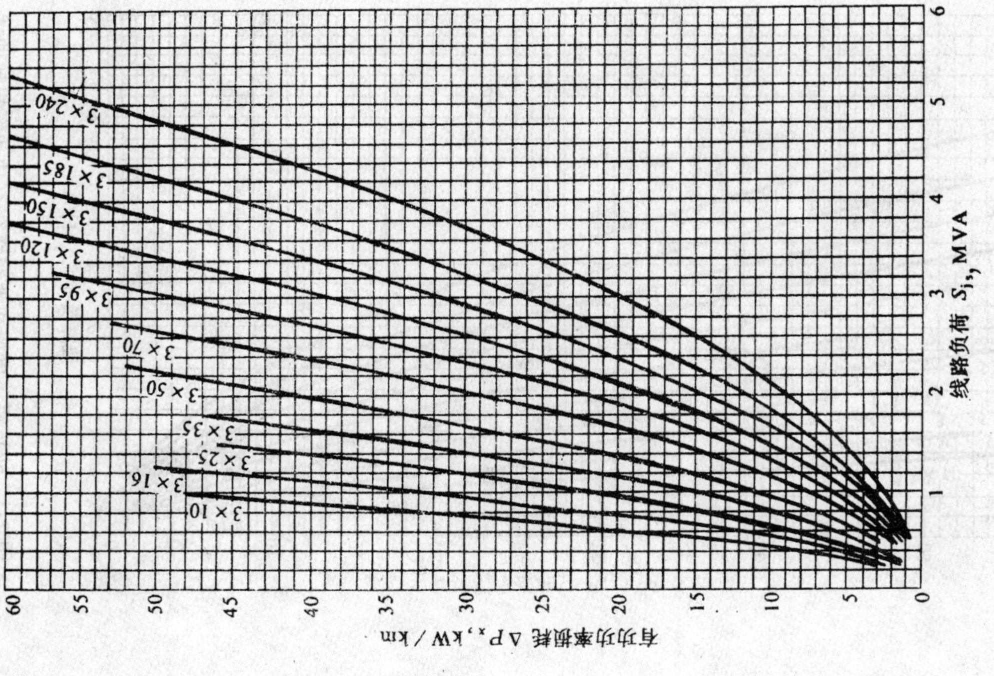

图 2-5 10kV 铝芯电缆和架空铝线有功功率损耗曲线

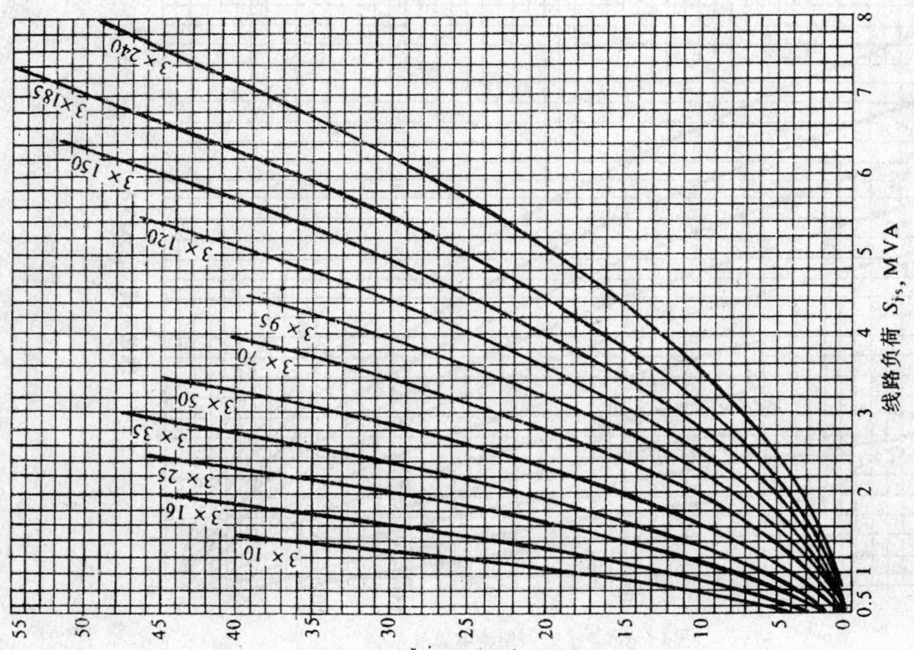

图 2-6 10kV 铜芯电缆和架空铜线有功功率损耗曲线

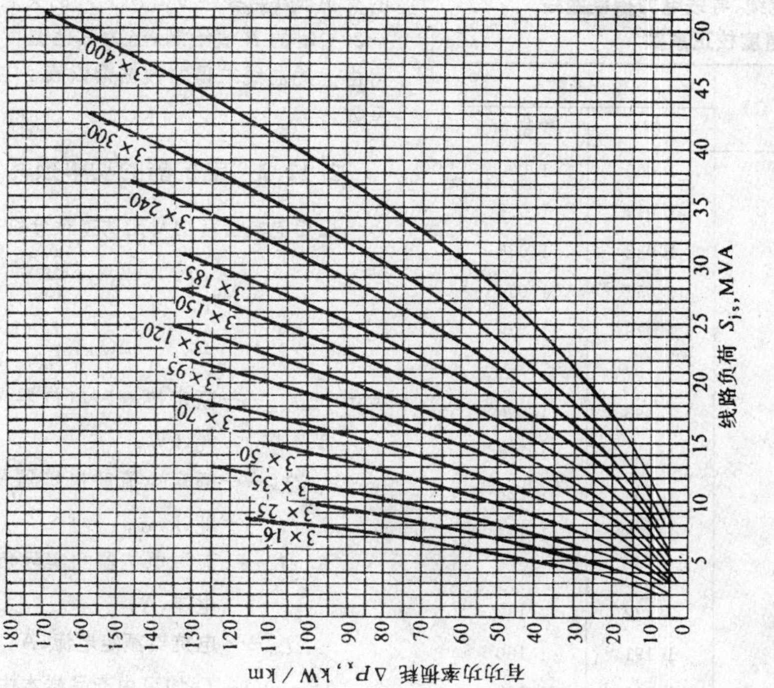

图 2-7 35kV 架空铝线有功率损耗曲线

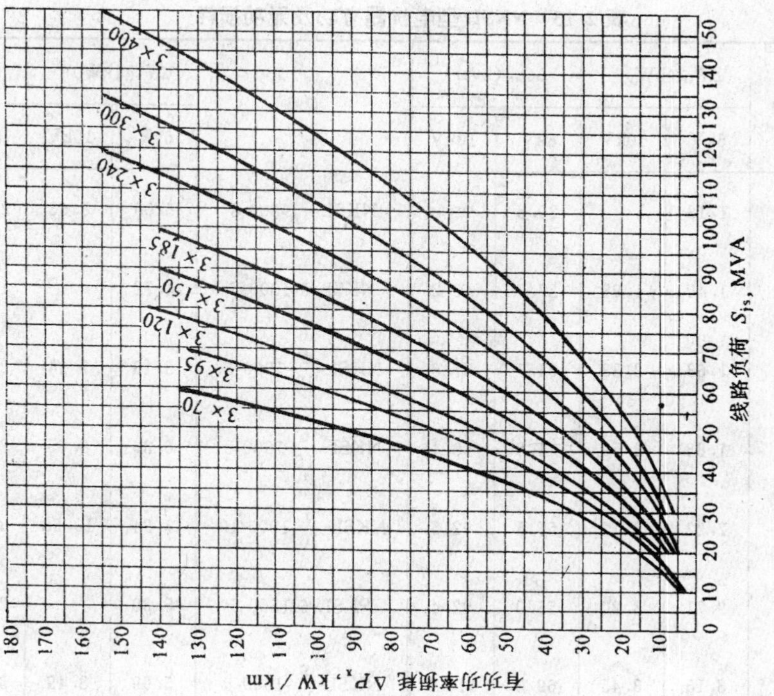

图 2-8 110kV 架空铝线有功率损耗曲线

表 2-12 电缆、导线电力损耗曲线温度校正系数

电缆、导线的温度(℃)	校正系数	
	铜	铝
20	1.000	1.000
25	1.019	1.018
30	1.038	1.036
35	1.057	1.054
40	1.076	1.072
45	1.096	1.090
50	1.115	1.108
55	1.134	1.126
60	1.153	1.144
65	1.172	1.162
70	1.191	1.180
75	1.210	1.198
80	1.229	1.216

的有功损耗与线路负荷 S_{js}之间的关系。这些曲线按 $T=20℃$时的 R 值绘制，当为其他温度时，其功率损耗可由上述曲线求得的数据乘以表 2-12 中的温度校正系数。

2.12.2 电抗器的功率损耗

三相电抗器有功及无功损耗分别按下式计算

$$\Delta P_{K}=3\Delta P_{eK}\left(\frac{I_{js}}{I_{eK}}\right)^{2} \quad (2\text{-}80)$$

$$\Delta Q_{K}=3\Delta Q_{eK}\left(\frac{I_{js}}{I_{eK}}\right)^{2} \quad (2\text{-}81)$$

式中 ΔP_{eK}——额定电流时电抗器一相中的有功损耗，kW；

ΔQ_{eK}——额定电流时电抗器一相中的无功损耗，kvar；

I_{js}——流过电抗器的实际负荷电流，即计算电流，A；

I_{eK}——电抗器额定电流，A。

ΔP_{eK}、ΔQ_{eK}、I_{eK}均可由产品样本中查得。

NKSL 型电抗器的功率损耗见表 2-13。

表 2-13 NKSL 型电抗器有功及无功损耗

型号	ΔP_{eK}(kW)①		ΔQ_{eK}(kvar)		型号	ΔP_{eK}(kW)①		ΔQ_{eK}(kvar)	
	6kV	10kV	6kV	10kV		6kV	10kV	6kV	10kV
NKSL-6-200-3	1.18		20.8		NKSL-$\frac{6}{10}$-800-8	6.05	8.63	221.7	369.5
NKSL-$\frac{6}{10}$-200-4	1.40	1.98	27.7	46.2	NKSL-6-1000-5	4.72		173.3	
NKSL-$\frac{6}{10}$-200-5	1.63	2.33	34.7	57.6	NKSL-$\frac{6}{10}$-1000-6	5.18	7.24	207.8	346.4
NKSL-$\frac{6}{10}$-200-6	1.83	2.59	41.6	69.4	NKSL-$\frac{6}{10}$-1000-8	6.30	8.65	278.0	462.0
NKSL-$\frac{6}{10}$-200-8	2.22	3.12	55.5	92.5	NKSL-$\frac{6}{10}$-1000-10	7.24	10.58	346.4	578.0
NKSL-$\frac{6}{10}$-400-4	2.71	3.20	55.0	92.4	NKSL-6-1500-5	5.39		259.8	
NKSL-$\frac{6}{10}$-400-5	3.15	3.45	69.3	115.5	NKSL-$\frac{6}{10}$-1500-6	5.99	8.49	311.8	519.6

续表 2-13

型号	ΔP_{eK}(kW)①		ΔQ_{eK}(kvar)		型号	ΔP_{eK}(kW)①		ΔQ_{eK}(kvar)	
	6kV	10kV	6kV	10kV		6kV	10kV	6kV	10kV
NKSL-$\frac{6}{10}$-400-6	3.08	3.88	83.1	138.5	NKSL-$\frac{6}{10}$-1500-8	7.31	10.47	415.7	698.8
NKSL-$\frac{6}{10}$-400-8	3.68	4.74	111.0	184.7	NKSL-$\frac{6}{10}$-1500-10	8.49	11.84	519.6	866.0
NKSL-$\frac{6}{10}$-600-4	2.35	3.33	83.0	138.6	NKSL-$\frac{6}{10}$-2000-6	8.15	11.19	415.7	692.8
NKSL-$\frac{6}{10}$-600-5	3.50	4.28	103.9	173.2	NKSL-$\frac{6}{10}$-2000-8	9.57	13.52	554.3	923.8
NKSL-$\frac{6}{10}$-600-6	3.93	5.78	124.7	207.8	NKSL-$\frac{6}{10}$-2000-10	11.19	15.83	692.8	1155.0
NKSL-$\frac{6}{10}$-600-8	4.86	7.01	166.3	277.0	NKSL-6-3000-8	13.70	17.88	831.4	1386.0
NKSL-$\frac{6}{10}$-800-4	3.69	4.71	110.9	184.8	NKSL-$\frac{6}{10}$-3000-10	15.55	20.21	1039.2	1732.0
NKSL-$\frac{6}{10}$-800-5	4.32	5.54	138.6	230.9	NKSL-10-3000-12		23.12		2078.4
NKSL-$\frac{6}{10}$-800-6	5.06	7.19	166.3	277.1					

①有功损耗为75℃时的值。

2.12.3 电力变压器的功率损耗

(1)双线圈电力变压器的有功及无功功率损耗分别按下列简化公式计算

$$\Delta P_b = \Delta P_k + \Delta P_d\left(\frac{S_{js}}{S_e}\right)^2 \qquad (2\text{-}82)$$

$$\Delta Q_b = \Delta Q_k + \Delta Q_d\left(\frac{S_{js}}{S_e}\right)^2 \qquad (2\text{-}83)$$

式中 S_{js} ——变压器二次侧(输出侧)的计算负荷，kW；

S_e——变压器额定容量，kVA；

ΔP_k、ΔP_d——分别为变压器空载、短路有功损耗，kW。

变压器的空载无功损耗 ΔQ_k及短路无功损耗 ΔQ_d分别由下式求得

$$\Delta Q_k = \frac{I_e\% S_e}{100} \qquad (2\text{-}84)$$

$$\Delta Q_d = \frac{U_d\% S_e}{100} \qquad (2\text{-}85)$$

式中 $I_k\%$——变压器空载电流占额定电流的百分数；

$U_d\%$——变压器阻抗电压占额定电压的百分数。

ΔP_k、ΔP_d、$I_k\%$、$U_d\%$均可由变压器产品样本中查得。

如果变压器容量尚未确定，概略计算其损耗时也可用下式

$$\Delta P_b \approx 0.02 S_{js} \qquad (2\text{-}86)$$

$$\Delta Q_b \approx 0.1 S_{js} \qquad (2\text{-}87)$$

新系列铝芯变压器的有功及无功功率损耗可由图2-9～图2-16查得。这些曲线是按一种电压变换等级作出的，例如10.6/0.4kV 变压器，则仅按10kV 参数作出曲线，如高压侧为6kV 时，可以认为与10kV 的损耗值相同，其他电压等级的变压器与此原则相同。

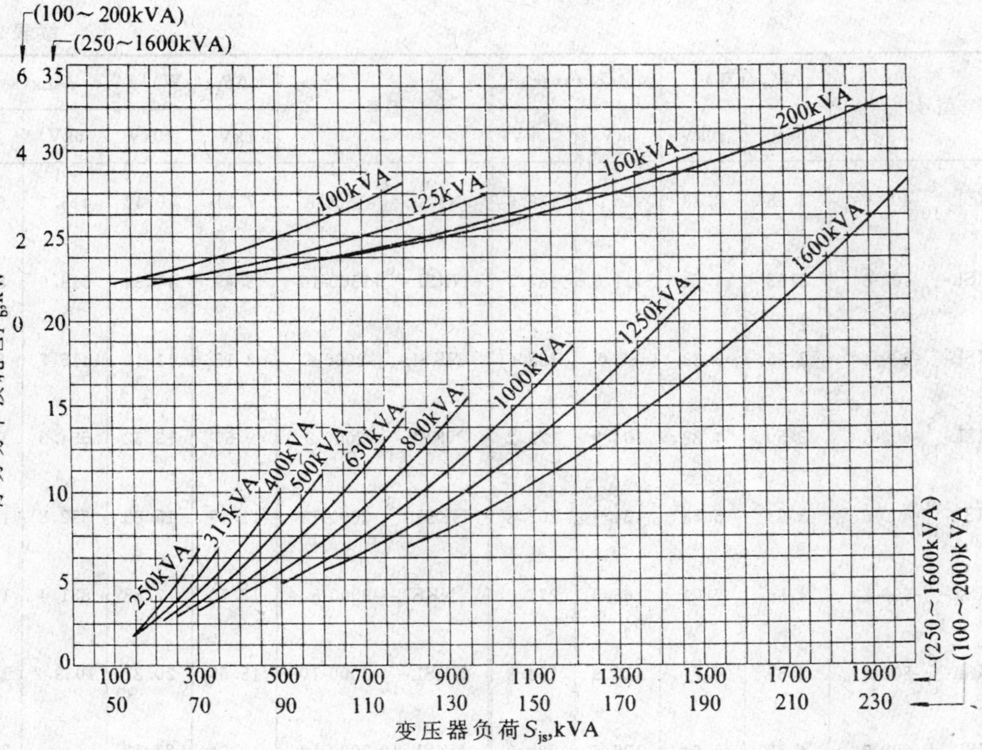

图 2-9 SL7型，电压10.6/0.4kV，容量100～1600kVA 双线圈降压变压器有功功率损耗曲线

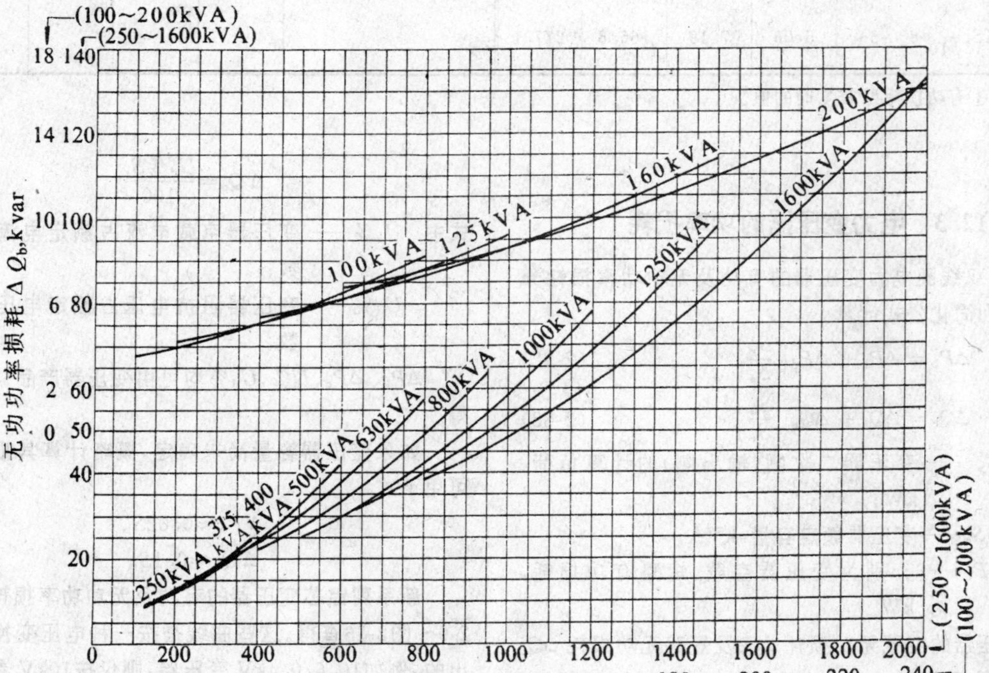

图 2-10 SL7型，电压10.6/0.4kV，容量100～1600kVA 双线圈降压变压器无功功率损耗曲线

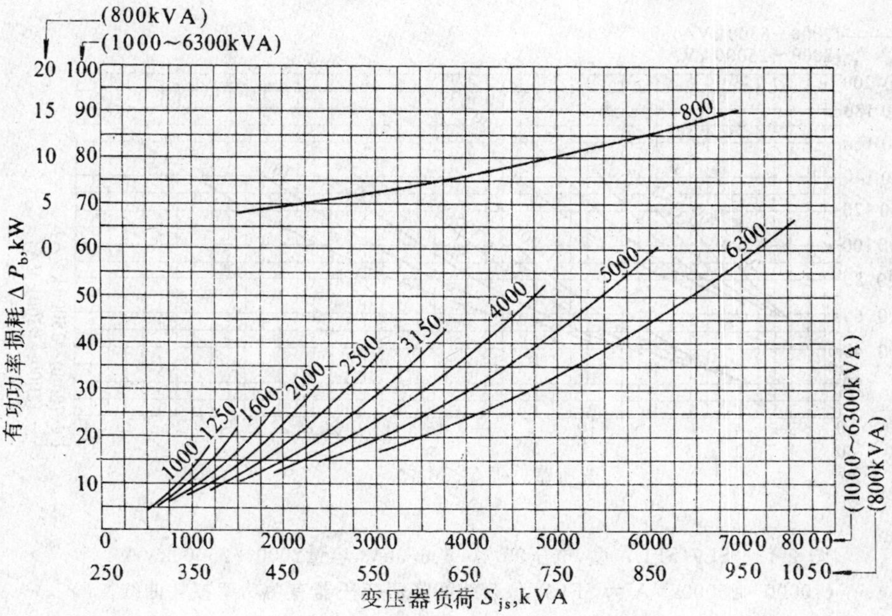

图 2-11　SL7型,电压10.6/6.3kV,容量800～6300kVA 双线圈降压变压器有功功率损耗曲线

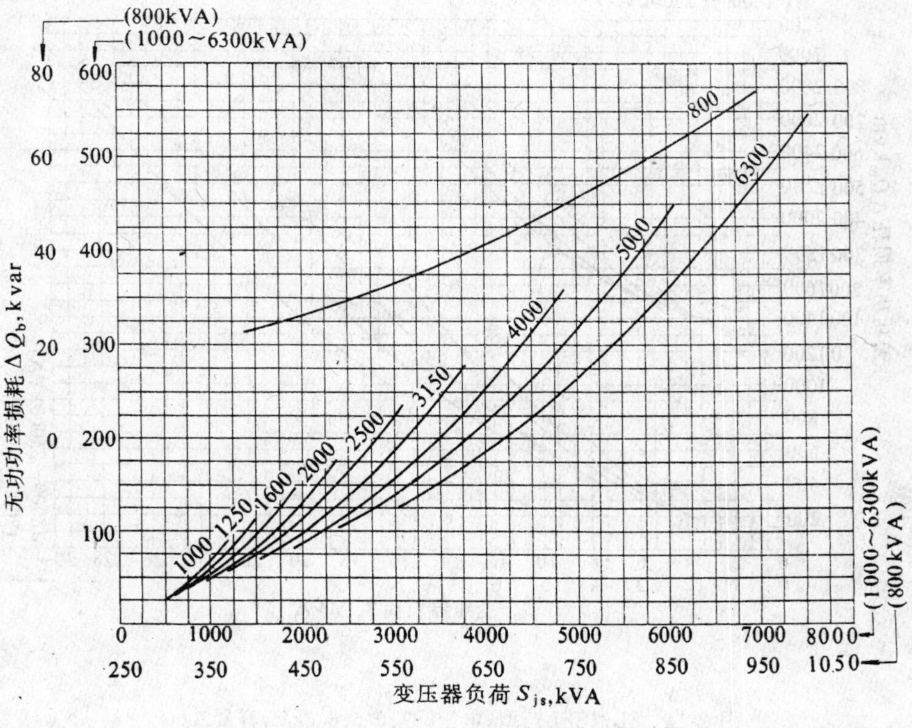

图 2-12　SL7型,电压10.6/6.3kV,容量800～6300kVA 双线圈降压变压器无功功率损耗曲线

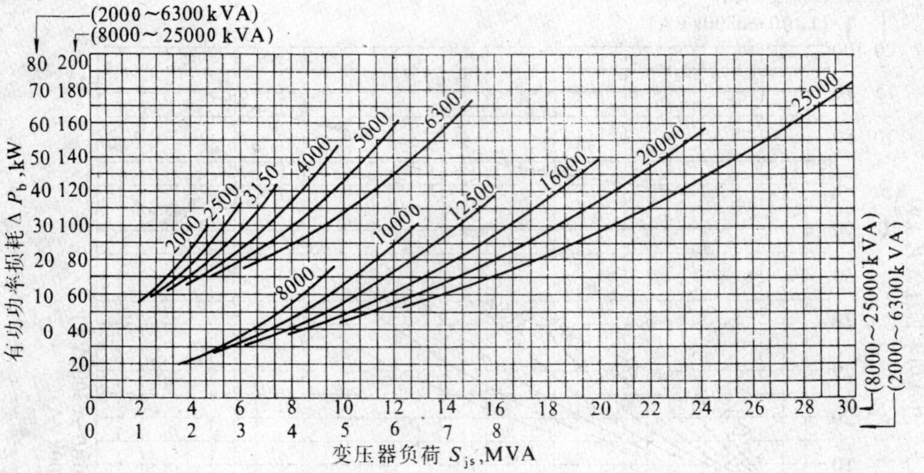

图 2-13 SL7(SFL7)型，电压35/10.5、6.3kV，容量2000～25000kVA (10000～25000kVA 为 SFL7型)双线圈降压变压器有功功率损耗曲线

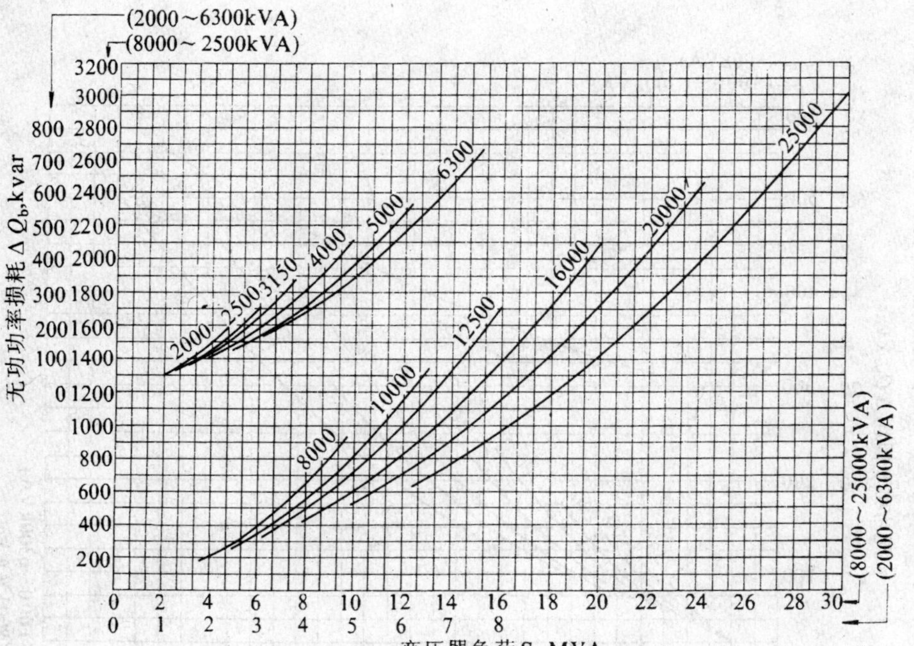

图 2-14 SL7(SFL7)型，电压35/10.5、6.3kV，容量2000 ～25000kVA(10000～25000kVA 为 SFL7型)双线圈降压变压器无功功率损耗曲线

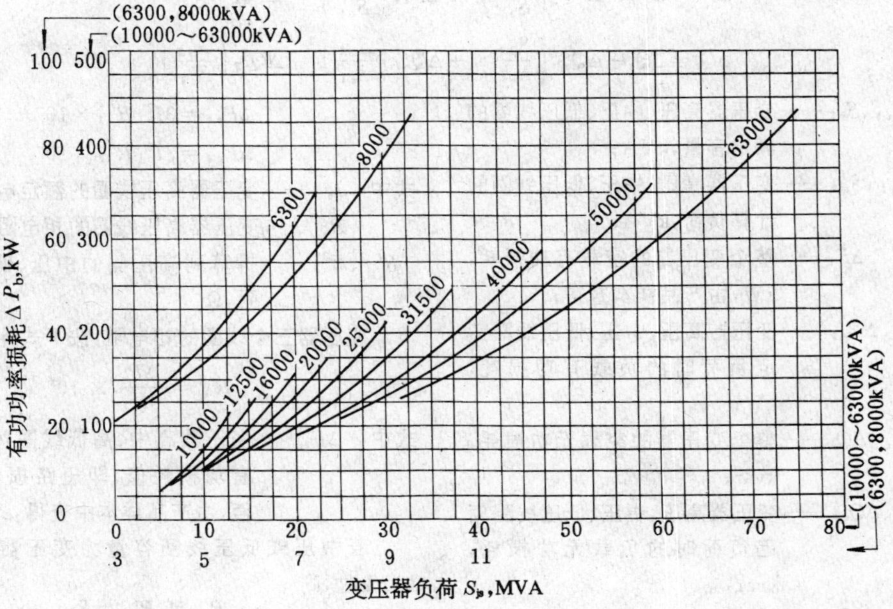

图 2-15 SFL7型,电压110/10.5、6.3kV,容量6300~63000kVA双线圈降压变压器有功功率损耗曲线

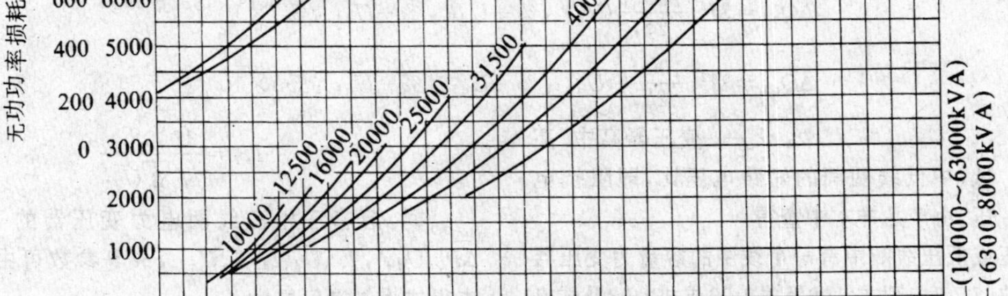

图 2-16 SFL7型,电压110/10.5、6.3kV,容量6300~63000kVA双线圈降压变压器无功功率损耗曲线

(2)三线圈降压变压器的功率损耗，应将三个线圈分开计算。简化计算公式为

$$\Delta P_b=\Delta P_k+\Delta P_{e\mathrm{I}}\left(\frac{S_{js\mathrm{I}}}{S_{e\mathrm{I}}}\right)^2+\Delta P_{e\mathrm{II}}\left(\frac{S_{js\mathrm{II}}}{S_{e\mathrm{II}}}\right)^2+\Delta P_{e\mathrm{III}}\left(\frac{S_{js\mathrm{III}}}{S_{e\mathrm{III}}}\right)^2 \quad (2\text{-}88)$$

$$\Delta Q_b=\Delta Q_k+\Delta Q_{e\mathrm{I}}\left(\frac{S_{js\mathrm{I}}}{S_{e\mathrm{I}}}\right)^2+\Delta Q_{e\mathrm{II}}\left(\frac{S_{js\mathrm{II}}}{S_{e\mathrm{II}}}\right)^2+\Delta Q_{e\mathrm{III}}\left(\frac{S_{js\mathrm{III}}}{S_{e\mathrm{III}}}\right)^2 \quad (2\text{-}89)$$

式中 $S_{e\mathrm{I}}$、$S_{e\mathrm{II}}$、$S_{e\mathrm{III}}$——变压器高压、中压、低压线圈的额定容量，kVA；

$S_{js\mathrm{I}}$、$S_{js\mathrm{II}}$、$S_{js\mathrm{III}}$——变压器高压、中压、低压线圈的计算负荷，kVA；

ΔP_k——整个变压器的空载有功损耗，kW，由产品样本查得；

$\Delta P_{e\mathrm{I}}$、$\Delta P_{e\mathrm{II}}$、$\Delta P_{e\mathrm{III}}$——变压器高压、中压、低压线圈额定负荷时的负载有功损耗，kW；

ΔQ_k——整个变压器的空载无功损耗，kvar；

$\Delta Q_{e\mathrm{I}}$、$\Delta Q_{e\mathrm{II}}$、$\Delta Q_{e\mathrm{III}}$——变压器高压、中压、低压线圈额定负荷时的负载无功损耗，kvar。

ΔQ_k值由下式求得

$$\Delta Q_k=\frac{I_k\%S_e}{100} \quad (2\text{-}90)$$

式中 $I_k\%$——变压器的空载电流占额定电流的百分数，由产品样本中查得；

S_e——变压器的额定容量，kVA。

$\Delta P_{e\mathrm{I}}$、$\Delta P_{e\mathrm{II}}$、$\Delta P_{e\mathrm{III}}$由下列公式求出：

当三个线圈容量都是变压器容量的100%时

$$\Delta P_{e\mathrm{I}}=3I_{e\mathrm{I}}^2R_{\mathrm{I}}\times10^{-3} \quad (2\text{-}91)$$

$$\Delta P_{e\mathrm{II}}=3I_{e\mathrm{I}}^2R'_{\mathrm{II}}\times10^{-3} \quad (2\text{-}92)$$

$$\Delta P_{e\mathrm{III}}=3I_{e\mathrm{I}}^2R'_{\mathrm{III}}\times10^{-3} \quad (2\text{-}93)$$

式中 $I_{e\mathrm{I}}$——变压器高压线圈的额定电流，A；

$R_{e\mathrm{I}}$——变压器高压线圈的相电阻，Ω；

R'_{II}、R'_{III}——折算到高压侧的中压、低压线圈相电阻，Ω。

变压器三个线圈的相电阻，按下式计算

$$R_{\mathrm{I}}=\frac{\Delta P_e}{6I_{e\mathrm{I}}^2}\times10^3 \quad (2\text{-}94)$$

式中 ΔP_e——变压器高中、高低线圈额定负载时的有功损耗值，即短路损耗，取其最大值，由产品样本中查得，kW。

若中压或低压线圈容量为变压器额定容量的100%时，则

$$R'_{\mathrm{II}}\text{或}R'_{\mathrm{III}}=R_{\mathrm{I}} \quad (2\text{-}95)$$

若中压或低压线圈容量为变压器额定容量的67%时，则

$$R'_{\mathrm{II}}\text{或}R'_{\mathrm{III}}=1.5R_{\mathrm{I}} \quad (2\text{-}96)$$

若中压或低压线圈容量为变压器额定容量的50%时，则

$$R'_{\mathrm{II}}\text{或}R'_{\mathrm{III}}=2R_{\mathrm{I}} \quad (2\text{-}97)$$

$\Delta Q_{e\mathrm{I}}$、$\Delta Q_{e\mathrm{II}}$、$\Delta Q_{e\mathrm{III}}$由下列公式求出：

同样，当三个线圈的容量都是变压器容量的100%时

$$\Delta Q_{e\mathrm{I}}=3I_{e\mathrm{I}}^2\frac{10U_{e\mathrm{I}}^2}{2S_e}(U_{d\mathrm{I}\text{-}\mathrm{II}}\%+U_{d\mathrm{I}\text{-}\mathrm{III}}\%-U_{d\mathrm{II}\text{-}\mathrm{III}}\%)\times10^{-3} \quad (2\text{-}98)$$

$$\Delta Q_{e\mathrm{II}}=3I_{e\mathrm{I}}^2\frac{10U_{e\mathrm{I}}^2}{2S_e}(U_{d\mathrm{I}\text{-}\mathrm{II}}\%+U_{d\mathrm{II}\text{-}\mathrm{III}}\%-U_{d\mathrm{I}\text{-}\mathrm{III}}\%)\times10^{-3} \quad (2\text{-}99)$$

$$\Delta Q_{e\mathrm{III}}=3I_{e\mathrm{I}}^2\frac{10U_{e\mathrm{I}}^2}{2S_e}(U_{d\mathrm{I}\text{-}\mathrm{III}}\%+U_{d\mathrm{II}\text{-}\mathrm{III}}\%-U_{d\mathrm{I}\text{-}\mathrm{II}}\%)\times10^{-3} \quad (2\text{-}100)$$

式中 $U_{d\mathrm{I}\text{-}\mathrm{II}}\%$、$U_{d\mathrm{I}\text{-}\mathrm{III}}\%$、$U_{d\mathrm{II}\text{-}\mathrm{III}}\%$——变压器高中、高低、中低线圈间的短路电压比，即阻抗电压，由产品样本中查得。

当中压或低压线圈中有一个线圈的容量为变压器额定容量的67%时，则式2-92及式2-99或式2-93及式2-100中的 $I_{e\mathrm{I}}$ 应乘以0.67。

当中压或低压线圈中有一个线圈的容量为变压器额定容量的50%时，则式2-92及式2-99或式2-93及式2-100中的 $I_{e\mathrm{I}}$ 应乘以0.5。

变压器高压线圈的额定电流 $I_{e\mathrm{I}}$ 由下式求得

$$I_{e\mathrm{I}}=\frac{1000S_{e\mathrm{I}}}{\sqrt{3}U_{e\mathrm{I}}} \quad (2\text{-}101)$$

铜、铝芯三相三线圈电力变压器的 ΔP_k、$I_k\%$、ΔP_e、$U_{d\mathrm{I}\text{-}\mathrm{II}}\%$、$U_{d\mathrm{I}\text{-}\mathrm{III}}\%$、$U_{d\mathrm{II}\text{-}\mathrm{III}}\%$等参数可由产品样本查得或由制造厂提供。

2.12.4 电容器的有功功率损耗

三相(或单相)交流电容器的有功损耗为

$$\Delta P_c=Q_c\,\mathrm{tg}\delta \quad (2\text{-}102)$$

式中 Q_c——三相(或单相)电容器容量，kvar；

tgδ——交流电容器介质损失角正切值，与电容器的介质性能和温度有关，表2-14示出交流电容不同介质的 tgδ 值。

表 2-14 交流电容器的 tgδ 值（20℃时）

tgδ 值及电容器型号	电介质类别		
	油浸纸介质	油浸聚丙烯膜纸复合介质	油浸聚丙烯全膜介质
tgδ(%)	0.2～0.4	0.04～0.12	0.008～0.05
相应型号	BW	BWF、BFF、BBF	BFM、BWM

对于用电容器组装的并联补偿装置，要计及内部所接放电电阻、电抗器、保护和计量元件的损耗。一般取 $\Delta P_{cci}=(0.25\sim0.5)\%Q_c$（$\Delta P_{cci}$——电容补偿装置损耗，kW；$Q_c$——补偿电容器容量，kvar）。

2.13 年电能损耗计算

2.13.1 供电线路年电能损耗计算

$$\Delta W_x=\Delta P_x\tau \tag{2-103}$$

式中 ΔP_x——供电线路有功功率损耗，由式2-78求得，kW；

τ——最大负荷损耗小时，即线路中以 I_{js} 电流流过 τ 小时后，其电能损耗等于线路全年流过实际变化电流时的损耗，它与最大负荷利用小时数 T_{max} 及功率因数有关，见图2-17。

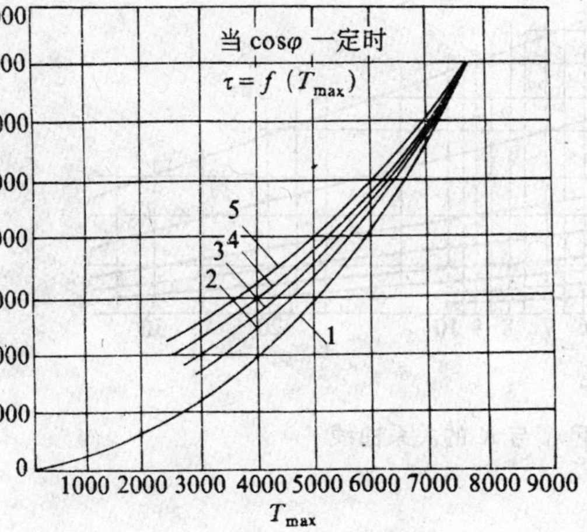

图 2-17 T_{max}与 τ 的关系曲线

1—cosφ=1.0；2—cosφ=0.9；3—cosφ=0.8；4—cosφ=0.7；5—cosφ=0.6

2.13.2 电抗器年电能损耗计算

$$\Delta W_k=\Delta P_k\tau \tag{2-104}$$

式中 ΔP_k——电抗器有功功率损耗，由式2-80求得，kW。

2.13.3 电力变压器年电能损耗计算

(1)双线圈变压器

$$\Delta W_b=\Delta P_k t+\Delta P_d\left(\frac{S_{js}}{S_e}\right)^2\tau \tag{2-105}$$

(2)三线圈变压器

$$\Delta W_b=\Delta P_k t+\Delta P_{e\mathrm{I}}\left(\frac{S_{js\mathrm{I}}}{S_{e\mathrm{I}}}\right)^2\tau_{\mathrm{I}}+\Delta P_{e\mathrm{II}}\left(\frac{S_{js\mathrm{II}}}{S_{e\mathrm{II}}}\right)^2\tau_{\mathrm{II}}+\Delta P_{e\mathrm{III}}\left(\frac{S_{js\mathrm{III}}}{S_{e\mathrm{III}}}\right)^2\tau_{\mathrm{III}} \tag{2-106}$$

式中 t——变压器全年投入运行的小时，可取8760h；

τ_{I}、τ_{II}、τ_{III}——分别为三线圈变压器的高、中、低压线圈的最大负荷损耗小时，由图2-17查得，h。

其余符号的含义见式2-82及式2-88。

2.13.4 电容器年电能损耗计算

$$\Delta W_c=\Delta P_c t \tag{2-107}$$

式中 ΔP_c——电容器有功功率损耗，由式2-102求得，kW

t——电容器年运行小时，h。

2.14 直流负荷计算

钢铁企业内除直流传动设备外，其他设备如控制站操作电源、动力制动、直流电磁制动器、某些信号电源、直流电磁阀等仍需直流电源。对于上述设备在数量多而且工作制不同时，应进行直流负荷计算，以便合理选择电源容量及其供电线路。

本节介绍不同工作制下直流负荷的计算，并列出部分常用直流负荷数据及设备资料，供设计参考。

2.14.1 不同工作制直流设备的负荷计算

已知条件：各直流设备的数量、实际电流 I_{sj} 及其工作制——实际负载持续率 FC_{sj}。

计算方法和步骤：可采用利用系数法，其步骤如下：

(1)计算各直流设备的平均负荷。

$$I_p = I_{sj} FC_{sj} \qquad (2\text{-}108)$$

(2)计算全部直流负荷的平均负载持续率 FC_p。

$$FC_p = \frac{\Sigma(I_{sj} FC_{sj})}{\Sigma I_{sj}} \qquad (2\text{-}109)$$

(3)计算设备的换算台数（对平均负荷最大一台来说）n_{hs}。

$$n_{hs} = \frac{\Sigma(I_{sj} FC_{sj})}{(I_{sj} FC_{sj})_{max}} \qquad (2\text{-}110)$$

式中 $(I_{sj} FC_{sj})_{max}$——直流设备中平均负荷的最大值，A。

(4)求直流设备的计算电流 I_{js}。

$$I_{js} = K\Sigma(I_{sj} FC_{sj}) \qquad (2\text{-}111)$$

式中 K——最大系数，根据 FC_p 和 n_{hs} 值从图2-18中查出。

直流负荷计算示例见1.15.3节例5。

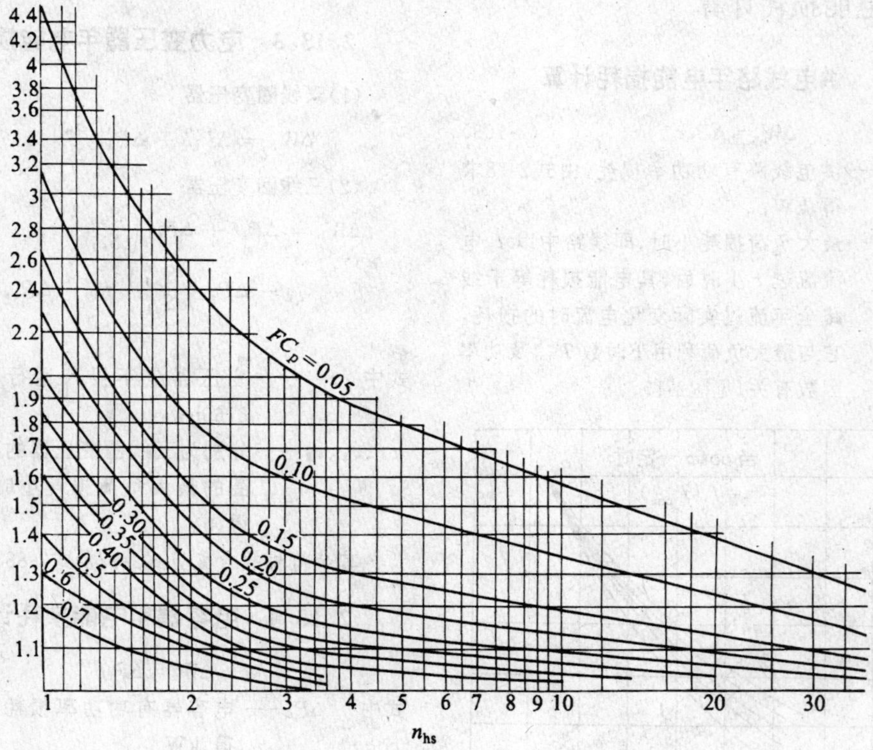

图 2-18 在不同的 FC_p 下 n_{hs} 与 K 的关系曲线

2.14.2 部分常用直流负荷数据及设备资料

控制屏的操作电源取 $FC_{sj}=100\%$ 电压为 -220V 时，按下述考虑：

鼠笼型电动机控制屏	$I_{sj}=0.5$A
绕线型电动机控制屏	$I_{sj}=0.7$A
直流电机控制屏	$I_{sj}=0.7$A

辅助屏　　　　　　　　　$I_{sj}=0.2A$

直流制动电磁铁 MZZ1、MZZ2系列产品电流值分别见表2-15、表2-16。

表 2-15　MZZ1系列制动电磁铁电流值

型号	额定电流(A)	
	$FC=25\%$	$FC=40\%$
MZZ1A-100①	0.7	0.45
MZZ1A-200	1.3	0.8
MZZ1A-300	2.3	1.4

①上海起重电器厂型号为 MZZ1-100并激，余同。

表 2-16　MZZ2系列制动电磁铁电流值

型号	冷态电流(A)					
	$FC=25\%$			$FC=40\%$		
	440V	220V	110V	440V	220V	110V
MZZ2-30H	0.45	0.91		0.33	0.66	
MZZ2-40H	0.8	1.59		0.5	1	
MZZ2-60H	1.27	2.55		0.75	1.5	
MZZ2-80H	1.72	3.46		1.14	2.28	
MZZ2-100H	2.5	5		1.6	3.46	
MZZ2-120H	3.6	7.2		2.15	4.31	
MZZ2-30S		0.81	1.62		0.59	1.18
MZZ2-40S		1.27	2.54		0.9	1.8
MZZ2-60S		1.59	3.18		1.13	2.26
MZZ2-80S		2.5	5		1.81	3.62
MZZ2-100S		3.4	6.8		2.36	4.72
MZZ2-120S		5.22	10.44		3.63	7.26

注：1. 冷态电流系根据电磁铁线圈需要的最大功率换算而得。除 MZZ2-30S、MZZ2-30H 和 MZZ2-40H 无放电电阻外，其余各规格均考虑带有并联放电电阻。

2. 型号后数字，30、40…表示电磁铁行程(mm)，带 H 的为保护式，带 S 的为防水式。

MFZ1系列直流阀用电磁铁电流值见表2-17。

表 2-17　MFZ1系列阀用电磁铁电流值

型号	冷态(+20℃)电流(A)		额定电流(A)		备注
	110V	24V	110V	24V	
MFZ1-0.7	0.065	0.36	0.055	0.225	
MFZ1-1.5	0.12	0.435	0.075	0.305	
MFZ1-2	0.135	0.63	0.10	0.415	
MFZ1-3	0.172	0.7	0.106	0.42	
MFZ1-4D	0.22	0.85	0.15	0.54	
MFZ1-7	0.22	1.16	0.155	0.76	

注：1. 电磁铁 $FC=100\%$。

2. 型号后数字0.7、1.5…表示电磁铁的吸力，kg。

交流电动机动力制动，如无实际负载持续率时，可取 $FC=10\%$，对于 YZ 型电动机

$$I_{sj}=I_{zd}=3I_{kz} \tag{2-112}$$

对于 YZR 型电动机

$$I_{sj}=I_{zd}=2.5I_{kz} \tag{2-113}$$

忽略线路压降，动力制动时的制动电压按下式求得

$$U_{zd}=2I_{zd}R_d \tag{2-114}$$

式中　I_{zd}——动力制动电流，A；

I_{kz}——电动机的空载电流，A；

R_d——电动机定子绕阻每相电阻，Ω。

电动机的空载电流可由设备资料查得，如缺少该数据时，可按下列经验公式计算

$$I_{kz}=I_{ed}\left(\sin\varphi_{ed}-\frac{\cos\varphi_{ed}}{2K_{max}}\right) \tag{2-115}$$

式中　I_{ed}——电动机的额定电流，A；

$\cos\varphi_{ed}$——电动机的额定功率因数；

$\sin\varphi_{ed}$——电动机额定功率因数角的正弦值；

K_{max}——电动机最大力矩倍数，即最大力矩与额定力矩之比值。

YZ、YZR 型电动机的制动电流和制动电压见表2-18及表2-19。

在进行直流负荷计算时，如负载电流较小的用电设备（如控制屏、制动电磁铁等）很多，而负载电流较大的用电设备（如动力制动）很少时，宜将这两类负载分别进行负荷计算，然后再求两者之和作为总计算负荷。

表 2-18 YZ 型电动机的空载电流（I_{kz}）、定子绕组相电阻（R_d）、制动电流（I_{zd}）和制动电压（V_{zd}）值

电动机型号	I_{kz} (A)	R_d① (Ω)	$I_{zd}=3I_{kz}$ (A)	$V_{zd}=2I_{zd}R_d$ (V)
YZ112M-6	2.8	5.8	8.4	97.4
YZ132M1-6	4	3.5	12	84
YZ132M2-6	5.7	1.58	17.1	54
YZ160M1-6	7.1	1.26	21.3	53.7
YZ160MZ-6	9.5	0.87	28.5	49.6
YZ160L-6	12.5	0.65	37.5	48.8
YZ160L-8	12.5	0.872	37.5	65.4
YZ180L-8	12.5	0.56	37.5	42
YZ200L-8	17.5	0.28	52.5	29.4
YZ225M-8	23	0.19	69	26.2
YZ250M1-8	33.5	0.145	100.5	29.1

①R_d是115℃时的电阻值。

表 2-19 YZR 型电动机的空载电流（I_{kz}）、定子绕组相电阻（R_d）、制动电流（I_{zd}）和制动电压（V_{zd}）值

电动机型号	I_{kz} (A)	R_d① (Ω)	$I_{zd}=2.5I_{kz}$ (A)	$V_{zd}=2I_{zd}R_d$ (V)
YZR112M-6	3.37	6.25	8.43	105.4
YZR132M1-6	4.04	3.66	10.1	73.9
YZR132M2-6	5.58	1.75	13.95	48.8
YZR160M1-6	7.95	1.45	19.88	57.7
YZR160M2-6	11.2	0.89	28	49.8
YZR160L-6	13	0.58	32.5	37.7
YZR180L-6	18.8	0.39	47	36.7
YZR200L-6	26.6	0.19	66.5	25.3
YZR225M-6	29.9	0.135	74.75	20.2
YZR225M1-6	26.5	0.145	66.25	19.2
YZR250M2-6	28.2	0.09	70.5	12.7
YZR280S-6	34	0.065	85	11.1
YZR280M-6	50	0.041	125	10.3

续表 2-19

电动机型号	I_{kz} (A)	R_d① (Ω)	$I_{zd}=2.5I_{kz}$ (A)	$V_{zd}=2I_{zd}R_d$ (V)
YZR160L-8	12.7	0.72	31.75	45.7
YZR180L-8	14.8	0.56	37	41.4
YZR200L-8	17.7	0.29	44.25	25.7
YZR225M-8	24.2	0.146	60.5	17.7
YZR250M1-8	31.4	0.15	78.5	23.6
YZR250M2-8	36.9	0.117	92.25	21.6
YZR280S-8	48.5	0.062	121.25	15
YZR280M-8	52.3	0.064	130.75	16.7
YZR315S-8	62	0.042	155	13
YZR315M-8	57.7	0.034	144.25	9.8
YZR280S-10	44.2	0.105	110.5	23.2
YZR280M-10	63.6	0.081	159	25.8
YZR315S-10	62.5	0.07	156.25	21.9
YZR315M-10	85.3	0.047	213.25	20
YZR355M-10	83	0.036	207.5	14.9
YZR355L1-10	90	0.03	225	13.5
YZR355L2-10	126	0.022	315	13.9
YZR400L1-10	182	0.046	455	41.9
YZR400L2-10	213	0.034	532.5	36.2

①R_d是115℃时的电阻值。

2.15 负荷计算示例

2.15.1 三相交流负荷计算

2.15.1.1 车间变电所（低压配电干线）负荷计算

例 1 某车间变电所供给下列负荷，求计算负荷并选择变压器，工厂配电电压为10kV。

空压机 380V 155kW 6台

380V 75kW 4台

通风机 380V 4kW 4台

380V 2.8kW 4台

各种机床电动机共370kW

起重机电动机 $FC=25\%$共140kW

车间照明（白炽灯） 45kW

车间变电所虽带有机床及起重机等设备，但经常工作的空压机通风机所占比重较大，可采用需要系数法进行计算。

按2.4节所述要求，列表（表2-20）计算如下：

表 2-20 需要系数法负荷计算表

序号	用电设备组名称	用电设备台数 n	设备容量 P_s（kW）	需要系数 K_x	cosφ	tgφ	计算负荷				备注
							P_{js} (kW)	Q_{js} (kvar)	S_{js} (kVA)	I_{js} (A)	
1	空压机、通风机	18	1257.2	0.75	0.8	0.75	943	707			
2	起重机		140	0.1	0.5	1.73	14	24			
3	机床		370	0.16	0.5	1.73	59	102			
4	照明		45	0.8	1	0	36	0			
	共计		1812.2				1052	833			
	考虑 $K_{\Sigma y}=0.8$ $K_{\Sigma w}=0.93$						842	775	1144	1738	变压器采用 630kVA×2
	10/0.4kV 变压器损耗[①]						7.5×2	33×2			
	变压器10kV 侧总负荷				0.71		857	841	1200	69	

①10/0.4kV 变压器有功、无功损耗分别由图2-9、图2-10查得。

变压器选用 SL7-630/10 630kVA（10/0.4kV）两台。

例 2 某车间生产用电设备如下，求供电干线计算负荷。

车、铣、刨等冷加工机床（电动机共计60台），585kW，其中45kW1台、28kW3台、10～0.75kW56台。

鼓风机、通风机、水泵电动机29台，502kW，其中90kW4台、28～2.8kW25台。

起重机电动机 $FC=25\%$共计78台1132kW，其中60kW4台、45kW2台、30～2.2kW 72台。

电热设备6台，21kW、4kW、3kW 各3台。

照明灯具（光源以气体放电灯为主）共计87kW。

具有机修车间负荷特征，分别采用二项式法及利用系数法计算。

(1) 用二项式法计算。

按2.5节要求列表（表2-21）计算，结果如下。

(2) 用利用系数法计算。

表 2-21 二项式法负荷计算表

序号	用电设备				c	b	cosφ	tgφ	计算负荷					备注
	设备组名称	台数 n	总设备功率 ΣP_s(kW)	其中最大 n_1台设备功率和 P_{nx}（kW）					cP_{nx} (kW)	$b\Sigma P_s$ (P_{js})（kW）	$b\Sigma P_s$tgφ (Q_{js})（kvar）	S_{js} (kVA)	I_{js} (A)	
1	风机、水泵	29	502	90×4+28=388	0.25	0.65	0.8	0.75	97	326	245			
2	冷加工机床	60	585	45+28×3+10=139	0.5	0.14	0.5	1.73	70	82	142			
3	电热设备	6	21		0	0.7	1	0	0	14	0			
4	起重机	78	1132	60×3=180	0.15	0.1	0.5	1.73	27	113	195			
5	照明		87			0.8	0.6	1.33		69	92			
										97	73			
	共计		2327				0.68			701	747	1024	1556	

表 2-22 利用系数法负荷计算表

序号	用电设备				计算参数			平均功率		功率 $P_{js} \geq \frac{1}{2}(P_{js})_{max}$ 的设备台数 n_1	n_1 台设备功率之和 P_{n1}(kW)	$P' = \frac{P_{n1}}{\Sigma P_s}$	$n' = \frac{n_1}{n}$	n'_{hs}	$n_{hs} = n'_{hs}n$	$P_{jsp} = \frac{\Sigma P_s}{n_{hs}}$	K_m	计算负荷				备注
	设备组名称	台数 n	每台设备功率范围 ($FC=100\%$) P_s(kW)	总设备功率 ΣP_s(kW)	K_1	$\cos\varphi$	$\mathrm{tg}\varphi$	$P_p = K_1\Sigma P_s$	$Q_p = P_p\mathrm{tg}\varphi$									P_{js} (kW)	Q_{js} (kvar)	S_{js} (kVA)	I_{js} (A)	
1	风机、水泵	29	90 28～2.8	502	0.6	0.8	0.75	301	226													
2	冷加工机床	60	45 28 10～0.75	585	0.14	0.5	1.73	82	142													
3	电热设备	6	4 3	21	0.35	1	0	14	0													
4	起重机	78	30 22.5 15～1.1	566①	0.15	0.5	1.73	85	147													
	小计	173		1674	0.29	0.68	1.07	482	515	5	405	0.24	0.029	0.37	64	26.1	1.14	549	587			
5	照明			87	0.8	0.6	1.33	69	92									69	92			
	共计			1761														618	679	918	1395	

①起重机电动机 $FC25\%\Sigma P_e=1132$kW，换算为 $FC=100\%$，$\Sigma P_s=566$kW。

先将 $FC=25\%$ 起重机电动机功率换算为 $FC=100\%$ 时的设备功率：

60kW $FC=25\%$ 换算后为 $60\sqrt{0.25}=30$kW（$FC=100\%$）

45kW $FC=25\%$ 换算后为 $45\sqrt{0.25}=22.5$kW（$FC=100\%$）

30～2.2kW $FC=25\%$ 换算后为（30～2.2）$\sqrt{0.25}=15$～1.1 kW（$FC=100\%$）

然后按2.6节所述步骤进行计算，结果整理于表2-22中。

2.15.1.2 配电所和总降压变电所负荷计算

例 3 确定某厂 N_1 配电所及总降压变电所负荷

N_1 配电所10kV 母线所接负荷为：

（1）空压机 6kV 同步电动机550kW 4台，$\cos\varphi$ 0.9（超前）

空压站变电所 $P_{js}=857$kW $Q_{js}=841$kvar

机修车间变电所 $P_{js}=629$kW $Q_{js}=739$kvar❶

（2）总降压变电所负荷见表2-24 P_{js}、P_{js}栏。用需要系数法计算，并将结果分别示于表2-23、表2-24中。

表 2-23 配电所负荷计算表

用户名称	设备功率 P_s（kW）	需要系数 K_x	$\cos\varphi$	$\mathrm{tg}\varphi$	计算负荷 P_{js}（kW）	Q_{js}（kvar）	S_{js}（kVA）	备注
N_1 配电所								
1.10/6kV 变压器								变压器为2500 kVA 1台
空压机	550×4=2200	0.75	−0.9	−0.39	1650	−644		
10/6kV 变压器损耗					15	100		
变压器10kV 母线					1665	−544		
2.空压站变电所	1812.2				857	841		
3.机修车间变电所					629	739		
共计					3151	1036		
考虑 $K_{\Sigma y}=0.9$ $K_{\Sigma w}=0.97$ 后 N_1 配电所10kV 母线			0.94		2836	1005	3009	

表 2-24 总降压变电所负荷计算表

用户名称	设备功率（kW）	K_x	$\cos\varphi$	$\mathrm{tg}\varphi$	计算负荷 P_{js}（kW）	Q_{js}（kvar）	S_{js}（kVA）	备注
N_1 配电所					2836	1005		
N_2 配电所	12090				5080	5200		
N_3 配电所	7450				3220	3135		

❶ 机修车间变电所负荷取自例2利用系数法计算结果，并分别加有10/0.4kV 变压器有功、无功损耗，$\Delta P_b=5.5\times2=11$kW，$\Delta Q_b=30\times2=60$kvar.

续表2-24

用户名称	设备功率(kW)	K_x	$\cos\varphi$	$\mathrm{tg}\varphi$	计算负荷 P_{js} (kW)	Q_{js} (kvar)	S_{js} (kVA)	备注
N_4 配电所	6460				3100	2715		
N_5 配电所	21400				9700	6530		
N_1 10kV 同步电动机	5400	0.73	−0.8	−0.67	3942	−2640		
N_2，N_3 10kV 同步电动机	6000×2	0.68	−0.8	−0.69	8160	−5630		
共 计					36038	10315		变压器选用
考虑 $K_{\Sigma y}=0.82$ $K_{\Sigma w}=0.94$ 后 10.5kV 母线					29551	9696	31101	16000kVA×3
110/10.5kV 变压器损耗①					100×2 =200	2000×2 =4000		
110kV 母线			0.908		29751	13696	32752	

①110/10.5kV 变压器有功、无功损耗分别由图2-15、图2-16 SFL_7变压器有功、无功损耗曲线查得。

2.15.2 单相交流负荷计算

例 4 确定 M-1干线的计算负荷。M-1干线接有三相负荷和单相负荷分别见表2-25中1～3项和4～6项。

当上述干线只有单相负荷时（如表2-28的 M-2干线），确定其计算负荷（等效三相负荷）。

(1) 求 M-1的计算负荷。

根据单相负荷均匀分配原则，将负荷作如表2-25分配。

表 2-25 M-1干线负荷表

M-1

1	小批冷加工机床	5×2.8kW +4×1.7kW			6×1kW +2×2.8kW +2×0.7kW		3×15kW +2×1kW +3×5.7kW	4×4.5kW +2×28kW +3×1kW
2	泵、通风机	1×20kW +1×14kW					1×14kW	2×10kW
3	传送带	3×2.8kW			2×1kW			3×1.7kW
4	电焊变压器		2×23kVA (a−b)	2×23kVA (b−c)		1×23kVA (c−a)		
5	电焊变压器		1×32kVA (a−b)	1×32kVA (b−c)				
6	电焊变压器		1×29kVA (a)	1×29kVA (b)		1×29kVA (c)		

其中三相负荷的设备总功率为208kW。

求单相负荷的设备功率：

电焊变压器 23kVA，$\cos\varphi=0.5$，$FC=65\%$，380V

$P_s=\sqrt{FC_e}\ S_e\cos\varphi=\sqrt{65\%}\times 23\times 0.5=9.3$ kW，

电焊变压器 32kVA，$\cos\varphi=0.5$，$FC_e=65\%$，380V

$P_s=\sqrt{FC_e}\ S_e\cos\varphi=\sqrt{65\%}\times 32\times 0.5=12.9$ kW，

电焊变压器 29kVA，$\cos\varphi=0.5$，$FC_e=65\%$，

$P_s=\sqrt{FC_e}\ S_e\cos\varphi=\sqrt{65\%}\times 29\times 0.5=11.7$ kW，

$\Sigma P_s=5\times 9.3+2\times 12.9+3\times 11.7=107.4\text{kW}$

即换算成 $FC=100\%$时的单相设备总容量为107.4kW，占三相设备总容量的51.7%。其计算功率，单相负荷总容量明显大于三相负荷总容量的15%，故应将单相负荷单独计算。其具体计算如下：

为同类设备，采用设备功率换算

$$\Sigma P_a=P_{ab}p_{(ab)a}+P_{ca}p_{(ca)a}+P_{a0}$$
$$=(18.6+12.9)\times 1.0+9.3\times 0+11.7$$
$$=43.2\text{kW}$$

$$\Sigma Q_a=P_{ab}q_{(ab)a}+P_{ca}q_{(ca)a}+Q_{a0}$$
$$=31.5\times 0.58+9.3\times 1.16+11.7\times 1.73$$
$$=49.2\text{kvar}$$

$$\Sigma P_b=P_{ab}p_{(ab)b}+P_{bc}p_{(bc)b}+P_{b0}$$
$$=31.5\times 0+31.5\times 1.0+11.7$$
$$=43.2\text{kW}$$

$$\Sigma Q_b=P_{ab}q_{(ab)b}+P_{bc}q_{(bc)b}+Q_{b0}$$
$$=31.5\times 1.16+31.5\times 0.58$$
$$+11.7\times 1.73=74\text{kvar}$$

$$\Sigma P_c=P_{bc}p_{(bc)c}+P_{ca}p_{(ca)c}+P_{c0}$$
$$=31.5\times 0+9.3\times 1.0+11.7=21\text{kW}$$

$$\Sigma Q_c=P_{bc}q_{(bc)c}+P_{ca}q_{(ca)c}+Q_{c0}$$
$$=31.5\times 1.16+9.3\times 0.58+11.7\times 1.73$$
$$=61.1\text{kvar}$$

由上述诸式可以看出 b 相负荷最大，故单相负荷的等效三相负荷（设备功率）为

$P_d=3\Sigma P_b=43.2\times 3\text{kW}$

$Q_d=3\Sigma Q_b=3\Sigma P_b\text{tg}\varphi$（因为同类设备 $\text{tg}\varphi$ 为同值）。

将 P_d再与表2-25中1～3项的三相负荷一起进行计算，即得 M-1干线的计算负荷。用需要系数法和利用系数法计算的结果，分别见表2-26和表2-27。

表 2-26　需要系数法负荷计算表（其中单相负荷经过换算）

序号	用电设备名称	台数 n	设备容量 (kW)	需要系数 K_x	$\cos\varphi$	$\text{tg}\varphi$	计算负荷 P_{js} (kW)	Q_{js} (kvar)	S_{js} (kVA)
	干线 M-1								
1	小批冷加工机床	36	124.5	0.15	0.5	1.73	18.7	32.4	
2	泵、通风机	5	68	0.7	0.8	0.75	47.6	35.7	
3	传送带	8	15.5	0.65	0.75	0.88	10	8.8	
4	电焊变压器	10	43.2×3	0.5	0.5	1.73	65	112.5	
	合计	59	338				141.3	189.4	237

（2）求 M-2的计算负荷。

表 2-27 利用系数法负荷计算表（其中单相负荷经过换算）

序号	用电设备名称	台数 n	设备容量(kW)			利用系数 K_l	$\cos\varphi$	$\mathrm{tg}\varphi$	平均负荷		$n'=\frac{n_1}{n}$	$P'=\frac{\Sigma P_{n1}}{\Sigma P_s}$	换算台数相对值 n'_{hs}	换算台数 n_{hs}	最大系数 K_m	计算负荷		
			单台 FC_e	单台 $FC=100\%$	合计				P_p (kW)	Q_p (kvar)						P_{js} (kW)	Q_{js} (kvar)	S_{js} (kVA)
	干线 M-1																	
1	小批冷加工机床	36			124.5	0.1	0.5	1.73	12.4	21.5								
2	泵、通风机	5			68	0.55	0.8	0.75	37.4	28.1								
3	传送带	8			15.5	0.5	0.75	0.88	7.75	6.8								
4	电焊变压器	10	23kVA	9.3kW	3×43.2	0.3	0.5	1.73	39	67.5								
			32kVA	12.9kW														
			29kVA	11.7kW														
	合计	59			338	0.285			96.6	124	0.254	0.717	0.44	26	1.26	121	156	97

注：$n_1=15$，$\Sigma P_{n1}=113+129.6=242.6\text{kW}$。

表 2-29 单相负荷计算表

序号	用电设备名称	台数	设备容量 kVA/kW ($FC=100\%$)	接在线电压上的单相设备容量(kW)			换算系数			接在相电压上的单相设备容量(kW)			利用系数 K_l	$\cos\varphi$	平均负荷					
															有功功率 P_p(kW)			无功功率 Q_p(kvar)		
				a-b	b-c	c-d	所接相	p	q	a	b	c			a	b	c	a	b	c
1	单相电焊变压器	2	2×23/2×9.3	18.6			a	1.0	0.58				0.3	0.5	5.58			3.2		
							b	0	1.16							0			6.4	
2	单相电焊变压器	2	2×23/2×9.3		18.6		b	1.0	0.58				0.3	0.5		5.58			3.2	
							c	0	1.16								0			6.4
3	单相电焊变压器	1	23/9.3			9.3	c	1.0	0.58				0.3	0.5			2.8			1.6
							a	0	1.16						0			3.2		
4	单相电焊变压器	1	32/12.9	12.9			a	1.0	0.58				0.3	0.5	3.87			2.2		
							b	0	1.16							0			4.4	
5	单相电焊变压器	1	32/12.9		12.9		b	1.0	0.58				0.3	0.5		3.78			2.2	
							c	0	1.16								0			4.4
6	单相电焊变压器	3	3×29/3×11.7							11.7	11.7	11.7	0.3	0.5	3.5	3.5	3.5	6.0	6.0	6.0
	合计			31.5	31.5	9.3				11.7	11.7	11.7			13	13	6.3	14.6	22.2	18.4

表 2-28　M-2干线负荷表

M-2

1	电焊变压器	1×23kVA (a-b)	1×23kVA (b-c)	1×23kVA (c-a)	1×23kVA (b-c)	1×23kVA (a-b)
2	电焊变压器	1×32kVA (a-b)	1×32kVA (b-c)	1×29kVA (c)	1×29kVA (b)	1×29kVA (a)

用利用系数法计算：

按2.9.2 节所述步骤分别将线负荷（a-b)、(b-c)、(c-a）换算为相负荷（有功及无功）并计算各相相应的平均负荷，其结果见表2-29序号1～5；计算相负荷a、b、c的平均负荷，其结果见表2-29序号6；各相平均负荷综合值见表2-29合计栏。

因b相负荷最大，故按b相求最大系数K_m。

由表知　$\Sigma P_{p(b)}=13kW$

$\Sigma Q_{p(b)}=22.2kvar$

$$K_{lp}=\frac{\Sigma P_{p(b)}}{\Sigma P_{s(b)}}=\frac{13}{43.2}=0.3$$

由于　$n'=\frac{n_1}{n}=\frac{4}{4}=1$

$$P'=\frac{\Sigma P_{n1}}{\Sigma P_{s(b)}}=\frac{43.2}{43.2}=1$$

由n'和P'查表2-6得$n'_{hs}=0.95$

故　$n_{hs}=n'_{hs}\quad n=0.95\times4\approx4$

由K_{lp}和n_{hs}查表2-7　得$K_m=2.14$

$$\Sigma P_b=P_{js(b)}=K_m\Sigma P_{p(b)}=2.14\times13=27.8kW$$

$$\Sigma Q_b=Q_{js(b)}=K_m\Sigma Q_{p(b)}=2.14\times22.2=47.5kvar$$

$$S_{d(b)}=\sqrt{P_{js(b)}^2+Q_{js(b)}^2}=\sqrt{27.8^2+47.5^2}=55kVA$$

故得M-2干线的计算负荷（等效三相负荷）：

$P_d=3\times27.8=83.4kW$

$Q_d=3\times47.5=142.5kvar$

$S_d=3\times55=165kVA$

2.15.3　直流负荷计算

例 5　某轧钢车间220V直流负荷见表2-30中用电设备栏，求计算电流。

按2.14.1节步骤进行计算，其结果见下表中计算值栏。

表 2-30　直流负荷计算表

编号	用电设备					计算值			
	名称	台数	FC_{sj}	I_{sj}	$I_{sj}FC_{sj}$	$FC_p=\frac{\Sigma(I_{sj}FC_{sj})}{\Sigma I_{sj}}$	$n_{hs}=\frac{\Sigma(I_{sj}FC_{sj})}{(I_{sj}FC_{sj})_{max}}$	K值	$I_{js}=K\Sigma(I_{sj}FC_{sj})$
	绕线型电动机控制屏	51	1	35.7	35.7				
	鼠笼型电动机控制屏	18	1	9	9				
	制动电磁铁								
	MZZ1A-300	7	0.25	16.1	4				
	MZZ1A-100	15	0.4	6.8	2.7				
	MZZ2-120H	9	0.25	64.8	16.2				
	合计			132.4	67.6	0.51	1.89	1.14	77
	动力制动								
	YZR280M-6	1	0.1	125	12.5				
	YZR315S-8	1	0.1	155	15.5				

续表 2-30

编号	用电设备				计算值				
	名称	台数	FC_{sj}	I_{sj}	$I_{sj}FC_{sj}$	$FC_p=\frac{\Sigma(I_{sj}FC_{sj})}{\Sigma I_{sj}}$	$n_{hs}=\frac{\Sigma(I_{sj}FC_{sj})}{(I_{sj}FC_{sj})_{max}}$	K 值	$I_{js}=K\Sigma(I_{sj}FC_{sj})$
	YZR400L1-10	1	0.1	455	45.5				
	合计			735	73.5	0.1	1.62	2.08	153
	共计								230

注：本例按车间要求一个电源（220V）考虑，如允许用两个电源，动力制动亦可单独采用48V 电源。

附录 2.1 普通功率电弧炉负荷计算

普通功率电弧炉❶（下简称电弧炉）负荷，除可采用利用系数法和需要系数法进行计算外，还可采用冶炼周期负荷法确定其负荷。

根据产品设计，电弧炉变压器允许工作过负荷20%，实际冶炼时，一般将电弧炉熔化期的工作容量定为变压器额定容量的120%，故一台电弧炉的计算负荷可按下式确定

有功功率 $P_{js}=1.2\,S_e\cos\varphi_1$ （附2-1）

无功功率 $Q_{js}=P_{js}\operatorname{tg}\varphi_1$ （附2-2）

当有数台电弧炉时，其计算负荷为

$$P_{js}=1.2\cos\varphi_1\Sigma(n_1S_{e1})+0.66\cos\varphi_2\Sigma(n_2S_{e2}) \quad (附2\text{-}3)$$

$$Q_{js}=1.2\sin\varphi_1\Sigma(n_1S_{e1})+0.66\sin\varphi_2\Sigma(n_2S_{e2}) \quad (附2\text{-}4)$$

$$S_{js}=\sqrt{P_{js}^2+Q_{js}^2} \quad (附2\text{-}5)$$

式中 S_e——电弧炉变压器的额定容量，kVA；

$\cos\varphi_1$——电弧炉熔化期的功率因数，取 $\cos\varphi_1=0.85$；

$\sin\varphi_1$——电弧炉熔化期的功率因数角的正弦值，（当 $\cos\varphi_1=0.85$时，$\sin\varphi_1=0.53$）；

$\cos\varphi_2$——电弧炉精炼期的功率因数，取 $\cos\varphi_2=0.9$；

$\sin\varphi_2$——电弧炉精炼期的功率因数角的正弦值，(当 $\cos\varphi_2=0.9$时，$\sin\varphi_2=0.44$)；

$\operatorname{tg}\varphi_1$——电弧炉熔炼期功率因数角的正切值；

n_1，S_{e1}——分别为设定为熔化期的电弧炉台数及其变压器额定容量，kVA；

n_2，S_{e2}——分别为设定为精炼期的台数及其额定容量，kVA；

熔化期电弧炉台数（n_1）及精炼期电弧炉台数（n_2）按附表2-1确定。

当电弧炉容量不同时，熔化期电弧炉取其中容量较大的几台来计算。

附表 2-1 电弧炉不同冶炼状态的计算台数

总台数	计算时设定为熔化期的电弧炉台数 n_1	计算时设定为精炼期的电弧炉台数 n_2
3	2	1
4	2	2
5	3	2
6	3	3

附录 2.2 设有自备发电装置企业的负荷计算

确定设有自备发电装置企业的最大负荷（外供），应分别确定全企业用电设备的计算负荷 P_{jsus}和自备发电装置能保证供电的最小容量 $P_{g_{min}}$。

$$P_{g_{min}}=\text{自备发电装置总输出功率}-\text{前者最大同时检修（停机）输出功率}=\Sigma P_{gi}+\Sigma P_{gri}-(\Sigma P_{grepi})_{max} \quad (附2\text{-}6)$$

式中 P_{gi}——各自备发电机组输出功率，kW；

P_{gri}——各 TRT 机组及其他能量回收发电机

❶ 目前炼钢生产上根据电弧炉设计冶炼强度的不同，将电弧炉分为普通功率（RP）、高功率（HP）、超高功率（UHP）三种类型、本节仅介绍普通功率电弧炉的负荷计算方法。

组的实际输出功率，kW；

$(\Sigma P_{g_{repi}})_{max}$ ——自备发电装置同时最大检修(停机)容量，kW。

由此，可确定企业需由电力部门供应的最大负荷为

$$P_{jsinc}=P_{jsus}-P_{g_{min}} \quad (附2\text{-}7)$$

要指出的是上述能量回收发电机 P_{gri} 中 TRT 机组的输出功率，取决于高炉炉况。根据目前国内已投入运行的 TRT 机组（不论引进的还是国产的）调查，均未能达到设计输出功率，而且由于高炉炉况的变化，其年输出功率亦不平衡。一般在炉龄中期三、四年间能达到较高的输出功率，在高炉投产初期和炉龄末期，输出功率下降较多，关于这点，设计时要予以注意。

附录 2.3 钢铁企业单位产品耗电指标

钢铁企业部分产品焦炭、耐火材料、生铁、铁合金、钢、各类钢材以及氧气等的单位电耗见附表2-2。

附表 2-2 钢铁企业单位产品耗电指标

产品名称	生产工艺或设备	单位产品耗电指标 (kW·h/t)	备注
焦炭	2×30孔焦炉	20	
	2×65孔焦炉	12～16.5	
粘土砖		40～67	
高铝砖		63～67	
硅　砖		69～72	
镁　砖		66.2	
白云石砖		97.4	
	干法	18.4	
白云石		63	
石　灰		21	
生白云石		4.9	
生铁	300 (255) m^3高炉	7～14	
	620 (750) m^3高炉	6	
	1000m^3高炉	5	
	1500 m^3高炉	5	
	1500～2500 m^3高炉	17	自动化程度高，并含部分辅助设施用电
	3200m^3高炉	14	同上
铸铁块	铸铁机	0.6～0.9	

续附表 2-2

产品名称	生产工艺或设备	单位产品耗电指标（kW·h/t）	备注
钢	氧气顶吹转炉 12t	20～25	
	30t	15～25	
	50t	13～25	
	120t	13～20	
	200t	13～15	
	平　炉 30～100t	14～16	
	200～250t	8～10	
	500t	6～8	
	普通功率电炉 3t 不吹氧	900	
	5t 不吹氧	850	
	10t 吹氧	800	
	3t 吹氧	700	
	普通功率电炉 5t 吹氧	650	
	10t 吹氧	620	
	20t 吹氧	600	
	30～50t 吹氧	600	
	100t 吹氧	520	
	200t 吹氧	500	
	（普通功率电炉一般设计参考值）	550～700	
	高功率电炉	500～520	
	超高功率电炉	420～450	
	电炉辅助用电	30～40	含环保用电
连铸坯		8～10	
	*R*10.3m 板坯连铸机	3.6	
合金钢	50kg 真空感应炉	3000	
	100kg 真空感应炉	1200	
	200kg 真空感应炉	1200	
	500kg 真空感应炉（半连续）	1000	
	1000kg 真空感应炉（半连续）	900	
	1500kg 真空感应炉（半连续）	900	
	25kg 真空自耗炉	2000	
	100～200kg 真空自耗炉	2000	
	1000～2500kg 真空自耗炉	1400	
	5000kg 真空自耗炉	1000	

续附表 2-2

产品名称	生产工艺或设备	单位产品耗电指标（kW·h/t）	备注
钛	1000kg 真空自耗炉	1200	
	2500kg 真空自耗炉	1200	
铁合金			
45％　硅铁	铁合金炉	4800	
50％　硅铁	铁合金炉	5800	
75％　硅铁	铁合金炉	8200～8500	
90％　硅铁	铁合金炉	12000	
超低碳硅铁	铁合金炉	～9690	
碳素锰铁	铁合金炉	2900	
碳68％锰铁	铁合金炉	2800	
中低碳锰铁	铁合金炉	1800～2000	
20％硅锰合金	铁合金炉（矿石法）	4500	
20％硅锰合金	铁合金炉（锰渣法）	4100	
碳素铬铁	铁合金炉	3300～3500	
中低碳铬铁	铁合金炉	1800～2000	
微碳铬铁	铁合金炉	2800～3000	
超微碳铬铁	铁合金炉	3000	
金属锰	铁合金炉	3500	
钨铁	铁合金炉	2800	
硅铬合金	铁合金炉	5000～5200	
硅钙合金	铁合金炉	1750～2000	
初轧（普碳钢）	ϕ1150×2800	21～35	
初轧（合金钢）	ϕ1150、850～750	35～68	
开坯	ϕ850～750	35～57	
大型轨梁		58～74	
中型钢材		32～42	
小型钢材		38～50	
线材	连续式高速	～145	
中厚板	2800轧机	48～60	
热连轧带卷	1700　粗轧	～88	
	1700 精轧	～42	
冷连轧带卷	2030	189	
	1700	166	
冷轧硅钢带	取向、电热退火	～2010	
冷轧硅钢带	无取向	～480	
无缝钢管	ϕ140～133	200	

续附表 2-2

产品名称	生产工艺或设备	单位产品耗电指标（kW·h/t）	备注
无缝钢管	ϕ170	200	
焊接钢管	ϕ100以上电阻焊	60～80	
	ϕ100以上感应焊	125	
冷弯型钢、角钢、槽钢、门窗料	机组辊径 ϕ160～180	13	
氧气	10000 m^3/h 制氧机	0.448～0.49kW·h/m^3	不含压氧电耗
	6000 m^3/h 制氧机	0.52kW·h/m^3	同上
	3350 m^3/h 制氧机	0.551kW·h/m^3	同上
	300 m^3/h 制氧机	1.1～1.2 kW·h/m^3	
	150 m^3/h 制氧机	1.1～1.2 kW·h/m^3	
	50 m^3/h 制氧机	1.34kW·h/m^3	
	压氧电耗	0.2～0.3kW·h/m^3	
蒸气 1.3kPa 350℃		0.1	
压缩空气0.8kPa		6 kW·h/m^3	
电解制氢		5.5～5.6 kW·h/m^3	

附录 2.4　钢铁企业各车间综合需要系数

钢铁企业部分车间（工厂）的综合需要系数参见附表2-3。

附表 2-3　钢铁企业、车间、（工厂）综合需要系数 $K_{x\Sigma}$ 及 $\cos\varphi$ 参考值

生产车间（工厂）名称	$K_{x\Sigma}$①	$\cos\varphi$	备注
（一）炼铁车间			
炼铁负荷	0.25～0.3		不包括鼓风及上料卷扬装置
上料卷扬设备	0.6～0.7		
（二）炼钢			
转炉车间	0.35～0.55		
平炉车间	0.2～0.25		
电炉（普通功率）车间	0.72～0.78		
（三）连铸			
大型连铸机（400万 t/年）	0.62	0.81	包括铸坯精整及循环水系统
（四）轧钢			
1150　初轧厂	0.55～0.6		

续附表 2-3

生产车间（工厂）名称	$K_{x\Sigma}$①	cosφ	备注
1000　初轧厂	0.5		
2030　冷连轧厂	0.5	0.69	
1700　热连轧厂	0.46		
1700　冷连轧厂	0.4		
875　冷轧硅钢片厂	0.5	0.7	电热退火。取向硅钢片与无取向硅钢片产量比为2:3
2300　中板车间	0.5	0.7	
950/800　轨梁车间	0.4		
800/700　大型车间	0.5		
650　中型车间	0.4		
500　中型车间	0.65		
300　小型车间	0.47		
250　线材	0.63		
高速线材	0.62		
大H型钢	0.32		
无缝钢管			
ϕ400	0.42		
ϕ170	0.42	0.62	
ϕ140	0.52		
电焊管车间	0.27		
拔管车间（热）	0.39		
焊管车间	0.42		
1200　硅钢片冷轧	0.4		
1200　薄板	0.41		
（五）铸造与机修			
铸钢车间	0.3～0.4	0.65	不包括电炉
铸铁车间	0.35～0.4	0.7	
铸管车间	0.5	0.78	
金工车间	0.2～0.3	0.55～0.65	
工具车间	0.3	0.65	
热处理车间	0.4～0.6	0.65～0.7	
锻造车间	0.2～0.3	0.45～0.5	
焊接车间	0.25～0.3	0.45～0.5	

续附表 2-3

生产车间（工厂）名称	$K_{x\Sigma}$①	cosφ	备注
冶金炉修理	0.42		
电修车间	0.34		
试验站	0.4～0.5	0.8	
漆包线车间	0.8	0.9	
烘干室	0.7～0.8	0.7～0.8	
电镀车间	0.4～0.6	0.85	
压延车间	0.45	0.78	
木工车间	0.28～0.35	0.6	
废钢处理	0.45	0.68	
落锤间	0.2	0.6	
（六）中心试验室及动力设施			
中心试验室	0.42～0.47	0.6～0.8	
氧气站	0.75～0.85	0.8	
压缩空气站	0.7～0.85	0.75	
煤气站	0.75～0.85	0.8	
水泵站	0.5～0.65	0.8	
锅炉房	0.65～0.75	0.8	
充电站	0.6～0.7	0.8	
乙炔站	0.7	0.9	
（七）仓库及运输设施			
仓库设施	0.26～0.32		
电机车运输	0.2		
冷冻站	0.7	0.75	
（八）其他			
建筑修理	0.42		
污水处理站	0.75～0.8	0.7～0.8	

①车间（工厂）综合需要系数 $K_{X\Sigma}=\frac{\text{车间（工厂）的计算负荷（kW）}}{\text{车间（工厂）设备功率总和（kW）}}$

它与工艺、设备、原料等诸多因素和条件有关，在相同生产条件下，$K_{X\Sigma}$值是从宏观上衡量车间（工厂）设备综合利用率的一个指标。

为了评价车间（工厂）负荷计算的结果，如有条件建议在设计中算出$K_{X\Sigma}$和最大负荷利用小时（T_{max_y}）值，将这些指标与现在生产的类似车间（工厂）的指标进行比较，从中可以看出，当广泛采用流水作业和提高自动化程度时，必然使$K_{X\Sigma}$和T_{max_y}值增大，否则，要修正计算。

在进行初步设计时，亦可根据类似车间（工厂）的$K_{X\Sigma}$值和车间（工厂）设备总容量，估算其计算负荷。

本表列出部分车间（工厂）$K_{X\Sigma}$值，供参考。

参考文献

[1] 北京钢铁设计院等编，钢铁企业电力设计参考资料，(上册)，冶金工业出版社，1976.

[2] Под общ. ред проф. В. Г. Гересимова. П. Г. Грудинского, Л. А. Жукова и др, Электротехнический Справочник Том Ш Книга 2, Энергоиздат, 1982.

[3] В. А. Гельстрем, А. С. Иванека. Справочник Энергетика промышленных предприятий, издательсво《техника》, 1972.

[4] С. Д. Волобринский и др, Электрические нагрузки промышленных предприятий, издательство-энергия, 1972.

[5] В. В. Бундас, Расчеты при. проектировании эзлектроснабжения, госнэнергоиздат, 1961.

[6] 航空部第四规划设计研究院等编，工厂配电设计手册，水利电力出版社，1983.

第3章

供电系统中的有功和无功冲击负荷

3.1 概述

钢铁企业的用电设备运行时的有功功率及无功功率并不固定，常常是随时间及工况变化而不断变化的。当它变动的幅度、频度较小，其容量比向它供电的电源容量小得多时，用电设备的有功和无功功率变动对电力系统不会造成什么影响。这类负荷称之为基本负荷。属于这一类负荷的有大型轧钢车间的推钢机、飞剪、压下装置、卷取机、精整设备等。

另有一些大型用电设备，如大型电弧炉、大型初轧机、各类型钢轧机、冷、热连轧机等。由于这些用电设备单机容量大，其有功功率及无功功率变动的幅度、频度都较大，并重复周期性变化，这类负荷称之为冲击负荷。

有功冲击负荷将对电力系统的频率产生影响，无功冲击负荷将对电力系统的电压产生影响。

3.2 冲击负荷的种类及特点

3.2.1 冲击负荷的种类

具有冲击负荷特点的用电设备，因生产工艺及控制方式不同，产生的冲击负荷类型也不同，大致可分为两大类：

(1)三相基本平衡的冲击负荷，例如各类大型轧钢机、大型矿井提升机等。

(2)三相不平衡的冲击负荷，例如大型焊机、大型电弧炉等。

钢铁企业除大型矿井提升机、大型焊机以外，两类均有。以下仅着重分析各类轧钢机冲击负荷的特点。

3.2.2 冲击负荷的特点

大型轧钢机，就其冲击负荷的特点，也可分为两类。

(1)轧制周期较短，功率变化速率高。例如初轧机、中、厚板轧机、型钢轧机等。

(2)轧制周期较长，功率变化速率较低。例如冷、热连轧机等。

这两类轧机的冲击负荷幅值、功率变化速率、轧制周期的一般数值范围见表3-1。

表 3-1 冲击负荷幅值、速率、周期

轧钢机类型	冲击负荷幅值		功率平均变化速率		轧制周期	
	ΔP (MW)	ΔQ (Mvar)	上升 (MW/s)	下降 (MW/s)	平均 (s)	最短 (s)
板坯初轧机	20～30	20～25	40～50	40～50	10	
热连轧机	40～70	40～70	4～7	4～7	150	
冷连轧机	30～40	30～40	3～4	3～4	300	

轧机的冲击负荷有一定的规律性，而电弧炉产生的冲击负荷不仅三相不平衡，而且很不规则，特别是在熔化期，有功功率、无功功率变化的频度随机性很大。

以往轧钢机主传动的直流电动机由电动机-发电机组成的变流机组供电。当变流机组的电动机采用同步电动机，并装有电压给定的恒定无功调节装置时，可以认为轧机生产过程中主要是有功冲击负荷。

现代大型轧钢机主传动直流电动机采用晶闸管变流装置供电，生产时，既有有功冲击负荷，又有无功冲击负荷，特别是当可逆轧机咬钢，连轧机穿带完毕多个机架同时升速瞬间，由于晶闸管变流装置控制角 α 较大，功率因数很低，此时所需的无功功率很大。随着控制角减小，功率因数上升，无功功率相应下降，至稳速轧制时一般无功功率小于有功功率。通常平均功率因数约为0.7～0.8s，负荷变化曲线大致相似。

一般由空载负荷到达最大负荷，热连轧机的精轧机组，约需8～10s；冷连轧机约需10～15s；可逆轧机约需0.3～0.5s。

由此可见，有功冲击负荷的幅值大小，功率变化速率，冲击负荷出现频度，与轧机性能、产品材质、轧制工艺、操作技能等诸因素有关。而无功冲击负荷，除与上述诸因素有关外，还与设备电气传动采用晶闸管变流装置供电及调速有关。

3.2.3 冲击负荷曲线示例

3.2.3.1 直流电动机传动的轧钢机

直流电动机传动的轧钢机，采用晶闸管变流装置供电时的冲击负荷曲线如下所述。

A 典型轧机

典型轧机，当轧机咬钢、加速、稳速轧制、抛钢生产过程中，除出现有功冲击负荷外，无功功率的变化也呈冲击性。图3-1为典型轧机主传动有功和无功，冲击负荷曲线。图中 P、Q 分别为有功及无功冲击负荷；P_N、Q_N 为电动机的额定功率或轧机的轧制有功功率和无功功率。

B 热连轧机

2050mm 热连轧机，在最大轧制品种为3.2mm×1900mm 时，轧机的有功及无功冲击负荷曲线如图3-2、3-3所示；1700mm 热连轧机在一般轧制品种和繁重轧制品种时，轧机的有功及无功冲击负荷曲线如图3-15、图3-16所示。

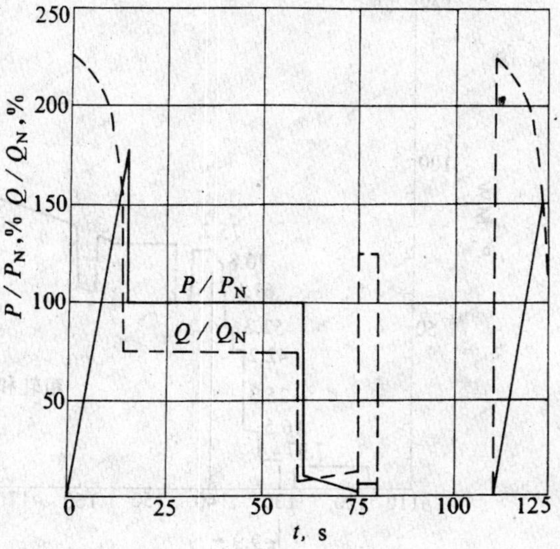

图 3-1 典型轧机的有功和无功冲击负荷曲线

图3-2中，板坯规格为250mm × 1900mm × 12000mm，44.5t；粗轧机成品为34mm；带钢成品为3.2mm×1900m×937500mm；轧制周期为112s；轧机设备容量为 F_1～F_6—9000kW，R_2—2×5000kW，F_7—6000kW，R_3—9000kW，R_1—4600kW，R_4—8000kW。

由上述冲击负荷曲线可见，轧机的晶闸管变流装置，对于2050mm 轧机，功率因数约为0.8；对于1700mm 轧机，功率因数约为0.7。

3.2.3.2 超高功率电弧炉冲击负荷

A 90t 超高功率电弧炉

90t 超高功率电弧炉用100%废钢冶炼，分两个料筐装料，出钢到出钢时间为90min，其中通电时间61min，非通电时间29min，熔炼期 $\cos\varphi=0.8$，精炼期 $\cos\varphi=0.75$，电弧炉工作时冲击负荷如图3-4所示。

B 150t 超高功率电弧炉

150t 超高功率电弧炉用100%废钢冶炼，分两个料筐装料，出钢到出钢时间为100min，其中通电时间76min，非通电时间24min，熔炼期 $\cos\varphi=0.83$，过热期 $\cos\varphi=0.75$，电弧炉工作时冲击负荷如图3-5所示。

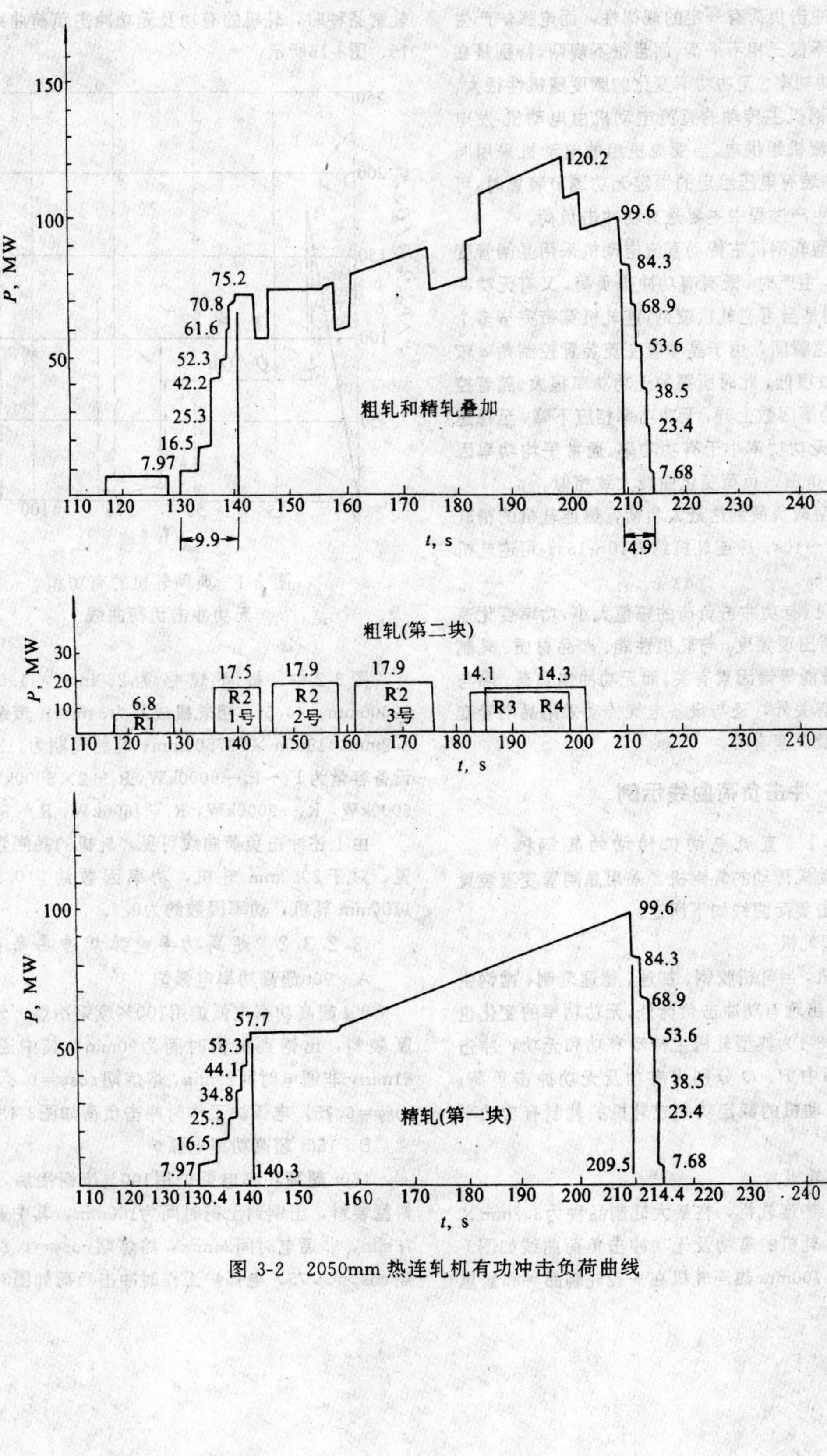

图 3-2 2050mm 热连轧机有功冲击负荷曲线

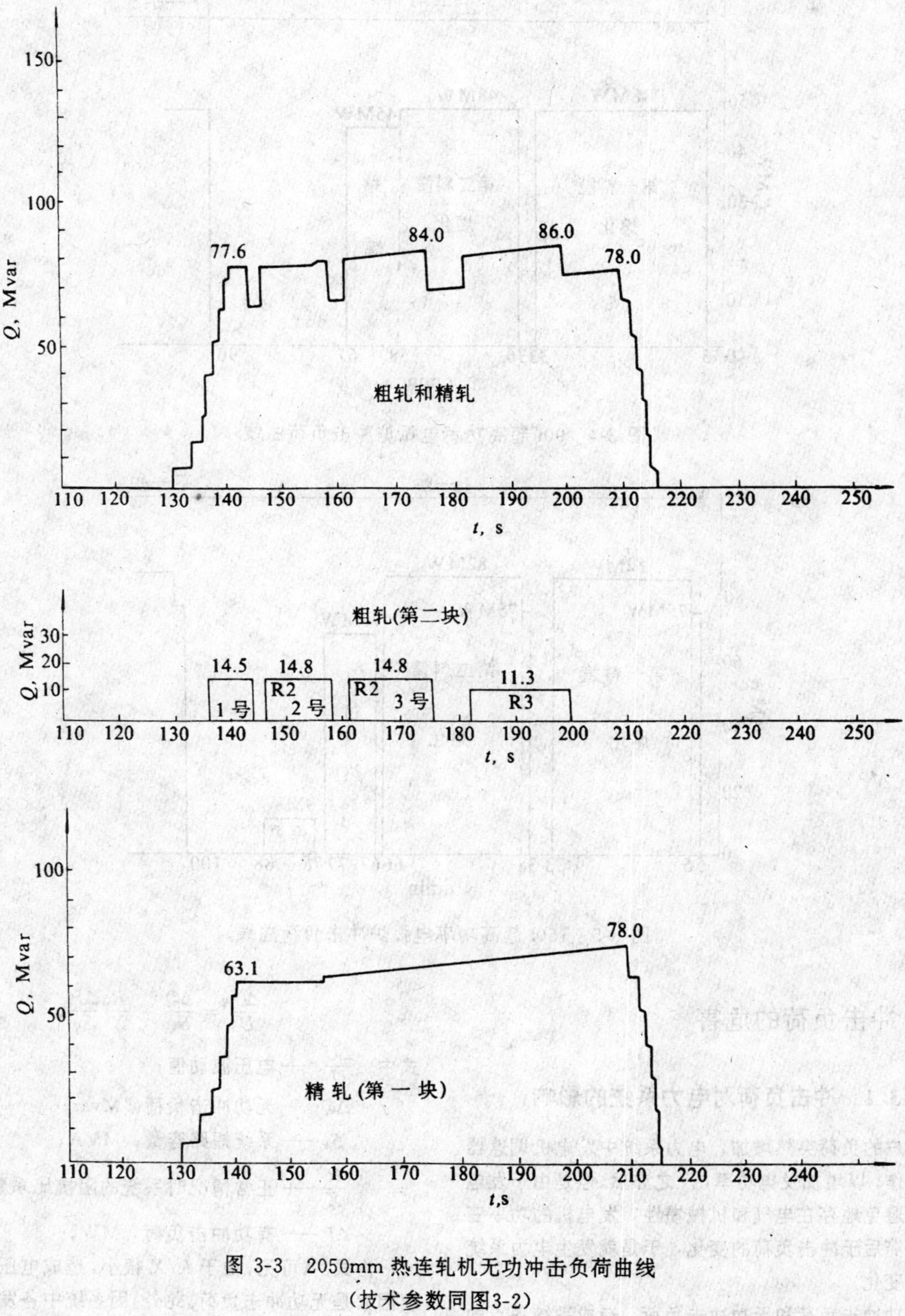

图 3-3 2050mm 热连轧机无功冲击负荷曲线

（技术参数同图3-2）

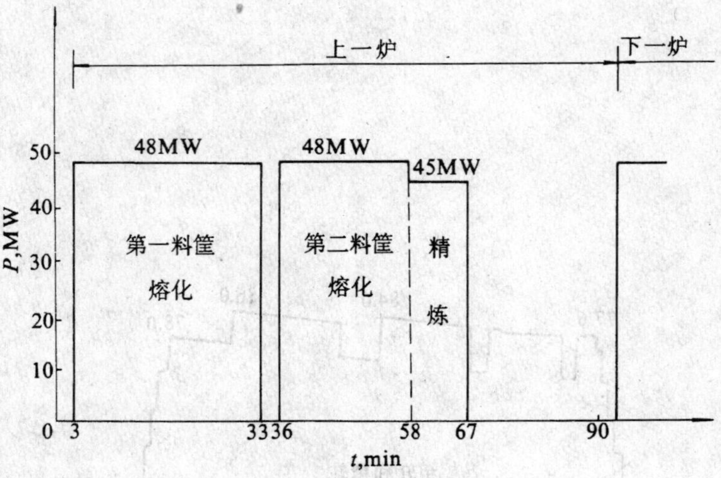

图 3-4 90t 超高功率电弧炉冲击负荷曲线

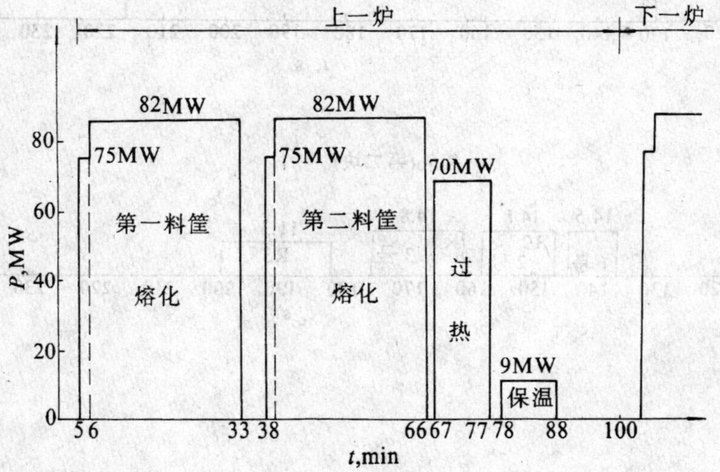

图 3-5 150t 超高功率电弧炉冲击负荷曲线

3.3 冲击负荷的危害

3.3.1 冲击负荷对电力系统的影响

用户的负荷突然增加，电力系统中发电机调速器立即动作，以增加发电功率，反之亦然。但是由于发电机不可避免地存在电气和机械惯性，发电机的功率变化总是滞后于冲击负荷的变化，于是就发生电力系统的频率变化。

有功冲击负荷和无功冲击负荷，造成系统各点的电压波动，波动的大小可近似按下式计算

$$\frac{\Delta U}{U}=\frac{\Delta Q}{S_k}+\frac{R}{X}\frac{\Delta P}{S_k} \tag{3-1}$$

式中 $\frac{\Delta U}{U}$——电压波动值；

ΔQ——无功冲击负荷，Mvar；

S_k——系统短路容量，MVA；

$\frac{R}{X}$——正常情况时系统的阻抗比系数；

ΔP——有功冲击负荷，MW。

由式3-1可见，由于 R/X 很小，造成电压波动的主要因素是无功冲击负荷。此外，因系统中各发电机与负荷点的电气距离不等，各发电机组调速器性能不同，各发电机承受冲击负荷比例不等，因此各发电机组之

间会产生相对角度差，系统中的同步机和发电机之间也会产生相对角度差，因而影响系统的稳定性，严重时还有解列的可能。

大型钢铁企业的有功冲击负荷是正常生产时产生的，具有周期性冲击的特性，须由电力系统承担。由无功冲击负荷引起的电压波动超过允许值的部分，则由企业无功功率补偿来解决。

3.3.2 冲击负荷对用电设备的影响

冲击负荷造成电力系统的电压和频率波动，这些波动对用电设备有以下影响：

(1)电动机的转矩与电压的平方成正比。如果电动机处于长时间低电压运行，而负荷转矩不变，则会造成电机发热，甚至烧坏电动机。

(2)电压下降造成电磁元件、设备动作不可靠。如：继电器、接触器、磁力起动器吸合缓慢，烧坏触头。抱闸打不开，使电机不能工作。

(3)电压下降造成晶闸管变流装置整流电压下降；移相器移相角变化，引起直流输出变化。

(4) 电压波动会使电子控制系统失灵。

(5) 照明光通量与电压的3.6次方成正比例变化，发光效率与电压平方成正比例变化，因此电压波动严重影响电气照明质量，对于气体光源灯，还可能因电压过低导致自动熄灭。

(6) 离心式水泵的水头和风机的压力与转速的平方成正比，水量和风量与转速三次方成正比例变化，因此频率的变化将对水泵和风机的正常运行产生很大的影响。

(7) 频率变动使记录表计、电钟等出现记录误差，还会对广播通讯带来影响。

(8) 低频运行时，使汽轮机叶片容易疲劳，严重时还会发生共振，造成汽轮机叶片断裂的严重事故。

总之，冲击负荷既对电力系统造成影响，又对用电设备造成危害。

3.4 有功冲击负荷对电力系统影响的分析

3.4.1 有功负荷与频率的关系

系统内的有功负荷随频率变化而变化的特性叫做有功负荷的频率静态特性，可用下式表示

$$K_{\mathrm{pf}} = \frac{\Delta P_{\mathrm{FH}}\%}{\Delta f\%} \tag{3-2}$$

或

$$\Delta P_{\mathrm{FH}} = K_{\mathrm{pf}} P_{\mathrm{FHN}} \frac{\Delta f}{f_{\mathrm{N}}} \tag{3-3}$$

式中 ΔP_{FH}——有功负荷的变化量，MW；

K_{pf}——负荷的频率调节效应系数；

P_{FHN}——额定频率 f_{N}（我国为50Hz）时整个系统的有功负荷，MW；

Δf——频率的变化量，Hz；

f_{N}——额定频率，Hz；

$\Delta P_{\mathrm{FH}}\%$——有功负荷变化量 ΔP_{FH} 与额定频率时整个系统的有功负荷 P_{FHN} 之比的百分数；

$\Delta f\%$——频率的变化量 Δf 与额定频率 f_{N} 之比的百分数。

当频率用有名值表示时，由式3-2得

$$\Delta f = \frac{\Delta P_{\mathrm{FH}}\%}{2K_{\mathrm{pf}}}$$

或

$$f = 50 - \frac{\Delta P_{\mathrm{FH}}\%}{2K_{\mathrm{pf}}} \tag{3-4}$$

当负荷变化之前的频率不是 f_{N}，而是从较低的频率 f_1 开始，则

$$\begin{aligned}\Delta f &= f_1 - \left(50 - \frac{\Delta P_{\mathrm{FH}}\%}{2K_{\mathrm{pf}}}\right) \\ &= f_1 - 50 + \frac{\Delta P_{\mathrm{FH}}\%}{2K_{\mathrm{pf}}}\end{aligned} \tag{3-5}$$

K_{pf} 值的大小与负荷种类的组成有关，对于一般的电力系统，其综合的 K_{pf} 值为1～3。因此从式3-2可知，当频率每下降1%（即0.5Hz）时，则系统内的负荷相应减少1～3%。

系统内出现有功冲击负荷时，如果发电机的输出功率不变，则有功冲击负荷将引起系统的频率降低，从而又引起系统负荷减少，一直到负荷的减少量与冲击负荷量相等的时候，系统就稳定在一个新的频率水平上。比照这种条件，冲击负荷量相当于负荷变化量，使频率变化。

系统频率变化而发电机输出功率不变是属于个别情况，一般情况下系统频率变化，发电机输出功率也随之变化。

3.4.2 发电机输出功率与频率的关系

当系统频率变化时，汽轮机（或水轮机）调节系统将自动改变汽轮机（或水轮机）的进气量（或进水量），以增减发电机的输出功率，这种由于频率变化而引起汽轮机（或水轮机）输出功率变化的关系叫做发电机调节系统的频率静态特性，如图3-6所示。

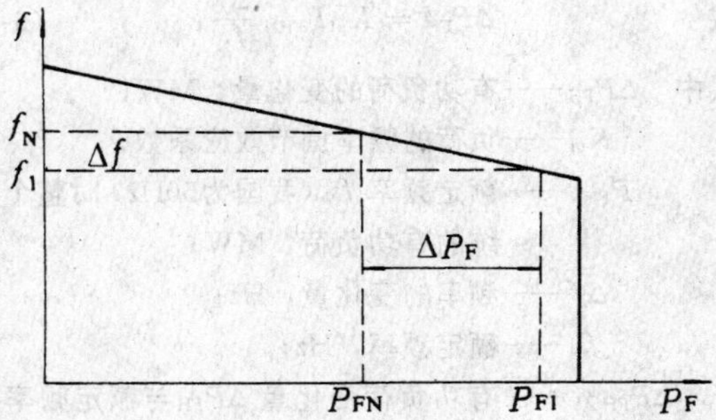

图 3-6 单台汽轮机（或水轮机）调节系统的频率静态特性

单台汽轮机(或水轮机)调节系统频率静态特性曲线的斜率为

$$K_F=-\frac{\Delta P_F}{P_{FN}}\frac{f_N}{\Delta f}=-\frac{\Delta P_F\%}{\Delta f\%} \qquad (3\text{-}6)$$

或 $$\Delta P_F=-\frac{P_{FN}K_F\Delta f}{f_N} \qquad (3\text{-}7)$$

式中 K_F——汽轮机或水轮机调节系统的频率特性斜率，等于发电机功率变化百分数，因为频率下降时，发电机输出功率不是减少，而是增加，所以式3-6的右边是负号；

P_{FN}——发电机额定输出功率，MW。

对于汽轮机，K_F 一般为16.6～25；对于水轮机，K_F 一般为25～50。

整个系统所有发电机组的输出功率与频率变化的调节系统频率静态特性斜率也可以用与单台机组相似的方法表示

$$K_{FP}=-\frac{\sum_{m=1}^{n}\Delta P_{Fm}}{\sum_{m=1}^{n}P_{FNm}}\frac{f_N}{\Delta f}=-\frac{\Delta P_F\%}{\Delta f\%} \qquad (3\text{-}8)$$

或 $$\sum_{m=1}^{n}\Delta P_{Fm}=-\frac{\sum_{m=1}^{n}P_{FNm}\Delta fK_{FP}}{f_N}$$

式中 $\sum_{m=1}^{n}\Delta P_{Fm}=\Delta P_{F1}+\Delta P_{F2}+\cdots+\Delta P_{Fn}$——频率变化时所有机组输出功率变化之和，MW；

$\sum_{m=1}^{n}P_{FNm}=P_{FN1}+P_{FN2}+\cdots+P_{FNn}$——所有机组额定输出功率之和，MW；

K_{FP}——全系统发电机原动机调节系统的频率静态特性的平均斜率。

应该指出，在求所有机组调节系统的频率特性的平均斜率 K_{FP}时，应将没有调节容量的发电机的 ΔP_{Fm} 用零代入。

另外，还应注意各发电机调节器均有失灵区。对于水轮发电机调节器的失灵区为0.02%，对于汽轮发电机的失灵区为0.05%。调节器的失灵区将在系统暂态过程中显示出来。

3.4.3 有功冲击负荷与电力系统频率的关系

根据前两节所述，当有功冲击负荷加到电力系统上时，原有的负荷和发电机的输出功率都将随着频率的变化而发生变化。描述这种变化关系称为电力系统的频率静态特性。它取决于有功负荷的频率静态特性和发电机输出功率的频率静态特性。由式3-3和式3-8可得电力系统的频率静态特性方程为

$$\begin{aligned}\Delta P&=\sum_{m=1}^{n}\Delta P_{Fm}-\Delta P_{FH}\\&=-\frac{\sum_{m=1}^{n}P_{FNm}K_{FP}\Delta f}{f_N}-P_{FHN}\frac{\Delta fK_{pf}}{f_N}\\&=-P_{FHN}\frac{\Delta f}{f_N}(\rho K_{FP}+K_{pf})\end{aligned} \qquad (3\text{-}9)$$

或 $$\rho K_{FP}+K_{pf}=-\frac{\Delta P}{P_{FHN}}\frac{f_N}{\Delta f}=-\frac{\Delta P\%}{\Delta f\%} \qquad (3\text{-}10)$$

式中 ρ——为备用容量系数，等于全系统发电机额定功率总和与全系统总负荷（包括厂用电及电网损失）之比，即

$$\rho=\frac{\sum_{m=1}^{n}P_{FNm}}{P_{FHN}}$$

ΔP——电力系统的有功变化量，MW。

应用式3-3、式3-10时必须注意，当有功冲击负荷的百分数大于发电机备用容量百分数时，应分成两步计算，首先令冲击负荷的百分数等于发电机备用容量百分数，按照式3-9或3-10进行计算；然后将剩下来的冲击负荷百分数按照式3-5计算。

图3-7是电力系统的频率静态特性曲线，图中 P_F 是发电机组的频率静态特性曲线；P_{FH}是负荷的频率静态特性曲线，两者相交于 a 点，在此点 f_N 稳定运行(假定 f_N 为额定频率)。当冲击负荷 P'_{FH}作用时，由于调节器具有惯性，来不及动作，发电机输出功率不变，冲击负荷出现瞬间只能由系统储存的动能供给，这时使系统频率下降至 f_1 ($\Delta f_1=f_N-f_1$)，即图中 b 点，这

个阶段持续时间一般为1～2s。

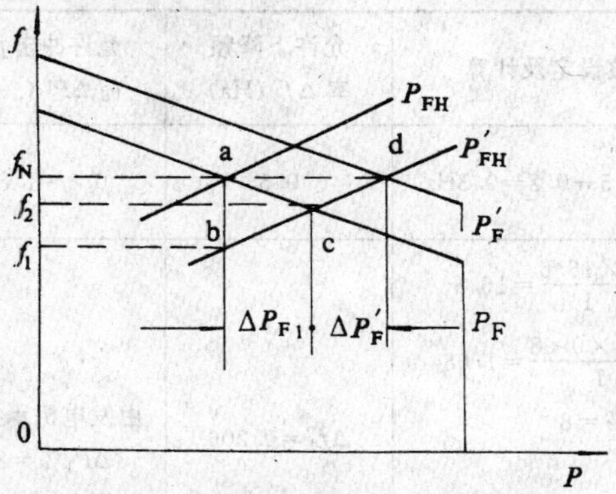

图 3-7 电力系统的频率静态特性曲线

当调节器动作后，经过自动调节过程，发电机输出功率增加 ΔP_{F1}，频率回升，系统频率由 f_1上升至 f_2，即由图中 b 点上升至 c 点。这个过程为调节系统自动完成的一次调整过程，其持续时间一般为2～4s。如果再采取自动调频装置或人工调频，使图中 P_F 特性平行上移至 P_F' 位置，发电机输出功率再增加 $\Delta P_F'$，则 f_2 恢复至 f_N，即由图中 c 点上升至 d 点，这个过程称为二次调整过程。

由图3-7知，经第一次调整过程，冲击负荷由两部分所平衡，即发电机增加功率 ΔP_{F1}和电力系统原有负荷减少功率 ΔP_{FH}（等于 ΔP_{F1}），而系统频率将降低至 f_2，则 $\Delta f_2=f_N-f_2$。

如果系统发电机无备用容量，频率下降还要大，这是因为此时的频率下降仅决定于负荷的频率静态特性，即到 $\Delta P=\Delta P_{FH}$时，频率才停止下降。

根据上述内容，可以作冲击负荷对系统频率变化的估算，见表3-2。

表3-2中共假定了五个例题，表中符号及参数说明如下：

(1) 所有百分数均以全系统额定频率时的总负荷 P_{FHN}为基准值。当需要把冲击负荷 ΔP 换算到以全系统发电机额定功率总和 $\sum_{m=1}^{n}P_{FNm}$为基准的百分数时，将 $\Delta P\%$乘以 P_{FHN}与 $\dfrac{\sum_{m=1}^{n}}{P_{FNm}}$之比。

(2) 备用容量系数为

$$\rho=\frac{\sum_{m=1}^{n}P_{FNm}}{P_{FHN}}$$

(3) 为了可靠起见：

1) 取汽轮机调速系统的频率特性斜率 $K_F=16.6$；

2) 取水轮机调速系统的频率特性斜率 $K_F=25$；

3) 取负荷的频率调节效应系数 $K_{pf}=1.5$；

4) 本计算是以频率静态特性为根据，未考虑频率动态特性，即没有考虑从一种平衡状态变化到另一种平衡状态的中间过程频率变化情况。

通过例题可看出以下几点：

(1)系统发电机备用容量越大越好。由例3和例4可知，当冲击负荷与备用容量相等时频率变化很小。因此在一般情况下，频率变化都不会超过允许值。当然如例5的个别情况也应注意。

(2) 系统发电机备用容量分配越均匀越好。例3和例4两者备用容量相等，但前者比后者好。分配很不均匀情况，如例5频率下降很厉害。

(3)当系统无备用容量时，如例1和2频率下降更严重。

(4) 根据 (1) 点，如果系统发电机额定容量总和中把冲击负荷也考虑进去，在一般情况下频率下降值均能满足要求。

(5)水轮机参与系统承担冲击负荷，其效果是明显的，在工程实践中也证明了这一点。

表 3-2 例题计算表

例题	计算条件	应用公式	参数设定及计算	允许下降频率 Δf (Hz)	允许冲击负荷 ΔP (%)
例1	(1) 系统发电机无备用容量 (2) $K_{pf}=1\sim3$ (3) 开始频率 $f_1=f_N$ (4) $f_N=50$Hz	$\Delta P\%=K_{pf}\dfrac{\Delta f}{f_N}\times100\%$		0.5	1～3

续表 3-2

<table>
<tr><th>例题</th><th>计算条件</th><th>应用公式</th><th>参数设定及计算</th><th>允许下降频率 Δf (Hz)</th><th>允许冲击负荷 ΔP (%)</th></tr>
<tr><td>例2</td><td>同上，但 $f_1=49.8$Hz</td><td>$\Delta P\%=K_{pf}\dfrac{\Delta f'}{f_N}\times 100\%$</td><td>$\Delta f'=0.5-0.2=0.3$Hz</td><td>0.5</td><td>0.6～1.8</td></tr>
<tr><td rowspan="3">例3</td><td rowspan="3">(1) 系统发电机备用容量8%
(2) 备用容量均匀分配到每台发电机
(3) 全部为汽轮机 $K_F=16.6$
(4) $f_N=50$Hz
(5) $K_{pf}=1.5$
(6) $f_1=f_N$ 时</td><td>$\Delta f_1=\dfrac{\Delta P_1\% f_N\times 10^{-2}}{\rho K_{FP}+K_{pf}}$</td><td>$K_{FP}=\dfrac{1\times 16.6}{1}=16.6$
$\rho=\dfrac{1+1\times 0.08}{1}=1.08$
令 $\Delta P_1\%=8$</td><td>$\Delta f_1=0.206$</td><td>由发电机承担：
$\Delta P_1\%=8$</td></tr>
<tr><td>$\Delta P_2\%=K_{pf}\dfrac{\Delta f_2}{f_N}\times 100\%$</td><td>$\Delta f_2=0.5-0.206$
$=0.294$Hz</td><td>$\Delta f_2=0.294$</td><td>由负荷承担：
$\Delta P_2\%=0.882$</td></tr>
<tr><td>$\Delta f_1+\Delta f_2$；$\Delta P_1\%+\Delta P_2\%$</td><td></td><td>0.5</td><td>8.882</td></tr>
<tr><td rowspan="3">例4</td><td rowspan="3">(1) 系统容量的60%发电机无备用容量
(2) 系统容量的30%为汽轮机，有20%备用容量，$K_F=16.6$
(3) 系统容量的10%为水轮机，有20%备用容量
(4) $K_F=25$
$K_{pf}=1.5$
(5) $f_1=f_N$
(6) $f_N=50$Hz</td><td>$\Delta f_1=\dfrac{\Delta P_1\% f_N\times 10^{-2}}{\rho K_{FP}+K_{pf}}$</td><td>$K_{FP}=\dfrac{0.3\times 16.6+0.1\times 25}{1}$
$=7.48$
$\rho=\dfrac{1+0.3\times 0.2+0.1\times 0.2}{1}$
$=1.08$
令 $\Delta P_1\%=8$</td><td>$\Delta f_1=0.417$</td><td>由系统承担：
$\Delta P_1\%=8$</td></tr>
<tr><td>$\Delta P_2\%=K_{pf}\dfrac{\Delta f_2}{f_N}\times 100\%$</td><td>$\Delta f_2=0.5-0.417$
$=0.083$Hz</td><td>$\Delta f_2=0.083$</td><td>由负荷承担：
$\Delta P_2\%=0.249$</td></tr>
<tr><td>Δf_1+f_2
$\Delta P_1\%+\Delta P_2\%$</td><td></td><td>0.5</td><td>8.249</td></tr>
<tr><td>例5</td><td>(1) 系统容量的90%发电机无备用容量，均为汽轮机
(2) 系统容量的10%为汽轮机，有40%备用容量，$K_F=16.6$
(3) $K_{pf}=1.5$
(4) $f_1=f_N$
(5) $f_N=50$Hz</td><td>$\Delta f=\dfrac{\Delta P\% f_N\times 10^{-2}}{\rho K_{FP}+K_{pf}}$</td><td>$K_{FP}=\dfrac{0.1\times 16.6}{1}=1.66$
$\rho=\dfrac{1+0.1\times 0.4}{1}=1.04$
令 $\Delta P\%=4$
得 $\Delta f=0.619$Hz
若设 $\Delta f=0.5$Hz
得 $\Delta P\%=3.226$</td><td>0.5</td><td>3.226</td></tr>
</table>

注：表中允许下降频率及允许冲击负荷两栏是互为计算条件及计算结果的。

3.4.4 有功冲击负荷与联络网系统的频率关系

供电系统经常相互联络形成联络网。联络网系统承受有功冲击负荷时动态过程，是非常复杂的，需要作专门的动态模拟试验或计算机编程计算。此处仅分析联络网系统的频率静态特性。

在3.4.3节中已描述了电力系统的频率静态特性，现设式3-10左边的 $\rho K_{FP}+K_{pf}=K$，K 为系统的频率静态特性的斜率。如果电力网络中有A、B两个电力系统见图3-8，其各自的系统频率静态特性分别为 K_A 和 K_B，并且A与B经联络线联网。假定系统A出现冲击负荷 ΔP_A，这时联络线上会有功率潮流 ΔP_T 通过，流向为由系统B至系统A。网络频率也将发生变化，变化量为 Δf，根据上述几节所述的系统频率特性，按网络平衡条件，具有以下方程组

$$\Delta P_A=-(K_A\quad \Delta f-\Delta P_T) \tag{3-11}$$

$$0=K_B\Delta f+\Delta P_T \tag{3-12}$$

由上述方程组，即得下式

$$\Delta f=-\frac{\Delta P_A}{K_A+K_B} \tag{3-13}$$

$$\Delta P_T=\frac{K_B}{K_A+K_B}\Delta P_A=-K_B\Delta f \tag{3-14}$$

同样，当系统B发生冲击负荷 ΔP_B 时，网络频率变化量为 Δf，联络线上的功率潮流由系统A流向系统B，潮流量为 ΔP_T，则可得以下式

$$\Delta f=-\frac{\Delta P_B}{K_A+K_B} \tag{3-15}$$

$$\Delta P_T=-\frac{K_A}{K_A+K_B}\Delta P_B=K_A\Delta f \tag{3-16}$$

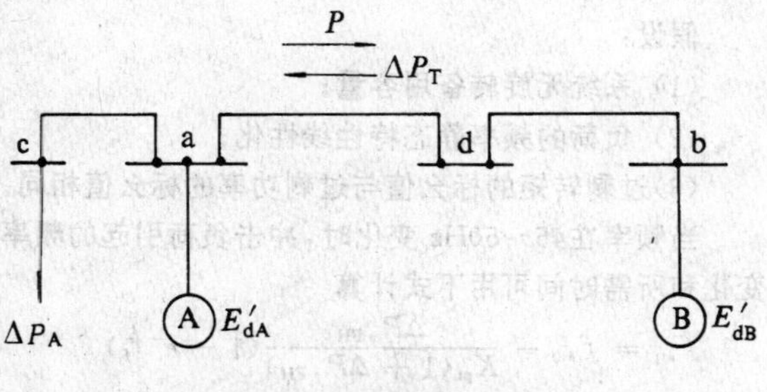

图 3-8 联络网关系图

当A、B两系统分别发生冲击负荷量 ΔP_A、ΔP_B 时，平衡关系式为

$$\Delta f=-\frac{\Delta P_A+\Delta P_B}{K_A+K_B} \tag{3-17}$$

$$\Delta P_T=\frac{K_B\Delta P_A-K_A\Delta P_B}{K_A+K_B} \tag{3-18}$$

式3-18表示总的功率潮流量为系统B流向系统A。如果功率潮流量是由系统A流向系统B，则式3-18的分子需要改变符号，即为 $K_A\Delta P_B-K_B\Delta P_A$。

上述各关系式反映了联络网系统的频率静态特性，而联络线上的功率潮流量将作为某一系统 功率短缺的补偿，使网络中各系统达到平衡。

上述各式中功率单位为MW，频率单位为Hz，K 为系统频率静态特性系数。

3.4.5 有功冲击负荷与电力系统电压的关系

冲击负荷对供电系统电压的影响，在3.3节已提到，可用式3-1近似计算。

多个电力系统相互联络构成网络，当冲击负荷开始时，各机组承担冲击负荷的多少，不仅与其至冲击负荷点的电气距离、机组备用容量有关，还与调节器性能有关。各机组将产生不同的加速度，造成不同机组转子间相对角度 δ 的变化，引起网络电压波动。

以图3-8为例说明电力网络d处产生的电压波动。

设系统A作为一个等值发电机A，其空载电势为 E'_{dA}，系统B为另一等值发电机B，其空载电势为 E'_{dB}，两个等值发电机转子间相对角度为 δ，这时电力网络中d处电压为 U，正常时由A向B输送基本负荷 P。

当A出现冲击负荷 ΔP_A 时，B将承担部分冲击负荷，功率潮流量在联络线上由B流向A，使联络线的正常潮流发生变化，等值发电机A和B转子产生不同加速度，两台发电机转子间相对角发生变化，由 δ 变到 δ'，角度变大，由图3-9可知，电力网络图上d处的电

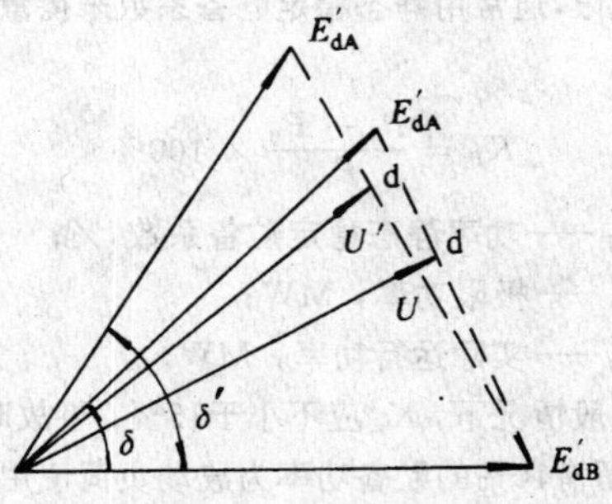

图 3-9 电压向量图

压 U，减少到 U'。当然d处的电压，也可因相对角 δ 的

减少，使d处的电压升高，这样在d处就产生了电压波动。由此可见，有功冲击负荷会造成网络电压波动。

3.4.6 有功冲击负荷与电力系统稳定的关系

3.4.6.1 静态稳定的概念

冲击负荷属于电力系统正常运行中急剧波动的负荷，若对系统产生扰动不大，发电机能够自动恢复到正常运行状态，属于静态稳定。

静态稳定是由功率因数角特性决定的。当发电机的功率因数角δ小于90°时，输出功率P_F将随着功率因数角δ的增大而增大。与此相反，当功率因数角δ大于90°时，输出功率P_F将随功率因数角δ增大而减小，它们的关系可用公式表示为

$$P_F = \frac{E'_d U}{X}\sin\delta \tag{3-19}$$

式中 P_F——输送至受电端的发电机有功功率，MW；

E'_d——发电机空载电势，kV；

U——受电端母线电压，kV；

X——阻抗值，Ω；

δ——发电机空载电势E'_d与受电母线电压U之间的相位角。

当$\delta=90°$时，P_F达到最大值P_{Fm}，称为理想功率极限。只有输出功率P_F小于理想功率极限P_{Fm}时，原动机（汽轮机和水轮机）和发电机的功率才能够自动平衡，系统才能稳定运行。相反，当P_F大于P_{Fm}时，系统就不稳定了。

但是，电力系统实际运行时，不可能正好运行在静态稳定极限状态。为了说明系统实际运行情况是否接近稳定极限，通常用静态稳定贮备系数来衡量，如下式所示

$$K_P = \frac{P_J - P_0}{P_0} \times 100\% \tag{3-20}$$

式中 K_P——功率静态稳定贮备系数，%；

P_J——极限功率，MW；

P_0——实际运行功率；MW。

在一般情况下，K_p应不小于15%，事故时不小于5%，即留有10%的贮备功率为波动负荷使用。

3.4.6.2 有功冲击负荷引起的系统暂态过程

在3.4.3节所述的有功冲击负荷引起的频率下降，当经过一次调整后，频率回升，这实质上是把频率变化的暂态过程用静态特性曲线来描绘。

这个暂态过程叫做电力系统频率动态特性。电力系统的频率动态特性与系统有无旋转备用容量，负荷的频率调节效应系数及当时整个系统正在运行的发电机组及其它旋转设备的机械惯性时间常数有关。频率动态特性可用图3-10表示。

当系统无旋转备用容量时，系统的频率是逐渐下降到稳定频率的，如图3-10曲线1所示。当系统有旋转备用容量时，系统频率下降是经过波动之后才回升到稳定频率的，如图3-10曲线2、3所示。其波动的大小与负荷频率效应系数K_{pf}有关，K_{pf}越大，波动越小。

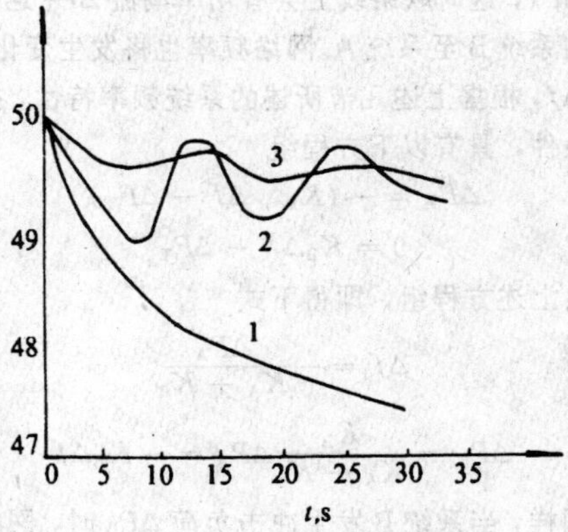

图 3-10 电力系统频率动态特性

1—发电厂无备用容量；

2—发电厂有备用容量（$K_{pf}=1$）；

3—发电厂有备用容量（$K_{pf}=2$）

3.4.6.3 系统暂态过程计算

假设：

(1) 系统无旋转备用容量；

(2) 负荷的频率静态特性线性化；

(3)过剩转矩的标幺值与过剩功率的标幺值相同。

当频率在45～50Hz变化时，冲击负荷引起的频率变化和所需时间可用下式计算

$$f_{*1} = f_{*0} - \frac{\Delta P_{*FH}}{K_{pf}(1+\Delta P_{*FH})}(1-e^{-\frac{t}{T_f}})$$

$$= f_{*0} - \Delta f_*(1-e^{-\frac{t}{T_f}}) \tag{3-21}$$

由此得

$$\Delta f_* = \frac{\Delta P_{*FH}}{K_{pf}(1+\Delta P_{*FH})} \tag{3-22}$$

$$t = T_f \ln \frac{\Delta f_*}{f_{*1} - f_{*0} + \Delta f_*} \tag{3-23}$$

式中 f_{*1}——频率下降到某值的标幺值(以50Hz为基准值);

f_{*0}——冲击负荷前频率标幺值(以50Hz为基准值);

ΔP_{*FH}——冲击负荷的标幺值(以冲击负荷之前的系统总负荷 P_{FH0} 为基准值);

K_{pf}——系统负荷的频率调节效应系数,一般系统为1~3;

Δf_*——最大波动频率标幺值(以50Hz为基准值);

t——暂态过程的时间,s;

T_f——系统频率变化的时间常数,s。

$$T_f = T_g \frac{\frac{P_{FN}}{P_{FH0}}}{K_{pf}(1+\Delta P_{*FH})} \tag{3-24}$$

式中 T_g——电力系统旋转部分机械惯性时间常数(系统容量越大,T_g 越大),s;

P_{FN}——系统发电机组的额定功率,MW;

P_{FH0}——冲击负荷之前的系统总负荷,MW。

从式3-21可算出,当时间 $t=\infty$ 时,可得到稳定频率 f_w。

$$f_w = (f_{*0} - \Delta f_*) f_N \tag{3-25}$$

式中 f_N——系统额定频率为50Hz。

由此可知,如系统无旋转备用容量时,冲击负荷引起的频率下降至稳定频率,所需的时间是相当长的。

根据上述各式可以计算出,暂态过程中任一下降频率所需要的时间。

例 某电力系统运行发电机的总额定容量为350MW,系统总负荷为318MW,即系统旋转备用容量约为10%,冲击负荷之前系统频率为50Hz,全系统机械惯性时间常数 $T_g=26$s,(对应于350MW而言),全系统负荷的调节效应系数 $K_{pf}=2$,求当冲击负荷为31.8MW时,频率下降到48.5Hz需要时间是多少。

解

由式3-24求出 T_f

$$T_f = T_g \frac{\frac{P_{FN}}{P_{FN0}}}{K_{pf}(1+\Delta P_{*FH})}$$

$$= 26 \times \frac{\frac{350}{318}}{2\times(1+31.8/318)} = 13\text{s}$$

由式3-22求 Δf_*

$$\Delta f_* = \frac{\Delta P_{*FH}}{K_{pf}(1+\Delta P_{*FH})}$$

$$= \frac{31.8/318}{2\times(1+31.8/318)} = 0.045$$

由式3-25求出稳定频率 f_w

$$f_w = (f_{*0} - \Delta f_*) \times 50 = (1-0.045)\times 50 = 47.75\text{Hz}$$

由式3-23求出频率下降到48.5Hz时所需要的时间 t。

$$t = T_f \ln \frac{\Delta f_*}{f_{*1} - f_{*0} + \Delta f_*}$$

$$= 13 \ln \frac{0.045}{48.5/50 - 1 + 0.045} = 14.28\text{s}$$

通过计算可知,当电源和负荷平衡遭到破坏时,频率由原先的50Hz降到48.5Hz所需的时间为14.28s。另外从功率平衡破坏时开始,经1~2s后,发电机调节器开始调节,使系统频率出现回升,即这个系统的频率在暂态过程中不会降到48.5Hz。

系统频率下降的速度与冲击负荷的标幺值和系统机械惯性时间常数 T_g 有关。冲击负荷标幺值越小,频率下降速率越慢。通过计算可知,当冲击负荷标幺值为10%以下时,频率下降到48.5Hz所需的时间将超过2s。

3.4.6.4 有功冲击负荷允许值分析

A 按允许频率偏差估计冲击负荷

按电力部门有关规定,供电频率允许偏差,对电网容量在3000MW及以上者,为±0.2Hz;对电网容量在3000MW以下者为±0.5Hz。冲击负荷引起的频率波动必须小于此值。一般情况下,允许冲击负荷估计值如下:

(1)当系统无旋转备用容量时,系统频率的变化值 Δf 取决于负荷的频率静态特性调节效应系数 K_{pf},见式3-2。一般电力系统 $K_{pf}=1\sim3$,这就是说,以系统总负荷(不包括冲击负荷)为基准的冲击负荷,每变化1~3%,频率变化1%,(以额定频率为基准)。据此可得出表3-3数据。

表 3-3 系统无备用容量时,允许频率波动值与允许冲击负荷值的关系

系统容量	允许频率波动值	允许冲击负荷值
3000MW 以上	0.2Hz	0.4~1.2%
3000MW 以下	0.5Hz	1~3%

(2)当系统有旋转备用容量时,系统频率的变化值

Δf 取决于负荷的频率静态特性调节效应系数 K_{pf}和全系统发电机的频率静态特性斜率 K_{FP}，即取决于电力系统的频率静态特性，见式3-9和式 3-10。由于系统中有旋转备用容量，故式中备用容量系数 ρ 大于1，虽然 $K_{pf}=1\sim3$，但 K_{pf}值要根据发电机运行参数计算才能求得。在大多数情况下，当冲击负荷值小于系统旋转备用容量时，频率波动值是很小的。因此在没有取得系统详细资料时，可按表3-4作粗略的估计。

表 3-4　系统有备用容量时允许频率波动值与允许冲击负荷值的关系

系统容量	允许频率波动值	允许冲击负荷值
3000MW 以上	0.2Hz	小于4%，并小于旋转备用容量百分数
3000MW 以下	0.5Hz	小于10%，并小于旋转备用容量百分数

B　按系统稳定条件估计冲击负荷

由于冲击负荷为系统正常运行负荷的一部分，它不应破坏系统正常运行，所以只考虑冲击负荷对系统静态稳定的影响。

(1) 根据系统静态稳定贮备系数 K_P 估计冲击负荷。正常情况下，K_P 应不低于15%，事故时不低于5%。这就是说为了稳定运行，发电机从实际运行功率到极限功率留有15%的贮备功率，而且其中有10%的功率供波动负荷使用。所以冲击负荷小于实际功率 P_0的10%，就不会引起系统不稳定。因此在未取得系统准确资料情况下，可按此数值估计。

(2) 根据系统静态稳定允许的最低频率估计冲击负荷。系统静态稳定允许的最低频率约为45Hz，相当于额定频率下降10%。此数值系指由冲击负荷引起的暂态过程中的最低允许频率值。即使这样，如按照 $\Delta f\%=10\%$计算，得出的冲击负荷 $\Delta P_{FH}\%$也可能大大超过静态稳定所允许的10%数值。这说明对静态稳定允许最低频率可以不考虑。

(3)根据系统减载装置的频率估计冲击负荷。电力系统为了在发生事故时不破坏系统稳定，通常设置多级按频率减载装置将部分负荷从电网中切除，以取得系统频率不降低到静态稳定频率极限45Hz，一般第一级减载装置的动作频率为48.5Hz，延时0.5s。由于冲击负荷属正常运行负荷的一部分，它不应造成频率减载装置动作，故由冲击负荷引起的暂态过程波动的频率 $\Delta f\%$应小于3%，即最低频率大于48.5Hz。根据系统稳定贮备系数 K_p 要求，冲击负荷应小于系统运行容量10%。由3.4.6.3计算示例可知，在此冲击负荷下频率下降的速度很慢，一般下降到3%频率时，所需要的时间均超过3s。且从冲击负荷开始约1～2s 后，发电机的调节器开始动作，从而增加原动机功率，转速回升，频率也随之上升。因此，当冲击负荷小于系统运行容量10%时，即便其稳定频率 f_w 低于48.5Hz，但由于发电机调节器的作用，系统频率不会下降到48.5Hz，也就不会引起频率减载装置动作。

综上所述，从系统稳定角度要求，有功冲击负荷应该小于系统运行容量的10%；从系统频率允许偏差的角度要求，多数情况下允许冲击负荷值都会低于系统稳定的要求值，这就说明冲击负荷的允许值主要取决于频率允许偏差的要求。

3.5　冲击负荷的计算

现代轧机的主、副传动直流电动机普遍采用晶闸管变流装置供电，因此，冲击负荷中，不仅具有有功分量，还有无功分量。

在作冲击负荷计算时，首先应考虑主传动，而副传动须根据工艺 操作区别对待。例如，可逆式初轧或型钢轧机，副传动可以不考虑；冷、热连轧机的副传动如夹送辊、卷取机、输出辊道等，由于它们是随主传动同时工作的，在冲击负荷中占有一定的比例。

3.5.1　冲击负荷的简化计算❶

3.5.1.1　简化计算方法及计算公式

简化计算方法的条件是：

(1)简化计算采用标幺值，即以电动机的额定值为基准参数；

(2) 假定晶闸管变流器为理想整流状态并忽略整流效率；

(3)根据轧制程序表，选择繁重轧制品种和若干代表品种进行计算，求得在这两种不同条件下的冲击负

❶ 以下所述的冲击负荷计算是对主传动而言的。

荷值；

(4)由于基速以下功率因数较低，无功冲击负荷较大，简化计算中通常取基速以下；

(5) 忽略电动机空载负荷及变流装置可能有的环流。

计算步骤是：首先求出整流变压器一次侧冲击负荷的视在容量 S_1，再计算当计入电动机有功损耗时的整流变压器一次侧有功冲击负荷 P_1，最后求得整流变压器一次侧的无功冲击负荷 Q_1。

简化计算公式为

$$S_1 = \sqrt{3}\, K_u K_i i \frac{P_{Nd}}{\eta_{Nd}} \tag{3-26}$$

$$P_1 = \left\{ m\omega + [K_{Cu}(i^2 - 1) + 1] \frac{1 - \eta_{Nd}}{\eta_{Nd}} \right\} P_{Nd} \tag{3-27}$$

$$Q_1 = \sqrt{S_1^2 - P_1^2} \tag{3-28}$$

式中 S_1、P_1、Q_1——分别为整流变压器一次侧视在、有功、无功冲击负荷，kVA、kW、kvar；

K_u——整流电压系数，为整流变压器二次线电压与电动机额定电压之比，即 U_{2b}/U_{Nd}；

K_i——整流电流系数，为整流变压器一次线电流与电动机负荷电流之比，即 I_b/I_d；

i——电动机负荷电流标幺值，为电动机负荷电流与电动机额定电流之比，即 I_c/I_{Nd}；

P_{Nd}——电动机额定功率，kW；

η_{Nd}——电动机额定效率；

m——电动机负荷转矩标幺值。在基速或基速以下，电动机磁场为额定磁场，故 $m=i$，或 $m=M_d/M_{Nd}$；

ω——电动机转速标幺值，为轧制程序表中选定的轧制品种电动机转速与电动机额定转速之比，即 n_d/n_{Nd}；

K_{Cu}——电动机有功损耗系数，为电动机额定铜损与电动机额定损耗之比，即 $\Delta P_{Cu-Nd}/\Delta P_{Nd}$。

电动机其它损耗，如铁损等，在式3-27中已包括。

由式3-27、式3-28可知，ω 越小，有功冲击负荷 P_1 越小，而无功冲击负荷 Q_1则较大。

冲击负荷相应的功率因数为

$$\cos\varphi = \frac{P_1}{S_1} \tag{3-29}$$

上述冲击负荷的简化计算方法，可用于高阶段设计的估算。

3.5.1.2 简化计算中各有关参数选用

A 电动机额定效率 η_{Nd}

一般按设备资料选用 η_{Nd}，当无设备资料时，η_{Nd}随额定容量与额定转速（基速）的增大而增大，容量为1000kW 以上的大型电动机，η_{Nd}一般为0.91～0.94。

B 整流电流系数 K_i

按理想整流条件考虑，不同脉动整流的 K_i 值为

$P=6$时 $K_i=0.816$

$P=12$时 $K_i=0.789$

$P=24$时 $K_i=0.775$

$P=36$时 $K_i=0.77$

C 整流电压系数 K_u

K_u 的选用取决于设备设计，对一般具有转速调节器的可逆系统，大、中型电动机一般可取1～1.05。当为了降低整流变压器容量，采用减小整流器最小控制角 α_{zx}，使 $\cos\alpha_{zx}$接近于1时，则 K_u 值可取0.9左右。

对于不可逆系统，K_u 值一般为0.85～0.9。

D 电动机有功损耗系数 K_{Cu}

K_{Cu}值与电动机绝缘等级有关，B 级绝缘可取0.6；F 级绝缘的大、中型电机可取0.8，中型电机中，容量偏小的可取0.9。

E 电动机负荷电流标幺值 i，电动机转速标幺值 ω

由简化计算公式可知，i、ω 是决定 S_1、P_1、Q_1的主要参数，对这两个参数的取值十分重要，因此在按轧制程序表选用 i、ω 时，还应考虑下述两个方面：

(1) 可逆式轧机 i 与 ω 的选取。

在轧机低速咬钢和带钢加速阶段，冲击负荷还呈现尖峰状态，此时，i 的取值应按电动机允许过载能力计算，即 $i=0.9i_{max}$，例如，当电动机允许过载能力 $i_{max}=2.5$时，可取 $i=0.9\times2.5=2.25$，轧机咬钢和加速完毕进入稳速轧制阶段，i 可按轧制程序表中的轧制功率求得的电流值计算，即 $i=I_d/I_{Nd}$。

轧机在低速咬钢时，电动机的转速约为基速的1/3左右，故 ω 的取值范围一般为0.25～0.5，时间约为0.3～0.5s。

可逆轧机由于咬钢时，电动机的转速很低，晶闸管变流装置直流输出电压低，移相角小，故 Q_1值最大，且

一个轧制道次的轧制周期仅为几秒时间，所以Q_1频繁出现。咬钢完毕，ω随即上升，Q_1值下降，P_1值上升。Q_1是决定电压闪烁的重要根据。P_1到稳速轧制阶段为最大。故可逆轧机的有功冲击负荷与无功冲击负荷最大值不是同时出现的，低速时无功冲击大，高速时有功冲击大。

(2) 连轧机i与ω的选取。

连轧机属于加速轧制性质，其冲击负荷的有功及无功部分，在各机架穿带完毕同时加速时，也呈现尖峰状态，加速完毕进入稳速轧制阶段的冲击负荷，则P_1大而Q_1小。

在加速阶段，i的取值可按电动机2h的过载能力计算。加速完毕进入稳速轧制阶段的冲击负荷，i的取值按轧制程序表选定的轧制品种所需的轧制功率计算。

连轧机用直流电动机的过载能力见表3-5。

表 3-5 连轧机用电动机过载能力

长期过载能力(%)	2h 过载能力(%)
115	125
120	130

对于ω值，中型连轧机(包括方坯轧机)均属匀速轧制，ω可取为0.75～0.8之间，此时$m=i$，可计算Q_1平均最大值。

连轧机的精轧机，属加速轧制，$\omega>1$，按轧制程序表计算其最大速度时P_1、Q_1的最大值。

连轧机加速时间，一般约为10s左右。

3.5.2 轧钢机有功和无功冲击负荷曲线的编制

3.5.2.1 编制负荷曲线的方法

编制负荷曲线的方法为：

(1)首先应了解轧机的类型。轧机的类型大体上可分为可逆式和连轧两大类。可逆式轧机有初轧机、型钢轧机、中厚板轧机、单机架可逆带钢轧机等；连轧机有冷连轧、热连轧、棒材连轧、线材连轧等。

(2)了解轧机工艺设备的组成及其工艺生产过程，轧制的规格品种。

(3)分析轧制程序表，掌握工艺、机械和电气的原始数据，例如不同品种的轧制道次、压下量及轧辊的辊径、速度比、轧制速度、轧制力矩和轧制功率、电动机的转速等。

(4) 确定每个轧制道次的升速、稳速、减速时间。

(5)在掌握了上述计算条件后，选择繁重轧制品种和具有代表性的品种进行冲击负荷计算并绘制成冲击负荷曲线。以电力系统正常运行方式中的最小运行方式，作为计算冲击负荷引起频率下降和电压波动量的依据。

对于由多机架组成的轧钢生产线，如由粗轧机架、精轧机架组成的可逆式中厚板轧机，冷、热连轧机等，其冲击负荷应作叠加处理。处理方法是按实际的最小轧制周期时间，排列出主轧线的轧钢过程，根据轧机同时轧钢的实际情况，分别计算出各机架的各道次有功和无功冲击负荷曲线，而后再作叠加处理，得出轧机的综合曲线。

冲击负荷的横坐标为以秒为单位的时间，纵坐标为以 kW 或 MW 和 kvar 或 Mvar 为单位的有功和无功功率。横坐标应按每个道次的加速、稳速、减速时间排列。

3.5.2.2 轧钢机有功和无功冲击负荷曲线举例

按上述办法编制的具有代表性的冲击负荷曲线见图3-11～图3-16及表3-6。表3-6中还列有大量计算公式及计算方法，可取其结果绘制冲击负荷曲线。

图3-15中轧制品种、轧制工艺及主要设备装机容量如下：

板坯规格 250×1550×90000mm

R2机架 1道次160mm，151m/min

2道次115mm，151m/min

3道次75mm，151m/min

R3机架 48mm，187m/min

钢卷规格 2.3×1550mm

精轧轧制 穿带速度 600m/min，对F7机架

轧制速度 978m/min，对F7机架

加速度 6m/min/s

有功与无功功率曲线相同

主要设备装机容量：

精轧电动机 F1～F4为(直流) 2×3800kW

F5～F6为(直流) 3×2450kW

F7为(直流) 2×2500kW

粗轧电动机 R1为(同步机) 4600kW

R2为(直流) 2×5000kW

R3为(直流) 2×3750kW

R4为(同步机) 6500kW

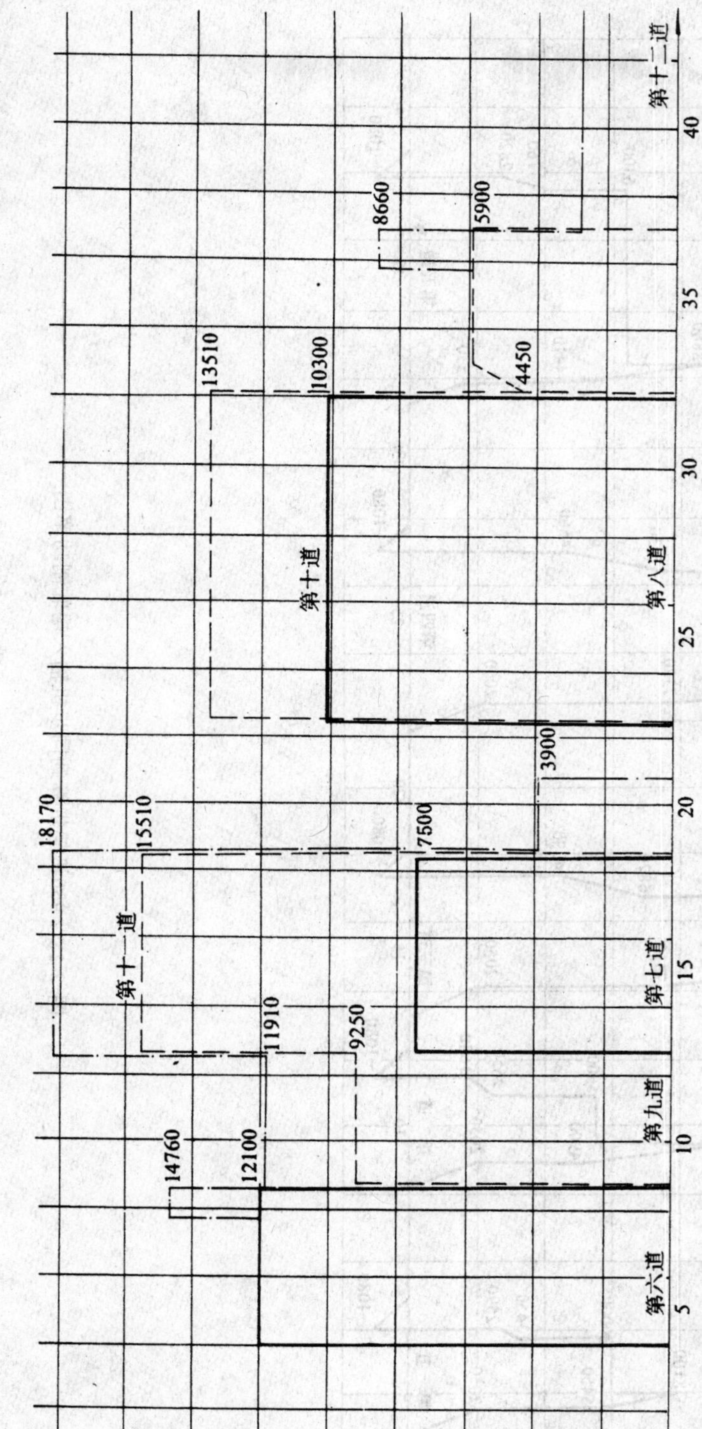

图 3-11　800机架和850机架折算到两同步机输入端轧制功率图

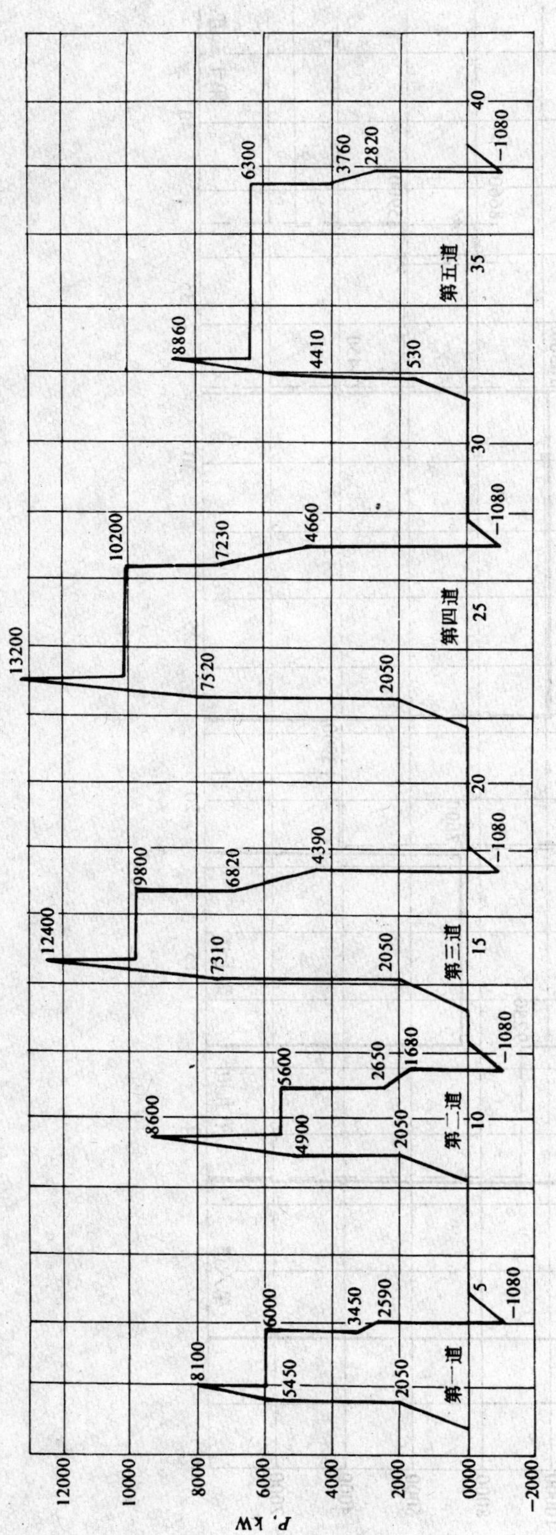

图 3-12 950机架折算到同步机输入端轧制功率图

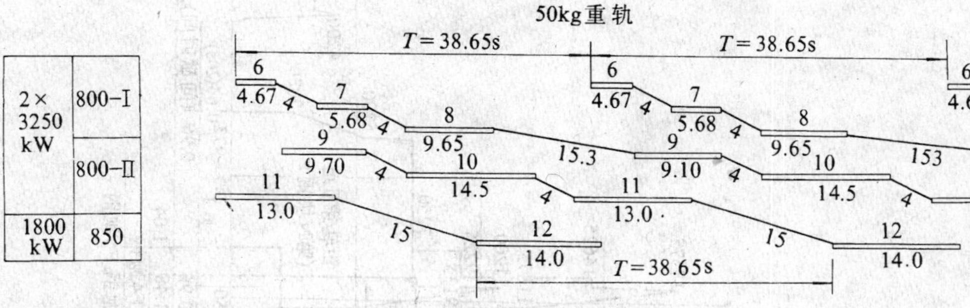

图 3-13　800/850机架轧制工艺的阿达密茨基图

图 3-16中轧制品种、轧制工艺及主要设备容量如下：

粗轧：

钢坯规格　250×1200×90000 mm；

碳素钢

轧制道次

道次	厚度，mm	速度，m/min
R 21	160	151
R 22	115	151
R 23	75	151
R3	48	187

精轧：

带钢规格　2.5×1200mm

带坯厚度　30mm

加速度　6min/s

速度（m/min）

	F1	F2	F3	F4	F5	F6	F7
穿带速度	91	149	229	325	437	551	600
轧制速度	138	231	357	511	689	873	953

有功与无功功率曲线相同

主要设备装机容量与图3-15相同。

3.5.3　冲击负荷的整形

3.5.3.1　冲击负荷整形的必要性及注意事项

一个钢铁企业一般都有多套不同类型的轧机。这样各类轧机，分别会有各自的冲击负荷曲线，这需要对多套轧机冲击负荷曲线进行叠加处理，以获得企业各类轧机综合叠加冲击负荷曲线。但是由3.5.2节所述的冲击负荷曲线可知，轧机在咬钢升速，减速及抛钢过程中，冲击负荷呈尖三角波形变化。这种形状，给多套轧机冲击负荷曲线的叠加带来困难，因此为了简化曲线，有利叠加，应对各套轧机的冲击负荷曲线进行整形。

整形时应注意以下两点：

(1)各类轧机冲击负荷曲线中呈尖三角波形区段，其特点是峰值量大，但时间极短，反映的冲击能量值是有限的。

(2)轧机在带钢升速或带钢减速过程中，冲击负荷呈一定斜率上升，功率变化的速率对各类轧机在各区段是不一样的。为有利于整形，将这些区段按维持轧制能量不变的原则，把斜率曲线经填补后变为矩形。当然在考虑企业各类轧机综合冲击负荷的功率变化速率的最大值时，还应参照各类轧机的功率变化速率值。

3.5.3.2　削峰整形与填补整形

A　整形的依据

对具有冲击负荷的用电设备供电的电力系统，可以视为一个或几个等值发电机组，而发电机组是一种旋转机械，具有旋动惯量，系统越大，转动惯量就越大。当冲击负荷的尖峰值出现时，电力系统的发电机组可以依靠其转动惯量全部或部分地承担。

电力系统发电机组的转动惯量所释放的能量可由下式表示

$$\Delta P\Delta t = T_g P_N \frac{\Delta f}{f_N} \tag{3-30}$$

式中　ΔP——电力系统承担的尖峰冲击负荷量，MW；

Δt——冲击负荷中尖峰值持续时间，s；

T_g——电力系统发电机组的惯性时间常数，s；

P_N——电力系统总开机容量，MW；

f_N——电力系统的额定频率，Hz；

Δf——尖峰冲击负荷时，系统允许的频率降，Hz。

B　整形方法

整形的方法有削峰整形和填补整形两种。

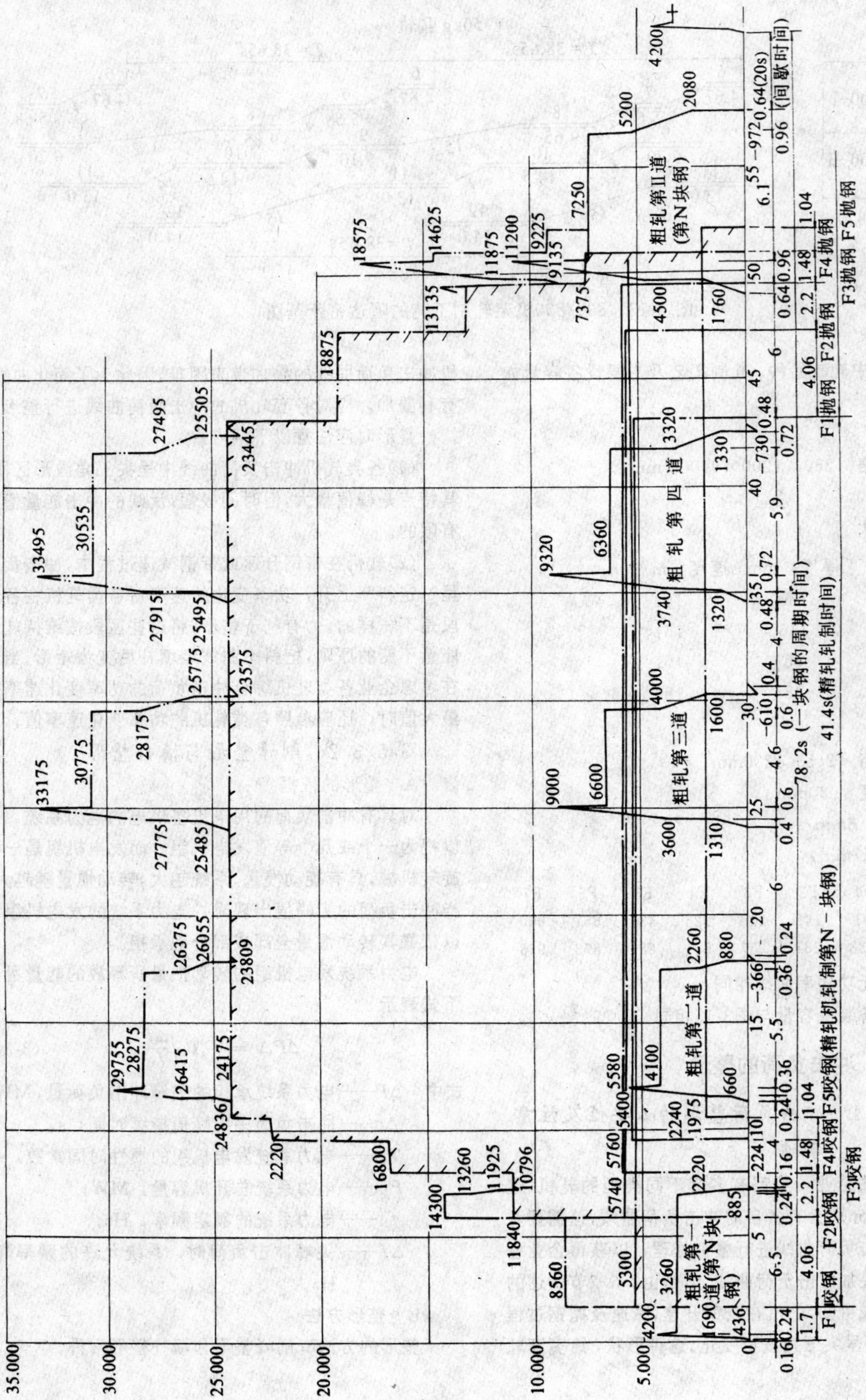

图 3-14　1450mm 热半连轧机轧制“制度6”负荷曲线

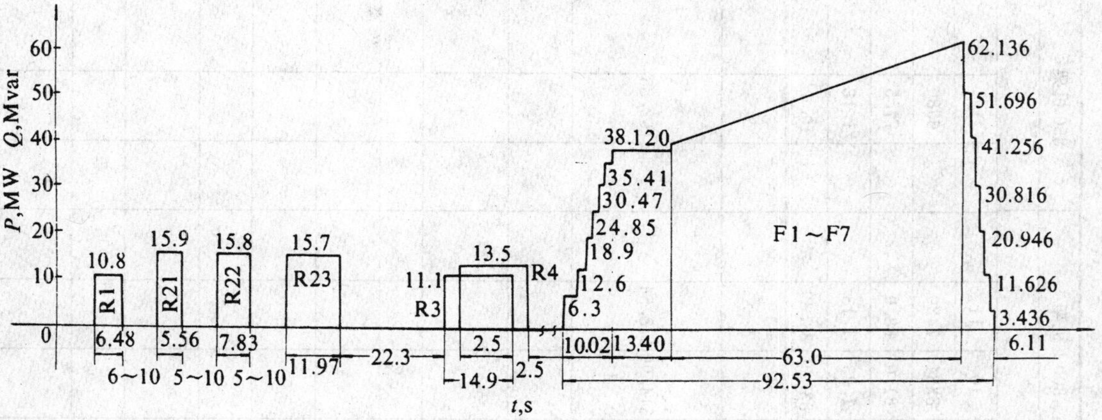

图 3-15 1700mm 热连轧机组繁重轧制品种负荷曲线（cosφ＝0.7）

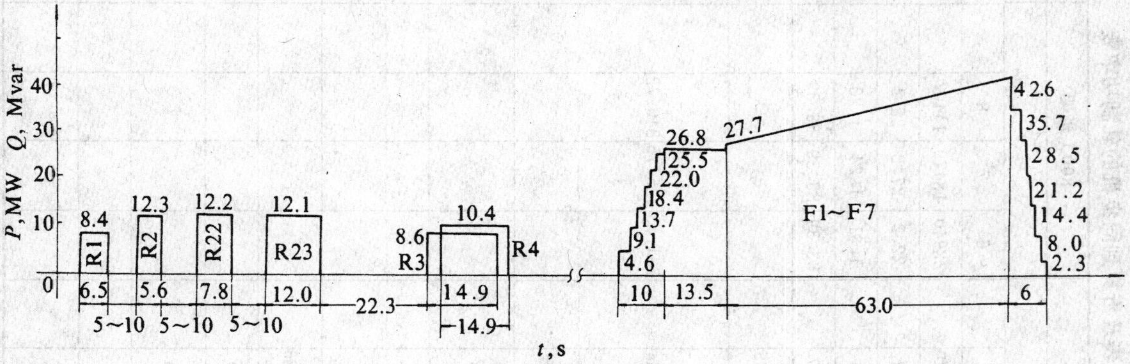

图 3-16 1700mm 热连轧机组一般轧制品种负荷曲线（cosφ＝0.7）

(1)削峰整形。冲击负荷的尖峰值所造成的频率瞬间波动，如果在频率计不可察觉范围内，也即一般频率计的允许误差范围内（一般为0.02Hz）这种尖峰值可以不考虑。因此，根据式3-30，当出现冲击负荷的尖峰（冲击较大，时间极短）时，由于电力系统发电机组惯性所能释放的能量 $\Delta P\Delta t$ 大于该尖峰能量，其造成的频率降如在频率计不可察觉范围之内，则此时的冲击负荷的尖峰值可以忽略不计，这称之为“削峰整形”。

(2)填补整形。当电力系统发电机组的惯性释放的能量 $\Delta P\Delta t$ 小于冲击负荷尖峰值时，可一分为二。可先由削峰整形削去部分峰值，余下的部分按能量不变原则互相填补成矩形形状，此称之为“填补整形”。

削峰整形、填补整形都是使冲击负荷曲线成为矩形形状的手段，这对多套轧机冲击负荷曲线的叠加将带来方便。

此外，在两个冲击负荷尖峰出现的时间间隔大于电力系统发电机组惯性时间常数 T_g 几倍的条件下，第二尖峰出现时，可以认为第一尖峰对电力系统的影响已趋恢复，对第二尖峰仍可按系统所能释放的惯性能量进行削峰整形。其它可依此类推。

现代冷连轧或热连轧的精轧机两个轧制周期出现的冲击负荷的时间间隔约几十秒至数百秒，均大于系统的惯性时间常数 T_g 很多倍，因此对此类轧机完全可以按削峰整形简化波形。

对于可逆轧机或热连轧的粗轧机，在生产过程中出现的冲击负荷尖峰值各不相同，重复出现的时间间隔约为数秒到十几秒，即当两次冲击负荷相继出现过程中，系统还不足以恢复，对这些冲击尖峰不能用“削峰整形”方法，而应采取填补整形方法。

3.5.3.3 整形示例

图3-17为1700mm 热连轧的精轧机组的冲击负荷曲线。c 点重复出现的周期为108＋85＝193s。

表 3-6　50kg 重轨轧制表及折算到同步机的轧制功率表

原料 300×300×5670mm 重 4t 钢坯 钢种暂按 API 计算

机架名称	950 机架						800 I 机架			800 I 机架			850 机架
主电机规格													
道　次	0	1	2	3	4	5	6	7	8	9	10	11	12
轧件尺寸 断面积(mm^2)	90000	77500	67700	52800	36000	30170	22940	18479	14407	10333	8384	7420	6580
轧件尺寸 轧件长 L(m)	5.67	6.58	7.54	9.65	14.13	16.9	22.2	27.2	35.4	49.3	61.0	68.0	77.5
延伸率		1.16	1.144	1.28	1.47	1.19	1.31	1.24	1.28	1.40	1.23	1.13	1.12
空转力矩 M_0(kN·m)		68.67	68.67	68.67	68.67	68.67	83.39	83.39	83.39	83.39	83.39	83.39	19.62
动力矩 $M_g=\frac{\Sigma GD^2}{375}\frac{dn}{dt}$(kN·m)		343.35	343.35	343.35	343.35	343.35							
轧制力矩(M_H)=纯轧制力矩+附加摩擦力矩(kN·m)		738.69	576.83	1061.44	1112.45	782.84	731.83	425.75	840.72	539.55	314.90	178.54	162.85
空载加速 力矩 $M_1=M_0+M_g$(kN·m)		412.02	412.02	412.02	412.02	412.02							
空载加速 功率 $P_1=\frac{M_1}{0.975\eta}n_1$(kW)		2050	2050	2050	2050	2050							
空载加速 转速 n_1(咬钢)(r/min)		40	40	40	40	40							
空载加速 时间 $t=n_1/\frac{dn}{dt}$(s)		0.8	0.8	0.8	0.8	0.6							
带钢加速 力矩 $M_2=M_1+M_H$(kN·m)		1150.71	988.85	1473.46	1524.47	1194.86							
带钢加速 功率 $P_{21}=\frac{M^2}{0.975\eta}n_1$(kW)		5400	4900	7310	7520	4410							
带钢加速 功率 $P_{22}=\frac{M_2}{0.975\eta}n_2$(r/min)		8100	8600	12400	13200	8860							
带钢加速 时间 $t_2=n_2-n_1/\frac{dn}{dt}$(s)		0.4	0.6	0.6	0.6	0.6							
带钢加速 长度 $l_1=\frac{\pi D}{60}\times\frac{(n_1+n_2)}{2}t_2$(m)		0.92	1.52	1.54	1.60	1.22							

续表 3-6

			机架名称	950 机架							800 I 机架				800 I 机架				850 机架		
			主电机规格																		
			道　次	0	1	2	3	4	5		6	7	8		9	10	11			12	
原料 300×300×5670mm 重 4t 钢坯 钢种暂按 API 计算	稳速轧制	力矩	$M_3 = M_0 + M_H$ (kN·m)		807.36	645.50	1130.11	1181.12	851.51		815.21	509.14	924.10		622.94	398.29	261.93			182.47	
		功率	$P_3 = \frac{M_3}{0.975\eta} n_2$ (kW)		6000	5600	9800	10200	6300		12100	7500	10300		9250	4450/5900	3900			2760	
		转速	n_2 (r/min)		60	70	70	70	60		120	120	90		120	90/120	120			120	
		时间	$t_3 = \frac{60}{\pi D n_2} l_2$ (s)		1.79	1.45	2.07	3.30	5.14		4.67	5.68	9.65		9.70	14.50	13.00			14.00	
		长度	$l_2 = L(l_1 + l_3)$ (m)		4.93	4.79	6.78	11.15	14.96												
	带钢减速	力矩	$M_4 = M_3 - M_g$ (kN·m)		464.01	302.15	786.76	837.77	508.16												
		功率	$P_{41} = \frac{M_4}{0.975\eta} n_2$ (kW)		3450	2620	6820	7230	3760												
			$P_{12} = \frac{M_4}{0.975\eta} n_3$ (r/min)		2590	1680	4390	4660	2820												
		时间	$t_4 = n_2 - n_3 / \frac{dn}{dt}$ (s)		0.3	0.5	0.5	0.5	0.3												
		长度	$l_3 = \frac{\pi D}{60} \frac{(n_2 + n_3)}{2} t_4 (m)$		0.73	1.32	1.33	1.38	0.72												
	空载减速	力矩	$M_5 = M_0 - M_g$ (kN·m)		−274.68	−274.68	−274.68	−274.68	−274.68												
		功率	$P_5 = \frac{M_5}{0.975\eta} \times M_3$ (kW)		−1080	−1080	−1080	−1080	−1080												
		转速	n_3(抛钢)(r/min)		4.5	4.5	4.5	4.5	4.5												
		时间	$t_5 = n_3 / \frac{dn}{dt}$ (s)		0.9	0.9	0.9	0.9	0.9												

续表 3-6

机架名称	950 机架							800 I 机架				800 I 机架				850 机架		
主电机规格																		
道　次	0	1	2	3	4	5		6	7	8		9	10	11			12	
间歇时间(s)		0.8	3.3	0.8	3.5	3.3	11.7	4	4		15.3	4	4			15		
电机接电时间 轧制 $t_{ZH}=t_2+t_3+t_4$(s)		2.49	2.55	3.17	4.40	6.04	+											
电机接电时间 空载起制动 $t_{QT}=t_1+t_5$(s)		1.7	1.7	1.7	1.7	1.5												
电机接电时间 合计 $t_j=t_{ZH}+t_{QT}$(s)		4.19	4.25	4.87	6.10	7.54	26.95											
备　注								38.65							$P_{0.9}=$ 930kW $P_{0.120}$ =1240 kW			$P_0=$ 297 kW

注：表中功率一栏 $\eta=\eta_1\eta_2\eta_3$，式中 η_1—主电动机效率；η_2—主发电机效率；η_3—同步电动机效率。

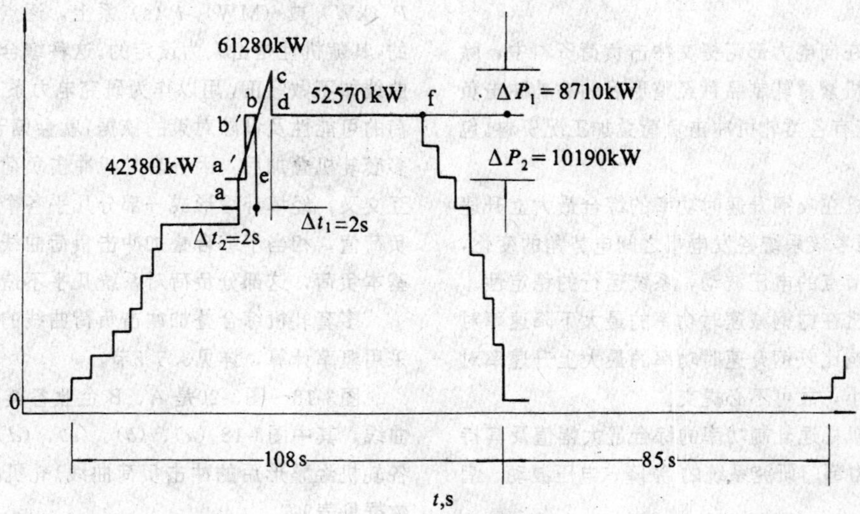

图 3-17　1700mm 热连轧的精轧机组冲击负荷曲线

假设电力系统惯性时间常数 T_g 为10s，系统开机容量为400万 kW，对其作整形的方法为：

(1) 冲击负荷尖峰值61230kW 重复出现周期为193s，约为 T_g 的19倍，($T_g=10$s)，因此对尖峰值每次出现时均可削峰。

(2) 电力系统在频率计允许误差0.02Hz 值时为不可觉察范围，可以不予考虑。这时电力系统所能释放的能量按式3-30计算，即为

$$\Delta P\Delta t = T_g P_N \frac{\Delta f}{f_N}$$

$$= 10 \times 400 \times \frac{0.02}{50} = 1.6 \text{ 万 kW·s}$$

(3) 图3-17中 bd 时间值为2s；dc 功率值为8710kW，则 bdc 冲击负荷的尖峰能量为

$$\Delta P_1\Delta t = 0.871 \times 2 \times \frac{1}{2} = 0.871 \text{ 万 kW·s}$$

$\Delta P_1\Delta t_1$值小于 $\Delta P_1\Delta t$ 值，所以 bdc 冲击负荷尖峰部分可以削峰，不作考虑。

(4) 图3-17中余下的 ab 斜线部分的冲击负荷，按能量不变原则换算为矩形面积 a′b′be，作填补整形。a′b′be面积能量为

$$\frac{1}{2}\Delta P_2\Delta t_2 = \frac{1}{2} \times 1.019 \times 2 = 1.019 \text{ 万 kW·s}$$

当维持 ΔP_2不变时，则等值能量的矩形另一边长 b′b ($\Delta t'_2$) 为

$$\Delta t'_2 = 1.019/1.019 = 1\text{s}$$

则 abe 三角形就修正为 a′b′be 矩形，即完成了填补整形。

经过削峰，填补整形后，原有的冲击负荷区段 a，b，c，d，f，变为 a，a′，b′，b，d，f。

采用上述整形方法对某钢厂多套轧机整形后的冲击负荷曲线图，如图3-17所示。

3.5.4 轧钢机冲击负荷的综合

3.5.4.1 冲击负荷综合内容及其用途

按照前两节所述，我们可以计算并绘制出各类轧机经整形后的有功及无功两类冲击负荷曲线，即

(1) 繁重轧制品种时的有功和无功冲击负荷曲线。

(2) 代表性轧制品种的有功和无功冲击负荷曲线。

大型钢铁企业的多套轧机，可以由一套供电设备供电，也可由多套供电设备供电，其综合叠加曲线的用途是：

(1) 繁重轧制品种经整形后的有功冲击负荷曲线，可作为选择供电设备的依据；无功冲击负荷曲线可作为考虑系统正常运行方式时计算供电点的电压质量的依据。

(2) 代表性轧制品种经整形后的无功冲击负荷曲线，可作为考虑系统正常运行时的最小运行方式时计算供电点的电压质量的依据。

(3) 选取上述两项中电压波动大的为对象研究无功补偿对策。

各供电点应逐一计算，以便决定补偿措施是集中还是分散。

钢铁企业在向电力部门提交冲击负荷资料中，除应提交各类轧机繁重轧制品种经整形后的有功冲击负荷曲线外，还应有各类轧机冲击负荷叠加工况资料。包括：

(1) 各轧机在咬钢升速时功率的综合最大上升速率，供电力部门考核系统各发电机之间电势角的变化，网络内各电压节点的电压波动，系统运行的稳定性。

通常各轧机在抛钢减速时功率的最大下降速率对电力系统的影响比咬钢升速时功率的最大上升速率对系统的影响要小，故可不必提交。

(2) 各轧机稳速轧制功率的综合最大幅值及其持续时间，供电力部门研究系统的 频降、电压波动、潮流等。

各类轧机冲击负荷的综合叠加曲线，通常都是把各类轧机经整形后的冲击负荷曲线，绘制在同一坐标，P (kW) 或 (MW) -t (s) 系上，逐点叠加绘制而成的，其随机性是由人为设定的。这种综合叠加冲击负荷曲线如不做修正，用以作为研究电力系 统承受冲击负荷的可能性及设防对策的依据，就会偏于严重。实际是多套轧机叠加后，因各套轧机冲击负荷与间隙时间相互交叉，经填补后形成一部分几乎各个时间均出现的负荷值，相当于综合叠加冲击负荷曲线内包含一部分基本负荷，这部分负荷对系统几乎不造成影响。

多套轧机综合叠加冲击负荷曲线的修正方法，可采用概率计算，详见3.5.5节。

图3-18～图3-20是 A、B 企业各类轧机冲击负荷曲线，其中图3-18 (*a*)、(*b*)、(*c*)、(*d*)、(*e*) 分别为各轧机经整形后的冲击负荷曲线。轧机的有关名称及数据见表3-7。

表 3-7 A 企业各轧机的名称及有关参数表

编号	轧 机 名 称	最大冲击负荷 P_{max} (MW)	轧制周期 T_e (s)	轧制时间 t_{me} (s)	间隙时间 t_{re} (s)
(*a*)	1450mm 热半连轧机	38	81	57.5	23.5
(*b*)	1450mm 四辊可逆轧机及平整机	12	81	48.5	32.5
(*c*)	1450mm 八辊可逆轧机	8	81	48.5	32.5
(*d*)	950/800/850轨梁轧机	33	81	68	13
(*e*)	1150mm 初轧机	13			

注：1. 轨梁轧机为同时轧两根钢。
2. 初轧机每块料轧15道次。
3. 表中 (*b*)、(*c*) 为方案设计阶段确定的轧机机型。

图3-19为 A 企业各类轧机的综合叠加冲击负荷曲线。由图 3-19 曲线可知最大冲击负荷 $P_{max}=102$MW；最大功率上升速率 $P_{ri}=75$ MW 左右；最大功率下降速率 $P_{dr}=65$MW 左右。

由图3-19综合叠加冲击负荷曲线可见，上述轧制负荷最具影响的变化情况都反映在曲线的 t_1-t_2 区间。

综合叠加冲击负荷曲线是随机性的。图3-19是按研究对象的要求，由人为设定并综合叠加冲击负荷曲线。

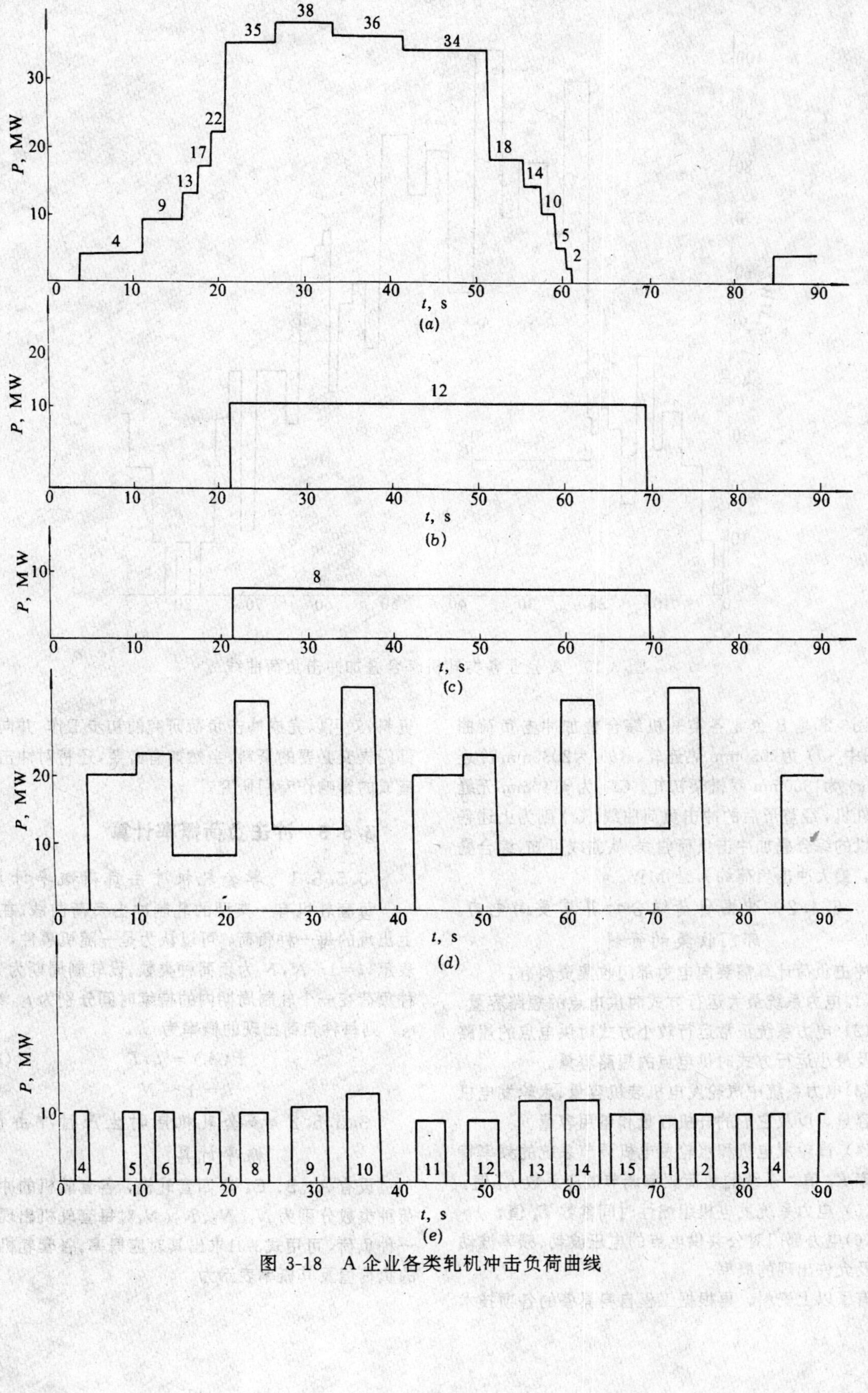

图 3-18 A 企业各类轧机冲击负荷曲线

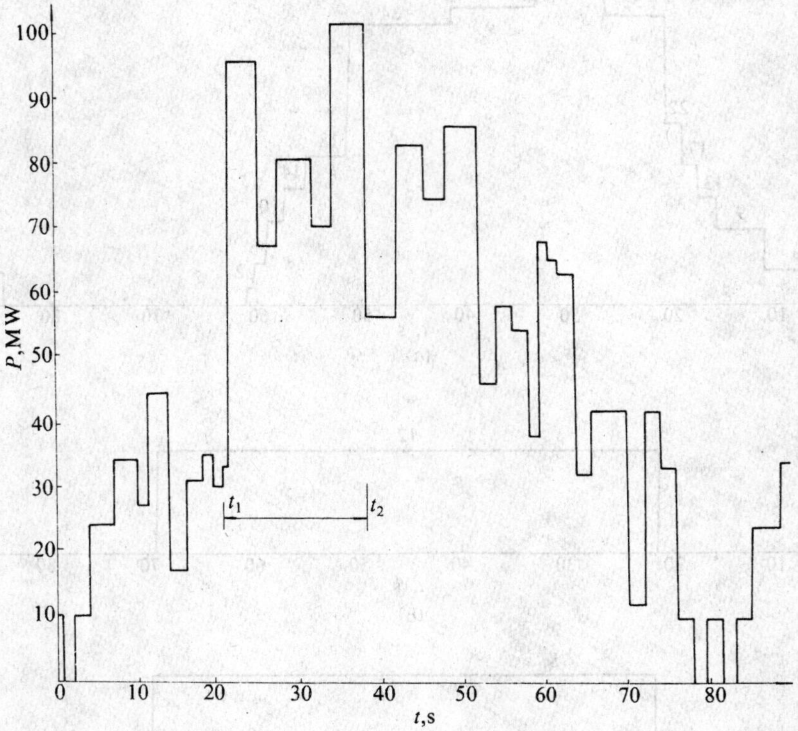

图 3-19 A 企业各类轧机综合叠加冲击负荷曲线

图3-20是B企业各类轧机综合叠加冲击负荷曲线。图中 (*a*) 为2050mm 热连轧、(*b*) 为2030mm 冷连轧、(*c*) 为1300mm 双机架初轧、(*d*) 为 ϕ140mm 无缝钢管轧机，经整形后的冲击负荷曲线；(*e*) 则为上述各类轧机的综合叠加冲击负荷曲线。从曲线可知，综合叠加后，最大冲击负荷约为219MW。

3.5.4.2 冲击负荷综合计算需要向电力部门收集的资料

冲击负荷计算需要向电力部门收集资料有：

(1)电力系统最大运行方式时供电点的短路容量。

(2) 电力系统正常运行较小方式时供电点的短路容量及最小运行方式时供电点的短路容量。

(3)电力系统中汽轮发电机装机容量，水轮发电机装机容量，以及它们的开机容量和备用容量。

(4) 汽轮发电机和水轮发电机调节系统的频率特性斜率 K_F 值，系统的负荷频率调节效应系数 K_{pf} 值。

(5) 电力系统发电机组惯性时间常数 T_g 值。

(6)电力部门对公共供电点的电压波动、频率波动要求及允许出现的概率。

有了以上资料，再根据工程自身具备的各项技术资料，就可以完成冲击负荷研究的初步工作，并向电力部门提交必要的资料。当然如有必要，还将对冲击负荷造成的影响作专门研究。

3.5.5 冲击负荷概率计算

3.5.5.1 单套轧机冲击负荷概率计算

每套轧机有一典型的轧制冲击负荷曲线。在曲线上出现的每一种负荷，可以认为是一随机事件，以 A_i 表示，$i=1\sim N$，N 为负荷种类数。设轧制周期为 T，每种负荷在一个轧制周期内的持续时间分别为 t_1，t_2，… t_N，则每种负荷出现的概率为

$$P(A_i)=t_i/T \qquad (3\text{-}31)$$
$$i=1\sim N$$

3.5.5.2 多套轧机同时生产时冲击负荷概率计算

设有A、B、C、D四套轧机，各套轧机的冲击负荷种类数分别为 N_1、N_2、N_3、N_4对每套轧机出现的每一种负荷，可用式3-31求出其对应概率。各套轧机出现的负荷值及其概率表示为

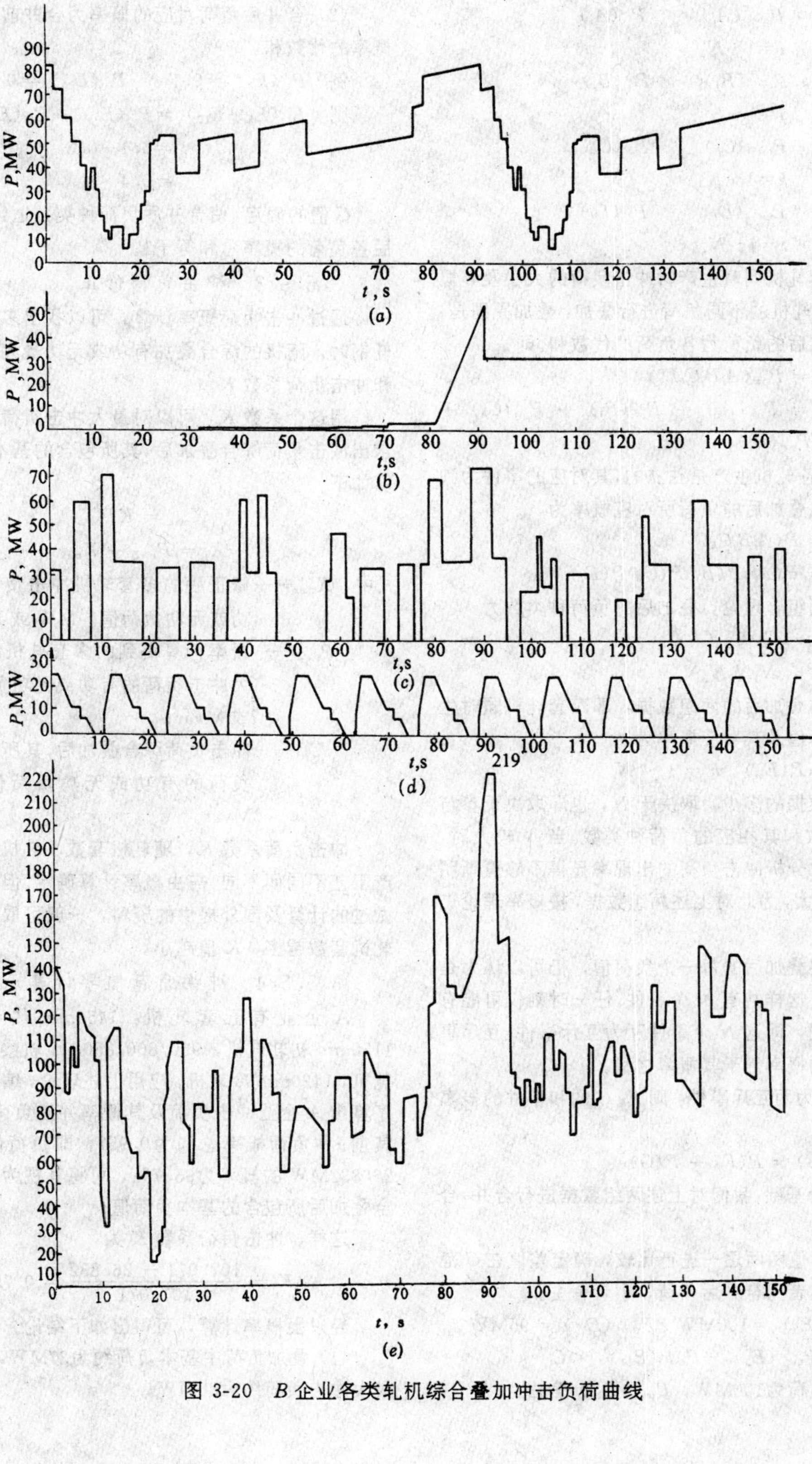

图 3-20 *B*企业各类轧机综合叠加冲击负荷曲线

A 轧机　$P_{ow}(A_i)$　$P(A_i)$

$i=1\sim N_1$

B 轧机　$P_{ow}(B_j)$　$P(B_j)$

$j=1\sim N_2$

C 轧机　$P_{ow}(C_k)$　$P(C_k)$

$k=1\sim N_3$

D 轧机　$P_{ow}(D_l)$　$P(D_l)$

$l=1\sim N_4$

为求四套轧机同时生产时冲击负荷的大小及其概率，首先对各轧机的不同负荷进行叠加，叠加原则是：

(1) 叠加后的负荷为各负荷的代数和。即

$$P_{ow}(E_m)=P_{ow}(A_iB_jC_kD_l)$$
$$=P_{ow}(A_i)+P_{ow}(B_j)+P_{ow}(C_k)+P_{ow}(D_l);$$

(2)由于各轧机生产是独立的，其对应的事件为独立事件，因此叠加后的负荷所对应概率为

$$P(E_m)=P(A_iB_jC_kD_l)$$
$$=P(A_i)P(B_j)P(C_k)P(D_l)$$

根据排列组合理论，叠加后的负荷种类数为

$$N=C_{N_1}^1C_{N_2}^1C_{N_3}^1C_{N_4}^1$$
$$=N_1N_2N_3N_4$$

这样得到叠加后的两组数据，即四套轧机同时生产的冲击负荷值及其对应概率为

$$P_{ow}(E_m),P(E_m),\ m=1\sim N$$

这两组数据的多少，取决于 N，也即取决于参与叠加的轧机数和其相应的负荷种类数。当 N 较大时，数据较多，对分析冲击负荷的出现率显得不够清晰明朗，且意义不大，为此对上述两组数据，按概率理论进行合并。

出现上述叠加后的每一个负荷值，仍可以认为是一随机事件，这样共有 N 个事件。任一时刻仅可能有一种负荷出现，即这 N 个事件互为互斥事件。互斥事件的和事件的概率等于其概率之和。

例 F、G 为两互斥事件，则 F、G 的和事件的概率为

$$P(F+G)=P(F)+P(G)$$

以此理论基础，我们对上述两组数据进行合并，合并原则为

(1) 负荷值两两逐一进行比较，确定差值在 C 范围内时，取大者为合并后负荷，小者舍去。

例 $P_{ow}(E_3)=100\text{MW}$　$P_{ow}(E_{10})=95\text{MW}$

如果　$|P_{ow}(E_3)-P_{ow}(E_{10})|<C$

则取合并后负荷为100MW，$P_{ow}(E_{10})$ 舍去。

(2) 合并后负荷对应的概率为合并前各负荷对应概率的代数和。

例　$P(E_3)=0.1$　　$P(E_{10})=0.3$

则　$P(E_3+E_{10})=P(E_3)+P(E_{10})$

$=0.1+0.3$

$=0.4$

C 值的确定，使合并后负荷种类数适当而止。合并后各负荷的概率总和等于1。

3.5.5.3　冲击负荷修正

通过冲击负荷概率计算，可以找出多套轧机同时轧钢时，随机的综合叠加有功或无功最大冲击负荷值和冲击负荷系数 K。

用这个系数 K，可以对最大冲击负荷进行修正和求出冲击负荷综合叠加后，其所包含的基本负荷值，计算如下

$$X_{max}=KP_{ow\Sigma} \tag{3-32}$$

$$X_j=P_{ow\Sigma}-X_{max} \tag{3-33}$$

式中　X_{max}——修正后的多套轧机冲击负荷的最大有功或无功负荷值，MW 或 Mvar；

$P_{ow\Sigma}$——概率计算得到的多套轧机综合叠加最大冲击负荷的有功或无功负荷值，MW 或 Mvar；

X_j——冲击负荷综合叠加后，其所包括的基本负荷的有功或无功负荷值，MW 或 Mvar。

冲击负荷系数 K，随轧机套数、轧机的组成、生产工艺不同而不同，需由概率计算确定。但根据国内已做过的计算及国外提供的资料，一般可取0.65～0.8，轧机套数越多，K 值越小。

3.5.5.4　冲击负荷概率计算示例

A 企业有五套轧机：1450mm 热半连轧机，1150mm 初轧轧机，950/800/850mm 轨梁轧机，线材轧机，1420mm 冷轧机，应用上述理论，编制计算机程序算出 A 企业冲击负荷及其概率并按负荷12种整理，其前9种负荷概率总和为0.957，即负荷值大于等于26.832MW 的概率为95.7%，可将其视为冲击负荷综合叠加后所包含的基本负荷值。

这样，冲击负荷系数 K 为

$$K=\frac{107.071-26.832}{107.071}=0.75$$

经以上概率计算，可得出如下结论：

(1) 叠加负荷中基本负荷约为27MW，经修正后，最大冲击负荷约为80MW；

(2)冲击负荷系数为0.75与引进工程的有关资料、数据比较，基本上是一致的。

采用同样方法，对B企业的初轧、热轧、冷轧、钢管等四套轧机进行综合叠加冲击负荷概率计算，求得四套轧机综合叠加的最大冲击负荷为219MW，冲击负荷系数为0.76，则最大冲击负荷的修正值即为219×0.76=166MW，对于219－166=53MW负荷值，从概率看，其出现率在95%以上，具有稳定负荷的特性，故可作为冲击负荷中的基本负荷考虑。

国外某公司对上述四套轧机的叠加冲击负荷的最大值取224MW，对提交电力部门的数据修正为155MW，推算其冲击负荷系数 $K=0.69$，与上述用概率计算方法所取得的 K 值是接近的。

3.6 电弧炉冲击无功负荷的计算

单座电弧炉的最大无功功率波动值 ΔQ 由下式计算

$$\Delta Q=\frac{S_j}{X_\Sigma}(\sin^2\varphi_s-\sin^2\varphi_R)$$

或

$$\Delta Q\approx\frac{S_j}{X_\Sigma}\cos^2\varphi_R \tag{3-34}$$

对于多座同容量电弧炉按下式计算

$$\Delta Q_n=K\Delta Q \tag{3-35}$$

式中 ΔQ——单座电弧炉最大无功功率波动值，Mvar；

ΔQ_n——多座电弧炉最大无功功率波动值，Mvar；

S_j——回路阻抗计算的基准容量，Mvar；

X_Σ——电弧炉回路（包括系统）以 S_j 为基准值的总阻抗标幺值；

$\sin\varphi_R$——正常运行时回路阻抗角的正弦值（φ_R 角为功率因数角）；

$\sin\varphi_s$——工作短路时回路阻抗角的正弦值，在工作短路时 $\sin\varphi_s\approx1.0$；

$\cos\varphi_R$——正常运行时回路阻抗角的余弦值，即功率因数见表3-8。

K——多台电弧炉同时工作系数，见表3-9。

在工作短路时由于 $\sin\varphi_s\approx1.0$，所以简化计算

$$\Delta Q\approx\frac{S_j}{X_\Sigma}\cos^2\varphi_R。$$

表 3-8 电弧炉在熔化期的cosφ 值

电弧炉容量（t）	普通功率电弧炉	超高功率电弧炉
5～150	0.8～0.9	0.75～0.85

注：电弧炉容量偏大，cosφ 偏小。

表 3-9 多台电弧炉同时工作系数 k 值

计算法	电弧炉的数目				
	2	3	4	5	6
1. $K=\sqrt{n}$	1.41	1.73	2	2.24	2.45
2. AIEE	1.15～1.20	1.20～1.30	1.30	1.30	1.30
3. $K=\sqrt[4]{n}$	1.19	1.31	1.41	1.50	1.57

注：通常使用 $K=\sqrt[4]{n}$ 法，对2～3座炉子宜采用1、2两种计算法中的一种。

对于多座电弧炉，如果容量不同时，可根据下式求取 K 值

$$K=\frac{\sqrt[4]{\sum_{i=1}^{n}P_{sbi}^4}}{P_{sbmax}} \tag{3-36}$$

式中 P_{sbi}——P_{sb1}、P_{sb2}，…，P_{sbn}，不同容量电弧炉变压器的表现容量，MVA；

$P_{sb_{max}}$——最大一座电弧炉变压器的表观容量，MVA。

在同一地点，多座电弧炉中当大电弧炉的容量超过小电弧炉容量4倍时，小电弧炉可不考虑，因为它不影响电压波动的幅值。多座不同容量的电弧炉也可以用下述步骤求得等量额定容量：

(1) 多台电弧炉按其额定容量大小排列

P_{ab1}，P_{ab2}，$P_{ab3}\cdots P_{abn}$；

(2) 将以上各台电弧炉额定容量换算成 $P_{*ab}=1$ 的相对容量。

即 $P_{*ab}=1$，$P_{*ab2}=\frac{P_{ab2}}{P_{ab1}}$，$P_{*ab3}=\frac{P_{ab3}}{P_{ab1}}\cdots P_{*abn}=\frac{P_{abn}}{P_{ab1}}$；

(3) 按下式计算三个统计惯量

$M_1=0.1638\,[1.0+(P_{*ab2})^2+(P_{*ab3})^2+\cdots+(P_{*abn})^2]$

$M_2=0.0485\,[1.0+(P_{*ab2})^4+(P_{*ab3})^4+\cdots+(P_{*abn})^4]$

$M_3=0.0239\,[1.0+(P_{*ab2})^6+(P_{*ab3})^6+\cdots+(P_{*abn})^6]$

(4) 计算系数 b

$$b=M_3^2/M_2^3$$

(5) 按 b 值从图3-21中查得 C，再按下式计算三相电弧炉的等量额定容量：

$$P_{eq}=P_{ab1}\sqrt{M_1+C\sqrt{M_2}} \tag{3-37}$$

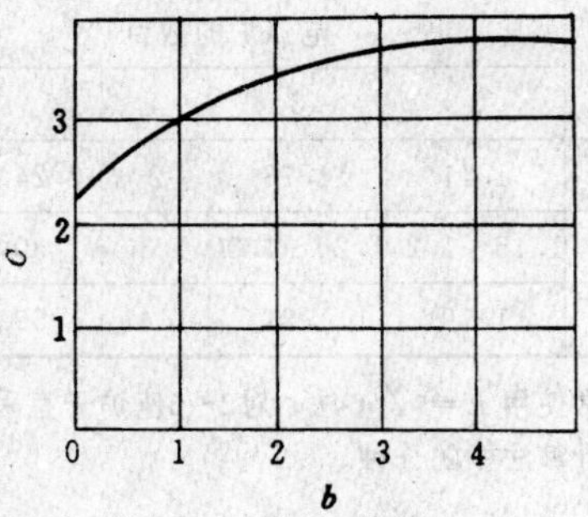

图3-21 C值曲线

此外，在同一地点安装4座以上同样容量的电弧炉时，采用第1种方法计算K值显然偏大，宜采用第2、3种方法。

由式3-34计算出来的是从正常熔炼到工作短路所增加的最大无功功率波动值。如果需要考虑电极控制速度过快，提升时造成断弧，下降时又造成工作短路的情况时，则最大无功功率波动值为$\Delta Q=\frac{S_j}{X_\Sigma}$，即为式3-34的第一项。这两种情况算得的无功功率值相差较大。国际上都有采用，前种情况日本用的较多，后种情况西欧用的较多。采用何种情况计算需要根据具体情况分析确定。

参考文献

〔1〕东北电业管理局调度局编，电力系统运行操作和计算，水利电力出版社，1977.

〔2〕埴野一郎監修，電力技術デスクブック，電気書院，1970.

第 4 章

短路电流计算

4.1 短路电流计算的目的及一般规定

供、配电系统的事故大部分是由短路引起的。发生短路时，电流可能达到正常运行电流的十几倍，有的甚至上百倍。这样大的电流所产生的热效应和力效应会使电气设备受到严重损坏。为此，要进行短路电流计算，确保供、配电系统能具有选择性地尽快切除短路故障。

短路电流计算主要是为了解决下列问题：

(1) 电气接线方案的比较和选择；

(2)正确选择和校验电气设备(包括限制短路电流的设备)；

(3) 正确选择和校验载流导体；

(4) 继电保护的选择与整定；

(5) 接地装置的设计及确定中性点接地方式；

(6) 计算软导线的短路摇摆；

(7) 确定分裂导线间隔棒的间距；

(8) 验算接地装置的接触电压和跨步电压；

(9) 大、中型电动机的起动。

为了达到上述目的，通常需计算出下列各短路数值：

I''_Z——次暂态短路电流（即三相短路电流周期分量第一周期的有效值)，用来作继电保护的整定计算和校验断路器的额定断流容量；

I_{ch}——三相短路电流第一周期全电流有效值，用来校验电器和母线的动稳定以及断路器的额定断流容量；

i_{ch}——三相短路冲击电流（即三相短路电流第一周期全电流峰值)，用来校验电器和母线的动稳定；

I_∞——三相短路电流稳态有效值，用来校验电器和载流部分的热稳定，本章为 $I_\infty \approx I_{Z4}$；

S''_Z——次暂态三相短路容量，用来校验断路器的遮断容量；

S_∞——稳态三相短路容量，用来校验电器和载流部分的热稳定。

一般系统中均已采取措施，使单相短路电流值不超过三相短路电流，而两相短路电流值通常小于三相短路电流值，因而在短路电流计算中以三相短路电流作为基本计算。

确定短路电流时所采用的计算接线方式，应为导体和电器装设处所发生的最大短路电流的正常接线方式，而不考虑短时的变换接线方式(例如经常不并列运行而仅在切换过程中并列的各段母线)。此外，还应考虑到系统容量的发展及本工程的规划容量。

在高压电路的短路电流计算时，一般只计及发电机、变压器、电抗器、线路等元件的电抗。架空线路及电缆线路的有效电阻，只有在短路点总电阻大于短路点总电抗的 1/3（即 $R_\Sigma > 1/3X_\Sigma$）时才加以考虑，此时必须用 $Z_\Sigma = \sqrt{X_\Sigma^2 + R_\Sigma^2}$ 来代替 X_Σ。

计算短路电流时，电路的电容(如架空线和电缆的电容）不加考虑。

同步调相机和同步电动机在电网短路时，能向短路点馈送短路电流，因此在计算短路电流时应计及总容量为 1000kW 及以上同步电动机的影响，把它们当作发电机看待。

有关异步电动机、晶闸管装置对电网三相短路冲击电流的影响见本章 4.5 节。

每一个电压级采用平均额定电压，这个假定是与实际不相符的，但是在计算短路电流时，所造成的误差很小。唯一例外的是电抗器，需要考虑实际额定电压。因为电抗器的阻抗通常比其它元件的阻抗大得多，而在估计它的限流作用时，应该详细计算。

在简化等效电抗电路时，远电源与近电源不能合并，合并后将产生较大的误差。合并的原则见本章 4.2.4 节。

在短路电流计算中，如果以供电电源为基准的电抗标幺值大于等于 3，即计算电抗 $X_{js} \geqslant 3$ 时，可认为短路电流的周期分量在整个短路过程中保持不变。

工业企业网络中的最大最小短路电流计算所需的原始资料由电力系统提供的有：

(1) 电力系统远期和近期的发电机总容量；

(2) 系统电抗 X_{*x}（标幺值）；

(3) 基准容量 S_j（MVA）；

(4) 接线方式与运行方式。

当实在无法取得系统的短路数据时，允许按下列条件进行短路电流计算：

(1) 最大短路电流可按供电网高压侧断路器或降压变压器的参数来估计，而有条件时应首先根据降压变压器的参数进行估算。

(2) 最小短路电流系按不考虑计算系统中的并联工作回路来决定（如除去一台并联工作的变压器，或除去一台发电厂中容量最大的发电机等）。在最小短路电流计算中可不考虑电动机的返馈。

(3) 在发电厂或变电所接到系统的情形中（如图 4-1 所示），根据已知的断路器型式，令其允许断路容量 S_{de} 等于系统发出的短路容量，而发电厂所发出短路容量为 S_d 时，则系统的最大可能短路容量为

$$S_{dx} = S_{de} - S_d$$

系统的电抗则为 $X_{*x} = \frac{S_j}{S_{dx}}$

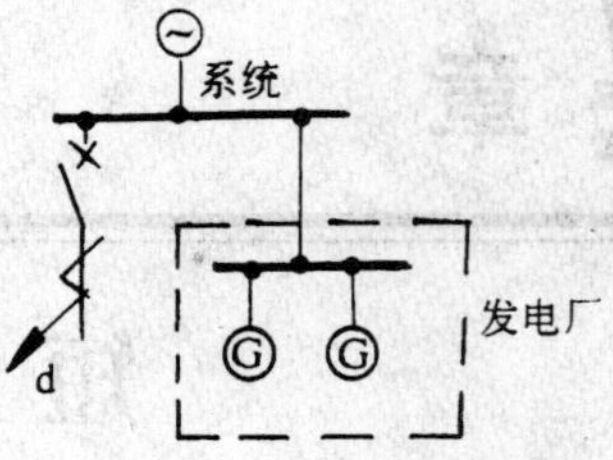

图 4-1 系统图

(4) 当系统与工业企业变电所直接联接时，则可令断路器断流容量，等于系统的短路容量，此时系统的电抗则为

$$X_{*x} = \frac{S_j}{S_{de}}$$

(5) 在个别情况下，可能给出系统的总额定容量 $S_{e\Sigma x}$ 和电网某点短路时系统所发出的短路容量 S_{cx}，利用这些数据可以决定系统所发出的短路电流相对值 $I_* = \frac{S_{dx}}{S_{e\Sigma x}}$，然后从计算曲线中 $t=0$，得计算电抗 X_{js}。

4.2 电路元件的计算及网络变换

4.2.1 基准值计算

在 3kV 以上供、配电系统短路电流计算中，一般只计及各元件的电抗，为了计算方便，采用标幺值并取 S_j=100MVA，基准电压 U_j 用各级的平均电压，即 $U_j = 1.05U_e$

基准电流 $$I_j = \frac{S_j}{\sqrt{3}\,U_j} \quad (4\text{-}1)$$

基准电抗 $$X_j = \frac{U_j}{\sqrt{3}\,I_j} = \frac{U_j^2}{S_j} \quad (4\text{-}2)$$

基准值如表 4-1 所示。

表 4-1 常用基准值（S_j=100MVA）

基准电压 U_j (kV)	3.15	6.3	10.5	13.8	15.75	18	37	63	115	162	230	345	525
基准电流 I_j (kA)	18.33	9.16	5.50	4.18	3.67	3.21	1.56	0.917	0.502	0.356	0.251	0.167	0.110
基准电抗 X_j (Ω)	0.099	0.397	1.103	1.904	2.48	3.24	13.7	39.7	132	262	529	1190	2756

4.2.2 标幺值计算

电路元件的标幺值为有名值与基准值之比，计算公式如下

$$U_* = \frac{U}{U_j} \quad (4\text{-}3)$$

$$S_* = \frac{S}{S_j} \quad (4\text{-}4)$$

$$S_* = I_* = I\frac{\sqrt{3}\,U_j}{S_j} \qquad (4\text{-}5)$$

$$X_* = \frac{X}{X_j} = X\frac{S_j}{U_j^2} \qquad (4\text{-}6)$$

4.2.3 各元件电抗及短路功率的计算

电抗标幺值、有名值和短路功率变换公式见表4-2；各元件电抗及电势平均值见表4-3；三线圈变压器，自耦变压器，分裂线圈变压器及分裂电抗器的等值电抗计算公式，见表4-4；网络变换基本方法的公式，见表4-5；常用网络阻抗变换的简明公式见表4-6。

表4-2 电抗标幺值、有名值和短路功率变换公式

序号	元件名称	标幺值	有名值（Ω）	短路功率（MVA）①	备注
1	发电机（或电动机）	$X''_{*d}=\frac{X''_d\%}{100}\frac{S_j}{P_e/\cos\varphi}$	$X''_d=\frac{X''_d\%}{100}\frac{U_j^2}{P_e/\cos\varphi}$	$S_d=\frac{100S_e}{X''_d\%}$	
2	变压器	$X_{*b}=\frac{U_d\%}{100}\frac{S_j}{S_e}$	$X_b=\frac{U_d\%}{100}\frac{U_e^2}{S_e}$	$S_d=\frac{100S_e}{U_d\%}$	S_e——发电机（电动机）或变压器的额定容量；MVA $X''_d\%$——发电机（电动机）的次暂态电抗百分值 $U_d\%$——变压器阻抗电压百分值 $X_k\%$——电抗器的电抗百分值 U_e——额定电压，kV U_p——平均电压，kV I_e——额定电流，kA X——线路每相电抗值，Ω S_j——基准容量，MVA I_j——基准电流，kA
3	电抗器	$X_{*k}=\frac{X_k\%}{100}\frac{U_e}{\sqrt{3}\,I_e}\times\frac{S_j}{U_j^2}$	$X_k=\frac{X_k\%}{100}\frac{U_e}{\sqrt{3}\,I_e}$	$S_d=\frac{100\sqrt{3}\,I_eU_p^2}{X_k\%U_e}$	
4	线路	$X_*=X\frac{S_j}{U_j^2}$		$S_d=\frac{U_p^2}{X}$	
5	从某一基值容量S_j的标幺值化到另一基值容量S的标幺值	$X_{*x}=X_{*j}\frac{S}{S_j}$			
6	从某一基值电压U_{1j}的标幺值化到另一基值电压U_{2j}的标幺值	$X_{*2}=X_{*1}\frac{U_{1j}^2}{U_{2j}^2}$			
7	从已知系统短路容量S_{dx}化到基准容量S_j的标幺值	$X_{*x}=\frac{S_j}{S_{dx}}=\frac{I_j}{I_d}$		$S_d=S_{dx}$	

① 各元件出线端最大短路容量（MVA），即进线端为无限大短路容量。对发电机系指发电机出线端短路容量。

表4-3 各类元件的电抗及电势平均值

序号	元件名称	电抗平均值			电势平均值	备注
		X''_d 或 X_1	X_2	X_0	E''_e	
1	容量为50MW及以下的汽轮发电机	$X''_d=14.5\%$	17.5%	7.5%	1.08	
2	100MW及125MW汽轮发电机	$X''_d=17.5\%$	21%	8.0%	1.20	
3	200MW的汽轮发电机	$X''_d=14.5\%$	17.5%	8.5%	1.20	

续表 4-3

序号	元件名称		电抗平均值				电势平均值	备注
			X''_d 或 X_1	X_2	X_0		E''_e	
4	有阻尼绕组的水轮发电机		$X''_d=21\%$	21.5%	9.5%		1.13	
5	无阻尼绕组的水轮发电机		$X''_d=29\%$	45%	11%		1.18	
6	同步调相机		$X''_d=16\%$	24%	8%		1.20	
7	大型同步电动机		$X''_d=20\%$	24%	8%		1.10	
8	异步电动机		$X''_d=20\%$				0.90	
9	综合负荷		$X''_d=35\%$				0.80	
10	1kV 三芯电缆		$X_1=X_2=0.06\Omega/km$		$0.7\Omega/km$			
11	1kV 四芯电缆		$X_1=X_2=0.066\Omega/km$		$0.17\Omega/km$			
12	6~10kV 三芯电缆		$X_1=X_2=0.08\Omega/km$		$X_0=3.5X_1=0.28\Omega/km$			
13	20kV 三芯电缆		$X_1=X_2=0.11\Omega/km$		$X_0=3.5X_1=0.38\Omega/km$			
14	35kV 三芯电缆		$X_1=X_2=0.12\Omega/km$		$X_0=3.5X_1=0.42\Omega/km$			
15	110kV 220kV 单相充油电缆		$X_1=X_2=0.18\Omega/km$		$X_0=(0.8\sim1.0)X_1$			
16	无避雷线的架空输电线路	单回路	单导线 3~10kV $X_1=X_2=0.35\Omega/km$ 35~220kV $X_1=X_2=0.4\Omega/km$ 双分裂导线 $X_1=X_2=0.31\Omega/km$		$X_0=3.5X_1$	X_{*0} 值见表 4-9		
17		双回路			$X_0=5.5X_1$			系每回路数值
18	有钢质避雷线的架空输电线路	单回路			$X_0=3X_1$			
19		双回路			$X_0=5X_1$			系每回路数值
20	有良导体避雷线的架空输电线路	单回路			$X_0=2X_1$			
21		双回路			$X_0=3X_1$			系每回路数值

4.2.4 网络的简化

4.2.4.1 对称关系法

在网络简化中，常常可以发现网络对短路点具有局部或全部的对称关系，利用对称关系，根据下列原则可使网络大大简化。

(1) 同电位的点可以连接起来；

(2) 同电位点之间的电抗可以除去。

如图 4-2 中，如果 F_1 与 F_2，B_1 与 B_2 相同，那末计算 d_1 与 d_2 点短路电流时，A 点与 B 点具有相同的电位，因此完全可以将 F_1 与 F_2，B_1 与 B_2 并联，并将电抗器 K 的电抗 X_k 视为零，即直接短接 A、B 两点。

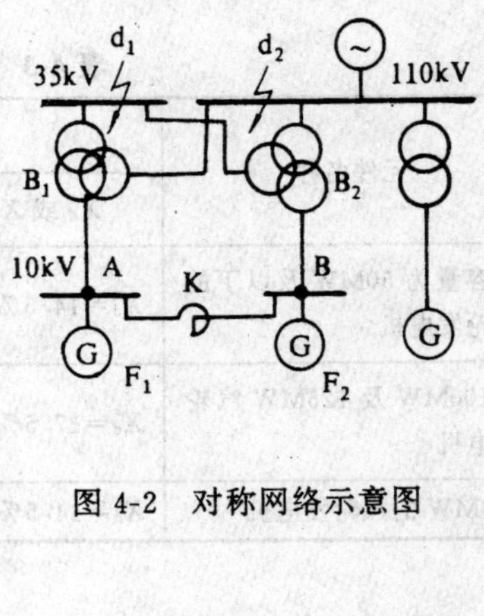

图 4-2 对称网络示意图

表 4-4 三线圈变压器、自耦变压器、分裂线圈变压器及分裂电抗器的等值电抗计算公式

序号	设备名称	结线图	等值电抗计算公式	符号说明
1	三线圈变压器或自耦变压器	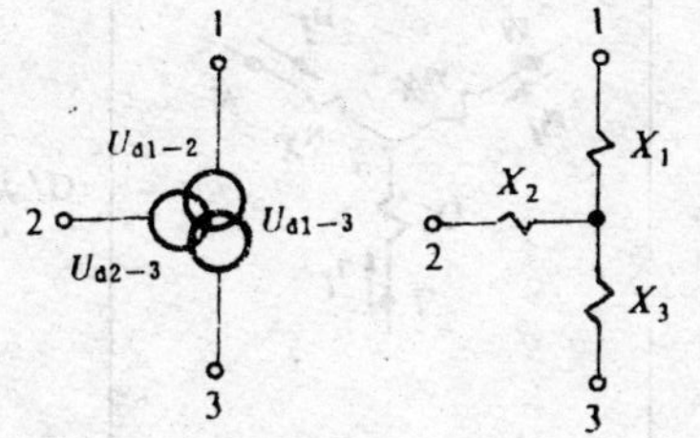	$X_1=\frac{1}{2}(U_{d1-2}+U_{d1-3}-U_{d2-3})$ $X_2=\frac{1}{2}(U_{d1-2}+U_{d2-3}-U_{d1-3})$ $X_3=\frac{1}{2}(U_{d1-3}+U_{d2-3}-U_{d1-2})$	U_{d1-2}——高、中压线圈间的短路电压 U_{d1-3}——高、低压线圈间的短路电压 U_{d2-3}——中、低压线圈间的短路电压
2	分裂电抗器	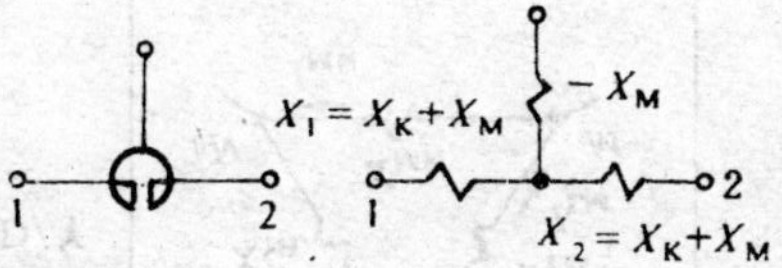	$X_M=f_0X_K$ $X_1=X_2=X_K+X_M=(1+f_0)X_K$	X_M—互感电抗 X_K——支分裂电抗 f_0—互感系数，等于 0.4～0.6
3	一个分裂线圈和一个不分裂线圈的变压器	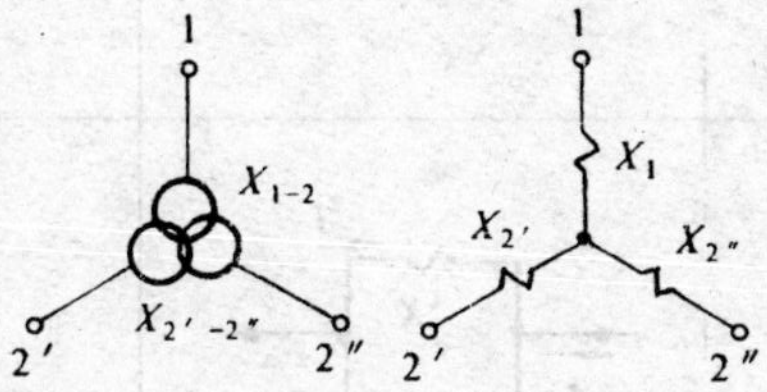	(1)低压线圈分裂 $X_1=X_{1-2}-X_{2'-2''}/4$ $X_{2'}=X_{2''}=X_{2'-2''}/2$ (2)普通单相变压器低压二线圈分别引出使用 $X_1=0$ $X_{2'}=X_{2''}=2X_{1-2}$	X_{1-2}—高压线圈与总的低压线圈之间的穿越电抗 $X_{2'-2''}$—分裂线圈的分裂电抗
4	一个分裂线圈和两个不分裂线圈的变压器	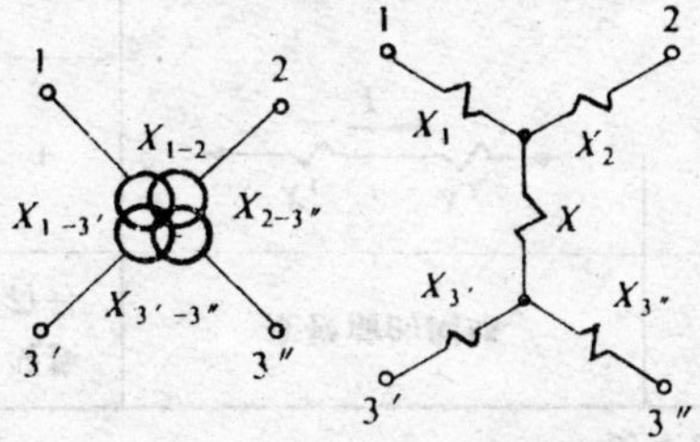	$X_1=\frac{1}{2}(X_{1-2}+X_{1-3'}-X_{2-3''})$ $X_2=\frac{1}{2}(X_{1-2}+X_{2-3'}-X_{1-3'})$ $X=\frac{1}{2}(X_{1-3'}+X_{2-3'}-X_{1-2}-X_{3'-3''})$ $X_{3'}=X_{3''}=\frac{1}{2}X_{3'-3''}$	X_{1-2}——高中压线圈间的穿越电抗 $X_{3'-3''}$——分裂线圈间的分裂电抗 $X_{1-3'}=X_{1-3''}$ $X_{2-3'}=X_{2-3''}$ 为不分裂线圈与分裂线圈的穿越电抗

表 4-5　网络变换基本方法的公式

序号	变换名称	变换符号	变换前的网络	变换后的网络	变换后网络元件的阻抗	变换前网络元件的电流分布
1	串联	+	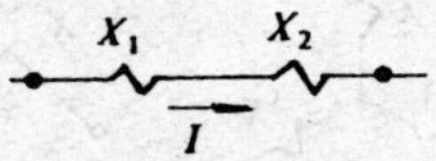	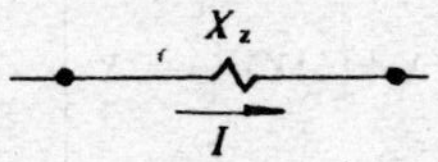	$X_z=X_1+X_2+\cdots+X_n$	$I_1=I_2=\cdots=I_n=I$
2	并联	‖	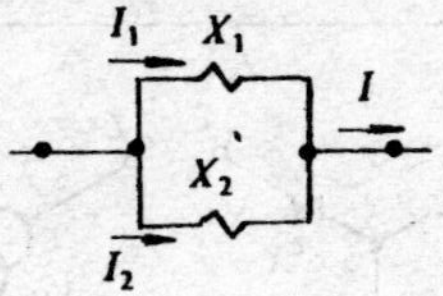	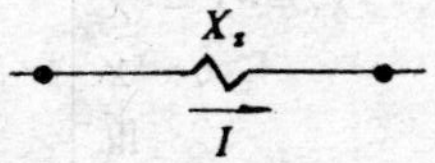	$X_z=\dfrac{1}{\dfrac{1}{X_1}+\dfrac{1}{X_2}+\cdots+\dfrac{1}{X_n}}$ 当只有两支时 $X_z=\dfrac{X_1X_2}{X_1+X_2}$	$I_n=I\dfrac{X_z}{X_n}=IC_n$
3	三角形变成等值星形	D/Y	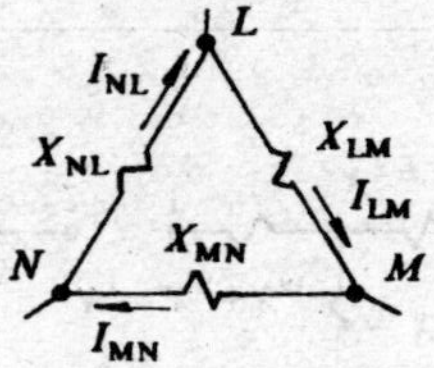	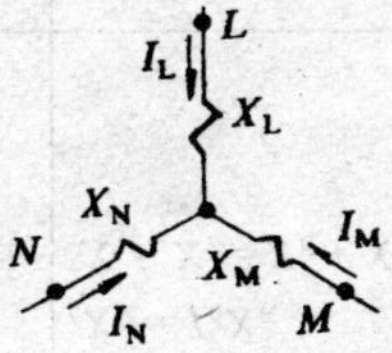	$X_L=\dfrac{X_{LM}X_{NL}}{X_{LM}+X_{MN}+X_{NL}}$ $X_M=\dfrac{X_{LM}X_{MN}}{X_{LM}+X_{MN}+X_{NL}}$ $X_N=\dfrac{X_{MN}X_{NL}}{X_{LM}+X_{MN}+X_{NL}}$	$I_{LM}=\dfrac{I_LX_L-I_MX_M}{X_{LM}}$ $I_{MN}=\dfrac{I_MX_M-I_NX_N}{X_{MN}}$ $I_{NL}=\dfrac{I_NX_N-I_LX_L}{X_{NL}}$
4	星形变成等值三角形	Y/D	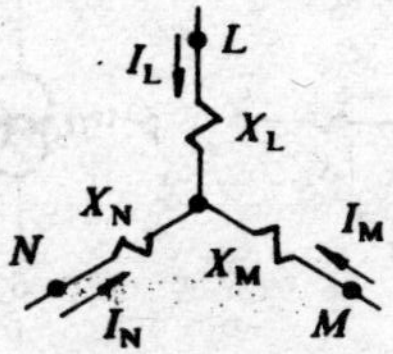	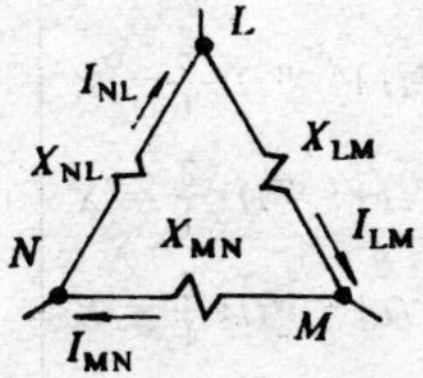	$X_{LM}=X_L+X_M+\dfrac{X_LX_M}{X_N}$ $X_{MN}=X_M+X_N+\dfrac{X_MX_N}{X_L}$ $X_{NL}=X_N+X_L+\dfrac{X_NX_L}{X_M}$	$I_L=I_{LM}-I_{NL}$ $I_M=I_{MN}-I_{LM}$ $I_N=I_{NL}-I_{MN}$

续表 4-5

序号	变换名称	变换符号	变换前的网络	变换后的网络	变换后网络元件的阻抗	变换前网络元件的电流分布
5	四角形变成有对角线的四边形	+/	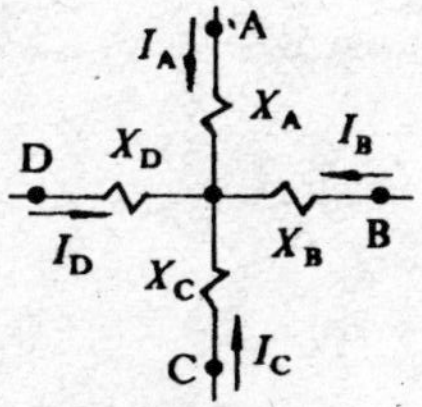	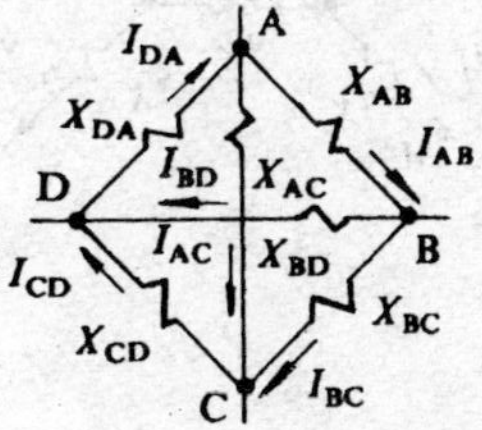	$X_{AB}=X_AX_B\Sigma Y$ $X_{BC}=X_BX_C\Sigma Y$ $X_{AC}=X_AX_C\Sigma Y$ 式中 $\Sigma Y=\frac{1}{X_A}+\frac{1}{X_B}+\frac{1}{X_C}+\frac{1}{X_D}$	$I_A=I_{AC}+I_{AB}-I_{DA}$ $I_B=I_{BD}+I_{BC}-I_{AB}$
6	有对角线的四边形变换为四角形，满足下列条件时 $Y_{AB}Y_{CD}=Y_{AC}Y_{BD}-Y_{AD}Y_{BC}$			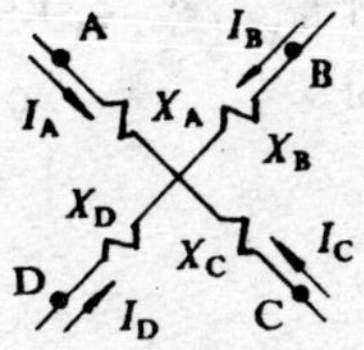	$X_A=\frac{1}{\frac{1}{X_{AB}}+\frac{1}{X_{AC}}+\frac{1}{X_{DA}}+\frac{X_{BD}}{X_{AB}X_{DA}}}$ $X_B=\frac{1}{\frac{1}{X_{AB}}+\frac{1}{X_{BC}}+\frac{1}{X_{BD}}+\frac{X_{AC}}{X_{AB}X_{BC}}}$ $X_C=\frac{1}{1+\frac{X_{AB}}{X_{AC}}+\frac{X_{AB}}{X_{BD}}+\frac{X_{AC}}{X_{BC}}}$ $X_D=\frac{1}{1+\frac{X_{AB}}{X_{AC}}+\frac{X_{AB}}{X_{AD}}+\frac{X_{BD}}{X_{AD}}}$	$I_{AB}=\frac{I_AX_A-I_BX_B}{X_{AB}}$ $I_{CB}=\frac{I_CX_C-I_BX_B}{X_{BC}}$

续表 4-5

序号	变换名称	变换符号	变换前的网络	变换后的网络	变换后网络元件的阻抗	变换前网络元件的电流分布
7	有对角线的四边形变换为等值网络，满足下列条件时 $Y_{AB}Y_{CD}=Y_{AC}Y_{BD}$		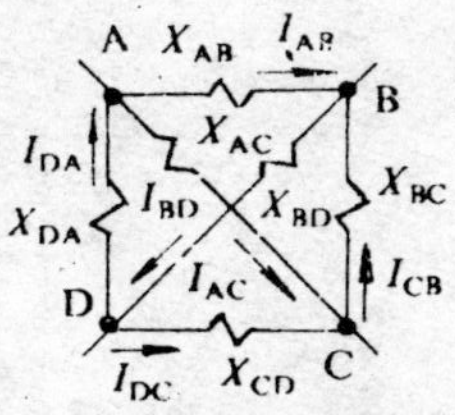	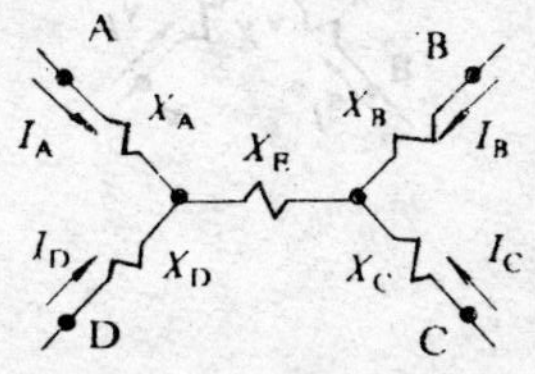	计算 X_A、X_B、X_C、X_D 的公式同上 $X_E=\left(\frac{X_{AC}X_{BD}}{X_{AD}X_{BC}}-1\right)$ $\times\frac{X_{AB}}{\left(1+\frac{X_{AB}}{X_{BC}}+\frac{X_{AB}}{X_{BD}}+\frac{X_{AC}}{X_{BC}}\right)}$ $\times\frac{1}{\left(1+\frac{X_{AB}}{X_{AC}}+\frac{X_{AB}}{X_{AD}}+\frac{X_{BD}}{X_{AD}}\right)}$	$I_{AB}=$ $\frac{I_A(X_A+X_B)-I_BX_B+I_DX_E}{X_{AB}}$ $I_{DC}=$ $\frac{I_D(X_D+X_E)+I_AX_E-I_CX_C}{X_{DC}}$ $I_{CB}=$ $\frac{I_CX_C-I_BX_B}{X_{BC}}$ $I_{DA}=\frac{I_DX_D-I_AX_A}{X_{DA}}$ $I_{AC}=$ $\frac{I_A(X_A+X_E)-I_CX_C+I_DX_E}{X_{AC}}$ $I_{BD}=$ $\frac{I_BX_B-I_AX_E-I_D(X_D+X_E)}{X_{BD}}$
8	一般条件下，由有对角线的四边形变换为等值网络			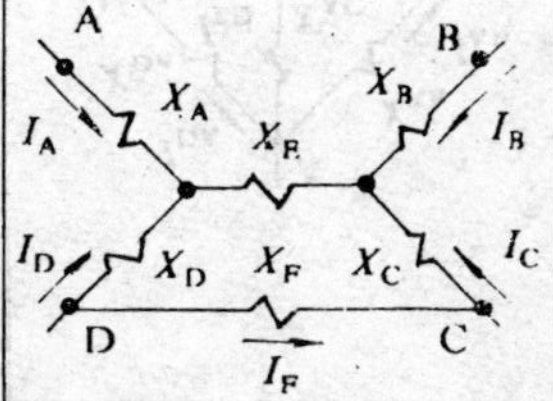	计算 X_A、X_B、X_C、X_D 及 X_E 的公式同上 $X_F=\frac{1}{\frac{1}{X_{CD}}-\frac{X_{AB}}{X_{AC}X_{BD}}}$	计算 I_{AB}、I_{CB}、I_{DA}、I_{AC} 及 I_{BD} 的公式同上 $I_{DC}=\frac{I_FX_F}{X_{DC}}$

表 4-6 常用网络阻抗变换的简明公式

序号	变换前的网络	变换后的网络	变换后网络元件的阻抗	适用结线图实例
1	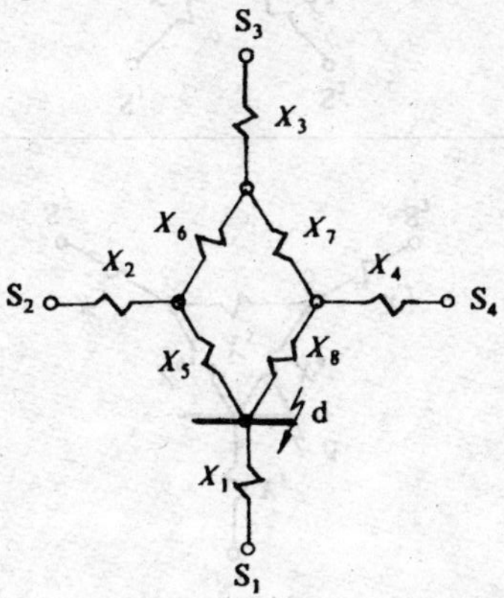	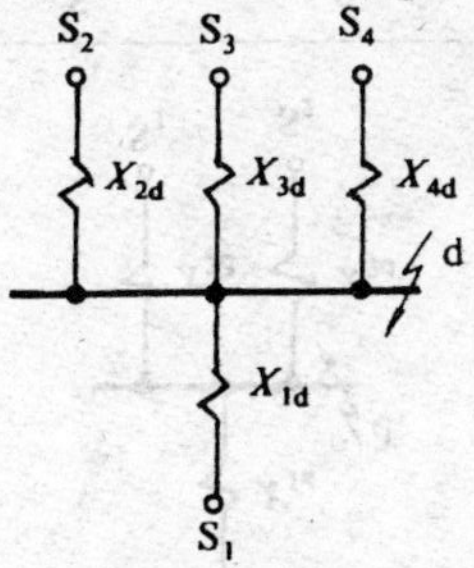	$X_{1d}=X_1$ $X_{2d}=\dfrac{Y_1}{X_6+\dfrac{X_2X_5}{Y_1\Sigma Y}+\dfrac{X_4X_5}{Y_2\Sigma Y}}$ $X_{3d}=\dfrac{X_3X_5}{\dfrac{X_2X_5}{Y_1\Sigma Y}+\dfrac{X_4X_5}{Y_2\Sigma Y}}$ $X_{4d}=\dfrac{Y_2}{X_7+\dfrac{X_2X_8}{Y_1\Sigma Y}+\dfrac{X_4X_8}{Y_2\Sigma Y}}$ 式中 $Y_1=X_2X_6+X_5X_6+X_2X_5$ $Y_2=X_4X_7+X_7X_6+X_4X_8$ $\Sigma Y=\dfrac{1}{X_3}+\dfrac{X_2+X_5}{Y_1}+\dfrac{X_4+X_8}{Y_2}$	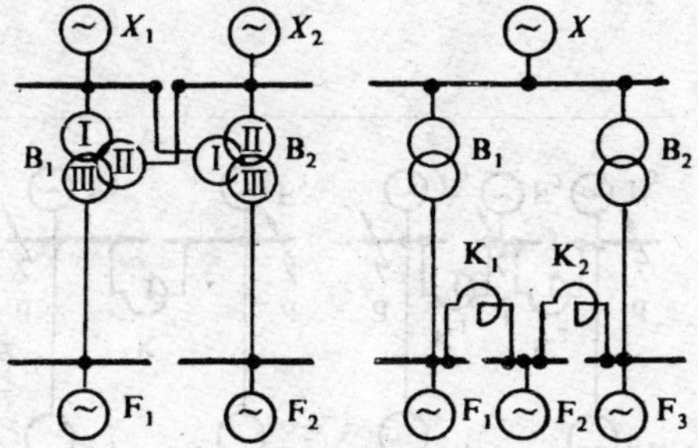 1. 三线圈变压器的 $U_{d\text{Ⅰ}}\%=0$ 2. 对以上接线图任一母线短路均可采用
2	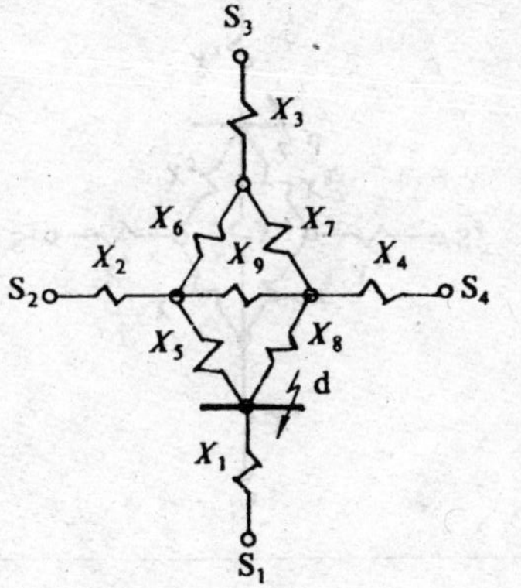	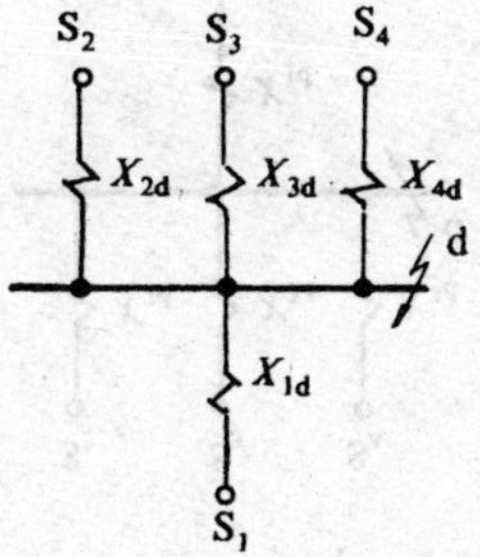	$X_{1d}=X_1$ $X_{2d}=\dfrac{Y_1}{\dfrac{X_6X_9}{Y_3}+\dfrac{X_2X_5}{Y_1\Sigma Y}+\dfrac{X_4X_5}{Y_2\Sigma Y}}$ $X_{3d}=\dfrac{X_3Y_3+X_6X_7}{Y_3\left(\dfrac{X_2}{Y_1\Sigma Y}+\dfrac{X_4}{Y_2\Sigma Y}\right)}$ $X_{4d}=\dfrac{Y_2}{\dfrac{X_7X_9}{Y_3}+\dfrac{X_2X_8}{Y_1\Sigma Y}+\dfrac{X_4X_8}{Y_2\Sigma Y}}$ 式中 $Y_1=\dfrac{X_2X_6X_9}{Y_3}+\dfrac{X_6X_5X_9}{Y_3}+X_2X_5$ $Y_2=\dfrac{X_4X_7X_9}{Y_3}+\dfrac{X_7X_8X_9}{Y_3}+X_4X_8$ $Y_3=X_6+X_7+X_9$ $\Sigma Y=\dfrac{Y_3}{X_3Y_3+X_6X_7}+\dfrac{X_2+X_5}{Y_1}+\dfrac{X_4+X_8}{Y_2}$	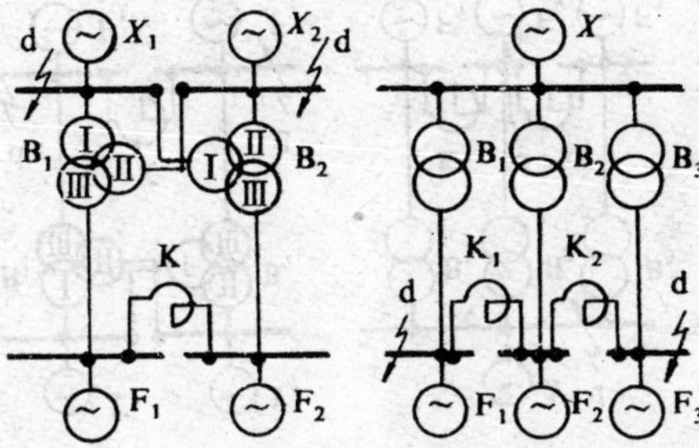 三线圈变压器的 $U_{d\text{Ⅱ}}=0$

续表 4-6

序号	变换前的网络	变换后的网络	变换后网络元件 的阻抗	适用结线图实例
3	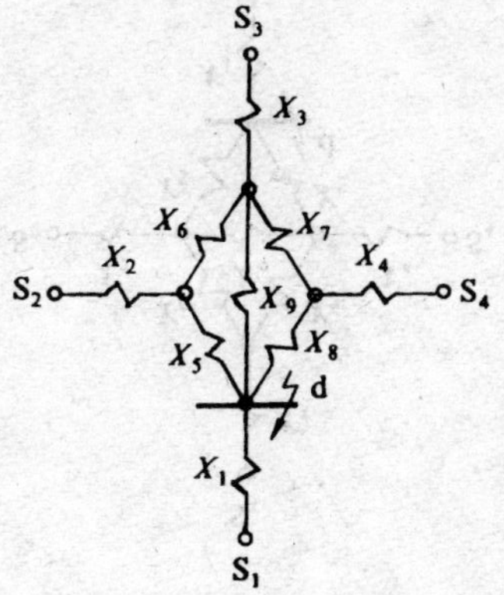	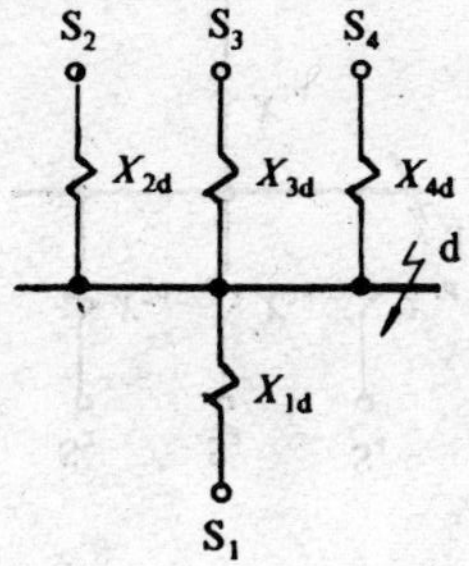	$X_{1d}=X_1$ $X_{2d}=\dfrac{Y_1}{X_6+\dfrac{X_5}{X_9\Sigma Y}+\dfrac{X_2X_5}{Y_1\Sigma Y}+\dfrac{X_4X_5}{Y_2\Sigma Y}}$ $X_{3d}=\dfrac{X_3X_5}{\dfrac{X_5}{X_9\Sigma Y}+\dfrac{X_2X_5}{Y_1\Sigma Y}+\dfrac{X_4X_5}{Y_2\Sigma Y}}$ $X_{4d}=\dfrac{Y_2}{X_7+\dfrac{X_8}{X_9\Sigma Y}+\dfrac{X_2X_8}{Y_1\Sigma Y}+\dfrac{X_4X_8}{Y_2\Sigma Y}}$ 式中 $Y_1=X_2X_6+X_6X_5+X_2X_5$ $Y_2=X_4X_7+X_7X_8+X_4X_8$ $\Sigma Y=\dfrac{1}{X_3}+\dfrac{1}{X_9}+\dfrac{X_2+X_5}{Y_1}+\dfrac{X_4+X_8}{Y_2}$	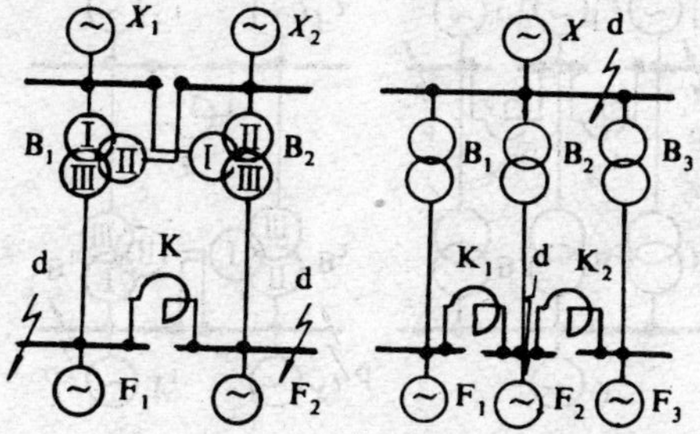三线圈变压器的 $U_{d\,\text{Ⅰ}}\%=0$
4	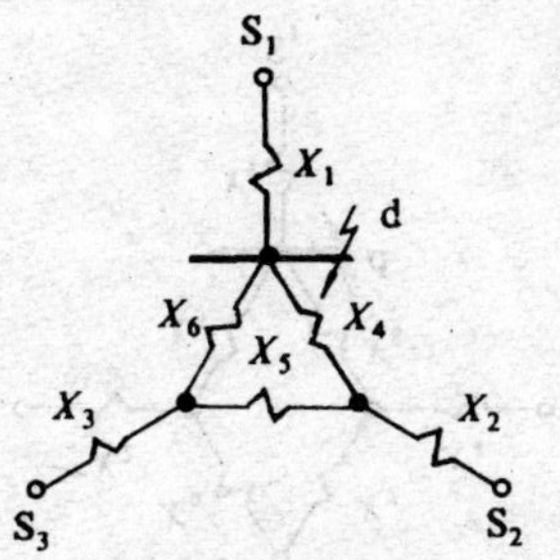	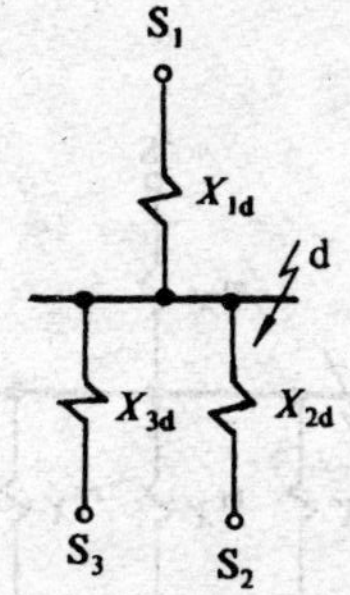	$X_{1d}=X_1$ $X_{2d}=X_2+\dfrac{X_4(X_5+X_6)}{Y_1}+\dfrac{X_4X_6(X_4X_5+Y_1X_2)}{(Y_1X_3+X_5X_6)Y_1}$ $X_{3d}=X_3+\dfrac{X_6(X_4+X_5)}{Y_1}+\dfrac{X_4X_6(X_6X_5+Y_1X_3)}{(Y_1X_2+X_4X_5)Y_1}$ 式中 $Y_1=X_4+X_5+X_6$	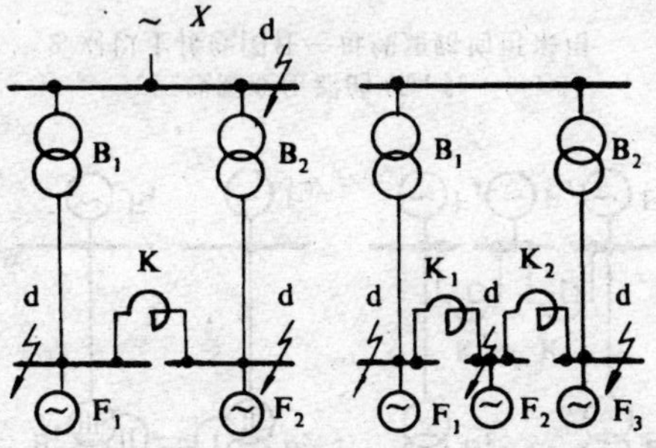
5	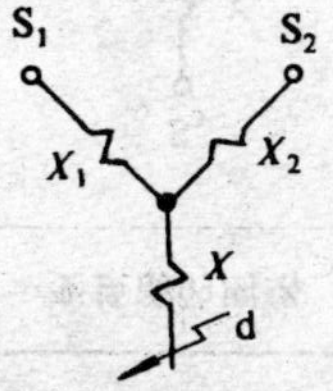	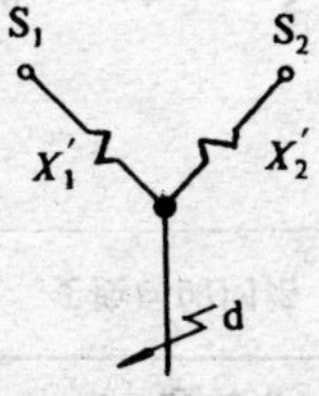	$X'_1=X_1+X+\dfrac{X_1X}{X_2}$ $X'_2=X_2+X+\dfrac{X_2X}{X_1}$	

续表 4-6

序号	变换前的网络	变换后的网络	变换后网络元件 的阻抗	适用结线图实例
6	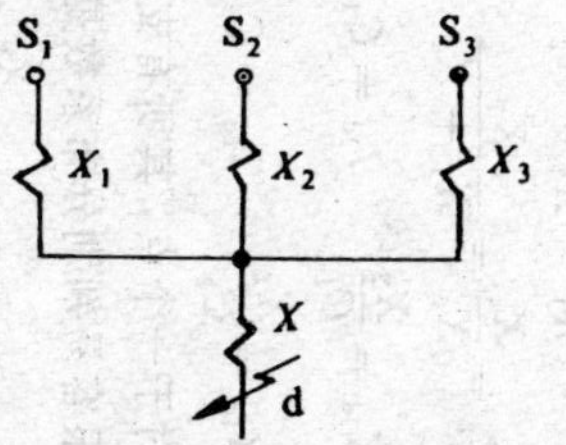	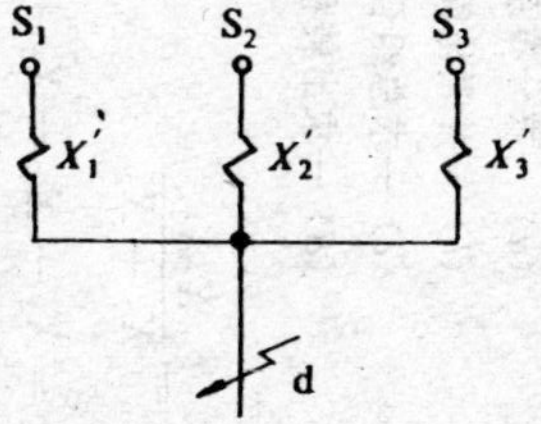	$X_1'=X_1+X+X_1X\left(\frac{X_2+X_3}{X_2X_3}\right)$ $X_2'=X_2+X+X_2X\left(\frac{X_1+X_3}{X_1X_3}\right)$ $X_3'=X_3+X+X_3X\left(\frac{X_1+X_2}{X_1X_2}\right)$	
7	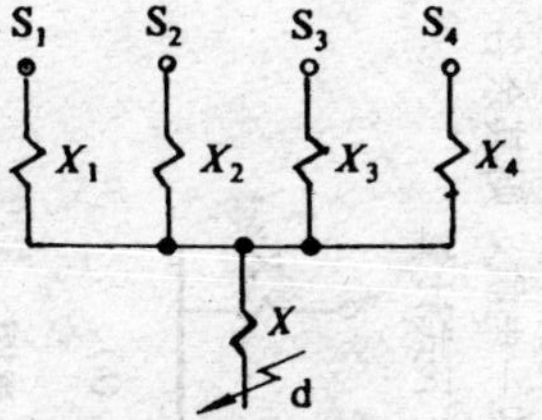	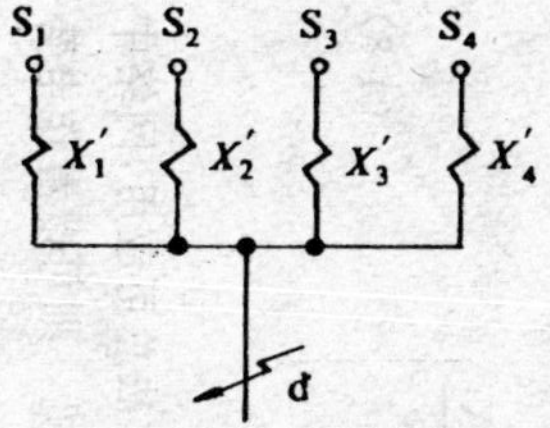	$X_1'=X_1+X+X_1X\times\left(\frac{X_2X_3+X_3X_4+X_4X_2}{X_2X_3X_4}\right)$ $X_2'=X_2+X+X_2X\times\left(\frac{X_1X_3+X_3X_4+X_4X_1}{X_1X_3X_4}\right)$ $X_3'=X_3+X+X_3X\times\left(\frac{X_1X_2+X_2X_4+X_4X_1}{X_1X_2X_4}\right)$ $X_4'=X_4+X+X_4X\times\left(\frac{X_1X_2+X_2X_3+X_3X_1}{X_1X_2X_3}\right)$	

注：序号 5、6、7 项公式亦可用下列公式代替：

令 $\Sigma Y=\frac{1}{X_1}+\frac{1}{X_2}+\frac{1}{X_3}+\cdots+\frac{1}{X_n}+\frac{1}{X}$

$C=X\Sigma Y$

则 $X_1'=X_1C, X_2'=X_2C, X_3'=X_3C, X_n'=X_nC$。

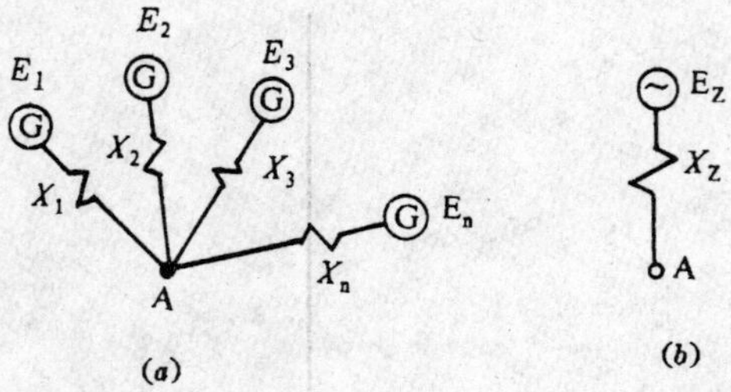

图 4-3 并联电源支路合并示意图

(a) 一合并前；(b) 一合并后

4.2.4.2 并联电源支路的合并

并联电源支路的合并如图 4-3 所示。

$$\left.\begin{aligned} E_z &= \frac{E_1Y_1 + E_2Y_2 + \cdots + E_nY_n}{Y_1 + Y_2 + \cdots + Y_n} \\ X_z &= \frac{1}{Y_1 + Y_2 + \cdots + Y_n} \end{aligned}\right\} \qquad (4\text{-}7)$$

式中 E_z——合成电势，以并联电源点 A 为基准值的标幺值；

X_z——合成电抗标幺值；

Y_1、Y_2…、Y_n——各并联分支回路的电纳，为 X_1、X_2、…、X_n 的倒数。

如果只有两个电源支路，则

$$\left.\begin{aligned} E_z &= \frac{E_1X_2 + E_2X_1}{X_1 + X_2} \\ X_z &= \frac{X_1X_2}{X_1 + X_2} \end{aligned}\right\} \qquad (4\text{-}8)$$

不管电势的大小如何，上述方法总可应用，网络中的负载支路如果不包含大型电动机，则可以看作电势 $E_i=0$ 的一个特殊情况。

4.2.4.3 合成电抗的分解

若需从总的合成电抗中分出某一电抗，则其余各电抗的合成电抗 X_{z-1}（图 4-4）按下式计算

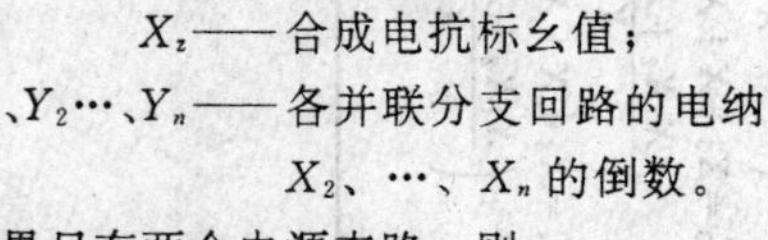

图 4-4 合成阻抗示意图

(a) 一分解前；(b) 一分解后

$$X_{z-1} = \frac{X_1X_z}{X_1 - X_z} \qquad (4\text{-}9)$$

式中 X_z——合成电抗，标幺值。

4.2.4.4 分布系数法

求得短路点到各电源间的总组合电抗以后，为了求出短路点到各电源间的转移电抗及网络内电流分布，可利用分布系数法。将短路处的总电流当作单位电流，则可求得每支路中电流对单位电流的比值，这些比值称为分布系数，用符号 C_1，C_2，…，C_n 代表。

任一电源 n 和短路点 d 间的转移电抗 X_{nd} 可由该电源的分布系统 C_n 和网络的总组合电抗 X_Σ 来决定

$$X_{nd} = \frac{X_\Sigma}{C_n} \qquad (4\text{-}10)$$

任一电源供给的短路电流 I_{nd}，也可由该电源的分布系数 C_n 和短路点总短路电流 I_{nd} 来决定

$$I_{nd} = C_nI_d \qquad (4\text{-}11)$$

现举例说明如下（图 4-5）

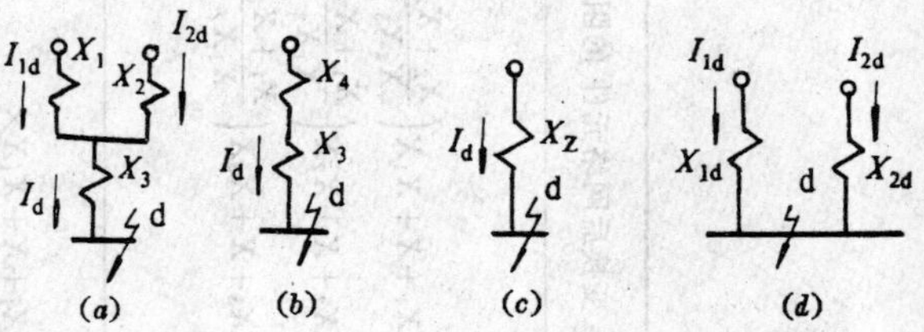

图 4-5 求分布系数示意图

(a) 一求分布系数的网络；

(b) 一并联化简；

(c) 一求总组合电抗；

(d) 一求出转移电抗和分布系数

$$X_4 = \frac{X_1X_2}{X_1 + X_2}$$

$$X_\Sigma = X_3 + X_4 = X_3 + \frac{X_1X_2}{X_1 + X_2}$$

$$C_1 = \frac{X_4}{X_1} = \frac{X_2}{X_1 + X_2}$$

$$C_2 = \frac{X_4}{X_2} = \frac{X_1}{X_1 + X_2}$$

$$X_{1d} = \frac{X_\Sigma}{C_1} \qquad I_{1d} = C_1I_d$$

$$X_{2d} = \frac{X_\Sigma}{C_2} \qquad I_{2d} = C_2I_d$$

对于一个点，其所有支路电流分布系数之和为 1。这就很容易判别分布系数是否计算正确。如此例中

$$C_1 + C_2 = \frac{X_2}{X_1 + X_2} + \frac{X_1}{X_1 + X_2} = 1$$

4.2.4.5 网络中间接点消去法（简称 ΣY 法）

若各电源点的电势是相等的，那么电源点间的转移电抗中将不会有短路电流流过，根据这样的概念，在网络变换中应用由多支路星形变为具有对角线的多角形公式推导出 ΣY 法。即

$$X_{nd} = X_n X \Sigma Y \quad (4\text{-}12)$$

在实用计算中，利用式 4-12 及倒数法（即总组合电抗为各并联电抗倒数和之倒数），则显示极大的便利。如图 4-6 所示。

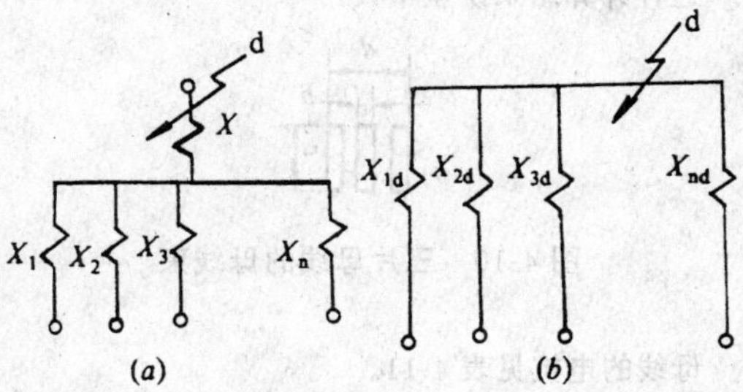

图 4-6　ΣY 法示意图

(a) 一多支路星形网络；

(b) 一消去网络中间接点求出各分支的转移电抗

令 $$\Sigma Y = \frac{1}{X_1} + \frac{1}{X_2} + \cdots + \frac{1}{X_n} + \frac{1}{X} \quad (4\text{-}13)$$

$$C = X\Sigma Y$$

则 $X_{1d} = X_1 C$，　$X_{2d} = X_2 C$，　$X_{nd} = X_n C$

4.2.4.6　等值电源的归并

A　按个别变化计算

当网络中有几个电源时，可将条件相似的电源按下列情况连成一组，分别求出至短路点的转移电抗。

(1) 同型式且至短路点的电气距离大致相等的发电机；

(2) 至短路点电气距离较远，即计算电抗 $X_{js}>1$ 的同一类型或不同类型的发电机；

(3) 直接连接于短路点上的同类型发电机。

B　按同一变化计算

当仅计算任意时间 t 的短路电流周期分量的有效值 I_{zt}，各电源的发电机型式、参数相同且距短路点的电气距离大致相等时，可将各电源合并为一个总的计算电抗

$$X_{js} = X_{*\Sigma} \frac{S_{e\Sigma}}{S_j} \quad (4\text{-}14)$$

$$I_{zt} = I_{*zt} I_{e\Sigma} \quad (4\text{-}15)$$

式中　$X_{*\Sigma}$——各电源合并后的等值电抗标幺值；

I_{*zt}——各电源合并后的 t 秒短路电流周期分量标幺值；

$S_{e\Sigma}$——各电源合并后的额定容量，MVA；

$I_{e\Sigma}$——各电源合并后的额定电流，kA。

4.3　架空线、电缆、母线、变压器及其它电气设备的阻抗计算

4.3.1　架空线和电缆的电抗计算

$$\begin{aligned} X &= \omega L \times 10^{-4} = 2\pi f L \times 10^{-4} \\ &= 2\pi f \times 10^{-4}(4.6\lg \frac{2D_f}{d} + 0.5\mu) \\ &= 0.0314(4.6\lg \frac{2D_f}{d} + 0.5\mu) \\ &\approx 0.1445\lg \frac{2D_f}{d} + 0.0157 \end{aligned} \quad (4\text{-}16)$$

式中　D_f——各相导线间（或电缆芯间）几何均距，mm；

d——导线直径（或电缆主芯直径），mm；

μ——导线的相对导磁系数，对有色金属 $\mu=1$。

线路三相导线间几何均距 D_f，按下式计算

$$D_f = \sqrt[3]{D_{12}D_{23}D_{13}}$$

式中　D_{12}、D_{23}、D_{13}——各相导线中心线的距离，mm。

对相分裂导线的电抗，式 4-16 应改为

$$X = 0.1445\lg \frac{2D_f}{d_d} + \frac{0.0157}{n} \quad (4\text{-}17)$$

式中　n——导线每相分裂根数；

d_d——相分裂导线等效直径，mm。

$$d_d = 2\sqrt[n]{r a_p^{n-1}}$$

式中　n——每相导线根数；

r——每根导线的半径，mm；

a_p——每相导线的自几何均距，mm。

如图 4-7 所示，$a_p = \sqrt[6]{D_{12}D_{23}D_{34}D_{14}D_{13}D_{24}}$。

架空线和电缆的电抗见表 4-3、表 4-7～表 4-12。

线路的电阻可根据下式确定

$$R = \frac{l}{\gamma S} \quad (4\text{-}18)$$

式中　R——线路电阻，Ω；

l——线路长度，m；

γ——电导率（铜的 $\gamma=53$，铝的 $\gamma=32$），$m/\Omega\cdot mm^2$；

S——导线截面积，mm^2。

图 4-7　导线几何均距计算图

4.3.2　母线的电抗计算

6～10kV 非磁性母线，当为水平或垂直平面布置如图 4-8，A 与 B 相间距离为 D，A 与 C 相间距离为 $2D$，不换相时，每相电抗分别为

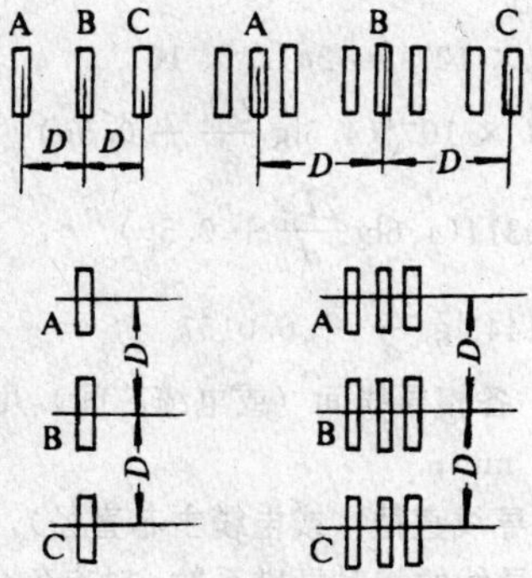

图 4-8　母线水平或垂直平面布置图

$$X_A = X_C = \omega L \times 10^{-4}$$
$$= 314(4.6\lg\frac{D}{g} + 0.5) \times 10^{-4}$$
$$= 0.1445\lg\frac{D}{g} + 0.0157 \qquad (4\text{-}19)$$
$$X_B = 0.1445\lg\frac{D}{g} \qquad (4\text{-}20)$$

式中　D——邻近相中心线距离，mm；

g——母线或母线束每相截面积的自几何均距，mm。

母线换相的感抗（在三相平均电感为 L_p 时）

$$X = 0.1445\lg\frac{D_f}{g} + 0.0157 \qquad (4\text{-}21)$$

式中　D_f——相间几何均距，母线垂直或水平面布置时，mm；

$$D_f = \sqrt[3]{2}\,D = 1.26D$$

D——领近相中心线距离，mm。

矩形截面母线的自几何均距如图 4-9 所示。

$$g = k(b + c) \qquad (4\text{-}22)$$

式中　$k=0.2236$

b 和 c——母线厚和宽（或宽和厚），mm。

三片母线的母线束(片间距离等于母线厚)的自几何均距简便的计算法为

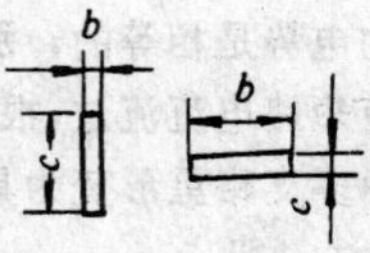

图 4-9　母线尺寸

$$g = k(d + c) \qquad (4\text{-}23)$$

式中　d 和 c——母线束的边长（见图 4-10），mm。

这种计算结果误差不大。

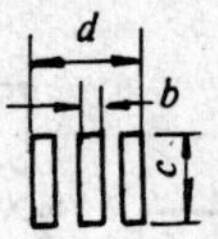

图 4-10　三片母线的母线束

母线的电抗见表 4-11。

各种形状母线截面的几何均距见第 20 章。

4.3.3　变压器、调相机、发电机及电抗器的电抗标幺值计算

变压器、调相机、发电机及电抗器的电抗标幺值可从表 4-13～表 4-24 中查得。

4.3.4　同步电动机的电抗计算

图 4-11 中示出了同步电动机的正轴线等效系统，有阻尼绕组电动机的次暂态电抗 X_d'' 值用下式确定

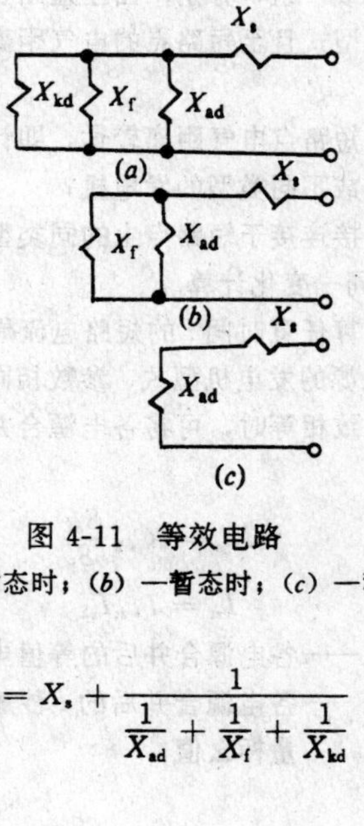

图 4-11　等效电路

(*a*) 一次暂态时；(*b*) 一暂态时；(*c*) 一稳态时

$$X_d'' = X_s + \frac{1}{\dfrac{1}{X_{ad}} + \dfrac{1}{X_f} + \dfrac{1}{X_{kd}}} \qquad (4\text{-}24)$$

若知 X_d 和 X_s，$X_{ad}=X_d+X_s$

式中 X''_d——正轴线次暂态电抗（有阻尼绕组的电机），%[1]；

X'_d——正轴线暂态电抗（没有阻尼绕组的电抗），%；

X_d——正轴线同步电抗，%；

X_s——定子绕组漏泄电抗，%；

X_{ad}——定子电枢反应电抗，%；

X_f——励磁绕组漏泄电抗，%；

X_{kd}——阻尼绕组漏泄电抗，%。

在设计中一般可采用表 4-3 中所列出的同步电动机 X''_d 平均值进行计算

表 4-7 每公里架空线路的电抗、电阻标幺值（$S_j=100$MVA）

导线型号	6kV				10kV			
	X (Ω)	X_*	R (Ω)	R_*	X (Ω)	X_*	R (Ω)	R_*
LJ-16	0.404	1.018	1.96	4.938	0.404	0.367	1.96	1.778
LJ-25	0.390	0.983	1.27	3.200	0.390	0.354	1.27	1.152
LGJ、LJ-35	0.380	0.957	0.91	2.293	0.380	0.345	0.91	0.825
LGJ、LJ-50	0.368	0.927	0.63	1.587	0.368	0.334	0.63	0.571
LGJ、LJ-70	0.358	0.902	0.45	1.134	0.358	0.325	0.45	0.408
LGJ、LJ-95	0.324	0.816	0.33	0.831	0.342	0.310	0.33	0.299
LGJ、LJ-120	0.335	0.844	0.27	0.680	0.335	0.304	0.27	0.245
LGJ-150								
LGJ-185								
LGJ-240								
LGJQ-300								
LGJQ-400								

导线型号	35kV				110kV			
	X (Ω)	X_*	R (Ω)	R_*	X (Ω)	X_*	R (Ω)	R_*
LJ-16								
LJ-25								
LGJ、LJ-35	0.424	0.0310	0.91	0.0665				
LGJ、LJ-50	0.412	0.0301	0.63	0.0460	0.442	0.00334	0.63	0.00476
LGJ、LJ-70	0.402	0.0294	0.45	0.0329	0.432	0.00327	0.45	0.00340
LGJ、LJ-95	0.386	0.0282	0.33	0.0241	0.416	0.00315	0.33	0.00250
LGJ、LJ-120	0.379	0.0277	0.27	0.0197	0.409	0.00309	0.27	0.00204
LGJ-150	0.373	0.0272	0.21	0.0153	0.403	0.00305	0.21	0.00159
LGJ-185	0.365	0.0267	0.17	0.0124	0.395	0.00299	0.17	0.00129
LGJQ-240	0.358	0.0262	0.13	0.0096	0.388	0.00293	0.13	0.00100
LGJQ-300					0.382	0.00289	0.11	0.00081
LGJQ-400					0.373	0.00282	0.08	0.00061

[1] “%”为以电机额定容量为基准值的百分电抗。

续表 4-7

导线型号	220kV							
	单导线				双分裂			
	X (Ω)	X_*	R (Ω)	R_*	X (Ω)	X_*	R (Ω)	R_*
LGJ-185	0.440	0.000832	0.170	0.000321	0.315	0.000595	0.085	0.000161
LGJ-240	0.342	0.000817	0.132	0.000250	0.310	0.000586	0.066	0.000125
LGJQ-300	0.427	0.000807	0.107	0.000202	0.308	0.000582	0.054	0.000102
LGJQ-400	0.417	0.000788	0.080	0.000151	0.303	0.000573	0.040	0.000076
LGJQ-500	0.411	0.000777	0.065	0.000123	0.300	0.000567	0.033	0.000061
LGJQ-600	0.405	0.000766	0.055	0.000104	0.297	0.000561	0.028	0.000052
LGJQ-700	0.398	0.000752	0.044	0.000083	0.294	0.000556	0.022	0.000042

导线型号	0.4kV				6kV			
	X (Ω)	X_*	R (Ω)	R_*	X (Ω)	X_*	R (Ω)	R_*
TJ-10	0.381		1.84		0.438	1.103	1.84	
TJ-16	0.360		1.20		0.417	1.048	1.20	
TJ-25	0.345		0.74		0.402	1.012	0.74	
TJ-35	0.336		0.54		0.392	0.988	0.54	
TJ-50	0.324		0.39		0.381	0.957	0.39	
TJ-70	0.312		0.28		0.370	0.932	0.28	
TJ-95	0.303		0.20		0.360	0.912	0.20	
TJ-120	0.295		0.158		0.353	0.889	0.158	
LJ-16	0.358		1.98		0.416	1.043	1.98	
LJ-25	0.344		1.28		0.402	1.012	1.28	
LJ-35	0.334		0.92		0.392	0.988	0.92	
LJ-50	0.323		0.64		0.380	0.957	0.64	
LJ-70	0.312		0.46		0.369	0.932	0.46	
LJ-95	0.303		0.34		0.360	0.912	0.34	
LJ-120	0.295		0.27		0.353	0.889	0.27	
LJ-150	0.287		0.21		0.345	0.872	0.21	
LJ-185	0.281		0.17		0.339	0.854	0.17	
LJ-240			0.132		0.330	0.831	0.132	

导线型号	10kV				35kV			
	X (Ω)	X_*	R (Ω)	R_*	X (Ω)	X_*	R (Ω)	R_*
TJ-10	0.438	0.397	1.84				1.84	
TJ-16	0.417	0.378	1.20		0.470	0.0343	1.20	
TJ-25	0.402	0.364	0.74		0.456	0.0333	0.74	
TJ-35	0.392	0.356	0.54		0.445	0.0325	0.54	
TJ-50	0.381	0.345	0.39		0.434	0.0317	0.39	

续表 4-7

导线型号	10kV				35kV			
	X (Ω)	X_*	R (Ω)	R_*	X (Ω)	X_*	R (Ω)	R_*
TJ-70	0.370	0.336	0.28		0.423	0.0309	0.28	
TJ-95	0.360	0.328	0.20		0.413	0.0303	0.20	
TJ-120	0.353	0.320	0.158		0.406	0.0297	0.158	
LJ-16	0.416	0.378	1.98				1.98	
LJ-25	0.402	0.364	1.28				1.28	
LJ-35	0.392	0.356	0.92				0.92	
LJ-50	0.380	0.345	0.64				0.64	
LJ-70	0.369	0.336	0.46				0.46	
LJ-95	0.360	0.328	0.34				0.34	
LJ-120	0.353	0.320	0.27				0.27	
LJ-150	0.345	0.314	0.21				0.21	
LJ-185	0.339	0.308	0.17				0.17	
LJ-240	0.330	0.299	0.132				0.132	

注：1. 输电线路参数按下表所列条件计算

电压 (kV)	6	10	35	110	220
线间距离 (m)	1.25	1.25	2.50	4.00	6.50
线分裂距离 (cm)					40
导线排列方式					· ·

2. 表中所列为正序电抗 X_1，负序电抗 $X_2=X_1$，零序电抗与正序电抗的关系见表 4-3；
3. 表中阻抗计算采用平均线电压：表中导线电抗按单回路钢筋混凝土杆计算，导线间几何均距对 0.4kV、10kV（含 6kV）、35kV 分别采用 0.6m，1.5m，3.5m；表阻抗计算采用平均线电压。

表 4-8　铜、铝芯电缆按基准容量为 100MVA 时电阻标幺值

电缆截面 (mm^2)	电缆电阻 (Ω/km)		在平均电压 (kV) 下的每公里电阻标幺值					
			铜芯			铝芯		
	铜	铝	6.3	10.5	37	6.3	10.5	37
4	4.6	7.75	11.60	4.17	0.336	19.50	7.04	0.565
6	3.07	5.17	7.73	2.79	0.224	13.00	4.70	0.377
10	1.84	3.10	4.63	1.67	0.134	7.81	2.82	0.226
16	1.15	1.94	2.90	1.04	0.084	4.88	1.77	0.142
25	0.74	1.24	1.87	0.67	0.054	3.12	1.13	0.090
35	0.53	0.89	1.34	0.48	0.039	2.24	0.81	0.065
50	0.37	0.62	0.93	0.34	0.027	1.56	0.56	0.045
70	0.26	0.44	0.65	0.24	0.019	1.11	0.40	0.032
95	0.19	0.33	0.48	0.17	0.014	0.83	0.30	0.024

续表 4-8

电缆截面 (mm²)	电缆电阻 (Ω/km)		在平均电压 (kV) 下的每公里电阻标幺值					
			铜芯			铝芯		
	铜	铝	6.3	10.5	37	6.3	10.5	37
120	0.15	0.26	0.38	0.14	0.011	0.65	0.24	0.019
150	0.12	0.21	0.30	0.11	0.009	0.53	0.19	0.015
185	0.10	0.17	0.25	0.09	0.007	0.43	0.15	0.012
240	0.08	0.13	0.20	0.07	0.006	0.33	0.12	0.0095

注：铜、铝芯电缆芯线的电阻率分别为：0.0184Ω·mm²/m；0.0310Ω·mm²/m。

表 4-9 架空线路每公里的平均电抗（$S_j=100$MVA）

类别	平均电压 (kV)	正序及负序电抗		零序电抗 X_{*0}					
				有良导体避雷线		有钢质避雷线		无避雷线	
		(Ω/km)	X_*	单回路 ($X_{*0}=2X_*$)	同杆双回路 ($X_{*0}=3X_*$)	单回路 ($X_{*0}=3X_*$)	同杆双回路 ($X_{*0}=5X_*$)	单回路 ($X_{*0}=3.5X_*$)	同杆双回路 ($X_{*0}=5.5X_*$)
单导线	3.15	0.35	3.52	7.04	10.56	10.56	17.6	12.3	19.35
	6.3	0.35	0.882	1.764	2.646	2.646	4.41	3.087	4.85
	10.5	0.35	0.317	0.634	0.95	0.95	1.585	1.11	1.74
	37	0.4	0.0292	0.0584	0.0876	0.0876	0.146	0.102	0.16
	63	0.4	0.0101	0.0202	0.0303	0.0303	0.0505	0.0353	0.0555
	115	0.4	0.00303	0.00606	0.00909	0.00909	0.01515	0.0106	0.0167

表 4-10 电力电缆每公里的平均电抗（$S_j=100$MVA）

平均电压 (kV)	正序及负序电抗		零序电抗 (X_{*0})	备注
	(Ω/km)	X_*		
3.15	0.08	0.805	2.82	1. $X_0 \approx 3.5X_*$ 2. 3～35kV 电缆为三芯电缆。110kV 电缆为单相充油电缆
6.3	0.08	0.202	0.707	
10.5	0.08	0.0726	0.254	
37	0.12	0.00876	0.0307	
115	0.18	0.00136		

表 4-11 母线每公里的平均电抗（$S_j=100$MVA）

类别	平均电压 (kV)	正序电抗		备注
		(Ω/km)	X_*	
单片，槽形	3.15	0.16	1.61	
	6.3	0.16	0.403	
	10.5	0.16	0.145	

续表 4-11

类　别	平均电压 (kV)	正序电抗 (Ω/km)	正序电抗 X_*	备　注
多　片	3.15	0.22	2.22	
	6.3	0.22	0.555	
	10.5	0.22	0.2	

表 4-13　110kV 及以下双卷变压器电抗标幺值（$S_j=100MVA$）

容量 (MVA)	10kV					35kV				60kV		110kV	备　注
	在下列 $U_d\%$ 下的 X_*												
	4.5	5.5	10	10.5	12	6.5	7	7.5	8	8	9	10.5	
1.00	4.5	5.5				6.5							包括铝芯及铜芯变压器
1.25	3.6	4.4				5.2							
1.60	2.82	3.44				4.06				5.0			
1.80	2.5	3.05				3.61							
2.00		2.75				3.25				4.0			
2.50		2.20				2.60							
3.15		1.75					2.22			2.54			
3.20		1.72					2.19			2.50			
4.00		1.375					1.75						
4.20		1.31					1.67			1.90			
5.00		1.10					1.40						
5.60		0.982						1.34			1.61	1.875	
6.30		0.874						1.19		1.27		1.67	
7.50								1.00			1.20	1.40	
8.00			1.25					0.938				1.31	
10.00					1.20			0.75			0.90	1.05	
15.00				0.70						0.533	0.60	0.70	
16.00											0.563	0.657	
20.00										0.40	0.45	0.525	
31.50										0.254	0.286	0.333	
40.00												0.263	
40.50											0.222	0.259	
45.00											0.20	0.233	
50.00												0.21	
60.00											0.15	0.175	
63.00												0.167	
75.00											0.12	0.14	
90.00												0.117	
120.00												0.087	

注：查表时无需考虑变压器的一次电压值。

表 4-12　三芯电力电缆每公里的电抗、电阻标幺值(S_j=100MVA)

芯线截面(mm²)	6kV X(Ω)	6kV X_*	6kV R(铝芯)(Ω)	6kV R_*(铝芯)	6kV R(铜芯)(Ω)	6kV R_*(铜芯)	10kV X(Ω)	10kV X_*	10kV R(铝芯)(Ω)	10kV R_*(铝芯)	10kV R(铜芯)(Ω)	10kV R_*(铜芯)	13.8kV X(Ω)	13.8kV X_*	13.8kV R(铝芯)(Ω)	13.8kV R_*(铝芯)	13.8kV R(铜芯)(Ω)	13.8kV R_*(铜芯)
25	0.085	0.214	1.280	3.225	0.740	1.864	0.094	0.0853	1.280	1.161	0.740	0.671	0.135	0.071	1.280	0.672	0.740	0.389
35	0.079	0.199	0.920	2.318	0.540	1.361	0.088	0.0798	0.920	0.834	0.540	0.490	0.129	0.068	0.920	0.483	0.540	0.284
50	0.076	0.191	0.640	1.612	0.390	0.983	0.082	0.0744	0.640	0.580	0.390	0.354	0.119	0.062	0.640	0.336	0.390	0.205
70	0.072	0.181	0.460	1.159	0.280	0.705	0.079	0.0717	0.460	0.417	0.280	0.254	0.116	0.061	0.460	0.242	0.280	0.147
95	0.069	0.174	0.340	0.857	0.200	0.504	0.076	0.0689	0.340	0.308	0.200	0.181	0.110	0.058	0.340	0.179	0.200	0.105
120	0.069	0.174	0.270	0.680	0.158	0.398	0.076	0.0689	0.270	0.245	0.158	0.143	0.107	0.056	0.270	0.142	0.158	0.083
150	0.066	0.166	0.210	0.529	0.123	0.310	0.072	0.0653	0.210	0.190	0.123	0.112	0.104	0.055	0.210	0.110	0.123	0.065
185	0.066	0.166	0.170	0.428	0.103	0.260	0.069	0.0626	0.170	0.154	0.103	0.093	0.100	0.053	0.170	0.089	0.103	0.054

芯线截面(mm²)	15.75kV X(Ω)	15.75kV X_*	15.75kV R(铝芯)(Ω)	15.75kV R_*(铝芯)	15.75kV R(铜芯)(Ω)	15.75kV R_*(铜芯)	18kV X(Ω)	18kV X_*	18kV R(铝芯)(Ω)	18kV R_*(铝芯)	18kV R(铜芯)(Ω)	18kV R_*(铜芯)	35kV X(Ω)	35kV X_*	35kV R(铝芯)(Ω)	35kV R_*(铝芯)	35kV R(铜芯)(Ω)	35kV R_*(铜芯)
25	0.135	0.0544	1.280	0.516	0.740	0.298	0.135	0.0417	1.280	0.395	0.740	0.228						
35	0.129	0.0520	0.920	0.371	0.540	0.218	0.129	0.0398	0.920	0.284	0.540	0.167						
50	0.119	0.0480	0.640	0.258	0.390	0.157	0.119	0.0367	0.640	0.198	0.390	0.120						
70	0.116	0.0468	0.460	0.185	0.280	0.113	0.116	0.0358	0.460	0.142	0.280	0.086	0.132	0.00964	0.460	0.0336	0.280	0.0205
95	0.110	0.0443	0.340	0.137	0.200	0.081	0.110	0.0340	0.340	0.105	0.200	0.062	0.126	0.00920	0.340	0.0248	0.200	0.0146
120	0.107	0.0431	0.270	0.109	0.158	0.064	0.107	0.0330	0.270	0.083	0.158	0.049	0.119	0.00869	0.270	0.0197	0.158	0.0115
150	0.104	0.0419	0.210	0.085	0.123	0.050	0.104	0.0321	0.210	0.065	0.123	0.038	0.116	0.00847	0.210	0.0153	0.123	0.0090
185	0.100	0.0403	0.170	0.069	0.103	0.042	0.100	0.0309	0.170	0.052	0.103	0.032	0.113	0.00825	0.170	0.0124	0.103	0.0075

注:表中所列正序阻抗为 X_1,负序阻抗 $X_2=X_1$,零序阻抗 $X_0=3.5X_1$。

表 4-14　154 及 220kV 双卷变压器电抗标幺值（S_j=100MVA）

型　式	容　量 (MVA)	154kV		220kV	
		U_d%	X_*	U_d%	X_*
SF	15.0	12	0.80		
	20.0	12	0.60		
	31.5				
	40.5	13.5	0.333		
	60.0				
SFP	75.0				
	90.0				
	120.0			11	0.092
	150.0				
	180.0				
	240.0				
	260.0			14	0.054
	300.0				
DF	3×20.0	10.5	0.175	13	0.217
	3×30.0			15	0.167
	3×40.0	12	0.10	13	0.108
	3×50.0			13.9	0.093
	3×60.0			13	0.072
DFP	3×80.0			14	0.058
	3×120.0			14	0.039
	3×160.0				
	3×200.0				

表 4-15　110 及 220kV 三卷变压器电抗标幺值（S_j=100MVA）

<table>
<tr><td rowspan="6">容　量
(MVA)</td><td colspan="3">110kV</td><td colspan="3">220kV</td></tr>
<tr><td colspan="6">在下列 U_d% 下的 X_*</td></tr>
<tr><td colspan="3">第一种组合方式
$U_{d\mathrm{I}-\mathrm{II}}\%=17$，$U_{d\mathrm{I}-\mathrm{III}}\%=10.5$，
$U_{d\mathrm{II}-\mathrm{III}}\%=6$</td><td colspan="3">第一种组合方式
$U_{d\mathrm{I}-\mathrm{II}}\%=22\sim24$，$U_{d\mathrm{I}-\mathrm{III}}\%=13\sim15(16)$，
$U_{d\mathrm{II}-\mathrm{III}}\%=7\sim9$</td></tr>
<tr><td>$X_\mathrm{I}=10.75\%$</td><td>$X_\mathrm{II}=6.25\%$</td><td>$X_\mathrm{III}=-0.25\%$</td><td>$X_\mathrm{I}=14\sim15\%$
(15.5%)</td><td>$X_\mathrm{II}=8\sim9\%$
(8.5%)</td><td>$X_\mathrm{III}=-1\sim0\%$
(0.5%)</td></tr>
<tr><td colspan="3">第二种组合方式
$U_{d\mathrm{I}-\mathrm{II}}\%=10.5$，$U_{d\mathrm{I}-\mathrm{III}}\%=17$，
$U_{d\mathrm{II}-\mathrm{III}}\%=6$</td><td colspan="3">第二种组合方式
$U_{d\mathrm{I}-\mathrm{II}}\%=13\sim15(16)$，$U_{d\mathrm{I}-\mathrm{III}}\%=22\sim24$，
$U_{d\mathrm{II}-\mathrm{III}}\%=7\sim9$</td></tr>
<tr><td>$X_\mathrm{I}=10.75\%$</td><td>$X_\mathrm{III}=6.25\%$</td><td>$X_\mathrm{II}=-0.25\%$</td><td>$X_\mathrm{I}=14\sim15\%$
(15.5%)</td><td>$X_\mathrm{III}=8\sim9\%$
(8.5%)</td><td>$X_\mathrm{II}=-1\sim0\%$
(0.5%)</td></tr>
<tr><td>5.6</td><td>1.92</td><td>1.116</td><td></td><td></td><td></td><td></td></tr>
<tr><td>7.5</td><td>1.435</td><td>0.834</td><td></td><td></td><td></td><td></td></tr>
<tr><td>8.0</td><td></td><td></td><td></td><td></td><td></td><td></td></tr>
</table>

续表 4-15

容 量 (MVA)	110kV			220kV		
	在下列 U_d% 下的 X_*					
	第一种组合方式 $U_{d\,I-II}\%=17$, $U_{d\,I-III}\%=10.5$, $U_{d\,II-III}\%=6$			第一种组合方式 $U_{d\,I-II}\%=22\sim24$, $U_{d\,I-III}\%=13\sim15(16)$, $U_{d\,II-III}\%=7\sim9$		
	$X_I=10.75\%$	$X_{II}=6.25\%$	$X_{III}=-0.25\%$	$X_I=14\sim15\%$ (15.5%)	$X_{II}=8\sim9\%$ (8.5%)	$X_{III}=-1\sim0\%$ (0.5%)
	第二种组合方式 $U_{d\,I-II}\%=10.5$, $U_{d\,I-III}\%=17$, $U_{d\,II-III}\%=6$			第二种组合方式 $U_{d\,I-II}\%=13\sim15(16)$, $U_{d\,I-III}\%=22\sim24$, $U_{d\,II-III}\%=7\sim9$		
	$X_I=10.75\%$	$X_{III}=6.25\%$	$X_{II}=-0.25\%$	$X_I=14\sim15\%$ (15.5%)	$X_{III}=8\sim9\%$ (8.5%)	$X_{II}=-1\sim0\%$ (0.5%)
10.0	1.075	0.625				
15.0	0.717	0.416				
20.0	0.538	0.312		0.70～0.75(0.775)	0.40～0.45(0.425)	
31.5	0.342	0.198	≈0	0.444～0.477(0.492)	0.254～0.286(0.27)	≈0
40.5	0.266	0.154		0.346～0.37(0.383)	0.197～0.222(0.21)	
45.0	0.239	0.139				
50.0						
60(或 3×20)	0.179	0.104		0.233～0.25(0.258)	0.133～0.15(0.142)	
75(或 3×25)	0.143	0.083		0.187～0.20(0.207)	0.107～0.12(0.113)	
90(或 3×30)	0.119	0.069		0.156～0.167(0.172)	0.089～0.10(0.094)	
120(或 3×40)				0.117～0.125(0.129)	0.067～0.075(0.071)	
150(或 3×50)				0.093～0.10(0.103)	0.053～0.06(0.057)	
180(或 3×60)				0.078～0.083(0.086)	0.044～0.05(0.047)	
240(或 3×80)				0.058～0.062(0.065)	0.033～0.038(0.035)	
300(或 3×100)				0.047～0.050(0.052)	0.027～0.03(0.029)	
360(或 3×120)				0.039～0.042(0.043)	0.022～0.025(0.024)	
450(或 3×150)				0.031～0.033(0.034)	0.018～0.02(0.019)	

注：电抗上限值中括号外的数字用于三相变压器，括号内的数字用于单相变压器。

表 4-16 220kV 自耦变压器电抗标幺值（S_j=100MVA）(A) 单台规范

型 式	容量 (MVA)	$U_{d\,I-II}$%	$U_{d\,I-III}$%	$U_{d\,II-III}$%	X_I%	X_{II}%	X_{III}%	X_*		
								X_I	X_{II}	X_{III}
DFSD	60	12	12	16	4	8	8	0.067	0.133	0.133
SFPSO	150	11.4	33	19.6	12.4	−1	20.6	0.083	≈0	0.137

续表 4-16

型式	容量（MVA）	$U_{d\,Ⅰ-Ⅱ}\%$	$U_{d\,Ⅰ-Ⅲ}\%$	$U_{d\,Ⅱ-Ⅲ}\%$	$X_Ⅰ\%$	$X_Ⅱ\%$	$X_Ⅲ\%$	X_*		
								$X_Ⅰ$	$X_Ⅱ$	$X_Ⅲ$
OSFPS	180	8.5	30.8	20	9.65	−1.15	21.15	0.054	≈0	0.117
OSFPS	240	8.9	32.2	21	10.05	−1.15	22.15	0.042	≈0	0.092

续表 4-16　220kV 自耦变压器电抗标幺值（S_j＝100MVA）（B）一般规范

容量（MVA）	升压型			降压型		
	在下列 $U_d\%$ 下的 X_*					
	$U_{d\,Ⅰ-Ⅱ}\%=11\sim13$，$U_{d\,Ⅰ-Ⅲ}\%=10\sim14$，$U_{d\,Ⅱ-Ⅲ}\%=14\sim18$			$U_{d\,Ⅰ-Ⅱ}\%=8\sim10$，$U_{d\,Ⅰ-Ⅲ}\%=28\sim34$，$U_{d\,Ⅱ-Ⅲ}\%=18\sim24$		
	$X_Ⅰ\%=3.5\sim4.5$	$X_Ⅱ\%=7.5\sim8.5$	$X_Ⅲ\%=6.5\sim9.5$	$X_Ⅰ\%=9\sim10$	$X_Ⅱ\%=-1\sim0$	$X_Ⅲ\%=19\sim24$
30	0.117～0.15	0.25～0.283	0.217～0.317	0.3～0.33		0.63～0.8
60	0.058～0.075	0.125～0.141	0.108～0.158	0.15～0.166		0.316～0.4
75	0.047～0.06	0.1～0.113	0.087～0.127	0.12～0.133		0.253～0.32
90	0.039～0.05	0.083～0.094	0.072～0.105	0.1～0.11		0.211～0.266
120(或3×40)	0.029～0.037	0.062～0.071	0.054～0.079	0.075～0.083		0.158～0.2
150	0.023～0.03	0.05～0.057	0.043～0.063	0.06～0.067		0.127～0.16
180(或3×60)	0.0194～0.025	0.042～0.047	0.036～0.053	0.05～0.055	≈0	0.106～0.133
240(或3×80)	0.0146～0.019	0.031～0.035	0.027～0.04	0.038～0.041		0.079～0.1
300(或3×100)	0.0117～0.015	0.025～0.028	0.022～0.032	0.03～0.033		0.063～0.08
360(或3×120)	0.0097～0.0125	0.021～0.024	0.018～0.026	0.025～0.028		0.053～0.067
450	0.0078～0.01	0.0167～0.019	0.0144～0.021	0.02～0.022		0.042～0.053
3×160	0.0073～0.0094	0.0156～0.0177	0.0136～0.0198	0.0187～0.021		0.04～0.05
3×200	0.0058～0.0075	0.0125～0.014	0.0108～0.0158	0.015～0.0166		0.032～0.04

注：$U_d\%$值已全部折算至额定容量。

表 4-17　同步调相机电抗标幺值（S_j＝100MVA）

型号	容量（kVA）	电压（kV）	X''_{*d}	X_{*d}	X_{*0}
TT-5-6	5000	6.6	2.4		
TT-7.5-6	7500	6.6	1.95	2.07	1.07
TT-7.5-6	7500	11.0	2.0	2.133	
TT-15-8	15000	6.6	0.933	1.067	
TT-15-8	15000	11.0	1.067	1.067	
TT-30-6	30000	6.6	0.533		
TT-60-6	60000	11.0	0.276	0.283	

表 4-18 国产汽轮发电机电抗标幺值（$S_j=100MVA$）

型号	容量 (kW)	容量 (kVA)	电压	X''_{*d} (次瞬间电抗)	X_{*2} (负序电抗)	X_{*0} (零序电抗)
QF-6-2	6000	7500	6.3	1.65	2.15	0.833
QF-12-2	12000	15000	6.3	0.772	0.945	0.39
QF-12-2	12000	15000	10.5	0.852	1.04	0.474
QF-25-2	25000	31250	6.3	0.39	0.474	0.205
QF-25-2	25000	31250	10.5	0.364	0.445	0.245
QFQ50-2	50000	62500	6.3	0.196	0.239	0.1
QFQ50-2	50000	62500	10.5	0.208	0.256	0.107
TQC-5060/2	2500	3125	6.3	4.12	5.03	2.31
TQC-5466/2	6000	7500	6.3	1.54	1.87	0.936
TQC-5674/2	12000	15000	6.3	0.812	0.992	0.428
TQC-6075/2	25000	31250	6.3	0.512	0.625	0.248
TQ-1.5-2	1500	1875	6.3	5.71	6.96	1.465
TQ-25-2	25000	31250	6.3	0.404	0.496	0.251
TQ-25-2	25000	31250	10.5	0.418	0.512	0.191
TQQ-50-2	50000	62500	10.5	0.216	0.265	0.0895
TQN-50-2	50000	62500	6.3	0.337	0.414	0.169
TQN-100-2	100000	117500	10.5	0.155	0.19	0.0782

表 4-19 三线圈升压变压器及自耦变压器电抗标幺值（$S_j=100MVA$）

型号	容量比	额定电压 (kV) 高压侧	中压侧	低压侧	X_{1-2} $U_{*1-2}\%$	X_{*1-2}	X_{1-3} $U_{*1-3}\%$	X_{*1-3}	X_{2-3} $U_{*2-3}\%$	U_{*2-3}
SFSL1-10000	100/100/100	121	38.5	10.5，6.3	17.0	1.700	10.5	1.050	6.0	0.600
SFSZL1-10000	100/100/100	121	38.5	10.5，6.3	17.5	1.750	10.5	1.050	6.5	0.650
SFSL1-15000	100/100/100	121	38.5	10.5，6.3	17.0	1.133	10.5	0.700	6.0	0.400
SFSL1-20000	100/15/100	121	38.5	10.5，6.3	18.0	0.900	10.5	0.525	6.5	0.325
SFSL1-20000	100/100/100	121	38.5	10.5，6.3	18.0	0.900	10.5	0.525	6.5	0.325
SFSZL1-20000	100/100/100	121	38.5	10.5，6.3	17.5	0.875	10.5	0.525	6.5	0.325
SFSZL1-25000	100/100/100	121	38.5	10.5，6.3	18.0	0.720	10.5	0.420	6.5	0.260
SFSL1-31500	100/100/100	121	38.5	10.5，6.3	18.0	0.571	10.5	0.333	6.5	0.206
SSPSL1-31500	100/100/100	121	38.5	13.8	18.0	0.571	10.5	0.333	6.5	0.206
SFPSL1-40000	100/100/100	121	38.5	10.5，6.3	17.5	0.438	10.5	0.263	6.5	0.163
SFSL1-50000	100/100/100	121	38.5	10.5，6.3	17.5	0.350	10.5	0.210	6.5	0.130
SSPSL1-50000	100/100/100	121	38.5	13.8	18.0	0.360	10.5	0.210	6.5	0.130

续表 4-19

型　号	容量比	额定电压（kV）			X_{1-2}		X_{1-3}		X_{2-3}	
		高压侧	中压侧	低压侧	$U_{*1-2}\%$	X_{*1-2}	$U_{*1-3}\%$	X_{*1-3}	$U_{*2-3}\%$	U_{*2-3}
SSPSL1-63000	100/100/100	121	38.5	10.5，6.3	18.5	0.294	10.5	0.167	6.5	0.103
SFPSL1-75000	100/100/100	121	38.5	10.5	18.0	0.240	10.5	0.140	6.5	0.087
SFPSL-80000	100/100/100	242	121	10.5	23.9	0.299	14.4	0.179	7.97	0.0996
SSPS-90000	100/100/100	242	121	10.5	25.5	0.283	14.9	0.166	9.10	0.1010
SFPSL1O-120000	100/100/50	242	121	10.5	12.8	0.106	5.3	0.044	8.15	0.0679
SSPSL1O-120000	100/100/50	242	121	10.5	12.8	0.106	5.3	0.044	8.15	0.0679
SFPSOL-120000	100/100/50	242	121	10.5	13.3	0.111	12.0	0.100	17.5	0.1458
SSPSOL-120000	100/100/50	242	121	10.5	13.3	0.111	12.0	0.100	17.5	0.1458
SFPS-150000	100/100/100	242	121	10.5	25.4	0.169	14.5	0.0967	9.4	0.0627
SFPSLO-150000	100/100/50	242	121	10.5	14.0	0.0933	6.0	0.0400	9.0	0.0600
SSPSL1-150000	100/100/100	242	121	13.8	24.1	0.1610	13.7	0.0913	8.3	0.0553
SSPSL1-150000	100/100/100	242	121	10.5	24.4	0.1630	14.1	0.0940	8.3	0.0553
SFPSOL-180000	100/100/50	242	121	10.5	13.9	0.0772	12.5	0.0696	19.0	0.1056
SSPSL-180000	100/100/100	242	121	13.8	24.7	0.1370	14.2	0.0789	8.5	0.0472
SFPSLO-240000	100/50/50	242	121	10.5	14.8	0.0615	6.4	0.0266	10.18	0.0424
SFPSLO-240000	100/100/50	242	121	10.5	14.6	0.0607	6.2	0.0258	9.84	0.0410
SFPSLO-260000	100/100/50	242	121	10.5	13.0	0.0500	5.5	0.0213	8.35	0.0321
SSPSOL-300000	100/100/50	242	121	13.8	13.7	0.0458	11.9	0.0397	18.64	0.0621
SSPSO-360000	100/100/50	242	121	15.75	13.1	0.0364	12.0	0.0332	19.20	0.0533

表 4-20　双线圈升压变压器的电抗、电阻标幺值（S_j=100MVA）

型　号	额定电压（kV）		X		R		X/R
	高压侧	低压侧	$U_x\%$	X_*	$U_r\%$	R_*	
SFL1-10000	38.5	10.5，6.3	7.5	0.750	0.683	0.0683	10.98
SFZL1-10000	38.5	10.5，6.3	7.5	0.750	0.713	0.0713	10.52
SSPL1-10000	38.5	6.3	7.5	0.750	0.700	0.0700	10.71
SFL1-16000	38.5	10.5，6.3	8.0	0.500	0.650	0.0406	12.31
SFZL1-16000	38.5	10.5，6.3	8.0	0.500	0.637	0.0398	12.56
SFL1-20000	38.5	10.5，6.3	8.0	0.400	0.575	0.0288	13.91
SFL1-31500	38.5	10.5，6.3	8.0	0.254	0.563	0.0179	14.21
SSPZL1-60000	38.5	10.5	8.0	1.333	0.483	0.0081	16.56
SFL1-10000	121	10.5，6.3	10.5	1.050	0.720	0.0720	14.58
SFZL1-10000	121	10.5，6.3	10.5	1.050	0.725	0.0725	14.48
SFL1-16000	121	10.5，6.3	10.5	0.656	0.688	0.0430	15.26

续表 4-20

型　号	额定电压（kV）		X		R		X/R
	高压侧	低压侧	U_x%	X_*	U_r%	R_*	
SFZL1-16000	121	10.5，6.3	10.5	0.656	0.688	0.0430	15.26
SFL1-20000	121	10.5，6.3	10.5	0.525	0.675	0.0338	15.56
SFZL1-20000	121	10.5，6.3	10.5	0.525	0.635	0.0318	16.54
SSPL-20000	121	6.3	10.5	0.525	0.675	0.0338	15.56
SFL1-31500	121	10.5，6.3	10.5	0.333	0.603	0.0191	17.41
SFL1-40000	121	10.5，6.3	10.5	0.263	0.508	0.0127	20.67
SFPL1-50000	121	10.5，6.3	10.5	0.210	0.500	0.0100	21.00
SFZL1-50000	121	6.3	10.5	0.210	0.496	0.0099	21.17
SPPZL1-50000	121	6.3	10.5	0.210	0.496	0.0099	21.17
SFPL1-63000	121	10.5，6.3	10.5	0.167	0.481	0.0076	21.83
SSPL-63000	121	10.5	10.5	0.167	0.476	0.0076	22.06
SFPL1-90000	121	10.5	10.5	0.117	0.489	0.0054	21.47
SSPL-90000	121	13.8	10.4	0.115	0.501	0.0056	20.76
SFPL1-120000	121	10.5	10.5	0.088	0.417	0.0035	25.18
SSPL-120000	121	13.8	10.4	0.087	0.490	0.0041	21.22
SSPL-150000	121	13.8	12.68	0.085	0.431	0.0029	29.42
SSPL-63000	242	10.5	14.45	0.229	0.641	0.0102	22.54
SSPL-70000	242	13.8	12.05	0.172	0.732	0.0105	16.46
SSPL-90000	242	10.5，13.8	13.7	0.152	0.523	0.0580	26.20
SFPL-120000	242	10.5	14.2	0.118	0.843	0.0070	16.84
SFP-120000	242	10.5	12.0	0.100	0.508	0.0042	23.62
SSPL-120000	242	10.5	14.2	0.118	0.843	0.0070	16.84
SSPL-120000	242	10.5	12.0	0.100	0.508	0.0042	23.62
SSPL-120000	242	13.8	13.5	0.113	0.573	0.0048	23.56
SFPL-150000	242	10.5	12.7	0.085	0.648	0.0043	19.60
SFPL-150000	242	10.5	13.0	0.087	0.585	0.0039	22.22
SSPL-150000	242	10.5，13.8	13.0	0.087	0.597	0.0040	21.78
SSPL-180000	242	13.8	12.55	0.070	0.502	0.0028	25.00
SSPL-180000	242	15.75	12.2	0.068	0.496	0.0028	24.60
SSPL-260000	242	15.75	14.0	0.054	0.562	0.0022	24.91
SSP-26000	242	15.75	14.35	0.055	0.398	0.0015	36.06
SSPL-360000	242	18	14.0	0.039	0.440	0.0012	31.82
SSP-360000	242	18	14.6	0.041	0.530	0.0015	27.55
SSP-360000	363	18	15.6	0.043	0.546	0.0015	28.57

表 4-21 水轮发电机电气参数

序号	发电机型号	额定容量(MW)	功率因数 $\cos\varphi_n$	额定电压(kV)	E''_*	以电机额定容量为基准值的参数标幺值($S_j=S_n$)							电抗标幺值($S_j=100MVA$)			定子绕组电阻(75℃)		计算时间常数(s)				X_2/R
						X_d	X'_d	X''_d	X_q	X''_q	X_2	X_0	X''_{*d}	X_{*2}	X_{*0}	$R\%$ ($S_j=S_n$)	R_* ($S_j=100MVA$)	T'_{d0}	T''_{d0}	T''_{q0}	T_d	
1	SF225-48/1260	225	0.875	15.75	1.11	0.9695	0.3120	0.2004	0.6605	0.2037	0.2020	0.0960	0.0780	0.0786	0.0374	0.210	0.000817	8.94	0.0936	0.215	0.306	96.20
2	SF170-110/1760	170	0.875	13.8	1.11	0.7510	0.3055	0.1970	0.5400	0.1975	0.1973	0.1030	0.1014	0.1016	0.0530	0.372	0.001916	5.95	0.0767	0.170	0.168	52.80
3	SF150-60/1280	150	0.85	15.75	1.13	1.0362	0.3142	0.2178	0.6842	0.2280	0.2228	0.1016	0.1234	0.1262	0.0576	0.299	0.001694	7.27	0.0773	0.200	0.266 (0.238)	71.00 (74.50)
4	SF110-68/1280	110	0.85	15.75	1.16	1.1013	0.3653	0.2636	0.7453	0.2760	0.2700	0.1230	0.2037	0.2087	0.0951	0.330	0.002550	6.58	0.0700	0.170	0.260	81.60
5	SF100-40/854	100	0.90	13.8	1.12	0.8150	0.3330	0.2260	0.5750	0.2310	0.2280	0.1030	0.2034	0.2052	0.0927	0.223	0.002005	7.59	0.0735	0.137	0.325	102.00
6	SF75-40/854	75	0.85	13.8	1.12	0.8790	0.3030	0.2020	0.6020	0.2060	0.2040	0.0928	0.2289	0.2312	0.1052	0.292	0.003310	6.45	0.0700	0.175	0.223	70.00
7	SF65-28/640	65	0.90	10.5	1.11	1.0270	0.2980	0.2120	0.6450	0.2260	0.2190	0.0920	0.2936	0.3033	0.1274	0.248	0.003435	6.10	0.0866	0.194	0.279	87.60
8	SF50-60/990	50	0.80	10.5	1.14	0.9327	0.3147	0.2083	0.6397	0.2143	0.2113	0.0751	0.3333	0.3381	0.1202	0.498	0.007968	5.73	0.0904	0.198	0.135	42.40
9	SF45-56/900	45	0.85	10.5	1.11	0.7790	0.2690	0.1834	0.5360	0.1898	0.1865	0.0847	0.3460	0.3519	0.1598	0.363	0.006849	4.76	0.0608	0.143	0.163	51.20
10	SF40-12/425	40	0.85	13.8	1.10	1.2535	0.2585	0.1770	0.7695	0.1910	0.1840	0.0705	0.3986	0.4144	0.1588	0.304	0.006847	6.35	0.0831	0.272	0.192	60.30
11	SF36-56/900	36	0.85	10.5	1.14	0.9400	0.3333	0.2312	0.6313	0.2393	0.2352	0.0952	0.5459	0.5554	0.2248	0.473	0.011169	3.93	0.0579	0.117	0.161 (0.158)	50.60 (49.73)
12	SF36-40/725	36	0.875	10.5	1.13	1.0310	0.3220	0.2320	0.6707	0.2425	0.2370	0.0875	0.5645	0.5766	0.2131	0.416	0.010111	4.44	0.0560	0.122	0.255 (0.182)	80.00 (57.03)
13	SF35-12/384	35	0.875	10.5	1.10	1.0884	0.2664	0.1776	0.6694	0.1840	0.1810	0.0911	0.4440	0.4525	0.2276	0.286	0.007150	6.00	0.0611	0.164	0.200	62.80
14	SF34-16/410	34	0.85	6.3	1.11	1.0683	0.2893	0.1792	0.7073	0.1822	0.1907	0.0609	0.4480	0.4768	0.1523	0.294	0.007342	6.90	0.0659	0.175	0.196 (0.207)	61.50 (64.94)
15	SF18-10/300	18	0.85	6.3	1.12	1.0243	0.2993	0.2030	0.6273	0.3090	0.2560	0.06353	0.9575	1.2075	0.2997	0.348	0.016415	5.42	0.0589	0.090	0.234	73.50
16	SF17-28/550	17	0.80	6.3	1.11	0.9637	0.2427	0.1753	0.5927	0.1883	0.1818	0.06825	0.8249	0.8555	0.3212	0.496	0.023341	4.21	0.0417	0.104	0.117	36.80
17	SF12.5-12/286	12.5	0.80	6.3	1.13	1.0500	0.3010	0.2040	0.6239	0.3279	0.2660	0.06455	1.3056	1.7024	0.4131	0.488	0.031232	4.37	0.0300	0.042	0.173	54.30

注：1. 本表仅列制订运算曲线时所选用的水轮发电机参数。

2. T_a 和 $\frac{X_2}{R}$ 括号内数据为计算值。制订运算曲线时输入电子计算机的数据均采用无括号的参数。

表 4-22 汽轮发电机电气参数

序号	发电机型号	额定容量(MW)	功率因数 $\cos\varphi_n$	额定电压(kV)	E''_*	以电机额定容量为基准值的参数标幺值($S_j=S_n$)							电抗标幺值($S_j=100MVA$)			定子绕组电阻(75℃)		计算时间常数(s)				X_2/R
						X_d	X'_d	X''_d	X_q	X''_q	X_2	X_0	X''_{*d}	X_{*2}	X_{*0}	$R\%$ ($S_j=S_n$)	R_* ($S_j=$100MVA)	T'_{d0}	T''_{d0}	T''_{q0}	T_d	
1	QFQS-200-2	200	0.85	15.75	1.08	1.9323	0.2403	0.1413	1.9323	0.1413	0.1723	0.1067	0.060	0.0730	0.045	0.222	0.00094	6.56	0.171	1.509	0.265 (0.248)	83.30 (77.87)
2	QFNS-200-2	200	0.85	15.75	1.08	1.9406	0.2456	0.1456	1.9406	0.1456	0.1778	0.0777	0.062	0.075	0.033	0.223	0.00095	7.68	0.205	1.769	0.263 (0.255)	82.60 (80.00)
3	QFNS-200-2	200	0.85	15.75	1.08	1.9497	0.2423	0.1444	1.9497	0.1444	0.1762	0.0785	0.061	0.075	0.033	0.222	0.00094	6.45	0.168	1.499	0.264 (0.254)	81.60 (79.79)
4	QFS-125-2	125	0.85	13.8	1.11	1.8670	0.2570	0.1800	1.8670	0.1800	0.2200	0.0690	0.122	0.150	0.047	0.302	0.00205	6.90	0.170	1.359	0.252 (0.233)	79.10 (73.17)
5、6	TQN-100-2	100	0.85	10.5	1.11	1.8060	0.2860	0.1833	1.8060	0.1833	0.2230	0.0920	0.156	0.190	0.078	0.147	0.00125	6.20	0.192	1.329	0.483	151.70
7、8	QFQ-50-2	50	0.80	6.3	1.08	1.8600	0.1850	0.1160	1.8600	0.1160	0.1420	0.0754	0.186	0.227	0.121	0.175	0.00281	11.22	0.225	2.470	0.256	80.78
9、10	TQQ-50-2	50	0.80	10.5	1.09	1.8323	0.1947	0.1347	1.8323	0.1347	0.1644	0.0556	0.216	0.263	0.089	0.157	0.00251	11.32	0.217	2.239	0.266 (0.331)	83.52 (104.00)
11、12	QFQ-50-2	50	0.80	10.5	1.08	1.8600	0.2000	0.1240	1.8600	0.1240	0.1525	0.0810	0.198	0.244	0.130	0.174	0.00278	11.24	0.243	2.486	0.265 (0.278)	83.21 (87.30)
13	QF_2-25-2	25	0.80	6.3	1.08	1.9422	0.1962	0.1222	1.9442	0.1222	0.1492	0.0632	0.392	0.478	0.202	0.234	0.00748	11.58	0.298	2.560	0.203	63.74
14	TQ2-25-2	25	0.80	10.5	1.09	2.1150	0.2150	0.1300	2.1150	0.1300	0.1600	0.0596	0.417	0.513	0.191	0.189	0.00604	10.00	0.210	2.270	0.216 (0.270)	67.82 (84.78)
15	TQG-25-2	25	0.80	6.3	1.08	2.1650	0.2040	0.1260	2.1650	0.1260	0.1540	0.0836	0.403	0.493	0.268	0.198	0.00634	11.49	0.221	2.569	0.204 (0.248)	64.05 (77.90)
16	QF2-12-2	12	0.80	6.3	1.08	1.9010	0.2000	0.1221	1.9010	0.1221	0.1490	0.0433	0.814	0.993	0.289	0.375	0.02500	9.00	0.194	2.019	0.126	39.60
17	QF_2-12-2	12	0.80	10.5	1.08	2.1270	0.2320	0.1426	2.1270	0.1426	0.1735	0.0684	0.951	1.157	0.456	0.381	0.02540	9.00	0.200	2.019	0.144	45.20
18	TQC-5674/2	12	0.80	6.3	1.08	2.2143	0.1895	0.1193	2.2143	0.1193	0.1455	0.0618	0.795	0.970	0.412	0.365	0.02440	9.15	0.155	2.000	0.127	39.88

表 4-23 普通电抗器的电抗、电阻标幺值（S_j=100MVA）

型 号	额定电压 U_n（kV）	额定电流 I_n（A）	电抗百分值 X_k%	电阻百分值 R_k%	电抗标幺值 X_*	电阻标幺值 R_*
NKL-6-150-3	6	150	3	0.185	1.746	0.1076
NKL-6-150-4	6	150	4	0.262	2.328	0.1525
NKL-6-150-5	6	150	5	0.298	2.909	0.1734
NKL-6-150-6	6	150	6	0.346	3.491	0.2013
NKL-6-150-8	6	150	8	0.429	4.655	0.2496
NKL-6-150-10	6	150	10	0.481	5.819	0.2799
NKL-6-200-3	6	200	3	0.189	1.309	0.0825
NKL-6-200-4	6	200	4	0.251	1.746	0.1095
NKL-6-200-5	6	200	5	0.296	2.182	0.1292
NKL-6-200-6	6	200	6	0.339	2.618	0.1479
NKL-6-200-8	6	200	8	0.416	3.491	0.1815
NKL-6-200-10	6	200	10	0.482	4.364	0.2103
NKL-6-300-3	6	300	3	0.144	0.873	0.0419
NKL-6-300-4	6	300	4	0.225	1.164	0.0655
NKL-6-300-5	6	300	5	0.248	1.455	0.0722
NKL-6-300-6	6	300	6	0.280	1.746	0.0815
NKL-6-300-8	6	300	8	0.348	2.328	0.1012
NKL-6-300-10	6	300	10	0.398	2.909	0.1158
NKL-6-400-3	6	400	3	0.157	0.655	0.0343
NKL-6-400-4	6	400	4	0.209	0.873	0.0456
NKL-6-400-5	6	400	5	0.222	1.091	0.0484
NKL-6-400-6	6	400	6	0.240	1.309	0.0524
NKL-6-400-8	6	400	8	0.292	1.746	0.0637
NKL-6-400-10	6	400	10	0.344	2.182	0.0751
NKL-6-500-3	6	500	3	0.143	0.524	0.0250
NKL-6-500-4	6	500	4	0.165	0.698	0.0288
NKL-6-500-5	6	500	5	0.190	0.873	0.0332
NKL-6-500-6	6	500	6	0.225	1.047	0.0393
NKL-6-500-8	6	500	8	0.329	1.396	0.0574
NKL-6-500-10	6	500	10	0.362	1.746	0.0632
NKL-6-600-4	6	600	4	0.135	0.582	0.0196
NKL-6-600-5	6	600	5	0.204	0.727	0.0297
NKL-6-600-6	6	600	6	0.233	0.873	0.0339

续表 A-23

型　　号	额定电压 U_n (kV)	额定电流 I_n (A)	电抗百分值 $X_k\%$	电阻百分值 $R_k\%$	电抗标幺值 X_*	电阻标幺值 R_*
NKL-6-600-8	6	600	8	0.278	1.164	0.0404
NKL-6-600-10	6	600	10	0.237	1.455	0.0476
NKL-6-750-5	6	750	5	0.162	0.582	0.0189
NKL-6-750-6	6	750	6	0.198	0.698	0.0230
NKL-6-750-8	6	750	8	0.232	0.931	0.0270
NKL-6-750-10	6	750	10	0.261	1.164	0.0304
NKL-6-1000-5	6	1000	5	0.150	0.436	0.0131
NKL-6-1000-6	6	1000	6	0.156	0.524	0.0136
NKL-6-1000-8	6	1000	8	0.186	0.698	0.0162
NKL-6-1000-10	6	1000	10	0.214	0.873	0.0187
NKL-6-1500-6	6	1500	6	0.155	0.349	0.0090
NKL-6-1500-8	6	1500	8	0.188	0.465	0.0109
NKL-6-1500-10	6	1500	10	0.223	0.582	0.0130
NKL-6-2000-6	6	2000	6	0.138	0.262	0.0060
NKL-6-2000-8	6	2000	8	0.157	0.349	0.0069
NKL-6-2000-10	6	2000	10	0.181	0.436	0.0079
NKL-6-3000-10	6	3000	10	0.178	0.291	0.0052
NKL-10-150-3	10	150	3	0.179	1.047	0.0625
NKL-10-150-4	10	150	4	0.215	1.397	0.0751
NKL-10-150-5	10	150	5	0.259	1.746	0.0904
NKL-10-150-6	10	150	6	0.289	2.095	0.1009
NKL-10-150-8	10	150	8	0.344	2.793	0.1201
NKL-10-200-3	10	200	3	0.182	0.786	0.0477
NKL-10-200-4	10	200	4	0.211	1.047	0.0552
NKL-10-200-5	10	200	5	0.252	1.309	0.0660
NKL-10-200-6	10	200	6	0.289	1.571	0.0757
NKL-10-200-8	10	200	8	0.346	2.095	0.0906
NKL-10-200-10	10	200	10	0.424	2.618	0.1110
NKL-10-300-3	10	300	3	0.116	0.524	0.0202
NKL-10-300-4	10	300	4	0.147	0.698	0.0257
NKL-10-300-5	10	300	5	0.212	0.873	0.0370

续表 4-23

型　　号	额定电压 U_n (kV)	额定电流 I_n (A)	电抗百分值 X_k%	电阻百分值 R_k%	电抗标幺值 X_*	电阻标幺值 R_*
NKL-10-300-6	10	300	6	0.235	1.047	0.0410
NKL-10-300-8	10	300	8	0.289	1.397	0.0504
NKL-10-300-10	10	300	10	0.346	1.746	0.0604
NKL-10-400-3	10	400	3	0.133	0.393	0.0174
NKL-10-400-4	10	400	4	0.157	0.524	0.0206
NKL-10-400-5	10	400	5	0.181	0.655	0.0237
NKL-10-400-6	10	400	6	0.207	0.786	0.0271
NKL-10-400-8	10	400	8	0.250	1.047	0.0327
NKL-10-400-10	10	400	10	0.294	1.309	0.0385
NKL-10-500-3	10	500	3	0.114	0.314	0.0119
NKL-10-500-4	10	500	4	0.139	0.419	0.0146
NKL-10-500-5	10	500	5	0.195	0.524	0.0204
NKL-10-500-6	10	500	6	0.218	0.628	0.0228
NKL-10-500-8	10	500	8	0.263	0.838	0.0275
NKL-10-600-4	10	600	4	0.119	0.349	0.0104
NKL-10-600-5	10	600	5	0.169	0.436	0.0148
NKL-10-600-6	10	600	6	0.196	0.524	0.0171
NKL-10-600-8	10	600	8	0.236	0.698	0.0206
NKL-10-600-10	10	600	10	0.282	0.873	0.0246
NKL-10-750-5	10	750	5	0.143	0.349	0.0100
NKL-10-750-6	10	750	6	0.156	0.419	0.0109
NKL-10-750-8	10	750	8	0.187	0.559	0.0131
NKL-10-750-10	10	750	10	0.228	0.698	0.0159
NKL-10-1000-5	10	1000	5	0.123	0.262	0.0064
NKL-10-1000-6	10	1000	6	0.131	0.314	0.0069
NKL-10-1000-8	10	1000	8	0.173	0.419	0.0090
NKL-10-1000-10	10	1000	10	0.195	0.524	0.0102
NKL-10-1500-6	10	1500	6	0.132	0.209	0.0046
NKL-10-1500-8	10	1500	8	0.164	0.279	0.0057
NKL-10-1500-10	10	1500	10	0.184	0.349	0.0064
NKL-10-2000-8	10	2000	8	0.134	0.209	0.0035
NKL-10-2000-10	10	2000	10	0.155	0.262	0.0041

表 4-24 分裂电抗器的每臂电抗、电阻标幺值（S_j=100MVA）

型　　号	额定电压 U_n（kV）	额定电流 I_n（A）	电抗百分值 X_k%	电阻百分值 R_k%	电抗标幺值 X_*	电阻标幺值 R_*
FKL-6-2×400-4	6	400	4	0.222	0.873	0.0484
FKL-6-2×600-6	6	600	6	0.204	0.873	0.0297
FKL-6-2×750-6	6	750	6	0.198	0.699	0.0230
FKL-6-2×1000-6	6	1000	6	0.164	0.524	0.0143
FKL-6-2×1000-8	6	1000	8	0.199	0.699	0.0174
FKL-6-2×1000-10	6	1000	10	0.221	0.873	0.0193
FKL-6-2×1500-8	6	1500	8	0.170	0.466	0.0099
FKL-6-2×1500-10	6	1500	10	0.194	0.582	0.0113
FKL-6-2×2000-6	6	2000	6	0.109	0.262	0.0048
FKL-6-2×2000-8	6	2000	8	0.139	0.349	0.0061
FKL-6-2×2000-10	6	2000	10	0.155	0.436	0.0068
FKL-6-2×2000-12	6	2000	12		0.549	
FKL-6-2×2000-15	6	2000	15		0.678	
FKL-6-2×3000-10	6	3000	10		0.305	
FKL-6-2×3000-12	6	3000	12		0.366	
FKL-6-2×3000-15	6	3000	15		0.458	
FKL-10-2×750-6	10	750	6	0.134	0.419	0.0094
FKL-10-2×750-8	10	750	8	0.144	0.559	0.0101
FKL-10-2×1000-10	10	1000	10	0.187	0.524	0.0098
FKL-10-2×1500-8	10	1500	8	0.144	0.279	0.0050
FKL-10-2×1500-10	10	1500	10			

4.4 三相短路电流计算

4.4.1 三相短路电流计算的基本假设

电力网由发电厂、变配电所、电力用户及输电线路组成，且电力网运行方式也经常变化，准确地计算短路电流是很困难的，为了满足工程设计的要求，对短路电流进行实用计算，采用以下假设：

(1) 电力网在正常工作时三相对称；

(2)供给短路点所有发电机、同步电动机的电势相位皆相同，且频率相等（即等于 50Hz）；

(3)电力网的发电机、同步电动机为理想电机；不考虑电机磁饱和、磁滞、涡流及导体集肤效应等影响，转子结构对称，定子三相绕组空间位置相差 120°电气角度；

(4) 输电线路的电容略去不计；

(5) 除计算短路电流非周期分量衰减的时间常数和低压网络的短路电流外，元件的电阻都略去不计；

(6)元件的计算参数皆取其额定值，不考虑参数的调整范围；

(7) 电力网中所有电源都在额定负荷下，其中 50%负荷接在高压母线上，50%负荷接在电力网系统侧；

(8) 发电机、同步电动机都具有自动调整励磁装置；

(9) 短路发生在短路电流为最大值的瞬间；

(10)不考虑短路点的电弧阻抗和变压器的励磁电流；

(11) 低压网络短路电流计算应计及电阻，但不采用复阻抗而用阻抗绝对值 $Z=\sqrt{R^2+X^2}$ 来进行计算；

(12) 短路电流稳态值近似地取 4s 的短路电流周期分量有效值。

4.4.2 三相短路电流的周期分量 I_{zt}的计算

4.4.2.1 无限大容量电源

当供电电源无限大或以供电电源容量为基准的计算电抗 $X_{js}\geqslant 3$ 时，可以认为短路电流的周期分量在整个短路过程中不衰减。

采用下式进行计算

$$\left.\begin{aligned} I_{*z}&=I''_{*z}=I_{*zt}=\frac{1}{X_{*\Sigma}}\\ I_z&=\frac{I_j}{X_{*\Sigma}}=I''_{*z}I_j\\ S''_z&=\frac{S_j}{X_{*\Sigma}}=I''_{*z}S_j \end{aligned}\right\}\qquad(4\text{-}25)$$

式中 S_j——基准容量，MVA；

I_j——基准电流，kA；

I_{*z}——短路电流周期分量的标幺值；

I''_{*z}——次暂态短路电流周期分量的标幺值；

I_{*zt}——t 秒短路电流周期分量的标幺值；

I_z——短路电流周期分量的有效值，kA；

$X_{*\Sigma}$——电源对短路点的等值电抗的标幺值；

S''_z——次暂态短路容量，MVA。

如果回路总电阻 $R_\Sigma>\frac{1}{3}X_\Sigma$ 时，则必须用 $Z_{*\Sigma}=\sqrt{R^2_{*\Sigma}+X^2_{*\Sigma}}$来代替式 4-25 中的 $X_{*\Sigma}$。

4.4.2.2 有限容量电源

当供电电源容量为有限时，即以供电电源容量为基准的计算电抗的 $X_{js}\leqslant 3$ 时，一般采用运算曲线法来计算短路电流的周期分量，近年来有关部门用概率统计法制定短路电流运算曲线，可以利用这些运算曲线进行有限容量的短路电流计算。

图 4-12～图 4-15 为水轮发电机运算曲线；图 4-16～图 4-20为汽轮发电机运算曲线。运算曲线仅绘制到 $X_{js}=3$，当 $X_{js}>3$ 时可按 4.4.2.1 节无限大容量电源有关公式进行计算。

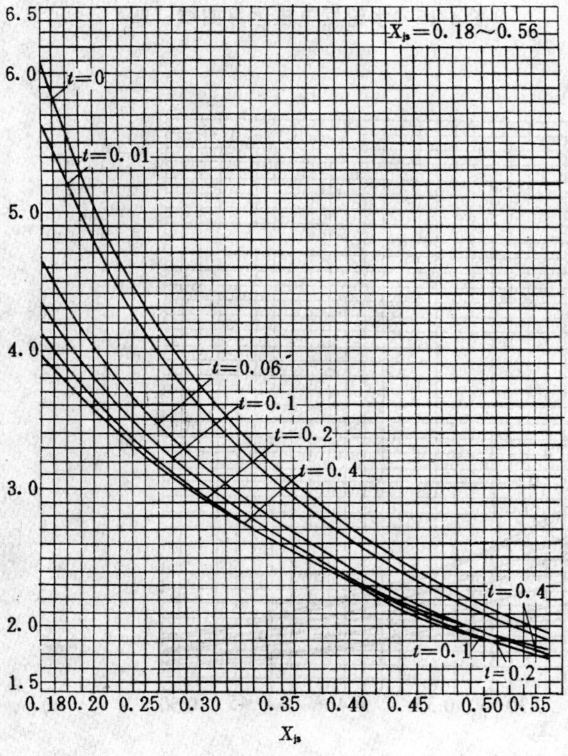

图 4-12 水轮发电机运算曲线（一）

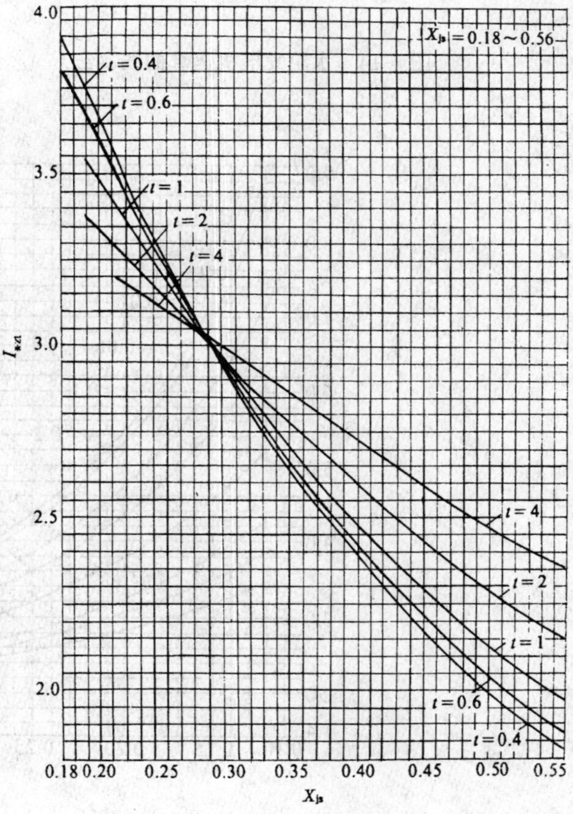

图 4-13 水轮发电机运算曲线（二）

同步调相机所供给的短路电流可用汽轮机运算曲线，而同步电动机则应采用水轮发电机的运算曲线，不过所用时间不应采用实际时间 t，而用等值时间 $t' = t\frac{5}{T'_{d0}}$，式中 T'_{d0} 为同步电动机当定子开路时的励磁线圈时间常数，其平均值为 2.5s。

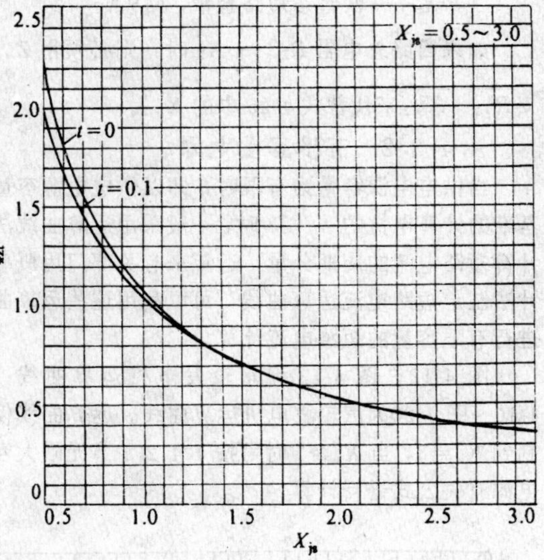

图 4-14　水轮发电机运算曲线（三）

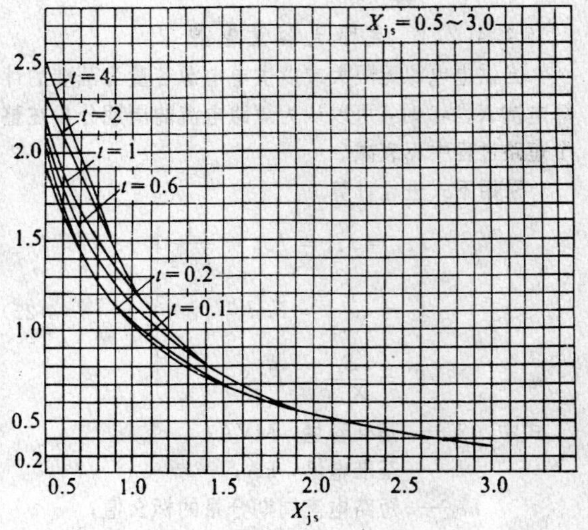

图 4-15　水轮发电机运算曲线（四）

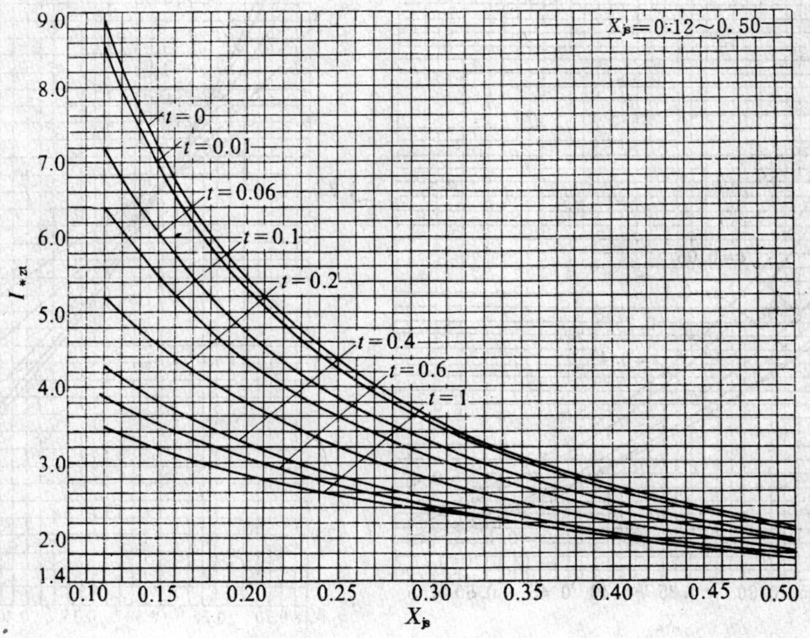

图 4-16　汽轮发电机运算曲线（一）

为了查阅曲线时便于核对，将水轮发电机、汽轮发电机和系统的运算曲线数字分别列于表 4-25～表 4-27 中。

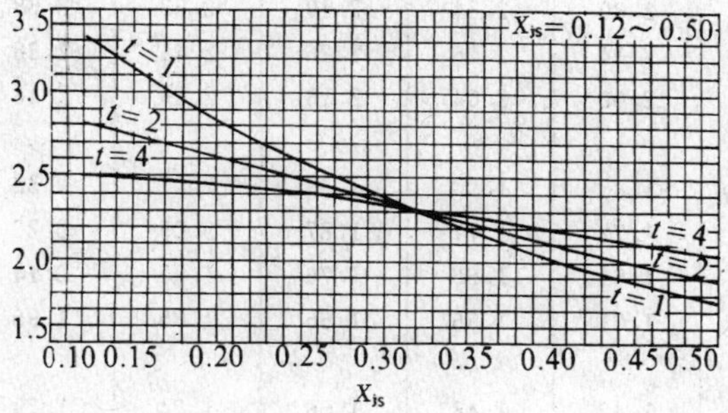

图 4-17 汽轮发电机运算曲线（二）

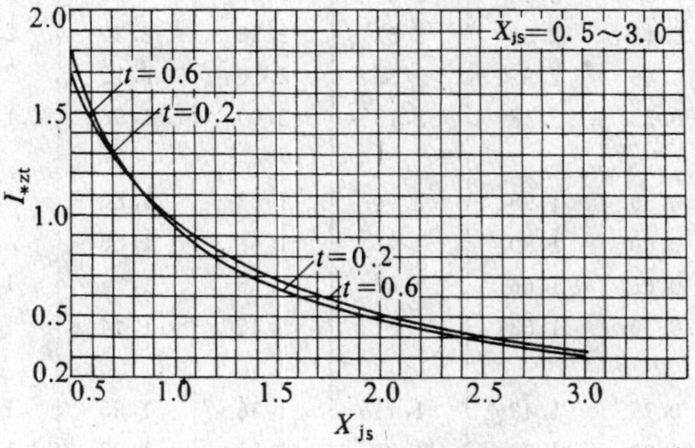

图 4-19 汽轮发电机运算曲线（四）

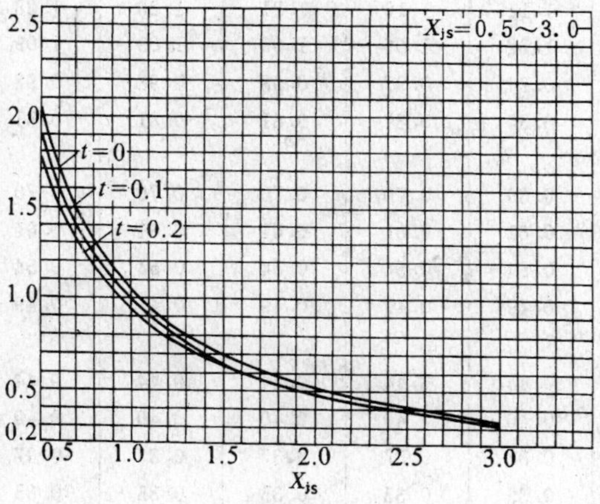

图 4-18 汽轮发电机运算曲线（三）

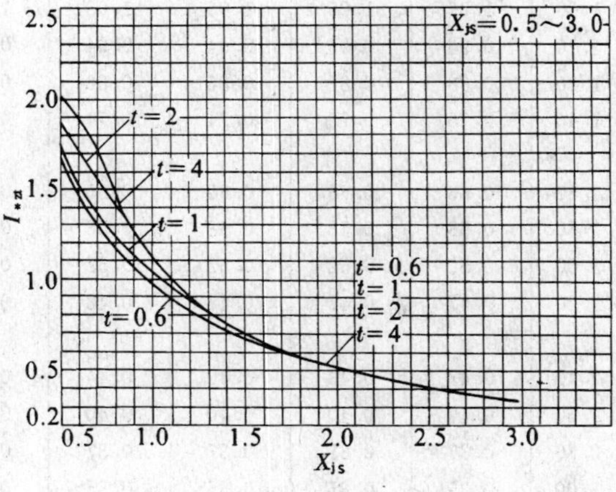

图 4-20 汽轮发电机运算曲线（五）

表 4-25 水轮发电机短路电流 I_{*zt} 运算曲线数字表

X_{js}	t=0	t=0.01	t=0.06	t=0.1	t=0.2	t=0.4	t=0.6	t=1.0	t=2.0	t=4.0
0.18	6.13	5.70	4.62	4.33	4.10	3.93	3.81	3.61	3.30	3.08
0.20	5.53	5.18	4.30	4.05	3.86	3.75	3.68	3.56	3.38	3.23
0.22	5.06	4.77	4.03	3.81	3.63	3.56	3.51	3.43	3.30	3.19
0.24	4.65	4.40	3.76	3.58	3.43	3.38	3.35	3.30	3.22	3.15
0.26	4.29	4.08	3.54	3.38	3.25	3.22	3.20	3.17	3.13	3.10
0.28	3.99	3.82	3.34	3.20	3.10	3.07	3.07	3.06	3.04	3.04
0.30	3.73	3.57	3.16	3.04	2.95	2.94	2.94	2.95	2.97	2.99
0.34	3.29	3.17	2.85	2.76	2.69	2.70	2.72	2.75	2.82	2.89

续表 4-25

X_{js}	$t=0$	$t=0.01$	$t=0.06$	$t=0.1$	$t=0.2$	$t=0.4$	$t=0.6$	$t=1.0$	$t=2.0$	$t=4.0$
0.38	2.92	2.83	2.58	2.51	2.46	2.48	2.52	2.57	2.67	2.78
0.42	2.63	2.55	2.36	2.30	2.27	2.30	2.34	2.40	2.53	2.68
0.46	2.39	2.33	2.16	2.12	2.10	2.14	2.18	2.26	2.41	2.58
0.50	2.18	2.13	2.00	1.96	1.95	2.00	2.04	2.13	2.29	2.48
0.55	1.98	1.94	1.83	1.80	1.80	1.85	1.90	1.99	2.17	2.38
0.60	1.80	1.77	1.68	1.66	1.67	1.72	1.77	1.87	2.05	2.26
0.65	1.66	1.63	1.56	1.54	1.55	1.61	1.66	1.76	1.95	2.14
0.70	1.53	1.51	1.45	1.44	1.45	1.51	1.56	1.66	1.85	1.96
0.75	1.43	1.41	1.36	1.35	1.36	1.42	1.48	1.58	1.74	1.79
0.80	1.34	1.32	1.28	1.27	1.29	1.34	1.40	1.50	1.62	1.64
0.85	1.25	1.24	1.20	1.20	1.22	1.27	1.33	1.42	1.51	1.51
0.90	1.18	1.17	1.14	1.14	1.16	1.21	1.27	1.35	1.40	1.40
0.95	1.12	1.11	1.08	1.08	1.10	1.16	1.21	1.28	1.31	1.31
1.00	1.06	1.05	1.03	1.03	1.05	1.11	1.16	1.21	1.23	1.23
1.10	0.96	0.95	0.94	0.94	0.96	1.02	1.06	1.09	1.09	1.09
1.20	0.88	0.87	0.86	0.86	0.89	0.94	0.97	0.98	0.98	0.98
1.40	0.75	0.75	0.74	0.74	0.77	0.80	0.81	0.81	0.81	0.81
1.60	0.66	0.65	0.65	0.65	0.67	0.69	0.70	0.70	0.70	0.70
1.80	0.58	0.58	0.58	0.58	0.60	0.61	0.61	0.61	0.61	0.61
2.00	0.52	0.52	0.52	0.52	0.54	0.54	0.54	0.54	0.54	0.54
2.20	0.47	0.47	0.47	0.48	0.49	0.49	0.49	0.49	0.49	0.49
2.40	0.43	0.43	0.43	0.44	0.44	0.44	0.44	0.44	0.44	0.44
2.60	0.40	0.40	0.40	0.40	0.40	0.40	0.40	0.40	0.40	0.40
2.80	0.37	0.37	0.37	0.37	0.37	0.37	0.37	0.37	0.37	0.37
3.00	0.35	0.35	0.35	0.35	0.35	0.35	0.35	0.35	0.35	0.35

注：时间 t 的单位为 s。

表 4-26 汽轮发电机短路电流 I_{*zt} 运算曲线数字表

X_{js}	$t=0$	$t=0.01$	$t=0.06$	$t=0.1$	$t=0.2$	$t=0.4$	$t=0.6$	$t=1.0$	$t=2.0$	$t=4.0$
0.12	8.96	8.60	7.19	6.40	5.22	4.25	3.82	3.34	2.80	2.51
0.14	7.72	7.47	6.44	5.84	4.88	4.04	3.67	3.28	2.81	2.53
0.16	6.76	6.55	5.66	5.15	4.34	3.65	3.36	3.06	2.71	2.49
0.18	6.02	5.84	5.12	4.70	4.02	3.43	3.19	2.94	2.66	2.48
0.20	5.43	5.28	4.66	4.30	3.72	3.22	3.02	2.83	2.61	2.46
0.22	4.94	4.81	4.30	3.99	3.49	3.05	2.88	2.72	2.56	2.44
0.26	4.18	4.09	3.71	3.49	3.11	2.77	2.64	2.55	2.47	2.40
0.30	3.60	3.54	3.26	3.08	2.79	2.52	2.43	2.38	2.36	2.35
0.34	3.16	3.11	2.89	2.75	2.52	2.31	2.24	2.22	2.25	2.28

续表 4-26

X_{js}	$t=0$	$t=0.01$	$t=0.06$	$t=0.1$	$t=0.2$	$t=0.4$	$t=0.6$	$t=1.0$	$t=2.0$	$t=4.0$
0.38	2.81	2.77	2.60	2.49	2.30	2.13	2.08	2.08	2.15	2.22
0.42	2.53	2.50	2.36	2.27	2.11	1.97	1.94	1.96	2.05	2.15
0.46	2.30	2.28	2.16	2.08	1.95	1.84	1.81	1.85	1.96	2.09
0.50	2.11	2.09	1.99	1.92	1.81	1.72	1.70	1.75	1.88	2.03
0.55	1.91	1.89	1.81	1.76	1.67	1.59	1.58	1.64	1.79	1.95
0.60	1.75	1.73	1.66	1.62	1.54	1.48	1.48	1.54	1.70	1.88
0.65	1.61	1.60	1.54	1.50	1.43	1.38	1.39	1.45	1.62	1.82
0.70	1.49	1.48	1.43	1.39	1.34	1.30	1.31	1.30	1.55	1.73
0.75	1.39	1.38	1.33	1.30	1.25	1.22	1.24	1.31	1.48	1.60
0.80	1.30	1.29	1.25	1.22	1.18	1.15	1.17	1.24	1.42	1.47
0.85	1.22	1.21	1.18	1.15	1.11	1.09	1.11	1.19	1.36	1.37
0.90	1.15	1.15	1.11	1.09	1.06	1.04	1.06	1.13	1.28	1.28
0.95	1.09	1.08	1.05	1.03	1.00	0.99	1.01	1.09	1.20	1.20
1.00	1.04	1.03	1.00	0.98	0.95	0.95	0.97	1.04	1.13	1.13
1.10	0.94	0.93	0.91	0.89	0.87	0.87	0.89	0.97	1.01	1.01
1.20	0.86	0.86	0.83	0.82	0.80	0.80	0.83	0.90	0.92	0.92
1.40	0.74	0.73	0.71	0.70	0.69	0.69	0.72	0.75	0.77	0.77
1.60	0.64	0.64	0.62	0.62	0.60	0.61	0.64	0.66	0.66	0.66
1.80	0.57	0.57	0.55	0.55	0.54	0.55	0.57	0.58	0.58	0.58
2.00	0.51	0.51	0.50	0.49	0.49	0.50	0.52	0.52	0.52	0.52
2.20	0.47	0.46	0.45	0.45	0.44	0.45	0.47	0.47	0.47	0.47
2.40	0.43	0.42	0.42	0.41	0.41	0.42	0.43	0.43	0.43	0.43
2.60	0.39	0.39	0.38	0.38	0.39	0.39	0.39	0.39	0.39	0.39
2.80	0.36	0.36	0.36	0.35	0.35	0.36	0.36	0.36	0.36	0.36
3.00	0.34	0.34	0.33	0.33	0.33	0.34	0.34	0.34	0.34	0.34

注：时间 t 的单位为 s。

表 4-27　系统短路电流 I_{*z} 运算曲线数字表

X_{js}	$t=0$	$t=0.01$	$t=0.06$	$t=0.1$	$t=0.2$	$t=0.4$	$t=0.6$	$t=1.0$	$t=2.0$	$t=4.0$
1.00	1.00	1.00	0.96	0.95	0.93	0.91	0.90	0.90	0.91	0.92
1.10	0.91	0.90	0.88	0.87	0.85	0.84	0.83	0.84	0.85	0.87
1.20	0.83	0.83	0.81	0.80	0.78	0.77	0.77	0.78	0.81	0.82
1.40	0.71	0.71	0.70	0.69	0.68	0.68	0.68	0.69	0.71	0.71
1.60	0.62	0.62	0.61	0.61	0.60	0.60	0.61	0.62	0.62	0.62
1.80	0.56	0.55	0.54	0.54	0.54	0.54	0.55	0.56	0.56	0.56
2.00	0.50	0.50	0.49	0.49	0.49	0.49	0.50	0.50	0.50	0.50
2.20	0.45	0.45	0.45	0.45	0.44	0.45	0.45	0.45	0.45	0.45

续表 4-27

X_{js}	$t=0$	$t=0.01$	$t=0.06$	$t=0.1$	$t=0.2$	$t=0.4$	$t=0.6$	$t=1.0$	$t=2.0$	$t=4.0$
2.40	0.42	0.42	0.41	0.41	0.41	0.42	0.42	0.42	0.42	0.42
2.60	0.38	0.38	0.38	0.38	0.38	0.38	0.38	0.38	0.38	0.38
2.80	0.36	0.36	0.35	0.35	0.35	0.36	0.36	0.36	0.36	0.36
3.00	0.33	0.33	0.33	0.33	0.33	0.33	0.33	0.33	0.33	0.33

注：时间 t 的单位为 s。

表 4-28 水轮发电机的 ΔK_L 和 $K_{i_{max}}$ 值

X_{js}	0.22	0.42	0.62	0.82	1.02	1.22	1.42	1.62
$t=0$	0	0	0	0	0	0	0	0
$t=0.1$	0.017	0.019	0.021	0.023	0.025	0.027	$\frac{0.028}{1.09}$	$\frac{0.030}{1.06}$
$t=0.2$	0.041	0.046	0.052	0.057	$\frac{0.062}{1.16}$	$\frac{0.065}{1.10}$	$\frac{0.069}{1.06}$	$\frac{0.072}{1.03}$
$t=0.4$	0.087	0.099	$\frac{0.110}{1.41}$	$\frac{0.121}{1.21}$	$\frac{0.130}{1.10}$	$\frac{0.137}{1.04}$	$\frac{0}{1.00}$	$\frac{0}{1.00}$
$t=0.6$	0.130	0.146	$\frac{0.162}{1.37}$	$\frac{0.176}{1.16}$	$\frac{0.188}{1.05}$	$\frac{0}{1.00}$	$\frac{0}{1.00}$	$\frac{0}{1.00}$
$t=1.0$	0.205	$\frac{0.255}{1.92}$	$\frac{0.247}{1.30}$	$\frac{0.267}{1.08}$	$\frac{0}{1.00}$	$\frac{0}{1.00}$	$\frac{0}{1.00}$	$\frac{0}{1.00}$
$t=2.0$	0.344	$\frac{0.366}{1.82}$	$\frac{0.393}{1.18}$	$\frac{0}{1.00}$	$\frac{0}{1.00}$	$\frac{0}{1.00}$	$\frac{0}{1.00}$	$\frac{0}{1.00}$
$t=4.0$	0.483	$\frac{0.590}{1.72}$	$\frac{0.538}{1.06}$	$\frac{0}{1.00}$	$\frac{0}{1.00}$	$\frac{0}{1.00}$	$\frac{0}{1.00}$	$\frac{0}{1.00}$

注：1. 表内分子值为 ΔK_L 值，分母值为 $K_{i_{max}}$ 值；其余均为 ΔK_L 值。

2. 时间 t 的单位为 s。

表 4-29 汽轮发电机的 ΔK_L 和 $K_{i_{max}}$ 值

X_{js}	0.14	0.34	0.54	0.74	0.94	1.14	1.34	1.54
$t=0$	0	0	0	0	0	0	0	0
$t=0.1$	0.003	0.003	0.003	0.003	0.004	0.004	0.004	0.004
$t=0.2$	0.014	0.013	0.013	0.014	0.015	0.016	0.017	0.017
$t=0.4$	0.056	0.049	0.050	0.052	$\frac{0.055}{1.22}$	$\frac{0.058}{1.16}$	$\frac{0.060}{1.13}$	$\frac{0.062}{1.10}$
$t=0.6$	0.108	0.097	0.098	$\frac{0.101}{1.30}$	$\frac{0.106}{1.19}$	$\frac{0.110}{1.13}$	$\frac{0.114}{1.09}$	$\frac{0.118}{1.06}$
$t=1.0$	0.215	0.192	$\frac{0.193}{1.47}$	$\frac{0.198}{1.23}$	$\frac{0.204}{1.11}$	$\frac{0.211}{1.04}$	$\frac{0}{1.00}$	$\frac{0}{1.00}$
$t=2.0$	0.406	$\frac{0.364}{2.18}$	$\frac{0.360}{1.35}$	$\frac{0.365}{1.09}$	$\frac{0}{1.00}$	$\frac{0}{1.00}$	$\frac{0}{1.00}$	$\frac{0}{1.00}$
$t=4.0$	0.533	$\frac{0.515}{2.15}$	$\frac{0.514}{1.24}$	$\frac{0}{1.00}$	$\frac{0}{1.00}$	$\frac{0}{1.00}$	$\frac{0}{1.00}$	$\frac{0}{1.00}$

注：1. 表内分子值为 ΔK_L 值，分母值为 $K_{i_{max}}$ 值；其余均为 ΔK_L 值。

2. 时间 t 的单位为 s。

4.4.2.3 计算步骤

三相短路电流周期分量 I_{zt} 的计算步骤为：

(1)确定基准容量，一般以100MVA为基准容量。

(2)绘制计算三相短路电流用的主结线系统图，且在图上标出所需计算的短路点，$d_1 \cdots d_n$ 点。

(3)对主结线系统图中电源、发电机、变压器、同步电动机、输电线路……等有关电气元件，归算到以基准容量的电抗标幺值；且绘制与主结线相应的电抗标幺值网络图。

(4)按网络简化变换公式，将网络简化归并算出至所计算短路点 d_n 的 $X_{js\Sigma}$ 值。

(5)将 $X_{js\Sigma}$ 值归算至所装发电机或同步电动机容量为基准的电抗标幺值 X_{js}；按此 X_{js} 值查图4-12～图4-20中的运算曲线，也可查表4-25～表4-27运算数字表，可得 I''_{*z}、I_{*zt} 等标幺值，利用式4-25即得短路电流周期分量的有名值；也可利用公式 $S''_z=S_jI''_{*z}$，$S_{zt}=S_jI_{*zt}$ 得到短路容量周期分量的有名值。

(6)当某些机组参数比较特殊时，可以按以下方法进行修正：

1)励磁系统顶值电压 $U_{L_{max}}$ 的修正。当实际电机的励磁系统顶值电压与制订运算曲线时采用的1.8倍额定励磁电压有较大差别时，周期分量电流可用校正系数 ΔK_L 进行修正，即

$$I'_{*zt} = I_{*zt} + (U_{L_{max}} - 1.8)\Delta K_L I_{*zt} \quad (4\text{-}26)$$

式中 I'_{*zt}——经过修正后的周期分量电流标幺值；

I_{*zt}——从运算曲线查得的周期分量电流标幺值；

$U_{L_{max}}$——实际电机的励磁系统顶值电压倍数；

ΔK_L——励磁系统顶值电压修正系数，见表4-28和表4-29。

从表4-28和表4-29可以看出，一般情况下 $t<0.2s$ 时可不必进行修正；且其励磁电压顶值倍数小于2倍时，也不必修正。

2)励磁回路时间常数的修正问题。制订运算曲线时，励磁回路时间常数，水轮发电机取0.02s，汽轮发电机取0.25s。由于当实际的励磁回路时间常数在0.02～0.56s的范围时，其对短路电流的影响不超过5%。因此，一般计算时可不进行修正。

4.4.3 短路电流非周期分量 I_{fzt} 的计算

随着高压断路器制造水平的提高，继电保护技术的发展，切除故障时间大大缩短，因此，对设有快速保护的快速断路器(总分闸时间在0.10s以下时)应考虑短路电流非周期分量的影响。

4.4.3.1 单支路的短路电流非周期分量

起始值 $$i_{fz0} = \sqrt{2} I''_z \quad (4\text{-}27)$$

t 秒值 $$i_{fzt} = \sqrt{2} K_{fz} I''_Z \quad (4\text{-}28)$$

式中 i_{fz0}——零秒短路电流非周期分量的最大瞬时值，kA；

I''_z——次暂态短路电流的有效值，kA；

K_{fz}——非周期分量的衰减系数，由图4-21查得。

4.4.3.2 多支路的短路电流非周期分量

复杂网路中各独立支路的 T_a 值相差较大，为此对衰减时间常数 T_a 可以归并化简，多数情况下可以化简为两支等效支路，通常 $T_a \leqslant 15$；另一支路为发电机支路，通常 $15<T_a<80$。

两个及以上支路的短路电流非周期分量为各个支路的非周期分量的代数和。可按下式计算

起始值

$$i_{fz0} = \sqrt{2}\,(I''_{z1} + I''_{z2} + \cdots + I''_{zn}) \quad (4\text{-}29)$$

t 秒值

$$i_{fzt} = \sqrt{2}\,(K_{fz1}I''_{z1} + K_{fz2}I''_{z2} + \cdots + K_{fzn}I''_{zn}) \quad (4\text{-}30)$$

式中 I''_{z1}、$I''_{z2} \cdots I''_{zn}$——各支路次暂态短路电流的有效值，kA；

K_{fz1}、$K_{fz2} \cdots K_{fzn}$——各支路非周期分量的衰减系数，由图4-21查得。

4.4.4 三相短路冲击电流 i_{ch} 及全电流最大有效值 I_{ch} 的计算

三相短路发生后的半个周期($t=0.01s$)，短路电流瞬时值达到最大，称为冲击电流 i_{ch}，其值按下式计算

$$i_{ch} = i_{Z0.01} + i_{fZ0} e^{-\frac{0.01}{T_a}} \quad (4\text{-}31)$$

当不计周期分量的衰减时

$$i_{ch} = \sqrt{2} K_{ch} I''_z \quad (4\text{-}32)$$

$$K_{ch} = 1 + e^{-\frac{0.01}{T_a}} \quad (4\text{-}33)$$

短路全电流最大有效值 I_{ch}，出现在短路后的第一个周期内，其值为

$$I_{ch} = \sqrt{I^2_{z0.01} + i^2_{fz0.01}} \quad (4\text{-}34)$$

当不计周期分量的衰减时

$$I_{ch}=I''_z\sqrt{1+2(K_{ch}-1)^2} \qquad (4\text{-}35)$$

式中 K_{ch}——短路电流冲击系数，可查表 4-32；

T_a——非周期分量衰减时间常数，s；

$$T_a=\frac{X_\Sigma}{2\pi fR_\Sigma}=\frac{X_\Sigma}{314R_\Sigma} \qquad (4\text{-}36)$$

R_Σ——短路总电阻；

X_Σ——短路总电抗（对发电机为负序电抗，其它元件为正序电抗。

当缺乏厂家和系统资料时，T_a 值可直接选用表 4-30 中推荐数值。电力系统各元件的 $\frac{X}{R}$ 值，可选用表 4-31 推荐数值。

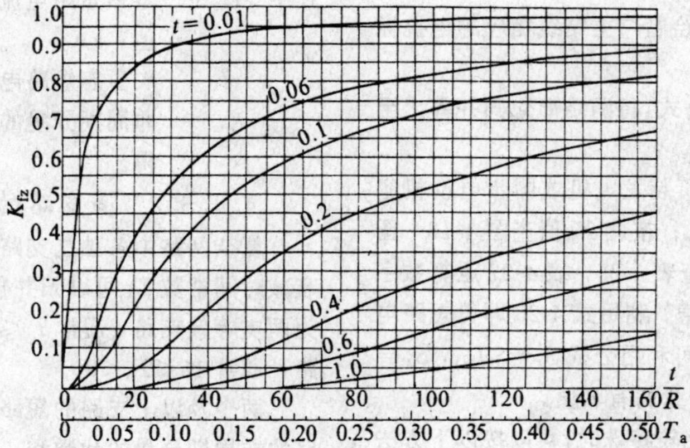

图 4-21 短路电流非周期分量衰减系数 K_{fz} 曲线

表 4-30 不同短路点等效时间常数的推荐值

短路点	T_a (s)	短路点	T_a (s)
水轮发电机端	80	高压母线（主变在 10～100MVA）间	35
汽轮发电机端	60	远离发电厂的短路点	15
高压母线（主变在 100MVA 以上）	40	发电厂出线电抗器之后	40

表 4-31 电力系统各元件 $\frac{X}{R}$ 值

名 称	变化范围	推荐值
有阻尼绕组的水轮发电机	35～95	60
75MW 及以上的汽轮发电机	65～120	90
75MW 以下的汽轮发电机	40～95	70
变压器 100～360MVA	17～36	25
变压器 10～90MVA	10～20	15
电抗器 1000A 及以下	15～52	25

续表 4-31

名 称	变化范围	推荐值
电抗器大于 1000A	40～65	40
架空线路	0.2～14	6
三芯电缆	0.1～1.1	0.8
同步调相机	34～56	40
同步电动机	9～34	20

表 4-32 不同短路点冲击系数

短 路 点	K_{ch} 推荐值	$\sqrt{2}K_{ch}$
发电机端	1.90	2.69
发电厂高压侧母线及其电抗器后	1.85	2.62
远离发电厂的地点	1.80	2.55

4.4.5 三相短路电流简化计算

三相短路电流采用短路功率法计算，可使计算工作简化，可直接得出计算点的短路容量，但值得注意的是元件自身的短路功率是假定该元件的一端接在无限容量电源上，另一端发生短路时该元件消耗的表观功率，因此，本方法有一定局限性，应用时特别注意使用条件。

4.4.5.1 短路功率法的基本原理

无限容量电源供电系统短路容量 S_d 可按下式计算

$$S_d = \sqrt{3}U_jI_d \tag{4-37}$$

$$I_d = \frac{U_j}{\sqrt{3}Z_\Sigma} \tag{4-38}$$

$$S_d = \sqrt{3}U_j\frac{U_j}{\sqrt{3}Z_\Sigma} = \frac{U_j^2}{Z_\Sigma} = U_j^2Y_\Sigma \tag{4-39}$$

若式 4-39 中的 $Z(Y)$ 是供电系统中某一元件的阻抗（导纳），单位 Z 为 Ω（Y 为 S），U_j 是元件所在级的基准电压（平均线电压），单位用 kV，则 S_d 就表示某元件的短路容量，单位为 MVA。因此，已知供电系统中元件的阻抗或导纳，元件所在级的电压基准值，该元件的短路容量 S_d 可表示为下式

$$S_d = \frac{U_j^2}{Z} \doteq \frac{U_j^2}{X} = U_j^2Y \tag{4-40}$$

在供电系统中某些元件，如变压器、电机、电抗器等不是直接标出它们的阻抗或导纳，而是标出它们的额定容量和阻抗标幺值。可按表 4-2 电抗标幺值、有名值和短路功率变换公式进行换算。一般在 6kV 以上供电系统三相短路计算 $R_\Sigma < \frac{1}{3}X_\Sigma$，电阻对短路电流影响不大，因此，忽略了电阻。以额定容量为基准短路电流标幺值和额定电抗标幺值之间的关系如下式

$$X_{*d} = \frac{1}{I_{*d}} = \frac{1}{\frac{I_d}{I_e}} = \frac{I_e}{I_d} = \frac{\sqrt{3}U_eI_e}{\sqrt{3}U_jI_d} = \frac{S_e}{S_d} \tag{4-41}$$

式中 I_e——元件的额定电流，kA；

I_{*d}——元件的短路电流标幺值；

I_d——元件的短路电流，kA；

U_e——元件的额定电压，kV；

U_j——元件所接网络点的基准电压（平均线电压），kV；

S_e——元件的额定容量，MVA；

S_d——元件的短路容量，MVA；

X_{*d}——元件的短路电抗标幺值。

$$S_d = \frac{S_e}{X_*} \tag{4-42}$$

短路功率法中各元件的阻抗或导纳采用直接用元件的短路功率表示，因此在进行网络变化时，省掉了归算至各级电压的短路容量。对于架空线路或电缆线路短路容量根据式 4-40 计算；发电机、同步电动机、变压器、电抗器的短路容量根据式 4-42 计算。当计算出各元件的短路功率后，画出与主结线相应的元件的短路功率网络图，据此图采用短路功率法网络变换公式表 4-2，简化网络算出短路点的短路容量。由于供电系统中各元件的短路功率 S_d，实质代表了各元件的阻抗或导纳，如果将电抗网络变换公式采用导纳代入的话（即 $Y=\frac{1}{X}$），这样就得到导纳网络变换公式，这些公式与短路功率法网络变换公式类似。

短路点的三相短路电流的非周期分量的有效值 I_{fzt}、短路冲击电流 i_{ch} 和第一周期全电流有效值 I_{ch} 仍按第 4.4.3 节及第 4.4.4 节计算。

4.4.5.2 短路功率法的应用条件

短路功率法的应用条件为：

(1) 短路功率法仅适用于无限大容量电源，即以供电电源为基准的计算电抗的数值 $X_{js} \geqslant 3$ 时，可以认为短路电流的周期分量在整个短路过程中保持不变，即短路电流不衰减。

(2) 短路功率法适用于 6kV 及以上供电系统，且 $R_\Sigma < \frac{1}{3}X_\Sigma$ 时，这样可保证计算误差在 5%以内。

4.4.5.3 短路功率法计算三相短路电流的步骤

短路功率法计算三相短路电流的步骤为：

(1) 画出供电系统的单线图，将各元件的主要参数标于元件旁，确定计算短路点。

(2) 绘制计算等值电路图，将计算短路回路中各元件的短路功率 S_d，填于等值电路图中，并进行编号。

(3) 根据元件在短路回路中的联接关系按导纳法进行网络变换，可采用表 4-2 中变化公式简化短路功率网络图。

(4) 求出计算短路点的短路功率 $S_{d\Sigma}$。

若供电系统 $S_x=\infty$，则 $X_*=\frac{S_j}{S_x}=0$，实际不参与短路功率法的计算；当计算供电系统大、小运行方式的短路容量时，宜将供电系统短路容量 S_{dx} 外的各元件的短路功率求出等效功率后，再与系统的短路功率进行综合，求总的短路功率。

4.5 晶闸管装置和异步电动机的反馈冲击短路电流计算

4.5.1 晶闸管装置反馈冲击短路电流计算

随着晶闸管技术的不断发展，晶闸管装置在国民经济各个部门应用愈来愈广泛，尤其在钢铁企业现已大量采用，某钢厂热轧车间主辅传动采用晶闸管供电的直流电动机总容量达 10 万 kW 左右。在实际运行中晶闸管装置在减速、停车和反转运行中时常处于逆变状态工作，若此时交流供电网处于短路状态，晶闸管装置在瞬间（约 10ms）将向交流电网反馈很大的冲击短路电流。其原因是晶闸管装置处于逆变状态工作时，直流电动机将作为发电机工作状态，将机械能转变成电能馈送到电网，此时交流侧短路时，交流电网电压降低，逆变电流急剧增加，一般短路 10ms 后直流侧快速开关跳闸，见图 4-22。

由于晶闸管装置逆变短路容量时间极短（10～15ms），因此对断路器的遮断容量没有影响，但对电气设备动稳定计算要考虑其影响。晶闸管装置逆变时短路电流波形图见图 4-23。

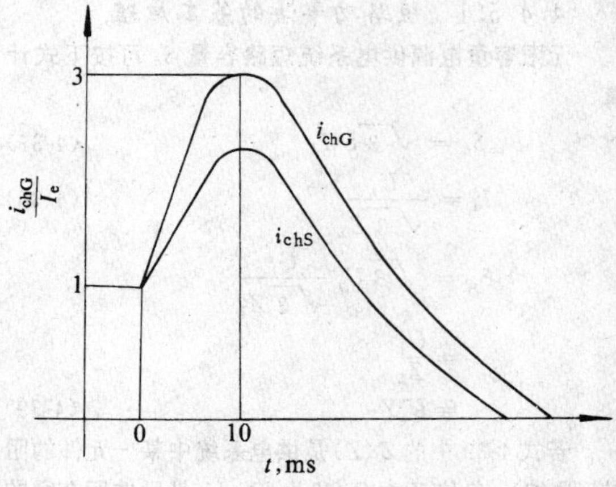

图 4-22 直流整流装置逆变短路时示意图

i_{chG}—晶闸管装置反馈短路电流；

i_{chS}—水银整流器反馈短路电流

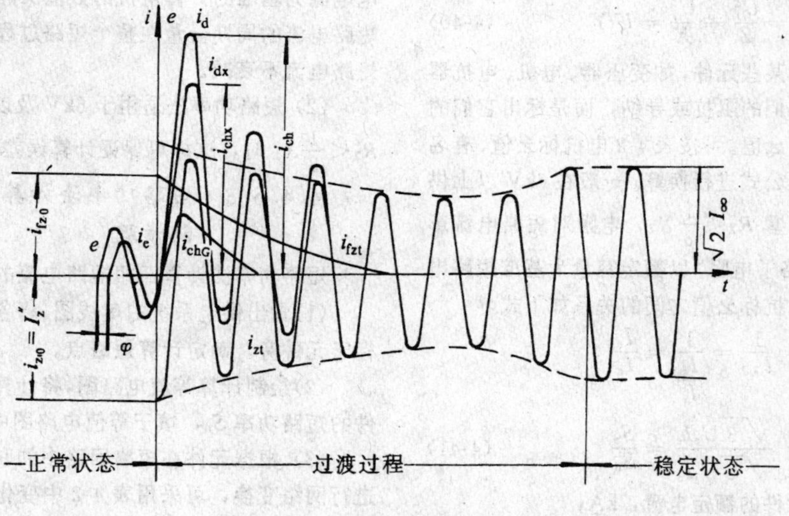

图 4-23 逆变时短路电流波形图

e—发电机电势；i_e—正常负荷电流；i_{zt}—短路电流周期分量；i_{chG}—晶闸管装置反馈短路电流；i_{chx}—供电网冲击短路电流；i_{dx}—供电网短路全电流；i_e—正常负荷电流；i_{fzt}—短路电流非周期分量；I''_z—短路电流周期分量起始值（次暂态短路电流）；I_∞—短路稳态电流有效值；i_{ch}—总的冲击短路电流；i_d—总的短路电流全电流；i_{z0}和 i_{fz0}—供电网短路周期分量和非周期分量起始值

旧式水银整流器系统通常为双星形带平衡电抗器接线，其电抗值较大，因此，反馈的短路电流值较小，衰减也较快。水银整流器在我国已处在淘汰阶段，本文不再介绍其有关短路电流计算公式。

目前未见到国内晶闸管装置反馈短路电流计算资料，现据德国 VDE 标准进行计算。

$$i_{chG} = 3\frac{P_{e\Sigma}}{U_j} \tag{4-43}$$

式中 i_{chG}——晶闸管装置反馈三相短路冲击电流，kA；

$P_{e\Sigma}$——晶闸管装置供电直流电动机总容量，kW；

U_j——交流侧母线基准电压（母线平均线电压），kV。

在一般短路电流计算中，供电网络短路电流冲击值 i_{chx}，未包括晶闸管反馈短路电流值，其计算公式如下

$$\begin{aligned} i_{chx} &= \sqrt{2}K_{ch}\frac{S''_x}{\sqrt{3}U_j} \\ &= \sqrt{2}\,1.8\frac{S''_x}{\sqrt{3}U_j} \\ &= 1.47\frac{S''_x}{U_j} \end{aligned} \tag{4-44}$$

式 4-43 除以式 4-44 得

$$\begin{aligned} \frac{i_{chG}}{i_{chx}} &= \frac{3}{1.47}\frac{P_{e\Sigma}}{S''_x} \\ &= \frac{3}{1.47}\frac{S_{e\Sigma}}{S''_x} \\ &\doteq 2\frac{S_{e\Sigma}}{S''_x} \end{aligned} \tag{4-45}$$

式中 S''_x——次暂态三相短路容量，MVA；

i_{chx}——供电网络三相短路冲击电流，kA。

在直流电动机回路可认为 $\cos\varphi=1$，这样

$$S_{e\Sigma} = \frac{P_{e\Sigma}}{\cos\varphi} = P_{e\Sigma}。$$

在确定不对称短路冲击电流时，即使离短路点很近，也不计及其影响。

4.5.2 异步电动机反馈冲击短路电流计算

在靠近短路点处接有大于 1000kW 总容量异步电动机时，在计算冲击短路电流时，应将它们作为附加电源来考虑。当在这些电动机端头处发生三相短路时，电动机的反馈冲击电流按下式计算

$$i_{chd} = \sqrt{2}\frac{E''_{*d}}{X''_{*d}}K_{ch}I_{ed} \tag{4-46}$$

式中 E''_{*d}——电动机次瞬间电势标幺值，一般约为 0.9；

K_{ch}——短路电流冲击系数，对高压电动机可取 1.4～1.6，对低压电动机可取 1；

X''_{*d}——电动机次瞬间电抗值，一般取 0.14；

I_{ed}——电动机的额定电流，kA。

如果已知电动机的起动电流，则 X''_{*d}可按下式求得

$$X''_{*d} = \frac{1}{I_{*qd}} = \frac{I_{ed}}{I_{qd}} \tag{4-47}$$

式中 I_{*qd}——电动机起动电流标幺值，其值按 $I_{*qd}=\frac{I_{qd}}{I_{ed}}$计算；

I_{qd}——电动机的起动电流，kA。

在下述情况下，异步电动机反馈出的短路电流可以不考虑计入：

(1) 异步电动机的单机容量小于 1000kW 且电动机与短路点相隔至少经过一次变压时；

(2)不论异步电动机的容量大小如何，当由电动机反馈送出到短路点的短路电流所经过的元件(如线路、变压器等）与由系统送至短路点的短路电流是经过同一元件时。

计入异步电动机后的短路冲击值为

$$i_{ch\Sigma} = i_{chx} + i_{chd} \tag{4-48}$$

异步电动机所馈出的短路电流衰减很快，因此当计算瞬时 $t>0.01$s 的短路电流时可忽略不计。在确定不对称短路冲击电流时，即使离短路点很近，也不计及异步电动机的影响。

4.5.3 短路点总的冲击短路电流计算

由上两节可知总容量较大的晶闸管装置、异步电动机，一旦供电系统短路时，处于逆变状态的晶闸管装置及异步电动机将作为发电机运行，将向短路点反馈较大的冲击短路电流，计算总的冲击电流时应与供电系统供给短路点的冲击电流一起考虑，计算公式如下

$$i_{ch\Sigma} = i_{chx} + i_{chG} + i_{chd} \tag{4-49}$$

式中 $i_{ch\Sigma}$——总的三相短路冲击电流，kA；

i_{chx}——供电系统供给的三相短路冲击电流，kA；

i_{chG}——晶闸管装置反馈的三相短路电流，kA。

关于短路电流计算是否需考虑异步电动机的反馈电流问题，国际电工委员会 IEC—909 中有规定，见附录 4.1。

4.6 计算示例

例 1 试求由无限容量的电力系统供电的工业企

业配电装置母线上的短路电流，在企业 6kV 母线上装有三台大型异步电动机，其有关计算数据均标于图 4-24 上。

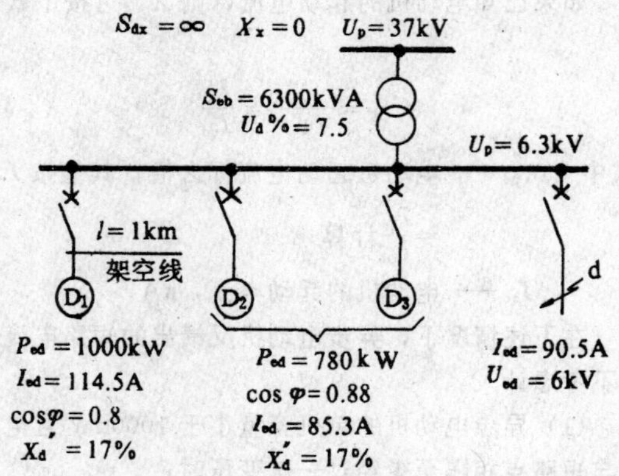

图 4-24 计算电路图

解 取 $S_j = S_{eb} = 6.3MVA$

$$I_j = \frac{6.3}{\sqrt{3} \times 6.3} = 0.577kA$$

变压器电抗 $X_{*0} = \frac{7.5}{100} \times \frac{6.3}{6.3} = 0.075$

按公式 4-25 $I_z = \frac{I_j}{X_{*b}} = \frac{0.577}{0.075} = 7.69kA$

计入异步电动机对冲击电流值的影响：

D_1 电动机的电抗标幺值，按表 4-2 公式得

$$X''_{*d_1} = X''_d \frac{S_j}{S_{ed}} = 0.17$$

1km 架空线的电抗标幺值，按表 4-2 中公式和查表 4-3 得

$$X_{*1} = Xl\frac{S_j}{U_j^2} = 0.35 \times 1 \times \frac{1.25}{6.3^2} = 0.011$$

D_1 电动机至短路点 d 的总电抗标幺值为

$$X_{*\Sigma} = X''_{*d1} + X_{*1} = 0.17 + 0.011 = 0.181$$

D_1 电动机供给短路点 d 的短路冲击电流值，按式 4-46 得

$$i_{chd_1} = \sqrt{2}\ \frac{E''_*}{X_{*\Sigma}} K_{ch} I_{ed}$$
$$= 1.41 \times \frac{0.9}{0.181} \times 1.6 \times 0.1145$$
$$= 1.28kA$$

D_2 与 D_3 电动机供给短路点 d 的短路电流冲击值为

$$X''_{*d_2} = X''_{*d_3} = 0.17$$

$$i_{chd_2} = i_{chd_3} = 1.41 \times \frac{0.9}{0.17} \times 1.6 \times 0.0853$$
$$= 1.02kA$$

短路点 d 的总的短路电流冲击值为

$$i_{ch\Sigma} = i_{ch} + i_{chd_1} + i_{chd_2} + i_{chd_3}$$
$$= \sqrt{2} \times 1.8 \times 7.69 + 1.28 + 2 \times 1.02$$
$$= 22.9kA$$

结果：短路点 d 的短路电流为 7.69kA；短路电流冲击值为 22.9kA。

例 2 求图 4-25*a* 中 d 点的三相短路电流 I''_z、I_∞、I_{ch}、及短路容量 S''值。有关计算数据均列于图 4-25*a* 中。

解 取 S_j=100MVA U_j=6.3kV

分别计算电路电抗：

由表 4-2 公式得

$$X_1 = 0.125 \times \frac{100}{50/0.8} = 0.2$$

$$X_3 = 0.2 \times \frac{100}{12/0.8} = 1.34$$

$$X_8 = 0.125 \times \frac{100}{6/0.8} = 1.67$$

自表 4-13 查得

$$X_2 = 1.0 \qquad X_4 = 0.533$$
$$X_7 = 2.19$$

自表 4-7 查得

$$X_5 = 0.0301 \times 9 = 0.27$$
$$X_6 = 0.0301 \times 20 = 0.6$$

自表 4-23 查得

$$X_9 = 1.746$$

简化等值阻抗如图 4-25*c* 阻抗图

$$X_{10} = X_1 + X_2 = 0.2 + 1.0 = 1.2$$
$$X_{11} = X_3 + X_4 + X_5 = 1.34 + 0.533 + 0.27$$
$$= 2.143$$
$$X_{12} = X_6 + X_7 = 0.6 + 2.19 = 2.79$$

因 P_{01}与 P_{02}不同类型故不能合并，简化为如图 4-25*d* 阻抗图

由表 4-5 中公式得

$$X_{13} = 1.67 + 1.746 + \frac{1.67 \times 1.746}{2.79} = 4.46$$

$$X_{14} = 2.79 + 1.746 + \frac{2.79 \times 1.746}{1.67} = 7.5$$

再简化为如图 4-25*e* 阻抗图

由表 4-5 中公式得

$$X_{15} = 1.2 + 7.5 + \frac{1.2 \times 7.5}{2.143} = 12.9$$

$$X_{16} = 2.143 + 7.5 + \frac{2.143 \times 7.5}{1.2} = 23$$

将上列电抗换算到发电机容量为基准的电抗

$$X_{js1} = 12.9 \times \frac{62.5}{100} = 8.06 > 3$$

$$X_{js2} = 23 \times \frac{15}{100} = 3.45 > 3$$

$$X_{js3} = 4.46 \times \frac{7.5}{100} = 0.335 < 3$$

因 X_{js1} 与 X_{js2} 大于 3，故应按无限容量电力系统进行计算。

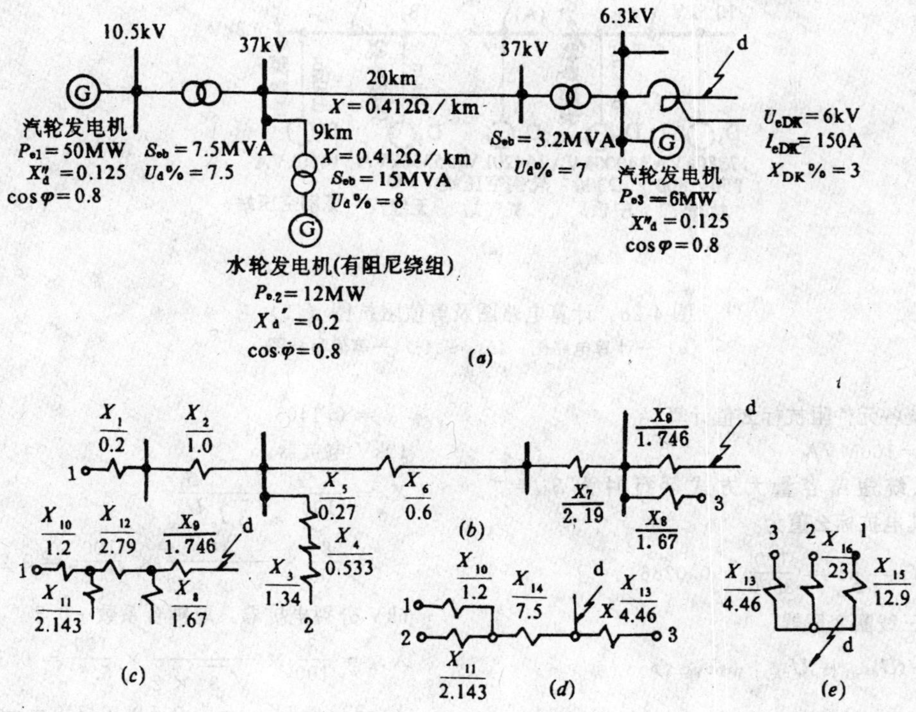

图 4-25 计算电路及等值阻抗图（一）

(a) —计算电路；(b) ～ (e) —等值阻抗

由式 4-25

$$I_{d_1} = \frac{9.16}{12.9} = 0.71\text{kA}$$

$$I_{d_2} = \frac{9.16}{23} = 0.4\text{kA}$$

因 X_{js3} 小于 3，故应按有限容量供电电源系统进行计算。

$$I_{ed_3} = \frac{7.5}{\sqrt{3} \times 6.3} = 0.69\text{kA}$$

查图 4-16 与图 4-17 查得 I''_{*z} 和 $I_{*\infty}$ 即得

$$I''_z = 3.2 \times 0.69 = 2.21\text{kA}$$

$$I_\infty = 2.29 \times 0.69 = 1.58\text{kA}$$

d 点的总三相短路电流为

$$I''_z = 0.71 + 0.4 + 2.21 = 3.32\text{kA}$$

$$I_\infty = 0.71 + 0.4 + 1.58 = 2.69\text{kA}$$

按式 4-32 得

$$i_{ch} = 2.55 \times 3.32 = 8.47\text{kA}$$

$$S''_z = \sqrt{3} \times 3.32 \times 6.3 = 36.2\text{MVA}$$

按式 4-35 得

$$I_{ch} = 1.51 \times 3.32 = 5.01\text{kA}$$

例 3 某工程变电站主变低压侧 6.3kV、10.5kV 母线发生三相短路时，计算 I''_z、I_∞、i_{ch}、I_{ch} 值；有关数据均列入 4-26a 中。

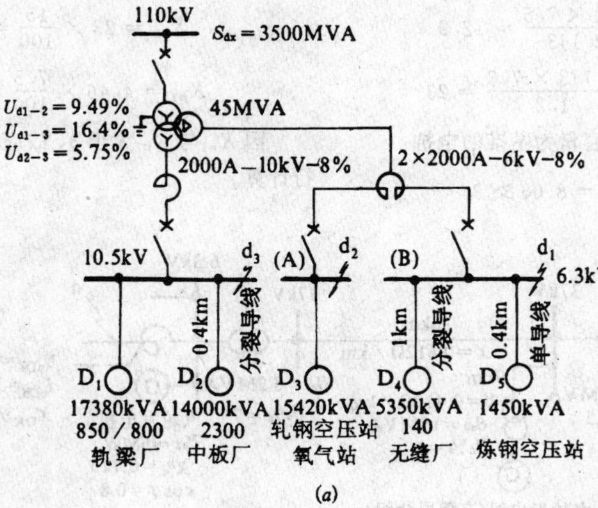

图 4-26 计算电路图及等值阻抗图（二）

(a)—计算电路图；(b)～(j)—等值阻抗图

(1) 系统各元件阻抗标幺值计算：

取 $S_j=100$MVA

110kV 系统短路容量大方式运行时为 $S_{dx}=3500$MVA，其电抗标幺值为

$$X_1=\frac{S_j}{S_{dx}}=\frac{100}{3500}=0.0286$$

45MVA 三线圈变压器

$$U_{d\,\mathrm{I}}=\frac{1}{2}(U_{d1-2}+U_{d1-3}+U_{d2-3})$$
$$=\frac{1}{2}(9.49+16.4-5.75)\%$$
$$=10.07\%$$

$$U_{d\,\mathrm{II}}=\frac{1}{2}(U_{d1-2}+U_{d2-3}-U_{d1-3})$$
$$=\frac{1}{2}(9.49+5.75-16.4)\%$$
$$=-0.58\%$$

$$U_{d\,\mathrm{III}}=\frac{1}{2}(U_{d1-3}+U_{d2-3}-U_{d1-2})$$
$$=\frac{1}{2}(16.4+5.75-9.49)\%$$
$$=6.33\%$$

$$X_2=U_{d\,\mathrm{I}}\frac{S_j}{S_{eb}}=0.1007\times\frac{100}{45}$$
$$=0.224$$

$$X_3=U_{d\,\mathrm{I}}\frac{S_j}{S_{eb}}=-0.0058\times\frac{100}{45}$$
$$=-0.0129$$

$$X_4=U_{d\,\mathrm{III}}\frac{S_j}{S_{eb}}=0.0633\times\frac{100}{45}$$
$$=0.1405$$

10kV 电抗器

$$X_5=\frac{X_k\%}{100}\frac{U_e}{\sqrt{3}\,I_e}\frac{S_j}{U_j^2}$$
$$=\frac{8}{100}\times\frac{10}{\sqrt{3}\times2}\times\frac{100}{10.5^2}=0.209$$

6kV 分裂电抗器：取耦合系数−0.5

$$X_{*k}=\frac{8}{100}\times\frac{6}{\sqrt{3}\times2}\times\frac{100}{6.3^2}=0.349$$

$$X_6=-0.5X_{*k}=-0.5\times0.349=-0.175$$

$$X_7=X_8=(1+0.5)\times0.349=0.524$$

10kV、6kV 架空线路：双分裂导线的电抗平均值取 0.25Ω/km，单导线电抗平均值取 0.35Ω/km。

$$X_{10}=0.25l\frac{S_j}{U_j^2}=0.25\times0.4\times\frac{100}{10.5^2}=0.09$$

$$X_{13}=0.25l\frac{S_j}{U_j^2}=0.25\times1\times\frac{100}{6.3^2}=0.63$$

$$X_{15}=0.35l\frac{S_j}{U_j^2}=0.35\times0.4\times\frac{100}{6.3^2}=0.353$$

高压同步电动机：其次暂态电抗平衡值 $X''_{*d}=0.2$

D_1 $\quad X_9=X''_{*d}\frac{S_j}{S_{ed_1}}=0.2\times\frac{100}{17.38}=1.15$

D_2 $\quad X_{11}=X''_{*d}\frac{S_j}{S_{ed_2}}=0.2\times\frac{100}{14}=1.43$

D_3 $\quad X_{12}=X''_{*d}\frac{S_j}{S_{ed_3}}=0.2\times\frac{100}{15.42}=1.3$

D_4 $\quad X_{14}=X''_{*d}\frac{S_j}{S_{ed_4}}=0.2\times\frac{100}{5.35}=3.74$

$D_5 \quad X_{16} = X''_{*d} \dfrac{S_j}{S_{ed_5}} = 0.2 \times \dfrac{100}{1.45} = 13.8$

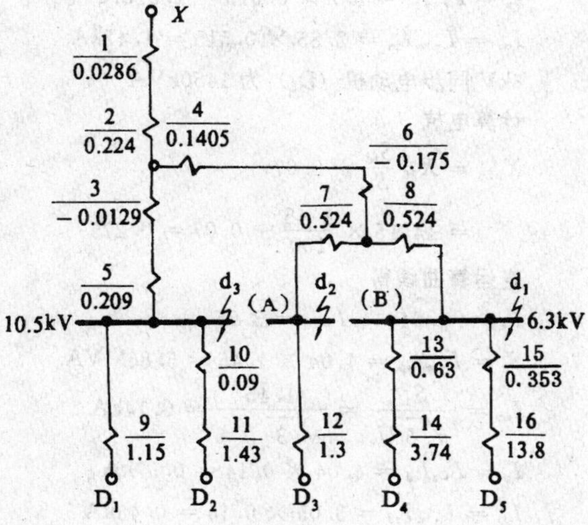

(*b*)

图 4-26*b* 等值阻抗图

(2) d_1 点（6.3kV 的 B 段母线）短路时短路电流计算：

1）网路的变换简化：

$X_{21} = X_1 + X_2 = 0.0286 + 0.224$
$\quad = 0.2526$

$X_{22} = X_3 + X_5 + \dfrac{X_9(X_{10} + X_{11})}{X_9 + (X_{10} + X_{11})}$
$\quad = -0.0129 + 0.209 + \dfrac{1.15 \times (0.09 + 1.43)}{1.15 + (0.09 + 1.43)}$
$\quad = 0.851$

$X_{23} = X_4 + X_6 = 0.1405 - 0.175 = -0.0345$

$X_{24} = X_7 + X_{12} = 0.524 + 1.3 = 1.824$

$X_{25} = X_{13} + X_{14} = 0.63 + 3.74 = 4.37$

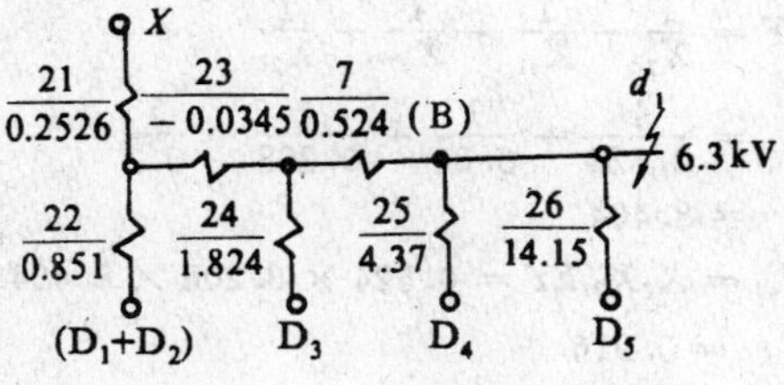

(*c*)

图 4-26*c* 等值阻抗图

$X_{26} = X_{15} + X_{16} = 0.353 + 13.8$
$\quad = 14.15$

$X_{27} = X_{21} + X_{23} + \dfrac{X_{21}X_{23}}{X_{22}}$
$\quad = 0.2526 - 0.0345 - \dfrac{0.2526 \times 0.0345}{0.851}$
$\quad = 0.208$

$X_{28} = X_{22} + X_{23} + \dfrac{X_{22}X_{23}}{X_{21}}$
$\quad = 0.851 - 0.0345 - \dfrac{0.851 \times 0.0345}{0.2526}$
$\quad = 0.7$

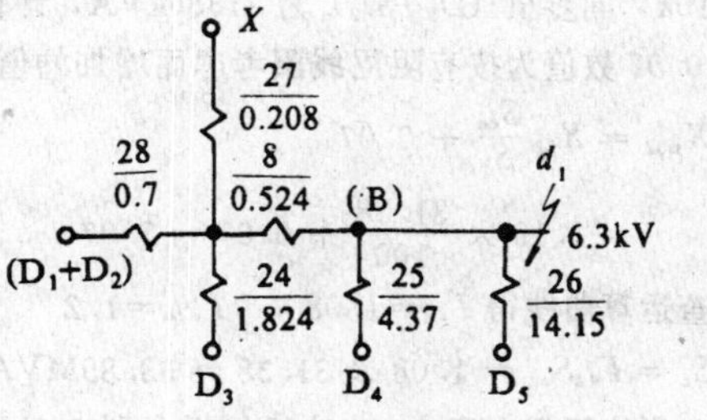

(*d*)

图 4-26*d* 等值阻抗图

$\Sigma Y = \dfrac{1}{X_8} + \dfrac{1}{X_{24}} + \dfrac{1}{X_{27}} + \dfrac{1}{X_{28}}$
$\quad = \dfrac{1}{0.524} + \dfrac{1}{1.824} + \dfrac{1}{0.208} + \dfrac{1}{0.7}$
$\quad = 8.7$

$X_{31} = X_{27}X_8\Sigma Y = 0.208 \times 0.524 \times 8.7 = 0.95$

$X_{32} = X_{28}X_8\Sigma Y = 0.7 \times 0.524 \times 8.7 = 3.19$

$X_{33} = X_{24}X_8\Sigma Y = 1.824 \times 0.524 \times 8.7 = 8.3$

这里各电源点的电势认为是相等的，即电源点间

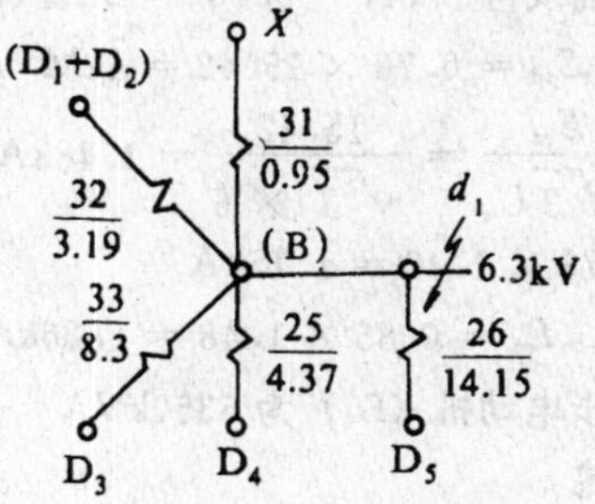

(*e*)

图 4-26*e* 等值阻抗图

的转移阻抗中将不会有短路电流流过。因此，在网络变换简化过程中，电源点间的转移阻抗均未计及。

2）各电源所供给的短路电流计算：

电力系统：把系统看成是无限大电源，认为短路电流不衰减。

$$S''_z = S_{z0.2} = S_\infty = \frac{100}{0.95} = 105\text{MVA}$$

$$I''_{*z} = I_{*z0.2} = I_{*\infty} = \frac{1}{X_{31}} = \frac{1}{0.95} = 1.05$$

$$I''_z = I_{z0.2} = I_\infty = I''_* I_j = 1.05 \times 9.16 = 9.62\text{kA}$$

10kV 同步机（D_1+D_2）为 31380kVA，计算电抗式中 0.07 数值为按有阻尼线圈考虑而增加的值。

$$X_{js32} = X_{32}\frac{S_{ed}}{S_j} + 0.07 = 3.19 \times \frac{31.38}{100} + 0.07 = 1.07$$

查运算曲线得 $I''_{*z}=1.08$　　$I_{*\infty}=1.2$

$$S''_z = I''_{*z}S_{ed} = 1.08 \times 31.38 = 33.89\text{MVA}$$

电源的额定电流由 10.5kV 侧折合到 6.3kV 侧

$$I_{ed} = \frac{S_{ed}}{\sqrt{3}U_e}\frac{U_{j10.5}}{U_{j6.3}} = \frac{31.38}{\sqrt{3} \times 10} \times \frac{10.5}{6.3} = 3.02\text{kA}$$

$$I''_z = I''_{*z}I_{ed} = 1.08 \times 3.02 = 3.26\text{kA}$$

$$I_\infty = I_{*\infty}I_{ed} = 1.2 \times 3.02 = 3.62\text{kA}$$

6kV 同步电动机（D_3）为 15420kVA

计算电抗

$$X_{js33} = X_{33}\frac{S_{ed}}{S_j} + 0.07 = 8.3 \times \frac{15.42}{100} + 0.07 = 1.35$$

查运算曲线得　$I''_{*z} = 0.78$　　$I_{*\infty} = 0.85$

$$S''_z = I''_{*z}S_{ed} = 0.78 \times 15.42 = 12\text{MVA}$$

$$I_{ed} = \frac{S_{ed}}{\sqrt{3}U_e} = \frac{15.42}{\sqrt{3} \times 6} = 1.48\text{kA}$$

$$I''_z = 0.78 \times 1.48 = 1.15\text{kA}$$

$$I_\infty = I_{*\infty}I_{ed} = 0.85 \times 1.48 = 1.26\text{kA}$$

6kV 同步电动机（D_4）为 5350kVA

计算电抗

$$X_{js25} = X_{25}\frac{S_{ed}}{S_j} + 0.07 = 4.37 \times \frac{5.35}{100} + 0.07 = 0.304$$

查运算曲线得

$I''_{*z} = 3.7$　　$I_{*\infty} = 2.85$

$$S''_z = I''_{*z}S_{ed} = 3.7 \times 5.35 = 19.8\text{MVA}$$

$$I_{ed} = \frac{S_{ed}}{\sqrt{3}U_e} = \frac{5.35}{\sqrt{3} \times 6} = 0.515\text{kA}$$

$$I''_z = I''_{*z}I_{ed} = 3.7 \times 0.515 = 1.91\text{kA}$$

$$I_\infty = I_{*\infty}I_{ed} = 2.85 \times 0.515 = 1.47\text{kA}$$

6kV 同步电动机（D_5）为 1450kVA

计算电抗

$$X_{js26} = X_{26}\frac{S_{ed}}{S_j} + 0.07 = 14.15 \times \frac{1.45}{100} + 0.07 = 0.275$$

查运算曲线得

$I''_{*z} = 4.04$　　$I_{*\infty} = 3.05$

$$S''_z = I''_{*z}S_{ed} = 4.04 \times 1.45 = 5.86\text{MVA}$$

$$I_{ed} = \frac{S_{ed}}{\sqrt{3}U_e} = \frac{1.45}{\sqrt{3} \times 6} = 0.14\text{kA}$$

$$I''_z = I''_{*z}I_{ed} = 4.04 \times 0.14 = 0.57\text{kA}$$

$$I_\infty = I_{*\infty}I_{ed} = 3.05 \times 0.14 = 0.43\text{kA}$$

d_1 点短路容量及电流总计

$$S''_z = 105 + 33.89 + 12 + 19.8 + 5.86 = 176.6\text{MVA}$$

$$I''_z = 9.62 + 3.26 + 1.15 + 1.91 + 0.57 = 16.51\text{kA}$$

$$I_\infty = 9.62 + 3.62 + 1.26 + 1.47 + 0.43 = 16.4\text{kA}$$

短路冲击电流

$$i_{ch} = \sqrt{2}K_{ch}I''_z = \sqrt{2} \times 1.8 \times 16.51 = 42\text{kA}$$

$$I_{ch} = 1.52\,I''_z = 1.52 \times 16.51 = 25.1\text{kA}$$

（3）d_2 点（6.3kV 的 A 段母线）短路时短路电流计算：

1）网路的变换及简化：

$$X_{41} = X_8 + \frac{X_{25}X_{26}}{X_{25}+X_{26}} = 0.524 + \frac{4.37 \times 14.15}{4.37 + 14.15} = 3.86$$

$$\Sigma Y = \frac{1}{X_7} + \frac{1}{X_{41}} + \frac{1}{X_{27}} + \frac{1}{X_{28}} = \frac{1}{0.524} + \frac{1}{3.86} + \frac{1}{0.208} + \frac{1}{0.7} = 8.404$$

$$X_{42} = X_7X_{27}\Sigma Y = 0.524 \times 0.208 \times 8.404 = 0.916$$

$$X_{43} = X_7X_{28}\Sigma Y = 0.524 \times 0.7 \times 8.404 = 3.083$$

$$X_{44} = X_7X_{41}\Sigma Y = 0.524 \times 3.86 \times 8.404 = 17$$

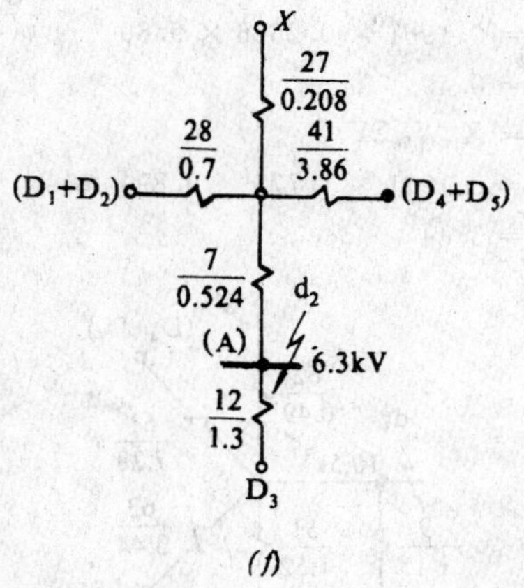

图 4-26f 等值阻抗图

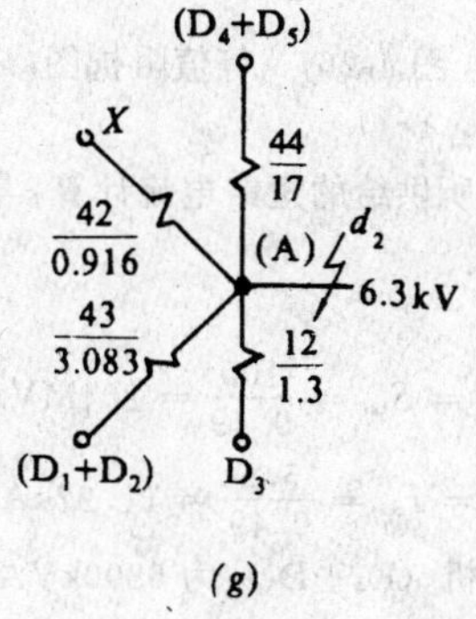

图 4-26g 等值阻抗图

2)各电源所供给的短路电流计算：与 d_1 点短路的计算方法相同。

电力系统：

$$S''_z = S_{z0.2} = S_\infty = \frac{S_j}{X_{42}}$$

$$= \frac{100}{0.916} = 109.2\text{MVA}$$

$$I''_z = I_{z0.2} = I_\infty = \frac{I_j}{X_{42}}$$

$$= \frac{9.16}{0.916} = 10\text{kA}$$

10kV 同步机（D_1+D_2）为 31380kVA

计算电抗

$$X_{js43} = X_{43}\frac{S_{ed}}{S_j} + 0.07$$

$$= 3.083 \times \frac{31.38}{100} + 0.07 = 1.037$$

查运算曲线得

$I''_{*z} = 1.03 \qquad I_{*\infty} = 1.22$

$$S''_z = 1.03 \times 31.38 = 32.32\text{MVA}$$

电源的额定电流由 10.5kV 侧折合到 6.3kV 侧

$$I_{ed} = \frac{S_{ed}}{\sqrt{3}\,U_e}\frac{U_{j10.5}}{U_{j6.3}}$$

$$= \frac{31.38}{\sqrt{3} \times 10} \times \frac{10.5}{6.3} = 3.02\text{kA}$$

$$I''_z = I_{*z}I_{ed} = 1.03 \times 3.02 = 3.11\text{kA}$$

$$I_\infty = I_{*\infty}I_{ed} = 1.22 \times 3.02 = 3.68\text{kA}$$

6kV 同步电动机（D_4+D_5）为 6800kVA

计算电抗

$$X_{js44} = X_{44}\frac{S_{ed}}{S_j} + 0.07$$

$$= 17 \times \frac{6.8}{100} + 0.07 = 1.226$$

查运算曲线得

$I''_{*z} = 0.85 \qquad I_{*\infty} = 0.94$

$$S''_z = I''_* S_{ed} = 0.85 \times 6.8 = 5.78\text{MVA}$$

$$I_{ed} = \frac{S_{ed}}{\sqrt{3}\,U_e} = \frac{6.8}{\sqrt{3} \times 6} = 0.65\text{kA}$$

$$I''_z = I''_* I_{ed} = 0.85 \times 0.65 = 0.55\text{kA}$$

$$I_\infty = I_{*\infty}I_{ed} = 0.94 \times 0.65 = 0.61\text{kA}$$

6kV 同步电动机（D_3）为 15420kVA

计算电抗

$$X_{js12} = X_{12}\frac{S_{ed}}{S_j} + 0.07$$

$$= 1.3 \times \frac{15.42}{100} + 0.07 = 0.27$$

查运算曲线得

$I''_{*z} = 4.15 \qquad I_{*\infty} = 3.15$

$$S''_z = I''_* S_{ed} = 4.15 \times 15.42 = 63.99\text{MVA}$$

$$I_{ed} = \frac{S_{ed}}{\sqrt{3}\,U_e} = \frac{15.42}{\sqrt{3} \times 6} = 1.485\text{kA}$$

$$I''_z = I_{*z}I_{ed} = 4.15 \times 1.485 = 6.16\text{kA}$$

$$I_\infty = I_{*\infty}I_{ed} = 3.15 \times 1.485 = 4.68\text{kA}$$

d_2 点短路容量及电流总计

$$S''_z = 109.2 + 32.32 + 5.78 + 63.99$$

$$= 211.3\text{MVA}$$

$$I''_z = 10 + 3.11 + 0.55 + 6.16$$

$$= 19.82\text{kA}$$

$$I_\infty = 10 + 3.68 + 0.61 + 4.68$$

$$= 18.97\text{kA}$$

短路冲击电流

$$i_{ch} = \sqrt{2}\,K_{ch}I''_z = \sqrt{2} \times 1.8 \times 19.82$$

$$= 50.5\text{kA}$$

$$I_{ch} = 1.52\,I''_z = 1.52 \times 19.82 = 30.1\text{kA}$$

(3) d_3 点 (10.5kV 母线) 短路时，短路电流计算：

1) 网路的变换及简化：

$X_{51} = X_{10} + X_{11} = 0.09 + 1.43 = 1.52$

$X_{52} = X_3 + X_5 = -0.0129 + 0.209$

$= 0.1961$

$X_{53} = X_{41} + X_{23} + \dfrac{X_{41}X_{23}}{X_{24}}$

$= 3.86 - 0.0345 - \dfrac{3.86 \times 0.0345}{1.824}$

$= 3.752$

$X_{54} = X_{24} + X_{23} + \dfrac{X_{24}X_{23}}{X_{41}}$

$= 1.824 - 0.0345 - \dfrac{1.824 \times 0.0345}{3.86}$

$= 1.773$

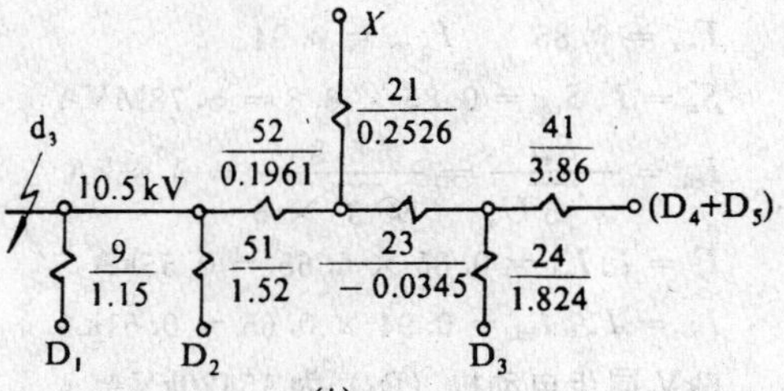

(h)

图 4-26h 等值阻抗图

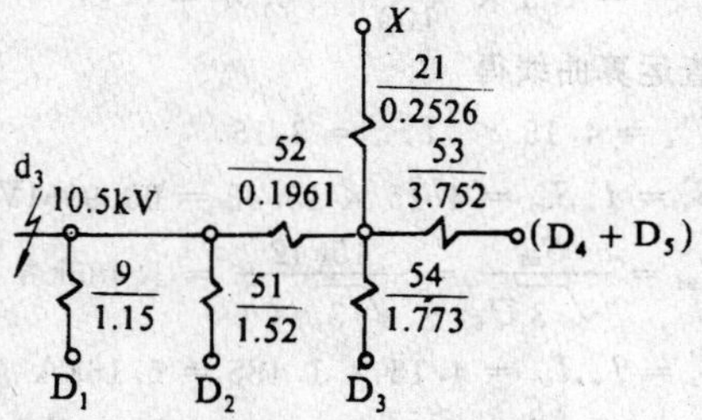

(i)

图 4-26i 等值阻抗图

$\Sigma Y = \dfrac{1}{X_{21}} + \dfrac{1}{X_{53}} + \dfrac{1}{X_{54}} + \dfrac{1}{X_{52}}$

$= \dfrac{1}{0.2526} + \dfrac{1}{3.752} + \dfrac{1}{1.773} + \dfrac{1}{0.1961}$

$= 9.89$

$X_{61} = X_{52}X_{53}\Sigma Y$

$= 0.1961 \times 3.752 \times 9.89$

$= 7.28$

$X_{62} = X_{52}X_{21}\Sigma Y$

$= 0.1961 \times 0.2526 \times 9.89$

$= 0.49$

$X_{63} = X_{52}X_{54}\Sigma Y$

$= 0.1961 \times 1.773 \times 9.89$

$= 3.44$

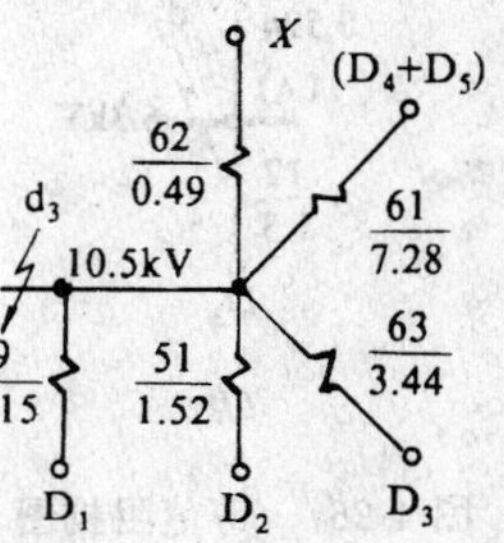

(j)

图 4-26j 等值阻抗图

2) 各电源所供给的短路电流计算：与 d_1 点短路的计算方法相同。

电力系统：

$S''_z = S_{z0.2} = S_\infty = \dfrac{100}{0.49} = 204\text{MVA}$

$I''_z = I_{z0.2} = I_\infty = \dfrac{5.5}{0.49} = 11.22\text{kA}$

6kV 同步机 (D_4+D_5) 为 6800kVA

计算电抗

$X_{js61} = X_{61}\dfrac{S_{ed}}{S_j} + 0.07$

$= 7.28 \times \dfrac{6.8}{100} + 0.07$

$= 0.565$

查运算曲线得

$I''_{*z} = 1.64 \qquad I_{*\infty} = 2.1$

$S''_z = I_{z*}S_{ed} = 1.64 \times 6.8$

$= 11.15\text{MVA}$

电源额定电流由 6.3kV 侧折合到 10.5kV 侧

$I_{ed} = \dfrac{S_{ed}}{\sqrt{3}\,U_e}\dfrac{U_{j6.3}}{U_{j10.5}}$

$= \dfrac{6.8}{\sqrt{3} \times 6} \times \dfrac{6.3}{10.5} = 0.39\text{kA}$

$I''_z = I_{*z}I_e = 1.64 \times 0.39 = 0.64\text{kA}$

$I_\infty = I_{\infty *}I_e = 2.1 \times 0.39 = 0.82\text{kA}$

6kV 同步电动机 (D_3) 为 15420kVA

计算电抗

$X_{js63} = X_{63}\dfrac{S_{ed}}{S_j} + 0.07$

$$= 3.44 \times \frac{15.42}{100} + 0.07$$

$$= 0.6$$

查运算曲线得

$I''_{z*} = 1.8 \qquad I_{\infty *} = 2.23$

$S''_z = I''_{z*} S_{ed} = 1.8 \times 15.42 = 27.8\text{MVA}$

$$I_{ed} = \frac{S_{ed}}{\sqrt{3}\,U_e} \frac{U_{j6.3}}{U_{j10.5}}$$

$$= \frac{15.42}{\sqrt{3} \times 6} \times \frac{6.3}{10.5} = 0.89\text{kA}$$

$I''_z = I_{z*} I_e = 1.8 \times 0.89 = 1.6\text{kA}$

$I_\infty = I_{\infty *} I_e = 2.23 \times 0.89 = 1.98\text{kA}$

10kV 同步机（D_2）为 14000kVA

计算电抗

$$X_{js51} = X_{51} \frac{S_{ed}}{S_j} + 0.07$$

$$= 1.52 \times \frac{14}{100} + 0.07$$

$$= 0.283$$

查运算曲线得

$I''_{*z} = 3.97 \qquad I_{*\infty} = 3.04$

$S''_z = I''_{*z} S_{ed} = 3.97 \times 14 = 55.58\text{MVA}$

$$I_{ed} = \frac{S_{ed}}{\sqrt{3}\,U_e} = \frac{14}{\sqrt{3} \times 10} = 0.808\text{kA}$$

$I''_z = I''_{*z} I_{ed} = 3.97 \times 0.808 = 3.21\text{kA}$

$I_\infty = I_{*\infty} I_{ed} = 3.04 \times 0.808 = 2.46\text{kA}$

10kV 同步电动机（D_1）为 17380kVA

计算电抗

$$X_{js9} = X_9 \frac{S_{ed}}{S_j} + 0.07$$

$$= 1.15 \times \frac{17.38}{100} + 0.07$$

$$= 0.27$$

查运算曲线得

$I''_{*z} = 4.07 \qquad I_{*\infty} = 3.07$

$S''_z = I_{*z} S_{ed} = 4.07 \times 17.38 = 70.7\text{MVA}$

$$I_{ed} = \frac{S_{ed}}{\sqrt{3}\,U_e} = \frac{17.38}{\sqrt{3} \times 10} = 1\text{kA}$$

$I''_z = I_{*z} I_{ed} = 4.07 \times 1 = 4.07\text{kA}$

$I_\infty = I_{*\infty} I_{ed} = 3.07 \times 1 = 3.07\text{kA}$

d_3 点短路容量及电流总计

$$S''_z = 204 + 11.15 + 27.8 + 55.58 + 70.7 = 369.2\text{MVA}$$

$$I''_z = 11.2 + 0.64 + 1.6 + 3.21 + 4.07 = 20.7\text{kA}$$

$$I_\infty = 11.2 + 0.82 + 1.98 + 2.46 + 3.07 = 19.5\text{kA}$$

短路冲击电流

$$i_{ch} = \sqrt{2} K_{ch} I''_z = \sqrt{2} \times 1.8 \times 20.7 = 52.7\text{kA}$$

$$I_{ch} = 1.52 I''_z = 1.52 \times 20.7 = 31.5\text{kA}$$

现将 d_1 点、d_2 点、d_3 点短路时的计算结果列于表 4-33。

表 4-33 d_1 点、d_2 点、d_3 点短路时的计算结果（S_j=100MVA）

短路点	符号	110kV 系统	10kV 同步电动机 D_1+D_2	6kV 同步电动机 D_3	6kV 同步电动机 D_4	6kV 同步电动机 D_5	总 计
d_1 点 6.3kV（B）段母线	X_Σ	0.95	3.19	8.3	4.37	14.15	
	X_{js}		1.0+0.07	1.28+0.07	0.234+0.07	0.205+0.07	
	I''_{*z}	1.05	1.08	0.78	3.7	4.04	
	$I_{*\infty}$	1.05	1.20	0.85	2.85	3.05	
	S''_z（MVA）	105	33.89	12.00	19.8	5.86	176.60
	I''_z（kA）	9.62	3.26	1.15	1.91	0.57	16.51
	I_∞（kA）	9.62	3.62	1.26	1.47	0.43	16.40
	i_{ch}（kA）						42
	I_{ch}（kA）						25.10

续表 4-33

短路点	符号	110kV 系统	10kV 同步电动机 D_1+D_2		6kV 同步电动机 D_3	6kV 同步电动机 D_4	6kV 同步电动机 D_5	总 计
d_2 点 6.3kV (A) 段母线	X_{Σ}	0.916	3.083		1.3	17		
	$X_{js}^{\cdot}$		0.967+0.07		0.2+0.07	1.156+0.07		
	I''_{*z}	1.092	1.03		4.15	0.85		
	$I_{*\infty}$	1.092	1.22		3.15	0.94		
	S''_z (MVA)	109.2	32.32		63.99	5.78		211.30
	I''_z (kA)	10	3.11		6.16	0.55		19.82
	I_{∞} (kA)	10	3.68		4.68	0.61		18.97
	i_{ch} (kA)							50.54
	I_{ch} (kA)							30.13
			D_1	D_2	D_3	D_4+D_5		
d_3 点 10.5kV 母线	X_{Σ}	0.49	1.15	1.52	3.44	7.28		
	X_{js}		0.2+0.07	0.213+0.07	0.53+0.07	0.495+0.07		
	I''_{*z}	2.04	4.07	3.97	1.8	1.64		
	$I_{*\infty}$	2.04	3.07	3.04	2.23	2.1		
	S''_z (MVA)	204	70.7	55.58	27.8	11.15		369.2
	I''_z (kA)	11.22	4.07	3.21	1.60	0.64		20.7
	I_{∞} (kA)	11.22	3.07	2.46	1.98	0.82		19.5
	i_{ch} (kA)							50.5
	I_{ch} (kA)							31.1

4.7 电压在 1kV 及以下网络短路电流计算

1kV 及以下网络短路电流计算，供校验低压电网中低压电器，载流导体以及电动机起动用。

4.7.1 低压元件阻抗计算

4.7.1.1 计算原则

高压系统短路电流计算的基本原则也适用于 1kV 以下低压网络短路电流的计算，但低压网络还有以下规定：

(1) 低压网络各电气元件的电阻对短路电流计算影响较大，不能忽略不计。

(2) 为了简化计算，使短路电流计算值偏于安全；不考虑占回路总阻抗 10%以下的电气元件，一般情况下，只需计及变压器、阻抗元件、电缆、10m 以上的母线以及 300/5A 以下的电流互感器一次线圈。

(3) 在低压网络中发生不对称短路时，由于短路点与电源的距离很远，而且低压配电变压器的容量远小于高压电源容量，为此低压网络中所有电气元件正、负序阻抗皆相等，且等于相线阻抗；零线的零序阻抗等于零线阻抗。

(4) 低压网络电路电阻较大，短路电流非周期分量比高压网络衰减得更快。为此，不考虑短路电流非周期分量的计算。同时计算冲击短路电流时，仅考虑短路点近处的电动机、晶闸管装置反馈短路电流值。

(5) 计算过程一般采用有名单位制，电压用 V，电流用 kA，容量用 MVA，阻抗用 mΩ。

4.7.1.2 系统阻抗

在计算低压网络短路电流时，有时需计及系统阻抗，可按下式

$$X_x = \frac{U^2}{S_{dx}} \times 10^3 \qquad (4\text{-}50)$$

式中 X_x——变压器高压侧短路容量 S_{dx} (MVA) 归

算到 0.4kV 侧正序电抗，可查表 4-34，mΩ；

U——低压网络平均额定线电压，kV。

表 4-34 变压器高压侧短路容量 S_{dx} 归算到 0.4kV 侧正序电抗有名值

S_{dx}（MVA）	10	15	20	25	30	50	75	100	150	200	250	300	∞
X_x（mΩ）	10	10.7	8	6.4	5.3	3.2	2.1	1.6	1.1	0.8	0.64	0.53	0

4.7.1.3 变压器阻抗

变压器的每相电阻和电抗按下式计算

$$\left.\begin{aligned} R_b &= \frac{\Delta P_d U_e^2}{S_e^2} \times 10^3 \\ X_b &= \frac{10U_x\% U_e^2}{S_e} \times 10^3 \\ U_x\% &= \sqrt{(U_z\%)^2 - (U_r\%)^2} \\ U_r\% &= \frac{\Delta P_d}{10S_e} \end{aligned}\right\} \quad (4\text{-}51)$$

式中 R_b——变压器每相电阻，mΩ；

X_b——变压器每相电抗，mΩ；

ΔP_d——变压器额定负载时的短路损耗，W；

S_e——变压器的额定容量，kVA；

$U_z\%$——变压器阻抗电压百分值；

$U_r\%$——变压器电阻电压百分值；

$U_x\%$——变压器电抗电压百分值；

U_e——变压器低压线圈的额定线电压，kV；一般取 0.4kV。

三相 SL7 型和 S7 型变压器 0.4kV 侧的阻抗见表 4-35、表 4-36。

表 4-35 SL7 系列 10（6）/0.4kV 电力变压器阻抗值

电压（kV）	容量（kVA）	阻抗电压（%）	电阻（mΩ） 正、负序 R_1、R_2	电阻（mΩ） 零序 R_0	电阻（mΩ） 相零 R_L	电抗（mΩ） 正、负序 X_1、X_2	电抗（mΩ） 零序 X_0	电抗（mΩ） 相零 X_L
10（6）/0.4	50	4	73.6	647.8	265	104.64	909.72	373
	63		56.4	496.2	209	84.32	743.36	304
	80		41.25	364.5	149	68.6	603.8	247
	100		32	281	115	55.36	486.28	199
	125		25.1	221	90.4	44.67	393.66	161
	160		17.8	156.7	64.1	35.8	315.40	129
	200		13.6	119.8	49	28.96	255.28	104.4
	250		10.24	90.22	36.9	23.49	206.82	84.6
	315		7.74	68.22	27.9	18.79	165.52	67.7
	400		5.8	51.10	20.9	14.92	130.96	53.6
	500		4.42	38.66	15.9	12.0	105.60	43.2
	630	4.5	3.27	28.86	11.8	11.05	91.90	38
	800		2.48	20.74	8.9	8.7	76.20	31.2
	1000		1.86	16.32	6.68	7.0	61.30	25.1
	1250		1.41	12.48	5.1	5.62	49.06	20.1
	1600		1.03	9.04	3.7	4.41	38.58	15.8

注：零序阻抗值系根据北京变压器厂提供的 R_L，X_L 的数据推算而得。

表 4-36 S7 系列 10（6）/0.4kV 电力变压器阻抗值

电压 (kV)	容量 (kVA)	阻抗电压 (%)	电阻（mΩ）			电抗（mΩ）		
			正、负序 R_1、R_2	零序 R_0	相零 R_L	正、负序 R_1、R_2	零序 X_0	相序 X_L
10（6）/0.4	50	4	73.6	455.80	201	104.64	1110.72	440
	63		56.4	340.20	151	84.32	890.36	353
	80		41.25	256.50	113	68.6	705.80	281
	100		32	195.2	86.4	55.36	567.28	226
	125		25.1	143.3	64.5	44.67	459.66	183
	160		17.8	106.9	47.3	35.8	360.40	144
	200		13.6	80.8	36	28.96	290.08	116
	250		10.24	61.12	27.2	23.49	253.02	100
	315		7.74	45.42	20.3	18.79	201.52	79.7
	400		5.8	33.70	15.1	14.92	159.16	63
	500		4.42	25.66	11.5	12.0	127.5	50.5
	630	4.5	3.27	19.26	8.7	11.05	98.5	40.2
	800		2.48	14.54	6.5	8.7	78.0	31.8
	1000		1.86	13.68	5.8	7.0	70.6	28.2
	1250		1.41	10.38	4.4	5.62	56.56	22.6
	1600		1.03	7.54	3.2	4.41	44.28	17.7

注：零序阻抗值系根据北京变压器厂提供的 R_T、X_L 数据推算而得。

4.7.1.4 铜、铝母线阻抗

在低压系统，铜、铝母线一般采用矩形母线，其铜母线电阻按式 4-52，铝母线电阻按式 4-53；而铜、铝母线电抗皆按式 4-54 进行计算

$$R_\text{T}=\frac{21.4L}{S} \tag{4-52}$$

$$R_\text{L}=\frac{35.4L}{S} \tag{4-53}$$

$$X=0.145L\lg\frac{D_\text{j}}{g_\text{jx}} \tag{4-54}$$

式中 R_T——铜母线电阻（温度 70℃时），mΩ；

R_L——铝母线电阻（温度 70℃时），mΩ；

L——母线长度，m；

S——母线截面，mm²；

g_jx——母线相线的几何均距，如矩形母线的宽与厚分别以 a 和 b 表示，则

$$g_\text{jx}=0.2236(a+b)\text{, mm;}$$

D_j——母线相间的几何均距，$D_\text{j}=\sqrt[3]{D_\text{ab}D_\text{bc}D_\text{ac}}$，当各相在同一平面，且间距相等时，$D_\text{j}=1.26D$，其中 D 为相间中心距，mm。

当计算单相短路电流时，一般不按零线有接地扁钢并联的情况计算，母线相-零回路电阻可按式 4-52～式 4-53 进行计算，也可从表 4-37 中查得，并将相线与零线的电阻相加即可。其相-零回路电抗可按式 4-55 计算

$$X_{x-0}=0.145L\lg\frac{D_\text{j0}^2}{g_\text{jx}g_\text{j0}} \tag{4-55}$$

式中 g_j0——母线零线的几何均距，mm；

D_j0——母线相-零回路几何均距，$D_\text{j0}=\sqrt[3]{D_\text{a0}D_\text{b0}D_\text{c0}}$，$D_\text{a0}$、$D_\text{b0}$、$D_\text{c0}$分别为 a、b、c 三相母线与零线的距离，mm。

表 4-37 矩形铜、铝母线在 70℃时的单位长度有效电阻值

母线规格（mm²）	25×4	30×4	40×4	50×5	50×6	60×6	80×6	80×8	100×6	100×8	100×10
铜（Ω/km）	0.21	0.175	0.131	0.084	0.07	0.0583	0.0437	0.0328	0.035	0.0263	0.021
铝（Ω/km）	0.355	0.296	0.222	0.142	0.118	0.099	0.074	0.0555	0.059	0.0443	0.0355

表 4-38　低压三芯铝芯各种绝缘电力电缆三相短路时的阻抗（mΩ/m）

芯线截面（mm^2）		3×2.5	3×4	3×6	3×10	3×16	3×25	3×35	3×50	3×70	3×95	3×120	3×150	3×185	2(3×70)	2(3×95)	2(3×120)	2(3×150)
油纸绝缘	电阻	15.500	9.690	6.400	3.880	2.420	1.580	1.130	0.792	0.566	0.417	0.330	0.264	0.214	0.283	0.209	0.165	0.132
	电抗	0.098	0.092	0.084	0.082	0.078	0.069	0.067	0.066	0.065	0.064	0.065	0.065	0.064	0.0325	0.032	0.0325	0.0325
塑料绝缘	电阻	14.800	9.220	6.150	3.690	2.300	1.510	1.080	0.754	0.530	0.397	0.314	0.251	0.204	0.270	0.199	0.157	0.126
	电抗	0.100	0.093	0.094	0.088	0.083	0.078	0.075	0.075	0.073	0.072	0.071	0.072	0.072	0.0365	0.036	0.0355	0.036
橡皮绝缘	电阻	14.800	9.220	6.150	3.690	2.300	1.510	1.080	0.754	0.538	0.397	0.314	0.251	0.204	0.270	0.199	0.157	0.126
	电抗	0.107	0.099	0.094	0.092	0.084	0.087	0.084	0.080	0.078	0.077	0.075	0.075	0.075	0.039	0.038	0.0375	0.0375

注：1. 电缆的电阻，对油纸绝缘取芯线温度为 80℃，对塑料绝缘或橡皮绝缘取芯线温度为 65℃。
2. 两根电缆并联的阻抗采用同截面单根电缆阻抗的一半。
3. 表中阻抗值为计算三相短路电流用电缆的正序阻抗。

表 4-39　低压四芯铝芯各种绝缘电力电缆三相接地短路时的阻抗（mΩ/m）

芯线截面（mm^2）		3×4+1×2.5	3×6+1×4	3×10+1×6	3×16+1×6	3×25+1×10	3×35+1×10	3×50+1×16	3×70+1×25	3×95+1×35	3×120+1×35	3×150+1×50	3×185+1×50	2(3×70+1×25)	2(3×95+1×35)	2(3×120+1×35)	2(3×150+1×50)
油纸绝缘	电阻	9.690	6.460	3.880	2.420	1.580	1.130	0.792	0.566	0.417	0.330	0.264	0.214	0.283	0.209	0.165	0.132
	电抗	0.100	0.094	0.088	0.083	0.076	0.075	0.073	0.072	0.072	0.072	0.070	0.068	0.036	0.036	0.036	0.035
塑料绝缘	电阻	9.220	6.150	3.690	2.300	1.510	1.080	0.754	0.538	0.397	0.314	0.251	0.204	0.270	0.199	0.157	0.126
	电抗	0.099	0.099	0.093	0.087	0.082	0.083	0.082	0.081	0.081	0.078	0.077	0.077	0.0405	0.0405	0.039	0.0385
橡皮绝缘	电阻	9.220	6.150	3.690	2.300	1.510	1.080	0.754	0.538	0.397	0.314	0.251	0.204	0.270	0.199	0.157	0.126
	电抗	0.105	0.100	0.097	0.091	0.090	0.086	0.082	0.079	0.083	0.079	0.079	0.078	0.0395	0.0415	0.0395	0.0395

注：1. 电缆的电阻，对油纸绝缘取芯线温度为 80℃，对塑料绝缘或橡皮绝缘取芯线温度为 65℃。
2. 两根电缆并联的阻抗采用同截面单根电缆阻抗的一半。
3. 表中阻抗值为计算三相短路电流用电缆的正序阻抗。

表 4-40 低压三芯铝芯各种绝缘电力电缆单相短路时的阻抗（mΩ/m）

芯线截面（mm²）		3×2.5	3×4	3×6	3×10	3×16	3×25	3×35	3×50	3×70	3×95	3×120	3×150	3×185
油纸绝缘	相线电阻	15.500	9.690	6.460	3.880	2.420	1.580	1.130	0.792	0.566	0.417	0.330	0.264	0.214
	相线电抗	0.118	0.108	0.103	0.095	0.089	0.081	0.078	0.076	0.073	0.070	0.071	0.069	0.069
	铅包皮电阻	8.140	7.570	6.710	5.970	5.200	4.800	3.890	3.420	2.760	2.200	1.940	1.660	1.400
塑料绝缘	电阻	14.800	9.220	6.150	3.690	2.300	1.510	1.080	0.754	0.538	0.397	0.314	0.251	0.204
	电抗	0.152	0.143	0.141	0.133	0.127	0.120	0.115	0.115	0.112	0.110	0.100	0.109	0.109
橡皮绝缘	电阻	14.800	9.220	6.150	3.690	2.300	1.510	1.080	0.754	0.538	0.397	0.314	0.251	0.204
	电抗	0.150	0.140	0.134	0.132	0.121	0.123	0.120	0.116	0.113	0.115	0.112	0.112	0.111

注：1. 表电缆阻抗供按相-零回路计算单相接地短路电流用，零回路另有接地扁钢。

2. 电缆的电阻，对油纸绝缘取芯线温度为 80℃，对塑料绝缘或橡皮绝缘取芯线温度为 65℃。

表 4-41 低压四芯铝芯各种绝缘电力电缆单相接地短路时的阻抗（mΩ/m）

芯线截面（mm²）			3×4 +1×2.5	3×6 +1×4	3×10 +1×6	3×16 +1×6	3×25 +1×10	3×35 +1×10	3×50 +1×16	3×70 +1×25	3×95 +1×35	3×120 +1×35	3×150 +1×50	3×185 +1×50
油纸绝缘	相线	电阻	9.690	6.460	3.880	2.420	1.580	1.130	0.792	0.566	0.417	0.330	0.264	0.214
		电抗	0.115	0.114	0.106	0.101	0.097	0.092	0.089	0.082	0.080	0.078	0.082	0.082
	零线	电阻	15.500	9.690	6.460	6.460	3.880	3.880	2.420	1.580	1.130	1.130	0.792	0.792
		电抗	0.111	0.118	0.118	0.132	0.128	0.138	0.130	0.108	0.110	0.112	0.119	0.127
	铅包皮电阻		6.400	5.540	4.980	4.000	3.140	2.940	2.410	1.950	1.720	1.470	1.260	1.060
塑料绝缘	相线	电阻	9.220	6.150	3.690	2.300	1.510	1.080	0.754	0.538	0.397	0.314	0.251	0.204
		电抗	0.131	0.130	0.123	0.117	0.112	0.112	0.111	0.110	0.108	0.105	0.104	0.104
	零线	电阻	14.800	9.220	6.150	6.150	3.690	3.690	2.300	1.510	1.080	1.080	0.754	0.754
		电抗	0.179	0.177	0.171	0.178	0.180	0.180	0.177	0.168	0.164	0.168	0.159	0.167
橡皮绝缘	相线	电阻	9.220	6.150	3.690	2.300	1.510	1.080	0.754	0.538	0.397	0.314	0.251	0.204
		电抗	0.134	0.128	0.124	0.118	0.117	0.113	0.110	0.105	0.109	0.106	0.106	0.105
	零线	电阻	14.800	9.220	6.150	6.150	3.690	3.690	2.300	1.510	1.080	1.080	0.754	0.754
		电抗	0.189	0.178	0.178	0.188	0.184	0.191	0.183	0.173	0.177	0.182	0.176	0.183

注：1. 表电缆阻抗供按相-零回路计算单相接地短路电流用，零回路另有接地扁钢。

2. 电缆的电阻，对油纸绝缘取芯线温度为 80℃，对塑料绝缘或橡皮绝缘取芯线温度为 65℃。

表 4-42 低压四芯铝芯电缆单相接地短路时的阻抗(零回路无接地扁钢与金属护层)(mΩ/m)

芯线截面(mm²)			3×4 +1×2.5	3×6 +1×4	3×10 +1×6	3×16 +1×6	3×25 +1×10	3×35 +1×10	3×50 +1×16	3×70 +1×25	3×95 +1×35	3×120 +1×35	3×150 +1×50	3×185 +1×50
油纸绝缘	相线	电阻	9.690	6.460	3.880	2.420	1.580	1.130	0.792	0.566	0.417	0.330	0.264	0.214
		电抗	0.110	0.111	0.105	0.101	0.098	0.094	0.092	0.079	0.078	0.075	0.086	0.086
	零线	电阻	15.500	9.690	6.460	6.460	3.880	3.880	2.420	1.580	1.130	1.130	0.792	0.792
		电抗	0.123	0.124	0.121	0.132	0.126	0.132	0.126	0.113	0.113	0.117	0.113	0.119
塑料绝缘	相线	电阻	9.220	6.150	3.690	2.300	1.510	1.080	0.754	0.538	0.397	0.314	0.251	0.204
		电抗	0.114	0.115	0.108	0.104	0.101	0.100	0.101	0.099	0.097	0.095	0.093	0.094
	零线	电阻	14.800	9.220	6.150	6.150	3.690	3.690	2.300	1.510	1.080	1.080	0.754	0.754
		电抗	0.129	0.127	0.125	0.134	0.137	0.138	0.135	0.127	0.125	0.130	0.120	0.128

注:1. 表电缆阻抗供按相-零回路计算单相接地短路电流用,零回路另有接地扁钢。

2. 电缆的电阻,对油纸绝缘取芯线温度为 80℃,对塑料绝缘或橡皮绝缘取芯线温度为 65℃。

4.7.1.5 配电线路阻抗

A 电缆配电线路阻抗

表4-38、表4-39列出了供三相短路电流计算用的各种绝缘电力电缆的阻抗值，表4-40～表4-42列出了供单相短路计算用的各种绝缘电力电缆的阻抗值。从电源变压器到短路点间可能由不同电缆截面及不同长度的电缆组成，这样可利用电缆的阻抗公式归算到同一截面，等效长度的计算公式，可近似按下式计算

$$L_{1js} = L_1 + L_2 \frac{S_1\rho_2}{S_2\rho_1} \tag{4-56}$$

式中 L_{1js}——等效 L_1 的计算长度，m；

L_1——未归算的 S_1 截面的电缆长度，m；

L_2——归算的 S_2 截面的电缆长度，m；

S_1——未归算的电缆截面，mm²；

S_2——归算的电缆截面，mm²；

ρ_1——未归算的电缆电阻率，Ω·mm²/m；

ρ_2——归算的电缆电阻率，Ω·mm²/m，对 $\frac{\rho_1（铜）}{\rho_2（铝）}\approx 0.6$

B 架空配电线路阻抗

架空裸铝导线的单位长度阻抗值见表4-43，架空铝导线相-零回路的单位长度阻抗值见表4-44，屋内安装在绝缘子上的架空铝芯橡皮绝缘线相-零回路的单位长度阻抗值见表4-45，屋内架空敷设的相-零回路的单位长度阻抗值见表4-46。

表 4-43 屋外架空裸铝导线的单位长度阻抗值

导线截面（mm²）	导线直径（m）	电阻（mΩ/m）	导线间不同几何均距的电抗（mΩ/m）					
			600（mm）	800（mm）	1000（mm）	1250（mm）	1500（mm）	1800（mm）
16	5.1	1.96	0.358	0.377	0.391	0.405		
25	6.3	1.27	0.345	0.363	0.377	0.391	0.402	0.421
35	7.5	0.91	0.336	0.352	0.366	0.380	0.391	0.410
50	9.0	0.63	0.325	0.341	0.355	0.369	0.380	0.398
70	10.6	0.45	0.315	0.331	0.345	0.359	0.370	0.388
95	12.4	0.33	0.303	0.319	0.334	0.347	0.358	0.377
120	14.0	0.27	0.297	0.313	0.327	0.341	0.352	0.371
150	15.8	0.21	0.288	0.305	0.319	0.333	0.344	0.363
185	17.4	0.17	0.279	0.298	0.311	0.328	0.339	0.355

注：表中电阻值按环境温度为25℃考虑。

表 4-44 屋外架空铝导线相-零回路的单位长度阻抗值

导线截面（根数×mm²）	电阻（mΩ/m）	电抗（mΩ/m）	阻抗（mΩ/m）
4×16	4.70	0.743	4.76
3×25+1×16	3.68	0.730	3.76
3×35+1×16	3.44	0.719	3.52
3×50+1×16	3.11	0.707	3.19
3×50+1×25	2.09	0.694	2.71

续表 4-44

导线截面 (根数×mm²)	电阻 (mΩ/m)	电抗 (mΩ/m)	阻抗 (mΩ/m)
3×70+1×25	1.87	0.684	1.99
3×70+1×35	1.63	0.673	1.77
3×95+1×25	1.73	0.674	1.86
3×95+1×35	1.49	0.662	1.63
3×95+1×50	1.16	0.651	1.33
3×120+1×35	1.41	0.656	1.56
3×120+1×50	1.08	0.643	1.26
3×150+1×50	0.84	0.634	1.10
3×150+1×70	0.66	0.631	0.913

注：1. 导线间的距离，当平行敷设时采用 400mm，当三角形敷设时为 600mm。

2. 回路的电阻按导体温度 70℃计算。

3. 电抗中不计及内电抗。

表 4-45 屋内安装在绝缘子上的架空铝芯橡皮绝缘线相-零回路的单位长度阻抗值

导线截面 (芯数×mm²)	电阻 (mΩ/m)	电抗 (mΩ/m)	阻抗 (mΩ/m)
4×1.5	47.80	0.787	47.81
3×2.5+1×1.5	38.20	0.771	38.21
3×4+1×2.5	23.25	0.741	23.26
3×6+1×4	14.90	0.713	14.92
3×10+1×6	9.53	0.684	9.56
3×16+1×6	8.19	0.660	8.22
3×25+1×10	5.03	0.629	5.07
3×35+1×10	4.62	0.619	4.66
3×50+1×16	2.96	0.584	3.02
3×70+1×25	1.96	0.559	2.25
3×95+1×35	1.42	0.540	1.52
3×120+1×35	1.35	0.532	1.45
3×150+1×50	0.84	0.510	0.98

注：导线平行敷设，间距 150mm，其它同表 4-44 注。

表 4-46 屋内架空敷设的相-零回路单位长度阻抗值（Ω/km）

相线截面 (mm^2)（铝）	当零线为下列截面时（mm^2）							
	钢轨＋1×16 铝线	钢 轨	扁 钢 40×4	铝 导 线				
				1×70	1×50	1×35	1×25	1×16
30×4	1.245	1.470	2.540	0.990	1.072	1.318	1.600	2.000
40×4	1.114	1.169	2.218	0.930	1.045	1.238	1.490	2.340
50×5	1.048	1.112	2.070	0.875	0.987	1.180	1.456	2.058
50×6	0.990	1.055	1.905	0.858	0.968	1.152	1.431	2.028
60×6	0.978	1.042	1.885	0.844	0.952	1.138	1.420	2.005
80×6	0.870	0.962	1.610	0.815	0.940	1.110	1.390	1.993
100×6	0.854	0.950	1.590	0.792	0.900	1.090	1.368	1.980
100×8	0.846	0.945	1.580	0.785	0.890	1.078	1.352	1.955
100×10	0.810	0.916	1.480	0.772	0.850	1.070	1.342	1.945
150	1.230	1.251	2.420	0.964	1.078	1.275		
120	1.285	1.325	2.700		1.170	1.325		
95	1.392	1.430	2.860		1.184	1.392	1.680	
70	1.540	1.578	3.18			1.505	1.795	
50	1.760	1.820	3.62				1.970	2.580
35	1.970	2.220	3.86					2.860
25	2.390	2.541	4.70					3.210
16	3.300	3.220	5.38					3.826

注：1. 钢轨最小规格按 P38 考虑，钢导体的阻抗按相应导线截面的保护设备的额定电流或整定电流计算，通过钢导体的短路电流，按自动开关整定值乘以 1.5 倍或熔断器额定电流的 3 倍；

2. 线间距离：截面 60×6mm² 以上时为 250mm；50×6mm² 以下为 200mm；

3. 相线温度按 70℃计算，零线温度按 40℃计算；

4. 钢轨和铝线并联作为零线，计算外电抗时，不考虑铝线的影响，钢轨与相线的距离按 6m 计算，扁钢与相线的距离按 60m 计算。

C 三相四线配电线路的零序阻抗

(1)线路零序阻抗计算。电缆或架空导线敷设的三相四线制线路在单相短路中，短路电路的零序阻抗按下式计算

$$Z_0 = Z_{0X} + 3Z_{0L} = \sqrt{(R_{0X} + 3R_{0L})^2 + (X_{0X} + 3X_{0L})^2} \quad (4\text{-}57)$$

式中 Z_0——短路电路的零序阻抗，mΩ；

Z_{0X}——短路电路相线的零序阻抗，mΩ。

$$Z_{0X} = \sqrt{R_{0X}^2 + X_{0X}^2}$$

式中 Z_{0L}——短路电路零线的零序阻抗，mΩ。

$$Z_{0L} = \sqrt{R_{0L}^2 + X_{0L}^2}$$

式中 R_{0X}、X_{0X}——短路电路相线的零序电阻和电抗，mΩ；

R_{0L}、X_{0L}——短路电路零线的零序电阻和电抗，mΩ。

线路零序的几何均距按下式计算

$$D_0 = \sqrt[3]{D_{an}D_{bn}D_{cn}} \quad (4\text{-}58)$$

式中 D_{an}、D_{bn}、D_{cn}——分别为相线 A、B、C 中心线至零线（N）中心线的距离，mm。

在表 4-41 和表 4-42 中仅给出相线和零线阻抗（即相线的相序阻抗和零线的零序阻抗），为此配电线

路的零序阻抗可按下面的公式计算。

线路的零序电阻

$$R_0 = R_{0X} + 3R_{0L} \tag{4-59}$$

线路的零序电抗

$$X_0 = X_{0X} + 3X_{0L} \tag{4-60}$$

式中 R_{0X}、R_{0L}、X_{0X}、X_{0L}——意义同式 4-57。

(2) 线路相-零回路阻抗。单相短路电路中任何电气元件的相-零阻抗按下面的公式进行阻抗计算。

线路的相-零回路电阻

$$R_{XL} = \frac{1}{3}(R_1 + R_2 + R_{0X} + 3R_{0L}) = \frac{1}{3}(R_1 + R_2 + R_0) \tag{4-61}$$

线路的相-零回路电抗

$$X_{XL} = \frac{1}{3}(X_1 + X_2 + X_{0X} + 3X_{0L}) = \frac{1}{3}(X_1 + X_2 + X_0) \tag{4-62}$$

式中 R_1、X_1——元件的正序电阻和正序电抗，mΩ；

R_2、X_2——元件的负序电阻和负序电抗，mΩ；

R_{0X}、R_{0L}、X_{0X}、X_{0L}——意义同式 4-57。

线路的相-零回路阻抗

$$Z_{XL} = \sqrt{R_{XL}^2 + X_{XL}^2} \tag{4-63}$$

D 钢导体的阻抗

三相四线制低压网络中经常采用钢导体(扁钢、角钢、钢管、钢轨等)作为接零线或接地线，因此在计算低压网络单相接地短路电流时，必须要计算钢导体的零序电阻和零序电抗。

(1)钢导体零序电阻的计算。当用钢导体作为接零线或接地线时，其零序电阻就是钢导体本身的交流电阻，计算方法如下

当 $\beta \geqslant 1$ 时，$R_{0L} = (0.5 + 1.16\beta)R_z \tag{4-64}$

当 $\beta < 1$ 时，$R_{0L} = (1 + 0.84\beta^4)R_z \tag{4-65}$

式中 β——钢导体的磁饱和系数，$\beta = 0.02\frac{S}{p} \times \sqrt{\frac{f\mu}{\rho_{40}}}$；

R_{0L}——钢导体的零序（交流）电阻，Ω；

R_z——直流电阻，$R_z = \frac{\rho_{40}L}{S}$，也可由表 4-47 查得基值算出，Ω；

ρ_{40}——钢导体的在工作温度为 40℃时的电阻率，一般取 0.159Ω·mm²/m；

S——钢导体的截面积，cm²；

f——交流电频率，Hz；

p——钢导体断面的周长，cm；

μ——钢导体的相对导磁率，其值与磁场强度 H 有关，可按图 4-27 和图 4-28 查找，$H = 0.4\pi\frac{I_d}{p}$，含碳量 C 一般取 0.22%；

H——磁场强度，A/cm；

I_d——流过钢导体的短路电流，A；

L——钢导体的长度，m。

表 4-47 圆钢、角钢、扁钢在 40℃时的直流电阻

圆钢的直流电阻

直径 (mm)	6	8	10	12	14	16	18	20
截面 (mm²)	28.3	50.3	78.5	113	153.9	201	254.5	314.2
电阻 (Ω/km)	5.55	3.12	2	1.38	1	0.78	0.615	0.340

角钢的直流电阻

规格 (mm)	25×25×3	30×30×4	40×40×4	50×50×4	60×60×6	75×75×8
截面 (mm²)	143	227	308	480	691	1150
电阻 (Ω/km)	1.08	0.685	0.502	0.321	0.225	0.135

扁钢的直流电阻

规格 (mm)	20×4	25×4	40×4	50×4	60×4	80×4	80×5	90×5
截面 (mm²)	80	100	160	200	240	320	400	500
电阻 (Ω/km)	1.94	1.55	0.97	0.775	0.65	0.487	0.380	0.310

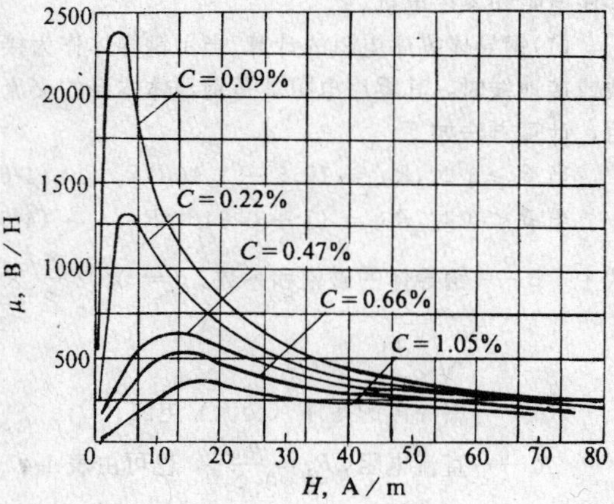

图 4-27 各种不同含碳量的热轧型钢的 $\mu=f(H)$ 曲线

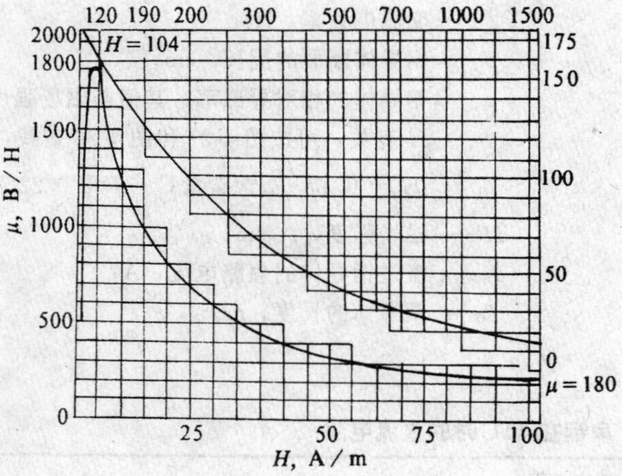

图 4-28 $C=0.12\%$时热轧钢的 $\mu=f(H)$ 曲线

(2)钢导体零序电抗的计算。当用钢导体作为接零线或接地线时，其零序电抗 X_{0L}包括零序内电抗 X_{0LN}和零序外电抗 X_{0LW}，分别按下式计算。

零序内电抗

当 $\beta \geqslant 1$ 时，$X_{0LN} = 0.815 \times \dfrac{39.5S}{\sqrt{pI_d}} R_z$

$$= 32.2 \times \frac{S}{\sqrt{pI_d}} R_z \tag{4-66}$$

$$当\ \beta < 1\ 时，X_{0LN} = 0.815 \beta R_z \tag{4-67}$$

式中 X_{0LN}——钢导体的零序内电抗，Ω；

S——钢导体的面积，cm^2；

β、p、I_d、R_z——意义同式 4-64 或式 4-65。

$$零序外电抗\quad x_{0LW} = 0.145 \lg \frac{D_{p0}}{R_{pH}} \tag{4-68}$$

式中 D_{p0}——三相四线制线路相-零回路的几何均距，mm；

$$D_{p0} = \sqrt[3]{d_{a0} d_{b0} d_{c0}}$$

d_{a0}——A 相距零线的距离，mm；

d_{b0}——B 相距零线的距离，mm；

d_{c0}——C 相距零线的距离，mm；

R_{pH}——零线的有效半径（对于圆钢的直径为 d，则 $R_{pH}=0.3894d$；对于扁钢，a，b 分别为宽和厚，则 $R_{pH}=0.2236\ (a+b)$；对于角钢，h，δ 分别为宽和厚，则 $R_{pH}=\sqrt{0.1586h^2+0.177\delta h}$，mm。 (4-69)

各种型钢的零序内电抗和零序外电抗见表 4-48。铝芯导线穿电线管敷设并利用电线管作为相-零回路的单位长度阻抗见表 4-49。

表 4-48 常用型钢阻抗

钢材规格 (mm)		采用载流量 (A)	在所采用载流量下的		在下列几何均距 (mm) 下的外电抗 (Ω/km)				
			电阻 (Ω/km)	内电抗 (Ω/km)	300	600	1500	2700	4500
扁钢	20×4	160	3.68	2.05	0.265	0.314	0.376	0.417	0.475
	25×4	200	2.41	1.69	0.241	0.286	0.342	0.399	0.432
	40×4	300	1.41	1.11	0.214	0.258	0.316	0.352	0.384
	50×5	500	1.32	0.92	0.202	0.247	0.303	0.337	0.371
	60×5	550	1.1	0.83	0.191	0.233	0.291	0.328	0.359

续表 4-48

钢材规格 (mm)		采用载流量 (A)	在所采用载流量下的		在下列几何均距（mm）下的外电抗（Ω/km）				
			电阻 (Ω/km)	内电抗 (Ω/km)	300	600	1500	2700	4500
方钢	80×6	850	0.71	0.54	0.173	0.216	0.274	0.311	0.342
	80×8	1100	0.53	0.37	0.172	0.214	0.272	0.308	0.340
	100×6	1100	0.51	0.35	0.159	0.211	0.261	0.297	0.329
	100×8	1250	0.38	0.25	0.158	0.201	0.259	0.296	0.328
	60×60	800	0.41	0.25	0.151	0.195	0.252	0.290	0.319
	70×70	960	0.36	0.21	0.144	0.186	0.244	0.280	0.312
	80×80	1200	0.29	0.17	0.133	0.177	0.235	0.273	0.304
钢轨	P38kg	800	0.39	0.24	0.136	0.179	0.237	0.274	0.306
	P43kg	960	0.34	0.20	0.124	0.167	0.225	0.262	0.294
	P50kg	1200	0.28	0.15	0.106	0.149	0.208	0.244	0.276
角钢	40×40×5	600	0.58	0.41	0.175	0.218	0.278	0.314	0.346

表 4-49　铝芯导线穿电线管敷设并利用电线管作为“相-零”回路的单位长度阻抗

导线截面 (mm^2)	电线管直径 mm（英寸）	电阻 (Ω/km)	电抗 (Ω/km)	阻抗 (Ω/km)
1.5	16.5（5/8）	24.24	4.30	24.6
2.5	20（3/4）	15.24	4.28	15.8
4.0	25（1）	10.49	4.27	11.3
6.0	25（1）	7.17	3.47	7.97
10.0	32（1¼）	5.05	2.84	5.79
16.0	32（1¼）	3.24	1.99	3.80
25.0	40（1½）	2.55	1.85	3.15
35.0	40（1½）	1.643	1.19	2.03
50.0	50（2）	1.068	1.002	1.47
70.0	50（2）	0.888	1.00	1.34
95.0	70（2½）	0.69	0.77	1.03
120.0	80（3）	0.54	0.75	0.92
150.0	80（3）	0.48	0.74	0.88

注：1. 导线的温度按70℃计算，零线按40℃计算；

2. 计算时，钢管的电流为3倍熔断器的额定电流考虑的。

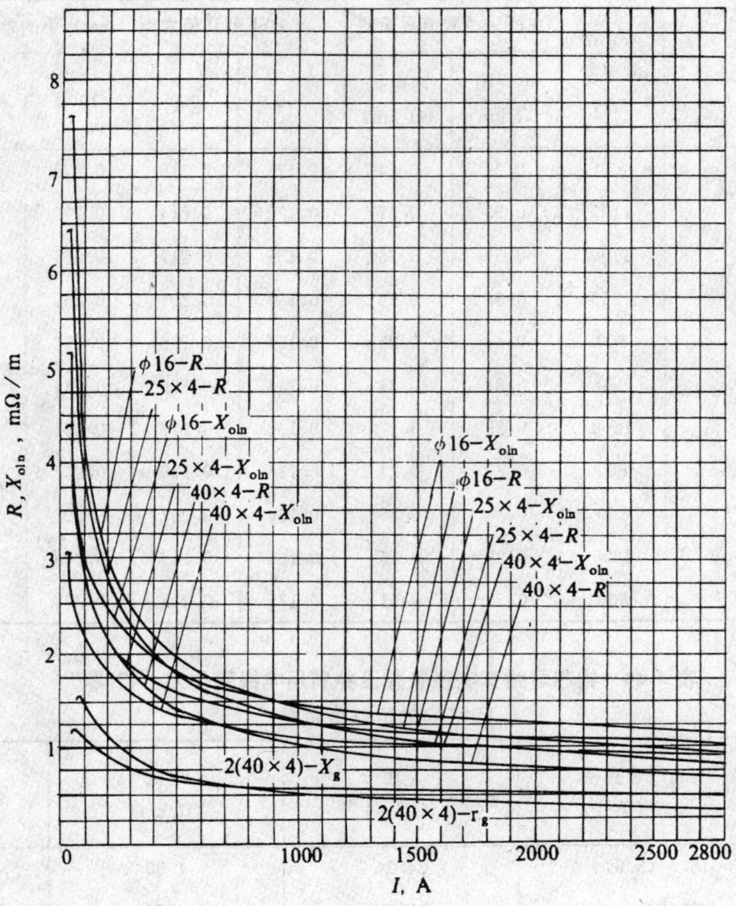

图 4-29 扁钢及圆钢的交流电阻 R 和零序内电抗 X_{0LN} 与通过电流的关系曲线

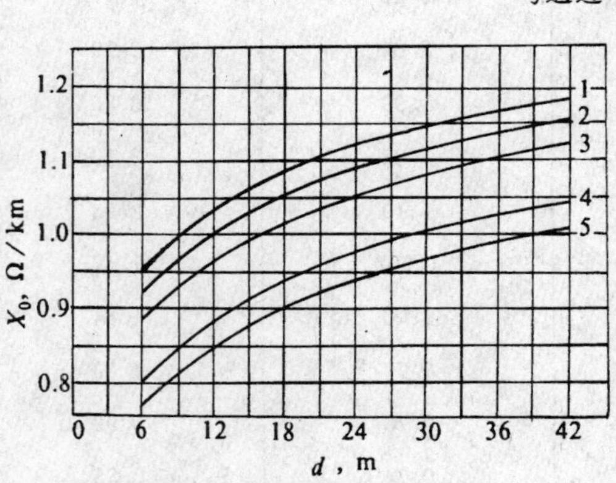

图 4-30 型钢作为零线的三相四线制线路外电抗曲线

1—相线 16mm² 零线钢轨；2—相线 16mm² 零线扁钢 40×4；3—相线 16mm² 零线扁钢 25×4；4—相线 50mm² 零线钢轨；5—相线 50mm² 零线扁钢 40×4

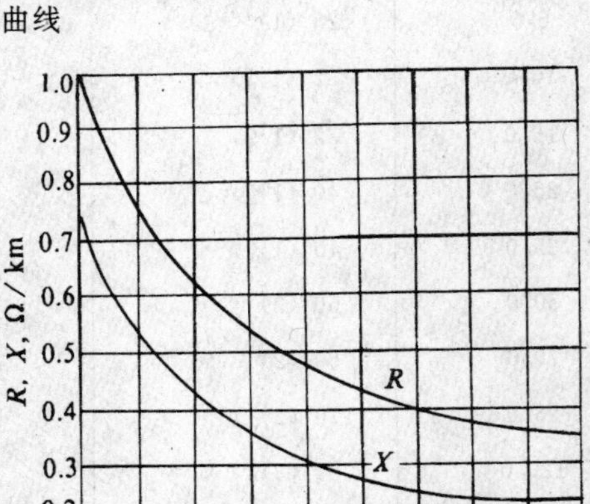

图 4-31 钢轨阻抗曲线

几种常用规格钢导体在不同电流下的交流电阻和零序内电抗可查图 4-29～图 4-32 的曲线。

E　低压电器阻抗

电流互感器一次线圈及自动开关过电流线圈的阻抗见表 4-50、表 4-51；自动开关及刀开关的接触电阻见表 4-52。

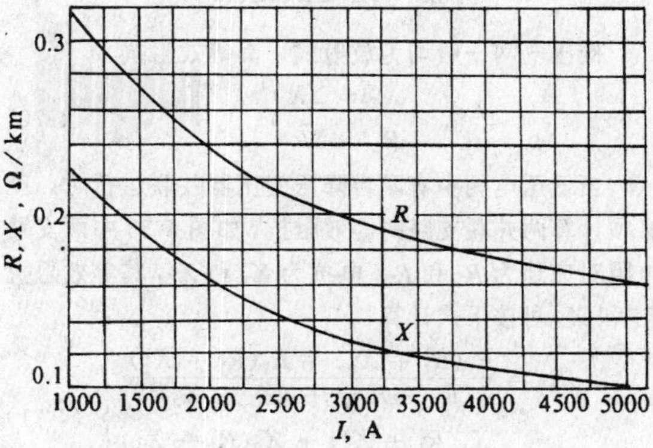

图 4-32　钢轨阻抗曲线

表 4-50　电流互感器一次线圈阻抗（mΩ）

规格		20/5	30/5	40/5	50/5	75/5	100/5	150/5	200/5	300/5	400/5	600/5	750/5
LQG-0.5	电阻	37.5	16.6	9.4	6	2.66	1.5	0.67	0.58	0.17	0.13	0.04	0.04
0.5 级	电抗	300	133	75	48	21.3	12	5.32	3	1.33	1.03	0.3	0.3
LQG-0.5	电阻	42	20	11	7	3	1.7	0.75	0.42	0.2	0.11	0.05	
1 级	电抗	67	30	17	11	4.8	2.7	1.2	0.67	0.3	0.17	0.07	
LQG-0.5	电阻	19	8.2	4.8	3	1.3	0.75	0.33	0.19	0.09	0.05	0.02	
3 级	电抗	17	8	4.2	2.8	1.2	0.7	0.3	0.17	0.08	0.04	0.02	

表 4-51　自动空气开关过电流线圈的阻抗（mΩ）

线圈的额定电流（A）	50	70	100	140	200	400	600
电阻（65℃时）	5.50	2.35	1.30	0.74	0.36	0.15	0.12
电　　抗	2.70	1.30	0.86	0.55	0.28	0.10	0.094

表 4-52　自动空气开关及刀开关的触头接触电阻（mΩ）

额定电流（A）	50	70	100	140	200	400	600	1000	2000	3000
自动空气开关	1.30	1.00	0.75	0.65	0.60	0.40	0.25			
刀开关			0.50		0.40	0.20	0.15	0.08	0.03	0.02

4.7.2 等值网络阻抗变换

低压电网一般均为放射式，其等效阻抗

$$\left.\begin{aligned}X_{\Sigma} &= \Sigma X\\ R_{\Sigma} &= \Sigma R\end{aligned}\right\}\tag{4-70}$$

当低压电网中有两台降压变压器并联运行时，就必须计算两并联支路的等效阻抗，如图4-33中两支路电阻对应地为 R_1 和 R_2，电抗为 X_1 和 X_2，其等效阻抗 R_{Σ} 和 X_{Σ} 可按下式计算

$$\left.\begin{aligned}R_{\Sigma} &= \frac{R_1(R_2^2+X_2^2)+R_2(R_1^2+X_1^2)}{(R_1+R_2)^2+(X_1+X_2)^2}\\ X_{\Sigma} &= \frac{X_1(R_2^2+X_2^2)+X_2(R_1^2+X_1^2)}{(R_1+R_2)^2+(X_1+X_2)^2}\end{aligned}\right\}\tag{4-71}$$

若支路电阻和电抗之间有下列关系

$$\frac{R_1}{X_1}=\frac{R_2}{X_2}$$

则等效阻抗可按下式计算

$$\left.\begin{aligned}R_{\Sigma} &= \frac{R_1R_2}{R_1+R_2}\\ X_{\Sigma} &= \frac{X_1X_2}{X_1+X_2}\end{aligned}\right\}\tag{4-72}$$

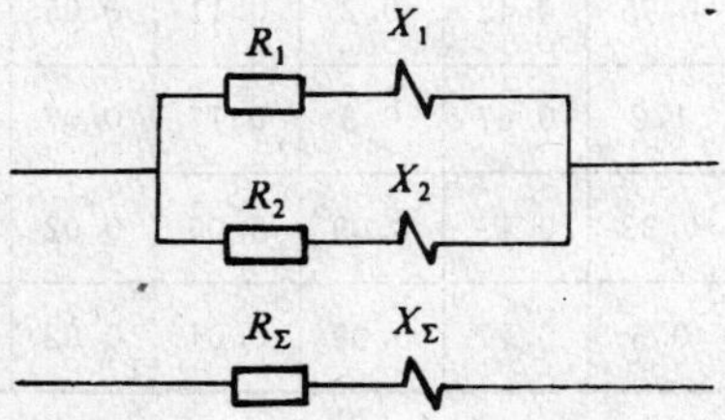

图4-33 并联阻抗的变换

4.7.3 低压短路电流计算

4.7.3.1 三相短路电流周期分量计算

三相短路电流周期分量按下式计算

$$I''_z=\frac{U}{\sqrt{3}\,Z_{\Sigma}}=\frac{U}{\sqrt{3}\,\sqrt{R_{\Sigma}^2+X_{\Sigma}^2}}\tag{4-73}$$

式中 I''_z——三相短路电流周期分量第一周期有效值，kA；

U——低压网络平均额定线电压，V，可取400V；

Z_{Σ}——每相总阻抗，mΩ；

R_{Σ}——每相总电阻，mΩ；

X_{Σ}——每相总电抗，mΩ。

低压电网一般以三相短路电流为最大，与中性点是否接地无关。如在一相和两相上有电流互感器，而使短路电流不对称时，仍可按上式计算，但式中的 R_{Σ} 和 X_{Σ} 采用没有电流互感器那一相的总阻抗。

4.7.3.2 不对称短路电流周期分量的计算

A 两相短路

由于低压网络距发电机的电气距离很远，降压变压器容量与发电机电源容量相比甚小，在实用计算中，可以假定 $Z_2\approx Z_1$，这样可直接由三相短路电流求得，按下式算出

$$I''^{(2)}_z=0.87I''^{(3)}_z\tag{4-74}$$

式中 $I''^{(2)}_z$——两相短路电流周期分量第一周期有效值，kA；

$I''^{(3)}_z$——三相短路电流周期分量第一周期有效值，kA。

B 单相短路

单相短路电流计算可以用两种方法计算。

对称分量法计算

$$I''^{(1)}_z=\frac{U_X}{\sqrt{\left(\frac{R_{1\Sigma}+R_{2\Sigma}+R_{0\Sigma}}{3}\right)^2+\left(\frac{X_{1\Sigma}+X_{2\Sigma}+X_{0\Sigma}}{3}\right)^2}}\tag{4-75}$$

式中 $I''^{(1)}_z$——单相短路电流周期分量第一周期有效值，kA；

U_X——低压网络平均额定相电压，V，可取230V；

$R_{1\Sigma}$——短路电路正序总电阻，mΩ；

$R_{2\Sigma}$——短路电路负序总电阻，mΩ；

$R_{0\Sigma}$——短路电路零序总电阻，mΩ；

$X_{1\Sigma}$——短路电路正序总电抗，mΩ；

$X_{2\Sigma}$——短路电路负序总电抗，mΩ；

$X_{0\Sigma}$——短路电路零序总电抗，mΩ。

相-零回路电流法计算

$$I''^{(1)}_{z}=\frac{U_X}{\sqrt{R_\Sigma^2+X_\Sigma^2}} \quad (4\text{-}76)$$

式中 $I''^{(1)}_{z}$、U_X——意义同式4-75；

R_Σ——短路电路相-零回路总电阻，mΩ；

$$R_\Sigma=\frac{R_{1\Sigma}+R_{2\Sigma}+R_{0\Sigma}}{3}=\frac{2R_{1\Sigma}+R_{0\Sigma}}{3}$$

X_Σ——短路电路相-零回路总电抗，mΩ；

$$X_\Sigma=\frac{X_{1\Sigma}+X_{2\Sigma}+X_{0\Sigma}}{3}=\frac{2X_{1\Sigma}+R_{0\Sigma}}{3}$$

4.7.3.3 短路冲击电流值

电源系统供给短路冲击电流值，按下式计算

$$i_{chx}=\sqrt{2}\,K_{ch}I''_z \quad (4\text{-}77)$$

式中 i_{chx}——三相短路冲击电流(即三相短路电流第一周期全电流峰值)，kA；

K_{ch}——三相短路电流冲击系数，可据 X_Σ/R_Σ 的比值从图4-34查得；

I''_z——三相短路电流周期分量第一周期有效值，kA。

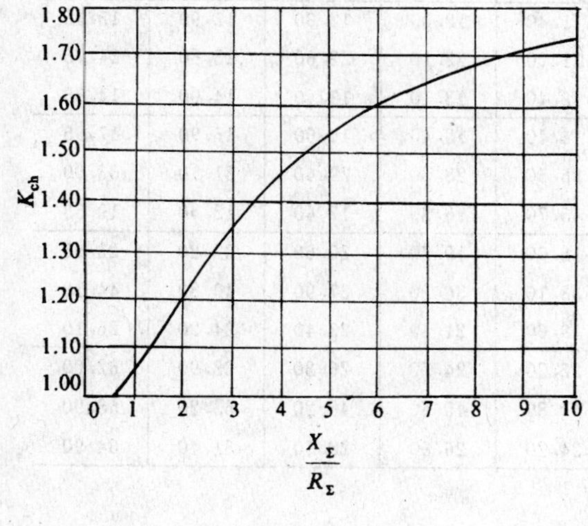

图4-34 $K_{ch}=f\left(\frac{X_\Sigma}{R_\Sigma}\right)$ 曲线

电动机反馈冲击电流值，按下式计算

$$i_{chd}=6.5K_{chd}\,I_{ed} \quad (4\text{-}78)$$

式中 i_{chd}——电动机反馈三相短路冲击电流值，kA；

K_{chd}——电动机短路冲击系数，一般为0.80～1.28；简化计算可取1；

I_{ed}——电动机额定电流，kA。

晶闸管装置返馈冲击电流值，按下式计算

$$i_{chG}=3\frac{P_{e\Sigma}}{U} \quad (4\text{-}79)$$

式中 i_{chG}——晶闸管装置返馈三相短路冲击电流值，kA；

$P_{e\Sigma}$——晶闸管供电直流电动机总容量，kW；

U——低压网络平均额定线电压，V；一般为400V。

总的短路冲击电流值

$$i_{ch\Sigma}=i_{chx}+i_{chd}+i_{chG} \quad (4\text{-}80)$$

式中 $i_{ch\Sigma}$——总的短路冲击电流值，kA；

i_{chx}、i_{chd}、i_{chG}——意义同式4-77～式4-79。

短路点远处(即非直接联接短路点的电动机、晶闸管装置；或非配电母线及其直接联接低压配电屏屏内短路)的电动机、晶闸管装置反馈的 i_{chd}、i_{chG} 短路冲击电流值可以忽略不计。

4.7.3.4 短路全电流的最大有效值

电源系统供给的：

当 $K_{ch}>1.3$ 时，可按下式计算

$$I_{chx}=I''_z\sqrt{1+2\,(K_{ch}-1)^2} \quad (4\text{-}81)$$

当 $K_{ch}\leqslant1.3$ 时，用下式可求得精确的结果

$$I_{chx}=I''_z\sqrt{1+\frac{T_a}{0.02}} \quad (4\text{-}82)$$

式中 I_{chx}——三相短路电流电源系统第一周期全电流有效值，kA；

I''_z——三相短路电流周期分量第一周期有效值，kA；

K_{ch}——三相短路电流冲击系数，可从图4-34查得；

T_a——三相短路电流非周期分量衰减时间常数，(见式4-36) s。

短路点近处连接的电动机、晶闸管装置反馈的 I_{chd}、I_{chG} 全电流最大有效值。

电动机反馈的 $I_{chd}=3.9K_{chd}I_{ed}$ (4-83)

式中 K_{chd}、I_{ed}——意义同式4-78。

晶闸管装置反馈的 $I_{chG}=3K_{chd}I_{ed}$ (4-84)

式中 K_{chd}、I_{ed}——意义同式4-78。

总的短路全电流的最大有效值为

$$I_{ch}=I_{chx}+I_{chd}+I_{chG} \quad (4\text{-}85)$$

4.7.3.5 3～10/0.4kV变压器低压侧出口短路电流

3～10/0.4kV各种变压器低压侧出口的短路电流周期分量，短路冲击电流峰值和短路全电流最大有效值见表4-53、表4-54。

表 4-53 3～10/0.4kV 配电变压器低压侧出口短路电流值（旧容量系列）

(kA)

变压器容量 $U_z\%=4.5$	短路电流名称	变压器高压侧短路容量（MVA）							
		10	20	30	50	75	100	200	∞
100	I''_z	2.62	2.88	3.00	3.07	3.12	3.14	3.17	3.21
	i_{ch}	4.82	5.30	5.52	5.65	5.73	5.77	5.83	5.91
	I_{ch}	2.85	3.13	3.27	3.34	3.40	3.42	3.45	3.50
135	I''_z	3.33	3.75	3.94	4.08	4.17	4.21	4.27	4.33
	i_{ch}	6.13	6.90	7.25	7.52	7.66	7.74	7.85	7.96
	I_{ch}	3.62	4.08	4.28	4.45	4.53	4.58	4.65	4.71
180	I''_z	4.13	4.81	5.10	5.34	5.48	5.55	5.67	5.79
	i_{ch}	7.60	8.85	9.38	9.83	10.10	10.20	10.40	10.65
	I_{ch}	4.50	5.23	5.55	5.81	5.96	6.04	6.17	6.31
240	I''_z	5.02	6.08	6.52	6.94	7.17	7.29	7.48	7.68
	i_{ch}	9.25	11.20	12.00	12.80	13.20	13.40	13.80	14.15
	I_{ch}	5.46	6.62	7.10	7.55	7.80	7.93	8.14	8.38
320	I''_z	5.98	7.55	8.27	8.97	9.35	9.57	9.89	10.25
	i_{ch}	11.00	13.90	15.20	16.50	17.20	17.60	18.20	18.85
	I_{ch}	6.50	8.22	9.00	9.75	10.20	10.40	10.80	11.18
420	I''_z	6.98	9.20	10.30	11.40	12.00	12.30	12.90	13.45
	i_{ch}	12.90	16.90	19.00	21.00	22.10	22.60	23.80	24.75
	I_{ch}	7.60	10.00	11.20	12.40	13.10	13.40	14.00	14.65
560	I''_z	8.00	11.10	12.70	14.40	15.40	16.00	16.90	17.95
	i_{ch}	14.70	20.40	23.40	26.50	28.30	29.40	31.10	33.00
	I_{ch}	8.70	12.10	13.80	15.70	16.80	17.40	18.40	19.55
750	I''_z	9.03	13.10	15.50	18.00	19.70	20.60	22.20	23.95
	i_{ch}	16.60	24.10	28.10	33.10	36.20	37.90	40.80	44.10
	I_{ch}	9.83	14.30	16.90	19.60	21.40	22.40	24.20	26.10
1000	I''_z	9.96	15.20	18.40	22.20	24.70	26.20	28.90	32.00
	i_{ch}	18.30	28.00	33.80	40.80	45.50	48.20	53.20	58.90
	I_{ch}	10.90	16.50	20.00	24.20	26.90	28.50	31.40	34.90

注：I''_z——短路电流周期分量；

i_{ch}——短路冲击电流峰值；

I_{ch}——短路全电流最大有效值。

表 4-54 3～10/0.4kV 配电变压器低压侧出口短路电流值

(kA)

变压器容量 (kVA)	短路电流名称	变压器高压侧短路容量（MVA）							
		10	20	30	50	75	100	200	∞
100 $U_z\%=4$	I''_z	2.89	3.20	3.33	3.43	3.49	3.52	3.56	3.61
	i_{ch}	5.32	5.88	6.13	6.31	6.42	6.47	6.55	6.65
	I_{ch}	3.15	3.48	3.62	3.73	3.80	3.83	3.87	3.94

续表 4-54

变压器容量（kVA）	短路电流名称	变压器高压侧短路容量（MVA）							
		10	20	30	50	75	100	200	∞
125 $U_z\%=4$	I''_z	3.43	3.90	4.08	4.24	4.33	4.37	4.44	4.51
	i_{ch}	6.31	7.17	7.51	7.80	7.96	8.05	8.16	8.30
	I_{ch}	3.73	4.24	4.45	4.62	4.72	4.76	4.83	4.91
160 $U_z\%=4$	I''_z	4.12	4.81	5.09	5.33	5.48	5.55	5.67	5.77
	i_{ch}	7.57	8.85	9.37	9.80	10.10	10.20	10.40	10.62
	I_{ch}	4.48	5.23	5.55	5.80	5.97	6.04	6.17	6.29
200 $U_z\%=4$	I''_z	4.82	5.78	6.19	6.56	6.77	6.87	7.03	7.23
	i_{ch}	8.86	10.60	11.40	12.10	12.50	12.60	12.90	13.30
	I_{ch}	5.25	6.30	6.74	7.15	7.36	7.47	7.65	7.88
250 $U_z\%=4$	I''_z	5.56	6.87	7.46	8.02	8.32	8.48	8.74	9.01
	i_{ch}	10.20	12.60	13.70	14.70	15.30	15.60	16.10	16.60
	I_{ch}	6.05	7.47	8.13	8.73	9.05	9.23	9.51	9.82
315 $U_z\%=4$	I''_z	6.36	8.15	9.00	9.82	10.30	10.50	10.90	11.40
	i_{ch}	11.70	15.00	16.60	18.10	19.00	19.30	20.00	20.96
	I_{ch}	6.92	8.87	9.80	10.70	11.20	11.40	11.90	12.42
400 $U_z\%=4$	I''_z	7.22	9.62	10.80	12.00	12.70	13.10	13.70	14.45
	i_{ch}	13.30	17.70	19.90	22.10	23.40	24.10	25.20	26.60
	I_{ch}	7.85	10.50	11.80	13.10	13.80	14.30	14.90	15.75
500 $U_z\%=4$	I''_z	8.02	11.10	12.70	14.40	15.50	16.00	17.00	18.10
	i_{ch}	14.80	20.40	23.40	26.50	28.50	29.40	31.30	33.30
	I_{ch}	8.73	12.10	13.80	15.70	16.90	17.40	18.50	19.73
600 $U_z\%=4$	I''_z	8.82	12.70	14.90	17.30	18.70	19.60	21.00	22.70
	i_{ch}	16.20	23.40	27.40	31.80	34.40	36.00	38.60	41.80
	I_{ch}	9.60	13.80	16.20	18.80	20.40	21.40	22.90	24.80
800 $U_z\%=45$	I''_z	9.22	13.60	16.10	18.90	20.70	21.80	23.50	25.60
	i_{ch}	17.00	25.00	29.60	34.80	38.00	40.10	43.20	47.10
	I_{ch}	10.00	14.80	17.50	20.60	22.60	23.70	25.60	27.90
1000 $U_z\%=45$	I''_z	9.99	15.20	18.45	22.22	24.80	26.30	28.90	32.10
	i_{ch}	18.39	27.95	33.95	40.96	45.60	48.45	50.32	59.05
	I_{ch}	10.89	16.57	20.12	24.22	27.03	28.65	31.50	35.00

注：I''_z——短路电流周期分量有效值；

i_{ch}——短路冲击电流峰值；

I_{ch}——短路全电流最大有效值。

4.7.3.6 各种变压器供电回路的三相短路电流

为了减少设计计算工作量，根据假定条件绘制图4-35～图4-52，各种变压器容量的380/220V馈出回路三相短路电流和各种截面铝芯电缆长度的关系曲线，以供查用。

制作计算曲线的假定条件是：

(1) 变压器高压侧电源容量为无限大；

(2) 采用节能型电力变压器，其型号为S_9型；该型变压器损耗小，相对阻抗也较小，短路电流值相对偏大；

(3)变压器与低压配电屏采用母线联接，其联接长度为6m；

(4)仅计及变压器出口的刀开关及空气开关阻抗，但大于或等于额定电流1000A的刀开关和自动开关阻抗忽略不计；

(5) 馈出回路电缆采用铝芯聚氯乙烯绝缘及护套电缆；但设计采用其它型号电缆时，查图4-35～图4-52曲线，其误差不超过3%。

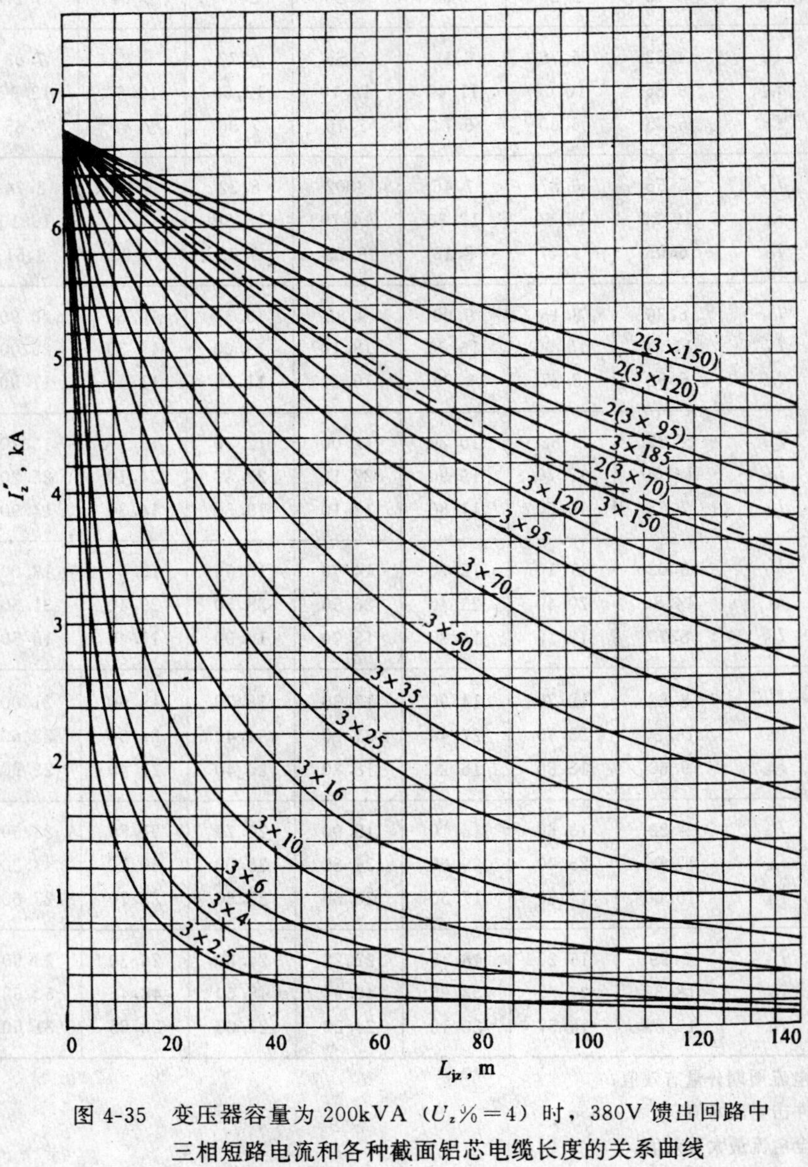

图4-35 变压器容量为200kVA（$U_z\%=4$）时，380V馈出回路中三相短路电流和各种截面铝芯电缆长度的关系曲线

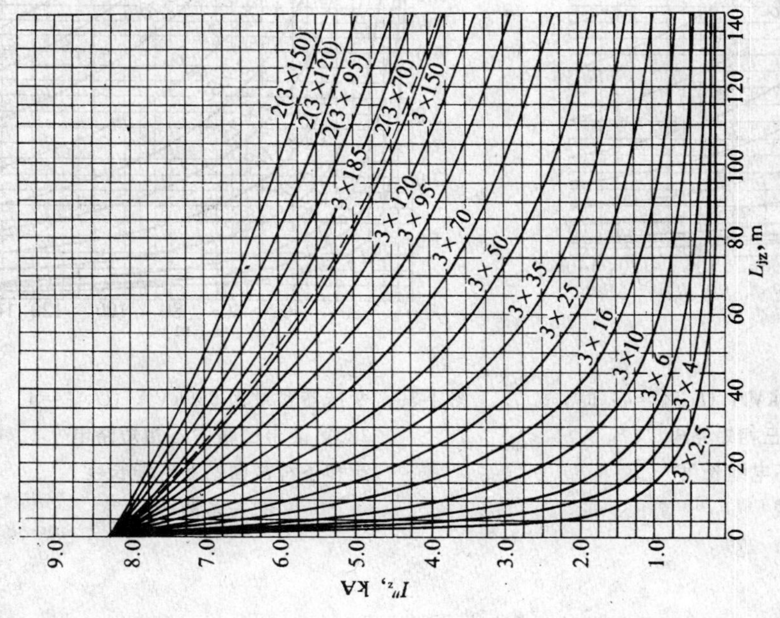

图 4-36　变压器容量为 250kVA（U_z%=4）时，380V 馈出回路中三相短路电流和各种截面铝芯电缆长度的关系曲线

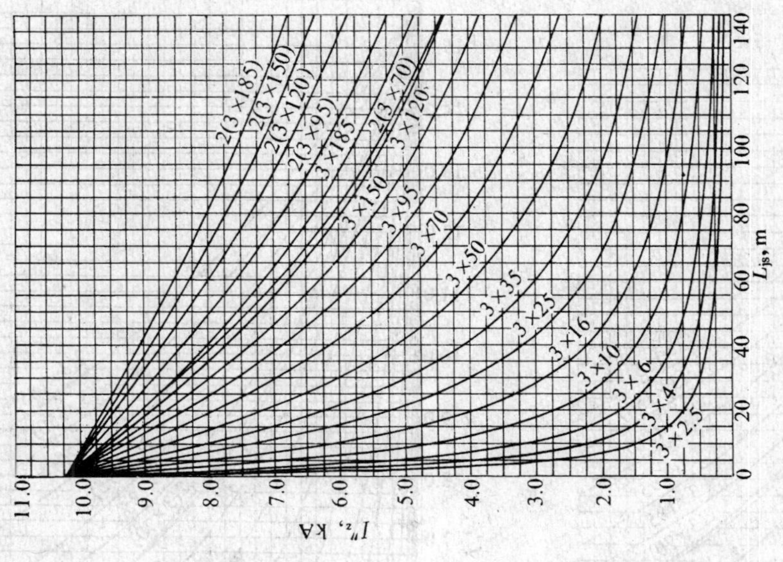

图 4-37　变压器容量为 315kVA（U_z%=4）时，380V 馈出回路中三相短路电流和各种截面铝芯电缆长度的关系曲线

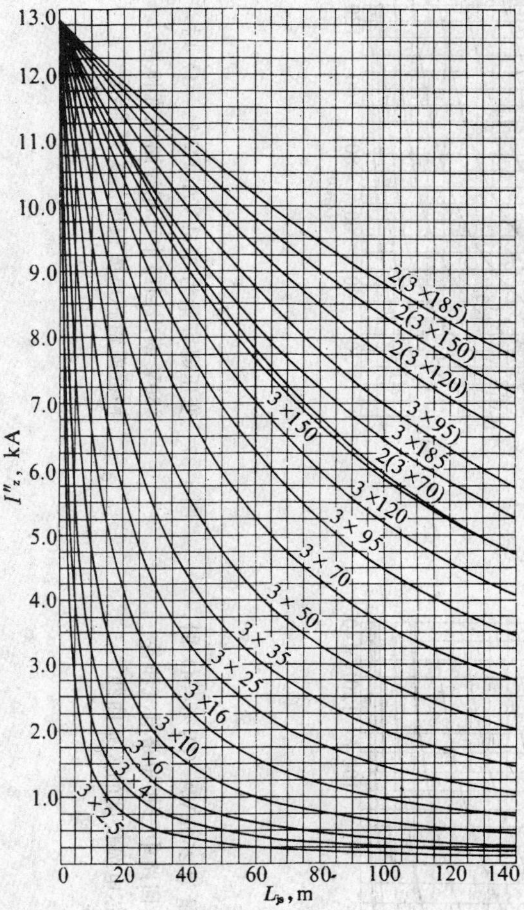

图 4-38 变压器容量为 400kVA（U_z%=4）时，380V 馈出回路中三相短路电流和各种截面铝芯电缆长度的关系曲线

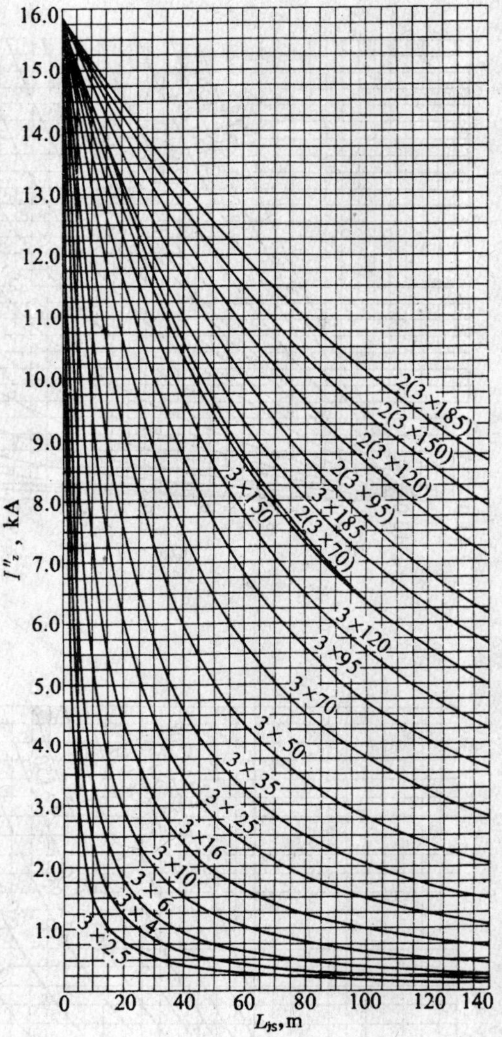

图 4-39 变压器容量为 500kVA（U_z%=4）时，380V 馈出回路中三相短路电流和各种截面铝芯电缆长度的关系曲线

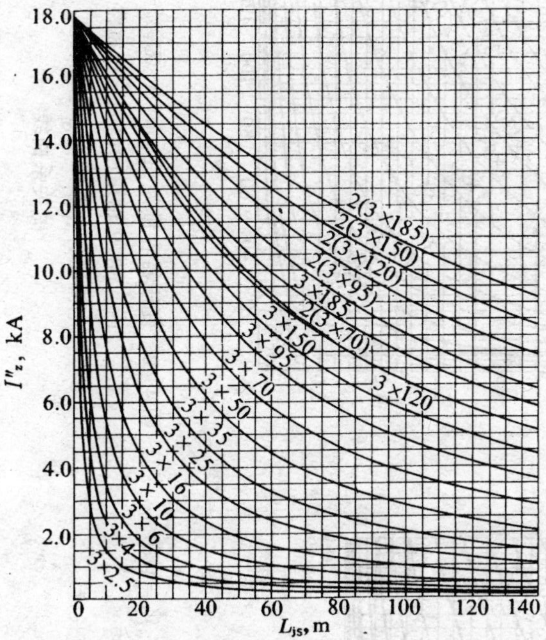

图 4-40 变压器容量为 630kVA（$U_z\%=4.5$）时，380V 馈出回路中三相短路电流和各种截面铝芯电缆长度的关系曲线

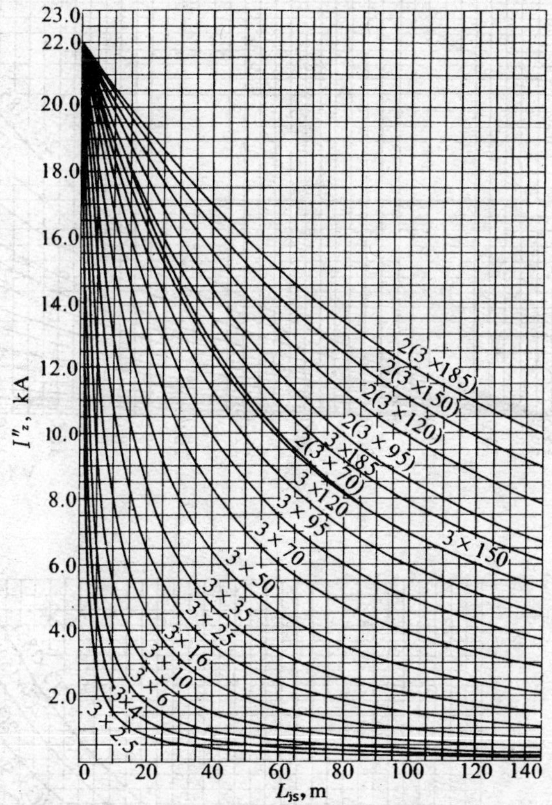

图 4-41 变压器容量为 800kVA（$U_z\%=4.5$）时，380V 馈出回路中三相短路电流和各种截面铝芯电缆长度的关系曲线

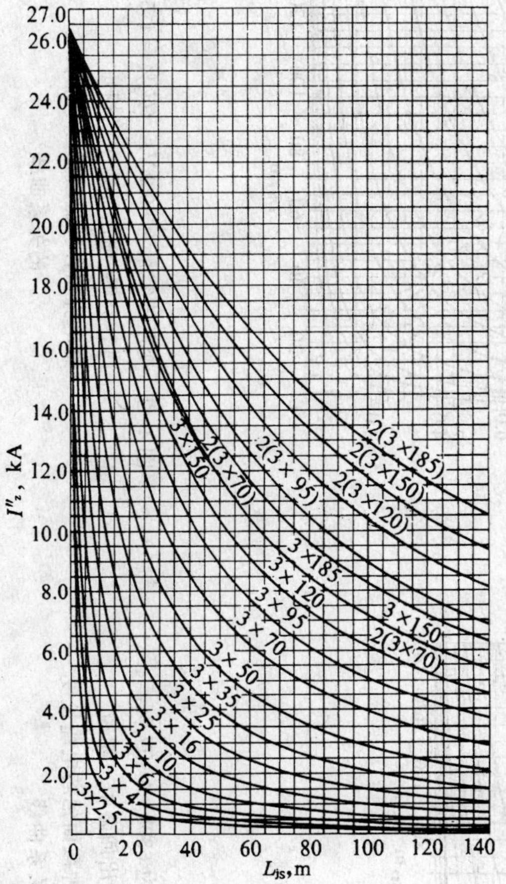

图 4-42 变压器容量为 1000kVA（U_z%=4.5）时，380V 馈出回路中三相短路电流和各种截面铝芯电缆长度的关系曲线

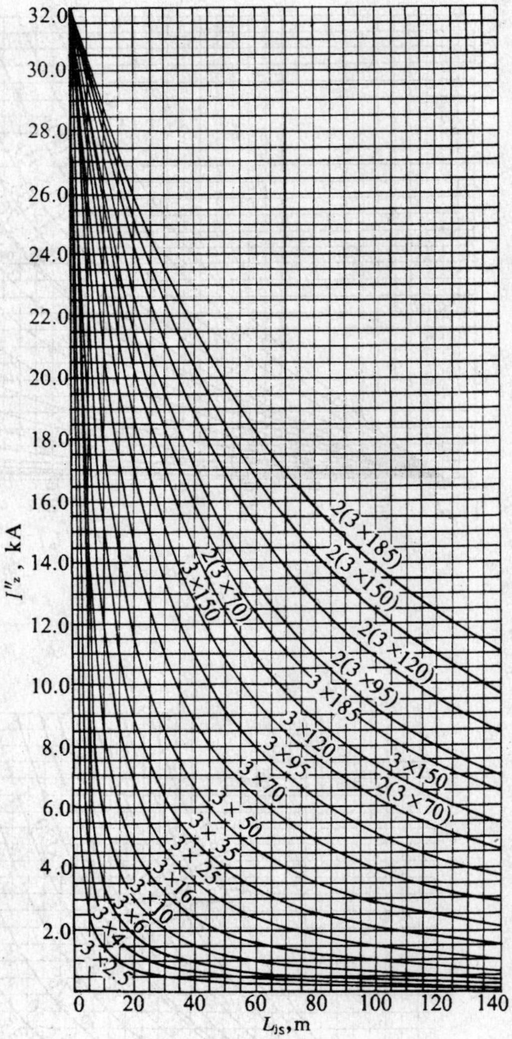

图 4-43 变压器容量为 1250kVA（U_z%=4.5）时，380V 馈出回路中三相短路电流和各种截面铝芯电缆长度的关系曲线

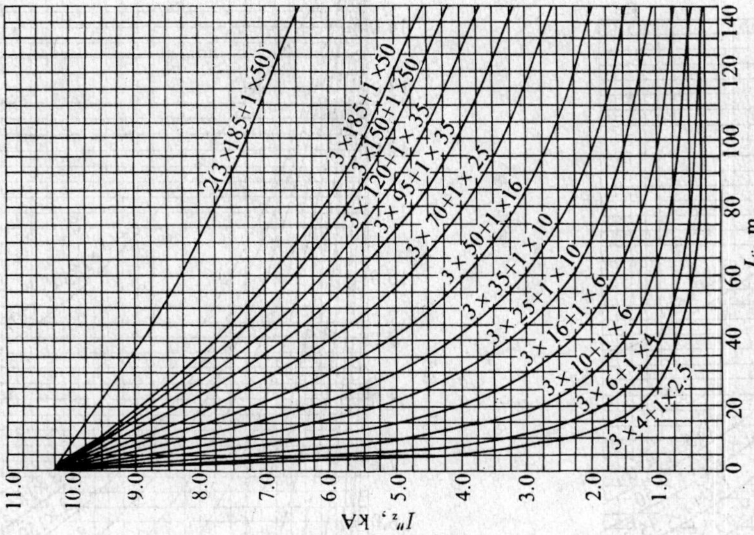

图 4-45 变压器容量为 315kVA（U_z%＝4）时，380/220V 馈出回路中三相短路电流和各种截面铝芯电缆长度的关系曲线

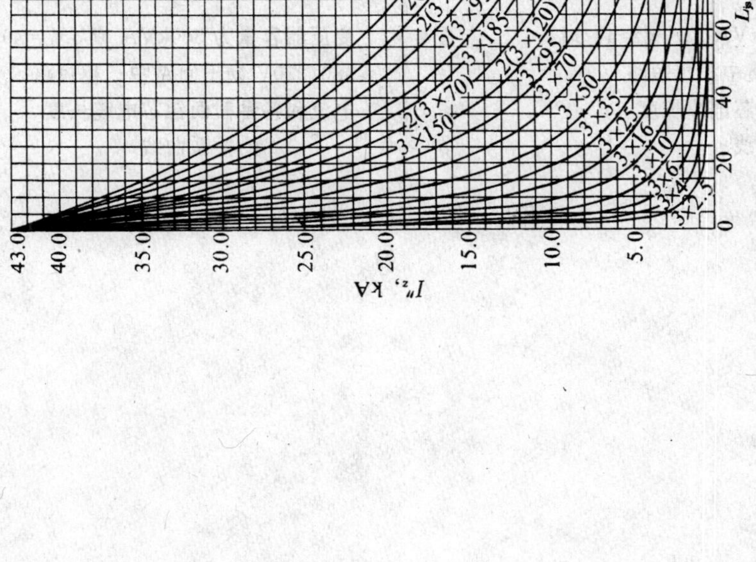

图 4-44 变压器容量为 1600kVA（U_z%＝4.5）时，380V 馈出回路中三相短路电流和各种截面铝芯电缆长度的关系曲线

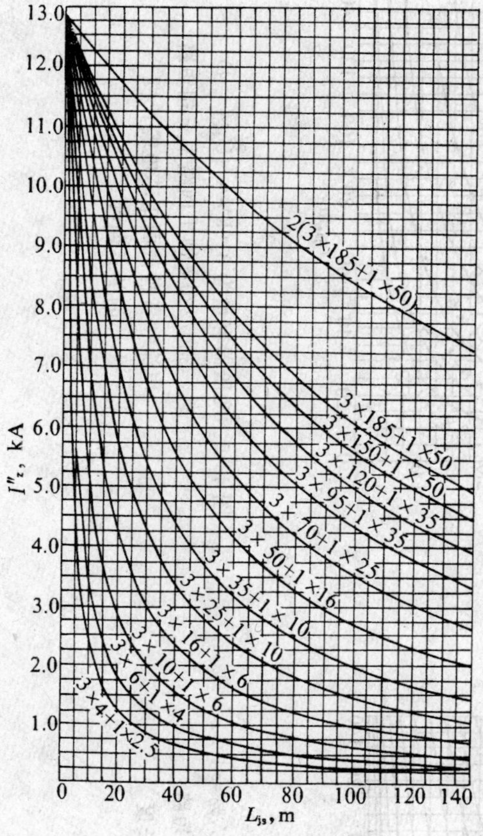

图 4-46 变压器容量为 400kVA（$U_z\%=4$）时，380/220V 馈出回路中三相短路电流和各种截面铝芯电缆长度的关系曲线

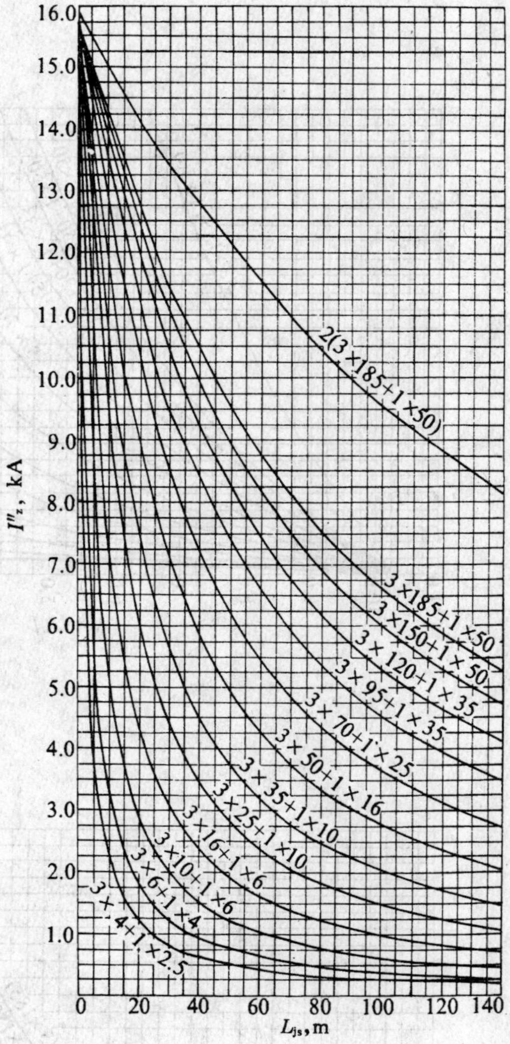

图 4-47 变压器容量为 500kVA（$U_z\%=4$）时，380/220V 馈出回路中三相短路电流和各种截面铝芯电缆长度的关系曲线

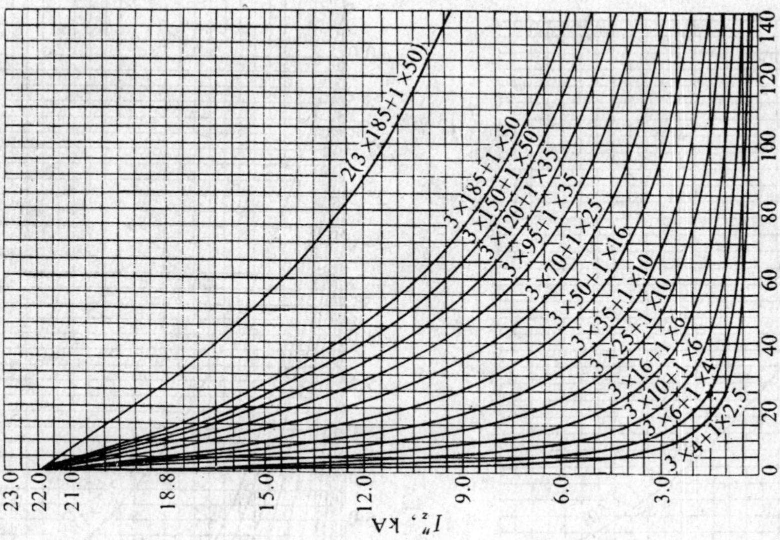

图 4-49　变压器容量为 800kVA（$U_z\%=4.5$）时，380/220V 馈出回路中三相短路电流和各种截面铝芯电缆长度的关系曲线

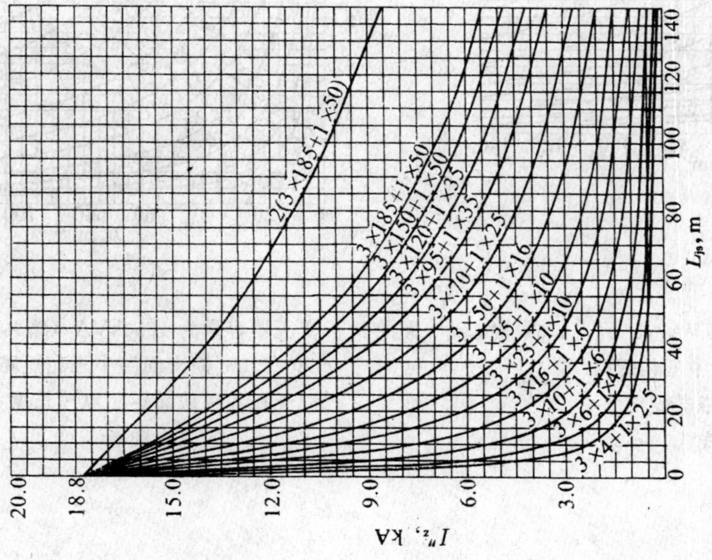

图 4-48　变压器容量为 630kVA（$U_z\%=4.5$）时，380/220V 馈出回路中三相短路电流和各种截面铝芯电缆长度的关系曲线

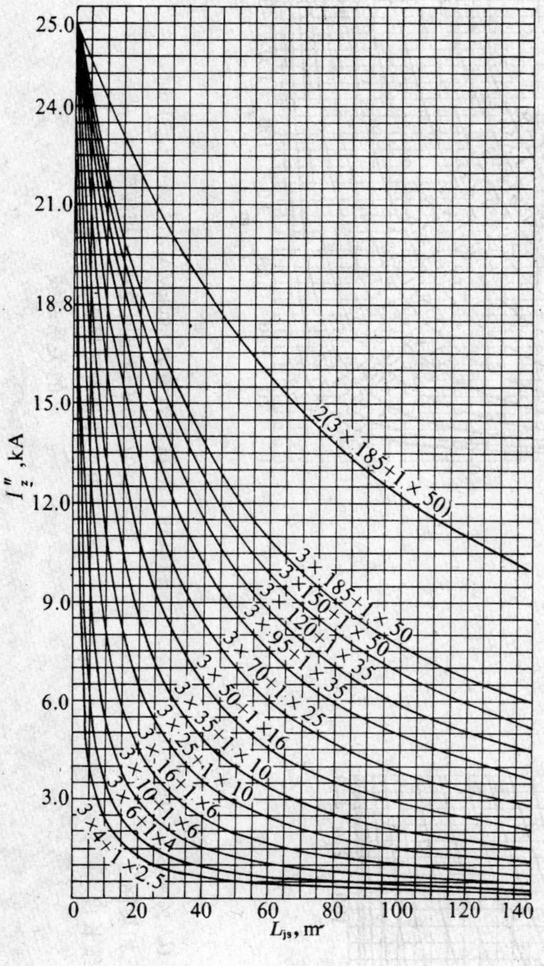

图 4-50 变压器容量为 1000kVA（U_z%＝4.5）时，380/220V 馈出回路中三相短路电流和各种截面铝芯电缆长度的关系曲线

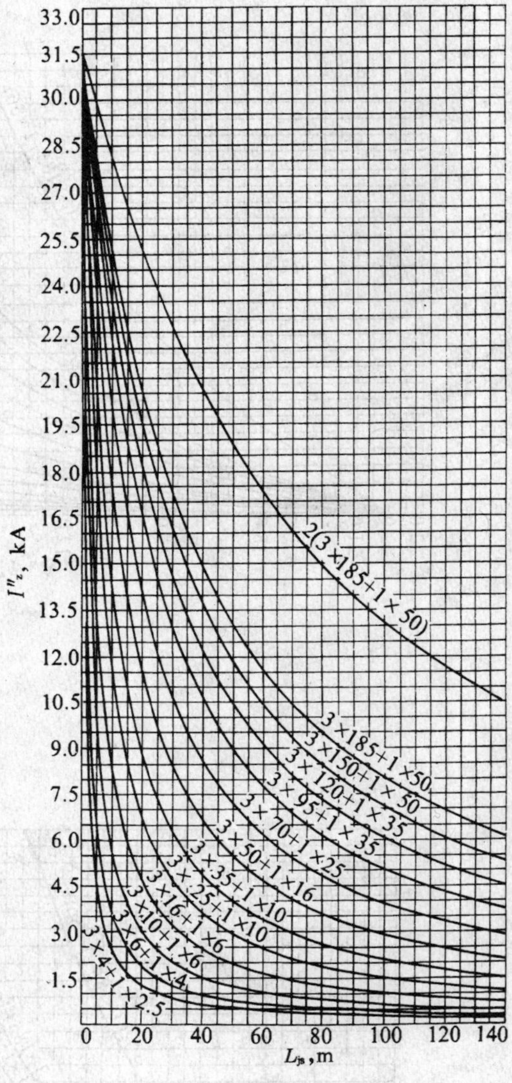

图 4-51 变压器容量为 1250kVA（U_z%＝4.5）时，380/220V 馈出回路中三相短路电流和各种截面铝芯电缆长度的关系曲线

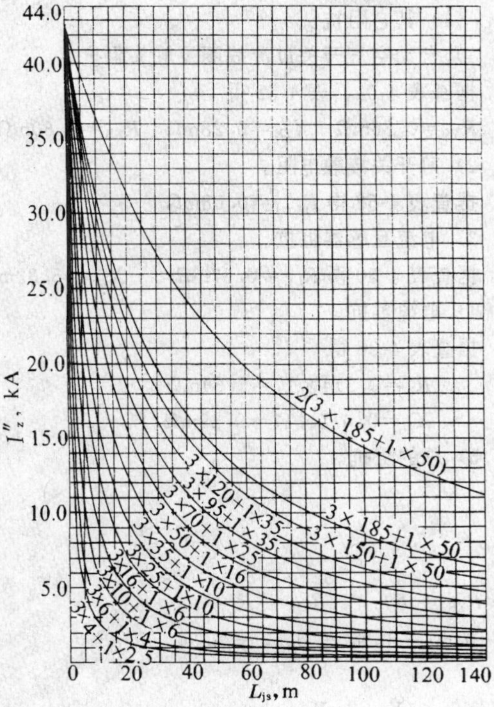

图 4-52 变压器容量为 1600kVA（U_z%＝4.5）时，380/220V 馈出回路中三相短路电流和各种截面铝芯电缆长度的关系曲线

4.7.4 计算示例

例 1 试求图 4-53 中 d 点三相短路电流。

解 计算电路各元件的阻抗

（1）系统电抗。

据式 4-50 或查表 4.34 得

$$X_x=\frac{U^2}{S_{dx}}\times 10^3=\frac{0.4^2\times 10^3}{100}=1.6\text{m}\Omega$$

（2）变压器阻抗。

据式 4-51 得

$$R_b=\frac{\Delta P_d U_e^2}{S_e^2}\times 10^3$$

$$=\frac{6900\times 0.4^2}{500^2}\times 10^3=4.42\text{m}\Omega$$

$$U_r\%=\frac{\Delta P_d}{10S_e}=\frac{6900}{10\times 500}=1.38$$

$$U_x\%=\sqrt{(U_z\%)^2+(U_r\%)^2}$$

$$=\sqrt{4^2-1.38^2}=3.75$$

$$X_b=\frac{10U_x\%U_e^2}{S_e}\times 10^3$$

$$=\frac{10\times 3.75\times 0.4^2}{500}\times 10^3$$

$$=12\text{m}\Omega$$

（3）各段母线阻抗。

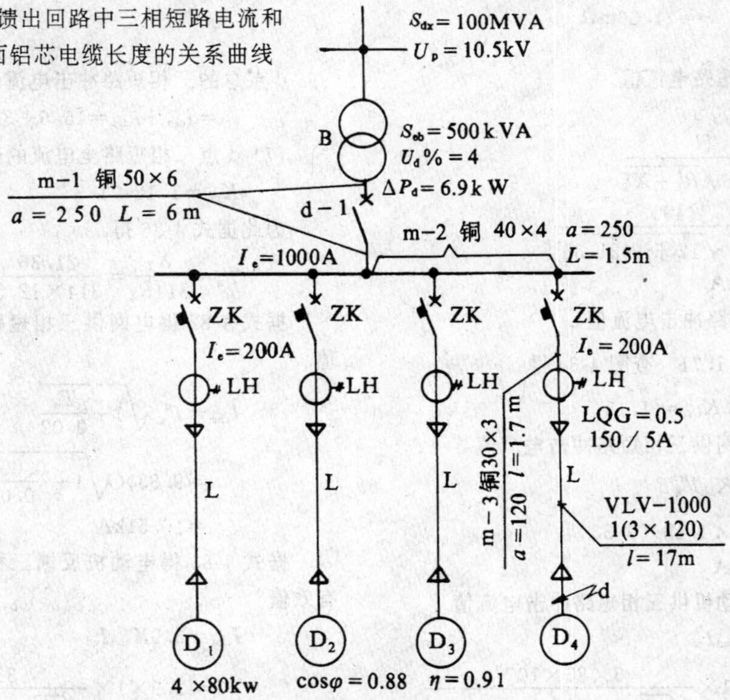

图 4-53 计算电路图（一）

据式 4-52 得

$$R_{m-1}=\frac{21.4L}{S}=\frac{21.4\times6}{50\times6}$$
$$=0.43\text{m}\Omega$$
$$R_{m-2}=\frac{21.4\times1.5}{40\times4}=0.2\text{m}\Omega$$
$$R_{m-3}=\frac{21.4\times1.7}{30\times3}=0.4\text{m}\Omega$$

据式 4-54 得

$$X_{m-1}=0.145L\lg\frac{D_j}{g_{jx}}$$
$$=0.145\times6\times\lg\frac{1.26\times250}{0.2236\ (50+6)}$$
$$=1.22\text{m}\Omega$$
$$X_{m-2}=0.145\times1.5\times\lg\frac{1.26\times250}{0.2236\ (40+4)}$$
$$=0.327\text{m}\Omega$$
$$X_{m-3}=0.145\times1.7\times\lg\frac{1.26\times120}{0.2236\ (30+3)}$$
$$=0.32\text{m}\Omega$$

（4）其它阻抗。

1）自动空气开关过流线圈及触头阻抗。

据查表 4-51、表 4-52 得

$R_{ZK}=0.36\text{m}\Omega$　$X_{ZK}=0.28\text{m}\Omega$　$R_{KK}=0.60\text{m}\Omega$

2）刀开关接触电阻。

据查表 4-52 得 $R_{d-1}=0.08\text{m}\Omega$

3）电流互感器阻抗。

据查表 4-50 得 $R_{LH}=0.67\text{m}\Omega$　　$X_{LH}=5.32\text{m}\Omega$

4）电缆阻抗。

据查表 4-38 得

$$R_L=0.314\times17=5.34\text{m}\Omega$$
$$X_L=0.071\times17=0.29\text{m}\Omega$$

5）总的阻抗。

$$R_\Sigma=R_b+R_{m-1}+R_{m-2}+R_{m-3}+R_{ZK}+R_{KK}+R_{d-1}+R_{LH}+R_L$$
$$=4.42+0.43+0.2+0.4+0.36+0.60+0.08+0.67+5.34$$
$$=12.5\text{m}\Omega$$
$$X_\Sigma=X_X+X_b+X_{m-1}+X_{m-2}+X_{m-3}+X_{ZK}+X_{LH}+X_L$$
$$=1.6+12+1.22+0.327+0.32+0.28+5.32+0.29$$
$$=21.36\text{m}\Omega$$

（5）d 点三相短路电流值。

据式 4-73 得

$$I''_z=\frac{U}{\sqrt{3}\ \sqrt{R_\Sigma^2+X_\Sigma^2}}$$
$$=\frac{400}{\sqrt{3}\ \sqrt{12.5^2+21.36^2}}$$
$$=9.33\text{kA}$$

（6）d 点三相短路冲击电流值。

据$\frac{X_\Sigma}{R_\Sigma}=\frac{21.36}{12.5}=1.71$　查图 4-34 得

$$K_{ch}=1.18$$

据式 4-77 得电网供三相短路冲击电流值

$$i_{chx}=\sqrt{2}\ K_{ch}I''_z$$
$$=\sqrt{2}\times1.18\times9.33$$
$$=15.6\text{kA}$$

据式 4-78 得电动机供三相短路冲击电流值

$$i_{chd}=6.5K_{chd}I_{ed}$$
$$=6.5\times1\times\frac{3\times80\times10^{-3}}{\sqrt{3}\times0.38\times0.91\times0.88}$$
$$=3\text{kA}$$

d 点总的三相短路冲击电流值

$$i_{ch}=i_{chx}+i_{chd}=15.6+3=18.6\text{kA}$$

（7）d 点三相短路全电流的最大有效值：

$$K_{ch}=1.18<1.3$$

为此据式 4-36 得

$$T_a=\frac{X_\Sigma}{314R_\Sigma}=\frac{21.36}{314\times12.5}=0.0054$$

据式 4-82 得电网供三相短路全电流的最大有效值

$$I_{chx}=I''_z\sqrt{1+\frac{T_a}{0.02}}$$
$$=9.33\times\sqrt{1+\frac{0.0054}{0.02}}$$
$$=10.51\text{kA}$$

据式 4-83 得电动机反馈三相短路全电流的最大有效值

$$I_{chd}=3.9K_{chd}I_{ed}$$
$$=3.9\times1\times\frac{3\times80\times10^{-3}}{\sqrt{3}\times0.38\times0.91\times0.88}$$
$$=1.78\text{kA}$$

d 点总的三相短路全电流最大有效值

$I_{ch}=I_{chx}+I_{chd}=10.51+1.78=12.29kA$

例 2 试求图 4-54 中 d 点单相短路电流。

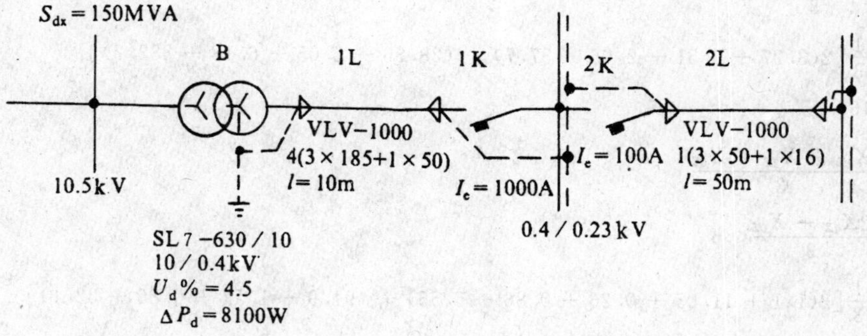

图 4-54 计算电路图（二）

解 计算电路各元件的阻抗。

(1) 系统电抗。

据式 4-50 或查表 4-34 得

$X_{1X}=X_{2X}=1.1m\Omega$

高压系统中零序电流无通路，故不计及零序电抗。

(2) 变压器正序、负序、零序阻抗。

据表 4-35 中查得

$R_{1b}=R_{2b}=3.27m\Omega$，$R_{0b}=28.86m\Omega$

$X_{1b}=X_{2b}=11.05m\Omega$，$X_{0b}=91.9m\Omega$

(3) 自动开关正序、负序、零序阻抗。

1) 1K 自动开关：额定电流 1000A，其阻抗甚小，为了计算偏安全，可忽略不计其阻抗。

2) 2K 自动开关：据式表 4-51 和表 4-52 查得

$R_{12K}=R_{22K}=R_{02K}=0.75+1.3=2.05m\Omega$

$X_{12K}=X_{22K}=X_{02K}=0.86m\Omega$

(4) 电缆线路正序、负序、零序阻抗。

1) 1L 电缆线路，相线正序、负序、零序电抗，查表 4-41。

相线正、负、零序电阻

$R_{11LX}=R_{21LX}=R_{01LX}$

$=0.204\times10\times\frac{1}{4}=0.51$

零线零序电阻 $R_{01LN}=0.754\times10\times\frac{1}{4}=1.89$

相线正、负、零序电抗

$X_{11LX}=X_{21LX}=X_{01LX}=0.104\times10\times\frac{1}{4}$

$=0.26$

零线零序电抗

$X_{01LN}=0.167\times10\times\frac{1}{4}=0.42$

相-零回路零序电阻

据式 4-59 得 $R_{01LL}=R_{01LX}+3R_{01LN}$

$=0.51+3\times1.89=6.18$

相-零回路零序电抗

据式 4-60 得 $X_{01LL}=X_{01LX}+3X_{01LN}$

$=0.26+3\times0.42=1.52$

2) 2L 电缆线路，查表 4-41。

相线正、负、零序电阻

$R_{12LX}=R_{22LX}=R_{02LX}=0.754\times50=37.7$

零线零序电阻 $R_{02LN}=2.3\times50=115$

相线正、负、零序电抗

$X_{12LX}=X_{22LX}=X_{02LX}=0.111\times50=5.55$

零线零序电抗

$X_{02LN}=0.177\times50=8.85$

相-零回路零序电阻

据式 4-59 式 4-61 得 $R_{02LL}=R_{02LX}+3R_{02LN}$

$=37.7+3\times115$

$=382.7$

相-零回路零序电抗

据式 4-60 得 $X_{02LL}=X_{02LX}+3X_{02LN}$

$=5.55+3\times8.85$

$=32.1$

(5) 相-零回路总电阻和总电抗。

据式 4-76

$$R_{XL\Sigma}=\frac{R_{1\Sigma}+R_{2\Sigma}+R_{0\Sigma}}{3}$$
$$=\frac{2R_{1\Sigma}+R_{0\Sigma}}{3}$$
$$=\frac{1}{3}[2(3.27+0.51+2.05+37.7)+(28.86+2.05+6.18+382.7)]$$
$$=168.95$$

据式 4-62 得

$$X_{XL\Sigma}=\frac{X_{1\Sigma}+X_{2\Sigma}+X_{0\Sigma}}{3}$$
$$=\frac{2X_{1\Sigma}+X_{0\Sigma}}{3}$$
$$=\frac{1}{3}[2(1.1+11.05+0.26+0.86+5.55)+(91.9+1.52+0.86+32.1)]$$
$$=54.67$$

(6) d 点单相短路电流值。

据式 4-76

$$I''^{(1)}_{z}=\frac{U_X}{\sqrt{R^2_{XL\Sigma}+X^2_{XL\Sigma}}}$$
$$=\frac{230}{\sqrt{168.95^2+54.67^2}}$$
$$=1.3kA$$

4.8 直流电机供电网络的短路电流计算

在计算直流电机供电网络短路电流方面，至今还没有一个可行的经验，为解决实际问题，在表 4-55 中列出了最大短路电流为电机额定电流的工厂经验倍数值，表 4-55 中倍数较低值用于较小容量和较低速度的电机，较高值用于较大容量和较高速度的电机。

最大短路电流的近似值可以用下式计算

$$i_{max}\approx\frac{1}{\dfrac{\Delta P_s}{P_e}+\dfrac{2+\dfrac{0.3P_e}{D_s}\beta_g}{U_e}+M} \tag{4-86}$$

式中 β_g——被电刷覆盖的整流片数；

U_e——电机额定电压，V；

P_e——电机额定容量，kW；

ΔP_s——电机电枢电路的损失，kW；

D_s——电枢直径，cm；

$\frac{0.3P_e}{D_s}$——电机反电动势的近似计算公式，适用于单叠绕组；

M——考虑漏磁及电枢反应的系数，对于无补偿电机 $M=0.05$，有补偿电机 $M=0.25$。

表 4-55 电机额定容量乘转数之积与直流最大（尖峰）短路电流倍数的关系

P_e（kW）n（r/min）	在额定电压下的短路电流倍数		
	110V	230V	600～750V
有补偿的直流电机			
100000		12～8	
250000		13～9	15～12
300000		15～10	15～12
1200000			16～15
无补偿的直流电机			
5000	5～4	6.5～4	
10000	6.5～5.5	6.5～4	
100000	7.5～6.5	7～6	
1500000	7.5～6.5	7～6	
800000		14～8	

附录 4.1 国际电工委员会 IEC－909 标准中的部分规定

国际电工委员会 1988 年出版的 IEC－909 标准中规定：

(1) 异步电动机经双线圈变压器馈送短路电流情况，见附图 4-1。

(2) 附图 4-1 中 20kVQ 母线 K_3 点发生短路，计算短路电流时，可忽略经过双线圈变压器由高压或低压异步电动机返馈短路电流的条件。

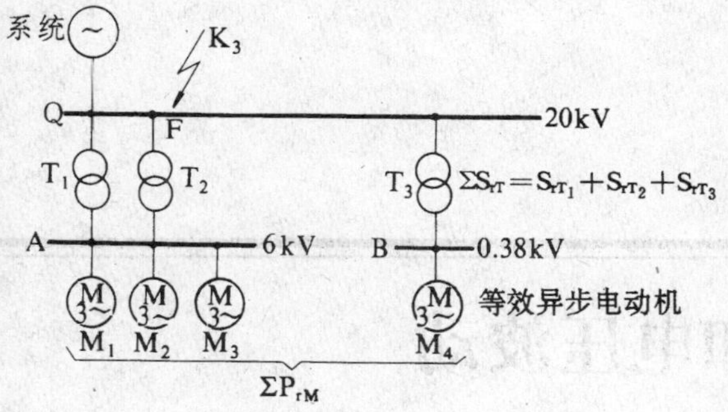

附图 4-1 异步电动机组成馈送短路电流判断图

$$\frac{\Sigma P_{rM}}{\Sigma S_{rT}} \leqslant \frac{0.8}{\left|\frac{100C\Sigma S_{rT}}{S''_{KQ}} - 0.3\right|} \quad \text{(附式 4-1)}$$

式中 ΣP_{rM}——高压及低压电动机投运的额定有功功率之和，MW；

ΣS_{rT}——直接给异步电动机馈电的全部变压器的额定视在功率之和，MVA；

S''_{KQ}——供电系统供的次暂态三相短路容量，MVA；

C——电压系数见附表 4-1。

附表 4-1 电压系数 C 值

额定电压 U_e	电压系数 C 值	
	最大短路电流 C_{max}	最小短路电流 C_{min}
低压 100V～1000V		
400/230V	1.10	0.95
其它电压	1.05	1.00
中压 1kV 以上至 35kV	1.10	1.00
高压 35kV 以上至 230kV	1.10	1.00

(3) 如果异步电动机或异步电动机组的总额定电流小于供电系统供给的次暂态三相短路电流 I''_K 的 1%时，可不考虑异步电动机的影响。

即 $\Sigma I_{rm} \leqslant 0.01 I''_K$ （附式 4-2）

式中 ΣI_{rm}——连接在短路点近处（即与短路点同级电压上）全部电动机的总额定电流，kA；

I''_k——次暂态三相短路电流，kA。

从以上看出 1988 年版 IEC－909 标准规定，只有在满足上面条件时才可以不考虑异步电动机反馈的短路电流值，但过去工程设计的短路电流计算仅考虑同步电机反馈短路电流，对异步电动机反馈的短路电流，由于衰减甚快，仅对三相冲击短路电流 i_{ch} 才考虑，其它皆不考虑。随着高速分闸断路器技术的发展，其分闸时间躲不开异步电动机反馈短路时间时，宜按工程设计实际情况酌情处理。

参考文献

[1] 北京钢铁设计院等编，钢铁企业电力设计参考资料（上册），冶金工业出版社，1976.

[2]航空工业部第四规划设计研究院等.工厂配电设计手册，水利电力出版社，1983.

[3]水利电力部西北电力设计院编，电力工程电气设计手册（第一册）（电气一次部分），水利电力出版社，1989.

[4]IEC—909 Short-circuit current calculation in three-phase. A. C. systems.

第5章

电压偏差和电压波动

5.1 概述

当地区电网和钢铁企业供配电系统的运行方式改变或所供负荷缓慢变化时，供配电系统各点的电压也随之变化，此电压与额定电压之差称为电压偏差。

$$\Delta U = U - U_N$$

如以额定电压的百分数表示，则

$$\Delta U=\frac{U-U_N}{U_N}\times 100\% \tag{5-1}$$

式中　ΔU——电压偏差值，%；

U——实际电压，V；

U_N——额定电压，V。

当所供负荷急剧而频繁地变化时，例如大型电弧炉熔化钢铁、直流或交流调速的轧钢机轧钢，或所供负荷急剧变化但不频繁，如大型电动机起动，都会在企业供配电系统内造成剧烈的电压变化。其变化速度不低于每秒0.2%。在电压急剧变化过程中相继出现的最高电压与最低电压之差称为电压波动。通常用相对值（与额定电压的比值）或其百分数表示，即

$$V_t=\frac{U_{max}-U_{min}}{U_N}=\frac{U_{max}-U_{min}}{U_N}\times 100\% \tag{5-2}$$

式中　V_t——电压波动值，%；

U_{max}——最高电压，V；

U_{min}——最低电压；V；

U_N——额定电压，V。

电压波动时的电压水平通常是指最低电压，并用相对值（与额定电压的比值）或其百分数表示，即

$$u=\frac{U_{min}}{U_N}=\frac{U_{min}}{U_N}\times 100\% \tag{5-3}$$

引起电压偏差和电压波动的原因，是由于网络中变化的负荷电流通过阻抗元件而造成电压损失的变化，主要是线路和变压器的电压损失的变化。在串联电路中，阻抗元件两端电压矢量的几何差称为电压降；两端电压的代数差称为电压损失。在工程计算中，电压损失可取电压降的横向分量（在工程中习惯上也简称电压降），误差可忽略不计。电压损失按下式计算

$$\Delta u=\frac{I\ (R\cos\varphi+X\sin\varphi)}{1000} \tag{5-4}$$

通常用相对值（与网络额定电压的比值）或其百分数表示，即

$$\Delta u=\frac{\sqrt{3}\,I\ (R\cos\varphi+X\sin\varphi)}{1000U_N}=\frac{\sqrt{3}\,I\ (R\cos\varphi+X\sin\varphi)}{1000U_N}\times 100\% \tag{5-5}$$

式中　Δu——电压损失，%；

U_N——网络的额定线电压，kV；

I——负荷电流，A；

$\cos\varphi$——终端负荷的功率因数；

R、X——阻抗元件的电阻和电抗，Ω。

线路电压损失的计算见表5-1。

变压器电压损失按下式计算

$$\Delta u_T=\beta\ (u_r\cos\varphi+u_x\sin\varphi)\ +\frac{\beta^2}{200}\ (u_r\sin\varphi+u_x\cos\varphi)^2 \approx\beta\ (u_r\cos\varphi+u_x\sin\varphi)\ =\frac{P_{ur}+Q_{ux}}{S_{NT}} \tag{5-6}$$

表 5-1 线路电压损失的计算

线路种类	线路电压损失的计算	符号说明
三相平衡负荷线路	$\Delta u=\frac{\sqrt{3}Il}{10U_N}(R_0\cos\varphi+X_0\sin\varphi)$ $=Il\Delta u_a$ $=\frac{Pl}{10U_N^2}(R_0+X_0\mathrm{tg}\varphi)$ $=Pl\Delta u_p$	Δu——线路电压损失，% U_N——线路额定电压，kV I——负荷电流，A $\cos\varphi$——负荷功率因数 P——负荷的有功功率，kW l——线路长度，km R_0、X_0——三相线路单位长度的电阻和电抗，Ω/km Δu_a——三相线路单位电流长度的电压损失，%/A·km Δu_p——三相线路单位功率长度的电压损失，%/kW·km
线电压的单相负荷线路	$\Delta u=\frac{2Il}{10U_N}(R_0\cos\varphi+X_0\sin\varphi)$ $\approx1.15Il\Delta u_a$ $=\frac{2Pl}{10U_N^2}(R_0+X_0\mathrm{tg}\varphi)$ $\approx2Pl\Delta u_p$	
相电压的单相负荷线路	$\Delta u=\frac{2\sqrt{3}Il}{10U_N}(R_0\cos\varphi+X_0\sin\varphi)$ $\approx2Il\Delta u_a$ $=\frac{6Pl}{10U_N^2}(R_0+X_0\mathrm{tg}\varphi)$ $\approx6Pl\Delta u_p$	

注：单相负荷线路中应用单相线路单位长度电抗进行计算，用三相线路单位长度电抗计算其误差不大，在工程计算中可以忽略。

式中 Δu_T——变压器电压损失，%；

S_{NT}——变压器的额定容量，kVA；

u_r——变压器阻抗电压的有功分量，

$$u_r=\frac{100\Delta P_s}{S_{NT}}, \%;$$

u_x——变压器阻抗电压的无功分量，

$$u_x=\sqrt{u_k^2-u_r^2}, \%;$$

u_k——变压器的阻抗电压，%；

ΔP_s——变压器的短路损耗，kW；

β——变压器的负荷率，即实际负荷与额定容量S_{NT}的比值；

$\cos\varphi$——负荷的功率因数；

P——三相负荷的有功功率，kW；

Q——三相负荷的无功功率，kvar。

在不同功率因数下，满负荷的10（6）/0.4kV变压器的电压损失见表5-2。当为其他负荷率时可用此表数据按比例计算，当功率因数低于0.5时，电压损失可按下式估算

$$\Delta u_T\approx\beta u_k \tag{5-7}$$

表 5-2 在不同功率因数下满负荷时 10（6）/0.4kV 变压器的电压损失（%）

cosφ	SL7 型变压器容量（kVA）																
	30	50	63	80	100	125	160	200	250	315	400	500	630	800	1000	1250	1600
1	2.67	2.30	2.22	2.06	2.00	1.96	1.78	1.70	1.60	1.52	1.45	1.38	1.29	1.24	1.16	1.10	1.03
0.95	3.46	3.20	3.14	3.02	2.97	2.94	2.80	2.74	2.66	2.59	2.54	2.47	2.56	2.52	2.45	2.40	2.34

续表 5-2

cosφ	SL7 型变压器容量（kVA）																
	30	50	63	80	100	125	160	200	250	315	400	500	630	800	1000	1250	1600
0.9	3.71	3.51	3.47	3.36	3.32	3.30	3.18	3.12	3.05	3.00	2.95	2.89	3.06	3.03	2.95	2.91	2.86
0.8	3.92	3.80	3.78	3.71	3.68	3.66	3.57	3.53	3.48	3.44	3.40	3.35	3.62	3.59	3.54	3.50	3.45
0.7	3.98	3.93	3.91	3.88	3.86	3.85	3.79	3.76	3.73	3.69	3.67	3.63	3.96	3.94	3.90	3.87	3.83
0.6	3.99	4.00	3.99	3.98	3.97	3.97	3.93	3.92	3.90	3.87	3.85	3.83	4.22	4.21	4.18	4.15	4.12
0.5	3.93	3.99	4.01	4.01	4.01	4.02	4.00	4.00	3.99	3.98	3.98	3.95	4.39	4.39	4.36	4.34	4.33

5.2　电压偏差

5.2.1　允许电压偏差

用电设备的运行指标和额定寿命是对其额定电压而言的。当其端子上出现电压偏差时，其运行参数和寿命将受到影响，影响程度视偏差的大小、偏差持续的时间和设备运行状况而异。为保证用电设备的正常运行，在综合考虑了设备制造和电网建设的经济合理性后，对各类用电设备规定了允许电压偏差值。此值为工业企业供配电系统设计的依据。

5.2.1.1　用电设备的允许电压偏差值及网络电压降的允许值

我国用电设备的允许电压偏差值见表 5-3。

各种情况下网络电压降的允许值见表 5-4。

表 5-3　用电设备端电压允许偏差值

设备名称	电压偏差允许值（%）	附　注
电动机		
（1）连续运转正常情况下	+5～-5	
（2）同上（个别特别远的电动机）		
正常条件下	-8～-10	
事故条件下	-10～-12	
（3）短时运转（例如起动相邻大型电机时）	-20～-30	带冲击负荷的电动机是按转矩选的，其电压降低值应根据计算来确定
（4）起动时		
频繁起动	-10	
不频繁起动	-15	电压降低应满足起动转矩的要求
照明灯		
（1）室内主要场所及厂区投光灯照明	+5～-2.5	
（2）一般工作场所	+5～-5	远离变电站小面积工作场所允许-10%
（3）住宅照明	-6	
（4）事故照明、道路照明、警卫照明	+5～-10	
（5）36V 以下移动照明	-10	
（6）其他灯用电器无特殊规定时	+5～-5	
电梯电动机	+7～-7	
吊车电动机（起动时校验）	-15	
电阻炉	+5～-5	
感应电炉（用变频机组供电时）	同电动机	
电弧炉		

续表 5-3

设备名称	电压偏差允许值（%）	附　注
（1）三相电弧炉	+5～-5	
（2）单相电弧炉	+2.5～-2.5	
电焊设备（在正常尖峰焊接电流时连续工作）	-8～-10	
静电电容器		
（1）长期运行	+5	
（2）短时运行	+10	
正常情况下，在发电厂母线和变电所二次母线（3～10kV）上，由该母线对较远用户供电，用户负荷变动很大	电压调整在+5～0	在最大负荷时，应将电压升高，在最小负荷时，应将电压降低
同上，但在事故情况下	电压调整达到额定电压	
正常情况下当调压设备切除时，在发电厂母线或变电所二次母线（3～10kV）上，由该母线对较近的用户供电（$\Delta u<7\%$）	+2.5～+7.5	
同上，但在事故情况下	-2.5	
同上，但在计划检修时	达到网络额定电压	

表 5-4　在各种情况下网络电压降的允许值

序号	名称	允许电压降值 Δu（%）	附　注
1	内部低压配电线路	1.0～2.5	第 1、2 两项之和，不得大于 6%
2	外部低压配电网络	3.5～5	
3	工厂内部供给有照明负荷的低压网络	3.0～5	
4	正常情况下的高压配电网络	3～6	
5	同上，但在事故情况下	6～12	
6	正常情况下地方性高压供电网络	5～8	第 4、6 两项之和，不得大于 10%
7	同上，但在事故情况下	10～12	
8	正常情况下地方性网络	10（有调压器时为 15）	
9	同上，但在事故情况下	15（有调压器时为 20）	

5.2.1.2　供电电压允许偏差

供电电压为供电部门与用户的产权分界处的电压或由供用电协议所规定的电能计量点的电压。

为了保证供电电压质量，交流 50Hz 电力系统在正常运行条件下，用户受电端供电电压的允许偏差为：

(1) 35kV 及以上供电和对电压质量有特殊要求的用户为额定电压的±5%。

(2) 10kV 及以下高压供电和低压电力用户为额定电压的±7%。

(3) 低压照明用户为额定电压的+5%、-10%。

5.2.2　电压偏差对用电设备的影响

用电设备电压实际值偏离额定值，将直接影响其性能，并可能造成某些损失。影响程度因偏差大小及其持续时间长短而异。

5.2.2.1　异步电动机

表 5-5 端电压偏差对异步电动机特性的影响（18.5kW 以上）

项目		电压偏差			
		−10%	电压函数	+10%	+20%
起动转矩和最大转矩		降低 19%	u^2	增加 21%	增加 44%
同步转速		不变	常数	不变	不变
滑差率		增加 23%	u^{-2}	降低 17%	降低 30%
全负荷转速		降低 1.5%	同步转速一滑差率	增加 1%	增加 1.5%
效率	全负荷	降低 1.5%		增加 0.5～1%	微增
	¾负荷	实际不变		实际不变	降低 2～5%
	½负荷	增加 1～2%		降低 1～2%	降低 7～20%
cos φ	全负荷	增加 0.01		降低 0.03	降低 0.05～0.15
	¾负荷	增加 0.02～0.03		降低 0.04	降低 0.1～0.3
	½负荷	增加 0.04～0.05		降低 0.07	降低 0.15～0.4
全负荷电流		增加 11%		减少 7%	减少 11%
起动电流		减少 10～12%	u	增加 10～12%	增加 25%
全负荷温升		增加 6～7℃		降低 3～4℃	降低 5～6℃
最大过负荷能力		降低 19%	u^2	增加 21%	增加 44%
电磁噪音（特别空载时）		轻微减小		轻微增加	

从表 5-5 可见，当异步电动机端子电压为负偏差时，负荷电流的增大以及起动转距、最大转矩和最大过负荷能力的减小都很显著，严重时甚至不能起动或堵转；而当电压为正偏差时，转矩增加，严重情况下，可能导致联轴器剪断，或者损坏设备。

当电压偏差为 Δu 时，电动机的绝缘寿命可用式 5-8 估算

$$T=\frac{T_N}{K_T} \tag{5-8}$$

式中 T_N——额定电压和额定负载下电动机的绝缘寿命；

K_T——绝缘寿命系数。

当 $-0.2\leqslant\Delta u\leqslant 0$ 时，$K_T=(47\Delta u^2-7.55\Delta u+1)\ m^2$

当 $0\leqslant\Delta u\leqslant+0.2$ 时，$K_T=m^2$

式中 Δu——电压偏差值，以小数表示；

m——电动机的负荷率。

根据式 5-8，当电动机长期持续以 −10% 的电压偏差运转时，其绝缘寿命将缩短一半。

5.2.2.2 同步电动机

电压偏差对同步电动机的影响和异步电动机相似，端电压变化虽不引起同步电动机的转速变动，然而，其起动转矩则与端电压平方成正比变化，而其最大转矩（拖出转矩）直接与端电压成正比变化，即端电压变化 −10% 或 +10% 最大转矩也相应变化 −10% 或 +10%。如果同步电动机励磁电流由晶闸管整流器供给，且整流器交流侧电源是与同步电动机共同的，则其最大转矩将与端电压的平方成正比变化。

5.2.2.3 电热设备

电阻炉热能输出与外施电压平方成正比变化，端电压降低 10%，热能输出降低 19%；端电压升高 10% 热能输出升高 21%，此种关系只有在整个运行期间，电阻保持常数，才是正确的。当电压降低时，熔化和加热时间显著延长，严重降低生产率。表 5-6 为某厂这方面的统计数据。

表 5-6 某厂电阻炉生产率随电压偏差变化统计表

电压偏差（%）		0	−0.9	−2.9	−4.8	−6.6	−8.6	−11.4
电阻炉生产率（%）	ϕ200 加工件	100	99.4	97.8	94.6	91.2	87.1	82.5
	ϕ555 加工件	100	99.7	99.0	97.6	95.8	93.8	91.0

当电弧炉的电压降低时也将降低生产率。

当端电压长期偏高时，将使电热元件寿命缩短。

5.2.2.4　红外线加热器

虽然红外线加热器装置的灯丝是电阻型的，但是电压变化的同时，电阻也起变化，所以其能量输出略小于电压平方而变化。在加热过程中，电压变化产生不需要的热效能变化，因而需要恒温控制或其他恒压调节设备。

5.2.2.5　白炽灯

电压偏差对白炽灯的影响如下：

光通量　$F=F_N\left(\frac{U}{U_N}\right)^{3.6}$

消耗功率　$P=P_N\left(\frac{U}{U_N}\right)^{1.6}\approx 1+1.5\Delta u$

效率　$\eta=\eta_N\left(\frac{U}{U_N}\right)^{2}$

使用寿命　$T=T_N\left(\frac{U}{U_N}\right)^{-14}$

式中　F_N、P_N、η_N、T_N——白炽灯光通量、功率、效率和寿命的额定值；

Δu——电压偏差，以小数表示。

电压偏差对白炽灯的光通量和使用寿命的关系数据见表5-7。

表5-7　电压偏差与白炽灯光通量、使用寿命关系表

电压偏差（%）	−20	−10	−8	−4	0	+6	+10	+20
光通量（lm）	47	68	75	87	100	120	140	185
使用寿命（%）	1900	430	300	170	100	45	30	10

从上式和表5-7可知，电压过高时白炽灯的寿命急剧缩短，电压偏低时白炽灯的光通量显著减少。

5.2.2.6　气体放电灯

荧光灯的光通量大约与其端电压平方成正比。端电压降低10%，光通量降低20%；端电压升高10%，光通量升高22%。当电压偏差为−10%及以下时，起辉将发生困难。当电压偏差超过+10%时，镇流器将过热而缩短寿命。对于灯管本身，电压升高10%，使用寿命降低20%；电压降低10%，使用寿命降低35%。灯泡、灯管的使用寿命是指其在光效下降到初始值的70%时的燃用时间。

高压水银荧光灯的光通量大约与其端电压立方成正比。端电压降低10%，光通量降低27%；端电压升高10%，光通量升高30%。由于水银汽化的原因，水银灯起动后达到完全的亮度，需要4～8min。当电压偏差达−30%时，则水银弧光就将熄灭，而且直至水银冷却前不能再起动，这个时间间隔，大约需要5～10min。这对于没有特殊冷却控制的灯泡都是一样的。水银灯的寿命与其起动次数有关。如果在电压降低的条件下，要求重新起动，则灯泡寿命就相应地受到影响。端电压过高，则电弧温度升高，当温度接近玻璃软化点时，就将危及密封玻璃壳。

金属卤化物灯的光通量与电压大约成立方正比关系。端电压降低10%，光通量降低27%；端电压升高10%，光通量升高30%。

高压钠灯的光通量与电压的关系为端电压降低10%，光通量降低37%；端电压升高10%，光通量升高50%。

5.2.2.7　移相电容器

电容器输出无功功率与电压平方成正比，电压偏差−10%，输出无功功率降低19%；电压偏差+10%，输出无功功率增加21%。电压偏差不超过+5%电容器可长期运行，若电压偏差长期超过+5%时，将因过负荷引起移相电容器内部热量增加，绝缘老化加速，介质损失角增大，造成过热而击穿。电压偏差不超过+10%电容器只能短时运行，长期超过10%是不容许的。

5.2.2.8　电解设备

电解设备通过整流装置供给直流电流，当整流装置的交流电压下降时，电解槽的直流电流区减小。电压下降过多将使电解槽生产状况恶化，见表5-8的统计资料。

表5-8　电压偏差与电解铝生产状况的统计表

交流电压偏差（%）	0	−0.8	−1.7	−2.8	−4.0	−4.7	−5.7	−6.7	−7.6	−8.6
电耗（kW·h/t）	17200	17300	17300	17500	17600	17900	18100	18250	18400	18600
电解槽生产率（%）	100	99.4	99.0	97.5	96.0	93.9	91.9	90.0	88.7	87.0

每吨生铝成本随着电压降低而逐渐增加。

当电压偏差超过＋5%时，将造成电解槽不允许的过热，并使生产过程恶化。

5.2.2.9 电子设备

电子管阴极的放射能力随电压的降低而降低。电压每升高5%，其寿命即相应缩短一半。这是由于电压提高后，阴极表面有效物质挥发加速，加热元件寿命减少的缘故。某些电子管不论电压偏高或偏低都将缩短寿命。所以保持电子管阴极电压接近额定电压值的稳定水平是很重要的。

电子计算机的电压若超过所规定的允许值将影响运算的精确度，因此一般都带有专用稳压电源装置，这样对电压偏差的要求可适当放宽。

5.2.2.10 螺管线圈操作装置

交流螺管线圈的引力近似与电压平方成正比变化。一般交流螺管线圈设计成释放型的，而且稳定地运行于10%过电压和15%低电压的条件下。

5.2.2.11 电阻焊机

当电压正偏差过大时，将使焊接处热量过多而造成焊件过熔；负偏差过大则影响焊机输出功率，使焊接热量不够而造成虚焊。

综上所述，可知过大的电压偏差在不同程度上造成电气设备输出功率降低，寿命缩短，电耗增加，产品质量下降或报废，产量减少，设备损坏，甚至被迫停产，对工业企业生产影响很大。

5.2.3 电压偏差的原因及计算

企业用电设备的电压偏差包含地区电网的电压偏差和企业供配电系统自身产生的电压偏差。它们都是由于运行方式和负荷的变化引起的。

地区电网的电压偏差，在一定的运行方式下，电网的电压偏差是由于负荷变化使电网的线路和变压器等主要供电元件的电压损失变化而引起的。

钢铁企业自身负荷变化造成的电压偏差，按负荷变化的特点，造成不同电压偏差特性的负荷可大体分为三种：

第一种负荷：在一昼夜内只运行一班、二班或几个小时，投入运行时，使线路电压降低；退出运行时，使线路电压升高，因而产生电压偏差，但变化周期较长，为几小时到十几小时。与此同时，负荷本身大小发生变化时，也引起电压偏差。

第二种负荷：连续运行若干天，负荷基本保持不变（如电解、化工用电负荷），所以在运行期间的电压偏差取决于电网电压偏差。但是在其投入运行时，也使线路电压降低；退出运行时，使线路电压升高，因而也产生电压偏差，不过周期长，为若干天变化一次。

第三种负荷：为最大量的三班制负荷，负荷本身存在不同程度的变化，叠加后而产生较为缓慢变化的电压偏差，变化周期为几分钟到几小时。

如果在某段时间内线路（或其他阻抗元件）首端的电压偏差为Δu_1，线路电压损失为Δu_l，则线路末端电压偏差为

$$\Delta u_t = \Delta u_1 - \Delta u_l \tag{5-9}$$

当有变压器或其他调压设备时，还应计入其电压提升，即

$$\Delta u_t = \Delta u_1 + e - \Sigma\Delta u \tag{5-10}$$

式中 Δu_1——线路首端的电压偏差，%；

$\Sigma\Delta u$——回路中电压损失总和（高压线路和变压器及低压线路的电压损失的总和），%；

e——变压器的电压提升，%。

常用配电变压器调压抽头与二次空载电压和电压提升的关系见表5-9。

表5-9 变压器调压抽头与二次空载电压和电压提升的关系

10（6）±5%/0.4kV变压器调压抽头		+5%	0	−5%
10.5（6.3）±5%/0.4kV变压器调压抽头	+5%	0	−5%	
变压器调压抽头位置的电压（kV）	11（6.6）	10.5（6.3）	10（6）	9.5（5.7）
变压器二次空载电压（V）	360	380	400	420
电压提升e	−5%	0	+5%	+10%

注：表中数据为变压器运行在10（6）kV额定电压下的计算值。

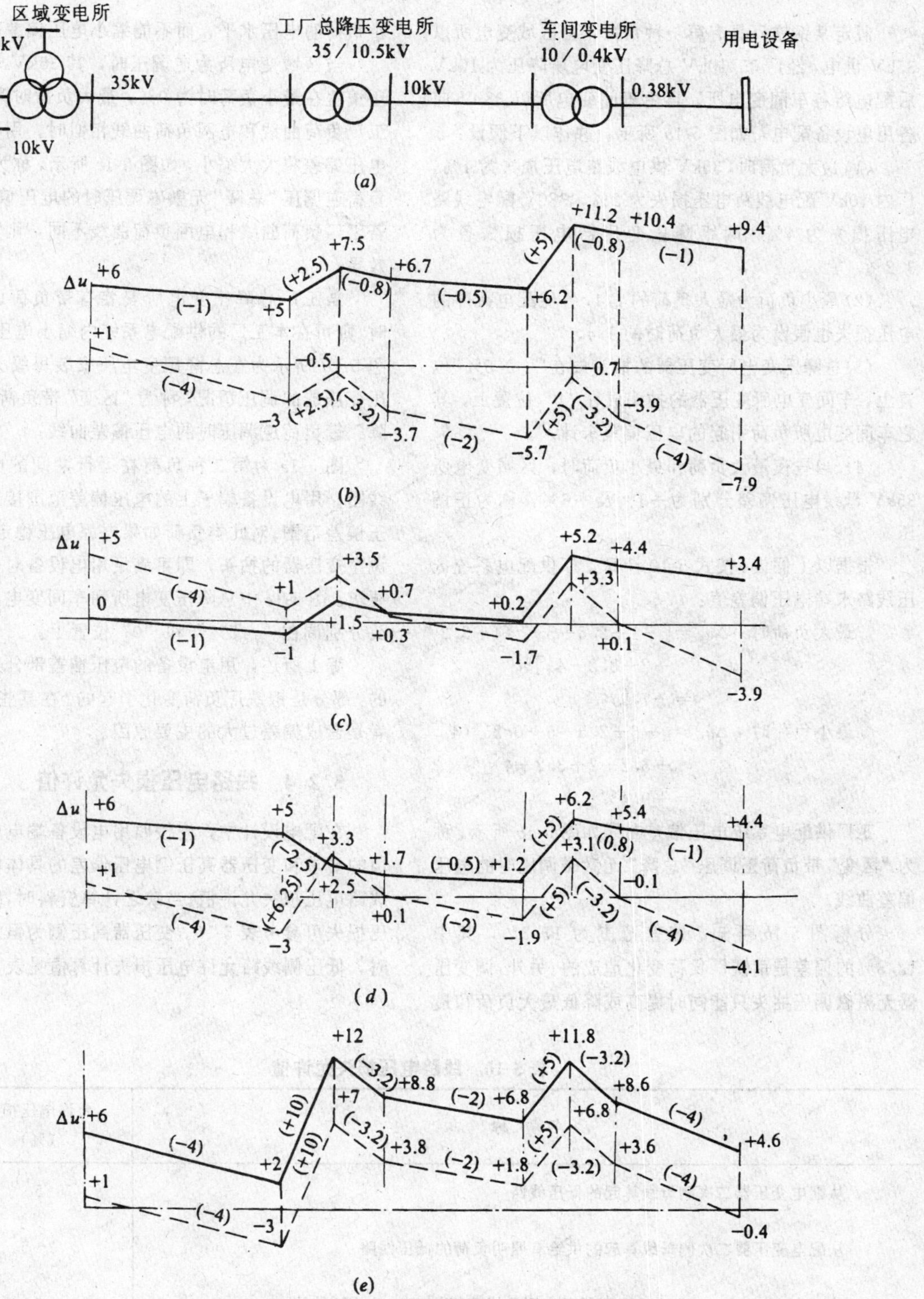

图 5-1　钢铁厂电压偏差曲线示例

(*a*) —系统图；(*b*) — “区变”正调压曲线；(*c*) — “区变”逆调压曲线；(*d*) — “总降”逆调压曲线；(*e*) —第二种负荷运行电压偏差曲线实线为最小负荷，虚线为最大负荷

假定某钢铁厂具有第一种负荷，由区域变电所以35kV供电，经厂35/10kV总降压变电所降压为10kV后配电给各车间变电所，再由车间变电所以380V向各用电设备配电，如图5-1*a*所示。并作以下假设：

(1)最大负荷时，35kV供电线路电压损失为4%，厂内10kV配电线路电压损失为2%，380V配电线路电压损失为4%，两级降压变压器电压损失各为3.2%。

(2)最小负荷为最大负荷的1/4，各供配电元件的电压损失也假设为最大负荷时的1/4。

(3)总降压变电所变压器的抽头放在"+2.5%"位置上，车间变电所变压器的抽头放在"0"位置上，其它车间变电所负荷引起的电压偏差未计入。

(4)当昼夜最大负荷和最小负荷时，区域变电所35kV母线电压偏差分别为+1%及+6%，称为正调压。

根据以上假设，按式5-10计算工厂供配电系统低压线路末端电压偏差值：

最大负荷时 $\Delta u_t=[+1+2.5+5-(4+3.2+2+3.2+4)]\%=-7.9\%$

最小负荷时 $\Delta u_t'=[+6+2.5+5-0.25(4+3.2+2+3.2+4)]\%=+9.4\%$

工厂供配电系统电压偏差曲线如图5-1*b*所示，称为"区变"带负荷正调压"总降"无激磁调压时的电压偏差曲线。

分析图5-1*b*可知，偏差范围为17.3%，其中12.3%的偏差是钢铁厂负荷变化造成的。另外，调变压器无激磁调压抽头只能同时提高或降低最大负荷和最小负荷的电压水平，而不能缩小电压偏差范围。

当区域变电所为逆调压时，其35kV母线上的电压偏差在最小负荷时为0%，最大负荷时为+5%。若工厂负荷曲线和电网负荷曲线相似时，用电设备处的电压偏差将大大缩小，如图5-1*c*所示，称为"区变"带负荷逆调压"总降"无激磁调压时的电压偏差曲线。但若工厂负荷曲线和电网负荷曲线不同，则不能取得此效果。

当工厂总降压变电所安装有带负荷调压变压器时，则可在本工厂的供配电系统内缩小电压偏差范围。图5-1*d*所示为在总降压变电所安装每级为1.25%调压变压器的调压情况，称为"区变"带负荷正调压"总降"带负荷逆调压时的电压偏差曲线。

图5-1*e*为第二种负荷在运行期间的电压偏差曲线图。用电设备端子上的电压偏差范围接近电源的电压偏差范围。对此类负荷如果电源电压稳定，只要适当调整变压器的抽头，即可满足用电设备对电压偏差的要求。图5-1*e*中总降压变电所和车间变电所变压器抽头分别调在"−5%"和"0"位置上。

综上所述，用电设备的电压偏差部分是电源引起的，部分是钢铁厂负荷变化引起的。在某些情况下，后者是造成偏差过大的主要原因。

5.2.4 线路电压损失允许值

在配电设计中，应按照用电设备端电压偏差允许值的要求和变压器高压侧电压偏差的具体情况，确定线路电压损失允许值。当缺乏计算资料时，线路允许电压损失可参考表5-10。变压器高压侧为恒定额定电压时，低压侧线路允许电压损失计算值见表5-11。

表5-10 线路电压损失允许值

名称	允许电压损失(%)
从配电变压器二次侧母线算起的低压线路	5
从配电变压器二次侧母线算起的供给有照明负荷的低压线路	3～5
从110(35)/10(6)kV变压器二次侧母线算起的10(6)kV线路	5

表 5-11 变压器高压侧为恒定额定电压时，低压侧线路允许电压损失计算值（%）

负荷率	cosφ	SL7 型变压器容量 (kVA)								
		30	50 63	80	100 ~200	250 315	400 500	630~ 1000	1250	1600
0.8	1	8	8	8	8.5	8.5	9	9	9	9
	0.95	7	7.5	7.5	7.5	8	8	8	8	8
	0.9	7	7	7	7	7.5	7.5	7.5	7.5	7.5
	0.8	7	7	7	7	7	7	7	7	7
	0.7	6.5	7	7	7	7	7	7	7	7
	0.6~0.5	6.5	6.5	6.5	6.5	7	7	6.5	6.5	6.5
1.0	1	7	7.5	8	8	8	8.5	8.5	9	9
	0.95	6.5	6.5	7	7	7	7.5	7.5	7.5	7.5
	0.9	6	6.5	6.5	6.5	7	7	7	7	7
	0.8	6	6	6	6	6.5	6.5	6	6.5	6.5
	0.7~0.5	6	6	6	6	6	6	5.5	6	6

注：本表按用电设备允许电压偏差为±5%，变压器空载电压比低压网络额定电压高 5%（相当于变压器高压侧为恒定额定电压）进行计算，将允许总的电压损失 10%，扣除变压器电压损失（见表 5-2）即得本表数据。当照明允许电压偏差为+5%～−2.5%时，应按表上数据减少 2.5%。

5.2.5 改善电压偏差的主要措施

改善电压偏差的主要措施有：

(1)就地进行无功功率补偿及时调整无功补偿量。无功负荷的变化在电网各级系统中均产生电压偏差，它是产生电压偏差的源。因此就地进行无功功率补偿及时调整无功补偿量，从源上解决问题，是最有效的措施，具体作法是：

1)就地进行无功功率补偿及时调整并联补偿电容器组的接入容量。接入电容器后线路及变压器电压损失减少的数据，可查表 5-12，或按式 5-11 和式 5-12 估算

线路 $$\Delta u'_l \approx \frac{\Delta Q_C X_l}{10U_N^2}\% \qquad (5\text{-}11)$$

变压器 $$\Delta u'_T \approx \frac{\Delta Q_C u_k}{S_T}\% \qquad (5\text{-}12)$$

式中 ΔQ_C——补偿电容器的投入容量，kvar；

X_l——线路的电抗，Ω；

U_N——网络额定线电压，kV；

S_T——变压器的额定容量，kVA；

u_k——变压器的阻抗电压，%。

一般企业负荷重、电压低时，无功负荷大，需要投入电容器进行补偿；反之，在企业负荷轻、电压高时，无功负荷小，需要切除电容器。这样就可在调节无功的同时，改善了电压质量。有条件时宜采用调节低压电容器方式，以使调压效果更显著，还应尽量采用按电压或功率因数调整的低压自动补偿装置。

表 5-12 投入电容器后电压损失减少的数据

供电元件	每公里架空线路电压 (kV)			每公里电缆线路电压 (kV)			SL7 型变压器容量 (kVA)							
	0.38	6	10	0.38	6	10	315	400	500	630	800	1000	1250	1600
投入 100kvar 电容器后电压提高值（%）	23	0.098	0.035	5.54	0.025	0.009	1.27	1	0.8	0.71	0.56	0.45	0.36	0.28

续表 5-12

供电元件	每公里架空线路电压（kV）			每公里电缆线路电压（kV）			SL7 型变压器容量（kVA）							
	0.38	6	10	0.38	6	10	315	400	500	630	800	1000	1250	1600
电压提高 1%需投入电容器容量（kvar）	4.3	1021	2837	18	4045	10593	79	100	125	140	178	222	278	356

2）调整同步电动机的励磁电流。在铭牌规定值的范围内适当调整同步电动机的励磁电流，使其超前或滞后运行，就能产生超前或滞后无功功率，从而达到改变网络负荷的功率因数和调整电压偏差的目的。

(2)采用有载调压变压器。从总体上综合考虑无功负荷只宜补偿到功率因数为 0.9～0.95，仍有一部分变化无功负荷要电网供给而产生电压偏差，这就需要分区采用一些有效的办法来解决，采用有载调压变压器就是有效而经济的办法之一。

对于电压偏差大的变电所，经过计算，普通无激磁调压变压器不能满足用电设备的电压要求时，宜采用有载调压变压器。

有载调压变压器是借助改变变比的方法达到调整电压的目的。一般都在高压侧调抽头，抽头范围视电网最大电压偏差值而定。抽头多时调压效果较好。但用于自动调压时不宜动作过于频繁，以免影响调压开关寿命。有载调抽头开关可以手动、遥控或自动控制。

在 110 (35) kV 变电所采用有载调压变压器，比大量采用有载调压配电变压器经济方便，应优先选择。有载调压电力变压器不宜并联运行。因为不能保证有载分接开关同步切换，会产生少量环流。

有载调压变压器不但可使由于负荷变化而引起的电压变化得到补偿，而且可获得逆调压的效果，即在厂内供电系统出现最大负荷，使变电所母线电压水平过分降低时，将其电压水平提高至规定值；当供电系统出现最小负荷，使变电所母线电压水平过分升高时，将其电压水平降至规定值。因此，采用有载调压变压器后，在大多数情况下，变压器二次侧的设备、线路可以按经济原则进行设计，不必再采取改变线路参数的办法来减少电压偏差而增加不必要的投资。

目前，我国生产的有载调压变压器的调压范围有：

1）电压为 10kV 级及以下的高压线圈：

$$U=U_N\pm4\times2.5\%$$
$$U=U_N{}^{+2}_{-6}\times2.5\%$$
$$U=U_N\pm4\times5\%$$
$$U=U_N{}^{+2}_{-6}\times5\%$$
$$U=U_N{}^{+5}_{-3}\times2.5\%$$
$$U=U_N{}^{+3}_{-5}\times5\%$$
$$U=U_N{}^{+3}_{-4}\times2.5\%$$
$$U=U_N{}^{+3}_{-4}\times5\%$$
$$U=U_N{}^{+2}_{-4}\times3.17\%$$

2）电压为 35kV 级的高压线圈：

$$U=U_N\pm3\times2.5\%$$
$$U=U_N{}^{+2}_{-4}\times2.5\%$$
$$U=U_N{}^{+1}_{-5}\times2.5\%$$

3）电压为 110kV 级的高压线圈：

$$U=U_N\pm3\times2.5\%$$
$$U=U_N{}^{+2}_{-4}\times2.5\%$$

4）电压为 220kV 级的高压线圈：

$$U=U_N\pm4\times2.5\%$$
$$U=U_N\pm8\times1.5\%$$

式中　U_N——线路的额定电压；

　　　U——相应各分接头位置的工作电压。

另外还应说明：

1)系统联络用有载调压变压器调压范围根据要求可为 20%，一般为 15%。

2)有载调压变压器应保证在负分接时变压器温升不超过允许值。

3）有必要时，某些制造厂也可供应±7 级或±13 级的有载调压电力变压器。

4)有载调压电力变压器的容量受有载调压开关容量的限制。有的制造厂已能生产 10kV600A 及 35～220kV400A 的有载调压开关，供选用时参考。

(3) 改进系统设计或改变电路参数即提高配电电

压，并减少系统阻抗。电压降百分数与电压平方成反比，比较高的配电电压，可以减少电压降。因此，设计供电系统时，从改善电压质量的角度出发，应尽可能采用较高的配电电压。

电压降是电流流经系统阻抗的结果，因而采取某些措施以减少系统阻抗，可以达到减少电压降的目的。诸如：

1)采用阻抗较低的电缆或封闭型导体代替阻抗较高的各相分开的裸导体；

2)采用交织结构的复母线排，这种结构电压降较低；

3)在某些情况下，采用两根截面较小的电缆并联，代替一根大截面电缆，其阻抗比较低；

4)负荷较大时，架空线路采用相分裂导线，其阻抗较低；

5)采用阻抗较低的变压器，阻抗高的变压器可减少短路电流，但增加电压降；

6)尽可能缩短低压馈电线路的长度。

(4)合理选择电力变压器无激磁调压抽头电压。普通电力变压器只能在无激磁的条件下调换调压抽头，一旦抽头调定之后，它将长期运行在该抽头上。因此，由于最大和最小负荷引起的电压总偏差，不会因抽头位置的不同而变化。但是改变抽头的位置，可以改变电压正偏差和负偏差值的分配，用以改变变压器二次侧的电压水平，使最大和最小负荷时的电压正负偏差保持在允许的范围内，这是最简单最便宜的办法。然而在改变抽头时还应考虑到电源电压的偏差。

改变抽头位置时，还要考虑有部分受电设备直接联结在该变压器二次侧母线上，或者相距很近，所以一般要求在最小负荷时，变电所二次母线电压接近而又不大于1.05倍额定电压。

变压器无激磁调压抽头电压分为两种，应按保证变压器二次电压偏差在允许范围内，选择其中合适的一种。所以先要根据变压器送出负荷的大小、远近，确定最大的送出线电压降，再确定变压器二次电压偏差，按此算出变压器电压提升值，然后查表5-9，选出调压抽头电压合适的一种变压器。最后再确定调压抽头位置。

变压器的电压提升值，按下列近似式计算

$$\Delta u'_T=\Delta u_2-\Delta u_1+\Delta u_T \qquad (5\text{-}13)$$

式中 $\Delta u'_T$——变压器的电压提升，指变压器空载时，一次侧线圈电源电压运行在额定电压，其二次侧电压与二次网络额定电压的偏差，%；

Δu_1、Δu_2——变压器一次侧和二次侧电压偏差，以一次侧和二次侧网络额定电压的百分数表示；

Δu_T——带负荷后变压器内部的电压降，以二次额定电压的百分数表示。

$\Delta u'_T$值与选择的抽头电压有关，见表5-9，常用的低压配电变压器调压抽头电压有10(6)±5%/0.4kV和10.5(6.3)±5%/0.4kV两种。

Δu_T变压器内部电压降可按式5-6与表5-2确定。

例1 变压器离总降压变电所较远，已知线路压降为4%，加于变压器一次侧电压偏差为+5至−1%，变压器带负荷时的压降$\Delta u_T=2\%$，若变压器二次电压Δu_2要求为+5%，则按式5-13可求出变压器对应的压升$\Delta u'_{T1}$、$\Delta u'_{T2}$

$$\Delta u'_{T1}=\Delta u_2-\Delta u_1+\Delta u_T$$
$$=(5-5+2)\%=2\%$$
$$\Delta u'_{T2}=[5-(-1)+2]\%=8\%$$

按表5-9选用10(6)±5%/0.4kV变压器较为适宜。

如果该变压器离总降压变电所较近，一次侧电压偏差+9%至+4%，变压器带负荷时的内部压降$\Delta u_T=4\%$，二次电压Δu_2要求为+3%，则变压器对应的压升Δu_{T1}、Δu_{T2}为

$$\Delta u'_{T1}=\Delta u_2-\Delta u_1+\Delta u_T$$
$$=(3-9+4)\%=-2\%$$
$$\Delta u'_{T2}=(3-4+4)\%=3\%$$

按表5-9选用10.5(6.3)±5%/0.4kV变压器较为适宜。

例2 一台10(6)±5%/0.4kV配电变压器，假设电源无电压偏差，一次侧最大和最小负荷时的电压偏差Δu_1分别为+2%和+5%，相应的变压器内部电压降Δu_T为4%和1%，要求最大和最小负荷时二次侧电压偏差Δu_2分别为0和+5%。

最大负荷时变压器的压升

$$\Delta u'_T=\Delta u_2-\Delta u_1+\Delta u_T=(0-2+4)\%$$
$$=+2\%$$

最小负荷时变压器的压升

$$\Delta u'_T=(5-5+1)\%=+1\%$$

查表5-9应选择电压提升为0的相应调压抽头+5%。

再校验变压器二次电压偏差：

最大负荷时 $\Delta u_2=\Delta u_1+\Delta u'_T-\Delta u_T$

$$=(2+0-4)\%=-2\%$$

最小负荷时 $\Delta u_2 = (5+0-1)\% = +4\%$

校验结果基本符合要求。

我国无激磁调压变压器电压分级范围及级数如下：

1）容量在 6300kVA 及以下的高压线圈

$U = U_N \pm 5\%$

2）容量在 8000kVA 及以上与电压在 35kV 及以上的高压线圈

$U = U_N \pm 2\times 2.5\%$

3）三线圈变压器的中压线圈

$U = U_N \pm 5\%$

（电压为 121kV 级的线圈无分接头）

式中 U_N——线路的额定线电压；

U——相应各调压抽头位置的工作电压。

另外还应说明：

1）根据负荷要求，允许将带有 5 个调压抽头的变压器按 +2.5%，0，−2.5%，−5%，−7.5%或按 0，−2.5%，−5%，−7.5%，−10%订货制造；3 个调压抽头的变压器按 0，−5，−10%订货制造。

2）无激磁调压变压器的二次侧电流在 −7.5%和 −10%调压抽头时，应较其额定电流各降低 2.5%和 5%。

(5)改变供配电系统的运行方式。当工厂负荷轻时电压就升高，此时如切断部分轻载的变压器，改用低压联络线供电，增加变压器和线路中的电压损失，就可以降低用电设备的过高电压。在轻载时切断部分变压器，既降低了变压器的空载损耗，又起到电压调整的作用。

切、合联络线或将变压器分、并列运行，借以改变配电系统的阻抗，调整电压偏差。

5.3 电压波动和闪变及其允许值

5.3.1 电压波动对受电设备的影响及其允许值

电压频繁波动，对于联结在同一网络中的其他受电设备的运行是不利的。对于同步电动机，急剧的电压波动，可能产生振荡现象；对于照明则产生闪烁。由闪烁引起人们的烦躁，不但与电压变化的百分值有关，而且与电压波动的频率等因素有关。荧光灯和水银灯在电压变化时引起的闪烁比白炽灯轻微。有关白炽灯和荧光灯的允许电压波动百分值与允许电压波动频率之间的关系曲线，见图 5-2。

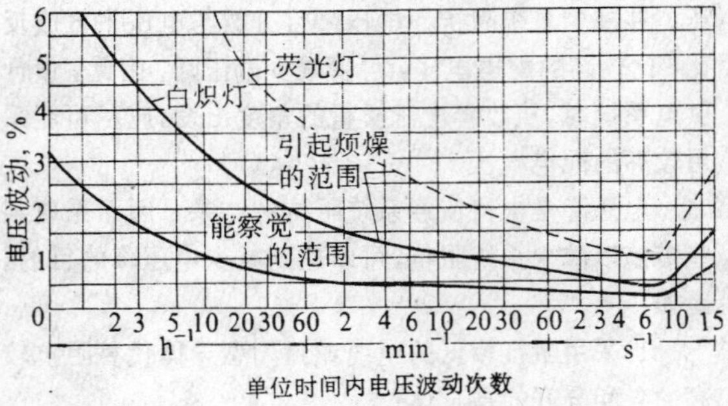

图 5-2 照明允许电压波动与其允许波动频率数之间的关系曲线

某些不同用电设备允许电压波动范围与允许电压波动频率之间的关系曲线，见图 5-3。图 5-3 中下面一根曲线是电压波动灵敏度的界限，电压波动值低于这条曲线就感觉甚微；上面一条曲线是感受电压波动刺激的界限，电压波动值高于这条曲线是不允许的。电压波动值介于这两条曲线之间，虽然感觉到，但是允许的。当电压波动频率超过每秒 6 次时，两条曲线都向上弯曲，说明在这样高的波动频率时，就不容易感觉到。

用电设备端子电压波动允许值，见表 5-13。

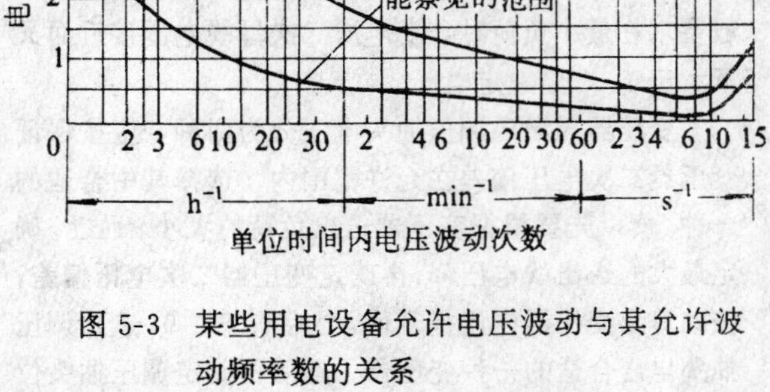

图 5-3 某些用电设备允许电压波动与其允许波动频率数的关系

1 区—调节设备用的泵、剧院照明、喷油器等；

2 区—独立升降机、提升机、桥式起重机、X 光设备等；

3 区—电弧炉、手动点焊、落锤、电弧焊、锯、成组升降机等；

4 区—活塞泵、空压机、自动点焊机等

表 5-13 用电设备端子电压波动允许值

名称	电压波动时电压水平允许值(%)	电压波动允许值(%)
(1) 电动机 起动时		
经常起动	90	
不经常起动(每班≤2次)	85①③	
由单独变压器供电	<85②③	
(2) 三相电弧炉 工作短路时		5④
(3) 电焊机 正常尖峰电流下持续工作时	90⑤	
(4) 照明灯		
1) 短时情况(例如网络中大电动机起动时,引起的次数不多的短时电压波动)		
白炽灯	不限	
荧光灯	70⑥	
高压水银荧光灯、金属卤化物灯、高压钠灯	85⑥	
2) 频繁情况(例如网络中电焊机等工作时,引起的每分数次至每秒数次的频繁电压波动)		1
(5) 医用X线诊断机	90~110	
(6) 电子计算机 A级⑦	95~105	
B级	90~107	
C级	90~110	

①当能保证生产机械要求的起动转矩,且在网络中引起的电压波动不致破坏其他用电设备(包括电磁抱闸及控制电器的吸引线圈等)工作时,允许值可低于85%;

②电动机端子上电压水平,应能保证生产机械要求的起动转矩,变压器一次侧电压水平不宜低于85%;

③电动机降低电压起动时,应使电动机绕组在起动过程中的温升不超过规定值,起动设备受电端的电压水平不宜低于85%;

④三相电弧炉工作短路时,引起供电母线的电压波动值不应超过5%,但专供电弧炉用的变电所母线的电压波动不应受此限制;

⑤电焊机有手工及自动弧焊机(包括弧焊变压器、弧焊整流器、直流焊接变流机组)、电阻焊机(即接触焊机包括点焊、缝焊和对焊机)。焊接时电压水平过低时会使焊接热量不够而造成虚焊。对于自动弧焊变压器和无稳压装置的电阻焊机,电压水平允许值宜为92%,对于有些焊接有色金属的电阻焊机要求略高;

⑥电压水平低于允许值时可能有个别灯会自行熄灭,荧光灯如低于65%时可能有部分灯会自行熄灭,高压水银荧光灯、金属卤化物灯和高压钠灯,如低于80%时可能有部分灯会自行熄灭。电压过低时会全部熄灭。高压水银荧光灯的再启动时间为5~10min,金属卤化物灯和高压钠灯长达10~15min,如果生产场所没有白炽灯,则易引起事故;

⑦电子计算机级别的含义见《计算站场地技术条件》(GB2887—89)。

电力系统公共供电点,由冲击负荷产生的电压波动允许值,见表5-14。

表 5-14 电力系统公共供电点电压波动允许值 V_t

额定电压（kV）	电压波动允许值 V_t（%）
10 及以下	2.5
35～110	2.0
220 及以上	1.6

5.3.2 电压闪变及其允许值

电力系统正常运行方式下，在公共供电点处，由于冲击负荷周期性地从供电网中取用快速变动的功率，使电压快速变化，从而可能引起人眼对灯闪的明显感觉。此种人眼对灯闪的主观感觉称为闪变。

人眼对不同频率的电压波动而引起灯闪的敏感程度称为闪变视感度系数 a_f。

a_f 和 f 的关系见表 5-15 和图 5-4。

表 5-15 a_f 和 f 的关系表

f（Hz）	0.01	0.05	0.10	0.50	1.00	3.00	5.00	10.00	15.00	20.00	30.00
a_f	0.026	0.055	0.075	0.169	0.260	0.563	0.780	1.000	0.845	0.655	0.357

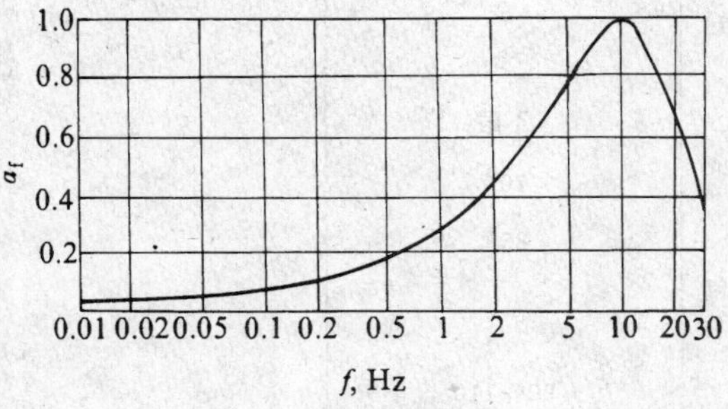

图 5-4 闪变视感度曲线

工频 50Hz 电压幅值包络线的波形称为电压调幅波。

电压调幅波中不同频率的正弦波分量的均方根值等效为 10Hz 值的一分钟平均值，此值称为等效闪变值，以额定电压的百分数表示

$$\Delta V=\sqrt{\Sigma\ (a_f\Delta V_{f1})^2} \tag{5-14}$$

式中 ΔV_{f1}——电压调幅波中频率为 f 的正弦波分量一分钟均方根平均值，以额定电压的百分数表示。

电力系统公共供电点，由冲击负荷产生的闪变电压值应满足 ΔV_{10}的允许值。ΔV_{10}允许值见表 5-16。

表 5-16 ΔV_{10}允许值表

应用场合	ΔV_{10}允许值（%）
对照明要求较高的白炽灯负荷	0.4（推荐值）
一般性照明负荷	0.6（推荐值）

V_t、ΔV_{10}合格的条件：

(1)电力系统正常运行在较小方式下(设计计算按最大短路容量乘 0.7 系数)。

(2)冲击负荷变化最长周期时，测 50 个以上数值，95%数值未超过允许值算合格。

(3) ΔV_{10}每次测量周期为 1min，积分时间不短于 58s。

5.4 高压电动机起动时的电压波动

5.4.1 鼠笼型电动机和同步电动机的起动方式

鼠笼型电动机和同步电动机的起动方式有全压起动和降压起动两种。

全压起动简便可靠，投资省，起动转矩大，应优先采用，但起动电流大，引起公用母线上的电压波动也大。

降压起动起动电流小，但起动转矩也小，起动时间延长，绕组温升较高，起动设备复杂。

高压电动机起动方式及其特点见表 5-17。

当电动机容量很大，接近供电变压器容量 20%或更大时，单独起动也会引起不可忽视的电压损失。因此，在设计中应计算电动机起动时的电压水平，以便正确选择起动方式和供配电系统，并根据起动电流或容量校验供配电和起动设备的过负荷能力。

表 5-17 高压电动机起动方式及其特点

起动方式	全压起动	变压器-电动机组	电抗器降压起动	自耦变压器降压起动变压比(k)
起动电压/额定电压	1	k	k	k
起动电流/额定起动电流	1	k	k	k^2
起动转矩/额定起动转矩	1	k^2	k^2	k^2
起动特点	起动方法简便，起动电流大，起动转矩大	起动电流较小，起动转矩较小		起动电流小，起动转矩较大

注：电动机起动时起动设备受电端电压降低为额定电压的 u_{sb} 倍，则表中起动电压、起动电流及起动转矩的比值尚应分别乘以 U_{sb}、u_{sb} 及 u_{sb}^2。

5.4.2 电动机允许全压起动的条件

电动机允许全压起动的条件为：

(1) 电动机自身允许全压起动。

(2) 生产机械能承受全压起动时的冲击转矩。

(3) 起动时电动机端子电压水平应符合表 5-13 的允许值。

5.4.3 选择降压起动设备需要满足的基本条件

选择降压起动设备需要满足的基本条件有：

(1) 起动时电动机端子电压应能保证生产机械要求的起动转矩，即

$$u_{sm} \geqslant \sqrt{\frac{1.1 m_r}{m_{sm}}} \quad (5\text{-}15)$$

式中 u_{sm}——起动时电动机端子电压相对值，即与额定电压的比值；

m_{sm}——电动机的起动转矩相对值（与额定转矩的比值）；

m_r——生产机械的静阻转矩相对值，常用数据参见表 5-18。

表 5-18 常用生产机械所需转矩相对值

传动机械名称	所需转矩相对值		
	起始静阻转矩	牵入转矩	最大转矩
(1) 离心式扇风机、鼓风机、压缩机和水泵			
管道阀门关闭时起动	0.3	0.6	1.5
管道阀门开启时起动	0.3	1	1.5
(2) 往复式空压机、氨压缩机和煤气压缩机	0.4	0.2	1.4
(3) 往复式真空泵（管道阀门关闭时起动）	0.4	0.2	1.6
(4) 胶带运输机	1.4～1.5	1.1～1.2	
(5) 球磨机	1.2～1.3	1.1～1.2	1.75
(6) 对辊、颚式和圆锥型破碎机（空载起动）	1	1	2.5
(7) 锤形破碎机（空载起动）	1.5	1	2.5
(8) 持续额定功率运行的交、直流发电机	0.12	0.08	1.5
(9) 允许 25%过负荷运行的交、直流发电机	0.18	0.1	2

(2) 起动时起动设备受电端的电压水平不宜低于 85%。

(3)大型电动机的起动方式应符合制造厂的规定，如降压范围、电动机允许的最低端电压和允许连续起动次数等。

电动机的起动时间为

$$t_s=\frac{GD^2n_N^2}{3580P_{Nm}\ (u_{sm}^2m_{sa}-m_r)} \tag{5-16}$$

为使同步电动机铜制阻尼笼温度不超过300℃，在冷却状态下连续起动两次（或在热状态下起动一次）时，同步电动机的最长允许起动时间为

$$t_{s_{max}}=\frac{235G}{P_{Nm}u_{sm}^2m_{sa}} \tag{5-17}$$

上两式中 t_s——电动机的起动时间，s；

$t_{s_{max}}$——同步电动机的最长允许起动时间，s；

P_{Nm}——电动机的额定功率，kW；

n_N——电动机的额定转速，r/min；

G——同步电动机阻尼笼中阻尼条的铜重，kg；

m_{sm}——电动机的起动转矩相对值；

m_r——机组的静阻转矩相对值；

GD^2——机组的总飞轮矩，kN·m²；

u_{sm}——起动时电动机端子电压相对值；

m_{sa}——电动机的平均起动转矩相对值，同步电动机为0.5（$m_{sm}+m_{te}$），但当$m_{sm}\leqslant m_{te}$时为1.1m_{sm}，普通鼠笼型电动机为$m_{sm}+0.2$（$m_{max}-m_{sm}$），JK型高速鼠笼型电动机为1.05m_{sm}；

m_{te}——同步电动机的牵入转矩相对值；

m_{max}——电动机的最大转矩相对值。

5.4.4 降压起动方式的选择

高压电动机一般采用电抗器起动，当不能同时满足降低起动电流和保证起动转矩的要求时，则采用自耦变压器起动。大型电动机尚需考虑电动机的结构条件和允许温升，按制造厂规定的方式起动。

根据具体情况还可采用其他适当的起动方式，如对大型同步电动机-直流发电机组采用准同步起动方式，即先使直流发电机作为直流电动机起动（直流电源另给），拖动同步电动机至准同步转速，投入励磁后再合上电动机电源。还可用另外的小电动机拖动大型电动机起动，以及对大型同步电动机先接上变频电源低频起动（详见24.11.5变频起动）等。

高压起动自耦变压器有QSJ-10000/6、QSJ-20000/6、QSJ-20000/10等型号，它们具有变压比为0.73、0.64和0.55三组分接头，其额定容量是对应于变压比为0.64一组的，此时的允许工作时间为2min，休息6h。接0.73分接头时容量为额定容量1.305倍，允许工作时间为1.5min；接0.55分接头时为额定容量0.735倍及允许工作时间2.7min；休息时间均为6h。

起动电抗器的数据见表5-19。

表5-19 起动电抗器数据

型号	线路额定电压(kV)	起动容量(kVA)	起动电流(A)	每相额定电抗(Ω)	型号	线路额定电压(kV)	起动容量(kVA)	起动电流(A)	每相额定电抗(Ω)
QKSJ-320/6	6	320	100	10.7	QKSJ-1800/6	6	1750	320	5.7①
		320	180	3.3①			1690	560	1.8
		322	320	1.05			1770	750	1.05①
QKSJ-560/6	6	510	100	17			1800	1000	0.6
		554	180	5.7①			1910	1350	0.35
		585	320	1.9①	QKSJ-3200/6	6	3010	560	3.2①
		565	560	0.6①			3050	750	1.8
QKSJ-1000/6	6	970	180	10			3150	1000	1.05
		1010	320	3.3			3280	1350	0.6
		990	560	1.05①	QKSJ-5600/6	6	4050	560	4.3
		1050	1000	0.35			5400	750	3.2
							5400	1000	1.8①
							5730	1350	1.05①

① 表示优先选用。

注：表中电抗器均为工作时间2min，休息6h，带有85%电抗值的抽头。

5.4.5 电动机起动时电压水平计算

(1) 由无限容量系统供电时：

假定电动机投入运行前的母线电压等于网络额定电压，则起动时母线和电动机端子平均电压水平的计算见表 5-20。

表 5-20 无限容量系统供电的电动机起动时电压水平计算

起动方式	全压起动	变压器-电动机组（全压起动）
计算电路	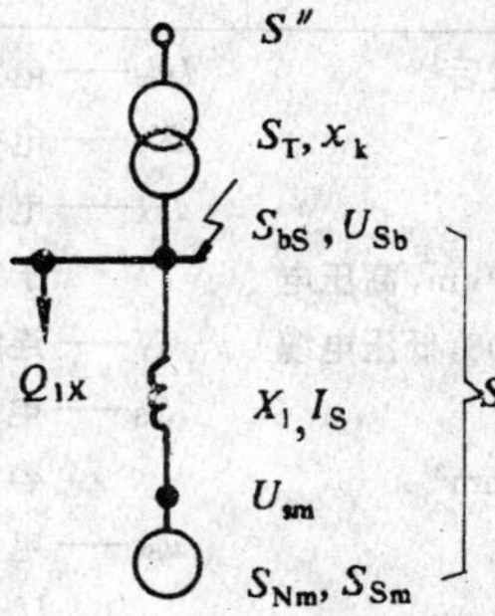	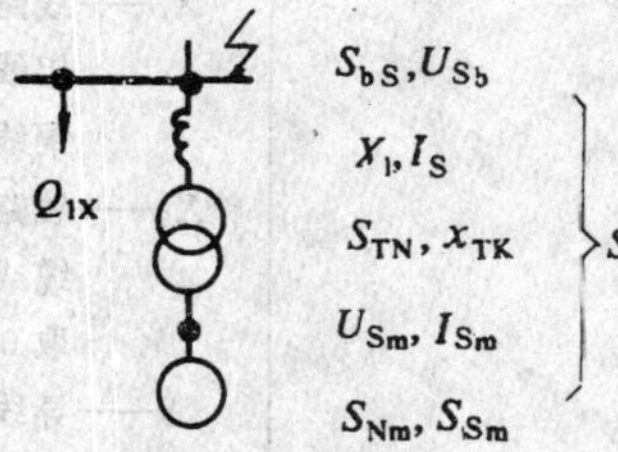
起动回路的额定输入容量	$S_S=\dfrac{1}{\dfrac{1}{S_{Sm}}+\dfrac{X_l}{U_b^2}}$	$S_S=\dfrac{1}{\dfrac{1}{S_{Sm}}+\dfrac{x_{TK}}{S_{TN}}+\dfrac{X_l}{U_b^2}}$
电压水平相对值	$u_{Sb}=\dfrac{S_{bS}+Q_{1x}}{S_{bS}+Q_{1x}+S_S}$	
	$u_{Sm}=u_{Sb}\dfrac{S_S}{S_{Sm}}$	
起动电流	$I_S=u_{Sb}\dfrac{S_S}{\sqrt{3}\,U_b}$	
	$I_{Sm}=I_S$	$I_{Sm}=u_{Sm}\dfrac{S_{Sm}}{\sqrt{3}\,U_{Nm}}$
校验起动设备过负荷能力		$K_I=u_{Sm}\dfrac{S_{Sm}}{S_{TN}}$
起动方式	电抗器降压起动	自耦变压器降压起动
计算电路	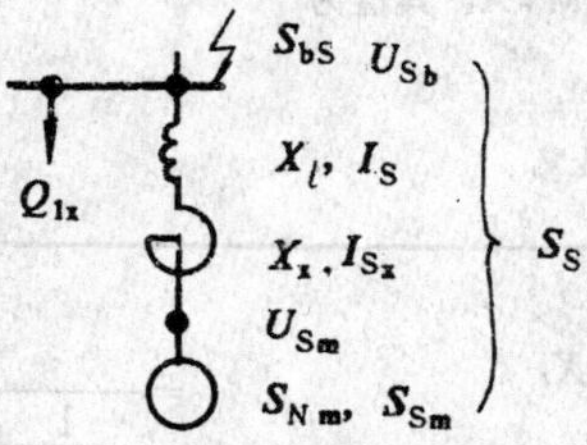	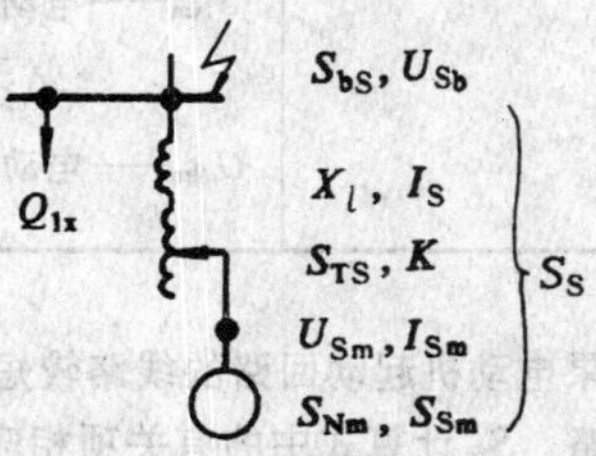
起动回路的额定输入容量	$S_S=\dfrac{1}{\dfrac{1}{S_{Sm}}+\dfrac{X_X}{U_b^2}+\dfrac{X_l}{U_b^2}}$	$S_S=\dfrac{1}{\dfrac{1}{K^2S_{Sm}}+\dfrac{X_l}{U_b^2}}$
电压水平相对值	$u_{Sb}=\dfrac{S_{bS}+Q_{1x}}{S_{bS}+Q_{1x}+S_S}$	
	$u_{Sm}=u_{Sb}\dfrac{S_S}{S_{Sm}}$	$u_{Sm}=u_{Sb}\dfrac{S_S}{KS_{Sm}}$

续表 5-20

起动方式	电抗器降起动	自耦变压器降压起动
起动电流	$I_S=u_{Sb}\dfrac{S_S}{\sqrt{3}\,U_b}$	
	$I_{Sm}=I_S$	$I_{Sm}=u_{Sm}\dfrac{S_{Sm}}{\sqrt{3}\,U_{Nm}}$
校验起动设备过负荷能力	$I_{Sx}>I_S\,\dfrac{t_S}{60}\times\dfrac{N}{2}$	$S_{TS}>u_{Sb}S_S\,\dfrac{t_S}{60}\times\dfrac{N}{2}$
符号说明	X_l——线路电抗，Ω，计入电阻后铝线取 $(X_0+8/S)\,l$，铜线取 $(X_0+5/S)\,l$ X_0——线路单位长度的电抗，Ω/km，高压电缆或低压导线穿管取 0.08，低压电缆取 0.07，架空线取 0.35 S——导线或电缆芯的截面，mm^2 l——线路长度，km S_{bS}——母线短路容量，MVA $S_{bS}=\dfrac{S_T}{x_K+\dfrac{S_T}{S''}}$ S_T——供电变压器的额定容量，MVA x_K——供电变压器的电抗相对值，取为阻抗电压相对值 u_k S''——供电变压器一次侧短路容量，MVA S_{TN}——变压器额定容量，MVA x_{TK}——变压器电抗相对值，取为阻抗电压相对值 u_{TK} K_1——电动机起动时变压器输出电流与其额定电流的比值 S_{Sm}——电动机的额定起动容量，MVA，其值为 K_SS_{Nm} K_S——电动机的额定起动电流倍数 S_{Nm}——电动机的额定容量，MVA，其值为 $\sqrt{3}\,U_{Nm}I_{Nm}$ U_{Nm}——电动机的额定电压，kV	I_{Nm}——电动机的额定电流，kA X_x——电抗器的额定电抗，Ω I_{SX}——电抗器的起动电流，kA，选取大于等于 I_S N——连续起动次数，按制造厂规定取 2 S_S——电动机起动时起动回路的额定输入容量，MVA u_{Sb}——电动机起动时的母线电压相对值，即 U_{Sb}/U_b U_{Sb}——电动机起动时的母线电压，kV U_b——母线额定电压，kV u_{Sm}——电动机起动时的端子电压相对值，即 U_{Sm}/U_{Nm} U_{Sm}——电动机起动时的端子电压，kV K——自耦变压器的变压比 S_{TS}——自耦变压器的额定容量，MVA，选取大于等于 $u_{Sb}S_S$ Q_{1X}——预接负荷的无功功率，Mvar，对于供电变压器二次侧母线可取 0.6 ($S_T-0.7S_{Nm}$) I_S——电动机起动时起动回路的输入电流，kA I_{Sm}——电动机的起动电流，kA t_S——电动机起动一次的时间，s

如果电动机起动回路的线路较短，则表 5-20 中 X_l 可以忽略，S_S 计算式中的有关项相应地也可忽略。

表 5-20 中变压器—电动机组的变压器 S_{TN}分接头为+5%，相当于变压器电压提升为 0。如果分接头为 0，则 S_S 及 u_{Sm}的计算式应为

$$S_S=\frac{1}{\dfrac{1}{1.05^2S_{Sm}}+\dfrac{x_{TK}}{S_{TN}}+\dfrac{X_l}{U_b^2}}$$

$$=\frac{1}{\dfrac{1}{1.1S_{Sm}}+\dfrac{x_{TK}}{S_{TN}}+\dfrac{X_l}{U_b^2}} \tag{5-18}$$

$$U_{Sm}=u_{Sb}\frac{S_S}{1.05^2S_{Sm}}\times1.05=u_{Sb}\frac{S_S}{1.05S_{Sm}} \tag{5-19}$$

表 5-20 中电抗器降压起动的 S_S 计算式及 I_{Sx} 校验式适用于起动电抗器。如果用水泥电抗器，则 S_S 计算式及校验式应分别改为

$$S_S=\frac{1}{\frac{1}{S_{Sm}}+\frac{x_x}{S_x}+\frac{X_l}{U_b^2}} \tag{5-20}$$

$$I\sqrt{t}>0.9I_{Sm}\sqrt{t_S N} \tag{5-21}$$

式中 x_x——水泥电抗器的电抗相对值；

S_x——电抗器的额定通过容量，其值为 $\sqrt{3}U_xI_x$，MVA；

U_x——电抗器的额定电压，kV；

I_x——电抗器的额定电流，kA，选取 $I_x\approx I_{Nm}$；

$I\sqrt{t}$——电抗器的热稳定度，kA·$s^{\frac{1}{2}}$；

N——电动机连续起动次数，一般取 2。

电动机起动时，供电变压器容量的校验如下：若每昼夜起动 6 次，每次持续时间 t 不超过 15s，变压器的负荷率 β 小于 0.9（或 t 不超过 30s 而 β 小于 0.7 时），起动时的最大电流允许为变压器额定电流的 4 倍；若每昼夜起动 10～20 次，则允许最大起动电流相应地减小为 3～2 倍。当不符合上述条件时，应加大变压器容量，而不宜用进一步降低起动电压的方法，否则会延长电动机起动时间，使变压器更加过热。变压器—电动机组的变压器容量不应小于电动机容量，经常起动或重载起动时，变压器容量应比电动机容量大 15～30%。

电动机起动时母线上的电压水平相对值可用负荷变动量计算

$$u_{Sb}=\frac{S_{bS}+Q_{1x}}{S_{bS}+Q_{1x}+S_S} \tag{5-22}$$

如果电源容量不太大，发电机容量为电动机额定起动容量的 1～1.4 倍时，则母线电压水平的计算值需留一些裕量。

(2) 由有限容量系统供电时：

如果发电机容量 S_g 小于电动机额定起动容量 S_{Sm} 时，则电压水平计算见表 5-21，计算中用发电机的暂态电抗代替次暂态电抗。由于感性起动电流对发电机的转子励磁起着去磁效应，因此使发电机母线电压从起动初始电压一直降低到稳态电压。当发电机有自动调整励磁装置时，在励磁电流增加后使发电机稳态电压大于初始电压。

表 5-21 有限容量系统供电的电动机起动时电压水平计算

接线方式	1	2
计算电路	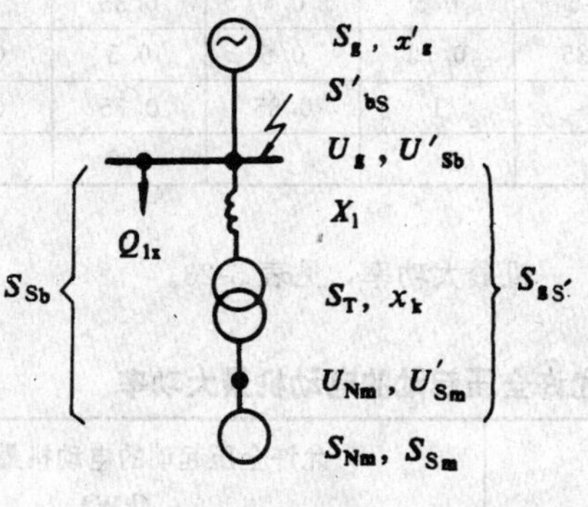	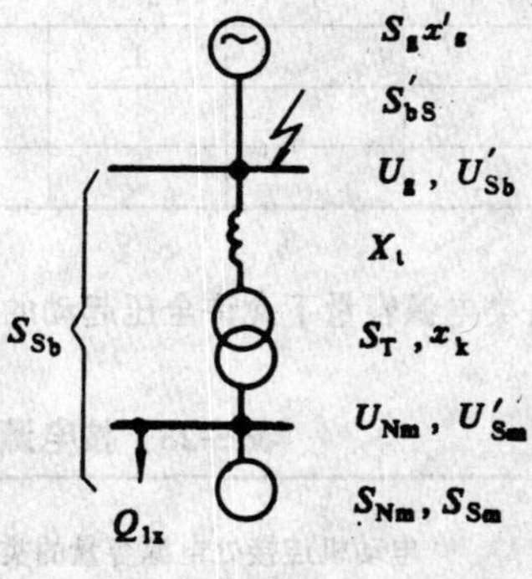
计算式	$S_{Sb}=Q_{1x}+S_S$ $S_S\approx\frac{1}{\frac{1}{S_{Sm}}+\frac{X_l}{U_g^2}+\frac{x_k}{S_T}}$ $u'_{Sb}=\frac{e'_gS'_{bS}}{S'_{bS}+S_{Sb}}$ $u'_{Sm}=u'_{Sb}\frac{S_S}{S_{Sm}}$ $u_{fm}=u_{fb}\frac{S_S}{S_{Sm}}$	$S_{Sb}\approx\frac{Q_{1x}+S_{Sm}}{1+(Q_{1x}+S_{Sm})\left(\frac{X_l}{U_g^2}+\frac{x_k}{S_T}\right)}$ $u'_{Sb}=\frac{e'_gS'_{bS}}{S'_{bS}+S_{Sb}}$ $u'_{Sm}=u'_{Sb}\frac{S_{Sb}}{Q_{1x}+S_{Sm}}$ $u_{fm}=u_{fb}\frac{S_{Sb}}{Q_{1x}+S_{Sm}}$

续表 5-21

接线方式	1	2
符号说明	S_{Sb}——电动机起动时发电机母线上的起动负荷，MVA S'_{bS}——发电机母线上的暂态短路容量，MVA，其值为S_g/x'_g S_g——发电机的额定容量，MVA x'_g——发电机的暂态电抗，无实际数据时一般可取为0.2（水轮机取为0.3） e'_g——发电机的暂态电动势相对值，$e'_g=1+x'_g\frac{Q_{1x}}{S_g}$，但当$Q_{1x}$为0时可取为1.05 u'_{Sb}——电动机起动时发电机母线上的初始瞬间电压相对值，即U'_{Sb}/U_g u_{fb}——电动机起动时发电机母线上的稳态电压相对值，即U_{fb}/U_g，可根据起动负荷相对值S_{Sb}/S_g及发电机励磁电流倍数K_{im}（有自动调整励磁装置时可取为1）查表5-22 u'_{Sm}——电动机起动时端子上的初始瞬间电压相对值，即U'_{Sm}/U_g u_{fm}——电动机起动时端子上的稳态电压相对值，即U_{fm}/U_g U_g——发电机的额定电压，kV，其值为网络额定电压的1.05倍 S_{Sm}、S_S、Q_{1x}、S_T、x_k、X_l——说明见表5-20	

表5-21中电动机起动回路如果没有变压器，则有关项 x_k/S_T 相应地取消。

表 5-22 不同起动负荷相对值时发电机母线上稳态电压相对值 u_{fb} 数据

励磁电流倍数 K_{im}	起动负荷相对值 S_{Sb}/S_g								
	0.4	0.8	1	1.2	1.5	2	2.5	3	4
0.5	0.75	0.6	0.5	0.45	0.35	0.3			
0.7	1	0.8	0.7	0.6	0.5	0.4	0.35	0.3	
1		1	0.95	0.85	0.75	0.6	0.5	0.45	0.35
1.5					1	0.85	0.75	0.65	0.5
2							0.9	0.8	0.65

(3) 各类电源容量下允许全压起动的鼠笼型电动机最大功率，见表5-23。

表 5-23 按电源容量估算的允许全压起动的电动机最大功率

电动机连接处电源容量的类别	允许全压起动的电动机最大功率 (kW)
配电网络在连接处的三相短路容量 S_{bs} (kVA)	(0.2～0.3)①S_{bs}
10 (35) /3.15 (6.3) kV 变压器的额定容量 S_T (kVA) (假定变压器高压侧短路容量≥$50S_T$)	经常起动 $0.2S_T$ 不经常起动 $0.3S_T$
小型发电机功率 P_g (kW)	(0.12～0.15) P_g

① 对应于电动机额定起动电流倍数为7～4.5时。

5.4.6 计算示例

例1 一台JS127-6型电动机（$P_{Nm}=165$kW，$S_{Nm}=208$kVA，$S_{Sm}=1.16$MVA，$U_{Nm}=3$kV），由SJL1-630/10型变压器（$u_k=5.5\%$即$x_k=0.055$）供电，线路为一根长50m的50mm²铝芯电缆，变压器一次侧短路容量S''为50MVA，预接负荷S_{1x}为0.4MVA、功率因数0.8。计算电动机全压起动时母线和电动机端子

电压。

$$S_{bS}=\frac{S_T}{x_k+\frac{S_T}{S''}}=\frac{0.63}{0.055+\frac{0.63}{50}}=9.32\text{MVA}$$

$$S_S=\frac{1}{\frac{1}{S_{Sm}}+\frac{X_l}{U_b^2}}=\frac{1}{\frac{1}{S_{Sm}}+\frac{(X_0+8/S)\ l}{U_b^2}}=\frac{1}{\frac{1}{1.16}+\frac{(0.08+8/50)\ \times 0.05}{3^2}}=1.158\text{MVA}$$

$$Q_{1x}=S_{1x}\sqrt{1-\cos^2\varphi}=0.4\ \sqrt{1-0.8^2}=0.24\text{Mvar}$$

$$u_{Sb}=\frac{S_{bS}+Q_{1x}}{S_{bS}+Q_{1x}+S_S}=\frac{9.32+0.24}{9.32+0.24+1.158}=0.89 \text{ 或 } U_{Sb}=0.89\times 3=2.68\text{kV}$$

$$u_{Sm}=u_{Sb}\frac{S_S}{S_{Sm}}=0.89\times\frac{1.158}{1.16}\doteq 0.89 \text{ 或 } U_{Sm}=0.89\times 3=2.67\text{kV}$$

例 2 一台 TDK215/36-16 型电动机（$P_{Nm}=1250$kW，$U_{Nm}=6$kV，$I_{Nm}=0.144$kA，$K_S=6$，$n_N=375$r/min，$m_{Sm}=1.1$，$m_{te}=0.9$，$m_{max}=2$，$GD^2=80$kN·m²），生产机械的静阻转矩 m_r 为 0.3，6kV 母线短路容量 S_{bS} 为 44MVA，预接负荷的无功功率 Q_{1x} 为 1Mvar；如果电动机起动前的母线电压等于网络额定电压 6kV，要求起动时母线电压水平不低于 85%，选择电动机的起动方式及计算起动时母线和电动机端子的电压。

按表 5-20 得

$$S_{Nm}=\sqrt{3}\,U_{Nm}I_{Nm}=\sqrt{3}\times 6\times 0.144=1.5\text{MVA}$$

$$S_{Sm}=K_SS_{Nm}=6\times 1.5=9\text{MVA}$$

（1）如果采用全压起动，则按表 5-20（忽略 X_l）

$$S_S=\frac{1}{\frac{1}{S_{Sm}}+\frac{X_l}{U_b^2}}=S_{Sm}=9\text{MVA}$$

$$U_{Sb}=\frac{S_{bS}+Q_{1x}}{S_{bS}+Q_{1x}+S_S}=\frac{44+1}{44+1+9}=0.83<0.85$$

起动时母线电压水平不符合要求。

（2）如果采用起动电抗器，则按表 5-20（忽略 X_l）

$$U_{Sb}=\frac{S_{bS}+Q_{1x}}{S_{bS}+Q_{1x}+S_S}=\frac{44+1}{44+1+S_S}\geqslant 0.85$$

得 $S_S\leqslant 7.94$MVA

$$S_S=\frac{1}{\frac{1}{S_{Sm}}+\frac{X_x}{U_b^2}}=\frac{1}{\frac{1}{9}+\frac{X_x}{6^2}}\leqslant 7.94$$

得 $X_x\geqslant 0.535\Omega$

根据计算，电抗 $X_x\geqslant 0.535\Omega$，查表 5-19 选用起动电抗器，其每相额定电抗为 1.05Ω，则

按表 5-20 得

$$S_S=\frac{1}{\frac{1}{S_{Sm}}+\frac{X_x}{U_b^2}}=\frac{1}{\frac{1}{9}+\frac{1.05}{6^2}}=7.13\text{MVA}$$

$$u_{Sb}=\frac{S_{bS}+Q_{1x}}{S_{bS}+Q_{1x}+S_S}=\frac{44+1}{44+1+7.13}=0.86$$

或 $U_{Sb}=0.86\times 6=5.16$kV

$$u_{Sm}=u_{Sb}\frac{S_S}{S_{Sm}}=0.86\times\frac{7.13}{9}=0.68$$

或 $U_{Sm}=0.68\times 6=4.08$kV

按式 5-15

$$\sqrt{\frac{1.1m_r}{m_{Sm}}}=\sqrt{\frac{1.1\times 0.3}{1.1}}=0.55<u_{Sm}$$

能保证机组要求的起动转矩。

$$I_s=u_{Sb}\frac{S_S}{\sqrt{3}\,U_b}=0.86\times\frac{7.13}{\sqrt{3}\times 6}=0.59\text{kA}$$

查表 5-19，选用起动电流 I_{sx} 为 750A（>0.59kA）的 QKSJ-1800/6 型起动电抗器。

电动机的起动时间按式 5-16 为

$$t_s=\frac{GD^2n_N^2}{3580P_{Nm}\ (u_{Sm}^2m_{Sa}-m_r)}=\frac{80\times 375^2}{3580\times 1250}\times\frac{1}{0.68^2\times 0.5\times\ (1.1+0.9)\ -0.3}=15.5\text{s}$$

$$I_s\frac{t_s}{60}\times\frac{N}{2}=0.59\times\frac{15.5}{60}\times\frac{2}{2}=0.15\text{kA}<I_{sx}$$

符合起动电抗器过负荷能力的要求。

例 3 一台同步电动机（$P_{Nm}=2500$kW，$U_{Nm}=6$kV，$K_S=7.5$，$\cos\varphi=0.8$，$\eta=0.95$）用变压器（$S_{TN}=3200$kVA，$u_{TK}=5.5\%$）电动机组方式起动，10kV 母线上的短路容量 S_{bS} 为 81MVA，预接负荷 S_{1x} 为 5600kVA、功率因数 0.95。计算变压器-电动机组全压起动时 10kV 母线和电动机端子上的电压。

按表 5-20 得

$$S_{Nm}=\frac{P_{Nm}}{\eta\cos\varphi}=\frac{2500}{0.95\times0.8}=3289\text{kVA}$$

$$S_{Sm}=K_SS_{Nm}=7.5\times3.3=24.75\text{MVA}$$

按表 5-20（忽略 X_l）

$$S_S=\frac{1}{\frac{1}{S_{Sm}}+\frac{x_{TK}}{S_{TN}}+\frac{X_l}{U_b^2}}$$

$$=\frac{1}{\frac{1}{24.75}+\frac{0.055}{3.2}}=17.36\text{MVA}$$

$$Q_{1x}=S_{1x}\sqrt{1-\cos^2\varphi}$$

$$=5.6\sqrt{1-0.95^2}=1.74\text{Mvar}$$

$$u_{Sb}=\frac{S_{bS}+Q_{1x}}{S_{bA}+Q_{1x}+S_S}$$

$$=\frac{81+1.74}{81+1.74+17.36}$$

$$=0.826$$

或 $U_{Sb}=0.826\times10=8.26\text{kV}$

$$u_{Sm}=u_{Sb}\frac{S_S}{S_{Sm}}=0.826\times\frac{17.36}{24.75}=0.58$$

或 $U_{Sm}=0.58\times6=3.5\text{kV}$

$$K_I=u_{Sm}\frac{S_{Sm}}{S_{TN}}=0.58\times\frac{24.75}{3.2}=4.48>4$$

每昼夜起动次数少于 6 次方可使用。

例 4 一台电动机（$P_{Nm}=2000\text{kW}$，$S_{Nm}=2350\text{kVA}$，$K_S=6$）用自耦变压器（$k=0.75$）降压起动，6kV 母线上的短路容量 S_{bS} 为 53.59MVA，预接负荷 Q_{1x} 为 2280kvar。计算电动机起动时 6kV 母线和电动机端子上的电压。

按表 5-20（忽略 X_l）

$$S_{Sm}=K_SS_{Nm}=6\times2.35=14.1\text{MVA}$$

$$S_S=\frac{1}{\frac{1}{k^2S_{Sm}}+\frac{X_l}{U_b^2}}=k^2S_{Sm}$$

$$=0.75^2\times14.1=7.93\text{MVA}$$

$$u_{Sb}=\frac{S_{bs}+Q_{1x}}{S_{bS}+Q_{1x}+S_S}$$

$$=\frac{53.59+2.28}{53.59+2.28+7.93}$$

$$=0.876$$

或 $U_{Sb}=0.88\times6=5.3\text{kV}$

$$U_{Sm}=u_{Sb}\frac{S_S}{kS_{Sm}}$$

$$=0.876\times\frac{7.93}{0.75\times14.1}$$

$$=0.66$$

或 $U_{Sm}=0.66\times6=3.96\text{kV}$

例 5 一台 JSQ-147-4 型电动机（$P_{Nm}=500\text{kW}$，$U_{Nm}=3\text{kV}$，$I_{Nm}=115\text{A}$，$K_S=5$）由两台发电机（$P_g=1000\text{kW}$，$U_g=6.3\text{kV}$，$\cos\varphi=0.8$，$x'_g=0.2$）通过一回架空线（LGJ-3×95，$l=4\text{km}$）和一台变压器（$S_T=1800\text{kVA}$，6.3/3.15kV，$u_k=8\%$）供电，预接负荷（$S_{1x}=500\text{kVA}$，$\cos\varphi_{1x}=0.8$），求电动机起动时电动机端子上的电压。

按表 5-20 与表 5-21 的接线方式 2

$$Q_{1x}=S_{1x}\sqrt{1-\cos^2\varphi_{1x}}=0.5\sqrt{1-0.8^2}$$

$$=0.3\text{Mvar}$$

$$S_{Nm}=\sqrt{3}U_{Nm}I_{Nm}=\sqrt{3}\times3\times115$$

$$=597\text{kVA}$$

$$S_{Sm}=K_SS_{Nm}=5\times0.597=2.985\text{MVA}$$

$$X_l=(X_0+8/S)\ l=(0.35+8/95)\times4$$

$$=1.737\Omega$$

$$x_k=u_k=0.08$$

$$S_{Sb}\approx\frac{Q_{1x}+S_{Sm}}{1+(Q_{1x}+S_{Sm})\left(\frac{X_l}{U_g^2}+\frac{x_k}{S_T}\right)}$$

$$=\frac{0.3+2.985}{1+(0.3+2.985)\left(\frac{1.737}{6.3^2}+\frac{0.08}{1.8}\right)}$$

$$=2.547\text{MVA}$$

$$S_g=\frac{P_g}{\cos\varphi}\times2=\frac{1}{0.8}\times2=2.5\text{MVA}$$

$$e'_g=1+x'_g\frac{Q_{1x}}{S_g}=1+0.2\times\frac{0.3}{2.5}=1.024$$

$$S'_{bS}=\frac{S_g}{x'_g}=\frac{2.5}{0.2}=12.5\text{MVA}$$

$$u'_{Sb}=\frac{e'_gS'_{bS}}{S'_{bS}+S_{Sb}}=\frac{1.024\times12.5}{12.5+2.547}=0.85$$

或 $U'_{Sb}=0.85\times6.3=5.355\text{kV}$

$$u'_{Sm}=u'_{Sb}\frac{S_{Sb}}{Q_{1x}+S_{Sm}}$$

$$=0.85\times\frac{2.547}{0.3+2.985}=0.66$$

或 $U'_{Sm}=0.66\times6.3=4.158\text{kV}$

查表 5-22（$S_{Sb}/S_g=2.547/2.5=1.02$，$K_{im}=1$）得 $u_{fb}=0.94$

$$u_{fm}=u_{fb}\frac{S_{Sb}}{Q_{1x}+S_{Sm}}=0.94\times\frac{2.547}{0.3+2.985}=0.73$$

或 $U_{fm}=0.73\times6.3=4.6\text{kV}$

5.5 三相炼钢电弧炉工作短路时的电压波动

5.5.1 电压波动计算

电弧炉工作短路时的计算电路见图 5-5。

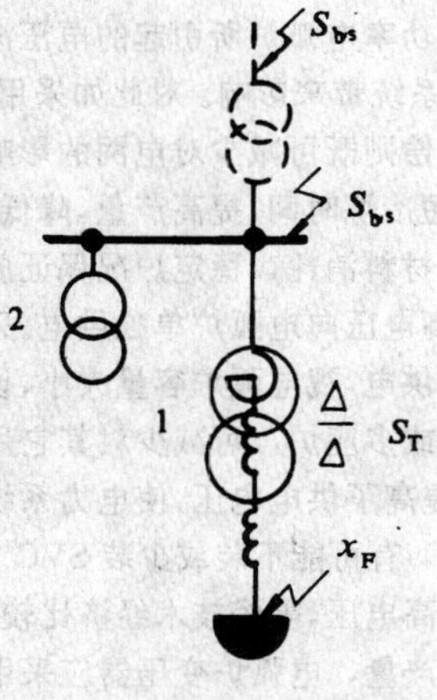

图 5-5　电弧炉的计算电路

1—电弧炉变压器；　2—车间变压器

5.5.1.1　电压波动估算

工作短路时，供电母线上的电压波动值，当无电炉变压器及短网参数时，可按下式估算

$$V_{t_{max}}=\frac{KS_T}{S_{bS}+KS_T}\times 100\% \quad (5\text{-}23)$$

供电母线上接有同时工作的多座电弧炉时，上式中的 S_T 改用等量电弧炉变压器额定容量 S_{Te} 代替

$$S_{Te}=S_{T1}\left\{1+0.2\left(\frac{S_{T2}}{S_{T1}}\right)^2+0.1\left[\left(\frac{S_{T3}}{S_{T1}}\right)^2+\cdots\right]\right\} \quad (5\text{-}24)$$

式中　S_{bS}——供电母线上的短路容量，MVA；

S_T——电弧炉变压器的额定容量，MVA；

$V_{t_{max}}$——最大电压波动，%；

S_{T1}、S_{T2}…——按大小排列的电弧炉变压器的额定容量，MVA；

K——工作短路电流倍数，指电弧炉装置的工作短路电流与电弧炉变压器额定电流的比值。

如电压波动值允许为 5%，在工作短路电流倍数不大于 1.6～3（30t 及以下普通功率电弧炉 K 约为 2.5～3，40t 及以上超高功率和高功率电弧炉 K 为 1.6～2.5）时，从式 5-23 得

$$S_{bS}\geqslant KS_T\left(\frac{1}{V_t}-1\right)=KS_T\left(\frac{1}{0.05}-1\right)$$
$$=19KS_T=(30.4\sim57)\,S_T \quad (5\text{-}25)$$

因此要求供电母线短路容量为电弧炉变压器额定容量的 30.4～57 倍。不同电压波动允许值，需要的短路容量与电弧炉变压器额定容量比值参考表见表 5-24。

表 5-24　不同类型电弧炉所需 S_{bS} 与 S_T 比值参考表

电压波动允许值 V_t（%）		5	2.5	2	1.6
$\frac{S_{bS}}{S_T}$	30t 及以下普通功率电弧炉	47.5～57	97.5～117	122.5～147	
	40t 及以上高与超高功率电弧炉	30.4～47.5	62.4～97.5	78.4～122.5	98.4～153.8

应用式 5-23 和式 5-24 时应注意以下几点：

(1) 要把工作短路倍数 K 尽可能估计准确些，注意电弧炉变压器容量越大，系统短路容量对 K 值影响越大，所以大型高功率和超高功率电弧炉一定要考虑这一点，其计算式为

$$K=\frac{1}{x_{SF}+x_{TF}+x_F}❶=\frac{S_{SF}}{S_T} \quad (5\text{-}26)$$

式中　x_{SF}——直接向电弧炉变压器供电的母线上的最大运行方式短路阻抗除以 0.7，并以 S_T 为基准值的标幺值；

S_{SF}——电弧炉工作短路容量，MVA；

x_{TF}、x_F——电弧炉变压器、电弧炉的阻抗，以 S_T 为基准值的标幺值，可参考类似电弧炉数据，参见表 22-8。

(2)当电弧炉以厂用供电变压器供电时，其一次侧和二次侧（如图 5-5 虚线所示）的 V_t 均应按式 5-23 进行估算，一次侧满足《电能质量电压允许波动和闪变》(GB12326—90) 要求，二次侧满足 5%的要求。

(3) 式 5-23 对单座电弧炉的估算值余地比较大（特别是对电弧炉供电变压器一次侧的电压波动估算值）；对多座电弧炉估算值余地小些。

5.5.1.2　电压波动计算

$$V_{t_{max}}=\left[\frac{\Delta Q_{max}}{S_{bS}}+\frac{1}{2}\left(\frac{\Delta P}{S_{bS}}\right)^2\right]\times 100\% \quad (5\text{-}27)$$

❶ 当阻抗用以 100MVA 为基准的标幺值时，算出 K 值应乘以 $100/S_T$。

式中 ΔQ_{max}——最大无功波动量，Mvar；

ΔP——与 ΔQ_{max}对应的有功波动量，MW；

S_{bS}——所计算母线上最大运行方式短路容量乘以 0.7，MVA；

$V_{t_{max}}$——最大电压波动，%。

由于电弧炉最大电压波动发生在工作短路时，其 $\cos\varphi$ 小于 0.1，故式 5-27 的第二项一般均忽略不计，如计算熔化期经常性电压波动时，则不宜忽略第二项。

最大无功波动量按下式计算

$$\Delta Q_{max}=\frac{100}{X_0}\ (\sin^2\theta_0-\sin^2\theta) \tag{5-28}$$

式中 X_0——电弧炉工作短路阻抗，包括 x_F（电弧炉阻抗：含短网阻抗、电抗器阻抗）、x_{TF}（电弧炉变压器阻抗）、x_{SF}（电弧炉变压器以前的系统阻抗，为最大运行方式短路阻抗除以 0.7），以 100MVA 为基准的标幺值表示；

$\sin\theta_0$——对应于工作短路时 $\cos\theta_0$ 的值，$\cos\theta_0$ 一般小于 0.1，故 $\sin^2\theta_0$ 一般取 1；

$\sin\theta$——对应于熔化期较高的功率因数，$\cos\theta$ 对于普通功率的电弧炉为 0.85，对于高功率和超高功率电弧炉为 0.8 左右。

5.5.1.3 等效闪变值 ΔV_{10}的估算

按照《电能质量电压允许波动和闪变》（GB12326—90）对 V_t、ΔV_{10}的考核办法进行统计，根据统计率确定 V_t 与 ΔV_{10}的比例系数的工作尚未完成，故暂时只能按下式进行估算

$$\Delta V_{10}=\frac{V_{t_{max}}}{3.6} \tag{5-29}$$

式中 ΔV_{10}——等效闪变值，%；

$V_{t_{max}}$——最大电压波动，%。

本式只宜用于 35kV 及以上电压。需要指出按我国 ΔV_{10}考核办法比值 3.6 偏小。

5.5.2 限制电弧炉引起的电压波动的措施

限制电弧炉引起的电压波动的措施有：

(1) 采用静止型无功补偿装置（简称 SVC）。大型的高功率、超高功率电弧炉所引起的电压波动和电压闪烁大，给电力系统带来影响。对此如采用 SVC 装置进行静止无功补偿则既可减少对电网的影响，又能提高冶炼功率，缩短冶炼时间，提高产量，降低用电单耗，降低电极和耐火材料消耗，稳定炉况保证质量。

(2) 采用较高电压向电弧炉单独供电。采用较高电压向电弧炉单独供电，视电弧炉容量大小，设专用供电变压器供一座炉或多座炉，可减少对其它用电设备的影响，同时由于提高了供电电压，使电力系统公共供电点短路容量增大，有可能不装或少装 SVC。但不宜花很大投资去追求高电压，需经技术经济比较后确定。为了保证电弧炉的产量，电弧炉变压器应采用带负荷调压的变压器。

(3) 串联快速控制的电抗器。在现代大型电弧炉变压器前串联电抗器，对冶炼来说是不合适的，但为了限制工作短路电流又有利于冶炼，故 80 年代末，国际上推出了用电子技术快速控制的串联电抗器，可将工作短路容量减少 20%左右。

(4) 采用液压快速自动调节电极升降装置。采用液压快速自动调节电极升降装置，有利于减少工作短路持续时间，可减少最大工作短路的几率。

(5) 多座电弧炉打孔期应错开，现代大型电炉应调度安排错开打孔期，减少冲击无功负荷重叠的几率。

5.5.3 电压波动计算实例

(1) 原始条件：

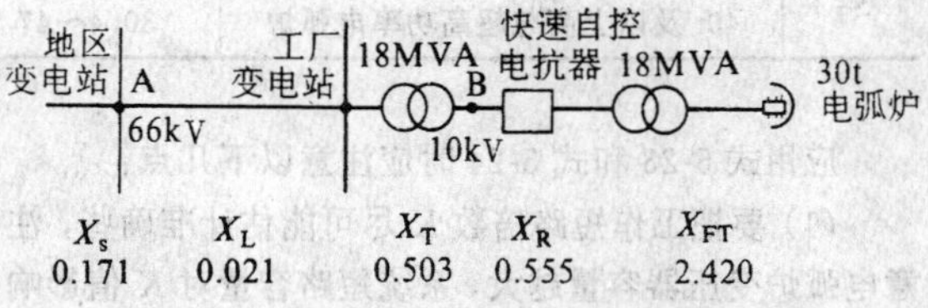

图 5-6 30t 电弧炉供电系统简图

图 5-6 中阻抗均为以 100MVA 为基准的标幺值，X_S 值是按最大运行方式阻抗除以 0.7 之后所得值。

(2) 按式 5-23 估算电压波动。

无快速自控电抗器时

$$K=\frac{100}{(x_{SF}+x_{TF}+x_F)}\frac{1}{S_T}=\frac{100}{(0.171+0.021+0.503)+2.42}\times\frac{1}{18}=1.8$$

A 点电压波动

$$V_{t_{max}}=\frac{KS_T}{S_{bS}+KS_T}\times100\%=\frac{1.8\times18}{\frac{100}{0.171}+1.8\times18}\times100\%=5.2\%$$

B 点电压波动

$$V_{t_{max}}=\frac{KS_T}{S_{bS}+KS_T}\times100\%=\frac{1.8\times18}{\frac{100}{0.171+0.021+0.503}+1.8\times18}\times100\%=18.4\%$$

有快速自控电抗器时

$$K=\frac{100}{(x_{SF}+x_{TF}+x_F)}\frac{1}{S_T}=\frac{100}{(0.171+0.021+0.503)+(0.555+2.42)}\times\frac{1}{18}=1.53$$

A 点电压波动

$$V_{t_{max}}=\frac{KS_T}{S_{bS}+KS_T}\times100\%=\frac{1.53\times18}{\frac{100}{0.171}+1.53\times18}\times100\%=4.5\%$$

B 点电压波动

$$V_{t_{max}}=\frac{KS_T}{S_{bS}+KS_T}\times100\%=\frac{1.53\times18}{\frac{100}{0.171+0.021+0.503}+1.53\times18}\times100\%=16.1\%$$

(3) 按式 5-27 计算电压波动。

无快速自控电抗器时

$$\Delta Q_{max}=\frac{100}{x_0}(\sin^2\theta_0-\sin^2\theta)=\frac{100}{3.115}(1-0.278)=23.2\text{Mvar}$$

$$x_0=0.171+0.021+0.503+2.42=3.115$$

$\sin^2\theta$ 按 $\cos\theta=0.85$ 计算，取高限值余地大些。

A 点电压波动

$$V_{t_{max}}=\frac{\Delta Q_{max}}{S_{bS}}\times100\%=\frac{23.2}{\frac{100}{0.171}}\times100\%=4\%$$

B 点电压波动

$$V_{t_{max}}=\frac{\Delta Q_{max}}{S_{bS}}\times100\%=\frac{23.2}{\frac{100}{0.171+0.021+0.503}}\times100\%=16.1\%$$

有快速自控电抗器时

$$\Delta Q_{max}=\frac{100}{x_0}(\sin^2\theta_0-\sin^2\theta)=\frac{100}{3.67}(1-0.278)=19.7\text{Mvar}$$

$$x_0=0.171+0.021+0.503+0.555+2.42=3.67$$

A 点电压波动

$$V_{t_{max}}=\frac{\Delta Q_{max}}{S_{bS}}\times100\%=\frac{19.7}{\frac{100}{0.171}}\times100\%=3.4\%$$

B 点电压波动

$$V_{t_{max}}=\frac{\Delta Q_{max}}{S_{bS}}\times100\%=\frac{19.7}{\frac{100}{0.171+0.021+0.503}}\times100\%=13.7\%$$

上面计算结果说明有、无快速自控电抗器，A 点电压波动均超过了 2%允许值，B 点均超过了 5%允许值，故必须装 SVC 装置。同时也说明估算值是留有余地的，在电弧炉变压器及短网参数不落实情况下，这种余地是必要的。但对这种余地应心中有数，以便在估算 K 值（工作短路倍数）时适当考虑。不同计算方法电压波动值比较见表 5-25。

表 5-25 不同计算方法的 V_t 值比较表

名称		无快速自控电抗器		有快速自控电抗器	
		A 点	B 点	A 点	B 点
$V_{t_{max}}$ (%)	按 5-23 式估算值	5.2	18.4	4.5	16.1
	按 5-27 式计算值	4	16.1	3.4	13.7

(4) 等效闪变值 ΔV_{10} 估算。

A 点无快速自控电抗器时

$$\Delta V_{10}=\frac{V_{t_{max}}}{3.6}=\frac{4}{3.6}\%=1.11\%$$

A 点有快速自控电抗器时

$$\Delta V_{10}=\frac{V_{t_{max}}}{3.6}=\frac{3.4}{3.6}\%=0.94\%$$

计算结果说明 ΔV_{10}超过了规定值，需要装 SVC 装置。

5.6 电阻焊机焊接时的电压波动

5.6.1 焊机焊接时电压波动计算

焊机焊接时电压波动的计算电路见图 5-7。假定变压器二次空载电压比网络额定电压高 5%，则一台最大焊机焊接时母线及焊机端子的电压水平相对值分别为

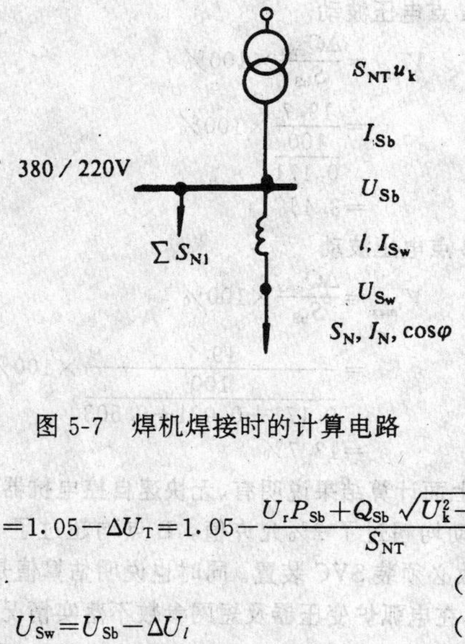

图 5-7 焊机焊接时的计算电路

$$U_{Sb}=1.05-\Delta U_T=1.05-\frac{U_r P_{Sb}+Q_{Sb}\sqrt{U_k^2-U_r^2}}{S_{NT}} \quad (5\text{-}30)$$

$$U_{Sw}=U_{Sb}-\Delta U_l \quad (5\text{-}31)$$

其中 $P_{Sb}=K_s K_n S_N\cos\varphi+\Sigma(K_1 S_{N1}\cos\varphi_1)$

$Q_{Sb}=K_s K_n S_N\sin\varphi+\Sigma(K_1 S_{N1}\sin\varphi_1)$

一台最大焊机焊接时母线电压水平相对值可由负荷变动量估算

$$u_{Sb}\approx\frac{K_S K_n S_N}{S_{bS}+K_S K_n S_N} \quad (5\text{-}32)$$

式中 ΔU_T——焊接时变压器电压损失相对值；

U_k、U_r——变压器阻抗电压相对值及阻抗电压有功分量相对值，$U_r=\frac{\Delta P_S}{S_{NT}}$；

ΔP_S——变压器短路损耗，kW；

S_{NT}——变压器额定容量，kVA；

P_{Sb}——焊接时低压总出线的有功功率，kW；

Q_{Sb}——焊接时低压总出线的无功功率，kvar；

S_N——最大一台焊机的额定容量，kVA；

$\cos\varphi$——最大一台焊机的功率因数；

K_S——起动电流倍数，对于焊机为尖峰电流与额定电流的比值即 I_{Sw}/I_N，电阻焊机为 1；

K_n——折算至等效三相负荷的系数，单相 380V 焊机为 $\sqrt{3}$，单相 220V 焊机为 3，三相 380V 焊机为 1；

ΔU_l——焊机线路的电压损失相对值，根据焊机的电压和相数、I（取为 I_{Sw}）、l 和 $\cos\varphi$ 来计算电压损失的公式见表 5-1；

l——焊机的线路长度，km；

I_{Sw}、I_N——焊机的尖峰电流及额定电流，$I_{Sw}=K_S I_N$，A；

ΣS_{N1}——同时使用的其余焊机额定容量之和，kVA；

K_1、$\cos\varphi_1$——其余各焊机的需要系数及其功率因数。

电阻焊机焊接时，为满足其端子电压水平高于 90% 的要求，考虑到尖峰电流在配电线路中引起的电压损失约为 5%，变压器空载电压比网络额定电压高 5%，因此尖峰电流造成的变压器电压损失不应超过 10%。配电变压器的阻抗电压约为 4.5%，从式 5-7 可知，尖峰负荷不宜超过变压器额定容量的两倍。

根据焊机尖峰电流频繁出现，而且持续时间甚短的特点，即使变压器在使用中温升不高，也应使尖峰电流不超过变压器额定值的两倍，以免变压器线圈结构在反复的电动力作用下加速损坏。

5.6.2 限制电焊机引起的电压波动的措施

限制电焊机引起的电压波动的措施有：

(1) 单相焊机应尽量用线电压供电。

(2) 多台焊机应尽量均匀地接在三相上。

(3)根据车间负荷情况，选用较大容量的变压器供电，相对地减少变压器阻抗，从而减少变压器电压损失。

(4) 大容量焊机尽量靠近变电所以减少线路的阻抗和电压损失。

(5)改进焊机的控制线路，对几台较大容量焊机的控制线路加入逻辑控制环节，3～4 台一组，使一组内的电焊脉冲值互不重叠。

(6) 根据照明负荷对频繁电压波动允许值（见表5-13）规定及式 5-32 计算当单个电阻焊机功率超过供电变压器容量的 10%，或成组焊机总功率超过供电变压器容量 50%时，供电变压器不宜再接正常照明负荷和自动装置无触点元件。

(7)大容量焊机在必要时可装自动无功补偿装置。

5.7 轧钢机工作时的电压波动

现代轧钢机传动装置的机组容量日益增大，有的达数万千瓦，而且其负荷变动异常剧烈，特点是重复冲击，速度周期变化。有的机组工作时，有功尖峰负荷可达额定容量的 180%，周期约为数秒。与激烈的有功功率变动相适应，无功功率亦以相同程度发生波动，而且这种负荷上升的时间约为 0.2s 左右。如果系统容量足够大，则有功功率波动对系统频率几乎没有什么影响。但是无功功率波动就要引起工厂母线电压波动，并且根据工厂供电系统情况，对地区电力系统也有一定影响。

尤其是现代冷、热连轧机用电容量很大，例如一个现代热连轧和冷连轧厂的总用电设备容量，一般可达 20 万 kW 以上，而其有功冲击负荷变化值可达数万千瓦。并且由于冷、热连轧机控制性能的要求，大部分设备都采用直流电动机传动，而其供电多半采用晶闸管整流装置。这样，从电网方面看，增加了一些新的特点：

(1) 与“电动-发电”变流机组不同，冲击负荷无缓冲地直接反映到电网中去。

(2) 大幅度调速时，尤其是低电压调速时，无功消耗增大，功率因数降低，因而无功功率冲击造成的电压波动更大。

(3)由于晶闸管调相调压的非线性特点，产生高次谐波分量，造成电网电压波形畸变，使电压质量下降。

为此，进行现代轧钢厂供电设计时，对上述问题必须予以充分考虑。本节着重论述前两个问题，第三个问题参见第 11 章。

5.7.1 电压波动计算

由于急剧的交变负荷引起的 6～10kV 电压波动值，大致按下列近似式估算

$$V_t=\frac{\Delta I}{I''_S}\times 100\% \tag{5-33}$$

式中 V_t——电压波动，%；

ΔI——6～10kV 网络中冲击电流，kA；

I''_S——计算点的短路电流（要考虑同步电动机的反馈电流），kA。

如果 $I''_S=20000$A，要求电压波动不超过 $V_t=1.5\%$时，则 6～10kV 网络的最大允许冲击电流为 300A；当要求电压波动不超过 4%时，最大允许冲击电流则为 800A。

已知有功冲击负荷 ΔP 和无功冲击负荷 ΔQ，其电压波动大致按下式确定

$$V_t=\frac{\pm\Delta Pr\pm\Delta Qx}{U^2}\times 100\% \tag{5-34}$$

式中 ΔP、ΔQ——受电设备三相有功、无功冲击负荷，MW、Mvar；

r、x——每相电阻、电抗，Ω；

U——线电压，kV。

当同步电动机作为电动机运行时增加功率，作为发电机运行时减少功率，ΔP 取正号。当同步电动机减少无功输出，或者增加无功消耗时，ΔQ 取正号。

同时，从式 5-34 可知，供电电压越高，电压波动值越小。

如果忽略电阻部分，尤其是由母线或架空线供电时，电压波动可按下列简化公式确定

$$V_t=\frac{\pm\Delta Q}{S_{bS}}\times 100\% \tag{5-35}$$

式中 S_{bS}——校验电压波动点的短路容量，MVA。

从式 5-35 可见，忽略电阻部分后，电压波动取决于无功功率变量 ΔQ 与短路容量 S_{bS}的比值。母线短路容量越大，则电压波动越小。

如果不忽略电阻部分，可按下列较简单的公式求出电压波动值

$$V_t=\left[\frac{\pm\Delta Q}{S_{bS}}+\frac{1}{2}\left(\frac{\Delta P}{S_{bS}}\right)^2\right]\times 100\% \tag{5-36}$$

5.7.2 限制冲击负荷引起的电压波动的措施

限制冲击负荷引起的电压波动的措施有：

(1) 加大电源容量，提高抗冲击负荷的能力。电网电压波动值 V_t，近似等于无功功率波动量与该点短路容量之比。所以，在无功功率冲击下，为了保证厂内系统电压波动在 5%以下，要求相应点的电网短路容量为冲击无功功率波动量的 20 倍以上（未考虑动态补偿）。设计时一般首先设法加大企业电源的短路容量。致于是否需要采取无功补偿措施。应视地区电网及企业具体情况而定。

(2) 提高进线电压，提高整流器初级电压。电压波动相对值与电压平方成反比。进线电压越高，电压波动相对值就越小，因之，冲击负荷引起的电压波动对系统

的影响也就减少。所以现代大型轧钢厂，有的要求直接以 110kV 电压进入主电机室直接降压，以保证生产时电压波动值更小。

(3)自备电厂的发电机组，装设自动励磁调节装置(AVR 或 AQR)，可有效抑制由于无功冲击负荷引起的电网电压波动。详见 7.6 节。

(4)进行动态无功功率补偿。由冲击负荷引起的电压波动，主要取决于无功功率波动值 ΔQ 与计算点的系统短路容量 S_{bs}的比值。如果在交流侧母线上装设动态无功功率补偿装置，就地及时供给所需的无功功率波动量 ΔQ，而不再由电网电源供给，则电压波动可以及时有效地抑制下去。目前，进行动态无功功率补偿主要采用静止型无功补偿装置(SVC)和利用大型同步电动机。

一般都采用高速无功功率测量方式，按照无功功率的绝对量相应调节 SVC 装置的输出无功功率，或对同期调相机进行励磁调节改变其无功功率输出。

用同步电动机进行动态无功功率补偿时，同步电动机必须有快速励磁调节，有明显的储备量。同时它反应较慢，不宜用于开坯轧机的动态无功功率补偿。

有关动态无功功率补偿详细内容见第 12 章。

参考文献

[1] GB12325—90 电能质量供电电压允许偏差.

[2] GB12326—90 电能质量电压允许波动和闪变.

[3] 北京钢铁设计院等编，钢铁企业电力设计参考资料，冶金工业出版社，1976.

[4]航空工业部第四规划设计研究院等，工厂配电设计手册，水利电力出版社，1983.

第6章

电 技 术 节 能

6.1 概述

6.1.1 钢铁企业节电的意义

我国是一个电力短缺的国家，节电是当前的一项重要技术政策，节电又是一种能源开发，对于国民经济的发展具有深远的影响。目前，我国电工产品耗电约占全国总发电量的70%，而冶金系统年耗电量约占全国发电量的9.3%左右，因此节约电能，对促进钢铁工业的发展有着重要意义。

钢铁生产耗电高、用电量大，节电潜力也大，抓好各生产工序的节电，是节约能源的重要环节。要加强电能管理工作，合理组织生产和用电设备的经济运行，改革耗电高的工艺，逐步淘汰低效设备，推广节电新技术，提高电能利用率。通过节电工作，使各种产品耗电指标逐步达到国内和国际先进水平，以提高企业经济效益。

6.1.2 节电的前提

节电要以下列条件为前提：

(1) 不影响产品的质量、性能和产量。

(2) 不造成环境的恶化。要避免工作环境的恶化，例如，在减少照明器具时，必须考虑对工作人员的影响。排放的物质必须限制在环保部门允许的数值内。

(3)能够在短期内回收投资费用。为节电而花费的投资，能在2～5年内收回。另外，由于实行节电措施而使设备寿命缩短时（例如连续运行的电动机作间歇运行），必须考虑在扣除设备的更新和维护费用后还有足够的效益。

(4)不引起其他费用提高和增加额外工作。最理想的节电措施是既节电又不增加其他工作量。

6.1.3 节电体制

为了有力推动节电工作并取得好的成果，必须有健全的节电体制。企业各级领导要组织管好电能的使用，制定出必要的管理制度和措施，合理组织生产，做好设备经济运行工作。

6.2 变压器的节电

6.2.1 变压器的运行特性

变压器的损耗主要有空载损耗和负载损耗两大部分，其次还有介质损耗和杂散负荷损耗。由于介质损耗和杂散负荷损耗其值很小，故可忽略不计。本节主要叙述降低空载损耗和负载损耗的途径。

降低空载损耗和负载损耗的途径有：

(1)采用优质硅钢片，改进铁芯结构，降低空载损耗。变压器的空载损耗一般约占变压器总损耗的20～30%。由于空载损耗不随负载变化而变化，因此，虽然所占比例不大，但对长期连续运行而负载较轻的中小型电力变压器而言，降低空载损耗却具有非常重要的意义，故设计制造与选用低损耗电力变压器的主要目的在于降低其空载损耗。

变压器的空载损耗为

$$P_0 = K_c P_c G_c \tag{6-1}$$

式中 P_0——变压器的空载损耗，W；

K_c——工艺系数；

P_c——铁芯材料的单位损耗，W/kg；

G_c——铁芯质量，kg。

由式 6-1 可知，如降低空载损耗 P_0，必须分别降低 K_c、P_c 和 G_c。为此必须：

1）采用性能优良的冷轧晶粒取向硅钢片，以降低 P_c 和 G_c。

2）改进铁芯结构和制造工艺，降低工艺系数 K_c。

(2) 改进绝缘结构，适当减小电流密度，降低负载损耗。变压器的负载损耗约占变压器总损耗的 70%～80%，其中最主要的是线圈电阻损耗 I^2R，故可近似认为变压器负载损耗为

$$P_k = K_m J^2 G_m \tag{6-2}$$

式中 P_k——变压器负载损耗，W；

K_m——与导电率有关的系数；

J——电流密度，A/mm²；

G_m——导线质量，kg。

由式 6-2 可知，要降低负载损耗 P_k，必须分别降低 K_m、J 和 G_m。要想降低负载损耗，既可以在保证变比前提下，适当提高匝间电压以减少高低压线圈匝数，使电流密度 J 与导线质量 G_m 适当降低，还可以从改善绝缘结构缩小绝缘体积，提高填充系数，减小线圈尺寸来达到降低负载损耗的目的。

6.2.2 低损耗电力变压器

低损耗电力变压器，就是选用高导磁的优质冷轧晶粒取向硅钢片和先进工艺制造的新系列节能变压器。具有损耗低、质量轻、效率高、抗冲击等优点。近年来各种系列低损耗电力变压器已得到广泛的应用，在节省电能和运行费方面，已取得显著的经济效果。因此，新建变电所应采用低损耗的节能变压器，对旧有变压器应随机械设备更新，逐步更换或改造，节省电能。

更新变压器必然会带来有功电量和无功电量的节约，但要增加投资。这里存在着一个回收年限问题。变压器不是损坏后才更新，而是老化到一定程度，还有一定剩值时就可以更新。特别是当变压器需要大修时更应考虑更新，这在技术经济上是合理的。

变压器厂家对各种不同型式、不同容量的变压器的使用寿命都有规定（一般为 20～30 年），使用单位按这一规定年限提取设备折旧费。随着变压器运行年限的增长，其剩值也越来越小。

变压器的回收年限计算公式如下：

(1) 旧变压器使用年限已到期，即折旧费已完，没有剩值，其回收年限计算公式为

$$T_B = \frac{Z_n - G_J - Z_c}{G_d} \tag{6-3}$$

式中 T_B——变压器回收年限，年；

Z_n——新变压器的购价，元；

G_J——旧变压器残存价值，可取原购价的 10%；

Z_c——变压器更新后减少电容器的总投资，元；

G_d——每年节约电费，元。

(2) 在 (1) 的情况下，如变压器需大修时，其回收年限计算公式为

$$T_B = \frac{Z_n - G_{JD} - G_J - Z_c}{G_d} \tag{6-4}$$

式中 G_{JD}——旧变压器大修费，元。

(3) 旧变压器还不到使用期，即还有剩值，其回收年限的计算公式为

$$T_B = \frac{Z_n + W_J - G_J - Z_c}{G_d} \tag{6-5}$$

式中 W_J——旧变压器的剩值，元。

$$W_J = Z_J - Z_J C_n\% T_y \times 10^{-2} \tag{6-6}$$

式中 Z_J——旧变压器的投资，元；

$C_n\%$——折旧率，%；

T_y——运行年限，年。

(4) 在 (3) 的情况下，如旧变压器需大修时，其回收年限的计算公式为

$$T_B = \frac{Z_n + W_J - G_{JD} - G_J - Z_c}{G_d} \tag{6-7}$$

关于更新变压器的回收年限，一般考虑：当计算的回收年限小于五年时，变压器应立即更新为宜；当计算的回收年限大于 10 年时，不应当考虑更新；当计算的回收年限为 5～10 年时，应酌情考虑，并以大修时更新为宜。

6.2.3 变压器的经济运行

在分析计算变压器经济运行时，常用的技术参数有四个：空载电流 I_0、空载损耗 P_0、短路电压 U_k 及短路损耗 P_k。P_0 与 P_k 主要反应变压器的有功功率损耗。而 I_0 与 U_K 则反应变压器的无功功率消耗，但是要进行换算，其过程如下：

变压器在空载试验时电源侧的视在功率 S_0 为

$$S_0 = \sqrt{3} I_0 U_{1N} = I_0\% S_N \times 10^{-2} \tag{6-8}$$

式中 S_0——视在功率，kVA；

I_0——空载电流，A；

U_{1N}——电源侧额定电压，kV；

$I_0\%$——空载电流百分比；

S_N——变压器额定容量，kVA。

变压器在空载时电源侧的励磁功率（无功功率）Q_0 为

$$Q_0 = \sqrt{S_0^2 - P_0^2} \quad (6\text{-}9)$$

式中 Q_0——变压器在空载时的无功功率，kvar；

P_0——变压器的空载损耗，kW。

变压器在短路试验(额定负载)时所测的视在功率 S_K 为

$$S_K = \sqrt{3}\, I_{1N} U_K = U_K\% S_N \times 10^{-2} \quad (6\text{-}10)$$

式中 S_K——变压器在短路试验时的视在功率，kVA；

I_{1N}——电源侧额定电流，A；

U_K——变压器短路电压，kV；

$U_K\%$——短路电压百分比。

变压器额定负载时所消耗的漏磁功率(无功功率) Q_K 为

$$Q_K = \sqrt{S_K^2 - P_K^2} \quad (6\text{-}11)$$

式中 Q_K——变压器额定负载时的无功功率，kvar；

S_K——变压器在短路试验时的视在功率，kVA；

P_K——变压器的短路损耗，kW。

在进行变压器经济运行的分析和计算时，为了简化计算，常取

$$Q_0 \approx S_0 = I_0\% S_N \times 10^{-2} \quad (6\text{-}12)$$

$$Q_K \approx S_K = U_K\% S_N \times 10^{-2} \quad (6\text{-}13)$$

用式 6-12 及式 6-13 所求得的 Q_0 与 Q_K，比用式 6-9 及式 6-11 所求得的要大一些，对较大容量的变压器所引起的误差很小，对容量较小的变压器所引起的误差却较大。

6.2.3.1 变压器功率损失的计算

A 变压器有功功率损失和损失率的负载特性

变压器功率损失 ΔP (kW) 和损失率 $\Delta P\%$ 的基础计算公式

$$\Delta P = P_0 + \beta^2 P_K \quad (6\text{-}14)$$

$$\Delta P\% = \frac{\Delta P}{P_1} = \frac{P_0 + \beta^2 P_K}{\beta S_N \cos\varphi_2 + P_0 + \beta^2 P_K} \times 100\% \quad (6\text{-}15)$$

变压器效率 η 的表达式

$$\eta = \frac{P_2}{P_1} = \frac{\beta S_N \cos\varphi_2}{\beta S_N \cos\varphi_2 + P_0 + \beta^2 P_K} \times 100\% \quad (6\text{-}16)$$

式中 P_1——变压器电源侧输入功率，kW；

P_2——变压器负载侧输出功率，kW；

$\cos\varphi_2$——负载功率因数；

β——负载系数。

负载系数的计算公式为

$$\beta = \frac{I_2}{I_{2N}} = \frac{P_2}{S_N \cos\varphi_2} \quad (6\text{-}17)$$

式中 I_2——变压器负载电流，A；

I_{2N}——变压器二次额定电流，A。

由于损失率 $\Delta P\%$ 的概念与变压器用电单耗一致，因此本章的分析和计算使用损失率，而不用效率。式 6-14 及式 6-15 可绘成如图 6-1 的曲线 $\Delta P = f(\beta)$ 及 $\Delta P\% = f(\beta)$。

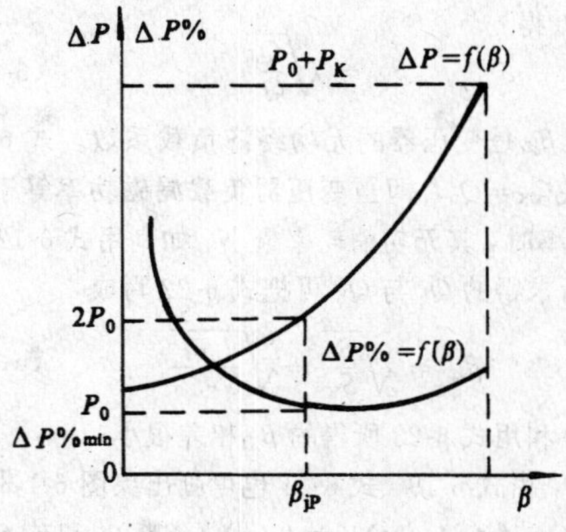

图 6-1 变压器功率损失和损失率的负载特性曲线

由图 6-1 的变压器损失率曲线可以看出，当负载系数 β 达到某一数值时，损失率将达到最小值 $\Delta P\%_{min}$。将式 6-15 对 β 取一阶导数，并使之为零，即

$$\frac{d(\Delta P\%)}{d\beta} = 0$$

则可求出产生最小损失率的条件为

$$P_0 = \beta^2 P_K$$

或

$$\beta_{jP} = \sqrt{\frac{P_0}{P_K}} \quad (6\text{-}18)$$

式 6-18 说明当铜损等于铁损时，变压器的损失率达到最低，β_{jP} 称为有功经济负载系数。所以，当固定变压器运行时，可以通过调负载来降低 $\Delta P\%$。一般变压器的 $\frac{P_0}{P_K} \approx \frac{1}{4} \sim \frac{1}{3}$，故最低损失率大体发生在负载系数 $\beta \approx 0.5 \sim 0.6$ 左右。

B 变压器无功功率消耗和消耗率的负载特性

变压器无功功率消耗 ΔQ 的基础计算公式

$$\Delta Q = Q_0 + \beta^2 Q_K \qquad (6\text{-}19)$$

式中 ΔQ、Q_0和Q_K的单位都用，kvar。

为衡量变压器在传输单位有功功率时本身所消耗的无功功率值，在此提出无功消耗率$\Delta Q\%$的计算式

$$\Delta Q\% = \frac{\Delta Q}{P_1} \times 100\% \qquad (6\text{-}20)$$

或

$$\Delta Q\% = \frac{\Delta Q}{P_2} = \frac{Q_0 + \beta^2 Q_K}{\beta S_N \cos\varphi_2} \times 100\% \qquad (6\text{-}21)$$

按要求有$\Delta Q\% = \frac{\Delta Q}{P_1}$，但在求$\Delta Q\%$对$\beta$的导数时，取$\Delta Q\% = \frac{\Delta Q}{P_2}$。因为这样可简化其运算结果，而所引起的误差又很小。

对式6-21求极值，即令其一阶导数为零，即使$\frac{d\Delta Q\%}{d\beta} = 0$得

$$\beta_{jQ} = \sqrt{\frac{Q_0}{Q_K}} \qquad (6\text{-}22)$$

式中β_{jQ}是变压器的无功经济负载系数。式6-22可写成$\beta_{jQ}^2 Q_K = Q_0$，即当变压器负载漏磁功率等于空载励磁功率时，其无功消耗率最小。如利用式6-12及式6-13所求得的Q_0与Q_K可把式6-22写成

$$\beta_{jQ} = \sqrt{\frac{S_0}{S_K}} = \sqrt{\frac{I_0\%}{U_K\%}} \qquad (6\text{-}23)$$

用式6-22和用式6-23所得的β_{jQ}相差很小。

同理，由式6-19、式6-21也可画出象图6-1那样的曲线$\Delta Q = f(\beta)$、$\Delta Q\% = f(\beta)$（省略）。对式6-15及图6-1曲线$\Delta P\% = f(\beta)$的分析，也完全适用于对式6-21 $\Delta Q\% = f(\beta)$的分析。由变压器有功损失率的负载特性$\Delta P\% = f(\beta)$和无功消耗率的负载特性$\Delta Q\% = f(\beta)$可知，通过合理的选择和调整负载可以降低变压器的有功损失率和无功消耗率，使变压器经济运行。

例1 一台10000kVA变压器，现已运行27年，折旧率为3.33%（变压器寿命为30年），由于故障及运行年限较久，部分线圈损坏，需更换，同时进行大修，大修费为该变压器投资费的50%。在这种情况下，变压器是更新合理，还是大修合理呢?此变压器经常负载率为75%。新旧变压器的参数和购价如下：

变压器 (kVA)	P_0 (kW)	P_K (kW)	$I_0\%$ (%)	Q_0 (kvar)	$U_K\%$ (%)	Q_K (kvar)	购价 (元)
旧10000	28	85	2.8	280	7.6	760	85000
新10000	11.5	59	0.76	76	7.6	760	85000

在计算时，旧变压器参数仍取出厂值。

解 首先利用式6-14计算出变压器更新后节约的有功功率

$$\Delta P = 28 - 11.5 + 0.75^2(85 - 59) = 16.5 + 14.6 = 31.1\text{kW}$$

同理用式6-19可求得节约的无功功率

$$\Delta Q = 280 - 76 + 0.75^2(760 - 760) = 204\text{kvar}$$

然后又可计算出全年节约的有功电量和无功电量（取年工作小时为8400h，年最大负荷损耗小时为7000h）

$$\Delta A_P = 16.5 \times 8400 + 14.6 \times 7000 = 240800\text{kWh}$$

$$\Delta A_Q = 8400 \times 204 = 1713600\text{kvarh}$$

如每千乏电容量的投资$Z_{cd} = 30$元，则可求得变压器更新后减少电容器的总投资：

$$Z_C = 204 \times 30 = 6120\text{元}$$

利用式6-6求得变压器剩值W_J

$$W_J = 85000 - 85000 \times 3.33 \times 27 \times 10^{-2} = 8576\text{元}$$

当电价为$J_d = 0.065$元/kWh，求得年运行节约的电费

$$G_d = 240800 \times 0.065 = 15652\text{元}$$

旧变压器大修费$G_{JD} = 0.5 \times 85000 = 42500$元，最后利用式6-7求得

$$T_B = \frac{85000 + 8576 - 42500 - 8500 - 6120}{15652} = 2.3\text{年}$$

由此可见，更新变压器每年可节约有功电量24万kWh，节约无功电量171万kvarh，而新变压器购价的回收年限为2.3年。这在技术经济上是合理的。否则花4.2万元大修费，而所得还是50年代旧的变压器，在电量上又浪费，这在技术经济上是不合理的。

例2 某厂变电所有两台35/6.3kV的变压器，其参数如下：

编号	S_N (kVA)	P_0 (kW)	P_K (kW)	$I_0\%$ (%)	$U_K\%$ (%)	出厂日期
A	8000	10.9	52.8	0.658	7.2	1974年
B	7500	24	75	3.5	7.5	1960年

二次侧经常负载为 3290kW，$\cos\varphi_2=0.9$。

(1) 计算出变压器A和B分别运行的ΔP、$\Delta P\%$、ΔQ、$\Delta Q\%$、β_{jP}和β_{jQ}之值；

(2) 求变压器A运行比B运行有功功率和无功功率的节约值，用电单耗下降值以及电费比较。

解 首先计算出变压器A运行时的各种数据。用式 6-17 可计算出β_A。

$$\beta_A=\frac{P_2}{S_{AN}\cos\varphi_2}=\frac{3290}{8000\times0.9}=0.457$$

利用式 6-14 及式 6-15 分别求得

$$\Delta P_A=P_{AO}+\beta_A^2P_{AK}$$
$$=10.9+0.457^2\times52.8$$
$$=10.9+11$$
$$=21.9\text{kW}$$

$$\Delta P_A\%=\frac{\Delta P_A}{P_2+\Delta P_A}\times100\%$$
$$=\frac{21.9}{3290+21.9}\times100\%$$
$$=0.661\%$$

再根据式 6-12 及式 6-13 分别求出

$$Q_{AO}=S_{AO}$$
$$=I_{AO}\%S_{AN}\times10^{-2}$$
$$=0.658\times8000\times10^{-2}$$
$$=52.6\text{kvar}$$

$$Q_{AK}=S_{AK}=U_{AK}\%S_{AN}\times10^{-2}$$
$$=7.2\times8000\times10^{-2}=576\text{kvar}$$

按式 6-19 可计算出

$$\Delta Q_A=Q_{AO}+\beta^2Q_{AK}$$
$$=52.5+0.457^2\times576$$
$$=172.8\text{kvar}$$

按式 6-20 可计算出

$$\Delta Q_A\%=\frac{\Delta Q_A}{P_1}\times100\%$$
$$=\frac{172.8}{3290+21.9}\times100\%$$
$$=5.22\%$$

根据式 6-18 及式 6-22 又可分别计算出

$$\beta_{AjP}=\sqrt{\frac{P_{AO}}{P_{AK}}}=\sqrt{\frac{10.9}{52.8}}=0.454$$

$$\beta_{AjQ}=\sqrt{\frac{Q_{AO}}{Q_{AK}}}=\sqrt{\frac{52.6}{576}}=0.302$$

其次再根据上述各式计算出变压器B运行的各种数据

$$\beta_B=\frac{3290}{7500\times0.9}=0.487$$

$$\Delta P_B=24+0.487^2\times75=41.8\text{kW}$$

$$\Delta P_B\%=\frac{41.8}{3290+41.8}\times100\%=1.25\%$$

$$Q_{BO}=3.5\times7500\times10^{-2}=263\text{kvar}$$

$$Q_{BK}=7.5\times7500\times10^{-2}=563\text{kvar}$$

$$\Delta Q_B=263+0.487^2\times563=397\text{kvAr}$$

$$\Delta Q_B\%=\frac{397}{3290+41.8}\times100\%=11.9\%$$

$$\beta_{BjP}=\sqrt{\frac{24}{75}}=0.566$$

$$\beta_{BjQ}=\sqrt{\frac{263}{563}}=0.683$$

变压器A运行比B运行节电量的计算。

节约有功功率ΔP (kW) 为

$$\Delta P=\Delta P_B-\Delta P_A=41.8-21.9=19.9\text{kW}$$

节约无功功率ΔQ (kvar) 为

$$\Delta Q=\Delta Q_B-\Delta Q_A=397-172.8=224.2\text{kvar}$$

损失率下降为

$$\Delta P\%=\Delta P_B\%-\Delta P_A\%$$
$$=1.25\%-0.661\%=0.589\%$$

消耗率下降为

$$\Delta Q\%=\Delta Q_B\%-\Delta Q_A\%$$
$$=11.9\%-5.22\%=6.68\%$$

降低变压器有功用电单耗为

$$\Delta A_{dp}\%=\frac{\Delta P}{\Delta P_B}\times100\%=\frac{19.9}{41.8}\times100\%=47.6\%$$

降低变压器无功用电单耗为

$$\Delta A_{dQ}\%=\frac{\Delta Q}{\Delta Q_B}\times100\%=\frac{224.2}{397}\times100\%=56.5\%$$

全年节约电费G_d（全年运行时间t为 8400h，全年最大负荷损耗小时τ为 7000h，电价J_d每 kWh 按 0.055 元计算）为

$$G_d=[(P_{BO}-P_{AO})t+(\beta_B^2P_{BK}-\beta_A^2P_{AK})\tau]J_d$$
$$=[(24-10.9)\times8400+(17.8-11)\times7000]\times0.055$$
$$=8670\text{元}$$

全年节约无功电量ΔA_Q为

$$\Delta A_Q=8400\times224.2=1883280\text{kavrh}$$

大容量变压器运行比小容量变压器运行全年多支付容量电费（容量电费每月每 kVA 按 4 元计算）为

$$G_S=12\times4(8000-7500)=24000\text{元}$$

通过本例计算，可以看出从节约电费来讲，8000kVA 变压器运行比 7500kVA 变压器好，每年可

节约电费 0.867 万元，节约无功电量 188 万 kvarh，但由于我国实行的是两部制电价，使用 8000kVA 变压器后，每年要支付容量电费 2.4 万元。因此，对用电单位来讲，为减少电费支出，只好采用 7500kVA 变压器运行。

若该厂变电所不用上述旧变压器，而选用 SL7-5000/35 低损耗变压器，其参数如下：

编号	S_N (kVA)	P_0 (kW)	P_K (kW)	$I_0\%$ (%)	$U_K\%$ (%)	出厂日期
C	5000	6.75	36.7	0.9	7.0	1984 年

仍按上述各式计算出新变压器运行的各种数据：

$$\beta_C = \frac{3290}{5000 \times 0.9} = 0.73$$

$$\Delta P_C = 6.75 + 0.73^2 \times 36.7 = 26.3\text{kW}$$

$$\Delta P_C\% = \frac{26.3}{3290 + 26.3} \times 100\% = 0.793\%$$

$$Q_{C0} = S_{C0} = 0.9 \times 5000 \times 10^{-2} = 45\text{kvar}$$

$$Q_{CK} = S_{CK} = 7 \times 5000 \times 10^{-2} = 350\text{kvar}$$

$$\Delta Q_C = 45 + 0.73^2 \times 350 = 232\text{kvar}$$

$$\Delta Q_C\% = \frac{232}{3290 + 26.3} \times 100\% = 7\%$$

$$\beta_{CjP} = \sqrt{\frac{6.75}{36.7}} = 0.428$$

$$\beta_{CjQ} = \sqrt{\frac{45}{350}} = 0.359$$

新的 5000kVA 变压器与旧的 7500kVA 变压器比较，节约电量和电费计算如下：

$$\Delta P = \Delta P_B - \Delta P_C = 41.8 - 26.3 = 15.5\text{kW}$$

$$G_d = [(24 - 6.75) \times 8400 + (17.8 - 19.6) \times 7000] \times 0.055 = 7277 \text{ 元}$$

$$G_S = 12 \times 4(7500 - 5000) = 120000 \text{ 元}$$

由上面计算可知，在实行两部制电价的情况下，采用低损耗电力变压器，除可节约电能外还可减少容量电费。

C　变压器无功功率的经济运行

由于变压器的变压过程是借助于电磁感应完成的。因此，变压器是一个感性的无功负载。在变压器传输功率的过程中，变压器自身的无功功率消耗远大于有功功率损失，因此在分析计算变压器经济运行时，不仅要考虑有功损失最小，同时也应考虑到无功消耗最小。在变压器经济运行时，无功电量的节约远大于有功电量的节约。所以变压器经济运行不仅能节电，同时也能提高功率因数。

由于变压器是个感性负载，其空载功率因数很低，一般变化范围为 $\cos\varphi_0 = 0.05 \sim 0.2$。变压器容量越大，$\cos\varphi_0$ 越小。

变压器空载功率因数计算式为

$$\cos\varphi_0 = \frac{P_0}{S_0} = \frac{P_0}{\sqrt{3}\, I_0 U_{1N}} \tag{6-24}$$

式中　P_0——空载损失，kW；

I_0——空载电流，A；

U_{1N}——变压器电源侧额定电压，kV；

S_0——变压器空载试验时的表观功率，kVA。

变压器的额定负载功率因数系指在额定负载下变压器自身的功率因数 $\cos\varphi_N$。其计算式为

$$\cos\varphi_N = \frac{\Delta P_N}{\sqrt{\Delta P_N^2 + \Delta Q_N^2}} \approx \frac{P_0 + P_K}{S_0 + S_K} \tag{6-25}$$

一般 $\cos\varphi_N$ 的变化范围为 0.05～0.3。随着变压器容量的增大，$\cos\varphi_N$ 下降。

如变压器二次负载功率为 P_2，功率因数为 $\cos\varphi_2$，无功负载为 $Q_2 = P_2 \mathrm{tg}\varphi_2$，则变压器一次侧功率因数 $\cos\varphi_1$ 的计算公式为

$$\cos\varphi_1 = \frac{P_2 + \Delta P}{\sqrt{(P_2 + \Delta P)^2 + (P_2 \mathrm{tg}\varphi_2 + \Delta Q)^2}} \tag{6-26}$$

例 3　某厂变电所有 A、B 两台变压器，其参数如下表：

变压器	S_N (kVA)	U_N (kV)	I_N (A)	P_0 (kW)	P_K (kW)	$I_0\%$ (%)	$U_K\%$ (%)
A	15000	35/6.3	247/1375	36.4	139.3	3.01	9.22
B	20000	35/6.3	330/1833	24.2	131	0.9	7.88

经常负载 10000kW，$\cos\varphi_2=0.9$。求出：

(1) 求 Q_0、Q_K、$\cos\varphi_0$ 及 $\cos\varphi_N$；

(2)选择变压器经济运行方式和计算有功电量、无功电量的节电效果。

解

(1) 利用式 6-12、式 6-13 及式 6-24、式 6-25 可求得：

变压器	Q_0 (kvar)	Q_K (kvar)	$\cos\varphi_0$	$\cos\varphi_N$
A	452	1383	0.081	0.0957
B	180	1576	0.134	0.0882

(2) 利用式 6-14、式 6-15、式 6-19、式 6-20 及式 6-18、式 6-23、式 6-26 可分别求得：

变压器	ΔP (kW)	$\Delta P\%$ (%)	ΔQ (kvar)	$\Delta Q\%$ (%)	β_{jP}	β_{jQ}	$\cos\varphi_1$
A	112.7	1.11	1209	12.0	0.511	0.572	0.858
B	64.6	0.64	666.4	6.6	0.43	0.338	0.877

变压器节约的有功功率为

$$\Delta P=\Delta P_A-\Delta P_B=112.7-64.6=48.1\text{kW}$$

节约的无功功率为

$$\Delta Q=\Delta Q_A-\Delta Q_B=1209-666.4=542.6\text{kvar}$$

有功损失率下降为

$$\Delta P\%=\Delta P_A\%-\Delta P_B\%=1.11\%-0.64\%=0.47\%$$

相当于降低变压器有功用电单耗为

$$\Delta A_{dP}\%=\frac{\Delta P\%}{\Delta P_A\%}\times100\%=42.3\%$$

无功消耗率下降为

$$\Delta Q\%=\Delta Q_A\%-\Delta Q_B\%=5.4\%$$

相当于下降变压器无功用电单耗为

$$\Delta A_{dQ}\%=\frac{\Delta Q\%}{\Delta Q_A\%}\times100\%=45\%$$

由此例可看出：变压器空载功率因数 $\cos\varphi_0$ 及额定负载功率因数 $\cos\varphi_N$ 都是很小的（为 0.1 左右）。变压器的无功功率消耗是有功功率损失的十倍左右。如 $\Delta Q_A/\Delta P_A=10.7$，$\Delta Q_B/\Delta P_B=10.3$。为此，可把变压器看做一个无功负载。变压器 B 投入运行比变压器 A 运行经济，它不仅节约有功电量，而无功电量的节约是有功电量节约的十余倍，如 $\Delta Q/\Delta P=11.2$。无功功率的节约为 542.6kvar，其效果相当于多投运 54 台 10kvar 电容器。变压器一次功率因数 B 运行比 A 运行提高近 2%。这个值是很可观的，为此，变压器经济运行对节约无功电量提高功率因数是有利的。

但由于我国实行两部电价制，因此，对用户来讲，需将节约电费与容量电费进行比较后，再决定运行方案。

D 变压器综合功率的经济运行

在多数情况下，变压器有功功率的经济运行方式和无功功率的经济运行方式是一致的或接近的。但在某些情况下，也会出现矛盾。例如，按有功功率计算变压器 A 优于 B，按无功功率计算变压器 B 优于 A。为了解决这一矛盾，必须综合考虑有功功率及无功功率的计算结果，在此引出综合有功功率损失 ΔP_Z(kW)的两个计算公式

$$\Delta P_Z=\Delta P+K_Q\Delta Q \tag{6-27}$$

$$\Delta P_Z=P_{ZO}+\beta^2P_{ZK} \tag{6-28}$$

式中 K_Q——无功经济当量，kW/kvar；

P_{ZO}——空载综合功率损失，kW；

P_{ZK}——额定负载综合功率损失，kW。

P_{ZO}、P_{ZK}、K_Q 的计算公式为

$$K_Q=\frac{\Delta P_C}{\Delta Q} \tag{6-29}$$

$$P_{ZO}=P_0+K_QQ_0 \tag{6-30}$$

$$P_{ZK}=P_K+K_QQ_K \tag{6-31}$$

式中 ΔQ——变压器无功功率消耗减少值，kvar；

ΔP_C——变压器连接系统有功功率损失下降值，kW。

无功经济当量 K_Q 的物理概念是，变压器每减少 1kvar 无功功率消耗时，引起连接系统有功损失下降的 kW 值。所以 K_Q 值的大小和变压器在系统中的位置直接相关。无功经济当量值，见表 6-1。

综合功率也可写成综合有功损失率 $\Delta P_Z\%$ 及综合经济负载系数 β_{jZ}的形式

表 6-1 无功经济当量值

序号	变压器在连接系统的位置	K_Q 值 (kW/kvar)	
		系统负载最大时	系统负载最小时
1	直接由发电厂母线以发电机电压供电的变压器	0.02	0.02
2	由发电厂以发电机电压供电的线路变压器（例如，由厂用和市内发电厂供电的工企变压器）	0.07	0.04
3	由区域线路供电的 110～35kV 降压变压器	0.1	0.06
4	由区域线路供电的 6～10kV 降压变压器	0.15	0.1
5	由区域线路供电的降压变压器，但其无功负荷由同步调相机担负	0.05	0.03

$$\Delta P_Z\% = \frac{\Delta P_Z}{P_2 + \Delta P_Z} \times 100\% \qquad (6\text{-}32)$$

$$\beta_{jz} = \sqrt{\frac{P_{ZO}}{P_{ZK}}} = \sqrt{\frac{P_0 + K_Q Q_0}{P_K + K_Q Q_K}} \qquad (6\text{-}33)$$

综合功率的分析方法同前。变压器经济运行有三种情况，如果用电单位以节约电量为主，则按有功功率考虑，如果以提高功率因数为主，则按无功功率考虑，如果对两者均无特殊要求，则按综合功率考虑。

6.2.3.2 变压器经济运行的方式

选择变压器的容量及台数时，应根据计算负荷，负荷性质，生产班次等条件进行选择。对负载率很低（正常使用时低于 30%），而且损失率又很高，通过计算证明是“大马拉小车”的变压器，应予以调整或更换。

根据计算负荷，对重载负荷（80%负载率）通过计算证明不利于经济运行的变压器，可放大一级容量来选择变压器，以降低其负载率和损失率。

向一、二类负荷供电的变压器，当选用两台变压器时，应同时使用，以保证变压器的经济运行。

对采用多台变压器的厂房，其配电系统设计，应根据负荷情况，有切换每台变压器的可能性，通过调整使参数好的变压器在运行状态，让参数差的在备用状态，以实现变压器的经济运行。

对于夜里或节假日里不生产的车间或设备，可把其中不能停电的负荷集中到某一台变压器上，设置专用变压器供电，停用其它变压器，以利节电。

不允许变压器长期空载运行。

在大型厂房或非三班生产的车间中，应安装照明专用变压器供电。

6.2.4 实施时的注意事项

在实施变压器节电时，需注意以下几点：

(1) 计算节电效果时必须考虑铜损。只考虑铁损，不考虑铜损有时会因铜损增加而使总损耗增加，达不到节电的目的。因此需要计算后决定（见例 4）。

(2) 在减少并联运行的变压器台数时，要考虑大型电动机起动的影响。如不注意大型电动机起动时的电压降和过电流，或者不与生产部门联系，则在大型电动机起动时，往往要引起电源跳闸。

(3) 要使运行人员了解系统改变情况和操作方法，避免误操作。

(4) 对于停用 5000～10000kVA 等级的变压器，必须采取防锈和防止漏油措施，为此要制定出可靠的保养措施。

(5) 在把多台单独运行变压器变换成几台并联运行时，短路容量增加，所以，不仅要考虑下级断路器的开断容量，还要分析在发生短路事故时下级的串联设备的机械强度和热稳定。

(6) 交流断路器的电气操作寿命是有限的，如果变压器切除和投入的操作过于频繁，断路器的维护费用将增加。

例 4 某两台变压器，在同时运行时负荷率都是 50%，$P_0 = 1.25\text{kW}$，$P_K = 7.12\text{kW}$，试比较用一台变压器负荷率为 100%时的损耗与两台变压器时的损耗。

解 用两台变压器，当其负荷率为 50%时的损耗为

$$P_{Fe} = 2 \times 1.25 = 2.5\text{kW}$$

$$P_{Cu} = 2 \times 7.12 \times \left(\frac{50}{100}\right)^2 = 3.56\text{kW}$$

则 $P_\Sigma = P_{Fe} + P_{Cu} = 2.5 + 3.56 = 6.06\text{kW}$

用一台变压器，当其负荷率为100%时的损耗为

$P'_{Fe} = 1.25\text{kW}$

$P'_{Cu} = 1 \times 7.12 \times \left(\frac{100}{100}\right)^2 = 7.12\text{kW}$

则 $P'_\Sigma = P'_{Fe} + P'_{Cu} = 1.25 + 7.12 = 8.37\text{kW}$

$P'_\Sigma - P_\Sigma = 8.37 - 6.06 = 2.31\text{kW}$

因此，用一台变压器时，反而增加了损耗2.31kW。

6.3 变配电设备的节电

变配电设备的节电方法有：

(1)合理的设计供电系统和电压等级。根据供电距离和负荷容量，合理地设计供电系统和选择电压，以减少电能损耗，有以下措施：

1）根据企业规模、技术经济比较，考虑线路供电距离，采用35～220kV等级电压，深入厂区负荷中心供电。

自备电厂应布置在厂区负荷中心，减少配电线路损失。

2）对负荷集中的大型企业轧钢区和大型轧钢厂，应尽量采用35～220kV等级电压供电。

如某钢铁厂的热轧带钢厂采用三路线路变压器组送电方式，电压等级为110/35/6/0.4kV，高压深入负荷中心。随着电力负荷的增大，电压等级尚有提高的趋势。

3）根据技术经济比较，可采用相分裂导线，输送大容量负荷，以减少线路的损耗。

4）配电系统的设置及供配电设备的选择，既要保证长期运行的技术经济合理，又要考虑建设中分批投产的需要。对分期建设期限较长的企业，宜采用多台变压器方案，避免设备轻载运行，增大损耗。

5）厂区的配电电压，根据技术经济比较，采用合理的电压等级进行配电。

6）对具有几个电压等级的供配电系统，在改建或扩建设计中，应减少电压层次，合理地进行升压改造。

7）根据厂矿的负荷性质和容量，正确地选择供配电系统的接线方式，力求简单、可靠和生产管理上的方便。

对负荷容量较大，且分散的场所，应深入负荷中心设置变电所以减少低压配电网路损耗。

(2)提高功率因数减少电能损耗。提高功率因数的优点：

1）提高功率因数可减少线路损耗。如果输电线路导线每相电阻为 R (Ω)，则三相输电线路的功率损耗为

$$\Delta P = 3I^2R \times 10^{-3}$$

$$= \frac{P^2R}{U^2\cos^2\varphi} \times 10^{-3} \tag{6-34}$$

式中 ΔP——三相输电线路的功率损耗，kW；

P——电力线路输送的有功功率，kW；

U——线电压，V；

I——线电流，A；

$\cos\varphi$——电力线路输送负荷的功率因数。

由式6-34看出，在全厂有功功率一定的情况下，$\cos\varphi$ 越低，功率损耗 ΔP 也将越大。设法将 $\cos\varphi$ 提高，就可使 ΔP 减小。

当线路的电压 U 和有功功率 P 不变的情况下，改善前的功率因数为 $\cos\varphi_1$，改善后的功率因数为 $\cos\varphi_2$，则三相回路实际减少的功率损耗可按下式计算

$$\Delta P = \left(\frac{P}{U}\right)^2 R\left(\frac{1}{\cos^2\varphi_1} - \frac{1}{\cos^2\varphi_2}\right) \times 10^{-3} \tag{6-35}$$

2）减少变压器的铜损。变压器的损耗主要有铁损和铜损。如果提高变压器二次侧的功率因数，可使总的负荷电流减少，从而减少铜损。

提高功率因数后，变压器节约的有功功率 ΔP 和节约的无功功率 ΔQ 的计算公式为

$$\Delta P = \left(\frac{P_2}{S_N}\right)^2\left(\frac{1}{\cos^2\varphi_1} - \frac{1}{\cos^2\varphi_2}\right)P_K \tag{6-36}$$

$$\Delta Q = \left(\frac{P_2}{S_N}\right)^2\left(\frac{1}{\cos^2\varphi_1} - \frac{1}{\cos^2\varphi_2}\right)Q_K \tag{6-37}$$

式中 ΔP、ΔQ——变压器的有功功率节约值和无功功率节约值，kW、kvar；

P_2——变压器负载侧输出功率，kW；

S_N——变压器额定容量，kVA；

$\cos\varphi_1$——变压器原负载功率因数；

$\cos\varphi_2$——提高后的变压器负载功率因数；

P_K——变压器的短路损失，kW；

Q_K——变压器额定负载时的无功功率，kvar。

例5 有一台额定容量 $S_N = 10000\text{kVA}$ 的变压器，经常负载功率 $P_2 = 6000\text{kW}$，功率因数 $\cos\varphi_1 = 0.65$，如在负载不变的条件下，把功率因数提高到 $\cos\varphi_2 = 0.95$，变压器的 $P_K = 90\text{kW}$，$U_K\% = 8.5\%$，求变压器有功电量和无功电量的节约量。

解 利用式6-36、式6-37分别求得

$$\Delta P=\left(\frac{6000}{10000}\right)^2\left(\frac{1}{0.65^2}-\frac{1}{0.95^2}\right)\times 90=40.8\text{kW}$$

$$\Delta Q=\left(\frac{6000}{10000}\right)^2\left(\frac{1}{0.65^2}-\frac{1}{0.95^2}\right)\times 850=385\text{kvar}$$

$$(Q_K=8.5\times 10000\times 10^{-2}=850\text{kvar})$$

因此功率因数从 0.65 提高到 0.95，在供电量不变的条件下，变压器有功损失减少 40.8kW，无功损耗减少 385kvar，全年节约有功电量 35.7 万 kWh，节约无功电量 337 万 kvarh。

3) 减少线路及变压器的电压损失。由于提高了功率因数，减少了无功电流，因而减少了线路及变压器的电流，从而减小了电压降。

4) 提高功率因数可以增加发配电设备的供电能力。由于提高了功率因数，供给同一负载功率 P_2 所需的视在功率及负荷电流均减少，所以，对现有设备而言，变压器容量和电缆截面就有了富裕，这可用来增加负荷，即使在增加设备时，现有配电设备的容量也可能够用。另外，在基建时由于提高了负荷的功率因数，可减少电源线路的截面及变压器的容量，节约设备投资。

在企业供配电系统设计时，应尽量提高自然功率因数，当系统功率因数低于国家标准值时，根据技术经济比较，确定补偿电容量和位置，并按全国供用电规则所规定的功率因数值（见第 10 章）进行无功补偿。

(3)提高用电设备的自然功率因数。提高自然功率因数，首先应明确企业中各用电设备的无功功率需要情况，从中找出无功功率的主要用户，然后抓住重点，采取措施加以解决。

用电设备的自然功率因数，见第 2 章。

(4)提高企业自然功率因数。提高企业自然功率因数的主要措施有：

1) 合理安排和调整工艺流程，改善电气设备的运行状态，使电能得到最充分的利用。

2) 合理使用异步电动机及变压器，变压器要作到经济运行。

3) 正确设计和选用变流装置，对直流设备的供电和励磁，应采用硅整流或晶闸管整流装置，取代变流机组、汞弧整流器等直流电源设备。

4) 限制电动机和电焊机的空载运转。设计中对空载率大于 50%的电动机和电焊机，可安装空载断电装置。对大、中型连续运行的胶带运输系统，可采用空载自停控制装置。

5) 条件允许时，用同等容量的同步电动机代替异步电动机，在经济合算的前提下，也可采用异步电机同步化运行。

对于负荷率不大于 0.7 及最大负荷不大于 90%的绕线式异步电动机，必要时可使其同步化。即当绕线式异步电动机在起动完毕后，向转子三相绕组中送入直流励磁，即产生转矩把异步电机牵入同步运行，其运转状态与同步电动机相似，在过励磁的情况下，电动机可向电网送出无功功率，从而达到改善功率因数的目的。

(5) 功率因数的人工补偿。按全国供用电规则规定：高压供电的工业用户和高压供电装有带负荷调整电压装置的电力用户，在当地供电局规定的电网高峰负荷时功率因数应达到 0.9 以上。

当自然功率因数达不到上述要求时，可采取人工补偿的办法，以满足规定的功率因数要求。

对车间内供电系统，根据负荷性质，应分别采取如下措施进行无功补偿：

1) 在车间负荷变动大的变电所母线上，应采用集中功率因数自动调节补偿和 SVC 无功自动调节补偿的节电措施。

2) 在车间负荷变动不大的变电所母线上，也可采用手动控制进行无功补偿。

近几年我国低压金属化膜电容器的生产，为在低压母线上进行就地无功补偿创造了有利条件，设计中应充分考虑在低压母线上进行就地无功补偿。

6.4 电动机的节电

6.4.1 各种电动机的特性

6.4.1.1 效率

A 三相异步电动机

电动机的效率

$$\eta=\frac{P_2}{P_1}=\frac{P_2}{P_2+\Delta P}\times 100\% \tag{6-38}$$

式中 P_2——电动机的输出功率，kW；

P_1——电动机的输入功率，kW；

ΔP——电动机的功率损耗，kW。

电动机的损耗分为负载损耗（主要是铜损）和空载损耗（主要是铁损），见图 6-2。

各种损耗和总损耗与负荷系数 β（即电动机实际负荷与额定负荷之比）的关系如图 6-3 所示。

当输出功率 P_2 减少后，虽然总的损耗也在减少，但减少的速度较慢。因此，电动机的效率随负荷的减少而降低。特别是负荷系数低于 50%以后，电机效率下降更快。当空载运行时，$P_2=0$，而总的损耗等于恒定损耗。因此，空载时电动机的效率为零。电动机效率 η 和功率因数 $\cos\varphi$ 与负荷系数 β 的关系如图 6-4 所示。

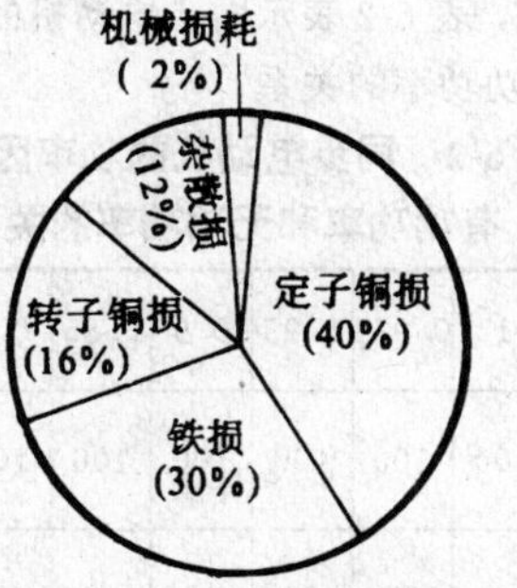

图 6-2 小型异步电动机各种损耗

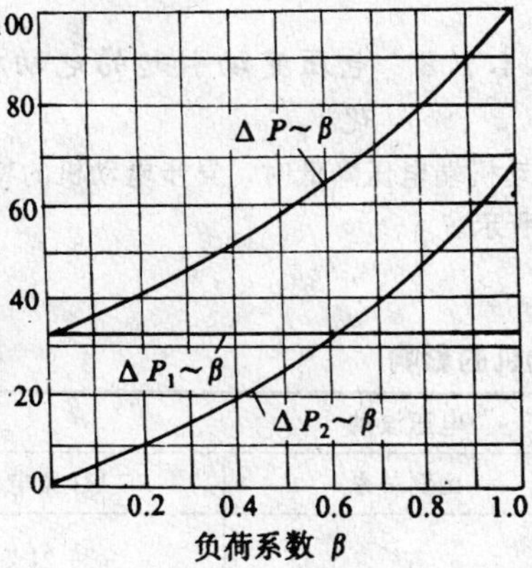

图 6-3 负荷系数与电动机损耗的关系

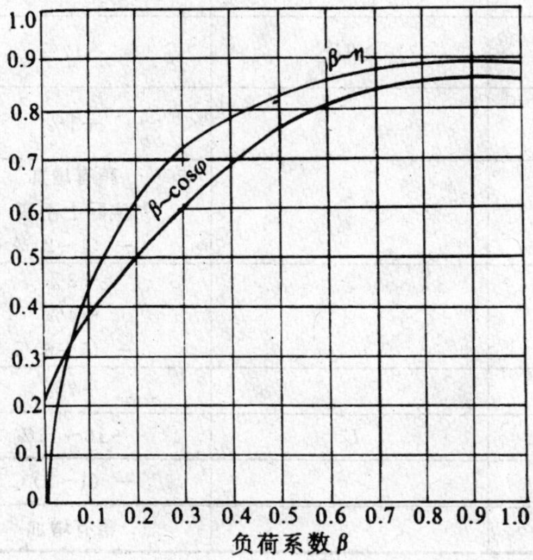

图 6-4 电动机的效率 η 和功率因数 $\cos\varphi$ 与负荷系数 β 的关系

B 直流电动机

直流电动机的效率通常比交流电动机差，主要是由于直流电动机的励磁损耗和铜损大的缘故。与同一容量的三相异步电动机相比，效率要低 2～3%左右，这是近来交流调速装置被引起重视的原因之一。而且，直流电机需要励磁，为了连续使用，必须进行强迫冷却，在直流电动机较多时，风机的耗电不可忽视。因此，在有条件且经济合理时宜用交流调速系统代替直流调速系统，见第 23 章。

6.4.1.2 电动机的功率因数

电动机功率因数 $\cos\varphi$ 的降低，不仅会增加电动机输电线路及变压器的电能损耗，而且会增加发电、输配电系统中的附加损耗，从而增加这方面的投资。因此，在电动机的节能工作中，必须了解功率因数 $\cos\varphi$ 的变化规律。

A 异步电动机的功率因数

异步电动机的等值电路如图 6-5 所示。对电源来说，相当于一个电阻和一个电感串联负荷，因而功率因数 $\cos\varphi$ 总是小于 1 的。为了建立磁场，异步电动机从电网吸取很大的无功电流 I_0，它在正常工作范围内几乎不变，在空载时定子电流 $I_1=I_0$，此时功率因数很低，一般 $\cos\varphi=0.2$ 左右。当负载增加时，定子电流中的有功分量增加，使 $\cos\varphi$ 很快上升，当接近额定负载时，$\cos\varphi$ 达最大值。但负荷增大到一定程度后，由于转差率的增加，转子漏抗增大，转子电路的无功电流增加，相应定子的无功电流也增加，因此，功率因数反而下降。异步电动机的 $\cos\varphi$ 与负荷系数的关系如图 6-4 所示。

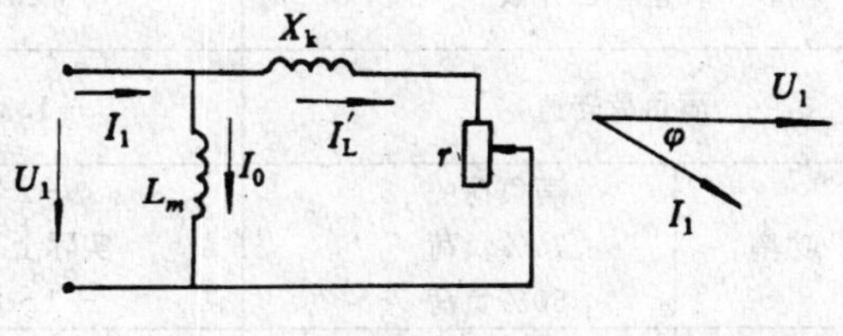

图 6-5 异步电动机的等值电路

B 同步电动机的功率因数

同步电动机的功率因数 $\cos\varphi$ 与异步电动机的不同。它可以为滞后，也可以为超前。当激磁电流改变时，对同步电动机的定子电流和功率因数有影响，但并不改变电动机的输出功率和转速。三相同步电动机的输出功率 P_2 可用下式表示

$$P_2=\sqrt{3}\,UI\cos\varphi\,\eta_M \tag{6-39}$$

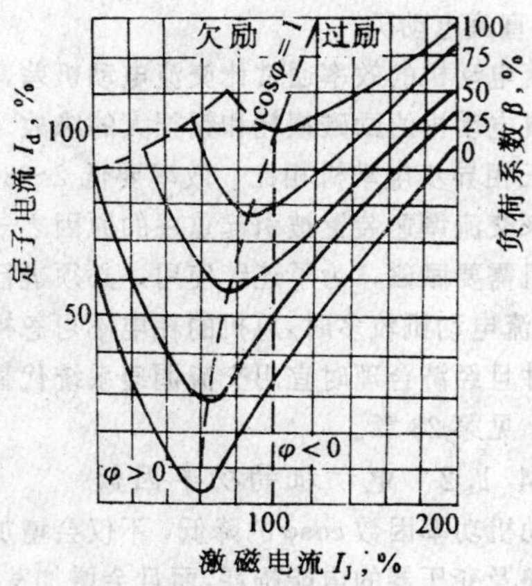

图 6-6 同步电动机的 V 型曲线

当电压 U 不变时，在同一负荷下，电动机的效率 η_M 也是不变的。这时定子电流 I 与 $\cos\varphi$ 的乘积应该在激磁电流变化后仍然保持不变。在同步电动机中，控制激磁电流是非常简单的。在任何负荷下，只要把功率因数 $\cos\varphi$ 调整到 1，就可以使网路电流最小。于是电动机吸收网路中的无功功率（指感性无功）。与此相反，如果增大激磁电流，输入电流也增加，则同步电动机给网路输送无功功率。图 6-6 为各种负荷系数的同步电动机 V 型曲线，表 6-2 表示同步电动机的功率因数与有功功率和无功功率的关系。

表 6-2 同步电动机的功率因数与有功功率和无功功率的关系

$\cos\varphi$	1	0.975	0.95	0.9	0.85	0.8	0.7	0.6
有功负荷 (kW)	100	100	100	100	100	100	100	100
无功负荷 (kvar)	0	23	33	49	62	75	100	133

6.4.1.3 电压变动引起的电动机特性变化

电动机端电压降低时，异步电动机的特性变化如表 6-3 所示。

表 6-3 电压波动对异步电动机的影响

项目		电压波动		
		90%电压	比例关系	110%电压
起动转矩 最大转矩		−19%	U^2	+21%
同步转速		不变	恒定	不变
转差率百分数		+23%	$1/U^2$	−17%
满负荷转速		−1.5%		+1%
功率	满负荷	−2%		稍有增加
	75%负荷	实际上不变		实际上不变
	50%负荷	+1～2%		−(1～2)%
功率因数	满负荷	+1%		−3%
	75%负荷	+2～3%		−4%
	50%负荷	+4～5%		−(5～6)%
满负荷电流		+11%		−7%
起动电流		−(10～12)%	U	+10～12%
满负荷温度上升		+6～7℃		−(1～2)℃
电磁噪音		稍有减少		稍有增加

由表 6-3 知，电压下降时最成问题的是起动转矩与最大转矩的减少，使负荷电流增加，从而引起线路损

耗增加，电动机温度上升等，而电压升高也要引起励磁电流的显著增加，温度上升和效率降低，所以要加以注意。

6.4.2 电动机的节电方法

根据以上分析可知，减少电动机的电能损耗的主要途径是提高电动机的效率和功率因数。根据国内外资料介绍，电动机的节电有许多有效方法。

(1) 采用高效率电动机。目前，国内外有关部门在分析电动机损耗的基础上，采取了各种切实可行的措施，对减少电动机的各部分损耗、提高电动机的效率和功率因数有良好效果。这些减少损耗的措施如图 6-7 所示。

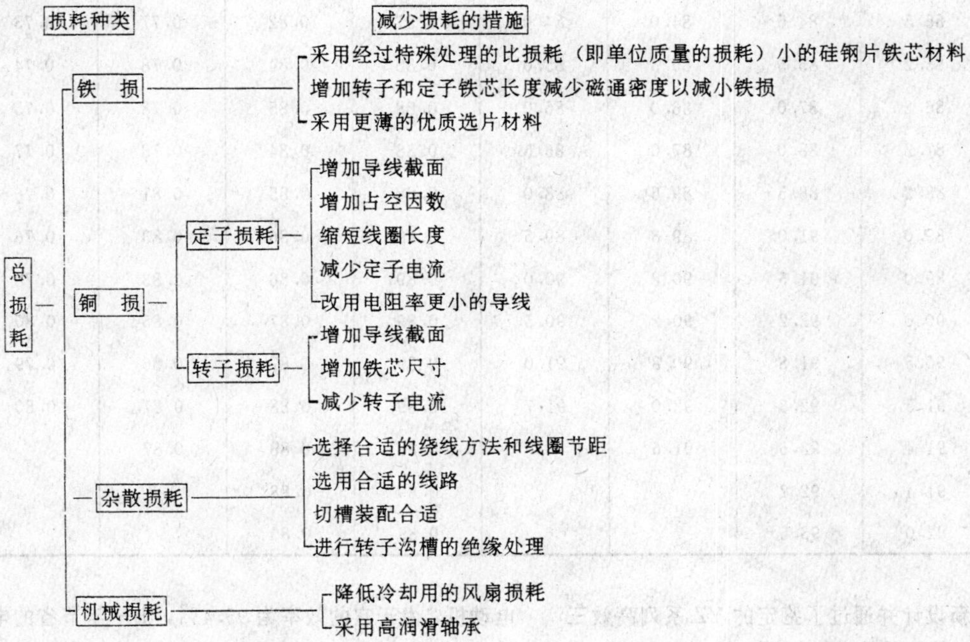

图 6-7　减少电动机损耗的措施

采取各种减少损耗措施后的高效率电动机，其总损耗比普通标准电动机减少 20～30%，电动机的效率可以比普通的标准型提高 3～6%。

我国新设计生产的 Y 系列电动机具有效率高、起动转矩大、噪音小、防护性能良好等特点。它的平均效率为 88.263%，比 JO2 系列提高了 0.413%，平均起动转矩比 JO2 系列增加 25%左右。现将 Y 系列电动机的技术数据列入表 6-4。

表 6-4　Y 系列电动机技术数据

功率 (kW)	同步转速 (r/min)							
	3000	1500	1000	750	3000	1500	1000	750
	效率 (%)				功率因数 cosφ			
0.55		70.5				0.76		
0.75	73.0	72.5	72.5		0.84	0.76	0.70	
1.10	76.0	79.0	73.5		0.86	0.78	0.72	
1.50	79.0	79.0	77.5		0.85	0.79	0.74	

续表 6-4

功率（kW）	同步转速（r/min）							
	3000	1500	1000	750	3000	1500	1000	750
	效率（%）				功率因数 cosφ			
2.20	82.0	81.0	80.5	81.0	0.86	0.82	0.74	0.71
3.00	82.0	82.5	83.0	82.0	0.87	0.81	0.76	0.72
4.00	85.5	84.5	84.0	84.0	0.87	0.82	0.77	0.73
5.50	85.2	85.5	85.3	85.0	0.88	0.84	0.78	0.74
7.50	86.2	87.0	86.0	86.0	0.88	0.85	0.78	0.75
11.00	87.2	88.0	87.0	86.5	0.88	0.84	0.78	0.77
15.00	88.2	88.5	89.5	88.0	0.88	0.85	0.81	0.76
18.50	89.0	91.0	89.8	89.5	0.89	0.86	0.83	0.76
22.00	89.0	91.5	90.2	90.0	0.89	0.86	0.83	0.78
30.00	90.0	92.2	90.2	90.5	0.89	0.87	0.85	0.80
37.00	90.5	91.8	90.8	91.0	0.89	0.87	0.86	0.79
45.00	91.5	92.3	92.0	91.7	0.89	0.88	0.87	0.80
55.00	91.4	92.6	91.6		0.89	0.88	0.87	
75.00	91.4	92.7			0.89	0.88		
90.00	92.0	93.5			0.89	0.89		

然而，最新设计并通过了鉴定的 YZ 系列高效三相异步电动机，其容量等级与 Y 系列电动机相同，但 YZ 系列电机的加权平均效率较 Y 系列电动机高 3%。

另外，YZR 系列新型电机，它与 JZR 或 JZR2 系列电机相比，平均效率高 2%，空载电流小 20%，平均功率因数高 9%，具有较好的节电效果。

因此，在设计和技术改造中，应选用 Y、YZ、YZR 新系列电动机，以节省电能。

普通高效电机价格比一般电机高 20～30%，采用时要考虑资金回收期，即在短期内靠节电费用收回多花的费用。一般符合下列条件时可选用普通高效电机：

1）负载率在 0.6 以上；

2）每年连续运行时间在 3000h 以上；

3）电机运行时无频繁起、制动（最好是轻载起动，如风机、水泵类负载）；

4）单机容量较大。

例 6　某厂使用的 JO2-93-2 型 100kW 三相异步电机，效率为 91.5%，如果换上一台同容量的高效率电动机，由于它的效率为 95.4%，则一年节省的电费为

$$G_d = J_d P_N \left(\frac{1}{\eta_1} - \frac{1}{\eta_2} \right) tK$$

$$= 0.075 \times 100 \times \left(\frac{1}{0.915} - \frac{1}{0.954} \right) \times 5000 \times 0.95$$

$$= 1592.08 \text{ 元}$$

式中　G_d——每年节省的电费，元；

J_d——电价，元/kWh；

P_N——电机的额定功率，kW；

η_1——普通电动机的效率；

η_2——高效电动机的效率；

t——电动机一年连续运行的时间，h；

K——负载率，$K=\frac{P_2}{P_N}$；

P_2——电动机实际输出功率，kW。

其中高效电动机的价格每台 3500 元左右，不计资金利息时，投资回收期

$$T_d = \frac{\text{电机价格(元)}}{\text{年节省电费}} = \frac{3500}{1592.08} = 2.2\text{年}$$

(2)根据负荷特性合理地选择电动机。为了合理地选择电动机，首先得了解负荷的特性，通常选择电机时要考虑如表 6-5 所示项目。

表 6-5 选择电动机时考虑的项目

负荷种类	泵、风扇、传送带等
转矩特性	转矩特性曲线(降低特性、恒转矩特性、恒功率特性)，起动转矩，最大转矩，容许转矩
负荷的 GD^2	
运行特性	使用种类（连续、短时、继续、反复），起动次数，有无过负荷，有无制动
性能	加速时间，减速时间，停止精度
控制	恒速，定位，调速，卷绕等
使用场合	户内，户外，海拔高度，防护等级等

对旧有设备使用的电机，要进行必要的测试与计算，结合电机的工作环境及负载特点，选用适当的电机取代"大马拉小车"的电机，以提高电机运行的效率和功率因数。

通常当电机的负载率 K 大于 0.65 时，可不必更换；K 小于 0.3 时，不经计算便可更换；K 在 0.3～0.65 之间时，则需经过计算后再确定。

例 7 有一台 JS126-6 型 190kW，3kV 的异步电动机。其额定电流 $I_N=45.5A$，空载电流 $I_0=16A$，额定效率 $\eta_N=91.05\%$，额定功率因数 $\cos\varphi_N=0.875$，铁损 $P_{Fe}=6050W$，机械损耗 $P_j=1520W$，运行时的实测定子电流 $I_1=25A$，计算该电机的效率和功率因数。

解

额定负载时的总损耗

$$\Sigma P_N = P_N\left(\frac{1}{\eta_N}-1\right) = 190\times\left(\frac{1}{0.9105}-1\right) = 18.68\text{kW}$$

固定损耗

$$P_0 = P_{Fe} + P_j = 6050 + 1520 = 7570\text{W}$$

额定可变损耗

$$P_{1N} = \Sigma P_N - P_0 = 18680 - 7570 = 11110\text{W}$$

实际输出功率

$$P_2 = P_N\sqrt{\frac{I_1^2 - I_0^2}{I_N^2 - I_0^2}} = 190\sqrt{\frac{25^2-16^2}{45.5^2-16^2}} = 85.7\text{kW}$$

实际负载率 K

$$K = \frac{P_2}{P_N} = \frac{85.7}{190} = 0.45$$

对应于 P_2 时电机的总损耗

$$\Sigma P = K^2P_{1N} + P_0 = 0.45^2\times 11110 + 7570 = 9819\text{W}(9.819\text{kW})$$

对应于 P_2 时的输入功率

$$P_1 = P_2 + \Sigma P = (85700 + 9819)\times 10^{-3} = 95.5\text{kW}$$

对应于 P_2 时的定子电流

$$I_1 = \sqrt{K^2(I_N^2 - I_0^2) + I_0^2} = \sqrt{0.45^2\times(45.5^2-16^2)+16^2} = 24.96\approx 25\text{A}$$

对应于 P_2 时的电机效率

$$\eta = \frac{P_2}{P_2+\Sigma P}\times 100\% = \frac{85.7}{85.7+9.819}\times 100\% = 89.7\%$$

对应于 P_2 时的电机功率因数

$$\cos\varphi_1 = \frac{P_1\times 10^3}{\sqrt{3}V_1I_1} = \frac{95.5\times 10^3}{\sqrt{3}\times 3000\times 24.96} = 0.736$$

计算结果表明，这台电机运行效率和功率因数偏低，故有更换的必要。

下面计算如果换用一台 JS125-6 型 110kW 电动机时的情形（新电机 $U_N=3\text{kV}$，$\eta'_N=90\%$，$\cos\phi_N=0.873$，$P'_{Fe}=3300\text{W}$，$P'_J=770\text{W}$，$I'_N=26.9\text{A}$，$I'_0=11\text{A}$）。

负载率

$$K' = \frac{P_2}{P'_N} = \frac{85.7}{110} = 0.779$$

额定负载时的总损耗

$$\Sigma P'_N = P'_N\left(\frac{1}{\eta'_N}-1\right) = 110\times\left(\frac{1}{0.9}-1\right) = 12.2\text{kW}$$

固定损耗

$P'_0 = P'_{Fe} + P'_J = (3300 + 770) \times 10^{-3} = 4.07\text{kW}$

额定可变损耗

$P'_{1N} = \Sigma P'_N - P'_0 = 12.2 - 4.07 = 8.13\text{kW}$

对应于负载率 K' 时的总损耗

$$\Sigma P' = (K')^2 P'_{1N} + P'_0 = (0.779)^2 \times 8.13 + 4.07 = 9.0\text{kW}$$

输入功率

$P'_1 = P_2 + \Sigma P' = 85.7 + 9.0 = 94.7\text{kW}$

实际定子电流

$$I'_1 = \sqrt{K'^2(I_N^2 - I_0^2) + I_0^2} = \sqrt{0.779^2 \times (26.9^2 - 11^2) + 11^2} = 22.1\text{A}$$

效率

$$\eta' = \frac{P_2}{P'_1} = \frac{85700}{94700} \times 100\% = 90.5\%$$

功率因数

$$\cos\varphi_2 = \frac{P'_1}{\sqrt{3}V_1 I'_1} = \frac{94.7}{\sqrt{3} \times 3 \times 22.1} = 0.825$$

更换电机的节电效益计算

更换电机前的输入功率

$$P_1 = \sqrt{3}U_1 I_1 \cos\varphi_1 = \sqrt{3} \times 3 \times 25 \times 0.738 = 95.86\text{kW}$$

更换电机后的输入功率

$$P'_1 = \sqrt{3}U_1 I'_1 \cos\varphi_2 = \sqrt{3} \times 3 \times 22.1 \times 0.825 = 94.74\text{kW}$$

两者的差 $\Delta P = P_1 - P'_1 = 95.86 - 94.74 = 1.126\text{kW}$

设电机一年中的连续运行时间为 5000h，则一年可省电：

$$W = 1.126 \times 5000 = 5630\text{kW} \cdot \text{h}$$

(3) 改变电动机绕组接法的节电方法。对经常处于轻负荷运行的电动机，应采用三角-星切换装置，将三角形接法的电动机改为星形接法，可以达到良好的节电效果。

电动机的星形接法和三角形接法的效率比 $\frac{\eta_Y}{\eta_D}$，功率因数比 $\frac{\cos\varphi_Y}{\cos\varphi_D}$ 与负荷系数 β 的关系见表 6-6 和表 6-7。

表 6-6 负荷系数与不同接法时的电动机效率比

负荷系数 β	0.10	0.15	0.20	0.25	0.30	0.40	0.45	0.50
效率比 $\frac{\eta_Y}{\eta_D}$	1.27	1.14	1.10	1.06	1.04	1.01	1.005	1.00

表 6-7 负荷系数与不同接法时的电动机功率因数比

$\cos\varphi_D$	$\cos\varphi_Y/\cos\varphi_D$			
	负荷系数			
	0.1	0.2	0.3	0.4
0.78	1.94	1.80	1.64	1.49
0.79	1.90	1.76	1.60	1.46
0.80	1.96	1.73	1.58	1.43
0.81	1.82	1.70	1.55	1.40
0.82	1.78	1.67	1.53	1.37
0.83	1.79	1.64	1.49	1.33
0.84	1.72	1.61	1.46	1.32
0.85	1.69	1.58	1.44	1.30
0.86	1.66	1.55	1.41	1.24
0.87	1.63	1.52	1.38	1.24
0.88	1.60	1.49	1.35	1.22
0.89	1.59	1.46	1.32	1.19
0.90	1.57	1.43	1.29	1.17
0.91	1.54	1.40	1.26	1.14
0.92	1.50	1.36	1.23	1.11

由表 6-6 和表 6-7 知，只有在负荷系数低于 0.3 后，将电动机的三角形接法改为星形才能使电动机的效率有明显提高。当负载系数为 0.5 时，星形接法和三角形接法的效率基本相等，无节电效果。当负荷系数大于 0.5 后，电动机星形接法的效率反而低于三角形接法。另外，电动机的功率因数 $\cos\varphi$ 在负载系数低于 0.4 后，将三角形接法改为星形接法后都有比较明显的提高，这对于变压器和输电线路的节电是有好处的。

但电动机由三角形接法改为星形接法后，其极限容许负载大致为铭牌容量的 38～45%。因此，在采用三角形改星形接法作为节电方法时，一定要考虑到改接后的电动机容量是否能满足负载的要求。

一般认为，由三角形改星形接法的转换点在 β=0.3～0.4 之间。对不同型号的电动机，其转换点并不一定完全相同，应该进行具体分析计算才能确定。根据经验，当 $\beta<0.3$ 时，将三角形连接的绕组改为星形连接，往往可以节电。

(4)电动机的无功功率就地补偿。对距供电点较远的大、中容量连续运行工作制的电动机，应采用电动机的无功功率就地补偿装置。

电动机无功功率就地补偿，对改变远距离送电的电动机低功率因数运行状态，减少线路损失，提高变压器负载率有着明显的效果。实践表明，每 kvar 补偿电容每年可节电 150～200kW·h，是一项值得推广的节电技术。特别是对于下列运行条件的电动机要首先应用：

1）远离电源的水源泵站电动机；

2）距离供电点 200m 以上的连续运行电动机；

3）轻载或空载运行时间较长的电动机；

4）YZR、YZ 系列电动机；

5）高负载率变压器供电的电动机。

对单台电动机补偿容量的选择。为了防止产生自励磁过电压，单机补偿容量不宜过大，应保证电动机在额定电压下断电时电容器的放电电流不大于 I_0。

单台电动机的补偿容量由下式计算

$$Q_b \leqslant \sqrt{3}\,U_N I_0 \tag{6-40}$$

式中 U_N —— 电动机的额定电压，kV；

I_0 —— 电动机的空载电流，A；

Q_b —— 补偿电容器容量，kvar。

一般 I_0 应由电动机制造厂提供。若无空载电流 I_0 这个参数时，空载电流 I_0 可按以下三种方法估算。

1）某电气公司推荐的方法。

$$I_0 = 2I_N(1-\cos\varphi_N) \tag{6-41}$$

式中 I_N —— 电动机额定电流，A；

$\cos\varphi_N$ —— 电动机的额定功率因数。

2）按电动机最大转矩倍数推算的方法。

$$I_0 = I_N\left(\sin\varphi_N - \frac{\cos\varphi_N}{2b}\right) \tag{6-42}$$

式中 $b=\dfrac{最大转矩}{额定转矩}$，为 1.8～2.2，可从电动机产品样本中查得。

3）按经验数据估算方法。

I_0 可根据以下经验数据计算，一般大容量的电机，空载电流 I_0 占额定电流的 20～35%，小容量电机占 35～50%。

例 8 有一台水泵用的电动机，容量 10kW，电压 380V，额定电流为 21.4A，转速 1000r/min，效率 86.5%，功率因数为 0.82，$b=1.8$，求这台电动机的补偿电容量。

解 用第一种方法

$$\begin{aligned} I_0 &= 2I_N(1-\cos\varphi_N) \\ &= 2\times 21.4(1-0.82) \\ &= 7.7\text{A} \end{aligned}$$

$$Q_b \leqslant \sqrt{3}\times 0.38\times 7.7 = 5.07\text{kvar}$$

用第二种方法

$$\begin{aligned} I_0 &= I_N\left(\sin\varphi_N - \frac{\cos\varphi_N}{2b}\right) \\ &= 21.4\left(0.57 - \frac{0.82}{2\times 1.8}\right) \\ &= 7.3\text{A} \end{aligned}$$

$$Q_b \leqslant \sqrt{3}\times 0.38\times 7.3 = 4.8\text{kvar}$$

用第三种方法

取电动机的空载电流约为 $0.35I_N$ 值，

$$I_0 = 0.35I_N = 0.35\times 21.4 = 7.49\text{A}$$

$$Q_b \leqslant \sqrt{3}\times 0.38\times 7.49 = 4.92\text{kvar}$$

三种方法计算结果相近，取 Q_b 为 4.5kvar

(5) 电动机节电其它方法：

1)对于经常轻载（负载率小于 40%）的生产机械，也可采用具有起动功能的轻载节电器，以达到“轻载降压运行节电”的目的。

2）对大、中型电动机，宜更换为磁性槽楔，以便减少磁路损耗，提高效率。

这是因为磁性槽楔能使气隙磁密分布趋于均匀，降低齿谐波的影响，降低脉振损耗和表面损耗，并使有效气隙长度缩短，所以能够改善电机气隙磁势波形，减少空载电流，改善功率因数，降低电机损耗，降低温升，提高电机效率，并减少电磁噪声、振动，延长电机的使用寿命等。因此，电机修理时更换为磁性槽楔，实践证明节电效果是显著的。

3）根据技术经济比较，大型恒速电动机应尽量选用同步电动机，并能进相运行，以提高自然功率因数。

6.5 晶闸管变流装置供电方式的节电

根据我国的节能技术政策，新建的直流传动设备，均采用晶闸管变流装置供电。钢铁企业内目前尚有由电动-发电机组供电的生产机械，这些生产设备，不仅耗电多，且生产维护不便，噪音大。从节约能源角度出发，现有容量大小不等的由机组供电的机械，宜改由新的变流设备供电。

各种不同容量的供电方式（变流方式）的效率，见

表 6-8 及表 6-9。由表 6-8 和表 6-9 可见，晶闸管变流装置的综合效率比电动-发电机组的综合效率高 10～15%。

表 6-8 晶闸管供电系统的效率（%）

设 备	容量（kW）		
	100	500	1000
电源变压器	98	98.5	98.5
晶闸管供电装置	97	97.5	98
直流电动机	91	93	94
其它（配线电缆等）	98	98	98
综合效率	85	88	89

表 6-9 电动发电机组的效率（%）

设 备	容量（kW）		
	100	500	1000
交流电动机	90	93	94
直流发电机	90	93	93.5
直流电动机	91	93	94
控制设备	96	97	98
其它（配线电缆等）	97	97	97
综合效率	69	76	79

例 9 某厂改建 2350mm 中板粗轧四辊可逆轧机，上下辊各由 1 台 2500kW，750V，40/80r/min，3690A 过载能力 2.25 倍直流电动机传动，改用晶闸管变流装置供电后，每年可节省多少电能？

解 年节电量可按下式估算

$$W=P_N\left(\frac{1}{\eta_2}-\frac{1}{\eta_1}\right)T_YK_LK_W \qquad (6\text{-}43)$$

式中 P_N——直流电动机的额定容量，kW；

η_1——晶闸管变流装置的效率，$\eta_1=0.89$；

η_2——电动发电机组的效率，$\eta_2=0.79$；

T_Y——轧机年轧制时间，h，取 5500～6000h；

K_L——轧机的平均负载系数，取 0.65；

K_W——轧机的实际有效轧制作业率，取 0.7～0.8。

将各项数据代入式 6-43 得

$$W=2\times 2500\left(\frac{1}{0.79}-\frac{1}{0.89}\right)\times 5500\times 0.65\times 0.7$$
$$=177.7\text{ 万 kWh}\approx 180\text{ 万 kWh}$$

6.6 风机、水泵的节电

风机、水泵是钢铁企业内量大面广，耗电多的通用机械，认真做好节电工作，具有重要意义。

风机、水泵的节电方法主要有：

(1) 调节电动机的转速。钢铁企业内的许多风机、水泵的流量不是要求恒定的。根据风机、水泵的压力——流量特性曲线，按照工艺要求的流量，实现变速变流量控制，是节电的有效方法。从理论上讲，风机、泵类具有以下特点：

$$\frac{Q_2}{Q_1}=\frac{N_2}{N_1},\quad \frac{H_2}{H_1}=\left(\frac{N_2}{N_1}\right)^2,\quad \frac{P_2}{P_1}=\left(\frac{N_2}{N_1}\right)^3$$

式中 Q_1、Q_2——流量，m^3/s；

N_1、N_2——转速，r/min；

P_1、P_2——功率，kW；

H_1、H_2——扬程，m。

即流量与转速成比例，而功率与流量的 3 次方成比例。由于风机、水泵一般用不调速的笼型电动机传动，当流量需要改变时，用改变风门或阀门的开度进行控制，效率很低。若采用转速控制，当流量减小时，所需功率近似按流量的 3 次方大幅度下降。

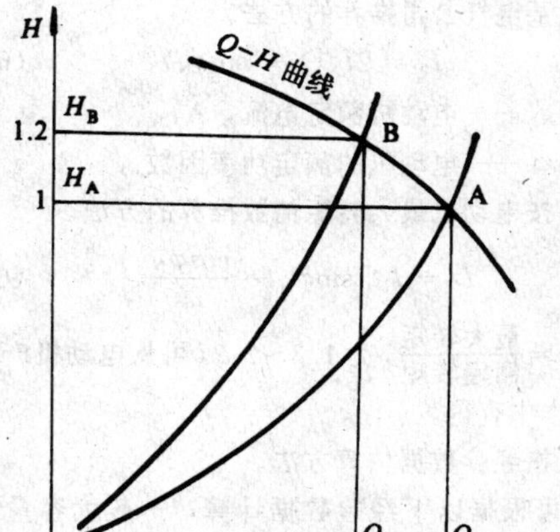

图 6-8 风机流量的风门控制

图 6-8 和图 6-9 分别为风门控制和转速控制流量

的特性曲线。由图 6-8 可知，当流量降到 80%时，功耗为原来的 96%，即

$$P_B = H_BQ_B = 1.2H_A \times 0.8Q_A = 0.96P_A$$

由图 6-9 可见，当流量下降到 80%时，功率为原来的 56%（即降低了 44%），即

$$P_C = H_CQ_C = 0.7H_A \times 0.8Q_A = 0.56P_A$$

由此看来，调速比调风门增大的节电率为

$$\frac{0.96P_A - 0.56P_A}{0.96P_A} \times 100\% = 41\%$$

可见流量的转速控制节电效果显著。

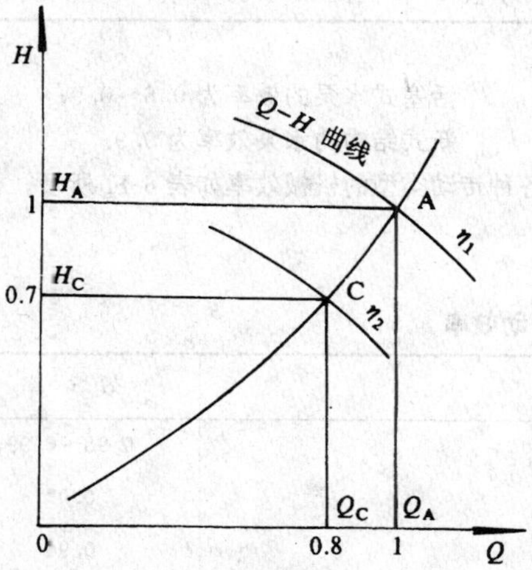

图 6-9 风机流量的转速控制（$\eta_1 > \eta_2$）

风机、水泵的调速方法有以下几种：

1) 对于小容量的笼型电动机，当流量只需几级调节时，可选用变极调速电机；

2) 对于要求连续无级变流量控制，当为笼型电动机时，可采用变频调速或液力偶合器调速；当为绕线型电动机时，可采用晶闸管串级调速。

国内已生产的 NTJ (Y) R 系列三相异步电动机，是根据内反馈晶闸管串级调速原理而设计制造的特种调速电机。这种电机构成的内反馈晶闸管串级调速系统，既有优良的无级调速特性，又可取得比普通晶闸管串级调速更高的节能效果。同时，取消了逆变变压器，并通过内补偿大大提高了电机的功率因数同时有效地抑制了谐波对电网的影响。电机规格与内反馈晶闸管串级调速系统分别见第 23 章与第 25 章。

必须指出，上述的变极调速、变频调速以及串级调速，均属高效率控制方式调速。而液力偶合器调速，如同转子串电阻或定子变电压调速以及电磁滑差离合器控制一样，属於转差功率不能回收利用的低效率调速。液力偶合器的调速范围为 20～97%n_N（n_N——电机额定转速），有速度损失，因其装于电机与负载之间，无法达到额定速度运转。因其转差功率损耗变为油的热能而使温升升高，必须采取适当冷却措施。由于低速小功率液力偶合器造价高，因而仅适用于高速大功率风机、泵类负载。

(2) 合理选型。无论是风机或泵类，设计选型要求合理，使风机与水泵的额定流量和压力尽量接近于工艺要求的流量与压力，从而设备运行时的工况，经常保持在高效区。

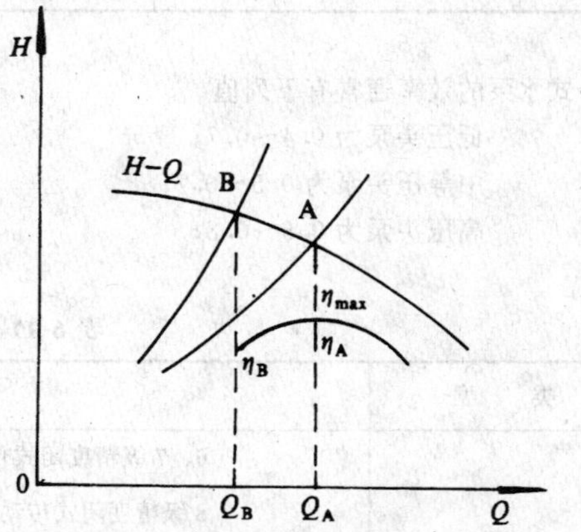

图 6-10 风机和水泵的 H-Q、η-Q 曲线

如图 6-10 中所示，图中 A 点是运行的高效点。如果选择不当，余量太大，如图中 B 点偏离高效区，则造成风机、水泵效率下降，浪费能源。如某厂水泵站应选用 4 级排水泵，运行效率可达 75%，但选配了较大容量的 6 级泵，运行效率仅 60%，一台这样的泵每年要多浪费电能 18.7 万 kWh。

(3) 采用高效率设备。新设计的风机装置应选用高效率的新产品（包括控制装置、电动机、传动装置和风机），它们中任一设备效率的提高，对节电均有好处。

在传动装置中，如上所述，液力偶合器在钢铁企业中得到应用。它有下述优点：

1) 可节省电能；

2) 采用液力偶合器起动风机时，属于空载起动，对变压器和其它用电设备无冲击，安全可靠；

3) 改善了运行状况，延长了机组及其部件寿命；

4) 采用液力偶合器，可以取消调节阀门，减少进风阻力，提高风机的效率。

因此，对连续运转并有调节流量要求的大、中型笼型电动机，通过技术经济比较，可采用液力偶合器调速或其它方式调速。

通常电动机与水泵配套时的容量按下式确定

$$P = K_C \frac{P_2}{\eta_m} = K_C \frac{\gamma QH}{102\eta_{pum}\eta_m} \quad (6-44)$$

式中 P——与水泵配套电机容量，kW；

P_2——水泵工作范围内的最大轴功率，kW；

η_m——机械传动效率；

Q、H、η_{pum}——水泵工作范围内的最大轴功率对应的流量，m^3/s；扬程，m；效率，%；

γ——水的容重，kg/m^3；

102——换算系数，(1kW=102kg·m/s)；

K_C——电动机的备用系数，见表 6-10。

表 6-10 电动机的备用系数 K_C

水泵轴功率 (kW)	<5	5～10	10～50	50～100	>100
K_C	2.0～1.3	1.3～1.15	1.15～1.10	1.10～1.05	1.05

离心式水泵的效率通常有下列值：

低压头泵为 0.4～0.7；

中等压头泵为 0.5～0.7；

高压头泵为 0.6～0.8；

活塞式水泵的效率为 0.6～0.9；

新式结构的水泵效率为 0.9。

各种传动类型的机械效率如表 6-11 所示。

表 6-11 传动方式与传动效率

类 型	传 动 名 称	效 率
圆柱齿轮传动	6、7 级精度闭式传动（油液润滑）	0.98～0.99
	8 级精度闭式传动（油液润滑）	0.97
	9 级精度闭式传动（油液润滑）	0.96
	切制齿开式传动（油脂润滑）	0.94～0.96
	铸造齿开式传动（油脂润滑）	0.90～0.93
圆锥齿轮传动	6、7 级精度闭式传动（油液润滑）	0.97～0.98
	8 级精度闭式传动（油液润滑）	0.94～0.97
	切制齿开式传动（油脂润滑）	0.92～0.95
	铸造齿开式传动（油脂润滑）	0.88～0.92
减速器	单级圆柱齿轮减速器	0.97～0.98
	双级圆柱齿轮减速器	0.95～0.96
	单级行星内外啮合圆柱齿轮减速器	0.95～0.98
	单级行星摆线针轮减速器	0.90～0.96
	单级圆锥齿轮减速器	0.95～0.96
	双级圆锥—圆柱齿轮减速器	0.94～0.95
皮带传动	平皮带无压紧轮开式传动	0.98
	平皮带有压紧轮开式传动	0.97
	平皮带交叉传动	0.90
	平皮带半交叉传动	0.92～0.94
	三角皮带开口传动	0.95～0.96
	同步齿形带	0.96～0.98

续表 6-11

类　型	传动名称	效　率
联轴器	弹性联轴器	0.99～0.995
	液力联轴器	0.95～0.97
	齿轮联轴器	0.99
直接传动		1.00

然而，在选择电动机时还要考虑发热、电网电压波动、电动机容量级差等因素，有时所选择的电动机很难和水泵的要求完全一致。一般认为，所选电动机的容量比水泵要求的适当的大些是容许的。在设计电动机时，常常把最高效率点设在额定功率的70%～100%之间。因此，从节能的角度看，80%满载时电动机的运行效果最佳。当电动机的平均负载在70%以上时，可以认为电动机的容量是合适的。但是，如果由于种种原因，电动机容量过大，负载太低，如离心泵、轴流泵低于60%的，应予以更换或改造。

采用高效电动机每年节约的电费 G_d 可按式6-45计算

$$G_d = \frac{J_d P t}{\eta_m}\left(\frac{1}{\eta_{M1}} - \frac{1}{\eta_{M2}}\right) \tag{6-45}$$

式中 J_d——电价，元/kW·h；

P——水泵的轴功率，kW；

t——年运行时间，h；

η_m——机械传动装置的效率；

η_{M1}——低效电动机的效率；

η_{M2}——高效电动机的效率。

例10 某水泵站有5台16HB-40型水泵，配套电动机额定功率为55kW，已知水泵的总扬程为8.5m，流量为260L/s，效率为0.82，传动效率为0.92。并从电表得知电流为67A，电压为380V，功率因数 $\cos\varphi=0.78$。如果更换为40kW电机，一年运行1000小时，可以节约用电多少kW·h？若电价为0.06元/kW·h，每年电动机可节约电费多少元？

解 电动机的输出功率 P_2 为

$$P_2 = \frac{\gamma Q H}{102\eta_m \eta_{pum}} = \frac{1000 \times 0.26 \times 8.5}{102 \times 0.92 \times 0.82} = 28.72\text{kW}$$

式中 η_m——机械传动效率，0.92；

η_{pum}——水泵效率，0.82。

采用55kW电动机的输入功率 P_1 为

$$P_1 = \sqrt{3}\, U I \cos\varphi = \sqrt{3} \times 0.38 \times 67 \times 0.78 = 34.4\text{kW}$$

配40kW电动机后输入功率可由输出功率和电机效率求得，因电机技术数据已知，电机的效率为0.91，故输入功率为

$$P'_1 = \frac{P_2}{\eta_M} = \frac{28.72}{0.91} = 31.56\text{kW}$$

式中 η_M——电动机效率。

改用40kW比55kW电动机可减少功率消耗 ΔP 为

$$\Delta P = P_1 - P'_1 = 34.4 - 31.56 = 2.84\text{kW}$$

一年运行1000h，每台电机节约电量 W 为

$$W = \Delta P t = 2.84 \times 1000 = 2840\text{kW}\cdot\text{h}$$

5台机组共节电 2840×5=14200kW·h

节省电费 G_d 为

$$G_d = 0.06 \times 14200 = 852\text{ 元}$$

风机水泵其它的节电方法有：

(1)减少空载运行时间。钢铁企业内有些风机、泵类不是连续运行的，应严格控制该类设备的空载运转，力争做到间歇停开电动机。如炼铁厂的出铁场风机、铁渣冲渣水泵等设备。设计时，应注意下述问题：

1）起动时电源电压降应在允许范围内；

2）起动装置热容量能够满足要求；

3)要考虑开关设备的寿命，当技术条件允许时，可装设真空开关，开、停电动机。

4）电动机寿命能满足要求。

另外，对大型非连续运转的异步笼型电动机，宜采用电动控制进风的控制方式，以调节流量节省电能。

(2)更换或改造低效设备。在改造设计中，当通风机、鼓风机效率低于70%时，应予以更换或改造。

例11 某风机用75kW4极电动机拖动，当风量减少，电机采用三种控制方法：第一种方法是用变频器

变频调速；第二种方法是变极调速，由4极变为6极；第三种方法是调节风门开度。若75kW电动机，年运行时间4000h，风量为90%时，运行时间占40%；风量为50%时，运行时间占20%；风量为33%时，运行时间占40%。各种运行方式的功率消耗见表6-12和图6-11。计算三种控制方法下的耗电量。

表6-12 各种控制方式下风机功率消耗相对值

风量（%）	出口挡板控制	变极调速＋出口挡板控制		入口挡板控制	变极调速＋入口挡板控制		变频调速
		6/8极	4/6极		6/8极	4/6极	
		6极	4极		6极	4极	
100	1	1	1	1	1	1	1.05
90	0.98	0.98	0.98	0.91	0.91	0.91	0.82
80	0.95	0.95	0.95	0.82	0.82	0.82	0.61
		8极			8极		
75	0.93	0.52	0.93	0.79	0.52	0.79	0.53
70	0.91	0.52	0.91	0.76	0.47	0.76	0.45
			6极			6极	
67	0.9	0.51	0.41	0.74	0.44	0.41	0.41
50	0.83	0.45	0.37	0.65	0.31	0.26	0.23
33	0.7	0.39	0.31	0.58	0.21	0.14	0.12

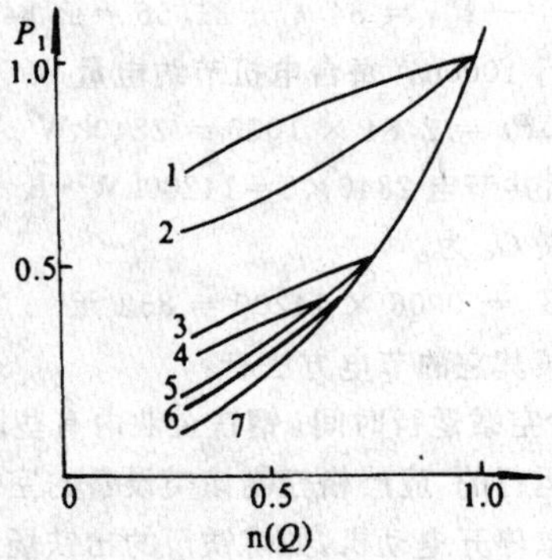

图6-11 75kW4极带风机负载流量与输入有功功率关系

1—4极或6极出口挡板控制；
2—4极或6极入口挡板控制；
3—6极变8极出口挡板控制；
4—4极变8极出口挡板控制；
5—6极变8极入口挡板控制；
6—4极变8极入口挡板控制；
7—变频调速控制

解 变频调速控制风量时的耗电量

$75 \times (0.82 \times 0.4 + 0.23 \times 0.2 + 0.12 \times 0.4) \times 4000 = 126600\text{kW} \cdot \text{h}$

4/6变极调速配合出口档板控制风量时的耗电量

$75 \times (0.98 \times 0.4 + 0.37 \times 0.2 + 0.31 \times 0.4) \times 4000 = 177000\text{kW} \cdot \text{h}$

出口挡板控制风量时的耗电量

$75 \times (0.98 \times 0.4 + 0.83 \times 0.2 + 0.7 \times 0.4) \times 4000 = 251400\text{kW} \cdot \text{h}$

变频调速方式比调风门方法，年节电能124800kWh；变极调速方式比调风门方法，年节电能74400kWh。

由此例可以看出，风机、水泵变速运行是节能的有效途径。

6.7 电弧炉的节电

电弧炉的节电方法主要有：

(1)缩短电抗器投入时间。当炼钢电弧炉设备容量等于和小于9000kVA时，要求在电炉变压器高压侧串接电抗器。电抗器的作用是限制短路电流数值；增加电弧燃烧的稳定性。

但是，接入电抗器会导致耗电量加大，因为主回路感抗的加大，势必造成熔化期功率因数降低。为了节省电能，在炉料熔化期，开始熔化冷料时接通电抗器10～15min，之后切除。在熔化期完全不带电抗器在较大容量的电炉上是可以的，因为这种电炉的短网具有较大的电感值。

(2)合理降低电抗值。电抗器的电抗值对电弧炉正常运行具有决定性的影响。生产实践证明,电弧炉的电抗值既不能太大,也不能太小。太大了电能损耗过多,太小了,不能维持电弧稳定燃烧及不能将短路电流限制在允许数值之内。

近年来,由于高灵敏度,高速度的电极自动调节器相继出现,使得一些中、小容量电弧炉设备减少了电抗值。如 10t 电弧炉,过去配用 1000kvar 电抗器,现在只用 350kvar,只有过去的 35%;5t 电弧炉过去配用 450kvar 电抗器,现在只用 320kvar,占过去的 71%,因而减少了电能损失。

(3)降低电能损失。在设计或改造工作中,可采取下列方法减少电能损失:

1)缩短短网长度,减少母线相间距离,增大引线铜板宽厚比。

2)对母线、短网、支持构件和电极卡头,应采用非导磁性材料或采取其他措施,减少涡流损耗。

3)应尽量采用正三角布线,使三相阻抗平衡。

4)5t 及以下电弧炉应采用性能良好的功率调节器,作为电极升降调节装置。10t 以上电弧炉应尽量采用可编程序控制器(PC)或微型计算机控制。

5)大型铁合金电炉,应尽量采用可编程序控制器或微型计算机控制。

6)一般电弧炉短网的母线及软导线截面的选择,可参照下列电流密度值计算:

矩形铜母线　1.2～1.5A/mm²

裸铜导线　1.4～1.7A/mm²

7)铁合金电炉短网母线电流密度,可参照下列数值计算:

矩形铜母线　1.5～2.0A/mm²

铜编软线　1.0～1.5A/mm²

软铜带(电极处)1.0～1.2A/mm²

小电弧炉取接近上限值,大电弧炉取接近下限值。

(4)将小电弧炉合并为大电弧炉。对于设有多台小电弧炉的车间,从节电的角度出发,改造成一台或几台大电弧炉是最理想的节电措施。因为生产同样数量的钢,大电弧炉的电耗明显的低于小电弧炉,这一点可从图 6-12 可以看出。小炉合并成大炉,不仅能节电,而且还能节省劳动力。

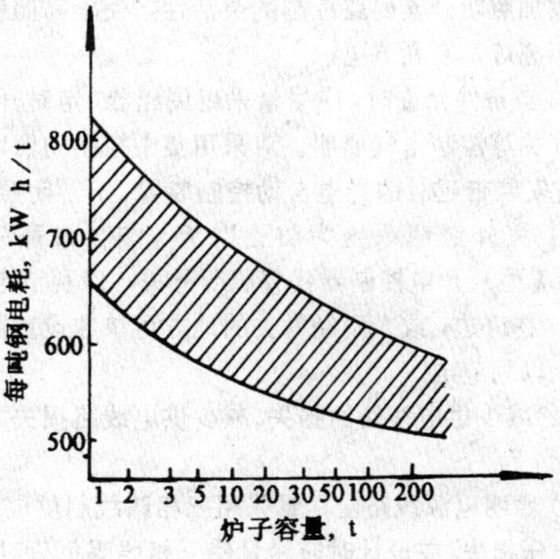

图 6-12　炉子容量与耗电量之间关系曲线

(5)采用超高功率强化冶炼。强化冶炼即提高电源功率,采用大电流、短电弧,从而加快冶炼速度,缩短冶炼时间,取得显著的节能效果。表 6-13 是一座 72t 电弧炉采用不同功率冶炼时的主要参数。

表 6-13　72t 电弧炉的工作参数

项目	变压器输入功率(kW)	电弧功率(kW)	熔炼时间(min)	生产率(t/h)	电耗(kWh/t)	热效率(%)	总效率(%)
普通功率	20000	17400	129	27	538	70	61
高功率	30000	26000	75	41	465	80	70
超高功率	50000	43500	40	62	417	89	78

我国目前电弧炉的功率为吨钢 250kVA 左右,属于普通功率水平。因此,应有计划地进行设备改造,增大电弧炉的功率强化冶炼。

6.8 照明设备和低压电器的节电

6.8.1 照明设备节电的方法

照明设备节电的方法有：

(1) 减少点灯时间。减少点灯时间方法有：

1) 加强管理工作，车间或办公室无人工作时，应及时关灯。

2) 增设照明灯的开关（每个照明开关控制灯的数量不要过多），以便管理和有利节能。

3)对大型厂房照明设计，宜采取分区控制方式，这样可增加照明分支回路控制的灵活性，使不需照明的地方不亮灯，有利节电。

4)当条件允许时，应尽量采用调光器，定时开关、节电开关等控制电气照明。对采用集中控制的照明系统，宜安装带延时的光电自动控制装置，开、闭照明。

5) 室外照明系统为防止白天亮灯，最好采用(JGK-Ⅱ型）光电控制器代替照明开关，以利节电。

6)在窗边，或人不经常去的地方可单独设置照明开关，以利节电。

(2)减少供电线路的损失。减少供电线路损失方法有：

1) 照明电源线路应尽量采用三相四线制供电，以减少电压损失。在设计时应尽量使三相照明负荷对称，以免影响灯泡的发光效率。

2)除为了安全必须采用36V以下照明灯器外，应尽量采用较高电压的照明灯器。

3) 使用高功率因数的镇流器，以减小线路损失。

4)应当使电气照明的工作电压保持在允许的电压偏移之内。在采用气体放电光源较多的场所，应采用补偿电容提高功率因数。

(3)采用高效光源。按工作场所的条件，采用不同种类的高效光源，可降低电能消耗，节约能源。其具体要求如下：

1) 灯具悬挂比较高的场所，如高大厂房、露天工作场所、一般照明及道路照明，应采用高压钠灯、金属卤化物灯或外镇流荧光汞灯。除特殊情况外，不应采用管形卤钨灯及大功率白炽灯。

2) 在悬挂高度较低的场所，宜采用荧光灯或小功率高压钠灯，不宜采用白炽灯。

只有在开合频繁或特殊需要时方可使用白炽灯，但宜选用双螺旋（双绞丝）白炽灯。

3) 试验室、办公室和职工住宅居室，宜采用荧光灯或其他高效光源。

4) 气体放电灯应尽量采用耗能低的镇流器。对荧光灯和气体放电灯线路，必须安装电容器，补偿无功损耗，节约电能。

例12 有一40W的荧光灯电路，已知电源电压为220V，频率为50Hz，荧光灯管的电阻为300Ω，镇流器的电感量为1.65H。试求电路的功率因数。如果将原来的功率因数提高到0.95，应并联一只多大的电容器？

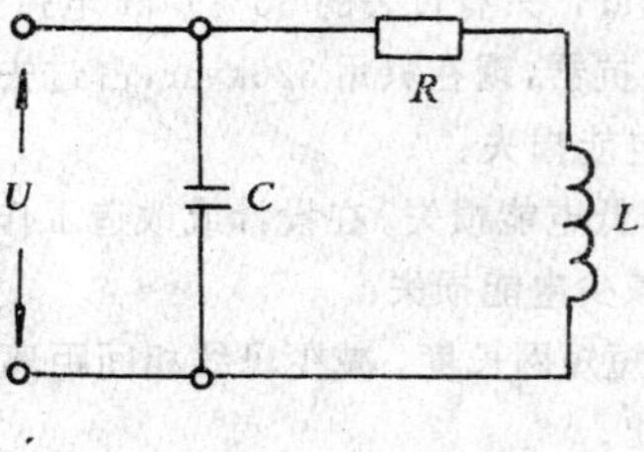

图6-13 荧光灯的等效电路

R—荧光灯的等效电阻；
L—镇流器的电感；
C—并联电容器

解

求等效电路的感抗

$$X_L = 2\pi fL = 2 \times 3.14 \times 50 \times 1.65 = 520\Omega$$

求等效电路的阻抗

$$Z = \sqrt{R^2 + X_L^2} = \sqrt{300^2 + 520^2} = 600\Omega$$

求出原电路中的功率因数

$$\cos\varphi_1 = \frac{P}{S} = \frac{R}{Z} = \frac{300}{600} = 0.5$$

求电路中的电流

$$I = \frac{U}{Z} = \frac{220}{600} = 0.367\text{A}$$

求并联电容器的容量

在未并电容器时，$\cos\varphi_1 = 0.5$，则 $\text{tg}\varphi_1 = 1.73$

并联电容器后，$\cos\varphi_2 = 0.95$，则 $\text{tg}\varphi_2 = 0.33$

$$C = \frac{P}{2\pi fU^2}(\text{tg}\varphi_1 - \text{tg}\varphi_2)$$

$$= \frac{40}{2 \times 3.14 \times 50 \times 220^2}(1.73 - 0.33)$$

$$= 3.7\mu\text{F}$$

并联电容后电路中的电流

$$I = \frac{P}{U\cos\varphi_2} = \frac{40}{220 \times 0.95} = 0.19\text{A}$$

电路并联电容器后，电流由0.367A减小为

0.19A，流过电路的电流大为减小，损耗亦随之减小，节约了电能。

表 6-14 气体放电灯技术数据

光源	功率 (W)			电流 (A)		实测	补后不同 $\cos\varphi_1$ 所需电容量 (kvar)		
	灯泡	镇流器	总计	工作	启动	$\cos\varphi_0$	0.85	0.90	1.00
高压汞灯	80	16	96	0.92	1.25	0.42	0.14	0.16	0.21
	125	25	150	1.5	2.05	0.455	0.20	0.22	0.29
	250	38	288	2.0	3.8	0.63	0.18	0.22	0.35
	400	40	440	3.27	5.7	0.62	0.29	0.35	0.59
高压钠灯	250	38	288	3.0	3.8	0.395	0.49	0.53	0.67
	400	40	440	4.6	5.7	0.49	0.51	0.54	0.78

表 6-14 列出了气体放电灯的技术数据。由表 6-14 知，气体放电灯的功率因数一般在 0.395～0.63 之间。因此，必须进行补偿，否则会增加变压器和线路的损耗，减少变压器的供电能力。

例 13 某照明变压器容量为 100kVA，如果按 80%负载率考虑，计算能向多少盏 250W 高压汞灯供电（高压汞灯的功率因数补偿前为 0.63，补偿后按 0.85 考虑）。

解 补偿前 $P_1=100\times80\%\times0.63=50.4\text{kW}$

$$补偿前可供灯数=\frac{P_1}{单灯总计瓦数}$$

$$=\frac{50.4}{0.25+0.038}$$

$$=175 盏$$

补偿后 $P=100\times80\%\times0.85=68\text{kW}$

$$补偿后可供灯数=\frac{68}{0.25+0.038}=236 盏$$

补偿前和补偿后灯数相差 61 盏。

(4) 采用高效灯具。采用高效灯具的方法有：

1) 根据视觉条件的需要，并综合考虑灯具的照明技术特性及其长期运行的经济效率，尽量采用效率较高的灯具。

2) 不宜采用效率低于 70%的灯具。当灯具装有遮光栅格时要特别注意遮光栅格保护角对降低灯具效率的影响。一般装有遮光栅格的灯具，其效率不宜低于 55%。

3) 采用非对称光分布灯具。由于它具有减弱工作区反射眩光的特点，在一定的照度下，能够大大改善视觉条件，因此可获得较高的效能。

4) 选用变质速度较慢的材料——如玻璃灯罩、搪瓷反射罩等制成的灯具，以减少光能衰减率。

(5) 选用合理的照明方案。选用的照明方案有：

1) 建筑艺术照明的设计，应讲究实效、避免片面追求形式。

2) 当条件允许时，在有空调设施的房间应采用照明空调组合系统。

3) 分区设置一般照明和混合照明。

4) 在需要有高照度或有改善光色要求的场所，宜采用两种以上光源组成的混光照明。表 6-15 给出了常用的四种混光照明特性。

表 6-15 常用的四种混光照明的特性

种类	光通量混光比	色温 K	平均显色指数 R_a	灯的效率
白炽灯与荧光汞灯	3∶7	3700	60	38
高压钠灯与荧光汞灯	4∶6	3050	42	72
高压钠灯与金属卤化物灯	5∶5	3100	54	98
高压钠灯与钪系金属卤化物灯	3∶7	3200	61	115

5) 室内顶棚墙面、地面宜采用较浅颜色的建筑材料，以便能更加有效的利用光能。但应注意在高照度的情况下，对照明房间反射率的特殊要求。

6) 严格控制照明用电指标，优选光通利用系数较高的照明设计方案。不允许采取降低推荐照度来节能。

6.8.2 常用照明光源的主要特性

电光源主要特性见第35章表35-1，由表35-1中看出，白炽灯泡的发光效率是很低的，荧光灯的发光效率比白炽灯高得多，但总体而言，发光效率仍是很低的，在一般照明中，选择光源种类主要考虑的因素是：发光效率、寿命、显色性、初投资等。

6.8.3 低压电器的节电

低压电器是量大面广的基础元件，就每只低压电器而言，所消耗的电能并不大，一般仅数瓦或数十瓦，但由于用量大（如热继电器、熔断器和信号灯等），所以，总的耗电量也是很可观的。因此，采用成熟、有效、可靠的节电型低压电器是节电工作中不可忽视的部分。

具体方法是：

(1)采用具有节电效果的低压电器更新老产品。例如：

1）用RT20系列、RT16（NT型）系列熔断器取代RTO系列熔断器，RT20和RT16采用新熔片结构和点锡先进工艺，降低了熔断器熔体的电阻，从而减少了熔断器的功耗。RT20和RT16系列与RTO系列相比，全系列平均节电率为15%，每只熔断器平均可节电约3W。

2）用JR20系列、T系列热继电器取代JRO和JR16系列热继电器。JR20和T系列热继电器采用适当降低整定电流调节比和动作行程的方法，减少动作和热元件的电阻，从而降低了热继电器的功耗。JR20和T系列与JRO和JR16系列比，全系列平均节电率为30%，每只热继电器平均可节电约4W。

3）AD1系列信号灯采用了高电压小功率灯泡，取代原XD2、XD3、XD5和XD6老系列信号灯，显著地降低了电耗。此外，发光二极管芯群组装成AD系列信号灯，功耗仅为老产品的17%。新型信号灯AD1和AD系列与XD2、XD3、XD5、XD6相比，全系列平均节电率为70%，每只信号灯平均节电约8W。

(2)应用交流接触器的节电技术。交流接触器的节电原理是将交流接触器的电磁操作线圈的电流由原来的交流改为直流。目前我国生产的60A以上大、中容量的交流接触器，其交流操作电磁系统消耗的有功功率在数十瓦至1百多瓦之间。功率的分配大约为：铁芯消耗功率占65～75%，短路环占25～30%，线圈占3～5%。大中容量交流接触器加装节电器后，将操作电磁系统由原设计的交流操作改为直流吸持，则可省去铁芯和短路环中占绝大部分的损耗功率，从而取得较高的节电效益，一般节电率高达85%以上。交流接触器采用节电技术还可降低线圈的温升及噪声。大中型交流接触器采用节电技术后，每台平均节电约50W。

例14 某厂有电耗大的老式交流接触器500台，熔断器900台，热继电器300台，信号灯4000只，年运行4000h，若更换成节电型低压电器，计算每年可节电多少kW·h？

解 按前节电数据计算

$$W=(500\times50+900\times3+300\times4+4000\times8)\times4000\times10^{-3}$$
$$=243600\text{kW}\cdot\text{h}$$

所以每年能节电243600kW·h。

参考文献

[1]（日）福井良夫，工厂实用节电技术，广东科技出版社，1984.

[2]（苏）Ю.В. 柯培多夫，Б.А. 楚拉诺夫编，工业节电手册，冶金工业出版社，1986.

[3] 丘传忻，泵站节能技术，水利电力出版社，1985.

[4] 杨应群，陈晓华，功率因数补偿节电技术，江西科技出版社，1986.

[5] 陆孟君，李海钧，李致恒，城乡电力网无功补偿技术，水利电力出版社，1989.

[6] 徐玉琦，工厂电气设备经济运行，机械工业出版社，1988.

[7] 胡景生，变压器经济运行，天津科学技术出版社，1988.

[8] 许业清，实用节电技术，中国科学技术大学出版社，1990.

[9] 熊森，农村电网的无功补偿和线路损耗，广东科技出版社，1985.

[10] 丁绍曾，电气传动（1982）No.3.

[11] 陈丕璋，周明宝，俞鑫昌，电动机节能技术，科学出版社，1989.

第 7 章

自备电厂及柴油机组发电

7.1 自备电厂概述

随着大型钢铁企业的发展，建设自备电厂已形成一种必然趋势。目前国内外所有大型钢铁企业及部分中型钢铁企业都建有自备电厂。这主要因为钢铁生产过程中产生的多余煤气、废热，通过自备电厂加以综合利用，可以向钢铁企业提供所需蒸汽和廉价电力，这种电力可作为保安电源又可作为工作电源的一部分。

自备电厂的建设需根据企业蒸汽、电力的需要量及实际可供利用的煤气，热能的数量确定。当考虑电力需要量时，首先要考虑保安电源的电力需要。当地区电网容量不大时，可加大自备电厂的规模，向钢铁企业供电。

自备电厂一般有两种：

(1) 既供蒸汽又供电力。可采用抽气式、背压式汽轮发电机组。大多数钢铁企业采用这种。

(2) 不供蒸汽、只供电力。可采用凝气式汽轮发电机组或燃气轮机发电机组。如无煤气和热能可利用时，可建内燃机电厂。这种电厂在钢铁企业较少采用。

由于大型钢铁厂的初轧机、厚板轧机、冷、热连轧机组在生产中会产生很大的无功冲击负荷和有功冲击负荷。有功冲击负荷一般主要由电力系统承担，无功冲击负荷除电力系统承担一部分外，主要由企业自行承担，包括由自备电厂和动态无功补偿装置承担，故本章对无功冲击负荷与自备电厂的关系作了较多的介绍。

本章就自备电厂规划、方案工作作一些介绍，当从事自备电厂设计时请参阅《电力工程电气设计手册》的中、小型发电厂部分。

7.2 建造自备电厂的必要性

自备电厂作为钢铁厂的保安电源。现代化钢铁企业，具有规模大、产量高、产值大、自动化程度高，生产连续性强、用电量大、冲击负荷大等特点。如果突然中断供电，将会造成人身伤亡的危险，或者工艺设备严重损坏。因此除了要求可靠的工作电源外，还要求有可靠的保安电源，这可由自备发电厂来提供。

建自备电厂可以综合利用能源。为了节约能源可利用钢厂内高炉的副产品煤气作为发电燃料。高炉煤气除了50～60%用于生产外，尚余40～50%可用来发电，这不仅节省了燃料，并获取了廉价的电能，同时剩余煤气不放散还可防止环境污染。

另外在钢铁厂内有许多热能用户，最大的热用户如高炉蒸汽鼓风。可利用发电机代替减温减压阀，这样既能获得鼓风所需的蒸汽，提高热效率，又可发电，取得显著的经济效益。

除上述外，钢厂在生产过程中还产生很多余压和废热，称为二次能源，为了降低能源消耗，可利用二次能源发电。这些虽不属自备电厂范围，但其电力可以解决企业一定数量的用电需要，不可忽视。其利用方式有如下几种。

(1) 高炉炉顶余压发电（TRT）。高炉炉顶余压发电工艺系统如图 7-1 所示。

某厂一大型高炉，每台余压发电机组可回收高炉电动鼓风机所消耗电力的1/3。如一座钢铁厂全部高

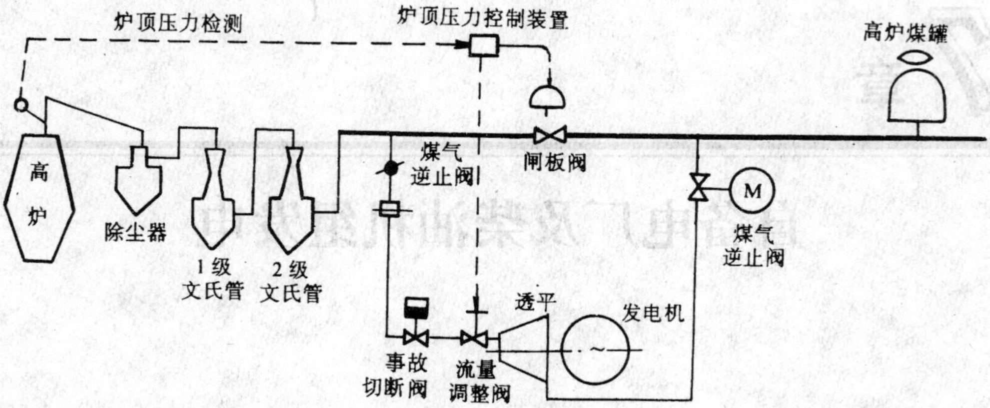

图 7-1 高炉炉顶余压发电工艺系统

炉都设置 TRT 发电，则可节省相当于整个钢铁厂耗电量的 5%的电力。据国外钢铁厂统计，大型高压炉顶高炉，每炼一吨生铁可发电 35kWh 电能。

(2) 干熄焦发电 (CDQ)。所谓干熄焦即将赤热的焦炭导入密闭设备中，利用 N_2、CO_2 等惰性气体进行冷却，使焦炭温度从 1050℃冷却到 250℃，而将 N_2、CO_2 带走的热量加热锅炉产生蒸汽用来发电。系统如图 7-2 所示。据统计 1t 焦炭可发生蒸汽 450～500kg，可回收热量 1369MJ，约占红焦热量的 80%。

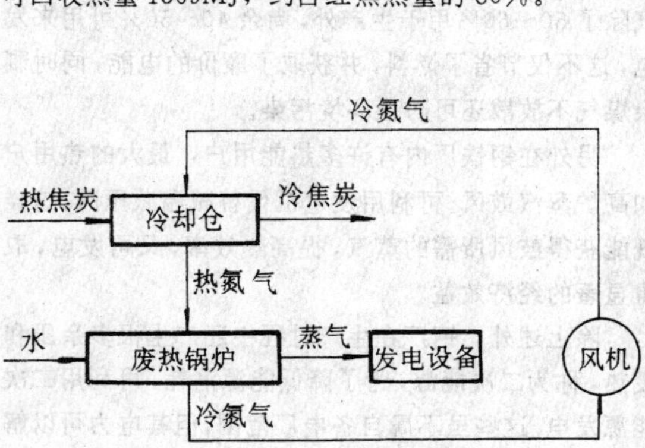

图 7-2 干熄焦发电工艺系统

某厂有 2×100 孔焦炉，年产焦炭 171 万 t、CDQ 发电机为 2 台 20230kW。

(3) 废热回收发电。废热回收发电包括：

1) 利用烧结成品冷却排热回收发电。回收烧结矿的余热，用以加热锅炉产生蒸汽发电。例如国外某厂烧结车间安装一套透平发电机，将约 1000℃的烧结矿在空气中冷却降到 300～400℃时散发的热量回收起来，制成 250℃的热水，以 3922×10^3Pa 转动透平带动发电机发电。一个年产 1000 万 t 的钢厂回收烧结矿的余热，相当于节约 18 万 t 的重油。

2) 废热蒸汽集中发电。利用各种废热锅炉，例如，烧结矿冷却废热锅炉、均热炉废热锅炉、钢坯加热炉废热锅炉等发生的蒸气，集中带动蒸汽透平发电。

3) 利用供热和用热的压差发电。在钢铁厂有许多蒸气用户，采用背压式汽轮发电机，对用户既供电又供热，可使总效率提高到 60～70%。冷凝式电厂的热效率只有 30～40%。

4) 利用锅炉的压差发电。利用锅炉的额定工作压力和实际生产使用压力间的压差发电。这样可充分利用锅炉设备效率，可生产出煤耗低、发电效率高的节能电力。

建自备电厂解决钢厂正常用电。现代大型钢铁企业，用电负荷越来越大，特别是电炉，大型带钢轧机及高炉电动鼓风机等。一座年产 600 万 t 钢的大型钢厂，其计算负荷约为 50 万 kW。目前我国普遍缺电，如此大的用电负荷，单靠电力网供电是有困难的，势必要建设相应的发电厂，为钢厂供电。如果将此电厂建在钢厂内，可减少建设投资，经济上较为合理。因此大型钢厂内建设自备电厂，供给钢厂部分或全部生产用电是十分可取的。

自备电厂承担钢铁厂的冲击负荷。钢厂内轧钢车间的直流轧钢电动机，一般采用晶闸管供电。大型高速连续性轧机，产生很大的有功和无功冲击负荷。如果钢厂由大电网供电时，有功冲击负荷可由电网承担，当电网容量不大时，就必需采取措施，例如由自备电厂来承担部分有功及无功冲击负荷。对无功冲击负荷的供给，可减少电网电压波动，这样可减少或省去价格昂贵的专用动态无功补偿装置。

7.3 自备电厂厂址选择

由于要尽可能节约能源，利用剩余煤气、废热蒸汽实现就地供应，故自备电厂要尽量靠近煤气或蒸汽源。

自备电厂厂址选择需考虑靠近水源系统，确保水源充足，以降低运行费用。

自备电厂供配电设备尽可能与厂内供配电设备共用，即靠近总降压变电所。

自备电厂发电量应就地使用，故厂址尽可能靠近用电负荷大的用户。

综上所述，自备电厂厂址位置，要根据钢铁厂的总图布置情况，从全厂的运输系统，高炉煤气系统，给排水系统以及全厂供配电系统设计的合理性，统筹考虑。一般选择于高炉区或邻近高炉区是较合适的。

7.4 自备电厂的接线

钢铁厂内自备电厂必须与电力系统并网运行，这是因为：

(1)发电机只能带基本稳定负荷，因为孤立运行发电机不能承受大的冲击负荷。

(2)孤立运行的发电机不稳定，会频繁出现不正常运行状态。

(3) 孤立运行发电机很难在高效率状态下运行。

7.4.1 自备电厂与系统连接的要求

自备电厂与系统的连接必须满足发电机母线上负荷最小时，能将剩余功率送入系统，而当发电机输出功率不能满足母线上最大负荷需要时，可以从电网取得电力。除此以外还要满足以下三点：

(1) 确保自备电厂作为电力系统事故时钢铁厂保安电源的作用。

(2) 确保自备电厂发电机作为一般无功和冲击无功补偿源的作用，从而提高电能质量水平。

(3) 自备电厂建设费用和运行费用最低。

7.4.2 自备电厂与系统连接方式

7.4.2.1 串联式连接

串联式连接接线图见图 7-3（↗，为解列点）。这种接线特点是：电力系统 220kV（或 110kV）电网，经钢铁厂总受电变电所或总降压变电所降压后，通过钢铁厂的供配电系统的主干联络线与自备电厂连接，形成电力系统——钢铁厂供配电系统——自备电厂的串联系统。

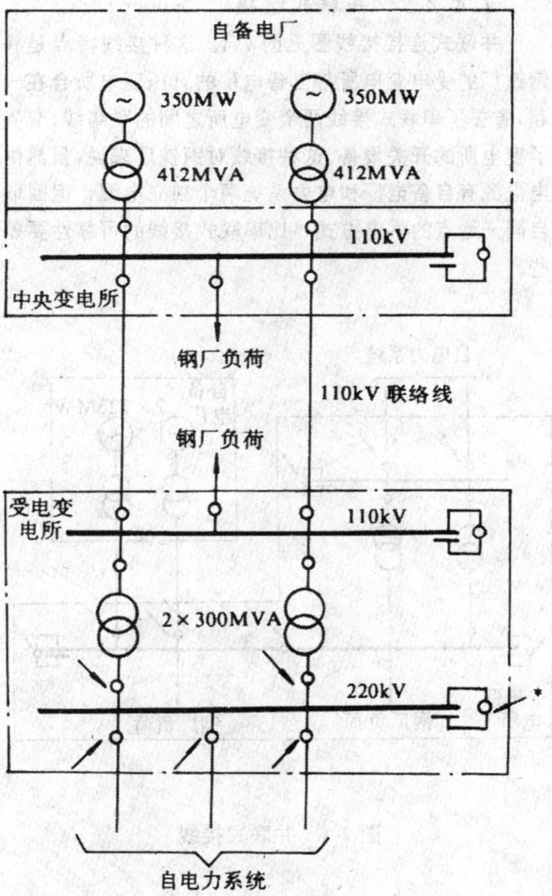

图 7-3 串联式接线

这种接线的优点是：

(1)钢铁厂供配电系统从两个方向取得供电电源，形成两端电源供电的形式，提高了供电可靠性。当自备电厂容量小于钢铁厂负荷时，还需由电力系统供电，由于电源深入负荷中心，减少了输电损耗。但当自备电厂容量大，有多余电力送往电力系统时，对多余的这部分电力，就形成多一级升压后送出，相应要增加额外的变电损耗，因此自备电厂容量不宜太大。

(2)这种接线设置了多级解列点，因此当系统发生故障，能使自备电厂与系统可靠地解列，确保自备电厂对负荷的安全供电。

(3)自备电厂直接接至钢铁厂的供配电系统，可作为无功补偿源，直接供给钢铁厂的无功及无功冲击负荷。

7.4.2.2 并联式连接

并联式连接接线图见图7-4。这种接线特点是将钢铁厂的受电变电所与自备电厂的升压变电所合在一起，省去了串联式接线两个变电所之间的联络线，节省了变电所的开关设备。这种接线对钢铁厂来说，虽然供电电源有自备电厂和电力系统两个独立电源，但因取自同一地点的供电方式，比串联式接线的可靠性要差些。

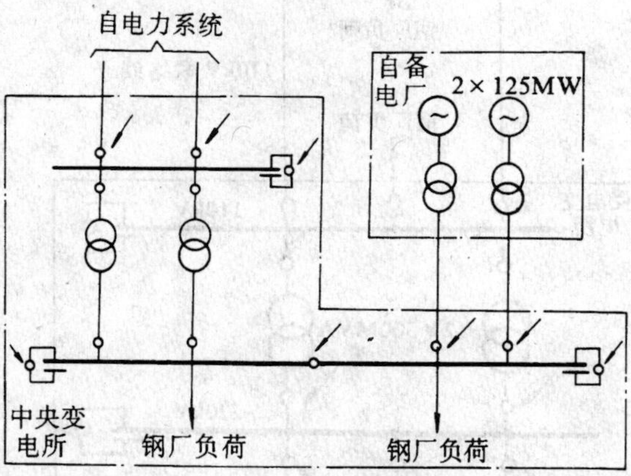

图7-4 并联式接线

这种接线适用于自备电厂向电力系统输送电力不多的场合。在钢铁厂总图布置紧凑，厂区范围不大时，此种接线具有投资省的优点。

这种接线要求自备电厂升压后的电压，即为钢厂的一次配电电压（110kV至35kV）直接接到钢铁厂的供配电系统上。与电力系统的连接是经过变压器升压后相连，这样接线才能保证发电机作为无功补偿源，维持钢铁厂供配电系统的电压水平。这种连接方式应设置多处解列点，以确保电力系统故障时可靠地与电力系统解列。

如图7-5接线，自备发电机直接升压接到电力系统的连接方式。这时发电机无法直接对钢铁厂的无功负荷供电，而且只设置一级解列点，当解列点失灵时，自备电厂将无法确保系统故障时对钢铁厂的安全供电。因此并联接线不推荐用于大型钢铁企业。

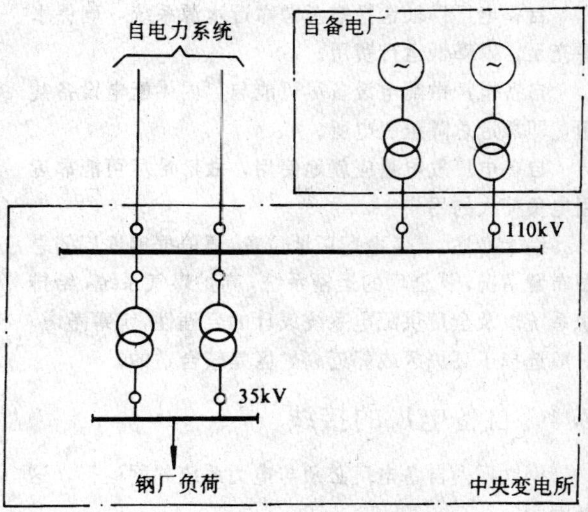

图7-5 一般自备电厂的接线

7.4.2.3 串并联式连接

串并联式连接接线见图7-6。这种接线方式适用自备电厂容量超过钢铁厂负荷较多的情况，除供钢铁厂负荷外，还有大量电力送往系统。一般由3～4台以上的发电机组组成，用两台容量较小的以串联式（或并联式）接至钢铁厂的供配电系统，在系统故障时与系统解列，另两台容量较大的机组直接升压到钢铁厂受电电压与电力系统连接，除一部分容量供钢铁厂外，大部分作为剩余电力送往系统，这样做可避免二次升压造成的额外损耗。两台大容量机组与系统直接连接，当系统事故时，可不和系统解列。

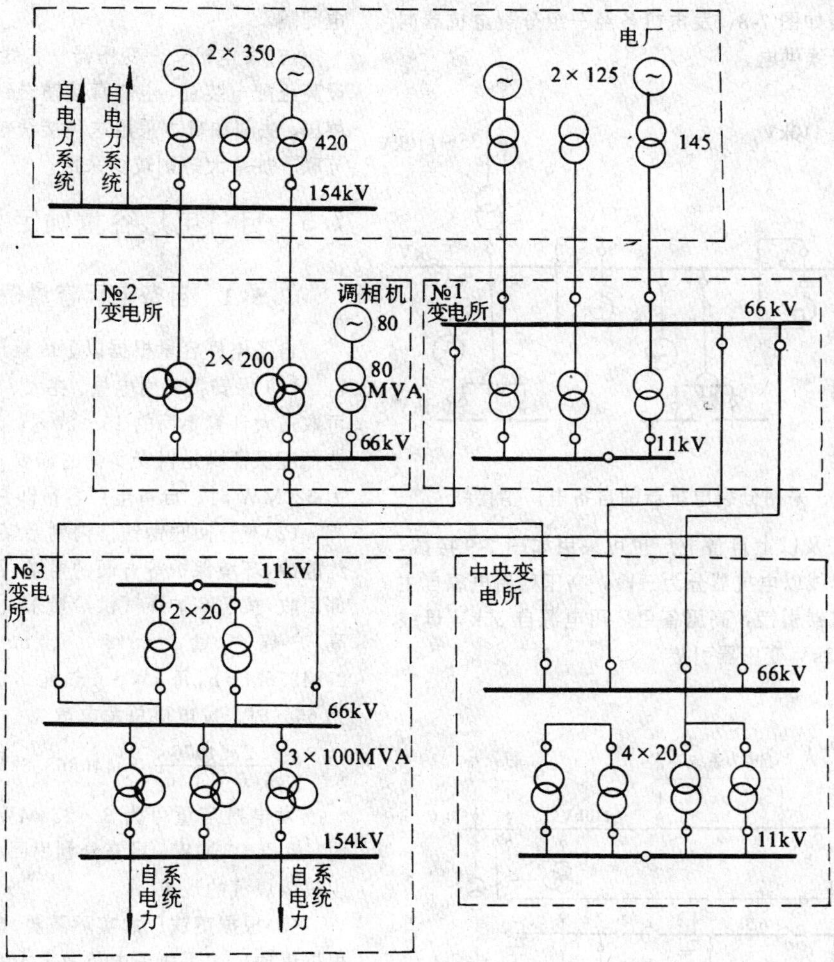

图 7-6 串并联式接线

7.4.3 自备电厂发电机电压母线接线

7.4.3.1 发电机额定电压的选择

发电机额定电压，根据钢铁厂的供电电压等级可采用 6.3kV 或 10.5kV。

7.4.3.2 发电机电压母线的接线

发电机容量在 12MW 以下时，发电机电压母线一般采用单母线，当安装两台及以上的机组时，采用单母线分段接线。

发电机容量为 6～12MW 的自备电厂，如果为了限制短路电流需设电抗器时，应避免在用户出线上装电抗器，一般将电抗器装在分段回路中，见图 7-7。

发电机容量为 25MW 及以上且出线回路较多时，一般采用双母线接线。如采用分裂电抗器，一般采用

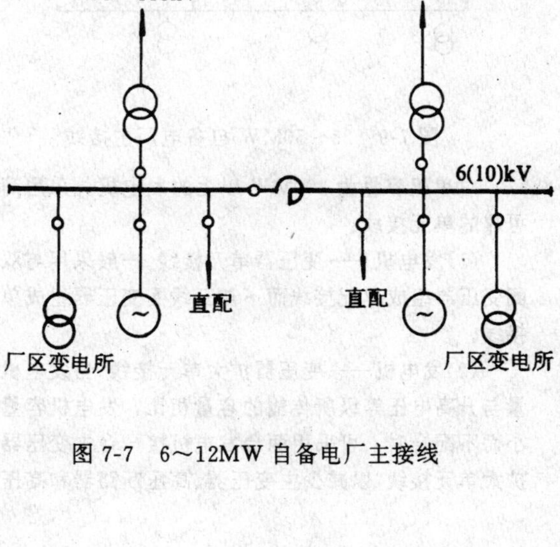

图 7-7 6～12MW 自备电厂主接线

单母线接线如图 7-8，发电机各经一组分裂电抗器向负荷配电母线供电。

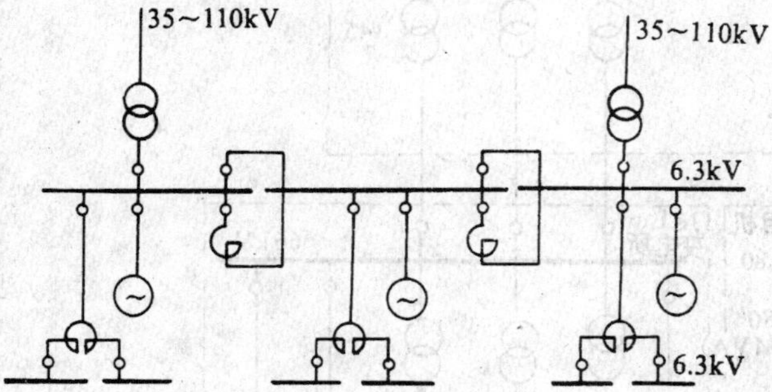

图 7-8 采用分裂电抗器的自备电厂主接线

25MW 及以上自备电厂也可采用如图 7-9 接线，6.3kV 主母线以电抗器分为三段，高压厂用电源自主母线经电抗器引接，高压备用厂用电源自 35kV 母线上经 35/6.3kV 变压器引接。

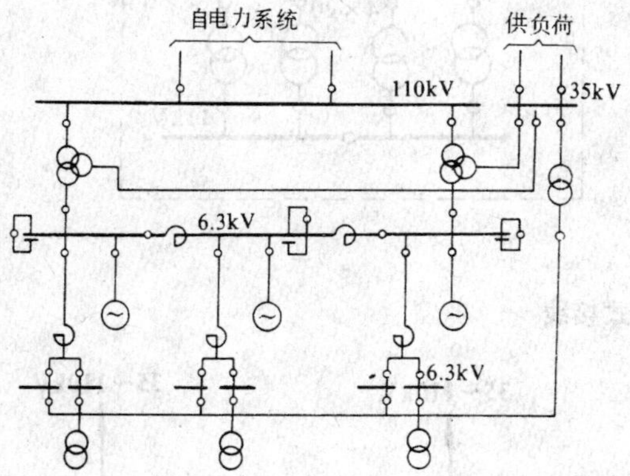

图 7-9 25～50MW 自备电厂主接线

对单机容量为 200MW 以上的发电机，采用简单可靠的单元接线：

(1)发电机——变压器单元接线。一般采用与双线圈变压器组成单元接线而不与三线圈变压器组成单元接线。

(2)发电机——变压器扩大单元接线。当发电机容量与升高电压等级所传输的容量相比，发电机容量较小而不配合时，可采用两台发电机接一台主变压器的扩大单元接线，以减少主变压器、高压断路器和高压配电间隔。

(3)发电机——变压器——线路单元接线。厂内不设高压配电装置，电能直接输送到附近变电所。国外，德国、法国和日本采用这种接线较多，我国、美国、原苏联、加拿大等则较少采用。

7.5 自备电厂容量确定和机组选择

7.5.1 自备电厂容量确定

自备电厂容量根据以下因素选择：

(1)保安负荷用电量。在大、中型企业，保安负荷可取最大计算负荷的 15～20%，自备电厂发电机容量选择应保证满足保安负荷的需要。例如全厂计算负荷为 520MW 时，自备电厂容量即为 100MW。

(2)充分回收钢铁厂内剩余煤气及废热蒸汽。从节约能源，环境保护等方面的要求，希望能把剩余煤气全部回收，按照高炉煤气供给量来决定电厂总容量。例如高炉煤气量为 $842\times10^3 m^3/h$，总发热量为 2784976MJ/h，每 kW·h 热耗 9.6MJ/kW·h，混烧比为 65%时，发电机总发电量

$$\frac{2784976}{9.6\times0.65}=446868.8\text{kW}\approx447\text{MW}$$

发电机容量可为 3×250MW，当检修一台机组时，运行 500MW，可充分利用回收煤气，正常不会发生放散煤气的现象。

(3)根据钢铁厂的实际需要。自备电厂发电机容量根据钢铁厂实际所需电量及电力系统能供给钢铁厂的电量两者之间的差额，考虑一定的备用量来决定。

7.5.2 自备电厂机组选型

自备电厂容量确定后，其机组台数和单机容量应考虑以下几点：

(1)考虑系统的稳定，单机容量不宜超过所在电力系统总容量的 5～7%。如当系统总容量为 6000MW 时，最大的单台机组容量不宜超过 300～400MW。具体多大，视电力系统稳定情况而定。

(2)根据钢铁厂分期建设及自备电厂建设工期配合的需要。为配合钢铁厂高炉投产的需要，自备发电机组应在高炉投产前半年投入运行。因此，在自备电厂的建设进度赶不上高炉投产的进度时，可先建设小容量的发电机组，使其适应钢铁厂分阶段建设的需要。

(3)根据机组检修周期确定机组数量。在正常情况下，应有两台机组处于运行状态，以提高对钢铁厂供电

的可靠性。每台发电机组每年都有大约40天左右的检修期，如考虑发电机检修，设置三台以上的发电机最好。

7.6 自备电厂发电机对钢铁厂无功冲击负荷的补偿

钢铁厂在生产过程中，产生很大的有功和无功冲击负荷，如钢铁厂由较大的电力网供电时，有功冲击负荷由电力网承担，对无功冲击负荷，可以由自备电厂发电机来承担，这样可使钢铁厂内不装或少装价格昂贵的专用无功补偿装置，但要发挥自备电厂发电机作为无功冲击负荷补偿源作用，自备电厂和电力系统的连接方式必须采用并联式、串联式或串并联式。

7.6.1 发电机的励磁调节方式

自备电厂发电机的励磁电流，是产生无功功率的重要因素，可以通过自动调节励磁装置，调节发电机的励磁电流大小，进而调节向系统输送无功功率的多少。

同步电机一般有三种励磁调节方式：

(1) 自动电压调节方式（AVR）；

(2) 自动无功调节方式（AQR）；

(3) 按比例无功调节方式（APQR）。

作为动态无功补偿，目的主要是为了减少由无功冲击引起的电压波动，除了靠自备电厂发电机作为动态无功补偿外，尚有高炉鼓风机等大容量同步电动机进行补偿。为发挥高炉鼓风同步电动机的补偿能力，励磁调节采用响应时间快的APQR方式，而在发电机上则采用AVR方式。

发电机采用自动电压调节装置（AVR）实现对无功冲击负荷的补偿如图7-10，在无功冲击负荷作用下，发电机端头上（或110kV母线上）产生电压波动值ΔU_G（或ΔU_B），取此电压波动信号作为发电机的励磁调节信号，改变发电机端电压和发电机的无功输出量，以维持110kV母线电压在一定的调定率范围内。

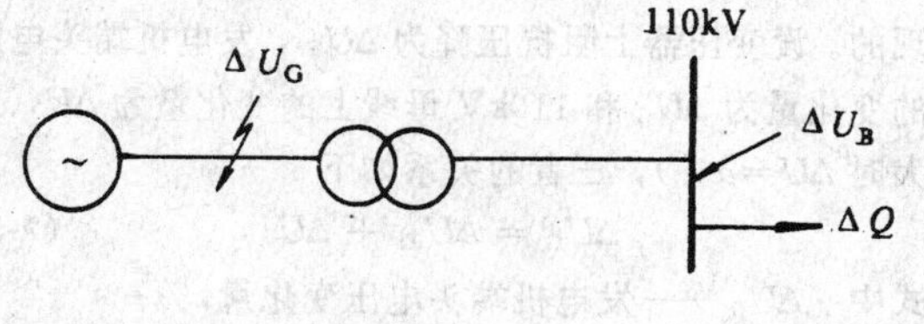

图7-10 无功冲击电压波动点简图

发电机采用AVR调节，有三种控制方式：

(1) 把发电机端电压控制在一定的调定率范围内的方式；

(2)把发电机端电压作为检测点，把母线电压控制在一定的调定率内，以控制点（110kV母线）和发电机端子间的变压器阻抗部分的补偿进行控制的方式；

(3)检测控制点的电压，控制在一定调定率内的方式。

一般采用（2）方式。

同步机采用APQR按比例无功调节方式，即同步机发出的无功同检测点所需的无功成比例的调节。同步机与系统检测点需设远距离检测通道，费用较高，另外不能检测检测点以外的无功变动，而且同步机设计时应考虑无功的承受量。

7.6.2 自备发电机对无功冲击负荷的补偿效果

钢铁厂内的无功冲击负荷，采用自备发电机进行补偿，是利用发电机的AVR调节方式来实现的，其电压调节的响应时间$T<1s$，因此在矩形波的无功冲击负荷作用下，AVR控制点的电压变化曲线如图7-11所示。其中ΔU_{fe}为短周期电压变动值（亦即闪变电压），ΔU_{fe}的大小取决于无功冲击负荷ΔQ的大小和系统阻抗的大小，ΔU_C称为残留电压偏差。ΔU_C的大小，取决于发电机AVR控制点电压调定率（$a\%$）及系统阻抗的大小。

从图7-11曲线可以看出，在ΔQ冲击瞬间AVR

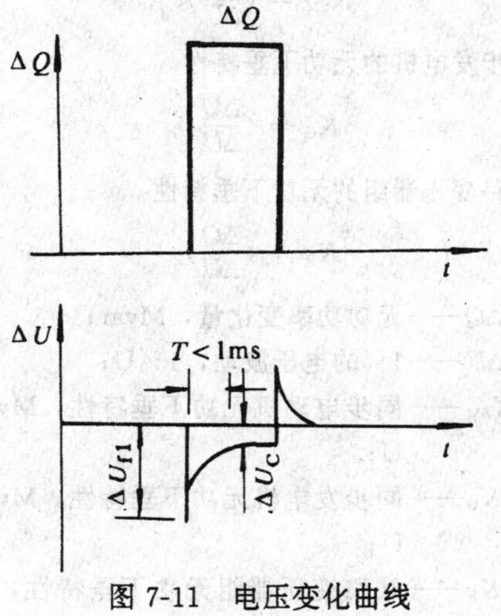

图7-11 电压变化曲线

没有来得及进行调节，产生一个较大的短周期电压波动值，因此对电弧炉那种瞬间冲击负荷，这种补偿方式不适用，但对热轧、冷轧较长周期的冲击负荷补偿是能达到预期效果的。

图7-12以热连轧的冲击负荷为例，说明同步电机AVR调节效果。从图7-12中明显看出有AVR调节时较无AVR调节时，电压波动大大减小。

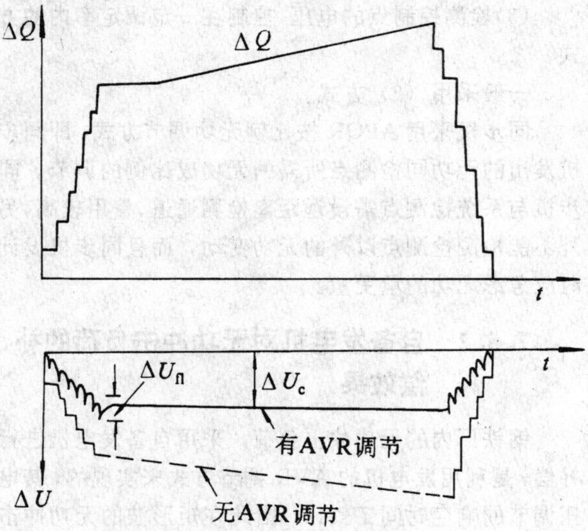

图7-12 电压波动示意

7.6.2.1 无功下垂特性

所谓无功下垂特性，就是引起电压变化1%的无功功率变化量。无功下垂特性用$\frac{\Delta Q}{\Delta U}$表示，则

同步电动机的无功下垂特性

$$K_{SM} = (\frac{\Delta Q}{\Delta U})_{S_M} \tag{7-1}$$

同步发电机的无功下垂特性

$$K_G = (\frac{\Delta Q}{\Delta U})_G \tag{7-2}$$

线路变压器组的无功下垂特性

$$K_R = (\frac{\Delta Q}{\Delta U})_R \tag{7-3}$$

式中 ΔQ——无功功率变化量，Mvar；

ΔU——1%的电压波动，1%U；

K_{SM}——同步电动机无功下垂特性，Mvar/1%U；

K_G——同步发电机无功下垂特性，Mvar/1%U；

K_R——线路变压器组无功下垂特性，Mvar/1%U。

7.6.2.2 同步电机的无功下垂特性

同步电机的无功下垂特性与同步电机AVR控制点的电压调定率$a\%$有着密切的关系。同步电机AVR控制点的母线电压调定率$a\%$定义为：当同步电机无功输出量为额定输出量，即100%无功量时，同步电机AVR控制的母线电压变化百分率为$a\%$，母线电压变化量ΔU与同步电机输出的无功量Q成比例。例如，额定无功输出为Q_N的同步电机，当无功输出量为Q时，对应母线电压变化量为

$$\Delta U = \frac{Q}{Q_N} \times a\% \tag{7-4}$$

式中 ΔU——电压变化量，%；

Q——同步机无功输出量，Mvar；

Q_N——同步机额定无功输出量，Mvar；

$a\%$——电压调定率。

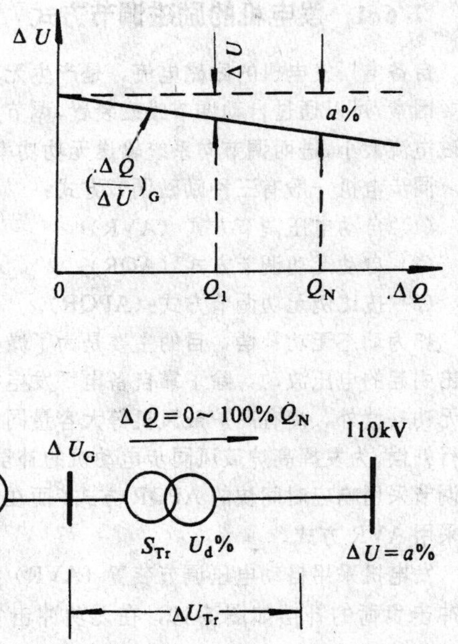

图7-13 同步电机无功下垂特性

如图7-13，110kV母线电压变化范围的控制，是通过调节发电机的端电压，并经变压器阻抗压降来实现的。设变压器上阻抗压降为ΔU_{Tr}，发电机端头电压的变化量为ΔU_G和110kV母线上的变化量为ΔU（最大时$\Delta U = a\%$），三者的关系如下

$$\Delta U_G = \Delta U_{Tr} + \Delta U \tag{7-5}$$

式中 ΔU_G——发电机端头电压变化量，%；

ΔU_{Tr}——变压器的阻抗压降，%。

如图7-13，当AVR控制的110kV母线电压调定率为$a\% = 3\%$，各种无功量对应的电压变化量见表

7-1。

表 7-1 电压变化量（%）

发电机输出无功 Q	$0.25Q_N$	$0.5Q_N$	$0.75Q_N$	Q_N	0
ΔU_G	0.87	1.75	2.62	3.5	0
ΔU_{Tr}	1.62	3.25	4.88	6.5	0
ΔU	−0.75	−1.5	−2.25	−3	0

由表 7-1 可以看出，从维持 110kV 母线电压水平的角度考虑，$a\%$的值不能取得太小，否则发电机的端电压变化较大，造成发电厂厂用电的电压波动比较大，而且发电机随无功负荷的变化进行的调节比较频繁，对发电机的运行不利。一般考虑 $a\%$取值为 2～5%。

如上所述，电压调定率 $a\%$的意义在于表明厂内无功冲击负荷在两个波动无功负荷供电源即同步电机和电力系统之间的无功分配关系，$a\%$取值越大，电力系统承担（分配）的无功负荷越多，同步电机承担的越少。

因为式 7-4 中的无功量可以看作 Q 是对应于发电机无功输出为零时的无功增量，因此可以用 ΔQ 表示即

$$\Delta U = \frac{\Delta Q}{Q_N} \times a\%$$

由上式可得同步发电机的无功下垂特性为

$$K_G = \left(\frac{\Delta Q}{\Delta U}\right)_G = \frac{Q_N}{a\%} \tag{7-6}$$

例 1 某厂自备发电机：$P_N = 350\text{MW}$，$\cos\varphi = 0.85$，$Q_N = 217\text{Mvar}$

电动鼓风机：$P_{SM} = 48\text{MVA}$，$Q_{SM} = 29.75\text{Mvar}$

自备发电机的无功下垂特性为

$$K_G = \left(\frac{\Delta Q}{\Delta U}\right)_G = \frac{Q_N}{a\%} = 350 \times \frac{\sqrt{1-0.85^2}}{0.85} \times \frac{1}{a\%} = \frac{217}{a}\text{Mvar}/1\%\text{U}$$

高炉电动鼓风机的无功下垂特性（同步电动机与同步发电机类同）

$$K_{SM} = \left(\frac{\Delta Q}{\Delta U}\right)_{SM} = 48 \times \frac{\sqrt{1-0.85^2}}{0.85} \times \frac{1}{a\%} = \frac{29.75}{a}\text{Mvar}/1\%\text{U}$$

发电机的额定功率因数 $\cos\varphi = 0.85$，若将发电机的全部无功容量用作冲击无功补偿，则冲击无功补偿能力为

$$Q_N = 350 \times \frac{\sqrt{1-0.85^2}}{0.85} = 217\text{Mvar}$$

根据运行需要，例如将发电机一部分无功作为稳态无功补偿用，一部分作为冲击无功补偿用，发电机功率因数运行范围仍为 $0.85 < \cos\varphi < 1.0$ 时，当发电机 $\cos\varphi = 0.95$ 时的无功量用作稳态无功补偿容量 ΔQ_0 时，其 ΔQ_0 可按下式计算

$$\Delta Q_0 = 350 \times \frac{\sqrt{1-0.95^2}}{0.95} = 115\text{Mvar}$$

用作冲击无功补偿的容量 ΔQ 为

$$\Delta Q = Q_N - \Delta Q_0 = 217 - 115 = 102\text{Mvar}$$

当发电机输出无功 ΔQ 在 115～217Mvar 范围内运行时，则发电机 AVR 装置控制点的 110kV 母线上，最大电压变化量称为极限电压变化量以 ΔU_{Lim}表示如图 7-14 所示，并按下式计算

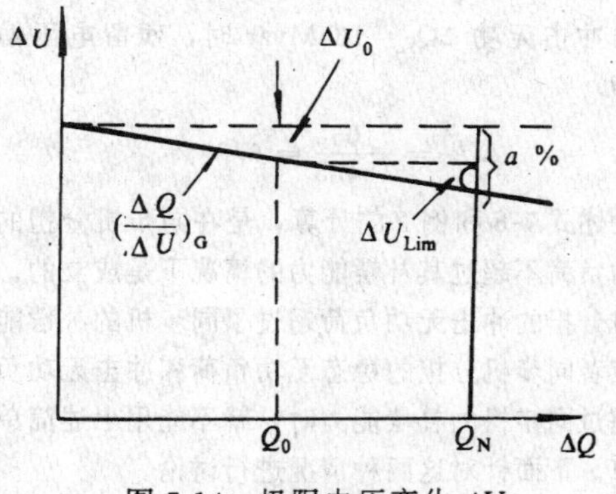

图 7-14 极限电压变化 ΔU_{Lim}

$$\begin{aligned}\Delta U_{Lim} &= a\% - \Delta U_0 \\ &= a\% - \frac{\Delta Q_0}{Q_N}a\% \\ &= a\left(1 - \frac{\Delta Q_0}{Q_N}\right)\% \\ &= a\left(1 - \frac{\dfrac{P_N\sqrt{1-0.95^2}}{0.95}}{\dfrac{P_N\sqrt{1-0.85^2}}{0.85}}\right)\% \\ &= a\left(1 - \frac{0.329}{0.62}\right)\% \\ &= 0.47a\%\end{aligned}$$

表 7-2 中列出在不同的 $a\%$和发电机用作稳态无功补偿的不同的功率因数运行范围时的极限电压

ΔU_{Lim}值。

表 7-2 极限电压 ΔU_{Lim}（%）

a%	cosφ		
	0.85～0.95	0.85～0.98	0.85～1
3	1.41	2.02	3
5	2.35	3.36	5

7.6.2.3 总的无功下垂特性

总的无功下垂特性是包括发电机、同步电动机和电力系统三个无功电源的综合特性，以$\left(\frac{\Delta Q}{\Delta U}\right)_T$表示。有了总的无功下垂特性后，可以很方便地求出由冲击无功负荷 ΔQ_C 引起的 AVR 装置控制点的残留电压偏差值 ΔU_C（即电压波动值）。总的无功下垂特性计算公式为

$$\left(\frac{\Delta Q}{\Delta U}\right)_T=\left(\frac{\Delta Q}{\Delta U}\right)_R+\left(\frac{\Delta Q}{\Delta U}\right)_G n+\left(\frac{\Delta Q}{\Delta U}\right)_{SM} n+ \quad (7\text{-}7)$$

残留电压偏差值计算公式为

$$\Delta U_C=\frac{\Delta Q_C}{\left(\frac{\Delta Q}{\Delta U}\right)_T} \quad (7\text{-}8)$$

例 2 某厂两台发电机，两台同步电动机及电力系统同时运行时，若 $a\%=3\%$，发电机和电动机的特性用例 1 中参数，令电力系统的受电线路变压器组特性$\left(\frac{\Delta Q}{\Delta U}\right)_R=20$，则总的无功下垂特性为

$$K_T=\left(\frac{\Delta Q}{\Delta U}\right)_T=\left(\frac{\Delta Q}{\Delta U}\right)_R+\left(\frac{\Delta Q}{\Delta U}\right)_{SM} n+\left(\frac{\Delta Q}{\Delta U}\right)_G n$$

$$=20+\frac{29.75}{3}\times 2+\frac{217}{3}\times 2=184.5\text{Mvar}/1\%\text{U}$$

当冲击无功 $\Delta Q_C=165$Mvar 时，残留电压偏差 ΔU_C 为

$$\Delta U_C=\frac{165}{184.5}=0.89\%$$

上述式 7-8 和例 2 的计算，是在同步机分担的冲击无功负荷不超过其补偿能力的情况下是成立的。当同步机分担的冲击无功负荷超过了同步机的补偿能力时，或者同步机分担的稳态无功负荷和冲击无功负荷之和超过同步机的补偿能力时，就不能用上述简单方法计算。下面针对这两种情况进行讨论。

A 负荷全部为冲击无功负荷的情况

由于这个冲击无功负荷是由三个电源共同承担，即同步发电机、同步电动机和电力系统共同承担，故其无功下垂特性为$\left(\frac{\Delta Q}{\Delta U}\right)_T$。假设同步机（发电机和电动机）的 AVR 装置控制点（母线）的电压调定率为 $a\%$，根据式 7-8 计算 ΔU_C

$$\Delta U_C=\frac{\Delta Q_C}{\left(\frac{\Delta Q}{\Delta U}\right)_T}$$

当计算所得 $\Delta U_C<a\%$时，则 ΔU_C 为控制点实际电压变化量。

当计算所得 $\Delta U_C>a\%$时，则说明冲击无功负荷中同步机分担的部分已超过了同步机的无功补偿能力，这时实际的电压变化曲线见图7-15，是沿着 ABD 折线变化的。

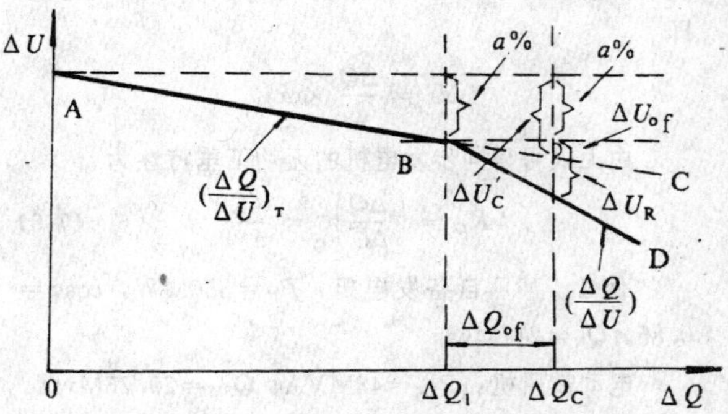

图7-15 全为冲击无功负荷时电压变化曲线

在 AB 段，未超过同步机的补偿能力，到了 B 点后，已超出同步机的补偿能力，剩余的冲击无功负荷全部由电力系统供给，因此这时的电压变化量将沿着直线 BD，即按照受电线路变压器组的无功下垂特性$\left(\frac{\Delta Q}{\Delta U}\right)_R$来变化。如果仍然按照 $\Delta U_C=\frac{\Delta Q_C}{\left(\frac{\Delta Q}{\Delta U}\right)_T}$公式计算，其电压变化曲线是沿着直线 ABC 变化的。并且算得的 $\Delta U_C>a\%$，因此，计算结果的 ΔU_C 不是实际的电压变化量，为此用 $\Delta U'_C$ 表示。为了求出实际电压变化

量，首先必须确定由剩余冲击无功负荷引起的电压变化量 ΔU_{of}，$\Delta U_{of}=\Delta U'_C-a\%$，根据 ΔU_{of} 再求出剩余冲击无功量 ΔQ_{of}，仍然按照总的无功下垂特性计算

$$\Delta Q_{of}=\Delta U_{of}\left(\frac{\Delta Q}{\Delta U}\right)_T$$

式中　ΔQ_{of}——全由电力系统供给的无功量，Mvar。

由此无功量引起的实际电压变化量按照受电线路变压器组的无功下垂特性计算得

$$\Delta U_R=\frac{\Delta Q_{of}}{\left(\frac{\Delta Q}{\Delta U}\right)_R}$$

因此实际总的残留电压偏差（即总的电压波动）

$$\Delta U_C=a\%+\Delta U_R$$

B　一部分为稳态无功负荷，一部分为冲击无功负荷的情况

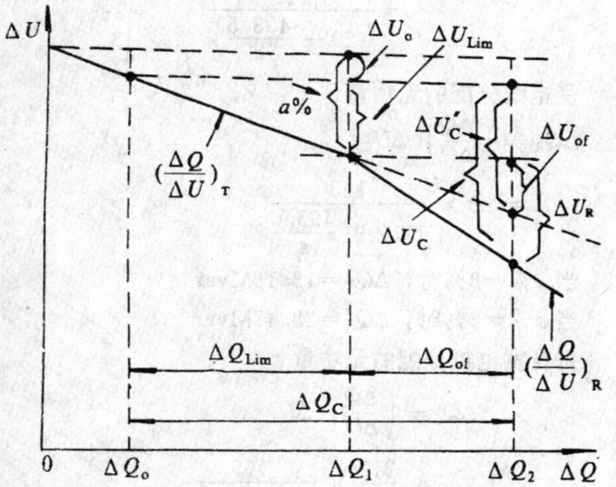

图7-16　有稳态无功负荷和冲击无功负荷时电压变化曲线

根据稳态无功负荷量 ΔQ_o，求出电压变化量 ΔU_o，再根据 ΔU_o 用同步机的无功下垂特性求出同步机分担的稳态无功负荷量 ΔQ_G，据此求出发电机分担的极限无功冲击负荷 ΔQ_{Lim}，再求 ΔU_{Lim}。公式如下

$$\Delta U_o=\frac{\Delta Q_o}{\left(\frac{\Delta Q}{\Delta U}\right)_T}$$

$$\Delta Q_G=\Delta U_o\left(\frac{\Delta Q}{\Delta U}\right)_G$$

$$\Delta Q_{Lim}=Q_{NG}-\Delta Q_G$$

$$\Delta U_{Lim}=\frac{\Delta Q_{Lim}}{\left(\frac{\Delta Q}{\Delta U}\right)_G}$$

或
$$\Delta U_{Lim}=a\%-\Delta U_o \tag{7-9}$$

式中　ΔQ_o——总稳态无功负荷量，Mvar；

ΔU_o——在总的无功下垂特性作用下，由 ΔQ_o 引起的电压变化量，%；

ΔQ_G——发电机分担的稳态无功负荷量，Mvar；

ΔQ_{Lim}——发电机能够承担的极限冲击无功负荷量，Mvar；

ΔU_{Lim}——发电机承担 ΔQ_{Lim} 时，引起的极限电压变化量，%；

Q_{NG}——发电机额定输出无功量，Mvar。

在冲击负荷 ΔQ_C 的作用下，电压波动 $\Delta U''_C$

$$\Delta U''_C=\frac{\Delta Q_C}{\left(\frac{\Delta Q}{\Delta U}\right)_T}$$

当 $\Delta U''_C<\Delta U_{Lim}$ 时，则 $\Delta U''_C=\Delta U_C$。

当 $\Delta U''_C>\Delta U_{Lim}$ 时，说明冲击负荷 ΔQ_C 超过了同步机的冲击无功补偿能力。在这种情况下，首先求出剩余冲击无功负荷引起的电压变化量 ΔU_{of}

$$\Delta U_{of}=\Delta U''_C-\Delta U_{Lim}$$

引起 ΔU_{of} 的冲击无功量 ΔQ_{of} 为

$$\Delta Q_{of}=\Delta U_{of}\left(\frac{\Delta Q}{\Delta U}\right)_T$$

ΔQ_{of} 全部由电力系统供给，它在线路变压器上引起的电压变化量为

$$\Delta U_R=\frac{\Delta Q_{of}}{\left(\frac{\Delta Q}{\Delta U}\right)_R}$$

总的残留电压偏差（即总的电压波动值）为

$$\Delta U_C=\Delta U_{Lim}+\Delta U_R$$

7.6.2.4　无功分配

计算出在冲击无功负荷 ΔQ_C 的作用下，110kV 系统的残留电压偏差 ΔU_C 后，根据 ΔU_C 可以确定冲击无功 ΔQ_C 在电力系统、发电机、同步电动机之间的分配情况（在无稳态无功补偿时即 $\Delta U_C<a\%$；在有稳态无功补偿时即 $\Delta U''_C<\Delta U_{Lim}$ 的条件下，后者 $\Delta U_C=\Delta U_o+\Delta U''_C$）。

$$\Delta Q_R=\left(\frac{\Delta Q}{\Delta U}\right)_R\Delta U_C \tag{7-10}$$

式中　ΔQ_R——电力系统分配的无功功率，Mvar。

$$\Delta Q_G=\left(\frac{\Delta Q}{\Delta U}\right)_G\Delta U_C \tag{7-11}$$

式中　ΔQ_G——发电机分配的无功功率，Mvar。

$$\Delta Q_{SM}=\left(\frac{\Delta Q}{\Delta U}\right)_{SM}\Delta U_C \tag{7-12}$$

式中　ΔQ_{SM}——同步电动机分配的无功功率，Mvar。

由于 ΔU_C 和电压调定率 $a\%$ 有关，因此 ΔQ_R、ΔQ_G、ΔQ_{SM} 也和电压调定率 $a\%$ 有关。

如图 7-17 系统接线，220kV 最小短路容量为 6000MVA，两台发电机，两台同步电动机运行，功率因数运行范围 $\cos\varphi=1\sim0.85$，冲击负荷为 $\Delta Q_C=165$Mvar。

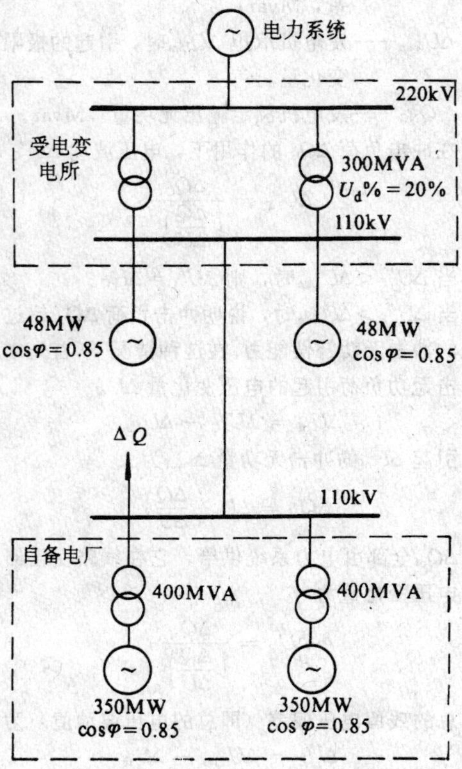

图 7-17　系统接线

总的无功下垂特性按式 7-5 为

$$\left(\frac{\Delta Q}{\Delta U}\right)_T=\left(\frac{\Delta Q}{\Delta U}\right)_R+\left(\frac{\Delta Q}{\Delta U}\right)_G n+\left(\frac{\Delta Q}{\Delta U}\right)_{SM} n$$

以某厂为例

$$\left(\frac{\Delta Q}{\Delta U}\right)_R=\frac{1}{\frac{1}{\left(\frac{\Delta Q}{\Delta U}\right)_L}+\frac{1}{\left(\frac{\Delta Q}{\Delta U}\right)_{TR}}}$$

$$=\frac{1}{\frac{1}{60}+\frac{1}{30}}=20$$

式中 $\left(\frac{\Delta Q}{\Delta U}\right)_L$——输电线路的无功下垂特性；

$\left(\frac{\Delta Q}{\Delta U}\right)_{TR}$——受电变压器的无功下垂特性。

$$\left(\frac{\Delta Q}{\Delta U}\right)_G\approx\frac{350\times\frac{\sqrt{1-0.85^2}}{0.85}}{a}$$

$$=\frac{217}{a}$$

$$\left(\frac{\Delta Q}{\Delta U}\right)_{SM}\approx\frac{48\times\frac{\sqrt{1-0.85^2}}{0.85}}{a}$$

$$=\frac{29.75}{a}$$

$$\left(\frac{\Delta Q}{\Delta U}\right)_T=20+\frac{217}{a}\times2\,\frac{29.75}{a}\times2$$

$$=20+\frac{493.5}{a}$$

残留电压偏差

$$\Delta U_C=\frac{\Delta Q_C}{\left(\frac{\Delta Q}{\Delta U}\right)_T}$$

$$=\frac{165}{\left(20+\frac{493.5}{a}\right)}$$

受电线分配的无功量

$$\Delta Q_R=\left(\frac{\Delta Q}{\Delta U}\right)_R\Delta U_C$$

$$=20\times\frac{165}{17.2+\frac{493.6}{a}}$$

当 $a\%=3\%$ 时，$\Delta Q_R=18.16$Mvar

当 $a\%=5\%$ 时，$\Delta Q_R=28.47$Mvar

每台发电机分配的无功量

$$\Delta Q_G=\left(\frac{\Delta Q}{\Delta U}\right)_G\Delta U_C$$

$$=\frac{217}{a}\times\frac{165}{20+\frac{493.5}{a}}$$

当 $a\%=3\%$ 时，$\Delta Q_G=64.68$Mvar

当 $a\%=5\%$ 时，$\Delta Q_G=60.32$Mvar

每台同步电动机分配的无功量

$$\Delta Q_{SM}=\left(\frac{\Delta Q}{\Delta U}\right)_{SM}\Delta U_C$$

$$=\frac{29.75}{a}\times\frac{165}{20+\frac{493.5}{a}}$$

当 $a\%=3\%$ 时，$\Delta Q_{SM}=8.86$Mvar

当 $a\%=5\%$ 时，$\Delta Q_{SM}=8.27$Mvar

从上面计算可以看出，冲击无功 ΔQ_C 在电力系统、发电机、同步电动机之间的分配是与电压调定率 $a\%$ 有关的，当 $a\%$ 值越小，电力系统分担的冲击无功负荷越少，发电机、同步电动机承担的越多，反之则相反。

计算出受电线承担的冲击无功后，就可算出220kV受电点的电压波动，即ΔQ_R在220kV线路上引起的电压波动

$$\Delta U_{C220} = \frac{\Delta Q_R}{\left(\frac{\Delta Q}{\Delta U}\right)_L} \quad (7\text{-}13)$$

式中 $\left(\frac{\Delta Q}{\Delta U}\right)_L$——220kV受电线的无功下垂特性如上例等于60。

当$a\%=3\%$，$\Delta Q_R=18.16$Mvar时

$$\Delta U_{C220} = \frac{18.16}{60} = 0.3\%$$

当$a\%=5\%$，$\Delta Q_R=28.47$Mvar时

$$\Delta U_{C220} = \frac{28.47}{60} = 0.47\%$$

由以上计算可以看出，220kV受电点的电压变化量与受电线分配的无功量有关，而受电线分配的冲击无功量与电压调定率有关，因此确定电压调定率时，要确保分配给电力系统的无功量不致于造成220kV受电点的电压波动超过规定值。

由上述计算可以看出自备电厂发电机作为轧钢厂冲击无功补偿是可行的。

7.6.3 系统调频和调压对无功冲击负荷的补偿

当系统频率下降时，发电机发出的无功功率将减少(发电机电势是按励磁接线的不同，随着频率的平方或三次方成正比例变化)，用户需要的无功功率将增加，当系统频率上升时，发电机的无功输出功率将增加，用户需要的无功功率将减少，系统电压将上升，但由于发电机的自动励磁调节装置的作用，又阻止了电压的上升，发电机的无功输出功率，最终因频率上升而减少、因此在系统无功功率不足，而有功功率有备用时，可采用提高频率的方法来减少无功功率的缺额。

在实际运行过程中，冲击无功与冲击有功是相伴随着出现的，当需要自备电厂发电机承担冲击无功的同时，也需要承担冲击有功，对发电机的能力如何使用，需统一考虑后作出安排。

7.6.3.1 电力系统调频

电力系统调频实质是正常运行有功功率的平衡问题，由于电力系统有功分量是经常变化的，要保持系统的频率为额定值，就必须使发送的功率不断地追踪负荷的变动，随时保持系统的有功功率平衡。

A 调差系数

自动调频器的调差系数为K_S。

$$K_S = \frac{f_0 - f_N}{f_0} \quad (7\text{-}14)$$

式中 K_S——有差调频器的调差系数；

f_0——机组无载时的频率，Hz；

f_N——机组满载时的频率，Hz；

当$f_0>f_N$时，$K_S>0$，调差系数为正；

当$f_0<f_N$时，$K_S<0$，调差系数为负；

当$f_0=f_N$时，$K_S=0$，调差系数为零。

调差系数为零或为负的调频器是不能并联运行的，调差系数为正的调频器并联工作时，有功负荷分配与调差系数的大小成反比。

B 有差调频器

有差调频器的稳态工作特性用下式表示

$$\Delta f + K_S \Delta P = 0 \quad (7\text{-}15)$$

式中 Δf——调频结束时系统频率的增量，$\Delta f = f - f_N$，Hz；

ΔP——调频机组有功功率的增量，kW。

图7-18为有差调频器调频特性。

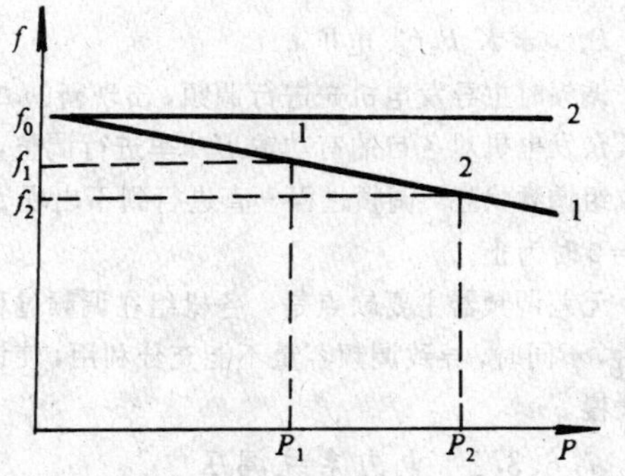

图7-18 有差调频器的调频特性

当发电机工作在点1，对应的系统频率为f_1发电机功率为P_1，此时

$$\Delta f_1 + K_S \Delta P_1 = 0$$
$$(\Delta f < 0, \Delta P_1 > 0)$$

如系统负荷增加，系统频率低于f_1，公式左端出现了负值，破坏了原有的平衡状态，调频器进行了调整，使ΔP获得新的正值，发电机稳定在新的稳态工作点2，该点的系统频率为f_2（低于f_1），发电机功率为P_2（大于P_1）或$\Delta f_2 + K_S \Delta P_2 = 0$又重新得以满足。

有差调频的优缺点：

(1)各调频机组同时参加调频，无先后之分，调频

器同时动作，可以在机组间均衡分担计划外负荷，充分利用调频容量。

(2) 计划外负荷在调频机组间按比例分配要改变各机组间调频容量的分配比例，可以通过改变调差系数来实现，负荷分配可以控制，这是有差调节器最大的优点。

(3) 有差调节器的缺点是，负荷增量越大，频率的偏差值越大，并且使用有差调频器需要人工不断进行校正，以减少频率稳定值的偏差，是一种半自动的调频方式，汽轮机的调速器就是有差调节器。

C　无差调频器

为了克服有差调频器的缺点，采用无差调频器，调节方程式为

$$\Delta f = 0 \qquad (7\text{-}16)$$

无差调频器只在一台主要调频机上使用无差调频器，其余发电机上只装功率分配器、这种调频方法称主导发电机法。其调节方程组为

$\Delta f = 0$(主导发电机)

$P_2 = K_1 P_1$(发电机 2)

……

$P_{n+1} = K_n P_n$(发电机 n)

调频时主导发电机先进行调频，出现新的 ΔP，然后其余发电机对各自的有功输出功率进行调整，出现了成组调频状态，调频过程一直进行到不出现 ΔP_1 且 $\Delta f = 0$ 时为止。

无差调频器主要缺点是：各机组在调频过程中有先后，不同时，导致调频容量不能充分利用，使调整过程缓慢。

7.6.3.2　电力系统调压

在无功功率不足时，会引起系统电压下降，因此要保证电压质量，必须保证无功功率平衡，设全系统无功电源为 ΣQ_1，全系统无功负荷为 ΣQ_2，总的无功平衡为

$$\Sigma Q = \Sigma Q_1 - \Sigma Q_2 \qquad (7\text{-}17)$$

当 $\Sigma Q > 0$ 时，说明无功电源大于无功负荷，总的无功功率能够平衡，可保证电压质量。

当 $\Sigma Q < 0$ 时，无功功率不足，引起电压下降，此时要采取措施，装设无功补偿设备。

发电机作为无功功率源，可利用发电机的 P-Q 曲线调压。

图 7-19 为发电机的 P-Q 曲线、OA 表示发电机在额定功率因数及额定电压时的容量 S_N。

当发电机在 BD 段运行时，发电机无功输出功率

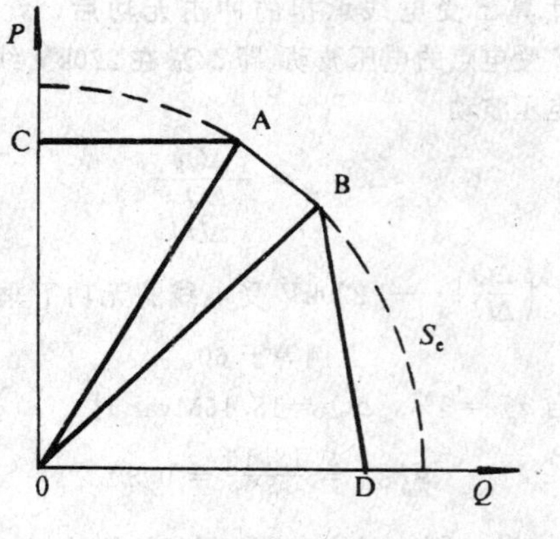

图 7-19　P-Q 曲线

受转子电流的限制，但可用降低有功输出功率以增加无功输出功率的办法调压。对汽轮发电机，当有功功率降至极限值$\left(\frac{1}{3} \sim \frac{1}{5} S_N\right)$时，发电机无功输出功率约为 70～80%$S_N$，利用发电机的 P-Q 曲线调压只有在发电机的有功输出功率未发满时效果较大。

在工业企业供电系统中，低负荷运行时，可能出现因无功功率的需要量减少，而无功功率供给量过剩使电压升高，为了吸取多余的无功和调节电压，发电机此时发出有功而吸收无功，因此可以降低系统电压。由于进相运行对静态稳定和端部发热有不良影响，“发电机运行规程”对其限制较严，要求在有自动电压调整器时，可容许短时在 $\cos\varphi$ 为 0.95～1 的进相范围内运行。

7.7　自备电厂的运行方式及保安措施

7.7.1　运行方式

自备电厂可以有两种运行方式，自由调速运转方式和负荷限制运转方式。

7.7.1.1　自由运转方式

在自由运转方式下，发电机的输出功率与频率的关系在 7.6.3.1 节已有说明，现将某钢厂自备电厂发电机参与调频的计算举例如下。

某地区系统容量假定 6000MW，钢厂自备电厂容量 700MW，系统频率常数假定为 1%/0.1Hz，对于 ΔP =210MW（有功冲击负荷）引起的频率波动 Δf。

$$\Delta f = \frac{210}{6000 + 700} \times \frac{0.1}{1\%} = 0.31\text{Hz}$$

假定速度调整率为 5%（2.5Hz）发电机的频率波

动为 0.31Hz 时其功率变动为

$$\Delta P_G = \frac{700}{2.5} \times 0.31 = 86.8\text{MW}$$

为发电机额定输出功率的 12.4%。

当一台 350MW 机组检修时，$\Delta f = 0.33$Hz，$\Delta P_G = 46.2$MW，变动率为额定功率的 13.2%。这种功率变动周期 5min（冷轧）和 1～2min（热轧）而自由调速运转的发电机仅允许其负荷有额定值 5%的变动幅度，因此从汽轮机的热效应方面看，难以采用自由调速运转方式。

变动负荷对汽轮机运行寿命的影响如下：

变动周期	变动幅度/额定值	减少寿命
1s 程度	20%	10^{-5}%
1min 程度	10%	10^{-4}%
1min 程度	20%	10^{-3}%
1min 程度	30%	10^{-2}%
发电机起动	冷态起动	0.1%（停一周再起动）
停止	热态起动	0.01%

7.7.1.2 限制负荷运转方式

发电机带稳定负荷运行，不参与系统的调频，对于大容量高效率的机组，应采用这种运行方式。尤其是企业自备电厂发电机，从简化运行，便于操作方面考虑也宜采用这种方式。

7.7.2 保安措施

为提高钢厂供电系统工作可靠性，常设置一些保安装置，如自动重合闸、备用电源自动投入装置、自动同步、自动调节励磁装置等。

当钢铁厂供电系统发生故障，稳定性破坏，便会产生失步现象。为了使系统重新拉入同步，实现再同期，最有效和最快的办法使用 ZPJH（自动按频率减负荷）装置。在稳定性破坏后，如断开一些负荷，可使系统在几秒或 30s 的时间内恢复正常工作。若在失步以后，将发电机解列，然后减载装置再动作或手动切去部分负荷，再使与系统同步，则需要 10～15min 或更多的时间，而且切去的负荷更多。

在采用 ZPJH 装置作为促进再同期的方法时，需要按再同期的条件来计算自动减负荷的功率。

非同期状态的系统可用双机接线方式表示，即企业等效发电机 F 系统和外部电力系统用另一等效发电机 C 表示，如图 7-20 所示（$X_1 = X'_d + X$）。

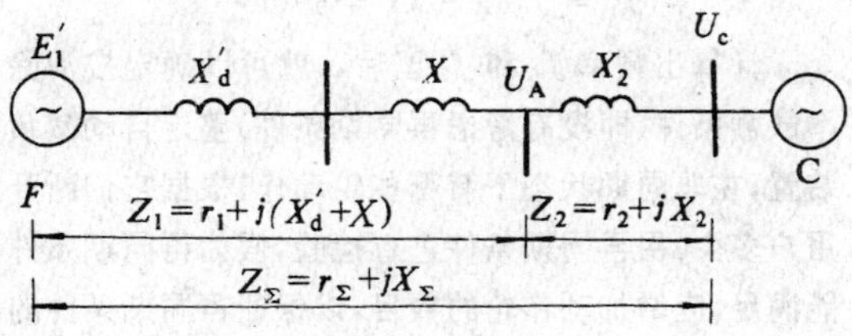

图 7-20 等效的双机系统

非同期情况下工作的两部分系统，只有在稳定的滑差平均值 s 小于或等于允许滑差平均值 s_{xu} 时，才能拉入同步。即再同期的条件是

$$s < s_{xu}$$

允许滑差平均值 s_{xu} 可用下式进行估算

$$s_{xu} = 5.65 \times 10^{-2}\sqrt{\frac{P_{12}}{T_J}}$$

$$= 5.65 \times 10^{-2}\sqrt{\frac{E'U_C}{T_J Z_{12}}}$$

式中 P_{12}——企业供电系统与外部系统间的最大交换功率，kW；

U_C——外部系统的母线电压，kV；

Z_{12}——两系统间的转移阻抗，Ω；

T_J——企业系统机械惯性常数，kg·m²，由制造厂家提供。

非同期状况下滑差平均值 s 决定于企业供电系统的功率平衡，用标幺值表示时为

$$P_F(1 - Ks) = P_T + \Delta P_T + P_{ac} \tag{7-18}$$

式中 P_F——企业供电系统的负荷功率，kW；

P_T——透平机的工作功率，kW；

ΔP_T——透平机的备用功率，kW；

P_{ac}——异步功率，kW；

K——负荷调节效应系数。

所以稳定滑差平均值

$$s = \frac{P_F - P_T - \Delta P_T - P_{ac}}{P_F K} \tag{7-19}$$

异步功率可以近似地按下式计算

$$P_{ac} \approx \left(\frac{X'_d}{Z_{12}}\right)^2 U_C^2 P_{acN} \tag{7-20}$$

P_{acN} 为额定异步功率，对火电系统，其值为 1.5～2.0，在 $\frac{X_\Sigma - X'_d}{X'_d} > 10$ 时，P_{ac} 的数值可以忽略。

对于大容量的送电系统来说 $f_2=50\text{Hz}$，那么企业系统的频率

$$f_1=f_2(1-s)=50(1-s)$$

计算出频率 f_1 和 f_2 以后，就可以确定按消除功率缺额条件(即没有考虑再同期条件)整定自动减负荷装置，在非同期状态下有哪些轮动作，根据它们断开的用户多少，用再同期条件进行检验，假如再同期条件不能满足，应增加动作轮的数目，以保证再同期条件的实现。

7.7.3 发电机的并列与解列

7.7.3.1 发电机的并列

发电机与电力系统之间的并列是借助同期装置来实现的，为使解列系统能准确、迅速恢复并列，要求同期装置简单、可靠、操作简捷快速，因此在电力系统中有两种同期方法，即准同期与自同期，两种方法都可以手动或用自动装置来实现。

(1)准同期是发电机在并列前已励磁，要求条件较严，必需相位相同；频率相等；电压相等。

(2)自同期是发电机并列前未励磁，所以要求条件较宽，正常并列时允许转差率

$$s=\pm(1-2)\%$$

事故时允许转差率

$$s=\pm 5\%$$

并列后发电机加励磁，即迅速拉入同步。

自同期电流冲击大，合闸瞬间电压降低较大，因此火力发电厂大容量机组一般不采用。

发电机同期并列的基本要求：

(1) 投入瞬间发电机的冲击电流和冲击力矩不超过允许值。

(2) 系统能把被投入的发电机拉入同期。

自备电厂应装设带有同步闭锁的手动准同期装置，必要时还应装一套自动准同期装置，目前手动准同期利用同期屏实现，屏上装设组合式同期指示表，或电压表、频率表等，自动准同期可采用 ZZQ-5 型和 ZZQ-3A、ZZQ-3B 型单相式自动准同期装置。为简化同期接线自备电厂应采用单相同期接线。

7.7.3.2 发电机的解列

当系统发生故障产生系统振荡时应自动或手动将发电机与系统解列，使之与振荡系统间失去联系，解列点设置原则如下：

(1)应尽量保持解列后各部分系统的功率平衡，因此解列点设在有功和无功功率输送的分界点上，或交换功率最小处。

(2)使解列后系统的容量足够大，只在振荡系统之间设置少量的解列点。

(3) 考虑解列后的系统能很方便地进行恢复同期的并列操作。

发电机解列操作只要将解列开关处的有功功率和无功功率调整为零，使解列后不致因为电源与负荷不平衡产生频率和电压的变化，即可切断开关，进行解列。

7.8 柴油发电机组概述

柴油发电机是内燃发电机的一种，它是以柴油为一次能源、柴油机为原动机的发电机组，它的特点是：

(1) 燃料价格便宜，容易保存。一般容量 2～2000kVA 的燃油发电机无论固定式或移动式的都用柴油发电机组。

(2) 柴油发电机构造简单、体积小、重量轻、辅助设备少，可以设在负荷处单独对一些特殊负荷供电。

(3) 柴油发电机组起动迅速，带负荷和停机时间短，并能很快达到全功率。利用起动迅速的特点，可以在柴油机上装置一套自动起动装置，在几秒钟就能起动，10s 时能供 25%的额定负荷，30s 能供 75%的额定负荷，45s 能满载运行。

(4) 柴油发电机组操作维护简单、方便。

由于具有上述特点，所以柴油发电机正在越来越广泛地作为钢铁厂需要容量不大的保安电源和难于取得两个电源的具有一级负荷的民用建筑设施的应急电源。

7.9 柴油发电机容量选择

作为应急电源的柴油发电机，在一个地点通常只设一台，其机组的选择只是单台发电机组容量和类型的选择。

自起动柴油发电机是作为保证保安负荷或一级负荷供电可靠的应急电源，在外电源中断供电时，除在规定时间内能自起动供电外，还应满足所有保安负荷或一级负荷的供电容量要求。若容量选得小，则会在电动机起动时，使电压降过大，电动机不能起动，使自起动柴油发电机起动失败，失去备用电源的作用。容量选得

过大，初期投资大，运行经济效益差。所以正确计算保安负荷或一级负荷的容量，确定负荷投入顺序和电动机起动时允许的电压降是选择发电机容量的重要前提。

自起动柴油发电机的容量应满足：

(1) 所有保安负荷或一级负荷正常工作时供电容量的要求。

(2)在大容量电动机起动或自起动时，应符合发电机的过负荷能力。

(3)在起动大容量电动机时，母线上的电压降应既促证已经正常工作的负荷所允许的电压降，又能满足电动机本身的起动转矩要求。

(4) 与原动机的过负荷能力相匹配。

7.9.1 选择柴油发电机的原始条件

选择柴油发电机的原始条件包括：

(1)自然条件。包括环境温度、湿度和海拔标高等。

(2)负荷容量。所供负荷的容量，包括照明及电动机。而对电动机要给出台数、容量、效率、额定功率因数。起动功率因数、起动电流倍数等参数。

(3) 确定投入顺序。

1) 按负荷的重要性。重要负荷优先，一般必要照明先投，其次是重要的电动机负荷。

2) 按负荷的大小。同样重要的电动机容量大的优先，这是对直接起动的电动机而言，即起动时引起电压降大的电动机优先，以便防止影响已经工作的电动机的运行。

(4) 确定允许的电压降。电气设备允许的电压降为：

1) 照明。在柴油发电机供电时，只供事故照明，而事故照明均使用白炽灯，所以按白炽灯允许的电压降考虑，一般可取 30%；

2) 电动机。一般从电动机控制设备的运行条件和保证拟起动电动机的起动转矩及已经工作的电动机的运行转矩来考虑。

电动机控制设备按采用继电器-接触器控制元件考虑，这样也就是要满足其线圈动作电压要求和在电动机起动时不要由于母线电压降低而造成已工作的继电器、接触器释放。继电器和接触器线圈的最低动作电压和释放电压可从对应的产品样本中查到。在查不到样本时，其线圈的吸合电压通常为线圈额定电压的 85～110%，而其释放电压低于线圈额定电压的 70%。

7.9.2 发电机的容量计算和选择

发电机的容量计算和选择要满足前节列出的四个条件，具体的计算和选择方法如下：

(1)按供全部负荷正常工作时的计算容量。自起动柴油发电机起动 1min 后，能输出额定容量。此时，发电机容量 $P_{G1} \geqslant P_{30}$ (保安负荷或一级负荷的计算负荷)，故

$$P_{G1}=\sqrt{\left(\frac{P_{er}}{\eta_{er}}+\sum_{k=1}^{n}\frac{P_{mn}}{\eta_{mn}}K_d\right)^2+\left(\frac{P_{er}}{\eta_{er}}\mathrm{tg}\varphi_{er}+\sum_{k=1}^{n}\frac{P_{mn}}{\eta_{mn}}\mathrm{tg}\varphi_{mn}K_d\right)^2} \tag{7-21}$$

式中 P_{G1}——按所供全部负荷计算的发电机容量，kVA；

P_{er}——事故照明负荷，kW；

η_{er}——事故照明负荷的效率；

$\mathrm{tg}\varphi_{er}$——事故照明负荷功率因数角的正切；

P_{mn}——电动机的额定容量，kW；

η_{mn}——电动机的额定效率，其值一般从电动机产品样本查得，当电动机型号未确定或产品样本查不到时，可从图 7-21 曲线近似查得，通常也可以取 0.8～0.9；

$\mathrm{tg}\varphi_{mn}$——电动机额定功率因数角的正切，其值由查得的电动机额定功率因数进行换算，而电动机额定功率因数同电动机的额定效率一样，或查样本，或近似地从图 7-22 曲线查得，或通常取 0.75～0.85；

K_d——需用系数，电动机台数少于 3 台时可取 1，多于 3 台时，视情况而定。

(2) 大容量负荷起动或自起动时应符合发电机的过负荷能力。发电机组起动后，大容量电动机投入之前，有些负荷已经投运，要综合考虑大容量电动机负荷起动时发电机的过负荷情况，此时，发电机的容量计算如下

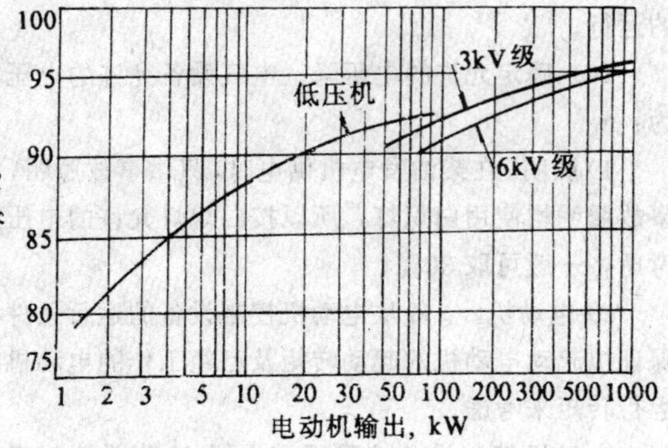

图 7-21 电动机输出与效率的关系

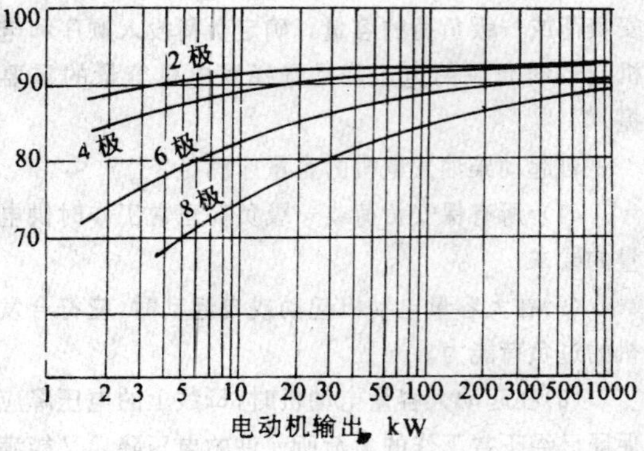

图 7-22 电动机输出与功率因数的关系

$$P_{G2} = \frac{\sqrt{(P_0\cos\varphi_0 + P_{m_{max}}\cos\varphi_{mn}\beta')^2 + (P_0\sin\varphi_0 + P_{m_{max}}\sin\varphi_{ms}\beta')^2}}{K_G} \tag{7-22}$$

式中 P_{G2}——按满足大容量电动机负荷起动时计算的发电机容量，kVA；

P_0——$P_{m_{max}}$投运前已投入运行的负荷容量，kVA；

$\cos\varphi_0$——P_0负荷的功率因数；

$\sin\varphi_0$——P_0负荷功率因数角的正弦；

$P_{m_{max}}$——所投入的最大容量电动机的额定容量，kW；

$\cos\varphi_{ms}$——$P_{m_{max}}$电动机的起动功率因数；

$\sin\varphi_{ms}$——$P_{m_{max}}$电动机的起动功率因数角的正弦；

K_G——发电机过负荷倍数，一般可取 1.5；

β'——相当于$P_{m_{max}}$电动机起动时的 kVA 数与电动机额定容量 kW 数的比值。

β'由下式确定

$$\beta' = \frac{\beta}{\eta_{mn}\cos\varphi_{mn}} \tag{7-23}$$

式中 β——电动机起动电流倍数。

(3) 按大容量负荷起动时允许电压降计算的发电机容量。在起动大容量的电动机时，在起动电流的突然冲击下，发电机内阻抗上产生电压降，而励磁系统来不及快速调压，使输出端电压下降。因此，发电机容量必须满足电动机的起动要求。

按负荷起动时允许电压降的发电机容量计算公式如下

$$P_{G3} = P_{m_{max}}\beta' X_d \frac{1-\Delta V}{\Delta V} \tag{7-24}$$

式中 P_{G3}——满足负荷起动时允许电压降的发电机计算容量，kVA；

X_d——发电机的电抗，为发电机暂态电抗X'_d和次暂态电抗X''_d的算术平均值，即

$$X_d = \frac{X'_d + X''_d}{2} \tag{7-25}$$

X'_d和X''_d从发电机产品样本查得，当产品样本查不到时，X_d一般可取 0.15～0.3；

ΔV——$P_{m_{max}}$电动机起动时允许的电压降，一般可取 0.25～0.3；

β'——同前；

$P_{m_{max}}$——同前。

将式 7-24 变换一下形式，用ΔV表示，则

$$\Delta V = \frac{X_d}{X_d + \dfrac{P_{G3}}{P_{m_{max}}\beta'}} \times 100\% \tag{7-26}$$

根据式 7-26，将X_d做为参数，ΔV与$P_{G3}/(P_{m_{max}}\beta')$的关系表示在图 7-23 中。

(4) 按原动机有过负荷能力的发电机计算容量。

$$P_{G4} = \frac{P_0\cos\varphi_0 + P_{m_{max}}\beta'\cos\varphi_{ms}}{\gamma\cos\varphi_G} \tag{7-27}$$

式中 P_0和$\cos\varphi_0$、β'、$P_{m_{max}}$、$\cos\varphi_{ms}$同前；

P_{G4}——满足柴油机过负荷能力的发电机计算容量，kVA；

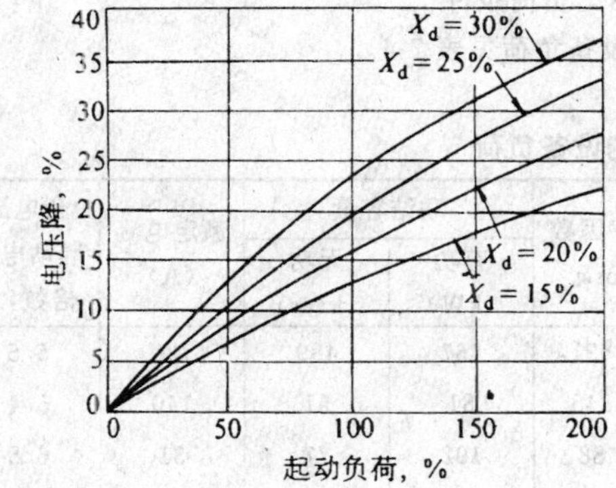

图 7-23 起动负荷引起发电机最大电压降

γ——原动机过负荷能力，一般取 1.1；

$\cos\varphi_G$——发电机额定功率因数，一般 0.8～0.85。

按前边四种要求计算出柴油发电机容量后，如果 P_{G2}、P_{G3}和 P_{G4}值比 P_{G1}大的较多，则按 P_{G2}、P_{G3}或 P_{G4}的值选择发电机不经济，一般希望所选的发电机容量应尽量与发电机正常连续运转容量近似较为有利。所以会出现上述情况，是由于电动机采用直接起动方式引起的。因此，在选择发电机容量时，要具体分析，是电动机降压起动选择小容量发电机组，还是电动机直接起动选择较大容量发电机组，要进行综合技术经济比较来确定。

当需要改变电动机的起动方式，将直接起动改为降压起动时，则 P_{G2}、P_{G3}、P_{G4}分别按下式计算

$$P_{G2}=\frac{\sqrt{(P_0\cos\varphi_0+P_{m_{max}}\cos\varphi_{mn}\beta' K_i)^2+(P_0\sin\varphi_0+P_{m_{max}}\sin\varphi_{ms}\beta' K_i)^2}}{K_G} \tag{7-28}$$

$$P_{G3}=\frac{P_{m_{max}}\beta' X_d(1-\Delta V)K_i}{\Delta V} \tag{7-29}$$

$$P_{G4}=\frac{P_0\cos\varphi_0+P_{m_{max}}\beta'\cos\varphi_{ms}K_i}{\gamma\cos\varphi_G} \tag{7-30}$$

式中 K_i——起动电流系数，其值因电动机起动方式而异，见表 7-3；

表 7-3 起动系数

起动方式		起动系数		
		电压 K_U	电流 K_i	转矩 K_m
直接起动		1	1	1
星-三角方式		$\frac{1}{\sqrt{3}}$	$\frac{1}{3}$	$\frac{1}{3}$
延边三角-三角：	1∶2	0.78	0.6	0.6
	1∶1	0.71	0.5	0.5
	2∶1	0.66	0.43	0.43
自耦变压器方式	50%	0.5	0.25	0.25
	65%	0.65	0.42	0.42
	80%	0.8	0.64	0.64
电抗器方式 50%		0.5	0.5	0.25
电抗器方式 60%		0.6	0.6	0.36
	70%	0.7	0.7	0.49

由于电动机的起动转矩与电压平方成正比，为了保证生产机械的正常起动，电动机的电磁转矩必须大于生产机械的阻转矩。因此，在选择起动方式时，还应考虑起动转矩的大小，各种起动方式下，起动转矩如表 7-3 所示。

从表 7-3 可看出，从限制起动容量考虑，星-三角起动好。从既限制起动容量，又保证起动转矩考虑，采用延边三角-三角起动好。所以在选电动机的起动方式时，一方面要考虑起动容量，另一方面又要考虑起动转矩。根据上述四个条件计算的容量中，取最大者作为自起动柴油发电机组的选择容量。

7.9.3 发电机容量选择计算实例

7.9.3.1 某钢铁厂排水泵站柴油发电机

容量计算

A 负荷条件

设备负荷见表 7-4。

表 7-4 某钢铁厂排水泵的设备负荷

设备名称	容量 P (kW)	台数	电压 (kV)	效率 η	功率因数 cosφ	联结容量 有功 (kW)	联结容量 无功 (kvar)	额定电流 (A)	全电压起动电流倍数，β
雨水排水泵	430	3	3	0.92	0.691	467	489	130	5.5
污水排水泵	75	2	0.38	0.925	0.845	81	51	140	5.4
重油罐消防泵	132	1	3	0.93	0.88	192	77	31	6.5
辅助动力	10	2	0.38	0.9	0.8	11	8	21	6.0
照明	10		0.22	0.9	0.9	11	5	56	
生活水泵	2.5	2	0.38	0.85	0.85	3	2	10.5	

B 发电机容量计算和选择

(1) P_{G1}的计算（式中 K_d 取 0.9）

$$P_{G1}=\sqrt{\left(\frac{P_{er}}{\eta_{er}}+\sum_{k=1}^{n}\frac{P_{mn}}{\eta_{mn}}K_d\right)^2+\left(\frac{P_{er}}{\eta_{er}}tg\varphi_{er}+\sum_{k=1}^{n}\frac{P_{mn}}{\eta_{mn}}tg\varphi_{mn}K_d\right)^2}$$

$$=\sqrt{[11+0.9(3\times467+2\times81+142+2\times11+2\times3)]^2+[5+0.9(3\times489+2\times51+77+2\times8+2\times2)]^2}$$

$$=2175kVA$$

(2) P_{G2}的计算

$$P_{G2}=\frac{\sqrt{(P_0\cos\varphi_0+P_{m_{max}}\cos\varphi_{ms}\beta')^2+(P_0\sin\varphi_0+P_{m_{max}}\sin\varphi_{ms}\beta')^2}}{K_G}$$

$$P_0=\sqrt{[11+0.9(2\times467+2\times81+142+2\times11+2\times3)]^2+[5+0.9(2\times489+2\times51+77+2\times8+2\times2)]^2}$$

$$=\sqrt{1150^2+1064^2}$$

$$=1567kVA$$

$$\cos\varphi_0=\frac{1150}{1567}=0.734$$

$$\sin\varphi_0=\frac{1064}{1567}=0.679$$

$\cos\varphi_{ms}=0.2$ 则

$\sin\varphi_{ms}=0.98$

$$\beta'=\frac{\beta}{\eta\cos\varphi_{mn}}=\frac{5.5}{0.92\times0.691}=8.65$$

K_G 取 1.5

$$P_{G2}=\frac{\sqrt{(1567\times0.734+430\times0.2+8.65)^2+(1567\times0.679+430\times0.98\times8.65)^2}}{1.5}$$

$$=\frac{\sqrt{1894^2+4709^2}}{1.5}$$

$$=3384kVA$$

(3) P_{G3}的计算

$$P_{G3}=P_{m_{max}}\beta' X_d\frac{1-\Delta V}{\Delta V}$$

$$X_d=\frac{X'_d+X''_d}{2}=\frac{0.35+0.25}{2}$$

$$= 0.3$$

ΔV 取 0.25；

$P_{m_{max}}$ 为 430kW

$$P_{G3} = 430 \times 0.3 \times 8.65 \times \frac{1-0.25}{0.25}$$
$$= 3348\text{kVA}$$

(4) P_{G4}的计算

$$P_{G4} = \frac{P_0\cos\varphi_0 + P_{m_{max}}\beta'\cos\varphi_{ms}}{\gamma\cos\varphi_G}$$

γ 取 1.1，$\cos\varphi_G$ 取 0.85

$$P_{G4} = \frac{1567 \times 0.734 + 430 \times 8.65 \times 0.2}{1.1 \times 0.85}$$
$$= 2026\text{kVA}$$

计算结果表明，P_{G2}和 P_{G3}比 P_{G1}大的较多，按 P_{G2}和 P_{G3}选择发电机不经济，说明电动机的起动方式不当。改变电动机的起动方式，即对 430kW，3kV 电动机采用自耦变压器取 70%抽头的起动方式。

采用新的起动方式后，P_{G2}和 P_{G3}计算结果为

$$P_{G2} = \frac{\sqrt{(P_0\cos\varphi_0 + P_{m_{max}}\cos\varphi_{mn}\beta' K_i)^2 + (P_0\sin\varphi_0 + P_{m_{max}}\sin\varphi_{ms}\beta' K_i)^2}}{K_G}$$
$$= \frac{\sqrt{(1567 \times 0.734 + 430 \times 0.2 \times 8.65 \times 0.49)^2 + (1567 \times 0.679 + 430 \times 0.98 \times 8.65 \times 0.49)^2}}{1.5}$$
$$= \frac{\sqrt{1515^2 + 2850^2}}{1.5}$$
$$= 2152\text{kVA}$$

K_i 为 0.49，因采用自耦变压器抽头 70%的起动方式，其起动电流降低倍数为 0.49。

$$P_{G3} = P_{m_{max}}\beta' X_d \frac{1-\Delta V}{\Delta V} K_i$$
$$= 430 \times 8.65 \times 0.3 \times \frac{1-0.3}{0.3} \times 0.49$$
$$= 1276\text{kVA}$$

计算结果 $P_{G1}=2175\text{kVA}$，$P_{G2}=2152\text{kVA}$，$P_{G3}=1276\text{kVA}$，$P_{G4}=2026\text{kVA}$。其中 P_{G1}最大，最后选发电机容量为 2000kW、2500kVA 的柴油发电机组。

7.9.3.2 一个民用建筑物柴油发电机组容量选择计算

A 负荷条件

设备负荷见表 7-5。

表 7-5 某民用建筑设备负荷

设备名称	容量 (kW)	台数	电压 (V)	效率 η (%)	功率因数 $\cos\varphi$	起动功率因数 $\cos\varphi_s$	联结容量		全电压起动电流倍数 β
							有功 (kW)	无功 (kvar)	
排烟风机	45	1	380	92.3	0.906	0.4	48.8	22.8	6.7
喷水器	37	1	380	91.4	0.904	0.4	40.4	19.1	6.6
消防泵	15	1	380	90.7	0.892	0.4	16.5	8.36	6.5
照明	20		220		0.9		22.2	10.8	

B 发电机容量计算和选择

(1) P_{G1}的计算

$$P_{G1} = \sqrt{(22.2 + 48.8 + 40.4 + 16.5)^2 + (10.8 + 22.8 + 19.1 + 8.36)^2}$$
$$= 141.72\text{kVA}$$

在这里因设备台数较少，K_d 取 1。

(2) P_{G2}的计算

$$P_{G2} = \frac{\sqrt{(40.4 + 16.5 + 22.2 + 45 \times 0.4 \times 8)^2 + (19.1 + 8.36 + 10.8 + 45 \times 0.917 \times 8)^2}}{1.5}$$
$$= \frac{474.8}{1.5}$$
$$= 317\text{kVA}$$

$$\beta'=\frac{6.7}{0.906\times0.923}=8$$

$\cos\varphi_s$ 取 0.4；则 $\sin\varphi_s$ 为 0.917。

(3) P_{G3}的计算

$$P_{G3}=45\times8\times0.25\times\frac{1-0.25}{0.25}=270\text{kVA}$$

X_d 取 0.25；

ΔV 取 0.25。

(4) P_{G4}的计算

$$P_{G4}=\frac{40.4+16.5+22.2+45\times0.4\times8}{1.1\times0.8}=253.5\text{kVA}$$

$\cos\varphi_G$ 取 0.8。

计算结果表明 P_{G2}、P_{G3}和 P_{G4}比 P_{G1}大的较多，同前一实例一样，需要改变电动机的起动方式。对排烟机和喷水泵电动机采用星-三角起动方式。

采用星-三角起动方式后，P_{G2}、P_{G3}和 P_{G4}计算结果为

$$P_{G2}=\frac{\sqrt{(40.4+16.5+22.2+45\times0.4\times8\times0.33)^2+(19.1+8.36+10.8+45\times0.917\times8\times0.33)^2}}{1.5}=129\text{kVA}$$

$$P_{G3}=45\times8\times0.25\times\frac{1-0.25}{0.25}\times0.33=89.1\text{kVA}$$

$$P_{G4}=\frac{40.4+16.5+22.2+45\times0.4\times8\times0.33}{1.1\times0.8}=143.9\text{kVA}$$

$P_{G1}=141.2\text{kVA}$，$P_{G2}=129\text{kVA}$，$P_{G3}=89.1\text{kVA}$，$P_{G4}=143.9\text{kVA}$，其中 P_{G4}最大。选一台发电机为 160kW，200kVA 标准规格的柴油发电机组。

7.9.4　柴油机容量选择

在一般情况下，柴油发电机组由制造厂配套供应。但有时也要根据发电机的容量和规格选配驱动发电机的柴油机。在这种情况下，柴油机的选择应满足以下条件：

(1) 柴油机的转速应能保证电能的标准频率（50 或 60Hz）。对直接连接的柴油机，其转速应是：187、250、300、375、500、750、1000、1500r/min 等，当柴油机转速与上述转速不相符时，必须用变速机构和发电机连接。

(2)柴油机应有足够的功率，柴油机的功率按下式确定

$$P_{jz}=\frac{P_G\cos\varphi_G}{\eta_m\eta_G}\tag{7-31}$$

式中　P_{jz}——柴油机的功率，kW；

P_G——发电机的额定容量，kVA；

$\cos\varphi_G$——发电机的额定功率因数；

η_m——传动效率；

当用靠背轮直接连接时，取 1；

当用平皮带传动时，取 0.94～0.98；

当用三角皮带传动时，取 0.9～0.98；

当用变速齿轮时，取 0.985；

η_G——发电机的效率，由制造厂提供，也可近似地由图 7-24 查得。

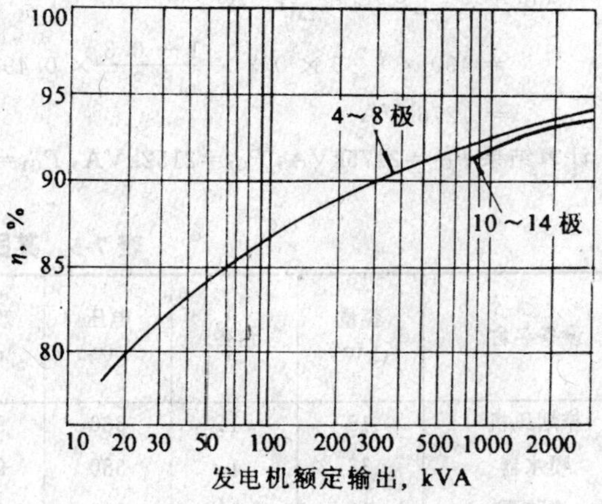

图 7-24　发电机输出容量与效率的关系

国产柴油机根据国家标准《内燃机台架性能试验方法——标准环境状况及功率、燃油消耗和机油消耗的标定》(GB1105.1—87) 的规定，内燃机在额定转速下功率的标定按其用途和使用特点可分为：连续运转 15min 的功率；连续运转 1h 的功率；连续运转 12h 的功率和长期连续运转功率四种。

陆用固定电用的柴油机通常在铭牌上标定的是 12h 连续运转功率和长期连续运转功率两种。

12h 连续运转功率为柴油机允许连续运转 12h 的最大有效功率，其中包括超过 12h 功率 10%的情况下

连续运行 1h。

持续功率为柴油机允许长期连续运行的最大有效功率，在通常情况下持续功率为 12h 功率的 90%。

柴油机的标定功率是在规定的标准环境状况下发出的功率。在国家标准《内燃机台架性能试验方法——标准环境状况及功率、燃油消耗和机油消耗的标定》(GB1105.1—87) 中规定的标准状况为：

大气压 $P=100$kPa (750mmHg)；

相对湿度 $\phi_0=30\%$

环境温度 $T_0=298$K 或 25℃；

中冷器冷却介质进口温度 $T_{CO}=298$K 或 25℃。

当柴油机运行时的环境状况与标准环境状况不符合时，其功率应按当地气象条件进行修正。修正的功率计算公式如下

$$P_x = \alpha P_0 \tag{7-32}$$

式中 P_x ——按使用地区气象条件修正后的柴油机功率，kW；

P_0——标准环境状况下的柴油机有效功率，kW；

α——功率修正系数，可参见《内燃机台架性能试验方法——标准环境状况及功率、燃油消耗和机油消耗的标定》(GB1105.1—87)。

柴油机的功率，随大气相对湿度的变化略有变化。当大气温度较高时，湿度变化影响较大，当大气温度较低时，其影响较小。

国产成套柴油机发电机组，柴油机的功率修正系数均按 100%配套。在具体条件下，如柴油机的功率降低得太多，为了运行经济，宜配较小容量的发电机。

7.10 柴油发电机的起动及供电特性

7.10.1 原动机组的起动和起动装置

柴油机最初起动时，必须依靠外力将其转动。借助于外力使柴油机起动的方式有四种：(1) 手摇起动，(2) 汽油机起动，(3) 电动机起动，(4) 压缩空气起动。由于手摇起动仅适用容量很小的柴油机，而汽油机起动又比较复杂，所以一般柴油机均使用电动机起动方式和压缩空气起动方式。下边分别叙述这两种起动方式。

7.10.1.1 *电动机起动方式*

电动机起动方式适用于中、小容量发电机组，而对高速度柴油机容量较大时也可用这种方式。

发电机组同轴有一起动直流电动机，电动机用蓄电池供电，起动时由直流电动机带动机组转动。为给直流电动机供电，要设置蓄电池及相应充电设备，蓄电池同时可作为控制电源。电池电动机以 12V 或 24V 电压为标准。而在使用直接连接的电动机也可以使用 48V、60V 等电压。蓄电池容量除供控制电源外，在完全充电状态下，应能将冷状态的原动机连续起动 6 次以上。

7.10.1.2 *气动起动方式*

一般固定式大、中型柴油发电机均用气动起动方式。

系统由空气压缩机、储气罐、压缩空气管路、起动开关和各气缸的空气分配机构等组成。

空气压缩机一般为 2 台，用以对储气罐进行充气，并由储气罐的压力来自动控制空气压缩机的运、停。储气罐被充到规定压力时，空压机自动停止；储气罐压力低到一定程度时，空压机自动起动对储气罐进行充气。

成套供应的柴油发电机组，常带有起动用的空气压缩机和储气罐，如果机组不带该项设备时，选择空气压缩机和储气罐应符合下列要求：

(1) 工作压力应能满足柴油机的最大起动压力的要求；

(2) 空气压缩机容量的选择，以两台空压机将一个空罐从零压充到额定压力时一般为 15～30min 为宜；

(3) 储气罐的容量应在储气罐额定压力下，将冷状态柴油机连续起动 7 次以上。

当储气罐没有随发电机组成套供应，而需要在工程设计中选择时，其容积按下式计算

$$V_P = \frac{ZqV_CP_0}{P_1 - P_2} \tag{7-33}$$

式中 V_P ——储气罐的容积，L；

Z——起动次数，一般取 6 次；

q——起动时空气耗量与气缸容积之比，一般取 6～9；

V_C——柴油机气缸的总容积；

P_0——大气压力，取 1；

P_1—— 最高充气压力，取柴油机最低起动压力的 1.8～2 倍。

P_2—— 由柴油机最低起动压力决定的气缸下限压力，一般为最低起动压力的 4.2 倍。

7.10.2 发电机组的起动和供电特性

以气动方式为例，说明发电机组的起动过程。

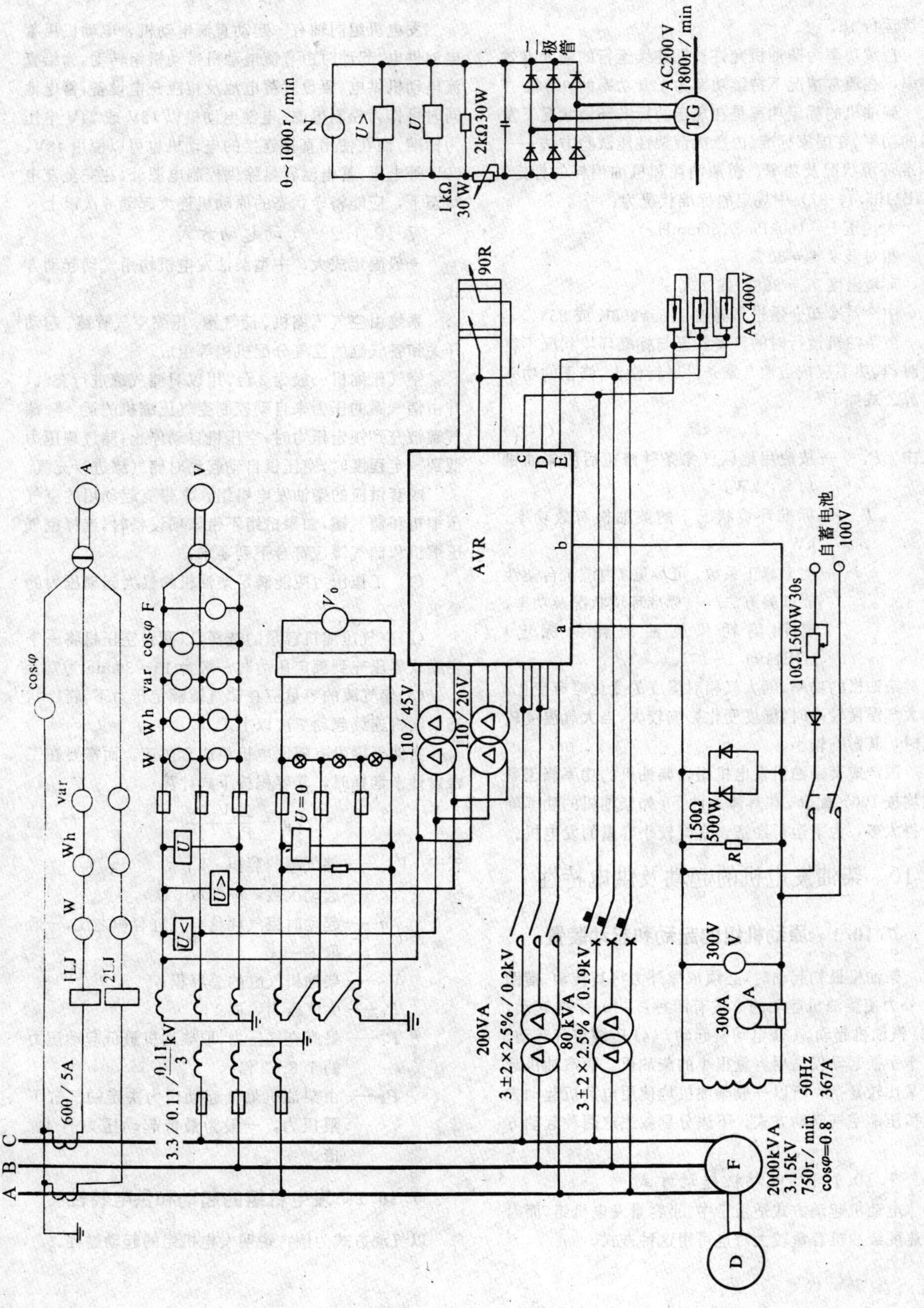

图 7-25 发电机系统结线

一般发电机的起动分手动与自动两种方式，用选择开关选择。在选择自动起动时，两路正常工作电源断电或电压过低时，起动低电压继电器把自动起动电路接通。打开柴油机起动阀门，将规定压力的压缩空气送往发动机气缸，发动机开始运转，此时称为他力运转，同时带动燃料泵（机械传动）工作，被压缩的燃料油送到燃料阀，随着转速的升高，送到燃料阀燃料油压力亦升高，当转速达到13～15%的额定转速时，送到燃料阀燃料油压力可高达27.459MPa，燃料阀开始向汽缸喷射雾化了的燃料油，在气缸高温下燃料油自燃，柴油机变他力运转为自力运转，而后断绝压缩空气。发动机转速逐渐提高，并用调速器控制达到规定的转速。

同上面柴油机起动过程同时进行的，尚有发电机的励磁过程。下面以相复励励磁方式为例说明发电机的励磁过程，系统结线如图7-25所示。励磁系统由他励部分和自励部分两部分组成，前者用于起动过程，后者用于稳定运转。他励系统电源为蓄电池，发电机一经起动，他励系统便投入运行，发电机开始建立电压。随着转速升高，发电机电压亦随之升高，其电压一般用接于测速发电机回路中的电压表和电压继电器来测量和反应。当电压达到其回路所接的低电压继电器设定值，该继电器动作，将他励回路电源开关合上，发电机获得恒定励磁，随着发电机转速继续上升，发电机发出的电压亦不断升高，当达到额定电压时，接于发电机回路电压继电器动作将自动调压系统投入工作，经过一段延时（3～30s）接通电压检测回路，同时断开他励回路，发电机在自激励磁下工作，整个系统进入正常运行。

当发电机的电压和频率符合要求后，可以向负荷供电，但由于柴油发电机此时尚处于冷机状态，热效率不高，故此时还不能输出额定功率，所以接入的负载不能很大。否则，将会导致柴油机减速，致使第一次起动失败。负荷投入量和间隔时间，取决于柴油发电机组起动及供电特性曲线。这一资料一般由设备制造厂提供。图7-26为GF-1型220kW和300kW发电机组的起动及供电特性曲线。

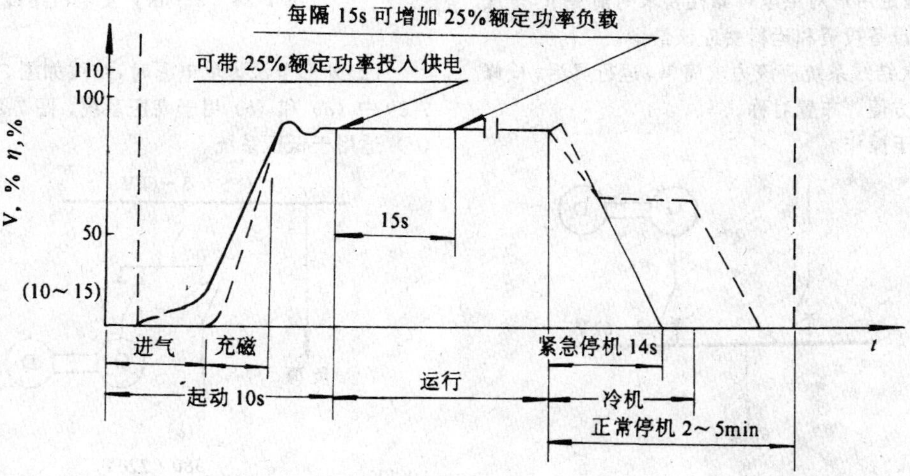

图7-26 柴油发电机组起动及供电特性曲线
（200kW、300kW应急机组）

如果第一次接入的负载过大，在50～75%额定容量范围内时，则必须加装延时机构，使发电机合闸30s后才能接入负载。给柴油机暖机时间。

GF-1型200kW、300kW机组设有三次重复起动装置。若柴油机因故第一次不能起动成功，机组能自动连续起动三次，每次起动时间6s，间隔4s。若三次柴油机起动仍不能成功或虽成功，但因主开关不能合闸，在累积时间大于26s时，起动失败，自动停机，并发出声光警报。

7.11 柴油发电机组的电压选择和结线系统

柴油发电机的电压，一般分为低压380/220V和高压3～6kV两种，高压一般采用6kV。为了简化一次结线系统，一般应以发电机电压直接向用户配电为宜。当有3～6kV高压电动机负荷时，发电机电压选3～

6kV；否则选 380/220V 低压发电机。如果必须提高电压向用户送电时，一般升压至 6～10kV。

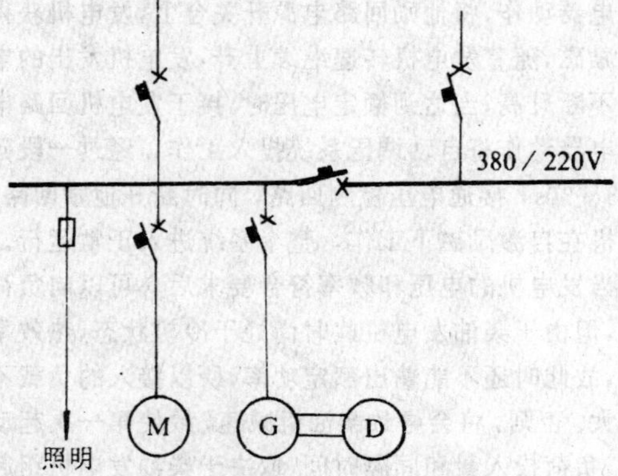

图 7-27　380/220V 发电机结线

确定柴油发电机一次结线系统时，应考虑以下基本要求：

(1)在满足用户对供电可靠性要求的前提下，一次结线系统的设备投资和运行费应该最少。

(2)一次结线系统应该力求简单，运行灵活，检修维护安全和方便，布置对称。

(3) 便于操作。

(4) 为了减少倒换操作，将外部电源故障时，应由发电机供电的负荷直接接到发电机母线。

发电机同系统的联结方式与外部电源的数量有关。一般有两种情况：

(1)外部电源为两路时，高低压发电机与系统结线分别见图 7-27 和图 7-28。

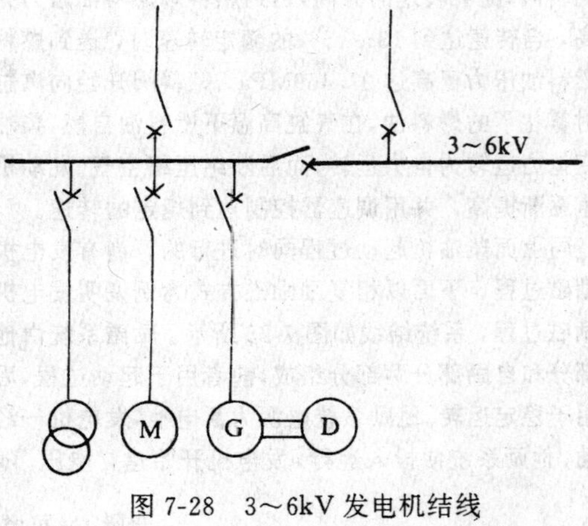

图 7-28　3～6kV 发电机结线

(2)外部电源为单电源时，结线如图 7-29 所示。图 7-29 中 (*a*) 和 (*b*) 用于高压系统，图 7-29 中 (*c*) 和 (*d*) 适用于低压系统。

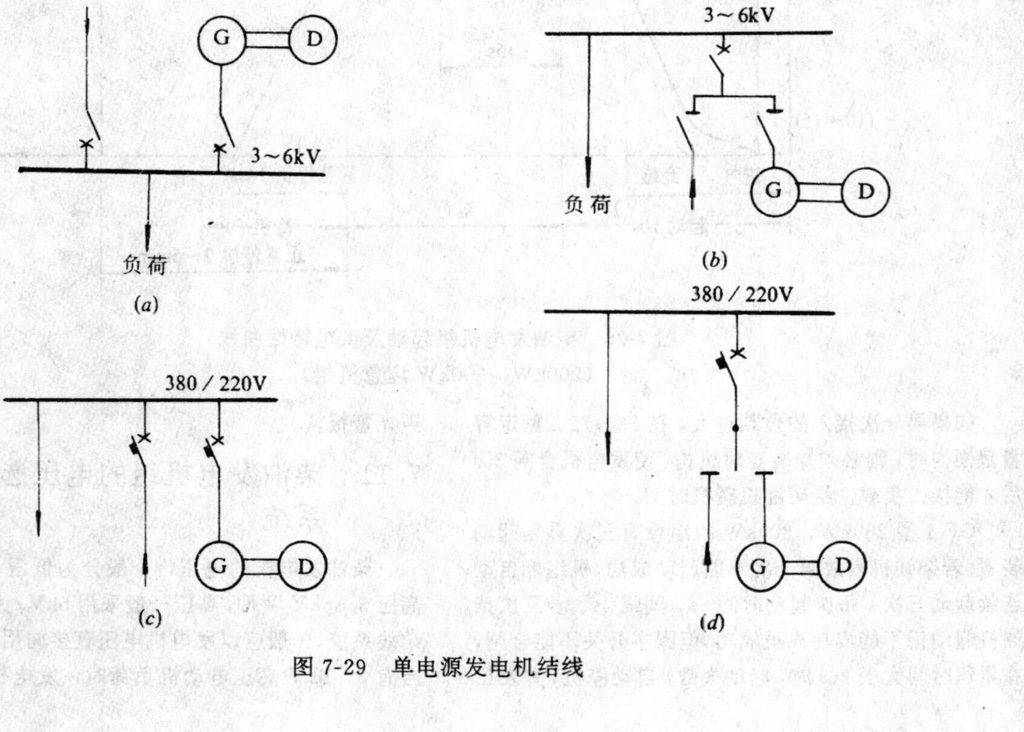

图 7-29　单电源发电机结线

在考虑发电机与系统结线时，应注意柴油发电机是作为应急电源，正常时不使用，仅在外部电源停电时使用这一情况。所以在有两路外部电源的系统，当一路电源停电时，首先应考虑两路外部电源倒换，当两路外部电源全停电时，才考虑起动柴油发电机。一次结线要满足这一要求，二次接线亦要适应这一要求。

7.12 柴油发电机的继电保护和励磁装置

7.12.1 柴油发电机的继电保护

对于高压柴油发电机，其继电保护的设置和整定应符合有关继电保护规程，并参考本手册第15章。这里只介绍低压发电机保护情况。

一般低压柴油发电机采用自动空气开关作为发电机的短路、过负荷和低电压保护。

A 短路保护

采用自动空气开关内的瞬时电流脱扣器作为发电机的短路保护。瞬动电流按8～10倍发电机额定电流整定，由于低压发电机内部短路的可能性较小，可以不考虑保护措施。所设的短路保护只对配电装置、线路和用电设备短路，危及发电机安全运行而起保护作用。

B 过负荷保护

发电机具有一定的过载能力，并呈反时限特性。因此采用GL型反时限电流继电器，三相式接线，组成过负荷保护装置动作于跳闸。由于保护整定值小，故其动作时限必须大于最大电动机或多台电动机同时起动的时间，才能保证保护装置的选择性。

GL型电流继电器的整定值I_{dzj}按下式计算

$$I_{dzj}=\frac{K_k I_e}{K_f K_{LH}} \tag{7-34}$$

式中 K_k——可靠系数，一般取1.5；

I_e——发电机的额定电流；

K_f——返回系数，为0.85；

K_{LH}——电流互感器的变化。

由于全压起动的大电机约在7s内才能起动完毕，过电流继电器的动作时间应大于10s，一般为10～15s（按10倍动作电流整定）。

300kW以下机组的自动空气开关还装设热保护。

C 低电压保护

自动空气开关内装有失压脱扣线圈，当其电压低于40%额定电压时，应立即可靠脱扣。

7.12.2 柴油发电机的励磁装置

励磁装置是发电机的重要组成部分之一，发电机工作的可靠性、稳定性和电能质量，在很大程度上取决于发电机励磁系统的性能和运行的可靠性。对发电机励磁系统的一般要求是线路简单、工作可靠，满足发电机运行稳定和电能质量的要求。GF-1型柴油发电机组，400kW以下的机组一般采用相复励励磁；500kW以上的机组一般采用无刷励磁。

7.12.2.1 相复励励磁装置

图7-30是相复励控制屏的电气原理图，图中虚线框内的PTD-1是相复励电压调节装置。相复励励磁装

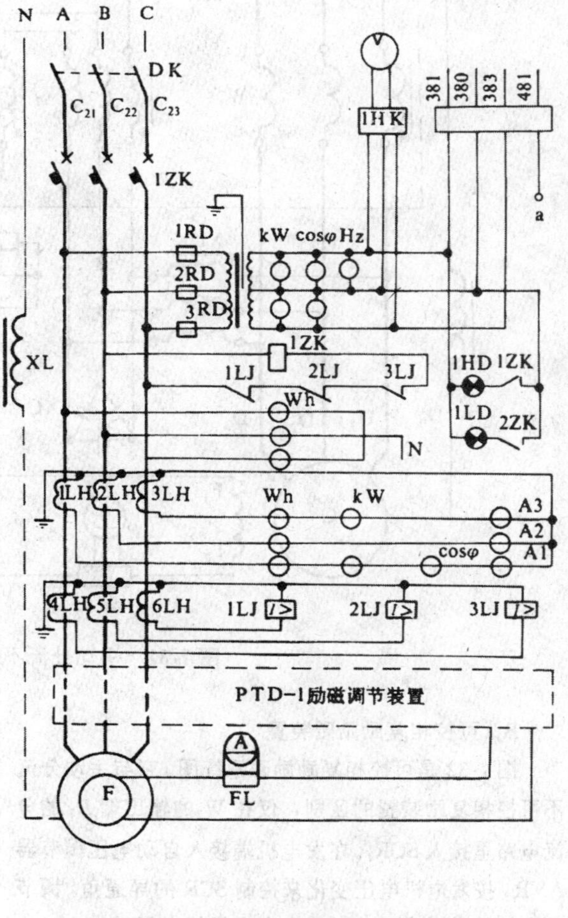

图7-30 相复励控制屏电气原理图

置又可分为手动分流不可控相复励励磁装置和可控相复励励磁装置。

A 手动分流不可控相复励励磁装置

图 7-31 是手动分流不可控相复励装置的系统图，图中 BXF 为相复励变压器，共有四个绕组。W_1 是一次绕组、W_2 是二次绕组、W_3 是电流绕组、W_4 是曲折绕组。除 W_3 外，其余各绕组均有抽头。XDK 为具有抽头和可调气隙的三相电抗器。改变它的气隙和抽头可调节电机的电压调整率。GZ 为三相桥式整流，它是将相复励变压器二次绕组 W_2 的输出电流整流后供给发电机励磁电流。XC 为谐振电容器，采用交流金属膜电容器接成三角形，与三相电抗器 XDK 配合减少励磁回路阻抗，保证发电机可靠起励，在正常运转时，能起温度补偿作用。

R_3、Z_1、Z_2 组成二相桥式整流线路，并联在相复励变压器输出绕组 W_2 的输出端，改变 R_3 的阻值，使发电机空载时能在额定值±5%范围内任意整定。

R_1、C_1 回路，作为三相桥式整流输出侧的过电压保护。Q_A、Z_3 和 R_2 是发电机的起励操作机构。当发电机长期存放或长久没有运行，而剩磁不足或无剩磁时，起励操作机构可通过外接 24V 及以下直流电源，对发电机进行充磁。

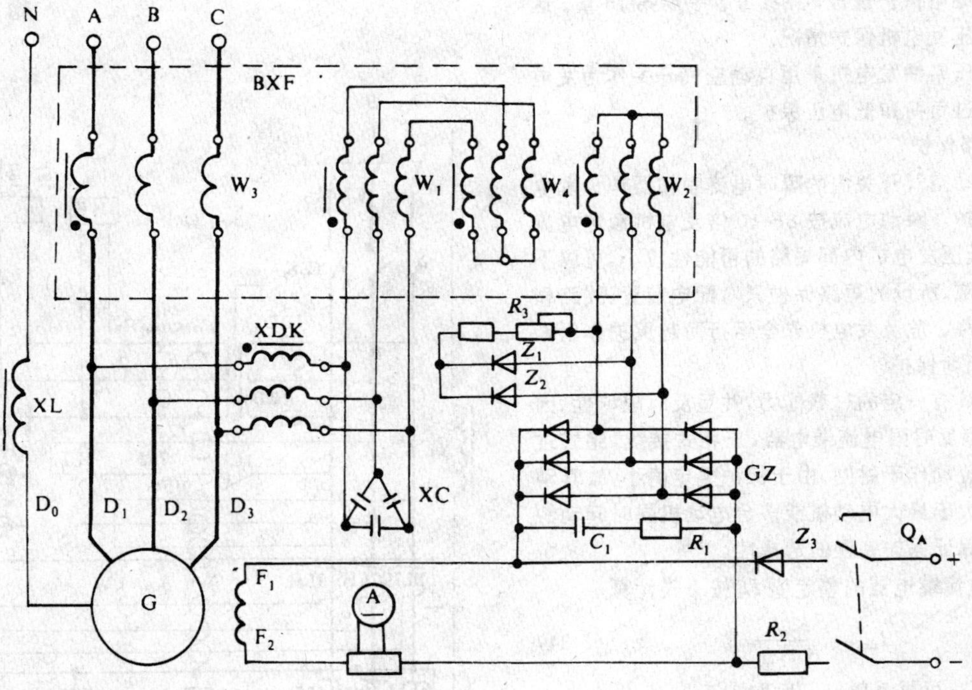

图 7-31 手动分流不可控相复励励磁系统图

B 可控相复励励磁装置

图 7-32 是可控相复励励磁系统图。它与手动分流不可控相复励装置的区别，仅在 W_2 的输出端 R_3 的分流电路里接入 SCR_1。在发电机端接入自动电压调节器 AVR，按发电机电压变化来控制 SCR 的导通角，调节发电机的励磁电压，以稳定发电机的电压。

7.12.2.2 无刷励磁装置

交流发电机过去一般应用直流发电机作为励磁机。由于直流发电机有转动的整流子和固定的碳刷，它的寿命短，运行的可靠性不够高。近年来，开始采用交流发电机，经三相桥式硅整流供给发电机的励磁电流，称为发电机无刷励磁。

图 7-33 是柴油发电机无刷励磁控制屏的电气原理图。它的控制、测量和保护接线与图 7-30 中相复励

控制原理图相同。它的励磁部分如图 7-33 的下面部分所示。励磁交流发电机 LF 有两个励磁绕组。空载时，由励磁发电机 LF 的励磁绕组 L_1L_2 调节。励磁电流的调节方法是由自动电压调节器 AVR 的输入端 1 和 2，晶闸管 SCR_1 的控制极 1 和 SCR_2 的 2，当电机端电压发生偏差时，AVR 控制晶闸管 SCR_1 和 SCR_2 的导通角，从而达到改变 L_1L_2 绕组中的励磁电流，使发电机 F 的端电压保持额定值。

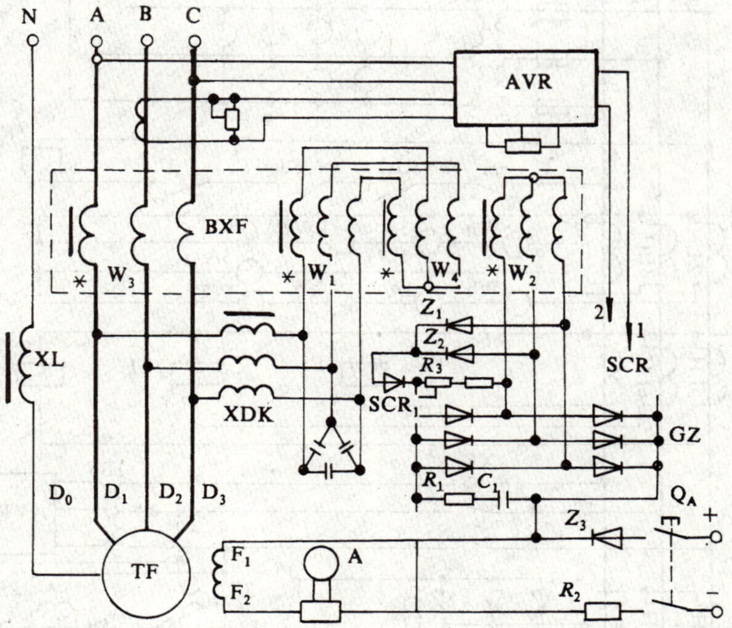

图 7-32 可控相复励励磁系统图

负载时，由于负载电流变化引起发电机端电压变化，此时由电流互感器 1BH～3BH 二次侧的电流经三相桥式整流后加在励磁发电机 LF 的励磁绕组 L_3L_4 上，使发电机 F 的励磁电流随负载电流的变化而变化。

由按钮 QA、二极管 Z 和蓄电池组成发电机的起励环节。蓄电池由 3B 和单相整流桥进行浮充电。

7.13 柴油机的燃油和燃油供给系统

燃油的选择，一般应按柴油机制造厂说明书的规定。国产柴油机使用的燃油有轻柴油、重柴油和重油。

轻柴油按其凝点可分为 10 号、0 号、－10 号、－20 号、－35号五种牌号。其使用的地域如下：

(1) 10 号柴油，适用于全国各地夏季使用；

(2) 0 号柴油，适用于全国各地 4～9 月份使用，长江以南地区冬季也可使用；

(3) －10 号柴油，适用于长城以南地区冬季和长江以南地区严冬使用；

(4) －20 号柴油，适用于长城以北地区冬季和长城以南地区、黄河以北地区严冬使用；

(5) －35 号柴油，适用于东北和西北地区严冬使用。

若是室内放置柴油发电机，应考虑冬季采暖特点来选择轻柴油牌号。

轻柴油适用于高速柴油机。

重柴油按凝点分 10 号、20 号、30 号三个牌号。其使用范围如下：

(1) 10 号重柴油，适用于 500～1000r/min 中速柴油机；

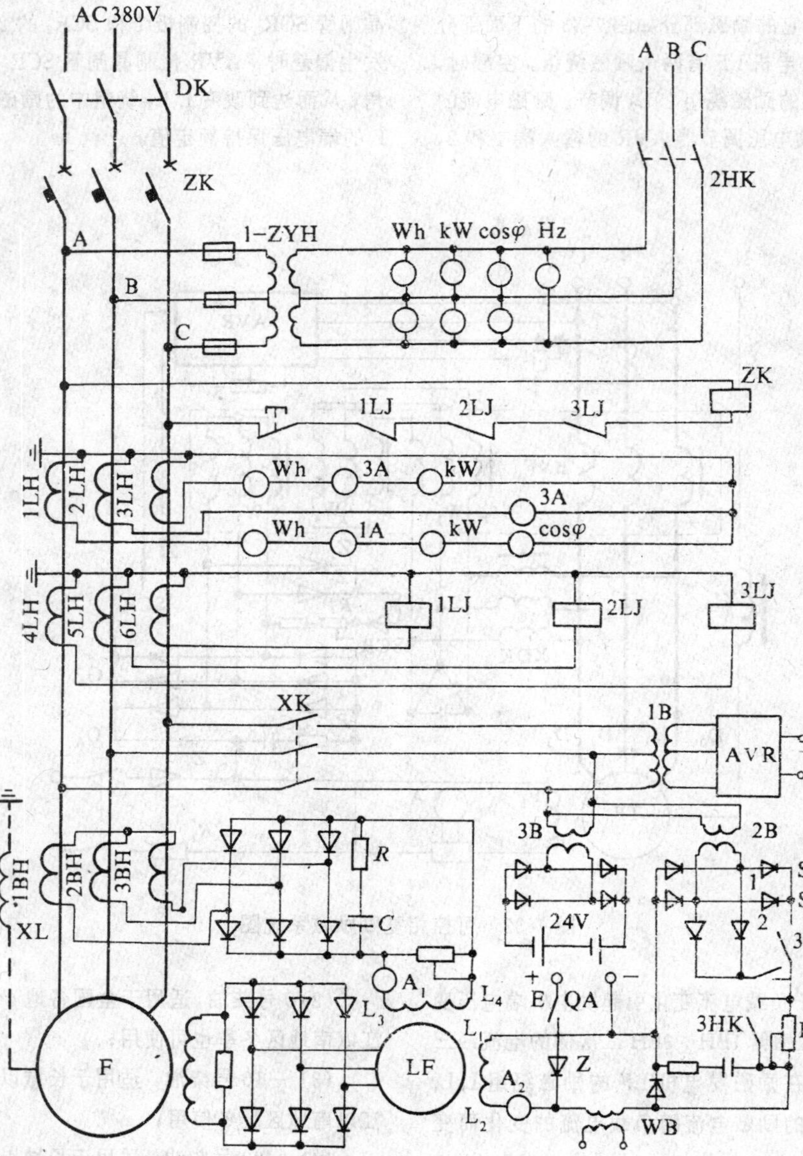

图 7-33 无刷励磁控制电气原理图

(2) 20 号重柴油，适用于 300～700r/min 中速柴油机；

(3) 30 号重柴油，适用于 300r/min 以下低速柴油机。

重柴油按 80℃时的运动粘度分为 20 号、60 号、100 号、200 号四个牌号，一般适用于大型低速柴油机。

柴油机的燃油消耗率，一般采用制造厂提供的在标定功率时的燃油消耗率，否则，也可参考表 7-6 来计算。

表 7-6 常用的柴油机燃油消耗量

柴油机系列型号	160 型	250 型	350 型
燃油种类	轻柴油	①	②
燃油消耗量 (g/kW·h)	241±5%	235	230±5%

①指标准热值为 41868kJ/kg 的燃油。

②指高热值为 45427kJ/kg 的燃油。

燃料油供给系统的作用是按照柴油机工作过程的需要，定时地向柴油机燃烧室内喷入一定数量的雾化柴油后，与空气形成均匀的可燃混合气。

燃料油供给系统由油库（或油缸）、电动油泵、日用油箱、油过滤器、机动给油泵、喷油阀和输油管等组成。其中油库按贮存5～10天耗油量考虑。日用油箱一般随机供应，如需自行设置一般按油机运行4～8h考虑。

7.14 柴油机的润滑系统

柴油机润滑系统的任务是保证柴油机在高温条件下运行的润滑性能，减少摩擦，降低机件的磨损，同时担负着散热、防护机件不受腐蚀等任务。

润滑系统由润滑油箱、润滑油泵、过滤器、管道、阀门和润滑油冷却器等组成，一般由制造厂随机供应。当自行设计润滑系统时，应注意以下几点：

(1)一般中小型柴油机本体带有手摇润滑油泵，大型柴油机采用独立泵，供起动前注油。

(2)在具有自起动和要求较高的柴油机电站中，润滑油管道上可装声光信号及联锁装置。

(3) 一般按20～30天消耗量设置润滑油贮存设备。

常用的柴油机润滑油有以下几种：

柴油机润滑油分8号、11号、14号三种牌号，适用于高速柴油机。

低速柴油机润滑油适用于低速柴油机。

车用机油根据100℃时运动粘度分为三个牌号：6号车用机油适用于冬季柴油机润滑用；10号车用机油适用于夏季及冬季柴油机润滑用；15号车用机油适用于夏季柴油机润滑用。

常用柴油机的润滑油消耗量见表7-7。

表7-7 常用柴油机的润滑油消耗量

柴油机系列型号	160型	250型	350型
润滑油种类	柴油机油	柴油机油	
润滑油消耗量（g/kW·h）	4.7	＜4	＜5.36

7.15 柴油机的冷却系统

7.15.1 柴油机的冷却方式

柴油机的冷却方式按冷却介质来分有水冷和空冷两种。水冷方式用外来的冷却水，冷却柴油机各部位；空冷方式用柴油机曲轴直接驱动的风扇来冷却。空冷仅用于中小容量机组，现在只有个别情况才使用。一般均采用水冷方式。

水冷方式按水的循环方式可分为：冷却器方式；直流式方式；水箱循环方式；冷却水塔方式。

7.15.2 柴油机冷却水消耗量及对水质的要求

冷却水消耗量主要取决于柴油机的出水和进水温差，这两个数据由制造厂家来规定。在缺少厂家的规定数据时，用水量可按表7-8进行估算。表7-8所列指标是采用直冷式冷却系统的单位耗水量。

表7-8 用水量估算表

项目	冷却水温差 Δt（℃）			
	10	15	20	25
耗水量（t/kW·h）	0.082	0.054	0.041	0.033

如采用循环式冷却系统，则冷却水消耗量仅为直冷式耗水量的一部分。估算补充用水量时，可由表7-8查出的数据按下述指标估算：

冷却塔——为直流供水系统耗水量的4～5%；

水箱循环式——为直流供水系统耗水量的1～2%。

冷却水质对柴油机的运行和使用寿命有很大影响。冷却水质不良，将引起气缸套沉积水垢和污秽物，恶化汽缸壁的导热性能，降低冷却效果，使柴油机受热不均，气缸壁温升高，以至破裂。

对冷却水质量的一般要求为：

(1) 没有游离的矿物质及有机酸；

(2) 有机物含量不大于25mg/L；

(3) 浮悬物含量不大于25mg/L；

(4) 暂时硬度不大于10°；

(5) 含油量不大于5mg/L。

冷却水的质量指标不符合要求时，就应考虑水的净化和软化处理。

7.16 柴油机的进气及增压和排气系统

柴油机工作时，需要新鲜空气，将新鲜空气送入柴油机气缸内，需要通过进气管、空气过滤器和气缸盖中的进气道，以上称之为进气系统。

增压系统就是把进入气缸内的空气预先压缩一下，使它的体积缩小，然后再进入气缸内，这样，就可使同样的气缸工作容积多充进一定数量的空气，喷入气缸内的燃油也随之增加，从而使柴油机输出的有效功率增加。

柴油机工作时，废气从排气管中一股股地排出，而且声音较大，影响工作环境。所以在排气管道中安装消音器。它的原理是减少废气的流动速度和降低排气的温度以减弱排气响声。

7.17 柴油发电机组的设备配置

7.17.1 机组位置的确定

确定柴油发电机组的位置，一般应考虑下面几个因素：

(1)靠近负荷中心。发电机组应尽可能靠近负荷中心，以减少电力网络的电能损耗，提高机组运行经济性。

用于水系统的柴油发电机一般与水泵站毗连；用于高层建筑物的柴油发电机，应靠近其变、配电所，一般不宜设在大型民用建筑物的主体建筑内，如受其条件限制必须布置在其内时，可设置在地下室设备层内；用于分散的电力负荷的公用柴油发电机组，应设在负荷类别高的用电负荷处，以便确保重要负荷用电。

(2)交通运输方便。发电机组位置朝向应考虑设备和燃料的运输和装卸条件。机组的位置地点和主要燃料场地之间须有良好的运输通道。

(3)要防止对其它设施的烟雾干扰和噪音干扰。

(4)要满足其附属设置对邻近建筑物的安全距离。辅助设施中的油库，不应靠近有爆炸危险的车间、仓库和空气污秽地区。对邻近建筑物的安全距离应符合有关安全防火规范要求。

7.17.2 发电机组设备的配置

柴油发电机组包括主机、燃油供给系统、冷却水系统、润滑系统、起动系统、进排气系统和相应的电气设备。这些系统和相应设备大部分配置在柴油发电机室内。设备配置的原则是保证机组运行可靠，维护检修方便，在经济上投资和运行费用最省。

7.17.2.1 机组的配置

机组最好按单行并列配置，当为一台机组时，也可顺厂房纵轴排列，油机侧距墙一般要有1.5～2.0m，发电机侧要考虑抽芯检修，应考虑有足够检修和安装的场地。

7.17.2.2 柴油机辅助设备的配置

辅助设备应尽可能集中配置。一般是安装在机头一端或厂房的固定端，便于操作，也不影响扩建。

燃油的工作油箱，要有足够的高度，保证燃油能克服管道阻力流进柴油机的输送油泵，一般油箱底面高出厂房地面约2.5～4m。

压力水箱也应有适当高度。水箱高出柴油机出水口须根据机组不同类型而定。一般在3～10m之间。冷却水泵应保证吸水的可能，通常应使水池的最低水位高于水泵轴中心高度。

空压机和储气缸及润滑系统设备，应尽量靠近柴油机。

消声器装在室外，一般距墙约0.8～1.2m，自消声器引出的排气管，一般高出屋檐不少于0.75m，保证有一定的防水距离。

空气滤尘器，应尽可能装在能吸入清洁、干燥空气的地方。

厂房内根据机组的情况，可装设手动或电动起重设备。

7.17.2.3 电气设备的配置

配电装置和控制屏配置的地点应使电缆敷设最短，联系和操作方便。

7.17.2.4 对厂房建筑的要求

设备基础不应与厂房基础相连，防止由于机组的震动而使厂房结构受到损坏。厂房应有足够的高度，保证能在机组上部吊出活塞和连杆机构。厂房大门的宽度和高度，应能保证机组的最大部件通过。

需要进行操作和维护的地方，要有充足的采光和照明。

7.17.3 常用机组的一般配置尺寸

在确定机组的位置、机组与机组的距离、机组与墙壁及屋架之间的距离时，可按照上节的一般配置要求，最主要是考虑到最低限度的通路及操作与检修方便。常用机组的一般配置尺寸，见图7-34和表7-9。图7-35是一台200kW柴油发电机布置图。

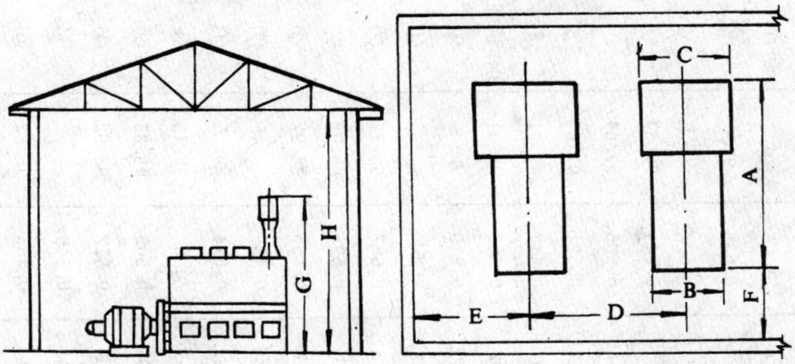

图 7-34 机组配置尺寸图

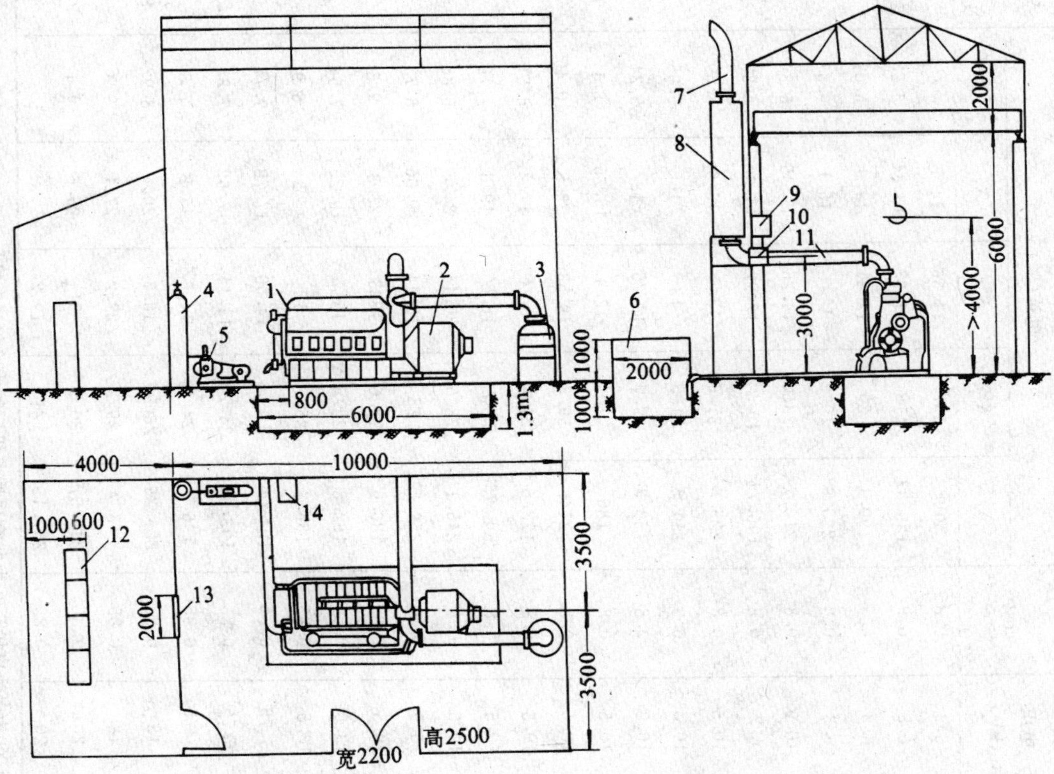

图 7-35 一台 200kW 柴油发电机组布置图

1—柴油机；2—发电机；3—空气过滤器；4—空气瓶；
5—空压机；6—水池；7—出气烟囱；8—排气消声器；
9—柴油箱；10—水箱；11—排气管；12—控制仪表屏；
13—双层玻璃窗

附表 7-1 汽轮发电机技术性能表

型号	容量 (MW)	电压 (kV)	$\cos\varphi$	电抗(%)					飞轮惯量 GD^2 ($t\cdot m^2$)	T_{do} (s)	K_{DL}	效率 (%)	备注
				X_d	X'_d	X''_d	X_2	X_0					
TQC-5466/2	6	6.3	0.8	209	18.2	11.56	14.1	7		7.15		96.4	①
QF_2-12-2	12	6.3	0.8	159.83	18	11.33	13.84	6.23		8.18	0.47	97	①
QF_2-12-2	12	6.3	0.8	190.1	20	12.21	14.9	6.37	1.8	9	0.636	97.6	③
TQC-5674/2	12	6.3	0.8	229.9	19.2	12.4	15.1	6.57		10		97.1	②
QF_2-12-2	12	10.5	0.8	212.7	23.2	14.26	17.35	6.84	1.8	9	0.544	97.64	③
QF_2-25-2	25	6.3	0.8	190.72	19.72	12.22	14.92	6.37	4.94	11.585	0.606	97.64	①
QF_2-25-2	25	10.5	0.8	225.6	21.6	13.6	16.6	8.69	4	11.2	0.521	97.63	③
TQ-25-2	25	10.5	0.8	211.5	21.5	13	16	5.96	4.94	10	0.547	97.61	④
SQF-50-2	50	10.5	0.8	163.3	19.7	14.75	18	5.24	5.32	6.92	0.683	98.31	③作调相机
QFQ-50-2	50	10.5	0.8	186	20	12.4	15.25	8.1	11.22	11.22	0.619	98.5	④
QFS-50-2	50	10.5	0.8	214	39.3	19.53	23.8	10.45	5.7	4.22	0.51		④
QFS-50-2	50	10.5	0.8	173.6	21.6	14.1	17.2	6.51	5	6.32	0.657	98.17	②
QFS-60-2	60	10.5	0.8	208.75	25.75	16.25	19.8	7.76	5	6.3	0.535	98.09	②
SQF-75-2	75	10.5	0.8	245.1	28.5	20.14	24.5	6.88	5.32	9.52	0.456	98.22	③
QFQ-75-2	75	10.5	0.85	257.5	28	16.44	20.06	8.75		11.86	0.459		⑤
TQN-100-2	100	10.5	0.85	180.6	28.6	1833	22.3	9.2	13	6.2	0.614	98.7	④
SQF-100-2	100	13.8	0.85	162.8	22.8	15.7	19.25	7.54	8.22	6.93	0.6	98.13	③
QFS-125-2	125	13.8	0.85	186.7	25.7	18	22	6.9	14.2	6.9	0.565	98.35	②
QFQS-200-2	200	15.75	0.85	194.06	24.56	14.56	17.78	7.77	23	7.68	0.572	98.62	④
QFQS-200-2	200	15.75	0.85	193.84	24.23	14.14	17.62	7.85		6.4	0.546		⑤
QFS-200-2	200	15.75	0.85	196.2	24.6	14.6	17.8	7.8	23	7.4	0.563	98.32	⑤
QFS-300-2	300	18	0.85	226.39	26.89	16.7	20.4	8.92	8.375	8.375	0.469	98.61	②
QFNSS-300-2	300	18	0.85	243.7	29.2	22.2	27.1	9.8		10.55	0.453		④
QFNSS-600-2	600	20	0.9	249.51	30.5	21	25.6	9.4		8.3	0.44		④
QFS-600-2	600	20	0.85	257.15	31	19.2			49.2		0.45		②

注：备注中①为南京电机厂②为上海电机厂③为北京重型电机厂④为哈尔滨电机厂⑤为东方电机厂。

表 7-9 常用机组的一般配置尺寸

序号	项目	柴油机型号						
		6350	8250	6250	4250	8160	6160	4160
1	机组基础全长 *A*	8000	5635	4970	3840	4200	3500	3000
2	机组基础宽度 *B*	3300	1600	1400	1400	1600	1600	1600
3	发电机基础宽度 *C*	3300	2000	2000	2000	1600	1600	1600
4	机组与机组中心线间距 *D*	6000	4000	4000	4000	3500	3500	3500
5	机组中心线与厂房侧墙间距 *E*	4000～4500	3000～3500	3000～3500	3000～3500	2000～2500	2000	2000
6	机组基础前端与厂房前墙间距 *F*	2000～2500	2000～2500	2000～2500	2000～2500	1600～2000	1600～2000	1600～2000
7	机组活塞连杆机构吊出全高 *G*							
8	厂房地面距房架下弦的高度 *H*	7000	5500～6000	5500～6000	5500～6000	5000	5000	5000

附录 7.1 汽轮发电机技术性能

汽轮发电机技术性能见附表 7-1。

参考文献

[1] 东北电业管理局调度局编，电力系统运行操作和计算，水利电力出版社，1974.

[2]东北电力设计院西北电力设计院编，电力工程设计手册（第二册），上海人民出版社，1973.

[3]机械工程手册 电机工程手册编辑委员会编，电机工程手册（第 3 卷），机械工业出版社，1982.

[4] 木村勝美，大水操，非常用予備発電装置の設計、施工，“OHM”，1983.7.

第8章

电 弧 炉 供 电

8.1 普通功率电弧炉

8.1.1 生产特点

电弧炉用电量很大，其变压器容量从数兆伏安到数十兆伏安。

电弧炉冶炼一炉钢要经过熔化期、氧化期和还原期三个阶段。熔化期所需的电功率最大，氧化期和还原期所需功率显著降低。以容量为25t配用9000kVA变压器的普通功率电弧炉为例，负荷变化如图8-1所示，熔化期耗电量占总耗电量的64.5%，氧化期占15.1%，还原期占20.4%。有功功率在熔化期为最大，其次是氧化期，还原期为最小。

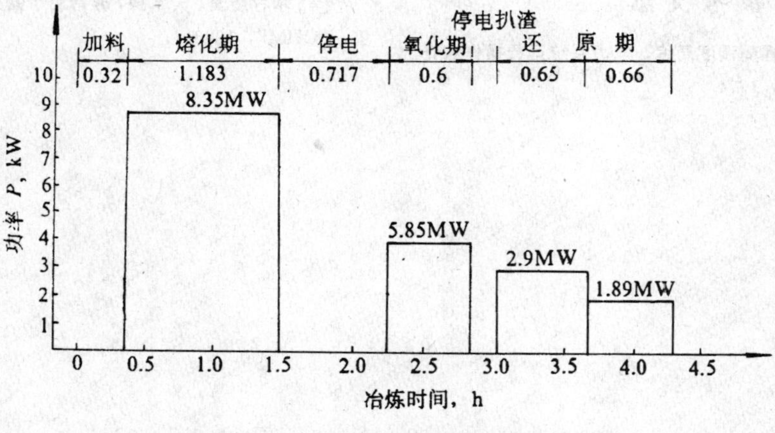

图8-1 9MVA电弧炉变压器在冶炼期间的负荷图

在熔化期内，不仅耗电量和有功功率最大，而且无功功率及其波动也最大。这是因为下降电极起弧和"打井"期间炉料崩塌会使电极接触废钢而造成短路(称为工作短路)，其后快速提升电极又可能拉断电弧而造成断路，产生很大的冲击电流，而且多数是三相不对称的。

在冶炼过程中，由于电磁力和炉内气流的作用以及钢液和炉渣的流动，会使电弧放电的路径不断变化和弧隙电离程度不断变化，从而引起电弧电流不断地变化。

电弧炉每炼一炉钢需要通断电操作多次，据国外统计电弧炉每年平均通断电操作次数，对具有多级电压的无励磁电动调压变压器的电弧炉，高达2.5～3万次，对只有两个电压级段的小型变压器的电弧炉，达

5～6千次以上。

电弧炉变压器要定期检修，小修一年两次；大修应在开始运行后隔一年进行一次，以后每隔五年进行一次。

归纳起来电弧炉的生产特点是：

(1) 耗电量大；

(2) 负荷电流变化大、急剧、频繁而无规则；

(3) 三相负荷变化不对称；

(4) 电弧炉属于非线性负荷，是高次谐波源。

电弧炉主要通电设备有：电极、短网、变压器、电抗器（大型电弧炉无）和供配电装置。这些设备均在重负荷和恶劣环境下运行。

8.1.2 变压器参数

电弧炉变压器额定容量，是以变压器二次侧最高电压和二次侧额定电流来计算的。

电弧炉变压器型式容量，是根据变压器的材料消耗折算成三相双线圈电力变压器的相当容量。

电弧炉变压器额定电流，是变压器二次侧最高电压时的最大工作电流。在较低二次侧电压工作时，其额定电流保持不变，即恒电流输出。

电弧炉变压器阻抗电压相对值，是指变压器二次侧最高的电压时的阻抗值。通常在6～11%的范围内，随变压器容量减小阻抗增大。

电弧炉变压器空载电流，通常在1.5～10%范围内，其上限相当于小容量变压器。而且三相空载电流不平衡，边相比中间相大些，其差值为15～20%。

电弧炉变压器过载能力，在熔化期内通常允许过载20%运行。过载时间为：

冶炼周期 T	允许过载持续时间
$T<4.5$h	55%T
$T>4.5$h	2.5h

电弧炉变压器线圈联结组，小容量（5500kVA及以下）内附电抗器的变压器为D或Y，d0-11；35kV电弧炉变压器为D，d0或Y，d11；110kV电弧炉变压器为YN，d11。

电弧炉变压器允许过励倍数105%，必要时可要求U（%）$=110-5K^2$〔当电流为额定电流的K（$0\leqslant K\leqslant 1$）倍时〕。但应在订货时指明。

电弧炉变压器调压方式，为了调节变压器二次电压，需改变变压器一次线圈联结如三角-星形变换和改变线圈抽头来实现。小容量变压器采用无励磁调压方式，大容量变压器采用有载调压方式。

电弧炉变压器效率，中小容量变压器约为95～98%，大容量变压器为99%。变压器铭牌上的效率，是指在额定电流和一定的功率因数（通常为$\cos\varphi\geqslant 0.8$）条件下的效率。效率随着功率因数减小而降低，完全短路时为零。

8.1.3 短网设计要求

普通功率电弧炉短网设计要求有：

(1)短网是在低电压大电流的条件下工作，普通功率电弧炉在10t以下短网电压为48～260V，短网电流为1.9～12.2kA；在10t以上短网电压为140～480V，短网电流为17～38kA。由于电流大，在导体和周围的铁件中引起的电损耗也大，同时在电极工作短路时产生很大电动力，因此要求短网结构牢固而且必须用铜材。

(2)短网长度应尽量缩短。整个短网长度，大型电弧炉不超过20m，小型电弧炉为10m左右。

(3)为了使电损耗最小，效率最高，为了三相电动力平衡，得到较高的功率因数和节省有色金属，必须使短网阻抗最小，三相阻抗平衡而且维修简单。

要减小短网阻抗，首先要减小短网电抗，正确短网设计应使阻抗在（2～4）$\times10^{-3}\Omega$范围内，短网电抗约为电阻的3～7倍。炉子越大这个倍数越高。

应该注意短网阻抗是电弧炉主电路总阻抗的一部分，通常规定电弧炉总阻抗不得小于30%（以变压器容量为基准）。对于小型电弧炉因总阻抗满足不了要求，尚需要加装电抗器，因此就不需要减少短网的阻抗。

不同容量电弧炉的短网阻抗参数见表8-1。

表8-1 不同容量电炉的短网阻抗参数

炉容 (t)	变压器容量 (MVA)	电阻 r_d (mΩ)	电抗 X_d (mΩ)
0.5	0.65		
1.5	1.25	2.25～3.5	18.3～20
2	2.2	1.46	9.14
5	3.2	1.15～1.25	4.83～5.85
10	5.5	1.0～1.2	4.6
20	9.0	0.82～0.9	3.0～4.14

(4)短网温度高又处于多灰尘环境，为了提高导体

表 8-2 普通功率炼钢电弧炉系列主要参数

电炉额定容量 (t)	0.5	1.5	3	5	10	20	30	50	75	100
变压器额定容量 (MVA)	0.65	1.25	2.2	3.2	5.5	9	12.5	18	25	32
变压器型式容量 (MVA)	1.0	1.8	3.0	4.2	7.2	13	20	30	40	50
一次电压 (kV)	10 或 6					35	35 或 110			
二次电压及调压级数 (V)	200	210	220	240	260	300～140 12 级以上	340～150 12 级以上	380～160 12 级以上	430～170 12 级以上	480～180 12 级以上
	170	180	190	210	240					
	116	121	127	139	210					
	98	104	110	121	139					
额定工作电流 (kA)	1.88	3.44	5.78	7.71	12.21	17.31	21.21	27.38	33.6	38.53
调压方式	无励磁电动调压					有载调压				
变压器联结组标号	D 或 Y,d0-11					D,d0;Y,d11;YN,d11				
变压器阻抗电压 (%)	10～11 (24～28)	9～10 (22～26)	8～9 (18～22)	7～9 (16～20)	7～8(10 或 35kV) 8.5～9.5(110kV)			6～7(35kV) 7.5～8.5(110kV)		
电抗器安装形式	内附					外附				
电抗器额定容量 (kvar)	120	200	250	320	350	400				
电抗器感抗 (%)	18.5	16	11.4	10	6.4	4.4				
短网感抗,不小于 (%)	5	8	12	15	20	26	28	32	35	38
主电路总阻抗 (不小于) (%)	33.5～34.5	33～34	31.4～32.4	32～33	33.4～34.4 34.9～35.9	37.4～38.4 38.9～39.9	35～36 36.5～37.5	38～39 39.5～41.5	41～42 42.5～43.5	44～45 45.5～46.5
熔化期平均功率因数	>0.9	>0.9	>0.9	0.9	0.85	0.82	0.81	0.8		

注:1. 变压器阻抗电压栏中,未加括号的数值是指内附电抗器时的参数。加括号的是指电炉变压器采用改变漏抗组获得的参数。不另附电抗器。

2. 主电路总阻抗栏中,10t 以上电炉的上面一格是指 35kV 级电压的参数,下面一格是指 110kV 级电压的参数。

3. 电抗器感抗。短网感抗及主电路总阻抗的相对值。均以变压器额定容量为基准值。

4. 变压器参数(容量等级、电压、阻抗)与国标《电弧炉变压器》(1987 年报批稿)有些出入,尚未统一。

的经济电流密度，必须采用冷却措施。

(5)短网导体的经济电流密度要求：短网的硬铜矩形母线，宽与厚比为10～20，电流密度为1.2～1.6A/mm^2；特制水内冷式电缆或裸铜电缆套橡皮管通水冷却的，电流密度为2.8～3.4A/mm^2；电极夹持器横臂上用的冷却铜管，电流密度为3～6A/mm^2。

8.1.4 串联电抗器的选择

普通功率电弧炉串联电抗器的作用有两个：其一是限制冶炼工作短路电流；其二是增加电弧燃烧的稳定性。

选择串联电抗器的要求如下：

(1)串联电抗器安装方式，10t及以下的电弧炉安装于变压器的箱体内；10t以上的电弧炉，与变压器分开安装。

(2)串联电抗器和变压器一样，都是处于重负荷情况下运行，因此其热稳定性和机械强度要求较高。

(3)当以变压器容量为基准的总阻抗超过30%时，则不需装设串联电抗器，反之需要装设。对普通功率电弧炉而言，30t以下的需要装设，30t及以上的不需装设。这是因为大型电弧炉短网阻抗很大，已经使总阻抗超过30%。

(4)电抗器线圈常常接成带有抽头式，以便根据需要改变电抗值，也有不带抽头的，不带抽头的电抗器运行或者全部投入，或者全部切除。

(5)当电抗器是串联连接于电路中时，电抗器的感抗相对值可按式8-1计算。

$$X_K\% = \frac{Q_K}{S_e} \times 100\% \tag{8-1}$$

式中 Q_K——电抗器的额定容量，kvar；

S_e——电弧炉变压器额定容量，kVA。

8.1.5 主电路参数

8.1.5.1 工作短路电流

普通功率电弧炉的工作短路电流按规定要限制在电弧炉变压器额定电流的2.5～3.5倍以内。这是因为电弧炉在熔化期(有时氧化期)内，工作短路状态是不可避免的，在一炉钢整个冶炼期间内的短路次数达数十次，甚至上百次。而电弧炉主电路中所有的电气设备都要在这一状态下运行，为了使设备安全正常运行，工作短路电流必须予以限制。其次是因为工作短路电流是一个很大的无功冲击电流，会引起电源电网严重的电压波动和电压闪变，产生很多的高次谐波使电网交流正弦波发生畸变，为此，也需要限制工作短路电流。

限制电弧炉工作短路电流的措施是加大主电路的总阻抗，主要是总感抗。

8.1.5.2 主电路总感抗

主电路总感抗等于电弧炉变压器、电抗器、短网和电源系统的感抗之和，通常它们都是以变压器额定容量为基准值的相对值表示。

当电弧炉工作短路电流为变压器额定电流的2.5～3.5倍时，则相应的总阻抗相对值就等于电流倍数的倒数，即

工作短路电流倍数	相应总感抗相对值
2.5～3.5	40%～28.6%

主电路总感抗的另一个作用是能稳定电弧燃烧。从这个观点出发，要求总感抗在35%左右。

从既限制工作短路电流又能稳定电弧燃烧这两项要求出发，在一般情况下，电弧炉主电路的总感抗相对值不得小于30%(以变压器额定容量为基准值)。

对于小型电弧炉来说，主电路总感抗值达不到30%，因此要在变压器一次侧串联电抗器使之达到30%以上。而对于30t以上的电弧炉普遍都超过30%，这主要是短网感抗随电弧炉容量增加而增大的缘故。当总感抗超过太多时，还需要尽量设法降低短网的感抗。

普通功率电弧炉系列主要参数见表8-2。

8.2 超高功率电弧炉

8.2.1 生产特点

8.2.1.1 超高功率电弧炉发展及分类

自从60年代超高功率电弧炉出现后，由于它大大提高炼钢生产率和降低成本，在国际上获得迅速地发展。它既用于炼特殊钢种也用于炼普通钢种。

电弧炉炼钢分为普通功率、高功率和超高功率三种，分别以RP、HP和UHP符号表示。HP和UHP电弧炉炼钢法在本质上是相同的，故只按RP和UHP电弧炉来分类即可。

8.2.1.2 UHP电弧炉炼钢效率

UHP电弧炉最根本的特点是炼钢时间短，生产效率高。现以相同炉容为70t的RP、HP、UHP电弧炉为例，进行三种炉子的比较，见表8-3。

表 8-3 各种电弧炉生产效率比较表（炉容 70t）

炉种	炼钢时间(h)	理论生产效率（t/h）	生产效率比（%）
RP	2.65（129+30）①	27	100
HP	1.75（75+30）①	41	150
UHP	1.18（40+30）①	62	230

①括号中单位为 min，其中 30 为炼钢辅助时间。

从表 8-3 看出，UHP 电弧炉与 RP 电弧炉相比较，炼钢时间缩短一倍多，生产效率提高一倍多。

8.2.1.3 UHP 电弧炉变压器功率强度

为了提高技术经济指标采用 UHP 电弧炉，一个主要措施是加大炉用变压器容量。RP、HP、UHP 电弧炉以变压器功率强度（kVA/t）指标来衡量，一般是这样规定的：RP——300kVA/t；HP——450kVA；UHP——600kVA/t 及以上。现将部分 UHP 电弧炉指标列于表 8-4 中供设计参考。一般来说，同一种类的电弧炉，炉容大的指标要低些，单就分类指标来看，我国目前制造的电弧炉均属于 HP 电弧炉，因此仅用此指标分类是不够的，而需综合多个指标确定。

8.2.1.4 UHP 电弧炉熔炼指标

A 有功功率强度 C_1

UHP 电弧炉特点之一是用最高的有功功率在最短的熔炼时间和最短的停电时间内完成炼钢任务。有代表性的有功功率图示于图 8-2 中。有功功率强度 C_1 见表 8-5。

表 8-4 UHP 电炉变压器功率强度指标

炉容(t)	变压器容量(MVA)	炉壳直径(m)	指标(kVA/t)
20	13	4.0	650
30	25	4.6	833
40	28	4.6	700
50	35	5.2	700
60	60	5.8	1000
90	60	6.1	666
120	84	6.7	700
150	90	7.0	600
200	100	7.6	500
400	162	9.8	405

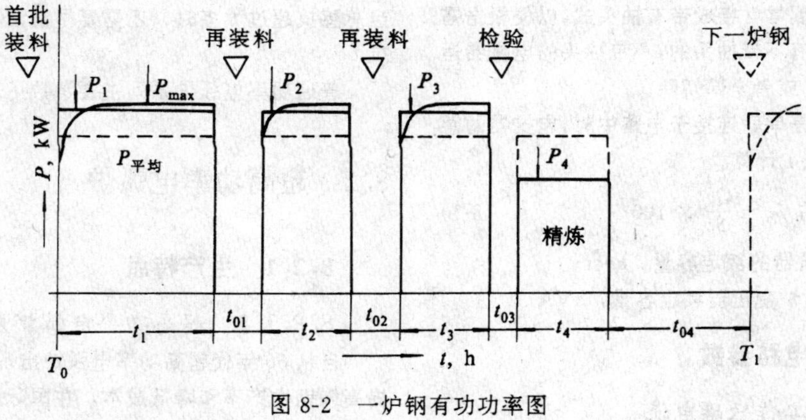

图 8-2 一炉钢有功功率图

表 8-5 有功功率强度 C_1

电弧炉种类	C_1（kW/t）		
	大容量 100t 及以上	中容量 40t 至 91t	小容量 35t 及以下
RP	150～250	150～300	200～350
UHP	300～400	400～500	450～550

B 最大有功功率利用率 C_2

最大有功功率利用率 C_2 值等于平均有功功率与最大有功功率之比。按图 8-2 用式 8-2 计算

$$C_2 = \frac{P_1t_1 + P_2t_2 + \cdots + P_nt_n}{P_{max}(t_1 + t_2 + \cdots + t_n)} \tag{8-2}$$

$$C_2 \geqslant 0.7$$

式中 P_1、P_2、P_n——一炉中各段的平均有功功率值，kW；

P_{max}——熔化期持续的最大有功功率

值，kW；

t_n——一炉中各段的熔炼时间，h。

C 熔化作业率 T_u

熔化作业率 T_u 等于总的通电熔炼时间与一炉钢的熔炼时间之比。按图 8-2 用式 8-3 计算

$$T_u=\frac{t_1+t_2+\cdots+t_n}{T_1-T_0} \quad (8\text{-}3)$$

$$T_u \geqslant 0.7$$

式中 T_1-T_0——一炉钢熔炼周期时间，h；

T_0——上一炉出钢时的时间，h；

T_1——本炉出钢时的时间，h。

D 电弧炉负荷系数 F_L

电弧炉负荷系数 F_L 可用式 8-4 计算

$$F_L=C_2T_u \quad (8\text{-}4)$$

$$F_L \geqslant 0.5$$

系数 F_L 不要与电炉炼钢车间的负荷系数相混同。

8.2.1.5 UHP 电弧炉供电技术特点

UHP 电弧炉与 RP 电弧炉相比较主要供电技术特点如下：

(1) 大电流、短电弧；

(2) 低功率因数；

(3) 单位产品耗电量低；

(4) 炉用变压器二次电压切换级数多；

(5) 无功功率大，对系统干扰大；

(6) 要求供电电源容量大，供电电压更高。

8.2.2 变压器选择

8.2.2.1 变压器功率强度

炼钢电弧炉变压器功率强度(kVA/t)越大则电弧电流也越大，促使熔炼时间缩短，电耗减少，生产效率提高。

A 变压器功率强度与炼钢时间关系

图 8-3 中列出炉料全用废钢的熔炼时间与变压器功率强度之间的关系曲线。炉料重量是按装入料计算，变压器按最大容量计算。前一炉出钢到后一炉出钢时间(包括假定辅助时间)内所有曲线均随着变压器功率强度增加而下降。

从图 8-3 中看到，由 RP 到 UHP 电弧炉之间并不存在截然的分界线，所有辅助时间保持在 30min 以内。变压器功率强度由 600kVA/t 提高到 900kVA/t 时，熔化时间可缩短 16min 左右，但由此而引起的热工问题，例如由于炉衬耐火材料消耗提高可能抵消了这 16min 的好处。但同样把功率强度由 300kVA/t 提高到 600kVA/t 时，可缩短熔化时间 52min 左右。

B 变压器功率强度与电耗的关系

随着变压器功率强度增大，电弧输入有功功率强度（kW/t）也增大。由于热效率提高，熔炼时间缩短等因素作用，使之单位耗电量（kW·h/t）下降。根据理论计算和参考实际电弧炉作业绘制出变压器功率强度与电耗关系曲线，示于图 8-4 中，供设计参考。又如同样炉容为 72t 电弧炉，将有功功率强度（kW/t）增大，促使熔炼时间缩短而降低电耗的例子见表 8-6。当变压器功率强度为 600kVA/t 时，一般情况电耗为 470kW·h/t 左右。

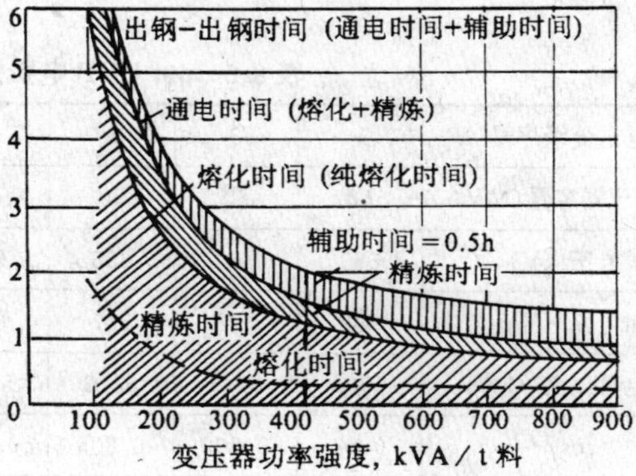

图 8-3 熔化、精炼和出钢到出钢时间与变压器功率强度的关系

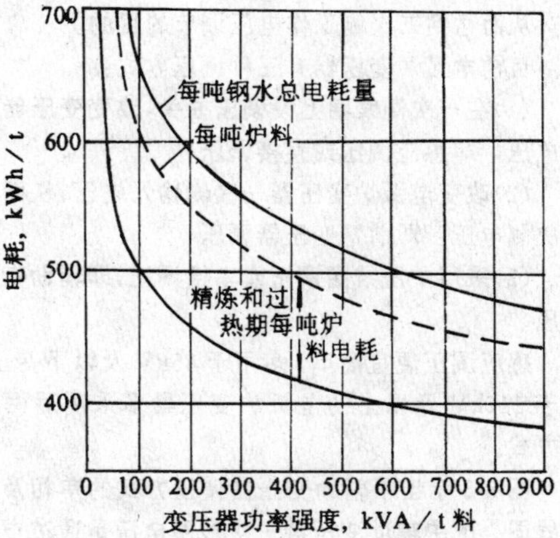

图 8-4 变压器功率强度与电耗关系曲线

表 8-6 72t 炉功率强度增加电耗下降表

项　　目	RP	HP	UHP
输入有功功率（MW）	20	30	50
出钢到出钢时间（min）	129	75	40
电　耗（kW·h/t）	959	518	464

8.2.2.2 电弧炉变压器二次电压

在电弧炉炼钢中，熔化、降碳及精炼需要不同的功率。钢水保温所需的功率与熔化期所需功率之比为1∶10～1∶20。它是通过电极电压变化比约为1∶2～1∶5以及电极电流的变化来达到的。

因此，变压器二次电压必须在很宽的范围内能够调节。但由于二次电压受绝缘等因素限制，不能超过1000V。电弧炉变压器二次电压一般在100～800V之间采用。表8-7中列出各种UHP电弧炉所采用二次电压的范围。表8-8中列出一台炉容为60t的UHP电弧炉变压器二次电压与电弧电流、cosφ之间关系的实例供参考。

表 8-7 UHP 电弧炉变压器二次电压范围表

炉容（t）	40	50	60	60	70	70
变压器容量（MVA）	25	30	36	60	42	36
二次电压（V）	460～145	550～150	525～175	685～285	500～145	550～261

表 8-8 60t UHP 电弧炉二次电压与电弧电流、cosφ关系

电压分级序号	1	2	3	4	5	6	7	8	…	17
变压器容量(MVA)	60	60	60	60	60	60	60	57.4	…	
线电压（V）	685	660	635	610	585	560	535	510	…	285
相电压（V）	396	382	367	353	338	324	309	295	…	
电弧电流（kA）	50.7	52.5	54.6	56.9	59.4	62	64.9	64.9	…	
cosφ	0.88	0.862	0.835	0.803	0.76	0.708	0.629	0.581	…	

8.2.2.3 电弧炉变压器的调压方式

由于电弧炉变压器二次线圈匝数少，电流大，在二次实现调压十分困难，一般均在一次侧带负荷调节电压，从而达到二次侧工作电压调节的目的。

目前电弧炉变压器有三种调压方式：

(1)在一次侧线圈上设调压抽头，改变变压器的变比电压，即感应调压或直接调压；

(2)改变电弧炉变压器一次侧输入电压，从而改变二次侧电压、即前置变压器调压；

(3)采用中压线圈调压或串接调压，即辅助变压器调压。

感应调压便宜简单，多用于35kV及以下变压器。对于110kV及以上的电弧炉变压器多采用后两种调压方式。

图8-5示出了辅助变压器调压方式的单相及三相结线图。图中辅助变压器一次线圈电压是通过电弧炉操作断路器及带有转换开关的调压开关接至中压线圈抽头上取得。按照转换开关位置的变换，使变压器二次电压可向增加或减少方向调压。此外在主变压器的中压线圈上还可接上无功补偿装置。

当采用带辅助变压器的“间接”调压结线方式时，就使变压器有别于一般的型式。辅助变压器的二次电压须按最大炉子电压的50%设计，以便能达到在断开辅助变压器一次回路及电极短路时，主变压器二次线圈加到辅助变压器二次侧的电压不超过额定值。这样，炉子的电流就减小到辅助变压器的磁化电流，其值约为额定电流的1%。用一个与车间接地网相联结的短接开关与电弧炉短网相连接来承受这一电流，这样一来，当炉子装料和出钢操作时，在炉子上可安全地工作。

对于连接到220kV电压的80MVA及以上的大容量变压器，如果仍采用这种组合的变压器，则外壳尺寸已超过铁路运输限值，在这种情况下，必须选用带单独前置调压变压器为炉用变压器调压。

关于选择炉用变压器的其它要求见8.2.4.3节。

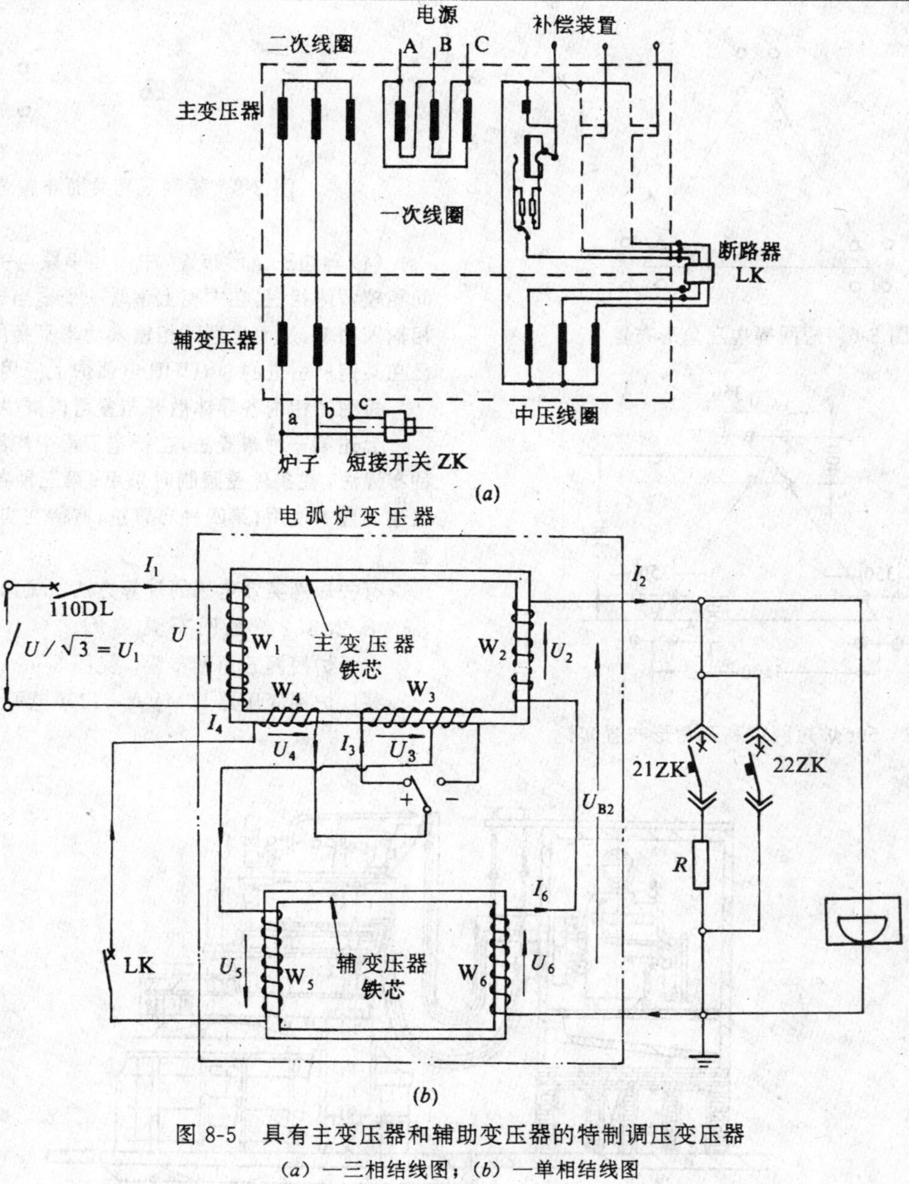

图 8-5 具有主变压器和辅助变压器的特制调压变压器

(a) 一三相结线图；(b) 一单相结线图

8.2.3 短网设计要求

8.2.3.1 短网布置

普通功率电弧炉短网是共面布置，中间相（B 相）短．两侧相（A、C 相）长，由于中相受两侧相的互感作用，一般使中相比两侧相阻抗要低 15～20%，这就造成中相输入功率大，使炉内三相功率以及热力都不平衡，乃至炉壁局部过热，降低炉体寿命。随着超高功率电弧炉的发展，这种不平衡更加显著，造成危害更严重。

为了 UHP 电弧炉得到三相功率平衡，主要措施之一是使短网三相阻抗基本相等。根据国内外的经验可采用下列几种方法：

(1) 等边三角形布置法。并且每相内导体散开，见图 8-6。

(2) 中高三角形布置法。即中相较高与等边三角形法类似，见图 8-7。

(3) 共面布置法。中相导体靠拢在一起，两侧相导体散开，见图 8-8。

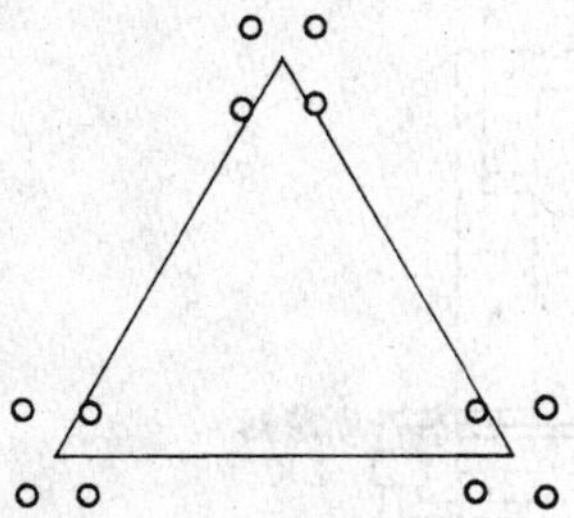

图 8-6 短网等边三角形布置

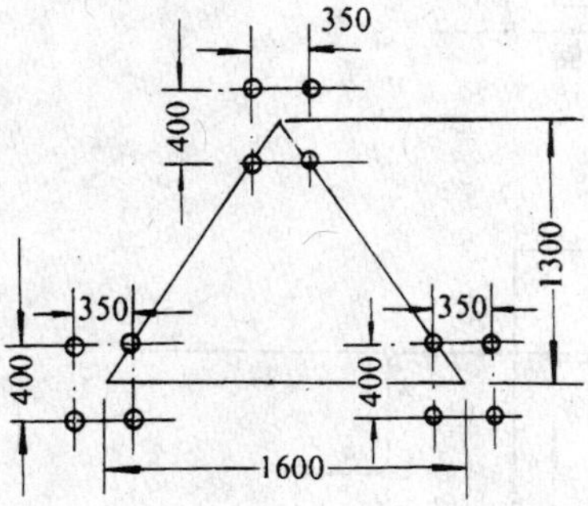

图 8-7 50t 炉短网中高三角形布置实例

图 8-8 短网三相共面布置

(4) 等边三角形布置，中间相串联电抗法。由于中间相较两侧相短，在中相上串联一个适当电抗，减小中相输入功率，从而达到三相输入功率平衡的目的。此法已在某钢厂引进的 90tUHP 电弧炉上应用。

短网的相内各导体散开布置可以减少其自感量。

上述第一种布置法，在新建工程中广泛应用；第二种布置法，在条件受限制时采用；第三种布置法，仅在改建工程中使用；第四种布置法，有待在实践中总结经验。

有关短网实效电感的计算方法，见第 22 章。

8.2.3.2 短网布置实例

电弧炉短网三角形布置，见图 8-9。

某厂炉用变压器 50MVA，120t 电弧炉的短网布置，见图 8-10。由变压器到电极的短网设计与过去显著不同，即在电弧炉的框架上安装有母线塔。此种布置方法的优点是到电极臂的软电缆很短。导体电气三角形的连接点设在母线塔的顶部，这意味着导体阻抗不能补偿的长度大大缩短。同时便于悬挂软电缆，允许电极臂自由移动。

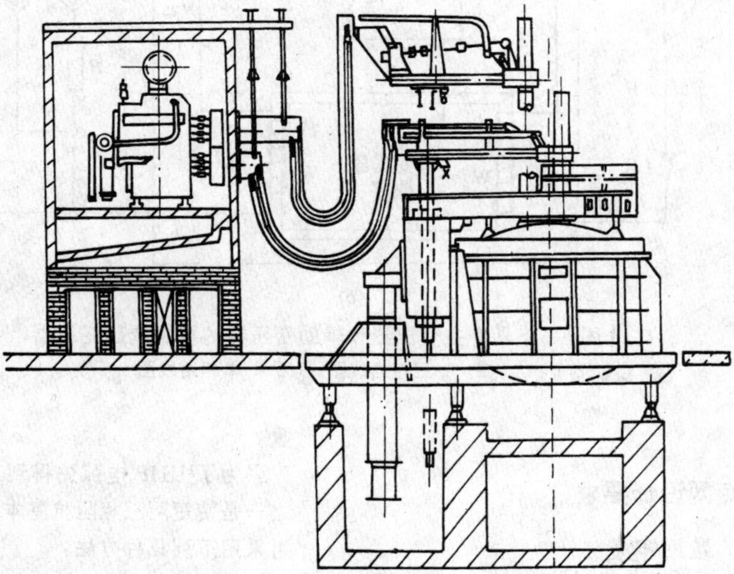

图 8-9 采用三角形布置的电弧炉

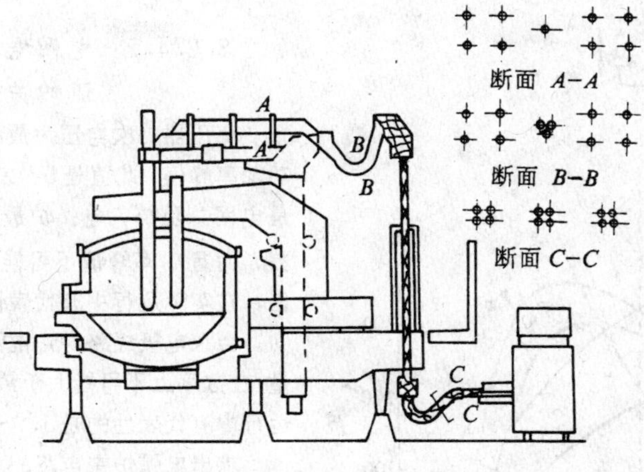

图 8-10 由变压器至电极供电回路主要部分

每相的母线塔以塔柱组成，塔柱带有包覆于钢框架的插入式母线。从变压器二次侧连接的铜母线，通过软电缆接至母线塔底部，该软电缆适应炉子的倾动。每相有 4 根电缆靠拢紧密如图 8-10 的 *C-C* 断面图，由于往返电流互相补偿电缆阻抗很小。因电缆不受电动力的影响，操作时不振动是另一个优点。

为了达到三相功率平衡条件，如图 8-10 的 *B-B* 断面图所示，由母线塔顶部至电极臂，中间相的电缆是靠拢在一起的，而外边两相是散开的。由带有牢固的橡皮管的铜芯组成的电缆，再套入另一个橡皮管中，冷却水在两个橡皮管间隙中流过。外面再装上螺旋形耐磨橡胶包皮。所有上下软电缆都是同一规格，对备品储存有利。

电极臂上电流系通过水冷铜管传导，在图 8-10 的 *A-A* 断面图中，两个外侧相有 4 根导体，中间相只有 1 根导体，所有三个电极臂导体都是平行的。

8.2.3.3 减少短网阻抗的方法

较小的短网阻抗，可获得较低的电弧电压和较大的电弧电流，降低损耗提高功率效率。为了减小短网阻抗，一般采用如下方法：

(1) 变压器二次侧三角形结线的封口延伸到水冷软电缆端头处相接；

(2) 短网采用通水铜管母线及空心水冷电缆降低其自感；

(3) 变压器中心往炉子方向前移，缩短软电缆长度；

(4) 电极底端向炉子中心倾斜 3°～5°，使三相电极底部同心圆直径减小，从而减小阻抗。

所有大的电弧炉都安装有大截面水冷软电缆，多数情况下每相有 4 根电缆。在每相的边长为 250～380mm 的正方形断面中，4 根电缆的轴线布置在四角。为了达到功率平衡，三相布置成等边三角形。为了降低电抗，采用扩大几何平均半径的新型电缆。

多数大型电弧炉，每根电缆全长（包括至接触柄）限制在 8.8～10m 之间，这对减少短网电抗具有良好效果。

水冷电缆最重要特点之一，是其位置能相对稳定，甚至在熔化废钢时，也没有过分的移动，从而使电路电抗变化减少，电极的自动调节更加准确。

8.2.4 电气特性及供电措施

8.2.4.1 电弧炉负荷曲线

图 8-11 示出 20MVA 容量的电弧炉平衡电路负荷曲线。图中所有曲线均按同一电压绘制的。电弧功率 P_g 和外加有功功率 P_R，当电弧电流为某一值时（本例为 33kA）功率达到最大值。电流比此值大时则功率下降，而视在功率 S 和无功功率 Q 是随着电流增加而增大；相反的，电弧电压 U_g 和 $\cos\varphi$ 则随着电弧电流增加而降低。

如果变压器二次电压不变，减少电流降低功率时，则电弧电压 U_g 及电弧长度都要增加，导致辐射热的增加，从而使炉衬耐火材料损坏加快，使整个炉子效率下降。

一般要求电弧炉运行在曲线上最大有功功率附近，甚至运行在高峰值偏右侧更能体现出经济性。

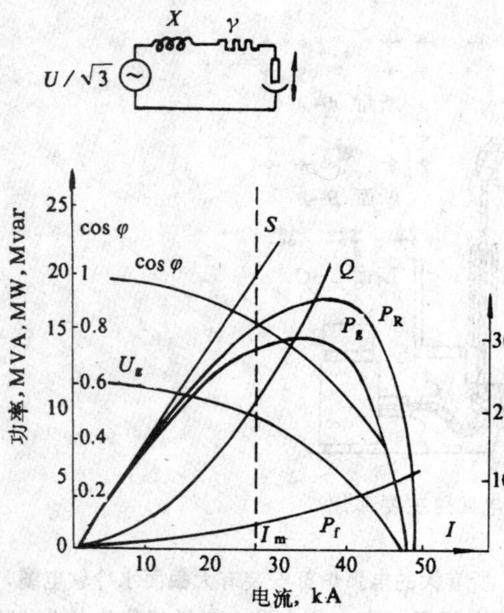

图 8-11 20MVA 电弧炉平衡电路负荷曲线

U—变压器电压，430V；U_g—电弧电压，V；I—电极电流，kA；I_m—输出电流，26.8kA；X—电抗，5mΩ；r—电阻，0.7mΩ；S—视在功率，20MVA；P—有功功率，MW；P_R—外加有功功率，MW；P_g—电弧功率，MW；P_f—有功功率损失，MW；Q—无功功率，Mvar

8.2.4.2 电网电压及总阻抗与功率及电流的关系

变压器二次电压为最高时，电弧炉有一个最高有功功率峰值，此值是 U^2/X 的函数，U 是电网电压，X 是电网总阻抗，电弧炉最大可能的电流是 U/X 的函数，而且功率峰值不可能超过最大有功功率的 $\sqrt{2}$ 倍。在实际运行中有代表性的比值是在 1.35～1.4 之间。当在电极短路时，电弧炉所吸收的最大表观功率量，在数字上不可能大于最大有功功率的两倍，在实际运行中有代表性的是 1.7～1.8 倍。

求出电弧炉主电路的总阻抗（通常以标幺值表示）就可作出电弧炉的功率曲线。

电网电压及电网总阻抗与电弧功率及电流的相互关系如下：

(1) 当总阻抗不变时，最大有功功率与电网电压平方成正比，见图 8-12*a*。

(2) 当电网电压不变时，最大有功功率与电网总阻抗成反比，见图 8-12*b*。

(3) 电网输入功率相等，总阻抗相差 30% 的两种情况的功率特性，见图 8-13。

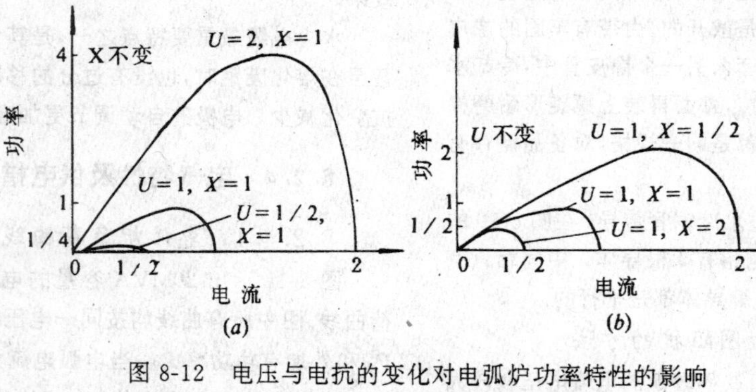

图 8-12 电压与电抗的变化对电弧炉功率特性的影响

(*a*)—X 不变时的电弧炉功率特性；

(*b*)—U 不变时的电弧炉功率特性

图 8-13 说明对某一个最大有功功率，U^2/X 值应为一个常数。实线表示某一电弧炉的有功功率和电弧电压对电弧电流的关系曲线。虚线表示总阻抗提高 30% 并相应提高电压以获得相同的最大有功功率时，这些量的关系曲线。为了满足较高阻抗电路达到较低阻抗电路的最大有功功率的要求，则较高阻抗电路需要电压增高 14%，但电弧电压亦较高，要使得电弧电压也相等时还需将功率曲线提高，为此需将电压再增加 2%，这样电压总共增高 16%。

由此可知，一台电压增加 16%，容量亦大 16% 的较大变压器，可以抵消因总电路阻抗增加 30% 所造成的功率损失和引起电弧电压的升高。如果变压器容量不增加，只增高 14% 的额定电压，只能抵消总电路阻抗增加 30% 所造成的功率损失。

通过以上分析说明，电网电压高低和总阻抗的大小对电弧炉运行是非常重要的。

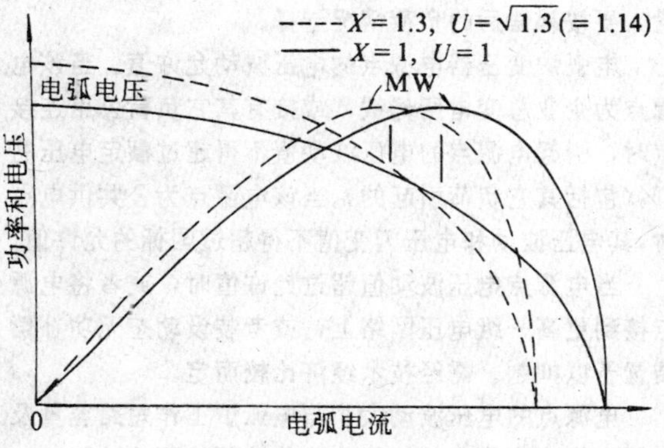

图 8-13 电网输入功率相等而总阻抗差 30%时的功率特性

8.2.4.3 对供电的要求和供电措施

首先分析一下电弧炉供电电路阻抗系统图，见图 8-14。电路中电阻忽略不计，X_1 为电力系统的电抗，X_2 和 X_3 分别为中间降压变压器和炉用变压器的电抗，X_4 为短网的电抗，R 为电弧电阻。一个典型电弧炉电路，高玉部分阻抗占总阻抗的 1/4，从炉用变压器二次端头到电极下端头的阻抗占总阻抗的 3/4。图中 1 为公共供电点，2 为炉用变压器二次端头，3 为电极的下端头。

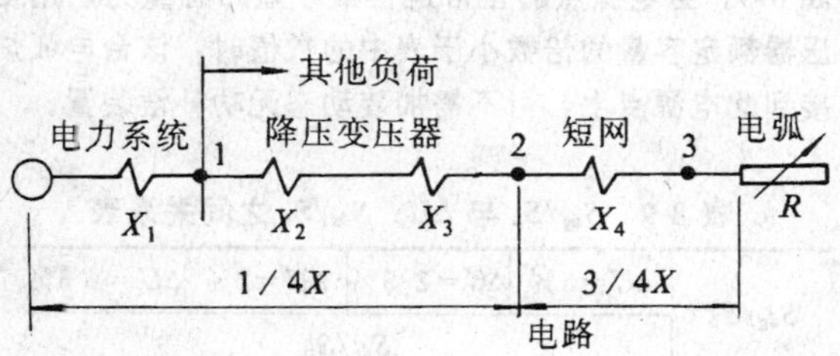

图 8-14 典型电弧炉供电电路阻抗系统图

引起电弧炉电路电压下降有两个原因：其一是由其它负荷引起公共供电点 1 电压下降，其值与 X_1 成正比，从而导致电极端头 3 的电压下降；其二是电弧炉本身负荷直接引起 3 的电压下降，其值与总阻抗成正比。

对供电设计要求如下：

(1)尽可能保持电网电压稳定。为了保持电弧炉最大有功功率不变，即保持 U^2/X 比值不变，就必须保持电网电压稳定。因为最大有功功率对电压 U 非常敏感，与 U^2 成正比。如电压下降 1%导致功率下降 2%；电压下降 5%导致功率下降 10%。

(2)尽可能降低电网总阻抗。降低电网总阻抗可以在相同功率运行下获得较低的电弧电压。因为较低的电弧电压会使炉衬耐火材料消耗减少，从而提高整个电弧炉的生产效率，经济意义较大。

根据对供电设计要求，采取如下供电措施：

(1)合理地选择炉用变压器二次电压的调节范围。为此可以采用在变压器上装设有载调压开关来实现。当电弧炉和炉用变压器的容量都已确定时，必须根据由负荷引起的电网电压下降程度来选择变压器二次的最高电压，以便在电网电压下降最严重时也能保证变压器最大功率的输出。从图 8-13 可看到，二次电压与电网总阻抗有关，总阻抗大则电压要高，反之总阻抗小则电压可低。

(2)供电的变压次数尽可能少。有可能的话可将炉用变压器直接接到较高电压的电网上，以减少系统总阻抗，也减少多次降压的电能损耗。但必须注意，如果把中性点直接接地的 110kV 高压电路直接引进电弧炉车间内，要采取相应的安全措施。

(3) 选用低阻抗的炉用变压器。对系列标准变压器，尽量选用阻抗最低的。如果为了降低公共供电点的电压波动和电压闪变而选用较高阻抗的变压器，一般来说是不合适的。因为这样做的结果，不是提高炉用变压器二次电压(导致提高电弧电压)就是降低电弧炉输入功率。

(4)降压变压器并联运行。在很多情况下降压变压器的并联运行对电弧炉的电弧电压降低和输入功率提高起到有益作用。这和选择一台价格昂贵的低阻抗变压器效果是相同的。例如三座电弧炉接在三台变压器并联供电的母线上，当只有一座电弧炉运行时，降压变压器实际上是低阻抗的，因为负荷只有额定负荷的 1/3，故变压器阻抗压降也只有一台变压器额定值的 1/3。当三座电弧炉同时都工作于最大功率时，这个好处就没有了。但是，多台电弧炉不同时处于最大功率的总时间百分数是很大的。因此这种供电方式可使工作的电弧炉得到更高的输入功率，在相同输入功率下可得到较低的电弧电压。

关于选择变压器的其它要求见 8.2.2 节。

8.3 交流电弧炉供电系统

8.3.1 供电电源

8.3.1.1 对供电可靠性的要求

电弧炉短时间停电，除炉衬寿命可能缩短之外，不会引起设备损坏和人身伤亡事故，经济上损失也不大。但长时间停电对生产影响很大，它能使电能和原材料消耗增加，使产品和质量下降，甚至造成整炉钢水报废，炉子越大损失就越大。根据有关规范规定，电弧炉属于二级负荷。

对于炉容为15t及以上的电弧炉炼钢车间，其电弧炉变压器的供电变电所，一般由两回独立高压电源供电，炉容较小的可由一回高压电源供电。

电弧炉车间的低压供电，应采用两回独立电源，每回电源应保证供给正常生产所需要的负荷用电。小型电弧炉车间在难于取得两回独立电源时，可由一回电源供电。但需从邻近地点引入一回保安电源，以保证炉体冷却用水，钢水包起重机，炉体倾动及电极升降传动机构等设施用电。当一回保安电源也难于取得时，可采用非电的保安措施，如像高位水塔，柴油泵，人力操作等保证主要设备安全停产。

8.3.1.2 电弧炉的公共供电点确定

电弧炉的公共供电点系指与电力系统相连接的供电点，并接有其它用户负荷。对公共供电点主要考虑以下要求：

(1) 由电弧炉负荷引起的公共供电点的电压波动和电压闪变值不能超过国标GB12326—90中的允许值；

(2) 由电弧炉负荷引起的公共供电点的电压不对称度不能超过有关规范的规定；

(3) 电源供电变压器容量要能适应电弧炉负荷特性的要求；

(4)对大型电弧炉来说，尽可能地减少电路的阻抗值。

关于电弧炉的公共供电点有两种情况：其一是电弧炉系统直接与电力系统相连接；其二是电弧炉系统通过企业总变电所与电力系统相连接。

电弧炉一般不由车间变电所供电。

当电弧炉由企业总变电所母线供电时，为了防止对其它负荷供电质量产生不良影响，一般要求供电变压器的容量为电弧炉变压器容量的2.5倍以上。当不能满足此要求时，或增大供电变压器容量，或采用专用中间变压器供电，这需要经过技术经济比较来确定。

当采用专用中间变压器供电时，该变压器容量的选择，应与炉用变压器经常过负荷运行状态相适应。此时供电变压器二次侧的电压波动可不受限制。当供电变压器二次侧装有无功补偿装置时，该供电变压器容量，要按补偿后的负荷情况选择。

电弧炉变压器电源点的电压波动允许值。当该电源点为企业总变电所母线，或接有其它负荷公用连接点时，引起电源点的电压波动值不得超过额定电压的5%(包括其它负荷引起的)。当该电源点为公共供电点时，其电压波动和电压闪变值不得超过国标的允许值。

当电源点电压波动值超过允许值时，或者将电源点接到更高一级电压网络上，或者装设动态无功补偿装置予以抑制。需经技术经济比较而定。

电源点的电压波动大小与电弧炉工作短路容量及电源点短路容量有关，粗略地估计可按下式计算

$$\Delta U=\frac{S_{dg}}{S_{ds}}\times 100\% \tag{8-5}$$

式中 ΔU——电源点电压波动为额定电压的百分数；

S_{dg}——电弧炉工作短路容量，MVA；

S_{ds}——电源点正常最小短路容量，MVA，按国标《电能质量 电压允许波动和闪变》(GB12326—90)规定，此值可用投产时系统最大短路容量乘以0.7系数之值。

在不采取任何补偿措施的条件下，判断电源点的电压波动是否能满足要求时，常将电源点的正常运行最小短路容量S_{ds}以炉用变压器额定容量S_b的倍数，即S_{ds}/S_b来表示。S_{dg}/S_t与ΔU、S_{ds}/S_b之间的关系见表8-9。当电源点的正常运行最小短路容量为炉用变压器额定容量的倍数小于表中的数值时，该台电弧炉接到此电源点上，可不需加装动态无功补偿装置。

表 8-9 S_{dg}/S_b与ΔU、S_{ds}/S_b之间关系表

S_{dg}/S_b	$\Delta U=5\%$	$\Delta U=2.5\%$	$\Delta U=2\%$	$\Delta U=1.6\%$
	S_{ds}/S_b			
1.8	36	72	90	112.5
2.0	40	80	100	125.0
2.5	50	100	125	156.3
3.0	60	120	150	187.5
3.5	70	140	175	218.8

注：S_b为炉用变压器额定容量，MVA。

由于电弧炉炼钢工艺过程所决定的三相电弧电流不对称，引起供电电源点上的电压不对称，其不对称值

常常超过允许值。

电压不对称度不得超过 2%，为此要求电弧炉的公共供电点上的正常运行最小短路容量 S_{ds}要满足下式要求

$$S_{ds} \geqslant 50 \frac{I_{2F}}{I_e} S_b \qquad (8\text{-}6)$$

式中 I_{2F}——电弧炉负序电流。$I_{2F}=K_2 I_e$，K_2 取 0.86（二相短路一相断弧），A；

I_e——电弧炉额定电流，A；

S_b——炉用变压器额定容量，MVA。

从式 8-6 可以看出，随着电弧炉变压器容量的增大，在它运行时引起的电压不对称度也增大；随着电弧炉电源点的短路容量的增大，则电弧炉对电压不对称度的影响越小。

8.3.2 供电主结线系统

根据电弧炉生产用电负荷大、负荷波动显著和操作频繁等特点，供电主结线设计要适应这些特点要求。

8.3.2.1 主结线系统

电弧炉供电主结线方式可考虑下面几种：

(1)线路—变压器组单元结线。每台电弧炉采用专用线路供电，其线路和电弧炉变压器视为一个元件。结线简单，回路清晰，不会误操作。但当线路发生故障或电源开关故障，会停电影响生产，即供电可靠性不高。为此这种结线方式只能用于电弧炉车间距离企业总变电所很近的情况。

(2)一回工作，一回备用线路供电结线。当企业只有一台电弧炉，距离企业总变电所很远，炉容又比较大，停产对企业经济效益影响很大，可考虑采用这种结线方式。正常生产时，一回工作，一回备用。当工作线路故障时备用线路投入运行，从而提高电弧炉供电可靠性。

(3)设配电所双回路供电结线。当企业设有两台以上电弧炉又距离企业总变电所较远时，在电弧炉车间内设专用电弧炉供电配电所，以单母线分段结线方式向每台电弧炉变压器供电。配电所从企业总变电所引来两回电源线路供电。当一回电源线路故障时，经过配电所内开关倒换后，电弧炉即可恢复供电。当电弧炉多于三台时，可采用三回电源线路供电方式。

(4)专用降压变压器供电结线，当电弧炉的电源需要接到更高电压级电网上时，需设专用降压变压器供电，并且在电弧炉车间或在附近装设该降压变压器，则可用一回专用线路向电弧炉变压器供电。

(5) 直接由 110kV 供电结线。将大型电弧炉变压器直接接到 110kV 电压系统上供电，但这台电弧炉变压器需要特制。由于目前 110kV 断路器操作寿命有限，故电弧炉的操作断路器是装在主变压器的中压侧，有载调压开关装在中压线圈上。详细情况见 8.2.2.3 节。

(6)多台降压变压器并联供电结线。这种结线方式的优点见 8.2.4.3 节的 (4) 项。应注意的是变压器的变比、线圈联结组要相同，其阻抗电压百分数相同或近似。

电弧炉供电主结线见表 8-10。

表 8-10 电弧炉供电主结线

结线图	简要说明
(1) 线路—变压器组结线 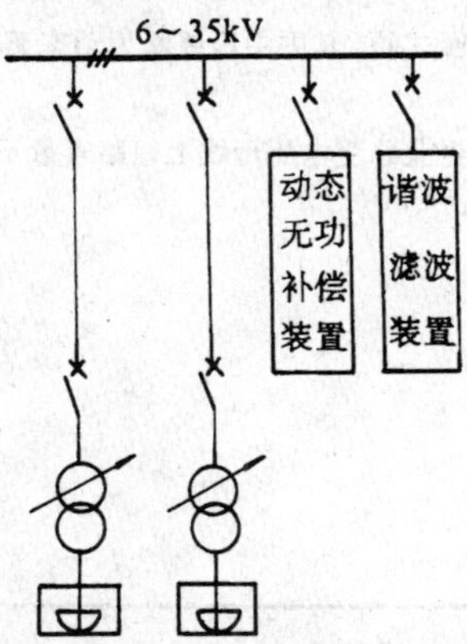 	电弧炉变压器电源接至企业总变电所母线上，对每台电弧炉变压器采用专用线路供电。电源侧采用少油式断路器，而受电侧采用磁吹断路器或者真空断路器 优点：结线简单。缺点：线路故障需停产。故适用于小型电弧炉或线路很短的大型电弧炉供电

续表 8-10

<table>
<tr><th>结线图</th><th>简要说明</th></tr>
<tr><td>(2) 一回工作一回备用线路供电结线
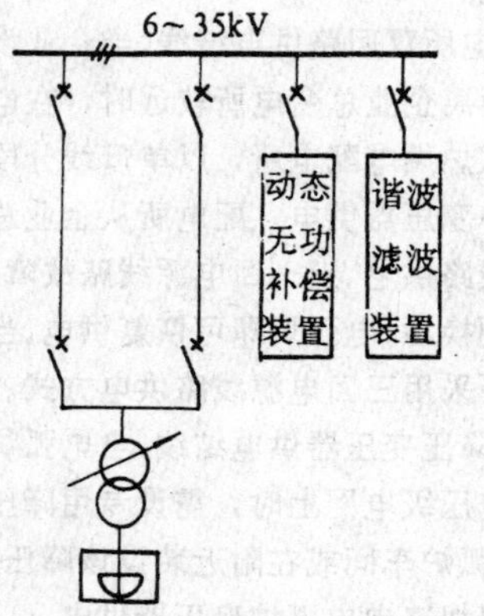</td><td>电弧炉变压器电源接至企业总变电所母线上，由于供电线路长，电弧炉容量大，采用两回线（一回工作，一回备用）供电。断路器设置要求同结线（1）</td></tr>
<tr><td>(3) 设配电所双回路供电结线
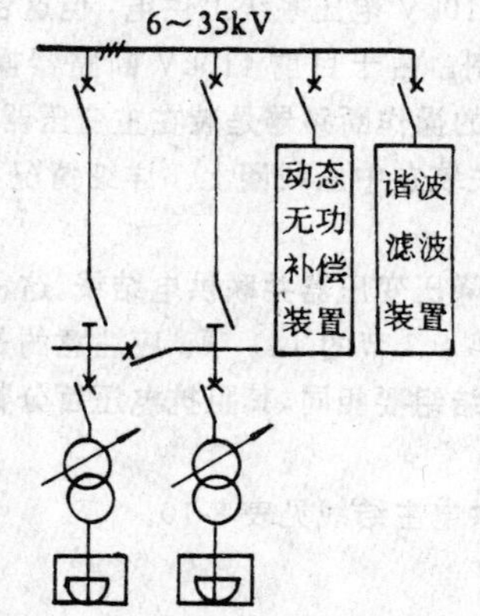</td><td>电弧炉变压器电源接至配电所母线上，配电所电源接至企业总变电所母线上。双回路供电，互为备用
电源侧和分段采用少油式断路器；电弧炉受电采用磁吹或真空断路器，配电所受电采用隔离开关，根据需要也可采用断路器。用于供电线路长、两台以上电弧炉供电</td></tr>
<tr><td>(4) 设专用降压变压器供电结线
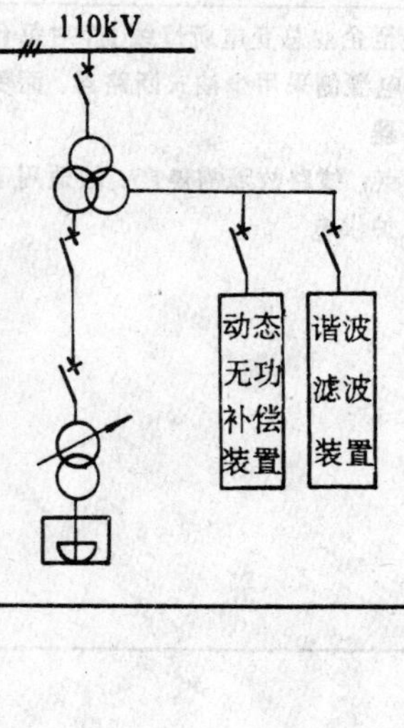</td><td>电弧炉变压器的电源，经专用降压变压器接至更高电压的电力系统上。除电弧炉变压器高压侧采用真空断路器外，其他均采用少油断路器
降压变压器选用三线圈式的，其中中压线圈为动态无功补偿和滤波装置使用
适用于大型电弧炉当企业总变电所母线上短路容量不够时</td></tr>
</table>

续表 8-10

结 线 图	简要说明
(5) 直接由 100kV 供电结线 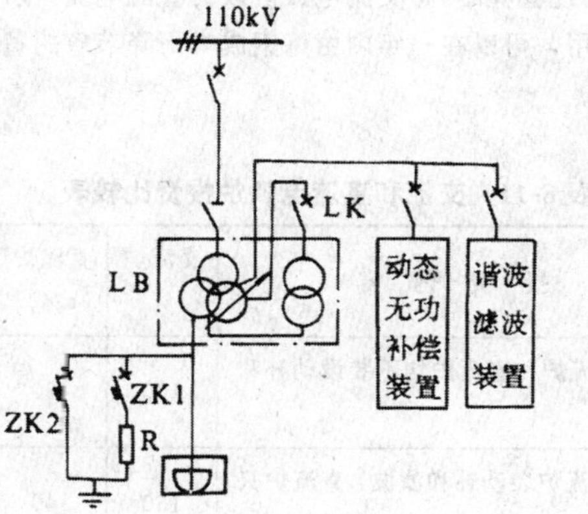	电弧炉变压器直接接至 110kV 母线上，取消中间专用降压变压器。减少供电回路阻抗，增加电弧炉输入功率，提高生产效率 电弧炉变压器 LB 由主变压器和辅助变压器组成，装于同一外壳内，需特制。中压线圈装有有载调压开关 经常操作用 LK 断路器和 ZK1、ZK2 开关 仅用于大型电弧炉
(6) 多台降压变压器并联供电结线 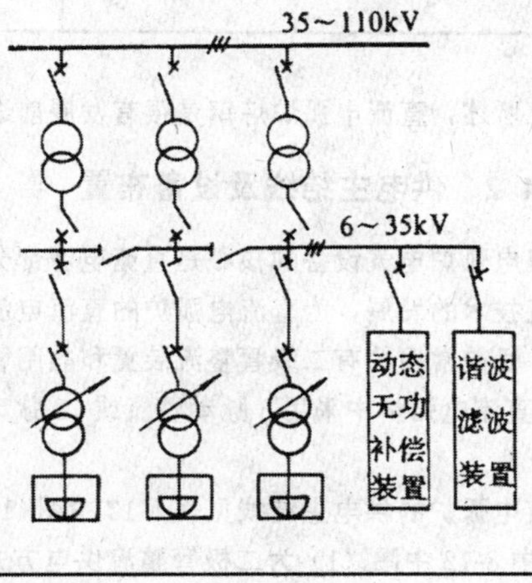	多台降压变压器并联运行有下列优点： (1) 供电回路总阻抗减小因而增加电弧炉输入功率，提高生产效率 (2) 降低电弧电压，因而增加炉衬寿命 (3) 只需安装一套动态无功补偿和谐波滤波装置 适用于 30t 以上电弧炉

8.3.2.2 断路器选择

断路器是用来接通和切断电路的重要开关设备，用于电弧炉电路上的高压断路器工作条件极为苛刻，有的每昼夜要开断电路十多次，而且绝大多数切断电流都是工作短路电流，因此要求选用动作可靠、开断迅速、寿命长、操作灵活和维修方便的断路器。目前能适用电弧炉操作要求的断路器主要有磁吹断路器、真空断路器和 SF_6 断路器。真空断路器的机械寿命：10kV 以下的，不小于 1 万次；35kV 的，不小于 5 千次。

为了操作方便，经常通断电弧炉变压器的断路器，设在电弧炉变电所内。而线路电源侧的断路器设在企业总变电所内或者降压变压器的二次侧，此断路器因为不需经常操作，采用少油式即可。

8.3.2.3 动态无功补偿和高次谐波滤波装置连接

根据计算，如果需要装设动态无功补偿装置及高次谐波滤波装置时，其装设地点应尽量靠近电弧炉负荷，提高补偿和滤波效果，减少线路损耗等。由于动态无功补偿装置和高次谐波滤波装置价格昂贵，设有多台电弧炉的情况，要尽量减少装置的数量，以便节省投资。

当电弧炉的电源为直接接到企业总变电所母线上

时，则补偿和滤波装置可接到变电所同一母线上；当电弧炉的电源是接到电弧炉车间变、配电所母线上时，则补偿和滤波装置可接到和电源同一段母线上，也可以接到企业总变电所和电源同一段母线上，这要经技术经济比较后确定。对于大型电弧炉，如果能将电弧炉变压器做成三线圈式的，可将其中中压线圈用于接补偿和滤波装置；否则将装置接至电弧炉变压器高压侧或者电源侧母线上。如果采用专用降压变压器时，可选用三线圈式的，将补偿和滤波装置接到变压器的中压线圈上。所有这些方案，都需要根据具体情况，经技术经济比较确定。

8.4 直流电弧炉供电

8.4.1 概述

直流电弧炉是在超高功率电弧炉之后研制出来的，国际上从80年代开始得到广泛应用和发展，对炼钢生产已显露出明显的优越性，这一新技术在我国必将得到迅速的发展。

直流电弧炉与交流电弧炉比较有如下显著的优点：

(1) 电极消耗大大降低。在容量相同的情况下，直流电弧炉石墨电极的消耗量可减少50%。

(2) 电能损耗降低。经验证明，直流电弧炉大约可节电5%，每生产1t钢水可节电约20kW·h。

(3)电网闪变电压明显降低。直流电弧炉的无功冲击负荷大约减少一半，使电网闪变电压明显降低，大约为50%，从而减少了昂贵的动态无功补偿装置（简称SVC）的投资。

(4) 噪音水平降低。由于直流电弧炉开孔少，密封性好，电弧稳定，可使噪音水平降低5～10dB。

(5)有更强的电磁搅拌力。直流电弧炉的工作电流需穿过熔池到达炉底，它产生的电磁力对熔池钢液有很强的搅拌作用，从而使电弧热传导更快，熔池中温度分布更均匀，更便于冶炼的控制。

关于国外直流电弧炉的制造和应用情况，见本章附录。

表8-11示出了交流电弧炉和直流电弧炉一次投资的比较情况。本表是以80t，67MVA容量的电弧炉作为参考制定的。

从表8-11中的(1)看出，直流电弧炉比交流电弧炉增加约30%的费用，主要是增加晶闸管整流装置和导电炉底电极引起的，仅符合旧炉改造的情况。从表中(2)和(3)看出，两种电弧炉一次投资相近，甚至直流电弧炉更便宜，主要是由于动补装置价格昂贵的原因。根据经验介绍，将交流电弧炉改为直流电弧炉所增加的费用，可以在一年内由炼钢成本下降节省的费用所抵偿。

表8-11　交流和直流电弧炉投资比较表

投资内容	交流炉(%)	直流炉(%)
(1) 交流炉和直流炉均不装设动补和滤波	100	130
(2) 交流炉装动补和滤波，直流炉只装滤波	160	140
(3) 交流炉和直流炉均装动补和滤波	160	160

综上所述，直流电弧炉炼钢是很有发展前途的。

8.4.2 供电主结线及设备布置

直流电弧炉电气设备的核心是直流电源部分。半导体整流技术的发展，为直流电弧炉的直流电源提供了条件。目前常用的有二级管整流装置和晶闸管整流装置，在直流电弧炉中采用6脉动整流或12脉动整流即可。

直流电弧炉的供电主结线见表8-12中图(1)～图(5)。表中8-12中图(1)为二极管整流供电方式，交流电源供电电压10～35kV，整流变压器为有载调压方式，在一次侧还装有电抗器、操作断路器和配电设备等，一般不推荐采用。表8-12中图(2)～图(5)为晶闸管整流供电方式，图(2)为6脉动整流，图(3)～图(5)为12脉动整流。晶闸管供电方式，在每一直流支路中需装直流电抗器。12相脉动整流变压器，可采用三线圈的，整流侧的线圈接线分别为三角形和星形，也可用两台双线圈的，整流侧线圈接线分别为三角形和星形。整流器为两组桥式接线。表8-12中图(4)和图(5)的不同之处，主要是直流电抗器连接的位置不同，图(4)接于整流器的正极回路，图(5)则接于整流器负极回路，并且整流变压器为有载调压。

表 8-12 直流电弧炉的供电主结线

结 线 图	简 要 说 明
(1) 一组二级管整流装置供电 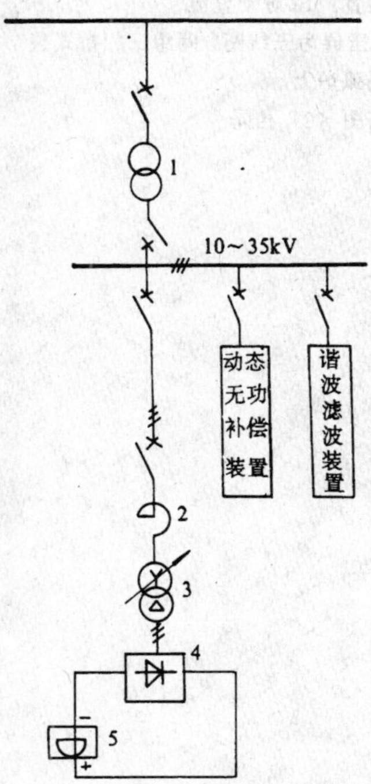	主结线系统特点是装设大功率二极管整流装置，6 脉动整流。图中 1——降压变压器 2——限流电抗器 3——带有载调压开关的整流变压器 4——三相桥式二级管整流装置 5——有一根可动电极（－）和炉底电极（＋）的直流电弧炉 电弧电流、电压均靠电极升降控制，速度慢。工作短路电流大、闪变电压高，均与交流炉相当，整流装置电流大等缺点 在一般情况下，不推荐采用
(2) 一组晶闸管整流装置供电 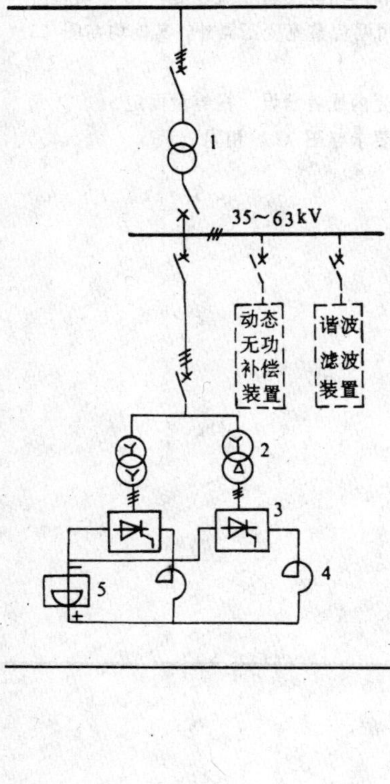	主结线系统特点是装设晶闸管整流装置，6 脉动。整流图中 1——降压变压器 2——无励磁电动调压的整流变压器 3——三相桥式晶闸管整流装置 4——直流电抗器 5——有一根可动电极（－）和炉底电极（＋）的直流电弧炉 能抑制工作短路电流，降低闪变电压，不装或减少动态无功补偿容量 6 脉动整流不如 12 脉动整流更能抑制高次谐波适用于所有直流电弧炉

续表 8-12

<table>
<tr><th>结线图</th><th>简要说明</th></tr>
<tr><td>(3) 两组晶闸管整流装置供电之一
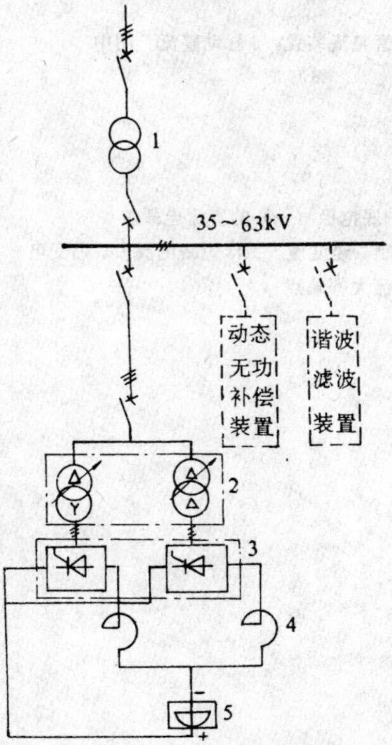</td><td>主结线系统特点是装设两组晶闸管整流装置，12脉动整流
图中设备代号意义同图(2)，仅整流变压器为三线圈，两组三相桥式整流装置，通过两台直流电抗器并联后接到电弧炉上
低次谐波分量更小，其它性能和要求与图(2)相同
适用于所有直流电弧炉</td></tr>
<tr><td>(4) 两组晶闸管整流装置供电之二
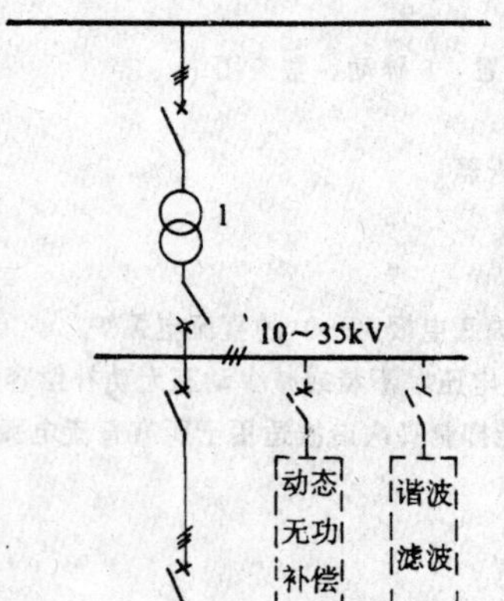</td><td>主结线系统特点是两台整流变压器和两组晶闸管整流装置，12脉动整流
图中设备代号意义同图(2)，除用两台整流变压器外，其他均与图(3)相同
两台整流变压器可以装在一个外壳内或者分设，视容量而定
低次谐波分量更小，其它性能和要求与图(2)相同
适用于所有直流电弧炉</td></tr>
</table>

续表 8-12

结线图	简要说明
(5) 两组晶闸管整流装置供电之三 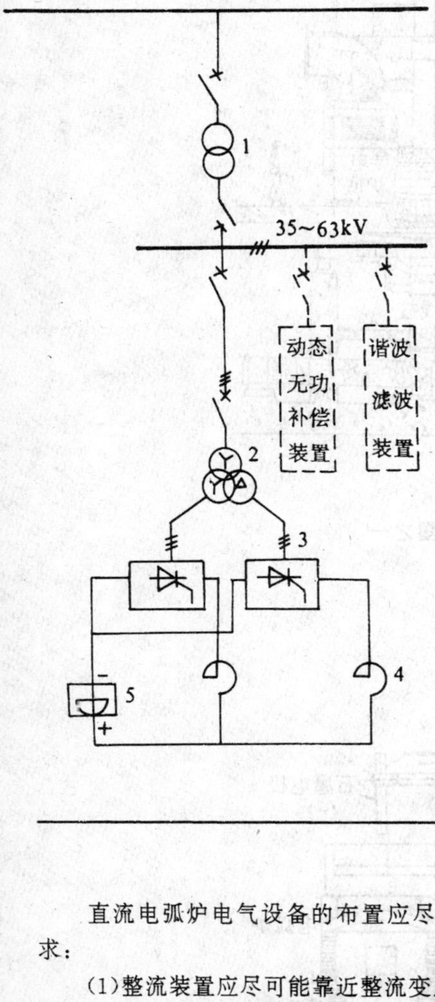 	主结线系统特点是两台整流变压器装在同一外壳内，并为有载调压，两组晶闸管整流装置，12 脉动整流，两台直流电抗器并联后接在电极负极回路中，便于设备布置 图中设备代号意义同图 (2)，与图 (4) 相比，主要是直流电抗器连接的位置不同 低次谐波分量更小，其它性能和要求与图 (2) 相同 适用于所有直流电弧炉

直流电弧炉电气设备的布置应尽量满足下列要求：

(1)整流装置应尽可能靠近整流变压器，以便缩短交流电路长度，减小三相阻抗及其不平衡，减小感应损耗。

(2)整流装置、直流电抗器的布置应尽量靠近电弧炉，以缩短直流电路的长度，减少直流电路的损耗和电压降。

(3) 主回路的电气设备的布置应理顺，便于接线，避免直流母线交叉。

(4) 炉底电极（正电极）的直流导体，应与炉底保持一定距离，避免电磁力对电弧的干扰，防止电弧偏移，以免炉壁局部损坏。

直流电弧炉电气设备的布置有许多种方案，这里选取两种方案的布置断面图，供设计中参考。图 8-15，两台直流电抗器接到整流装置的负极侧。与表 8-12 中图 (5) 主结线系统相对应；图 8-16，两台直流电抗器接到整流装置的正极侧，与表 8-12 中图 (2) ～图 (4) 主结线系统相对应。

8.4.3 二极管整流装置供电方式

直流电弧炉当采用二极管整流装置供电方式时，见表 8-12 中的图(1)，整流管是采用大功率二极管，由于二极管整流装置不能调节电压，为了在冶炼过程中能够选择合适的电弧电压，在炉用整流变压器的一次侧上必须安装有载调压装置，并需设有足够的电压抽头。

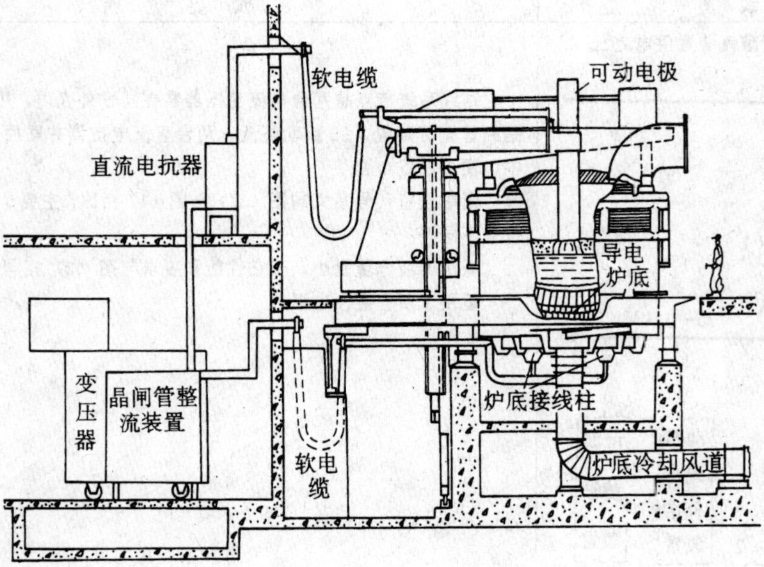

图 8-15　直流电弧炉电气设备布置断面图之一

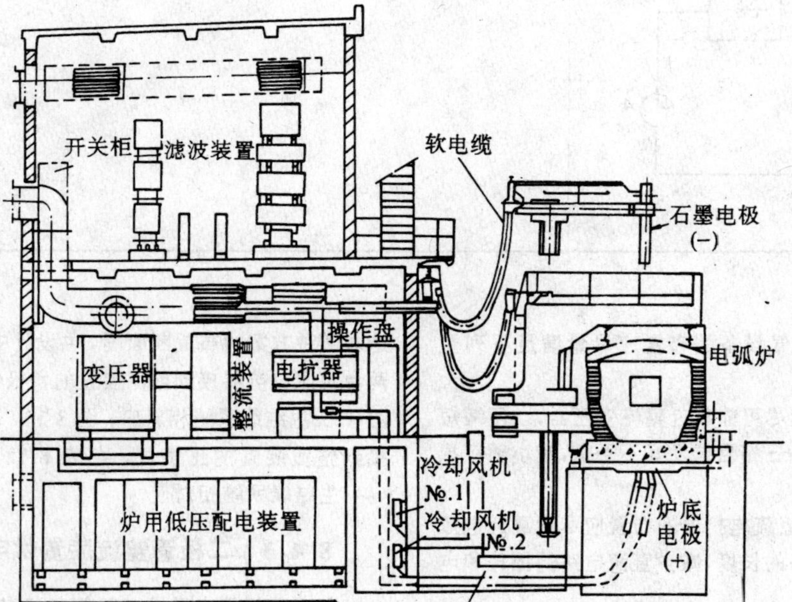

图 8-16　直流电弧炉电气设备布置断面图之二

当可动电极触及炉料而短路时，虽然自动控制的电极会迅速提升，但至少也会有1～2s时间的短路发生，又由于直流短网阻抗很小，短路电流很大。为了限制短路电流和稳定电弧电流的需要，必须在炉用整流变压器的一次侧回路中，串入一台交流电抗器，这台电抗器会降低负荷的功率因数。既使采取这个措施，冲击无功负荷仍然较大，对电网干扰产生的闪变电压与三相交流电弧炉相等。

由于二极管整流装置不能直接地调节电弧电流，仅能控制电极升降来变化电弧长短，从而变化电弧电流，因此电弧电流难以稳定。又由于电弧电压下垂特性，即电弧电流随着电弧电压下降而增大。故必须具有一个可以任意选定的电流/电压比的稳定工作区。

考虑到短路电流和初始电流峰值都很大，二极管的额定电流必须选择足够大。

综上所述，采用二极管整流装置供电，在技术上存在许多缺点，在经济上它与采用晶闸管整流装置相比，节省的投资很少（约0.6%），故在一般情况下，不推荐采用。

8.4.4 晶闸管整流装置供电方式

直流电弧炉采用晶闸管整流装置供电方式，主结线系统见表8-12中的图（2）～（5）。说明如下：

（1）电流流向从整流装置正极⟶水冷铜管和水冷软电缆⟶导电炉底电极（正极）⟶钢水和废钢⟶直流电弧⟶石墨电极（负极）⟶水冷铜管和水冷软电缆⟶直流电抗器⟶整流装置负极。

（2）可利用晶闸管整流装置的动态负荷特性来稳定电弧工作点。因为该装置可直接控制电弧电流，这种电弧电流和电弧电压能独立控制的优点，可以将工作短路电流限制在设备额定电流值或者设备操作预选电流值内。这主要是因为晶闸管控制的响应时间极短，可在3ms内所致。因此，不需要在整流变压器高压侧加装限流电抗器。

（3）在直流回路内串入水冷直流电抗器，它的作用是：

1）已知工作短路电流靠晶闸管整流装置的快速控制而得到限制，而对于短路电流的初始峰值，就得靠直流电抗器给予限制，从而保护晶闸管元件防止过大电流流过；

2）直流电抗器能使电弧电流稳定；

3）如果把它安放在炉底处，能产生电磁力使钢水横向搅拌；

4）控制电弧负荷的波动，从而减轻对电网的影响。

（4）晶闸管整流装置供电几乎不需要进行变压器抽头切换来调压，故仅在变压器安装星形-三角形线圈切换或无励磁电动调压装置即可。变压器二次电压最高值至少要比交流电弧炉提高20%。

（5）图8-17示出直流电弧炉功率控制特性曲线。在不超过选定的最大电流 I_{max} 值和最大电压 U_{max} 值的条件下，通过对电流和电压在一定范围内调节，使最大功率 P_{max} 控制在AB线段上。

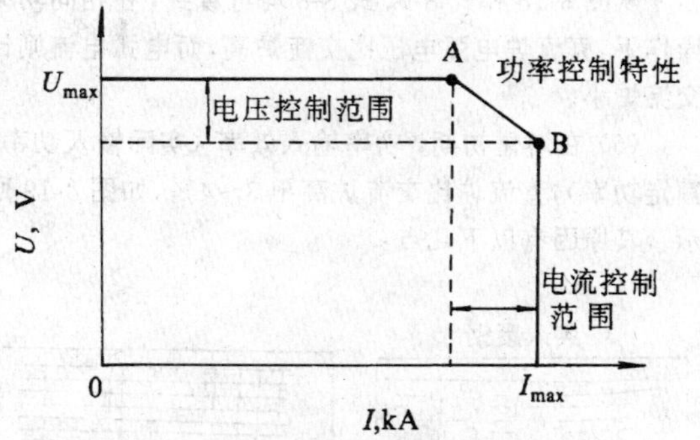

图8-17 直流电弧炉功率控制特性曲线

图8-18中表示出在半工业性直流电弧炉上试验得出功率控制点与交流电弧炉功率控制点的比较。

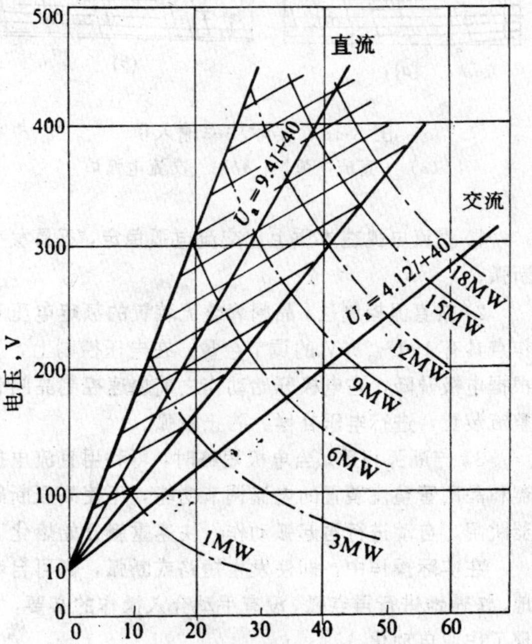

图8-18 直流和交流电弧炉功率控制点比较

交流电弧炉的电弧特性有如下关系

$$U_a = 4.12I_a + 40 \tag{8-7}$$

对于直流电弧炉，该院推荐一个与如下线性方程式相一致的直流电弧特性的范围

$$U_a = 9.4I_a + 40 \quad (8\text{-}8)$$

式中 U_a——电弧电压，V；

I_a——电弧电流，kA。

从图 8-18 和式 8-7、式 8-8 均可看到，在相同功率操作下，直流炉电弧电压比交流炉高，而电弧电流则比交流炉小。

(6) 在熔化初期，功率输入效率（实际输入功率/额定功率），直流炉比交流炉高出 3～4%，如图 8-19 所示。其原因有以下几点：

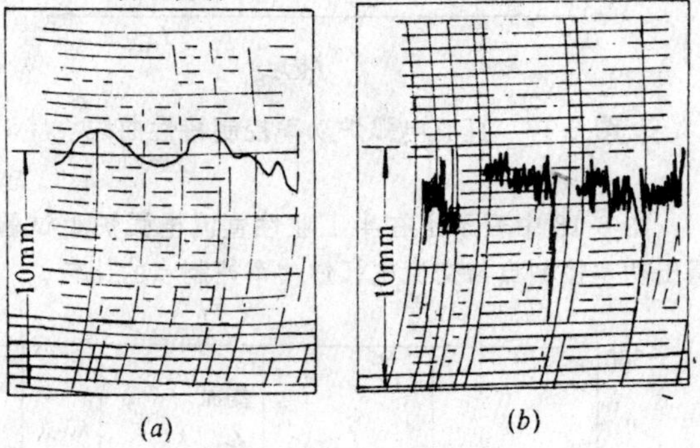

图 8-19 实际功率输入例

(a) —直流电弧炉；(b) —交流电弧炉

1) 直流电弧在本质上比交流电弧稳定，不易发生断弧。

2) 按直流控制法，晶闸管整流装置的额定电压动作点具有 150～220V 的调节余量。在电压控制上，可根据电极升降，在电极开始动作之前快速控制晶闸管整流装置，进行电压补偿、防止断弧。

3) 与断弧相反，当电极短路时，可利用直流电抗器和晶闸管整流装置的电流调节功能，不使高压断路器跳闸，自动进行再起弧动作，快速重新开始熔化。

在实际操作中，即使发生短路或断弧，都可自动地、快速地进行再点弧，没有手动介入操作的必要，实现了作业自动化。

8.4.5 电压闪变及电压波动

电网的电压闪变和电压波动都是由于无功负荷的波动而引起的。对电压闪变来说，当电压波动频率为 10Hz 时最为严重。

在交流电弧炉中，电弧电压和电流都是通过电极调节系统来控制的，其控制响应时间约 1～2s，不能抑制电弧电压的波动。当电极被废钢短路时，则短路无功负荷增加很大，故不得不同时设置动态无功补偿装置来抑制电压闪变和电压波动。

与此相反，在直流电弧炉中，当电极短路时，由于直流电抗器立即抑制初始短路电流峰值，在 3ms 内晶闸管整流装置可快速地控制，抑制短路电流增加，使无功负荷变动的幅值比交流电弧炉可减少 50%以上，从而大大降低电网的电压闪变和电压波动。

图 8-20 表示由直流炉和交流炉产生的闪变电压的比较。图 8-20 是根据一座 30t 交流炉改造成直流炉前后测得的数据，其结果是闪变电压 ΔV_{10}值，直流炉比交流炉低 50%以上。

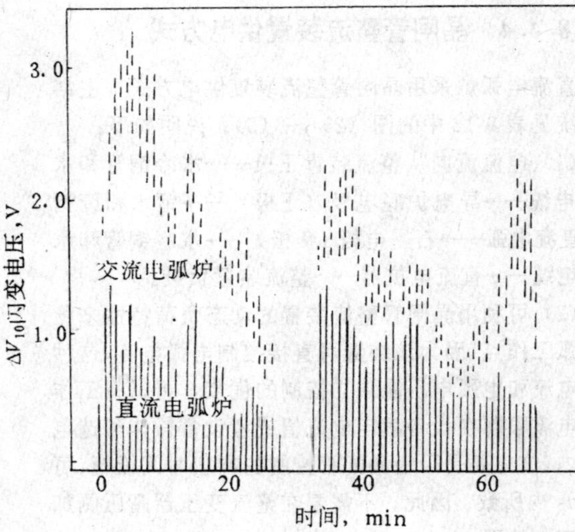

图 8-20 交流电弧炉与直流电弧炉闪变电压的比较

所以，直流炉对电力系统的干扰大大降低，当直流炉接于电力系统的公共供电点处的短路容量，为炉用整流变压器额定容量的 40 倍以上时，一般来说，就可不需装设动态无功补偿装置，否则需经计算确定。

8.4.6 高次谐波

高次谐波电流是非线性负荷产生的。在交流电弧炉中，由于电弧电流失真，产生了如 2 次、3 次、4 次、5 次和 7 次的低次谐波电流。在直流电弧炉中，谐波电流产生于整流装置由交流变换为直流的过程中。整流装置产生的谐波次数与整流脉动数有关，当为 6 脉动整流时，产生特征谐波次数为 5、7、11、13、17、19 次等；当为 12 脉动整流时，产生特征谐波次数为 11、

13、23、25次等。

图 8-21 表示交流炉和直流炉产生谐波电流的比较。由于直流炉仍有较高次的谐波存在，故需根据产生谐波量和电源点的短路容量的大小，计算出谐波电流及其引起的正弦波电压畸变率在公共供电点处，是否超过有关国家规范的允许值，以此来决定是否装设谐波滤波装置。

由于直流电弧炉理论上没有 5 次以下的谐波和偶次谐波，可提高谐波滤波装置的有效容性无功补偿容量利用率，从而减少滤波装置的安装容量，并有利于装置的谐波谐振点及谐振电压的控制。

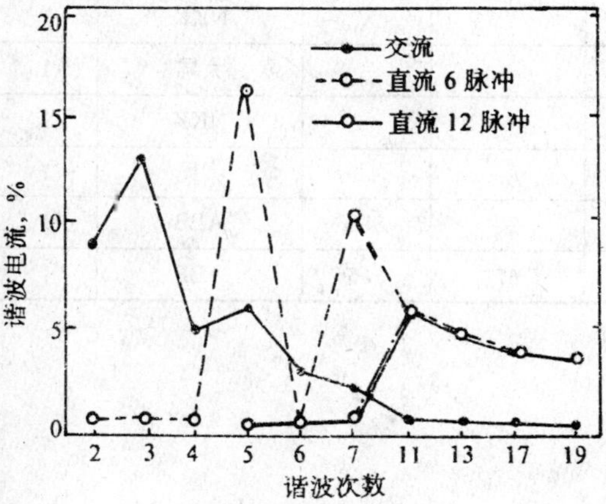

图 8-21 在交流与直流电弧炉中产生谐波的比较

8.4.7 起动电极

起动电极是两根金属棒或石墨棒，它与炉底电极同极性，布置在可动负电极的两侧。在电弧炉起动之前，它被压到冷料中。当电弧炉起动时，电弧电流通过起动电极经冷料流向工作电极（负极）返回到整流装置，使冷料熔化成钢水覆盖在炉底上，电弧电流随着炉底钢水的增加而越来越多的从起动电极转移到炉底正电极上。当电弧电流的 50% 转向炉底电极时，起动电极可以从炉中提出来，这时电弧电流全部转移到炉底电极上，见图 8-22。

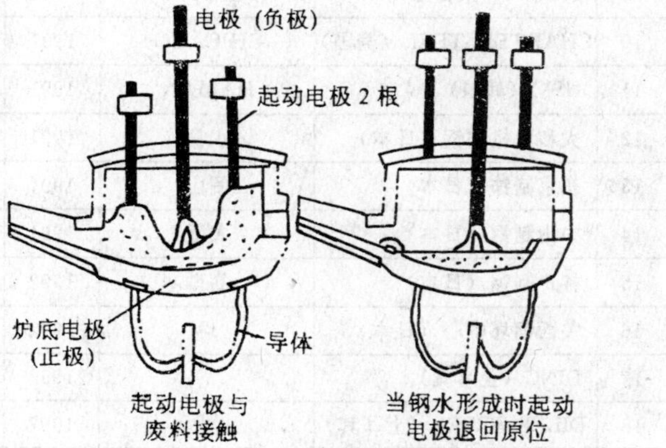

图 8-22 用起动电极进行点弧

起动电极不是非设不可的点弧起动措施，采用预留钢水法或者采用第一筐料装入精细料并通过炉门加热器加热，都能做到点弧起动。采用何种方法取决于炼钢工艺的要求。不论采用何种方法起动点弧电流都很小。

附录 8.1 国外炼钢直流电弧炉应用概况

国外炼钢直流电弧炉应用概况见附表 8-1。

附表 8-1 国外炼钢直流电弧炉应用概况表

编号	公司名称	炼钢厂简称	投产年	能力 (t)	变压器容量 (MVA)	炉壳直径 (m)	设备制造厂 (简称)	电极数
1	NUCOR（美国）	DARLINGTON	1985	30	12	3.8	GHH-BBC	1
2	SME（法国）		1985	75	3×20MW	5.8	CLECIM	3
3	FLORIDA（美国）	TAMPA	1986	30	18	3.8	ABB	1
4	DELTASIDER（意大利）	AOSTA	1987	30	22	4.3	ITALIMPIANTI	1
5	钢管工业（日本）	丰桥	1988	35	15	4.5	NKK	1
6	大同特殊钢（日本）	星崎	1988	20	15	4.0	大同	1

续附表 8-1

编号	公司名称	炼钢厂简称	投产年	能力 (t)	变压器容量 (MVA)	炉壳直径 (m)	设备制造厂 (简称)	电极数
7	东京制铁（日本）	九州	1989	130	100	7.0	NKK	1
8	共英制钢（日本）	和歌山	1990	60			NKK	1
9	SISW（马来西亚）	PENANG	1991	80	67	5.5	ABB	1
10	CHARTERSTEEL（美国）	CHICAGO	1991	70	42	5.2	ABB	1
11	HSM（韩国）	HAMAN	1991	50	35	4.3	ABB	1
12	大和电机制钢（日本）	水岛	1991	100			CLECIM	1
13	东京制铁（日本）	冈山	1991	150			NKK	1
14	中山制钢（日本）	大阪	1991	40			大同	1
15	神户制钢（日本）	高砂	1992	30			NKK	1
16	关西钢坯中心（日本）	堺	1992	120			大同	1
17	DINC（土耳其）		1992	30	20	3.8	ABB	1
18	DILER STEEL（土耳其）		1992	80	67	5.5	ABB	1

参考文献

[1] 花皑等，炼钢电弧炉的电气设备，机械工业出版社，1987.

第 9 章

能源管理系统（电力部分）

9.1　概述

钢铁企业是耗能大户，约占全国总能耗的10%。目前我国大型钢铁企业的吨钢综合能耗有的已接近0.7t标准煤，比国际先进水平稍大一些，但一般企业的能耗仍然比较高（有的大于1.0t标准煤）。在钢铁成品的成本中原辅材料占40～45%，而能源消耗占10～20%。因此在钢铁企业中，节约能源、合理地利用能源有非常大的经济效益和社会效益。

钢铁联合企业消耗的能源有煤、重油和电力。除这些从厂外购入的能源介质外，生产过程中回收的二次能源（约占总能耗的40%左右）有煤气、蒸汽、电力等。生产过程还需要水、氧、氮、氩等能源介质。加强能源系统的管理是一项投入少、效益高的节能措施。

钢铁联合企业的外购能源中电力约占10～15%；在企业内，电力管理与生产过程和其他能源系统的管理密切相关，如仅对厂内供配电系统进行调度其节能的效益不大。这是企业的电力管理与电业部门的电力管理不同之处。本章着重于电力管理，但对能源管理的通则也需涉及，因此文中采用“能源管理系统”（EMS）一词，另外，“能源中心”（E/C）指能源管理人员和主要装备的驻在地。

能源管理工作是企业能源部（或总动力师室）的职责。在以往的工程中，作业的主要工具是通讯系统，而现在过渡到采用工作站网络系统。完整的管理系统中，人是关键的一个环节，本章中“能源管理系统”一词，一般指实体的能源管理系统的软硬件设备。

能源管理是生产管理的重要支持。能源管理系统的设计方案应结合企业的管理体制、工艺系统的特点、能源系统的构成、装备水平和运行操作的习惯等制定，内容包括管理设计、工厂设计和设备设计三部分。设计工作必须有熟悉管理工作的人员参与，软件开发工作更应以他们为主。本章内容主要供规划系统时参改。

9.1.1　能源管理的目标

能源管理的目标是保证工艺生产的正常运行；在异常情况下不影响或少影响工艺生产的运行；合理利用能源、节约能源，最大限度地降低生产成本；最大限度地降低对环境的污染。

9.1.2　能源管理系统的特点

钢铁企业能源的特点是：能源介质的种类多、系统复杂；各种介质的能源可以互相置换；二次（回收）能源的发生量和消耗量均与工艺生产的运行情况相关；能源的回收主要在冶炼工序，消耗主要在后加工工序；各种能源介质有各自特定的技术要求；厂内的能源系统与厂外的联系复杂。

钢铁企业能源管理的特点是：能源管理工作不直接产生和消耗能源，是通过合理化管理使该回收的能源不浪费；不同能源的价格相差很大，通过合理调配以使能源成本最低；生产过程时有调整，相应引起能源供需关系的波动，要求管理工作相适应；需要经常掌握能源系统的实时信息和工艺生产的计划安排和实施情况。

能源管理系统的特点是：

(1)能源管理系统的目标是确定的，而制约条件是灵活多变的，因此能源管理系统是一个决策支持系统，帮助人作出正确的决策。为此，要求能源管理系统能提供：能源供需的中、长期计划；能源供需的近期预测；能源的最佳分配；能源系统的实时运行情况和数据；能源供需的统计和经济分析；能源设备的状况；积累管理经验；集中监控各能源系统及其站、所的运行。

(2)能源管理系统是全厂生产管理系统的分系统。需要相互沟通信息。主要是计划和前一天的生产和耗能实绩。

9.1.3 能源管理系统的分类

能源管理系统目前实际上已在每一个企业中运行，它包括数据采集、处理、分析、判断、决策等部分。越先进的能源管理系统，人所承担的工作越少，根据工作分担情况，能源管理系统可分为下列三类，见表 9-1。00类系统是老的传统的，10 和 20 类属较新的和新的系统。

表 9-1 能源管理系统的分类

类别	特征
01	在各能源介质系统的调度中心设常规仪表，收集各现场站、所的运行数据和事故警报，由人工或记录仪记录，进行初步分析后向总动力师室的总调度汇报 总动力师室对全厂各种能源系统的运行作综合分析、选择合理的运行方案 总调度用调度电话发出操作命令，由各调度中心传至现场站、所，现场值班者人工执行
02	各能源介质系统的运行信息直接集中至总调度室（能源中心），其他同上
03	在各能源介质系统的现场设备的控制方式中，增添集中于能源中心的远方操作功能。其他同上
11	同 01 类，设计算机辅助整理上报的报表，协助进行经济分析
12	同 02、03 类，设在线的计算机收集数据、编制生产和事故报表。并进行一些计算和预测工作
21	同 12 类，但以工作站网络系统取代常规仪表。系统的管理功能增强。除增加能源供需预测的内容外，还增加各种能源介质的中、长期计划，最佳分配、统计分析和经济计算。给调度管理工作的决策以有力支持。建立历史数据库，将运行数据、分析的成果等记录归档，实现无纸化管理
22	同上，增加向调度人员提供操作指导；对主要动力设备实行在线的故障诊断，提供设备异常的预报，测算设备正常运行的预期寿命，合理安排检修计划等

9.1.4 能源管理系统的设计

9.1.4.1 设计的基础条件

设计的基础条件有：

(1) 全厂工艺流程的系统及其装备情况；

(2) 全厂生产调度体制及其设施；

(3) 建设方拟建立 的能源管理体制；

(4) 全厂各种能源介质的主干管网系统及其站、所的流程系统；

(5) 拟遥控的机电设备的电控系统、报警系统；

(6) 拟收集的检测信号的装备情况；

(7) 可能通过调度手段实现节能的各种方案；

(8) 拟由能源管理系统的设备实现的功能；

(9) 对能源管理系统装备水平的设想、分步实施的建议；

(10) 在旧厂改造能源管理系统装备时还需要：

1) 原有装备的运行情况和改造的设想；

2) 拟定的新旧系统过渡的实施方案；

3) 原有全厂厂区管线敷设平面图；

4) 原能源中心的建筑情况。

9.1.4.2 能源管理系统的工程范围

能源管理系统是一个调度系统。如图 9-1 所示，它由管理和运作两部分组成。运作部分的信号接口即现场与管理系统的界面。图 9-1 中的虚线框内为能源管理系统的工程范围。

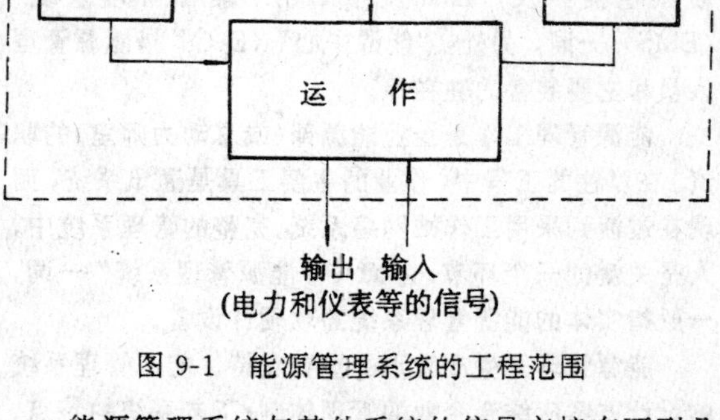

图 9-1 能源管理系统的工程范围

能源管理系统与其他系统的信号交接有下列几

种：

(1) 数字量输入 (DI)，如现场设备的通/断状态，某工艺生产的运行信息；

(2) 数字量输出 (DO)，如远方操作现场设备的通/断命令，对现场连续控制的数字量给定；

(3) 模拟量输入 (AI)，如现场各种模拟量的测量值；

(4) 模拟量输出 (AO)，如对现场连续控制的模拟量给定；

(5) 脉冲量输入 (PI)，如电度及流量的脉冲值；

(6) 与其他系统以通信方式交换的信息。

9.1.4.3 能源管理系统的设计步骤和主要内容

能源管理系统的设计步骤与主要内容见表 9-2。

表 9-2 能源管理系统的设计步骤与主要内容

工厂设计		设备设计		管理设计	
②可行性研究	拟建设的能源管理系统的类别和拟设置的功能 需要的信号规格、数量及分布总体系统框架结构的设想和分步实施的方案 选定能源中心位置和建筑面积，初定能源管理机构和定员 总体和分步的投资估算 效益分析			①设想和基础资料	拟定能源管理的体制和管理功能的设想 绘制全厂各种能源介质的系统并标出系统中检测装置的类别、部位和信号规格 拟定能源中心的总图位置和控制的投资
③可行性报告审查					
④	根据可行性报告的审批意见提出技术交流提纲	⑥技术交流	总体系统框架结构说明 各种功能的模型说明 基本软件说明 建议的供货范围 初步报价	⑤	审核技术交流提纲 提出操作方式的要求，监控画面和报表的数量和要求。报警的数量和要求 提出与各方计算机通信的要求
⑦初步设计	确定总体系统框架结构 明确信号的规格、数量和分布并确定功能 确定建筑方案和设备布置 确定管理机构和定员 编制概算				
⑧初步设计审查					
⑨	根据初步设计的审批意见提出询价书	⑪合同谈判	确定技术交流中的内容 进行系统硬件组态 提供硬件和软件的设备、附件、工具的清单 资料与设备交付时间表和最终价格	⑩	审查询价书
⑫签订合同					
⑫	提出新建厂的详细信号表和信号接口表	⑭设备基本设计	开展硬件和软件的系统设计 编制软件功能规格书	⑬	提出旧厂的详细信号表、信号接口表，提出软件功能要求规格书，包括全部画面和报表的格式

续表 9-2

工厂设计		设备设计		管理设计	
⑮设备基本设计审查					
⑱施工设计	设计联络一直延续到设备交货并参与应用软件编制和调试	⑯设备详细设计	硬件设备详细设计 应用软件编制		设计联络并参与应用软件编制、调试一直延续到交工验收
	土建、通风、通讯、电源等设计 设备安装、接线、室内室外配线、接地等设计 编制预算		⑰提交施工设计用的设备资料	参与应用软件编制和调试	
现场施工服务	⑲土建等施工	现场服务	⑳硬件设备交货 ㉑硬件安装 ㉒软件交货 ㉓硬件调试 ㉔软件调试 ㉕系统考核 ㉖交工验收		

注：工厂设计的初步设计一般需要分两步进行，签订合同之前编制一次，也可称方案设计，签订合同之后作一次修正。

9.1.4.4 能源管理系统的评价

在可行性研究和初步设计阶段需对能源管理系统进行评价。其内容为：

(1) 技术上的可行性。在一定的投资限额下，在既定的现场设备的装备水平上达到遥控、遥测、遥信的可行性；拟定的各种节能调度功能实现的可行性。

(2)经济上的可行性。实现系统功能所取得的经济效益。计算投资回收年限。

(3) 现实的社会效益。主要是安全生产、环境保护等问题。

(4) 可靠性评价。

9.1.5 能源管理系统的可靠性

9.1.5.1 可靠性的定义

一般可靠性定义为“在给定的时间内和给定的环境条件下，系统成功地执行所指定功能的概率”。能源管理系统长期连续采集实时数据，对其进行分析和处理，向调度人员提供现场情况的监视和节能调度的参考建议，但不直接进行控制决策。在这种系统中，提供信息的可信度比其连续性更重要。在拟定装备水平时不必笼统地全面地采用双机主动或被动冗余方式，相比之下，软件的可靠性比硬件的要求更高。而且应以保证能源系统正常运行为目标来考核管理系统的可靠性。

9.1.5.2 能源管理系统对可靠性的要求

A 数据采集部分

指示数据，如馈线的回路电流、功率、其他能源介质的压力、温度等数据，相当于常规仪表盘上的指示仪表，值班人员从该类数据得知当时的运行情况。这类数据偶而短时丢失不会影响生产。只是值班人员需要掌握的现场参数的变化趋势会因此而丢失。

计量数据，如用户的耗电量、其他能源介质的流量。这类数据用来计算成本、计算供需平衡、作耗能收费凭据等，不允许丢失，因此需要采取安全措施。如选用脉冲式计量仪表，通过脉冲计数器，以 8421 码数值定时输入系统。当管理系统停机时，计数器仍继续累计，系统恢复时，计数器将累计值输入系统，以此保证数据的安全。此外，现场计量仪表中还有一份相同的数据。

重要的计量数据是指与城市公用事业系统相关的数据，如全厂买电的计量，其可靠性和精度要求都很高，如能源管理系统短时停机或出现其他故障会影响到厂外单位。因此除采用脉冲计数器缓冲记存的方法外，还另设一套常规计量仪表为备用（此外，电业系统还有他的计量仪表）。

状态信号是指断路器，隔离开关等的运行状态。这类信号仅反映运行情况，不参与控制，因此短时丢失不会危及生产。

B 遥控部分

开关通/断遥控是现场设备控制系统中的几种控制方式（如手动、自动、就地、远方等）中的一种（远方）。它仅仅是一个控制命令，在操作时，其信号只存在 1s（相当于按一次按钮开关的时间）。在无操作命令输出时，现场的控制回路与能源管理系统不存在控制信号的联系。在这种情况下，其动作的失效可分为表 9-3 所示的四种情况，从后果来看“乱动”比“拒动”的危害性大，即系统停机的影响不大。为此，系统要在软件和硬件设计中采取防止“拒动”和“乱动”的对策。如输入操作命令，通过两个相同的程序，输出两个信号，只有两个输出信号相同时（两常开接点串联或两常闭接点并联）才执行，则系统的出错的概率就大大降低。

表 9-3 “拒动”与“乱动”的后果

故障类别	后　　果	危险性
拒动（一）	在正常情况下，停机或开机操作时拒动。此时可派人去现场操作（在能源中心配有交通工具）。这种情况影响十几分钟的操作延误	无危险
拒动（二）	在能源系统故障情况下，需要停机操作时拒动。实际上现场出现故障是靠现场的保护系统（主保护和后备保护）切断电源，不可能由操作人员手动干预。如果是发现能源系统不正常，需要停机时系统拒动，派到现场去的人未能及时赶到使能源系统的不正常发展为故障	无危险
乱动（一）	操作人员给出开机命令而系统输出停机信号，或反过来给出停机命令而系统输出开机信号，这种情况的后果与拒动相同。	无危险
乱动（二）	能源设备在运行中，系统未得到操作命令却输出停机信号	可能有危险
乱动（二）	能源设备在停机状态，系统未得操作命令却输出开机信号	有危险

数值传送是指现场过程控制系统的设定值的给定，它同样是在给定命令输出的一个短暂时间内工作，因此也存在“拒动”和“乱动”的问题，其后果也是“乱动（二）”的危险性最大，需采取对策。

C 管理功能部分

编制报表、预测、计划、统计、分析、最佳化分配等功能是定时或随机（由操作人员随机请求）进行的。在系统短暂停机时保持停机前的数值（认为停机时间内一直保持该数值），或将停机时间从总的月（年）工作时间中扣除，对管理工作均无多大影响。

所有报警功能在现场均有一套完整的系统。对特别重要的场合，可以考虑在能源管理系统之外，在能源中心另设一个只报出某处有故障的报警系统作为备用。

9.1.5.3 提高能源管理系统可靠性的方法

系统的可靠性是由环境条件（如电源、信息源、设备工作的自然环境）和主系统的硬件和软件，以及操作和维护的人等因素决定的。

A 硬件部分

采用常规仪表设备的系统，除要求设备本身可靠外，电缆结构是很关键的。要求电缆连接得有规律，结构可靠，环境的自然条件良好。

采用工作站的系统，一般依靠冗余方式提高可靠性。如果整个能源管理系统采用主动或被动冗余并不理想，其原因一是投资太高，二是系统中设备越多“拒动”或“乱动”的概率越大。因此应选择高可靠性的设备构成简单的系统，对重要的部件如外存储器等采用冗余，是可取的方案。

由于能源管理系统很复杂，设备很多，很难用可靠性来评价，一般用时间有效度（即在指定的时间内，系统正常运行时间的百分比，通常要求时间有效度在 95%以上）和故障次数考核，其计算方法举例如下。

例 某工程整个系统的时间有效度要求在 720h

的工作时间大于等于 99.9%。

时间有效度 K 由下式计算

$$K=(T-T_f)/T\times 100\%\geqslant 99.9\% \quad (9\text{-}1)$$

式中 T——工作时间（720h）；

T_f——故障停机时间，h。

T_f 的计算值规定如下：

对中央处理单元、通信控制器和电源模块为实际停机时间，h；

对单独模块为实际停机时间的 10%。

在考核期间，更换故障模块的时间限定为：

对中央处理单元、通信控制器和电源模块，小于 10min；

对 I/O 模块，小于 30min。

当某一装置或模块发生故障，而其功能可转换到备用装置或模块实现时，T_f 只计其转换时间。

为了避免虽然时间有效度合格，而系统中存在个别薄弱部件，因此在考核期间还规定了允许同一部件出现重复故障的次数如下：

每台打印机的机械故障不多于 1 次；

重要装置（如工作站、现场数据收集站等）少于 3 次；

每一单独模块少于 3 次；

对整个系统的故障应少于 5 次。

考核应在系统安装调试工作完成后进行。如果考核期间出现不符合上述规定的情况，考核应重新进行。总的考核应在 60 天内完成。如果仍达不到上述规定，制造厂应负责更换设备、赔偿损失。

B　软件部分

对于工作站型的能源管理系统，全部功能均通过软件实现、对软件的可靠性（安全性）比硬件的要求更高。下面提出一些参考意见。

（1）文件和目录的安全。在系统中的数据、信息、程序、目录等都必须加以保护（隔离）。要给各种文件和目录设置特定的属性，以阻止有效操作权限以外的任务。这些属性指：需要存档，禁止拷贝、禁止删除，隐含、索引、消除，只读/只写、反执行、禁止更名……等等。另外，文件被修改时，要么全部改变，要么不改变，以保证数据的完整性（事务跟踪属性）。

（2）系统设计中考虑的可靠性。

系统设计中考虑的可靠性包括：

1）事务跟踪系统。事务跟踪系统是保护数据库软件免受服务器、工作站或网络失败的中断，造成数据库记录出差错。该系统取消不完整的事务，实现对数据库的保护。

2）系统容错。系统容错包括：冗余程序、冗余表、写后读校验、给磁盘分配块中的坏块加标记，给镜像磁盘重新发出读请求，并将好的数据写到重定向区，以及对不停电电源的监控，……等。

3）应用软件的可靠性。设计应用软件时，应在各种情况进行合理性校验等以校验程序是否动态出错。

C　人的可靠性

要求能源管理系统，在正常情况下经济、合理地分配各种能源；在生产工艺突然变化或发生故障时采取恰当的应急措施，甚至在故障的酝酿期间，能预测到故障将在何处、何时发生，提前采取对策，以减免损失，均依赖于有丰富经验和负责的操作人员。但是人难免有时会出现错误或疏忽。在系统设计时应尽量减少其出现的可能性。首先应向操作人员提供直观、明确的信息。另外还应设置一些措施，如

（1）操作权限管理是禁止非法进入系统的有效办法，可根据实际需要设置，如：各级人员的操作权限；在不同地点（终端）的操作权限；在不同时间的操作权限。

各级人员的操作权限是指各级人员凭“身份卡”（一般是代码）进入系统，各种“身份卡”设定了特定的权限，参见表 9-4。

表 9-4　各级人员的操作权限（例）

操作者	操作权限
操作员	有常规操作权
工长	同上，增加设定值修改权
软件工程师	同上，增加应用软件修改权
软件系统工程师	同上，增加基本软件修改权

（2）不论执行什么任务，只要有人进入系统均自动登录在操作记录表中，以便分析差错。

D　操作环境

操作环境的内容很广，这里只对个别问题提出参改建议。

能源管理系统的不停电电源在供电电源切换时达到管理系统不停机。

能源管理系统的接点和端子很多，它们附上灰尘后极难处理。另外，电子器件的出错率与温度成正比。

所以能源中心的自然环境应符合《计算机场地技术要求》(GB2887—82)的A或B级。

为了保证值班人员的精神清醒，应适当增加新风补给量、这会减少人的差错。能源管理的工作人员，平时处于很平静单调的环境中，突发事件产生时应避免发出令人惊慌的信号，造成过分的紧张。表9-5示出各种操作行为的人为失误概率。由表9-5可知，在极端紧张状态开始后60s内的误操作率几乎近于1。一般要求系统在故障时提供确切的报警，操作人员要派人去现场找到事故原因后，才可采取对策。

表9-5 人为失误概率的中位值

操作行为	概率
在极端紧张状态开始后60s内的误操作	~1
极端紧张状态出现5min后	0.9
极端紧张状态出现30min后	10^{-1}
极端紧张状态出现几小时后	10^{-2}
一般性误操作(如由于错误显示值而用错开关)	3×10^{-3}
在维修时无法知道未使用部件状态的情况下，一般性操作遗漏(如在一次维修后未将测试用手动阀切换回运行中要求的正确位置)	10^{-2}
在工作过程中，尽管有书面说明而忘却某一项操作或类似的操作遗漏，如果在工作结束时出现，(如前一栏)则不归入这一类	3×10^{-3}
在检查过程中未发现先头工作中的错误①	10^{-1}
在没有检查程序表的情况下，当检查过程中未发现某一衔铁的错误位置之类	0.5
十分紧张状态下，要求作出快速的危险的反应时的误操作	0.2~0.3
时间紧迫时重复误操作 每n次修正原始失误的尝试时，原始失误概率加倍②	$P=2^{(n-1)}P_0$

①如错误不断而警报装置警报，则不属于这一类；

②失误概率上升至其值达到1或超过允许时间范围时为止。

此外，在软件设计时应避免不确切的信息，减轻工作人员的负担。还应在操作过程中提供相关信息，以判断操作的正确性。将众多工作人员的经验汇集(知识库)以建立专家系统给操作以提示，对工作可带来有利的支持是今后的努力方向。

9.2 能源管理系统的管理功能

9.2.1 功能设置的一般原则

能源管理系统是一个科学决策系统，这种系统的普遍程序如图9-2所示。不论对整个系统还是系统中的每个功能的实施都按普遍程序进行。

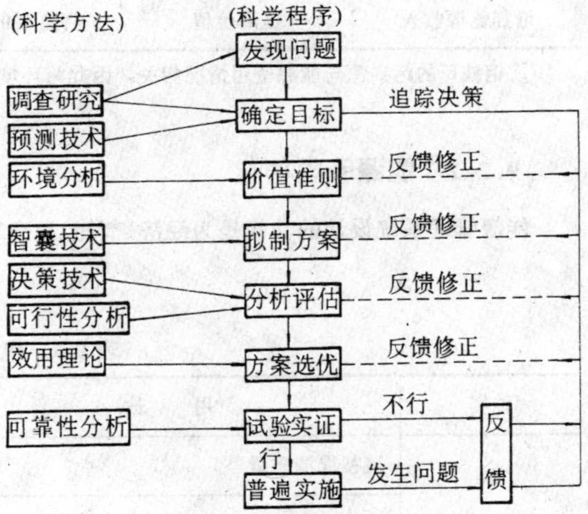

图9-2 科学决策程序图

通过调查研究、发现问题、确定目标。以节能为总目标，在企业的实际条件下，寻找问题，列出分目标的实例见表9-6。

价值准则是把目标分解为确定的若干指标；规定这些指标的主次；指明实现这些指标的约束条件。

由于能源管理系统的操作人员都很有经验，对各种情况都均有对策，只有出现新的情况才需要拟制方案、分析评估、进行方案选优，经试验证实，赋于实施等过程。

表 9-6 能源管理系统的分目标（例）

问 题	分目标	办法
降低各生产车间能耗	实行能耗计量	进行车间的单位能耗考核
降低能源成本	提高效率	避免动力设备的空运转和低效率下运转 提高各种能源的利用率
	安全生产减少事故损失	监视各种能源系统运行情况 准备各种减少事故损失的应急方案，争取实现事故报警
	积极平衡降低成本	降低、全厂水、电、煤气、氧、氮、氩等缓冲量 减少动力煤、油的库存量 避免煤气、氧气等的放散 提高二次能源的回收率 以低价格能源（如自发电）替换高价格能源（如外购电）
	节省劳动力	减少值班和维护人员（改分散岗位为集中监控和巡回检查）
	降低维修费用	测算动力设备的预期寿命以减少定期检修次数
	避免罚款	如低功率因数、超预期最大负载等供电部门的罚款；污染超标的环保罚款等①
增加能源收入	提高价值	将富裕的低价格能量加工成高价格能量出售

① 钢铁厂的污染源与能源使用情况相关，因此将环境污染的管理纳入能源管理系统。

9.2.2 能源管理功能

能源管理系统设计的功能是为经济(节能)和合理调度提供方便。

9.2.2.1 数据收集和处理

电力系统收集的数据项目大致如表 9-7 所示。

表 9-7 电力系统数据的项目

种类	用 途	内 容
实时运行数据和信息	监视能源质量	电压、频率、功率因数等
	监视运行情况	电流、有功/无功功率，主变压器温度等
	监视供电潮流，供需平衡计算，电力预测	有功/无功电度（有时需要检测双向有功/无功电度）
	开关状态信息	辅助接点信号
	开关操作的逻辑信息	指必要的安全联锁，如电源同期检验和远方就地选择信息等
	事故报警信息	各种报警接点信号
	事故分析信息	如果现场侧设事故录波仪，最好能将数据送入系统，存入历史数据库，一般由人工分析，其结果最好也能存入历史数据库

续表 9-7

种类	用途	内容
人工输入信息	上、下限设定值	电压、电流、频率的上、下限报警
	上上限、下下限设定值	电压、电流、频率的上上限、下下限报警(现场已跳闸)
	电压自动调节器设定值和工作方式选择	一般需要调整潮流时需要调节变电所母线电压，其工作方式为自动电压调节和自动无功功率调节
	主变压器抽头调压开关设定和操作方式选择	主变压器抽头远方操作。如果主变压器不止一台，则需选定是单台变压器调抽头，还是几台变压器同步调抽头
	开关的远方操作命令	接点信号输出
	各种计算中需要的常数	
计算机通信方式交换的信息	全厂生产的日计划、月计划	用以计划安排
	全厂生产产品的日产量	用以计算各种统计指标
	用电大户的生产情况	用以补偿电力预测

注：1. 检测信号的点应是网络中有代表性的点。
2. 用户的计量装置一般设在进户处，并由能源管理部门统一管理。
3. 参与同一计算的检测值的精度应一致。
4. 对计算结果影响微小的数据不列入数据采集范筹，在全厂供需平衡计算时将这些小用户统筹为一项常数。
5. 能源系统内部不进行计量核算，因此能源系统管辖的变电所之间的连络线不需要安装有功/无功电度表。
6. 数据的采集周期应与计算周期相匹配。
7. 无人值班的站、所应设“开门”、“火灾”、“室内温度上下限”等报警信号。
8. 逻辑信号的含义（定义）必须是明确而且唯一的。

9.2.2.2 预测

预测是根据能源介质的参数（电耗即电度、流量等)在前一段时间的变化趋势推测其未来的演变趋势。预测方法很多,一般采用回归技术(适用于参数波动较大的情况)和平滑技术(适用于参数波动较小的情况)。

例如：根据全厂15min内每分钟的耗电量（共15个值）预测后1h的电耗。采用最小二乘法的一次线性回归方程，由下式求得

$$Wh = at + b \tag{9-2}$$

式中 Wh——电耗量，MW·h；

t——时间，min；

a、b——系数。

$$a = \sum_{n=1}^{15} St_n SWh_n / \sum_{n=1}^{15} St_n^2 \tag{9-3}$$

式中 St_n——$St_n = t_n - \bar{t}$，$n=1\sim15$；

SWh_n——$SWh_n = Wh_n - \overline{Wh_n}$，$n=1\sim15$，

$\bar{t}$——15个t的平均值。

$$\bar{t} = \frac{(t-15)+(t-14)+\cdots+(t-2)+(t-1)}{15}$$

$$b = \overline{Wh} - a\bar{t} \tag{9-4}$$

式中 $\overline{Wh}$——15min电耗量的平均值，即15min电耗量之和除以15。

计算结果可用图9-3的形式表示在屏幕的画面上。

如果厂内有用电大户（如大电弧炉或大型轧机负载）投入或退出运行，则需对预测线进行修正，如图9-4所示。

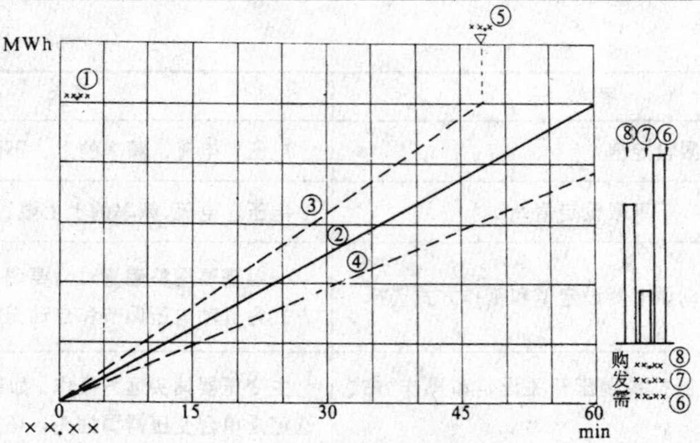

图 9-3 电力消耗预测线

①—合同规定的每小时购电量；②—规定每小时购电量的增长线；③—预测的购电量增长线（超过合同规定）；④—预测的购电量增长线（未超过合同规定）；⑤—提前达到规定购电量的时间；⑥—前 15min 实际用电量；⑦—前 15min 实际自发电量；⑧—前 15min 实际购电量

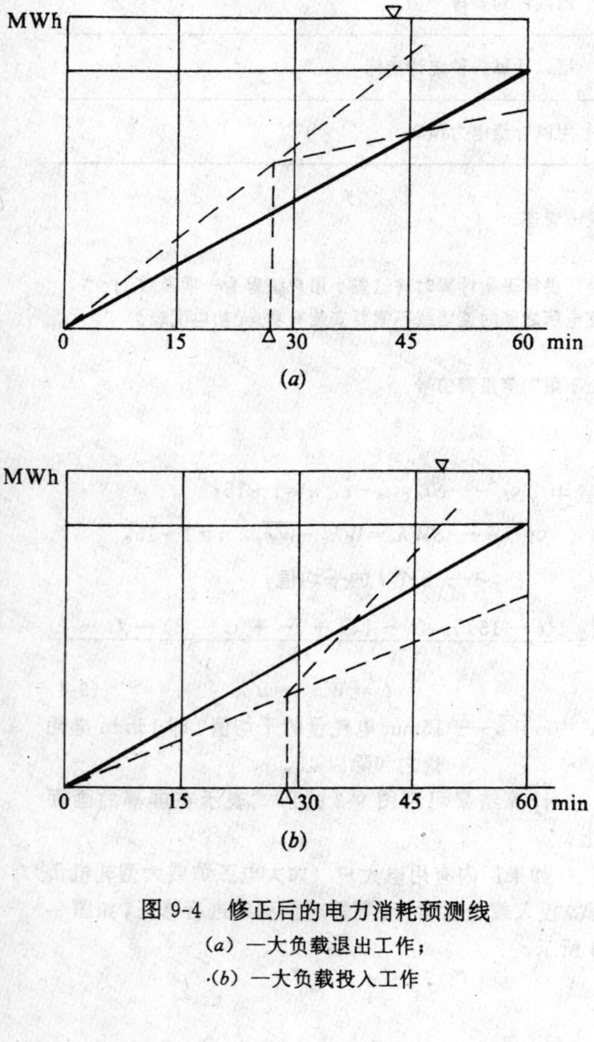

图 9-4 修正后的电力消耗预测线

(a) 一大负载退出工作；
(b) 一大负载投入工作

9.2.2.3 计划

计划实际上也是一种预测。可分为长期计划和短期计划。

长期计划以“年”、“季度”、“月”、“日”为单位。一般采用单位耗电量法进行计算，单位耗电量的值由本企业能源管理系统收集。同样，在计算中需要的常数也靠自己测算实际情况而得。

长期计划供企业计算该时期需购入的能源数量。

短期计划以“班”、“小时”为单位。它是在“日”计划的基础上根据预测功能计算结果进行修正。这种修正可以按指定时间进行，也可由调度人员提出要求时进行。

短期计划供调度人员决策时参考。

9.2.2.4 统计分析

统计分析是管理工作中很重要的环节，它的数据可以衡量调度工作的优劣，可以指出节能工作的努力方向。

(1) 消耗统计。按车间统计各种能源的消耗量。一般车间只统计有功电耗量，对特殊的车间还要统计其无功电耗量。

车间各种能源的消耗量是向各车间收费的依据。

全厂各种能源的消耗量统计，可用以校核按车间进行的统计的正确性，还可以用来分析电力系统运行方案的合理性。

(2) 成本计算和分析。由于钢铁企业内的各种能源可以转换，它们的单价各异，所以单纯计算电力成本有时是不合理的。应计算单位产品的能源成本，即综合成本。

通过成本分析寻找降低能源成本的途径和说明成本波动的原因。

(3) 收集各种电能消耗指标。收集的内容包括：各车间在生产不同产品时的车间综合单位电耗量（平均值、最大值、半小时最大值等）；全厂在各种情况下的综合单位电耗量（平均值、最大值、半小时最大值等）；全厂电能消耗的时间分布情况；收集计算用的各种系数。

9.2.2.5 能源“最佳分配”

能源“最佳分配”的目标最主要的是综合能源成本最低。它是能源管理的核心，具体体现设置能源中心的经济效益。

能源“最佳分配”是软科学，随不同情况而定，下面举例供参考。

(1) 全厂电力系统管理（见图 9-5）。管理效益由设备维修费和外购电费的降低获得。外购电费中需减少超限罚款或卸负载（不被罚），以及如何卸载，都由调度人员决策，另外自发电成本需进行核算。水系统的管理见图 9-6。它的管理效益主要体现在电能的节约。压缩空气系统的管理与水系统不同的是水系统在用水低峰时可调节水泵转速。而压缩空气系统不需要。

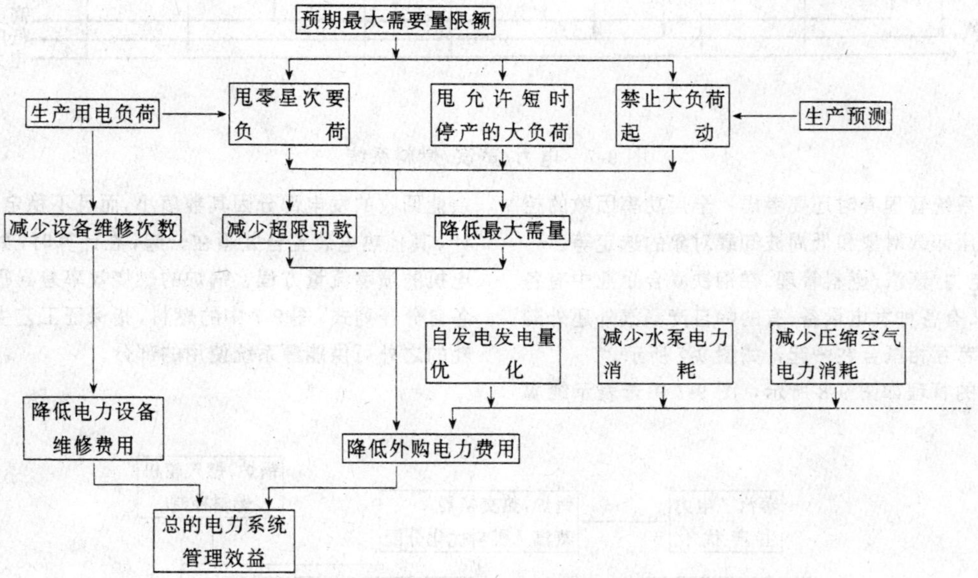

图 9-5 全厂电力系统管理

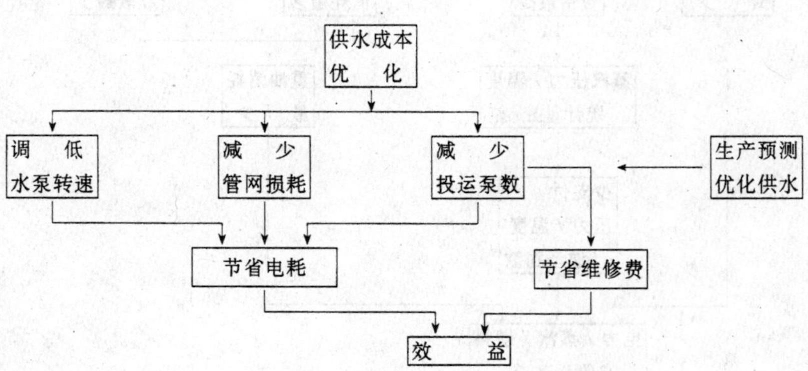

图 9-6 水系统的管理

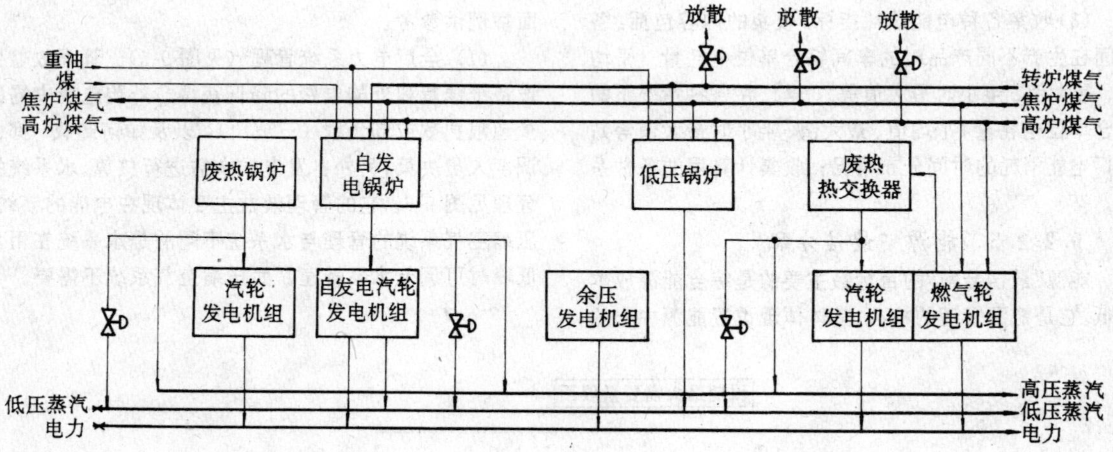

图 9-7　电力/蒸汽/燃料系统

电力系统管理有时还要考虑：全厂功率因数的控制，低电压卸载对象和低周波卸载对象的选定等。

(2)电力/蒸汽/燃料管理。在钢铁联合企业中有各种燃料，又有各种发电设备，有的除自产蒸汽外还外购蒸汽，三者互相耦合在一起，如图 9-7 所示。

相应的管理如图 9-8 所示，图 9-7 中未表示纯属余能回收的发电部分因其数值小，而且不稳定，忽略不计。其他热电装置合并画在一起，在计算时，如汽轮发电机的喷嘴流量方程、锅炉的燃烧效率差异很大则需各自分开列式。图 9-7 中的燃料，指保证工艺生产所消耗的之外可供能源系统使用的部分。

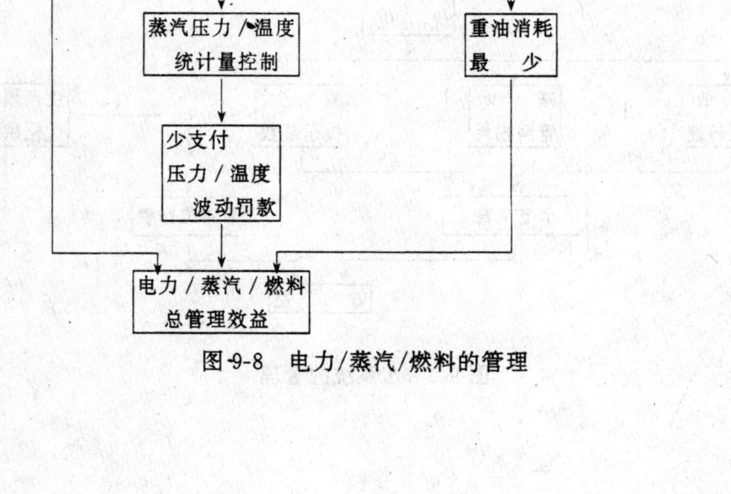

图 9-8　电力/蒸汽/燃料的管理

通过线性规划计算，可求得在一定的电力和蒸汽的需量和燃料煤气的供应量，外购能源成本最低时的高炉煤气和焦炉煤气的耗量。供调度人员参考。

9.2.2.6 各种技术计算

有些数据很难实际检测，有些数据直接测量很不经济，可以通过计算的办法获得。

9.2.2.7 系统故障诊断

每台计算机或工作站都有故障诊断功能，采用工作站网络系统时还应具有系统故障诊断软件。对现场数据收集和变换装置的网络系统同样应备有系统故障诊断专家系统。

9.2.2.8 动力设备管理和设备诊断

大型动力设备的运转情况都进入能源管理系统，可以用以建立设备管理档案。如增加大型发电机、鼓风机等设备的振动、轴承温度等数据和润滑油的分析等资料就可建立设备诊断系统。其工作流程如图 9-9 所示，详细的专业技术请参看有关资料。由于工作性质不同，一般由接在能源管理系统网络中的专设的微机承担此业务。

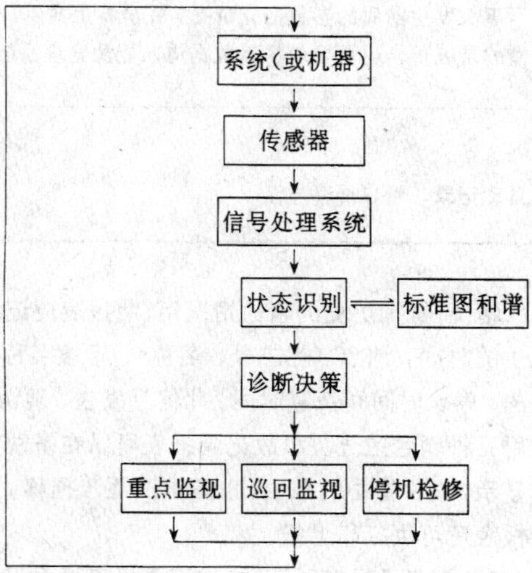

图 9-9 设备诊断的流程

9.3 能源管理系统的监控功能

9.3.1 概述

监控功能是能源管理系统的重要功能，其内容有下列几部分：

(1) 显示功能。要求提供的信息直观、确切。必要时可由硬拷贝机复制画面。

(2) 操作功能。要求方便，但应防止误操作。

(3) 报表功能。要求每一种报表有其明确的目的性，对上报的报表格式和内容应符合上级管理系统的要求。报表可在屏幕上显示，必要时随时打印输出。

(4) 报警功能。要求警报的含意明确、贴切。

由于上述功能的信息很多，在大型钢铁企业的能源管理系统中达数百项，即使中小型企业的系统也不会少于二到三百项。对画面、报表应有系统分层次地编制目录，以便使用者迅速找到需要的对象。

9.3.2 显示功能

不同装备的能源管理系统的显示信息的方法也不同，表 9-8 中以①表示采用常规仪表和信号灯的装备情况，以②表示采用工作站系统的情况。

表 9-8 能源管理系统的数据和信息的显示

数据和信息		显示方法
实时数据	测量值，设定值	①以仪表指针指示 ②以数字或棒形图和数字在屏幕上显示
实时信息	运行状态	①以模拟盘和信号灯的颜色表示 ②以屏幕上的图形和颜色表示
	事故报警(包括上下限报警和设备异常报警等)	①以信号灯颜色、闪光或光示牌表示 ②以屏幕上的图形、颜色或文字表示

续表 9-8

数据和信息		显示方法
历史数据和信息	测量值，设定值和状态	①靠文字记录 ②靠磁盘或磁带记录
	趋势	①靠人的记忆进行比较或由记录仪记下的曲线表示。 ②由存储器调出数据，在屏幕上以曲线显示
	趋势差值的趋势	①靠人的经验分析或以记录仪上的曲线表示 ②由屏幕上的曲线显示
	事故追忆（追忆事故发生前后的参数变化情况）	①用事故录波仪（对电力系统） ②可由系统记下事故发生前后的参数变化情况，在屏幕上显示。如果现场设有新型的录波仪，也可要求将其数据送入能源管理系统
	事故顺序记录和操作记录	①人工记录 ②由管理系统自动记录，可在屏幕显示

常规仪表盘、模拟盘的设计请参看有关设计参考资料，本节只就屏幕画面设计提供参考。

9.3.2.1 画面的种类

能源管理系统的画面有：

(1)全厂性的各种能源介质的全貌系统，它是值班人员经常面对的最重要的画面，有时称常驻画面。例如图 9-10 所示的电力平衡情况，它说明主要设备投入运行情况，系统是分列运行还是并列运行，当前的负载情况，购入还是售出电力，本月耗电量，加权功率因数等关系到企业的经济和运行情况、画面上还可表示某些母线的电压和频率值。

(2)操作画面。操作画面供值班人员操作现场设备用，如图 9-11 所示，画面表示某变电所的全貌系统，在画面的下部或一侧设操作功能键，图 9-11 中处于画面下部，图 9-12 中处于画面右侧。

(3)报警显示。不论当前屏幕上是何种画面，一旦发生事故报警，就应在该画面上显示信息，图 9-10 中，画面上部留有报警文件显示窗口。也有的在画面的最上部或最下部显示一条报警信息。

(4)事故记录报表画面。事故记录报表画面是为了解事故情况，查询历史的事故情况用。此报表应记录事情发生的时间，地点（标志号，名称）、事故名称，谁确认的，确认时间和恢复时间。此信息发生、确认、恢复可用三种颜色区分。事故记录报表可以在事故文件窗中显示，文件窗中的条文，以新推旧逐步推移。事故记录报表还可供打印上报。

(5)操作记录报表画面。操作记录报表画面记录操作发生的时间，部位（标志号、名称）、操作行为、操作者代码。

(6)参数的趋势画面。需要了解某个参数变化的情况，可将该现场数据绘成曲线，一般每帧可绘 8 根曲线，每根曲线可以有自己的坐标。但每帧的坐标系不宜太多。如果需要观察几个参数变化的相互关系，则可将曲线绘在同一坐标系中，而每帧的曲线仍不超过 8 根，如图 9-13 所示。

(7) 棒形（栏形）图，参数值的显示。它比数值显示更形象化，便于参数的静态比较。每帧不超过 8 个棒形图形。在图形上下可用数字表示其实际值、上限值、下限值、设定值等，如图 9-14 所示。另外，为了醒目上、下限和设定值也可加上图形表示。

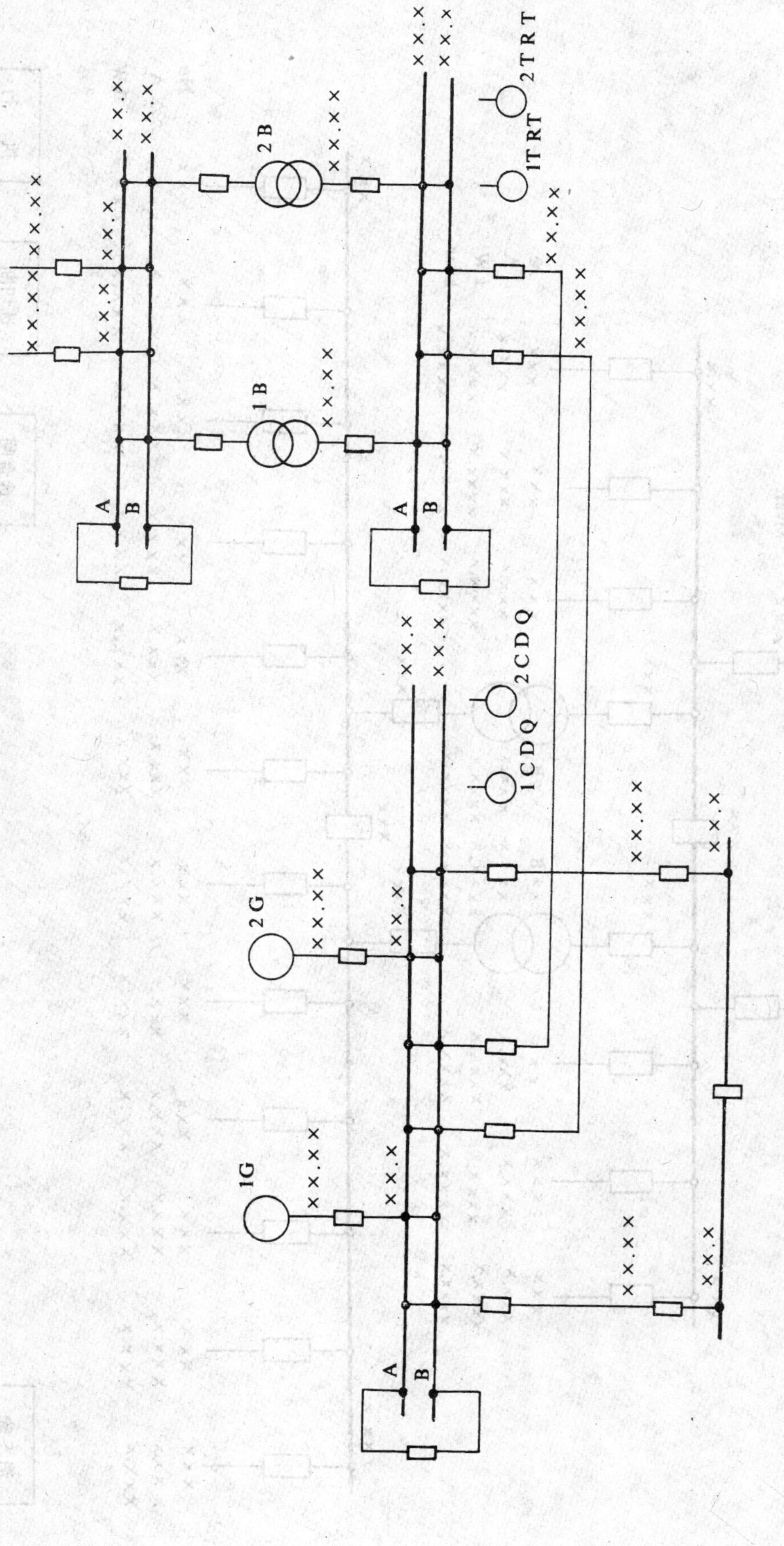

图 9-10　供配电系统常驻画面

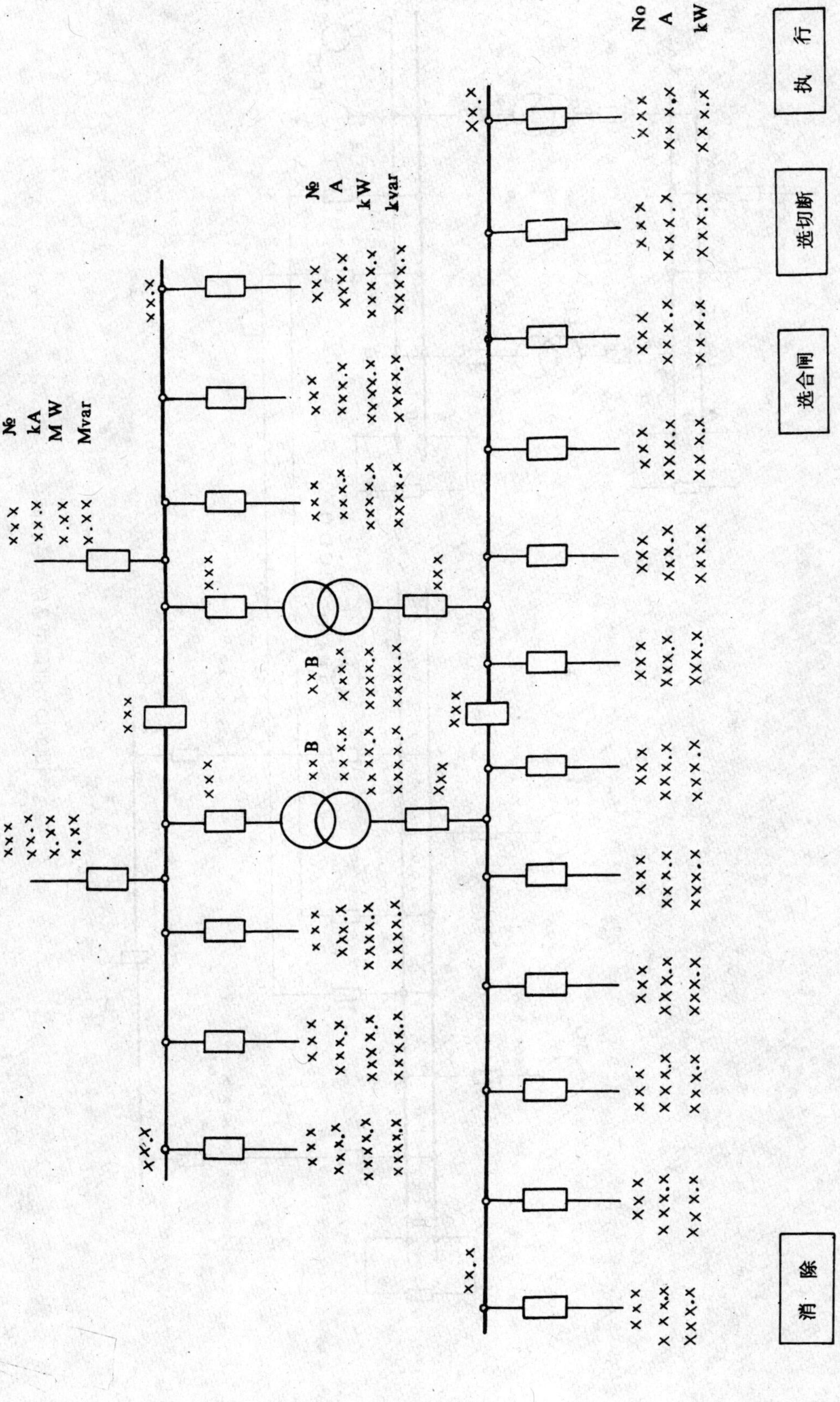

图 9-11 变电所操作画面（例一）

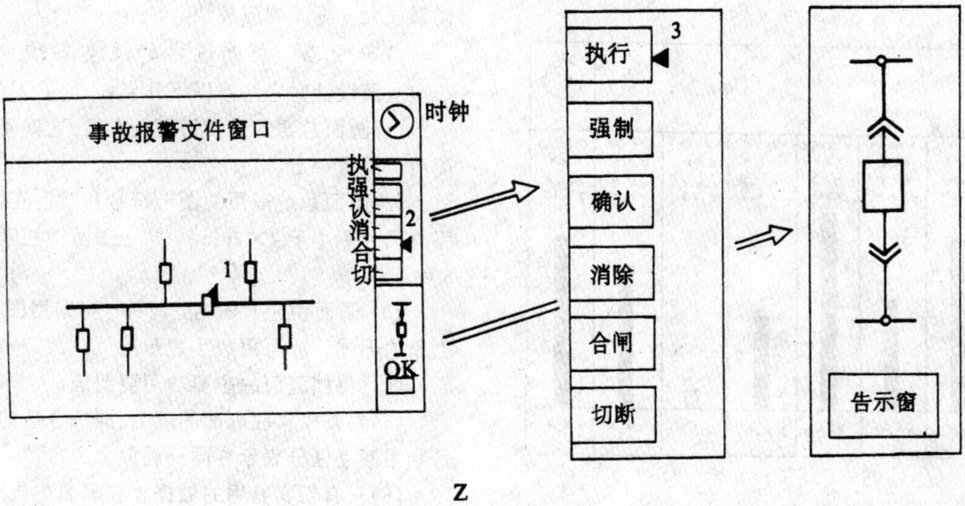

图 9-12 变电所操作画面（例二）

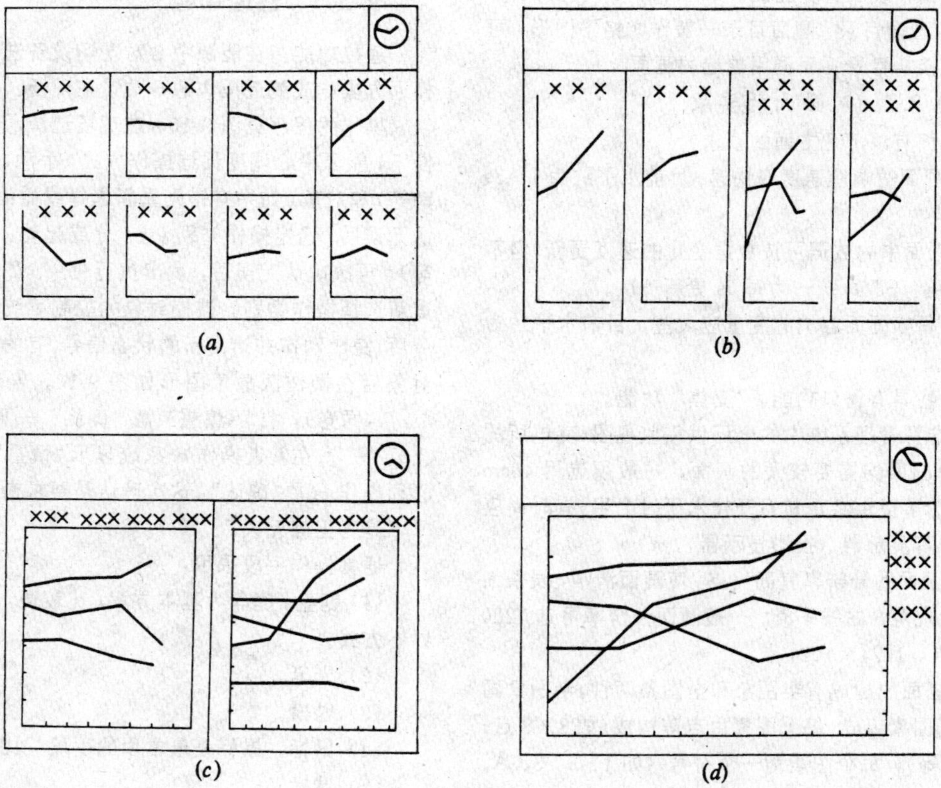

图 9-13 趋势画图

（8）电力继电保护整定表。表中设回路号、主保护和后备保护装置名称及其整定值（电流、电压、动作时间等）以及整定者的代码。

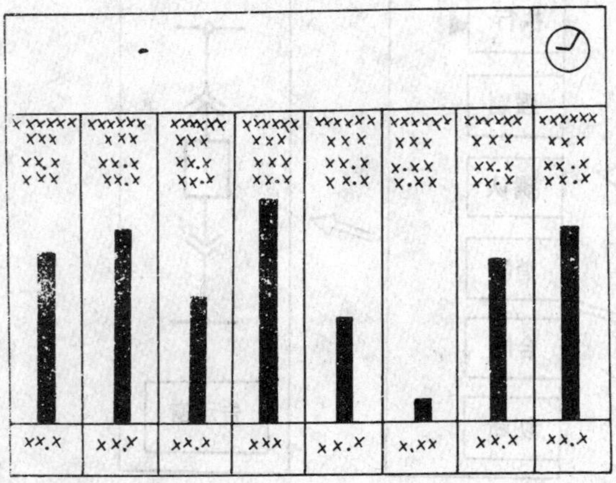

图 9-14 棒形图画面举例

(9) 其他画面，如控制系统的逻辑图、时序图，以及其它能源介质的各种画面。

(10) 画面目录。画面目录一般作成格子图形，可用光标直接从目录画面调用被选的画面。

9.3.2.2 对画面的要求

对画面有以下几方面的要求：

(1) 画面的响应速度应快速。目前水平约为 1～3s（平均）。

(2)画面中的数据可按数据变化的速度更新，但不应短于 1s。一般可统一为每 5s 更新一次。

(3) 每帧画面容纳的变量应大些，目前水平约为 150 个变量。

(4) 应具有窗口功能、“变焦”功能。

(5)能源管理系统中的全厂供需监视图、变电所的操作图等画面均需要较大的画面，一般须选用 48cm 的屏幕。为了提供参观和召开技术研讨会用，有时尚应配备大屏幕显示器（投影显示器）。

(6)画面的分辨率宜高一点，使画面清晰，线条细洁，图形规范，曲线平滑。一般画面分辨率可选 1280×1024 点，1024×1024 点。

(7)画面的构成有半图象和全图象两种。半图象画面由若干图素组成，每个图素由点阵构成(如 8×8 点、24×9 点等)，每个图素为一个符号（如 1、2、3、A、B、|、一、□等)，汉字也作成一个图素，但要求的点阵大一些(如 16×16 等)，因此要少用汉字，尽量采用拉丁字母和数字。全图象的画面直接由点构成，因此全图象画面的图形符号可不受限制，画面比较美观，可以局部放大，画面响应较快。

9.3.2.3 画面设计的注意事项

画面设计时应注意以下几点：

(1)画面首要的是实用而且方便。这就要求画面要简明，重点突出。

(2)画面系统采用的图形符号和颜色应统一定义，字符尺寸不小于 $4\times6mm^2$，同一画面中的颜色不超过 8 种。

(3) 画面中应有图名，时钟（可采用图 9-10 的左上角的形式，亦可用数字表示）。

(4) 每帧画面的主要功用要明确。

(5)要减少常驻画面的帧数。同一介质的不同系统可利用颜色区分表示在同一画面上。

(6)只有切实有用的数据才在画面中出现。需要临时调看有关的局部画面或数据表，可利用窗口画面方式。

9.3.3 遥控功能

遥控功能指在能源中心对现场设备进行操作。选择远方操作或就近操作的开关设在现场。

操作的程序见图 9-15。在现场选择远方操作的前提下，能源中心调度预选操作方式（手动、半自动、自动等）和对象，如果有错则重新选择或撤消原选择。确认无误后，选定操作类别（合、分或起动、停止或设定等）。再次确认无误后，发出执行命令。如果有错还可重新选择操作类别。被控对象的控制系统得到执行命令后，完成动作并给出新的状态信号。有的系统在选择对象后在操作区显示图形如图 9-12，告示窗会显示“√”（同意），“!”（慎重）需“确认”一下，“×”（禁止），“—”（在就近操作）。系统显示“慎重”后的确认，必须操作一次“确认”，这次确认是要求操作者再考虑一下是否正确无误。

通常操作手段采用：

(1) 键盘。键盘为基本方案，比较慢，一般再选配以下方式。

(2) 光笔。

(3) 触摸。

(4) 鼠标。鼠标是最常用的手段，比较简便。

(5) 球标。

(6)操作杆。操作杆用于移动画面比较方便，属辅助操作手段。

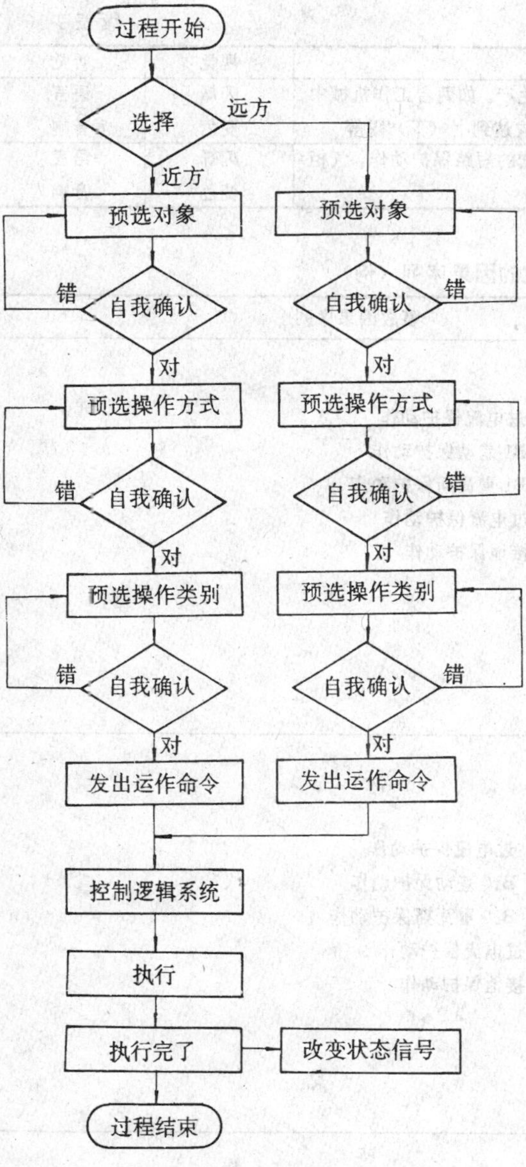

图 9-15 操作程序

9.3.4 报警功能

能源管理系统是一个大系统，远离现场，有的现场为无人值班或设备为自动控制的，因此报警功能有其特殊要求。

9.3.4.1 报警的方式

能源管理系统的报警方式见表 9-9。

表 9-9 报警的方式

类别	方式	说明
视觉	灯光（或 LED）	闪烁 0.67～1.67 次/s 变色 一般以黄色表示严重故障。如要求区分几种不同故障；宜选几种易分辨的色灯或光示牌
	光示牌	灯光与文字组合，起明显的提示功能
	CRT 屏幕显示	图形闪烁 1 次/s 变色 一般选用与信号灯相同的颜色。但 CRT 可用两种颜色相并的图形表示不同的故障。还可采用反转方式（如红底白字反为白底红字） 变图形 如在原图形上加“×” 文字形式 报警窗提供事故的全部信息是最直观的方式
听觉	电铃和蜂鸣器	电铃和蜂鸣器可用以区分两种信号。提示值班人员去查看“视觉”信号。听觉信号的强度约 65dB
	电声器	电声器的音频可以选择，强度可以调节，其作用同上
	语 言	事先录就或声音合成的，如“××变电所故障”等。当发生故障时，由扬声器发 出相应的语言信息。这种方式比一般听觉信号传递的信息多，可缩小值班人员寻找事故的范围，节省时间

9.3.4.2 报警的分级

能源管理系统的报警的分级见表 9-10。

表 9-10 报警的分级表

级 别	说 明	视觉	听觉
0 级（最轻级）	系统出现短暂异常，不影响正常运行，如数据瞬时丢失，很快又恢复正常	LED 闪烁	
1 级（轻级）	系统出现异常，但生产仍在正常运行，如备用设备自动切换成功 出现事故苗头，允许等待一段时间进行检查，暂时不必停止生产运行，如变压器的轻瓦斯保护动作或温度报警；预测到可能在一小时内超限等	闪烁 变色	语言

续表 9-10

级 别	说 明	视觉	听觉
2 级（中级）	系统出现故障，只能维持部分生产或低压负载生产。如两台工作机械中的一台自动切换失败，或气柜柜位达到下限，水位达到上（下）限等	闪烁 变色	语言 音响
3 级 （重级）	系统出现必须立即停止生产的重大事故，如馈线的短路保护动作，气柜柜位达到下下限，水位达到上上限（下下限）等	闪烁 变色	语言 音响

9.3.4.3 报警的逻辑

表 9-11 供配电系统事故的因果序列（例）

系 统	事故因果序列
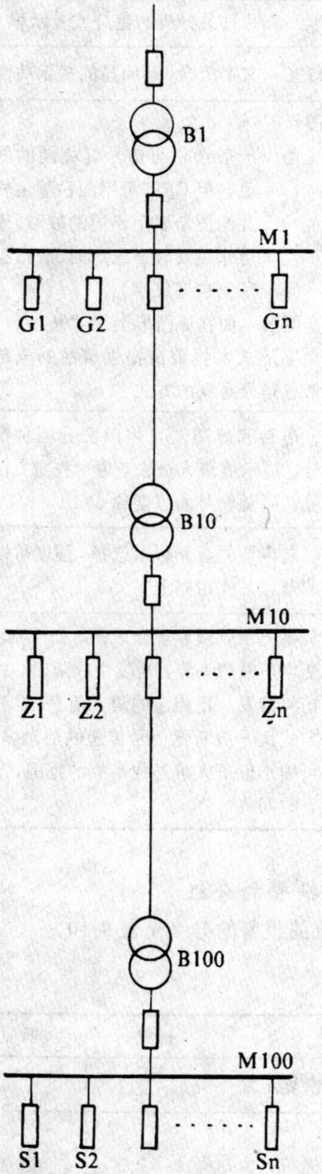	电网低电压 B1 两侧开关跳闸　过电流保护动作 B1 差动保护动作 B1 重瓦斯保护动作 G1……G 跳闸　过电流保护动作 接地保护动作 M1 母线低电压
	B10 两侧开关跳闸　过电流保护动作 B10 差动保护动作 B10 重瓦斯保护动作 Z1……Zn 跳闸　过电流保护动作 接地保护动作 M10 母线低电压
	B100 两侧开关跳闸　过电流保护动作 B100 重瓦斯保护动作 S1……Sn 跳闸　过电流保护动作 M100 母线低电压

能源管理系统是全厂性的，某一站、所的故障会波及下一级站、所，值班人员要求报警系统明确显示事故的原因。因此需要对事故进行排队。在队列前面的是故障的祸首。例如表 9-1 列出系统出现低电压报警的各种因果关系。低电压的原因可能是由于上级变电所低电压，也可能是短路故障造成的，如果是后者则应表示短路故障而不需要发出低电压报警。

9.4 信号收集与传递

信号是能源管理系统的基础。它决定系统的总体结构、硬件规模和投资。在可行性报告和初步设计阶段都需要统计信号数量和类别，提出信号规格和分布情况，深一步设计阶段必须提出详细的信号表。

9.4.1 信号数量的估计

估算电力系统的信号数量可先分析变电所的控制系统，列出几种典型情况（见表 9-12 的例子），然后根据回路数和各种报警系统求出各变电所的信号数量和类别。

表 9-12 电力信号数量和规格的估计参考值（例）

名称	脉冲输入 PI	模拟输入 AI	模拟输出 AO	数字输入 DI	数字输出 DO
企业总受电回路	4	4	3	9	7
一般断路器馈电	1～2	3		6	4
一般熔断器馈电	1	3		3	3
有反送电可能的馈电	4	7		7	4
变配电所受电回路	2	4		7	6
母联回路		1		2	8
主变压器（带调压开关）			2	抽头数+2	3
所用电回路		1～2		1～2	1
电压互感器回路		2～4		3	
母线		0～2	1～2	1	
其他（如电源同期检查信号、电压自动调节信号、门开信号、火灾及各种事故报警等）			若干	若干	若干

非电量的信号数量一般为：

大型机组的输出流量、压力、温度等（供计算效率用）。

每个能源单元的（水站、煤气加压站……等）产生量、输出量、压力、水位、贮罐液位、煤气柜柜位及其柜位升降速度等。

每个用户单元的各种能源介质的耗量等。

各种能源介质的物理参数如水的导电率、pH 值、COD 值，大气的风速、风向、温度，湿度、降尘量、飘尘量、SO_2 和 NO_X 浓度等量。还有噪声等环保单位要求测定的量。

由于估计信号数量时有些因素很可能变化，而且管理系统也会随着功能的开发而增加新的信号。对估算出的信号数量应再增加 15～20％的裕量。

9.4.2 信号的规格

能源管理系统输入与输出的信号均为电信号。模拟信号主要选用直流电流信号，距离很近的（200m 以内）用屏蔽电缆时才可采用电压信号。

9.4.2.1 模拟信号

常用的模拟信号规格如表 9-13 所示。

表 9-13 常用的模拟信号规格

信号类别	一般规格	推荐值
电流(单向)	0 ～ 1mA，0 ～ 5mA，0 ～ 10mA，0～20mA，4～20mA（双线变送器）	4～20mA

续表 9-13

信号类别	一般规格	推荐值
电流（双向）	±1mA，±5mA，±10mA，0～0.5～1mA 4～12～20mA 或 4～20mA（四线变送器）	4～12～20mA
电压（单向）	0～5V，0～10V，1～5V	1～5V
电压（双向）	±5V，±10V，0～2.5～5V	0～2.5～5V

9.4.2.2　数字信号

数字信号的规格应根据产品说明书与外部系统的要求选定。下面举一种产品的参数为例：

额定电压　24V

　“0”状态　−33～+5V

　“1”状态　+13～+33V

滞后

　从“0”到“1”　0.3ms

　从“1”到“0”　0.3ms

电缆长度

　非屏蔽电缆　<50m

输出信号

“1”状态时输出电流

　额定值　0.5A

　允许范围　5mA～0.5A

负载

　灯　<5W

　感性　<12W

短路保护　电子式

内部电路中断时的电压极限　V_{pos}—75V

通断频率

　电阻负载　<100Hz

　灯负载　<11Hz

　感性负载　<2Hz（0.3A 时）

　<1Hz（0.5A 时）

　<0.2Hz（1A 时）

　<0.1Hz（2A 时）

在“0”状态时的泄漏电流　<0.5mA

输出信号电平

　“0”状态　<±3V

　“1”状态　>V_{pos}−2.5V

电缆长度

　非屏蔽电缆　<200m

以上数据在选用设备时均应考虑，系统的输出即电控系统中的继电器，输入也是继电器接点。有时脉冲信号直接输入则应注意其通断频率，如果不匹配，则需选用特殊的输入模板。又例如，控制开关通断的信号应与制造厂商定（波幅 24V，波宽 1s）。而且所有输入输出的电源是由系统送出去的，还是由外部送进系统的必须明确。

9.4.2.3　脉冲信号

脉冲信号指累计值数据（如电度值）和位置数据（以脉冲定位）的脉冲，一般在 100Hz 到 25kHz。这种信号的接口要求，以某一产品为例

输入 24V 脉冲

　输入频率　<25kHz

电缆长度

　屏蔽电缆　<100m

输入电压

　额定值　±24V

　“0” 状态　−33～+5V

　“1” 状态　+16～+30V

“1” 状态时输入电流　8.5mA

9.4.2.4　其他信号

有些信号有特殊的技术条件需与制造厂协商研究解决。

9.4.3　电量变送器

电量变送器是将交流或直流电量转化为线性直流信号的器件，使之与能源管理系统的输入匹配。

9.4.3.1　电量变送器的种类

电量变送器的种类很多，如按输入信号分有：交流电流；交流电压；单相/三相有功功率；单相/三相无功功率；单相/三相有功电度；单相/三相无功电度；三相

相角/功率因数；频率；直流电流；直压电压。

为了节约仪表的功耗和简便安装接线，制造厂还生产各种组合式变送器。如：有功功率/无功功率；有功功率/有功电度；无功功率/无功电度；有功功率/有功电度/电流；无功功率/无功电度/电流；有功功率/无功功率/电度；频率/电压。

此外，有的有功电度和无功电度有时有正、反两个方向的情况。

9.4.3.2 电量变送器的选用

A 准确度

准确度以上量限的百分数表示，在选用时应与实际需要相适应。仅供监视的准确度可低一些，介入计算的高一些（同一计算组的数据准确度应相同），收费计量的更高。如：

(1) 电流和电压变送器有 0.5 级（±0.5%）和 0.25 级（0.25%）两种；

(2) 功率变送器有 0.25 级（指典型值为±0.1%、最差值为±0.25%）；

(3) 高精度的功率和电能变送器有 0.25 级和 0.1 级（0.1%）；

(4) 频率变送器的准确度为±0.01%中心频率。

变送器的准确度等级均指在基准条件下使用。条件的改变会引入附加误差。变送器的准确度仅是变送器本身的误差范围，不包括电流互感器、电压互感器的误差。

B 变送器输出的线性范围

变送器输出的线性范围一般为 0～150%，但有的产品为 0～120%，如果有特殊要求，可选用扩展型产品、其线性范围可超过 150%。

C 输出的纹波峰值

输出的纹波峰值对 0.5 级和 0.25 级准确度的分别为小于等于 1%和小于等于 0.5%；对 0.1 级准确度的为 0.05%；对频率变送器为小于 0.25%。

D 响应时间

响应时间应与信号采样周期协调，频率变送器为小于 250ms；其他变送器为小于 400ms（有的为小于 250ms）。

响应速度与输出纹波是相互矛盾的，响应速度是指输入从零跃升到额定值（或从额定值降到零）输出直流电压从 0 上升到 90%输出额定值（或从额定值下降到 10%额定值）处所需的时间。响应时间越短，越能迅速反映信号的变化，但输出的纹波越大，则系统采样的瞬间，纹波幅度会令信号产生很大误差。如系统的 A/D 变换器为积分型的，则能适应较大的纹波，但积分型 A/D 变换速度比逐次比较型 A/D 变换低得多，因此在选用设备时应综合考虑、权衡得失。

E 使用条件

电量变送器的使用条件为：

(1) 电流、电压变送器的输出对应于输入电量的平均值，而输出值按有效值标定。

(2) 实际应用中，系统的电流和电压都可能出现过载或过电压，有时会有冲击现象，变送器必须能承受相应的负载。

(3) 变送器输出阻抗远小于远动装置或计算机输入阻抗，因此可以直接从变送器接入系统，但对不同的系统，要求信号相互间完全电位隔离（采用变换变送器）。

(4) 变送器的辅助电源要求电压稳定，供电可靠。采用交流 220V 时，可经交流稳压器稳压。这对改善变送器工作条件和保持变送器最佳测试精度有益。

(5) 使用环境，一般产品为：

气温：－10℃～＋40℃（有的为－20℃～＋65℃）

湿度：＜85%（有的为 99%无凝露现象）

其他：在无阳光直晒的室内环境中，固定状态下长期连续运行

产品说明书中的使用环境是指该设备可以在此条件下工作。但对变送器的精度可能带来不良影响，因此在工程设计中应设置较好的稳定的使用环境。

此外，变送器的精度还会受到外磁场的影响，频率的影响，在使用环境特殊的情况下应加以注意。

9.4.4 非电量变送器

非电量变送器种类繁多，有差压变送器、温度变送器、压力变送器，以及智能型变送器等其性能、参数、使用条件请参看有关资料和手册。

9.4.5 信号的预处理

9.4.5.1 信号预处理的目的

任何测量都不可避免地存在误差（随机误差、系统误差、粗大误差等）。为了提高测量精度，必须尽可能消除或减小误差。

信号在传输过程中可能受到干扰，必须设法滤除干扰。

为了减轻通信网络和过程工作站的负担，对进入系统的 4～20mA 的标准信号换算成有单位的真值，并对信号进行压缩处理。

在具体系统中，有些措施能同时起几个作用。本文仅从一个方面举例说明。

9.4.5.2　信号预处理方法举例

信号预处理的方法很多，一般在开发基本软件时已经选定若干种方法供设计应用软件时根据具体对象（信号）的特性选用。在能源管理系统中一般有：

（1）提高测量值的可信度多采用算术平均法。例如系统需要某一参数每秒一个测量值，实际是每秒测5个值，以该5个值的算术平均值作为该参数的每秒测量值。根据各种参数的不同特点，可以选用如几何平均值、面积平均值、中心值、组中值、最频值等。

（2）滤除干扰的方法也很多，例如上述例子中每秒测5个值，消除最大和最小值，将余下的三个值求算术平均，这样大部分的干扰影响可以消除。又如开关状态信号的采样速度一般比开关固有动作时间快很多，如果状态信号出现短暂的变化，其持续时间短于开关固有动作时间，则为干扰应该滤除。

（3）校验参数的合理性，如该参数超限（最大值、最小值），变化率超限，出现负值等，可判断检测值的真假。对重要的参数可设计两个检测信号相比较，或通过相关参数的计算进行比较以分辨其可信度。这些方法比较烦琐，但它检验的范围延伸到一次检测仪表。所以有的情况下还是值得选用。

接点信号的合理性检验。绝大多数情况下，接点信号以一个位的“1”、“0”表示其通或断。但接线的短路或断线会混淆通断。因此对特殊重要的接点信号可通过图9-16所示的方法，正常工作时，A和$\overline{A}$的信号相反，分别为1（24V）或0（0V）。当断线B，误接地E或短路S时（共有9种可能）有6种将导致00或11信号组合，这时异或非门y会报警；其余3种错误不影响正确信号，只有在开关动作时才能发现。表9-14列出接点发生各种故障时的信号情况。

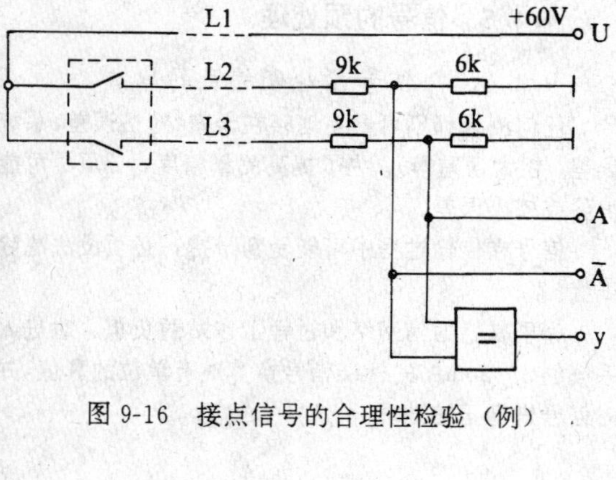

图9-16　接点信号的合理性检验（例）

表9-14　图9-16信号接点发生各种故障时的情况

	正确	故障								
		B_1	B_2	B_3	E_1	E_2	E_3	S_{12}	S_{13}	S_{23}
输出A	1	0	1	0	0	1	0	1	1	1
输出$\overline{A}$	0	0	0	0	0	0	0	1	0	1
异或非门输出y	0	1	0	1	1	0	1	1	0	1

注：表中故障类别的数字表示回路号。

出现不可信的数据时，应发出瞬时警报，该信号不写入系统，系统保留前一采样周期写入的数据。如连续若干次（可设定）出现不可信数据，则作为事故处理。一般叙述中提到数据、信号、信息等均为预处理后的可信的。

（4）信号压缩的方法有比较法和延长传送数据间隔法两种。

1）比较法。能源系统的参数变化均较平稳，变电所的断路器更是极少动作，因此可以采用比较法压缩信号。当系统收到现场进来的信号时与前次信号相比。如果模拟量，二者相差小于某设定值（例如3%）则认为该参数无变化；状态量，二者相同。这种情况前置处理器（服务工作站）不发送信号，过程工作站认定该参数保持原值。所以在信号传送中要求每个被传送的信号标上检测时间。

为此要求整个系统的时钟同步。对于多机多网络系统较难做到。一般可以采用的办法是各网络接收国际同步卫星或OMEGA标准时钟（Model OM-DC）国际长波电台的校正时钟信号作为基准，则时钟的精度和可靠性提高了，而且可与其他采用同一时钟源的系统相一致。如果本系统逐级跟踪，误差会大得多，一般情况下不大于20ms已经可以了。

2）延长传送数据时间间隔法。根据管理工作的需要，有些数据可以每分钟取值，有的可能10min取值则可按需要情况减少信号的传送。

上面的信号压缩是指正常运行情况。对某些特别重要的数据，如受电变电所的受电和馈电回路，为了分析事故应考虑事故追忆的需要，在发生异常的前后2s和3s的测量值记录下来（对其他介质的关键点的信号是异常前后若干分钟）。异常是指某参数超过最大值或低于最小值或参量变化率超过某指定值。上述记录可存入历史数据归档。

9.4.6 信号的传送

网络型能源管理系统的数据依赖网络传送，因此数据传输是关键环节。钢铁企业的能源中心位置选在厂区的中心地带时，其网络通信的辐射半径在4km以内。数据传输率也不超过10Mbps，属于局域网络通信范畴。

9.4.6.1 数据通信规程

ISO（国际标准化组织）制定了用来定义网络通信系统中异种计算机互连的分层结构，即开放系统（OSI）互连的七层模型（简称ISO/OSI模型）。该模型只是规定了设计协议系列的方法，不是标准，而仅为标准的建立提供一个主体结构。

OSI参考模型如图9-17所示。数据是逐层下传，每一层都添上它的控制信息。直到最低层与另一台机器的最低层进行物理通信。一台机器中，数据和各层控制信息逐层上传，每到达一层则消去相应的控制信息，直到最高层，这是实际信息流。

数据通信网络由两部分组成，即资源子网和通信子网，通信协议也分为七层协议和介质访问协议（协议是计算机设备间数据有规则交换的逻辑安排）

A OSI的分层协议

一些著名的协议与OSI模型的关系见表9-15。

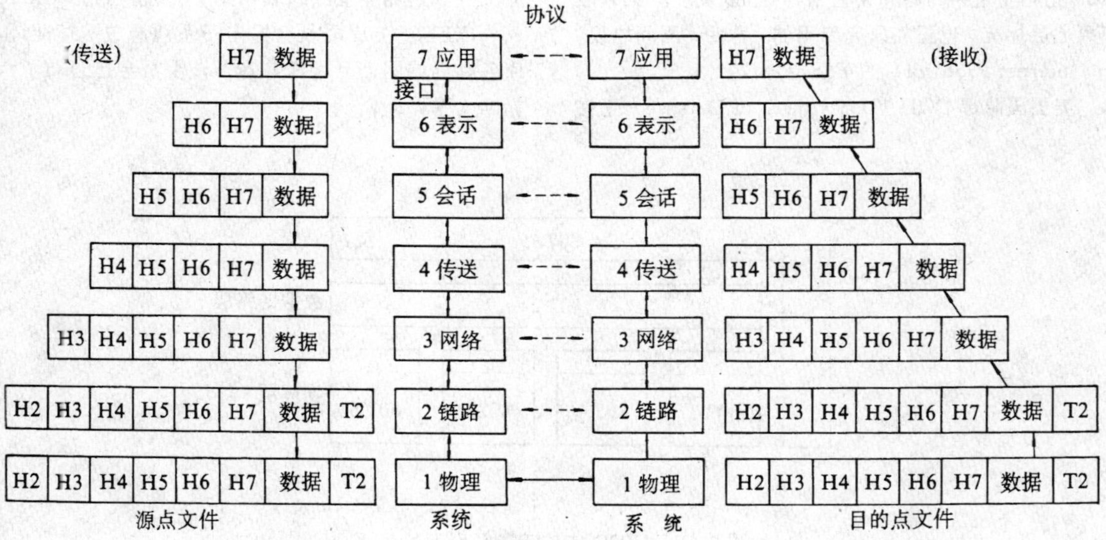

图9-17 OSI参考模型

表9-15 一些著名的协议与OSI模型的对照

OSI	CCITT	IEEE802	NBS	DOD	MAP	TOP
7 应用层			多样的		MMS 工厂报文规范	X.400 电子邮件
6 表示层			多样的			
5 会话层			会话层			
4 传送层			传送（TP）层	TCP		
3 网络层	X.25	逻辑链路控制层	IP	IP		
2 链路层	LAP-B	介质访问控制层			802.2 LLCI	802.2 LLCI
1 物理层	X.21	物理层			802.4	802.3

下面对表 9-15 作简要说明。

国际电报电话咨询委员会 CCITT 已制定了把数据终端设备 DTE 连接到提供数据电路设备 DCE 的分组交换网络的标准。X.25 标准具体地建议第三层，同时也包含第二层和第一层的标准。第二层称为平衡链路访问规程 LAP-B(Link Acess Procedure-Balanced)，它几乎等同于 ISO 的 HDLC 规程和美国国家标准协会的高级数据通信控制规程 ADCCP（Advonced Data Communication Control Procedures）。

IEEE 802 是指美国电气和电子工程师学会的 802 委员会制定的局部网络协议标准。它相当于 ISO/OSI 模型中第一、二和第三层。

美国国家标准局 NBS（National Bureau of Standard）正在制定第四层和第五层标准，以及多个第六层和第七层标准，也正在研究专用的，称为“网间协议” IP（Internet Protocol）的第三层协议。

美国国防部 DOD（Department of Defense）正在为自己的需要制订了一个网间协议 IP，还加了一个传输控制协议 ICP（Transission Control Protocol）。传输控制协议 TCP 包含了第四层的全部功能，还加上第五层的部分功能。

MAP 是美国通用汽车公司 GM 提出的用于生产自动化的局域网协议，TOP 是美国波音公司开发的办公室自动化的局域网协议。1986 年两者合并成 MAP/TOP 用户协会，已于 1987 年制订出 MAP/TOP3.0 版本协议。MAP 协议由于实时要求选用 802.4 和 MMS 即工厂报文规范，中间几层协议与 ISO/OSI 兼容。

B 局域网（LAN）协议

局域网采用广播技术，简化了 OSI 模型中的协议层结构。不需要由网络层执行路由选择功能，将链路层分为逻辑链路子层（LLC）和介质访问子层（MAC）。

IEEE 的 802 委员会提出一系列局域网标准，以便使各种局域网产品可以兼容。该委员会已公布了六项标准文本，即：

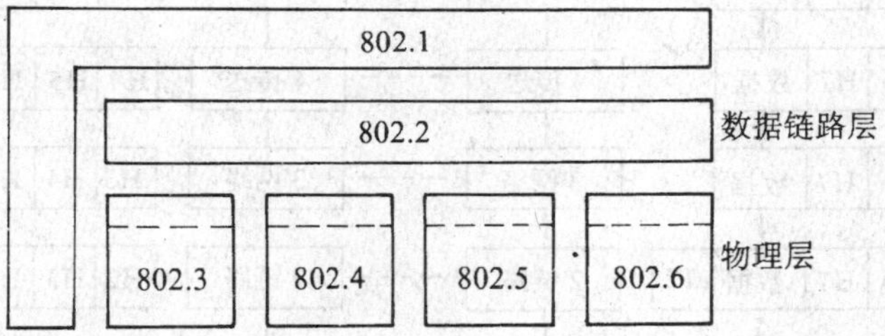

图 9-18 IEEE 802 标准系列间的关系

IEEE802.1A 综述和体系结构

IEEE802.1B 寻址、网际互连和网络管理

IEEE802.2 逻辑链路控制

IEEE802.3 CSMA/CD（载波侦听多路送取/冲突检测）访问方法和物理层技术规范

IEEE802.4 令牌传递总线访问方法和物理层技术规范

IEEE802.5 令牌传递环访问方法和物理层技术规范

IEEE802.6 城市地区网（MAN）访问方法和物理层技术规范

IEEE802.1～802.4 标准提出后，ISO 已建议将它作为局域网的国际标准予以采纳，并命名为 IOS DP 802/X。

最近又制定了 802.7 和 802.8 标准，是对光纤传输技术局域网和时间槽环网制定的标准。

9.4.6.2 网络的拓扑结构

上述通信协议是由网络系统制造厂选定的，与通信软件相关。在能源管理系统方案设计时网络设计对投资的影响更大。

网络的拓扑结构见表 9-16。

表 9-16　网络的拓扑结构

简　图	说　明
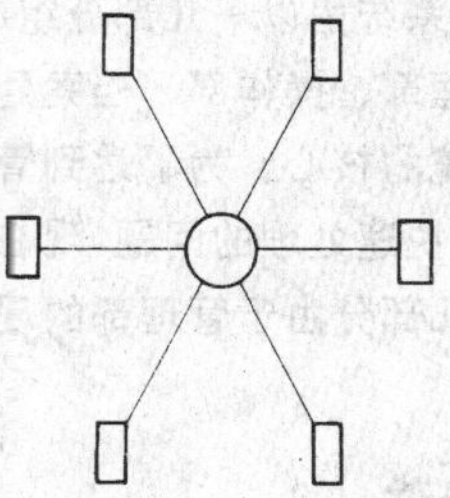	星形拓扑是由中央节点和通过点到点链路接到中央节点的各站点组成 优点： (1) 方便服务。任何一个连接只涉及中央节点和一个站。因此提供服务和网络重新配置很简便，访问协议也简单 (2) 集中控制和故障诊断方便，而且对系统的影响小 缺点： (1) 对中央节点依赖性强 (2) 电缆长度长
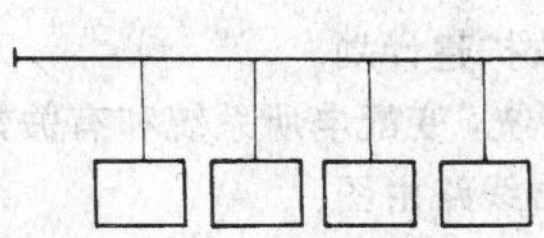	总线拓扑是所有节点共享一条公用的传输线。由于一次只能有一个站点发信，因此需要某种形式的访问控制策略 优点： (1) 电缆长度短 (2) 易于扩充 缺点： (1) 故障诊断困难，故障隔离也困难 (2) 终端必须是智能的，增加站点的投资
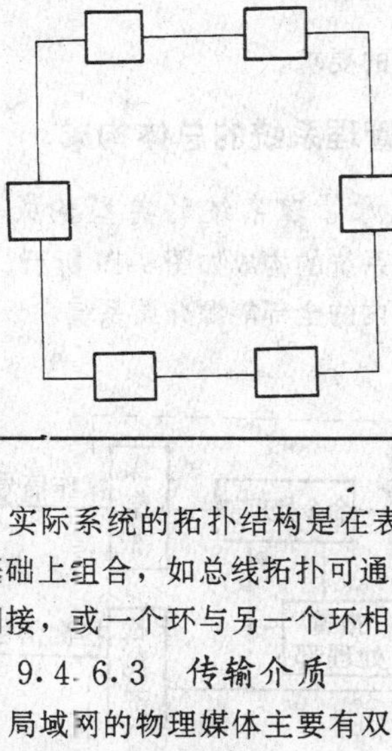	环形拓扑是由一些中继器和连接中继器的点到点链路组成一个闭合环 优点： (1) 电缆长度短，与总线拓扑相似 (2) 毋需接线盒，因为是点到点的连接 缺点： (1) 故障诊断困难 (2) 故障站点会影响全系统

实际系统的拓扑结构是在表 9-16 中的典型结构的基础上组合，如总线拓扑可通过中继器与另一个总线相接，或一个环与另一个环相连。

9.4.6.3　传输介质

局域网的物理媒体主要有双绞线，同轴电缆和光导纤维电缆（简称光纤）。

(1) 双绞线　由一对绝缘的，直径 0.038～1.42mm 的铜线扭绞而成。外加绝缘外护层。工程中使用的目前有 8 对双绞绝缘线组成的电缆。

双绞线用于发送数字信号或基带信号。其数据传输率可达几个 Mbps，但与距离有关。对于数字信号，每 2～3km 使用一台中继器。

双绞线可以用于点到点连接，也可用于多点连接。作为后者，双绞线比同轴电缆的价格低，但性能差，而且只能支持很少几个站。点到点的使用要普遍得多。

双绞线在低频传输时的抗干扰性相当于或高于同轴电缆、但超过 10～100kHz 时同轴电缆明显地优于双绞线。

双绞线的单价较其他介质低得多，安装费可能接近其他介质。

(2)同轴电缆　由一根绝缘的铜质单股或多股线，外裹铜质的圆柱或编积网，内外二层导体成同芯结构。外层导体的绝缘层外再用屏蔽层和电缆护套覆盖。单根同轴电缆的外径约为 10.2～25.4mm。

50Ω 同轴电缆仅用于数字传输，并使用曼切斯特编码形式，其数据传输率可达 10Mbps。

75Ω同轴电缆可用于传输模拟信号（音频和视频）频率可达300～400MHz，又可用于传输数字信号。可以达到20Mbps的数据传输率。

同轴电缆适用于点到点和多点连接。基带50Ω电缆可以每段支持几百台设备。在大系统中还可以用中继器把各段连接起来。75Ω的可支持几千台设备。在高数据传输率下（50Mbps）75Ω同轴电缆，设备数目限制在20～30台。

典型基带电缆的最大距离限制在几千米，宽带网络可达几十千米范围，并取决于模拟信号还是数字信号。用于高数据传输率下约1千米范围内。

同轴电缆的抗干扰频率下的抗干扰性优于双绞线。其误码率（与网络拓扑有关）一般在10^{-7}～10^{-11}范围内。同轴电缆的价格比双绞线高。

（3）光缆是由光导纤维的纤芯构成的"电缆"。光导纤维的直径为50～100μm的超高纯的玻璃细丝或透光塑料、裹以折射指数稍低的玻璃或塑料包层，包层外涂以被覆层以吸收辐射光，防止与相邻的纤芯相互干扰。根据需要光缆可制成2～16芯的。为了增强光缆的抗拉强度，光缆内置有钢芯或方纶芯。后者为非金属材料，由此构成不受电磁感应的光缆。

光缆最普遍的使用是点到点的链路即星形拓扑，总线拓扑结构的多点系统价格太贵，还不能实用。目前实用的是星形的中心节点设星形耦合器，这样在物理上是星形拓扑结构，在逻辑上是总线拓扑结构。当任何一根输入耦合器的光纤中的光信号从耦合器各条输出光纤输出。这就要求每一台设备需有两根光纤（输入/输出）与耦合器连接。这种方式在SCSMA/CD方式两个最远子站的距离之和小于等于4.6km（超过4km时需验算），在10Mbps的数据传输率下支持几十台设备。

光纤有多模和单模两种，多模光纤传输性能不及单模光纤，但多模光纤相互间和与光源间的耦合容易。光纤应用的光源有850nm和1300nm两种波长。作为局域网选用多模850nm的光纤已能满足需要。

光纤通信有很多优点：数据传输率高、损耗低、频带宽、抗电磁干扰力强，误码率一般达到10^{-9}，但价格较贵。

（4）在个别情况下，可能需要选用电话通信网络，微波等通信介质。

9.5 能源管理系统的构成

9.5.1 概述

设计能源管理系统的目的是提高管理水平，达到最大可能的节约能源。系统由以下几部分组成即：管理部、检测部、报警处理部、操作部、档案处理部。

管理部是整个系统的核心。为了达到管理的现代化，许多过去人力很难快速处理的问题，现在可由功能软件协助完成。其他几部分由于管理部的现代化也都相应要求配合。

9.5.2 设计条件

能源管理系统的设计条件为：

（1）工艺生产的车间组成、生产特点和总图布置。对现有企业还需提出改扩建计划。

（2）全厂供配电系统，变配电所系统和有关数据。还需提供外部线路的布线路由图。

（3）现场设备装备水平和运行性能。

（4）拟建立的管理体制和系统装备水平。对原有企业则需提出原有管理体制和系统装备情况以及对新设计的设想。

（5）对建设进度的要求。

9.5.3 能源管理系统的总体构成

9.5.3.1 能源管理系统的典型构成

完整的能源管理系统的构成如图9-19所示。它的监控对象包括本企业内的全部能源介质系统。

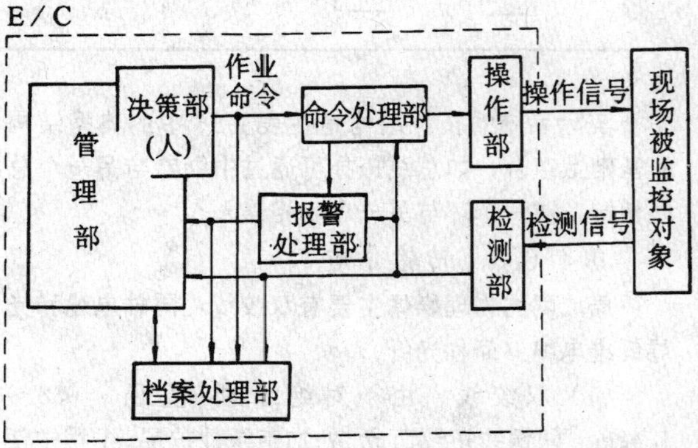

图9-19 能源管理系统的总体构成

9.5.3.2 管理体制对能源管理系统总体结构的影响

钢铁企业的能源管理体制有两种：

(1)一级管理。即全部能源介质系统的信号直接接到能源中心，由能源中心监控室监控，如图 9-20*a* 所示。

(2)二级管理。各种能源介质系统建立各自的监控中心，各监控中心通过通信网络将信号传送到能源中心，如图 9-20*b* 所示。

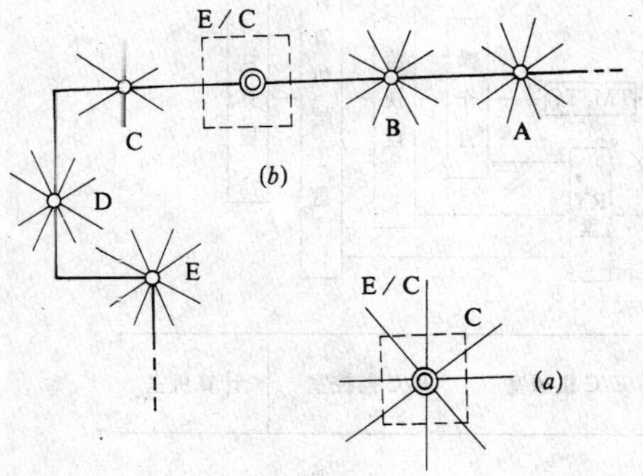

图 9-20　两种类型的管理体制的能源管理系统

◎—为能源中心（E/C）的监控室；

○—为各介质系统的监控中心；

A、B、C、D、E 等—分别为供电车间、供水车间、燃气车间、氧气车间、热力车间等

这两种结构的主要区别是二级管理的现场信号，按介质分别集中散布于全厂的信号至各自的监控中心，其信号电缆需量较一级管理的多很多。一级管理的信号可就地集中各种介质的信号后，采用多芯通信电缆或以通信方式传输至能源中心。第二个区别是各介质的监控中心都设一套监控设备，则二级管理所需的设备多于一级管理体制，投资也相应高了。但是有的厂过去已经装备了这些分散的监控系统，则仅需用通信网络将它们与能源中心联结起来。其投资比建立完全新的一级管理体制的系统要省得多。

9.5.3.3　保留已有的设备对投资效果的影响

除了已经建成二级管理体制的分散的监控中心，继续保留使用外。还有一种情况，有的企业电力监控和其他能源介质系统的监控各自已建成独立的系统，则仅需增加能源管理机和通信系统，其投资较节约。但是，如果新建系统构成为电力系统采用电力系统自动调度管理系统和其他能源系统采用集散系统（DCS)，它们都有相当强的功能；但是都不能实现钢铁企业能源管理的功能，而增设的能源管理机的功能与另两个系统有很多重复，由于三套设备都没有充分发挥其功能，则投资也相应地没有发挥作用。

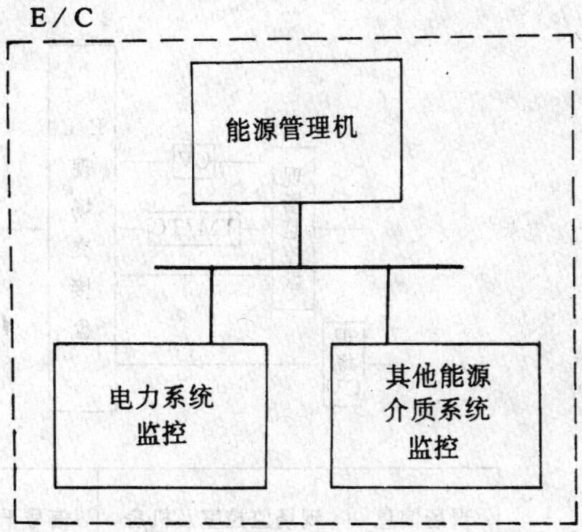

图 9-21　在已建的电力与其他能源介质系统的基础上建立能源管理系统

9.5.3.4　工艺系统改扩建的影响

工厂的改扩建将要求能源管理系统能相适应，即要求具备良好的柔软性和扩展性。柔软性指当现场设备增加时，系统增加输入输出信号外，仅需修改(或增加)画面和报表。扩展性指硬件上能增加输入输出接口板和软件上增加新的功能。

此外，能源管理系统本身会随着管理科学的发展，提出新的功能要求，在设计系统时必须留有余地。

9.5.3.5　现场设备装备水平的影响

例如：现场设备不宜遥控，则改遥控为现场操作，仍然可以实现能源管理现代化。系统构成如图 9-22 所示。

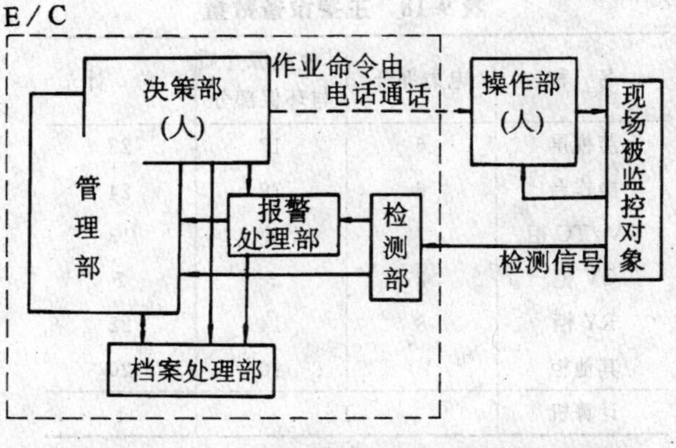

图 9-22　不实现遥控的能源管理系统的构成

9.5.4　实例

例 1　某大型钢铁联合企业采用常规仪表和计算机的能源管理系统。系统如图 9-23 所示。系统的信号如表 9-17 所示，主要设备见表 9-18。

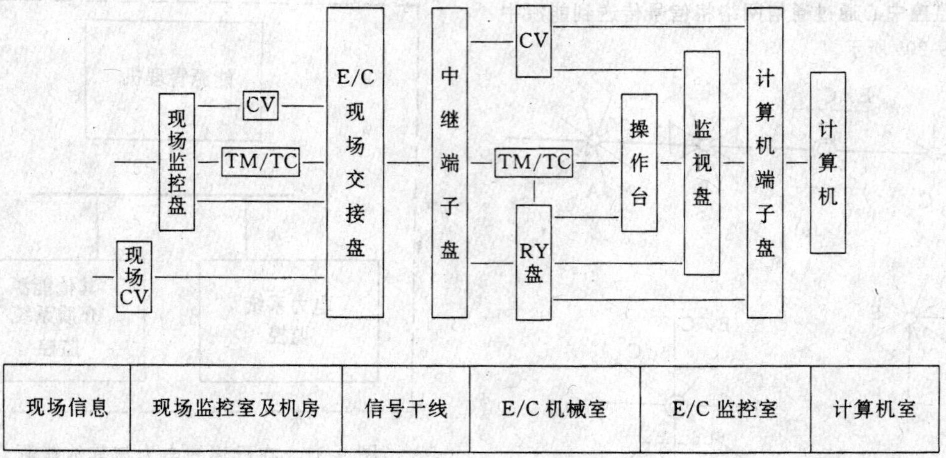

图 9-23　某能源管理系统的系统框架结构

CV—变换器；TM/TC—遥测遥控装置；RY—继电器

表 9-17　能源管理系统的信号统计表

信号类别	电力部分	其他能源介质部分	总　计
AI	100	900	1000
DI	700	700	1400
AD	20	40	60
DO	300	200	500
PI	300	600	900
总计	1420	2440	3960

表 9-18　主要设备数量

名　称	电力部分	其他能源介质与环保部分	总　计
监视屏	6	17	23
操作台	6	18	24
TM/TC 柜	7	6	13
CV 柜	2	5	7
RY 柜	8	14	22
其他柜	10	10	20
计算机	1		1

主要设备的功用简要说明：

(1)监视屏和操作台安有各种常规的表计、操作开关和信号灯，供正常监控用。

(2) 与地方电业总调度室通信。

(3) 频率自动卸载设定屏。

(4) TM/TC（遥测遥控）装置是以 1 对 1 数字通信方式进行选线制的遥控和遥测装置，另有少量直送的测量值。大大地节省了信号电缆。

(5) CV（变换器）一般是指物理量的变换，但在电力部分还包括变电所的事故信号的纵横制组合以节省信号线数量。

(6) RY（继电器）屏是为信号的输出输入的继电器屏。

(7)计算机主要功能是平衡计算（电力平衡和煤气等其他介质的平衡）、预测（电力预测、煤气柜柜位预测），技术计算（循环水系统的补给水量计算、环保系统的污染质排放量计算）、重油供给的自动控制、各种能源介质的供需报表和事故报表的编制，以及各能源介质的画面监视（静态）。为了实现这些功能，收集了总数 3960 个信号中的 1500 个信号。

计算机的主要性能：1 台中央处理装置，字长 16 位＋2 位奇偶校验位；有 108 条指令，3 个内部和 8 个

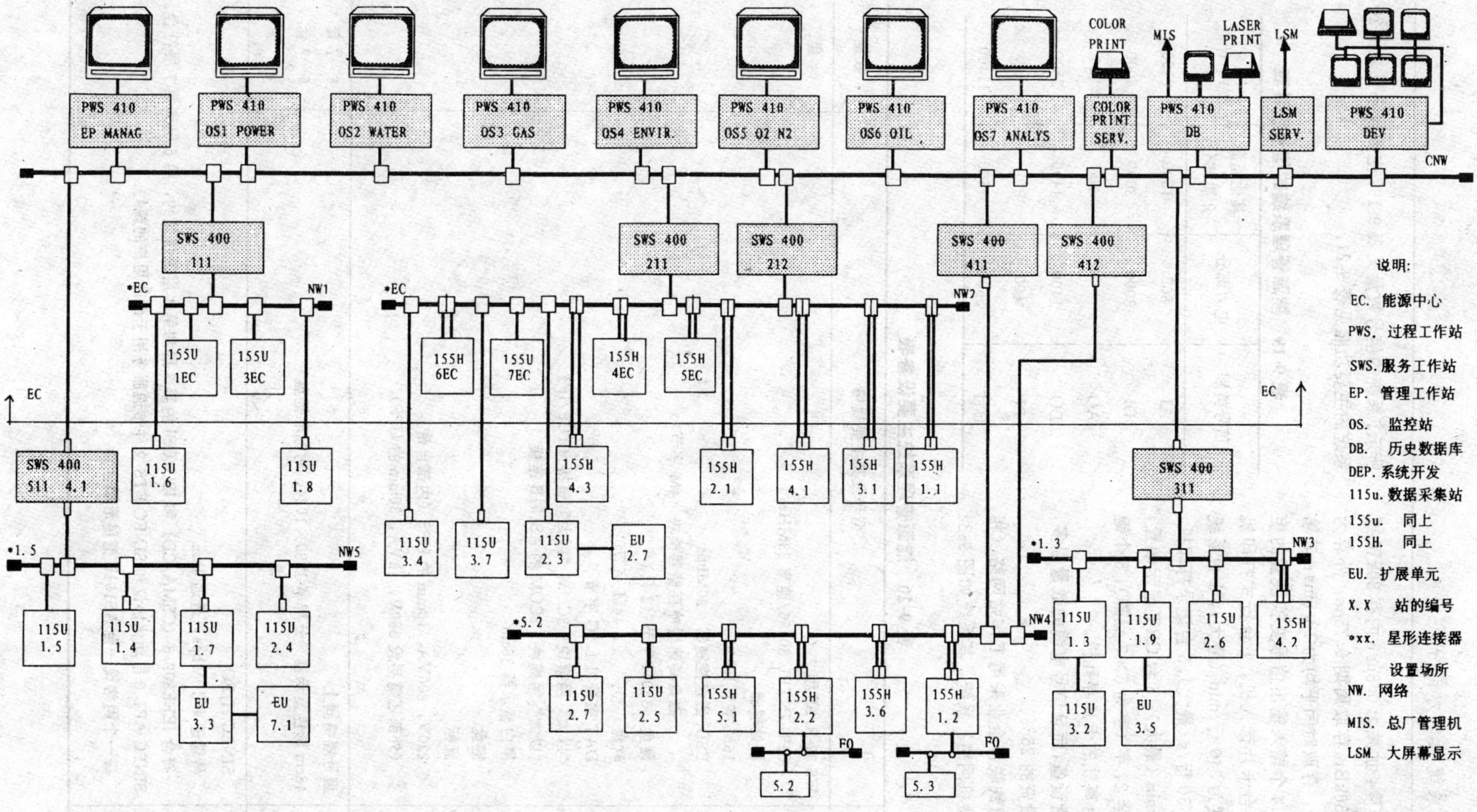

图 9-24 能源管理系统的系统框架结构（图形左上角为安装地点代号）

PWS—过程工作站；SWS—服务工作站；S5-115，S5-155—现场数据采集站（输入输出），EU 为其扩展单元；AS101B—星形耦合器（有源）；EP—计划管理、参量输入和系统开发用工程师站；DS—数据库（历史）站；OS—监控站；X—X 终端；ES—专家系统；■—光电接续器；E/C—能源中心；图形左上角为安装地点代号

外部中断级；运算速度：加减为 0.8μs，内存 80kW 或 160kB，可扩展到 256kB，存取周期 0.75μs；外存为 2.35MB 的磁盘 3 个，存取时间平均为 12.5ms；其输入输出装置连接着 14 个输入输出信号变换装置的柜子，2 台磁带机，1 台卡片读入机，1 台行式打印机（调试用），打印速度为 340 行/min（最大），1 台系统打印机，打印速度为 30 行/s（最大），5 台记录打印机，打印速度为 340 行/min（最大）；5 台 CRT 显示装置，分辨率为横 42 字，竖 24 字（字为 5×7 点阵）；5 个键盘。此外还配有 1 台离线的卡片穿孔机。

该系统需要大量设备，而且信号电缆的数量很多，电缆的投资约占总投资的 25%。

例 2 某大型钢铁联合企业采用工作站网络（相当于分散数据库的微机网络）系统，其系统如图 9-24 所示。系统的信号数量见表 9-19，主要设备见表 9-20，系统的主要功能见表 9-21。

表 9-19 能源管理系统的信号统计表

信号类别	电力部分	其他能源介质部分	总　计
AI	800	1300	2100
DI	3000	3000	6000
AO		100	100
DO	1400	1400	2800
PI	400		400
总计	5600	5800	11400

表 9-20 能源管理系统主要设备表

名　称	型号及其主要规格	数量
PWS	WS 32-R/SP 型 CPU INTEL 80486/速率 33MHz 协处理器 16M 字节 RAM ESDI 磁盘控制器　20Mbps 磁盘高速缓冲存储器模块　4M 字节 硬盘　330M 字节（2 只） 软盘　3½"　1.44M 字节 DAT 磁带机 1.2G 字节 “以太”网模块　3COM“以太”链接（TCP/IP） “以太”网模块　3COM 的 AS101B 连接 黑白显示器 36cm 键盘 鼠标 220V，800VA，10min 的 UPS（内部自带） （外部还需另设 380V，1kVA，30min 的 UPS）	4 套
SWS X 终端	型号规格同上 48cm 彩色显示器　分辨率 1280×1024，附标准键盘	6～7 套 6～7 套
光纤“以太”网	SINEC H1FO 传输速率 10Mbps，最远 4km 符合 IEEE802.3（CSMA/CD）和 ISO/OSI 的第 3 层和第 4 层通信规约，第 5 层到第 7 层符合 SINEC AP1.0 自动化协议和 SINEC FTS 文件传送服务用于面向用户的规约 每一个网络设一台 AS101B 型星形耦合器	

续表 9-20

名 称	型号及其主要规格		数量
局域网信号收集和输出的转换器	标准“以太”网 SIMATIC S5		
		SIMATIC S5 115U	SIMATIC S5 155U
	处理速度 内存 RAM RAM EPROM EEPROM	30，18，10，3，ms，2K， 10K，16K，96K，16K， 32K，32K，16K，32K， 40K，96K，16K，16K， 16K，96K	
	最大处理点数 DI/O AI/O	共 512，1024+1024 64	2048 192
	各种模板的点数 AI AO DI DO	 8，16，32 8， 8，16，32 16，32	 4，8，16 8 16，24 8，16
编程器 大屏幕显示屏 打印机 硬拷贝机 不停电电源	PG750 和 PG770，后者还可接于某一网络中作为数台 S5 的诊断专家系统 按各种介质系统设屏		共 2～3 台 若干组 5～6 台 1 台 若干台

表 9-21 能源管理系统功能表

名 称	功 能
工厂能源管理	季、月外购能源预算 生产计划的配合 车间点检日调整 能源平衡仿真 自发电计划
实际生产信息通信	电业系统计算机 炼钢厂管理计算机 热轧厂管理计算机 全厂生产管理计算机
能源最佳分配	最近 8h 能源供需预测 最佳分配的计算

续表 9-21

名 称	功 能
能源预测和操作指导	电力预测 煤气柜位预测 最近 1h 的能源分配修改 能源调度操作指导和预告
技术计算	煤气供需趋势计算 循环水排放量计算
数据收集	各种能源介质的技术数据 环境保护数据 高炉、转炉等的运转信息

续表 9-21

名　称	功　能
控制	远方控制变电所的各种断路器，主变压器抽头等 远方控制中央水站等的出水泵及其阀门以及煤气加压站的加压机等电动机 远方设定煤气混合站的煤气混合比 各车间循环水排放的顺序优先控制
监视	各种运转状态 各种参数的实时值、趋势等
报警	上下限报警 事故报警 管理系统本身故障报警
统计分析	消耗分析 成本分析 产品单位能耗分析 财务的预报分析
能源实绩管理	各种生产报表 操作记录 事件顺序记录 数据存储 管理资料存储
动力设备管理	建立动力设备档案

数据收集站采用 STEP 5 语言，有 150 余种功能支持用户，可清楚而透明地组成各种应用结构。此外，对其网络系统还配有设备诊断专家系统。

工作站采用 C 语言表示的多任务多用户 UNIX 操作系统，并带有实时装置。系统由软件模块组成，由功能选择或用户选择进行软件模块的准备和组合。系统运行方式为大量的程序交叉执行，而且必须有许多不同的资源供这些程序运行之用。其主要的软件工具见表 9-22。

表 9-22　工作站的主要软件工具表

服务工作站	过程工作站
UNIX 操作系统 V 版 3.2 交互系统协会 486/IX 网络台	UNIX 操作系统 V 版 3.2 交互协会 486/IX 工作站试验台

续表 9-22

服务工作站	过程工作站
INTERACTIVE UNIX 操作系统	INTERACTIVE UNIX 操作系统
VP/IX 环境	VP/IX 环境
TEN/PLUS 环境	TEN/PLUS 环境
INTERACTIVE TCP/IP	INTERACTIVE TCP/IP
INTERACTIVE NFS	INTERACTIVE NFS
	INTERACTIVE XII 试验系统
	INTERACTIVE Looking grass
	INTERACTIVE 软件开发系统
实时内核 RTX 486	实时内核 RTX 486
ANVIL MONITOR 功能分析器	ANVIL MONITOR 功能分析器
RDBMS 多用户关系数据库 (ORACLE)	RDBMS 多用户关系数据库 (ORACLE)
应用工具 (ORACLE)	应用工具 (ORACLE)
服务组件 TCP/IP (ORACLE)	服务组件 TCP/IP(ORACLE)
多用户扩展	多用户扩展
	OSF/原动运行时间
	PRO-O (ORACLE E-SQL-C)
	DYNAVIS-X 软件
	LPI FORTRAN
	LPI　调试程序
过程应用软件包 PAS-X/LR	过程应用软件包 PAS-X/BR＋/OS
	PAS-X/SBS/X 系统联接

软件的主要功能见表 9-23。

表 9-23　软件的主要功能表

项目	主　要　功　能
① 操 作 系 统	操作系统管理存储空间（主存储器和外存储器）、工作循环（中央处理器、I/O 处理器、浮点处理器）、外部设备以及数据文件中的资源，并将它们分配给不同的程序。具备以下功能 (1) 为协调程序执行所准备的功能块。 (2) 程序的同步运行和外部设备的控制 (3) 交换外存中的程序和将它们引入主记忆部分的控制 (4) 程序内部通信的控制 (5) 用已编好的程序（模拟）以确定指令集开销（模拟） (6) 为外部设备预备标准化 I/O 接口（设备特性的调整，通过数据缓冲区进行高速交换） (7) 带使用户程序能运行的直接信息的中断处理 (8) 程序和外部设备中出错的发现、处理、发信。对程序故障的消除及时分批处理的支持 (9) 用于在故障时能全自动再次起动系统复位所需的系统起动装置 (10) 保存数据和时间以及时间变更请求的处理过程 (11) 系统服务程序，如装入、消除、起始和结束等用户程序 NFS 文件系统是分散式网络文件系统，并通过与国际标准 ISO/OSI 第 5～7 层相符的“以太”网总线支持。其功能有 (1) 文件的编制、清除和保存 (2) 变更文件长度 (3) 改变文件标号（文件名）（允许的保存方式和访问形式） (4) 资料保护（文件细节的保护、用户识别码的确认，程序细节读出和写入的许可） (5) 存入文件的管理 (6) 编制库单元的簿记 (7) 将结果代码装入文件 (8) 将一文件复制到另一文件中 (9) 更正用于字母数字版本的库单元 (10) 建立随机库
② 过程控制应用软件包（X-SAP）	PAS-X 应用软件采用 C 语言，它实现下列功能： (1) 数据收集 (2) 过程图象管理 (3) 全图象过程显示 (4) 用键盘或鼠标进行开关的合/断或变更操作的设定值 (5) 测量信号的图象监视 (6) 短期及长期数据存储 (7) 事件报警 (8) 报警监视、选择和分析功能 PAS-X 是以 UNIX 标准附件为基础的分散式全网络应用软件包。其应用功能由在屏幕上交互式编程来实现，其编程结果可由一自动的 PAS-X 反馈资料功能打印出来

续表 9-23

项目	主　要　功　能
③数据库和网络管理	ORACLE 数据库是以国际标准为基准的关系数据库，它是一个可在全网络中工作的多用户分散式的数据库系统 通过交互式标准查询语言（SQL）能方便地获得为进行消耗的统计分析和记录用的短期和长期数据 网络系统是以国际规范和标准的 IEEE802.3 和 ISO/OSI 通信模式及 TCP/IP 为依据 通信软件包可在全工作站（过程和服务工作站）网络中自动管理光纤“以太”局域网的数据分配、图像、图形和记录
④支持用户的接口软件	支持用户的接口软件，用到的功能有 （1）数据采集 （2）测量值的计算 （3）事件报警的指示 （4）逻辑控制 （5）远程操作控制接口等
⑤人机接口	人机接口软件包以下列国际规范和标准为依据 （1）X 窗口议定书 （2）“变焦”功能 （3）逻辑“变焦” （4）移动功能 用于动态过程图像、图形、表格和记录，有一个强有力的交互模式工作的图像编辑器
⑥支持系统维持工作的软件包	这是一套强有力的在故障搜寻和提高服务能力方面帮助维护人员的软件工具，它包括下列功能 （1）故障记录系统 硬件故障 外部存储器中等故障 数据链路故障 过程 I/O 接口故障等 软件故障 程序运行区域锁定 随机方式的错误传输 中断屏闭等 用户特殊故障 信号故障 测量数值故障 其他用户的特殊故障等 （2）系统性能分析 ANVIL 监视器，监视 CPU 空间时间 “以太”网总线空余能力 硬盘传输率的利用率等
⑦汉字字典	汉字字典（英汉字典） 由于软件没有汉化，图像和报表中的汉字是作为符号来表示

以上两个实例均为大型联合企业的能源管理系统。对它们进行比较如下：

(1)两个实例的建设时间相差十余年，装备水平的差距很大，但后者的投资（按可比内容）只及前者的40～50%，其价格功能比前者要高若干倍。

(2)实例的后者，因设备体积小，占地面积只及前者的40%。其通风系统的基建投资和运行费用也相应降低。

(3)电耗也是后者少，其电源投资和运行费用也较少。

(4)后者的系统易于扩展，很适合于全厂性的能源管理系统的特点，即能源系统总会不断进行扩建，增加功能等。

(5)后者的设备品种少，能节省备件费，并可能比前者节省劳动力。

从两个实例的比较，对新厂能源管理系统建议采用多处理器、分散数据库的开放型计算机网络系统。这种系统发展极快，本章内容仅仅给设计工作者一些参考。

参考文献

[1]费业泰主编，误差理论与数据处理，机械工业出版社，1987.

[2]邵祖英、王英彬编著，计算机局部网络，清华大学出版社，1989.

[3]胡道元编著，计算机局域网，清华大学出版社，1990.

[4][德]埃·施尔弗著，测量设备及自动化系统可靠性，上海翻译公司，1989.

[5]陆德民主编，石油化工自动控制设计手册（第二版），化学工业出版社，1988.

[6]虞和济编，故障诊断的基本原理，冶金工业出版社，1988.

第10章

功率因数的改善

10.1 提高功率因数的意义和方法

在钢铁企业中，由于大量的电力负荷是感性负荷，因此企业的自然功率因数比较低，如不采用人工补偿，提高功率因数，将造成如下不良影响：

(1)降低了发电机的输出功率，当发电机需提高无功输出，低于额定功率因数运行时，将使发电机有功输出降低；

(2) 降低了变电、输电设施的供电能力；

(3)使网络电力损耗增加(网络中的电能损失与功率因数值的平方成反比)；

(4)功率因数愈低，线路的电压降愈大，使得用电设备的运行条件恶化。

国家经济委员会批准的《全国供用电规则》规定："用户应在提高用电自然力率的基础上，设计和装置无功补偿设备，并做到随其负荷和电压变动及时投入或切除，防止无功电力倒送"。并规定了用户在当地供电局规定的电网高峰负荷时的功率因数值：

(1) 高压供电的工业用户和高压供电装有带负荷调压装置的电力用户为 0.9 以上；

(2) 其他 100kVA (kW) 及以上电力用户和大、中型电力排灌站为 0.85 以上；

(3) 趸售和农业用电为 0.8。

为了奖励企业提高功率因数，执行国家批准的《电·热价格》规定的功率因数调整电费。功率因数调整电费见表 10-1～表 10-3。

表 10-1 以 0.90 为标准值的功率因数调整电费表

减收电费	实际功率因数	0.90	0.91	0.92	0.93	0.94	0.95～1.00								
	月电费减少 (%)	0.0	0.15	0.3	0.45	0.60	0.75								
增收电费	实际功率因数	0.89	0.88	0.87	0.86	0.85	0.84	0.83	0.82	0.81	0.80	0.79	0.78	0.77	0.76
	月电费增加 (%)	0.5	1.0	1.5	2.0	2.5	3.0	3.5	4.0	4.5	5.0	5.5	6.0	6.5	7.0
	实际功率因数	0.75	0.74	0.73	0.72	0.71	0.70	0.69	0.68	0.67	0.66	0.65	0.64 及以下，每降低 0.01 电费增加 2%		
	月电费增加 (%)	7.5	8.0	8.5	9.0	9.5	10.0	11.0	12.0	13.0	14.0	15.0			

可见，提高功率因数不仅对电力系统，而且对本企业的经济运行有着重大意义。

在考虑提高功率因数时，应首先提高企业用电设备的自然功率因数，当采取措施后还达不到供电部门的要求时，才考虑采用人工补偿装置。

确定无功功率的补偿方案，除应作技术经济比较外，还应考虑下列因素：

(1) 减少供配电系统中的电压降；

(2) 无功功率减少后，增加网络元件供电能力裕量。

一般除尽量在容量较大，经常运行的恒速机械（如水泵、空气压缩机、鼓风机、电动发电机组等）上采用同步电动机外，还可安装并联电容器进行补偿。

容量小于5000kVA的同步调相机，无论在基建投资方面或是在有功功率损耗方面都是不经济的，因而限制了它在钢铁企业中的应用。

表 10-2 以0.85为标准值的功率因数调整电费表

减收电费	实际功率因数	0.85	0.86	0.87	0.88	0.89	0.90	0.91	0.92	0.93	0.94～1.00				
	月电费减少（%）	0.0	0.1	0.2	0.3	0.4	0.5	0.65	0.80	0.95	1.10				
增收电费	实际功率因数	0.84	0.83	0.82	0.81	0.80	0.79	0.78	0.77	0.76	0.75	0.74	0.73	0.72	0.71
	月电费增加（%）	0.5	1.0	1.5	2.0	2.5	3.0	3.5	4.0	4.5	5.0	5.5	6.0	6.5	7.0
	实际功率因数	0.70	0.69	0.68	0.67	0.66	0.65	0.64	0.63	0.62	0.61	0.60	0.59及以下，每降低0.01电费增加2%		
	月电费增加（%）	7.5	8.0	8.5	9.0	9.5	10.0	11.0	12.0	13.0	14.0	15.0			

表 10-3 以0.80为标准值的功率因数调整电费表

减收电费	实际功率因数	0.80	0.81	0.82	0.83	0.84	0.85	0.86	0.87	0.88	0.89	0.90	0.91	0.92～1.00	
	月电费减少（%）	0.0	0.1	0.2	0.3	0.4	0.5	0.6	0.7	0.8	0.9	1.0	1.15	1.30	
增收电费	实际功率因数	0.79	0.78	0.77	0.76	0.75	0.74	0.73	0.72	0.71	0.70	0.69	0.68	0.67	0.66
	月电费增加（%）	0.5	1.0	1.5	2.0	2.5	3.0	3.5	4.0	4.5	5.0	5.5	6.0	6.5	7.0
	实际功率因数	0.65	0.64	0.63	0.62	0.61	0.60	0.59	0.58	0.57	0.56	0.55	0.54及以下，每降低0.01电费增加2%		
	月电费增加（%）	7.5	8.0	8.5	9.0	9.5	10.0	11.0	12.0	13.0	14.0	15.0			

10.2 用电设备自然功率因数的提高

据统计，企业无功功率消耗，一般感应电动机占70%；变压器占20%；线路占10%。由此可见，为了降低无功功率消耗，提高自然功率因数，通常采取下列措施：

（1）合理选择电动机容量，使其接近满载运行。

（2）对于平均负荷小于40%的感应电动机，换以小容量电动机，或将定子三角形接线改为星形接线（仅适用于轻载或空载起动的电动机）。

（3）合理安排和调整工艺流程，改善电气设备的运行方式，限制空载运转。

（4）正确选择变压器容量，提高变压器负荷率（一般75%～80%较合适）。变压器负荷率愈低，功率因数愈低。对平均负荷率小于30%的变压器，予以更换；或者通过变压器二次侧联络线调整负荷，断开部分轻载变压器。

（5）提高感应电动机的检修质量，防止间隙加大。

（6）对于负荷率不大于70%及尖峰负荷不大于90%的绕线型感应电动机必要时使其同步化。

10.3 同步电动机补偿法

同步电动机较感应电动机有下列优点：

（1）可在功率因数超前的方式下运行，输出无功功率。

（2）可以很方便地采用低转速电动机直接与驱动机械耦合。

（3）在电力网的频率不变时，电动机的转速是恒定的，与负载情况无关，所以生产率高。

（4）电动机的力矩受电网电压波动的影响比较小（同步电动机的力矩与电压一次方成正比，而感应电动机的转矩则与电压的平方成正比）。

（5）采用强行励磁后，可以提高电力系统的稳定性。但对高转速同步电动机要注意的是强行励磁动作时所产生的加速力矩将会引起较大的机械冲击。如果母线电压降低愈甚，延时愈长，此种冲击就愈大，严重时甚至会将机械的轴扭坏。

虽然同步电动机价格较贵，控制设备复杂，但由于具有上述优点，在钢铁企业中有条件时，应尽量采用同步电动机作为人工补偿装置。

同步电动机的补偿能力，用该电动机的输出无功

功率与额定容量的比值来表示，即

$$q = \frac{Q_0}{S_{sn}}$$

或 $$Q_0 = S_{sn}q \qquad (10\text{-}1)$$

式中 q——同步电动机的补偿能力，%；

Q_0——同步电动机的输出无功功率，kvar；

S_{sn}——同步电动机的额定容量，kVA。

同步电动机的补偿能力 q 与负荷率 β_d、激磁电流 I_L 及电动机的额定功率因数 $\cos\varphi_n$ 有关，如图 10-1 所示。在恒定激磁电流 I_L 下，当负荷率 β_d 减小时，同步电动机的无功功率输出可相对地提高。由于图 10-1 中的曲线是根据经验数据作出的，故此曲线和式 10-1 只能作为同步电动机输出无功功率估算之用。

例 ID143/64-6 型同步电动机，2500kW，额定功率因数 0.9（超前），轴功率为 70%，在额定激磁电流下，其补偿能力 q 由图 10-1 查出为 52%，所以此同步电动机可输出的无功功率为

$$Q_0 = \frac{2500}{0.9} \times 0.52 = 1440\text{kvar}$$

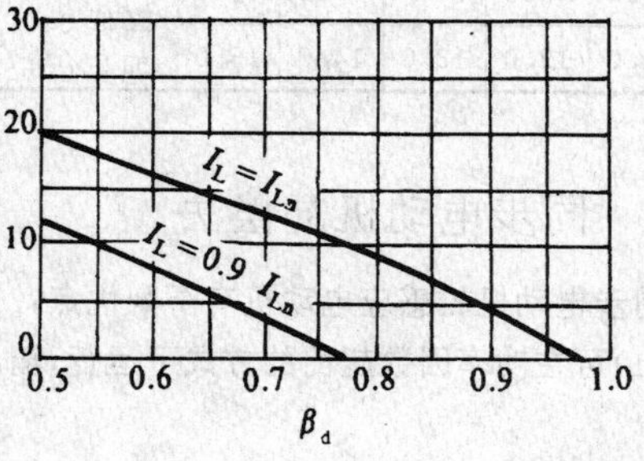

(a)

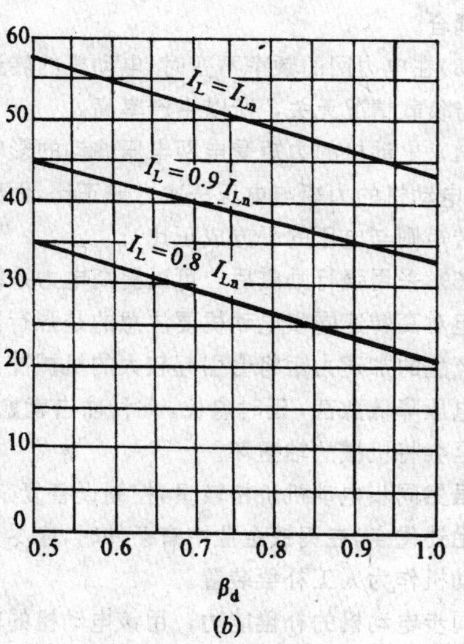

(b)

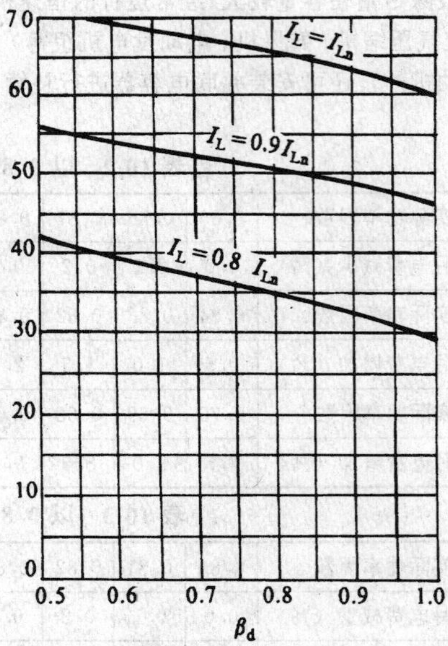

(c)

图 10-1 同步电动机的补偿能力 q 与负荷率 β_d，励磁电流 I_L 及额定功率因数的关系

(a) —当功率因数 $\cos\varphi_n = 1.0$；

(b) —当功率因数 $\cos\varphi_n = 0.9$（超前）；

(c) —当功率因数 $\cos\varphi_n = 0.8$（超前）

10.4 并联电容器补偿装置

电容器具有投资省，有功功率损耗小，运行维护方便，故障范围小等优点，故在钢铁企业供配电系统得到广泛应用。它的缺点是难以实现无级调节，并且当通风不良、运行温度过高时，或流入的谐波电流及合闸涌流限制不当时，易造成谐波过流、过压和涌流超过规定值，而使电容器损坏。

10.4.1 并联电容器补偿容量的计算

并联电容器的补偿容量可按下式确定

$$Q_c = \alpha P_{30}(\tan\varphi_1 - \tan\varphi_2) \qquad (10\text{-}2)$$

或 $$Q_c = \alpha P_{30} q_c \qquad (10\text{-}3)$$

式中 Q_c——需要补偿的无功容量，kvar；

P_{30}——全企业的有功计算负荷，kW；

α——平均负荷系数，取 0.7～0.8；

$\tan\varphi_1$、$\tan\varphi_2$——补偿前、后的计算负荷功率因数角的正切值，$\cos\varphi_2$ 按表 10-4 列出的值；

q_c——补偿率，kvar/kW（按表 10-4 查出）。

表 10-4　补偿率 q_c 值

$\cos\varphi_1$	$\cos\varphi_2$																
	0.80	0.81	0.82	0.83	0.84	0.85	0.86	0.87	0.88	0.89	0.90	0.91	0.92	0.93	0.94	0.95	0.96
0.50	0.981	1.008	1.035	1.060	1.086	1.117	1.138	1.166	1.192	1.219	1.246	1.276	1.305	1.338	1.368	1.404	1.442
0.51	0.939	0.966	0.993	1.018	1.044	1.070	1.106	1.134	1.160	1.187	1.214	1.244	1.273	1.306	1.336	1.372	1.410
0.52	0.890	0.917	0.945	0.969	0.995	1.021	1.047	1.075	1.101	1.128	1.155	1.185	1.217	1.247	1.277	1.313	1.351
0.53	0.819	0.876	0.903	0.928	0.954	0.980	1.006	1.034	1.060	1.087	1.114	1.144	1.173	1.120	1.206	1.236	1.272
0.54	0.808	0.835	0.862	0.887	0.913	0.939	0.965	0.993	1.019	1.046	1.075	1.103	1.133	1.165	1.195	1.231	1.269
0.55	0.766	0.793	0.820	0.815	0.871	0.897	0.923	0.951	0.977	1.004	1.031	1.061	1.090	1.123	1.153	1.189	1.227
0.56	0.728	0.755	0.782	0.807	0.829	0.859	0.885	0.913	0.939	0.966	0.991	1.023	1.052	1.085	1.115	1.151	1.189
0.57	0.691	0.718	0.745	0.770	0.796	0.822	0.846	0.876	0.902	0.929	0.956	0.986	1.015	1.048	1.078	1.114	1.520
0.58	0.655	0.682	0.709	0.734	0.760	0.786	0.812	0.840	0.866	0.893	0.920	0.950	0.979	1.012	1.042	1.078	1.116
0.59	0.618	0.645	0.672	0.697	0.723	0.749	0.775	0.803	0.829	0.856	0.883	0.913	0.942	0.975	1.005	1.041	1.079
0.60	0.583	0.610	0.637	0.662	0.688	0.714	0.740	0.768	0.794	0.821	0.848	0.878	0.905	0.940	0.970	1.006	1.044
0.61	0.549	0.576	0.603	0.628	0.654	0.680	0.706	0.734	0.760	0.787	0.841	0.844	0.873	0.906	0.936	0.972	1.010
0.62	0.515	0.547	0.560	0.594	0.620	0.640	0.672	0.700	0.726	0.753	0.780	0.810	0.839	0.872	0.902	0.938	0.974
0.63	0.481	0.508	0.535	0.560	0.586	0.612	0.638	0.666	0.692	0.719	0.746	0.776	0.805	0.838	0.868	0.904	0.942
0.64	0.450	0.477	0.504	0.529	0.555	0.581	0.607	0.635	0.661	0.688	0.715	0.745	0.774	0.807	0.837	0.873	0.911
0.65	0.417	0.444	0.471	0.496	0.522	0.548	0.574	0.602	0.628	0.655	0.682	0.712	0.741	0.774	0.804	0.840	0.878
0.66	0.386	0.415	0.442	0.467	0.493	0.519	0.545	0.573	0.599	0.626	0.654	0.683	0.712	0.745	0.775	0.811	0.849
0.67	0.357	0.384	0.411	0.436	0.462	0.488	0.514	0.542	0.566	0.595	0.622	0.652	0.681	0.714	0.744	0.780	0.818
0.68	0.327	0.354	0.381	0.406	0.432	0.458	0.484	0.512	0.538	0.565	0.594	0.622	0.651	0.684	0.717	0.750	0.788
0.69	0.297	0.324	0.351	0.376	0.402	0.428	0.454	0.482	0.508	0.535	0.562	0.592	0.621	0.654	0.683	0.720	0.758
0.70	0.270	0.297	0.323	0.349	0.375	0.401	0.427	0.455	0.481	0.508	0.535	0.565	0.594	0.627	0.657	0.693	0.731
0.71	0.241	0.268	0.295	0.320	0.346	0.372	0.398	0.426	0.452	0.479	0.506	0.536	0.565	0.598	0.628	0.664	0.720
0.72	0.212	0.239	0.266	0.291	0.317	0.343	0.371	0.397	0.425	0.450	0.477	0.507	0.536	0.569	0.599	0.635	0.673
0.73	0.185	0.212	0.239	0.264	0.290	0.316	0.342	0.370	0.396	0.423	0.450	0.480	0.509	0.542	0.572	0.608	0.646
0.74	0.157	0.184	0.211	0.236	0.262	0.288	0.315	0.342	0.368	0.395	0.425	0.452	0.481	0.514	0.546	0.580	0.618
0.75	0.131	0.158	0.185	0.210	0.236	0.262	0.288	0.316	0.342	0.369	0.396	0.426	0.455	0.488	0.518	0.554	0.592
0.76	0.103	0.130	0.157	0.182	0.208	0.234	0.260	0.288	0.316	0.341	0.368	0.398	0.427	0.460	0.492	0.526	0.563
0.77	0.078	0.105	0.132	0.157	0.183	0.209	0.235	0.263	0.289	0.316	0.343	0.373	0.402	0.435	0.465	0.501	0.539
0.78	0.052	0.079	0.106	0.131	0.157	0.183	0.209	0.237	0.263	0.290	0.317	0.347	0.376	0.409	0.439	0.475	0.513
0.79	0.024	0.051	0.078	0.103	0.129	0.155	0.181	0.209	0.235	0.262	0.289	0.319	0.348	0.381	0.411	0.447	0.485

续表 10-4

$\cos\varphi_1$	$\cos\varphi_2$																
	0.80	0.81	0.82	0.83	0.84	0.85	0.86	0.87	0.88	0.89	0.90	0.91	0.92	0.93	0.94	0.95	0.96
0.80		0.026	0.052	0.078	0.104	0.130	0.157	0.183	0.210	0.238	0.266	0.294	0.326	0.355	0.387	0.421	0.458
0.81			0.026	0.052	0.078	0.104	0.131	0.157	0.180	0.212	0.240	0.268	0.298	0.329	0.361	0.395	0.432
0.82				0.026	0.052	0.078	0.104	0.131	0.158	0.186	0.213	0.242	0.272	0.303	0.335	0.369	0.406
0.83					0.026	0.052	0.079	0.105	0.132	0.160	0.188	0.216	0.246	0.277	0.309	0.343	0.380
0.84						0.026	0.053	0.079	0.106	0.134	0.162	0.190	0.220	0.251	0.283	0.317	0.354
0.85							0.026	0.053	0.080	0.107	0.135	0.164	0.194	0.225	0.257	0.291	0.328

10.4.2　并联电容器的装设地点

以并联电容器的安装地点来区分的补偿方式，如图 10-2 所示，有以下三种。

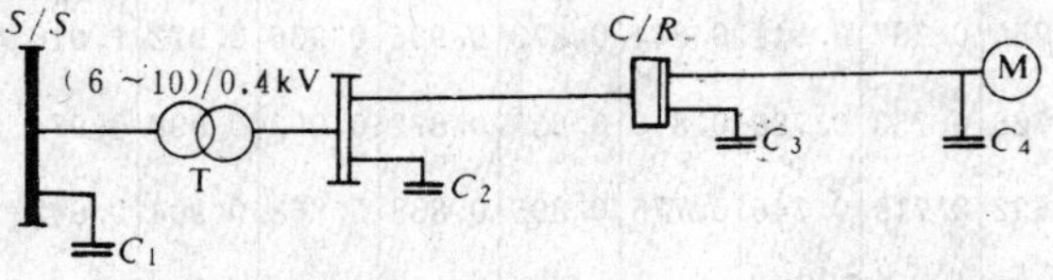

图 10-2　并联电容器的安装地点

(1) 集中补偿方式。如图 10-2 中 C_1 部分，将高压电容器集中安装于总降压变电所或功率因数较低、负荷较大的配电所高压母线上。在钢铁企业中比较多的是采用这种方式。

(2)分散补偿方式。对用电负荷分散和功率因数较低的车间变电所，采用低压并联电容器安装在低压电气室的方式，如图 10-2 中的 C_2 和 C_3 部分。这样可减少动力变压器和低压配电线路的电力损耗，提高变压器的输出功率。

(3) 就地补偿方式。对容量较大，经常运转的低压用电设备，采用低压并联电容器对单台设备进行补偿的方式。如图 10-2 中的 C_4 部分。电容器安装于电动机旁，并同电动机共用一个开关。这种方式可减少线路损耗，但在有些场合下安装维护较困难。

10.4.3　并联电容器装置的接线

并联电容器装置的接线，应使电容器的额定电压与电网运行的电压相吻合，以充分发挥电容器的额定输出功率，同时又要使电容器在本身故障的情况下，保证整组电容器装置的安全运行。

6 (3) ～63kV 并联电容器装置通常采用三角形和双三角形接线。近年来，亦有采用单星形和双星形接线，这两种接线形式均可保证电容器在正常情况下充分发挥额定输出功率。但在故障时，对整组电容器的安全运行存在较大差别。

10.4.3.1　三角形接线电容器组特点

三角形接线电容器组的特点为：

(1)当一台或多台电容器退出运行时，对其余电容器组和电容器不会造成过电压；

(2)当其中一台电容器发生内部贯穿性击穿时，将形成相间短路，通过故障电容器的短路电流由母线的短路容量决定。短路电流越大，所积累的能量也就越大，容易造成电容器爆炸，引起事故扩大；

(3) 合闸涌流比星形接线方式大。

10.4.3.2　星形接线电容器组特点

星形接线电容器组的特点为：

(1)当一台或多台电容器退出运行时，剩下的其余电容器会产生过电压；

(2) 每相串联段数 $N \geqslant 2$ 时，当一台或多台电容器退出运行时，剩下其它电容器上的过电压比三角形接线时严重；

(3)当一台电容器发生贯穿性击穿时，故障电容器中流过的不是短路电流，而只有三倍工频相电流，因此不会造成电容器爆炸事故，并可大大降低对保护熔断器断流容量的要求；

(4) 合闸涌流比三角形接线方式小；

(5) 当电容器组需串联电抗器时，星形接线方便；

(6)中性点不接地的星形接线，当系统发生单相接地时，可以消除电容器电流对单相接地电容电流的影响。

10.4.3.3 两种接线形式的比较

(1) 两种接线对电容器额定电压的选择只要与电网运行电压相吻合，其额定输出功率就能充分发挥。

(2)纯并联电容器的三角形接线，由于电容器贯穿性击穿时，对保护外熔丝的断流容量要求高，目前国内尚缺少既能切断小电流又能开断大电流的熔断器，因而难以防止因故障短路电流引起的电容器爆炸事故。而星形接线的电容器组由于对外熔断器的开断电流没有特殊要求，目前国内生产的WR、BR2等型号的各种规格熔断器均能起到过电流保护作用，可以避免电容器出现的爆炸事故。

(3)采用星形接线时，除外熔丝保护，还可以构成不平衡电流保护、电压差动保护、中性点不平衡电流保护、零序电压保护等。使继电保护更加完善，从而保证及时切除电容器故障，避免事故扩大。

(4)当需要在电容器回路串联电抗器时，采用星形接线比三角形接线方便。

综合上述，用于冶金企业的6～10kV并联补偿电容器，为了便于采用适当的继电保护和降低故障短路电流，一般应采用星形接线。而在35kV系统中，可用10.5kV或11kV两台电容器串联后接成星形。目前国内生产的并联电容器补偿装置一般都采用星形或双星形接线。

10.4.3.4 并联电容器组的放电装置

电容器组应装设放电设备，使电容器组与电源断开后两端残余电压从峰值（$\sqrt{2}$倍额定电压）降至75V所需时间，对低压电容器不大于1min，对高压电容器不大于5min。

电容器与放电设备应直接连接，中间不应有开关设备或熔断器，但低压电容器组和放电设备之间可有自动接通的接点。

1000V以上的电容器用电压互感器或专用的放电线圈作放电设备。1000V以下的电容器可用电阻(一般用白炽灯)作放电设备。

10.4.4 并联电容器的投切方式

并联电容器无功补偿设备为防止过补和欠补，应随负荷或电压的变动进行投切，其投切方式可采用手动方式，亦可采用自动方式。

10.4.4.1 手动投切方式

手动投切方式适用于：

(1) 稳定运转的负荷；

(2)波动的幅度较大，但波动的频率仅为每天数次的负荷；

(3) 总降压变电所集中补偿的电容器组；

(4) 就地补偿装置。

10.4.4.2 自动投切方式

自动投切方式适用于：

(1) 在无人值班的变电所为避免过补偿需投切电容器组时；

(2) 当需要用无功补偿装置自动调节电压时。

低压自动补偿装置容易实现，在采用高压自动补偿装置效果不显著时，宜采用低压自动补偿装置。

无功自动补偿装置的调节方式，分为无功调节原则，电压调节原则和时间调节原则三种，可按需要来选用。

10.5 高次谐波对并联电容器的影响及抑制措施

10.5.1 对并联电容器的影响

高次谐波对并联电容器的影响，表现在以下三个方面：

(1)增加电容器损耗。谐波电流的存在，在电容器内产生附加功率损耗。

(2)增加无功输出。由于谐波的存在，电容器发出的总无功，不仅包括基波无功，尚包括谐波无功。

(3)会引起谐波过电压或过电流。谐波有可能引起电容器与系统间产生串联或并联谐振，而造成电容器过电压或者过电流。

上述现象均可引起电容器过热，而导致电容器损坏。

10.5.2 抑制措施

为减少和避免高次谐波对电容器的危害，应从供电系统和无功补偿装置设计上采取措施，具体方法为：

(1)降低高次谐波电流发生量。以整流装置为谐波源的系统，在经济合理时，可增加整流相数和整流脉冲数；多台相数相同的整流装置，使整流变压器二次有适当的相角差。

(2)设置滤波器。当发生的高次谐波造成的谐波指标超过国家规定值时，宜将无功补偿电容器作成滤波器。

(3) 串电抗器。为减少谐波流入电容器和合闸涌流,可串联适当参数的电抗器。其感抗值的选择应使在可能产生的任何谐波下，均使电容器回路的总电抗为感抗而不是容抗,从而消除了谐振的可能。电抗器的感抗值按下式计算

$$X_L = K\frac{X_C}{n^2} \tag{10-4}$$

式中　X_L——串联电抗器的感抗，Ω；

X_C——补偿电容器的工频容抗，Ω；

n——可能产生的最低谐波次数；

K——可靠系数，一般取 1.2～1.5。

对 6 相整流线路，$n=5$，则

$$X_L = 1.2\times\frac{X_C}{5^2}\approx 0.05X_C$$

对电弧炉

$$X_L = (12\% \sim 13\%)X_C$$

为了防止可能出现铁磁谐振，一般宜采用无铁芯的电抗器。电抗器的额定电流应稍大于电容器实际电流。但应注意,由于串联电抗器会使电容器的基波电压升高，其值为

$$U_C = U_1\frac{X_C}{X_C - X_L} \tag{10-5}$$

式中　U_C——电容器的基波电压升高，kV；

U_1——系统额定电压，kV；

对于 5 次谐波，端电压升高可达 6%，所以电容器额定电压应高于系统电压。用于星形或双星形接线，6.3kV 系统应采用 4kV 电容器，10.5kV 系统应采用 6.6kV 电容器。

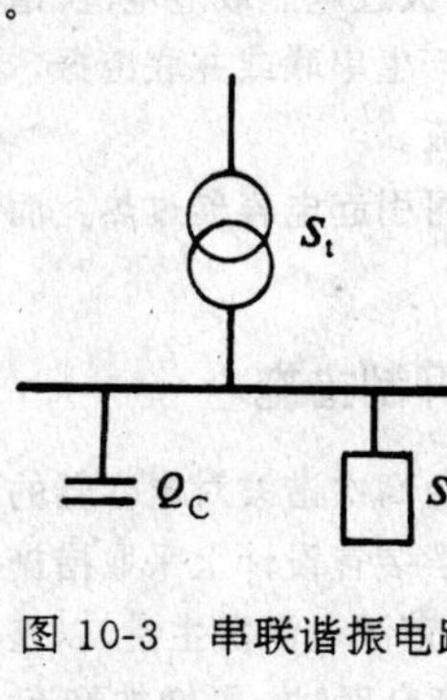

图 10-3　串联谐振电路

(4) 避免串联谐振。图 10-3 的系统，发生串联谐振的频率或次数为

$$f_s = f\sqrt{\left(\frac{S_t}{Q_C Z_t} - \frac{S_L^2}{Q_C^2}\right)}$$

或

$$n_s = \frac{f_s}{f}$$

式中　f——系统的基波频率，Hz；

f_s——串联谐振频率，Hz；

S_t——变压器额定容量，kVA；

Z_t——变压器阻抗的标幺值，%；

S_L——负荷容量，kVA；

Q_C——电容器的额定容量，kvar；

n_s——串联谐振的谐波次数。

在串联谐振时,一较小的谐波电压,就可形成较大的谐波电流流过电容器，在电容器等参数的选择上应避开谐振条件。

(5)避免并联谐振。发生并联谐振的频率或次数为

$$f_p = f\sqrt{\frac{S_k\times 10^3}{Q_C}}$$

或

$$n_p = \frac{f_p}{f}$$

式中　S_k——电容器连接处母线短路容量，MVA；

n_p——并联谐振的谐波次数。

并联谐振对谐波源呈现出高阻抗，使得母线谐波电压升高,造成电容器回路谐波电流很大,甚至可达十几倍到几十倍。

并联谐振次数 n_p 的验算，应考虑系统运行方式的变化，即要验算系统 S_{smin}～S_{smax} 范围内可能出现的并联谐振点。

当为了确定谐振的情况时，应测量负荷侧和电源侧的谐波电流，以及母线的谐波电压。

10.6　成套并联电容器补偿装置

近年来，电容器厂家相继生产了一批大容量无功补偿成套装置,容量从几千千乏到几万千乏,电压等级有 6kV、10kV、35kV、66kV 等。该装置在主接线型式、保护方式、限制涌流、抑制谐波过负荷、防止重燃过电压等方面进行了综合考虑，以保证其运行安全可靠。装置结构简单、紧凑、便于施工安装和现场维护。

10.6.1　成套并联补偿装置技术性能

成套并联补偿装置的主要技术性能为：

(1) 允许在 $1.1U_n$ 工频稳态电压下长期运行；

(2)允许在 $1.3I_n$ 的稳态电流下运行，对于电容具有最大正偏差的电容器，电流允许达到 $1.43I_n$；

(3)装置采用不重燃断路器、氧化锌避雷器和串联电抗器,有效地限制操作过电压、高次谐波电流和合闸

涌流。

(4) 装置保护完善；

(5) 装置分为户外型和户内型两种。

10.6.2 成套并联补偿装置的组成及结构特点

成套并联补偿装置主要由高压开关柜、电容器组、串联电抗器、氧化锌避雷器、放电线圈和接地开关等组成。当需分组自动投切时，根据需要可增加控制屏、保护屏。其结构特点为：

(1)当高压断路器用作电容器组的投切开关时，一般：

1) 6～35kV 装置采用真空断路器；

2) 60kV 装置采用 SF_6 断路器；

3) 当装置容量不大，且操作不频繁时，亦可采用少油断路器。

另外，目前国内采用带并联电阻的 DW2-35(R)多油断路器投切大容量电容器组，亦有成功的运行经验。

(2)电容器组由支架、电容器、专用熔断器和支柱绝缘子等组成。熔断器的额定电流按电容器额定电流的 1.5 倍选择。

(3) 如需要可配串联电抗器。

10.6.3 密集型成套并联补偿装置

密集型成套并联补偿装置的主要特点是将特制的电容器单元组装在一个大型箱壳内，电容器单元内部每个元件都串有内熔丝，电容器单元外部接有放电线圈，可以有效地释放电容器的剩余电压。另外还配有电容器内部故障和系统过电压，过电流和失压保护。具有占地小，运行维护方便等优点。

10.6.4 成套并联补偿装置的接线形式

成套并联补偿装置的接线推荐用单星形和双星形接线。对于单星形接线，串联电抗器接在电容器的后面。对于双星形接线，串联电抗器接在电容器的前面，通常采用下列几种接线：

(1) 单星形接线，如图 10-4 所示。

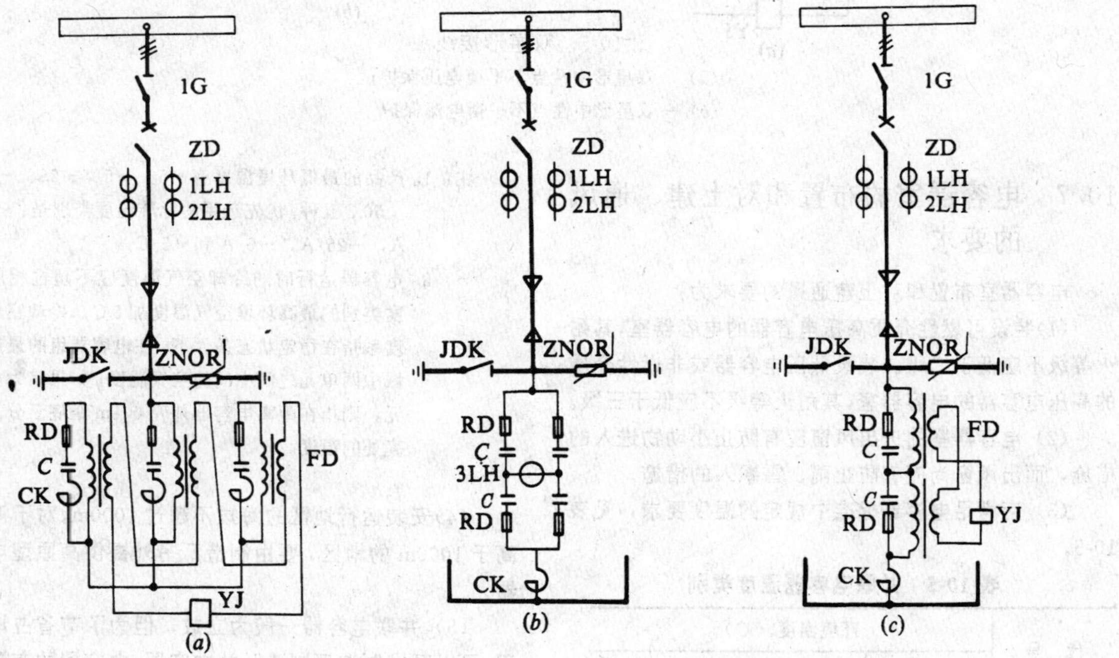

CK

图 10-4 单星形接线

(a) 一单星形零序电压保护；(b) 一单星形不平衡电流保护；(c) 一单星形差动电压保护

（2）双星形接线，如图 10-5 所示。

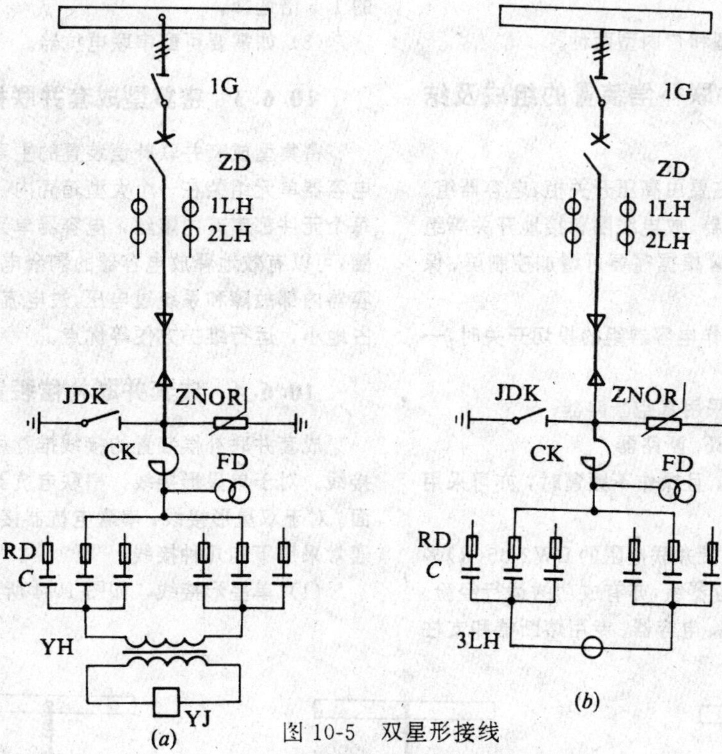

图 10-5 双星形接线

（a）一双星形中性点不平衡电压保护；

（b）一双星形中性点不平衡电流保护

10.7 电容器室的布置和对土建、通风的要求

电容器室布置和对土建通风的要求为：

（1）装设可燃性介质高压电容器的电容器室，其耐火等级不应低于二级。装设低压电容器或非燃性介质的高压电容器的电容器室，其耐火等级不应低于三级。

（2）电容器室的进出风窗应有防止小动物进入的措施，而出风窗尚应有防止雨、雪飘入的措施。

（3）应满足电容器标准中规定的温度要求，见表 10-5。

表 10-5 并联电容器温度类别

代 号	环境温度（℃）		
	最 高	24h 平均最高	年平均最高
A	40	30	20
B	45	35	25
C	50	40	30
D	55	45	35

注：1. 产品的最低环境温度有＋5、－5、－25、－40、－50℃五种。优先选用的标准温度类别是：－40/A，－25/A，－5/A 和－5/C。

2. 电容器运行时的冷却空气温度应不超过相应温度类别的最高环境空气温度加 5℃。冷却空气温度系指在稳定状态条件下，在电容器组的最热区域中两单元之间中间的空气温度；如果仅为一单元，则指在距离电容器外壳 0.1m 距底三分之二高处的温度。

（4）安装运行地区的海拔不超过 1000m。对于海拔高于 1000m 的地区，要由制造厂另外提供高原型电容器。

（5）并联电容器一般为立放，但为了节省占地面积，可以要求制造厂制造卧放电容器。电容器的布置不宜超过三层。电容器组的安装尺寸不应小于表 10-6 所列的数值。

（6）电容器装置应设置维护通道，其宽度（净距）不宜小于 1200mm。维护通道与电容器间应设置网状遮栏。

(7)电容器装置附近必须设置消防设施，并应设有总的消防通道。装置与其它建筑物或主要电气设备之间无防火隔墙时，其防火间距不应小于10m。由于条件限制，电容器室与其它生产建筑物连接布置时，其间应设防火隔墙。

(8)电容器的额定电压与网络额定电压同级时，应将电容器的外壳和支架接地。单台电容器的额定电压等级低于网络额定电压等级时，应将其每相的安装支架与地绝缘，其绝缘水平不低于网络额定电压。

表 10-6 电容器组安装尺寸最小允许值

项 目	电容器之间净距		电容器底部距地面净距		装置顶部距屋顶净距
	台间距离	排间距离	户内布置	户外布置	
最小允许尺寸（mm）	100	200	200	300	1000

注：台间距离应按制造厂规定取值，无制造厂提供的数据时，根据国标规定，可按本表列出的数据取值。

(9)为防止电容器套管受力而损坏电容器端子，应采用软导体连接的方式。安装电容器时，应将每排电容器的吊攀用分段扁铁固定连接起来，以增加每台电容器的稳定性。

(10) 电容器室不宜设置采光玻璃窗，门应向外开启。相邻两电容器室之间的门应能向两个方向开启。

(11) 电容器室应有良好的自然通风，当其不能满足电容器要求的环境温度时，可采用机械排风。

电容器的发热功率按下式计算

$$P_C = \Sigma Q_{CH} \mathrm{tg}\delta$$

式中 P_C——全部电容器发热功率，kW；

ΣQ_{CH}——电容器安装总容量，kvar；

$\mathrm{tg}\delta$——单台电容器额定损失角的正切值，由制造厂给出。通常 1kV 及以下的并联电容器，取 0.004，1kV 以上的矿物油浸渍的电容器取 0.003，S 油浸渍的电容器取小于等于 0.001。

参考文献

[1] 北京钢铁设计院等编，钢铁企业电力设计参考资料，冶金工业出版社，1976.

第11章

高次谐波及其滤波装置

11.1 概述

钢铁企业供配电系统中的高次谐波除来自外部电源，主要产生于非线性负荷用电设备，如变流装置和电弧炉等。非线性负荷引起系统电压波形畸变，即有谐波电流产生，供配电系统存在高次谐波造成的影响和危害是多方面的。例如产生谐波损耗，使发、变电和用电设备效率降低，加速电力电缆绝缘老化而使其容易被击穿，影响继电保护自动装置动作的准确性，对通讯线路和控制信号造成电磁及射频干扰等。

抑制供电系统中的谐波是在50年代中随高压直流输电出现而产生和发展的，其方法是采用无源型交流滤波器（简称滤波器），这种方法现在仍被广泛应用于电力系统和企业供电系统。

11.1.1 滤波器的种类

滤波器大致分为以下六种类型，如图11-1所示。

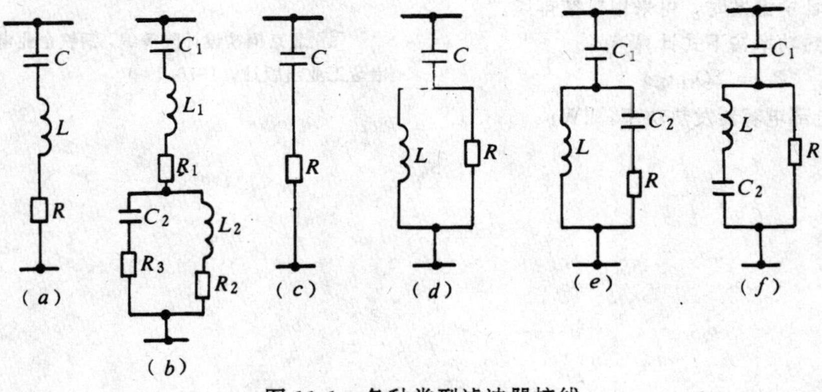

图11-1 各种类型滤波器接线

(*a*)—单调谐滤波器；(*b*)—双调谐滤波器；(*c*)——阶高通滤波器；
(*d*)—二阶高通滤波器；(*e*)—三阶高通滤波器；(*f*)—“*C*”式高通滤波器

单调谐滤波器通频带窄，滤波效果好，损耗小，调谐容易，是使用最多的一种类型。

双调谐滤波器可代替两个单调谐滤波器，只有一个电抗器（L_1）承受全部冲击电压，但接线复杂，调谐困难，仅在超高压系统中使用。

一阶高通滤波器因基波损耗大，一般不采用。

二阶高通滤波器通频带很宽，滤波效果好，但损耗比单调谐大，通常用于较高次谐波。

三阶高通滤波器电容器利用率较高，基波损耗小，但滤波效果不如二阶高通滤波器，一般用于电弧炉滤波。

"*C*"式高通滤波器滤波性能处于二阶和三阶高通滤波器之间，R的基波损耗最小。用于电弧炉滤波，对二次谐波特别有效。

11.1.2 滤波器设置原则

滤波器设置原则如下：

(1) 滤波器的设置必须满足国家颁布的谐波管理规定。

(2)一般设计要求系统谐波阻抗为感性，故滤波器宜设置在总降压变电所主变压器二次侧，这样可实现集中滤波和无功补偿的原则，以提高滤波和补偿效果，减少投资，方便管理。

(3) 电弧炉与变流装置并存，且容量较大时，宜分别接在不同主变压器的二次母线上，并各自设置相应的滤波器，这样设计比较合理，运行经济。

(4) 滤波器设计应考虑背景谐波和近期发展的非线性负荷。

11.1.3 谐波电流和流向

谐波源分为谐波电压源和谐波电流源两种，发、变电设备一般为谐波电压源；而变流装置、电弧炉和电抗器等为谐波电流源。

谐波电流源产生的高次谐波电流如不设滤波器，则如图 11-2 所示，电流流向基波源，即流向电源侧。

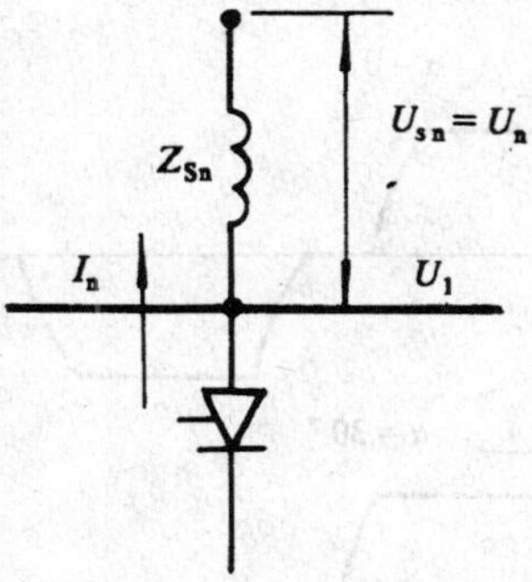

图 11-2 不接滤波器时谐波电流流向图

11.1.4 谐波电压的计算

谐波电压就是谐波电流流向系统，在系统谐波阻抗上产生的电压降。为便于分析，公式中取相电压、相电流和相阻抗计算。

$$U_n = I_n Z_{sn}$$

式中 I_n——负荷谐波电流，A；

Z_{sn}——系统谐波阻抗，Ω。

Z_{sn}由下式决定

$$\begin{aligned} Z_{sn} &= R_{sn} + jX_{sn} \\ &= R_{sn} + jnX_{s1} \\ &= R_{sn} + jn\frac{U_N^2}{S_K^{(3)}} \end{aligned}$$

式中 R_{sn}——系统谐波电阻，Ω；

n——谐波次数；

X_{sn}——系统谐波感抗，当计算主变压器二次侧谐波阻抗时，因主变压器谐波感抗一般占系统感抗的80%以上，所以系统谐波感抗按线性处理，Ω；

X_{s1}——系统基波感抗，Ω；

U_N——母线额定线电压，kV；

$S_K^{(3)}$——母线上三相短路容量，MVA。

11.2 变流器谐波电流发生量

11.2.1 变流器谐波电流理论值

图 11-3 为 6 脉动（变压器接线分别为 Y，yn0 和 D，y11）变流器的典型接线图。

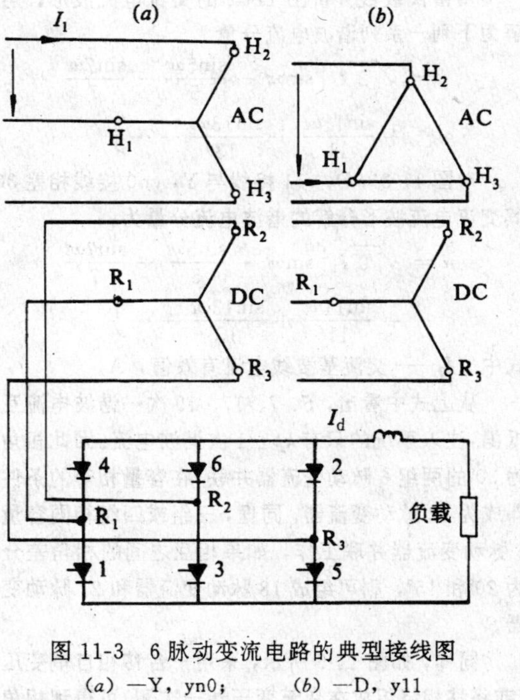

图 11-3 6 脉动变流电路的典型接线图

(*a*) —Y，yn0； (*b*) —D，y11

在下面理想条件下：

(1) 电源为理想的正弦波，并三相对称；

(2) 直流侧电抗足够大，直流电流无纹波；

(3) 交流侧电抗等于零。

图 11-3*a* 整流电压和电流波形图如图 11-4 所示。

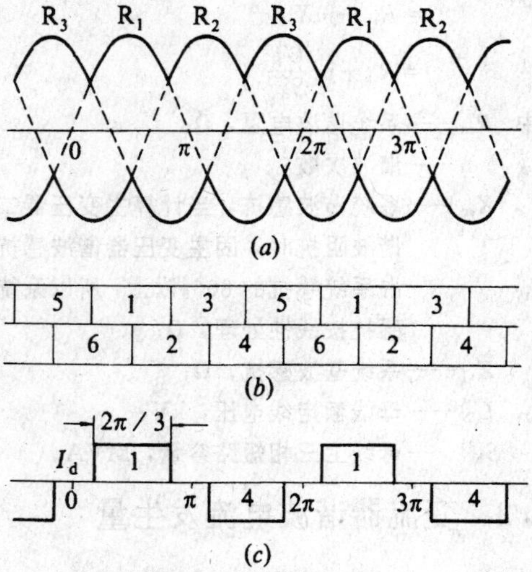

图 11-4　Y，yn0 接线的电压与电流波形图

(*a*) 一直流绕组电压波形；(*b*) 一整流元件中电流；(*c*) 一直流绕组 R_1 的电流波形

用富氏级数分析图 11-4*c* 的交流电流波形，可分解为下列一系列谐波电流分量

$$i=\sqrt{2}I_1\left(\sin\omega t-\frac{\sin5\omega t}{5}-\frac{\sin7\omega t}{7}+\frac{\sin11\omega t}{11}+\frac{\sin13\omega t}{13}-\cdots\right)$$

对图 11-3*b*，D，y11 接线与 Y，yn0 接线相差 30°，其交流电流波形分解的谐波电流分量为：

$$i=\sqrt{2}I_1\left(\sin\omega t+\frac{\sin5\omega t}{5}+\frac{\sin7\omega t}{7}+\frac{\sin11\omega t}{11}+\frac{\sin13\omega t}{13}+\cdots\right)$$

式中　I_1——交流基波线电流有效值，A。

从上式中看出，5、7、17、19 次…谐波电流互相抵消，注入系统的只有 $kp\pm1$ 次谐波电流。因此相角差为 30°的两组 6 脉动变流器并联，在容量相等的条件下即成为 12 脉动变流器。同理，三组或四组相同容量的 6 脉动变流器并联工作，如果相互之间的相角差分别为 20°和 15°，则可组成 18 脉动变流器和 24 脉动变流器。

同样，如图 11-5 所示，采用一台移相自耦变压器(或将移相绕组放在变流变压器一次侧)可得到相角差为 15°，a b c 和 a′b′c′分别接两组 12 脉动变流器而组成 24 脉动变流器。

符合 $n=kp\pm1$ 的谐波称为特征谐波，其谐波发生量按下式计算

$$n_0=kp\pm1$$

$$I_n=\frac{I_1}{n_0}$$

式中　n_0——特征频率谐波次数；

k——正整数；

p——变流器脉动数。

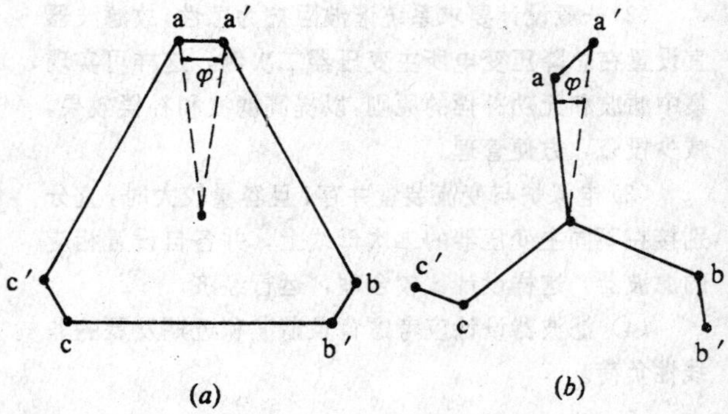

图 11-5　移相角 15°的自耦变压器电压向量图

(*a*) 一不等边六角形式；(*b*) 一曲折式

11.2.2　变流器特征谐波电流实际值

由于整流电抗存在，变流回路不是前面提到的理想状态，故整流电流的波形如图 11-6 所示近似于梯形

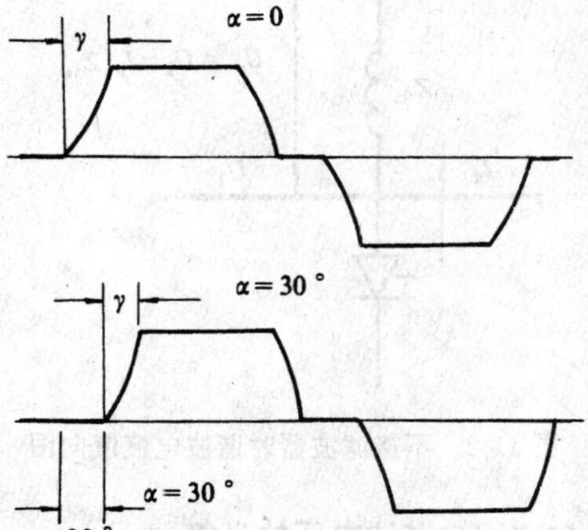

图 11-6　控制角 α 与重迭角 γ 对波形的影响

控制角 α 与重迭角 γ 对谐波电流值均有影响，其中重迭角的作用常常是主要的。图 11-7 示出的 8 组曲

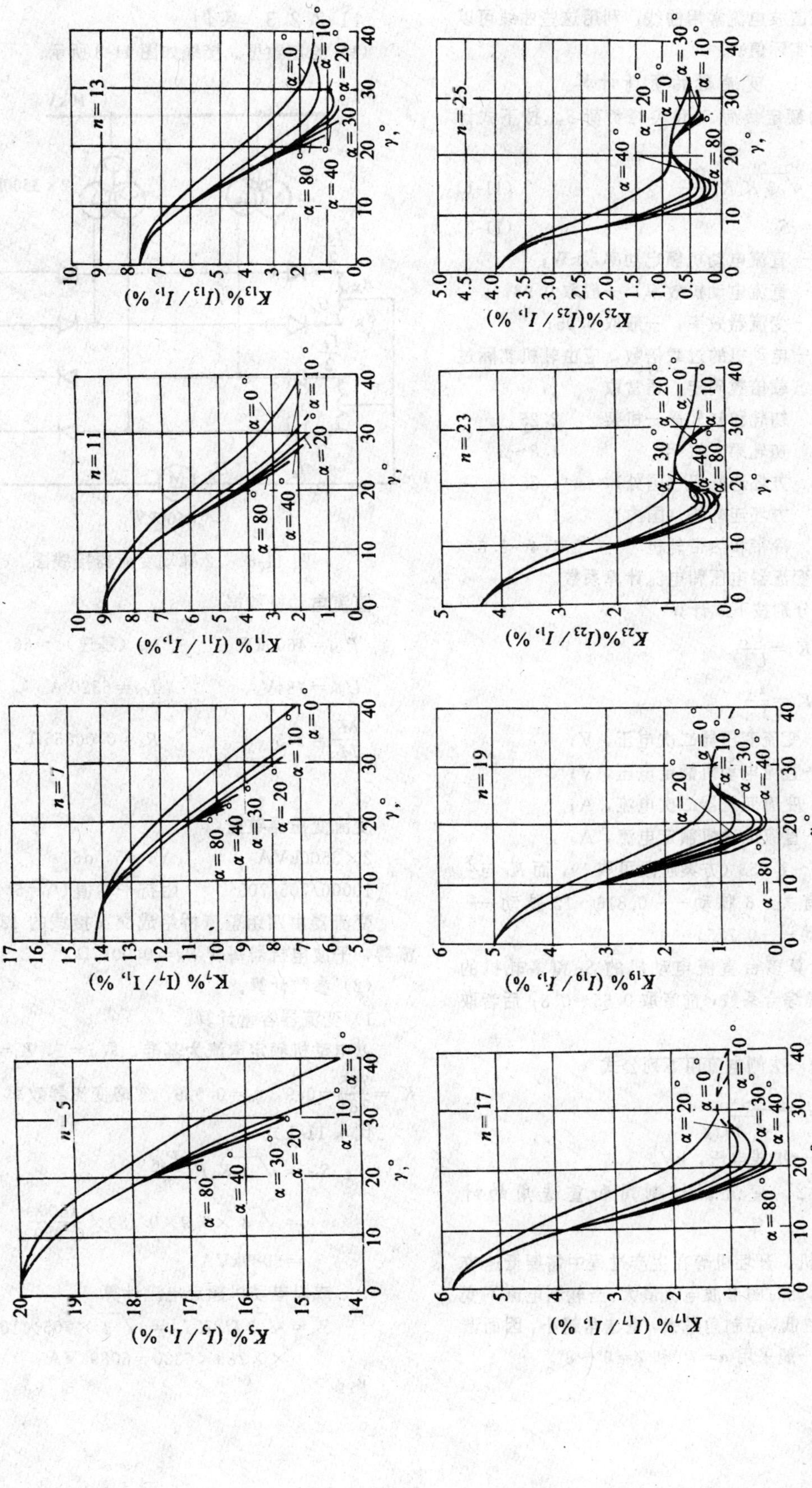

图 11-7 谐波电流系数 $K_n = f(\alpha), (\gamma)$ 曲线

线是计算特征谐波电流常用曲线。利用这些曲线可以求出谐波电流实际值。

11.2.2.1 变流器的负荷计算

变流器的额定负荷 S_N 和尖峰负荷 S_{max} 按下式计算

$$S_N=\sqrt{3}K_uK_i\frac{P_{dN}}{\eta_d\eta_t} \quad (11\text{-}1)$$

$$S_{max}=iS_N \quad (11\text{-}2)$$

式中 P_{dN}——直流电动机额定功率，kW；

η_d——直流电动机效率，一般取 0.93；

η_t——变流器效率，一般取 0.95；

i——电动机的过载倍数，应由轧机实际过载倍数确定，通常取

初轧和初轧第一机架	2.25
初轧第二机架	1.8～2
方坯连轧机（国外）	1.25
方坯连轧机（国内）	1
冷带和热带轧机	1.4～1.6

K_u，K_i——变流器电压和电流计算系数。

K_u 和 K_i 分别按下式计算

$$K_u=\frac{U_{ct}}{U_{dN}}$$

$$K_i=\frac{I_{ct}}{I_{dN}}$$

式中 U_{ct}——变流变压器二次电压，V；

U_{dN}——直流电动机额定电压，V；

I_{ct}——变流变压器二次电流，A；

I_{dN}——直流电动机额定电流，A。

K_u 取 0.9～1.053（方案阶段可取 1），而 K_i 与变流器脉动数有关，6 脉动——0.816，12 脉动——0.789，24 脉动——0.775。

另外在计算多台直流电动机的 S_N 和多轧机的 S_{max} 时，要考虑综合系数，前者取 0.65～0.8；后者取 0.75～0.8。

计算 S_N 的一次侧电流用下列公式

$$I_1=\frac{S_N}{\sqrt{3}U_N}$$

式中 U_N——一次线电压，kV。

11.2.2.2 变流器控制角和重迭角的计算

可逆初轧机、开坯机等在生产过程中需要低速咬钢和过载轧制，此时的谐波电流最大。当轧制电流不变时，咬入速度越低，控制角越大，重迭角越小，因而谐波电流越大。一般采用 $\alpha=70°$ 和 $\gamma=6°～8°$。

11.2.2.3 实例

(1) 给定数据。接线如图 11-8 所示。

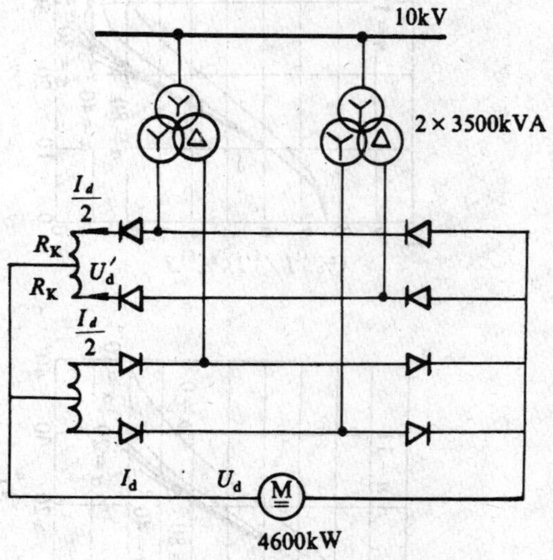

图 11-8 12 脉动变流器接线图

直流电动机数据：

$P_{dN}=4600kW$　　n_N（基速）$=66r/min$

$U_{dN}=784V$　　$I_{dN}=6320$ A

$\frac{M_M}{M_N}=2.5$　　$R_d=0.00855\Omega$

变流变压器数据：

2×3500kVA　　Y，y5，d6

10000/705/705V　　阻抗平均值 $U_d=6\%$

变流器由四组整流桥组成交叉接线的 12 脉动变流器，平波电抗器每臂 $R_K=0.0017\Omega$。

(2) 参数计算。

1) 变流器容量计算。

以电动机额定电流为基准，取 $i=1$，$K_i=0.789$，$K_u=\frac{705}{784}=0.9$，$\eta_d=0.929$，忽略变流器效率 η_t。

代入 11-1 式

$$S_N=\sqrt{3}K_uK_i\frac{P_{dN}}{\eta_d}$$

$$=\sqrt{3}\times0.9\times0.789\times\frac{4600}{0.929}$$

$$=6089kVA$$

或以电动机额定电流计算

$$S_N=\sqrt{3}U_{ct}K_iI_{dN}=\sqrt{3}\times705\times10^{-3}\times0.789\times6320=6089kVA$$

一次侧电流　$I_1=\frac{S_N}{\sqrt{3}U_N}=\frac{6089}{\sqrt{3}\times10}=352A$

2）电动机应有端电压。

取咬钢时电动机转速标幺值为$\frac{1}{3}$，电流标幺值为$0.9\times2.5=2.25$，则电动机转速为$\frac{1}{3}\times66=22r/min$，电动机尖峰电流为$2.25\times6320=14200A$。

在电动机额定参数时

$$U_{dN}=C_e\Phi n_N+I_{dN}R_d$$

式中　$C_e\Phi$——电机常数。

$$C_e\Phi=\frac{U_{dN}-I_{dN}R_d}{n_N}$$

$$=\frac{784-6320\times0.00855}{66}=11.06V/rpm$$

当$n=22rpm$，$I_d=14200A$时，电动机应有端电压为

$$U_d=11.06\times22+14200\times0.00855=364V$$

3）变流器输出端应有电压U'_d（在平波电抗器R_K前）。

由于有平波电抗器，二次线圈星形和三角形各供$\frac{1}{2}I_d$，则

$$U'_d=U_d+\frac{1}{2}I_dR_K$$

$$=364+\frac{1}{2}\times14200\times0.0017$$

$$=376V$$

4）控制角α和重迭角γ。

按6脉动变流器计算α和γ，用变流器外特性方程式

$$U'_d=U_{do}\left(\cos\alpha-CX_c\frac{\frac{1}{2}I_d}{I_{de}}\right)$$

式中　U_{do}——直流空载电压（$\alpha=0$）；$U_{do}=1.35U_{ct}=1.35\times705=952V$；

C——斜率系数（6脉动为0.5）；

X_c——变流器阻抗标幺值$=0.06$；

I_{de}——变流器额定直流输出电流。

由于变流变压器两个二次线圈容量均为3500kVA，二次侧电流均方根值为

$$I_{ae}=\frac{3500}{\sqrt{3}U_{ct}}\times10^3=\frac{3500\times10^3}{\sqrt{3}\times705}=2866A$$

对6脉动变流器

$$I_{de}=\frac{I_{ae}}{0.816}=\frac{2866}{0.816}=3520A$$

代入外特性方程式

$$376=952\left(\cos\alpha-0.5\times0.06\times\frac{\frac{1}{2}\times14200}{3520}\right)$$

得$\alpha=62.9°$

换相直流压降U_X

$$\frac{U_X}{U_{do}}=CX_c\frac{\frac{1}{2}I_d}{I_{de}}=0.0605$$

计入γ时

$$\frac{U_X}{U_{do}}=\frac{\cos\alpha-\cos(\alpha+\gamma)}{2}$$

得　$\alpha+\gamma=70.5°$　　$\gamma=7.6°$

5）特征谐波电流。

I_n　根据$I_1=352A$，$\alpha=62.9°$，$\gamma=7.6°$，利用图11-7$K_n=f(\alpha,\gamma)$曲线，查出$\frac{I_n}{I_1}$。

$I_{n_{max}}$　直流电动机过载倍数取$2.5\times0.9=2.25$倍

则$I_{1_{max}}=2.25\times352=792A$，以同样方法求出$I_{n_{max}}$值。

计算结果如表11-1所示。

各次谐波的I_n和$I_{n_{max}}$见表11-1。

表11-1　谐波电流计算值

n_0	11	13	23	25
I_n/I_1	0.084	0.069	0.029	0.025
I_n (A)	30	24	10	9
$I_{n_{max}}$ (A)	66	54	22	20

11.2.3　变流器非特征谐波电流

由于下列原因，变流器产生$n=kp\pm1$以外的谐波，称为非特征谐波。

（1）控制角误差。

（2）负荷不均匀（如12脉动由两组负荷不相等的6脉动变流器并联）。

（3）交流三相阻抗不对称。

（4）移相角不完整（如24脉动变流器的移相角在调节电压分节点时不等于15°）。

非特征谐波电流一般可取$I_n=(0.1\sim0.15)\frac{I_1}{n}$；质量较差的变流器取$I_n=0.2\frac{I_1}{n}$；对连轧机Y，yn0与Y，d11接线组合的12脉动变流器，由于各电动机负荷

不均匀，非特征谐波电流比一般要大，可取 $I_n=0.3\frac{I_1}{n}$ ($n=5$，7) 或 $I_n=0.2\frac{I_1}{n}$ ($n=17$、19)。

非特征谐波电流还包括由于控制角误差而引起的2、3、4次谐波电流。理论上每1°误差使偶次谐波电流增加1.74%I_1，3次谐波电流增加1%I_1。实际值因有重迭角而减小。这些非特征谐波电流无一定的计算方法，主要依靠实测或参照类似产品的实测资料。为了减少或避免2、3、4次谐波电流的产生，制造厂对大中型变流器的触发器系统应有严格的质量要求。

11.2.4 多个谐波源的同次谐波电流迭加计算

11.2.4.1 两个谐波源迭加

同次谐波电流相位角差确定时

$$I_n=\sqrt{I_{1n}^2+I_{2n}^2+2I_{1n}I_{2n}\cos\theta_n}$$

式中 I_{1n}——第一个谐波源的 n 次谐波电流；

I_{2n}——第二个谐波源的 n 次谐波电流；

θ_n——两个谐波源谐波电流之间的相位角差。

相位角差 θ_n 不能确定时

$$I_n=\sqrt{I_{1n}^2+I_{2n}^2+K_nI_{1n}I_{2n}}$$

系数 K_n 取下列值

n	3	5	7	11	13	>13	9	偶次
K_n	1.62	1.28	0.72	0.18	0.08		0	

谐波源性质相近时

$$I_n=I_{1n}+I_{2n}$$

11.2.4.2 多个谐波源迭加

当有多个谐波时，采用两个同次谐波电流迭加，再与第三个同次谐波电流迭加，并以此类推。谐波源可以理解为一个车间、一段母线或一套变流装置发生的谐波，并主要是指主电动机的变流器。

11.2.5 计算实例

1700mm 热轧 10kV 母线粗轧机主传动变流器谐波电流计算。

R_2 直流电动机 2×5000kW 12脉动变流器供电

R_3 直流电动机 2×3750kW 12脉动变流器供电

(1) 变流器一次侧基波电流。

按直流电动机额定容量计算

$$S_N=\sqrt{3}K_uK_ii\frac{P_{dN}}{\eta_d}$$

R_2 机架 $K_u=\frac{790}{750}=1.053$

$K_i=0.789$ (12脉动) $i=1$

$P_{dN}=2\times5000=10000\text{kW}$

$\eta_d=0.92$

$$S_N=\sqrt{3}\times1.053\times0.789\times\frac{10000}{0.92}=15625\text{kVA}$$

R_3 机架 $P_{dN}=2\times3750=7500\text{kW}$，

其余参数同 R_2 机架。

$$S_N=\sqrt{3}\times1.053\times0.789\times\frac{7500}{0.92}=11718\text{kVA}$$

R_2 和 R_3 在咬钢时转速与过载倍数相似，因而控制角和重迭角也相似，虽然初相角总有一些不同，两个机架的工作性质可以看成是十分相近的，故 R_2、R_3 迭加时的 I_n 可用算术和计算。基波电流 I_1 根据同样道理也采用算术和的方法。

R_2+R_3 时

$$S_N=15625+11718=27343\text{ kVA}$$

$$I_1=\frac{S_N}{\sqrt{3}U_N}=\frac{27343}{\sqrt{3}\times10}=1580\text{ A}$$

(2) 特征谐波电流。

12脉动变流器特征谐波次数 $n_0=11$、13、23、25…，低速咬钢按0.3基速考虑，$\alpha=70°$、$\gamma=6°$，查曲线 $\frac{I_n}{I_1}$%，见表11-2。

表 11-2 $\frac{I_n}{I_1}$ 值

n_0	11	13	23	25
I_n/I_1	0.086	0.072	0.035	0.03

所以 $I_{11}=0.086\times1580=136\text{ A}$

$I_{13}=0.072\times1580=113\text{ A}$

$I_{23}=0.035\times1580=55\text{ A}$

$I_{25}=0.03\times1580=48\text{ A}$

(3) 非特征谐波电流。

12脉动变流器非特征谐波电流次数为5、7、17、19。取 $I_n=0.1\frac{I_1}{n}$。

$$I_5=0.1\times\frac{1580}{5}=31.6\text{ A}$$

$$I_7=0.1\times\frac{1580}{7}=22.6\ \mathrm{A}$$

$$I_{17}=0.1\times\frac{1580}{17}=9.3\ \mathrm{A}$$

$$I_{19}=0.1\times\frac{1580}{19}=8.3\ \mathrm{A}$$

由于变流器和触发器质量较好，I_2、I_4偶次谐波电流一般不会发生，I_3的数值较小，可以不设置3次滤波器。

(4) 电动机过载倍数。

$$i=\frac{I_{n_{\max}}}{I_n}=\frac{I_{1_{\max}}}{I_1}$$

由轧钢工艺设计提供 R_2 的有功最大值为15800kW ($\cos\varphi=0.7$)，R_3的有功最大值为11100kW ($\cos\varphi=0.7$)。

$$i=\frac{15800+11100}{2\times5000+2\times3750}\approx1.5$$

由此可见，粗轧机的电流过载倍数由工艺给定，与初轧机为充分利用电动机过载倍数所取的最大值$i=2.25$不同。

11.3 电弧炉谐波电流发生量

炼钢电弧炉在熔化期内，由于电弧特性是非线性的，所以产生大量的谐波电流，而且三相电流不平衡，不对称，具有较多的3次及3的倍数次谐波。从电流波形看出，正负两部分也是不对称的，说明还存在偶次谐波。

电弧炉谐波电流的频率是一组连续频谱，其中整数谐波2、3、4、5、6、7次的幅值较大，而非整数谐波幅值较小。

11.3.1 熔化期谐波电流发生量

在熔化期内，谐波电流随电弧电流变化，其峰值与均方根值相差很大。滤波器设计不宜采用瞬时峰值，应按最严重一段时间内的谐波电流平均值考虑。对已运行的电弧炉，最好通过测试取得。对新建或无条件测试的，参考表11-3选取。

表11-3 电弧炉熔化期谐波电流值（%）

n	1	2	3	4	5	6	7
I_n/I_1	100	8～12	10～15	5～7	5～9	2～4	2～3

11.3.2 电弧炉同次谐波电流的迭加计算

两台电弧炉同次谐波电流的迭加计算，不采用变流器谐波电流的计算方法，因为电弧炉谐波电流都是随机变化的。I_{1n}与I_{2n}彼此之间无任何联系，所以迭加计算采用均方根计算值。

$$I_n=\sqrt{I_{1n}^2+I_{2n}^2}$$

式中 I_{1n}——1号电炉的n次电流；

I_{2n}——2号电炉的n次电流。

多台电炉同次谐波电流的迭加计算也按此方法进行。

11.4 母线上背景谐波电压的处理

主变压器空载时，如二次母线仍有谐波电压(U_{sn})，这说明电力系统存在着谐波，称为背景谐波。如果母线上接有滤波器，则背景谐波电压引起的谐波电流将流入相应的滤波器，但这不能使U_{sn}减小，因为它只是系统阻抗Z_{sn}与滤波器阻抗Z_{fn}串联，滤波器不起滤波作用，如图11-9所示，谐波电流仍通过电力系统Z_{sn}，U_{sn}仍不减小。

电力系统背景谐波电压可在主变压器处于空载情况，即将母线上的谐波负载临时切除来测量。滤波器中来自系统的谐波电流为

$$I_{sn}=\frac{U_{sn}}{Z_{sn}+Z_{fn}}$$

式中 Z_{fn}——滤波器阻抗，Ω。

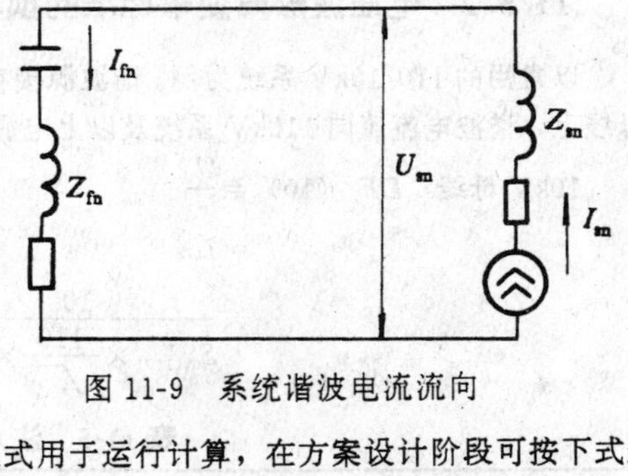

图11-9 系统谐波电流流向

上式用于运行计算，在方案设计阶段可按下式进行计算。

$$I_{sn}\approx\frac{U_{sn}}{Z_{sn}}$$

在这里必须指出背景谐波电压U_{sn}通常是不稳定的，所以要求多次测量才能得到较为准确的数据。

例 10kV 母线上测得主变压器空载时 3 次谐波相电压为 24.2V，已知 $S_K^{(3)}=236\text{MVA}$，计算来自系统的 3 次谐波电流 I_{s3}。

$$I_{s3}=\frac{U_{s3}}{Z_{s3}}=\frac{U_{s3}}{nX_{s1}}=\frac{24.2}{3\times\dfrac{10^2}{236}}=19\text{ A}$$

这部分谐波电流流入相应的 3 次滤波器中。

11.5 谐波标准

谐波标准分为电压波形畸变率和注入系统的谐波电流允许值两项。两项指标均按星形接法相电压和相电流的均方根值计算。

11.5.1 电压波形畸变率

n 次谐波电压波形畸变率为

$$DFU_n=\frac{U_n}{U_1}\times 100\%$$

为计算方便，将电压波形畸变率百分值划为电压波形畸变率标幺值，即

$$DF_n=\frac{U_n}{U_1}$$

式中 U_n——n 次谐波电压有效值，kV；

U_1——基波电压有效值，kV。

总电压波形畸变率标幺值为

$$DFU=\frac{\sqrt{\sum\limits_{n=2}^{\infty}(U_n)^2}}{U_1}\times 100\%$$

$$=\sqrt{\sum_{n=2}^{\infty}(DFU_n)^2}\times 100\%$$

11.5.2 电压波形畸变率标准的换算

以常用的 110/10kV 系统为例。谐波源接在 10kV 母线上，谐波电流流向 110kV 系统及以上电源侧。

10kV 母线 $DF_n\ (10)=\dfrac{U_n}{U_1}$

$$=I_n n\times\frac{10^2}{S_{K(110)}^{(3)}\times\dfrac{110}{\sqrt{3}}\times 110^3}$$

110kV 母线 $DF_n\ (110)=I_n\dfrac{10}{110}n$

$$\times\frac{110^2}{S_{K(110)}^{(3)}\times\dfrac{110}{\sqrt{3}}\times 10^3}$$

得 $DF_n\ (110)=DF_n\ (10)\ \dfrac{S_{K(10)}^{(3)}}{S_{K(110)}^{(3)}}$

不同电压等级的电压波形畸变率均可采用上式进行换算，DF_n与 $S_K^{(3)}$ 成反比。但如果高电压等级侧接有滤波器或电容器，上述换算方法不适用。

11.5.3 电压波形畸变率和用户注入电网的谐波电流允许值

谐波造成电网电压波形畸变率极限和用户注入电网的谐波电流允许值应满足《电能质量　公用电网谐波》(GB/T 14549—93) 的要求。表 11-4 为公用电网谐波电压（相电压）限值。

表 11-4　公用电网谐波电压（相电压）限值

电网标称电压 (kV)	电压总谐波畸变率 (%)	各次谐波电压含有率 (%)	
		奇次	偶次
0.38	5.0	4.0	2.0
6	4.0	3.2	1.6
10			
35	3.0	2.4	1.2
66			
110	2.0	1.6	0.8

公共连接点的全部用户向该点注入的谐波电流（方均根值）不应超过表 11-5 规定的允许值。

表 11-5　注入公共连接点的谐波电流允许值

标准电压 (kV)	基准短路容量 (MVA)	谐波次数及谐波电流允许值 (A)																							
		2	3	4	5	6	7	8	9	10	11	12	13	14	15	16	17	18	19	20	21	22	23	24	25
0.38	10	78	62	39	62	26	44	19	21	16	28	13	24	11	12	9.7	18	8.6	16	7.8	8.9	7.1	14	6.5	12

续表 11-5

标准电压 (kV)	基准短路容量 (MVA)	谐波次数及谐波电流允许值（A）																							
		2	3	4	5	6	7	8	9	10	11	12	13	14	15	16	17	18	19	20	21	22	23	24	25
6	100	43	34	21	34	14	24	11	11	8.5	16	7.1	13	6.1	6.8	5.3	10	4.7	9.0	4.3	4.9	3.9	7.4	3.6	6.8
10	100	26	20	13	20	8.5	15	6.4	6.8	5.1	9.3	4.3	7.9	3.7	4.1	3.2	6.0	2.8	5.4	2.6	2.9	2.3	4.5	2.1	4.1
35	250	15	12	7.7	12	5.1	8.8	3.8	4.1	3.1	5.6	2.6	4.7	2.2	2.5	1.9	3.6	1.7	3.2	1.5	1.8	1.4	2.7	1.3	2.5
66	500	16	13	8.1	13	5.4	9.3	4.1	4.3	3.3	5.9	2.7	5.0	2.3	2.6	2.0	3.8	1.8	3.4	1.6	1.9	1.5	2.8	1.4	2.6
110	750	12	9.6	6.0	9.6	4.0	6.8	3.0	3.2	2.4	4.3	2.0	3.7	1.7	1.9	1.5	2.8	1.3	2.5	1.2	1.4	1.1	2.1	1.0	1.9

注：220kV 基准短路容量取 2 000 MVA。

当电网公共连接点的最小短路容量不同于表 11-5 基准短路容量时，按下式修正表 11-5 中的谐波电流允许值

$$I_n = \frac{S_{k1}}{S_{k2}} I_{np}$$

式中 S_{k1}——公共连接点的最小短路容量，MVA；

S_{k2}——基准短路容量，MVA；

I_{np}——表 11-5 中第 n 次谐波电流允许值，A；

I_n——短路容量为 S_{k1} 时的第 n 次谐波电流允许值，A。

同一公共连接点的每个用户向电网注入的谐波电流允许值按此用户在该点的协议容量与其公共连接点的供电设备容量之比进行分配

$$I_{ni} = I_n (S_i / S_t)^{1/\alpha}$$

式中 I_n——按前一公式计算的第 n 次谐波电流允许值，A；

S_i——第 i 个用户的用电协议容量，MVA；

S_t——公共连接点的供电设备容量，MVA；

α——相位迭加系数。

相位迭加系数取下列值：

n	3	5	7	11	13	9|>13|偶次
α	1.1	1.2	1.4	1.8	1.9	2

11.6 电压谐振和电流谐振

11.6.1 电压谐振

滤波器是调谐至某一谐波频率的 CLR 电路，其阻抗公式为

$$Z_{fn} = R_{fn} + j\left(n\omega L - \frac{1}{n\omega C}\right)$$

在谐振频率时，$n\omega L - \frac{1}{n\omega C} = 0$，形成电压谐振也称之为串联谐振。此时，$Z_{fn} = R_{fn}$。则谐振谐波次数 n_0 和特征电抗 X_0 为

$$n_0 = \sqrt{\frac{X_{C1}}{X_{L1}}}$$

$$X_0 = \sqrt{\frac{L}{C}}$$

式中 R_{fn}——滤波器谐波电阻，Ω；

C——滤波器电容，μF；

X_{C1}——滤波器基波容抗，Ω；

L——滤波器电感，mH；

X_{L1}——滤波器基波感抗，Ω；

ω——系统额定工频角频率，rad/s。

应用关系式 $q = \frac{n\omega L}{R_{fn}}$，得到

$$U_n = I_{fn} R_{fn} = \frac{I_{fn} n\omega L}{q}$$

式中 q——滤波器的品质因数，或称调谐锐度。

则滤波器回路电抗器上的谐波电压为

$$U_{Ln} = I_{fn} n\omega L = qU_n$$

即加于电抗器上的谐波电压等于滤波器谐波电压的 q 倍。

11.6.2 电流谐振

滤波器与电力系统对谐波源来说，可视为并联运行，其中滤波器阻抗（Z_{fn}）在低于特征频率时呈容抗，而电力系统阻抗（Z_{sn}）一般呈感抗，在一定条件下会发生电流谐振。

为说明方便，用导纳表示。

系统谐波导纳

$$Y_{sn} = \frac{1}{Z_{sn}} = \frac{1}{R_{sn} + jX_{sn}}$$

$$=G_{sn}+jB_{sn}$$

$$G_{sn}=\frac{R_{sn}}{R_{sn}^2+X_{sn}^2}$$

$$B_{sn}=\frac{-X_{sn}}{R_{sn}^2+X_{sn}^2}$$

滤波器谐波导纳

$$Y_{fn}=\frac{1}{Z_{fn}}=\frac{1}{R_{fn}+jX_{fn}}$$

$$=G_{fn}+jB_{fn}$$

$$G_{fn}=\frac{R_{fn}}{R_{fn}^2+X_{fn}^2}$$

$$B_{fn}=\frac{-X_{fn}}{R_{fn}^2+X_{fn}^2}$$

总导纳 $Y_n=Y_{sn}+Y_{fn}$

$$G_n=G_{sn}+G_{fn}$$

$$B_n=B_{sn}+B_{fn}$$

式中 G_{sn}——系统的电导，S；

G_{fn}——滤波器的电导，S；

B_{sn}——系统的电纳，S；

B_{fn}——滤波器的电纳，S。

故
$$U_n=\frac{I_n}{Y_n}=\frac{I_n}{Y_{sn}+Y_{fn}}$$

在 $B_n=B_{sn}+B_{fn}=0$ 时，发生电流谐振，$Y_n=G_n$ 时导纳最小。谐波电压最大。

忽略 R_{sn}和 R_{fn}时

$$B_{sn}+B_{fn}=\frac{1}{n_r X_{L1}-\frac{X_{C1}}{n_r}}+\frac{1}{n_r X_{S1}}$$

$$=0$$

则

$$n_r=\sqrt{\frac{X_{C1}}{X_{L1}+X_{S1}}}$$

式中 n_r——电流谐振点的谐波次数，其值小于滤波器特征谐波次数 n_0。

即
$$n_r<n_0=\sqrt{\frac{X_{C1}}{X_{L1}}}$$

对独立电容器组来说，$X_{L1}=0$，则 $n_r=\sqrt{\frac{X_{C1}}{X_{S1}}}$

利用以上公式可校验单组滤波器，带串联电抗器的电容器组或独立电容器组与电力系统发生电流谐振次数 n_r是否接近特征谐波次数或非特征谐波次数。n_r计算值最好偏离谐波次数整数值（如 3 次谐波的 n_r值应在 2.8～3.2 范围以外）。

11.7 等值频率偏差

单调谐滤波器阻抗为

$$Z_{fn}=R_{fn}+j\left(nX_{L1}-\frac{X_{C1}}{n}\right)$$

由于各种原因产生等值频率偏差 δ 时

$$Z_{fn}=R_{fn}+j\left[nX_{L1}(1+\delta)-\frac{X_{C1}}{n(1+\delta)}\right]$$

式中 δ——等值频率偏差，以额定频率为基准计算，%。

δ 通常很小，它包含四项内容，取各项±最大值相加，用下式表示

$$\delta=\delta_f+\delta_c+\delta_L+\delta_m$$

11.7.1 电网频率变化引起的偏差 δ_f

电网频率变化引起的偏差 δ_f

$$\delta_f=\frac{\Delta f}{f}$$

式中 f——电网额定频率，50Hz；

Δf——电网的频率偏差。装机容量在 3000MW 以上时，取 ±0.2Hz，装机容量在 3000MW 以下时，取±0.5Hz。

11.7.2 环境温度变化引起的电容器电容变化 δ_c

根据电容器安装地点的环境温度变化条件计算 δ_c。

选取环境平均温度 $t_{ave}=\frac{t_{max}-t_{min}}{2}$ 作为计算标准。则最高温度时，温升$=t_{max}-t_{ave}=+\Delta t$；最低温度时，温降$=t_{min}-t_{ave}=-\Delta t$。选取平均温度 t_{ave}的目的是为了求得 δ_c 为最小值。

用下式计算电容器电容变化等值频率偏差 δ_c。

$$\delta_c=\frac{1}{2}\alpha_c\Delta t$$

上式系数$\frac{1}{2}$是因为电容变化 2%相当于频率变化 1%。α_c 为电容器温度系数，即温度变化 1℃引起电容 C 变化的标幺值，根据不同电容器介质，α_c 有正负系数之分。

11.7.3 调谐整定电抗器电感值偏差 δ_L

调谐整定的目的之一是为补偿设备制造误差。绝大多数是采用调节电抗器 L 来配合电容器 C 的方法。

当电抗器有分接头时

$$\delta_L=\pm\frac{1}{2}\left(\frac{\Delta L}{L}\right)$$

$\frac{\Delta L}{L}$为每档分接头的电感量标幺值(以额定电感量为基准),电抗器采用电感量连续可调结构时,$\frac{\Delta L}{L}=0$,即 $\delta_L=0$。

11.7.4 测量误差 δ_m

由测量误差引起的等值频率偏差 δ_m 可取±0.002~±0.005。一般采用测量仪表精度为 0.5 级。

11.8 单调谐滤波器

11.8.1 单调谐滤波器的接线

一套滤波装置通常由几组单调谐滤波器和一组高通滤波器组成,其中以单调谐滤波器为主。其电容、电感和电阻的排列有 *C-L-R* 和 *L-R-C* 两种型式。前者电抗器的动稳定取决于合闸涌流,后者取决于电抗器后三相短路电流。通常采用 *C-L-R* 型。

单调谐滤波器的特点:

(1) 单调谐滤波器对单个谐波来说,滤波效果最好。与高通滤波器相比,其损耗小,这是单调谐滤波器的主要优点。

(2)因电力系统频率变化、环境温度变化和调谐偏差,有可能在失谐状态下运行,使滤波效果下降。

(3) 单调谐滤波器通常设计成中性点不接地的星形接线,其优点是:

1) 便于分相调谐;

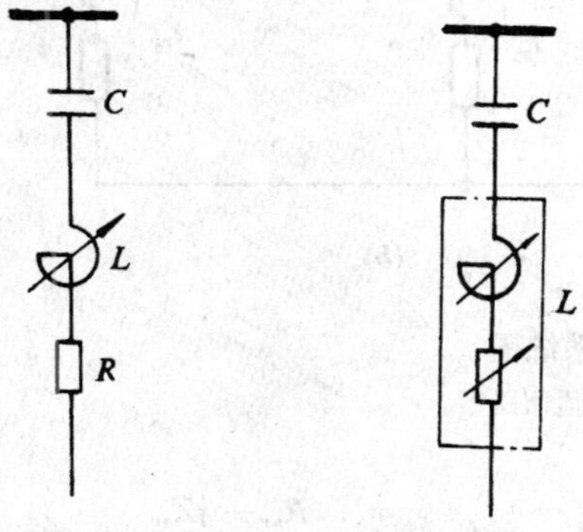

图 11-10 两种单调谐滤波器接线图

2)可实现两台滤波器中性点之间的电压或电流不平衡保护;

3) 一相中任何一个电容器击穿时,短路电流较小,约为额定电流的 3~4 倍 (2 次滤波器除外);

4) 星形接线可选择额定电压较低的电容器,是三角形接线电容器额定电压的$\frac{1}{\sqrt{3}}$。

图 11-10 示出 *C-L-R* 单调谐滤波器的两种接线方式。

两种接线比较见表 11-6。

表 11-6 单调谐滤波器两种接线的比较

接线方式	(*a*)	(*b*)
附加电阻器	串联	无
调谐频率调节	有级或无级	无级
品质因数调节	有级	无级
基波损耗	大	小

两种接线虽有不同,但基本理论相同,在以后的阐述中均以 (*a*) 接线为基础。

11.8.2 单调谐滤波器的阻抗特征

单调谐滤波器谐波阻抗与谐波频率或谐波次数有关,阻抗公式通常以谐波次数的函数来表示。

$$Z_{fn}=R_{fn}+j\left(nX_{L1}-\frac{X_{C1}}{n}\right)$$

当 $n=n_0$ 时,Z_{fn}相当于特征阻抗,即 $Z_{fn}=Z_0$。

$$Z_0=R_{fn}+j\left(n_0X_{L1}-\frac{X_{C1}}{n_0}\right)$$

由于等值频率偏差 δ 的存在

$$Z_0=R_{fn}+j\left[n_0X_{L1}(1+\delta)-\frac{X_{C1}}{n_0(1+\delta)}\right]$$

当 $\delta\ll1$,且 $q=\frac{n_0X_{L1}}{R_{fn}}=\frac{X_{C1}}{n_0R_{fn}}$,得近似公式为

$$Z_0=R_{fn}(1+j2\delta q)$$

如果 δ 不是≪1,而是可以比拟的数值,则得精确公式为

$$Z_0=R_{fn}\left[1+jq\delta\left(\frac{2+\delta}{1+\delta}\right)\right]$$

Z_0 曲线如图 11-11 所示,由此可得下列结论:

(1) 近似公式的 Z_0 是两条对称的直线。

(2) 精确公式的 Z_0 是两条不对称的曲线。

(3) δ 可为正,也可为负。不论近似公式或精确公式,$-\delta$ 时 X_0 是容抗,$+\delta$ 时 X_0 是感抗。单调谐滤波器的设计,要求阻抗越小越好,即在特征频率 f_0 时,实现完全电压谐振,这就必须使等值频率偏差 $\delta=0$,在

实践中这是很难做到的。而且当滤波器失谐后，其电抗与电力系统的电抗向量和接近于零时，就会发生电流谐振，流入滤波器的谐波电流会被放大，使滤波器过载并危及电容器的安全工作，滤波效果也明显变差。

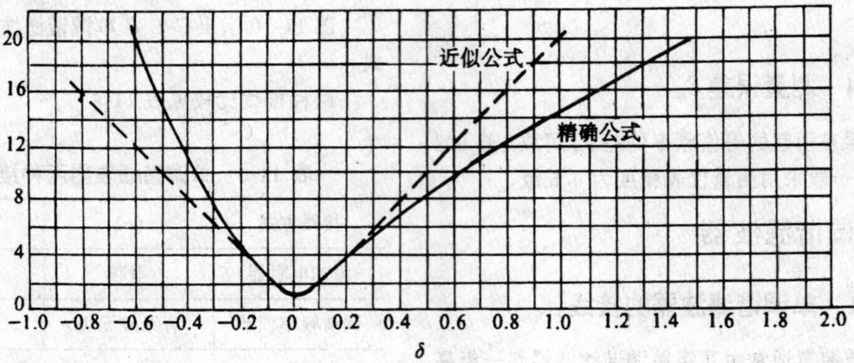

图 11-11　Z_0 曲线图（精确和近似公式）

（4）将 δ 的概念扩大为任意角频率 ω 偏离整定角频率 ω_0 的标幺值

$$\delta = \frac{\omega - \omega_0}{\omega_0} = \frac{\omega}{\omega_0} - 1$$

则上式 δ 值不受近似公式 $\delta \ll 1$ 条件限制，其大小可视需要而定，故精确公式可以用在相当广泛的场合。

11.8.3　阻尼式滤波器

阻尼式滤波器是按滤波器失谐电抗与系统电抗发生电流谐振最不利条件来选择参数的，是一种最可靠最安全的设计方法。在说明该设计方法特点之前，先分析一下滤波器对谐波电流的放大现象。

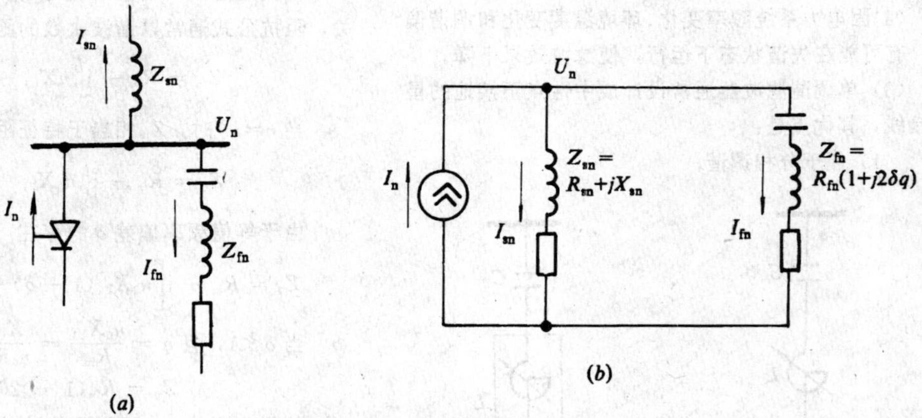

图 11-12　Z_{fn} 与 Z_{sn} 单线系统图

（a）一接线系统；（b）一等值回路

从图 11-12 可知，由 Z_{sn} 和 Z_{fn} 构成的并联回路，谐波电流 I_n 分流为 I_{sn} 和 I_{fn} 两部分，并与各自的谐波阻抗成反比。即

$$I_n = I_{sn} + I_{fn}$$

$$I_{sn} = I_n \frac{Z_{fn}}{Z_{fn} + Z_{sn}}$$

$$I_{fn} = I_n \frac{Z_{sn}}{Z_{fn} + Z_{sn}}$$

$$= I_n \frac{R_{sn} + jX_{sn}}{R_{sn} + jX_{sn} + R_{fn}(1 + j2\delta q)}$$

当 δ 为负时，系统与滤波器间可能发生电流谐振，此时流入滤波器中的谐波电流被放大，其放大系数为

$$K_{fn} = \frac{I_{fn}}{I_n} = \frac{R_{sn} + jX_{sn}}{R_{sn} + R_{fn}} > 1$$

当电力系统 R_{sn} 较小，仅为 X_{sn} 的 10～14%，可忽

略，则

$$K_{fn} = \frac{X_{sn}}{R_{sn} + R_{fn}}$$

K_{fn}严重时可达 6～8 倍，由此引起对电容器等的危害。

阻尼式滤波器就是在滤波器设计时，选取 $q=\frac{1}{2\delta}$，这样在滤波器与电力系统发生电流谐振时，滤波器不会发生严重的谐波过电流和过电压。

图 11-12 用导纳法求出滤波器的参数

$$Y_{fn} = \frac{1}{Z_{fn}} = \frac{1}{R_{fn}(1 + j2\delta q)} = G_{fn} + jB_{fn}$$

$$G_{fn} = \frac{1}{R_{fn}(1 + 4\delta^2 q^2)}$$

$$B_{fn} = \frac{-2\delta q}{R_{fn}(1 + 4\delta^2 q^2)}$$

又

$$Y_{sn} = \frac{1}{Z_{sn}} = \frac{1}{R_{sn} + jX_{sn}} = G_{sn} + jB_{sn}$$

谐波电压为

$$U_n = \frac{I_n}{Y_{fn} + Y_{sn}} = I_n \frac{1}{\sqrt{(G_{fn} + G_{sn})^2 + j(B_{fn} + B_{sn})^2}}$$

当滤波器与电力系统发生电流谐振时（$B_{fn}+B_{sn}=0$），并按最严重情况考虑，取 $G_{sn}=0$（即 $\varphi_{sn}=90°$ 或 $R_{sn}=0$），则谐波电压为

$$U_{n_{max}} = \frac{I_n}{G_{fn}} = I_n R_{fn}(1 + 4\delta^2 q^2) = I_n\left(\frac{1}{q} + 4\delta^2 q\right)$$

$U_{n_{max}}$随 q 的变化而变化，取 $\frac{\partial U_n}{\partial q}=0$，得 $-\frac{1}{q^2}+4\delta^2=0$，即 $q=\frac{1}{2\delta}$

故 $U_{n_{max}}$ 的最小值$=2R_{fn}I_n$

滤波器的阻抗为

$$Z_{fn} = \sqrt{2}\,R_{fn}$$

流入滤波器中的谐波电流为

$$I_{fn_{max}} = \sqrt{2}\,I_n$$

谐波电流放大倍数

$$K_{fn} = \frac{I_{fn_{max}}}{I_n} = \sqrt{2}$$

此时流入系统中的谐波电流为

$$I_{sn} = \frac{2R_{fn}I_n}{X_{sn}}$$

流入系统中谐波电流的放大倍数

$$K_{sn} = \frac{2R_{fn}}{X_{sn}}$$

K_{sn}越小，滤波效果越好，要求 $K_{sn}<1$。

11.8.4 阻尼式滤波器的无功输出和 R_{fn} 计算

滤波器三相无功功率输出

$$Q_{f-1}^{(3)} = \frac{2S_K^{(3)}\left(\frac{DF_1}{DF_2}\right)}{(n^2-1)q}$$

式中 DF_1——滤波器投入前电压畸变率，

$$DF_1 = \frac{I_n X_{sn}}{U_1};$$

DF_2——滤波器投入后电压畸变率，

$$DF_2 = \frac{2I_n R_{fn}}{U_1}。$$

滤波器谐波电阻

$$R_{fn} = \frac{X_{sn}}{2\left(\frac{DF_1}{DF_2}\right)}$$

上式 X_{sn}和 DF_1 是给定的，设计要求的 DF_2 决定了 R_{fn}的大小

11.8.5 分流式滤波器

分流式滤波器不考虑与电力系统发生电流谐振，但在$-\delta$时不可避免的使 K_{fn}大于 1。其 DF 指标是按 $\delta=0$ 时确定的，因而是最小值。q 值允许大于$\frac{1}{2\delta}$，品质因数高于阻尼式。

分流式滤波器的三相无功功率输出和 R_{fn}计算如下

$$Q_{f-1}^{(3)} = \frac{S_K^{(3)}\sqrt{\left(\frac{DF_1}{DF_2}\right)^2 - 1}}{(n^2-1)q}$$

$$R_{fn} = \frac{X_{sn}}{\sqrt{\left(\frac{DF_1}{DF_2}\right)^2 - 1}}$$

DF_2 按下式求得

$$DF_2 = \frac{DF_1 R_{fn}}{\sqrt{R_{fn}^2 + X_{sn}^2}}$$

流入滤波器中的谐波电流及其放大系数为

$$I_{fn} = I_n \frac{X_{sn}}{R_{fn} + jX_{sn}}$$

$$K_{fn} = \frac{X_{sn}}{\sqrt{R_{fn}^2 + X_{sn}^2}} < 1$$

谐波电压最小值

$$U_{n_{\min}} = I_n \frac{R_{fn}}{\sqrt{1+\left(\frac{R_{fn}}{X_{sn}}\right)^2}}$$

或
$$U_{n_{\min}} = I_n \frac{X_{sn}}{\sqrt{1+\left(\frac{X_{sn}}{R_{fn}}\right)^2}}$$

为便于比较将阻尼式和分流式滤波器参数列入表11-7。

表11-7中两种滤波器U_n的计算，其条件和公式完全不同，但在实际运行中，$-\delta$时计算U_n的方法完全一样，这就是说阻尼式的U_n实际上是小于$2I_nR_{fn}$，而分流式的U_n实际上是大于$U_{n_{\min}}$。

表11-7 阻尼式与分流式参数比较表

内　容	阻 尼 式	分 流 式
电压谐振点	n_0　($\delta=0$)	n_0　($\delta=0$)
与电力系统电流谐振的关系	考虑电流谐振	不考虑电流谐振
计算谐波电压的条件和公式	$-\delta$时与电力系统发生电流谐振 $U_{n_{\max}}=2I_nR_{fn}$（理论值）	$\delta=0$时实现电压谐振 $U_{n_{\min}}=I_n\frac{R_{fn}}{\sqrt{1+\left(\frac{R_{fn}}{X_{sn}}\right)^2}}$（理论值）
选择q的方法	$q=\frac{1}{2\delta}$	$q>\frac{1}{2\delta}$
给定$\left(\frac{DF_1}{DF_2}\right)$求$R_{fn}$	$R_{fn}=\frac{X_{sn}}{2\left(\frac{DF_1}{DF_2}\right)}$	$R_{fn}=\frac{X_{sn}}{\sqrt{\left(\frac{DF_1}{DF_2}\right)^2-1}}$
给定$\left(\frac{DF_1}{DF_2}\right)$求$Q_{f-1}^{(3)}$	$Q_{f-1}^{(3)}=\frac{2S_K^{(3)}\left(\frac{DF_1}{DF_2}\right)}{(n^2-1)\ q}$	$Q_{f-1}^{(3)}=\frac{S_K^{(3)}\sqrt{\left(\frac{DF_1}{DF_2}\right)^2-1}}{(n^2-1)\ q}$

11.8.6 按分流法运行条件计算实际参数公式

用分流法运行的两种滤波器按δ的运行条件计算实际参数。

$$I_{fn} = I_n \frac{jX_{sn}}{R_{fn}+j(X_{sn}+2\delta qR_{fn})}$$

$$U_n = I_nX_{sn}\sqrt{\frac{1+4\delta^2q^2}{1+\left(\frac{X_{sn}}{R_{fn}}+2\delta q\right)^2}}$$

或
$$U_n = I_nR_{fn}\sqrt{\frac{1+4\delta^2q^2}{\left(\frac{R_{fn}}{X_{sn}}\right)^2+\left(1+\frac{2\delta qR_{fn}}{X_{sn}}\right)^2}}$$

$$K_{fn} = \frac{I_{fn}}{I_n} = \frac{1}{\sqrt{\left(\frac{R_{fn}}{X_{sn}}\right)^2+\left(1+\frac{2\delta qR_{fn}}{X_{sn}}\right)^2}}$$

用以上两式可以计算$-\delta$时的两种滤波器实际的U_n和K_{fn}（主要是q和R_{fn}不同）。

11.8.7 单调谐滤波器与电力系统电流谐振估算

滤波器参数初步选定后，应进行滤波器与电力系统电流谐振的估算，其方法是求出发生电流谐振时电力系统短路容量临界值S_{kcr}与系统实际短路电流值进行比较。当接近时，应调整滤波器参数。

发生电流谐振时，系统短路容量临界值为

$$S_{kcr}^{(3)} = \frac{U_1^2n}{R_{fn}\left(\frac{1}{2\delta q}+2\delta q\right)}$$

对阻尼式滤波器，即$2\delta q=1$。

母线电压为10kV时

$$S_{kcr}^{(3)} = \frac{100n}{2R_{fn}} = \frac{50n}{R_{fn}}$$

母线电压为6kV时

$$S_{kcr}^{(3)} = \frac{36}{X_{s1}} = \frac{18n}{R_{fn}}$$

以上公式表明 $S_{kcr}^{(3)}$、n 和 R_{fn} 发生电流谐振的关系，谐波次数 n 越低，电流谐振所需的 $S_{kcr}^{(3)}$ 越小，而 R_{fn} 与 $S_{kcr}^{(3)}$ 成反比。

11.8.8 阻尼式和分流式滤波器实例分析

以某冷轧厂 **10**kV H_5 滤波器为例。原设计为阻尼式，后修改为分流式。H_5 的参数列于表 **11-8**。

表 11-8 H_5 滤波器设计参数表

名称	符号	单位	阻尼式设计	分流式设计
电容器三相安装容量	$Q_{CN}^{(3)}$	Mvar	16.2	13.2
电容器额定相电压	U_{CN}	kV	$\frac{12}{\sqrt{3}}$	$\frac{12}{\sqrt{3}}$
三相无功功率输出	$Q_{f-1}^{(3)}$	Mvar	11.7	9.55
电容器额定电流	I_{CN}	A	779	635
电容器基波容抗	X_{C1}	Ω	8.89	10.9
每相电容	C	F	0.0003358	0.000292
电抗器电感	L	H	0.00113	0.001387
电抗器基波感抗	X_{L1}	Ω	0.356	0.436
电抗器额定电流	I_{LN}	A	828	655
谐波电阻（包括电抗器）	R_{fn}	Ω	0.08	0.073
电容器基波电流	I_{C1}	A	676	551
谐波电流发生量	I_{5max}	A	629	473
	I_{5rms}	A	398	353
电压畸变率	DF_2	%	1.1	0.44
系统三相短路容量	$S_K^{(3)}$	MVA	509	509

11.8.8.1 按阻尼式滤波器校验

A 滤波器回路参数校验

(1) 等值频率偏差 δ。

电容 $\delta_c = \pm \frac{1}{2}\alpha_c \Delta t$

$$= \pm \frac{1}{2} \times (-0.0005) \times (\pm 30)$$

$$= \pm 0.0075$$

系统 $\delta_f = \pm 0.01$

电抗器有级调节的调谐偏差　电抗器有±5%的调节量，调节孔共有 20 个，$\frac{\Delta L}{L} = \frac{2\times 0.05}{20} = 0.005$，$\delta_L = \pm \frac{1}{2}\left(\frac{\Delta L}{L}\right) = \pm \frac{1}{2} \times 0.005 = \pm 0.0025$。

测量偏差　$\delta_m = \pm 0.0025$

总的等值频率偏差

$$\delta = \delta_c + \delta_f + \delta_L + \delta_m = \pm 0.0225$$

(2) 品质因数 q。

$$q = \frac{1}{2\delta} = \frac{1}{2\times 0.0225} = 22.2$$

(3) 无功功率输出及 R_{fn} 值。

电力系统基波感抗

$$X_{S1} = \frac{(\sqrt{3}U_1)^2}{S_K^{(3)}} = \frac{10^2}{509} = 0.1965\Omega$$

滤波器投入前

$$DF_1 = \frac{I_5 X_{sn}}{U_1} = \frac{398\times 5\times 0.1965}{5773} = 0.06773$$

滤波器投入后原设计给出 $DF_2 = 0.011$

$$\frac{DF_1}{DF_2} = \frac{0.06773}{0.011} = 6.158$$

$$R_{fn} = \frac{X_{sn}}{2\left(\frac{DF_1}{DF_2}\right)} = \frac{5\times 0.1965}{2\times 6.158}$$

$$= 0.08\Omega$$

$$Q_{f-1}^{(3)} = \frac{2S_k^{(3)}\left(\frac{DF_1}{DF_2}\right)}{(n^2-1)q} = \frac{2\times 509\times 6.158}{(25-1)\times 22.2}$$

$$= 11.7\ \text{Mvar}$$

$$U_{5_{max}} = 2I_5 R_{fn} = 2\times 398\times 0.08 = 63.68\text{V}$$

$$DF_2 = \frac{U_{5_{max}}}{U_1} = \frac{63.68}{5773} = 0.011$$

以上的 R_{fn} 和 $Q_{f-1}^{(3)}$ 是通过 q 和 DF_2 进行校验的，按电力系统发生电流谐振的条件求得，原设计的 H_5 是阻尼式。

B 滤波器与电力系统发生电流谐振的估算

发生电流谐振系统短路容量的临界值为

$$S_k = \frac{50n}{R_{fn}} = \frac{50\times 5}{0.08} = 3125\text{MVA}$$

实际的系统短路容量为 509MVA，由此判断不会发生电流谐振，上式没有考虑其他滤波器的影响，有一定误差。所以导纳法不及阻抗曲线和运行计算准确，但作为一个估计，可以看出它的趋势。

C 实际运行的 $U_{5_{max}}$ 和 K_{fn} 值计算

由于系统呈感性，X_{sn} 可按线性处理，在 $-\delta$ 时的

$U_{5_{max}}$和K_{fn}计算值为实际运行的最大值。

$$\frac{DF_1}{DF_2}=\sqrt{1-\frac{X_{sn}}{R_{fn}}+\frac{1}{2}\left(\frac{X_{sn}}{R_{fn}}\right)^2}$$

$$=\sqrt{1-\frac{5\times 0.1965}{0.08}+\frac{1}{2}\left(\frac{5\times 0.1965}{0.08}\right)^2}$$

$$=8$$

$$K_{sn}=\frac{1}{8}=0.125$$

已知 $DF_1=0.06773$

$$DF_2=\frac{0.06773}{8}=0.00846$$

故 $U_{5_{max}}=DF_2U_1=0.00846\times 5773$

$$=48.8V$$

$$K_{fn}=\frac{X_{sn}}{\sqrt{R_{fn}^2+(X_{sn}-R_{fn})^2}}$$

$$=\frac{5\times 0.1965}{\sqrt{0.08^2+(5\times 0.1965-0.08)^2}}$$

$$=1.084<\sqrt{2}$$

按$-\delta$时电流谐振计算的理论值为

$$U_{5_{max}}=2I_{5_{rms}}R_{fn}=2\times 398\times 0.08$$

$$=63.68V$$

$$DF_2=0.11$$

阻尼式滤波器，实际运行的最大值$U_{5_{max}}$和K_{fn}均远小于理论值，即阻尼式的理论设计，分流式的实际运行。

D 超过$\pm\delta$最大值的影响

按当时电网条件低频率运行实际保护整定值为47Hz延时5s，用分流法测算对滤波器有什么影响？

$$\delta_f=\frac{47-50}{50}=\frac{-3}{50}=-0.06$$

$$\delta_c=\pm 0.0075$$

$$\delta_L=\pm 0.0025$$

$$\delta_m=\pm 0.0025$$

$$\delta=-(\delta_f+\delta_c+\delta_L+\delta_m)=-0.0725$$

$2\delta q=-0.0725\times 2\times 22.2=-3.22$（$-\delta$的最大值）

电流谐振要求的系统短路容量临界值为

$$S_{kcr}^{(3)}=\frac{100\times 2\delta qn}{R_{fn}(1+4\delta^2q^2)}=\frac{100\times 5\times 3.22}{0.08(1+3.22)^2}$$

$$=1770MVA\gg 509MVA$$

$$K_{fn}=\frac{1}{\sqrt{\left(\frac{0.08}{5\times 0.1965}\right)^2+\left(1-\frac{3.22\times 0.08}{5\times 0.1965}\right)^2}}=1.347<\sqrt{2}$$

$S_{kcr}^{(3)}$值已从3125MVA下降到1779MVA，K_{fn}接近$\sqrt{2}$，由此可以判断滤波器在$-\delta$最大值运行时的趋势是靠近电流谐振点。

$$U_5=I_{5_{rms}}K_{fn}R_{fn}(1-j2\delta q)$$

$$=398\times 1.347\times 0.08(1-j3.22)=144.6V$$

U_5比原设计的63.68V增大较多，说明阻尼式滤波器的阻尼作用仅限于$\pm\delta_{max}$发生电流谐振时，一旦超过$\pm\delta_{max}$，即便尚未达到电流谐振，阻尼作用也是不大的。故δ的计算应按实际情况准确选定，任意增大δ值，必然选取较低的品质因数，使电力损耗增大。

11.8.8.2 修改后设计按分流式滤波器校验

(1) 滤波器参数的校验。

已知

$$Q_{CN}^{(3)}=13.2Mvar$$

$$Q_{f-1}^{(3)}=\frac{n^2}{n^2-1}\left(\frac{U_1}{U_{CN}}\right)^2Q_{CN}^{(3)}$$

$$=\frac{25}{25-1}\times\left(\frac{10}{12}\right)^2\times 13.2=9.55Mvar$$

电容器每相容抗

$$X_{C1}=\frac{12^2}{13.2}=10.909\Omega$$

$$R_{fn}=0.073\Omega$$

$$q=\frac{X_{C1}}{nR_{fn}}$$

$$=\frac{10.909}{5\times 0.073}\approx 30$$

$$DF_1=\frac{nX_{S1}I_5}{U_1}$$

$$=\frac{5\times 0.1965\times 353}{5773}$$

$$=0.06007$$

$$\frac{DF_1}{DF_2}=\sqrt{\left[\frac{Q_{f-1}^{(3)}(n^2-1)q}{S_K^{(3)}}\right]^2+1}$$

$$=\sqrt{\left[\frac{9.55\times(25-1)\times 29.9}{509}\right]^2+1}$$

$$=13.49$$

$$K_{sn}=\frac{1}{13.49}=0.074$$

$$DF_2=\frac{DF_1}{13.49}=\frac{0.06007}{13.49}=0.00445$$

$$R_{fn}=\frac{X_{sn}}{\sqrt{\left(\frac{DF_1}{DF_2}\right)^2-1}}$$

$$=\frac{5\times0.1965}{\sqrt{13.49^2-1}}=0.073\Omega$$

或

$$K_{fn}=\frac{1}{\sqrt{1+\left(\frac{R_{fn}}{nX_{s1}}\right)^2}}$$

$$=\frac{1}{\sqrt{1+\left(\frac{0.073}{5\times0.1965}\right)^2}}\approx 1$$

$$U_{5_{\min}}=I_5K_{fn}R_{fn}=353\times1\times0.073=25.7\text{V}$$

$$DF_2=\frac{25.7}{5773}=0.00445$$

以上校验完全符合分流式滤波器的设计方法，求得的 DF_2 是最小值，品质因数从 22.2 提高到 30，其它数据变动也比较大。

（2）$-\delta$ 时谐波电压的计算。

$$K_{fn}=\frac{1}{\sqrt{\left(\frac{R_{fn}}{X_{sn}}\right)^2+\left(1-\frac{2\delta qR_{fn}}{X_{sn}}\right)^2}}=\frac{1}{\sqrt{\left(\frac{0.073}{5\times0.1965}\right)^2+\left(1-\frac{2\times0.0225\times29.9\times0.073}{5\times0.1965}\right)^2}}$$

$$=1.108$$

此值比阻尼式实际运行的 $K_{fn}=1.084$ 略大一些，但小于阻尼式理论值 $K_{fn}=\sqrt{2}$。

$$I_{5-5}=I_5K_{fn}$$

$$=353\times1.108=391\text{A}$$

$$Z_{5-5}=R_{fn}(1-\text{j}2\delta q)$$

$$=0.073\times(1-\text{j}2\times0.0225\times29.9)$$

$$=0.1226\Omega$$

$$U_5=I_5K_{fn}Z_{5-5}$$

$$=353\times1.108\times0.01226$$

$$=47.95\text{V}$$

11.8.9 阻尼式和分流式滤波器计算参数的比较

阻尼式和分流式两种滤波器计算参数的比较见表 11-9。

表 11-9 滤波器参数比较表

阻尼式	分流式
1. 理论值（$-\delta$ 时电流谐振） $U_{5_{\max}}=2R_{fn}I_5$ $=2\times0.08\times398=63.7\text{V}$ $DF_2=\frac{63.18}{5773}=0.011$ $DFU=1.1\%$	1. 理论值（$\delta=0$ 时电压谐振） $U_{5_{\min}}=I_5K_{fn}R_{fn}$ $=353\times0.997\times0.073=25.7\text{V}$ $DF_2=\frac{25.7}{5773}=0.00445$ $DFU=0.445\%$
2. $-\delta$ 时的实际值（用分流法） $U_{5_{\max}}=48.8\text{V}$ $DF_2=0.00845$ $DFU=0.845\%$	2. $-\delta$ 时的实际值 $U_{5_{\max}}=47.95\text{V}$ $DF_2=0.00835$ $DFU=0.835\%$

从以上比较可知，两种滤波器理论值相差很大，但在实际运行中，DF_2 值几乎相等。分流式的优点是 Q_{CN} 的安装容量小，R_{fn} 和基波谐波损耗均较小，但安全可靠性不如阻尼式。

目前阻尼式滤波器采用的尚不多，但当滤波器装设在超高压主变压器一次侧，电力系统各次谐波的 X_{sn} 不一定均是感性，采用阻尼式滤波器设计是解决此问题的一种方法。

11.8.10 单调谐滤波器的合闸涌流

合闸涌流的计算值，用来校验电抗器的动稳定。按以下两种情况考虑：

(1) 一组滤波器或几组滤波器合用一台开关操作时，各次滤波器合闸涌流最大值为

$$I_{rms_{max}} = \frac{U_1}{X_{C1}+X_{L1}}\left(1+\sqrt{\frac{X_{C1}}{X_{L1}}}\right)$$

式中 $\frac{U_1}{X_{C1}+X_{L1}}$ —— 滤波器额定电流；

$\sqrt{\frac{X_{C1}}{X_{L1}}}=n_0$ —— 特征频率次数。

故合闸涌流的最大值为额定电流的 (n_0+1) 倍。

(2)几组滤波器用两台开关分别操作时，后投入的滤波器需考虑已运行滤波器电容的放电作用，其合闸涌流最大值为

$$I_{peak_{max}} = \sqrt{2}U_1\sqrt{\frac{C}{L}}$$

上式计算均小于连接滤波器的母线三相短路电流。

11.8.11 单调谐滤波器的谐波电阻

单调谐滤波器谐波电阻为

$$R_{fn}=R_{Ln}+R_{cn}+R_a+r_n$$

式中 R_{Ln} —— 电抗器谐波电阻，Ω。

$R_{Ln}=R_{L1}n^k$

R_{L1} —— 电抗器基波电阻；

k —— n 的指数，通常取 0.5～0.7，用实测决定。

电容器谐波电阻 $R_{cn}=X_{cn}\text{tg}\theta=\frac{X_{c1}}{n_0}\text{tg}\theta$

式中 $\text{tg}\theta$ —— 电容器介质损失角的正切值。

R_a 和 r_n 分别为附加谐波电阻和接线谐波电阻。

电抗器和电容器谐波电阻的关系为

$$\frac{R_{cn}}{R_{Ln}}=\frac{\left(\frac{X_{C1}}{n_0}\right)\text{tg}\theta}{n_0\frac{X_{L1}}{q_{Ln}}}=q_{Ln}\text{tg}\theta$$

式中 q_{Ln} —— 电抗器 n 次谐波的品质因数。

11.8.12 单调谐滤波器的并联运行

两台同次滤波器的并联运行应符合下列条件：

(1) 滤波器的型式和调谐整定相同；

(2)滤波电容器型号应一致，并要求温度系数（正或负）相同；

(3) 品质因数相同，使谐波电流的分配按各自的 R_{fn} 或 $R_{fn}(1+\text{j}2\delta q)$ 成比例分配。

11.9 偏谐振式和全偏谐振式单调谐滤波器

11.9.1 偏谐振式滤波器的电压谐振点

阻尼式和分流式滤波器在 $n_f=n_0$ 时，实现的电压谐振称为全谐振，此时滤波器的电感为

$$L=\frac{1}{(\omega_1 n_0)^2C}$$

当主变压器二次侧（主变压器以上系统 X_{sn} 为感性)接有变流器及独立的并联电容器补偿装置时，在这种情况下，如需设置单调谐滤波器，一般将滤波器设计为偏谐振式，所谓偏谐振式滤波器就是把滤波器 L 值提高一个 ε 的标幺值，即

$$L'=L(1+\varepsilon)=\frac{1}{(\omega n_0)^2C}(1+\varepsilon)$$

式中 ε —— 感性偏谐振率。

电压谐振点为

$$n'_f=\frac{n_0}{\sqrt{(1+\varepsilon)}}$$

偏谐振式滤波器的电压谐振点 $n'_f<n_0$，即 n'_f 偏离的特征谐波次数 n_0 的 $\left(1-\frac{1}{\sqrt{(1+\varepsilon)}}\right)$ 标幺值。

偏谐振式滤波器的优点是：提高了滤波效益；避免与电力系统发生电流谐振；提高品质因数，减少基波和谐波损耗。

11.9.2 偏谐振式滤波器设计方法

在 $\pm\delta_m$ 时，按 K_{sn} 相等的条件选取感性偏谐振率 ε。从 $L'=L(1+\varepsilon)$ 得出偏谐振式的阻抗公式为

$$Z_{fn}=R_{fn}+\text{j}2X_0\left(\frac{\varepsilon}{2}+\delta\right)$$

在 $-\delta_m$ 时

$$K_{sn}^{(-)}=\frac{R_{fn}+\text{j}2X_0\left(\frac{\varepsilon}{2}-\delta_m\right)}{R_{fn}+\text{j}2X_0\left(\frac{\varepsilon}{2}-\delta_m\right)+R_{sn}+\text{j}X_{sn}}$$

在 $+\delta_m$ 时

$$K_{sn}^{(+)}=\frac{R_{fn}+\text{j}2X_0\left(\frac{\varepsilon}{2}+\delta_m\right)}{R_{fn}+\text{j}2X_0\left(\frac{\varepsilon}{2}+\delta_m\right)+R_{sn}+\text{j}X_{sn}}$$

令 $K_{sn}^{(+)}=K_{sn}^{(-)}$，解 ε 得

$$\varepsilon=\frac{\sqrt{(R_{sn}^2+2R_{sn}R_{fn}+X_{sn}^2)^2+16X_{sn}^2X_0^2\delta_m^2+4X_{sn}^2R_{fn}^2}-(R_{sn}^2+2R_{sn}R_{fn}+X_{sn}^2)}{2X_0X_{sn}} \tag{11-3}$$

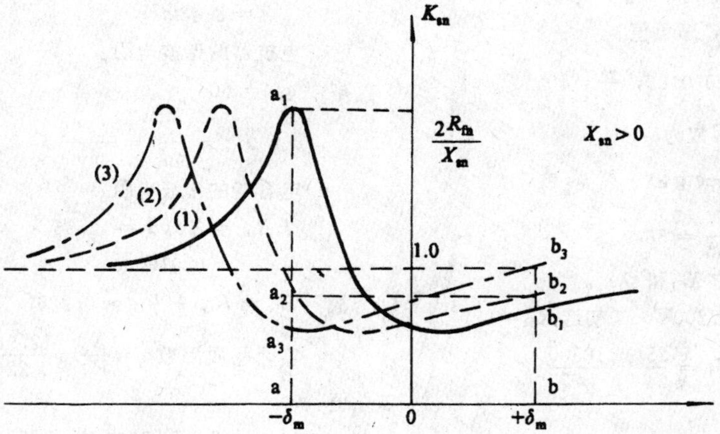

图 11-13　感性偏谐振和全偏谐振的 $K_{sn}=f(\delta)$ 曲线示意图

实线(1)—$\delta=0$ 时电压谐振（阻尼式或分流式）；

虚线(2)—$\varepsilon<2|\delta_m|$时电压谐振（偏谐振）；

点划线（3）—$\varepsilon=2|\delta_m|$时电压谐振（全偏谐振）

图 11-13 曲线（2）$\pm\delta_m$ 两点上的 $aa_2=bb_2$ 表示 K_{sn}相等，即滤波效果好。曲线（1）$\pm\delta_m$ 两点上的 $aa_1>bb_1$ 表示 $K_{sn}^{(-)}>K_{sn}^{(+)}$，即滤波效果差。

11.9.3　偏谐振式滤波器的简化设计

偏谐振式滤波器的电压谐振点计算公式 ε 的求解比较烦琐，简化设计的方法是直接取 $\varepsilon=\delta_m^{(-)}$ 代入 Z_{fn} 公式，将 $K_{sn}=f(\delta)$ 曲线 $\delta=0$ 至 $-\delta_m$ 一段按线性处理，此时电压谐振点落在$\frac{-\delta_m}{2}$处。因此简化设计是偏谐振滤波器的近似设计，得出的结果是在 $\pm\delta_m$ 处，U_n 不完全相等，但在一般工程设计上还是可以用这种方法。

11.9.3.1　不同等值频率偏差时的阻抗

简化设计取　$\varepsilon=|\delta_m^{(-)}|$

$-\delta_m$ 时

$$Z_{fn}=R_{fn}+j2X_0\left(\frac{\delta_m}{2}-\delta_m\right)=R_{fn}(1-j\delta_m q)$$

$\frac{-\delta_m}{2}$ 时

$$Z_{fn}=R_{fn}(\text{电压谐振})$$

$\delta=0$ 时

$$Z_{fn}=R_{fn}+j2X_0\left(\frac{\delta_m}{2}\right)=R_{fn}(1+j\delta_m q)$$

$+\delta_m$ 时

$$Z_{fn}=R_{fn}+j2X_0\left(\frac{\delta_m}{2}+\delta_m\right)=R_{fn}(1+3\delta_m q)$$

11.9.3.2　品质因数设计值（理论值）

偏谐振式滤波器实质上是阻尼式和分流式的改进。因为阻尼式考虑在 $-\delta_m$ 时与电力系统的感性阻抗发生电流谐振。故采用阻尼方法限制在滤波器中谐波电流的放大。如果将电压谐振点移到$\frac{-\delta_m}{2}$处，就避免了与电力系统发生电流谐振，但 Z_{fn}还是容性，故 K_{fn}仍大于 1。考虑电力系统 R_{sn}的阻尼作用，则品质因数为

$$q=\frac{1}{2\delta}\text{ctg}\frac{\varphi_s}{2}$$

式中 δ 取$\frac{-\delta_m}{2}$而不是原来的 $-\delta_m$，φ_s 为电力系统谐波阻抗角，即 $\varphi_s=\text{tg}^{-1}\frac{X_{sn}}{R_{sn}}$。当二次侧有中等负荷时可取 $\varphi_s=80°\sim82°$。在轻负荷时，应取 $\varphi_s=85°$。

11.9.3.3　用偏谐振式简化方法设计 H_5 滤波器

例　10kV 母线上的 $I_5=72A$；谐波过电压系数 λ

$=1.5$；$S_K^3=220$MVA，运行电压为10.5kV。用偏谐振式简化方法设计H_5滤波器。

(1) 计算品质因数q。

取$\pm\delta_m=\pm0.021$，净负值

$$\left|\frac{\delta_m^{(-)}}{2}\right|=\frac{0.021}{2}=0.0105,\quad \frac{\varphi_s}{2}=40°$$

故最有利的品质因数为

$$q=\frac{1}{2\times0.0105}\text{ctg}40°$$
$$=\frac{1.19}{2\times0.0105}=56.7$$

(2) 计算电容器的X_{C1}和Q_{f-1}。

取电容器 $U_{CN}=7200$V　初选$K_{fn}=1.1$

$$U_{C1}=\frac{n^2}{n^2-1}U_1=\frac{25}{24}\times\frac{10500}{\sqrt{3}}$$
$$=6315\text{V}$$

$$X_{C1}=\frac{1.1U_{CN}-U_{C1}}{\lambda\left(\dfrac{I_nK_{fn}}{n}\right)}$$
$$=\frac{1.1\times7200-6315}{1.5\left(\dfrac{72\times1.1}{5}\right)}$$
$$=67.5\Omega\text{（见 11.10.3 节）}$$

选择7.2kV，100kvar电容器$X'_{C1}=\dfrac{7.2^2}{0.1}=518.4\Omega$。电容器并联台数$p=\dfrac{518.4}{67.5}=7.67$台，取$p=8$，则

$$X_{C1}=\frac{7.2^2}{8\times0.1}=64.8\ \Omega$$

$$X_0=\frac{64.8}{5}=12.96\ \Omega$$

$$C=\frac{1}{2\pi f_1X_{C1}}$$
$$=\frac{1}{314\times64.8\times10^{-6}}=49.1\text{ MF}$$

每相安装容量　$Q_{CN}=8\times100$ kvar

每相无功输出　$Q_{f-1}=\dfrac{n^2}{n^2-1}\times\dfrac{U_1^2}{X_{C1}}$

$$=\frac{25}{24}\times\frac{\left(\dfrac{10.5}{\sqrt{3}}\right)^2}{64.8}$$
$$=0.59\text{Mvar}$$

(3) 计算电抗器的L和R_{Ln}。

电压谐振点为$\dfrac{-\delta_m}{2}$，电抗器的基波感抗为

$$X_{L1}=\frac{X_{C1}}{n^2\left(1-\dfrac{\delta_m}{2}\right)^2}=\frac{64.8}{25\left(1-\dfrac{0.021}{2}\right)^2}$$
$$=2.65\Omega$$

$$L=\frac{X_{L1}}{2\pi f_1}=\frac{2.65}{314}\times10^3$$
$$=8.43\text{mH}$$

电抗器的谐波电阻

取　$q_{Ln}=60$

$$R_{Ln}=\frac{X_0}{q_{Ln}}=\frac{12.96}{60}=0.216\ \Omega$$

电容器的谐波电阻

$$R_{cn}=X_0\text{tg}\theta=12.96\times0.0008$$
$$=0.01\Omega$$

故　$R_{fn}=R_{Ln}+R_{cn}=0.226\Omega$

实际品质因数$q=\dfrac{X_0}{R_{fn}}=\dfrac{12.96}{0.226}=57.3$，接近要求值。

(4) 计算$\pm\delta_m$时的K_{sn}和U_5。

在$-\delta_m$时，$Z_{fn}=R_{fn}-\text{j}\delta_mX_0$

$$=0.226-\text{j}0.021\times12.96$$
$$=0.226-\text{j}0.272\Omega$$

$$X_{s1}=\frac{10.5^2}{220}=0.5\Omega$$

$$X_{sn}=5\times0.5=2.5\Omega$$

又$\dfrac{X_{sn}}{R_{sn}}=5.67$（$\varphi_s=80°$）

$R_{sn}=0.44\Omega$

$Z_{sn}=0.44+\text{j}2.5\Omega$

$$K_{sn}^{(-\delta_m)}=\frac{Z_{fn}}{Z_{fn}+Z_{sn}}$$
$$=\frac{0.226-\text{j}0.272}{0.226-\text{j}0.272+0.44+\text{j}2.5}$$
$$=0.154$$

$$U_5=K_{sn}I_nZ_{sn}$$
$$=0.154\times72\times\sqrt{0.44^2+2.5^2}$$
$$=28.1\text{V}$$

U_5也可以用K_{fn}法计算

$$I_{fn}=I_n\frac{Z_{sn}}{Z_{sn}+Z_{fn}}=72\times\frac{\sqrt{0.44^2+2.5^2}}{0.666+\text{j}2.23}$$
$$=79\text{A}$$

$$K_{fn}=\frac{I_{fn}}{I_n}=\frac{79}{72}=1.097,$$

接近初选值1.1

$$U_5=I_{fn}Z_{fn}=79\times\sqrt{0.226^2+0.272^2}$$
$$=27.9\text{V}$$

用K_{sn}和K_{fn}两种方法求得的结果相同。

流向电力系统的

$$I_{sn}=\frac{U_5}{Z_{sn}}=\frac{27.9}{\sqrt{0.44^2+2.5^2}}=11\text{A}$$

在$+\delta_m$时

$$Z_{fn}=R_{fn}(1+\text{j}3\delta_m q)$$
$$=0.226(1+\text{j}3\times0.021\times57.3)$$
$$=0.226+\text{j}0.816$$
$$K_{fn}=\frac{Z_{sn}}{Z_{sn}+Z_{fn}}$$
$$=\frac{0.44+\text{j}2.5}{0.44+\text{j}2.5+0.226+\text{j}0.816}$$
$$=0.748$$
$$K_{sn}^{(+\delta_m)}=\frac{Z_{fn}}{Z_{fn}+Z_{sn}}$$
$$=\frac{0.226+\text{j}0.816}{0.226+\text{j}0.816+0.44+\text{j}2.5}$$
$$=0.25$$
$$I_{fn}=I_nK_{fn}=72\times0.748$$
$$=53.8\text{ A}$$
$$U_5=I_{fn}Z_{fn}$$
$$=53.8\times\sqrt{0.226^2+0.816^2}$$
$$=45.6\text{V}$$

得出的结果是

$-\delta_m$时　　$U_5=28.1\text{V}$　　$DFU=0.46\%$

$+\delta_m$时　　$U_5=45.6\text{V}$　　$DFU=0.75\%$

11.9.3.4 用阻尼式方法设计H_5滤波器

为了便于比较下面对11.9.3.3中的例子用阻尼式方法设计H_5滤波器。

品质因数

$$q=\frac{1}{2\delta}\text{ctg}\frac{\varphi_s}{2}$$
$$=\frac{1}{2\times0.021}\text{ctg}40°=28.3$$
$$I_{cn}=I_nK_{fn}$$
$$K_{fn}=\sqrt{2}$$
$$X_{C1}=\frac{1.1U_{cn}-U_{c1}}{\lambda\left(\frac{I_{cn}}{n}\right)},$$
$$=\frac{1.1\times7200-6315}{1.5\left(\frac{72\times\sqrt{2}}{5}\right)}=52.55\Omega$$

电容器并联台数

$$P=\frac{X'_{C1}}{X_{C1}}=\frac{518.4}{52.55}=9.86\qquad\text{取 }p=10$$

因为

$$X_{C1}=\frac{7.2^2}{10\times0.1}=51.84\Omega$$
$$X_0=\omega_0L=\frac{1}{\omega_0C}$$
$$=\frac{X_{C1}}{n_0}=\frac{51.84}{5}=10.37\Omega$$
$$C=\frac{1}{2\pi f_1X_{C1}}=\frac{1}{314\times51.84\times10^{-6}}$$
$$=61.4\mu\text{F}$$

电容器每相安装容量

$$Q_{CN}=10\times100\text{ kvar}$$

电容器每相无功输出

$$Q_{f-1}=\frac{n^2}{n^2-1}\times\frac{U_1^2}{X_{C1}}$$
$$=\frac{25}{24}\times\frac{\left(\frac{10.5}{\sqrt{3}}\right)^2}{51.84}=0.738\text{ Mvar}$$

电抗器

$$X_{L1}=\frac{X_{C1}}{n^2}=\frac{51.84}{25}=2.07\Omega$$
$$L=\frac{X_{L1}}{2\pi f_1}=\frac{2.07}{314}\times10^3$$
$$=6.59\text{mH}$$
$$R_{fn}=\frac{X_0}{q}=\frac{10.37}{28.3}=0.366\Omega$$
$$U_5=2R_{fn}I_n=2\times0.366\times72$$
$$=52.7\text{V(理论值)}$$

按$\delta=-\delta_m$时计算U_5实际值

$$Z_{fn}=R_{fn}(1-\text{j}2\delta q)$$
$$=0.366(1-\text{j}2\times0.021\times28.3)$$
$$=0.366-\text{j}0.435$$
$$K_{fn}=\frac{Z_{sn}}{Z_{sn}+Z_{fn}}$$
$$=\frac{0.44+\text{j}2.5}{0.44+\text{j}2.5+0.366-\text{j}0.435}$$
$$=1.16$$
$$U_5=I_nK_{fn}Z_{fn}$$
$$=72\times1.16\times\sqrt{0.366^2+0.435^2}$$
$$=47.4\text{V}$$

偏谐振简化设计与阻尼式设计比较见表11-10。从表11-10中看出，偏谐振简化设计电容器安装容量少，滤波器效益高，有功损耗小。虽然$K_{sn}^{(+\delta_m)}>K_{sn}^{(-\delta_m)}$，但相差不大。调谐整定点为$n_0\left(1-\frac{\delta_m^{(-)}}{2}\right)$。

上例为低次谐波滤波器，如果是高次谐波（11次以上）滤波器，则由等值发热原则来决定参数。

表 11-10 偏谐振简化设计与阻尼式设计比较表

参数	偏谐振简化设计	阻尼式设计
电容器每相安装容量	800kVA	1000kVA
品质因数	57.3	28.3
R_{fn}	0.226Ω	0.366Ω
$-\delta_m$ 时的 U_5	27.9V（实际值）	52.7V（理论值） 47.4V（实际值）
$-\delta_m$ 时的 K_{sn}	0.154	
$+\delta_m$ 时的 K_{sn}	0.25	

11.9.4 全偏谐振式单调谐滤波器

电力系统长期处于低频率运行时，即便对阻尼式滤波器，K_{fn}和 DF 也要增大很多，较好的方法是采用全偏谐振式滤波器，同时还可避免两台并联运行的同次滤波器可能发生的局部电流谐振。

在 $-\delta_m$ 时，并选取 $\varepsilon=2|\delta_m^{(-)}|$，则

$$Z_{fn}=R_{fn}+j2X_0(\delta_m^{(-)}-\delta_m)=R_{fn}$$

由于电压谐振点在 $-\delta_m$ 处，滤波器的阻抗均为感性，因此称为全偏谐振。

(1) $\delta=-\delta_m$ 时 $Z_{fn}=R_{fn}$

$$K_{fn}=\frac{jX_{sn}}{R_{fn}+jX_{sn}}$$

(2) $\delta=0$ 时 $Z_{fn}=R_{fn}\ (1+j2\delta_m q)$

$$K_{fn}=\frac{jX_{sn}}{R_{fn}\ (1+j2\delta_m q)\ +jX_{sn}}$$

(3) $\delta=+\delta_m$ 时 $Z_{fn}=R_{fn}\ (1+j4\delta_m q)$

$$K_{fn}=\frac{jX_{sn}}{R_{fn}\ (1+j4\delta_m q)\ +jX_{sn}}$$

在 $-\delta_m$ 时，$Z_{fn}=R_{fn}$，故，$K_{fn}\leqslant1$，取 $K_{fn}=1$，则 $DF_n=\dfrac{I_nR_{fn}}{U_1}$。

$-\delta_m$ 时的 DF_n 是最小值，在运行中 U_n 和 DF_n 要增大，故在考核滤波器运行效果时，不能完全根据 $-\delta_m$ 选取，否则当 $\delta=0$ 或 $+\delta_m$ 时，滤波指标达不到要求。

在单调谐滤波器中，全偏谐振式可以选取较高的 q 值，但也不是越高越好，一般取 $q=50\sim60$，否则电抗器成本要增加，而且在出现 $+\delta_m$ 时，会使 DF_n 增大较多。

滤波器每相无功输出为

$$Q_{f-1}=\left(\frac{n^2}{n^2-1}\right)\frac{U_1I_n}{qDF_n}$$

式中 U_1——相电压，V。

上式表达了 Q_{f-1}、q、DF_n 三个参数之间的关系。

流入系统的谐波电流

$$I_{sn}=\frac{U_n}{nX_{s1}}=\frac{U_1DF_n}{nX_{s1}}$$

从上式可知，谐波次数越大，I_{sn}越小。所以低次谐波的 I_{sn}为满足给定指标，希望 DF_n 小一些，否则就难以达到要求。

11.9.5 各种单调谐滤波器比较

前面论述的四种单调谐滤波器的主要性能和特点列于表 11-11。

表 11-11 四种单调谐滤波器主要性能

项目	阻尼式	分流式	偏谐振式	全偏谐振式
调谐整定电压谐振点 n_f	$n_f=0$ 全谐振 $\delta=0$	$n_f=0$ 全谐振 $\delta=0$	$n_f=\dfrac{n_0}{\sqrt{1+\varepsilon}}$	$n_f=\dfrac{n_0}{\sqrt{1+2\delta_m^{(-)}}}$
与电力系统发生电流谐振的可能性	设计考虑电流谐振	设计不考虑电流谐振（需校验）	可避免电流谐振	不可能有电流谐振
安全运行可靠性	好	有一定风险	好	好
滤波效益（K_{sn}越小越好）	$-\delta_m$ 时 K_{sn}增大	$-\delta_m$ 时 K_{sn}增大	$-\delta_m$ 时 K_{sn}小	$-\delta_m$ 时 K_{sn}小
$-\delta_m$ 时流入滤波器中的谐波电流放大倍数	$K_{fn}=\sqrt{2}$	$K_{fn}<\sqrt{2}$ 但大于 1	$K_{fn}>1$，小于分流式	$K_{fn}\leqslant1$

续表 11-11

项目	阻尼式	分流式	偏谐振式	全偏谐振式
品质因数 q ($\varphi_s=90°$)	$q=\frac{1}{2\delta}$	$q>\frac{1}{2\delta}$	大于分流式	大于分流式与偏谐振式
用途	(1) 进线线路长，电容流大，系统 $X_{sn}>0$ 或 $X_{sn}<0$ 变化复杂 (2) 一般用在 110kV 以上大系统	(1) $K_{sn}>0$，线性，一般用在主变压器二次母线上 (2) 经验算后证明不会发生电流谐振	(1) $K_{sn}>0$，线性，一般用在主变压器二次母线上	(1) $K_{sn}>0$，线性，一般用在主变压器二次母线上 (2) 电力系统出现长期处于低频率运行方式

11.10 滤波电容器参数选择和校验

11.10.1 滤波电容器的参数选择

电容器是滤波器的主要设备，其参数选择是否正确，不仅关系到滤波器运行可靠性，也关系到滤波器的经济性。

电容器的基本参数为额定容量 Q_{CN} (Mvar) 和额定电压 U_{CN} (kV)，其计算参数为额定电流 I_{CN} (A) 和基波容抗 X_{C1} (Ω)，它们之间的关系用下式表示

$$X_{C1}=\frac{U_{CN}^2}{Q_{CN}} \text{ 和 } I_{CN}=\frac{Q_{CN}}{U_{CN}}$$

电容器的额定电流 I_{CN} 等于其基波电流 I_{C1}。

以上参数系指每相而言，即中性点浮动的星形接法中的任意一相。

11.10.2 滤波电容器的校验

滤波电容器参数初步选定后还必须进行电容器等值发热，过电压、过电流校验。

11.10.2.1 等值发热校验

等值发热主要是由介质中基波和谐波有功损耗引起的，分别用下式计算

$$P_{C1}=I_{C1}^2R_{C1}=Q_{C1}\text{tg}\theta$$

$$P_{cn}=I_{cn}^2R_{cn}=Q_{cn}\text{tg}\theta$$

式中 Q_{C1}——电容器基波容量，kvar；

Q_{cn}——电容器谐波容量，kvar；

tgθ——电容器介质损失角正切值，与频率无关，基波和谐波取同一值。

谐波电流 (I_{cn}) 采用均方根值。

总损耗为 $P_C=P_{C1}+P_{cn}=(Q_{C1}+Q_{cn})\text{tg}\theta$

不计入谐波时，电容器在额定电压下的损耗

$$P_{CN}=Q_{CN}\text{tg}\theta$$

则等值发热应满足 $Q_{C1}+Q_{cn}\leqslant Q_{CN}$ (11-4)

11.10.2.2 过电压校验

滤波电容器除了承受基波电压外，还承受各次谐波电压，为了保证电容器的安全运行，电容器的电压应满足下式要求

$$U_{C1}+\Sigma\lambda U_{cn}\leqslant 1.1U_{CN} \quad (11\text{-}5)$$

式中 U_{CN}——谐波电压，V；

λ——峰值谐波过电压系数，仅适用于轧机主传动变流器滤波器设计，等同于主传动电机的过载倍数 i 值见 11.2.2 节；

U_{C1}——电容器承受的基波电压，由于回路串有电抗器，使基波电压升高，即 $U_{C1}=\frac{n^2}{n^2-1}U_1$，谐波次数越低，基波电压升高越大，V；

1.1——电容器允许的长期过电压系数。

11.10.2.3 过电流校验

电容器过电流应满足下式要求

$$\sqrt{I_{C1}^2+\Sigma I_{cn}^2}\leqslant 1.3I_{CN} \quad (11\text{-}6)$$

11.10.3 电容器 X_{C1} 的计算

电容器的基波容抗用下式计算

$$X_{C1}\leqslant\frac{1.1U_{CN}-U_{C1}}{\lambda\left(\Sigma\frac{I_nK_{fn}}{n}\right)} \quad (11\text{-}7)$$

采用 Σ 的意思是包括其他谐波电流分流入该次滤波器中的实际值，此值需运行计算后方能求得，故 X_{C1} 计算时要留有一定裕度。

从上式可以看出下列关系：

(1) 谐波次数越低，$\frac{I_n}{n}$ 越大，求得的 X_{C1} 越小，故低次数谐波的滤波器所需电容器容量要大。

(2) 电容器额定电压 U_{CN} 的选择与母线电压的关系如下：

1）$\frac{U_{CN}}{U_1}>1.2$（n=2、3、4）

2）$\frac{U_{CN}}{U_1}=1.2$（n=5、7、11）

3）$\frac{U_{CN}}{U_1}<1.2$（n=13及以上）

但U_1受母线电压调整率及主变压器是否实现自动电压调整限制。

11.10.4　电容器等值发热谐波电流允许值

从式11-7得到

$$I_{cn_{per}}=\frac{\sqrt{(U_{CN}^2-U_{C1}^2)n}}{X_{C1}} \tag{11-8}$$

如果 $I_{cn}<I_{cn_{per}}$ 则满足了等值发热要求。在实际使用中还可以看出式11-7和式11-8对不同谐波次数的滤波器具有不同的效果。

（1）低次谐波滤波器，例如5次，如果谐波过电压能通过，则等值发热要求一般也能满足。

（2）高次谐波滤波器，例如11次，如果满足等值发热要求，则谐波过电压一般也能通过。

11.10.5　设计实例

例1　10kV，H_5阻尼式滤波器

$X_{C1}=8.89\Omega$　　$I_5=398A$

$U_{CN}=6928V$　　$I_{5_{max}}=629A$

$U_{C1}=6014V$　　$\lambda=\frac{629}{398}=1.58$

校验X_{C1}和I_{cn}

（1）校验过电压系数。

从式11-7计算选定的滤波器允许过电压系数λ_{per}

$$\lambda_{per}=\frac{1.1U_{cn}-U_{C1}}{X_{C1}\left(\frac{I_{cn}}{n}\right)}=\frac{1.1\times6928-6014}{8.89\left(\frac{\sqrt{2}\times398}{5}\right)}=1.61$$

$\lambda_{per}>\lambda$，通过。K_{fn}取$\sqrt{2}$按电流谐振考虑留有较大裕量，以备其它谐波电流分流入H_5中。

（2）校验等值发热。

从式11-8计算电容器谐波电流允许值

$$I_{cn_{per}}=\frac{\sqrt{(U_{cn}^2-U_{C1}^2)n}}{X_{C1}}=\frac{\sqrt{(6928^2-6014^2)\times5}}{8.89}=865A$$

$$I_{cn}=\sqrt{2}\times398=563A<I_{cn_{per}}$$

等值发热通过，并有较大裕量。

例2　10kV，H_5分流式滤波器（调谐整定在$\delta=0$时实现电压谐振）

$X_{C1}=10.9\Omega$　　$I_5=353A$

$U_{CN}=6928V$　　$I_{5_{max}}=473A$

$U_{C1}=6014V$　　$\lambda=\frac{473}{353}=1.34$

校验X_{C1}和$I_{cn_{per}}$

（1）按谐波过电压公式求X_{C1}。

分流式滤波器要求$\delta=0$时实现电压谐振，所以求得的U_n是最小值，而且不考虑发生电流谐振，即K_{fn}值小于阻尼式，但在确定主要参数时，为避免损坏电容器，仍应按最不利条件考虑，选取$K_{fn}=\sqrt{2}$。

$$I_{cn}=I_{fn}=K_{fn}I_n=\sqrt{2}\times353A$$

$$X_{C1}\leqslant\frac{1.1U_{CN}-U_{C1}}{\lambda\left(\frac{I_{cn}}{n}\right)}=\frac{1.1\times6928-6014}{1.34\times\left(\frac{\sqrt{2}\times353}{5}\right)}=12.0\Omega$$

选用单台容量为200kvar电容器，额定电压为$\frac{12}{\sqrt{3}}$kV，则一台电容器的阻抗为

$$X_{C1}=\frac{\left(\frac{12}{\sqrt{3}}\right)^2}{0.2}=240\Omega$$

并联台数，$p=\frac{240}{12}=20$，为留有适当裕度取$p=22$，于是得

$$X_{C1}=\frac{240}{22}=10.9\Omega$$

设计的X_{C1}等于计算值，通过。

（2）按等值发热校验求$I_{cn_{per}}$。

$$I_{cn_{per}}=\frac{\sqrt{(U_{cn}^2-U_{C1}^2)n}}{X_{C1}}=\frac{\sqrt{(6928^2-6014^2)\times5}}{10.9}=705A$$

设计的$I_{cn}=\sqrt{2}\times353=499A<I_{cn_{per}}$等值发热通过，并有较大裕量。

从以上两个H_5设计可以看出，谐波过电压系数满足要求，等值发热一般不成问题，所以低次谐波设计要点在于求出X_{C1}。

例3　10kV H_5全偏谐振式滤波器（调谐整定在

$-\delta_M$时实现电压谐振）。

主变为有载自动调压

$X_{C1}=59.5\Omega$ $I_5=75.12A$

$U_{CN}=6710V$ $\lambda=1.5$

$U_{C1}=6014V$

校验 X_{C1}和I_{cn}

(1) 按谐波过电压系数求X_{C1}。

全偏谐振式滤波器取$K_{fn}=1$（极限值）

$$X_{C1}\leqslant\frac{1.1U_{CN}-U_{C1}}{\lambda\left(\frac{I_5K_{fn}}{n}\right)}$$

$$=\frac{1.1\times6710-6014}{1.5\times\left(\frac{75.12\times1}{5}\right)}=60.65\Omega$$

设计的$X_{C1}=59.5\Omega$小于计算值，通过。

(2) 等值发热校验。

$$I_{cn_{per}}=\frac{\sqrt{(U_{CN}^2-U_{C1}^2)n}}{X_{C1}}$$

$$=\frac{\sqrt{(6710^2-6014^2)\times5}}{59.5}=111.8A$$

设计的$I_{cn}=K_{fn}I_n=1\times75.12=75.12A<I_{cn_{per}}$，通过。

例4 10kV H_{13}阻尼式滤波器

$Q_{CN}^{(3)}=3.6Mvar$ $I_{CN}=173A$

$X_{C1}=40\Omega$ $R_{fn}=0.139\Omega$

$U_{CN}=\frac{12}{\sqrt{3}}kV$ $C=1.96\times10^{-5}F$

$I_{13_{max}}=229A$ $\lambda=\frac{229}{193}=1.19$

$I_{13}=193A$ $q=22.2$

校验 X_{C1}和I_{cn}

(1) 求X_{C1}。

$$U_{CN}=\frac{12000}{\sqrt{3}}=6928V$$

$$U_{C1}=\frac{13^2}{13^2-1}\times\frac{10000}{\sqrt{3}}=5808V$$

$$X_{C1}\leqslant\frac{1.1U_{CN}-U_{C1}}{\frac{I_{n_{max}}K_{fn}}{n}}$$

$$=\frac{1.1\times6928-5808}{\frac{229\times\sqrt{2}}{13}}=72.8\Omega$$

上式采用$I_{n_{max}}$不必再乘λ，电容器同例2，即$X'_{C1}=240\Omega$，选取并联台数$p=\frac{240}{72.8}=3.29$，取$p=4$，则

$$X_{C1}=\frac{240}{4}=60\Omega<72.8\Omega\text{ 计算值}$$

(2) 求$I_{cn_{per}}$。

$$I_{cn_{per}}=\frac{\sqrt{(U_{cn}^2-U_{C1}^2)n}}{X_1}$$

$$=\frac{\sqrt{(6928^2-5808^2)\times13}}{60}=226A$$

设计值$I_{cn}=K_{fn}I_n=\sqrt{2}\times193=273A>I_{cn_{per}}$

等值发热通不过，因此要重新选择X_{C1}，取并联台数$p=6$。

则 $X_{C1}=\frac{240}{6}=40\Omega$

$$R_{fn}=\frac{X_{C1}}{nq}=\frac{40}{13\times22.2}=0.139\Omega$$

电流谐振时 $U_{n_{max}}=2R_{fn}I_n=2\times0.139\times139=53.6V$

$$DF_n=\frac{53.6}{5773}=0.0093\qquad DFU=0.93\%$$

$$I_{cn_{per}}=\frac{\sqrt{(U_{cn}^2-U_{C1}^2)n}}{X_{C1}}$$

$$=\frac{\sqrt{(6928^2-5808^2)\times13}}{40}=340A$$

$$I_{cn}=K_{fn}I_n=\sqrt{2}\times193=272A$$

$I_{cn_{per}}>I_{cn}$设计值，等值发热通过。一般设计，要使$I_{cn_{per}}$大于设计值，并留有一定裕度，以备相邻谐波分流入该次滤波器，裕度是否够用，要看运行计算分流量的大小。

以上述计算可见，高次谐波滤波器（例如11、13次），过电压校验容易满足要求，但等值发热不易通过，所以高次谐波滤波器必须注意等值发热的校验。如果不能满足要求则应修改X_{C1}，同时也可降低$DFU\%$。

例5 10kV H_{11}全偏谐振式滤波器

已知 主变为有载自动调压

$S_K^{(3)}=590\text{ MVA}$ $I_{11}=136A$

$Q_{f-1}^{(3)}=0.392\text{ Mvar}$ $\lambda=1.5$

$\delta=\pm0.017$

计算H_{11}滤波器主要参数

(1) 求X_{C1}和R_{fn}。

$$U_1=\frac{10}{\sqrt{3}}=5.773kV$$

$$X_{C1}=\frac{n^2}{n^2-1}\times\frac{U_1^2}{Q_{f-1}}=\frac{11^2}{11^2-1}\times\frac{(5.773)^2}{\frac{0.392}{3}}$$

$$= 257\Omega$$

取 $q=50$

$$R_{fn} = \frac{X_{cn}}{q} = \frac{\frac{257}{11}}{50} = 0.467\Omega$$

（2）求 U_{CN} 和 Q_{CN}。

等值发热是决定 H_{11} 滤波器参数的主要因素。由等值发热公式得

$$\frac{U_{CN}^2}{X_{C1}} = I_{cn}^2 \frac{X_{C1}}{n} + \frac{U_{C1}^2}{X_{C1}}$$

$$U_{CN} = \sqrt{\frac{I_{cn}^2 X_{C1}^2}{n} + U_{C1}^2} \tag{11-9}$$

$$U_{C1} = \frac{n^2}{n^2-1}U_1 = \frac{11^2}{11^2-1} \times \frac{10000}{\sqrt{3}} = 5822\text{V}$$

采用简化计算法，因滤波器在 $-\delta$ 时电压谐振，故不必计算滤波器电抗，仅计入 R_{fn}，则

$$X_{S1} = \frac{10^2}{590} = 0.17\Omega$$

$$I_{fn} = 136 \times \frac{11 \times 0.17}{\sqrt{0.467^2 + (11 \times 0.17)^2}}$$

$$= 132\ \text{A}$$

取　$K_{fn}=1$，$I_{cn}=I_{fn}$，代入式 11-9，则

$$U_{CN} = \sqrt{\frac{132^2 \times 257^2}{11} + 5822^2}$$

$$= 11770\text{V} = 11.77\text{kV}$$

$$Q_{CN} = \frac{11.77^2}{257} = 0.539\ \text{Mvar}$$

无功输出的分配为

$$Q_{C1} = \frac{U_{C1}^2}{X_{C1}} = \frac{5.822^2}{257} = 0.1319\ \text{Mvar}$$

$$Q_{cn} = I_{cn}^2 \frac{I_{C1}}{n} = 132^2 \times \frac{257}{11} \times 10^{-6} = 0.4071\ \text{Mvar}$$

$$Q_{C1} + Q_{cn} = 0.1319 + 0.4071 = 0.539\ \text{Mvar}$$

由此可以看出，电容器的额定电压为母线相电压的 2.04 倍 $\left(\frac{11.77}{5.773}\right)$，在这种情况下，电容器输出的基波无功仅为 $\frac{0.1319}{0.539}=24.5\%$，而谐波无功为 75.5%。所以提高 U_{CN} 的结果，大大降低了基波无功输出，但滤波能力却得到明显提高。

（3）校验无功功率输出 $Q_{f-1}^{(3)}$。

按全偏谐振调谐整定

$$X_{L1} = \frac{X_{C1}}{n^2(1-2\delta)}$$

$$= \frac{257}{11^2 \times (1 - 2 \times 0.017)} = 2.2\Omega$$

$$I_1 = \frac{U_1}{\sqrt{(X_{C1}-X_{L1})^2 + R_{fn}^2}}$$

$$= \frac{5773}{\sqrt{(257-2.2)^2 + 0.467^2}} = 22.65\text{A}$$

$$Q_{f-1}^{(3)} = 3I_1^2(X_{C1} - X_{L1})$$

$$= 3 \times 22.65^2 \times (257 - 2.2) \times 10^{-6}$$

$$= 0.392\ \text{Mvar}$$

（4）求电容器和电抗器参数。

$$C = \frac{10^6}{\pi f_1 X_c} = \frac{10^6}{314 \times 257} = 12.4\mu\text{F}$$

$$L = \frac{X_{L1}}{2\pi f_1} = \frac{2.2}{314} = 0.007\text{H} = 0.7\text{mH}$$

（5）计算 $Z_{11\text{-}11}$。

$-\delta$ 时

$$Z_{11\text{-}11} = R_{fn} + \text{j}\left[nX_{L1}(1-\delta) - \frac{X_{C1}}{n(1-\delta)}\right]$$

$$= 0.467 + \text{j}\left(2.16 \times 11 - \frac{261}{11}\right)$$

$$= 0.467\Omega$$

$+\delta$ 时

$$Z_{11\text{-}11} = R_{fn} + \text{j}\left[nX_{L1}(1+\delta) - \frac{X_{C1}}{n(1+\delta)}\right]$$

$$= 0.467 + \text{j}\left(2.24 \times 11 - \frac{253}{11}\right) = 0.467 + \text{j}1.6$$

或　$Z_{11\text{-}11} = 0.467(1+\text{j}4\delta q) = 0.467 + \text{j}4 \times 0.017 \times 50 \times 0.467 = 0.467 + \text{j}1.59$

（6）求 $U_{n_{\min}}$ 和 $U_{n_{\max}}$。

$-\delta$ 时　$U_{n_{\min}} = I_{fn}Z_{fn} = 132 \times 0.467 = 61.6\text{V}$

$$DF_n = \frac{61.6}{5773} = 0.0106$$

即 $DFU = 1.06\%$

$+\delta$ 时　$U_{n_{\max}}$（理论值）$= I_{fn}Z_{fn}$

用分流法

$$I_{fn} = I_n \frac{X_{sn}}{Z_{fn} + \text{j}X_{sn}}$$

$$= 136 \times \frac{11 \times 0.17}{(0.467 + \text{j}1.6) + \text{j}11 \times 0.17}$$

$$= 73\text{A}$$

$$U_{n_{\max}} = I_{fn}Z_{fn} = 73 \times (0.467 + \text{j}1.6) = 121.9\text{V}$$

$$DF_n = \frac{121.9}{5773} = 0.0219 \qquad \text{即 } DFU = 2.19\%$$

（7）校验谐波过电压系数。

$$\lambda = \frac{1.1U_{CN} - U_{C1}}{X_{C1}\left(\frac{I_{fn}}{n}\right)}$$

$$= \frac{1.1 \times 11770 - 5822}{257 \times \frac{132}{11}} = 2.31 > 1.5$$

λ 值大于设计值。

（8）校验流入系统的 I_{sn}。

$$I_{sn}=\frac{U_{n_{\max}}}{X_{sn}}=\frac{121.9}{11\times 0.17}=65\text{A}$$

按国家电力系统谐波管理规定

$$I_{sn}=\frac{590}{100}\times 7.9=46.6\text{A}$$

$+\delta$ 时，I_{sn}已超过允许值，但电力系统出现$+\delta_f$ 比较少见，而且是短时间的，总的$+\delta$ 更少达到$+0.017$，故可以不考虑注入系统谐波电流超过规定值这一指标。

本例题是一个特例，因为规定三相无功输出很小，而$I_1=136$A 比较大，所以选取电压高的电容器。由于U_{CN}超出了常规设计，故电容器过电流公式不能应用。

11.11　二阶高通滤波器

11.11.1　Z_{HP}和Y_{HP}计算式

二阶高通滤波器接线如图 11-14 所示。它是一个带阻尼的宽频带滤波器，其阻抗受频率变化的影响很小，也不灵敏，但损耗较单调谐滤波器大。

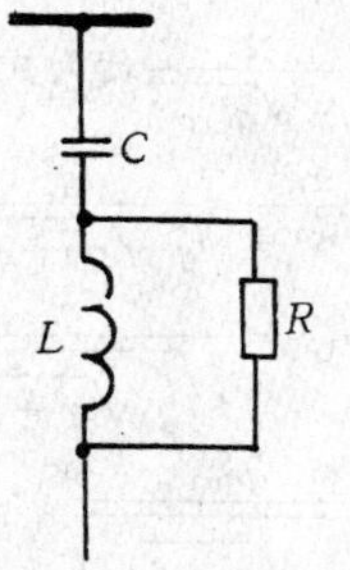

图 11-14　二阶高通滤波器接线图

高通滤波器的阻抗表达式为

$$Z_{HP}=\frac{R(1-\omega^2LC)+j\omega L}{-\omega^2LC+j\omega CR}$$

为了简化运算，通常采用单调谐滤波器的运算公式，即

$$\omega_0=\frac{1}{\sqrt{LC}}$$

$$X_0=\omega_0L=\frac{1}{\omega_0C}=\sqrt{\frac{L}{C}}$$

但品质因数除外，即$q=\dfrac{R}{\omega_0L}$为单调谐滤波器品质因数的倒数，一般取 1～5。

令　$$a=\frac{f}{f_0}=\frac{\omega}{\omega_0}=\frac{n}{n_0}$$

式中　f、ω、n——任意谐波的频率、角频率、谐波次数；

f_0、ω_0、n_0——特征谐波的频率、角频率、谐波次数。

则高通滤波器的阻抗公式可写成

$$Z_{HP}=X_0\frac{a^2q+j\left(aq^2-a-\dfrac{q^2}{a}\right)}{a^2+q^2}\tag{11-10}$$

或　$$Z_{HP}=X_0\frac{a^2q}{a^2+q^2}\left[1+j\left(\frac{q}{a}-\frac{a^2+q}{a^3q}\right)\right]$$

其导纳公式为

$$Y_{HP}=\frac{1}{Z_{HP}}=\frac{a^2}{X_0}\left[\frac{a^2q+j\left(aq^2-a-\dfrac{q^2}{a}\right)}{a^4q^2+a^2+q^2-2a^2q^2}\right]$$

11.11.2　二阶高通滤波器电压谐振点的谐波次数 n_f

当电压谐振时，式 11-10 的虚数部分等于零，则电压谐振点为

$$a_f=\frac{q}{\sqrt{q^2-1}}$$

电压谐振点的谐波次数为

$$n_f=a_fn_0=\frac{n_0q}{\sqrt{q^2-1}}$$

从上式可知，在高通的电压谐振点 n_f 总是大于 n_0，电压谐振时高通阻抗为纯电阻，即

$$Z_{HP(Res)}=X_0\frac{a_f^2q}{a_f^2+q^2}=\frac{X_0}{q}$$

其阻抗频率特性如图 11-15 所示。

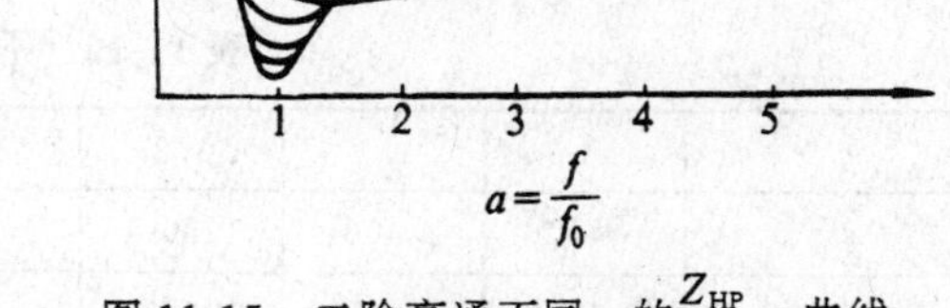

图 11-15　二阶高通不同 q 的$\dfrac{Z_{HP}}{X_0}$-a 曲线

如果频率偏离电压谐振点

当　$a_f>\dfrac{q}{\sqrt{q^2-1}}$，$Z_{HP}$为感性阻抗；

$a_f<\dfrac{q}{\sqrt{q^2-1}}$，$Z_{HP}$为容性阻抗。

11.11.3 二阶高通滤波器的 K_{fn} 值（Z_{HP} 为容性时）

当滤波回路阻抗 Z_{HP} 呈容性时，则流入滤波器的谐波电流便被放大，此时

$$K_{fn}=\frac{I_{HPn}}{I_n}>1$$

从式 11-10，可得电流谐振时的 K_{fn} 为

$$|K_{fn}|=\sqrt{1+\left(\frac{q}{a}-\frac{a^2+q^2}{a^3q}\right)^2}$$

高通的阻抗角为

$$\varphi_f=\mathrm{tg}^{-1}\left(\frac{q}{a}-\frac{a^2+q^2}{a^3q}\right)$$

当 $q=1$ 时 $\quad |K_{fn}|=\sqrt{1+\frac{1}{a^6}}=\sqrt{1+\left(\frac{n_0}{n}\right)^6}$

此时 $\varphi_f=\mathrm{tg}^{-1}\left(-\frac{n_0}{n}\right)^3$

φ_f 负值，表示为容性阻抗角。

考虑到系统谐波电阻的阻尼作用，则电流谐振时的 K_{fn} 为

$$K_{fn}=\frac{1}{\sin(\varphi_f+\varphi_s)}$$

此时 φ_f 应取正值，式中 φ_s 为电力系统谐波阻抗角。

上式的推导，是从系统谐波与滤波器谐波两个导纳的轨迹采用反演法迭加所得。

当不考虑系统谐波电阻的阻尼作用时，取 $\varphi_s=90°$，此时

$$K_{fn}=\frac{1}{\sin\varphi_f}$$

以上两个 K_{fn} 公式均适用于单调谐和二阶高通滤波器。

11.11.4 二阶高通滤波器最小谐波阻抗时的谐波次数 $n_{z_{min}}$

由式 11-10 求出 $n_{z_{min}}$，其推导过程如下

$$Z_{HP}=X_0\frac{a^2q+\mathrm{j}\left(aq^2-a-\frac{q^2}{a}\right)}{a^2+q^2}$$

$$Z_{HP}^2=X_0^2\left[\left(\frac{a^2}{a^2+q^2}\right)^2q^2+\frac{1}{a^2}\left(\frac{a^2q^2}{a^2+q^2}-1\right)^2\right] \tag{11-11}$$

令 $\quad \frac{a^2}{a^2+q^2}=x$

则 $\quad a^2(1-x)=xq^2 \quad$ (11-12)

代入式 11-11 得

$$Z_{HP}^2=X_0^2\left[x^2q^2+\frac{1-x}{xq^2}(xq^2-1)^2\right]$$
$$=X_0^2\left[xq^2-2(1-x)+\frac{1-x}{xq^2}\right] \tag{11-13}$$

令 $\quad \frac{\partial(Z_{HP}^2)}{\partial X}=0$

得 $\quad q^2+2+\frac{-xq^2-(1-x)q^2}{x^2q^2}=0$

解之得 $\quad x=\frac{1}{q^2\sqrt{q^2+2}}$ 代入式 11-12

$$a^2=\frac{xq^2}{1-x}=\frac{q^2}{q\sqrt{q^2+2}-1}$$

$$a=a_{z_{min}}=\frac{q}{\sqrt{q\sqrt{q^2+2}-1}}$$

则 $\quad n_{z_{min}}=\frac{qn_0}{\sqrt{q\sqrt{q^2+2}-1}}$

求 $Z_{HP_{min}}$ 的目的是为了选择适当的 n_0 以提高滤波效果。

a_f 和 $a_{z_{min}}$ 与 q 值的关系列于表 11-12。

表 11-12 不同 q 值时的 a_f 和 $a_{z_{min}}$

q	1	1.1	1.2	1.5	2	2.5	3	4	5
a_f	∞	2.4004	1.8091	1.3416	1.1547	1.0911	1.0607	1.0328	1.0206
$a_{z_{min}}$	1.1688	1.1164	1.0839	1.0370	1.0129	1.0056	1.0028	1.0009	1.0004

由表 11-12 可知

当 $q=1$ 时，$Z_{HP_{min}}$ 的谐波次数为

$$n_{z_{min}}=a_{z_{min}}n_0=\frac{qn_0}{\sqrt{q\sqrt{q^2+2}-1}}$$

$$=\frac{n_0}{\sqrt{\sqrt{3}-1}}=1.17n_0$$

当 $q=2$ 及以上，$a_{z_{min}}$ 接近于 1，即 $n_{z_{min}}\cong n_0$。

因此高通 n_0 的选择方法为：

(1) 补偿容量较大，并有13次以下谐波的单调谐滤波器，可取 $q=1$。

1) 当主要谐波对象为 I_{17}（6脉动变流器）宜选 $n_0=14$，因为 $n_{z_{min}}=1.17\times14=16.7$ 接近17。

2) 当主要谐波对象为 I_{23}（12脉动变流器）宜选 $n_0=17$。$n_{z_{min}}=17\times1.17=19.9$，如选 $n_0=19$，$n_{z_{min}}=22.2$。但对于 I_{17} 的 $K_{fn}=1.72$ 较大，故选 $n_0=17$ 较好。

(2) 补偿容量不太大的滤波器。

1) 滤波器对象为 I_{13} 及以上，宜选 $n_0=13$。

2) 滤波器对象为 I_{11} 及以上，宜选 $n_0=11$。

11.11.5 高通滤波器输出的基波无功功率

基波的 $n=1$，故 $a=\frac{1}{n_0}$，代入式11-10可得

$$Z_{HP-1}=X_0\frac{q+jn_0[q^2-(1+n_0^2q^2)]}{1+n_0^2q^2}$$

$$Y_{HP-1}=\frac{1}{Z_{HP-1}}=\frac{q+jn_0[(1+n_0^2q^2)-q^2]}{X_0[q^2(1-n_0^2)^2+n_0^2]}=G_1+jB_1$$

式中 $G_1=\frac{q}{X_0[q^2(1-n_0^2)^2+n_0^2]}$

$B_1=\frac{n_0[(1+n_0^2q^2)-q^2]}{X_0[q^2(1-n_0^2)^2+n_0^2]}$

因而高通滤波器每相输出的基波无功功率为

$$Q_{HP-1}=U_1^2B_1=\frac{U_1^2}{X_0}\frac{n_0[(1+n_0^2q^2)-q^2]}{q^2(1-n_0^2)^2+n_0^2} \tag{11-14}$$

如果高通滤波器的 $n_0^2\gg1$，且 $q\geqslant1$，则上式可写成

$$Q_{Hf-1}\cong\frac{U_1^2}{n_0X_0}=\frac{U_1^2}{X_{C1}} \tag{11-15}$$

11.11.6 高通滤波器谐波电压畸变率 DF_n 与 Q_{HP-1} 的关系

高通滤波器 DF_n 用下式表示

$$DF_n=\frac{U_n}{U_1}=\frac{I_n}{Y_\Sigma U_1}$$

式中 U_1——母线上的基波相电压，V；

Y_Σ——高通与系统的谐波总导纳，S。

Y_Σ 由下式决定

$$Y_\Sigma=Y_{sn}+Y_{HP}=\frac{a^2}{X_0}\left[\frac{a^2q}{a^4q^2+a^2+q^2-2a^2q^2}\right]+j\left[\frac{\frac{a^2}{X_0}\left(a+\frac{q^2}{a}-aq^2\right)}{a^4q^2+a^2+q^2-2a^2q^2}-\frac{1}{X_{sn}}\right]$$

设计可取上式中的 $\Sigma B=0$，此时 Y_Σ 最小，求得的 DF_n 为最大值。

其中 $Y_{sn}=\frac{1}{Z_{sn}}=-j\frac{1}{X_{sn}}$（忽略 R_{sn}）

高通的导纳为

$$Y_{HP}=\frac{a^2}{X_0}\left[\frac{a^2q+j\left(a+\frac{q^2}{a}-aq^2\right)}{a^4q^2+a^2+q^2-2a^2q^2}\right]$$

故 $Y_\Sigma=\frac{1}{X_0}\left[\frac{a^4q}{a^4q^2+a^2+q^2-2a^2q^2}\right]$

$$DF_n=\frac{I_nX_0}{U_1}\left(\frac{a^4q^2+a^2+q^2-2a^2q^2}{a^4q}\right) \tag{11-16}$$

上式适用于 Z_{HP-n} 为容性阻抗的谐波次数，即 $n<n_f$。

将式11-14代入式11-16得 DF_n 与 Q_{HP-1} 的关系公式为

$$DF_n=\frac{I_nU_1}{Q_{HP-1}}\left(\frac{a^4q^2+a^2+q^2-2a^2q^2}{a^4q}\right)\times\frac{n_0[(1+n_0^2q^2)-q^2]}{q^2(n_0^2-1)^2+n_0^2}$$

当 $n_0^2\gg1$，且 $q\geqslant1$ 时，则上式可写成

$$DF_n=\frac{I_nU_1}{n_0qQ_{HP-1}}\times\left[\frac{1}{a^4}(a^4q^2+a^2+q^2-2a^2q^2)\right] \tag{11-17}$$

式11-17是高通滤波器阻抗为容性时 DF_n、q、Q_{HP-1} 的相互关系公式。

如母线电压为10kV，高通滤波器 $q=1$，

(1) 当主要谐波电流为 I_{17}、$n_0=14$ 时，则

$$DF_{17}=\frac{I_{17}\frac{10000}{\sqrt{3}}}{14Q_{HP-1}}\left(\frac{14}{17}\right)^4\times\left[\left(\frac{17}{14}\right)^4+\left(\frac{17}{14}\right)^2+1-2\left(\frac{17}{14}\right)^2\right]=\frac{I_{17}}{3102\times10^{-6}Q_{HP-1}}$$

(2) 当主要谐波电流为 I_{23}，$n_0=17$ 时，则

$$DF_{23}=\frac{I_{23}\frac{10000}{\sqrt{3}}}{17Q_{HP-1}}\left(\frac{17}{23}\right)^4\times\left[\left(\frac{23}{17}\right)^4+\left(\frac{23}{17}\right)^2+1-2\left(\frac{23}{17}\right)^2\right]=\frac{I_{23}}{3915\times10^{-6}Q_{HP-1}}$$

求得的 DF_{17} 和 DF_{23} 均为理论值，即考虑滤波器与电力系统发生电流谐振时的 DF_n 最大值。

11.11.7 高通滤波器设计计算方法

高通滤波器设计通常采用以下两种计算方法：分

流法（或称简化计算法）；导纳法。

分流法只是单个滤波器与电力系统之间的分流，但各次谐波电流并不仅分流到相对应的本次滤波器中，也有一小部分流入其它次滤波器，故分流法并不精确。当需要准确计算时，应考虑多个滤波器的分流作用，即采用导纳法计算。

从设备参数的选择来看，分流法计算的参数比导纳法计算的参数偏大，因而选择的设备裕度较大。

11.11.8 设计实例

某总降变电所主变压器为有载自动调压，在 10kV 母线上已设有全偏谐振式的 H_5、H_7、H_{11}、H_{13} 单调谐滤波器，各次谐波电流发生量见表 11-13，已知 $S_K^{(3)}=590$ MVA。设计一组无功补偿容量 $Q_{HP-1}^{(3)}=2000$kvar，$q=1$ 的二阶高通滤波器。

（1）求 X_{C1} 和 R_{fn}。

因 $I_{23}>I_{17}$，故选取 $n_0=17$

$$Q_{HP-1}=\frac{2000}{3}=667\text{kvar}$$

表 11-13 各次 I_n 表

n	11	13	17	19	23	25	31	33	35	37
I_n	136	113	9.3	8.3	55	48	5.1	4.9	27	22.6

$n_0^2=17^2=289\gg1$，故由式 11-15 得

$$X_{C1}=\frac{U_1^2}{Q_{HP-1}}=\frac{\left(\frac{10}{\sqrt{3}}\times10^3\right)^2}{667\times10^3}=50\Omega$$

$$X_0=\frac{X_{C1}}{n_0}=\frac{50}{17}=2.94\Omega$$

$$R_{fn}=qX_0=2.94\Omega$$

（2）求 DF_{23}、DF_{25}、DF_{35} 近似值。

由于 I_{23}、I_{25}、I_{35} 谐波电流的数值较大，将 $q=1$，$n_0=17$，$Q_{HP-1}=667\times10^3$VA，$U_1=\frac{10}{\sqrt{3}}\times10^3V$ 代入式 11-17，则

$$DF_n=5.092\times10^{-4}I_n\frac{a^4-a^2+1}{a^4}$$

1）当 $n=23$、$a=\frac{23}{17}$、$I_{23}=55$A

$$DF_{23}=5.092\times10^{-4}\times55\times\frac{\left(\frac{23}{17}\right)^4-\left(\frac{23}{17}\right)^2+1}{\left(\frac{23}{17}\right)^4}=0.0211\qquad DFU=2.11\%$$

2）当 $n=25$、$a=\frac{25}{17}$、$I_{25}=48$A

$$DF_{25}=5.092\times10^{-4}\times48\times\frac{\left(\frac{25}{17}\right)^4-\left(\frac{25}{17}\right)^2+1}{\left(\frac{25}{17}\right)^4}=0.0184\qquad DFU=1.84\%$$

3）当 $n=35$、$a=\frac{35}{17}$、$I_{35}=27$A

$$DF_{35}=5.092\times10^{-4}\times27\times\frac{\left(\frac{35}{17}\right)^4-\left(\frac{35}{17}\right)^2+1}{\left(\frac{35}{17}\right)^4}=0.0113\qquad DFU=1.13\%$$

从以上算出的 DF_{23}、DF_{25}、DF_{35} 近似值可以满足规定的 ΣDF_n 要求。

（3）$q=1$ 的二阶高通额定电压 U_{CN} 的选择。

一般 U_{CN} 应稍大于 U_{C1}，$U_{CN}=(1\sim1.05)U_{C1}$，因为 ΣQ_{cn} 相当小，而 U_{C1} 应考虑母线电压变化情况视无功需要而定。

则
$$U_{C1}=\frac{17^2}{17^2-1}\times5.773=5.793\text{ kV}$$
$$U_{CN}=1.03\times5.793=5.97\text{ kV}$$

11.11.9 HP_{13} 和 HP_{11} 高通滤波器设计

当谐波电流不大，需要的无功功率补偿量不多时，宜选用 HP_{13}（$n_0=13$）或 HP_{11}（$n_0=11$）高通滤波器，并按 DFU 的不同要求取 $q=2\sim5$。

因为 Z_{HP-n_0} 为容性阻抗，$a=\frac{n}{n_0}=\frac{n_0}{n_0}=1$，式 11-16 可化为

$$DF_n=\frac{I_nU_1}{n_0qQ_{HP-1}}\tag{11-18}$$

中型变流装置大都采用 12 脉动，故 HP_{13} 设计必须计算 17、19 次（非特征）及 23、25 次（特征）的 DF_n。而计算上述各次谐波的 DF_n 就不能用式 11-16，因为 $q=2$ 时的 Z_{HP-17} 已是感性阻抗。此外 H_{11} 邻近 HP_{13}，相互影响大，故至少应将 Z_{11-n}、Z_{HP-n}、X_{sn} 一并考虑在内，

所以应用导纳法。

计算各次谐波的 DF_n，用式 11-9 很不方便，将 $a=\frac{n}{n_0}$、$X_0=\frac{X_c}{n_0}$代入式 11-10，得到下列各式

$$Z_{HP-n}=X_{C1}\left[\frac{n_0^2q}{(n^2+n_0^2)\ n_0}+j\left(\frac{nq^2}{n^2+n_0^2q^2}-\frac{1}{n}\right)\right] \quad (11\text{-}19)$$

当 $n=n_0$ 时 $\quad Z_{HP-n_0}=\frac{X_0}{1+q^2}\ (q-j)$

$$|Z_{HP-n_0}|=\frac{X_0}{\sqrt{1+q^2}}$$

采用以上公式，运行计算更为方便。

11.11.10 HP$_{13}$设计举例

某总降压变电所主变压器为有载自动调压，10kV 母线 $S_K^{(3)}=238$ MVA，主要谐波电流发生量见表 11-14，$\lambda=1.5$、$\delta=\pm0.017$，10kV 母线已有 H_5、H_7、H_{11} 的全偏谐振式单调谐滤波器，设计一组无功输出为 2500kvar 的 HP$_{13}$滤波器。

表 11-14 各次 I_n 表

n	11	13	17	19	23	25	35	37
I_n (A)	54.3	48.3	17.82	14.4	24.75	20.75	12.72	12.39

(1) 求 X_{C1}和 X_{L1}。

$$U_1=\frac{10}{\sqrt{3}}=5.773\text{kV}$$

$$Q_{HP-1}=\frac{2500}{3}\times10^{-3}=0.833\ \text{Mvar}$$

由式 11-15 $\quad X_{C1}=\frac{U_1^2}{Q_{HP-1}}=\frac{5.773^2}{0.833}=40\Omega$

选用电容器 $\quad X_{C1}=40.24\Omega$

$$C=\frac{1\times10^6}{2\pi f_1X_{C1}}=\frac{1\times10^6}{314\times40.24}=79.1\mu\text{F}$$

$$X_{L1}=\frac{X_{C1}}{n_0^2}=\frac{40.24}{13^2}=0.238\Omega$$

选用电抗器 $\quad X_{L1}=0.24\Omega$

$$L=\frac{X_{L1}}{2\pi f_1}=\frac{0.24}{314}\times10^3=0.764\ \text{mH}$$

电压谐振点 $\quad n_f=\sqrt{\frac{X_{C1}}{X_{L1}}}=\sqrt{\frac{40.24}{0.24}}=12.95$，接近 $n_0=13$。

(2) DF_{13}、q_{19}选择。

由式 11-17

$$DF_n=\frac{I_nU_1}{n_0q_nQ_{HP-1}}\left[\frac{1}{a^4}\ (a^4q^2+a^2+q^2-2a^2q^2)\right]$$

当 $n=n_0$ 时，$a=\frac{n}{n_0}=1$，则上式化为

$$DF_nq_n=\frac{I_nU_1}{n_0Q_{HP-1}}=\frac{48.3\times5.773}{13\times833.3}=0.0256$$

DF_n 与 q_n 值的关系列于表 11-15。

表 11-15 DF_n 与 q_n 值关系

DF_{13}	0.01	0.012	0.0086	……
q_{13}	2.56	2.14	3	……

DF_{13}、q_{13}方案的选择，应当按 ΣDF_n 为最小值考虑，即要求 DF_{23}基本等于 DF_{13}为最佳选择。

当 $q_{13}=2$ 时，$n_f=a_fn_0=1.154\times13=15$，故 $n=17$ 以上的 Z_{HP-n}均为感性阻抗。为适当选取 DF_{13}和 q_{13}，应验算 DF_{23}是否接近 DF_{13}。用式 11-19 计算各次 Z_{HP-n}。

$$Z_{HP-n}=X_{C1}\left[\frac{n^2q}{(n^2+n_0^2q^2)\ n_0}+j\left(\frac{nq^2}{n^2+n_0^2q^2}-\frac{1}{n}\right)\right]$$

将 $X_{C1}=40.24$，$q=2.56$，$n_0=13$ 代入，得

$$Z_{HP-17}=1.64+j0.845=1.85$$

$$Z_{HP-19}=1.95+j1.3=2.34$$

$$Z_{HP-23}=2.56+j1.96=3.22$$

$$Z_{HP-25}=2.86+j2.19=3.6$$

电力系统

$$X_{S1}=j\frac{U_N^2}{S_K^{(3)}}=j\frac{10^2}{238}=j0.42\Omega$$

$$X_{S-17}=j0.42\times17=j7.14$$

$$X_{S-19}=j7.98$$

$$X_{S-23}=j9.66$$

$$X_{S-25}=j10.5$$

$n=17\sim25$，均用分流法，不计及 Z_{11-n}的感性分流作用，则所求的流入 HP$_{13}$滤波器的各次谐波电流均为较大值。

$$I_{HP-17}=I_{17}\frac{X_{S-17}}{X_{S-17}+Z_{HP-17}}=17.82\frac{7.14}{j7.14+j0.845+1.64}=15.6\text{A}$$

$$U_{17}=I_{HP-17}Z_{HP-17}=15.6\times1.85=28.8\text{V}\qquad DFU=0.5\%$$

$$I_{HP-19}=I_{19}\frac{X_{S-19}}{X_{S-19}+Z_{HP-19}}=14.4\frac{7.98}{j7.98+j1.3+1.95}=12.1A$$

$$U_{19}=I_{HP-19}Z_{HP-19}=12.1\times2.34=28.3V\qquad DFU=0.49\%$$

$$I_{HP-23}=I_{23}\frac{X_{S-23}}{X_{S-23}+Z_{HP-23}}=24.75\times\frac{9.66}{j9.66+j1.96+2.56}=20.1A$$

$$U_{23}=I_{HP-23}Z_{HP-23}=20.1\times3.22=64.7V\qquad DFU=1.1\%$$

$$I_{HP-25}=I_{25}\frac{X_{S-25}}{X_{S-25}+Z_{HP-25}}=20.75\times\frac{10.5}{j10.5+j2.19+2.86}=16.7A$$

$$U_{25}=I_{HP-25}Z_{HP-25}=16.7\times3.6=60V\qquad DFU=1.04\%$$

HP_{13}各次谐波的 *DFU* 列于表 11-16。

表 11-16　各次谐波的 *DFU* 表

n	13	17	19	23	25	……
DFU（%）	1.0	0.5	0.49	1.1	1.04	……

从表 11-16 看出 13 次和 23 次的 *DFU* 相差很小，故所选的 $q_{13}=2.56$、$DF_{13}=0.01$ 是合适的。

表 11-16 中列出的数据，均用简化计算出，即 DFU_{13}按 Z_{HP-13}与电力系统电流谐振条件考虑。DFU_{17} …DFU_{25}是按分流法求出，可以预计到，当各次滤波器都进行运行计算之后，各次谐波的计算数据比以前计算的要小些。

（3）计算 U_{CN}。

U_{CN}计算与 $q=1$ 的方法相同。

$U_{C1}=\frac{13^2}{13^2-1}\times5773=5807V$；

$U_{CN}=U_{C1}\times1.0=5807V$

符合设备资料。

11.11.11　二阶高通滤波器的调谐整定

二阶高通滤波器的调谐整定点是在没有并联电阻时的 n_0 点，即 $n_0=\sqrt{\frac{X_{C1}}{X_{L1}}}$，因为其计算公式的推导都是利用单调谐公式进行的（品质因数除外）。$q=1$ 时，$n_0=17$ 或 14，HP_{13}的 $n_0=13$，HP_{11}的 $n_0=11$。而不是调谐到电压谐振点 n_f，并且 n_f 点是随高通滤波器 q 值的变化而改变。如 $q=1$ 时的 $n_f=\infty$，要满足这一要求是不可能的。但是高通滤波器的调谐整定没有很严格的要求（单调谐滤波器对调谐整定点 n_f 要求很高），由于调谐到 n_0 总是小于 n_f，所以在 $\pm\delta_m$ 范围内，Z_{HP-n_0} 总是容性，而且变化是不明显的。

11.11.12　二阶高通滤波器电抗器的品质因数

在高通滤波器公式推导过程中，均忽略了电抗器谐波电阻 R_{Ln}。

设电抗器的谐波感抗为 X_p，与电抗器并联的谐波电阻为 R_p，把并联的 X_p 和 R_p 化为等值串联谐波感抗 X_s 和谐波电阻 R_s。

$$X_s=\frac{R_p}{\frac{R_p}{X_p}+\frac{X_p}{R_p}}\qquad R_s=\frac{X_p}{\frac{R_p}{X_p}+\frac{X_p}{R_p}}$$

二阶高通滤波器品质因数 $q=\frac{R_p}{X_p}=\frac{X_s}{R_s}$代入上式得

$$R_s=\frac{\frac{R_p}{q}}{q+\frac{1}{q}}=\frac{R_p}{q^2+1}\qquad X_s=\frac{qR_p}{q^2+1}$$

得　$Z_{HP-n_0}=R_s+j\ (X_s-X_{cn})$

$$=\frac{R_p}{q^2+1}+j\left(\frac{qR_p}{q^2+1}-X_{cn_0}\right)$$

以 HP_{13}为例

$R_p=8\Omega$，$q=2.56$，$X_{Ln}=X_0=3.12\Omega$

则等值串联电阻 $R_s=\frac{R_p}{q^2+1}=\frac{8}{2.56^2+1}$

$=1.059\Omega$

设电抗器的谐波品质因数 $q=50$

$$R_{Ln}=\frac{X_{Ln}}{q}=\frac{3.12}{50}=0.062\Omega$$

当忽略 R_{cn}时

等值串联总电阻　$R_s+R_{Ln}=1.059+0.062$

$=1.121\Omega$

即 R_{Ln}占全部谐波电阻的$\frac{0.062}{1.121}\times100=5.5\%$，所以电抗器的谐波电阻对高通滤波器设计可以忽略不计。

11.12 滤波器保护

滤波器应有下列各种保护：过电压保护；低电压保护；低频率保护；每个滤波支路的过电流保护（有条件时可设谐波过电流保护）；电容器内部故障保护除每台电容器装设外熔丝外，还应按电容器接线方式不同，分别采用下列保护：中性点间不平衡电压（电流）保护；开口三角零序电压保护；当上述保护的灵敏度较低时，可加设相电流横差保护；当电容器采用两台以上串联结线时，可设相电压差动保护。

11.12.1 中性点不平衡电压保护

常见的 6～10kV 滤波器采用串联段为 1，并联台数为 P 的电容器，接线见图 11-16。

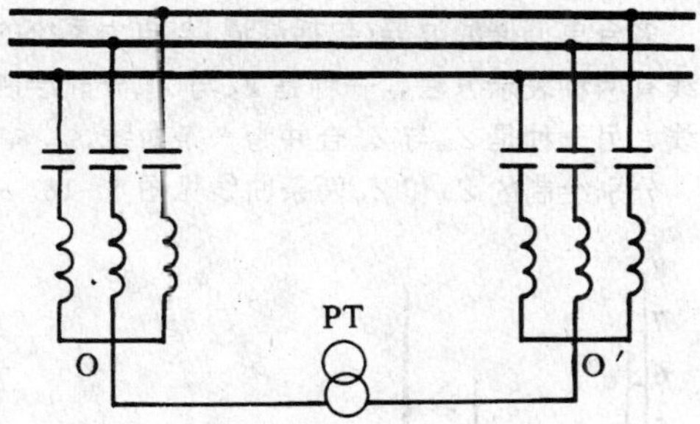

图 11-16 中性点间不平衡电压保护接线图

这种接线的优点是结构简单，不受系统接地和三相电压不平衡的影响。

11.12.1.1 不平衡零序电压计算

电容器内部发生故障，其中部分串联元件短接，则电容器的电容增大，容抗减少。取故障串联元件为全部串联元件的标幺值等于 K，则 1-K 的串联元件仍继续工作。

通常取 $K=0.5$，则等效并联台数 $p+\dfrac{K}{1-K}=p+1$。此时不平衡零序电压标幺值为

$$U_{*0}=\frac{U_0}{U_1}=\frac{n^2}{n^2(3p+1)-3(p+1)} \tag{11-20}$$

常用的单调谐各次滤波器 U_{*0} 计算值见表 11-17。

表中 U_{*0} 的大小主要决定于并联台数 p，p 越少，U_{*0} 越大。欲提高不平衡保护的灵敏度，应选取并联台数较少的电容器。

表 11-17 不平衡零序电压标幺值表

n	U_{*0} $(K=0.5)$
2	$\frac{4}{9p+1}$
3	$\frac{9}{24p+6}$
5	$\frac{25}{72p+22}$
7	$\frac{44}{144p+46}$
11	$\frac{121}{360p+118}$
13	$\frac{169}{504p+166}$

求 U_{*0} 最大值，仍选取 A 相中某一台电容器故障（完全短路，熔丝尚未断开），此时电容器容抗等于零。则

$$U_{*0_{\max}}=\frac{n^2}{n^2-3}$$

$U_{*0_{\max}}$ 用以选择电压互感器一次线圈额定电压，常用的 $U_{*0_{\max}}$ 值见表 11-18。

表 11-18 不平衡电压标幺值表

n	2	3	5	7	11	13	17 高通
$U_{*0_{\max}}=\dfrac{U_{*0}}{U_1}$	4	1.5	1.14	1.06	1.03	1.02	1.01

在此情况下，故障相（A 相）的短路电流为

$$I'_A=(U_A-U_{*0_{\max}})Y_A$$
$$=U_1\left(1-\frac{n^2}{n^2-3}\right)\frac{1}{jX_{L1}}$$

正常时电流为

$$I_A=\frac{U_1}{j(X_{L1}-X_{C1})}=j\frac{U_1}{(n^2-1)X_{L1}}$$

$$故障电流倍数=\frac{I'_A}{I_A}=\frac{3(n^2-1)}{n^2-3}$$

常用的各次谐波故障电流倍数见表 11-19。

表 11-19 故障电流倍数表

n	2	3	5	7	11	13	17 高通
$\dfrac{I'_A}{I_A}$	9	4	3.27	3.13	3.05	3.04	3

从表 11-19 中看出故障电流倍数均大于 3，故障电

容器的熔丝由故障电流及相邻电容器的放电迅速熔断。但在 $K=0.5$ 的情况下，往往是不平衡电压保护先动作，仅当不平衡电压保护拒绝动作，方引起故障电容器击穿而熔丝熔断，因此外熔丝是必不可少的。

35kV 以上的滤波器，通常采用两台以上电容器串联，当一台或数台电容器熔丝熔断，主要依靠相邻并联电容器的放电，所以并联电容器台数不能太少。保护在熔丝断开后产生零序电压再动作于跳闸。

11.12.1.2 零序电压保护灵敏度

正常时由于三相电容器和电抗器的不完全平衡，不可避免的存在着固有零序电压 U_{obp}，保护装置的动作电压 U_{dz}应躲过 U_{obp}，即

$$U_{dz} \geqslant K_k U_{obp}$$

式中 K_k——可靠系数，一般取 $K_K=1.5\sim2$。

灵敏度 $K_{lm}=\dfrac{U_0}{N_Y U_{dz}}\geqslant 1.25\sim1.5$

式中 N_Y——电压互感器变比。

由上可知，欲提高灵敏度，要求 U_{obp}越小越好，施工时应将三相综合电容值调整到基本平衡。对于电源产生的三相不平衡，因为两个中心点处在相同条件下，不平衡电压已经互相抵消，可以不计。

11.12.2 单星形接线滤波器零序电压保护

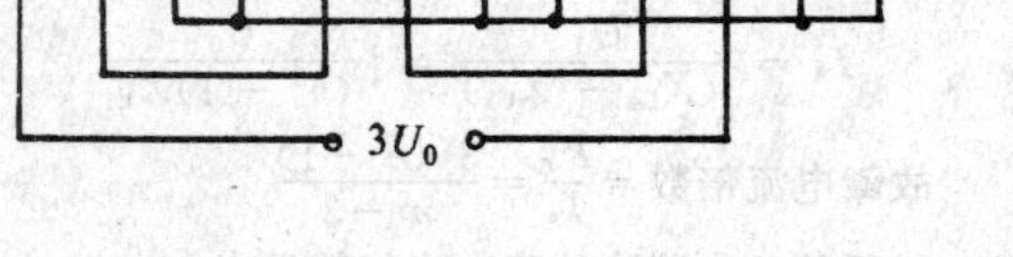

图 11-17 单星形接线滤波器零序电压保护接线图

单星形接线滤波器零序电压保护接线如图 11-17 所示。在电源电压对称的情况下，滤波器某一相出现一台电容器故障，则滤波器就成为不对称负荷产生零序电压。按对称分量法，开口三角端子上的零序电压为 $3U_0$，U_0 值的计算和双星接线的 U_0 相同，取 $K=0.5$ 则

$$3U_0=\frac{3nU_1}{n^2(3p+1)-3(p+1)}$$

$$U_{dz}\geqslant 3U_{opb}K_k$$

$$K_k=1.5\sim2.0$$

灵敏度 $K_{lm}=\dfrac{3U_0}{N_r U_{dz}}\geqslant 1.25\sim1.5$

单星形接线滤波器的固有零序电压 U_{obp}，包括电压的不平衡在内，比中性点间的 U_{obp}大，总的灵敏度小于中性点间不平衡电压保护的灵敏度。

11.13 阻抗曲线和运行计算

11.13.1 多台滤波器与电力系统的阻抗曲线

多台单调谐滤波器（包括高通）与电力系统的阻抗曲线有两种表示方法，一种是 Z_{fn}与 Z_{sn}分开绘制两条曲线，另一种是 Z_{fn}与 Z_{sn}合并为一条曲线。

分别绘制的 Z_{fn}和 Z_{sn}两条曲线见图 11-18。

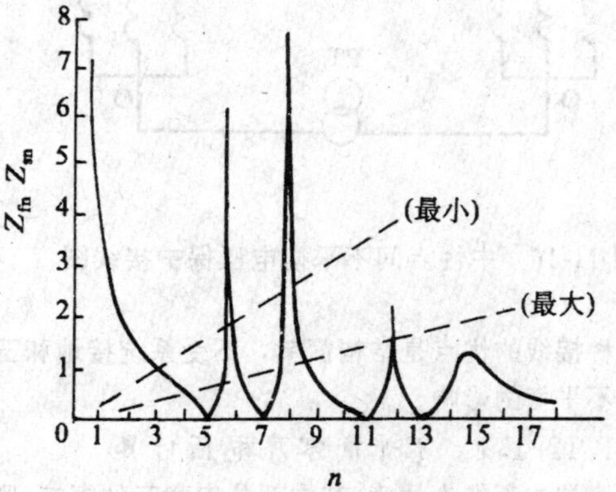

图 11-18 数台滤波器与电力系统的阻抗曲线

一般情况下，电流谐振点 n_r 与滤波器在数量上是相同的，设计中应特别注意最低次的电流谐振点。如对装有 5 次、7 次、…单调谐滤波器和二阶高通滤波器的系统，可只计算 2～5 次谐波之间的各点阻抗值，再作出相应的阻抗图。点数取得越多，曲线越精确，一般每隔 5Hz 取一点，即 $n=2, 2.1, \cdots 4.9, 5.0$。

阻抗曲线的计算方法用导纳法。单调谐滤波器按调谐整定点选参数。

二阶高通滤波器

$$Z_{Hpn}=X_{C1}\left(\frac{n^2q}{(n^2+n_0^2q^2)n_0}\right.$$

$$+\mathrm{j}\left(\frac{nq^2}{n^2+n_0^2q^2}-\frac{1}{n}\right)\bigg\}$$

电力系统按最大和最小运行方式计算，R_{sn}可忽略不计。

$$Z_{sn}=\mathrm{j}X_{sn}$$

如果从曲线上发现 n_r 接近某次整数谐波，就要考虑采取措施，有以下两种方案：

（1）改变总的无功功率补偿容量，使 n_r 远离整数谐波次数；

（2）加装靠近 n_{r1}的新滤波器。

11.13.2 运行计算

运行计算是校验滤波器常用的一种方法，它概括了各种运行状态和运行方式时的下列设计数据：

(1)滤波器投入前和投入后各次谐波的 $DFU\%$值及综合 $DFU\%$值；

(2) 谐波电流 I_n 在各个滤波支路的分配，包括流入系统中的 I_{sn}；

(3)校验电容器等值发热、谐波过电压系数和过电流倍数；

(4) 基波每相无功功率输出 Q_{f-1}。

以 H_5、H_7、H_{11}三个单调谐滤波器为例，设计采用全偏谐振式。调谐整定在$-\delta_m$ 处。

各次滤波器的 5 次谐波阻抗为

H_5　$Z_{5-5}=R_5$　$Y_{5-5}=G_{5-5}$

H_7　$Z_{7-5}=R_{7-5}-\mathrm{j}X_{7-5}$

$Y_{7-5}=G_{7-5}+\mathrm{j}B_{7-5}$

H_{11}　$Z_{11-5}=R_{11-5}-\mathrm{j}X_{11-5}$

$Y_{11-5}=G_{11-5}+\mathrm{j}B_{11-5}$

系统　$Z_{S-5}=+\mathrm{j}_{S-5}$

$Y_{S-5}=-\mathrm{j}B_{S-5}$（忽略 R_{sn}）

式中　Z_{7-5}——7 次滤波器的 5 次阻抗，余类推。

$$\Sigma Y_n=G_n+\mathrm{j}B_n$$

$$G_n=G_{5-5}+G_{7-5}+G_{11-5}$$

$$B_n=B_{7-5}+B_{11-5}+B_{S-5}$$

从谐波电流计算得 I_5。

因为　$U_5=\dfrac{I_5}{\Sigma Y_n}=\dfrac{I_5}{G_n+\mathrm{j}B_n}$

$$DFU_5=\frac{U_5}{U_1}\times100\%$$

由以上公式可知，U_5 是各次滤波及系统综合作用的结果，但 H_5 起着决定性作用。用同样方法也可求得 U_7，U_{11}。

流入各滤波支路的 5 次谐波电流为

$$I_{5-5}=\frac{U_5}{Z_{5-5}}=U_5Y_{5-5}$$

$$I_{7-5}=\frac{U_5}{Z_{7-5}}=U_5Y_{7-5}$$

$$I_{11-5}=\frac{U_5}{Z_{11-5}}=U_5Y_{11-5}$$

$$I_{S-5}=\frac{U_5}{Z_{S-5}}=U_5Y_{S-5}$$

利用上述方法同时可进行对其它各次（包括系统）谐波电流的分流计算。

流入 H_5 的谐波电流（考虑 25 次谐波电流在 H_5 中的分流）为

$$I_{5-n}=\sqrt{\sum_{n=2}^{n=25}I_{5-n}^2}$$

流入 H_5，包括基波和谐波的总电流为

$$I_{5-n}=\sqrt{\sum_{n=1}^{n=25}I_{5-n}^2}$$

基波电流 I_1 应取运行中出现的较高母线电压的计算电流。

总电流可作为单调谐电抗器额定电流的选择依据，在确定这一数值时，也可以按电容器的 $1.3I_{CN}$作为电抗器的额定电流，这样更有利于双调式电抗器 q_{Ln} 的调整。

从各滤波支路谐波电流的分配，可以计算滤波器的等值发热、过电压及过电流是否满足要求。

参考文献

[1] Colin Adomsoa，Hingorani N. G.，High voltage direct current power transmission-chapter 10，Garraway Limited，London，1960.

[2] Kimbark，Direct current Transmission-Harmonics and Filters，Wiley，New York，1971.

[3] Miller T. J. E.，Reactive power control in electric system-chapter 10，Jehn Wiley & Sons，1982.

[4] Miller D. F.，Applications guide for shunt capacitors on industrial distribution system at medium voltage levels，IEEE Transactions on industry applications vol. 1A. 12. No. 5，1976.

第12章

静止型动态无功补偿装置（SVC）

12.1 概述

静止型动态无功功率补偿装置，简称静止补偿器（英文缩写为SVC）是一种可以控制的无功功率补偿装置。通常由并联电容器组（或滤波器）和一个可调节电感量的电感元件组成。SVC与一般并联电容器补偿装置的区别是能够跟踪电网或负荷的波动无功，进行随机性适时补偿，从而维持电压稳定。其补偿原理示于图12-1。Q_L为无功负荷曲线，Q_R为SVC中电抗器吸收的无功功率曲线。随Q_L成反比例变化。Q_C为SVC中固定电容器组提供的无功功率曲线，Q_R-Q_C为SVC输出的无功功率曲线。与Q_L反向变化，即实现随机性无功补偿。

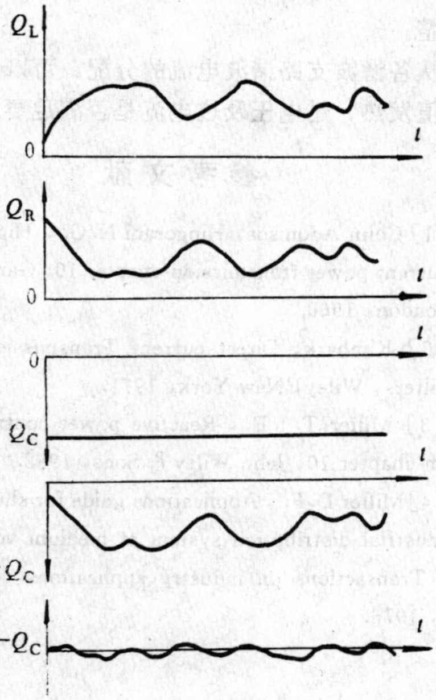

图12-1 SVC补偿原理图

12.2 SVC的类型

国际大电网会议将SVC分为：机械投切电容器（MSC）型、机械投切电抗器（MSR）型、自饱和电抗器（SR）型、晶闸管控制电抗器（TCR）型、晶闸管投切电容器（TSC）型、晶闸管投切电抗器（TSR）型、自换向或电网换向式转换器（SCC/LCC）型7种。

上述7种SVC既可单独使用，也可任意联用，从而实现对波动无功负荷的补偿。机械投切型SVC，只适用于波动不频繁，变化速率小的无功负荷补偿。

目前应用比较广泛的是自饱和电抗器（SR）型、晶闸管控制电抗器（TCR）型、晶闸管投切电抗器（TSR）型三种型式的SVC。各种类型SVC的特性，优缺点比较见表12-1。

12.2.1 SR型SVC

SR型SVC是由作为滞后无功部分的SR和超前无功部分的并联电容器组成。SR类同一台电力变压器，但其铁芯具有很硬的非线性磁化特性。如图12-2所示，图12-2c是V-A特性，在饱和区域内，水平直线是理想状态，实际上是一条斜线。SR作为一个感性无功功率元件，具有内电势V_s和斜率电抗X_s，其输出电压为

$$V = V_s + IX_s$$

式中 V_s——饱和电压，V；

表 12-1 几种静止补偿器性能比较表

项目	SR-FC		TCR-FC		TSC	SCC/LCC	TCR-TSC-FC
	SR-FC	DSR-FC	TCR-FC	TCT-FC			
单线接线图							
控制范围	感性、容性	感性、容性	感性、容性	感性、容性	容性	感性、容性	感性、容性
电纳调节	连续无源	连续有源	连续有源	连续有源	逐级有源	连续有源	连续有源
控制的可调性	有限	好	好	好	有限	好	好
电压控制	有限	好	好	好	有限	好	好
稳定信号	无	有	有	有	无	有	有
分相平衡	有限	有	有	有	有限	有	有
响应速度	快，取决于系统和旁路滤波器	快，取决于系统/控制	同左	同左	快，决定于控制	非常快，决定于控制	快，决定于系统
谐波发生量	很小	小	小	小	无	小	非常小
过电压、过负荷能力	大	较大	一般	一般	无	差	有限
电压或频率变化的敏感度	敏感		不敏感	不敏感	不敏感	不敏感	不敏感
损耗	中等	中等	中等，随滞后电流增加而增加		小，随超前电流增加而增加	中等	小，取决于结构
噪音	大、可抑制		小	小	小	小	小
能否直接与高压连接	不能	不能	不能	能	不能	不能	不能
接电性能	快、直接	快	快、有控制作用	同左	同左	同左	同左
投资	较小	较小	大	大	最小		一般

X_s——斜率电抗，Ω；

I——负荷电流，A。

图 12-3 是 SR 型 SVC 的基本接线，控制器用来调节有载调压变压器分接开关，以使加压 SR 线圈上的电压比较稳定，不致于因系统电压偏移过大而过载或失去调节能力。

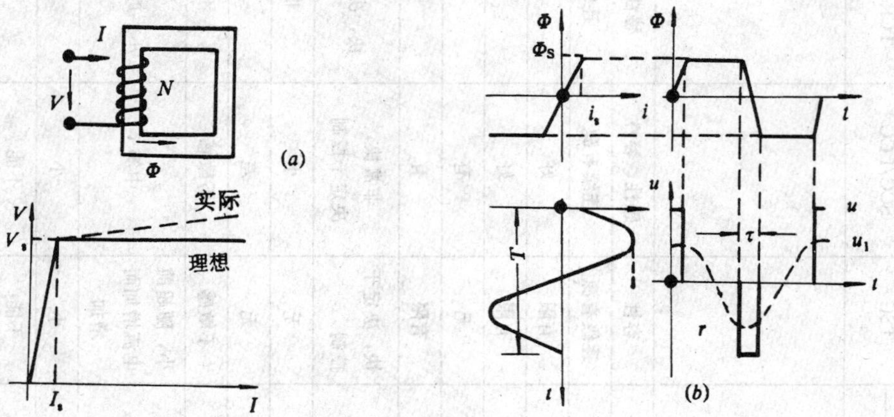

图 12-2　SR 原理图

（a）—基本元件图；（b）—Φ-U 波形图；（c）—V-A 特性

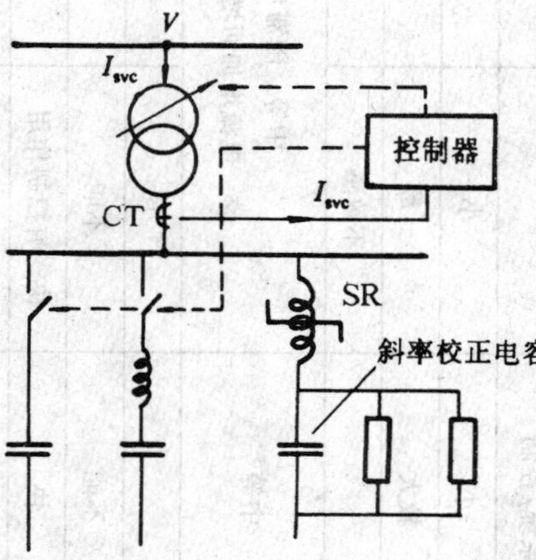

图 12-3　SR 型 SVC 典型接线图

SR 在形式上有单相和三相之分；结构上有双——三倍式（twin——tripler）和三——三倍式（treble——tripler）两种。它的三相绕组相互耦合在一个多芯柱铁芯上，单相多频式排列。其结构形式与变压器相同，与变压器不同的是没有带负荷的次级绕组。

单相 SR 是用变压器硅钢片组合成闭合磁路，铁芯上的绕组接交流电源。在电源电压作用下，铁芯未饱和时磁化电流很小（见图 12-2）。当铁芯饱和时，其电流仅由系统阻抗及绕组空芯电感决定。三相 SR 常做成带绕组的闭合铁芯，几个饱和铁芯与大面积的不饱和铁轭联接，由于铁损比常规变压器大得多，因此铁芯冷却风道、铁芯柱与铁轭交接处为常规的斜接方式，绕组制造与变压器完全一样。

设计 SR 时，必须使它的铁芯在额定电压下工作，在饱和磁密度 B_s 以上（即 V-A 特性曲线的拐弯点以上，约 2.05T）。

SR 满载损耗约为额定容量的 0.5～1%。额定容量越大，损耗率越小，SR 的励磁电流（即最小吸收的无功容量）为 10%左右，大容量时（10MVA 以上）励磁电流的百分值可以进一步降低。

SR 由于铁芯运行在饱和状态下，运行时噪音比较大。使用时需要采取各种措施来降低噪音。除噪音之外，它将产生高次谐波电流，为了减小谐波电流幅值，通常采用曲折绕组。这种排列方式，使得 SR 双——三倍式只产生 $12n±1$ 次谐波，三——三倍式只产生 $18n±1$ 次谐波，n 为正整数。在平衡的条件下双——三倍式 SR 其最低次谐波电流为 11、13 次，三——三倍式为 17、19 次。实际使用时，SR 尚含有少量的其他奇次谐波。设计时应以制造厂的测试值为准，表 12-2，表 12-3 为一些产品的谐波实测值。

12.2.1.1　双——三倍式 SR

如图 12-4a 所示，双——三倍式 SR 有 8 个芯柱，其中 6 个芯柱上缠有绕组，另外两个无绕组的铁芯构成磁回路用。铁芯上绕组排列形式相同，两绕组的相位差为 30°。这样可以消除 5、7、17、19 次谐波，而 11、

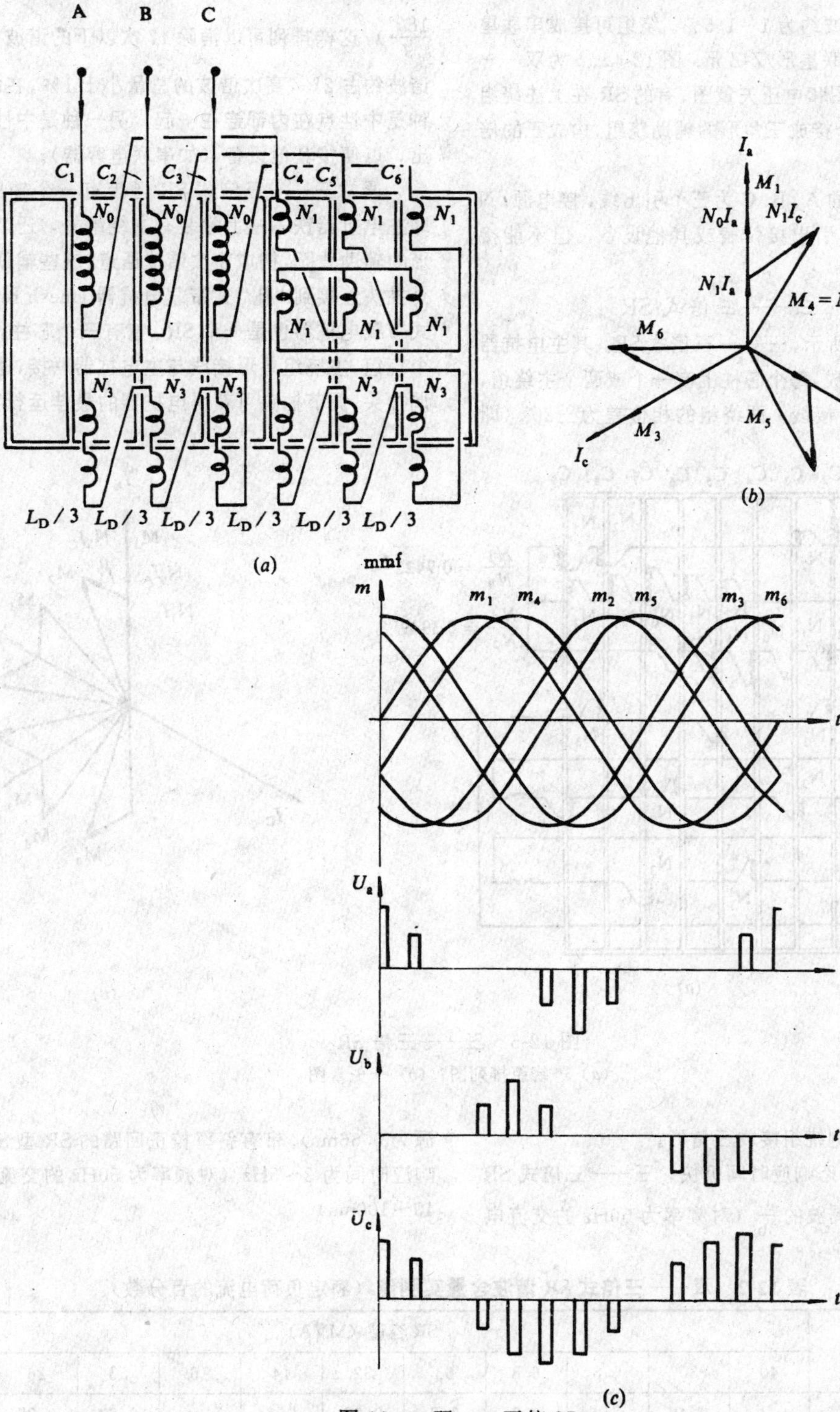

图 12-4　双——三倍 SR

(a) 一绕组排列图；(b) 一矢量图；(c) 一m-U 波形图

13、23、25次谐波约为1～1.5%。绕组可接成串联星形/Z-Z形，或并联星形/Z-Z形，图12-4*a*、*b*为双——三倍SR的接线图和电压矢量图。有的SR在上述绕组之外，还带有一个接成三角形的辅助绕组，构成三的倍数次谐波回路。

图12-4*a*中的A、B、C为三个引出线，接电源。N为中性点，可以引出接仪表或其他设备，但不能接地。

12.2.1.2　三——三倍式SR

如图12-5*a*所示。三——三倍式SR，其主电抗器由九个铁芯柱组成，每个芯柱上有一个或两个主绕组，串联星形/Z-Z形接线，两绕组的相位差为±20°（即$\frac{180°}{9}$），这样排列可以消除17次以下的谐波。17、19次谐波约占2%，高次谐波的总量小于1%。在制造上，一种是中性点在内部连在一起，另一种是中性点分别引出，以便接其他设备（如串联电容器）。

通常三——三倍式SR还带有一个辅助电抗器，即主电抗器铁芯柱上除装有主绕组外，还装有接成环形的辅助线圈，构成9次谐波通道。这些辅助线圈有三个抽头连接到“孔”式带载电抗器（mesh reactor），孔式带载电抗器也是一个SR。它有三个芯柱，每柱有两个绕组，主绕组星形接线与主电抗器联接，通常带有可调抽头，调节抽头可获得电抗器的最佳运行特性，孔式

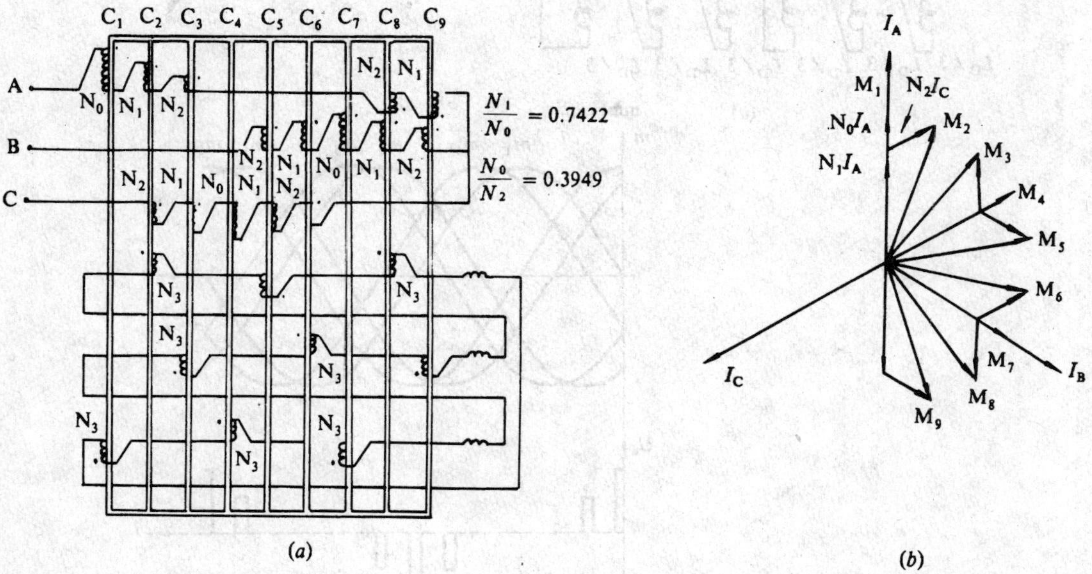

图12-5　三——三倍SR

（*a*）—绕组排列图；（*b*）—矢量图

带载电抗器二次侧绕组接成三角形。

SR的固有动态响应时间极快、三——三倍式SR为电源频率一个周波的$\frac{1}{36}$（对频率为50Hz的交流电源为0.56ms）。带有斜率校正回路的SR型SVC，动态响应时间为2～5Hz（对频率为50Hz的交流电源，为40～100ms）。

表12-2　双——三倍式SR谐波含量实测值（额定负荷电流的百分数）

谐波次数	SR容量（MVA）										
	40	30	6.8	6.8	63	32	14	16	53	26	27
3		0.45		0.2	0.3	0.28	0.3		0.62	0.25	0.22
5	0.5	0.35	0.4	0.65	0.54	0.3	0.44		0.55	0.65	0.21

续表 12-2

谐波次数	SR 容量（MVA）										
	40	30	6.8	6.8	63	32	14	16	53	26	27
7	0.6	0.3	0.55	0.7	0.55	0.3	0.54	0.2	0.55	0.64	0.1
11	1.2	0.6	0.4	1.55	0.68	1.5	0.75	1.5	0.27	0.51	0.30
13		1.0	0.5	0.78	1.0	1.35	0.82		0.78	0.91	0.13
17		0.15		0.23	0.16	0.18	0.24	0.24	0.23	0.18	0.18
19				0.13	0.18	0.24	0.2		0.23	0.22	
23		1.4	0.9	0.25	1.9	2.70	2.15	1.1	1.6	1.56	1.0
25	0.9	0.6	0.67	0.33	0.82	1.20	1.0	0.42	0.9	0.76	0.51
29				0.18	0.23	0.24	0.23		0.3	0.20	
31					0.34	0.26	0.28		0.35	0.27	
35		1.6	1.6	1.93	2.5	1.35	1.7	2.50	2.15	1.53	1.05
37		1.2	1.2	1.35	1.8	1.2	1.5	1.10	1.6	1.42	0.9
41					0.4	0.27	0.36		0.39	0.30	
43				0.13	0.3	0.24	0.22				
47		0.6	0.3		0.76	0.6	0.46	0.16	0.47	0.23	0.3
49	0.2	0.1		0.28	0.54	0.42	0.32		0.34	0.33	0.13

表 12-3 三——三倍式 SR 谐波电流含量实测值

（额定负荷电流的百分数）

谐波次数	SR 容量（MVA）						
	40	40	40	51	117	13	60
3	0.28	0.28	0.3	0.26	0.43	0.26	0.7
5	0.2	0.17	0.21	0.2	2.6	0.25	0.37
7	0.17	0.38	0.30	0.54	2.4	0.59	0.26
11	0.34	0.42	0.41	0.18		0.37	
13	0.23	0.18	0.31	0.20			0.3
17	0.85	0.65	0.47	0.73	3.3	3.1	2.8
19	2.1	2.3	2.5	1.90	2.3	1.43	1.5
23	0.2	0.23	0.23	0.20		0.28	
25	0.15	0.16	0.16	0.14		0.2	
29	0.14	0.15	0.14	0.14		0.14	
31	0.18	0.14	0.14	0.14		0.11	
35	0.22	0.22	0.18	0.40		0.57	0.62
37	0.50	0.44	0.28	0.34		0.54	0.43

续表 12-3

谐波次数	SR 容量（MVA）						
	40	40	40	51	117	13	60
41	0.18	0.18	0.16	0.14			
43	0.14	0.14	0.14	0.14			
47	0.13	0.14	0.16	0.13			
49	0.14	0.18	0.24	0.15			

12.2.2 TCR 型 SVC

TCR 型 SVC 的典型接线系统见图 12-10，它由主电抗器、晶闸管装置和相应的控制系统以及并联电容器组成。

TCR 型 SVC 按其主电抗器的结构形式可分为：电抗器型、高阻抗变压器型和降压变压器型。

由于感应元件制造上的原因，高阻抗变压器型一般用在较低电压和较小容量场合；电抗器（高压回路直接接电抗器）用在较低电压大容量场合；降压变压器型应用范围较广。

各种型式 TCR 应用范围见表 12-4。

表 12-4 各型 TCR 应用范围

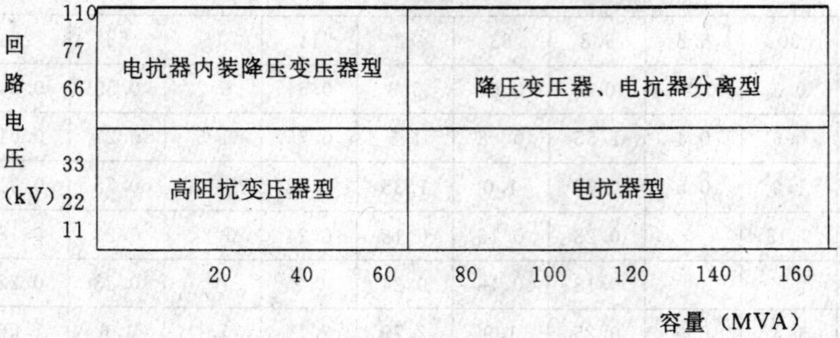

12.2.2.1 TCR 工作原理和电流电压特性

A 工作原理

由于大容量晶闸管元件的出现，使得用晶闸管控制的高电压、大容量电抗器型 SVC 装置得以实现，图 12-6 为晶闸管控制电抗器的原理和电流波形图，Th_1，Th_2 为两个反并联的晶闸管组，分别在电源电压波的两个半周内导通，控制角在 90°～180°范围内调节。90°时吸收的感性无功最大（即短路功率，180°时吸收的感性无功最小（即空载功率）。由于电抗器几乎是纯感性负荷，因此电流滞后于电压近似 90°，电流基本上是无功，0～90°之间由于产生不可接受的，含有直流分量的不对称电流，故 α<90°不用。

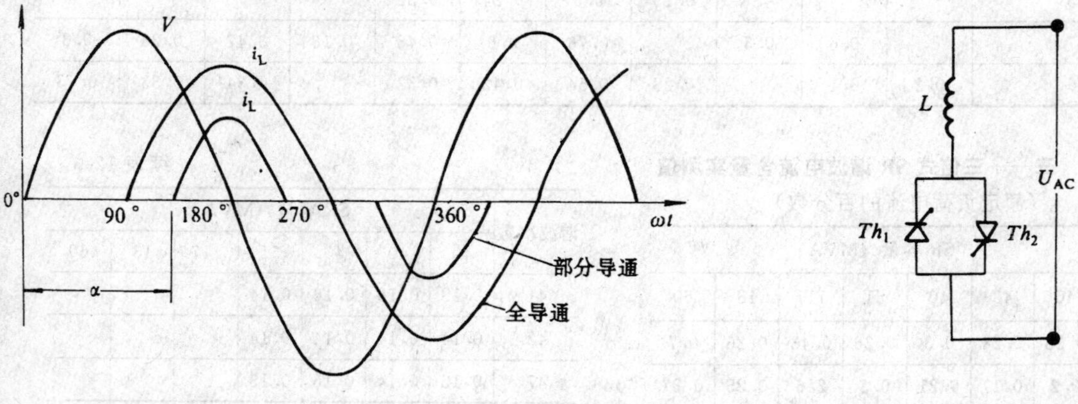

图 12-6 晶闸管控制的 TCR 原理接线和电流波形图

控制角 α 增大的影响是减少电流中的基波分量，相当于电抗器的电感增加，减少了它所需的无功功率。对基波而言，晶闸管控制的电抗器可看做一个可控的电纳，用下式表示

$$B_R(\alpha) = \frac{2(\pi - \alpha) + \sin 2\alpha}{\pi X_R} \tag{12-1}$$

它的瞬时电流为

$$i = \begin{cases} \dfrac{\sqrt{2}\,V}{X_R}(\cos\alpha - \cos\omega t) \\ 0 \end{cases} \tag{12-2}$$

基波电流为

$$I_1 = \frac{V}{\pi X_R}(2\pi - 2\alpha + \sin 2\alpha) \tag{12-3}$$

谐波电流为

$$I_n = \frac{4I_1}{\pi n(n^2 - 1)}(\cos\alpha \sin n\alpha - n\sin\alpha \cos n\alpha) \tag{12-4}$$

式中 V ——电压，V；

$X_R = \omega L$——电抗器的基波电抗，Ω；

α——控制角；

ω——电源额定角速度，rad/s；

n——谐波级次。

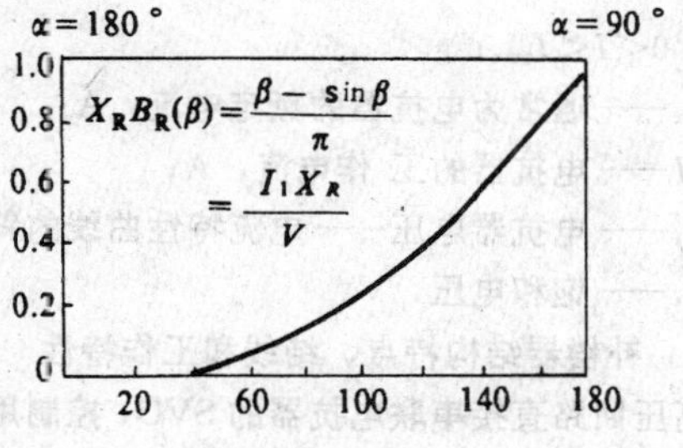

图 12-7 TCR 的 $B_R=f$（β）曲线

用导通角 β 表示，则有

$$I_1=\frac{\beta-\sin\beta}{\pi X_R}V \tag{12-5}$$

$$B_R(\beta)=\frac{\beta-\sin\beta}{\pi X_R} \tag{12-6}$$

图 12-7 示出导通角 β 与电抗器导纳的关系，$\beta=180°$时 B_R 最大，等于$\frac{1}{X_R}$。$\beta=0°$时，B_R 为零，这就是相控的基本原理。

图 12-8 是三角形接线的 TCR 相电流和线电流波形图。

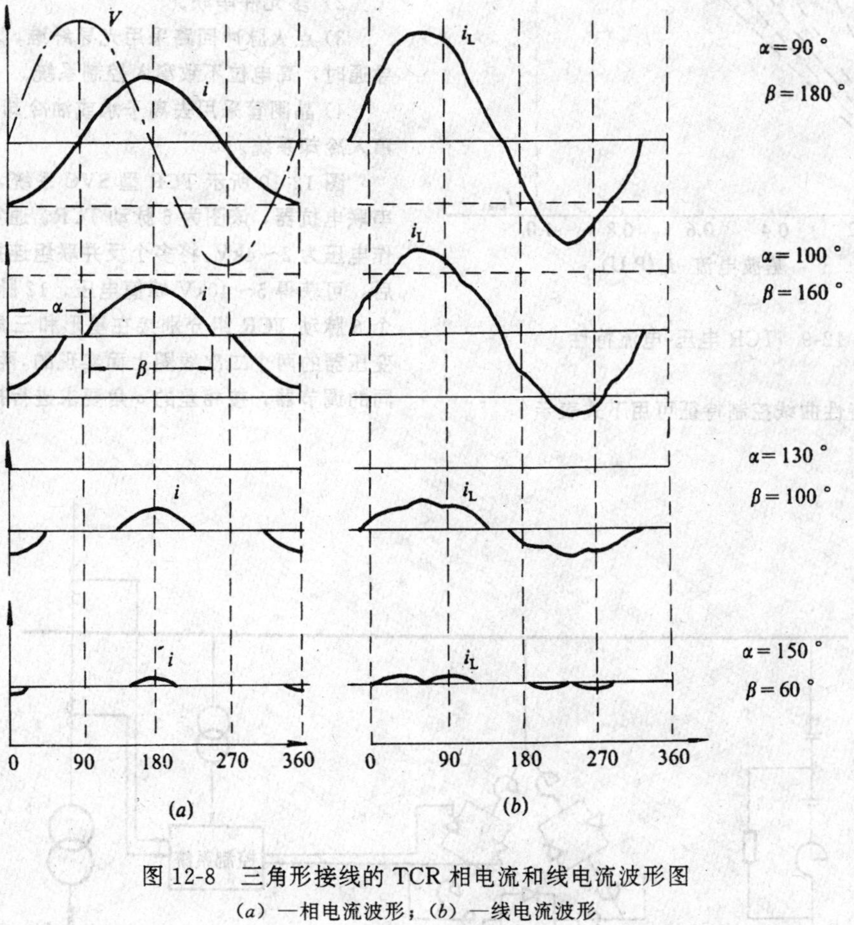

图 12-8 三角形接线的 TCR 相电流和线电流波形图

(a) 一相电流波形；(b) 一线电流波形

由图 12-8 可看出改变 α 角，可以得到一系列的相电流和线电流波形。$\alpha=90°$为全导通，$90°<\alpha<180°$区域为部分导通。

B 基波电流电压特性

目前 TCR 的控制系统有两种控制方式：一是按 SVC 最佳电纳控制；另一种是按 SVC 系统参数进行控制，而不直接反映电纳变化。上述两种控制方式反映在电流电压特性上如图 12-9 所示。图 12-9 中虚线为系统负载线，特性曲线与系统负载线的交点设计在中部，作为稳态运行点，点划线为导通角 β。图 12-9 中

稳态运行点 $\beta=130°$。稳态运行点的确定与TCR（电抗器）额定参数、系统负载线、控制系统设定有关。

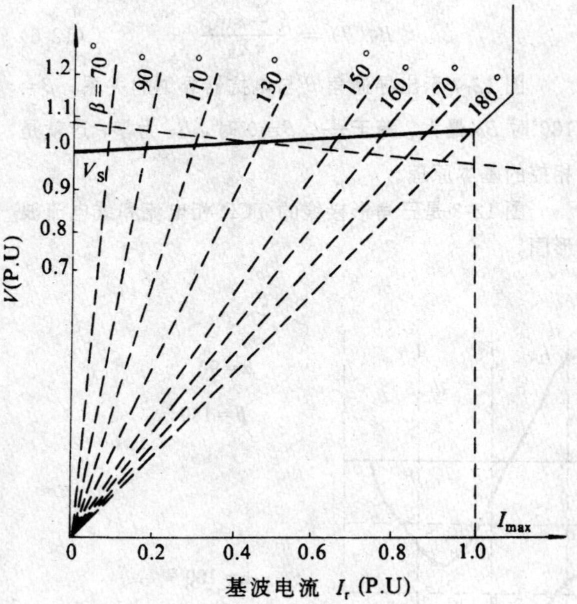

图 12-9　TCR 电压-电流特性

图 12-9 特性曲线控制特征可用下式表示

$$V = V_s + jX_sI \tag{12-7}$$

式中　$0<I<I_{max}$；

I_{max}——通常为电抗器的额定电流，A；

I——电抗器的工作电流，A；

X_s——电抗器电压——电流特性曲线的斜率；

V_s——饱和电压，V。

C　补偿器结构特点、结线和工作特性

高压回路直接串联电抗器的SVC，控制用晶闸管直接接在高压网络上。因此，要求晶闸管回路具有以下特点：

1）耐高压、大容量。

2）多元件串联。

3）点火脉冲回路采用光导纤维，以便保证晶闸管导通时，高电位不致窜入控制系统。

4）晶闸管采用去离子水或油冷却，保证高电位不窜入冷却系统。

图 12-10 所示 TCR 型 SVC 系统，高压回路直接串联电抗器，该图为 6 脉动 TCR。通常晶闸管元件工作电压为 2～4kV。将多个反并联组连接的晶闸管串连后，可获得 5～40kV 峰值电压。12 脉动 TCR 是由两个 6 脉动 TCR 组分别接在星形和三角形接线的三圈变压器的两个二次线圈上而实现的，两个 TCR 采用相同的调节器，按相差的 α 角要求进行控制。

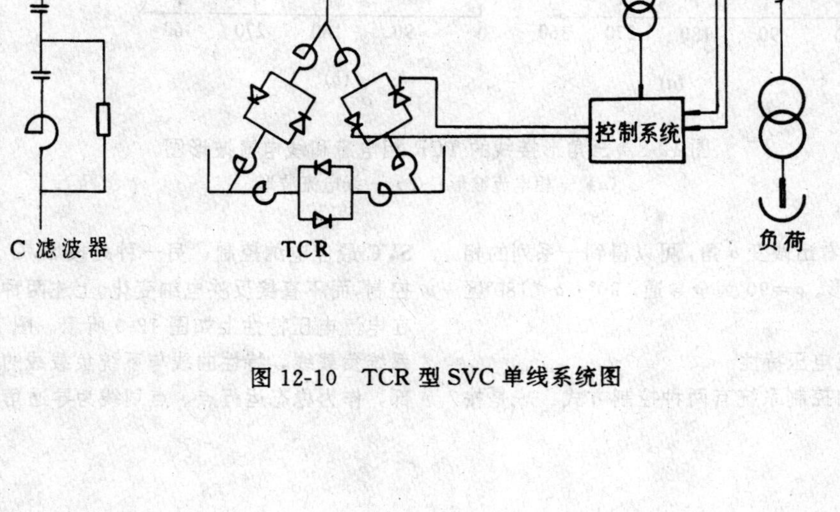

图 12-10　TCR 型 SVC 单线系统图

图 12-11 是带有并联电容器组 TCR 工作特性曲线。晶闸管控制的电抗器电流，在 β 角从 0 到最大值之间是连续无级变化。电流总是滞后，即吸收无功功率。接有并联电容器组后，并联电容器组发出超前无功。则 SVC 总的输出为电抗器吸收的滞后无功与电容器发出的超前无功之和。而其特性曲线（如图 12-11 所示）将由第Ⅳ象限向第Ⅰ象限移动。对于基波正序电流，如果 $I_{C_{max}}<I_1<I_{L_{max}}$，则遵循式 12-5 规律变化。如果电压调节器增益不改变，增加并联电容器组后，斜率电抗则稍稍增大。

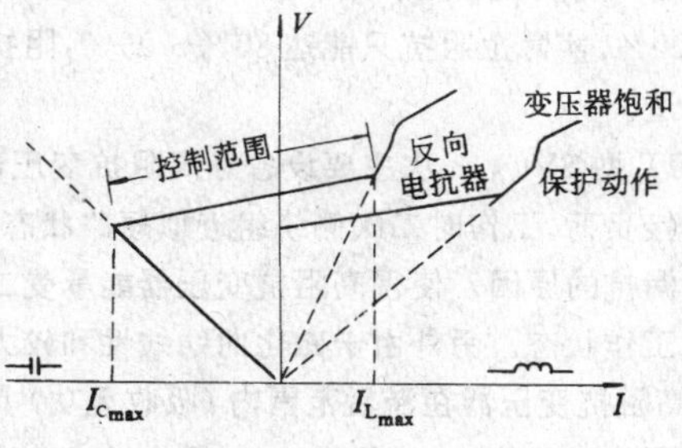

图 12-11 带有并联电容器组的 TCR 型 SVC 特性曲线

D 谐波发生量

由式 12-4 可知谐波电流大小与 α 角有关。α 角增大（β 角减小）有两个影响，一是控制器和电抗器的功率损失减小，二是电流波形畸变率增加。在 α 角完全对称的情况下，TCR 产生的主要谐波是 $n=2k\pm1$ 次奇次谐波（k 为正整数）。反并联的两组晶闸管 β 角不完全相等时，则还会产生偶次谐波。

对 6 脉动的 TCR（三组单相元件三角接法）所产生的谐波次数为 $n=6k\pm1$，通常称做特征谐波。对称运行的 12 脉动 TCR，其特征谐波为 $n=12k\pm1$。

各种 TCR 型 SVC，除特征谐波外，由于不能完全满足对称条件，因而会产生非特征的奇次、偶次及三的倍数次谐波。这些非特征谐波的大小受下列因素影响：

（1）供电电压幅值和不对称度；

（2）变压器、电抗器电抗值的三相偏差；

（3）各相晶闸管 α 角的不对称；

（4）同相正负半周时，晶闸管 α 角的不对称。这种不对称，会导致一个直流分量的产生。变压器可能因这个直流分量励磁而饱和，会进一步引起波形畸变。

通常，三及三的倍数次谐波利用三角接线来消除。

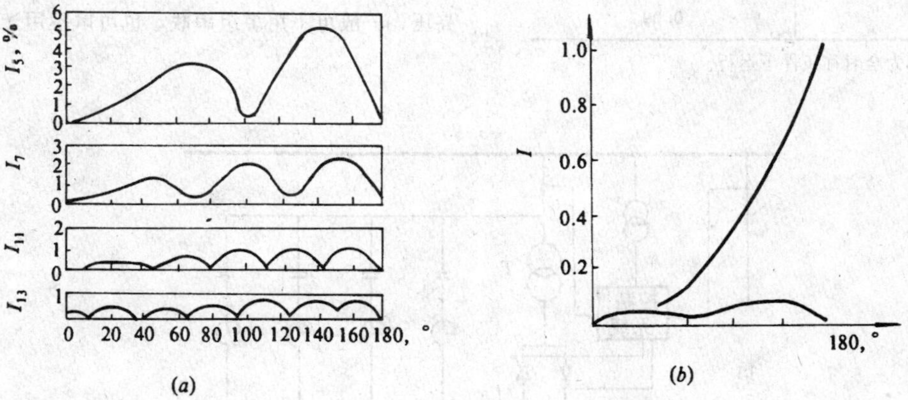

图 12-12 TCR 谐波电流

（a）—主谐波电流；（b）—总的谐波电流

图 12-12 所示为 TCR 在全导通的情况下，以百分数表示出的谐波电流幅值大小。表 12-5 为特征谐波电流幅值表。

表 12-5 谐波电流幅值表

谐波级次	$\frac{I_n}{I_1}\%$
1	100

续表 12-5

谐波级次	$\frac{I_n}{I_1}\%$
3	(13.98)
5	5.05
7	2.59
9	(1.57)
11	1.05
13	0.75
15	(0.57)
17	0.44
19	0.35
21	(0.29)
23	0.24
25	0.20
27	(0.17)
29	0.15
31	0.13
33	0.12
35	0.10
37	0.09

注：1. 假定为全对称条件下运行。

2. 不包括三次谐波在内，本表对相电流、线电流两者皆适用。

3. TCR 为 6 脉动，三角形结线。

4. 三及三的倍数次谐波不出现在线电流里。

12.2.2.2 晶闸管控制的高阻抗（或高漏抗）变压器（TCT）型 SVC

图 12-13 示出 TCT 型 SVC 单线系统图，图中高阻抗变压器 T 代替了一个降压变压器和线性电抗器。加大铁芯气隙，阻抗做得很高的一种变压器，阻抗近似可达 100%。实际上阻抗只能达 80%～95%，阻抗越高越难制造。

TCT 型 SVC，一次主要设备是高阻抗变压器，二次侧不接负荷。工作时二次侧绕组近似短路状态。这是由于高漏抗的原因，使得高阻抗变压器能承受二次侧短路的工作状态。另外由于磁化曲线线性和较大的热容量，高阻抗变压器在滞后范围内（吸收无功）具有标准变压器的过载能力。α 角为 90°时最大功率为变压器容量的 1.05～1.25 倍。因此，在选择晶闸管，确定其容量时，要考虑这一过载能力。由于变压器有空载无功，最小控制功率只能从 10%无功开始。

控制用晶闸管接在高阻抗变压器二次侧，不承受高压，一般可不用多组串联，也可以不用光控。

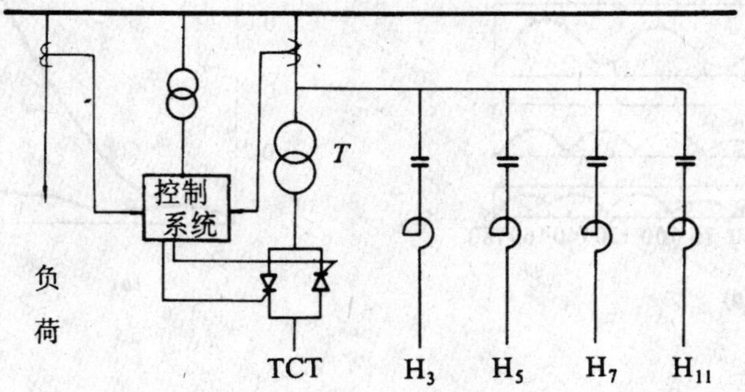

图 12-13 TCT 型 SVC 单线系统图

图 12-14 为高阻抗变压器的几种接线方式。应用时取决于系统电压等级和中性点接地方式，在一般高压系统可采用星形或三角形接线；但在中性点接地的超高压系统，采用中性点接地的 Y，d11 接线。而 D，y11，接线是为了避免 3 及 3 的倍数次谐波流入高压网络。

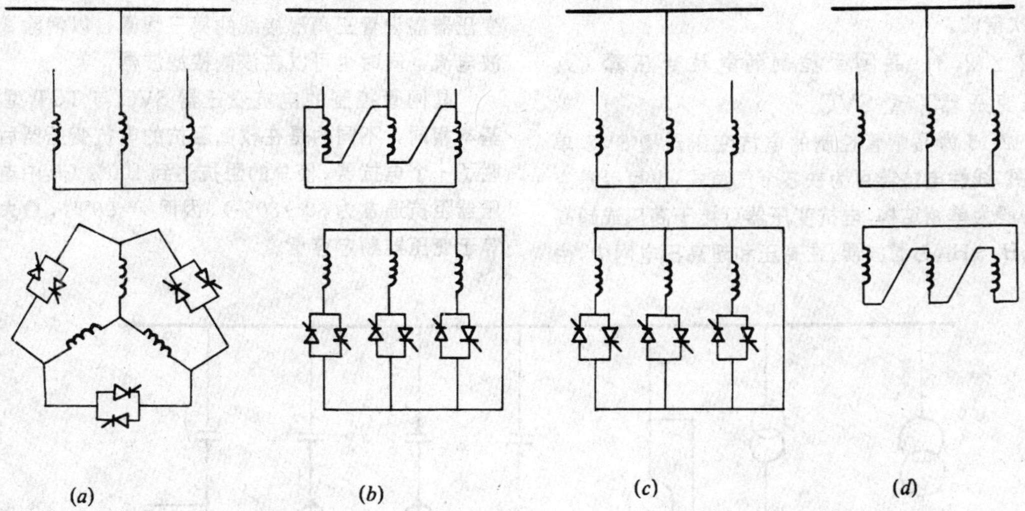

图 12-14 高阻抗变压器接线方式

(a) 一星形/星形接线；(b) 一三角形/星形接线；

(c) 一星形/星形接线；(d) 一星形/三角形接线

TCT 的工作电流与 TCR 一样，基波电流可用式 12-3 算出，谐波电流用式 12-8 计算

$$I_n = \frac{4V}{n\pi X_R}\left(\frac{\sin(n+1)\alpha}{2(n+1)} + \frac{\sin(n-1)\alpha}{2(n-1)} - \frac{\cos\alpha \cdot \sin\alpha}{n}\right) \tag{12-8}$$

对前述的式 12-3，可令

$$K = (2\pi - 2\alpha + \sin 2\alpha)/\pi$$

则电流中的基波电流分量可以写成

$$I_1 = K\frac{V}{X_R} = \frac{V}{X_a}$$

式中 X_a——高阻变压器相控回路中的等效电抗。

$\alpha = 90°$时，$K=1$，$X_a = X_R$ 晶闸管全导通，即变压器二次侧处于短路状态，$I_1 = \frac{V}{X_a}$ $I_n = 0$，无高次谐波，此时，除非变压器阻抗等于 100%，否则此时 I_1 大于其额定电流 I_{TN}，不允许长期这样工作。当阻抗小于 100%时，为了使 I_1 不大于 I_{TN}，α 角需大于 90°。

用标幺值表示，I_1 与 I_{TN}的关系如下式

$$I_1 = \frac{I_{TN}}{X_R}K \tag{12-9}$$

在不同的 X_R 值时，为了使 I_1 等于 I_{TN}，α 角可由式 12-9 算出，见表 12-6。

表 12-6 α 值

X_R	1.0	0.9	0.85	0.8
α	90°	94.5°	97°	99.2°

在不同的 α 角下，高阻抗变压器输出的无功功率为

$$Q = \frac{Q_{TN}}{X_R\%}K \tag{12-10}$$

式中 Q_{TN}——高阻抗变压器的额定功率，MVA；

X_R——高阻抗变压器的阻抗，%。

当 α 角满足 $K = X_R$ 时，变压器及其回路吸收的无功功率为：$Q = Q_{TN}$，即等于变压器的额定容量。当变压器的 $X_R = 0.8$，$\alpha = 99.2°$即 $K = 0.8 = X_R$，则变压器回路吸收的功率等于变压器的额定功率 Q_{TN}，无功功率 $Q_T = 0.8Q_{TN}$。

全导通时 $\alpha = 90°$，$K=1$，电流 $I_1 = \frac{I_{TN}}{X_R}$。变压器所吸收的无功功率为：$Q_T = \frac{Q_{TN}}{X_R}$，只有 $X_{R*} = 1$（相对值），全导通状态下，变压器吸收的无功功率等于其额定功率。

因为变压器具有短时过载能力，故高阻抗变压器多取 $X_{R*} < 1$，以使短时间内吸收的无功功率 Q_T 大于其额定功率，达到充分利用变压器容量的目的。

各种控制角下的谐波电流，可用式 12-8 算出。工

程中使用的高阻抗变压器，除奇次谐波外，尚含有一定量的偶次谐波。

12.2.2.3 晶闸管控制的电抗变压器（或称降压变压器）型 SVC

图 12-15 为晶闸管控制的电抗变压器型 SVC 单线系统图。线性电抗器可为铁芯带气隙式，也可以是空芯式，一般为单相结构，电抗变压器可接于高压或超高压网络。H_2～H_{P5}为滤波器。在高压和超高压电网中，由于变压器一次线圈和电抗器的中性点直接接地，所以，变压器需设置三角形接线的第三线圈，以消除 3 次谐波电流，同时也可以在该侧接滤波器。

晶闸管控制的电抗变压器 SVC 与 TCT 型 SVC 基本相同，不同的是在较高阻抗的电抗变压器后又串联了一个电抗器，使总的阻抗达到 100%（其中电抗变压器阻抗通常为 60～80%）。因而 $\alpha=90°$时，最大功率等于变压器额定容量。

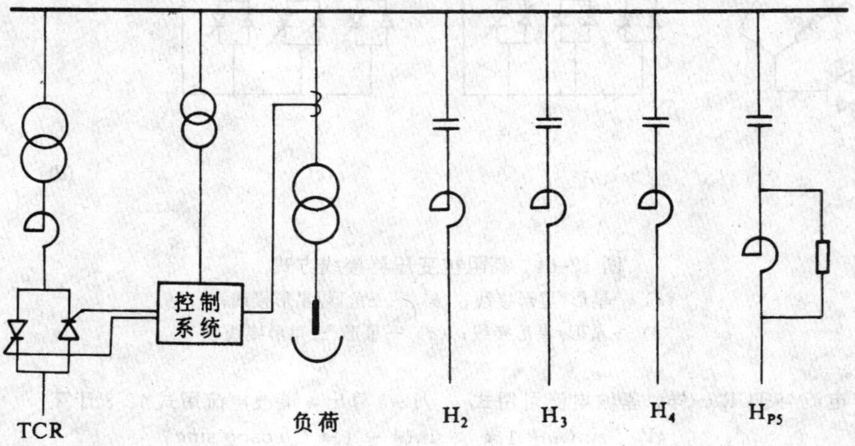

图 12-15 晶闸管控制的电抗变压器 SVC 单线系统图

图 12-16 为一个带有第三线圈为三角形接线，晶闸管控制的电抗变压器型 SVC 单线系统和电流波形图。由于有电抗变压器，晶闸管未导通（$\alpha=90°$）时，它从电网吸收的无功不为 0，吸收的功率为变压器空载励磁功率。V-A 特性见图 12-17。图 12-18 为晶闸管控制的电抗变压器型 SVC 的工作特性曲线，图 12-18*a* 为有并联电容器组时工作特性曲线，图 12-18*b* 为无并联电容器组的工作特性。工作时吸收的滞后无功为

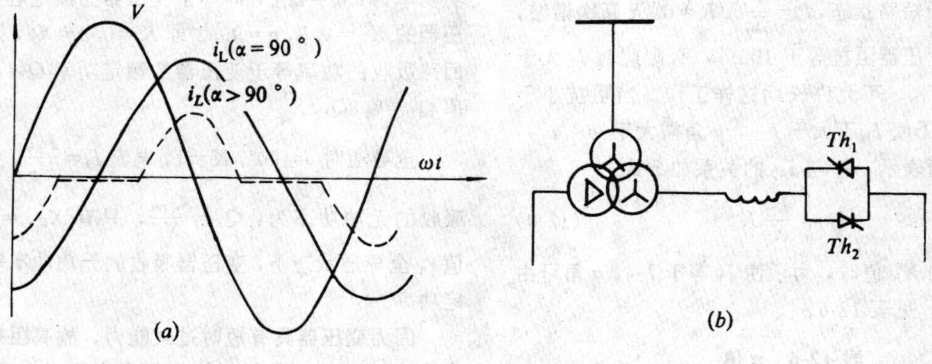

图 12-16 晶闸管控制的三线圈电抗变压器型 SVC 单线系统图

(*a*) 一单线系统图；(*b*) 一一相电流波形图

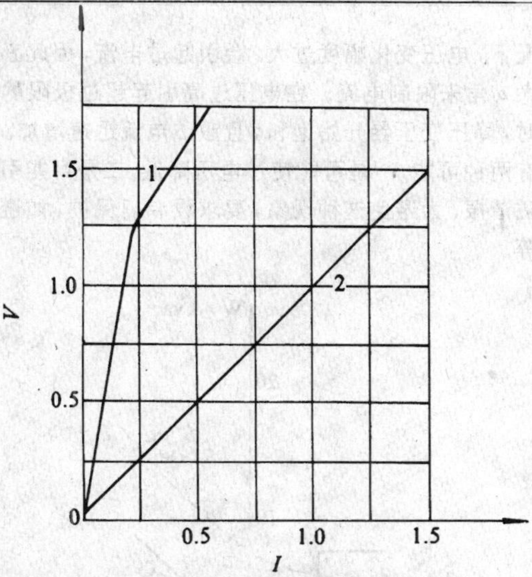

图 12-17 电抗变压器 V-A 特性曲线图

1—空载特性；2—负载特性

$$Q_R = Q_{RN}(1-\cos\alpha) \qquad (12\text{-}11)$$

式中 Q_{RN}——晶闸管全导通时电抗器的额定功率，kVA；

α——晶闸管导通角导通范围，$90° \leqslant \alpha \leqslant 180°$。

由图 12-18 看出，带有并联电容器组时，图中的工作特性曲线向第Ⅱ象限伸进，这时 SVC 的输出无功（或吸收无功）为并联电容器组的超前无功与电抗器吸收的滞后无功之差值，其大小取决于 α 角。

晶闸管控制的电抗变压器谐波大小与变压器绕组的二次结线，及晶闸管阀组结线方式有关。表 12-7 列出各种组合下谐波电流值。

无论哪一种形式的 TCR，其谐波发生量由于 12.1.2 节所述的原因，即电压不平衡，α 角和 TCR 主元件间的误差等会导致产生偶次谐波及 3 和 3 的倍数次谐波，这些非特征谐波一般为 TCR 额定值的 2% 以

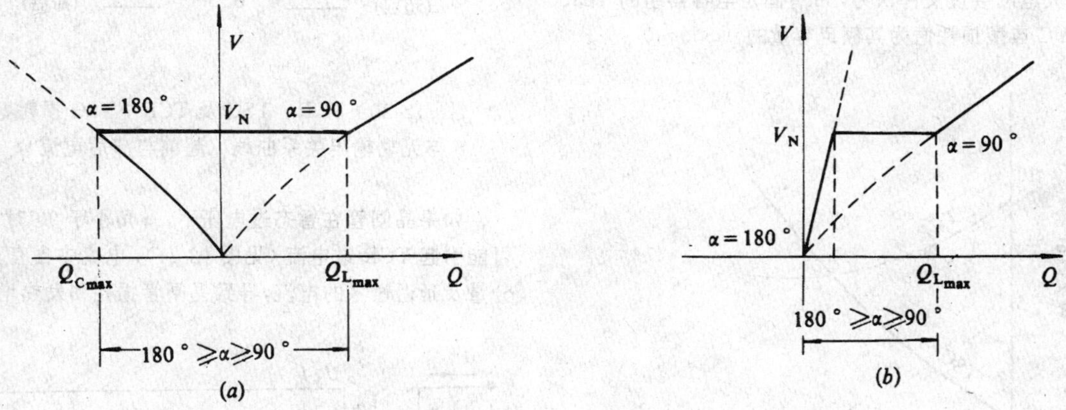

图 12-18 晶闸管控制的电抗变压器型 SVC 工作特性曲线图

（a）—有并联电容器组；（b）—无并联电容器组

表 12-7 晶闸管控制的电抗变压器谐波电流

接线方式	晶闸管阀组额定参数		最大谐波电流（%）				
	电压（标幺值）	电流（标幺值）	3	5	7	9	11
阀组和二次绕组星形接线，中性点互连并接地，附三角形接线的第三绕组	1	1	(13.7)	5	2.55	1.55	1
阀组和二次绕组星形接线，中性点不连接	1.5	1		9.5	3.4		1.7
阀组和二次绕组为三角形接线	$\sqrt{3}$	$\frac{1}{\sqrt{3}}$		7.6	3.84		1.5

下。如果系统有接近于工频的并联谐振，会由于控制器的反馈或同步器的影响而引起谐波的不稳定，适当配置测量和控制回路中的滤波器，可以抑制这些谐波。

12.2.2.4　TCR的响应时间

TCR自身固有的动态响应速度非常快，响应时间小于5～10ms，由于测量和控制回路以及系统阻抗产生的附加时延，会影响整个装置的响应时间。因为在3～10Hz内为控制回路稳定周期，故TCR型SVC整个系统响应时间约为60～200ms[1]。

12.2.2.5　TCR的损耗

图12-19和图12-20示出TCR、TSC、TCR+TSC的损耗曲线。TCR的损耗与其结构组成及工况有关，也就是与TCR工作在超前电流范围，还是滞后电源范围有关。在输出超前电流时，TCR损耗在0.6%～0.9%范围内。吸收滞后无功电流时，有功损耗小于2%。TCR与TSC的组合系统，其有功损耗小于1%。国际大电网会议文件认为，带有固定电容器组的TCR型SVC典型损耗值为其额定容量的0.5%～0.7%。

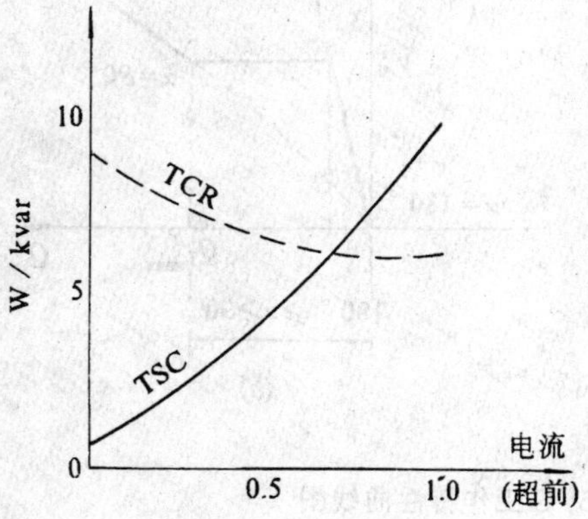

图12-19　TCR、TSC损耗与无功输出关系曲线（超前电流）

12.2.2.6　TCR的过流与过压问题

TCR的电抗器、变压器过负荷能力大。但晶闸管元件过负荷能力小，所以TCR的过负荷能力由晶闸管决定。

系统电压相应于最小α角（90°）以上时，TCR表现为随系统电压变化而变化的线性电抗器。在这种情况下，电压变化幅度过大，会引起过电流，因此必须加大α角来限制电流。在电压过高引起超过极限的电流时，降压变压器开始饱和，且激磁电流迅速增加。这时有两种可能，一是可能使过电压降低，二是可能引起铁磁谐振、为避免这种现象，要求设专门保护，如避雷器等。

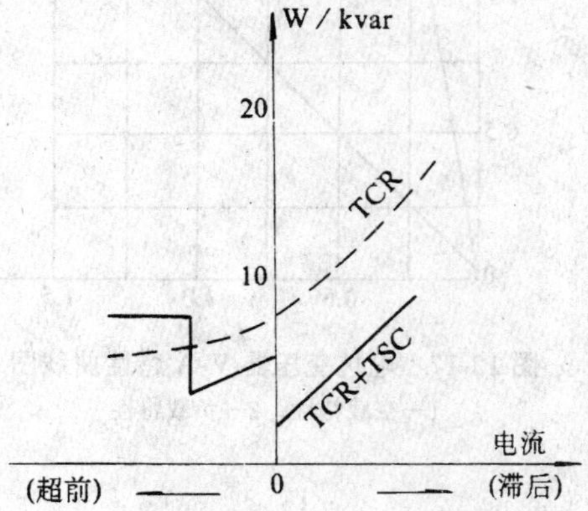

图12-20　TCR、TSC及TCR+TSC损耗与无功输出关系曲线（超前与滞后电流）

如果晶闸管在暂态过电压下，α角小于90°时，则可能引起TCR过电流（见图12-21），电流中含有直流分量及延迟过零的电流，导致晶闸管损耗和发热增加。

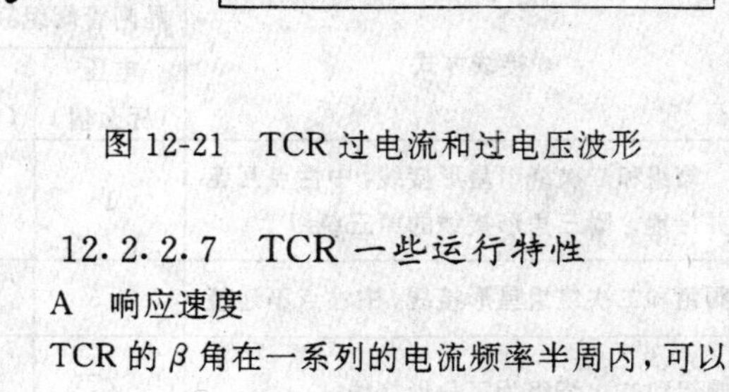

图12-21　TCR过电流和过电压波形

12.2.2.7　TCR一些运行特性

A　响应速度

TCR的β角在一系列的电流频率半周内，可以改

[1] TCR响应时间60～200ms值，来源于国际大电网会议文件。国内一些实际工程、外商报价资料皆认为响应时间约为30ms（控制系统采用预置信号控制，缩短此响应时间）。

变，但须小于 180°。在高压输电系统中，对响应时间要求不高，调节系统的精度很重要。但对于工业负荷用的 TCR，尤其是炼钢电弧炉用的 TCR 要求快速响应，其响应时间通常不应大于 30ms。

B　分相控制

TCR 要求有分相控制能力，以达到相平衡。不平衡的 TCR 会产生更多的谐波，尤其是 3 及 3 的倍数次谐波，有可能影响滤波器容量。

C　瞬间电压变化的影响

具有闭环电压调节器和晶闸管 β 角控制系统的 TCR，在 TCR 动作之前有一个 1/4～1/2Hz 的延时。

TCR 对电压变化的瞬间响应可见图 12-22。在绝大多数情况下，TCR 的电流-电压特性都有一个滞后

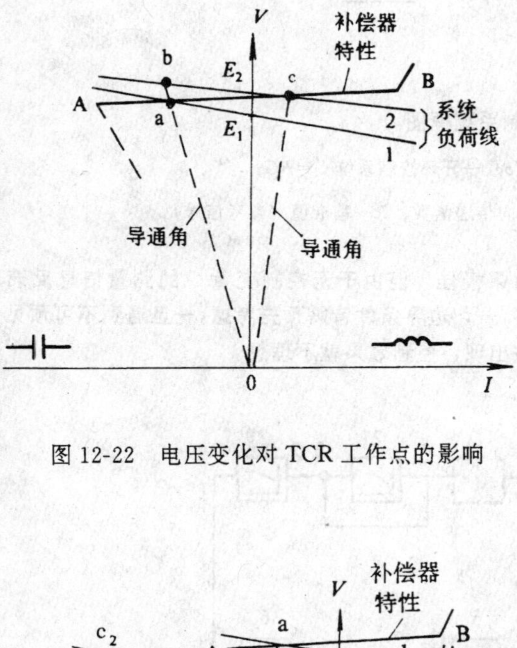

图 12-22　电压变化对 TCR 工作点的影响

和超前电流区。带并联电容器的 TCR，电力系统的瞬间波动，引起 SVC 母线负荷线从 1 变到 2。在波动之前，TCR 运行在稳定工作点 a（系统负荷线与 TCR 工作特性曲线的交点），如果 TCR 控制系统的响应速度较慢，运行点将上升到 b 点，而 β 角不变，仍与 a 点 β 角一样，接着 TCR 的电压调节系统工作、增加 β 角，将运行点移到 c 点。在 SVC 作用之前，这是 SVC 母线的最高电压。实际上快速响应的 SVC 在干扰出现到达 c 点的时间约为 1.5Hz，具有这样的快速性，任何一相电压升高的延时极短，也许从来达不到 c 点。

D　大幅度干扰的影响

系统由于负荷波动、故障等原因产生大幅度干扰，电压大幅度变化，可能使 SVC 电流超出其正常工作范围 AB（见图 12-23），系统受干扰后负荷线从 1 降到 2，并且保持几个周波（如图 12-23a 所示）。最初 SVC 线电压从点 a 降到 b，b 点的电压只稍高于 E_2 点，这已从实验中得到证实，此时相当于没有 SVC。因为 SVC 电流随着电压的降低而呈线性降低。如前所述，在一个小的延时之后$\left(\frac{1}{4}\sim\frac{1}{2}\text{Hz}\right)$，TCR 控制系统开始作用，将电压校正到点 c_1 或者 c_2（c_1，c_2 点取决于 SVC 容性电流的额定值）。如果 SVC 有一个足够大的容性电流额定值，如图 12-23a 中所示的 $I_{C_{max2}}$，即使在故障的情况下，也可以将母线电压恢复至近似额定电压（c_2 点）。这一点对电力系统来说是重要的，因为大系统故障往往是几个周波时间，但一般情况下很少配置如此大的电容器。

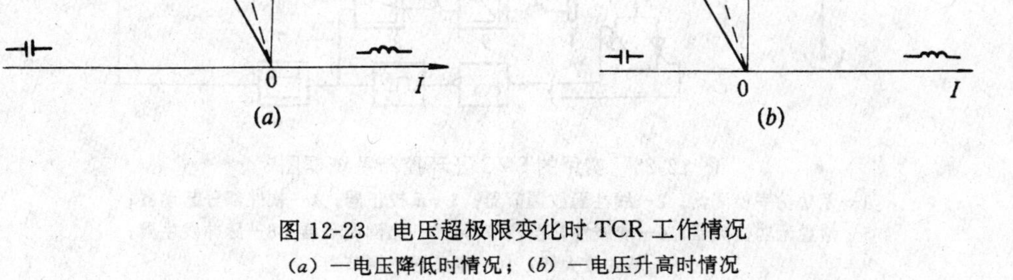

图 12-23　电压超极限变化时 TCR 工作情况

(a) —电压降低时情况；(b) —电压升高时情况

图 12-23b 示出了系统大幅度甩负荷或其他情况下,电压大幅度升高,超出 TCR 工作极限,对容量适中的 TCR,在 1~2 周波内,其工作点按照 abc_1 这样一个折线轨迹运行。一旦控制系统作用后,晶闸管全导通($\beta=180°$)时,此时的 TCR 只作为一个简单的线性电抗器. 不能够保持 SVC 母线电压在 c_1 点以下,如果 TCR 的容量足够大,如为 $I_{L_{\max1}}$,则可使电压从 c_1 降至 c_2。

在图 12-23 的极端条件下,无法对系统上升的电压进行限制时,在大多数情况下,它的控制系统作用是减小 α 角。因为过载的大电流使晶闸管结温升高。许多控制系统设有结温传感器,或者是一种模拟电路来监视结温,以保护晶闸管。

如果电压一直升高,使用降压变压器连接的 TCR,其降压变压器开始饱和,并且它的励磁电流将迅速增加,当然也可能带来意外的效果——降低母线电压。基于同样的原理,晶闸管控制的高阻抗变压器(TCT)饱和的拐点电压,不能设计得太低,否则将有发生铁磁谐振的危险。

12.2.2.8 TCR 的控制系统

TCR 的控制系统有四种形式:开环系统、闭环系统、复合系统和微机控制系统。TCR 控制系统框图如图 12-24 所示。

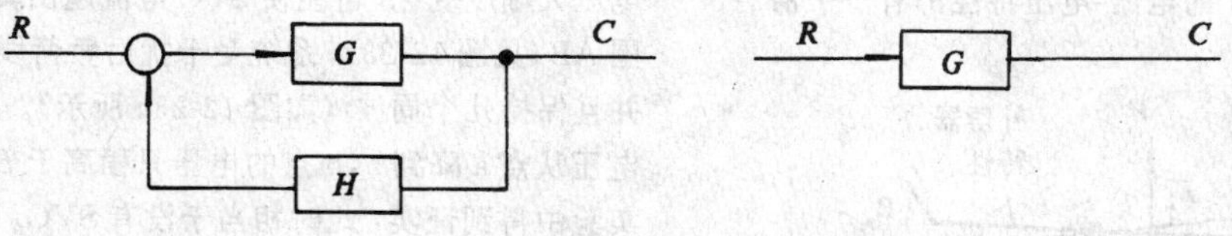

图 12-24 TCR 控制系统框图

(a)—闭环控制系统 $C=\frac{RG}{(1+GH)}$;(b)—开环控制系统 $C=RG$;

H—反馈网络传递函数;C—控制变量;G—正向传递函数;R—基准值(参考信号)

A 开环系统

开环系统结构简单,工作可靠。这种系统无反馈网络。传递函数 G 按预定条件设定,响应速度快。适用于波动负荷及干扰量大的场合,尤其是抑制闪变,开环效果极佳。但由于无控制变量 C 的测量信息反馈回路,一切边界条件皆需预先考虑,一旦遇到不可预见条件出现,控制效果就不理想。

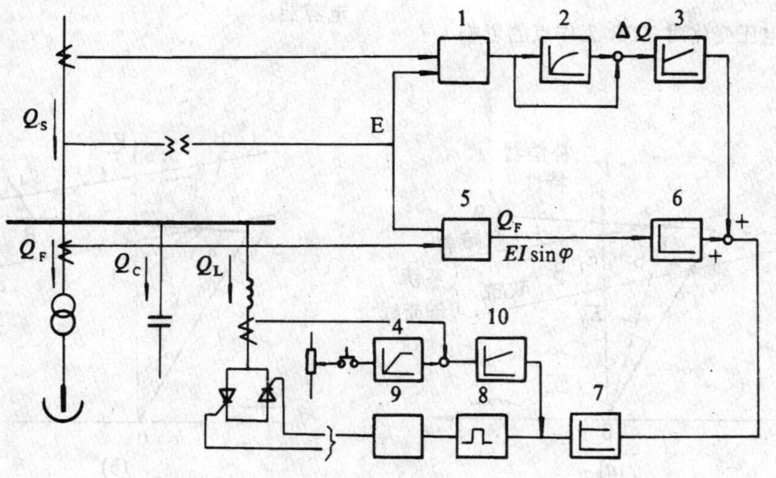

图 12-25 实用的 SVC 开环控制系统框图

1—无功功率检测器;2—线性函数调节器;3—E 校正器;4—软件部分起动器;

5—预置无功检测器;6—非线性补偿调节器;7—比例调节器;8—脉冲发生器;

9—脉冲放大器;10—电流限制调节器

图 12-25 是一个实用的 SVC 开环控制系统框图。其控制作用是使得 TCR 的电流 I_C，在负荷电流 I_F 的增加时减小，负荷电流减小时增加，从而达到补偿之目的。

B 闭环系统

闭环系统结构较开环系统复杂，增加了一个反馈网络，响应时间较开环系统慢，但稳定度高。响应时间和稳定度取决于总环增益。环增益正比于系统阻抗，系统阻抗增加，响应时间减小，但稳定度亦相应降低。SVC 电流和电压误差之间的关系是非线性的。因此，一般系统都增加了一个非线性校正环节，调节精度取决于线性度和稳定度。

闭环系统用于控制对象滞后时间较小，负荷干扰变化不大，控制质量要求不高的场合。图 12-26 是一个闭环控制系统原理框图。

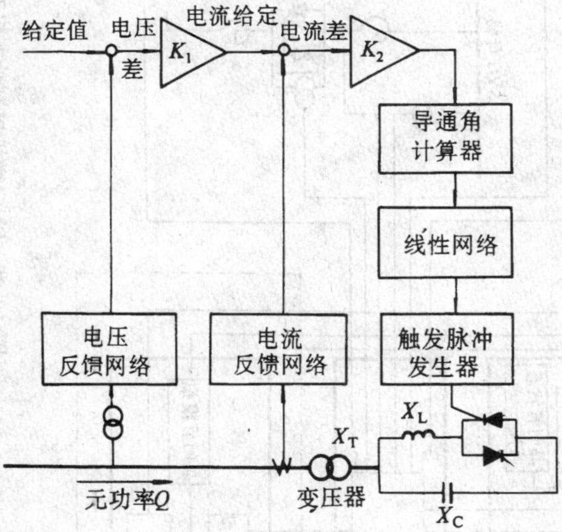

图 12-26 闭环控制系统原理框图

C 复合系统

开环和闭环系统联合使用，即构成复合系统。复合系统对二次干扰具有较强的克服能力，改善被控对象的动态特性，使时间常数大大减小。复合控制系统兼有开环和闭环系统两者的优点，负荷干扰变化剧烈的情况下，通过开环控制进行快速补偿。典型的开环控制响应时间约为电源频率的一个周波（约 20ms）。而闭环控制系统响应时间则长达 1s。复合系统适用于控制对象通道滞后时间较长，负荷变化较大，而被控对象又有较大非线性场合。图 12-27 为复合控制系统原理框图。

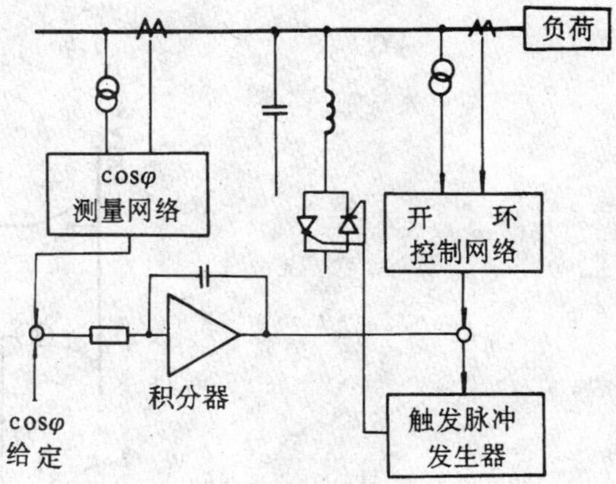

图 12-27 复合控制系统原理框图

D 计算机控制系统

随着高科技的不断发展，SVC 的计算机控制最终将取代以往的各种控制形式。计算机控制系统既能实现开环、闭环及双环控制，又可以实现无功功率，电压闪变、温度、压力、流量综合控制和管理（包括事故处理、记录、打印等）。图 12-28 是工程上实用的微机控制系统功能组态图。该系统由 FTC 点火控制（使用高速 PLC）；SSC、SVC 控制系统（使用 PC 机）；模拟量输入、输出模版；数字量输入、输出模板；通讯处理器；电源部分组成。

220kV 侧 1PT、1CT 测量系统的无功流入量、电压波动、电压闪变值。35kV 侧 2PT、2CT 测量负荷的无功需量。3PT、3CT 测量 SVC 的无功补偿量。这些参数通过模拟量输入模块进入高速 PLC，按预定的软件程序进行：电压信号处理；电流信号处理；电压调节计算；闪变控制；功率因数校正计算；点火导通角计算；导通时间计算等。

通过上述处理后数据进入最佳输入模块按照优化控制模式产生控制信号，达到最佳无功量输出控制。与此同时，PLC 的各种状态信号传送至上位机 SSC。

SSC 对 PLC 的各种状态信号进行存储整理，显示、打印。SSC 可对冷却水系统温度、压力、流量断路器状态、电容器状态进行监视。并通过操作员终端实现人机对话，对 PC 机所属的各部分发送指令、设定参数、遥控操作等。

该系统可配备 CRT 实现各种状态画面显示。打印机可进行适时打印，并留有一定通迅接口，以便与总降控制室、工厂调度室的计算机联网。

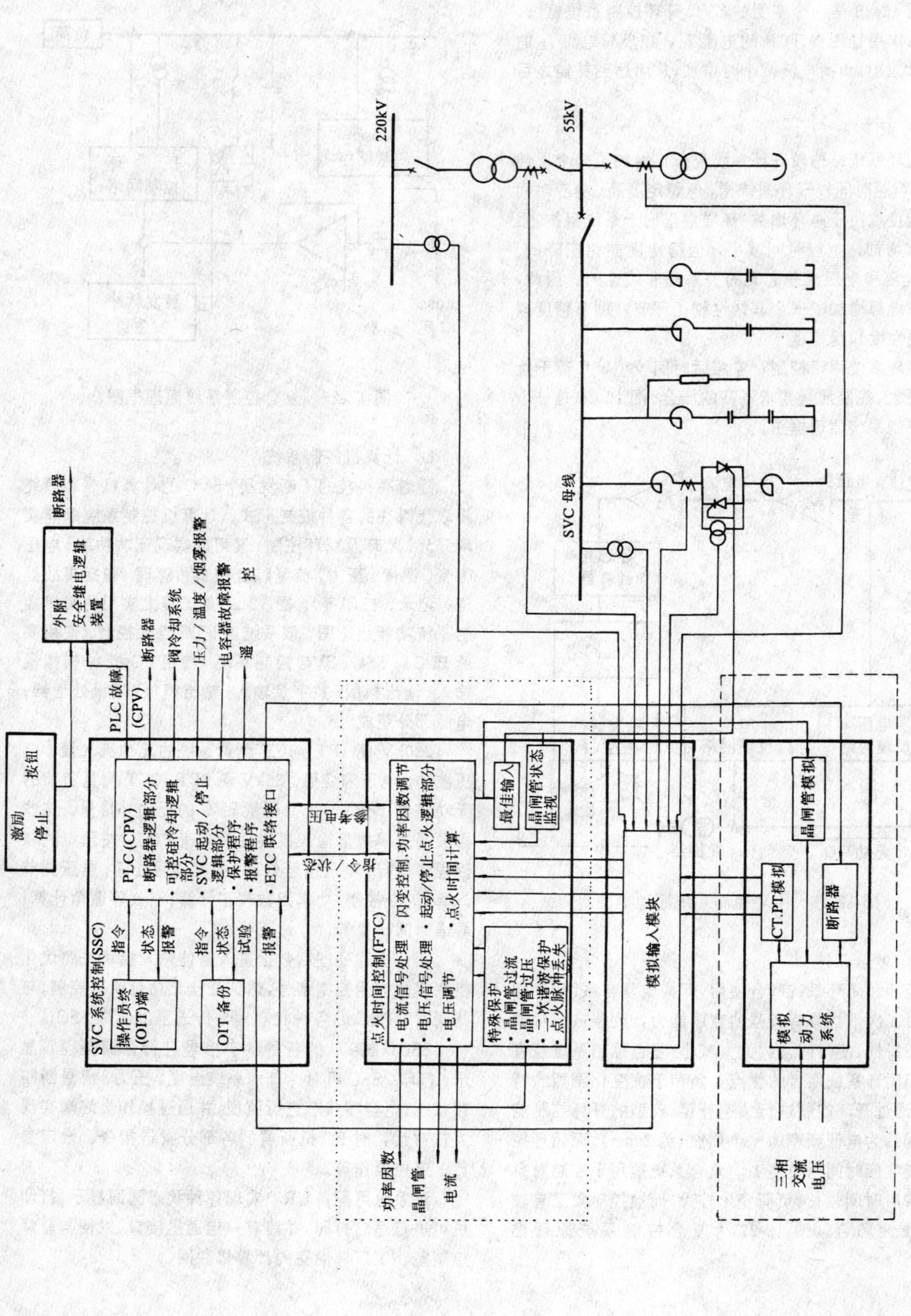

图 12-28 SVC 微机控制功能组态图

电弧炉、轧机、电焊机、矿山卷扬机等波动负荷，无功变化速率大，所以整个控制系统要求快速反映。该系统响应时间为 10ms。

12.2.2.9 一个工程实用的复合控制系统介绍

图 12-29 和图 12-30 是一台 7.5MVA 高阻抗变压器型 SVC 原理接线图和它的复合控制系统原理框图，这套 SVC 装置用于某钢厂 750 轧机。750 轧机传动装置由晶闸管整流器供电，轧机的周期性波动负载，导致 6.3kV 母线电压波动，dQ/dt 约为 15kvar/ms，三相是平衡的。

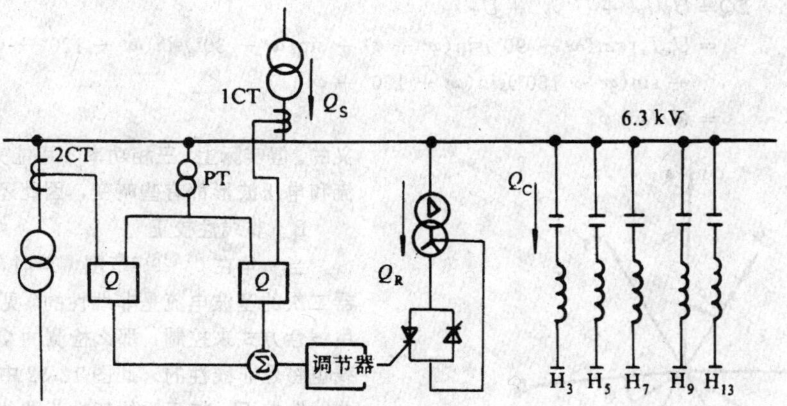

图 12-29 SVC 原理接线图

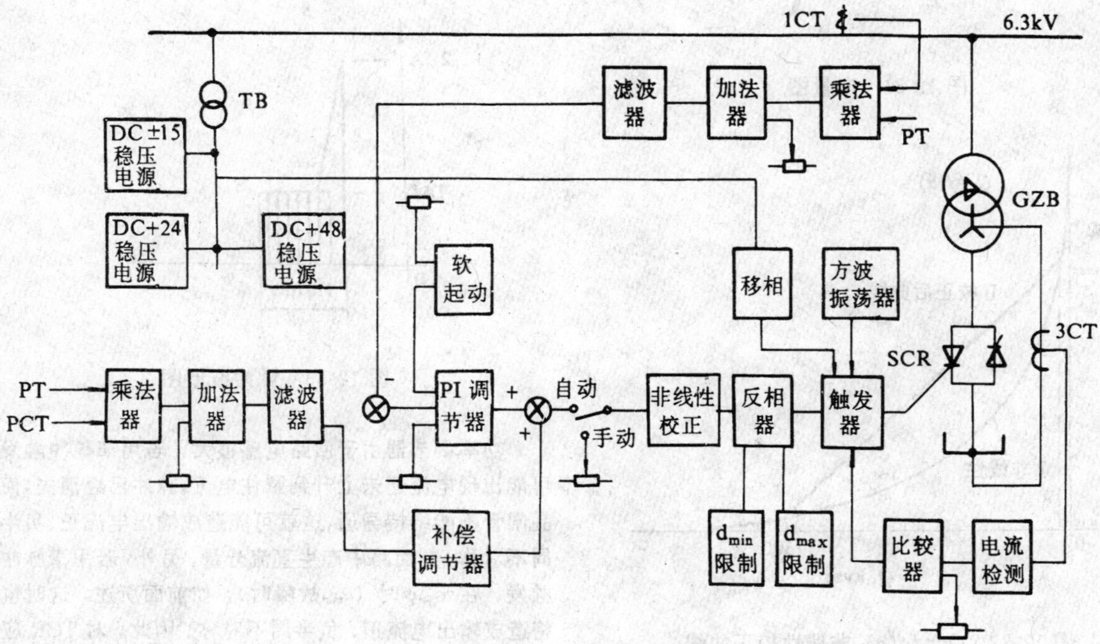

图 12-30 控制系统原理框图

对于这样的波动负载，要求实现快速，精确的补偿，采用一般闭环控制系统，响应速度很难满足。如果应用复合控制系统，利用开环控制来补偿扰动信号对系统输出的影响，将会更为有效，更为合理。经过比较，采用了复合控制系统方案。

A 无功功率检验

无功功率采用四象限乘法器检测，利用三个电能表或两个电能表法将无功功率相加。

采用三电度表法，其向量图见图 12-31。

图 12-31 中 U_R、U_S、U_T 为三相电压；i_R、i_S、i_T 为三相电流；U'_R、U'_S、U'_T 分别与 U_R、U_S、U_T 差 90°；φ 为功率因数角。

以 U_R 为基准向量，当分别接入超前 90°的电压，U_R'、U_s'、U_T'时，三相总的功率为

$$\Sigma Q = Q_R + Q_S + Q_T$$

即

$$\begin{aligned}\Sigma Q &= U_R'i_R' + U_S'i_S' + U_T'i_T' \\ &= U_m I_m[\sin(\omega t + 90°)\sin(\omega t + \varphi) + \sin(\omega t - 30°)\sin(\omega t - 120° + \varphi) \\ &\quad + \sin(\omega t - 150°)\sin(\omega t + 120° + \varphi)] \\ &= 3UI\sin\varphi \end{aligned} \tag{12-12}$$

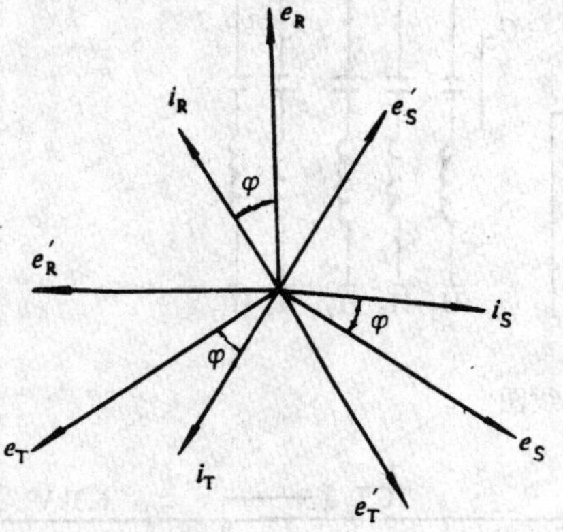

图 12-31 向量图

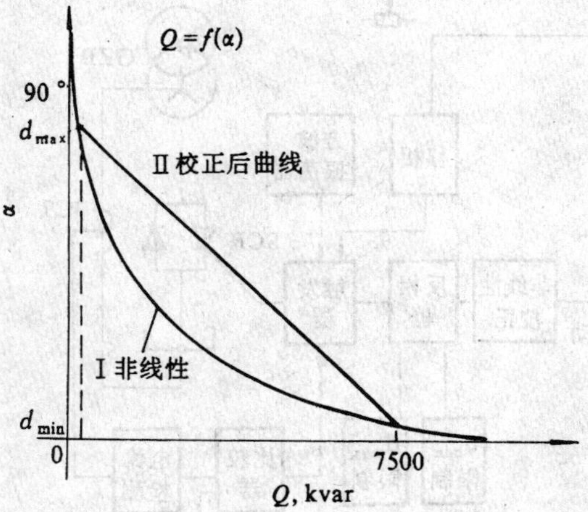

图 12-32 $Q=f(\alpha)$ 非线性校正曲线

从上式中可看出，三相总的无功功率不含有脉动分量，理论上可以不考虑设滤波器，以缩短检出装置产生的滞后时间，这点对快速响应的系统来说是很有意义的。但实际上，三相功率不可能完全平衡，输入的电流和电压波形都有些畸变，因此还要适当的滤波。

B 非线性校正

当 α 角在 0°～90°范围调节时，α 角与高阻抗变压器二次的基波电流是非线性的，见图 12-32。因此，若用线性方式来控制，那么检测的 $Q_f=f(\alpha)$ 的关系曲线也将是非线性的。此图 12-32 中的曲线Ⅰ需要经过非线性校正，校正后的特性为曲线Ⅱ。

C TCR 触发器

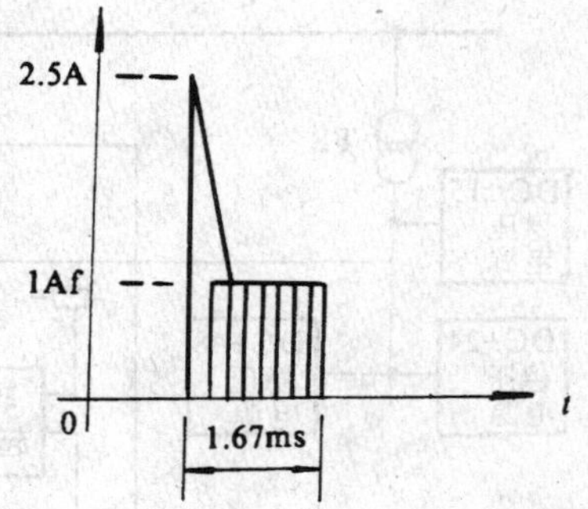

图 12-33 脉冲波形图

功率调节器由于回路电感很大，若用窄脉冲触发可能出现电流还未上升到掣住电流，脉冲已经消失，使晶闸管不能维持导通，这就可能造成输出电流正、负半周不对称，在回路中产生直流分量。另外，若用窄脉冲触发，在 $\alpha \leqslant \varphi$ 时（α_{min}故障时），如前面所述，这时也将造成输出电流正、负半周不对称。因此，对 TCR 应采用宽脉冲触发。另外，本装置由于每臂有 9 只元件并联，为了缩短开通时间，减少并联元件同时开通的不一致而引起的过电流，采用脉冲前沿为 1～2μs 的强触发（见图 12-33）。

D α_{min}及α_{max}限制

控制信号有可能出现超过晶闸管功率调节器允许的最大补偿容量，为限制高阻抗变压器和晶闸管最大通过电流的允许值，因此设置α_{max}限制。另外如流过变压器的电流在零值附近，为避免由于正反向两个半周电流的不平衡而发生偏移现象，控制信号不能为零，为此设α_{max}限制。

E 控制系统分析

图 12-34 为控制系统原理方框图。

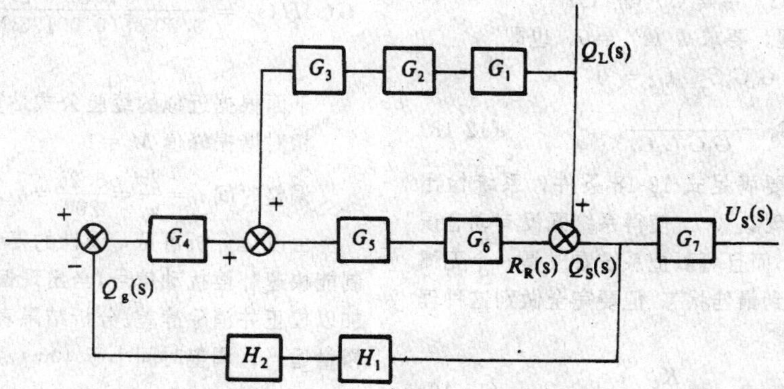

图 12-34 控制系统原理方框图

Q_L (s) —轧机负载扰动无功；Q_g (s) —给定无功；
Q_R (s) —高阻抗变压器吸收的无功；Q_S (s) —电网提供的无功；
G_1 (s) —无功检测器传递函数；G_2 (s) —低通滤波器传递函数；
G_3 (s) —补偿调节器传递函数；G_4 (s) —PT 调节器传递函数；
G_5 (s) —非线性校正环节传递函数；G_6 (s) —可控硅放大环节传递函数；
G_7 (s) —电网阻抗传递函数；H_1 (s) —无功检测器传递函数；
H_2 (s) —低通滤波器传递函数

由图 12-29 可以得到稳态下无功功率平衡的方程式

$$Q_s = Q_L + Q_R - Q_C = C \quad (12\text{-}13)$$

根据动态无功补偿原理，当负荷发生扰动变化时，SVC 通过晶闸管无功调节器调节 Q_R，以维持从电网取用的无功不变，即实现全补偿。

假设母线电压维持不变，Q_C 不变，这时由式 12-13 可得到

$$\Delta Q_s = \Delta Q_L + \Delta Q_R = 0 \quad (12\text{-}14)$$

即根据动态无功全补偿的要求，得

$$\Delta Q_R = -\Delta Q_L \quad (12\text{-}15)$$

从式 12-15 可见，只要 Q_R (s) 能快速跟踪Q_L (s)，那么就可以维持母线电压不变，因此，关键是求 Q_R (s) 对 Q_L (s) 的响应。把图 12-34 变换为系统框图 12-35。由此得 Q_R (s) 对扰动 Q_L (s) 响应的等效传递函数为

$$W_B(s) = \frac{Q_R(s)}{Q_L(s)} = \frac{G_1G_2G_3G_4G_5G_6 + H_1H_2G_4G_5G_6}{1 + H_1H_2G_4G_5G_6} \quad (12\text{-}16)$$

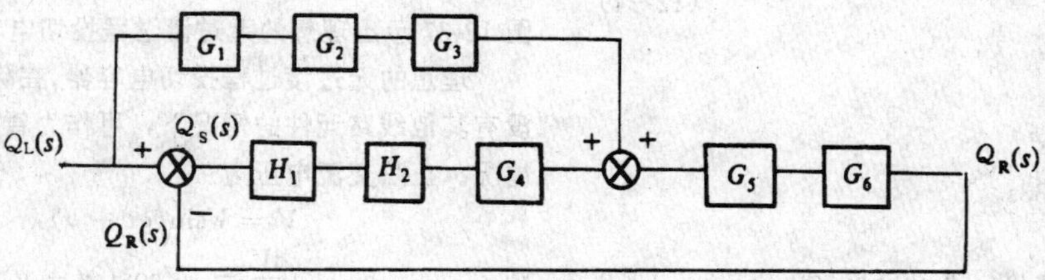

图 12-35 系统框图

其等效误差传递函数为

$$\Phi(s)=\frac{1+H_1H_2G_4G_5G_6-G_1G_2G_3G_5G_6-H_1H_2G_4G_5G_6}{1+H_1H_2G_4G_5G_6}$$

$$=\frac{1-G_1G_2G_3G_5G_6}{1+H_1H_2G_4G_5G_6} \tag{12-17}$$

系统的误差 $E(s)=\Phi(s)Q_L(s)$

根据不变性原理，要求 $\Phi(s)=0$，也即

$$1-G_1G_2G_3G_5G_6=0$$

所以

$$G_3=\frac{1}{G_1G_2G_5G_6} \tag{12-18}$$

因此可见，只要满足式 12-18 条件，系统检出 $Q_R(s)$ 就能完全复现$Q_L(s)$，使得系统既没有动态误差，也没有静态误差，而且可以把系统看成是一个无惯性系统，快速性能达到最佳状态。但要完全做到这种理想状态是困难的。

$$G_1G_2=\frac{K_1}{T_2^2s^2+2\xi T_2s+1} \tag{12-19}$$

$$G_5G_6=K_6e^{-s\tau}\approx\frac{K_6}{1+s\tau} \tag{12-20}$$

因此

$$G_1G_2G_5G_6=\frac{K_1K_6}{(T_2^2s^2+2\xi T_2s+1)(1+s\tau)}$$

$$=\frac{K_1K_6}{T_2^2\tau s^3+(T_2^2+2\xi T_2\tau)s^2+(\tau+2\xi T_2)s+1} \tag{12-21}$$

忽略 s 的高次项，得

$$G_1G_2G_5G_6=\frac{K_1K_6}{(\tau+2\xi T_2)s+1}$$

则

$$G_3=\frac{(\tau+2\xi T_2)s+1}{K_1K_6} \tag{12-22}$$

对系统的稳定性来说，复合控制系统的特征方程和原来闭环系统的特征方程完全一样，它并不因为系统中增加了补偿通道而使稳定性受到影响。

原闭环系统的开环传递函数为

$$G(s)H(s)=G_4G_5G_6H_1H_2 \tag{12-23}$$

$$G_1(s)H(s)=\frac{(1+T'_4s)}{T_4s(T_2^2s^2+2\xi T_2s+1)}Ke^{-s\tau} \tag{12-24}$$

式中 $\tau=0.003\text{s}$

$T_4=0.005\text{s}$

$T'_4=0.002\text{s}$

$T_2=0.00133\text{s}$

$\xi=0.5$

把各个时间常数代入式 12-24，得

$$G(s)H(s)=\frac{K(0.002s+1)e^{-0.003s}}{0.005s[(0.00133s)^2+0.00133s+1]} \tag{12-25}$$

下面根据近似的经验公式估算闭环瞬态指标。

相对谐振峰值 $M_r=1$

调整时间 $t_r=\frac{2\pi}{\omega_c}=\frac{6.28}{200}=31.4\text{ms}$

由以上分析可见，设计的复合控制系统的开环控制能快速补偿扰动信号，当出现偏差时，闭环控制又可加以校正并消除静差。分析结果表明，闭环系统的稳定裕量适当，调整时间小于 40ms。

12.2.3 TSC 型 SVC

12.2.3.1 概述

TSC 型 SVC 的主要元件是与双向晶闸管对和小电抗器串联的电容器。图 12-36 为 TSC 型 SVC 的原理图、电压-电流特性、波形图和调节器框图。

使用串联电抗器 L 的目的是限制操作暂态过电压，抑制合闸涌流。用于三相补偿的 TSC 型 SVC，基本上为三角形接线。TSC 是通过控制电容器的导通数量来调节电纳的，也就是改变电容器的无功补偿量。为了有效地补偿急剧变化的无功负荷，需要把电容器分成若干组，每组导通控制由控制晶闸管开关来实现。随着负荷无功的变化，相应地投入或切除一部分电容器组，从而使无功负荷能得到多级阶梯式补偿。

12.2.3.2 投切电容器的暂态过程和无过渡过程投切

电容器的投切靠接通和取消晶闸管触发脉冲来实现。当电容器电流自然过零点时，晶闸管处于不导通状态，即关断。供给电力系统的无功突然中断，然而电容器仍保持在峰值电压下，为下次无过渡接通作好准备。图 12-37 示出理想的无过渡过程投切电容器波形。

理想的无过渡过程投切电容器，在除了电压源外，没有其他线路元件的情况下，可作为暂态投切的理想情况。正弦交流电压为

$$V=V\sin(\omega t+\alpha)$$

则

$$\frac{dV}{dt}=\omega V\cos(\omega t+\alpha)=0$$

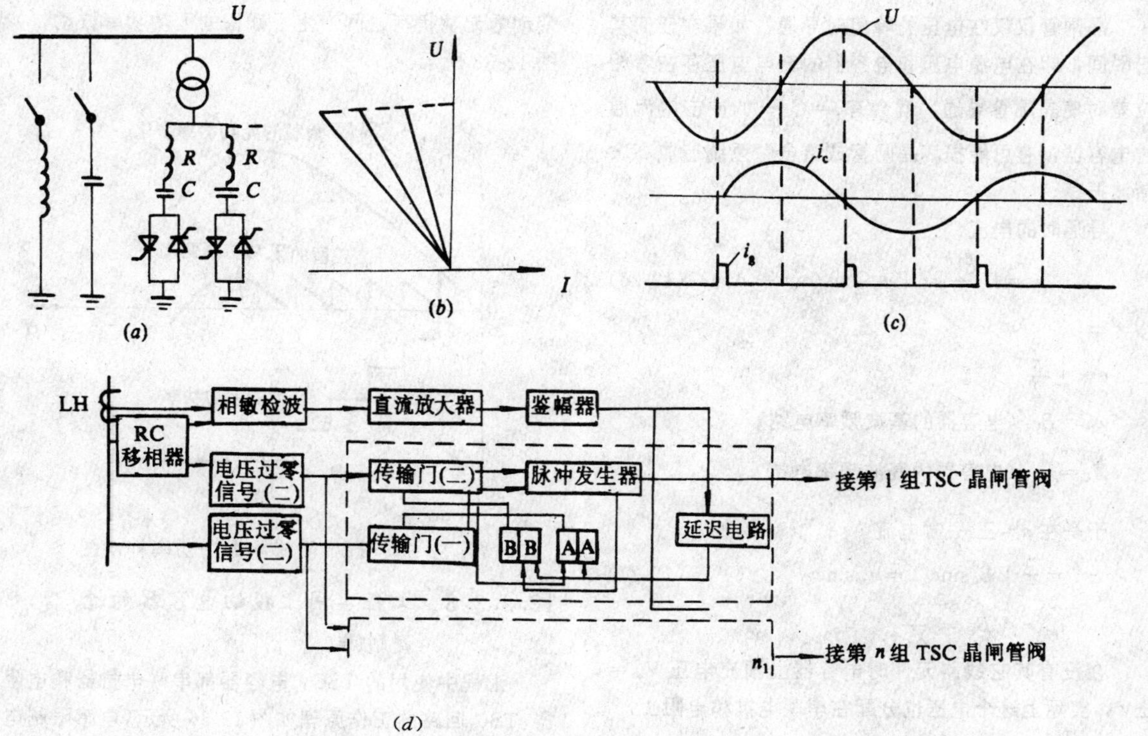

图 12-36 TSC 型 SVC

(a) 一原理图；(b) 一电压/电流特性；(c) 一波形图；(d) 一调节器框图

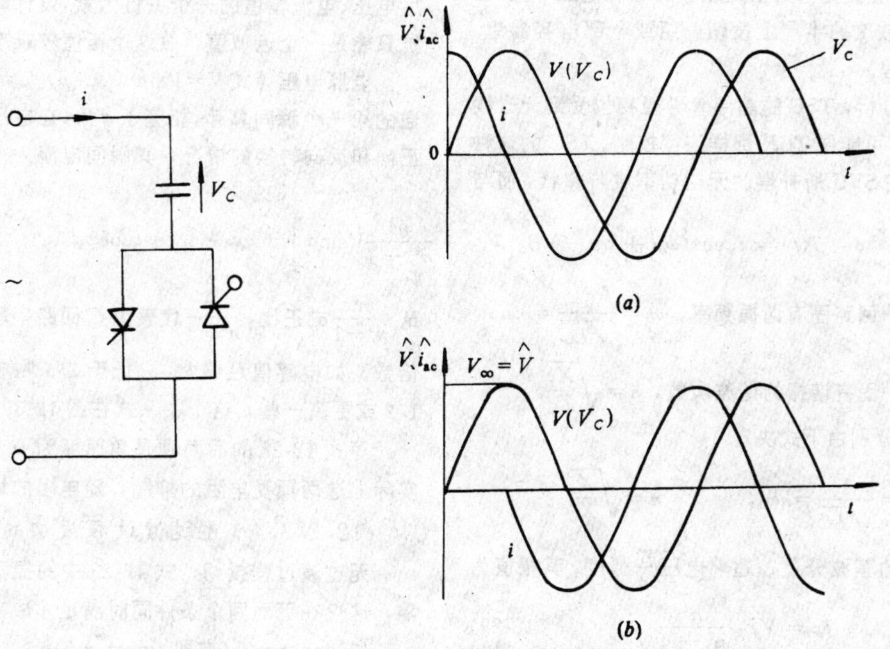

图 12-37 理想的无过渡过程投切电容器波形

(a) 一投入电容器；(b) 一切除电容器

晶闸管仅仅在电压的峰值时导通，如果在任何其它瞬间，即在电源电压和电容器的充电电压存在着相位差时使晶闸管导通，就会有$i=C\frac{dV}{dt}$的冲击电流通过电容器，有可能损坏晶闸管或给电源系统造成高次谐波振荡。

导通时的电流

$$i=C\frac{dV}{dt}=V\omega_0C\cos(\omega_0t+\alpha) \tag{12-26}$$

令式中

$\alpha=\pm\frac{\pi}{2}$

$\omega C=B_C$（电容器的基波频率电纳）

$X_C=\frac{1}{B_C}$（电容器的基波频率电抗）

于是在$\alpha=\pm\frac{\pi}{2}$时电流

$$i=\pm VB_C\sin\omega_0t=i_{ac}\sin\omega_0t \tag{12-27}$$

$$i_{ac}=VB_C=\frac{V}{X_C}$$

在没有其它线路元件时电容器上预充电压$V_{co}=\pm V$，实际上这个电压也分配在串联电抗和电阻上。

在$\frac{dV}{dt}=0$，并且$V_{co}=\pm V$，$t=0$得到的是理想的过渡过程。这个概念是TSC控制理论的基础。按这个原理，一旦电容器充电到正的或负的系统电压峰值，它就可能在整数次的半周上投切一组或全部电容器组，而无过渡过程。

从上述分析，TSC的晶闸管导通相位受到无过渡过程限制，不可能像TCR那样连续控制。TSC的这种控制结果，使SVC所补偿的无功功率成阶梯状，而与变动的无功负荷之间产生了残留的无功功率波动，如图12-38所示。

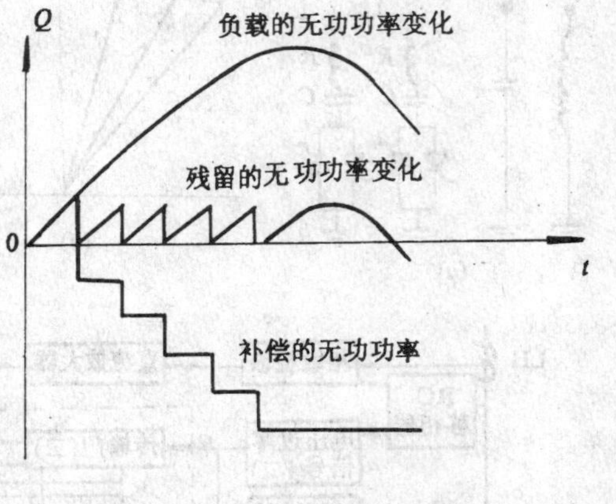

图12-38　TSC阶梯状无功功率补偿图

12.2.3.3　工程实用上投切电容器的过渡过程

工程中使用的TSC，电容器都串联电抗器和电阻器。TSC回路的工作原理如图12-36所示，电感限制电流上升率$\frac{di}{dt}$，在晶闸管的承受范围之内，电感、电容的存在可能引起瞬态振荡。另外暂态频率是决定投切后电压、电流幅值的一个关键因素，设计时由于系统阻抗只能是一个近似值，故这个幅值较难准确地控制。

电源电压等式$V=V\sin(\omega t+\alpha)$时间从晶闸管导通的第一个瞬间算起，相应于α角（在电压波形上）。就正向和反向转换的情况，其瞬间电流为

$$i(t)=i_{ac}\cos(\omega_0t+\alpha)-nB_C\left[V_{co}-\frac{n^2}{n^2-1}V\sin\alpha\right]\sin\omega_nt-i_{ac}\cos\alpha\cos\omega_nt \tag{12-28}$$

式中　ω_n——回路固有谐振频率，$\omega_n=\frac{1}{\sqrt{LC}}=n\omega_0$；

n——固有谐振的谐波次数，$n=\sqrt{\frac{X_c}{X_L}}$。

ω_n和n分别由下式决定

$$\omega_n=\frac{1}{\sqrt{LC}}=n\omega_0,\qquad n=\sqrt{\frac{X_c}{X_L}}$$

电流中的基波分量i_{ac}超前电压$\frac{\pi}{2}$弧度，其幅值为

$$i_{ac}=VB_C\frac{n^2}{n^2-1} \tag{12-29}$$

它与电容和串联电感的基波电纳成正比，即与$B_C\frac{n^2}{n^2-1}$成正比，$\frac{n^2}{n^2-1}$代表L-C回路串联调谐的放大倍数。如电感值足够大，n低于2.5则放大倍数可达1.2或更高一些，这个关系式在图12-39中。

等式12-28的后两项是角速度为ω_n的振荡分量，实际上这两项受电阻的抑制，随电阻的增大而减小。

12.2.3.4　无过渡过程投切的必要条件

无过渡过程投切，式12-28中的振荡分量必须为零，这仅在下面两个条件同时满足才成立：

(1) $\cos\alpha=0$（亦即$\sin\alpha=\pm1$）；

(2) $V_{co}=\pm V\frac{n^2}{n^2-1}=\pm X_0i_{ac}$

条件（1）意味着晶闸管必须在电源正弦波电压正向或反向峰值时导通。条件（2）意味着电容器预充电电压为 $V\frac{n^2}{n^2-1}$，并与电源电压同极性。电感的存在，则无过渡过程投切的电容器将过电压，即电压乘以放大倍数$\frac{n^2}{n^2-1}$，当 n 值小时，这种过电压较大。

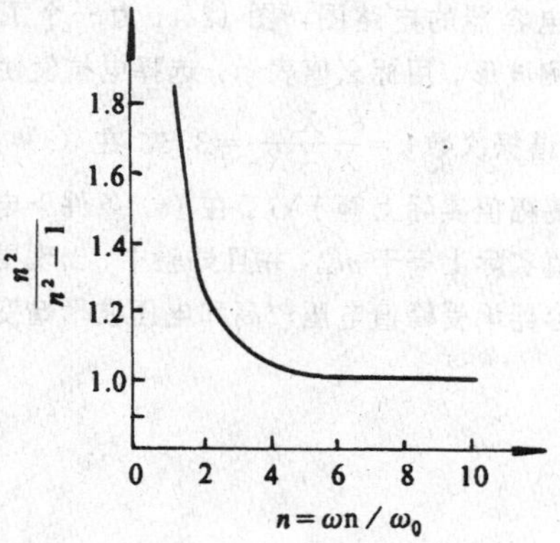

图 12-39　放大倍数$\frac{n^2}{n^2-1}$

因为晶闸管导通之前 V_{co}，n 和 V 均在变化，所以条件（2）实际上受控制系统精确度影响，且电容器亦在缓慢地放电，完全的无过渡过程，投切是极难实现的。

12.2.3.5　非理想条件下投切电容器

在大多数情况下，V_{co}可能有一个任意值。这取决于导通延迟中如何选择导通瞬间和 α 角，使得振荡分量最小，α 角的两种实用选择是（a）当 $V=V_{co}$的瞬间，给出 $\sin\alpha=\frac{V_{co}}{V}$和（$b$）$\frac{dV}{dt}=0$ 时，给出 $\cos\alpha=0$。如果电容器过充电电压大于 V，条件（a）也许从来不会产生。对于上两种 α 角，其电流的振荡分量 i_{osc}由式 12-28 求出。

有利的接通时间如图 12-40 所示。在实际的 TSC 电路中必须有足够的串联电感。如前述，使最严重的接通瞬变值$\frac{di}{dt}$不超出晶闸管容许的范围内。由于系统存在损耗，瞬变值衰减极快。实用上是仅仅在晶闸管最低电压时（投切电压波形上的点），控制系统发出导通脉冲。

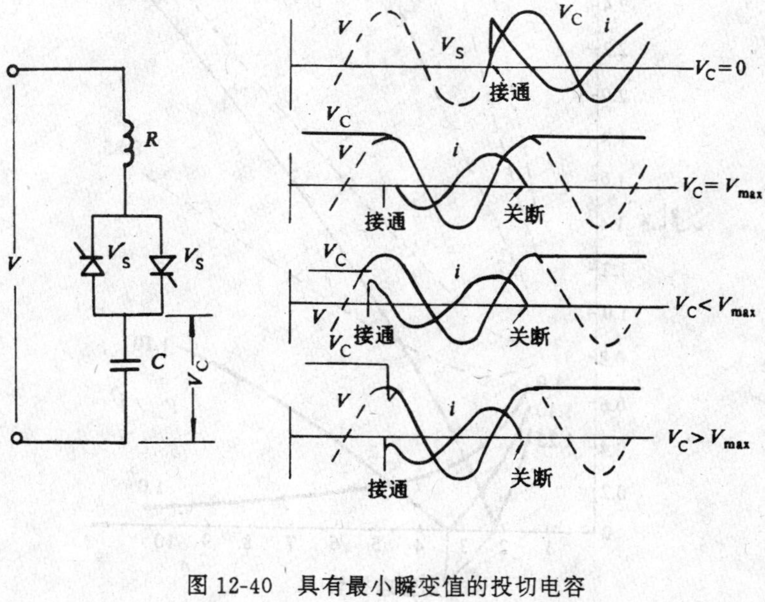

图 12-40　具有最小瞬变值的投切电容

控制系统按所控制的电容电流（或电纳）的要求，向晶闸管发出单一导通脉冲，或一串导通脉冲，或连续的信号。在电流过零时晶闸管关断，电容器保持电荷，此时电压为系统电压峰值。随之电容器向它所连接的回路设备放电。一旦电源电压与电容器电压同极性，加以导通脉冲，电容器原充电电荷有助于重新接入。

图 12-41、图 12-42 示出在（*a*）、（*b*）两种条件下，投切电容器时振荡电流幅值。

12.2.3.6　投切一个放电电容器

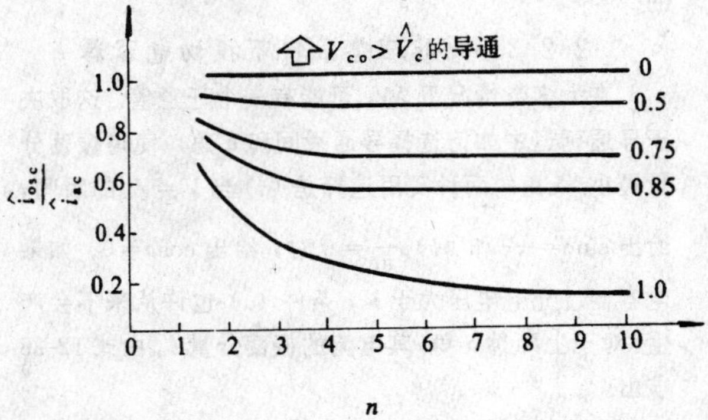

图 12-41　当 $V=V_{co}$时晶闸管导通振荡电流分量幅值

电容器放完电，其端电压 $V_{co}=0$，有两个 α 角可以研究。（*a*）当 $V=V_{co}=0$ 和（*b*）当 $\frac{dV}{dt}=0$（$\cos\alpha=0$），前者仅满足 12.2.3.4 节中的条件（2），由式 12-28 可知，在（*b*）条件下导通（当$\frac{dV}{dt}=0$ 时导通）比（*a*）条件下导通，电流中的振荡分量较大。图 12-43 为投切一个放电电容器的电路图，图 12-44 为一个工程实例 TSC 实测波形。用标幺值表示，选择电抗值使得 $i_{ac}=1$，固有谐振次数 $n=\frac{X_c}{X_s+X_T}=3.6$，在（*a*）条件下，电流振荡幅值实际上等于 i_{ac}。在（*b*）条件下电流振荡分量幅值实际上等于 ni_{ac}，并且试验中，出现更高的峰值，电容器承受峰值电压较高和电压波形畸变严重的电源。

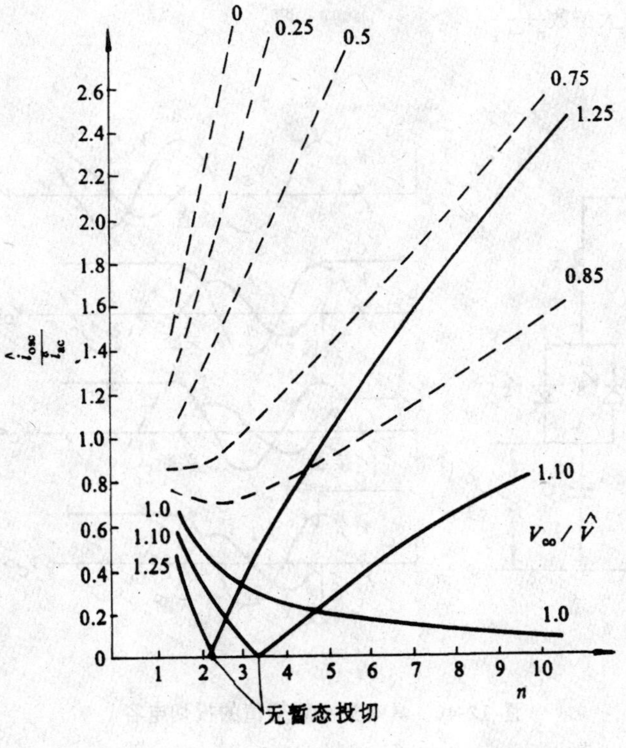

图 12-42　当$\frac{dV}{dt}=0$ 晶闸管导通振荡电流分量幅值

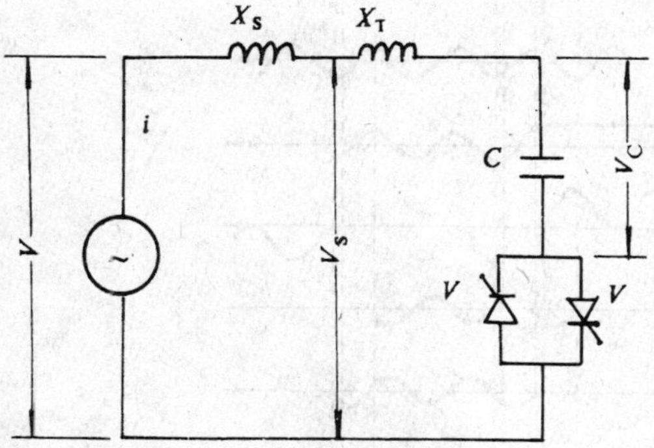

图 12-43 投切一个放电电容器电路图

12.2.3.7 TSC 的工作波形

图 12-45 示出了一个使用反并联晶闸管组的 TSC 接线原理图和各部件上的电压电流波形图。在图 12-45 电容上的电压 V_C 通过尚导通但即将阻断的晶闸管，使电容器在这种极性下充电到电源电压的峰值为止。晶闸管 Th_1 在最后通电。电容器往正极性充电。$t=t_1$ 时，负荷电流开始流动，t_2 时把它检测出来。当判断必要投入电容器组时，t_3 时电容器充电电压 $V_C=V_S$，控制系统给晶闸管 Th_2 导通脉冲，Th_2 导通，电容器通过电流 I_C。从 t_3 起半个周期内，通过了补偿负荷电流 I_L，一旦到达电流零点 t_5 时，晶闸管 Th_2 会自然关断。由于已检测出 t_4（$t_3<t_4<t_5$）点的信号，并已发出导通 V_D 指令。于是在 t_5 时给 Th_1 导通脉冲，Th_1 导通。假如在 t_8 时不给晶闸管 Th_2 导通脉冲，则 Th_2 迎接的是电流零点。t_8 以后 TSC 为零电流，则往电容器负极性充电。用这个方式控制，TSC 的响应时间为半个周期（滞后），50Hz 即为 10ms。

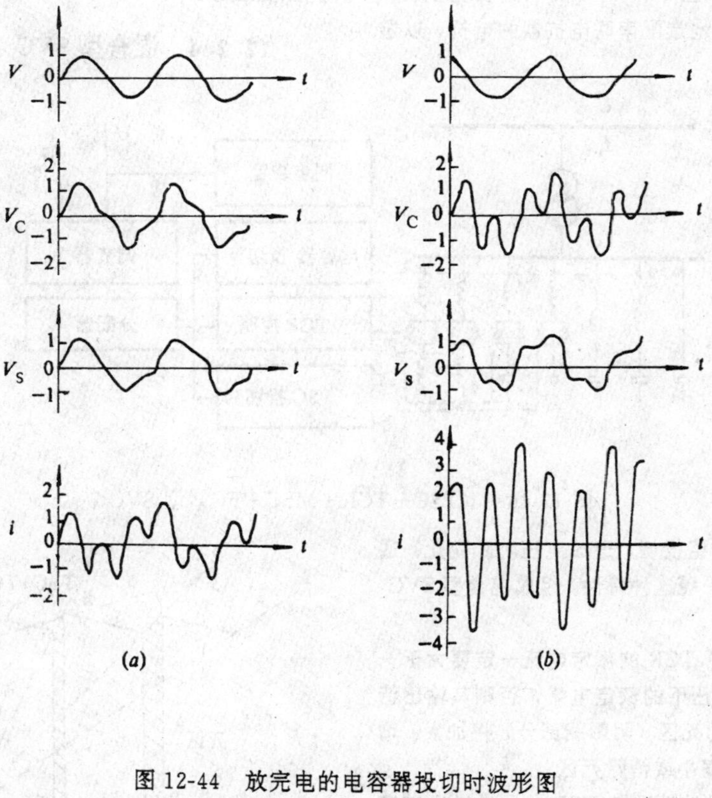

图 12-44 放完电的电容器投切时波形图

（a）一当 $V=V_{co}=0$ 时晶闸管导通；（b）一当 $\frac{dV}{dt}=0$ 时晶闸管导通

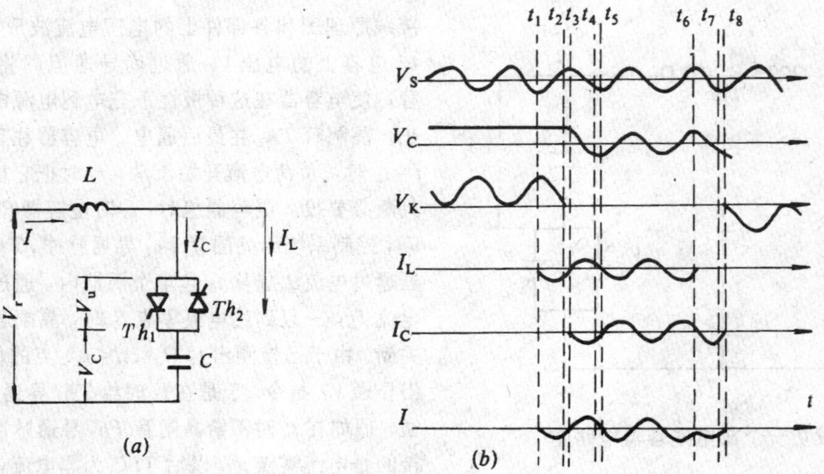

图 12-45　TSC 接线原理和电压，电流波形图

12.2.3.8　其他问题

TSC 不产生谐波电流，但与系统并联时有可能发生谐振。故使用 TSC 型 SVC 时，要根据系统参数和 TSC 的额定值，合理地选配串联电抗器的电抗，以避免发生谐振。

由于技术和经济上的原因，TSC 的应用仅限于 35kV 以下电网，用于高压和超高压电网中时需配置降压变压器。

12.2.4　混合型 SVC

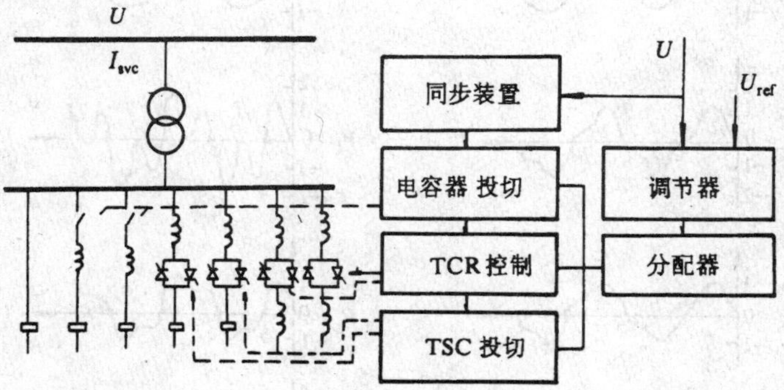

图 12-46　（TSC＋TCR＋MSC＋FC）型 SVC

TSC 的电容器分组投切，造成电压阶跃变化，通常并联一个 TCR 来平缓这种特性，组成混合型 SVC，如图 12-46 所示。

这种混合型 SVC，TCR 的额定电流一定要大于一个电容器组在额定电压下的额定电流，否则其输出特性图（图 12-47）中的死区（阴影线部分）将加大。增大 TCR 的容量可以缩小或消除死区。

混合型 SVC 的谐波情况与 TCR 相同。动态响应时间约 3～10Hz 时间。装置的损耗，见图 12-19 和图 12-20。混合型 SVC 调节器框图如图 12-48 所示。

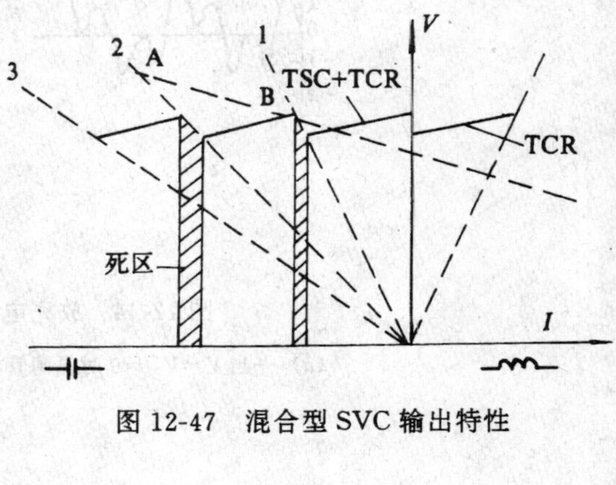

图 12-47　混合型 SVC 输出特性

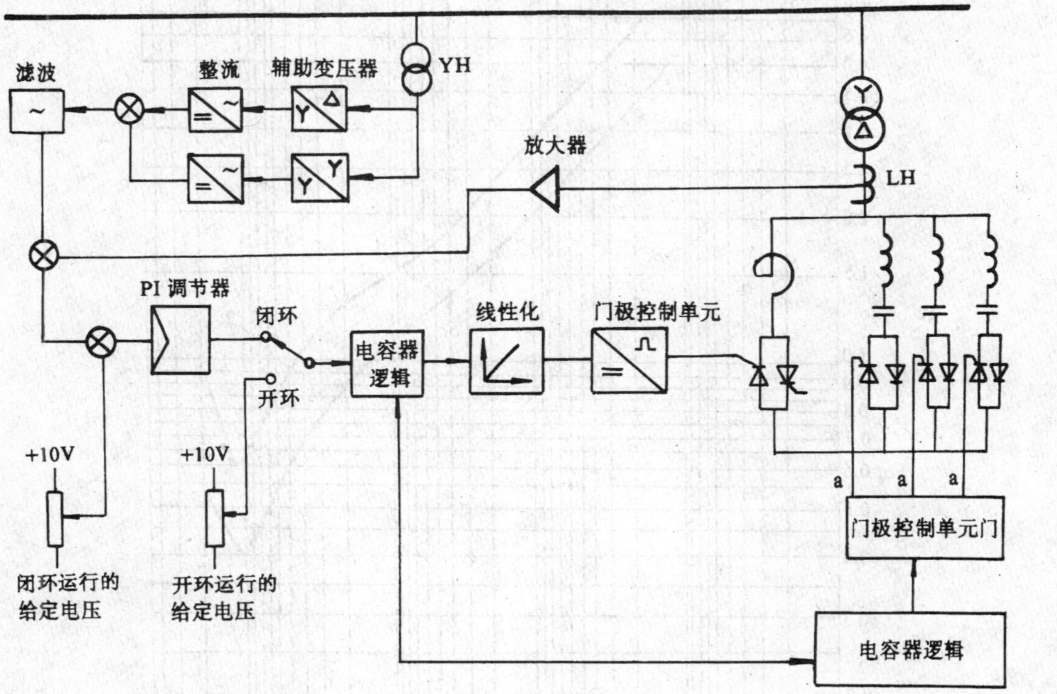

图 12-48 （TSC＋TCR）混合型 SVC 调节器框图

12.3 SVC 的设置原则和设计条件

12.3.1 SVC 的应用功能

在电力系统和负荷端设置 SVC 具有下列功能：

(1) 抑制电压波动和电压闪变；

(2) 改善负荷的相间平衡；

(3) 增加电网的输电容量；

(4) 提高电力系统的稳定性；

(5) 降低工频过电压；

(6) 增加对同步谐振的阻尼；

(7) 对负荷提供可快速调节的无功功率补偿。

12.3.2 SVC 的设置原则

钢铁企业供配电系统是否装设静止补偿器，主要看由企业波动无功负荷（如炼钢电弧炉、轧钢机等）引起的，公共供电点（PCC 点）处的电压波动值和闪变电压等效值是否超过国家规定的标准。当然，在考虑 SVC 的容量和型式时，尚要满足负荷的功率因数和谐波标准的要求，目前国家标准规定的电压波动和等效电压闪变允许值见表 12-8 和表 12-9。

电压波动值（V_t）定义为：电压幅值包络线的起伏变化、相邻两个极值电压的均方根值之差对额定电压的百分数，其波动速率不低于每秒 0.2%。用下式表示

$$V_t = \frac{V_1 - V_2}{V_N} \times 100\% \qquad (12\text{-}30)$$

等值电压闪变（ΔV_{10}）定义为：具有规定频率和波形（例如正弦 10Hz）的电压波动，其所引起的视觉干扰效应与实际电压波动干扰效应相同。用下式表示

$$\Delta V_{10} = \sqrt{\Sigma(\alpha_f \Delta V_{f_1})^2}$$

式中 α_f——波动频率为 f 的闪变视感度系数；

ΔV_{f_1}——电压幅值包络线中波动频率为 f 的分量 1min 均方根平均值，以额定电压的百分数表示。

表 12-8 电力系统公共供电点由冲击性负荷产生的电压波动允许值

额定电压（kV）	电压波动允许值 V_t（%）
10 及以下	2.5
35～110	2
220 及以上	1.6

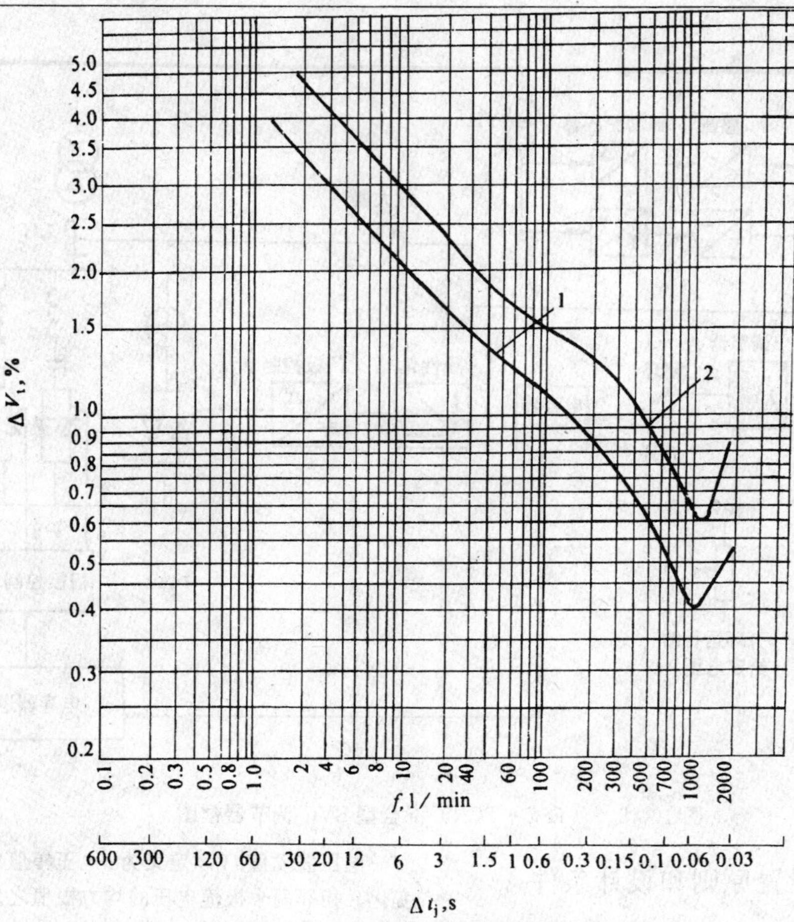

图 12-49 闪变电压限值和频度的关系

表 12-9 电力系统公共供电点由冲击性负荷产生的等效闪变电压允许值

应用场合	ΔV_{10}允许值（%）
对照明要求较高的白炽灯负荷	0.4（推荐值）
一般性照明负荷	0.6（推荐值）

关于允许电压波动值 V_t，可查图 12-49 曲线求得，总的允许时间间隔不应大于冲击性负荷的工作周期。

12.3.3 SVC 有关参数定义和设计需考虑的内容

12.3.3.1 有关参数的定义

最高工作电压极限 V_{max} 是额定静止补偿器在不超过其最大无功吸收量（$Q_{L_{max}}$）下运行的电压。

最低电压极限 V_{min} 是防止静止补偿器失去控制功能的电压。

无功功率吸收量 Q_{LN} 是指在额定电压 V_N 下感性部件在额定点的无功功率需要量，用下式表示

$$Q_{LN}=Q_{L_{max}}\left(\frac{V_N}{V_{max}}\right)^2=\sqrt{3}\,V_N I_{LN} \quad (12\text{-}31)$$

式中 I_{LN}——感性部件的额定电流。

无功功率输出量 V_{CN} 是指在额定电压 V_N 下，容性部件在额定点的无功功率输出量，用下式表示

$$Q_{CN}=Q_{C_{min}}\left(\frac{V_N}{V_{min}}\right)^2=\sqrt{3}\,V_N I_{CN} \quad (12\text{-}32)$$

式中 I_{CN}——容性部件的额定电流。

最大无功功率需要量是指满足补偿指标所需要的无功功率补偿量。该值小于 $Q_{C_{min}}$（或 $Q_{L_{max}}$）。

最高电压 V_{max} 是指限定的静止补偿器在不超过其最大无功吸收量 $Q_{L_{max}}$ 下运行的电压值。

最低电压 V_{min} 是防止静止补偿器失去控制功能的电压值。

12.3.3.2 设计需要考虑的内容

除满足上述定义参数要求外，尚应考虑的设计内容有：

(1) 电压调节精度；

(2) SVC 的动态响应时间；

(3) 在不平衡电压或不平衡负荷条件下的运行和分相调节能力；

(4) 特殊的控制要求；

(5) 元件的可靠性和裕度；

(6) 环境因素，包括温度、湿度、污染程度、风荷载、地震烈度、噪音水平等；

(7) 接电程序和注意事项；

(8) 维修及备件；

(9) 平面布置，扩建预留等。

12.3.4 SVC 设计所需要的电力系统参数及负荷资料

如 SVC 设置原则一节所述，SVC 的设置就是要满足供电系统公共供电点处补偿指标的要求。所以首先要明确公共供电点（PCC 点），该点通常是指：

(1)波动负荷由专用变压器供电时，通常该点为企业受电变电所的高压侧；接于国家电网的专用变压器，PCC 点的确定需由电力部门认可。

(2)波动负荷用公用变压器供电时，该点为公共供电母线侧。

12.3.4.1 电力系统资料

SVC 设计所需要的电力系统资料有：

(1) 电力系统电压。电力系统额定电压 U_N，电压波动和电压偏差及偏差的持续时间。

(2) 电力系统频率。电力系统额定频率，频率漂移和频率偏差及偏差的持续时间。

(3) PCC 点。电网最大，最小运行方式和正常小方式的系统阻抗或短路容量，系统阻抗的 R/X 值（如无此参数时，一般取 $R/X=\frac{1}{10}\sim\frac{1}{15}$）。

(4) 绝缘水平，过电压及现有避雷器水平。

(5) 瞬态及暂时性过电压幅值及其持续时间。

(6) 系统中性点接地状况。

(7) 保护配置（包括时限配合）及自动重合闸设置状况。

(8) 现有电力系统背景谐波情况（最好是实测数据）。

(9) 供电部门对 PCC 点功率因数限值。

12.3.4.2 PCC 点以下的企业供配电系统资料

PCC 点以下的企业供配电系统资料有：

(1)企业供配电系统单线图。图中应注明各主要元件的电气参数和运行方式，例如电力变压器、发电机、大型同步电动机、电力电容器及整流设备等额定参数。

(2) PCC 点电压控制方式。如变压器采用无载或有载调压分接开关，分接开关档数及每档电压百分值，以及其他的调压方式等。

(3)其他负荷。与冲击负荷接于同一母线的其他负荷参数，如非线性负荷的额定参数、功率因数值、谐波发生量。

12.3.4.3 波动负荷数据

A 电弧炉

电弧炉的数据有：

(1) 电弧炉的容量、钢产量、冶炼工艺过程简况、炉料类型（如废钢、海绵铁、磷矿石等)、作业制、年工作天数。

(2)典型电力负荷曲线。曲线上应标明冶炼过程各阶段功率水平及时间。

(3) 电炉变压器电气参数，包括连续额定容量、额定电流、最大允许过负荷电流、损耗、短路阻抗电压（包括可能的相不平衡阻抗)、接线组别、电压及调压分接开关档数、每档百分电压值。

(4) 短网阻抗（包括阻抗、电阻值)。

(5) 熔化期、精炼期自然功率因数值。

(6) 谐波发生量（现有电弧炉最好是实测资料)。

(7)直流电弧炉除上述类似参数外，尚需了解整流变压器电气参数。

B 晶闸管供电的动力负荷

晶闸管供电的动力负荷的数据有：

(1)单线系统图。包括运行方式、各主要元件的电气参数如整流变压器的额定容量、额定电流、额定电压、接线组别、变流相数、变流器的过载能力等。

(2)负荷曲线图。标明运行周期，各阶段的功率水平的时间。

(3) 轧钢机应根据轧制钢种的变化分为繁重轧制周期、一般轧制周期、轻负荷轧制周期的负荷曲线。

(4)谐波发生量。包括特征谐波、非特征谐波，交-交变频设备所产生边频波。单个变流器的谐波发生量，多组变流器的谐波发生量，现有设备最好是实测数据。

(5) 三相触发脉冲不对称度。

(6) 自然功率因数值。

12.3.4.4 环境条件

环境条件有：

(1)气象条件。包括年平均温度，最热月平均温度，最冷月平均温度，极端最高、最低温度，相对温度，年平均湿度，室外安装则需要降雨量、雷电活动日、最大风速等资料。

(2) 水质条件。包括 pH 值、悬浮物、总硬度等。

(3) 海拔高度。

(4) 地震烈度。

12.3.5 SVC电气主接线及有关问题

12.3.5.1 主接线

A 直接并联式接线

如图 12-50 所示，SVC 直接接在负荷母线上，整套SVC 用一只断路器。这种接线适用于 35kV 及其以下的电压等级。

SR 型 SVC 前的降压变压器要求带有载分接开关。当变压器没有有载调压开关时，则在SR 前设调压变压器，但其容量不按 SR 容量选择，只按调节容量选择。

B 间接并联式接线

如图 12-51 所示 TCR 型 SVC 的主电抗器（或 TSC 型中的电容器组）通过降压变压器与负荷并联；SR 型中的自饱和电抗器通过调压变压器(当主变无有载调压时)与负荷并联。这种接线通常用于 35kV 及其以上的电压等级。

对 TCR 型 SVC 为了减小降压变压器容量，在电抗器端头并联一组滤波器（或电容器)，其基波容性无功量约等于电抗器额定容量的$\frac{1}{2}$。

上述两种接线，有时亦混合使用。

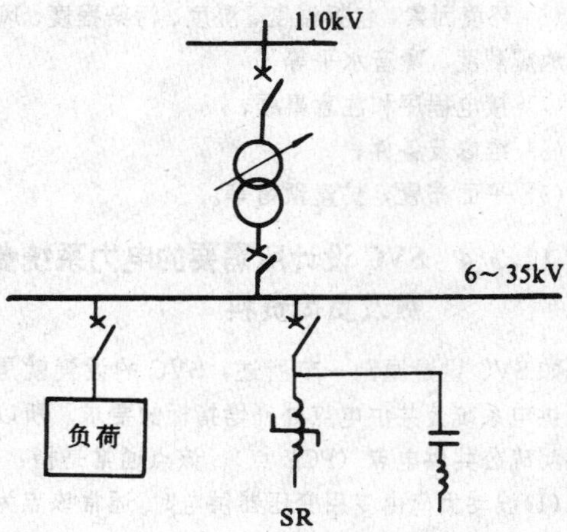

图 12-50 SVC 直接并联式接线

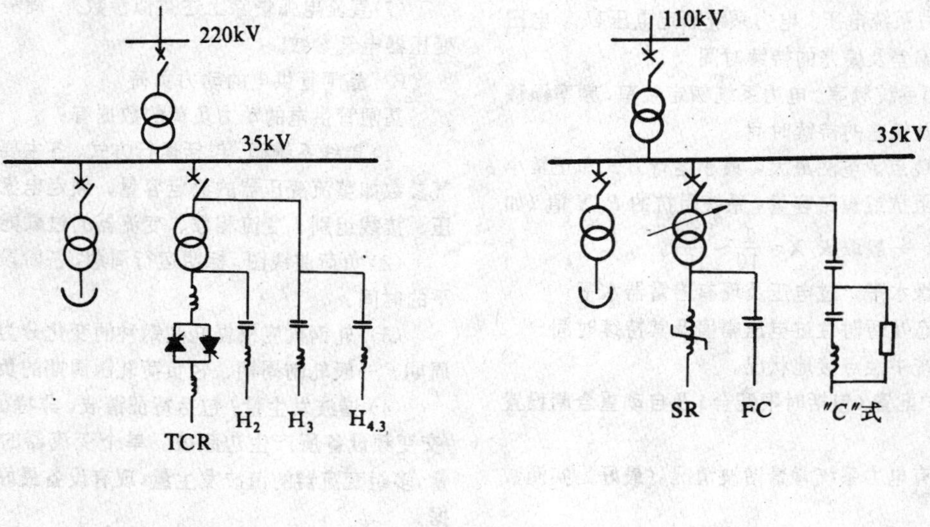

图 12-51 SVC 间接并联式接线

12.3.5.2 断路器的选型

SVC 在负荷空载时，其容性无功和感性无功自身基本平衡，因此不存在因过补偿而导致母线电压过高，在负荷短暂空载时不需切除，亦即正常运行的 SVC 并非频繁操作，SVC 的操作断路器选型无特殊要求，但无论选哪一种型式断路器，皆要满足切断电容电流之要求。

12.3.5.3 过电压问题

SVC 的感性元件和容性元件用一个断路器，从一些工程实例和试验资料得知，其操作过电压约在 2 倍额定电压以下。而电容器回路单独设断路器投切容性元件时，则其操作过电压高于两倍额定电压值。

回路是否需装设氧化锌避雷器作为过电压保护，通过操作过电压的分析计算来决定。一般情况下，宜装氧化锌避雷器。

12.4 晶闸管 TCR 型 SVC 的设计计算

12.4.1 电弧炉用 TCR 型 SVC 的计算

12.4.1.1 系统阻抗

TCR 型 SVC 单线系统图见图 12-52，阻抗图见图 12-53。

12.4.1.2 无功功率波动量、电压波动及电压闪变值的计算

电弧炉冶炼过程可简单地分为熔化期和精炼期，电力负荷在熔化初期（起弧、穿孔、到塌料阶段）变化剧烈，而在精炼期负荷逐渐趋于稳定。实测表明，无功波动最大值出现在熔化期三相工作短路（由塌料造成）时，此时功率因数很低，约为 0.2 左右，负荷波动最大值 1.5～3 倍电炉变压器的额定容量（数值取决于系统和电炉的有关参数）。

图 12-54 为电弧炉运行的功率圆图。

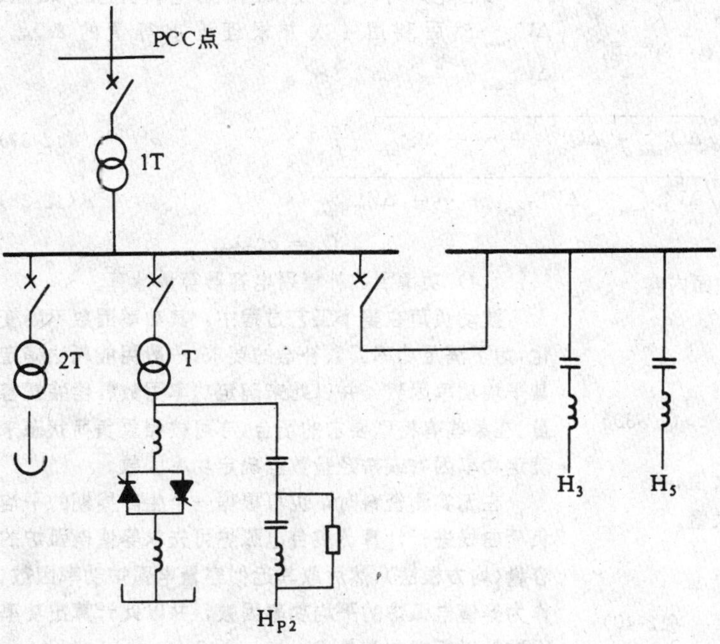

图 12-52 TCR 型 SVC 单线系统图

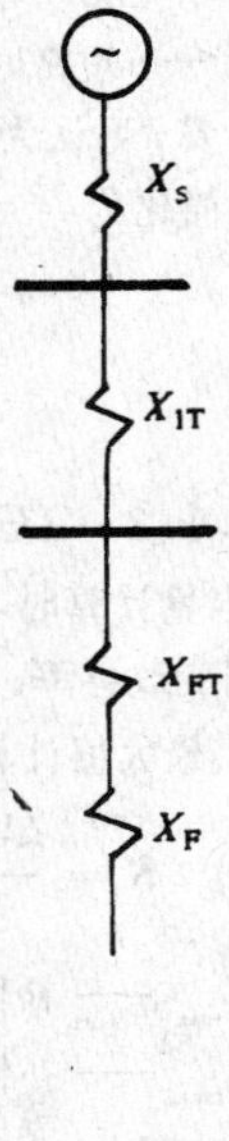

图 12-53 阻抗图（取基准容量为 S_j）

X_S—PCC 点以上部分系统的阻抗；

X_{1T}—供电变压器阻抗；

X_{FT}—电炉变压器阻抗；

X_F—电炉短网阻抗

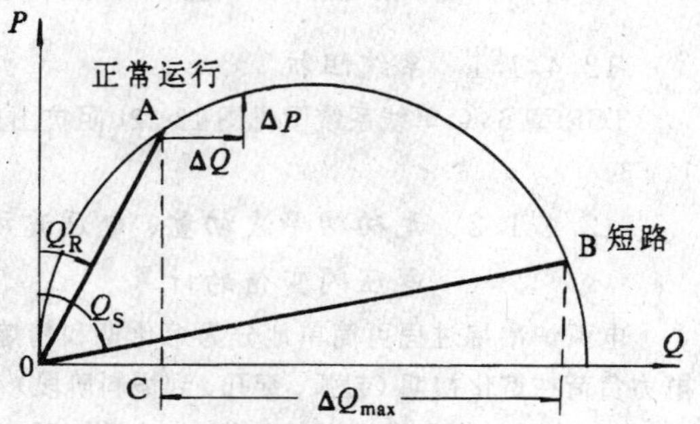

图 12-54　电弧炉运行功率圆图

电炉从正常运行到三相工作短路状态的无功功率最大波动量

$$\Delta Q_{max}=\frac{S_j}{X_S+X_{1T}+X_{FT}+X_F}(\sin^2\varphi_s-\sin^2\varphi_R) \quad (12\text{-}33)$$

式中　$\sin\varphi_R$——正常运行时回路阻抗角正弦值（φ_R 即为功率因数角）；

$\sin\varphi_s$——短路时回路阻抗角正弦值。

简化计算，可认为 $\sin\varphi_s=1$，即短路时 $\varphi_s=90°$，则式 12-33 可简化为

$$\Delta Q_{max}=\frac{S_j}{X_s+X_{1T}+X_{FT}+X_F}\cos^2\varphi_R \quad (12\text{-}34)$$

$\cos\varphi_R$ 用下式计算

$$\cos\varphi_R=\sqrt{1-\left(\frac{X_{1T}+X_{FT}+X_F}{100}\frac{S_T}{100}\right)^2}$$

式中　S_T——电炉变压器额定容量，MVA。

$\cos\varphi_R$ 也可采用经验数据。

电压波动最大值（ΔV_{max}）可由下式决定

$$\Delta V_{max}=\frac{X_s}{X_s+X_{1T}+X_{FT}+X_F} \quad (12\text{-}35)$$

或

$$\Delta V_{max}=\frac{\Delta Q_{max}}{S_S} \quad (12\text{-}36)$$

式中　S_S——电力系统小运行方式时，PCC 点处的短路容量，MVA。

电压闪变最大值（$\Delta V_{F_{max}}$）与 ΔV_{max} 关系如下

$$\Delta V_{F_{max}}=\frac{1}{4.6}\Delta V_{max}$$

等效 10Hz 的 ΔV_{10} 的最大值（$\Delta V_{10_{max}}$）为

$$\Delta V_{10_{max}}=\frac{1}{3.6}\Delta V_{max}=1.28\Delta V_{F_{max}}$$

多台电炉时，可分别求出单台电炉引起的 ΔQ_{max}、$\Delta V_{10_{max}}$ 然后利用 4 次方根理论求等值的 ΔQ_{max}、$\Delta V_{10_{max}}$

$$\Delta Q_{\Sigma_{max}}=\sqrt[4]{\Delta Q^4_{1_{max}}+\Delta Q^4_{2_{max}}+\cdots+\Delta Q^4_{n_{max}}} \quad (12\text{-}37)$$

$$\Delta V_{\Sigma 10_{max}}=\sqrt[4]{\Delta V^4_{1\cdot 10_{max}}+\Delta V^4_{2\cdot 10_{max}}+\cdots+\Delta V^4_{n\cdot 10_{max}}} \quad (12\text{-}38)$$

12.4.1.3　TCR 容量计算

TCR 容量计算时，应包括以下 7 个方面内容。

（1）闪变改善率。

用 ΔV_{10} 最大值计算闪变改善率 K 值

$$K=\frac{\Delta V_{10_{max1}}-\Delta V_{10_{max2}}}{\Delta V_{10_{max1}}} \quad (12\text{-}39)$$

式中　$\Delta V_{10_{max1}}$——补偿前考核点 ΔV_{10} 最大值；

$\Delta V_{10_{max2}}$——补偿后考核点 ΔV_{10} 最大值。

也可采用最大电压波动来计算 K 值

$$K=\frac{\Delta V_{max_1}-\Delta V_{max_2}}{\Delta V_{max_1}} \quad (12\text{-}40)$$

式中　ΔV_{max_1}——补偿前考核点电压波动最大值；

ΔV_{max_2}——补偿后考核点电压波动最大值。

（2）补偿系数 α。

补偿系数 α 可查图 12-55 曲线。

（3）TCR 主电抗器容量的计算。

$$Q_r=\alpha\Delta Q_{max}$$

（4）功率因数补偿用电容器容量计算。

波动负荷在整个工艺过程中，其功率因数不断变化，为了满足功率因数补偿的要求，一般用能耗法确定其平均功率因数，并以此来确定功率因数补偿装置容量。在某些有特殊要求的场合，亦可按照重负荷状态来确定功率因数或按经验数据确定功率因数。

在无实测资料时，也可根据一个生产周期的平均负荷曲线进行计算。多台电弧炉可先求等值电弧炉的容量（均方根法），然后取其近似容量电弧炉功率因数，作为等值电弧炉的平均功率因数，并以此计算出功率因数补偿所需的容量 Q_{cp}。

（5）计算平衡电抗器所需要的电容器组容量。

电弧炉正常运行时，晶闸管控制的电抗器在整个运行期间，可认为吸收的无功功率平均为其额定容量 0.5～0.6。因此，平衡电抗器需要的电容器容量为电抗器额定容量的一半。

$$Q_{cb} = \frac{1}{2}Q_r$$

（6）SVC 所需电容器总容量。

$$Q_{C1} = Q_{cp} + Q_{cb}$$

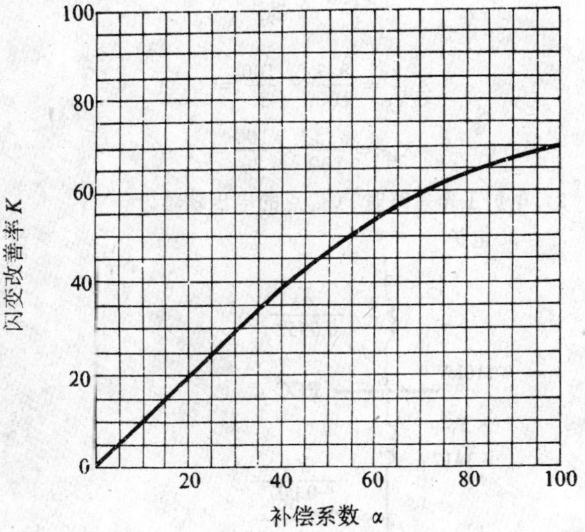

图 12-55　闪变改善率和补偿系数关系曲线

（7）滤波器的配置。波动负荷一般均产生大量高次谐波电流，因此，通常利用 SVC 的电容器组成滤波器，以滤除高次谐波。使得 PCC 点谐波指标满足国家规定的要求，各组滤波器的基波输出无功功率之和必须大于或等于上述（6）项的 Q_{C1}值。

12.4.2　轧机用的 TCR 型 SVC 的计算

轧机类负荷无功功率变化速度比电弧炉慢，三相处于平衡状态。电压闪变不是主要问题，SVC 的作用主要是抑制电压波动。

最大无功功率波动量按下式计算

$$\Delta Q_{max} = Q_{max} - Q_0 \tag{12-41}$$

式中　Q_0 ——轧机空载或多台轧机负荷迭加后基本负荷无功功率；

Q_{max}——轧机的最大无功负荷。

主电抗器容量按下式计算

$$Q_r = 1.1(\Delta Q_{max} - \Delta V_{p_{min}} S_s) \tag{12-42}$$

式中　Q_r ——主电抗器容量，MVA；

$\Delta V_{p_{max}}$——PCC 点电压波动最大允许值，%；

S_s——PCC 点正常小方式时系统短路容量，MVA。

12.4.3　设计实例

某炼钢厂供电系统如图 12-56 所示，设备和系统参数及具体要求见后，设计一台 35kVTCR 型静止补偿器。

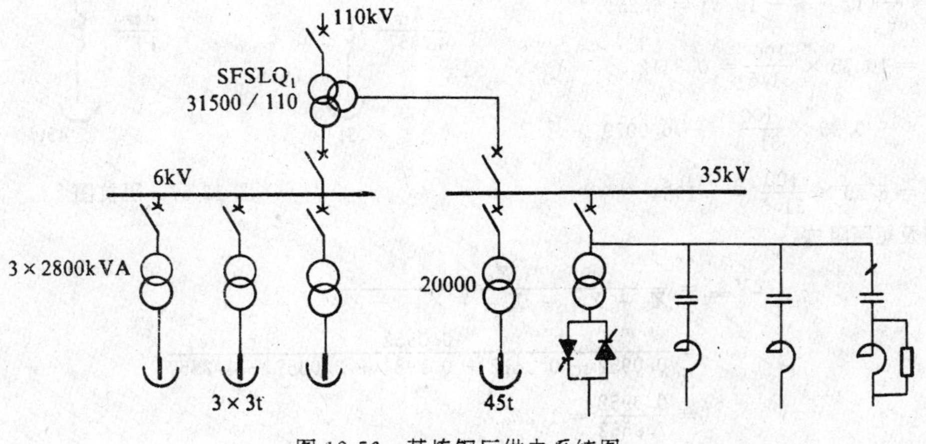

图 12-56　某炼钢厂供电系统图

（1）已知条件：

设备参数：三圈供电变压器 SFSLQ-31500/110，31500kVA，110/37/6.3kV，110kV 侧带有载调压装置。Y,yn0,d11 结线，短路阻抗 $U_{T_{I-II}}$=10.5%，$U_{T_{I-III}}$=17%，$U_{T_{II-III}}$=6%；

3t 电弧炉变压器 2800kVA，6.3/0.22～0.123kV，U_T=8.5%，短网阻抗 12%，电抗器 15%（工厂实际上不用电抗器，故计算时不考虑）共 3 台。

45t 电弧炉变压器 20000kVA，35/0.426～170kV，$U_T=8.3\%$，短网阻抗 30%。

系统参数：110kV 母线短路容量 $S_{min}=1050MVA$，$S_{max}=1500MVA$（没有取得正常小方式数据）。

110kV 现有电压畸变值：$U_3=0.8\%$，$U_5=0.05\%$，$U_7=0.02\%$。

（2）PCC 点要求达到的指标：

最大电压波动值	≤2%
等效 10Hz 电压闪变值 ΔV_{10}	≤0.5%
综合电压畸变率	≤1.5%
月平均功率因数	≥0.92

（3）设计计算：

1）元件阻抗计算（阻抗图如图 12-57 所示）。

取 $S_j=100MVA$

110kV 系统阻抗

$$X_{s_{max}}=\frac{100}{1050}=0.0952$$

$$X_{s_{min}}=\frac{100}{1500}=0.0667$$

供电变压器阻抗：

$$X_1=\frac{1}{2}(10.5+17-6)=10.75\%$$

$$X_2=\frac{1}{2}(10.5+6-17)=-0.25\%$$

$$X_3=\frac{1}{2}(17+6-10.5)=6.25\%$$

$$X_{1T1}=10.75\times\frac{100}{31.5}=0.3412$$

$$X_{1T2}=-0.25\times\frac{100}{31.5}=-0.0079$$

$$X_{1T3}=6.25\times\frac{100}{31.5}=0.1984$$

电炉变压器及短网阻抗：

3t 电炉

$$X_{1FT}=\frac{8.5}{100}\times\frac{100}{2.8}=3.0357$$

$$X_{1F}=\frac{12}{100}\times\frac{100}{2.8}=4.2857$$

45t 电炉

$$X_{2FT}=\frac{8.3}{100}\times\frac{100}{20}=0.415$$

$$X_{2F}=\frac{32}{100}\times\frac{100}{20}=1.6$$

2）电炉工作短路时 PCC 点的电压跌落。

3t 电炉

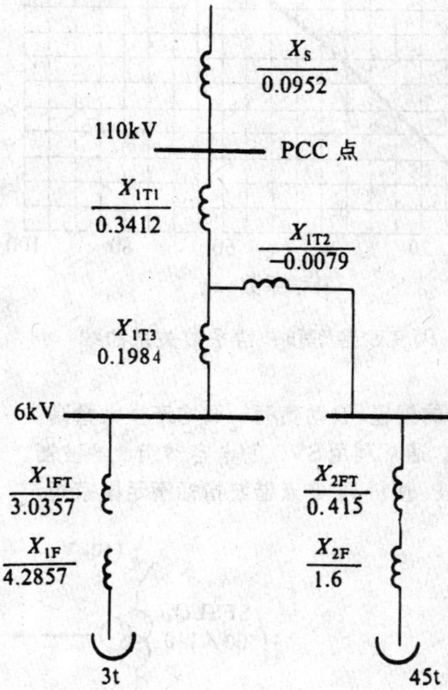

图 12-57 阻抗图

$$\Delta V_{max_1}=\frac{X_S}{X_S+X_{1T1}+X_{1T3}+X_{1FT}+X_{1F}}=\frac{0.0952}{0.0952+0.3412+0.1984+3.0357+4.2857}=\frac{0.0952}{7.9562}=1.2\%$$

45t 电炉

$$\Delta V_{max_2}=\frac{X_S}{X_s+X_{1T1}+X_{1T2}+X_{2FT}+X_{2F}}=\frac{0.0952}{0.0952+0.3412+0.0079+0.415+1.6}=\frac{0.0952}{2.4435}=3.9\%$$

$$\Delta V_{max}=\sqrt[4]{(1.2\%)^4+(3.9\%)^4}=3.91\%$$

3）最大波动无功功率计算。

一台 3t 电炉运行，最大波动无功功率为

$$Q_{max_1}=\frac{S_j}{X_S+X_{1T1}+X_{1T3}+X_{1FT}+X_{1F}}$$

$$=\frac{100}{0.0952+0.3412+0.1984+3.0357+4.2857}$$

$$=12.57\text{Mvar}$$

一台 45t 电炉运行，最大波动无功功率为

$$Q_{max_2}=\frac{S_j}{X_S+X_{1T1}+X_{1T2}+X_{2FT}+X_{2F}}$$

$$=\frac{100}{0.0952+0.3412-0.0079+0.415+1.6}$$

$$=40.92\text{Mvar}$$

4 台炉同时工作时，等值最大无功功率波动为

$$Q_{max}=\sqrt[4]{12.57^4\times 3+40.92^4}$$

$$=41.2\text{ Mvar}$$

4）电炉工作短路时在 PCC 点引起的电压波动和电压闪变。

ΔQ 值的计算：

$\Delta Q_{max_1}=Q_{max_1}(\sin^2\varphi_S-\sin^2\varphi_R)$

电炉工作短路时，可近似认为 $\sin\varphi_S$ 为 1.0，则 ΔQ_{max_1} 只与 $\cos\varphi_R$ 有关，即

$$\Delta Q_{max_1}=Q_{max_1}\cos^2\varphi_R$$

φ_R 即为电炉负荷的功率因数角，3t 炉 $\cos\varphi_R=0.85$；45t 炉 $\cos\varphi_R=0.79$。

一台 3t 炉运行时电压波动和电压闪变值

$\Delta Q_{max_1}=12.57\times 0.85^2=9.08\text{ Mvar}$

$\Delta V_{max_{F1}}=\frac{\Delta Q_{max_1}}{S_{smin}}=\frac{9.08}{1050}=0.0086$

$\Delta V_{10_{max1}}=\frac{0.0086}{4.6}=0.00188$

45t 炉运行时电压波动和电压闪变值

$\Delta Q_{max_2}=40.92\times 0.79^2=25.54\text{ Mvar}$

$\Delta V_{max_{F2}}=\frac{25.54}{1050}=0.0243$

$\Delta V_{10_{max2}}=\frac{0.0243}{4.6}=0.00529$

$\Delta V_{10_{max}}=\sqrt{0.00188^4\times 3+0.00529^4}$

$=0.535\%$

5）求闪变改善率 K。

用 $\Delta V_{10_{max}}$ 求 K

$$K=\frac{0.00535-0.005}{0.00535}=6.5\%$$

用 ΔV_{max} 求 K

$$K=\frac{3.91-2}{3.91}=49\%$$

6）求补偿系数 α。

用 $K=49\%$，查曲线图 12-55 得：

$\alpha=56\%$

7）电抗器容量。

$Q_R=\alpha Q_{max}$

$=56\%\times 41.2$

$=23.1\text{ MVA}$

8）补偿用电容器容量。

(a) 功率因数补偿所需的电容器容量：

4 台电炉同时工作，设较大的两台电炉处于熔化期，另外两台处于精炼期，其功率因数见表 12-10。

表 12-10　功率因数

炉容	工况	$\cos\varphi$	$\sin\varphi$	$\text{tg}\varphi$
45t	熔化期	0.79	0.613	0.776
1×3t	熔化期	0.85	0.527	0.62
2×3t	精炼期	0.9	0.436	0.484
补偿后		0.95		0.329

45t 电炉

$$P_1=20\times 0.79=15.8\text{ MW}$$

$$Q_1=20\times 0.613=12.26\text{ Mvar}$$

$$Q_{cp1}=1.2\times 15.8(0.776-0.329)=8.475\text{ Mvar}$$

1 台 3t 电炉

$$P_2=2.8\times 0.85=2.38\text{ MW}$$

$$Q_2 = 2.8 \times 0.527 = 1.475\ \text{Mvar}$$

$$Q_{cp2} = 1.2 \times 2.38(0.62 - 0.329) = 0.831\ \text{Mvar}$$

2 台 3t 电炉

$$P_3 = 2 \times (2.8 \times 0.9) = 5.04\ \text{MW}$$

$$Q_3 = 2 \times (2.8 \times 0.436) = 2.442\ \text{Mvar}$$

$$Q_{cp} = 1.2 \times 5.04 \times (0.484 - 0.329) = 0.937\ \text{Mvar}$$

功率因数补偿到 0.92 后，4 台电炉正常运行时供电变压器的负荷量

$$\begin{aligned} S_{\Sigma F} &= (P_1 + P_2 + P_3) + j[(Q_1 + Q_2 + Q_3) - (Q_{CP_1} + Q_{CP_2} + Q_{CP_3})] \\ &= (1.5 + 2.38 + 5.04) \times 1.2 + j[(12.26 + 1.475 + 2.442) \times 1.2 - (8.475 + 0.831 + 0.937)] \\ &= 27.864 + j9.178 = 29.34\, e^{j18.2^\circ} \end{aligned}$$

供电变压器消耗的无功功率

$$Q_T = 29.34 \times 8\% = 2.35\ \text{Mvar}$$

6kV 侧功率因数补偿容量

$$Q_{cp_{6.3}} = (0.831 + 0.937)\left(\frac{6.6}{6}\right)^2 = 2.14\ \text{Mvar}$$

35kV 侧功率因数补偿容量

$$Q_{cp_{35}} = 8.475 + 2.14 = 10.61\ \text{Mvar}$$

（b）平衡电抗器滞后无功所需容量

$$Q_{cb} = \frac{1}{2}Q_p = \frac{1}{2} \times 23.1 = 11.55\ \text{Mvar}$$

（c）35kV 侧电容器总装容量：

$$Q_c = 10.61 + 11.55 = 22.16\ \text{Mvar}$$

9）谐波电流，电压波形畸变计算。

表 12-11 为本实例谐波电流，谐波电压波形畸变计算机运算结果。

本实例 TCR 容量是按满足 PCC 点电压波动小于等于 2%来确定，如用 ΔQ_{max}则只能满足电压闪变的要求。

表 12-11　谐波电流和电压波形畸变率计算结果表

谐波级次	6kV 母线					35kV 母线					110kV 母线		35kV 母线	6kV 母线
	1×3t 炉		2×3t 炉		$I_{n\Sigma}$ A	45t 炉		TCR		$I_{n\Sigma}$ (A)	$I_{n\Sigma}$ (A)	THDv① (%)	THD_v (%)	THD_v (%)
	K_n (%)	I_n (A)	K_n (%)	I_n (A)		K_n (%)	I_n (A)	K_n (%)	I_n (A)					
2	10	25.66	3.5	2×8.98	28.63	9	29.69			26.69	9.12	0.331		
3	12	30.79	4	2×10.26	34.04	10	32.91	0.6	2.27	33.04	11.28	0.614		
4	6	15.4	1.9	2×4.8	16.83	6	19.79			19.79	6.7	0.486		
5	7	17.96	2.8	2×7.18	20.63	10	26.69	5	18.59	35.22	11.9	1.08		
6	3	7.7			7.7	3	9.9			9.9	3.36	0.366		
7	6	15.4	1	2×2.56	15.8	6	17.79	2.6	9.85	22.11	7.49	0.951		
9	3	7.7				3	9.9	0.1	0.38	9.91	3.33	0.544		
11	1	2.57	0.4	2×1.02	2.95	1	3.29	1	3.78	5.01	1.69	0.337		
13	1	2.57	0.3	2×0.77	2.79	1	3.29	0.7	2.65	4.22	1.43	0.337		
17	1	2.57	0.1	2×0.26	2.6	1	3.29	0.7	2.65	4.22	1.42	0.438		
19	1	2.57	0.1	2×0.26	2.6	1	3.29	0.7	2.65	4.22	1.42	0.49		
												1.96	8.83	13.06

注：①THD_v 指总电压畸变百分数。

本表中电弧炉谐波电流系数仅适用于普通功率电炉。

10）滤波器配置。

据第 9）项，谐波电压畸变值已超过国家规定值，故须设置滤波器，经多方案比较，以及运行计算，确定在 35kV 侧装设三个滤波器，基波无功输出为：

H_2 2 次单调谐滤波器 4.9 Mvar

H_3 3 次单调谐滤波器 5.5 Mvar

H_5 5 次单调谐滤波器 11.8 Mvar

三组滤波器设运后 110kV 母线综合电压畸变率为 0.7%，满足国家规定要求，基波总的无功输出量为 22.2 Mvar，满足 35kV 侧功率因数补偿之要求。

6kV 侧装一组纯电容器组，电压选为 6.6kV。容量为 2.14 Mvar，能正常安全运行，也能满足功率因数补偿之要求。

SVC 投运前后效果分析见表 12-12。

表 12-12 SVC 投运前后效果比较表

项目	补偿前	补偿后
运行设备容量（MVA）	3×2.8 +1×20	3×2.8 +1×20
TCR 容量		23.1
滤波器基波无功输出（Mvar）		22.2
PCC 点电压波动（%）	3.91	<2
PCC 点电压闪变（%）	0.535	<0.5
PCC 点综合电压畸变（%）	1.96	<1.5
PCC 点功率因数	~0.8	≥0.92

12.5 自饱和电抗器（SR）型 SVC 的设计计算

作为负荷补偿用的自饱和电抗器型静止补偿器，利用其固有的斜率特性，自动地对负荷波动无功进行跟踪补偿而省去复杂的调节系统。为了防止因系统电压偏移增加自饱和电抗器的容量（或因电压偏移造成严重的过负荷），通常在自饱和电抗器前须装一个有载调压变压器，变压器有载分接开关受负荷控制器控制，保证自饱和电抗器在稳定的工作点运行。

12.5.1 电弧炉用 SR 型 SVC 的计算

单线系统图见图 12-58。

（1）电炉变压器一次侧母线空载电压值

电炉变压器一次侧母线空载电压值 V_0 的选择，不应超过电气设备额定电压的 1.1 倍。空载电压的大小对 SR 的斜率和容量有影响。在电压波动指标一定的条件下，空载电压高，斜率和容量皆会增大。

（2）有载调压变压器调压范围

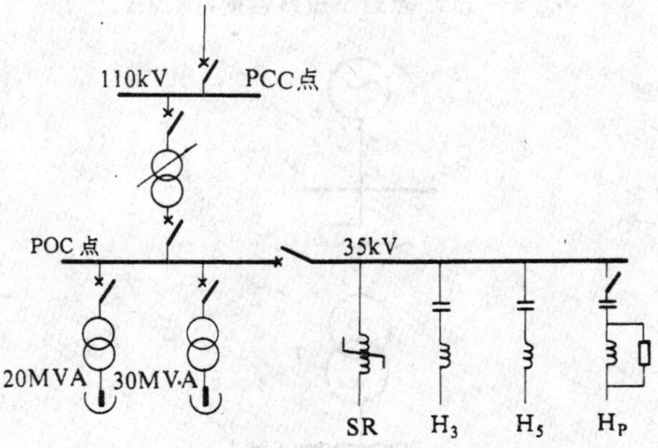

图 12-58 SR 型静止补偿器典型系统

有载调压变压器调压范围，如图 12-59 所示，并由下列公式决定

$$V_0=\frac{V}{1+t_1\%}(1+t_2\%) \tag{12-43}$$

$$t_1\%=\frac{V}{V_0}(1+t_2\%)-1 \tag{12-44}$$

$$t_2\%=\frac{V_{T2}}{V_{FT}}-1 \tag{12-45}$$

式中 V_0——电炉变压器一次侧母线空载电压，kV；

V——PCC 点电网电压，kV；

$t_1\%$——有载调压变压器的调压范围；

$t_2\%$——虚拟调压抽头，此抽头是由于供电变压器二次侧电压与电炉变压器一次侧电压不一致而产生的；

V_{T2}——供电变压器二次侧电压，kV；

V_{FT}——电炉变压器一次侧电压，kV。

（3）最大无功功率波动量和电压波动值

最大无功功率波动量和电压波动值按 12.4 节计算。

（4）静止补偿器的无功输出量

静止补偿器的无功输出量

$$Q_c=\left(\frac{V_0}{V_{FT}}\right)^2\Delta Q_{max}-\left(\frac{V}{V_N}\right)^2 \quad \Delta V_{p_{max}}S_{s_{min}} \tag{12-46}$$

式中 Q_c——无功输出量，MVA；

ΔQ_{max}——最大无功功率波动量，MVA；

V——PCC 点电网正常运行状态下电压偏移最低值，kV；

V_N——PCC 点电网额定电压，kV；

$\Delta V_{p_{max}}$——PCC 点允许的最大电压波动值，%；

$S_{s_{min}}$——PCC 点最小短路容量，MVA。

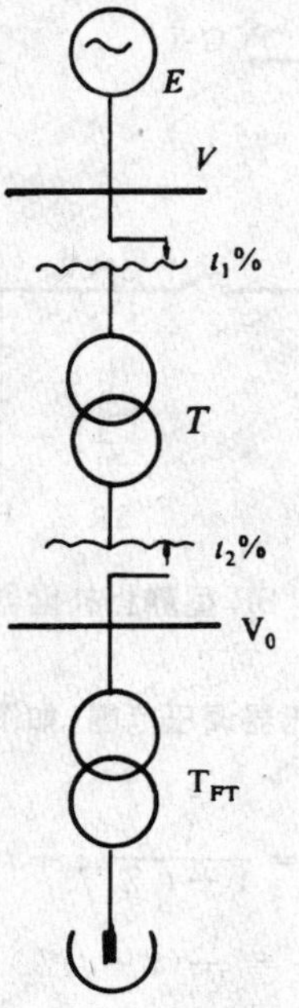

图 12-59　变压器调压范围示意图

（5）静止补偿器无功电流输出值

静止补偿器无功电流输出值

$$I_c = \frac{Q_c}{V_c} \tag{12-47}$$

$$V_c = V_0 - \Delta V_{c_{max}} \tag{12-48}$$

$$\Delta V_{c_{max}} = \left(\frac{V}{V_N}\right)^2 \quad \Delta V_{p_{max}} \frac{S_{s_{min}}}{S_j} X \tag{12-49}$$

式中　V_c——联结点（POC）最低运行电压；

$\Delta V_{c_{max}}$——POC 点最大电压波动，%；

X——电网电源点至 POC 总电抗标幺值。

（6）静止补偿器阻抗

静止补偿器阻抗

$$X_C = \frac{\Delta V_{c_{max}}}{I_c}$$

（7）根据 V_0、V_c、I_c、X_e 画出静止补偿器 V-A 特性曲线和等值线路图（图 12-60、图 12-61）。

（8）死区电流计算

死区电流

$$I_{DB} = \frac{2\Delta V_{tap}}{X} \tag{12-50}$$

式中　ΔV_{tap}——有载调压变压器有载分接开关每档电压百分值。

X 的计算（参见图 12-62）。

$$X_3 = X_T(1 + t_2) \tag{12-51}$$

$$X_4 = X_S \Big/ \left(\frac{1 + t_1}{1 + t_2}\right)^2 \tag{12-52}$$

$$X = X_3 + X_4 + X_e$$

式中　X——PCC 点以下，包括 SVC 阻抗在内的总阻抗，Ω。

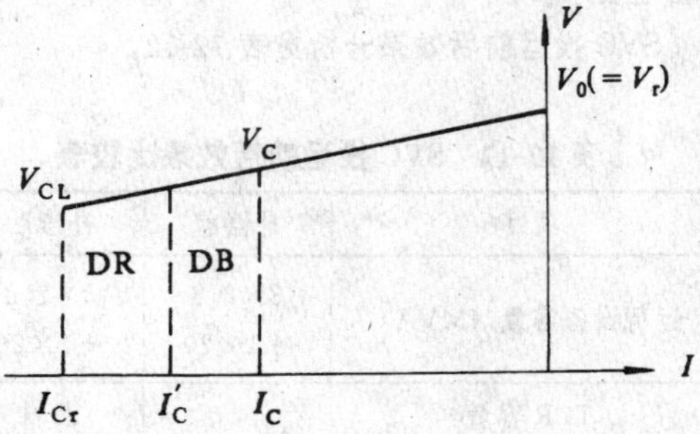

图 12-60　静止补偿器 V-A 特性

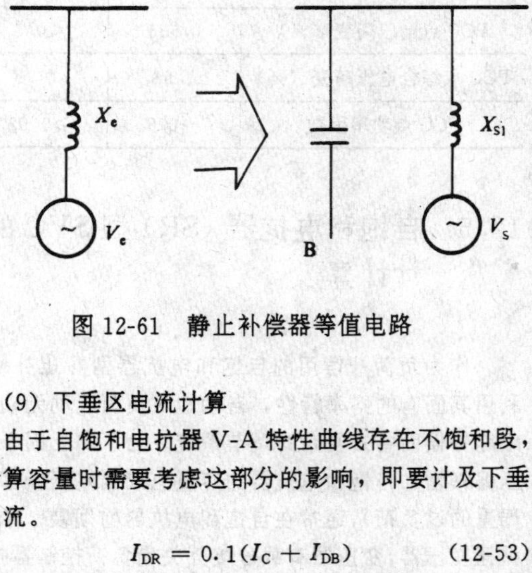

图 12-61　静止补偿器等值电路

（9）下垂区电流计算

由于自饱和电抗器 V-A 特性曲线存在不饱和段，在计算容量时需要考虑这部分的影响，即要计及下垂区电流。

$$I_{DR} = 0.1(I_C + I_{DB}) \tag{12-53}$$

（10）SVC 的总电流 I_{CR}和 V-A 特性曲线上最低点电压 V_{CL}。

SVC 总电流按下式计算

$$I_{CR} = 1.1(I_C + I_{DB}) \tag{12-54}$$

V-A 特性曲线上最低点电压按下式计算

$$V_{CL} = V_0 - I_{CR}X_e$$

（11）SVC 电容器组容量

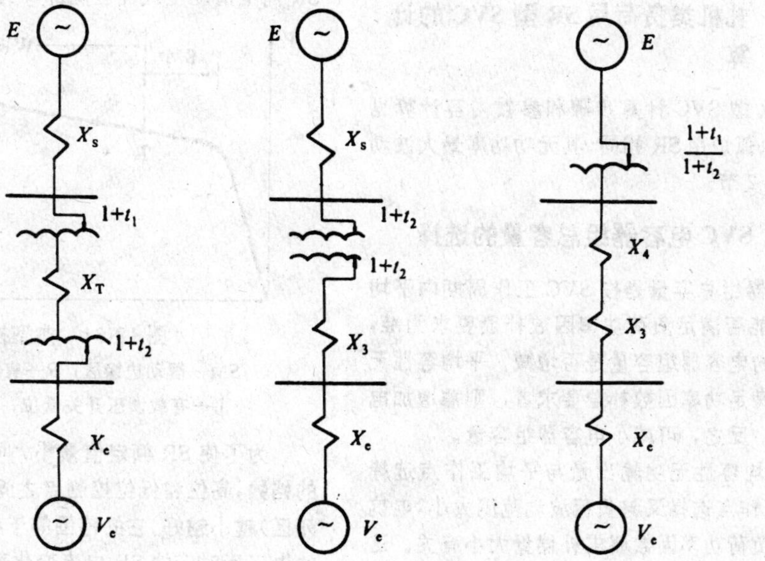

图12-62　X计算阻抗变换图

电容器组电纳　$B=\frac{I_{CR}}{V_{CL}}$　(12-55)

电容器组容量　$Q_{cb}=BS_j$　(12-56)

(12) SR特性参数计算

SVC的V-A特性见图12-63，参数计算如下：

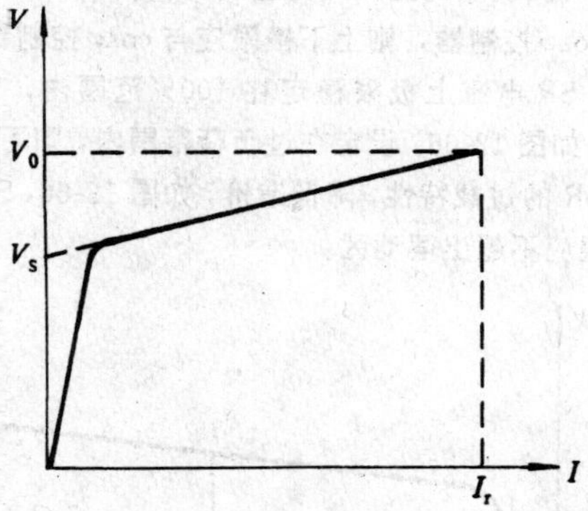

图12-63　自饱和电抗器V-A特性

额定电压　$V_r=V_0$　(12-57)

额定电流　$I_r=BV_r$　(12-58)

额定容量　$Q_r=BV_r^2$　(12-59)

饱和电压　$V_s=\frac{V_r}{1+BX_e}$　(12-60)

斜率电抗　$X_{sl}=\frac{X_e}{1+BX_c}$　(12-61)

斜率电抗百分值　$X_s\%=X_{sl}\frac{Q_{sr}}{S_j}$　(12-62)

制造厂家计算斜率电抗百分比的简便公式

$$X_s\%=\frac{V_r-V_s}{V_s} \quad (12\text{-}63)$$

斜率电抗有名值

$$X_s=\frac{V_s}{\sqrt{3}\,I_r}X_s\% \quad (12\text{-}64)$$

X_s、V_s与X_e、V_e之间关系式如下

$$V_e=\frac{V_s}{1-BX_{sl}} \quad (12\text{-}65)$$

$$X_e=\frac{X_{sl}}{1-BX_{sl}} \quad (12\text{-}66)$$

自饱和电抗器斜率在8～15%范围内取值较经济，10～12%为最佳值范围。斜率电抗，工厂在制造时会有±10%误差，如果是正误差；将会使饱和电抗器调节特性变坏，故计算出X_{sl}值提供制造厂时需除以1.1系数。

由于材料性能和制造工艺上的原因，SR饱和电压值V_s提供制造厂时，应考虑的误差取值如下：

斜率电抗 (X_{sl})	误差
15%	1%
11%	1.5%
7.5%	2.5%

12.5.2 轧机类负荷用SR型SVC的计算

轧机用SR型SVC计算步骤和参数内容计算见12.5.1节，与电弧炉用SR相同。其无功功率最大波动量计算见12.4.2节。

12.5.3 SVC电容器组总容量的选择

SVC电容器组总容量是按SVC工作周期内平均容性无功输出能否满足负荷功率因数补偿要求为准，确定前面计算的电容器组容量是否增减。平均容性无功输出量不能满足功率因数补偿要求者，则需增加电容器组的容量。反之，可减小电容器组容量。

SVC的平均容性无功输出量与平均工作点选择有关，而平均工作点选择又与负荷波动范围大小，电抗器容量大小及负荷功率因数要求补偿量大小有关。这个工作点受负荷控制器或cosφ控制器控制。初步设计时粗略估算，SR平均工作点可选在65～80%之间，亦即平衡电抗器滞后无功的电容器容量为$Q_{cb}=(0.65\sim0.8)Q_{SR}$。

电容器组总容量为

$$Q=Q_{cp}+Q_{cb}=Q_{cp}+(0.65\sim0.8)Q_{SR}$$

式中　Q_{cp}——补偿功率因数所需要的电容器容量。

12.5.4 SR的控制系统——负荷控制器

SR是一种响应于系统电压变化的装置。负荷变化引起电压波动和电力系统电压变化均引起SR电流的变化。设置SR控制器可以消除或减小因系统电压变化所引起的电流波动，从而减小SR的额定容量。这种控制系统可以用来控制SR的电流，甚至可以用来控制电容器组的投切，以维持负荷cosφ在一定范围内。负荷控制器和cosφ控制器控制原理一样，控制设备亦相同。设定用于控制负荷者称负荷控制器，设定用于调节cosφ者称cosφ控制器。大多数情况下，只需要设置负荷控制器，就可以满足要求。

12.5.4.1 电流控制的设定

饱和电抗器的电流控制，是通过对变压器的有载调压开关控制实现的，从而达到负荷控制和cosφ控制的目的。也有极少的情况下对SR的MVA量控制。为了防止SR的过负荷，有载调压开关的较低位置（较高的电压），总是对应于SR的额定电流。较高位置（较低电压），取决于SVC的容量，负荷摆动范围，如图12-64所示，有载调压开关较高位置点，对应负荷最大，即SR向下滑动至线性区尾部，为摆动边缘区SM。

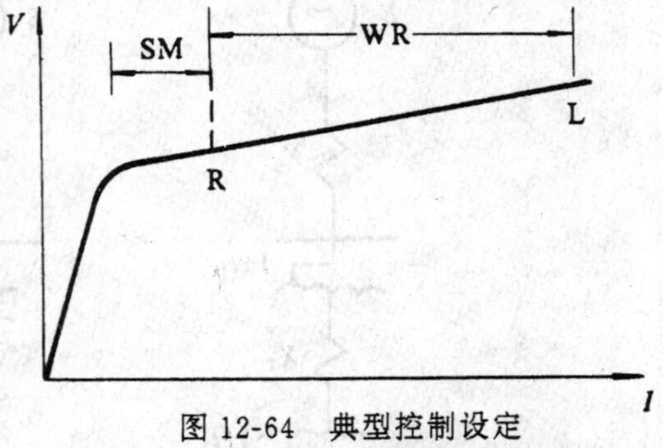

图12-64　典型控制设定

SM—摆动边缘区；R—有载调压开关高位；L—有载调压开关低位；WR—工作范围

为了使SR额定值最小，同时减少有载调压开关的档数，高位和低位控制点之间的死区（负荷控制器的死区）越小越好。它的范围等于有载分接开关两个档次的电压所对应的SR电流变化范围。

12.5.4.2 负荷控制器

负荷控制器具有两种功能：防止SR的过负荷运行；保证在任何可能的负荷变化时，SVC提供满意的无功补偿量，以适应负荷变化之要求。

负荷控制器的设定和应注意的问题：

(1) 根据已知的参数（包括波动负荷，SVC的参数），计算SVC的平均工作点。

(2) 以平均工作点为基准，计算出上下极限点。如有cosφ控制器，则上下极限应与cosφ控制器相配合。

SR电流上极限稳定在100%范围内，工作较安全，如图12-65。设定在过负荷范围内，则可以充分利用SR的过载特性，降低造价，如图12-66，SR电流下极限应不超出摆动区。

图12-65　SR的100%电流控制

LCDB—负荷控制器动作死区

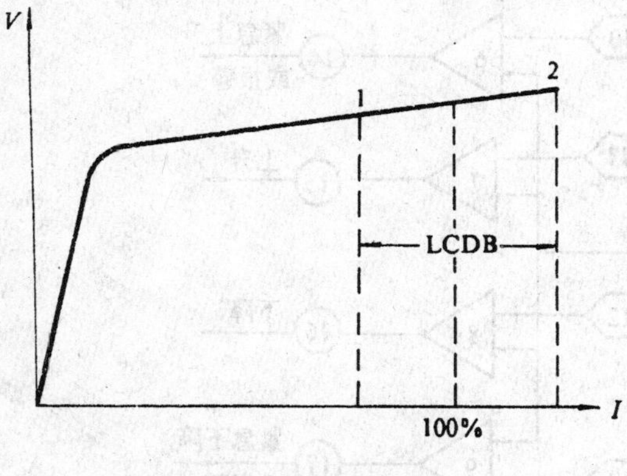

图 12-66 SR＞100％电流控制

LCDB—负荷控制器的动作死区

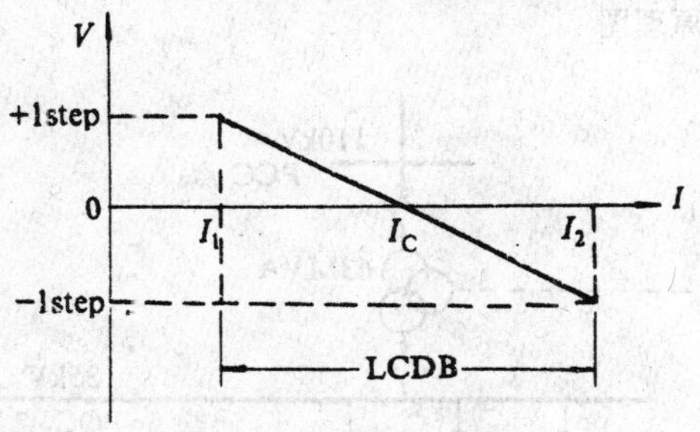

图 12-67 负荷控制器上下极限

图 12-67 是工程上实用的负荷控制器设定方法，I_2 是以 I_0 为基准（I_0 为计算的工作点）的有载调压开关上下一个档分接头所对应的 SR 的电流值。

12.5.4.3 *功率因数控制器*

SVC 运行过程中，电压增高时，SR 吸入电流增加，cosφ降低。反之电压降低，SR 吸入电流减小，cosφ升高。功率因数控制器的设定，是根据所要求补偿的 Mvar 值，来决定 SR 工作在某一点上。其上下极限电流 I_1、I_2（见图 12-68）计算如下

$$I_1 = I_{CR} - 0.1 I_{SR}$$

$$I_2 = I'_{CR} - I_{SR}$$

$$I'_{CR} = I_{CR}\frac{V_r}{V_1}$$

式中 I_{SR}——饱和电抗器额定电流，A；

I_{CR}——电容器组额定电流，A；

V_r——饱和电抗器额定电压，V。

通常工程上设定也是尽量减小 I_1 与 I_2 之间的动作死区。在与负荷控制器同时使用时，其工作死区放在负荷控制器工作死区范围之内，如图 12-69 所示。INDB为内死区，电流在 2，3 点间，cosφ控制器不动作。电流在 1，4 之间，负荷控制器不工作。OUTDB 为外死区。V_2-V_1，V_4-V_2 为有载调压开关一个分接头的电压。

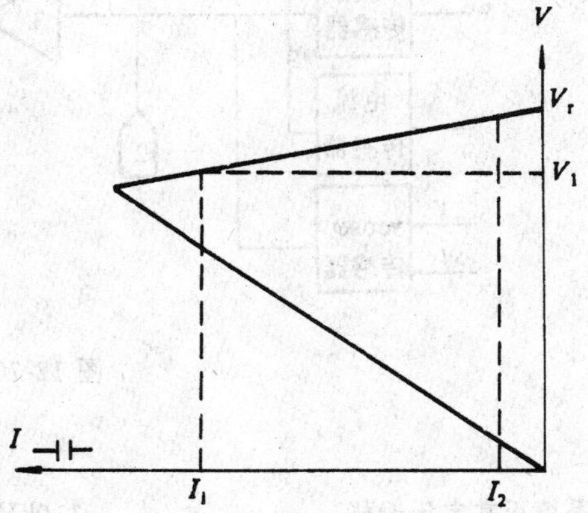

图 12-68 cosφ控制器极限电流示意图

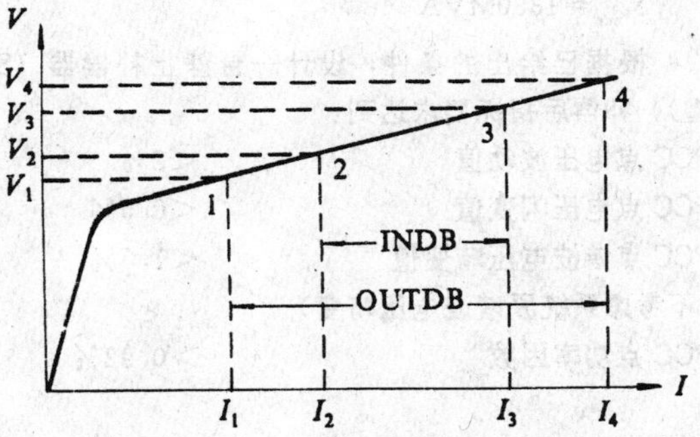

图 12-69 cosφ控制器与负荷控制器同时使用时电流控制

负荷控制器，cosφ控制器可用半导体电路或微机来实现，也可采用继电器接触器构成。其原理如图 12-70 所示。

12.5.5 计算实例

已知一炼钢厂，两台炼钢电弧炉，一台 30t 一台 50t。分别配电炉变压器 20、30MVA，共用一台 63MVA 供电变压器，110kV 为公共供电点（PCC 点）。110kV 母线短路容量为 S_{max} = 1960MVA，S_{min} = 1350MVA。供电系统见图 12-71，各元件参数见表 12-13。

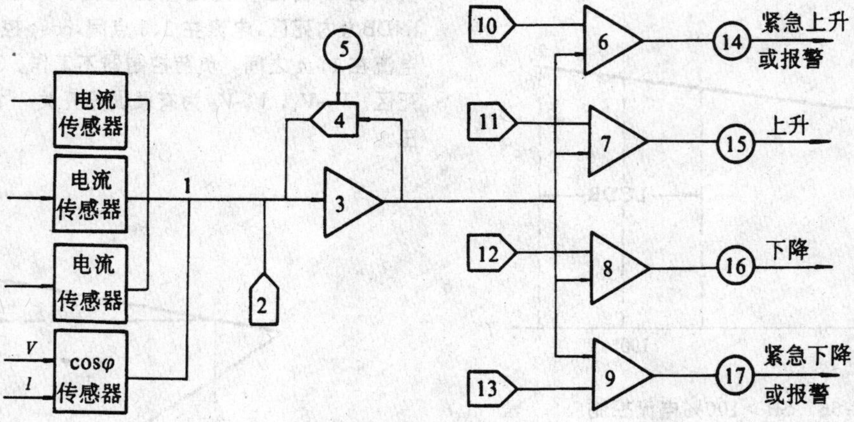

图 12-70　控制器工作原理图

系统正常电压偏移　$110kV^{+5\%}_{-10\%}$

系统正常频率波动　$50Hz^{+10\%}_{-2\%}$

110kV 母线短路容量：$S_{s_{max}}=1960MVA$，$S_{s_{min}}=1350MVA$

根据已给出的条件，设计一台静止补偿器（SR型），补偿后指标要求达到：

PCC 点电压波动值　<2%

PCC 点电压闪变值　<0.5%

PCC 点谐波电压畸变值　<1.5%

（不考虑系统原谐波电压畸变）

PCC 点功率因数　>0.92%

（1）阻抗计算

阻抗图见图 12-72。

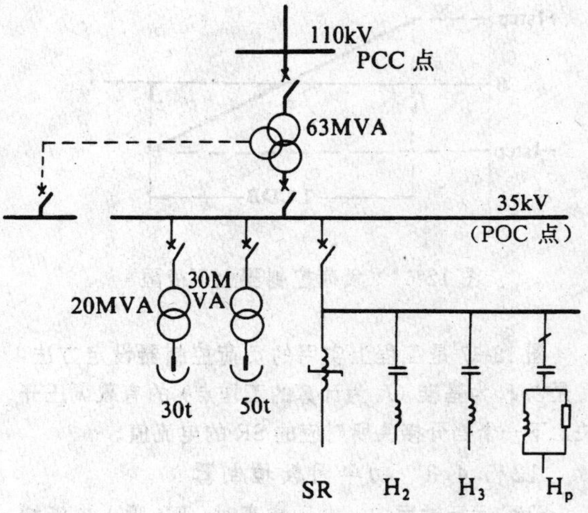

图 12-71　炼钢厂供电单线系统图

表 12-13　元件参数表

变压器名称	型号	容量（MVA）	电压（kV）	自载调压档数	结线组别	损耗		阻抗电压		
						压载（kW）	短路（kW）	高一中（%）	高低（%）	中一低（%）
主变压器	SFPSZZ-63000/110	63	115/37/6.3	±9×1.25%	Yn0，y，d	84.7		10.5	18.5	6.5
30t 电炉变压器	HSSPZ-30000/35	20	35/0.34～0.15	19 档	Y，d11	35	188		7	
50t 电炉变压器	HSSPZ-40000/35	30	35/0.38～0.16	31 档	D，d12	55	252		6	

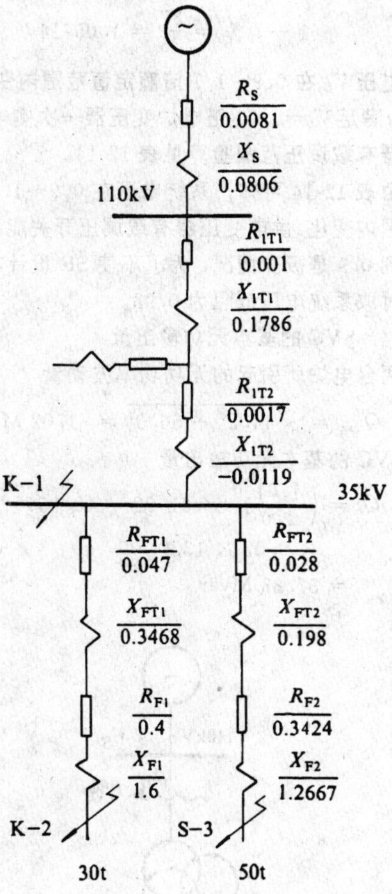

图 12-72 等值阻抗图

取基准容量 $S_j=100$ MVA

系统阻抗

$$Z_{S_{max}}=\frac{100}{1350}=0.0741$$

$$Z_{S_{min}}=\frac{100}{1960}=0.051$$

由于基准电压 $U_j=115$kV 与运行电压不符，阻抗需进行折换。

$$Z'_{S_{max}}=0.0741\times\left(\frac{115}{110}\right)^2=0.081$$

$$Z'_{S_{min}}=0.051\times\left(\frac{115}{110}\right)^2=0.0557$$

$$R_{S_{max}}=\frac{1}{10}Z'_{S_{max}}=0.0081$$

$$R_{S_{min}}=\frac{1}{10}Z'_{S_{min}}=0.0056$$

$$X_{S_{max}}=\sqrt{0.081^2-0.0081^2}=0.0806$$

$$X_{S_{min}}=\sqrt{0.0557^2-0.0056^2}=0.0554$$

供电变压器阻抗

$$X_1=\frac{1}{2}\ (10.5+18.5-6.5)\%=11.25\%$$

$$X_2=\frac{1}{2}\ (10.5+6.5-18.5)\%=-0.75\%$$

$$X_3=\frac{1}{2}\ (6.5+18.5-10.5)\%=7.25\%$$

$$X_{1T1}=11.25\%\times\frac{100}{63}=0.1786$$

$$X_{1T2}=0.75\%\times\frac{100}{63}=-0.0119$$

$$X_{1T3}=7.25\%\times\frac{100}{63}=0.1151$$

变压器各侧电阻，简化计算如下：

高—中侧短路损耗 107kW

中—低侧短路损耗 107kW

高—低侧短路损耗 86kW

$$R_{1\text{-}2}=R_{2\text{-}3}=\frac{0.107}{63}=0.0017\Omega$$

$$R_{3\text{-}7}=\frac{0.084}{63}=0.0013\Omega$$

$$R_1=\frac{1}{2}\ (0.0017+0.0013-0.017)\ =0.00065$$

$$R_2=\frac{1}{2}\ (0.0017+0.017-0.0013)\ =0.00105$$

$$R_3=\frac{1}{2}\ (0.0017+0.0013-0.0017)\ =0.00065$$

$$R_{1T1}=R_{1T3}=0.00065\times\frac{100}{63}=0.001$$

$$R_{1T2}=0.00105\times\frac{100}{63}=0.0017$$

30t 电炉回路阻抗

$$Z_{FT1}=7\%\times\frac{100}{20}=0.35$$

$$R=\frac{0.188}{20}=0.0094\Omega$$

$$R_{FT1}=0.0094\times\frac{100}{20}=0.047$$

$$X_{FT1}=\sqrt{0.35^2-0.047^2}=0.3468$$

$$X_{F1}=32\%\times\frac{100}{20}=1.6$$

$$R_{F1}=\frac{1}{4}X_{F1}=0.4$$

50t 电炉回路阻抗

$$Z_{FT2}=6\%\times\frac{100}{30}=0.2$$

$$R=\frac{0.252}{30}=0.0084\Omega$$

$$R_{FT2}=0.084\times\frac{100}{30}=0.028$$

$$X_{FT2}=\sqrt{0.2^2-0.028^2}=0.198$$

$$X_{F2}=38\%\times\frac{100}{30}=1.2667$$

$R_{F2}=\frac{1}{3.7}\times1.2667=0.3424$

（2）各点短路参数计算

K-1 短路（35kV 母线短路，最小运行方式计算）

$$Z_{\Sigma1}=0.0081+j0.0806+0.001+j0.1786+0.0017-j0.0119=0.0108+j0.2711=0.2713e^{j87.7°}$$

$$S_{K\text{-}1}=\frac{100}{0.2713}=369\ \text{MVA}$$

$$\Delta V_{110}=\frac{Z_S}{Z_z}=\frac{0.081}{0.2713}=29.9\%$$

K-2 短路（30t 电炉三相工作短路冲击）

$$Z_{\Sigma2}=0.0108+j0.2711+0.047+j0.3468+0.4+j1.6=0.4578+j2.2179=2.2646e^{j78.3°}$$

$$S_{K\text{-}2}=\frac{100}{2.2646}=44.2\ \text{MVA}$$

$$Q_{1_{max}}=S_{K\text{-}2}=44.2\ \text{MVA}$$

$$\Delta V_{35}=\frac{0.2713}{2.2646}=11.98\%$$

$$\Delta V_{110}=\frac{0.081}{2.2646}=3.58\%$$

K-3 短路（50t 电炉短路冲击）

$$Z_{\Sigma3}=0.0108+j0.2711+0.028+j0.198+0.3424+j1.2667=0.3812+j1.7358=1.7772e^{j77.6°}$$

$$S_{K\text{-}3}=\frac{100}{1.7772}=56.3\ \text{MVA}$$

$$Q_{2_{max}}=S_{K\text{-}3}=56.3\ \text{MVA}$$

$$\Delta V_{35}=\frac{0.2713}{1.7772}=15.27\%$$

$$\Delta V_{110}=\frac{0.081}{1.7772}=4.56\%$$

两台电炉可能引起的最大波动和闪变值

$$\Delta V_{35\Sigma}=\sqrt{0.1198^2+0.1527^2}=19.4\%$$

$$\Delta V_{110\Sigma}=\sqrt{0.358+0.456^2}=5.8\%$$

$$\Delta V_{10_{max}}=\frac{5.8}{3.6}=1.61\%$$

（3）设定电炉变压器一次侧最高空载电压 $V_0=1.01$，即 $V_0=1.01\times35=35.35$kV，验算供电变压器有载调压范围如图 12-73。

$$V_0=\frac{V_s}{1+t_1\%}(1+t_2\%)$$

$$t_1\%=\frac{V_s}{V_0}(1+t_2\%)-1$$

$$1+t_2\%=\frac{37}{35}=1.05714$$

系统电压 V_S 在 0.9～1.1 倍额定值范围内变化的情况下，为满足 $V_0=1.01$ 倍电炉变压器一次侧电压，供电变压器有载调压范围验算见表 12-14。

由表 12-14 可知，系统电压在 0.9～1.05 倍额定值范围内变化，供电变压器有载调压开关能满足要求。考虑到 0.9 是极少情况，为了不使 SR 设计容量过大，计算时取系统电压低阻为 0.95。

（4）SVC 的基本无功输出量

两台电炉所引起的无功功率波动量

$$Q_{max}=\sqrt[4]{44.2^4+56.3^4}=61.02\ \text{Mvar}$$

SVC 的基本无功输出量

$$Q_c=\left(\frac{1.01}{1.0}\right)^2\times61.02-(0.95)^2\times0.02\times1350=37.88\ \text{Mvar}$$

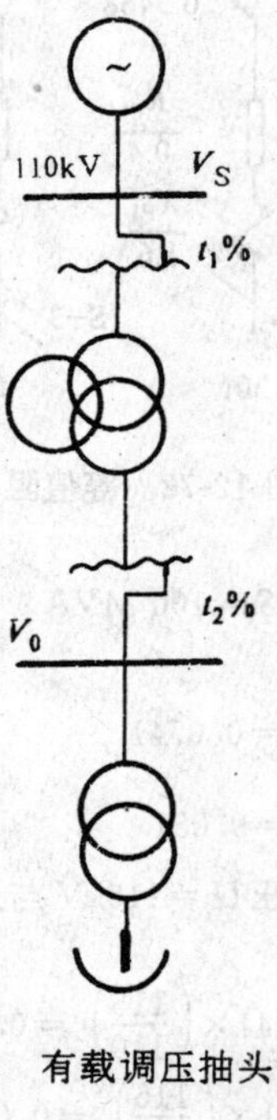

图 12-73　有载调压抽头设定

（5）补偿器的特性参数

POC 点最低电压值

$$V_c=1.01-(0.95)^2\times0.02\times1350\times0.2713/100=1.01-0.0661=0.9439$$

表 12-14 供电变压器有载调压范围验算表

系统电压标幺值	1.1	1.05	1.0	0.95	0.9
计算值 t_1（%）	15.13	9.9	1.05	0.006	−0.057
实际值 t_1（%）	12×1.25	8×1.25	4×1.25	0	−4×1.25
实际标幺值 V_0	1.01	1.01	1.01	1.00	1.00

注：标幺值 V_0 以电炉变一次侧电压 35kV 为基准。

$$\Delta V_{c_{max}} = 1.01 - 0.9439 = 0.0661$$

SVC 的基本电流输出值

$$I_c = \frac{37.88/100}{0.9439} = 0.4013$$

SVC 阻抗（见图 12-74）

$$X_e = \frac{0.0661}{0.4013} = 0.1647$$

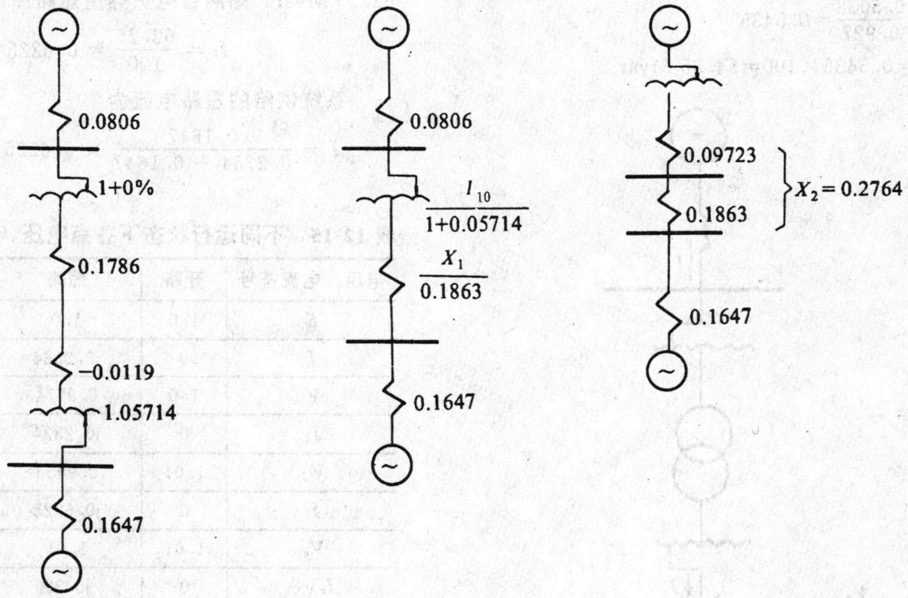

图 12-74 等值阻抗变换图

死区电流计算：

$$X_1 = (0.1786 - 0.0119) \times (1.05714)^2 = 0.1863$$

$$X_2 = 0.1863 + 0.0806 \Big/ \left(\frac{1}{1+0.05714}\right)^2 = 0.2764$$

$$X = 0.1647 + 0.2764 = 0.4411$$

$$I_{DB} = \frac{2\times 1.25\%}{0.4411} = 0.05667$$

补偿器电流

$$I'_C = 0.4013 + 0.05667 = 0.4580$$

$$I_{CR} = 1.1\times 0.4580 = 0.5038$$

补偿器特性曲线（见图 12-75）上最低点电压

$$V_{CL} = 1.01 - 0.5038\times 0.1647 = 0.927$$

等值接线图见图 12-76。

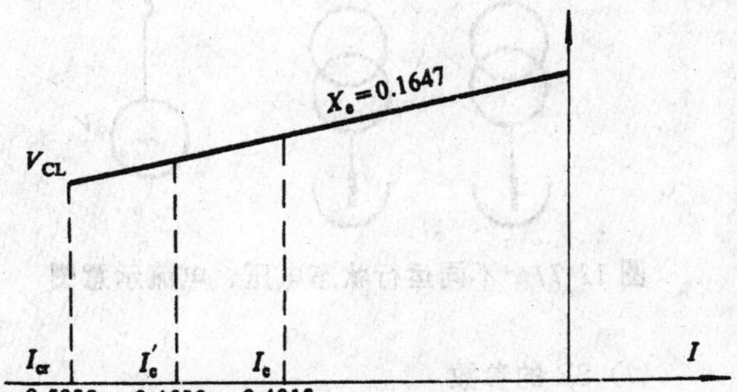

图 12-75 补偿器 V-A 特性曲线

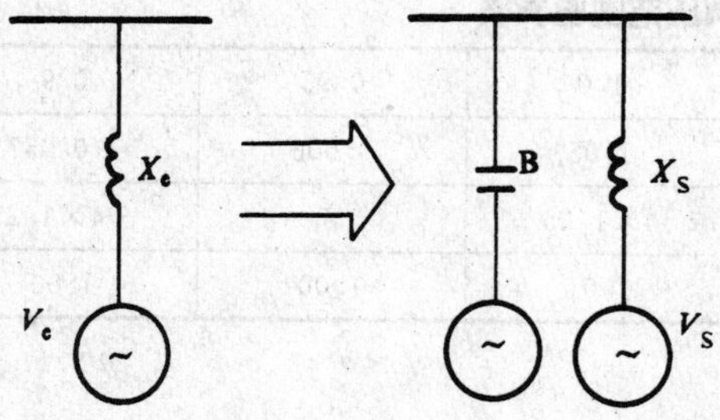

图 12-76 等值接线图

（6）平衡自饱和电抗器滞后无功所需的电容器组容量

$$B=\frac{0.5038}{0.927}=0.5435$$

$$Q_{cb}=0.5435\times100=54.35\ \mathrm{Mvar}$$

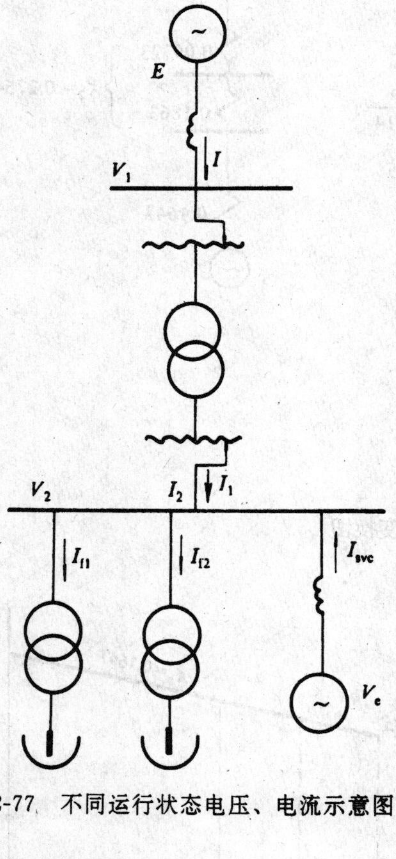

图 12-77 不同运行状态电压、电流示意图

（7）SR 的参数

$V_r=V_0=1.01$ （35.35kV）

$I_r=0.5435\times1.01=54.89$ （905.5A）

$S_r=0.5435\times1.01^2=0.5544$ （55.44 MVA）

$$V_s=\frac{1.01}{1+0.5435\times0.1674}=0.927\qquad(32.4\mathrm{kV})$$

$$X_s=\frac{0.1674}{1+0.5435\times0.1674}=0.1512$$

（以 $S_j=100$MVA 为基准）

$$X_s\%=0.1512\times\frac{55.44}{100}=8.38\%$$

（以 55.44MVA 为基准）

（8）负荷控制器的设定。不同运行状态电压、电流示意图见图 12-77。不同运行状态下各点电压、电流值见表 12-15。

1）短路状态计算

两台电炉短路冲击为 $Q_{max}=1.01^2\times61.02=62.25$ Mvar，则两台电炉等值短路冲击电流标幺值为

$$I_f=\frac{62.25}{100}=0.6225$$

系统供给的短路电流为

$$I=\frac{0.1647}{0.2764+0.1647}\times0.6225=0.2324$$

表 12-15 不同运行状态下各点电压、电流值（标幺值）

电压、电流符号	开路	短路	满负荷
E	1.0	1.0	1.0
I	0	j0.2324	0.474+j0.1388
V	1.0	0.9774	0.9865
I_1	0	j0.2324	0.474+j0.1388
V_2	1.01	0.9453	0.9716
I_f	0	j0.6225	0.474+j0.368
V_e	1.01	1.01	1.01
I_{SVC}	0	j0.39	j0.2292

补偿器供给的电流为

$$I_{SVC}=\frac{0.2764}{0.2764+0.1647}\times0.6225=0.39$$

$$V_1=1.0-0.2324\times0.09723=0.9774$$

$$V_2=1.01-0.2324\times0.2764=0.95$$

2）满负荷状态计算

满负荷状态按两台电炉同时打孔时进行计算，自然功率因数取 $\cos\varphi=0.79$，则 $\sin\varphi=0.6131$

$$P=1.2\times0.79\ (20+30)\ =47.4\ \mathrm{MW}$$

$$I_R=\frac{47.4}{100}=0.474$$

$$Q=1.2\times0.6131\ (20+30)\ =36.8\ \mathrm{Mvar}$$

$$I_x=\frac{36.8}{100}=0.368$$

补偿器供给的无功电流为

$$I_{SVC}=\frac{0.2764}{0.2764+0.1674}\times 0.368=0.2292$$

系统供给的无功电流为

$$I=0.368-0.2292=0.1388$$

$$V_1=1.0-0.1388\times 0.09723=0.9865$$

$$V_2=1.01-0.1388\times 0.2764=0.9716$$

保证满负荷运行时 $\cos\varphi=0.92$，则其平均功率因数可以达到 $\cos\varphi\geqslant 0.92$，故功率因数补偿所需的无功功率为 Q_{cp}

$$Q_{cp}=47.4\times [\text{tg}(\cos^{-1}0.79)-\text{tg}(\cos^{-1}0.92)]=16.6\ \text{Mvar}$$

供电变压器消耗的无功功率量 Q_{CT}

$$Q_{CT}=\sqrt{47.4^2+(36.8-16.6)^2}\times 8\%=4.12\ \text{Mvar}$$

补偿器运行时需要输出的无功功率为

$$Q_{SVC}=16.6+4.12=20.72\ \text{Mvar}$$

自饱和电抗器的平均工作点为

$$Q_{OV}=55.44-20.72=34.72\ \text{Mvar}$$

或 $Q_{OV}=\frac{34.72}{55.44}=62.6\%$

平均工作点电压

$$V_{OV}=0.9270+(1.01-0.970)\frac{34.72}{55.44}=0.979$$

平均工作点电流

$$I_{OV}=\frac{34.72\times 10^3}{0.979\times 35\times\sqrt{3}}=585\ \text{A}$$

有载调压开关一档电压产生的死区电流

$$I_{DB}=\frac{0.0568\times\frac{100\times 10^3}{\sqrt{3}\times 35}}{2}=46.7\ \text{A}$$

负荷控制器 I_1、I_2 值计算

$$I_1=585-46.7=538.3\ \text{A}$$

$$I_2=585+46.7=631.7\ \text{A}$$

按照 I_1、I_2 整定负荷控制器（见图 12-78），补偿器正常运行的，平均可输出 20.72Mvar 容性无功，能满足功率因数补偿之要求。

（9）滤波器的配置

1）谐波电流计算和电压畸变估算。电弧炉谐波电流计算，是根据经验确定电弧炉运行过程中各次谐波电流与基波电流比例系数 K_n，然后用该系数乘以额定电流即可。自饱和电抗器的谐波电流可参考同类容量已生产的自饱和电抗器实测数据。几个电炉和自饱和电抗器谐波电流总值用均方根和求得，见表 12-16。

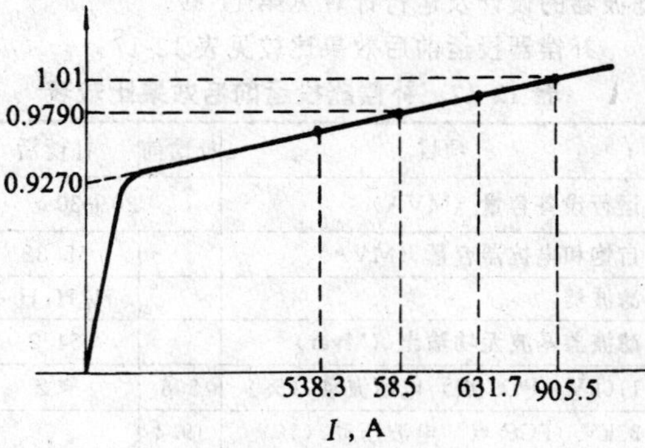

图 12-78 负荷控制器工作点

2）滤波器

滤波器设三组 H_2，H_3，H_{P5} 基波容量为：

H_2 14.2 Mvar

H_3 17.4 Mvar

H_{P5} 22.6 Mvar

表 12-16 谐波电流和电压畸变一览表

谐波级次	50t 炉		30t 炉		SR		$I_{n\Sigma 1}$ (A)	$I_{n\Sigma 2}$ (A)	THD_{35} (%)	THD_{110} (%)
	K_n (%)	I_n (A)	K_n (%)	I_n (A)	K_n (%)	I_n (A)				
2	9	44.54	3.5	11.5			46.0	14.8	1.2984	0.4441
3	10	49.49	4	13.2			51.2	16.57	2.1678	0.7459
4	6	29.69	1.9	6.27			30.34	9.76	1.7128	0.5858
5	10	49.49	2.8	9.24	0.35	3.4	50.46	16.23	3.5607	1.2177
6	3	14.85					14.85	4.78	1.2575	0.4304
7	6	29.69	1	3.3	0.4	3.88	30.12	9.69	2.9756	1.0178
9	3	14.85					14.85	4.78	1.8862	0.6455
11	1	4.95	0.4	1.31	0.14	1.36	5.3	1.71	0.8228	0.2823

续表 12-16

谐波级次	50t 炉		30t 炉		SR		$I_{n\Sigma 1}$ (A)	$I_{n\Sigma 2}$ (A)	THD_{35} (%)	THD_{110} (%)
	K_n（%）	I_n（A）	K_n（%）	I_n（A）	K_n（%）	I_n（A）				
13	1	4.95	0.3	0.99	0.22	2.13	5.48	1.76	1.0054	0.3433
17	1	4.95	0.1	0.33	1.75	16.98	17.69	5.69	4.2442	1.4515
19	1	4.95	0.1	0.33	2.3	22.31	22.85	7.35	6.1272	2.0955
Σ									9.66	3.3

上述三组滤波器是多种方案运算后优选出来的，滤波器的设计及运行计算见第 11 章。

补偿器投运前后效果比较见表 12-17。

表 12-17　补偿器投运前后效果比较表

项目	补偿前	补偿后
运行设备容量（MVA）	20＋30	
自饱和电抗器容量（MVA）		55.32
滤波器		H_2 H_3 H_{P5}
滤波器基波无功输出（Mvar）		54.2
110kV（PCC 点）电压波动（%）	5.8	＜2
35kV（PCC 点）电波压动（%）	19.4	
110kV 母线电压闪变	1.61	＜0.45
110kV（PCC 点）综合电压畸变（%）	3.3	1.04
35kV(POC 点)综合电压畸变(%)	9.66	3.33
功率因数	0.79	＞0.92

12.6　土建资料及布置要求

静止补偿器的各部件，除控制屏和高低压配电装置放在室内外，其主体设备如电抗器（自饱和电抗器除外）、电容器、电阻等，皆可作成户外式露天布置，以节省土建投资，虽然设备费用增加一些，但可降低综合造价。

12.6.1　电容器

6～10kV 电容器安装在直接接地的金属构架上。35kV 电容器安装在对地绝缘的金属构架上。构架须有一点与主电路相连，如图 12-86 所示。以防止构架产生过高电位损坏绝缘设备。

12.6.2　滤波用电抗器

滤波用电抗器一般是单相安装。它的磁通通过空气构成环路。为防止其周围的钢、铁等导磁材料构件在磁场的作用下发热，同时，这些构件的磁化又会影响电抗器的电感，而影响滤波器的调谐。所以要求电抗器周围一定的距离内不应有铁磁材料。如图 12-79 所示。电抗器一般不需金属支架，其支柱绝缘子直接固定在土建基础上。

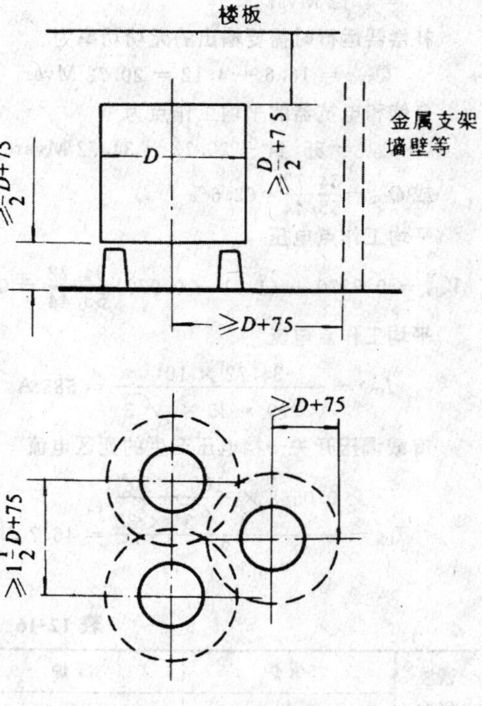

图 12-79　滤波电抗器最小安装净距校验图

土建基础为素混凝土。基础高度取决于电抗器安装地点：户外安装一般 300mm；安装在室内一层的地坪上，一般可为 100～150mm；安装在有钢筋的楼上，一般不小于 300mm（取决于与楼板内钢筋的相互影响）。基础为钢筋混凝土时，钢筋间须加隔板绝缘。

支持绝缘子安装时不应有预应力。在可能的条件下，电抗器安装可采用不锈钢螺栓，绝缘子采用不锈钢

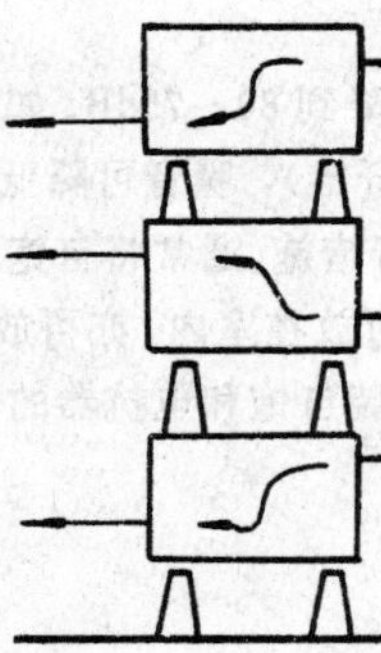

图 12-80 滤波电抗器三相叠装图

或铝合金罩帽。

滤波电抗器如采用三相叠装，如图 12-80 所示。B 相与 A、C 相线圈盘绕方向应相反。

12.6.3 电阻器

室内安装的电阻器，通常安装在对地绝缘的金属架上。

室外安装的电阻器，通常放在对地绝缘的金属箱里。为防止箱体产生过高电位而损害绝缘设备，箱体与主电路须有一点相连接。箱式电阻器各种安装结构如图 12-81 所示。

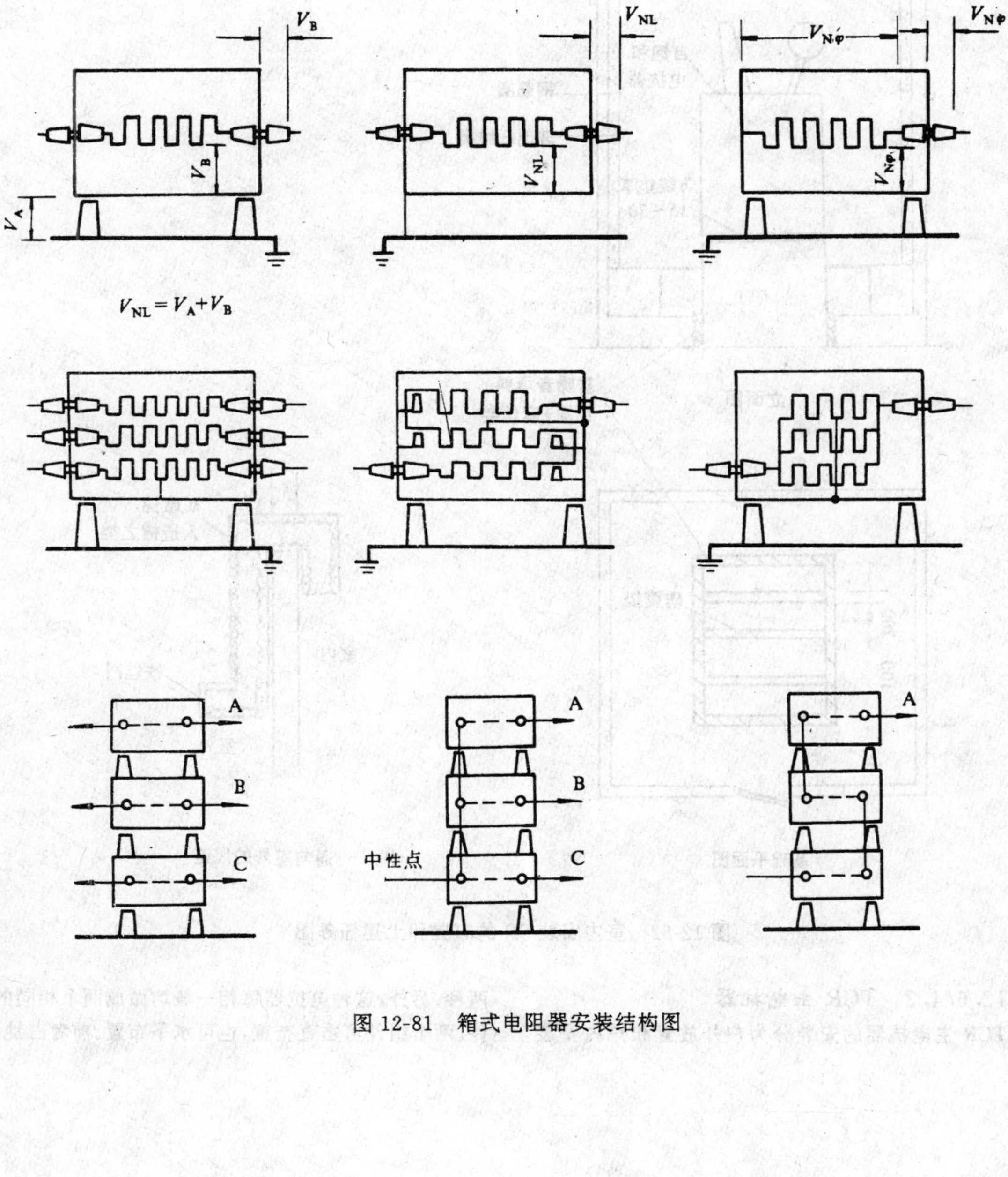

图 12-81 箱式电阻器安装结构图

12.6.4 主电抗器

12.6.4.1 自饱和电抗器

自饱和电抗器类同一台电力变压器。但其工作时产生较大的噪音（可达 100～110dB），高于大型电力变压器的噪音（70～90dB）。因此，必须采取隔音措施。

户外安装一般采用高围墙的方式，可使噪音降到 85～80dB。

户内安装噪音可降到 80～75dB。如墙内壁加消音设施（钢筋网、玻璃纤维），噪音可降低到 50～45dB。

另外，可采用消音措施。通常将自饱和电抗器油冷却器放在室外，油枕可放在室内，亦可放在室外，视具体工程而定。室内安装自饱和电抗器的布置及提土建资料要求见图 12-82。

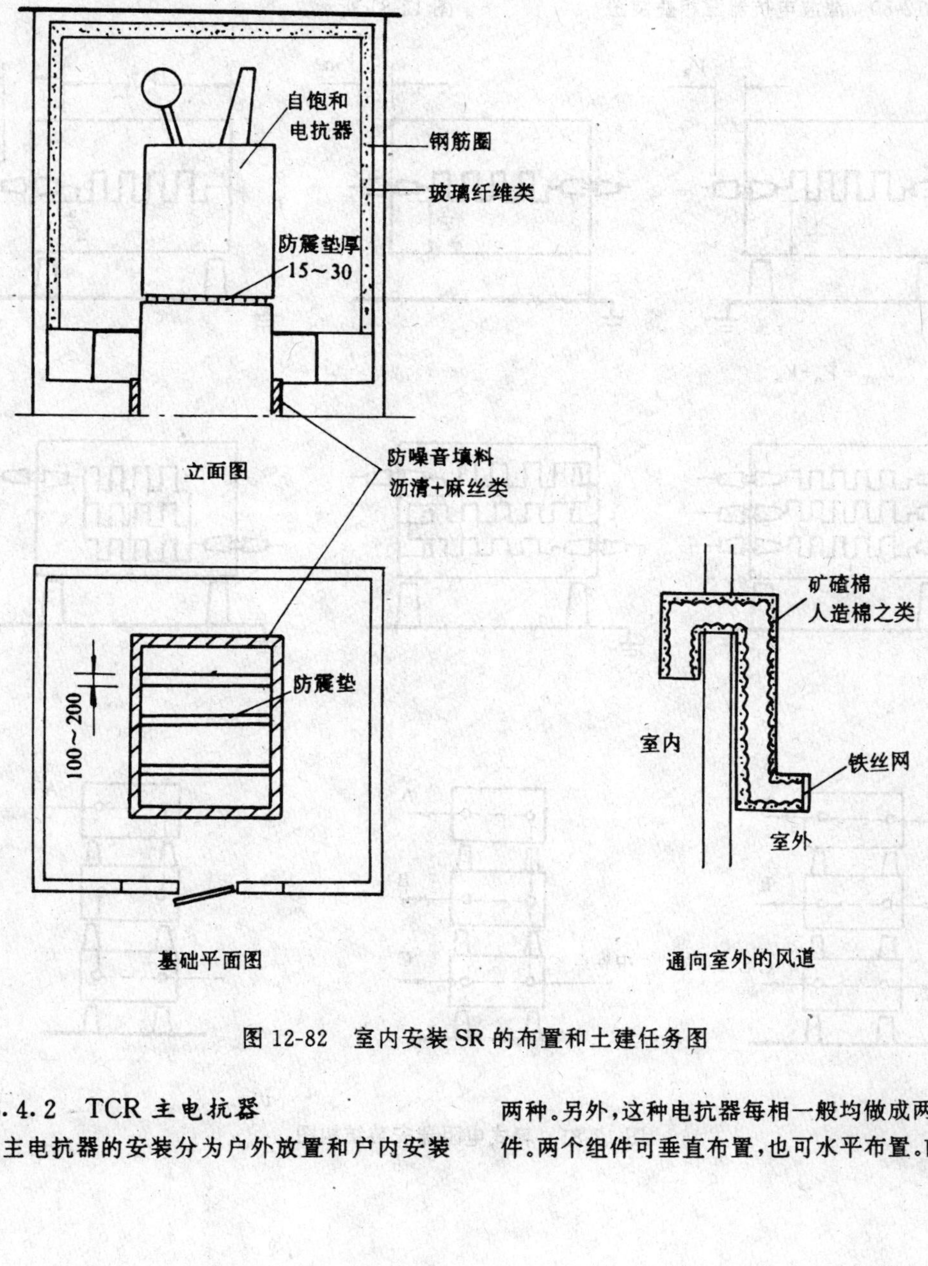

图 12-82 室内安装 SR 的布置和土建任务图

12.6.4.2 TCR 主电抗器

TCR 主电抗器的安装分为户外放置和户内安装两种。另外，这种电抗器每相一般均做成两个相同的组件。两个组件可垂直布置，也可水平布置。前者占地少，便于接线;后者接线复杂,增加占地,但在室内安装时,可降低建筑物高度。

12.7 工程实例

12.7.1 轧机负荷用的SR型SVC

图12-83是一个轧机负荷用的SR型SVC供电系统图。SVC接在34.5kV母线上。SR容量为39.7MVA。带斜率校正回路。设一组3次单调谐,一组二阶阻尼高通滤波器和一组纯电容器组。

该工程如图12-84和图12-85所示为室外布置。为减小噪音,将SR放在室内,而其油冷却器仍放在室外。电阻器、电容器、电抗器皆用支架安装。设备安装平断面图见图12-86～图12-88。

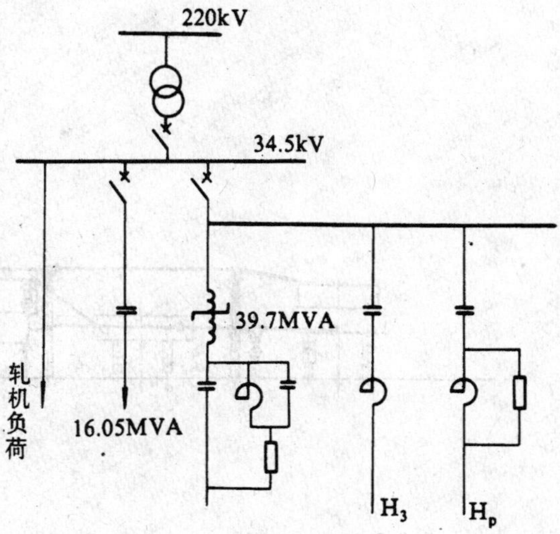

图12-83 某工程供电系统图

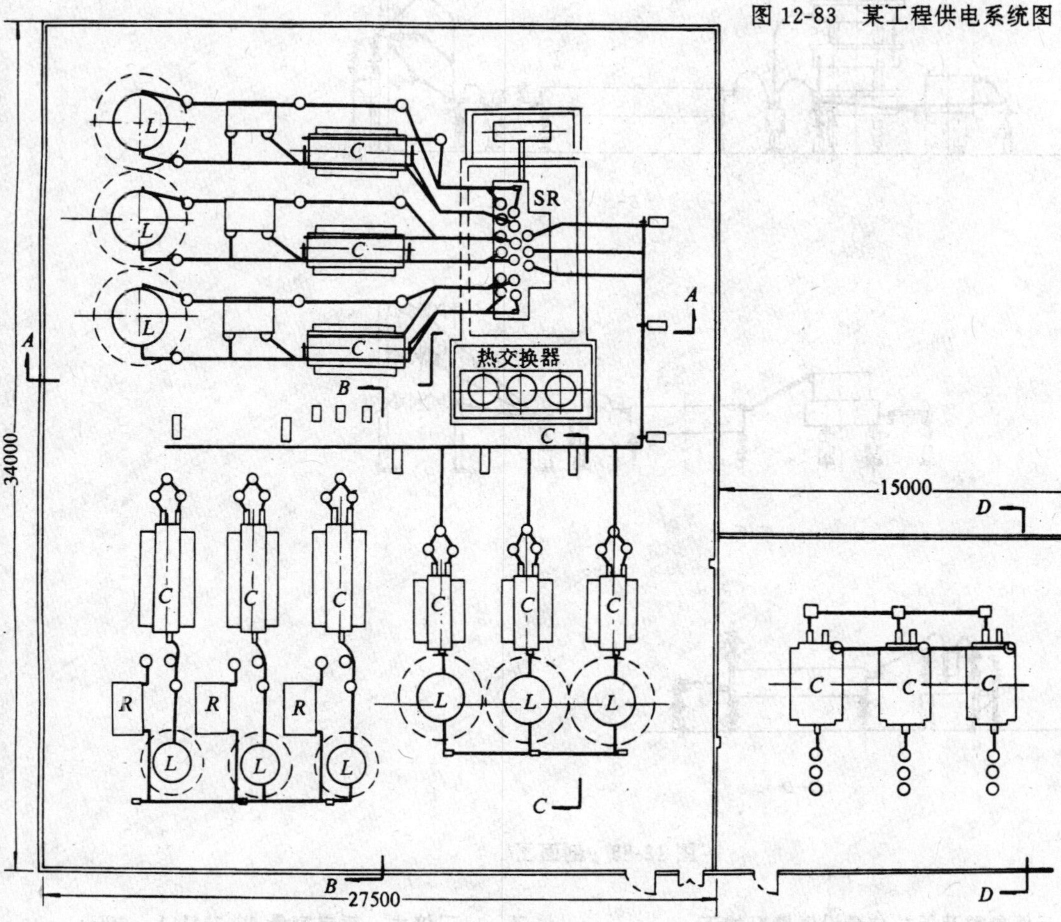

图12-84 某工程SR型SVC平面布置图

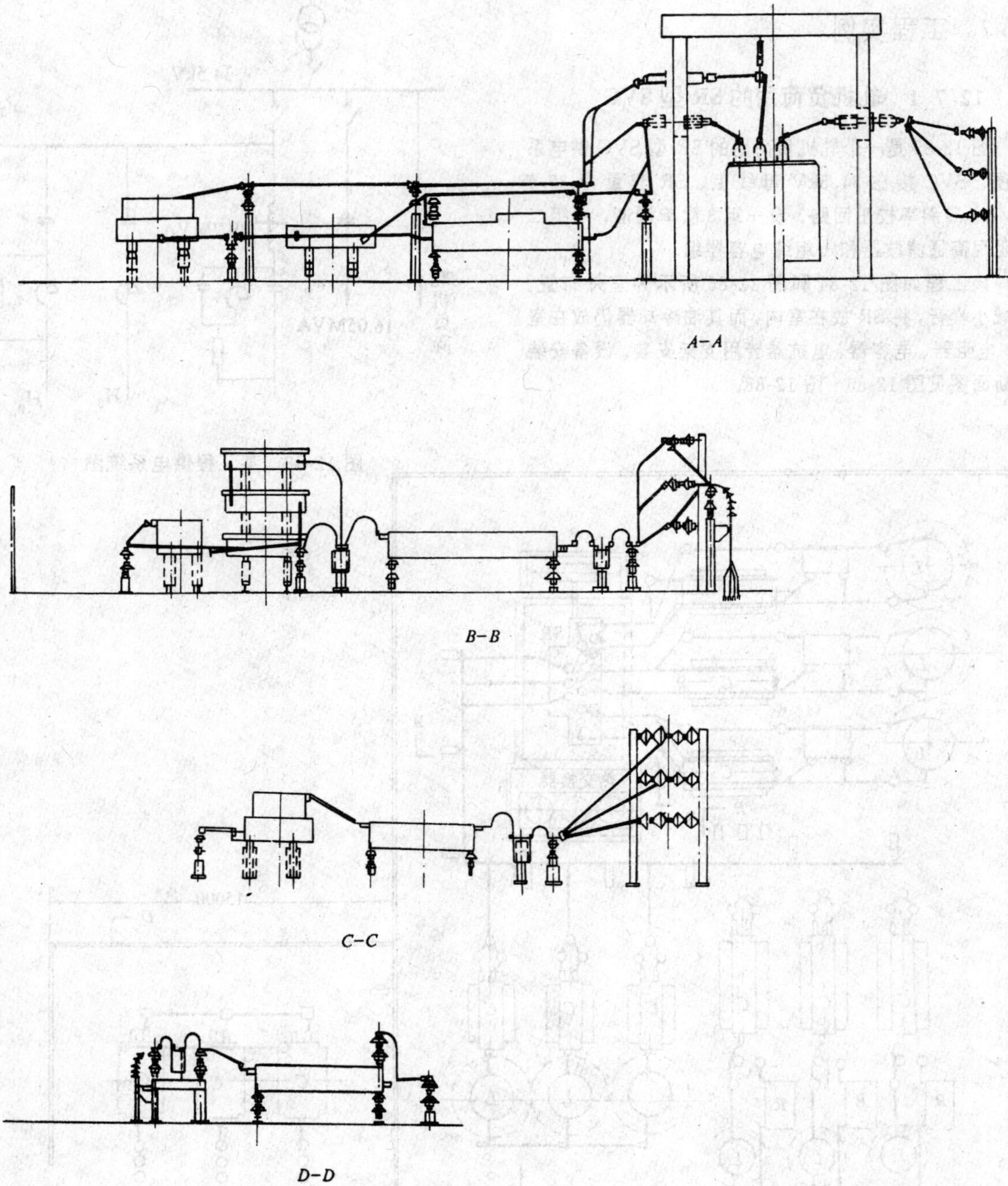

图 12-85　剖面图

SVC 各元件参数及保护装置设置情况如下：

(1) 自饱和电抗器（SR）：

双——三倍式，额定容量 39.7MVA，60Hz

正常运行电压（V_n）　33kV

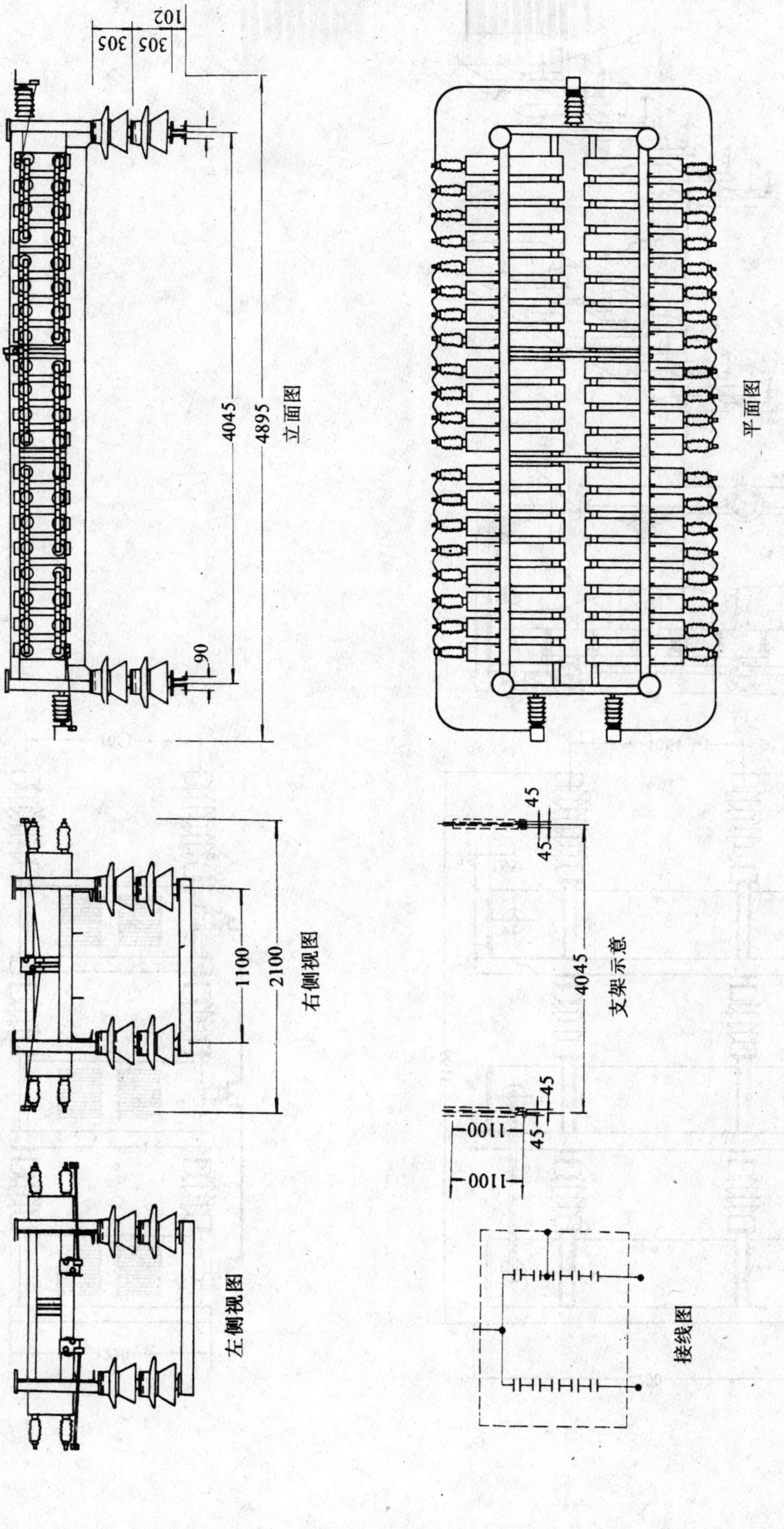

图 12-86 高通滤波器电容器组安装图

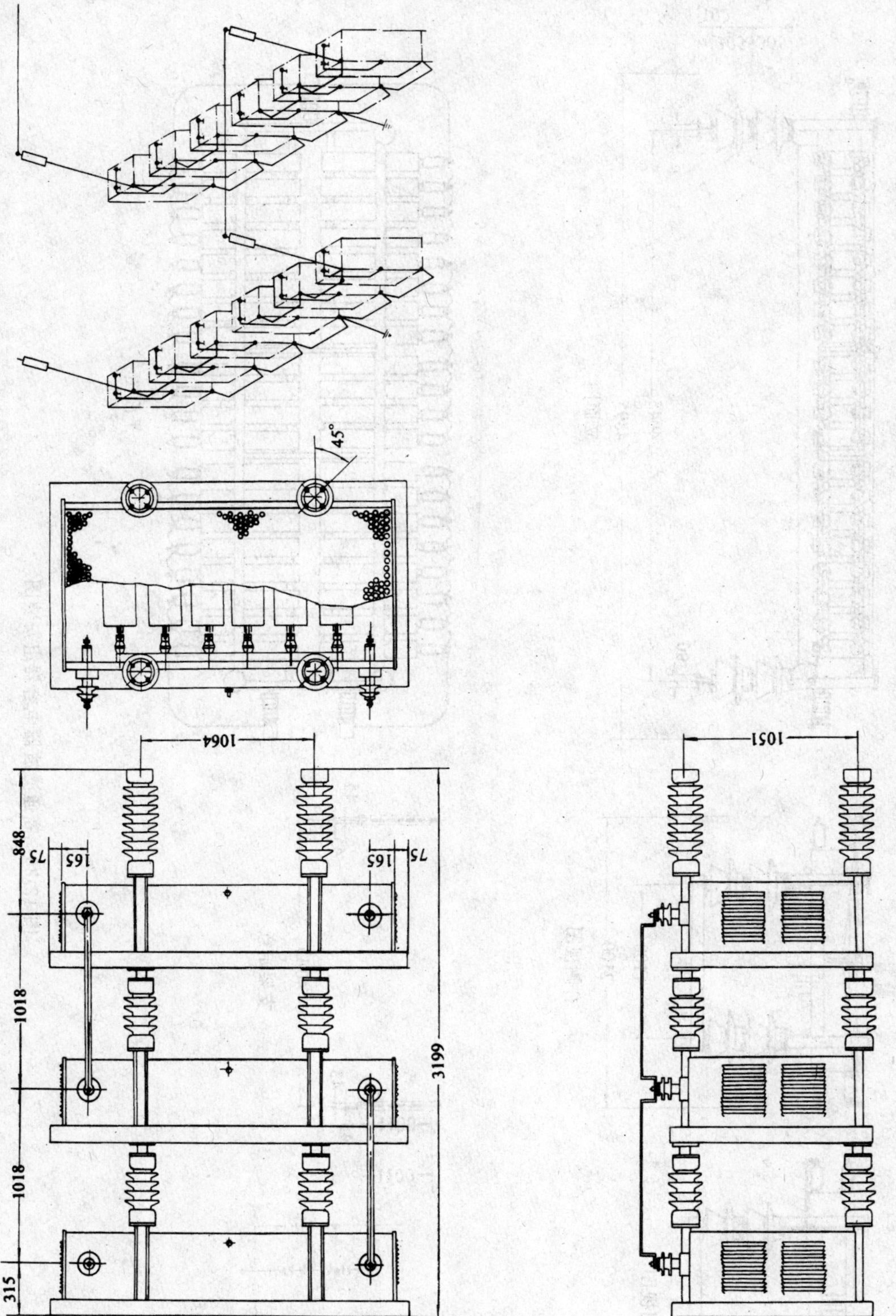

图 12-87　高通滤波器电阻器安装图

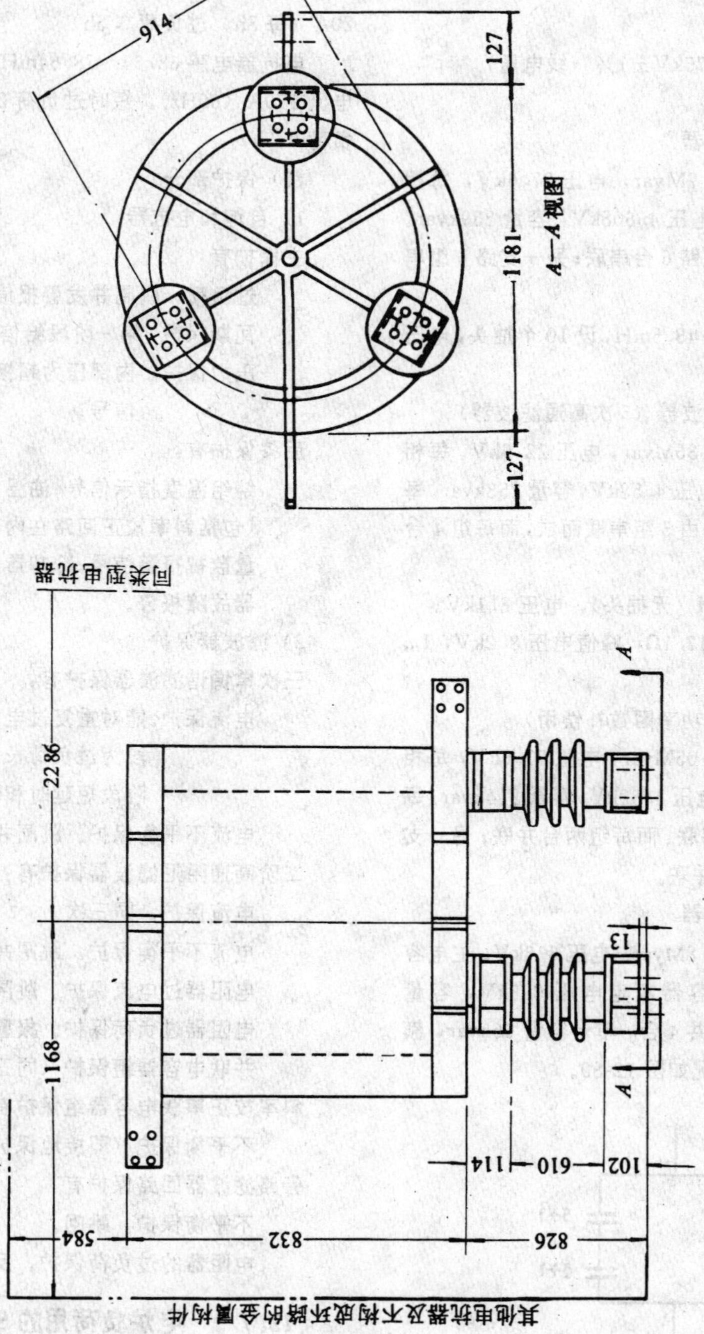

图 12-88 高通滤波器电抗器安装图

连续工作电流（I_n）617 A

斜率电抗（X_{SL}）5.04Ω（17%±1.5%），校正后斜率电抗 4.58%

饱和电压（V_S）31.75kV±1%（线电压）

（2）滤波器

1）三次单调谐滤波器

电容器安装容量 12.9Mvar，电压 27.6kV，每相 18 台，单台电容器额定电压 4.608kV，容量 239kvar。每相分两个支路，一个支路 6 台串联；另一支路 6 组串联，而每组两台并联。

电抗器电感 38.14～43.5mH，设 10 个抽头，电压 19kV。

2）二阶阻尼高通滤波器（5 次高通滤波器）

电容器安装容量 30.36Mvar，电压 22.9kV。每相 40 台，单台电容器额定电压 4.58kV，容量 253kvar。每相分两个支路，每个支路由 5 组串联而成，而每组 4 台并联。

电抗器电感 3.60mH（无抽头），电压 8.1kV。

电阻器电阻 15.5～17.1Ω，峰值电压 8.2kV，I_{rss} 为 92.1A。

3）并联电容器组（功率因数补偿用）

电容器安装容量 16.05Mvar，电压 21.6kV，每相 25 台，单台电容器额定电压 4.32kV，容量 214kvar。每相两支路，一支路 5 组串联，而每组两台并联；另一支路 5 组串联，每组 3 台并联。

4）斜率校正用电容器

电容器安装容量 13.8Mvar，电压 6.6kV。主电容器每相 22 台，单台电容器额定电压 3.3kV，容量 197kvar。微调电容每相共 4 台，单台容量 66kvar，额定电压 3.3kV，组合情况如图 12-89。

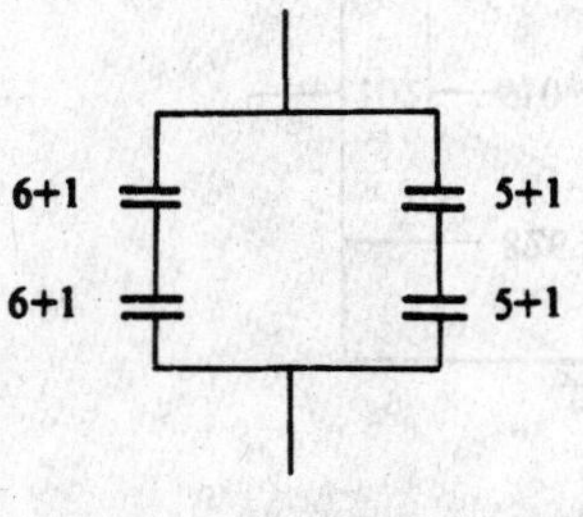

图 12-89 斜率校正电容器组合图

5）旁路滤波器

电容器安装容量 4.74Kvar，电压 6.6kV。

电阻器电阻 37.8Ω，连续电流 15A，短时过负荷 20A（每 8h，过负荷 0.5h）

电抗器电感 68.64～78.64mH（抽头 10 个），连续电流 170A（60Hz），短时过负荷 200A（每 8h 内，过负荷 0.5h）。

（3）保护部分

1）自饱和电抗器

主保护有：

过负荷。跳闸并发警报信号。

瓦斯保护。第一阶段给信号，第二阶段跳闸。

压力保护。内部压力超极限时跳闸并发警报信号。

后备保护有：

绕组温度指示信号；油温指示信号；接地故障（包括斜率校正回路在内）发警报信号；油流量监视报警信号；冷却器电源故障报警；冷却器故障报警。

2）滤波器保护

三次单调谐滤波器保护有：

电流保护。能对重复过电流进行监视，第一阶段为过负荷长延时跳闸，第二、三阶段短延时和瞬间跳闸。

电流不平衡保护。跳闸并发警报信号。

二阶高通阻尼滤波器保护有：

电流保护。同三次。

电流不平衡保护。跳闸并发警报信号。

电阻器过电流保护。跳闸并发警报信号。

电阻器过负荷保护。报警。

并联电容器组保护（同三次单调谐滤波器）。

斜率校正串联电容器组保护有：

不平衡保护（即接地保护）。跳闸。

旁路滤波器回路保护有：

不平衡保护。跳闸。

电阻器的过负荷保护。反时限跳闸。

12.7.2 电炉负荷用的 SR 型 SVC

图 12-90 和图 12-91 是用于某炼钢厂电炉负荷的 SR 型 SVC 供电系统图和平剖面图。该厂现有 2 台 60t 电弧炉，炉变容量分别为 20MVA，27.5MVA。并预

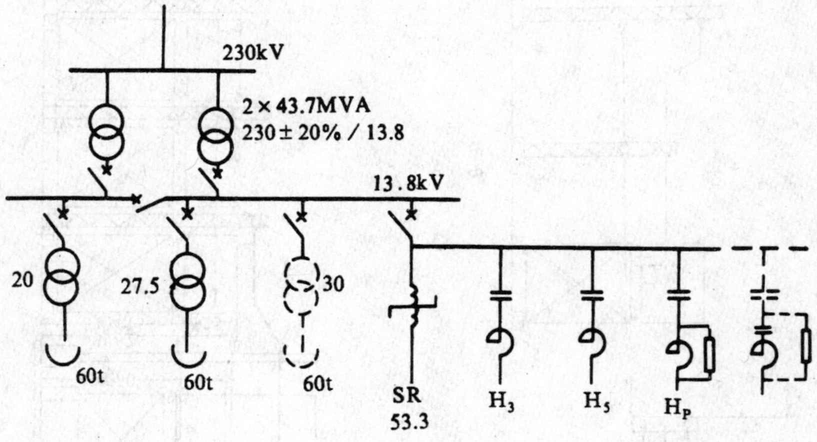

图 12-90 某工程 SVC 供电系统图

留一台 30MVA、60t 炉子的位置。由 2 台 43.7MVA，230/13.8kV 供电变压器供电。SVC 之 SR 为全容量，考虑三台电炉同时工作。滤波电容器组仅按目前两台炉子工作来考虑，并预留一组滤波器位置。设备的具体参数如下：

(1) 自饱和电抗器 (SR)

三相，双——三倍式。

额定容量	53.3Mvar
频率	60Hz
连续额定电压	13.98kV
斜率电抗	7.8%
连续工作电流	2200A
短时过负荷电流	3500A (0.5h 周期内过负荷 5min)
饱和电压	12.96kV

(2) 滤波器

1) 三次单调谐滤波器

电容器：额定电压 10.13kV (260μF/相)，三相装置容量 30.18Mvar，每相分两支路

电抗器：3.0mH/相，额定电流 962A

2) 五次单调谐滤波器

电容器：额定电压 9.32kV (102.6μF/相)，三相装置容量 10.08Mvar

电抗器：2.68mH/相，额定电流 364A

3) 高通滤波器

电容器：额定电压 8.62kV (365μF/相)，三相总装容量 30.66Mvar，每相分两支路

电抗器：0.4mH 额定电流 1170A

金属网电阻器：300℃时 1.9Ω

(3) 保护部分

1) 自饱和电抗器

过负荷：跳闸

重瓦斯：跳闸

轻瓦斯：信号

绕组温度：油温过高，发信号

冷却器系统故障、油流量监视(或风扇电机运行监视)。

2) 滤波器保护

与 12.7.1 节例同。

12.7.3 一个型钢轧机用的 SR 型 SVC

图 12-92 是某钢厂 800 型钢轧钢厂供电系统图。该厂主轧机容量为 2800kW，采用晶闸管变流器供电。自饱和电抗器容量为 4650kVA，配五个滤波器。主要性能和参数列于表 12-18。

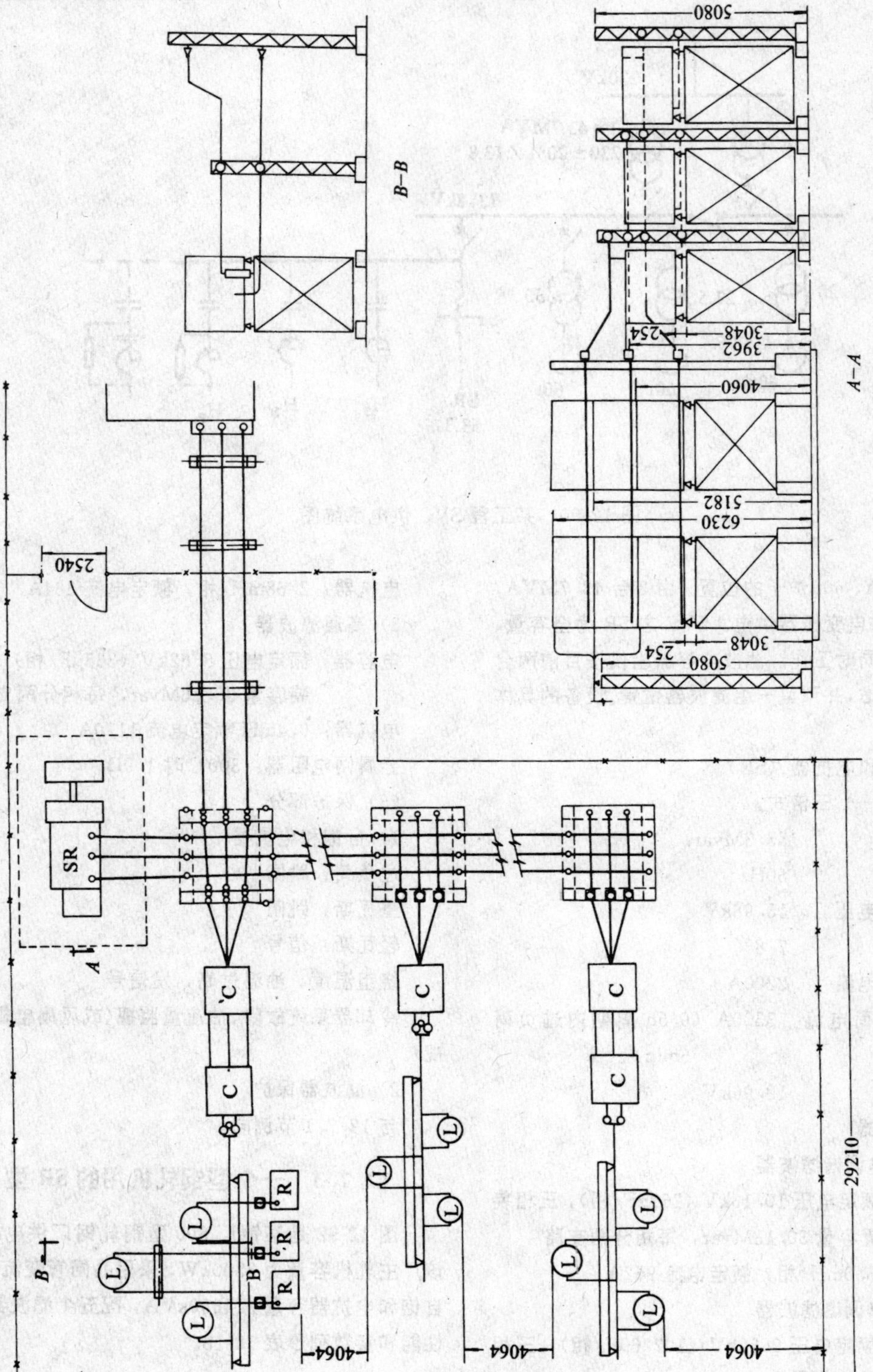

图 12-91　某工程 SR 型静止补偿器平剖面布置图

表 12-18 SVC 主要性能和参数

项目	技术数据	说明
静补调节容量 (kvar)	4100	
静补无功补偿范围 (kvar)	+4900～+9000	包括轧钢厂静补和 1 号站 25 号并联电容器
自饱和电抗器额定容量 (kVA)	4650	名牌数据
装置总损耗 (%)	1%	
抑制 1 号站 6kV 母线电压波动 (%)	在 2%以内	最大电压跌落
6kV 母线电压波形畸变率 (%)	不超过 0.8	
注入系统的各次谐波电流值	在允许值内	
用户功率因数	0.95 左右	

12.7.4 电炉负荷用的 TCR 型 SVC

12.7.4.1 用于两台 50t 电弧炉的 TCR 型 SVC

图 12-93 是某钢厂两台 50t 炼钢电弧炉用 TCR 型 SVC 单线系统图。

TCR 容量计算见附录 12-2。

主电抗器 35MVA，通过一台 40MVA 降压变压器供电，补偿电容器总安装容量 68.7Mvar，组成 H_2、H_3、H_4、H_5、H_6 五个单调谐滤波器，有效输出容量 38Mvar。

SVC 各回路均采用一个 ZN-35-1000-8Ⅱ型真空断路器，其中 H_2、H_3、H_4 三个滤波器为一组，H_5、H_6 滤波器为一组，各设一个 ZN-35-1000-8Ⅱ型真空断路器。主电抗器支路设一个断路器。

(1) 电气元件技术参数：

1) 降压变压器：

容量 40MVA，电压 35/14kV，U_d=7%；

2) 主电抗器：

14kV/相，I_N=832A，32mH/相

3) TCR 晶闸管阀

α_{min}=108°，α_{max}=165°，I_N=832A/相，

$I_{1.1pu}$=916A

U_r=14kV/相，$U_{1.1PN}$=15.4kV

4) 滤波器

滤波器设备参数见表 12-19。

表 12-19 滤波器设备参数

n	H_2	H_3	H_4	H_5	H_6
电容 (μF)	76.768	26.374	10.97	11.231	22.784
电抗 (mH)	151.22	42.75	57.80	36.12	12.39
电阻 (Ω)	3605	940	2750	1310	260
有效容量 (Mvar)	8.6	11.4	4.5	4.5	9

(2) 投运后达到的指标：

110kV 侧 THD_v　1.34%～1.37%

110kV 侧 $\Delta V_{10_{max}}$　<0.5%

35kV 侧功率因数　0.95

12.7.4.2 用于 90t 超高功率电炉 TCR 型 SVC

图 12-94～图 12-97 是某钢厂电弧炉用 TCR 型 SVC 单线系统和平断面布置图。一台 90t 电炉、电炉变压器 60MVA；一台精炼炉，电炉变压器 15MVA。在 110kV 侧预留一台炉变 25MVA 的电炉。SVC 主电抗器直接接在 35kV 侧，容量 100MVA。设有 H_2、H_3、H_4 三个滤波器，H_2 为 C 式结线，H_3、H_4 为单调谐滤波器。主电抗器和滤波器用一个 35kV SF_6 型断路器。

(1) SVC 主要设备技术参数：

1) 主电抗器：

950A，50mH/相

2) 滤波器：

n	H_2	H_3	H_4
电容（μF）	120+40	45	48.7
电抗（mH）	86.1	24.5	13.0
有效输出（Mvar）	15	20	20

（2）技术指标（设计值）

220kV 母线	（S_d=5072MVA）
THD_v	≤1%
$\Delta V_{10_{max}}$	0.5%

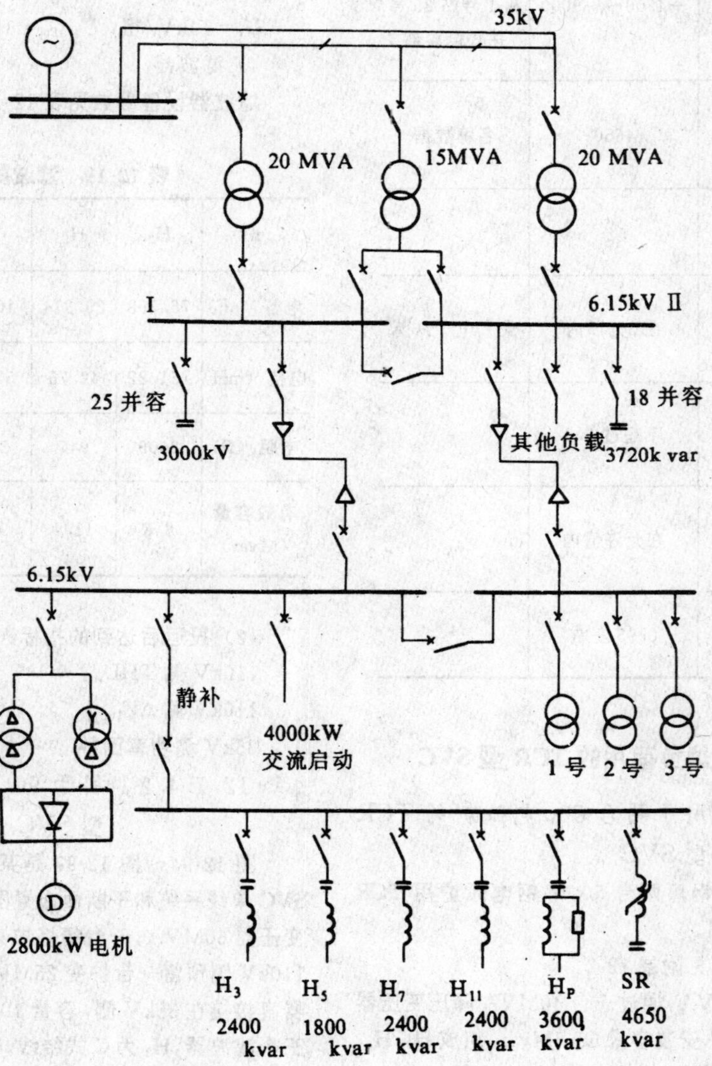

图 12-92　某轧钢厂供电系统图

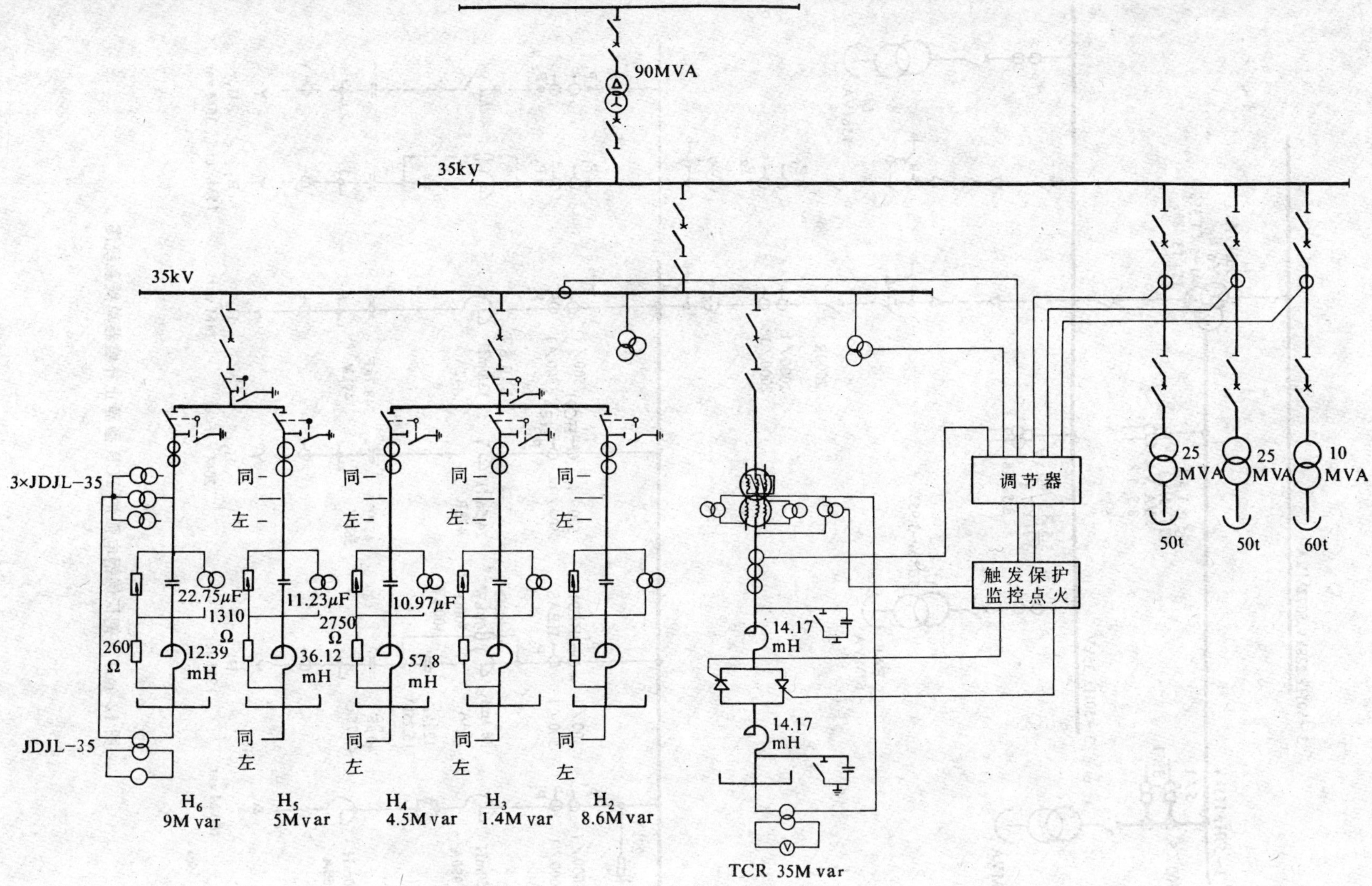

图 12-93 某钢厂两台 50t 电弧炉 SVC 单线系统图

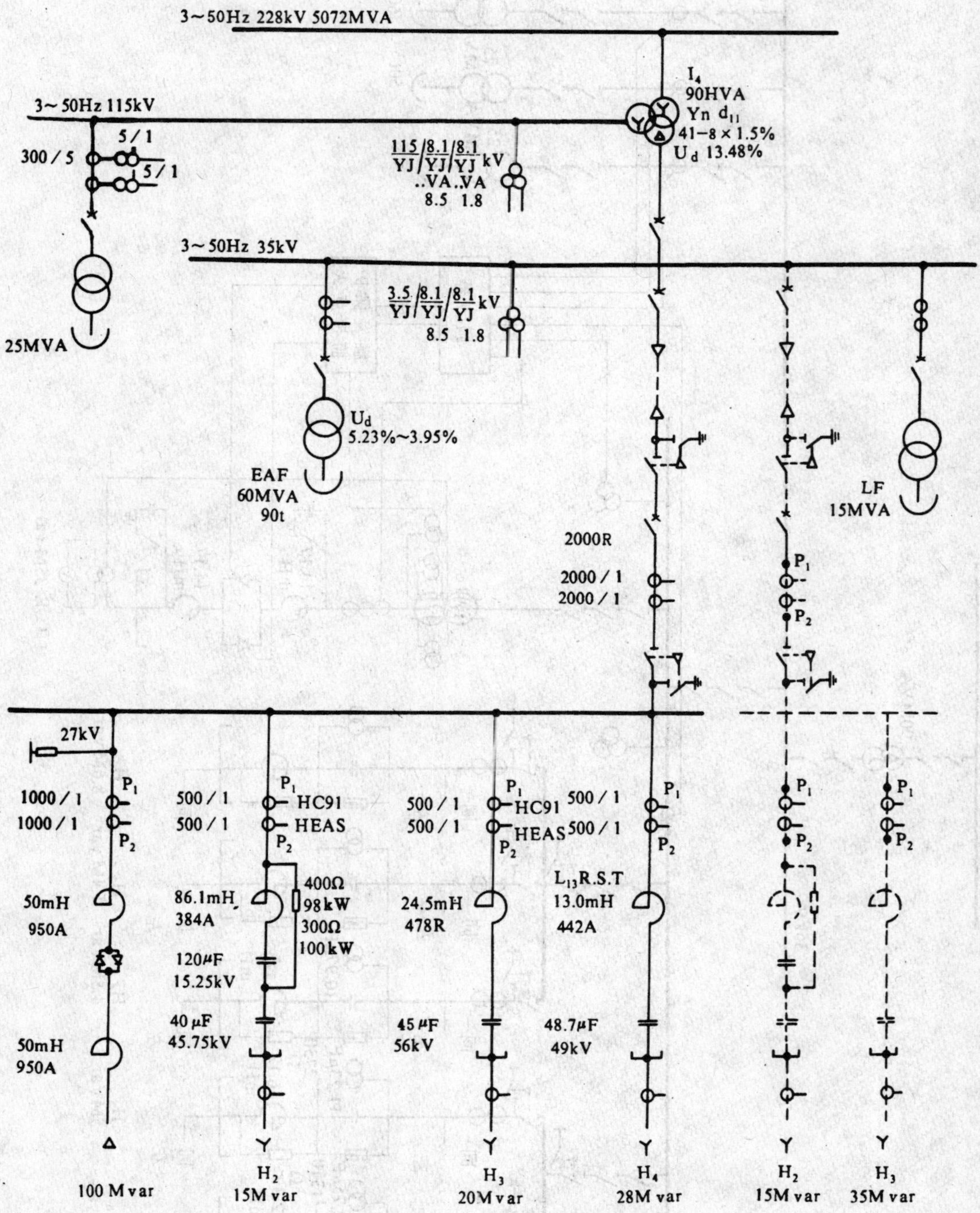

图 12-94 某钢厂炼钢电弧炉 TCR 型静止补偿器单线系统图

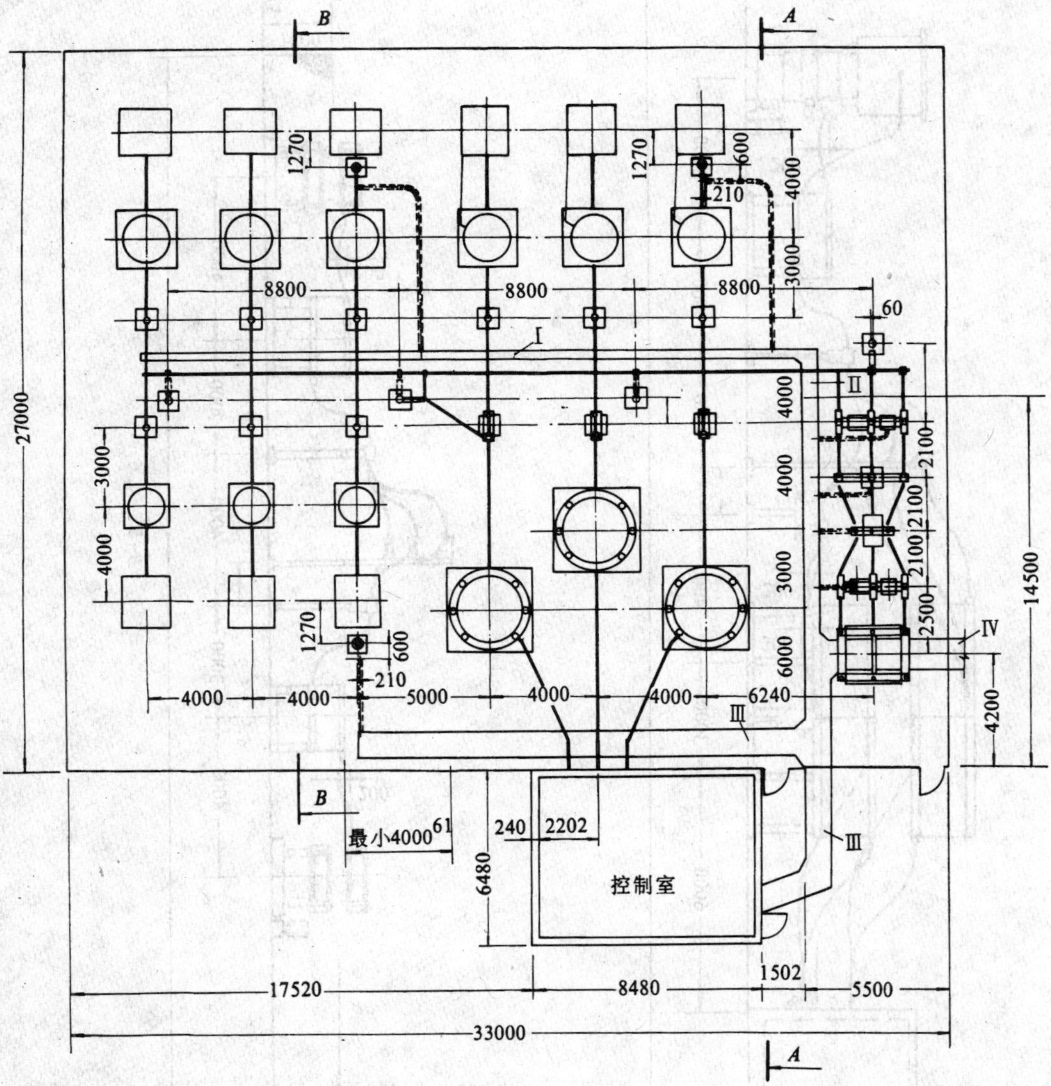

图 12-95　静止补偿器平面布置图

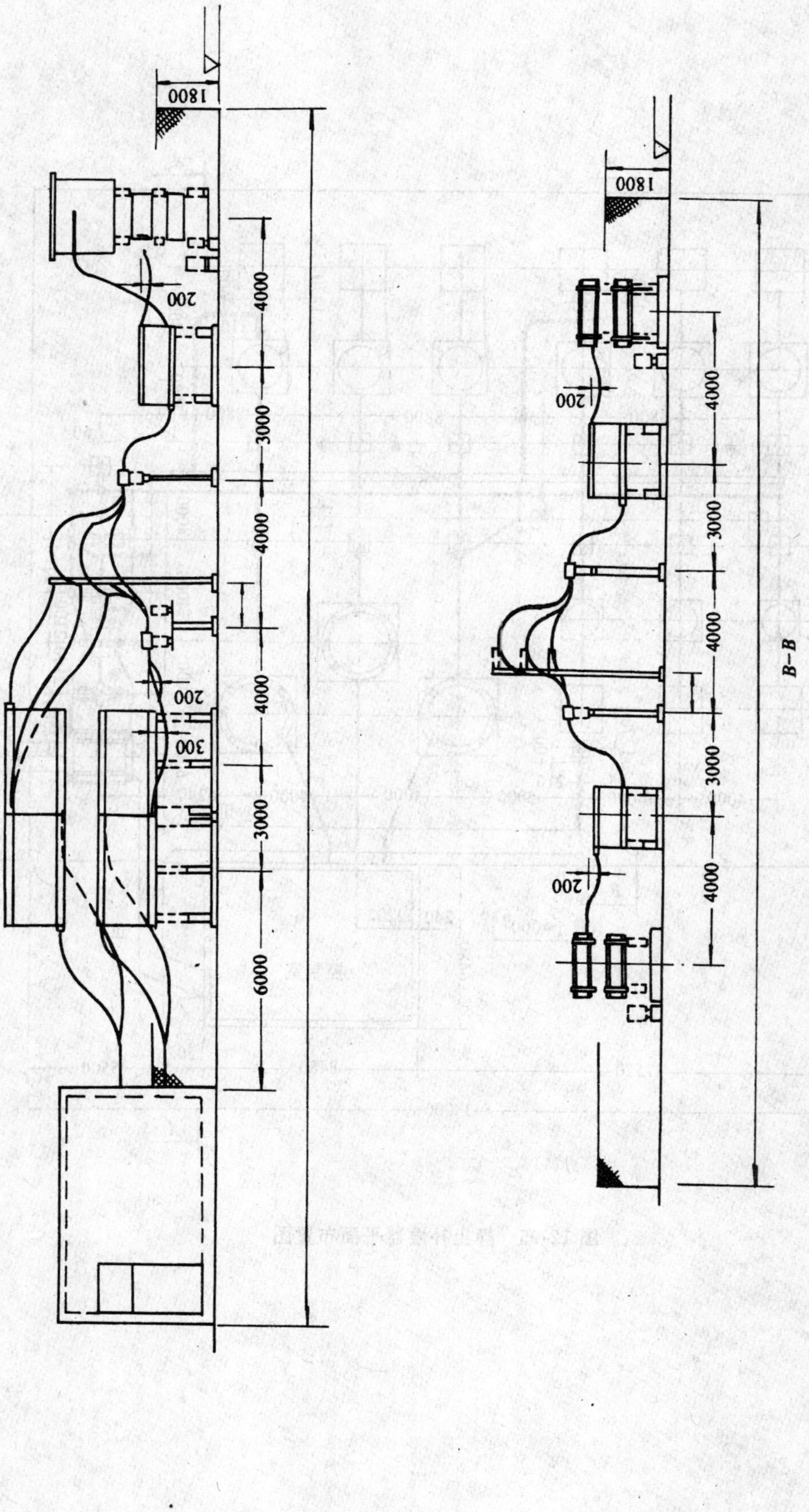
1800
200
4000
3000
4000
4000
200
300
3000
6000
1800
200
4000
3000
4000
3000
200
4000
B-B

图 12-96 剖面图

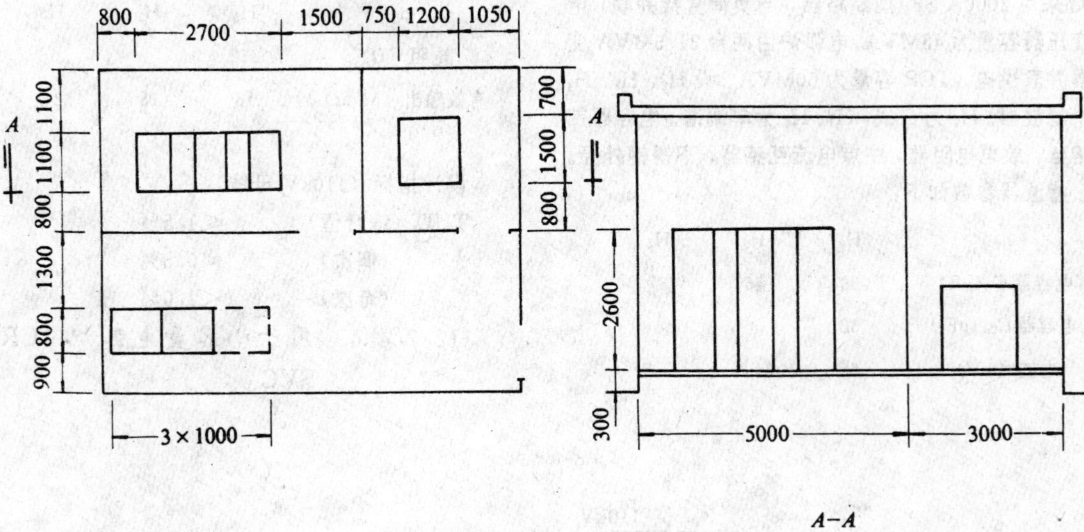

图 12-97 控制室平面图

12.7.4.3 直挂式 TCR 型 SVC

图 12-98 是某钢厂一台电弧炉 SVC 单线系统图。

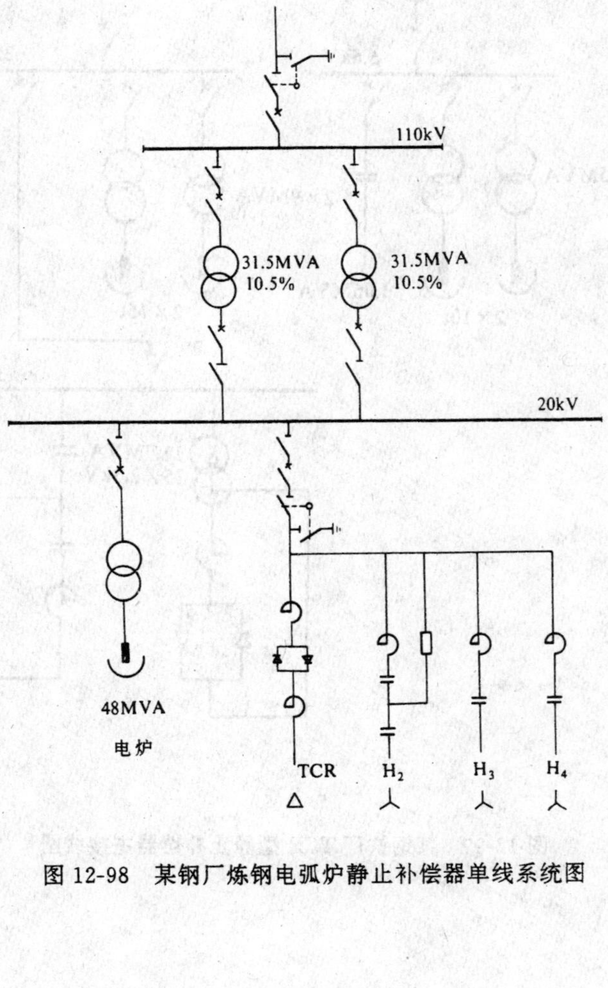

图 12-98 某钢厂炼钢电弧炉静止补偿器单线系统图

SVC 采用 2000A SF_6 型断路器，与负荷直接并联。电炉变压器容量为 48MVA。电弧炉由两台 31.5MVA 变压器并联供电。TCR 容量为 60MVA。设 H_2、H_3、H_4 三个滤波器。H_2 为 C 式，H_3、H_4 为单调谐。电容器带内熔丝，放电电阻器，中点电流互感器，不锈钢外壳。

滤波器参数如下：

n	H_2	H_3	H_4
电容器 C（μF）	39	46	67
电容器 C_2（μF）	52		
电抗（mH）	65	24.5	9.5
电阻（Ω）	350		
有效输出（Mvar）	18	18	24

设计指标（110kV 母线）：

THD_v（综合值）	≤1.5%
（偶次）	<0.5%
（奇次）	<1.0%

12.7.4.4　用于小容量电弧炉 TCR 型 SVC

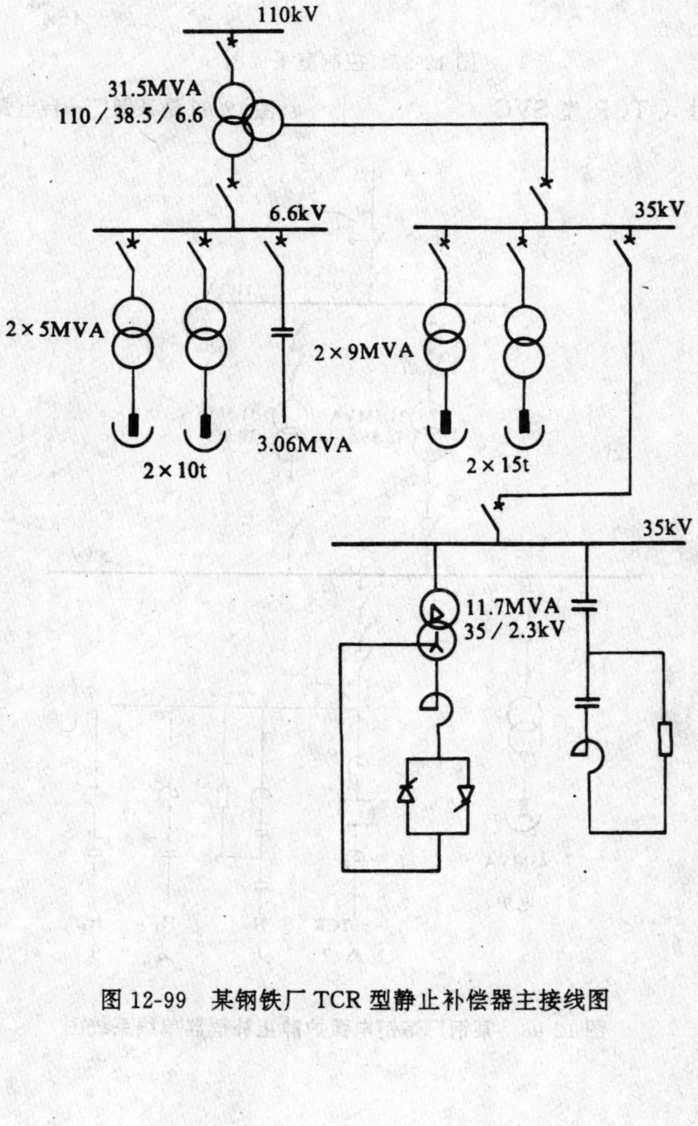

图 12-99　某钢铁厂 TCR 型静止补偿器主接线图

图 12-99 至图 12-102 是某钢厂电弧炉 TCR 型 SVC 单线系统图和平面布置图。该厂有两台 10t 电炉，各配用 1 台 6kV 容量 5MVA 电炉变压器；2 台 15t 炉，各配用 1 台 35kV 容量 9MVA 电炉变压器。4 台炉子共用一台电力变压器。TCR 降压变压器式，容量 14.7MVA，装有一组 *C* 型滤波器，接在 35kV 侧，通过一台 35/2.3kV，11.7MVA 降压变压器接至 35kV 母线。

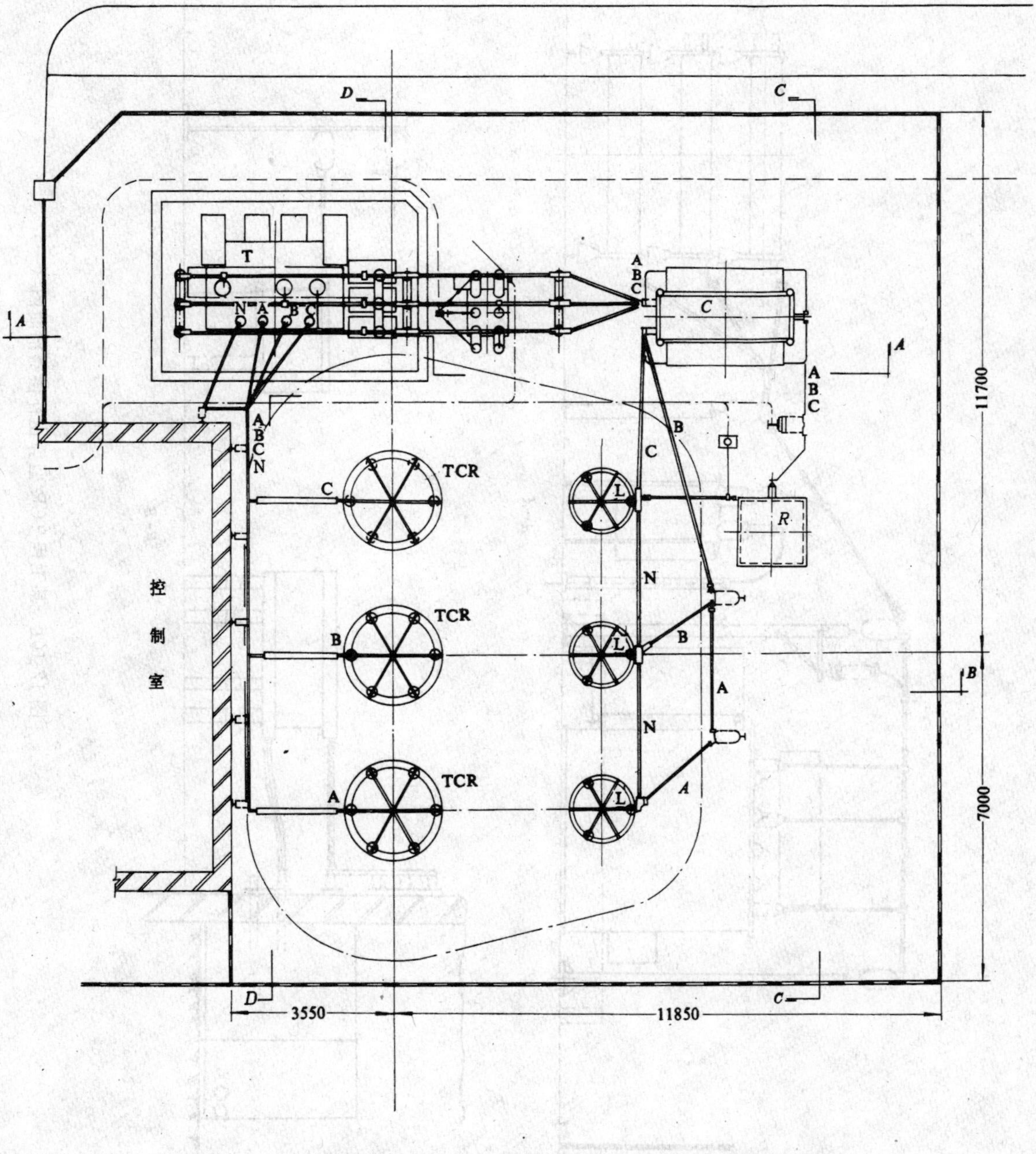

图 12-100　某钢铁厂 TCR 型静止补偿器平面布置图

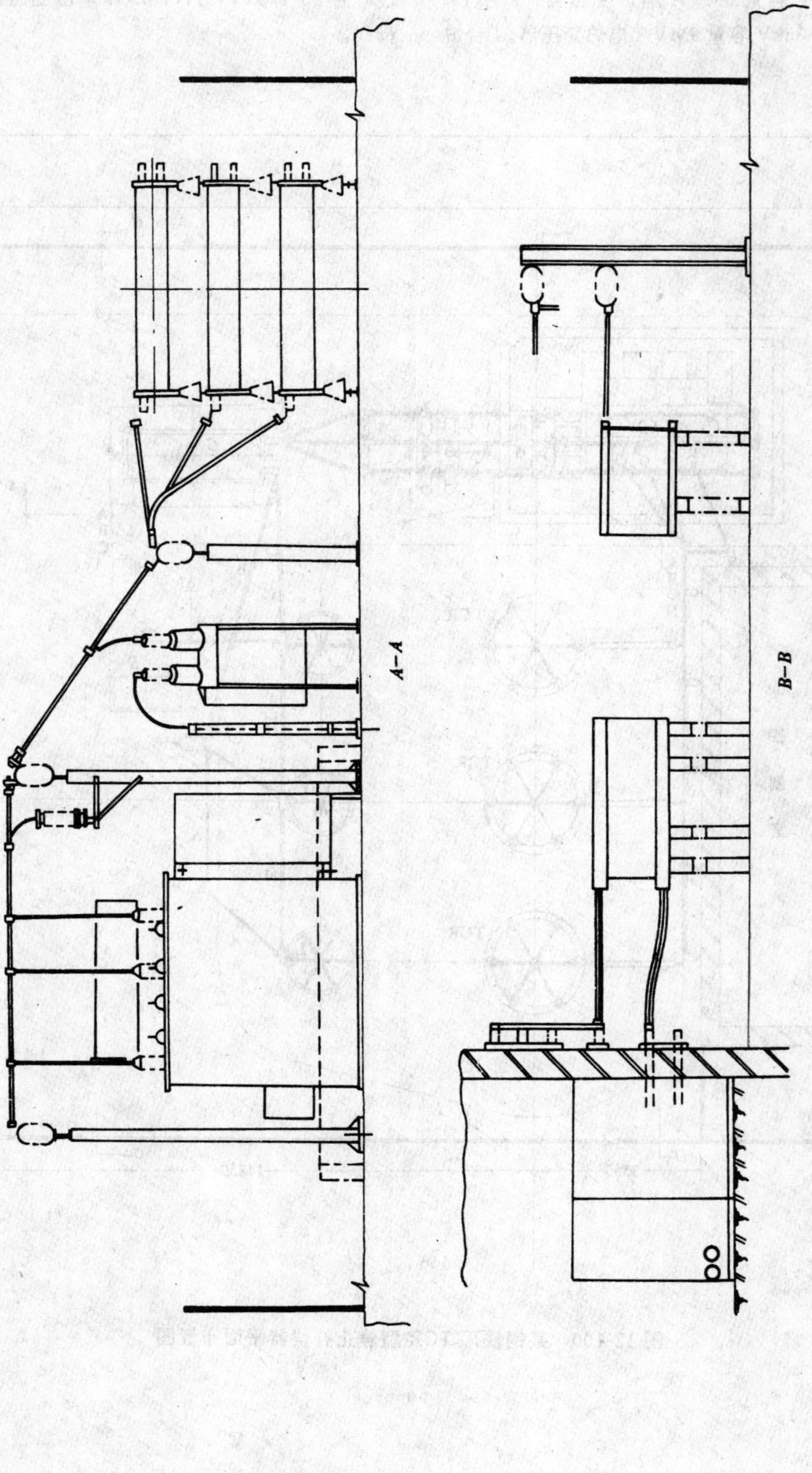

图 12-101 某工程 TCR 型静止补偿器剖面图（一）

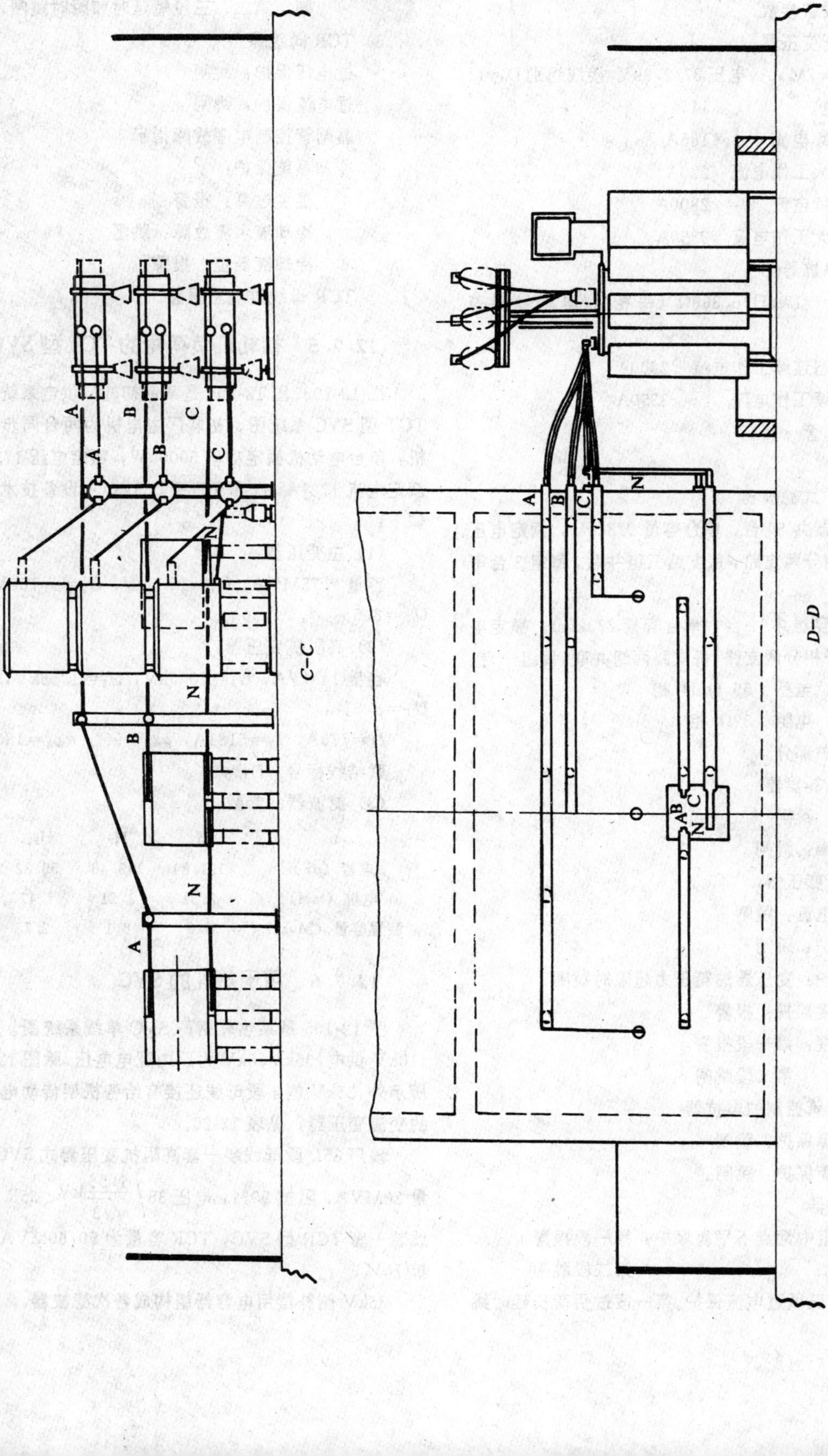

图 12-102　某工程 TCR 型静止补偿器剖面图（二）

（1）设备参数

1）降压变压器

容量 11.7MVA，电压 37/2.3kV，接线组别 D，y11

短路阻抗　　　　　11%

初级连续电流　　　185A

初级最大工作电流　220A

次级连续电流　　　2800A

次级最大工作电流　3350A

2）主电抗器

电抗　1.17mH/0.368Ω（每相），电感量误差 +0～−5%

稳定状态连续工作电流　2800A

最大连续工作电流　　　3350A

3）晶闸管

6 脉动

4）"C" 式滤波器

主电容器共 54 台，单台容量 273kvar，额定电压 7.4kV，每相分两支路，每支路三组并联，每组 3 台串联。

辅助电容器共 12 台，单台容量 273kvar，额定电压 7.4kV，每相分两支路，每支路两组并联，每组一台。

电抗器：电感　55.6mH/相

电阻器：电阻　32Ω/相

（2）保护部分

1）整个补偿器

过电流：跳闸

接地故障：跳闸

2）降压变压器

定时过电流：跳闸

瓦斯保护：跳闸

压力保护：变压器油箱压力超限时跳闸

绕组温度监视：报警

油温监视：第一段报警

　　　　　第二段跳闸

3）晶闸管控制的电抗器

接地故障保护：跳闸

相不平衡保护：跳闸

4）滤波器

电容器组中性点不平衡保护：第一段报警

　　　　　　　　　　　　　第二段跳闸

电阻器：三段过电流保护。第一段过负荷长延时跳闸，第二、三段短延时和瞬时跳闸。

5）TCR 阀组保护

过电压保护：跳闸

过电流保护：跳闸

晶闸管控制电源故障指示

冷却系统保护：

　温度过高：报警

　冷却液水流故障：跳闸

　冷却液低位：报警

TCR 母线过电压报警。

12.7.5　初轧机负荷用的 TCT 型 SVC

图 12-103、图 12-104 是某钢初轧厂供电系统图和 TCT 型 SVC 系统图。初轧厂主电机为两台同步电动机，单台电动机额定功率 5000kW，额定电压 1750V，额定电流 1721A，12 极（凸极）。SVC 主设备技术参数如下：

（1）主变压器：

容量 9.75MVA，$U_1=10.5$kV，$U_2=1.15$kV，$U_T=8.5\%$

（2）高阻抗变压器：

容量 14MVA，$U_1=10.5$kV，$U_2=1.56$kV，$U_T=8.5\%$，

$I_1=770$A，$I_2=5181$A，$\alpha_{min}=90°$，$\alpha_{max}=180°$

联结线标号　D，y5。

（3）滤波器的参数：

n	H_5	H_7	H_{P11}
电容（μF）	191.84	143.46	56.82
电抗（mH）	2.61	1.21	1.47
装置容量（Mvar）	9.9	8.1	2.7

12.7.6　用于热轧的 SVC

图 12-105 是某热轧钢厂 SVC 单线系统图。该厂 110kV 供电，35kV、6kV 为厂内配电电压。除图 12-105 所示外，35kV 侧 4 段母线还接有给各机架传动电机用的变流变压器，见表 12-20。

该厂 35L 段母线装一套高阻抗变压器式 SVC，容量 20MVA，阻抗 90%，电压 $35\Big/\frac{1.56}{\sqrt{3}}$kV。35R 段母线装一套 TCR 型 SVC，TCR 容量为 50/60MVA，阻抗 70%。

35kV 侧补偿用电容器组构成各次滤波器。

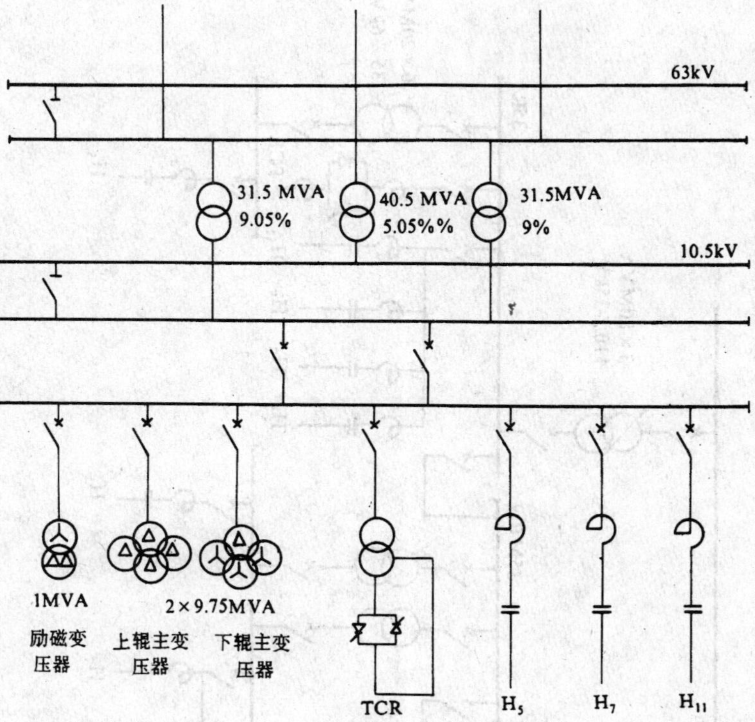

图 12-103 某钢初轧厂供电系统图

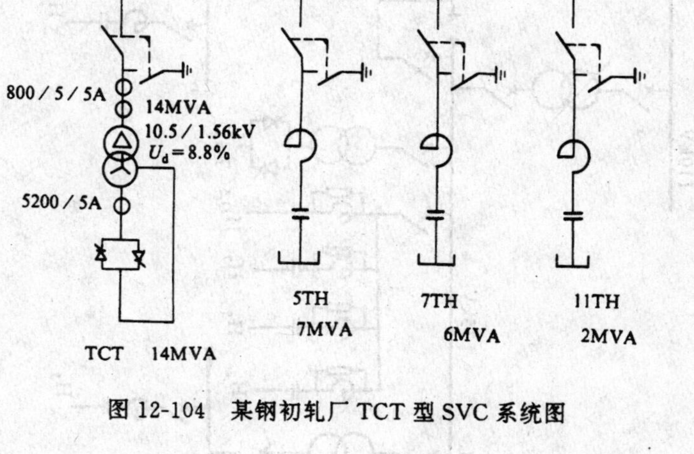

图 12-104 某钢初轧厂 TCT 型 SVC 系统图

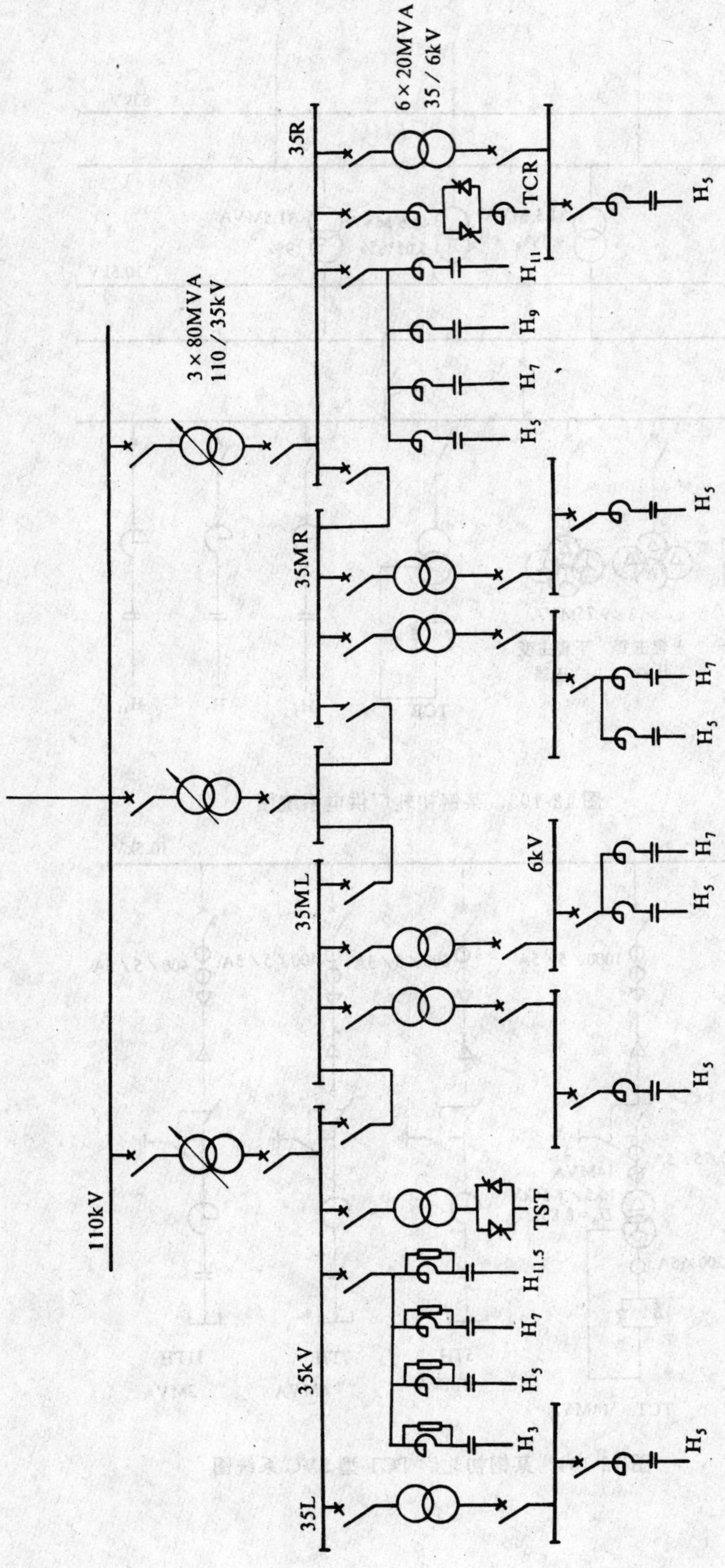

图 12-105 某热轧厂 SVC 单线系统图

表 12-20 各机架传动电动机及其三相变流变压器

母线	机架号	三相变流变压器		电动机
35R	F_3	15.6MVA	35/2×1.08kV	2×5000kW
	F_4	15.6MVA	35/2×1.08kV	2×5000kW
	F_5	15.6MVA	35/2×1.08kV	2×5000kW
	F_6	15.6MVA	35/2×1.08kV	2×5000kW
	F_7	7.8MVA	35/1.08kV	1×5000kW
35L	R_1	9.7MVA	35/2×0.51kV	2×2850kW
	R_2	2×9.8MVA	35/2×0.95kV	2×4200kW
	R_3		35/2×1.08kV	9000kW
	F_1	15.6MVA	35/2×1.08kV	10000kW
	F_2	15.6MVA	35/2×1.08kV	10000kW

35R、35L 段滤波电容器参数：

n	H_3	H_5	H_7	H_9	H_{11}	$H_{11.5}$
35R 单台(Mvar)		0.327	0.327	0.327	0.327	
单台(kV)		7.6	7.6	7.6	7.6	
台数		72	36	18	18	
串/并		3/24	3/12	3/6	3/6	
总装(Mvar)		23.544	11.772	5.886	5.886	
有效输出(Mvar)		18.46	9.23	4.62	4.62	
35L 单台(Mvar)		0.327	0.327	0.327	0.327	
单台(kV)		7.6	7.6	7.6	7.6	
台数		27	36	18	18	
串/并		3/9	3/12	3/6	3/6	
总装(Mvar)		8.829	11.772	5.886	5.886	
有效输出(Mvar)		6.98	9.23	4.62	4.62	

附录 12.1 三相电弧炉电流和电压不对称计算

三相电弧炉在熔炼过程中是不稳定，不对称电力负荷。特别是炼钢电弧炉在熔化期，由于电弧燃烧不稳定，常常发生断弧、短路及料块移动等现象。每相电流常在零值（断弧）和短路值之间变化，因而造成负荷严重不对称。另外，每相短网的固有阻抗和转移阻抗不相等也造成负荷的不对称。但对于计算机控制的超高功率电炉，很少发生短路情况，正常运行时，由于现代化调节器作用，不对称度也较小。

电弧炉负荷不对称，导致供配电母线上出现电压不对称。在设计和使用电弧炉设备时，应该计算电流和电压不对称度，视其大小，确定是否需要平衡措施。

不对称度，取决于负荷负序电流和正序电流对称分量的比值。这些电流可利用每相的全电流导出。即：

$$I_{A1}=\frac{1}{3}(\dot{I}_A+a\dot{I}_B+a^2\dot{I}_C)$$

$$I_{A2}=\frac{1}{3}(\dot{I}_A+a^2\dot{I}_B+a\dot{I}_C)$$

$$I_{A0}=\frac{1}{3}(I_A+I_B+I_C)$$

式中 I_A、I_B、I_C——每相全电流，A；

I_{A_1}、I_{A_2}、I_{A_0}——分别为 A 相正序、负序、零序的电流对称分量，A；

a——相因子。

a 由下式计算

$$a=-0.5+j\frac{\sqrt{3}}{2}$$

$$a^2=-0.5-j\frac{\sqrt{3}}{2}$$

由于三相电弧炉设备无零线，所以电弧炉回路中的零序电流，只能在电极上接成三角形回路的短网中流通，而不能由短网的三角形回路内流出，即不参加电弧回路。所以在电炉变高压侧线电流中只含有 I_{A1}、I_{A2} 电流分量。

电弧炉等值电路如附图 12-1 所示。

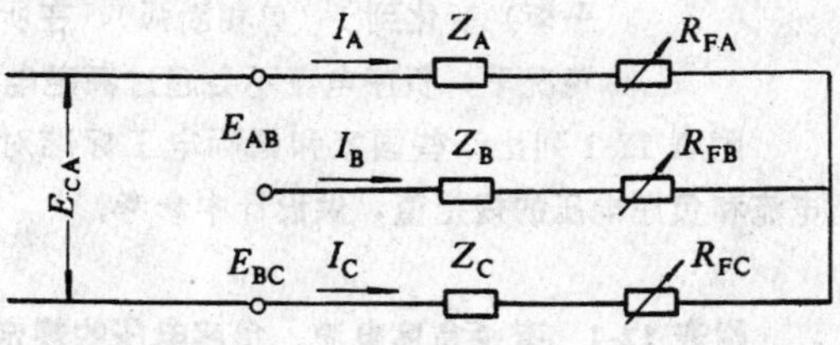

附图 12-1 电弧炉等值回路

其负荷不对称度为

$$\varepsilon_I=\frac{\dot{I}_{A2}}{\dot{I}_{A1}}=-\frac{(Z_A+aZ_B+a^2Z_C)+(R_{FA}+aR_{FB}+a^2R_{FC})}{(Z_A+Z_B+Z_C)+(R_{FA}+R_{FB}+R_{FC})} \quad (附 12\text{-}1)$$

式中 Z_A、Z_B、Z_C——等值阻抗，包括电炉变压器母线上的系统阻抗 Z_S，电炉变压

器阻抗 Z_T，短网阻抗 Z_F，Ω；

R_{FA}、R_{FB}、R_{FC}——为各相电弧的有效电阻，Ω。

电炉变电所母线上负序电压为

$$V_{A_2} = \dot{I}_{A_2} \cdot Z_{S_2} \qquad (附 12\text{-}2)$$

式中 Z_{S_2}——为炉变电所母线上系统负序阻抗值，Ω。

电炉变电所母线上负序电压不对称度为

$$\varepsilon_V = \frac{V_{A_2}}{V_{A_1}} = \frac{I_{A_2} Z_S}{V_{A_1}} \qquad (附 12\text{-}3)$$

电炉变电所母线上正序电压 V_{A_1} 可认为近似地等于额定相电压 V_N。

电炉变电所母线上电压不对称度亦可用下式计算

$$\varepsilon_V = \frac{I_2 S_T}{I_N S_S'} \qquad (附 12\text{-}4)$$

式中 I_2——电弧炉的负序电流，A；

I_N——电弧炉的额定电流，A；

S_T——电弧炉变压器额定容量，kVA；

S_S'——电炉变电所母线上三相短路容量，kVA。

从式附 12-4 可看出：随着电弧炉设备容量的增大，电弧炉运行时所引起的电压不对称度也相应增大；相反，电炉变电所母线上的短路容量越大，电弧炉运行时电压不对称的影响就越小。根据国家规定的负序电压不对称度，按下式可估算出一个已知电网允许接入电弧炉设备容量

$$S_T \leqslant \frac{\varepsilon_V I_N S_S'}{I_2} \qquad (附 12\text{-}5)$$

电弧炉负序电流 I_2 值按下式估算

$$I_2 = K I_N \qquad (附 12\text{-}6)$$

式中 K——负序电流不对称系数，对于炼钢电弧炉而言，电流不对称度可能由 0（三相电流平衡）变化到 1（单相断弧），在所有的情况下，负序电流不会超过额定电流。

附表 12-1 列出一些国家和国际电工标准对负序电流和负序电压的规定值，供设计中参考。

附表 12-1 有关负序电流、负序电压的规定

项目	电动机	发电机
英国、德国、印度	$0.01U_N$	
法国	$0.015U_N$	
中国		$\frac{I_2}{I_N}=8\%$
IEC		$0.05U_N$

附录 12.2 电弧炉电压跌落及电压闪变计算方法（英国）

（1）单台电弧炉

电压跌落最大值

$$\Delta V_{max} = \frac{S_T}{S_S}$$

式中 S_T——电弧炉三相工作短路时的表观功率，MVA；

S_S——电网考核点三相短路容量，MVA。

电压闪变最大值

$$\Delta V_{f_{max}} = K_2 \Delta V_{max}$$

式中 K_2——电压闪变的强度系数，取 0.09～0.15。

（2）多台电弧炉

多台电弧炉电压闪变计算分两种情况：

1）多台电弧炉安装在一个工厂；

2）两处，两个工厂分别安装有几台电弧炉。

上述 2）项除计算一厂（或一处）多台电炉运行时引起的综合电压闪变外，还应计及相邻的另一厂（或另一处）的影响。

多台电炉引起的电压闪变计算步骤如下：

1）按炉变容量，从大到小对电炉进行编号。

2）依次计算出各电炉三相工作短路视在功率 S_{T_1}、S_{T_2}…。

3）由已知电网参数分别计算各个电炉在 PCC 点产生的最大电压跌落值 $\Delta V_{f_{max1}}$、$\Delta V_{f_{max2}}$、$\Delta V_{f_{max3}}$…。并用下式将它们折算成 $\Delta\overline{V}_{f_{max1}}$、$\Delta\overline{V}_{f_{max2}}$、$\Delta\overline{V}_{f_{max3}}$…。

$$\Delta\overline{V}_{f_{max1}} = 1.0$$

$$\Delta\overline{V}_{f_{max2}} = \frac{\Delta V_{f_{max2}}}{\Delta V_{f_{max1}}}$$

$$\Delta\overline{V}_{f_{max3}} = \frac{\Delta V_{f_{max3}}}{\Delta V_{f_{max1}}}$$

4）计算电弧炉电压闪变值三个概率系数。

$$M_1 = 0.1638(1 + \Delta\overline{V}^2_{f_{max2}} + \Delta\overline{V}^2_{f_{max3}} + \cdots)$$

$$M_2 = 0.0485(1 + \Delta\overline{V}^4_{f_{max2}} + \Delta\overline{V}^4_{f_{max3}} + \cdots)$$

$$M_3 = 0.0239(1 + \Delta\overline{V}^6_{f_{max2}} + \Delta\overline{V}^6_{f_{max3}} + \cdots)$$

5）计算中间系数 b。

$b=\dfrac{M_3^{\ 2}}{M_2^{\ 3}}$

6）据附图 12-2 查出增强系数 c。

7）计算考核点综合电压闪变值 $\Delta\overline{V}_{f_{max}}$。

$$\Delta\overline{V}_{f_{max}}=\sqrt{M_1+C\ \sqrt{M_2}}$$

8）将 7）结果 $\overline{V}_f$ 折算成 PCC 点综合电压闪变值 $\Delta V_{f_{max}}$。

$$\Delta V_{f_{max}}=\Delta\overline{V}_{f_{max}}\Delta V_{f_{max1}}\times 100\%$$

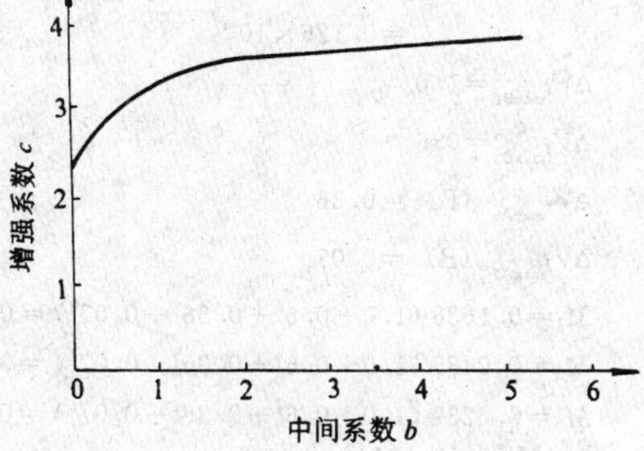

附图 12-2　电压闪变增强系数 c 曲线

（3）计算实例

1）两台电弧炉，炉变容量分别为 15MVA 和 20MVA，三相工作短路视在功率分别为 31.9MVA 和 36.8MVA。已知 PCC 点短路容量为 $S_S=1000$MVA，见附图 12-3。计算 PCC 点电压跌落和电压闪变值。

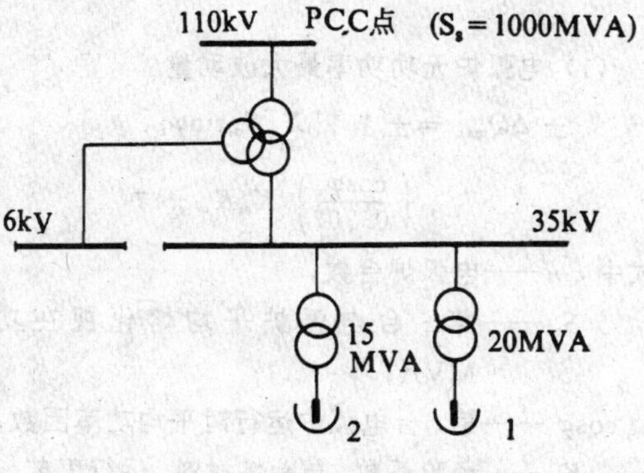

附图 12-3　系统图

解

$$\Delta V_{max1}=\frac{36.8}{1000}=0.0368$$

$$\Delta V_{max2}=\frac{31.9}{1000}=0.0319$$

$$\Delta V_{f_{max1}}=0.12\times 0.0368=4.416\times 10^{-3}$$

$$\Delta V_{f_{max2}}=0.12\times 0.0319=3.828\times 10^{-3}$$

$$\Delta\overline{V}_{f_{max1}}=1.0$$

$$\Delta\overline{V}_{f_{max2}}=\frac{3.828}{4.416}=0.8668$$

$$M_1=0.1638(1.0+0.8668^2)=0.2869$$

$$M_2=0.0485(1.0+0.8668^4)=0.0759$$

$$M_3=0.0239(1.0+0.8668^6)=0.0340$$

$$b=\frac{M_3^{\ 2}}{M_2^{\ 3}}=\frac{(0.034)^2}{(0.0759)^3}=2.64$$

查附图 12-2 曲线

$c=3.5$

$$\Delta\overline{V}_{f_{max}}=\sqrt{M_1+C\ \sqrt{M_2}}$$

$$=\sqrt{0.2869+3.5\ \sqrt{0.0759}}=1.1185$$

PCC 点综合闪变电压 $\Delta V_{f_{max}}$

$$\Delta V_{f_{max}}=\Delta\overline{V}_{f_{max}}\Delta V_{f_{max1}}\times 100\%=1.1185\times 4.416\times 10^{-3}=0.494\%$$

2）某钢厂 35kV 侧母线有三台电弧炉，容量为 40MVA、30MVA、10MVA，220kV 侧母线短路容量 $S_S=5500$MVA，各炉冶炼时，三相工作短路视在功率分别为 100MVA，75MVA，25MVA。计算三台炉同时运行时，在 220kV 母线 PCC 点上发生的电压闪变值。

解

$$\Delta V_{max1}=\frac{100}{5500}=0.0182$$

$$\Delta V_{max2}=\frac{75}{5500}=0.0136$$

$$\Delta V_{max3}=\frac{25}{5500}=0.0045$$

$$\Delta V_{f_{max1}}=0.12\times 0.0182=2.184\times 10^{-3}$$

$$\Delta V_{f_{max2}}=0.12\times 0.0316=1.632\times 10^{-3}$$

$$\Delta V_{f_{max3}}=0.12\times 0.0045=0.541\times 10^{-3}$$

$$\overline{V}_{f_{max1}}=1.0$$

$$\overline{V}_{f_{max2}}=\frac{1.632}{2.184}=0.75$$

$$\overline{V}_{f_{max3}}=\frac{0.541}{2.184}=0.25$$

$$M_1=0.1638(1.0+0.75^2+0.25^2)=0.2662$$

$$M_2=0.0485(1.0+0.75^4+0.25^4)=0.0640$$

$$M_3=0.0239(1.0+0.75^6+0.25^6)=0.0282$$

$$b=\frac{M_3{}^2}{M_2{}^3}=\frac{(0.0282)^2}{(0.0640)^3}=3.04$$

查附图 12-2 曲线

$c=3.6$

$$\overline{V}_{f_{max}}=\sqrt{M_1+C\ \sqrt{M_2}}$$

$$=\sqrt{0.2662+3.6\ \sqrt{0.064}}=1.0849$$

220kV 母线综合闪变电压 $\Delta V_{f_{max}}$

$$\Delta V_{f_{max}}=1.0849\times 2.184\times 10^{-3}=2.369\%$$

多台同容量电炉 $b=\frac{M_3{}^2}{M_2{}^3}\cdot\frac{1}{n}$，$n$ 为炉子台数。对电压闪变的影响见附表 12-2。

附表 12-2 电炉台数对电压闪变的影响

电炉台数	1	2	3	4	5	6
$\Delta\overline{V}_{f_{max}}$	1.0	1.18	1.3	1.4	1.5	1.6

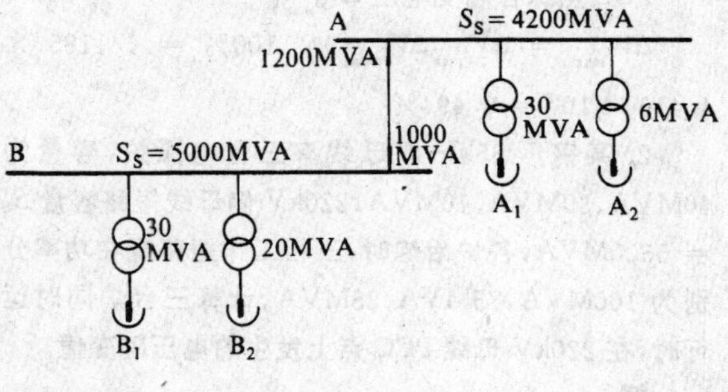

附图 12-4 电炉供电系统图

3）附图 12-4 为某一钢厂供电系统和电炉情况。三相工作短路视在功率和电压闪变增强系数为：

电炉	B_1	B_2	A_1	A_2
S_T(MVA)	75	45	75	15
C	0.12	0.12	0.12	0.12

计算 B 母线上电压闪变值。

解

A_1、A_2 炉在 A 母线上引起的最大电压跌落

$$\Delta V_{max_{A1}}=\frac{75}{4200}=0.0179$$

$$\Delta V_{max_{A2}}=\frac{15}{4200}=0.0035$$

B_1、B_2 炉在 B 母线上引起的最大电压跌落

$$\Delta V_{max_{B1}}=\frac{75}{5000}=0.015$$

$$\Delta V_{max_{B2}}=\frac{45}{5000}=0.009$$

A_1，A_2 和 B_1，B_2 同时运行，B 母线上的电压闪变

$$\Delta V_{f_{maxB1}}=0.12\times 0.015=1.8\times 10^{-3}$$

$$\Delta V_{f_{maxB2}}=0.12\times 0.009=1.08\times 10^{-3}$$

$$\Delta V_{f_{maxA1}}\ (B)\ =0.12\times 0.0179\times\frac{1200}{5000-1000}=0.64\times 10^{-3}$$

$$\Delta V_{f_{maxA2}}\ (B)\ =0.12\times 0.0035\times\frac{1200}{5000-1000}=0.126\times 10^{-3}$$

$\Delta\overline{V}_{f_{maxB1}}=1.0$

$\Delta\overline{V}_{f_{maxB2}}=0.6$

$\Delta\overline{V}_{f_{maxA1}}\ (B)\ =0.36$

$\Delta\overline{V}_{f_{maxA2}}\ (B)\ =0.07$

$$M_1=0.1638\,(1.0+0.6^2+0.36^2+0.07^2)=0.244$$

$$M_2=0.0485\,(1.0+0.6^4+0.36^4+0.07^4)=0.056$$

$$M_3=0.0239\,(1.0+0.6^6+0.36^6+0.07^6)=0.025$$

$$b=\frac{M_3{}^2}{M_2{}^3}=\frac{(0.025)^2}{(0.056)^3}=3.56$$

查附图 12-2 曲线

$C=3.7$

$$\Delta\overline{V}_{f_{maxB}}=\sqrt{0.244+3.7\ \sqrt{0.056}}=1.058$$

$$\Delta V_{f_{maxB}}=1.058\times 0.18\%=0.19\%$$

附录 12.3 TCR 容量计算方法

（1）电弧炉无功功率最大波动量

$$\pm\Delta Q_{max}=\pm 1.1\{\sum_{i=1}^{n}[S_{oi}\sin\varphi_i\left(\frac{\cos\varphi_i}{0.707}\right)^2 K_{si}K_{ui}]^2\}^{\frac{1}{2}}$$

式中 n——电弧炉台数；

S_{oi}——第 i 台电弧炉平均熔化视在功率，MVA；

$\cos\varphi_i$——第 i 台电弧炉运行时平均功率因数；

K_{si}——经验系数，与冶炼材料，运行工艺，过程和阶段有关，见附表 12-3；

K_{ui}——三相不对称影响系数，见附表 12-1。

K_{si}，K_{ui} 在电弧炉不同的冶炼阶段取值不同，炼钢电弧炉可分成起弧期、熔化期、精炼期。

S_{oi}由下式计算

$$S_{oi}=\frac{1}{2}\left(\frac{S_{ki}}{0.707}\right)$$

式中 S_{ki}——第 i 台电弧炉三相工作短路时视在功率。

附表 12-3 电弧炉不同冶炼阶段的 K_{si} 和 K_{ui} 值

	起弧期 Ⅰ	熔化期 Ⅱ	精炼期 Ⅲ
K_{si}	0.7	0.4	0.3
K_{ui}	1.25	1.12	1.05

(2) 相控电抗器容量

$$Q_r=\frac{3}{2}\left(2\Delta Q_{max}-\frac{\Delta V_{p_{max}}S_{s_{min}}}{100}\right)$$

式中 $\Delta V_{p_{max}}$——PCC 点允许的最大电压波动值。

(3) **例** 某炼钢厂有两台 50t 电弧炉，由 1 台 110/35kV，90MVA 变压器供电。110kV 侧 $S_{s_{min}}=$ 1166MVA。电气设备参数见附表 12-4 和附表 12-5。

附表 12-4 电气设备参数

	容量（MVA）	电压（kV）	阻抗（%）
供电变压器	90	110/35	10.53
电炉变压器	25	35/0.43	9.5
电炉短网			$25\times10^{-4}\Omega$

附表 12-5 功率因数值

	$\cos\varphi_{Ⅰ}$	$\cos\varphi_{Ⅱ}$
1 号 50t 电炉	0.72	0.72
2 号 50t 电炉	0.707	0.65

要求 PCC 点指标达到：110kV，$\Delta V_{110_{max}}\leqslant0.5\%$，35kV，$\cos\varphi\geqslant0.9$。计算所需 SVC 容量。

解

阻抗计算结果（见附图 12-5）（基准值 $S_j=$ 100MVA）

$$X_s=0.0857$$

$$X_T=0.117$$

$$X_3=1.7253$$

$$S_{S1}=\frac{S_j}{X_1+X_2+X_3}=\frac{100}{0.0857+0.117+1.7253}=51.867\ \text{MVA}$$

$$S_{oi}=\frac{1}{2}\,\frac{51.867}{0.707}=36.681\ \text{MVA}$$

$$\Delta Q_{max}=\pm1.1\left\{\left[36.81\times\sin(\cos^{-1}0.707)\times\left(\frac{0.707}{0.707}\right)^2\times0.7\times1.25\right]^2+\left[36.81\times\sin(\cos^{-1}0.65)\left(\frac{0.65}{0.707}\right)^2\times0.4\times1.12\right]^2\right\}^{\frac{1}{2}}$$

$$=27.536\ \text{Mvar}$$

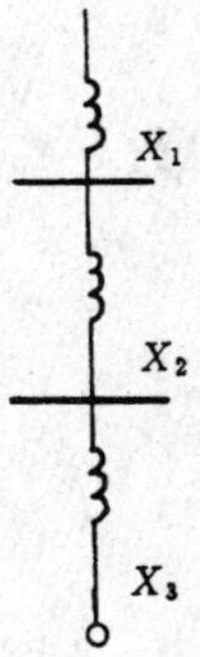

附图 12-5 阻抗图

按附表 12-3 两台电弧炉运行工况，有多种组合，如若按 Ⅰ$_1$-Ⅰ$_2$ 运行工况来计算补偿容量，则大部分时间里补偿容量过剩，造成浪费。这里按 Ⅰ$_1$-Ⅱ$_2$ 状态计算（1 号炉起弧期，2 号炉熔化期）。

由于该厂炉变制造厂规定长期运行不得超过 1.2 额定值，即 1.2×25＝30 MVA，故将 S_{oi} 修正为 30MVA。$\Delta V_{p_{max}}$ 取 2%～3%，则计算结果列于附表 12-6。

附表 12-6 计算结果

			$\Delta V_{p_{max}}$ 2%	$\Delta V_{p_{max}}$ 2.2%	$\Delta V_{p_{max}}$ 3%
1 号电炉 50t	$\cos\varphi_1$ 0.72 $\cos\varphi_2$ 0.72	ΔQ_{max}（Mvar）	23.35	23.35	23.35
		Q_r（Mvar）	35.07	31.57	17.53
		Q_{FC}（Mvar）	38.27	36.5	29.52

续附表 12-6

			$\Delta V_{p_{max}}$ 2%	$\Delta V_{p_{max}}$ 2.2%	$\Delta V_{p_{max}}$ 3%
2号电炉 50t	$\cos\varphi_1$ 0.707 $\cos\varphi_2$ 0.65	ΔQ_{max}（Mvar）	22.51	22.51	22.51
		Q_r（Mvar）	32.57	29.02	15.08
		Q_{FC}（Mvar）	40.59	38.81	32.84

考虑到节省投资，该厂最终补偿容量取：

相控电抗器容量　　$Q_r = 30$MVA

固定电容器容量　　$Q_{FC} = 35$MVA

参考文献

[1] T.J.E MILLER, Reactive Power Control in Electric System, 1982.

第13章

高压电器选择

13.1 选择高压电器时应校验的项目

为了保证高压电器的可靠运行，并在通过最大可能的短路电流时不致受到严重损坏，除了根据正常工作情况下额定电压及电流选择外，所选电器端子的允许荷载，应大于电器引线在正常运行和短路时的最大作用力，还要按短路电流所产生的动、热效应进行校验。

表 13-1 列出高压电器一般需校验的项目，但不包括个别设备的特殊要求。

表 13-1 选用高压电器时应校验的项目

名称	额定电压 (kV)	额定电流 (kA)	断流容量 (MVA)	机械荷载 (N)	短路稳定性		绝缘水平
					热稳定	动稳定	
高压断路器	×	×	×	×	×	×	×
敞开式组合电器	×	×	×	×	×	×	×
封闭电器	×	×	×	×	×	×	×
负荷开关	×	×	×	×	×	×	×
隔离开关	×	×		×	×	×	×
熔断器	×	×	×	×			×
限流电抗器	×	×		×	×	×	×
消弧线圈	×	×		×			×
电压互感器	×			×			×
电流互感器	×	×		×	×	×	×
套管绝缘子	×	×		×	×	×	×
支柱绝缘子	×			×		×	×
避雷器	×			×			×

注：表中设备应根据“×”各项进行选择。

13.2 按工作电压、工作电流及断流容量选择高压电器

13.2.1 按工作电压选择高压电器

所选的电器允许最高工作电压U_{max}应大于或等于所在回路的最高运行电压U_g，即

$$U_{max} \geqslant U_g \quad (13\text{-}1)$$

三相交流3kV及以上设备的最高电压见表13-2。

表13-2 高压设备的额定电压与最高电压（kV）

受电设备或系统额定电压	供电设备额定电压	设备最高电压
3	3.15	3.5
6	6.3	6.9
10	10.5	11.5
与发电机配套的受电设备的额定电压可采用供电设备的额定电压	13.8 （发电机） 15.75 （发电机） 18 （发电机） 20 （发电机）	与发电机配套的受电设备最高电压由供需双方研究确定。但发电机断路器、隔离开关等的额定电压可在具体设计中确定
35		40.5
63		69
110		126
220		252

13.2.2 按工作电流选择高压电器

选用的电器额定电流I_N应大于或等于该回路的最大长期工作电流I_g，即

$$I_N \geqslant I_g \quad (13\text{-}2)$$

国产电器的使用环境温度条件见表13-3。

交流高压电器长期工作时允许的最高发热温度根据《交流高压电器在长期工作时的发热》（GB763—74）的规定见表13-4所示，但避雷器、熔断器、附加电阻、电力电容器，电流及电压互感器以及特殊用途的电器不受表13-4的限制。

在表13-4规定的最大允许发热温度下：

(1)当电器设备使用在环境温度高于+40℃（但不高于+60℃）时，每增高1℃，应减少额定电流负荷1.8%。

(2)当电器设备使用在环境温度低于+40℃时，每降低1℃，可增加额定电流负荷0.5%，但其最大过负荷不得超过额定值的20%。

(3) 当电器设备使用在海拔高度超过1000m（以1000m为起点，但不超过4000m）时，每超过100m要降低额定电流负荷0.3%。

表13-3 国产电器使用环境温度条件

环境温度（℃）	普通电工产品	热带电工产品（根据JB4160—85）	
		湿热带	干热带
最高	40	40	50②
最低	−30①	−5	−5
年平均	20	25	30
日平均	30	35	40
月平均最高		35	45
最大日变化			30

①最低环境温度−30℃是指电压互感器及变压器，其它电工产品是−40℃；

②干热带电工产品的额定最高空气温度在按绝缘热老化寿命计算温度时，可以采用45℃。

表 13-4 交流高压电器长期工作时允许的最高发热温度

（根据GB763—74的规定）

序号	电器各部分的名称	最大允许发热温度（℃）		在环境温度为+40℃时的允许温升（℃）	
		在空气中	在油中	在空气中	在油中
1	不与绝缘材料接触的金属部分				
	(1) 需要考虑发热对机械强度影响的：				
	铜	110	90	70	50
	铜镀银	120	90	80	50
	铝	100	90	60	50
	钢、铸铁及其它	110	90	70	50
	(2) 不需要考虑发热对机械强度影响的：				
	铜或铜镀银	145	90	105	50
	铝	135	90	95	50
2	与绝缘材料接触的金属部分，以及由绝缘材料制成的零件，当绝缘材料的等级为：				
	Y	85		45	
	A	100	90	60	50
	E	110*	90	70*	50
	B、F、H和C	110*	90	70*	50
3	最上层变压器油				
	(1) 作为灭弧介质时		80		40
	(2) 只作为绝缘介质时		90		50
4	接触连接				
	(1) 用螺栓、螺纹、铆钉或其它形式紧固的：				
	铜或铝（包括紫铜带）无镀层	80	85	40	45
	铜或铝镀（搪）锡	90	90	50	50
	铜镀银	105	90	65	50
	铜镀银厚度大于50μm或镶银片	(120)	90	(80)	50
	(2) 用弹簧压紧的：				
	铜或铜合金**无镀层	75	80	35	40
	铝或铝合金**无镀层		80		40
	铜或铜合金**镀银	105	90	65	50
	银或银合金**铜镀银厚度大于50μm或镶银片	(120)	90	(80)	50
5	铜编织线	(85)	(80)	(45)	(40)
6	起弹簧作用的金属零件	(见注3)			

注：1. 选取表中 * 数值时，对需要考虑发热对机械强度影响的铝，最大允许发热温度取 100℃，对不需要考虑发热对机械强度影响的铜及铝，最大允许发热温度可以适当提高，但应比绝缘零件允许发热温度低 10℃。但不得高于表中序号 1 中第（2）项所规定的值。
2. 表中 * * 所指的铜合金、铝合金和银合金是指铜基、铝基与银基合金，均不包括粉末冶金制件。
3. 最大允许温度不应达到丧失材料弹性，对纯铜来说此温度是 75℃。
4. 具有银镀层的接触连接，若连接表面的银镀层被电弧烧灼（露铜），或者在进行机械强度试验后，银镀层被擦掉的，则其发热温度按没有银镀层时处理。
5. 粉末冶金制件的接触的允许发热温度，由制造厂在各种产品技术条件中加以规定。
6. 表中括号内的数值，为推荐使用值。

计算用环境温度见表 13-5 所示。

表 13-5　计算用环境温度表

安装场所	最　　高	最低
屋　　外	年最高温度	年最低温度
电抗器室	该处通风设计最高排风温度	
屋内其他处	该处通风设计温度。当无资料时，可取最热月平均最高温度加 5℃	

注：1. 年最高（或最低）温度为一年中所测得的最高（或最低）温度的多年平均值。
2. 最热月平均最高温度为最热月每日最高温度的月平均值，取多年平均值。

13.2.3　按断流容量选择高压电器

对于断路器和熔断器

$$S_{dn} \geqslant S'' \text{ 或 } I_{dn} \geqslant I'' \qquad (13\text{-}3)$$

式中　S_{dn}、I_{dn}——设备的额定断流容量，MVA；及额定开断电流，kA。

13.2.4　按机械负载选择高压电器

所选电器端子的允许荷载，应大于电器引线在正常运行和短路时的最大作用力。

断路器接线端子允许的水平机械荷载列于表 13-6。当与制造部门签订技术协议或引进国外产品时，可按表 13-6 所列数据提出要求。

电器机械荷载的安全系数由制造厂在产品制造时统一考虑，需要时可向制造厂索取。

表 13-6　断路器接线端子允许的水平机械荷载

额定电压（kV）	≤10	35～63	110	220
接线端子水平机械拉力（N）	250	500	750	1000

注：表列数据见《交流高压断路器》（GB1984—80）

13.3　短路热稳定校验

选定的电器，应按预期通过的最大短路电流进行热稳定和动稳定校验。当计算短路发热时，一般都按三相短路计算发热效应，只有在个别情况下，例如：发电机出口的两相短路或中性点直接接地系统及自耦变压器等回路的单相及两相接地短路，其电流大于三相短路，即 $I_\infty^{(2)} > I_\infty^{(3)}$ 时应按两相短路校验发热效应。根据计算出现 $I_\infty^{(2)} > I_\infty^{(3)}$ 的现象是在 $X_{js} < 0.6$ 时。

在下列情况下，可以不进行短路电流校验：

（1）用熔断器保护的电器和导体可以不校验热稳定，另外，当熔断器额定电流在 60A 及以下时，以及采用有限流作用（额定电流不限）的熔断器时，还可以不校验动稳定。

（2）馈电给个别次要用电场所的导体和布线，其容量在 1250kVA 及以下，一次电压为 10kV 及以下，且不致因短路损坏导体而引起爆炸、修复困难或生产流程严重中断时。

（3）架空电力线路。

（4）装设在电压互感器间隔内的导体和电器。

13.3.1　短路的热稳定校验的条件

短路的热稳定条件为

$$I_{wd}^2 t > Q_{dl} \qquad (13\text{-}4)$$

式中　I_{wd}——t 秒内设备允许通过的热稳定电流有效值，kA；

Q_{dl}——在短路计算时间 t_{js} 内，实际短路电流产生的热效应，$(kA)^2\cdot s$。

$$Q_{dl}=\int_0^{t_{js}} i_{dl}^2 dt \approx Q_Z + Q_f$$

式中 i_{dl}——短路电流瞬时值，kA；

t_{js}——短路计算时间，s；

Q_Z——短路电流周期分量热效应，$(kA)^2\cdot s$；

Q_f——短路电流非周期分量热效应，$(kA)^2\cdot s$。

$$Q_Z=\frac{I''^2+10I_{ZB}+I_Z^2}{12}t_{js}$$

式中 I''——短路电流周期分量起始有效值，kA；

I_Z——短路电流在 t_{js} 时的周期分量有效值，kA；

I_{ZB}——短路电流在 $0.5t_{js}$ 时的周期分量有效值，kA。

当多支路向短路点供给短路电流时，I''、I_{ZB}、I_Z 应分别为各支路相应时刻短路电流之和。

$$Q_f=TI''^2$$

式中 T——非周期分量等效时间，可按表 13-7 查取，s。

表 13-7 非周期分量等效时间（s）

短路点	T	
	$t_{js}\leqslant 0.1$	$t_{js}>0.1$
发电机出口及母线	0.15	0.2
发电厂升高电压母线及出线 发电机电压电抗器后	0.08	0.1
变电所各级电压母线及出线	0.05	

校验热稳定的计算时 t_{js}，即短路故障持续间，按下式计算

$$t_{js}=t_b+t_{jso}$$

式中 t_{jso}——采用瞬动继电保护时的短路持续时间，s；当断路器全分闸时间 $t_{fd}<0.08s$，t_{jso} 取为 0.1s；t_{fd} 为 0.08～0.12s，t_{jso} 取 0.15s；$t_{fd}>0.12s$，t_{jso} 取为 0.2s。

t_b——主继电保护延时继电器整定时间，如主保护装置有死区，则还应按死区首端短路电流和后备保护的延迟时间再校验，s。

本章以后提到的短路电流热效应假想时间 t_j，是设想短路电流稳定为 I_∞，其在 t_j 时间内产生的热效应相等于实际短路电流在 t_{js} 时间内产生的热效应，因而

$$t_j=\frac{Q_{dl}}{I_\infty^2} \tag{13-5}$$

式中 Q_{dl}——按式 13-4 求得的实际短路电流热效应，$(kA)^2\cdot s$；

I_∞——短路电流稳态有效值，kA。

13.3.2 按热稳定计算导体的最小截面

按热稳定计算导体最小截面可采用下列公式

$$S_{min}=I_\infty\sqrt{\frac{t_j}{A_d-A_g}} \tag{13-6}$$

式中 S_{min}——导体最小截面，mm^2；

A_d——对应于 θ_d 的数值（θ_d 为短路时导体允许的最高温度）；

A_g——对应于 θ_g 的数值（θ_g 为短路前导体的起始温度）。

A_d 和 A_g 可由图 13-1 查得。

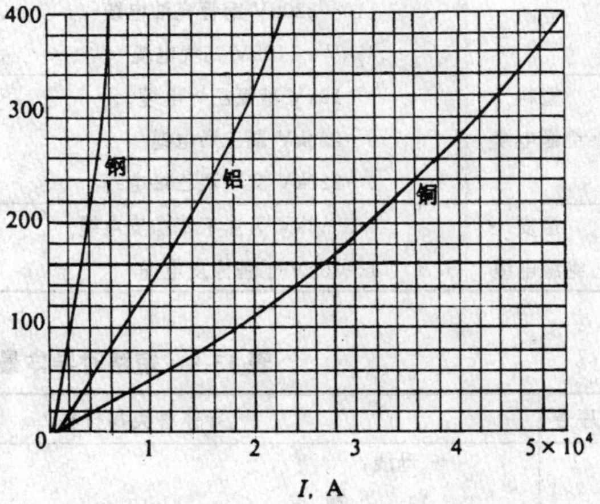

图 13-1 短路时导体的加热温度曲线

短路前导体的起始温度 θ_g 可按下式求得

$$\theta_g=\theta_0+(\theta_{xu}-\theta_0)\left(\frac{I_g}{I_{xu}}\right)^2 \tag{13-7}$$

式中 θ_0——周围环境的计算温度，℃；

I_{xu}、θ_{xu}——正常工作时导体长期允许的工作电流，A；和发热温度，℃；

I_g——实际工作电流，A。

导体的周围介质计算温度和长期允许工作温度见表 13-8。

式 13-6 中令 $\sqrt{A_d-A_g}=C$ 则

$$S_{\min}=I_{\infty}\frac{\sqrt{t_{\mathrm{j}}}}{C} \qquad (13\text{-}8)$$

短路计算时可采用表 13-9 中的 C 值。

表 13-8 导体长期允许的工作温度及周围介质计算温度

名称		周围介质计算温度（℃） 空气中	周围介质计算温度（℃） 土或水中	长期允许工作温度（℃）	备注
母线及裸导线		25		70	
油浸纸绝缘电缆	普通粘性浸渍电缆				
	1～3kV	25	15	80	
	6kV 统包型	25	15	65	
	10kV 分相铅（铝）包型	25	15	60	
	20～35kV 分相铅（铝）包型	25	15	50	
	不滴流电缆				
	1～6kV	25	15	80	
	10kV 统包型	25	15	70	
	20～35kV 分相铅（铝）包型	25	15	65	
	110～220kV 自容式充油电缆	25	15	80～85	
	110～220kV 钢管充油电缆	25	15	80～85	
	35kV～110kV 充气电缆	25	15	75	
塑料绝缘电缆	1～10kV 聚氯乙烯电缆	25	15	70	
	6～220kV 聚乙烯电缆	25	15	70	
	6～220kV 交联聚乙烯电缆	25	15	90	
橡皮绝缘电缆	0.5～6kV 天然丁苯橡皮电缆	25	15	65	
	1～35kV 丁基橡皮电缆	25	15	80	

表 13-9 短路时导体最高允许温度 θ_d 及热稳定系数 C

序号	导体种类和材料	θ_d（℃）	C
1	母线：		
	铜	300	171
	铝	200	87
	钢（不和电器直接连接时）	400	70
	钢（和电器直接连接时）	300	60
2	油浸纸绝缘电缆		
	普通粘性浸渍电缆		
	铜芯 6kV	220	150
	10kV	220	165
	铝芯 6kV	200	90
	10kV	200	95
	20～35kV	175	
	不滴流电缆		
	铜芯 10kV	220	130
	铝芯 10kV	200	95

续表 13-9

序号	导体种类和材料	θ_d (℃)	C
3	充油纸绝缘电缆 60～220kV	165	
4	橡皮绝缘电缆	150	
5	聚氯乙烯绝缘电缆		
	铜芯	130	100
	铝芯	120	65
6	交联聚乙烯绝缘电缆		
	铜芯	230	135
	铝芯	200	80
7	中间接头采用压接的电缆（不包括第 5 项）	150	
	中间接头采用锡焊接头的电缆（不包括第 5 项）	120	

在考虑电缆的热稳定时按下列条件计算。

(1)长度不超过电缆制造长度的单根电缆，按电缆首端短路考虑；

(2)有中间接头的单根电缆，按第二段电缆的首端（即第一个中间接头后）短路考虑，或每一可能缩减电缆截面线段的首端考虑；

(3) 有两根及以上并列连接的电缆，按并列点后（不考虑短路发生在每根电缆中间）短路考虑。

13.3.3 高压设备短路热稳定的计算公式

高压设备短路热稳定的计算公式见表 13-10。

表 13-10 高压设备热稳定校验用的计算公式

设备名称	计算公式	符号及说明
断路器 隔离开关 负荷开关	$I_\infty \leqslant I_t \sqrt{t/t_j}$ 如上式右边值大于设备的极限通过电流有效值 I_{max}，则 $I_\infty \leqslant I_{max}$	I_t——设备在 t 秒内允许通过的热稳定电流，可从产品样本查得，kA I_∞——短路稳态电流，kA t_j——假想时间，s
电抗器	$I_\infty \leqslant I_t \sqrt{t} / \sqrt{t_j}$	$I_t \sqrt{t}$——电抗器热稳定度，可从产品样本查得，kA·$\sqrt{s}$ I_∞——短路稳态电流，kA t_j——假想时间，s
电流互感器	$K_t \geqslant \frac{\sqrt{Q_d/t}}{I_{1N}} \times 10^3$	I_{1N}——电流互感器的额定一次电流，A K_t——电流互感器的 1s 短路热稳定电流倍数（可以从产品样本查得） Q_d——短路电流引起的热效应，$(kA)^2 \cdot s$
套管绝缘子	$I_\infty \leqslant I_t \sqrt{t/t_j}$	I_t——设备在 t 秒内允许通过的热稳定电流，可从产品样本查得 kA I_∞——短路稳态电流，kA t_j——假想时间，s

续表 13-10

设备名称	计算公式	符号及说明
母线	铜母线 $S_{min}=\frac{I_{\infty}}{C}\sqrt{t_jK_f}\times10^3$ 铝母线 $S_{min}=\frac{I_{\infty}}{C}\sqrt{t_jK_f}\times10^3$ 钢母线直接和电器连接者 $S_{min}=\frac{I_{\infty}}{60}\sqrt{t_jK_f}\times10^3$ 钢母线直接和电器连接者 $S_{min}=\frac{I_{\infty}}{60}\sqrt{t_jK_f}\times10^3$	S_{min}——导体所需要的最小截面，mm^2 I_{∞}——短路稳态电流，kA t_j——假想时间，s K_f——集肤效应系数，在下列情况下 $K_f=1$ （1）钢和铜矩形母线，截面在 $600mm^2$ 以下 （2）铝矩形母线，截面在 $1000mm^2$ 以下 （3）铜和铝圆形母线，直径分别在 20 和 22mm 以下 C——热稳定系数，见表 13-9
电缆 （无中间接头）	10kV 及以下铜芯纸绝缘电缆 $S_{min}=\frac{I_{\infty}}{C}\sqrt{t_j}\times10^3$ 10kV 及以下铝芯纸绝缘电缆 $S_{min}=\frac{I_{\infty}}{C}\sqrt{t_j}\times10^3$	S_{min}——电缆所需要的最小截面，mm^2 I_{∞}——短路稳态电流，kA t_j——假想时间，s C——热稳定系数，见表 13-9 计算所得的最小截面 S_{min}，如果稍大于最接近的标准截面，则采用最接近的较小标准截面 公式中采用的常数，为一般计算时用的，当需要更精确计算时，应按导体的起始温度，短路时最高允许温度以及导体在短路时的发热温度曲线来进行

13.4 短路动稳定校验

13.4.1 断路器、负荷开关、隔离开关及电抗器的动稳定计算

断路器、负荷开关、隔离开关及电抗器的动稳定计算公式，见表 13-11。

表 13-11 断路器、负荷开关、隔离开关及电抗器的动稳定计算的要求

名称	计算公式	符号及说明
断路器 负荷开关 隔离开关	$i_{max}\geqslant i_{ch}$ 或 $I_{max}\geqslant i_{ch}$	i_{max}、I_{max}——设备允许的极限通过电流的幅值及有效值，从产品样本查得 kA i_{ch}、I_{ch}——三相短路冲击电流值及全电流最大有效值，kA
电抗器	$i_{dw}\geqslant i_{ch}$	i_{dw}——电抗器动稳定电流，（从产品样本查得）kA i_{ch}——三相短路冲击电流值，kA

注：分裂电抗器动稳定保证值有两个，其一为单臂流过短路电流时之值，另一为两臂同时流过反向短路电流时之值。后者比前者小很多，在校验动稳定时应注意。

13.4.2 电流互感器的动稳定计算

对带有一次回路导体的电流互感器要进行动稳定校验。

对母线从窗口穿过且没有固定板的电流互感器，如 LMZ 型，可以不校验动稳定。

电流互感器的内部动稳定通常以额定动稳定倍数K_{dw}来表示，其校验公式见表 13-12。

电流互感器的外部动稳定校验是指电流互感器出线端受到的短路作用不应超过允许值，其校验公式见表 13-12。

表 13-12 电流互感器动稳定计算公式

<table>
<tr><th>计算公式</th><th>符号及说明</th></tr>
<tr><td>内部动稳定
$$K_{dw} \geqslant \frac{i_{ch}}{\sqrt{2}\,I_{1N}} \times 10^3$$
外部动稳定
(1) 样本标明有互感器出线端部允许作用力数据时
$F_m \geqslant 1.76 i_{ch}^2 \frac{l_m}{a} \times 10^{-1}$
$l_m = \frac{l_1 + l_2}{2}$
(2) 样本中未标明互感器出线端部允许作用力，但给出动稳定倍数K_{dw}。K_{dw}一般是在相间距离$a=40$cm 和计算长度$l_m=50$cm 时而言。此时，校验可按下列公式进行计算
$$K_d \sqrt{\frac{50a}{40 l_m}} \geqslant \frac{i_{ch}}{\sqrt{2}\,I_{1N}} \times 10^3$$</td><td>K_{dw}——动稳定倍数由制造厂提供
i_{ch}——短路冲击电流冲击值，kA
I_{1N}——电流互感器一次绕组额定电流，A
F_m——制造厂给出的电流互感器出线端部允许作用力，N
l_m——计算长度，cm
l_1——电流互感器出线端部至最近一个母线支持绝缘子的距离，cm
l_2——电流互感器两端瓷帽的距离，cm。当电流互感器是非母线式瓷绝缘时，$l_2=0$</td></tr>
</table>

13.4.3 母线的动稳定计算

13.4.3.1 一般要求

短路时母线产生的总机械应力

$$\sigma < \sigma_{xu} \tag{13-9}$$

$$\sigma = \sigma_{x-x} + \sigma_x \tag{13-10}$$

式中 σ_{xu}——母线的最大允许应力，当计及安全系数(对应于材料破坏应力时取 1.7；对应于材料屈服点应力时取 1.4)后，铜为 13.7×10^3，铝为 6.9×10^3，N/cm²；

σ_{x-x}——短路时母线相间产生的最大机械应力，N/cm²；

σ_x——短路时母线同相间相互作用产生的机械应力，N/cm²。

13.4.3.2 母线短路电动力的计算

当三相母线置于同一平面时，其短路电动力为

$$F = 1.02 \times 10^{-2}\,\frac{2l}{a}(\sqrt{2}\,I'')^2 \left[N_1 + N_2 e^{-\frac{2t}{T_f}} + N_3 e^{-\frac{t}{T_f}}\cos\omega t + N_4 \cos 2\omega t\right] = 6.037 \times 10^{-2}\,\frac{l}{a} i_{ch}^2 N_5 \tag{13-11}$$

式中 F——短路电动力，N；

i_{ch}——三相短路冲击电流，kA；

$N_1 \sim N_5$——短路类型系数，见表 13-13。

表 13-13 短路类型系数

短路类型	固定分力 N_1	非周期分力 N_2	周期分力 (50Hz) N_3	非周期分力 (100Hz) N_4	当 $T_f=0.05$, $t=0.01$时 N_5
两相短路	0.375	0.75	−1.5	0.375	2.47
三相短路，边相母线	0.375	0.808	−1.616	0.433	2.67
三相短路，中相母线	0	0.868	−1.732	0.866	2.86

表 13-14 矩形铝导体机械计算用数据

母线尺寸 $h\times b$(mm×mm)	集肤效应系数 K_f	机械强度要求最大跨距(cm)		机械共振允许最大跨距(cm)			片间临界跨距 l_{lj}(cm)	片间作用应力 σ_x (N/cm²)	竖放		平放	
		竖放	平放	竖放	片间	平放			截面系数 W_y(cm³)	惯性半径 r_{iy}(cm)	截面系数 W_x(cm³)	惯性半径 r_{ix}(cm)
63×6.3	1.02	$406\sqrt{a}/i_{ch}$	$1285\sqrt{a}/i_{ch}$	45		143			0.417	0.182	4.17	1.821
63×8	1.03	$516\sqrt{a}/i_{ch}$	$1448\sqrt{a}/i_{ch}$	51		143			0.672	0.231	5.29	1.821
63×10	1.04	$645\sqrt{a}/i_{ch}$	$1620\sqrt{a}/i_{ch}$	57		143			1.05	0.289	6.62	1.821
80×6.3	1.03	$458\sqrt{a}/i_{ch}$	$1632\sqrt{a}/i_{ch}$	45		161			0.529	0.182	6.72	2.312
80×8	1.04	$581\sqrt{a}/i_{ch}$	$1838\sqrt{a}/i_{ch}$	51		161			0.853	0.231	8.53	2.312
80×10	1.05	$727\sqrt{a}/i_{ch}$	$2056\sqrt{a}/i_{ch}$	57		161			1.333	0.289	10.67	2.312
100×6.3	1.04	$512\sqrt{a}/i_{ch}$	$2040\sqrt{a}/i_{ch}$	45		180			0.662	0.182	10.5	2.89
100×8	1.05	$650\sqrt{a}/i_{ch}$	$2303\sqrt{a}/i_{ch}$	51		180			1.067	0.231	13.38	2.89
100×10	1.08	$813\sqrt{a}/i_{ch}$	$2570\sqrt{a}/i_{ch}$	57		180			1.667	0.289	16.67	2.89
125×6.3	1.05	$573\sqrt{a}/i_{ch}$	$2550\sqrt{a}/i_{ch}$	45		201			0.827	0.182	16.41	3.613
125×8	1.08	$727\sqrt{a}/i_{ch}$	$2873\sqrt{a}/i_{ch}$	51		201			1.333	0.231	20.83	3.613
125×10	1.12	$908\sqrt{a}/i_{ch}$	$3212\sqrt{a}/i_{ch}$	57		201			2.083	0.289	26.04	3.613
2(80×6.3)	1.18	$16.25\sqrt{a\sigma_{x-x}}/i_{ch}$	$27.86\sqrt{a\sigma_{x-x}}/i_{ch}$	86	48	161	$307.6\times1/\sqrt{i_{ch}}$	$23.9\times10^{-4}i_{ch}^2l_c^2$	4.572	0.655	13.44	2.312
2(80×8)	1.27	$20.64\sqrt{a\sigma_{x-x}}/i_{ch}$	$31.4\sqrt{a\sigma_{x-x}}/i_{ch}$	97	54.5	161	$399\times1/\sqrt{i_{ch}}$	$12.7\times10^{-4}i_{ch}^2l_c^2$	7.373	0.832	17.07	2.312
2(80×10)	1.30	$25.8\sqrt{a\sigma_{x-x}}/i_{ch}$	$35.1\sqrt{a\sigma_{x-x}}/i_{ch}$	108	61	161	$489.5\times1/\sqrt{i_{ch}}$	$7.9\times10^{-4}i_{ch}^2l_c^2$	11.52	1.04	21.33	2.312
2(100×6.3)	1.26	$18.17\sqrt{a\sigma_{x-x}}/i_{ch}$	$34.83\sqrt{a\sigma_{x-x}}/i_{ch}$	86	48	180	$332\times1/\sqrt{i_{ch}}$	$15.3\times10^{-4}i_{ch}^2l_c^2$	5.715	0.655	21.00	2.89
2(100×8)	1.30	$23.07\sqrt{a\sigma_{x-x}}/i_{ch}$	$39.24\sqrt{a\sigma_{x-x}}/i_{ch}$	97	54	180	$438\times1/\sqrt{i_{ch}}$	$8.9\times10^{-4}i_{ch}^2l_c^2$	9.216	0.832	26.66	2.89
2(100×10)	1.42	$28.84\sqrt{a\sigma_{x-x}}/i_{ch}$	$43.88\sqrt{a\sigma_{x-x}}/i_{ch}$	108	61	180	$558\times1/\sqrt{i_{ch}}$	$5.3\times10^{-4}i_{ch}^2l_c^2$	14.4	1.04	33.33	2.89
2(125×6.3)	1.28	$20.31\sqrt{a\sigma_{x-x}}/i_{ch}$	$43.53\sqrt{a\sigma_{x-x}}/i_{ch}$	86	48	201	$360\times1/\sqrt{i_{ch}}$	$11.4\times10^{-4}i_{ch}^2l_c^2$	7.144	0.655	32.81	3.613
2(125×8)	1.40	$25.68\sqrt{a\sigma_{x-x}}/i_{ch}$	$49\sqrt{a\sigma_{x-x}}/i_{ch}$	97	54	201	$474\times1/\sqrt{i_{ch}}$	$6.6\times10^{-4}i_{ch}^2l_c^2$	11.52	0.832	41.67	3.613
2(125×10)	1.45	$32.24\sqrt{a\sigma_{x-x}}/i_{ch}$	$54.85\sqrt{a\sigma_{x-x}}/i_{ch}$	108	61	201	$609\times1/\sqrt{i_{ch}}$	$3.5\times10^{-4}i_{ch}^2l_c^2$	18.00	1.04	52.08	3.613
3(80×8)	1.44	$31.24\sqrt{a\sigma_{x-x}}/i_{ch}$	$38.45\sqrt{a\sigma_{x-x}}/i_{ch}$	122	54	161	$512\times1/\sqrt{i_{ch}}$	$9.8\times10^{-4}i_{ch}^2l_c^2$	16.9	1.328	25.6	2.312
3(80×10)	1.60	$39.05\sqrt{a\sigma_{x-x}}/i_{ch}$	$43\sqrt{a\sigma_{x-x}}/i_{ch}$	136	61	161	$657\times1/\sqrt{i_{ch}}$	$5.9\times10^{-4}i_{ch}^2l_c^2$	26.4	1.66	32.0	2.312
3(100×8)	1.50	$34.92\sqrt{a\sigma_{x-x}}/i_{ch}$	$48\sqrt{a\sigma_{x-x}}/i_{ch}$	122	54	180	$550\times1/\sqrt{i_{ch}}$	$7.2\times10^{-4}i_{ch}^2l_c^2$	21.12	1.328	39.99	2.89
3(100×10)	1.70	$43.66\sqrt{a\sigma_{x-x}}/i_{ch}$	$53.74\sqrt{a\sigma_{x-x}}/i_{ch}$	136	61	180	$715\times1/\sqrt{i_{ch}}$	$4.1\times10^{-4}i_{ch}^2l_c^2$	33.00	1.66	50.0	2.89
3(125×8)	1.60	$39.05\sqrt{a\sigma_{x-x}}/i_{ch}$	$60\sqrt{a\sigma_{x-x}}/i_{ch}$	122	54	201	$614\times1/\sqrt{i_{ch}}$	$4.7\times10^{-4}i_{ch}^2l_c^2$	26.4	1.328	62.5	3.613
3(125×10)	1.80	$48.81\sqrt{a\sigma_{x-x}}/i_{ch}$	$67.2\sqrt{a\sigma_{x-x}}/i_{ch}$	136	61	201	$980\times1/\sqrt{i_{ch}}$	$2.9\times10^{-4}i_{ch}^2l_c^2$	41.25	1.66	78.13	3.613

表 13-15 矩形铜导体机械计算用数据

母线尺寸 $h\times b$(mm×mm)	集肤效应系数 K_f	机械强度要求最大跨距(cm)		机械共振允许最大跨距(cm)			片间临界跨距 l_{lj}(cm)	片间作用应力 σ_x (N/cm²)	竖放		平放	
		竖放	平放	竖放	片间	平放			截面系数 W_y(cm³)	惯性半径 r_{iy}(cm)	截面系数 W_x(cm³)	惯性半径 r_{ix}(cm)
63×6.3	1.02	$575.08\sqrt{a}/i_{ch}$	$1818.17\sqrt{a}/i_{ch}$	38		123			0.417	0.182	4.17	1.821
63×8	1.03	$730.04\sqrt{a}/i_{ch}$	$2048.28\sqrt{a}/i_{ch}$	43		123			0.672	0.231	5.29	1.821
63×10	1.04	$912.55\sqrt{a}/i_{ch}$	$2291.35\sqrt{a}/i_{ch}$	49		123			1.05	0.289	6.62	1.821
80×6.3	1.03	$647.72\sqrt{a}/i_{ch}$	$2308.59\sqrt{a}/i_{ch}$	38		138			0.529	0.182	6.72	2.312
80×8	1.04	$822.50\sqrt{a}/i_{ch}$	$2600.98\sqrt{a}/i_{ch}$	43		138			0.853	0.231	8.53	2.312
80×10	1.05	$1028.20\sqrt{a}/i_{ch}$	$2909.03\sqrt{a}/i_{ch}$	49		138			1.333	0.289	10.67	2.312
100×6.3	1.04	$724.59\sqrt{a}/i_{ch}$	$2881.74\sqrt{a}/i_{ch}$	38		154			0.662	0.182	10.5	2.89
100×8	1.05	$919.91\sqrt{a}/i_{ch}$	$3257.54\sqrt{a}/i_{ch}$	43		154			1.067	0.231	13.38	2.89
100×10	1.08	$1149.82\sqrt{a}/i_{ch}$	$3636.05\sqrt{a}/i_{ch}$	49		154			1.667	0.289	16.67	2.89
125×6.3	1.05	$809.87\sqrt{a}/i_{ch}$	$3607.08\sqrt{a}/i_{ch}$	38		172			0.827	0.182	16.41	3.613
125×8	1.08	$1028.20\sqrt{a}/i_{ch}$	$4064.50\sqrt{a}/i_{ch}$	43		172			1.333	0.231	20.83	3.613
125×10	1.12	$1285.30\sqrt{a}/i_{ch}$	$4544.46\sqrt{a}/i_{ch}$	49		172			2.083	0.289	26.04	3.613
2(80×6.3)	1.18	$16.25\sqrt{a\sigma_{x-x}}/i_{ch}$	$27.86\sqrt{a\sigma_{x-x}}/i_{ch}$	74	41	138	$351\times1/\sqrt{i_{ch}}$	$23.9\times10^{-4}i_{ch}^2l_c^2$	4.572	0.655	13.44	2.312
2(80×8)	1.27	$20.64\sqrt{a\sigma_{x-x}}/i_{ch}$	$31.40\sqrt{a\sigma_{x-x}}/i_{ch}$	83	46	138	$455\times1/\sqrt{i_{ch}}$	$12.7\times10^{-4}i_{ch}^2l_c^2$	7.373	0.832	17.07	2.312
2(80×10)	1.30	$25.80\sqrt{a\sigma_{x-x}}/i_{ch}$	$35.10\sqrt{a\sigma_{x-x}}/i_{ch}$	93	52	138	$559\times1/\sqrt{i_{ch}}$	$7.9\times10^{-4}i_{ch}^2l_c^2$	11.52	1.04	21.33	2.312
2(100×6.3)	1.26	$18.17\sqrt{a\sigma_{x-x}}/i_{ch}$	$34.83\sqrt{a\sigma_{x-x}}/i_{ch}$	74	41	154	$378\times1/\sqrt{i_{ch}}$	$15.3\times10^{-4}i_{ch}^2l_c^2$	5.715	0.655	21.00	2.89
2(100×8)	1.30	$23.07\sqrt{a\sigma_{x-x}}/i_{ch}$	$39.24\sqrt{a\sigma_{x-x}}/i_{ch}$	83	46	154	$499\times1/\sqrt{i_{ch}}$	$8.9\times10^{-4}i_{ch}^2l_c^2$	9.216	0.832	26.66	2.89
2(100×10)	1.42	$28.84\sqrt{a\sigma_{x-x}}/i_{ch}$	$43.88\sqrt{a\sigma_{x-x}}/i_{ch}$	93	52	154	$636\times1/\sqrt{i_{ch}}$	$5.5\times10^{-4}i_{ch}^2l_c^2$	14.4	1.04	33.33	2.89
2(125×6.3)	1.28	$20.31\sqrt{a\sigma_{x-x}}/i_{ch}$	$43.53\sqrt{a\sigma_{x-x}}/i_{ch}$	74	41	172	$410\times1/\sqrt{i_{ch}}$	$11.4\times10^{-4}i_{ch}^2l_c^2$	7.144	0.655	32.81	3.613
2(125×8)	1.40	$25.68\sqrt{a\sigma_{x-x}}/i_{ch}$	$49.00\sqrt{a\sigma_{x-x}}/i_{ch}$	83	46	172	$540\times1/\sqrt{i_{ch}}$	$6.6\times10^{-4}i_{ch}^2l_c^2$	11.52	0.832	41.67	3.613
2(125×10)	1.45	$32.24\sqrt{a\sigma_{x-x}}/i_{ch}$	$54.85\sqrt{a\sigma_{x-x}}/i_{ch}$	93	52	172	$694\times1/\sqrt{i_{ch}}$	$3.5\times10^{-4}i_{ch}^2l_c^2$	18.00	1.04	52.08	3.613
3(80×8)	1.44	$31.24\sqrt{a\sigma_{x-x}}/i_{ch}$	$38.45\sqrt{a\sigma_{x-x}}/i_{ch}$	104	46	138	$584\times1/\sqrt{i_{ch}}$	$9.8\times10^{-4}i_{ch}^2l_c^2$	16.9	1.328	25.6	2.312
3(80×10)	1.60	$39.05\sqrt{a\sigma_{x-x}}/i_{ch}$	$43.00\sqrt{a\sigma_{x-x}}/i_{ch}$	116	52	138	$749\times1/\sqrt{i_{ch}}$	$5.9\times10^{-4}i_{ch}^2l_c^2$	26.4	1.66	32.0	2.312
3(100×8)	1.50	$34.92\sqrt{a\sigma_{x-x}}/i_{ch}$	$48.00\sqrt{a\sigma_{x-x}}/i_{ch}$	104	46	154	$627\times1/\sqrt{i_{ch}}$	$7.2\times10^{-4}i_{ch}^2l_c^2$	21.12	1.328	39.99	2.89
3(100×10)	1.70	$43.66\sqrt{a\sigma_{x-x}}/i_{ch}$	$53.74\sqrt{a\sigma_{x-x}}/i_{ch}$	116	52	154	$815\times1/\sqrt{i_{ch}}$	$4.1\times10^{-4}i_{ch}^2l_c^2$	33.00	1.66	50.0	2.89
3(125×8)	1.60	$39.05\sqrt{a\sigma_{x-x}}/i_{ch}$	$60.00\sqrt{a\sigma_{x-x}}/i_{ch}$	104	46	172	$700\times1/\sqrt{i_{ch}}$	$4.7\times10^{-4}i_{ch}^2l_c^2$	26.4	1.328	62.5	3.613
3(125×10)	1.80	$48.81\sqrt{a\sigma_{x-x}}/i_{ch}$	$67.20\sqrt{a\sigma_{x-x}}/i_{ch}$	116	52	172	$1117\times1/\sqrt{i_{ch}}$	$2.9\times10^{-4}i_{ch}^2l_c^2$	41.25	1.66	78.13	3.613

由于两相短路电动力小于三相短路电动力（$I''^{(2)} < I''^{(3)}$），因此动稳定一般均按三相短路电动力计算，其计算公式为

$$F = 1.72 \times 10^{-1} \frac{l}{a} i_{ch}^2 \beta \qquad (13\text{-}12)$$

13.4.3.3　母线短路时机械应力的计算

A　单片矩形母线

单片矩形母线具有集肤效应系数小，散热条件好、安装及连接简便等优点，一般适用于工作电流小于2000A 的回路。

三相矩形母线放置在同一水平面布置时，其相间应力 σ_{x-x} 为

$$\sigma_{x-x} = 17.25 \times 10^{-3} \frac{l^2}{aW} i_{ch}^2 \beta \qquad (13\text{-}13)$$

式中　l——绝缘子之间的跨距，cm；

a——相间距离，cm；

W——母线的截面系数，cm^3，见表 13-14、表 13-15 及表 13-16；

β——振动系数，见第 13.4.4 节。

绝缘子的最大允许跨距为

$$l_{max} = \frac{7.603}{i_{ch}} \sqrt{aW\sigma_{xu}} \qquad (13\text{-}14)$$

三相矩形母线如图 13-2 所示布置时，在短路电流作用下，母线中产生的最大应力为

$$\sigma_{x-x} = 9.8K_1 \frac{l^2}{a_1 W_1} i_{ch}^2 \beta \times 10^{-3} \qquad (13\text{-}15)$$

$$W_1 = 0.167bh^2 \qquad (13\text{-}16)$$

式中　W_1——母线的截面系数，cm^3；

a_1——相间距离，cm；

K_1——系数，可从图 13-3 中曲线查得。

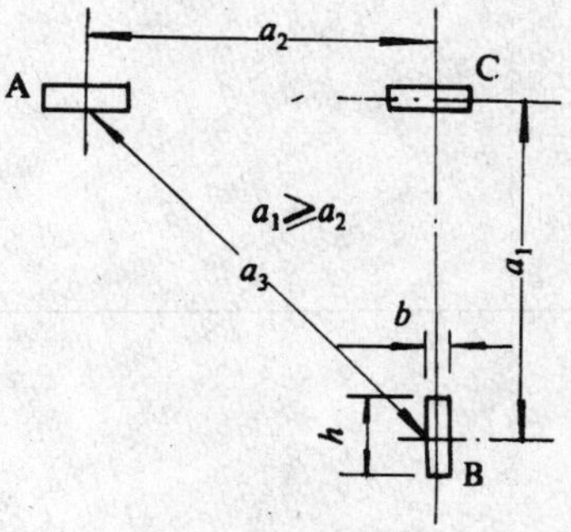

图 13-2　三相矩形母线直角三角形布置

表 13-16　不同形状和布置的矩形母线的截面系数及惯性半径

母线布置草图及其截面形状	截面系数 W	惯性半径 r_i
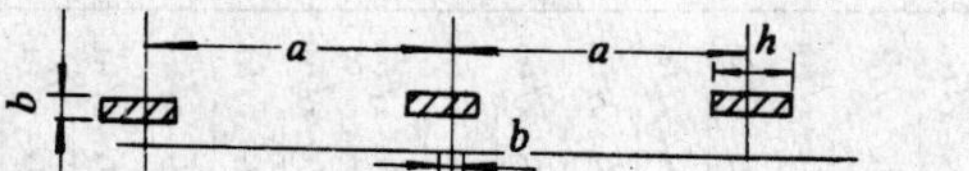	$0.167bh^2$	$0.289h$
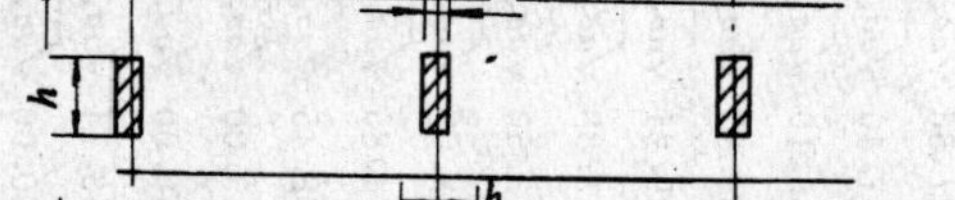	$0.167hb^2$	$0.289b$
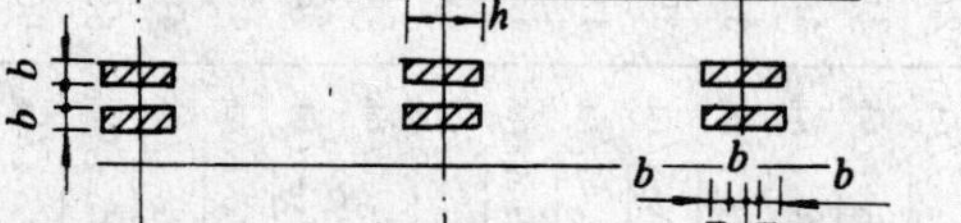	$0.333bh^2$	$0.289h$
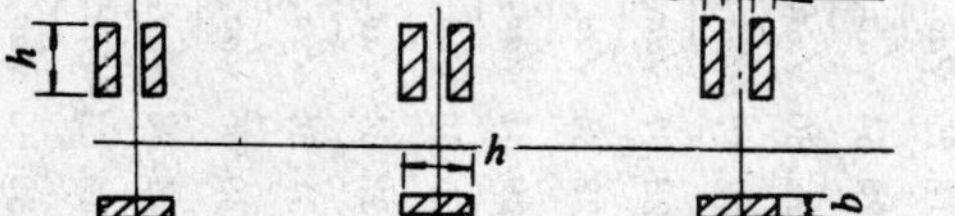	$1.44hb^2$	$1.04b$
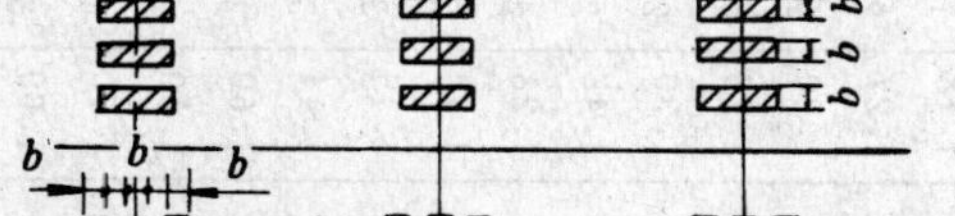	$0.5bh^2$	$0.289h$
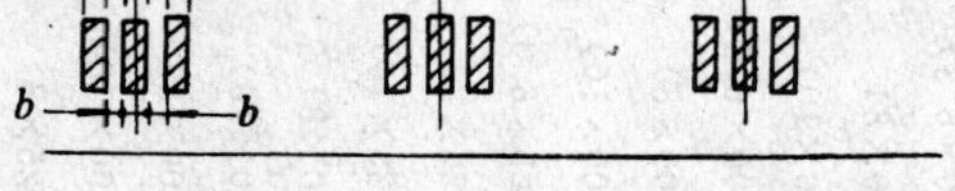	$3.3hb^2$	$1.66b$

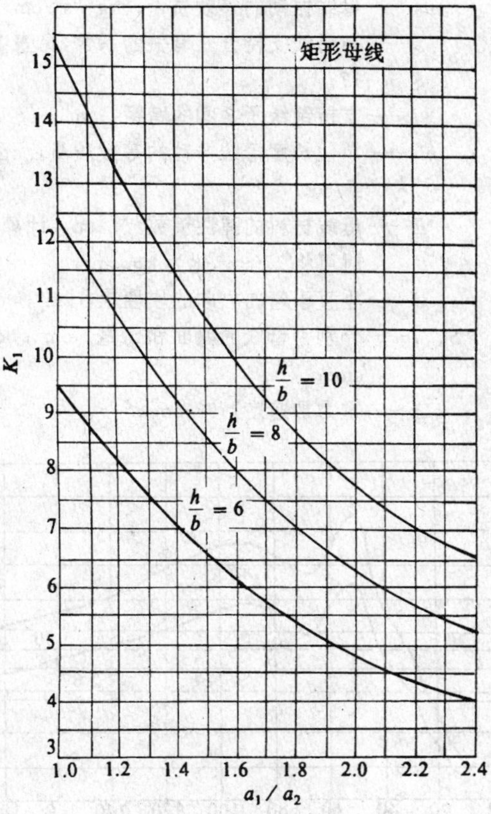

图 13-3 三相导体成直角形布置时 K_1 值曲线

B 多片矩形母线

多片矩形母线的集肤效应系数要比单片矩形母线的集肤效应系数大，其附加损耗亦大，且载流量不是随片数的增加而相应地成倍增大，尤其是三片以上的集肤效应系数将明显地增大。为此在工程中选用多片矩形母线时的工作电流不宜超过 4000A（而应选用有利于交流电流分布的母线，如槽形或圆管形母线）。

多片矩形母线机械应力的计算公式为

$$\sigma = \sigma_{x-x} + 4.9\frac{F_x l_c^2}{hb^2} \tag{13-17}$$

式中 σ_{x-x}——相间作用应力，N/cm²，同单片导体的计算公式；

l_c——衬垫中心线间距离，cm；

h——矩形母线的宽度，cm；

b——矩形母线的厚度，cm；

F_x——单位长度内母线片间的电动力，N/cm，见式 13-18 及式 13-19。

每相矩形母线两片时

$$F_x = 2.55\, k_{12}\frac{i_{ch}^2}{b}\times 10^{-2} \tag{13-18}$$

每相矩形母线三片时

$$F_x = 0.8(k_{12}+k_{13})\frac{i_{ch}^2}{b}\times 10^{-2} \tag{13-19}$$

式中 k_{12}、k_{13}——分别为第一片与第二片母线和第一片与第三片母线的形状系数，可从图 13-4 中的曲线查得。

C 母线片间的临界跨距 l_{lj}

母线片间的临界跨距 l_{lj}为：

$$l_{lj} = 1.77\lambda_b\sqrt{\frac{h}{F_x}} \tag{13-20}$$

式中 λ——系数，两片母线时，铜为 65，铝为 57；三片母线时，铜为 77，铝为 68。

每相多片母线片间衬垫中心线间距离（l_c）必须小于片间临界跨距（l_{lj}）。

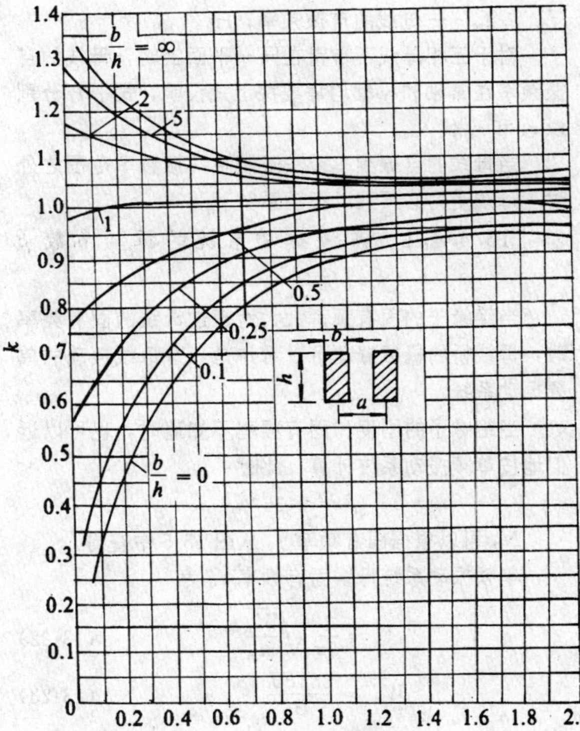

图 13-4 矩形导体形状系数曲线

13.4.4 按共振条件校验母线

为了避免短路电动力的工频和两倍工频周期分量

与母线的自振频率相符而引起共振，对重要母线的自振频率 f_m（对单频振动系统）或 f_1 及 f_2（对双频振动系统）应尽量做到在下列频率范围之外：

对单条母线及母线组中各单条母线：35～135Hz；

对多片母线组及带有引下线的单条母线：35～155Hz；

如果能满足上述要求，则振动系数 $\beta \approx 1$。

对三相母线布置在同一平面，母线的自振频率 f_m 可以按下式求得

$$f_m = 112\frac{r_i}{l^2}\varepsilon \tag{13-21}$$

式中 r_i——母线惯性半径，由表 13-14、表 13-15 查得或按表 13-16 中的公式计算，cm；

ε——材料系数，铜为 1.14×10^4；铝为 1.55×10^4；钢为 1.64×10^4；

l——跨距长度，cm；

f_m——母线的自振频率，Hz。

对于三相母线不布置在同一平面上时，母线的自振频率在 x 轴和 y 轴均需要按上式校验，式中 r_i 分别以 r_x 和 r_y 代入。

当母线的自振频率无法限制在共振频率范围之外时，母线受力必须乘以振动系数 β。

13.4.4.1 单频振动系统的振动系数 β 的确定

当绝缘子的固有频率大大地超过母线的固有频率时，母线桥的机械振动可以看作是只有母线振动的单频振动系统。

当绝缘子的刚度和固有频率不知道时，也可以近似地按单频振动系统计算。此时

$$\beta = 0.35N_m^{"}$$

N_m 可以根据固有频率 f_0 从图 13-5 中查得。

单频振动系统母线固有频率 f_0 为

$$f_0 = \frac{1}{2\pi}\sqrt{\frac{W_m}{m_m}} \tag{13-22}$$

$$W_m = \frac{384EJ}{l^3} \tag{13-23}$$

$$m_m = \frac{384}{\alpha^4}m_1 l \tag{13-24}$$

$$m_1 = \frac{S\gamma}{g} \tag{13-25}$$

将式 13-23，式 13-24 及式 13-25 代入式 13-22，得

$$f_0 = \frac{\alpha^2}{2\pi l^2}\sqrt{\frac{EJ}{m_1}} \tag{13-26}$$

式中 W_m——导体固定时的刚度，kg/cm；

m_m——母线振动的等效质量，kg·s²/cm；

α——与母线支持方式有关的系数，见表 13-17；

l——支持绝缘子之间的跨距，cm；

m_1——单位长度母线振动的等效质量，kg·s²/cm；

E——母线材料的弹性模数，N/cm²，计算 f_0 时可将 N/cm² 化为 kg/cm²；

J——垂直于弯曲方向的惯性矩，cm⁴；

S、γ——分别为母线的截面和比重，cm²；kg/cm³；

g——重力加速度，981cm/s²。

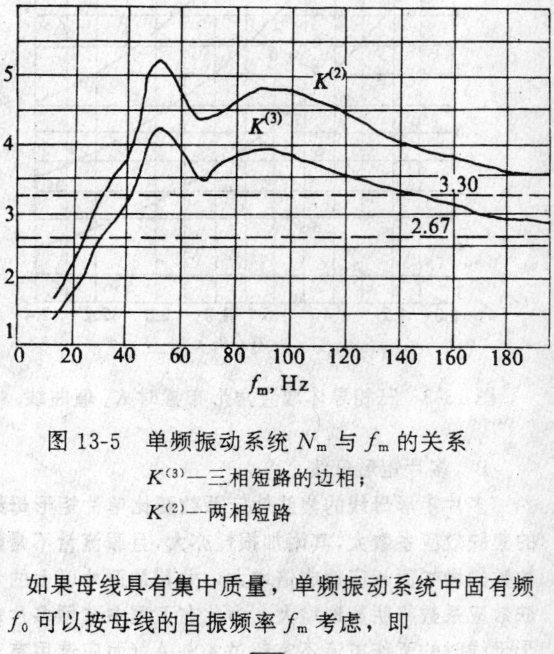

图 13-5 单频振动系统 N_m 与 f_m 的关系
$K^{(3)}$—三相短路的边相；
$K^{(2)}$—两相短路

如果母线具有集中质量，单频振动系统中固有频率 f_0 可以按母线的自振频率 f_m 考虑，即

$$f_0 = f_m = \frac{\alpha^2}{2\pi l^2}\sqrt{\frac{EJ}{m_1}} \text{ 或} \tag{13-27}$$

$$= \frac{N_f}{l^2}\sqrt{\frac{EJ}{m_1}} \tag{13-28}$$

查表 13-17 可取得母线在不同固定方式下相应于 α 值的一阶和二阶频率系数 N_f 值。

表 13-17 母线在不同固定方式下的 α 值及 N_f 值

跨数及支承方式	一阶		二阶	
	α 值	N_f 值	α 值	N_f 值
单跨、两端简支	3.142	1.57	6.283	6.28

续表 13-17

跨数及支承方式	一阶		二阶	
	α 值	N_f 值	α 值	N_f 值
单跨、一端固定、一端简支 两等跨、简支	3.927	2.45	7.069	7.95
单跨、两端固定；多等跨简支	4.73	3.56	7.854	9.82
单跨、一端固定、一端活动	1.875	0.56	4.73	3.51

13.4.4.2 双频振动系统的振动系数 β 的确定

所谓双频振动系统，即“母线——绝缘子”均处于振动状态，也就是具有两个自由振动频率 f_1 及 f_2。此时 $\beta=0.35N_m$。利用图 13-6 所示 N_m、f_1、f_2 之间的关系，可查得 N_m 值。双频振动系统的固有频率 f_1 及 f_2 可从下式求得

$$f_1=\frac{1}{2\pi}\sqrt{\frac{h-\sqrt{h^2-4K}}{2K}} \tag{13-29}$$

$$f_2=\frac{1}{2\pi}\sqrt{\frac{h+\sqrt{h^2-4K}}{2K}} \tag{13-30}$$

$$h=\frac{m_m}{W_m}+\frac{m_{fu}}{W_{fu}}+\frac{m_m}{W_{fu}} \tag{13-31}$$

$$K=\frac{m_m m_{fu}}{W_m W_{fu}} \tag{13-32}$$

式中 m_m——母线振动的等效质量，kg·s²/cm；

W_m——母线固支时的刚度，kg/cm；

m_{fu}——绝缘子的等效质量，kg·s²/cm；

W_{fu}——绝缘子的刚度，kg/cm。

m_m、W_m、m_{fu}可分别由下列各公式求得

$$m_m=0.77M_1 l \tag{13-33}$$

$$W_m=\frac{384EJ}{l^3} \tag{13-34}$$

$$m_{fu}=\frac{W_{fu}}{4\pi^2 f_{fu}^2} \tag{13-35}$$

式中 f_{fu}——绝缘子的固有频率，Hz。

m_{fu}、W_{fu}和 f_{fu}的数据应由制造厂提供，当缺乏数据时可参照表 13-18，所列数据。

表 13-18 支持绝缘子的机械特性

绝缘等级	m_{fu}	W_{fu}	f_{fu}
标准级	2.47×10^{-3}	1850	113
加强级	3.77×10^{-3}	2500	130

根据 f_1 及 f_2 值，再从图 13-6 中查得 N_m。

13.4.5 按电晕条件校验母线

110kV 及以上配电装置的母线，应按当地气象条件下晴天不出现全面电晕的条件校验，请参阅有关资料。

13.4.6 支持绝缘子和穿墙套管的动稳定计算

支持绝缘子和穿墙套管的动稳定计算要求：

$$P\leqslant 0.6P_p \tag{13-36}$$

式中 P——短路时作用于绝缘子上的力，可按表 13-19 中的公式计算，N；

P_p——绝缘子的机械破坏负荷，可从产品样本中查得，N。

表 13-19 穿墙套管及支柱绝缘子所受的力

矩形母线布置	计算跨距中的力 F (N)	穿墙套管所受的力 P	支柱绝缘子所受的力 P (N) 垂直布置	支柱绝缘子所受的力 P (N) 水平布置	图示及说明
在同一平面上三相布置	$1.76\frac{L}{a}i_{ch}^2\times10^{-1}$	$P=F$	$P=F$	$P=KF$	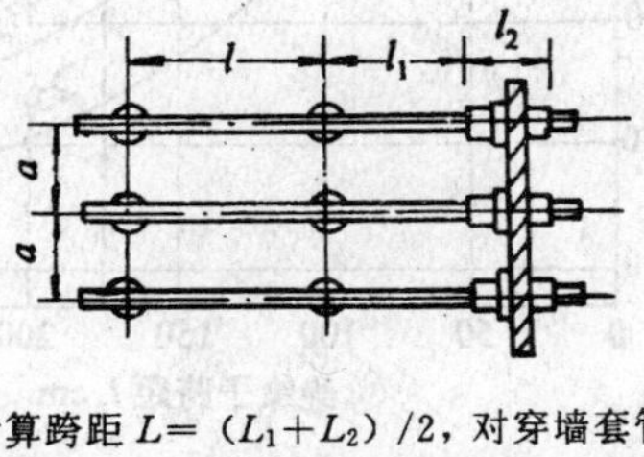
成直角形三相布置	$1.53\frac{a_3 L}{a_1 a_2}i_{ch}^2\times10^{-1}$	$P=F$	$P=F$	$P=KF$	计算跨距 $L=(L_1+L_2)/2$，对穿墙套管 L_2 则为其本身长度；K 为折算系数，见表 13-20

表 13-20 支持绝缘子受力的折算系数 K

矩形母线排列方式	绝缘子电压（kV） 6～10	20	35	$K=\frac{H'}{H}$ 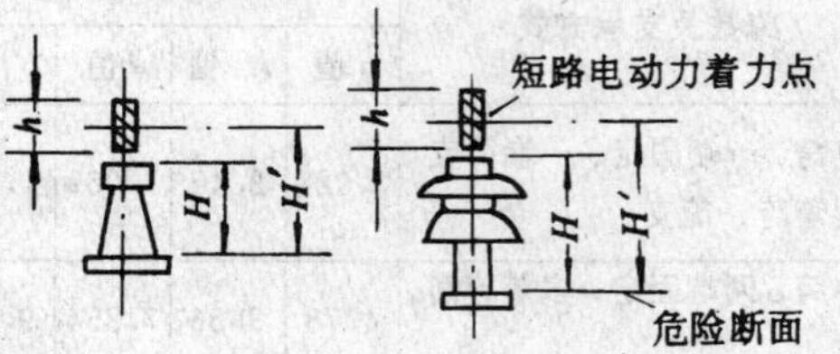
立放	1.4	1.26	1.18	$H'=H+18+\frac{h}{2}$
三～四片平放	1.24	1.15	1.1	$H'=H+12+\frac{h}{2}$

注：两片以下平放母线或两片以上叠放母线的绝缘子，K 值接近于 1。

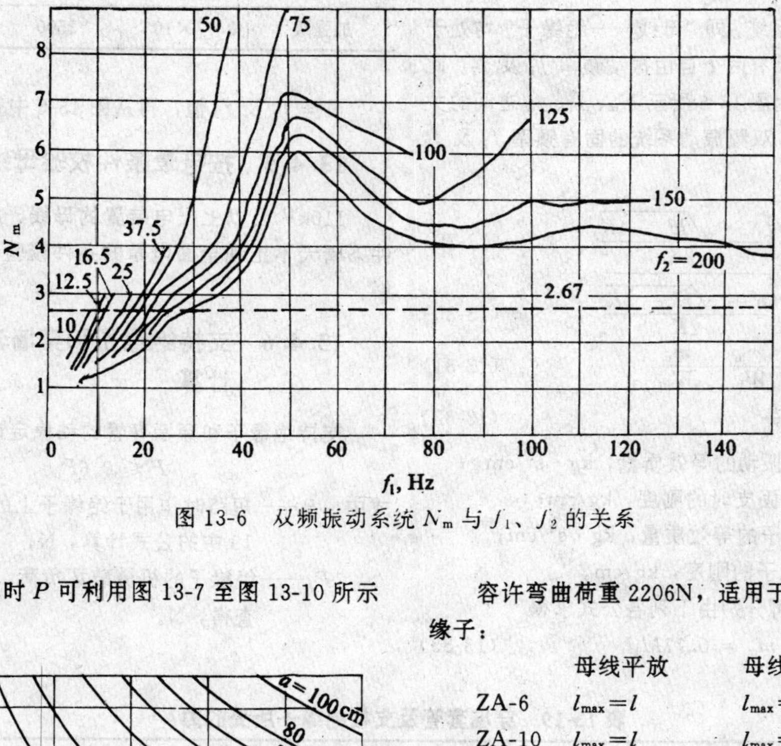

图 13-6 从频振动系统 N_m 与 f_1、f_2 的关系

在实际计算时 P 可利用图 13-7 至图 13-10 所示的曲线求得。

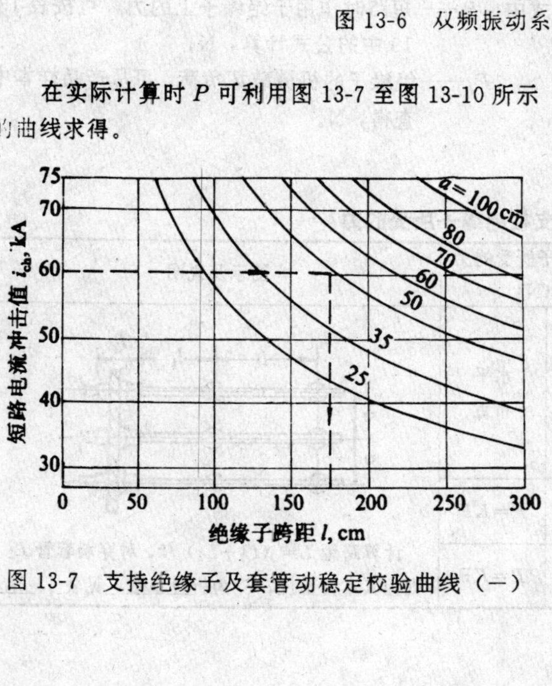

图 13-7 支持绝缘子及套管动稳定校验曲线（一）

容许弯曲荷重 2206N，适用于以下型号的支持绝缘子：

	母线平放	母线竖放
ZA-6	$l_{max}=l$	$l_{max}=0.647l$
ZA-10	$l_{max}=l$	$l_{max}=0.690l$
ZA-35	$l_{max}=l$	$l_{max}=0.826l$
ZPA-6	$l_{max}=l$	$l_{max}=0.610l$
ZBP-10	$l_{max}=1.332l$	$l_{max}=0.865l$

容许弯曲荷重 2206N，适用于以下型号的穿墙套管：

CA-6，10 $l_{max}=2l-38$

计算举例：

母线竖放 $i_{ch}=60$，$a=50$，选用 ZA-6

则 $l_{max}=0.647\times175=113$cm

表 13-21 常用开关设备性能及稳定度计算表

设备名称	型号	技术参数 额定电压 (kV)	最高工作电压 (kV)	额定电流 (A)	额定短路开断电流 (kA)	额定遮断容量 (MVA)	固有分闸时间 (s)	热稳定电流 (kA)				动稳定 极限通过电流 (kA)		热稳定 允许通过的短路稳态电流 (kA) 假想时间 t_j (s)							
								2s	3s	4s	5s	峰值	有效值	0.1～1.0	1.25	1.5	1.75	2.0	2.5	3.0	4.0
少油断路器	SN10-10 I	10	11.5	630，1000	16	277	0.06	16				40		22.6	20.2	18.5	17.1	16.0	14.3	13.1	11.3
	SN10-10 Ⅱ	10	11.5	1000	31.5	545	0.06	31.5				80		44.5	39.8	36.4	33.7	31.5	28.2	25.8	22.3
	SN10-10 Ⅲ	10	11.5	1250 2000 3000	40	692	0.06			40		125		80.0	71.6	65.3	60.5	56.6	50.6	46.2	40.0
	SN10-35	35	40.5		16/20	969/1211	0.06			16/20		40/50		32.0/40.0	28.6/35.8	26.1/32.7	24.2/30.2	22.6/28.3	20.2/25.3	18.5/23.1	16.0/20.0
	SW2-35	35	40.5	1000 1500 2000	16.5 24.5	1000 1500	0.06			16.5/24.5				33.0/49.0	29.5/43.8	26.9/40.0	24.9/37.0	23.3/34.6	20.9/31.0	19.1/28.3	16.5/24.5
	SW2-110I (W)	110	126	1000	31.5	6000	0.05			31.5		80		63.0	56.4	51.4	47.6	44.5	39.8	36.4	31.5
	SW2-220Ⅳ (W)	220	252	1600 2000	40	15200	0.04			40		100		80.0	71.6	65.3	60.5	56.6	50.6	46.2	40.0
	SW4-110Ⅲ	110	126	1230	31.5	6000	0.05			31.5		80		63.0	56.4	51.4	47.6	44.5	39.8	36.4	31.5
	SW4-220Ⅲ	220	252	1230	31.5	12000	0.045			31.5		80		63.0	56.4	51.4	47.6	44.5	39.8	36.4	31.5
	SW6-110 I	110	126	1500	31.5	6000	0.06			31.5		80		63.0	56.4	51.4	47.6	44.5	39.8	36.4	31.5
	SW6-220 I	220	252	1500	31.5	12000	0.06			31.5		80		63.0	56.4	51.4	47.6	44.5	39.8	36.4	31.5
	SW7-110 $\frac{C}{Z}$	110	126	1600	15.8/21.0	3000/4000	0.04/0.045			21		55		42.0	37.6	34.3	31.8	29.7	26.6	24.3	21.0
	SW7-220	220	252	1600	21	8000	0.042			21		55		42.0	37.6	34.3	31.8	29.7	26.6	24.3	21.0

续表 13-21

设备名称	型号	技术参数										动稳定		热稳定							
		额定电压(kV)	最高工作电压(kV)	额定电流(A)	额定短路开断电流(kA)	额定遮断容量(MVA)	固有分闸时间(s)	热稳定电流(kA)				极限通过电流(kA)		允许通过的短路稳态电流(kA) 假想时间 t_j(s)							
								2s	3s	4s	5s	峰值	有效值	0.1～1.0	1.25	1.5	1.75	2.0	2.5	3.0	4.0
真空断路器	ZN4-10	10	11.5	1000/1250	16/20	277/346	<0.05			16/20		40/50		32.0/40.0	28.6/35.8	26.1/32.7	24.2/30.2	22.6/28.3	20.2/25.3	18.5/23.1	16.0/20.0
	ZN5-10	10	11.5	630	20	346		20				50		28.3	25.3	23.1	21.4	20.0	18.0	16.3	14.1
	ZN5-10	10	11.5	1250	20/25	346/433	<0.05	20/25				50/63		28.3/35.4	25.3/31.6	23.1/28.9	21.4/26.7	20.0/25.0	18/22.4	16.3/20.4	14.1/17.7
	ZN-35	35	40.5	630/1000	8/12.5	485/758	<0.06	8/12.5				20/32		11.3/17.7	10.1/15.8	9.2/14.4	8.6/13.4	8.0/12.5	7.2/11.7	6.5/10.2	5.7/8.8
SF_6断路器	LW2-220	220	252	2500	31.5	12000	≤0.05		31.5			80		54.5	48.8	44.5	41.2	38.6	34.5	31.5	27.3
					40	15200			40			100		69.2	62.0	56.6	52.4	49.0	43.8	40.0	34.6
					50	19000			50			125		86.5	77.5	70.7	65.5	61.2	54.8	50.0	43.3
	LW7-220	220	252	3150	40	15000	0.06			40		100		80.0	71.6	65.3	60.5	56.6	50.6	46.2	40.0
	LW-220	220	252	1600～2500	40	15000			40			100		69.2	62.0	56.6	52.4	49.0	43.8	40.0	34.6
	SF6-35																				
SF_6封闭式组合电器	ZF-110	110	126	1250	31.5	12000	≤0.05			31.5		80		63.0	56.4	51.4	47.6	44.5	39.8	36.4	31.5
	ZF1-220	220	252	1250	40	15000	≤0.035			40		100		80.0	71.6	65.3	60.5	56.6	50.6	46.2	40.0
	ZF2-220	220	252	1250 1600	40	15000				40		100		80.0	71.6	65.3	60.5	56.6	50.6	46.2	40.0

续表 13-21

设备名称	型号	技术参数：额定电压 (kV)	最高工作电压 (kV)	额定电流 (A)	额定短路开断电流 (kA)	额定遮断容量 (MVA)	固有分闸时间 (s)	热稳定电流 (kA)：2s	3s	4s	5s	动稳定：极限通过电流 (kA)：峰值	有效值	热稳定：允许通过的短路稳态电流 (kA)，假想时间 t_j (s)：0.1～1.0	1.25	1.5	1.75	2.0	2.5	3.0	4.0
空气断路器	KW4-110	110	126	1500 2000 2500 3150	26.3/31.5	5000/12000	0.06			26.3/31.5		67/80		52.6/63.0	47.1/56.4	42.9/51.4	39.8/47.6	37.2/44.5	33.3/39.8	20.3/36.4	26.3/31.5
空气断路器	KW4-220	220	252	1500 2000 2500 3150	26.3/31.5	5000/12000	0.06			26.3/81.5		67/80		52.6/63.0	47.1/56.4	42.9/51.4	39.8/47.5	37.2/44.5	33.3/39.8	30.3/36.4	26.3/31.5
负荷开关	FN3-10 (R)	10	11.5	400	1.45	25					8.5	25		19.0	10.6	15.5	14.4	13.4	12.0	11.0	9.5
真空负荷开关	FN4-10	10	11.5	600	3	52	0.05			3		7.5		6.0	5.4	4.9	4.5	4.2	3.8	3.5	3.0

续表 13-21

设备名称	型号	技术参数										动稳定		热稳定							
		额定电压（kV）	最高工作电压（kV）	额定电流（A）	额定短路开断电流（kA）	额定遮断容量（MVA）	固有分闸时间（s）	热稳定电流（kA）				极限通过电流（kA）		允许通过的短路稳态电流（kA）假想时间 t_j（s）							
								2s	3s	4s	5s	峰值	有效值	0.1～1.0	1.25	1.5	1.75	2.0	2.5	3.0	4.0
户内高压隔离开关	GN2-10	10	11.5	1000							40	80		89.4	80.0	73.0	67.6	63.2	56.6	51.6	44.7
				2000							51	85		114.0	102.0	93.1	85.2	80.65	72.1	65.8	57.0
				3000							70	100		156.5	140.0	127.8	118.3	110.7	99.0	90.4	78.3
	GN5-$\frac{6}{10}$	$\frac{6}{10}$	$\frac{6.9}{11.5}$	200							10	25.5		22.4	20.0	18.3	16.9	15.81	14.1	12.9	11.2
				400							14	52		31.3	28.0	25.6	23.7	22.1	19.8	18.1	15.7
				630							20	52		44.7	40.0	36.5	33.8	31.6	28.3	25.8	22.4
	GN10-10T	10	11.5	3000 4000							70	160		156.5	140.0	127.8	118.3	110.7	99.0	90.4	78.3
	GN19-10	10	11.5	400						12.5		31.5		25.0	22.4	20.4	18.9	17.7	15.8	14.4	12.5
				630						20		50		40.0	35.8	32.7	30.2	28.3	25.3	23.1	20.0
				1000						31.5		80		63.0	56.4	51.4	47.6	44.5	39.8	36.4	31.5
				1250						40		1000		80.0	71.6	65.4	60.4	56.6	50.6	46.2	40.0
	GN2-35	35	40.5	400							14	52		31.3	28.0	25.6	23.7	22.1	19.8	18.1	15.7
				600							25	64		55.9	50.0	45.7	42.3	39.5	35.4	32.3	28.0

表 13-22 铝母线热稳定计算表（表列数值为允许通过的短路稳态电流值）（kA）

假想时间 t_j（s）		0.10	0.15	0.20	0.25	0.5	0.75	1.0	1.25	1.5	1.75	2.0	2.5	3.0	3.5
铝母线规格（mm）	15×3	13.5	11.3	9.55	8.55	6.05	4.95	4.28	4.03	3.49	3.23	3.02	2.7	2.47	2.29
	20×3	18	14.7	12.7	11.4	8.07	6.59	5.7	5.37	4.65	4.31	4.03	3.6	3.29	3.05
	25×3	22.5	18.4	15.9	14.3	10.8	8.23	7.12	6.71	5.81	5.38	5.04	4.5	4.11	3.81
	30×4	36	29.4	25.5	22.8	16.1	13.2	11.4	10.7	9.3	8.62	8.07	7.21	6.57	6.1
	40×4	48.1	39.2	34	30.4	21.5	17.6	15.2	11.3	12.4	11.5	10.8	9.62	8.78	8.13
	40×5	60.1	49	42.5	38	26.8	22	19	17.9	15.5	14.4	13.5	12.2	11	10.2
	50×5	75.1	61.2	53	47.5	33.6	27.5	23.8	22.4	19.4	18	16.8	15.2	13.7	12.7
	50×6.3	90.2	73.5	63.7	57	40.3	32.9	28.5	26.8	23.3	21.5	20.2	18.3	16.5	15.3
	60×6.3	108	88.2	76.4	68.5	48.4	39.5	34.2	32.2	27.9	25.9	24.2	21.6	19.8	18.3
	80×6.3	144	118	102	91.2	64.5	52.7	45.6	43	37.2	34.5	32.3	28.8	26.3	24.4
	100×6.3	172	141	122	109	76.8	62.7	54.3	48.6	44.3	41.1	38.4	34.3	31.4	29.1
	60×8	144	118	102	91.2	64.5	52.7	45.6	43	37.2	34.5	32.3	28.8	26.3	24.4
	80×8	183	150	130	116	82	66.9	58	51.8	47.3	43.8	41	36.6	33.4	31
	100×8	225	184	159	143	101	82.2	71.2	63.6	58.1	54.8	50.3	45	41.2	38
	60×10	180	147	127	114	80.7	65.9	57	53.7	46.5	43.1	40.3	36	32.9	30.5
	80×10	225	184	159	143	101	82.2	71.2	63.6	58.1	54.8	50.3	45	41.2	38
	100×10	281	230	199	178	126	103	89	79.6	72.6	67.3	62.9	56.2	51.4	47.5

表 13-23 铝母线动稳定计算表（表列数据为允许通过的短路电流冲击值）（kA）

支持点间距离 L (cm)		100				120				140			
相间距离 a (cm)		20	25	30	35	20	25	30	35	20	25	30	35
铝母线放置形式 ——													
母线规格 (mm)	15×3	9.45	10.5	11.5	12.5	7.90	8.80	9.60	10.4	6.75	7.50	8.25	8.90
	20×3	12.6	14.1	15.4	16.6	10.5	11.8	12.9	13.9	9.00	10.1	11.0	11.9
	25×3	15.8	17.6	19.3	20.8	13.1	14.7	16.0	17.3	11.2	12.6	13.7	14.9
	30×4	21.6	24.3	26.6	28.8	18.1	20.3	22.2	24.1	15.6	17.4	19.1	20.6
	40×4	29.1	32.5	35.6	38.5	24.2	27.1	29.7	32.1	20.8	23.2	25.3	27.5
	40×5	32.5	36.3	39.8	43.0	27.1	30.2	33.1	35.8	23.2	25.9	28.4	30.7
	50×5	40.6	45.5	49.8	53.8	33.8	37.9	41.5	45.0	29.0	32.5	35.5	38.5
	50×6.3	44.5	49.7	54.5	59.0	37.1	41.4	45.5	49.1	31.8	35.5	39.0	42.2
	60×6.3	53.5	60.0	65.5	70.5	44.6	49.8	54.5	58.8	38.2	42.7	46.8	50.4
	80×6.3	71.1	79.8	87.3	94.0	59.5	66.5	73.0	78.5	51.0	57.0	62.2	67.2
	100×6.3	89.0	99.5	109	118	74.3	83.0	91.0	98.0	63.5	71.0	77.7	84.0
	60×8	61.5	68.8	75.5	81.5	51.5	57.5	63.0	68.0	44.0	49.2	54.0	58.2
	80×8	82.0	92.0	101	109	68.3	76.6	84.0	91.0	58.5	65.8	72.0	78.0
	100×8	103	115	126	136	85.5	95.5	105	113	73.3	82.0	90.0	97.0
	60×10	69.01	77.1	84.4	91.2	57.5	64.3	70.2	76.5	49.2	55.2	60.2	65.2
	80×10	91.8	102	112	122	76.5	85.5	94.0	102	65.8	73.5	80.5	86.5
	100×10	115	129	141	153	96.0	107	118	127	82.0	92.0	101	109

表 13-24 铝母线动稳定计算表（表列数据为允许通过的短路电流冲击值）（kA）

支持点间距离 L (cm)		100				120				140			
相间距离 a (cm)		20	25	30	35	20	25	30	35	20	25	30	35
铝母线放置形式 | | |													
母线规格 (mm)	15×3	4.22	4.72	5.17	5.58	3.52	3.94	4.32	4.66	3.10	3.38	3.70	4.00
	20×3	4.88	5.45	5.98	6.45	4.06	4.56	4.98	5.38	3.48	3.90	4.28	4.62
	25×3	5.45	6.10	6.68	7.21	4.55	5.07	5.55	6.00	3.90	4.35	4.77	5.15
	30×4	7.96	8.90	9.75	10.5	6.63	7.42	8.15	8.75	5.70	6.35	6.95	7.50
	40×4	9.20	10.3	11.3	12.2	7.65	8.55	9.40	10.1	6.55	7.35	8.05	8.70
	40×5	11.5	12.9	14.1	15.2	9.58	10.7	11.8	12.7	8.20	9.20	10.1	10.9
	50×5	12.8	14.3	15.8	17.0	10.7	12.0	13.1	14.2	9.20	10.3	11.2	12.2
	50×6.3	15.4	17.3	18.9	20.4	12.8	14.4	15.8	17.0	11.0	12.3	13.5	14.6
	60×6.3	16.9	18.9	20.7	22.3	14.1	15.8	17.3	18.6	12.1	13.5	14.8	16.0
	80×6.3	19.5	21.8	23.9	25.8	16.3	18.2	19.9	21.5	14.0	15.6	17.1	18.4
	100×6.3	21.8	24.3	26.6	28.8	18.2	20.3	22.2	24.1	15.6	17.4	19.0	20.6
	60×8	22.5	25.1	27.5	29.8	18.8	21.0	23.0	24.7	16.1	18.0	19.7	21.2
	80×8	26.0	29.1	31.8	34.3	21.7	24.3	26.5	28.6	18.6	20.8	22.7	24.6
	100×8	29.1	32.5	35.6	38.5	24.2	27.1	29.7	32.1	20.8	23.2	25.5	27.5
	60×10	28.1	31.5	34.5	37.2	23.4	26.2	28.7	31.1	20.1	22.5	24.6	26.6
	80×10	32.5	36.4	39.8	43.0	27.1	30.3	33.2	35.8	23.2	26	28.4	30.8
	100×10	36.4	40.8	44.5	48.2	30.3	33.9	37.1	40.2	26.0	29.1	31.8	34.4

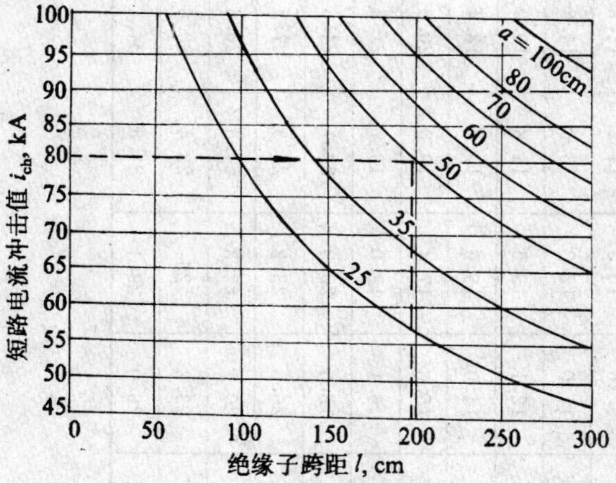

图 13-8 支持绝缘子及穿墙套管动稳定校验曲线（二）

容许弯曲荷重 4410N，适用于以下型号的支持绝缘子：

	母线平放	母线竖放
ZB-6	$l_{max}=l$	$l_{max}=0.666l$
ZB-10	$l_{max}=l$	$l_{max}=0.710l$
ZB-35	$l_{max}=l$	$l_{max}=0.834l$

容许弯曲荷重 4410N，适用于以下型号的穿墙套管：

CB-6，CB-10	$l_{max}=2l-47$
CB-35	$l_{max}=2l-107$
CWB-6，CWB-10	$l_{max}=2l-65$
CWB-35	$l_{max}=2l-110$

计算举例：

$i_{ch}=80$，$a=50$，选用 CWB-10

则 $l_{max}=2\times199-65=333$cm

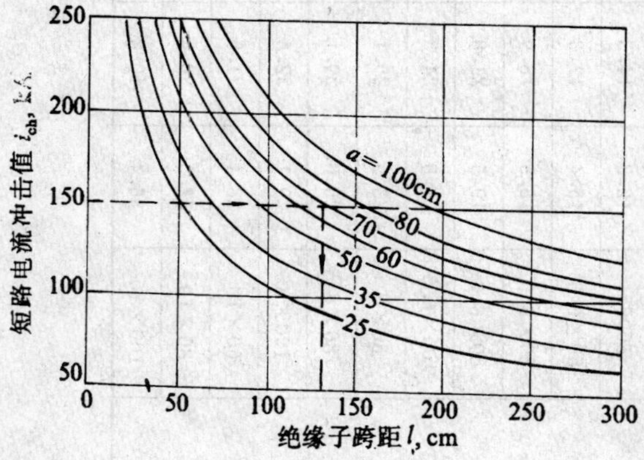

图 13-9 支持绝缘子及穿墙套管动稳定校验曲线（三）

容许弯曲荷重 7350N，适用于以下型号的支持绝缘子：

	母线平放	母线竖放
ZC-10	$l_{max}=l$	$l_{max}=0.710l$
ZPC-35	$l_{max}=l$	$l_{max}=0.795l$

容许弯曲荷重 7350N，适用于以下型号的穿墙套管：

CC-6	$l_{max}=2l-59$
CC-10	$l_{max}=2l-69$
CWC-10	$l_{max}=2l-73$
CWC-20	$l_{max}=2l-92$

计算举例：

母线平放，$i_{ch}=150$，$a=70$，选用 ZPC-35

则 $l_{max}=131$cm

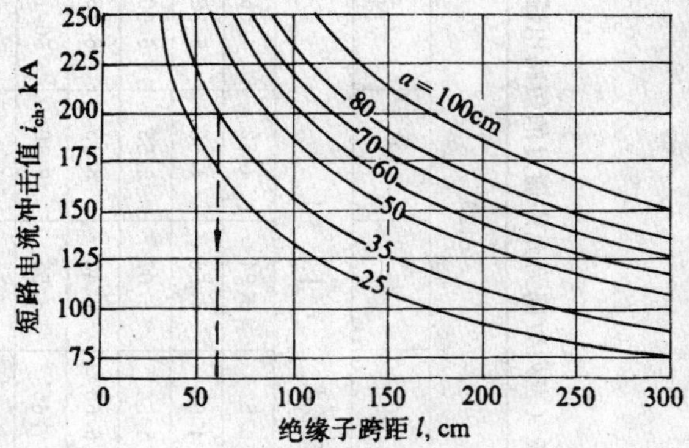

图 13-10 支持绝缘子及穿墙套管动稳定校验曲线（四）

容许弯曲荷重 11760N，适用于以下型号的支持绝缘子：

	母线平放	母线竖放
ZD-10	$l_{max}=l$	$l_{max}=0.715l$
ZD-20	$l_{max}=l$	$l_{max}=0.781l$
ZPD-10	$l_{max}=l$	$l_{max}=0.610l$
ZPD-35	$l_{max}=l$	$l_{max}=0.775l$

容许弯曲荷重 11760N，适用于以下型号的穿墙套管：

CMD-10	$l_{max}=2l-48$
CME-10	$l_{max}=3l-48$
CMF-10	$l_{max}=4l-49$
CME-20	$l_{max}=3l-78$

计算举例：

$i_{ch}=200$，$a=35$，选用 CMD-10

则 $l_{max}=2\times59-48=70$cm

13.5 短路电流校验简化计算表格

短路电流校验简化计算表格包括常用设备的热

稳定计算和动稳定计算两部分。

（1）由热稳定计算表格中可查得设备所允许通过的短路稳态电流，大于可能通过该设备的三相或两相短路稳态电流 $I^{(3)}$ 或 $I^{(2)}$ 时，表示该设备在短路情况下，不致因发热而损坏。

（2）由动稳定计算表格中可查得设备所允许通过的短路冲击电流值，大于可能通过该设备的三相短路冲击电流时，表示该设备在短路情况下，不致发生变形或损坏。

短路电流校验简化计算见表 13-21～表 13-29，表系根据目前国内产品样本上的数据编制的。

表 13-25　母线动稳定计算的比值系数表（配合表 13-23、表 13-24 使用）

母线支持点距离 L'（cm）	50	60	70	80	90	100	110	120	130	140	150	160	170	180	190	200
L' $L=100$cm 时相应比值系数 $C_1=L/L'$	2	1.667	1.429	1.250	1.111	1.000	0.909	0.833	0.769	0.714	0.666	0.625	0.585	0.555	0.526	0.500
母线相间距离 a'（cm）	10	12	14	16	18	20	25	30	35	40	50					
a' $a=20$cm 时相应比值系数 $C_2=\sqrt{a'}/\sqrt{a}$	0.707	0.774	0.836	0.894	0.948	1.000	1.118	1.225	1.323	1.414	1.581					

注：1. 若母线支持点的距离 L' 不等于表 13-23、表 13-24 中的 L 时，在一定的 a 值下母线的允许通过短路冲击电流值应为 $i'_{ch}=i_{ch}\times(L=100)C_1$，其中 i_{ch}（$L=100$）为 $L=100$ 时一定 a 值下的允许通过短路冲击电流值。

2. 若母线相间距离 a' 不等于表 13-23、表 13-24 中的 a 时，在一定 L 值下母线的允许通过短路冲击电流值应为 $i_{ch}=i_{ch}(a=20)\times C_2$，其中 i'_{ch}（$a=20$）为 $a=20$cm 时一定 L 值下允许通过短路冲击电流值。

3. 若 L' 及 a' 均不等于上面所说的 L 及 a 时，则母线的允许通过短路电流冲击值应为 $i'_{ch}=i_{ch}\begin{bmatrix}L=100\\a=20\end{bmatrix}C_1C_2$。

表 13-26　穿墙套管允许通过的稳态短路电流有效值（kA）

套管类别	额定电流（A）	允许的热稳定电流持续时间		假想时间 t_j（s）													
		5s	10s	0.1	0.15	0.2	0.25	0.50	0.75	1.0	1.25	1.5	1.75	2.0	2.5	3.0	4.0
铝导体穿墙套管	250	5.5		38.9	31.8	27.5	24.6	17.4	14.2	12.3	11.0	10.0	9.3	87	7.8	7.1	6.1
	400	6.5		46.0	37.5	32.5	29.1	20.6	16.8	14.5	13.0	11.9	11.0	10.3	9.5	8.4	7.3
	600	12		84.9	69.3	60.0	53.7	38.0	31.0	26.8	24.0	21.9	20.3	19.0	17.0	15.5	13.4
	1000	20		141.4	115.5	100.0	89.4	63.2	51.6	44.7	40.0	36.5	33.8	31.6	28.3	25.8	22.4
	1500	30		212.1	173.2	150.0	134.2	94.9	77.5	67.1	60.0	54.8	50.7	47.4	42.4	38.7	33.5
	2000	40		282.8	230.9	200.0	178.9	162.5	103.3	89.4	80.0	73.0	67.6	63.2	56.6	51.6	44.7

续表 13-26

套管类别	额定电流（A）	允许的热稳定电流持续时间		假想时间 t_j（s）													
		5s	10s	0.1	0.15	0.2	0.25	0.50	0.75	1.0	1.25	1.5	1.75	2.0	2.5	3.0	4.0
铜导体穿墙套管	200		3.8	38.0	31.0	26.9	24.0	17.0	13.9	12.0	10.7	9.8	9.1	8.5	7.6	6.9	6.0
	400		7.6	76.0	62.1	53.7	49.1	34.0	27.7	24.0	21.5	19.7	18.2	17.0	15.2	13.9	12.0
	600		12	120.0	98.0	84.9	75.9	53.7	43.8	37.9	33.9	31.0	28.7	26.8	24.0	21.9	19.0
	1000		18	180.0	147.0	127.3	113.9	80.5	65.7	56.9	50.9	46.5	43.0	40.2	36.0	32.9	28.5
	1500		23	230.0	187.8	162.6	145.5	102.9	84.0	72.7	65.0	59.4	55.0	51.4	46.0	42.0	36.0
	2000		27	270.0	220.5	190.9	170.1	120.7	98.6	85.4	76.4	69.7	64.6	60.4	54.0	49.3	42.7

表 13-27 穿墙套管允许通过的短路冲击电流

套管端距绝缘子距离（cm）		60				80				100				120			
相间距离（cm）		20	25	30	35	20	25	30	35	20	25	30	35	20	25	30	35
型号	抗弯破坏负荷(N)	短路冲击电流（kA）															
CA-6	3675	75	84	92	99	68	76	83	90	63	70	77	83	58	65	71	77
CB-6		106	119	130	140	96	107	118	127	88	99	108	117	82	92	101	109
CB-10		104	116	127	137	94	105	116	125	87	97	107	115	81	91	100	108
CWB-6		101	113	124	134	92	103	113	122	86	96	105	113	80	89	98	106
CWB-10	7350	98	109	120	129	90	100	110	119	83	93	102	113	78	88	96	104
CLB-6		105	121	133	144	98	110	120	130	90	100	110	119	84	93	102	111
CLB-10		104	117	128	138	95	106	116	125	87	98	107	116	81	91	100	108
CWLB-10		103	115	126	136	94	105	115	124	87	97	106	115	81	91	99	107
CC-6		129	144	158	171	118	132	145	156	109	122	134	145	102	115	125	136
CC-10	12250	124	139	152	164	114	128	140	151	106	119	130	141	100	112	122	132
CWC-10		123	137	150	163	113	127	139	150	106	118	129	140	99	111	122	131

注：表中所列为母线平放时的计算值，当母线立放时，表中数值应乘 0.845。

表 13-28 支持绝缘子允许通过的短路冲击值（kA）

绝缘子距离（cm）		100				120				140				160			
相间距离（cm）		20	25	30	35	20	25	30	35	20	25	30	35	20	25	30	35
型号	抗弯破坏负荷(N)	短路冲击电流（kA）															
ZA、ZNA、ZPA	3675	51	57	62	67	46	52	57	61	43	48	52	57	40	45	47	53
ZPB、ZS-10/500	4900	58	65	72	77	53	60	65	71	49	55	60	65	46	52	57	61

续表 13-28

绝缘子距离 (cm)		100				120				140				160			
相间距离 (cm)		20	25	30	35	20	25	30	35	20	25	30	35	20	25	30	35
型号	抗弯破坏负荷(N)	短路冲击电流 (kA)															
ZB、ZNB	7350	72	80	88	95	65	73	80	86	60	68	74	80	57	63	69	75
ZC	12250	92	103	113	122	84	94	103	112	78	87	96	104	103	82	89	97
ZD、ZND、ZLD、ZPD	19600	117	131	143	155	107	119	131	141	99	110	121	131	92	103	113	122

表 13-29 电缆热稳定计算表（表列数值为允许通过的短路稳态电流值）

名称	线芯截面 (mm^2)	假想时间 t_j (s)													
		0.1	0.15	0.2	0.25	0.5	0.75	1.0	1.25	1.5	1.75	2.0	2.5	3.0	3.5
10kV 铝芯油浸纸绝缘电力电缆及10kV 铝芯不滴流电力电缆	16	4.81	3.92	3.40	3.04	2.14	1.76	1.52	1.36	1.24	1.15	1.07	0.96	0.88	0.81
	25	7.51	6.13	5.31	4.75	3.35	2.75	2.38	2.13	1.94	1.80	1.68	1.50	1.37	1.27
	35	10.51	8.59	7.43	6.65	4.69	3.85	3.33	2.98	2.72	2.51	2.35	2.10	1.92	1.78
	50	15.02	12.26	10.62	9.5	6.7	5.50	4.75	4.25	3.88	3.59	3.36	3.00	2.74	2.54
	70	21.03	17.17	14.87	13.3	9.38	7.70	6.65	5.95	5.43	5.03	4.70	4.21	3.84	3.56
	95	28.54	23.3	20.18	18.05	12.73	10.45	9.03	8.08	7.37	6.82	6.38	5.71	5.21	4.83
	120	36.05	29.43	25.49	22.8	16.08	13.20	11.40	10.2	9.31	8.62	8.06	7.21	6.58	6.10
	150	45.06	36.79	31.86	28.5	20.1	16.50	14.25	12.75	11.64	10.70	10.08	9.01	8.23	7.62
	185	55.58	45.38	39.30	35.2	24.8	20.35	17.58	15.73	14.36	13.28	12.43	11.11	10.15	9.40
	240	72.10	58.87	50.98	45.6	32.2	26.40	22.80	20.40	18.62	17.23	16.12	14.42	13.16	12.19
6kV 铝芯油浸纸绝缘电力电缆	10	2.85	2.32	2.01	1.80	1.27	1.04	0.90	0.81	0.73	0.68	0.64	0.57	0.52	0.48
	16	4.55	3.72	3.22	2.88	2.04	1.66	1.44	1.29	1.18	1.09	1.02	0.91	0.83	0.77
	25	7.12	5.81	5.03	4.50	3.18	2.60	2.25	2.01	1.84	1.70	1.59	1.42	1.30	1.20
	35	9.96	8.18	7.04	6.30	4.46	3.64	3.15	2.82	2.57	2.38	2.23	1.99	1.82	1.68
	50	14.23	11.62	10.06	9.00	6.37	5.20	4.50	4.03	3.67	3.40	3.18	2.85	2.60	2.41
	70	19.92	16.27	14.09	12.60	8.91	7.27	6.30	5.64	5.14	4.76	4.45	3.98	3.64	3.37
	95	27.04	22.08	19.12	17.10	12.09	9.87	8.55	7.65	7.00	6.46	6.05	5.47	4.94	4.57
	120	34.15	27.89	24.15	21.60	15.28	12.47	10.80	9.66	8.82	8.16	7.64	6.83	6.24	5.78
	150	43.69	34.86	30.19	27.00	19.10	15.59	13.50	12.08	11.02	10.20	9.55	8.54	7.79	7.22
	185	52.65	42.99	37.23	33.30	23.55	19.22	16.65	14.89	13.59	12.58	11.77	10.53	9.61	8.90
	240	68.31	55.77	48.30	43.20	30.55	24.94	21.60	19.32	17.63	16.33	10.27	13.66	12.47	11.55

续表 13-29

名称	线芯截面 (mm²)	假想时间 t_j (s)													
		0.1	0.15	0.2	0.25	0.5	0.75	1.0	1.25	1.5	1.75	2.0	2.5	3.0	3.5
铝芯交联聚乙烯电力电缆	16	4.05	3.30	2.86	2.56	1.81	1.48	1.28	1.45	1.04	0.96	0.91	0.81	0.74	0.68
	25	6.32	5.16	4.47	4.00	2.83	2.31	2.00	1.79	1.63	1.51	1.41	1.26	1.15	1.07
	35	8.85	7.23	6.26	5.60	3.96	3.23	2.80	2.51	2.29	2.17	1.98	1.77	1.62	1.50
	50	12.65	10.33	8.94	8.00	5.66	4.62	4.00	3.58	3.27	3.02	2.83	2.53	2.31	2.14
	70	17.71	14.46	12.52	11.20	7.92	6.47	5.60	5.01	4.57	4.23	3.96	2.54	3.23	2.99
	95	24.03	19.62	16.99	15.20	10.74	8.78	7.60	6.80	6.20	5.74	5.37	4.81	4.39	4.06
	120	20.56	24.79	21.47	19.20	13.57	11.06	9.60	8.59	7.84	7.26	6.79	6.07	5.54	5.13
	150	37.95	30.98	26.83	24.00	16.97	13.86	12.00	10.74	9.80	9.07	8.49	7.59	6.93	6.42
	185	46.80	38.21	33.09	29.50	20.92	17.09	14.80	13.25	12.08	11.19	10.47	9.36	8.54	7.91
	240	60.72	49.57	42.93	38.40	27.14	22.17	19.20	17.18	15.67	14.52	13.58	12.14	11.00	10.27
铝芯聚氯乙烯电力电缆	10	2.06	1.68	1.45	1.30	0.92	0.75	0.65	0.58	0.53	0.49	0.46	0.41	0.38	0.35
	16	3.29	2.69	2.33	2.08	1.47	1.20	1.04	0.93	0.85	0.79	0.74	0.66	0.60	0.56
	25	5.14	4.20	3.63	3.25	2.30	1.88	1.63	1.45	1.33	1.23	1.15	1.03	0.94	0.87
	35	7.19	5.87	5.09	4.55	3.22	2.63	2.28	2.03	1.86	1.72	1.61	1.44	1.31	1.22
	50	10.28	8.39	7.27	6.50	4.60	3.75	3.25	2.91	2.55	2.46	2.30	2.36	1.88	1.74
	70	14.39	11.75	10.17	9.10	6.44	5.25	4.55	4.07	3.71	3.44	3.22	2.88	2.63	2.43
	95	19.53	15.94	13.81	11.70	8.73	7.13	6.18	5.52	5.04	4.67	4.37	3.91	3.57	3.30
	120	24.67	20.14	17.44	15.60	11.03	9.01	7.80	6.97	6.37	5.90	5.52	4.93	4.50	4.17
	150	30.83	25.17	21.80	19.50	13.79	1.13	9.75	8.72	7.96	7.37	6.89	6.17	5.63	5.21
	185	38.03	31.05	26.89	24.05	17.01	13.89	12.03	10.75	9.82	9.09	8.50	7.61	6.94	6.43
	240	49.33	40.28	34.88	31.20	22.06	18.01	15.60	13.94	12.73	11.79	11.03	9.87	9.01	8.34
6kV 铜芯油浸纸绝缘电力电缆	10	4.74	3.87	3.35	3.00	2.12	1.73	1.50	1.34	1.22	1.13	1.06	0.95	0.87	0.80
	16	7.59	6.20	5.37	4.80	3.39	2.77	2.40	2.15	1.96	1.81	1.70	1.52	1.39	1.28
	25	11.86	9.68	8.39	7.50	5.30	4.33	3.75	3.36	3.05	2.84	2.65	2.37	2.17	2.01
	35	16.60	13.56	11.74	10.50	7.42	6.06	5.25	4.70	4.28	3.97	3.71	3.32	3.03	2.81
	50	23.72	19.36	16.77	15.00	10.60	8.66	7.50	6.71	6.12	5.67	5.30	4.74	4.33	4.01
	70	33.20	27.11	23.48	21.00	14.84	12.12	10.50	9.39	8.57	7.94	7.42	6.64	6.06	5.51
	95	45.06	36.79	31.86	28.50	20.14	16.45	14.25	12.75	11.63	10.77	10.08	9.01	8.23	7.62
	120	56.92	46.48	40.25	38.00	25.44	20.78	18.00	16.10	14.69	13.61	12.73	11.38	10.39	9.63
	150	71.15	58.09	50.31	45.00	31.80	25.98	22.50	20.13	18.36	17.01	15.91	14.23	12.99	12.03
	185	87.75	71.65	62.05	55.50	39.22	32.04	27.75	24.93	22.54	20.98	19.62	17.55	16.02	14.84
	240	113.84	92.95	80.50	72.00	50.88	41.57	36.00	32.21	29.38	27.22	25.46	22.77	20.78	19.25

续表 13-29

名称	线芯截面 (mm²)	假想时间 t_j (s)													
		0.1	0.15	0.2	0.25	0.5	0.75	1.0	1.25	1.5	1.75	2.0	2.5	3.0	3.5
10kV 铜芯油浸纸绝缘电力电缆	16	8.35	6.82	5.90	5.28	3.73	3.05	2.64	2.36	2.16	2.00	1.87	1.67	1.52	1.41
	25	13.04	10.65	9.22	8.25	5.83	4.76	4.13	3.69	3.37	3.12	2.92	2.61	2.38	2.21
	35	18.26	14.91	12.91	11.55	8.16	6.67	5.78	5.17	4.71	4.36	4.08	3.65	3.33	3.08
	50	26.08	21.30	18.45	16.50	11.65	9.53	8.25	7.38	6.74	6.24	5.83	5.22	4.76	4.41
	70	36.52	29.82	25.83	23.10	16.31	13.34	11.55	10.33	9.43	8.73	8.17	7.30	6.67	6.18
	95	49.57	40.47	35.05	31.35	22.14	18.10	15.68	14.02	12.80	11.85	11.08	9.91	9.05	8.38
	120	62.61	51.12	44.27	39.60	27.96	22.86	19.80	17.71	16.16	14.96	14.00	12.50	11.43	10.59
	150	78.27	63.90	55.34	49.50	34.95	28.58	24.75	22.14	20.21	18.70	17.50	15.65	14.29	13.24
	185	96.53	78.82	68.26	61.26	43.11	35.24	30.53	27.31	24.92	23.07	21.58	19.31	17.62	16.32
	240	125.22	102.25	88.55	79.20	55.92	45.72	39.60	35.42	23.33	29.93	28.00	25.04	22.86	21.18
铜芯交联聚乙烯电力电缆	16	6.83	5.58	4.83	4.32	3.06	2.49	2.16	1.93	1.76	1.63	1.53	1.37	1.25	1.16
	25	10.67	8.71	7.55	6.75	4.78	3.90	3.38	3.02	2.76	2.55	2.39	2.13	1.95	1.80
	35	14.94	12.20	10.57	9.45	6.69	5.46	4.73	4.23	3.86	3.57	3.34	2.99	2.73	2.53
	50	21.35	17.43	15.09	13.50	9.55	7.80	6.75	6.04	5.51	5.10	4.77	4.27	3.90	3.61
	70	29.88	24.40	21.13	18.90	13.37	10.91	9.45	8.46	7.71	7.14	6.68	5.98	5.46	5.05
	95	40.56	33.11	28.68	25.65	18.15	14.81	12.83	11.48	10.47	9.69	9.07	8.11	7.40	6.86
	120	51.23	41.83	36.22	32.40	22.92	18.71	16.20	14.50	13.22	12.24	11.46	10.25	9.35	8.66
	150	64.04	52.29	45.28	40.50	28.65	23.39	20.25	18.12	16.53	15.30	14.32	12.81	11.69	10.83
	185	78.98	64.49	55.85	49.95	35.34	28.84	24.98	22.35	20.39	18.87	17.66	15.80	14.42	13.36
	240	102.46	83.66	72.45	64.82	43.84	37.42	32.40	29.00	26.44	24.48	22.91	20.49	18.71	17.33
铜芯聚氯乙烯电力电缆	10	3.16	2.58	2.24	2.00	1.41	1.16	1.00	0.89	0.82	0.76	0.71	0.63	0.58	0.53
	16	5.06	4.13	3.58	3.20	2.26	1.85	1.60	1.43	1.31	1.21	1.13	1.01	0.92	0.86
	25	7.91	6.45	5.59	5.00	3.53	2.89	2.50	2.24	2.04	1.89	1.77	1.58	1.44	1.34
	35	11.07	9.04	7.83	7.00	4.94	4.04	3.50	3.13	2.86	2.65	2.47	2.21	2.02	1.87
	50	15.81	12.91	11.18	10.00	7.05	5.78	5.00	4.47	4.08	3.78	3.54	3.16	2.89	2.67
	70	22.14	18.07	15.65	14.00	9.87	8.09	7.00	6.26	5.71	5.29	4.95	4.43	4.04	3.74
	95	30.04	24.53	24.24	19.00	13.40	10.97	9.50	8.50	7.75	7.18	6.72	6.01	5.48	5.08
	120	37.95	30.98	26.83	24.00	16.92	13.86	12.00	10.73	9.80	9.07	8.49	7.59	6.93	6.42
	150	47.43	38.73	33.54	30.00	21.15	17.33	15.00	13.42	12.24	11.34	10.61	9.49	8.66	8.02
	135	58.50	47.77	41.37	37.00	26.08	21.37	18.50	16.55	15.10	13.98	13.08	11.70	10.68	9.89
	240	75.89	61.97	53.67	48.00	33.84	27.72	24.00	21.47	19.59	18.14	16.97	15.18	13.86	12.84

13.6 电力变压器的容量选择及负载能力

13.6.1 变压器容量选择

13.6.1.1 按负载的重要性选择变压器容量及台数

钢铁企业属连续性生产的工业企业，对国民经济的影响较大。为此，供配电设计除按企业规模的大小对工作电源有不同的要求外，对企业内变电所的变压器容量及台数还要按生产车间的工艺要求进行选择。

企业总降压变电所的主变压器容量选择，应满足当其中任何一台主变压器停止运行时，其余主变压器应能保证其供电区域内主要生产车间的正常生产，一般不小于全部负荷的80%。当企业内有多个总降压变电所时，还应考虑各总降压变电所之间的负荷平衡。

企业内各车间变电所(即一次变电所)的变压器容量及台数的选择，视各生产车间的工艺要求而定。凡属具有一级负荷或工艺流程要求连续生产的车间，其变压器容量及台数的选择，一般均配备适当的备用容量，以确保正常生产不致中断或严重损坏设备。

企业内具有三类负荷的车间，其变压器容量及台数的选择，按其动力负荷需要而定。一般，当变压器选用两台时，其中有一台变压器停止运行时，另一台变压器的容量不大于全部负荷的70%。

13.6.1.2 按电能质量要求选择变压器

由于受较大冲击性负荷（例如大型电弧炉变压器等)而使电能质量受严重影响时，应选用专用的变压器供电，以便与其它动力负荷分开供电。

要考虑系统电源的电压偏移，分接开关的调压范围一般取10%(从正分接到负分接)，具有有载调压装置时宜取20%（从正分接到负分接)。

当车间动力和照明负荷合用变压器供电而严重影响照明质量及灯泡使用寿命时，宜设置专用的照明变压器。

13.6.2 变压器的绕组选择

在一般情况下应选用双绕组变压器、但在下述情况下，经技术经济比较结果有利时，可选用三绕组变压器。

(1) 生产车间有3kV、6kV高压电动机负荷，为减少过多设置10/6kV或10/3kV中间变压器，技术上合理时，可采用三绕组变压器。其中一个绕组以10kV供动力负荷，另一绕组为6kV或3kV向高压电动机供电。

(2)大型冷、热连轧机组直流电动机负荷较多且台数也多，供给直流负荷的整流变压器宜用35kV电压供电，而车间其它动力负荷仍需以10kV供电。此时宜将35kV与10kV电压负荷分别以两个绕组供电。

(3)大型电弧炉变压器宜采用35kV电压供电，而车间的10kV动力负荷在电压波动值校验仍可符合国家允许值时可由另一绕组供电。

13.6.3 变压器的负载能力

变压器在实际运行时，其负荷曲线通常都不是均匀的，在一昼夜间的大部分时间内，负荷都是小于最大值。如果让变压器的最大负荷与其额定容量相等，则其负荷能力便没有充分利用。因此，在不损及变压器正常使用期限的前提下，允许变压器过负载运行。

13.6.3.1 过负载与变压器的寿命

变压器在过负载运行时，其各部分的温升将比额定负载运行时升高。绝缘老化程度与温度有关。一般认为油浸式变压器线圈用的电缆纸在80～140℃范围内，温度每增加6℃，其老化程度增加一倍。

电力变压器标准（GB1094.2—85）规定；变压器在额定负载下运行，线圈平均温升为65℃，(电阻测量法)。通常，线圈最热点温升比平均温升约高13℃，即78℃。如果变压器在额定负载和环境温度为20℃的条件下连续运行，则线圈最热点的温度为98℃。电缆纸在98℃下使用，其老化寿命在20年以上。在这种运行条件下的老化寿命为正常老化寿命，其每天的寿命损失为正常日寿命损失。

13.6.3.2 最热点温度与允许运行时间的关系

线圈最热点温度θ_{max}对变压器寿命的影响，可以用相对寿命损失来衡量。所谓相对寿命损失即线圈最热点温度为θ_{max}时的寿命损失率与98℃时正常寿命损失率之比，以γ表示

$$\gamma = 10^{(\theta_{max}-98)/19.93} \tag{13-37}$$

线圈在不同的最热点温度下的相对寿命损失见表13-30。

表 13-30 不同温度下的相对寿命损失

线圈最热点温度 θ_{max}（℃）	80	86	92	98	104	110	116	122	128	134	140
相对寿命损失 γ	0.125	0.25	0.5	1.00	2.00	4.00	8.0	16	32	64	128

从表 13-30 中可以看出，当温度低于 80℃时，寿命损失可以忽略不计。若变压器运行在 24h 内，在某一恒定温度下运行 t 小时，其余（24－t）小时均处于寿命损失可以忽略不计的低温下，则日寿命损失为 t_{γ} 小时。若在 t 小时内温度是变化的，则日寿命损失为 $\int_0^t \gamma dt$ 小时。当线圈最热点温度为 θ_{max}时，要使其日寿命损失等于正常日寿命损失，其允许的运行小时数为

$$t = 24 \times 10^{(\theta_{max}-98)/19.93} \tag{13-38}$$

线圈在不同的最热点温度下，每天允许的运行小时数见表 13-31。

表 13-31 在不同最热点温度下，每天允许的运行小时数

线圈最热点温度 θ_{max}（℃）	98	101.5	104	107.5	110	113.5	116	119.5	122	125.5	128	131.5
每天允许的运行小时数（h）	24	16	14	8	6	4	3	2	1.5	1.0	0.75	0.5

变压器带恒定负载，运行时间为 t 的期间内，环境温度 θ_K 变化较大，则应采用等值环境温度 θ'_K 来计算相应的线圈最热点温度和允许的运行时间。如果把 t 小时分为几个等分。则

$$a^{\theta_K/t} = \frac{1}{n}\sum_1^n a^{\theta_K/t}$$

当 $a=10$，$t=20$ 时，

θ_K'可以按下式计算

$$\theta_K' = 20\log_{10}\left\{\frac{1}{n}\sum_1^n 10^{\theta_K/20}\right\} \tag{13-39}$$

13.6.4 变压器的正常过负载

在实际运行中，变压器的负载与环境温度是经常变化的，有时处于低负载运行，有时处于过负载运行。当处于过负载运行或在夏季处于额定负载运行时，变压器的使用寿命将缩短，而当处于轻负载运行或在冬季处于额定负载运行时，变压器的使用寿命可加长。因此，可以相互补偿而不致降低变压器的正常使用寿命。在这种运行情况下的过负载，称作正常的过负载。

在考虑变压器过负载能力的同时，也必须考虑到套管、引线及其焊接点、分接开关以及与变压器联接的所有设备，例如电缆、电抗器、断路器、隔离开关和电流互感器等的允许过电流能力是否与变压器的线圈相匹配。就变压器的组件来说，最大允许通过的电流一般可达相应额定值的 1.1～1.2 倍。

变压器的正常允许过负载时间见表 13-32。

表 13-32 变压器正常允许的过负荷时间

过负荷倍数	过负荷前变压器的上层油温（℃）					
	17	22	28	33	39	44
	允许连续运行时间（h）					
1.05	5.5	5.25	4.50	4.00	3.00	1.30
1.10	3.5	3.25	2.50	2.10	1.25	0.10
1.15	2.5	2.25	1.50	1.20	0.35	
1.20	2.05	1.40	1.15	0.45		

续表 13-32

过负荷倍数	过负荷前变压器的上层油温（℃）					
	17	22	28	33	39	44
	允许连续运行时间（h）					
1.25	1.35	1.15	0.50	0.25		
1.30	1.10	0.5	0.30			
1.35	0.55	0.35	0.15			
1.40	0.40	0.25				
1.45	0.25	0.1				
1.50	0.15					

13.6.5 变压器的事故过负载

变压器的事故过负荷是指并联运行中的变压器组中有一台变压器退出运行或其它情况下变压器所承受的过负载，它将使变压器的正常使用寿命减少。一般规定，事故过负载所造成的额外寿命损失以不超过年寿命损失的1%为限。

为了使事故过负载不致过分减少变压器的使用寿命或造成事故，油浸式和干式变压器允许短时间过负载运行的时间可参见表 13-33 和表 13-34。

表 13-33 油浸式变压器的允许事故过负载

过负载倍数		1.3	1.6	1.75	2.0	2.4	3.0
允许时间（min）	户内	60	15	8	4	2	50（s）
	户外	120	45	20	10	3	1.5

表 13-34 干式变压器的允许事故过负载

过负载（%）	20	30	40	50	60
允许时间（min）	60	45	32	18	5

13.6.6 变压器冷却系统电源发生故障时允许的运行时间

油浸式风冷变压器风扇因故障全部切除时，允许带额定负载运行的时间可以参照表 13-35。

表 13-35 油浸风冷式变压器风扇全部切除时，允许继续带额定负载运行的时间

环境温度（℃）	−15	−10	0	+10	+20	+30	+40
允许继续带额定负载运行的时间（h）	60	40	16	10	5	3	$\frac{1}{6}$

强迫油循环风冷式和水冷式变压器的全部油泵、风扇或水泵因电源故障停止运转时，允许继续带额定负载运行的时间一般为：

容量为 125MVA 及以下时 20min

容量为125MVA以上时　10min

如果到允许时间时油面温度还未到达75℃，则允许继续运行至油面温度达到75℃为止，但最多不应超过1h。

当变压器制造厂在铭牌上列出允许带额定负载运行时间时，则按铭牌上数据为准。

13.7 高压断路器的选择

13.7.1 参数选择

高压断路器应按表13-1所列技术项目和表13-36所列技术条件进行选择和校验。

表13-36 高压断路器的参数选择

项　目	参　数
1. 技术条件 正常工作条件 短路稳定性 承受过电压能力 操作性能	电压、电流、频率、机械荷载动、热稳定电流和持续时间 对地及断口间的绝缘水平，泄漏比距开断电流、短路关合电流，操作循环，操作次数，操作相数，分合闸时间及同期性、对过电压的限制、某些特需的开断电流，操作机构
2. 环境条件	室内、外：环境温度、海拔高度、地震烈度、噪音、电磁干扰 室内：相对湿度 室外：日温差、最大风速、污秽程度

高压断路器的参数选择时应注意以下问题：

(1)在采用引进高压断路器时，应核实引进断路器的额定电压与最高电压是否满足我国国家标准的要求。例如有些国家的产品没有35kV电压的级别而其产品标准电压为33kV及最高电压为36kV的级别。因此，为了满足电力系统的要求，需提出特殊订货或采用提高一级电压为42kV的产品，这样，必然要增加投资费用。为此，在具体工程设计中应与有关部门共同协商妥善解决。

(2) 引进断路器的频率符合我国国 家标准的要求。

(3) 断路器的额定关合电流应大于短路冲击电流值。

(4) 当220kV电力系统稳定要求快速切除故障时，220kV断路器的分闸时间不宜大于0.04s。用于电气制动回路的断路器，其合闸时间不宜大于0.04～0.06s。

(5)变压器中性点绝缘等级低于相电压的系统中，断路器的分合闸操作不同期时间宜小于10ms。

(6) 在变压器中性点直接接地或经小阻抗接地的系统中，由于三相断路器在开断短路电流时，动作的不同期性，首相开断的断口触头间所承受的工频恢复电压将会升高。因此，断路器应选用首相开断系数为1.3的额定开断电流。同样。在110kV及以下的中性点非直接接地系数中，断路器应选用首相开断系数为1.5的额定开断电流。

(7)当设计要求断路器装设自动重合闸时，应考虑重合闸对额定开断电流的影响。

对按自动重合闸操作循环“分-θ-合分-t-合分”(θ为无电流间隔时间，110～220kV为0.3s，63kV及以下为0.3～0.5s；t为180s）完成试验的断路器，不必再为重合闸而降低其断流能力。

如果要求断路器需具备二次快速重合闸的能力，则应按下述操作循环与制造厂协商，为“分-θ-合分-t_1-合分-t_2-合分-t_1”，(t_1为15s，t_2为自定值，例如60s以上)。

(8) 不宜采用多油式断路器。

(9) 一般不采用手动操作机构。

13.7.2 型式选择

断路器的型式选择，除应满足各项技术条件和环境条件外，必须结合工程的具体条件及要求选定型式。

3～10kV级断路器应首先选用成套供应的开关柜设备，35kV断路器亦应尽量选用成套开关柜设备。

设计中常用的高压断路器有：

(1) 35kV及以下少油断路器是设计中大量选用的设备，适用于变配电所的受配电回路。10kV级少油断路器也常用于不经常操作的高压电动机回路及并联电容器组回路。

(2)35kV及以下真空断路器及SF_6断路器适用于电弧炉，经常起动操作的高压电动机及操作较频繁的并联电容器组回路。

当用于高压电动机及电弧炉时要考虑操作过电压的影响，应采取适当的限压措施，如配置氧化锌避雷器或阻容吸收器等。在设计时，应提出用电设备的容量，由制造厂随同断路器配套供应限压设备。

(3) 110～220kV 少油断路器，空气断路器及 SF_6 断路器适用于变配电所的受配电回路，应按工程具体条件或要求选定型式。

(4) 3～6 kV 高压熔断器加真空断路器（FC 开关柜）。在某些引进工程中，有采用上下两层的小型开关柜，每两层小柜内都装有 3～6kV 高压熔断器及真空断路器，适用于 3～6kV 高压电动机及配电变压器回路，并可节省配电室面积。

目前国内已有制造厂可生产 CKJ 型 6kV400A 的真空接触器，与高压限流式熔断器等元件组成组合单元，配用于成套开关柜，可供频繁起动和控制高压电动机、电炉变压器及配电回路等用，设计时可按工程具体条件选用。

13.8 高压负荷开关和高压熔断器选择

13.8.1 高压负荷开关选择

13.8.1.1 参数选择

高压负荷开关应按表 13-1 所列项目及表 13-37 所列技术条件进行选择并校验。

表 13-37 高压负荷开关参数选择

项目	参数
1. 技术条件	
正常工作条件	电压、电流、机械负载
短路稳定性	动稳定电流、额定关合电流、热稳定电流和持续时间
承受过电压能力	对地和断口间的绝缘水平、泄漏比距
操作性能	开断和关合性能、操作机构
2. 环境条件	室内、外：环境温度、海拔高度、地震烈度
	室内：相对湿度
	室外：最大风速、覆冰厚度、污秽程度

13.8.1.2 关合性能

带有熔断器的负荷开关，用于变、配电所送配电变压器（不在本变、配电所内）的馈电线时，不得大于 500 kVA 的变压器（见冶金工业部《钢铁企业电力设计技术暂行条例》），以代替断路器作为短路保护。

当负荷开关带有热脱扣器时，可具有过载保护的功能。

负荷开关除上述的功能外，还可作为：开断 1250kVA 及以下配电变压器的空载电流；开断不大于 10A 的电缆电容电流；关合额定的“短路关合电流”。

13.8.1.3 机械荷载

室外负荷开关的接线端子允许的水平静拉力为：

10kV 及以下　　250N

35kV　　600N

13.8.2 高压熔断器选择

13.8.2.1 参数选择

高压断路器应按表 13-1 所列项目及表 13-38 所列条件进行选择及校验。

表 13-38 高压熔断器参数选择

项目	参数
1. 技术条件	
正常工作条件	电压、电流
保护特性	断流容量、最大开断电流、熔断特性、最小熔断电流
2. 环境条件	室内、外：环境温度、海拔高度、地震烈度
	室外：最大风速、污秽程度

13.8.2.2 熔体选择

熔断器的额定电压不宜高于使用点电力网的工作电压，以避免熔断器熔断截流时产生的过电压超过电网允许的 2.5 倍工作相电压。

选择熔断器熔管内熔体的额定电流不能大于熔管的额定电流。

跌落式熔断器只能选用在室外，以利于灭弧时大量游离气体的扩散。

熔断器熔体的选择，应满足保护的可靠性、选择性及灵敏度的要求。

非自爆式熔断器具有反时限的电流及时间特性。

熔体额定电流选择过大，将延长熔断时间，降低灵敏度。选择过小，将不能保证保护的可靠性和选择性。

选择熔体时，应保证下述两者之间动作的选择性：

（1）前后两级熔断器之间；

（2）熔断器与电源测继电保护之间；

（3）熔断器与负荷测继电保护之间。

为此，当在本段保护范围内发生短路时，应能在最短时间内切断故障。

当电网装有其它接地保护时，回路中最大接地电流与负荷电流之和不应超过最小熔断电流。

当选择35kV及以下电力变压器用熔断器熔体时，应计及在下列情况下不应误熔断。

（1）应能通过变压器的最大工作电流；

（2）应能通过变压器的励磁涌流；

（3）应能通过保护范围以外的短路电流及电动机自起动等引起的冲击电流。

保护35kV及以下电力变压器的高压熔断器，其熔体的额定电流可按下式计算

$$I_{NR} = KI_{bgm} \tag{13-40}$$

式中 K——系数。当不考虑电动机自起动时取1.1～1.3；考虑电动机自起动时取1.5～2.0；

I_{bgm}——电力变压器回路最大工作电流，A。

35kV及以下电力变压器高压熔断器额定电流的选择可参照表13-39。

保护电力电容器的高压熔断器熔体，在下列正常工作情况下不应误熔断：

（1）由于电网电压升高、波形畸变等原因引起电力电容器回路的电流增大时。

（2）电力电容器运行过程中的涌流。

为此，保护电力电容器的高压熔断器熔体的额定电流可按下式计算

$$I_{NR} = KI_{NC} \tag{13-41}$$

式中 K——系数，对于限流式高压熔断器，当为一台电容器时取1.5～2.0，当为一组电容器时取1.3～1.8；对于跌落式高压熔断器取1.2～1.3；

I_{NC}——电力电容器的额定电流，A。

表13-40列出电力电容器熔体选择表，供参考。

保护电压互感器的高压熔断器，可按额定电压及断流容量选择，不必校验额定电流。

保护防雷用电容器的熔断器，当其断流容量不能满足被保护回路的短路容量时，可在熔断器回路加设限流电阻等措施限制短路电流。

表13-39 6～35kV电力变压器高压熔断器额定电流选择表

项目		额定电压(kV)	变压器额定容量（kVA）														
			100	125	160	(180)	200	250	315	(320)	400	500	(560)	630	(750)	800	1000
变压器一次额定电流（A）		35	1.65	2.07	2.65	2.97	3.31	4.13	5.21	5.28	6.61	8.27	9.25	10.40	12.40	13.20	16.50
		10	5.78	7.23	9.25	10.40	11.60	14.40	18.20	18.50	23.10	28.90	32.40	36.40	43.40	46.20	57.80
		6	9.65	12.10	15.40	17.30	19.30	24.20	30.20	30.90	38.50	48.20	54.00	60.80	72.40	77.10	96.40
熔断器型号	RN1	35	7.5/3	7.5/3	10/5	10/5	10/5	10/7.5	20/10	20/10	20/10	20/15	20/15	30/20	30/20	30/20	30/30
		10	20/15	20/15	20/15	20/20	20/20	50/30	50/30	50/30	50/40	50/50	50/50	100/75	100/75	100/75	100/100
		6	20/20	20/20	75/30	75/30	75/30	75/40	75/50	75/50	75/75	75/75	100/100	100/100	200/150	200/150	200/150
	RW5	35	50/3	50/3	50/5	50/5	50/5	50/7.5	50/10	50/10	50/10	50/15	50/15	50/20	50/20	50/20	50/30
	RW4	10	50/15	50/15	50/20	50/20	50/20	50/30	50/40	50/40	50/40	50/50	50/50	100/75	100/75		
		6	50/20	50/20	50/30	50/30	50/40	50/40	50/50	50/50	100/75	100/75	100/100	100/100	200/150		

注：表中分子为熔管额定电流（A）；分母为熔体额定电流（A）。

表 13-40 电力电容器熔体选择表

型　号	电压 (kV)	相数	熔体额定电流 (A)	熔体的直径 (根数×直径 mm)
YY3.15-10-1	3.15	1	3	1×0.15
YY3.15-12-1			3	1×0.15
YY3.15-14-1			5	2×0.15
YY3.15-25-1			7.5	2×0.2
YY6.3-10-1	6.3	1	2	1×0.1
YY6.3-12-1			2	1×0.1
YY6.3-14-1			2	1×0.1
YY6.3-25-1			5	2×0.15
YY6.3-50-1			15	3×0.25
YY10.5-10-1	10.5	1	2	1×0.1
YY10.5-12-1			2	1×0.1
YY10.5-14-1			2	1×0.1
YY10.5-25-1			3	1×0.15
YY10.5-50-1			10	2×0.2

13.9 互感器选择

13.9.1 电流互感器选择

13.9.1.1 参数选择

电流互感器应按表 13-1 所列技术项目及表 13-41 所列技术条件进行选择及校验。

二次额定电流的选用，一般，弱电系统选用 1A，强电系统选用 5A，但在下列情况下可选用 1A：

(1)当电压互感器的装设点与控制点相距较远时。

(2)当回路中的工作电流较小，选用的互感器不能满足系统短路时动稳定及热稳定的要求，而需加大电流互感器的额定电流以增大变流比，则可选用 1～2.5A 元件的电流表以解决选用 5A 元件的电流表读数太小的问题。

表 13-41 电流互感器的参数选择

项　目	参　数
1. 技术条件	
正常工作时	一次回路电压、一及二次回路电流、二次侧负荷、准确度等级、暂态特性、二次级数量、机械荷载
短路稳定性	动、热稳定倍数
承受过电压能力	绝缘水平、泄漏比距
2. 环境条件	室内外：环境温度、海拔高度、地震烈度
	室内：相对湿度
	室外：最大风速、污秽程度

(3) 当一个二次绕组的互感器容量不能满足设计要求时，可将两个二次绕组串联使用。

(4)电流互感器在额定二次负荷下的准确度级次，其误差度限值见表 13-42。

表 13-42 电流互感器的准确级次和误差限值

准确级次	一次电流为额定电流的百分数 (%)	误差限值		二次负荷变化范围
		比值差 (±%)	相角差 (±分)	
0.2	10	0.5	20	(0.25～1) S_N
	20	0.35	15	
	100～120	0.2	10	
0.5	10	1	60	(0.25～1) S_N
	20	0.75	45	
	100～120	0.5	30	

续表 13-42

准确级次	一次电流为额定电流的百分数（%）	误差限值		二次负荷变化范围
		比值差（±%）	相角差（±分）	
1	10 20 100～120	2 1.5 1	120 90 60	(0.25～1) S_N
3 10	50～120 50～120	3.0 10	不规定 不规定	(0.5～1) S_N
B	100 100n	3 −10	不规定 不规定	S_N

注：1. 本表引自《电流互感器》(GB1208—87)。
2. 二次负荷的下限值：I_{2N}=5A 时，为 3.75VA；I_{2N}=1A 时，为 2.5VA；
3. S_N 为额定二次负荷，n 为额定 10%倍数。
4. 误差限值均以额定负荷为基准。

电流互感器的准确度的要求：

(1) 用于电度计量时不应低于 0.5 级。

(2)用于电流电压测量时不应低于 1 级；非重要回路可使用 3 级。

(3) 用于继电保护时采用 3 级，当差动保护时，应采用"D"级或"B"级，并应校验额定 10%倍数以保证过电流时误差不超过规定值。

(4) 电力变压器中性点电流互感器的一次额定电流应按大于变压器允许的不平衡电流选择。一般，可按变压器的$\frac{1}{3}$额定电流进行选择。

(5)中性点非直接接地系统中的零序电流互感器，在发生单相接地故障时，通过的零序电流要比通过直接接地系统的零序电流小。为此，为了保证保护装置可靠动作，应以二次电流及保护灵敏度来校验零序电流互感器的变比。当不能满足要求时，应提出特殊订货。

13.9.1.2 型式选择

35kV 及以下成套配电装置所配用的电流互感器，应采用制造厂供应的配套型式。

35～220kV 非成套供应的配电装置，一般采用油浸瓷箱式绝缘结构独立式的电流互感器，常用的是 LC 系列。树脂浇注绝缘的 LZ 系列只适用于 35kV 室内配电装置。

有条件时，尽量采用组装在变压器套管内的或穿墙套管内的电流互感器。

13.9.2 电压互感器选择

13.9.2.1 参数选择

电压互感器按表 13-1 所列项目及表 13-43 所列技术条件选择并校验。

表 13-43 电压互感器参数选择

项 目	参 数
1. 技术条件 正常工作 承受过电压能力	 一次、二次电压、二次负荷、准确度等级、机械荷载 绝缘水平、泄漏比距
2. 环境条件	室内、外：环境温度、海拔高度、地震烈度 室内：相对湿度 室外：最大风速、污秽程度

13.9.2.2 型式选择

35kV 及以下电压成套配电装置内的电压互感器，宜采用制造厂供应的配套型式，一般为树脂浇注绝缘结构。

6～10kV 配电装置需要零序电压时，一般采用三相五柱电压互感器。

35～110kV 及以上电压配电装置一般采用油浸绝缘电磁式电压互感器。

220kV 配电装置在容量和准确度等级满足要求时，一般采用电容式电压互感器。

接在 110～220kV 线路侧的电压互感器，当线路上装有载波通讯时，应尽量与耦合电容器配套，选用电容式电压互感器。

电压互感器兼作泄能时，应选用电磁式电压互感器。

13.9.2.3 接线方式

电压互感器的各种接线方式可按工程需要选用，如表 13-44 所示。

表 13-44 电压互感器的接线及使用范围

序号	接线图	采用的电压互感器	使用范围	备注
1	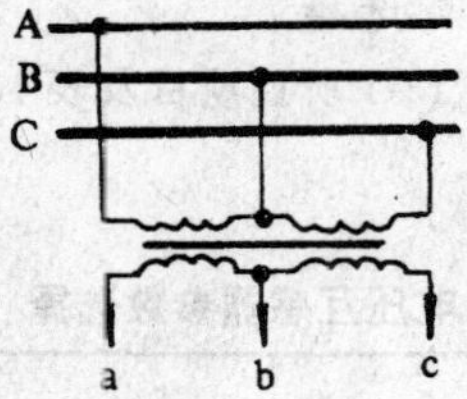	两个单相电压互感器接成 V-V 形	用于表计和继电器的线圈接入 a-b 和 c-b 两相间电压	
2	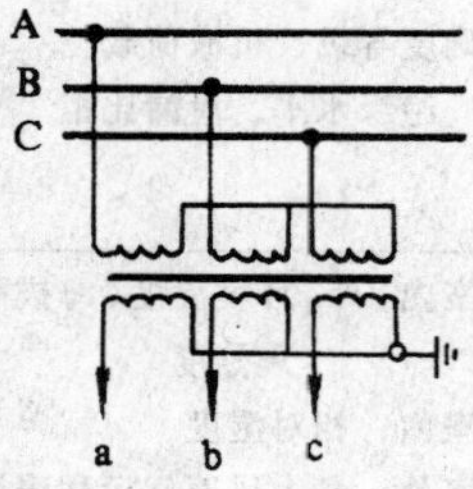	三个单相电压互感器接成星形-星形。高压侧中性点不接地	用于表计和继电器的线圈接入相间电压和相电压。此种接线不能用来供电给绝缘检查电压表	
3	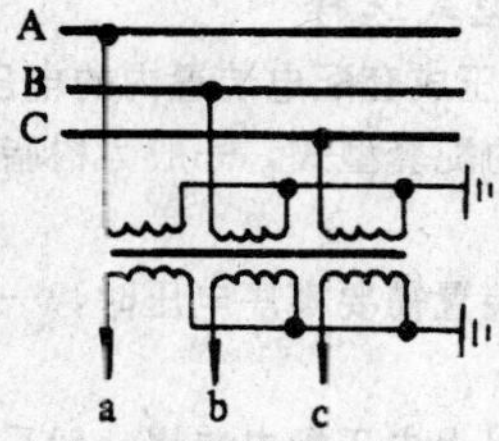	三个单相电压互感器接成星形-星形。高压侧中性点接地	用于供电给要求相间电压的表计和继电器以及供电给绝缘检查电压表。如果高压侧系统为中性点直接接地，则可接入要求相电压的测量表计，如果高压侧系统中性点与地绝缘或经阻抗接地则不允许接入要求相电压的测量表计	
4	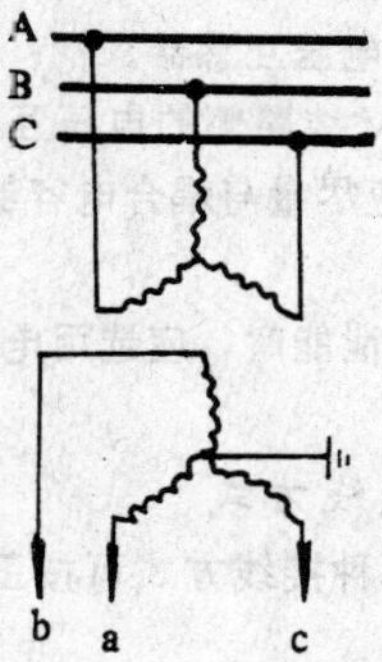	一个三相三柱式电压互感器	用于表计和继电器的线圈接入相间电压和相电压。此种接线不能用来供电给绝缘检查电压表	不允许将电压互感器高压侧中性点接地

续表 13-44

序号	接线图	采用的电压互感器	使用范围	备 注
5	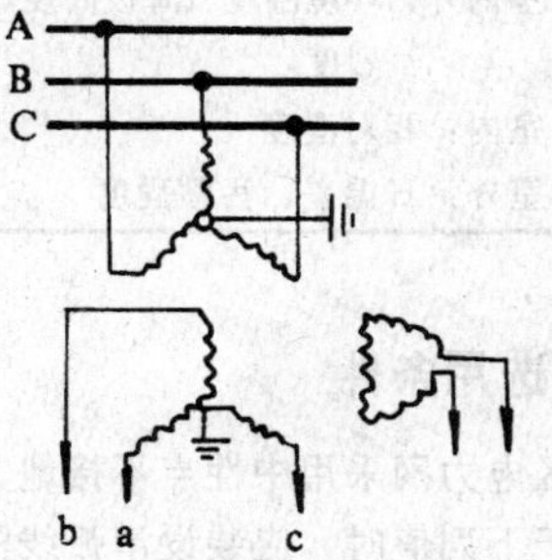	一个三相五柱式电压互感器	主二次绕组连接成星形以供电给测量表计、继电器以及绝缘检查电压表。对于要求相电压的测量表计，只有在系统中性点直接接地时才能接入。附加的二次绕组接成开口三角形，构成零序电压滤过器供电给保护继电器和接地信号（绝缘检查）继电器	应优先采用三相五柱式电压互感器，只有在要求容量较大的情况下或110kV以上无三相式电压互感器时，才采用三个单相三绕组电压互感器
6	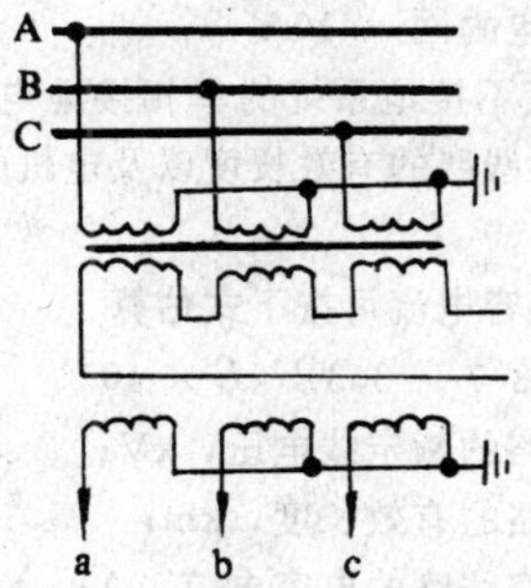	三个单相三线圈电压互感器		

13.9.2.4 电压选择

电压互感器的额定电压按工程需要选用，如表13-45所示。

表 13-45 电压互感器额定电压的选择

型式	一次电压（V）		二次电压（V）	第三绕组电压（V）	
单相	接于一次线电压上（如V/V接法）	U_x	100		
单相	接于一次相电压上	$U_x/\sqrt{3}$	$100/\sqrt{3}$	中性点非直接接地系统	$100/3$，$100/\sqrt{3}$
				中性点直接接地系统	100
三相	U_x		100	100/3	

注：U_x 为系统额定电压。

13.9.2.5 准确度及二次负荷

电压互感器在额定二次负荷下的准确度级次和误差限值见表13-46。

电压互感器的准确度级次：

(1) 用于电度计量，不应低于0.5级；

(2) 用于电压测量，不应低于1级；

(3) 用于继电保护，不应低于3级。

表 13-46 电压互感器二次绕组的准确级次和误差限值

准确级次	误差限值 比值差（±%）	误差限值 相角差（±分）	一次电压变化范围	二次负荷变化范围
0.5	0.5	20	$(0.95\sim1.15)U_{1N}$	$(0.25\sim1.0)S_{2N}$
1	1	40		
3	3	不规定		

注：U_{1N} 为一次额定电压；S_{2N} 为二次额定负荷。

由于电容式电压互感器的开口三角绕组的不平衡电压较高，会影响零序保护装置的灵敏度，因此当不能满足灵敏度要求时需加设高次谐波过滤器。

13.9.2.6 防谐振措施

电容式电压互感器具有带铁芯的非线性电感和电容器，在一次电压或二次电流剧变时，会产生暂态过程和工频铁磁谐振。为此，在设计订货时要提出请制造厂采取抑制措施，如加装谐振式阻尼器等，以保证铁磁谐振特性满足下列要求：

(1)在1.2倍额定电压且负载为零时，电压互感器二次侧短路后又突然消失短路，其二次电压峰值应在额定频率10个周波时间内恢复到与正常值相差不大于10%的数值。

(2)在1.5倍额定电压，且在上述相同条件的短路情况下，其二次电压回路铁磁谐振持续时间应不超过2s。

电磁式电压互感器用于中性点非直接接地系统时，当系统运行状态发生突变，就有可能发生并联谐振，为此，需在电压互感器上加装消谐器，简便的方法是可在开口三角端子上接入电阻或白炽灯泡，其电阻 R 可按下式计算

$$R \leqslant \frac{X}{K_{12}} \tag{13-42}$$

式中 K_{12}——一次绕组对开口三角绕组的变比；

X——电压互感器的感抗，当电网内有多台电压互感器时，应取其平均值。

R 值为抑制谐振的总阻值。如果分设于 n 台电压互感器时，每个电阻值应取 nR。

当采用白炽灯消除谐振时，35kV电网电压互感器可接入220V，500W灯泡；6～10kV电网的电压互感器可接入220V，200W灯泡。

13.10 企业变电所的消弧线圈选择

13.10.1 参数选择

企业变电所用的消弧线圈应按表13-1所列项目及表13-47所列技术条件进行选择并校验。

表 13-47 消弧线圈的参数选择

项 目	参 数
技术条件	电压、频率、容量
环境条件	室内外：环境温度、海拔高度、地震烈度 室内：相对湿度 室外：日温差、污秽程度

13.10.2 选用条件

企业所在地区电力网采用中性点不接地方式，且单相接地电流大于下列值时，应装设消弧线圈。

3～10kV 电力网　　30A

35kV 及以上电力网　　10A

企业内中性点不接地系统的单相接地电容电流，一般按经常接通的线路的有效长度以及电机的平均电容来估算。

架空线路的电容电流可按下式估算

$$I_C = (2.7 \sim 3.3)U_N L \times 10^{-3} \tag{13-43}$$

式中 U_N——线路的额定线电压，kV；

L——线路的有效长度，km；

I_C——架空线路的电容电流，A；

2.7——系数，适用于无架空地线的线路；

3.3——系数，适用于有架空地线的线路。

同杆双回路的电容电流为单回路的1.3～1.6倍。

电缆线路的电容电流可按下式估算

$$I_C = 0.1U_N L \tag{13-44}$$

为简便起见，每公里的单相接地电容电流平均值可参阅表13-48。

表 13-48 架空、电缆线路单相接地电容电流平均值表

线路额定电压	单相接地电容电流平均值 I_C (A/km)
架空线路	
3kV	0.008
6kV	0.017
10kV	0.029
35kV	0.1
电缆线路	
3kV	0.3
6kV	0.6
10kV	1.0
35kV	3.50

对于变电所需增加的接地电容电流可见表 13-49。

表 13-49 变电所增加的接地电容电流值表

额定电压（kV）	6	10	35	63	110
增加值（%）	18	16	13	12	10

13.10.3 型式、容量等选择

消弧线圈一般选用油浸式，在条件许可时可选用干式。

消弧线圈一般接在变压器中性点上。

对于 YN，d 双绕组变压器或 YN，yn，d 三绕组变压器，消弧线圈的容量不应超过变压器三相总容量的 50%，且不得大于三绕组变压器任一绕组的容量。

对于 YN，y 接线的内铁芯式变压器，消弧线圈的容量不应超过变压器三相总容量的 20%。

如果变压器无中性点，则可采用曲折形接法的接地变压器，其容量应与消弧线圈的容量相配合。

消弧线圈容量一般按过补偿方式进行设计，其计算公式为

$$Q = KI_C\frac{U_N}{\sqrt{3}} \quad (13\text{-}45)$$

式中 Q——补偿容量，kVA；

K——系数，过补偿取 1.35；

U_N——线路额定电压，kV；

I_C——线路的电容电流，A。

消弧线圈应避免在谐振点运行，一般将分接头调谐到接近谐振点的位置，以提高补偿成功率。为方便运行调谐，选用的容量宜接近于计算值。

消弧线圈的分接头数量应满足调节脱谐度的要求，接于变压器的一般不小于 5 个。

对于装在变压器中性点的消弧线圈，在正常情况下，其脱谐度一般不大于 10%。

安装消弧线圈的电力网，其长时间中性点位移电压不应超过 $15\% \times U_N/\sqrt{3}$。

中性点位移电压 U_0 可按下式计算

$$U_0 = \frac{U_{bd}}{\sqrt{d^2 + \nu^2}} \quad (13\text{-}46)$$

式中 U_{bd}——消弧线圈投入前，电网（或有发电机回路时）中性点的不对称电压值，一般取 0.8%相电压；

d——阻尼率，一般电缆线路取 2～4%，35kV 及以下架空线路取 5%，63～110 kV 架空线路取 3～4 %；

ν——脱谐度。

脱谐度可按 $\nu = \frac{I_C - I_L}{I_C}$ 来计算，I_C 为线路的电容电流，A；I_L 为消弧线圈电感电流，A。

消弧线圈的安装地点应保证电力网在任何情况下，断开 1～2 条线路时，大部分电力网不致失去补偿。不应将多台消弧线圈集中安装在电力网的一处，并应尽量避免电力网中只装设一台消弧线圈。

13.11 中性点避雷器选择

13.11.1 高压电动机中性点的避雷器选择

保护高压电动机中性点绝缘的阀型避雷器，其额定电压应高于电机最高运行相电压。一般宜采用磁吹阀型避雷器如表 13-50 所示。

表 13-50 保护高压电动机中性点绝缘的避雷器型式

电机额定电压（kV）	3	6	10
避雷器型式	FCD-2 FZ-2	FCD-4 FZ-4 FS-4	FCD-6 FZ-6 FS-6

13.11.2 变压器中性点的避雷器选择

对中性点非直接接地系统选用的阀型避雷器应满足下列条件：

（1）灭弧电压 U_{mi}

$$U_{mi} > U_{xg} \quad (13\text{-}47)$$

式中 U_{xg}——系统最高相电压，V。

（2）工频放电电压下限 U_{zfx}：

$$U_{zfx} > U_{mg} \quad (13\text{-}48)$$

式中 U_{mg}——内过电压水平，35～63kV 取 $2.67U_{xg}$；110kV 取 $2.33U_{xg}$。

（3）工频放电电压上限 U_{zfs}

$$U_{xfs} < 1.15U_{zs} \quad (13\text{-}49)$$

式中 U_{zs}——变压器内绝缘 1min 工频试验电压，V。

（4）5kA 时的残压 U_{bcg}

$$U_{bcg} < \frac{1}{K}U_{cg} \quad (13\text{-}50)$$

式中 U_{bcg}——避雷器在5kA时的残压，V；

U_{cg}——变压器内绝缘冲击试验电压，V；

K——配合系数，对普通阀型避雷器 $K=1.1$；对磁吹阀型避雷器 $K=1.23$。

保护变压器中性点绝缘的阀型避雷器，可按表13-51进行选择，但应与消弧线圈的绝缘水平相配合。

表 13-51 中性点非直接接地系统中保护变压器中性点绝缘的阀型避雷器

变压器额定电压(kV)	35	63	110
避雷器型式	FZ-15+FZ-10 FZ-30 FZ-35	FZ-40 FZ-60	FZ-110J 4×FZ-15

对中性点直接接地系统选用的阀型避雷器应满足下列条件：

(1) 灭弧电压 U_{mi}：

$$U_{mi} > K_m U_{xg} \tag{13-51}$$

式中 K_m——系数，一般取 $K_m=1$，其它条件不能满足时取 $K_m=0.6$。

(2) 工频放电电压下限 U_{zfx}：

$$U_{zfx} > 1.68U_{xg} \tag{13-52}$$

(3) 工频放电电压上限 U_{zfx}：同公式13-49。

(4) 5kA时的残压 U_{bcg}：同公式13-50，阀型避雷器可按表13-52进行选择。

表 13-52 中性点直接接地系统中保护变压器中性点绝缘的避雷器

变压器额定电压(kV)	110		220
中性点绝缘等级	35kV级	110kV级	110kV级
避雷器型式	推荐用氧化锌避雷器	FZ-110J FZ-60	FCZ-110 FZ-110J

由于氧化锌避雷器没有间隙，因此具有下列优点：

(1) 在正常运行时，变压器的中性点电压位移很小，氧化锌避雷器的负荷率很小，可延长使用寿命。

(2)无灭弧问题，只要其交流暂态过电压耐受能力能够满足要求，额定电压的选择不太严格。

(3) 通过氧化锌避雷器的雷电流较小，一般在1～1.5kA以下，残压低、能量小，可以不校验通流容量。

因此当分级绝缘的变压器中性点选择阀型避雷器有困难时，推荐使用氧化锌避雷器。氧化锌避雷器不需要持续运行电压的技术要求，但应满足下列各要求：

(1) 变压器中性点绝缘的冲击试验电压与氧化锌避雷器1kA雷电冲击残压之间至少应有20%的裕度。

(2) 变压器中性点绝缘的工频试验电压乘冲击系数后与氧化锌避雷器的操作冲击电流下的残压之间应有15%的裕度。

(3) 额定电压应高于系统最高相电压 U_{xg}，至少不应低于 $0.6U_{xg}$。

国产氧化锌避雷器的技术参数见33章表33-25。

13.12 限流电抗器选择

限流电抗器应按表13-1所列项目及表13-53所列技术条件进行选择并校验。

表 13-53 限流电抗器参数选择

项 目	参 数
(1) 技术条件 正常工作条件 短路稳定性	 电压、电流、频率、电抗值 动稳定电流、热稳定电流和持续时间
(2) 环境条件	环境温度、相对湿度、 海拔高度、地震烈度
(3) 安装条件	安装方式，进出线角度

13.12.1 普通电抗器电抗值的计算

将短路电流限制到要求值(I'')所必须的电抗百分值($X_K\%$)可按下式计算

$$X_K\% \geqslant \left(\frac{I_j}{I''} - X_{*j}\right)\frac{I_{NK}U_j}{U_{NK}I_j} \times 100\% \tag{13-53}$$

或
$$X_K\% \geqslant \left(\frac{S_j}{S''} - X_{*j}\right)\frac{U_jI_{NK}}{I_jU_{NK}} \times 100\% \tag{13-54}$$

式中 U_j、I_j——基准电压，kV，基准电流，kA；

X_{*j}——以 U_j 和 I_j 为基准，计算到所选用电抗器前的网络电抗标幺值；

U_{NK}、I_{NK}——电抗器的额定电压，额定电流，kV，kA；

S_j——基准容量，MVA；

I''、S''——被电抗限制后所要求的短路次暂态电流和零秒短路容量，kA，MVA。

当系统电抗为零时，电抗器的额定电流和电抗百分值与短路电流的关系曲线见图 13-11。

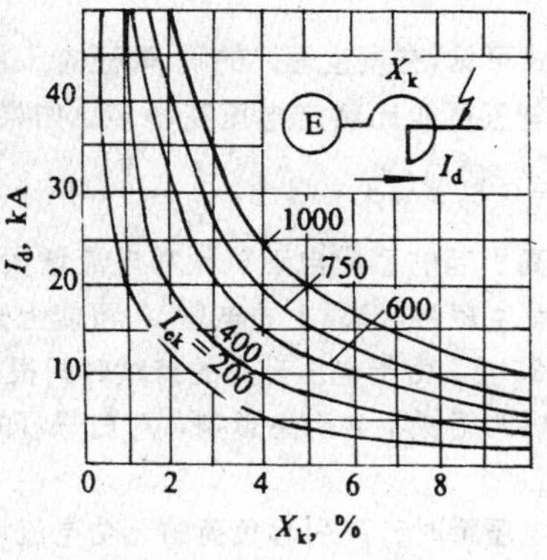

图 13-11　电抗器的额定电流 I_{NK}和电抗百分值 X_K%与短路电流 I_d 的关系曲线（当 $X_s=0$ 时）

馈出线带时限保护时电抗器应满足短路时母线电压水平的要求，即可按下式进行校验

$$X_K\% \geqslant U_K\% \frac{I_{NK}}{I''} \tag{13-55}$$

或

$$U_K\% \leqslant X_k\% \frac{I''}{I_{NK}} \tag{13-56}$$

式中　U_K%——母线必须保护的剩余电压，一般为 60～70%。

如果剩余电压不能满足要求，可在线路继电保护及线路电压降允许的范围内增加馈出线电抗器的电抗百分值或采用快速继电保护切除短路故障。

对母线分段电抗器、集合电抗器以及其它具有快速保护的馈出线电抗器不必按短路时母线剩余电压的要求进行校验。

正常工作时电抗器的电压损失（ΔU%）不宜大于额定电压的 5%，并可按下式计算

$$\Delta U\% = X_K\% \frac{I_g}{I_{NK}}\sin\varphi \tag{13-57}$$

式中　φ——负荷功率因数角（一般取 $\cos\varphi=0.8$，即 $\sin\varphi=0.6$）；

I_g——正常通过的负荷电流，A。

对馈出线电抗器还应计及出线上的电压损失。

正常工作时电抗器上的电压损失（ΔU%）也可查图 13-12 的曲线取得。

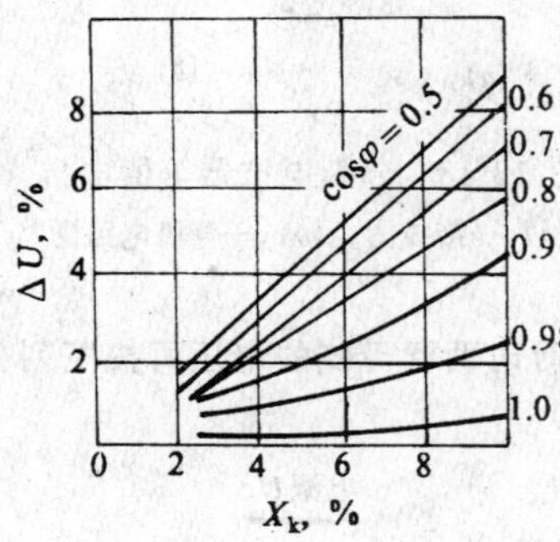

图 13-12　电抗器的电压损失曲线

13.12.2　分裂电抗器电抗值的计算

分裂电抗器的额定电压 U_{Nk}等于电网的平均额定电压时，式 13-53 可改为

$$X_K\% \geqslant \left(\frac{I_j}{I''} - X_{*j}\right)\frac{I_{NK}}{I_j} \times 100\% \tag{13-58}$$

分裂电抗器的等值电抗 X_K%和一臂的自感电抗 X_L%的关系，与电源连结方式和短路点的选择有关。分裂电抗器的等值电路如图 13-13 所示。

当 1 侧有电源，2 和 3 侧无电源，2 或 3 侧短路

$$X_K\% = X_L\% \tag{13-59}$$

当 1 侧无电源，2（或 3）侧有电源，3（或 2）侧短路时

$$X_K\% = 2(1 + f_0)X_L\% \tag{13-60}$$

当 $f_0=0.5$ 时，$X_K\%=3X_L\%$

式中　f_0——分裂电抗器的互感系数（或称耦合系数），等于电抗器两臂之间的互感和电抗器一臂的自感之比。

当 2 和 3 侧有电源，1 侧短路或三侧都有电源而 1 侧短路时

$$X_K\% = \frac{(1 - f_0)}{2}X_L\% \tag{13-61}$$

当 $f_0=0.5$ 时，$X_K\%= 0.25X_L\%$

当三侧都有电源，2 或 3 侧发生短路时以及其它可能的情况下，可先确定 X_L%值，然后按其它条件进行校验。

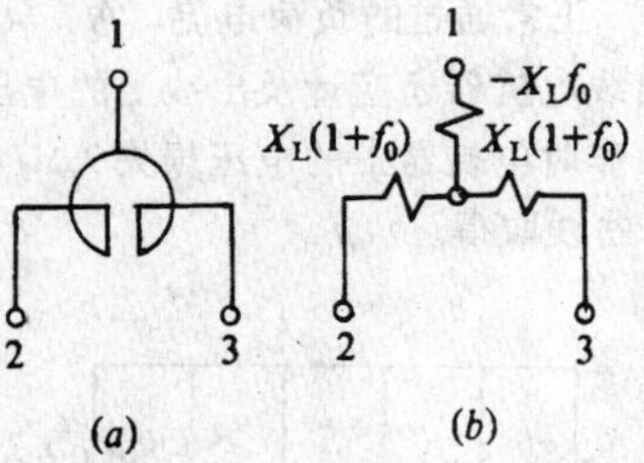

图 13-13 分裂电抗器等值电抗

(a) —接线图；(b) —等值电路图

正常运行时两臂母线的电压可按下列公式计算（见图 13-14）

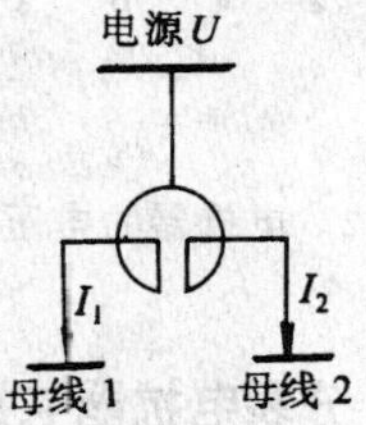

图 13-14 分裂电抗器电压波动计算示意图

$$\frac{U_1}{U_{NK}}\times 100\% = \frac{U}{U_{NK}}\times 100\% - X_L\%\left(\frac{I_1\sin\varphi_1}{I_{NK}} - f_0\frac{I_2\sin\varphi_2}{I_{NK}}\right) \tag{13-62}$$

$$\frac{U_2}{U_{NK}}\times 100\% = \frac{U}{U_{NK}}\times 100\% - X_L\%\left(\frac{I_2\sin\varphi_2}{I_{NK}} - f_0\frac{I_1\sin\varphi_1}{I_{NK}}\right) \tag{13-63}$$

为了减少两段母线上的电压差，应使两者的负荷分配尽量均匀。

在采用分裂电抗器后，计算每段母线上的电压变动范围时，除了考虑负荷变动所引起的每段母线电压变动外，还应计及两段母线负荷分配不均匀所产生的影响，若没有具体的负荷分配资料时，为了保证计算中有一定裕度，可以假定接在一段母线的负荷为总负荷的 70%，而接在另一段母线上的负荷为总负荷的 30%。

根据上述假定，分裂电抗器一臂的额定电流就不应小于总负荷电流的 70%。

当一臂母线段的馈出线发生短路时，另一臂的母线电压（U_1 或 U_2）将升高，其值可按下式计算

$$\frac{U_1}{U_{NK}}\times 100\% = X_L\%(1+f_0)\left(\frac{I''}{I_{NK}} - \frac{I_1\sin\varphi_1}{I_{NK}}\right) \tag{13-64}$$

$$\frac{U_2}{U_{NK}}\times 100\% = X_L\%(1+f_0)\left(\frac{I''}{I_{NK}} - \frac{I_2\sin\varphi_2}{I_{NK}}\right) \tag{13-65}$$

由上式可见，在发生短路的瞬间，正常工作的一段母线上的电压可能比额定电压高得多。如果 $X_L\%=10\%$，$f_0=0.5$，$\cos\varphi_{1e}=0.8$，$\frac{I''}{I_e}=9$，并计入由于母线电压升高引起的感应电动机无功电流增大的影响，当母线 2 发生短路，母线上的电压 U_1 可能上升到额定电压的 1.35 倍。由于电压升高的持续时间很短，对电器和电动机的绝缘不会产生影响，对白炽灯的寿命影响也很小。

母线电压瞬时升高引起负荷的无功电流增大，其值可由下式确定

$$I_1\sin\varphi_1 = I_{1e}\sin\varphi_{1e}\left[1 - 3.09\frac{U_1}{U_N} + 2.92\left(\frac{U_1}{U_N}\right)^2\right] \tag{13-66}$$

式中 $I_1\sin\varphi_1$——在额定电压（U_N）下负荷的无功电流。

由于电动机负荷电流的无功分量增大，在选择相应回路的继电保护时，必须考虑这一点。

13.13 湿热带和高海拔地区的高压设备选择

13.13.1 湿热带地区的环境条件

湿热带地区采用的高压电器分有屋内型及屋外型两种型式。屋外使用的应考虑太阳辐射、雨、露等因素。在沿海地区使用时，当屋外具有盐雾状态时，还应按特殊污秽考虑。

湿热带型高压电器的使用环境条件，见表 13-54。

表 13-54 湿热带型高压电器的使用环境条件

环境因素		额定值
空气温度	最高（℃）	40
	最低（℃）	0
空气最大相对湿度（℃）		95%（25℃时）

续表 13-54

环境因素	额定值
黑色物体表面最高温度（℃）	80
太阳辐射最大强度（$J/cm^2 \cdot min$）	5.86
凝露	有
含盐空气	有
霉菌	有
最大降雨强度（mm/10min）	30
海拔高度（m）	≤1000

13.13.2　高海拔地区的环境条件

高海拔地区一般是指海拔高度超过 1000m 的地区，其特征是随着海拔的逐渐升高，自然环境温度、空气湿度、空气密度、大气压力和气温都相应下降，太阳辐射强度及日差则相应增大。此外，风、霜、冰、雪、日照强度等都较同纬度的低海拔地区剧烈。

国产电器在高海拔地区的使用环境条件见表 13-55 所示。

表 13-55　国产电器在高海拔地区使用的环境条件

序号	环境条件因素		一般	显热	干热	高原地区额定值			
1	海拔高度（m）		≤1000	≤1000	≤1000	2000	3000	4000	5000
2	年最高气温（℃）		40	40	45	35	30	25	20
3	年最低气温（℃）		取下列数值之一：+5，−10 −25，−40	0	−5	取下列数值之一：+5，−10，−25，−40			
4	年平均气温（℃）		～20	25	30	15	10	5	0
5	月平均最高气温（℃）		～35	35	43	30	25	20	15
6	日平均气温（℃）		～30	35	40	25	20	15	10
7	日最大温差（℃）		～30		30	30	30	30	30
8	空气相对湿度（%）		90（25℃）	95（25℃）	10（40℃）	90（15℃）	90（10℃）	90（5℃）	90（0℃）
9	空气相对密度（δ）		0.901	0.901	0.901	0.812	0.732	0.660	0.594
10	平均大气压力	(Pa)	90000	90000	90000	79500	70000	61500	54000
		(mmHg)	675	675	675	596	525	461	405
11	空气最低气压	(Pa)	84000	84000	84000	72000	64000	56000	48000
		(mmHg)	630	630	630	540	480	420	360
12	1m 深地下最高温度（℃）		～25	32	32	22	19	16	13
13	太阳辐射最大强度（W/m^2）		～970	970	1110	1110	1110	1250	1250
14	最大降雨强度（mm/10min）		30	30	30	30	30	30	30
15	最大风速（m/s）		35	35	35	35	35	35	35

表 13-55 所列海拔高度之间某海拔高度的环境条件因素额定值，可按下列方式取得：

(1) 序号 2～9、12、13 可采用线性插算法求取。例如 1000m 及 2000m 的最高气温分别为 40℃及 35℃，按线性插算法求 取 1500m 的最高气温是 37.5℃。

(2) 序号 9 相对空气密度可按下列方式求得：

以海拔为零的空气密度为 1，当海拔高度上升到海拔高度 H 为函数的相对空气密度 δ 的公式为

$$\delta = 1000e^{-0.104H} \tag{13-67}$$

式中海拔高度以 km 计；e=2.7182。

如果已知所需地点的气压 B_0 和气温 T，则可按下式计算其相对空气密度 δ

$$\delta = \frac{T_0 B}{B_0 T} \tag{13-68}$$

式中 B_0——海平面处的气压，Pa；

T_0——海平面处的气温，K；

B——所需地点的气压，Pa；

T——所需地点的气温，K。

(3) 序号 10 大气压力的计算公式为

大气压力是随海拔高度的上升而下降，它是按海拔高度 H 的负指数函数的关系而变化的，其计算公式为

$$P = 101325e^{-0.121H} \tag{13-69}$$

式中 P——大气压力，Pa。

13.13.3 高海拔地区电气设备的选择

靠空气散热和以空气为绝缘介质的高压电器，高原气候对电器设备的影响是多方面的。其主要特点是气压低、气温低、绝对湿度也低，但日温差大、日照强。为此，在设计中主要考虑温升问题和外绝缘问题。

13.13.3.1 温升

当高压电器在高海拔地区使用时，由于海拔的升高，空气逐渐稀薄，散热能力随着逐渐减弱，设备各部的温度也随着海拔高度的上升而递增，其递增率一般在 0.1～0.5℃/100m 范围内，环境温度随海拔高度的上升而递减，使电器设备处于低于平原地区的环境温度，其递减率约为 0.5℃/100m，因而，可以相补偿。故非高原系列的高压电器使用在海拔 1000～4000m 地区时，其额定电流值可以保持不变。

对油浸自冷式或风冷式电力变压器，根据《电力变压器 第二部分 温升》(GB1094.2—85) 规定，当使用部门提供的高海拔运行地点的变压器环境温度比 GB1094.1 第 2.1 条规定的最高、日平均、年平均温度均有所降低，且符合每升高 1000m 降低 5℃及更多时，则 认为变压器在高海拔运行时由于散热条件降低而使温升增高的影响已由环境温度的降低所抵偿，因此在正常海拔试验时将不予海拔校正。

高原地区太阳辐射能是强烈的，太阳辐射能对电器产品的温升是有影响的。美、日等国曾对此做过研究分析，太阳辐射能对于户外式开关柜和铁壳开关所引起的附加温升可高达 15℃，外壳可达 20℃。广州电器科学研究所也曾对封闭式产品的触头部分及双金属片作过试验，太阳辐射所引起的附加温升可高达 10～15℃，而开启式产品只有 4.4～7.7℃，对线圈的附加温升约可达 10℃。

13.13.3.2 外绝缘

外绝缘是指以空气为绝缘介质的绝缘结构部分，其电气强度由空气间隔的击穿强度或沿空气中绝缘表面闪络的强度所决定。为此，外绝缘的电气强度与大气条件关系密切。高压电器在高海拔地区使用时，其外绝缘强度将随海拔的升高而降低。为了保证其绝缘水平不变，1000m 以上高海拔地区使用适用于 1000m 以下高压电器及电瓷产品时，其外绝缘的冲击和工频试验电压可按下式予以校正

$$U = U_0\left(0.01\,\frac{H-1000}{100}\right) \tag{13-70}$$

式中 U_0——在标准状况下的合格标准试验电压（冲击：最大值；工频：有效值），kV；

U——在海拔低于 1000m 试验时，高压电器应能承受的试验电压校正值（冲击：最大值；工频：有效值，kV)；

H——产品使用地点的海拔高度，m。

对目前缺乏高原电器的情况下。根据电力部门的运行经验，对高海拔地区配电装置外绝缘的选择，建议采取下述措施：

(1) 对海拔 1000～1500m，电压在 110kV 及 63kV；以及海拔 1500～2000m，电压在 35kV 及以下应用的电力变压器、开关、互感器等电器设备，鉴于目前已在运行的设备，没有发生过由于高海拔的影响而引起绝缘事故，说明设备绝缘尚有一定裕度；可适应于高海拔地区的使用，因此，在设计中可以采用一般产品。

(2) 对海拔 1500～2000m 的地区，电压为 110kV 的电器设备，按目前运行情况看来，虽然还没有发生过绝缘事故的记录，但放电现象较严重是存在的，为此，宜采取加强绝缘的措施。建议在设计中根据变电所的

重要性和实际海拔高度等具体情况决定需要采取的措施。当需要加强绝缘时，是采取提高一级绝缘的办法，还是按上述修正公式提高试验电压，宜与制造厂协商决定。

(3) 对海拔 2000～3000m，电压在 110kV 及以下应用的电器设备，需加强绝缘。是采取提高一级绝缘的办法，或是按上述修正公式提高试验电压，可与制造厂协商决定。

(4) 对于阀型避雷器，问题比较复杂，一方面应按上述原则加强外绝缘，另外由于避雷器不是密封，其火花间隙将会受到空气密度的影响，不能保持原规定的工频和冲击放电电压水平，可以要求制造厂按避雷器安装地点的海拔高度予以适当调整。

(5) 上述 (1) ～ (4) 项均为在设计时可以考虑的临时措施，值得注意的是设计者选用高海拔地区的高压电器设备，必须在订货时提供海拔高度，最高和最低气温、湿度等具体资料，供制造厂家研究考虑。

参考文献

[1] 水利电力部西北电力设计院编，电力工程电气设计手册（第一册），水利电力出版社，1989.

第14章

直流操作电源

变电所的控制、保护、自动装置、信号以及不间断电源等所需的直流电源，要求可靠，即在正常情况下和事故情况下应保证直流电源不间断供电。目前在变电所中所使用的直流操作电源，种类很多，常用的有铅酸蓄电池、整流式直流电源和碱性镉镍电池等。

14.1 直流操作电源的特点

铅酸蓄电池直流电源的最大优点是容量大、供电可靠，所以在发电厂、大型变电所（220kV及以上）得到广泛的应月。其缺点是维护管理复杂、安装占地面积大、使用寿命较短等。

整流式直流电源投资最省，安装简单，占地面积小。缺点是电源容量小、可靠性低，一般适用于35kV及以下不重要的变电所。

碱性镉镍蓄电池直流电源是80年代发展起来的新型直流电源。其特点是成套性强、安装维护方便、价格适宜、可靠性高、瞬间放电电流大、寿命长，因此在110kV及以下变电所已得到广泛的应用。

本章仅推荐以上三种直流操作电源供设计时选用。至于设计时采用哪一种类型操作电源，则应该根据变电所的大小，重要性以及投资情况、综合技术经济比较后确定。

14.2 直流系统的负荷及电压

14.2.1 直流系统的负荷

110kV及以下变电所的直流负荷可分为经常负荷、事故负荷及冲击负荷三大类。

经常负荷主要包括经常带电的继电器、信号灯、位置指示器及直流常明灯或其他常接入直流系统中的用电设备，一般可取1～2kW。

事故负荷是变电所失去交流电源全所停电时，必须由直流系统供电的负荷，主要为事故照明负荷。事故照明负荷统计见表14-1。

表14-1 事故照明负荷统计表

序号	车间名称	计算负荷（kW）
1	变电所主控制室	1～2
2	6～10kV三层三走廊屋内配电装置（l=50m）	2
3	35kV两层屋内配电装置（l=30m）	1
4	110kV屋内配电装置（8个间隔）	1.5

变电所的冲击负荷主要是断路器的合闸机构在断路器合闸时的短时（0.1～0.5s）冲击电流。

变电所常用的断路器的操动机构的技术参数见表14-2。

14.2.2 直流系统的电压

钢铁企业110kV及以下变电所，用于合闸、控制、保护、信号等，直流操作电源宜选用220V，以减小电缆、导线截面，节省有色金属。仅作控制、保护、信号用的直流操作电源电压，也可以采用110V或48V。电压低，要求的绝缘水平也低，可以提高运行的可靠性，同时减少了中间继电器线圈断线和接地故障。但是由于电压低，电缆截面加大，从经济比较看，一般采用220V电压较110V电压可节省较大的投资，110V电缆截面大约是220V电缆的4倍。

表 14-2 各种类型断路器操动机构的技术数据

断路器名称	型号	操动机构型号	合闸时间(s)	固有跳闸时间(s)	合闸线圈			跳闸线圈			配置直流接触器型号	备注
					电压(V)	电流(A)	允许电压(%)	电压(V)	电流(A)	允许电压(%)		
屋内少油断路器	SN1-10	CD2	0.23	0.1	110/220	195/97.5	85～110	110/220	5/2.5	65～120	CZ6、CZ4	
	SN9-10	CD13G	0.2	0.05	110/220	204/102	85～110	110/220	5/2.5	65～120	CZ6、CZ4	
	SN10-10 Ⅰ、Ⅱ	CD40G	0.2	0.05	110/220	240/120	85～110	110/220	5/2.5	65～120	CZ6、CZ4	
	SN11-10	CD12	0.2	0.05	110/220	195/97.5	85～110	110/220	5/2.5	65～120	CZ6、CZ4	
	SN3-10	CD3	0.5	0.14	110/220	157/78.5	80～110	110/220	5/2.5	65～120	CZ6、CZ4	沈阳高压开关厂
	SN4-10	CD5-G	0.65	0.15	110/220	310/155	85～110	110/220	5/2.5	65～120	CZ6、CZ4	沈阳高压开关厂 上海华通开关厂
	SN4-20	CD8-G	0.65	0.15	110/220	310/155	85～110	110/220	5/2.5	65～120	CZ6、CZ4	沈阳高压开关厂 上海华通开关厂
	SN8-10	CD6-G	0.65	0.15	110/220	488/244	80～110	110/220	10/5	65～120	CZ6、CZ9	
屋内 SF_6 断路器	LN2-35/1250-16	CT12-Ⅱ	0.15	0.06	48/110/220			48/110/220				天津开关厂 四川电器厂
	LN2-10/1250-25	CT12-Ⅱ	0.15	0.06	48/110/220			48/110/220				福州第一开关厂
屋内真空断路器	ZN4-10	电磁机构	0.2	0.05	110/220	98/50	85～110	110/220	5/2.5	65～120	CZ6、CZ4	北京开关厂 柳州开关厂
	3AF-10	弹簧机构	0.075	0.055	110/220	0.91/0.46	85～110	110/220	0.91/0.46	85～110		北京开关厂
	ZN5-10	电磁机构	0.1	0.07	110/220	80/40	85～110	110/220	5/2.5	65～120		西安电器设备制造厂 苏州开关厂 锦州新生开关厂
屋内少油断路器	SW235、35C	CD3-XG	0.4	0.06	110/220	286/143	80～110	110/220	5/2.5	65～120	CZ6	上海华通开关厂
	SW3-110G、110G(G)	CD5-XG	0.43	0.07	110/220	470/235	80～110	110/220	5/2.5	65～120	CZ9	西安、沈阳高压开关厂
	SW4-110、220	CT6-X	0.25	0.05	110/220	1.92/0.96	85～110	110/220	5/2.5	65～120		上海华通开关厂
	SW6-110、110C、220	CY3	0.2	0.04	110/220	4/2		110/220	4/2			西安高压开关厂
	SW6-110 Ⅰ、110 Ⅰ C	CY3-Ⅲ	0.2	0.035	110/220	4/2		110/220	4/2			西安高压开关厂
	SW6-220 Ⅰ、330 Ⅰ	CY3-Ⅲ	0.2	0.035	110/220	4/2		110/220	4/2			西安高压开关厂
	SW7-110、220	CY4	≤0.2	≤0.042	110/220	4/2		110/220	4/2			

续表 14-2

断路器名称	型号	操动机构型号	合闸时间(s)	固有跳闸时间(s)	合闸线圈			跳闸线圈			配置直流接触器型号	备注
					电压(V)	电流(A)	允许电压(%)	电压(V)	电流(A)	允许电压(%)		
屋外 SF_6 断路器	OFP1-72.5、145、252	汽压液压机构	0.12	≤0.03	220	2		220	2			沈阳高压开关厂
	LW2-220	液压机构	≤0.15	≤0.03	220	2		220	2			西安高压开关厂
	LW1-220		≤0.15	≤0.04	220	2.5	85～110	220	2	65～120		
	SFM-110		0.1～0.15	0.025	220/110			220/110				
	SFM-220、330、500			0.02～0.025	220/110			220/110				
	SFLT-110		0.15	0.06	220/110			220/110				
	SFMT-110、220、330、500		0.1～0.15	0.04～0.05	220/110			220/110				
	FA-220		≤0.09	≤28/≤36	110/220	2.2/1.1		110/220	4.5/2.25			平顶山开关厂
	LW-220	液压机构	≤0.04	≤0.043	110/220	4/2		110/220	4/2			平顶山开关厂
	ELF-220	液压机构	<0.01	0.06	110/220	2.6/1	80～110	110/220	2.6/1	80～110		上海华通开关厂
	LW-220	液压机构	≤0.15	0.045～0.05	110/220	4/2	85～110	110/220	4/2	85～110		北京开关厂
自动空气开关	DW-15	电磁操作	0.3		110/220	890/903(W)	75～110	110/220	29/24(W)	75～105		
	DWX15、15X	电磁操作	0.3		110/220		75～110	110/220		75～105		200、400、600A
	ME-630～5000	电动操作		0.03～0.04	110/220	500/400(W)	85～110	110/220	220/220(W)	85～105		遵义长征电气九厂 上海人民电器厂
	DW10-400、600	电磁操作			110/220	9.1/4.6	80～110	110/220	0.59/0.29	75～105	CZ6	
	DW10-1000、1500、2000	电动操作			110/220	55/27.5	80～110	110/220	0.59/0.29	75～105		
	DW10-4000	电动操作			110/220	5.5/2.7	80～110	110/220	0.59/0.29	75～105		
	AH-600～4000	电动操作			110/220 24/48	2.7/- 8.1/5.1	75～110	110/220 24/48	8.1/5.1	85～110		北京开关厂
	AH-600～4000	电磁操作			110/220	0.61/0.44	75～120	110/220 24/48	2.7/2.4 8/5.1	70～110		北京开关厂
自动灭磁开关	DM-1	电磁操作			110/220	80/40		110/220				沈阳低压开关厂
	BT-940$^{3}_{4}$	配 CJ4-150S			110/220	4.2/2.1		110/220				
	BT940$^{3}_{5}$	配 CJ4-300S			110/220	9.2/4.6		110/220				
	BT-940$^{3}_{4}$	配 CJ4-600S			110/220	12/6		110/220				

220V直流电源对变电所的事故照明比较有利，接线简单，切换回路可以简化。而用110V时，则需要采用逆变电源装置或其它方法解决事故照明的供电问题，也会增加投资。

14.3 铅酸蓄电池

变电所直流操作电源用铅酸蓄电池，一般均为固定式铅酸蓄电池。国产固定式蓄电池有下列几种：(1)开启式G（或GG）型蓄电池；(2)防酸隔爆式GF（或GM）型蓄电池；(3)防酸式GFD型蓄电池。开启式G（或GG）型蓄电池，由于酸雾大，维护管理复杂且对维护工人的健康影响较大，在各生产厂已极少生产，不推荐使用。防酸式GFD蓄电池是沈阳蓄电池厂引进技术与设备生产的最新产品，产品达到德国工业标准DIN43539的要求。防酸式GF（或GM）型蓄电池同GFD型蓄电池一样，均具有防酸隔爆的特性，且能量高，寿命较长，安装、维护管理方便，可降低蓄电池室的耐酸等级，且其价格低于GFD型。

目前国内铅酸蓄电池生产厂家较多，其技术性能、外形尺寸及安装要求和方法只要型号相同也基本一致，因此本节主要以沈阳蓄电池厂生产的产品为例，供设计时参考。

14.3.1 蓄电池的组数与端电池设置

14.3.1.1 蓄电池组数

110kV及以下变电所无论是铅酸蓄电池组还是镉镍蓄电池组，宜选用一组蓄电池。只是对重要的大型变电所，才选用两组蓄电池，当一组蓄电池进行充放电试验时，另一组蓄电池投入运行，以保证直流系统不间断供电。

14.3.1.2 端电池的设置

国内以往大多数变电所都采用有端电池的直流系统。但这种直流系统的端电池中正常不接入直流系统的部分电池，因自放电和维护不良，会导致硫化。端电池引出电缆多，还需设置端电池调节器，接线复杂，投资增加。无端电池直流系统接线简单，近年来已得到较广泛的应用，但因为要保证放电末期的母线电压，往往要选用容量较大的蓄电池。

采用无端电池直流系统应保证蓄电池容量与个数满足在各种工况和事故放电末期直流母线电压最低允许值的要求，而且当只设一组蓄电池时，应保证对全部蓄电池进行均衡充电，以使直流母线电压不高于允许值。

本节推荐无端电池直流系统。只有当直流负荷对直流母线电压波动要求甚严格时才采用有端电池直流系统，以利用端电池对母线电压进行调节。设置端电池时，应考虑设置对端电池的浮充电装置或其它防止端电池硫化的措施。

14.3.2 直流系统和直流屏

14.3.2.1 设计原则

110kV及以下变电所直流系统及直流屏典型设计原则为：

(1) 直流系统一般采用220V或110V电压。

(2)接线方式采用单母线分段接线。变电所蓄电池组一般不设端电池。

(3) 蓄电池组按GF型固定防酸隔爆式铅酸蓄电池进行编制。蓄电池容量规格为200、300、400、500、600、800、1000Ah。蓄电池个数根据直流系统电压等级而定，对220V取104～107个，对110V取52～53个。

(4) 直流配电屏的操作和保护设备采用空气开关或刀开关（组合开关）和熔断器。屏内母线为绝缘铜母线。直流系统应能承受5～10kA的短路电流。

(5) 每段直流母线上均应设绝缘监察和电压监察装置。

(6) 直流信号馈线有中间继电器（DZ-810/A型）监视及信号灯监视两种接线。采用自动空气开关时，馈线失电监视是利用自动空气开关的辅助接点和钮扣开关组成的信号系统来实现。

(7)事故照明采用由直流母线直接供电，变电所一般无需装设事故切换装置。

(8) 直流配电屏和充电整流屏的结构采用封闭定型屏（高2260mm，宽800mm，深600mm）。

14.3.2.2 直流系统接线方案

变电所直流系统接线方案很多，现将常用的接线方案介绍如下，供设计参考。

(1) 一组蓄电池两台充电装置接线方式，见图14-1*a*；

(2) 一组蓄电池一台充电装置接线方式，见图14-1*b*；

(3)48V两组蓄电池两台充电装置接线方式，见图14-1*c*。

以上三种接线方式的特点见表14-3。

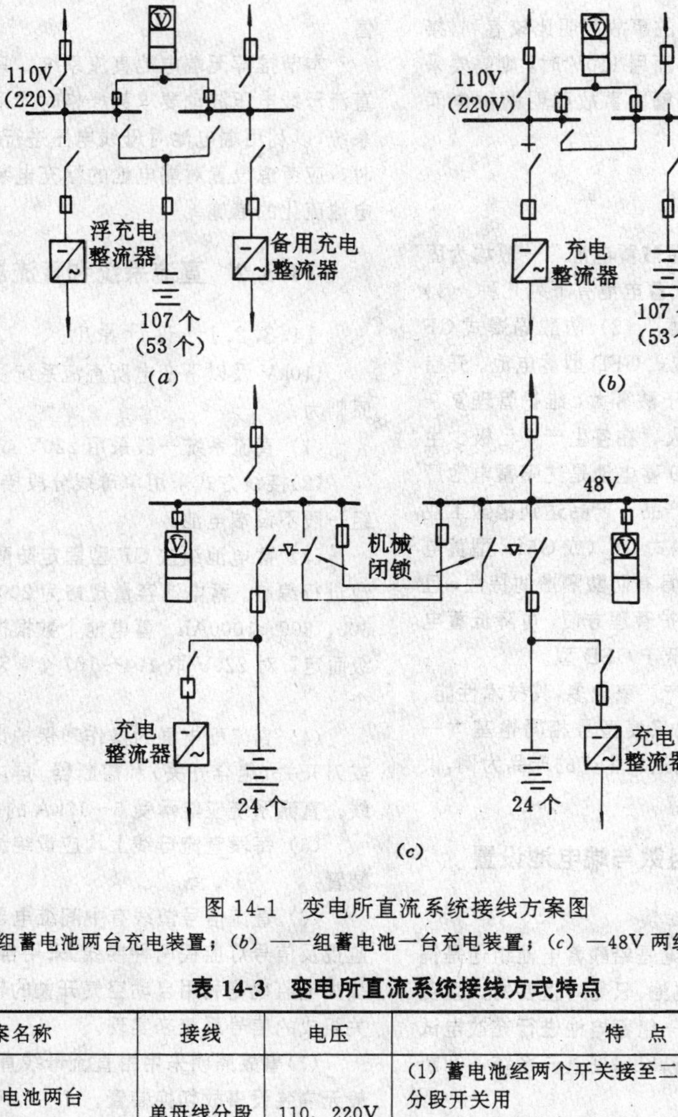

图 14-1 变电所直流系统接线方案图

(a) —一组蓄电池两台充电装置；(b) —一组蓄电池一台充电装置；(c) —48V 两组蓄电池两台充电装置

表 14-3 变电所直流系统接线方式特点

序号	方案名称	接线	电压	特 点	简图号
1	一组蓄电池两台充电装置	单母线分段	110、220V	(1) 蓄电池经两个开关接至二分段上，此开关兼作分段开关用 (2) 两个充电装置各接在一段母线上，其中一台为备用	图 14-1*a*
2	一组蓄电池一台充电装置	单母线分段	110、220V	设一台充电装置，接在一段母线上	图 14-1*b*
3	48V 两组蓄电池	单母线分段	48V	两组蓄电池各设一台充电装置，分别接在两段母线上	图 14-1*c*

14.3.2.3 直流屏

现将 110kV 及以下变电所常用的几种直流屏典型设计方案介绍如下：

(1)两组蓄电池的直流系统，采用自动空气开关方案，其接线图见图 14-2，屏的正面布置图见图 14-3。

(2)一组蓄电池两台充电装置的直流系统，其接线图见图 14-4，直流屏正面布置图见图 14-5。

(3)一组蓄电池一台充电装置的直流系统，其接线图见图 14-6，直流屏正面布置图见图 14-7。

(4) 直流配电屏 (一段母线) 接线及屏正面布置图见图 14-8。

(5) 直流配电屏 (两段母线) 接线及屏正面布置图见图 14-9。

(6) 有端电池的直流系统接线图见图 14-10。

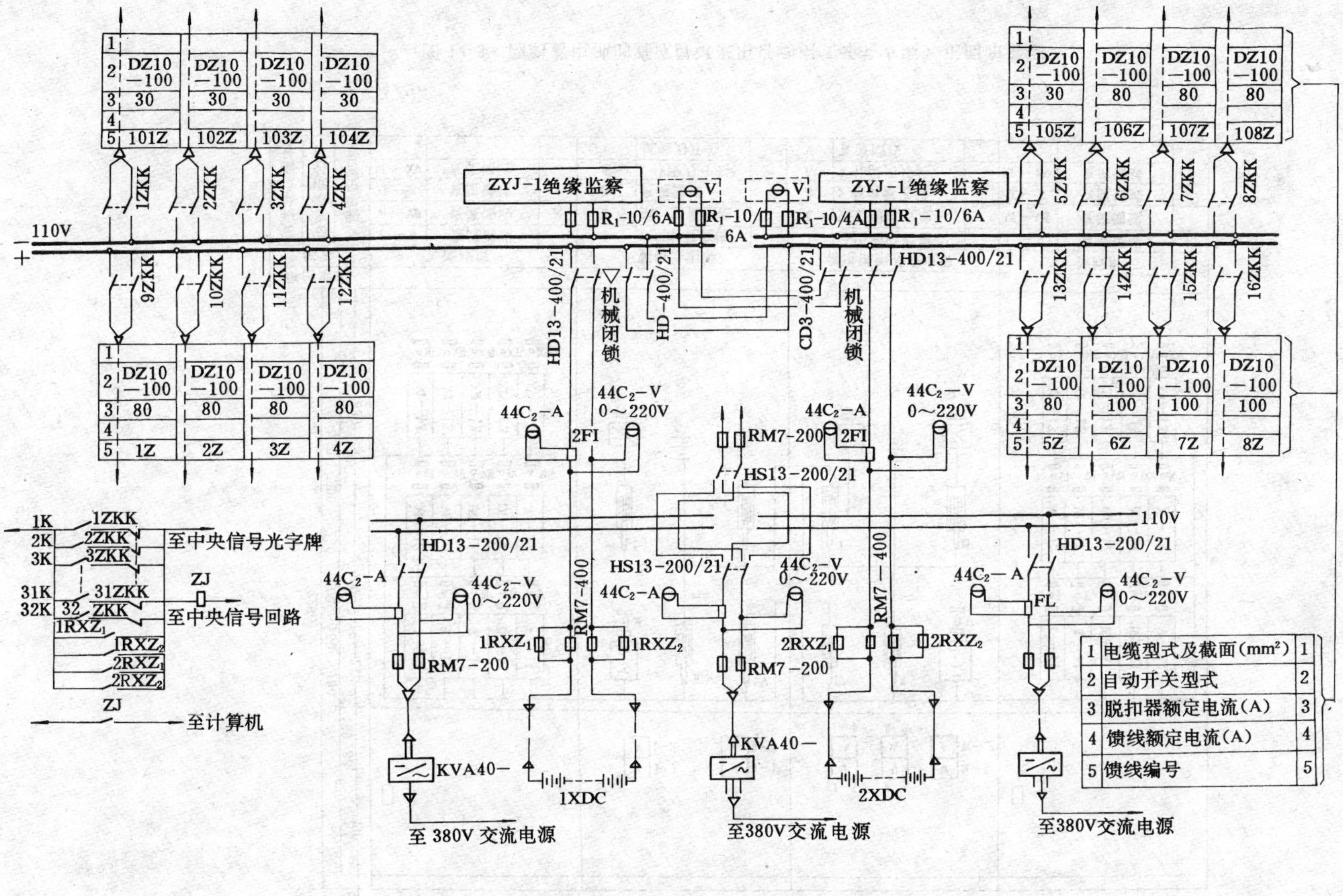

图 14-2 两组蓄电池的直流系统（采用自动空气开关方案）接线图

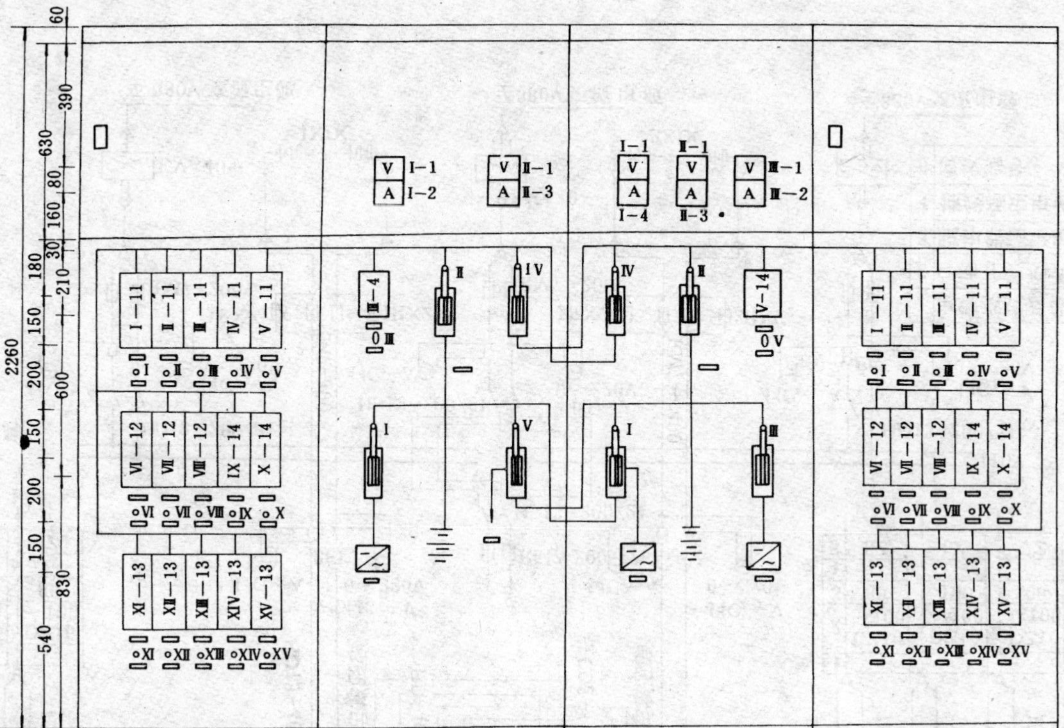

屏的型式								
屏名			馈线屏		蓄电池组屏		蓄电池组及充电屏	馈线屏
安装单位编号	安装单位名称	安装单位符号	I—V	直流馈线	I	1充电器进线	I 公用充电器进线	I—V 直流馈线
			VI—VIII	直流馈线	II	第一组蓄电池	II 第二组蓄电池	VI—VIII 直流馈线
			XI—X	直流馈线	III	直流馈线	III 2充电器进线	XI—X 直流馈线
			XI—XV	直流馈线	IV	1分段刀开关	IV 2分段刀开关	XI—XV 直流馈线
					V	试验刀开关	V 直流馈线	

图 14-3　两组蓄电池的直流屏（采用自动空气开关方案）正面布置图

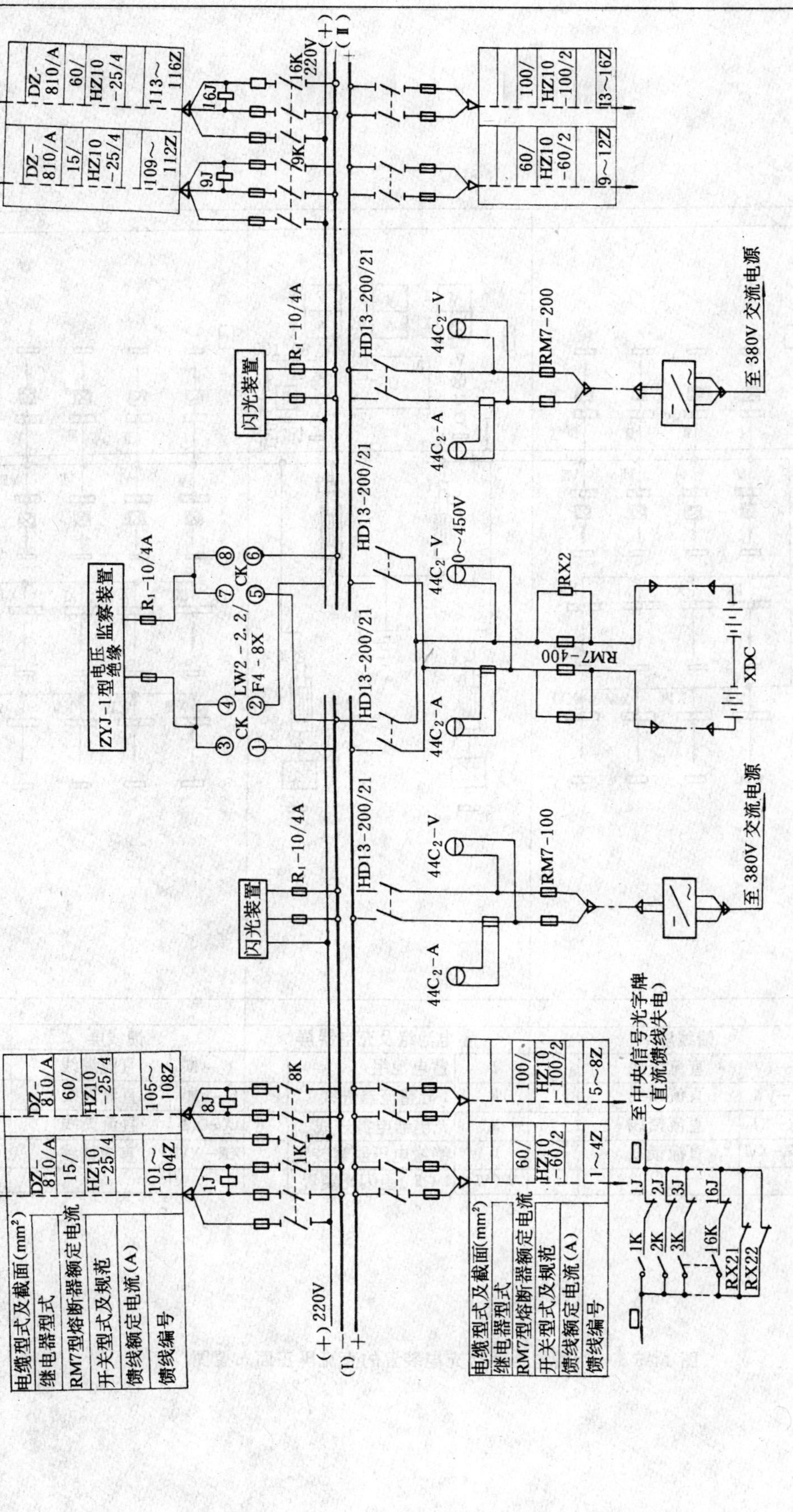

图 14-4 一组蓄电池两台充电装置的直流系统接线图

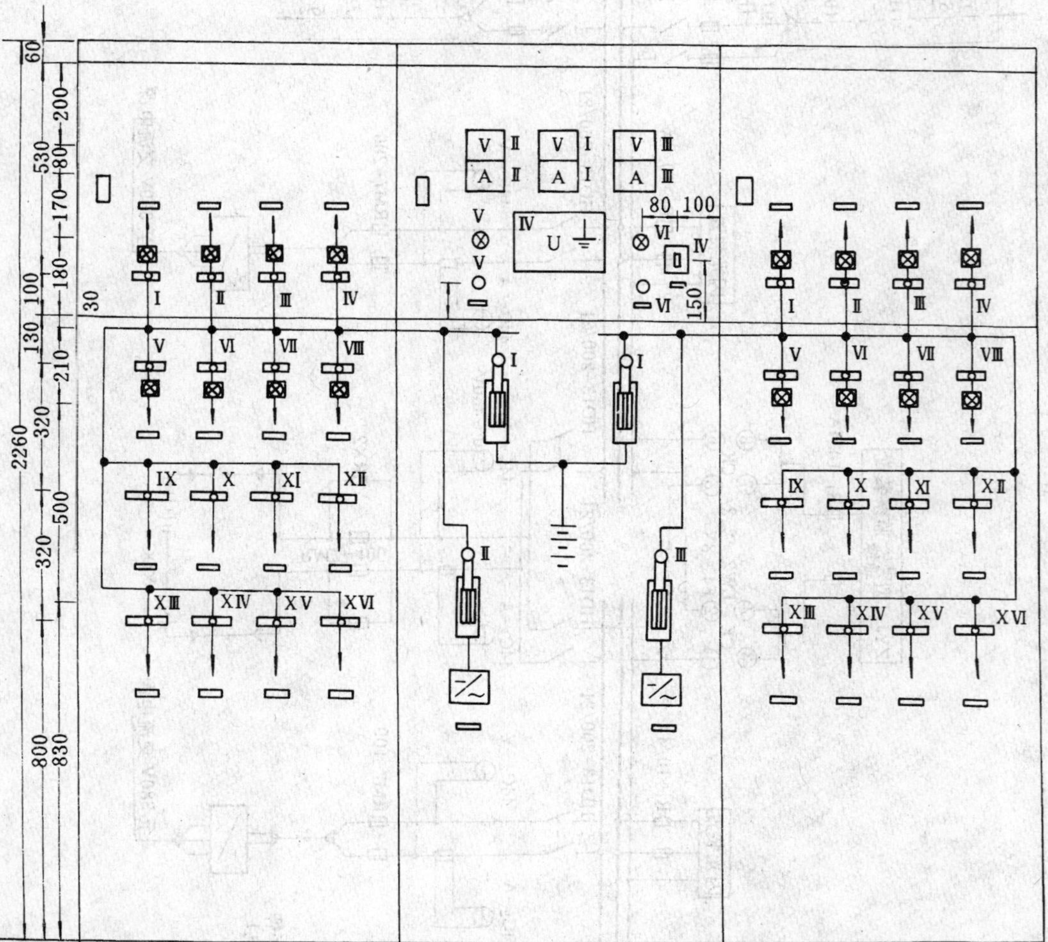

屏的型式									
屏　名	馈线屏			蓄电池组及充电器屏			馈线屏		
安装单位编号 / 安装单位名称 / 安装单位符号	Ⅰ—Ⅳ	直流馈线		Ⅰ	蓄电池组		Ⅰ—Ⅳ	直流馈线	
	Ⅴ—Ⅷ	直流馈线		Ⅱ	1硅整流器进线		Ⅴ—Ⅷ	直流馈线	
	Ⅸ—Ⅺ	直流馈线		Ⅲ	充电器电源进线		Ⅸ—Ⅻ	直流馈线	
	ⅩⅢ—ⅩⅥ	直流馈线		Ⅳ	绝缘电压监察装置		ⅩⅢ—ⅩⅥ	直流馈线	
				Ⅴ(Ⅵ)	Ⅰ(Ⅱ)组闪光装置				

图 14-5　一组蓄电池两台充电装置的直流屏正面布置图

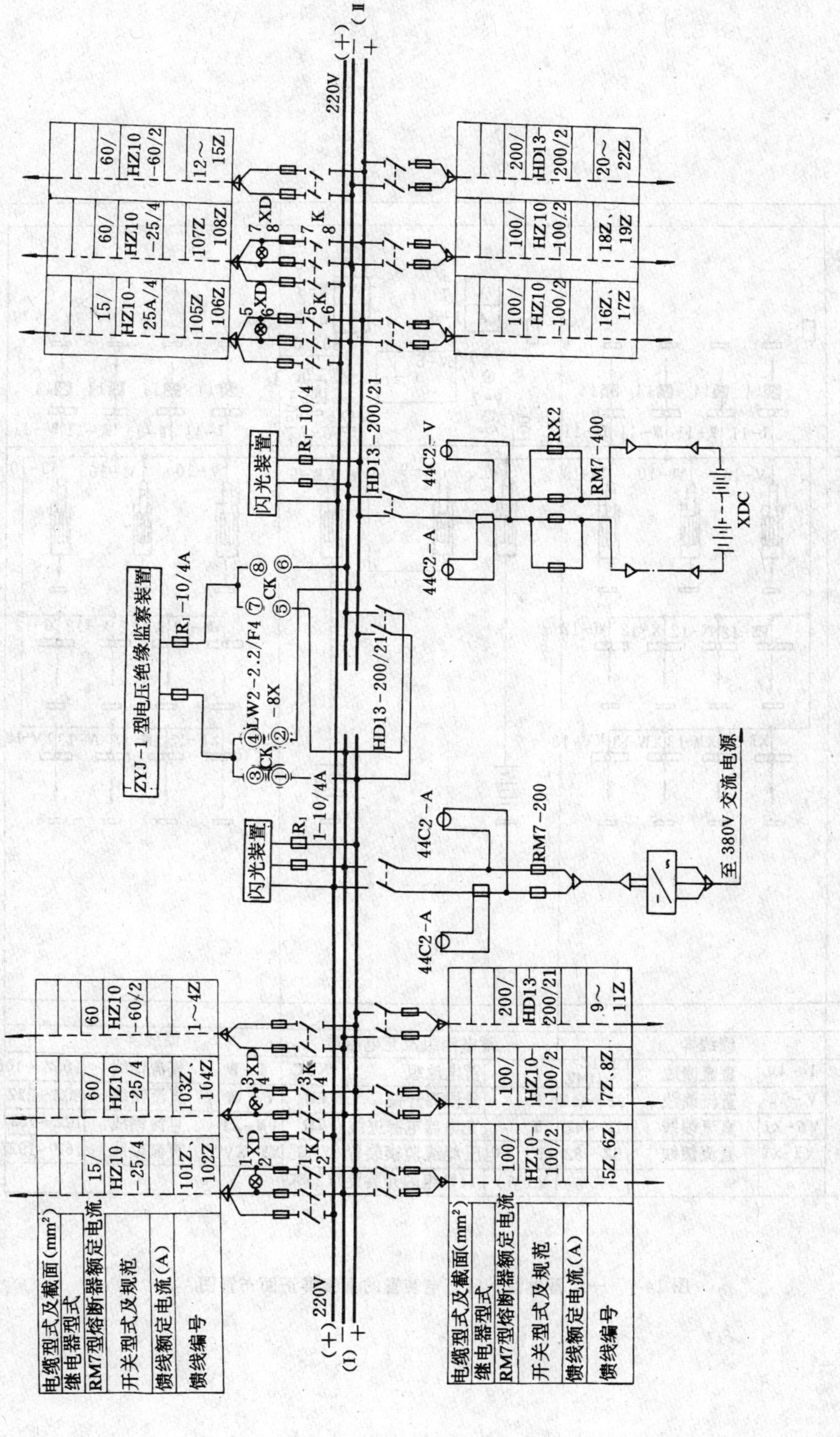

图 14-6　一组蓄电池一台充电装置的直流系统接线图

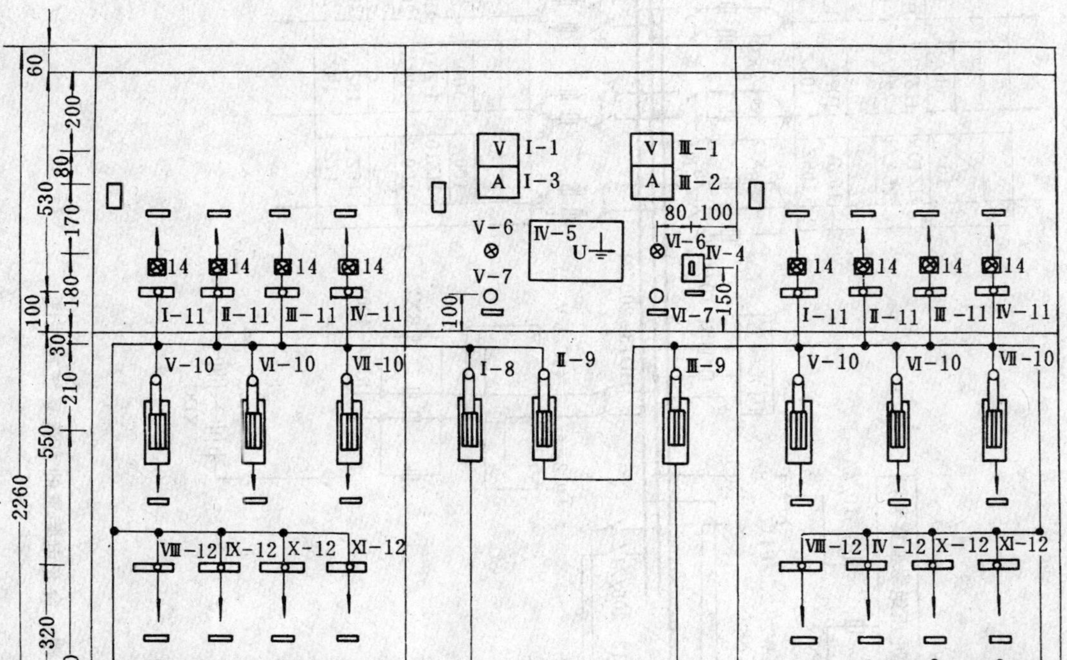

屏的型式								
屏名	馈线屏		蓄电池组及充电器屏			馈线屏		
安装单位编号 / 安装单位名称 / 安装单位符号	Ⅰ－Ⅳ	直流馈线 101Z～104Z	Ⅰ	蓄电池组	XDC	Ⅰ－Ⅳ	直流馈线	105Z～108Z
	Ⅴ－Ⅶ	直流馈线 9Z～11Z	Ⅱ	分段刀开关	FD	Ⅴ－Ⅶ	直流馈线	20Z～22Z
	Ⅷ－Ⅺ	直流馈线 1Z～4Z	Ⅲ	充电器电源进线	CD	Ⅷ－Ⅺ	直流馈线	12Z～15Z
	Ⅻ－ⅩⅤ	直流馈线 5Z～8Z	Ⅳ	电压绝缘监察装置	YZC	Ⅻ－ⅩⅤ	直流馈线	16Z～19Z
			Ⅴ（Ⅵ）	Ⅰ(Ⅱ)组闪光装置	Ⅰ(2)SC			

图 14-7　一组蓄电池一台充电装置的直流屏正面布置图

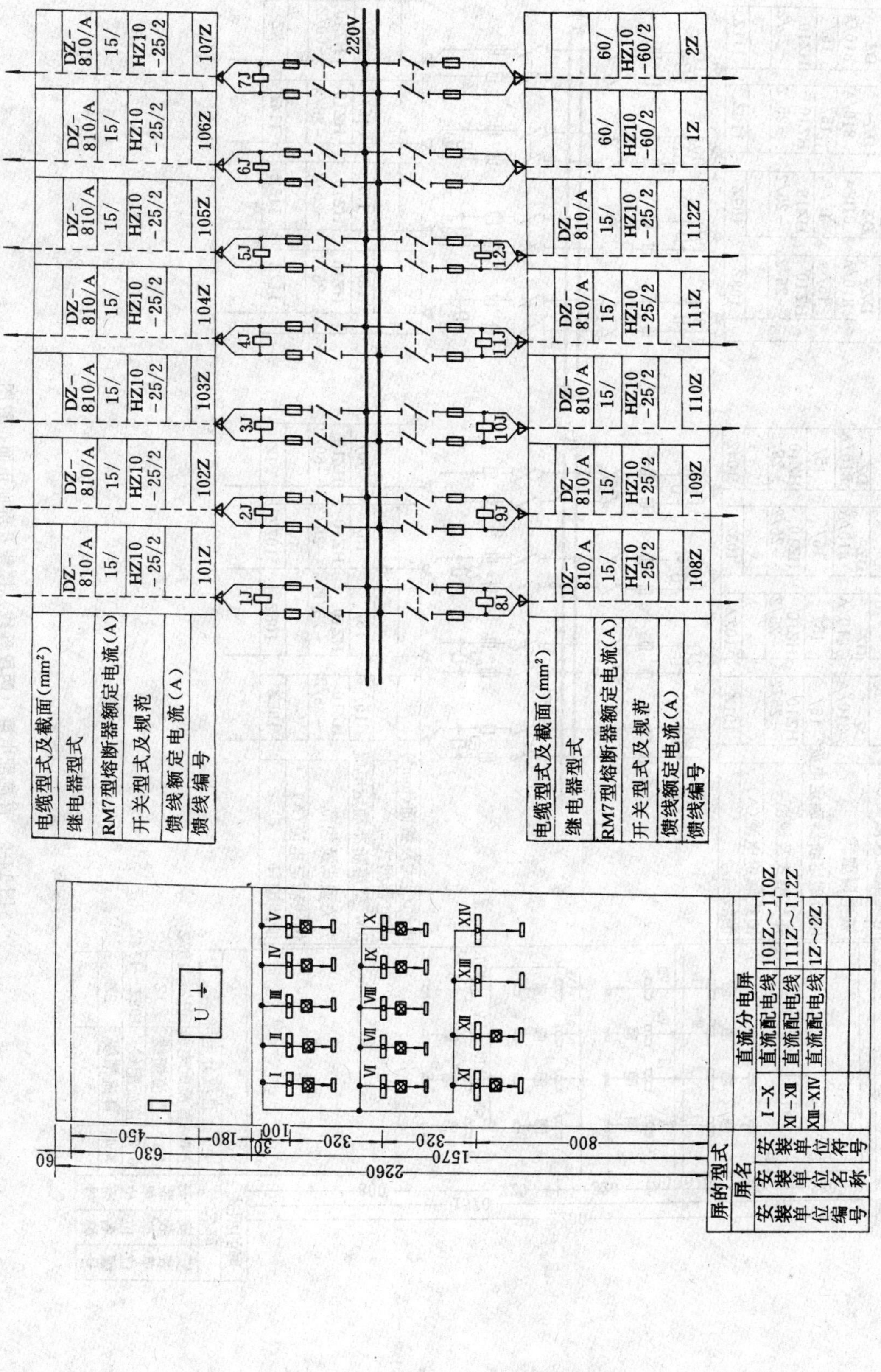

图 14-8 直流配电屏（一段母线）接线及屏面正面布置图

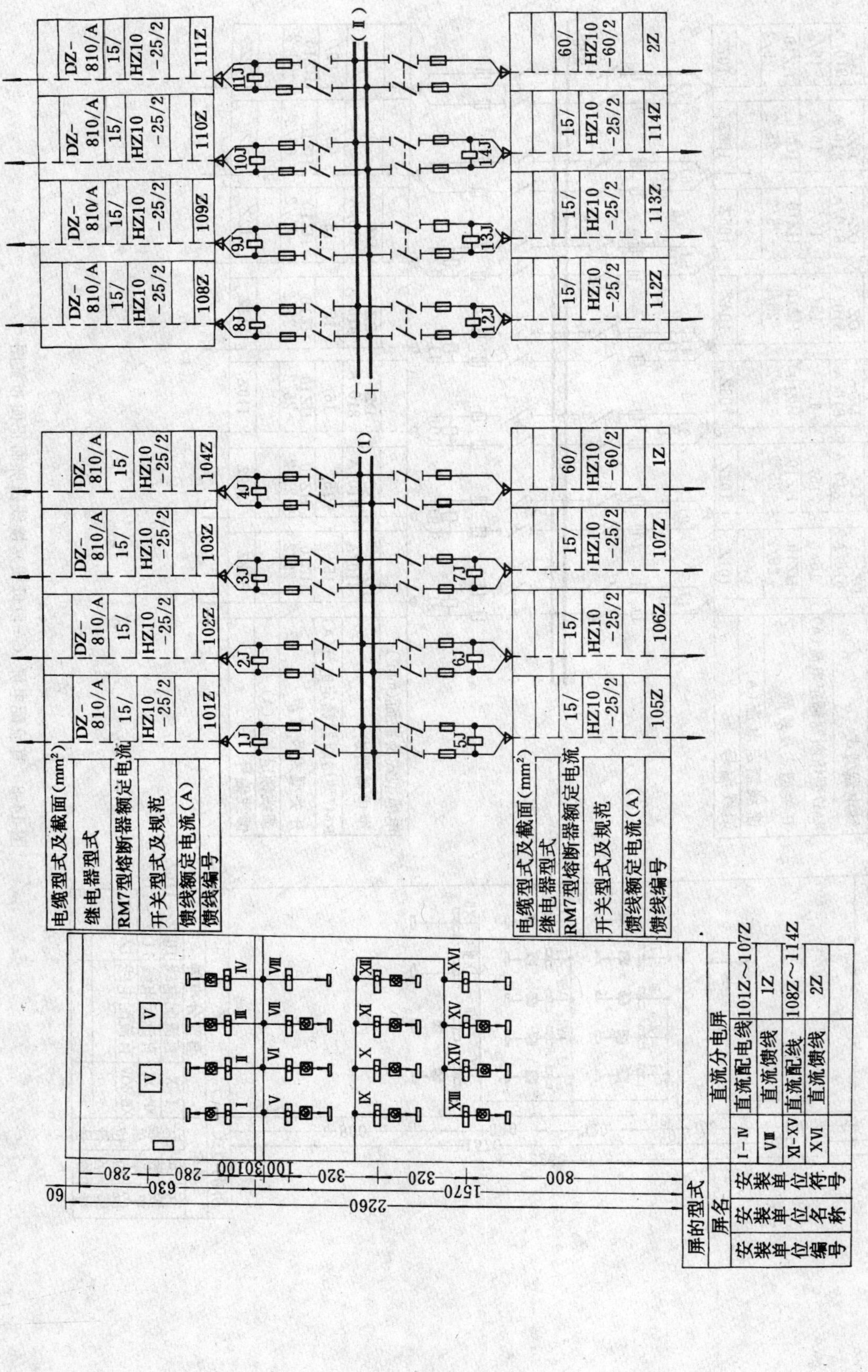

图 14-9 直流配电屏（两段母线）接线及屏面正面布置图

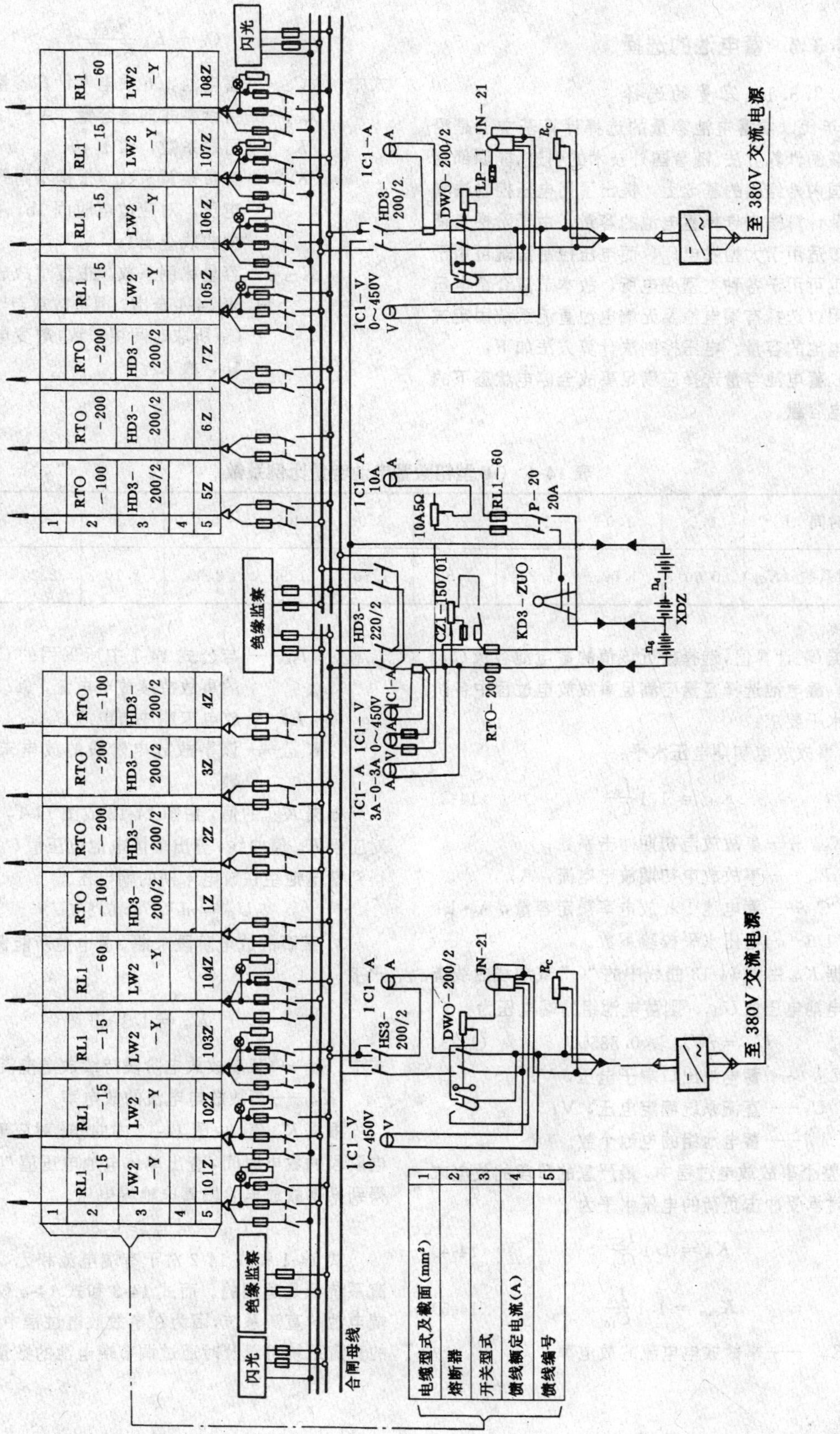

图 14-10 有端电池的直流系统接线图

14.3.3 蓄电池的选择

14.3.3.1 容量的选择

80年代以前蓄电池容量的选择计算基本上是沿用前苏联的计算方法。随着国外技术的引进，能源部在总结了国内外经验的基础上，提出了用电压控制法和阶梯负荷计算法来选择蓄电池的容量。由于阶梯负荷计算法多适用于大型发电厂，而电压控制法既可用于发电厂也可用于各种类型变电所，故本节只介绍电压控制法用以选择有端电池及无端电池直流系统固定式铅酸蓄电池的容量。电压控制法计算方法如下：

(1) 蓄电池容量选择应满足事故全停电状态下的持续放电容量。

$$C_C = K_k \frac{C_{SX}}{K_{CB}K_C} \qquad (14\text{-}1)$$

式中 C_C——蓄电池10h放电率计算容量，A·h；

C_{SX}——持续事故放电容量，A·h；

K_k——可靠系数，取1.40；

K_C——容量换算系数（根据不同的放电终止电压，对应放电时间1h，由图14-11中曲线查出）；

K_{CB}——容量比例系数，根据事故放电时间由表14-4查出。但事故放电时间，应与C_{SX}所取时间相一致，对变电所一般取1h，故$K_{CB}=1$。

表14-4 GF型铅酸蓄电池容量比例系数

放电时间（h）	0.5	1.0	1.5	2.0	3.0	4.0	5.0	6.0	7.0	8.0
容量比例系数（K_{CB}）	0.60	1.00	1.30	1.50	1.70	1.90	2.00	2.10	2.20	2.30

根据C_C计算值，选择接近该值的蓄电池容量C_{10}。

(2) 蓄电池选择容量应满足事故放电过程中各阶段电压水平要求：

1）事故放电初期电压水平：

$$K_{cho} = 1.1\frac{I_{cho}}{C_{10}} \qquad (14\text{-}2)$$

式中 K_{cho}——事故放电初期冲击系数；

I_{cho}——事故放电初期放电电流，A；

C_{10}——蓄电池10h放电率额定容量，A·h；

1.1——电压水平校验系数。

根据K_{cho}由图14-13曲线中的“O”或虚线曲线查出单体电池电压值U_{cho}，则蓄电池组的端电压为

$$U_D = nU_{cho} \geqslant 0.885U_e \qquad (14\text{-}3)$$

式中 U_D——蓄电池出口端子电压，V；

U_e——直流系统额定电压，V；

n——蓄电池组的电池个数。

2）整个事故放电过程中，最严重的阶段的放电末期，此时承受冲击负荷的电压水平为

$$K_m = 1.1\frac{I_{SX}}{C_{10}} \qquad (14\text{-}4)$$

$$K_{chm} = 1.1\frac{I_{ch}}{C_{10}} \qquad (14\text{-}5)$$

式中 K_m——事故放电电流的放电率；

I_{SX}——与公式14-1中所采用的Csx相对应的事故持续放电电流，A；

I_{ch}——放电末期冲击电流，A；

K_{chm}——该事故放电阶段的放电末期冲击系数。

根据K_{chm}的值，由图14-13或图14-14曲线族中，对应于K_m值曲线，查出单体电池电压值U_{chm}，进而可得到蓄电池组在放电末期的端电压。

$$U_D = nU_{chm} \geqslant 0.885U_e \qquad (14\text{-}6)$$

3）某事故放电阶段末期，蓄电池所能保持的电压水平

$$K_m = 1.1\frac{I_s}{C_{10}} \qquad (14\text{-}7)$$

式中 I_s——某事故放电阶段持续放电电流，A；

K_m——事故放电电流的放电率。

根据K_m值，由图14-12中曲线，对应于某事故放电阶段的放电时间，查出单体电池电压值U_{fm}。进而可得到某事故放电阶段蓄电池端电压。

$$U_D = nU_{fm} \geqslant 0.885U_e \qquad (14\text{-}8)$$

式14-1和式14-2对于有端电池和无端电池的直流系统都是适用的。而式14-3和式14-4仅适用于无端电池的直流系统，因为在事故放电过程中，有端电池的直流系统可以及时通过调节端电池的数量来维持直

流母线的电压值在要求的水平上。式 14-5 也是仅适用于无端电池的直流系统。

式 14-5 中放电末期冲击电流 I_{ch} 在变电所中是指断路器合闸冲击电流，可以根据断路器的合闸机构的型式由表 14-2 中查出。在一般变电所中，可以考虑最大一台断路器的合闸电流。对大型自动化水平较高的变电所，如装设了自动重合闸装置或备用电源自动投入装置等，有可能出现两台或多台断路器同时合闸时，则应根据具体情况确定。但应指出，当冲击负荷出现的时间差在 0.25s 以上时，可以不按同时出现来考虑。

图 14-11～图 14-14 是铅酸蓄电池 GF-1000 的特性曲线，对变电所这些曲线可以适用于 100～1000Ah 的 GF、GM、GGF、GGM 型蓄电池。

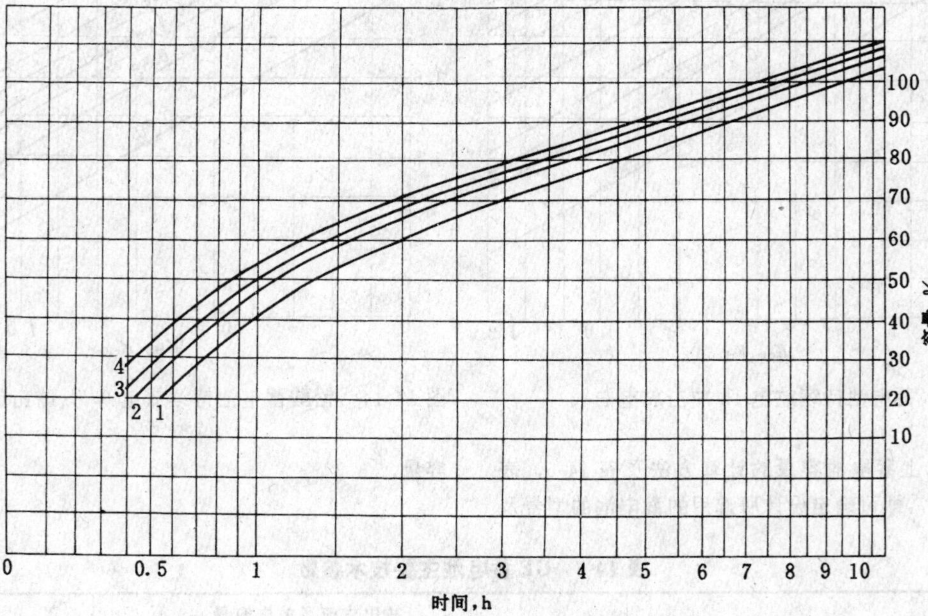

图 14-11　蓄电池放电容量与放电时间的关系曲线

1—终止电压 1.80V；2—终止电压 1.75V；3—终止电压 1.70V；4—终止电压 1.65V

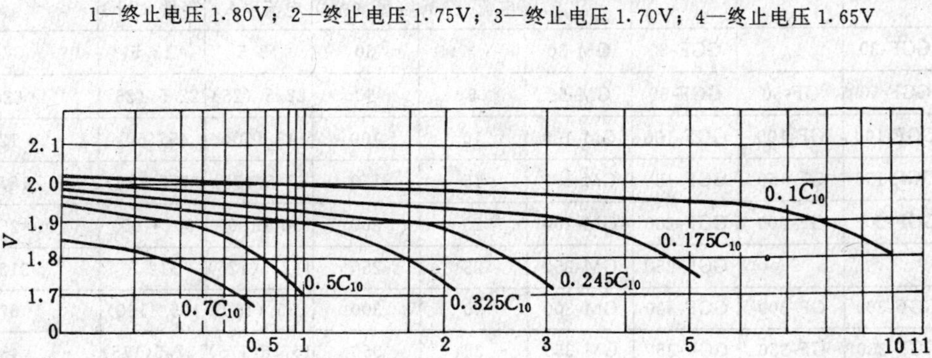

图 14-12　蓄电池放电电流、时间与电压 $V=f(t)/I$（常数）关系曲线

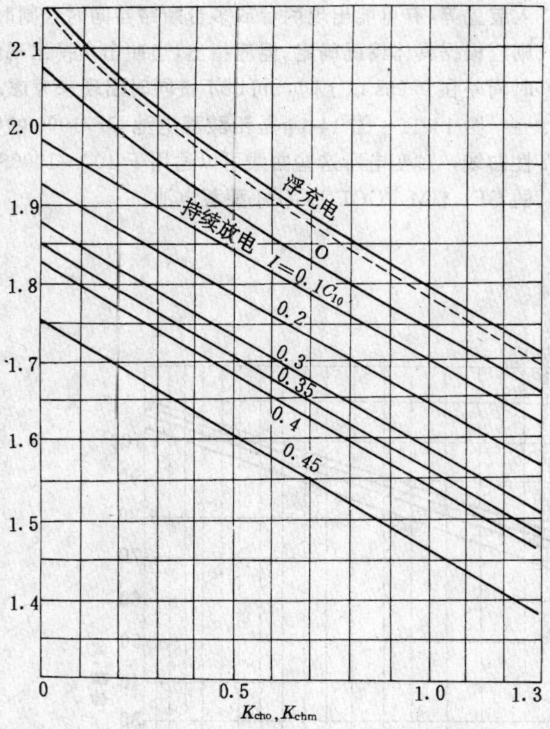

图 14-13 蓄电池持续放电 1h 冲击放电曲线

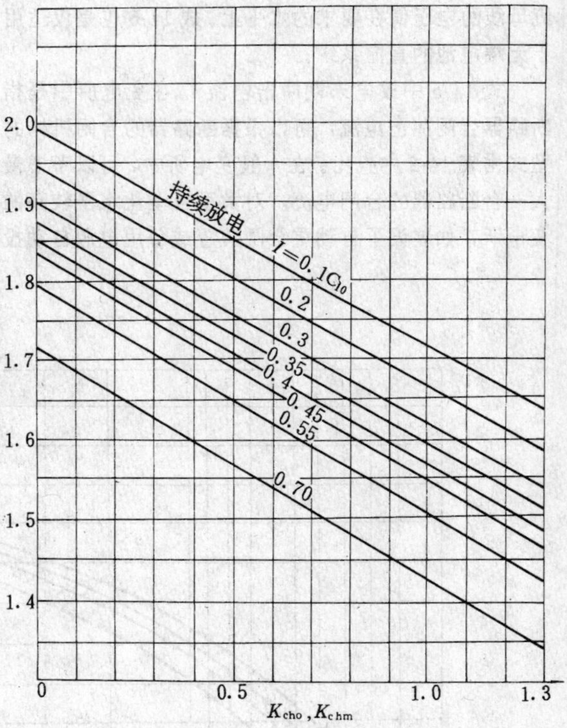

图 14-14 铅酸蓄电池持续放电 0.5h 冲击放电曲线

根据以上蓄电池容量的计算方法及表 14-5、表 14-6、表 14-7，即可确定设计所选用的蓄电池的型号及容量。

表 14-5 GF 蓄电池主要技术参数

防酸隔爆式				消氢式	放电电流及放电容量				10s 大电流放电率（终止电压 1.7V）(A)
					10h 率（终止电压 1.8V）		1h 率（终止电压 1.75V）		
重庆	上海	长江	沈阳	重庆	电流（A）	容量（Ah）	电流（A）	容量（Ah）	
GF-30	GGF-30		GGF-30	GM-30	3	30	13.5	13.5	37.5
GF-50	GGF-50	GF-50	GGF-50	GM-50	5	50	22.5（25）	22.5（25）	62.5
GF-100	GGF-100	GF-100	GGF-100	GM-100	10	100	45（50）	45（50）	125
GF-150	GGF-150	GF-150	GGF-150	GM-150	15	150	67.5（75）	67.5（75）	187.5
GF-200	GGF-200	GF-200	GGF-200	GM-200	20	200	90（100）	90（100）	250
GF-250			GGF-250	GM-250	25	250	112.5(125)	112.5	312.5
GF-300	GGF-300	GF-300	GGF-300	GM-300	30	300	135（150）	135（150）	375
GF-350	GGF-350	GF-350	GGF-350	GM-350	35	350	157.5(175)	157.5(175)	438
GF-400	GGF-400	GF-400	GGF-400	GM-400	40	400	180（200）	180（200）	500
GF-450	GGF-450	GF-450	GGF-450	GM-450	45	450	202.5(225)	202.5(225)	563

续表 14-5

防酸隔爆式				消氢式	放电电流及放电容量				10s 大电流放电率（终止电压 1.7V）(A)
					10h 率（终止电压 1.8V）		1h 率（终止电压 1.75V）		
重庆	上海	长江	沈阳	重庆	电流（A）	容量（Ah）	电流（A）	容量（Ah）	
GF-500	GGF-500	GF-500	GGF-500	GM-500	50	500	225（250）	225（250）	625
GF-600	GGF-600	GF-600	GGF-600	GM-600	60	600	270（300）	270（300）	750
GF-700		GF-700	GGF-700	GM-700	70	700	315（350）	315（350）	874.8
GF-800	GGF-800	GF-800	GGF-800	GM-800	80	800	360（400）	360（400）	1000
GF-900		GF-900	GGF-900	GM-900	90	900	405（450）	405（450）	1125
GF-1000	GGF-1000	GF-1000	GGF-1000	GM-1000	100	1000	450（500）	450（500）	1250
GF-1200	GGF-1200	GF-1200	GGF-1200	GM-1200	120	1200	540（600）	540（600）	1500
GF-1400	GGF-1400	GF-1400	GGF-1400	GM-1400	140	1400	630（700）	630（700）	1750
GF-1600	GGF-1600	GF-1600	GGF-1600	GM-1600	160	1600	720（800）	720（800）	2000
GF-1800	GGF-1800	GF-1800	GGF-1800	GM-1800	180	1800	810（900）	810（900）	2250
GF-2000	GGF-2000	GF-2000	GGF-2000	GM-2000	200	2000	900（1000）	900（1000）	2500
GF-2200			GGF-2200	GM-2200	220	2200	990	990	2750
GF-3000			GGF-3000	GM-3000	300	3000	1350(1500)	1350	3750

注：1. 表中重庆、上海、长江、沈阳是指重庆、上海、长江、沈阳蓄电池厂。

2. 沈阳蓄电池厂的 GGF-1200 有 C、D 型；GGF-1400 有 C、D 型；GGF-1800 有 A、B、C、D 型；GGF-2000 有 A、B、C、D 型。

3. 长江蓄电池厂的 GAF 与 GAM 蓄电池与 GF 型蓄电池的参数相同。

4. 1h 放电率的电流和容量（A·h）对重庆、上海、沈阳蓄电池厂的参数为括号外，长江蓄电池厂的参数为括号内。

表 14-6 GGM 蓄电池主要技术参数

电池型号		放电率											
		30h		20h		10h		1h		0.5h		10s	
		终止电压 1.80V						终止电压 1.75V		终止电压 1.70V			
密闭式	消氢式	电流(A)	容量(A·h)	电流(A)	容量(A·h)	电流(A)	容量(A·h)	电流(A)	容量(A·h)	电流(A)	容量(A·h)	电流(A)	容量(A·h)
GGM-30		1.2	36	1.6	32	3	30	15	15	22.5	11.3	37.5	0.10
GGM-50		2	60	2.8	56	5	50	25	25	37.5	18.8	62.5	0.17
GGM-75		3	90	4.1	82	7.5	75	37.5	37.5	56.3	28.1	93.8	0.26
GGM-100		4	120	5.5	110	10	100	50	50	75	37.5	125	0.35
GGM-200	GGX-200	8	240	11	220	20	200	100	100	150	75	250	0.69
GGM-250	GGX-250	10	300	14	280	25	250	125	125	188	94	313	0.87
GGM-300	GGX-300	12	360	16	320	30	300	150	150	225	112.5	375	1.04
GGM-500	GGX-500	20	600	28	560	50	500	250	250	375	187.5	625	1.74
GGM-600	GGX-600	24	720	33	660	60	600	300	300	450	225	750	2.08

续表 14-6

电池型号		放电率											
		30h		20h		10h		1h		0.5h		10s	
		终止电压 1.80V						终止电压 1.75V		终止电压 1.70V			
密闭式	消氢式	电流 (A)	容量 (A·h)	电流 (A)	容量 (A·h)	电流 (A)	容量 (A·h)	电流 (A)	容量 (A·h)	电流 (A)	容量 (A·h)	电流 (A)	容量 (A·h)
GGM-800	GGX-800	32	960	44	880	80	800	400	400	600	300	1000	2.78
GGM-1000	GGX-1000	40	1200	55	1100	100	1000	500	500	750	375	1250	3.47
GGM-1200	GGX-1200	48	1440	66	1320	120	1200	600	600	900	450	1500	4.17
GGM-1500		60	1800	84	1680	150	1500	750	750	1125	562.5	1875	5.21
GGM-1800		72	2160	99	1980	180	1800	900	900	1350	675	2250	6.25
GGM-2000		80	2400	110	2200	200	2000	1000	1000	1500	750	2500	6.94
GGM-2500		100	3000	138	2760	250	2500	1250	1250	1875	937.5	3125	8.68
GGM-2800		112	3360	154	3080	280	2800	1400	1400	2100	1050	3500	9.72
GGM-3000		120	3600	165	3300	300	3000	1500	1500	2250	1125	3750	10.42

表 14-7 GFD 固定型铅蓄电池基本参数

蓄电池型号	不同放电率蓄电池容量、放电电流及终电压											
	10h 率			5h 率			3h 率			1h 率		
	容量 (A·h)	电流 (A)	终止电压 (V)	容量 (A·h)	电流 (A)	终止电压 (V)	容量 (A·h)	电流 (A)	终止电压 (V)	容量 (A·h)	电流 (A)	终止电压 (V)
GFD-200	200	20		170	34		150	50		100	100	
GFD-250	250	25	1.80	215	43	1.77	139	63	1.75	125	125	1.70
GFD-300	300	30		255	51		225	75		150	150	
GFD-350	350	35		300	60		284	88		175	175	
GFD-420	420	42	1.80	360	72	1.77	315	105	1.75	210	210	1.70
GFD-490	490	49		425	85		360	123		245	245	
GFD-600	600	60		510	102		450	150		300	300	
GFD-800	800	80		690	138		600	200		400	400	
GFD-1000	1000	100	1.80	865	173	1.77	750	250	1.75	500	500	1.70
GFD-1200	1200	120		1040	208		900	300		600	600	
GFD-1500	1500	150		1260	252		1080	360		750	750	
GFD-1875	1875	187.5		1575	315		1360	450		937.5	937.5	
GFD-2000	2000	200	1.77	1680	336	1.74	1450	484	1.71	1000	1000	1.70
GFD-2500	2500	250		2100	420		1800	600		1250	1250	
GFD-3000	3000	300		2520	504		2160	720		1500	1500	

14.3.3.2 蓄电池数目的计算

A 有端蓄电池

蓄电池数目的选择，应保证直流母线电压在事故放电终了和充电末期均能比额定电压高5%。

蓄电池总数按下式确定

$$n=\frac{U_m}{U_{fm}} \quad (14\text{-}9)$$

式中 n ——蓄电池总个数；

U_m——直流母线电压，V，对220V直流系统U_m=230V，对110V直流系统U_m=115V；

U_{fm}——事故放电末期每个蓄电池的电压，V，变电所一般U_{fm}=1.95V。

对于220V蓄电池，其总数n为118个；对于110V蓄电池，其总数为60个。

基本电池数

$$n_0=\frac{U_m}{U_{cm}} \quad (14\text{-}10)$$

式中 n_0 ——基本蓄电池数；

U_{cm}——充电末期每个蓄电池的电压，取平均值2.6～2.7V。

端电池数

$$n_d=n-n_0 \quad (14\text{-}11)$$

在浮充电时，接于直流母线上的蓄电池数

$$n_{fc}=\frac{U_m}{U_{fc}} \quad (14\text{-}12)$$

式中 n_{fc}——浮充电时接在母线上的电池数；

U_{fc}——浮充电时单个蓄电池的电压，取其平均值2.15V；

U_m——浮充电时直流母线电压，V。

对220V直流系统一般取n_d=30个，n_{fc}=106或108个；对110V直流系统n_d=16个，n_{fc}=52或54个。

B 无端蓄电池

由于没有端电池，蓄电池的个数应保证在各种正常运行条件下直流母线电压不超过允许值，且在事故放电末期，能够维持直流母线电压水平保证满足直流负荷的需要。

无端电池的直流系统蓄电池的个数，可按下述条件确定：

(1)保证在事故放电末期，维持直流母线的电压水平，即

$$n=\frac{0.85U_e}{U_{jn}} \quad (14\text{-}13)$$

式中 n ——蓄电池个数；

U_e——直流母线额定电压，V；

U_{jn}——蓄电池放电末期的终止电压，V。

(2)蓄电池在均衡充电时，直流母线最大电压不应超过允许值，即

$$U_{m_{max}}=nU_B \quad (14\text{-}14)$$

式中 U_B ——每个蓄电池均衡充电电压，一般为2.25～2.35V；

$U_{m_{max}}$——均衡充电时直流母线最大电压，其值不应大于直流负荷最大允许电压值，一般为1.1～1.15U_e。

一般110V控制专用蓄电池组为52或54个；220V控制专用蓄电池组为104或108个。见表14-8。

按上述各式计算出的蓄电池个数汇总如表14-8所示，供设计对照参考使用。

表14-8 变电所直流系统蓄电池的个数

电池个数		220V	110V
有端电池	蓄电池总数 n	118	60
	基本电池数 n_0	88	44
	端电池数 n_d	30	16
	浮充状态电池数 n_{fc}	106或108	52或54
无端电池	蓄电池数 n	104、106或108	52或54

14.3.4 充电设备的选择

蓄电池的正常充电和浮充电运行可共用一套硅整流装置，它除在正常情况下向直流网络的经常负荷供电外，同时还对蓄电池进行浮充电，并作为均衡充电和事故放电后的充电之用。

14.3.4.1 充电设备的额定电流

充电设备的电流包括蓄电池组的最大充电电流和直流系统的经常负荷电流I_{jc}，在变电所中蓄电池组的最大充电电流可采用10h放电率的放电电流。

充电设备的电流为

$$I_{cd}=0.1C_{10}+I_{jc} \quad (14\text{-}15)$$

式中 I_{cd}——充电设备的额定电流，A；

C_{10}——蓄电池的10h放电率容量，A·h；

I_{jc}——直流系统的经常负荷，A。

14.3.4.2 充电设备输出电压的范围

蓄电池在充电末期，其电压可能达2.7V，故充电设备的最高电压应为

$$U_{cd} = 2.7n \quad (14\text{-}16)$$

式中　n——蓄电池总数。

实际上，对220V蓄电池组 U_{cd}=320V；对110V蓄电池组 U_{cd}=160V。

因此，充电设备的容量按下式计算

$$P_{cd} = U_{cd}I_{cd} = U_{cd}(I_{jc} + 0.1C_{10}) \times 10^{-3} \quad (14\text{-}17)$$

式中　P_{cd}——充电设备的容量，kW；

U_{cd}——充电设备的电压，V；

I_{cd}——充电设备的电流，A。

充电设备输出电压的调节范围对变电所有端电池直流系统电压为110V时，一般选用90～150V；220V时，一般选用180～310V。对变电所无端电池直流系统电压为110V时选用55～165V；220V时选用110～330V。

14.3.4.3　浮充电设备

浮充电设备的容量按蓄电池组的经常负荷电流及自放电电流来选择。其工作电压应与充电设备相同，以便均衡充电。

浮充电设备的工作电流为

$$I_{fc} = I_{jc} + (0.3 \sim 0.5)I_{sg} \quad (14\text{-}18)$$

式中　I_{fc}——浮充电流，A；

I_{sg}——事故负荷电流，A；

I_{jc}——经常负荷电流，A。

浮充电设备的容量按下式计算

$$P_{fc} = U_{fd}I_{fc} = 1.2U_{fd}I_{jc} \quad (14\text{-}19)$$

式中　P_{fc}——浮充电设备的容量，kW；

U_{fd}——浮充电电压，V，对变电所110V直流系统取115V，对220V直流系统取230V。

当充电设备和浮充电设备共用一套硅整流装置时，可不必进行浮充电设备容量的计算。

14.3.4.4　常用的充电用硅整流装置

目前国产的硅整流装置分为三类：

(1) 手动调压硅整流装置，其特性见表14-9；

(2) 手动及自动晶闸管整流装置，其特性见表14-10；

(3)可以逆变运行的晶闸管整流装置，其特性见表14-11。

表14-9　手动调压充电用硅整流装置主要技术数据

型号	交流输入		额定直流输出		整流线路及调压方式	主要功能	备注
	相数	电压(V)	电压(V)	电流(A)			
GCA-□/72	1或3	220或380	0～72	15，30，60，80，100，150	单项或三相桥式自耦调压器调压	手动调压	
GCA-□/110	1或3	220或380	0～110	15，30，60，80，100，150			
GCA-□/220	1或3	220或380	0～220	15，30，60，80，100，150			
KGCA-□/72	1或3	220或380	24～72	15，30，60，100，200	单相或三相半控桥式整流晶闸管调压	手动调压	
KGCA-□/165	1或3	220或380	55～165	15，30，60，100，200			
KGCA-□/190	3	380	63～190	100，200			
KGCA-□/230	3	380	76～230	60，100			
GVAS-□/165	3	380	105～165	25，50	三相桥式整流自饱和电抗器调压	手动调压	"s"表示手动调压
GVAS-□/190	3	380	128～190	12，25，50，90			
GVAS-□/330	3	380	220～330	6，12，25，50，100			

注：□——额定输出电流。

当充电和浮充电共用一组硅整流装置时，若该装置是采用饱和电抗器调压，在正常浮充电运行时，其负载电流不应小于该装置额定电流的20%，否则难以保证硅整流装置所规定的调压下限，影响浮充电的正常运行。遇到这种情况时应选用自耦变压器调压的硅整流装置或晶闸管整流装置。

当充电及浮充电设备屏与标准的直流屏配套使用时，设计时可注明。硅整流器充电屏与标准的直流屏具有相同的外形尺寸，颜色和安装方式，一般接受订货的单位均可满足设计的要求。

表 14-10 自动调压充电用硅整流装置主要技术数据

型号	交流输入		直流输出						整流线路及调压方式	主要功能	备注
			手动调压范围		浮充稳压范围		充电稳流范围				
	相	电压(V)	电压(V)	电流(A)	电压(V)	电流(A)	电压(V)	电流(A)			
ZVA-□/200-360	3	380	200～360	25,50,75					三相桥式整流，饱和电抗器的励磁回路可控硅调压	手动调压、稳压限流、稳流限压	
ZVA-□/100-180	3	380	200～360	50,100,150							
GVAZ-□/165	3	380	105～165	25,50	110～130		108～144		三相桥式整流，自饱和电抗器调压（采用晶体管和差动放大回路）	手动调压、浮充稳压、充电稳流	双电感及电容组成 T 型滤波方式 Z 表示自动调压
GVAZ-□/190	3	380	128～190	12,25,50,90	130～170		130～170				
GVAZ-□/330	3	380	220～330	6,12,25,50,100	220～300		220～300				
KGVA-□/165 KVA30(31)-□/165	3	380	85～165	25,50,100,200	110～130	5～25, 10～50, 20～100, 40～200	100～145	5～25, 10～50, 20～100, 40～200	三相全控桥式整流	手动调压、浮充稳压、浮充稳流	30 表示采用单电感 J 型滤波回路 31 表示采用双电感加电容 J 型滤波回路
KGVA-□/190 KVA30(31)-□/190	3	380	95～190	12,25,50,100	130～170	2.4～12, 5～25, 10～50, 20～100	130～170	2.4～12, 5～25, 10～50, 20～100			
KGVA-□/360 KVA30(31)-□/360	3	380	180～360	6,12,25,50,100	220～300	1.2～6, 2.4～12, 5～25, 10～50, 20～100	220～300	1.2～6, 2.4～12, 5～25, 10～50, 20～100			
KGCA20-□/72	1 或 3	220 或 380	24～72	15,30,60,100,200					单相或三相半控桥整流	手动调压、浮充稳压、充电稳流	
KGCA20-□/165	1 或 3	220 或 380	55～165	15,30,60,100,200							
KGCA20-□/190	3	380	63～190	100,200							
KGCA20-□/230	3	380	76～230	60,100							
KGCA20-□/360	3	380	120～360	60,100							
KVA $^{40}_{41}$-□/115	3	380	90～160 (165,190)	20,50,80,100,160	(20～100)% U_e	20,50,80, 100,160,	90～160 (165,190)	(20～100)% I_e	三相全控桥式整流	手动调压、稳压恒流、定压稳流	40 表示柜高为 2360mm 41 表示柜高为 2260mm
KVA $^{40}_{41}$-□/230	3	380	180～315 (330,360)	50,80,100,160,200, 250	(20～100)% U_e	50,80,100, 160,200,250	180～315 (330,360)	(20～100)% I_e			

注：□——额定输出电流；

I_e、U_e——分别为额定输出电流和电压。

表 14-11 可逆变运行的硅整流装置的技术数据

型号		KGCFA -15/360	KGCFA -30/360	KGCFA -50/360	KGCFA -75/360	KGCFA -100/360	KGCFA -150/360	KGCFA -50/180	KGCFA -75/180	KGCFA -30/72
交流输入	相数	3								
	电压（V）	380V								
直流输出	电压（V）	200～360						100～180		40～72
	电流（A）	15	30	50	75	100	150	50	75	30
直流输出（整流）	手动调压(V)	72～360						36～180		15～72
	自动稳压	200～300V (5～100)%I_e						100～150V (5～100)%I_e		40～60V (5～100)% I_e
	自动稳流	200～360V (20～100)%I_e						100～180V (20～100)%I_e		40～72V (20～100)% I_e
直流输出（逆变）	手动（V）	72～360						36～180		15～72
	自动稳流	(20～100)%I_e								
稳流精度		±4%								
稳压精度		±2%								
生产厂		西安整流器厂								

14.3.4.5 减少端电池硫化的措施

对有端电池的直流系统的端电池，长期不接入直流系统的部分会产生硫化现象，从而降低端电池容量，影响其充放电特性，所以应采取如下措施防止端电池的硫化：

(1) 端电池并联可调电阻 R_f。在端电池两端并联可调的电阻 R_f，中、小容量变电所一般选用 10～15A、10Ω 的电阻，使该电阻的允许电流大于经常负荷电流；并使经常负荷流过该电阻时产生的压降大于正常浮充电运行状态时未投入直流母线部分的端电池电压（对 220V 直流系统约 20～50V）。

(2)端电池上并接小型硅整流设备。该小型硅整流设备仅供给未接入直流系统的端电池浮充电流，并调节其浮充电流，使它和固定电池浮充电流相等。

14.3.5 熔断器及载流导体的选择

14.3.5.1 熔断器的选择

熔断器的额定电压应大于或等于回路的额定电压。

熔断器熔体的额定电流对于控制、信号回路，则

$$I_e = \frac{I_g}{K} \tag{14-20}$$

式中 I_e——熔体额定电流，A；

I_g——短时最大工作电流，A；

K——配合系数，取 $K=1.5$。

对于熔断器的合闸回路，其熔体的额定电流按 0.25～0.3 倍额定合闸电流来选择。

对于蓄电池组出口回路的熔断器，其熔体一般按蓄电池 1h 放电电流值再加大一级来选择。

各级熔断器间应相互配合，具有选择性，每级熔断器熔体的额定电流值一般相差 2～3 级。

14.3.5.2 蓄电池回路母线及电缆选择

蓄电池室的直流母线一般采用圆钢或圆铜母线。采用圆钢母线，其截面不宜太大，大截面采用裸铜母线。截面积按 1h 放电电流选择。各种容量蓄电池室的母线截面按表 14-12 选用。

蓄电池组与直流屏间的电缆可选铝芯也可选用铜芯聚氯乙烯绝缘的聚氯乙烯外包电缆，其截面按 1h 放电电流选择。其正极采用单独的单芯或双芯电缆(芯线并联)，其余则采用三芯电缆(每一抽头占用一芯)。三芯电缆的最大允许载流量按相同截面的单芯电缆载流量计算。

表 14-12 蓄电池母线截面选择

蓄电池容量 (Ah)	母线直径（mm）	
	钢	铜
50	8	—
100	10	

续表 14-12

蓄电池容量 (A·h)	母线直径（mm）	
	钢	铜
150	10	
200	12	
250	12	
300		8
350		8
400		8
450		10
500		10

14.3.5.3 断路器合闸回路电缆的选择

合闸回路电缆应尽可能选用铝芯电缆，只有在个别情况下（如大型断路器合闸电缆），电压降不能满足要求时，才采用铜芯电缆。

合闸电缆截面应按允许的电压降条件来选择，保证蓄电池组在正常浮充电状态，合闸干线开环的情况下，最远一台断路器能可靠合闸。

合闸电缆截面可由下式确定

$$S = \frac{2\rho l I_{hz}}{\Delta\mu} \tag{14-21}$$

式中 S——电缆截面，mm^2；

ρ——电阻率，在 20℃时，铜芯为 $0.0184\Omega \cdot mm^2/m$，铝芯为 $0.031\Omega \cdot mm^2/m$；

l——电缆总长度，m；

I_{hz}——断路器的合闸电流，A；

$\Delta\mu$——冲击时允许电压降，V。

为了简化计算，可以认为蓄电池出线端头上的电压即为直流母线电压值。因此：

$$\Delta\mu = U_{chzm} - K_i U_{ed} \tag{14-22}$$

式中 U_{chzm}——承受冲击负荷时直流母线的电压，V，按式 14-4 及式 14-5 计算；

U_{ed}——断路器的额定合闸电压，V；

K_i——断路器最低允许合闸电压百分数，可由表 14-2 查得。

14.3.5.4 控制信号馈线电缆截面的选择

鉴于控制信号回路供电的重要性，其馈线电缆截面应保证足够的机械强度，一般采用铜芯者不小于 $2.5mm^2$，采用铝芯者不小于 $4mm^2$。

为保证保护装置、自动装置和控制信号装置的可靠工作，当网络开环运行时，自直流屏至最远断开点的电压降不应超过直流母线额定电压的 5%，则

$$S_{zx} \geqslant \frac{2\rho l_{js} I_{zd}}{\Delta\mu} \tag{14-23}$$

式中 S_{zx}——电缆或小母线最小截面，mm^2；

ρ——电阻系数，对于铜 $\rho = 0.0184\Omega \cdot mm^2/m$，铝 $\rho = 0.031\Omega \cdot mm^2/m$；

I_{zd}——回路最大负荷电流，A；

l_{js}——电缆或小母线计算长度，m；

$\Delta\mu$——允许压降，220V 系统为 11V，110V 系统为 5.5V。

14.3.6 计算实例

某变电所其经常负荷为 5A，事故负荷为 5A，断路器合闸冲击电流 120A，蓄电池直流系统电压 220V，事故持续时间为 1h。选择该变电所的蓄电池，充电设备及合闸回路电缆。

14.3.6.1 蓄电池容量的选择

A 有端电池的直流系统

蓄电池容量选择按满足事故全停电状态下，长时间（1h）放电容量选择，按式 14-1

$$C_c = K_k \frac{C_{sx}}{K_{cB} K_c}$$

式中可靠系数 $K_k = 1.4$，容量换算系数 K_c 根据 1h 放电时间终止电压为 1.75V，查图 14-11 曲线得 $K_c = 0.47$，容量比例系数 K_{cB} 因事故放电时间为 1h，查表 14-4 得 $K_{cB} = 1.00$，持续事故放电容量 $C_{sx} = (5+5)A \times 1h = 10Ah$。则蓄电池容量为

$$C_c = 1.4 \frac{10}{1 \times 0.47} = 29A \cdot h$$

选择蓄电池容量为 $C_{10} = 50A \cdot h$。

按要求的电压水平校验蓄电池容量方法如下：

(1)事故放电初期，蓄电池所承受的放电电流的电压水平验算。由式 14-2

$$K_{cho} = 1.1 \frac{I_{cho}}{C_{10}}$$

式中事故放电初期的放电电流 $I_{cho} = 10A$。按上边计算选择蓄电池 10h 放电容量 $C_{10} = 50A \cdot h$，则 K_{cho} 事故放电初期冲击系数为

$$K_{cho} = 1.1 \times \frac{10}{50} = 0.22$$

由图 14-13 查得单体蓄电池电压值 $U_{cho} = 1.92V$，则直流母线电压为

$$U_m = nU_{cho} = 108 \times 1.92 = 207V > 0.885U_e$$

可知能满足要求。

(2)事故放电末期，蓄电池再承受合闸冲击负荷时

的电压水平验算。由式 14-4 和式 14-5

$$K_m = 1.1\frac{I_{sx}}{C_{10}} \text{ 及 } K_{chm} = 1.1\frac{I_{ch}}{C_{10}}$$

式中的事故持续放电电流 $I_{sx}=10A$，$C_{10}=50A\cdot h$，放电末期冲击电流 $I_{ch}=240A$，则

$$K_m = 1.1\times\frac{10}{50} = 0.22$$

$$K_{chm} = 1.1\times\frac{240}{50} = 5.28$$

根据 $K_{chm}=5.28$ 查图 14-13，对应于 $K_m=0.22$，查出单体电池电压 $U_{chm}<1.4V$，则直流母线电压为 $108\times1.4=151.2V<0.885U_e$，故不能满足要求。

改选 $C_{10}=100A\cdot h$ 的蓄电池，只需计算 K_m 和 K_{chm} 仍查图 14-13 及 14-14 曲线，即

$$K_m = 1.1\frac{10}{100} = 0.11$$

$$K_{chm} = 1.1\frac{120}{100} = 1.32$$

查表计算直流母线仍不能满足要求，故改选 $C_{10}=200A\cdot h$ 的蓄电池，同样计算 K_m 和 K_{chm}。

$$K_m = 1.1\frac{10}{200} = 0.055$$

$$K_{chm} = 1.1\frac{120}{200} = 0.66$$

查图 14-13 得 $U_{chm}=1.83V$，则直流母线电压 U_D 为 $108\times1.83=197.64V$ 大于 $0.885U_e$，可以满足要求。

故蓄电池的容量选用 200A·h，型号为 GF-200。

B　无端电池的直流系统

无端电池直流系统蓄电池容量的选择计算方法与有端电池相同，不再重复计算，即

(1) 蓄电池初选容量 $C_{10}=200A\cdot h$；

(2) 蓄电池数量，一般 220V 控制专用蓄电池组为 104 个；

(3) 按要求的电压水平校验蓄电池容量，由于变电所动力负荷甚少，本例经常负荷和事故负荷总共才 10A，可直接按事故放电末期，蓄电池再承受合闸冲击电流 120A 时的电压水平验算。即由式 14-4 和式 14-5 得

$$K_m = 1.1\times\frac{10}{200} = 0.055$$

$$K_{chm} = 1.1\times\frac{120}{200} = 0.66$$

查图 14-13 得 $U_{chm}=1.83V$，则直流母线 U_D 电压为 $104\times1.83=190.32V$ 小于 $0.855U_e$，不能满足要求，故改选 $C_{10}=250A\cdot h$，此时 $K_m=0.044$，$K_{chm}=0.528$，查图 14-13 得 $U_{chm}=1.88V$。则直流母线电压为 $104\times1.88=195.52V>0.885U_e$ 可以满足要求。

故蓄电池容量选用 250A·h，型号为 GF-250。

通过上述计算实例可知，当变电所的经常负荷和事故负荷甚小，而合闸冲击电流较大，一般合闸冲击电流为经常负荷和事故负荷之和的 5～7 倍以上时，可直接按事故放电末期，蓄电池再承受合闸冲击负荷时的电压水平来校验初选的蓄电池的容量。

14.3.6.2　充电设备选择

充电设备电流按式 14-15 求得

$$I_{cd}=0.1C_{10}+I_{jc}=0.1\times250+5$$
$$=30A$$

最高充电电压按式 14-16 求得

$$U_{cd}=2.7n=2.7\times118=318.6V$$
$$\approx320V$$

浮充电运行时，由充电设备供给的电流按式 14-18 求得

$$I_{fc}=I_{jc}+0.5I_{sg}=5+0.5\times5$$
$$=7.5A$$

选用成套的蓄电池充电用晶闸管整流装置（查表 14-9）供充电及浮充电用，型号为 GVAS-50/330，调压范围 220V～330V，直流输出 50A。

14.3.6.3　合闸电缆的选择

最大合闸电流 $I_{hz}=120A$；

最低允许合闸电压为额定电压的 80%；

电缆长度 $l=100m$；

直流母线可能出现的最低电压为 192V（即浮充电时承受冲击负荷）；

选用铝芯电缆。

按式 14-22 求得允许压降

$$\Delta U = U_{chzm} - K_i U_{ed}$$
$$=192-0.8\times220=16V$$

按式 14-21 求得电缆截面

$$S=\frac{2\rho l I_{hz}}{\Delta U}=\frac{2\times0.031\times100\times120}{16}$$
$$=46.5mm^2$$

因此可选用 VLV20-1000 型 $1(2\times50)mm^2$ 电缆。

14.3.7　蓄电池组的布置与安装

14.3.7.1　蓄电池室对有关专业的要求

固定式铅酸蓄电池组应安装在专用的房间——蓄电池室内。蓄电池室对有关专业（如土建、通风、供排水专业等）的要求如下：

(1)蓄电池室的入口一般设专用套间，蓄电池室与套间的门应向外开，地面荷重5～10kPa。

(2) 蓄电池室附近一般设有供存放硫酸及调制电解液用的专用房间——调酸室（或利用套间)。

(3)蓄电池室的顶棚宜做成平顶。墙、顶棚、门窗框、通风管道（内外侧）和其它金属及非金属结构应涂以耐酸漆。地坪应耐酸，用瓷砖、沥青混凝土或其它耐酸材料，可按具体情况确定。一般大容量220V蓄电池室一般采用缸砖或瓷砖，48V小容量蓄电池室可采用沥青混凝土地坪。

(4)为了减小各个蓄电池电解液温度的差异，从而减小自放电现象，应避免阳光照射在电池上。为此，蓄电池室的窗户应镶毛玻璃或在玻璃上涂漆。为了避免风沙侵入或保温的需要，可采用双层玻璃窗。

(5)蓄电池室应有良好的通风，以便排出室内的酸气和氢气。蓄电池室的排气量由下式确定

$$V = 0.07nI_{ch} \tag{14-24}$$

式中 V——通风机的排气量，m^3/h；

I_{ch}——最大充电电流，A；

n——蓄电池组的电池个数。

蓄电池室的换气量应保证每小时不小于15次，调酸室每小时不小于5次。要同时从室内上部和下部抽气。进入蓄电池室的空气应洁净，必要时进风口应装设空气过滤器。金属通风管道不应装设在电池上部。蓄电池室通风用的电动机应为防爆式，并应与通风机直接连接。

(6) 蓄电池内温度一般不应低于+15℃，不高于40℃。在不采暖地区，如果在设计蓄电池容量时，已考虑了允许的容量降低，则最低室温允许降低，但不得低于+5℃。

(7)蓄电池室内不应采用明火取暖，在室内只允许装设无接缝的或焊接的并且无汽水门的暖气设备。蓄电池室地面下不应设采暖通风的沟道。取暖设备与蓄电池的距离不应小于750mm。

(8)蓄电池室应考虑排水措施，以便在检修以及正常运行中冲洗地坪及电池缸外部时排除室内污水。污水应直接从室内排至室外下水道中。调酸室内最好设上下水道及水池。

(9) 蓄电池室内照明应按1区防爆等级选用防爆灯。开关、插座及熔断器应装在蓄电池室外。

装有防酸隔爆式蓄电池（GFD或GF型）的蓄电池室在防酸和通风方面可以简化：地坪可以采用简易的防酸措施，墙壁在1.2m以下仍涂以耐酸漆（双层安装蓄电池时为2m)、其以上和顶板可以不考虑。通风可以采用防爆式轴流风机，以排出少量的酸气和氢气。

蓄电池室对抗震的要求：一般固定式防酸隔爆型蓄电池组安装后整体性能好，瓷砖平台稳定性高，抗震性能较好，一般可不考虑防震措施。

14.3.7.2 布置与安装

有关蓄电池布置与安装的要求如下：

(1) 布置蓄电池时应考虑到蓄电池和直流屏的相对位置，做到既使端电池与引出线板接线方便，又使引出线板至直流屏的电缆最短。

(2)蓄电池室的引出线通常采用裸铜母线。母线敷设在固定于墙上支架上或顶板吊架上的瓷瓶上。为了便于引出线布置，蓄电池室净空高度一般不低于3m。

蓄电池引出线一般采用塑料绝缘铜芯电缆，穿硬塑料管埋地敷设。管口用防酸材料封堵。

(3)为便于维护，蓄电池旁应设走道。当走道两侧均有蓄电池时，走道宽度不小于1m；当只有一侧装有蓄电池时，走道宽度不小于0.8m。

(4)蓄电池导电部分间的距离，当其两部分间的正常电压（非充电时）超过65V但不大于250V时，不应小于0.8m；电压超过250V时，则不应小于1m。

相邻裸导体间(指由蓄电池组引出的母线)以及导体与建筑物或与其它接地体之间的距离，不应小于50mm。

母线支持点间的距离不应大于2m。

蓄电池缸与墙间不应小于150mm。

蓄电池缸与缸的间距单列时50mm；双列时，两列缸的间距150mm；缸边至蓄电池平台边的距离为60～80mm，端头的缸为250mm左右。

14.3.7.3 布置实例

因不同厂家的蓄电池外形尺寸有差异，工程设计时，应按照所选用的蓄电池型号和工程具体情况进行合理的布置。

为便于参考，举如下几个实例：

(1) 变电所一组220V蓄电池，无端电池，引出线用电缆穿管埋地至电缆竖井的蓄电池室布置如图14-15所示。

(2) 变电所一组220V蓄电池，有端电池，引出线用电缆通过电缆隧道至电缆竖井的蓄电池室布置如图14-16所示。

(3) 变电所一组220V蓄电池，有端电池，引出线用架空电缆敷设的蓄电池室布置如图14-17所示。

(4) 蓄电池在水泥台架上的安装图见图14-18。

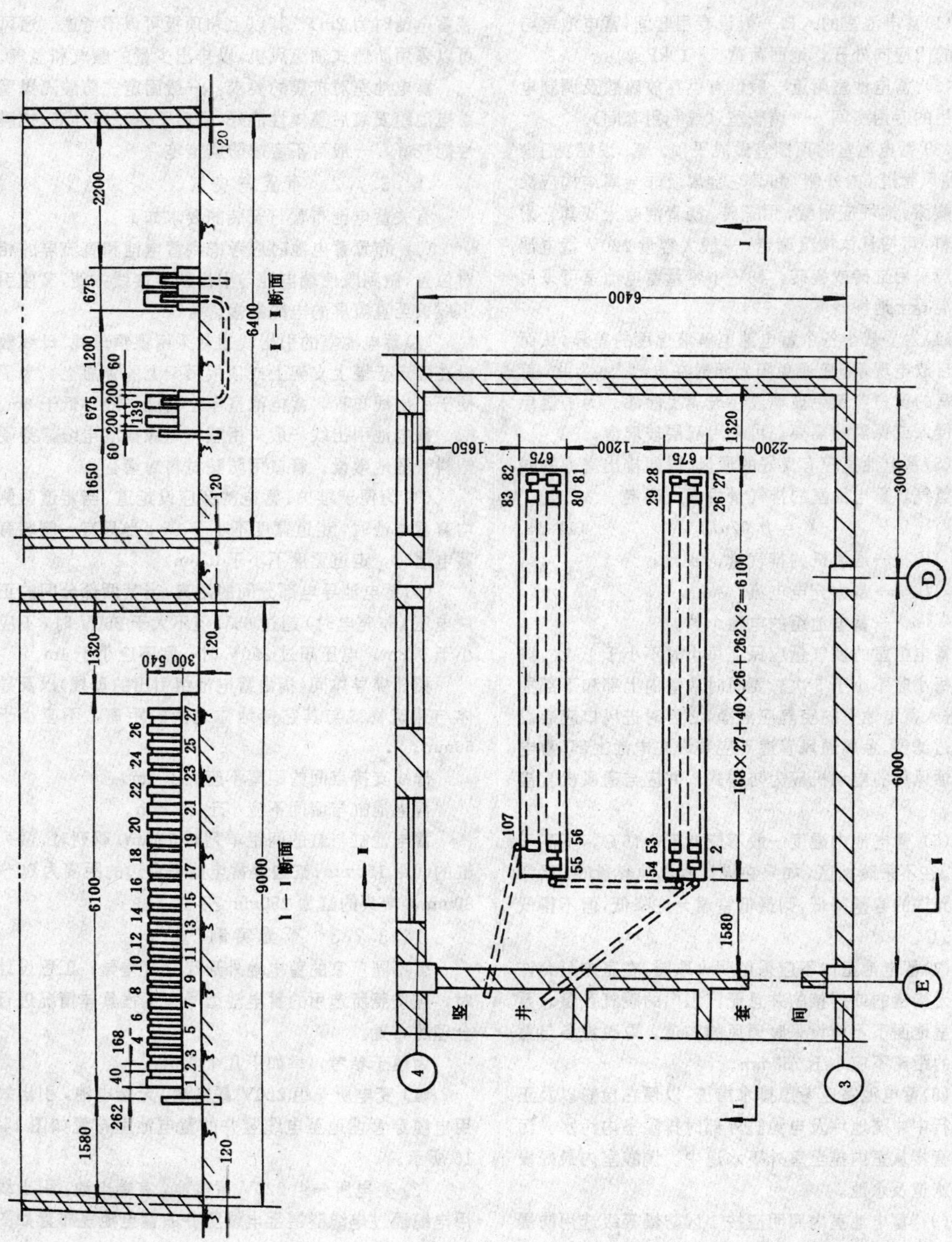

图 14-15 变电所一组 220V 蓄电池室布置图

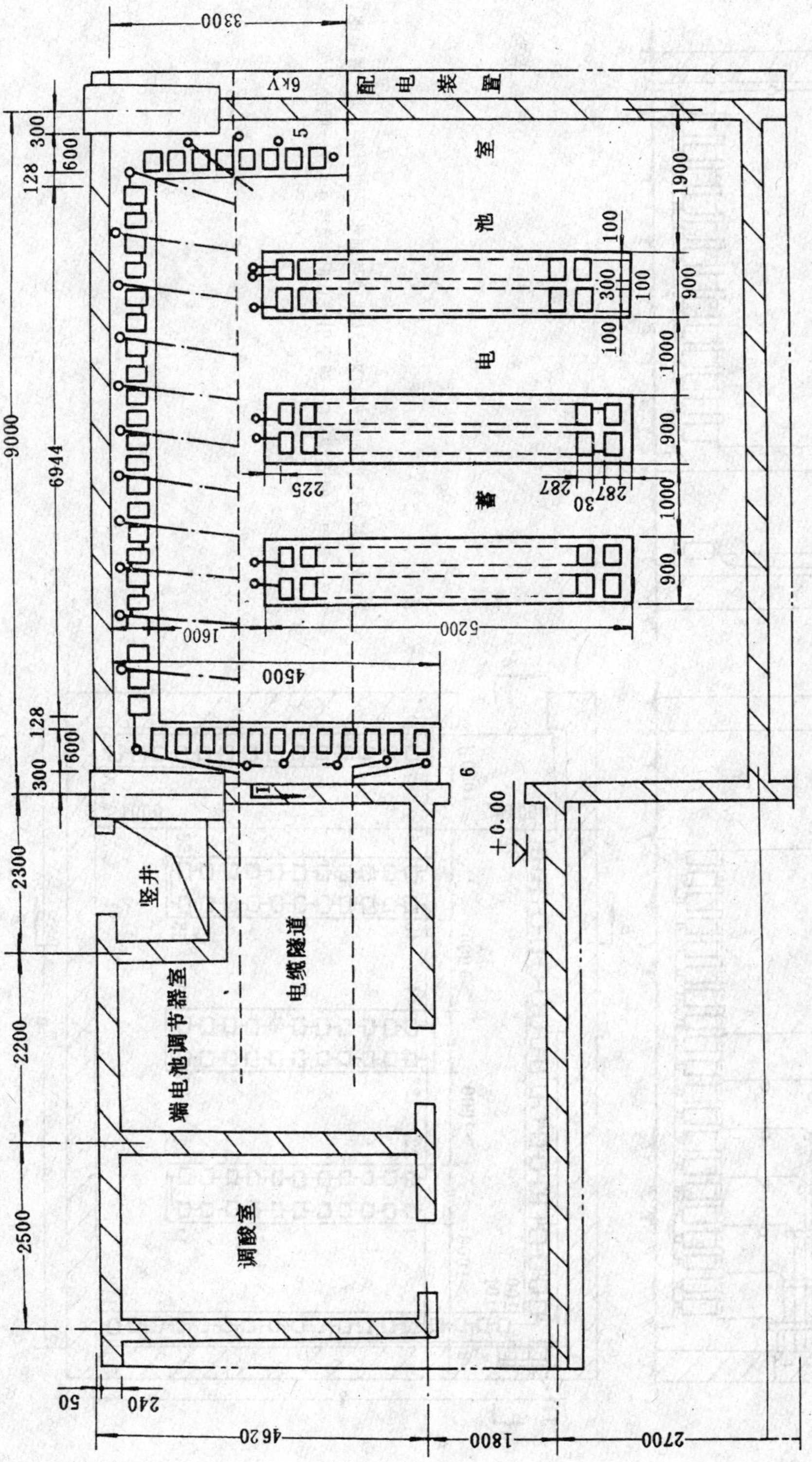

图 14-16 有端电池的 220V 蓄电池室（电缆引线）布置图

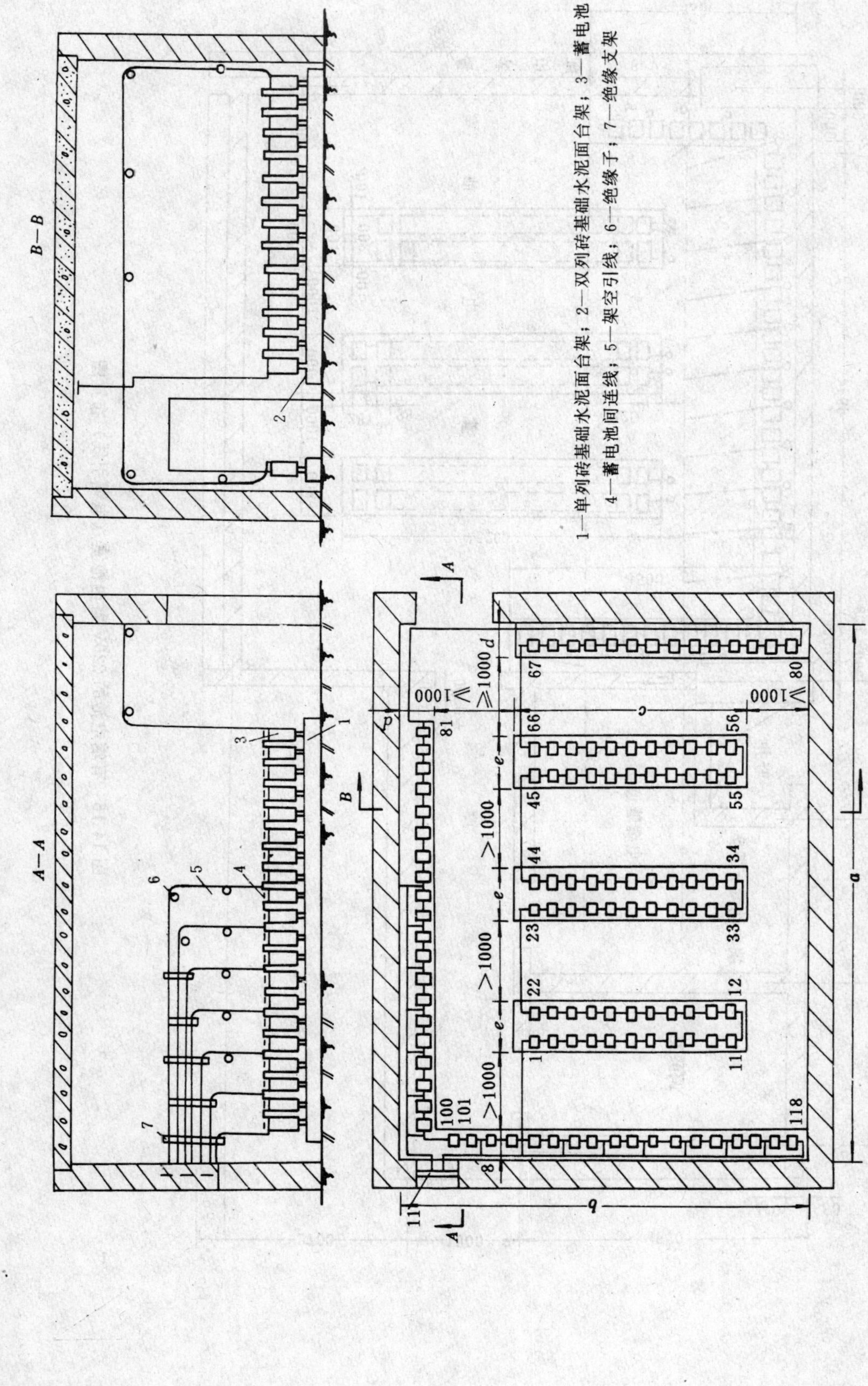

1—单列砖基础水泥面台架；2—双列砖基础水泥面台架；3—蓄电池；4—蓄电池间连线；5—架空引线；6—绝缘子；7—绝缘支架

图 14-17 有端电池的 220V 蓄电池室（架空引线）布置图

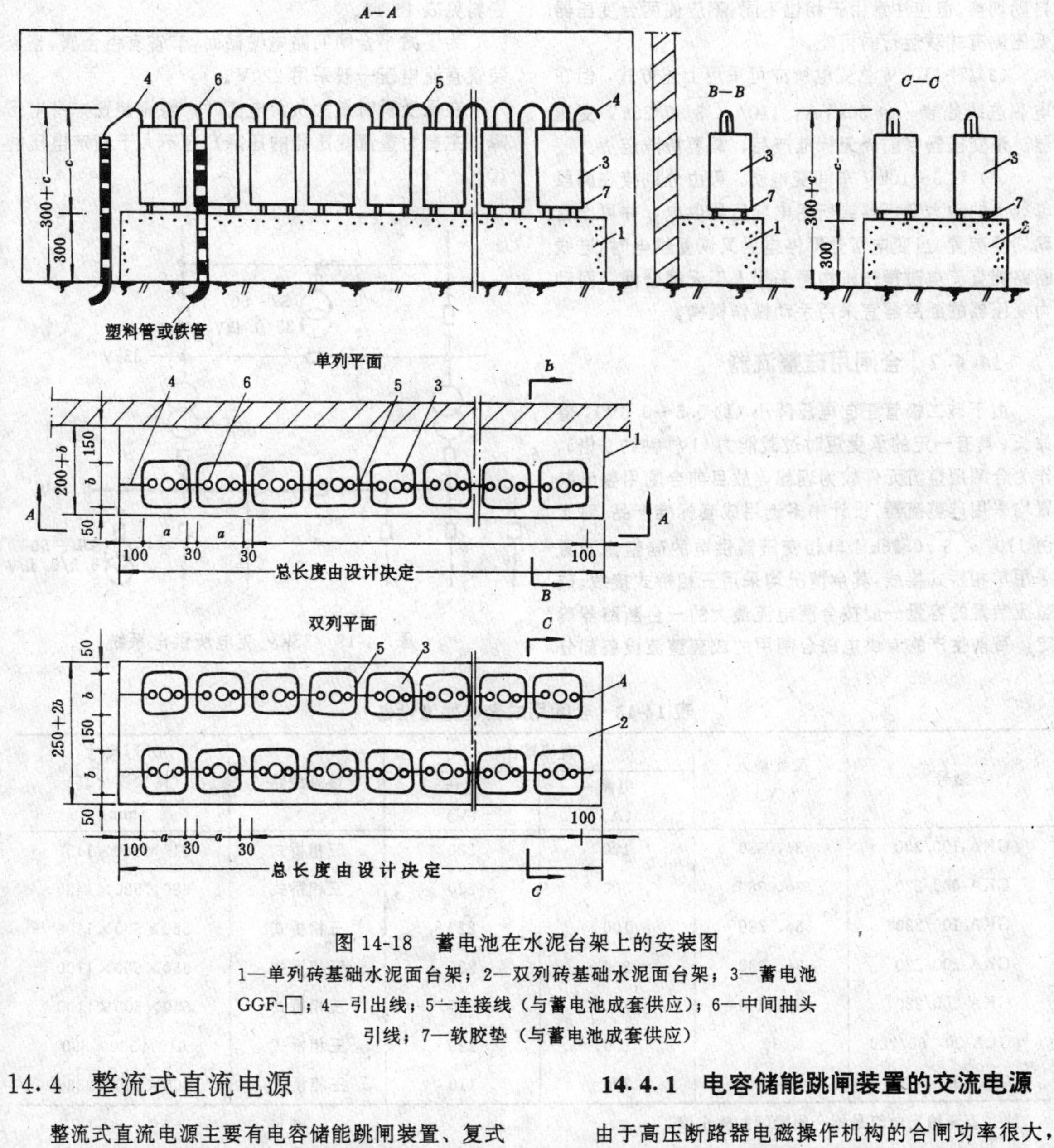

图 14-18　蓄电池在水泥台架上的安装图

1—单列砖基础水泥面台架；2—双列砖基础水泥面台架；3—蓄电池 GGF-□；4—引出线；5—连接线（与蓄电池成套供应）；6—中间抽头引线；7—软胶垫（与蓄电池成套供应）

14.4　整流式直流电源

整流式直流电源主要有电容储能跳闸装置、复式整流、小容量镉镍电池跳闸装置。小容量镉镍电池跳闸装置见 14.5.10 节，复式整流目前应用甚少，故本节只介绍电容储能跳闸装置。

电容储能跳闸装置的基本原理是：在系统正常运行时，操作直流电源均由整流器供给；当系统故障，交流电源电压大量降低甚至消失时，利用电容器所储存的能量使开关跳闸。

14.4.1　电容储能跳闸装置的交流电源

由于高压断路器电磁操作机构的合闸功率很大，所以整流式直流电源系统中，需要装设合闸整流装置。其交流电源应可靠、灵活，便于恢复供电，一般应有两路电源供电。具体接线方式根据变电所的不同情况决定。常用的有以下几种供电方式：

(1) 对电压为 35kV 的总变电所，可在电源进线处装一台 50kVA，35/0.4kV 变压器作为主要供电电源；接在二次电压（6～10kV）母线上的所用变压器作为备用电源，如图 14-19 所示。两个电源在低压侧可以进行自动切换。但应注意由于相位不同，不应使两台变压器低压侧有并联运行的可能。

(2) 对110kV总变电所亦可采用上述方式，但在电源进线处装一台50kVA，110/$\sqrt{3}$/0.23kV变压器。该变压器目前尚无标准产品，需要特殊定货。

(3) 对6～10kV车间变电所，可由分别接在两段母线上的动力变压器或所用电变压器供电，并可设自动切换装置。当变电所全部停电后又恢复供电时，进线断路器直流电磁操作机构可采用人工无载合闸，而动力变压器的断路器宜采用手动操作机构。

14.4.2 合闸用硅整流器

由于硅二极管正向电压降小（约0.5～0.6V），寿命长，具有一定的承受短时过载能力（1秒钟约3倍），作为合闸用整流元件较为理想，故目前合闸用整流装置均采用硅整流器。设计中多选用成套标准产品。对于由110/$\sqrt{3}$/0.23kV单相变压器供电的硅整流装置采用单相桥式接线，其余情况均采用三相桥式接线。硅整流装置的容量一般按合闸电流最大的一台断路器确定。目前生产的专供电磁合闸用的成套整流设备部分资料见表14-13。

为了减小合闸回路电缆截面，节省有色金属，整流装置直流电压一般采用220V。

在承受瞬时最大负荷电流时，整流装置本身电压降（主要为整流变压器的压降）应不大于额定电压的10%。

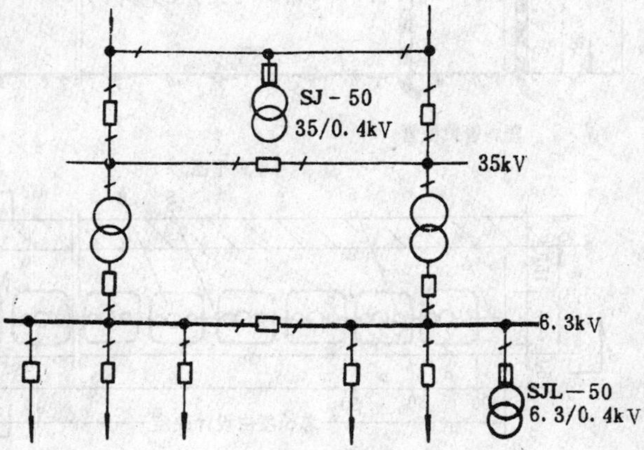

图14-19 35kV变电所供电系统

表14-13 合闸用成套硅整流设备

型号	交流输入(V)	直流输出 电流(A)	直流输出 电压(V)	整流线路	外形尺寸(宽×深×高)(mm)
GKA-100/220	3ϕ，380	100	220	三相桥式	610×540×1150
GKA-300/220	3ϕ，380	300	220	三相桥式	680×520×1430
GKA-100/220	3ϕ，380	100	220	三相桥式	550×500×1100
GKA-200/220	3ϕ，380	200	220	三相桥式	550×500×1100
GKA-300/220	3ϕ，380	300	220	三相桥式	550×500×1100
GBA-30，60/220	3ϕ	100	220	三相桥式	610×360×890
GKA-200/110	3ϕ，380	200	110	三相桥式	800×500×2360

注：直流输出电流是指合闸瞬间的输出值。

14.4.3 直流系统

带电容储能装置的直流操作电源系统如图14-20所示。硅整流器Ⅰ为合闸整流装置，在整流器Ⅱ故障时还可以向控制母线供电。硅整流器Ⅱ只供控制、保护及信号电源，不考虑合闸，设计中一般选用20A的成套整流装置，直流电压220V。整流器Ⅰ和Ⅱ的交流电源按前面所述方式提供。

在正常情况下，两台硅整流器同时运行。为了避免在合闸操作或合闸回路短路时大电流流过硅整流器Ⅱ而使其破坏，装设了逆止元件——硅二极管1G。

应当注意，在110kV变电所，硅整流器Ⅰ及Ⅱ均采用单相桥式整流，此时不能由接于主变压器高、低压侧的两台所用变压器分别供电。因为主变压器高、低压侧电压相位差30°，两台硅整流器直流侧并联后，会引起控制母线电压升高（约达270V）。

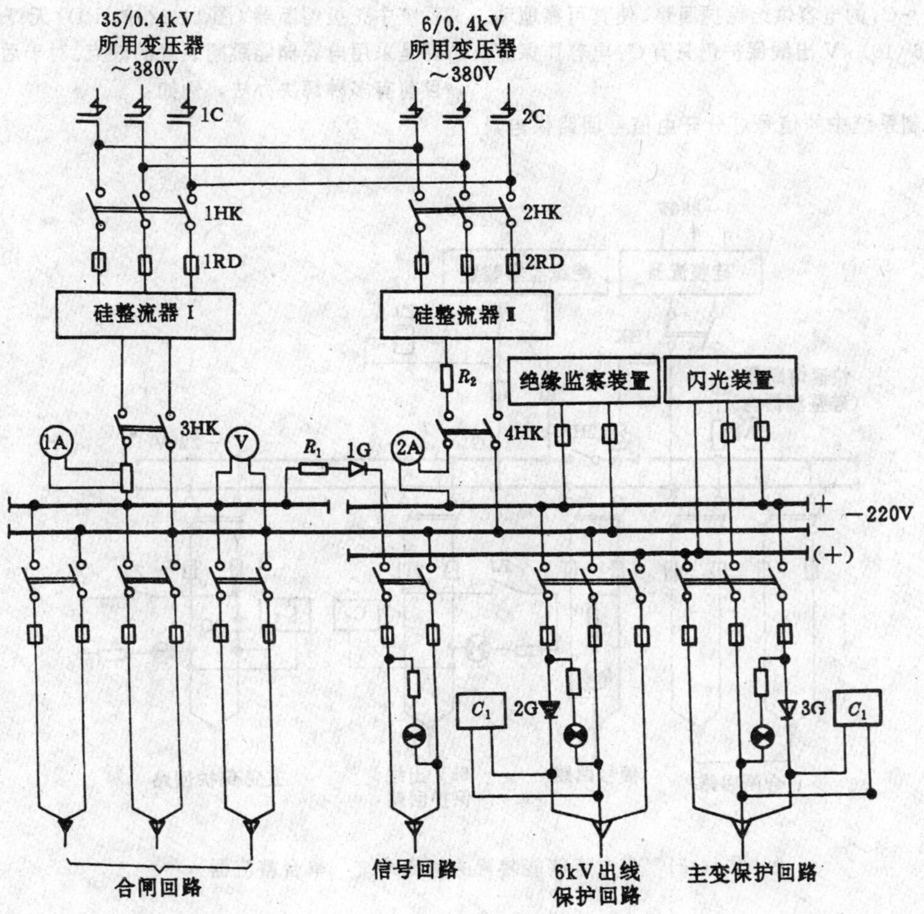

图 14-20 带电容储能装置的直流系统（两台整流器）

当电力系统发生短路故障时会引起交流电源电压下降,因而直流母线电压也相应下降。此时利用并联在保护回路中电容器 C_{I} 和 C_{II} 的储能来动作继电保护和使断路器跳闸。

必须指出,采用电容器储能措施后,各断路器的直流控制系统中的信号灯及重合闸继电器(当装设时)应分开由信号回路供电，使这些元件不消耗电容器的储能。在保护回路中装设的逆止元件 2G 和 3G，其目的之一也是为了当电源电压降低时，使电容器的放电作用仅用来补偿保护回路的电压，而不向其它与保护无关的元件放电。

还应指出，当 6（10）kV 出线故障，保护装置动作,而断路器机构失灵拒绝动作时,由于跳闸回路长时间接通,而将电容器储存的能量很快消耗掉,以致起后备作用的上一级保护装置（例如主变压器的过电流保护装置）无法动作。因此应将 6（10）kV 出线断路器的保护电源和上一级断路器的保护电源分开。两个逆止元件（2G 和 3G）和两组电容器（C_{I} 和 C_{II}）分别接在两个保护回路中，使其分开供电，互不影响。一般说来，有几级保护就应装设几组电容器。

运行经验证明，硅整流器较为可靠，不易发生故障，因此对于一些次要的 35kV 及以下中小变电所可以采用单台整流器方案，如图 14-21 所示。此系统有两个特点：

(1)合闸母线与控制母线分开。由于对合闸母线装了快速熔断器，合闸回路故障不会影响保护控制回路工作，这样就使控制母线的可靠性大大提高。

(2) 取消了 6（10）kV 出线保护回路中的逆止元

件，而将其改装在母线上。这样当主变压器发生故障时，可有$C_{\mathrm{I}}+C_{\mathrm{II}}$的电容供给保护回路，使其可靠地动作，而对于6 (10) kV出线保护仍只有C_{I}电容作保护电源。

由于控制系统中的信号灯分开由信号回路供电，因此二次回路较复杂，寻找直流接地较麻烦，同时控制系统中正极熔断器（图14-22中1RD）无灯光监视，这都是采用电容储能跳闸装置的缺点。对于后一个问题，目前有多种解决办法，例如：

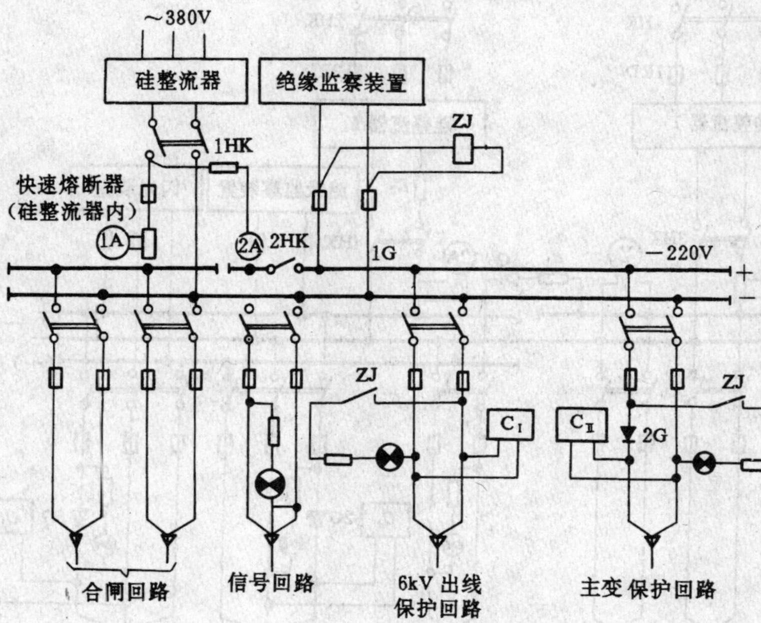

图 14-21 带电容储能装置的直流系统（单台整流器）

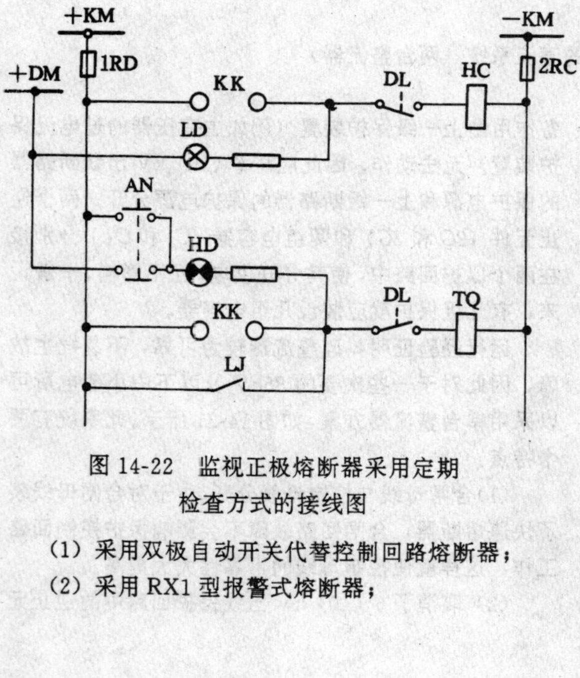

图 14-22 监视正极熔断器采用定期检查方式的接线图

(1) 采用双极自动开关代替控制回路熔断器；

(2) 采用RX1型报警式熔断器；

(3)对于就地控制的开关柜，采用定期检查的方式（用按钮AN），如图14-20所示。

14.4.4 储能电容器组

14.4.4.1 电容器种类选择

电容储能跳闸装置的电容量比较大，一般达数千微法。因此应尽量选用大容量的电容器，以减少并联数目。目前多采用CD型200μF及以上的电解电容器。表14-14列出了部分大容量电解电容器的技术规格供选用。

电解电容器的额定电压应选择为最大充电电压的1.2倍。对直流电压220V，三相桥式整流线路可选用电压为300V或350V电容器。对直流电压220V，单相桥式整流器可选用电压为400V或450V电容器。

除了电解电容器外，还有电力移相电容器和金属化纸介电容器可供选用。其优点是比电解电容器寿命长，可靠。但有缺点，前者价格高，体积大；后者目前尚无大容量产品，因此未能大量采用。

表 14-14　储能电容器的技术数据

制造厂名称	型式	电压（V）	电容器（μF）
上海无线电十八厂	CD	300	150，200，300，500，1000
		350	100，500，600，800
		450	100，150，200，500
松江电解电容器厂	CD	450	2000
	CD	450	200，300，500 800，1000，1500
天津电解电容器厂	储能专用	450	250
		470	225
		500	200

采用电解电容器时，应注意在使用前进行“老练”。一般电解电容器产品出厂到用户使用，有一段较长的时间。由于电解电容器内有电解液（即电糊），而电解电容器的极间绝缘是靠铝片上的氧化层，电容器不用时电解液容易损坏氧化层。因此在使用前应进行“老练”，否则加上额定电压后容易击穿烧坏。所谓“老练”，就是预先充电，使损坏的氧化层逐渐得到恢复，即在使用前，使电容器逐渐加压，可按每小时升 100V 的速率升至额定电压，然后维持几小时，再检查其是否发热，如有发热则表明该电容器漏电流很大，不宜使用。

14.4.4.2　电容量计算

电容储能装置的电容量是根据实际负荷需要来确定的。这些负荷是时间继电器、中间继电器以及断路器的跳闸线圈等。但由于中间继电器内阻大，消耗能量很小，计算时一般可不考虑。

选择电容器容量的原则为：

(1) 在电容器放电过程中电压的衰减应在继电器及跳闸线圈的动作电压范围内；

(2) 电容器所储存的能量应保证继电器及跳闸线圈可靠动作。

对于电容量的计算，目前还没有一个准确的方法。下面介绍两种计算方法，供初步计算电容量之用。在投入运行前要根据实际设备的试验结果加以修正，并应留有适当的备用容量。

A　电容量计算方法之一

断路器跳闸的最低电压为 $65\%U_e$，计算取 $70\%U_e$，故跳闸线圈消耗功率为

$$P_1 = 0.7U_e \times 0.7I_e = 0.49U_eI_e \quad (14\text{-}25)$$

式中　P_1——跳闸线圈消耗功率，W；

U_e——跳闸线圈额定电压，V；

I_e——跳闸线圈额定电流，A。

跳闸线圈消耗的能量为

$$A_1 = 0.49U_eI_et_1 \quad (14\text{-}26)$$

式中　A_1——跳闸线圈消耗的能量，J；

t_1——断路器固有跳闸时间，s。

继电器消耗能量为

$$A_2 = P_2t_2 \quad (14\text{-}27)$$

式中　A_2——继电器消耗的能量，J；

P_2——继电器消耗功率，DS-110 型时间继电器为 30W，DS-110C 型时间继电器为 12W；

t_2——保护时限，s。

所需总能量为

$$A = K_1A_1 + K_2A_2 \quad (14\text{-}28)$$

式中　A——断路器跳闸所需总能量，J；

K_1——断路器同时跳闸台数；

K_2——同时动作的保护继电器台数。

电容器容量为

$$C = K_2\frac{2A}{U_c^2} \times 10^6 \quad (14\text{-}29)$$

式中　C——电容器容量，μF；

U_c——电容器充电电压，三相桥式整流为 230V；

K_2——电容器的有效系数，考虑电容器的剩余无效能量及部分损坏等因素，一般取 1.5。

B　电容量计算方法之二

从分析电容储能动作继电保护和断路器跳闸的电流电压示波图可以知道，在继电保护动作接通断路器跳闸线圈之前，电容器的能量主要消耗在时间继电器上，在断路器跳闸线圈接电至断路器脱扣这段时间内，跳闸线圈能量消耗很小，而在断路器脱扣后辅助触头

尚未断开时，跳闸线圈继续消耗的能量却较大，此段能量消耗对断路器脱扣已不起作用。因此，对只跳开单台断路器的电容器容量只要满足脱扣前的能量消耗即能保证可靠跳闸。

保护动作前电容器组所储能量为

$$A_1 = \frac{CU_1^2}{2} \times 10^{-6} \quad (14\text{-}30)$$

式中 A_1——保护动作前电容器组所储能量，J；

U_1——电容器组起始端电压，即充电电压，V。

断路器跳闸线圈接通前，电容器组所储能量降为

$$A_2 = \frac{CU_2^2}{2} \times 10^{-6} \quad (14\text{-}31)$$

式中 A_2——断路器跳闸线圈接通前的电容器组所储能量，J；

U_2——断路器跳闸线圈开始接电时电容器组的端电压，可取70%跳闸线圈额定电压，V。

电容器组向保护回路（只计算时间继电器，中间继电器及控制电缆的能量消耗忽略不计）放出的能量为

$$A = A_1 - A_2 = \frac{C}{2}(U_1^2 - U_2^2)10^{-6} \quad (14\text{-}32)$$

式中 A——电容器组向保护回路放出的能量，J。

时间继电器消耗的能量可由保护动作时间内的平均电压及平均电流计算得出

$$A' = \frac{(U_1+U_2)}{2} \times \frac{\frac{(U_1+U_2)}{2}}{R} t = \frac{(U_1+U_2)^2}{4R} t \quad (14\text{-}33)$$

式中 A'——时间继电器消耗的能量，J；

R——保护回路电阻，只考虑时间继电器电阻，DS-110型时间继电器为1750Ω，DS-110C型时间继电器为4250Ω；

t——保护动作时间，s。

忽略控制电缆的能量消耗，可以认为电容器组放出的能量等于时间继电器消耗的能量，即

$$A = A'$$

$$\frac{C}{2}(U_1^2 - U_2^2)10^{-6} = \frac{(U_1+U_2)^2}{4R} t$$

$$C = \frac{2(U_1+U_2)^2 t}{4R(U_1^2 - U_2^2)} \times 10^6 = \frac{(U_1+U_2)t}{2R(U_1-U_2)} \times 10^6 \quad (14\text{-}34)$$

考虑几台断路器同时跳闸及可靠系数后，则

$$C = K_1 K_2 \frac{(U_1+U_2)t}{2R(U_1-U_2)} \times 10^6 \quad (14\text{-}35)$$

式中 K_1——断路器同时跳闸台数；

K_2——可靠系数，取1.2～1.3。

14.4.4.3 减少电容器组容量的措施

作为电容储能跳闸的电容量一般达数千微法。若保护时限长，同时跳闸的断路器数量多，所需的电容量就更大。如何采取措施来降低电容量是个值得研究的问题。下面介绍几种常用的方法：

（1）提高电容器充电电压，增大电容器的储能。从式14-29可以看出，在同样的能量消耗下，所需电容量与电容器的充电电压平方成反比。因此提高电容器的充电电压是个有效的措施。实际做法是将接于控制母线上硅整流器（如图14-20中硅整流器Ⅱ）按单相桥式接线。这样，当其直流输出电压为220V时，电容器的充电电压最大值达到

$$U_c = \sqrt{2} \times 1.11 E_{do}$$

$$= \sqrt{2} \times 1.11 \times 220 = 345\text{V}$$

由于二极管（图14-20中2G和3G）的存在，电容器的电压不会影响控制母线电压。但由于合闸硅整流器仍采用三相桥式接线，此时控制母线上直流电压约达240V，小于110%U_e，因此是允许的。

实践证明，充电电压虽然约提高了50%，但由于短时接电，对继电器和断路器跳闸线圈的绝缘和发热没有什么影响，相反还会带来加快脱扣机构动作速度的好处。

（2）增加保护回路电阻，降低保护动作的能量消耗。从式14-35中可以看出C与R成反比，R加大则C可减小。

在电容器放电过程中，消耗能量最大的是时限较长的时间继电器，一般DS-110型时间继电器在起动时需要一定的起动电流，起动后维持其时间元件动作的电流较小。因此可以采用附加电阻的办法（如图14-23所示），来减少时间继电器动作过程中能量的消耗。

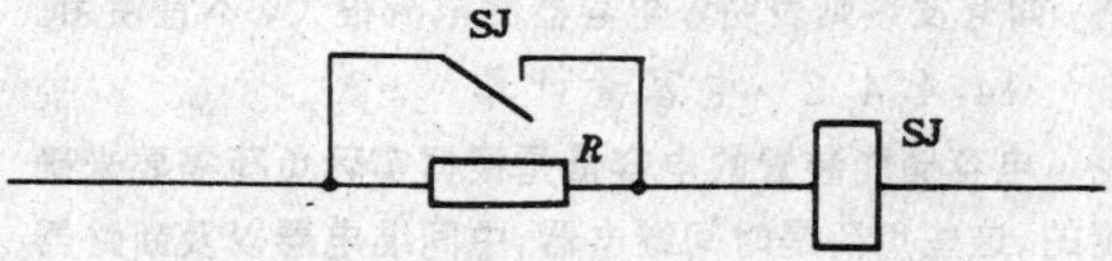

图14-23 时间继电器附加电阻

对三相桥式整流线路，充电电压为230V，可采用带内电阻2.5kΩ的DS-110C型继电器，其功率损耗为12W；对单相桥式整流线路，充电电压为345V，可以将附加电阻加大到5kΩ，此时可采用DS-110型继电器

(其线圈电阻为 1.75kΩ) 外附 5kΩ、20W 电阻，其总损耗约为 7.5W。

14.4.4.4 计算实例

直流系统，接线见图 14-20。

A 6kV 出线保护回路电容器

考虑两回路出线同时跳闸。断路器操作机构为 CD-10 型，$U_e=220V$，$I_e=2.5A$，固有跳闸时间 $t_1=0.1s$。时间继电器为 DS-110 型，保护时限 $t_2=0.7s$。两套保护装置动作两台断路器。

按方法一计算：

$A_1=0.49U_eI_et_1=0.49\times220\times2.5\times0.1=27J$

$A_2=P_2t_2=30\times0.7=21J$

$A=K_1A_1+K_2A_2=2(27+21)=96J$

$$C=K_2\frac{2A}{U_c^2}\times10^6=1.5\times\frac{2\times96}{230^2}\times10^6=5450\mu F$$

按方法二计算：

$U_1=230V$

$U_2=0.7U_e=0.7\times220=154V$

$R=1750/2=875\Omega$

$$C=K_1K_2\frac{(U_1+U_2)t}{2R(U_1-U_2)}\times10^6$$

$$=2\times1.3\times\frac{(230+154)\times0.7}{2\times875\times(230-154)}\times10^6$$

$=5250\mu F$

将时间继电器改用 DS-110C 型，重新计算。

按方法一计算：

$A_1=27J$

$A_2=12\times0.7=8.4J$

$A=K_1A_1+K_2A_2=2\times(27+8.4)=70.8J$

$$C=1.5\times\frac{2\times70.8}{230^2}\times10^6=4020\mu F$$

按方法二计算：

$U_1=230V$

$U_2=154V$

$$R=\frac{4250}{2}=2125\Omega$$

$$C=2\times1.3\times\frac{(230+154)\times0.7}{2\times2125\times(230-154)}\times10^6$$

$=2160\mu F$

B 主变压器保护回路电容器

设备条件同上，只是一套保护装置动作两台断路器。保护时限 $t_2=1.2s$。

按方法一计算：

$A_1=27J$

$A_2=30\times1.2=36J$

$A=K_1A+K_2A_2=2\times27+36=90J$

$$C=1.5\times\frac{2\times90}{230^2}\times10^6=5100\mu F$$

按方法二计算：

$$C=2\times1.3\frac{(230+154)\times1.2}{2\times1750\times(230-154)}\times10^6$$

$=4504\mu F$

将时间继电器改用 DS-110C 型后重新计算。

按方法一计算：

$A_2=12\times1.2=14.4J$

$A=2\times27+14.4=68.4J$

$$C=1.5\times\frac{2\times68.4}{230^2}\times10^6=3880\mu F$$

按方法二计算：

$$C=2\times1.3\times\frac{(230+154)\times1.2}{2\times4250(230-154)}\times10^6$$

$=1854\mu F$

由上述计算实例可以看出，采用不同运行方式，计算结果有明显出入，同时在运行中电容器容量还受到许多因素的影响；因此在投入运行前，要做实际设备的动作试验，并应有适当的容量裕度。从目前实际运行情况来看，对于没有复杂保护装置的各级变配电所，当整流器采用三相桥时，安装 3000μF，均能够可靠地满足同时跳开两台断路器的要求。

14.4.4.5 电容器的保护和检查

为了不因个别电容器发生短路故障，使整个保护回路完全失去电压补偿作用，应将电容器分成若干组，每组各装一熔断器保护。一般电容器容量为 6000μF 时，可分 3～4 组。

由于电解电容器较易损坏（一般是内部脱焊断路），电容器组的电容量会逐渐下降，所以应设检查装置，以便定期检查。简易测定电容量的检查装置如图 14-24 所示。

当运行中的电容器与时间继电器 SJ 接通后，立即通过 SJ 放电，经过一定延时后 SJ 接点闭合，此时如果电容器的残压大于电压继电器 YJ 的整定值，YJ 不动作，BD 不亮则表明电容值已降低，此时应逐个检查并更换个别损坏的电容器。

变电所中一般均装有两组电容器（如图 14-20、图 14-21 中 C_{I} 和 C_{II}），其检查装置可以共用一套。正常运行时，两组电容器分别接在两个保护回路中。当对电容器组 C_{I} 进行检查时，通过转换开关 QK 将两个保护回路暂时合并共用 C_{II}。反之检查 C_{II} 时则共用 C_{I}。此时不考虑在检查的短时间内恰好发生事故而断路器机构又失灵的情况。

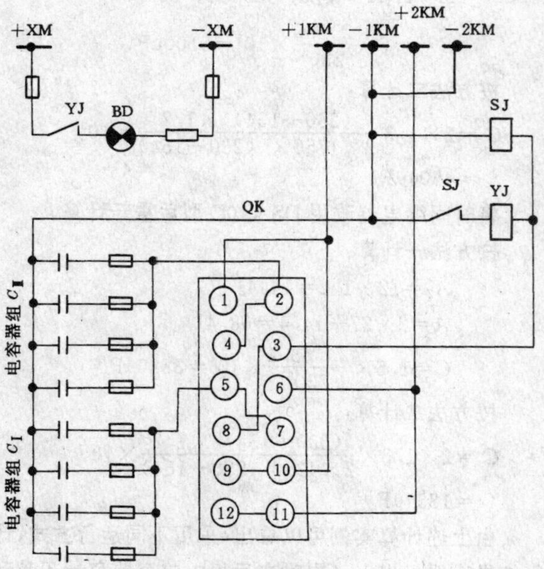

QK 开关接点表

LW2−5 5·5/F4−X										
手柄和接点组型式	F4−X	5			5			5		
位置 \ 接点号		1—2	2—3	1—4	5—6	6—7	5—8	9—10	10—11	9—12
检查 C_{I}	←		×			×			×	
工作	↑	×			×			×		
检查 C_{II}	→			×			×			×

图 14-24 电容器检查装置

继电器的整定按下述原则进行：首先确定时间继电器 SJ 的整定值，一般为 1.5～2.0s，然后将电压继电器 YJ 的整定值由小向大调整定，当调整到 YJ 不动作，就调整在比此值小 5～10V 处。

14.4.5 其它元件选择

直流回路总熔断器仍选用普通熔断器。由于合闸用硅整器的直流侧是采用快速熔断器作外部短路保护，因此往往不能互相配合。要解决这个矛盾，只有加大快速熔断器，也就是加大硅整流元件。但考虑到合闸回路接线简单，发生故障机会不多，为了节省投资，合闸回路仍采用普通熔断器，不考虑与硅整流器直流侧快速熔断器的配合问题。

各控制保护回路总熔断器选用普通熔断器。为了提高控制母线的可靠性，接于控制母线的硅整流器不宜装设快速熔断器。此时硅整流器的外部短路保护是靠各控制回路的总熔断器。利用限流电阻限制短路电流，使硅整流元件的过载特性和熔断器安秒特性相配合。一般控制回路总熔断器选用 RL-15 型，熔体为 10～15A，此时采用直流输出 20A 的硅整流器就能得到保护。

逆止元件和限流电阻的选择见图 14-20、14-21，限流电阻 R_1 和 R_2 的选择原则是：一方面要限制短路电流，当发生短路故障时，使故障所在控制回路的熔断器熔断而不致破坏整流器或逆止元件（同时也起到限制电容器充电电流的作用）；另一方面要使其流过经常负荷电流时的电压降不大于额定电压的 10%。一般 R_1 和 R_2 均选用 5Ω、500W。

逆止元件 $1G$～$3G$ 的选择不仅要通过最大工作电流和承受最大反向电压峰值，并且还要与控制回路总熔断器相配合。一般 $1G$～$3G$ 均选用 20A、250V 硅整流元件（当整流器为三相桥式接线时）或 20A、400V 元件（当整流器为单相桥式接线时）。

在运行过程中应能检查逆止元件完整与否。在图 14-20 中，对于 $1G$ 可短时打开 3HK 开关看电压表 V 有无指示来鉴定其是否损坏。对于 $2G$ 及 $3G$ 可短时打开本回路的开关，观察本回路的指示灯是否燃亮来鉴定。开关短时间断开是允许的，因为此时有电容器供给保护回路电能。

14.4.6 解决电动机低压保护操作电源的措施

高压电动机低电压保护时限长（最长达 9s），需要同时跳闸的台数多，如果皆由接在保护回路中的总电容器来供给操作电源，在技术上难以做到。因此对电动机低电压保护的操作电源应采取下列措施：

(1)采用低电压成组保护。将消耗能量最大的直流时间继电器，接于电压互感器回路中。此时低电压成组保护回路接线如图 14-25 所示。为了防止电压互感器回路断线，使 1SJ、2SJ 时间继电器失电，而造成低电压保护误动作，可在直流回路中增设 1YJ、2YJ 电压继电器的常闭接点。

(2) 对每个电动机出线断路器加装跳闸专用电容器，接线如图 14-26 所示。正常时，电容器 C 充电。当系统低电压时，低电压成组保护中间继电器 ZJ 闭合，电容器 C 向跳闸线圈 TQ 放电，断路器跳闸。按钮 AN 及氖灯 ND 供检查电容器 C 之用。

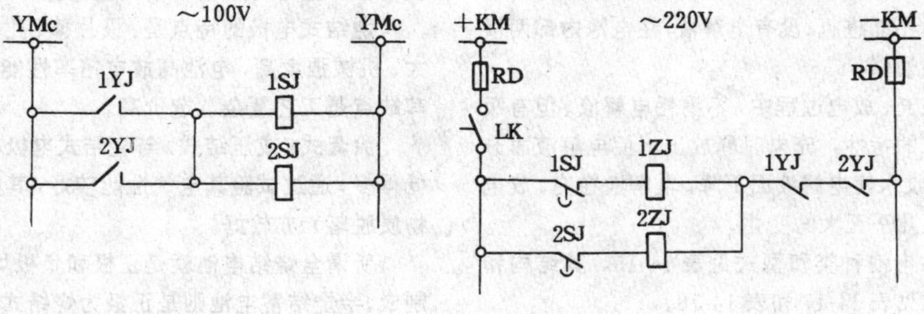

图 14-25 低电压成组保护系统

1YJ、2YJ—DJ-131/200；1SJ—DSJ-13；

1ZJ、2ZJ—DZ-17

当断路器操作机构为 CD10 时，跳闸线圈电压为220V 时，有关元件可按表 14-15 选择。

表 14-15 电动机跳闸专用电容器及配合元件选择

硅整流装置接线方式	支路电容器 C	逆止元件 G	限流电阻 R
三相桥式	CD-1B，500μF，300V	2CP33，0.5A，250V	ZG11-150，500Ω，150W
单相桥式	CD-1B，250μF，450V	2CP33，0.5A，400V	ZG11-150，1000Ω，150W

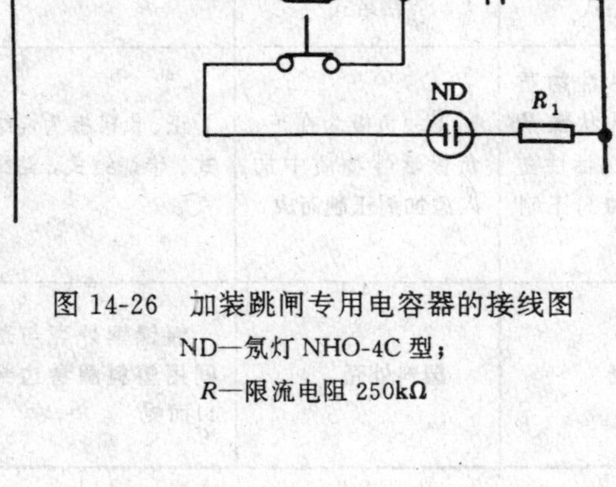

图 14-26 加装跳闸专用电容器的接线图

ND—氖灯 NHO-4C 型；

R—限流电阻 250kΩ

14.5 镉镍电池直流电源

80 年代开始在变（配）电所采用镉镍碱性蓄电池作为直流操作电源以来，以其使用更为安全可靠、体积小，寿命长，低温性能好，耐过充、过放电性能好，无腐蚀性气体发生，安装方便，维护检修工作量较小等优点，受到用户的欢迎。同时由镉镍电池及其充电装置组成的直流电源成套装置的日臻完善，使其应用范围不断扩大，特别是 1986 年在湖南耒阳电厂（20 万 kW 机组），采用了中倍率大容量镉镍电池，经过运行考验，得到了电力部门的肯定，成为“新一代直流电源”。

14.5.1 镉镍碱性蓄电池

14.5.1.1 镉镍电池的基本原理和结构

镉镍电池在充、放电过程中，电极发生化学反应，生成电流的物质叫活性物质。镉镍电池的负极是镉；正极是氢氧化镍。放电时负极发生氧化反应，变成氢氧化镉，是阳极；正极发生还原反应，变成氢氧化亚镍，是阴极。充电时正好相反，负极由氢氧化镉变成镉，是阴极；正极由氢氧化亚镍变成氢氧化镍，是阳极。电池的第三个要素是氢氧化钾电解液，没有电解液，氧化反应和还原反应就不能进行；没有电解液，在电池内部两极间就没有电的通路。

蓄电池在充、放电过程中，不消耗电解液，但有吸收和释放出水的特性，充电时释放出水使电解液面升高，放电时吸收水使电解液面下降。电解液在充、放电过程中，比重几乎无大的变化。

镉镍碱性电池种类和型式见表 14-16，其结构和主要电气参数见表 14-17 和表 14-18。

广东三水佳力、河南新乡七五五厂、四川绵阳七五六厂、上海新宇等厂生产的各种型号的高、中、低倍率的全烧结和半烧结的碱性镉镍蓄电池均已广泛应用于发电厂、变（配）电所做为直流操作电源。

烧结式电极的特点是：极片薄、孔率高，比表面积大、机械强度高，电池高放电倍率性能和低温性能好。其缺点是工艺复杂、造价高。

涂膏式（或压结式）与烧结式电极相比，其造价要低得多，通过试验其电气性能较好，其机械强度（活性物质脱落）亦较好。

所谓全烧结电池就是正极和负极均为烧结式电极制成。半烧结蓄电池则是正极为烧结式电极，负极为涂膏式电极。

表 14-16 镉镍碱性电池种类和型式

开启式			密封式（液密式）	
袋式	烧结（半烧结）式	粘结式	烧结（半烧结）式	粘结式
GND（KCL） GNZ（KCM） GNG（KCH） GNG（KCX）	GNG（KCH） GNG（KCX）	GNG（KCH） GNG（KCX）	GNY（KRH） GNB（KBH）	GNY（KRH） GNB（KBH）

注：1. 表中型号的意义

GN□（KC□）

GN、KC——镉镍蓄电池。

□中：

D（L）——低倍率，放电电流＜$0.5C_5$A；

Z（M）——中倍率，放电电流 $0.5\sim3.5C_5$A；

G（H）——高倍率，放电电流 $3.5\sim7.0C_5$A；

C（X）——超高倍率，放电电流＞$7.0C_5$A；

Y（R）——圆型；

B（B）——扁型。

2. 括号内型号为 IEC 型号。

表 14-17 镉镍碱性蓄电池的结构

主要部件	开口型				密封型
	袋式	烧结式	半烧结式	粘结式	
极板	正、负极板是由正、负极活性物质包在穿孔镀镍（负极未镀镍）钢带制成的袋子里	正、负极为正、负极活性物质填充在多孔状的镍基板中	正极为活性物质填充在多孔状镍基板中，负极为活性物质加入添加剂压制而成	正、负极为在正、负极活性物质中加入添加剂压制而成	正、负极板为烧结式、半烧结式，粘结式
外壳	塑料外壳 镀镍钢外壳	塑料外壳	塑料外壳	塑料外壳	镀镍钢外壳与盖间用塑料圈卷边封口而成

续表 14-17

主要部件	开口型				密封型
	袋式	烧结式	半烧结式	粘结式	
隔板（膜）	塑料板栅或硬橡胶栅	编织或非编织的化学纤维，聚乙烯膜	编织或非编织的化学纤维、聚乙烯膜	编织或非编织的化学纤维，聚乙烯膜	编织或非编织的化学纤维，聚乙烯膜
电解液	以氢氧化钾为主体的水溶液 比重 1.20（20℃）	以氢氧化钾为主体的水溶液 比重 1.23（20℃）	以氢氧化钾为主体的水溶液 比重 1.23（20℃）	以氢氧化钾为主体的水溶液 比重 1.23（20℃）	以氢氧化钾为主体的水溶液 比重 1.25～1.28（20℃）

注：蓄电池组根据使用电压可用单只蓄电池串联而成。

表 14-18　镉镍碱性蓄电池主要电气参数

项目		开启式			密封式
		袋式		烧结（半烧结）式、粘结式	
		低倍率	中倍率	高倍率	高倍率
额定容量（A·h）		5h 率 C_5			
电压	额定电压（V/个）	1.20			
	浮充电压（V/个）	1.47～1.50	1.42～1.45	1.38±0.02	1.38±0.02
	均衡充电电压（V/个）	1.52～1.55	1.52～1.55	1.47～1.48	1.47～1.48
－180℃放电容量（%）		≥50	≥60	≥70	≥70
自放电（28 昼夜）（%）		<20	<20	<30	<35
寿命	循环寿命（次）	>900	>900	>500	>400
	浮充使用寿命（年）	>20	>20	>15	>5
内阻（$R_{内}C$）①		0.15～0.2	≈0.1	0.03～0.06	0.03～0.04
$1C_5$A 放电时间（min）			50	60	60

①由于电池容量与内阻成反比，内阻与容量的乘积几乎为一常数，但大容量电池定值也偏大。

14.5.1.2　镉镍蓄电池的特性

A　充放电特性

高倍率镉镍蓄电池充、放电特性曲线见图 14-27。以 $0.2C_5$A 电流值恒流充电是一种标准的充电方法，前 6h 内充电电压缓慢上升至 1.5V 左右，稍后电压开始升高，正极析出氧气，负极析出氢气，接着充电电压迅速上升到 1.7V 以上。过充电时 100％的充电电流用来电解水。

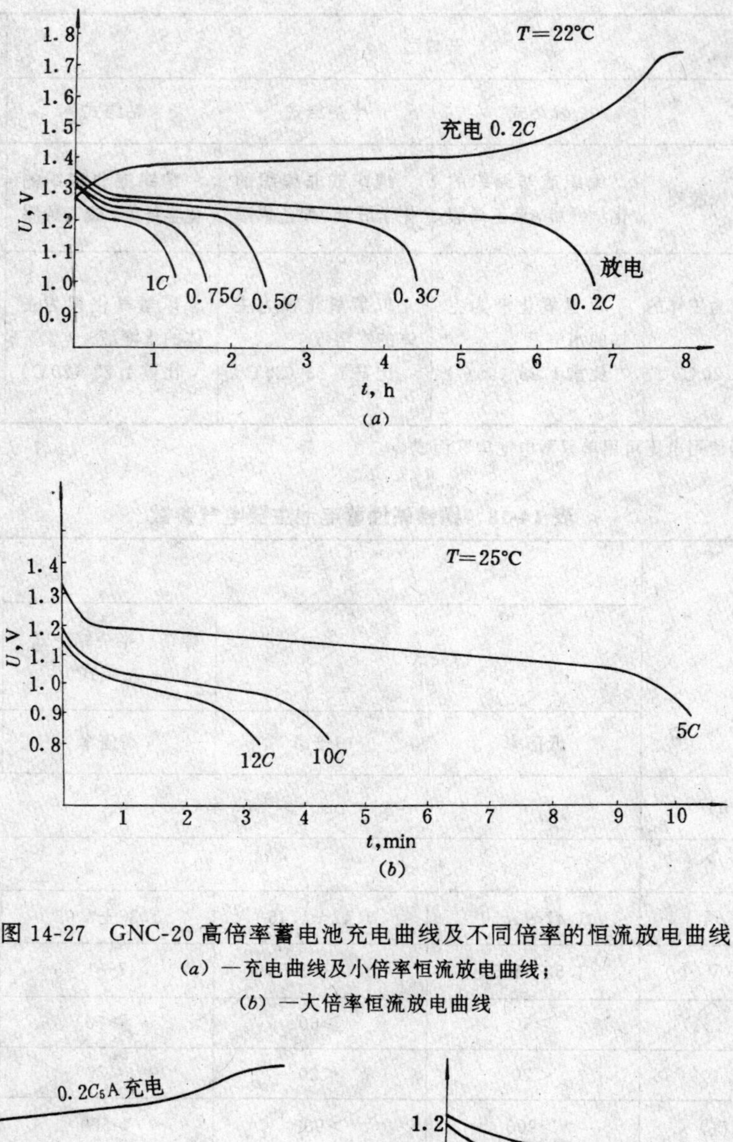

图 14-27　GNC-20 高倍率蓄电池充电曲线及不同倍率的恒流放电曲线

(a) —充电曲线及小倍率恒流放电曲线；

(b) —大倍率恒流放电曲线

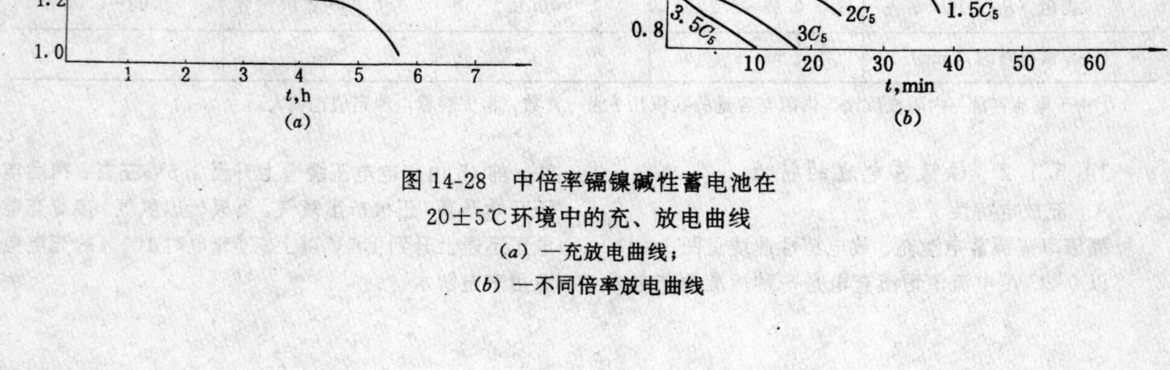

图 14-28　中倍率镉镍碱性蓄电池在

20±5℃环境中的充、放电曲线

(a) —充放电曲线；

(b) —不同倍率放电曲线

一般情况下应避免过充电，析出气体对极板有冲击作用，使活性物质脱落，影响容量和寿命。但长期浮充电会使容量下降，为恢复容量必须进行定期的过充电。

在图 14-27、图 14-28 中，也示出了高（超高）、中倍率镉镍电池的放电特性。以 $0.2C_5$A 电流放电时，高倍率电池放电容量达 100%，终止电压仍有 1.2V；中倍率电池放电容量为 90%时，终止电压约有 1.02V。由于制造厂家制造工艺不尽相同，放电特性也有区别，欲获得准确的放电终止电压，则还应向有关制造厂索取。但一般随着放电电流的增加，放电容量及终止电压都随着减小，虽说高倍率电池放电电流可达到 10～$12C_5$A，但放电容量仅有 50%或更低，而终止电压也在 1.0V 以下。

B 均衡充电特性

因自放电不一致或电池长期浮充电可使特性变化，使蓄电池容量降低，电压不稳定。为防止少数电池发展成"落后"电池（电压低很多）或"反极"电池，应进行定期均衡充电。这是对大放大充核对性活化充放电方式的发展和进步。

均衡充电一般采用二阶段充电法，先以 $0.2C_5$A 电流充电，待达到均衡电压后（高倍率电池 1.47～1.48V，中倍率电池 1.52～1.55V），再以恒定电压充电，高倍率电池保持 8h，中倍率电池保持 12h。

一般镉镍电池成套装置应配置在线均衡充电装置。均衡充电以春秋两季进行较好，冬夏两季不是过热就是过冷，充电效果不理想。

C 浮充电

浮充电是将蓄电池和浮充电装置并联供给负荷用电的一种运行方式。在浮充过程中，蓄电池的自放电损失，由浮充电流来补偿，保证蓄电池经常处于良好的备用状态。同时浮充电装置又供给全部的直流负荷。只有在交流停电时才由蓄电池向负荷供电。

定电压限流是浮充电的主要方法。

浮充电电压不足，随着时间的积累，自放电的损失将大于补偿量，出现容量不足或全无容量。浮充电电压过高，浮充电流过大，会造成蓄电池"冒液"、"胀肚"、"失水"，进而使电池损坏。

自放电的大小，除制造工艺影响外，对蓄电池选配及维护也有很大的影响。

由于在注入电解液时电解液溢出，在充电时"冒液"以及极柱密封不严会形成"爬碱"。由爬碱、潮气、灰尘等作用造成了蓄电池旁路，产生泄漏电流，影响了蓄电池的浮充电流，严重的还可能形成多只蓄电池外部短路，使蓄电池损坏。

电池在运行中多次充电和放电后，极板会发生膨胀，使电池极板挤得很紧。由于极板在生产过程中，微小的毛刺未能完全清除，极板膨胀后，极板未被清除的毛刺刺穿隔膜使电池产生轻微的短路，引起电池自放电的增加。严重时引起电池内部短路，使浮充电流不能补充自放电，电池容量必然减少。

一般蓄电池是串联使用的。如果在电池成套出厂后，筛选配组不严格，容量最低的电池首先放完电。继续放电时被电池组内的其他电池强迫放电至"零电压"甚至"反极"（正极变负电位）。使整个电池组电压降低，浮充电流增加（因浮充电压不变），就有可能出现部分电池过充电而"冒液"。

零电压的电池和反极的电池，在放电过程中，对外呈现一个大的内阻，且这些电池电解液一般较少，甚至干涸。这些电池在承受大电流放电时，造成电池内部温升，使电池隔膜击穿，极板严重短路，电池彻底损坏。

当部分电池损坏以后，如不及时恢复和清理，形成恶性循环，损坏的电池会急剧增加，甚至整组电池损坏。

D 温度特性

镉镍电池电动势的温度系数是负值，在高温条件下充电（浮充电），电池电动势下降，充电电压不变，对电池的充电电流较大，造成过充电。在低温条件下，电池电动势升高，充电电压不变，充电电流降低，使电池充电不足。充电最适宜的温度为 20±5℃。

温度对电池容量影响较大，表 14-19 是各种镉镍电池容量受温度影响的情况。

表 14-19 镉镍电池的容量受温度影响的情况

电池类型	容量百分数（%）			
	+25℃	0℃	−20℃	−40℃
开口式烧结电池	100	95	85	70
开口袋式电池	100	95	85	65
密封烧结电池	100	95	80	20
密封袋式电池	100	85	60	
开口铅酸电池	100	75	50	25

E 寿命

电池寿命一般用循环次数来表示，电池充电放电一次叫一个循环。为延长电池使用年限，采取下列措施：

(1) 保证电池在低于35℃环境下工作；

(2) 每升电解液里加30～50g 氢氧化锂；

(3) 电池在浅充、浅放制度下使用。

镉镍电池寿命长的主要原因是：极板的机械强度高；电解液对电极或其他部件腐蚀小；过充电、过放电和在任何充电状态下可以长期贮存。

根据我国积累的数据，合理使用的话，镉镍电池的寿命可达15～20年。

14.5.2 镉镍蓄电池与铅酸电池的比较

14.5.2.1 容量表达方式

铅酸电池是以10h放电率放出的容量为额定容量。镉镍电池是以5h放电率放出的容量为额定容量。在发电厂，变电所直流系统设计中，计算蓄电池容量是按1小时事故停电时间考虑，在保证事故放电末期满足直流母线电压在允许范围内所需的容量，镉镍碱性电池（指高、中倍率）容量等于铅酸电池容量的一半左右。但对按事故放电5h和8h的情况，则碱性镉镍电池比铅酸电池的计算容量不会减小很多。

14.5.2.2 标称电压和充电电压

镉镍电池标称电压为1.2V，浮充电压在环境温度25±10℃范围内，中倍率镉镍电池为1.42～1.45V，为标称电压的1.18～1.21倍；高倍率电池为1.35～1.40V，为标称电压的1.075～1.085倍。对于正常浮充电运行的蓄电池，当由正常浮充状态转为事故放电状态时，碱性镉镍电池电压下降15.5%或11.2%，而铅酸电池仅下降7%。从减少直流母线电压波动的角度看，铅酸电池优于镉镍电池。在均衡充电时，中倍率镉镍电池电压为1.52～1.55V，为标称电压的1.26～1.30倍；高倍率镉镍电池电压为1.47～1.48V，为标称电压的1.225～1.23倍。而铅酸电池均衡充电电压为2.28～2.35V，为标称电压的1.14～1.175倍。这样镉镍电池增大了电池组充放电电压的范围，为了保证均衡充电时蓄电池仍能在线运行（即相当于浮充电方式），要求直流屏制造厂家在系统接线中考虑限制压降措施。

以上是铅酸电池与镉镍碱性电池的主要差别。至于其他一些性能前面已经提到或后面还要提到，这里不予详述。

14.5.3 直流母线电压波动及调压措施

蓄电池运行在不同状态（充电、均衡充电、浮充电、放电）时，其端电压随之变化。由于用电设备允许的电压波动有一定范围，这就引出了直流母线的调压问题。

14.5.3.1 直流母线电压波动范围

在正常浮充电方式下，直流母线电压为额定值的105%。其它运行方式的直流母线电压不应超过直流用电设备的允许电压波动范围。

动力负荷（包括混合供电）和控制负荷的直流母线电压应在额定电压的＋12.5%～－15%范围内。

直流母线在事故放电末期应保证断路器合闸线圈的端电压不低于额定电压的85%。

用电设备对直流母线电压的要求见表14-20。

碱性镉镍电池在各种工作情况下电压变化情况较大，其变化情况见表14-21。

以一般现行的220V高倍率镉镍电池直流屏装置180只电池为例，浮充电压为244～250V，均充电压为264～266V。高于母线额定电压和最高允许电压。中倍率电池电压变化更大。

表14-20 直流用电设备的允许电压波动范围

序号	负荷名称	正常允许电压波动范围	事故末期允许电压百分数
1	控制继电器及信号灯	不能长期超过额定值和小于70%	70%
2	继电器及连锁装置	70～110%	70%
3	隔离开关操作回路	85～110%	85%
4	断路器跳闸回路	85～120%	85%
5	断路器合闸回路	85～110%	80～85%
6	事故照明		85～90%
7	直流油泵及氢冷密封油泵		90%

表14-21 各种工作情况下单只蓄电池电压（V）

蓄电池类型＼工况	均衡充电	浮充电	放电末期
高倍率电池	1.47～1.48	1.36～1.39	1.1
中倍率电池	1.52～1.55	1.42～1.45	1.07

14.5.3.2 调压措施

调压措施有：

(1)电池组分为基本电池与端电池。基本电池与浮充装置并接于直流母线，端电池另设浮充装置。在事故放电电压降至0.9额定电压时，自动将端电池接入，使母线电压能维持在允许的范围内。

由于基本电池与端电池工况不同，即使浮充电流调节相同，放电工况也相差甚远，造成蓄电池组内容量不均匀，基本电池容量不足（已事故放电），端电池满容量。这相当于一组不均匀的蓄电池串联，放电深度达到一定程度后易形成“零电压”或“反极”电池。对蓄电池寿命有影响，对安全运行不利。

(2)蓄电池出口装设调压装置。调压装置由硅二极管（硅链）组成，利用其较稳定的正向压降，降掉部分电压，使负荷侧电压限制在允许的变化范围内。其原理接线如图 14-29 所示。

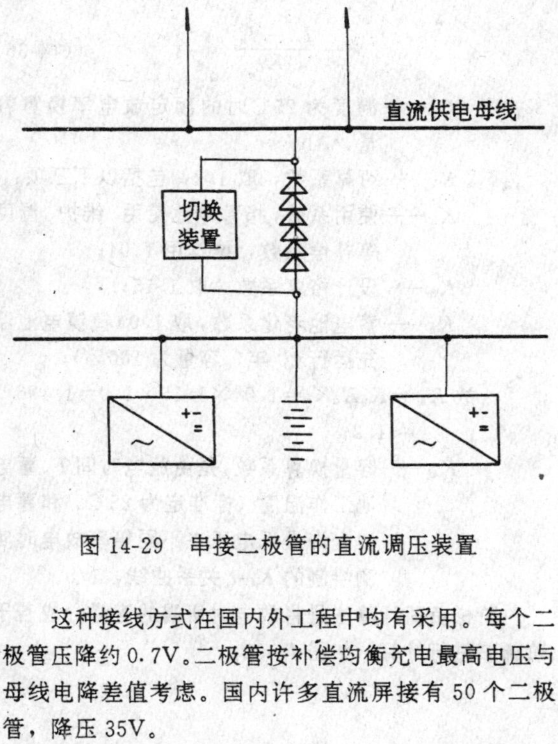

图 14-29　串接二极管的直流调压装置

这种接线方式在国内外工程中均有采用。每个二极管压降约 0.7V。二极管按补偿均衡充电最高电压与母线电降差值考虑。国内许多直流屏接有 50 个二极管，降压 35V。

此种方式的缺点是，二极管有电能损耗，发热量大。

(3)分设合闸母线和控制母线。为了减少上述方案串联二极管发热量大的缺点。仅在控制母线上设降压串联二极管，因控制负荷小，二极管容量可减少。合闸母线直接接在充电母线上，因合闸是瞬时（一般为 0.2s 左右）且通过电缆降压，合闸母线电压 250V 左右（180 只电池），是能够保证断路器正常工作的。如果有动力负荷，也可以接在合闸母线上。一般动力负荷仅在事故情况下工作（如事故直流油泵），不存在浮充电压偏高的问题。

(4)采用电子开关控制方式。在正常时由电子开关把蓄电池组与直流母线隔开，保证蓄电池组不向负荷送电。只有在直流母线失电或电压降低超过整定值时，电子开关导通，迅速向直流母线供电，开关的动作时间为微秒级，不影响母线的连续供电。

14.5.4　镉镍蓄电池型式的选择

正确地选择蓄电池型式，处理好蓄电池个数和容量的关系，是直流系统是否经济合理，技术先进的关键。

碱性镉镍蓄电池目前有高倍率 GNG（GNC）和中倍率 GNZ 两种（低倍率国内较少使用）。当冲击合闸电流是决定因素时，选用高倍率 GNG（或 GNC）电池是合理的。当事故持续电流大于 30A，或者计算选用高倍率蓄电池大于等于 60Ah 时，选用高倍率蓄电池应作经济技术比较，以选用更大容量的中倍率电池为宜。60Ah 以上的高倍率蓄电池只有在特殊场合下选用。

高倍率碱性镉镍蓄电池又分为全烧结和半烧结两种。有试验证明（以河南 755 厂 GNG20-（4）半烧结与 GNG20（5）全烧结为例），在各种恒流放电倍率下，半烧结电池的放电容量及放电电压均优于全烧结电池。所以采用半烧结电池是经济合理的。

14.5.5　镉镍蓄电池个数的选择

前面已谈到，镉镍电池均充及浮充电压较高，起始放电阶段特性较软，电压下降相对较快。

蓄电池个数选多了，把浮充、均充电压抬的很高，加大了调压范围。个数选少了，事故放电末期的电压又可能不足。

减少蓄电池个数，提高蓄电池容量（相当于放电倍率减少），也可以保持一定的电压水平。增加个数，可减少蓄电池容量。

当前许多厂家对高倍率电池选用 180 个，浮充电压 250V，直接供给合闸母线，降压至 230V 供给控制母线。放电终止电压 198V（单个 1.1V）。中倍率电池目前产品数量及运行经验都不很多，由于均充及浮充电压都比高倍率电池高，选用电池个数有 180 个和 172 个两种。选用 172 个电池的供电方式与 180 个高倍率电池供电方式基本相同。选用 180 个中倍率电池的系统，在合闸母线及控制母线都分别设有降压硅链。

14.5.6　充电及浮充电装置

14.5.6.1　装置的型式

当前我国充电、浮充电装置主要有两大类型。

(1)磁饱和电抗器型。磁饱和电抗器与整流变压器串联，通过改变电抗器的电感量，使电抗器两端的压降变化，整流输出的电压也就随之变化，实现稳压稳流的目的。此方案系统简单，使用可靠，用户容易掌握。

(2)晶闸管整流型。通过改变晶闸管的导通角来实现直流调压，达到稳压、稳流的目的。此方案控制触发电路较复杂，电子元件多，在元件质量不能保证的条件下，故障几率较多。它的主要特点是容量大、速度快。随着晶闸管技术的不断完善，其技术性能也日趋完善。

14.5.6.2 装置的配置

充电和浮充电(包括均衡充电)装置，有两种配置方式。一种为充电装置和浮充电装置分别设置，各起各的作用，不能互相备用；一种是充电和浮充电装置共用一套装置，同时具有充电和浮充电的功能，装有两套时，可以互相备用。

一般高倍率镉镍电池，容量在40Ah以下，其充电电流在10A及以下。而控制母线要求供电电流为15～20A，且充电整流器与浮充电整流器的性能要求也不一样，故可分别设置。当蓄电池容量在20Ah及以下，且控制母线与蓄电池之间带有电子开关时，一般再加有合闸硅整流器，供正常情况下合闸之用。

对于中倍率镉镍电池，一般选用容量均在100Ah以上，其允许充电电流较大，充电整流器可以与浮充电整流器共用。但为了提高供电可靠性，也可以分别设置整流器，这样可以互为备用。

14.5.6.3 装置的参数要求

充电及浮充电(包括均衡充电)设备输入交流一般为三相三线制，对重要的变电所，一般均为两回路(一工作，一备用)，额定电压380V±10%。充电设备的容量及其调压范围应满足蓄电池的要求，一般充电电流为$0.2C_5$A，电压为180～330V(或340V)，充电的稳流精度小于等于±5%。浮充电时稳压精度小于等于±2%，其纹波系数不应大于2%。

浮充电设备应有良好的限流特性，使出现冲击电流时，保证装置的安全可靠。

14.5.7 镉镍碱性电池容量计算

14.5.7.1 阶梯负荷计算法

阶梯负荷计算法计算公式为

$$C_5 = K_k\left(\frac{I_1}{K_{C_1}} + \frac{I_2 - I_1}{K_{C_2}} + \frac{I_3 - I_2}{K_{C_3}} + \cdots + \frac{I_n - I_{n-1}}{K_{C_n}}\right) \tag{14-36}$$

式中 C_5——温度为25℃时的额定放电率换算容量，Ah；

K_k——可靠系数，取1.2，包括以下三项：

K_u——使用系数，指蓄电池使用、维护、温度等补偿系数，推荐用1.04；

K_d——设计裕度系数，取1.15；

K_a——蓄电池老化系数，取1.0(镉镍电池浮充运行20年，容量为100%)；

故 $K_k = K_u K_d K_a = 1.04 \times 1.15 \times 1.0 = 1.196 \approx 1.2$；

K_C——容量换算系数，是由放电时间T、蓄电池工作温度(标准定为25℃)和蓄电池允许最低电压在不同倍率放电时实测绘制的K_C-t关系曲线，1/h。

阶梯负荷计算法是将放电时所需的容量分成若干阶梯来进行计算，如图14-30。

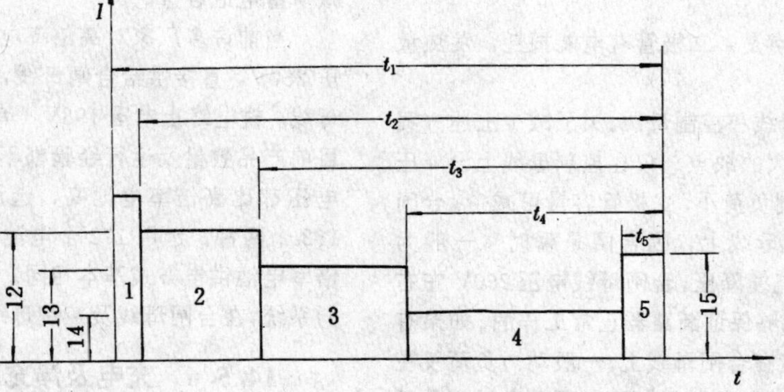

图14-30 先小后大阶梯放电电流图

$$C_1=\frac{I_1}{K_{C_1}} \tag{14-37}$$

$$C_2=\frac{I_2-I_1}{K_{C_2}} \tag{14-38}$$

$$C_3=\frac{I_3-I_2}{K_{C_3}} \tag{14-39}$$

这种方法假想的物理意义是先以 C_1 容量的蓄电池用 I_1 开始放电，在第（t_1-t_2）小时时将具有 C_2 容量的蓄电池并联接入，使其分担（I_2-I_1）的电流，然后，在（t_1-t_3）小时时将具有 C_3 容量的蓄电池并联接入，使其分担（I_3-I_2）的电流。总的承担上述三个阶段的蓄电池容量为 $C_1+C_2+C_3$。

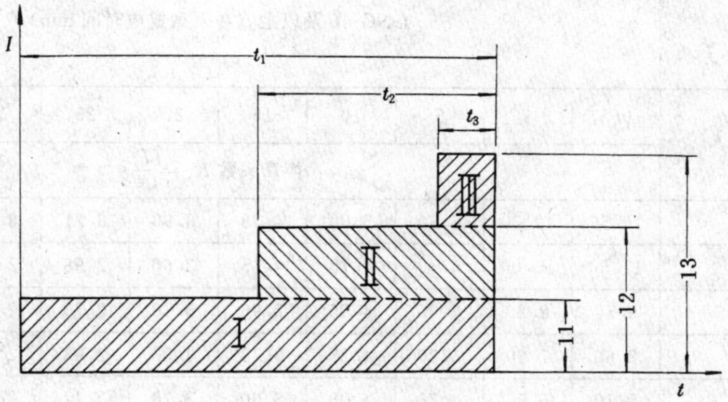

图 14-31 先大后小阶梯放电电流图

当负荷电流先大后小时，负荷曲线如图 14-31 所示。

仍用上式计算，只不过 $C_2=\frac{I_2-I_1}{K_{C_2}}$ 为负值。但是这样算出的蓄电池容量总和有时比单独按初期最大电流放电要小，这是不合理的。因此应分别计算最大电流放电容量和阶梯放电容量，选取其中的最大值，就是所求的蓄电池容量。

阶梯负荷计算法的计算基础是放电特性曲线。其计算准确性有赖于此曲线，使用时注意收集及检验。此处仅说明其计算方法。

图 14-32 和图 14-33 为高倍率镉镍碱性电池 20A·h及以下和40A·h及以上的K_C-t容量换算系

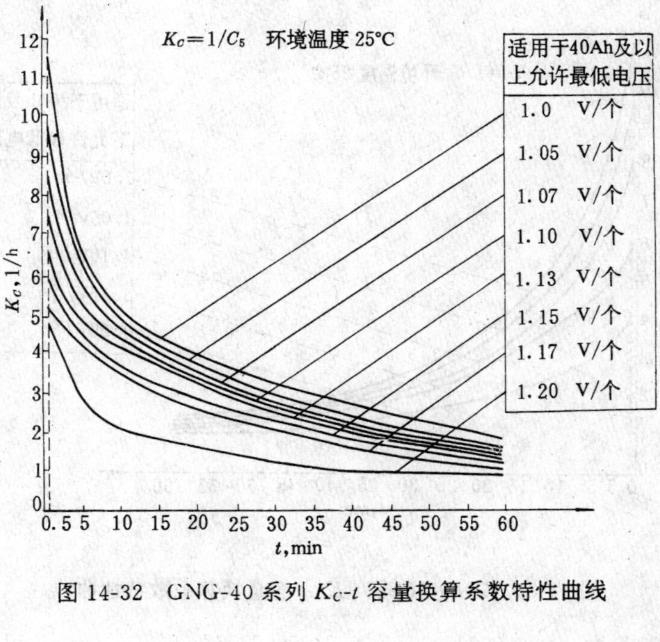

图 14-32 GNG-40 系列 K_C-t 容量换算系数特性曲线

数曲线，表 14-22 和 14-23 是其相对应的数据表。

图 14-34 和图 14-35 分别为中倍率镉镍碱性电池 200Ah 以上及以下容量的 K_C-t 换算系数曲线，表 14-24 和表 14-25 是其相对应的数据表。

以上这些曲线和数据均取自广东佳力电源器材有限公司的试验报告。

表 14-22 GNG-40 以上不同时间放电率及不同放电允许最低电压容量换算系数表

蓄电池型号及容量	GNG-40 及以上（在下列放电时间 min）									
蓄电池最低电压	0.5	1	5	10	15	20	29	30	59	60
	换算系数 $K_C=\frac{I}{C_5}$									
1.00	12.50	12.00	6.70	5.00	4.38	3.90	3.21	3.18	1.88	1.82
1.05	11.50	10.00	6.40	4.75	4.15	3.60	2.98	2.90	1.58	1.53
1.07	9.50	8.20	5.70	4.55	3.96	3.40	2.70	2.67	1.41	1.40
1.10	8.60	7.20	5.20	4.25	3.78	3.30	2.63	2.60	1.53	1.30
1.13	8.10	6.50	4.70	4.08	3.60	3.18	2.47	2.40	1.25	1.22
1.15	6.40	5.60	4.40	3.67	3.15	2.80	2.30	2.23	1.17	1.15
1.17	5.50	5.00	4.15	3.40	2.90	2.50	2.00	1.96	1.02	1.00
1.20	5.10	4.50	2.88	2.00	1.75	1.50	1.22	1.20	0.88	0.87

注：I——直流事故负荷，A；　C_5——蓄电池 5 小时放电率额定容量，A·h；

K_C——容量换算系数，1/h。

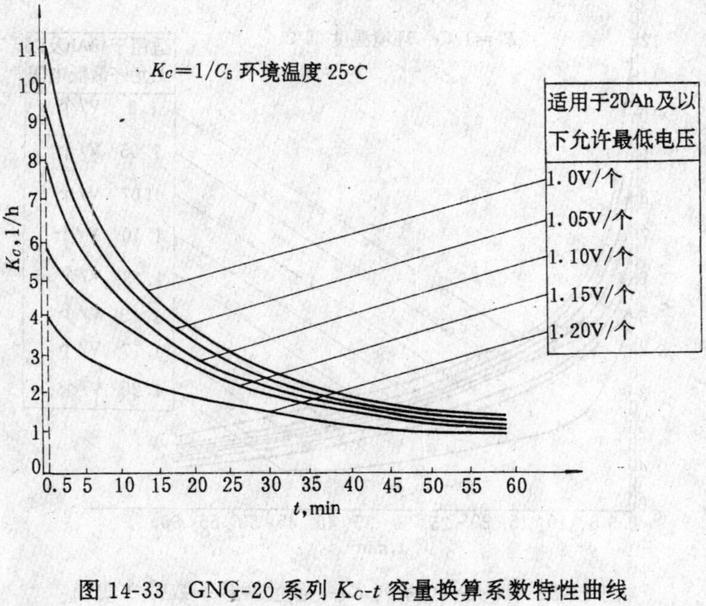

图 14-33 GNG-20 系列 K_C-t 容量换算系数特性曲线

表 14-23 GNG20A·h 不同时间放电率及不同放电允许最低电压容量换算系数表

蓄电池型号及容量	GNG-20 及以下（在下列放电时间 min）									
蓄电池最低电压（V）	0.5	1	5	10	15	20	29	30	59	60
	换算系数 $K_C=\frac{I}{C_5}$									
1.0	11.1	10.5	7.40	5.50	4.40	3.50	2.55	2.50	1.38	1.35
1.05	9.70	9.00	6.60	5.00	4.00	3.25	2.35	2.28	1.25	1.23
1.10	9.10	7.50	5.70	4.40	3.50	2.85	2.15	2.10	1.18	1.15
1.15	6.40	5.80	4.50	3.70	3.10	2.60	1.98	1.92	1.12	1.10
1.20	4.00	3.70	2.90	2.40	2.10	1.85	1.50	1.45	1.00	0.98

注：I——直流事故负荷，A；　C_5——蓄电池 5h 放电率额定容量，A·h；
K_C——容量换算系数，1/h。

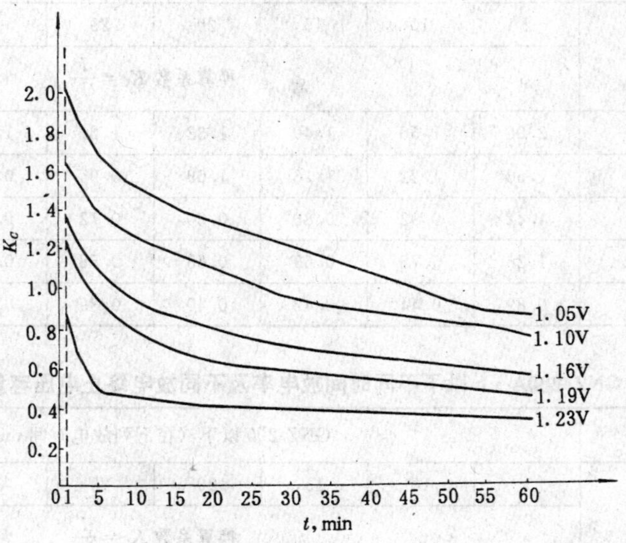

图 14-34 GNZ-200 及以上 K_C-t 容量换算系数特性曲线

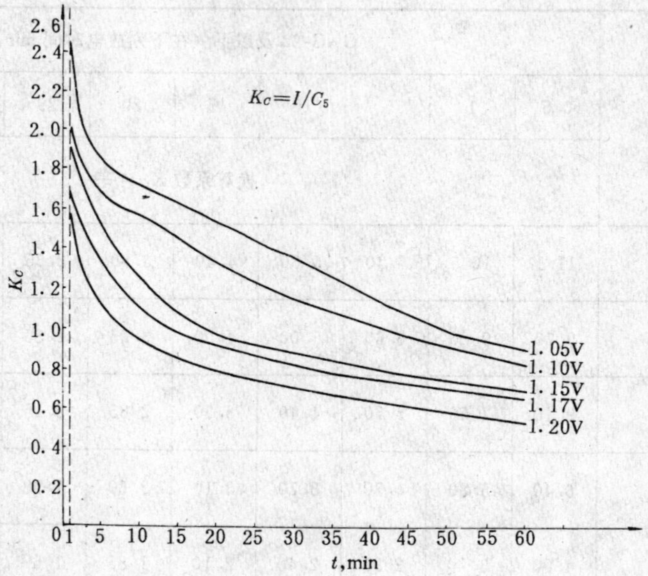

图 14-35 GNZ-200 以下 K_C-t 容量换算系数特性曲线

表 14-24 GNZ-200A·h 及以上不同时间放电率及不同放电终止电压容量换算系数表

蓄电池型号及容量	GNZ-200 及以上（在下列放电时间 min）							
蓄电池终止电压（V）	1	10	15	20	29	30	59	60
	换算系数 $K_C=\frac{I}{C_5}$							
1.05	2.00	1.50	1.40	1.32	1.21	1.20	0.88	0.87
1.10	1.63	1.22	1.16	1.09	0.95	0.94	0.77	0.76
1.16	1.42	0.92	0.86	0.80	0.72	0.71	0.57	0.56
1.19	1.26	0.78	0.69	0.63	0.58	0.57	0.44	0.43
1.23	0.89	0.44	0.42	0.40	0.39	0.38	0.33	0.32

表 14-25 GNZ-200A·h 以下不同时间放电率及不同放电终止电压容量换算系数表

蓄电池型号及容量	GNZ-200 以下（在下列放电时间 min）							
蓄电池终止电压（V）	1	10	15	20	29	30	59	60
	换算系数 $K_C=\frac{I}{C_5}$							
1.05	2.44	1.71	1.63	1.54	1.37	1.36	0.92	0.91
1.10	2.14	1.56	1.46	1.34	1.17	1.16	0.86	0.85

续表 14-25

蓄电池型号及容量	GNZ-200 以下（在下列放电时间 min）							
蓄电池终止电压（V）	1	10	15	20	29	30	59	60
	换算系数 $K_C=\frac{I}{C_5}$							
1.15	2.00	1.26	1.10	0.98	0.90	0.89	0.72	0.71
1.17	1.74	1.12	0.99	0.92	0.85	0.84	0.69	0.68
1.20	1.62	0.93	0.88	0.81	0.74	0.73	0.56	0.55

14.5.7.2 电压控制计算法

电压控制计算法是先根据事故放电容量进行初步容量选择，再根据初选的蓄电池容量，查相应的蓄电池一小时事故放电后冲击放电（合闸电流）曲线，得蓄电池冲击放电电压。

（1）计算事故容量。

$$Q_{sg}=I_{sg}t_{sg} \tag{14-40}$$

式中 Q_{sg}——事故放电容量，A·h；

I_{sg}——事故放电电流，A；

t_{sg}——事故放电时间，h，一般取 1h。

（2）计算蓄电池容量 C_5。

$$C_5=\frac{Q_{sg}}{K_kK_vK_c} \tag{14-41}$$

式中 C_5——蓄电池容量，A·h；

K_k——可靠系数，取 0.8；

K_v——浮充容量保持值 0.9；

K_c——容量利用系数，中倍率取 0.5～0.6，高倍率取 0.7～0.9。

K_c 取值考虑一小时事故放电末期，母线电压维持在 200V 以上才能保证可靠合闸。终止电压要求高时取小值，低时取大值。

根据计算的蓄电池容量，初选出与计算容量相近但较大的蓄电池规格容量。

（3）电压校验。

根据蓄电池的冲击放电曲线（见图 14-36 至图 14-39）选取相应容量蓄电池的冲击放电曲线。然后根据 I_{sg} 和 I_{ch} 从上述冲击放电曲线查得单只蓄电池电压 U_{chm}，从而可以计算出直流母线的电压

$$U_m=nU_{chm} \tag{14-42}$$

式中 U_m——直流母线电压，V；

n——蓄电池个数；

U_{chm}——冲击放电末期，单只蓄电池的电压，V，查图 14-36 至图 14-39。

根据公式 $U_m=nU_{chm}$ 计算出直流母线电压，若大于 $0.85U_e$ 则认为所选蓄电池容量是正确的。

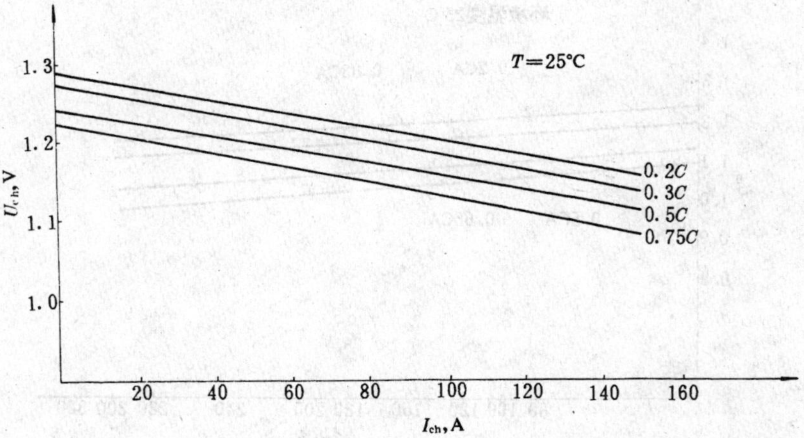

图 14-36 GNG-20 蓄电池 1h 事故放电后冲击放电曲线（0.3s）

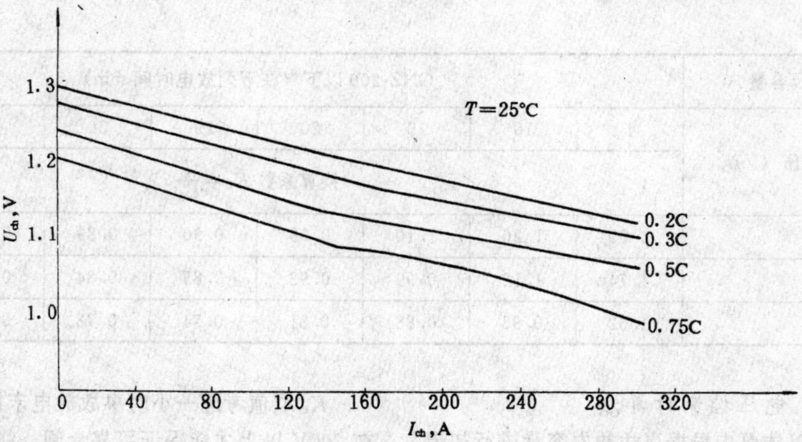

图 14-37 GNG-40 蓄电池 1h 事故放电后冲击放电曲线（0.3s）

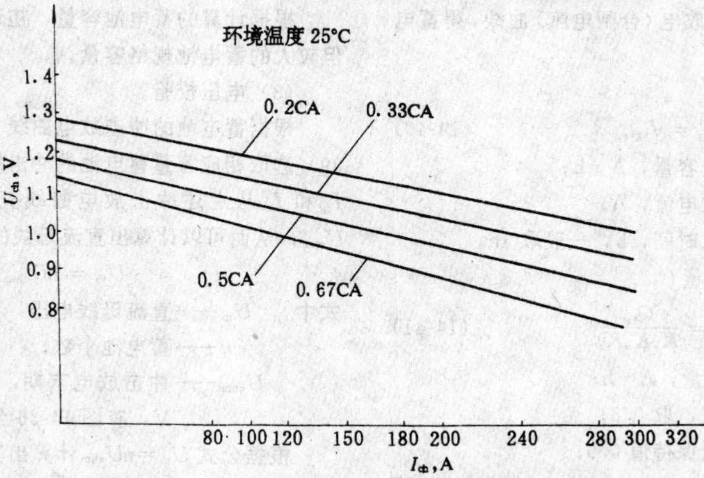

图 14-38 GNZ-100 1h 事故放电后冲击放电曲线

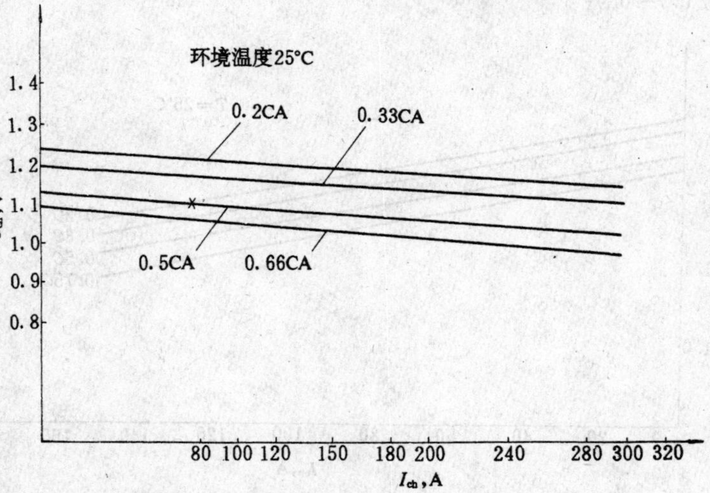

图 14-39 GNZ-500 1h 事故放电后冲击放电曲线

例 某变电所事故负荷电流10A，冲击负荷电流100A，计算蓄电池容量。

用电压控制法计算；

根据式14-40得

$$C_{sg}=I_{sg}t_{sg}=10\times1=10\text{A}\cdot\text{h}$$

根据式14-41得

$$C_5=\frac{C_{sg}}{K_kK_vK_c}=\frac{10}{0.8\times0.9\times0.7}=19.84\text{A}\cdot\text{h}$$

选20A·h其型号为GNG-20的高倍率镉镍蓄电池。

查图14-33GNG-20冲击放电曲线得

U_{chm}=1.08V(1.2×0.8V，1.2为蓄电池额定电压)

故选用GNG-20是正确的。

14.5.7.3 简化计算法

110kV及以下的变电所通常选用高倍率镉镍电池，可以用如下简化计算法确定其容量：

(1) 1h放电容量$C\leqslant0.5C_5$；

(2) 最大合闸冲击电流$I_{ch_{max}}\leqslant6C_5$

用14.5.7.1的例子计算如下：

1h的放电容量C

$$C<0.5C_5=0.5\times20=10\text{A}$$

最大合闸冲击电流$I_{ch_{max}}$

$$I_{ch_{max}}<6C_5=6\times20=120\text{A}>I_{ch}(100\text{A})$$

从以上计算可以看出事先初选的GNG-20是可行的。

14.5.8 蓄电池容量计算实例

14.5.8.1 阶梯负荷计算法

以中倍率镉镍电池为例。发电厂类型的阶梯放电图如图14-40所示。

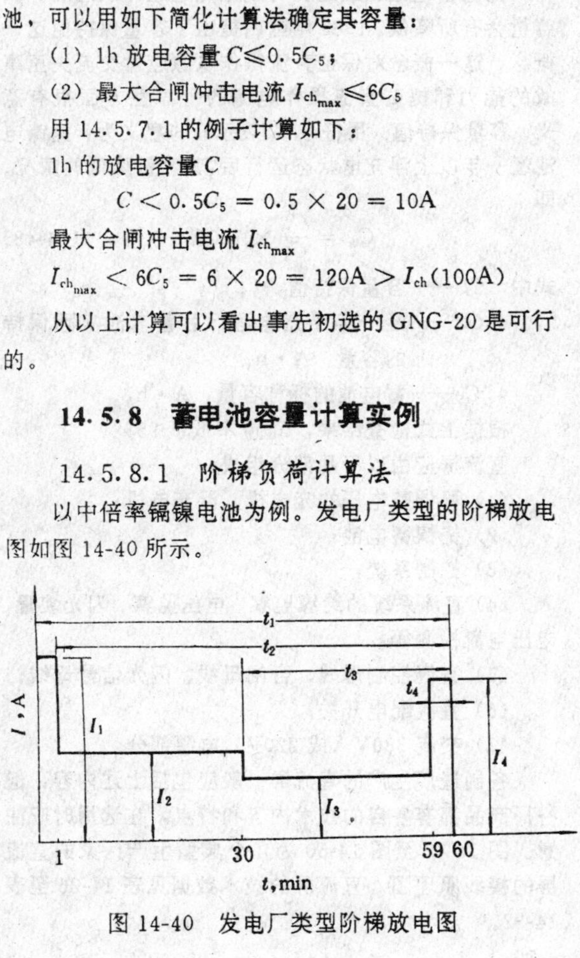

图14-40 发电厂类型阶梯放电图

允许最低电压取1.1V/只。

设图中电流

$$I_1=449.1\text{A}$$
$$I_2=223.8\text{A}$$
$$I_3=173.8\text{A}$$
$$I_4=320.8\text{A}$$

设图中时间

$$t_1=60\text{min}$$
$$t_2=59\text{min}$$
$$t_3=30\text{min}$$
$$t_4=1\text{min}$$

设每阶段自身放电电流的时间以$t_{\square}'$表示，则

$$t_1'=1\text{min}$$
$$t_2'=29\text{min}$$
$$t_3'=29\text{min}$$
$$t_4'=1\text{min}$$

(以下按时间不同阶段，以$t''_{\square}$或$t'''_{\square}$表示)

(1) 第一阶段放电电流及时间为

$$I_1=449.1\text{A}$$
$$t'_1=1\text{min}$$

估计本例计算蓄电池容量大于200Ah，查200Ah及以上中倍率镉镍电池K_C-t容量换算曲线，图14-35或表14-25。对应上述电流及时间，得K'_{C_1}=1.63(同样对本阶段放电的K_C加一撇表示，同理对再下一阶段为K''_{C_1}，等)。

第一阶段蓄电池容量为

$$Q_{C_{5\text{-}1}}=K_k\frac{I_1}{K'_{C_1}}=1.2\,\frac{449.1}{1.63}=330.6\text{A}\cdot\text{h}$$

(2) 第二阶段放电电流及时间为

$$I_1=449.1\text{A}\qquad t''_1=30\text{min}$$
$$I_2=223.8\text{A}\qquad t'_2=29\text{min}$$

分别查得K''_{C_1}=0.94，K'_{C_2}=0.95

计算容量

$$C_{5\text{-}2}=K\left(\frac{I_1}{K''_{C_1}}+\frac{I_2-I_1}{K'_{C_2}}\right)=1.2\left(\frac{449.1}{0.94}+\frac{223.8-449.1}{0.95}\right)=288.7\text{A}\cdot\text{h}$$

(3) 第三阶段放电电流及时间为

$$I_1=449.1\text{A}\qquad t'''_1=59\text{min}$$
$$I_2=223.8\text{A}\qquad t''_2=58\text{min}$$
$$I_3=173.8\text{A}\qquad t'_3=29\text{min}$$

查得相应的K'''_{C_1}=0.77，K''_{C_2}=0.78，K'_{C_3}=0.95

计算容量为

$$C_{5\text{-}3}=K\left(\frac{I_1}{K'''_{C_1}}+\frac{I_2-I_1}{K''_{C_2}}+\frac{I_3-I_2}{K'_{C_3}}\right)$$
$$=1.2\left(\frac{449.1}{0.77}+\frac{223.8-449.1}{0.78}+\frac{173.8-223.8}{0.95}\right)$$
$$=290.12\text{A}\cdot\text{h}$$

(4) 第四阶段放电电流及时间为

$$I_1=449.1\text{A}\quad t_1=60\text{min}$$
$$I_2=223.8\text{A}\quad t_2=59\text{min}$$
$$I_3=173.8\text{A}\quad t_3=30\text{min}$$
$$I_4=320.8\text{A}\quad t_4=1\text{min}$$

查得相应的 $K_{C_1}=0.76$，$K_{C_2}=0.77$，$K_{C_3}=0.94$，$K_{C_4}=1.63$。

计算容量为

$$C_{5\text{-}4}=K_k\left(\frac{I_1}{K_{C_1}}+\frac{I_2-I_1}{K_{C_2}}+\frac{I_3-I_2}{K_{C_3}}+\frac{I_4-I_3}{K_{C_4}}\right)$$
$$=1.2\left(\frac{449.1}{0.76}+\frac{223.8-449.1}{0.77}+\frac{173.8-223.8}{0.94}+\frac{320.8-173.8}{1.63}\right)$$
$$=402\text{A}\cdot\text{h}$$

选用 GNZ-500Ah 的蓄电池。

14.5.8.2 电压控制计算法

以变电所直流负荷图为例，见图 14-41。

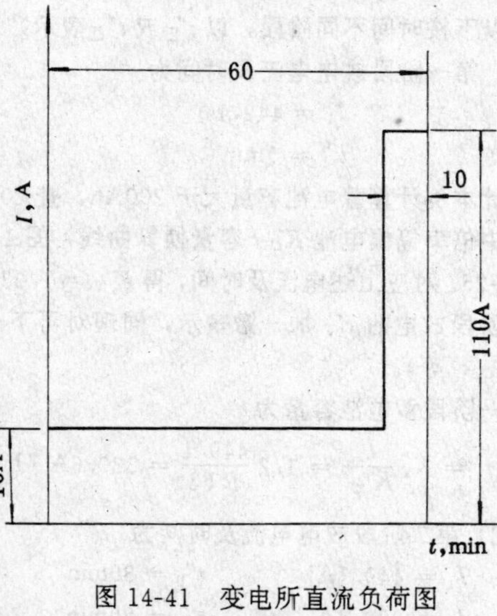

图 14-41 变电所直流负荷图

事故负荷电流 8A，冲击合闸电流 110A。

按高倍率碱性镉镍蓄电池考虑：

(1) 计算事故放电容量

$$Q_{sg}=I_{sg}t_{sg}=8\times1=8\text{A}\cdot\text{h}$$

(2) 计算蓄电池容量

$$C_5=\frac{Q_{sg}}{K_kK_vK_c}=\frac{8}{0.8\times0.9\times0.7}=15.87\text{A}\cdot\text{h}$$

选用 GNG-20A·h 蓄电池。

(3) 查 GNG-20 冲击放电曲线，得 $U_{ch}=1.16$V。

14.5.9 成套镉镍电池直流屏

成套镉镍电池直流屏是将镉镍电池，充电和浮充电设备，控制、配电等设备集中为一体，便于安装、维护和管理，深受用户的欢迎。当前国内生产这种直流屏的厂家很多，产品型号尚未统一，性能也有差异，在选用时应注意。

镉镍蓄电池在经过长时期浮充电运行状态后，其容量会有所降低。1983 年国内提出了容量保持值这一概念，这一概念对保证直流操作电源应付交流失压事故的能力和提高直流操作电源的可靠性方面很有意义。容量保持值（用符号 C_{bc}表示）的意义为：镉镍电池经一年以上浮充电状态运行后，其容量降低的情况。即

$$C_{bc}=\frac{C_{sj}}{C_5}\times100\% \tag{14-43}$$

式中 C_{bc}——容量保持值，%；

C_{js}——经一年浮充电运行后蓄电池实际保持的容量，A·h；

C_5——蓄电池的标称容量，A·h。

根据上式检查结果，C_{bc}应不低于 95%。

直流屏应由以下几部分组成：

(1) 可调整电压的充电机、浮充电机；

(2) 镉镍蓄电池；

(3) 控制系统；

(4) 直流系统的绝缘监察、电压监察、闪光装置、电压电流检测等；

(5) 直流控制母线、合闸母线、闪光信号母线；

(6) 直流配电开关；

(7) 交流 380V（或 220V）电源部分。

各制造厂生产的直流屏一般应包括上述内容，但各厂产品都有各自的技术内容和特点，在选用时应注意。图 14-42 至图 14-50 为几个典型生产厂家的直流屏的接线原理图。直流屏的技术数据见表 14-26 至表 14-32。

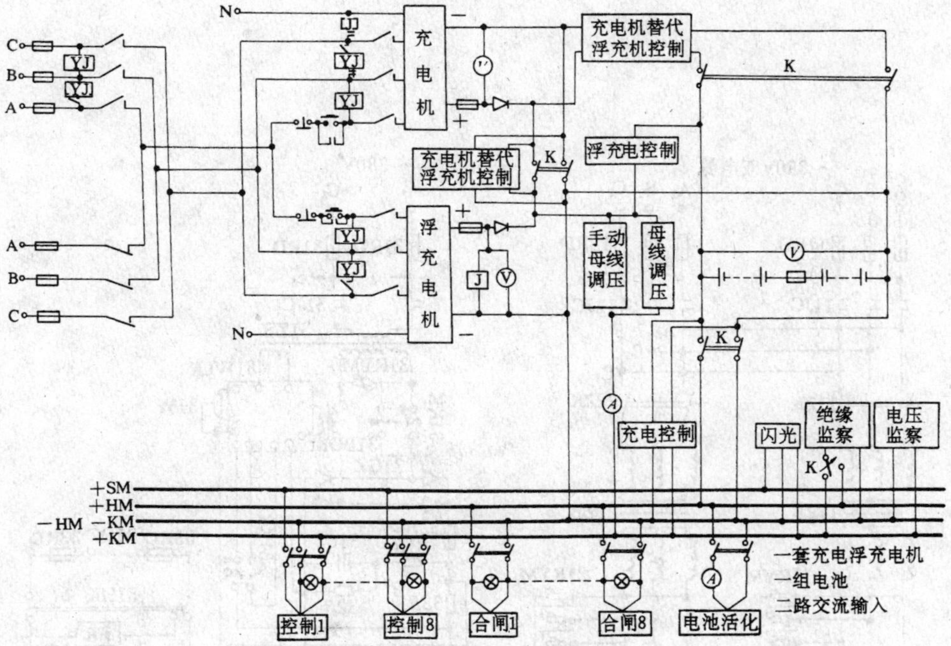

图 14-42 PZG-2 型双电源接线图

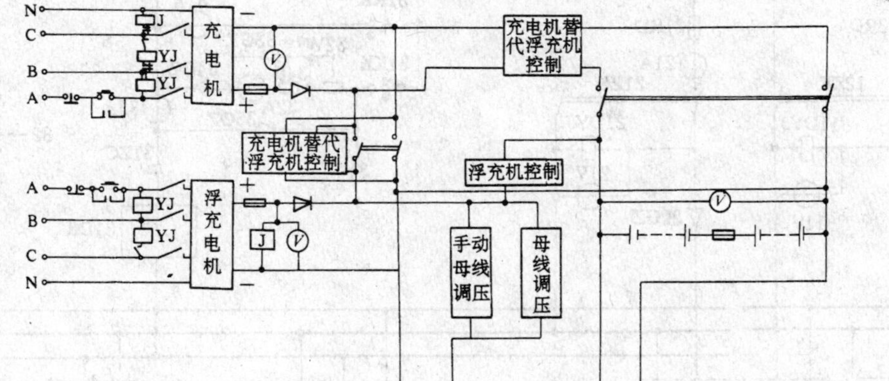

图 14-43 PZG-2 型单电源接线图

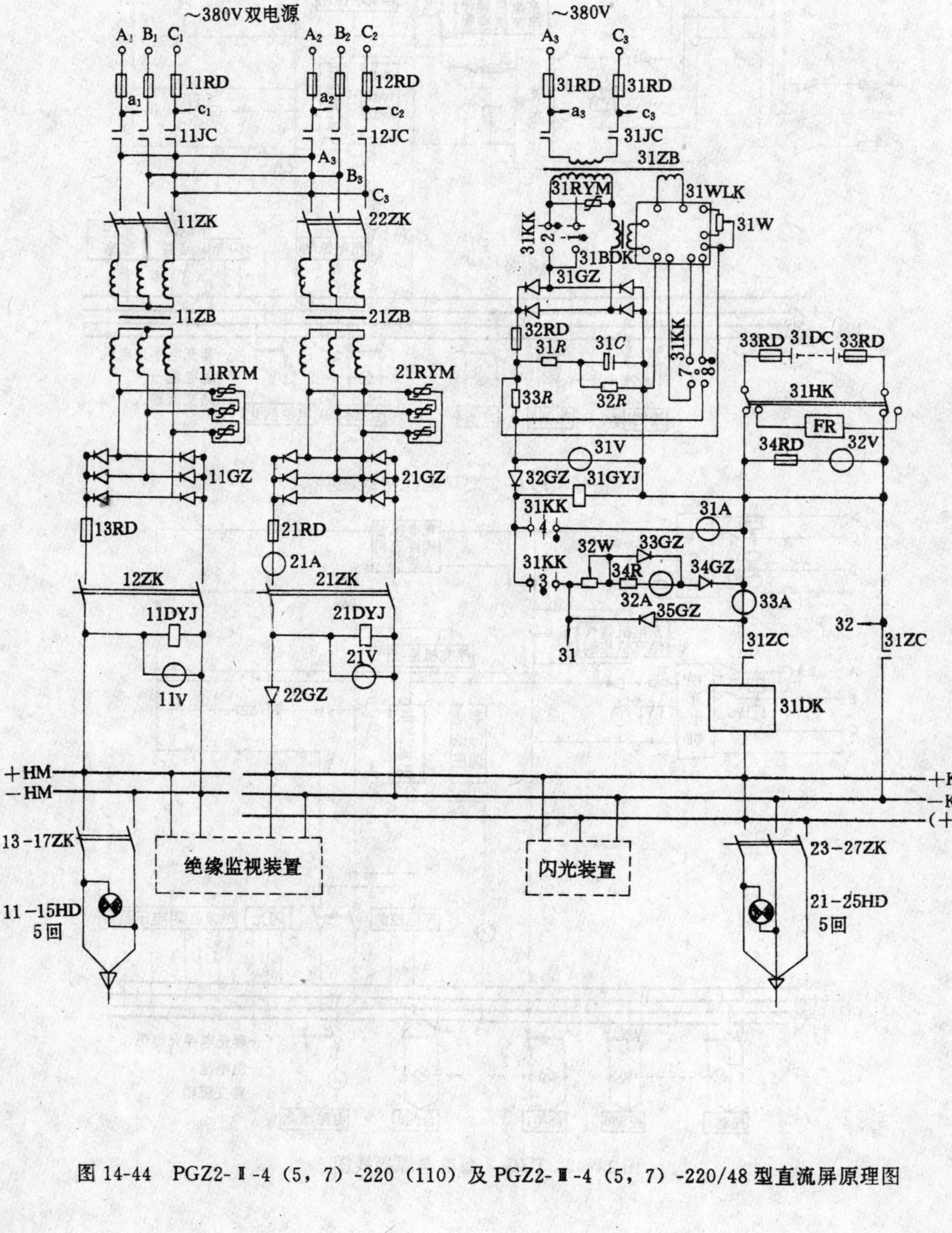

图 14-44 PGZ2-Ⅱ-4（5，7）-220（110）及 PGZ2-Ⅲ-4（5，7）-220/48 型直流屏原理图

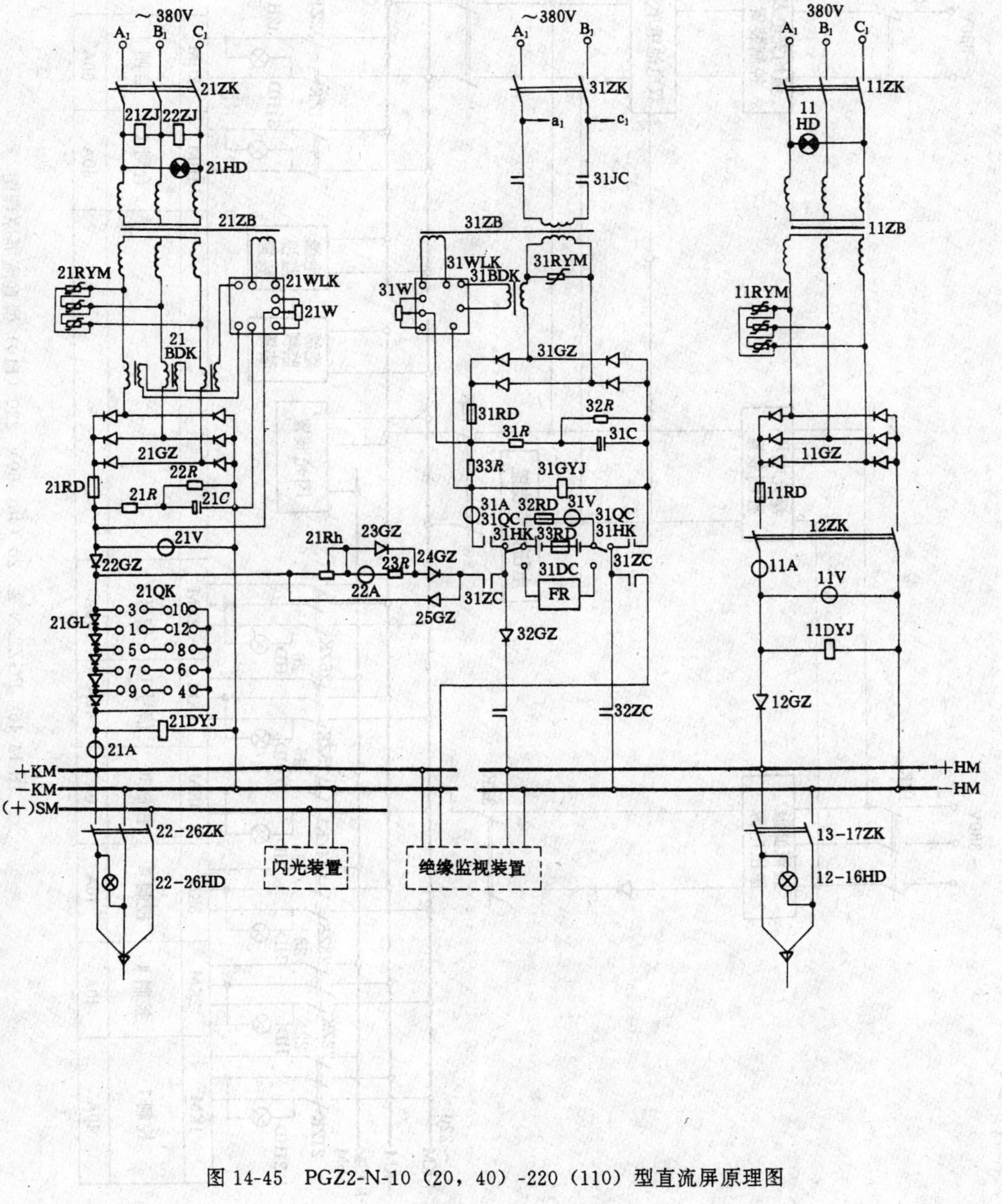

图 14-45 PGZ2-N-10（20，40）-220（110）型直流屏原理图

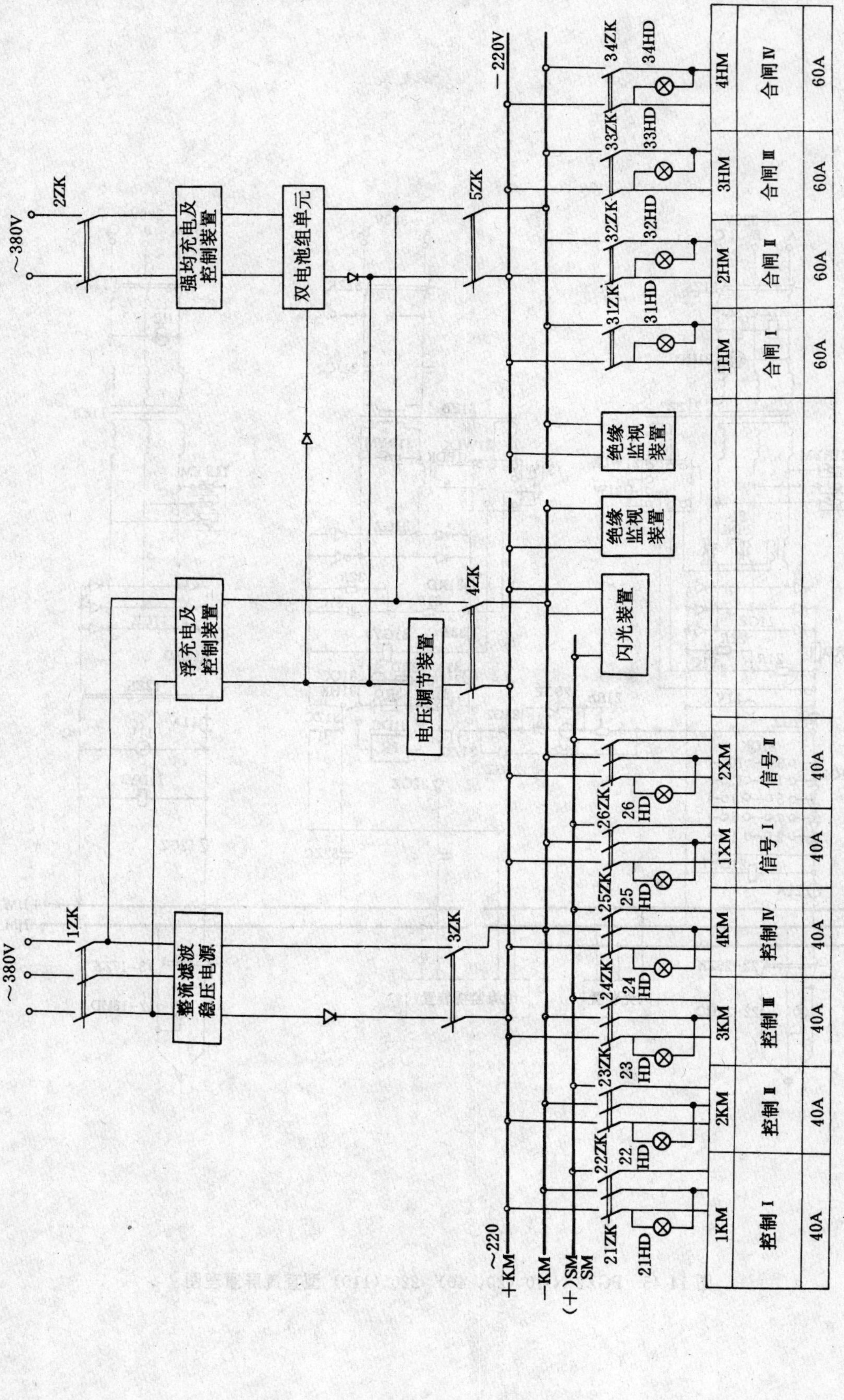

图 14-46 PGZ2-N-2×20（40，60）-220（110）型直流屏原理图

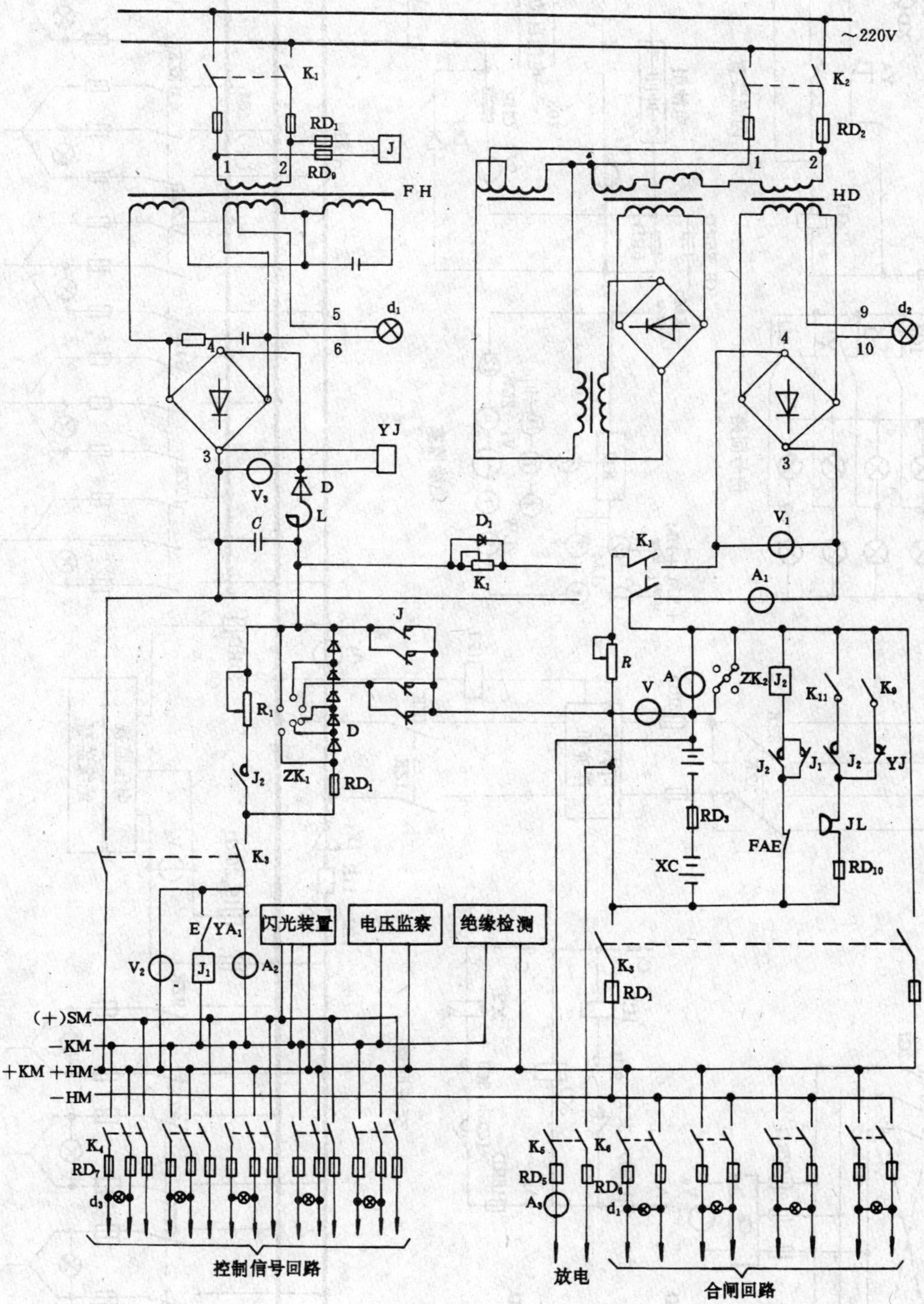

图 14-47 BZGN-10 型高倍率镉镍电池直流系统接线图

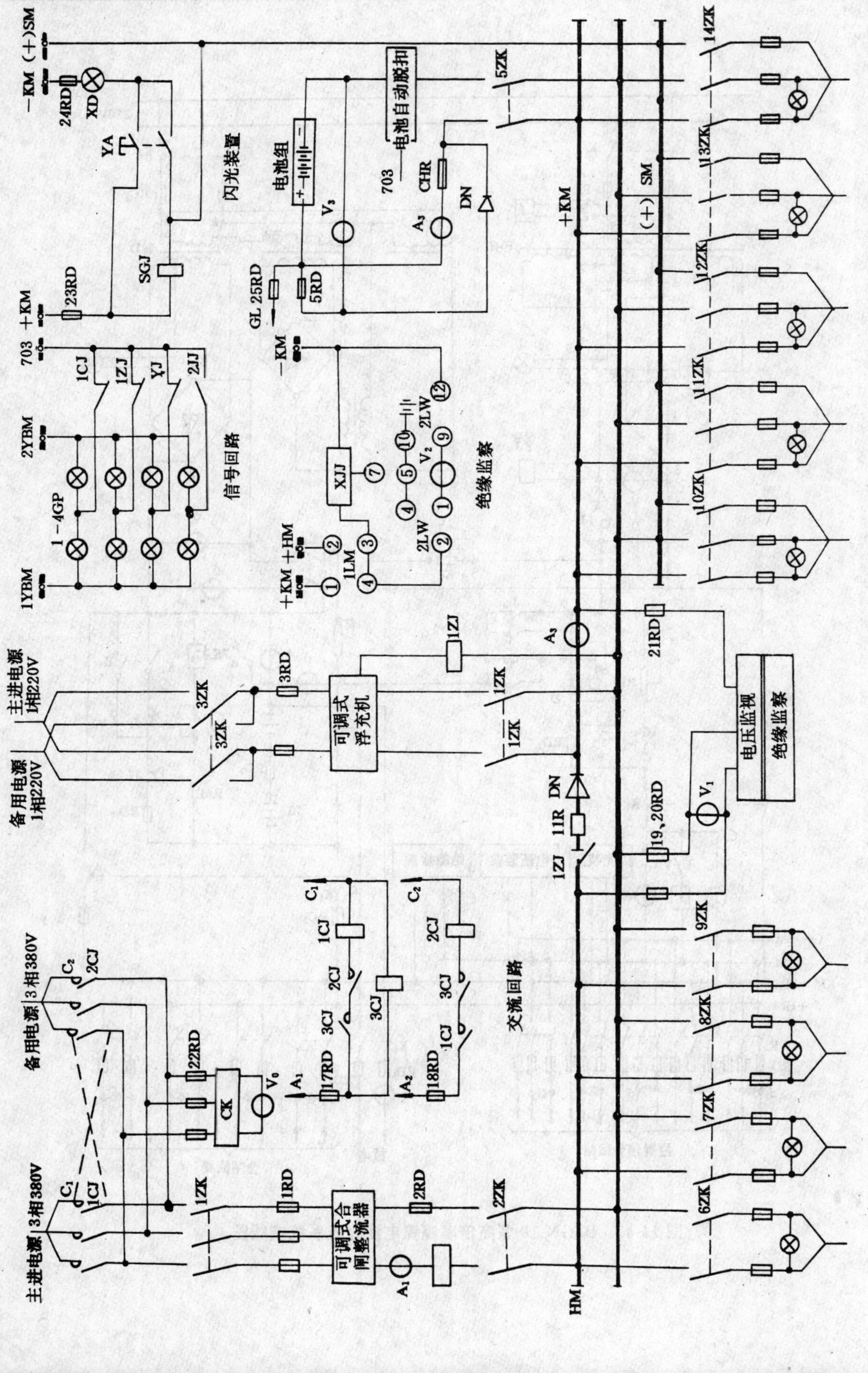

图 14-48　ZKA46、48 型镉镍电池直流屏接线图

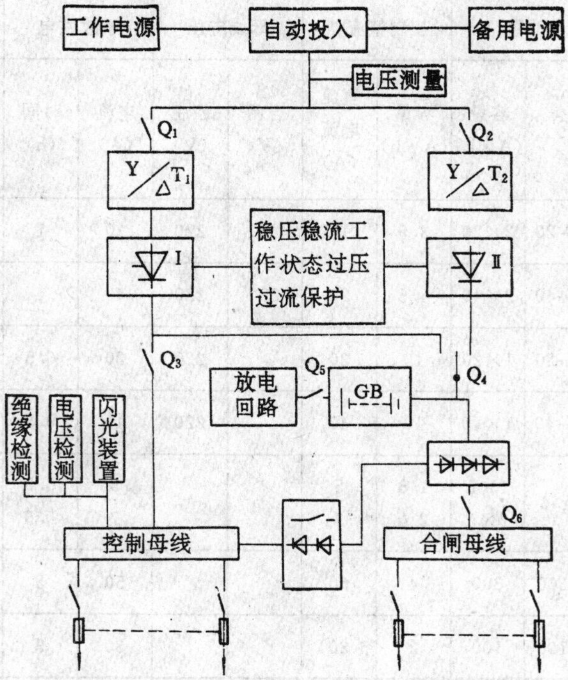

图 14-49 BZGN-10Z-75～500Ah/110～220V 中倍率镉镍电池屏原理方框图

表 14-26 PGZ2 型部分产品主要技术数据

规格型号	电池组		控制整流器		母线电压		事故供电		合闸电流		屏体尺寸	
	型号	容量(A·h)	容量(A·h)	直流电流(A)	合闸(V)	控制(V)	电流(A)	时间(h)	(A)	整流器(A)	块数	宽度
PGZ2-Ⅰ-45-220/220	GN-45	1×45	2	8	220	220	15	1		120	3	800
PGZ2-Ⅱ-5-220/220	GNY-5	1×5	2	8	220	220	5	0.5		120	2	800
PGZ2-Ⅱ-10-110/110	GNY-10	1×10	1.5	12	110	110	10	0.5		240	2	800
PGZ2-Ⅲ-5-220/48	GNY-5	1×5	1	15	220	48	5	0.5		120	2	800
PGZ2-Ⅲ-10-220/48	GNY-10	1×10	1	15	220	48	10	0.5		120	2	800
PGZ2-Ⅳ-10-220/220	GNG-10	1×10	2	8	220	220	5	1	120	120	3	800
PGZ2-Ⅳ-20-220/220	GNG-20	1×20	3	12	220	220	10	1	240	120	3	800
PGZ2-Ⅳ-40-220/220	GNG-40	1×40	3	12	220	220	20	1	400	240	3	800

续表 14-26

规格型号	电池组		控制整流器		母线电压		事故供电		合闸电流		屏体尺寸	
	型号	容量(A·h)	容量(A·h)	直流电流(A)	合闸(V)	控制(V)	电流(A)	时间(h)	(A)	整流器(A)	块数	宽度
PGZ2-Ⅳ-2×20-220/220	GNG-20	2×20	3.5	15	220	220	20	1	400		4	800
PGZ2-Ⅳ-2×40-220/220	GNG-40	2×40	4.5	20	220	220	40	1	400		4	800
PGZ2-Ⅴ-20-220	GNG-20	1×20	10	20		220	20	0.5			2	800
PGZ2-Ⅴ-40-220	GNG-40	1×40	10	40		220	40	0.5			2	800
PGZ2-Ⅵ-$\frac{5}{2\times5}$-220	GNY-5	1×5 2×5	1.5 2.0	5 8			5 7	0.5 0.5			1	800
PGZ2-Ⅶ-300-48	GN-300	300	4	60			50	5			2	800
PGZ2-Ⅶ-100-60	GN-100	100	2	30			30	3			2	800

注：本表系浙江青田电控设备厂数据。

表 14-27 部分中、低倍率镉镍电池屏主要技术数据表

型号	输入电压(V)	输入功率(kVA)	直流电压(V)	直流输出负荷				电池只数	组屏面数	备注
				经常(A)	事故(A·h)	合闸				
						电压(V)	电流(A)			
BZGN-10Z-100/220	～3ϕ 380	8	220	20～30	50	$>90\%U_e$	200	180或172	7～8	新乡东海配电设备厂及新乡水电五局直流电源厂
BZGN-10Z-150/220		15		30～50	75		300		8～9	
BZGN-10Z-200/220		15		50	100		400		10	
BZGN-10Z-250/220		15		50	125		500		控制屏4～6块电池可装架子	
BZGN-10Z-300/220		22		80	150					
BZGN-10Z-500/220		30		100	250		>500			
BZGN-10Z-600/220		40		150	300					
BZGN-10Z-800/220		55		200	400					
BZGN-10Z-$\frac{75\sim500}{24、48、60}$			24，48，60	$\frac{C_5}{5}$	C_5			电池GN或GNZ型	2～9	新乡东海配电设备厂及青田电控设备厂
PGZ2-Ⅶ-$\frac{75\sim500}{24、48、60}$										

表 14-28 部分厂家高倍率镉镍电池屏主要技术数据

型号	交流输入		输出电压（V）	额定容量（A·h）	蓄电池		输出直流负荷			输出回路数		直流屏数	制造厂
	电压（V）	容量（kVA）			组数	型式	经常负荷（A）	事故负荷输出容量（A·h）	最大冲击电流（A）	合闸	控制		
GNZK-20/110	380±10%	3	110	20	1	GNG-20(4)	5～10	10	240	8	10	5	西安电力整流器厂
					2	GNG-20(6)			480			6	
GNZK-20/220	380±10%	6	220	20	1	GNG-20(4)	5～10	10	240	8	10	6	
					2	GNG-20(6)			480			7	
GNZK-40/110	380±10%	4.5	110	40	1	GNG-40(5)	10～15	20	480	8	10	5	
					2				960			6	
GNZK-40/220	380±10%	9	220	40	1	GNG-40(5)	10～15	20	480	8	10	6	
					2				960			7	
PZ22/GN-1-10/220	380±10%	3	220	10	1	GN-10	8	5	120	6	4	2	许昌继电器厂
PZ22/GN-1-20/220	380±10%	5	220	20	1	GN-20C	15	10	250	8	6	3	
PZ22/GN-1-20/110	380±10%	5	110	20	1	GN-20C	15	10	250	8	6	3	
PZ22/GN-1-40/220	380±10%	8	220	40	1	GN-40	15	20	340	8	6	3	
PZ22/GN-1-40/110	380±10%	6	110	40	1	GN-40	15	20	340	8	6	3	
PZ22/GN-1-80/220	380±10%	10	220	80	1	GN-80	30	40	680	8	6	4	
BZGN-10-10/220	220±10%	2	220	10	1	GNG-10-(2)	8	5	120	4	5	2	新乡东海配电设备厂、新乡直流电源成套厂
BZGN-10-20/220	220±10%	3	220	20	1	GNG-20-(3)	12	10	240	4	5	3	
BZGN-10-40/220	220±10%	3	220	40	1	GNG-40-(2)	12	20	480	5	6	3	
BZGN-10-40/110	220±10%	2	110	40	1	GNG-40-(2)	12	20	480	4	5	2	
BZGN-10-S1/220	220±10%	3	220	20	1		12	20	480	4	5		

续表 14-28

型号	交流输入		输出电压(V)	额定容量(A·h)	蓄电池		输出直流负荷			输出回路数		直流屏数	制造厂
	电压(V)	容量(kVA)			组数	型式	经常负荷(A)	事故负荷输出容量(A·h)	最大冲击电流(A)	合闸	控制		
ZKA46-220/220-5	380±10%	3	220	5	1	GNY-5	5	2	200	4	5	2	北京长河机电有限公司
ZKA46-300/220-5	380±10%	3	220	5	1	GNY-5	5	2	300	4	5	2	
ZKA46-200/220-10	380±10%	3	220	10	1	GNY-10	5	2	200	4	5	2	
ZKA48-300/220-10	380±10%	3	220	10	1	GNY-10	5	2	300	4	5	2	
ZKA56-120/220-10	380±10%	2	220	10	1	GNG-10	5	5	120	4	6	3	
ZKA56-340/220-20	380±10%	3	220	20	1	GNG-20	10	10	246	6	8	3	
ZKA56-360/220-40	380±10%	3	220	40	1	GNG-40	20	20	360	8	10	4	北京长河机电有限公司
ZKA66-240/220-10	380±10%	3	220	20	2	GNG-10	10	10	240	4	6	3	
ZKA66-360/220-20	380±10%	3	220	40	2	GNG-20	10	20	360	6	8	3~4	
ZKA66-480/220-40	380±10%	10	220	80	2	GNG-40	20	40	480	8	10	4~5	
BZGN2-10/220	220±10%	5	220	10	1	GNG-10-2	12	5	120	4	5	3	北京开关厂
					2			10	240				
BZGN2-20/220	220±10%	6	220	20	1	GNG-20-2	12	10	240	8	10	4	
					2			20	360				
BZGN2-40/220	220±10%	7	220	40	1	GNG-40	15	20	360	8	10	5	
					2			40	720				
BZGN2-40/110	220±10%	8	110	40	1	GNG-40	15	20	360	8	10	4	
					2			40	720				
PZG-2-10/220	380±10%	2.5	220	10	1	GNG-10	5	7.5	120	5~8	5~8	2	上海新宇电源厂
					2								
PZG-2-20/220	380±10%	6	220	20	1	GNG-20	12	15	120	5~8	5~8	2	
					2								
PZG-2-40/220	380±10%	10	220	40	1	GNG-40	20	30	200	5~8	5~8	2	
					2								

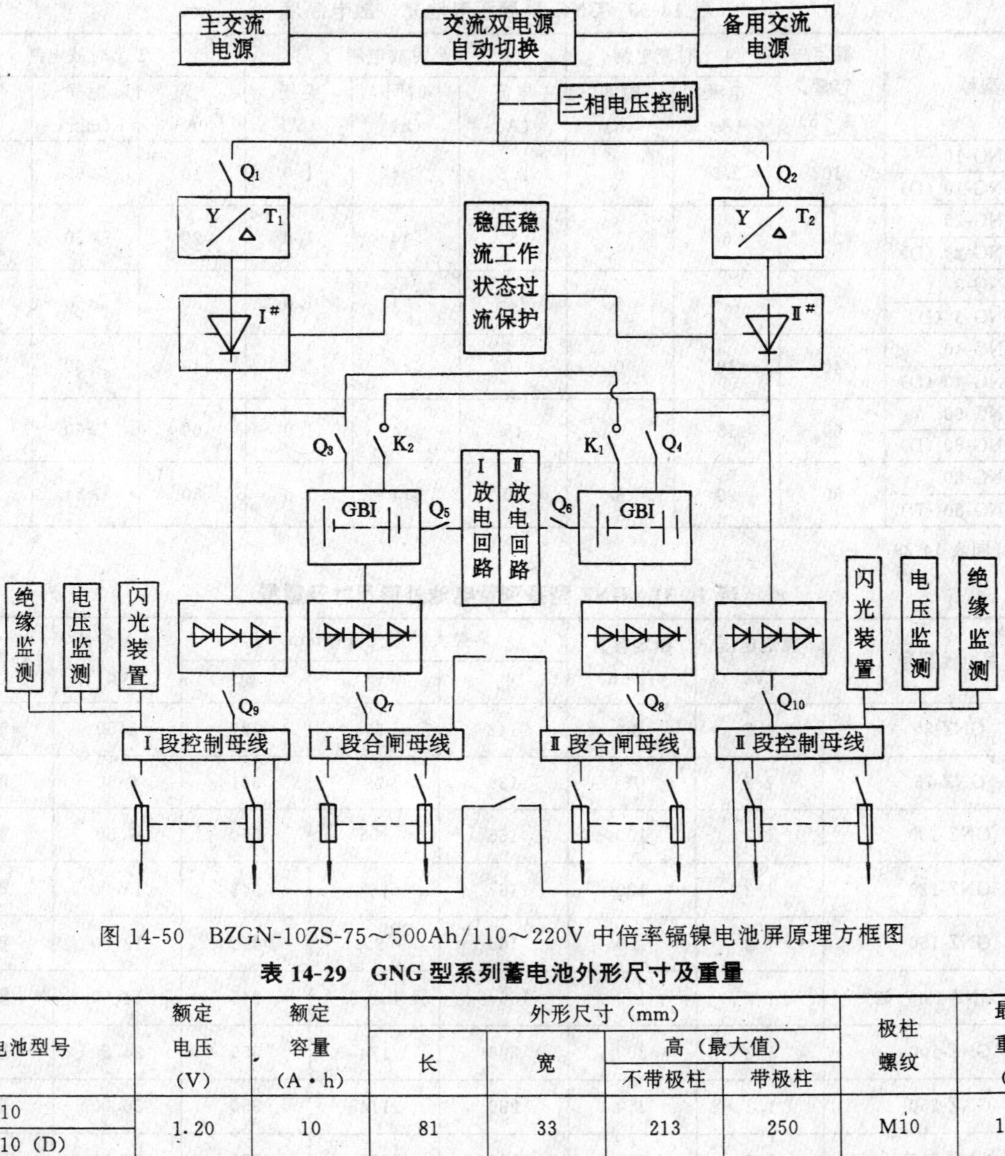

图 14-50 BZGN-10ZS-75～500Ah/110～220V 中倍率镉镍电池屏原理方框图

表 14-29 GNG 型系列蓄电池外形尺寸及重量

电池型号	额定电压 (V)	额定容量 (A·h)	外形尺寸 (mm)				极柱螺纹	最大重量 (g)
			长	宽	高（最大值）			
					不带极柱	带极柱		
GNG-10 GNG-10（D）	1.20	10	81	33	213	250	M10	1000
GNG-20 GNG-20（D）	1.20	20	123	50	241	250	M10	2000
GNG-30 GNG-30（D）	1.20	30	81	50	215	250	M10	2600
GNG-40 GNG-40（D）	1.20	40	123	50	241	275	M10	2770
GNG-60 GNG-60（D）	1.20	60	123	50	241	275	M10	3000
GNG-80 GNG-80（D）	1.20	80	138	75	241	275	M10	3600

注：1. 本表蓄电池为广东三水佳力电源有限公司产品。

2. 带（D）者阴极为沉积式镉电板。

表 14-30 GNG 系列蓄电池充、放电制度

型号	额定容量 (A·h)	4小时充电制		4小时放电制			1小时放电制		
		电流 (A)	时间 (h)	电流 (A)	时间 (h)	终压 (V)	电流 (A)	时间 (min)	终压 (V)
GNG-10 GNG-10 (D)	10	2.5	6	2.5	≥4	1.0	10	≥60	1.0
GNG-20 GNG-20 (D)	20	5	6	5	≥4	1.0	20	≥60	1.0
GNG-3 GNG-3 (D)	30	7.5	6	7.5	≥4	1.0	30	≥60	1.0
GNG-40 GNG-40 (D)	40	10	6	10	≥4	1.0	40	≥60	1.0
GNG-60 GNG-60 (D)	60	15	6	15	≥4	1.0	60	≥60	1.0
GNG-80 GNG-80 (D)	80	20	6	20	≥4	1.0	80	≥54	0.9

注：同表 14-29。

表 14-31 GNZ 型系列蓄电池外形尺寸及重量

蓄电池型号	额定电压 (V)	额定容量 (A·h)	最大外形尺寸 (mm)			最大重量 (kg)	外壳材料
			长	宽	高		
GNZ-30	1.2	30	142	67	227	3.50	塑壳
GNZ-75	1.2	75	139	79	361	6.50	塑壳
GNZ-100	1.2	100	165	105	350	9.50	塑壳
GNZ-120	1.2	120	167	162	343	13.00	塑壳
GNZ-150	1.2	150	163	80	460	12.50	铁壳
GNZ-150-(2)	1.2	150	166.5	161.5	345	14.00	塑壳
GNZ-200	1.2	200	286	174	350	24.50	塑壳
GNZ-250	1.2	250	286	174	350	26.00	塑壳
GNZ-300	1.2	300	186	170	559	23.00	塑壳
GNZ-500	1.2	500	290	174	501	39.00	塑壳
GNZ-600	1.2	600	392	178	560	57.50	塑壳
GNZ-700	1.2	700	392	178	560	61.50	塑壳
GNZ-800	1.2	800	392	178	560	67.00	塑壳
5GNZ-30	6.0	30	375	153	260	19.50	铁壳
3GNZ-150	3.6	150	284	186	465	40.00	铁壳

注：本表为河南 755 厂产品。

表 14-32 GNZ 型系列蓄电池充、放电制度

蓄电池型号	标准充电制		放电制 (A)					
			$0.2C_5$		$1C_5$		$2C_5$	
	电流 (A)	时间 (h)	终止电压 (V)	放电时间 (min)	终止电压 (V)	放电时间 (min)	终止电压 (V)	放电时间 (min)
GNZ-30	$0.2C_5$	8	1.0	≥4.45	0.9	≥40	0.9	≥10
GNZ-75	$0.2C_5$	8	1.0	≥4.45	0.9	≥40	0.9	≥10
GNZ-100	$0.2C_5$	8	1.0	≥4.45	0.9	≥40	0.9	≥10
GNZ-120	$0.2C_5$	8	1.0	≥4.45	0.9	≥40	0.9	≥10
GNZ-150	$0.2C_5$	8	1.0	≥4.45	0.9	≥40	0.9	≥10
GNZ-150-(2)	$0.2C_5$	8	1.0	≥4.45	0.9	≥40	0.9	≥10
GNZ-200	$0.2C_5$	8	1.0	≥4.45	0.9	≥40	0.9	≥10
GNZ-250	$0.2C_5$	8	1.0	≥4.45	0.9	≥40	0.9	≥10
GNZ-300	$0.2C_5$	8	1.0	≥4.45	0.9	≥40	0.9	≥10
GNZ-500	$0.2C_5$	8	1.0	≥4.45	0.9	≥40	0.9	≥10
GNZ-600	$0.2C_5$	8	1.0	≥4.45	0.9	≥40	0.9	≥10
GNZ-700	$0.2C_5$	8	1.0	≥4.45	0.9	≥40	0.9	≥10
GNZ-800	$0.2C_5$	8	1.0	≥4.45	0.9	≥40	0.9	≥10
5GNZ-30			5.0	≥4.45	4.5	≥40	4.5	≥10
3GNZ-150			3.0	≥4.45	2.7	≥40	2.7	≥10

注：本表蓄电池为河南 755 厂产品。

14.5.10 小容量镉镍电池跳闸装置

小容量镉镍电池跳闸装置是在电容储能跳闸装置基础上发展而成的。它基本上是以小容量镉镍电池取代了电容储能部分，从而提高了跳闸装置动作的可靠性和跳闸能力。

小容量镉镍电池一般采用 3～7Ah 碱性镉镍电池。河南 755 厂、天津电源研究所、上海新宇电源厂等均有生产，产品型号为 GNY 型，见表 14-33。

合闸柜交流侧带有调压开关，当外部交流 220V 电源电压在±10%范围内波动时，其直流输出电压可通过调压开关稳定在±5%之内。

ZKA41 型的合闸柜，两路交流电源可互为备用，并设有备用电源自动投入装置(BZT)。而 ZKA42 型的合闸柜不设 BZT。

合闸柜带有直流母线对地绝缘监察装置。合闸柜共有 7 路 220V 合闸电源馈线。

小容量镉镍电池跳闸装置已有成套产品，例如北京椿树整流器厂生产的 ZKA41 及 ZKA42 300A/220V 镉镍电池分合闸硅整流设备。可以应用于 35kV 及以下变电所中做为直流操作电源，设计可根据具体情况直接选用成套装置。本节以 ZKA 为例加以说明。

表 14-33 GNY 型镉镍电池主要技术数据

类型	型式	额定电压（V）	额定容量（A·h）	正常充电			正常放电		高倍率放电电流（A）
				电流（A）	时间（h）	电压（V）	电流（A）	终止电压（V）	
圆柱密封镉镍蓄电池	GNY0.15	1.2	0.15	0.015	16	≤1.55	0.03	1	0.75
	GNY0.25		0.225	0.0225			0.045		1.125
	GNY0.45		0.45	0.045			0.09		2.25
	GNY0.55		0.55	0.055			0.11		1.1
	GNY0.8		0.8	0.08			0.16		1.6
	GNY1		1	0.1			0.2		2
	GNY1.5		1.5	0.15			0.3		3
	GNY2		2	0.2			0.4		4
	GNY3		3	0.3			0.6		6
	GNY5		5	0.5			1.0		10
	GNY10		10	1.0			2.0		20

注：1. 本表数据为河南 755 厂数据。
2. 高倍率放电电流为最大连续放电电流。

小容量镉镍电池跳闸装置 ZKA41 或 ZKA42 型有两台柜子组成，一台为合闸柜，柜内主要装有硅整流器用作高压断路器的合闸电源和小容量镉镍电池组的浮充电源；另一台为控制柜，柜内主要装有镉镍电池，用作高压断路器分闸电源。

14.5.10.1 交流电源

小容量镉镍电池跳闸装置一般由两路交流电源供电。交流电源的接线方式与 14.2.1 节的要求相同，请参见其有关部分。

14.5.10.2 合闸柜

合闸柜用于供给高压断路器合闸电源。其额定输出直流电压为 220V，额定输出直流电流有 100A、200A、300A 三种。

14.5.10.3 控制柜

控制柜主要供变电所的正常控制负荷，控制负荷不大于 5A，并供镉镍电池的初次充电及浮充电源。

控制柜交流电源为单相 220V，并设有交流电源稳压器，稳压器容量为 3kVA，功率因数 0.5，可以使在交流额定电压波动±20V 时，直流输出电压为 217.6V～224V。控制柜在出厂时是按 6A 调试的，当用户变电所控制负荷电流小，镉镍电池浮充电压超出 217.6V～224V 范围时，应重新调整稳压器的二次线圈，使镉镍电池的浮充电压维持在 217.6V～224V 之间。

控制柜内装有 20GNYS 型镉镍蓄电池 8 组，额定容量 5Ah；浮充电压 217.6～224V；浮充电流 5～50mA；初次充电电压 245～250V；初次充电电流 0.5A；初定充电时间 14～16h；交流电源故障，硅整流装置失压的情况下，镉镍蓄电池所带的最大负荷电流为 5A、5s，再接入分闸负荷 15A、2s，允许连续分闸 3 次，且镉镍蓄电池组电压不低于 80%U_e。（U_e 为蓄电池组额定电压）；镉镍蓄电池为 4Ah 时，可以满足连续分闸不少于 3 次。

控制柜带有闪光装置及主控电源失压指示灯。

控制柜可与合闸柜自动联络，当控制柜故障控制母线失压时，控制母线会自动与合闸母线联络。当控制柜故障排除，控制母线与合闸母线联络会自动解除。

ZKA41、ZKA42 型小容量镉镍电池分合闸硅整流装置的接线见图 14-51 和图 14-52，技术参数见表 14-34。其合闸柜和控制柜的外形尺寸均为高 2360mm，宽 800mm，深 550mm。安装时可与控制屏或低压配电屏并排安装。两台柜也可独立并排安装，此时距墙、盘以及室内净空高度同控制屏或低压配电屏相同。

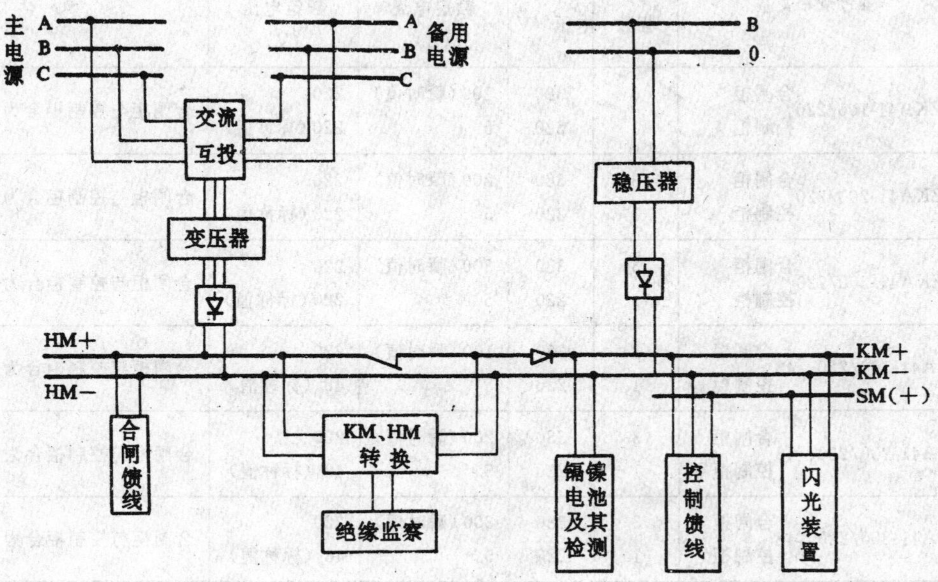

图 14-51 ZKA41 接线图

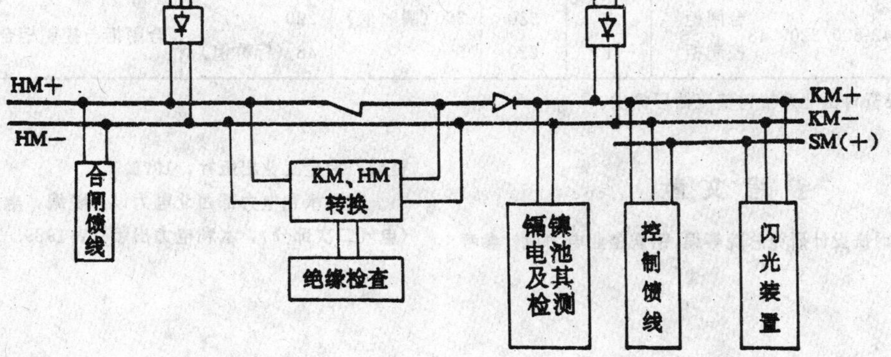

图 14-52 ZKA42 接线图

表 14-34 ZKA41、ZKA42 技术参考表

序号	型号规格		交流输入		直流输出		备注
			相数	电压（V）	额定电流（A）	额定电压（V）	
1	ZKA41-100/220	合闸柜 控制柜	3 1	380 220	100（瞬时值） 5	220 220（标称值）	合闸柜与控制柜合为一套
2	ZKA41-200/220	合闸柜 控制柜	3 1	380 220	200（瞬时值） 5	220 220（标称值）	合闸柜与控制柜合为一套
3	ZKA41-300/220	合闸柜 控制柜	3 1	380 220	300（瞬时值） 5	220 220（标称值）	合闸柜与控制柜合为一套
4	ZKA41-100/220、48	合闸柜 控制柜	3 1	380 220	100（瞬时值） 5	220 48（标称值）	合闸柜与控制柜合为一套
5	ZKA41-200/220、48	合闸柜 控制柜	3 1	380 220	200（瞬时值） 5	220 48（标称值）	合闸柜与控制柜合为一套
6	ZKA41-300/220、48	合闸柜 控制柜	3 1	380 220	300（瞬时值） 5	220 48（标称值）	合闸柜与控制柜合为一套
7	ZKA42-100/220	合闸柜 控制柜	3 1	380 220	100（瞬时值） 5	220 220（标称值）	合闸柜与控制柜合为一套
8	ZKA42-200/220	合闸柜 控制柜	3 1	380 220	200（瞬时值） 5	220 220（标称值）	合闸柜与控制柜合为一套
9	ZKA42-300/220	合闸柜 控制柜	3 1	380 220	300（瞬时值） 5	220 220（标称值）	合闸柜与控制柜合为一套
10	ZKA42-100/220、48	合闸柜 控制柜	3 1	380 220	100（瞬时值） 5	220 48（标称值）	合闸柜与控制柜合为一套
11	ZKA42-200/220、48	合闸柜 控制柜	3 1	380 220	200（瞬时值） 5	220 48（标称值）	合闸柜与控制柜合为一套
12	ZKA42-300/220、48	合闸柜 控制柜	3 1	380 220	300（瞬时值） 5	220 48（标称值）	合闸柜与控制柜合为一套

注：本表资料由北京椿树整流器厂提供。

参考文献

[1]北京钢铁设计研究总院等编，钢铁企业电力设计参考资料，冶金工业出版社，1976.

[2] 水利电力部西北电力设计院编，电力工程设计手册（电气二次部分），水利电力出版社，1989.

第15章

继电保护

15.1 设计继电保护的原则

设计继电保护的原则为：

(1) 继电保护是保证安全供电和电能质量的重要工具。设计继电保护时，应根据供电系统的接线方式和运行的特点，并适当考虑系统发展的要求，合理地制定方案和选择设备。

(2) 继电保护设计应以合理的运行方式和故障类型做为依据，而不考虑可能性很小的故障情况。保护装置应满足可靠性、选择性、灵敏性和速动性的要求，可靠性是"四性"的前提，以便正确、迅速地切除系统内的各种故障，保证安全供电。

(3)为了保证系统稳定及用电设备的可靠运行，限制故障元件的损坏程度和缩小故障范围，保护装置应尽快地切除短路故障。

(4) 动作于跳闸的继电保护装置，应保证选择性。对具有时限阶段特性及反时限特性的保护，其前后两级之间的灵敏性与动作时限要相互配合。

根据系统运行的需要，也可以用无选择性动作来加速切除相邻元件上的短路，并用自动重合闸或备用电源自动投入来补救。

(5)保护装置应力求简单可靠、性能良好，使用元件和触点的数量最少，接线简单，便于运行维护，并尽可能满足系统运行灵活性的要求。

(6)按保护装置的作用，一般可以分为主保护、后备保护及辅助保护。

1) 主保护——满足系统稳定及设备安全要求，快速而有选择地切除被保护元件范围内的故障的保护。

2) 后备保护——分为远后备与近后备两种方式。

远后备——当主保护或断路器拒绝动作时，由相邻元件的保护实现后备。为此，每个元件的保护装置除装设作为本身的主保护以外还应装设作为相邻元件的后备保护。

近后备——当本元件主保护或断路器拒绝动作时，由本元件的另一套保护或本变电所另一台断路器实现后备。为此，每一元件应装设单独的主保护与后备保护，并装设必要的断路器失灵保护。

3)辅助保护——为补充主保护和后备保护的不足而增设的简单保护。例如，为加速切除故障或消除方向元件的死区，可用电流速断来实现。

(7)在拟制保护装置和制定保护配置方案时，对稀有故障，可根据对电网影响程度和后果采取相应措施，使保护装置能正确动作。对两种稀有故障同时出现的情况可不考虑。

如果为了满足安全的远后备作用而使保护装置大为复杂化，或在技术上难以实现时，允许：

1) 在某些情况下（如变压器后面及电抗器线路上的短路等）缩短后备保护的范围；

2) 仅按常见的运行方式和故障考虑后备作用；

3) 使后备保护无选择性动作，并尽可能用自动重合闸或备用电源自动投入装置来补救。

(8)各类保护装置应满足灵敏性要求，灵敏系数不宜低于表 15-1 所列数值。灵敏系数应根据常见不利运行方式和不利的故障类型计算。常见不利运行方式，系指正常不利运行方式和一条线路或一台电力设备抢修的运行方式。

表 15-1 短路保护的最小灵敏系数

保护分类	保护类型	组成元件	灵敏系数	备注
主保护	带方向和不带方向的电流保护或电压保护	电流元件和电压元件	1.3～1.5	200km 以上线路不小于 1.3；50～200km 线路不小于 1.4；50km 以下线路不小于 1.5；对 110kV 及以上线路，整定时间不超过 1.5s
		零序或负序方向元件	2.0	
	距离保护	起动元件：负序和零序增量或负序分量元件	4	距离保护第三段动作区末端故障灵敏系数大于 2
		起动元件：电流和阻抗元件	1.5	线路末端短路电流应为阻抗元件精确工作电流 2 倍以上。200km 以上线路不小于 1.3；50～200km 线路不小于 1.4；50km 以下线路不小于 1.5。整定时间不超过 1.5s
		距离元件	1.3～1.5	
	平行线路的横联差动方向保护和电流平衡保护	电流和电压起动元件	2.0/1.5	分子表示线路两端均未断开前，其中一侧保护按线路中点短路计算的灵敏系数；分母表示一侧断开后，另一侧保护按对侧短路计算的灵敏系数
		零序方向元件	4.0/2.5	
	高频方向保护	跳闸回路中的方向元件	3.0	
		跳闸回路中的电流、电压元件	2.0	
		跳闸回路中的阻抗元件	1.5	个别情况下灵敏系数可为 1.3
	高频相差保护	跳闸回路中的电流、电压元件	2.0	
		跳闸回路中的阻抗元件	1.5	
	发电机、变压器、线路和电动机的纵联差动保护	差电流元件	2.0	
	母线的完全电流差动保护	差电流元件	2.0	
	母线的不完全电流差动保护	差电流元件	1.5	
	发电机、变压器线路和电动机的电流速断保护	电流元件	2.0	按保护安装处短路计算
后备保护	远后备保护	电流、电压及阻抗元件	1.2	按相邻电力设备和线路末端短路计算（短路电流应为阻抗元件精确工作电流的 2 倍以上）
		零序或负序方向元件	1.5	
	近后备保护	电流、电压及阻抗元件	1.3～1.5	按线路末端短路计算
		负序或零序方向元件	2.0	
辅助保护	电流速断保护		>1.2	按正常运行方式下保护安装处短路计算

注：1. 主保护的灵敏系数除表中注出者外，均按保护区末端计算；

2. 保护装置如反应故障时增长的量，灵敏系数为金属性短路计算值与保护整定值之比；如反应故障时减少的量，则为保护整定值与金属性短路计算值之比；

3. 各种类型保护中接于全电流和全电压的方向元件，灵敏系数不作规定；

4. 本表内未包括的其他类型保护装置，灵敏系数另作规定。

(9) 供保护装置用的电流互感器，其稳态比误差不应大于10%。对35kV及以下电网，当技术上难以满足要求，并且不致使保护装置不正确动作时，才允许有稍大的误差。原则上，保护装置与测量仪表不共用电流互感器的二次线圈。当必须共用一组二次线圈时，则仪表回路应通过中间电流互感器或试验部件连接，当采用中间电流互感器时，其二次开路情况下，保护用电流互感器的比误差仍应不大于10%。

(10) 在系统正常运行情况下，当电压互感器的二次回路断线或其它故障能使保护装置误动作时，应装设自动闭锁装置，将保护解除并发出信号。当不致使保护误动作时，一般装设电压回路断线的信号装置。

(11) 采用交流整流电源作为保护操作电源时，整流后的直流电压应根据保护装置和设备的技术要求而定。正常时，接于设备的电压平均值一般不高于额定电压的110%和不低于额定电压的80%。此外，还应满足以下要求：

1) 采用复式整流时，应根据继电保护的要求，保护在各种运行方式下，不同故障点和不同相别短路时，保护能可靠动作。

2) 当采用电容储能装置时，应在失去交流电源的情况下，能保证保护装置以不同的时限切除故障元件的所有断路器。对集中储能的电容，应有便于值班人员进行定期检查电容器的监视装置。

3) 当重合闸装置重合于永久性故障时，应能可靠地切除故障。

(12) 为了分析和统计继电保护的工作情况，在保护装置回路内，应装设指示信号（包括信号继电器、带动作指示的继电器、带指针的时间继电器及带自保持的灯光信号等）并满足以下要求：

1) 能显示任何保护装置的动作，且在直流电压消失或恢复时，不自动复归。

2) 在由若干部分组成的复杂保护中（如有几段时限的保护、独立的相间和接地保护），能显示其每一部分及任一段的动作。

带有自保持的灯光信号一般用于保护操作电源为蓄电池时。

(13) 采用交流操作的保护装置时，短路保护可由被保护元件的电流互感器取得操作电源，变压器的瓦斯保护和中性点非直接接地电力网的接地保护，可由电压互感器或变电所所用变压器取得操作电源。必要时可增加电容储能电源作为跳闸的后备电源。

(14) 由于晶体管继电保护装置具有动作迅速、体积小、功耗少、无触点及不怕振动等优点，因此，在电磁型继电保护不能满足速动等要求的大型机组及超高压线路上得以广泛应用。这类保护装置存在的性能不太稳定及抗干扰性较差等缺陷，也随着研究工作的深入，不断得到改进、完善。

国内钢铁企业供电系统主要采用的是电磁型及整流型继电保护装置，而对晶体管保护则很少采用，其主要原因是：钢铁企业供电电压一般较低，电网结构相对简单，自备电厂发电机组容量较小，在“四性”方面不及大型机组和超高压电网的要求高，因此一般电磁型及整流型继电保护装置即能满足要求。

(15) 随着电力网络的增大、计算机技术应用的不断发展，微机型保护装置也开始采用。它的可靠性和灵敏性更高，使保护速动方面又进一步得到提高，并从根本上改善了保护的选择性。另外，微机型保护还具有通用性、灵活性，便于系统发展等优点。

15.2 电力变压器的保护

15.2.1 保护装设的原则

保护装设的原则为：

(1) 电力变压器应按下列故障及异常运行方式，装设相应的继电保护装置：

1) 绕组及其引出线上的相间短路和在中性点直接接地侧的单相接地短路；

2) 绕组的匝间短路；

3) 由于外部相间短路引起的过电流；

4) 中性点直接接地电力网内由于外部接地短路引起的过电流及中性点过电压；

5) 过负荷；

6) 油面降低；

7) 变压器温度升高和冷却系统故障。

上述1)、2) 的保护应瞬时动作于跳闸，3)、4) 的保护应带时限动作于跳闸，5)、6) 的保护一般作用于信号，对于7) 的变压器温度升高和冷却系统的故障，应按现行电力变压器标准的要求，装设可作用于信号或动作于跳闸的装置。

电力变压器的继电保护配置，一般按表15-2装设。

(2) 对于变压器引出线、套管及内部故障，保护动作后，应断开变压器的各侧断路器。

表 15-2 电力变压器继电保护的配置

变压器容量（kVA）	带时限的过电流保护[①]	复合电压起动的过电流保护	负序电流和单相式低压起动的过电流保护	阻抗保护	电流速断保护	纵联差动保护	瓦斯保护	单相接地保护	过负荷保护	温度信号	备注
<400							大于等于315kVA的车间内变压器装设				一般用高压熔断器保护
400～630	一次侧装有断路器时装设				一次侧装有断路器且过电流保护时限大于0.5s时装设		车间内变压器装设	低压侧为干线制的Y，yn0接线的变压器装设和有必要时装设			一般采用GL或LL型过电流继电器，同时具有电流速断和过电流保护的功能
800							装设			装设	
1000～1600	用于降压变压器										
2000～5000					过电流保护时限大于0.5s时装设	当电流速断保护不能满足灵敏性要求时装设			并列运行的变压器装设；变压器有过负荷的可能性时装设		
6300～8000		当过电流保护不能满足灵敏性要求时装设			单独运行的变压器或负荷不太重要的变压器装设	并列运行的变压器和重要变压器，或当电流速断保护不能满足灵敏性要求时装设		110kV及以上中性点直接接地电力网内的中性点直接接地的变压器装设			复合电压起动的过电流保护和负序电流保护，一般不宜用在正常运行时有较大的负序电流和电压的电网中（如有电弧炉、铁合金炉及单相交流电力机车等负荷的电网）
10000～50000		用于升压变压器，系统联络变压器及过电流保护不能满足灵敏性要求的降压变压器时装设		当复合电压起动的过电流保护不能满足灵敏性要求时装设		装设			同上，但对自耦变压器及多绕组变压器应能反应公共绕组及各侧过负荷情况		
63000以上			用于升压变压器系统联络变压器	当负序电流保护不能满足灵敏性要求时装设		装设					

①当带时限的过电流保护不能满足灵敏性要求时，应采用低电压起动的过电流保护。

(3) 纵联差动保护范围，一般包括变压器套管及其引出线。但在某些情况下，例如母线上连接元件较少的变电所，允许利用变压器套管内的电流互感器构成差动保护。

(4)变压器的瓦斯保护，当壳内故障产生轻微瓦斯及油面下降时，瞬时作用于信号；当产生大量瓦斯时，一般动作于断开变压器的各侧断路器，如变压器高压侧无断路器，或断路器距离变压器较远，又未安装能使瓦斯保护切除变压器内部故障的其他设备时，重瓦斯则可动作于信号，但在此情况下，重瓦斯和轻瓦斯的信号应分别设置，信号可发至有值班人员的场所。

(5)对于由外部相间短路引起的过电流，保护应装于变压器下列各侧：

1) 对双绕组变压器，装于主电源侧。按主接线情况，保护可带一段或两段时限，较短的时限用于缩小故障范围，较长的时限用于断开变压器各侧断路器。

2) 对三绕组变压器和自耦变压器，一般装于主电源侧及主负荷侧。此时主电源侧的保护应带两段时限，以较小的时限断开未装保护侧的断路器。当以上方式不满足灵敏性的要求时，则允许在所有各侧装设保护。变压器两侧或三侧有电源（包括同步电动机）时，应加装方向元件，以保证保护装置动作的选择性。

3)对于低压侧有分支并接至分开运行的母线段的降压变压器，除在电源侧装设保护外，还应在每个支路装设保护。

(6)多绕组变压器外部相间短路的保护，允许按下述原则简化；

1) 除主电源侧外，其它各侧保护可仅作本侧相邻元件的后备保护。

2)保护装置对各侧母线的各类短路应符合灵敏性要求。保护装置作为相邻线路的远后备时，可适当降低对保护灵敏性的要求。

(7)110kV 及以上中性点直接接地的电力网中，如果变压器的中性点直接接地运行，则对外部单相接地引起的过电流，应装设零序电流保护。

零序电流保护可由两段组成，每段各带两个时限，并均以较短的时限断开母线联络断路器或分段断路器，以缩小故障影响范围；以较长的时限有选择地断开变压器各侧断路器。

对自耦变压器和高、中压侧中性点都直接接地的三绕组变压器，当有选择性要求时，应增设零序功率方向元件。

双绕组及三绕组变压器的零序电流保护应接到中性点引出线上的电流互感器上。自耦变压器的零序电流保护应接入高、中压侧电流互感器的零序回路。当自耦变压器断开一侧以后，内部又发生单相接地时，若零序电流保护灵敏性不符合要求时，可在中性点侧增设零序电流保护。

(8)110kV 及以上中性点直接接地的电力网中，如低压侧有电源的变压器中性点可能接地运行或不接地运行时，则对外部单相接地引起的过电流，以及对因失去接地中性点引起的电压升高，应按下列规定装设保护装置：

1) 全绝缘变压器应按第 (7) 条规定装设零序电流保护，并增设零序过电压保护。当电力网单相接地且失去接地中性点时，零序过电压保护经 0.3～0.5s 时限动作于断开变压器各侧断路器。

2) 分级绝缘变压器中性点装设放电间隙时，应按第 (7) 条规定装设零序电流保护，并增设反应零序电压和间隙放电电流的零序电流电压保护。当电力网单相接地且失去接地中性点时，零序电流电压保护约经 0.3～0.5s 时限动作于断开变压器各侧断路器。

中性点不装设放电间隙时，应装设两段零序电流保护和一套零序电流电压保护，零序电流保护第一段设置一个时限，第二段设置两个时限，当每组母线上至少有一台中性点接地变压器时，第一段和第三段的较小时限动作于缩小故障影响范围（例如断开母联或母线分段断路器）。零序电流电压保护用于变压器中性点不接地运行时保护变压器，其动作时限与零序电流保护第二段时限相配合，用以先切除中性点不接地变压器，后切除中性点接地变压器。当某一组母线上的变压器中性点都不接地时，则零序电流保护动作于断开母线联络断路器或母线分段断路器，以保证由零序电流电压保护首先断开中性点不接地的变压器。

(9) 一次电压为 10kV 及以下，绕组为 Y，yn0 接线的变压器，对低压侧单相接地短路应装设下列保护之一：

1) 接在低压侧中性线上的零序电流保护；

2) 利用高压侧的过电流保护，保护装置宜采用三相式以提高灵敏性。保护装置带时限动作于跳闸，当变压器低压侧有分支线时，宜利用分支过电流保护有选择地切除各分支回路故障。

(10) 过负荷保护对自耦变压器和多绕组变压器，保护装置应能反应公共绕组及各侧绕组的过负荷情况。

过负荷保护采用单相式，带时限动作于信号。在无值班人员的变电所，必要时可动作于跳闸或切除部分负荷。

选择保护安装侧时，应能反应变压器所有各绕组的过负荷情况。对双绕组升压变压器，装在发电机电压一侧；对三绕组升压变压器，当一侧无电源时，装在发电机电压侧和无电源的一侧；当三侧都有电源时，装在所有三侧。对双绕组降压变压器，装在高压侧；对单侧电源的三绕组变压器，当三侧绕组容量相同时，只装在电源侧；当三侧绕组容量不同时，装在电源侧和容量较小的一侧；两侧电源的三绕组降压变压器或联络变压器，装在所有三侧。

(11) 容量小，负荷不重要的 6～35/0.4/0.23kV 变压器亦可采用熔断器保护，熔断器电流的选择见附表 15-6。

15.2.2　保护原理图

保护原理图见图 15-1～图 15-8，或见继电器厂编制的定型保护屏原理图。

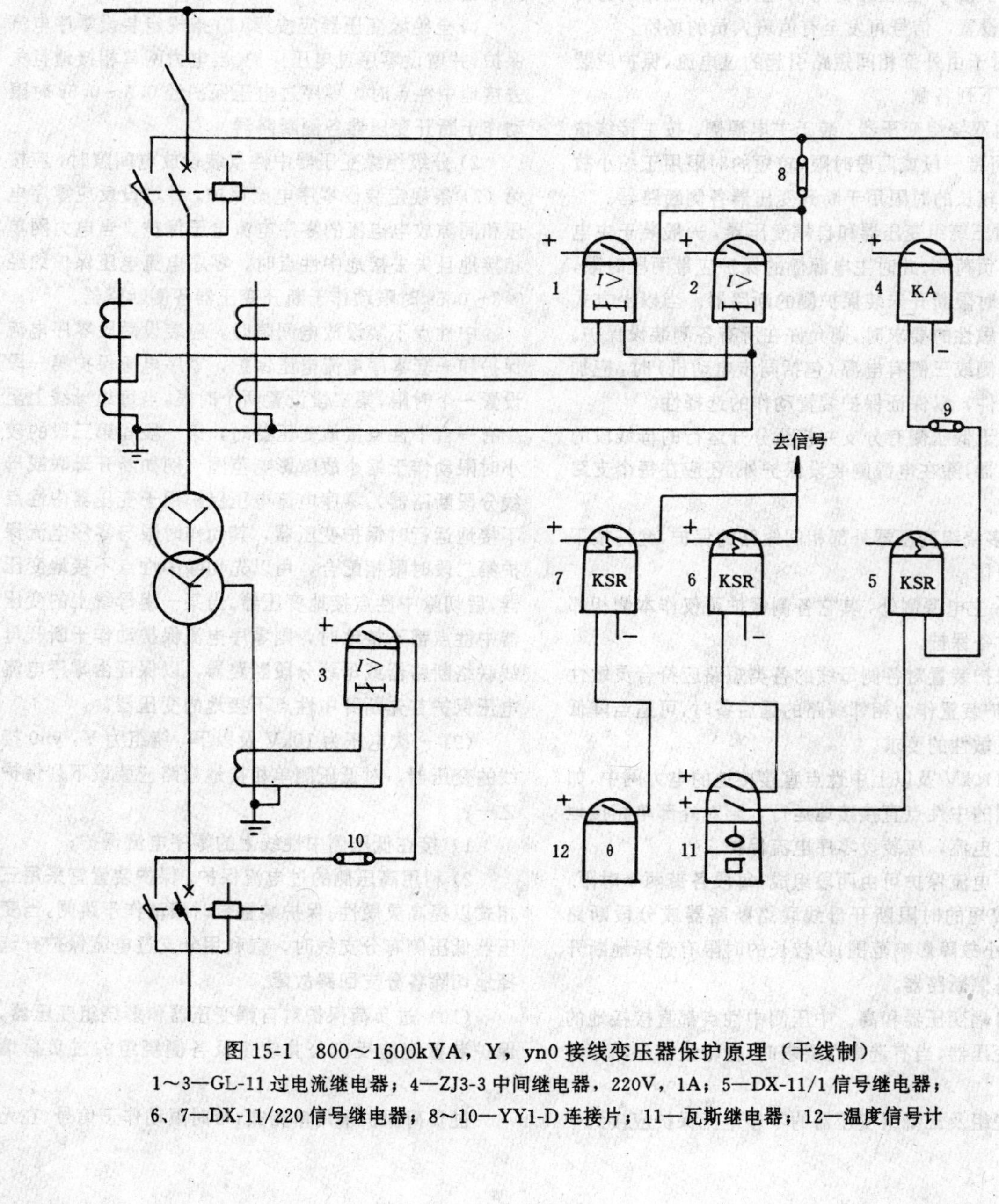

图 15-1　800～1600kVA，Y，yn0 接线变压器保护原理（干线制）

1～3—GL-11 过电流继电器；4—ZJ3-3 中间继电器，220V，1A；5—DX-11/1 信号继电器；6、7—DX-11/220 信号继电器；8～10—YY1-D 连接片；11—瓦斯继电器；12—温度信号计

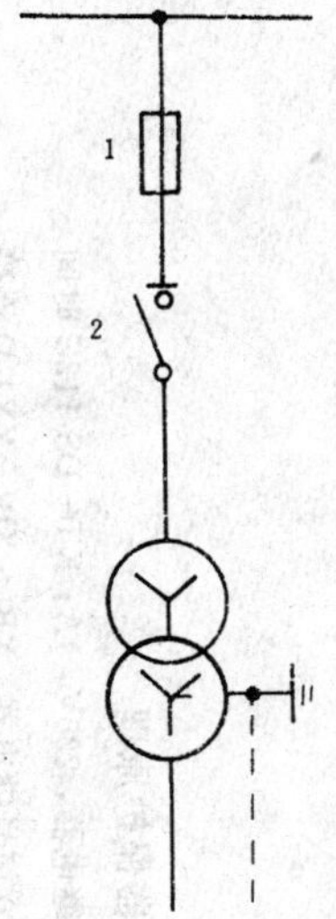

图 15-2 用高压熔断器保护的 Y，yn0 接线变压器接线

1—高压熔断器；2—负荷开关

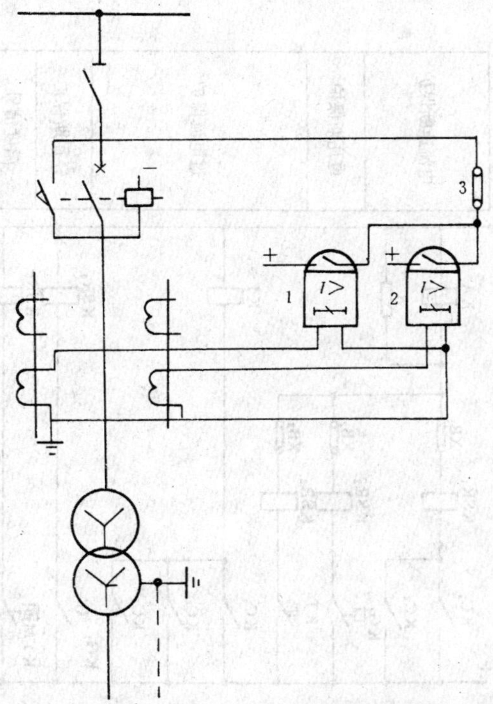

图 15-3 800kVA 以下 Y，yn0 接线变压器保护原理

1、2—GL-11 过电流继电器；3—YY1-D 连接片

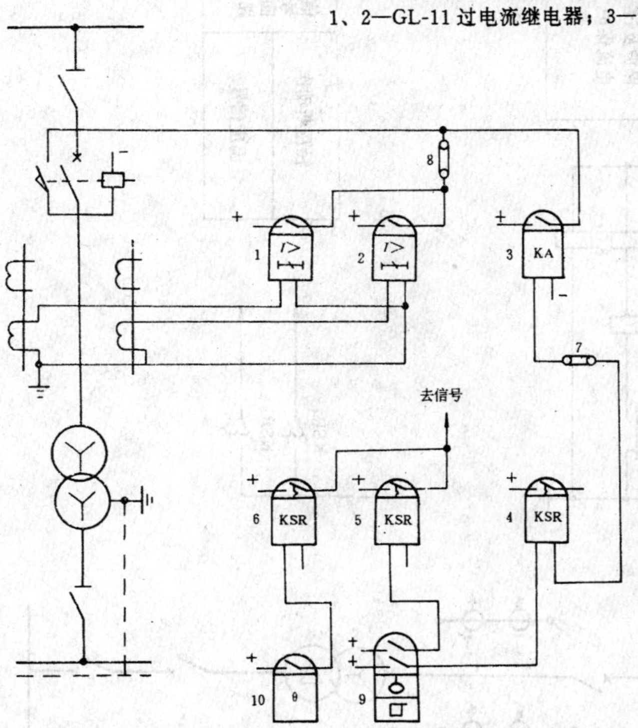

图 15-4 800～1600kVA，Y，yn0 接线变压器保护原理

1、2—GL-11 过电流继电器；3—ZJ3-3 中间继电器，220V，1A；4—DX-11/1 信号继电器；5、6—DX-11/220 信号继电器；7、8—YY1-D 连接片；9—瓦斯继电器；10—温度信号计

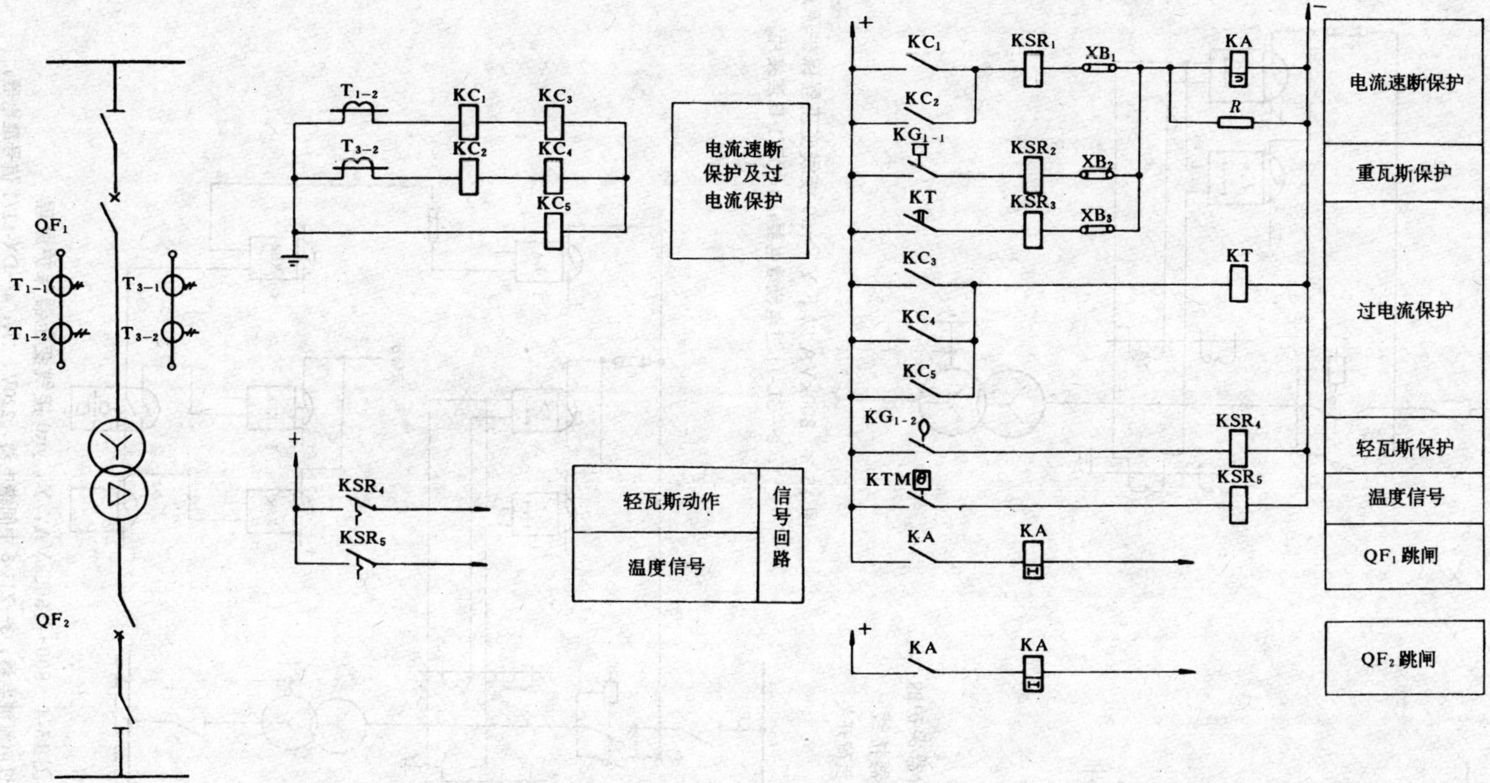

图 15-5　6300kVA 以下的 Y，d11 接线双绕组变压器保护原理

KC_1，KC_2—DL-11 电流继电器；KC_3～KC_5—DL-11 电流继电器；KA—DZS-136 中间继电器，220V，1A；KT—DS-112C 时间继电器，220V；KSR_1～KSR_3—DX-11/ 0.025 信号继电器；KSR_4，KSR_5—DX-11/220 信号继电器；XB_1～XB_3—YY1-D 连接片；R—ZG11-50 管型电阻，4000Ω，KG_1—瓦斯继电器；KTM—温度信号计

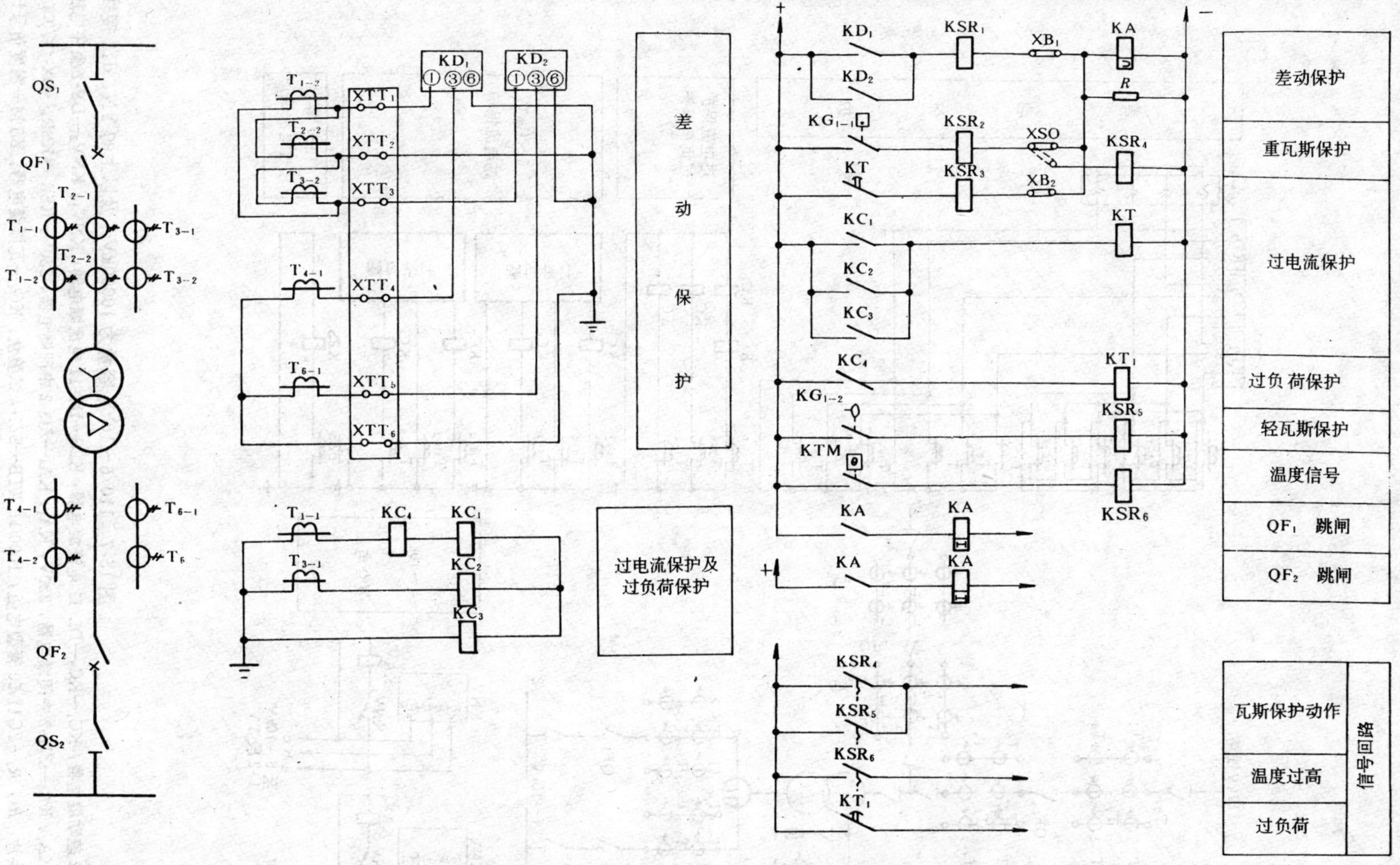

图 15-6 6300kVA 及以上的 Y，d11 接线双绕组变压器保护原理

KD_1、KD_2—BCH-2 差动继电器；KC_1～KC_4—DL-11 电流继电器；KA—DZS-136 中间继电器；220V，1A；KT—DS-112 时间继电器，220V；KT_1—DS113-C 时间继电器，220V；KSR_1～KSR_3—DX-11/0.025 信号继电器；KSR_4～KSR_6—DX-11/220 信号继电器；XTT_1～XTT_6—电流试验端子；XB_1，XB_2—YY1-D 连接片；XSO—YY1-S 切换片；R—ZG11-50 管型电阻，4000Ω；KG_1—瓦斯继电器；KTM—温度信号计

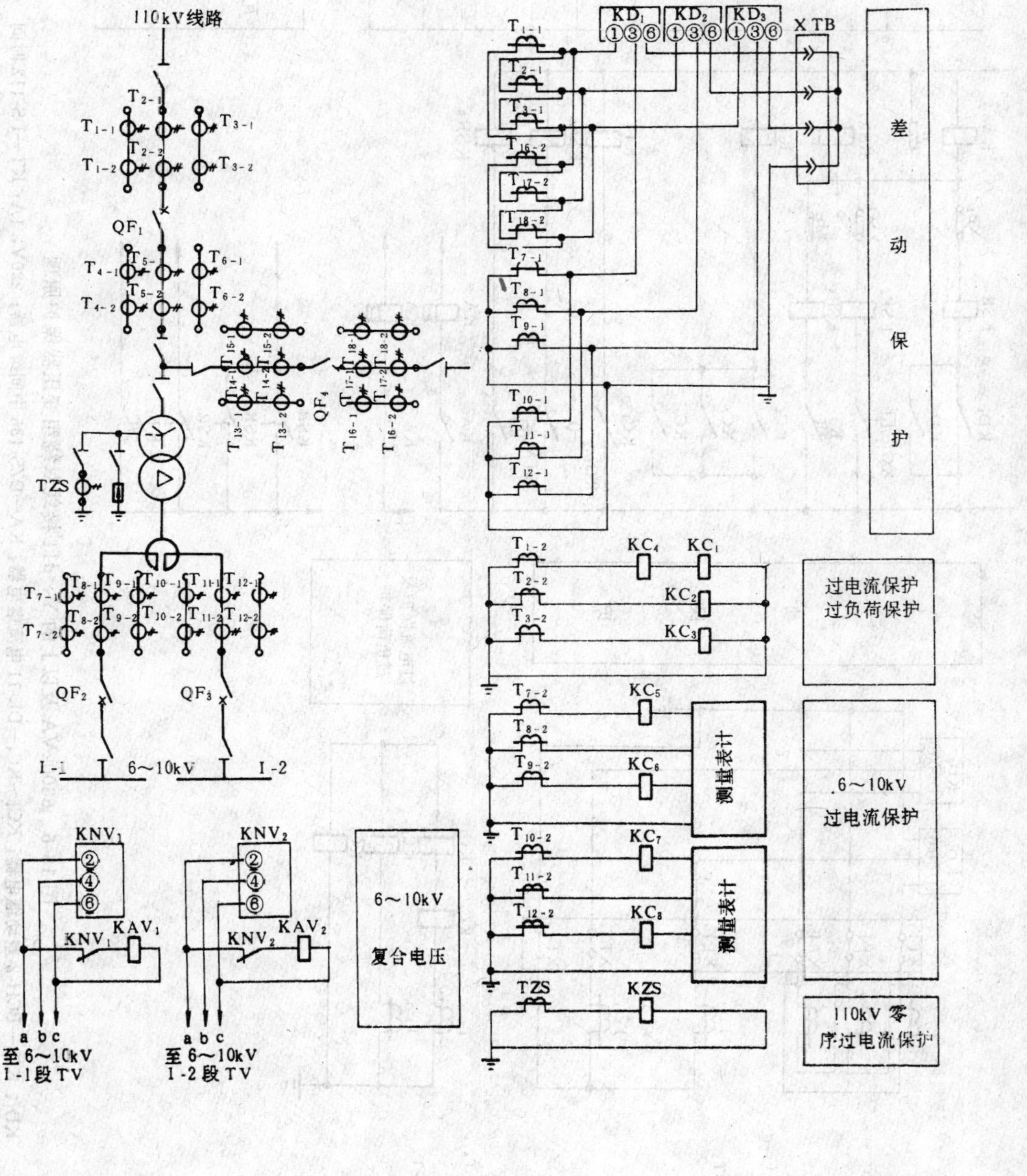

图 15-7 110/6～10kV 容量为 10000kVA 及以上的 YN，d11 接线

KD_1～KD_3—BCH-2 差动继电器；KC_1～KC_8—DL-11 电流继电器；KZS—DC-11 电流继电器；KNV_1，KNV_2—DY-2 负序电压间继电器，220V；KA_2，KA_3—ZJ2-2 中间继电器，220V；KA_1，KA_4—ZJ3-2 中间继电器，220V；KSR_1～KSR_4—DX-11/0.05

YY1-S 切换片；R_1，R_2—ZG11-50 管型电阻，1000Ω；XTB—SZ1-4 试验盒；KG_1—瓦斯继电器；KTM—温度信号计

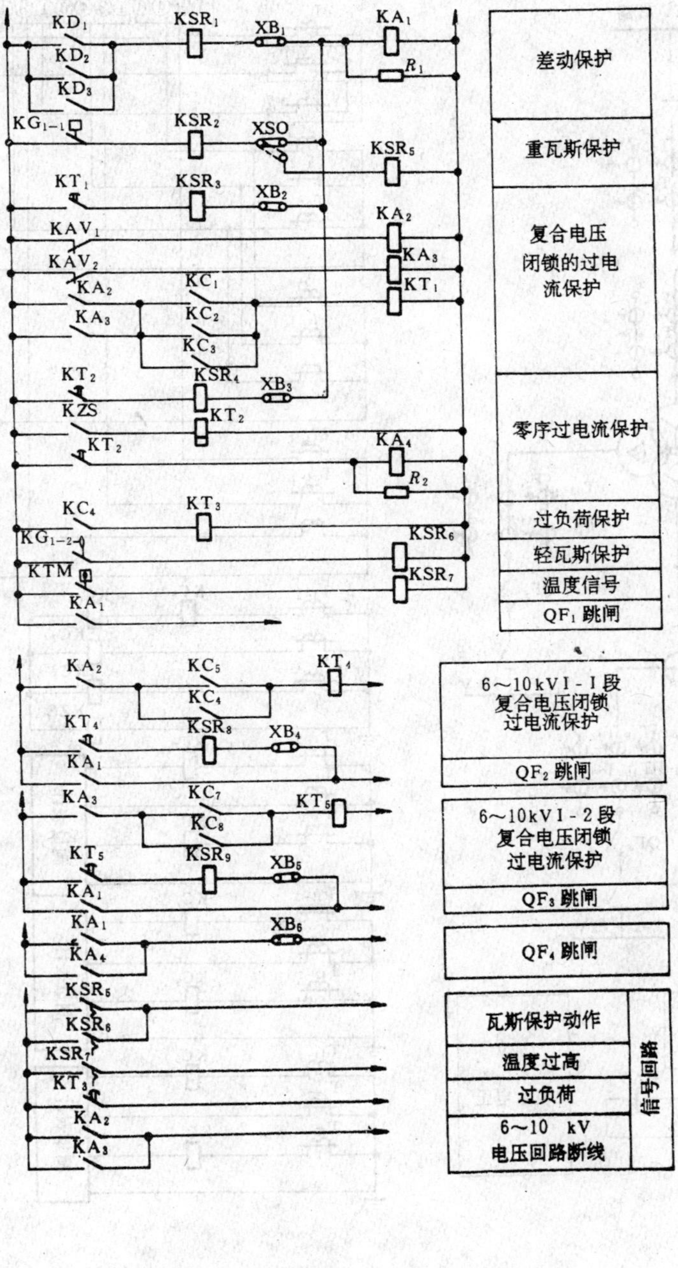

双绕组变压器（内桥带分裂电抗器）保护原理

继电器；KAV_1，KAV_2—DJ-122/160 低电压继电器；KT_1，KT_2，KT_4，KT_5—DS-116 时间继电器，220V；KT_3—DS-113C 时信号继电器；KSR_5～KSR_7—DX-11/220 信号继电器；KSR_8，KSR_9--DX-11/1 信号继电器；XB_1～XB_6—YY1-D 连接片；XSO—

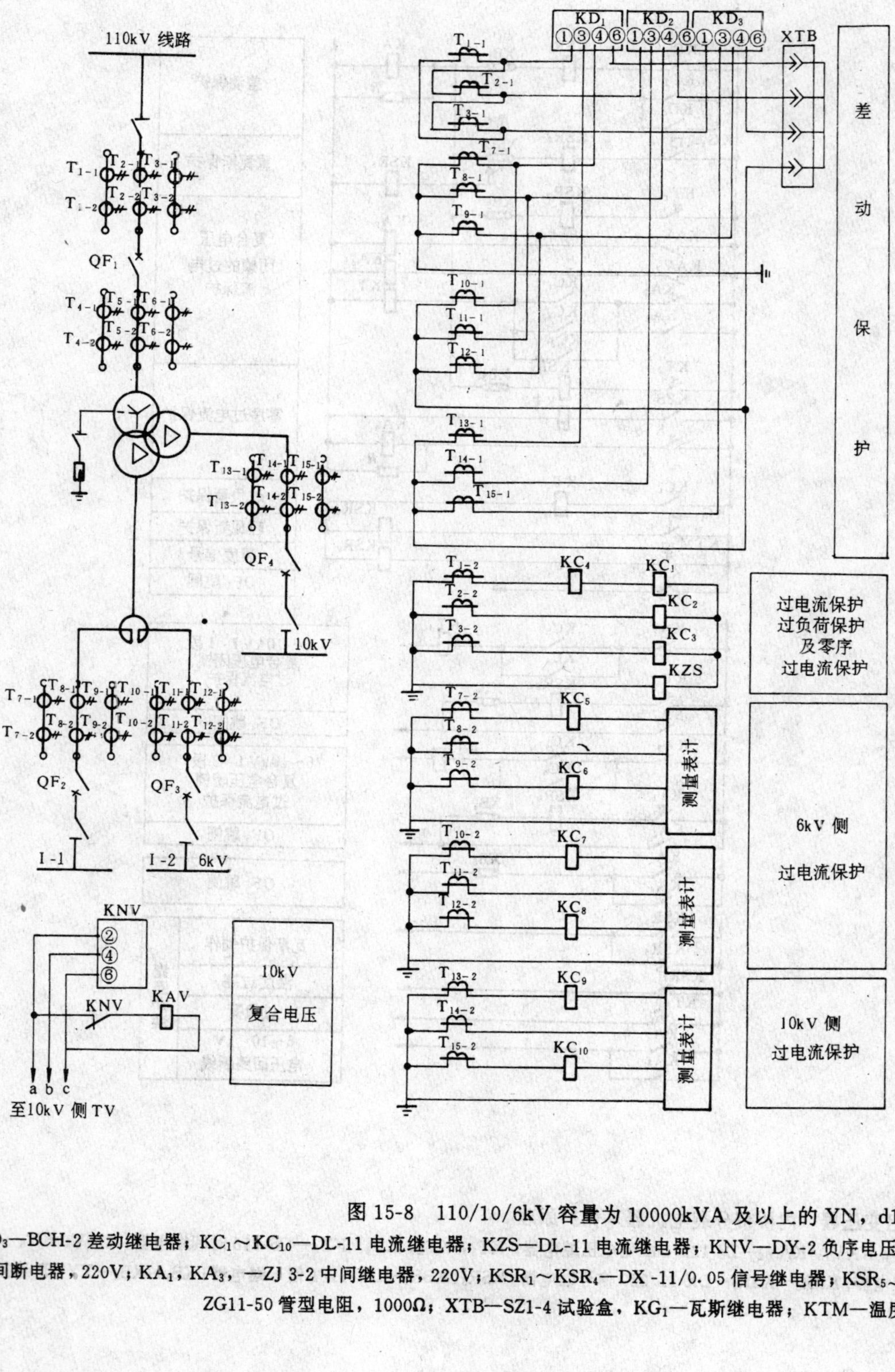

图 15-8　110/10/6kV 容量为 10000kVA 及以上的 YN，d11，d11

KD_1～KD_3—BCH-2 差动继电器；KC_1～KC_{10}—DL-11 电流继电器；KZS—DL-11 电流继电器；KNV—DY-2 负序电压继电器；ZJ2-2 中间断电器，220V；KA_1，KA_3，—ZJ 3-2 中间继电器，220V；KSR_1～KSR_4—DX -11/0.05 信号继电器；KSR_5～KSR_7—ZG11-50 管型电阻，1000Ω；XTB—SZ1-4 试验盒，KG_1—瓦斯继电器；KTM—温度信号计

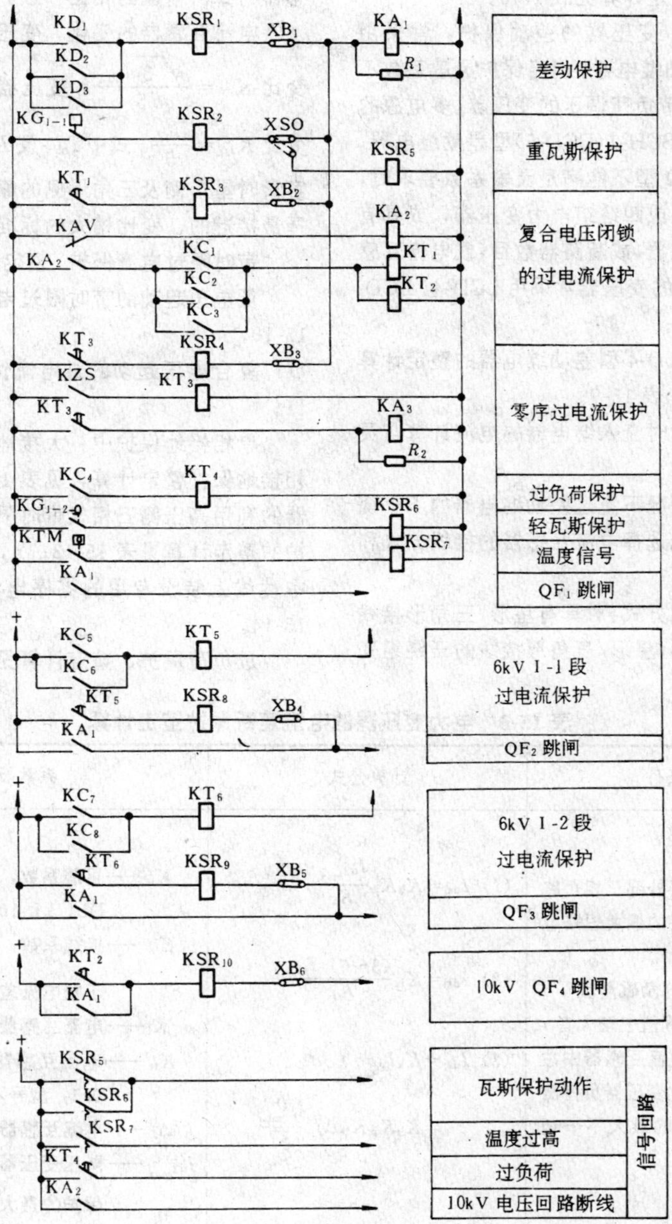

接线三绕组变压器（6kV侧带分裂电抗器）保护原理

KAV—DJ-122/160 低电压继电器；KT_1～KT_3，KT_5，KT_6—DS-116 时间继电器，220V；KT_4—DS-113C 时间继电器；KA_2—DX-11/220 信号继电器；KSR_8～KSR_{10}—DX-11/1 信号继电器；XB_1～XB_6—YY1-D 连接片；XSO—YY1-S 切换片，R_1，R_2—

15.2.3 保护整定计算

电流速断保护，整定计算见表 15-3。

纵联差动保护中，变压器的差动保护，常采用 BCH-2 (DCD-2) 型差动继电器。但当保护灵敏系数不能满足要求时，或对于带负荷调压的变压器、多电源的三绕组变压器，常采用 BCH-1(DCD-5)型差动继电器。当采用 BCH-1 (DCD-5) 型不能满足灵敏系数要求时，或需多侧制动的三绕组或四绕组电力变压器，或具有分裂绕组的多绕组变压器，或断路器数目(或电流互感器数目) 多于三组以上的变压器常采用 LCD-4，LCD-5 型整流型差动继电器。

BCH-1、BCH-2、LCD-4 型差动继电器的整定计算列于表 15-4、表 15-6、表 15-7。

变压器出口处故障时流入继电器的电流计算与灵敏系数比较见表 15-5。

为了保证在正常情况下流过差动继电器的不平衡电流为最小，应恰当地选择电流互感器的接线方式和电流互感器的变比。

电流互感器的接线方式：对具有星形/三角形接线的双绕组变压器或星形/星形/三角形接线的三绕组变压器，星形侧的电流互感器二次绕组应接成三角形，三角形侧的电流互感器二次绕组应接成星形，使电流互感器的二次电流的相位一致。

电流互感器的变化，变压器星形侧的电流互感器变比 $K_{iY}=\frac{\sqrt{3}I_{obY}}{5}$，变压器三角形侧的电流互感器变比 $K_{i\triangle}=\frac{I_{ob\triangle}}{5}$，式中 I_{obY} 及 $I_{ob\triangle}$ 分别为变压器在最大容量时星形侧及三角形侧的额定电流。按计算结果选择最接近的、变比稍大的标准型电流互感器。

带时限过电流保护，整定计算见表 15-8、表 15-9。

低电压起动的带时限过电流保护，整定计算见表 15-10。

复合电压起动的过电流保护，整定计算见表 15-11。

单相接地保护中，大接地电流电网电力变压器单相接地保护整定计算，见表 15-12；Y，yn0 接线变压器的利用高压侧三相式带时限过电流保护兼作接地保护的整定计算见表 15-13；Y，yn0 接线变压器低压侧中性线上装设专用的零序电流保护，整定计算见表 15-14。

过负荷保护、整定计算见表 15-15。

表 15-3 电力变压器的电流速断保护整定计算

计算项目	计算条件	计算公式	系数及文字代号
保护装置动作电流	(1) 应避开变压器外部三相短路时，流过保护装置的最大短路电流 (2) 躲过变压器的励磁涌流 应取上述两项计算值中较大者 (3) 当保护接于电流互感器中性线回路中，应躲过变压器负荷侧故障时流过保护的最大不平衡电流 $I_{bp_{max}}$	(1) $I_{dzj}=K_kK_{jx}\frac{I^{(3)}_{d2_{max}}}{K_i}$ (2) $I_{dzj}=K_{jx}\frac{(3\sim5)\ I_{eb}}{K_i}$ (3) $I_{dzj}=K_kI_{p_{b_{max}}}$ $=K_kK_{jx}K_{ts}\Delta f\frac{I^{(3)}_{d2_{max}}}{K_i}$	K_k——可靠系数，GL 型继电器为 1.5，DL，LL-10 型继电器为 1.3～1.4 K_{jx}——接线系数，接于相电流时为 1.0，接于相电流差时为 $\sqrt{3}$ K_i——电流互感器变流比 K_{ts}——电流互感器同型系数，型号相同为 0.5，型号不同为 1 Δf——电流互感器允许的相对误差，取 0.1 $I^{(3)}_{d2_{max}}$——降压变压器低压侧三相短路时，流过保护的最大短路电流 I_{eb}——变压器额定电流
			K_{mxd}——相对灵敏系数，见附表 15-5 I_{dz1}——保护装置一次动作电流 $I_{dz1}=\frac{I_{dzj}K_i}{K_{jx}}$

续表 15-3

计算项目	计算条件	计算公式	系数及文字代号
保护装置灵敏系数	(1)按系统最小运行方式下保护安装处两相短路时,流过保护装置的最小短路电流校验 (2)对接在中性线上的继电器应取接地短路时最小零序电流校验	当采用相对灵敏系数计算时 $K_{m}^{(2)}=K_{mxd}\frac{I_{d1\ min}^{(3)}}{I_{dz1}}\geqslant 2$ 当直接计算时 $K_{m}^{(2)}=\frac{I_{d1\ min}^{(2)}}{I_{dz1}}\geqslant 2$ $K_{m}^{(1)}=\frac{I_{d1\ min}^{(1)}}{I_{dz1}}\geqslant 2$	$I_{d1\ min}^{(3)}$——系统最小运行方式下，保护安装处三相短路时，流过保护的最小短路电流 $I_{d1\ min}^{(2)}$——系统最小运行方式下，保护安装处两相短路时，流过保护的最小短路电流 $I_{d1\ min}^{(1)}$——系统最小运行方式下，保护安装处单相接地短路时流过中性线上继电器的最小三倍零序电流

表 15-4 采用 BCH-2 型、DCD-2 型继电器的电力变压器差动保护整定计算

计算步骤	计算项目	计算条件	计算公式	系数及文字代号
1	变压器各侧电流互感器二次回路额定电流	按平均电压及变压器最大容量	$I_{e}=\frac{K_{jx}I_{eb}}{K_{i}}$	K_{jx}——电流互感器二次回路接线系数，星形接线时为 1.0，三角形接线时为 $\sqrt{3}$ K_{i}——电流互感器变比 I_{eb}——变压器各侧额定一次电流
2	各侧外部短路时的最大短路穿越电流	从略		
3	保护装置一次动作电流	·按以下三个条件确定，取其最大值 (1)避开外部故障时最大不平衡电流 (2)避开变压器空载投入或故障切除后电压恢复时的励磁涌流 (3)避开二次回路断线	(1)躲过外部故障时最大不平衡电流 1) 三绕组变压器三侧有电源时 $I_{dz1}=K_{k}(K_{ts}\Delta fI_{d_{max}}+\Delta U_{\alpha}I_{\alpha d_{max}}+\Delta U_{\beta}I_{\beta d_{max}}+\Delta f'_{I}I_{I\,d_{max}}+\Delta f'_{II}I_{I\,d_{max}})$ (1) 2) 三绕组变压器单侧有电源时，上式中的各短路电流为同一电流 $I_{d_{max}}$。如果在外部故障时，电流不流过某一侧，则上式中的相应项等于零	K_{k}——可靠系数，取 1.3 K_{ts}——电流互感器同型系数，电流互感器型号相同时为 0.5，电流互感器型号不同时为 1.0 Δf——电流互感器允许最大相对误差，取 0.1 $I_{d_{max}}$——最大外部短路电流周期分量 $\Delta U_{\alpha},\Delta U_{\beta}$——在变压器调压侧($\alpha,\beta$ 侧)由于调压所引起的相对误差，取调压范围的一半 $I_{\alpha d_{max}},I_{\beta d_{max}}$——在外部短路时，流过相应调压侧($\alpha,\beta$ 侧)电流互感器的周期分量电流 $\Delta f'_{I},\Delta f'_{II}$①——由于继电器实用匝数与计算匝数不等而产生的相对误差，初次计算时建议先取中间值 0.05(最大值为 0.091)，在确定各侧匝数后，可按下式计算

续表 15-4

<table>
<tr><th>计算步骤</th><th>计算项目</th><th>计算条件</th><th>计算公式</th><th>系数及文字代号</th></tr>
<tr><td rowspan="3">3</td><td rowspan="3">保护装置一次动作电流</td><td rowspan="3">按以下三个条件确定，取其最大值
(1) 避开外部故障时最大不平衡电流
(2) 避开变压器空载投入或故障切除后电压恢复时的励磁涌流
(3) 避开二次回路断线</td><td>3) 双绕组变压器
$I_{dz1}=K_k\ (K_{ts}\Delta f+\Delta U+\Delta f')\ I_{d_{max}}$ (2)</td><td>$\Delta f'=\frac{W_{phjx}-W_{phsy}}{W_{phjs}+W_{csy}}$ (3)
式中 W_{phjs}——平衡线圈计算匝数
W_{phys}——平衡线圈实用匝数
W_{csy}——差动线圈实用匝数
$I_{\mathrm{I}d_{max}}$，$I_{\mathrm{II}d_{max}}$——外部短路时，相应地流过第Ⅰ、第Ⅱ侧电流互感器的周期分量电流</td></tr>
<tr><td>(2) 空载投入或故障切除后电压恢复时的励磁涌流
$I_{dz1}=(1\sim1.3)\ I_{eb}$ (4)</td><td>1～1.3[②]——考虑避开励磁涌流的系数，初算时可取 1.3</td></tr>
<tr><td>(3) 躲过电流互感器二次回路断线
$I_{dz1}=1.3I_{h_{max}}$ (5)</td><td>$I_{h_{max}}$——正常运行时的变压器最大负荷电流（不考虑事故运行方式），在负荷电流不能确定时，可取 $I_{h_{max}}=I_{eb}$</td></tr>
<tr><td>4</td><td>初步确定差动及平衡线圈接法</td><td colspan="3">(1) 三绕组变压器，二次回路额定电流 I_e 最大的一侧直接接差动线圈（如附图 15-2 中的第Ⅱ侧），此侧称为基本侧。其余两侧接至相应的平衡线圈。如三绕组变电器有两侧二次电流相等，可将此二侧连接一平衡线圈，第三侧接另一平衡线圈
(2) 双绕组变压器，两侧电流互感器分别接于继电器的两个平衡线圈上</td></tr>
<tr><td>5</td><td>确定基本侧的匝数</td><td>按基本侧继电器动作安匝</td><td>(1) 三绕组变压器
此处以附图 15-2 中的第Ⅱ侧为基本侧
$W_{\mathrm{II}js}=W_{cjs}=\frac{AW_0}{I_{\mathrm{II}dzj}}$
$W_{csy}\lesssim W_{\mathrm{II}js}$</td><td>$AW_0$——继电器的动作安匝，应采用实测值，如不知道实测值，则可取 $AW_0=60$
$I_{\mathrm{II}dzj}$——基本侧继电器动作电流
$I_{\mathrm{II}dzj}=\frac{K_{jx}I_{dz1}}{K_{i\mathrm{II}}}$
式中 I_{dz1}——归算至基本侧的保护装置一次动作电流（为了简化起见，最好在计算短路电流及一次动作电流时，即以基本侧作基准）
$K_{i\mathrm{II}}$——基本侧的电流互感器变比
$W_{\mathrm{II}js}$——基本侧的计算匝数
W_{csy}，W_{cjs}——差动线圈的实用匝数，计算匝数</td></tr>
</table>

续表 15-4

计算步骤	计算项目	计算条件	计算公式	系数及文字代号
			(2) 双绕组变压器 此处以附图 15-2 中第Ⅰ侧为基本侧 $W_{\text{Ⅰjs}}=\dfrac{AW_0}{I_{\text{Ⅰdzj}}}$ $W_{\text{Ⅰsy}}=W_{\text{Ⅰphsy}}+W_{csy}$ $\gtrsim W_{\text{Ⅰjs}}$	$I_{\text{Ⅰdzj}}$——基本侧继电器动作电流 $I_{\text{Ⅰdzj}}=\dfrac{K_{jx}I_{dz1}}{K_{i\text{Ⅰ}}}$ 式中 $K_{i\text{Ⅰ}}$——基本侧的电流互感器变比 $W_{\text{Ⅰjs}}$——基本侧的计算匝数 $W_{\text{Ⅰphsy}}$——一个平衡线圈的实用匝数 W_{csy}——差动线圈的实用匝数 $W_{\text{Ⅰsy}}$——基本侧的实用匝数
6	确定其它侧平衡线圈的匝数		(1) 三绕组变压器 $W_{\text{Ⅱphjs}}=\dfrac{I_{\text{Ⅰe}}-I_{\text{Ⅱe}}}{I_{\text{Ⅱe}}}W_{csy}$ $W_{\text{Ⅱphsy}}\approx W_{\text{Ⅱphjs}}$取整数 $W_{\text{Ⅲphjs}}=\dfrac{I_{\text{Ⅰe}}-I_{\text{Ⅲe}}}{I_{\text{Ⅲe}}}W_{csy}$ $W_{\text{Ⅲphsy}}\approx W_{\text{Ⅲphjs}}$取整数	$I_{\text{Ⅰe}}$——基本侧电流互感器二次回路额定电流 $I_{\text{Ⅱe}}$，$I_{\text{Ⅲe}}$——第Ⅱ，Ⅲ侧电流互感器二次回路额定电流 $W_{\text{Ⅱphjs}}$，$W_{\text{Ⅲphjs}}$——两个平衡线圈计算匝数 $W_{\text{Ⅱphsy}}$，$W_{\text{Ⅲphsy}}$——两个平衡线圈实用匝数
			(2) 双绕组变压器 $W_{\text{Ⅱphjs}}=W_{\text{Ⅰsy}}\dfrac{I_{\text{Ⅰe}}}{I_{\text{Ⅱe}}}-W_{csy}$ $W_{\text{Ⅱphsy}}\approx W_{\text{Ⅱphjs}}$取整数	$I_{\text{Ⅰe}}$——基本侧电流互感器二次侧回路额定电流 $I_{\text{Ⅱe}}$——第Ⅱ侧电流互感器二次侧回路额定电流 $W_{\text{Ⅱphjs}}$——另一个平衡线圈的计算匝数 $W_{\text{Ⅱphsy}}$——另一个平衡线圈的实用匝数
7	校核由于实用匝数与计算匝数不等而产生的相对误差	按 (3) 式计算 $\Delta f'$，如 $\Delta f'>0.05$，应代入 (1) 或 (2) 式核算动作电流		
8	确定短路线圈抽头	短路线圈匝数用得越多，继电器避开励磁涌流的性能越好，而且内部故障时动作的可靠系数也越高。但在内部故障电流中有较大非周期分量时，继电器的动作时间就越长。在选择短路线圈匝数时，应根据具体情况综合考虑上述利弊。对于中小容量变压器，由于励磁涌流倍数大，内部故障时电流中的非周期分量衰减较快，对保护装置的动作时间又可降低要求，因此短路线圈应采用较多匝数，选取抽头“3”-“3”或“4”-“4”；对于大容量变压器，由于励磁涌流倍数较小，内部故障时电流中的非周期分量衰减较慢，又要求迅速切除故障，因此短路线圈可采用较少匝数，选取抽头“2”-“2”或“3”-“3”。此外，还应考虑继电器所接电流互感器的形式，励磁阻抗小的电流互感器（如套管式）吸收非周期分量电流多，短路线圈应采用较多匝数。所选取的抽头是否合适，应在保护装置投入运行时，通过变压器空投试验确定		

续表 15-4

计算步骤	计算项目	计算条件	计算公式	系数及文字代号
9	保护装置最小灵敏系数	(1) 三绕组变压器 $K_{m_{min}}=\dfrac{I_{Ⅰj}W_{Ⅰsy}+I_{Ⅱj}W_{Ⅱsy}+I_{Ⅲj}W_{Ⅲsy}}{AW_0}\geqslant 2$ (6) (2) 双绕组变压器 $K_{m_{min}}=\dfrac{I_{Ⅰj}W_{Ⅰsy}+I_{Ⅱj}W_{Ⅱsy}}{AW_0}\geqslant 2$ (7) (3) 计算最小灵敏系数的简化公式 $K_{m_{min}}=\dfrac{I_j}{I_{dzj}}\geqslant 2$ (8) 如为多侧电源，当各侧实用工作匝数与计算匝数相等时，由式(6)(7)(8)算得的结果相同。如果实用工作匝数与计算匝数不相等，则按式(8)计算稍有误差；如果故障点各侧的正、负序阻抗不相等，也按表 15-5 计算 I_j，则对于非对称故障，按式(6)(7)计算也有误差		$W_{Ⅰsy},W_{Ⅱsy},W_{Ⅲsy}$——相应侧的实用工作匝数 $W_{Ⅰsy}=W_{Ⅰphsy}+W_{csy}$ $W_{Ⅱsy}=W_{Ⅱphsy}+W_{csy}$ $W_{Ⅲsy}=W_{csy}$ $I_{Ⅰj}$，$I_{Ⅱj}$，$I_{Ⅲj}$——最小运行方式下变压器出口处故障时流过相应侧继电器线圈的电流 I_j——流入继电器的总电流，建议将各侧短路电流总和归算至基本侧（如为单侧电源，则归算至电源侧），然后再按表 15-5 计算 I_{dzj}——相当于基本侧（单侧电源时为电源侧）实用工作匝数的继电器动作电流
10	如果灵敏系数不满足要求，且算出的 $\Delta f'$ 小于初算时取的 0.05，而动作电流又是由避开外部故障时的不平衡电流决定的，则可按灵敏性条件选择动作电流，检查此动作电流是否满足式(4)、(5)。然后确定各线圈的计算和实用匝数，按式(3)算出 $\Delta f'$ 再根据式(1)、(2)检查是否满足选择性要求。如不能满足，则应采用带制动特性的 BCH-1 型差动继电器			

①在作精确计算时，应考虑 $\Delta f'_{Ⅰ}$，$\Delta f'_{Ⅱ}$ 和 $I_{Ⅰd_{max}}$，$I_{Ⅱd_{max}}$ 的符号，电流的符号取流向变压器为正，在式(1)中采用绝对值 $\Delta f'_{Ⅰ}I_{Ⅰd_{max}}+\Delta f'_{Ⅱ}I_{Ⅱd_{max}}$。在初步计算时皆可取正值；

②如果保护装置动作电流由励磁涌流决定，且灵敏度不够时，考虑避开励磁涌流的系数可取 1～1.2。

表 15-5　变压器出口处故障时流入继电器的电流计算及灵敏系数比较

编号	故障类型和地点	流入继电器的电流 I_p		两相短路与三相短路灵敏系数之比
		变压器星形侧	变压器三角形侧	
1	变压器星形侧三相短路	$\sqrt{3}\dfrac{I_d^{(3)}}{K_{i\triangle}}$	$\dfrac{I_d^{(3)}}{K_{iY}}$	
2	变压器三角形侧三相短路	$\sqrt{3}\dfrac{I_d^{(3)}}{K_{i\triangle}}$	$\dfrac{I_d^{(3)}}{K_{iY}}$	
3	变压器星形侧两相短路	$2\dfrac{I_d^{(2)}}{K_{i\triangle}}$	$\dfrac{2}{\sqrt{3}}\dfrac{I_d^{(2)}}{K_{iY}}$	$\dfrac{K_m^{(2)}}{K_m^{(3)}}=1$

续表 15-5

编号	故障类型和地点	流入继电器的电流 I_p		两相短路与三相短路灵敏系数之比
		变压器星形侧	变压器三角形侧	
4	变压器三角形侧两相短路	$\sqrt{3}\,\dfrac{I_d^{(2)}}{K_{i\triangle}}$	$\dfrac{I_d^{(2)}}{K_{iY}}$	$\dfrac{K_m^{(2)}}{K_m^{(3)}}=\dfrac{\sqrt{3}}{2}$
5	变压器星形侧单相接地	$\dfrac{I_d^{(1)}}{K_{i\triangle}}$	$\dfrac{I_d^{(1)}}{\sqrt{3}\,K_{iY}}$	

注：1. 变压器可为星形/三角形、三角形/三角形和星形/星形接线，可为三线圈，也可为双线圈；

2. 变压器星形接线侧电流互感器为三角形接线；变压器三角形接线侧电流互感器为星形接线；

3. 按表 15-4 中式（6）、（7）计算灵敏系数时，I_d 为流过相应侧的短路电流，且为归算至该侧的有名值；按表 15-4 中式（8）计算灵敏系数时，I_d 为归算至基本侧的总短路电流有名值；

4. $K_{i\triangle}$，K_{iY} 为相应侧电流互感器的变比，其电流互感器分别为三角形和星形接线；

5. 计算两相和三相短路保护装置灵敏系数比值的条件为系统负序阻抗等于正序阻抗；

6. 本表适用于继电器三相式接线。如继电器为两相式接线，则表中第 3 栏变压器星形侧两相短路时的电流和灵敏系数比值应除以 2。

表 15-6 采用 BCH-1 型、DCD-5 型继电器的电力变压器差动保护整定计算

计算步骤	计算项目	计算条件	计算公式	系数及文字代号
1	变压器各侧电流互感器二次回路额定电流	方法同 BCH-2，见表 15-4		
2	各侧外部短路时的最大短路穿越电流	从略		
3	确定制动线圈的接法	为提高保护装置的灵敏系数，制动线圈的接法一般为： （1）单侧电源的双绕组变压器，制动线圈接于负荷侧 （2）双侧电源的双绕组变压器，制动线圈接于大电源侧 （3）单侧电源的三绕组变压器，制动线圈接在穿越性短路电流最大的一侧，当两受电侧穿越性短路电流相差不大，且对提高灵敏系数有利时，则应将制动线圈接于电源侧 （4）双侧电源的三绕组变压器，制动线圈接在无电源侧。但在无制动的情况下，如按避开外部故障时最大不平衡电流条件选择的保护动作电流较大，以致在内部短路时保护的灵敏系数不够，可将制动线圈接在大电源侧或调压侧 （5）三侧电源的三绕组变压器，制动线圈接在穿越性短路电流最大的一侧、最大电源侧或调压侧，根据灵敏系数而定 （6）所接电流互感器超过三组，且为多侧电源时，制动线圈接在最大穿越性短路电流的一侧，有时也可将两组电流互感器并联后接制定线圈，以达到在几种不平衡电流较大的外部故障时均有制动作用		

续表 15-6

计算步骤	计算项目	计算条件	计算公式	系数及文字代号
4	保护装置在无制动情况下的一次动作电流	按以下三个条件确定，取其最大值 (1)避开外部故障时最大不平衡电流	(1)避开外部故障时的不平衡电流 按表 15-4 中的式(1)(2)计算，如有某种外部短路，制动线圈中不流过电流时，接制动线圈侧的短路电流为零	
		(2)避开变压器空载投入或故障切除后电压恢复时的励磁涌流	(2)避开空载投入或切除后电压恢复时的励磁涌流 $I_{dz1}=(1.3\sim1.5)I_{eb}$	1.3～1.5——考虑避开励磁涌流的系数，对中小容量变压器取 1.4～1.5，对大容量变压器取 1.3～1.4，最后需通过空载投入试验，以证实能否避开励磁涌流
		(3)避开电流互感器二次回路断线	(3)电流互感器二次回路断线时，按表 15-4 中的式(5)计算	
5	确定差动及平衡线圈的接法	方法同 BCH-2，见表 15-4		
6	确定基本侧的匝数	方法同 BCH-2，见表 15-4		
7	确定其他侧平衡线圈的匝数	方法同 BCH-2，见表 15-4		
8	校核由于实用匝数与计算匝数不等而产生的相对误差	按表 15-4 中式(3)计算 $\Delta f'$，如 $\Delta f'$ 与所取的 0.05 相差较大时，应代入式(1)、(2)核算所选用的匝数及动作电流能否避开外部故障或能否使动作电流比原计算值降低一些		
9	确定制动系数	为防止保护装置在外部故障时误动作，应采用可能最大的制动系数，使不平衡电流 I_{ph} 不超过带制动情况下的动作电流 为了考虑最不利情况，当制动线圈侧有电源且为非故障侧时，制动线圈侧应取最小运行方式，其他侧取最大运行方式	$K_z=\dfrac{I_j}{I_z}=K_k\left(\dfrac{I_{ph}}{I_{zd}}\right)_{max}$ $=\dfrac{K_k(K_{ts}\Delta fI_{d_{max}}+\Delta U_{\alpha}I_{\alpha d_{max}}+\Delta U_{\beta}I_{\beta d_{max}}+\Delta f'_{\mathrm{I}}I_{\mathrm{I}d_{max}}+\Delta f'_{\mathrm{II}}I_{\mathrm{II}d_{max}})}{I_{zd}}$ (9) 式中 I_{zd}——所计算的外部短路时流过接制动线圈侧电流互感器的周期分量电流 I_j——继电器工作线圈中的电流 I_z——继电器制动线圈中的电流 K_k——可靠系数，取 1.4 其他系数及文字代号的意义和数值与表 15-4 中式(1)相同	

续表 15-6

计算步骤	计算项目	计算条件	计算公式	系数及文字代号
10	确定制动线圈的匝数	(1)按对避开外部故障最不利的继电器制动特性曲线(见图15-9中曲线2)选择	$W_z=\dfrac{K_z(W_{csy}+W_{phsy})}{n}$ 选用与计算值相近且较大的匝数作为实用匝数;采用切线斜率进行计算得出的制动线圈匝数可能偏大,因为由外部故障最大不平衡电流产生的工作安匝可能低于曲线1与切线的切点的工作安匝	$W_{csy}+W_{phsy}$——接制动线圈侧的实用工作匝数 n——制动特性曲线的切线斜率,标准曲线的切线斜率约为 $n=0.9$ K_z——制动系数
		(2)如果按上述方法计算使得灵敏系数过低时,可按最大不平衡电流产生的安匝选择	1)把一次侧的最大不平衡电流 I_{ph}[式(9)分子括号内的值]及制动电流 I_{zd} 归算至二次侧 $I_{phj}=\dfrac{K_{jx}I_{ph}}{K_i}$ $I_{zdj}=\dfrac{K_{jx}I_{zd}}{K_i}$	
			2)算出由于最大不平衡电流所产生的工作安匝 $AW_j=K_kI_{phj}(W_{csy}+W_{phsy})$	
			3)计算制动线圈匝数 $W_z=\dfrac{AW_z}{I_{zdj}}$	AW_z——制动安匝,由 AW_j 在曲线1(见图15-9)上找出
11	保护装置最小灵敏系数	(1)按表15-4计算最小运行方式下保护区内故障时的短路电流及各侧流入继电器的最小电流 I_j;		
		(2)计算继电器的制动安匝 由于负荷电流产生的制动安匝为 $AW_e=\dfrac{K_{jx}I_{e_{max}}}{K_i}W_z$ 总的制动安匝为 $AW_z=AW_e+I_{zdj}W_z$		$I_{e_{max}}$——流过变压器接制动线圈侧的最大负荷电流 K_i——接制动线圈侧电流互感器的变比 I_{zdj}——所计算的内部故障情况下,流过继电器制动线圈的电流
		(3)计算继电器的工作安匝 $AW_j=I_{\mathrm{I}j}W_{\mathrm{I}sy}+I_{\mathrm{II}j}W_{\mathrm{II}sy}+I_{\mathrm{III}j}W_{\mathrm{III}sy}$		$I_{\mathrm{I}j},I_{\mathrm{II}j},I_{\mathrm{III}j}$——所计算的内部故障情况下,流过各侧继电器线圈的电流 $W_{\mathrm{I}sy},W_{\mathrm{II}sy},W_{\mathrm{III}sy}$——相应侧的工作匝数

续表 15-6

计算步骤	计算项目	计算条件	计算公式	系数及文字代号
		(4)根据算出的 AW_c 在图 15-9 横坐标上找出 H 点，根据 AW_z 及 AW_j 在图 15-9 中找出相应的工作点 K。连接 HK，交最高制动特性曲线 2 于 P 点，P 点的纵坐标即为计算的动作安匝 AW_{dz1}		
		(5)计算最小灵敏系数 $K_{m_{min}}=\dfrac{AW_j}{AW_{dz1}}\geqslant 2$		AW_{dz1}①——继电器的计算动作安匝
12	如果算得制动安匝超过 150，应校验继电器工作安匝与实测的动作安匝之比②		$K'_m=\dfrac{AW_j}{AW_{dz2}}$ 曲线 2 为标准制动特性曲线时，$K'_m\geqslant 1.1\sim1.15$；曲线 2 为实测制动曲线时，$K'_m\geqslant 1.2\sim1.25$	AW_j——继电器的工作安匝，图 15-9 中 K 点的纵坐标 AW_{dz2}——实测的继电器动作安匝，由 K 点作横坐标轴的垂直线，交曲线 2 于 Q 点，Q 点的纵坐标即为 AW_{dz2}

① 计算灵敏系数采用的动作安匝为图 15-9 中 P 点的计算动作安匝 AW_{dz1}，而不用无制动时的动作安匝 AW_0，这是考虑负荷电流不变，由于过渡电阻或故障点在线圈内部等原因使短路电流减少时，制动和工作安匝是按比例沿着直线 HK 变化的；

② 如果算得制动安匝超过 150，有时可能发生上述灵敏系数虽可满足要求，但由计算所得的工作点 K 却很靠近制动特性曲线 2。考虑到计算的误差，在根据实测制动特性曲线设计时还要加上试验中的误差，工作点 K 应有一定裕度高于最高制动特性曲线 2，以保证保护装置能可靠地动作。

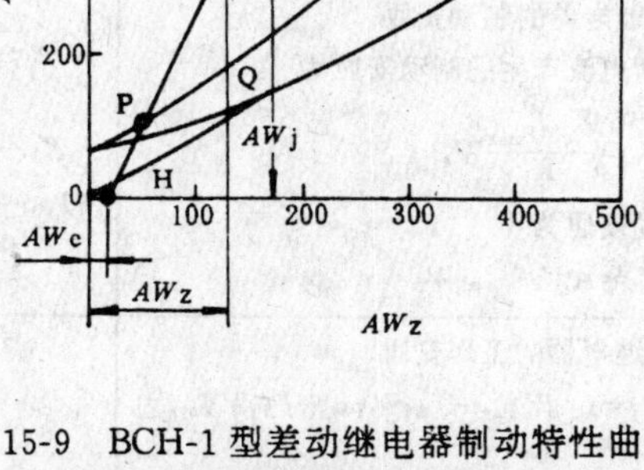

图 15-9 BCH-1 型差动继电器制动特性曲线

1—最低制动特性曲线；2—最高制动特性曲线

表 15-7 采用 LCD-4、LCD-5 型继电器的电力变压器差动保护整定计算

计算步骤	计算项目	计算条件	计算公式	系数及文字代号
1	变压器各侧电流互感器二次回路额定电流	方法同 BCH-2 由于继电器内部没有设置平衡线圈，故由各侧电流互感器变比不一致造成的二次额定电流不同，而引起的不平衡电流，必须配置专用的自耦变流器进行补偿消除		
2	各侧外部短路时的最大短路穿越电流	从略		
3	确定制动线圈的接法	为提高保护装置的灵敏系数，制动线圈按以下原则接入 (1)单侧电源双绕组变压器：一侧制动，制动线圈接负荷侧 (2)双侧电源双绕组变压器：两侧制动，各接一侧电源 (3)单侧电源三绕组变压器：两侧制动，接于第一负荷侧和第二负荷侧 (4)多侧电源三绕组变压器：采用三侧制动或四侧制动		
4	确定最大制动系数	为防止保护装置在外部故障时误动作，应采用可能最大的制动系数，使不平衡电流不超过带制动情况下的动作电流	$K_z=\frac{I_{dz1}}{I_z}=\frac{K_k I_{bp_{max}}}{I_z}$	$I_{bp_{max}}$——流过继电器差动线圈的最大不平衡电流，按表 15-4 中式(1)、(2)计算，但式中$\Delta f'_{I}$，$\Delta f'_{II}$，$\Delta f'$应改用自耦变流器补偿不完全而产生的相对误差 I_z——所计算的外部短路时，流过制动线圈的电流；对双侧电源的双绕组变压器，区外故障时的最大短路电流就是制动电流，但制动特性曲线如果是以半个制动绕组为基准而绘制的，则制动电流（流过两侧制动线圈）$I_z=2I_{d_{max}}$。对三绕组变压器 I_z 应根据各侧短路时流过制动线圈的电流及制动线圈接入方式而定，两组和差电抗变压器中取制动量大的一组 K_k——可靠系数，取 1.3
5	确定在无制动情况下，最小一次动作电流	在最大负荷时保护不应误动作，故最小动作电流必须大于最大负荷时的不平衡电流	一般取 $I_{dz1_{min}}=(0.2\sim0.4)I_{eb}$ 在变压器满负荷运行时，应实测差动回路中不平衡电流 I_{bpfh}，当大于 $I_{dz1_{min}}$ 时，则应增大动作电流整定值，这时可取 $I_{d1_{min}}=(1.5\sim2)I_{bpfh}$	I_{eb}——变压器额定电流 I_{bpfh}——在变压器满负荷时，流过继电器差动线圈的不平衡电流实测值

续表 15-7

计算步骤	计算项目	计算条件	计算公式	系数及文字代号
6	保护装置最小灵敏系数	(1)计算在最小运行方式下保护区内二相短路时，流过差动线圈的电流 I_{cdj}和制动线圈的电流 I_{zdj}	按表 15-5 计算	I_{cdj}——在最小运行方式下保护区内两相短路时流过继电器差动线圈的电流 I_{zdj}——在最小运行方式下保护区内两相短路时流过继电器制动线圈的电流 I'_{dzj}——在继电器制动特性曲线上，当制动电流为 I_{zdj}时对应的动作电流
		(2)根据制动特性曲线查得在制动电流为 I_{zdj}时的对应的动作电流 I'_{dzj}	根据继电器的制动特性曲线(见产品样本)	
		(3)计算二相短路时的最小灵敏系数	$K_m^{(2)}=\frac{I_{cdj}}{I'_{zdj}}$	

表 15-8 电力变压器的带时限过电流保护整定计算(常用于 6～10kV 变电所)

计算项目	计算条件	计算公式	系数及文字代号
保护装置动作电流	应避开可能出现的最大过负荷电流	$I_{dzj}=K_{jx}K_k\frac{K_{gh}I_{eb}}{K_fK_i}$	K_k——可靠系数，GL 型继电器为 1.3，DL、LL-10 型继电器为 1.2； K_f——继电器返回系数，取 0.85 K_{jx}——接线系数，接于相电流时为 1.0，接于相电流差时为 $\sqrt{3}$ K_i——电流互感器变比 K_{gh}——过负荷系数，近似值为 4(见注 1)，计算值见注 2 I_{eb}——变压器额定一次电流 K_{mxd}——相对灵敏系数，见附表 15-5 I_{dz1}——保护装置一次动作电流 $I_{dz1}=\frac{I_{dz1}K_i}{K_{jx}}$ $I_{d2\cdot min}^{(3)}$——系统最小运行方式下二次侧三相短路时流过保护装置的最小短路电流
保护装置灵敏系数	按系统最小运行方式时二次侧二相短路穿越电流校验	$K_m^{(2)}=K_{mxd}\frac{I_{d2\cdot min}^{(3)}}{I_{dz1}}$	
保护装置动作时限	应与下一级保护或出线自动开关的动作时限相配合，即比相邻元件保护的最大动作时限大一个时限阶梯 Δt。对于 6～10/0.4/0.23kV 配电变压器，一般取 0.5～0.7s		

注：1. 过负荷系数 K_{gh}如果采用近似值 4 进行计算，则公式中 K_k，K_f 可不计入，但当保护装置不能满足灵敏系数要求时，可采用较小的 K_{gh}值；

2. 用计算方法确定 K_{gh}时，应考虑变压器在最严重情况下的过负荷。不同情况下的 K_{gh}计算如下

(1)单独运行的变压器，当电网无自动装置时

$$K_{gh}=\frac{I_{q_{max}}+\Sigma I_{eh}}{I_{eb}}$$

(2)单独运行的变压器，当电网有自动重合闸装置时

$$K_{gh}=\frac{1}{\frac{U_d\%}{100}+0.2\frac{S_{eb}}{S_{ed\Sigma}}\left(\frac{1}{1.05}\right)^2}$$

(3)单独运行的变压器，当二次侧母线分段(联络)断路器有备用电源自动投入装置时

$$K_{gh}=\frac{I_{h_{max}}}{I_{eb}}+K'_{gh}$$

式中 $I_{q_{max}}$——起动电流最大的某台电动机的起动电流，A；

ΣI_{eh}——其他负荷的额定电流总和，A；

S_{eb}——变压器额定容量，kVA；

$S_{ed\Sigma}$——参加自起动的全部电动机的总容量，kVA；

$U_d\%$——变压器的阻抗电压百分数；

$I_{h_{max}}$——本段母线的最大负荷电流，A；

K'_{gh}——自动投入时另一段母线的过负荷倍数，按(2)项的公式计算。

(4)并列运行的变压器，应考虑另一台变压器检修或并列工作制被破坏后的过负荷。

表 15-9 电力变压器的带时限过电流保护
整定计算(常用于 35～220kV 变电所)

计算项目	计算条件	计算公式	系数及文字代号
保护装置动作电流	(1)应躲过可能流过变压器的最大负荷电流 $I_{fh_{max}}$，按式(1)整定计算 (2)当变压器负荷侧采用分段母线时，保护还应考虑与分段断路器的过电流保护相配合，按式(2)计算 (3)对三绕组变压器，当电源侧(高压侧)的过电流保护与低压侧的过电流保护相配合时，按式(3)整定计算	(1)$I_{dzj}=\frac{K_{jx}K_kI_{fh_{max}}}{K_fK_i}$ (1) (2)$I_{dzj}=\frac{1.1I'_{dz1}+I_{fh}}{K_i}$ (2) 上述式(1)(2)中计算值较大者作为整定值 (3)$I_{dzj}=\frac{1.1I''_{dz1}+I'_{fh}}{K_i}$ (3)	K_k——可靠系数，取 1.2～1.3 K_f——返回系数，取 0.85 $I_{fh_{max}}$——最大负荷电流，按以下不同情况分别考虑 (1)如果有 m 台相同容量的变压器并列运行，应考虑切除其中一台时所产生的过负荷，即 $I_{fh_{max}}=\frac{m}{(m-1)}I_{eb}$ 式中 I_{eb}——每台变压器的额定电流 (2)对降压变压器应考虑电动机自起动时的电流，即 $I_{fh_{max}}=K_{zq}I'_{fh_{max}}$ 式中 K_{zq}——自起动系数，对于 110kV～220kV 降压变电所在 35kV 侧取 1.5～2，在 6～10kV 侧取 1.5～2.5 $I'_{fh_{max}}$——正常运行情况下的最大负荷电流，当无法确定时，可用变压器额定电流 I_{eb} 计算 I_{fh}——与变压器直接相连接的母线段的正常负荷电流 I'_{dz1}——分段断路器的过电流保护的一次动作电流 I'_{fh}——三绕组变压器的中压侧的负荷电流 I''_{dz1}——三绕组变压器低压侧过电流保护的一次动作电流
保护装置的灵敏系数	按后备保护区末端两相短路时，流过保护装置的最小短路电流校验	$K_m^{(2)}=\frac{I_{d_{min}}^{(2)}}{I_{dz1}}\geqslant1.2～1.5$ 作为远后备保护时 $K_m^{(2)}\geqslant1.2$ 作为近后备保护时 $K_m^{(2)}\geqslant1.5$	$I_{d_{min}}^{(2)}$——后备保护区末端两相短路时，流过保护装置的最小短路电流 I_{dz1}——继电器一次动作电流

续表 15-9

计算项目	计算条件	计算公式	系数及文字代号
保护装置的动作时限	应与下一级保护相配合，即比相邻元件保护的最大动作时限大一个时限阶梯 Δt		

表 15-10 电力变压器的低电压起动的带时限过电流保护整定计算

计算项目	计算条件	计算公式	系数及文字代号
保护装置低电压起动的动作电压	应低于运行中可能出现的最低工作电压，如系统电压降低，大容量电动机起动及电动机自起动时引起的电压降低	(1) $U_{dzj}=\frac{U_{min}}{K_k K_f K_u}$ (1) (2) $U_{dzj}=\frac{(0.5\sim0.6)U_e}{K_u}$ (2) 式(2)用于降压变压器、电压继电器由低压侧电压互感器供电时	K_k——可靠系数，取 1.1～1.2 K_f——继电器返回系数，取 1.15～1.25 K_u——电压互感器变比 U_{min}——运行中可能出现的最低工作电压，一般取 0.9～0.95U_e(变压器一次侧母线额定电压)
保护装置动作电流	应避开变压器额定电流	$I_{dzj}=K_k K_{jx}\frac{I_{eb}}{K_f K_i}$ (3)	K_k——可靠系数，GL 型继电器为 1.3，DL、LL-10 型继电器为 1.2 K_f——继电器返回系数，取 0.85 K_{jx}——接线系数，接于相电流时为 1.0，接于相电流差时为 $\sqrt{3}$ K_i——电流互感器变比 I_{eb}——变压器额定一次电流
保护装置灵敏系数	电流部分同带时限的过电流保护，表 15-8、表 15-9		
	电压部分按保护装置安装处的最大剩余电压校验	$K_m=\frac{U_{dz1}}{U_{cy_{max}}}$	U_{dz1}——保护装置的一次动作电压 $U_{dz1}=U_{dzj}K_u$ $U_{cy_{max}}$——计算运行方式下，在灵敏度校验点(后备区末端)发生短路时，保护装置安装处的最大剩余电压
保护装置动作时限	同带时限的过电流保护		

表 15-11 电力变压器的复合电压起动的过电流保护整定计算

计算项目	计算条件	计算公式	系数及文字代号
电流元件的动作电流和低电压元件的动作电压	与低电压起动的过电流保护相同，见表 15-10	与低电压起动的过电流保护相同，按式(1)，式(3)计算	
负序电压元件的动作电压	按躲过正常运行时的最大不平衡电压整定	按运行经验 $U_{dz2j}=\frac{0.06U_e}{K_u}$	K_u——电压互感器变比 U_e——保护装置安装处的额定线电压

续表 15-11

计算项目	计算条件	计算公式	系数及文字代号
保护装置的灵敏系数	(1)电流元件和低电压元件	与带时限的过电流保护相同	K_u——电压互感器变比 $U_{d_{min2}}$——后备保护范围末端两相短路时，保护安装处的最小负序电压
	(2)负序电压元件，按后备保护范围末端两相短路时，保护安装处最小负序电压进行校验	$K_m^{(2)}=\frac{U_{d_{min2}}}{U_{dz2j}K_u}$	
保护装置动作时限	与带时限的过电流保护相同		

表 15-12　大接地电流电网电力变压器单相接地保护整定计算

计算项目	计算条件	计算公式	系数及文字代号
接于变压器中性点的零序过电流保护动作电流	当变电所内全部变压器中性点都接地运行时，动作电流应与被保护侧母线上引出线的零序过电流保护的后备段在灵敏度上相配合	$I_{dz0j}=\frac{K_pK_{fz0}I_{dzxl0}}{K_i}$　(1)	K_p——配合系数，取 1.1～1.2 K_{fz0}——零序电流分支系数，等于出线零序电流保护后备段保护范围末端接地短路时，流过本保护的零序电流与流过线路零序电流保护的零序电流之比，选用最大运行方式进行计算 K_i——电流互感器变比 I_{dzxl0}——被保护侧母线上引出线的零序电流保护的动作电流取多条出线中最大者
	当只有部分变压器中性点接地运行，且对分级绝缘的变压器，采用零序电压保护时，则零序过电流保护按下列原则整定 (1)按式(1)计算 (2)与中性点不接地运行的变压器的零序电压元件，在灵敏度上配合	(1)与式(1)相同 (2)$I_{dz0j}=\frac{K_pU_{dz0}}{K_iX_{0b}}$　(2)	K_p——配合系数，取 1.1 U_{dz0}——零序电压元件的动作电压，一般二次动作电压取 5V，即 $U_{dz0}=5K_u$，K_u 为电压互感器变比 X_{0b}——被保护变压器的零序电抗
	当只有部分变压器中性点接地运行，而分级绝缘的变压器又采用了零序电流和接线的电流保护时，则零序过电流保护按以下两条件整定 (1)当变压器中性点不接地运行时，零序电流和接线的电流保护的动作电流 $I_{dz\Sigma0}$ 按与被保护侧母线引出线的零序电流保护后备段在灵敏度上相配合 (2)当变压器中性点接地运行时，零序电流保护动作电流应与上述零序电流和接线的零序电流保护在灵敏度上相配合	(1)与式(1)相同 (2)$I_{dz0j}=\frac{K_pK_{fz0}I_{dz\Sigma0}}{K_i}$　(3)	K_p——配合系数，取 1.1 $I_{dz\Sigma0}$——零序电流和接线的电流保护动作电流 当灵敏度不够时，可适当降低 $I_{dz\Sigma0}$，但动作电流要大于最大不平衡电流

续表 15-12

计算项目	计算条件	计算公式	系数及文字代号
	当只有部分变压器中性点接地运行，全绝缘变压器系采用零序过电压保护时，保护的动作电流按以下条件整定 (1)按与被保护侧母线上出线的零序电流保护在灵敏度上相配合 (2)零序电压继电器动作电压，应躲过在部分中性点接地的电网中，发生单相接地短路时，在保护安装处可能出现的最大零序电压	(1)与式(1)相同 (2)$U_{dz0j} \leqslant \frac{2U_{ext}}{K_u}$　(4)	K_u——电压互感器变比 U_{ext}——电网的额定电压 式(4)整定电压值不应大于电压互感器的饱和电压值(约 200V)
保护装置灵敏系数	按后备保护范围末端接地短路时校验	$K_m = \frac{3I_{d0}}{I_{dz0j}K_i}$　(5)	I_{d0}——最小运行方式下，被保护侧母线上引出线末端接地短路时，流过保护装置的零序电流
保护装置动作时限	对于三绕组变压器 (1)当中压侧无电源，且只有高压侧中性点接地时，保护带两段时限，第一段时限比出线保护后备段最大时限大一个 Δt，动作于本侧断路器跳闸；第二段时限比第一段大一个 Δt，动作于各侧断路器跳闸 (2)当中压侧有电源，且高、中压侧中性点，可能同时接地时，保护带两段时限，但时限较短的一侧，应装设零序功率方向继电器以满足选择性 (3)当为降压变压器时，保护带两段时限，第一段比出线保护后备段最大时限大一个 Δt，断开母线分段或母联断路器，第二段比第一段大一个 Δt，断开各侧断路器	(1)$t_1 = t_{xl} + \Delta t$　(6) $t_2 = t_1 + \Delta t$　(7) (2)同式(6)(7) (3)同式(6)(7)	t_{x1}——被保护侧母线上各引出线零序过电流保护后备段的最大时限 Δt——时限阶段，取 0.5s
	对于双绕组降压变压器与三绕组变压器中第(3)项相同	同式(6)(7)	

表 15-13　Y,yn0 接线电力变压器的低压侧单相接地保护整定计算

(利用高压侧三相式带时限过电流保护兼作)

计算项目	计算条件	计算公式	系数及文字代号
保护装置动作电流	同带时限过电流保护，见表 15-8		
保护装置灵敏系数	按系统最小运行方式时二次侧母线或干线末端单相接地短路电流校验	$K_m^{(1)} = \frac{2}{3}\frac{I_{d2\cdot min}^{(1)}}{I_{dz1}} \geqslant 1.5$	I_{dz1}——保护装置一次动作电流，同带时限过电流保护，见表 15-8 $I_{d2\cdot min}^{(1)}$——系统最小运行方式下二次侧母线或干线末端单相接地短路时流过保护的最小短路电流，一般取稳态值归算到一次侧值
保护装置动作时限	同带时限过电流保护，见表 15-8		

表 15-14 Y,yn0 接线电力变压器的低压侧单相接地保护整定计算

（在变压器中性线上装设专用的零序电流保护）

计算项目	计算条件	计算公式	系数及文字代号
保护装置动作电流	应避开正常运行时变压器中性线上流过的最大不平衡电流，（一般情况考虑不超过 $25\%I_{eb}$）	$I_{dzj}=K_k\frac{0.25I_{eb}}{K_i}$	K_k——可靠系数，取 1.2 K_i——电流互感器变比 I_{eb}——变压器额定二次电流
保护装置灵敏系数	按系统最小运行方式时二次侧母线或干线末端单相接地短路电流校验	$K_m^{(1)}=\frac{I_{d2min}^{(1)}}{I_{dz1}}\geqslant1.5$	I_{dz1}——保护装置一次动作电流 $I_{dz1}=I_{dzj}K_i$ $I_{d2min}^{(1)}$——系统最小运行方式下二次侧母线或干线末端单相接地短路时，流过保护装置的最小短路电流
保护装置动作时限	应与低压侧分支线或下一级自动开关（或熔断器）动作时间相配合，一般取 0.5s 或 0.7s		

表 15-15 电力变压器的过负荷保护整定计算

计算项目	计算条件	计算公式	系数及文字代号
保护装置动作电流	应避开变压器额定电流	$I_{dzj}=K_k\frac{I_{eb}}{K_fK_i}$	K_k——可靠系数，取 1.05～1.1 K_f——继电器返回系数，取 0.85 K_i——电流互感器变比 I_{eb}——变压器额定一次电流
保护装置动作时限	应避开允许的短时工作过负荷（如电动机起动或自起动）时间。一般定时限取 9～15s		

15.2.4 计算实例

例 1 6/0.4 kV，800 kVA 车间配电变压器的保护。

变压器二次侧为干线制。干线采用 80×8mm 铝母线，长度为 60m。中性线采用 80×8mm 扁钢，敷设于离干线 10m 处。

已知数据：

变压器一次侧三相短路电流 $I_{d6}^{(3)}=9160A$

变压器二次侧三相短路归算至 6kV 侧的电流 $I_{d0.4}^{(3)}=1250A$

干线末端单相短路归算至 6kV 侧的电流 $I_{d0.4}^{(1)}=152A$

干线末端单相短路电流 $I_{d0.4}^{(1)}=2400A$

变压器最大负荷电流（一次侧）$I_{h_{max}}=154A$

(1)保护装置的选择

采用以下保护装置：

1)采用两个 GL-11/10 型继电器兼作过电流保护和电流速断保护；电流互感器变比为 100/5。

2)装设用一个 GL-11/10 型继电器和变比为 300/5 的电流互感器构成的零序过电流保护，并动作于二次侧自动开关。

(2)保护整定计算

1)过电流保护。

动作电流

$$I_{dzj}=K_{jx}K_k\frac{K_{gh}I_{eb}}{K_fK_i}=1\times1.25\frac{154}{0.8\times20}=12A$$

$$I_{dz1}=I_{dzj}K_i=12\times20=240A$$

动作时限与自动开关相配合，采用 0.7s（10 倍动作电流时）。

灵敏系数

$$K_m^{(2)}=K_{mxd}\frac{I_{d0.4}^{(3)}}{I_{dz1}}=0.87\times\frac{1250}{240}=4.53>1.5$$

2)电流速断保护。

动作电流应避开变压器二次侧最大三相短路电流

$$I_{dz1}=K_k I_{d0.4}^{(3)}=1.5\times1250=1880\text{A}$$

瞬动电流倍数

$$K=\frac{1880}{240}=7.8\text{，取 8 倍}$$

灵敏系数

$$K_m=K_{mxd}\frac{I_{d6}^{(3)}}{I_{dz1}}$$

$$=0.87\times\frac{9160}{240\times8}=4.2>2$$

3)零序过电流保护。

经校验，用三相式过电流保护兼作单相接地保护，灵敏系数不能满足要求($K_m^{(1)}=0.67\times\frac{152}{240}=0.42<1.5$)，应装设专用的零序过电流保护。

动作电流

$$I_{dzj}=K_k\frac{0.25I_{eb}}{K_i}$$

$$=1.2\times0.25\times\frac{1155}{60}=5.8\text{，取 6A}$$

$$I_{dz1}=I_{dzj}K_i=6\times60=360\text{A}$$

灵敏系数

$$K_m^{(1)}=\frac{I_{d0.4}^{(1)}}{I_{dz1}}=\frac{2400}{360}=6.7>1.5$$

动作时限取 0.7s。

例 2 10/3kV，3150kVA 中间变压器的保护。

变压器在正常情况下供给总容量为 1350kW 的 3kV 笼型电动机，其中最大的电动机容量为 625kW。在事故情况下由于二次侧备用电源自投动作，加于变压器上的自起动电动机容量为 1000kW(1250kVA)。变压器为 Y，d11 接线。

短路电流数据：

最小运行方式下，10kV 侧三相短路电流 $I_{d10_{min}}^{(3)}=7700\text{A}$；

最大运行方式下，3kV 侧三相短路归算至 10kV 侧的电流 $I_{d3_{max}}^{(3)}=2480\text{A}$；

最小运行方式下，3kV 侧三相短路归算至 10kV 侧的电流 $I_{d3_{min}}^{(3)}=2260\text{A}$。

(1)保护装置的选择

1)瞬时电流速断保护由两个 DL-11/100 型继电器组成；

2)带时限过电流保护由两个 DL-11/20 型继电器及一个 DS-111 型继电器组成；

3)过负荷保护装设一个 GL-11/5 型继电器；

4)瓦斯保护。

(2)保护整定计算

1)电流速断保护。

动作电流

$$I_{dzj}=K_kK_{jx}\frac{I_{d3_{max}}^{(3)}}{K_i}$$

$$=1.3\frac{2480}{60}=54$$

取 55A(继电器线圈并联)

$$I_{dz1}=55\times60=3300\text{A}$$

灵敏系数

$$K_m^{(2)}=K_{mxd}\frac{I_{d10_{min}}^{(3)}}{I_{dz1}}$$

$$=0.87\times\frac{7\,700}{3300}=2$$

2)带时限过电流保护。

动作电流应考虑一段母线的最大负荷电流及另一段母线的自起动电流。

过负荷倍数为

$$K_{gh}=\frac{I_{h_{max}}}{I_{eb}}+K_{gh}'$$

$$=\frac{200}{182}+\frac{1}{\frac{5.5}{100}+0.2\frac{3150}{1250}\times\frac{1}{(1.05)^2}}$$

$$\approx3$$

式中 $I_{h_{max}}$——一段母线的最大负荷电流，为正常负荷电流加一台 625kW，电动机起动电流，等于 200A；

K_{gh}'——另一段电动机的自起动电流倍数。

动作电流

$$I_{dzj}=K_{jx}K_k\frac{K_{gh}I_{eb}}{K_fK_i}$$

$$=1.2\frac{3\times182}{0.85\times60}=13\text{A}$$

取 15A(继电器线圈并联)

$$I_{dz1}=15\times60=900\text{A}$$

灵敏系数

$$K_m^{(2)}=K_{mxd}\frac{I_{d3_{min}}^{(3)}}{I_{dz1}}$$

$$=0.5\frac{2260}{900}=1.26<1.5$$

(近后备)

由于灵敏度不够，应采用三继电器方式。上式中 K_{mxd} 按附表 15-5 查得两继电器时为 0.5，三继电器时为 1.0，故三继电器方式的 $K_m^{(2)}=2.5>1.5$。

动作时限应与电动机保护的时限相配合，取 0.7s。

3)过负荷保护。

动作电流

$$I_{dzj}=K_k\frac{I_{eb}}{K_fK_i}$$
$$=1.05\frac{182}{0.8\times 60}=4A$$

动作时限按避开自起动过程考虑，取10倍动作电流时为3s。

例3 35/6.6kV，Y，d11接线，$U_d=0.08$，容量为15MVA的变压器的保护。

已知数据：

35kV母线归算至平均电压为37kV的三相短路电流：最大运行方式下为3570A；最小运行方式下为2140A。

计算得6.6kV侧母线短路归算至平均电压为6.3kV的短路电流：最大运行方式下三相短路时$I^{(3)}_{d6_{max}}=9420A$；最小运行方式下三相短路时$I^{(3)}_{d6_{min}}=7250A$；归算至35kV侧，$I^{(3)}_{d6_{max}}=1600A$；$I^{(3)}_{d6_{min}}=1235A$。

6.6kV侧最大负荷电流为1000A，归算至35kV侧$I_{h_{max}}=189A$。

(1)保护装置的选择

1)差动保护采用三个BCH-2型继电器；

2)过电流保护采用三个DL-11/10型和一个DS-112型继电器；

3)瓦斯保护。

因最大负荷电流不超过变压器额定电流，故可不考虑过负荷保护。

(2)保护整定计算

1)差动保护。

(a)算出各侧一次额定电流，选出电流互感器，确定二次回路额定电流$I_{Ⅰe}$及$I_{Ⅱe}$。计算结果列于表15-16。

表15-16 变压器各侧额定数据

编号	数值名称	各侧数值	
		35kV（星形接线）	6kV（三角形接线）
1	变压器一次额定电流I_{eb}	$\frac{15000}{\sqrt{3}\times 35}=248A$	$\frac{15000}{\sqrt{3}\times 6.6}=1315A$
2	电流互感器接线方式	三角形接线	星形接线
3	选择电流互感器一次电流的计算值	$\sqrt{3}\times 248=429A$	1315A
4	电流互感器变比	$\frac{600}{5}=120$	$\frac{1500}{5}=300$
5	二次回路额定电流I_e	$\frac{\sqrt{3}\cdot 248}{120}=3.57A$	$\frac{1315}{300}=4.38A$

从表15-16中可以看出，6kV侧的二次回路额定电流大于35kV侧，因此6kV侧为基本侧（第一侧）。

(b)计算保护装置6kV侧的一次动作电流。

按躲过最大不平衡条件

$$I_{dz1}=K_k(K_{tx}\Delta f+\Delta U+\Delta f')I^{(3)}_{d_{max}}$$
$$=1.3(1\times 0.1+0.05+0.05)9420$$
$$=2450A$$

按躲过励磁涌流条件

$$I_{dz1}=1.3I_{eb}=1.3\times 1315=1710A$$

按躲过电流互感器二次回路断线

$$I_{dz1}=1.3I_{h_{max}}=1.3\times 1000=1300A$$

因此，应该按躲过外部故障不平衡电流条件，选用6kV侧一次动作电流$I_{dz1}=2450A$。

(c)确定线圈接法及匝数。

平衡线圈Ⅰ、Ⅱ分别接于6kV及35kV侧。计算基本（6kV）侧二次动作电流

$$I_{Ⅰdzj}=\frac{K_{jx}I_{dz1}}{K_{iⅠ}}$$

$$= \frac{1 \times 2450}{300} = 8.16\text{A}$$

计算 6kV 侧匝数

$$W_{\text{I js}} = \frac{AW_0}{I_{\text{I dzj}}} = \frac{60}{8.16} = 7.35 \text{ 匝}$$

选择实用工作匝数为 $W_{\text{I sy}} = 7$ 匝，其中差动线圈实用匝数 $W_{\text{csy}} = 6$ 匝，平衡线圈 I 实用匝数 $W_{\text{I phsy}} = 1$ 匝。在实用匝数下 6kV 侧继电器动作电流为

$$I_{\text{I dzj}} = \frac{AW_0}{W_{\text{I sy}}} = \frac{60}{7} = 8.56\text{A}$$

(d)确定 35kV 侧平衡线圈的匝数。

$$W_{\text{II phjs}} = W_{\text{I sy}} \frac{I_{\text{I e}}}{I_{\text{II e}}} - W_{\text{csy}}$$

$$= 7 \times \frac{4.38}{3.57} - 6 = 2.6 \text{ 匝}$$

确定平衡线圈 II 实用匝数为 $W_{\text{II phsy}} = 3$ 匝。

(e)计算由于实用匝数与计算匝数不等而产生的相对误差 $\Delta f'$。

$$\Delta f' = \frac{W_{\text{II phjs}} - W_{\text{II phsy}}}{W_{\text{II phjs}} + W_{\text{csy}}}$$

$$= \frac{2.6 - 3}{2.6 + 6} = -0.0465$$

因 $\Delta f' < 0.05$ 且相差很小，故不需核算动作电流。

(f)初步确定短路线圈抽头选用“3”-“3”抽头。

(g)计算最小灵敏系数。

按最小运行方式下，6kV 侧两相短路校验。

归算至 35kV 侧的 6kV 母线两相短路电流

$$I^{(2)}_{\text{d6}_{\min}} = \frac{\sqrt{3}}{2} I^{(3)}_{\text{d6}_{\min}} = \frac{\sqrt{3}}{2} \times 1235 = 1075\text{A}$$

按表 15-5 第 4 栏计算流入继电器电流

$$I_{\text{j35}} = \frac{\sqrt{3}\, I^{(2)}_{\text{d}}}{K_{\text{i35}}} = \frac{\sqrt{3} \times 0.87 \times 1235}{120} = 15.5\text{A}$$

35kV 侧继电器动作电流

$$I_{\text{dz35}} = \frac{AW_0}{W_{\text{csy}} + W_{\text{II phsy}}}$$

$$= \frac{60}{6 + 3} = 6.67\text{A}$$

计算最小灵敏系数

$$K_{\text{m}_{\min}} = \frac{I_{\text{j35}}}{I_{\text{dz35}}} = \frac{15.5}{6.67} = 2.32 > 2$$

最小灵敏系数满足要求。

2)过电流保护。

动作电流

$$I_{\text{dzj}} = K_{\text{jx}} K_{\text{k}} \frac{I_{\text{fh}_{\max}}}{K_{\text{f}} K_{\text{i}}}$$

$$= 1 \times 1.25 \times \frac{189}{0.85 \times 120} = 2.32\text{A}$$

取 3A(继电器线圈串联)

$$I_{\text{dz1}} = 3 \times 120 = 360\text{A}$$

灵敏系数按最小运行方式下变压器二次侧两相短路电流校验

$$K^{(2)}_{\text{m}} = K_{\text{mxd}} \frac{I^{(3)}_{\text{d35}_{\min}}}{I_{\text{dz1}}}$$

$$= 1 \times \frac{1235}{360} = 3.43 > 1.5$$

保护装置的时限应比变电所 6kV 馈出线定时限过流保护大一时间阶段。

例 4 110/35/6kV 三绕组变压器差动保护采用 BCH-1 型继电器的保护整定计算。

变压器规格 110±4×2.5%/38.5±2×2.5%/6.6kV，31.5/31.5/31.5MVA，YN，d11，d11 接线。

各种运行方式下，各侧不同形式短路时的短路电流分布见图 15-10，均归算至 110kV 侧。

经过预先计算表明，采用 BCH-2 型继电器不能满足灵敏性要求，故采用 BCH-1 型继电器。

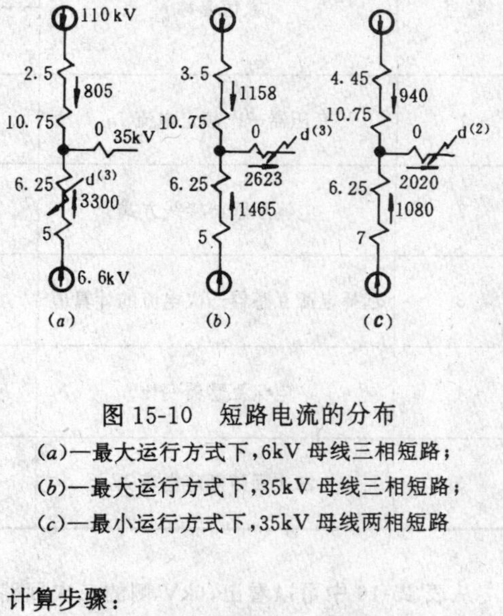

图 15-10 短路电流的分布

(a)—最大运行方式下，6kV 母线三相短路；

(b)—最大运行方式下，35kV 母线三相短路；

(c)—最小运行方式下，35kV 母线两相短路

计算步骤：

(1)算出各侧一次额定电流；选出电流互感器；确定二次回路额定电流。计算结果见表 15-17。

(2)计算各侧最大外部短路电流，见图 15-10a 及图 15-10b。

(3)确定制动线圈接法。35kV 侧外部短路电流最大，故制动线圈接于 35kV 侧。这样接法还可减少内部故障时的制动安匝，因 35kV 侧无电源。

表 15-17 变压器各侧额定数据

序号	数值名称	各侧数值		
		110kV(星形接线)	35kV(三角形接线)	35kV(三角形接线)
1	变压器一次额定电流 I_{eb}	$\frac{31500}{\sqrt{3}\times110}=165A$	$\frac{31500}{\sqrt{3}\times38.5}=475A$	$\frac{31500}{\sqrt{3}\times6.6}=2760A$
2	电流互感器接线方式	三角形接线	星形接线	星形接线
3	选择电流互感器一次电流的计算值	$\sqrt{3}\times165=286A$	475A	2760A
4	电流互感器变流比	$\frac{300}{5}=60$	$\frac{600}{5}=120$	$\frac{3000}{5}=600$
5	二次回路额定电流 I_e	$\frac{286}{60}=4.76A$	$\frac{475}{120}=3.96A$	$\frac{2760}{600}=4.6A$

(4)决定保护装置在无制动情况下的一次动作电流。

1)按躲过 6kV 母线短路

$$I_{dz110}=K_k(K_{ts}\Delta f+\Delta U_{110}+\Delta f')I_{d_{max}}^{(3)}$$
$$=1.3(1\times0.1+0.1+0.05)805$$
$$=262A$$

2)按躲过励磁涌流条件

$$I_{dz110}=1.4I_{eb}=1.4\times165=231A$$

3)按躲过电流互感器二次回路断线

$$I_{dz110}=1.3I_{eb}=1.3\times165=215A$$

因此,应该按躲过 6kV 母线短路条件选用

$$I_{dz110}=262A$$

(5)确定差动及平衡线圈接法和匝数。

确定 110kV 侧为基本侧,它直接接差动线圈,35 和 6kV 侧分别接平衡线圈Ⅰ、Ⅱ。

计算基本侧二次动作电流

$$I_{dzj110}=\frac{K_{jx110}I_{dz110}}{K_{i110}}=\frac{\sqrt{3}\times262}{60}$$
$$=7.55A$$

计算差动线圈匝数

$$W_{cjs}=\frac{AW_0}{I_{dzj110}}=\frac{60}{7.55}=7.95$$

取实用匝数 $W_{csy}=8$ 匝。

(6)决定 35kV 及 6kV 侧平衡线圈匝数。

35kV 侧

$$W_{\mathrm{I\,phjs}}=\frac{I_{e110}-I_{e35}}{I_{e35}}W_{csy}$$
$$=\frac{4.76-3.96}{3.96}\times8=1.62$$

取实用匝数 $W_{\mathrm{Iphsy}}=2$ 匝。

6kV 侧

$$W_{\mathrm{I\,phjs}}=\frac{I_{e110}-I_{eb}}{I_{eb}}W_{csy}$$
$$=\frac{4.76-4.6}{4.6}\times8=0.278$$

决定 6kV 侧平衡线圈匝数 $W_{\mathrm{I\,phsy}}=0$。

(7)计算由于实用匝数与计算匝数不等而产生的相对误差 $\Delta f'$。

$$\Delta f'_{35}=\frac{W_{\mathrm{I\,phjs}}-W_{\mathrm{I\,phsy}}}{W_{\mathrm{I\,phjs}}+W_{csy}}$$
$$=\frac{1.62-2}{1.62+8}=-0.04$$

$$\Delta f'_6=\frac{W_{\mathrm{I\,phjs}}-W_{\mathrm{I\,phsy}}}{W_{\mathrm{I\,phjs}}+W_{csy}}$$
$$=\frac{0.278-0}{0.278+8}=0.034$$

$\Delta f'<0.05$ 且相差不大,故不需核算动作电流。

(8)确定最大制动系数,35kV 侧母线故障。

$$K_z=\frac{K_k(K_{ts}\Delta fI_{d35}+\Delta U_{110}I_{d110}+\Delta U_{35}I_{d35}+|\Delta f'_6I_{d6}-\Delta f'_{35}I_{d35}|)}{I_{d35}}$$
$$=\frac{1.3(0.1\times2623+0.1\times1158+0.05\times2623-0.034\times1465+0.04\times2623)}{2623}$$
$$=0.28$$

在本例中由于制动系数稍取高些，对于内部故障时的灵敏度影响不大，故取用 $K_z=0.3$ 以提高其可靠性。

(9)确定制动线圈的匝数。

$$W_z=\frac{K_z(W_{csy}+W_{phsy})}{n}$$

$$=\frac{0.3(8+2)}{0.9}=3.33$$

取用 $W_z=4$ 匝。

(10)计算最小灵敏系数。

1)计算最小内部故障电流及流入继电器的电流。最小内部故障电流分布见图 15-10c。根据表 15-5 计算各侧流入继电器的电流。

110kV 侧流入继电器的电流为

$$I_{j110}=\sqrt{3}\ \frac{I^{(2)}_{d110}}{K_{i110}}=\sqrt{3}\ \frac{940}{60}=27.2\text{A}$$

6kV 侧流入继电器的电流为

$$I_{j6}=\frac{I_{d6}}{K_{i6}}=1080\times\frac{115}{6.3}\times\frac{1}{600}=32.8\text{A}$$

2)短路电流不产生制动安匝，负荷电流产生的制动安匝为

$$AW_e=\frac{K_{jx}I_{e_{max}}W_z}{K_i}=3.96\times4=15.9\ \text{安匝}$$

3)计算继电器的工作安匝，考虑 110kV 和 6kV 侧皆未用平衡线圈。

$$AW_j=I_{j110}W_{csy}+I_{j6}W_{csy}$$

$$=27.2\times8+32.8\times8=480\ \text{安匝}$$

4)根据 $AW_e=15.9$ 在图 15-9 横坐标上找出 H 点(为清楚起见，本例所得各点在图中未示出)，然后找出相当于横坐标 $AW_z=AW_e=15.9$ 及纵坐标 $AW_j=480$ 的 K 点，连接 HK，交曲线 2 于 P 点，P 点的纵坐标即为计算的动作安匝 $AW_{dz1}=70$ 安匝。

5)计算最小灵敏系数。

$$K_{m_{min}}=\frac{AW_j}{AW_{dz1}}=\frac{480}{70}=6.85$$

最小灵敏系数满足要求。

计算指出在变压器一侧电源断开，且在此侧引出线处短路时，保护装置灵敏度不能满足要求。考虑此种运行方式不常出现，故认为是容许的。此时如果差动保护拒绝动作，故障由瓦斯保护或后备保护切除。

6)由于内部故障时制动安匝不超过 150，故可不必校验 K'_m。

例 5 220/110/35kV 三绕组变压器差动保护采用 LCD-4 整流型继电器的保护整定计算。继电器主要技术数据和内部接线见附录 15.4。

变压器规格 220±8×1.5%/115/37kV，90/45/90MVA，YN，yn0，d11 接线。

变压器正常由 A 变电站供电，当该电源故障时，由 B 变电站供电。变压器与电网的连接见图 15-11。

保护整定计算：

(1)计算各侧归算至同一容量(最大容量)的额定电流；选出电流互感器的变比，确定差动保护各臂中的二次额定电流。计算结果见表 15-18。

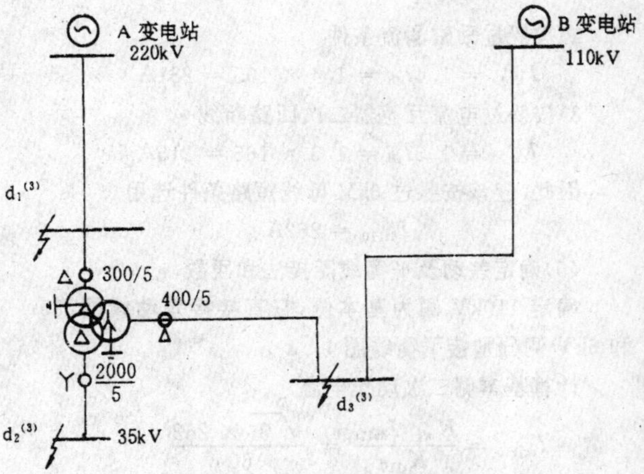

图 15-11 变压器与电网连接图

表 15-18 变压器各侧额定数据

序号	数值名称	各侧数值		
		220kV(星形接线)	110kV(星形接线)	35kV(三角形接线)
1	变压器额定容量	90000kVA	45000kVA	90000kVA
2	变压器计算容量	90000kVA	90000kVA	90000kVA
3	变压器额定电流 I_{eb}	$\frac{90000}{\sqrt{3}\times230}=225.91\text{A}$	$\frac{90000}{\sqrt{3}\times115}=451.83\text{A}$	$\frac{90000}{\sqrt{3}\times37}=1404.33\text{A}$

续表 15-18

序号	数值名称	各侧数值		
		220kV(星形接线)	110kV(星形接线)	35kV(三角形接线)
4	电流互感器接线方式	三角形接线	三角形接线	星形接线
5	选择电流互感器一次电流计算值	$\sqrt{3}\times225.91=391.30\text{A}$	$\sqrt{3}\times451.83=782.61\text{A}$	1404.33A
6	选择电流互感器变比	$\frac{300}{5}=60$	$\frac{400}{5}=80$	$\frac{2000}{5}=400$
7	二次回路额定电流	$\frac{391.30}{60}=6.52\text{A}$	$\frac{782.61}{80}=9.78\text{A}$	$\frac{1404.33}{400}=3.51\text{A}$
8	自耦变流器变比(注)	$\frac{6.64}{5}$	$\frac{9.84}{5}$	$\frac{3.52}{5}$
9	自耦变流器端子号	①-⑫ / ①-⑤	①-⑬ / ①-③	①-④ / ①-⑥
10	自耦变流器二次电流	$\frac{6.52}{6.64}\times5=4.91\text{A}$	$\frac{9.78}{9.84}\times5=4.97\text{A}$	$\frac{3.51}{3.52}\times5=4.99\text{A}$
11	相对误差	$\Delta f'_{\text{Ⅰ-Ⅱ}}=\frac{4.97-4.91}{4.91}=0.0122$，$\Delta f'_{\text{Ⅰ-Ⅲ}}=\frac{4.99-4.91}{4.91}=0.0163$		

注：1. 由于 LCD-4 型差动继电器内部没有平衡线圈，故必须装设自耦变流器，以消除由于各臂二次回路电流不相等而产生的不平衡电流。因此，220kV 和 110kV 侧电流互感器可选用较小的变比。

2. 为使调试方便，便于消除上述的不平衡电流，在变压器三侧电流互感器二次电流回路中均装设自耦变流器。实际上对于三绕组变压器，一般选用两组自耦变流器已够使用。

(2)计算各侧最大外部短路电流，见图 15-11 及表 15-19。

表 15-19　变压器各侧短路电流数据

短路点	由 A 变电站供电时		由 B 变电站供电时	
	最大运行方式(A)	最小运行方式(A)	最大运行方式(A)	最小运行方式(A)
$d_1^{(3)}$	9194	8480	1326	1150
$d_2^{(3)}$	2327	2279	2498	1940
$d_3^{(3)}$	1562	1541	4478	2955

注：表中电流值均归算到 110kV 侧。

(3)确定制动线圈的接法

为提高保护的灵敏系数，制动线圈接于 110kV 和 35kV 侧，即接在第一和第二负荷侧。

(4)确定最大制动系数 K_z。

当 A 变电站供电时，在最大运行方式下，变压器外部 35kV 侧 d_2 点三相短路时，流过 35kV 侧制动线圈的电流等于短路电流，即 $I''_{dz_{max}}=I_z=2327\text{A}$。此时，制动系数为最大(大于由 B 变电站供电时的情况)。

$$K_z=\frac{I_{dz}}{I_z}=\frac{K_kI_{bp}}{I_z}$$

$$=\frac{K_k(K_{tx}\Delta f+\Delta U_{220}+\Delta f')I''_{dz_{max}}}{I''_{dz_{max}}}$$

$$=1.3(0.1+0.12+0.0163)$$

$$=0.31$$

取继电器制动特性曲线族中大于 0.31 的制动系数 $K_z=0.4$。

(5)确定最小动作电流 $I_{dz_{min}}$。

在最大负荷时，保护不应误动，即继电器最小动作电流 $I_{dz_{min}}$ 必须大于最大负荷时的不平衡电流 I_{bpfh}，即 $I_{dz_{min}}>I_{bpfh}$，I_{bpfh}，应由实测确定。一般情况下，取 $I_{dz_{min}}=(0.2\sim0.4)I_{eb}$，即标幺值 $I_{dz_{min}}=0.2\sim0.4$，现取 $I_{dz_{min}}=0.4$，即 2A。

在变压器满负荷运行时，如实测差动回路中不平衡电流 I_{phfh} 大于 $I_{dz_{min}}$ 时，则应增大动作电流整定值，可取 $I'_{dz_{min}}=(1.5\sim2.0)I_{bpfh}$。

(6)验证内部短路时的最小灵敏系数。

1)当 A 变电站供电时，最小运行方式下，保护范围内 110kV 侧二相短路时，流过保护装置的电流为最小。

此时，流过差动线圈的电流，按表 15-5 得

$$I_{cdj}=\frac{2I_{d3_{min}}^{(2)}}{K_iK_{iz}}$$

$$=\frac{2\times 1541\times \frac{115}{230}\times 0.87}{\frac{300}{5}\times \frac{6.64}{5}}$$

$=16.73A$(归算至 230kV 侧)

式中 K_{iz}为自耦变流器变比。

流过 110kV 侧制动线圈电流为零。由图 15-12 继电器制动特性曲线查得此时的动作电流即最小动作电流为 2A。

最小灵敏系数为

$$K_m^{(2)}=\frac{16.73}{2}=8.4>2$$

2)当 A 变电站供电时，最小运行方式下，保护范围内 110kV 侧单相接地短路时，在 220kV 侧的电流 $I_A=689.3A$，$I_B=-344.67A$。

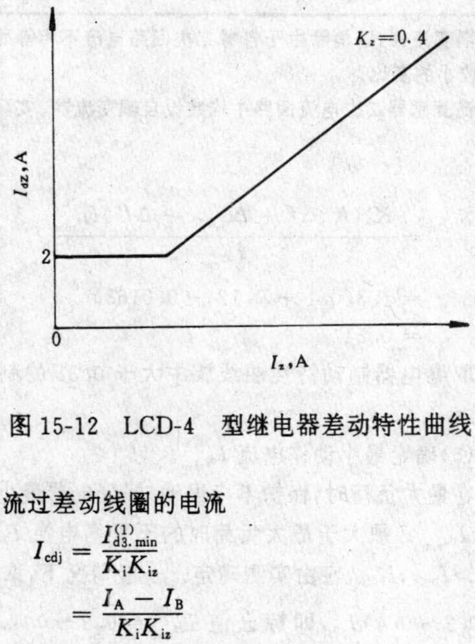

图 15-12 LCD-4 型继电器差动特性曲线

流过差动线圈的电流

$$I_{cdj}=\frac{I_{d3.min}^{(1)}}{K_iK_{iz}}$$

$$=\frac{I_A-I_B}{K_iK_{iz}}$$

$$=\frac{689.3+344.67}{\frac{300}{5}+\frac{6.64}{5}}=13A$$

流过 110kV 侧制动线圈电流为零，由制动特性曲线查得，继电器动作电流为 2A。

最小灵敏系数为

$$K_m^{(1)}=\frac{13}{2}=6.5>2$$

3)当 B 变电站供电时，变压器 220kV 侧断开运行，在最小运行方式下，保护范围内 220kV 侧两相短路时，流过保护装置的电流为最小。

此时，流过差动线圈的电流为

$$I_{cdj}=\frac{2I_{d1min}}{K_iK_{iz}}$$

$$=\frac{2\times 1150\times 0.87}{\frac{400}{5}\times \frac{9.84}{5}}=12.64A$$

流过 110kV 侧制动线圈的电流与流过差动线圈的电流为同一电流，即为 12.64A。由制动特性曲线查得其对应的动作电流为 5.05A。

最小灵敏系数为

$$K_m^{(2)}=\frac{12.64}{5.50}=2.5>2$$

4)当 B 变电站供电时，变压器 220kV 侧断开运行，在最小运行方式下，在保护范围内 220kV 侧单相接地短路，在 110kV 侧的电流 $I_A=963A$，$I_B=-481.6A$。

流过差动线圈的电流为

$$I_{cdj}=\frac{I_{d1_{min}}^{(1)}}{K_iK_{iz}}=\frac{I_A-I_B}{K_iK_{iz}}$$

$$=\frac{963+481.6}{\frac{400}{5}\times \frac{9.84}{5}}=9.18A$$

流过 110kV 侧制动线圈电流与流过差动线圈电流为同一电流，即为 9.18A。由制动特性曲线查得对应的动作电流为 3.7A。

最小灵敏系数为

$$K_m^{(1)}=\frac{9.18}{3.7}=2.5>2$$

15.3 3～10kV 电动机的保护

15.3.1 保护装设的原则

3～10kV 电动机保护装设的原则有以下几点：

(1)异步电动机应装设相间短路保护，并根据具体情况装设单相接地保护、低电压保护及过负荷保护。

同步电动机应装设相间短路保护、失步保护，并根据具体情况装设单相接地保护、低电压保护、过负荷保护及防止造成非同步冲击的保护。

电动机的断电保护装置，一般按表 15-20 装设。

(2)相间短路保护应采用以下方式之一：

1)电流速断保护：一般用于容量小于 2000kW 的电动机。保护宜采用两相式。容量较小的电动机，也可采用一个继电器接于两相电流之差，但必须满足灵敏性要求。

表 15-20　3～10kV 电动机的继电保护装置

<table>
<tr><th rowspan="2">电动机容量
(kW)</th><th colspan="7">保护装置名称</th></tr>
<tr><th>电流速断保护</th><th>纵联差动保护</th><th>过负荷保护</th><th>单相接地保护</th><th>低电压保护</th><th>失步保护</th><th>防止非同步冲击的保护</th></tr>
<tr><td>异步机
<2000</td><td>装设</td><td>当电流速断保护不能满足灵敏性要求时装设</td><td rowspan="4">生产过程中易发生过负荷时，或起动、自起动条件严重时应装设</td><td rowspan="4">单相接地电流大于 5A 时装设②</td><td rowspan="4">装设</td><td></td><td></td></tr>
<tr><td>异步机
≥2000</td><td></td><td>装设①</td><td></td><td></td></tr>
<tr><td>同步机
<2000</td><td>装设</td><td>当电流速断保护不能满足灵敏性要求时装设</td><td rowspan="2">装设</td><td></td></tr>
<tr><td>同步机
≥2000</td><td></td><td>装设①</td><td>③</td></tr>
</table>

①差动保护当电动机容量为 5000kW 及以上时应采用三相式；2000～5000kW 也可采用两相式；

②单相接地电流大于等于 10A 时，一般动作于跳闸；10A 以下时，可动作于跳闸或信号；

③大容量同步电动机(特别是经由增速机带负荷的高转速电动机)在电源有可能造成非同步合闸且电动机又不允许非同步冲击时，宜装设防止非同步冲击的保护。

2)纵联差动保护：一般用于容量为 2000kW 及以上的电动机，或容量小于 2000kW 装设电流速断保护不能满足灵敏性要求的电动机。容量为 5000kW 及以上的电动机，保护应采用三相式；容量为 5000kW 以下的电动机，保护也可采用两相式。

上述保护装置应无时限动作于跳闸。对于同步电动机并应自动灭磁(有自动灭磁装置时)。

差动保护一般采用 BCH-2 型继电器或 DL-11 型继电器。

(3)对单相接地故障，当接地电流(指自然接地电流)大于 5A 时，应装设单相接地保护。

当单相接地电流大于 10A 时，保护装置一般动作于跳闸；当单相接地电流为 10A 以下时，可动作于跳闸或信号。当保护装置灵敏性不够时，允许带短时限(0.5～1s)动作于跳闸。

保护装置由零序电流互感器及与之连接的电流继电器构成。

各型零序电流互感器的单相接地保护灵敏度见附录 15.6。

大容量电动机的单相接地保护装置，推荐采用高导磁率铁芯式零序电流互感器。

(4)下列电动机应装设低电压保护，并带时限动作于跳闸。

1)当电源电压短时降低或中断时，不需要自起动的电动机，或为保证重要电动机的自起动而需断开的次要电动机，或根据生产过程不允许自起动的电动机。

保护装置的电压整定值：异步电动机一般为额定电压的 60～70％；同步电动机一般为额定电压的 50～70％。

保护装置的动作时限：当上级变电所送出线装有电抗器时，一般比本变电所其他送出线短路保护大一时限阶段；当上级变电所送出线未装电抗器时，一般比上级变电所送出线短路保护大一时限阶段。一般为 0.5～1.5s。

2)需要自起动但根据保安条件在电源电压长时间消失后需从电网自动断开的电动机。

保护装置的电压整定值一般为额定电压的 50％。时限一般为 5～10s。

(5)下列电动机应装设过负荷保护：

1)生产过程中易发生过负荷的电动机。

保护装置应根据负荷特性带时限动作于信号、跳闸或自动减负荷。

2)起动或自起动条件严重(如直接起动时间在 20s 及以上)的电动机，需要防止起动或自起动时间过长时。

保护装置应带时限动作于跳闸。其时限应避开电动机的正常起动时间。具有冲击负荷的电动机，还应避开电动机所允许的生产过程中短时冲击负荷的持续时间。

保护装置一般采用 GL 或 LL-10 型反时限继电器兼作电流速断保护和过负荷保护。

(6)同步电动机的失步保护应采用以下方式之一：

1)装设反应定子过负荷的保护，其适用范围如下：

①短路比为 1.0 及以上、负荷平稳的电动机；

②具有冲击负荷的电动机或短路比为 0.8～1.0 负荷平稳的电动机，在具有转子回路无电流保护时；

③短路比为 0.8 以下的电动机，在具有转子回路无电流保护并采取措施保证在有励磁失步的情况下能可靠动作时。

同步电动机的短路比见附录 15.3。

2)装设反应转子回路出现交流分量的保护，必要时还应加装转子回路无电流保护。

3)装设反应定子电压与电流间相角变化的保护。

保护装置应带时限动作于跳闸、再同步控制回路(需要再同步时)或自动减负荷。

保护装置采用第 1)种方式时，可装设 GL 或 LL-10 型反时限继电器兼作失步保护、过负荷保护和电流速断保护。也可装设专用的 GL 或 LL-10 型继电器作失步保护(此时仅在一相上装设)。

(7)大容量同步电动机(特别是经由增速机带负荷的高速电动机)在电源有可能短时中断并随后恢复而造成非同步合闸(如电源侧装有自动重合闸装置)且电动机又不允许非同步冲击时，宜装设防止非同步冲击的保护。

保护装置有两种做法：一种是确保在电源恢复前动作于跳闸；另一种是断电或失步时对电动机灭磁，待电源恢复时自动再整步。

确定在电源恢复前动作于跳闸，可装设逆功率保护，即同步机在运行过程中突然失电，使机组从电动机运行状态转入发电机运行状态，逆功率使保护装置起动并以一定延时动作于跳闸。考虑到如果在接有同步机的母线上没有其他负载的情况下，无逆功率输出，因此需另加低周波保护跳闸。

逆功率保护可选用 LG-1 型逆功率继电器，采用 90°接线，接 A 相电流、BC 相电压。延时应躲开系统扰动时瞬时功率分配的变化，又必须小于电源侧的自动重合闸时间，一般可取 0.5s。

需要参加自起动的同步电动机，则可采用失步保护及自动再整步装置，可选用成套装置。

15.3.2 保护原理图

保护原理图见图 15-13～图 15-20。

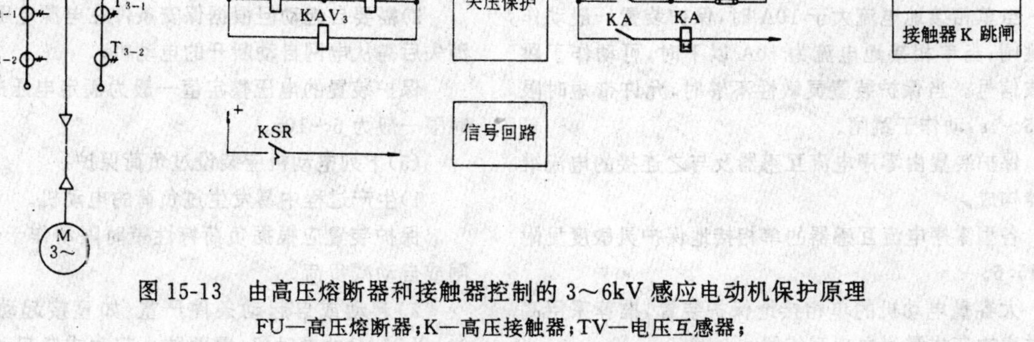

图 15-13 由高压熔断器和接触器控制的 3～6kV 感应电动机保护原理

FU—高压熔断器；K—高压接触器；TV—电压互感器；

T_1、T_3—电流互感器；KC_1、KC_2—GL(LL)过电流继电器；

KAV_1～KAV_3—低电压继电器；KT—时间继电器；KA—中间继电器；

XB_1、XB_2—连接片；KSR—信号继电器

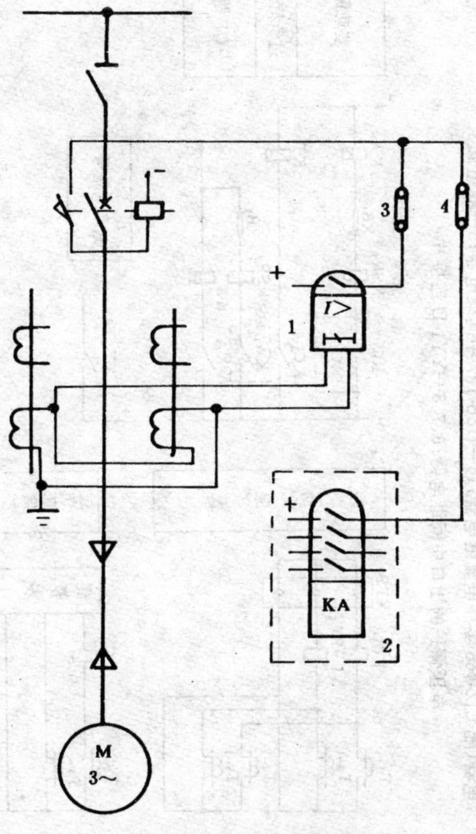

图 15-14　2000kW 以下电动机保护原理(一)

1—GL-12、GL-14 或 GL-16 过电流继电器；
2—成组低电压保护的出口中间继电器；
3、4—YY1-D 连接片

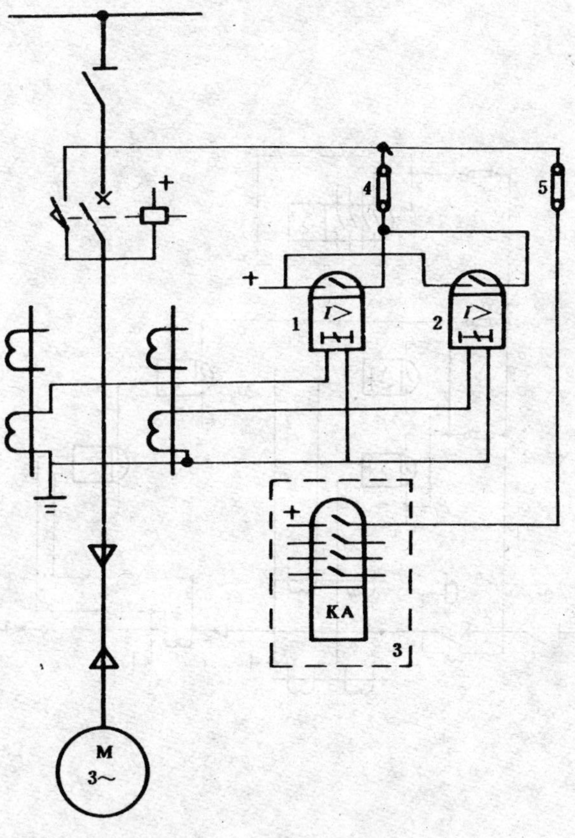

图 15-15　2000kW 以下电动机保护原理(二)

1、2—GL-12、GL-14 或 GL-16 过电流继电器；
3—成组低电压保护的出口中间继电器；4、5—YY1-D 连接片

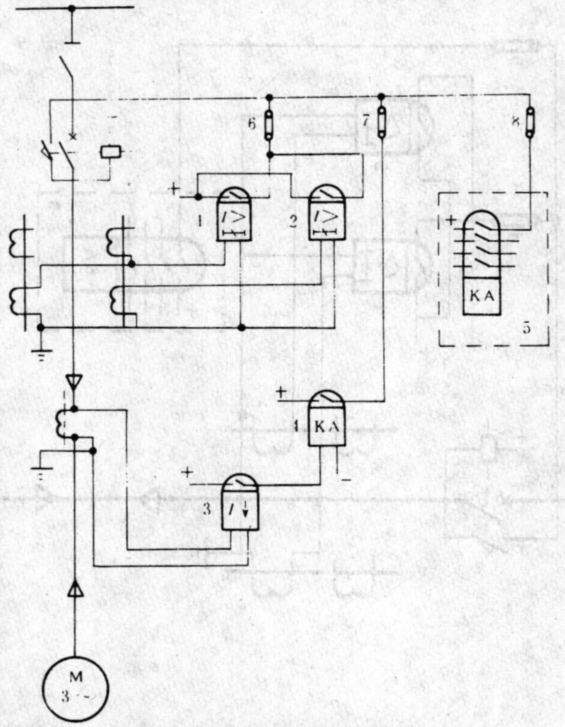

图 15-16 2000kW 以下电动机保护原理(三)

1、2—GL-12、GL-14 或 GL-16 过电流继电器；3—DD-11/60 接地继电器(配 LJZ-ϕ65 零序电流继电器)；4—DZB-127 中间继电器；5—成组低电压保护的出口中间继电器；6、7、8—YY1-D 连接片

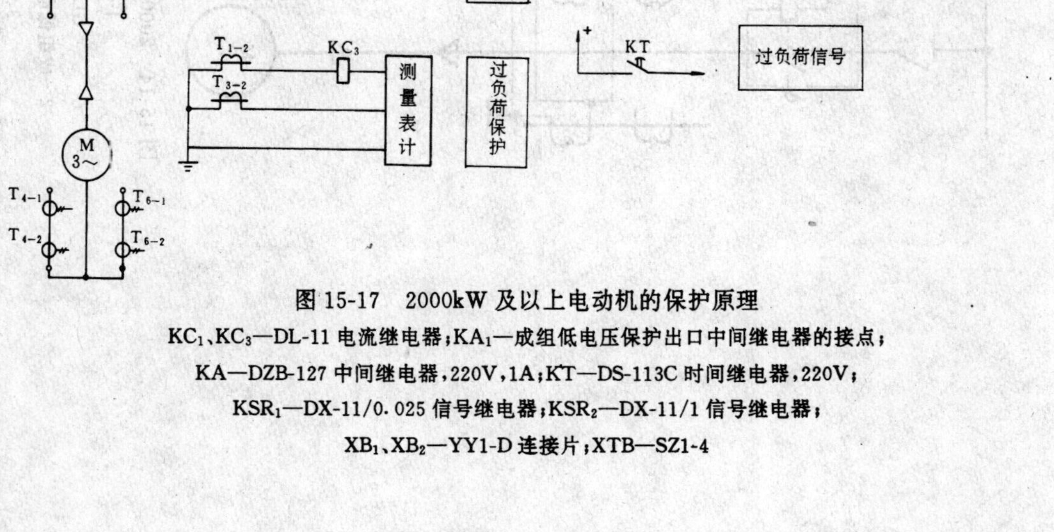

图 15-17 2000kW 及以上电动机的保护原理

KC_1、KC_3—DL-11 电流继电器；KA_1—成组低电压保护出口中间继电器的接点；KA—DZB-127 中间继电器，220V，1A；KT—DS-113C 时间继电器，220V；KSR_1—DX-11/0.025 信号继电器；KSR_2—DX-11/1 信号继电器；XB_1、XB_2—YY1-D 连接片；XTB—SZ1-4

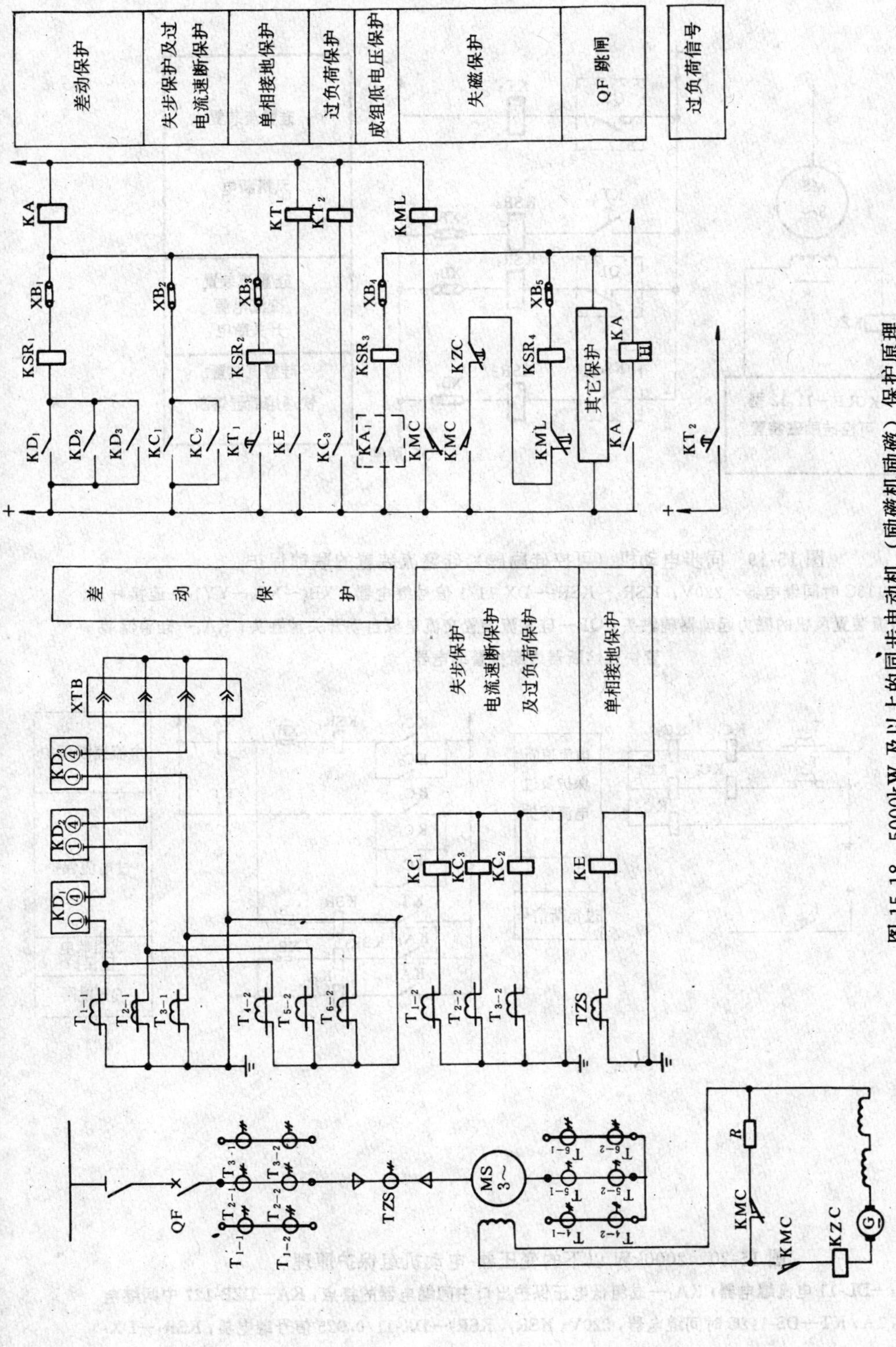

图 15-18 5000kW 及以上的同步电动机（励磁机励磁）保护原理

KD_1～KD_3—BCH-2 差动继电器；KC_1、KC_2—GL-12、GL-14、GL-16 过电流继电器；KC_3—DL-11 电流继电器；KE—DD-11/60 接地继电器；KZC—JT3-11L 零电流继电器；KA_1—成组低电压保护出口中间继电器的接点；KA—DZB-127 中间继电器，220V，1A；KT_1—DS-112 时间继电器，220V；KT_2—DS-113C 时间继电器，220V；KML—JT3-20 投励联锁继电器，220V；KMC—励磁接触器；KSR_1、KSR_2—DX-11/0.025 信号继电器；KSR_3、KSR_4—DX-11/1 信号继电器；XB_1～XB_5—YY1-D 连接片；XTB—SZ1-4 试验盒

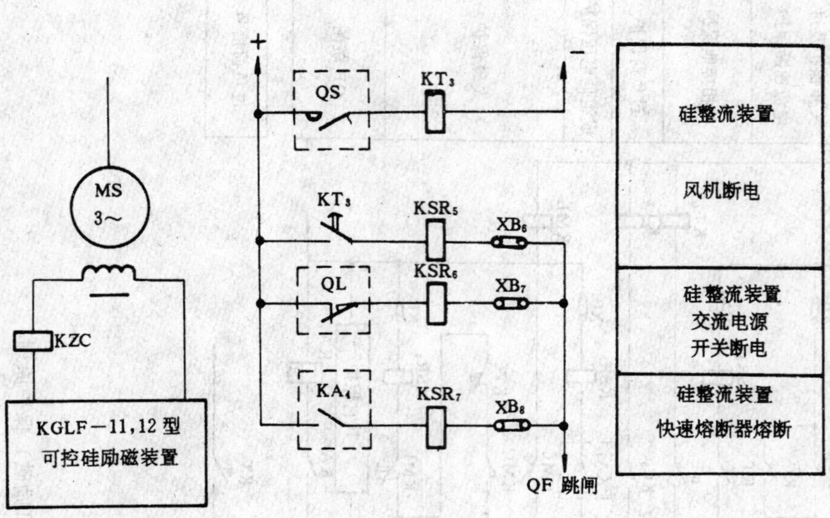

图 15-19　同步电动机（可控硅励磁）硅整流装置的联锁保护

KT_3—DS-113C 时间继电器，220V；KSR_5～KSR_7—DX-11/1 信号继电器；XB_6～XB_8—YY1-D 连接片；QS—硅整流装置风机的磁力起动器辅触头；QL—硅整流装置交流电源自动开关辅触头；KA_4—硅整流装置快速熔断器熔断报警继电器

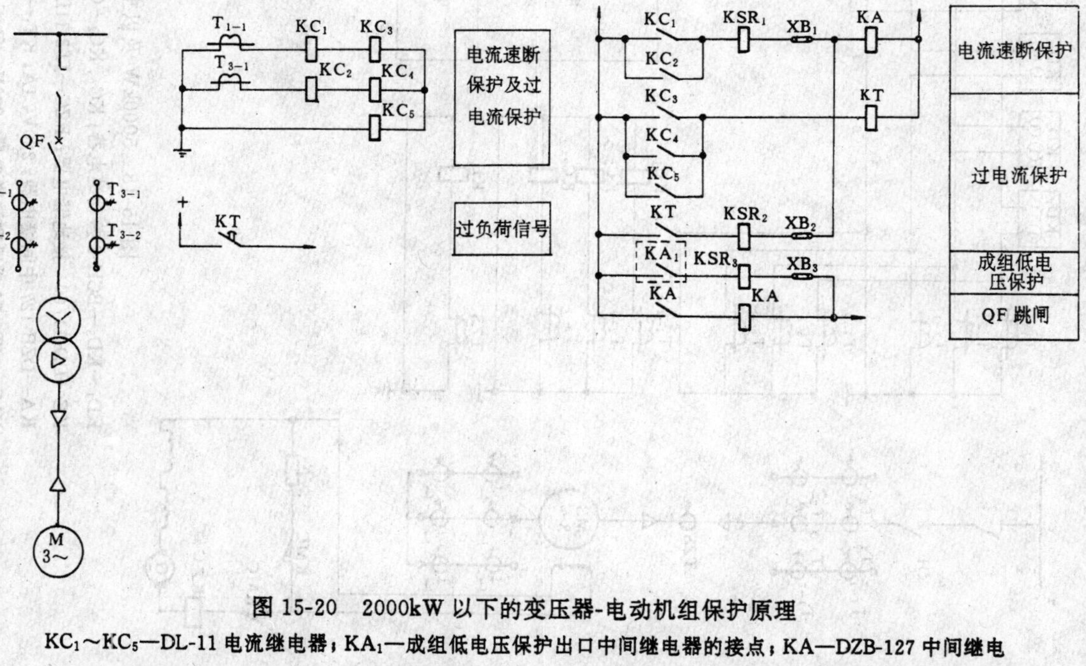

图 15-20　2000kW 以下的变压器-电动机组保护原理

KC_1～KC_5—DL-11 电流继电器；KA_1—成组低电压保护出口中间继电器的接点；KA—DZB-127 中间继电器，220V，1A；KT—DS-112C 时间继电器，220V；KSR_1，KSR_2—DX-11/0.025 信号继电器；KSR_3—DX-11/1 信号继电器；XB_1～XB_3—YY1-D 连接片

15.3.3 保护整定计算

电流速断保护，整定计算见表 15-21。

差动保护，整定计算见表 15-22。

表 15-21 电动机的电流速断保护整定计算

计算项目	计算条件	计算公式	系数及文字代号
保护装置动作电流	异步电动机应避开起动电流	$I_{dzj}=K_kK_{jx}\frac{I_q}{K_i}$	K_k——可靠系数，GL 继电器为 1.8～2.0，DL、LL-10 型继电器为 1.5～1.6 K_{jx}——电流互感器二次回路接线系数，接于相电流时为 1.0，接于相电流差时为 $\sqrt{3}$ K_i——电流互感器变比 I_q——电动机起动电流 $I''^{(3)}_{d\max}$——最大运行方式时，外部三相短路时电动机输出的电流 $I''^{(3)}_{d\max}=(\frac{1.05}{x''_*}+0.95\sin\varphi_e)I_e$ 式中 x''_*——电动机的次暂态电抗，标幺值 φ_e——电动机在额定负荷时的相位角 I_e——电动机额定电流
	同步电动机应避开以下电流 (1) 起动电流 (2) 外部短路时输出的电流	(1) 避开起动电流同异步电动机 (2) 避开外部短路时输出的电流 $I_{dzj}=K_kK_{jx}\frac{I''^{(3)}_{d\max}}{K_i}$	
保护装置灵敏系数	按系统最小运行方式时电动机端子上的二相次暂态短路电流校验	$K_m^{(2)}=K_{mxd}\frac{I''^{(3)}_{d\min}}{I_{dz1}}\geqslant 2$	K_{mxd}——相对灵敏系数，见附表 15-5 I_{dz1}——保护装置一次动作电流 $I_{dz1}=\frac{I_{dzj}K_i}{K_{jx}}$ $I''^{(3)}_{d\min}$——在系统最小运行方式下电动机端子三相短路时流过保护的最小三相短路电流

注：如为变压器电动机组，保护装置应按避开起动电流整定，该起动电流应考虑到电动机起动时变压器电抗的影响，电动机的实际起动电流倍数 K'_q 将小于样本上规定的起动电流倍数 K_q

$$K'_q=\frac{1}{\frac{1}{K_q}+\frac{U_d\%S_{ed}}{100S_{eb}}}$$

式中 $U_d\%$——变压器的阻抗电压百分数；

S_{ed}——电动机额定容量，kVA；

S_{eb}——变压器额定容量，kVA。

保护装置灵敏系数应按系统最小运行方式时，变压器二次侧二相短路电流校验。

表 15-22 电动机的差动保护整定计算

计算项目	计算条件	计算公式	系数及文字代号
保护装置动作电流	避开以下电流引起的不平衡电流 (1) 起动电流 (2) 外部短路时同步机输出的电流	(1) 按避开起动电流 $I_{dzj}=K_k\dfrac{0.1I_{qd}}{K_i}$ (2) 按避开外部短路时同步机输出的电流 $I_{dzj}=K_k\dfrac{0.1I''^{(3)}_{d_{max}}}{K_i}$	K_k——可靠系数，1.2～1.4 K_i——电流互感器变比 I_{qd}——电动机起动电流 $I''^{(3)}_{d_{max}}$——外部短路时同步机输出的电流
保护装置灵敏系数	按系统最小运行方式时电动机端子两相短路电流校验	$K_m^{(2)}=K_{mxd}\dfrac{I''^{(3)}_{d_{min}}}{I_{dz1}}\geqslant 2$	K_{mxd}——相对灵敏系数，见附表 15-5 I_{dz1}——保护装置一次动作电流 $I_{dz1}=\dfrac{I_{dzj}K_i}{K_{jx}}$ $I''^{(3)}_{d_{min}}$——在系统最小运行方式下电动机端子三相短路时，流过保护的最小三相短路电流

注：1. 采用 BCH-2 型继电器时，继电器的动作电流为

$$I_{dzj}=(0.5\sim1.0)\frac{I_{ed}}{K_i}$$

继电器的计算动作匝数为

$$W_{js}=\frac{AW_0}{I_{dzj}}$$

式中 AW_0——继电器的动作安匝，取 $AW_0=60$。

继电器的短路线圈一般选取抽头“3”-“3”或“2”-“2”。对大容量电动机（如≥5000kW）可选取“2”-“2”或“1”-“1”。

2. 采用 DL 型继电器时，继电器的动作电流：

差动回路内不接电阻时，$I_{dzj}=(1.2\sim1.5)\dfrac{I_{ed}}{K_i}$；

差动回路内接入 15Ω 电阻时，$I_{dzj}=(0.4\sim0.6)\dfrac{I_{ed}}{K_i}$；

3. 差动保护一般不考虑避开差动回路断线，当动作电流整定值大于额定电流时，应装设电流互感器二次回路断线监视装置。

过负荷保护，整定计算见表 15-23。

单相接地保护，整定计算见表 15-24。

表 15-23 电动机的过负荷保护整定计算

计算项目	计算条件	计算公式	系数及文字代号
保护装置动作电流	避开电动机额定电流	$I_{dzj}=K_{jx}K_k\dfrac{I_{ed}}{K_fK_i}$	K_k——可靠系数，动作于信号时为 1.05～1.1，动作于跳闸时为 1.2～1.25 K_f——继电器返回系数，取 0.85 K_{jx}——电流互感器二次回路接线系数接于相电流时为 1.0，接于相电流差时为 $\sqrt{3}$ K_i——电流互感器变比 I_{ed}——电动机额定电流

续表 15-23

计算项目	计算条件	计算公式	系数及文字代号
保护装置动作时限	(1) 避开起动电流	$t_{dz}>t_{qd}$	t_{qd}——电动机的实际起动时间
	(2) 避开自起动时间（参与自起动的电动机）	一般电动机 $t_{dz}=(1.1\sim1.2)t_{qd}$传动风机型力矩负荷的电动机 $t_{dz}=(1.2\sim1.4)t_{qd}$	
	(3) 避开正常生产过程中出现的冲击负荷持续时间（具有冲击负荷的电动机）		

注：实际应用中，保护装置动作时间 t_{dz}可按两倍动作电流及两倍动作电流时的允许过负荷时间 t_{gh}，在继电器特性曲线上查出 10 倍动作电流时的动作时间。t_{gh}可按下式计算

$$t_{gh}=\frac{150}{\left(\frac{2I_{dzj}K_i}{K_{jx}I_{ed}}\right)^2-1}$$

保护装置的动作时间，应在实际起动时校验能否起动起来。

表 15-24　电动机的单相接地保护整定计算

计算项目	计算条件	计算公式	系数及文字代号
保护装置动作电流	(1) 按灵敏系数条件	$I_{dz}=\frac{I_c-I_{c1}}{K_m}$	I_c——单相接地时，接地点的自然电容电流 I_{c1}——被保护元件的电容电流，这里指电动机的电容电流，可忽略不计，即 $I_{c1}\approx0$ K_m——灵敏系数
	(2) 大型同步电动机应按避开本身的电容电流	$I_{dz}=K_kI_{cd}$	K_k——可靠系数，取 4～5① I_{cd}——电动机本身的电容电流，计算见 15.17 节
保护装置灵敏系数	当保护装置动作电流按避开本身的电容电流整定时，应按本回路发生单相接地故障时的电容电流校验	$K_m=\frac{I_c-I_{cd}}{I_{dz}}$	

① 当保护装置动作电流按避开本身的电容电流整定，且带时限动作时，可靠系数 K_k 可取 1.5～2.0。

低电压保护，整定计算见表 15-25。

同步电动机的失步保护（装设反应定子过负荷的保护时），整定计算见表 15-26。

表 15-25 电动机的低电压保护整定计算

计算项目	计算条件	计算公式	系数及文字代号
保护装置动作电压	不需要或不允许自起动的电动机，按电动机的过载能力	(1) 异步电动机 $U_{dzj}=\frac{U_{ed}}{\sqrt{m}K_u}$ $\leqslant (0.6\sim0.7)\frac{U_{ext}}{K_u}$ (2) 同步电动机 $U_{dzj}=\frac{U_{ed}}{mK_u}$ $\leqslant (0.5\sim0.6)\frac{U_{ext}}{K_u}$	U_{ed}——电动机额定电压 U_{ext}——网络额定电压 K_u——电压互感器变比 m——电动机最大力矩倍数 $m=0.9\frac{M_{max}}{M_e}$ 式中 M_{max}——电动机最大转矩 M_e——电动机额定转矩 0.9——电动机力矩的公差系数
	需要自起动的电动机	$U_{dzj}\approx0.5\frac{U_{ext}}{K_u}$	
保护装置动作时限	不参加自起动的电动机——当上级变电所送出线装有电抗器时，一般比本变电所其他送出线短路保护大一时限阶段；当上级变电所送出线未装电抗器时，一般比上级变电所送出线短路保护大一时限阶段。一般为 0.5～1.5s 参加自起动的电动机——一般为 5～10s		

表 15-26 同步电动机的失步保护整定计算（装设反应定子过负荷的保护时）

计算项目	计算条件	计算公式	系数及文字代号
保护装置动作电流	避开电动机的额定电流	$I_{dzj}=(1.4\sim1.5)\frac{K_{jx}I_{ed}}{\sqrt{K_i}}$ $\leqslant I_{ybd}$	K_{jx}——电流互感器二次回路接线系数，接于相电流时为 1.0，接于相电流差时为 $\sqrt{3}$ K_i——电流互感器变比 I_{ed}——电动机额定电流 I_{ybd}——电动机失步时的定子电流，估算见附录 15.3
保护装置动作时限	同过负荷保护，见表 15-23。		

注：表中动作电流的计算是按采用 GL 或 LL-10 型反时限继电器兼作过负荷和失步保护考虑的，当不能满足灵敏性要求而需装设专用的 GL 或 LL-10 型继电器作失步保护时（仅在一相上装设），动作电流可按下式计算

$$I_{dzj}=(1.2\sim1.3)\frac{K_{jx}I_{ed}}{K_i}$$

15.3.4 计算实例

例 1 水泵电动机的保护。

电动机装在经常有人值班的机房内，需自起动运行，生产过程中没有过负荷的可能性。

电动机的型号及数据：

TSQ157-6 型，6000V，460kW，$I_{ed}=54.5$A，$K_q=5.6$

网络短路参数：

$S''^{(3)}_{d_{max}}=S''^{(3)}_{d_{min}}=100$MVA，$I''^{(3)}_d=9160$A

(1) 保护装置的选择：

因为电动机在生产过程中没有过负荷的可能，故不装设过负荷保护；电动机很重要并且装在经常有人值班的机房内，因此不装设防止长时间失压的低电压保护，仅装设电流速断保护，采用接于两相电流差的

DL-11/100 型电流继电器。

(2) 保护整定计算：

电流速断保护继电器的动作电流

$$I_{dzj}=K_{jx}K_k\frac{K_qI_{ed}}{K_i}$$

$$=1.73\times1.6\times\frac{5.6\times54.5}{15}$$

$$=56.3A$$

采用 60A（继电器线圈并联）

一次动作电流

$$I_{dz1}=60\times15/\sqrt{3}=520A$$

速断灵敏系数

$$K_m^{(2)}=0.5\times\frac{9160}{520}=8.8>2$$

例 2　抽烟机及灰浆泵电动机的保护。

电动机装在生产车间内，其中抽烟机电动机要求自起动运行。电动机型号及数据：

JSQ1510-4，6000V，850kW，$I_{ed}=97A$

$K_q=5.8$，$\frac{M_{max}}{M_e}=2.2$

网络短路参数：

$I''^{(3)}_{d_{min}}=9000A$，电网电容电流 $I_c=11A$

电动机装设下列保护：

(1) 防止多相短路的速断保护和防止过载的过负荷保护，用两个 GL-12/10 型继电器。

(2) 防止单相接地故障的零序过电流保护。由 LJ 型零序电流互感器及与之连接的 DL-11/60 型继电器组成。

(3) 抽烟机电动机采用防止长时间失压的低电压保护，灰浆泵电动机采用保证重要电动机自起动的低电压保护。

保护整定计算如下：

(1) 电流速断保护和过负荷保护。

1) 过负荷保护。

GL-12/10 型继电器的动作电流

$$I_{dzj}=\frac{K_{jx}K_kI_{ed}}{K_fK_i}$$

$$=\frac{1\times1.25\times97}{0.8\times30}=5.05，取 5A$$

$$I_{dz1}=30\times5=150A$$

动作时限按电机允许发热的条件整定，两倍动作电流时的时限

$$t=\frac{150}{\left(\frac{2I_{dzj}K_i}{K_{jx}I_{ed}}\right)^2-1}$$

$$=\frac{150}{\left(\frac{2\times5\times30}{1\times97}\right)^2-1}=17.5，取 18s$$

2) 电流速断保护。

瞬动电流倍数

$$K=\frac{K_{jx}K_kK_qI_{ed}}{I_{dz1}}$$

$$=\frac{1\times1.8\times5.8\times97}{150}=6.75，取 7 倍$$

瞬动灵敏系数

$$K_m^{(2)}=\frac{9000}{150\times7}\times0.87=7.46>2$$

(2) 零序过电流保护的动作电流按能保证有足够的灵敏系数来选择。

$$I_{dz}=\frac{I_c}{K_m^{(1)}}=\frac{11}{2}=5.5A，取 5A$$

(3) 低电压继电器的动作电压。

$$U_{dzj}=\frac{U_{ed}}{\sqrt{m}K_u}=\frac{6000}{\sqrt{1.98}\times6000/100}=71V，取 70V$$

式中 $m=0.9\frac{M_{max}}{M_e}=0.9\times2.2=1.98$。

低电压保护装置的时限：

1) 要求自起动的抽烟电动机 $t=9s$。

2) 不参加自起动的灰浆泵电动机 $t=0.5s$（较其他送出线的零秒保护大一时限阶段）。

例 3　破碎机电动机（绕线型电动机）的保护。

电动机自起动时，转子回路的电阻全部接入。

电动机型号及数据：

JRQ1512-12 型，6000V，280kW，$I_{ed}=38A$，$\frac{M_{max}}{M_e}=2.2$，取 $K_q=2$

网络短路参数：

$I''^{(3)}_{d_{min}}=7300A$

保护装置选择

电动机装设下列保护装置：

(1) 电流速断保护；

(2) 过负荷保护，作用于信号或卸载；

采用两个 GL-14/5 的继电器，瞬动接点动作跳闸，延时接点作用于信号或卸载；

(3) 延时 0.5s 的低电压保护。

保护整定计算：

(1) 过负荷保护。

动作电流

$$I_{dzj}=\frac{K_{jx}K_kI_{ed}}{K_fK_i}=10\times\frac{1.1\times38}{0.8\times15}=3.5A$$

$$I_{dz1}=3.5\times15=52.5A$$

动作时间

$$t=\frac{150}{\left(\frac{2\times 52.5}{1\times 38}\right)^2-1}=22.7$$

取 23s（两倍动作电流时间）。

（2）电流速断保护。

瞬动电流倍数

$$K=\frac{1\times 1.8\times 2.0\times 38}{52.5}=2.6,\text{取} K=4$$

灵敏系数

$$K_m^{(2)}=0.87\times\frac{7300}{4\times 52.5}=30.2>2$$

例 4 传动风机用同步电动机的保护。

不需要自起动，不易过负荷，用电抗器起动。

电动机型号及数据：

TD-143/64-6，2000kW，6kV，$I_{ed}=278A$，$K_q=6$，$\frac{M_{max}}{M_e}=2$

网络短路参数：

$I''^{(3)}_{d1_{min}}=6250A$（母线短路），$I''^{(3)}_{d2_{min}}=2100A$（电抗器短路）

保护装置的选择

电动机采用下列保护：

（1）纵联差动保护，采用 BCH-2 型或 DL-11/6 型继电器，两相式；

（2）失步保护，采用一个 GL-12/10 型继电器，接于 B 相；

（3）低电压保护，采用成组式。

保护整定计算：

（1）纵联差动保护。

继电器动作电流

$$I_{dzj}=0.8\frac{I_{ed}}{K_i}$$

$$=0.8\times\frac{278}{80}=2.78A,\text{取 } 3A$$

灵敏系数

正常工作时 $K_m^{(2)}=0.87\times\frac{6250}{3\times 80}=22.6>2$

起动时 $K_m^{(2)}=0.87\times\frac{2100}{3\times 80}=7.6>2$

（2）失步保护。

动作电流

$$I_{dzj}=1.4\times\frac{I_{ed}}{K_i}$$

$$=1.4\times\frac{278}{80}=4.85,\text{取 } 5A$$

动作时间

$$t=\frac{150}{\left(\frac{2\times 5\times 80}{1\times 278}\right)^2-1}=20.6,\text{取 20s（两倍}$$

动作电流的时间）

（3）低电压成组保护的动作电压取 70V，时间取 1s（其他送出线保护的时限为 0.5s）。

例 5 变压器电动机组的保护。

电动机传动水泵，装设于经常有人值班的机房内。

变压器数据：

800kVA，10/3.15kV，Y，d11，$U_d\%=5.5$

电动机数据：

480kW，3kV，$I_{ed}=113A$，$K_q=4.7$，$\frac{M_{max}}{M_{ed}}=1.8$，$\cos\varphi=0.9$

网络短路参数：

$S''^{(3)}_{d_{max}}=100MVA$，$S''^{(3)}_{d_{min}}=80MVA$

保护装置的选择：

采用防止变压器及电动机内部多相短路的电流速断保护。

由于电动机允许自起动，并且有专门维护条件，故未装设低电压保护。

保护整定计算：

速断装置的动作电流，必须能避开电动机起动时，10kV 侧的起动电流。

通过变压器降压起动后，电动机的起动倍数

$$K_{qz}=\frac{1}{\frac{1}{K_q}+\frac{U_d\%S_{ed}}{100S_{eb}}}$$

$$=\frac{1}{\frac{1}{4.7}+\frac{5.5\times 585}{100\times 800}}=3.95$$

式中 $S_{ed}=\sqrt{3}UI=\sqrt{3}\times 3\times 113=585kVA$

折算至 10kV 侧的起动电流为

$$I_q=3.95\times 113\times\frac{3}{10}=134A$$

电流速断装置的动作电流

$$I_{dzj}=K_{jx}K_k\frac{I_q}{K_i}$$

$$=1.0\times 1.6\times\frac{134}{20}=10.6,\text{取 } 11A$$

$$I_{dz1}=11\times 20=220A$$

灵敏系数应按电动机端子处短路进行校验。

电动机端子处最小三相短路电流为 640A。

两继电器式 $K_m^{(2)}=K_{mxd}\frac{I''^{(3)}_{d_{min}}}{I_{dz1}}$

$$=0.5\times\frac{640}{220}=1.45<2$$

三继电器式 $K_{m}^{(2)}=1\times\frac{640}{220}=2.9>2$

故采用三个 DL-11/20 型继电器。

15.4 电炉变压器的保护

15.4.1 保护装设的原则

电炉变压器保护装设的原则有以下几个方面：

(1) 电炉变压器应装设下列保护：

1)保护变压器内部及其一次线路多相短路的瞬时过电流保护；

2)保护变压器二次侧出口短路的带时限过电流保护；

3)保护由于电炉配料时或炉料严重塌陷时，电极短路的带时限过负荷保护；

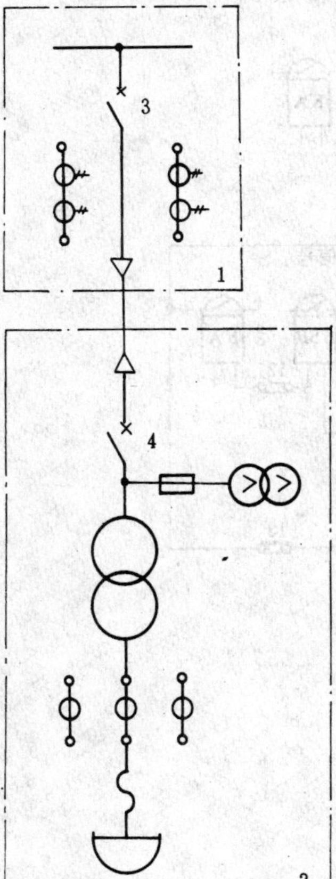

图 15-21 电弧炉装置接线图

1—在车间配电所或总变电所内；

2—在电炉变电所内；3—线路断路器；

4—操作断路器

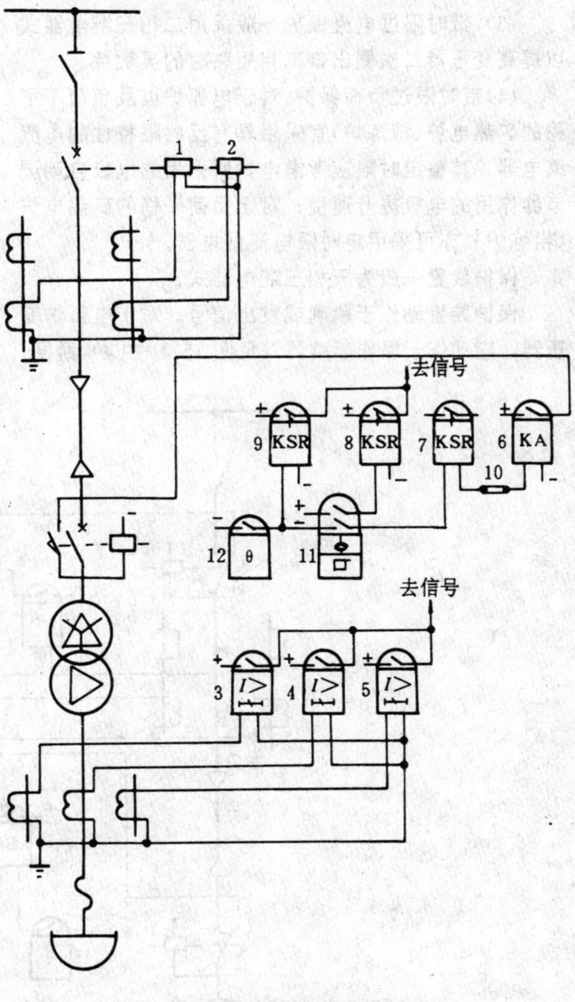

图 15-22 电炉变压器保护原理（一）

1、2—操动机构内的 T1-1 瞬时过电流脱扣器；

3～5—GL-11 过电流继电器；

6—DZB-127 中间继电器，220V，1A；

7—DX-11/0.025 信号继电器；

8、9—DX-11/220 信号继电器；

10—YY1-D 连接片；11—瓦斯继电器；

12—温度信号计

4) 保护变压器内部故障的瓦斯保护；

5)防止变压器温升过高和冷却系统故障的温度信号装置。

(2)瞬时过电流保护一般采用二相二继电器式，当变压器接线为星形/三角形，二次侧相间短路故障不能满足灵敏性要求时可采用二相三继电器式。

保护装置应动作于跳闸。对于电弧炉变压器，应动作于线路断路器（见图 15-21 中 3）跳闸。

(3) 带时限过电流保护一般采用二相三继电器式以提高变压器二次侧出口二相短路时的灵敏性。

(4)带时限过负荷保护，对于电弧炉以及负荷不平稳的矿热电炉(精炼炉)宜采用具有反时限特性的电流继电器，其整定时限应考虑电炉所采用的电极自动调节器作用用的电极提升速度；对于负荷平稳的矿热电炉(粗炼炉）亦可采用定时限电流继电器。

保护装置一般为三相三继电器式。

保护装置动作于跳闸或发出信号。对于电弧炉变压器，应动作于操作断路器（见图 15-21 中 4）跳闸。

电弧炉变压器的过负荷保护装置一般装设在电极自动调节器成套装置的控制屏（台）上。

(5)变压器的瓦斯保护，当壳内故障产生大量瓦斯时，一般动作于断开操作断路器；当产生轻微瓦斯或油面降低时，瞬时作用于信号。

当变压器容量小于 400kVA 时，允许不装设瓦斯保护。

15.4.2 保护原理图

电炉变压器的保护原理图见图 15-22 和图 15-23。

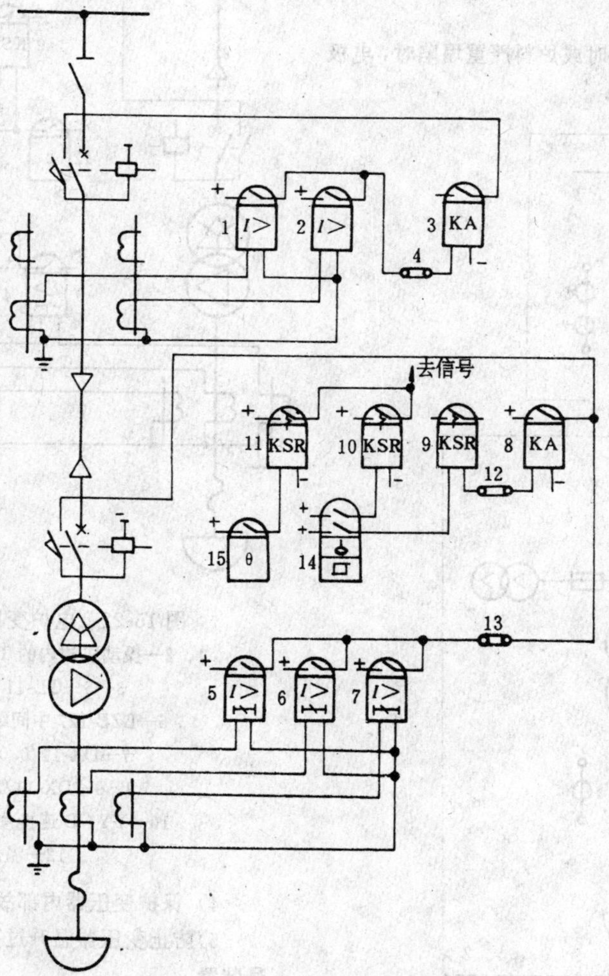

图 15-23 电炉变压器保护原理（二）

1、2—DL-11 电流继电器；3、8—DZB-127 中间继电器，220V，1A；4、12、13—YY1-D 连接片；5～7—GL-12 过电流继电器；9—DX-11/0.025 信号继电器；10、11—DX-11/220 信号继电器；14—瓦斯继电器；15—温度信号计

15.4.3 保护整定计算

电弧炉变压器的保护整定计算见表15-27。

电阻炉、工频感应炉变压器保护整定计算见表15-28。

表 15-27 电弧炉变压器的保护整定计算

计算项目	计算条件	计算公式	系数及文字代号
(1) 瞬时过电流保护			
保护装置动作电流	应避开电极触及炉料时的操作短路冲击电流	$I_{dzj}=K_kK_{jx}\frac{K_{gh}I_{eb}}{K_i}$	K_l——可靠系数，取1.25 I_{jx}——电流互感器回路接线系数，接于相电流为1.0，接于相电流差时为$\sqrt{3}$ K_i——电流互感器变比 K_{gh}——过负荷系数，取3～3.5 I_{eb}——变压器额定电流
保护装置灵敏系数	按变压器一次侧两相最小短路电流校验	$K_m^{(2)}=K_{mxd}\frac{I''^{(3)}_{d\,min}}{I_{dz1}}\geqslant 2$	K_{mxd}——相对灵敏系数，见附表15-5 I_{dz1}——保护装置一次动作电流 $I_{dz1}=\frac{I_{dzj}K_i}{K_{jx}}$ $I''^{(3)}_{d\,min}$——系统最小运行方式时变压器一次侧的三相短路电流
(2) 带时限过电流保护			
保护装置动作电流	应与变压器二次侧过负荷保护相配合	同瞬时过电流保护	K_k——可靠系数，DL型继电器取1.2，GL，LL-10型继电器取1.3 K_{gh}——过负荷系数，取1.4～1.8，其他同瞬时过电流保护
保护装置灵敏系数	按变压器二次侧出口两相最小短路电流校验	$K_m^{(2)}=K_{mxd}\frac{I''^{(3)}_{d2\,min}}{I_{dz1}}\geqslant 1.2～1.5$	$I''^{(3)}_{d2\,min}$——系统最小运行方式时，变压器二次侧出口三相短路时流过保护装置的最小短路电流
保护装置动作时限	与过负荷保护时限相配合		
(3) 带时限过负荷保护			
保护装置动作电流	避开变压器额定电流	$I_{dzj}=K_k\frac{I_{eb}}{K_fK_i}$	K_k——可靠系数，取1.1～1.25 K_f——继电器返回系数，取0.85
保护装置动作时限	当采用GL或LL-10型继电器时，应按变压器过负荷电流为额定电流的三倍时，继电器的动作时间一般约6s，最大不大于10s		

表 15-28 电阻炉、工频感应炉变压器保护整定计算

计算项目	计算条件	计算公式	系数及文字代号
(1) 无时限电流速断保护			
保护装置动作电流	对电阻炉按躲过变压器励磁涌流整定	$I_{dzj}=\frac{K_k K_{jx} K_{gh} I_{eb}}{K_i}$	I_{eb}——变压器额定电流 K_k——可靠系数，取 2 K_{gh}——过负荷系数，取 1 K_{jx}，K_i——同前
	对工频感应炉，按躲过变压器二次侧母线最大三相短路电流整定	$I_{dzj}=\frac{K_k K_{jx} I_{d2max}^{(3)}}{K_i}$	K_k——可靠系数，GL 型继电器取 1.5～1.6，DL 或 LL-10 型继电器取 1.3～1.4 $I_{d2max}^{(3)}$——在最大运行方式下，变压器低压侧三相短路时，流过保护的最大短路电流
保护装置灵敏系数	按系统最小运行方式下，变压器一次侧两相短路电流校验	$K_m^{(2)}=\frac{I_{d1min}^{(2)}}{I_{dz1}}\geqslant 2$	$I_{d1min}^{(2)}$——在最小运行方式下，变压器一次侧两相短路时，流过保护的最小两相短路电流
(2) 带时限过电流保护			
保护装置动作电流	按躲过变压器最大负荷电流整定	$I_{dz1}=\frac{K_k K_{gh} I_{eb}}{K_f}$	K_k——可靠系数，GL 继电器取 1.3，DL 型或 LL-10 型继电器取 1.2 K_{gh}——过负荷倍数，取 1～1.1 K_f——继电器返回系数，取 0.85 I_{eb}——变压器额定电流
保护装置灵敏系数	按系统最小运行方式下，变压器低压侧两相短路电流校验	$K_m^{(2)}=\frac{I_{d2min}^{(2)}}{I_{dz1}}\geqslant 1.2\sim1.5$	$I_{d2min}^{(2)}$——在最小运行方式下，变压器低压侧两相短路时，流过保护的最小短路电流
保护装置动作时限	与电炉变压器二次侧的过负荷保护动作时限相配合		

矿热电炉变压器的保护整定计算，对于精炼炉，由于负荷特性与电弧炉相似，故可参考电弧炉变压器进行计算。

对于铁合金炉变压器，保护整定计算见表 15-29。

表 15-29 铁合金炉变压器的保护整定计算

计算项目	计算条件	计算公式	系数及文字代号
(1) 过负荷保护			
保护装置动作电流	按避开变压器额定电流整定	$I_{dzj}=K_k K_{jx}\frac{I_{ed}}{K_f K_i}$	K_k——可靠系数，大容量炉子取 1.0，小容量炉子取 1.05 其他系数同前
保护装置动作时限		动作时限一般不大于 120s	
(2) 瞬时电流速断保护			
保护装置动作电流	应避开空载投入时的励磁涌流	$I_{dzj}=K_{jx}\frac{(2.5\sim3.0)\ I_{eb}}{K_i}$	2.5～3.0——大容量电炉，取 2.5，小容量电炉，取 3.0

15.4.4 计算实例

例 3t 炼钢电弧炉变压器继电保护计算。

变压器型号为 HSJK-1850/10 型（由 HSJ-1500/10 型电炉变压器及 XKSJ-300/10 型电抗器组成）。变压器绕组连接为三角形-星形/三角形，额定电压为 10000/210～121V，额定容量为 1500kVA，电抗器额定容量为 300kVA。变压器其余各项参数如表 15-30 所示。

表 15-30 变压器参数

变压器一次侧			变压器二次侧		
电压（V）	电流（A）	绕组连接	线端	电压（V）	电流（A）
10000	87	A_1-Y，B_1-Z，C_1-X，三角形连接	c-X a-Y b-Z	210	4120
10000	50	X-Y-Z，星形连接		121	4120

当三角形连接时其短路电压为 36.476%。取 $S_{jz}=1000MVA$，$U_{jz}=10.5kV$，$I_{jz}=55000A$。

则系统阻抗取 $X_{*xt_{max}}=6.99$；$X_{*xt_{min}}=8.88$。

计算得各项阻抗及变压器二次侧最小短路电流，见表 15-31。

表 15-31 各项阻抗及变压器二次侧最小短路电流

连接方式	系统阻抗 X_{*xt}	变压器电抗 X_{*B}	短网阻抗 Z_{*L}	$X_{*xt}+X_{*B}$	$X_{*xt}+X_{*B}+Z_{*L}$	最小运行方式下变压器二次侧短路电流（A）$I_{d2_{min}}$
三角形/三角形加电抗	6.99/8.88	203	45.8	209.99/211.88	255.79/257.68	213
三角形/三角形无电抗	6.99/8.88	69.5	45.8	76.49/78.38	122.29/124.18	443
星形/三角形	6.99/8.88	208.5	137.4	215.49/217.38	352.89/354.78	156

注：1. 表中分子为最小阻抗，分母为最大阻抗。

2. 表中短路电流指三相短路时的电流，其值系归算到一次侧的折算值，单位为 A。

保护接线如图 15-24 所示。

(1) 瞬时过电流保护的计算。

起动电流

$$I_{dz1}=K_kK_{gh}I_{eb}$$
$$=1.25\times3.5\times87[50]=380[220]A$$
$$I_{dzj}=K_{jx}\frac{I_{dz1}}{K_i}$$
$$=1\times\frac{380[220]}{150/5}=12.6[7.3]A$$

取 $I_{dzj}=12A$

灵敏性的校验

首先求出

$$I''^{(3)}_{d1_{min}}=\frac{E_*}{X_{*xt_{min}}}I_{jz}$$
$$=\frac{1.05}{8.88}\times55000=6500A$$

灵敏系数

$$K_m^{(2)}=K_{mxd}\frac{I''^{(3)}_{d1_{min}}}{I_{dz1}}$$
$$=0.87\times\frac{6500}{380[220]}=17[29]>2$$

满足要求。

(2) 带时限过负荷保护的计算。

带时限过负荷保护采用三个 GL 型电流继电器的接线方式，装于电炉变压器二次侧。

继电器的动作电流

$$I_{dzj}=K_kK_{jx}\frac{I_{eb}}{K_fK_i}$$
$$=1.2\times1\times\frac{4120}{0.85\times5000/5}=5.82A$$

取 $I_{dzj}=6A$

一次动作电流为

$$I_{dz1}=6\times\frac{5000}{5}=6000A$$

反映在一次绕组不同接法时，高压侧（即一次侧）的电流值为

当三角形/三角形接法时 $I_{dz1_{\triangle/\triangle}}=6000\times\frac{210}{10500}=120A$

当星形/三角形接法时 $I_{dz1_{Y/\triangle}}=6000\times\frac{120}{10500}=69A$

(3) 带时限过电流保护的计算。

1) 对于馈电线瞬时过电流保护，首先考虑采用两相两继电器接线方式，继电器选用 GL 系列。其速断元件作瞬时过电流保护，感应元件作带时限的过电流保护。用灵敏系数来计算保护一次动作电流。

感应元件的起动电流，取 $K_m^{(2)}=1.2$，当三角形/三角形加电抗器接线时

$$I_{dz1_{\triangle/\triangle}}=K_{mxd}\frac{I''^{(3)}_{d2_{min}}}{K_m^{(2)}}$$

$$=0.87\times\frac{213}{1.2}=154>120A$$

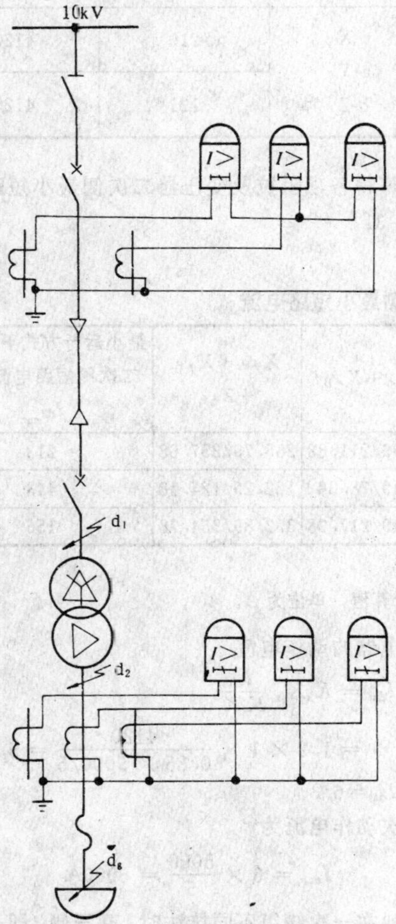

图 15-24 电弧炉变压器保护接线示意图

当星形/三角形无电抗器接线时

$$I_{dz1_{Y/\triangle}}=K_{mxd}\frac{I''^{(3)}_{d2_{min}}}{K_m^{(2)}}$$

$$=0.50\times\frac{156}{1.2}=65<120A$$

由此得出，变压器在星形/三角形接线方式下二次侧短路时，保护装置不能保证选择性，故两相二继电器的接线方式不能满足要求。

2）采用两相三继电器的接线方式：

继电器感应元件的起动电流，取 $K_m^{(2)}=1.2$

当三角形/三角形加电抗器接线时

$$I_{dz1_{\triangle/\triangle}}=K_{mxd}\frac{I''^{(3)}_{d2_{min}}}{K_m^{(2)}}$$

$$=0.87\times\frac{213}{1.2}=154A$$

当星形/三角形无电抗器接线时

$$I_{dz1_{Y/\triangle}}=K_{mxd}\frac{I''^{(3)}_{d2_{min}}}{K_m^{(2)}}$$

$$=1\times\frac{156}{1.2}=130A$$

取 $I_{dz1_{Y/\triangle}}$ 作为整定值，即 $I_{dz1}=130A$。

灵敏系数

当为三角形/三角形加电抗器接线时

$$K_{m_{\triangle/\triangle}}=K_{mxd}\frac{I''^{(3)}_{d2_{min}}}{I_{dz1}}$$

$$=0.87\times\frac{213}{130}=1.43>1.2$$

当为星形/三角形无电抗器接线时

$$K_{m_{Y/\triangle}}=K_{mxd}\frac{I''^{(3)}_{d2_{min}}}{I_{dz1}}$$

$$=1\times\frac{156}{130}=1.2$$

均满足灵敏系数要求。

由上计算结果可求瞬时过电流保护装置 GL 型继电器速断元件为感应元件过电流的 2.77 倍 $\left(\frac{12\times30}{130}\right)$。

15.5 硅整流变压器的保护

15.5.1 保护装设的原则

硅整流变压器保护装设的原则有以下几点：

(1)根据硅整流器组对保护的要求，硅整流变压器应装设下列保护：

1)变压器内部及其一次线路多相短路的电流速断保护；

2) 硅整流器组短路的定时限过电流保护；

3) 硅整流器组过负荷的反时限过负荷保护；

4) 变压器内部故障的瓦斯保护；

5) 变压器温升过高的温度信号装置。

(2)定时限过电流保护及反时限过负荷保护，应根据硅整流器组的安全过载曲线，与硅整流器组的快速熔断器及直流侧快速熔断器相配合，以达到选择性动作的目的。一般反时限过负荷保护采用热继电器。

(3) 瓦斯保护与温度信号装置的装设与电力变压器相同。

15.5.2 保护原理图

硅整流变压器的保护原理图见图 12-25。

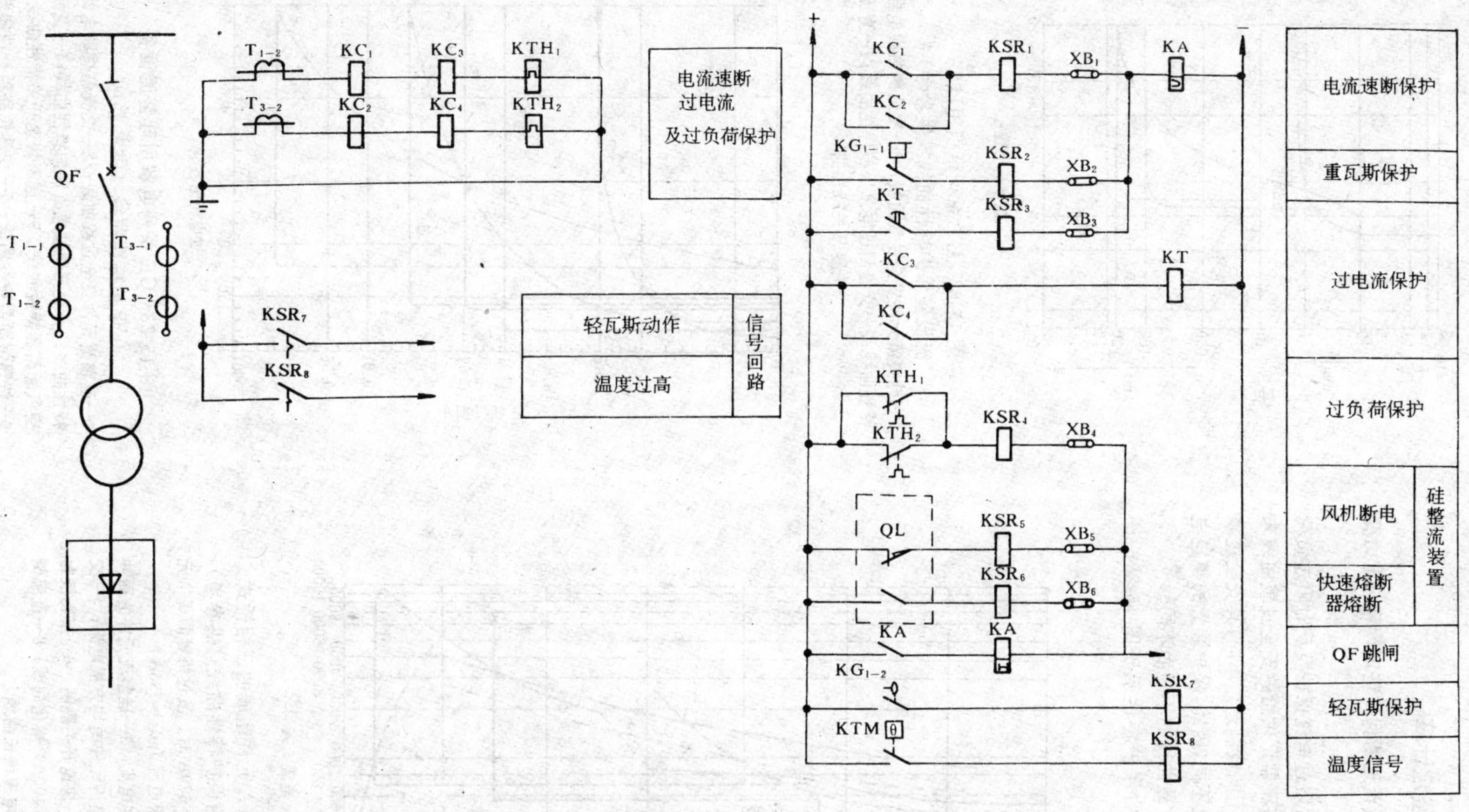

图 15-25　硅整流变压器保护原理

KC_1～KC_4—DL-11 电流继电器；KTH_1，KTH_2—热继电器；KA—DZB-127 中间继电器，220V，1A；KT—DS-112 时间继电器，220V；KSR_1～KSR_3—DX-11/0.025 信号继电器；KSR_4～KSR_6—DX-11/1 信号继电器；KSR_7～KSR_8—DX-11/220 信号继电器；XB_1～XB_6—YY1-D 连接片；KG_1—瓦斯继电器；KTM—温度信号计

15.5.3　保护整定计算

硅整流变压器的电流速断保护整定计算与电力变压器相同。

硅整流器组的定时限过电流保护及反时限过负荷保护的整定，应按照整流器厂供给的安全过载曲线来进行。整流设备的型号不同或制造厂不同，其安全过载曲线以及保护的配合也不同，因此，保护装置的整定电流及动作时限随安全过载曲线的不同而不同。

几种硅整流设备的保护特性示于图 15-26～图 15-29。

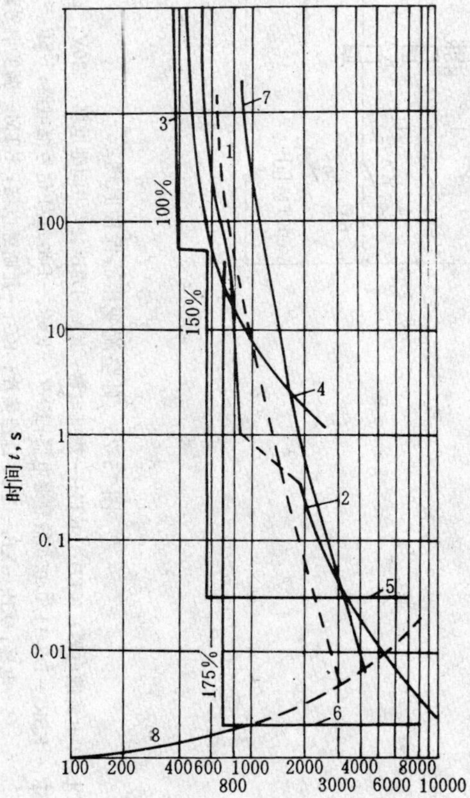

图 15-26　用 500A 元件组成的三相桥式可控硅整流设备的保护特性曲线（供参考）

（当装置整流电流 I_z=670A 时，流过每臂即每个元件的均方根电流 I_{RMS}=395A）

1—硅整流元件的允许电流；2—硅整流元件的耐冲击电流（I^2t）3—硅整流元件的均方根电流；4—交流侧反时限保护；5—快速开关跳闸；6—控制极封锁；7—快速熔断器（400A）熔化曲线；8—直流侧短路电流增长曲线

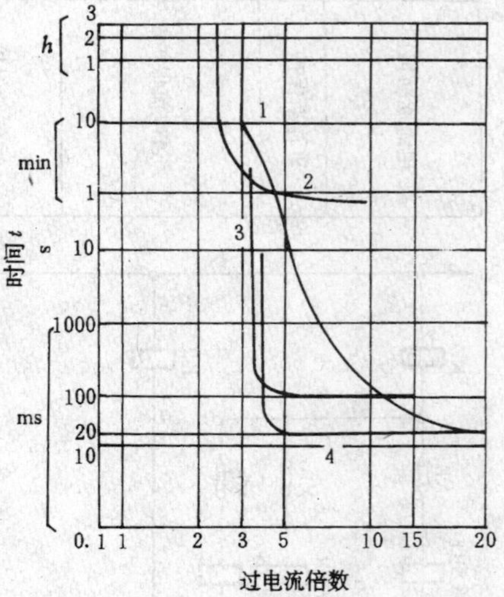

图 15-27　GT 系列牵引用硅整流设备保护特性曲线（供参考）

1—硅整流元件安全过载曲线；2—交流侧热继电器特性曲线；3—交流侧过电流保护特性曲线；4—直流快速开关特性曲线

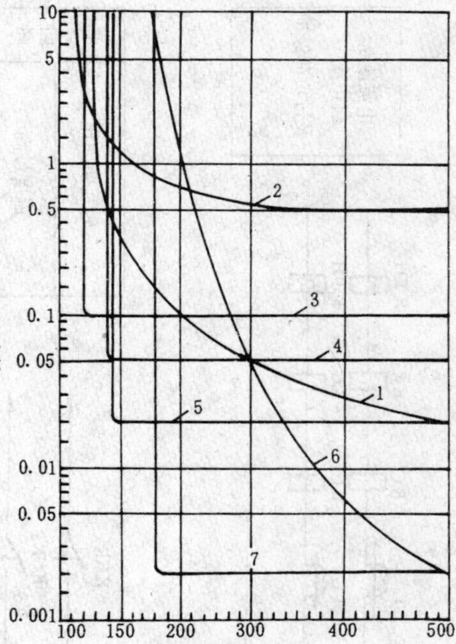

图 15-28　GE 系列电解用硅整流设备保护特性曲线（供参考）

1—硅整流元件安全过载曲线；2—交流侧热继电器特性曲线；3—交流侧过电流保护特性曲线；4—直流空气断路器特性曲线；5—直流快速开关特性曲线；6—快速熔断器特性曲线；7—快速短路器特性曲线

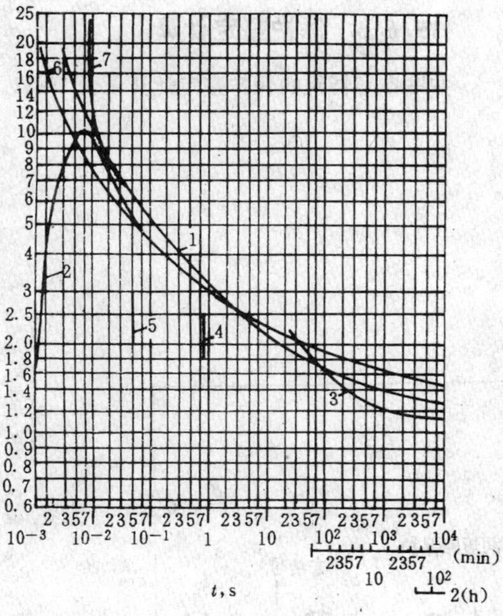

图 15-29 GHF-6000/36～150 型电化用硅整流设备保护特性曲线（供参考）

1—硅元件安全过载曲线；
2—直流极限短路电流曲线；
3—交流侧断路器反时限保护曲线；
4—交流断路器定时限保护曲线；
5—直流断路器保护曲线；
6—快速熔断器熔化曲线；
7—快速熔断器熔断曲线

15.6 6～35kV 并联电容器的保护

15.6.1 保护装设的原则

电容器装置应装设具有单台电容器故障、电容器组内部故障，过负荷、过电压、外部连接线短路、母线失电压及系统运行异常情况等的保护。保护装设的原则为：

(1) 单台电容器应设置专用的熔断器作为其内部故障的保护。

(2)电容器组的内部故障，按电容器组的接线方式不同，分别采用下列类型保护方式：

1) 星形接线的电容器组可采用开口三角电压保护；

2)多段串联的星形接线的电容器组也可采用电压差动保护或桥式差动电流保护；

3)双星形接线的电容器组可采用中性线不平衡电压或不平衡电流保护。

(3)对电容器装置的过电流和内部连接线的短路，应设置过电流保护。当有总断路器及分组断路器时，电流瞬时动作于总断路器跳闸。

(4)电容器装置应设置母线过电压保护，带时限动作于信号或跳闸。在设有自动投切装置时，可不另设过电压保护。

(5) 电容器装置宜设置失压保护，当母线失压时，自动将电容器装置切除。

(6) 电容器组的过负荷保护只有在所接电网的高次谐波含量较高或经实测回路电流超过允许值时装设。

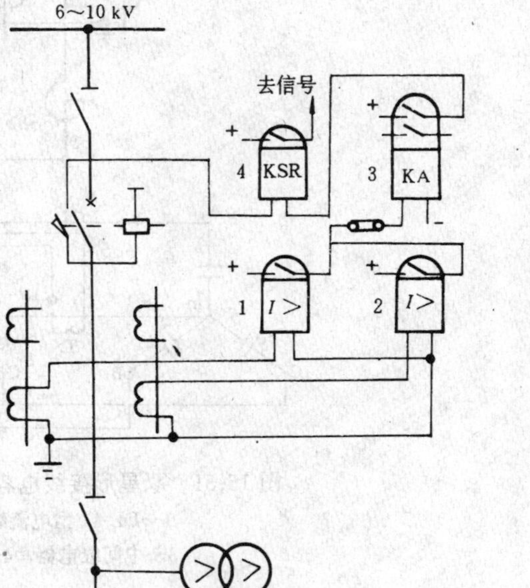

图 15-30 小容量并联电容器组保护原理

1、2—DL-11 电流继电器；3—DZB-127 中间继电器；4—DX-11/0.025 信号继电器；5—YY1-D 连接片

(7) 电容器组的单相接地故障的保护可参照 6～10kV 线路单相接地电流保护来装设。

(8) 在变电所备用变压器或互为备用的母线段自投装置使备用断路器合闸前，应先将被投母线上的电容器装置联锁切除，并闭锁电容器自投装置。

15.6.2 保护原理图

6～35kV 并联电容器保护原理图见图 15-30 和图 15-31。

15.6.3 保护整定计算

并联电容器组的保护整定计算见表 15-32。

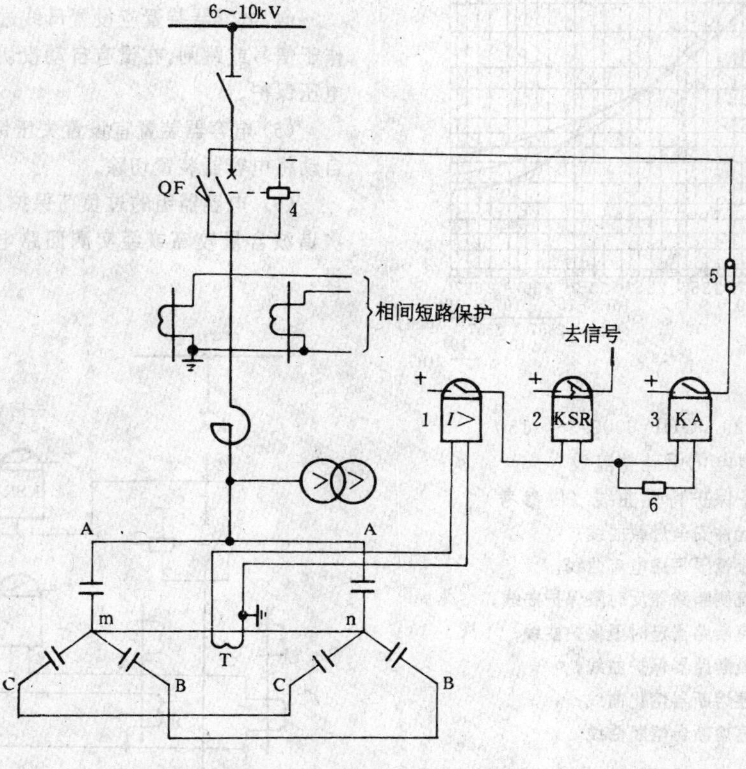

图 15-31 双星形接线电容器组的中性点电流平衡保护原理接线图

1—DL-11 型电流继电器；2—DX-11 型信号继电器；3—中间继电器；4—跳闸线圈；5—连接片；6—电阻

表 15-32 6～35kV 并联电容器组的保护整定计算

计算项目	计算条件	计算公式	系数及文字代号
1. 瞬时或短延时过电流保护			
保护装置动作电流	按躲开电容器接通时的冲击电流整定	$I_{dzj}=K_k K_{jx}\frac{I_e}{K_i}$ (1)	K_k——可靠系数，瞬时过电流保护取 2.0～3.0，短延时电流保护取 1.3～1.5 K_i、K_{jx}——同前 I_e——电容器组额定电流

续表 15-32

计算项目	计算条件	计算公式	系数及文字代号
保护装置灵敏系数	按系统最小运行方式下，串联电抗器后的两相短路电流校验	$K_m^{(2)}=K_{mxd}\frac{I_{d\,min}^{(3)}}{I_{dz1}}\geqslant 1.2\sim1.5$　(2)	K_{mxd}——相对灵敏系数，见附表 15-5 I_{dz1}——保护装置一次动作电流 $I_{dz1}=\frac{I_{dzj}K_i}{K_{jx}}$ $I_{d\,min}^{(3)}$——系统最小运行方式下，串联电抗器后短路时流过保护装置的三相短路电流
保护装置动作时限	短延时过电流保护应带 0.2s 以上的时限以躲过涌流		
2. 双星形接线电容器组的中性线不平衡电流保护			
保护装置动作电流	按保证有最小灵敏系数整定	$I_{dzj}=\frac{I_0}{K_iK_m}$　(3) 式中 I_0 为中性点间流过的电流，A，按下式计算 $I_0=\frac{3MKI_{ec}}{6N\ (M-K)\ +5K}$　(4)* $I_0=\frac{3M\beta I_{ec}}{6N[M(1-\beta)+\beta]-5\beta}$　(5)**	K_i——电流互感器变比 K_m——灵敏系数，取 1.2～1.5 N——每相电容器串联段数 M——一组星形中一相一段的并联电容器台数 β——单台电容器内部串联电容元件击穿百分数 K——因故障而切除的电容器台数 I_{ec}——每台电容器额定电流，A，当电容器组接有串联电抗器时，I_{ec}值按下式计算 $I_{ec}=\frac{Q_{ec}}{U_{ec}^2}\ (\frac{X_c}{X_c-X_L})\frac{U_{eM}}{\sqrt{3}\ N}$ 式中　Q_{ec}——单台电容器的额定容量，var U_{ec}——单台电容器的额定电压，V U_{eM}——电容器装置未接入母线时的母线额定线电压，V X_c——电容器组每相容抗，Ω X_L——串联电抗器每相感抗，Ω
	校验在正常情况下流过不平衡电流是否误动	$I_{dzj}\geqslant K_k\frac{I_{obp}}{K_i}$　(6)	I_{obp}——正常情况下中性线上流过的不平衡电流实测值，A K_k——一般取 1.2～1.3
3. 星形接线电容器组的电压差动保护			
保护装置的动作电压	按保证有最小灵敏系数整定	$U_{dzj}=\frac{\Delta U_c}{K_uK_m}$　(7) 式中 $\Delta U_c=\frac{3KU_{ex}}{3N\ (M-K)\ +2K}$　(8)* $\Delta U_c=\frac{3\beta U_{ex}}{3N[M(1-\beta)+\beta]-2\beta}$　(9)**	ΔU_c——故障相的故障段与非故障段的压差，V U_{ex}——电容器组的额定相电压，V K_u——电压互感器变比 K_m——灵敏系数，取 1.2～1.5 其他系数同前

续表 15-32

计算项目	计算条件	计算公式	系数及文字代号
4. 星形接线电容器组开口三角电压保护			
保护装置动作电压	按保证有最小灵敏系数整定	$U_{dzj}=\frac{U_{ch}}{K_u K_m}$ (10) 式中 $U_{ch}=\frac{3KU_{ex}}{3N(M-K)+2K}$ (11) $U_{ch}=\frac{3\beta U_{ex}}{3N[M(1-\beta)+\beta]-2\beta}$ (12)**	M——每相各串联段电容器并联台数 U_{ch}——差电压，V 其他系数同电压差动保护
	检验在正常情况下是否误动	$U_{dzj}\geqslant K_k U_{obp}$ (13)	K_k——可靠系数，一般取 1.2～1.3 U_{obp}——正常情况下继电器端子上的不平衡零序电流实测值
5. 电容器装置母线过电压保护			
保护装置的动作电压	电容器承受的稳态过电压不应超过额定电压的 1.1 倍	$U_{dzj}=\frac{K_{uzd}(X_C-X_L)}{K_u x_c}U_{eM}$ (14)	K_{uzd}——电容器长期允许过电压倍数，取 1.1 K_u——电压互感器变比 其他系数同前
保护装置动作时限		$t_{dz}\leqslant 180s\sim 300s$	
6. 电容器装置失压保护			
保护装置的动作电压	躲开系统不可能出现的最低运行电压	$U_{dzj}=K_{uzx}\frac{U_{eM}}{K_u}$ (15)	K_{uzx}——系统正常运行时可能出现的最低电压系数，一般取 0.5 其他系数同前

注：1. 表中式（3）～（13）适用于中性点不接地的星形接线电容器装置；

2. 表中公式标有“*”者适用于有专用单台熔断器保护的电容器组，标有“* *”者适用于没有专用单台熔断器保护的电容器组；

3. 如果电容器组接有串联电抗器，则每台电容器的端电压将升高，其值按下式计算

$$U_c=\frac{U_{em}}{\sqrt{3}N}\frac{1}{1-A}=\frac{U_{em}}{\sqrt{3}N}\left(\frac{X_C}{X_C-X_L}\right)$$

式中 U_c——电容器端子运行电压，kV；

U_{em}——电容器装置未接入时的母线额定线电压，kV；

N——每相电容器的串联段数；

A——X_L/X_C。

4. 考虑到串联电抗器接入后电容器端电压的升高，故表中公式中所有动作电压值应相应提高$\frac{X_C}{X_C-X_L}$倍。

15.6.4 计算实例

例 1 带串联电抗器的双星形接线的电容器组，见图 15-32。电容器内部故障保护采用中性线不平衡电流保护，外部故障采用带时限的过电流保护以及电容器组过电压和失压保护。

已知参数：

(1)电网额定线电压$U_{em}=4.67$kV。最小运行方式下，电抗器后的三相短路电流为 2.684kA；

(2) 电容器组总容量为 5400kvar，每只单相电容器额定容量为 33.34kvar，额定电压为 $6.6/\sqrt{3}$ kV，共 162 只，组成双星形接线，即有六个臂，每个臂有 27 只电容器并联；

(3) 串联电抗器的电抗为 0.9Ω。

计算方法如下：

(1) 中性线不平衡电流保护整定计算（见表 15-32）。

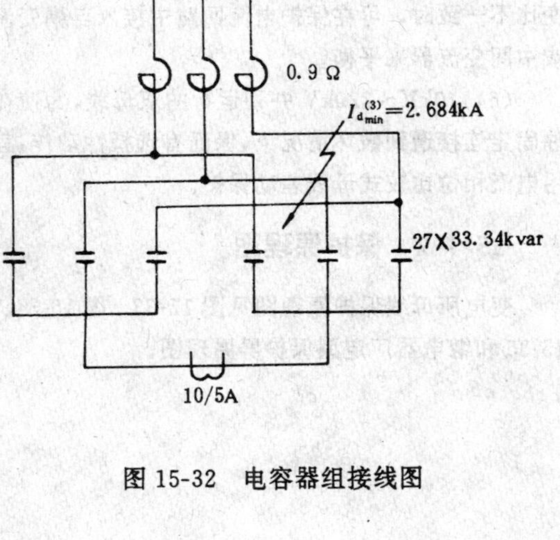

图 15-32 电容器组接线图

设一台电容器内部串联元件击穿率 $\beta=75\%$，电容器组每相（两个臂并联）电容器的电抗 $X_C=\frac{(6.6/\sqrt{3})^2\times10^3}{2\times27\times33.34}=8.065\Omega$。现计算中性线不平衡电流 I_o。

$\left[\text{设单台电容器额定电流 } I_{ec}=\frac{Q_{ec}}{U_{ec}^2}\frac{U_{em}}{\sqrt{3}}\left(\frac{X_C}{X_C-X_L}\right)\right]$

$$I_o=\frac{3M\beta}{6N[M(1-\beta)+\beta]-5\beta}\times\left(\frac{Q_{ec}}{U_{ec}^2}\right)\frac{U_{em}}{\sqrt{3}}\left(\frac{X_C}{X_C-X_L}\right)$$

$$=\frac{3\times27\times0.75}{6\times1\times[27(1-0.75)+0.75]-5\times0.75}\times\frac{33.34}{\left(\frac{6.6}{\sqrt{3}}\right)^2}\times\frac{4.67}{\sqrt{3}}\times\left(\frac{8.065}{8.065-0.9}\right)$$

$$=10.26\text{A}$$

继电器动作电流

$$I_{dzj}=\frac{I_o}{K_iK_m}=\frac{10.26}{10/5\times1.5}=3.42\text{A，取 }3.4\text{A}$$

一次动作电流

$$I_{dz1}=3.4\times\frac{10}{5}=6.8\text{A}$$

(2) 短延时过电流保护整定计算（见表 15-32）。

躲开电容器组接通时的涌流

$$I_{dz1}=K_kI_e=K_k\frac{U_{em}/\sqrt{3}}{(X_C-X_L)}=1.5\times\frac{4670/\sqrt{3}}{(8.065-0.9)}=564\text{A}$$

$$I_{dzj}=\frac{I_{dz1}}{K_i}=\frac{564}{600/5}=4.7\text{A}$$

动作时限 $t_{dz}=0.3$s，以躲开涌流。

最小灵敏系数当串联电抗后两相短路时

$$K_m^{(2)}=\frac{I_{d_{min}}^{(2)}}{I_{dz1}}$$

$$= \frac{0.87 \times 2684}{564} = 4.1 > 1.5$$

(3) 过电压保护整定计算（见表 15-32）。

$$U_{dzj} = \frac{K_{uzd}(X_C - X_L)}{K_u X_C} U_{em}$$

$$= \frac{1.1(8.065 - 0.9)}{\frac{6000}{100} \times 8.065} \times 4670$$

$$= 76V$$

动作时限 $t_{dz} = 180s$。

(4) 失压保护整定计算（见表 15-32）。

躲过系统可能出现的最低运行电压

$$U_{dzj} = K_{vzx} \frac{U_{em}}{K_u}$$

$$= 0.5 \times \frac{4670}{\frac{6000}{100}}$$

$$= 38.9V，取 40V$$

为防止电源线路的重合闸而造成电容器组带电荷重合而损坏电容器，可考虑在失压后瞬时切除电容器组。

15.7 变电所母线保护

15.7.1 保护装设的原则

变电所母线保护装设的原则有以下几点：

(1)变电所母线，在下列情况下应装设专用的母线保护：

1) 110kV 及以上电压的双母线；

2) 110kV 及以上电压的单母线，重要发电厂或 110kV 及以上电压重要变电所的 35～66kV 母线，根据系统稳定性要求需要快速切除母线上的故障时，或线路上故障使母线电压低于 60%额定电压时；

3) 35～66kV 电力网中主要变电所的 35～66kV 双母线或分段单母线，当在母联或分段断路器上装设解列装置，并考虑与自动重合闸或备用电源自动投入配合后，仍不能满足电力系统安全运行的要求时。

(2) 对于发电厂和主要变电所的 6～10kV 分段母线及并列运行的双母线，在下列情况下应装设专用母线保护：

1)需快速而有选择地切除一段或一组母线上的故障，以保证发电厂及电力网安全运行和重要负荷的可靠供电时；

2)当线路断路器不允许切除线路电抗器前的短路时。

其他情况，可由发电机和变压器的后备保护来实现对母线的保护。

(3) 对 6～10kV 分段母线宜采用不完全电流差动式母线保护，保护装置仅接入有电源支路的电流。保护由两段组成：其第一段采用无时限或带时限的电流速断，当灵敏性不符合要求时，可采用电流闭锁电压速断保护；第二段采用过电流保护，当灵敏性不符合要求时，可将一部分负荷较大的配电线路接入差动回路，以降低保护的起动电流。

当有电源的支路经常接在不同的母线上运行时，宜在所有电源的支路上(发电机除外)装设单独的电流闭锁电压速断保护。

(4) 高压母线的专用保护多采用完全电流差动保护、不完全电流差动保护和电流相位比较式母线差动保护等。

(5) 完全和不完全母线差动保护必须设法减少外部短路时流过差动回路的不平衡电流，以提高保护的可靠性和灵敏性。为此：

1)接入母线差动保护回路的各元件的电流互感器要用同一变比和带差动保护级铁芯；

2)减少短路电流对电流互感器额定电流的计算倍数，适当增大电流互感器变比；

3) 减少电流互感器的二次负荷，适当增大连接导线的截面，并尽可能缩短它的长度。

当接入母线差动保护回路的各元件的电流互感器变比不一致时，可在保护电流回路中接入自耦变流器或中间变流器来平衡。

(6)110kV～220kV 并列运行的双母线，为使在元件固定连接遭到破坏情况下，保证有选择性动作，宜采用电流相位比较式母线差动保护。

15.7.2 保护原理图

变电所母线保护原理图见图 15-33、图 15-34、图 15-35 和继电器厂定型保护屏原理图。

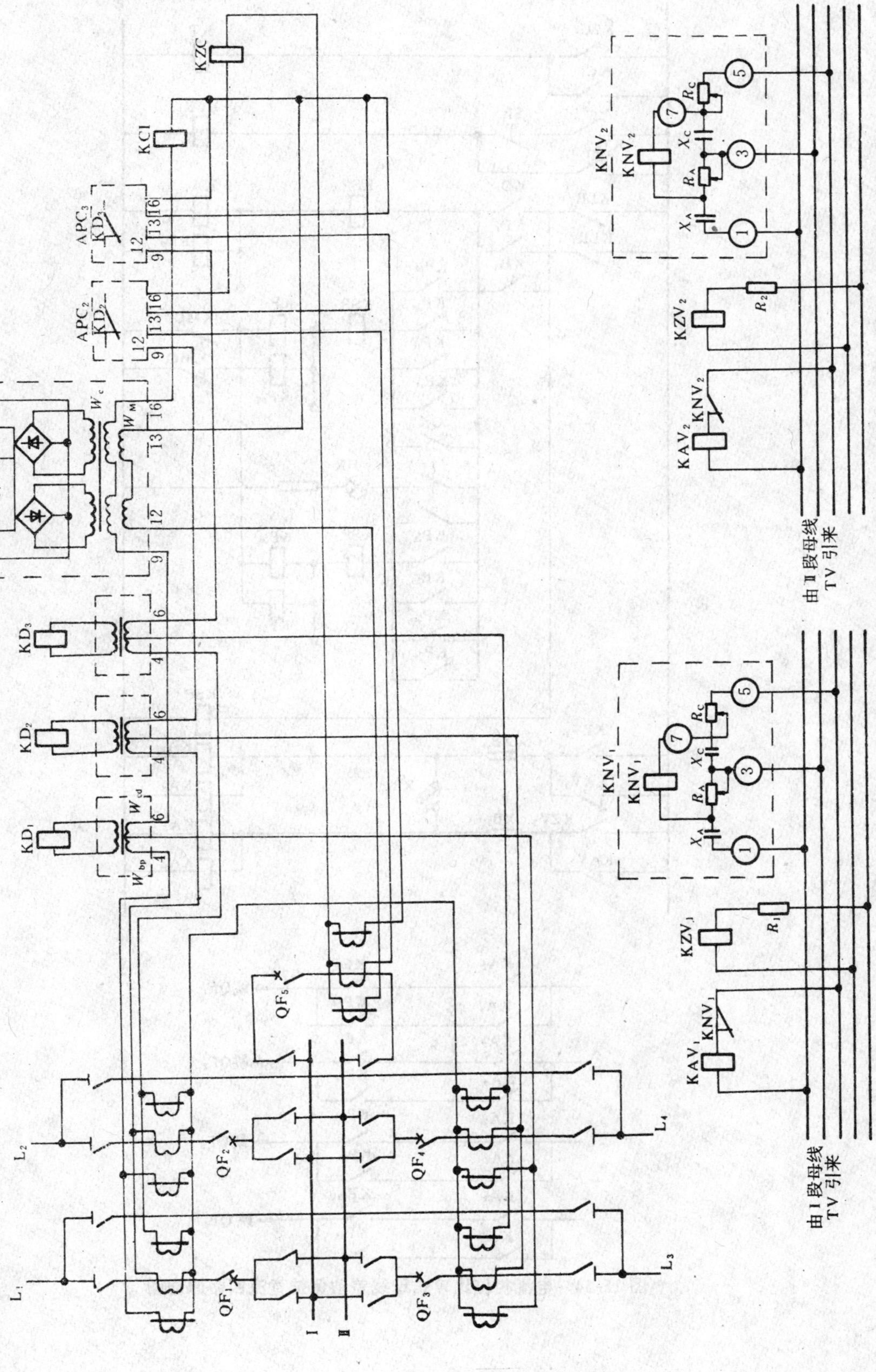

图15-33 电流相位比较式母线差动保护交流回路原理图

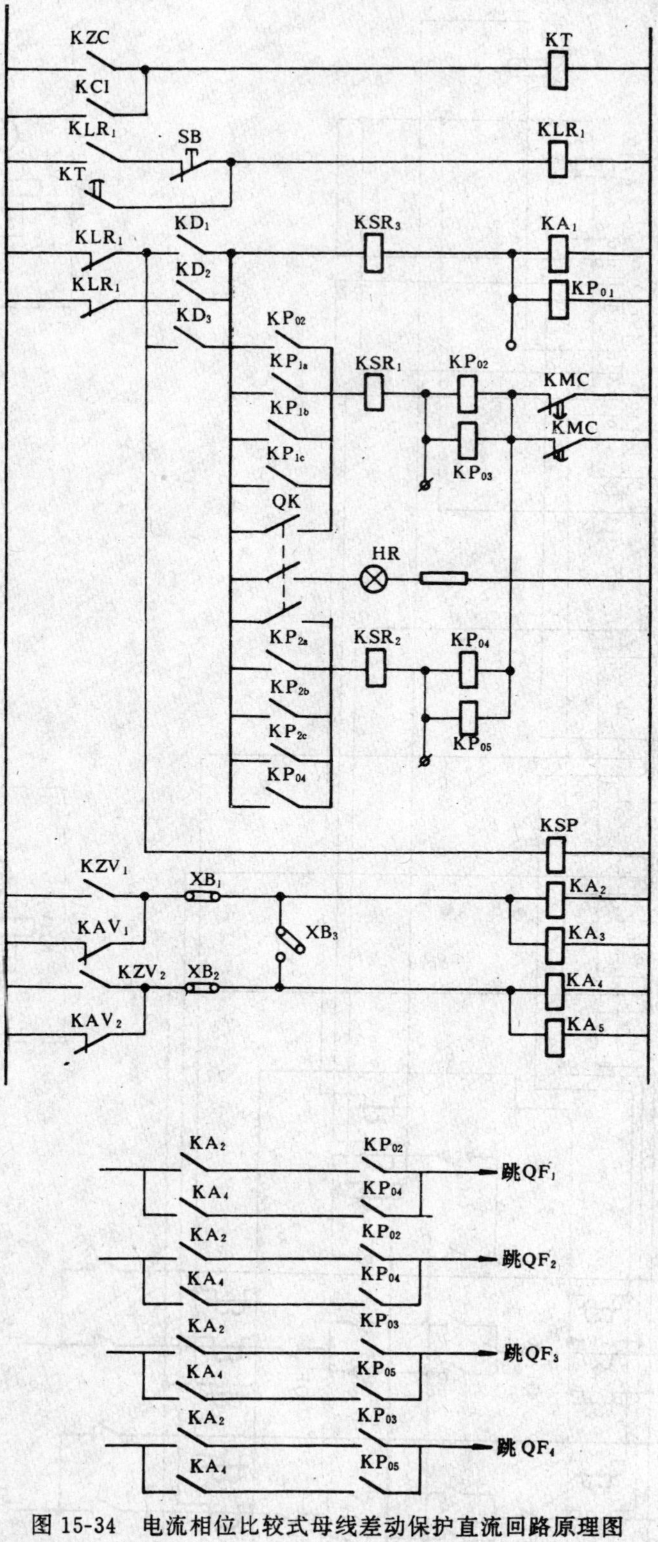

图 15-34 电流相位比较式母线差动保护直流回路原理图

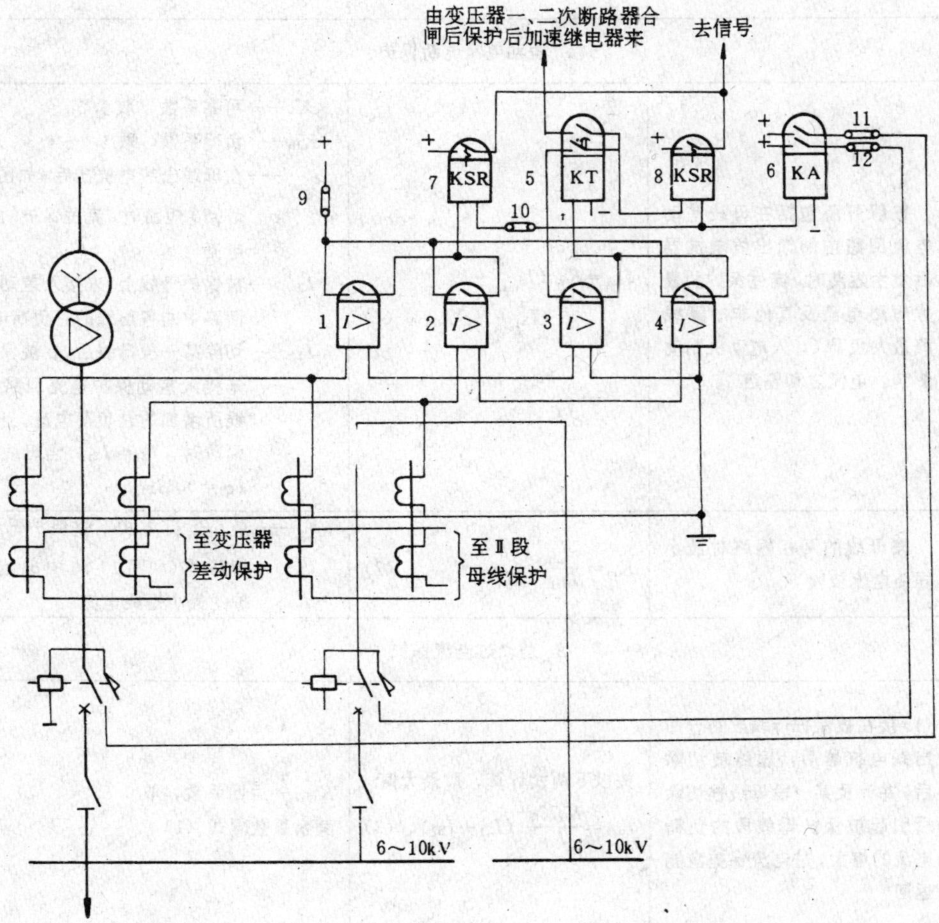

图 15-35 总变电所 6～10kV 母线上的不完全电流差动保护原理图

1～4—DL-11 电流继电器；
5—DS-112 时间继电器；
6—DZ-17 中间继电器，220V；
7、8—DX-11/0.015 信号继电器；
9～12—YY1-D 连接片

15.7.3 保护整定计算

带电流速断和过电流保护的母线不完全电流差动保护整定计算见表 15-33。

带电流闭锁电压速断和过电流的母线不完全电流差动保护整定计算见表 15-34。

母线完全电流差动保护整定计算见表 15-35。

电流相位比较式母线差动保护整定计算见表 15-36。

表 15-33 带电流速断和过电流保护的母线不完全电流差动保护整定计算

计算项目	计算条件	计算公式	系数及文字代号
1. 差动电流速断保护			
保护装置动作电流	按躲开不包括在母线差动电流回路内的馈出线电抗器后发生短路时，流过保护的最大短路电流及其他非故障线路最大负荷（计入电动机制动影响）电流之和整定	$I_{dz1}=K_k\,[I_{d_{max}}+K_{fh}\times(I_{\Sigma1}+I_{\Sigma2})]$ (1)	K_k——可靠系数，取 1.2 K_{fh}——负荷系数，取 1.2～1.3 $I_{d_{max}}$——在母线出线电抗器后（如图 15-36 中 d_1 点）短路时，流过保护的最大短路电流 $I_{\Sigma1}$——被保护母线上，未接入差动保护电流回路中的各出线的总负荷电流 $I_{\Sigma2}$——切除某一段母线后，在被保护母线段未接入差动保护电流回路中的各出线所增加的总负荷电流。当母线只有两段时，$I_{\Sigma1}=I_{\Sigma2}$；当母线有三段时 $I_{\Sigma2}=0.5I_{\Sigma1}$
保护装置的最小灵敏度	按母线的两相短路时最小短路电流校验	$K_m=\dfrac{I^{(2)}_{d_{min}}}{I_{dz1}}\geqslant1.5$ (2)	$I^{(2)}_{d_{min}}$——最小运行方式下被保护母线的两相短路时（如图 15-36 中 d_2 点）流过保护的最小短路电流
2. 差动过电流保护			
保护装置动作电流	(1) 接在被保护母线段的一回出线电抗器后，短路被切除后，并计及某一段母线被切除后引起被保护母线段的负荷电流的增大，过电流保护应能返回	按以下两式计算，取最大值 $I_{dz1}=\dfrac{K_kK_{fh}}{K_f}(I_{\Sigma1}+I_{\Sigma2})$ (3)	K_f——返回系数，取 0.85 其余系数同式 (1)
	(2) 在受电变电所的备用电源自动投入装置动作后，将被切除母线段的负荷切换至被保护母线段时	$I_{dz1}=K_k(I_{\Sigma1}+K_{zq}I_{\Sigma2})$ (4)	K_{zq}——自起动系数，极限值取 2.5～3.0，应按具体情况决定 其余系数同式 (1)
保护装置的最小灵敏度	按出线末端，最小短路电流校验	$K_m=\dfrac{I^{(2)}_{d_{min}}}{I_{dz1}}\geqslant1.2\ (1.5)$① (5)	$I^{(2)}_{d_{min}}$——最小运行方式下，带电抗器的出线末端（如图 15-36 中 d_3 点）两相短路时，流过保护的最小短路电流

①当电抗器布置在主母线和线路断路器之间时，母线的过电流保护为电抗器后到线路保护装置安装点之间的一段范围的主保护，因此要求 $K_m=1.5$，当不满足这一要求时，可将几回大负荷出线上的电流互感器借共用的低压中间电流互感器连接到差动回路中，以降低过电流保护的动作电流，提高灵敏度。

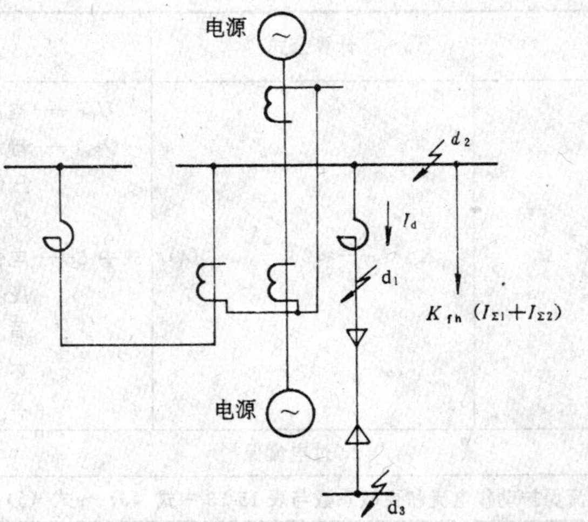

图 15-36 母线不完全电流差动保护示意图

表 15-34 带电流闭锁电压速断和过电流保护的母线不完全电流差动保护整定计算

计算项目	计算条件	计算公式		系数及文字代号
1. 电流闭锁电压速断保护				
电流元件动作电流	按保证有最小灵敏度整定 为防止保护误动，当电压回路断线时，电流元件动作电流还应大于本段母线未接入差动保护电流回路中的各出线总负荷与增加的总负荷之和 $(I_{\Sigma1}+I_{\Sigma2})$	$I_{dz1}=\frac{I_{d\,min}^{(2)}}{K_m}$	(1)	K_m——灵敏系数，取 1.5 $I_{d\,min}^{(2)}$——最小运行方式下，被保护母线段两相短路时的最小短路电流
电压元件动作电压①	(1) 躲过本段出线电抗器后三相短路时的最低母线残压	$U_{dz1}=\frac{\sqrt{3}\,I_{dz1}X_k}{K_k}$	(2)	X_k——计算用出线电抗器电抗值 K_k——可靠系数，取 1.3 I_{dz1}——电流元件的一次动作电流
	(2) 保证 DJ 或 DY 型电压继电器热稳定和躲过负荷运行下的最低电压	$0.2U_e \leqslant U_{dz1} \leqslant 0.7U_e$	(3)	U_e——母线额定电压，V

续表 15-34

计算项目	计算条件	计算公式	系数及文字代号
保护装置最小灵敏系数	电压元件的灵敏系数	$K_m=\frac{U_{dz1}}{U_{Rgd}}\approx 2$ (4)	U_{dz1}——电压元件一次动作电压 U_{Rgd}——母线上短路时过渡电阻上的最大电压值，按下式计算 $U_{Rgd}=1.05L$ (5) 式中 L——电弧长度，m，在短路开始时电弧长度等于各相导体间的距离，在 0.1s 后（保护无时限动作时），电弧约伸长 20～30%，在 0.5～1s 后约伸长至 2 倍
2. 过电流保护			
过电流保护动作电流和灵敏系数与表 15-33 中式（3）～式（5）相同			

①如果动作电压小于 $0.2U_e$ 时，电压继电器将不能选用 DJ-100 型继电器；如果动作电压大于 $0.7U_e$ 时，动作电压应选 $0.7U_e$，并根据式（2）重新算出动作电流 I_{dz1} 的值。

表 15-35　母线完全电流差动保护整定计算

计算项目	计算条件	计算公式	系数及文字代号
起动元件和选择元件的动作电流	(1) 按躲开外部故障时的最大不平衡电流整定	$I_{dzj}=K_k I_{bp_{max}}$ (1)	K_k——可靠系数，取 1.5 $I_{bp_{max}}$——外部故障时，流过差动保护的最大不平衡电流，当按 10% 误差曲线选择电流互感器的二次负荷时，$I_{bp_{max}}$ 按下式计算 $I_{bp_{max}}=0.1I_{d_{max}}/K_i$ (2) 式中 K_i——电流互感器变比 $I_{d_{max}}$——外部故障时，流过差动保护某一支路的最大短路电流
	(2) 保证在电流互感器二次回路断线时，保护不误动作	$I_{dzj}=K_k I_{fh_{max}}/K_i$ (3)	$I_{fh_{max}}$——正常运行情况下，流过差动保护最大负荷支路的最大负荷电流 K_k——可靠系数，取 1.5～1.8
	取（1）（2）两条件计算中最大值，然后计算速饱和变流器一次动作匝数 W_{dz}	$W_{dz}=\frac{(AW)_{dz}}{I_{dzj}}$ (4)	$(AW)_{dz}$——差动继电器的动作安匝，当采用 BCH-2 型差动继电器时，$(AW)_{dz}=60$
电压元件动作电压	按躲过最低运行电压整定	$U_{dzj}=(0.6\sim0.65)U_{e2}$ (5)	U_{e2}——电压互感器二次额定线电压

续表 15-35

计算项目	计算条件	计算公式	系数及文字代号
电流断线闭锁元件动作电流	按躲开正常运行时的最大不平衡电流整定，最后还应校验在最小负荷支路二次回路断线时能否可靠动作	$I_{dzj}=\frac{K_k}{K_f}I_{bp_{max}}$ $=0.2I_e/K_i$ (6)	K_k——可靠系数，取 1.5 K_f——返回系数，取 0.8～0.85 $I_{bp_{max}}$——正常运行时，流过监视断线元件的最大不平衡电流 I_e——最大负荷支路的一次额定电流
电流断线信号继电器的动作时限	应比母线上所有连接元件的后备保护的动作时限大一个时限阶段	$t=t_x+\Delta t$ (7)	t_x——母线上所有连接元件中后备保护的最大动作时限 Δt——时限阶段，取 0.5s
保护装置的灵敏系数	按系统在最小运行方式下，被保护母线两相短路时校验	$K_m=\frac{I^{(2)}_{d_{min}}}{I_{dz1}}\geqslant 2$ (8)	$I^{(2)}_{d_{min}}$——母线故障时流过保护的最小短路电流 I_{dz1}——起动元件或选择元件的一次动作电流

表 15-36 电流相位比较式母线完全电流差动保护整定计算（参见图 15-33）

计算项目	计算条件	计算公式	系数及文字代号
起动元件	当采用 BCH-2 型差动继电器时，同母线完全电流差动保护起动元件动作电流计算	见表 15-35 中式（1）～（4）	
选择元件	由于 LXB-2（图上符号为 APC_1～APC_3）型电流相位比较继电器动作相当灵敏，故不须进行整定计算		
闭锁元件	(1) 反映二次回路断线的零序电流继电器 KZC，和反映二次回路接线情况的继电器 KCI 的整定值，均按躲过最大负荷时的不平衡电流整定	$I_{dzj}=0.1I_{fh_{mzx}}/K_i$	$I_{fh_{max}}$——电流互感器二次回路断线时流过保护装置的最大负荷电流 K_i——电流互感器变比
	由 KZC，KCI 起动的时间继电器 KT 的时限 t	$t=9s$	
	(2) 低电压继电器 KAV_1，KAV_2 按躲开最低运行电压整定	$U_{dzj}=60V$	
	(3) 负序电压元件 KNV_1，KNV_2 按躲开不平衡电压整定	$U_{2dzj}=6V$	U_{2dzj}——负序电压继电器动作电压
	(4) 零序电压元件 KZV_1，KZV_2，按躲开不平衡电压整定	$3U_{0dzj}=6V$	U_{0dzj}——零序电压继电器动作电压

15.8 母线分段及母线联络断路器的保护

15.8.1 保护装设的原则

母线分段及母线联络断路器保护装设的原则为：

(1) 分段及母线联络断路器的保护应与母线及母线上的元件保护综合考虑。对35kV及以下电压的母线分段及母线联络断路器的保护，可按下列原则装设：

1) 如果母线未装设母线保护（包括用电源回路的保护来实现的母线保护或专用母线保护方式），在分段及母线联络断路器上应装设电流速断和过电流保护；

2) 如果出线带电抗器，而出线断路器按不能切除电抗器前的短路条件来选择，在分段及母线联络断路器上均应装设电流速断保护和过电流保护装置；

3) 如果用电源回路的保护来实现母线保护，例如用变压器的后备保护来切除母线故障，在某些情况下，为简化保护，可利用变压器后备保护的第一段时限来动作于分段断路器跳闸，此时在分段断路器上可不装设保护装置；

4)母线联络断路器因考虑对备用母线的充电试验应装设速断保护，以及代替线路断路器时，保护还需作为出线的保护，一般均装设电流速断和过电流保护装置。

(2) 110～220kV的旁路断路器和兼做旁路的母线联络断路器或分段断路器上，应装设可代替线路保护的保护装置，其方式宜与大多数线路所装设的保护基本相同。必要时，可适当增加零序电流保护的段数，但可不装设高频保护或导引线保护。

在旁路断路器代替线路断路器期间，如必须保持线路高频保护运行，可将该线路高频保护切换到旁路断路器上，或者采用其他措施，使高频保护继续运行。

在不兼作旁路的母线联络或母线分段断路器上，为了母线充电合闸，可装设相电流或零序电流保护。

(3) 为简化保护，在6～35kV母线分段断路器上亦可装设只在断路器合闸瞬间起保护作用的无时限过电流保护，合闸完毕后自动或手动解除保护，保护一般为两相式。

15.8.2 保护原理图

母线分段及母线联络断路器保护原理图见图15-37、图15-38。

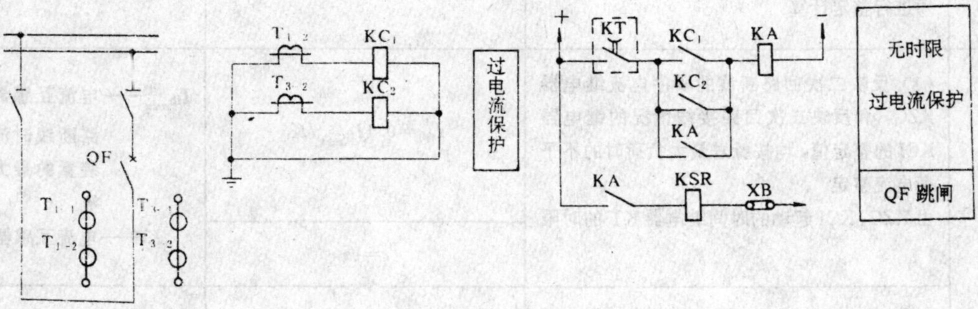

图15-37 母线分段断路器保护原理

KC_1、KC_2—DL-11电流继电器；

KA—ZJ3-1中间继电器，220V；

KSR—DX-11/1信号继电器；

KT—BZT时间继电器的接点；

XB—YY1-D连接片

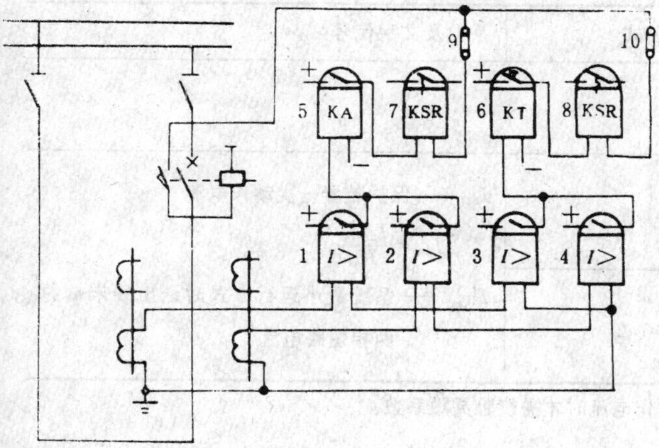

图 15-38 母线联络断路器保护原理

1～4—DL-11 电流继电器；
5—ZJ3-1 中间继电器；220V；
6—DS-112 时间继电器，220V；
7、8—DX-11/1 信号继电器；
9、10—YY1-D 连接片

15.8.3 保护整定计算

母线联络断路器的保护整定计算见表 15-37。

母线分段断路器的无时限过电流保护整定计算同联络断路器的电流速断保护，见表 15-37。

15.8.4 计算实例

例 1 车间变电所 6.3kV 母线分段断路器的保护计算。断路器配有分段断路器自投装置，每段母线上有五回路送出线。电网数据：$U_e=6.3\text{kV}$。

$$S''^{(3)}_{d_{max}} = S^{(3)}_{d_{min}} = 150\text{MVA}$$

$$I''^{(3)}_{d} = 13800\text{A}$$

电流互感器型号：LDC10-1/3-600

保护装置的选择及整定计算：

断路器装设电流速断保护，采用两个 DL 型继电器的保护方式。

表 15-37 母线联络断路器的保护整定计算

计算项目	计算条件	计算公式	系数及文字代号
1. 电流速断保护			
保护装置动作电流	(1) 按电流互感器额定一次电流整定 (2) 当按 (1) 灵敏性不够时也可按最小灵敏系数整定	(1) 按电流互感器额定一次电流 $I_{dzj}=K_k\frac{K_{gh}I_{eLH}}{K_i}$	K_k——可靠系数，取 1.3 K_{gh}——过负荷系数，取 4 K_i——电流互感器变比 I_{eLH}——电流互感器额定一次电流
		(2) 按最小灵敏系数 $I_{dzj}=\frac{I^{(2)}_{d_{min}}}{K^{(2)}_m K_i}$	$K^{(2)}_m$——两相短路的最小灵敏系数≥2 $I^{(2)}_{d_{min}}$——系统最小运行方式时的母线两相短路电流
保护装置灵敏系数[1]	按系统最小运行方式时的母线二相短路电流校验	$K^{(2)}_m=\frac{I^{(2)}_{d_{min}}}{I_{dz1}}\geqslant 2$	I_{dz1}——保护装置一次动作电流 $I_{dz1}=I_{dzj}K_i$
2. 带时限过电流保护			
保护装置动作电流	应避开任一母线段的最大工作电流	$I_{dzj}=K_kK_{jx}\frac{I_{fh_{max}}}{K_fK_i}$	K_k——可靠系数，取 1.3 K_{jx}——电流互感器二次回路接线系数，接于相电流时为 1.0，接于相电流差时为 $\sqrt{3}$ K_f——继电器返回系数，取 0.85 $I_{fh_{max}}$——任一段母线的最大工作电流

续表 15-37

计算项目	计算条件	计算公式	系数及文字代号
保护装置动作时限	应较送出线过电流保护最大时限大一时限阶段		
保护装置灵敏系数	按系统最小运行方式时母线的两相短路电流校验	$K_m^{(2)}=\frac{I_{d\cdot min}^{(2)}}{I_{dz1}}\geqslant 1.5$	I_{dz1}——保护装置一次动作电流 $I_{dz1}=\frac{I_{dzj}K_i}{K_{jx}}$ $I_{df\cdot min}^{(2)}$——系统最小运行方式时送出线末端的两相短路电流
	按送出线末端最小两相短路电流校验	$K_m^{(2)}=\frac{I_{df\cdot min}^{(2)}}{I_{dz1}}\geqslant 1.2$	

① 电流速断装置仅当按电流互感器额定一次电流计算动作电流时才需校验灵敏系数。

当断路器合于故障时，保护装置应瞬时动作于跳闸。在断路器合闸成功后，自动将保护装置退出工作。

(1) 保护装置的动作电流。

$$I_{dzj}=K_{jx}K_k\frac{K_hI_{eLH}}{K_i}$$

$$=1\times 1.3\times\frac{4\times 600}{600/5}=26\text{A}$$

$$I_{dz1}=I_{dzj}K_i=26\times 120=3120\text{A}$$

(2) 保护装置的灵敏系数。

$$K_m^{(2)}=K_{mxd}\frac{I''^{(3)}_{d\cdot min}}{I_{dz1}}$$

$$=0.87\times\frac{13800}{3120}=3.85>2$$

因此，选用 DL-11/50 型继电器，线圈并联。

15.9 6～10kV 架空和电缆线路的保护

15.9.1 保护装设的原则

6～10kV 架空和电缆线路保护装设的原则有：

(1)6～10kV 架空和电缆线路，应装设多相短路保护，并应根据具体情况装设单相接地保护。

(2) 多相短路保护应按下列原则考虑：

1) 保护装置一般由电流继电器构成，采用两相式(用两个电流互感器)。同一网络的所有线路，其保护应装在相同的两相上（一般为 A、C 相），以保证当发生不在同一处的两点接地时，有 2/3 的机会只切除一个短路点。

2) 保护装置采用远后备方式。

(3)单侧电源放射式单回线路的多相短路保护，一般装设电流速断保护作为主保护，过电流保护作为后备保护。

当过电流保护的时限不大于 0.5～0.7s 时，可以不装设电流速断保护。

对于带电抗器的线路，当断路器在电抗器前，而断路器不是按电抗器前的短路选择时，不应装设电流速断保护，而仅装设带时限过电流保护(当故障发生在电抗器前时，由母线保护断开电源)。

对于电缆线路或当线路阻抗很小时，线路始、末端短路电流相差很小，无法装设电流速断保护时，一般可只装设过电流保护（当 t 不大于 0.5～0.7s 时），时限可只与下级无时限电流速断保护相配合。当下级变电所送出线上装有无时限保护而本线路过电流保护的时限在 1.2s 及以上时，为了迅速切除故障，可在本线路上装设带时限电流速断保护作为主保护，过电流保护作为后备保护。

自发电厂或重要变电所引出的不带电抗器的线路，应装设无时限电流速断保护，切除所有使母线剩余电压低于 0.5～0.6 倍额定电压的短路故障。为了满足这一要求，必要时允许保护装置无选择动作，并用自动重合闸或备用电源自动投入来补救。

保护装置仅装在线路的电源端。

(4)单侧电源放射式双回平行线路、双侧电源单回线路及环形网络中的单回线路的多相短路保护参见 15.11 节 35～66kV 线路的保护。

(5) 单相接地保护，应按下述原则装设：

1) 在小接地电流系统中，在出线数目不多且负荷不太重要时，对于单相接地故障，允许用依次断开线路的方法（与母线绝缘监察装置配合）寻找故障点，必要时继之以自动重合闸。

2) 当出线数目较多时，或当负荷较重要时，在有条件安装零序电流互感器的线路（如电缆线路或经电缆引出的架空线），应装设有选择性的单相接地保护。

保护装置由零序电流互感器构成。对架空线路宜装设由零序电流滤过器构成的零序电流保护。

3）单相接地保护一般作用于信号。根据技术保安条件（如供电给有爆炸危险的车间或易引起火灾的车间的线路，这些线路不允许长期存在一点单相接地运行），保护应动作于跳闸。

（6）线路单相接地的保护装置，一般采用电流保护，反应于以下电流：

1）网络的自然电容电流；

2）消弧线圈补偿后的剩余电流；

3）暂态电流或高次谐波分量。

（7）经常出现过负荷的电缆线路或电缆与架空线的混合线路，应装设过负荷保护，带时限动作于信号，必要时也可动作于跳闸。

15.9.2　保护原理图

6～10kV 架空和电缆线路保护原理图见图 15-39 至图 15-43。

15.9.3　保护整定计算

6～10kV 架空和电缆线路电流速断保护及带时限电流速断保护，整定计算见表 15-38。

6～10kV 架空和电缆线路过电流保护及低电压起动的过电流保护，整定计算见表 15-39。

6～10kV 架空和电缆线路单相接地保护，整定计算见表 15-40。

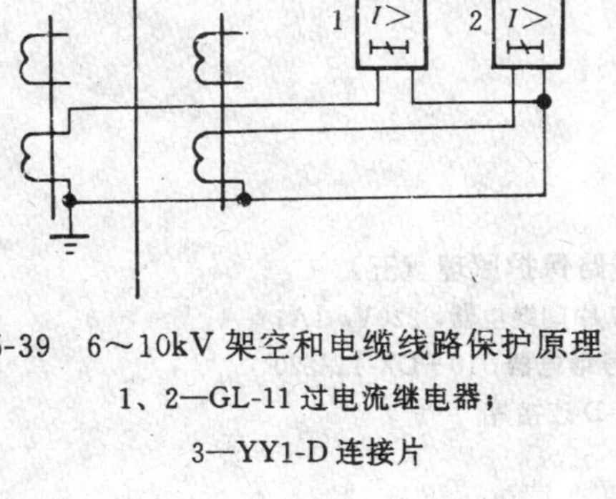

图 15-39　6～10kV 架空和电缆线路保护原理（一）
1、2—GL-11 过电流继电器；
3—YY1-D 连接片

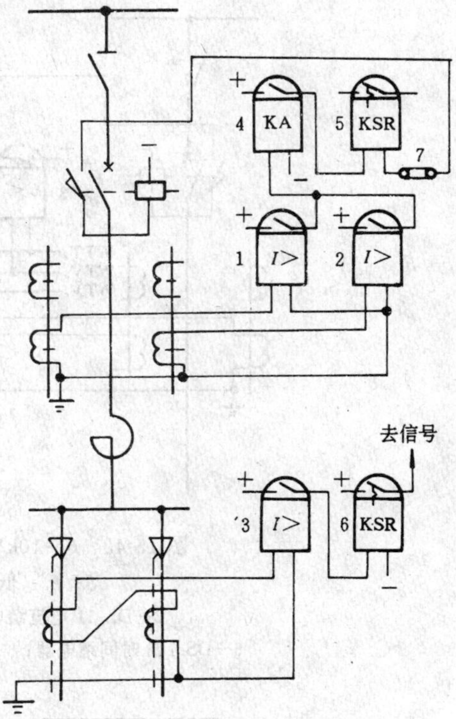

图 15-40　6～10kV 架空和电缆线路（带电抗器）保护原理（二）
1、2—DL-11 电流继电器；3—DD-11/60 接地继电器；4—DZB-127 中间继电器，220V，1A；5—DX-11/1 信号继电器；6—DX-11/220 信号继电器；7—YY1-D 连接片

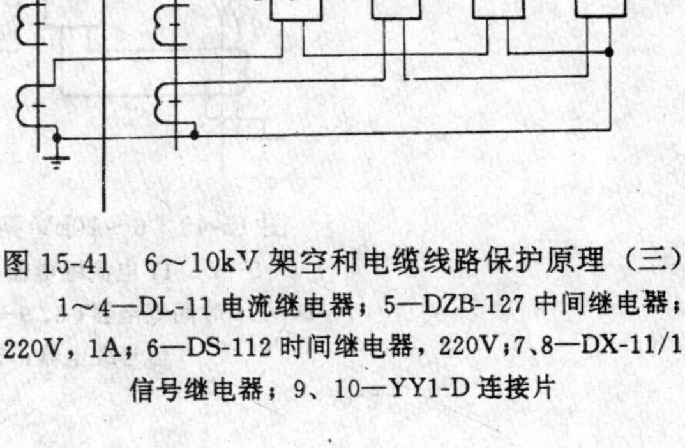

图 15-41　6～10kV 架空和电缆线路保护原理（三）
1～4—DL-11 电流继电器；5—DZB-127 中间继电器，220V，1A；6—DS-112 时间继电器，220V；7、8—DX-11/1 信号继电器；9、10—YY1-D 连接片

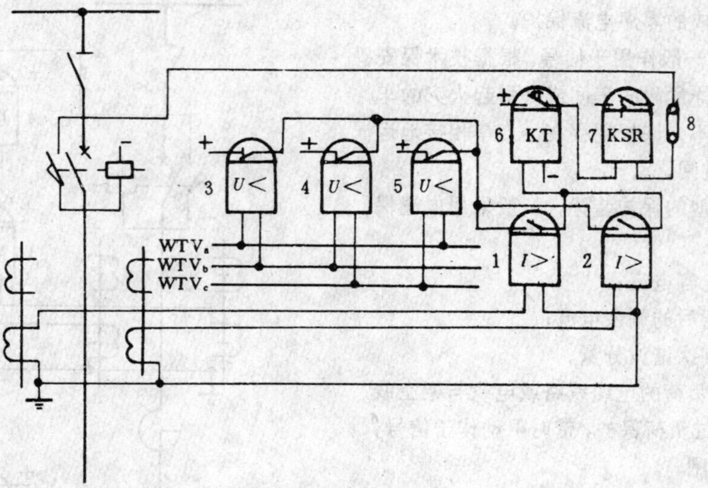

图 15-42 6～10kV 架空和电缆线路保护原理（四）
（低电压闭锁过电流）
1、2—DL-11 电流继电器；3～5—DJ-131/220 电压继电器；
6—DS-112 时间继电器；7—DX-11/1 信号继电器；8—YY1-D 连接片

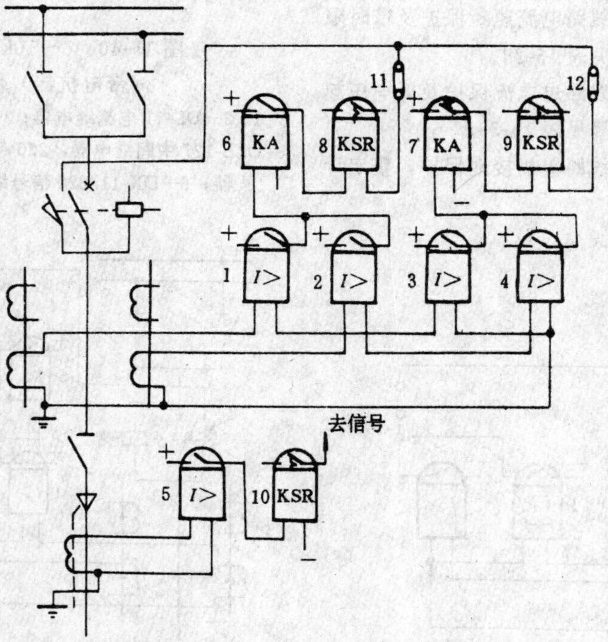

图 15-43 6～10kV 架空和电缆线路保护原理（五）
1～5—DL-11 电流继电器；6—DZB-127 中间继电器，220V，1A；
7—DS-112 时间继电器；8、9—DX-11/1 信号继电器；10—DX-11/220
信号继电器；11、12—YY1-D 连接片

表 15-38　6～10kV 架空和电缆线路的电流速断保护整定计算

计算项目	计算条件	计算公式	系数及文字代号
1. 无时限电流速断保护			
保护装置动作电流	应避开线路末端最大三相短路电流	$I_{dzj}=K_kK_{jx}\frac{I_{d_{max}}^{(3)}}{K_i}$	K_k——可靠系数，DL 或 LL-10 型继电器为 1.2～1.3，GL 型继电器为 1.5～1.6 K_{jx}——接线系数，接于相电流时 $K_{jx}=1$ K_i——电流互感器变比 $I_{d_{max}}^{(3)}$——最大运行方式时，线路末端的三相短路电流
保护装置灵敏系数	按被保护线路始端短路时，流经保护安装处的最小二相短路电流校验	$K_m^{(2)}=K_{mxd}\frac{I_{d_{min}}^{(3)}}{I_{dz1}}\geqslant 2$	K_{mxd}——相对灵敏系数，见附表 15-5 I_{dz1}——保护装置一次动作电流 $I_{dz1}=I_{dzj}K_i/K_{jx}$ $I_{d_{min}}^{(3)}$——系统最小运行方式下，被保护线路始端短路时，流经保护安装处的三相短路电流
2. 带时限电流速断保护			
保护装置动作电流	应避开相邻元件（线路或变压器）末端的最大三相短路电流	$I_{dzj}=K_kK_{jx}\frac{I_{d_{max}}^{(3)}}{K_i}$	$I_{d_{max}}^{(3)}$——最大运行方式时，相邻元件（线路或变压器）末端的三相短路电流
	还必须与相邻元件的电流速断保护动作电流相配合	$I_{dzj}=K_{jx}\frac{K_pI_{dz1}}{K_i}$	K_p——配合系数，取 1.1 I_{dz1}——相邻元件的电流速断保护装置一次动作电流
保护装置动作时限	应较相邻元件的电流速断保护大一时限阶段，一般时限取 0.5～0.7s		
保护装置灵敏系数	按线路末端短路时的最小两相短路电流校验	$K_m^{(2)}=K_{mxd}\frac{I_{d_{min}}^{(3)}}{I_{dz1}}\geqslant 1.3～1.5$	$I_{d_{min}}^{(3)}$——系统最小运行方式下，被保护线路末端短路时流过保护安装处的三相短路电流

表 15-39　6～10kV 架空和电缆线路的过电流保护整定计算

计算项目	计算条件	计算公式	系数及文字代号
1. 过电流保护			
保护装置动作电流	应避开线路的最大计算负荷电流（对双回平行线路为总的最大计算负荷电流）	$I_{dzj}=K_{jx}K_k\frac{K_{gh}I_{js}}{K_fK_i}$	K_{jx}——接线系数，接于相电流时 $K_{jx}=1$ K_k——可靠系数，DL、LL-10 型继电器为 1.2，GL 型继电器为 1.3 K_f——继电器返回系数，DL、LL-10 型继电器为 0.85，GL 型继电器为 0.8 K_i——电流互感器变比 K_{gh}——过负荷系数，由负荷性质及系统接线确定 I_{js}——线路的计算负荷电流（对双回平行线路为总的计算负荷电流）

续表 15-39

计算项目	计算条件	计算公式	系数及文字代号
保护装置灵敏系数	按线路末端最小两相短路电流校验	$K_m^{(2)}=K_{mxd}\frac{I_{d\min}^{(3)}}{I_{dz1}}\geqslant 1.3\sim1.5$	K_{mxd}——相对灵敏系数，见附表 15-5 I_{dz1}——保护装置一次动作电流 $I_{dz1}=I_{dzj}K_i/K_{jx}$ $I_{d\min}^{(3)}$——系统最小运行方式下，线路末端的三相短路电流
保护装置动作时限	应较相邻元件的过电流保护动作时限大一个时限阶段		
2. 低电压起动的过电流保护			
保护装置动作电流	应避开线路在低电压时的工作电流（一般取计算负荷电流）	$I_{dzj}=K_{jx}K_k\frac{I_{js}}{K_fK_i}$	K_k——可靠系数，取 1.2 K_f——继电器返回系数，取 1.15 K_u——电压互感器变比 U_{min}——运行中可能出现的最低工作电压，一般取 0.9～0.95U_e（线路平均电压）
保护装置低电压起动的动作电压	应低于运行中可能出现的最低工作电压	$U_{dzj}=\frac{U_{min}}{K_kK_fK_u}$	
保护装置灵敏系数	电流部分同过电流保护		
	电压部分按保护装置安装处的最大剩余电压校验	$K_m=\frac{U_{dz1}}{U_{sy_{max}}}$	U_{dz1}——保护装置一次动作电压 $U_{dz1}=U_{dzj}K_u$ $U_{sy_{max}}$——相邻线路末端短路时保护装置安装处的最大剩余电压
保护装置动作时限	同过电流保护		

表 15-40 6～10kV 架空和电缆线路的单相接地保护整定计算

计算项目	计算条件	计算公式	系数及文字代号
保护装置一次动作电流	应避开外部发生单相接地故障时，被保护元件的电容电流	$I_{dz1}=K_kI_{c1}$	K_k——可靠系数，无时限时为 4～5，带时限时为 1.5～2 I_{c1}——当外部（其他元件）单相接地故障时，被保护元件的电容电流
保护装置灵敏系数	按线路上发生单相接地故障时，流经保护安装处的电容电流	$K_m^{(1)}=\frac{I_c-I_{c1}}{I_{dz1}}\geqslant 2$	I_c——电网的单相接地电流，无补偿装置时为自然电容电流，有补偿装置时为补偿后的剩余电流
保护装置动作时限	当保护不能满足灵敏性要求时，可带短时限动作，一般为 0.5～1s		

6～10kV 架空和电缆线路单相接地保护，整定计算见表 15-40。

15.9.4 计算实例

例 1 6kV 架空送电线路的保护。

线路如图 15-44 所示。在正常情况下，线路供电给车间变电所分列运行的两段母线之一，每段母线接有 800kVA 变压器一台及需参加自起动的 260kW 电动机一台；事故情况下，线路供电给车间变电所的两段母线总负荷。

网络数据：

$I''^{(3)}_{d1_{max}}=7650A$

$I''^{(3)}_{d1_{min}}=6320A$

$I''^{(3)}_{d2_{max}}=2840A$

$I''^{(3)}_{d2_{min}}=2660A$

$I''^{(3)}_{d3_{max}}\approx I''^{(3)}_{d3_{min}}=930A$

$I_c=10A$

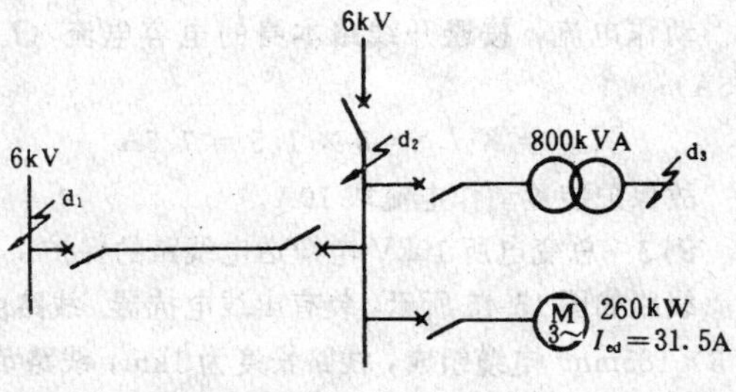

图 15-44 6kV 送电线路（无出线电抗器）的保护例图

保护装置的选择：

装设下列保护：

(1) 电流速断保护采用 2×DL-11/50 型电流继电器；

(2) 带时限过电流保护采用 2×DL-11/10 型电流继电器。

保护整定计算：

(1) 电流速断保护。

动作电流应避开线路末端三相短路电流

$$I_{dzj}=K_{jx}K_k\frac{I''^{(3)}_{d2_{max}}}{K_i}$$

$$=1\times1.3\times\frac{2840}{400/5}=46.1A,取 46A$$

$$I_{dz1}=I_{dzj}K_i$$

$$=46\times\frac{400}{5}=3680A$$

灵敏系数

$$K_m^{(2)}=\frac{K_{mxd}I''^{(3)}_{d1_{min}}}{I_{dz1}}$$

$$=\frac{0.87\times6320}{3680}=1.51<2$$

因灵敏度不够，改用带时限电流速断保护。

按与 800kVA 变压器速断保护相配合

$$I_{dz1}=K_pI_{dz1B}=K_pK_kI^{(3)}_{d3_{max}}$$

$$=1.1\times1.5\times930=1534.5A$$

$$I_{dzj}=\frac{1534.5}{400/5}=19.2A$$

灵敏系数

$$K_m^{(2)}=0.87\times2660/1534.5=1.51>1.5$$

动作时限

$t=0.5s$

(2) 过电流保护。

动作电流应避开在最大负荷时电动机起动所产生的尖峰电流及下级变电所具有最大动作电流的保护装置的动作电流。

1) 按避开尖峰电流条件。

尖峰电流

$$I_{fh_{max}}=2\times0.7I_{eb}+I_{ed}+K_qI_{ed}$$

$$=2\times0.7\times77+31.5+5.3\times31.5$$

$$=306.3A$$

式中变压器负荷是按 70%额定负荷计算的。

动作电流

$$I_{dzj}=K_k\frac{K_{jx}I_{fh_{max}}}{K_fK_i}$$

$$=1.2\times\frac{1\times306.3}{0.85\times80}=5.4A,取 6A$$

$$I_{dz1}=6\times80=480A$$

2)按与下级变电所具有最大动作电流的保护装置的动作电流(即变压器过电流保护装置的动作电流)相配合。

变压器过电流保护装置的动作电流

$$I_{dzj}=\frac{4I_{eb}}{K_i}=\frac{4\times77}{150/5}=10.3A,取 10A$$

$$I_{dz1}=10\times150/5=300A$$

线路过电流保护装置的动作电流

$$I_{dzj}=K_pI_{dzjb}\frac{K_{ib}}{K_i}$$

$$=1.2\times10\times\frac{150/5}{400/5}$$

$$=4.5A,取 5A$$

$$I_{dz1}=5\times80=400A$$

由于按条件 1) 计算的结果大于按条件 2) 计算的结果，所以过电流保护的动作电流按条件 1) 计算的结果整定。

灵敏系数

在线路末端发生故障时（近后备）

$$K_{m}^{(2)}=K_{mxd}\frac{I''^{(3)}_{d2_{min}}}{I_{dz1}}$$

$$=0.87\times\frac{2660}{480}=4.8>1.5$$

在变压器后发生故障时（远后备）

$$K_{m}^{(2)}=K_{mxd}\frac{I''^{(3)}_{d3_{min}}}{I_{dz1}}$$

$$=0.87\times\frac{930}{480}=1.69>1.2$$

动作时限与 800kVA 变压器反时限继电器的特性在定时限部分相配合，取 1.2s。

例 2 6kV 电缆线路的保护。

线路仍如图 15-44 所示。电缆截面为 $3\times70mm^2$，长度为 220m。

网络数据：

$I''^{(3)}_{d1}=7200A$

$I''^{(3)}_{d2}=6800A$

$I''^{(3)}_{d3}=1110A$

$I_c=21A$

保护装置的选择：

装设下列保护：

(1) 过电流保护　采用 2×GL-11/10 型电流继电器；

(2)零序过电流保护　采用 LJ 型零序电流互感器及 DL-11/0.2 型电流继电器，动作于信号。

保护整定计算：

(1) 过电流保护。

1) 按避开最大负荷电流条件

最大负荷电流

$$I_{fh_{max}}=306.3A$$

动作电流

$$I_{dzj}=K_k\frac{I_{fh_{max}}}{K_fK_i}$$

$$=1.3\frac{306.3}{0.8\times80}=6.2A，取 6A$$

$$I_{dz1}=6\times80=480A$$

2)按避开下级变电所具有最大动作电流的保护装置的动作电流(即变压器过电流保护装置的动作电流)整定。

动作电流

$$I_{dzj}=4.5A，取 5A$$

$$I_{dz1}=400A$$

由于按条件 2) 计算的结果小于按条件 1) 计算的结果，所以过电流保护的动作电流按条件 1) 计算的结果整定。

灵敏系数

在线路末端发生故障时

$$K_{m}^{(2)}=K_{mxd}\frac{I''^{(3)}_{d3}}{I_{dz1}}$$

$$=0.87\frac{6800}{480}=12.2>1.5$$

在变压器后发生故障时

$$K_{m}^{(2)}=K_{mxd}\frac{I''^{(3)}_{d3}}{I_{dz1}}$$

$$=0.87\frac{1110}{480}=2>1.2$$

动作时限与 800kVA 变压器反时限继电器在特性配合点的时限阶段应满足 $\Delta t=05s$，根据 GL-11/10 型继电器的特性，选取 10 倍动作电流时的时限为 0.8s。

(2) 零序过电流保护。

动作电流，按满足最小灵敏系数

$$I_{dz1}=\frac{I_c}{K_{m}^{(1)}}=\frac{21}{2}=10.5A$$

动作电流，按避开线路本身的电容电流（$I_{c1}=1.5A$）；

$$I_{dz1}=K_kI_{c1}=5\times1.5=7.5A$$

故保护装置动作电流取 10A。

例 3 总变电所 10kV 电缆送电线路的保护。

线路如图 15-45 所示，装有出线电抗器。线路由 3 根 $3\times185mm^2$ 电缆组成，线路长度为 1km，线路负荷电流取电流互感器额定一次电流为 600A，经计算过负荷系数 $K_{gh}=3$。

网络数据：

$I''^{(3)}_{d_{min}}=9700A$（电抗器后的三相短路电流）

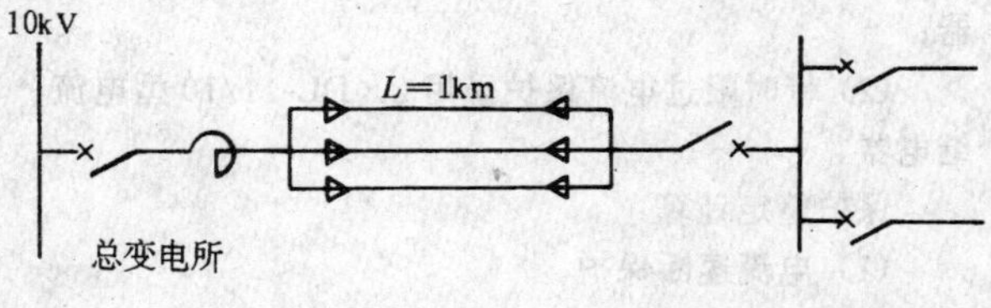

图 15-45　总变电所 10kV 电缆送电线路（有出线电抗器）的保护例图

$I_c=15A$（采用过补偿后的剩余电流）

保护装置的选择：

(1)因为断路器在电抗器之前，且断路器不是按电抗器前短路选择的，故不装电流速断保护而仅装设带时限过电流保护。

(2) 零序过电流保护。

保护整定计算：

(1) 过电流保护：

动作电流应避开线路最大尖峰电流

$$I_{dzj}=K_{jx}K_k\frac{K_{gh}I_{js}}{K_fK_i}$$

$$=1\times1.2\times\frac{3\times600}{0.85\times600/5}=21A$$

$$I_{dz1}=I_{dzj}K_i=21\times600/5=2520A$$

灵敏系数

$$K_m^{(2)}=K_{mxd}\frac{I''^{(3)}_{d_{min}}}{I_{dz1}}$$

$$=0.87\times\frac{9700}{2520}=3.4>1.5$$

选用 2×DL-11/50 型电流继电器，线圈并联连接。

动作时限：采用两级，第一级为 1.2s，动作于本线路断路器（与下级变电所出线的过电流保护相配合），第二级为 2.2s，动作于 10kV 母线进线断路器。

(2) 零序过电流保护。

电缆本身的电容电流

$$I_{c1}=1.4\times3=4.2A$$

动作电流按满足最小灵敏系数

$$I_{dz1}=\frac{I_c-I_{c1}}{K_m^{(1)}}$$

$$=\frac{-15-4.2}{2}=-9.6A$$

动作电流按避开本身的电容电流

$$I_{dz1}=K_kI_{c1}=1.5\times4.2=6.3A$$

故保护装置动作电流取 9A，应有短时限 0.5s。

保护装置选用 LJ 型零序电流互感器及 DL-11/0.2 型电流继电器。

例 4 总变电所送热连轧粗轧机主传动同步电动机线路的保护。

线路如图 15-46 所示。线路由 3 根 $240mm^2$ 电缆组成，线路长度为 500m。

电动机数据 $P_e=10000kW$，$\cos\varphi=0.85$(超前)，$U_e=10kV$，$I_e=765A$，电动机利用线路电抗器降压起动，全电压起动时 $K_q=6.5$，当起动电压 $U_q=0.8U_e$ 时，$K'_q=0.8\times6.5=5.2$。

网络数据：与例 3 相同。

保护装置的选择：

装设以下保护：

(1)带时限过电流保护，根据计算结果确定是否需要低电压起动。

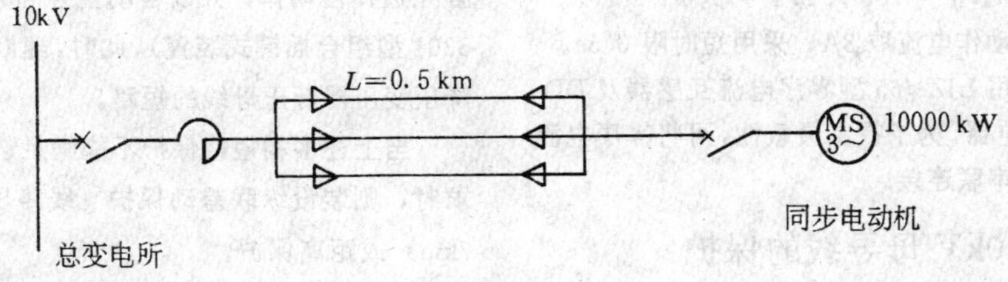

图 15-46 总变电所送热连轧粗轧机主传动同步电动机线路的保护例图

(2) 零序过电流保护。

保护整定计算：

(1) 过电流保护。

动作电流应避开线路最大尖峰电流，即电动机起动电流

$$I_{dzj}=K_{jx}K_k\frac{K'_qI_e}{K_fK_i}$$

$$=1\times1.2\times\frac{5.2\times765}{0.85\times1500/5}=18.8A，取 19A$$

$$I_{dz1}=19\times1500/5=5700A$$

灵敏系数

$$K_m^{(2)}=K_{mxd}\frac{I''^{(3)}_{d_{min}}}{I_{dz1}}$$

$$=0.87\times\frac{9700}{5700}=1.46<1.5$$

计算结果表明不能满足灵敏性要求，因此需要加装低电压起动装置。此时，动作电流只需避开额定电流即可。

动作电流

$$I_{dzj}=K_{jx}K_k\frac{I_e}{K_fK_i}$$

$$=1\times1.2\times\frac{765}{0.85\times1500/5}$$

$$=3.6A，取 4A$$

$I_{dz1}=4\times1500/5=1200A$

灵敏系数

$$K_m^{(2)}=0.87\frac{9700}{1200}=7>1.5$$

采用两个 DL-11/10 型电流继电器，线圈串联连接。

低电压起动电压

$$U_{dzj}=\frac{U_{min}}{K_k K_f K_u}$$

$$=\frac{0.8U_e}{1.2\times1.15\times100}=58V,取 50V$$

$$U_{dz1}=U_{dzj}K_u=50\times100=5000V$$

在电抗器后短路时，保护装置安装处的电压接近等于零（低电压继电器的起动电压取自电抗器后），灵敏性能满足要求，故不必校验灵敏系数，时限取 0.5～0.7s。

(2) 零序过电流保护。

电缆线路本身的电容电流（同步电动机的电容电流忽略不计）

$$I_{c1}=1.6\times0.5\times3=2.4A$$

动作电流按满足最小灵敏系数

$$I_{dz1}=\frac{I_c-I_{c1}}{K_m^{(1)}}=\frac{-15-2.4}{2}=8.7A$$

动作电流按避开线路本身的电容电流

$$I_{dz1}=K_k I_{c1}=1.5\times2.4=3.6A$$

故保护装置动作电流取 8A，采用短时限 0.5s。

保护装置选用 LJZ-ϕ65 型零序电流互感器及 DD-11/60 型电流继电器。为了提高灵敏性，可将零序电流互感器二次线圈串联连接。

15.10 6～10kV 母导线的保护

输送大电流的 6～10kV 母导线多相短路的保护应采用快速动作的保护作为主保护，采用带时限过电流保护作为后备保护。

多相短路的快速保护应能保护母导线的全区，一般采用电流速断保护，如灵敏性不能满足要求时，则采用纵联差动保护。

装有电流速断和带时限过电流保护的母导线保护原理见图 15-41。

15.11 35～66kV 线路的保护

15.11.1 保护装设的原则

35～66kV 线路保护装设的原则有以下几点：

(1) 35～66kV 线路应装设多相短路保护。并应根据具体情况装设单相接地保护（与 6～10kV 线路的单相接地保护相同）。

(2)35～66kV 线路的多相短路保护的考虑原则与 6～10kV 线路相同。

(3)单侧电源放射式单回线路的多相短路保护，一般装设单段或两段式电流和电压速断保护（当能满足灵敏性、选择性要求时，可代之以单段或两段式电流速断保护）作为主保护，过电流保护作为后备保护。保护装置仅装在线路的电源侧。

单段式电流和电压速断保护一般用于向终端变电所供电的线路。两段式电流和电压速断保护一般用于由几段线路串联的线路。

电流和电压速断保护可为无时限的也可为带时限的。无时限电流和电压速断保护一般用于阶段式保护的瞬动段。带时限电流和电压速断保护一般用于当带时限电流速断保护在被保护线路末端短路不能保证灵敏性时。

对于由几段线路串联的线路，如阶段式的速断装置不能满足快速动作或灵敏性的要求时，允许速断装置无选择性动作，并以自动重合闸补救（可采用 ZZ-3201 型组合插键式装置)。此时，速断装置应尽量避开降压变压器低压母线的短路。

当上述多相短路保护不能满足选择性、灵敏性要求时，则装设纵联差动保护（线路长度不宜大于 5～7km）或距离保护。

(4)双侧电源单回线路的多相短路保护，一般装设单段或两段式电流和电压速断保护作为主保护，过电流保护作为后备保护（必要时带方向)。

方向电流保护部分可采用组合插键式或其他型式的保护装置(如 ZZ-4207 型，见图 15-47)。电压速断可串联接至电流方向速断或电流方向带时限速断回路。

当上述多相短路保护不能满足选择性、快速性和灵敏性的要求，或保护构成过于复杂时，则应采用距离保护。

(5)环形网络中线路的多相短路保护，可以采用故障时先将网络自动解列为放射式而后自动恢复的方法，简化保护。

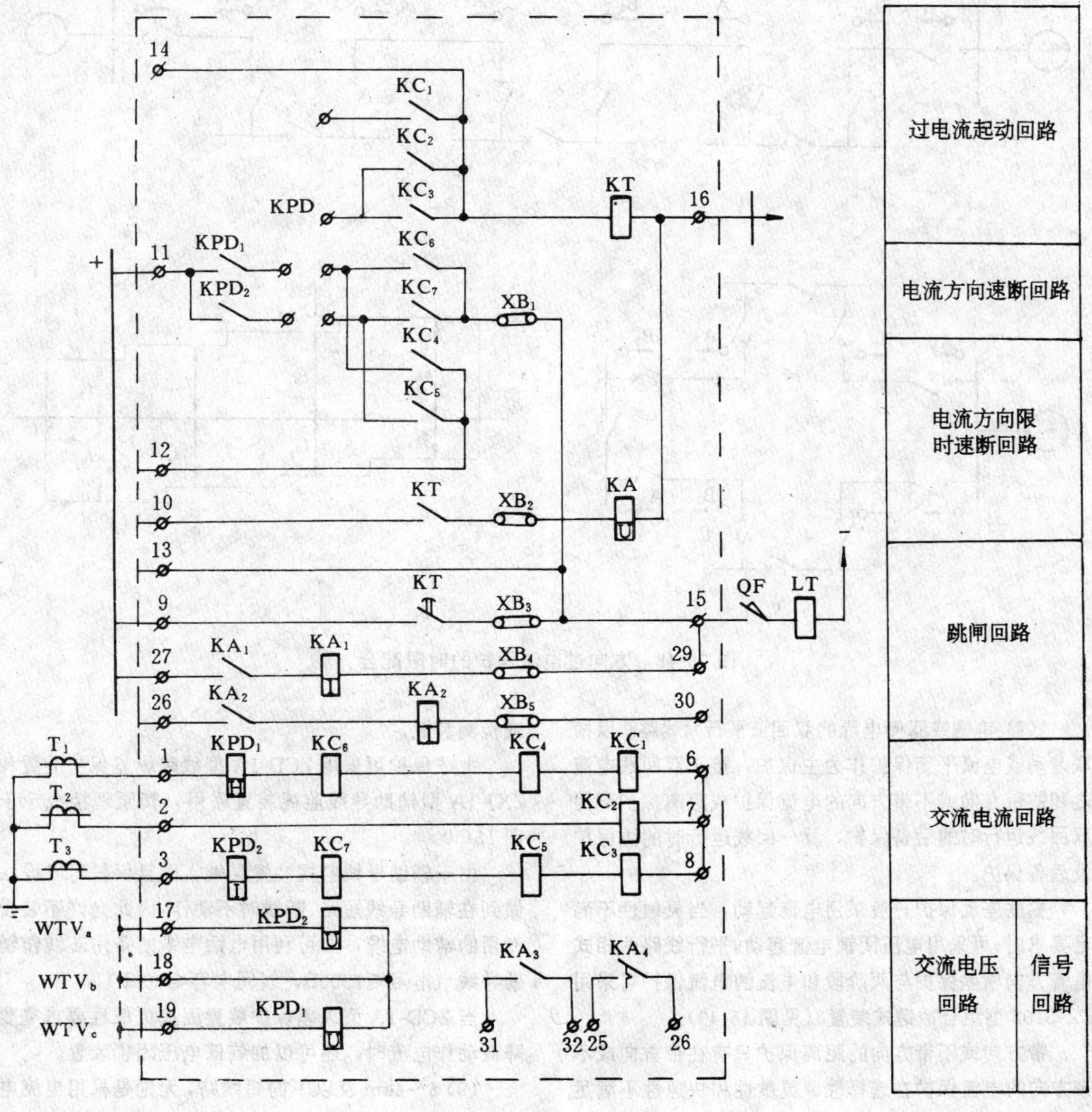

图 15-47 ZZ-4207 型组合插键式保护装置接线图

(6)同一方向的过电流保护的时限必须很好配合。其配合方式如图 15-48 所示，$t_{A_1}>t_{A_2}>t_{A_3}>t_{A_4}$，$t_{B_1}>t_{B_2}>t_{B_3}>t_{B_4}$，并应相差时限阶段 $\Delta t=0.5s$。

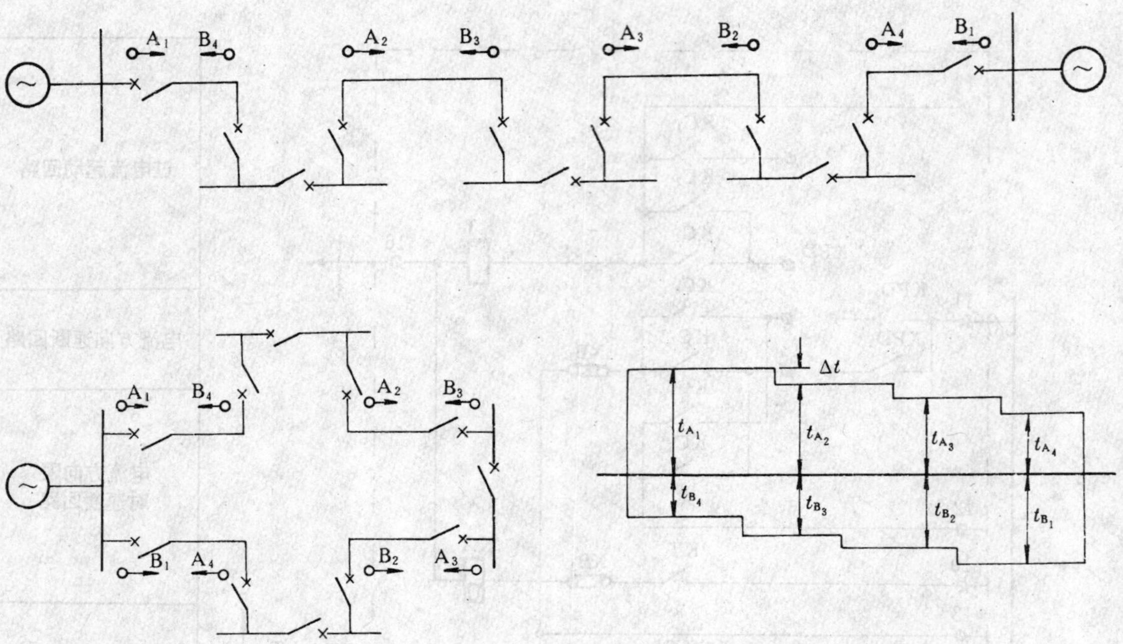

图 15-48 方向过电流保护的时限配合

(7) 单侧或双侧电源的双回（平行）线路，以横联差动或电流平衡保护作为主保护，接于双回线电流之和的带方向或不带方向的电流保护或距离保护作为双回线运行时的后备保护，及一回线运行时的主保护及后备保护。

横联差动保护一般采用电流起动，当灵敏性不满足要求时，可采用电压闭锁电流起动。平行线路两相式电流方向横差保护与两阶段和电流的电流保护可采用 ZZ-5102 型组合插键式装置（见图 15-49）。

带方向或不带方向的距离保护只有在带方向或不带方向的电流保护在选择性、灵敏性和快速性不满足要求时才采用。

无论是单侧或双侧电源，线路两端均需装设保护。

(8) 多侧电源的单回电缆线路和架空短线路（当电流和电压速断保护不满足选择性、灵敏性和快速动作的要求时），以纵联差动作为主保护，以带方向或不带方向的电流保护作为后备保护。

为了监视辅助导线是否完好，应装设专用的监视或检测装置。

上述保护可采用 ZCD-1A 型线路纵差保护装置和 ZXJ-1A 型辅助导线监视装置联用，其原理接线示于图 15-50。

由于辅助导线监视装置灵敏，而且保护可以设法做到在辅助导线短路、断线时不动作，因此允许不装设专用的辅助电缆，如可利用电话电缆的备用芯线作辅助导线（电阻≤1500Ω，线间电容≤30μF）。

当 ZCD-1A 型纵差保护装置因按灵敏性要求需要降低动作电流时，还可以加装低电压闭锁装置。

(9) 3～4km 及以下的短线路，无论是采用电流电压保护还是采用距离保护，常常不能满足选择性、灵敏性和速动性的要求。在这种较短线路上经常需要采用纵联差动保护以适应系统运行的需要。

15.11.2 保护原理图

35～66kV 线路保护原理图见图 15-50 至图 15-53。

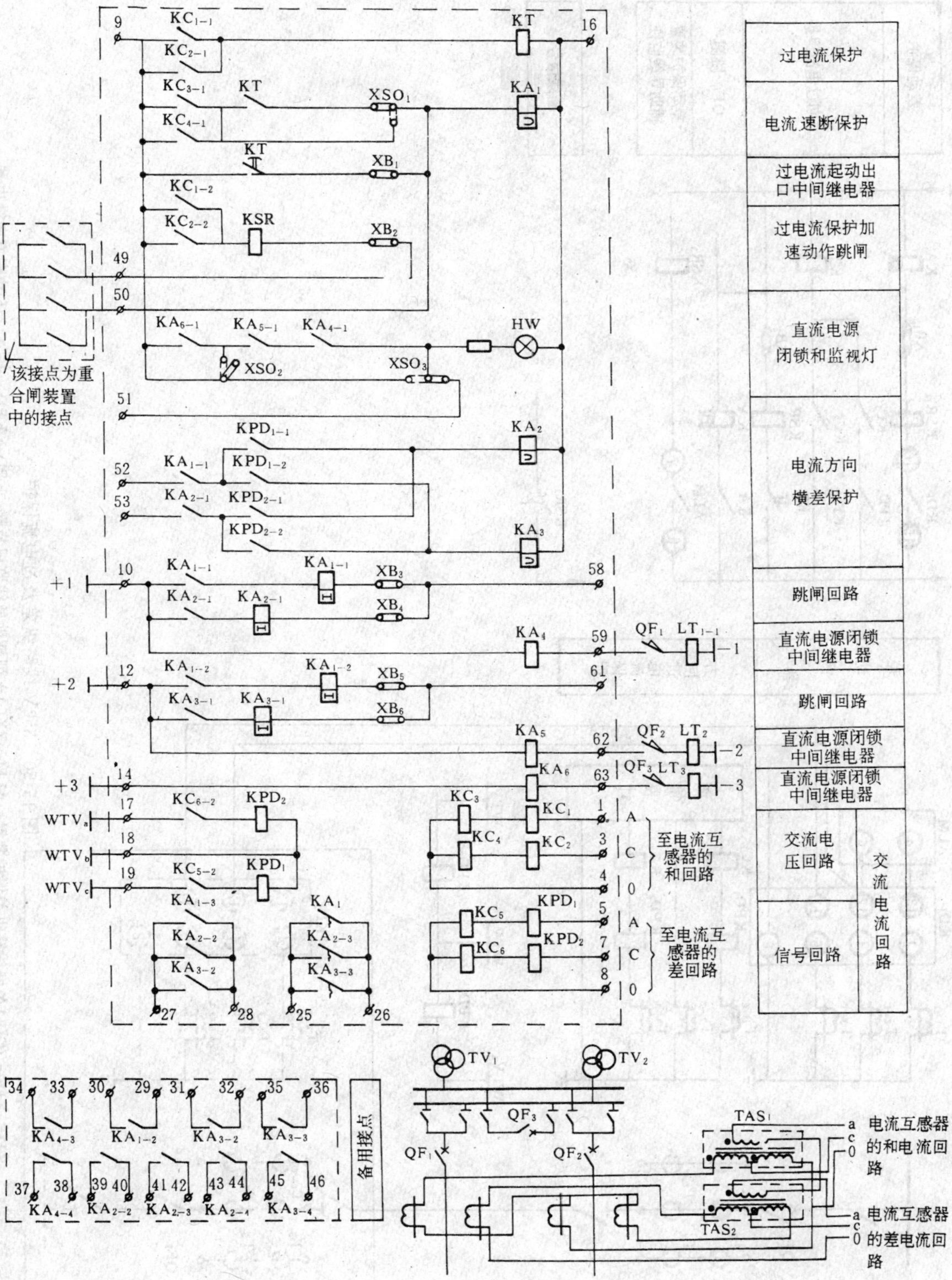

图 15-49　ZZ-5102 型组合插键式保护装置接线图

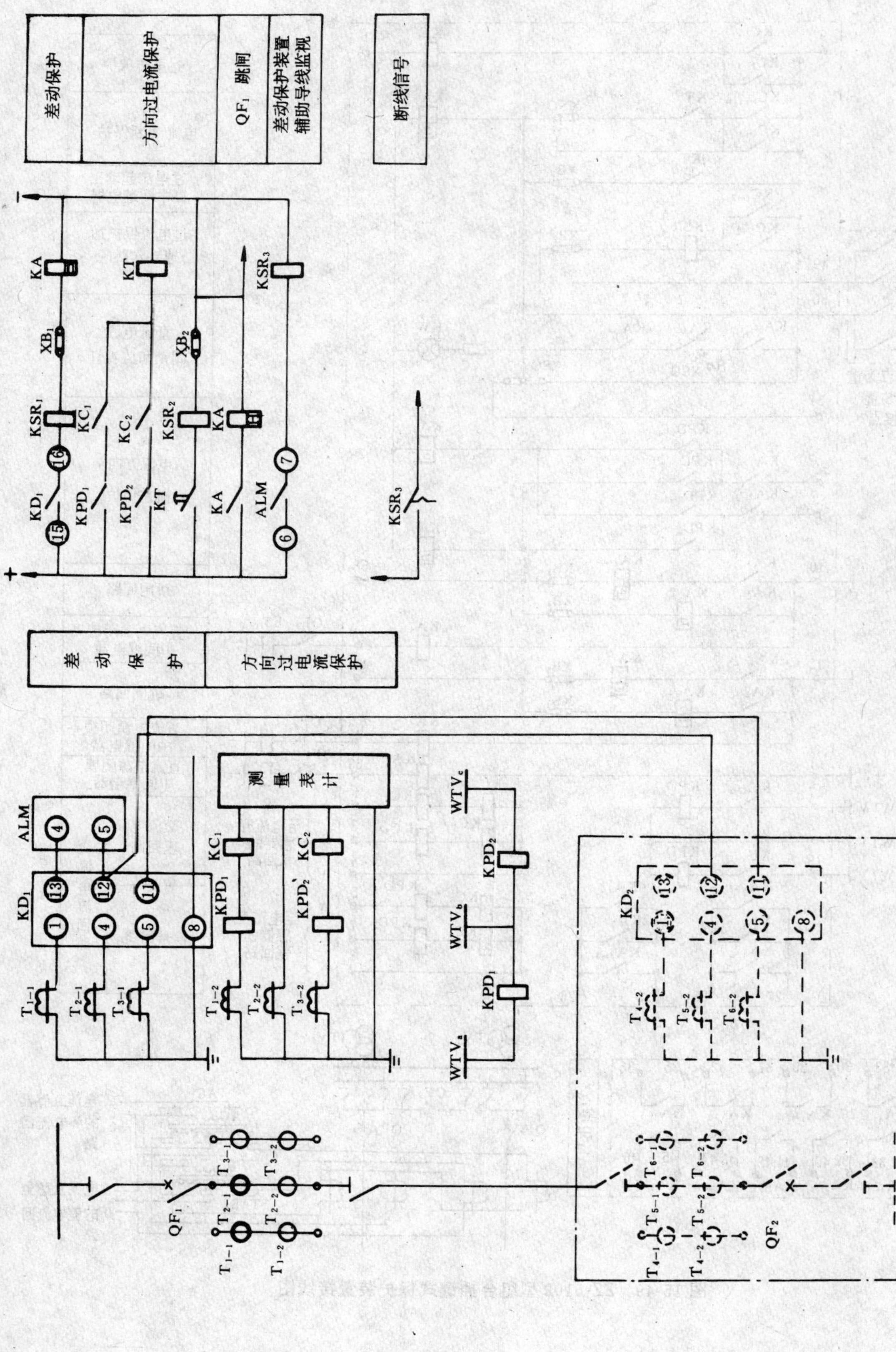

图 15-50 35kV 线路纵差及过电流保护

KD1、KD2—ZCD-1A 型线路纵差保护装置；ALM—ZXJ-1A 型辅助导线监视装置；KPD1、KPD2—GG-11/5 功率方向继电器；KC1、KC2—DL-11 电流继电器；KA—YZJ1-5 中间继电器；KT—DS-1B 时间继电器；KSR1、KSR2—DX-11 信号继电器（电流型）；KSR3—DX-11 信号继电器（电压型）；XB1、XB2—YY1-D 连接片

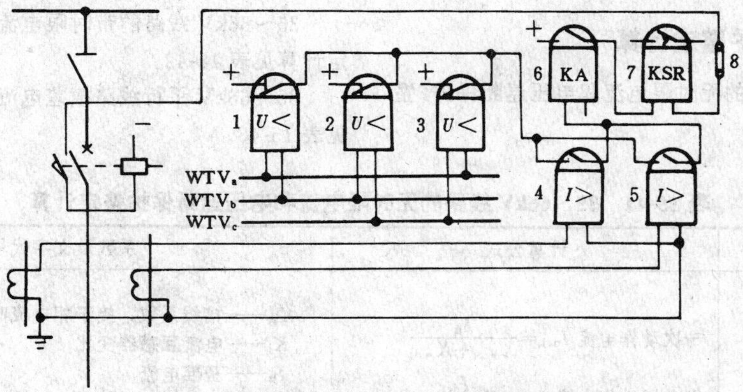

图 15-51 无时限电流闭锁电压速断保护原理

1～3—DJ-122/160 电压继电器；4、5—DL-11 电流继电器；6—DZB-127 中间继电器，220V，1A；7—DX-11/1 信号继电器；8—YY1-D 连接片

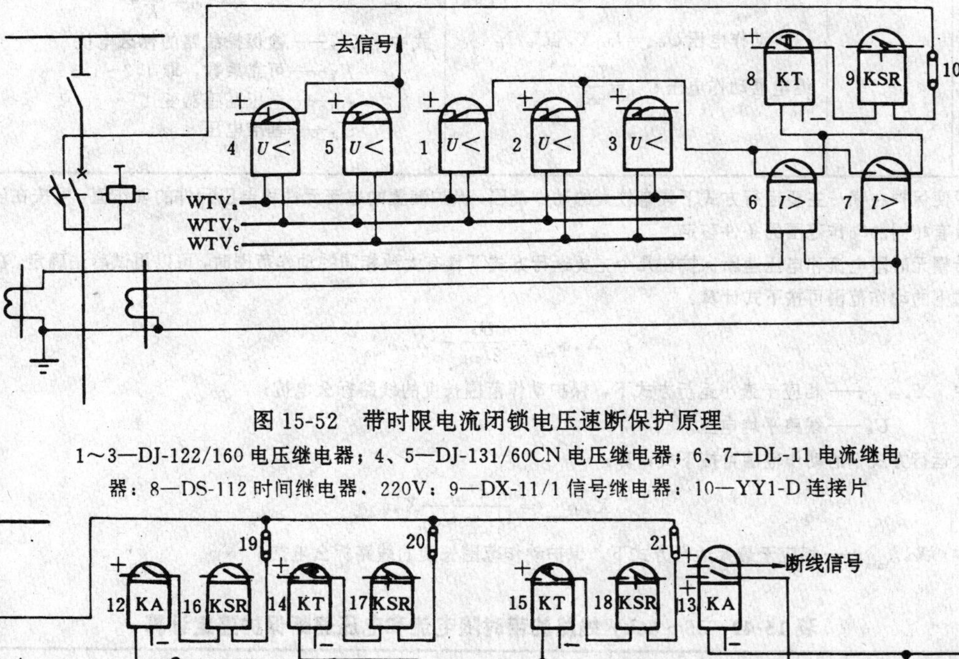

图 15-52 带时限电流闭锁电压速断保护原理

1～3—DJ-122/160 电压继电器；4、5—DJ-131/60CN 电压继电器；6、7—DL-11 电流继电器；8—DS-112 时间继电器，220V；9—DX-11/1 信号继电器；10—YY1-D 连接片

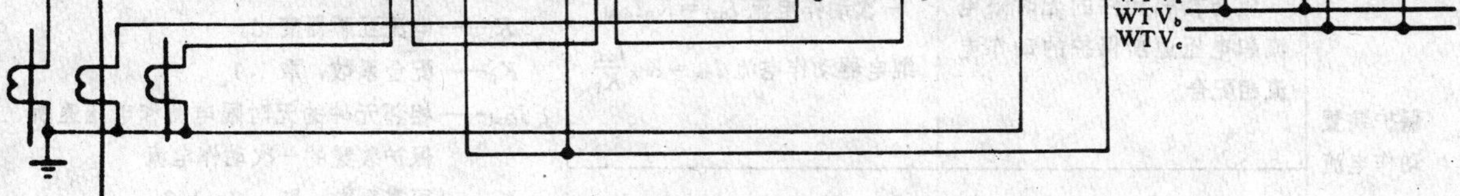

图 15-53 两段式电流、电压速断及过电流保护原理

1～8—DL-11 电流继电器；9～11—DJ-122/160 电压继电器；12、13—ZJ3-3 中间继电器，220V，1A；14、15—DS-112 时间继电器，220V；16～18—DX-11/1 信号继电器；19～22—YY1-D 连接片

15.11.3　保护整定计算

35～66kV 线路的无时限电流和电压速断保护，整定计算见表 15-41。

35～66kV 线路的带时限电流和电压速断保护，整定计算见表 15-42。

35～66kV 平行线路横差电流方向保护，整定计算见表 15-43。

表 15-41　35～66kV 线路的无时限电流和电压速断保护整定计算

计算项目	计算条件	计算公式	系数及文字代号
保护装置动作电流	按动作范围①	一次动作电流 $I_{dz1}=\dfrac{I_{jz}}{X_{*xt}+X_{*dz}}$ 继电器动作电流 $I_{dzj}=K_{jx}\dfrac{I_{dz1}}{K_i}$	K_{jx}——接线系数，接于相电流时 $K_{jx}=1$ K_i——电流互感器变比 I_{jz}——基准电流 X_{*xt}——系统标幺电抗 X_{*dz}②——相当于电流元件或电压元件动作范围长度的线路标幺电抗 $X_{*dz}=\dfrac{X_{*x}}{K_k}$ 式中 X_{*x}——被保护线路的标幺电抗 K_k——可靠系数，取 1.2～1.3 K_u——电压互感器变比 U_{jz}——基准电压
保护装置动作电流		一次动作电压 $U_{dz1}=I_{dz1}X_{*dz}U_{jz}/I_{jz}$ 继电器动作电压 $U_{dzj}=\dfrac{U_{dz1}}{K_u}$	

①为了使保护在某一主要运行方式下具有较大的动作范围，保护装置的电流元件和电压元件的动作值，可按在该运行方式下具有相同的动作范围的条件整定。

②当希望无时限电流和电压速断保护在几个主要运行方式下具有大致相同的动作范围时，可以用试凑法确定。在最小运行方式下的动作范围可按下式计算：

$$X_{*dz_{min}}=\frac{U_e}{2I_{dz1}}-X_{*xt_{min}}$$

式中 $X_{*dz_{min}}$——相应于最小运行方式下，保护动作范围长度的线路标幺电抗；

U_e——线路平均电压。

在最大运行方式下的动作范围可按下式计算：

$$X_{*dz_{max}}=\frac{U_{dz1}}{U_e-U_{dz1}}X_{*xt_{max}}$$

式中 $X_{*dz_{max}}$——相应于最大运行方式下，保护动作范围长度的线路标幺电抗。

表 15-42　35～66kV 线路的带时限电流和电压速断保护整定计算

计算项目	计算条件	计算公式	系数及文字代号
保护装置动作电流	应与相邻元件的无时限电流和电压速断保护的动作电流相配合	一次动作电流 $I_{dz1}=K_pI_{dzxl}$ 继电器动作电流 $I_{dzj}=K_{jx}\dfrac{I_{dz1}}{K_i}$	K_{jx}——接线系数，接于相电流时 $K_{jx}=1$ K_i——电流互感器变比； K_p——配合系数，取 1.1 I_{dzxl}——相邻元件的无时限电流和电压速断保护装置的一次动作电流 K_k——可靠系数，取 1.2～1.3 $I^{(3)}_{d\,max}$——系统最大运行方式时，相邻元件（线路或变压器）末端的三相短路电流
	并应避开相邻元件（线路或变压器）末端的最大三相短路电流	一次动作电流 $I_{dz1}=K_kI^{(3)}_{d\,max}$ 继电器动作电流 $I_{dzj}=K_{jx}\dfrac{I_{dz1}}{K_i}$	

续表 15-42

计算项目	计算条件	计算公式	系数及文字代号
保护装置动作电压	应与相邻元件的无时限电流和电压速断保护的动作电压相配合	一次动作电压 $U_{dz1}=\frac{\sqrt{3}\ I_{dz1}X+U_{dzxl}}{K_p}$ 继电器动作电压 $U_{dzj}=\frac{U_{dz1}}{K_u}$	X——被保护线路的电抗 U_{dzxl}——相邻元件的无时限电流和电压速断保护装置的一次动作电压 K_u——电压互感器变比
保护装置灵敏系数	电流部分按被保护线路末端的最小短路电流校验	$K_m^{(2)}=K_{mxd}\frac{I_{d_{min}}^{(3)}}{I_{dz1}}\geqslant 1.3\sim1.5$	K_{mxd}——相对灵敏系数，见附表 15-5 $I_{d_{min}}^{(3)}$——系统最小运行方式下，被保护线路末端短路时流过保护装置的三相短路电流
	电压部分按被保护线路末端短路时，保护安装处的最大剩余电压校验	$K_m=\frac{U_{dz1}}{U_{sy_{max}}}\geqslant 1.3\sim1.5$	$U_{sy_{max}}$——系统最大运行方式下，被保护线路末端三相短路时，保护安装处的剩余电压
保护装置动作时限	应较相邻元件的电流和电压速断保护大一时限阶段，一般时限取 0.5～0.7s		

注：计算保护装置动作电流，有时尚应考虑助增电流的影响。

表 15-43　平行线路横差电流方向保护整定计算

计算项目	计算条件	计算公式	系数及文字代号
保护装置动作电流	按以下两个条件计算，取其较大者 (1) 应避开两平行线路总的最大计算负荷电流 (2) 应避开外部短路时，流经保护安装处的最大不平衡电流	(1) 按避开两平行线路总的负荷电流 $I_{dzj}=\frac{K_k}{K_f}\frac{I_{fh_{max}}}{K_i}$	K_k——可靠系数，取 1.2～1.3 K_f——继电器返回系数，取 0.85 K_i——电流互感器变比 $I_{fh_{max}}$——两平行线路总的最大计算负荷电流。
		(2) 按避开外部短路时的最大不平衡电流 $I_{dzj}=\frac{K_k}{K_i}\ (I_{bph1}+I_{bph2})$ $I_{bph1}=0.1K_1K_2\frac{I_{d_{max}}^{(3)}}{2}$ $I_{bph2}=CK_2I_{d_{max}}^{(3)}$	0.1——每组电流互感器的允许误差，不超过 10%。 I_{bph1}——由电流互感器误差引起的不平衡电流 I_{bph2}——由于两平行线路阻抗不等引起的不平衡电流 K_1——两组电流互感器的特性不一致系数，取 0.5～1 K_2——通过非周期分量的系数，1.5～2 $I_{d_{max}}^{(3)}$——外部最大三相短路电流 C——双回线路电流差值的比例系数， 考虑电阻时 $C=\sqrt{\frac{(r_1-r_2)^2+\ (x_1-x_2)^2}{(r_1-r_2)^2+\ (x_1+x_2)^2}}$ 不考虑电阻时 $C=\frac{x_1-x_2}{x_1+x_2}$ 式中　r_1、x_1——甲线路的电阻和电抗； r_2、x_2——乙线路的电阻和电抗

续表 15-43

计算项目	计算条件	计算公式	系数及文字代号
保护装置的灵敏性	(1) 相同灵敏系数校验在线路中间发生故障时，两侧保护装置均能可靠动作	送电侧 $K_{m1}=\frac{I^{(2)}_{dⅠmin}-I^{(2)}_{dⅢmin}}{I_{dz1}}\geqslant 2$ 受电侧 $K_{m1}=\frac{I^{(2)}_{dⅡmin}-I^{(2)}_{dⅢmin}}{I_{dz1}}\geqslant 2$	$I^{(2)}_{dⅠmin}$——送电侧供给故障线路的最小两相短路电流，如图 15-54 $I^{(2)}_{dⅡmin}$——受电侧供给故障线路的最小两相短路电流，如图 15-54 $I^{(2)}_{dⅢmin}$——非故障线路供给的最小两相短路电流，见图 15-54 I_{dz1}——保护装置的一次动作电流 $I_{dz1}=I_{dzj}K_i$
	(2) 相继动作区灵敏系数 校验在线路末端（相继动作区）发生故障时，保护装置能可靠动作	$K_{m2}=\frac{I^{(2)}_{dmin}}{I_{dz1}}\geqslant 1.5$	$I^{(2)}_{dmin}$——单线路末端最小两相短路电流
	(3) 相继动作区计算	A 侧横差保护的相继动作区 L_{jA} 在 B 侧母线附近，如图 15-55 $L_{jA}=\frac{I_{dz1}}{I^{(3)}_{dBmin}}L\leqslant 0.25L$ B 侧横差保护的相继动作区 L_{jB} 在 A 侧母线附近，如图 15-55 $L_{jB}=\frac{I_{dz1}}{I^{(3)}_{dAmin}}L\leqslant 0.25L$	L——单回线路的全长，如图 15-55 $I^{(3)}_{dAmin}$——A 侧母线的最小三相短路电流 $I^{(3)}_{dBmin}$——B 侧母线的最小三相短路电流
	(4) 死区计算	死区长度 $l=\frac{S_jK_iK_u}{\sqrt{3}\,{I^{(3)}_{dmin}}^2Z\cos(\varphi_j+\alpha)}$ 死区长度占线路全长的百分数 $l\%=\frac{l}{L}\times 100\leqslant 10$	S_j——方向继电器的动作功率，VA α——方向继电器内部的灵敏角（30°、45°，可任意选择） φ_j——方向继电器上的电压与电流相角差，采用 90° 接线 $\varphi_j=\mathrm{tg}^{-1}\frac{x}{r}-90°$ 式中 x、r——每公里线路的电抗和电阻 Z——线路的阻抗，Ω $I^{(3)}_{dmin}$——在保护安装处短路，流过线路断路器的最小三相短路电流，如图 15-56 所示 $I^{(3)}_{dmin}=I^{(3)}_{d1min}+I^{(3)}_{d2min}$ K_i——电流互感器变比 K_u——电压互感器变比

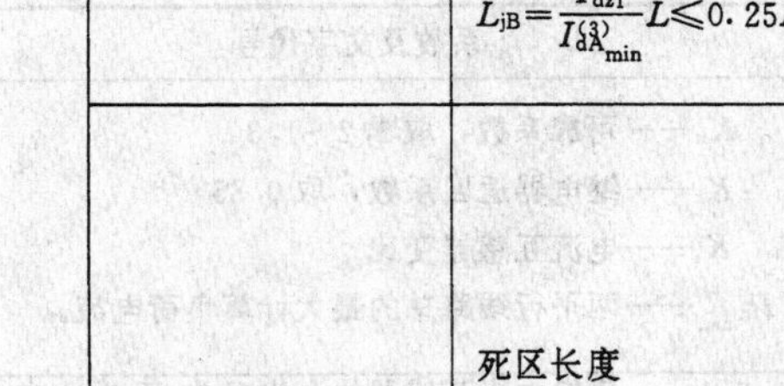

图 15-54 平行线路在中段发生短路时的电流分布

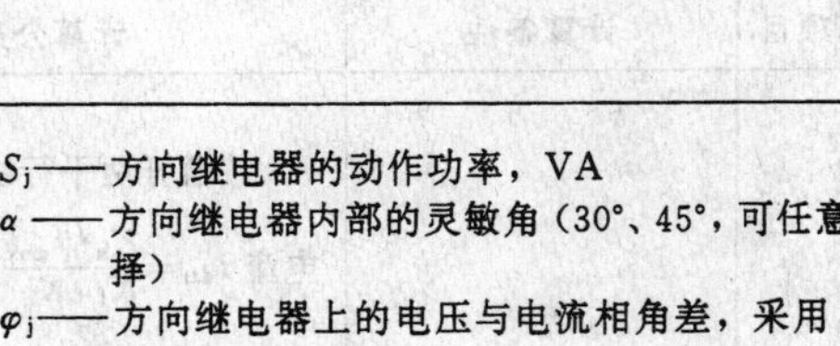

图 15-55 平行线路的相继动作区

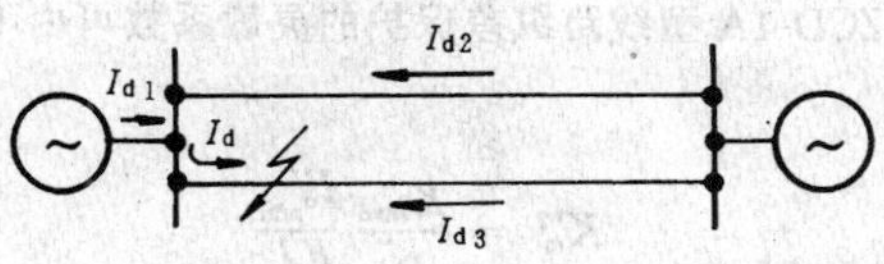

图 15-56 平行线路在保护安装处短路时的电流分布

35～66kV 平行线路带低电压闭锁的横差电流方向保护，整定计算见表 15-44。

ZCD-1A 型线路纵联差动保护装置的整定计算如下：

表 15-44 平行线路带低电压闭锁的横差电流方向保护整定计算

计算项目	计算条件	计算公式	系数及文字代号
保护装置动作电流	应避开外部短路时，流经保护安装处的最大不平衡电流	与不带低电压闭锁的横差电流方向保护（2）相同，见表 15-43	
保护装置动作电压	应避开正常情况下，母线可能出现的低电压	$U_{dzj}=\dfrac{U_{min}}{K_kK_fK_u}\approx 60\sim70V$	K_k——可靠系数，取 1.2 K_f——继电器返回系数，取 1.2 K_u——电压互感器变比 U_{min}——正常情况下，母线可能出现的低电压，可取 0.9～0.95U_e（额定电压）
保护装置的灵敏性	电流元件的灵敏系数、相继动作区的计算与不带电压闭锁的横差电流方向保护相同，见表 15-43		
	（1）电压元件的相同灵敏系数	$K_{m1}=\dfrac{U_{dz1}}{U_{2sh_{max}}}\geqslant 2$	$U_{2sh_{max}}$——双回线送电时，在一回线中点故障，母线的最大剩余电压 U_{dz1}——保护装置一次动作电压 $U_{dz1}=U_{dzj}K_u$
	（2）相继动作区灵敏系数	按动作电压 $K_{m2}=\dfrac{U_{dz1}}{U_{1sh_{max}}}\geqslant 1.5$ 按返回电压① $K_{m3}=\dfrac{U_{f1}}{U_{1sh_{max}}}\geqslant 1.5$	$U_{1sh_{max}}$——单回线送电时，在线路末端短路，母线上的最大剩余电压 U_{f1}——继电器返回电压（一次侧）

① 按继电器返回电压检验相继动作区灵敏系数 K_{L3} 的目的是在相继动作区内故障，对侧断路器跳闸时，低电压继电器不应返回。

（1）动作电流整定值。

ZCD-1A 型线路纵差保护装置的整定值有 0.4I_e、0.8I_e、1.3I_e 三种（I_e 为保护装置的额定电流，有 5A 及 1A 两种）。该整定值系指线路由短路容量相同的双侧电源供电时，线路内部故障情况下，保护装置所需的动作电流值。

ZCD-1A 型线路纵差保护装置具有抵抗不平衡电流的性能，因此当不考虑辅助导线断线时，可以采用 0.4I_e 的整定值。当考虑辅助导线断线时，采用 0.8I_e 及 1.3I_e。如果 0.8I_e 及 1.3I_e 的整定值不能满足灵敏性要求时，可以采用电压闭锁装置，从而可以采用较小的整定值 0.4I_e，使动作电流降低。

（2）灵敏性校验。

ZCD-1A 型线路纵差保护装置在双侧电源时，不同短路故障情况下的动作电流列于表 15-45。

由单侧电源供电时，动作电流为双侧电源时动作电流的三倍。

由此，ZCD-1A 型线路纵差保护装置的相对灵敏系数如表 15-46 所示。

表 15-45 短路容量相同的双侧电源时，不同短路故障情况下的动作电流

整定值	下列故障形式的动作电流（为额定电流的百分比%）		
	ABC 三相短路	AB、BC 两相短路	CA 两相短路
0.4	40	69	34.5
0.8	80	138	69
1.3	130	225	112.5

表 15-46 ZCD-1A 型线路纵差保护装置的相对灵敏系数

电源情况	故障形式		
	ABC 三相短路	AB、BC 两相短路	CA 两相短路
双侧电源	1	$\frac{1}{2}$	1
单侧电源	$\frac{1}{3}$	$\frac{1}{6}$	$\frac{1}{3}$

ZCD-1A 型线路纵差保护的灵敏系数可由下式求得

$$K_m^{(2)}=\frac{K_{mxd}}{K_i}\frac{I_{d_{min}}^{(3)}}{KI_e}$$

式中 $I_{d_{min}}^{(3)}$——保护区内线路最小三相短路电流；

K_{mxd}——相对灵敏系数，见表 15-46；

K——保护装置的整定值 0.4、0.8 或 1.3；

I_e——保护装置的额定电流。

一般 ZCD-1A 型线路纵差保护只能在 $I_{d_{min}}^{(3)}>6\sim8I_h$（正常负荷电流）时采用。

15.11.4 计算实例

35kV 放射状单回线路的保护，网络接线见图 15-57，短路数据见表 15-47。

系统运行方式及变电所的负荷：线路及变压器采用分列运行方式。变电所的负荷为变压器额定容量的 70%。在 N_2 变电所考虑电动机自起动的过负荷倍数 $K_{gh}=1.5$。

保护装置的选择：

线路推荐采用三段电流保护。

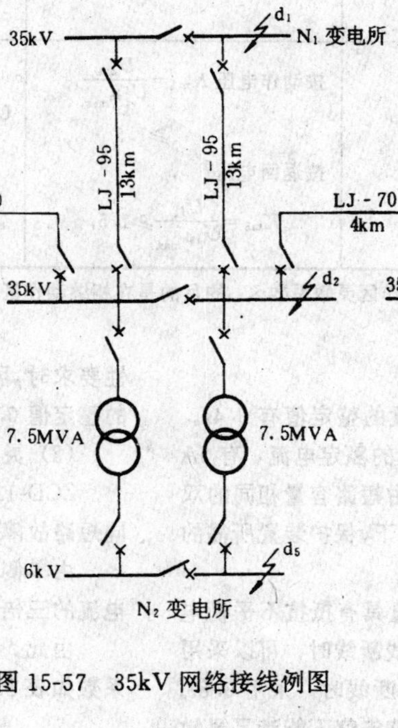

图 15-57 35kV 网络接线例图

表 15-47　三相短路电流值（A）

短路点	d_1	d_2	d_3	d_4	d_5
最大值	7800	2440	1930	1300	1000
最小值	5120	2060	1680	1230	870

(1) 无时限电流速断保护（Ⅰ段），保护线路的一部分；

(2) 带时限电流速断保护（Ⅱ段），保护全部线路及由 N_2 变电所转送的线路的一部分；

(3) 过电流保护（Ⅲ段）。

线路亦推荐采用当手动合闸或自动合闸于永久性故障时，加速保护动作的自动重合闸装置（将第Ⅱ段的保护转为瞬时动作）。

采用 ZZ-4204 型三阶段定时限电流保护与重合闸装置。

保护整定计算：

(1) 无时限电流速断保护（第Ⅰ段）。

动作电流应避开 N_2 变电所 35kV 母线上的最大短路电流。

$$I_{dzj} = K_{jx}K_k \frac{I''^{(3)}_{d2_{max}}}{K_i}$$

$$= 1.3 \times \frac{2440}{400/5} = 39.8\text{A}，取 40\text{A}$$

$$I_{dz1} = I_{dzj}K_i = 40 \times 80 = 3200\text{A}$$

保护范围

$$\frac{L_x}{L} = \frac{I^{(3)}_{d1_{min}} - I_{dz1}}{I^{(3)}_{d1_{min}} - I^{(3)}_{d2_{min}}} \frac{I^{(3)}_{d2_{min}}}{I_{dz1}}$$

$$= \frac{5120 - 3200}{5120 - 2060} \times \frac{2060}{3200} = 41\%$$

(2) 带时限电流速断保护（第Ⅱ段）。

动作电流应与相邻元件或线路的速动保护最大动作电流相配合，即按躲过 N_2 变电所变压器后的短路考虑。

$$I_{dzj} = 1.3 \times \frac{1000}{80} = 16.25\text{A}，取 16\text{A}$$

$$I_{dz1} = 16 \times 80 = 1280\text{A}$$

灵敏系数按 N_2 变电所 35kV 母线最小短路电流校验

$$K^{(2)}_m = 0.87 \times \frac{2060}{1280} = 1.40 > 1.3$$

带时限电流速断保护的动作时限取 0.5s。

(3) 过电流保护（第Ⅲ段）。采用二相三继电器接线。

动作电流应避开最大负荷电流

$$I_{dzj} = K_{jx}K_k \frac{K_{gh}I_{js}}{K_f K_i}$$

$$= 1.2 \times \frac{1.5 \times 320}{0.85 \times 80} = 8.5\text{A}$$

$$I_{dz1} = 8.5 \times 80 = 680\text{A}$$

灵敏系数

当 N_2 变电所 35kV 母线上故障时

$$K^{(2)}_m = 0.87 \times \frac{2060}{680} = 2.64 > 1.5（近后备）$$

当 N_2 变电所 35kV 最远的转送线路末端发生故障时

$$K^{(2)}_m = 0.87 \times \frac{1230}{680} = 1.58 > 1.2（远后备）$$

当 N_2 变电所变电器后发生故障时

$$K^{(2)}_m = 1 \times \frac{870}{680} = 1.28 > 1.2（远后备）$$

15.12　110～220kV 中性点直接接地电网的线路保护

15.12.1　保护装设的原则

110～220kV 中性点直接接地电网的线路保护装设原则有以下几点：

(1) 110～220kV 直接接地电力网的线路，应装设反应相间短路和接地短路的保护装置，并动作于断路器跳闸。

(2) 在下列情况下，应装设全线任何部分短路时均能速动的主保护：

1) 根据系统稳定要求有必要时；

2) 线路发生三相短路，使发电厂厂用电或重要用户电压低于 60%额定电压，且其保护不能无时限和有选择地切除短路时；

3) 如果某些线路采用全线速动主保护能显著简化电力系统保护，并提高保护的选择性、灵敏性和速动性时；

4) 如系统稳定要求装设全线速动主保护，且阶段式保护在正常运行方式下难以配合，不能取得应有的灵敏性和选择性时，可装设两套全线速动保护。

(3) 110kV 线路的后备保护宜采用远后备方式；220kV 线路宜采用近后备方式，但某些线路，如能实现远后备时，则宜采用远后备，或采用远近结合的后备方式。

(4)对于单侧电源的单回线，可装设三相多段式电流或电流电压保护作为相间短路的保护。如不能满足灵敏度的要求，则应装设多段式距离保护。

(5)对于双侧电源的单回线路，可装设多段式距离保护，如不能满足灵敏性和速动性的要求时，则应加装高频保护（常用于远距离输电线路）作为主保护，把多段式距离保护作为后备保护。

(6)对于接地短路，宜装设带方向或不带方向元件的多段式零序电流保护。对某些线路如装设带方向性接地距离保护可以明显改善整个电力系统接地保护性能时，可装设接地距离保护，并辅之以多段式零序电流保护。

(7)在正常运行方式下，保护安装处短路，电流速断保护能动作时，可装设此保护作为辅助保护。

(8)对于长度为5～7km及以下的短线路，当需要装设全线速动保护时，宜采用纵差保护作为主保护，另设多段式电流电压保护或距离保护作为后备保护。

(9)对于并列运行的双回平行线的相间短路，一般可装设横差电流方向保护或电流平衡保护（通常装于主电源侧）作为主保护。当灵敏系数或速动性不能满足要求时，应在每一回线上装设高频保护（一般用于远距离输电线路）作为主保护。装设带方向或不带方向元件的多段式电流保护或距离保护作为后备保护，并作为单回线运行时的主保护和后备保护。当采用近后备方式时，后备保护分别接于每一回线路上；当采用远后备方式时，则可按双回线和电流方式连接，以提高灵敏度。

对于平行线路的接地短路，宜装设零序电流横差保护作为主保护；装设接于每一回线路的带方向或不带方向元件的多段式零序电流保护作为后备保护，当作远后备保护时，可接于两线路零序电流之和，以提高灵敏度。

(10) 对于电缆线路或电缆与架空线混合的线路，应装设过负荷保护，一般动作于信号或跳闸。

15.12.2 保护原理图

110～220kV中性点直接接地电网的线路保护原理见各继电器厂编制的定型保护屏原理图。

15.12.3 相间距离保护整定计算

距离保护的核心元件是阻抗继电器，不同特性的阻抗继电器其整定配合的方法不完全相同。下面以常见接线的三段式相间距离保护为例说明整定计算方法。

整定计算说明图如图15-58所示。

保护整定计算如表15-48所示。

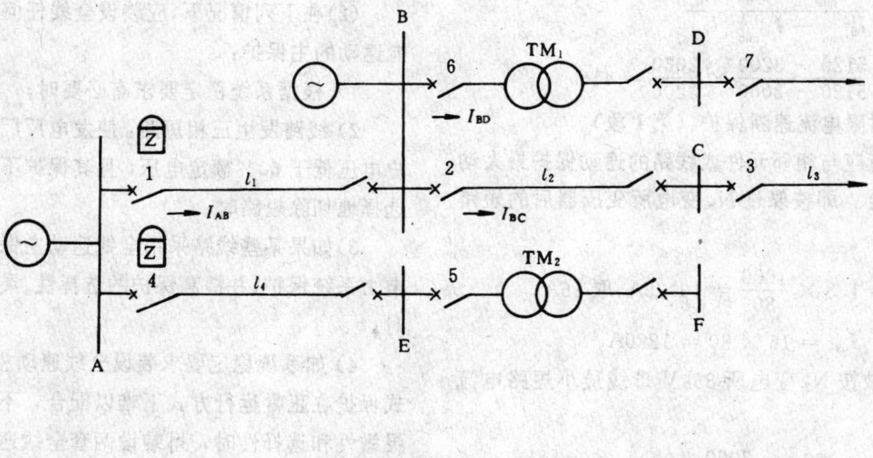

图15-58 距离保护整定计算说明图

表 15-48 三段式距离保护整定计算

计算项目	计算条件	计算公式	系数及文字代号
1. 第Ⅰ段整定计算			
保护装置动作阻抗	(1) 对输电线路，按保护范围不伸出线路末端整定	一次动作阻抗 $Z^{I}_{dz}=K_kZ_l$ (1) 继电器动作阻抗 $Z^{I}_{dzj}=Z^{I}_{dz}K^{(3)}_{jx}\frac{K_i}{K_u}$ (2)	K_k——可靠系数，一般取 0.8～0.85 K_i——电流互感器变比 K_u——电压互感器变比 $K^{(3)}_{jx}$——接线系数 当继电器接线为$\frac{U_\triangle}{I_\triangle}$或$\frac{U_Y}{I_Y}$时，$K^{(3)}_{jx}=1$ 当继电器接线为$U_\triangle/I_Y$时，$K^{(3)}_{jx}=\sqrt{3}$ Z_l——被保护线路的阻抗
	(2) 对线路变压器组，按保护范围不伸出变压器整定	一次动作阻抗 $Z^{I}_{dz}=K_k\ (Z_l+Z_B)$ (3) 继电器动作阻抗 $Z^{I}_{dzj}=Z^{I}_{dz}K^{(3)}_{jx}\frac{K_i}{K_u}$	K_k——可靠系数，一般取 0.7 Z_l——线路变压器组中线路的阻抗 Z_B——变压器的阻抗 K_i、K_u、$K^{(3)}_{jx}$系数同式 (2)
2. 第Ⅱ段整定计算			
保护装置动作阻抗	(1) 与相邻线路距离保护第Ⅰ段动作阻抗相配合，当有多条相邻线路时，应取其中最小值为整定值	一次动作阻抗 $Z^{II}_{dz}=K_kZ_l+K'_kK_{fzBC_{min}}Z^{I}_{dzxl}$ (4) 继电器动作阻抗 $Z^{II}_{dzj}=Z^{II}_{dz}K^{(3)}_{jx}\frac{K_i}{K_u}$	K_k——可靠系数，一般取 0.8～0.85 K'_k——可靠系数，一般取 0.8 $K_{fzBC_{min}}$——最小分支系数，为相邻线路距离保护第Ⅰ段保护范围末端短路时，流过相邻线路的短路电流与流过被保护线路的短路电流实际可能的最小比值，即 $K_{fzBC_{min}}=\left(\frac{I_{BC}}{I_{AB}}\right)_{min}$ Z_l——被保护线路的阻抗 Z^{I}_{dzxl}——相邻线路距离保护第Ⅰ段动作阻抗 K_i、K_u、$K^{(3)}_{jx}$系数同式 (2)
	当相邻线路没有装设距离保护，而装设电流保护或电流电压联锁保护时，应先算出它们的最小保护范围$X_{bh_{min}}$，以电抗值表示，以取代式 (4) 中的Z^{I}_{dzxl}，然后计算整定值	对电流保护 $X_{bh_{min}}=\frac{\frac{\sqrt{3}}{2}E_x}{K_kI_{dzxl}}-X_{xt_{max}}$ (5) 对电压保护 $X_{bh_{min}}=\frac{U_{dzxl}X_{xt_{min}}}{K_k\ (\sqrt{3}\ E_x-U_{dzxl})}$ (6)	E_x——相电势 K_k——可靠系数，取 1.1 I_{dzxl}，U_{dzxl}——分别为相邻线路保护的动作电流和动作电压 $X_{xt_{max}}X_{xt_{min}}$——分别为系统至相邻线路保护安装处的等值最大电抗和最小电抗

续表 15-48

计算项目	计算条件	计算公式	系数及文字代号
2. 第Ⅱ段整定计算			
保护装置动作阻抗	(2) 应躲过线路末端变压器低压侧短路	一次动作阻抗 $Z_{dz}^{Ⅱ}=K_kZ_l+K'_kK_{fzB_{min}}Z_B$ (7) 继电器动作阻抗 $Z_{dzj}^{Ⅱ}=Z_{dz}^{Ⅱ}K_{jx}^{(3)}\frac{K_i}{K_u}$	K_k——可靠系数，一般取 0.8～0.85 K'_k——可靠系数，一般取 0.7 Z_B——变压器阻抗 $K_{fzB_{min}}$——变压器低压侧 D 母线短路时，实际可能的最小分支系数 $K_{fzB_{min}}=\left(\frac{I_{BD}}{I_{AB}}\right)_{min}$ Z_l、K_i、K_u、$K_{jx}^{(3)}$与式（4）和式（2）相同
	(3) 按被保护线路末端短路时，有足够的灵敏度整定	一次动作阻抗 $Z_{dz}^{Ⅱ}=K_mZ_l$ (8) 继电器动作阻抗 $Z_{dzj}^{Ⅱ}=Z_{dz}^{Ⅱ}K_{jx}^{(3)}\frac{K_i}{K_u}$	K_m——灵敏系数，按表 15-1 选取 Z_l，K_i，K_u，$K_{jx}^{(3)}$系数与式（2）和式（4）相同
	(4) 取上述 (1)、(2)、(3) 条件中计算值最小值为整定值。如果按上述条件选取的整定值 $Z_{dz}^{Ⅱ}$ 不能满足灵敏度的要求，在允许增加动作时间的条件下，可按躲开相邻线路距离保护第Ⅱ段动作阻抗整定	一次动作阻抗 $Z_{dz}^{Ⅱ}=K_kZ_l+K'_kK_{fzBC_{min}}Z_{dzxl}^{Ⅱ}$ (9) 继电器动作阻抗 $Z_{dzj}^{Ⅱ}=Z_{dz}^{Ⅱ}K_{jx}^{(3)}\frac{K_i}{K_u}$	$K_{fzBC_{min}}$——相邻线路末端 C 母线短路时，实际可能的最小分支系数 即 $K_{fzBC_{min}}=\left(\frac{I_{BC}}{I_{AB}}\right)_{min}$ $Z_{dzxl}^{Ⅱ}$——相邻线路距离保护第Ⅱ段动作阻抗 其他系数与式（2）和式（4）相同
保护装置灵敏系数	按被保护线路末端母线短路来校验	$K_m=\frac{Z_{dz}^{Ⅱ}}{Z_l}\geqslant 1.5$ (10)	Z_l——被保护线路阻抗，即在线路末端短路时，阻抗继电器感受到的最大短路阻抗
保护装置动作时限	(1) 与相邻线路保护第Ⅰ段相配合时	$t_{dz}^{Ⅱ}=\Delta t$ (11)	Δt——时限阶段，一般取 0.5s $t_{dzxl_{max}}^{Ⅰ}$——相邻线路保护第Ⅰ段的最大动作时限
	(2) 与相邻线路保护第Ⅰ段相配合时	$t_{dz}^{Ⅱ}=t_{dzxl_{max}}^{Ⅰ}+\Delta t$ (12)	

续表 15-48

<table>
<tr><th>计算项目</th><th>计算条件</th><th>计算公式</th><th>系数及文字代号</th></tr>
<tr><td colspan="4">3. 第Ⅲ段整定计算</td></tr>
<tr><td rowspan="3">保护装置动作阻抗</td><td rowspan="3">按躲开最小负荷阻抗 $Z_{fh_{min}}$ 整定</td><td>(1) 全阻抗继电器一次动作阻抗
$Z_{dz}^{Ⅲ}=\frac{Z_{fh_{min}}}{K_k K_f K_{zq}}K_{jx}^{(3)}$ (13)
继电器动作阻抗
$Z_{dzj}^{Ⅲ}=\frac{K_i}{K_u}Z_{dz}^{Ⅲ}$ (14)</td><td>$Z_{fh_{min}}$——最小负荷阻抗
$Z_{fh_{min}}=\frac{0.9U_\phi}{I_{fh_{max}}}$
式中 U_ϕ——电网额定相电压
$I_{fh_{max}}$——被保护线路的最大负荷电流
K_k——可靠系数，取 1.2～1.3
K_f——继电器返回系数，取 1.15～1.25
K_{zq}——负荷自起动系数
K_i——电流互感器变比
K_u——电压互感器变比
$K_{jx}^{(3)}$——继电器接线系数，当接入相电流和线电压时，$\left(\frac{U_\triangle}{I_Y}\right)$，$K_{jx}^{(3)}=\sqrt{3}$，当接入两相电流差和线电压时，$\left(\frac{U_\triangle}{I_\triangle}\right)$，$K_{jx}^{(3)}=1$</td></tr>
<tr><td>(2) 方向阻抗继电器（设继电器最大灵敏角 φ_{lm} 与线路阻抗角 φ_D 相同）
一次动作阻抗
1) 0°接线 $\left(\frac{U_{AB}}{I_A-I_B}\right)$ 的方向阻抗继电器
$Z_{dz}^{Ⅲ}=\frac{0.9U_\phi}{K_k K_f K_{zq} I_{fh_{max}}\cos(\varphi_{lm}-\varphi_{fh})}$ (15)
2) (−30°) 接线 $\left(\frac{U_{AB}}{-2I_B}\right)$ 的方向阻抗继电器
$Z_{dz}^{Ⅲ}=\frac{\sqrt{3}\times 0.9U_\phi}{2K_k K_f K_{zq} I_{fh_{max}}}\times\frac{1}{\cos\left[(\varphi_{lm}-(\varphi_{fh}-30^\circ)\right]}$ (16)</td><td>φ_{lm}，φ_{fh}——分别为阻抗继电器最大灵敏角和负荷阻抗角
其他系数同式 (13)</td></tr>
<tr><td>(3) 偏移特性阻抗继电器（设继电器最大灵敏角 φ_{lm} 与线路阻抗角 φ_D 相同）</td><td>$I_{fhf_{min}}$——反演变负荷圆上最小负荷电流，其值按式 (18) 计算
其他系数同式 (3)</td></tr>
</table>

续表 15-48

计算项目	计算条件	计算公式	系数及文字代号
3. 第Ⅲ段整定计算			
保护装置动作阻抗	按躲开最小负荷阻抗 $Z_{fh_{min}}$ 整定	一次动作阻抗 1)0°接线 $\left(\frac{U_{AB}}{I_A-I_B};\ \frac{U_A}{I_A}\right)$ 的偏移特性阻抗继电器 $Z_{dz}^{Ⅲ}=\frac{0.9U_{\phi}}{K_k K_f K_{zq} I_{fhf_{min}}}$ (17) 2)(−30°)接线 $\left(\frac{U_{AB}}{-2I_B}\right)$ 的偏移特性阻抗继电器 $Z_{dz}^{Ⅲ}=\frac{\sqrt{3}\times 0.9U_{\phi}}{2K_k K_f K_{zq} I_{fhh_{min}}}$ (19) 3)(+30°)接线 $\left(\frac{U_{AB}}{2I_A}\right)$ 的偏移特性阻抗继电器 $Z_{dz}^{Ⅲ}$ 值计算同式(19)继电器动作阻抗 $Z_{dzj}^{Ⅲ}=Z_{dz}^{Ⅲ}\frac{K_i}{K_u}$	$I_{fhf_{min}}$① (18) 式中 φ_D、φ_{fh}——分别为被保护线路的阻抗角和负荷阻抗角 δ——阻抗圆的偏移度 $I_{fh_{max}}$——被保护线路的最大负荷电流 (−30°)接线用式(19)中 $I_{fhf_{min}}$ 按式(18)计算，只需将式中的 φ_D 改为($\varphi_D+30°$)即可 (+30°)接线用式(19)中 $I_{fhf_{min}}$ 按式(18)计算，只将式中的 φ_D 改为($\varphi_D-30°$)即可
保护装置灵敏系数	(1)当被保护线路末端短路时(近后备保护)	$K_{lm}^{Ⅲ}=\frac{Z_{dz}^{Ⅲ}}{Z_l}\geqslant 1.5$ (20)	Z_l——被保护线路的阻抗 Z_{lxl}——相邻线路的阻抗 $K_{fz_{max}}$——相邻线路末端短路时，实际可能的最大分支系数 即 $K_{fz_{max}}=\left(\frac{I_{BC}}{I_{AB}}\right)_{max}$
	(2)当相邻线路末端短路时(远后备保护)	$K_{lm}^{Ⅲ}=\frac{Z_{dz}^{Ⅲ}}{Z_l+K_{fz_{max}}Z_{lxl}}\geqslant 1.2$ (21)	
保护装置动作时限	与相邻线路(或元件)的后备保护最大动作时限相配合	$t_{dz}^{Ⅲ}=t_{dzxl_{max}}^{Ⅲ}+\Delta t$ (22)	$t_{dzxl_{max}}^{Ⅲ}$——相邻线路(或元件)后备保护最大动作时限 Δt——时限阶段，一般取 0.5s
4. 阻抗继电器分接头选择及精工电流校验			
电压变换器的分接头百分数		$U_{\%}=\frac{Z_{KB}}{Z_{dzj}}K_{YB}\times 100$ (23)	Z_{KB}——电抗变压器 DKB 的转移阻抗 K_{YB}——电压变换器的额定变比
精工电流校验	要求的精工电流系数 K_{jg}	$K_{jg}=\frac{I_{d_{min}}}{I_{jg}}\geqslant 2$ (24)	I_{jg}——被检验保护段阻抗继电器的精工电流，可由产品说明书查出 $I_{d_{min}}$——流过保护的可能最小短路电流。短路电流的选取，对第Ⅰ段近似选在本线路的末端，对第Ⅱ段近似选在相邻线路的中间，对第Ⅲ段近似选在相邻线路的末端

① $I_{fhf_{min}}=\frac{2I_{fh_{max}}\delta}{\cos\varphi_{fh}\left\{\left[-(1-\delta)(\cos\varphi_D+\sin\varphi_D\mathrm{tg}\varphi_{fh})\right]+\sqrt{\left[(1-\delta)(\cos\varphi_D+\sin\varphi_D\mathrm{tg}\varphi_{fh})\right]^2+4(1+\mathrm{tg}^2\varphi_{fh})\delta}\right\}}$

例 1　按图 15-59 对 A 变电所 1 号送电线的三段式距离保护进行整定计算。已知：

(1)1 号送电线路最大负荷电流 $I_{fh_{max}}=488A$，$\cos\varphi_{fh}=0.9$，$\varphi_{fh}=25°$；

(2) 相邻线路（BC 段）2 号保护装有三段电流保护，其中 I 段是无时限电流速断保护，动作电流 $I_{dzxl}=9190A$；

(3) B 变电所 110kV 母线在最小运行方式下的短路阻抗 $X_{xt_{max}}=4.18\Omega$；

(4) 所有线路的单位长度的正序阻抗为 0.4Ω/km，阻抗角 $\varphi_D=70°$；

(5) 距离保护 Ⅰ、Ⅱ 段（测量元件）采用全阻抗继电器，零度接线（$U_\triangle/I_\triangle$）。距离保护 Ⅲ 段（起动元件）采用偏移特性阻抗继电器，$+30°\left(\frac{U_{AB}}{2I_A}\right)$ 接线，最大灵敏角 $\varphi_{lm}=70°$，阻抗圆偏移度 $\delta=0.1$；

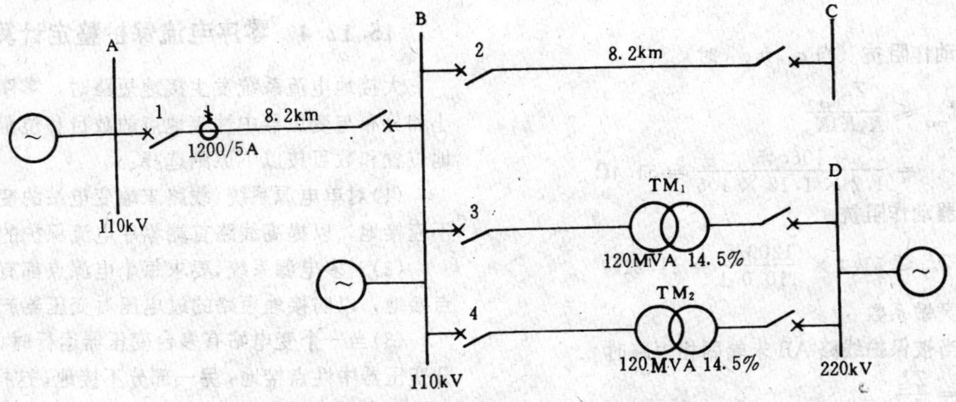

图 15-59　双侧电源输电线路的距离保护计算系统图

(6) 线路 BC 段的分支系数 $K_{fzBC_{min}}=\frac{I_{BC}}{I_{AB}}=5.35$，$K_{fzBC_{max}}=\frac{I_{BC}}{I_{AB}}=6$，主变压器的分支系数 $K_{fzB_{min}}=\frac{I_{BD}}{I_{AB}}=1.654$，$K_{fzB_{max}}=\frac{I_{BD}}{I_{AB}}=3.15$。

距离保护 Ⅰ 段整定计算：

按躲过相邻线路出口短路条件来选择，即

$$Z_{dz}^{Ⅰ}\leqslant K_kZ_{AB}=0.85\times0.4\times8.2=2.79\Omega$$

继电器的动作阻抗

$$Z_{dzj}^{Ⅰ}=Z_{dz}^{Ⅰ}K_{jx}^{(3)}\frac{K_i}{K_u}=2.79\times1\times\frac{1200/5}{110/0.1}=0.61\Omega$$

距离保护 Ⅱ 段整定计算：

按以下两条件来选择：

(1) 按与相邻线路（BC 段）2 号保护无时限电流速断保护相配合，即躲过电流速断保护范围末端短路。设无时限电流速断的最小保护范围为

$$X_{bh_{min}}=\frac{\frac{\sqrt{3}}{2}E_x}{K_kI_{dzxl}}-X_{xt_{max}}=\frac{\frac{\sqrt{3}}{2}\times\frac{110000}{\sqrt{3}}}{1.1\times9190}-4.18=1.26\Omega$$

$$Z_{dz}^{Ⅱ}\leqslant K_kZ_{AB}+K'_kK_{fzBC_{min}}X_{bh_{min}}$$
$$=0.85\times0.4\times8.2+0.8\times5.35\times1.26$$
$$=8.18\Omega$$

(2)按与相邻元件主变压器瞬动保护相配合，即躲过主变压器 220kV 侧短路。已知两台主变压器并联后的阻抗 $Z_B=7.31\Omega$

$$Z_{dz}^{Ⅱ}\leqslant K_kZ_{AB}+K'_kK_{fzB_{min}}Z_B$$
$$=0.85\times0.4\times8.2+0.7\times1.654\times7.31$$
$$=11.25\Omega$$

取 (1) (2) 条件中最小值，即取第 (1) 条件 $Z_{dz}^{Ⅱ}=8.18\Omega$ 为整定值。

继电器的动作阻抗

$$Z_{dzj}^{Ⅱ}=Z_{dz}^{Ⅱ}K_{jx}^{(3)}\frac{K_i}{K_u}$$
$$=8.18\times1\times\frac{1200/5}{110/0.1}=1.78\Omega$$

最小灵敏系数

当线路 AB 末端二相短路时

$$K_m^{(2)}=\frac{Z_{dz}^{Ⅱ}}{Z_{AB}}=\frac{8.18}{0.4\times8.2}$$
$$=2.5>1.5(\text{近后备})$$

动作时限 $t^{Ⅱ}=0.5s$

距离保护 Ⅲ 段整定计算：

按躲过最小负荷阻抗整定。由于偏移特性阻抗继

电器采用$+30°\left(\frac{U_{AB}}{2I_A}\right)$接线方式，故允许的最小负荷阻抗

$$Z_{fh_{min}}=\frac{0.9\sqrt{3}U_{\phi}}{2I_{fhf_{min}}}$$

$$I_{fhf_{min}}=\frac{2\times488\times0.1}{\cos25°\{[-(1-0.1)(\cos40°+\sin40°tg25°)]+\sqrt{[(1-0.1)(\cos40°+\sin40°tg25°)]^2+4(1+tg^225°)0.1}\}}$$

$$=465A$$

$$Z_{fh_{min}}\frac{0.9\times110000}{2\times465}=106.45\Omega$$

一次动作阻抗（当$\varphi_{lm}=\varphi_D$时）

$$Z^{I}_{dz_{max}}\leqslant\frac{Z_{fh_{min}}}{K_kK_fK_{zq}}$$

$$=\frac{106.45}{1.2\times1.15\times1.5}=51.4\Omega$$

继电器动作阻抗

$$Z^{I}_{dzj}\leqslant51.4\times\frac{1200/5}{110/0.1}=11.21\Omega$$

最小灵敏系数

(1) 当被保护线路AB末端两相短路时

$$K_m^{(2)}=\frac{Z^{I}_{dz}}{Z_{AB}}$$

$$=\frac{51.4}{0.4\times8.2}=15.67>1.5\text{(近后备)}$$

(2) 当相邻线路BC末端二相短路时

$$K_m^{(2)}=\frac{Z^{I}_{dz}}{Z_{AB}+K_{fzBC_{max}}Z_{BC}}$$

$$=\frac{51.4}{0.4\times8.2+6.0\times0.4\times8.2}$$

$$=2.24>1.2\text{(远后备)}$$

(3) 当B变电所主变压器220kV侧二相短路时

$$K_m^{(2)}=\frac{Z^{I}_{dz}}{Z_{AB}-K_{fzB_{max}}Z_B}$$

$$=\frac{51.4}{0.4\times8.2+3.15\times7.31}$$

$$=1.95>1.2\text{(远后备)}$$

令$\varphi_D=\varphi_D-30°=70°-30°=40°$，代入表15-48中的式(18)

15.12.4 零序电流保护整定计算

大接地电流系统发生接地短路时，零序电流的大小和分布与变压器中性接地点的数目和位置有关。接地位置和数目按以下原则选择：

(1)对单电源系统，线路末端变电站的变压器一般不应接地，以提高线路首端零序电流保护的灵敏度。

(2)对多电源系统，要求每个电源点都有一个中性点接地，以防接地短路的过电压对变压器产生危害。

(3)当一个变电站有多台变压器运行时，应将一部分变压器中性点接地，另一部分不接地，这样，当接地运行的变压器检修停运时，不接地变压器可以接地运行，从而使接地点的数目和位置相对不变。

(4)对有三台以上变压器的110kV或220kV双母线运行的发电厂，一般按两台变压器中性点直接接地运行，并把它们分别接于两组不同母线上。当其中一台中性点接地变压器停运时，将另一台不接地的变压器的中性点直接接地。

零序电流保护通常采用三段式结构，即无时限零序电流速断，限时零序电流速断和零序过电流保护，它们的整定方法与相间短路的电流保护相似。

整定计算说明图见图15-60。

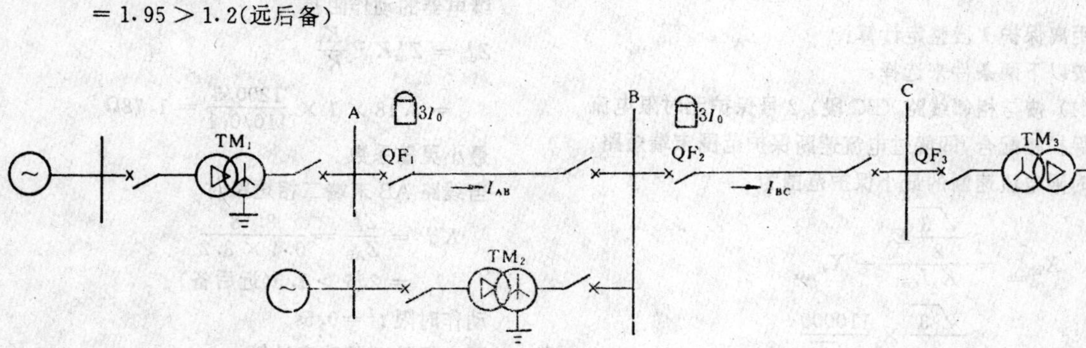

图15-60 零序电流保护整定计算说明图

保护整定计算见表 15-49。

表 15-49 零序电流保护整定计算

计算项目	计算条件	计算公式	系数及文字代号
1. 零序Ⅰ段（无时限零序电流速断）整定计算			
保护装置的动作电流	(1) 按躲开区外单相或两相接地短路的最大零序电流 $3I_{0\max}^{(1)}$ 整定 单相接地短路的零序电流 $3I_0^{(1)}$ 按式 (2) 计算。两相接地短路的零序电流 $3I_0^{(1.1)}$ 按式 (3) 计算，并设网络的正序阻抗等于负序阻抗，即 $Z_1=Z_2$	$I_{0dz}^{\mathrm{I}}=K_k 3I_{0\max}$ (1) 式 (1) 中 $3I_{0\max}$ 按式 (2) 或式 (3) 计算，取其中最大者 $3I_0^{(1)}=\dfrac{3E}{2Z_{1\Sigma}+Z_{0\Sigma}}$ (2) $3I_0^{(1.1)}=\dfrac{3E}{Z_{1\Sigma}+2Z_{0\Sigma}}$ (3) 当 $Z_{1\Sigma}>Z_{0\Sigma}$ 时，取 $3I_0^{(1.1)}$ 当 $Z_{1\Sigma}<Z_{0\Sigma}$ 时，取 $3I_0^{(1)}$	K_k——可靠系数，取 1.25～1.3 $I_{0\max}$——区外单相或两相接地短路的最大零序电流。应选取母线 A 或 B（当 B 侧有中性点接地变压器时）发生故障时的最大零序电流值。计算 $3I_{0\max}$ 时，应采用等值正序阻抗 $Z_{1\Sigma}$ 为最小的运行方式，取单相接地短路或两相接地短路的零序电流二者中的最大值 $Z_{1\Sigma}$、$Z_{0\Sigma}$——分别为故障点的等值正序和零序综合阻抗 E——系统的相电势
	(2) 按躲开非全相运行时的三倍零序电流 $3I_{0F}$ 整定 当开关先接通一相时（相当于两相断线）的零序电流 I_{0F}，按式 (5) 计算；当开关先接通两相时（相当于两相运行）的零序电流 I_{0F}，按式 (6) 计算。并设 $Z_1=Z_2$	$3I_{0dz}^{\mathrm{I}}=K'_k 3I_{0F}$ (4) 式 (4) 中的 I_{0F} 按式 (5) 和式 (6) 计算，取其中较大者 $I_{0F}=\dfrac{\lvert\dot{E}_{\mathrm{I}}-\dot{E}_{\mathrm{II}}\rvert}{2Z_{1\Sigma}+Z_{0\Sigma}}$ (5) $I_{0F}=\dfrac{\lvert\dot{E}_{\mathrm{I}}-\dot{E}_{\mathrm{II}}\rvert}{Z_{1\Sigma}+2Z_{0\Sigma}}$ (6)	K'_k——可靠系数，当重合过程线路的两侧的电势角以稳定计算所得的最大电势角差为依据时，取等于或大于 1.2，当最大电势角差按 180°考虑时，取大于或等于 1.1 I_{0F}——非全相运行（两相运行或断路器三相不同期合闸）时的最大零序电流（应比较多种运行方式而取其最大值） $\dot{E}_{\mathrm{I}}$、$\dot{E}_{\mathrm{II}}$——断线点两侧系统的等值相电势，考虑最严重情况，$\dot{E}_{\mathrm{I}}$ 与 $\dot{E}_{\mathrm{II}}$ 的相位差为 180° $Z_{1\Sigma}$、$Z_{0\Sigma}$——分别从断开点看进去的正序、零序综合阻抗，若被保护线路的一侧开关三相触头不同时合闸，而另一侧断开时，$Z_{1\Sigma}$、$Z_{0\Sigma}$ 应采用被保护线路的正序、零序容抗，同时令 $\dot{E}_{\mathrm{II}}=0$

续表 15-49

计算项目	计算条件	计算公式	系数及文字代号
2. 零序Ⅱ段（限时零序电流速断）整定计算			
保护装置的动作电流	(1) 与相邻线路零序电流保护Ⅰ段相配合，即躲过相邻线路Ⅰ段保护范围末端接地短路时，流过本保护装置的最大零序电流。当有多条相邻线路时，应取按式(7)计算的最大者	$I_{0dz}^{II}=\frac{K_k^{II} I_{0dzxl}^{I}}{K_{fz_{min}}}$　(7)	K_k^{II}——可靠系数，正常情况下取1.1～1.2，如果某些变压器参数不准确，可取1.5～2.0 I_{0dzxl}^{I}——相邻线路零序电流保护Ⅰ段的动作电流，当相邻线路保护有两个Ⅰ段时，I_{0dzxl}^{I}应为不灵敏Ⅰ段的动作电流 $K_{fz_{min}}$——分支系数，等于相邻线路零序电流Ⅰ段保护范围末端接地短路时，流过故障线路与被保护线路的零序电流之比。通常取常见运行方式和正常检修运行方式下的最小值，即 $K_{fz_{min}}=\left(\frac{I_{BK}}{I_{AB}}\right)_{min}$ I_{0dzxl}^{II}——相邻线路保护第Ⅱ段的动作电流，当相邻线路有两个第Ⅱ段时，I_{0dzxl}^{II}应取不灵敏Ⅱ段的动作值
	(2) 当与相邻线路零序电流保护Ⅰ段配合，灵敏度达不到要求时，可按与相邻线路零序电流保护Ⅱ段相配合	$I_{0dz}^{II}=\frac{K_k^{II} I_{0dzxl}^{II}}{K_{fz_{min}}}$　(8)	
	(3) 躲开相邻线路非全相运行时流过本线路的零序电流	$I_{0dz}^{II}=K'_k 3I'_{0F}$　(9)	K'_k——同式(4) I'_{0F}——相邻线路非全相运行时，流过本线路的最大零序电流
	(4) 躲过非全相运行整定	$I_{0dz}^{II}=K'_k 3I_{0F}$　(10)	K'_k，I_{0F}同式(4)
	(5) 与相邻线路纵联保护（如高频保护）相配合	$I_{0dz}^{II}=K_k 3I'_{0_{max}}$　(11)	K_k——可靠系数，取等于或大于1.3 $I'_{0_{max}}$——相邻线路末端故障，流过本保护的最大零序电流
保护装置的最小灵敏系数	按被保护线路末端接地短路（单相或两相接地短路）时的最小零序电流来校验	$K_m^{II}=\frac{3I_{0min}}{I_{0dz}^{II}}$　(12)	I_{0min}——最小运行方式下，在被保护线路末端接地短路时，流过保护的最小零序电流，当$Z_{1\Sigma}<Z_{0\Sigma}$时，采用两相接地短路的零序电流值；当$Z_{1\Sigma}>Z_{0\Sigma}$时，采用单相接地短路的零序电流值
保护装置的动作时限	当与相邻线路零序电流Ⅰ段配合时	$t_{0dz}^{II}=\Delta t$　(13)	Δt——时限阶段，一般取0.5s $t_{0dzxl_{max}}^{II}$——相邻线路零序Ⅱ段的最大动作时间
	当与相邻线路零序电流Ⅱ段保护配合时	$t_{0dz}^{II}=t_{0dzxl_{max}}^{II}+\Delta t$　(14)	

续表 15-49

计算项目	计算条件	计算公式	系数及文字代号
3. 零序Ⅲ段（零序过电流保护）整定计算			
保护装置的动作电流	对装有三相重合闸的线路 (1) 按与相邻线路零序电流Ⅱ段相配合 (2) 按与相邻线路零序电流Ⅲ段相配合	(1) $I_{0dz}^{III}=\frac{K_k I_{0dzxl}^{II}}{K_{fz_{min}}}$ (15) (2) $I_{0dz}^{III}=\frac{K_k I_{0dzxl}^{III}}{K_{fz_{min}}}$ (16)	K_k——可靠系数，取 1.1～1.2 $K_{fz_{min}}$——分支系数，取相邻线路末端故障时的最小值，与式（7）同 I_{0dzxl}^{III}——相邻线路零序电流Ⅲ段的动作电流
	(3) 躲开相邻线路始端三相短路时，流过保护装置的最大不平衡电流 如果零序过电流保护的动作时限大于相邻线路上相间保护的动作时限则零序过电流保护动作电流可按躲开正常情况下的不平衡电流 I_{bp} 来整定。I_{bp} 可用测量表计来测定	(3) $I_{0dz}^{III}=K_k I_{bp_{max}}$ (17)	K_k——可靠系数，取 1.2～1.3 $I_{bp_{max}}$——相邻线路始端三相短路时，电流互感器二次侧的最大不平衡电流，按下式计算 $I_{bp_{max}}=K_{fzq}K_{ts}\Delta f I_{d_{max}}^{(3)}$ (18) 式中 K_{fzq}——非周期分量系数一般取 1，但采用重合闸后加速时，取 1.5～2 K_{ts}——电流互感器同型系数，同型号取 0.5，不同型号取 1 Δf——电流互感器的 10% 误差，取 0.1 $I_{dmax}^{(3)}$——相邻线路始端三相短路时的最大短路电流
保护装置最小灵敏系数	(1) 按被保护线路末端单相或两相接地短路时流过保护的最小零序电流校验	$K_m=\frac{3I_{0min}}{I_{0dz}^{III}}\geqslant 1.3～1.5$（近后备） (18)	$I_{0_{min}}$——最小运行方式下，被保护线路（或相邻线路）末端单相或两相接地短路时，流过保护的最小零序电流 $K_{fz_{max}}$——最大分支系数，相邻线路末端短路时，实际可能的最大分支系数，即 $K_{fz_{max}}=\left(\frac{I_{BK}}{I_{AB}}\right)_{max}$
	(2) 按相邻线路末端单相或两相接地短路时，流过保护的最小零序电流校验	$K_m=\frac{3I_{0_{min}}}{I_{0dz}^{III}K_{fz_{max}}}\geqslant 1.2$（远后备） (19)	
保护装置的动作时限	按阶梯原则确定延时特性，即从受电端起向中性点接地的变压器方向按阶梯原则逐级增大	当按相邻线路零序Ⅱ段配合时 $t_{0dz}^{III}=t_{0dzxl}^{II}+\Delta t$ 当按相邻线路零序Ⅲ段配合时 $t_{0dz}^{III}=t_{0dzxl}^{III}+\Delta t$ 对于图 15-60 中的 QF_3 上的零序电流Ⅲ段，可以是瞬动的因零序保护不反映变压器三角形侧的接地短路	t_{0dzxl}^{II}——相邻线路零序Ⅱ段的动作时间 t_{0dzxl}^{III}——相邻线路零序Ⅲ段的动作时间

例 1　试对图 15-61 线路 AB 进行继电保护配置　　和整定计算。

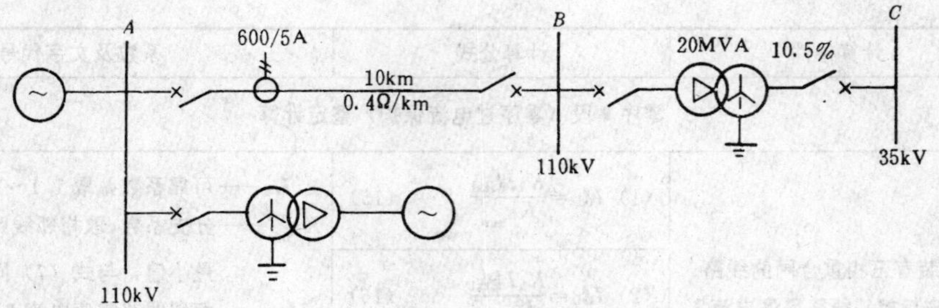

图 15-61 线路继电保护计算系统图

由于线路 AB 为单电源幅射线路，可按线路-变压器组来考虑，从而可采用较简单的保护，因此可以配置距离保护作为相间短路保护，零序电流保护作为接地短路保护。

(1) 反应相间短路的距离保护整定计算。

距离Ⅰ段按不伸出变压器整定

$$Z_{dz}^{I} = K_k(Z_{AB} + Z_B)$$
$$= 0.7\left(0.4 \times 10 + 0.105 \times \frac{110^2}{20}\right)$$
$$= 47.27\Omega/\text{相}$$

继电器动作阻抗（设继电器为零度接线）

$$Z_{dzj}^{I} = Z_{dz}^{I} K_{jx}^{(3)} \frac{K_i}{K_u}$$
$$= 42.27 \times 1 \times \frac{600/5}{110/0.1} = 5.16\Omega/\text{相}$$

距离Ⅱ段按躲最小负荷阻抗整定（设继电器为零度接线方向阻抗继电器 $\varphi_{lm}=80°$，$I_{fh_{max}}=\frac{20000}{\sqrt{3}\times 110}=105A$，$\cos\varphi_{fh}=0.8$，$\varphi_{fh}=36.87°$）。

$$Z_{dz}^{II} = \frac{0.9U_\phi}{K_k K_f K_{zq} I_{fh_{max}} \cos(\varphi_{lm} - \varphi_{fh})}$$
$$= \frac{0.9 \times \frac{110 \times 10^3}{\sqrt{3}}}{1.2 \times 1.15 \times 1.3 \times 105 \times \cos(80° - 36.87°)}$$
$$= 415.7\Omega/\text{相}$$

继电器动作阻抗

$$Z_{dzj}^{II} = 415.7 \times 1 \times \frac{600/5}{110/0.1} = 45.35\Omega/\text{相}$$

由计算结果可见，保护整定值较大，灵敏度很高，故可考虑按继电器的最大整定阻抗或按保证变压器低压侧母线故障有足够灵敏度的条件整定，即

$$Z_{dz}^{II} = K_{lm}(Z_{AB} + Z_B)$$
$$= 1.2\left(0.4 \times 10 + 0.105 \times \frac{110^2}{20}\right)$$
$$= 81\Omega/\text{相}$$

继电器动作阻抗

$$Z_{dzj}^{II} = 81 \times 1 \times \frac{600/5}{110/0.1} = 8.84\Omega/\text{相}$$

本线路距离保护Ⅰ段能保护线路全长，Ⅱ段又能作后备保护，为简化保护，可不设距离保护第Ⅲ段。

保护动作时间

$$t_{dz}^{I} = 0s$$
$$t_{dz}^{II} = 0.5s$$

(2) 反应接地短路的零序电流保护整定计算。

由于本线路末端的变压器高压侧为中性点不接地的变压器，因此，零序电流保护的第Ⅰ段可按保证本线路末端母线 B 附近单相或两相接地短路有足够灵敏的条件整定。

已知 B 母线接地短路时流过 A 侧保护的最小零序电流为

$$3I_{0_{min}} = 1.37\text{kA}$$

所以

$$I_{0dz}^{I} = \frac{3I_{0_{min}}}{K_m} = \frac{1.37}{1.5} = 0.913\text{kA}$$

继电器动作电流

$$I_{0dzj}^{I} = \frac{913}{600/5} = 7.59\text{A}$$

动作时间

$$t_{0dz}^{I} = 0s$$

零序电流保护第Ⅱ段按躲过变压器低压侧三相短路时流过保护的最大不平衡电流整定。

已知变压器低压侧 C 母线三相短路时的最大短路电流为 $I_{dc_{max}}^{(3)}=408A$（归算到 110kV 侧）。线路装有重合闸后加速。

因此

$$I_{0dz}^{II} = K_k K_{fzq} K_{ts} \Delta f I_{dc_{max}}^{(3)}$$
$$= 1.25 \times 2 \times 0.5 \times 0.1 \times 408 = 51\text{A}$$

继电器动作电流

$$I_{0dzj}^{\mathrm{I}} = \frac{51}{600/5} = 0.425\mathrm{A}$$

动作时间

$$t_{0dz}^{\mathrm{I}} = 0.5\mathrm{s}$$

由于零序电流保护第Ⅰ段能保护线路全长（AB），第Ⅱ段能作后备保护，为简化保护，故零序电流保护第Ⅲ段可不再设置。

15.13 自备发电厂发电机保护

钢铁企业自备电厂的发电机组一般来说容量较小，即便建设较大机组，也是以电力部门设计为主，因此本节主要叙述单机容量为50MW及以下发电机组的继电保护装置，工程设计中应遵循水电部颁发的《火力发电厂设计技术规程》（SDJ1—84）和（SDJ1—79）以及国家标准《小型火力发电厂设计规范》（GBJ49—83）（试行）等有关规定进行设计。

15.13.1 发电机内部故障及异常运行方式

发电机内部故障及异常运行方式有以下几种形式：

（1）定子绕组的相间短路；

（2）定子绕组的匝间短路；

（3）定子绕组的接地故障；

（4）励磁回路一点或两点接地故障；

（5）发电机外部相间短路；

（6）定子绕组过负荷；

（7）发电机失去励磁电流；

（8）转子表层（负序）过负荷。

15.13.2 发电机保护装设的原则

发电机保护装设的原则有以下几点：

（1）反应发电机定子绕组及其引出线相间短路的纵联差动保护。1000kW以上的发电机装设纵联差动保护作为发电机的主保护，以反应发电机定子绕组及其引出线间的短路。

对发电机变压器组，当发电机有断路器时，发电机装设单独的纵差保护，当发电机与变压器间没有断路器时，可只装设发电机变压器组共用纵差保护。

1000kW以下单独运行的发电机，如中性点有引出线，则在中性点侧装设过电流保护，如中性点无引出线，则在发电机端装设低电压保护。

1000kW以下与其他发电机或电力系统并列运行的发电机，应在发电机端装设电流速断保护，如灵敏度不够，可装设差动保护。

（2）反应发电机定子绕组单相接地故障的零序电流和零序电压保护。

与母线直接连接的发电机，接地电流不应超过4A（不考虑消弧线圈的作用）。当单相接地故障电流大于4A时，应装设有选择性的接地保护装置。在未装设单相接地保护或接地保护灵敏度不够时，可利用接于母线上的绝缘监视装置动作于信号。

对发电机-变压器组，应装设保护区不小于90%的定子接地保护。

（3）反应发电机定子绕组匝间短路的保护。定子绕组为星形联接，每相有并联分支，且中性点有引出端子的发电机，宜采用单继电器式横差保护。对于50MW的发电机，当定子绕组为星形接线，中性点只有一个引出端子时，也应装设专用的匝间短路保护。

（4）发电机过电流保护。反应发电机外部相间短路故障和作为发电机主保护后备的过电流保护，宜装设下列保护：

1）1000kW以上发电机组装设复合电压起动的过电流保护。

2）50MW发电机组装设负序电流保护和单元件低电压起动的过电流保护。

3）1000kW以下与系统并列运行的发电机，应装设过电流保护。

4）自并励发电机，宜采用低电压保持的过电流保护，也可采用低阻抗保护。

（5）反应发电机定子绕组过负荷的保护。发电机过负荷主要反应对称过负荷，因此保护装置接一相电流，带时限动作于信号。对双水内冷式发电机应采用反时限对称过负荷保护，由定时限部分（动作于信号）和反时限部分（动作于跳闸）二部分组成。

（6）反应发电机转子表层过负荷。50MW发电机应装设反时限负序过负荷保护。它由定时限部分和反时限部分组成，定时限部分动作于信号，反时限部分动作于跳闸。

（7）反应发电机励磁回路接地故障的接地保护或接地检测装置。汽轮发电机一点接地故障可采用定期检测装置；两点接地故障应装设两点接地保护装置。

对转子水内冷的汽轮发电机应装设励磁回路一点接地保护和两点接地保护。

（8）反应发电机励磁电流异常下降或完全消失的失磁保护。不允许失磁运行及异步运行的发电机，用直流励磁机时，在自动灭磁开关断开后，应联锁断开发电机断路器，当采用半导体励磁系统时，则应装设专用的失磁保护。

重要的发电机应装设专用的失磁保护。

根据发电机故障和异常运行方式的性质，各项保护装置可达到的目的有：

(1) 停机。断开发电机断路器，关闭汽轮发电机的主汽门。

(2) 解列。断开发电机断路器，原动机甩负荷。

(3) 解列灭磁。断开发电机断路器，灭磁，原动机甩负荷。

(4) 减输出。减少原动机的输出功率。

(5) 母线解列。对双母线系统，断开母联断路器，缩小故障影响范围。

(6) 发信号。发出声光信号或光信号。

15.13.3 发电机保护整定计算

15.13.3.1 纵联差动保护

发电机纵联差动保护原理接线如图 15-62 所示。

纵联差动保护的整定计算：

(1) 发电机纵联差动保护动作电流按下列两个条件整定。

1) 避开外部短路时流过保护装置的最大不平衡电流

$$I_{dz} = K_k I_{bp_{max}} = K_k K_{fzq} K_{tx} \Delta f I_{d_{max}} \tag{15-1}$$

式中 K_k——可靠系数，取 1.3；

$I_{bp_{max}}$——最大不平衡电流计算值；

K_{fzq}——非周期分量的系数，用 BCH-2、DCD-2 型继电器时，$K_{fzq}=1$；

K_{tx}——电流互感器同型系数，取 0.5；

Δf——电流互感器最大相对误差，取 0.1；

$I_{d_{max}}$——在发电机外部三相短路时，流经保护的最大周期性短路电流。

2) 为防止二次电流回路断线时的误动作，保护的动作电流应大于发电机的最大负荷电流（一般取额定电流）。

$$I_{dz} = K_k I_{ef} \tag{15-2}$$

式中 K_k——可靠系数，取 1.3；

I_{ef}——发电机额定电流。

按上述条件计算后，取 1)、2) 中较大的计算值，作为动作电流的整定值。

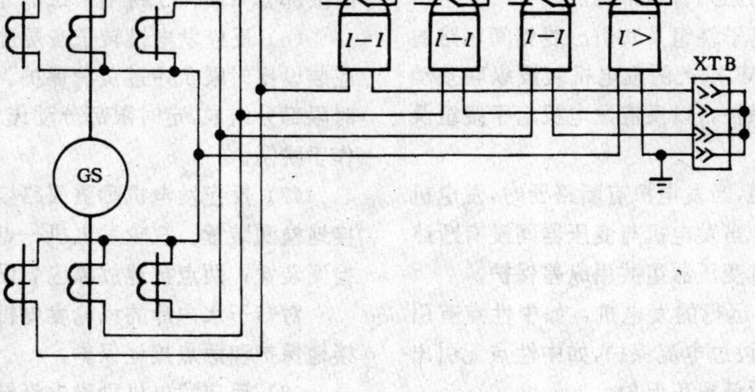

图 15-62 发电机纵联差动保护原理接线图

计算电流互感器的变比之后，差动继电器的动作电流为

$$I_{dzj} = K_{jx}\frac{I_{dz}}{K_i}$$

式中 K_{jx}——接线系数；

K_i——电流互感器变比。

(2) 差动继电器工作线圈匝数的计算。

纵差保护装置由BCH-2型继电器构成时，由于该继电器的动作安匝 $AW_0=60$ 安匝，因此工作线圈的计算匝数 W_{gjs} 按下式计算

$$W_{gjs} = \frac{AW_0}{I_{dzj}} \tag{15-3}$$

按继电器线圈的实际抽头，选用较 W_{gjs} 小而相近的匝数，作为工作线圈整定匝数 W_{gz}。

(3) 灵敏度校验。

纵差保护的灵敏度按下式校验

$$K_m = \frac{I_{d\min}^{(2)}}{I_{dz}} \geqslant 2 \tag{15-4}$$

式中 $I_{d\min}^{(2)}$——发电机出口发生两相短路时，流经保护的最小周期性短路电流。一般按单独一台发电机运行，或者系统容量较小，并在发电机进行自同期时，发生故障的情况时计算。

(4) 电流回路断线监视继电器的动作电流。

差动保护回路采用三相式接线，在差动回路任何一相电流回路断线时，该继电器延时发出信号。断线监视继电器的动作电流，应大于发电机正常运行下的最大不平衡电流。其动作电流按下式计算

$$I_{dzj} = 0.2\frac{I_{ef}}{K_i} \tag{15-5}$$

推荐采用DL-11/2型电流继电器，将继电器线圈并联使用，动作电流为1A。

断线监视装置动作时间，应大于发电机后备保护中的最大动作时间。

计算实例 某自备厂装有QF-12-2型汽轮发电机，已知有关数据如下：

额定容量 $S_e=15000$kVA，额定电压 $U_e=10.5$kV，次暂态电抗 $X''_d=0.12778$，暂态电抗 $X'_d=0.2054$，同步电抗 $X_d=1.8093$，负序电抗 $X_2=0.15589$，电流互感器变比 $K_i=300$，发电机外部三相短路时，流经保护的最大周期性短路电流 $I_{d\max}=6268$A。采用BCH-2型差动继电器作差动保护，整定计算如下：

(1) 发电机的额定电流。

$$I_{ef} = \frac{S_e}{\sqrt{3}U_e} = \frac{15000}{1.73\times 10.5} = 825\text{A}$$

(2) 差动保护的动作电流。

1) 按躲开外部短路的最大不平衡电流计算。

$$I_{dz} = K_k K_{fzq} K_{tx}\Delta f I_{d\max}$$
$$= 1.3\times 1\times 0.5\times 0.1\times 6268 = 407.4\text{A}$$

2) 按躲开电流互感器二次回路断线计算

$$I_{dz} = K_k I_{ef} = 1.3\times 825 = 1072.5\text{A}$$

取上述1)、2)中最大的数值作为保护装置的动作电流，则差动继电器的动作电流为

$$I_{dzj} = \frac{K_{jx}I_{dz}}{K_i} = \frac{1\times 1072.5}{300} = 3.6\text{A}$$

(3) BCH-2型差动继电器工作线圈的计算匝数。

$$W_{gjs} = \frac{AW_0}{I_{dzj}} = \frac{60}{3.6} = 16.6\text{ 匝}$$

取工作线圈的实际匝数为

$$W_{gjs} = 16\text{ 匝}$$

(4) 灵敏度校验。

继电器实际动作电流

$$I_{dzj} = \frac{60}{16} = 3.8\text{A}$$

$$K_m = \frac{I_{d\min}^{(2)}}{I_{dz}} = \frac{5001}{3.8\times 300} = 4.38 > 2$$

式中 $I_{d\min}^{(2)}$——发电机出口发生两相短路，流经保护装置的最小周期性短路电流。经短路电流计算为5001A。

15.3.3.2 发电机电流速断保护

容量为1000kW及以下的发电机，应在出口侧装设电流速断保护，保护原理接线如图15-63所示。

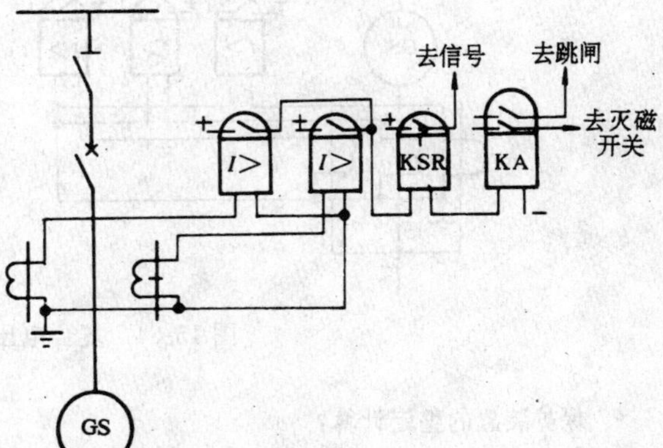

图15-63 发电机电流速断保护

电流速断保护整定计算：

(1) 躲过外部故障时，流过发电机的最大短路电流。

$$I_{dz} = K_k I_{d_{max}}^{(3)} \quad (15\text{-}6)$$

式中 K_k——可靠系数，当采用 DL-10 型电流继电器时，$K_k=1.4\sim1.6$，当采用 GL-10 型电流继电器时，$K_k=1.8\sim2.0$；

$I_{d_{max}}^{(3)}$——发电机引出端发生三相短路时，流经发电机的最大短路电流。

(2) 躲过流过发电机的最大振荡电流。

$$I_{dz} = K_k I_{z_{max}} \quad (15\text{-}7)$$

式中 K_k——可靠系数，取 1.2～1.3；

$I_{z_{max}}$——最大振荡电流。

发电机的振荡电流通常按下式计算

$$I_{z_{max}} = \frac{E_F + U_{xt}}{X_F + X_{xt}} \quad (15\text{-}8)$$

式中 E_F——发电机的电势；

X_F——发电机的电抗；

U_{xt}——归算到发电机电压的系统电压；

X_{xt}——归算到发电机电压的系统电抗。

取上述 (1)、(2) 中较大的 I_{dz} 值，作为保护的动作电流。

当线路进行非同期重合闸，同时发电机又产生振荡时，在上式中的 E_F 和 X_F 分别取为发电机的次暂态电势 E''_d 和次暂态电抗 X''_d，如因带时限保护切除系统中的故障而引起发电机振荡时，则 E_F 和 X_F 分别取为发电机的暂态电势 E'_d 和暂态电抗 X'_d。

为了计算最大振荡电流，可以认为发电机电势与系统电压之间的夹角差为 180°。

(3) 电流速断保护的灵敏度按下式校验。

$$K_m = \frac{I_{d_{min}}^{(2)}}{I_{dz}} \geqslant 2 \quad (15\text{-}9)$$

式中 $I_{d_{min}}^{(2)}$——发电机引出端发生两相短路时，由系统供给的最小短路电流。

15.13.3.3 发电机的过电流保护

在发电机差动保护范围外部发生故障，而故障设备的保护或断路器拒动时，将引起发电机过电流。为此装设反应外部故障的过电流保护，作为差动保护的后备保护。

复合电压起动的过电流保护原理接线如图 15-64 所示。

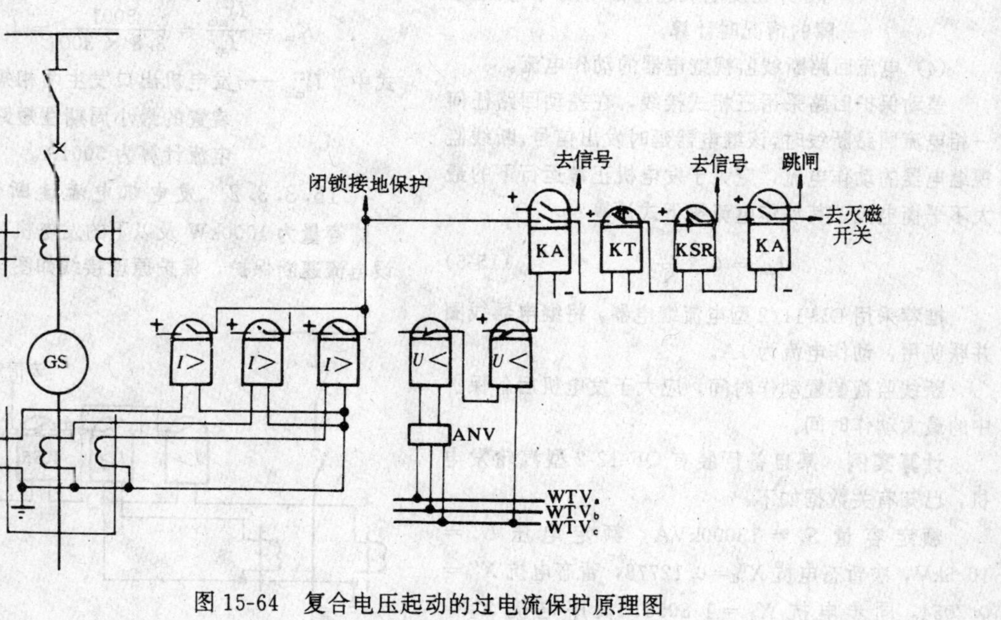

图 15-64 复合电压起动的过电流保护原理图

保护装置的整定计算：

(1) 电流元件的动作电流按躲过发电机额定电流整定，即

$$I_{dz} = \frac{K_k}{K_f} I_{ef} \quad (15\text{-}10)$$

式中 K_k——可靠系数，取 1.2；

K_f—返回系数，取0.85。

(2) 负序电压继电器的动作电压按避开正常运行时出现的最大不平衡电压整定，根据经验取 $U_{dz}=0.06U_{ef}$。

对于DY-2型负序电压继电器，最低整定值为6V。

(3) 低电压元件的动作电压按躲过电动机自起动的电压确定，此外还应躲过发电机失磁运行时的最低运行电压，一般

$$U_{dz}=(0.6\sim0.7)U_{ef} \tag{15-11}$$

(4) 保护装置灵敏度校验，应按后备保护范围末端金属性两相短路进行校验。

电流元件

$$K_m=\frac{I_{d_{min}}^{(2)}}{I_{dz}} \tag{15-12}$$

式中　$I_{d_{min}}^{(2)}$——后备保护范围末端金属性两相短路时，通过保护装置的最小短路电流。

负序电压元件

$$K_{m2}=\frac{U_{d2_{min}}^{(2)}}{U_{dz2}}\geqslant1.2 \tag{15-13}$$

式中　$U_{d2_{min}}^{(2)}$——后备保护范围末端金属性两相短路时，保护安装处的最小负序电压。

相间电压元件

$$K_m=\frac{U_{dz}}{U_{d_{max}}}\geqslant1.2 \tag{15-14}$$

式中　$U_{d_{max}}$——后备保护范围末端金属性两相短路时，保护安装处的最大相间电压。

负序过电流保护直接反应对发电机很危险的负序电流，并能简单地实现负序过负荷保护，在保护范围内对非对称故障有较高的灵敏度，推荐在容量为50MW的发电机采用。

15.13.3.4　发电机励磁回路的接地保护

在一个控制室内集中控制的全部发电机，其励磁回路一点接地定期检测装置和两点接地保护装置均共用一套。

由ZBZ-1型继电器构成的励磁回路两点接地保护原理，见图15-65。

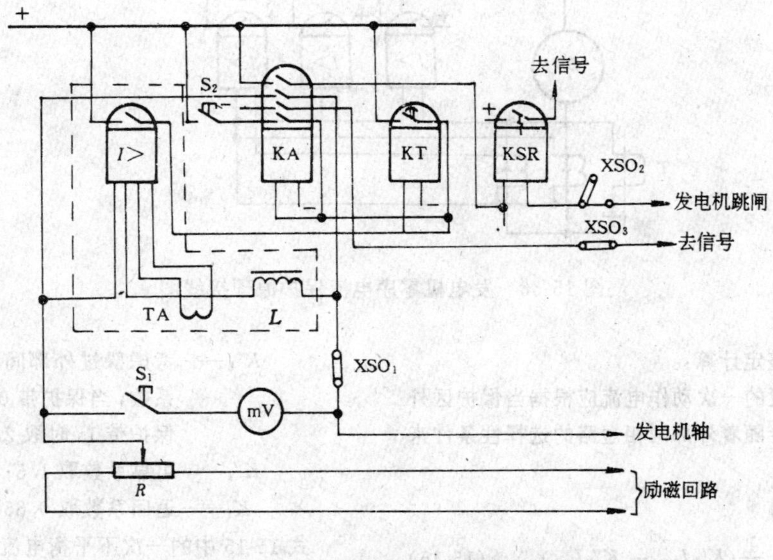

图15-65　ZBZ-1型励磁回路两点接地保护原理接线图

图15-65中各元件的作用和动作情况如下：

励磁回路发生一点接地时，应将两点接地保护投入运行。

在电流继电器回路中装设中间电流互感器TA及塞流线圈L，是为了减少交流分量对保护的影响，防止保护误动。

保护是利用电桥原理作成，当保护投入后，按下按钮 S_1 并调节分压电阻器滑动触头，待电压表(300MV)指零时，表示电桥达到平衡之后将跳闸连接电接通。

为了防止杂散电流流过电流继电器而引起误动作，保护装置经过一专用电刷与发电机轴相连，从而使保护接地与发电厂的接地回路分开。

为了防止瞬时两点接地时引起误动，保护带有1～1.5s的延时。

为了防止在两点接地时过电流继电器线圈中长期流过较大的电流，用带自保持的中间继电器的接点短接过电流继电器的线圈。

15.13.3.5 发电机定子绕组接地的零序电流保护

对于直接连于母线的发电机，当发电机网络的接地电容电流大于4A时，应装设动作于跳闸的接地保护。

保护装置一般由装设于发电机出口处的零序电流互感器及相应的电流继电器组成。

发电机零序保护原理接线如图15-66所示。

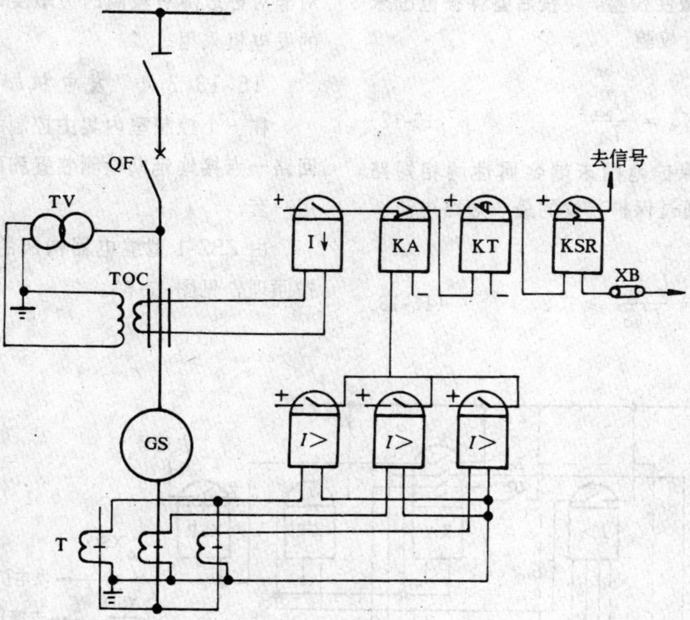

图15-66 发电机零序电流保护原理接线图

接地保护的整定计算：

(1) 保护装置的一次动作电流应根据当保护区外部一相接地，并伴随着外部两相短路的选择性条件来确定。

有闭锁元件时

$$I_{dz}=\frac{1}{K_f}(K'_kI_{JDF}+K''_kI_{bp1}) \quad (15\text{-}15)$$

无闭锁元件时

$$I_{dz}=\frac{1}{K_f}(K'_kI_{JDF}+K''_kI^{(2)}_{bpD1}) \quad (15\text{-}16)$$

式中 I_{JDF}——发电机的接地稳态电容电流；

I_{bp1}——闭锁元件动作时的一次不平衡电流；

$I^{(2)}_{bpD1}$——外部两相短路时的一次不平衡电流；

K'_k——考虑躲过外部间歇性接地时的可靠系数，当保护带0.5s时限时取3，当保护带1s时取2；

K''_k——可靠系数取1.5；

K_f——返回系数取0.85。

式15-15中的一次不平衡电流可从相应的二次不平衡电流换算而得出。

(2) 二次不平衡电流计算。

有助磁时

$$I_{bp2}=\frac{KE_{bpbc}\frac{I_{ef}}{I_e}}{Z_{lc}+Z_j}+\frac{E_{bpzc}}{Z_j} \quad (15\text{-}17)$$

无助磁时

$$I_{bp2}=\frac{KE_{bpbc}\dfrac{I_{ef}}{I_e}}{Z_j} \tag{15-18}$$

式中 E_{bpbc}——在额定电流下,由于一次回路排列不对称在二次绕组中引起的不平衡电势;

E_{bpzc}——由励磁产生的不平衡电势;

I_{ef}——发电机的额定电流;

I_e——零序电流互感器的额定电流;

Z_j——执行元件的阻抗;

Z_{lc}——零序电流互感器归算到二次侧的励磁阻抗;

K——异常情况下通过保护的过电流倍数,按下列条件决定:当采用闭锁的过电流保护时,等于闭锁元件的动作电流倍数,此时$K=1.4$;当无闭锁元件时,取发电机出口两相短路对零序电流互感器额定电流的倍数,一般取为$K=5\sim7$。

E_{bpbc}、E_{bpzc}、Z_{1c}、Z_j的值见附表15-27至附表15-30。

(3) 一次不平衡电流计算。

选取上述公式中较大的I_{bp2}值作为计算值,然后把二次不平衡电流换算成相应的一次不平衡电流值,即

$$I_{bp1}=I_{bp2}W_2\left(1+\frac{Z_j}{Z_{lc}}\right) \tag{15-19}$$

式中 W_2——零序电流互感器二次绕组匝数。

(4) 执行元件的动作电流。

$$I_{dzj}=\frac{I_{dz}}{W_2\left(1+\dfrac{Z_j}{Z_{lc}}\right)} \tag{15-20}$$

当$Z_j=Z_{lc}$时,则

$$I_{dzj}=\frac{I_{dz}}{2W_2}$$

在计算时先根据$Z_j=Z_{lc}$的最佳参数条件来计算不平衡电流,如计算整定的动作电流I_{dz}值小于技术数据中的最小一次动作电流时,则选择最小的一次动作电流值作为保护装置的整定值。

若计算整定的I_{dz}值大于技术数据中$Z_j=Z_{lc}$时相应的最小一次动作电流值,但小于$Z_j>Z_{lc}$时相应的最小一次动作电流值,则采用计算整定I_{dz}值作为保护装置的整定值。

若计算整定的I_{dz}值大于$Z_j>Z_{lc}$时相应的最小一次动作电流值,则应采用将执行元件电流继电器线圈串联,用增大阻抗Z_j的方法来减小不平衡电流。然后按同样的步骤重新进行计算,求出$Z_j>Z_{lc}$时的保护装置动作电流值。

(5) 灵敏系数校验。

保护装置的灵敏系数K_m为

$$K_m=\frac{I_{JDxt}}{I_{dz_{max}}+I_{bp1}}\geqslant 2 \tag{15-21}$$

式中 I_{JDxt}——由系统供给的接地故障电流;

$I_{dz_{max}}$——在整定刻度下,由$I_{dz}=f(\theta)$曲线试验所得的最大动作电流(相当于$\theta=90°$时的动作电流)。

计算实例 在电压为10.5kV的50MW汽轮发电机上,装设了由母线型零序电流互感器构成的单相接地保护装置,试确定保护装置的有关参数。

已知的数据:发电机的额定电流$I_{ef}=3240$A,发电机单相接地电容电流$I_{JDF}=1.43$A,发电机电压系统(除发电机外)供给的接地电流$I_{JDxt}=13$A,根据发电机额定电流选用LXHM-3型零序电流互感器,其最小一次动作电流为2.4A。$Z_{lc}=10\Omega$,$Z_j=9\Omega$,在额定电流时不平衡电势为0.1V。

(1) 不平衡电流的计算。

有助磁时

$$I_{bp2}=\frac{KE_{bpbc}\dfrac{I_{ef}}{I_e}}{Z_{lc}+Z_j}+\frac{E_{bpzc}}{Z_j}=\frac{1.4\times0.1\times\dfrac{3240}{4500}}{10+9}+\frac{0.1}{9}=0.0164\text{A}$$

无助磁时

$$I_{bp2}=\frac{KE_{bpbc}\dfrac{I_{ef}}{I_e}}{Z_j}=\frac{1.4\times0.1\times\dfrac{3240}{4500}}{9}=0.0112\text{A}$$

换算为一次不平衡电流

$$I_{bp1}=I_{bp2}W_2\left(1+\frac{Z_j}{Z_{lc}}\right)=0.0164\times39\times\left(1+\frac{9}{10}\right)=1.21\text{A}$$

(2) 保护装置的动作电流

$$I_{dz}=\frac{1}{K_f}(K'_kI_{JDF}+K''_kI_{bp1})=\frac{1}{0.85}(3\times1.43+1.5\times1.21)=7.17\text{A}$$

按上式计算所得动作电流已大于 $Z_j>Z_{lc}$ 时相应的最小一次动作电流值3.5A，故需改变电流继电器的线圈联接方式，由并联改为串联后重新计算。

$$I_{bp2}=\frac{1.4\times0.1\times\frac{3240}{4500}}{10+36}+\frac{0.1}{36}=0.05A$$

$$I_{bp1}=0.05\times39\left(1+\frac{36}{10}\right)=0.9A$$

$$I_{dz}=\frac{1}{0.85}(2\times1.43+1.5\times0.9)$$
$$=4.95A$$

(3) 执行元件的动作电流。

$$I_{dzj}=\frac{I_{dz}}{W_2\left(1+\frac{Z_j}{Z_{lc}}\right)}$$
$$=\frac{4.95}{39\left(1+\frac{36}{10}\right)}=0.027A$$

选用DD-11/60型电流继电器，线圈串联。

(4) 灵敏度校验。

最大动作电流 $I_{dz_{max}}$ 取4.8A。

$$K_m=\frac{I_{JDxt}}{I_{dz_{max}}+I_{bp1}}$$
$$=\frac{13}{4.8+0.9}=2.28>2$$

15.13.3.6　发电机过负荷保护整定计算

保护装置的动作电流

$$I_{dzj}=K_k\frac{I_{ef}}{K_fK_i}\qquad(15\text{-}22)$$

式中 K_k——可靠系数，取1.05；

K_f——返回系数，取0.85；

I_{ef}——发电机额定电流；

K_i——电流互感器变比。

表15-50列举了汽轮发电机允许过负荷倍数和允许时间供参考。

表15-50　发电机过负荷倍数与允许时间

过负荷允许时间 (min)	定子过负荷倍数 I_f/I_{fe}		
	非强迫冷却	强迫冷却	
		水内冷	氢冷
60	1.1	1.1	
15	1.15	1.15	
10			1.1
6	1.2	1.2	1.15
5	1.25	1.25	
4	1.3	1.3	1.2

续表15-50

过负荷允许时间 (min)	定子过负荷倍数 I_f/I_{fe}		
	非强迫冷却	强迫冷却	
		水内冷	氢冷
3	1.4	1.35	1.25
2	1.5	1.4	1.3
1	2.0	1.5	1.5

15.14　交流操作的继电保护

交流操作继电保护因其具有可以采用操动机构内的过流脱扣器，不需要直流电源，保护装置接线简单，并能节省控制电缆等优点，对于保护较简单、电压为10kV及以下的小型不重要的变电所可以采用。

交流操作继电保护，其电源易受电力系统故障的影响，可靠性较低，且难以实现较复杂的保护，故使用尚受到一定的限制，在冶金企业较少采用。

目前普遍采用的交流操作继电保护的跳闸方式有以下两种：

(1) 直接动作式；

(2) 去分流式。

上述跳闸方式均采用交流电流源，取自电流互感器。

15.14.1　交流操作的继电保护接线

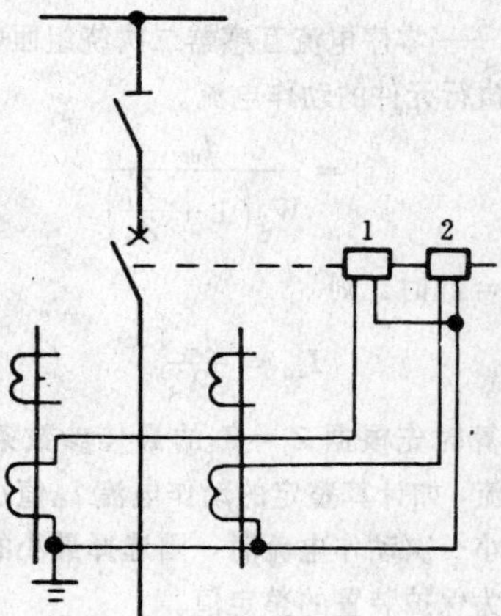

图15-67　交流操作的保护（直接动作式）原理

1、2—操动机构内的T1-1型瞬时过电流脱扣器交流操作的继电保护直接动作式接线见图 15-67。这种接线的特点是利用操动机构内的过流脱扣器直接动作于跳闸，不需另外装设继电器，设备最少，接线最简单。

去分流式接线示于图 15-68 及图 15-69。这种接线的特点是，利用 GL-15 (16) 型过流继电器的强力切换接点，在故障时使跳闸线圈（过流脱扣器）去掉分流作用来完成跳闸，平时则利用其常闭接点短接跳闸线圈。这种接线可以实现带反时限特性的过电流保护和电流速断保护。

图 15-69 是电动机的保护接线，所示电流继电器及过流脱扣器接于两相电流之差，这是为了增大保护回路的电流，在电动机过负荷时，继电器去分流后，使过流脱扣器中的电流能可靠地动作于断路器跳闸，实现电动机过负荷保护。如图 15-69 所示，电动机还有失压保护，在电压消失时，失压脱扣器动作于断路器跳闸。

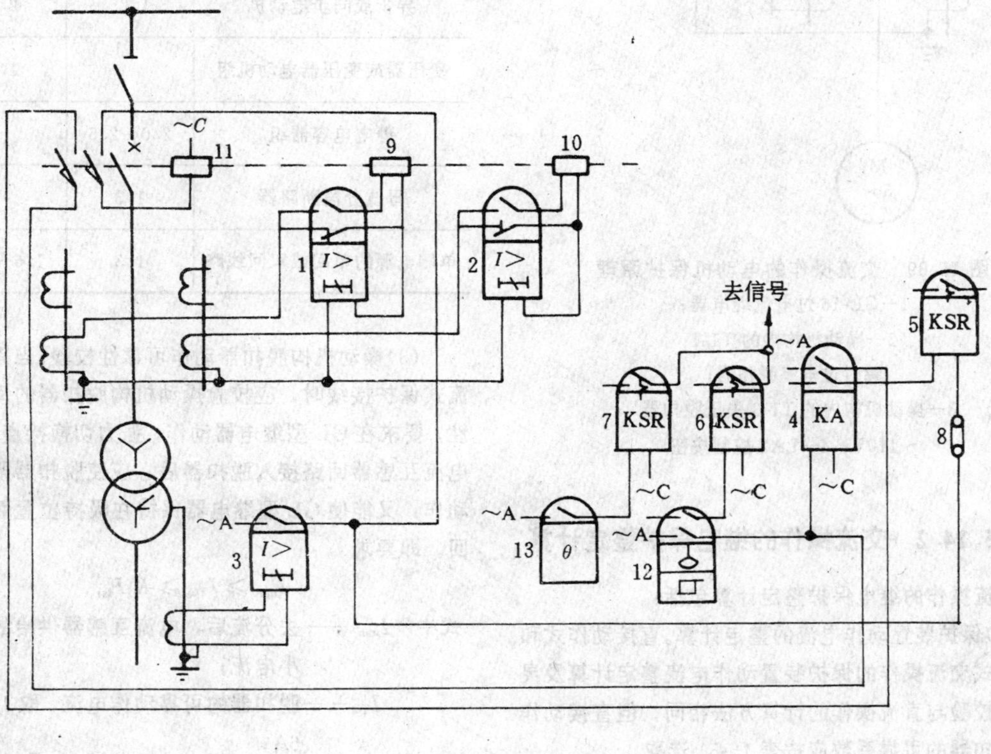

图 15-68 交流操作的变压器保护（去分流式）原理

1、2—GL-15 过电流继电器；3—GL-11 过电流继电器；4—ZJ4 中间继电器，～110V；5—DX-11/1 信号继电器；6、7—DX-11/0.025 信号继电器；8—YY1-D 连接片；9、10—操动机构内的 T1-1 型瞬时过电流脱扣器；11—操动机构内的分励脱扣器，～110V；12—瓦斯继电器；13—温度信号计

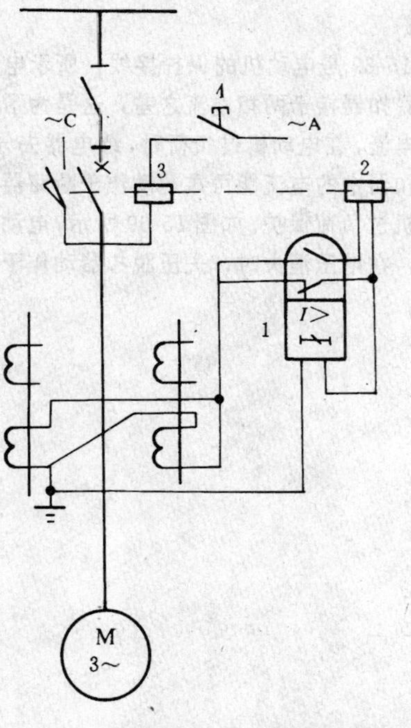

图 15-69 交流操作的电动机保护原理
1—GL-16 过电流继电器；
2—操动机构内的 T1-1 瞬时过电流脱扣器；
3—操动机构内的 T1-3 失压脱扣器，~110V；4—LA2 控制按钮

15.14.2 交流操作的继电保护整定计算

交流操作的继电保护整定计算包括：

(1)保护装置动作电流的整定计算。直接动作式和去分流式交流操作的保护装置动作电流整定计算及灵敏系数校验与直流操作的计算方法相同。但直接动作过流脱扣器的可靠系数应按表 15-51 选取。

(2)继电器接点工作电流校验。当采用去分流保护接线时，要求在保护动作后，去分流电流不超过继电器强力切换接点所允许的最大工作电流，对于 GL-15 (16) 型继电器，该电流为 150A。

$$\frac{I_{d_{max}}^{(3)} K_{jx}}{K_i} \leqslant 150\text{A} \tag{15-23}$$

式中 $I_{d_{max}}^{(3)}$ ——最大运行方式下，保护装置安装处的三相短路电流；

K_{jx}——脱扣器的接线系数，接于相电流时为 1.0，接于相电流差时为 $\sqrt{3}$；

K_i——脱扣器所接的电流互感器变比，一般保护与脱扣器共用一组电流互感器，故 K_i 即为保护装置共用之电流互感器变比。

表 15-51 操动机构内的直接动作过流脱扣器的可靠系数 K_k

被保护元件	无时限过电流保护	电流速断保护
异步或同步电动机	1.25	2.0
变压器或变压器电动机组		1.8
静电电容器组	2.0～2.5	
母线分段断路器	1.3	
单侧电源的单回或双回线路	1.3	1.6～1.8

(3)操动机构脱扣器动作可靠性校验。当采用去分流式保护接线时，应校验操动机构脱扣器的动作可靠性。要求在 GL 型继电器动作，强力切换接点去分流，电流互感器回路接入脱扣器后，应使脱扣器既能可靠动作，又能使 GL 型继电器保持在吸持位置而不致返回。即要求

$$I_{min} \geqslant I_{TQ} \geqslant K_f I_{dzj} \tag{15-24}$$

式中 I_{min} ——去分流后，电流互感器供给的二次最小电流；

I_{TQ}——脱扣器的可靠动作电流，取 1.2×5=6A；

K_f——GL-15 (16) 型继电器的返回系数，取 0.8；

I_{dzj}——继电器动作电流整定值。

校验步骤：

1）按式 15-24 确定 I_{min}。

2）按下式确定电流互感器的一次计算电流

$$I_{js1} = \frac{\sqrt{3} K_p^{(3)} I_{d_{min}}^{(3)}}{2K'_i K_m} \tag{15-25}$$

式中 $I_{d_{min}}^{(3)}$ ——最小运行方式时，下级保护末端的

三相短路电流；

$K_P^{(3)}$——保护装置的三相短路电流分布系数，电流互感器三相星形或二相星形接线时为 1，电流互感器三角形或二相电流差的接线时为 $\sqrt{3}$；

K'_i——在计算短路形式下，流过继电器的电流与电流互感器二次电流之比，见表 15-55；

K_m——保护装置最小灵敏系数，取 1.2。

3）确定电流互感器最大允许励磁电流 I'_μ

$$I'_\mu = \frac{I_{js1}}{K_i} - \frac{I_{min}}{K'_i} \tag{15-26}$$

式中 I_{js1}——满足最小灵敏系数的保护装置一次计算电流。

4）按 10%误差曲线确定电流互感器的过电流倍数

$$m_{10} = \frac{I'_{js1}}{I_{2LH}} = \frac{10I'_\mu}{5} = 2I'_\mu \tag{15-27}$$

式中 I'_{js1}——换算至电流互感器二次侧的一次计算电流；

I_{2LH}——电流互感器二次额定电流，等于 5A。

如果求得的 m_{10} 超过了该型电流互感器 10%曲线上的极限值，则在以下计算中可采取极限值。

5）根据 m_{10} 在 10%误差曲线上确定允许的负荷阻抗 Z_{h10}。

6）确定相应于负荷 Z_{h10} 时 10%误差的电流互感器二次线圈中的电势 E_2。

$$E_2 = 9I'_\mu(Z_{h10} + Z_2) \tag{15-28}$$

式中 Z_2——电流互感器二次线圈的阻抗；

$9I'_\mu$——考虑了 10%误差的电流互感器二次电流。

7）确定在去分流后为使脱扣器动作所必须的电流互感器二次线圈的电势计算值。

$$E_{2_{min}} = \frac{1.2I_{min}}{K'_i}(Z_{hw} + Z_2) \tag{15-29}$$

式中 1.2——储备系数；

Z_{hw}——电流互感器外接负荷，应包括脱扣器的阻抗 Z_{TQ}，按表 15-55 中的公式确定；继电器的阻抗 Z_f 及 Z_{TQ} 按 $Z_j=f(I)$ 及 $Z_{TQ}=f(I)$ 曲线确定。

8）校验是否满足。

$$E_2 > E_{2_{min}} \tag{15-30}$$

当满足 $E_2>E_{2_{min}}$ 条件时，表明脱扣器既能可靠动作，GL 型继电器也能保持在吸持位置而不致返回。

15.5 保护装置的动作配合

15.5.1 保护装置的动作配合要求

保护装置的动作配合要求有以下几个方面：

(1)相邻起备用保护作用的带时限保护装置，其动作应相互配合，以保证保护的选择性。

(2) 保护的配合方式有以下两种：

1) 按动作电流配合。在所选择的故障形式下，相邻保护装置的动作电流之比应不小于 1.2。

2) 按动作时限配合。相邻保护装置的动作时限应有一差值 Δt（时限阶段），定时限保护之间的配合为 0.5s；定时限保护与反时限保护之间及反时限保护之间的配合为 0.7s。

(3) 当相邻保护装置的时限差不能满足上述要求而无选择性时，可采用自动重合闸装置或备用电源自动投入装置来补救，以满足选择性要求。

15.15.2 继电保护装置之间的电流配合

继电保护装置之间配合电流的大小按下式计算

$$I_{dz1\,I} \geqslant K_{cb} I_{dz1\,II} \tag{15-31}$$

$$I_{dzj\,I} = K_{pch} I_{dzj\,II} \frac{K_{i\,II}}{K_{i\,I}} K_u \tag{15-32}$$

式中 $I_{dz1\,I}$——上一级保护装置的一次动作电流；

$I_{dz1\,II}$——下一级保护装置的一次动作电流；

K_{cb}——动作电流的储备系数，取 1.2；

$I_{dzj\,I}$——上一级保护装置的继电器动作电流；

$I_{dzj\,II}$——下一级保护装置的继电器动作电流；

K_{pch}——计及故障形式及动作电流储备值的配合系数，见表 15-53；

$K_{i\,I}$——上一级保护装置的电流互感器变比；

$K_{i\,II}$——下一级保护装置的电流互感器变比；

K_u——上一级保护安装处的电压和下一级保护安装处的电压之比，当上下级电压等级相同时，$K_u=1$。

故障形式的选取见表 15-52。

不同形式的保护装置之间计算配合电流的基准值的选取，参看图 15-70 至图 15-72。

表 15-52 故障形式的选择

上一级保护装置 / 下一级保护装置	继电器接在相电流上		继电器接在相电流差上	
	两相式	三相式及两相式三继电器	两相式	三相式
保护装置设在没有中间变压器的电路上				
继电器接在相电流上	与故障的形式无关，建议采用三相短路		AC 两相短路	
继电器接在相电流差上	AB 或 BC 两相短路		与故障的形式无关，建议采用三相短路	
保护装置设在有星形/三角形接线变压器的电路上				
继电器接在相电流上	AB 或 BC 两相短路	任何两相短路		任何两相短路
继电器接在相电流差上	BC 两相短路	AB 或 BC 两相短路		AB 或 BC 两相短路

注：装设在不同电压级上的保护装置进行配合时，配合电流应归到同一电压等级。通常采用装置具有多种保护装置的那一级作为基准的电压级。

表 15-53 配合系数 K_{pch}

上一级保护装置 / 下一级保护装置	继电器接在相电流上	继电器接在相电流差上
保护装置装设在没有中间变压器的电路上		
继电器接在相电流上	与故障形式无关 $K_{pch}=1.2\times1=1.2$	两相短路（AC） $K_{pch}=1.2\times2=2.4$
继电器接在相电流差上	二相短路（AB、BC） $K_{pch}=1.2\times1=1.2$	与故障形式无关 $K_{pch}=1.2\times1=1.2$
保护装置装设在有星形/三角形接线变压器的电路上		
继电器接在相电流上	两相短路（AB、BC） $K_{pch}=1.2\times1.15=1.38$	两相短路（AB、BC） $K_{pch}=1.2\times1.73=2.08$
继电器接在相电流差上	两相短路（BC） $K_{pch}=1.2\times1.15=1.38$	两相短路（BC） $K_{pch}=1.2\times1.73=2.08$

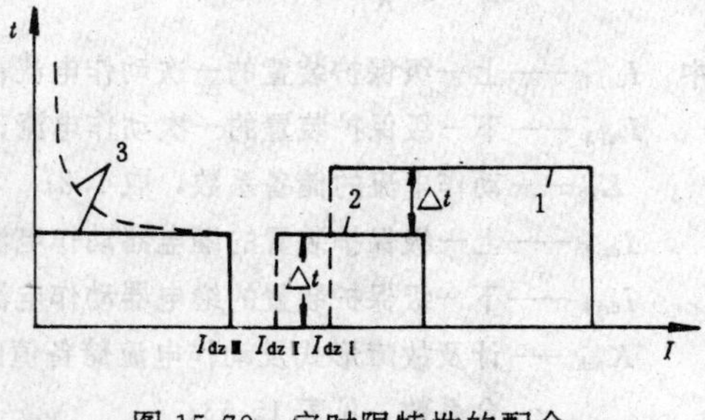

图 15-70 定时限特性的配合

1—总变电所 6～10kV 送出线的保护特性曲线；2—车间变电所 6～10kV 送出线的保护特性曲线；3—电动机或配电变压器的保护特性曲线

$$I_{dzj_{I}} \geqslant K_{pch_{I-II}} I_{dzj_{II}} \frac{K_{iII}}{K_{iI}},$$

$$I_{dz1_{I}} = K_{iI} I_{dzj_{I}}$$

$$I_{dzj_{II}} \geqslant K_{pch_{II-III}} I_{dzj_{III}} \frac{K_{iIII}}{K_{iII}},$$

$$I_{dz1_{II}} = K_{iII} I_{d\Sigma jII}$$

$$I_{dz1_{III}} = \frac{I_{dzj_{III}} K_{iIII}}{K_{jxIII}}$$

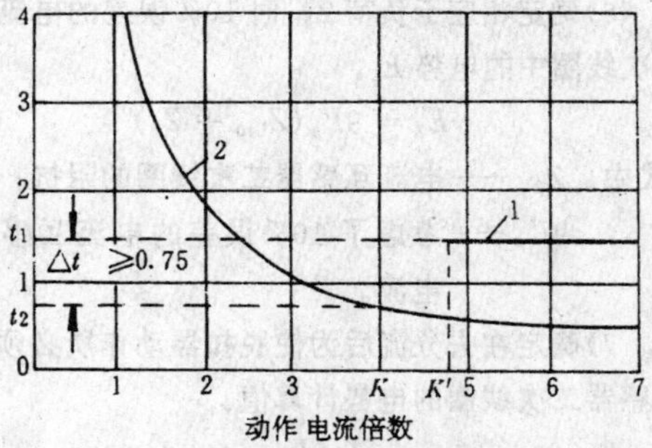

图 15-71 定时限与反时限特性的配合

1—上一级保护的定时限特性曲线；

2—下一级保护的反时限特性曲线

$$I_{dzj_{I}} \geqslant K_{pch} I_{dzj_{II}} \frac{K_{iII}}{K_{iI}},$$

$$I_{dz1_{I}} = \frac{I_{dzj_{I}} K_{iI}}{K_{jxI}}$$

$$I_{dz1_{II}} = \frac{I_{dzj_{II}} K_{iII}}{K_{jxII}}$$

$$K' = \frac{I_d}{I_{dz1_{I}}}, K = \frac{I_d}{I_{dz1_{II}}}$$

图 15-70 为定时限特性的配合。应取电动机或配电变压器的速断保护的继电器动作电流整定值 $I_{dzj_{II}}$ 为计算配合电流的基准值。

图 15-71 是上一级为定时限，下一级为反时限的配合。应取下一级保护的过电流继电器动作电流整定值 $I_{dzj_{I}}$ 为计算配合电流的基准值。当故障时电流倍数太小，致使时限 t_1 很大时，可适当减小整定值。

图 15-72 为反时限特性的配合。应取曲线 2 由反时限特性转为定时限特性处 A 点的继电器动作电流 $I_{dzj_{II}}$ 作为曲线 1 与曲线 2 的配合电流的基准值。

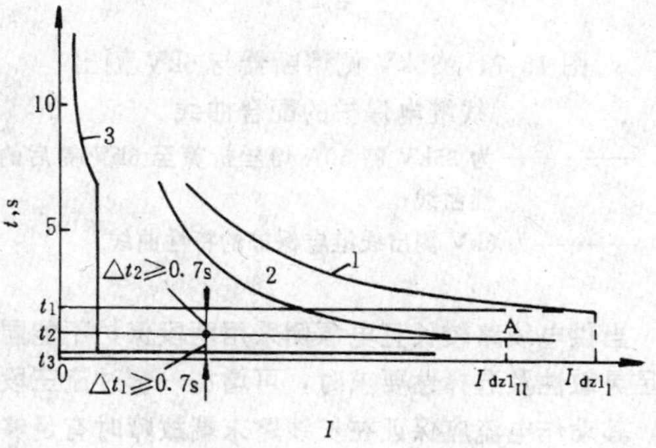

图 15-72　反时限特性的配合

1—线路保护的特性曲线；2—变压器保护的特性曲线；3—电动机保护的特性曲线

$$I_{dz1_{I}} = I_{dzj_{I}} = K_{iI}$$

$$I_{dz1_{II}} = I_{dzj_{II}} = K_{iII}$$

$$I_{dzj_{II}} \geqslant I_{dzj_{I}} \frac{K_{iII}}{K'_{iI}} K_{pcb}$$

15.15.3　继电保护装置之间的时限配合

相邻保护装置动作时限的配合示于图 15-70 至图 15-72。

定时限保护之间的配合见图 15-70。

上一级定时限保护与下一级反时限保护的配合，一般在已确定的反时限特性基础上求得，如图 15-71 所示，按照配合电流的关系，求得 K 后，再在曲线 2 上求得 t_2，从而确定直线 1 的位置。

反时限保护之间的配合示于图 15-72。如果下一级保护的反时限特性已经确定，可以采用下列方法求出上一级保护的反时限特性：由 A 点求得 t_2 后，可以求出 $t_1 = t_2 + \Delta t_2$；根据配合电流的关系可以求得 $I_{dz1_{I}}$，由 t_1 和 $I_{dz1_{I}}$ 即可得到曲线 1。

15.15.4　继电保护与自动装置的配合

继电保护与自动重合闸装置的配合：

(1)重合闸前加速。在线路保护中为了满足快速动作或灵敏性要求，允许速断保护装置无选择性动作，用自动重合闸加以补救。

(2) 重合闸后加速。当自动重合闸动作后，重合于稳定性故障时，应加速保护的动作，无时限断开故障。

(3) 具有大容量同步电动机的变电所供电电源侧各区段的自动重合闸，当这些同步电动机不能耐受在电源短时中断而又恢复时出现的非同步冲击时，作为防止非同步合闸的措施，应按双侧电源的线路考虑，采用解列重合闸，即先将同步电动机侧断路器断开，在供电电源侧断路器上装设线路无电压检定的重合闸。

继电保护与备用电源自动投入装置的配合：

(1) 在本变电所及上级变电所各送出线上发生短路时，备用电源自投不应动作。为此，在送出线装有电抗器时，备用电源自投的起动电压应低于在送出线电抗器后发生短路时的母线剩余电压；在送出线未装电抗器时，备用电源自投的起动时限应较送出线保护的动作时限大一时限阶段，并应取其最大者。

(2) 当备用电源自投与送出线保护配合致使起动时限过长，不能满足电动机自起动要求时，可以采取以下措施：采用电流闭锁的备用电源自投，仅与本变电所的送出线保护进行配合，或在送出线上采用带时限电流速断保护，提高送出线保护的动作时限。

(3) 变电所的供电线路，应在备用电源自投动作后，不致因大量电动机自起动使保护动作。

(4) 对不允许自起动的电动机及不需要自起动的电动机，在备用电源自投动作前应由保护断开。

(5) 具有大容量同步电动机的变电所的备用电源自投，当这些同步电动机不能耐受在电源短时中断而又恢复时出现的非同步冲击时，作为防止非同步合闸的措施，在备用电源自动投入前，应先将同步电动机断开或作用于再同步控制回路（需要再同步时）。

15.15.5　继电保护与熔断器的配合

以 35/6kV 变压器 35kV 侧采用熔断器保护为例

说明继电保护与熔断器的配合，接线见图 15-73。

35kV 熔断器与 6kV 侧出线继电保护的配合：

将折算到 6kV 侧的熔断器安时特性曲线与 6kV 出线继电保护特性曲线相比较，以 6kV 出线端的最大两相短路电流为配合电流，两特性曲线的时限阶段应不小于以下值：

当 6kV 出线无电抗器时为 0.5s；

当 6kV 出线有电抗器时为 0.8s。

保护特性的配合见图 15-74。

因为熔断器的安时特性曲线为反时限特性，故 6kV 出线采用反时限继电器保护，较易取得配合。

各种高压熔断器的安时特性曲线见制造厂样本。

35kV 侧熔断器与供电线路电源侧继电保护的配合：

35kV 供电线路电源侧继电保护的特性曲线与熔断器的安时特性曲线在配合点的时限阶段应不小于 0.5s。保护特性的配合见图 15-75。

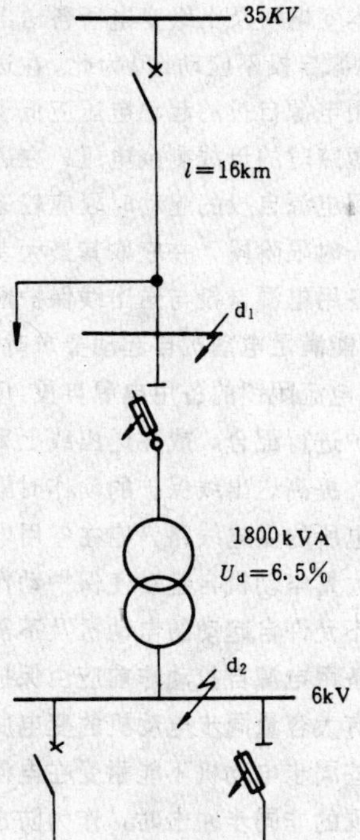

图 15-73 35/6kV 变压器采用熔断器保护的接线图

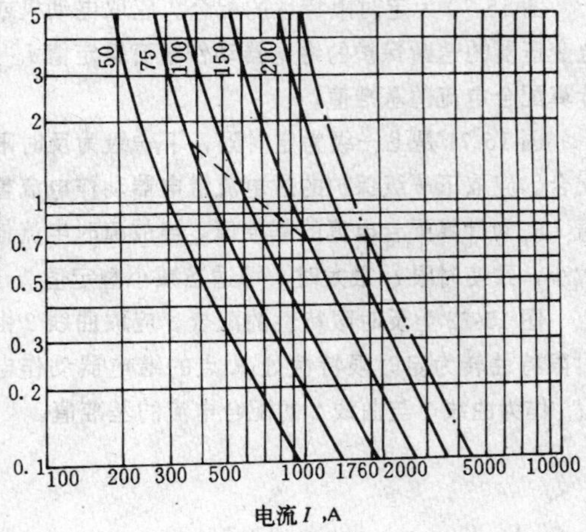

图 15-74 35kV 侧熔断器与 6kV 侧出线继电保护的配合曲线

——·——为 35kV 侧 50A 熔丝折算至 6kV 侧后的特性曲线；

----------为 6kV 侧出线继电保护的特性曲线

当供电线路较长且电源侧采用两段保护不能同时满足灵敏性及选择性要求时，可增加一套过流三段保护，其动作电流应保证在长线路末端故障时有足够灵敏性，动作时限可以适当提高使与分支引接的熔断器取得配合。

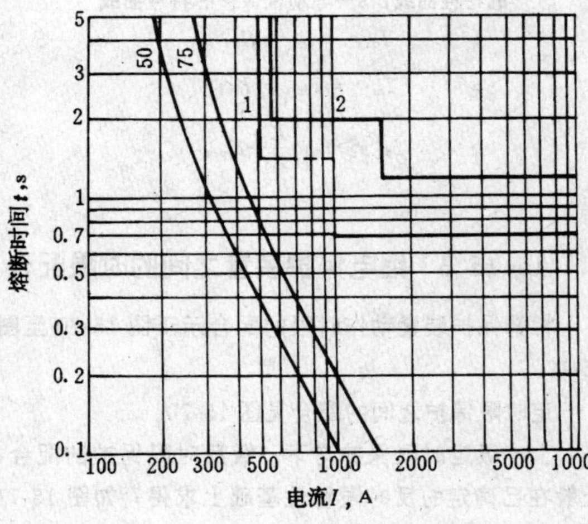

图 15-75 35kV 侧熔断器与供电线路电源侧继电保护的配合曲线

1—35kV 供电线路继电保护特性曲线；

2—35kV 供电线路上一级继电保护特性曲线

15.15.6 继电保护配合的计算实例

例 1 如图 15-76 中所示保护装置的配置情况和各项有关参数，绘制出过电流保护装置动作时限的配合曲线。

已知：保护装置 1、2、3 为反时限过电流保护装置，线路 XL-1 起动电流 $K_{zq}I_{fh_{max}}=367A$，线路 XL-2 起动电流 $K_{zq}I_{fh_{max}}=550A$，保护装置 4 为定时限过电流保护装置。继电器均接于相电流上。

d_1、d_2、d_3 各点三相最大短路电流为下列数值

$$I_{d1_{max}}=2500A$$

$$I_{d2_{max}}=3200A$$

$$I_{d3_{max}}=10000A$$

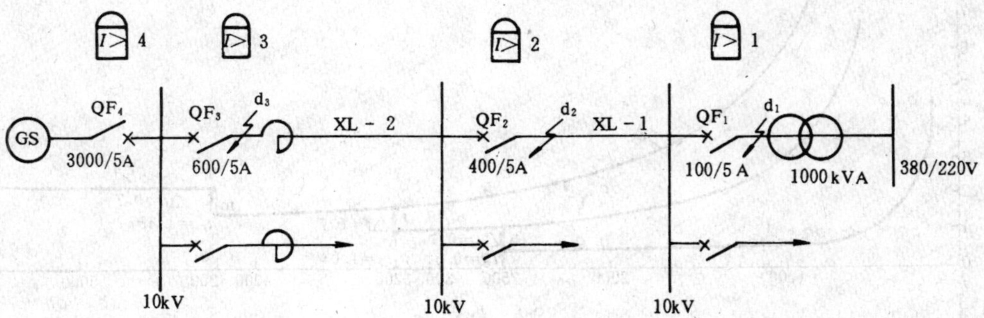

图 15-76 装有定时限过电流保护装置和反时限过电流保护装置的 10kV 网络接线图

由于要配合的各级保护均接于同一电压级，且继电器均接于相电流上，由表 15-53 看出，它只按三相短路配合。

继电器的特性曲线配合按短路电流为保护装置一次动作电流 I_{dz1} 的倍数来选择保护装置特性曲线较方便，故按一次动作电流倍数来配合。

保护装置的动作电流（计算从略）：

(1) 变压器 B 的反时限过电流保护装置 1 的一次动作电流。

$$I_{dz1}=160A$$

继电器动作电流

$$I_{dzj}=8A$$

(2) 线路 XL-1 的反时限过电流保护装置 2 的一次动作电流。

$$I_{dz1}=560A$$

继电器动作电流

$$I_{dzj}=7A$$

(3) 线路 XL-2 的反时限过电流保护装置 3 的一次动作电流。

$$I_{dz1}=840A$$

继电器动作电流

$$I_{dzj}=7A$$

(4) 发电机 GS 的定时限过电流保护装置 4 的一次动作电流。

$$I_{dz1}=4200A$$

继电器动作电流

$$I_{dzj}=7A$$

以上保护，上一级保护的一次动作电流显然都远大于下一级保护的一次动作电流，因而均能满足上、下级保护电流配合的要求。

绘制过电流保护装置动作时限的配合曲线。

根据前面的计算结果和 GL 型反时限电流继电器等的特性曲线，以及对各保护动作时限的配合要求，绘制出的过电流保护装置动作时限的配合曲线如图 15-77 所示（具体绘制步骤从略）。

例 2 熔断器与熔断器之间的保护配合。

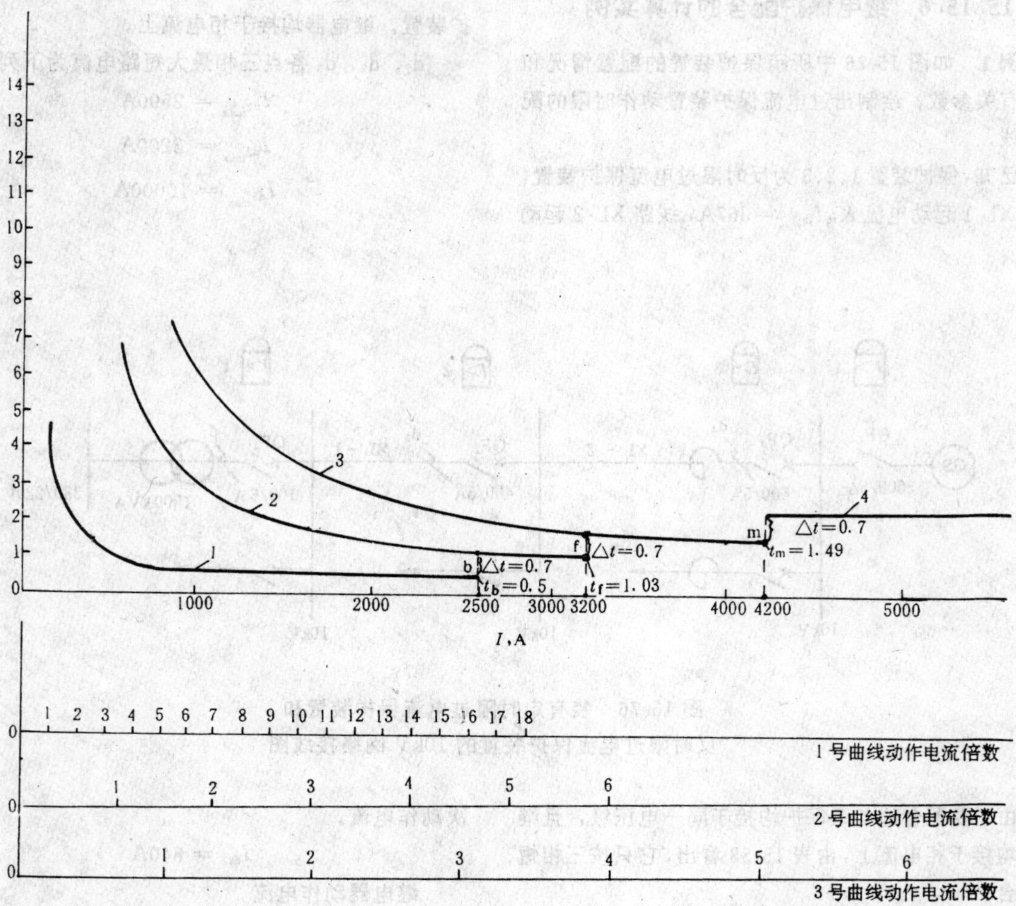

图 15-77 图 15-76 所示 10kV 网络中过电流保护装置动作时限的配合曲线

1—保护装置 1 的特性曲线；2—保护装置 2 的特性曲线；

3—保护装置 3 的特性曲线；4—保护装置 4 的特性曲线

一次系统接线如图 15-78 所示，10kV 出线 FU_2 的最大负荷电流 $I_{fh1_{max}}=100A$；FU_3 和 FU_4 两条支线的最大负荷电流 $I_{fh2_{max}}=I_{fh3_{max}}=60A$；变压器 35kV 侧最大负荷电流 $I_{fh_{max}}=50A$。

短路参数如下，均折算到 10kV 侧

$I''^{(2)}_{d1_{max}}=1500A$（$d_1$ 点短路）；

$I''^{(3)}_{d2_{max}}=1320A$（$d_2$ 点短路）；

$I''^{(3)}_{d3_{max}}=716A$（$d_3$ 点短路）。

熔断器保护的选择与配合如下：

10kV 出线熔断器 FU_2 的熔丝和支线熔断器 FU_3、FU_4 熔丝的选配。

(1) 熔断器 FU_2 熔丝的选择。

熔断器熔丝电流应大于或等于 1.25 或 1.43 倍的最大负荷电流（跌落式熔断器为 1.43 倍，RN_1 熔断器为 1.25 倍）。因此按 $I_{fh1_{max}}=100A$ 选择时，可选用 150A 熔丝作保护。

(2) 支线熔断器 FU_3、FU_4 熔丝的选配。

按 $I_{fh2_{max}}=I_{fh3_{max}}=60A$ 选择时，可选用 100A 熔丝作保护。

(3) 校验熔断器 FU_2、FU_3 和 FU_4 熔丝的配合。

100A 和 150A 熔丝的特性曲线见图 15-79 中曲线 1、3。对应于 $I''^{(3)}_{d2_{max}}=1320A$，查特性曲线得熔丝熔断时间：100A 熔丝为 0.17s，150A 熔丝为 0.5s，则熔断时差为 0.33s，不满足 0.5s 的熔断时差配合要求。因

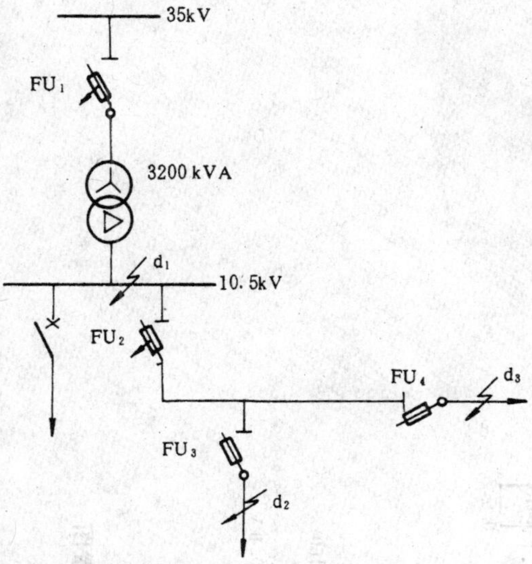

图 15-78　装有熔断器保护的网络一次系统简图

此，选用熔丝为150A带有重合闸的熔断器作为FU_2，熔断器FU_3熔丝仍选用100A（不带重合闸），在d_2点短路时FU_2、FU_3熔丝同时熔断，由FU_2重合来弥补其选择性。

对应于$I''^{(3)}_{d3}=716A$，查曲线1、3得100A和150A熔丝的熔断时差为0.9s，满足0.8s（带电抗器出线）熔断时差的要求，因此熔断器FU_4熔丝也选用100A，并带有重合闸。

3200kVA降压变压器35kV侧熔断器FU_1熔丝的选择及与熔断器FU_2熔丝的配合：

按$I_{fh_{max}}=50A$，选择75A熔丝作为FU_1熔断器的熔丝。

对应于$I''^{(2)}_{d1_{max}}=1500A$，从图15-79中曲线3、5

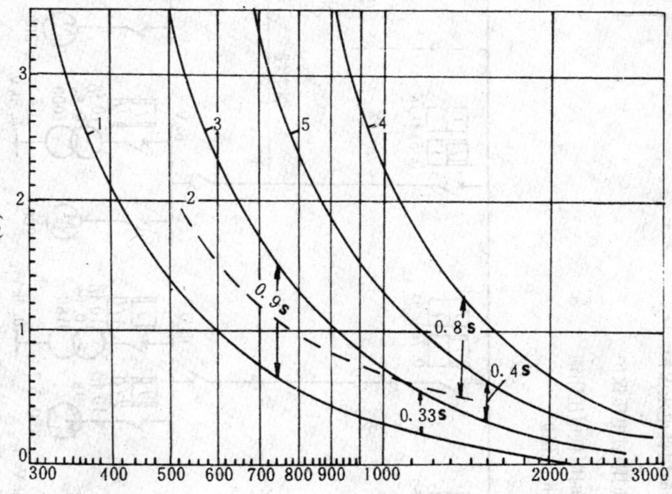

图 15-79　保护选配实例特性曲线

1、3—变压器10.5kV支线100A及出线150A熔丝特性曲线；

2—变压器10.5kV出线开关继电器保护特性；

4、5—变压器35kV侧100A、75A熔丝折算到10.5kV侧后的特性曲线

（曲线5为35kV侧75A熔丝折算到10kV侧的曲线）中查得FU_1和FU_2两组熔丝的熔断时差为0.4s，不能满足要求，因此，将FU_1熔丝改选100A，查曲线3、4（曲线4为35kV侧100A熔丝折算到10kV侧的曲线）得FU_1和FU_2两组熔丝的熔断时差为0.8s，可以满足熔断时差的要求，故熔断器FU_1的熔丝选用100A。

10kV出线用继电器保护的选配（略）。

15.15.7　继电保护方式的配置实例

某冶金工厂110/6kV电网继电保护配置图，见图15-80。

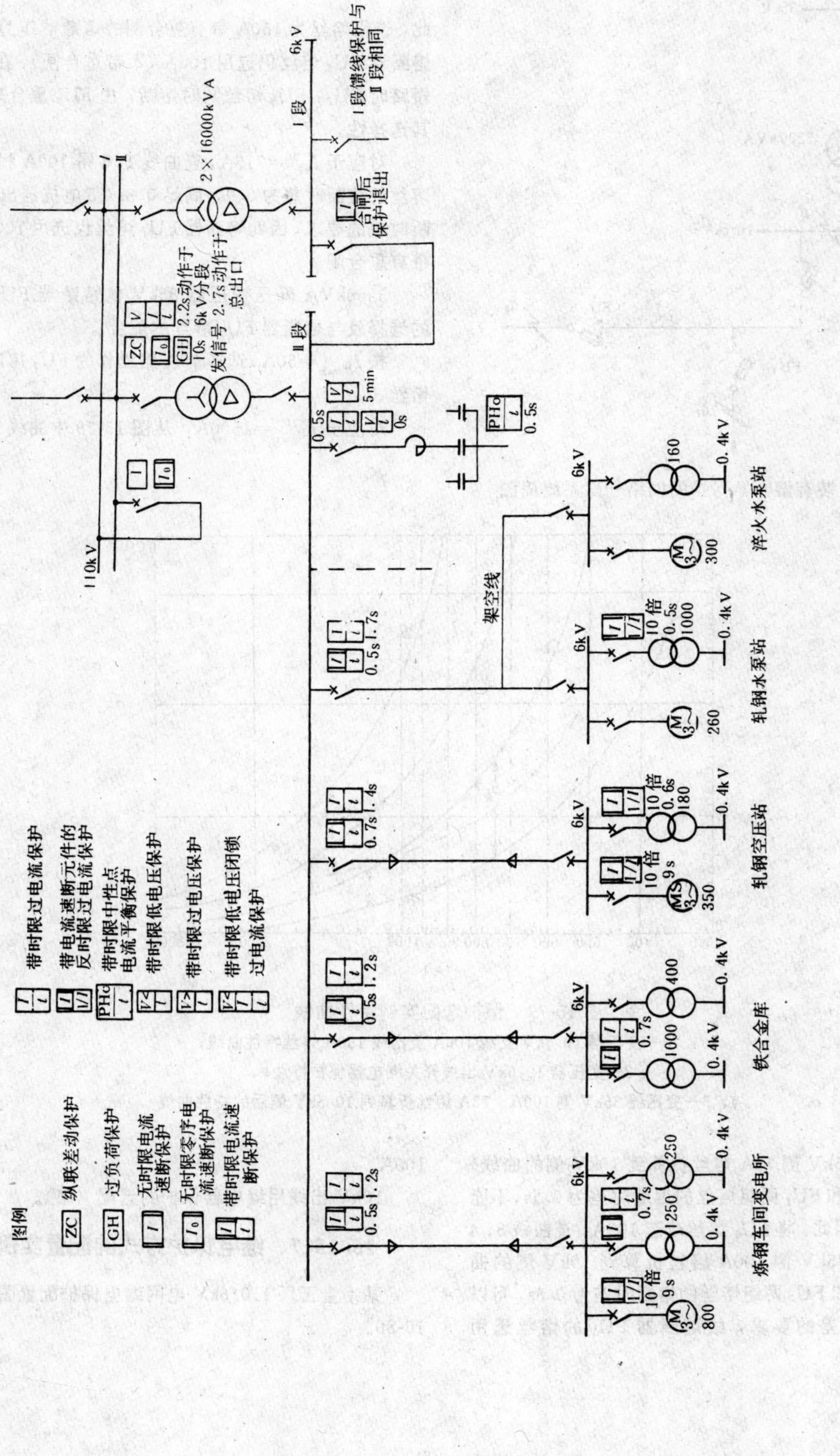

图 15-80 冶金工厂 110/6kV 电网继电保护配置图

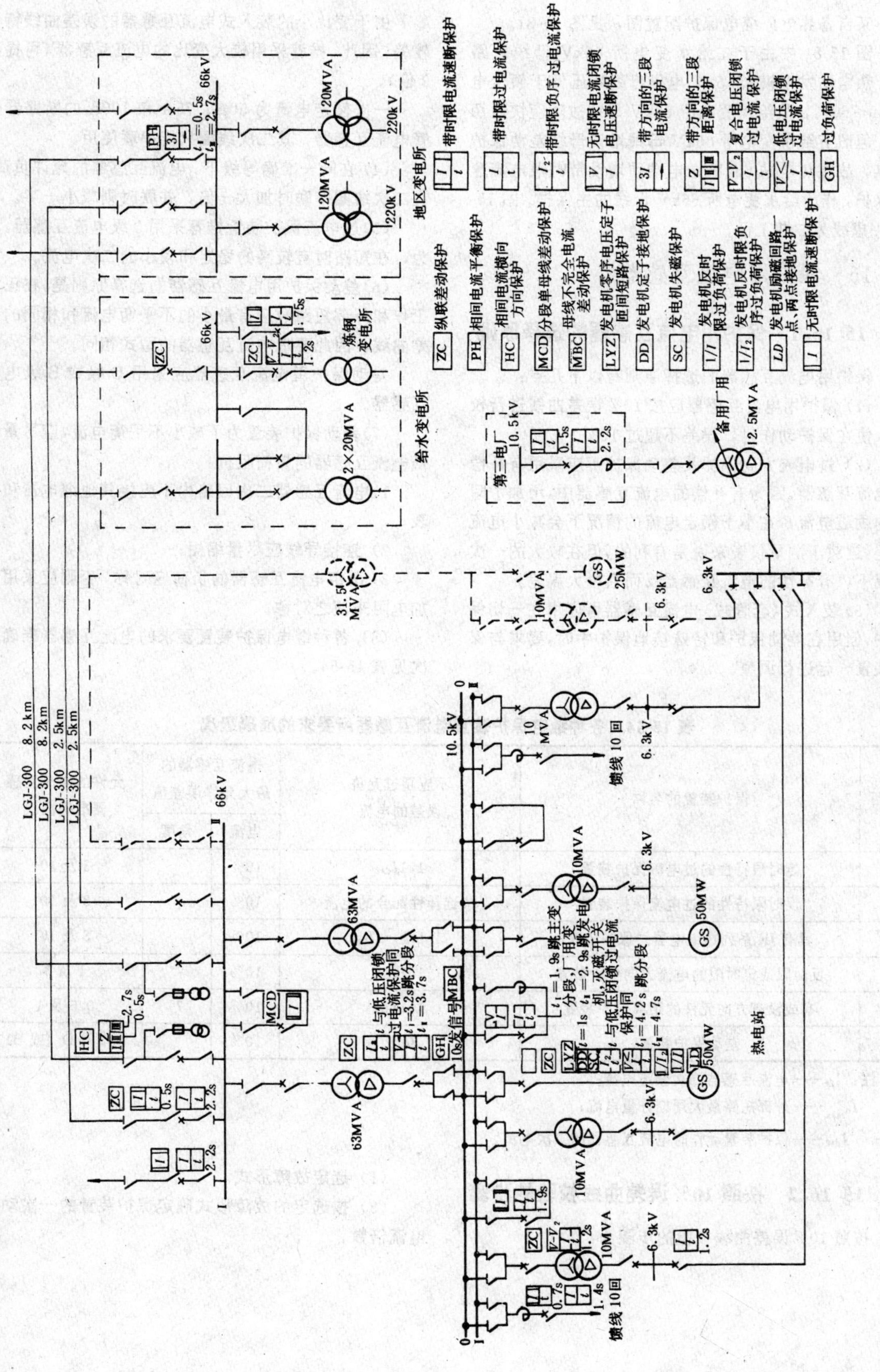

图 15-81 自备热电厂继电保护配置图

某自备热电厂继电保护配置图，见图 15-81。

图 15-81 中由于在给水变电所 66kV 母线短路时，热电站发电机 10.5kV 电压母线残压低于额定电压 50～60%，故给水变电所 66kV 母线故障应快速切除，但旧有给水变电所 66kV 母线增设母线差动保护困难，故在热电站 66kV 送电端须增设带时限电流速断保护，作为给水变电所 66kV 母线的主保护。图 15-81 中虚线为二期工程。

15.16 保护用电流互感器

15.16.1 保护用电流互感器的选择原则

保护用电流互感器的选择原则有以下几点：

(1) 保护用电流互感器应按 10%误差曲线进行校验，使在保护动作时，误差不超过 10%。

(2) 过电流方向保护及差动保护不应采用有补偿的电流互感器。因为有补偿的电流互感器中，增加了附加的励磁电流，在小于额定电流的情况下会减小电流误差，这对于测量仪表来说是有利的，但在较大的一次电流下，有补偿的电流互感器反而会增大误差。

(3) 装入式（套管式）电流互感器可应用在一切保护中，但用在差动保护和特殊接地保护中时，要求与保护装置一起进行调整。

由于变比小的装入式电流互感器的误差曲线特性较差，因此，推荐采用较大变比的电流互感器（可提高 2 倍）。

一次额定电流为 50A、75A 和 100A 的断路器套管电流互感器，其二次线圈只能串联使用。

(4) 在同一准确等级下，电流互感器的允许负荷，在二次线圈串联时加大一倍，并联时则减小一半。

(5) 过电流保护装置推荐采用 3 级电流互感器，因为，在短路时有较高的稳定和较小的二次电流。

(6) 差动保护用电流互感器的选择原则是，在正常工作和外部短路时应有最小的不平衡电流和相同的误差曲线，因此要求电流互感器的型式相同。

差动保护用电流互感器应采用 D 级或 B 级电流互感器。

(7) 差动保护装置为了减小不平衡电流，应尽量降低电流互感器的负荷阻抗：

1) 电流互感器二次回路内不应接其他继电器和仪表；

2) 连接导线应尽量缩短；

3) 两组电流互感器的负荷应对称，否则应采用附加电阻来使之对称。

(8) 各种继电保护装置要求的电流互感器准确级次见表 15-54。

表 15-54 各种继电保护装置电流互感器所要求的准确级次

项目	保护装置的名称	不应超过允许误差的电流	电流互感器的最大允许误差值		允许的电流互感器准确级次
			电流	角度	
1	定时限特性的过电流保护装置	$1.1I_{dz2}$	10%		3 及 10
2	反时限特性的过电流保护装置	按选择性配合的电流	10%		3 及 10
3	具有 JR 系列热继电器的保护装置	$1.1I_{dz2}\sim I_{2e}$	10%		3 及 10
4	反时限或定时限的电流方向保护装置	$1.1I_{dz2}$	10%	7°	1 及 3
5	有或没有方向元件的距离保护装置	$1.1I_{dz2}$	10%	7°	0.5 及 1
6	差动保护装置	$I_{d_{max}}$	10%		0.5 及 D（或 B）

注：I_{2e}——电流互感器二次额定电流；

$I_{d_{max}}$——外部短路最大周期分量电流；

I_{dz2}——保护装置动作时电流互感器的二次电流。

15.16.2 按照 10%误差曲线校验的步骤

按照 10%误差曲线校验的步骤为：

(1) 选定故障形式。

(2) 按选定的故障形式确定保护装置的一次动作电流倍数。

(3) 根据电流互感器的变比及一次动作电流倍数按10%误差曲线确定电流互感器的允许负荷。

几种电流互感器的10%误差曲线见图15-82、图15-83（供参考）。

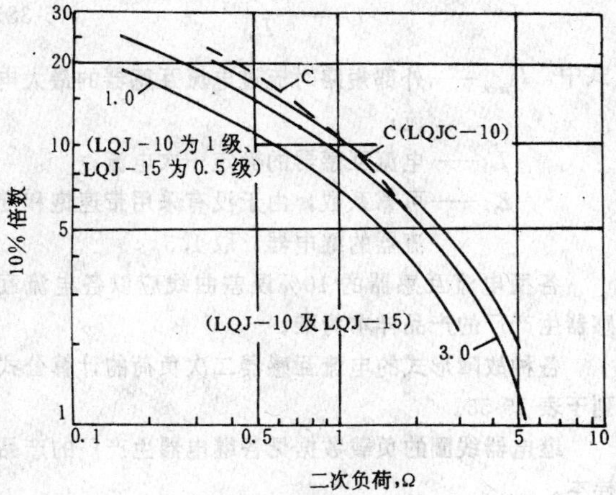

图15-82 LQJ-10、LQJC-10、LQJ-10A、LQJC-10A、LQJ-15型电流互感器10%倍数与二次负荷的关系曲线

——LQJ-10、LQJ-15、LQJC-10型；------LQJC-10A型

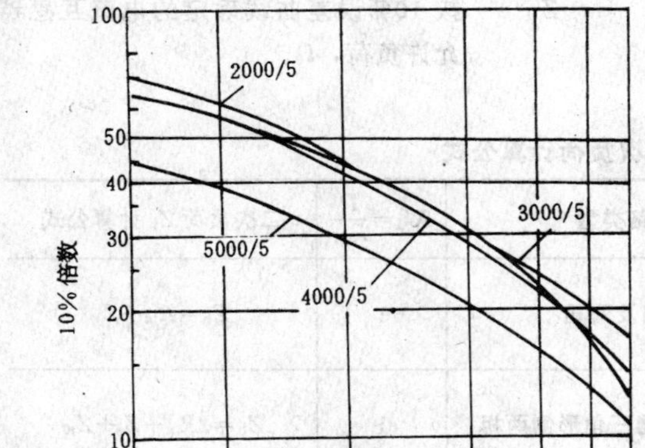

图15-83 LMCD-10型电流互感器D级铁芯的10%倍数与二次负荷的关系曲线

(4) 计算电流互感器的实际负荷。

(5) 比较实际负荷与允许负荷。如果实际负荷小于允许负荷，表示电流互感器的误差不超过10%；如果实际负荷大于允许负荷，则应采取以下措施：

1)增大连接导线截面或缩短导线长度以减小实际负荷；

2)选择变比较大的电流互感器，减小电流倍数，增大允许负荷；

3)将电流互感器的二次线圈串联起来，使允许负荷增大一倍。

15.16.3 电流互感器允许误差的计算

电流互感器允许二次负荷由10%误差曲线决定。计算时，首先确定一次电流倍数m，m值与保护方式有关。

不同的保护一次电流倍数m值按下列公式计算：

(1) 发电机纵联差动保护装置

$$m=\frac{K_k I_{d_{max}}}{I_{e1}} \tag{15-33}$$

式中 $I_{d_{max}}$——外部短路时流过电流互感器的最大电流，等于发电机出口三相短路时的短路电流；

I_{e1}——电流互感器的额定一次电流；

K_k——可靠系数，考虑到差动保护中采用速饱和变流器的继电器，保护装置对短路开始瞬间的短路电流中出现的非周期性分量是不灵敏的；而当可靠系数取为2时，需将控制电缆的截面加大很多，很不经济，所以可靠系数取1.3。

(2) 双绕组变压器，三绕组变压器，发电机-双绕组变压器组，发电机-三绕组变压器组纵联差动保护装置

$$m=\frac{K_k I_{d_{max}}}{I_{e1}} \tag{15-34}$$

式中 $I_{d_{max}}$——外部短路时流过电流互感器的最大电流。对于双绕组变压器和发电机-双绕组变压器组，当发电厂与大电力系统联系时短路电流按系统容量等于无限大条件来计算。对于三绕组变压器和发电机-三绕组变压器组，短路电流则按各种实际的系统容量条件来计算；

I_{e1}——电流互感器的额定一次电流；

K_k——可靠系数，由于采用了带速饱和变流器的继电器，取1.3。

(3) 母线纵联差动保护装置

$$m=\frac{K_k I_{d_{max}}}{I_{e1}} \quad (15\text{-}35)$$

式中 $I_{d_{max}}$——外部短路时流过电流互感器的最大电流。在计算时取它等于全短路电流，这一假定不一定总是对的，在某些情况下用这个假定会使控制电缆的截面加大，需要按电源分支线内电流实际分布计算短路电流；

I_{e1}——电流互感器的额定一次电流；

K_k——可靠系数，取1.3。

(4) 电流速断及定时限过电流保护装置

$$m=\frac{1.1 I_{dz1}}{I_{e1}} \quad (15\text{-}36)$$

式中 I_{dz1}——保护装置一次动作电流；

I_{e1}——电流互感器额定一次电流；

1.1——考虑到由于电流互感器10%误差，一次电流倍数大于二次电流倍数的系数。

(5) 35～110kV线路距离保护

$$m=\frac{K_k I_{djs}}{I_{e1}} \quad (15\text{-}37)$$

式中 I_{djs}——保护装置第一段末端短路时短路电流的计算值；

I_{e1}——电流互感器的额定一次电流；

K_k——可靠系数，当保护装置动作时限小于0.5s时 $K_k=1.5$，动作时限大于0.5s时 $K_k=1.3$。

(6) 发电机电压母线不完全差动保护装置

$$m=\frac{K_k I_{d_{max}}}{I_{e1}} \quad (15\text{-}38)$$

式中 $I_{d_{max}}$——外部短路时流过电流互感器的最大电流；

I_{e1}——电流互感器的额定一次电流；

K_k——可靠系数，由于没有采用带速饱和变流器的继电器，取1.5。

各型电流互感器的10%误差曲线应以各电流互感器生产厂的产品样本为准。

各种故障形式的电流互感器二次负荷的计算公式列于表15-55。

继电器线圈的负载数据见各继电器生产厂的产品样本。

在计算中应计入接触电阻，一般取0.05Ω，因此，

$$Z_h=Z'_h+0.05 \quad (15\text{-}39)$$

式中 Z_h——计入接触电阻后的允许负荷，Ω；

Z'_h——按10%误差曲线确定的电流互感器允许负荷，Ω。

表15-55 电流互感器二次负荷计算公式

顺序	接线方式	短路类型	$K'_i=\frac{I_j}{I_{LH}}$	二次负荷 Z_h 计算公式
1	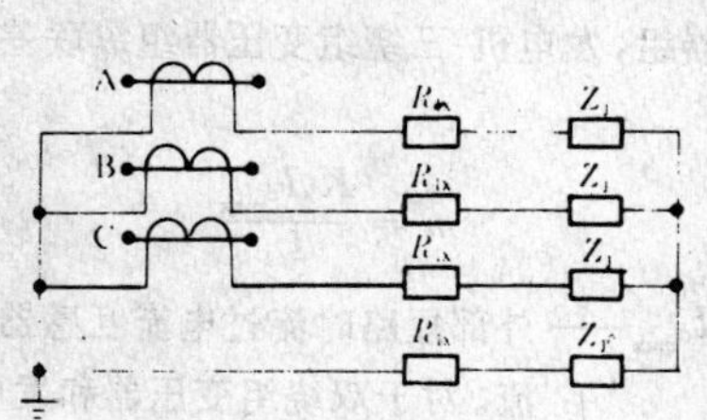 三相星形四继电器接线	三相及两相	1	$Z_h=R_{lx}+Z_j$
		Y，d变压器三角形侧两相	1	$Z_h=2R_{lx}+Z_j+Z_{j0}$
		单相或两点接地	1	$Z_h=2R_{lx}+Z_j+Z_{j0}$
2	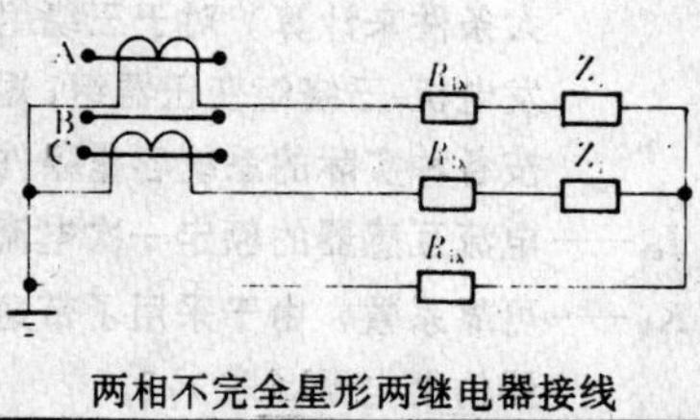 两相不完全星形两继电器接线	三相	1	$Z_h=\sqrt{3}R_{lx}+Z_j$
		AC相	1	$Z_h=R_{lx}+Z_j$
		AB相，BC相及单相或两点接地	1	$Z_h=2R_{lx}+Z_j$
		在Y，d11变压器三角形侧a、b相	1	$Z_h=3R_{lx}+Z_j$

续表 15-55

顺序	接线方式	短路类型	$K'_i=\frac{I_j}{I_{LH}}$	二次负荷 Z_h 计算公式
3	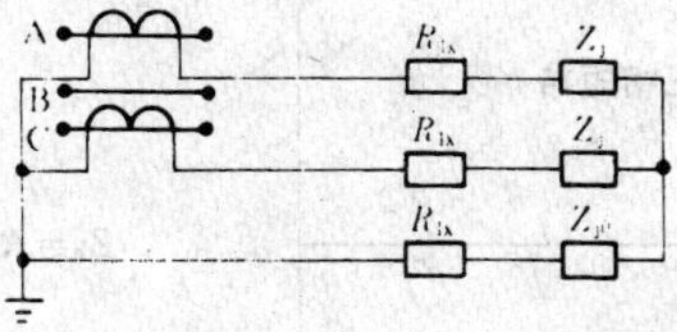 两相不完全星形三继电器接线	三相	1	$Z_h=\sqrt{3}\ (R_{lx}+Z_j)$ （当 $Z_{j0}=Z_j$）
		AC 相	1	$Z_h=R_{lx}+Z_j$
		AB 相、BC 相	1	$Z_h=2R_{lx}+Z_j+Z_{j0}$
		在 Y，d11 变压器三角形侧 ab 相	1	$Z_h=3R_{lx}+Z_j+2Z_{j0}$
4	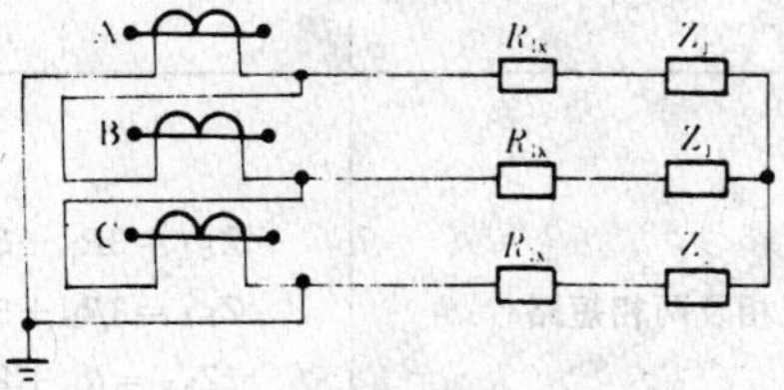 三角形接线	三相	$\sqrt{3}$	$Z_h=3\ (R_{lx}+Z_j)$
		两相	1	$Z_h=3\ (R_{lx}+Z_j)$
		Y，d 变压器三角形侧 a、b 两相	3	$Z_{ha}=3\ (R_{lx}+Z_j)$
			1.5	$Z_{hb}=3\ (R_{lx}+Z_j)$
		单相（A、B 或 C）	1	$Z_h=2\ (R_{lx}+Z_j)$
5	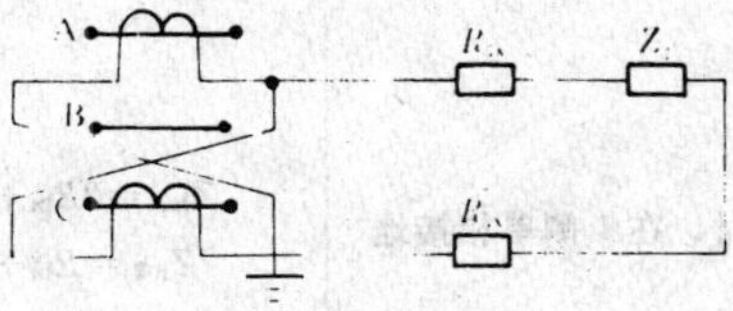 两相电流差接线	三相	$\sqrt{3}$	$Z_h=\sqrt{3}\ (R_{lx}+Z_j)$
		AC 相	2	$Z_h=4R_{lx}+2Z_j$
		AB 相，BC 相，单相接地及两相接地	1	$Z_h=2R_{lx}+Z_j$
		在 Y，d11 变压器三角形侧 ac 相短路（最不利时）一次侧 A 相电流为 C 相电流两倍，且两者方向相反	1.5	$Z_{ha}=3R_{lx}+1.5Z_j$
			3	$Z_{hc}=6R_{lx}+3Z_j$
6	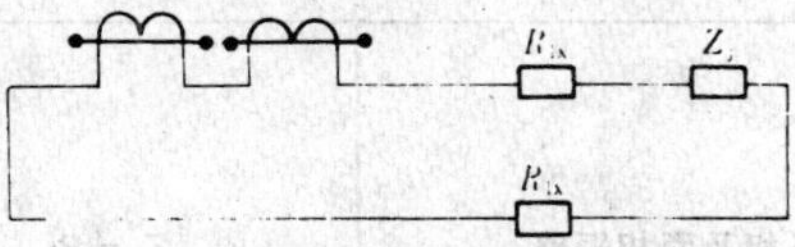 电流互感器串联接线		1	$Z_h=\frac{1}{2}\ (2R_{lx}+Z_j)$
7	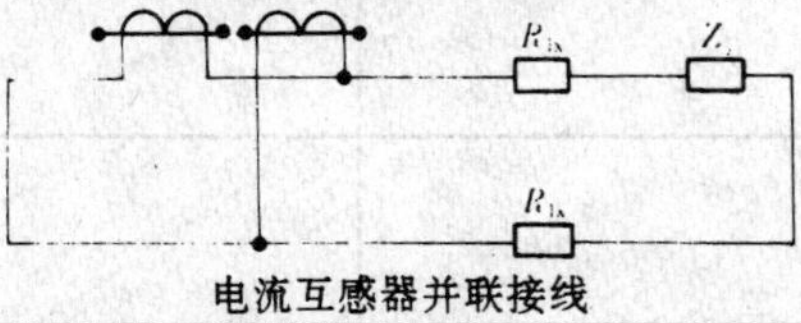 电流互感器并联接线		2	$Z_h=2\ (2R_{lx}+Z_j)$
8	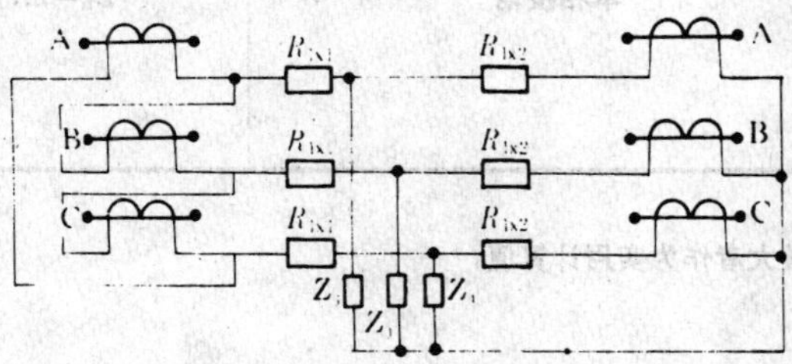 星形/三角形变压器差动保护接线	电流互感器三角形接线：保护区外三相短路		$Z_h=3R_{lx}$
		电流互感器三角形接线：保护区外两相短路		$Z_h=3R_{lx}$
		电流互感器星形接线：保护区外三相短路		$Z_h=R_{lx}$
		电流互感器星形接线：保护区外两相短路		$Z_h=R_{lx}$

续表 15-55

顺序	接线方式	短路类型	$K'_i=\frac{I_j}{I_{LH}}$	二次负荷 Z_h 计算公式
9	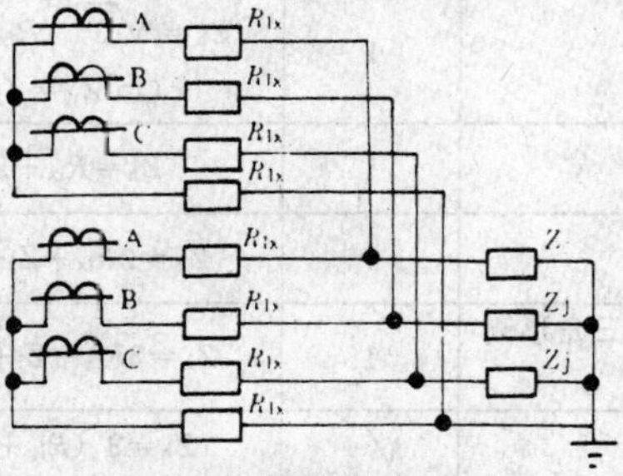 发电机纵联差动保护接线	保护区外三相短路		$Z_h=R_{lx}$
		保护区外两相短路		
10	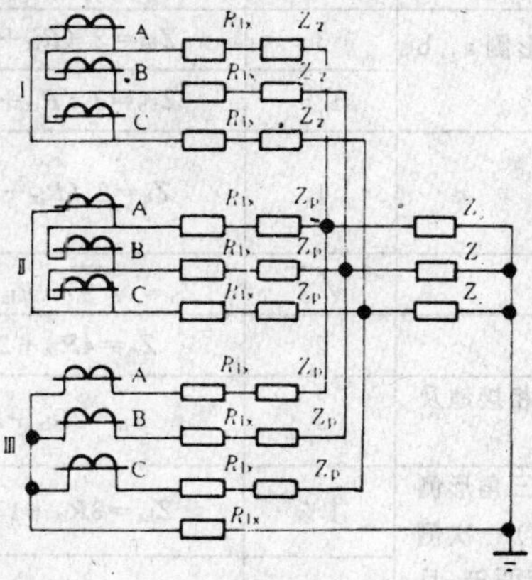 星形/星形/三角形三线圈变压器纵联差动保护（带制动线圈）接线（*I* 侧中性点直接接地）	保护区外三相及两相短路		$Z_{hI}=3R_{lx}+3Z_z$ $Z_{hII}=3R_{lx}+3Z_p$ $Z_{hIII}=R_{lx}+Z_p$
		电源在变压器Ⅲ侧时，在Ⅰ侧单相接地		$Z_{hI}=2R_{lx}+2Z_z$ $Z_{hIII}=R_{lx}+Z_z$
11	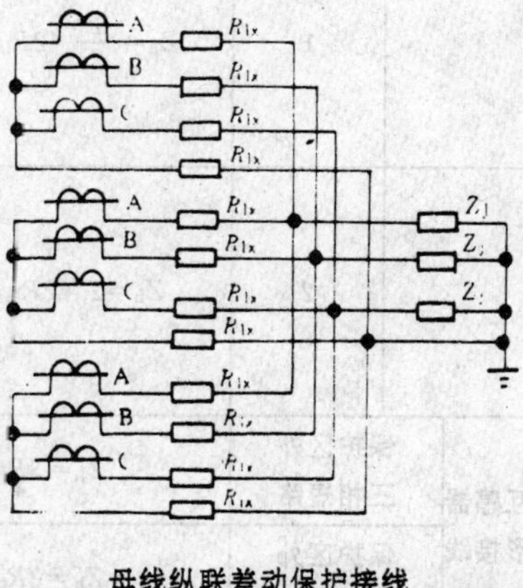 母线纵联差动保护接线	保护区外三相及两相短路		$Z_h=R_{lx}$
		单相接地		$Z_h=2R_{lx}$

注：1. 按上表算出 Z_h 后，还应加接触电阻 0.05Ω；

2. 上表在应用中，必须选取所用接线方式中 Z_h 最大者作为实用计算值；

3. 表中 Z_j、Z_{j0}——继电器线圈阻抗，Ω；

R_{lx}——连接导线电阻，Ω；

Z_z、Z_p——分别为继电器制动线圈和平衡线圈的阻抗，Ω。

4. 电流分配系数

$$K_i' = \frac{I_j}{I_{LH}}$$

式中 I_j——故障时流入继电器的电流；

I_{LH}——流入电流互感器二次绕组中的电流。

5. 在纵联差动保护接线方式中，仅列入在保护区外短路时，电流互感器二次负荷阻抗的计算式；

6. 为简化计算，在电流互感器二次负荷阻抗计算式中，均容许用继电器的阻抗的模与二次导线的电阻代数相加；

7. 在电流保护接线方式中，如保护安装处与短路点之间有星形/三角形接线变压器时，仅列入电流互感器的最大负荷阻抗计算式。

连接导线的最小允许截面和长度按下式计算

$$S = \rho \frac{L}{R_{lx}} \text{ 及 } L = S \frac{R_{lx}}{\rho} \tag{15-40}$$

式中 S——连接导线的截面，mm^2；

L——连接导线的长度，m；

R_{lx}——连接导线的电阻，Ω；

ρ——电阻系数：铜为 $0.0184\Omega \cdot mm^2/m$，铝为 $0.0295\Omega \cdot mm^2/m$。

在实际负荷时，电流互感器二次电流最大倍数 m_1，由下式决定

$$m_1 = m \frac{\beta + Z_e}{\beta + Z_1} \tag{15-41}$$

式中 m——额定二次负荷下的二次电流最大倍数；

β——电流互感器二次线圈的阻抗，即 $\beta = \sqrt{R^2 + X^2}$，可从产品样本上查得；

Z_e——电流互感器额定二次负荷，Ω；

Z_1——电流互感器的实际负荷，Ω。

几种电流互感器的额定二次负荷、10%倍数、最大二次电流倍数及系数 β 值见表 15-56、表 15-57。

表 15-56 LDC-10、LDCD-10、LDCQ-10、LDCQD-10 型电流互感器的10%倍数及最大二次电流倍数

额定一次电流 (A)	准确级次	额定二次负荷 (Ω)	额定二次负荷时的 10%倍数②	额定二次负荷时的最大二次电流倍数	系数 β① (Ω)
400	1	0.8	28	38	0.22
	3	2	7	12	0.14
600	0.5	0.8	45	50	0.33
	1	0.8	25	30	0.21
	3	2	5	10	0.15
	D	0.6	40		
750	0.5	0.8	36	44	0.32
	1	0.8	25	30	0.25
	3	2	6.5	10	0.19
	D	0.6	40		
1000	0.5	0.8	38	44	0.32
	1	0.8	20	25	0.26
	3	2	6	10	0.23
	D	0.6	40		
1500	0.5	0.8	27	32	0.38
	3	2	9	14	0.35
	D	0.6	40		

① 系数 β 为电流互感器二次线圈的阻抗；

② 额定二次负荷时的 10%倍数即铁芯饱和倍数。

表 15-57 LMC-10、LMCD-10型电流互感器的10%倍数及最大二次电流倍数

额定一次电流 (A)	准确级次	额定二次负荷 (Ω)	额定二次负荷时的10%倍数②	额定二次负荷时的最大二次电流倍数	系数 β① (Ω)
2000	0.5	1.2	32	42	0.7
3000			26	35	1
4000			25	32	0.8
5000			30	35	1
2000	3	2	5	10	0.36
3000			8	12	0.6
4000			6	10	0.6
5000			8	12	0.7
2000	D	0.6	55	65	0.9
3000			55	60	1.2
4000			50	60	1
5000			30	45	1

① 系数 β 为电流互感器二次线圈的阻抗；
② 额定二次负荷时的 10% 倍数即铁芯饱和倍数。

15.17 小接地电流电网中接地电容电流的计算及补偿

15.17.1 单相接地电容电流的计算

小接地电流电网中的单相接地电容电流，由电力线路（电缆和架空线）及电力设备（同步发电机、大容量同步电动机和变压器等）两部分的电容电流组成。架空线路的电容电流比电缆的小。电力设备的电容电流比线路的要小很多。故一般计算中仅计算电缆和架空线路的电容电流。如电网中有同步发电机或大容量同步电动机时，也应计算其电容电流。

(1) 6～10kV 电缆和架空线路的单相接地电容电流。

电缆线路单位长度的单相接地电容电流按以下公式计算

6kV 线路

$$I_{c6}=\frac{95+2.84S}{2200+6S}U_e \qquad (15\text{-}42)$$

10kV 线路

$$I_{c10}=\frac{95+1.44S}{2200+0.23S}U_e \qquad (15\text{-}43)$$

式中 S——电缆芯线截面，mm^2；

U_e——额定电压，kV。

为了简化计算，将 6～35kV 电缆线路每公里长度的电容电流值列于表 15-58。

表 15-58 6～35kV 电缆线路单位长度的电容电流 (A/km)

U_e (kV)	电缆芯线截面 S (mm^2)										
	10	16	25	35	50	70	95	120	150	185	240
6	0.33	0.37	0.46	0.52	0.59	0.71	0.82	0.89	1.1	1.2	1.3
10	0.46	0.52	0.62	0.69	0.77	0.9	1.0	1.1	1.3	1.4	1.6
35						3.7	4.1	4.4	4.8	5.2	

架空线路单位长度的单相接地电容电流值

6kV 线路

$$I_{c6} = 0.017\text{A/km}$$

10kV 线路

$$I_{c10} = 0.029\text{A/km}$$

(2) 同步电动机定子线圈的单相接地电容电流。

水轮发电机、低转速电机及凸极式同步电动机的电容电流按下式计算

$$I_c = \frac{(U_{ed}/\sqrt{3})\omega K S_{ed}^{3/4}}{(U_{ed}+3600)n^{1/3}} \times 10^{-6} \quad (15\text{-}44)$$

式中 U_{ed}——电动机额定电压，V；

S_{ed}——电动机额定容量，kVA；

ω——角速度，$\omega=2\pi f$，当 $f=50$Hz 时，$\omega=314$；

K——系数，决定于绝缘等级，对于 B 级绝缘，当 $t=25$℃时，$K\approx40$；

n——转速，r/min。

高转速电机、隐极式同步电动机及汽轮发电机的电容电流按下式计算

$$I_c = \frac{2.5KS_{ed}\omega U_{ed}/\sqrt{3}}{\sqrt{U_{ed}(1+0.08U_{ed})}} \times 10^{-3} \quad (15\text{-}45)$$

式中 U_{ed}——电机额定电压，kV；

S_{ed}——电机额定容量，MVA；

K——当温度为 15～20℃时，$K\approx0.0187$；

ω——角速度，$\omega=2\pi f$，当 $f=50$Hz 时，$\omega=314$。

(3)6～35kV 小接地电网中的单相接地电容电流。

6～35kV 小接地电网中的单相接地电容电流可近似地按下列公式计算：

架空线网络

$$I_c = \frac{UL}{350} \quad (15\text{-}46)$$

电缆网络

$$I_c = \frac{UL}{10} \quad (15\text{-}47)$$

式中 U——电网的额定线电压，kV；

L——网络的总长，km。

15.17.2 单相接地电容电流的补偿原则和方法

各级电压的电网电容电流大于以下值时，必须进行补偿：

3～10kV 电网——30A

20～35kV 电网——10A

当电网电容电流小于以上值时，单相接地后允许继续工作 1～2h，这段时间内能保证完成寻找故障地点等工作，因此不需进行补偿。

采用补偿的电网，有以下优点：

(1) 当单相接地时，不需立即使故障线路断开，用户能在接地情况下继续工作一段时间，寻找故障地点，转换为由备用电源供电等均有充分时间。

(2) 可消除不稳定的单相接地。

单相接地电容电流的补偿装置采用消弧线圈，一般接于 6～10kV 或 35kV 变压器中性点与大地之间。在忽略不大的有效分量值时，可认为单相接地电流是纯电容电流。当接地后，由于零序电压的作用，消弧线圈内激发出与接地电容电流方向相反的电感电流，起到补偿作用。

补偿分三种方式：

(1)过补偿——消弧线圈中的电流大于电容电流；

(2)全补偿——消弧线圈中的电流与电容电流相等；

(3) 欠补偿—消弧线圈中的电流小于电容电流。

补偿方式的选择，应视发电机电势是否对称、电网各相电容是否相等、电网正常工作时中性点电压是否等于零等情况而定。在实际应用中，由于以下原因，一般都不采用全补偿：

(1) 补偿后需有一定的剩余电流（约为 5A）使安装在各变电所中的接地保护和绝缘监察装置能可靠动作。

(2)消弧线圈的抽头有限，要调到全补偿是不可能的。

(3)采用全补偿，正常工作时易产生谐振，有使电压升高的危险。

一般均采用过补偿方式。在过补偿情况下，当电网中线路减少时，不致成为全补偿。如果采用欠补偿方式，在切除部分线路后，也可能造成全补偿。

15.17.3 消弧线圈主要参数的选择和接有消弧线圈的变压器的校核

15.17.3.1 消弧线圈主要参数的选择

消弧线圈的主要参数为：

(1) 接消弧线圈的网络线电压；

(2) 根据单相接地电容电流所确定的电流；

(3) 当单相接地时消弧线圈能工作的时间。

线圈电流调整的范围，是由线路某些区段停电时的最小单相接地电容电流和整个线路（包括将来发展的线路）都接电时的最大单相接地电容电流来决定。消弧线圈的数量应适合当工作线路分成多区域运行时，能在各区域上得到电容电流补偿，因此应在各区域安装消弧线圈。

消弧线圈的容量按下式决定

$$Q = 1.25 I_c U_{xt} \tag{15-48}$$

式中 I_c——整个网络（区域网络）的电容电流，A；

U_{xt}——电网的相电压，kV；

1.25——考虑到网络发展和消弧线圈可能在过补偿情况下运行的储备系数。

几种消弧线圈的型号规格见表 15-59。

消弧线圈的允许工作时间，以 10kV 电网常用的 XDJ-300/10 型为例，允许有下列最大的工作时间：

当接到Ⅰ分接头时(电流最小)——允许工作时间无限长；

当接到Ⅱ分接头时(电流较小)——允许工作时间无限长；

当接到Ⅲ分接头时——允许工作时间为 8h；

当接到Ⅳ分接头时——允许工作时间为 4h；

当接到Ⅴ分接头时——允许工作时间为 2h。

五个分接头的调整是用转换开关来进行的，该转换开关的把手突出于箱盖上，不允许在带负荷情况下进行调整。

15.17.3.2 接有消弧线圈的变压器的校核

当系统单相接地时，中性点接有消弧线圈的变压器内流过了零序电流，因此，使变压器各相负荷不平衡，并产生附加的发热。为了避免变压器过度的过负荷，因此要求变压器容量与消弧线圈容量之比为：

当变压器为星形/三角形接线时——1.5～2；

当变压器为星形/星形接线时——5。

消弧线圈一般安装在总变电所中，并利用所用变压器来连接，有两种方式，示于图 15-84。图中方式 2 较方式 1 具有接线简单且能省掉一个变压器绕组的优点，推荐采用，但变压器需特殊定货。

应该注意，在计算补偿时，变压器的零序电抗应该与消弧线圈的电抗相加。变压器的容量应该使它的线圈中能够同时通过接地电流及正常负荷电流。

选择星形/三角形接线双绕组变压器的容量时，可利用图 15-85 曲线。

经时间 t 时的温升 $\Delta\delta_t$ 由下式决定

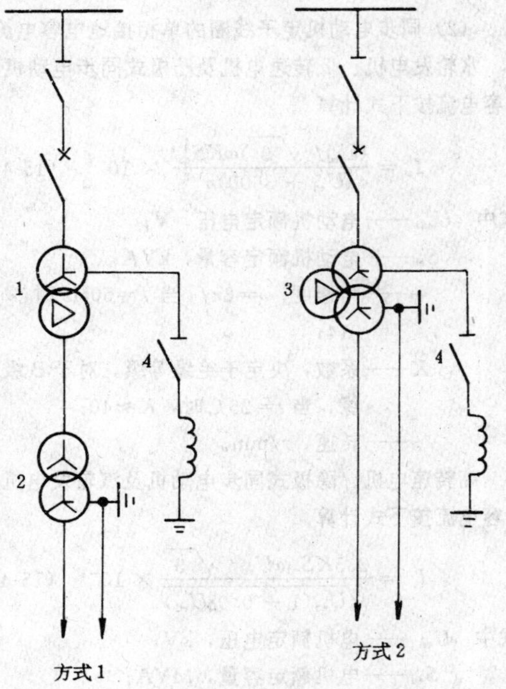

图 15-84 利用所用变压器连接消弧线圈的连接图
1—SL-600/10 型，YN，d11 接线，10±5%/0.5kV 变压器；2—125kVA，500±5%/400/230V 干式变压器；3—600kVA，YN，d11，yn0 接线，一、二次星形绕组中性点均有引出线，三角形绕组无引出线，三角形绕组容量为一次容量的 100%，二次星形绕组为一次容量的 1/5，10.5±5%/0.4/0.23kV 变压器；4——隔离开关

$$\Delta\delta_t = \Delta\delta_{wt} - (\Delta\delta_{wt} - \Delta\delta_{cs}) e^{-\frac{t}{T}} \tag{15-49}$$

式中 T——变压器的温升时间常数，min，可按下式计算。

$$T \approx 0.293 \frac{g C_y \tau}{P_{ss}} \tag{15-50}$$

式中 g——油的重量，kg；

C_y——油的热容量，kJ/kg·℃；

τ——油的稳定温升；

P_{ss}——同一工作情况下铁损与铜损之和，kW。

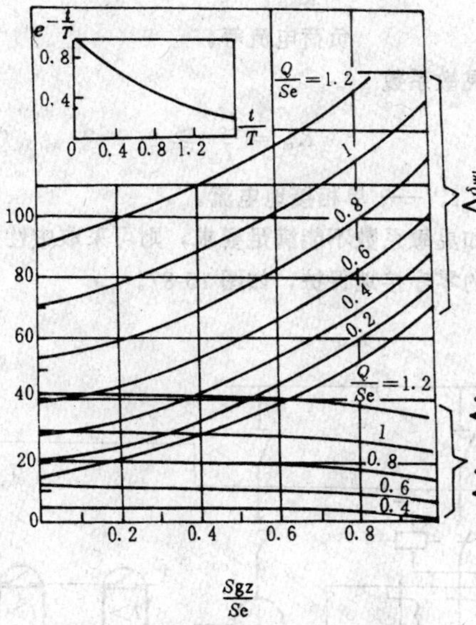

图 15-85 校核接有消弧线圈的变压器温升用的曲线

$\Delta\delta_{wt}$，$\Delta\delta_{cs}$—网络单相接地时，变压器绕组对周围冷却空气的稳定平均温升与起始平均温升；S_{gz}，S_e—变压器工作容量与额定容量，kVA

周围空气最高温度时，变压器绕组的平均温度不得超出 $\delta=130\sim135℃$。

例 假设需要决定变压器的中性点能否接入消弧线圈，其时间常数 $T=180\text{min}$，电网中接地的最大持续时间为 2h，容量比为 $\frac{S_{gz}}{S_e}=0.9$，$\frac{Q}{S_e}=0.8$。

由图 15-85 曲线得

$$\Delta\delta_{wt}=108℃$$

$$\Delta\delta_{wt}-\Delta\delta_{cs}=17℃$$

$$\frac{t}{T}=\frac{120}{180}=0.67$$

$$e^{-t/T}=0.5$$

所以

$$\Delta\delta_t=108-17\times0.5=99.5℃$$

当周围空气温度为 +35℃时，变压器的温升

$$\delta=35+99.5=134.5℃$$

所以在上述情况下，允许接入消弧线圈。

表 15-59 XDJ 型消弧线圈的规格（供参考）

序号	型号	额定容量 (kVA)	线路额定电压 (kV)	额定电流 (A)	重量 (kg) 器身	油	总重	外形尺寸（长×宽×高）(mm)	轨距 (mm)
1	XDJ-175/6	175	6	25～50					
2	XDJ-350/6	350	6	50～100					
3	XDJ-700/6	700	6	100～200					
4	XDJ-1400/6	1400	6	200～400					
5	XDJ-300/10	300	10	25～50	508	539	1252	1365×1235×1610	820
6	XDJ-600/10	600	10	50～100					
7	XDJ-1200/10	1200	10	100～200					
8	XDJ-275/35	275	35	6.2～12.5	615	655	1640	1855×1047×2115	820
9	XDJ-550/35	550	35	12.5～25	1060	900	2360	2042×1245×1930	820
10	XDJ-1100/35	1100	35	25～50					
11	XDJ-2200/35	2200	35	50～100					

15.18 中性点经电阻接地的继电保护

目前已有一些钢铁企业的 3～35kV 配电系统的中性点采用经电阻接地。单相接地电流一般为 100～400A，这类系统的单相接地保护，可采用以下三种方法：

(1) 采用常规的电流互感器及过流继电器；

(2) 采用专用接地继电器；

(3) 采用专用零序电流互感器。

目前由于国内没有 (2) (3) 项的专用设备，因此以下仅叙述 (1) 项用电流互感器接成零序电流滤过器的联接方式，如图 15-86 所示。

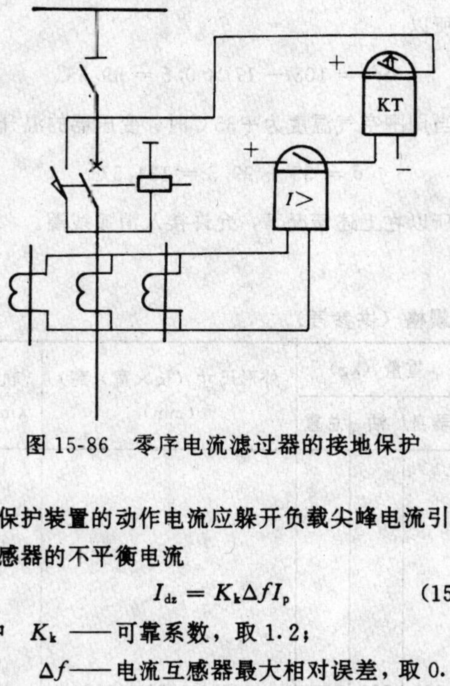

图 15-86 零序电流滤过器的接地保护

保护装置的动作电流应躲开负载尖峰电流引起电流互感器的不平衡电流

$$I_{dz}=K_k\Delta f I_p \tag{15-51}$$

式中 K_k ——可靠系数，取 1.2；

Δf——电流互感器最大相对误差，取 0.05～0.1。

I_p——负载尖峰电流（指持续时间大于本套保护延时继电器 KT，见图 15-86，整定值的尖峰电流），如电动机起动电流、电弧炉工作短路电流及轧机冲击负荷电流等。

灵敏系数

$$K_m=\frac{I_0^{(1)}}{I_{dz}}\geqslant 2 \tag{15-52}$$

式中 $I_0^{(1)}$——单相接地电流。

如灵敏系数不能满足要求，则可采取中性点电流闭锁的零序接地保护，如图 15-87。

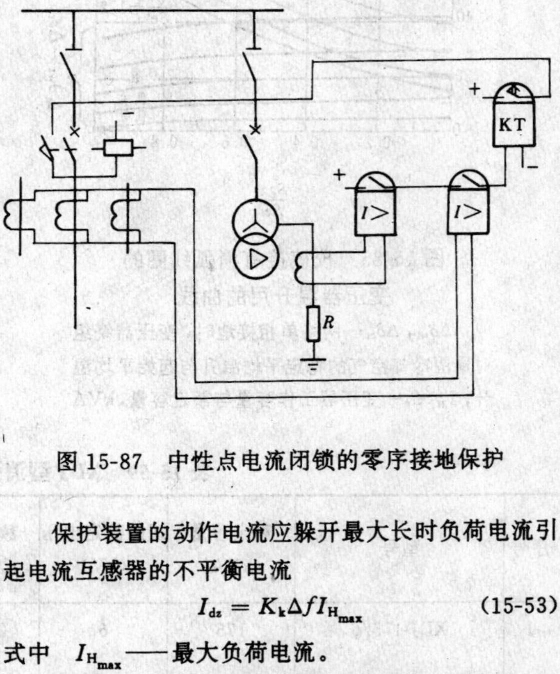

图 15-87 中性点电流闭锁的零序接地保护

保护装置的动作电流应躲开最大长时负荷电流引起电流互感器的不平衡电流

$$I_{dz}=K_k\Delta f I_{H_{max}} \tag{15-53}$$

式中 $I_{H_{max}}$——最大负荷电流。

但是，对于具有频繁出现的尖峰负荷（指持续时间大于本套保护延时继电器 KT，见图 15-87，整定值的尖峰电流），如连轧机，若按躲开最大负荷电流来整定，则在其它馈出线发生单相短路时，有可能误跳闸。

附录 15.1 各种故障情况下保护装置回路内的电流分布

各种故障情况下保护装置回路内的电流分布见附表 15-1～附表 15-4。

附表 15-1 Y，yn0 接线变压器保护装置中的故障电流分布

故障形式	星形侧向量图	变压器星形侧相电流	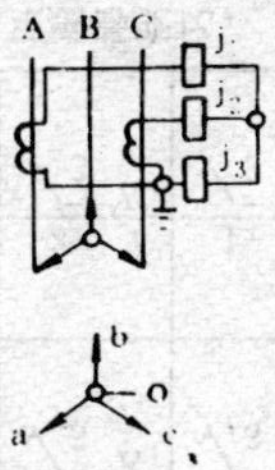			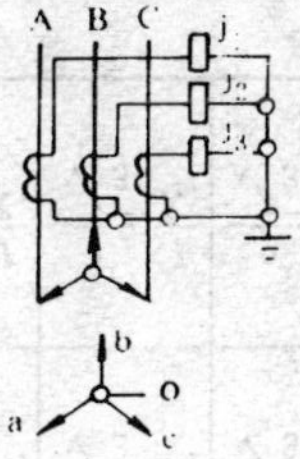			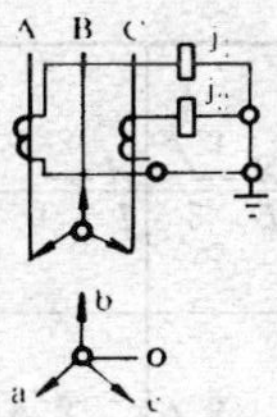		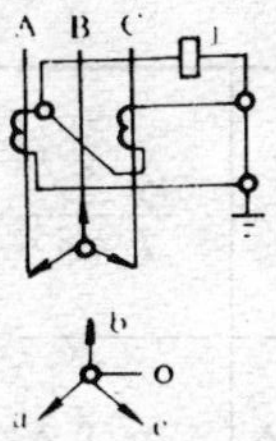	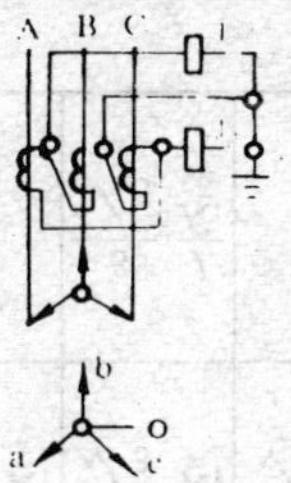		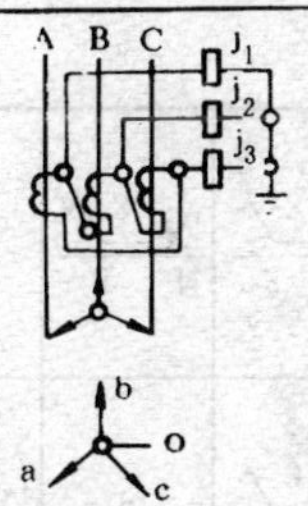		
			i_{j1}	i_{j2}	i_{j3}	i_{j1}	i_{j2}	i_{j3}	i_{j1}	i_{j2}	i_j	i_{j1}	i_{j2}	i_{j1}	i_{j2}	i_{j3}
ABC abc		$I_A=I_B=I_C=I$ $I_A=I_B=I_C=I$	$\frac{I}{K_i}$	$\frac{I}{K_i}$	$\frac{I}{K_i}$	$\frac{I}{K_i}$	$\frac{I}{K_i}$	$\frac{I}{K_i}$	$\frac{I}{K_i}$	$\frac{I}{K_i}$	$\frac{\sqrt{3}I}{K_i}$	$\frac{\sqrt{3}I}{K_i}$	$\frac{\sqrt{3}I}{K_i}$	$\frac{\sqrt{3}I}{K_i}$	$\frac{\sqrt{3}I}{K_i}$	$\frac{\sqrt{3}I}{K_i}$
AB		$I_A=I_B=I$	$\frac{I}{K_i}$	0	$\frac{I}{K_i}$	$\frac{I}{K_i}$	$\frac{I}{K_i}$	0	$\frac{I}{K_i}$	0	$\frac{I}{K_i}$	$\frac{2I}{K_i}$	$\frac{I}{K_i}$	$\frac{2I}{K_i}$	$\frac{I}{K_i}$	$\frac{I}{K_i}$
AC		$I_A=I_C=I$	$\frac{I}{K_i}$	$\frac{I}{K_i}$	0	$\frac{I}{K_i}$	0	$\frac{I}{K_i}$	$\frac{I}{K_i}$	$\frac{I}{K_i}$	$\frac{2I}{K_i}$	$\frac{I}{K_i}$	$\frac{2I}{K_i}$	$\frac{I}{K_i}$	$\frac{I}{K_i}$	$\frac{2I}{K_i}$
BC		$I_B=I_C=I$	0	$\frac{I}{K_i}$	$\frac{I}{K_i}$	0	$\frac{I}{K_i}$	$\frac{I}{K_i}$	0	$\frac{I}{K_i}$	$\frac{I}{K_i}$	$\frac{I}{K_i}$	$\frac{I}{K_i}$	$\frac{I}{K_i}$	$\frac{2I}{K_i}$	$\frac{I}{K_i}$
ab	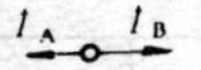	$I_A=I_B=I$	$\frac{I}{K_i}$	0	$\frac{I}{K_i}$	$\frac{I}{K_i}$	$\frac{I}{K_i}$	0	$\frac{I}{K_i}$	0	$\frac{I}{K_i}$	$\frac{2I}{K_i}$	$\frac{I}{K_i}$	$\frac{2I}{K_i}$	$\frac{I}{K_i}$	$\frac{I}{K_i}$
ac		$I_A=I_C=I$	$\frac{I}{K_i}$	$\frac{I}{K_i}$	0	$\frac{I}{K_i}$	0	$\frac{I}{K_i}$	$\frac{I}{K_i}$	$\frac{I}{K_i}$	$\frac{2I}{K_i}$	$\frac{I}{K_i}$	$\frac{2I}{K_i}$	$\frac{I}{K_i}$	$\frac{I}{K_i}$	$\frac{2I}{K_i}$
bc	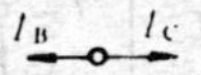	$I_B=I_C=I$	0	$\frac{I}{K_i}$	$\frac{I}{K_i}$	0	$\frac{I}{K_i}$	$\frac{I}{K_i}$	0	$\frac{I}{K_i}$	$\frac{I}{K_i}$	$\frac{I}{K_i}$	$\frac{I}{K_i}$	$\frac{I}{K_i}$	$\frac{2I}{K_i}$	$\frac{I}{K_i}$
a0	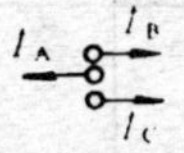	$I_A=I_B+I_C=\frac{2}{3}I$ $I_B=I_C=\frac{1}{3}I$	$\frac{2}{3}\frac{I}{K_i}$	$\frac{1}{3}\frac{I}{K_i}$	$\frac{1}{3}\frac{I}{K_i}$	$\frac{2}{3}\frac{I}{K_i}$	$\frac{1}{3}\frac{I}{K_i}$	$\frac{1}{3}\frac{I}{K_i}$	$\frac{2}{3}\frac{I}{K_i}$	$\frac{1}{3}\frac{I}{K_i}$	$\frac{I}{K_i}$	$\frac{I}{K_i}$	$\frac{I}{K_i}$	$\frac{I}{K_i}$	0	$\frac{I}{K_i}$
b0		$I_B=I_A+I_C=\frac{2}{3}I$ $I_A=I_C=\frac{1}{3}I$	$\frac{1}{3}\frac{I}{K_i}$	$\frac{1}{3}\frac{I}{K_i}$	$\frac{2}{3}\frac{I}{K_i}$	$\frac{1}{3}\frac{I}{K_i}$	$\frac{2}{3}\frac{I}{K_i}$	$\frac{1}{3}\frac{I}{K_i}$	$\frac{1}{3}\frac{I}{K_i}$	$\frac{1}{3}\frac{I}{K_i}$	0	$\frac{I}{K_i}$	0	$\frac{I}{K_i}$	$\frac{I}{K_i}$	0
c0	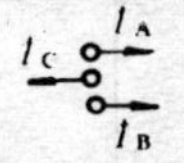	$I_C=I_A+I_B=\frac{2}{3}I$ $I_A=I_B=\frac{1}{3}I$	$\frac{1}{3}\frac{I}{K_i}$	$\frac{2}{3}\frac{I}{K_i}$	$\frac{1}{3}\frac{I}{K_i}$	$\frac{1}{3}\frac{I}{K_i}$	$\frac{1}{3}\frac{I}{K_i}$	$\frac{2}{3}\frac{I}{K_i}$	$\frac{1}{3}\frac{I}{K_i}$	$\frac{2}{3}\frac{I}{K_i}$	$\frac{I}{K_i}$	0	$\frac{I}{K_i}$	0	$\frac{I}{K_i}$	$\frac{I}{K_i}$

注：1. i_j 为流过继电器中的电流，K_i 为电流互感器的变比；

2. I 为短路电流（变压器二次侧短路电流 I_d 归算至一次侧为 $I=\frac{I_d}{K_u}$，$K_u=\frac{U_{xY}}{U_{xY_0}}$）。

附表 15-2　Y，d11 接线变压器保护装置中的故障电流分布

故障形式	星形侧向量图	变压器星形侧相电流	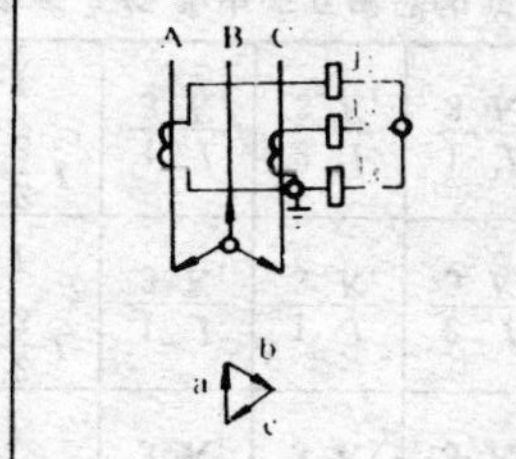			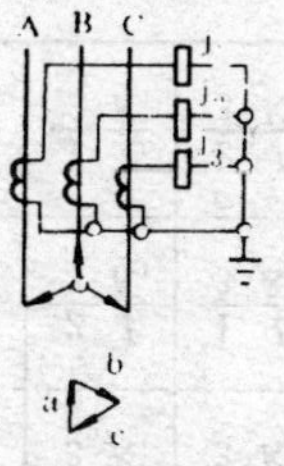			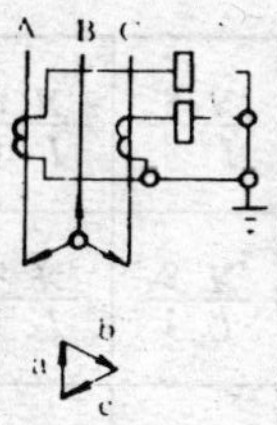		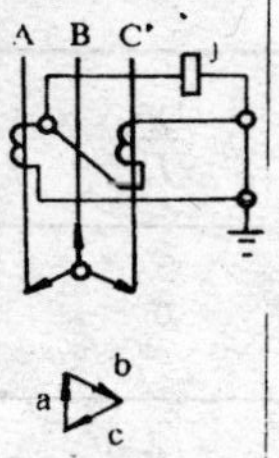	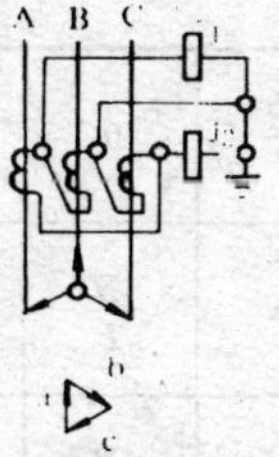		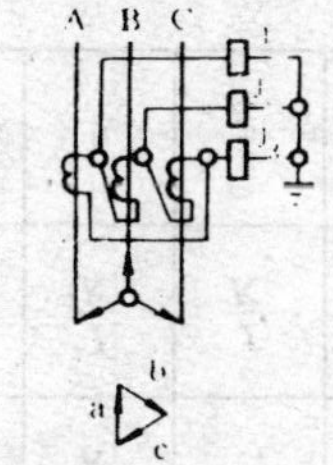		
			i_{j1}	i_{j2}	i_{j3}	i_{j1}	i_{j2}	i_{j3}	i_{j1}		i_j	i_{j1}	i_{j2}	i_{j1}	i_{j2}	i_{j3}
ABC abc	I_A, I_B, I_C	$I_A=I_B=I_C=I$	$\frac{I}{K_i}$	$\frac{I}{K_i}$	$\frac{I}{K_i}$	$\frac{I}{K_i}$	$\frac{I}{K_i}$	$\frac{I}{K_i}$	$\frac{I}{K_i}$	$\frac{I}{K_i}$	$\frac{\sqrt{3}I}{K_i}$	$\frac{\sqrt{3}I}{K_i}$	$\frac{\sqrt{3}I}{K_i}$	$\frac{\sqrt{3}I}{K_i}$	$\frac{\sqrt{3}I}{K_i}$	$\frac{\sqrt{3}I}{K_i}$
AB	I_A, I_B	$I_A=I_B=I$	$\frac{I}{K_i}$	0	$\frac{I}{K_i}$	$\frac{I}{K_i}$	$\frac{I}{K_i}$	0	$\frac{I}{K_i}$	0	$\frac{I}{K_i}$	$\frac{2I}{K_i}$	$\frac{I}{K_i}$	$\frac{2I}{K_i}$	$\frac{I}{K_i}$	$\frac{I}{K_i}$
AC	I_A, I_C	$I_A=I_C=I$	$\frac{I}{K_i}$	$\frac{I}{K_i}$	0	$\frac{I}{K_i}$	0	$\frac{I}{K_i}$	$\frac{I}{K_i}$	$\frac{I}{K_i}$	$\frac{2I}{K_i}$	$\frac{I}{K_i}$	$\frac{2I}{K_i}$	$\frac{I}{K_i}$	$\frac{I}{K_i}$	$\frac{2I}{K_i}$
BC	I_B, I_C	$I_B=I_C=I$	0	$\frac{I}{K_i}$	$\frac{I}{K_i}$	0	$\frac{I}{K_i}$	$\frac{I}{K_i}$	0	$\frac{I}{K_i}$	$\frac{I}{K_i}$	$\frac{I}{K_i}$	$\frac{I}{K_i}$	$\frac{I}{K_i}$	$\frac{2I}{K_i}$	$\frac{I}{K_i}$
ab	I_B, I_C, I_A	$I_B=I_A+I_C=\frac{2}{\sqrt{3}}I$ $I_A=I_C=\frac{1}{\sqrt{3}}I$	$\frac{1}{\sqrt{3}}\frac{I}{K_i}$	$\frac{1}{\sqrt{3}}\frac{I}{K_i}$	$\frac{2}{\sqrt{3}}\frac{I}{K_i}$	$\frac{1}{\sqrt{3}}\frac{I}{K_i}$	$\frac{2}{\sqrt{3}}\frac{I}{K_i}$	$\frac{1}{\sqrt{3}}\frac{I}{K_i}$	$\frac{1}{\sqrt{3}}\frac{I}{K_i}$	$\frac{1}{\sqrt{3}}\frac{I}{K_i}$	0	$\frac{3}{\sqrt{3}}\frac{I}{K_i}$	0	$\frac{3}{\sqrt{3}}\frac{I}{K_i}$	$\frac{3}{\sqrt{3}}\frac{I}{K_i}$	0
ac	I_A, I_B, I_C	$I_A=I_B+I_C=\frac{2}{\sqrt{3}}I$ $I_B=I_C=\frac{1}{\sqrt{3}}I$	$\frac{2}{\sqrt{3}}\frac{I}{K_i}$	$\frac{1}{\sqrt{3}}\frac{I}{K_i}$	$\frac{1}{\sqrt{3}}\frac{I}{K_i}$	$\frac{2}{\sqrt{3}}\frac{I}{K_i}$	$\frac{1}{\sqrt{3}}\frac{I}{K_i}$	$\frac{1}{\sqrt{3}}\frac{I}{K_i}$	$\frac{2}{\sqrt{3}}\frac{I}{K_i}$	$\frac{1}{\sqrt{3}}\frac{I}{K_i}$	$\frac{3}{\sqrt{3}}\frac{I}{K_i}$	$\frac{3}{\sqrt{3}}\frac{I}{K_i}$	$\frac{3}{\sqrt{3}}\frac{I}{K_i}$	$\frac{3}{\sqrt{3}}\frac{I}{K_i}$	0	$\frac{3}{\sqrt{3}}\frac{I}{K_i}$
bc	I_C, I_A, I_B	$I_C=I_A=I_B=\frac{2}{\sqrt{3}}I$ $I_A=I_B=\frac{1}{\sqrt{3}}I$	$\frac{1}{\sqrt{3}}\frac{I}{K_i}$	$\frac{2}{\sqrt{3}}\frac{I}{K_i}$	$\frac{1}{\sqrt{3}}\frac{I}{K_i}$	$\frac{1}{\sqrt{3}}\frac{I}{K_i}$	$\frac{1}{\sqrt{3}}\frac{I}{K_i}$	$\frac{2}{\sqrt{3}}\frac{I}{K_i}$	$\frac{1}{\sqrt{3}}\frac{I}{K_i}$	$\frac{2}{\sqrt{3}}\frac{I}{K_i}$	$\frac{3}{\sqrt{3}}\frac{I}{K_i}$	0	$\frac{3}{\sqrt{3}}\frac{I}{K_i}$	0	$\frac{3}{\sqrt{3}}\frac{I}{K_i}$	$\frac{3}{\sqrt{3}}\frac{I}{K_i}$

注：1. i_j 为流过继电器中的电流，K_i 为电流互感器变比；

2. I 为短路电流（变压器三角形侧短路电流 I_d 归算至星形侧为 $I=\frac{I_d}{K_u}$，$K_u=\frac{U_{xY}}{U_{x\Delta}}$）。

附表 15-3　在保护装置安装处故障时保护装置中的故障电流分布

故障形式	电流向量	主回路和电流	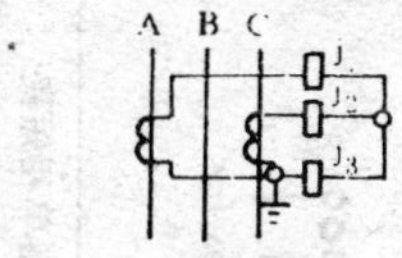			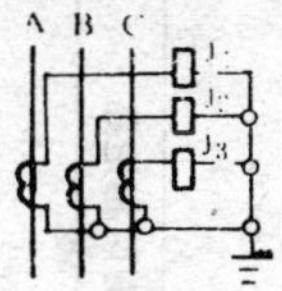			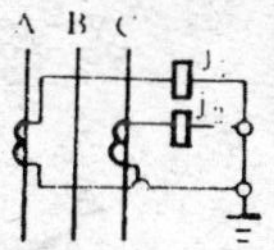		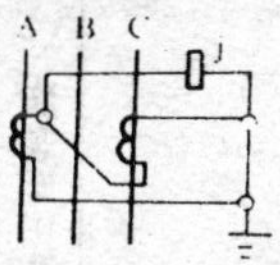	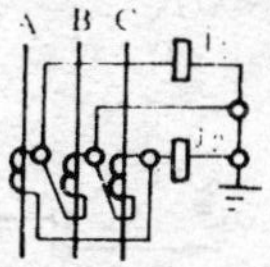		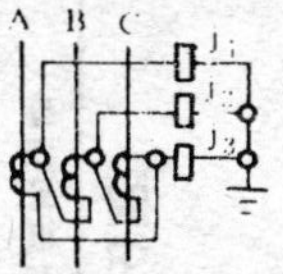		
			i_{j1}	i_{j2}	i_{j3}	i_{j1}	i_{j2}	i_{j3}	i_{j1}	i_{j2}	i_j	i_{j1}	i_{j2}	i_{j1}	i_{j2}	i_{j3}
ABC	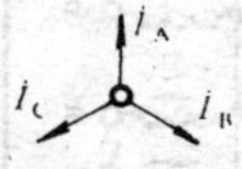	$I_A=I_B=I_C=I$	$\frac{I}{K_i}$	$\frac{I}{K_i}$	$\frac{I}{K_i}$	$\frac{I}{K_i}$	$\frac{I}{K_i}$	$\frac{I}{K_i}$	$\frac{I}{K_i}$	$\frac{I}{K_2}$	$\frac{\sqrt{3}I}{K_i}$	$\frac{\sqrt{3}I}{K_i}$	$\frac{\sqrt{3}I}{K_i}$	$\frac{\sqrt{3}I}{K_i}$	$\frac{\sqrt{3}I}{K_i}$	$\frac{\sqrt{3}I}{K_i}$
AB	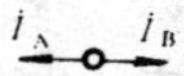	$I_A=I_B=I$	$\frac{I}{K_i}$	0	$\frac{I}{K_i}$	$\frac{I}{K_i}$	$\frac{I}{K_i}$	0	$\frac{I}{K_i}$	0	$\frac{I}{K_i}$	$\frac{2I}{K_i}$	$\frac{I}{K_i}$	$\frac{2I}{K_i}$	$\frac{I}{K_i}$	$\frac{I}{K_i}$
AC	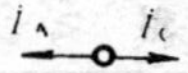	$I_A=I_C=I$	$\frac{I}{K_i}$	$\frac{I}{K_i}$	0	$\frac{I}{K_i}$	0	$\frac{I}{K_i}$	$\frac{I}{K_i}$	$\frac{I}{K_i}$	$\frac{2I}{K_i}$	$\frac{I}{K_i}$	$\frac{2I}{K_i}$	$\frac{I}{K_i}$	$\frac{I}{K_i}$	$\frac{2I}{K_i}$
BC	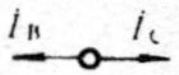	$I_B=I_C=I$	0	$\frac{I}{K_i}$	$\frac{I}{K_i}$	0	$\frac{I}{K_i}$	$\frac{I}{K_i}$	0	$\frac{I}{K_i}$	$\frac{I}{K_i}$	$\frac{I}{K_i}$	$\frac{I}{K_i}$	$\frac{I}{K_i}$	$\frac{2I}{K_i}$	$\frac{I}{K_i}$
A0		$I_A=I$	$\frac{I}{K_i}$	0	$\frac{I}{K_i}$	$\frac{I}{K_i}$	0	0	$\frac{I}{K_i}$	0	$\frac{I}{K_i}$	$\frac{I}{K_i}$	$\frac{I}{K_i}$	$\frac{I}{K_i}$	0	$\frac{I}{K_i}$
B0		$I_B=I$	0	0	0	0	$\frac{I}{K_i}$	0	0	0	0	$\frac{I}{K_i}$	0	$\frac{I}{K_i}$	$\frac{I}{K_i}$	0
C0	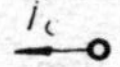	$I_C=I$	0	$\frac{I}{K_i}$	$\frac{I}{K_i}$	0	0	$\frac{I}{K_i}$	0	$\frac{I}{K_i}$	$\frac{I}{K_i}$	0	$\frac{I}{K_i}$	0	$\frac{I}{K_i}$	$\frac{I}{K_i}$

注：i_j 为流过继电器中的电流，K_i 为电流互感器的变比。

附录15.2 各种故障情况下的相对灵敏系数

各种故障情况下的相对灵敏系数见附表15-5。

附表15-4 各种接线变压器在二次侧不同短路形式时一、二次线圈中的电流分配

星形/星形接线变压器二次侧三相短路	星形/三角形接线变压器二次侧两相短路
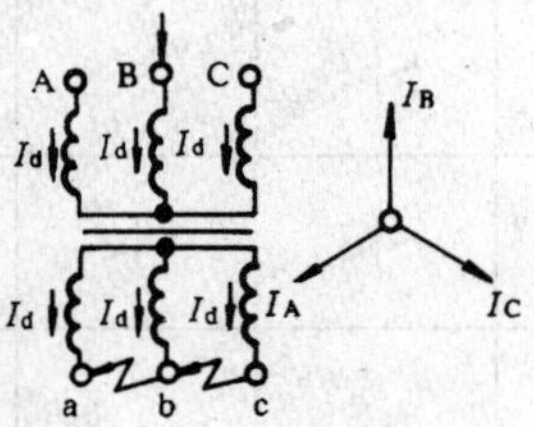 线圈匝数比 $N=1$	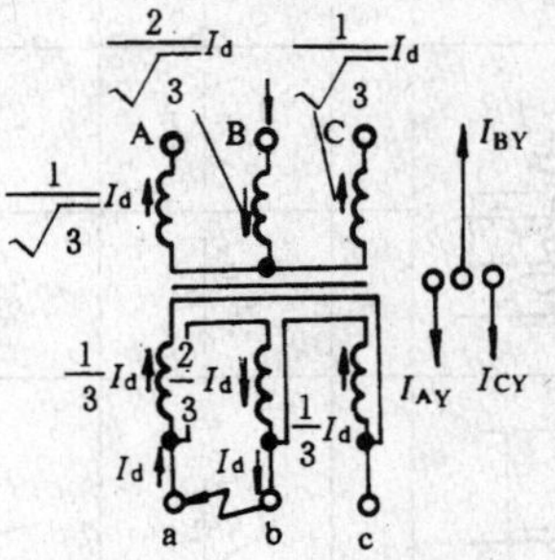 线圈匝数比 $N=\frac{1}{\sqrt{3}}$
星形/星形接线变压器二次侧两相短路	三角形/星形接线变压器二次侧三相短路
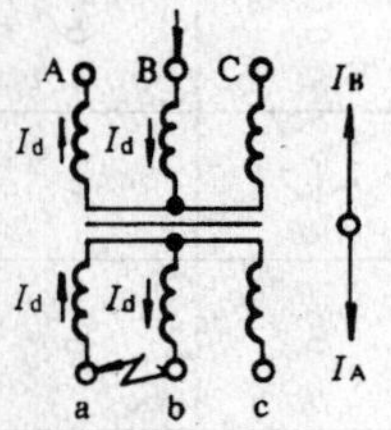 线圈匝数比 $N=1$	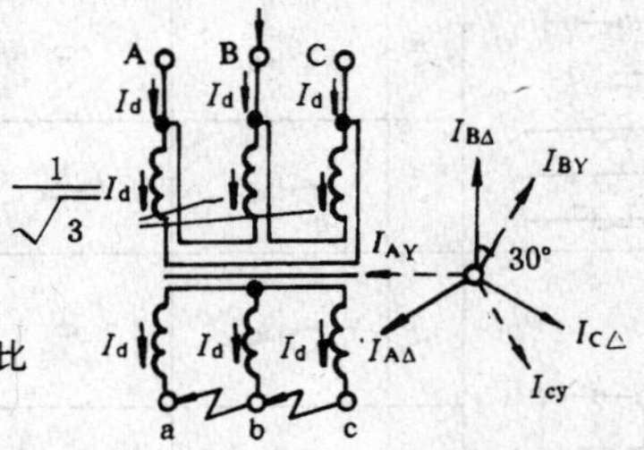 线圈匝数比 $N=\sqrt{3}$
星形/星形接线变压器二次侧单相短路	三角形/星形接线变压器二次侧两相短路
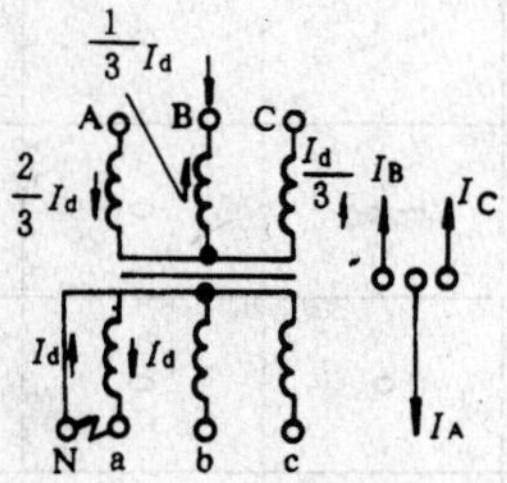 线圈匝数比 $N=1$	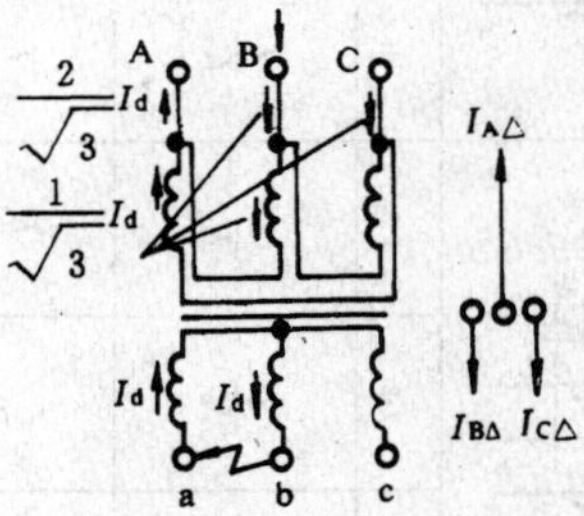 线圈匝数比 $N=\sqrt{3}$
星形/三角形接线变压器二次侧三相短路	三角形/星形接线变压器二次侧单相短路
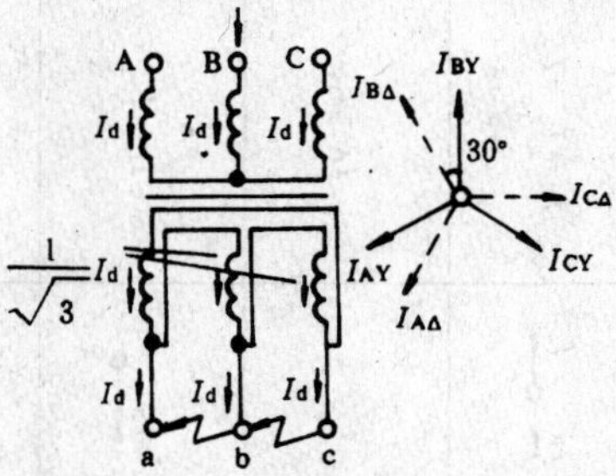 线圈匝数比 $N=\frac{1}{\sqrt{3}}$	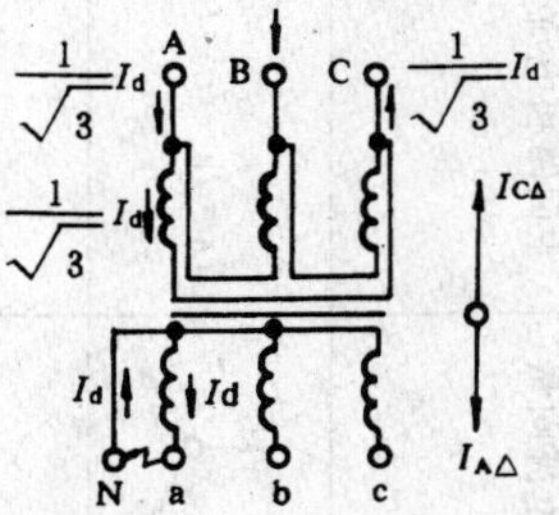 线圈匝数比 $N=\sqrt{3}$

附表 15-5 各种故障的相对灵敏系数 K_{mxd}

故障类型		保护接线方式					
		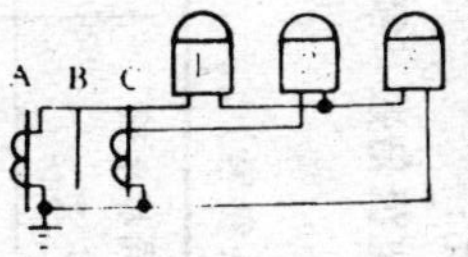	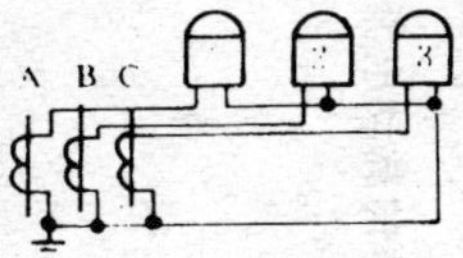	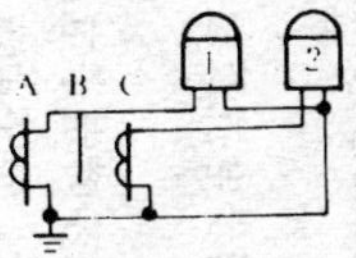	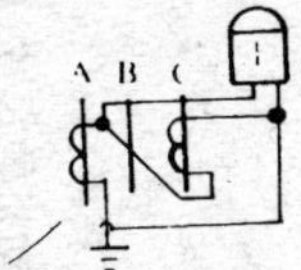	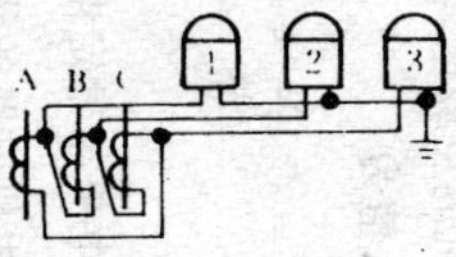	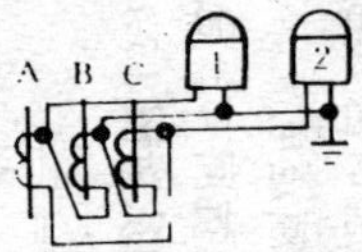
在线路上保护装置安装处发生故障							
三相短路	A-B-C	1	1	1	1	1	1
两相短路	A-B				0.5		1
	B-C	0.87	0.87	0.87		1	0.5
	C-A				1		1
单相短路	A	$I_d^{(1)}/I_d^{(3)}$	$I_d^{(1)}/I_d^{(3)}$	$I_d^{(1)}/I_d^{(3)}$	$I_d^{(1)}/\sqrt{3}\,I_d^{(3)}$	$I_d^{(1)}/\sqrt{3}\,I_d^{(3)}$	$I_d^{(1)}/\sqrt{3}\,I_d^{(3)}$
	B	0	$I_d^{(1)}/I_d^{(3)}$	0	0	$I_d^{(1)}/\sqrt{3}\,I_d^{(3)}$	$I_d^{(1)}/\sqrt{3}\,I_d^{(3)}$
	C	$I_d^{(1)}/I_d^{(3)}$	$I_d^{(1)}/I_d^{(3)}$	$I_d^{(1)}/I_d^{(3)}$	$I_d^{(1)}/\sqrt{3}\,I_d^{(3)}$	$I_d^{(1)}/\sqrt{3}\,I_d^{(3)}$	$I_d^{(1)}/\sqrt{3}\,I_d^{(3)}$
在 Y，yn0 接线变压器二次侧发生故障							
三相短路	A-B-C	1	1	1	1	1	1
两相短路	A-B				0.5		1
	B-C	0.87	0.87	0.87		1	0.5
	C-A				1		1
单相短路	A			$0.67\frac{I_d^{(1)}}{I_d^{(3)}}$	$0.58\frac{I_d^{(1)}}{I_d^{(3)}}$		
	C	$0.67\frac{I_d^{(1)}}{I_d^{(3)}}$	$0.67\frac{I_d^{(1)}}{I_d^{(3)}}$			$0.58\frac{I_d^{(1)}}{I_d^{(3)}}$	$0.58\frac{I_d^{(1)}}{I_d^{(3)}}$
	B			$0.33I_d^{(1)}/I_d^{(3)}$	0		
在 y，d11 接线变压器二次侧发生故障							
三相短路	A-B-C	1	1	1	1	1	1
两相短路	A-B			0.5	0		
	B-C	1	1			0.87	0.87
	C-A			1	0.87		

附录 15.3 同步电动机的短路比及失步时定子电流倍数的估算

(1) 同步电动机的短路比。

同步电动机的短路比 K_d 为在空载时使空载电势达到额定电压时的励磁电流与在短路时使短路电流达到额定电流时的励磁电流之比。即

$$K_d = \frac{I_{l0}}{I_{ld}} = \frac{I_{d0}}{I_e} \quad (附 15\text{-}1)$$

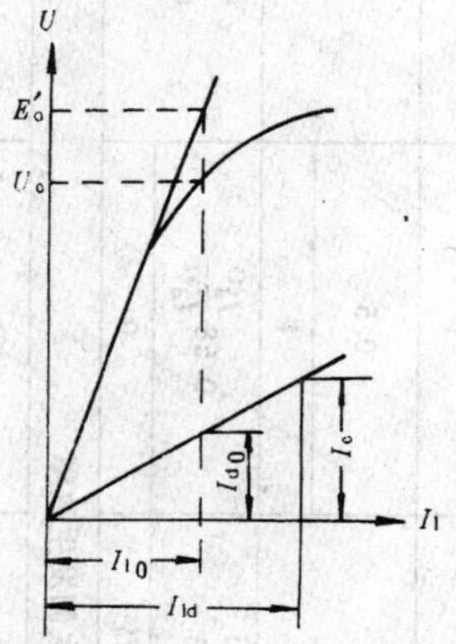

附图 15-1 同步电动机的定子电压、电流与励磁电流的关系曲线

式中 I_{l0}——电动机在空载时使空载电势达到额定电压时的励磁电流；

I_{ld}——电动机在短路试验时使短路电流达到额定电流时的励磁电流；

I_{d0}——短路试验时由 I_{l0} 引起的短路电流；

I_e——电动机额定电流。

短路比与纵轴同步电抗间有一定的关系。设 X_d 为不饱和纵轴同步电抗，则从附图 15-1 可得

$$X_d = \frac{E'_0}{I_{d0}} \quad (附 15\text{-}2)$$

式中 E'_0——同步电动机的空载电势。

纵轴同步电抗的标幺值为

$$X_{*d} = \frac{E'_0}{I_{d0}}\frac{I_e}{U_e} = C_0\frac{I_e}{I_{d0}} = C_0\frac{1}{K_d} \quad (附 15\text{-}3)$$

式中 $C_0 = \frac{E'_0}{U_e}$——空载电势与额定电压之间的系数，由于电机磁路的饱和，$C_0 > 1 \approx 1$。

由此可见，短路比近似地等于纵轴同步电抗的倒数

$$K_d \approx \frac{1}{X_{*d}}$$

式中 X_{*d} 可从电机制造厂获得。

短路比的大小，与电动机的尺寸、价格及其运行性能都有很大关系。一般短路比愈大，过载能力愈大，其尺寸和价格也愈大。

国产同步电动机的同步电抗及短路比数据列于附表 15-6，供设计参考。

(2) 同步电动机在失步时定子电流倍数的估算。

同步电动机在失步时，定子电流由以下两部分叠加而成：

1) 具有两倍转差频率的脉动电流，其为额定电流的倍数可按下式估算

$$K_1 = U\sqrt{K_h^2\cos^2\varphi_e + \left[\frac{K_d}{0.75} + \frac{K_h^2\cos^2\varphi_e(K_q - K_d)}{(K_q - K_d)^2 - K_h^2\cos^2\varphi_e}\right]^2} \quad (附 15\text{-}4)$$

式中 U——失步时电动机的端电压，相对值；

K_h——电动机的负荷系数；

$\cos\varphi_e$——电动机的额定功率因数；

K_d——电动机的短路比；

K_q——电动机的起动电流倍数（额定电压时）。

附表 15-6 国产同步电动机的同步电抗 X_{*d} 及短路比 K_d（供参考）

电动机型号	电压 (kV)	转速 (r/min)	容量 (kW)	同步电抗 X_{*d}	短路比 K_d
轧钢用					
TD143/34-6	6/3	1000	1000	0.86	1.16
TD173/36-6	10	1000	1600	0.8786	1.14

续附表 15-6

电动机型号	电压 (kV)	转速 (r/min)	容量 (kW)	同步电抗 X_{*d}	短路比 K_d
TD173/44-6	10	1000	1600	0.8264	1.21
TD173/59-6	10	1000	2500	0.951	1.05
TD260/59-12	10	500	4000	0.65	1.54
TZ260/89-12	10	500	7000	0.665	1.5
TD260/104-12	10	500	8000	0.635	1.57
TD260/120-12	10	500	10000	0.68	1.47
TD143/49-8	6	750	1250	0.789	1.265
TD325/69-16	10	375	5600	0.604	1.66
TD286/115-12	10	500	10900	0.69	1.45
风机用					
TD143/69-4	10	1500	2000	1.306	0.76
TD173/66-10	6	600	2500	1.06	0.94
TD173/89-6	10	1000	4000	1.303	0.76
TD143/66-6	6	1000	2500	1.4026	0.71
空压机用					
TD173/14-24	3	250	250	0.929	1.08
TD173/29-16	6/3	375	500	1.095	0.91
TZK173/29-20	6/3	300	480	0.874	1.14
球磨机用					
TZ213/34-32	6/3	187	380	0.43	2.31
仿ДC213/34-32	6/3	187	380	0.456	2.2
水泵用					
TDL215/31-6	6/3	375	1250	1.052	0.95
TD173/84-4	6	1500	5000	1.711①	0.585

① 该台电动机的 X_{*d}偏大，是由于有 GD^2 等特殊要求所得。

2）由励磁所决定的具有转差频率的电流，其振幅等于在相应励磁电流下，定子三相稳态短路电流，其为额定电流的倍数可按下式估算

$$K_2=\frac{K_d}{C_0}\approx K_d \tag{附 15-5}$$

式中 $C_0\approx1$——电动机空载电势与额定电压之间的系数。

所以，同步电动机在失步时的定子电流倍数

在带励磁情况下失步时

$$K_s=K_1+K_2$$

在无励磁情况下失步时

$$K_s=K_1$$

附录 15.4 常用继电器的技术性能

（1）BCH-2、DCD-2 型差动继电器。

1）用途：BCH-2、DCD-2 型差动继电器用于双绕组或三绕组电力变压器以及交流发电机、大容量电动机的差动保护装置。

2）技术数据：BCH-2、DCD-2 型差动继电器的技术数据见附表 15-7、附表 15-8。

附表 15-7 BCH-2、DCD-2 型差动继电器的技术数据

动作安匝	差动回路动作电流（A）		差动绕组（匝）	平衡绕组（匝）		短路绕组（匝）		线圈持续电流（A）	每相消耗功率（VA）	接点容量（W）
	三绕组变压器	双绕组变压器，交流发电机		Ⅰ	Ⅱ	中间柱	边柱			
60±4	3，4.6，6，7.5，10，12	1.55～12	20	19	19	28	56	10	当故障电流为5A时不超过14VA	50

注：1. BCH-2、DCD-2 型差动继电器额定电流为 5A；

2. BCH-2 型差动继电器的电流继电器型号为 DL-11 型。DCD-2 型差动继电器的电流继电器型号为 DL-1 型。

附表 15-8 BCH-2、DCD-2 型差动继电器的电阻值（当接入全部匝数时）

绕组名称	当电流为下列值（A）时的全阻抗值（Ω）			直流电阻（Ω）
	3	5	10	
工作（差动）	0.32	0.28	0.19	0.04
平衡Ⅰ或Ⅱ	0.3	0.27	0.18	0.042～0.044

注：表中所列数据为短路线圈在“1”-“1”抽头时的最大阻抗值。

3）内部接线：BCH-2、DCD-2 型差动继电器的内部接线见附图 15-2。

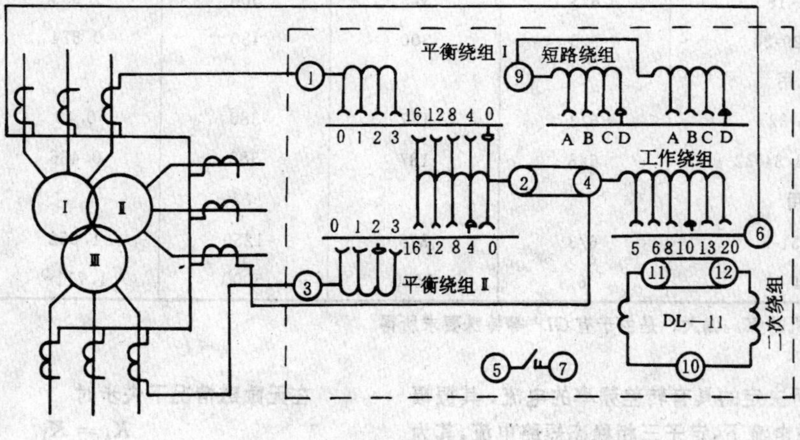

附图 15-2 BCH-2、DCD-2 型差动继电器内部接线图

（2）BCH-1、DCD-5 型差动继电器。

1）用途：BCH-1、DCD-5 型差动继电器用作电力变压器的差动保护装置。这种型号继电器带有一个制动线圈，躲过外部故障时不平衡电流的性能优于 BCH-2、DCD-2 型，但躲过励磁涌流的性能不如 BCH-2、DCD-2 型，一般当 BCH-2 型或 DCD-2 型的灵敏性不够时采用。

2）技术数据：BCH-1、DCD-5 型差动继电器的技术数据见附表 15-9。

3）内部接线：BCH-1、DCD-5 型差动继电器的内部接线见附图 15-3。

4）制动特性曲线：BCH-1、DCD-5 型差动继电器的制动特性曲线见附图 15-4。

附表 15-9 BCH-1、DCD-5 型差动继电器的技术数据

无制动时动作安匝	动作电流（A）		当 AW_Z=280 时的制动系数 K_z	差动绕组（匝）	平衡绕组（匝）		制动绕组（匝）	线圈持续电流（A）	每相消耗功率（VA）		接点容量（W）
	三绕组变压器	双绕组变压器			Ⅰ	Ⅱ			正常时	故障时	
60±4	3～12	1.55～12	在制动特性的下限 对于最大整定动作电流 12A 时为 0.18～2.52；对于最小整定动作电流 3A 时为 0.045～0.63 在制动特性的上限 对于最大整定动作电流 12A 时为 0.268～3.75；对于最小整定动作电流 3A 时为 0.067～0.938	20	19	19	2×14	10	7.5	20	50

注：1. BCH-1、DCD-5 型差动继电器额定电流为 5A；

2. BCH-1 型差动继电器的电流继电器型号为 DL-11 型。DCD-5 型差动继电器的电流继电器型号为 DL-1 型。

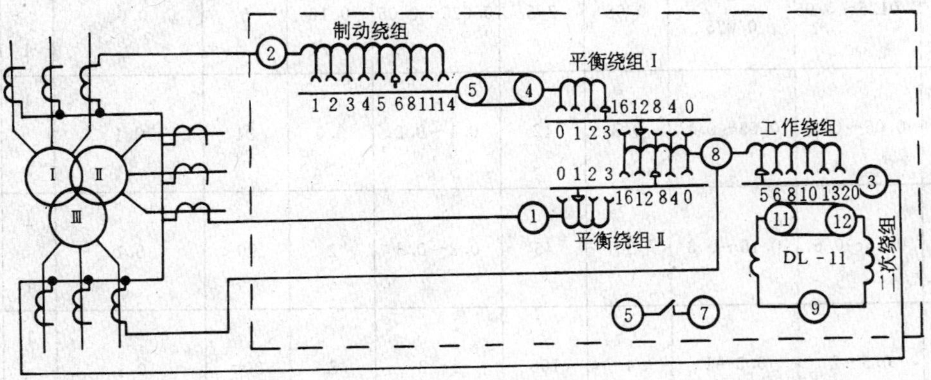

附图 15-3 BCH-1、DCD-5 型差动继电器内部接线图

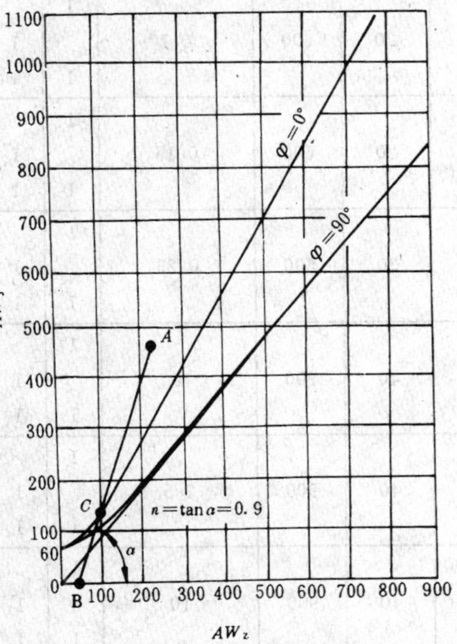

附图 15-4 BCH-1、DCD-5 型差动继电器制动特性曲线

（3）DL-10 系列电流继电器。

1）用途：DL-10 系列电流继电器用于电机、变压器和输电线的过负荷和短路保护线路中，作为启动元件。

2）技术数据：DL-10 系列电流继电器的技术数据见附表 15-10、附表 15-11。

3）内部接线：DL-10 系列电流继电器的内部接线见附图 15-5。

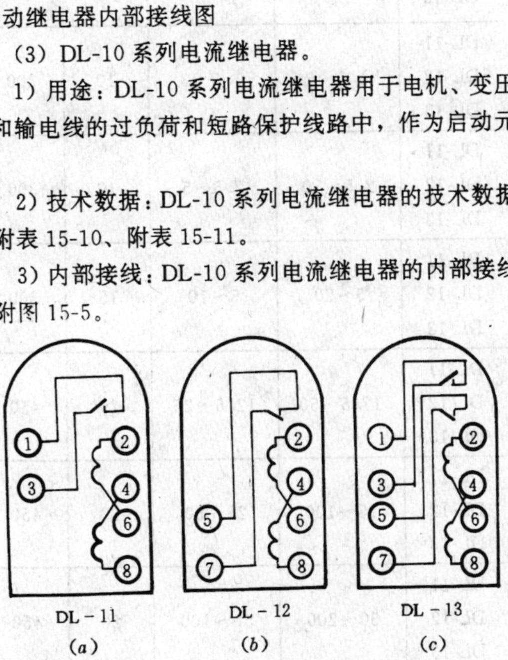

附图 15-5 DL-10 系列电流继电器内部接线图

附表 15-10 DL-10 系列电流继电器技术数据

型号	整定范围（A）	线圈串联			线圈并联			在第一（最小）整定电流时消耗功率（VA）	接点规范		返回系数
		动作电流（A）	热稳定电流（A）		动作电流（A）	热稳定电流（A）			常开	常闭	
			长期	一秒钟		长期	一秒钟				
DL-11									1		
DL-12	0.0025～0.01	0.0025～0.01	0.02	0.6	0.005～0.01	0.04	1.2	0.08		1	
DL-13									1	1	
DL-11									1		
DL-12	0.01～0.04	0.01～0.02	0.05	1.5	0.02～0.04	0.1	3	0.08		1	
DL-13									1	1	
DL-11									1		
DL-12	0.0125～0.05	0.0125～0.025	0.08	2.5	0.025～0.05	0.16	5	0.08		1	
DL-13									1	1	
DL-11									1		0.8
DL-12	0.05～0.2	0.05～0.1	0.3	12	0.1～0.2	0.6	24	0.1		1	
DL-13									1	1	
DL-11									1		
DL-12	0.15～0.6	0.15～0.3	1	45	0.3～0.6	2	90	0.1		1	
DL-13									1	1	
DL-11									1		
DL-12	0.5～2	0.5～1	4	100	1～2	8	200	0.1		1	
DL-13									1	1	
DL-11									1		
DL-12	1.5～6	1.5～3	10	300	3～6	20	600	0.1		1	
DL-13									1	1	
DL-11									1		
DL-12	2.5～10	2.5～5	10	300	5～10	20	600	0.15		1	
DL-13									1	1	
DL-11									1		
DL-12	5～20	5～10	15	300	10～20	30	600	0.25		1	
DL-13									1	1	
DL-11									1		
DL-12	12.5～50	12.5～25	20	450	25～50	40	900	1		1	
DL-13									1	1	
DL-11									1		
DL-12	25～100	25～50	20	450	50～100	40	900	2.5		1	
DL-13									1	1	
DL-11									1		
DL-12	50～200	50～100	20	450	100～200	40	900	10		1	0.7
DL-13									1	1	

附表 15-11 DL-10 系列电流继电器在第一（最小）整定电流时的阻抗（供参考）

继电器型号	DL-10 /0.01	DL-10 /0.04	DL-10 /0.05	DL-10 /0.2	DL-10 /0.6	DL-10 /2	DL-10 /6	DL-10 /10	DL-10 /20	DL-10 /50	DL-10 /100	DL-10 /200
消耗功率 (VA)	0.08	0.08	0.08	0.1	0.1	0.1	0.1	0.15	0.25	1	2.5	10
线圈阻抗 (Ω)	12800	800	840	4.0	4.44	0.4	0.044	0.024	0.01	0.0064	0.004	0.004

注：1. 消耗功率为线圈串联连接，第一整定电流时消耗的功率；

2. 线圈并联时的阻抗为串联时的$\frac{1}{4}$。

（4）LCD-4 型差动继电器。

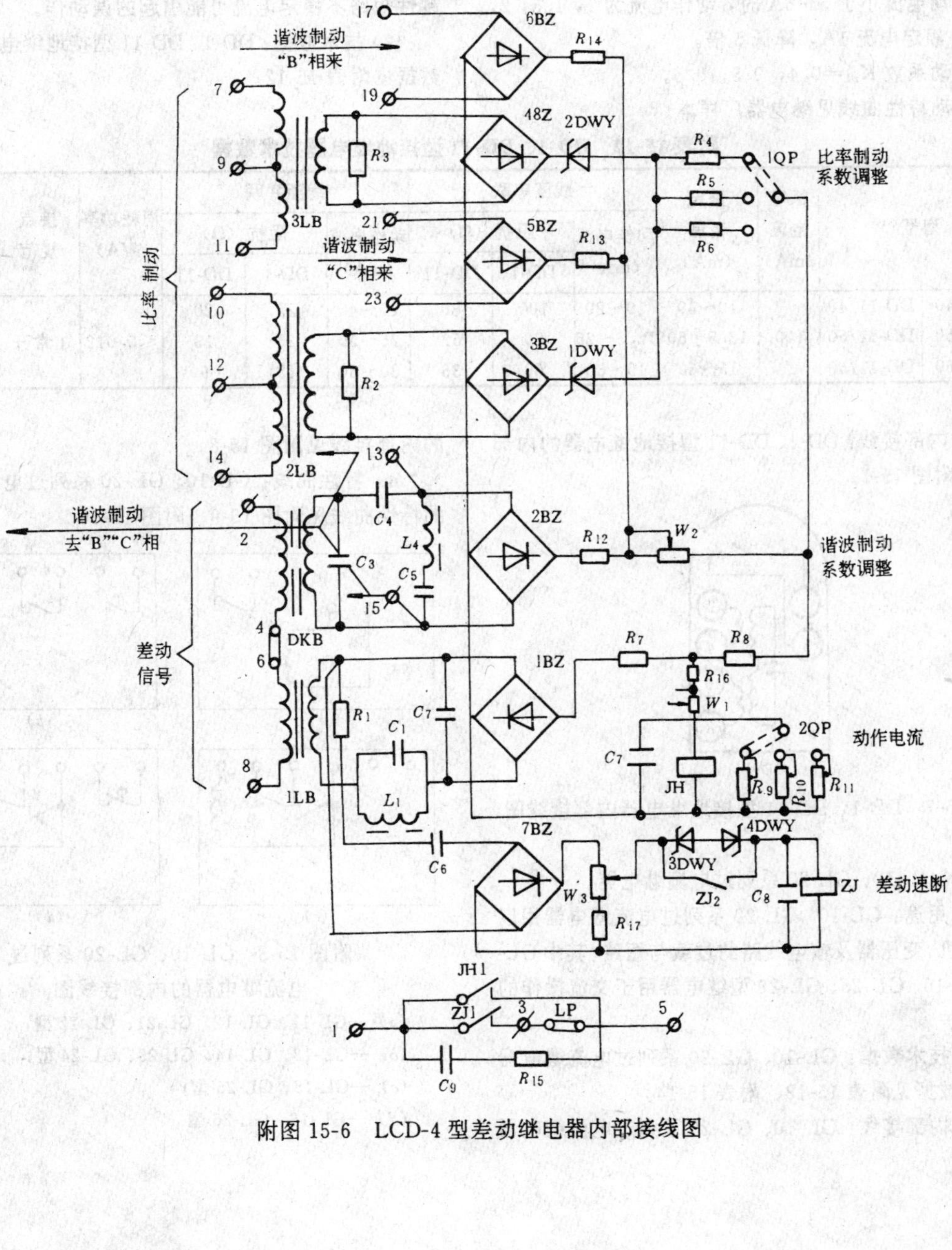

附图 15-6 LCD-4 型差动继电器内部接线图

1）用途：LCD-4型差动继电器用于双绕组和三绕组电力变压器的差动保护装置，实现一侧至四侧制动，且能在20～50%变压器额定电流动作。

2）内部接线：LCD-4型差动继电器内部接线见附图15-6。

3）主要技术数据：

额定电流5A，1A

整定值1（0.2），1.5（0.3），2（0.4），2.5（0.5）A，瞬动元件动作值为4～10倍额定电流

比率制动特性

制动电流小于5～6A时，动作电流为1，1.5，2，2.5A。额定电流1A，降低5倍。

制动系数 K_{zd}=0.4，0.5，0.6。

制动特性曲线见继电器厂样本。

（5）DD-1、DD-11型接地继电器。

1）用途：DD-1、DD-11型接地继电器为瞬时动作的过电流继电器，用作小接地电流电力系统中高压三相交流发电机和电动机的接地零序过电流保护。

继电器线圈接入零序电流互感器（电缆式、母线式或由三个相电流互感器组成的零序电流滤过器）。当被保护电机的零点经阻抗接地时，继电器接入变流器的差动回路。

当继电器接入由三个相电流互感器组成的零序电流滤过器时，还应接入闭锁继电器，以防止由于外部穿越性短路不稳定电流可能引起的误动作。

2）技术数据：DD-1、DD-11型接地继电器的技术数据见附表15-12。

附表15-12　DD-1、DD-11型接地继电器技术数据

型号		额定电流（mA）	整定范围（mA）	线圈串联			线圈并联			消耗功率（VA）	接点规范	返回系数
				动作电流（mA）	阻抗（Ω）		动作电流（mA）	阻抗（Ω）				
					DD-1	DD-11		DD-1	DD-11			
DD-1/40	DD-11/40		10～40	10～20	100	80	20～40	25	20			
DD-1/50	DD-11/50	100	12.5～50	12.5～25	80	52	25～50	20	13	≤0.012	1常开	≥0.5
DD-1/60	DD-11/60		15～60	15～30	60	36	30～60	15	9			

3）内部接线：DD-1、DD-11型接地继电器的内部接线见附图15-7。

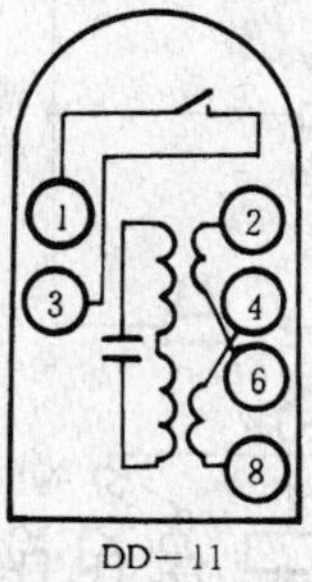

附图15-7　DD-1、DD-11型接地继电器内部接线图

（6）GL-10、GL-20系列过电流继电器。

1）用途：GL-10、GL-20系列过电流继电器用以保护电机、变压器及输电线路的过载与短路。其中GL-15、GL-16、GL-25、GL-26型继电器用于交流操作的继电保护。

2）技术数据：GL-10、GL-20系列过电流继电器的技术数据见附表15-13、附表15-14。

3）内部接线：GL-10、GL-20系列过电流继电器的内部接线见附图15-8。

4）特性曲线：GL-10、GL-20系列过电流继电器的特性曲线见附图15-9、附图15-10。

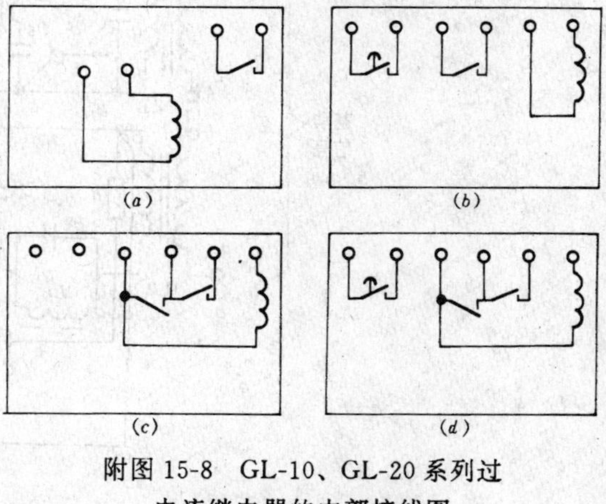

附图15-8　GL-10、GL-20系列过电流继电器的内部接线图

（a）—GL-11、GL-12、GL-21、GL-22型；

（b）—GL-13、GL-14、GL-23、GL-24型；

（c）—GL-15、GL-25型；

（d）—GL-16、GL-26型

附表 15-13 GL-10、GL-20系列过电流继电器技术数据

型号③		额定电流(A)	整定值		瞬动电流倍数②	返回系数	功率消耗(VA)
			整定电流(A)	动作时间①(s)			
GL-11/10	GL-21/10	10	4，5，6，7，8，9，10	0.5，1，2，3，4	2～8	0.85	15
GL-11/5	GL-21/5	5	2，2.5，3，3.5，4，4.5，5				
GL-12/10	GL-22/10	10	4，5，6，7，8，9，10	2，4，8，12，16			
GL-12/5	GL-22/5	5	2，2.5，3，3.5，4，4.5，5				
GL-13/10	GL-23/10	10	4，5，6，7，8，9，10	2，3，4		0.8	
GL-13/5	GL-23/5	5	2，2.5，3，3.5，4，4.5，5				
GL-14/10	GL-24/10	10	4，5，6，7，8，9，10	8，12，16			
GL-14/5	GL-24/5	5	2，2.5，3，3.5，4，4.5，5				
GL-15/10	GL-25/10	10	4，5，6，7，8，9，10	0.5，1，2，3，4			
GL-15/5	GL-25/5	5	2，2.5，3，3.5，4，4.5，5				
GL-16/10	GL-26/10	10	4，5，6，7，8，9，10	8，12，16			
GL-16/5	GL-26/5	5	2，2.5，3，3.5，4，4.5，5				

①动作时间是当10倍动作电流时；

②瞬动电流倍数为电磁元件动作电流与感应元件动作电流之比；

③接点断开容量

GL-11～GL-14、GL-21～GL-24型：常开主接点在电压为220V，能接通直流或交流5A，但是断开它所接通的电路应当由别的接点，例如断路器的辅助接点来进行；常闭主接点在电压为220V时，能断开交流2A，如被控电路系由变流器供电，而与继电器接点并联，且当电流为4A时，其总阻抗不大于4Ω，则继电器的接点在电流至50A的情况下，能将电路分流接通与断开。

GL-15、GL-16、GL-25、GL-26型主接点：被控电路由变流器供电，且其阻抗在电流为3.5A时，不大于4.5Ω，则在电流不大于150A的情况下，主接点可以将这个电路分流接通与断开。常开讯号接点在电压220V以下，能接通或断开直流0.2A或交流1A。

附表 15-14 GL-11～GL-16型过电流继电器在各种整定电流下的阻抗

继电器型号	GL-11/10～GL-16/10							GL-11/5～GL-16/5						
额定电流（A）	4	5	6	7	8	9	10	2	2.5	3	3.5	4	4.5	5
阻抗（Ω）	0.94	0.60	0.42	0.31	0.23	0.19	0.15	3.75	2.4	1.67	1.22	0.94	0.74	0.60

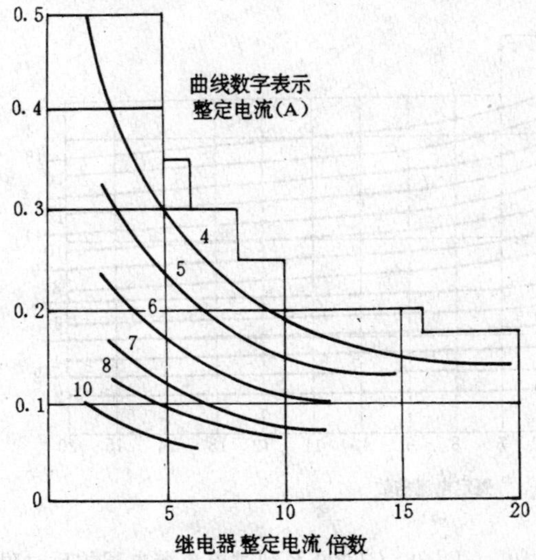

附图 15-9 GL-10、GL-20系列过电流继电器的阻抗与动作电流倍数关系曲线（供参考）

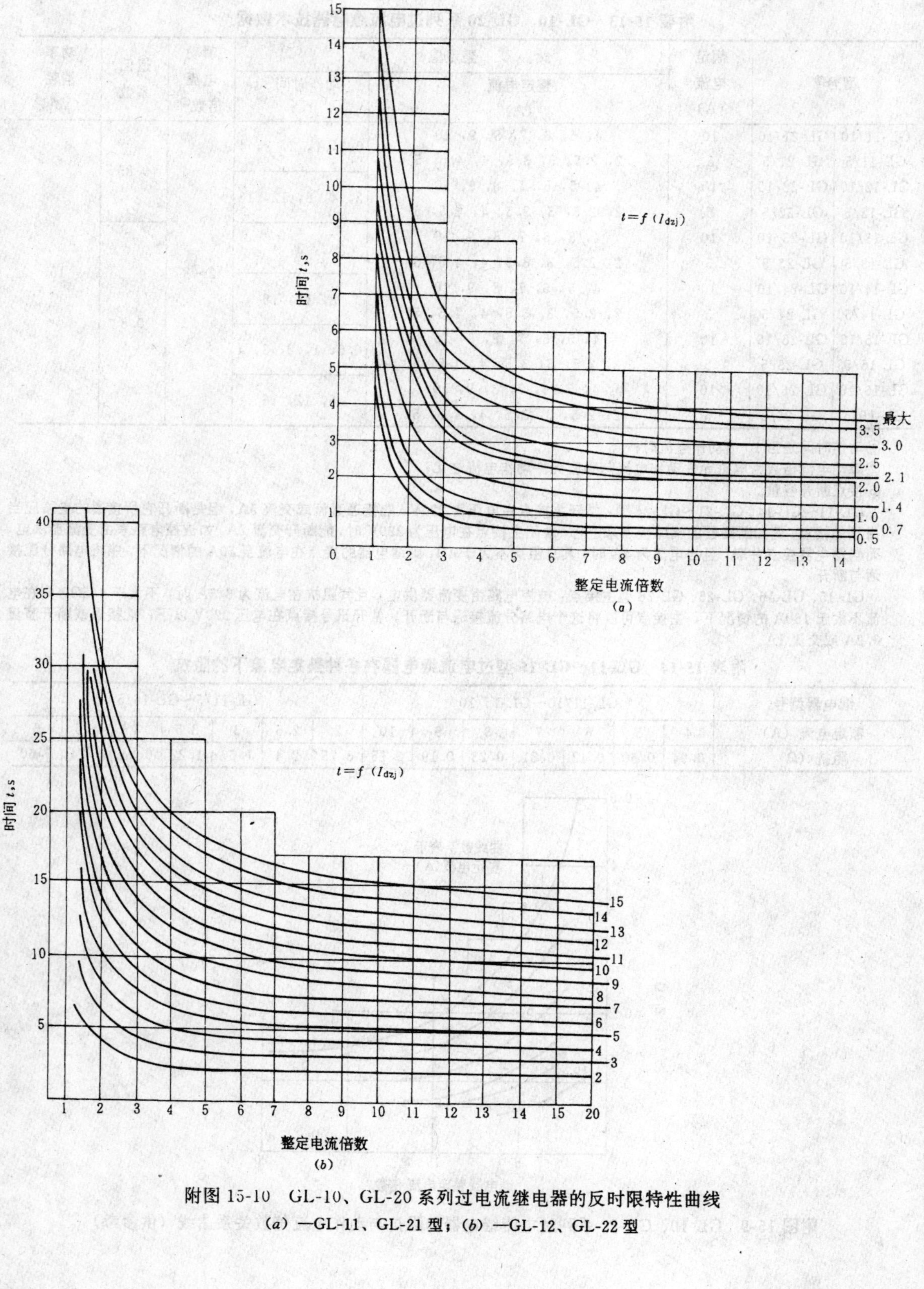

附图 15-10 GL-10、GL-20 系列过电流继电器的反时限特性曲线

(*a*) —GL-11、GL-21 型；(*b*) —GL-12、GL-22 型

(7) ZD-3C 型小电流接地信号装置

1) 用途：ZD-3C 型小电流接地信号装置用于中性点绝缘、中性点经消弧线圈接地及经有效电阻接地的小接地电流系统中。当单相接地时，装置能发出灯光信号，指出故障线路，同时送出一对触点给远动或音响信号。装置通过切换能反映永久性接地与瞬时性接地两种故障和只反映永久性故障这两种运行方式。

装置能同时指示出 10 条线路是否存在故障。当母线出线超过 10 条时，可安装两台装置，并列运行（$3U_0$ 相同）。

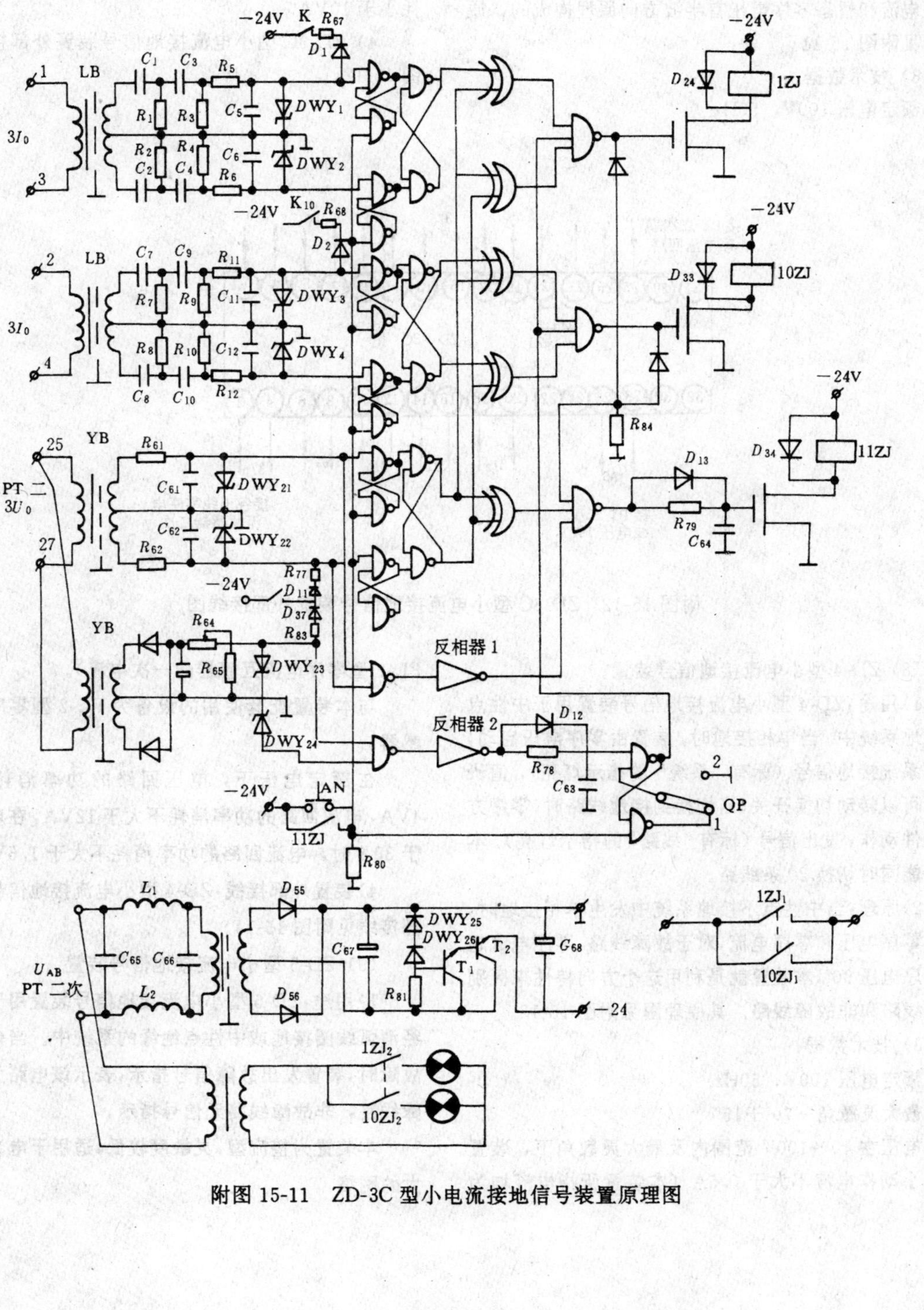

附图 15-11　ZD-3C 型小电流接地信号装置原理图

装置用于辐射形网络时，装于母线侧，取用该母线电压互感器的 $3U_0$ 和各出线电流互感器的 $3I_0$。

装置用于环网时，应在环网两侧各装设一套装置，取各自母线电压互感器的 $3U_0$ 和各出线电流互感器的 $3I_0$ 进行综合比较，判别故障线路和非故障线路。

2) 原理：ZD-3C 型小电流接地装置采用反映暂态零序电流和暂态零序电压首半波方向原理构成的，原理图见附图 15-11。

3) 技术数据：

额定电压 100V，50Hz

额定电流 1A，50Hz

动作电压 $U_{dz}\leqslant 15$V，50Hz

动作电流 $I_{dz}\leqslant 20$mA，700Hz

功率消耗零序交流电流回路，1A，50Hz、功率消耗小于 4VA。零序交流电压回路，100V，50Hz，功率消耗小于 4VA。交流电压回路 100V，50Hz 时功率消耗小于 10VA

4) ZD-3C 型小电流接地信号装置外部接线见附图 15-12。

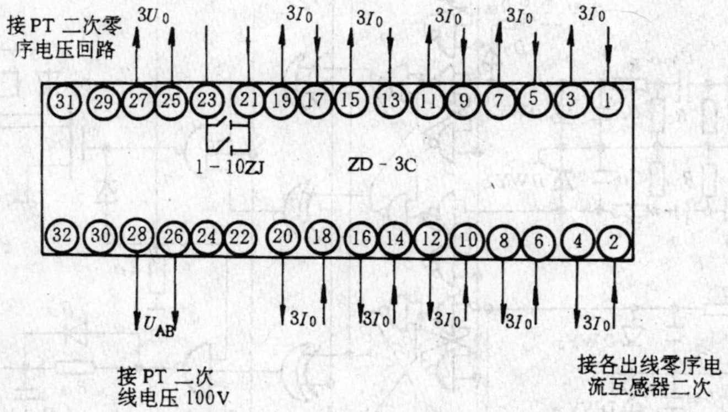

附图 15-12 ZD-3C 型小电流接地信号装置外部接线图

(8) ZD-4 型小电流接地信号装置。

1)用途：ZD-4 型小电流接地信号装置用于中性点不接地系统中。当单相接地时，装置由零序电压启动，发出系统接地信号（标有“系统”的指示灯亮），值班人员可以转动切换开关，当切换到接地线路时，零序方向元件动作，发出信号（标有“线路”的指示灯亮）。本装置能同时切换 20 条线路。

2)原理：当中性点不接地系统中发生单相接地时，产生零序电压和零序电流，对于故障线路，零序电流超前零序电压 90°，本装置就是利用这个方向特性来区别故障线路和非故障线路。其原理图见附图 15-13。

3) 技术数据：

额定电压 100V，50Hz

最大灵敏角－70°±15°

电压在 40～100V 范围内及最大灵敏角下，装置的最小动作电流不大于 0.5A（本装置所指电流均为 FL-2 型零序电流互感器的一次电流）。

与本装置配套使用的设备为 FL-2 型零序电流互感器。

在额定电压下，电压回路的功率消耗不大于 4VA，电源回路的功率消耗不大于 12VA，在电流不大于 30A 时，电流回路的功率消耗不大于 1.5VA。

4)装置外部接线：ZD-4 型小电流接地信号装置外部接线见附图 15-14。

(9) ZD-5 型小电流接地信号装置。

1)用途：ZD-5 型小电流接地信号装置用于中性点经消弧线圈接地或中性点绝缘的系统中。当单相接地故障时，装置发出故障信号指示，表示该电路为接地故障线路，非故障线路无信号指示。

本装置为整流型，灵敏度较低，适用于电容电流较大的网络。

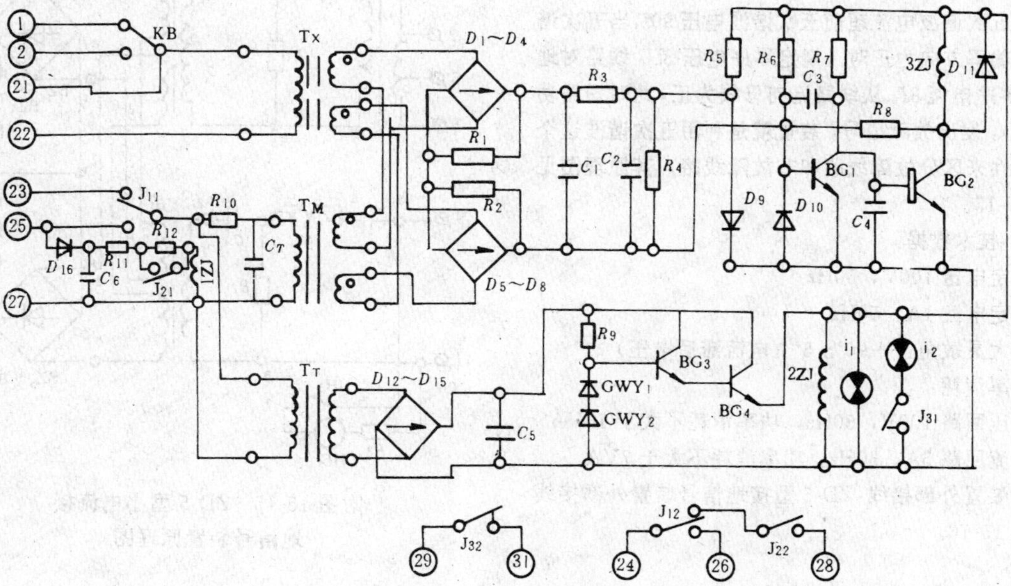

附图 15-13　ZD-4 型小电流接地信号装置原理图

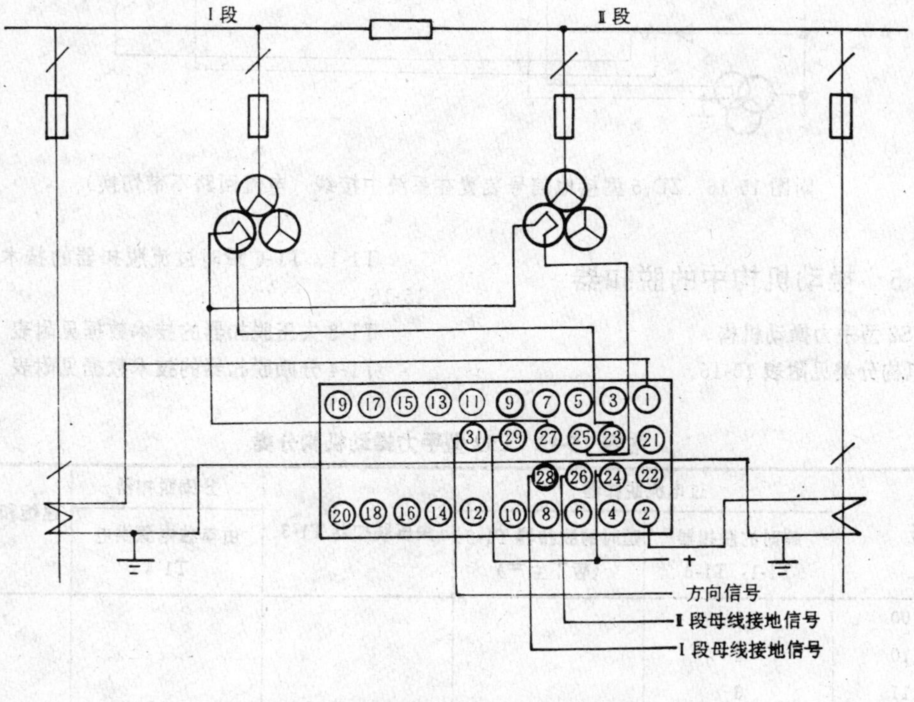

附图 15-14　ZD-4 型小电流接地信号装置外部接线图

2）原理：利用当系统单相接地时，装置被零序电压（$3U_0$）和零序电流（$3I_0$）中的五次谐波分量所起动，接地相五次谐波电流超前五次谐波电压 90°，当五次谐波短路功率方向为正时（规定零序电压 $3U_0$ 线路对地为正，零序电流 $3I_0$ 从线路流向母线为正，此时短路功率为正），发出故障信号，装置就是利用五次谐波这个方向特性来区分故障线路和非故障线路。其原理图见附图 15-15。

3）技术数据：

额定电压 100V，50Hz

额定电流 1A，50Hz

最大灵敏角：＋90°±5°（电流滞后电压）

功率消耗：

电压回路 100V，50Hz，功率消耗不大于 10VA

电流回路 5A，50Hz，功率消耗不大于 7VA

4）装置外部接线：ZD-5 型接地信号装置外部接线见附图 15-16。

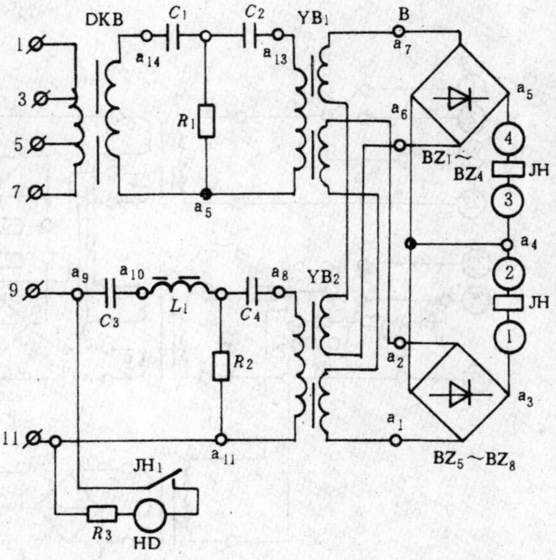

附图 15-15　ZD-5 型小电流接地信号装置原理图

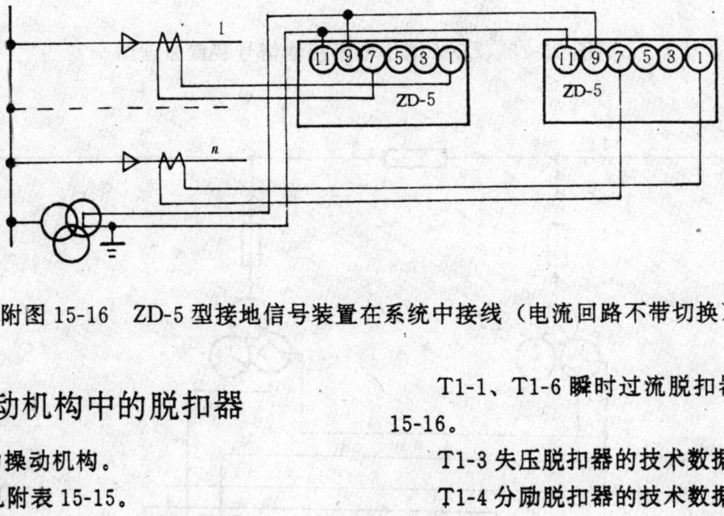

附图 15-16　ZD-5 型接地信号装置在系统中接线（电流回路不带切换）

附录 15.5　操动机构中的脱扣器

（1）CS2 型手力操动机构。

操动机构分类见附表 15-15。

T1-1、T1-6 瞬时过流脱扣器的技术数据见附表 15-16。

T1-3 失压脱扣器的技术数据见附表 15-17。

T1-4 分励脱扣器的技术数据见附表 15-18。

附表 15-15　CS2 型手力操动机构分类

型号	过电流脱扣器		失压脱扣器 T1-3	分励脱扣器	速饱和分励脱扣器 T1-5
	瞬时的脱扣器 T1-1，T1-6	延时的脱扣器 T1-2，（暂不生产）		由单独电源供电 T1-4	
CS2-100	1				
CS2-110	2				
CS2-111	3				

续附表 15-15

型号	过电流脱扣器		失压脱扣器 T1-3	分励脱扣器	速饱和分励脱扣器 T1-5
	瞬时的脱扣器 T1-1，T1-6	延时的脱扣器 T1-2，（暂不生产）		由单独电源供电 T1-4	
CS2-113	2		1		
CS2-114	2			1	
CS2-130	1		1		
CS2-200		1			
CS2-220		2			
CS2-222		3			
CS2-223		2			
CS2-224		2			
CS2-300			1		
CS2-340			1	1	
CS2-344			1	2	
CS2-350			1		1
CS2-355			1		2
CS2-400				1	
CS2-450				1	1
CS2-455				1	2
CS2-500					1
CS2-550					2
CS2-555					3

附表 15-16 T1-1、T1-6 瞬时过流脱扣器的技术数据

型号	动作电流范围（A）	整定电流刻度（A）	延时刻度及范围（s）	消耗功率（VA）	线圈圈数	线圈电阻
T1-1	5～10±10%	5-6-7-8-9-10		50（最小整定电流时）		0.27 0.212 0.174 0.146 0.127 0.10
T1-6	5～15±10%	5-7-9-11-13-15				0.27 0.174 0.127 0.105 0.086 0.072

附表 15-17 T1-3 失压脱扣器的技术数据

线圈电阻（Ω）	额定电压（V）	动作电压（V）	消耗功率（VA）	线圈匝数
53	110～127	65～35%额定电压	～30	
190	220			
715	380			
1000	500			

附表 15-18 T1-4 分励脱扣器的技术数据

电流种类	额定电压 (V)	动作范围	整定电流 (A)	消耗功率 (VA)	20℃时的电阻 (Ω)	线圈圈数
直流	12	从额定电压的65%至120%	5	60	2.2	
	24		5	120	4.8	
	48		2.52	120	19.0	
	110		1.25	130	87.3	
	220		0.7	154	311.0	
交流	110		3.1	341	18	
	127		3.45	440	18	
	220		2.15	473	51	
	380		0.82	312	210	

T1-5 速饱和分励脱扣器的技术数据（见附图 15-17、附图 15-18）：

整定电流 3.5A

电阻 0.557Ω

消耗功率 40VA。

T1-1、T1-6 过流脱扣器改变接线时的整定电流（供参考）见附图 15-17、附图 15-18。

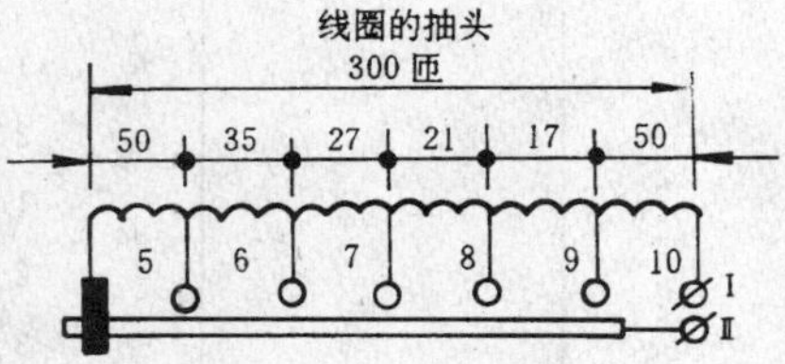

导线改接至以下端子	插头位置					
	5	6	7	8	9	10
Ⅰ-10	10	15	23.1	39.5	88.5	
Ⅰ-9	11.3	18.1	31.3	71.5		88.5
Ⅰ-8	13.4	24.2	55.6		71.5	39.5
Ⅰ-7	17.7	43		55.6	31.3	23.1
Ⅰ-6	30		13.4	24.2	18.1	15

附图 15-17 5～10A 过流脱扣器改变接线时的整定电流

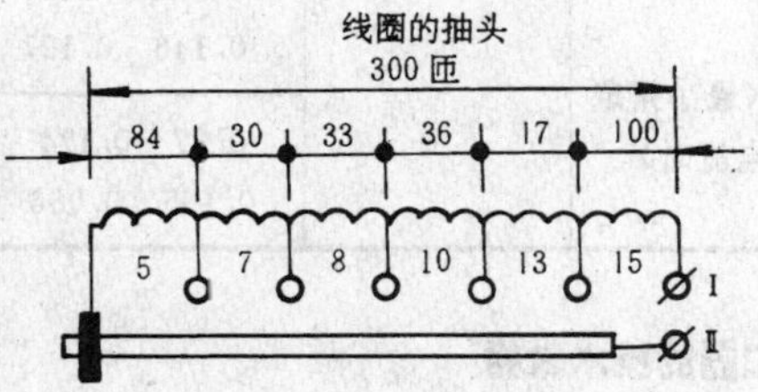

导线改接至以下端子	插头位置					
	5	7	8	10	13	15
Ⅰ-15	7.5	13	17.5	28.9	88.5	
Ⅰ-13	8.2	15.2	21.7	41.8		88.5
Ⅰ-10	10.2	24	45.5		41.8	28.4
Ⅰ-8	13.2	50		45.5	21.7	17.5
Ⅰ-7	18		50	24	15.2	13

附图 15-18 5～15A 过流脱扣器改变接线时的整定电流

(2) CT7 型弹簧操动机构。

CT7 型弹簧操动机构内的脱扣器共有四种：

1) 瞬时过流脱扣器（1 型脱扣器），技术数据列于附表 15-19。

2) 失压脱扣器（3 型脱扣器），技术数据列于附表 15-20。

3) 电压切断脱扣器（4 型脱扣器），技术数据列于附表 15-21。

4）电流切断脱扣器（5型脱扣器），由速饱和电流互感器供电，技术数据列于附表15-22。

附表 15-19 瞬时过流脱扣器（1型）的技术数据

动作电流范围（A）	线圈抽头（A）	消耗功率（VA）		线圈阻抗（Ω）	
		铁芯释放	铁芯吸合	铁芯释放	铁芯吸合
5～10	5	23	60	0.985	2.6
	7.5	22	60	0.423	1.17
	10	22	61	0.239	0.67
10～15	10	23	59	0.28	0.7
	12.5	25	62	0.19	0.47
	15	30	69	0.15	0.35

注：动作电流允许±10%误差。

附表 15-20 失压脱扣器（3型）的技术数据

额定电压（V）	释放电压	额定电流（A）		额定功率（VA）		20℃时每个线圈电阻（Ω）
		铁芯释放	铁芯吸合	铁芯释放	铁芯吸合	
100	≤35%额定电压	0.35	0.2	35	20	50

注：当线圈电压大于85%额定电压时，铁芯可靠地吸持。

附表 15-21 电压切断电磁铁（4型）的技术数据

电流种类	额定电压（V）	正常工作电压范围	额定电流（A）		额定功率（VA）		20℃时每个线圈电阻（Ω）
			铁芯释放	铁芯吸合	铁芯释放	铁芯吸合	
交流	110	65～120%额定电压	1.25	0.42	138	46	52
	220		0.78	0.31	172	68	127
直流	24		2.57		62		9.35
	48		1.26		61		37.9
	110		0.86		95		128
	220		0.73		160		320

附表 15-22 电流切断电磁铁（5型）的技术数据

脱扣电流（A）		3.5
脱扣功率（VA）	铁芯释放	26
	铁芯吸合	56
线圈阻抗（Ω）	铁芯释放	2.12
	铁芯吸合	4.6

附录 15.6 几种零序电流互感器的单相接地保护参数

几种零序电流互感器的单相接地保护参数见附表15-23～附表15-26。

附表 15-23 由 LXHM 型零序电流互感器构成的接地保护参数表

型式	LXHM 型零序电流互感器参数 额定电压(kV)	额定电流(A)	十秒钟热稳定电流(kA)	最大短路冲击电流(kA)	助磁电路 额定电压(V)	消耗功率(VA)	助磁绕组匝数(匝)	归算至二次回路的励磁阻抗(Ω)	归算至一次回路的励磁阻抗(Ω)	二次回路不平衡电势 由助磁引起 E_{Bpzc}(mV)	由一次回路不对称排列引起 E_{Bpbc}(mV)	导磁体等效截面 F_{Dx}(cm^2)	磁路平均长度 L(cm)	$\frac{F_{Dx}}{L}$	二次绕组匝数(匝)	接地保护参数 继电器型式	继电器线圈接线	继电器最小动作电流(A)	继电器阻抗(Ω)	保护装置最小一次动作电流(A)
LXHM-1	6.3 10.5	1750	24	165	110	20	280	10	0.0066	100	60	60	150	0.4	39	DD-11/60	并	0.03	9	2.4
LXHM-2	6.3 10.5	3000	48	165	110	25	260	10	0.0066	100	85	64	160	0.4	39		并	0.03	9	2.4
																	串	0.015	36	3.5
LXHM-3	6.3 10.5	4590	72	165	110	30	260	10	0.0066	100	100	73.6	184	0.4	39		并	0.03	9	2.4
																	串	0.015	36	3.5

附表 15-24 由 LXH 型零序电流互感器构成的接地保护参数表

型式	LXH 型零序电流互感器参数 可穿过电缆数目	助磁回路 额定电压(V)	消耗功率(VA)	助磁绕组匝数(匝)	归算至一次回路的励磁阻抗(Ω)	归算至二次回路的励磁阻抗(Ω)	二次回路的不平衡电势 由助磁引起 E_{Bpzc}(mV)	由一次回路不对称排列引起 E_{Bpbc}(mV)	导磁体等效截面 F_{Dx}(cm^2)	磁路平均长度 L(cm)	$\frac{F_{Dx}}{L}$	二次绕组匝数(匝)	接地保护参数 继电器型式	继电器接线	继电器阻抗(Ω)	继电器最小动作电流(A)	保护装置最小一次动作电流(A)
LXH-2	1～2①	110	20	160	0.025	10	150	17	98	70	1.4	20	DD-11/60	并	9	0.03	1.3
														串	36	0.015	
LXH-4	3～4①	110	45	105	0.025	10	150	17	143	102	1.4	20		并	9	0.03	1.3
														串	36	0.015	
LXH-7	5～7①	110	50	117	0.0137	10	150	14	122	152	0.8	27		并	9	0.03	1.8
														串	36	0.015	
LXH-12	3～12②	110	70	110	0.0137	10	150	14	144	180	0.8	27		并	9	0.03	1.8
														串	36	0.015	
LXH-16	13～16②	110	85	100	0.0137	10	150	14	158	198	0.8	27		并	9	0.03	1.8
														串	36	0.015	

① 外径大于 50mm 选较大尺寸的互感器；

② 电缆外径小于 60mm。

附表 15-25 由 LJM 型零序电流互感器构成的接地保护参数表

型式	LJM 型零序电流互感器参数											接地保护参数					
	额定电压 (kV)	额定电流 (A)	十秒钟热稳定电流 (kA)	最大冲击短路电流 (kA)	归算至二次侧的励磁阻抗 (Ω)	归算至一次侧励磁阻抗 (Ω)	磁导体等效截面 F_{Dx} (cm²)	磁路平均长度 L (cm)	$\frac{F_{Dx}}{L}$	二次绕组匝数 (匝)	二次绕组导线规格	继电器型式	继电器接线	额定电流时继电器端子上的不平衡电压 (mV)	继电器阻抗 (Ω)	继电器最小动作电流 (A)	一次保护装置最小动作电流 (A)
LJM-1	6 10 15	1750	24	165	10	0.0062	27	84	0.32	40	QZ-1.16	DD-11/60	并	50	9	0.03	2.4
LJM-2	6 10 15	3000	48	165	10	0.0062	27	104	0.26	40	QZ-1.16		并	60	9	0.03	2.4
													串	110	36	0.015	3.5
LJM-3	6 10 15	4000	72	165	10	0.0062	31.5	124	0.25	40	QZ-1.16		并	75	9	0.03	2.4
													串	135	36	0.015	3.5

附表 15-26 由 LJ 型零序电流互感器构成的接地保护参数表

型式	LJ 型零序电流互感器参数							接地保护参数					
	可穿过电缆数目	归算至一次回路的励磁阻抗 (Ω)	归算至二次回路的励磁阻抗 (Ω)	磁导体等效截面 F_{Dx} (cm²)	磁路平均长度 L (cm)	$\frac{F_{Dx}}{L}$	二次线圈匝数 (匝)	继电器型式	继电器接线	额定电流时继电器端子上的不平衡电压 U_{BP} (mV)	继电器最小动作电流 (A)	继电器阻抗 (Ω)	保护装置一次最小动作电流 (A)
LJ-2	1-2①	0.025	10				20	DD-11/60	并	30	0.03	9	1.3
									串	50	0.015	36	
LJ-4	3-4	0.025	10				20		并	30	0.03	9	1.3
									串	50	0.015	36	
LJ-7	5-7	0.0137	10				27		并	30	0.03	9	1.3
									串	50	0.015	36	

① 电缆外径大于 50mm 时，应采用较大尺寸的零序电流互感器。

附录 15.7 高压熔断器熔丝的安时特性曲线

高压熔断器熔丝的安时特性曲线见附图 15-19 和附图 15-20。保护降压变压器用熔管和熔丝的选择见附表 15-27。

附表 15-27 用高压熔断器保护一次侧电压为 6～35kV 降压变压器时，高压熔断器熔管和熔丝的额定电流选择表

名称	额定电压(kV)	变压器额定容量(kVA)																						
		100	125	160	180	200	250	315	320	400	500	560	630	750	800	1000	1250	1600	1800	2000	2400	2500	3150	3200
变压器一次侧额定电流(A)	35	1.65	2.07	2.65	2.97	3.31	4.13	5.21	5.28	6.61	8.27	9.25	10.4	12.4	13.2	16.5	20.7	26.5	29.8	33.1	39.7	41.3	52.1	52.9
	10	5.78	7.23	9.25	10.4	11.6	14.4	18.2	18.5	23.1	28.9	32.4	36.4	43.4	46.2	57.8								
	6	9.65	12.1	15.4	17.3	19.3	24.2	30.2	30.9	38.5	48.2	54	60.8	72.4	77.1	96.4								
RN1 型熔断器 熔管额定电流(A)/熔丝额定电流(A)	35	7.5/3	7.5/3	10/5	10/5	10/5	10/7.5	20/10	20/10	20/10	20/15	20/15	30/20	30/20	30/20	30/30								
	10	20/15	20/15	20/15	20/20	20/20	50/30	50/30	50/30	50/40	50/50	50/50	100/75	100/75	100/75	100/100								
	6	20/20	20/20	75/30	75/30	75/30	75/40	75/50	75/50	75/75	75/75	100/100	100/100	200/150	200/150	200/150								
RW5 型跌落式熔断器 熔管额定电流(A)/熔丝额定电流(A)	35	50/3	50/3	50/5	50/5	50/5	50/7.5	50/10	50/10	50/10	50/15	50/15	50/20	50/20	50/20	50/30	50/40	50/50	50/50	50/50	100/75	100/75	100/100	100/100
RW4 型跌落式熔断器 熔管额定电流(A)/熔丝额定电流(A)	10	50/15	50/15	50/20	50/20	50/20	50/30	50/40	50/40	50/40	50/50	50/50	100/75	100/75										
	6	50/20	50/20	50/30	50/30	50/40	50/40	50/50	50/50	100/75	100/75	100/100	100/100	200/150										

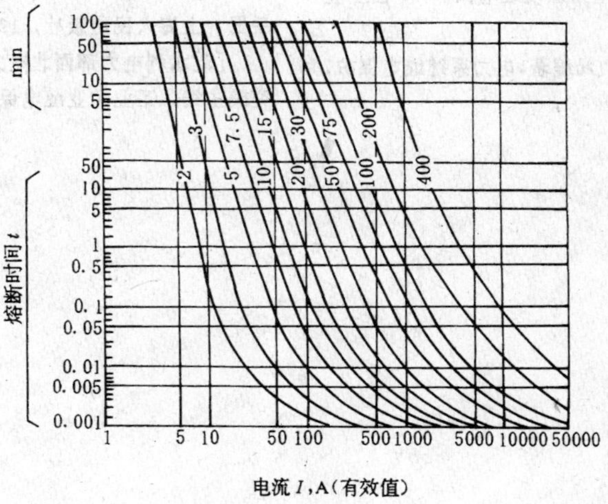

附图 15-19　RN1 型 3～35kV 熔断器熔丝的安时特性曲线（供参考）

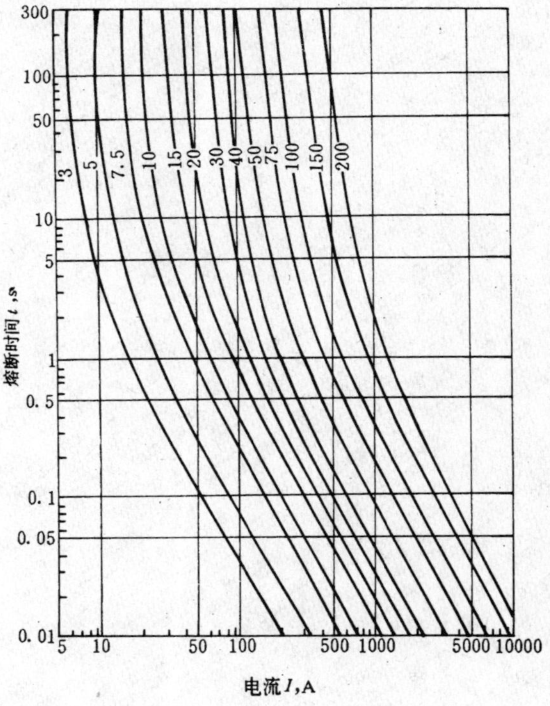

附图 15-20　6～35kV 跌落式熔断器熔丝的安时特性曲线（供参考）

参考文献

[1] 许敬贤、张道民编著，电力系统继电保护，中国工业出版社，1963.

[2]山东工学院、山东省电力局编著，电力系统继电保护，水利电力出版社，1979.

[3] 华中工学院吕继绍主编，电力系统继电保护设计原理，水利电力出版社，1986.

[4]西北电力设计院、东北电力设计院编，电力工程设计手册，上海人民出版社，1973.

[5]水利电力部西北电力设计院、机械工业部第七设计研究院主编，工业企业继电保护，水利电力出版社，1985.

第16章

供电自动装置及电动机自起动

16.1 概述

在钢铁企业供电系统中，比较常用的自动装置有自动重合闸（简称ZCH），备用电源自动投入装置（简称BZT）自动按频率减负荷装置（简称ZPJH）等。采用自动装置的目的主要是为了提高供电可靠性，缩短事故停电时间和范围，减少事故停电对产品数量和质量的影响。

16.2 自动重合闸（ZCH）

16.2.1 自动重合闸（ZCH）的必要性和分类

运行经验表明，电力系统故障大多发生在线路上，尤其是架空线路，而架空线路的故障又多是"瞬时性"的，如大气过电压引起的绝缘子闪络，大风引起导线之间短时碰接，鸟类或树枝等物落在导线上引起的短路等。当故障在继电保护装置作用下切除后，故障点的电弧即自行熄灭，绝缘强度重新恢复，故障自行消除，此时如采用自动重合闸装置将断路器重新合闸，就能迅速恢复供电。

对钢铁企业3kV及以上的架空线路和具有一段电缆的架空线路或两端仅引入线为电缆的架空线路，当具有断路器时应装设ZCH，对于高压电缆线路、变压器（单台容量1000kVA以上）以及变电所母线（有专用线保护时）有时也采用ZCH，在用熔断器保护的10kV及以下的线路上，自动重合闸可以借采用自动重合的跌落式熔断器来实现。在某些情况下还可以利用ZCH来校正继电保护装置的无选择性动作，从而使继电保护简化。

钢铁企业供电系统相对于电力系统比较简单，电压也较低，一般都在110kV及以下，因此普遍采用的是三相重合闸装置，而单相重合闸及综合重合闸则主要用于电力系统的超高压电网，故本节所述的自动重合闸装置仅适用于110kV及以下的单侧电源线路的三相重合闸。

在单侧电源的单回线路、平行线路及环状网络的线路上，ZCH装于电源侧。

单侧电源线路的三相ZCH按其不同特征可作如下分类：

按照起动方法可分为对应起动式和保护起动式；

按照重合次数可分为一次重合式、二次重合式和三次重合式；

按照复归原位的方式可分为手动复归式和自动复归式；

按照与继电保护配合的方式可分为重合闸前加速保护动作和重合闸后加速保护动作。

16.2.2 对三相自动重合闸装置的基本要求和选择原则

使用自动重合闸装置应满足下列要求：

(1) 当操作人员用控制开关手动或由遥控装置断开断路器时，ZCH不应动作。

(2)当用控制开关手动投入断路器，由于有故障而随即由保护装置断开时，ZCH不应动作。因为在这种情况下，故障大多是属于永久性的，它可能是由于检修质量不合格，隐患未能消除，或者是由于保安的接地线没有拆除等原因所造成，因此，即使重合也不可能重合成功。

(3) 自动重合的次数应严格符合预先规定的次数(如一次重合闸只应动作一次)，在任何情况下(包括装置本身的元件损坏以及继电器触点卡住等)，自动重合闸均不应使断路器多次重合。当重合失败后，必须自动解除动作。

(4)自动重合闸装置的动作时间应力求最短，使之能较快地恢复对用户的正常供电。但必须大于故障点灭弧时间(计及负荷侧电动机反馈对灭弧时间的影响)和周围介质去游离时间，大于断路器及操动机构复归原状准备好再次起动的时间等。

自动重合闸的一般选择原则：

一般变电所的ZCH是通过电磁式、液压式及弹簧式等操动机构动作于断路器的。但在交流操作或仅有直流跳闸电源而无直流合闸电源的小型变电所中，也可通过重锤式或弹簧式操动机构动作于断路器。

除遥控变电所外应优先采用控制开关不对应原理来起动ZCH。与利用保护装置起动方式相比较，前者有下列优点：

(1) 在不是由保护装置的动作而是偶然把断路器断开的情况下保证了ZCH自起动；

(2)不需要当保护为快速动作时用以保证ZCH可靠起动的特殊措施。

运行经验证明，ZCH的重合成功率随重合次数的增加而减少。对于架空线路一次重合成功率占60～90%，二次重合占15～16%，三次重合仅占3%。而多次重合的ZCH接线系统较为复杂，并且多次重合使用还要受到断路器断流容量降低的限制。因此在钢铁企业电网中一般只采用一次重合的ZCH。

除了有值班人员的10kV及以下的线路可以采用手动复归式ZCH外，其它情况下的ZCH对下一次动作的准备必须是自动复归的。

当线路的保护带有时限时，应尽可能实现ZCH后加速保护动作。在某些情况下，例如在单侧电源由若干串联线路段组成的线路上，为了加速断开线路故障，可以采用ZCH前加速保护动作，此时利用ZCH来校正保护的无选择性动作。

当采用ZCH时，油断路器，须降低断流容量使用。断流容量降低系数与断路器型式、开断电流大小以及无电流间隔时间等因素有关，应与开关设备制造厂共同研究确定。当无厂家资料时，油断路器自动重合闸时的断流容量降低系数K_{ZCH}可参考表16-1确定。

表16-1 降低系数K_{ZCH}值

ZCH循环	断路器动作次数	当短路电流为以下数值(kA)时的K_{ZCH}			
		10以下	11～20	21～40	40以上
分—0—合分	2	0.8	0.75	0.70	0.65

SN10-10型少油断路器能保证一次快速重合闸不需降低断流容量，无电流间隔时间为0.5s。

在用熔断器保护的10kV及以下的线路上，自动重合闸可以采用自动重合的跌落式熔断器来实现，该型熔断器能实现一次自动重合，重合时间约0.4s左右。

16.2.3 常用的几种三相自动重合闸装置

16.2.3.1 DH-1型三相一次自动重合闸装置

DH-1型三相一次自动重合闸原理接线如图16-1所示，它属于不对应式、自动复归及后加速的自动重合闸装置。

DH-1型重合闸装置由下列元件组成：

时间继电器KT采用DS-112C型时间继电器，用以实现由自动重合闸起动到接通中间继电器KA电压线圈回路的延时。

中间继电器KA，用以接通断路器合闸线圈以及加速断电保护的动作，其电压线圈由电容器C向它放电来起动，其电流线圈用来自保持到断路器合闸。

充电电阻$4R$，用来限制向电容器C的充电速度，其所构成的时间回路可以保证手动合闸于故障线路时不致重合，以及正常重合不成功时自动重合闸装置不多次重合。

附加电阻$5R$，用来保证时间元件KT的热稳定性。

电阻$6R$，当某些不允许进行重合闸的保护(如母线保护等)动作或手动跳闸时闭锁自动重合闸装置，电容器C经过它放电。

信号灯 HS,用来监视控制开关和选择开关的触点是否接通,也可以监视中间继电器 KA 接点是否粘住。

附加电阻 17R 用来降低 HS 上的电压。

自动重合闸装置的工作原理简述如下：

(1) 在正常情况下，断路器在合闸状态，控制开关 1SA 在合闸位置上，其接点 1SA21-23 接通，1SA2-4 断开,这时电容器 C 经电阻 4R 充电,使电容器 C 的端电压等于直流电源电压，重合闸继电器处于准备好的工作状态。

(2)当线路发生暂时性故障时,保护动作使断路器跳闸，跳闸位置继电器接点 KTP 闭合，起动时间继电器 KT，经过整定时限（约 0.5～1.5s）后，其延时常开接点 KT_1 闭合，接通电容器 C 对中间继电器 KA 电压线圈的放电回路而使其动作，接通合闸回路，使断路器重合闸。

断路器重合后，QF 断开，KTP 随之返回，其常开接点 KTP_1 断开，使 KT 返回，其接点 KT_1 断开，电容器 C 重新充电，经 15～25s 后充满电，准备好下一次动作。

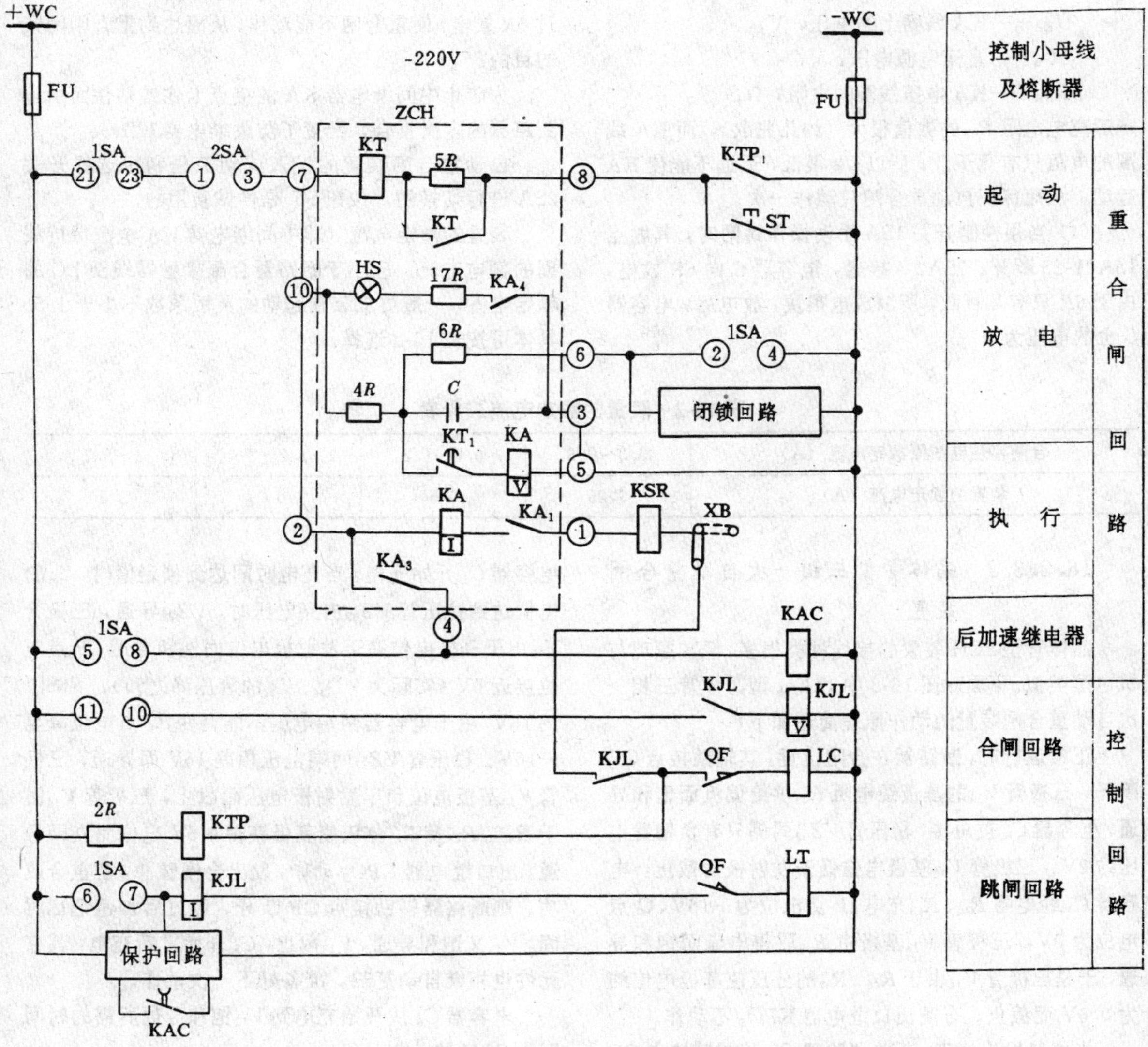

图 16-1 三相一次自动重合闸装置原理接线图

(3) 当线路发生永久性故障时，自动重合闸装置的动作过程与上述 (2) 相同。但在重合后，因故障并未消除，继电保护将再次动作使断路器跳闸，重合闸装置的时间继电器 KT 将再次起动，经整定延时后接点 KT_1 闭合，电容器 C 向 KA 电压线圈放电回路又接通。但由于电容器 C 充电时间短，电压低，不能使 KA 动作，因此断路器不能再次重合。因为电容器 C 与 KA 并联，这时电容器 C 也不能继续充电。电容器 C 的端电压有下列关系式

$$U_C = U_{KA} = \frac{R_{KA}}{R_{4R} + R_{KA}} U_z$$

式中 U_C ——电容器 C 上的电压，V；

U_{KA}——KA 线圈上的电压，V；

U_z——直流电源电压，V；

R_{KA}——KA 电压线圈的电阻，Ω。

一般充电电阻 R_{4R} 的数值很大（约几兆欧），而 KA 线圈的电阻只有几千欧，所以 U_C 很低，远远不能使 KA 起动，从而保证自动重合闸只动作一次。

(4) 当用控制开关 1SA 手动操作跳闸时，其触点 1SA21-23 断开，1SA2-4 接通，电容器 C 向 $6R$ 放电，由于 $6R$ 只有几百欧，所以放电很快，放电后，电容器 C 上的电压为

$$U_C = \frac{R_{6R}}{R_{4R} + R_{6R}} U_z$$

由于 $R_{6R} \ll R_{4R}$，所以 $U_C \approx 0$，断路器不能再重合，从而保证了当手动断开断路器时，ZCH 不动作。

(5) 当手动投入断路器时，如线路在合闸前已存在故障，则保护动作，这时由于电容器 C 充电时间很短，电压很低，不能使 KA 动作，断路器不会自动重合。

(6) 重合闸闭锁回路。在某些情况下，如按周波自动减负荷动作，或母线差动保护动作，这时，应将自动重合闸闭锁，使之退出工作。为此，将按周波自动减负荷装置或母线差动保护的常开接点与 1SA2-4 触点并联，当上述保护动作后，其常开接点闭合，电容器 C 经过 $6R$ 放电，使重合闸不能动作，从而达到重合闸闭锁的目的。

为防止中间继电器 KA 的接点卡住或粘住而引起断路器的多次重合，配置了防跳继电器 KJL。

自动重合闸装置的投入或切除是利用选择开关 2SA 进行切换的，按钮 ST 是供试验用的。

装置的额定电流（即中间继电器 KA 电流保持线圈的额电电流）应小于断路器合闸接触器线圈 LC 的额定电流，一般要求装置起动的灵敏系数不小于 1.5。具体可按表 16-2 选择。

表 16-2 装置的额定电流选择表

合闸接触器线圈额定电流 (A)	0.3～0.6	0.6～1.2	1.2～3	3～3.7
装置的额定电流 (A)	0.25	0.5	1	2.5

16.2.3.2 晶体管型三相一次自动重合闸装置

晶体管型 ZCH 装置的接线种类很多，但其原理与机电型类似。下面对图 16-2 中 JXL-1 型晶体管三相一次自动重合闸装置的动作原理简述如下：

正常运行时，断路器在合闸位置，其辅助接点 QF 断开，三极管 V_{11} 的基极经电阻 R_{35} 供给偏流而饱和导通，电容器 C_8 被短接，稳压管 VZ_{32} 两侧只有负偏置电压约 2V，三极管 V_{12} 基极电位低于发射极而截止，电容器 C_9 经电阻 R_{42}、R_{43} 充电，P 点电位为＋16V，Q 点电位为 0V，三极管 V_{13} 基极由 R_{44} 取得电流而饱和导通，于是三极管 V_{14} 由于 R_{46}、R_{47} 的分压使基极电位约为 0.6V 而截止，合闸出口继电器 KPO_3 不动作。

当线路发生故障，断路器跳闸后，其辅助接点 QF 闭合，三极管 V_{11} 基极经 R_{36} 接至负偏压而立即截止，电容器 C_8 开始充电，当充电时间达到预定值时，C_8 的电位达到稳压管 VZ_{32} 击穿电压时，VZ_{32} 导通，三极管 V_{12} 由于基极电位高于发射极电位而饱和导通，P 点电位接近 0V（实际为 VD_{34}、V_{12} 的管压降之和），下降了约 16V，由于电容器两端电压不能突变，Q 点电位降至 －16V。稳压管 VZ_{37} 两端电压相差 16V 而导通，三极管 V_{13} 基极电位负于发射极电压而截止，三极管 V_{14} 由于 R_{45}、R_{46} 及 R_{47} 分压使基极获得＋6V 电位而立即导通，出口继电器 KPO_3 动作，发出合闸脉冲，若重合成功，则断路器辅助接点 QF 断开，经过后加速记忆时间，V_{11} 又饱和导通，V_{12} 截止，C_9 开始重新充电，其它元件也相继自动复归，准备好下一次动作。

电容器 C_8 从开始充电到 V_{12} 饱和导通所需的时间即为 ZCH 的动作时限。

保证一次重合回路。一次重合回路由 R_{42}、C_9 和

R_{43}组成，见图 16-3。当 ZCH 起动后，V_{12}导通，电容器C_9经VD_{34}、V_{12}和R_{43}放电，Q 点电位逐渐升高，当稳压管两端电压低于其击穿电压时，VZ_{37}截止，于是V_{13}的基极又获得正电位而导通，V_{14}截止，恢复原来工作状态。由于C_9放电而引起的V_{13}截止，V_{14}导通的时间应小于断路器合闸时间与再次跳闸时间之和，这样就防止了在断路器第二次跳闸时，由于合闸脉冲过长而造成二次重合。当线路发生永久性故障，断路器重合后跳闸时，虽然V_{11}截止，V_{12}导通，但由于C_9充电不足（需经 25s 才能充满电）因此不会击穿VZ_{37}，使V_{13}截止，从而保证断路器只能重合一次。

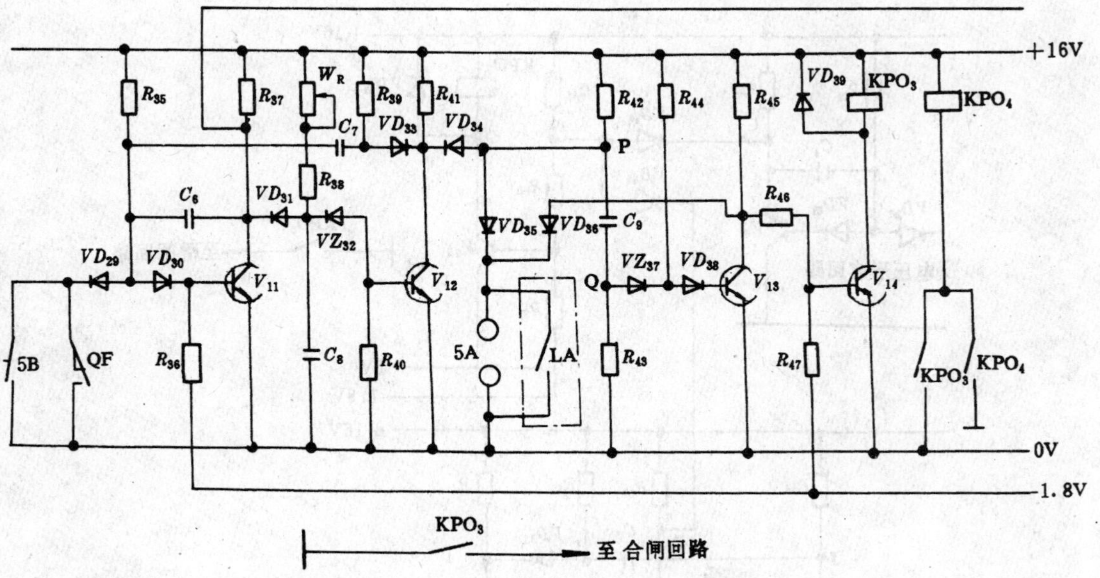

图 16-2　JXC-1 晶体管一次自动重合闸装置接线图

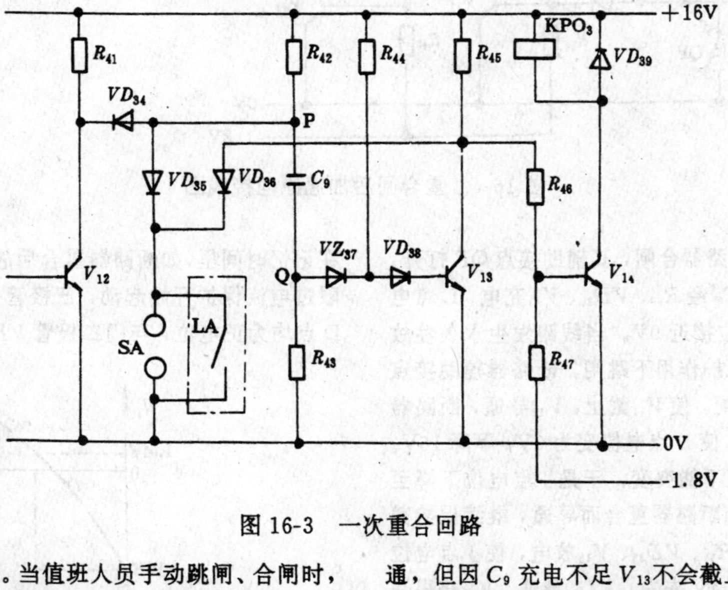

图 16-3　一次重合回路

重合闸闭锁回路。当值班人员手动跳闸、合闸时，控制开关 SA 在预备跳闸和预备合闸位置，将电容器C_9接通放电。当断路器跳闸后，虽然V_{11}截止、V_{12}导通，但因C_9充电不足V_{13}不会截止，防止了断路器的重合。在控制开关 SA 将电容器C_9放电的同时还通过二极管VD_{36}将V_{13}短接，防止由于 SA 闭合使 P 点、Q

点电位瞬时降低而引起的稳压管 VZ_{37} 击穿，从而导致 V_{13} 截止 V_{14} 导通，使断路器误合闸。

对于需要闭锁重合闸的保护装置，可将其接点并接在 SA 接点上，当保护动作后其接点闭合，实现对 ZCH 装置闭锁。图 16-3 中 LA 即为闭锁 ZCH 的保护接点。

图 16-4 为重合闸后加速保护原理接线图，其中三极管 V_6 及其有关元件为线路定时限过电流保护的起动部分。三极管 V_{15}、继电器 KPO_5 及其有关元件为继电保护动作于跳闸的总出口部分。二极管 VD_{44}、VD_{45} 为起动总出口的与门。重合闸后加速记忆回路由 C_7、R_{40}、R_{35}、VD_{33} 组成（延时回路 C_8 等元件未画出）。

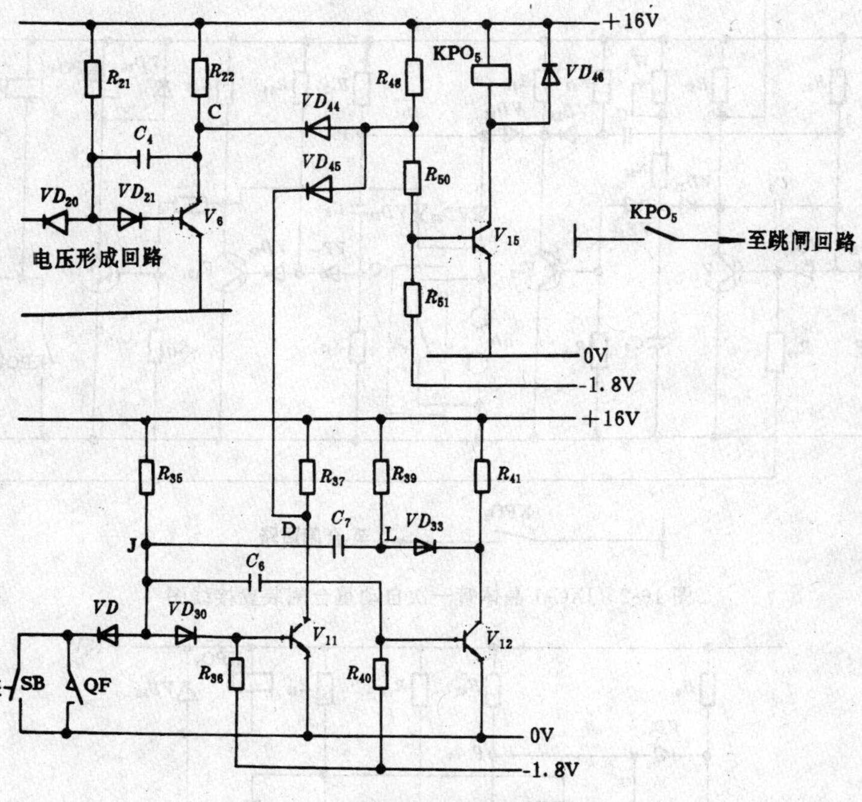

图 16-4　重合闸后加速原理接线图

正常运行时，断路器合闸，其辅助接点 QF 打开，V_{11} 饱和导通，电容 C_7 经 R_{39}、VD_{30}、V_{11} 充电，L 点电位为 +16V，J 点电位接近 0V。当线路发生永久性故障，断路器在继电保护作用下跳闸，断路器辅助接点 QF 闭合，起动重合闸，使 V_{11} 截止，V_{12} 导通，断路器重合，由于 V_{12} 导通，使 L 点电位变为 0V，下降 16V。由于电容器两端电压不能突变，于是 J 点电位下降至 −16V，使 V_{11} 不会因断路器重合而导通，继续保持截止，并且 C_7 开始经 R_{35}、VD_{33}、V_{12} 放电，使 J 点电位不断升高，当升至 1.4V 左右，VD_{30} 导通，V_{11} 获得基极电流重新导通，恢复原来工作状态。V_{11} 因 C_7 放电而保持截止的时间为后加速记忆时间，如图 16-5 所示。

在记忆时间里，如断路器重合后故障继续存在，则定时限过电流保护开始起动，三极管 V_6 截止，此时 C 点、D 点均为正电位，与门二极管 VD_{44}、VD_{45} 均截止，于

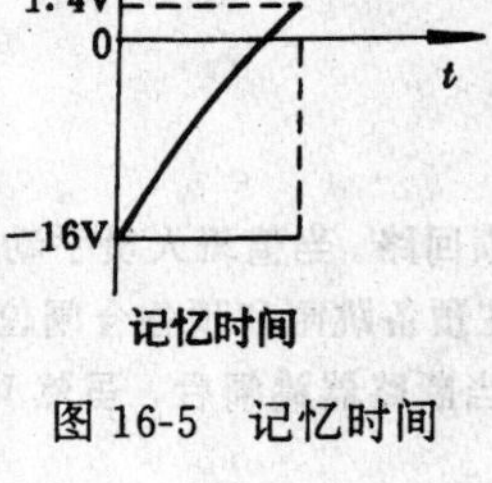

图 16-5　记忆时间

是总出口三极管 V_{15} 的基极由于 R_{48}、R_{50}、R_{51} 的分压获得+6V 电位而立即导通，起动继电器 KPO_5 发出跳闸脉冲，断路器即跳闸。由于断路器第二次跳闸没有时限，完成了重合闸后加速保护的作用。

110kV 电网一般采用四统一设计的三相一次自动重合闸装置。这种装置有整流型和晶体管型之分，其原理及接线可参考各生产厂的有关产品样本。

16.3 三相自动重合闸装置与继电保护的配合

在单侧电源的线路上，三相自动重合闸装置还有重合闸后加速保护动作和重合闸前加速保护动作之分。

16.3.1 自动重合闸前加速保护动作

自动重合闸前加速保护动作是由无选择性电流速断和过电流保护配合组成的。当线路上发生故障时，靠近电源侧的保护首先无选择性瞬时作用于跳闸，断路器跳开后，由 ZCH 自动地将无选择性电流速断保护闭锁，使其退出工作，然后再由 ZCH 将被跳开的断路器重新合上。如故障已自行消除，则重合成功，恢复供电；若故障为永久性的，由于电流速断已由 ZCH 的动作退出工作，由各过流保护再次起动，有选择性地切除故障。其原理接线图见图 16-6。

16.3.2 自动重合闸后加速保护动作

重合闸后加速保护是由有选择性的保护和自动重合闸装置组成的。当线路上发生故障时，首先按正常的继电保护动作时限有选择地动作于跳闸，然后 ZCH 动作将断路器重合，同时将选择性保护的延时部分短接，如果重合于暂时性故障，则重合成功，线路恢复正常运行。如果是永久性故障，故障线路的保护装置便不带延时的切除故障，这样就在重合闸后加速了保护的动作，使永久性故障尽快地切除，从而避免了事故的进一步扩大。其原理接线图见图 16-7。

16.3.3 重合闸前加速和重合闸后加速比较

由上述可以看出，重合闸前加速的优点是：能快速地切除临时性故障，以保证对用电设备的继续供电。其缺点是：如果自动重合闸操纵的断路器控制着下面多级放射的供电系统，当重合于永久性故障时，则断路器动作的次数较多，需要经常停电检查，且再次切除故障的时间可能较长。由于继电保护第一次动作是无选择性的，如果重合闸装置或断路器拒动，将扩大停电范围。

重合闸后加速的优点是：重合闸前保护装置的动作具有选择性，不会扩大事故范围，在重要的高压供电系统中，一般都不允许保护无选择性动作，应用这一保护方式尤其适合；同时这种方式，使再次断开永久性故障的时间快，有利于系统运行的稳定性。其缺点是：在多级放射系统的电源侧，有时由于继电保护不够完善和理想，使重合前的延时过长，对电动机的自起动不利。在供配电系统中，是采用重合闸前加速的 ZCH，还是采用重合闸后加速的 ZCH，应根据供电系统结线情况、自动重合闸安装位置和保护范围，以及自动重合闸的动作配合有关的前后继电保护等情况来决定。一般根据钢铁企业的供电系统的特点，多采用自动重合闸后加速保护方式。

16.3.4 单侧电源线路三相重合闸装置的整定计算动作时限

从减少用户停电和减轻电动机自起动条件的观点来看，ZCH 的动作时限愈短愈好，但其动作时限也不能太短，它由下列因素决定：

(1) 大于故障点介质去游离时间。

对于不对应起动方式

$$t_{ZCH} \geqslant t_{jq} - t_{dh} + t_c \quad (16\text{-}1)$$

对于保护起动方式

$$t_{ZCH} \geqslant t_{dt} + t_{jq} - t_{dh} + t_c \quad (16\text{-}2)$$

式中 t_{ZCH}——ZCH 中时间继电器的起动时间，s；

t_{jq}——故障点介质去游离时间，与电压有关，并且还要考虑负荷侧电动机反馈对其的影响，对于 35kV 以下线路取 0.07～0.15s；

t_{dh}——断路器合闸时间，s；

t_{dt}——断路器跳闸时间，s；

t_c——储备时间，取 0.3～0.4s。

(2) 大于断路器操动机构准备好重合的时间。

对于不对应起动方式

$$t_{ZCH} \geqslant t_{cz} + t_c \quad (16\text{-}3)$$

对于保护起动方式

$$t_{ZCH} \geqslant t_{dt} + t_{cz} + t_c \quad (16\text{-}4)$$

式中 t_{cz}——操动机构准备好重合的时间，对于电磁式操动机构取 0.3～0.5s。

(3) 装设在单侧电源环状网络或并列运行的平行

线路上的 ZCH，动作时限应大于线路对侧可靠切除故障的时限。

对于不对应起动方式

$$t_{ZCH} \geqslant t_{b\,I\,max} - t_{b\,I\,min} + t_{dt\,I} - t_{dt\,I} + t_{jq} - t_{dh\,I} + t_c \tag{16-5}$$

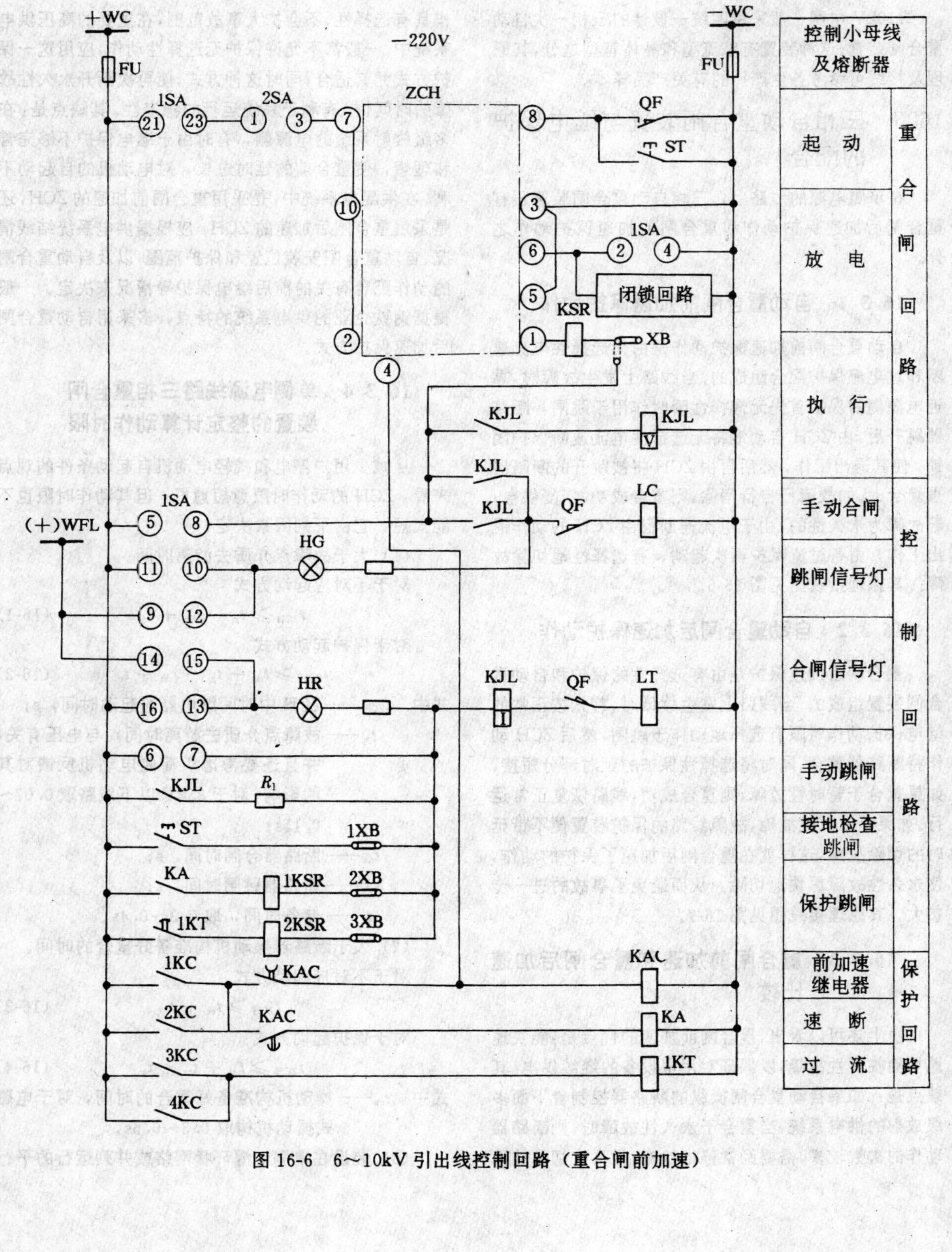

图 16-6 6～10kV 引出线控制回路（重合闸前加速）

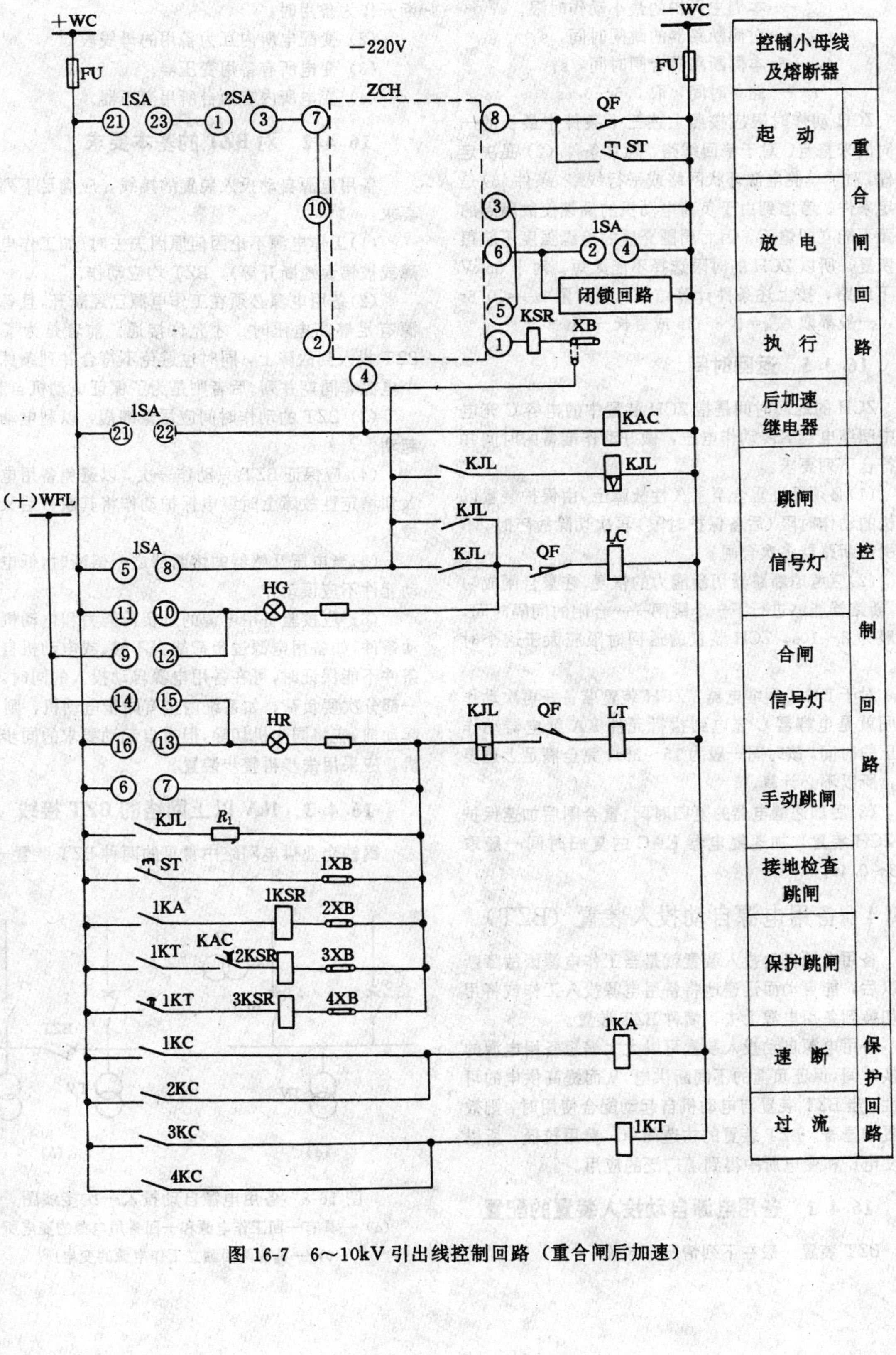

图 16-7 6～10kV 引出线控制回路（重合闸后加速）

式中 $t_{b\mathrm{II}\max}$——对侧主保护的最大动作时限，s；

$t_{b\mathrm{I}\min}$——本侧主保护的最小动作时限，s；

$t_{dt\mathrm{II}}$——对侧断路器的跳闸时间，s；

$t_{dt\mathrm{I}}$——本侧断路器合闸时间，s；

t_c——储备时间，取 0.5～0.6s

ZCH 动作时限应按照上述三个条件中最长的一个时间来整定。对于单回线路，通常条件（2）是决定条件，对于单侧电源环状网络或平行线路，条件（3）是决定条件。考虑到由于负荷电动机的反馈使故障点的电弧不能立即熄灭，因而周围介质的绝缘强度不能很快恢复，所以 ZCH 的时限选择不能太短。对于 35kV 以下线路，按上述条件计算结果，当时限 $t_{ZCH}<0.8$s 时，一般都取 $t_{ZCH}=0.8$～1s 或更长一些。

16.3.5 返回时间

ZCH 的返回时间是指 ZCH 装置中的电容 C 充电到中间继电器 KA 动作电压，做好动作准备的时间并应符合下列要求：

(1)必须保证重合至永久性故障上，由保护装置以最长的动作时限（后备保护时限）再次切除故障时，不致引起断路器多次合闸。

(2)应考虑断路器切断能力的恢复。在重合闸成功后，断路器能够进行下一个跳闸——合闸的间隔时间，一般为 8～10s，ZCH 装置的返回时限应大于这个时间。

对于 DH-1 型继电器，ZCH 装置准备好再次动作时间就是电容器 C 充电到执行元件 KA 继电器动作电压的时间，该时间一般为 15～25s，完全满足上述要求，所以不必计算。

(3)后加速继电器的复归时间。重合闸后加速保护的 ZCH 装置，加速继电器 KAC 的复归时间一般取 0.3～0.4s。

16.4 备用电源自动投入装置（BZT）

备用电源自动投入装置就是当工作电源因故障断开以后，能自动而迅速地将备用电源投入工作或将用户切换到备用电源上去，简称 BZT 装置。

备用电源自动投入装置可以大大缩短备用电源的切换时间，保证负荷的不间断供电，从而提高供电的可靠性。当 BZT 装置与电动机自起动配合使用时，则效果更加显著。BZT 装置的构造简单，费用较低，所以在发电厂和变电所中得到了广泛的应用。

16.4.1 备用电源自动投入装置的配置

BZT 装置一般在下列情况下装设：

(1)由双电源供电的变配电所，其中一个电源经常断开作为备用时；

(2) 变配电所内互为备用的母线段；

(3) 变电所有备用变压器；

(4) 变电所内有两台所用变压器。

16.4.2 对 BZT 的基本要求

备用电源自动投入装置的接线，应满足下列基本要求：

(1)工作电源不论因何原因失去时（如工作电源故障或被错误地断开等），BZT 均应动作。

(2)备用电源必须在工作电源已经断开，且备用电源有足够高电压时，才允许接通。前者是为了避免 BZT 投入到故障上，同时也避免不符合并列条件的两个电源非同期并列。后者则是为了保证电动机自起动。

(3) BZT 的动作时间应尽量缩短，以利电动机自起动。

(4) 应保证 BZT 只动作一次，以避免备用电源投入到稳定性故障上时继电保护动作将其断开后又重复投入。

(5)当电压互感器的熔断器之一熔断时，低电压起动元件不应误动作。

(6) 应校验备用电源的过负荷能力和电动机自起动条件，如备用电源过负荷能力不够，或电动机自起动条件不能保证时，可在备用电源自动投入的同时，切除一部分次要负荷，如系统内接有同步电动机，则 BZT 起动前，应将同步机切除，但有自起动要求的同步电动机，应采用失步再整步装置。

16.4.3 1kV 以上网络的 BZT 接线

钢铁企业供电网络中常见的两种 BZT 装置一次

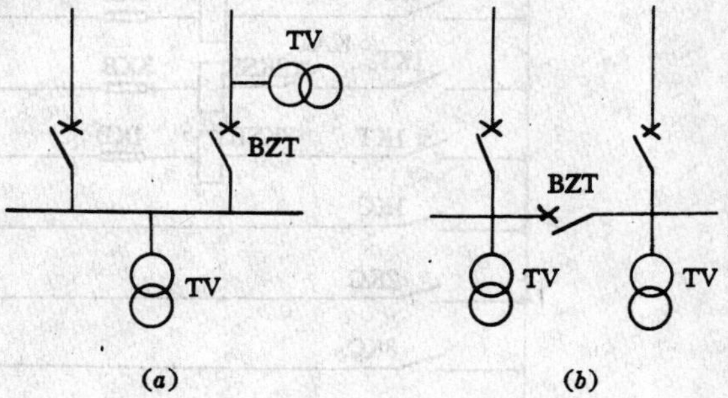

图 16-8 备用电源自动投入一次接线图

(a) 一具有一回工作电源和一回备用电源的变电所；

(b) 一具有两回独立工作电源的变电所

接线如图 16-8 所示。在图 16-8*a* 中，BZT 装置设在备用电源进线开关上，正常时备用电源断开，当工作电源故障切除后，备用电源自动投入。在图 16-8*b* 中，BZT 装置设在母线分段开关上，正常时分段开关断开，当其中一回电源故障切除后，分段开关自动投入，由另一回电源供给全部负荷。

图 16-9 为进线开关交流操作的 BZT 原理接线图。备用进线开关采用 CT7（或 CDT-10）型弹簧式操作机构，工作进线采用 CS2 型手动操作机构。备用线路考虑为干线式，故在进线开关上增加了一级保护。交流操作电源由电压互感器 2TV 供给。

备用电源投入是由受电侧 1QF 断路器的辅助常闭接点接通 2QF 合闸线圈回路。当 1QF 未跳闸而电压消失时（如送电侧断路器误断开），电压继电器

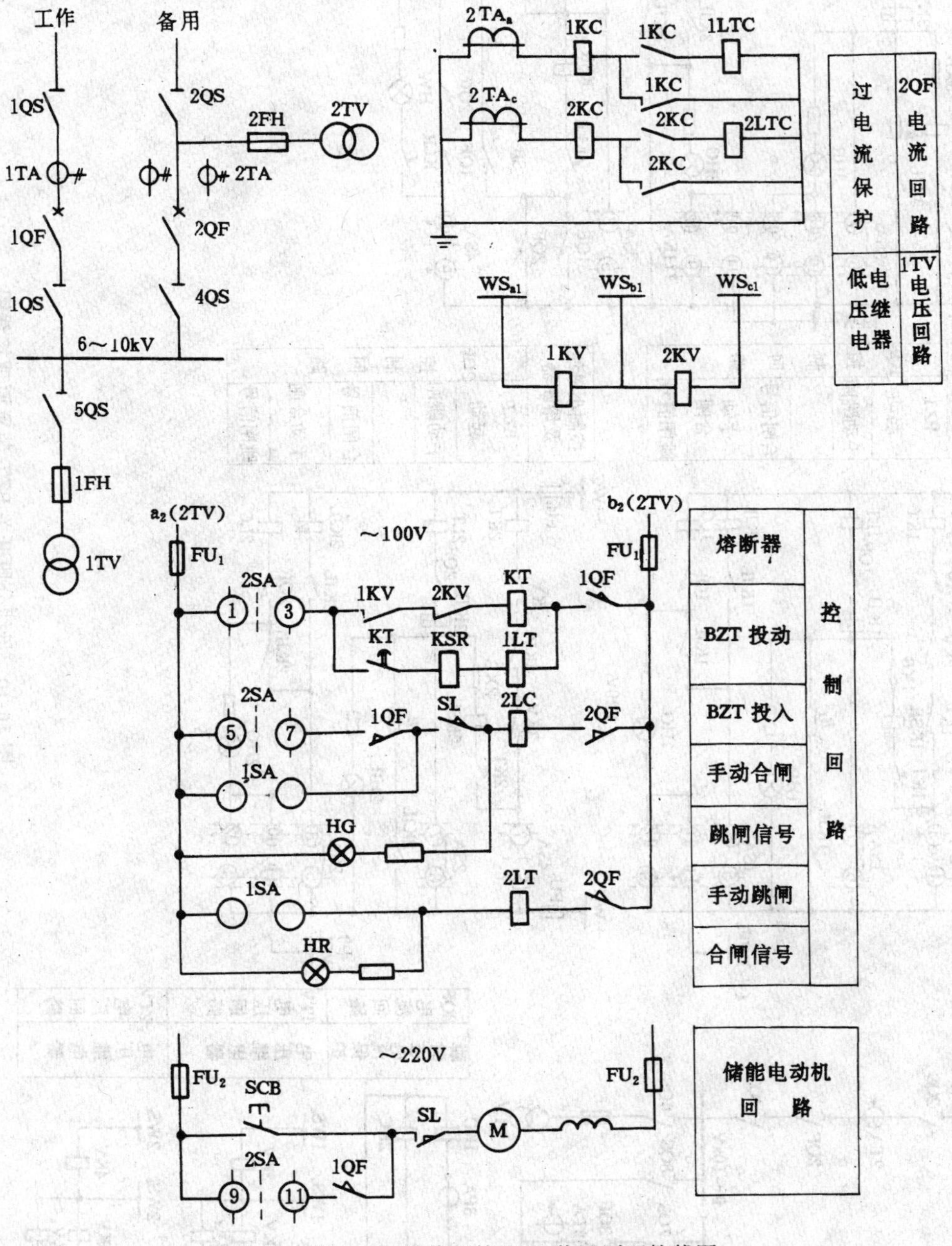

图 16-9 进线开关 BZT 装置原理接线图

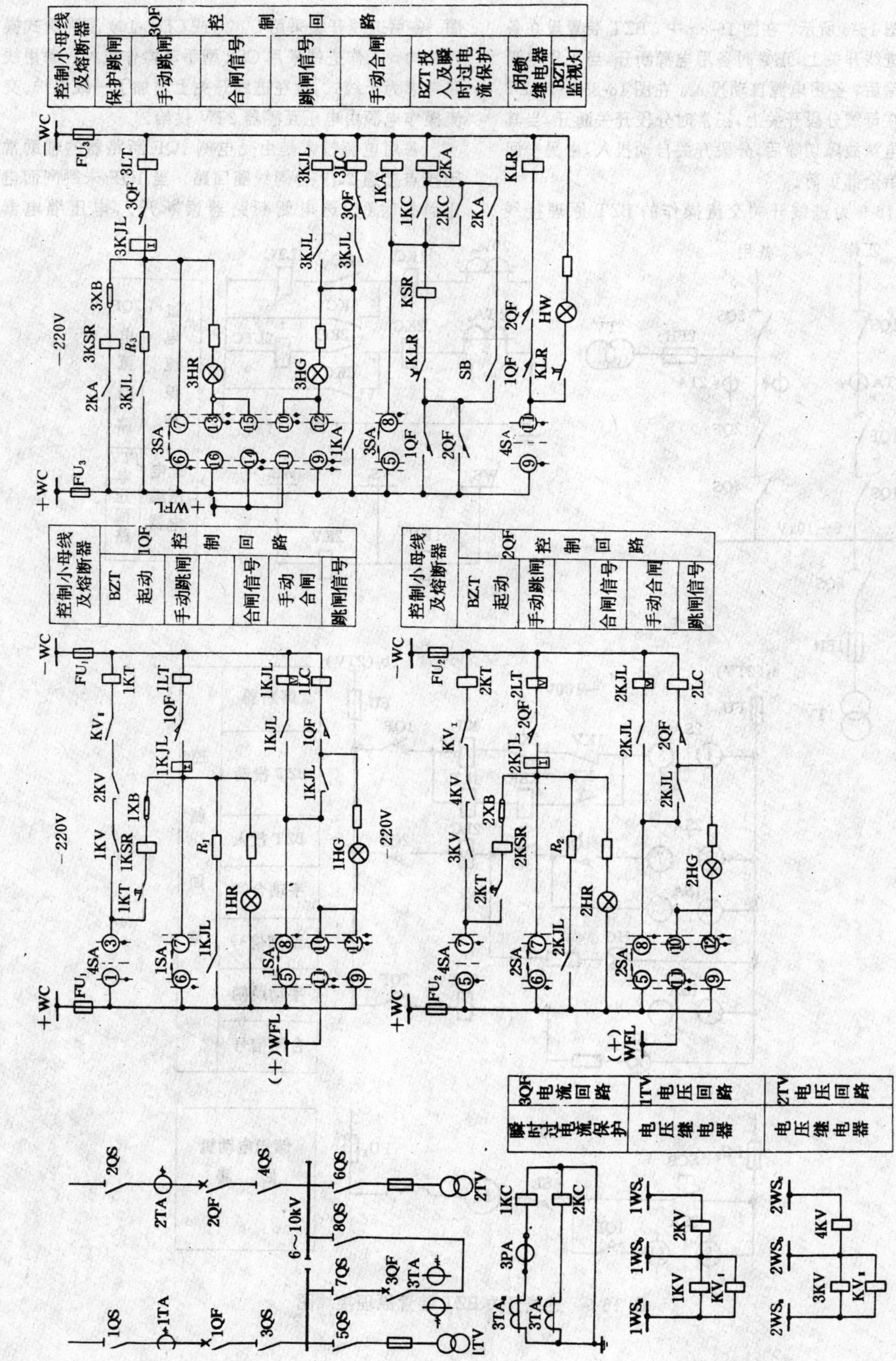

图 16-10 母线分段开关 BZT 装置原理接线图

1KV、2KV 起动时间继电器 KT，经过整定的时间，KT 闭合其延时常开接点，1QF 跳闸，接通 2QF 合闸线圈回路，使备用电源自动投入。为了防止电压互感器的熔断器之一熔断时发生误动作，故采用两个电压继电器，将其常闭接点串联。电压继电器的整定值一般为额定电压的 25％释放，这样当上级供电变电所（如企业总变电所）相邻出线电抗器后短路时不致引起误动作，而在备用电源投入后接于母线上的电动机自起动时能可靠地返回。

时间继电器 KT 的整定时限一般较本变电所馈电线的短路保护最长时限大一级（0.5s），避免因馈电线短路而误动作。若上一级供电变电所未装出线电抗器，继电器 KT 的整定时限还应大于供电变电所馈电线的短路保护最长时限。这样显然会大大延长 BZT 的动作时限，所以此时应在供电变电所馈电线上安装速断保护装置。如果电源侧装有 ZCH 或 BZT，则继电器 KT 的整定时限还应大于电源侧 BZT 或 ZCH 的动作时限，以避免误动作。

BZT 动作后，储能回路电动机不再接通，弹簧不储能，故保证 BZT 只能动作一次。

图 16-10 为母线分段开关采用电磁式操动机构的 BZT 原理接线图。起动回路由 1QF（或 2QF）的常闭辅助接点接通 3QF 的合闸回路，当 1QF 或（2QF）未跳闸而电压消失时，反应工作母线电压消失的电压继电器 1KV、2KV（或 3KV、4KV）的常闭接点闭合起动时间继电器 1KT（或 2KT），跳开 1QF（或 2QF），从而接通 3QF 合闸回路，保证了工作电源断开后，备用电源才投入，为了防止电压互感器的熔断器之一熔断而引起 BZT 误动作，将 1KV 及 2KV（或 3KV、4KV）的常闭接点串联。继电器 1KV、2KV（或 3KV、4KV）整定在网络额定电压的 25％释放，继电器 $KV_Ⅰ$、$KV_Ⅱ$ 的整定值根据母线可能出现最低工作电压不应动作的条件来选择，一般整定在额定电压 70％释放。电压继电器 $KV_Ⅰ$（或 $KV_Ⅱ$）作为监视备用电源电压之用，串接于失压回路的电压起动回路中，因而使备用电源有电压时备用电源自动投入装置才可能动作。

保证只自投一次的回路由闭锁继电器 KLR 及两路电源进线断路器的常开辅助接点 1QF 和 2QF 组成，中间继电器 KLR 能延时返回，正常运行时带电，当 BZT 起动后，进线开关 1QF 或 2QF 的常开辅助接点断开，继电器 KLR 失电，经过一段延时后释放，其常开接点将 BZT 的自动合闸回路切断，保证只动作一次，继电器 KLR 的常开点还起到当自投成功后，解除分段断路器过电流瞬动保护的作用，若自投到故障母线上，电流继电器 1KC 及 2KC 动作，立即切断分段开关，以免影响另一段母线正常工作。若自投成功，就将保护解除工作。继电器 KLR 的释放延迟时间根据使分段开关可靠合闸的条件来选择，即

$$t_{bj} \geqslant t_{dh} + t_c \tag{16-6}$$

式中 t_{dh}——断路器合闸时间，包括操作机构动作时间，s；

t_c——储备时间，取 0.2～0.3s；

t_{bj}——继电器 KLR 的释放时间，s。

如上所述，采用带时限的低电压起动方式，其动作时限应大于本变电所馈出线的短路保护最长时限。因此在某些场合下，BZT 的动作时间较长，不能满足电动机自起动要求，此时可采用带电流闭锁的低电压起动方式，图 16-11 表示带电流闭锁的 BZT 起动回路。

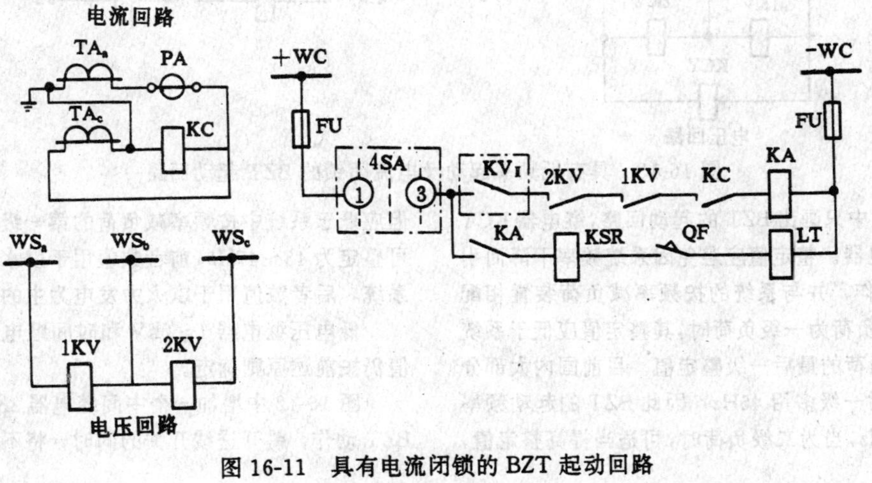

图 16-11　具有电流闭锁的 BZT 起动回路

在进线开关电流互感器回路中接入一个电流继电器 KC，继电器接在两相电流差上，其常闭接点接入 BZT 的起动回路中，继电器 KC 的动作值应按避开最大尖峰电流及外部短路时接于该段母线上的同步电动机的输出电流来整定，并根据系统最小运行方式下馈电线的短路电流进行校验。当馈电线短路时，KC 动作，将起动回路断开，使 BZT 不动作，采用电流闭锁可以不考虑延时，因此有可能将 BZT 的动作时间缩短到仅为继电器及开关本身动作所必需的时间（约 0.5s）

当变配电所的负荷主要为同步电动机时，在电源断开后，因同步机进入发电制动状态，母线电压降低很慢，因而大大延长了 BZT 动作时间，为了加速 BZT 的动作，不能单用电压继电器作为起动元件，必需增加低频率起动元件，反应此时母线频率的降低，接线图见 16-12。

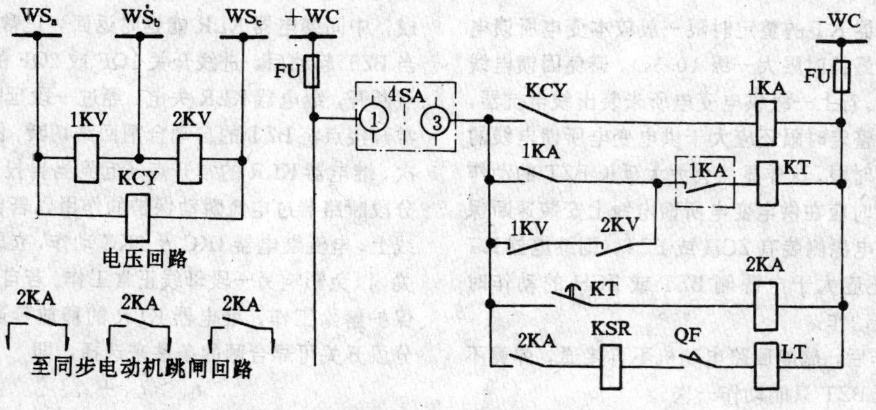

图 16-12　具有低频率起动元件的 BZT 起动回路

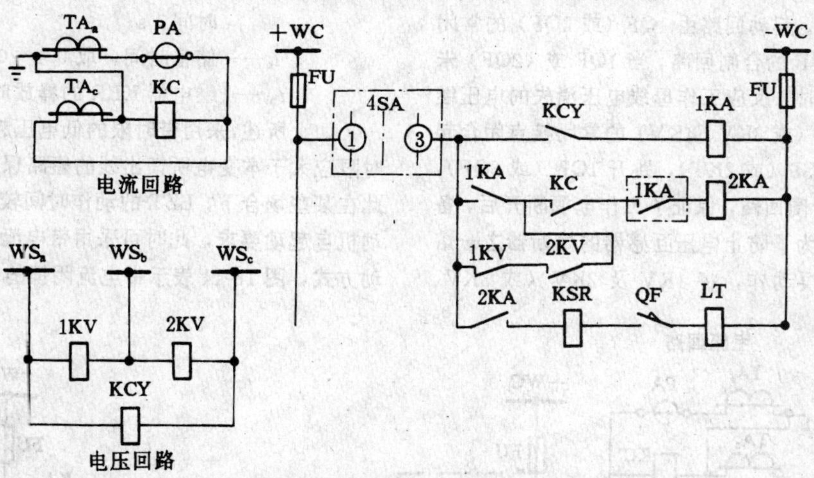

图 16-13　具有低频率起动及电流闭锁的 BZT 起动回路

图 16-12 中只画出 BZT 的起动回路，继电器 KCY 为低周率继电器。整定值应避免因系统频率下降而引起 BZT 误动作，并与系统的按频率减负荷装置相配合，当变电所负荷为一级负荷时，其整定值应低于系统中按频率减负荷的最后一级整定值。目前国内大部分电力系统最后一级多用 46Hz，因此 BZT 的起动频率可整定为 45Hz，当为二级负荷时，可适当提高整定值，但应低于系统中按频率减负荷的第一级整定值，一般可整定为 46～47Hz，前者数值用于以水力发电为主的系统，后者数值用于以火力发电为主的系统。

低电压继电器 1～2kV 和时间继电器 KT 的整定值仍按前述原则确定。

图 16-12 中增加一个中间继电器 2KA，是考虑当 BZT 动作，跳开进线开关的同时，将不自起动的同步

电动机切除，避免产生非同期合闸，引起电动机过大的电流冲击，并有利于其它电动机的自起动。

为了进一步加速 BZT 动作，减小断电时间，在起动回路中也可以增加电流闭锁环节，如图 16-13 所示。

需要指出，在电力系统容量较小时，当系统内发生短路故障，频率有可能降低。若 BZT 采用低频率起动，不带时限，就会误动作，因此在采用图 16-13 时，要考虑这一点。

16.4.4 1kV 以下网络的备用电源自动投入装置

1kV 以下的低压网络，也可采用 BZT 装置以提高供电可靠性。这对车间变电所低压电动机自起动顺利进行具有很大意义。

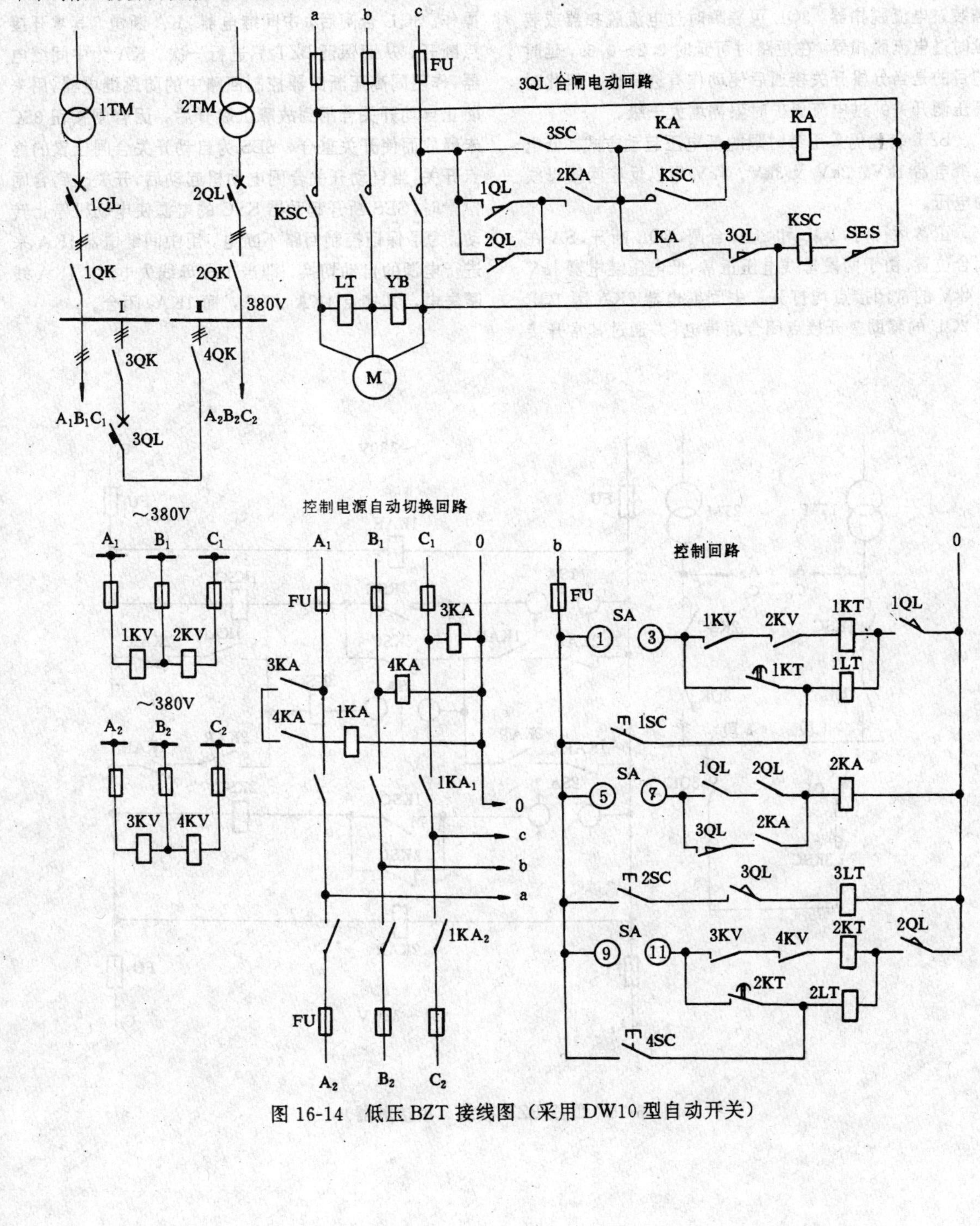

图 16-14 低压 BZT 接线图（采用 DW10 型自动开关）

低压 BZT 可用带远距离操作机构的自动开关或接触器来实现。一般都采用交流操作。

大容量变压器的 BZT 可采用自动开关来实现。

图 16-14 所示是采用 DW10 型（1000～4000A）自动开关的 BZT 原理接线图。变压器低压侧开关 1QL、2QL 可以采用手动操作也可采用电动机操作，母线分段开关 3QL 则用电动机操作。自动开关 1QL、2QL 不需装过电流脱扣器，3QL 可装瞬时过电流脱扣器或装延时过电流脱扣器，在短路时可延时 0.2～0.6s，延时的目的是当分段开关接通后使动作有选择性，但此时高压侧开关的过电流保护时限需增大一级。

BZT 装置仍采用带时限的低电压起动方式。低电压继电器 1kV、2kV 及 3kV、4kV 用以反应两段母线的电压。

正常运行时，1QL 和 2QL 合闸，3QL 断开，SA 在闭合位置。由于两段母线电压正常，低电压继电器 1kV～4kV 的常闭接点均打开。中间继电器 2KA 因 1QL 和 2QL 的辅助常开接点闭合而带电，并通过其常开接点和 3QL 的常闭接点自保持。在 3QL 合闸电动机回路中，2KA 的常开接点闭合，做好 BZT 的准备。当某段母线失去电压时，例如Ⅰ段，低电压继电器 1kV、2kV 动作，其常闭接点闭合，起动时间继电器 1KT，经过延时后 1LT 带电使 1QL 跳闸。随后 1QL 的常闭接点闭合（在 3QL 合闸电动机回路），使磁力起动器 KSC 带电起动 3QL 的合闸电动机，将 3QL 合闸，完成 BZT 操作。3QL 合闸后，中间继电器 2KA 断电，其常开接点断开，从而保证 BZT 只进行一次，KA 为中间继电器，作用同高压断路器控制回路中的防跳继电器，用来防止自动开关合闸到故障上跳开后，因合闸按钮 3SC 未释放而使开关重合，SES 为自动开关合闸位置的终点开关，当自动开关合闸电动机起动后，开关达到合闸位置时，SES 断开起动器 KSC 的电源使电动机停止转动。为了保证控制回路不断电，用中间继电器 1KA 来进行电源的自动切换，即当Ⅰ段母线失电时，1KA 线圈失电，其接点 $1KA_1$ 打开，而 $1KA_2$ 闭合。

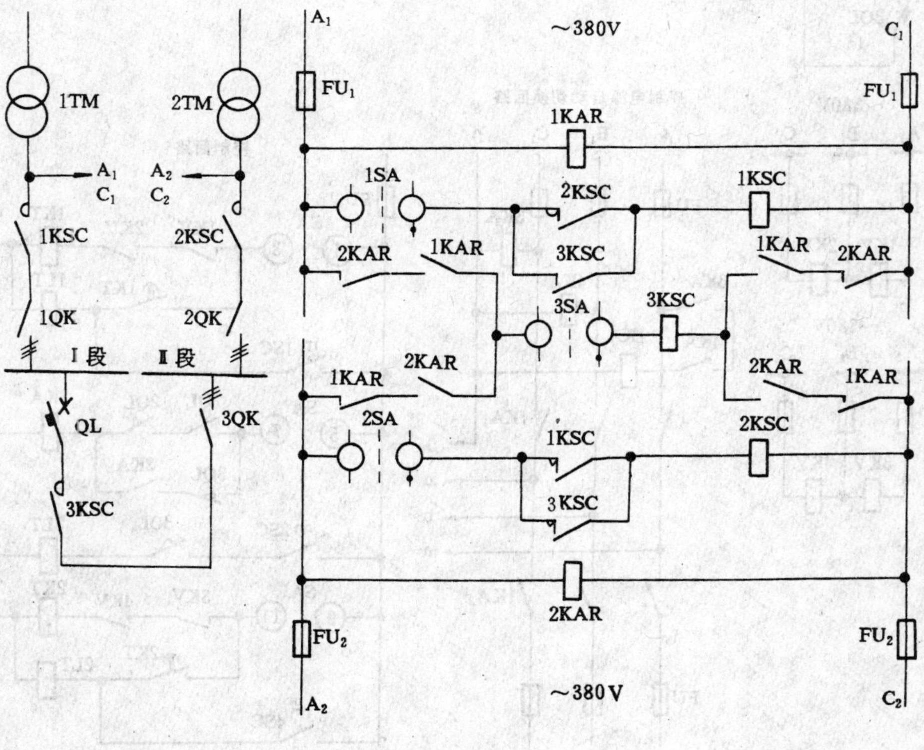

图 16-15 低压 BZT 接线（用接触器）

小容量变压器的 BZT 可用接触器来实现，图 16-15 为用于 315kVA 及以下变压器 BZT 接线图。变压器低压侧及母线分段开关均使用接触器。起动元件采用交流电磁继电器，这是考虑接触器吸引线圈的起动功率较大，一般电压继电器的接点容量不能胜任的缘故。正常运行时两台变压器分别供电，接触器 1KSC 及 2KSC 合闸，母线分段接触器 3KSC 断开，3KSC 吸引线圈不通电。当任一电源，如 I 段母线失去电压时，继电器 1KAR 释放，其常闭接点闭合，接通 3KSC 的吸引线圈使 3KSC 合闸，从而由 2 号变压器恢复了 I 段母线的供电。

图 16-16 为两个各装一台变压器的变电所利用联络线实现互为备用的 BZT 接线图。

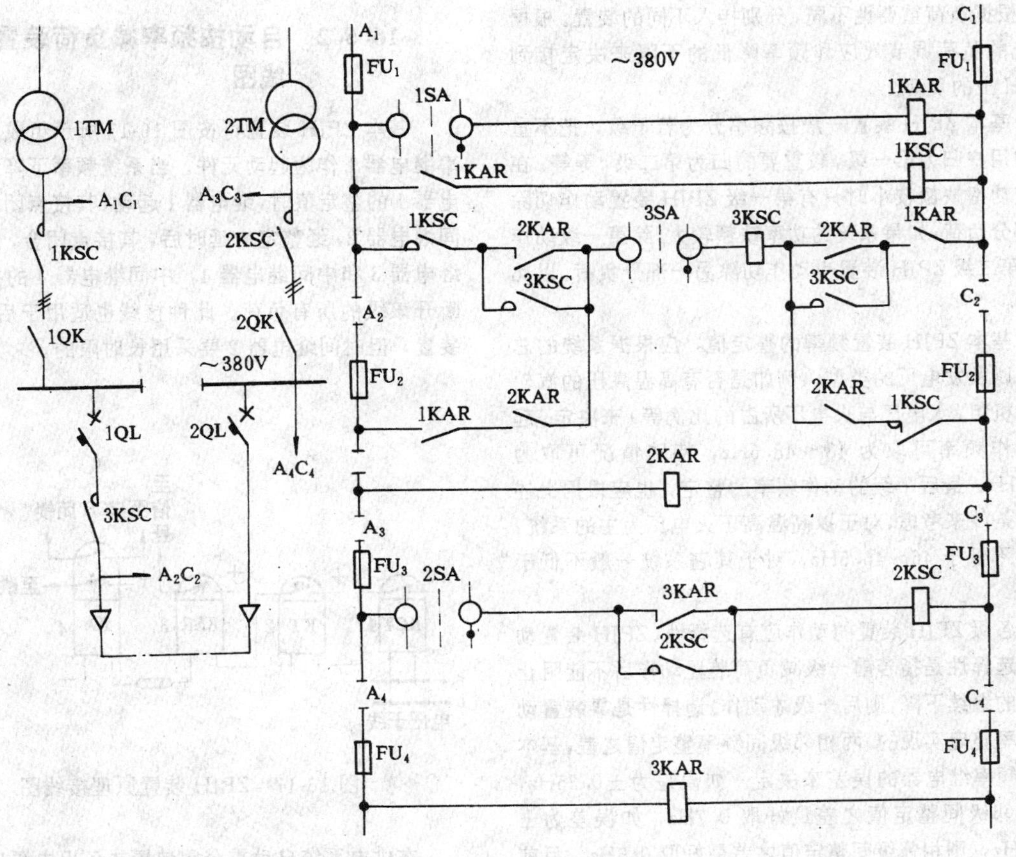

图 16-16 低压联络线两端 BZT 接线

16.5 自动按频率减负荷装置（ZPJH）

电力系统的频率决定于系统的有功功率的平衡。当电力系统中发电机发出的功率与用户消耗的功率相等时，频率稳定在 50Hz。当电力系统由于部分发电机被切除或负荷骤增超过了系统的旋转备用功率，出现了有功功率缺额时，频率就会下降。系统频率下降，将使电动机转速下降，机械设备输出功率降低，特性变坏而产生废品、次品；同时电力系统的稳定性可能遭到破坏，造成事故的扩大等严重后果。为了提高供电质量，保证重要用户供电的可靠性，当电力系统中出现功率缺额引起频率下降时，根据频率下降的程度，自动断开一部分不重要的用户，制止频率下降，并使它逐步恢复正常，这种自动断开一部分不重要用户的任务是由自动按频率减负荷装置完成的，简称 ZPJH 装置。

企业供电网络中是否装设 ZPJH 装置决定于电力系统的要求，应与电力部门协商确定。ZPJH 一般装在企业总变电所二次电压馈出线上。

16.5.1 自动按频率减负荷装置的分类及其整定

电力系统可能发生各种不同的功率缺额。为了保证在各种情况下都能使频率尽快恢复到所要求的数值又不过多地切断负荷，这就要求 ZPJH 装置切断负荷的数量与系统的功率缺额相适应。在电力系统中一般设置两种 ZPJH 装置：基本 ZPJH 装置和后备 ZPJH 装置。根据负荷重要性不同，分别接入不同的装置。根据系统的负荷调节效应和频率降低的下限来决定接到 ZPJH 上的负荷。

基本 ZPJH 装置一般按频率分为若干级，把不重要的用户归为第一级，较重要的归为第二级，等等。在系统功率缺额较小时只有第一级 ZPJH 装置动作切除一部分负荷，如果系统的功率缺额较大，除第一级动作外，第二级 ZPJH 装置也动作切除另一部分负荷，以此类推。

基本 ZPJH 装置频率的整定值，应根据系统的总容量以及发电厂的类型（例如是否有高温高压的汽轮发电机组，水电厂与火电厂所占的比例等）来决定。起始动作频率可取为 48～48.5Hz，特殊情况可取为 47.5Hz，最后一级的动作频率的整定，也应根据上述具体条件来考虑，对于以高温高压火电厂为主的系统，一般不低于 46～46.5Hz，对于其它系统一般不低于 45Hz。

各级 ZPJH 装置的动作应有选择性。ZPJH 装置动作的选择性是指若前一级减负荷装置动作后不能阻止频率的继续下降，则后一级才动作。选择性是靠装置动作频率整定实现的。两相邻级间频率整定值之差，基本上由频率继电器的误差来决定。如误差为±0.25Hz，则相邻级间整定值之差最好取 0.7Hz，如误差为±0.15Hz，则相邻级间整定值之差最好取 0.5Hz，目前国内电力系统中两种差值均有采用。

基本 ZPJH 装置在系统发生功率缺额时应快速动作，为防止频率继电器在电压急剧下降时误动作，可带有不大于 0.5s 的时限。

当 ZPJH 装置的一些基本级都动作后，经过一段时间系统频率仍未恢复到规定水平时，后备 ZPJH 装置就动作。后备 ZPJH 装置按动作时间也分为若干级，最小动作时间为 10～15s，每级时间差不小于 5s。频率整定值宜等于或稍高于基本 ZPJH 装置的第一级频率整定值，一般为 48～48.5Hz。

各级 ZPJH 装置所切除的负荷容量应当根据负荷的调节效应和频率降低的下限来确定，一般按照使频率恢复到 48.5～49.5Hz 的范围来进行计算，然后由系统调度员继续将频率调整到正常频率。当然这些一般是由电力部门来确定，但接于 ZPJH 装置的负荷，其重要程度应由设计单位向电力部门提供，并与电力部门共同协商其负荷分别接于哪一级。

总之，ZPJH 的设置和整定与电力系统的特点有密切关系，应与电力部门协商确定。

16.5.2 自动按频率减负荷装置原理接线图

基本 ZPJH 装置可按图 16-17 所示组成。采用频率继电器 1 作为起动元件。当系统频率下降到频率继电器 1 的整定值时，继电器 1 起动，其接点闭合起动时间继电器 2，经整定的延时后，其接点闭合，起动信号继电器 3 和中间继电器 4，中间继电器 4 的接点闭合断开该级的所有负荷。此种接线也适用于后备 ZPJH 装置，但时间继电器 2 要采用长时限的。

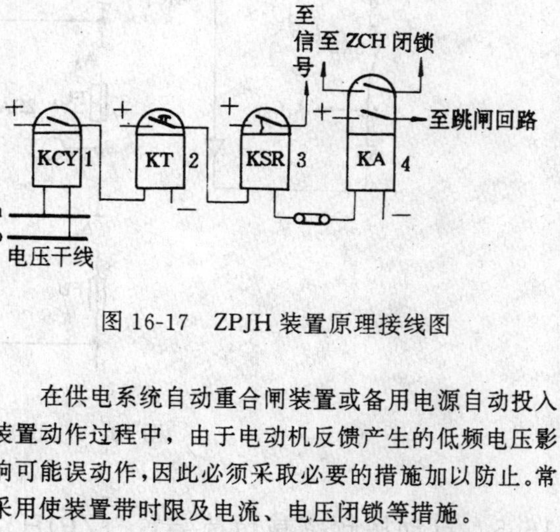

图 16-17 ZPJH 装置原理接线图

在供电系统自动重合闸装置或备用电源自动投入装置动作过程中，由于电动机反馈产生的低频电压影响可能误动作，因此必须采取必要的措施加以防止。常采用使装置带时限及电流、电压闭锁等措施。

带时限的 ZPJH 装置，其原理接线图仍如图 16-17 所示，当电动机的负荷容量较小，反馈过程很短，可用时限来躲过电动机反馈的影响。这种办法虽然接线简单，但由于动作有时限，不利于系统频率的快速恢复。

带电流闭锁的 ZPJH 装置，其原理接线如图 16-18 所示。电流继电器 1 分别接至各进线电流互感器。电流继电器的动作电流应按进线的最小负荷电流 $I_{fh_{min}}$ 整定，即

$$I_{dzj}=\frac{I_{fh_{min}}}{K_k K_i} \tag{16-7}$$

式中 $I_{fh_{min}}$——最小负荷电流，A；

K_k——可靠系数，取 1.25；

K_i——电流互感器变比；

I_{dzj}——电流继电器的动作电流，A。

从图 16-18 可以看出，当供电电源切断时，由于电流继电器 1 接点打开，即使频率继电器 2 动作，时间继电器 3 也不会起动，ZPJH 装置被闭锁，防止了误动作。

采用低电流闭锁时，须在该母线的所有电源进线上加装电流闭锁，因此二次接线比较复杂，而且当负荷低于电流继电器整定值时，起不到减负荷作用，故须根据实际情况考虑是否可以采用。

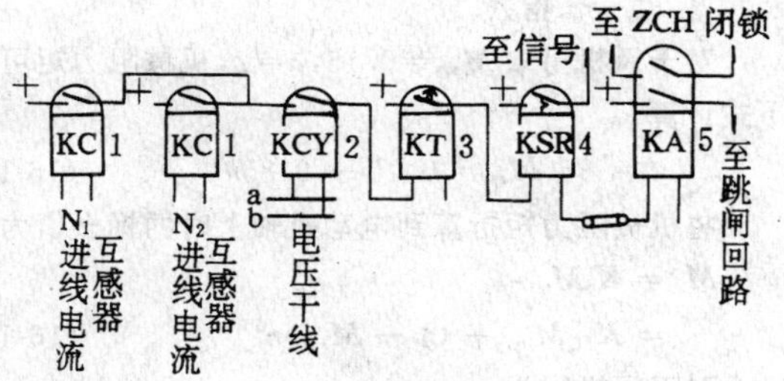

图 16-18 带电流闭锁的 ZPJH 原理图

带电压闭锁的 ZPJH 装置，其原理接线图如 16-19 所示。当电源中断，由于电动机反馈的影响，产生一个较低频率的电压。如果频率低于频率继电器的整定值，频率继电器 2 的接点也闭合，若开始反馈电压较高，电压继电器 1 的接点也闭合，使时间继电器 3 起动。由于反馈电压迅速下降，当低于电压继电器的整定值时，电压继电器的接点便打开，若使时间继电器的整定时限大于电压下降到电压继电器释放时所需的时间，则 ZPJH 装置闭锁，不动作。

电压继电器 1 的整定值，按母线可能出现最低工作电压不应动作（接点保持闭合）的条件来考虑，一般整定为额定电压 70%释放。

时间继电器 3 的动作时限须根据电动机反馈时电压变化速度决定，可按下式计算

$$t=\frac{U_e-U_{dzj}}{V_v}+t_c \tag{16-8}$$

式中 t——时间继电器 3 的动作时限，s；

U_{dzj}——电压继电器整定值，V；

U_e——电压互感器二次额定电压，V；

V_v——电动机反馈时电压互感器二次电压变化速度，（通过试验决定），V/s。

t_c——储备时间，取 0.3s。

采用电压闭锁接线简单，动作较可靠，但整定时要有一些试验数据，尤其 ZPJH 的动作时限与电动机反馈过程有关，因此其使用受到一定限制。

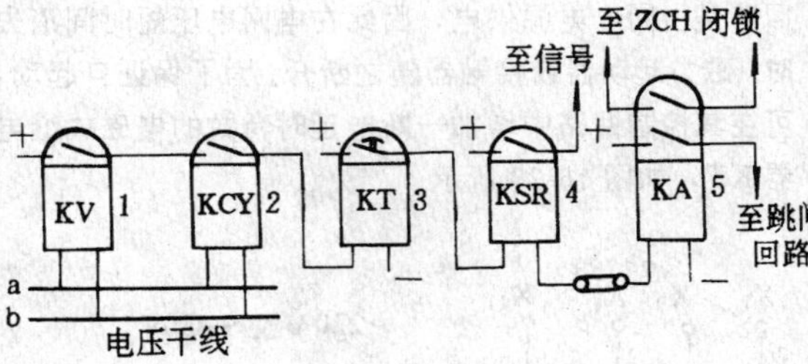

图 16-19 带电压闭锁的 ZPJH 原理图

16.6 电动机自起动

16.6.1 电动机自起动的特点及要求

所谓电动机的自起动，就是当电网电压短时消失（由于短路或 BZT 动作）而使电动机的转速降低时，电动机并不断开，在电压恢复后自行起动，直到重新达到额定转速。这对于一些不容许工作中断的重要设备来说，自起动具有特别重要的意义。在钢铁企业中属于这类性质的设备有高炉的供水水泵，煤气站的鼓风机、加压机等。

和电动机的一般起动相比，自起动有如下特点：

(1) 成组电动机同时起动；

(2) 当电压恢复瞬间，即在自起动开始时，电动机一般仍有一定转速；

(3) 自起动时一般带有负载。

电动机自起动时引起电网电压降低，相应带来电动机转矩的减小和起动时间延长。因此电动机自起动须按下列条件校验：

(1) 在自起动过程中，电动机的转矩（计及电压降低的影响）应大于机械相应转速的阻力矩。

(2) 电动机从热态自起动后，定子绕组及转子导体的温度不超过规定值。

如果电动机不能满足上述自起动条件，可考虑采用高起动转矩的电动机，不得已时才考虑增大电动机

容量。为了保证自起动，还可以采取其它一些措施：如加速 BZT 动作，以减少停电时间；切断一些次要负荷以保证重要电动机自起动等。

当电网电压短时间消失时，考虑自起动电动机不应断开。对高压电动机来说，此时低电压保护纯粹从保安条件出发，应有 5～10s 的延时，对不加入自起动的电动机，其低电压保护则一般整定 0.5s 的延时。对低压电动机，控制设备采用接触器或磁力起动器，其控制回路是由同一电源供电，因此在电网电压短时间消失时，磁力起动器或接触器随之断开。为了保证自起动，可在其控制回路中增加一断电延时释放的电磁式继电器 KT，如图 16-20 所示。

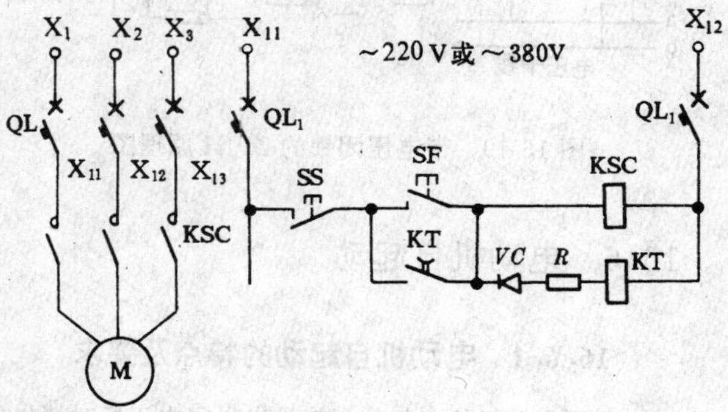

元件选择表

	元件型号及规格		
	KT 继电器	VC 硒整流器	R 附加电阻
～220V	JT3-20/3，110V	ZXJ-30B12D	无
～380V	JT3-20/3，110V	ZXJ-30B22D	GF-25，400Ω

图 16-20　接触器控制的低压电动机自起动回路

16.6.2　感应电动机自起动计算

16.6.2.1　自起动时起始转速（或转差率）的确定

起始转速（或转差率）由机组的惰行特性和停电时间所决定。而机组的惰行特性则决定于制动力矩的变化及机械时间常数。

机械时间常数可按下式计算

$$T_a = \frac{GD^2 n_0^2}{3580 P_e} \qquad (16\text{-}9)$$

式中　GD^2——折算到电动机轴上，电动机及机械的飞轮力矩，$kN \cdot m^2$；

n_0——电动机同步转速，r/min；

P_e——电动机额定容量，kW；

T_a——机械时间常数，s。

在停电时间内，制动力矩即等于机械阻力矩。机械阻力矩可分为两类：

(1) 阻力矩与转速无关（即恒定阻力矩）。属于这类机械有球磨机、破碎机、运输机、活塞式压缩机等。

(2)阻力矩与转速有关。离心式机械属于这类有水泵、风机等。其关系式如下

$$M_{zj} = M_{zqs} + (1 - M_{zqs}) n^a \qquad (16\text{-}10)$$

式中　M_{zj}——机械阻力矩标幺值（对电动机额定转矩）；

M_{zqs}——起始阻力矩标幺值；

n——转速标幺值；

a——指数。

对于风机可取 $M_{zqs}=0.15$，$a=2$，机械阻力矩可按下式计算

$$M_{zj} = 0.15 + 0.85 n^2 \qquad (16\text{-}11)$$

将机械阻力矩折算到电动机轴上时的标幺值为

$$M_z = K_f M_{zj} = K_f [M_{zqs} + (1 - M_{zqs}) n^a] \qquad (16\text{-}12)$$

对于风机则为

$$M_z = K_f (0.15 + 0.85 n^2) \qquad (16\text{-}13)$$

式中　K_f——负荷系数。

对于一些在工作时没有反压力（静压头），而只需克服动阻力（管道内阻力）的水泵，亦有类似特性。例如装有逆止阀的水泵，在转速降低逆止阀关闭后，阻力矩特性不再和静压头有关，亦为接近于风机型阻力矩特性。

有静压头 H_{jn} 的水泵，其阻力矩特性随 H_{jn} 不同而有很大的变化，如图 16-21 所示，虽然其理论计算仍与式 16-10 和式 16-12 相同，但指数 a 的变化范围很大，不便计算（例如 $H_{jn}=0.9$ 时，$a=5$～6）。

具有恒定阻力矩的机械，在停电期间内的惰行转速，可按下式计算

$$n = 1 - M_z \frac{t_t}{T_a} \qquad (16\text{-}14)$$

式中　n——惰行后的转速标幺值；

M_z——阻力矩（折算到电机轴上的）标幺值；

t_t——停电时间，s。

具有风机型阻力矩的机械，在停电期间内的惰行转速，可按下式计算

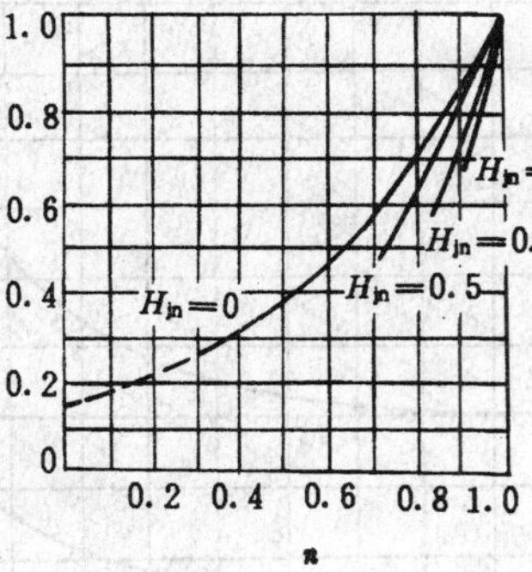

图 16-21　不同静压头下水泵的阻力矩与转速关系

$$\mathrm{tg}^{-1}2.38n = 1.17 - 0.36K_f\frac{t_t}{T_a}$$

$$n = \mathrm{tg}(1.17 - 0.36K_f\frac{t_t}{T_a})/2.38 \tag{16-15}$$

也可从图 16-22 所示惰行曲线直接查出。

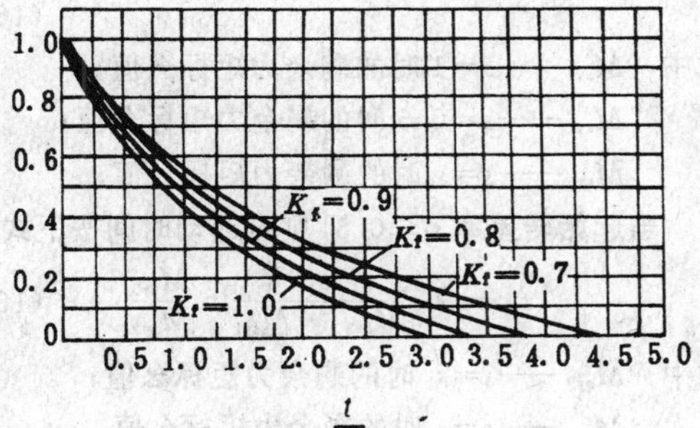

图 16-22　具有风机型阻力矩机械的惰行曲线

惰行后的转差率 $s=1-n$。

最后还需指出，成组电动机惰行时，由于电源失去后电动机在短时间内有剩余电压存在，各台电动机通过母线互相发生电的联系。假如各机组的机电特性一样，则成组惰行特性与单独机组的惰行特性没有什么不同。假若各机组的机电特性不一样，则转速下降较慢的电动机将送出电流而转速下降较快的电动机将吸取电流，结果使所有电动机在一定时间内保持基本相同的转速变化，此时间的长短与电动机的型式有关。在只有感应电动机的情况下，其特性惰行的时间差是很短的，因此实际上在大多数情况下不予考虑。

16.6.2.2　自起动电压水平的计算

电动机起动时电压水平的计算已在第 5 章中叙述过。自起动时电压的计算基本上与前者相同，这里不再重复。但在计算自起动时电动机的等值阻抗所采用的起动电流倍数要考虑到电动机的起始转速。此时的起动电流倍数可按下式计算

$$K_{zq} = \frac{K_q}{\sqrt{1+\left(\frac{s_{Lj}}{s}\right)^2}} \tag{16-16}$$

式中　K_{zq}——额定电压下，转差率为 s 时的起动电流倍数；

K_q——额定电压下，转差率为 1 时的起动电流倍数；

s_{Lj}——电动机临界转差率。

当电动机容量在 100kW 以上时，其临界转差率可由下式近似计算

$$s_{Lj} = s_e(M_{d_{max}} + \sqrt{M^2_{d_{max}} - 1}) \tag{16-17}$$

式中　$M_{d_{max}}$——电动机最大转矩标幺值；

s_e——电动机额定转差率；

s_{Lj}——临界转差率。

当电动机容量小于 100kW 时，其临界转差率可近似取为

$$S_{Lj} = (4\sim4.5)\ S_e \tag{16-18}$$

在计算自起动电压水平时，对于高压电动机，除由很长的电缆线路供电外，一般只考虑线路的电抗而忽略其电阻，这样可以简化计算。但对于低压电动机，低压线路的电阻一般不能忽略。

仅从必要的转矩条件来看，如满足下列条件，自起动是有保证的：

(1) 具有恒定阻力矩的机械

$$U_d^2 M_{d_{min}} \geqslant 1.1M_z \tag{16-19}$$

(2) 具有风机型阻力矩的机械

$$U_d^2 M_{d_{max}} \geqslant 1.1M_z \tag{16-20}$$

式中　$M_{d_{max}}$——电动机最大转矩标幺值；

$M_{d_{min}}$——电动机最小转矩标幺值；

M_z——额定转速时的阻力矩（折算到电动机轴上）标幺值；

U_d——自起动时对应于某一转差率的电动机的端电压标幺值。

16.6.2.3　自起动时间的计算

$$t_{zq}=T_a\int_{s_i}^{s_e}\frac{1}{M_{sy}}ds \qquad (16\text{-}21)$$

式中 M_{sy}——剩余力矩标幺值；

s_i、s_e——电动机的起始及额定转差率；

t_{zq}——自起动时间，s。

剩余力矩按下式计算

$$M_{sy}=U_d^2M_d-M_z \qquad (16\text{-}22)$$

式中 M_d——额定电压下,对应于某一转差率的电动机转矩标幺值；

M_z——对应于某一转差率的阻力矩（折算到电动机轴上）的标幺值；

U_d——自起动时对应于某一转差率的电动机的端电压标幺值。

式16-22中，M_d可以根据制造厂提供的电动机转矩特性曲线$M_d=f(s)$求得，如无此特性曲线，也可按下述方法进行估算。

对于一般单鼠笼型感应电动机

$$M_d=\frac{2M_{d_{max}}}{\frac{s_{lj}}{s}+\frac{s}{s_{lj}}} \qquad (16\text{-}23)$$

式中 $M_{d_{max}}$——电动机最大转矩标幺值；

s_{lj}——临界转差率（即相当于$M_{d_{max}}$时的转差率）。

对于深槽，双鼠笼型等感应电动机，由于估算过程比较复杂，而且估算值一般偏低，误差大，所以一般不采用估算法计算，只能根据制造厂提供的特性曲线求得。

计算自起动时间有图解法和近似解析法两种方法。

(1) 图解法：

1) 根据电动机的起动转矩（$s=1$），临界转矩（$s=s_{lj}$）及额定转矩（$s=s_e$）按照同类型电动机的典型特性曲线，以三点法绘出电动机的$M_d=f(s)$特性曲线。

计及电动机起动时电压降低的影响，再作出$U^2M_d=f(s)$曲线。

2) 作出阻力矩曲线$M_z=f(s)$。并根据上述曲线作出剩余力矩曲线$M_{sy}=U^2M_d-M_z=f(s)$。

3) 计算电动机自起动时间

$$t_{zq}=T_a\left(\frac{\Delta s_1}{M_{sy1}}+\frac{\Delta s_2}{M_{sy2}}+\cdots+\frac{\Delta s_n}{M_{syn}}\right) \qquad (16\text{-}24)$$

s应由自起动起始转差率s_1算到额定转差率s_e。

采用图解法计算例图见图16-23。

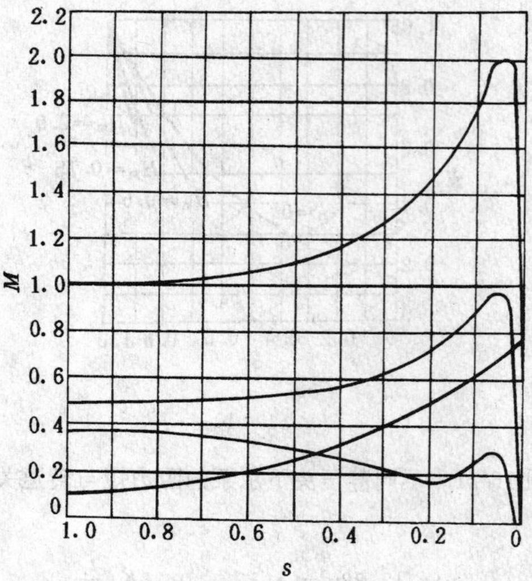

图16-23 图解法举例

(2) 近似解析法：

自起动时，当$M_{sy1}=(0.8\sim1.2)M_{sy2}$，起始转差率$s_1>0.5$时，自起动时间可按下式计算

$$t_{zq}=T_a\left(\frac{2s_1-1}{M_{sy1}+M_{sy2}}+\frac{0.5}{M_{sy3}-M_{sy2}}\ln\frac{M_{sy3}}{M_{sy2}}\right) \qquad (16\text{-}25)$$

式中 M_{sy1}——$s=1$时的剩余力矩标幺值；

M_{sy2}——$s=0.5$时的剩余力矩标幺值；

M_{sy3}——$s=s_{lj}$时的剩余力矩标幺值；

当起始转差率$s_1\leqslant0.5$，则自起动时间按下式计算

$$t_{zq}=T_a\frac{s_1}{M_{sy3}-M_{sy2}}\ln\frac{M_{sy3}}{M_{sy2}} \qquad (16\text{-}26)$$

式中 M_{sy2}——$s=s_1$时的剩余力矩标幺值；

M_{sy3}——$s=s_{lj}$时的剩余力矩标幺值。

16.6.2.4 自起动时电动机发热校验

电动机在热态下自起动时，定子绕组温升增量可按下式计算

$$\Delta\tau=\frac{j_d^2t_{zq}}{150}[(0.93U_dK_{zq})^2-1] \qquad (16\text{-}27)$$

式中 t_{zq}——自起动时间，s；

j_d——定子绕组的电流密度，A/mm²；如缺乏实际资料，可取平均值5A/mm²；

K_{zq}——在额定电压下自起动电流倍数；

U_d——自起动时电动机端电压标幺值；

$\Delta\tau$——定子绕组的温升增量，℃。

在电动机自起动过程中，自起动电流逐渐降低，其等值均方根电流较自起动开始时的电流为小，因此考

虑乘以0.93的系数。但是，自起动过程中，电压在不断上升，使自起动电流又有所增加，因此如考虑留有一定裕度，式16-27中的0.93系数则可不计。这样，式16-27可以写成如下形式

$$\Delta\tau = \frac{j_d^2 t_{zq}}{150}(U_d^2 K_{zq}^2 - 1) \quad (16\text{-}28)$$

自起动时上述温升增量 $\Delta\tau$ 不应超过100℃。

对笼型电动机来讲，自起动时只需校验定子绕组的发热。若定子绕组的发热能通过，转子笼条的发热一般也能通过。

16.6.3 同步电动机自起动计算

同步电动机自起动大多采用再同步方式。所谓再同步，就是当电源中断后（例如进线开关跳开后，BZT起动），在励磁回路中立即投入放电电阻，随后当电源恢复，电动机异步自起动，达到临界转差率后，短接放电电阻，进行励磁（或强励），牵入同步。

较多地采用再同步方式，是因为接入放电电阻，在自起动过程中，起始转矩和牵入转矩都比较大，又因为进行了灭磁，在电源恢复瞬间（例如BZT投入时）冲击电流比较小，这点对于大容量电动机的自起动尤其重要。

16.6.3.1 牵入转矩校验

同步电动机自起动时，起始转速（或转差率）和电压水平的确定与感应电动机相同。自起动倍数 K_{zq} 一般是根据制造厂所提供的 $I=f(s)$ 特性曲线来确定。

如无特性曲线也可用下面的方法估算

当 $s<0.05$	$K_{zq}\approx(0.2\sim0.3)K_q$
$0.05<s<0.1$	$K_{zq}\approx 0.6K_q$
$0.1<s<0.2$	$K_{zq}\approx 0.9K_q$
$s>0.2$	$K_{zq}\approx K_q$

K_q 为电动机额定起动电流倍数。

同步电动机的自起动，一般是在牵入转矩区域内（$s=0.02\sim0.08$）最为不利。从保证必需的转矩条件，同步电动机的牵入转矩应满足下式

$$M_{qr} \geqslant \frac{0.055M_z}{s_{lj}U_d^2} \quad (16\text{-}29)$$

式中 M_{qr}——电动机牵入转矩（$s=0.05$）标幺值，由产品样本查得；

U_d——自起动到 $s=0.05$ 时电动机的端电压标幺值；

M_z——阻力矩（折算到电动机轴上的）标幺值；

s_{lj}——临界转差率。

此处临界转差率 s_{lj} 是指当投入励磁时电动机能可靠牵入同步的最大转差率。考虑到投励瞬间转子可能处于不利位置，临界转差率可由下式求出

$$s_{lj} = 0.06\sqrt{\frac{M_{c_{max}} - 0.6M_z}{T_a}} \quad (16\text{-}30)$$

式中 $M_{c_{max}}$——额定励磁下最大同步转矩标幺值，由产品样本查得；

T_a——机械时间常数，按式16-9计算，s。

从式16-30可以看出，为了保证自起动时电动机有足够的牵入转矩，可以进行强励，以提高最大同步转矩 $M_{c_{max}}$，从而增大 s_{lj}，以满足式16-29的要求。

我们知道，励磁回路的放电电阻一般都采用10倍励磁绕组电阻。产品样本上所给的牵入转矩也是对应于10倍放电电阻的。但是在很多情况下，采用10倍的放电电阻不一定此时牵入转矩最大。当起动转矩要求不大的情况下（如风机型阻力矩），可以适当减小放电电阻来提高牵入转矩。当然，此时起动转矩会有所减小。

相对于最大牵入转矩时的放电电阻倍数 K 可由 $K=\frac{T'_d}{20}-1$ 计算。该式中 T'_d 为电动机定子绕组短接时励磁绕组的时间常数，单位为s，等于 $\frac{1}{2\pi f}$，计算如下

$$T'_d = T_{do}\frac{X'_d}{X_d} = \frac{(X_\sigma + X_{ad})}{r_b}\frac{X'_d}{X_d}$$

式中 T'_d——电动机定子绕组短接时励磁绕组的时间常数，s；

T_{do}——电动机定子绕组开路时励磁绕组的时间常数，s

X_d——纵轴同步电抗标幺值；

X'_d——暂态电抗标幺值；

X_σ——励磁绕组漏抗标幺值；

X_{ad}——纵轴电枢反应电抗标幺值；

r_b——励磁绕组电阻标幺值。

此时最大牵入转矩 $M_{qr_{max}}$ 由下式计算

$$M_{qr_{max}} = M_{qr} - \frac{1}{2\eta_e\cos\varphi_e}\left(\frac{1}{X'_d} - \frac{1}{X_d}\right)\left[\frac{sT'_{dp}}{1+(sT'_{dp})^2} - \frac{sT'_{d_{max}}}{1+(s+T'_{d_{max}})^2}\right] \quad (16\text{-}31)$$

式中 M_{qr}——10倍放电电阻时的牵入转矩（$s=0.05$）标幺值；

η_e、$\cos\varphi_e$——分别为电动机额定效率及额定功率因数；

s——转差率，等于0.05；

T'_{dp}——定子绕组短接，10倍放电电阻时的励磁回路时间常数；s；

$T'_{d_{max}}$——定子绕组短接，接有K倍的放电电阻时的励磁回路时间常数（s），此时牵入转矩最大。

T'_{dp}及$T'_{d_{max}}$可由下式确定

$$T'_{dp}=\frac{X_a+X_{ad}}{r_f+10r_b}\frac{X'_d}{X_d}=\frac{1}{11}T'_d\approx 0.09T'_d$$

$$T'_{d_{max}}=\frac{(X_a+X_{ad})}{(r_b+Kr_b)}\frac{X'_d}{X_d}=\frac{1}{1+K}T'_d$$

此时起动转矩M'_q也可由式16-31求得。在式16-31中分别以M'_q及M_q代替$M_{qr_{max}}$及M_{qr}，并令$s=1$。M_q为10倍的放电电阻时的起动转矩，可由产品样本查得。

16.6.3.2 自起动时间的计算

和感应电动机一样，计算同步电动机的自起动时间t_{zq}有图解法和近似解析法两种方法。

（1）图解法：

首先必须得到电动机异步起动时的$M_a=f(s)$特性曲线。一般由制造厂提供，或由下式计算

$$M_a=\frac{1}{2\eta e\cos\varphi_e}\left[\frac{sT'_{dp}}{1+(sT'_{dq})^2}\left(\frac{1}{X'_d}-\frac{1}{X_d}\right)+\frac{sT''_d}{1+(sT''_d)^2}\left(\frac{1}{X''_d}-\frac{1}{X'_d}\right)+\frac{sT''_q}{1+(sT''_q)^2}\left(\frac{1}{X''_q}-\frac{1}{X_q}\right)\right]. \tag{16-32}$$

式中 M_a——异步起动时的电动机转矩标幺值；

X_d、X'_d、X''_d——纵轴同步电抗，暂态电抗及次暂态电抗标幺值；

X_q、X''_q——横轴同步电抗及次暂态电抗标幺值；

T'_{dp}——定子绕组短接，接有10倍的放电电阻时的励磁回路时间常数，s；

T''_d——定子绕组短接，纵轴阻尼笼的时间常数，s；

T''_q——定子绕组短接，横轴阻尼笼的时间常数，s。

同步电动机起动时的异步转矩是由三个分量组成即：

（1）磁场绕组所产生的转矩；

（2）纵轴阻尼笼所产生的转矩；

（3）横轴阻尼笼所产生的转矩。

这点从式16-31也可看出，式中三项分别对应于上述三个转矩分量。

图解法的其它步骤同前述感应电动机，这里不再重复。

（2）近似解析法：

若$s_1>s_2$，按下式计算

$$t_{zq}=T_a\left(\frac{s_1-s_2}{M_{sy2}-M_{sy1}}\ln\frac{M_{sy2}}{M_{sy1}}+\frac{s_2}{M_{sy2}-M_{sy3}}\ln\frac{M_{sy2}}{M_{sy3}}\right) \tag{16-33}$$

式中 M_{sy1}——$s=s_1$时的剩余转矩标幺值，按式16-22计算；

M_{sy2}——$s=s_2$时的剩余转矩标幺值，按式16-22计算；

M_{sy3}——$s=0.05$时的剩余转矩标幺值，按式16-22计算；

s_1——起始转差率；

s_2——最大异步转矩时的转差率。

若$s_1\leqslant s_2$，则按下式计算

$$t_{zq}=T_a\left(\frac{s_1}{M_{sy1}-M_{sy3}}\ln\frac{M_{sy1}}{M_{sy3}}\right) \tag{16-34}$$

16.6.3.3 自起动时同步电动机发热校验

自起动时同步电动机定子绕组温升增量的计算与感应电动机相同。

对于同步电动机来说，在大多数情况下自起动允许时间的长短，是决定于转子阻尼笼的发热。在热态下自起动时，阻尼笼的温度可按下式计算

$$\tau=\frac{t_{zq}P_eM_pU_d^2}{2CG} \tag{16-35}$$

式中 t_{zq}——自起动时间，s；

τ——阻尼笼的温度，℃；

P_e——电动机额定容量，kW；

M_p——额定电压下，电动机自起动平均转矩标幺值；

U_d——自起动时电动机端电压标幺值；

C——阻尼笼材料的比热，kWs/kg℃，紫铜取0.39，黄铜取0.38；

G——阻尼笼重，kg。

自起动时τ不应超过300℃。

16.6.3.4 同步电动机励磁绕组固接时（不带放电电阻）自起动校验

目前一些中小型同步电动机往往采用励磁机和电动机装在同一轴上的，不带放电电阻的固接励磁机系统，传动空载起动的机械或具有风机型阻力矩的机械。其优点是控制系统比较简单。

当采用固接励磁系统时，由于“单轴接通效应”显著，在接近亚同步转速区域内，使$M_a=f(s)$特性曲线出现凹槽，转矩减少，因此，应对$s=0.02\sim0.08$区域内的电动机转矩进行校验。当阻力矩为风机型时，如在这个区域内能保证自起动，则在其它转差率时，一般也是能保证的。对于具有恒定阻力矩的机械，有时还需对$s>0.08$进行校验。

采用固接励磁机系统而无直流励磁时，其异步转矩可根据10倍的放电电阻时的$M_a=f(s)$特性曲线，由式16-31求出。但其中$M_{qr_{max}}$和M_{qr}分别以M_{aq}和M_a代替，$T'_{d_{max}}$以T'_d代替，并考虑电压降低对转矩的影响，改写如下

$$M_{ag}=U_d^2\left\{M_a-\frac{1}{2\eta_e\cos\varphi_e}\left(\frac{1}{X'_d}-\frac{1}{X_d}\right)\left[\frac{0.09sT'_d}{1+0.0081(sT'_d)^2}-\frac{sT'_d}{1+(sT'_d)^2}\right]\right\} \quad (16\text{-}36)$$

式中 M_{ag}——固接励磁时的异步转矩标幺值；

M_a——接有10倍的放电电阻时的异步转矩标幺值。

将求得的M_{ag}与相应转差率的阻力矩相比较，如前者大于后者，说明自起动有可能，需要进一步计算自起动时间，然后进行电动机发热校验；如果前者小于后者，说明不能采用固接励磁机系统，应考虑改用再同步自起动方式。

16.6.4 计算实例

例1 10/3kV，2000kVA变压器一台，$U_d=5.5\%$，接有三台感应电动机，拖动具有风机型阻力矩的机械。校验当BZT动作时电动机自起动的可能性。供电中断时间$t_t=1.4$s。

电动机数据：$p_e=430$kW，$U_e=3$kV，$\cos\varphi_e=0.87$，$\eta_e=0.925$，$j_d=6.5$，$M_q=1.0$，$M_{d_{max}}=2.0$，$K_q=4.9$，$n=985$r/min。

机械数据：GD^2（包括电动）$=2.06$kN·m²，额定转速时$M_z=K_f=0.85$，变压器由4.5km长的10kV架空线路供电，线路电抗$X_0=0.4\Omega$/km。

解：

(1) 求电动机惰行后的转速。

按式16-9求机械时间常数

$$T_a=\frac{GD^2n_0^2}{3580P_e}=\frac{2.06\times1000^2}{3580\times430}=1.34\text{s}$$

因此，当$t_t=1.4$s，$T_a=1.34$s，$K_f=0.85$时，由图16-22中曲线求得电动机惰行后转速$n=0.5$（标幺值）。

(2) 计算起动电流倍数。

按式16-17求电动机临界转差率

$$s_{lj}=s_e\ (M_{d_{max}}+\sqrt{M_{d_{max}}^2-1})$$
$$=0.015\ (2+\sqrt{2^2-1})=0.056$$

因此，自起动开始时起动电流倍数，按式16-16计算

$$K_{zq}=\frac{K_q}{\sqrt{1+\left(\frac{s_{lj}}{s}\right)^2}}=\frac{4.9}{\sqrt{1+\left(\frac{0.056}{1-0.5}\right)^2}}\approx4.9$$

临界转差率时起动电流倍数

$$K_{zq}=\frac{4.9}{\sqrt{1+\left(\frac{0.056}{0.056}\right)^2}}=3.47$$

(3) 计算电动机电抗，以变压器容量作为基准容量。

1) 自起动开始时

$$s_{zq}=\frac{K_{zq}P_e}{\eta_e\cos\varphi_e}=\frac{4.9\times430}{0.925\times0.87}=2620\text{kVA}$$

$$X_{zq}=\frac{s_{jz}U_e^2}{s_{zq}U_{jx}^2}=\frac{2000\times3^2}{3\times2620\times3.15^2}=0.23$$

2) 临界转差率时

$$s_{zq}=\frac{3.47\times430}{0.925\times0.87}=1854\text{kVA}$$

$$X_{zq}=\frac{2000\times3^2}{3\times1854\times3.15^2}=0.326$$

(4) 计算电动机端电压。

架空线路电抗标幺值为

$$X_x = x_0 l \frac{s_{jz}}{U_{jz}^2}$$

$$= 0.4 \times 4.5 \times \frac{2}{10.5^2} = 0.033$$

所以 $X = X_x + X_b = 0.033 + 0.055$

$$= 0.088$$

1）自起动开始时电动机端电压，U_I 一般取 1.03

$$U_d = U_I \frac{X_{zq}}{X_{zq} + X} = 1.03 \times \frac{0.23}{0.23 + 0.088} = 0.74$$

2）临界转差率时电动机端电压

$$U_d = 1.03 \times \frac{0.326}{0.326 + 0.088} = 0.81$$

（5）计算自起动时间（近似解析法）

1）自起动开始时剩余力矩

$$M_z = K_f(0.15 + 0.85n^2)$$

$$= 0.85(0.15 + 0.85 \times 0.5^2)$$

$$= 0.308$$

由 $M_d = f(s)$ 曲线查得，当 $s = 0.5$ 时，$M_d \approx M_q = 1.0$，则剩余力矩为 $M_{sy2} = U_d^2 M_d - M_z$

$$= 0.74^2 \times 1.0 - 0.308 \quad 0.24$$

2）临界转差率时剩余力矩

$$M_a = 0.85[0.15 + 0.85(1 - 0.056)^2]$$

$$= 0.77$$

则剩余力矩为 $M_{sy3} = 0.81^2 \times 2.0 - 0.77 = 0.54$

3）计算自起动时间，因 $s_j = 1 - n = 0.5$

按式 16-26 计算

$$t_{zq} = T_a \frac{s_1}{M_{sy3} - M_{sy2}} \ln \frac{M_{sy3}}{M_{sy2}}$$

$$= 1.34 \times \frac{0.5}{0.54 - 0.24} \ln \frac{0.54}{0.24} = 1.81\text{s}$$

（6）自起动期间电动机定子温升增量，按式 16-28 计算

$$\Delta\tau = \frac{j_d^2 t_{zq}}{150}(U_d^2 K_{zq}^2 - 1)$$

$$= \frac{6.5^2 \times 1.81}{150}(0.74^2 \times 4.9^2 - 1)$$

$$= 6.2℃ < 100℃$$

例 2　10/6kV、3150kVA 变压器一台，$U_d = 5.5\%$，接有五台同步电动机，拖动具有恒定阻力矩的机械。校验 10kV 侧 BZT 动作时，电动机自起动的可能性。供电中断时间 1.35 电弧度

电动机数据：$P_e = 380$kW，$U_e = 6$kV，$\cos\varphi_e = 0.8$，$\eta_e = 0.88$，$K_q = 6.85$，$n_0 = 187$r/min，$j_d = 6$，$M_q = 2.05$，$M_{qr} = 1.3$，$M_{c_{max}} = 3.0$，$M_{a_{max}} = 2.85$，$X_d = 0.56$，$X'_d = 0.214$，$T'_d = 109$s。

机械数据：GD^2（包括电动机）$= 108\text{kN}\cdot\text{m}^2$，$M_z = 0.8$，10kV 母线短路容量 $S''_d = 200$MVA。

解

（1）自起动起始转速计算。

1）求机械时间常数，按式 16-9 计算

$$T_a = \frac{GD^2 n_0^2}{3580 P_e} = \frac{108 \times 187^2}{3580 \times 380} = 2.8\text{s}$$

2）求自起动起始转速，按式 16-14 计算

$$n = 1 - M_z \frac{t_t}{T_a} = 1 - 0.8 \times \frac{1.35}{2.8} = 0.61$$

（2）计算电动机电抗及端电压。

1）计算系统及变压器的电抗，以变压器容量作为基准容量

$$X_d = 5.5\%$$

$$X_c = \frac{S_{jz}}{S''_d} = \frac{3.15}{200} = 0.016$$

$$X = X_c + X_d = 0.016 + 0.055 = 0.071$$

2）自起动开始时的端电压，从特性曲线 $I = f(s)$ 查得 $K_{zq} = 6$。

U_I 取 1.03

$$S_{zq} = \frac{P_e K_{zq}}{\eta_e \cos\varphi_e} = \frac{380 \times 6}{0.88 \times 0.8} = 3240\text{kVA}$$

$$X_{zq} = \frac{S_{jz} U_e^2}{S_{zq} U_{jz}^2} = \frac{3150 \times 6^2}{5 \times 3240 \times 6.3^2} = 0.176$$

$$U_d = U_I \frac{X_{zq}}{X_{zq} + X} = 1.03 \frac{0.176}{0.176 + 0.071} = 0.73$$

3）转差率为 0.05 时的端电压，从特性曲线 $I = f(s)$ 查得 $K_{zq} = 3$

U_I 取 1.03。

$$S_{zq} = \frac{380 \times 3}{0.88 \times 0.8} = 1620\text{kVA}$$

$$X_{aq} = \frac{3150 \times 6^2}{5 \times 1620 \times 6.3^2} = 0.353$$

$$U_d = 1.03 \times \frac{0.353}{0.353 + 0.071} = 0.86$$

（3）牵入转矩的校验。

先校验采用固接励磁机系统的可能性，根据式 16-36，令 $s = 0.05$，$M_a = M_{qr} = 1.3$；

则

$$M_{aq} = U_d^2 \left\{ M_a - \frac{1}{2\eta_e \cos\varphi_e}\left(\frac{1}{X'_d} - \frac{1}{X_d}\right)\left[\frac{0.09 s T'_d}{1 + 0.0081 (sT'_d)^2} - \frac{sT'_d}{1 + (sT'_d)^2}\right]\right\}$$

$$=0.86^2\times\left\{1.3-\frac{1}{2\times0.88\times0.8}\left(\frac{1}{0.214}-\frac{1}{0.56}\right)\left[\frac{0.09\times0.05\times109}{1+0.0081\times(0.05\times109)^2}-\frac{0.05\times109}{1+(0.05\times109)^2}\right]\right\}$$

$$=0.86^2(1.3-0.446)=0.63<0.8$$

采用固接励磁系统，其牵入转矩小于机械阻力矩，因此不能保证

自起动。改用带放电电阻的再同步系统，校验其牵入转矩，按式16-30先求临界转差率 s_{lj}：

$$s_{lj}=0.06\sqrt{\frac{M_{c_{max}}-0.6M_z}{T_a}}$$

$$=0.06\times\sqrt{\frac{3.0-0.6\times0.8}{2.8}}=0.057$$

然后按式16-29校验

$$\frac{0.055M_z}{s_{lj}U_d^2}=\frac{0.055\times0.8}{0.057\times0.86^2}=1.04$$

$M_{qr}=1.3>1.04$，说明允许自起动。

(4) 自起动时间计算。

1) 自起动开始时剩余转矩，按式16-22计算，从特性曲线 $M_a=f(s)$ 查得 $M_d=2.6$，所以

$$M_{sy1}=U_d^2M_d-M_z=0.73^2\times2.6-0.8=0.59$$

2) 转差率为0.05时剩余转矩 $M_d=M_{qr}=1.3$

则 $M_{sy3}=0.86^2\times1.3-0.8$

$$=0.16$$

3) 计算自起动时间，按式16-34计算

$$t_{zq}=T_a\left(\frac{s_1}{M_{sy1}-M_{sy3}}\ln\frac{M_{sy1}}{M_{sy3}}\right)$$

$$=2.8\left(\frac{1-0.61}{0.59-0.16}\ln\frac{0.59}{0.16}\right)$$

$$=3.3\text{s}$$

(5) 校验电动机定子的发热，按式16-28计算温升增量 $\Delta\tau$。

$$\Delta\tau=\frac{j_d^2t_{zq}}{150}(U_d^2K_{zq}-1)$$

$$=\frac{6^2\times3.3}{150}(0.73^2\times6^2-1)$$

$$=14.4℃<100℃$$

参考文献

[1]北京钢铁设计研究总院等编，钢铁企业电力设计参考资料，冶金工业出版社，1976.

[2]耿毅等编，冶金工业供电，冶金工业出版社，1979.

第17章

变电所二次接线

17.1 变电所控制方式

变电所控制方式的确定，对变电所的安全运行、电气设备的合理布置、值班人员操作条件的改善、有色金属及钢材的消耗、基本建设的投资等都有直接影响，要体现国家在不同时期的建设方针和装备水平。

变电所的控制方式，按控制地点分类，可分为在配电装置上就地控制、在变电所的主控室集中控制、在企业的能源中心远方控制等；按控制线路构成原理分类，可分为强电控制、弱电控制、一对一控制、选线控制、计算机监控、远动（遥测、遥信、遥控、遥调）控制等。

本章仅介绍按强电一对一原理构成的在配电装置上就地控制和在变电所主控室内集中控制的方式。有关能源中心及计算机监控，参见第9章。

企业变电所的控制方式应根据企业规模、变电所容量、进出线回路数、负荷重要性、值班制度、生产工艺要求等因素综合考虑确定，一般设计原则如下：

（1）总变电所的主变压器、母线分段、母线联络、母线旁路、总变电所之间或总变电所与自备电站之间的联络线以及35～110kV进出线的断路器应在控制室内集中控制。无功补偿设备，如同步调相机、电力电容器、静止型动态无功补偿装置（SVC）等的断路器宜在控制室集中控制。

（2）总变电所的6～10kV断路器，当出线数量在15回路及以上时宜在控制室内集中控制；当出线数量在15回路以下时宜在配电装置上就地控制。

（3）车间变电所的所有断路器，一般在配电装置上就地控制。对于某些重要线路或当生产需要时（如电动机）也可采用集中控制。

（4）在控制室内集中控制的设备和元件，其继电保护装置和电度表也宜装在控制室内。但对于采用成套开关柜的6～35kV出线，其继电保护装置和电度表则宜放在开关柜内。

当35kV及以上电压的配电装置远离控制室时，其线路和母线设备的继电保护装置和电度表，可设在屋内配电装置室内或屋外配电装置的继电器小室内。

就地控制的设备和元件，其继电保护装置和电度表一般也装在就地。

（5）就现阶段而言，企业变电所仍多采用强电一对一控制方式。弱电控制、选线控制和计算机控制等方式，在不断发展之中。

17.2 断路器的控制、信号回路

17.2.1 断路器的控制、信号回路的设计原则

断路器的控制、信号回路的设计原则为：

（1）控制、信号回路一般应按功能划分为：控制保护回路、合闸回路、隔离开关与断路器闭锁回路、隔离开关位置信号回路以及全变电所共用的信号回路（事故信号回路、预报信号回路、掉牌未复归回路）等。每一回路应有单独的保护或隔离设备，并采用规定的回路标号，以方便寻找故障和查找接地点。

（2）断路器的控制回路应满足以下要求：

1）应有电源监视，并宜有跳、合闸回路完整性监视。电源故障（熔断器熔断、自动开关跳闸）或跳、合闸回路断线时，有灯光显示的，称为灯光监视；同时发

出音响信号的，称为音响监视。

2）应能指示断路器的合闸与跳闸状态，自动合闸或跳闸时有明显的信号。

3）合闸或跳闸完成后，应使合、跳闸的命令脉冲自动解除。

4）应有防止断路器“跳跃”的电气闭锁。

5）接线简单可靠、使用的电缆芯数尽量少。

(3) 企业变电所一般采用双灯制接线的灯光监视控制回路。按国内电业部门规定，断路器在合闸位置时红灯亮，在跳闸位置时绿灯亮；但如遇涉外企业等特殊情况，也可按企业的统一规定。企业变电所在需要时也可采用音响监视的控制回路。

(4)企业变电所采用直流控制电源时，一般宜设闪光信号装置。绿灯闪光表示断路器事故跳闸，红灯闪光表示断路器自动合闸（如备用自投入）。

(5)在配电装置就地控制的断路器，可只装设监视跳闸回路的位置继电器，用红绿灯作位置指示，正常时暗灯运行，事故时绿灯闪光并向控制室或值班室发出声、光信号。

(6) 当断路器采用电流起动的“防跳”接线时，应满足以下要求。

1）防跳继电器的动作时间，应不大于跳闸脉冲发出至断路器辅助触点切断跳闸回路的时间。

2）一般利用防跳继电器的常开触点，对跳闸脉冲予以自保。当保护出口回路串有信号继电器时，为保证信号继电器可靠动作，该防跳继电器自保常开触点应串入其电流自保持线圈；若选用的防跳继电器没有电流自保持线圈，亦可接适当电阻来代替，电阻值保证信号继电器能可靠动作（参见图 17-4 及其说明）。

(7)分相操作的断路器，当设有综合重合闸或单相重合闸装置时，应能满足事故时单相和三相跳、合闸的功能。其它均应采用三相控制。

(8) 隔离开关、接地刀闸和母线接地器，都必须有操作闭锁措施，以防止误操作。电气防误操作回路的电源应单独设置。

(9)液压或空气操动的断路器，当压力降低至规定值时，应相应闭锁重合闸、合闸及跳闸回路。对液压操动机构的断路器，宜不采用压力降低至规定值后自动跳闸的接线。

弹簧操动机构的断路器，应有弹簧张紧与否的闭锁。

(10) 对具有电流或电压自保持线圈的继电器，如防跳继电器等，在接线图中应标志极性。

(11) 所有检修用的就地操作的隔离开关，在控制室内可不装设位置指示器。

(12) 断路器的事故跳闸和自动合闸信号，一般按“不对应”原理构成。控制开关在“合后”位置，断路器在“跳闸”位置，“合”“跳”不对应，绿灯闪光并发出事故跳闸音响；控制开关在“跳后”位置，断路器在“合闸”位置，“跳”“合”不对应，红灯闪光，表明自动合闸。

(13)企业变电所的控制电源采用硅整流带电容补偿装置或小容量镉镍电池的直流系统时，为了减少故障时补偿电容器或小容量电池能量的消耗，应将回路内的指示灯等常接负载的正极自控制电源＋WC 小母线改接至另外的灯用电源小母线＋WL 上。在这种情况下，控制回路正电源的监视，常用以下几种办法：

1)控制回路的保护不用熔断器而改用双极联动的自动开关，如图 17-2 所示。

2）采用合闸位置继电器 KCP 监视正、负极熔断器。当硅整流器交流侧失电而直流侧电压降低时，用直流母线电压监视继电器 KSP 的常开接点切断 KCP 的线圈，防止它在这种情况下消耗电能，如图 17-4 所示。

3）用隔离端子取代控制小母线－WC 下的熔断器。控制回路短路时，由－WC 下的熔断器切断，如图 17-1 所示。

4）当采用上述办法（1）或（3）时，为了防止事故跳闸时贮能电容器经其他断路器的控制回路而形成寄生放电，宜在红灯 HR 回路串入止逆二极管 V，如图 17-1 所示。

(14) 各断路器应有各自的事故跳闸信号，能使中央信号装置发出音响信号。用灯光（平光或闪光）或其他指示信号表示本回路发生事故，并用信号继电器或灯光指示事故跳闸的原因。

(15) 有可能出现不正常情况的线路和回路，应有预报信号。预报信号应能使中央信号装置发出音响信号，并用灯光或信号继电器直接指出故障的性质、发生的线路和回路。

(16) 企业变电所的预报信号一般包括下列内容，可按需要装设。

1）变压器过负荷；

2）变压器油温过高；

3）变压器轻瓦斯动作；

4）变压器压力释放装置动作；

5）自动装置动作；

6) 控制回路内故障（熔断器熔丝烧断或自动开关

跳闸)；

7）跳、合闸回路断线（音响监视时）；

8）保护回路断线；

9）交流系统绝缘降低（高压中性点不接地系统）；

10）直流系统绝缘降低；

11）高压电动机过负荷；

12）大型电动机定子绕组温度过高；

13）大型电动机轴承温度过高；

14）管道通风型电动机运转中风机停转；

15）可控硅整流器柜冷却水温过高；

16）可控硅整流器柜运转中风机停止；

17）离子交换器循环水支路断水；

18）按工艺要求需要装设的信号。

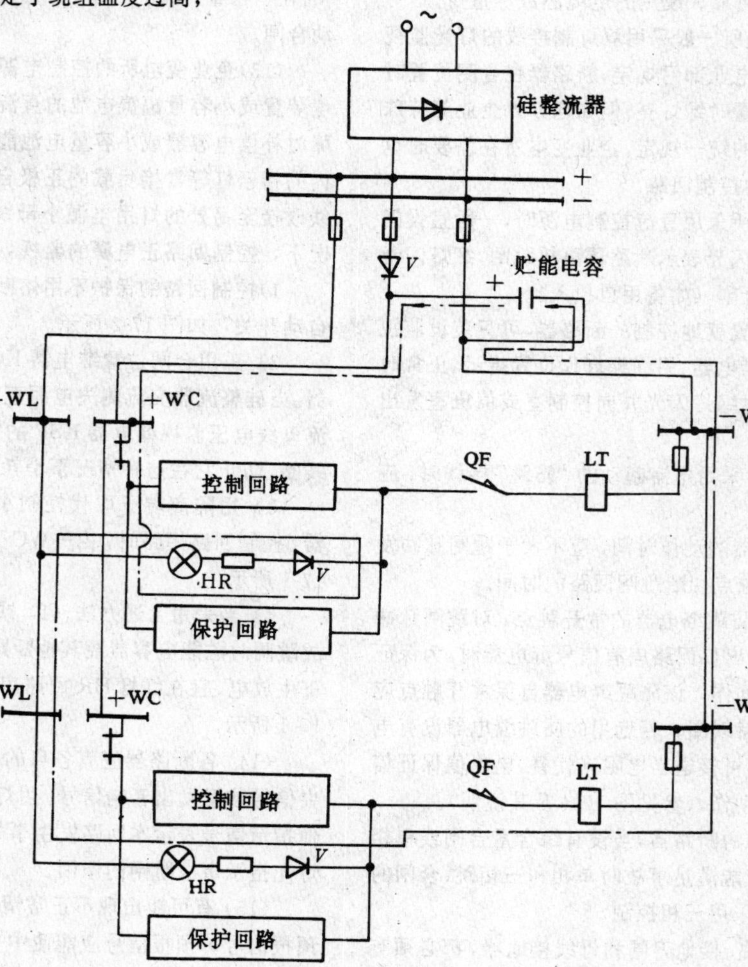

图 17-1　贮能电容器的寄生放电回路

LT—断路器跳闸线圈；QF—断路器辅助触点；HR—红色信号灯；V—二极管

17.2.2 灯光监视的断路器控制、信号回路接线

17.2.2.1 手力操动的断路器控制、信号回路接线

断路器的手力操动机构普遍采用CS2型。断路器采用手力操动时只能就地控制，其控制、信号回路接线见图 17-2。

图 17-2*a* 采用交流操作。红、绿指示灯 HR、HG 指示断路器的合、跳闸位置。绿灯还能监视跳闸回路及熔断器的完整性。断路器的事故跳闸信号回路由断路器的辅助开关 QF 与操作机构的手柄辅助接点 SQ 构成

不对应接线。当断路器事故跳闸时，回路发出事故信号脉冲接通中央事故音响信号回路。此时绿灯明亮，操作手柄仍在合闸位置，而操作机构的黄色指示牌掉落，表示本回路事故跳闸。将操作手柄扳回跳闸位置，黄色指示牌即复归，不对应接线断开，事故信号脉冲随即消失。

图 17-2*b* 采用直流操作。这种接线与图 17-2*a* 的不同之处在于控制回路内的绿灯 HG 也采用不对应接

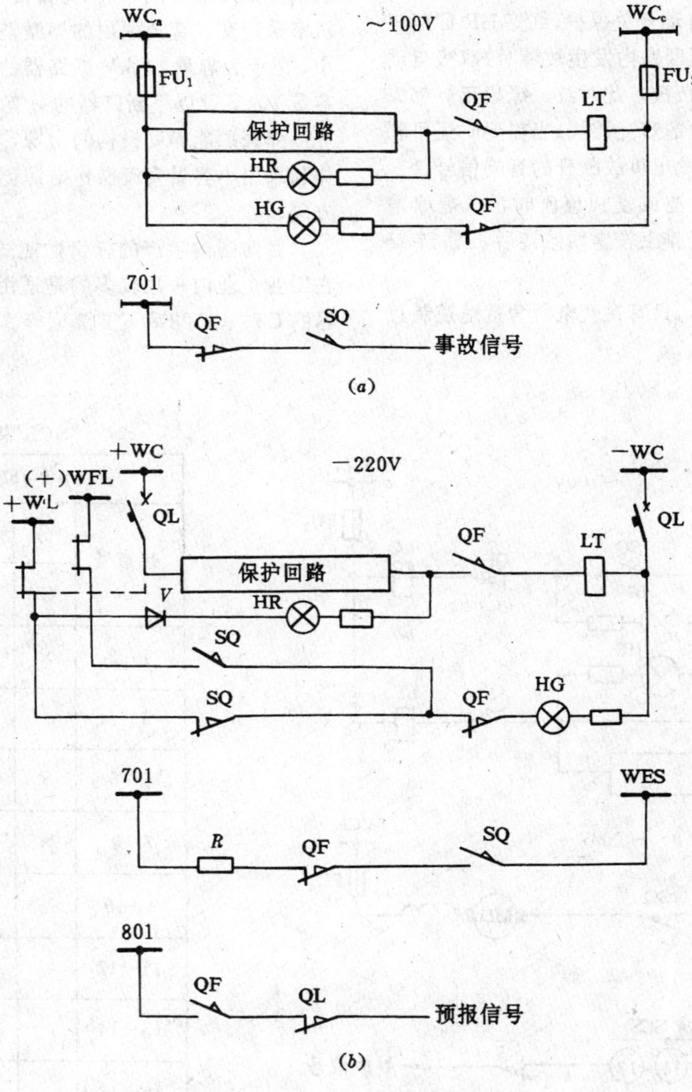

图 17-2 手力操动的断路器控制、信号回路

(*a*) —交流操作；(*b*) —直流操作

图 17-2*a* 中 HR、HG 为 XD5，110V 附电阻 1000Ω；FU_1、FU_2 为 R1-10/4 250V；QF 为断路器辅助开关 F1-▭；SQ 为操动机构辅助开关 F1-2；LT 为 CS2 型操动机构的跳闸线圈（4 号）。图 17-2*b* 中 HR、HG 为 XD5，220V 附电阻 2500Ω；QL 为 DZ5-20/220，脱扣器 2A；QF 为断路器辅助开关 F1-▭；SQ 为操动机构辅助开关 F1-4；LT 为 CS2 型操动机构的跳闸线圈（4 号）；*V* 为 2CP24，400V300mA（采用电容器贮能电源时接入）

线。在断路器事故跳闸时，绿灯 HG 还能通过（＋）WFL 小母线获得脉冲正电源，发出闪光，更便于判明事故跳闸的回路。将操作手柄扳回跳闸位置后绿灯闪光停止，变成平光。

图 17-2*b* 适用于控制电源采用硅整流带电容补偿的直流系统。因此将指示灯的正电源接至＋WL 小母线，控制回路采月双极自动开关保护，红灯 HR 回路串入止逆二极管 *V*。在控制回路内发生故障时，双极自动开关将同时断开正极和负极，此时红、绿指示灯都熄灭，借此达到对控制电源的灯光监视。当需要时还可利用自动开关的辅助触头发出事故断开的音响信号。

当控制电源为蓄电池或复式整流时，只需取消＋WL小母线，并在端子排上按虚线改接后，图 17-2*b* 也能适用。

断路器的操作机构，只有在变电所为就地控制且出线回路少又不致引起遮断容量不够时才采用手力操动方式。

17.2.2.2 弹簧操动的断路器的控制、信号回路接线

弹簧贮能操动机构，利用预先贮能的合闸弹簧的放能使断路器合闸。合闸弹簧由电动机贮能，贮能电动机多采用交、直流两用的串激整流子电机，其功率很小，用于大容量 110kV 断路器的不超过 2kW，用于小容量 10kV 及以下断路器的只有几百瓦。

弹簧贮能操动机构的出现，为变电所采用交流操作和采用小容量直流操作电源创造了条件，是发展的方向。

目前国内生产的弹簧贮能式操动机构品种很多，在工业企业内采用较多的是适用于 10kV 及以下断路器的 CT7、CT8 和 CT12 型等。

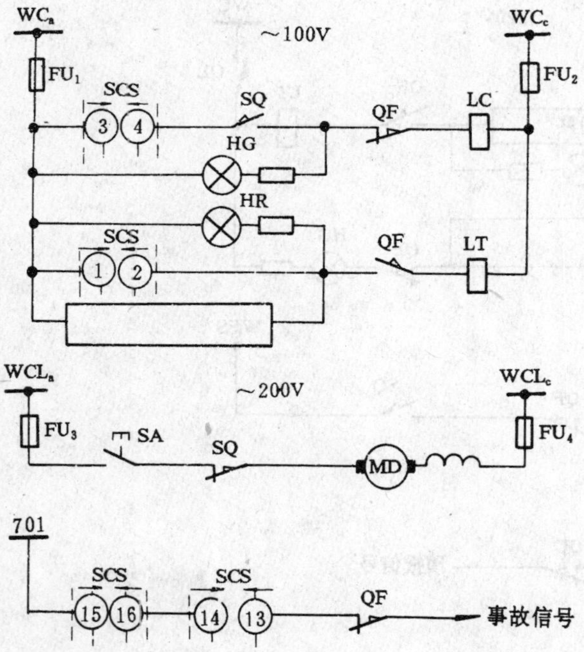

"SCS"接点图表

接点号	LW2-15B4814/4			
	分	0		合
	45°	—	—	45°
1—2	×			
3—4				×
5—6	×	×		
7—8	×	×		
9—10			×	×
11—12			×	×
13—14			×	×
15—16		×	×	

图 17-3 弹簧操动的断路器控制信号回路（交流操作）

采用 CT7 型机构的断路器控制、信号回路接线见图 17-3。CT7 型机构的弹簧贮能电动机采用单相交直流两用串激电动机，额定功率 369W。操动机构中可安装 1～4 只脱扣线圈，能够满足交流操作的要求。控制开关可采用 LW5 型或 LW2 型。断路器位置指示灯 HR、HG 分别接于跳、合闸回路，兼作监视熔断器及

跳、合闸回路的完整性。SQ 是电动机的行程开关，在合闸弹簧贮能完毕时，接入合闸回路的 SQ 常开接点闭合，保证在弹簧贮能完毕时才能合闸；其接于贮能电动机回路的 SQ 常闭接点断开，使电动机断电。贮能电动机的接电由按钮 SA 控制，这样控制回路就不需电气“防跳”装置了。当断路器已有电气或机械“防跳”功能时，按钮 SA 也可改用组合开关。事故跳闸回路由控制开关的接点与断路器辅助开关的常闭接点构成的不对应接线组成。

图 17-3 中 SCS 为 LW5-15B4814/4；HR、HG 为 XD5，110V 附电阻 1000Ω；FU_1、FU_2 为 R1-10/4，250V；FU_3、FU_4 为 R1-10/4，250V；QF 为 CT7 型操动机构辅助开关；LC、LT 为 CT7 型操动机构的合、跳闸线圈，～110V；MD 为弹簧贮能电动机，～220V；SQ 为贮能电动机的行程开关；SA 为 LA2 或 LA12。

弹簧贮能式操动机构断路器控制、信号回路接线的另一例，见图 17-4。控制电源采用直流，可为硅整流带贮能电容，也可为蓄电池。当为蓄电池时，HR、HG 直接接在＋WC 下而取消＋WL；并将 KCP 回路中的 KSP 常开接点予以短接。控制开关采用 LW2 型，合闸操作时，先将 SCS 扳到“预备合闸”位置，绿灯闪光，确认后再将 SCS 扳到“合闸”位置，发出合闸命令，绿灯熄灭，红灯燃亮，表明断路器已完成合闸。松手，SCS 靠弹簧自复到“合闸后”位置，准备好事故跳闸时的绿灯闪光回路；跳闸操作时，与上类同。“预备跳闸”红灯闪光，跳闸后绿灯燃亮，SCS 自复到“跳闸后”位置，准备好自动合闸时的红灯闪光回路。

图 17-4 中 SCS 为 LW2-Z-1a，4，6a，40，20/F8；HR、HG 为 XD5，220V 附电阻；KJL 为 DZB-15B，220V，0.25A；KCP 为 DZ-15，220V；SA 为 KN3-1；FU_1～FU_4 为 R1-10/6；SQ 为手车限位开关；QF 为断路器辅助接点；MD 为弹簧贮能电动机；SQ_1 为弹簧张紧限位开关；LC，LT 为合、跳闸线圈。

图 17-4 配有电气“防跳”。前已介绍，弹簧贮能式操动机构，一般已具有机械“防跳”性能，似无必要再加电气“防跳”线路。但查全国通用电气装置标准图集和许昌继电器厂、上海继电器厂、阿城继电器厂的定型屏设计，无论采用何种操动机构，均一律配有电气“防跳”线路。这可能是为了更加可靠和便于定型化。

图 17-4 中的 KJL 是专设的“防跳”继电器。在断路器合闸过程中出现短路故障，保护装置动作使断路器跳闸，流经跳闸线圈 LT 的电流也通过 KJL 的电流起动线圈而使 KJL 动作。如此时合闸脉冲未解除（如控制开关未复归），KJL 动作后，其常开接点使 KJL 的电压线圈通电而自保持，其常闭接点切断合闸回路，使断路器不能再次合闸。在合闸脉冲解除后，KJL 的电压线圈断电，继电器复归，接线恢复原来状态。为了使 KJL 的电流起动线圈工作更加可靠，还利用 KJL 的常开接点对 KJL 的电流起动线圈进行自保持；这一自保持回路可能将保护回路的出口信号继电器线圈（电流动作型）短路，故应在 KJL 自保持回路中串入一个电阻或 KJL 的另一电流线圈。

17.2.2.3 电磁操动的断路器的控制、信号回路接线

在工业企业中，电磁操动的电压在 10kV 及以下的断路器普遍采用 CD10 型电磁操动机构。这种操作机构虽具有机械“防跳”性能，但机械“防跳”装置要求较精心的调整。为可靠起见，宜加装电气“防跳”接线。

采用 CD10 型机构的断路器控制、信号回路接线见图 17-5。控制开关可以采用 LW5 型或 LW2 型。接于合闸回路的断路器辅助开关的常闭接点及接于跳闸回路的常开接点是专用的，用于控制合闸和跳闸线圈的通电时间，确保可靠合、跳闸。断路器的位置指示灯兼作监视电源及跳、合闸回路的完整性。事故跳闸信号回路由控制开关的接点与断路器辅助开关的常闭接点构成的不对应接线组成。断路器事故跳闸时，绿灯闪光，同时接通中央事故音响信号回路。将控制开关转换至对应位置，绿灯变平光。线路的“防跳”功能，类同前述。

图 17-5 中 SCS 为 LW5-15B4814/4；KJL 为 DZB 115，220V　1A；HR、HG 为 XD5，220V 附电阻 2500Ω，QL 为 DZ5-20/220，脱扣器 2A；R 为 ZG11-25，1Ω；KCC 为合闸接触器 220V；LT 为跳闸线圈及其辅助接点；V 为 2CP24，400V，300mA（采用电容器贮能电源时接入）。

对于 CD5、CD6G、CD8 型操动机构，可用其跳闸线圈的辅助接点来“防跳”，而不必设置专门的“防跳”继电器。其控制回路接线见图 17-5*b*。在合闸过程中出现短路故障，保护装置动作使断路器跳闸，由跳闸线圈操动的常开辅助接点 LT 闭合保持跳闸线圈继续通电，跳闸线圈的常闭辅助接点 LT 断开并切断合闸回路，如此时合闸脉冲继续存在，也不致使断路器再次合闸。合闸脉冲解除后，跳闸线圈失电，接线恢复原来状态。

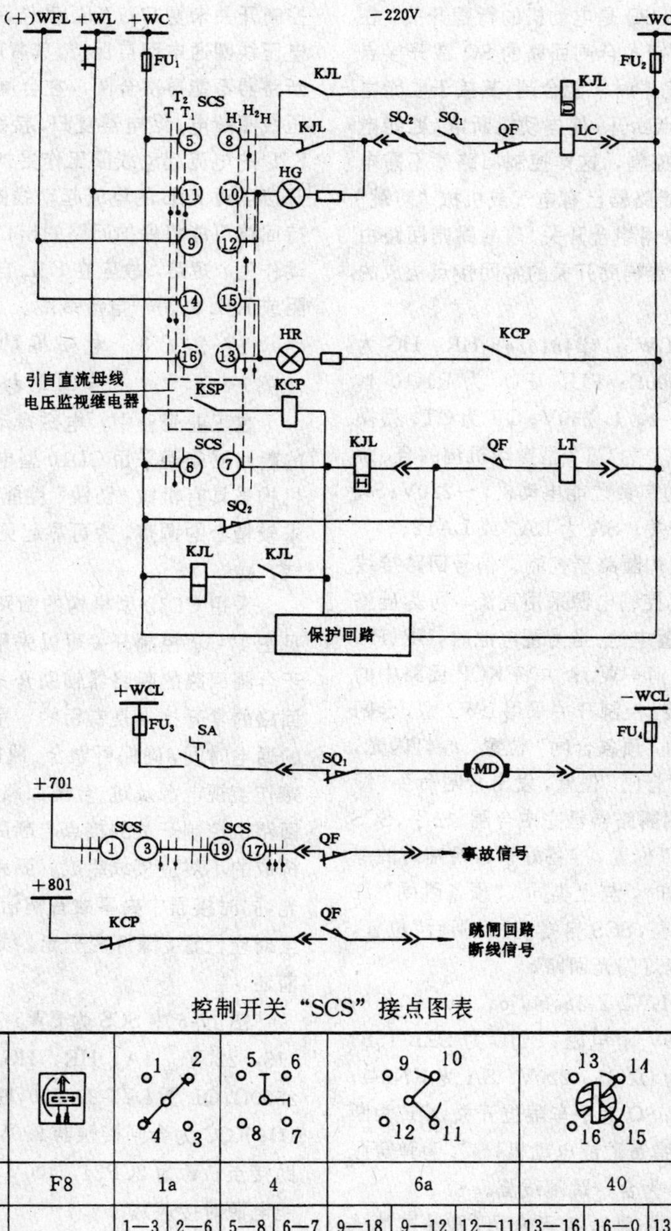

控制开关“SCS”接点图表

在“跳闸后”位置的手把（正面）的样式和触点盒（背面）的接线段			1 2 4 3		5 6 8 7		9 10 12 11			13 14 16 15			17 18 20 19		
手柄和触点盒的型式		F8	1a		4		6a			40			20		
触点号			1—3	2—6	5—8	6—7	9—18	9—12	12—11	13—16	16—0	13—16	17—15	17—0	18—20
T	跳闸后		—	×	—	—	—	—	×	—	×	—	—	—	×
H_1	预备合闸		×	—	—	—	×	—	—	×	—	—	—	×	—
H_2	合闸		—	—	×	—	—	×	—	—	—	×	×	—	—
H	合闸后		×	—	—	—	×	—	—	—	—	×	×	—	—
T_1	预备跳闸		—	×	—	—	—	—	×	×	—	—	—	×	—
T_2	跳闸		—	—	—	×	—	—	×	—	×	—	—	—	×

图 17-4 弹簧操动的断路器控制信号回路（直流操作）

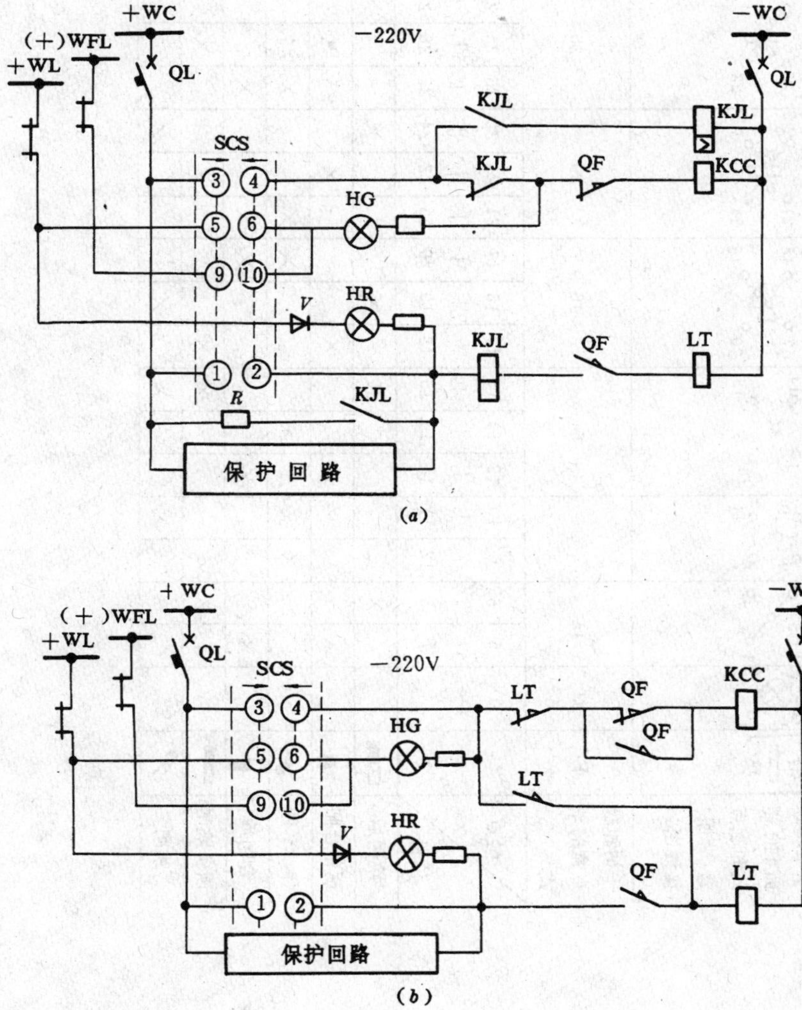

图 17-5　具有电气“防跳”装置的断路器控制回路

(a) 一设“防跳”继电器；(b) —CD5、CD6G、CD8 操动机构利用跳闸线圈的辅助接点

17.2.3　音响监视的断路器控制、信号回路接线

音响监视的断路器控制、信号回路接线见图 17-6，此图取自全国各电力设计院于 1966 年联合编制的音响监视控制、信号接线图典型设计。它是在灯光监视接线的基础上进行的，接线简单，性能更趋完善。其特点是采用 LW2-YZ 型控制开关及合、跳闸位置继电器。

图 17-6 中 SCS 为 LW2-YZ-1a.4.6a.40.20.20/F1；KTP、KCP 为 DZ-15，220V；KJL 为 DZB-115，220V；FU_1、FU_4 为 R1-10/4，250V；FU_5、FU_6 为 RM10-60/25，250V；R_1 为 ZG11-25，1Ω；R_2 为 ZG11-25，2500Ω；R_3 为 ZG11-25，800Ω；KCC 为合闸接触器，220V；LC、LT 为断路器的合、跳闸线圈，220V。

LW2-YZ 型控制开关是自动复位式，并内附信号灯。断路器的正常合、跳闸位置通过信号灯和控制开关 SCS 的手柄位置来判断：信号灯亮，SCS 手柄在合闸位置（垂直位置），表示断路器处于正常合闸；信号灯亮，SCS 手柄在跳闸位置（水平位置），表示断路器处于正常跳闸。

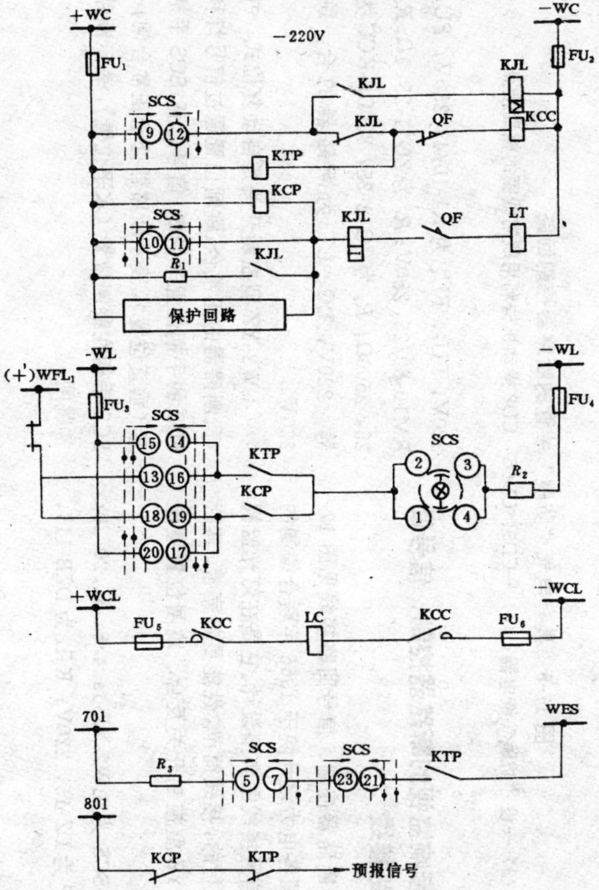

SCS 接点图表

在"跳闸"后位置的手把（正面）的样式和触点盒（背面）接线图																		
手柄和触点盒的型式	F₁	灯	1a		4		6a			40			20			20		
触点号 / 位置	—	—	5-7	6-8	9-12	10-11	13-14	13-16	14-15	17-18	18-19	17-20	21-23	21-22	22-24	25-27	25-26	26-28
跳闸后				×					×		×				×			×
预备合闸			×				×			×				×			×	
合闸					×			×				×	×			×		
合闸后			×				×					×	×			×		
预备跳闸				×					×	×				×			×	
跳闸						×			×		×				×			×

图 17-6　音响监视的断路器控制、信号回路

当断路器的位置与SCS手柄的位置不对应时，信号灯发出闪光。如手柄在合闸位置，指示灯闪光表示断路器事故跳闸；如手柄在跳闸位置，指示灯闪光则表示断路器自动合闸。

跳、合闸位置继电器KTP、KCP分别接于合、跳闸回路，用以反应断路器的跳、合闸位置，并监视熔断器及跳、合闸回路的完整性。

控制回路的熔断器FU_1、FU_2熔断时，或跳、合闸回路之一断线时，KTP、KCP线圈同时断电，其常闭接点均闭合，接通中央预报音响信号回路；其常开接点均断开，信号灯熄灭。此时，从信号灯的熄灭便可找出故障的控制回路。该音响信号装置应带延时，因为当发出合闸或跳闸脉冲时，相应的KTP或KCP被短时短接而失压，此时音响信号装置有可能动作。

在手动合闸或手动跳闸过程中（即SCS在“预合”或“预分”位置），信号灯还能闪光，提醒操作人员确认其操作的正确性。

信号灯回路接自＋WL、－WL小母线。小母线设有总的电源控制开关，可以将电源接通或开断。所以这种接线在正常情况下可暗灯运行，并能在中央信号装置发出音响信号时燃亮信号灯，根据信号灯的闪光或熄灭判断故障的回路和性质。

对于容量大，进出线回路数多的变电所，采用这种接线有其一定的优点。因为断路器的跳、合闸位置继电器接点可代替断路器的辅助开关，使控制室与断路器的操作机构的联系电缆仅需3芯，从而节约了控制电缆的芯数。KTP、KCP一般可安装在继电保护屏上。

17.2.4 隔离开关（含接地隔离开关）的位置指示信号

变电所采用集中控制时，为了便于值班人员了解隔离开关的断合情况，在控制屏上可设隔离开关位置指示信号。隔离开关位置指示信号回路接线见图17-7。接线采用MZ-9型隔离开关指示器，指示器有两个线圈，其中之一通电，模拟牌呈垂直；另一通电，转呈水平。用隔离开关的常开和常闭辅助接点，分别控制两个线圈的通电和断电，就能反映隔离开关的实际位置。如果回路熔断器熔断或辅助接点QK接触不良，指示器的两个线圈均不带电，指示器的模拟牌则成45°。

所有隔离开关的位置指示信号可共用一个回路。

隔离开关的位置指示信号回路必须使用直流电源。因为容易引起直流系统接地（特别是屋外配电装置的辅助开关），所以在回路内应装设总的切换开关QK，以便检查直流接地情况。正是由于这个原因，目前多数设计宁可采用手动模拟位置指示器而不用电动的隔离开关位置指示器。

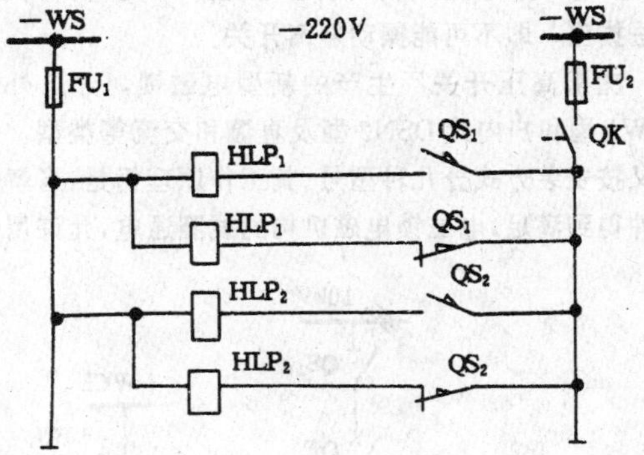

图17-7 隔离开关位置指示信号回路

HLP_1、HLP_2—位置指示器MK-9；QS_1、QS_2—隔离开关辅助接点F1—□，FU_1、FR_2—R1-10/6，250V；QK—250V，10A

17.2.5 隔离开关与断路器的闭锁接线

为了防止隔离开关的误操作，隔离开关和其相应的断路器之间应设闭锁装置。如工厂制造的成套配电装置上已有机械闭锁装置时（如GG-1A、JYN2、GFC-3BQ、GFC-15A、GBC-35、JYN1-35等型号的开关柜）则可不设电气闭锁装置。

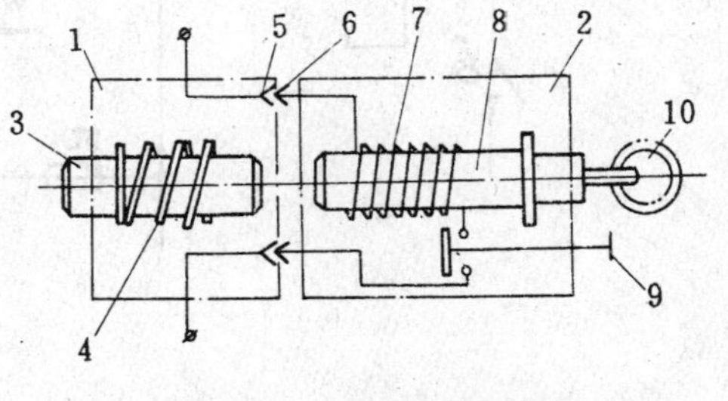

图17-8 电磁锁示意图

1—锁座；2—电钥匙；3—锁芯；4—弹簧；5—插座；6—插头；7—线圈；8—电磁铁；9—解除按钮；10—钥匙环

电气闭锁装置的主要元件是电磁锁，以DSO型直流电磁锁为例，构造示意图见17-8。锁座1固定在隔离开关的操作机构上，锁芯3在弹簧4作用下销入操动机构的小孔内，使操动机构的手柄不能转动。需要操作时，把电钥匙2的插头6插入锁座1的插座5内，若闭锁条件得到满足，插座5通电，电流经插头6通入线圈7，电磁铁8被磁化而吸住锁芯3，拉动钥匙环10即可将锁芯3拔出，操动机构手柄可转动而操动隔离开关；反之，若闭锁条件不满足，插座5不通电，锁芯3无法拔出，即不可能操动隔离开关。

沈阳高压开关厂生产的新型电磁锁，分户外式DSW1型和户内式DSN2型及直流和交流等类型。每类又按安装方式分几种型号。其工作原理仍是：当解锁条件得到满足，电磁锁电磁机构的线圈通电，允许用钥匙拔出锁头的锁芯，使开关操动机构能够操动，采用交流电磁锁，可以避免电磁锁回路接地而影响直流操作电源的供电可靠性。新型电磁锁与旧型比较，结构上有很大改进，但其构成的闭锁电路接线，却差别甚微。

单母线系统，断路器与隔离开关的闭锁接线见图17-9*a*。图中，只有断路器处于跳闸状态，其常闭辅助接点QF闭合，电磁锁插座YL_1、YL_2通电，才允许隔离开关QS_1、QS_2操作。反之，若断路器处于合闸状态，YL_1、YL_2不通，隔离开关即被闭锁。

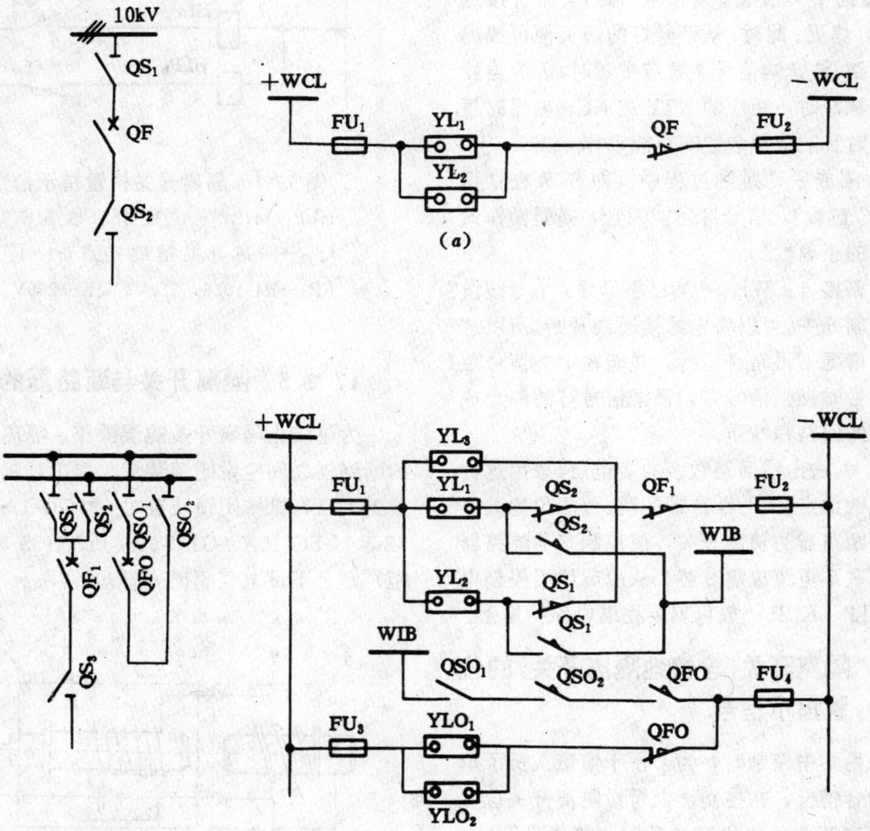

图17-9 隔离开关与断路器的闭锁回路

(*a*)—单母线；(*b*)—双母线

YL_1、YL_2、YL_3、YLO_1、YLO_2—电磁锁，220V；FU_1～FU_4—R_1-10/4，250V

双母线系统，断路器与隔离开关的闭锁接线见图17-9*b*。倒换母线时，先合闸母联断路器QFO给备用母线充电，使工作母线与备用母线电位相等。闭锁回路中的隔离开关锁闭母线WIB经QSO_1、QSO_2、QFO的常开辅接点接通合闸电源负极－WCL，此时尽管QF_1处于合闸状态，但只要QS_1也处于合闸就会使YL_2通电而允许QS_2合闸；QS_2合闸后，YL_1通电，允许YL_1分闸，完成母线倒换。

隔离开关闭锁回路应有单独的熔断器，其电源就近由合闸母线＋WCL、－WCL引接。

17.2.6 防误跳误合断路器

“五防”中的防误跳误合断路器，是指防止操作人员主观意识和客观行动相矛盾而产生的误操作——主观上想要合1101号断路器，客观上却去合1102号断路器。其原理是在发出调度命令“软件”（操作票，调度电话录音）的同时要附加“硬件”；只有“软”“硬”相符，才能完成操作。“硬件”有几下几种：

(1)“编码插件”，见图17-10*a*。调度员在签发操作票的同时，从调度模拟板上取下相应回路的“编码插件”XS。该插件只能插入并接通指定要操作的回路。

(2)“模拟开关”，见图17-10*b*。调度员在签发操作票的同时，从调度模拟板上转动“模拟开关”SM，接通指定要操作的回路。

(3)“红绿翻牌”。调度员在签发操作票的同时，从调度模拟板上取下相应的“牌”，“牌”上不同排列的孔（编码），中能套在指定要操作的回路的操作开关SCS上，SCS开关才能转动。这是一种纯机械装置，不反映在电气接线上。

17.2.7 断路器控制、信号回路接线图实例

部分供电单元的原理接线实例见图17-11～图17-16。

(1)控制电源为蓄电池或复式整流时，取消＋WL小母线和二极管*V*，将其端子改接至正电源1。

(2)如不需闪光信号时，取消（＋）WFL小母线，将其端子改接至正电源1。

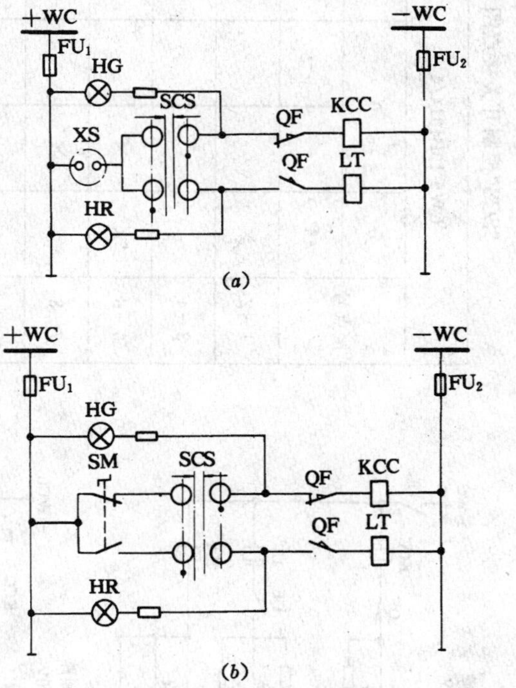

图17-10 防误跳误合断路器回路

(*a*)—采用“编码插件XS”

(*b*)—采用“模拟开关SM”

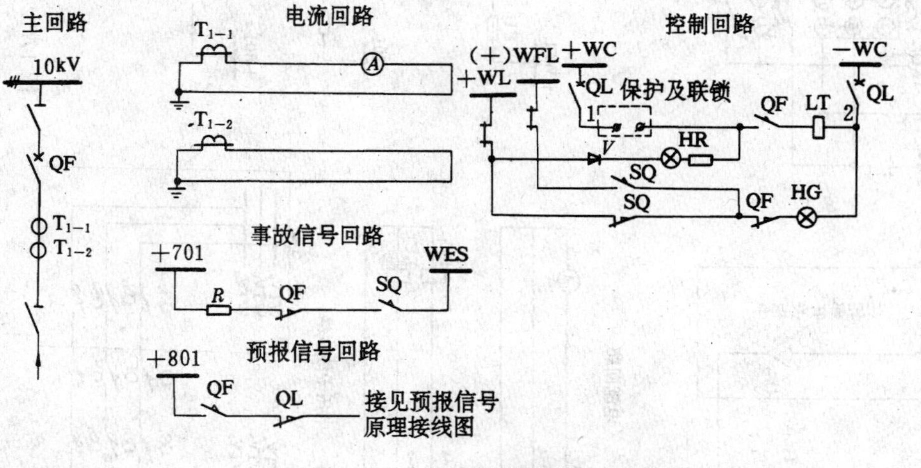

图17-11 进线原理接线图

A—电流表42L20-A；LT—分励脱扣器（CS2型操动机构内设备）；HR—红色信号灯，附电阻，XD5；HG—绿色信号灯，附电阻；XD5；QL—自动开关，脱扣器2A，DZ5—20/220；QF—断路器辅助开关F1-6；SQ—操动机构手柄行程开关F1-4；*R*—管型电阻ZG11-50，800Ω（信号电源为−220V时用）或ZG11-25，400Ω（信号电源为−110V时用）；*V*—二极管2CP24，400V，300mA

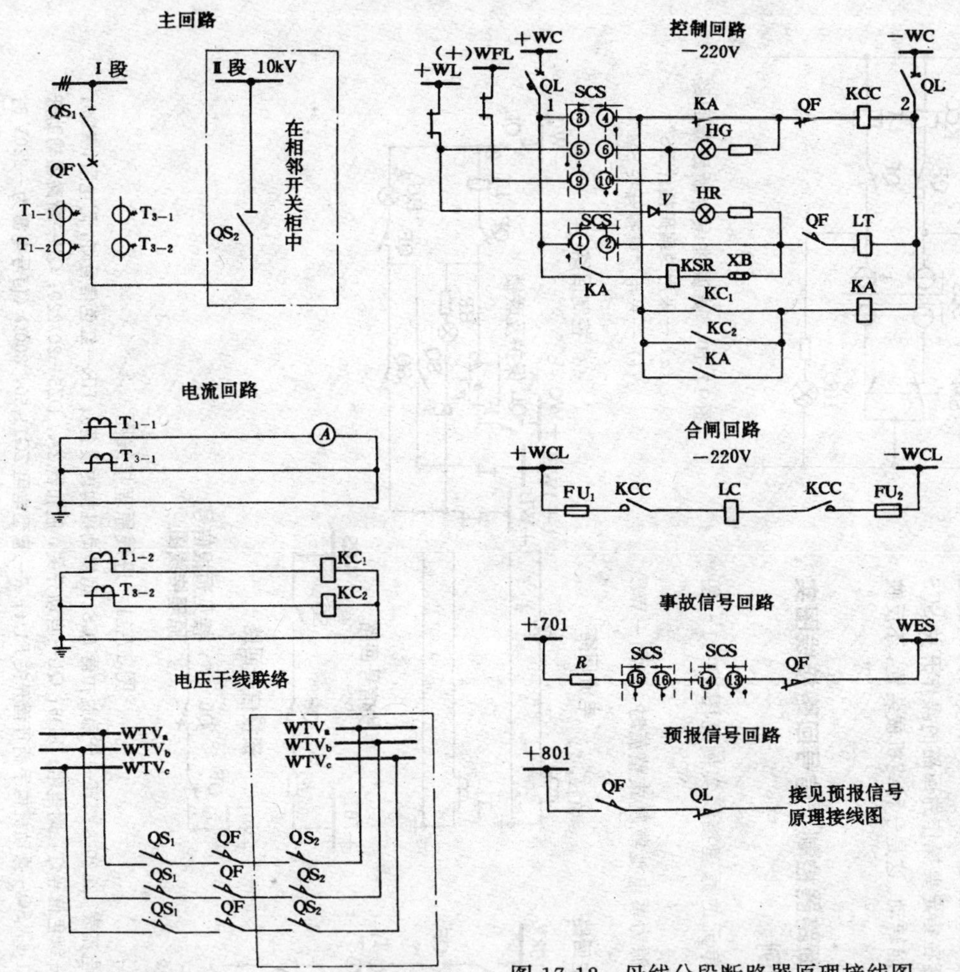

"SCS"控制开关接点图表

LW5-15B4814/4				
接点号	分	0		合
	45°	—	—	45°
1—2	×			
3—4				×
5—6	×	×		
7—8	×	×		
9—10			×	×
11—12			×	×
13—14			×	×
15—16		×	×	

图 17-12　母线分段断路器原理接线图

A—电流表 42L20-A；KC_1、KC_2—电流继电器 DL-31/□；KA—中间继电器 ZJ3-1；KSR—信号继电器 DX-31K/1；KCC—合闸接触器 CZ9-50；LC—合闸线圈；LT—脱扣线圈；QF—断路器辅助开关；SCS—控制开关 LW5-15B4814/4；HR—红色信号灯，附电阻，XD5；HG—绿色信号灯，附电阻，XD5；QL—自动开关，脱扣器 2A，DZ5-20/220；*R*—管型电阻 ZG11-50，800Ω（信号电源为−220V 时用）或 ZG11-25，400Ω（信号电源为−110V 时用）；XB—连接片 YY1-D；FU_1、FU_2—熔断器 RM10-60/25；*V*—二极管 2CP24，400V，300mA

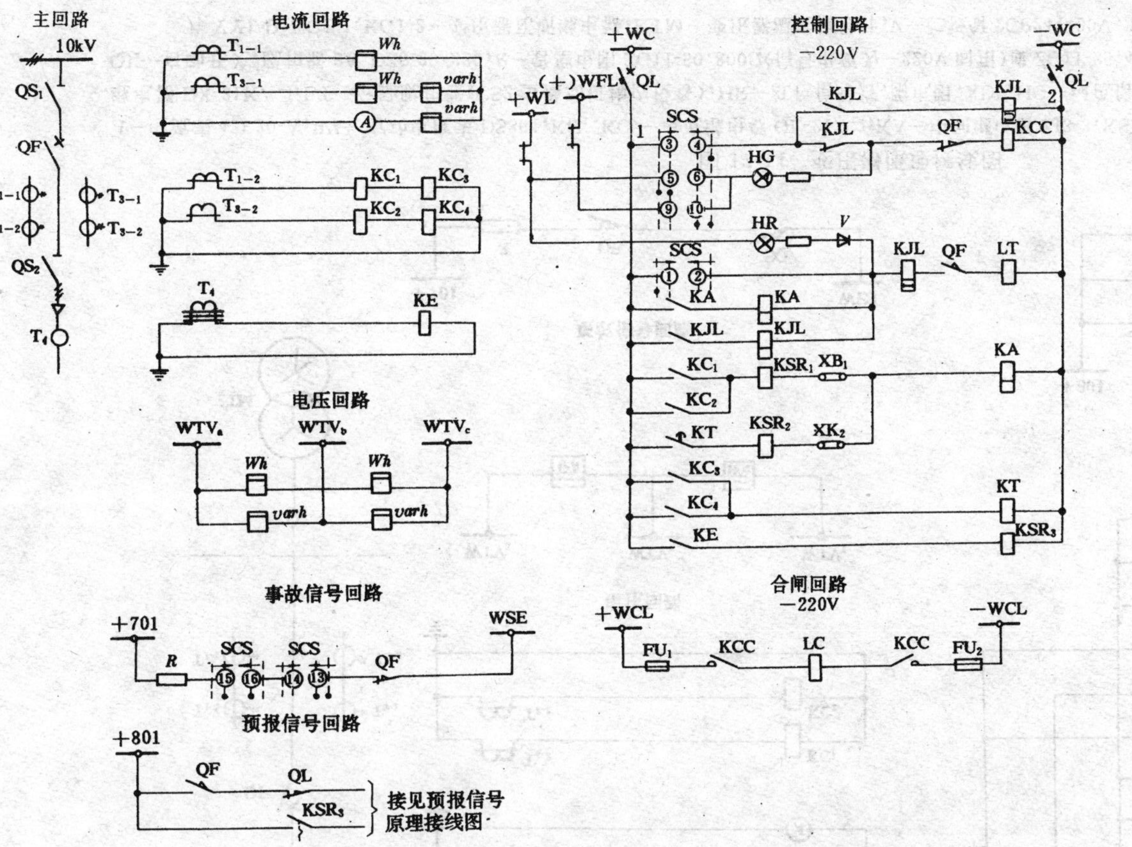

“SCS”控制开关接点图表

LW5-15B4814/4				
接点号	分	0		合
	45°	—	—	45°
1—2	×			
3—4				×
5—6	×	×		
7—8	×	×		
9—10			×	×
11—12			×	×
13—14			×	×
15—16		×	×	

图 17-13　出线原理接线图

A—电流表 42L20-A；Wh—有功电度表 DS864；$varh$—无功电度表 DX863；KC_1、KC_2—电流继电器 DL-31/□；KC_3、KC_4—电流继电器 DL-31/□；KE—电流继电器 DL-31/0.2；KT—时间继电器 DS-2C；KA—中间继电器 ZJ3-3；KSR_1、KSR_2—信号继电器 DX-31K/□；KSR_3—信号继电器 DX-31K/□；KCC—合闸接触器 CZ9-50；LC—合闸线圈；LT—脱扣线圈；QF—断路器辅助开关；SCS—控制开关 LW5-15B4814/4；HR—红色信号灯，附电阻，XD5；HG—绿色信号灯，附电阻，XD5；QL—自动开关，脱扣器 2A，DZ5-20/220；R—管型电阻 ZG11-50，800Ω（信号电源为−220V 时用）或 ZG11-25，400Ω（信号电源为−110V 时用）。XB1、XB2—连接片 YY1-D；FU_1、FU_2—熔断器 RM10-60/25；KJL—DZB—15B；V—二极管 2CP24，400V，300mA

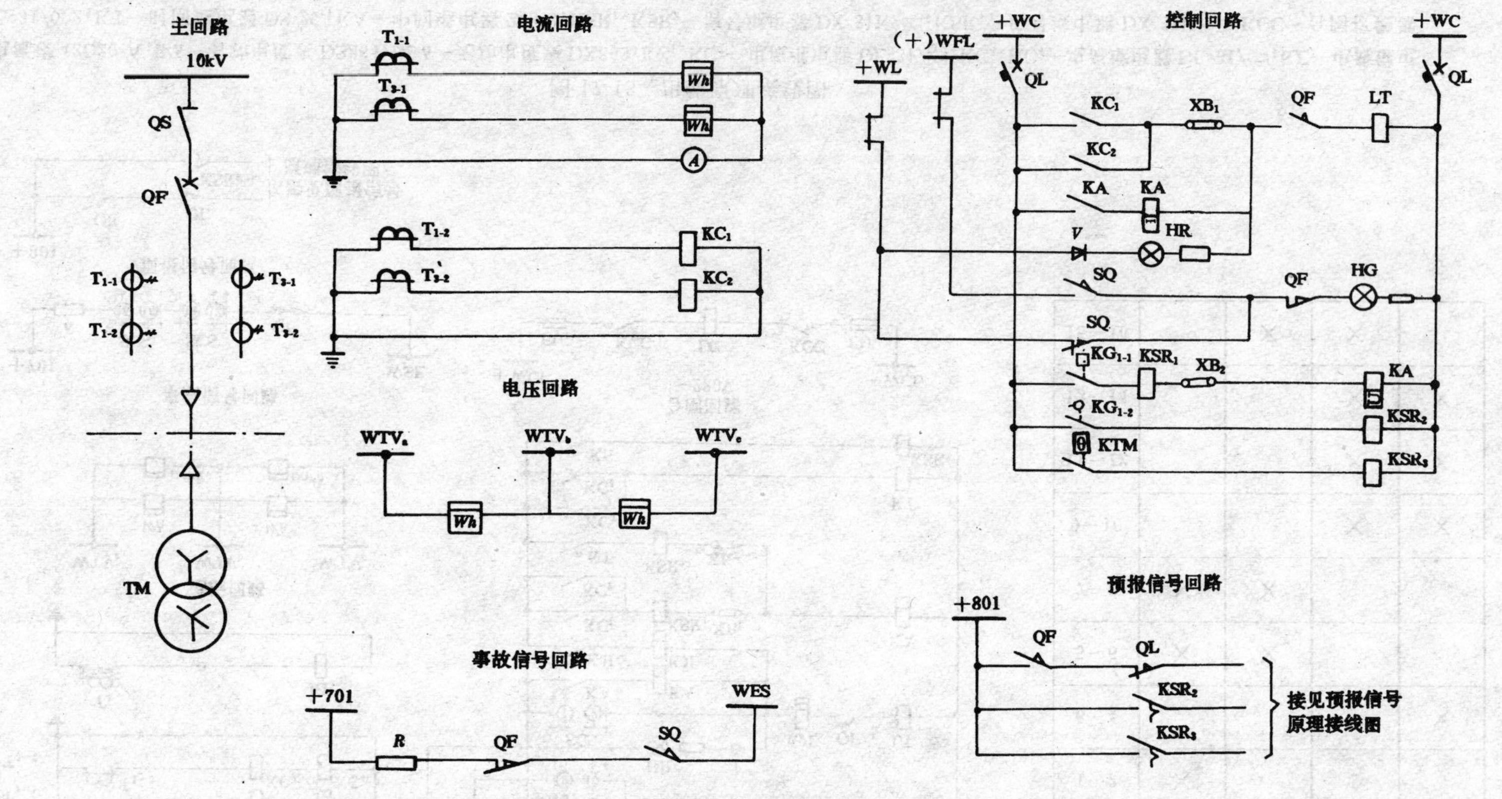

图 17-14 变压器原理接线图

A—电流表 42L20-A；*Wh*—有功电度表 DS864；KC_1、KC_2—电流继电器 GL-21/□；KA—中间继电器 ZJ3-3；KSR_1—信号继电器 DX-31K/□；KSR_2、KSR_3—信号继电器 DX-31K/□；LT—分励脱扣器(CS2 型操动机构内设备)；HR—红色信号灯，附电阻，XD5；HG—绿色信号灯，附电阻，XD5；QF—断路器辅助开关 F1-4；QL—自动开关，脱扣器 2A，DZ5-20/220；*R*—管型电阻 ZG11-50，800Ω(信号电源为－220V 时用)或 ZG11-25，400Ω(信号电源为－110V 时用)；XB_1、XB_2—连接片 YY1-D；KG1-1、KG1-2—变压器瓦斯继电器；KTM—变压器温度信号计；*V*—二极管 2CP24，400V，300mA；SQ—断路器操动手柄的辅助接点

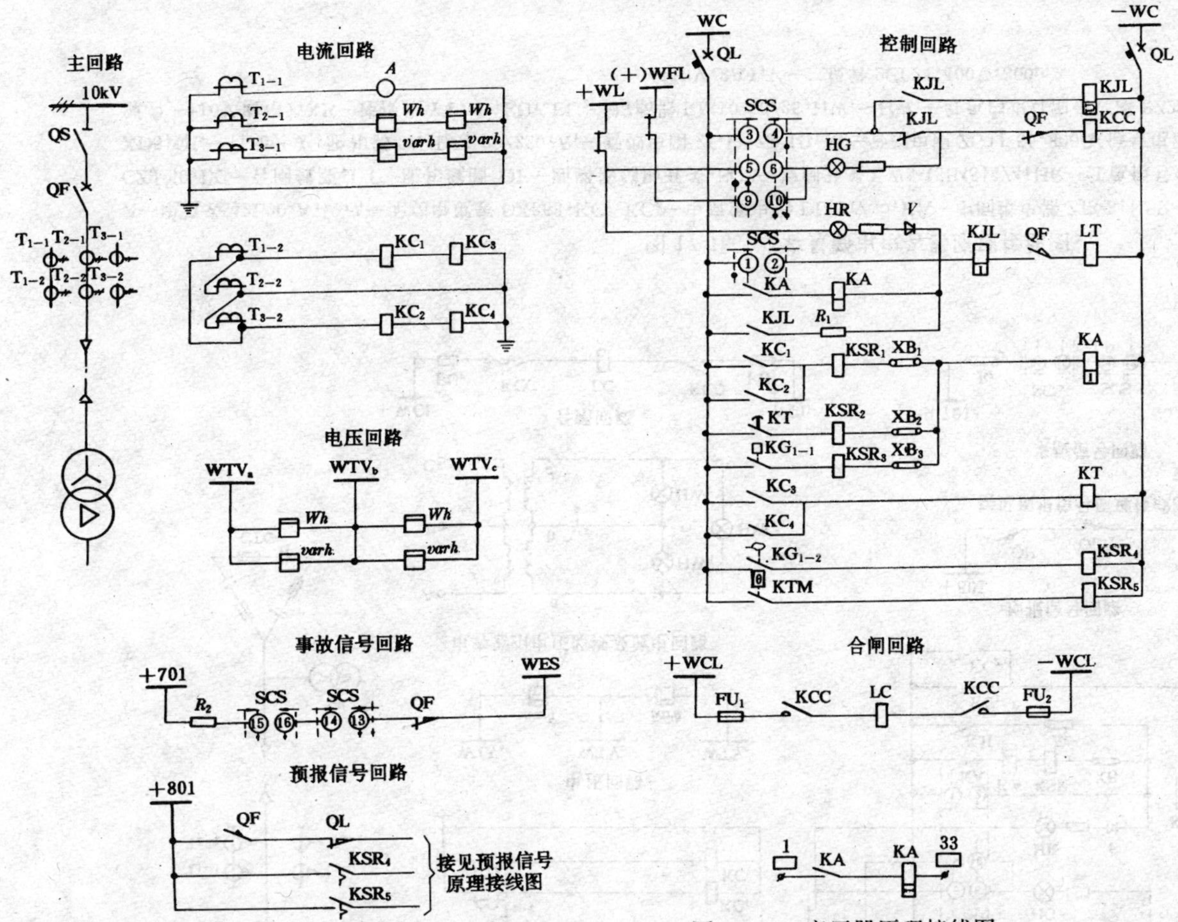

"SCS"控制开关接点图表

LW5-15B4814/4				
接点号	分	0		合
	45°	→	←	45°
1—2	×			
3—4				×
5—6	×	×		
7—8	×	×		
9—10			×	×
11—12			×	×
13—14			×	×
15—16		×	×	

图 17-15　变压器原理接线图

A—电流表 42L20-A；Wh—有功电度表 DS864；$varh$—DX863；KC_1、KC_2—电流继电器 GL-21/▭；KC_3、KC_4—电流继电器 DL-21/▭；KA—中间继电器 ZJ3-3；KT—时间继电器 DS-32C；KSR_1、KSR_2—信号继电器 DX-31K/▭；KSR_4、KSR_5—信号继电器 DX-31K/▭；KCC—合闸接触器 CZ9-50；LC—合闸线圈；LT—脱扣线圈；QF—断路器辅助开关；SCS—控制开关；LW5-15B4814/4；HR—红色信号灯，附电阻，XD5；HG—绿色信号灯，附电阻，XD5；QL—自动开关，脱扣器 2A，DZ5-20/220；R_1—管型电阻 ZG11-25，1Ω；R_2—管型电阻 ZG11-50，800Ω（信号电源为−220V 时用）或 ZG11-25，400Ω（信号电源为−110V 时用）；XB_1～XB_3—连接片 YY1-D；FU_1、FU_2—熔断器 RM10-60/25；KG_{1-1}、KG_{1-2}—变压器瓦斯继电器；KTM—变压器温度信号计；KA—中间继电器 DZB115，220V，1A（110V，2A）；V—二极管 2CP24，400V，300mA

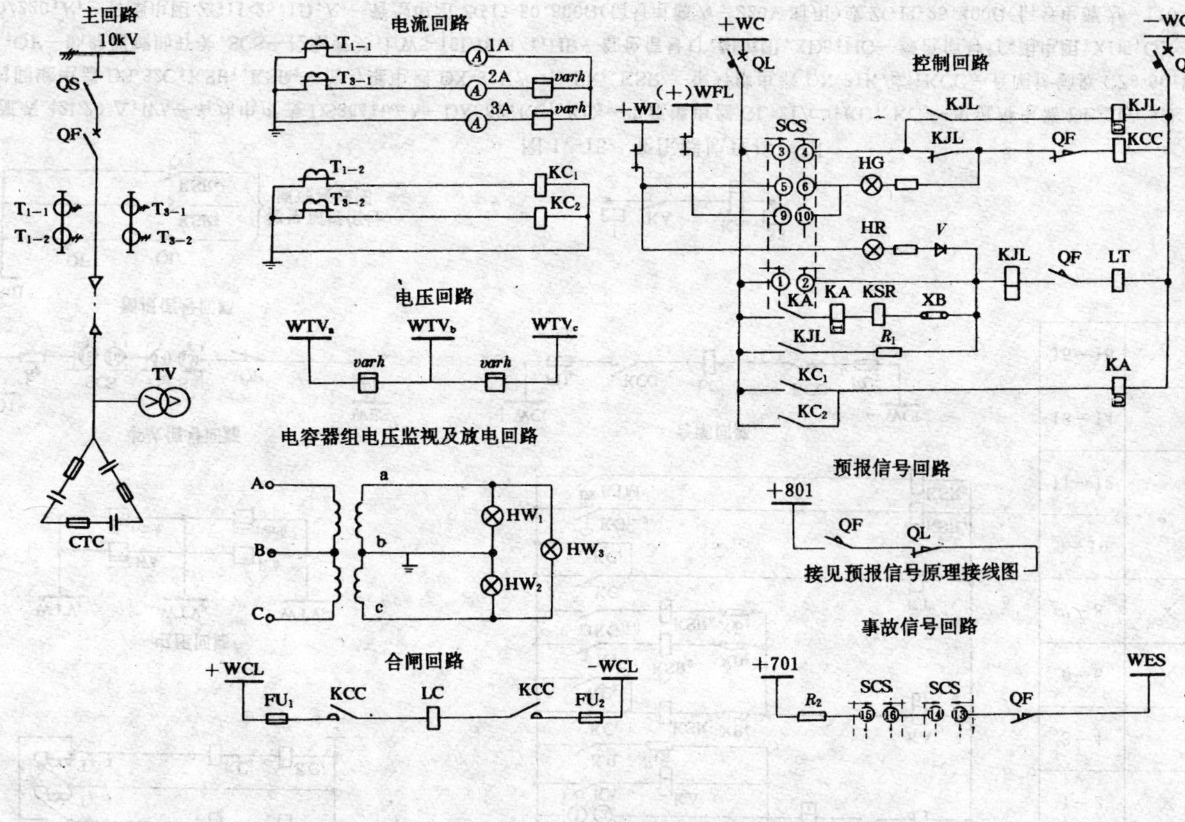

"SCS"控制开关接点图表

LW5-15B4814/4				
接点号	分	0		合
		—	—	
1-2	×			
3-4				×
5-6	×	×		
7-8	×	×		
9-10			×	×
11-12			×	×
13-14			×	×
15-16		×	×	

图 17-16 小容量静电电容器原理接线图

A—电流表 42L20-A；*varh*—无功电度表 DX863；KC_1、KC_2—电流继电器 DL-31/▭；KA—中间继电器 ZJ3-3；KSR—信号继电器 DX-31K/1；KCC—合闸接触器 CZ9-50；LC—合闸线圈；LT—脱扣线圈；QF—断路器辅助开关；SCS—控制开关 LW5-15B4814/4；HR—红色信号灯，附电阻，XD5；HG—绿色信号灯，附电阻，XD5；QL—自动开关，脱扣器 2A，DZ5-20/220；R_1—管型电阻 ZG11-25，1Ω；R_2—管型电阻 ZG11-50，800Ω（信号电源为－220V 时用）或 ZG11-25，400Ω（信号电源为－110V 时用）；XB—连接片 YY1-D；FU_1、FU_2—熔断器 RM10-60/25；HW_1～HW_3—红色白炽灯泡带灯座 PZ220-15；KJL—中间继电器 DZB-115，220V，1A（110V，2A）；*V*—二极管 2CP24，400V，300mA

17.3 电气测量与电能计量

17.3.1 计测仪表装置的设计原则

17.3.1.1 电气测量的一般要求

电气测量一般要求有：

(1)电气测量仪表是保证企业用电安全、经济运行的重要工具。电气测量仪表的装设，应满足下列要求：

1）监视设备的生产过程；

2）检查是否遵守规章制度；

3）监视用电质量；

4)监视三相交流不接地系统及直流系统的绝缘状况。

(2）测量仪表的准确度等级：

1）交流电流、电压及功率表为1.5～2.5级；

2）直流电流、电压表为1.5级；

3)电量变送器及其输出侧仪表的精度，不应低于0.5级。

(3)与测量仪表连接的分流器、附加电阻和互感器的准确度等级应不低于0.5级。但仅作电流或电压测量用时，1.5级或2.5级的仪表允许使用1.0级的互感器；对非重要回路的2.5级电流表允许使用3.0级电流互感器。

(4)选择仪表的测量范围和互感器的变比时，应尽量保证设备在正常运行时仪表指示在量限的2/3以上，并考虑过负荷运行时能有适当的指示。重载电动机及在生产工艺过程中出现短时冲击电流的回路中应装设过负荷刻度的电流表。

(5）对于有可能出现正反方向电流的直流回路或两个方向功率的交流回路，应装设双向刻度的直流电流表或功率表。

(6)在500V及以下的直流回路中，允许使用直接接入和经分流器或附加电阻接入的电流表或电压表。

(7）一般电气测量仪表应尽量与继电保护装置分开接用电流互感器的不同次级，以防止共用一组次级而使电流互感器超过其允许误差和影响继电保护的可靠性。

17.3.1.2 电能计量的一般要求

电能计量的一般要求为：

(1）电能计量是考核企业用电技术经济指标和合理计费的重要手段，电能计量仪表的装设，应满足下列要求：

1）确定供电部门计费的电能大小和企业最大负荷；

2）进行企业内各车间之电能计量；

3）校核耗电定额；

4）考核产品或半成品的单位耗电指标；

5)核实企业消耗和输出的无功电能并确定企业的平均功率因数（cosφ）。

(2）计费性电能计量的装设，包括计测地点的确定、互感器和表计的配置、二次回路的接线等，应同当地供电部门协商。

(3)电能计量装置的设置应符合《电力装置的电测量仪表装置设计规范》(GBJ63－90）的规定。其要点如下：

1)装设在63kV及以上的电能计量点的计费电度表，应使用互感器的专用二次回路；装设在63kV以下的电力用户处电能计量点的计费电度表，应设置专用的互感器。

2）电能计量用电流互感器的二次侧电流，当电力装置回路以额定值的条件运行时，宜为电度表标定电流的70～100%。

3)双向送、受电的电力装置回路，应分别计量送、受电的电量。当以两只电度表分别计量送、受电量时，应采用有止逆器的电度表。

4)有功电度表的精确度等级，应按下列要求选择：

a. 月平均用电量1×10^{6}kW·h及以上的电力用户电能计量应采用0.5级的有功电度表。

b. 月平均用电量小于1×10^{6}kW·h，在315kVA及以上的变压器高压侧计费的电力用户电能计量点、发电机回路、主变压器回路、需考核有功电量平衡的送配电线路、以及火力发电厂厂用电的总计量点，应采用1.0级的有功电度表。

c. 在315kVA以下的变压器低压侧计费的电力用户电能计量点仅作为企业内部技术经济考核而不计费的线路和电力装置回路、75kW及以上的电动机，应采用2.0级的有功电度表。

5)无功电度表的精确度等级，应按下列要求选择：

a. 在315kVA及以上的变压器高压侧计费的电力用户电能计量点、需考核技术经济指标的送配电线路、并联电力电容器组、主变压器和发电机回路，应采用2.0级的无功电度表。

b. 在315kVA以下的变压器低压侧计费的电力用户电能计量点、仅作为企业内部技术经济考核而不计费的电力用户电能计量点，应采用 3.0 级的无功电度表。

6) 电能计量用互感器的精确度等级，应按下列要求选择：

a. 0.5 级的有功电度表和 0.5 级的专用电能计量仪表，应配用 0.2 级的互感器。

b. 1.0 级的有功电度表、1.0 级的专用电能计量仪表、0.2 级计费用的有功电度表及 2.0 级的无功电度表，应配用不低于 0.5 级的互感器；

c. 仅作为企业内部技术经济考核而不计费的 2.0 级有功电度表及 3.0 级的无功电度表，宜配用不低于 1.0 级的互感器。

7)电压互感器二次回路电压降，应符合下列要求：

a. 电力用户处电能计量点的 0.5 级的电度表和 0.5 级的专用电能计量仪表处电压降，不宜大于电压互感器额定二次电压的 0.25%；

b. 1.0 级及 2.0 级的电度表处电压降，不得大于电压互感器额定二次电压互感器额定二次电压的 0.5%。

8) 互感器二次回路中接入的负荷，不应大于互感器所规定精确度等级的允许值。

17.3.1.3 电气测量与电能计量仪表的装设

企业各级变电所测量与计量仪表的装设可参考表 17-1。

在下列回路中应进行直流电流测量：

(1) 直流发电机和整流器回路中；

(2) 蓄电池组回路中；

(3) 同步电动机、同步调相机的励磁系统的回路中，以及自动调整励磁装置的输出回路中；

(4) 根据生产过程的要求必须进行直流测量的其它回路中。

测量交流三相电流，一般采用一个电流表，但对同步调相机、110kV 及以上的回路中（变压器回路除外）以及有可能长期不平衡运行的下列回路中，应安装三个电流表：

(1) 分相操作的线路和可能非全相运行的线路；

(2) 照明负荷占总负荷 15～20%以上、电压在 1000V 以下的动力和照明混合供电线路；

(3) 电压在 1000V 以上，必须用三个电流表监视电炉运行状态的工业炉供电线路。

装于控制屏上的 1000V 以下的交流电流表应经过仪表用电流互感器连接，装于配电屏上的可采用直接连接或经过电流互感器连接。

在 1000V 以上中性点直接接地的三相交流系统中，测量电压可用一个电压表通过切换开关来测量三个线电压。

在 1000V 以下中性点直接接地的三相交流系统中，一般只需测量一个线电压。

在中性点非直接接地的三相交流系统中，一般只需测量一个线电压。

表 17-1 各级变电所测量与计量仪表的装设表

线路名称	装设的表计数量						说明
	电流表	电压表	有功功率表	无功功率表	有功电度表	无功电度表	
35～110kV							
进线	1						如需为此而专设电流互感器时，电流表可以不装 由树干式线路供电的或由电力系统供电的变电所，或当变电所有送单独的经济核算单位的出线时，应装设有功、无功电度表和最大需量表 环形供电系统中的变电所，还应装设有功、无功电度表各 2 只，并应有逆止器 若被电力管理部门指定为负序电流或谐波电流电压监测点，则应按其要求装设相应的仪表
母线（每条或每段）		1					如需为此而专设电压互感器时，电压表可不装

续表 17-1

线路名称		装设的表计数量						说明
		电流表	电压表	有功功率表	无功功率表	有功电度表	无功电度表	
35～110kV								
母线联络或分段断路器		1						
双线圈降压变压器	一次侧	1						变电所有送单独的经济核算单位的出线时，一次侧还应装设有功、无功电度表各 1 只
	二次侧	1		1		1	1	如一次侧已装有有功、无功电度表时，二次侧可不装
三线圈降压变压器	高压侧	1						同双线圈变压器一次侧
	中压侧	1		1		1	1	同双线圈变压器二次侧
	低压侧	1		1		1	1	
出线		1		1		1	1	在线路负荷小于 5000kW 时，有功功率表可不装
3～6～10kV								
6～10kV 进线		1						由树干式线路供电的或由电力系统供电的变电所，还应装设有功、无功电度表各 1 只
母线（每条或每段）			4					其中 1 只用来通过切换开关检查三相电压，其余 3 只用作母线绝缘监视 如母线上没有配出线且回路较少时，绝缘监视电压表可不装 变电所接有冲击性负载，在生产过程中经常引起母线电压连续波动时，按需要可再装设 1 只记录型电压表
消弧线圈		1						需要时装设记录型电流表
6～10kV 联络线		1		1		2		电度表只装在线路的一端，应有逆止器
6～10kV 出线		1				1	1	不是送往单独的经济核算单位时，无功电度表可不装；当线路负荷为 5000kW 及以上时，可再装设 1 只有功功率表
6～10/3～6kV 双线圈变压器	一次侧	1				1	1	变压器容量为 5000kVA 以上时，应再装设 1 只有功功率表
	二次侧	1						

续表 17-1

线路名称	装设的表计数量						说明
	电流表	电压表	有功功率表	无功功率表	有功电度表	无功电度表	
3～6～10kV							
6～10/0.4kV 双线圈变压器一次侧	1				1		如为单独的经济核算单位的变压器，还应装设1只无功电度表
整流变压器	1				1		如为冲击性负载，按需要可再装设记录型有功、无功功率表各1只。当冲击性负载由数台整流变压器成组供电时，可只计算总的有功、无功功率，例如将表计装在进线上或上级变电所的出线上
电炉变压器	1				1	1	如为了掌握电炉的运行情况而必须监视三个相电流时，可装设3只电流表
同步电动机	1			1	1	1	如成套控制屏上已装有有功、无功电度表时，配电装置上可不再装设
感应电动机	1				1		
静电电容器组	3					1	
500V 以下							
进线或变压器二次侧	1						如变压器一次侧未装电度表时，还应装设有功电度表1只
母线（每段）		1					
出线（100A 以上）	1						100A以下的线路，根据生产过程的要求需进行电流监视时，可装设1只电流表 三相长期不平衡运行的线路，如动力和照明混合的线路，在照明负荷占总负荷的15～20%以上时，应装设3只电流表 送往单独的经济核算单位的线路，应加装有功电度表1只

电压表量限选择，参见表 17-2。

在中性点非直接接地的交流系统中和直流系统中应安装绝缘监视装置。绝缘监视装置应安装在母线上。

在重要的直流系统中（如控制电源的直流母线），绝缘监视装置应能测出绝缘电阻的数值，并且一般当绝缘水平低于规定数值应发出灯光音响预报信号。

大容量同步电动机和同步调相机的励磁回路中应进行绝缘测量。允许使用一只电压表通过切换开关以测量数台机组的励磁回路绝缘。

在中性点非直接接地的电网中，应在母线上装设能测定三个相电压的绝缘监视装置。

绝缘监视的电压表应连接至三相五铁芯三线圈电

表 17-2 电压表量限选择表

		额定电压（V）	电压表量限（V）	接入方法
交流回路		100～127	0～150	直接接入
		220	0～250	
		380	0～450	
		3000（3kV）	0～3600	通过二次绕组额定电压为100V的仪表用电压互感器接入
		6000（6kV）	0～7200	
		10000（10kV）	0～12000	
		35000（35kV）	0～42000	
		110000（110kV）	0～150000	
直流回路	恒定直流电源	110	0～150	直接接入
		230	0～300	
		460	0～600	
		700～750	0～1000	外附定值电阻
		900	0～1500	
	蓄电池充放电回路	110～160	0～250	直接接入
		220～360	0～450	

压互感器或单相三线圈电压互感器组上，电压互感器应按星形-星形、高压侧中性点直接接地的方式连接。

允许采用带切换开关的有功—无功功率表代替分别装设的有功功率表和无功功率表。

企业在正常生产时有可能经常造成频率严重变化时，应在总变电所或有关的车间主变电所的母线上装设记录型频率表。

一般频率测量范围应采用测量范围为45～55Hz的频率表。

17.3.1.4 电气测量与电能计量仪表的安装条件

电气测量与电能计量仪表的安装条件：

（1）电气测量仪表应安装在对主要回路电器进行控制的地方。此外，根据需要，在进行生产过程调整的地方，也允许安装电气测量仪表。

（2）电气测量与电能计量仪表的安装和工作条件应符合仪表技术条件的规定。

若工作环境条件超出仪表技术条件规定的范围，则应采取有效措施以保证仪表的正常工作。

（3）测量与计量仪表的安装位置应便于维护、监视和读数。建议的安装高度（m）（至表盘中心或读数窗中心）：

一般开关板仪表 0.6～2.0；

准确度高、刻度小的仪表≤1.7；

记录型仪表（到中心线）0.6～1.8；

电度表（到中心线）0.6～1.8。

17.3.2 常用测量与计量仪表的接线图

常用测量与计量仪表的接线见图17-17至图17-26。

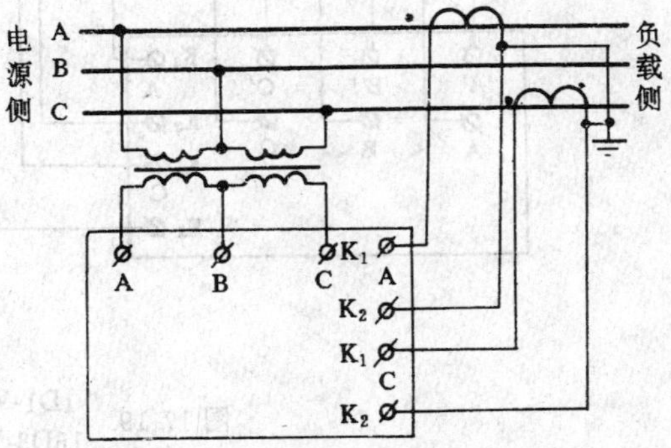

图 17-17 1D1-W / 16D3-W 型有功功率表

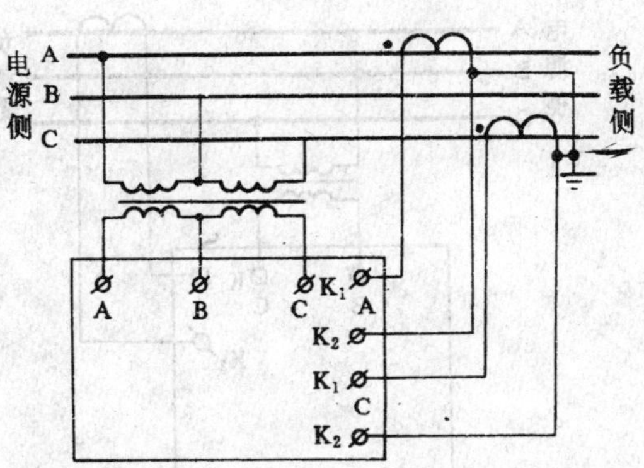

图 17-18 1D1-var / 16D3-var 型无功功率表

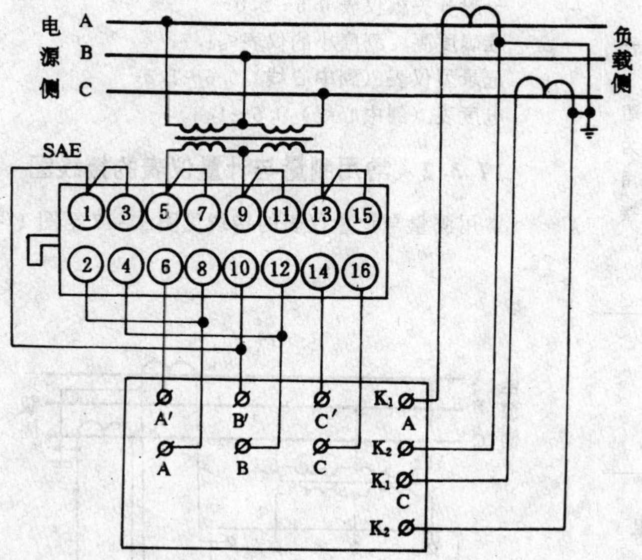

"SAE"接点图表

LW5-15D1050/4			
接点号	kvar 45°	0	kW 45°
1—2	×		
3—4			×
5—6	×		
7—8			×
9—10	×		
11—12			×
13—14	×		
15—16			×

图 17-19 1D1-W、var 16D3-W、var 型有功无功功率表

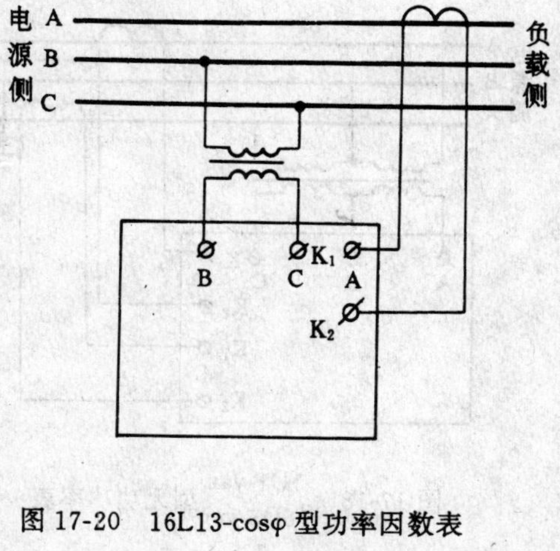

图 17-20 16L13-cosφ 型功率因数表

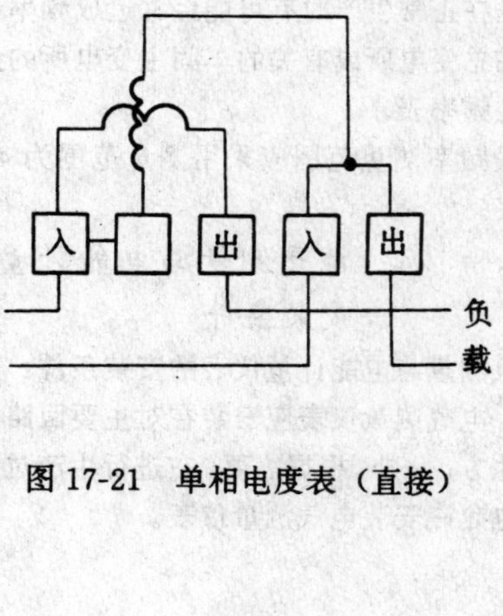

图 17-21 单相电度表（直接）

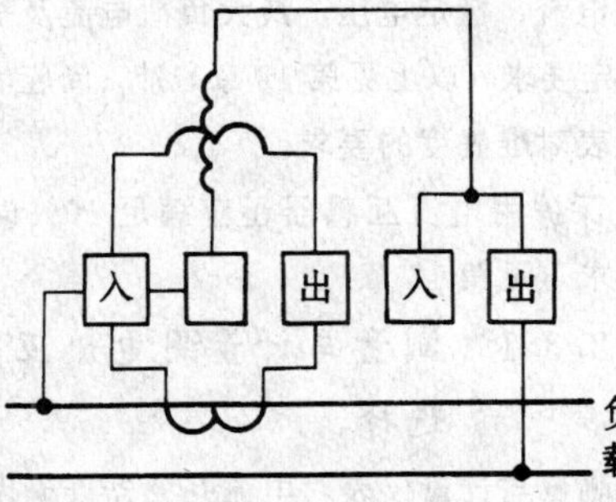

图 17-22　单相电度表（经电流互感器接）

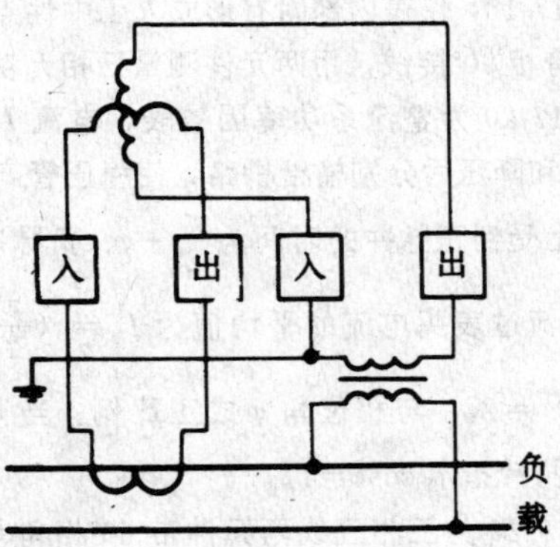

图 17-23　单相电度表（经电流、电压互感器接）

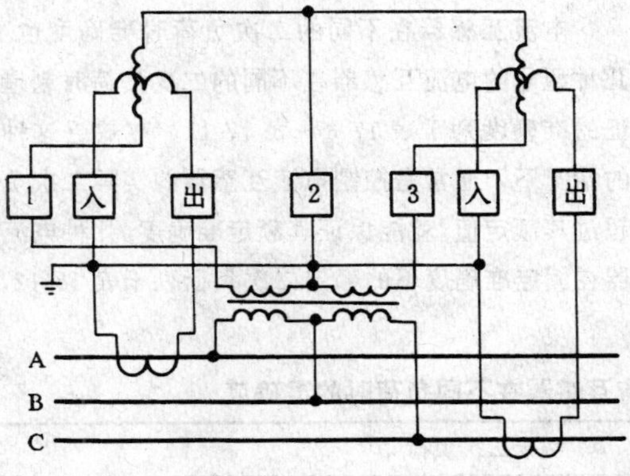

图 17-24　三相三线两元件有功电度表

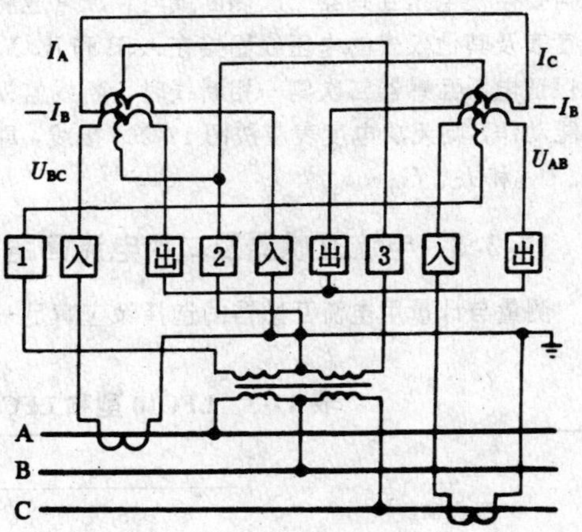

图 17-25　三相三线两元件带附加电流线圈无功电度表

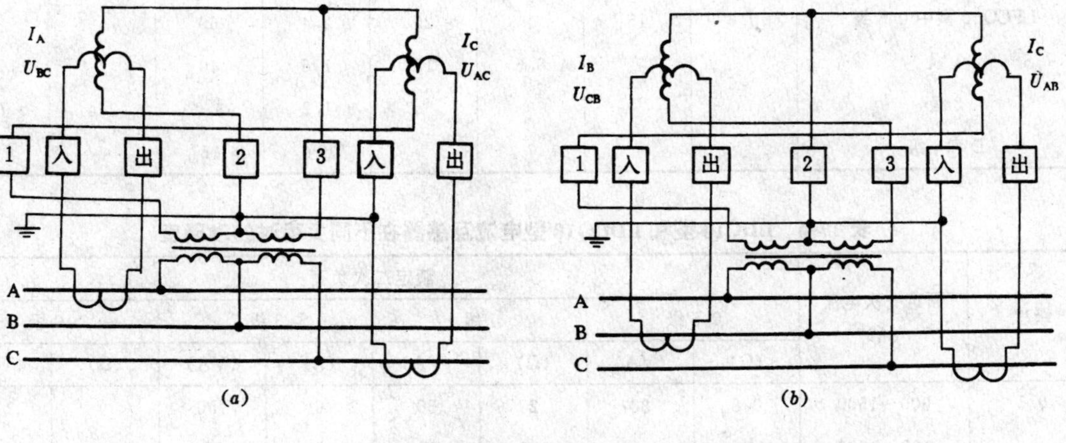

图 17-26　三相三线两元件带 60°相角差无功电度表

（*a*）一电压线圈接 AC、BC 间；（*b*）一电压线圈接 AB、BC 间，与所内其他电度表统一，以便监视电压互感器二次侧一相断线

图 17-18，仪表内部附有形成人工中性点的电阻，以构成跨相 90°接线，用两元件测量三相无功功率。

图 17-20 为整流系功率因数表，电流 I_A 与电压 U_{BC}变流和降压后分别输给桥路，使稳压管产生电压。即表头上受到正脉冲的时间为$\frac{\pi}{2}+\varphi$、负脉冲时间为$\frac{\pi}{2}-\varphi$，流过表头电流的平均值为 $I_m=\left(\frac{\pi}{2}+\varphi\right)-\left(\frac{\pi}{2}-\varphi\right)=2\varphi$，与相位角 φ 成正比例。当 $\varphi=0$ 时，$I_m=0$，指针指示 $\cos\varphi=1$。

图 17-26 为三相三线两元件带 60°相角差无功电度表，例如 DX8 型。仪表电压线圈串有电阻，使电压线圈内电流滞后所施电压 60°相角，以测量无功电度。当需要监视电压互感器二次侧断线时，通常应将全部电度表及其他仪表的电压线圈接在 A、B 和 B、C 相间，以保证电压互感器二次侧一相断线时，断线监视装置就能动作，则无功电度表应按图 17-26*b* 接线，即接用 I_B、U_{CB}和 I_C、U_{AB}。

17.3.3　电流互感器及二次电流回路

测量与计量用电流互感器的选择除应满足一次回路的额定电流、额定电压、最大负荷电流及短路时的动、热稳定要求（以上见第 13 章）外，尚应满足测量与计量仪表对准确度的要求。

继电保护用电流互感器还应满足 10%误差特性曲线的要求（见第 15 章）。

17.3.3.1　测量与计量用电流互感器的选择

各种测量与计量仪表对电流互感器准确度的要求见第 17.3.1 节。

当一个电流互感器的回路内有几个不同型式的仪表时，电流互感器的准确度等级应按对准确度要求高的仪表选择。

电流互感器在不同的二次负荷时准确度也不同。几种型号的电流互感器在不同的二次负荷时制造厂保证的准确度列于表 17-3～表 17-11。在缺乏这种数据的情况下，通常是控制电流互感器的实际二次负荷不超过其额定值，就能保证其额定准确度。几种电流互感器在额定准确度下的额定二次负荷列于表 17-12。

表 17-3　LFC10 型和 LFCQ10 型电流互感器在不同负荷时的准确度

型式和级次	额定二次负荷							
	0.5 级		1 级		3 级		10 级	
	(Ω)	(VA)	(Ω)	(VA)	(Ω)	(VA)	(Ω)	(VA)
LFC10 型中 0.5 级	0.6	15	1.2	30	3	75		
LFCQ10 型中 0.5 级	0.6	15	1	25	2.4	60		
1 级			0.6	15	1.6	40		
3 级					1.2	3.0	2.4	60
D 和 J 级					0.6	15		

表 17-4　LDC10 型和 LDCQ10 型电流互感器在不同负荷时的准确度

级次	额定一次电流 (A)	额定二次负荷							
		0.5 级		1 级		3 级		10 级	
		(Ω)	(VA)	(Ω)	(VA)	(Ω)	(VA)	(Ω)	(VA)
0.5	600～1500	0.8	20	2	50	6	150		
1	400～1000			0.8	20	2	50		
3	400～1500					2	50	4	100
D 及 J	600					0.8	20		

续表 17-4

级次	额定一次电流(A)	额定二次负荷							
		0.5级		1级		3级		10级	
		(Ω)	(VA)	(Ω)	(VA)	(Ω)	(VA)	(Ω)	(VA)
D及J	750～1000			0.8	20				
D	1500			0.8	20				

表 17-5 LMC10 型和 LMCQ10 型电流互感器在不同负荷时的准确度

级 次	额定二次负荷							
	0.5级		1级		3级		10级	
	(Ω)	(VA)	(Ω)	(VA)	(Ω)	(VA)	(Ω)	(VA)
0.5	1.2	30	3	75	6	150	无规定	无规定
3					2	50	4	100
D	0.6	15	2	50	6	150	无规定	无规定
J	没有保证值							

表 17-6 LQJ-10 型电流互感器在不同负荷时的准确度

铁芯代号	额定一次电流(A)	额定二次负荷					
		0.5级		1级		3级	
		(Ω)	(VA)	(Ω)	(VA)	(Ω)	(VA)
0.5	5～400	0.4	10	0.6	15	1.2	30

注：北京互感器厂资料。

表 17-7 LMZ-10、LMZJ-10 型电流互感器在不同负荷时的准确度

型号 一次额定电流 A	准确级次或级号	额定二次负荷 (Ω)			
		0.5	1	3	D
LMZ-10 300～1000	0.5	0.4	0.6		
	1		0.4		
	3			0.6	
	D				0.6
LMZJ1-10 1500	0.5	1.6	1.6		
	1		1.6		
	D				3.2
LMZJ1-10 2000～3000	0.5	2.4	2.4		
	1		2.4		
	D				4.0

注：北京互感器厂资料。

表 17-8 LCW-35 型电流互感器在不同负荷时的准确度

规 格	级次或级号	额定二次负荷 (Ω)			
		0.5级	1级	3级	10级
LCW-35 0.5/3	0.5	2	4		
LCWD-35 D/0.5	0.5	1.2	3		
LCW-35 0.5/1	1		1.2	3	
LCW-35 0.5/3	3			2	4
LCWD-35 0.5/D	D		1.2	3	

注：北京互感器厂资料。

表 17-9 35kV 多油断路器套管式电流互感器在不同负荷时的准确度

LR-35DW1 和 LRD-35DW1 型电流互感器，装在 DW1-35D 型油断路器套管内

额定一次电流 (A)	电流变化范围 (A)	LR-35			LRD-35		
		额定二次负荷 (Ω)					
		1级	3级	10级	1级	3级	10级
50 75	50～50	准确度低于10级					
100	50～150，100～300			0.8			
150				0.8			0.8
200	100～300，200～600			1			1
300			0.8	3		0.8	3
400	200～600		1.2	4		1.2	4
600		0.6	3		0.4	3	

LR-35DW2 和 LRD-35DW2 型电流互感器，装在 DW2-35 型油断路器套管内

额定一次电流 (A)	电流变化范围 (A)	额定二次负荷 (Ω)			
		0.5级	1级	3级	10级
75	75～200				0.8
100	75～200，100～300			0.8	0.8
150				0.8	
200	75～200，200～300，200～600			0.8	
300	100～300，200～600		0.4	0.8	
400	200～600		0.8		
600	200～600，600～1500	0.4	1.2		
750 1000 1500	600～1500	1.2			

LR-35 型电流互感器装在 DW8-35 型断路器套管内

额定一次电流 (A)	电流变化范围 (A)	0.5级	1级	3级	10级
75	75～200				0.8
100	75～200，100～300				0.8
150	75～200，100～300			0.8	
200	75～200，100～300，200～600			1	
300	100～300、200～600			1	
400	200～600		0.8		
600			1.2		
800 1000 1200	600～1200	1.2			

表 17-10 110kV 多油断路器套管式电流互感器在不同负荷时的准确度

LRDG-110，LRD-110；LRG-110，LR-110 型电流互感器，装在 DW3-110，DW3-110G 型油断路器套管内

额定一次电流（A）	电流变化范围（A）	额定二次负荷（Ω）						
		LRDG-110 和 LRG-110				LRD-110 和 LR110		
		0.5 级	1 级	3 级	10 级	1 级	3 级	10 级
200	75～200			0.6				0.6
150				0.4		低于 10 级		
100					0.6			
75					低于 10 级			
300	100～300			0.6			0.5	1.2
200				0.6				0.6
150					0.6	低于 10 级		
100					0.6			
600	200～600	0.6					1.2	4
400			0.8				0.8	2
300				0.6			0.4	1.2
200				0.6				0.6
1000	400～1000	1.2				1.2	3	
750		1.2					3	
600		0.6					1.2	4
400			0.8				0.8	2

表 17-11 35kV 少油断路器套管式电流互感器在不同负荷时的准确度

LR-35SW1 及 LRD-35SW1 型电流互感器装在 SW1 型油断路器瓷套上

额定一次电流（A）	电流变化范围（A）	LR-35SW1			LRD-35SW1			
		额定二次负荷（Ω）						
		0.5 级	1 级	3 级	0.5 级	1 级	3 级	10 级
100	100～300			0.4				0.4
150	100～300			0.8			0.4	
200	100～300			1.6			1.2	
	200～600			1.2			0.8	
300	100～300		0.6			0.4		
	200～600		0.4			0.2		
400	200～600		0.8					
600	200～600	1.2			0.8			

表 17-12 几种电流互感器的额定二次负荷

电流互感器型号	额定电压(kV)	额定电流(A)	额定二次负荷								备注
			0.2级		0.5级		1级		3级		
			(Ω)	(VA)	(Ω)	(VA)	(Ω)	(VA)	(Ω)	(VA)	
LZZBJ$_9$-10	10	50～400			0.4	10			0.6	15	GFC-15③
LZX$_4$-10 LZX$_5$-10	10	5～1000			0.4	10			0.6	15	JYNc-10①
LZXQ$_4$-10 LZXQ$_5$-10	10	300～1200			0.4	10			0.6	15	JYNc-10①
LMZD$_2$-10	10	1200～1500			1.2	30					
LMZD$_2$-10	10	2000～3000			2	50					
IZZB$_6$-10	10	5～200			0.4	10					JYN2-10②
IZZQB$_6$-10	10	100～300			0.6	15					
IZZQB$_6$-10	10	400～500			0.8	20					
IZZQB$_6$-10	10	600～1500			1.2	30					
IMZB$_6$-10	10	1500～2000			2	50					
IMZB$_6$-10	10	3000～4000									
LFS-10	10	20～1000			0.4	10	0.4	10	0.6	15	GC5-10④
LAJ-10	10	1500～3000			2	50	2	50			
LZBJ$_1$-10	10	5～800			0.4	10					
LZBJ$_1$-10	10	1000～1500			1.6	40					
LZBJ$_2$-10	10	75～300			0.6	15					
LZBJ$_2$-10	10	400			0.8	20					
LZBJ$_2$-10	10	600～800			1.2	30					
AKS17.5	10	10～1600		10～60		10～60		10～60		10～60	BA-10②
AKV17.5	10	1500～3000		15～200		15～200		15～200		15～200	
LQJ-10	10	5～400			0.4	10	0.6	15	1.2	30	GG1柜①④
LA-10	10	5～1000			0.4	10			0.6	15	
LAJ-10	10	20～600			0.8	20					
LAJ-10	10	800～1500			1.6	40					
LAJ-10	10	2000～3000			2	50					
LMZ-10	10	300～1000			0.4	10					
LZX-10	10	5～1000			0.4	10					
LMZJ$_1$-10	10	1500			1.6	40	1.6	40			
LMZJ$_1$-10	10	2000～3000			2.4	60	2.4	60			

续表 17-12

电流互感器型　号	额定电压(kV)	额定电流(A)	额定二次负荷								备　注
			0.2级		0.5级		1级		3级		
			(Ω)	(VA)	(Ω)	(VA)	(Ω)	(VA)	(Ω)	(VA)	
LFZ1-10	10	5～300			0.4	10	0.4	10			⑥
LDZ1-10	10	400～1000				10					⑥
LDZJ1-10	10	400				20					⑥
LDZJ1-10	10	600～1500				30					⑥
LMZ1-10	10	2000～3000				40					⑥
LCZ-35	35	200～1000			2	50			2	50	JYN1-35 GBC-35
LDZB-35	35	200								15	⑩
	300									20	
	400									30	
	600							15		60	
	800～1000					10				60	
	1500					20				60	
	2000					25				80	
LB-35	35	2×20～1500				50					
L-35	35	20～1000									⑨
LCW-35 LCW_m-35	35	15～1000		30		50				50	⑤
LCWD-35 $LCWD_m$-35	35	10～1000		30		30					⑤
$CLWD_1$-35	35	15～1500				50					⑥
LB-35A	35	400～1200				25					⑥
LB6-35	35	5～2000				40					⑤
LB_1-110	110	5～1000		40							⑦
LB_1-110	110	600～2000		50							⑦
LCWB6-110	110	50～2000				50					⑦
LB-110	110	2×50～2×600				40					⑧
$LCWB_{4M}$-110	110	2×40～2×600		50		50					⑤

注：表中①北京开关厂，②上海开关厂，③锦州开关厂，④四川开关厂，⑤北京互感器厂，⑥上海互感器厂，⑦沈阳变压器厂，⑧西安电器公司，⑨西安高压开关厂，⑩华通开关厂。

制造厂给出的电流互感器二次负荷数据，通常以　　为 $\cos\varphi=0.8$ 时的欧姆（Ω）数或伏安（VA）数表示，因

$$i_2^2 Z_2 = S_2$$

式中 i_2——电流互感器的二次额定电流，A；

Z_2——电流互感器的二次回路阻抗，Ω；

S_2——电流互感器的二次容量，VA。

对于一般电流互感器，二次额定电流为5A，所以$S_2=25Z_2$，VA。

校验电流互感器的准确度时，电流互感器的实际二次负荷按下式计算

$$Z_2=K_{jx2}Z_{cj}+K_{jx1}Z_{jx}+Z_c$$

式中 Z_{cj}——测量与计量仪表线圈的内阻；Ω，参见表17-13。

Z_c——接触电阻，Ω，一般取0.05～0.1Ω；

Z_{jx}——连接导线的电阻，Ω；

K_{jx1}、K_{jx2}——接线系数，见表17-14。

表 17-13 常用测量与计量仪表的串联线圈的负荷

序号	仪表名称	型号	二次线圈的负荷 (Ω)	二次线圈的负荷 (VA)	串联线圈总数
1	电流表	1T1-A	0.12	3	1
2	电流表	46L1-A或16L1-A		0.35	1
3	有功功率表	1D1-W	0.058	1.45	2
4	有功功率表	46D1-W或16D1-W		0.6	2
5	无功功率表	1D1-VAR	0.058	1.45	2
6	无功功率表	46D1-VAR或16D1-VAR		0.6	2
7	有功-无功功率表	1D1-WVAR	0.06	1.5	2
8	有功电度表	DS864-2			2
9	无功电度表	DX863-2			3
10	功率因数表	1D1-cosφ			2

表 17-14 常用测量与计量仪表用电流互感器各种接线方式时的接线系数

电流互感器接线方式		接线系数 K_{jx1}	接线系数 K_{jx2}	备注
单相		2	1	
三相星形		1	1	
二相星形	$Z_{cj0}=Z_{cj}$	$\sqrt{3}$	$\sqrt{3}$	Z_{cj0}为地线（流两相电流和）回路中的负荷电阻
二相星形	$Z_{cj0}=0$	$\sqrt{3}$	1	
两相差接		$2\sqrt{3}$	$\sqrt{3}$	
三角形		3	3	

17.3.3.2 电流互感器二次回路的设计原则

电流互感器二次回路的设计原则为：

(1) 电气测量与电能计量仪表一般应尽量与继电保护装置分开接用电流互感器的不同次级线圈。如共用一组次级线圈时，保护装置一般接于测量与计量仪表之前，以便在校验仪表时保护装置仍能工作。

(2)当几种仪表接于同一组电流互感器次级时，其接线顺序一般先接指示和计量仪表，再接记录仪表，最后接发送仪表。

(3)电流互感器回路一般不进行切换，当需要切换时，应采取防止回路开路的措施。

(4)电流互感器二次侧一般只应有一个接地点，在配电装置端子箱内经端子排接地。但两只用作纵联差动保护的电流互感器的二次侧应共用一个接地点，在保护屏端子处接地。

17.3.4 电压互感器及二次电压回路

17.3.4.1 电压互感器的选择

电压互感器按下列原则选择：

(1)按照型式和接线选择。企业变电所常用的几种电压互感器接线见表17-15。

(2)按照一次和二次电压选择。企业变电所的电压互感器一次电压应等于电网额定电压；当采用三个单相互感器作星形联接时，单相电压互感器一次电压应等于电网额定相电压，即电网额定电压的$\frac{1}{\sqrt{3}}$。

电压互感器二次电压的选择，见表 17-16。

表 17-15 常用的几种电压互感器接线

序号	接 线 图	接线特征	使用范围
1	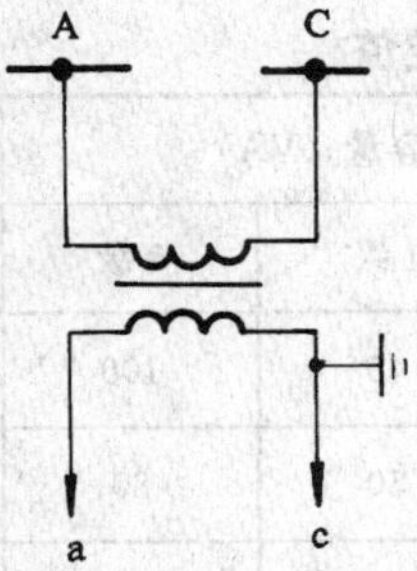	一个单相电压互感器（1×JDJ）	供仪表和继电器接于一个线电压，如用作备用电源进线的电压监测
2	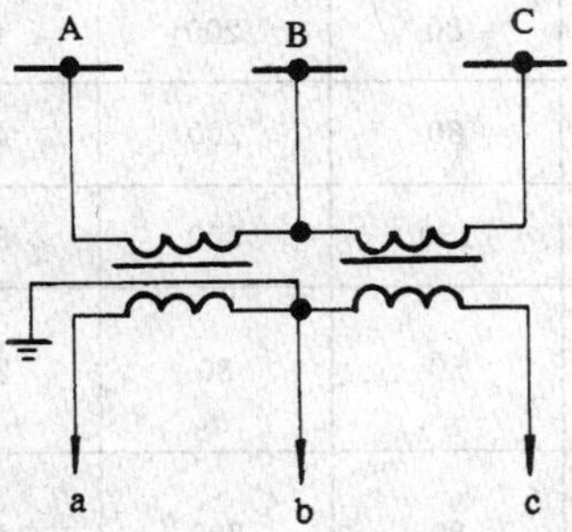	两个电压互感器接成 V-V 形（2×JDJ）	供仪表和继电器接于 a-b，b-c 两个线电压，用于主接线较简单的变电所。
3	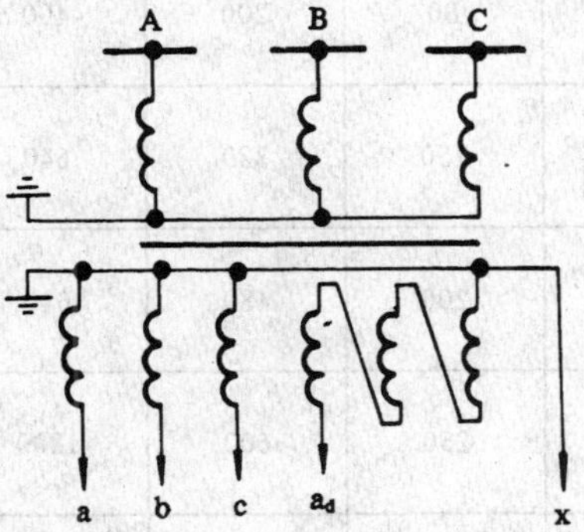	一个三相三线圈电压互感器或三个单相三线圈电压互感器（1×JSJW，3×JDJJ，3×JCC）	供仪表和继电器接于三个线电压，辅助二次线圈接成开口三角形，构成零序电压过滤器，用于需要绝缘监测的变电所

表 17-16 电压互感器的二次电压选择表

线 圈	主二次线圈		接零序电压过滤器的附加二次线圈	
高压侧线圈接法			高压侧线圈为星形连接，中性接地	
	接于一次线电压上	接于一次相电压上	在中性点直接接地的系统中	在中性点与地绝缘或经消弧线圈等接地的系统中
二次电压（V）	100	$100/\sqrt{3}$	100	100/3

(3) 按照准确度和容量选择。测量与计量仪表对电压互感器准确度的要求见第 17.3.1 节。

为了保证电压互感器的准确度，其二次负荷应不大于制造厂给出的数据。几种常用型号的电压互感器不同准确度的额定二次负荷参见表 17-17。

表 17-17 几种电压互感器二次负荷额定值

型号	额定变比	不同准确度时的额定容量（VA）				最大容量（VA）
		0.2 级	0.5 级	1 级	3 级	
JDJ-3	3000/100		30	40	100	200
JDZ-3	3000/100		30	50	80	200
JDJ-6	6000/100		50	80	200	400
JDZ-6	6000/100		50	80	200	400
JDJ-10	10000/100		50	80	200	400
JDZ-10	10000/100		80	150	300	500
JDZJ-3	$\frac{3000}{\sqrt{3}}\Big/\frac{100}{\sqrt{3}}\Big/\frac{100}{3}$		30	50	80	200
JDZJ-6	$\frac{6000}{\sqrt{3}}\Big/\frac{100}{\sqrt{3}}\Big/\frac{100}{3}$		50	80	200	400
JDZJ-10	$\frac{10000}{\sqrt{3}}\Big/\frac{100}{\sqrt{3}}\Big/\frac{100}{3}$		50	80	200	400
JSJW-6	$6000/100/\frac{100}{3}$		80	150	320	640
JSJW-10	$10000/100/\frac{100}{3}$		120	200	480	640
JDJ-35	35000/100	75	150	250	600	1200
JDJJ1-35	$\frac{35000}{\sqrt{3}}\Big/\frac{100}{\sqrt{3}}\Big/\frac{100}{3}$	75	150	250	500	1000
JDJJ2-35	$\frac{35000}{\sqrt{3}}\Big/\frac{100}{\sqrt{3}}\Big/\frac{100}{3}$		150	250	500	1000
JCC6-110	$\frac{110000}{\sqrt{3}}\Big/\frac{100}{\sqrt{3}}\Big/\frac{100}{3}$	150	300	500	500	2000

在企业变电所内，供测量、计量与保护用的电压互感器，其二次负荷较小，一般能够满足仪表对电压互感器准确度的要求。只有在利用电压互感器作为控制电源（如交流操作）或当电压互感器二次侧接有经常通电的事故照明灯时，才需校验电压互感器的准确度。

(4)电压互感器二次回路负荷计算。常用测量与计量仪表和继电器的消耗功率和功率因数见表17-18。电压互感器在不同接线时，二次侧的负荷计算见表17-19。

表 17-18 常用测量与计量仪表和继电器的消耗功率和功率因数

序号	表计、继电器名称	型号	线圈电压(V)	cosφ	消耗功率(VA)	备注
1	电压表	1T1-V	100	1	4.5	
2	电压表	16L1-V	100			
3	有功功率表	1D1-W	100	1	0.75	系指一个线圈，两个线圈共消耗1.5VA
4	有功功率表	16D3-W	100			
5	无功功率表	1D1-VAR	100	1	0.75	系指一个线圈，两个线圈共消耗1.5VA
6	无功功率表	16D3-VAR				
7	有功-无功功率表	1D1-WVAR	100	1	0.75	系指一个线圈，两个线圈共消耗1.5VA
8	功率因数表	1D1-cosφ				
9	有功电度表	DS-864-2	100			
10	无功电度表	DX-863-2	100			
11	电压继电器	DJ-131/60CN	60		2.5	当30V时
12	电压继电器	DJ-100系列			1	DJ-131/160CN除外

17.3.4.2 电压互感器二次回路的设计原则

电压互感器二次回路的设计原则为：

(1)电压互感器的负荷应尽量分配得三相平衡，以免一相因负荷过大而影响仪表和继电器的准确度。

(2)电压互感器的二次侧中性点，一般在配电装置端子箱内经端子排接地。

(3)电压互感器的二次侧各相（接地的除外）应用本身隔离开关辅助节点来防止电压反馈。

(4)变电所采用单母线分段运行时，其不同母线段上的电压互感器，二次侧电压干线应通过母线分段断路器及其隔离开关的辅助接点进行联络，以便更换熔断器时电压回路不断电。

(5)变电所采用双母线系统时，当回路从一条母线切换到另一条母线时，其测量与计量仪表和保护装置应能转换到相应的母线的电压互感器上。

17.3.4.3 电压互感器接线图实例

电压互感器原理接线图实例见图17-27和图17-28。

17.3.5 绝缘监视

17.3.5.1 交流系统

企业内6～10kV系统一般采用三相三线圈电压互感器，利用其接成开口三角形的辅助二次线圈构成

表 17-19　电压互感器在不同接线时各相负荷的计算公式

电压互感器与负荷的接线方式	向　量　图	各相负荷的计算公式		
	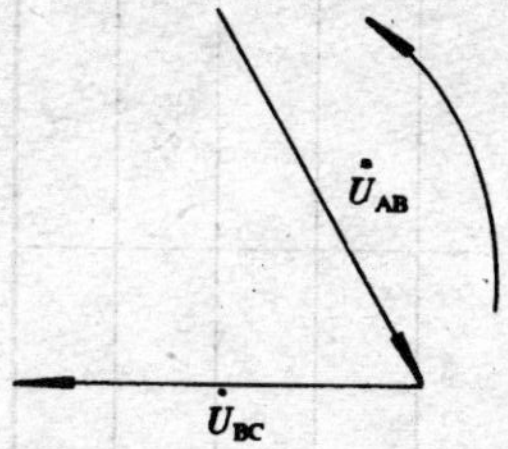	$P_A=\frac{1}{\sqrt{3}}[W_{ab}\cos(\varphi_{ab}-30°)+W_{ca}\cos(\varphi_{ca}+30°)]$ $Q_A=\frac{1}{\sqrt{3}}[W_{ab}\sin(\varphi_{ab}-30°)+W_{ca}\sin(\varphi_{ca}+30°)]$ $W_A=\sqrt{P_A^2+Q_A^2}$	$P_B=\frac{1}{\sqrt{3}}[W_{ab}\cos(\varphi_{ab}+30°)+W_{bc}\cos(\varphi_{bc}-30°)]$ $Q_B=\frac{1}{\sqrt{3}}[W_{ab}\sin(\varphi_{ab}+30°)+W_{bc}\sin(\varphi_{bc}-30°)]$ $W_B=\sqrt{Q_B^2+P_B^2}$	$P_C=\frac{1}{\sqrt{3}}[W_{bc}\cos(\varphi_{bc}+30°)+W_{ca}\cos(\varphi_{ca}-30°)]$ $Q_C=\frac{1}{\sqrt{3}}[W_{bc}\sin(\varphi_{bc}+30°)+W_{ca}\sin(\varphi_{ca}-30°)]$ $W_C=\sqrt{P_C^2+Q_C^2}$
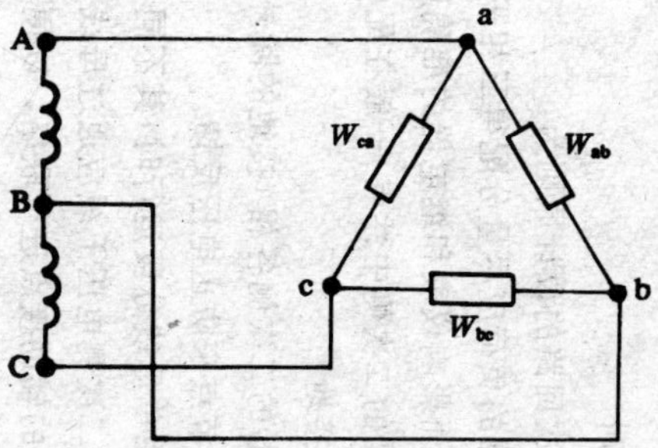	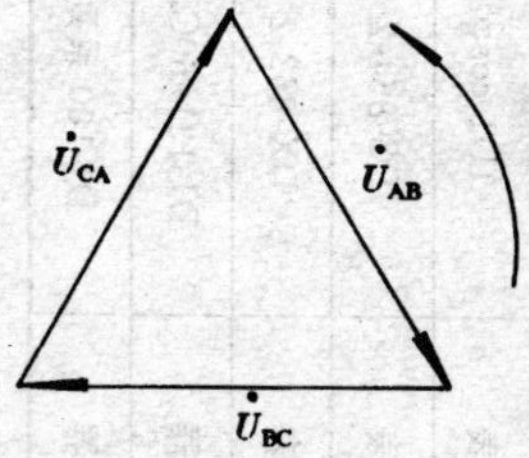	$P_A=\frac{1}{\sqrt{3}}W_{ab}\cos(\varphi_{ab}-30°)$ $Q_A=\frac{1}{\sqrt{3}}W_{ab}\sin(\varphi_{ab}-30°)$ $W_A=\sqrt{P_A^2+Q_A^2}$	$P_B=\frac{1}{\sqrt{3}}[W_{ab}\cos(\varphi_{ab}+30°)+W_{bc}\cos(\varphi_{bc}-30°)]$ $Q_B=\frac{1}{\sqrt{3}}[W_{ab}\sin(\varphi_{ab}+30°)+W_{bc}\sin(\varphi_{bc}-30°)]$ $W_B=\sqrt{P_B^2+Q_B^2}$	$P_C=\frac{1}{\sqrt{3}}W_{bc}\cos(\varphi_{bc}+30°)$ $Q_C=\frac{1}{\sqrt{3}}W_{bc}\sin(\varphi_{bc}+30°)$ $W_C=\sqrt{P_C^2+Q_C^2}$

续表 17-19

<table>
<tr><th>电压互感器与负荷的接线方式</th><th>向　量　图</th><th colspan="2">各相负荷的计算公式</th></tr>
<tr><td>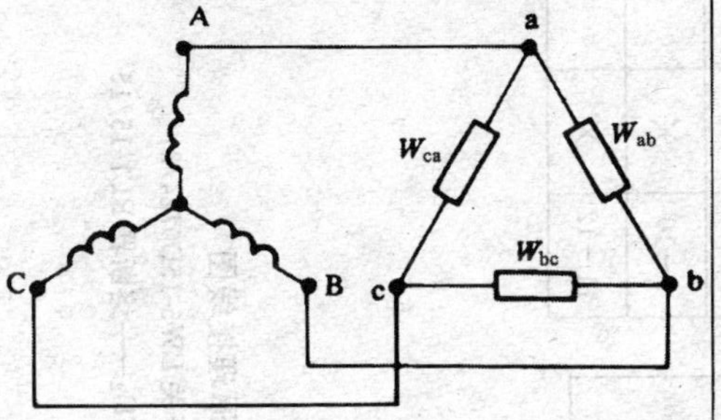</td><td>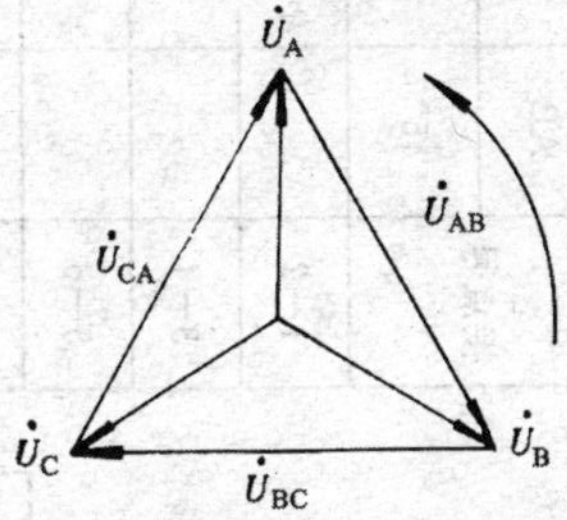</td><td>$P_{AB}=W_{ab}\cos\varphi_{ab}$
$Q_{AB}=W_{ab}\sin\varphi_{ab}$
$W_{AB}=\sqrt{P_{AB}^2+Q_{AB}^2}$</td><td>$P_{BC}=W_{bc}\cos\varphi_{bc}$
$Q_{BC}=W_{bc}\sin\varphi_{bc}$
$W_{BC}=\sqrt{P_{BC}^2+Q_{BC}^2}$</td></tr>
<tr><td>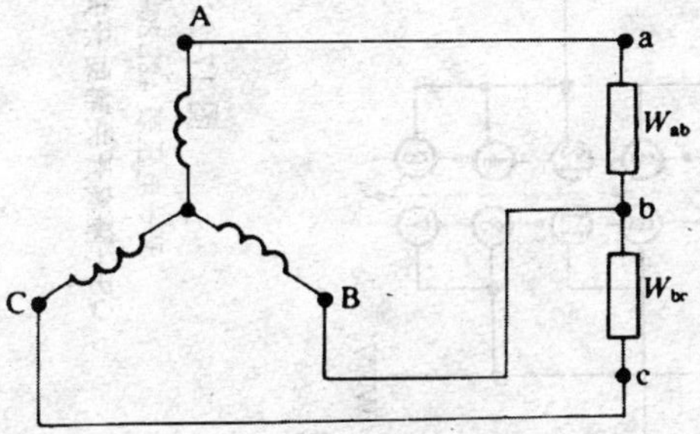</td><td>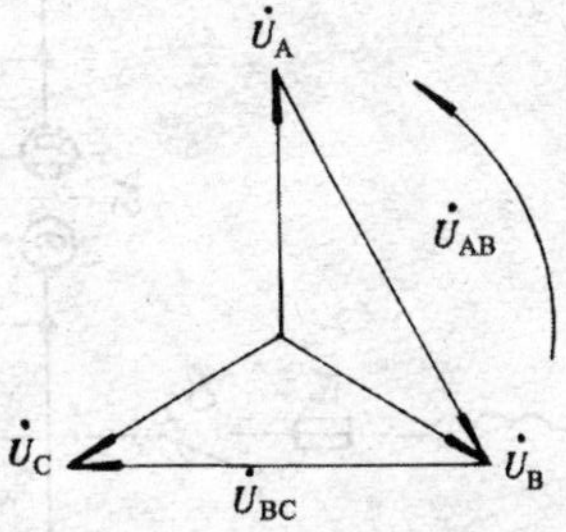</td><td>$P_{AB}=W_{ab}\cos\varphi_{ab}+W_{ca}\cos(\varphi_{ca}+60°)$
$Q_{AB}=W_{ab}\sin\varphi_{ab}+W_{ca}\sin(\varphi_{ca}+60°)$
$W_{AB}=\sqrt{P_{AB}^2+Q_{AB}^2}$</td><td>$P_{BC}=W_{bc}\cos\varphi_{bc}+W_{ca}\cos(\varphi_{ca}-60°)$
$Q_{BC}=W_{bc}\sin\varphi_{bc}+W_{ca}\sin(\varphi_{ca}-60°)$
$W_{BC}=\sqrt{P_{BC}^2+Q_{BC}^2}$</td></tr>
</table>

的零序电压过滤器，出现零序电压来进行绝缘监视。

反映零序电压有两种方法：

(1) 采用电压继电器，其接线如图 17-28 所示。继电器用 DJ-131/60CN 型（DY-23C/60C、DY-32/60C 型），其电压整定值应避开正常情况下的不平衡电压，一般整定为 15V 左右。

(2) 采用电流继电器，其接线如图 17-29 所示。继电器用 DL-11/0.2 型（DL-21C/0.2、DL-31/0.2 型），附加电阻为 ZG11-15A 型，150Ω 可调式，装置的灵敏度，当继电器的整定电流为 0.1A 时约为线电压的 15%。

上述整定值适用于企业投产初期，随着建设的进展，应根据企业具体情况整定，以防止误动作。

当企业配电系统中发生单相接地故障时，继电器动作并发出预报信号。

17.3.5.2 直流系统

直流系统的绝缘监视是利用接地漏电流原理。目前实际使用的几种直流系统绝缘监视装置接线示于图 17-30 至 17-32。

图 17-30、图 17-31 通常用于较简单的直流系统。

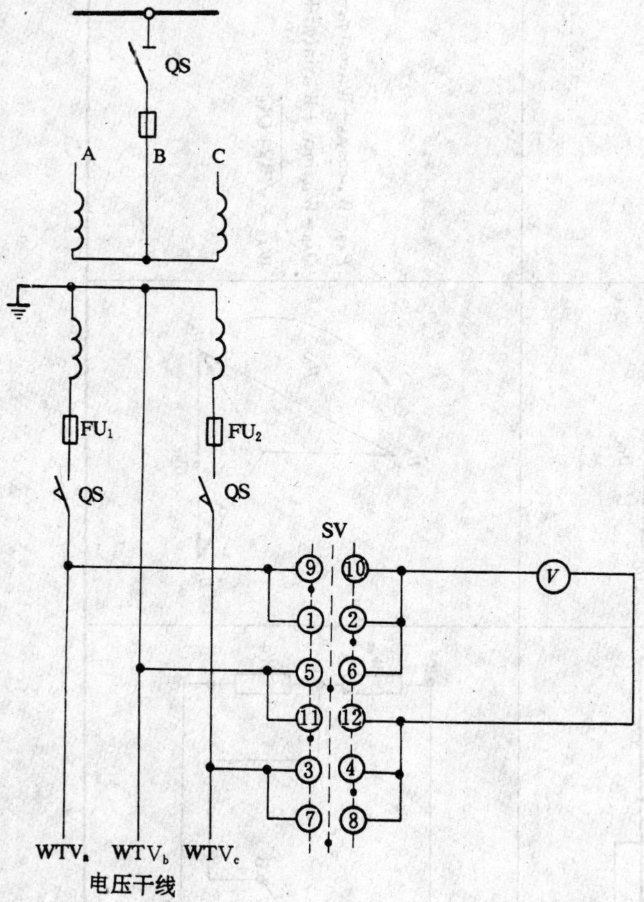

"SV"电压表切换开关接点图表

LW 5-15D0724/3			
接点号	AB	BC	CA
	45°	0	45°
1—2			×
3—4			×
5—6		×	
7—8		×	
9—10	×		
11—12	×		

图 17-27 电压互感器原理接线图

V—电压表 42L20-V；SV—切换开关 LW5-15D0724/3；

QS—隔离开关辅助开关 F1-4；FU_1，FU_2——熔断器 RL1-15/15

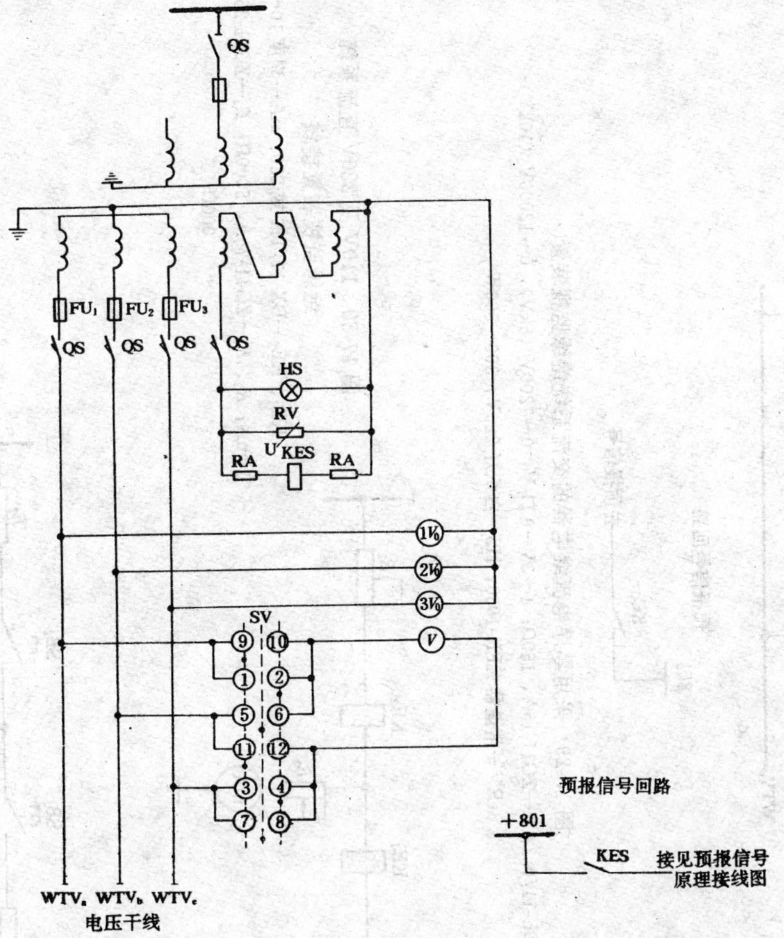

"SV"电压表切换开关接点图表

LW 5-15D0724/3			
接点号	AB	BC	CA
	45°	0	45°
1—2			×
3—4			×
5—6		×	
7—8		×	
9—10	×		
11—12	×		

图 17-28　电压互感器原理接线图

V—电压表 42L 20-V；$1V_0$～$3V_0$—电压表 42L 20-V；KES—电压继电器 DJ-131/60CN；SV—切换开关 LW5-15D0724/3；QS—隔离开关辅助开关 F1-6；RA—附加电阻（在 DJ-131/60CN 继电器内）；FU_1～FU_3—熔断器 RL1-15/15；RV—消谐器 KFK-1060；HS—白炽灯，220V，300～500W

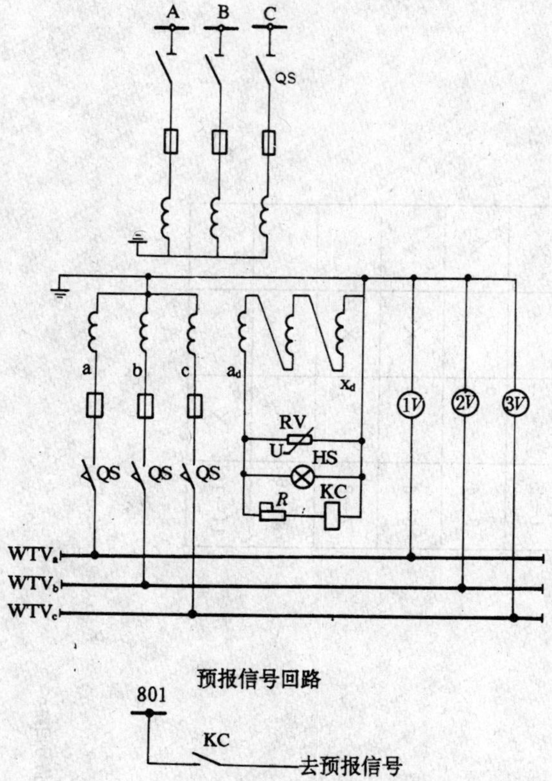

图 17-29 采用零序电流继电器的交流系统绝缘监视装置

KC—DL-11/0.2；R—ZG11-15A，150Ω；1～3V—1T1-V，0～7200V（6kV），0～12000V（10kV）；RV—消谐器 KFK-1060；HS—白炽灯 220V，300～500W

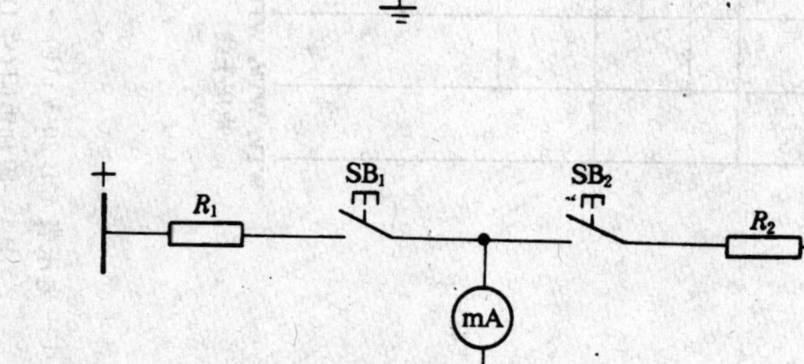

图 17-30 110V 及 220V 直流系统绝缘监视装置接线

KE_1、KE_2—DX-11/110 或 220；mA—刻度 10～0～10mA；R_1、R_2—ZG11-75A，5000Ω；R_3—ZG11-25A，1000Ω

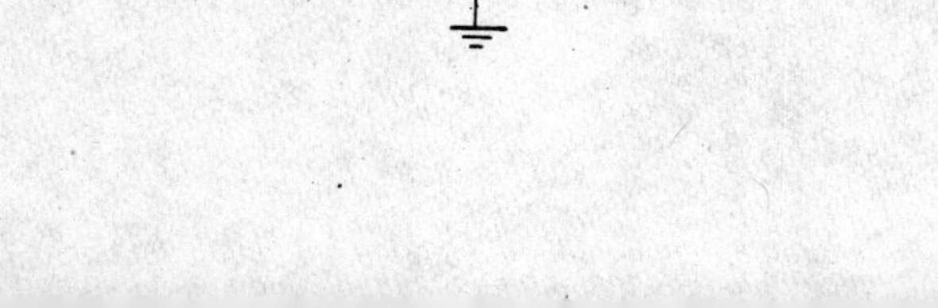

图 17-31 24V 及 48V 直流系统绝缘监视装置接线

R_1、R_2—ZG11-15A，300Ω（600Ω）；mA—$1C_1$，75～0～75mA；KSR—DX11/0.05；SB_1、SB_2—LA_2

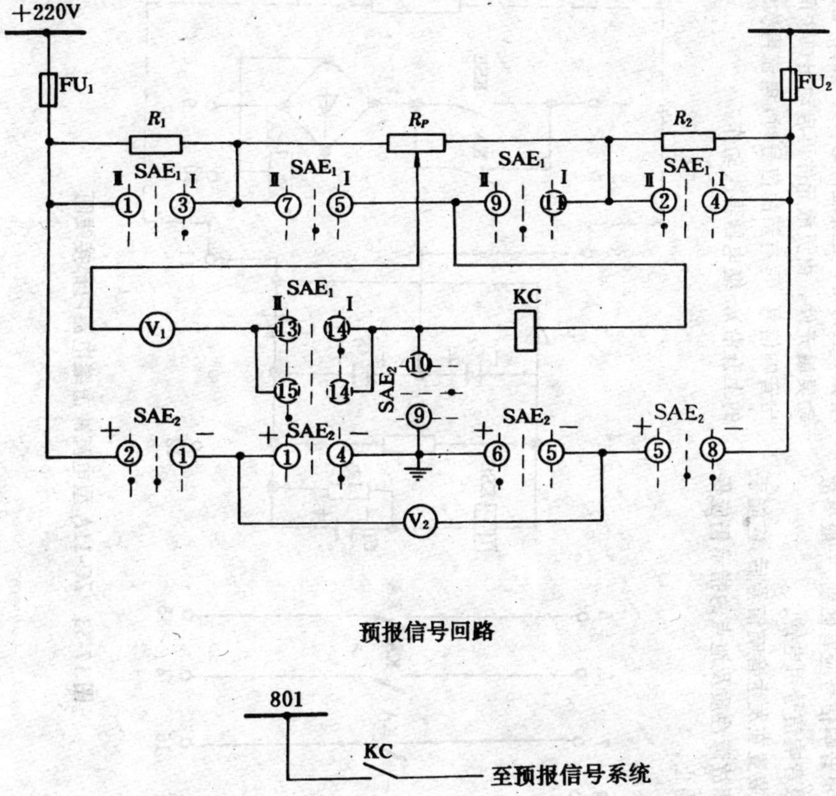

"SAE1"开关接点图表

在母线位置手柄（正面）外形图和接点组（背面）接线图	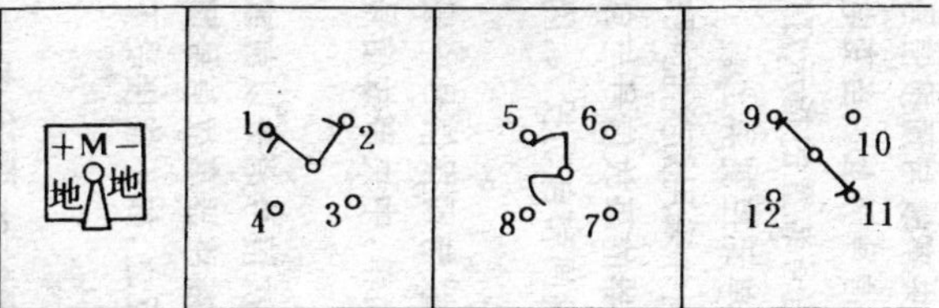					
手柄和接点组型式	F6—8X	7		6		1
接点号 / 位置		1—2	1—4	5—6	5—8	9—11	10—12
母线		×	—	—	×	×	—
"—"对地		—	×	—	×	—	—
"+"对地		×	—	×	—	—	—

"SAE2"开关接点图表

在母线位置手柄（正面）外形图和接点组（背面）接线图	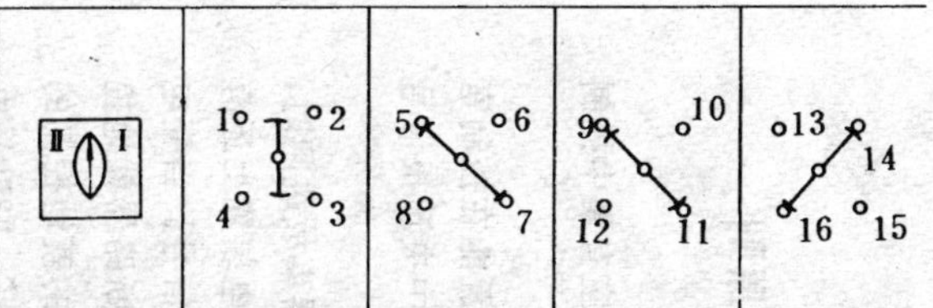								
手柄和接点组型式	F4—8X	2		1		1		7	
接点号 / 位置		1—3	2—4	5—7	6—8	9—11	10—12	13—14	14—15
信号					×		×		
测量位置Ⅰ		×						×	
测量位置Ⅱ			×						×

图 17-32　220V 直流系统绝缘监视装置原理接线图

V_1—高内阻直流电压表 $1C_2$-V，量限 150～0～150V，0～∞～0kΩ，内阻 100kΩ；V_2——高内阻直流电压表 $1C_2$-V，量限 0～250V，内阻 100kΩ；KC—电流继电器 DL-11/2.45，2.45mA；SAE1—转换开关 LW2-2.1.1.7/F4-8X；SAE2—转换开关 LW2-W-6a.6.1/F6-8X；R_1、R_2—电阻 ZG11-50，1000Ω，50W；RP—电位器，1000Ω，50W；FU_1、FU_2—熔断器 R_1，250V，10/4A

17.4 中央信号装置

17.4.1 中央信号装置的设计原则

中央信号装置的设计原则为：

(1)变电所为集中控制时，控制室内应有集中控制的断路器的跳、合闸位置指示信号。

(2)所有有人值班的变电所，均应设置能在控制室或值班室内解除音响的中央事故信号和中央预报信号装置。

(3)中央事故信号装置在任何断路器事故跳闸时，能及时发出音响信号，在控制屏上或配电装置上还有表示该回路事故跳闸的灯光或其他指示信号。当变电所为一部分断路器集中控制、另一部分断路器就地控制时，宜在控制室内设置指示事故跳闸的就地控制的断路器所在地区的光字牌，如“6kVI段”、“35kV北侧”等。

(4) 中央预报信号装置应保证在任何回路内发生故障时，能及时发出音响信号，并有显示故障性质和地点的指示（光字牌或信号继电器），以便值班人员对之迅速作出处理，避免故障的扩大。

(5)中央事故与预报音响信号应有区别。一般事故音响信号用电笛，预报音响信号用电铃。

(6)中央预报信号装置在发生音响信号后，应能手动或自动复归音响，而故障性质及地点的指示仍应保持，直至故障消除时为止。

(7) 企业变电所一般将中央事故与预报信号装置的所有设备集中装设在单独的信号屏上。当变电所为集中控制，需要时也可将预报信号装置的指示灯（光字牌或信号继电器）分散装于各单元控制屏上。

(8)企业变电所为直流控制并采用灯光监视时，一般设有闪光装置，用以与断路器的事故信号与自动装置相配合，指示断路器的事故跳闸和自动投入。闪光电源一般装在直流控制电源屏上。

(9) 企业变电所的中央事故与预报信号一般应能重复动作。如变电所主接线较简单，中央事故信号可为不重复动作。

所谓重复动作是指在上一次信号消失以前或在控制开关（或操动手柄）使相应的断路器事故信号回路断开以前仍能接受下一次信号。反之，如不能接受下次信号，则为不重复动作。

17.4.2 中央信号装置的主要设备——冲击继电器

重复动作的中央信号装置的主要设备为冲击继电器。其基本原理是，利用一串联在直流信号回路中的微分变流器或电阻电容微分电路，将回路中持续电流的增量（上升沿）变成短暂的（尖峰的）电流脉冲，去启动灵敏元件，由灵敏元件再启动出口中间元件动作发出音响信号。再有新的信号时，电流再次增加（产生新的上升沿），继电器再次动作。

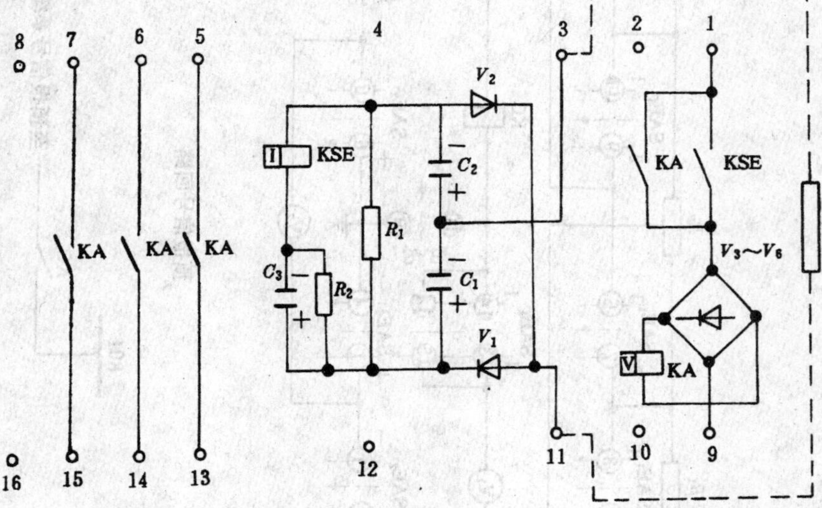

图 17-33 ZC-11A 型电流冲击继电器内部接线图

ZC-11A 型交流冲击继电器内部接线图见图 17-33；应用示例见图 17-34。该继电器使用交流操作电源。KSR_1 闭合时，流过 RAR 的电流产生一个增量，经 V_1、V_2、C_1、C_2 倍压整流后给 C_3 充电，使干簧继电器 KSE 动作。干簧继电器的常开接点接通中间继电器 KA，KA 的常开触点接通音响信号并使 KA 自保持。其后，电阻 RAR 上的电流趋于稳定，电容器 C_3 充电过程结束，干簧继电器失去电流而返回。用按钮 SB 解除音响后，信号接点 KSR_1 继续闭合，信号灯 HL_1 燃亮，显示故障的性质和存在。这时，若有新故障，信号接点 KSR_2-KSR_{20}中任一闭合，电阻 RAR 上将产生新的电流增量，冲击继电器又重复上述过程，即能达到"重复动作"。电阻 RAR 不在冲击继电器内，但可成套供货，需在订货时指明。

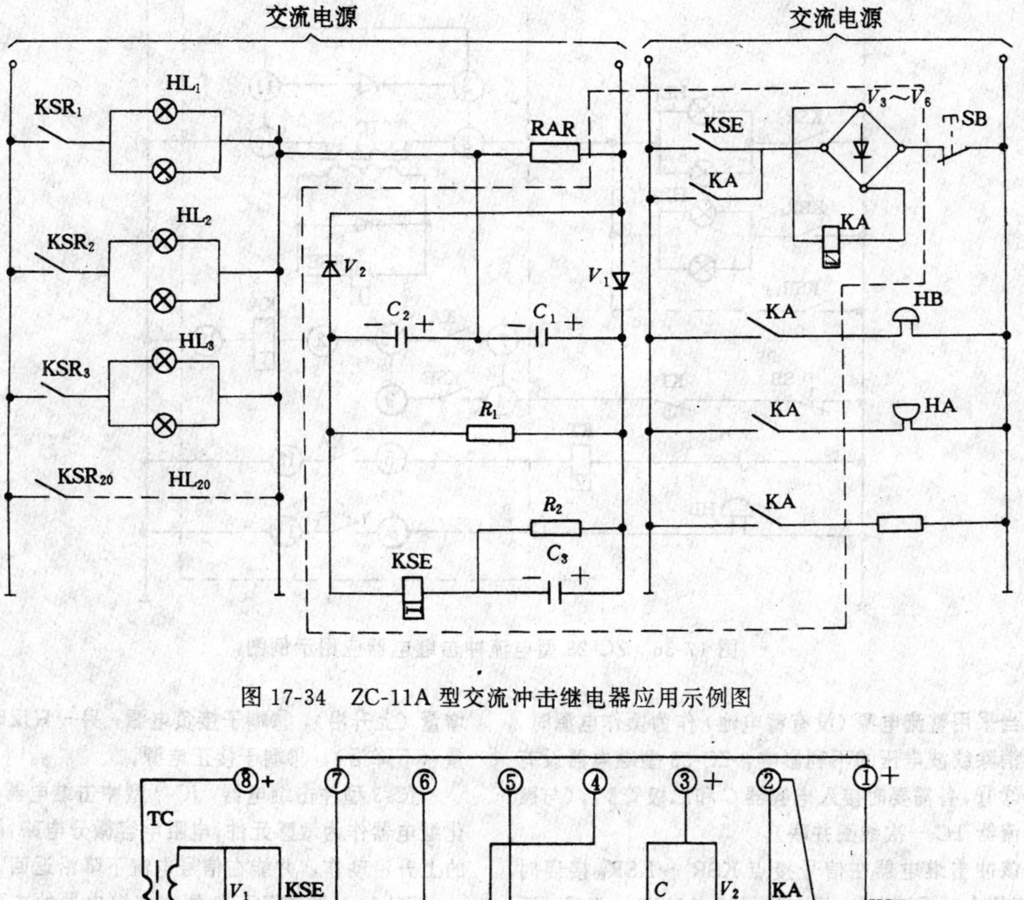

图 17-34　ZC-11A 型交流冲击继电器应用示例图

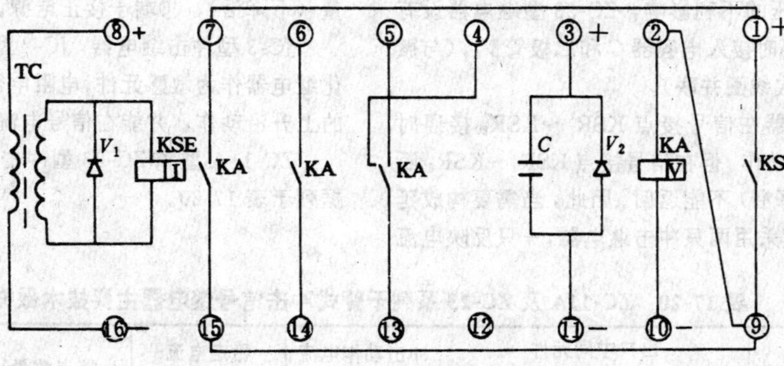

图 17-35　ZC-23　型直流冲击继电器内部接线圈

ZC-23 型冲击继电器内部接线图见图 17-35；应用示例见图 17-36。该继电器使用直流操作电源。出现故障，例如信号继电器接点KSR_1闭合，流过微分变流器（直流变压器）TC 一次线圈的电流产生一个增量（上升沿），其二次线圈产生一个与一次线圈$\frac{di}{dt}$成正比的电流，使干簧继电器 KSE 动作，经中间继电器 KA 出口，电铃 HB 发出信号；最后，由时间继电器 KT 延时解除音响，或由按钮 SB 手动解除音响。这时，信号接点KSR_1继续闭合，指示灯HL_1燃亮，但微分变流器 TC 一次线圈电流已稳定，即$\frac{di}{dt}=0$，干簧继电器失去电流而返回。若再有新的故障，KSR_2～KSR_{20}中之任一闭合，微分变流器 TC 一次线圈又产生新的增量，冲击继电器又重复上述过程，能“重复动作”。

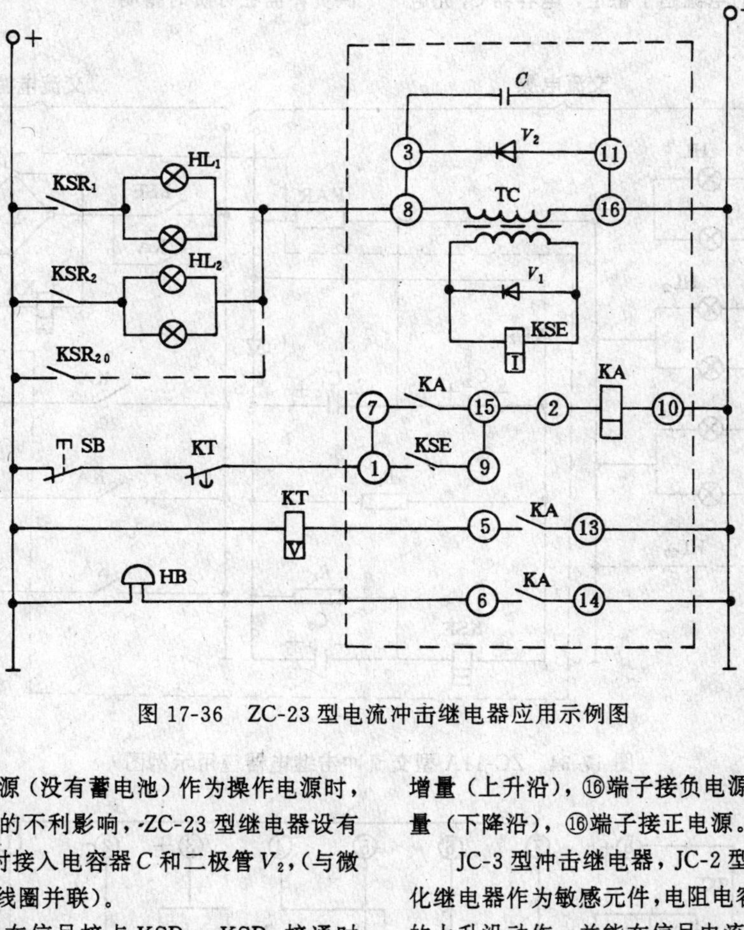

图 17-36 ZC-23 型电流冲击继电器应用示例图

当采用整流电源（没有蓄电池）作为操作电源时，为了消除纹波电压的不利影响，ZC-23 型继电器设有端子③⑪，备需要时接入电容器C和二极管V_2，(与微分变流器 TC 一次线圈并联)。

该冲击继电器在信号接点KSR_1～KSR_{20}接通时（电流的上升沿）动作，但在信号接点KSR_1～KSR_{20}断开时（电流的下降沿）不能返回。因此，当需要构成延时报警系统时，应采用两只冲击继电器，一只反映电流增量（上升沿），⑯端子接负电源；另一只反映电流减量（下降沿），⑯端子接正电源。

JC-3 型冲击继电器，JC-2 型冲击继电器，采用极化继电器作为敏感元件，电阻电容微分电路，能在信号的上升沿动作，并能在信号电流下降沿返回。

ZC-11A 型和 ZC-23 型冲击继电器的主要技术数据列于表 17-20。

表 17-20 ZC-11A 及 ZC-23 系列干簧式冲击信号继电器主要技术数据

型号	出口中间元件		冲击动作电流 (A)	稳定电流 (A)	接点数量	接点断开
	电压 (V)	功率消耗 (W)				
ZC-11A/220 ZC-11A/100	～220 ～100	不大于 5	不大于 0.2	不小于 4	3 常开	直流，40W 交流不大于 50VA

续表 17-20

型　　号	出口中间元件		冲击动作电流（A）	稳定电流（A）	接点数量	接点断开
	电压（V）	功率消耗（W）				
ZC-23/220	−220	不大于10	不大于0.16	不大于3.2	2常开，1转换	同上
ZC-23/110 ZC-23/48 ZC-23/24	−110 −48 −24	不大于10	不大于0.16	不大于3.2	2常开，1转换	直流，40W 交流不大于50VA

注：ZC-11A系列继电器的外带附加电阻为FZ-5型，电阻值10Ω，外形尺寸为231×62×118（高×宽×深）。

17.4.3 中央事故信号装置的接线

图17-37是中央复归音响信号后能重复动作的事故信号接线图，其动作原理如下：当断路器事故跳闸时，单独的信号脉冲回路将正电源加到事故音响小母线WES上，冲击继电器KSI_1的变流器获得脉冲信号，经微分后使灵敏元件动作，通过出口中间元件的常开接点KSI_1启动中间继电器KA_1发出电笛音响信号。当脉冲过去后，灵敏元件失电，出口中间元件自保持于吸合状态。复归时按下按钮SSR_1，冲击继电器的出口中间元件断电，其常开触点KA_1断电，音响信号停止。此时，信号回路已经稳定，微分变流器没有输出（因为$\frac{di}{dt}=0$），灵敏元件不动作，冲击继电器就作好了第二次动作的准备。当信号回路的信号消失时，由于微分变流器的作用，灵敏元件得反向脉冲电压，由于二极管旁路，故灵敏元件不动作，整个冲击继电器也就不动作。

在每一脉冲信号回路内串联一电阻（R或R_2），这些电阻能保证出现事故信号时，通过冲击继电器的电流递增值（电流增量）不小于规定值。

图17-38是利用电压互感器作为电源的中央事故信号接线图，其动作原理如下：在断路器事故跳闸时，单独的信号回路使事故音响小母线WES获正电源，电笛通电发出音响信号。复归时扳动转换开关SA至“解除”位置，音响信号停止，同时使红灯HR发出闪光。当信号回路的信号消失后，扳回转换开关SA至“工作”位置，红灯HR熄灭，做好第二次动作的准备。此种接线不能重复动作。

17.4.4 中央预报装置的接线

中央预报信号装置一般按重复动作考虑。图17-39是直流操作的预报信号接线图，其动作原理与图17-37的事故信号接线图相类似。不同之处在于每个信号脉冲回路内的串联电阻代之以光示牌的两个并联的灯泡，并作灯光指示信号。同时还增加了转换开关SCP，供检查光示牌灯泡之用。在正常工作时，转换开关SCP放在“工作”位置，检查时扳到“检查”位置，所有光示牌都应明亮，表示灯泡完好。这种接线在预报信号较多的变电所中被广泛采用。

图17-40是利用电压互感器作为电源的中央预报信号接线图，其动作原理如下：以KSR_2回路为例说明之。在出现预报信号时，中间继电器KSR_2的常闭接点使预报音响小母线WPS获正电源，电铃HB通电发出音响信号。此时，值班人员应立即按下按钮SSR_2，中间继电器KA_{21}短时接电，其所有常开接点闭合，中间继电器KSR_2遂即通电动作，其常闭接点将电铃回路断开，音响信号停止；同时其常开接点将本身闭锁保持吸合状态，并接通光示牌HL_2回路显示故障的性质和地点。在预报信号消失时，中间继电器KSR_2失电，自动复归。接线同样具有转换开关SCP，供检查光示牌灯泡是否完好之用。

17.4.5 中央信号装置接线实例

17.4.5.1 重复动作的信号系统

图17-41选自全国通用电气装置标准图集D267。此信号系统适用一部分断路器集中在控制室控制，另一部分断路器分散在配电装置上就地控制的变电所。

A　事故信号系统

集中控制的断路器的事故信号，由控制开关和断路器的辅助接点按不对应原则组成，再串以形成电流增量的电阻，接在事故音响小母线WES与负电源702之间。

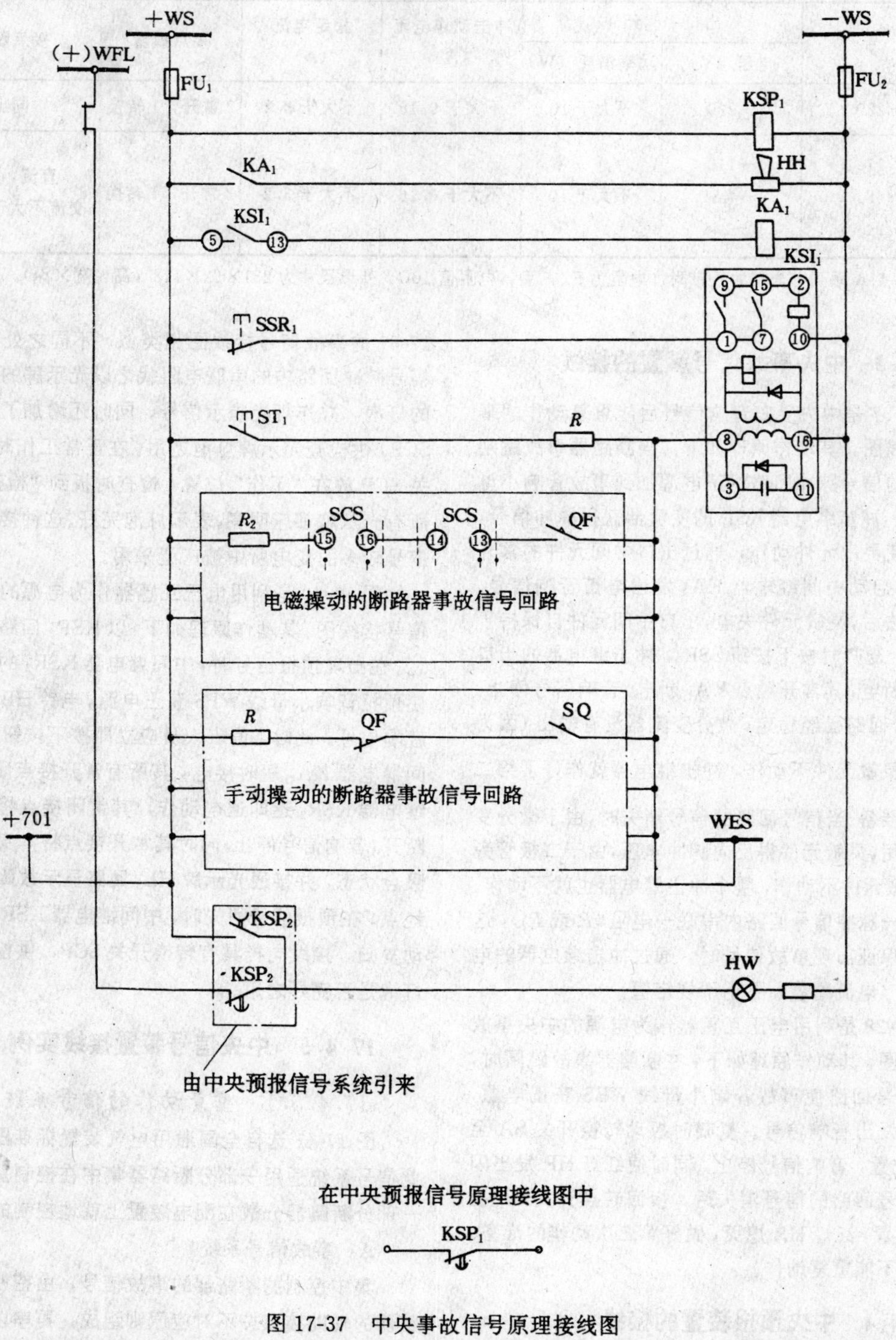

图 17-37 中央事故信号原理接线图

KSI_1—冲击继电器 ZC-23/▭；KSP_1—中间继电器 DZS-145；KA_1—中间继电器 ZJ3-2；ST_1—控制按钮 LA2，黑色 SSR_1—控制按钮 LA_2，黑色；HW—乳白色信号灯，带电阻，XD5；R—管型电阻 ZG11-50，800Ω（信号电源为−220V 时用）或 ZG11-25，400Ω（信号电源为−110V 时用）；HH—电笛 DDZ1；FU_1、FU_2—熔断器 RL_1-15/6

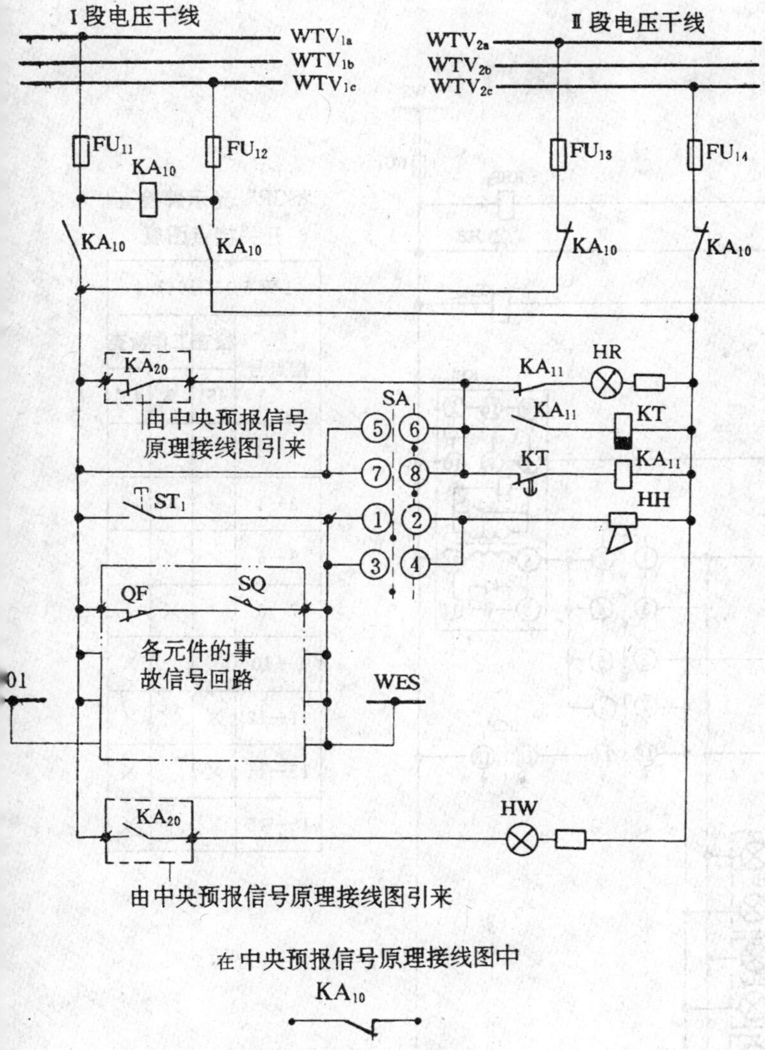

"SA"转换开关接线图表

LW5-15 C0391/2

接点号	工作	解除
	0	45°
1—2	×	
3—4	×	
5—6		×
7—8		×

图 17-38　中央事故信号原理接线图

KA_{10}—中间继电器 JZ7-44，～110V；KA_{11}—中间继电器 JZ7-44，～110V；KT—时间继电器 DSJ-12，～110V；SA—转换开关 LW5-15C0391/2；ST_1—控制按钮 LA2，黑色；HR—红色信号灯，附电阻，XD5，～110V；HW—乳白色信号灯，附电阻，XD5，～110V；HH—电笛 DDJ1，～110V；FU_{11}～FU_{14}—熔断器 RL1-15/6

就地控制的断路器的事故信号，由控制开关或操作手柄辅助接点与断路器的辅助接点按不对应原则组成，但不应再串电阻，按断路器所属的母线段，分别接于信号小母线 WAS 与 $WES_{2Ⅰ}$、$WES_{2Ⅱ}$之间，汇总后，经中间继电器 KES_1，KES_2 接往冲击继电器 KSI_1 发音响信号，并燃亮光示牌 HL_1、HL_6 指明事故跳闸的所在区域。

电笛发出音响后，观察控制屏上的绿灯有无闪光、信号屏上的 HL_1、HL_6 是否燃亮，即可判明事故跳闸的是否为集中控制的断路器，或去配电室进一步查找事故跳闸的就地控制的断路器。

B　预报信号系统

集中控制对象的每一种预报信号有一个光示牌，由信号接点接于小母线 WA 和 WSP_1，WSP_2 之间，去起动冲击继电器 KSI_2 并燃亮相应的光示牌。

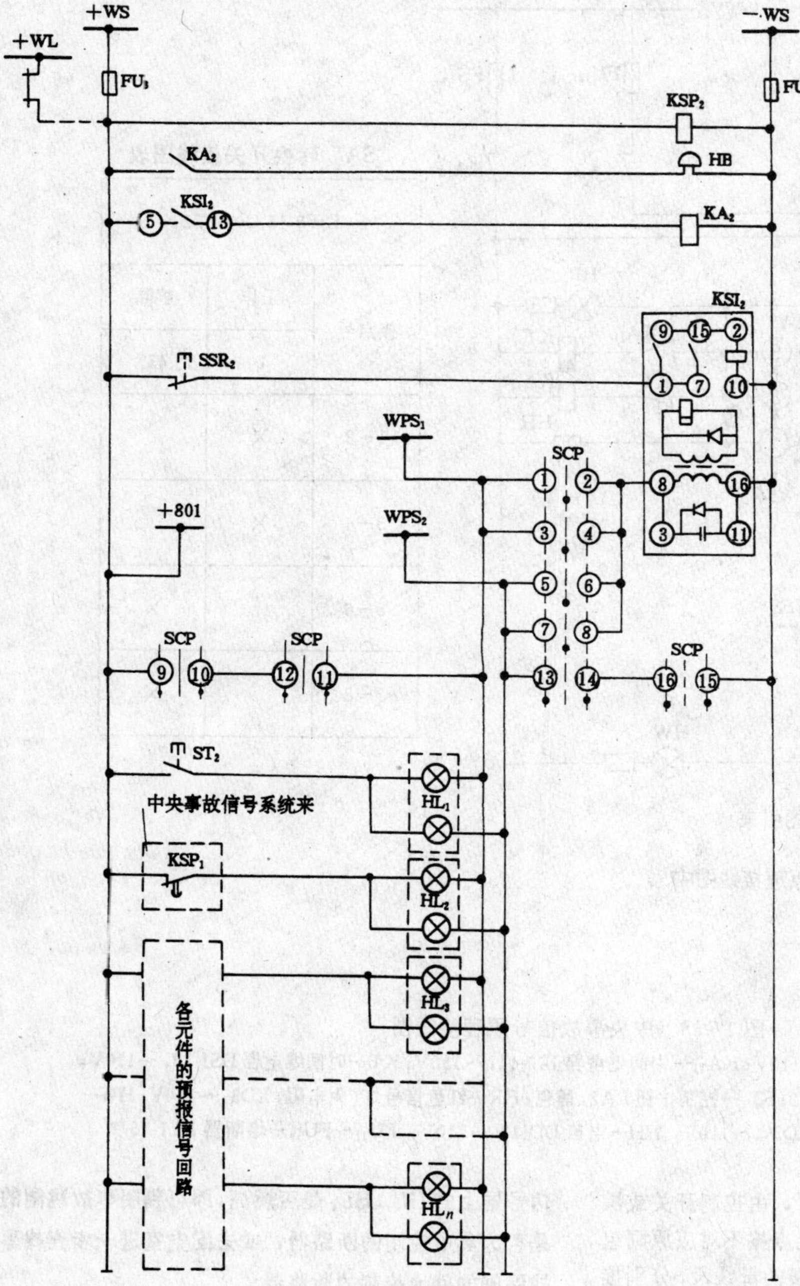

"SCP"光示牌检查开关接点图表

LW 5-15D1047/4			
接点号	检查	工作	检查
	45°	0	45°
1—2		×	
3—4		×	
5—6		×	
7—8		×	
9—10	×		×
11—12	×		×
13—14	×		×
15—16	×		×

在中央事故信号原理接线图中

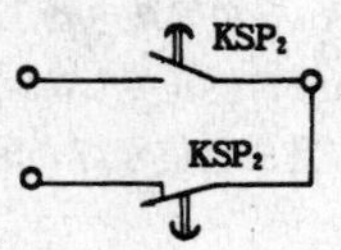

图 17-39 中央预报信号原理接线图

KSI_2—冲击继电器 ZC-23/▭；KSP_2—中间继电器 DZS-145；KA_2—中间继电器 ZJ3-2；SCP—转换开关 LW5-15D1047/4；ST_2—控制按钮 LA2，黑色；SSR_2—控制按钮，黑色；HL_1～HL_n—光示牌 XD10；HB—电铃 UZC4-3；FU_3～FU_4—熔断器 RL_1-15/6

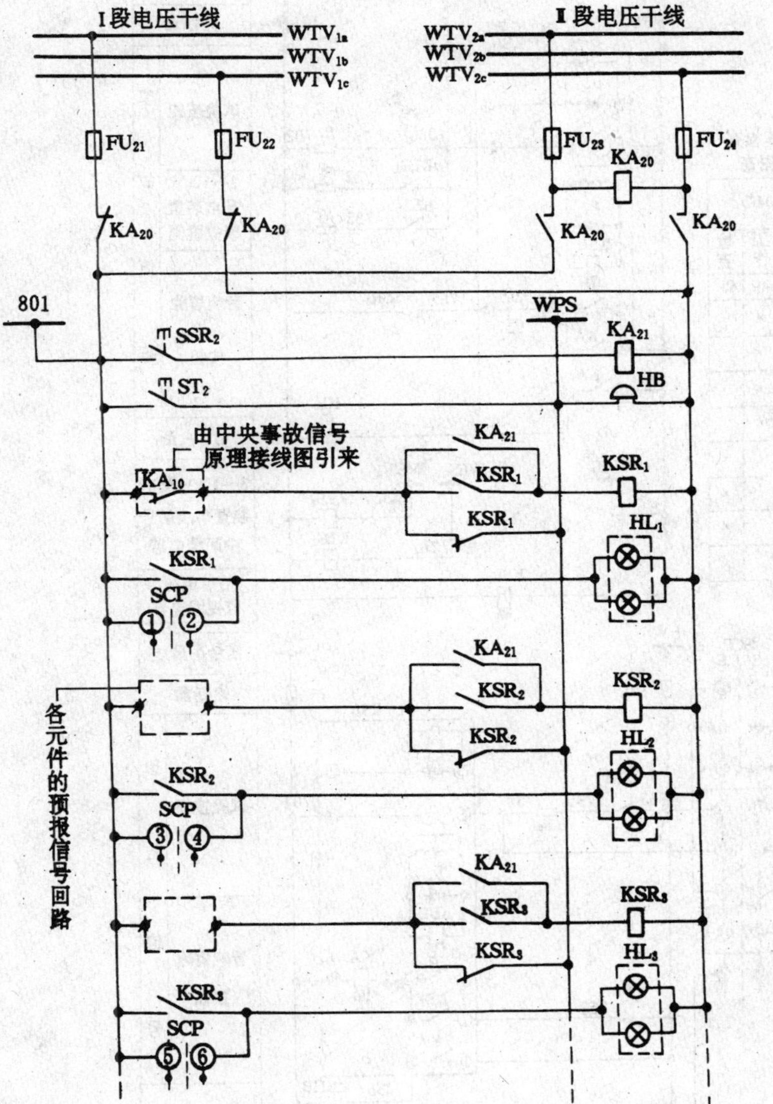

“SCP”光示牌检查
开关接点图表

LW5-15 D1043/4			
接点号	检查	工作	检查
	45°	0	45°
1—2	×		×
3—4	×		×
5—6	×		×
7—8	×		×
9—10	×		×
11—12	×		×
13—14	×		×
15—16	×		×

图 17-40 中央预报信号原理接线图

KA_{20}—中间继电器 JZ7-44；KA_{21}—中间继电器 JZ7-80，110V；KSR_1～KSR_2—中间继电器 JZ7-44，～110V；SCP—转换开关 LW5-15D1043/4；ST_2—控制按钮 LA2，黑色；SSR_2—控制按钮 LA2，黑色；HB—电铃 UC4-3，～110V；HL_1～HL_n—光示牌 XD10，～110V；FU_{21}～FU_{24}—熔断器 RL1-15/6

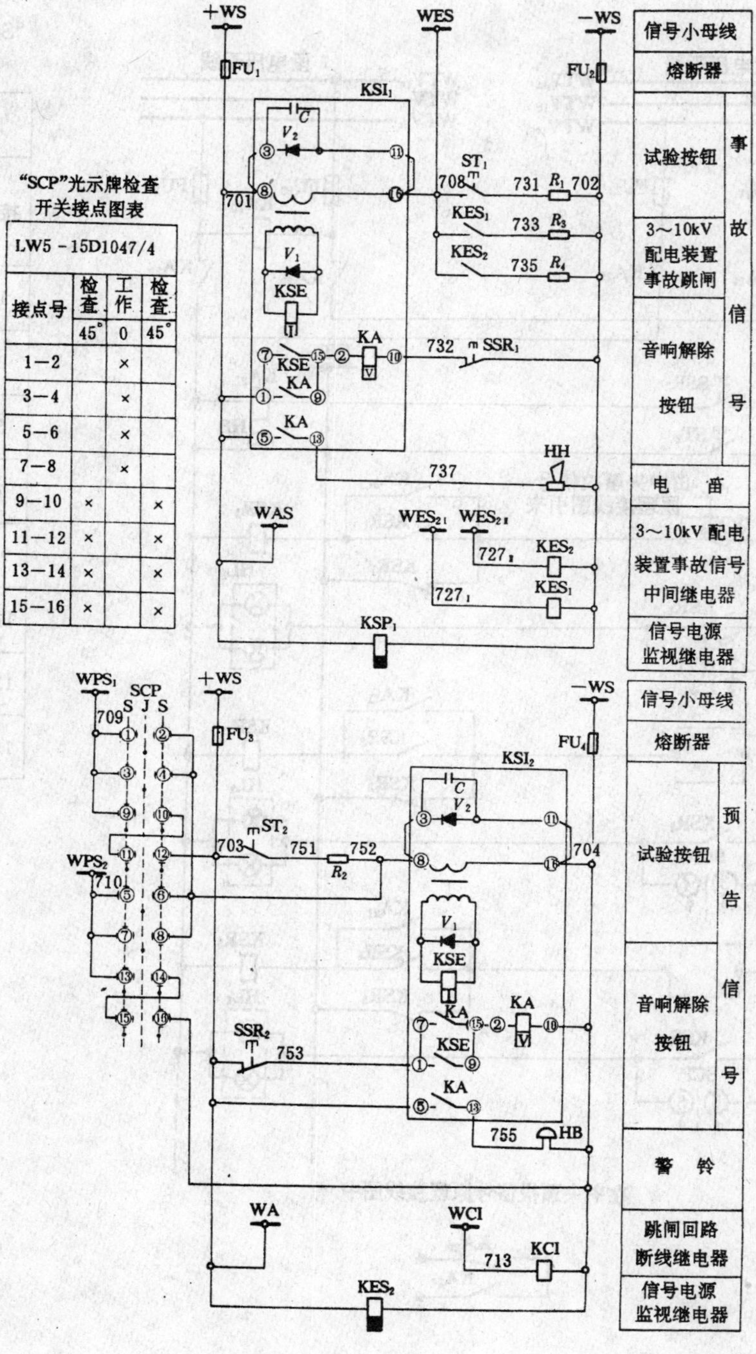

"SCP"光示牌检查开关接点图表

LW5 -15D1047/4

接点号	检查 45°	工作 0	检查 45°
1—2		×	
3—4		×	
5—6		×	
7—8		×	
9—10	×		×
11—12	×		×
13—14	×		×
15—16	×		×

图 17-41　信号系统

SCP—转换开关 LW5-15D1047/4；ST_1、ST_2、SSR_1、SSR_2—按钮 LA18-22；HW—白灯 XD5，220V，10/6；FU_3、FU_4—熔断器 RL_1-15/15；KSI_1、KSI_2—冲击继电器 ZC-23，220V；KES_1、KES_2 中间继

HH—电笛 DDZ1，220V；HB—电铃 UZC4-2，

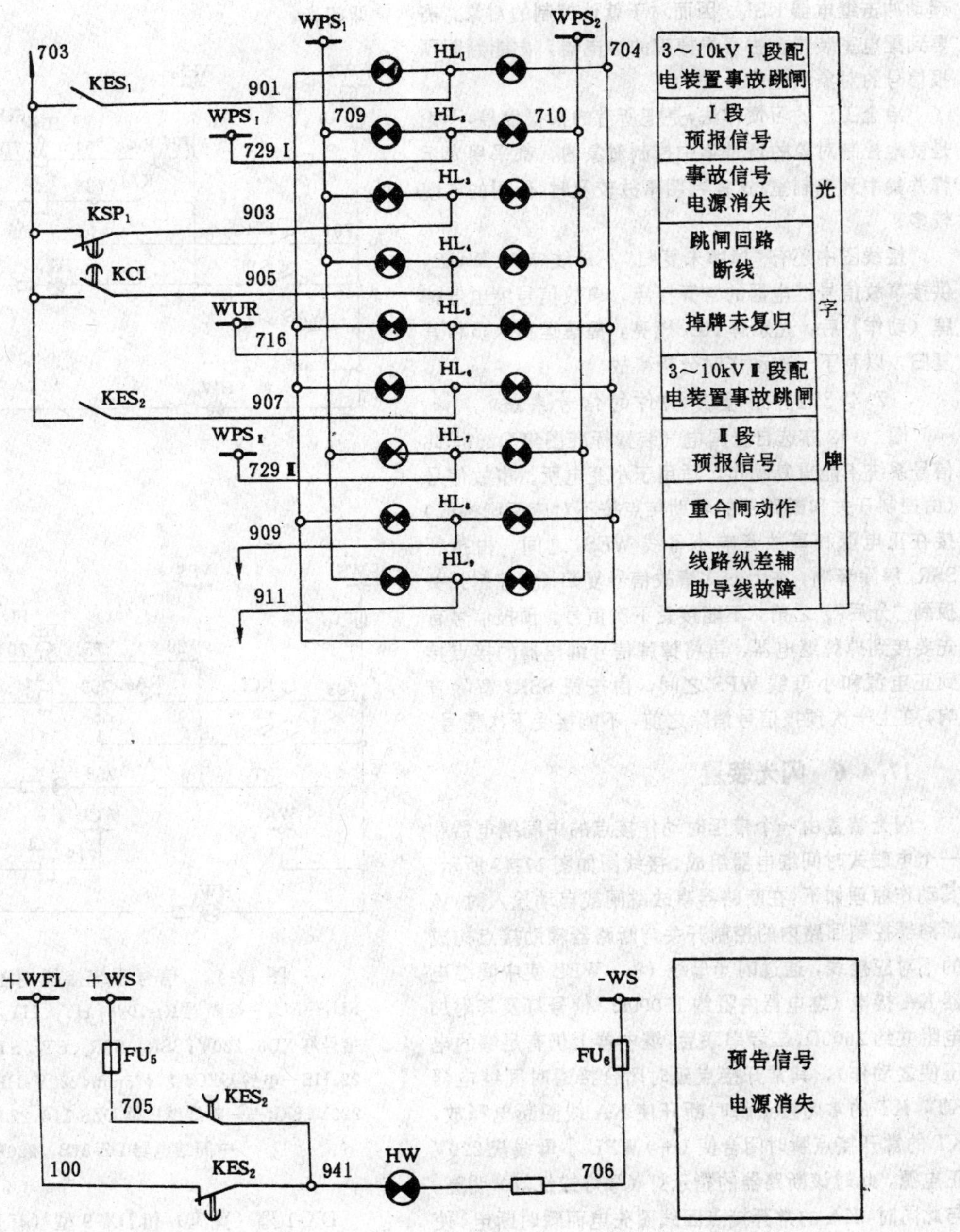

接线例图（一）

HL_1～HL_9光字牌XD10，220V；R_1、R_2—电阻ZG11-50，1000Ω；FU_1、FU_3、FU_5、FU_6—熔断器R1-
电器DZ-31B，220V；KSP_1、KSP_2—监视继电器DZS-12B，220V；KCI—断线继电器DZS-11B，220V；HH—电笛DDZ1，220V；
ϕ75mm，220V；R_3、R_4—电阻ZG11-50，1000Ω

就地控制的每一种预报信号有一个掉牌继电器，经小母线WSP_1，WSP_1汇总后由光示牌HL_2、HL_7去起动冲击继电器KSI_2。因而对于就地控制的对象，需要到配电室装置上去察看掉牌的继电器，方能判明预报信号的对象和性质。

冶金工厂的习惯作法，是把所有的预报信号，不论是就地控制对象的还是集中控制对象的，都采用光示牌并集中到控制室。这样判明事故较及时，但用的电缆较多。

接线图中还有“掉牌未复归”小母线WA、WUR，供接事故信号继电器的常开接点，事故信号继电器掉牌（动作）后，光示牌HL_5燃亮，提醒运行人员将其复归，以利下一次动作时分析事故。

17.4.5.2 非重复动作的信号系统

图17-42亦选自全国电气装置标准图集D267。此信号系统不能重复动作，适用于小变电所。事故信号（由控制开关和断路器的辅助接点按不对应原则构成）接在正电源和事故音响小母线WES_2之间，由按钮SSR_1解除音响，在上一次事故信号复归（将控制开关扳到“分后”）之前，不能接受下次信号。预报信号首先要接到掉牌继电器，再将掉牌信号继电器的接点接到正电源和小母线WPS之间，由按钮SSR_2解除音响，在上一次预报信号消除之前，不能接受下次信号。

17.4.6 闪光装置

闪光装置由一个带延时动作接点的中间继电器和一个电磁式时间继电器组成，接线图如图17-43所示。其动作原理如下：在断路器事故跳闸或自动投入时，该断路器控制回路内的控制开关与断路器辅助接点构成的不对应接线，通过闪光母线（+）WFL使中间继电器KA接电（继电器内阻约15000Ω，信号灯及其附加电阻共约2600Ω，二者串联后，继电器上仍有足够的电压使之动作），其常开接点延时闭合接通时间继电器KT，KT的常闭接点瞬时断开使KA线圈断电释放，KT的常开接点瞬时闭合使（+）WFL小母线获220V正电源，此时该断路器的指示灯（绿灯或红灯）明亮。与此同时，KA的常开接点因线圈失电而瞬时断电，使KT线圈失电，KT的常闭接点延时闭合，接通KA线圈，KT的常开接点延时断开，使（+）WFL小母线正电源消失，此时该断路器的指示灯变暗。这样两个继电器相继交替动作，使（+）WFL小母线获得脉冲电压，断路器的指示灯即一明一暗发闪光。在扳动断路器的控制开关（或操作手柄）使不对应接线断开时，指示灯即停止闪光并使闪光装置自动复归。按钮SB和指示灯HW是供试验用的，按下按钮SB，指示灯HW应即闪光。

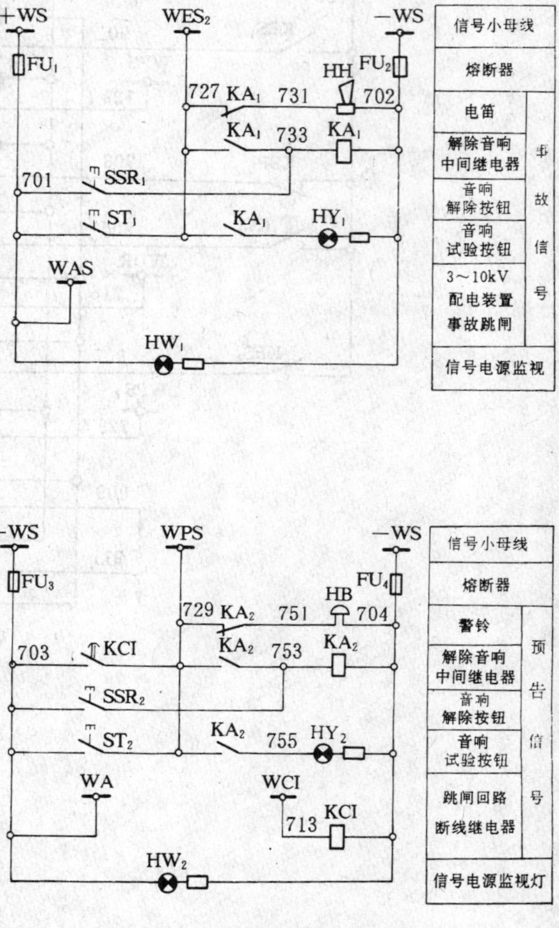

图17-42 信号系统接线例图（二）

FU_1～FU_4—熔断器R_1-10/6；HY_1、HY_2、HW_1、HW_2—信号灯XD5，220V；SSR_1、SSR_2、ST_1、ST_2—按钮LA18-22；HB—电铃UZC4-2，ϕ75mm，220V；HH—电笛DDZ1，220V；KCI——断线继电器DZS-118，220V；KA_1、KA_2—中间继电器DZ-31B，220V

DX-1型（直流）和DX-9型（有直流、交流两种规格）闪光继电器，可以代替上述闪光装置，接线图如图17-44所示。该继电器用DZS-200（DZS-11B）型中间继电器KA作执行元件，附加电阻R，电容C构成充放电回路。（+）WFL通电源后，随着电容器C的充电，KA电压线圈上的电压逐渐升高达到动作值，继电器吸合，常开接点闭合把全电压加到闪光母线（+）

WFL 上，常闭接点断开切断电压线圈的电源，电容器向电压线圈放电而维持继电器吸合。随着电容器的放电，电压线圈上的电压降低到返回值，继电器释放，常闭接点使电压线圈再次与电源接通，重复上述过程。随着 KF 的吸合和释放，接在（＋）WFL 和负电源之间的信号灯，一亮一暗地闪光。

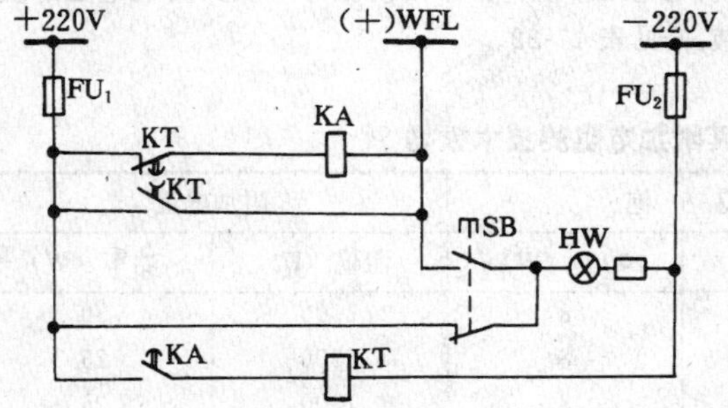

图 17-43　220V 直流系统闪光装置原理接线图

KA—中间继电器 DZS-115，−220V；KT—电磁式时间继电器 JT3-11/1，−220V，0.3～0.9s；SB—试验按钮 LA2；HW—乳白色信号灯 XD5，220V；FU_1、FU_2—熔断器 R_1，250V，10/10A

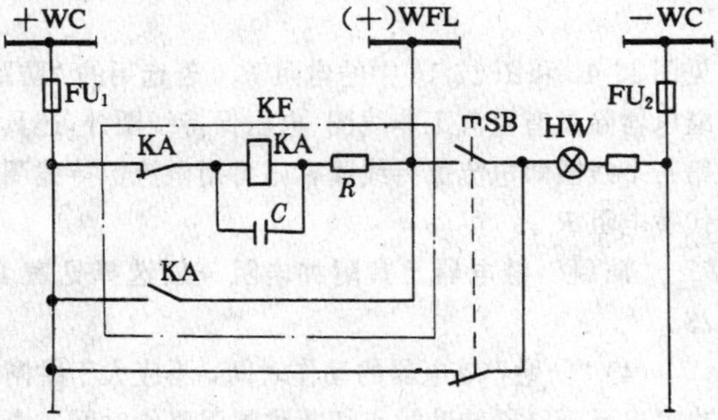

图 17-44　利用闪光继电器的接线图

KF—闪光继电器 DX-1/220；SB—按钮 LA18-22；HW—白色信号灯 XD5，220V；FU—熔断器 R_1，250V，10/10A

17.5　二次回路的保护及控制、信号回路的设备选择

17.5.1　二次回路的保护

二次回路的保护电器一般采用熔断器或小型自动开关。保护电器兼作回路检修、试验时断开电源及检查接地之用。

二次回路保护电器的配置原则为：

(1) 控制电源小母线（WC）、信号电源小母线（WS）的分支线上均应有保护。

(2)同一安装单位的控制、保护和自动装置一般共用一组保护电器。当同一安装单位有几台断路器时(如双线圈、三线圈变压器)，各断路器的控制回路应分别装设单独的保护电器，其共用的保护回路应根据主接线决定接在电源侧断路器的保护电器后。

(3)各安装单位的事故信号、预报信号回路均不装设分支保护。中央事故信号和预报信号装置应有各自的保护。

(4)所有隔离开关指示信号回路可只装设总保护。

(5)各隔离开关与断路器的闭锁回路应装设保护。

(6) 闪光小母线的分支线上，不需装设保护。

(7) 电压干线一般仅在电压互感器二次侧装设总保护，而各分支线上不需装设保护。

(8)成组低电压保护的控制回路应有单独的保护。

二次回路的保护电器应满足选择性的要求。

二次回路电压为 110～220V 时，保护电器一般选择见表 17-21。

断路器直流电磁操动机构的合闸回路熔断器选择见第 14 章。

表 17-21　保护电器的选择

回路名称	熔断器熔丝额定电流 (A)	自动开关电磁脱扣器额定电流 (A)
断路器的控制保护回路	4～6	2
隔离开关与断路器闭锁回路	4～6	
隔离开关位置信号回路总保护	4～6	
中央信号装置	4～6	
电压干线的总保护	4～6 (10～15)	
成组低电压保护的控制回路	4～6	

注：括弧中的数值用于变电所为交流操作(利用电压互感器作为交流操作电源）时。

17.5.2 控制开关的选择

控制开关的选择要满足以下三个条件：

(1) 回路接线需要的接点数量及接点闭合图表；

(2) 操作的频繁程度（次数）；

(3) 回路的额定电压、额定电流及断开容量。

17.5.3 信号灯及其附加电阻的选择

信号灯及其附加电阻的选择应满足以下条件：

(1) 当灯泡短路时，其跳、合闸回路电流应小于跳合闸线圈的最小动作电流及长期热稳定电流，一般按不大于线圈的额定电流的10%来选择；

(2) 当直流母线电压为额定电压的95%时，加于灯泡的电压一般为其额定电的60～70%。

实际上工厂生产有带附加电阻的信号灯，只需按额定电压来选择。常用的信号灯及其附加电阻的技术数据见表17-22。

表 17-22 常用的信号灯及其附加电阻的技术数据

信号灯型号	额定电压（V）	灯泡		附加电阻	
		电压（V）	功率（W）	阻值（Ω）	功率（W）
XD2-380	380	115	8	5000	30
XD2-220	220	115	8	2500	25
XD2-110	110	115	8	1000	25
XD2-48	48	24	8	130	25
XD2-24	24	24	8	30	25
XD5-380	380	24	1.5	6000	30
XD5-220	220	12	1.2	2200	30
XD5-110	110	12	1.2	1000	30
XD5-48	48	12	1.2	400	25
XD5-24	24	12	1.2	150	25

17.5.4 跳、合闸位置继电器的选择

跳、合闸位置继电器的选择应满足以下条件：

(1) 正常情况下应使跳、合闸回路的电流小于跳、合闸线圈的最小动作电流及长期热稳定电流；

(2) 在控制回路电压降到85%的情况下，加于继电器的电压不应低于它的保证动作电压值（额定电压的70%）。

17.5.5 电气"防跳"继电器的选择

电气"防跳"继电器应按如下条件选择：

(1)"防跳"继电器应是电流线圈通电时起动，电压线圈通电时保持。"防跳"继电器电流工作线圈的额定电流应按断路器的额定跳闸电流来选择，保证动作灵敏度一般不小于2。

(2) 电压保持线圈的额定电压按控制回路额定电压选择。

(3)当跳闸回路并联有出口信号继电器时，为了使信号继电器可靠动作，在跳闸回路内应增加附加电阻，见图17-15和图17-16中的电阻R_1。若选用的"防跳"继电器除具有电流工作线圈、电压保持线圈外，还具有第三个线圈即电流保持线圈，则可用电流保持线圈来代替电阻R_1。

"防跳"继电器及其附加电阻一般选择见表17-23。

(4)"防跳"继电器的动作时间，不应大于跳闸脉冲发出至断路器辅助触点切断跳闸回路的时间。由于缺乏各种型号断路器从跳闸脉冲发出至辅助触点切断跳闸回路的时间的具体数值，表17-24列出了几种典型设计所选的"防跳"继电器型号，供参考。

表 17-23 "防跳"继电器及其附加电阻的选择

跳闸电流（A）	控制电压（V）	"防跳"继电器	附加电阻
2.5	220	1A，220V	1Ω，25W
5	220	2A，220V	1Ω，50W
5	110	2A，110V	1Ω，50W
10	110	4A，110V	1Ω，75W

表 17-24 “防跳”继电器选型参考

依据	所选“防跳”继电器技术参数							
	型号	线圈数			额定电压(V)	额定电流(A)	动作时间(s)	备注
		电流工作线圈	电压保持线圈	电流保持线圈				
全国通用标准图集 D267	DZB-115	1	1	0	24,48,110,220	0.5,1,2,4,6	0.05	
	DZB-15B	1	1	1	24,48,110,220	0.25,0.5,1,2,4,8	0.05	
许昌继电器厂(1987 年版)	DZB-284	1	1	1	12,24,48,110,220	0.25,0.5,1,2,4,8	0.03	
	DZK-244	1	1	0	24,48,110,220,	0.25,0.5,1,2,4,8	0.015	
阿城继电器厂(1988 年版)	ZJ3-5B	1	1	0	24,48,110,220	0.5,1,2,4,8	0.01	
	DZB-14B	1	1	0	24,48,110,220	0.5,1,2,4,8	0.05	
上海继电器厂(1980 年版)	DZK-122/B							
	DZK-141	1	1	0	48,110,220	0.5,1,2,4	0.015	

17.5.6 串接型(电流型)信号继电器与附加电阻的选择

串接型信号继电器的选择与串接回路内的电流以及可能同时动作的信号继电器数量有关，应满足以下要求：

(1)继电器线圈通过电流时，线圈两端的电压降不应超过控制回路额定电压的 10%。

(2)在正常情况下，继电器的动作灵敏度应等于或大于 1.4。

(3) 通过继电器线圈的长期电流不得超过制造厂规定的允许值（对 DX-11 型为额定动作电流的 3 倍，其他型号应查样本）。

(4) 两个以上串接型（电流型）信号继电器并联，并接至出口中间继电器而信号继电器可能同时动作时，在出口中间继电器线圈的两端应并联一个附加电阻，其电阻值的选择应满足每个信号继电器动作电流的要求，以便可靠动作。

常用的串接型信号继电器及其附加电阻的选择见表 17-25 及表 17-26。根据企业变电所继电保护的实际情况，表中的中间继电器数量仅考虑一个。

信号继电器动作后的复归方式，有手动和电动两种，可按需要选择。

表 17-25 直流 220V 时串接型信号继电器及附加电阻的选择

中间继电器型号	可能同时动作的信号继电器数量	信号继电器型号 DX-11/□	附加电阻		最小灵敏度(k_m)	最大压降(%)
			阻值(Ω)	功率(W)		
DZS-115 DZS-117 内阻 17000Ω	2	0.025	3500	50	1.63	8.91
	3	0.05	1000	50	1.515	5.5
	4	0.05	800	100	1.41	6.7
DZ-15 DZ-17 DZS-127 DZS-136 DZS-145 内阻 10000Ω	2	0.025	4000	50	1.47	8.05
	3	0.05	1000	50	1.57	5.72
	4	0.05	800	100	1.45	6.9

续表 17-25

中间继电器型号	可能同时动作的信号继电器数量	信号继电器型号 DX-11/▭	附加电阻		最小灵敏度 (k_m)	最大压降 (%)
			阻值 (Ω)	功率 (W)		
DZB-138	2	0.05	4000	50	1.69	9.29
内阻	3	0.05	1000	50	1.68	6.06
6300Ω	4	0.05	800	100	1.51	7.17
ZJ3	2	0.025	2000	50	1.53	2.44
内阻	3	0.05	1000	50	1.73	2.72
4650Ω	4	0.05	800	100	1.58	2.68
YZJ-1	2	0.025	4000	50	1.51	5.46
内阻	3	0.05	1000	50	1.59	2.49
8800Ω	4	0.05	800	100	1.47	2.4

表 17-26 直流 110V 时串接型信号继电器及附加电阻的选择

中间继电器型号	可能同时动作的信号继电器数量	信号继电器型号 DX-11/▭	附加电阻		最小灵敏度 (k_m)	最大压降 (%)
			阻值 (Ω)	功率 (W)		
DZS-115 DZS-117 内阻 4150Ω	2	0.075	500	50	1.59	5.05
	3	0.075	300	75	1.68	7.75
	4	0.1	200	100	1.41	6.9
DZS-127 DZS-136 内阻 2500Ω	2	0.075	500	50	1.7	5.38
	3	0.075	300	75	1.76	8.05
	4	0.1	200	100	1.45	7.1
DZS-145 YZJ1 内阻 2200Ω	2	0.075	500	50	1.73	5.48
	3	0.075	300	75	1.78	8.16
	4	0.1	200	100	1.47	7.16
DZ-15 DZ-17 内阻 2000Ω	2	0.075	500	50	1.76	5.58
	3	0.075	300	75	1.81	8.22
	4	0.1	200	100	1.47	7.2
DZB-138 内阻 1570Ω	2	0.075	500	50	2.79	5.87
	3	0.075	300	75	1.87	8.5
	4	0.1	200	100	1.51	7.35
ZJ3 内阻 450Ω	2	0.1	1000	25	1.72	3.82
	3	0.1	500	50	1.51	2.47
	4	0.1	300	75	1.5	2.17

17.6 控制屏、继电器屏及信号屏设计

17.6.1 屏面布置的要求

17.6.1.1 控制屏

控制屏的屏面布置应便于操作与监视，屏面应有模拟母线。模拟母线的标志涂色规定见表 17-27。

测量仪表应布置在屏的最上方，并尽量与模拟接线相对应。

操作设备（控制开关、按钮等）应按安装单位布置得与模拟接线相对应。各安装单位的用途相同的操作设备应布置在同一水平线上，而且相对称。

断路器的位置指示灯应布置在其控制开关（或按钮）的上方，红灯在右，绿灯在左。

屏面仪表设备的间距应满足屏后接线及安装的要求。

二次回路熔断器及端子排都布置在屏后两侧。必要时也可将少量继电器或其他不需监视的设备装于屏后（这些设备应采用前面接线式），但必须注意维护的可能。

一般800mm宽的屏面上可布置三～四个安装单位。

表17-27 控制屏（屏台）上模拟母线的色别

序号	运行电压种类与等级（kV）		JB5777.2—91规定		NDGJ8—89规定
			颜色	编号	
1	直流电压		棕	YR05	褐
2	交流电压	0.1	淡灰	B03	浅灰
3		0.23	深灰	B01	深灰
4		(0.40)	赭黄	YR02	黄褐
5		3	深绿	G05	深绿
6		6	深酞蓝	PB02	深蓝
7		10	铁红	P01	绛红
8		13	淡绿	G02	浅绿
9		15.75	中绿	G04	绿
10		18	粉红	RP01	粉红
11		20	铁黄	Y09	梨黄
12		35	棕黄	Y05	鲜黄
13		63	桔黄	YR04	橙黄
14		110	朱红	R02	朱红
15		(154)	天酞蓝	PB09	天蓝
16		220	紫红	R04	紫

注：1. JB5777.2—91为机械部标准"电力系统二次线路用控制及继电保护屏(柜、台)通用技术条件；
2. NDGJ8—89为能源部"二次接线设计规定"。

17.6.1.2 继电器屏

继电器屏的屏面布置应便于试验和检修。

相同的安装单位的屏面布置应尽量一致。同一屏上两个相同的安装单位也可布置成对称式。

同一屏上两个相同安装单位之间一律按纵向划分清楚。屏与屏之间还应注意设备横向高度的一致性。

检查、调整、试验较少的继电器（如电流、电压、时间、中间继电器）布置在屏的上部；检查、调整、试验较多的继电器（如差动继电器、重合闸继电器）布置在中部；信号继电器一般布置在上述继电器的下方。各屏上的信号继电器应力求保持在一个水平线上。

试验部件与连接片布置在屏的下部。

在屏的下部离地250mm处应开有ϕ50的圆孔供试验时穿线之用。

17.6.1.3 信号屏

信号屏的屏面布置应便于值班人员的监视。

中央事故信号装置与中央预报信号装置一般集中布置在一块屏上，但信号指示元件及操作设备应尽量划分清楚。

为了保持屏面的整齐美观，一般将中央信号装置的冲击继电器、中间继电器等布置在屏后上部（这些继电器应根据屏的结构型式考虑是否采用前面接线式）。

信号指示元件（信号灯、光示牌、信号继电器）一般布置在屏正面的上半部，操作设备（控制开关、按钮）则布置在他们的下方。

中央信号装置的音响器（电笛、电铃）一般装于屏后两侧的上方。

17.6.2 屏面设备的布置尺寸

17.6.2.1 屏面设备的安装高度

控制屏、继电器屏、信号屏上各种仪表、继电器及操作设备的安装高度示于图17-45。

17.6.2.2 屏面设备的间距及设备与屏边的距离

控制屏、继电器屏、信号屏上各种仪表、继电器及操作设备的间距及与屏边的距离，要考虑必要的走线宽度、安装检修接线的方便、设置标签框的必要宽度等因素。设备的突出部分（屏后接线式是指外壳，屏前接线式是指敞露的接线板）至屏边及设备突出部分之间的最小允许距离建议如下：

至屏边50mm（当设备在屏后的长度超过230mm，则离屏边距离应增大至100mm左右，以免与端子排相碰）；

至屏顶160mm；

水平距离30～40mm；

垂直距离50mm。

17.6.3 屏结构的选型

企业变电所的控制屏、继电器屏及信号屏，老系列为JP3(PK-1)型，屏高2360mm，深550mm，屏宽有800,600,900mm等规格，见图17-46。新系列有PK-10,PK-20,PMK,GK等型号，屏高多为2260mm，屏深多为600mm，但也可按老系列屏的外形尺寸订货。

新系列屏多为全封闭结构，可防尘和防虫害。屏背面有门，屏正面的门上可以有各种大小的透明窗。屏正面也可不装门（作控制屏）。屏内部可设安装板、机箱或框架可旋转的屏。继电器的安装方式可为嵌入式、凸出式、插键式或插针式，还可用印刷电路插件板的形式插入机箱（插件箱）内。以PK-10型为例，见图17-47。

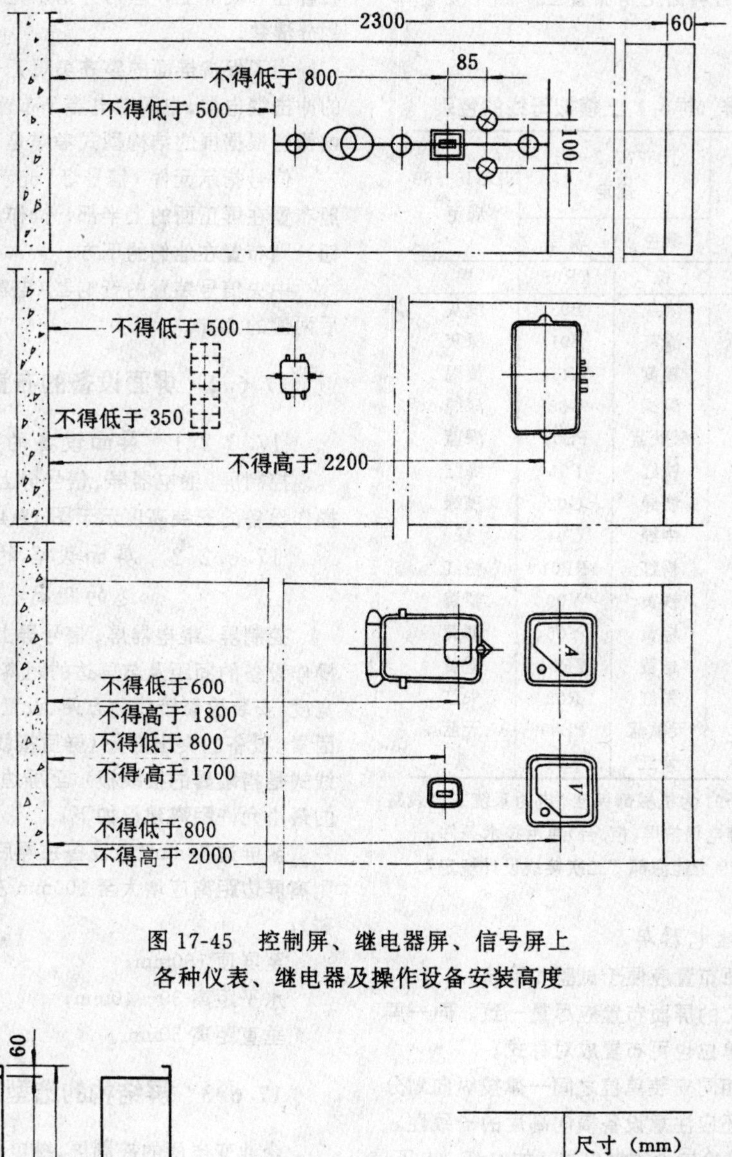

图 17-45 控制屏、继电器屏、信号屏上各种仪表、继电器及操作设备安装高度

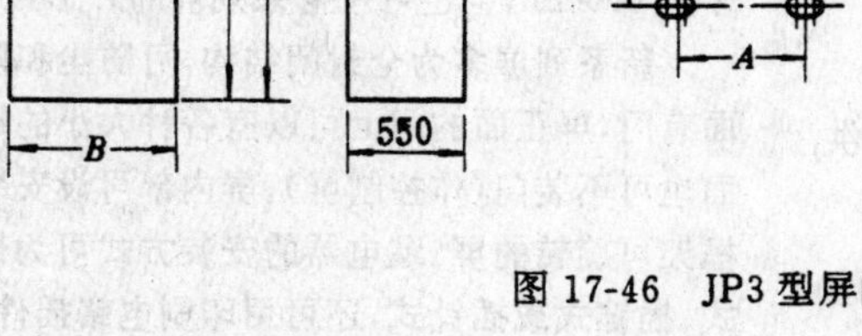

结构代号	尺寸（mm）	
	B	A
JP3001	600	300
JP3002	800	500
JP3003	900	600

图 17-46 JP3 型屏的外形尺寸

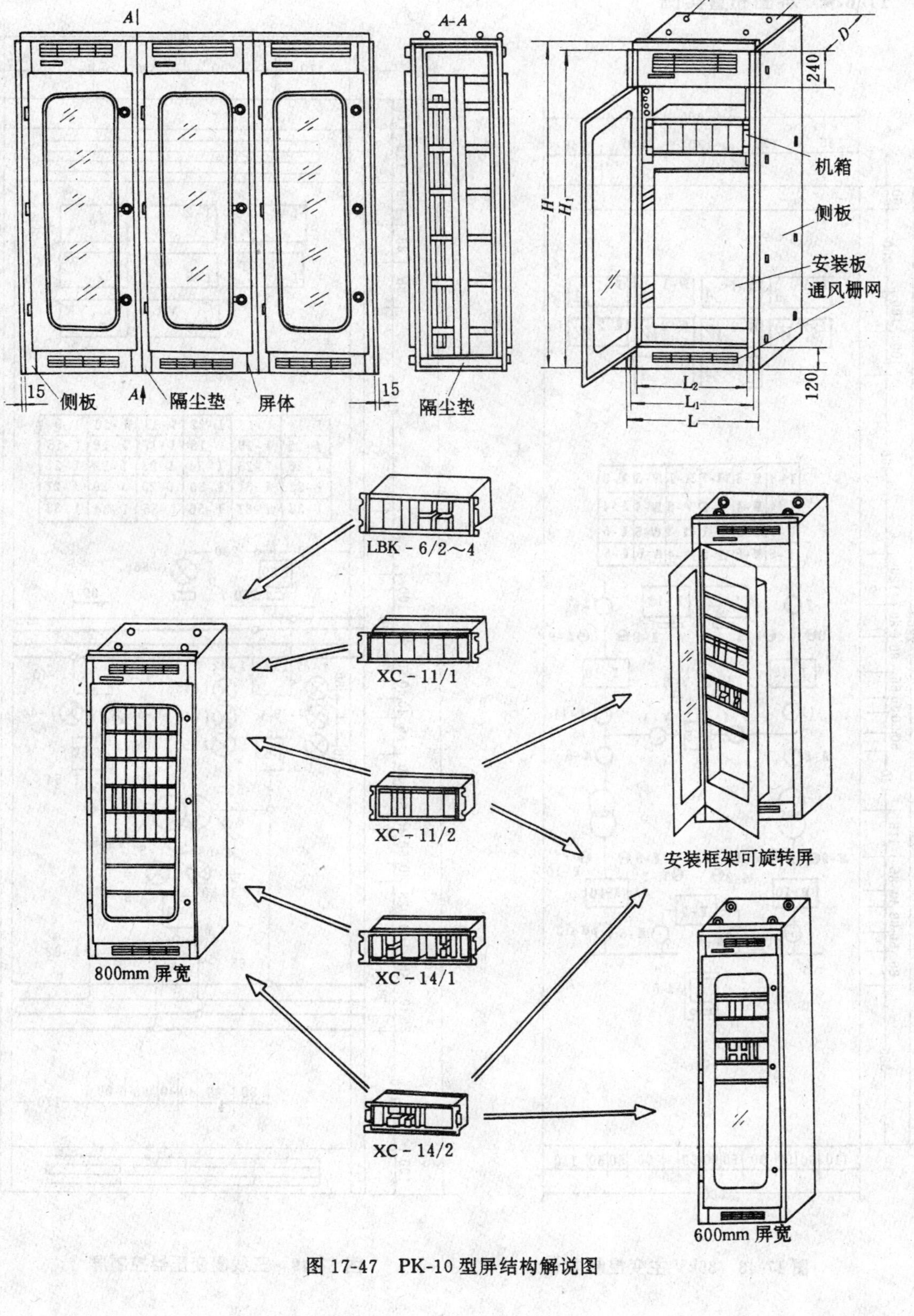

图 17-47 PK-10 型屏结构解说图

17.6.4 屏面布置实例

屏面布置实例见图17-48～图17-59。

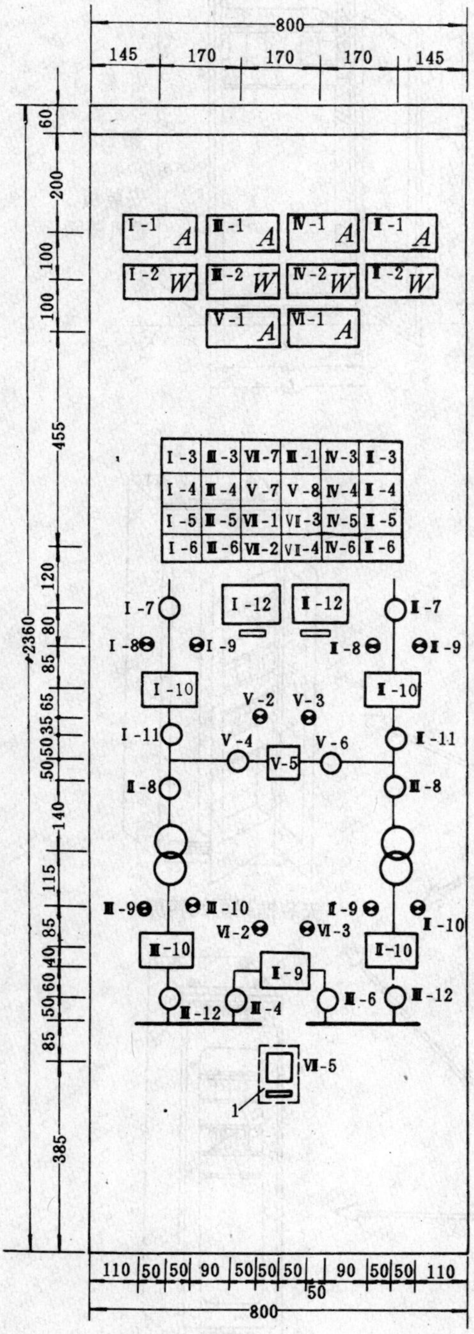

图17-48 35kV主变控制屏

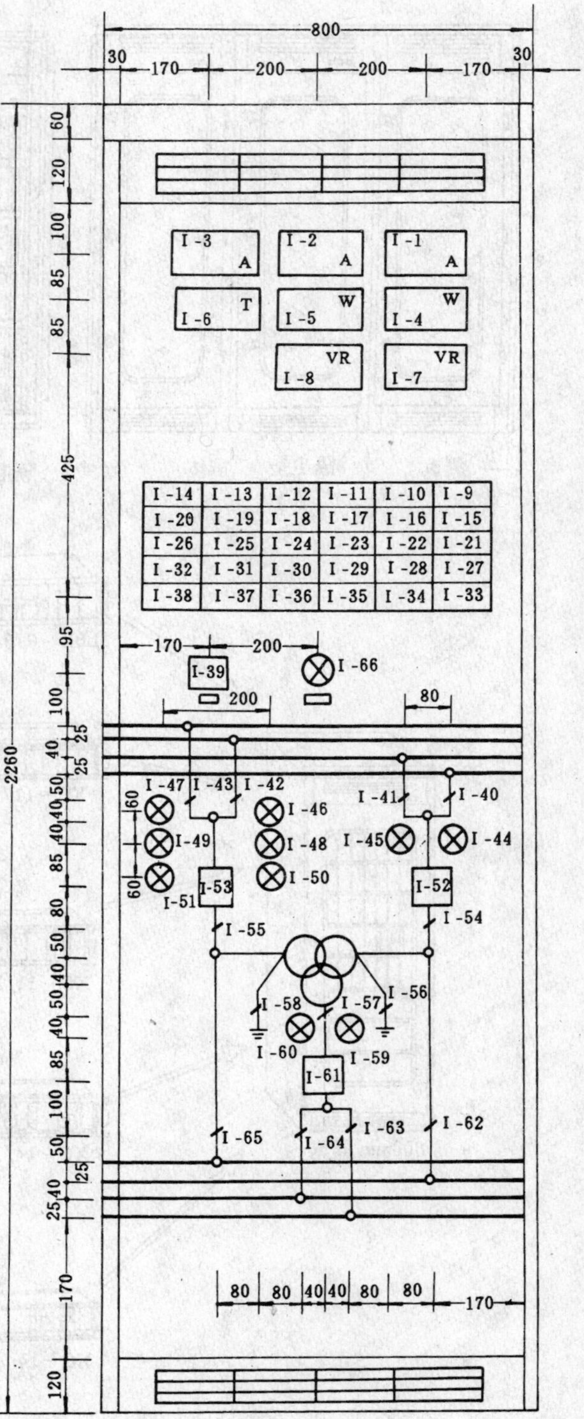

图17-49 三线圈变压器控制屏

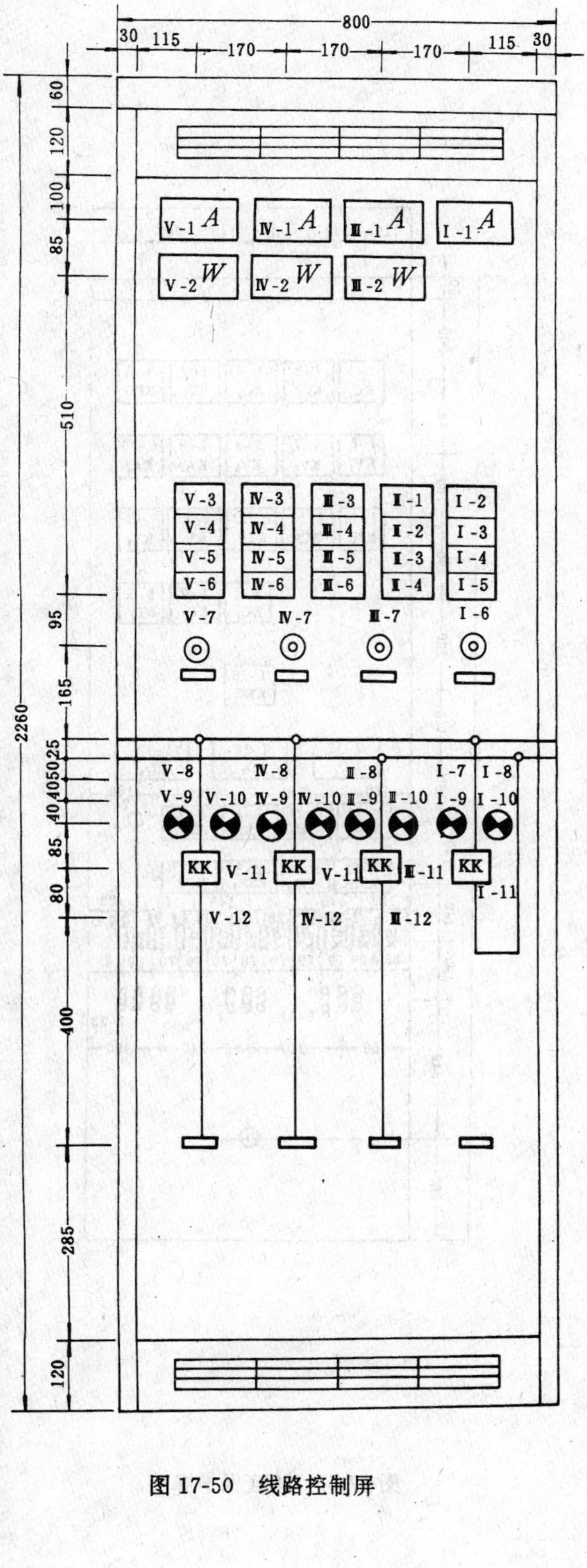

图 17-50 线路控制屏

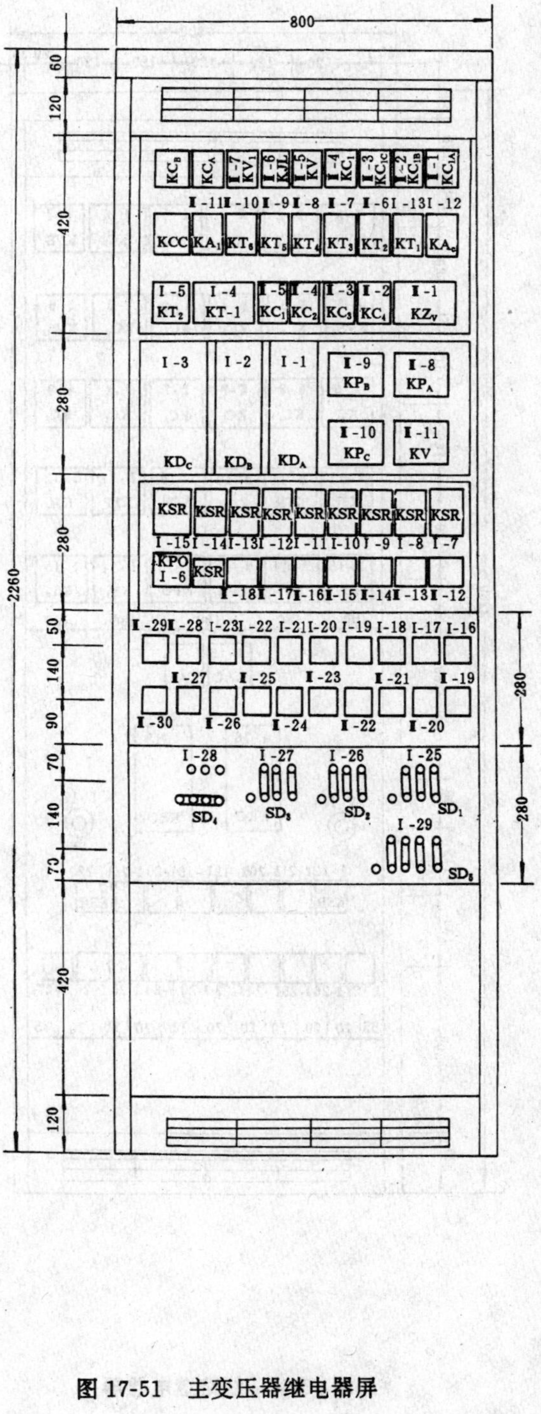

图 17-51 主变压器继电器屏

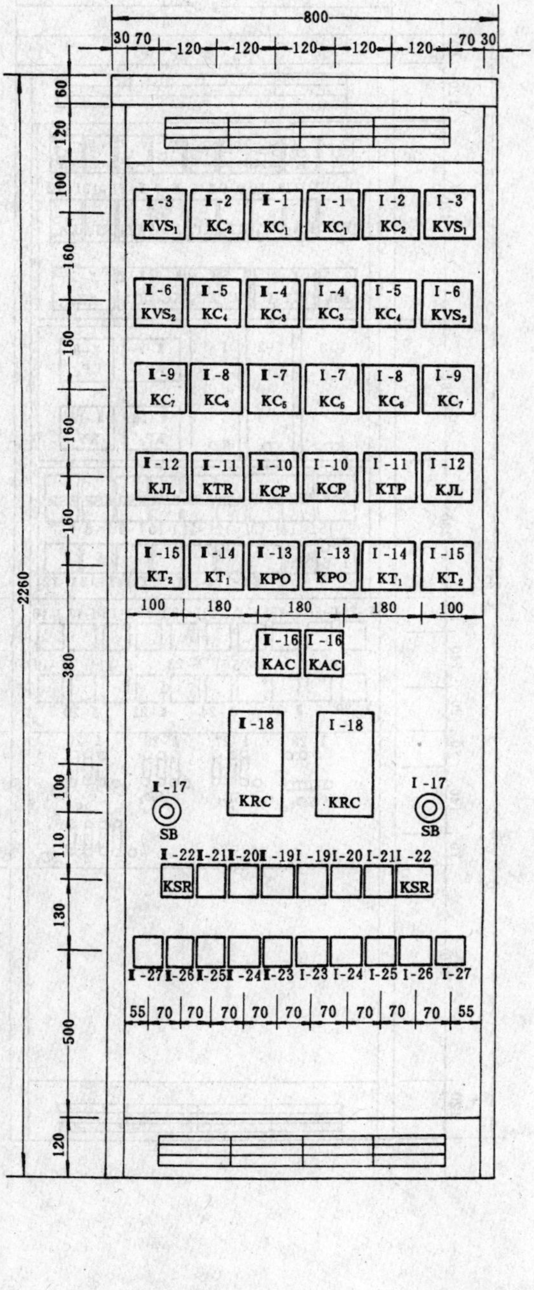

图 17-52 线路继电器屏

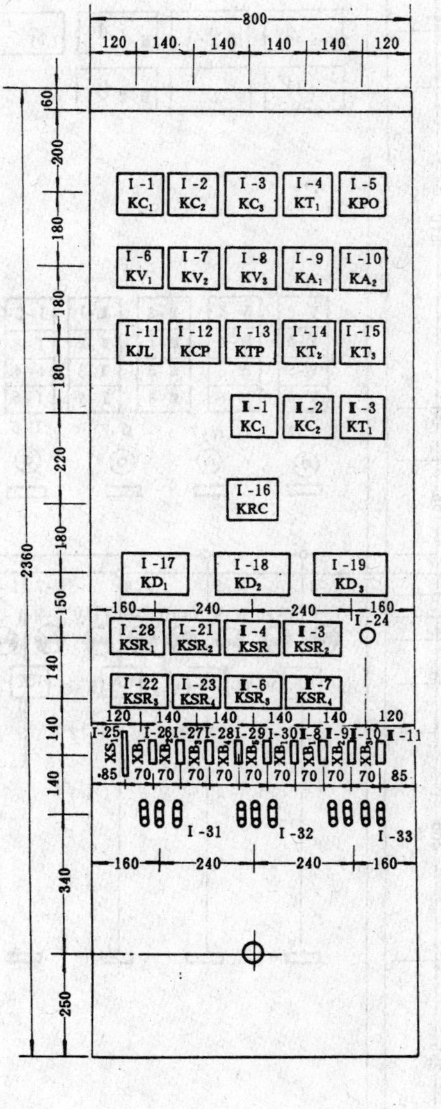

图 17-53 主变保护屏

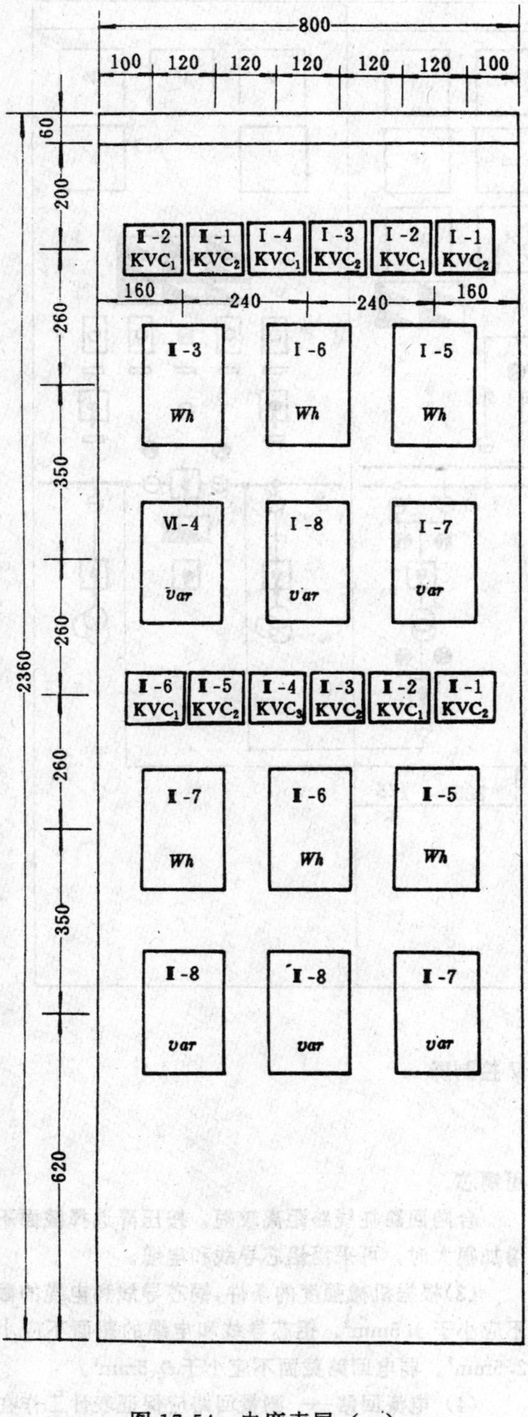

图 17-54　电度表屏（一）

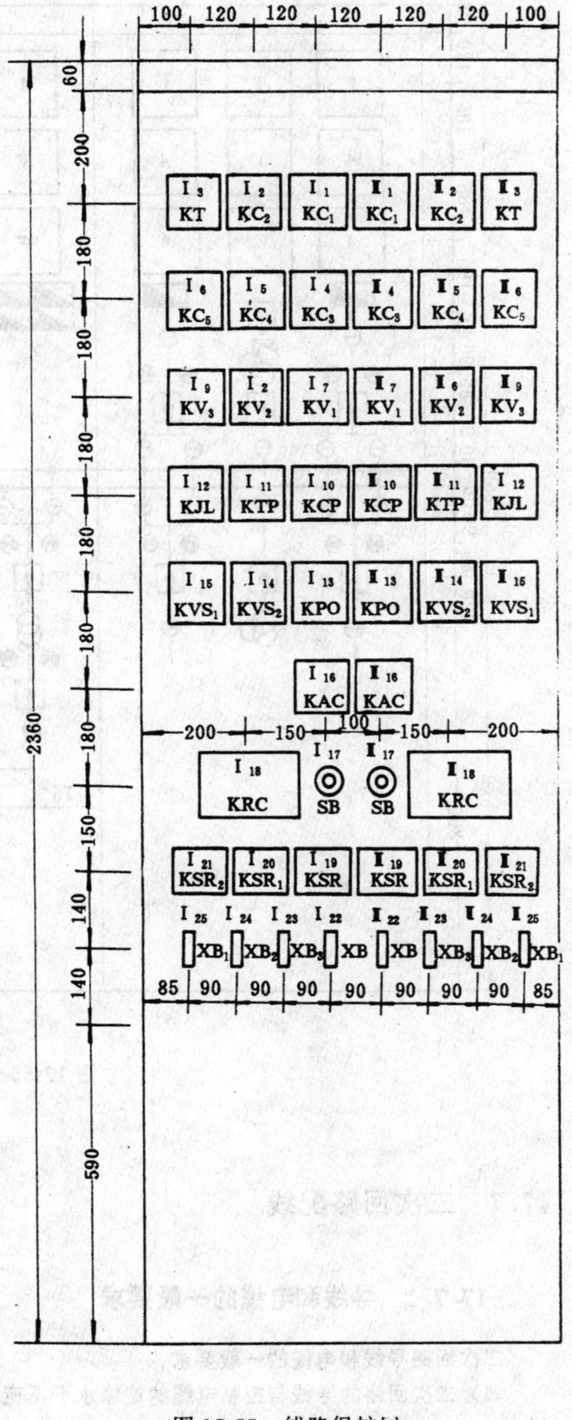

图 17-55　线路保护屏

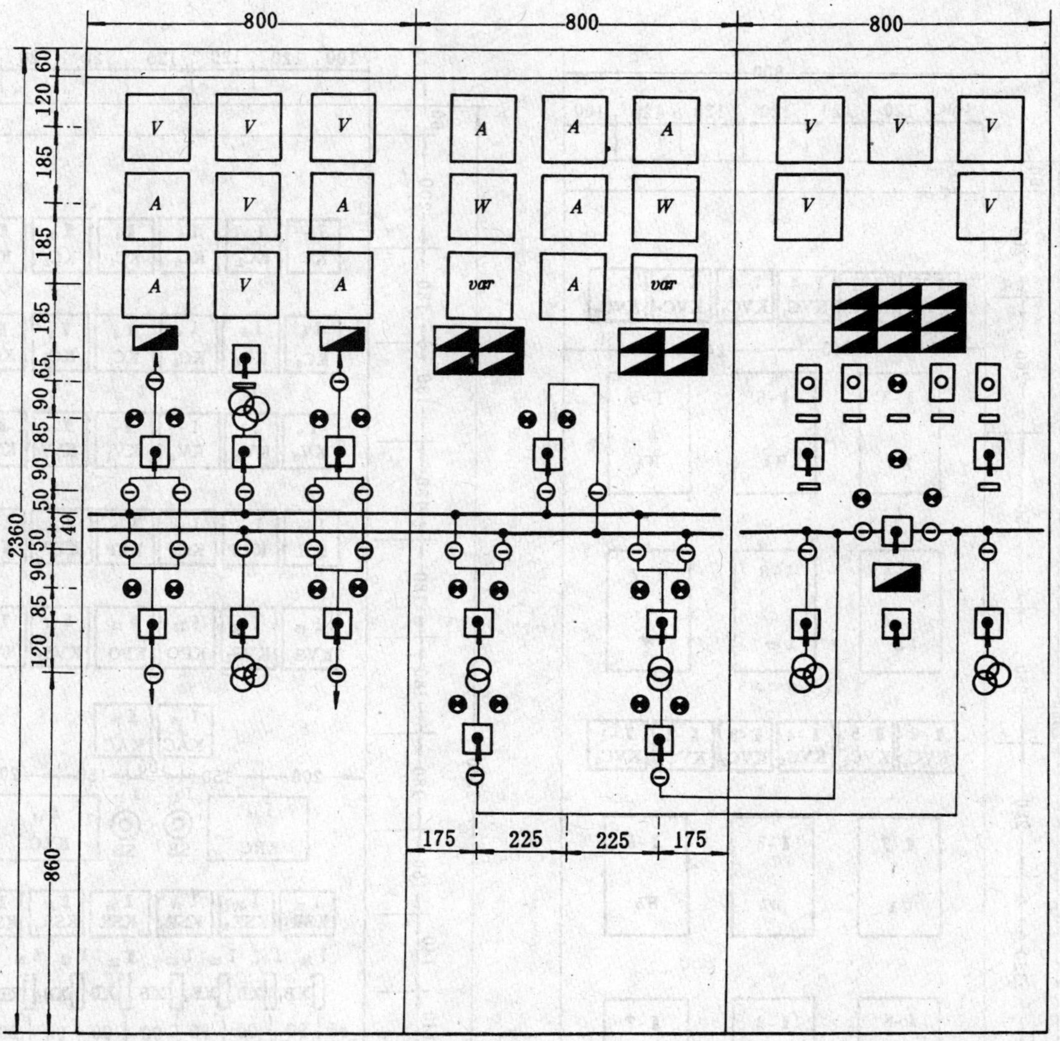

图 17-56 35kV 控制屏

17.7 二次回路配线

17.7.1 导线和电缆的一般要求

二次回路导线和电缆的一般要求：

(1) 二次回路的导线与控制电缆的绝缘水平不应低于 500V。

(2) 测量、控制、保护回路的导线与控制电缆应使用铜芯。

合闸回路在线路距离较短，按压降选择截面不致增加很大时，可采用铝芯导线和电缆。

(3)根据机械强度的条件，铜芯导线和电缆的截面不应小于 $1.5mm^2$，铝芯导线和电缆的截面不应小于 $2.5mm^2$。弱电回路截面不应小于 $0.5mm^2$。

(4) 电流回路——测量回路应保证表计工作在规定的准确度范围内(参见第 17.3 节)，保护回路应保证

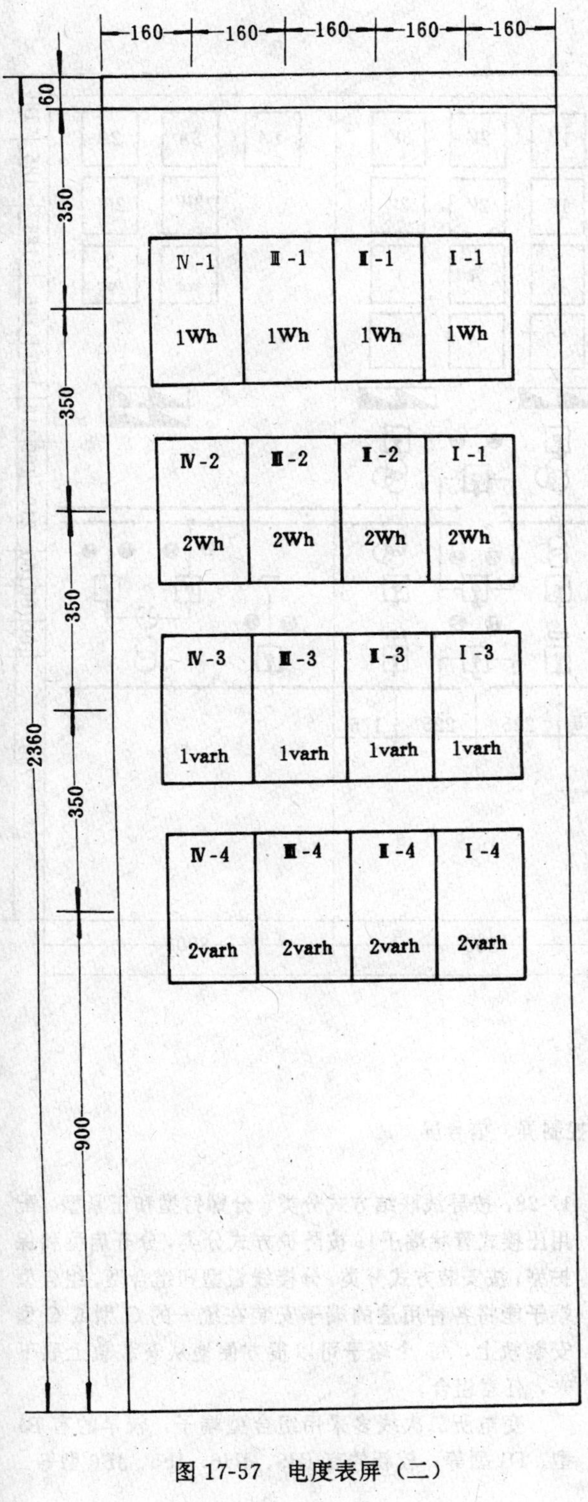

图 17-57 电度表屏（二）

电流互感器工作在10%误差范围内。

(5) 电压回路——对用户计费用的0.5级电度表，其电压回路电压降不宜大于0.25%；对企业内部的0.5级电度表，其电压回路电压降可适当放宽，但不应大于0.5%。在正常负荷下，至测量仪表的电压降不应超过额定电压的1～3%；当全部保护装置和仪表工作（即电压互感器负荷最大）时，至保护和自动装置屏的电压降不应超过额定电压的3%。

(6) 控制回路——压降不超过10%（最大负荷时）。

(7) 屏内部的接线，以及断路器、隔离开关等操动机构内部的接线等，一般采用截面不小于1.5mm² 的铜芯绝缘导线。

(8) 在导线和电缆的绝缘可能受到油侵蚀的地方，应采用耐油绝缘导线和电缆。

17.7.2 端子排

17.7.2.1 端子排设计要求

端子排的设计要求为：

(1) 屏内与屏外二次回路的连接，同一屏内各安装单位之间的连接均应经过端子排。

屏内设备（仪表、继电器等）与小母线的连接、屏内设备与直接接在小母线上的设备（熔断器、刀开关等）的连接是否经过端子排，根据需要决定。

个别需要定期调试的测量表计，也应通过端子排连接。

过渡回路在需要时也可通过端子排连接。

(2) 电流回路、需要接入试验设备的回路、试验时需要断开的电压及操作电源回路应装设试验端子（或试验盒、试验端钮）。

(3) 端子排的装设，应考虑维护、检修、调试的方便，并在不断开一次接线的情况下（1000V及以上的一次接线），保证在二次回路端子排上进行工作的安全。

(4) 属于不同安装单位或装置的端子一般分别组成单独的端子排。每组端子排应有标记型端子标明其所属安装单位及用途。

每组端子一般按以下顺序排列：电流回路→电压回路→小母线联接→控制回路→保护回路→转接回路→其它回路。各回路之间宜预留2～3个空端子。每组端子排后宜预留5～10个备用端子。

(5) 各安装单位及装置的端子排位置应尽可能与屏面设备布置相适应。

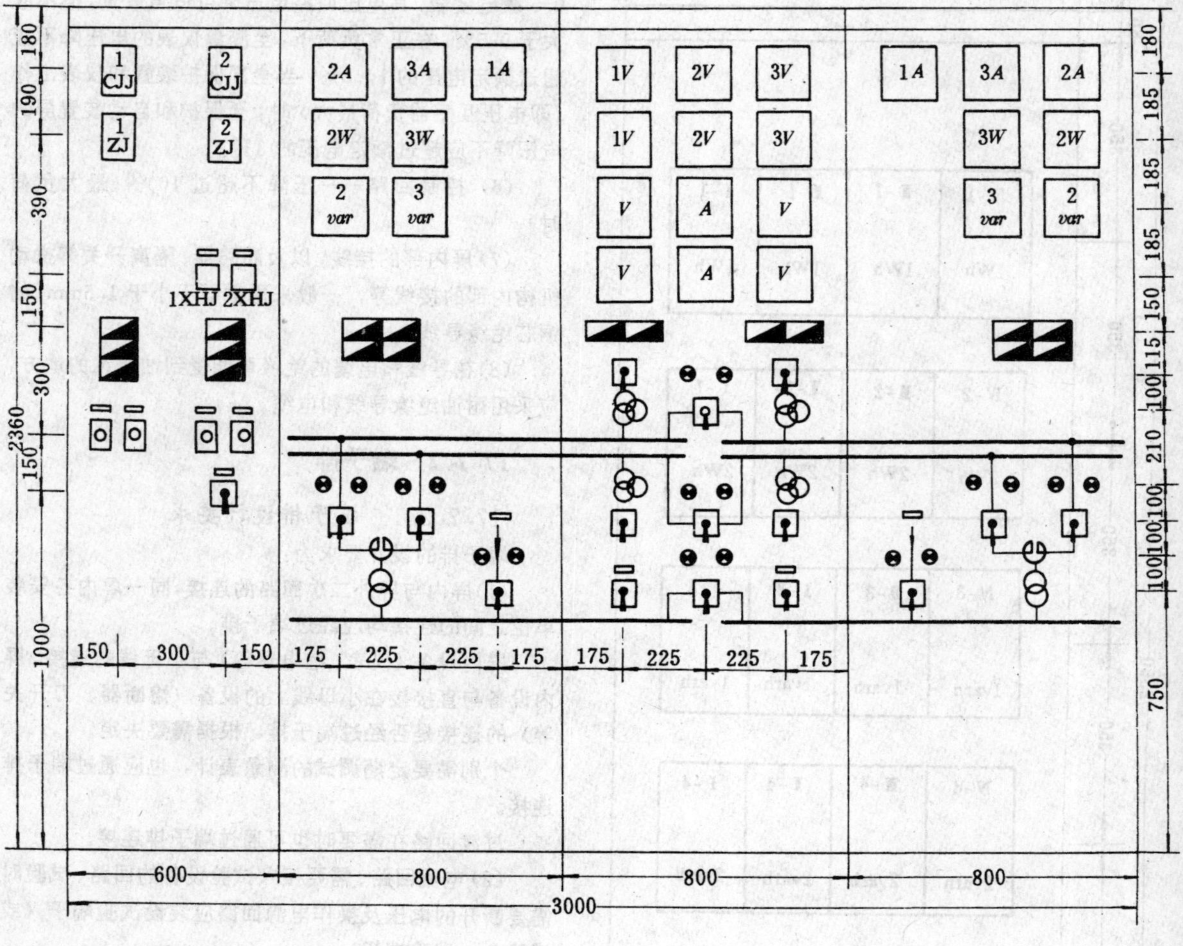

图 17-58 110kV 控制屏、信号屏

(6) 正电源与负电源端子以及带正电的端子与合闸、跳闸回路的端子尽可能避免紧靠在一起，建议用一个空端子隔开。

(7) 一个端子一般只接一根线，在个别情况下，允许最多接两根线。

(8) 电流互感器和电压互感器的二次侧出线，通常应经过开关柜或端子箱上的端子引出。

17.7.2.2 接线端子的选型

接线端子按用途分类，以 D1 型端子为例，见表 17-28；按导线联结方式分类，分螺钉型和压紧型（配用压接式管状端子）；按防护方式分类，分开启型和保护型；按安装方式分类，分接线板型和组合型。组合型端子能将各种用途的端子安装在统一的 G 型或 C 型安装轨上，每个端子可以很方便地从安装轨上取下来，任意组合。

变电所二次线多采用组合型端子，较早的有 B1 型、D1 型等；较新的有 JH9、JH6、JF5、JF6 型等。

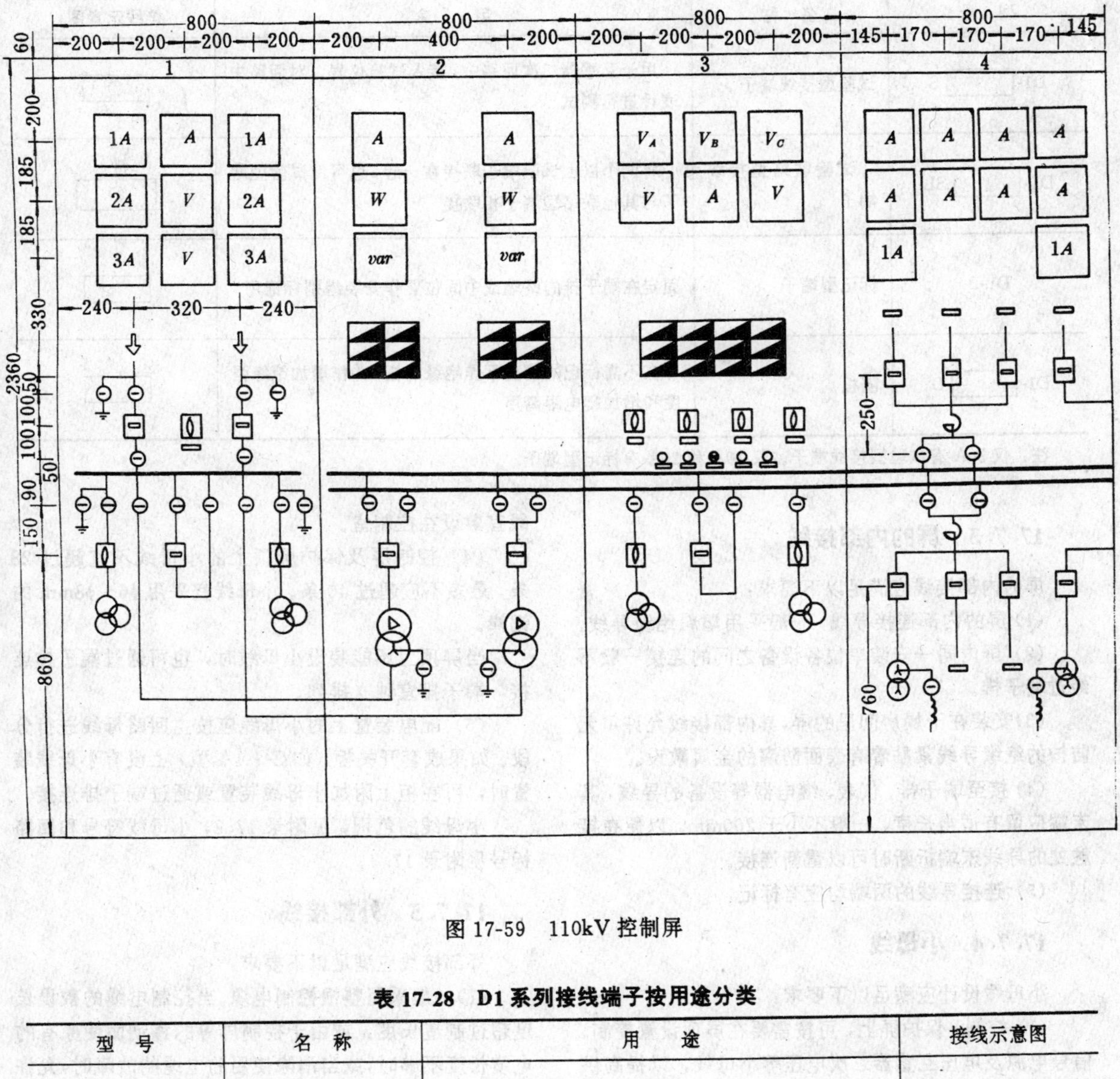

图 17-59 110kV 控制屏

表 17-28 D1 系列接线端子按用途分类

型号	名称	用途	接线示意图
D1-	普通型接线端子	用于联接电气装置不同部分联线	
D1- L1	联络型接线端子	用于联络型端子的终端（绝缘件无缺口）	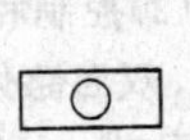
D1- L2	联络型接线端子	用于联络型端子的始端和 L1 型或 S 型及 SL 型端子相联接（绝缘件有缺口）	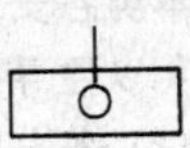

续表 17-28

型　号	名　称	用　途	接线示意图
D1-□S	试验型接线端子	用于互感器二次回路中。接入试验仪表以对回路中表计进行测试	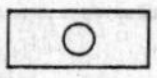
D1-□SL	试验联络型接线端子	将两个以上试验端子联接在一起，也可使试验型端子与其他联络型端子相联接	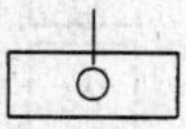
D1-B	标记型端子	固定在端子排的终端或中间位置作安装组别标记用	
D1-□G	隔板	在不需标记的情况下作绝缘隔板，并作增加绝缘强度和增加爬电距离用	

注：仅 20A 有试验型接线端子。仅 10A 和 20A 有标记型端子。

17.7.3　屏的内部接线

屏的内部接线应满足以下要求：

(1) 屏的内部连接导线，一般采用塑料绝缘导线。

(2) 屏内同一安装单位各设备之间的连接一般不经过端子排。

(3)安装在干燥房间里的屏，其内部接线允许用无防护的绝缘导线紧贴着有表面防腐的金属敷设。

(4) 接至端子排、仪表、继电器等设备的导线，其末端应留有适当长度，一般不小于 200mm，以便在接触处的导线末端折断时可以重新连接。

(5) 连接导线的两端均应有标记。

17.7.4　小母线

小母线设计应满足以下要求：

(1) 控制、保护屏上，可按需要在屏顶设置控制、信号电源及电压互感器二次电压等小母线，以提高供电可靠性和减少屏间联线。控制、信号电源小母线直接由直流电源屏的馈电回路供电。

(2)控制和信号电源小母线一般为单母线，按屏组分段，双回路供电，开环运行，并于适当地点以刀闸分段。同时，在每一块控制屏上（包括直流屏），装设一个为本屏各安装单位共用的直流电源转换开关或小刀开关，以便寻找接地故障点。

(3) 各安装单位的电压回路用隔离开关的辅助触点切换时，电压小母线宜敷设在配电装置内。各安装单位的电压回路用继电器切换或不需切换时，电压小母线宜敷设在控制室。

(4) 控制屏及保护屏顶上的小母线不宜超过 28 条，最多不应超过 40 条。小母线宜采用 ϕ6～ϕ8mm 的铜棒。

当屏顶上不能装设小母线时，也可通过端子排连接，端子排宜独立排列。

(5) 配电装置上的小母线应按主回路母线进行分段。如果成套开关柜（如 GG-1A 型）上没有小母线装置时，可在柜上附加小母线装置或通过端子排连接。

小母线的色别，见附录 17.2，小母线符号和回路标号见附录 17.3。

17.7.5　外部接线

外部接线应满足以下要求：

(1)一般采用整根控制电缆。当控制电缆的敷设长度超过制造长度，或由于控制屏等的移动而使原有的电缆长度不够时，或当消除使用的电缆的故障时，允许电缆用焊接法连接（在连接的地方应装设连接盒），或借用其他屏上的备用端子作过渡连接。

(2)至屏上的控制电缆应接到端子排、试验盒或试验端钮上。至互感器或单独设备的电缆允许直接接到这些设备上。

(3) 控制电缆及其接到端子和设备上的电缆芯和导线应有标记。

17.7.6　控制电缆芯数和根数的选择

控制电缆芯数和根数的选择应满足以下要求：

(1)控制电缆应选用多芯电缆,应力求减少电缆根数。当芯线截面为1.5mm²时,电缆芯数不宜超过37芯。当芯线截面为2.5mm²时,电缆芯数不宜超过24芯。当芯线截面为4～6mm²时,电缆芯线不宜超过10芯。弱电控制电缆不宜超过50芯。

(2)在一根电缆内不宜有两个安装单位的电缆芯。在一个安装单位内截面相同的交、直流回路,必要时可共用一根电缆。

(3)截面为2.5mm²及以下、芯数在4芯以上的控制电缆,应有适当的备用芯,一般至少有1个。

同一安装单位、同一起止点有数根控制电缆时,可以只在其中一根中留有备用芯,不必每根电缆都留有备用芯。

(4)应尽量避免一根电缆同时接至屏上两侧的端子排,若芯数为6芯及以上时,应采用单独的电缆。

17.7.7 控制电缆的敷设

控制电缆的敷设要求:

(1)在隧道、地沟或地下室内敷设的控制电缆,其曲率半径应不小于如下其外径倍数的规定:

纸绝缘10;

橡皮绝缘无铠装6;

橡皮绝缘有铠装10。

(2)电缆穿管敷设时,同一根管中允许敷设不同回路的数根电缆。

(3)电缆穿管敷设时,管子的弯角不应小于90°,曲率半径应不小于以下值:

1)在混凝土地坪和基础内,管径的10倍;

2)管内敷设裸铅(铝)包电缆时,管径的10倍;

3)明敷而只有一个弯时,管径的4倍;

4)明敷而有两个及以上弯时,管径的6倍。

(4)垂直或水平敷设的管子,应每隔2.5～3.5m固定一点。

(5)控制电缆在隧道、地沟或地下室内敷设时,应遵守以下规定:

1)双侧布置时,控制电缆应布置在无高压(1000V及以上)电缆的一侧;

2)控制电缆宜敷设在电力电缆的下面;需要时控制电缆也可敷设在电力电缆的上面,但整个车间内必须按一种排列方式排列,并应与进出车间的电缆相衔接。

(6)敷设控制电缆的两层支架的间距应不小于100mm。

附录17.1 控制室的屏间距离和通道宽度

控制室的屏间距离和通道宽度见附表17-1。

附表17.1 控制室的屏间距离和通道宽度

距离名称	采用尺寸	
	一般	最小
屏正面至屏正面	1800	1400
屏正面至屏背面	1500	1200
屏背面至屏背面	800	800
屏正面至墙	1500	1200
屏背面至墙	1200	800
边屏至墙	1200	800
主要通道	1600～2000	1400

注:1. 复杂保护或继电器凸出屏面时,不宜采用最小尺寸;

2. 直流屏、事故照明屏等动力屏的背面间距不得小于1000mm;

3. 屏背面至屏背面之间的距离,当屏背面地坪上设有电缆沟盖板时,可适当放大;

4. 屏后开门时,屏背面至屏背面的通道尺寸,宜增加至1000mm。

附录17.2 小母线的色别

小母线的色别见附表17-2。

附表17-2 小母线的色别

符号	名 称	颜色
+KM	控制小母线(正电源)	红
−KM	控制小母线(负电源)	蓝
+XM	信号小母线(正电源)	红
−XM	信号小母线(负电源)	蓝
(+)SM	闪光小母线	红色、间绿
YM_a	电压小母线(A相)	黄
YM_b	电压小母线(B相)	绿
YM_c	电压小母线(C相)	红
YM_N	电压小母线(零线)	黑

注:本表为能源部电力规划设计管理局《火力发电厂、变电所二次接线设计技术规定》(NDGJ8—89)中规定的色别。

附录 17.3 小母线符号和回路标号

小母线符号和回路标号见附表 17-3。

附表 17-3 小母线符号和回路标号

序号	小母线名称	原编号		新编号一		新编号二	
		文字符号	回路标号	文字符号	回路标号	文字符号	回路标号
	(一) 直流控制、信号及辅助小母线						
1	控制回路电源	+KM、-KM		L_+、L_-		+、-	
2	信号回路电源	+XM、-XM	701、702	L_+、L_-		+700、-700	7001、7002
3	事故音响信号(不发遥信时)	SYM	708			M708	708
4	事故音响信号(用于直流屏)	1SYM	728			M728	728
5	事故音响信号(用于配电装置时)	$2SYM_{I}$ $2SYM_{II}$ $2SYM_{III}$	727_{I} 727_{II} 727_{III}			M7271 M7272 M7273	7271 7272 7273
6	事故音响信号(发遥信时)	3SYM	808			M808	808
7	预告音响信号(瞬时)	1YBM 2YBM	709 710			M709 M710	709 710
8	预告音响信号(延时)	3YBM 4YBM	711 712			M711 M712	711 712
9	预告音响信号(用于配电装置时)	YBM_{I} YBM_{II} YBM_{III}	729_{I} 729_{II} 729_{III}			M7291 M7292 M7293、	7291、7292 7293
10	控制回路断线预告信号	KDM_{I} KDM_{II} KDM_{III}					
11	灯光信号	(-) XM	726			M726	726
12	配电装置信号	XPM	701			M701	701
13	闪光信号	(+) SM	100			M100	100
14	合闸	+HM、-HM		L_+,L_-		+,-	
15	“信号未复归”光字牌	FM、PM	703、716			M703、M716	703、716
16	指挥装置音响	ZYM	715			M715	715
17	自动调整周波脉冲	1TZM、2TZM	717、718			M717、M718	717、718
18	自动调整电压脉冲	1TYM、2TYM	Y717、Y718			M717、M718	7171、7181
19	同步装置越前时间整定	1TQM 2TQM	719 720			M719 M720	719 720

续附表 17-3

序号	小母线名称	原编号		新编号一		新编号二	
		文字符号	回路标号	文字符号	回路标号	文字符号	回路标号
(一）直流控制、信号及辅助小母线							
20	同步装置发送合闸脉冲	1THM 2THM 3THM	721 722 723			M721 M722 M723	721 722 723
21	隔离开关操作闭锁	GBM	880			M880	880
22	旁路闭锁	1PBM 2PBM	881、900			M881 M900	881 900
23	厂用电源辅助信号	+CFM −CFM	701 702	L_+、L_-		+701 −701	7011、7012
24	母线设备辅助信号	+MFM −MFM	701 702	L_+、L_-		+702 −702	7021、7022
（二）交流电压、同步和电源小母线							
25	同步电压（运行系统）	TQM_{I} TQM_{II}	T621 T622	L_1、N		L_1-621 N-621	A621 N621
26	同步电压（待并系统）	TQM_{I} TQM_{II}	T611 T612	L_1、N		L_1-611 N-611	A611 N611
27	自同步发电机残压	TQM_{I}	A780	L_1		L_1-780	A780
28	第一组或奇数母线段的电压	$1YM_a$ $1YM_b$ $1YM_c$ $1YM_L$ $1SYM_c$ YM_N	A630 B630 C630 S_c630 N600	L_1 L_2 L_3 N		L_1-630 L_2-630 L_3-630 N-600	A630 B630 C630 L630 S630 N600
29	第二组或偶数母线段的电压	$2YM_a$ $2YM_b$ $2YM_c$ $2YM_L$ $2SYM_c$ YM_N	A640 B640 C640 L640 S_c640 N600	L_1 L_2 C_3 N		L_1-640 L_2-640 L_3-640 N	A640 B640 C640 L640 S640 N600
30	6～10kV 备用线段的电压	$9YM_a$ $9YM_b$ $9YM_c$	A690 B690 C690	L_1 L_2 L_3		L_1-690 L_2-690 L_3-690	A690 B690 C690
31	转角	ZM_a ZM_b ZM_c	A790 B790 C790	L_1 L_2 L_3		L_1-790 L_2-790 L_3-790	A790 B790 C790

续附表 17-3

序号	小母线名称	原编号		新编号一		新编号二	
		文字符号	回路标号	文字符号	回路标号	文字符号	回路标号
	（二）交流电压、同步和电源小母线						
32	低电压保护	1DYM 2DYM 3DYM	011 013 02			M011 M013 M02	011 013 02
33	电源	DYM_a DYM_N		L_1 N		L_1、N	
34	旁路母线电压切换	YQM_c	C712	L_3		L_3-712	C712

注：1. 表中交流电压，同步电压小母线的符号和标号，适用于电压互感器二次侧中性点接地、同步设备和接线采用单相式。扩建工程小母线的符号和标号一般按原工程接线配合。

2. 母线设备控制（或继电器）屏上有几级电压小母线时，可用以下标志加以区分：

6 或 10kV 系统为 $1YM_a$-6～$1YM_L$-6 等；

35kV 系统为 $1YM_a$-3～$1YM_L$-3 等；

110kV 系统为 $1YM_a$±11～$1YM_L$-11 及 $1SYM_c$-11 等；

220kV 系统为 $1YM_a$-22～$1YM_L$-22 及 $1SYM_c$-22 等；

330kV 系统为 $1YM_a$-33～$1YM_L$-33 及 $1SYM_c$-33 等；

500kV 系统为 $1YM_a$-50～$1YM_L$-50 及 $1SYM_c$-50 等。

附录 17.4 二次直流回路数字标号

二次直流回路数字标号见附表 17-4。

附表 17-4 二次直流回路数字标号

序号	回路名称	原数字标号				新编号一				新编号二			
		Ⅰ	Ⅱ	Ⅲ	Ⅳ	Ⅰ	Ⅱ	Ⅲ	Ⅳ	Ⅰ	Ⅱ	Ⅲ	Ⅳ
1	正电源回路	1	101	201	301	101	201	301	401	101	201	301	401
2	负电源回路	2	102	202	302	102	202	302	402	101	202	302	402
3	合闸回路	3～31	103 ～131	203 ～231	303 ～331	103	203	303	403	103	203	303	403
4	合闸监视回路	5	105	205	305					105	205	305	405
5	跳闸回路	33～49	133 ～149	233 ～249	333 ～349	133 1133 1233	233 2133 2233	333 3133 3233	433 4133 4233	133 1133 1233	233 2133 2233	333 3133 3233	433 4133 4233
6	跳闸监视回路	35	135	235	335					135 1135 1235	235 2135 2235	335 3135 3235	435 4135 4235
7	备用电源自动合闸回路	50～ 69	150～ 169	250～ 269	350～ 369					150～ 169	250～ 269	350～ 369	450～ 469
8	开关设备的位置信号回路	70～ 89	170～ 189	270～ 289	370～ 389					170～ 189	270～ 289	350～ 389	450～ 489

续附表 17-4

序号	回路名称	原数字标号				新编号一				新编号二			
		Ⅰ	Ⅱ	Ⅲ	Ⅳ	Ⅰ	Ⅱ	Ⅲ	Ⅳ	Ⅰ	Ⅱ	Ⅲ	Ⅳ
9	事故跳闸音响信号回路	90～99	190～199	290～299	390～399					190～199	290～299	390～399	490～499
10	保护回路	01～099（或 J1～J99）								01～099 或 0101～0999			
11	发电机励磁回路	601～699								601～699 或 6011～6999			
12	信号及其它回路	701～999（标号不足时可递增）								701～799 或 7011～7999			
13	断路器位置遥信回路	801～809								801～809 或 8011～8999			
14	断路器合闸绕组或操动机构电动机回路	871～879								871～879 或 8711～8799			
15	隔离开关操作闭锁回路	881～889								881～889 或 8810～8899			
16	发电机调速电动机回路	T991～T999								991～999 或 9910～9999			
17	变压器零序保护共用电源回路	J01、J02、J03								001、002、003			

注：1. 无备用电源自动投入的安装单位，序号 7 的编号可用于其它回路。

2. 断路器或隔离开关为分相操动机构时，序号 3、5、14、15 等回路标志后应以 A、B、C 标号相别。

17.5 二次交流回路数字标号

二次交流回路数字标号见附表 17-5。

附表 17-5 二次交流回路数字标号

序号	回路名称	原回路标号组					
		用途	A相	B相	C相	中性线	零序
1	保护装置及测量仪表电流回路	LH	A4001～A4009	B4001～B4009	C4001～C4009	N4001～N4009	L4001～L4009
2		1LH	A4011～A4019	B4011～B4019	C4011～C4019	N4011～N4019	L4011～L4019
3		2LH	A4021～A4029	B4021～B4029	C4021～C4029	N4021～N4029	L4021～L4029
4		9LH	A4091～A4099	B4091～B4099	C4091～C4099	N4091～N4099	L4091～L4099
5		10LH	A4101～A4109	B4101～B4109	C4101～C4109	N4101～N4109	L4101～L4109
6		29LH	A4291～A4299	B4291～B4299	C4291～C4299	N4291～N4299	L4291～L4299
7		1LLH					LL411～LL41
8		2LLH					LL421～LL42

续附表 17-5

序号	回路名称	原回路标号组					
		用途	A相	B相	C相	中性线	零序
9	保护装置及测量仪表电压回路	YH	A601～A609	B601～B609	C601～C609	N601～N609	L601～L609
10		1YH	A611～A619	B611～B619	C611～C619	N611～N619	L611～L619
11		2YH	A621～A629	B621～B629	C621～C629	N621～N629	L621～L629
12	经隔离开关辅助触点或继电器切换后的电压回路	6～10kV	A（C、N）760～769、B600				
13		35kV	A（C、N）730～739、B600				
14		110kV	A（B、C、L、S_c）710～719、N600				
15		220kV	A（B、C、L、S_c）720～729、N600				
16		330（500）kV	A（B、C、L、S_c）730～739、N600 [A（B、C、L、S_c）750～759，N600]				
17	绝缘检查电压表的公用回路		A700	B700	C700	N700	
18	母线差动保护共用电流回路	6～10kV	A360	B360	C360	N360	
19		35kV	A330	B330	C330	N330	
20		110kV	A310	B310	C310	N310	
21		220kV	A320	B320	C320	N320	
22		330（500）kV	A330（A350）	B330（B350）	C330（C350）	N330（N350）	

序号	回路名称	新回路标号组一					
		用途	A相	B相	C相	中性线	零序
1	保护装置及测量仪表电流回路	T_1					
2		T1-1					
3		T1-2					
4		T1-9					
5		T2-1					
6		T2-9					
7		T11-1					
8		T11-2					
9	保护装置及测量仪表电压回路	T1					
10		T2					
11		T3					
12	经隔离开关辅助触点或继电器切换后的电压回路	6～10kV					
13		35kV					
14		110kV					
15		220kV					
16		330（500）kV					

续附表 17-5

序号	回路名称	原回路标号组					
		用途	A相	B相	C相	中性线	零序
17	绝缘检查电压表的公用回路						
18	母线差动保护共用电流回路	6～10kV					
19		35kV					
20		110kV					
21		220kV					
22		330（500）kV					

序号	回路名称	新回路标号组二					
		用途	A相	B相	C相	中性线	零序
1	保护装置及测量仪表电流回路	T1	A11～A19	B11～B19	C11～C19	N11～N19	L11～L19
2		T1-1	A111～A119	B111～B119	C111～C119	N111～N119	L111～L119
3		T1-2	A121～A129	B121～B129	C121～C129	N121～N129	L121～L129
4		T1-9	A191～A199	B191～B199	C191～C199	N191～N199	L191～L199
5		T2-1	A211～A219	B211～B219	C211～C219	N211～N219	L211～L219
6		T2-9	A291～A299	B291～B299	C291～C299	N291～N299	L291～L299
7		T11-1	A1111～A1119	B1111～B1119	C1111～C1119	N1111～N1119	L1111～L1119
8		T11-2	A1121～A1129	B1121～B1129	C1121～C1129	N1121～N1129	L1121～L1129
9	保护装置及测量仪表电压回路	T1	A611～A619	B611～B619	C611～C619	N611～N619	L611～619
10		T2	A621～A629	B621～B629	C621～C629	N621～N629	L621～L629
11		T3	A631～A639	B631～B639	C631～C639	N631～N639	L631～L639
12	经隔离开关辅助触点或继电器切换后的电压回路	6～10kV	A（C、N）760～769、B600				
13		35kV	A（C、N）730～739、B600				
14		110kV	A（B、C、I、S_c）710～719、N600				
15		220kV	A（B、C、I、S_c）720～729、N600				
16		330（500）kV	A（B、C、I、S_c）730～739、N600 [A（B、C、I、S_c）750～759，N600]				
17	绝缘检查电压表的公用回路		A700	B700	C700	N700	
18	母线差动保护共用电流回路	6～10kV	A360	B360	C360	N360	
19		35kV	A330	B330	C330	N330	
20		110kV	A310	B310	C310	N310	
21		220kV	A320	B320	C320	N320	
22		330（500）kV	A330（A350）	B330（B350）	C330（C350）	N330（N350）	

注：在设计中序号330kV系统的13、16和序号19的标号需加以区分时，330kV系统的序号13和19的标号相应改为A（B、C、L）750～759和A350、B350、C350。

附录 17.6　关于图形符号和文字符号的说明

(1) 本手册采用的图形符号和文字符号，主要依据冶金工业部委托包头钢铁设计研究总院编制的“冶金工业与民用电气工程设计用图形符号(贯彻《电气图用图形符号》(GB4728.1～13－84、85))”和“冶金工业与民用电气工程设计文字符号(贯彻《电气技术中的文字符号制定通则》(GB7159－87))。

(2) 附录1～5，取自能源部电力规划设计管理局1989年3月17日颁布的《火力发电厂、变电所二次接线设计技术规定》(NDGJ8—89)。

(3) 上述两种规程性文件，在某些方面不尽吻合。因而，本手册采用的图形符号和文字符号，特别是小母线文字符号，仅是一种参考。小母线文字符号对照见附表17-7。

附表 17-7　常用小母线文字符号对照表

序号	名　称	原来	本文	序号	名　称	原来	本文
1	控制电源小母线	KM	WC	6	事故信号小母线	SYM	WES
2	合闸电源小母线	HM	WCL	7	预报信号小母线	YBM	WPS
3	信号电源小母线	XM	WS	8	掉牌未复归小母线	PM	WUR
4	闪光电源小母线	SM	WFL	9	电压小母线	YM	WTV
5	灯用电源小母线	DM	WL				

参 考 文 献

[1]北京钢铁设计研究总院等编，钢铁企业电力设计参考资料，冶金工业出版社，1976.

[2] NDGJ8－89　火力发电厂、变电所二次接线设计技术规定.

第18章

高压配电装置与变电所布置

18.1 高压配电装置的设计原则

高压配电装置的设计原则为：

(1) 高压配电装置设计必须贯彻国家的技术经济政策，并应根据企业的具体条件，环境特点和运行检修等要求合理制订布置方案和选用设备，使设计做到技术先进，经济合理，运行可靠，维护方便。

(2)高压配电装置的设计，应根据工程建设规模和发展规划，正确处理近期建设和远期发展的关系，在满足近期建设要求的前提下适当考虑扩建的可能。

(3) 高压配电装置的设计必须坚持节约用地的原则，尽量不占良田和少占农田。

(4) 高压配电装置的设计应符合现行的有关国家标准和技术规范的规定。

18.2 高压配电装置设计的一般规定

高压配电装置设计的一般规定为：

(1) 配电装置的布置和导体、电器、构架的选择，应满足正常运行、检修、短路和过电压条件下的安全要求。

(2)配电装置的绝缘等级，应和电网额定电压相配合。

(3)配电装置的相序排列应尽可能一致。对屋内硬导体及屋外母线桥应涂刷相色油漆，不涂相色油漆的应有相色标志。相序排列位置与涂色一般规定如表18-1所列。

(4) 配电装置的布置，应便于设备的操作、搬运、检修和试验。

(5)为保证电器和母线的检修安全，每段母线上宜装设接地刀闸或接地器，电压为6.3kV及以上的配电装置，对断路器两侧的隔离开关和线路隔离开关的线路侧，宜配置接地刀闸。

表 18-1 相序排列位置与涂色

相别	涂漆颜色	相序排列位置（自柜或间隔前向母线视去之方向）		
A	黄	上	后	左
B	绿	中	中	中
C	红	下	前	右

屋内配电装置间隔内的硬导体及接地线上，应留有接触面和连接端子，以便于安装携带式接地线。

(6) 屋内外配电装置均应装设闭锁装置及联锁装置，以防止带负荷合隔离开关，带接地合闸，有电挂接地线，误分合断路器和误入带电间隔等电气误操作事故。

(7)周围环境温度低于电气设备、仪表和继电器的最低允许温度时，应装设加热装置或其它保温设施。

(8) 海拔超过1000m的地区，配电装置应选择适用于该海拔高度的电器、电瓷产品。

(9)地震基本烈度超过7度的地区，配电装置应采取抗震措施，详见第41章。

18.3 屋内高压配电装置

18.3.1 对屋内高压配电装置的一般要求

18.3.1.1 对安全净距的要求

(1)对安全净距的要求有以下几个方面：屋内配电

装置的安全净距不应小于表 18-2 所列数值，按图 18-1 和图 18-2 检验，并应满足下列要求：

1）电气设备外绝缘体最低部位距地小于 2.3m 时，应装设固定遮栏。

2）围栏向上延伸线距地 2.3m 处与围栏上方带电部分的净距，不应小于表 18-2 中的 A_1 值。

3）裸导电部分至地面尺寸小于 C 值时，则应采用遮栏隔离。遮栏下通行部分的高度不应小于 1.9m。

（2）屋内配电装置带电部分的上面不应有明敷的照明或动力线路跨越。

表 18-2　屋内配电装置的安全净距（mm）

符号	适用范围	图号	额定电压（kV）									
			3	6	10	15	20	35	60	110J①	110	220J①
A_1	（1）带电部分至接地部分之间 （2）网状和板状遮栏向上延伸距地 2.3m 处，与遮栏上方带电部分之间	18-1	75	100	125	150	180	300	550	850	950	1800
A_2	（1）不同相带电部分之间 （2）断路器和隔离开关的断口两侧带电部分之间	18-1	75	100	125	150	180	300	550	900	1000	2000
B_1	（1）栅状遮栏至带电部分之间 （2）交叉的不同时停电检修的无遮栏带电部分之间	18-1 18-2	825	850	875	900	930	1050	1300	1600	1700	2550
B_2	网状遮栏至带电部分之间②	18-1	175	200	225	250	280	400	650	950	1050	1900
C	无遮栏裸导体至地（楼）面之间	18-1	2500	2500	2500	2500	2500	2600	2850	3150	3250	4100
D	平行的不同时停电检修的无遮栏裸导体之间	18-1	1875	1900	1925	1950	1980	2100	2350	2650	2750	3600
E	通向屋外的出线套管至屋外通道的路面③	18-2	4000	4000	4000	4000	4000	4000	4500	5000	5000	5500

注：①110J、220J 系指中性点直接接地电网；

②当为板状遮栏时，其 B_2 值可取 A_1＋30mm；

③当出线套管外侧为屋外配电装置时，其至屋外地面的距离，不应小于表 18-10 中所列屋外部分之 C 值。

本表适用于海拔 1000m 及以下地区。

18.3.1.2　对围栏及通道的要求

对围栏及通道的要求有以下几个方面：

（1）配电装置中电气设备的栅栏高度，不应低于 1.2m。栅栏最低栏杆至地面的净距，不应大于 200mm。

（2）配电装置中电气设备的遮栏高度，不应低于 1.7m，遮栏网孔不应大于 40×40mm。围栏门应装锁。

（3）配电装置室内各种通道的最小宽度不应小于表 18-3 所列数值。

当采用成套手车式开关柜时，操作通道的最小宽度（净距）不应小于下列数值：

一面有开关柜时，单车长＋1200mm

两面有开关柜时，双车长＋900mm

表 18-3　配电装置室内各种通道的最小宽度（净距）

布置方式	维护通道（mm）	操作通道（mm）	通往防爆间隔的通道（mm）
一面有开关设备时	800	1500	1200
二面有开关设备时	1000	2000	1200

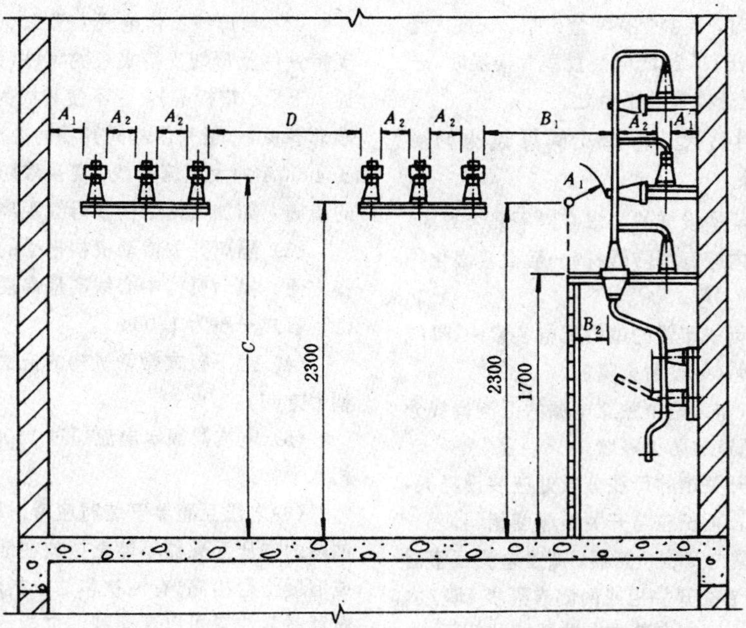

图 18-1 屋内 A_1、A_2、B_1、B_2、C、D 值校验图

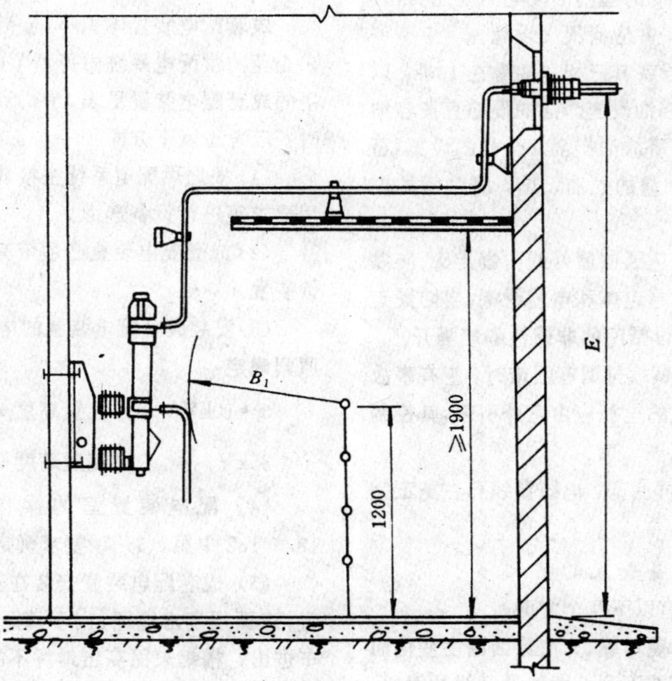

图 18-2 屋内 B_1、E 值校验图

(4)搬运设备通道的宽度，应考虑搬运的方便，一般可比最大设备的宽度加 400mm，对于电抗器加 500mm。

(5)配电装置室长度在 7m 以内时，允许只有一个出口，长度大于7m时，至少应有两个出口。长度大于60m时，宜增添一个出口，当配电装置室有楼层时，一个出口可设在通往屋外楼梯的平台处。

18.3.1.3 对防火、蓄油及隔爆设施的要求

对防火、蓄油及隔爆设施的要求有以下几个方面：

(1)高压配电室内应有消防器材。一般设置卤化物高效能灭火装置。

(2)3～35kV双母线布置的屋内配电装置中，母线与母线隔离开关之间宜装设耐火隔板。

(3)分列运行时，作为两个独立电源的汇流母线分段处，一般设置有通道的防火隔墙。

(4)固定式高压开关柜的母线分段处应装设隔板，隔板高出柜顶0.8m，板长应与开关柜深度相同。

(5) 35kV以下屋内安装断路器，油浸电流互感器和电压互感器，宜安装在开关柜或两侧有隔板（墙）的间隔内，35kV及以上则应安装在有防爆墙的间隔内。

(6) 出线电抗器应安装在单独小室内。

(7)总油量超过100kg的屋内油浸电力变压器，宜安装在单独的防爆间内，并应有灭火设施。

(8) 屋内单台电气设备其三相总油量在100kg以上时应设置贮油设施或挡油设施。挡油设施宜按容纳20%油量设计，并应有将事故油排至安全处的设施，否则应设置能容纳100%油量的贮油设施，排油管的内径不应小于100mm。

(9)防爆小室的出口应通向屋外或防爆走廊。防爆走廊内不应有电气设备、导电体和电缆封端。当防爆走廊长度超过40m时，应设带门的非燃性隔墙隔开。

(10) 高压配电室在事故排烟有困难时，应有事故通风装置。事故通风装置的电源应由室外引来，其控制开关应装在出口处外面。

(11) 开关柜、各类屏底部，电缆穿线孔在施工完毕后应用耐火材料封堵。

18.3.1.4 对设备安装的要求

对设备安装的要求有以下几个方面：

(1)屋内配电装置的硬母线，为消除因温度变化而可能产生的危险应力，应按下列长度装设母线补偿器：

铜母线	30～50m设一个
铝母线	20～30m设一个
铝管母线	30～40m设一个
钢母线	35～60m设一个

(2) 当母线工作电流大于1500A时，每相母线的支持铁件及母线支持夹板的零件（穿墙套管板、双头螺栓、压板、垫板等），应不使其成为闭合磁路，对于穿墙套管板，一般采用相间开槽的办法。对于工作电流大于4000A的大电流母线，要采取防止附近钢结构发热的措施，如加大钢结构与母线距离，设短路环等。

(3) 隔离开关操动机构把手的安装高度应考虑操作方便，操动机构中心线离地高度摇式一般为0.9m，上下板式一般为1.05m。

(4) 上下板式操动机构的把手在合闸时位置应是朝上方向。

(5) 电抗器额定电流超过1500A时，一般采用三相水平排列。

(6)电压互感器安装时应考虑取油样的方便，有放油阀的电压互感器不能直接放在地面上，而应用槽钢或混凝土台抬高。有油枕和油位指示器的电压互感器，布置时要注意可以观察到油位指示器。

18.3.2 6～35kV成套配电装置

成套配电装置体积小，安装方便，维护简单，在工矿企业的供配电系统中得到了广泛使用。目前国内常用的成套配电装置见表18-4所列。使用成套配电装置时，应考虑以下方面：

(1)根据供配电系统主接线，进出线方式，安装使用要求等进行设备选型。

(2)成套配电装置必须带有机械或电气“五防”闭锁装置。

(3)安装成套配电装置的电气室净空高度，按以下原则确定：

3～10kV	装置高度＋0.5m
35kV	装置高度＋0.9m

(4) 配电装置室的操作，维护走道宽度按18.3.1.2中第（3）项要求确定。

(5) 成套配电装置安装在基础槽钢上，槽钢要平直，表面须高出地坪，对于移开式开关柜，为不影响小车进出，槽钢表面高出地坪不能超过一块橡皮绝缘垫厚度，一般为10mm。

(6) 几种常用的成套配电装置的基础设计见图18-3至图18-7。

(7) 布置方案举例见图18-8至图18-16所示。

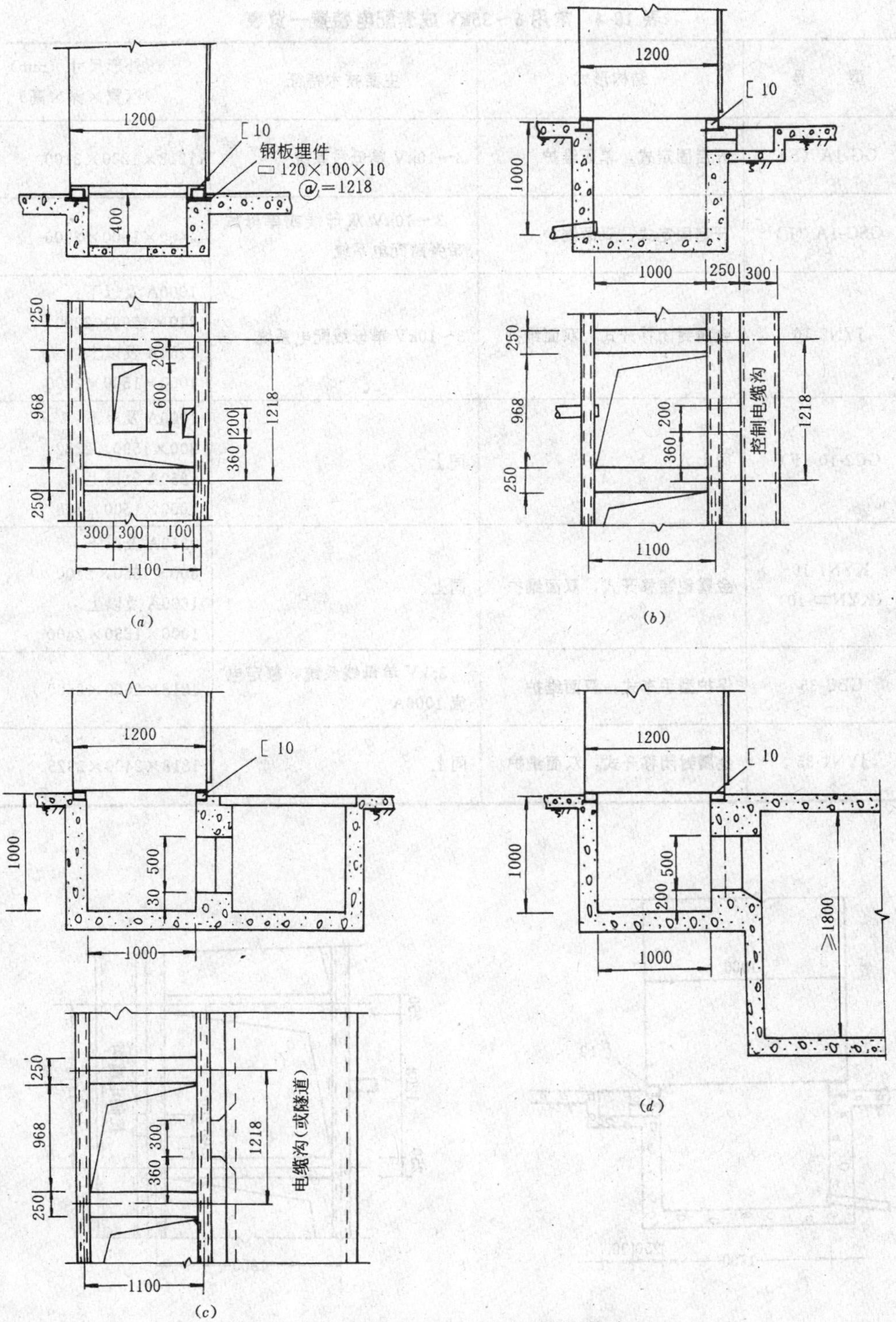

图 18-3 GG-1A（F）开关柜基础

（*a*）—开关柜安装在楼板上（下设电缆夹层）；（*b*）—开关柜安装在地坪上（电缆穿钢管引出）；（*c*）—开关柜安装在地坪上（电缆沟引出）；（*d*）—开关柜安装在地坪上（电缆隧道引出）

表 18-4 常用 6～35kV 成套配电装置一览表

序号	型 号	结构形式	主要技术特征	外形尺寸（mm）（宽×深×高）
1	GG-1A（F）	开启固定式，单面维护	3～10kV 单母线系统	1218×1200×3100
2	GSG-1A（F）	开启固定式，双面维护	3～10kV 双母线或单母线带旁路配电系统	1400×1900×2900
3	JYN2-10	金属封闭移开式，双面维护	3～10kV 单母线配电系统	1000A 及以下：840×1500×2200 1250A 及以上：1000×1500×2200
4	GC2-10（F）	同上	同上	1000A 及以下：800×1590×2282 1250A 及以上：1000×1500×2282
5	KYN1-10（KYN□-10）	金属铠装移开式，双面维护	同上	1250A 及以下 800×1650×2400 1600A 及以上 1000×1650×2400
6	GBC-35	保护型手车式，双面维护	35kV 单母线系统，额定电流 1000A	1818×2000×2500
7	JYN1-35	金属封闭移开式，双面维护	同上	1818×2400×2925

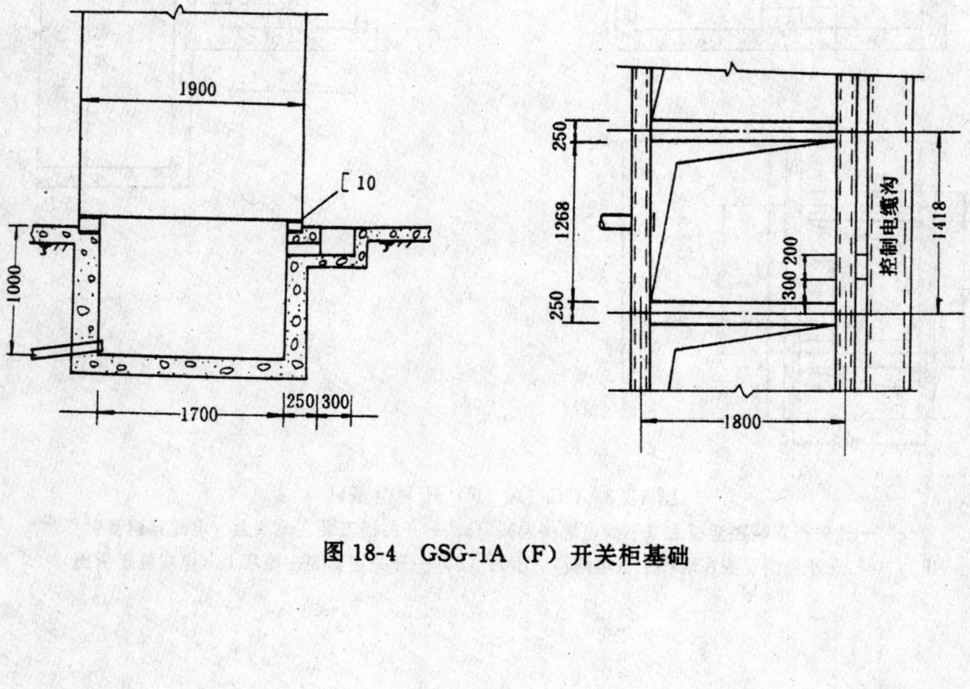

图 18-4 GSG-1A（F）开关柜基础

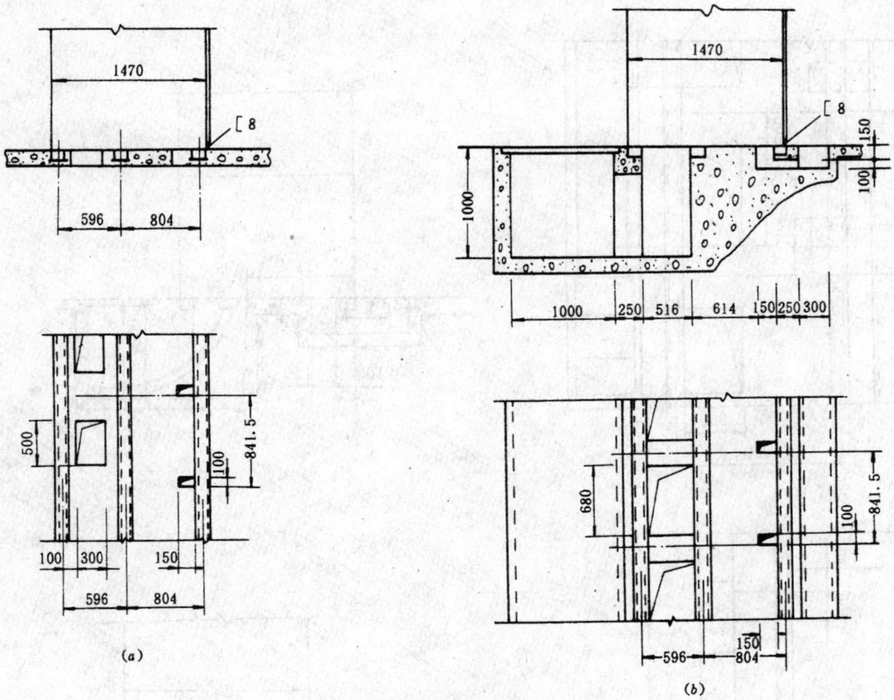

图 18-5 JYN2-10 型手车柜基础（以 1000A 馈电柜为例）

(*a*) 一开关柜在楼板上安装（下设电缆层）；(*b*) 一开关柜在地坪上安装（电缆沟出线）

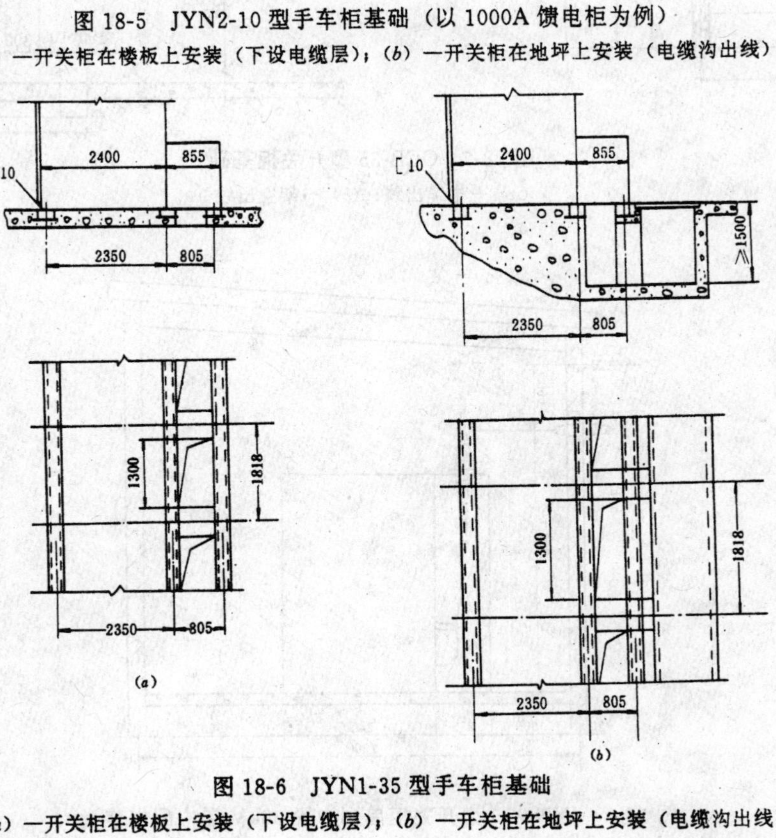

图 18-6 JYN1-35 型手车柜基础

(*a*) 一开关柜在楼板上安装（下设电缆层）；(*b*) 一开关柜在地坪上安装（电缆沟出线）

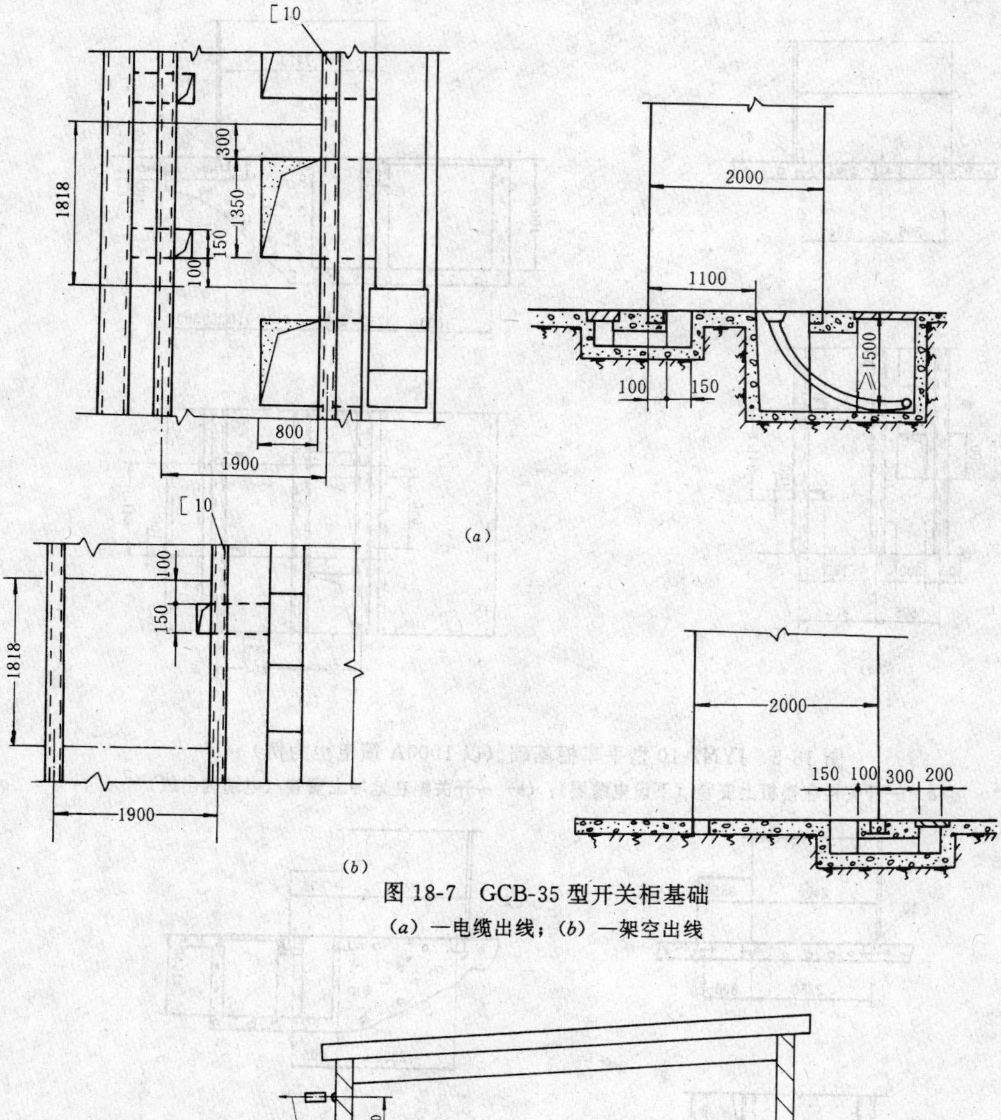

图 18-7 GCB-35 型开关柜基础

(a) —电缆出线；(b) —架空出线

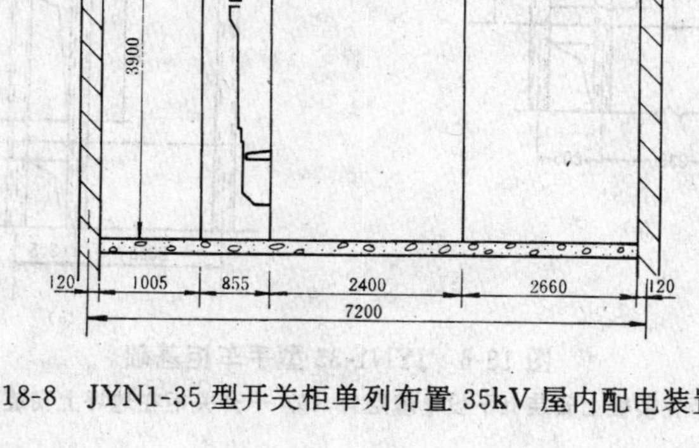

图 18-8 JYN1-35 型开关柜单列布置 35kV 屋内配电装置

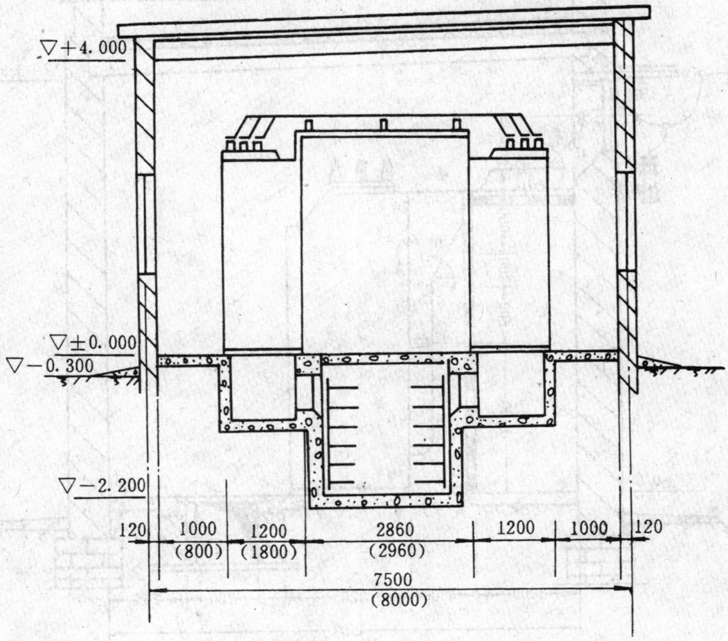

图 18-9 GG-1A（F）型开关柜双列布置 6～10kV 屋内配电装置

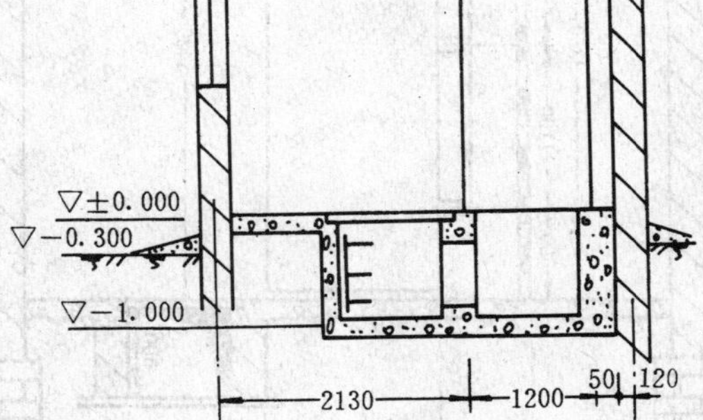

图 18-10 GG-1A（F）型开关柜单列布置 6～10kV 屋内配电装置

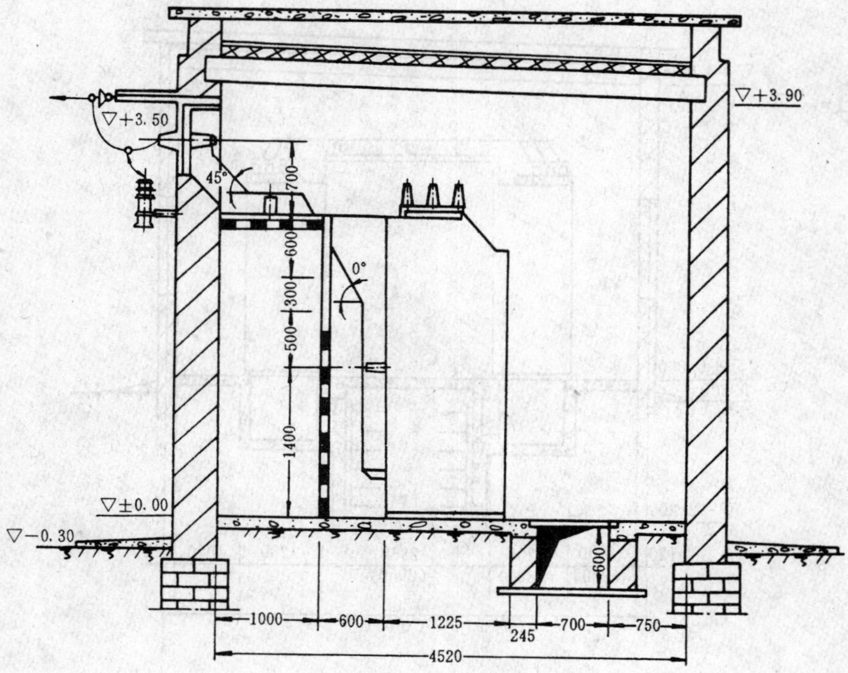

(a)

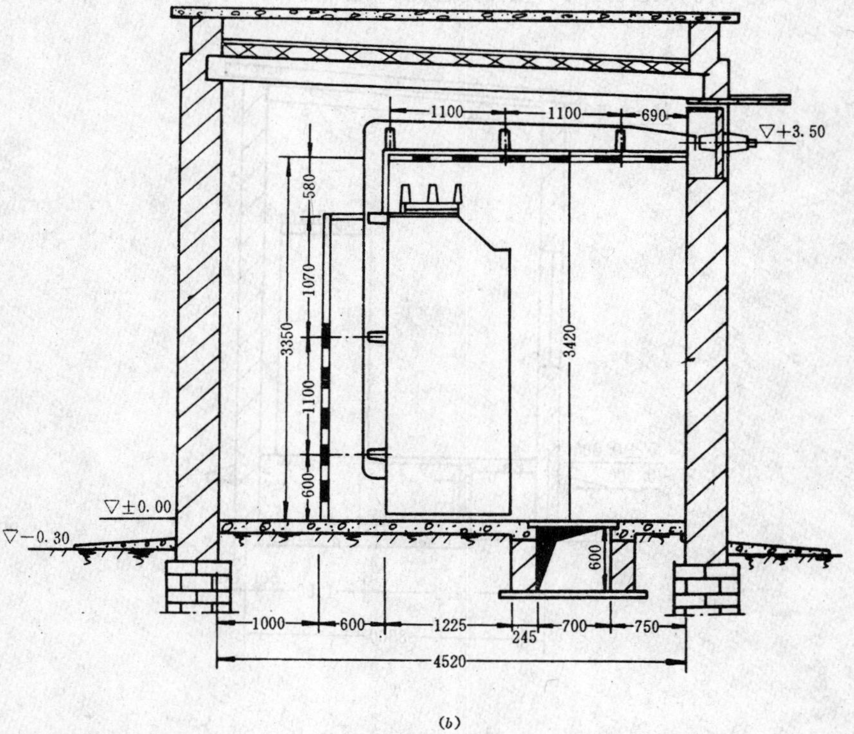

(b)

图 18-11 GG-1A（F）型开关柜单列布置 6～10kV 屋内配电装置

（a）一离墙柜后架空出线；（b）一离墙柜前架空出线

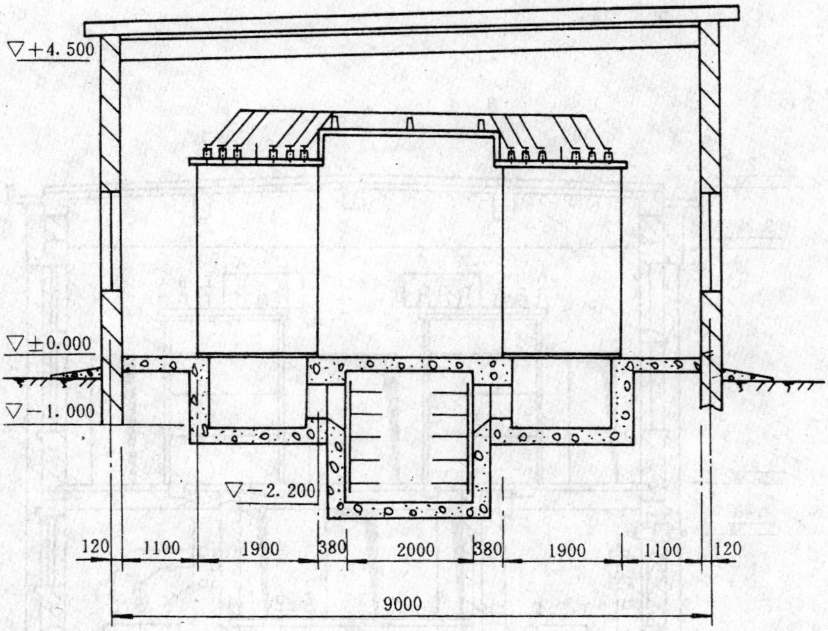

图 18-12 GSG-1A（F）型双母线柜双列布置 6～10kV 屋内配电装置

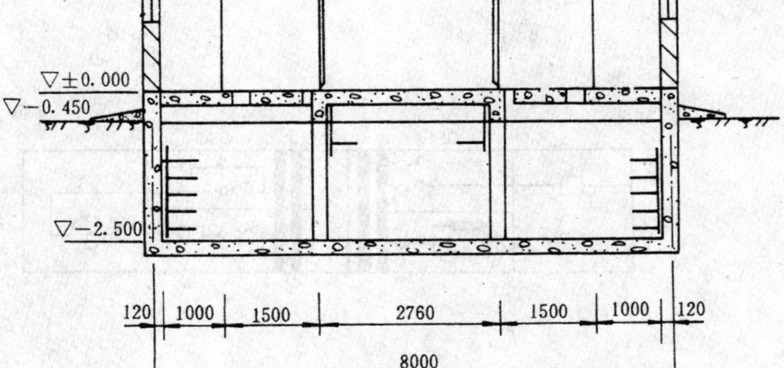

图 18-13 JYN2-10 型手车柜双列布置 6～10kV 屋内配电装置

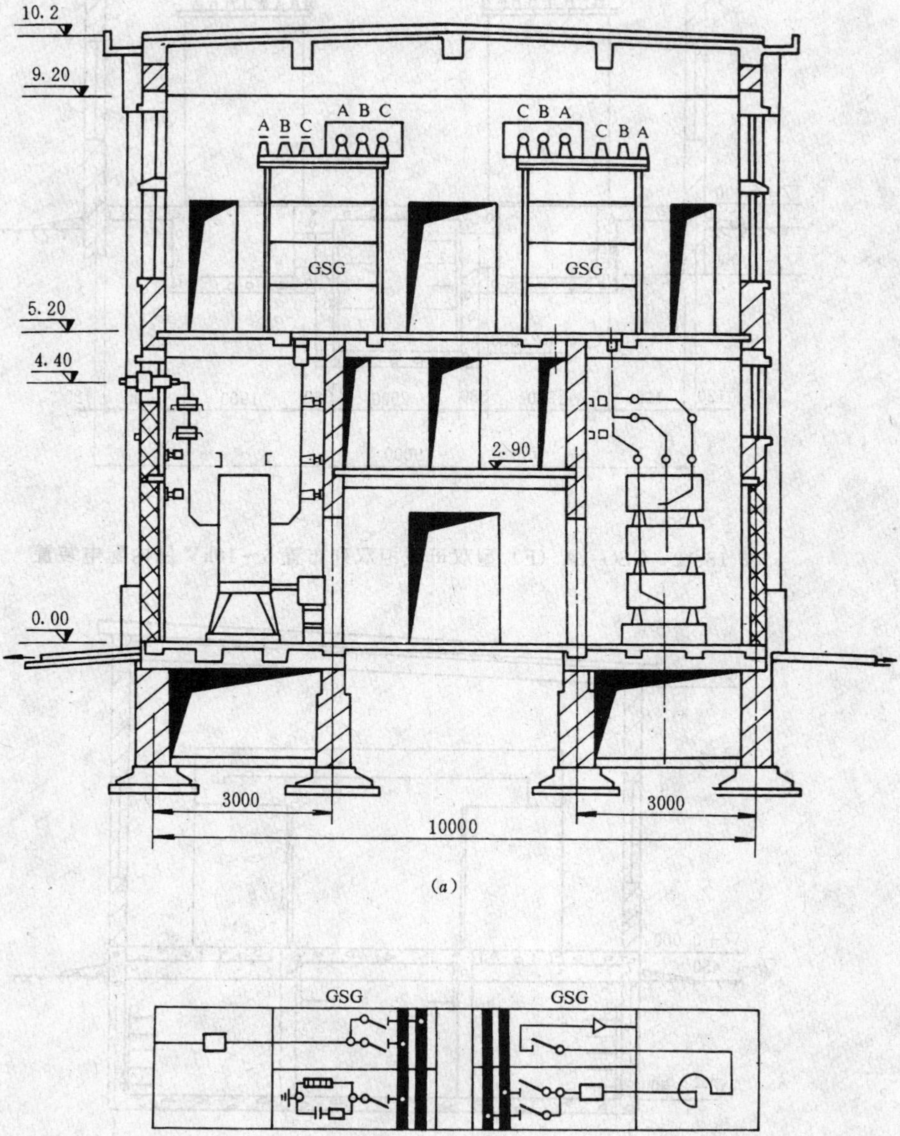

(*a*)

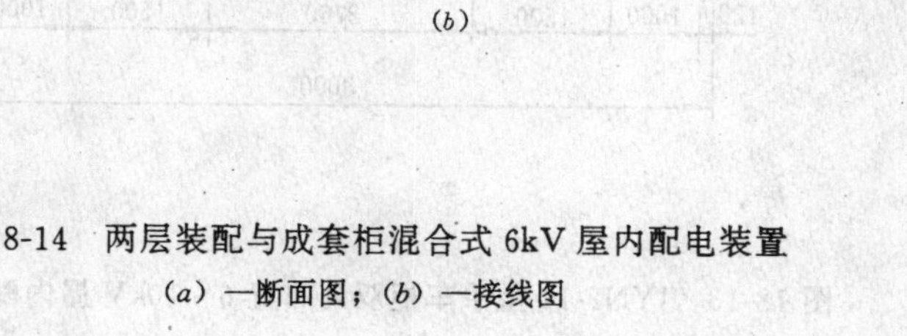

(*b*)

图 18-14 两层装配与成套柜混合式 6kV 屋内配电装置

(*a*) 一断面图；(*b*) 一接线图

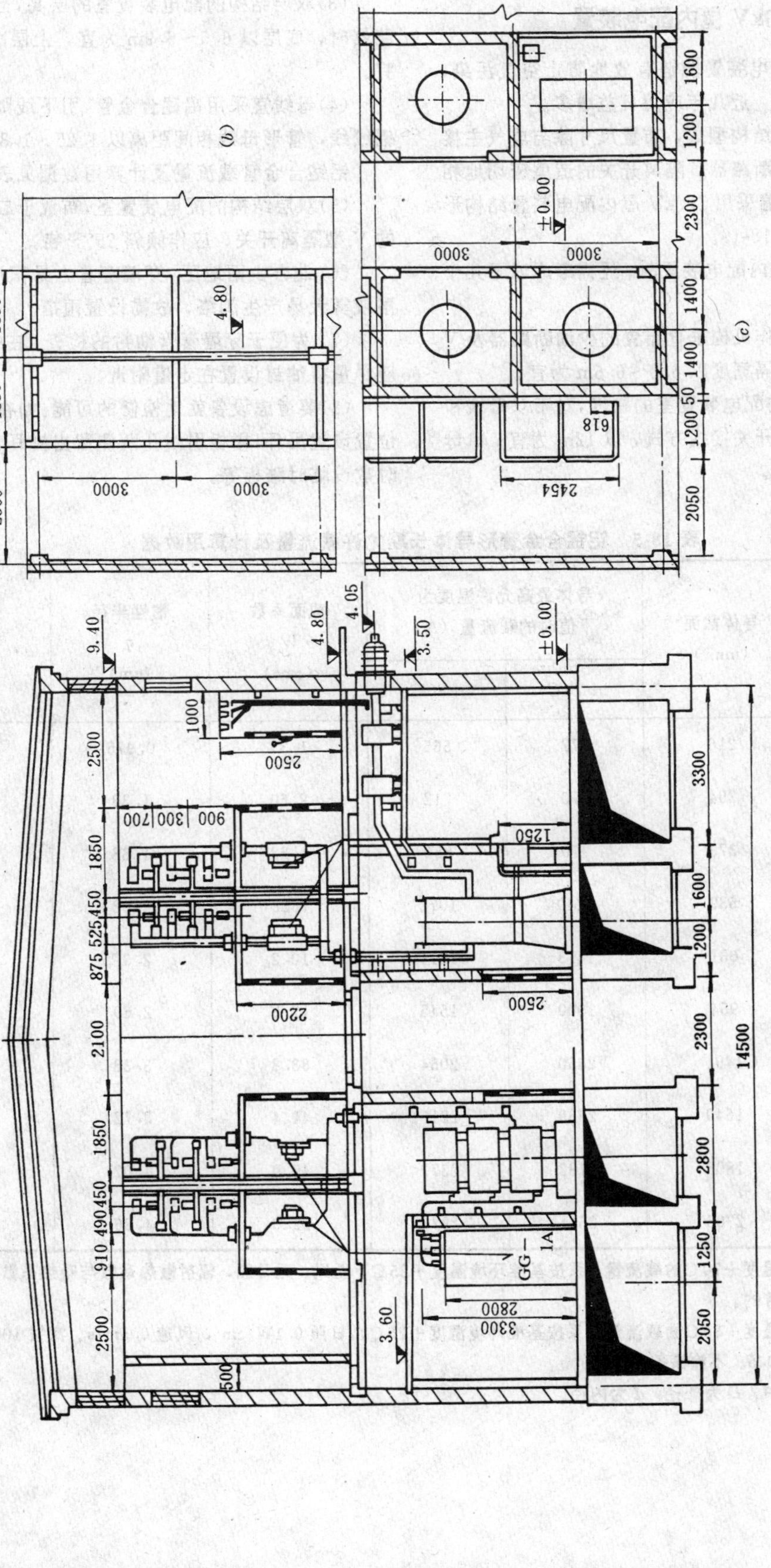

图 18-15 两层装配与成套柜混合式 10kV 屋内配电装置

18.3.3 110kV 屋内配电装置

110kV 屋内配电装置能够有效地防止空气污染，和显著地节约用地，近几年应用日益增多。

配电装置室的结构型式，布置尺寸除与电气主接线有关系外，还与断路器、隔离开关的造型密切地相关。目前工程上普遍采用110kV 屋内配电装置结构形式见图 18-17 至图 18-19。

设计 110kV 屋内配电装置时，还需考虑以下几个方面：

(1) 当采用操作机构垂直布置的少油断路器及 V 型隔离开关时，间隔宽度以 6.3～6.5m 为宜。

(2)双层结构的配电装置室的跨度，对于双母线和双母线带旁路隔离开关接线方式，以 12m 为宜；单母线接线以 10m 为宜。

(3)双层结构的配电装置室的层高，当选用少油断路器时，底层以 6.5～6.9m 为宜，上层净高以 7m 为宜。

(4)母线宜采用铝锰合金管，引下线则应采用钢芯铝绞线，管形母线相间距离以 1.25～1.3m 为宜。

铝锰合金管载流量及计算用数据见表 18-5。

(5)双层结构的配电装置室，布置于二层母线室内的 V 型隔离开关，应作倾斜 25°安装。

(6) 北方少雨地区，穿墙套管上易积污秽，遇上小雨或雾天易产生闪络，故需设置雨搭。

(7) 为便于穿墙套管油封的检查，在条件许可时，应尽量将油封设置在走道附近。

(8)要考虑设备就地检修的可能。如在楼板下适当位置设置吊环，楼板引线孔两侧留出挑耳，供安装检修时敷设临时踏板等。

表 18-5 铝锰合金管形导体长期允许载流量及计算用数据

导体尺寸 D/d (mm)	导体截面 (mm^2)	导体最高允许温度为下值时的载流量 (A)		截面系数 W (cm^3)	惯性半径 η (cm)	惯性矩 I (cm^4)
		+70℃	+80℃			
ϕ30/25	216	572	565	1.37	0.975	2.06
ϕ40/35	294	770	712	2.60	1.33	5.20
ϕ50/45	373	970	850	4.22	1.68	10.6
ϕ60/54	539	1240	1072	7.29	2.02	21.9
ϕ70/64	631	1413	1211	10.2	2.37	35.5
ϕ80/72	954	1900	1545	17.3	2.69	69.2
ϕ100/90	1491	2350	2054	33.8	3.36	169
ϕ110/100	1649	2569	2217	41.4	3.72	228
ϕ120/110	1806	2782	2377	49.9	4.07	299
ϕ130/116	2705	2511	2976	79.0	4.36	513

注：1. 最高允许温度+70℃的载流量，系按基准环境温度+25℃、无风、无日照，辐射散热系数与吸热系数为 0.5，不涂漆条件计算的。

2. 最高允许温度+80℃的载流量，系按基准环境温度+25℃，日照 0.1W/cm^2，风速 0.5m/s。海拔 1000m，辐射散热系数为 0.5。不涂漆条件计算的。

3. 导体尺寸中，D 为外径，d 为内径。

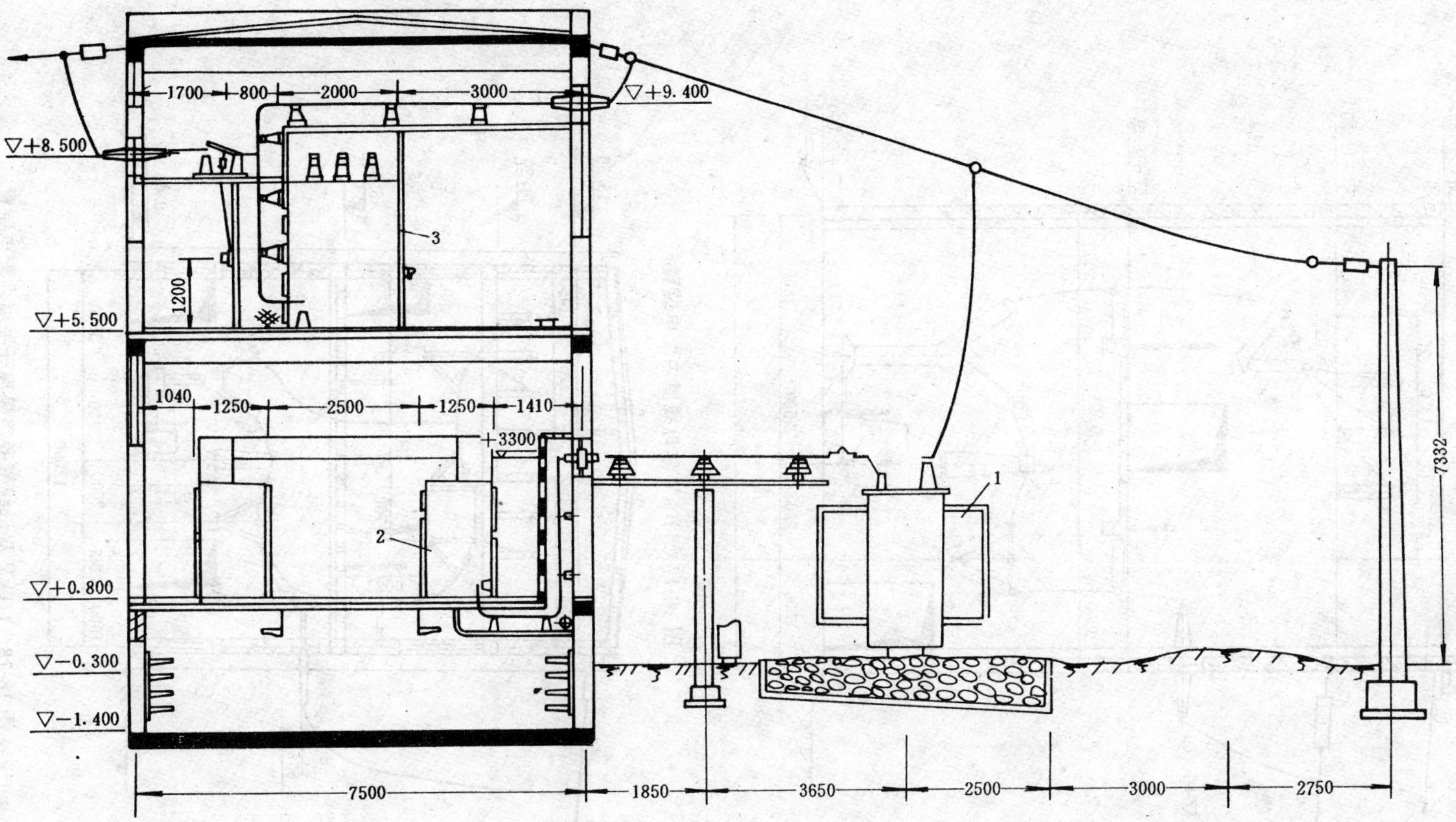

图 18-16　35/10kV 屋内配电装置

1—主变压器 8000kVA；2—GFC-10A 手车柜；3—GCB-35 手车柜

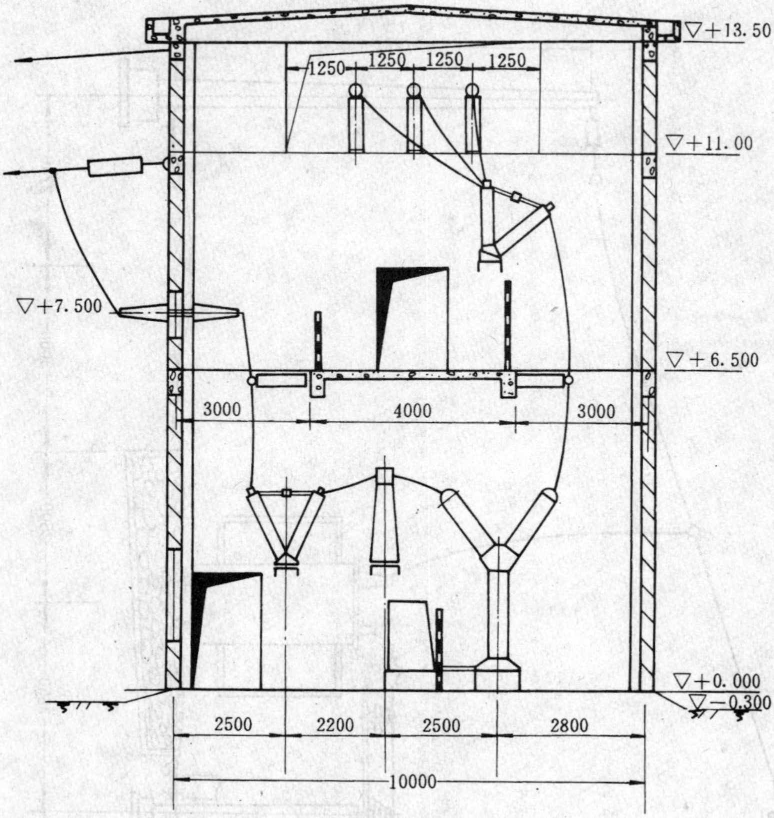

图 18-17 110kV 单母线屋内配电装置

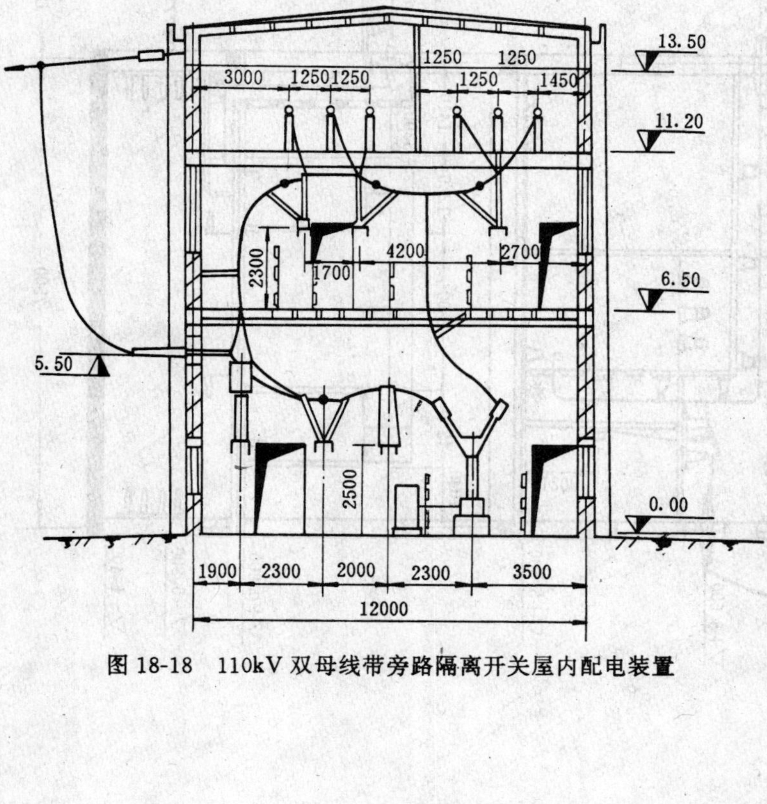

图 18-18 110kV 双母线带旁路隔离开关屋内配电装置

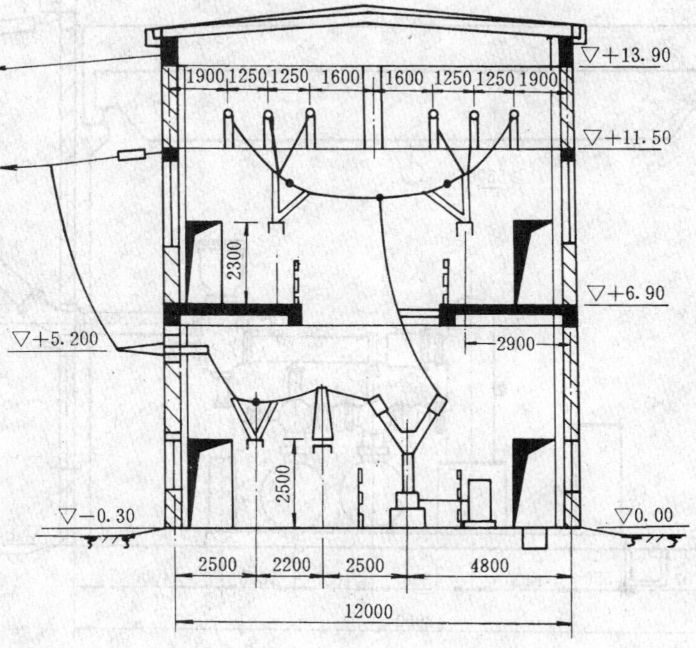

图 18-19　110kV 双母线屋内配电装置

18.3.4　110～220kVSF_6 全封闭组合电器配电装置

SF_6 全封闭组合电器（简称 GIS）是 60 年代发展起来的新型成套封闭式高压电气设备，具有体积小，能防止大气作用和污染影响，无噪音，无火灾危险，不产生电磁干扰，安装方便，维护简单，运行安全可靠等显著优点，是变电所实现小型化、封闭化较理想的高压配电装置。

GIS 装置特别适合于需要高压深入负荷中心。供电可靠性要求高，布置场地受到限制和空气污染较严重地方的变电所中使用。由于 GIS 装置体积小，采用屋内安装增加的土建费用很少，但对改善安装、运行和检修条件十分有利。所以，GIS 装置目前一般都采用屋内布置。

设计 GIS 装置需考虑的问题有以下几个方面：

(1) 在满足供电要求的前提下，力求主接线简单，布置紧凑，以降低造价。

(2) 为防止因温度变化引起伸缩或基础不均匀下沉引起漏气及操作机构失灵，要求在元件连接之间或当母线管道较长时，增加伸缩节。

(3) GIS 装置基础设计要防止地基产生不均匀下沉，当条件不够时，应将基础分成若干分缝块，但分缝应设在管道伸缩节的投影面上。

(4) GIS 装置室内一端应留有供设备存放、安装、检修及试验用的场地。维护通道应满足搬运气体回收小车和试验设备的宽度，一般为 2～3m。

(5) GIS 装置室内一般要考虑供设备安装检修用的起吊设施，间隔较多时宜设单梁吊车，起吊重量，高度由制造厂提供。

(6) GIS 装置室内不宜采用水泥地面和白灰墙面，墙面和房顶一般采用刷漆或涂料、地面用水磨石地面。

(7) GIS 装置室内必须有良好的通风设施，由于 SF_6 气体比空气重，泄漏出来的 SF_6 气体沉于地面附近及沟道中，所以通风设施应能把底部气体排走、通风机吸气口一般应装于 GIS 装置室的底部，上部仍另设事故及正常通风装置。装置室内空气中 SF_6 气体含量正常不应超过 20ppm。

(8) GIS 装置内的 SF_6 气体管理必须符合表 18-6 至表 18-8 规定的标准。

(9) 110～220kVSF_6 组合电器配电装置布置见图 18-20 至图 18-22。

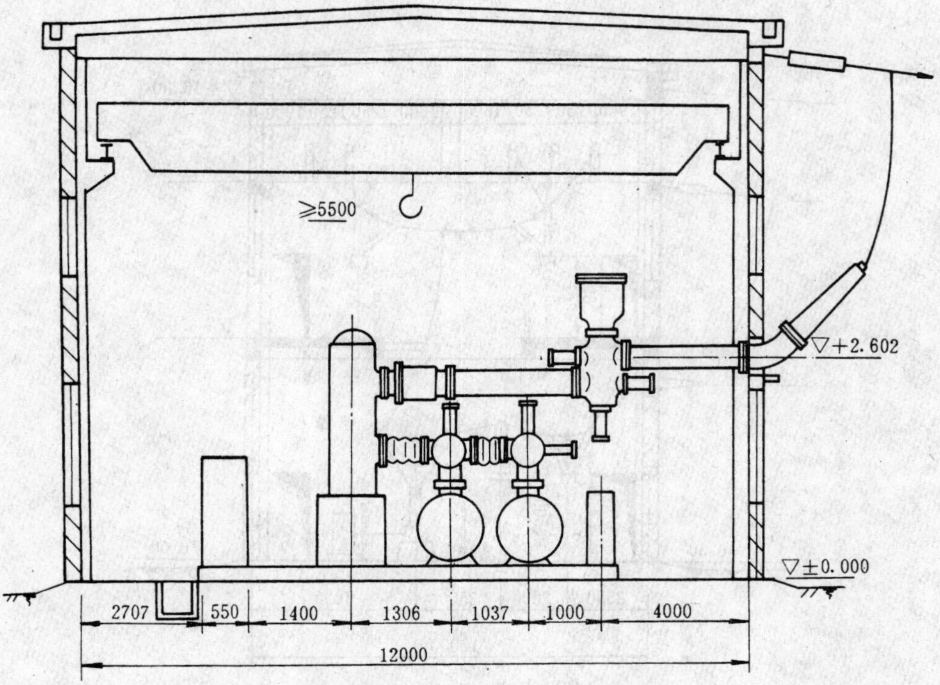

图 18-20 110kV 双母线 GIS 屋内配电装置

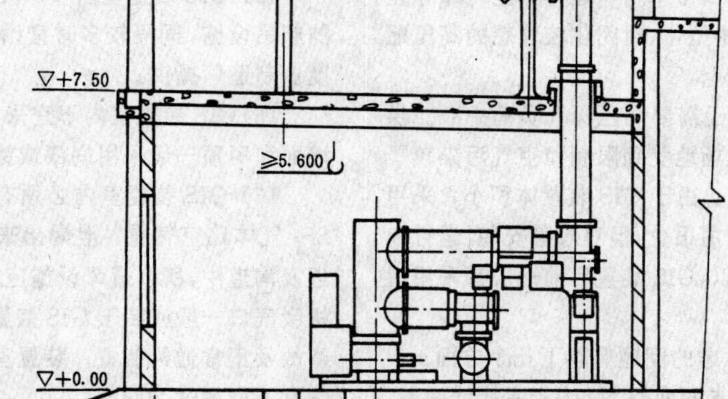

图 18-21 110kV 单母线 GIS 屋内配电装置

表 18-6 新 SF_6 气体标准

杂质名称	标 准
空气（N_2+O_2）（重量比）	≤0.05%
四氟化碳（重量比）	≤0.05%
水 分	≥8ppm
酸度（以 HF 计）（重量比）	≥0.3ppm
可水解氟化物（以 HF 计）（重量比）	≥1.0ppm
矿物油（重量比）	≥10ppm
纯 度（重量比）	≥99.8%
生物毒性试验	≥无毒

表 18-7 组合电器中 SF_6 气体纯度标准

类 别	SF_6 气体纯度
管理标准	97%
允许标准	95%

表 18-8 组合电器中 SF_6 气体水分含量标准

类 别	不发生分解气体设备	发生分解气体设备
管 理 V	250ppm	150ppm
允许值 V	1000ppm	200ppm

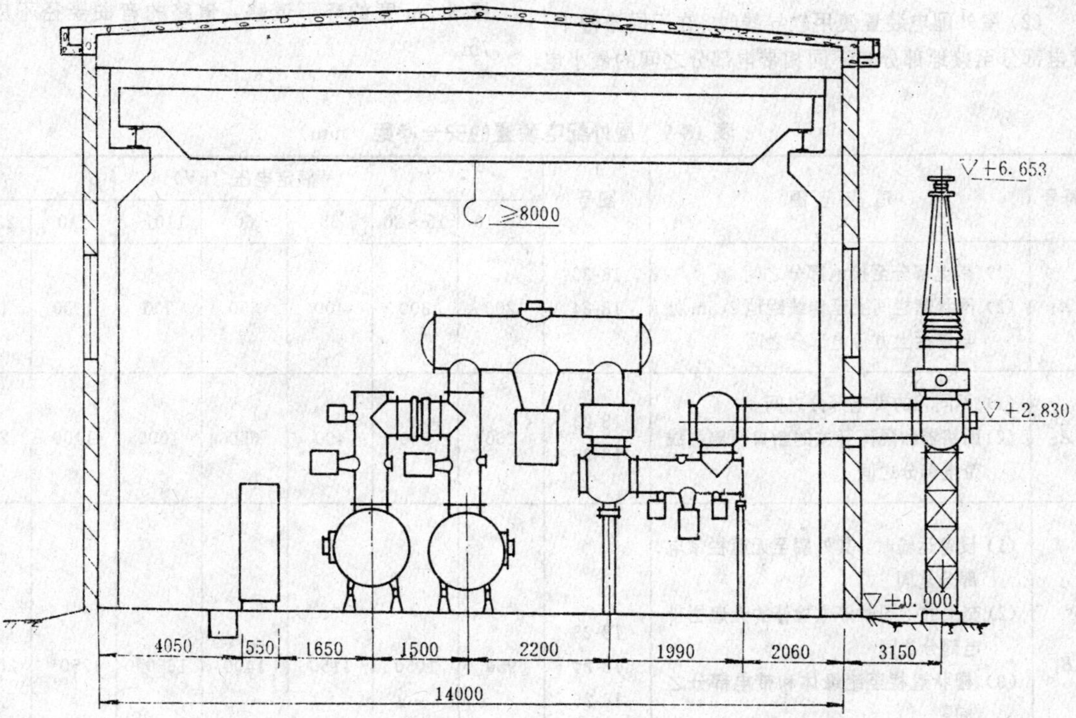

图 18-22 220kV 双母线 GIS 屋内配电装置

18.4　屋外配电装置

18.4.1　对屋外配电装置的一般要求

18.4.1.1　对安全净距的要求

对安全净距的要求有以下几个方面：

(1) 屋外配电装置的安全净距不应小于表18-9所列数值，按图18-23至图18-25校验，并应满足下列要求：

1）电气设备外绝缘体最低部位距地小于2.5m时，应设固定遮栏。

2）围栏向上延伸线距离2.5m处与围栏上方带电部分的净距不应小于表18-9中的A_1值。

3）设备运输时，无遮栏裸导体间的净距，不应小于表18-9中的B_1值。

4）需要不同时停电检修时，导线间的垂直交叉净距，不应小于表18-9中的B_1值。

5）带电部分至围墙顶部的净距，和带电部分至配电装置外建筑物的净距，不应小于表中的D值。

(2) 屋外配电装置使用软导线时，在不同条件下，带电部分至接地部分和不同相带电部分之间的最小电气距离，应根据表18-10进行检验，并采用其中最大数值。

(3)屋外配电装置带电部分的上面或下面，不应有照明、通信和信号线路架空跨越或穿过。

18.4.1.2　对围栏及通道的要求

对围栏及通道的要求有以下几个方面：

(1) 屋外配电装置中电气设备的遮栏高度不应低于1.7m，遮栏网孔不应大于40×40mm，栅栏高度不应低于1.2m，栅栏最低栏杆至地面的净距不应大于200mm，围栏门应装锁。

(2)进入生产厂房的屋外母线桥，当外物有可能落在母线上时，应采取适当的防护措施。

(3)配电装置应设置巡视小道和供设备操作、检修的场地，巡视道路路面宽度宜为0.8～1.0m，可利用电缆沟盖板作为部分巡视小道。

(4) 35kV屋外配电装置不设环形道路，但应设有回车道或开两个大门，同时考虑断路器的搬运方便。

(5) 110kV及以上的屋外配电装置根据需要可设置3.5m宽的环形道路，道路的弯曲半径不应小于7m。

表18-9　屋外配电装置的安全净距（mm）

符号	适应范围	图号	额定电压（kV）						
			3～10	15～20	35	60	110J①	110	220J①
A_1	(1) 带电部分至接地部分之间 (2) 网状遮栏间上延伸线距地2.5m处与遮栏上方带电部分之间	18-23 18-24	200	300	400	650	900	1000	1800
A_2	(1) 不同相的带电部分之间 (2) 断路器和隔离开关的断口两侧引线带电部分之间	18-23 18-25	200	300	400	650	1000	1100	2000
B_1	(1) 设备运输时，其外廓至无遮栏带电部分之间 (2) 交叉的不同时停电检修的无遮栏带电部分之间 (3) 栅状遮栏至绝缘体和带电部分之间② (4) 带电作业时的带电部分至接地部分之间③	18-23 18-24 18-25	950	1050	1150	1400	1650③	1750③	2550③

续表 18-9

符号	适应范围	图号	额定电压（kV）						
			3～10	15～20	35	60	110J①	110	220J①
B_2	（1）网状遮栏至带电部分之间	18-24	300	400	500	750	1000	1100	1900
C	（1）无遮栏裸导体至地面之间 （2）无遮栏裸导体至建筑物、构筑物顶部之间	18-24 18-25	2700	2800	2900	3100	3400	3500	4300
D	（1）平行的不同时停电检修的无遮栏带电部分之间 （2）带电部分与建筑物、构筑物的边沿部分之间	18-23 18-24	2200	2300	2400	2600	2900	3000	3800

注：本表适用于海拔 1000m 及以下地区。

①110J、220J 系指中性点直接口地电网；

②对于 220kV 及以上电压，可按绝缘体电位的实际分布，采用相应的 B_1 值进行检验。此时，允许栅状遮栏与绝缘体的距离小于 B_1 值。当无给定的分布电位时，可按线性分布计算。

③带电作业时，不同相或交叉的不同回路带电部分之间，其 B_1 值可取 A_2＋750mm。

表 18-10　不同条件下的计算风速和安全净距（mm）

条件	校验条件	计算风速（m/s）	A 值	额定电压（kV）				
				35	60	110J	110	220J
外过电压	外过电压和风偏	10①	A_1	400	650	900	1000	1800
			A_2	400	650	1000	1100	2000
内过电压	内过电压和风偏	最大设计风速的 50%	A_1	400	650	900	1000	1800
			A_2	400	650	1000	1100	2000
最大工作电压	（1）最大工作电压，短路和风偏（取 10m/s 风速） （2）最大工作电压和风偏（取最大设计风速）	10 或最大设计风速	A_1	150	300	300	450	600
			A_2	150	300	500	500	900

①在气象条件恶劣的地区（如最大设计风速为 35m/s 及以上，以及雷暴时风速较大的地区）用 15m/s。

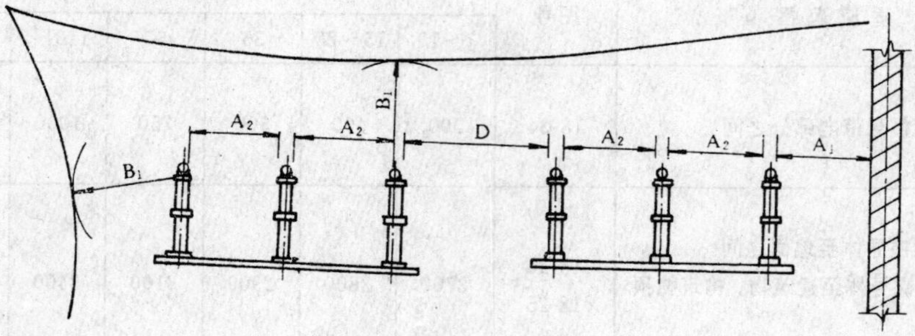

图 18-23 屋外 A_1、A_2、B_1、D 值校验图

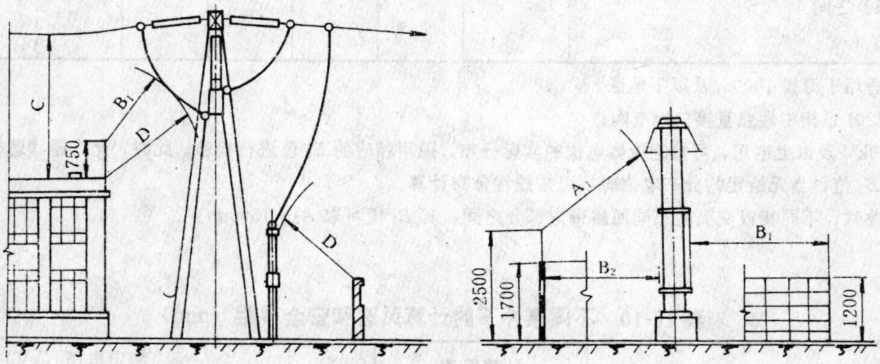

图 18-24 屋外 A_1、B_1、B_2、C、D 值校验图

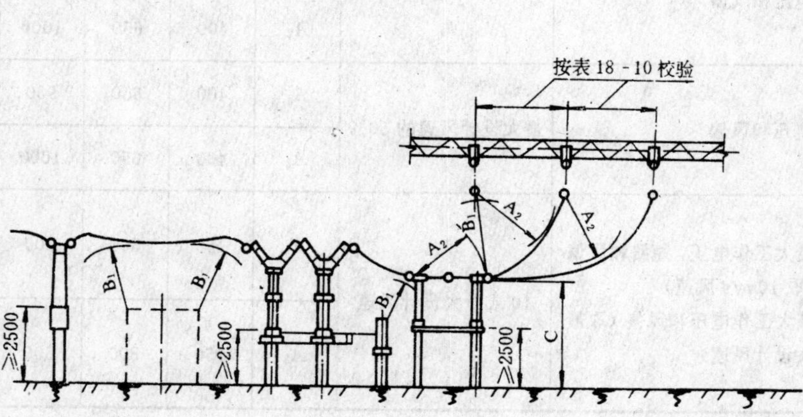

图 18-25 屋外 A_2、B_1、C 值校验图

18.4.1.3 对防火及蓄油设施的要求

对防火及蓄油设施的要求有以下几个方面：

(1) 屋外充油电器设备单个油箱的充油量在1000kg以上时，应设有能容纳100%或20%油量的贮油池，挡油墙或渗油坑等。

(2)屋外贮油池、挡油墙或渗油坑内一般铺设厚度不小于250mm的卵石层，卵石直径为50～80mm，其面积尺寸一般按设备外廓尺寸外加1.0m计。

(3) 设有容纳20%的贮油池或挡油墙时，应有将油排到安全处所的设施，且不应引起污染危害，当设置有油水分离的总事故贮油池时，其容量应按最大一个油箱的60%油量确定。

(4)当油量在2500kg以上的屋外相邻油浸变压器之间无防火墙时，其防火净距不得小于下列数值：

35kV及以下	5m
63kV	6m
110kV	8m
220kV	10m

否则应设置防火隔墙。

(5)油量在2500kg以上的变压器或电抗器与油量为600kg以上的本回路充油电气设备之间，其防火净距不应小于5m。

(6)当屋外油浸变压器之间需设置防火墙时，防火墙的高度不宜低于变压器油枕的顶端高度，其长度应大于变压器贮油池两侧各1m。

若防火墙上设有隔火水幕时，防火墙高度应比变压器顶盖高出0.5m，长度则不应小于变压器贮油池的宽度加0.5m。

表18-11 屋外油浸变压器装置对附近建筑物外墙的防火要求

变压器外廓与建筑物外墙的距离S(m)	对面向变压器外廓两侧3m(油量在1000kg以下时为1.5m)范围内建筑物外墙的要求
$0.8 \leqslant S < 5$	高度h_2范围内不准有门，窗和通风孔高度h_2以上允许设置非燃性的门和固定窗
$5 \leqslant S < 10$	高度h_2以上允许设置非燃性的固定窗 高度h_2范围内允许设置非燃性的防火门
$S \geqslant 10$	无特殊要求

(7)建筑物附近设有屋外油浸变压器时，其外墙上开设门、窗和通风孔的要求见表18-11，并参照图18-26。

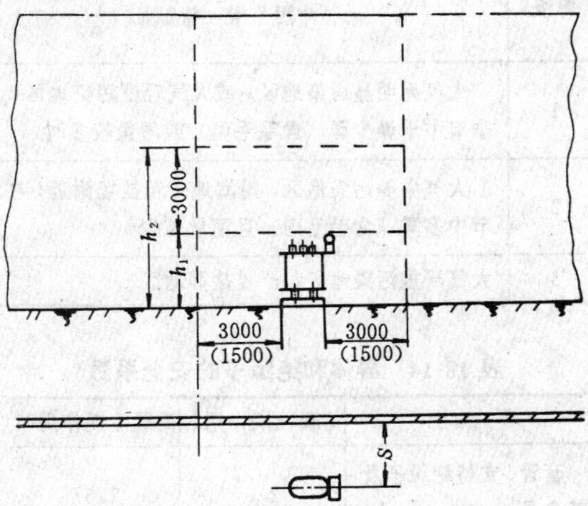

图18-26 屋外油浸变压器附近建筑物外墙防火要求

18.4.1.4 对导体与电器选择的要求

对导体与电器选择的要求有以下几个方面：

(1) 企业总变电所和重要的车间变电所的3～20kV屋外支持绝缘子和穿墙套管，一般按使用电压提高一级选用。

(2)正常环境条件下，不同海拔高度处，配电装置选用的耐张绝缘子串片数不宜少于表18-12数值。悬垂绝缘子串的片数可比耐张绝缘子串减少一片。

表18-12 选用X-4.5或XP-6型绝缘子的耐张绝缘子串的片数

海拔高度(m)	电压(kV)			
	35	60	110	220
<1000	4	6	8	14
1001～1500	4	6	8	14
2001～2500	4	7	9	15

(3) 空气污秽地区的屋外配电装置中的电器设备的绝缘子，应根据不同的污秽等级采取相应的绝缘标准及其防尘、防腐等措施，并应便于清扫。

发电厂、变电所污秽分级标准见表18-13，化工厂及冶金工厂附近的发电厂、变电所，可根据污源所排放的导电气体和金属粉尘的严重程度分别列为2级或3级。

表 18-13 发电厂变电所污秽分级标准

污秽等级	污秽条件		泄漏比距（cm/kV）	
	污湿特征	盐密（mg/cm^2）	中性点直接接地	中性点非直接接地
1	大气无明显污染地区；或大气轻度污染地区，在污闪季节中干燥少雾（含毛毛雨）或雨量较多时	0～0.03（强电解质） 0～0.06（弱电解质）	1.7	2.0
2	大气中等污染地区，沿海地带及盐场附近，在污闪季节中多雾（含毛毛雨）且雨量较少	0.03～0.25	2.5	3.0
3	大气严重污染地区，严重盐雾地区	>0.25	3.5	4.0

表 18-14 导体和绝缘子的安全系数

类别	荷载长期作用时	荷载短期作用时
套管、支持绝缘子及其金具	2.5	1.67
悬式绝缘子及其金具①	4	2.5
软导线	4	2.5
硬导体②	2	1.67

①悬式绝缘子的安全系数对应于 1 小时机电试验荷载，而不是破坏荷载。若是后者，安全系数则分别为 5.3 和 3.3。

②硬导体的安全系数对应于破坏应力，而不是屈服应力。若是后者，安全系数则分别为 1.6 和 1.4。

(4) 屋外配电装置中使用的导体、套管、绝缘子和金具，应根据当地的气象条件和不同受力状态（安装、正常、检修）进行力学计算。其安全系数不应小于表 18-14 所列数值。

(5) 配电装置中导线允许采用的最小截面：

铜绞线 $10mm^2$

铝绞线或钢芯铝绞线 $25mm^2$

钢绞线 $16mm^2$

(6) 35kV 及以上的软母线和硬母线，应按当地气象条件校验电晕电压，使工作电压小于临介电晕电压。满足电晕要求的 60～110kV 最小母线直径和截面列于表 18-15。

对于海拔高度不超过 1000m 的地区，在常用相间距离情况下，当导体型号或外径不小于表 18-16 所列数值时，可不进行电晕校验。

表 18-15 满足电晕要求的最小母线直径 d（mm）和截面 S（mm^2）

母线型式	相间距离（cm）	起始电晕为控制条件				可见电晕为控制条件			
		60kV		110kV		60kV		110kV	
		d	S	d	S	d	S	d	S
钢芯铝绞线	160	7.48	35			4.2	10		
	200	7.16	35	14.8	120	4.0	10	9.8	70
	250	6.88	35	14.1	120	3.8	10	9.3	50
	300	6.68	35	13.6	95	3.64	10	8.86	50
	350	6.5	25	13.2	95	3.52	10	8.6	50
	400			12.9	95			8.4	35
	450			12.6	95			8.24	35
管形或圆形母线	100	7.22				3.84			
	120	6.96		14.5		3.68		9.2	
	140	6.72		14.0		3.54		8.9	
	160	6.54		13.6		3.44		8.6	
	200	6.28		13.0		3.36		8.3	

表 18-16 可不进行电晕校验的最小导体型号及外径

电压（kV）	110	220
软导线型号	LGJ-70	LGJ-300
管形导体外径（mm）	ϕ20	ϕ30

(7) 在积雪、覆冰严重地区，应采取防止冰雪引起事故的措施。隔离开关的破冰厚度，应大于安装场所最大覆冰厚度。

(8) 设计配电装置及选择导体和电器时的最大风速，可采用离地 10m、30 年一遇 10min 平均最大风速。最大设计风速超过 35m/s 的地区，在屋外配电装置的布置中，宜降低电气设备的安装高度，加强其与基础的固定等。

18.4.2 35～220kV 屋外配电装置的布置尺寸

35～220kV 屋外配电装置中统一采用的有关尺寸列于表 18-17。

表 18-17 35～220kV 配电装置统一规定尺寸（m）

电压等级（kV）		35	60	110	220
弧垂	母线	1.0	1.1	0.9～1.1	2.0
	进出线	0.7	0.8	0.9～1.1	2.0
线间距离	π 型母线架	1.6	2.6	3.0	5.5
	门型母线架		1.6	2.2	4.0
	进出线	1.3	1.6	2.2	4.0
构架高度	母线构架	5.5	7.0	7.3	10～10.5
	出线构架	7.3	9.0	10.0	14～14.5
	双层构架		12.5	13.0	21.0～21.5
构架宽度	π 型母线架	3.2	5.2	6.0	11.0
	门型母线架		6.0	8.0	14.0～15.0
	进出线	5.0	6.0	8.0	14.0～15.0
支架高度	隔离开关	3.0	3.0	2.7	2.7
	电流互感器	3.0	2.5	2.5	2.5
	电压互感器	2.5	2.5	2.5	2.5
	熔断器及电阻	3.5			
	避雷器	2.5	2.5	2.5	
	避雷器（落地安装）	0.4	0.4	0.4	0.4
	耦合电容器			2.5	2.5
断路器基础高度	多油断路器	0.3	0.3		
	少油断路器				
	高式	1.8		2	2
	低式	0.6	0.6	0.5	

注：要求出线中心线对门型构架横梁垂直线的偏角 θ 为：

35kV，$\theta \leqslant 5°$；

110kV，$\theta \leqslant 20°$，若 $\theta \leqslant 5°$ 则出线构架宽度可为 7m；

220kV，$\theta \leqslant 10°$，若 $\theta > 10°$ 则需采取挂线点偏移等措施。

电力设计院典型设计统一采用的纵向尺寸见图 18-27 至图 18-30 图中尺寸对于双柱隔离开关和三柱隔离开关均适用。

落地安装的屋外油浸变压器的布置尺寸不应小于表 18-18 的规定。

当 35～220kV 大型变压器采取就地原位检修时，相邻变压器外廓之间或变压器外廓与其它带电设备之间的距离应满足安装移动式检修吊架或临时搭架的需要，一般不小于 10m，以便在检修变压器时，不影响另一台变压器或其它带电设备继续工作。

表 18-18 屋外油浸变压器装置的最小布置尺寸（m）

名称距离	变压器油重（kg）		
	＜1000	1000～2500	＞2500
变压器外廓与围栏或建筑物外墙之间的距离	0.8	1.25	
相邻变压器外廓之间的距离	1.5	2.0	见注
变压器底部距地面的高度	0.3	根据运输方式确定	

注：油量为 2500kg 以上的变压器外廓之间的距离应满足防火间距的要求，见 18.4.1.3 节第（4）项规定。

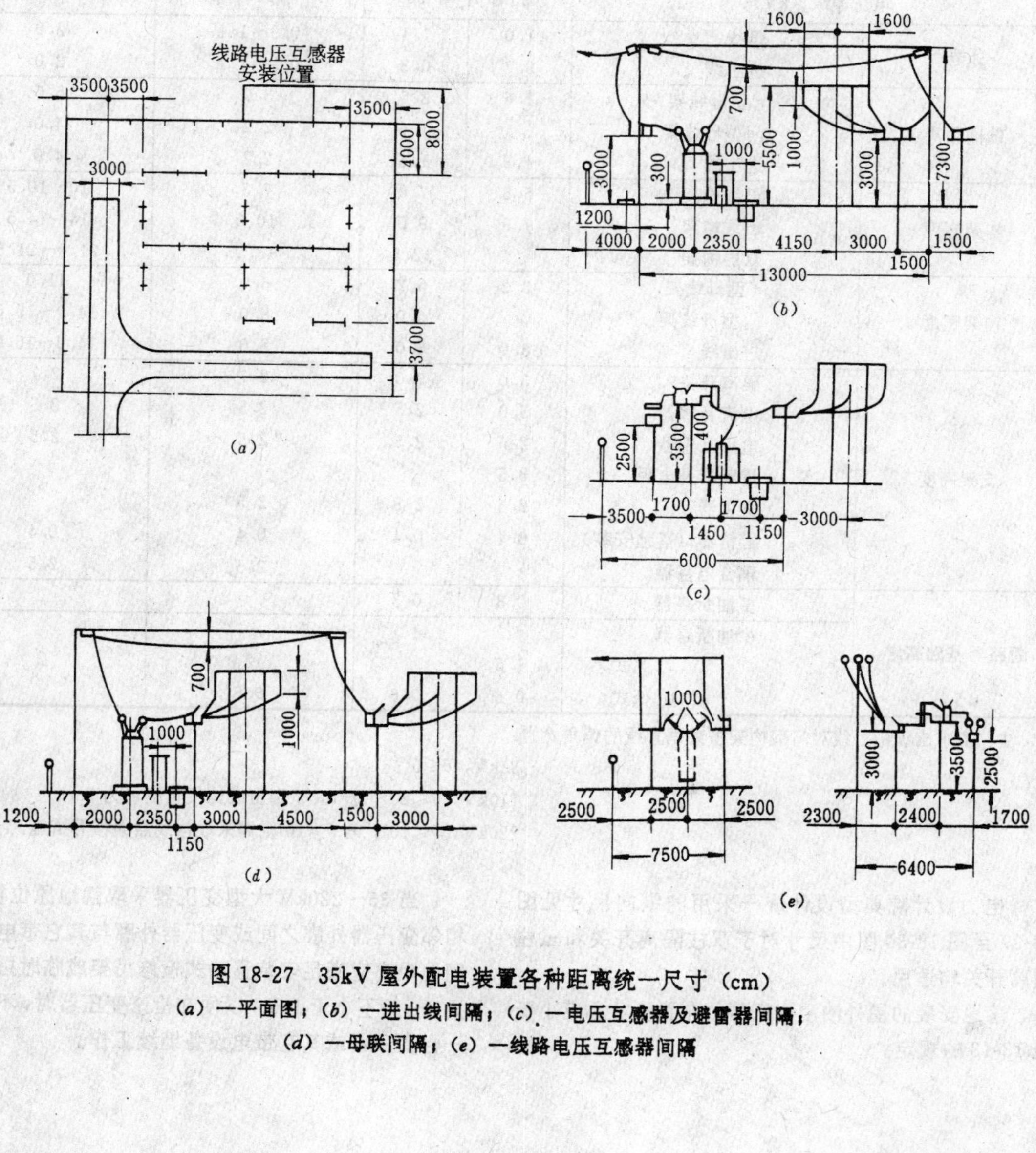

图 18-27 35kV 屋外配电装置各种距离统一尺寸（cm）

(*a*) —平面图；(*b*) —进出线间隔；(*c*) —电压互感器及避雷器间隔；
(*d*) —母联间隔；(*e*) —线路电压互感器间隔

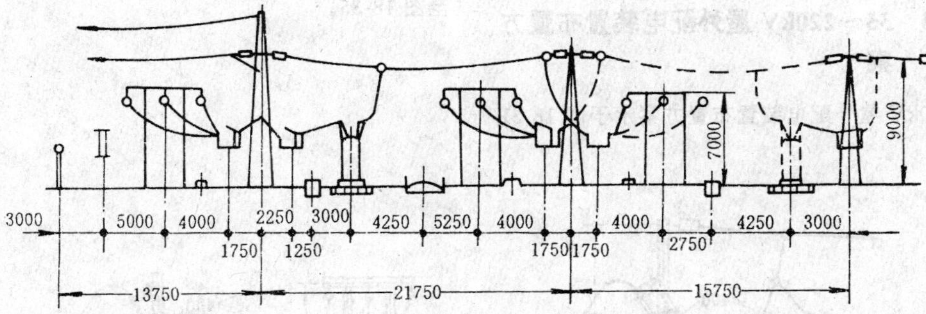

图 18-28 60kV 双母线带旁路的屋外配电装置纵向距离尺寸（cm）

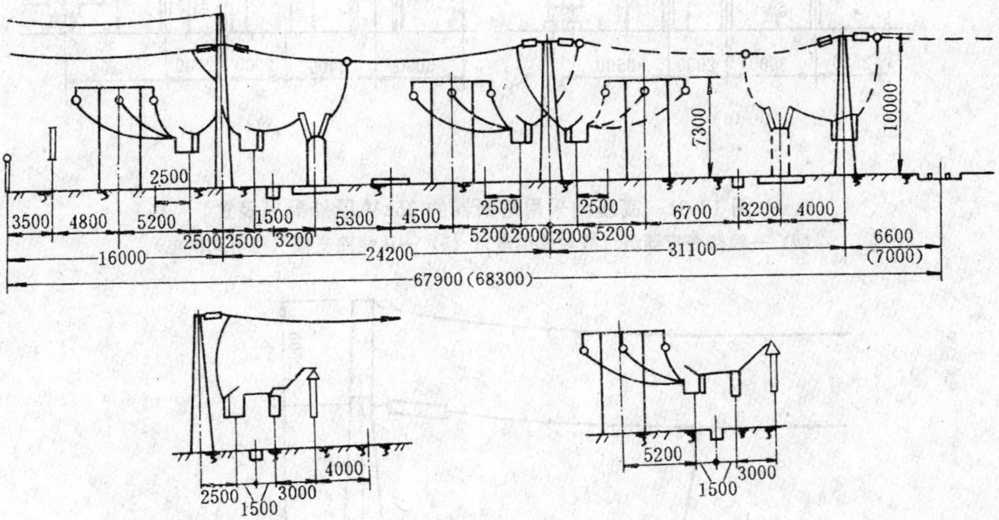

图 18-29 110kV 双母线带旁路的屋外配电装置纵向距离尺寸（cm）

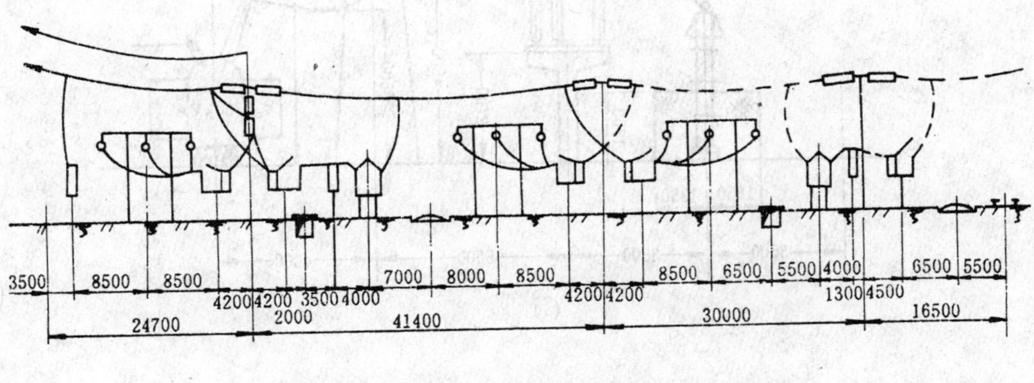

图 18-30 220kV 双母线带旁路的屋外配电装置纵向距离尺寸（cm）

18.4.3 35～220kV 屋外配电装置布置方案

35～220kV 屋外配电装置布置方案示于图 18-31 至图 18-35。

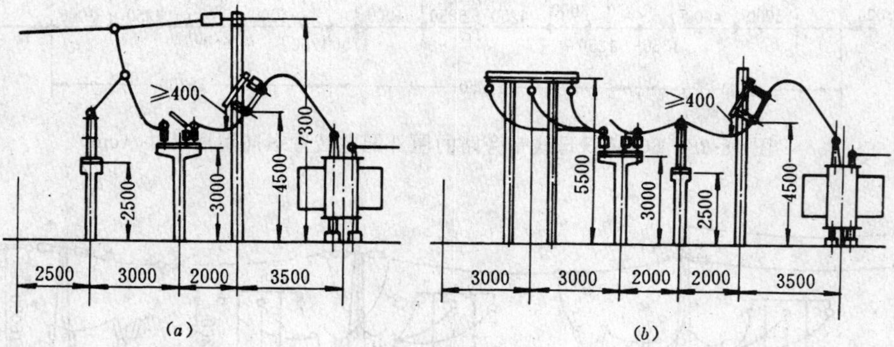

图 18-31 高压侧采用熔断器的 35kV 屋外配电装置

(a) 一线路变压器组（放射式供电）；(b) 一从线路支接（树干式供电）

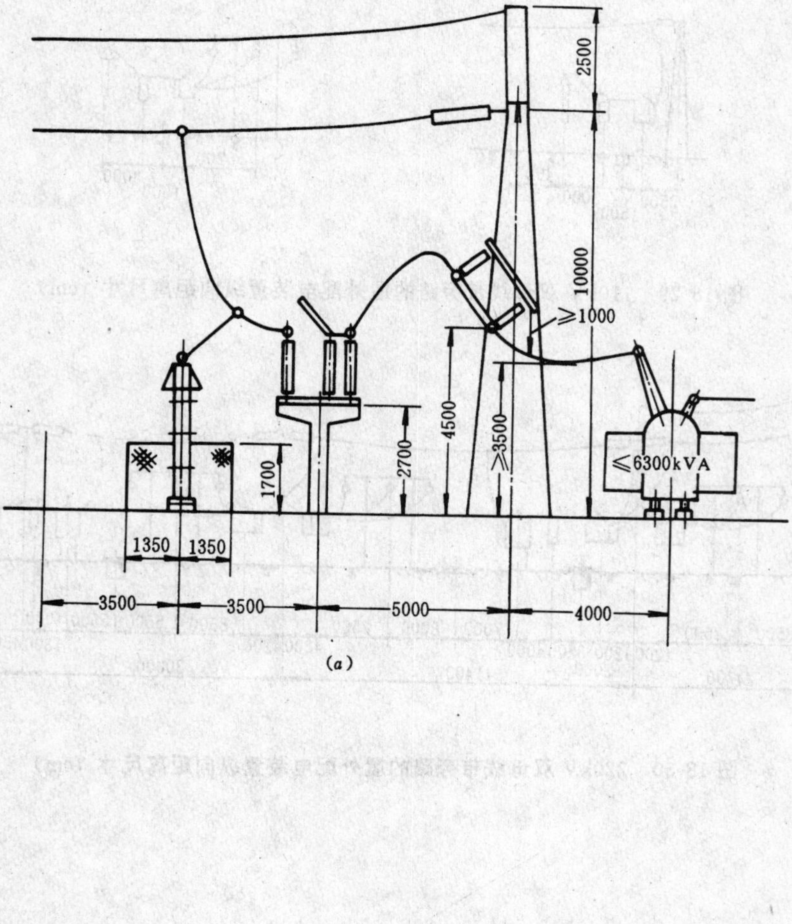

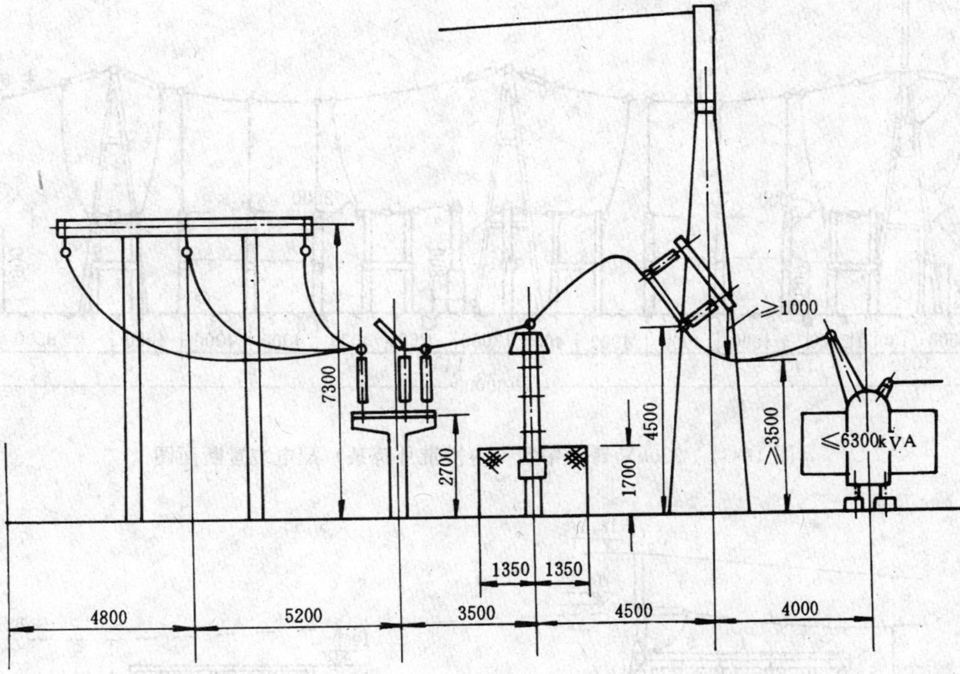

(b)

图 18-32 高压侧采用熔断器的 110kV 屋外配电装置
(a) —线路变压器组（放射式供电）；(b) —从线路支接（树干式供电）

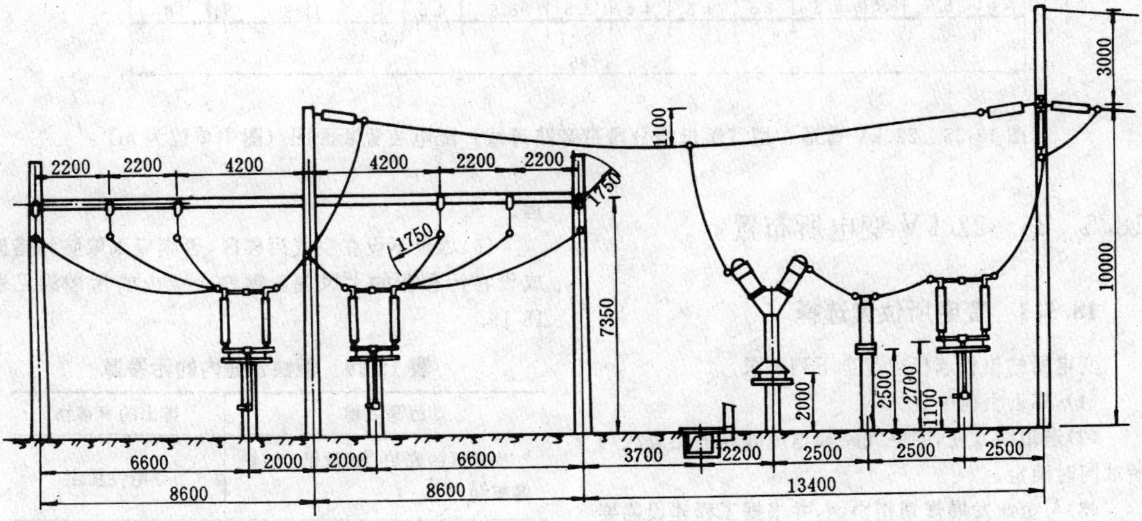

图 18-33 110kV 双母线普通中型配电装置断面图

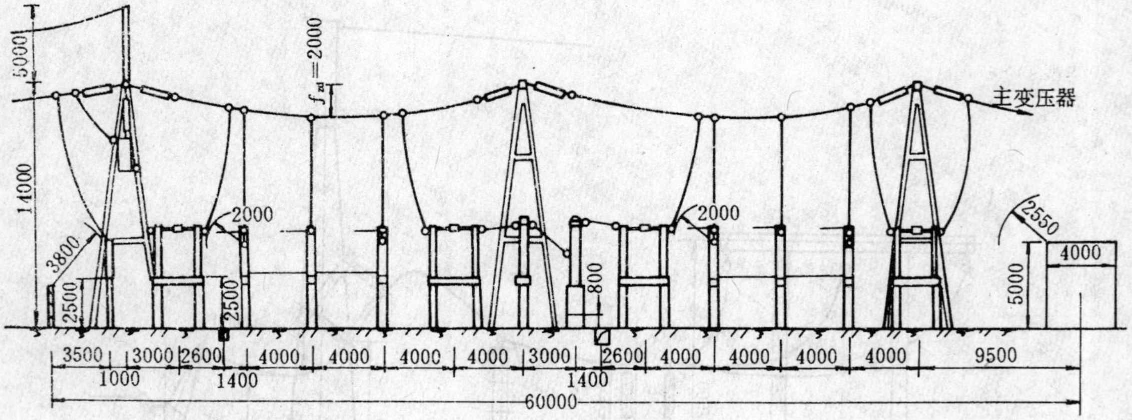

图 18-34　220kV 普通中型（内桥带外跨条）配电装置断面图

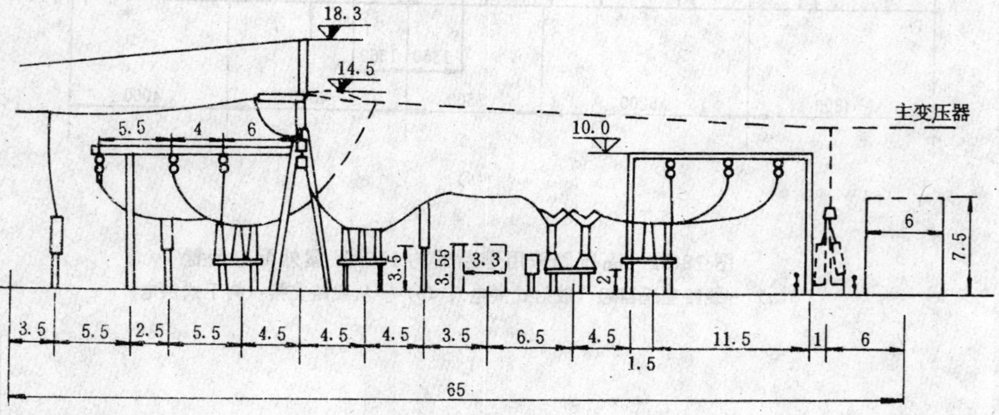

图 18-35　220kV 普通中型（单母线分段带旁路母线）配电装置断面图（图中单位为 m）

18.5　35～220kV 变电所布置

18.5.1　变电所位置选择

变电所的位置选择应符合下列要求：

(1) 靠近负荷中心。

(2)进出线方便，架空线路和电缆线路的走廊应与所址同时确定。

(3)与企业发展规划相协调，并根据工程建设需要留有扩建的可能。

(4)节约用地。位于厂区外部的变电所应尽量不占或少占耕地。

(5)交通运输方便，便于主变压器等大型设备的搬运。

(6)尽量不设在空气污秽区，否则应采取防污措施或设在污秽源的上风侧，钢铁企业内的污秽源见表 18-19。

表 18-19　钢铁企业内的污秽源

污源名称	排出的有害物
冶炼区的高炉、铸铁机、转炉等车间	导电性粉尘
轧钢区的酸洗、镀锌等车间	化学腐蚀性气体
水工构筑物如喷雾冷却水池、机力通风冷却塔	水蒸气

(7) 尽量避开剧烈震动的场所。

变电所屋外配电装置与建筑物，堆场储罐物之间的防火间距不应小于表 18-20 的规定。

(8) 变电所建、构筑物，变压器及屋外配电装置与冷却塔、喷水池之间的距离应不小于表 18-21 中的规定。

(9)位于厂区内的变电所，所址标高一般与厂区标高一致。位于厂外的 35kV 变电所的所址标高宜在 50 年一遇的高水位之上，110～220kV 变电所的所址标高宜在百年一遇的高水位之上，否则应有防护措施。

(10) 具有适宜的地质条件，山区变电所应避开滑坡地带等。

表 18-20　室外变、配电所与建筑物、堆场的防火间距（m）

建筑物、堆场、储罐名称			变压器油重（t）		
			5～10	>10～50	>50
民用建筑	耐火等级	一、二级	15	20	25
		三级	20	25	30
		四级	25	30	35
丙、丁、戊类厂房及库房		一、二级	12	15	20
		三级	15	20	25
		四级	20	25	30
甲、乙类厂房			25		
甲、乙类库房	储量不超过 10t 的甲类 1、2、5、6 项物品和乙类物品		25		
	储量不超过 5t 的甲类 3、4 项物品和储量超过 10t 的甲类 1、2、5、6 项物品		30		
	储量超过 5t 的甲类 3、4 项物品		40		
稻草、麦秸、芦苇等易燃材料堆场			50		

注：1. 防火间距应从距建筑物、堆场最近的变压器外壁算起，但室外变配电构架距堆场和甲、乙类的厂房不宜小于 25m，距其它建筑物不宜小于 10m。

2. 本条的室外变、配电所，是指电力系统电压为 35～500kV，且每台变压器容量在 10000kVA 以上的室外变配电所以及工业企业的变压器总油量超过 5t 的室外总降压变电所。

3. 发电厂内的主变压器，其油量可按单台确定。

4. 室外变、配电所与储罐的防火间距见 39 章。

表 18-21　冷却塔、喷水池与变压器屋外配电装置的最小净距（m）

冷却设施名称	建、构筑物（一、二、三级耐火等级）	屋外配电装置及主变压器		所内道路路边及所区围墙
		设在冬季盛行风向的上风侧	设在冬季盛行风向的下风侧	
喷水池	20	20	35	5
点滴开放式冷却塔	15	20	30	5
自然通风横流塔	15	20	25	5
自然通风逆流塔	12	15	20	5
玻璃钢冷却塔	15	15	20	3

18.5.2　变电所结构与布置

18.5.2.1　变电所结构型式

(1)企业总变电所一般为独立式布置，高压深入的车间变电所一般为附设式。

(2) 35kV 及以下电压等级的配电装置一般均采用屋内式。

表 18-22 建、构筑物最小间距(m)

建、构筑物名称			丙、丁、戊类生产建筑 耐火等级 一、二级	丙、丁、戊类生产建筑 耐火等级 三级	屋外配电装置 每组断路器油量(t) <1	屋外配电装置 每组断路器油量(t) ≥1	屋外可燃介质电容器	制氢站	贮氢罐	总事故贮油池	所内生活建筑 耐火等级 一、二级	所内生活建筑 耐火等级 三级	所外道路(路边)	所内道路(路边) 主要	所内道路(路边) 次要	围墙
丙、丁、戊类生产建筑	耐火等级	一、二级	10	12	10		10	12		5	10	12	无出口时,1.5 有出口,但无车道时,3.0 有出口,有引道时,6～8			5
		三级	12	14				14	15		12	14				
屋外配电装置	每组断路器油量(t)	<1						25	30	5	10	12		1.5		
		≥1	10													
屋外主变压器	油量(t)	5～10	10		10						15	20				
		10～50									20	25				
		>50									25	30				
屋外可燃介质电容器			10								15	20				
制氢站			12	14	25					12	25		15	10	5	5
贮氢罐				15	30					15						
总事故贮油池			5		5			12	15		10	12		3		
所内生活建筑	耐火等级	一、二级	10	12	10		15	25		10	6	7	无出口时 1.5 有出口时 3.0			3
		三级	12	14	12		20			12	7	6				
围墙			5					5			3		1.5			

注:1. 建、构筑物防火间距应按相邻两建、构筑物外墙的最近距离计算,如外墙有凸出的燃烧构件时,则应从其凸出部分外缘算起;

2. 两座厂房相邻两面的外墙为非燃烧体且无门窗洞口,无外露的燃烧屋檐,其防火间距可按本表减少 25%;

3. 两座厂房相邻较高一面的外墙如为防火墙时,其防火间距不限;

4. 建筑物外墙距屋外油浸变压器外廓 5m 以内时,该墙在变压器总高度加 3m 的水平线以下及变压器外廓两侧各 3m 的范围内,不应设有门窗和通风孔;建筑物外墙距变压器外廓 5～10m 时,在上述范围内的外墙可设防火门,并可在变压器总高度以上设非燃烧性的固定窗。

(3) 110kV 配电装置一般采用屋外式，但对位于 2 级及以上所有中、重污秽地区以及负荷中心，用地受到限制地区的配电装置，应采用屋内式。

(4) 220kV 配电装置，除采用 GIS 装置可用屋内式布置外，一般均采用屋外式配电装置。

(5) 一次电压为 35～220kV 的电力变压器一般布置在屋外，在空气特别污秽地区，变压器外绝缘应按污秽等级加强。

35～110kV 电压等级的电力变压器也可布置于屋内。

18.5.2.2 变电所布置要求

变电所布置要求有以下几个方面：

(1) 总平面布置应紧凑合理，节约用地，充分利用地形地质，并适当留有余地，考虑发展。

(2) 总平面布置应满足建筑物防火要求，注意风向，朝向，有利于所区环境保护，建筑物的最小间距见表 18-22。

(3) 独立布置的变电所宜设置 2.2m 高的实体围墙。

(4) 变电所内应设置便于设备运输和检修用的道路，道路宽度宜为 3.5m。至变压器运输道路可根据主变运输要求确定，并与变电所外部道路连接，路面标准一般为沥青或混凝土路面。

(5) 所区地面应有良好的排水措施，排水坡度宜为 0.5～2%，最小不应小于 0.3%，局部最大不宜大于 6%，必要时宜有防冲刷措施。

(6) 所区内的建筑物标高、基础埋深、路基和管线埋深应互相配合，建筑物室内地面标高宜高出屋外地面 150～300mm，并根据地质条件考虑沉降量。

(7) 应充分利用所区场地进行绿化，以达改善运行条件和美化环境的目的，除布置有设备、构架、沟道以及操作检修场地以外的空地有条件时宜以绿化覆盖。

变电所总体布置方案见表 18-23 所列。

表 18-23 35～220kV 变电所总体布置方案

<table>
<tr><th>序号</th><th>平面布置示意图</th><th>说 明</th></tr>
<tr><td>1</td><td>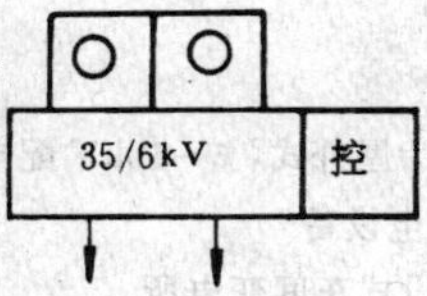
</td><td>35/6～10kV 配电装置及主变压器均为屋内式
配电装置室为双层结构、上层 35kV，下层 6～10k
适用于有两级电压的企业总变电所和车间变电所</td></tr>
<tr><td>2</td><td>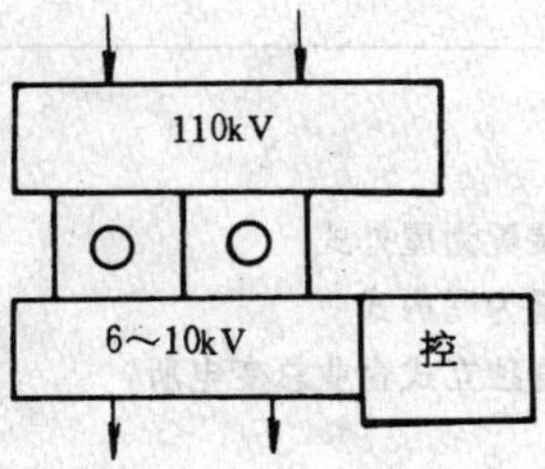
</td><td>110、6～10kV 配电装置及主变压器均为屋内式
适用于用地受限制、环境污秽区内的企业总变电所和车间(厂)变电所</td></tr>
<tr><td>3</td><td>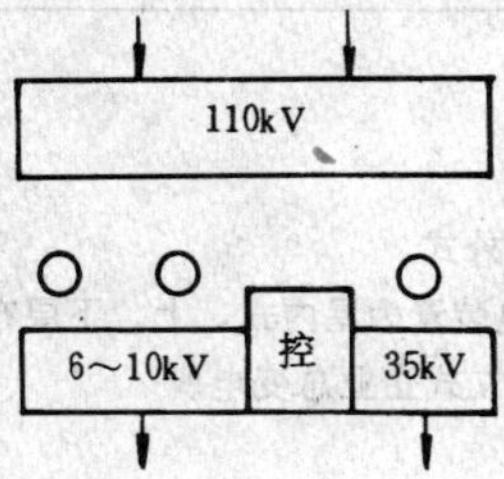
</td><td>110、35、6～10kV 配电装置为屋内式，主变压器在屋外
35、6～10kV 配电装置室为单层结构
主变压器为 110/6～10kV 或 110/35kV 的双卷变压器
适用于三种电压的企业总变电所</td></tr>
</table>

续表 18-23

序号	平面布置示意图	说　明
4	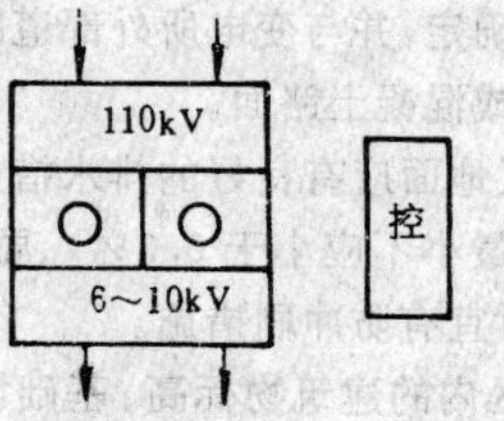	110、6～10kV 配电装置及主变均为屋内式 110kV 配电装置 SF_6 全封闭组合电器，控制楼三层结构，独立布置 适用于二种电压的企业总变电所
5	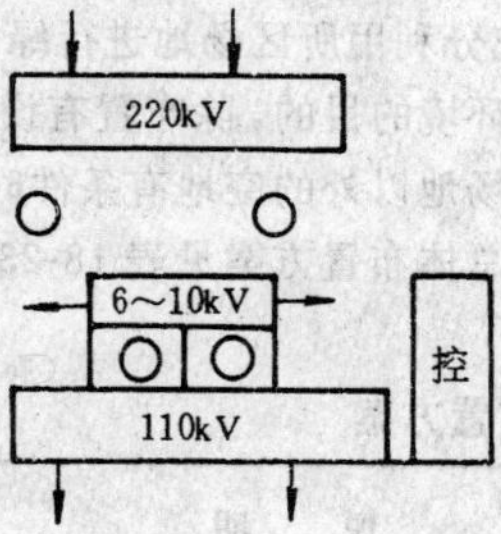	220/110kV 和 110/6～10kV 两级降压的大型变电所 220kV、110kV 选用 SF_6 全封闭组合电器，除两台 220/110kV 变压器屋外，安装外其余均为屋内式 适用于有三种电压的企业总变电所
6	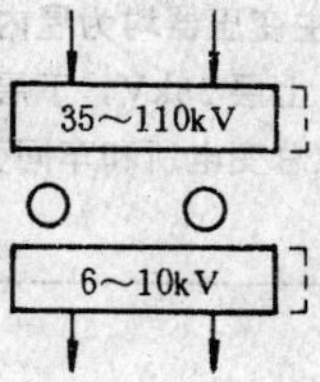	35～110kV 配电装置为屋外式，6～10kV 配电装置为屋内式，并尽可能靠近 6～10kV 用电设备 适用于两种电压的附设式车间变电所
7	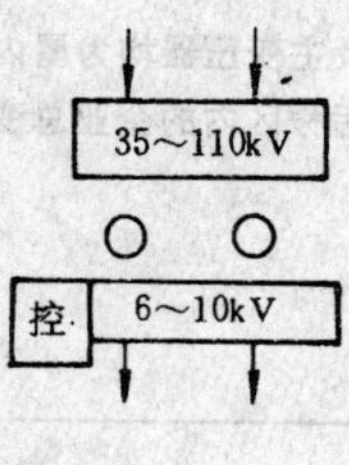	35～110kV 配电装置为屋外式 6～10kV 配电装置为屋内式 适用于二种电压的独立式企业总变电所
8	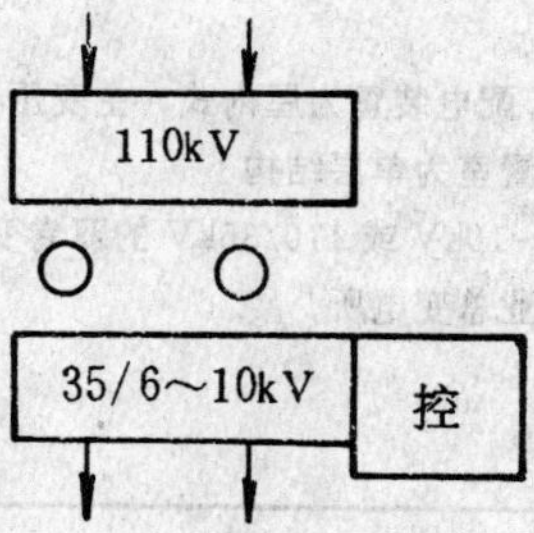	110kV 配电装置为屋外式 35kV、6～10kV 配电装置为屋内式，上、下层布置 适用于三种电压的独立式企业总变电所

续表 18-23

序号	平面布置示意图	说　明
9	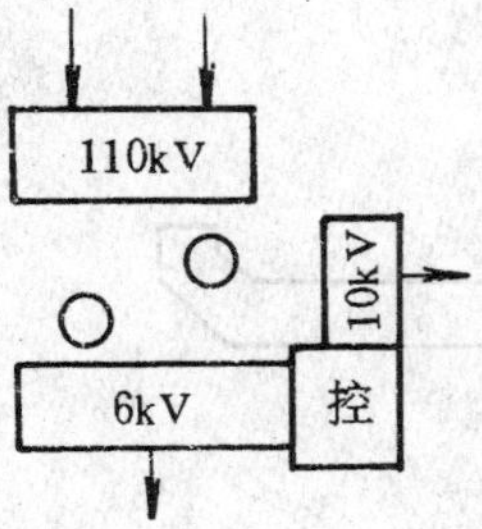	110kV 配电装置为屋外式 6kV 和 10kV 配电装置为屋内式 适合于三种电压的独立式企业总变电所
10	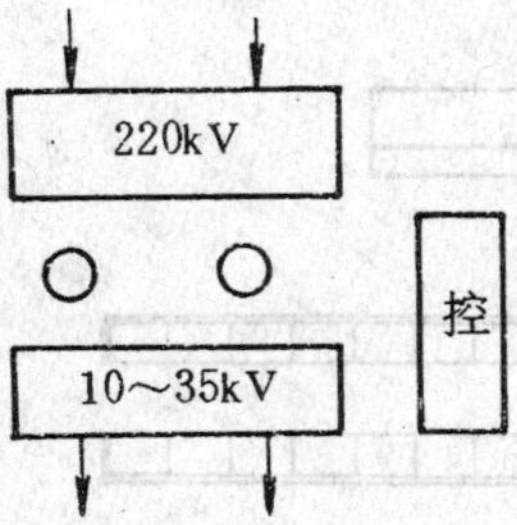	220kV 配电装置为屋外式 10～35kV 配电装置为屋内式 适合于大型轧钢厂、电炉炼钢厂变电所和企业总变电所

18.5.2.3　对变电所建筑物的要求

对变电所建筑物的要求有以下几个方面：

(1) 变电所内生产性建筑物一般有高压配电装置室、控制室、蓄电池室及通风小间、调酸间、电缆夹层、所用变压器室、电容器室、电抗器室、通讯载波室及微机远动室等。

(2) 变电所内辅助设施一般有检修间、工具室、资料室、贮藏室、更衣室、生活小间及卫生间，是否需设办公室、会议室、应根据变电所规模，生产要求确定。

(3) 变电所的生产性建筑物与辅助房间一般采取连接布置，当设独立控制楼时，辅助间一般布置在控制楼的底层。

(4) 电容器室与其它建筑物分开布置时，其最小防火间距为 10m，如连接布置时，则相邻的隔墙应为防火墙。

18.5.3　控制室（楼）

18.5.3.1　控制室（楼）的设计要求

控制室（楼）的设计要求有：

(1) 控制室应位于运行方便，操作电缆最短和便于观察屋外主要设备的地方，应有良好的朝向。

(2) 控制室一般为单层建筑物，与 3～10kV 配电装置室相连。当设有控制楼时，控制室一般设在上层。

(3) 控制室内一般安装有控制屏（台）、中央信号屏、运动及安全自动装置、直流电源屏。所用电屏和需集中装设的继电保护屏、电度表屏等。

(4) 当各类屏的数量较多时，宜采用控制屏和继电器屏分开布置的形式，控制室的建筑、照明、暖通设计标准可高于继电器室。

(5) 控制室（楼）建筑应按变电所的规划容量一次建成。

18.5.3.2　控制室布置

对控制室的布置有以下几个方面的要求：

(1) 屏的布置要求监视、调试方便，力求紧凑，并应注意美观整齐，既要考虑近期的需要，又要考虑远期的合理性。

(2) 屏（台）的布置应使控制电缆根数最少，长度最短，敷设时电缆交叉最少。

(3) 控制室主环一般采用 Γ 形，一字形和 Π 形布置，根据变电所的规模和屏的数量确定。

当主环正面屏的数量超过 7 块时，也可采用弧形布置，其曲率半径一般按 8m 或 12m 选取。

控制室的各种布置方案见图 18-36 至图 18-40。

(4) 主环的正面布置控制屏、信号屏、直流电源屏、所用电屏可布置在主环的侧面或正面的边缘，也可布置在后排或继电器室。

(5)控制屏和模拟线应清晰，并尽量与实际配置相对应。

(6)主环的屏面应注意自然采光，不应有眩目的感觉，避免西晒。

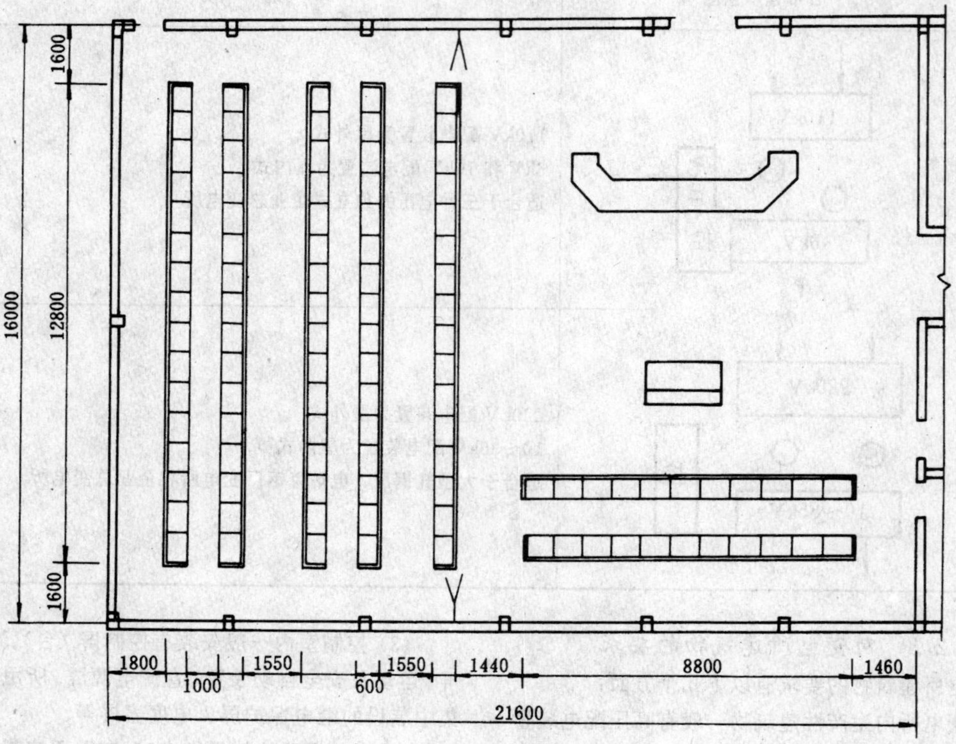

图 18-36 自备热电厂控制室布置图

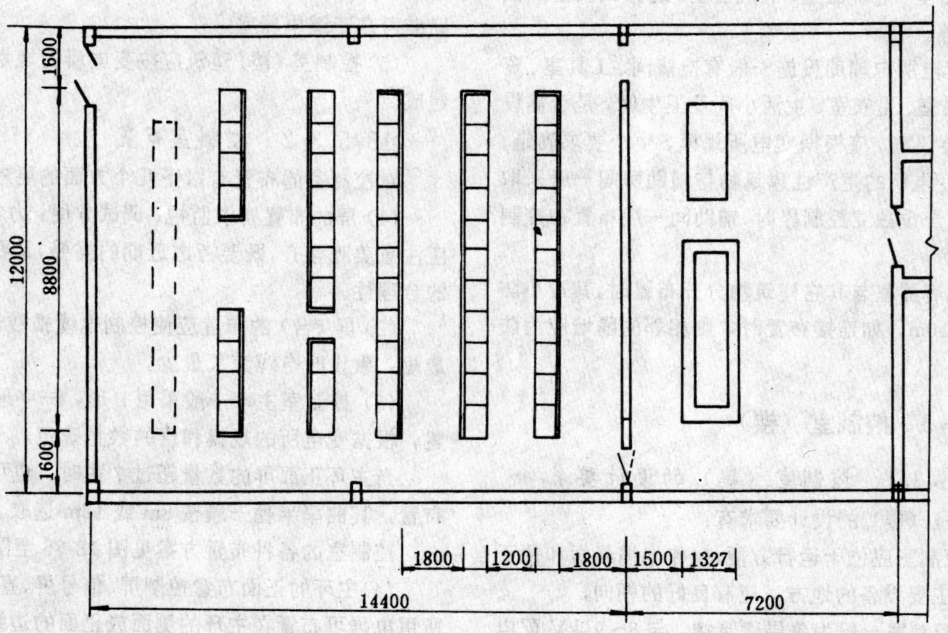

图 18-37 220/110kV、110/6kV 总变电所控制室布置图

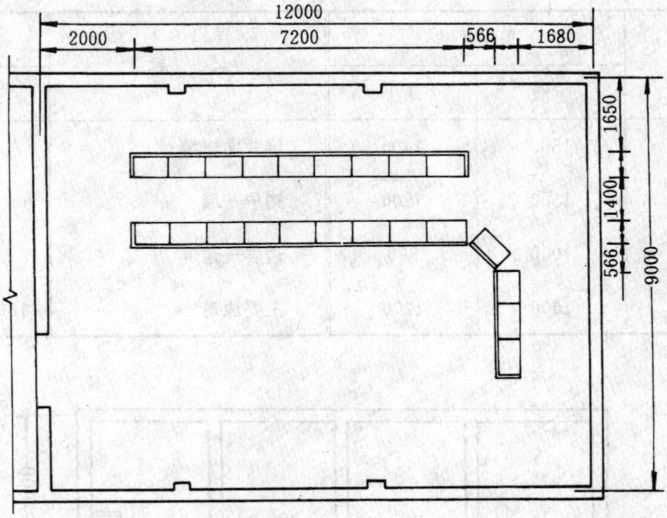

图 18-38 110/6kV 变电所控制室布置图（⌐形）

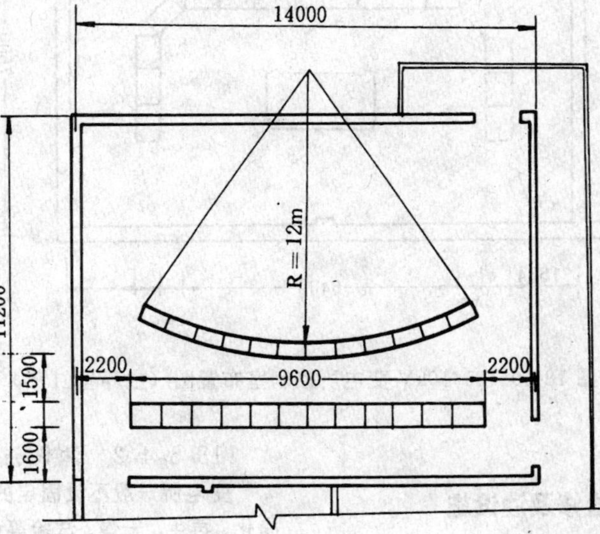

图 18-39 110/6kV 变电所控制室布置图（主环呈弧形）

（7）主环顶封到天棚时，主环的空余位置应加以封闭，通向主环后面的通道入口处应装门。

（8）控制屏组与继电器屏组应有终端边屏。

（9）控制室布置时应考虑主接线模拟屏（板）的位置。

（10）控制室应有两个出口，位于楼上的控制室。一个出口可通向室外楼梯的平台。

（11）为了安全运行，一般在主环屏前 300mm 处的地面上饰有警戒线。

（12）控制室屏与屏、屏与墙间距离及通道宽度参照表 18-24，控制室的最小净空可按屏高加 0.9m 确定。

表 18-24 控制室屏间距离和通道宽度（mm）

名　称	采用尺寸		名　称	采用尺寸	
	一般	最小		一般	最小
屏正面一屏正面	1800	1400	屏背面一墙	1200	800
屏正面一屏背面	1500	1200	边屏一墙	1200	800
屏背面一屏背面	1000	800	边屏一边屏	1000	800
屏正面一墙	1500	1200	主要通道	1600～2000	1400

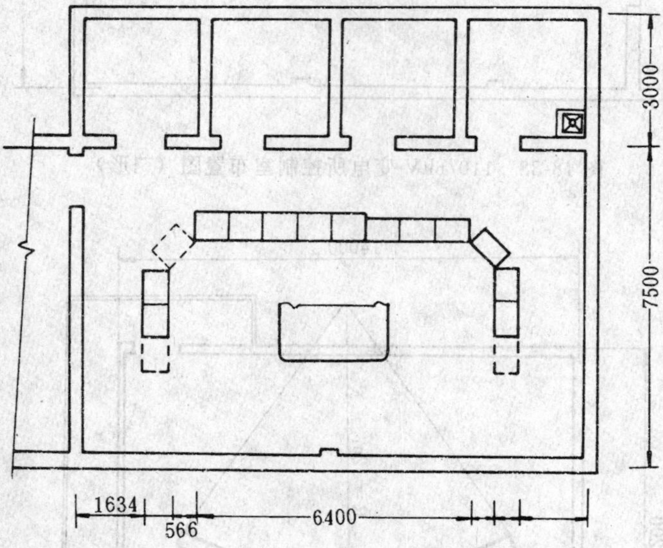

图 18-40 35/10kV 变电所控制室布置图（主环呈Π形）

18.5.4 主变压器检修及油设施

18.5.4.1 主变压器检修

企业总变电所及高压深入的车间变电所的主变压器，一般采取在变电所内就地检修（指抽芯检查，必要时进行干燥）。变电所的布置和场地要考虑就地检修的可能。由于国内的新型大容量风冷式变压器油箱都做成钟罩式，起吊重量只需按上节油箱重量考虑，所以主变压器就地检修时一般采用汽车起重机起吊。

当变电所附近的生产车间内的起重设备和检修场地能满足起吊和检修主变压器的要求时，可利用上述条件检修主变压器。

18.5.4.2 油设施

变电所一般不设固定的油处理设备（包括绝缘油净化、再生、干燥、试验等设备）和固定油罐。油处理设备通常设置在企业检修部门内，企业检修部门还备有一定数量的移动式油罐，这些油罐用来贮存更换用的新油和换下来的废油。就地检修主变压器时，可将所需的油罐及油净化设备等临时运至现场使用。

18.5.5 消防设施

变电所的消防设施主要有：

(1) 变电所内配电装置室、变压器室、电缆夹层、电缆隧道以及经常无人的电气室内应设火焰报警探测装置，报警设备装在经常有人值班的控制室内，并能发声光报警信号。

（2）变电所中消防设施一般采用砂箱和化学灭火器材，如附近有消防管道，可同时设消防栓。变压器容量在 90MVA 及以上时，有条件时宜采用水雾灭火装置。

18.5.6 变电所总布置实例

变电所总布置应因地制宜、选择技术经济合理的方案，图 18-41 至图 18-45 为 35～220kV 企业总变电所平面布置实例。

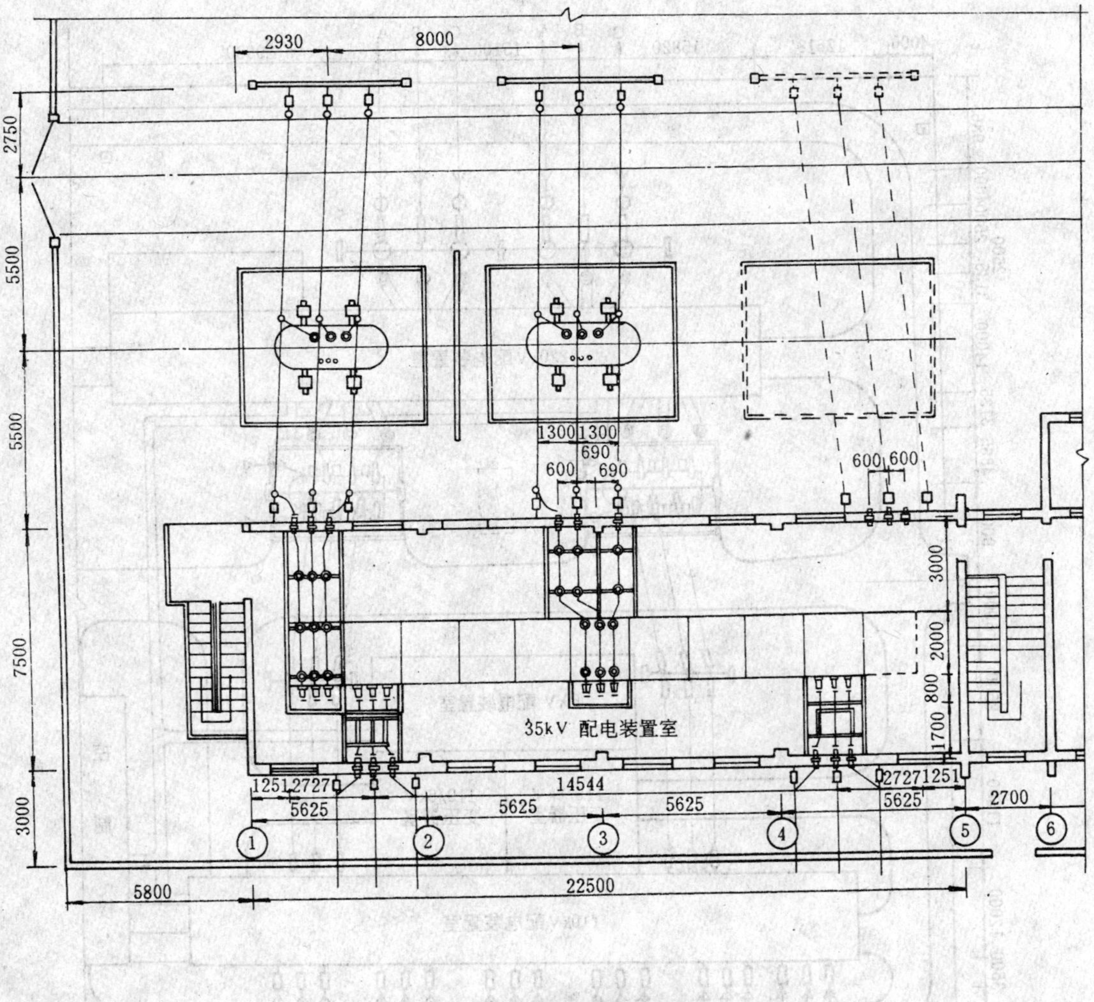

图 18-41 35/10kV 变电所平面图

图 18-41 是 35/10kV 屋内变电所，35kV 及 10kV 均为单母线分段接线，采用成套手车式开关柜，屋内配电装置室为三层结构，自上至下依次是 35kV、10kV 和电缆室、变压器屋外安装。

图 18-42 是具有 220/110kV 及 110/6kV 两级降压的大型企业变电所。220kV 及 110kV 配电装置选用 SF_6 气体绝缘的全封闭组合电器，均为双母线接线系统。变电所位于 2 级污秽区，除两台 120MVA 主变压器安装于屋外，其余均为屋内式布置。

图 18-43 是具有 110/10/6kV 三级电压的变电所，110kV 为双母线接线，采用屋外中型布置方案。其特点是接线清晰，检修、维护方便，缺点是占地面积大。

图 18-44 为 110/6kV 变电所，110kV 为单母线分段接线。

图 18-45 为 220/35kV 变电所，220kV 为带外跨条的内桥接线。

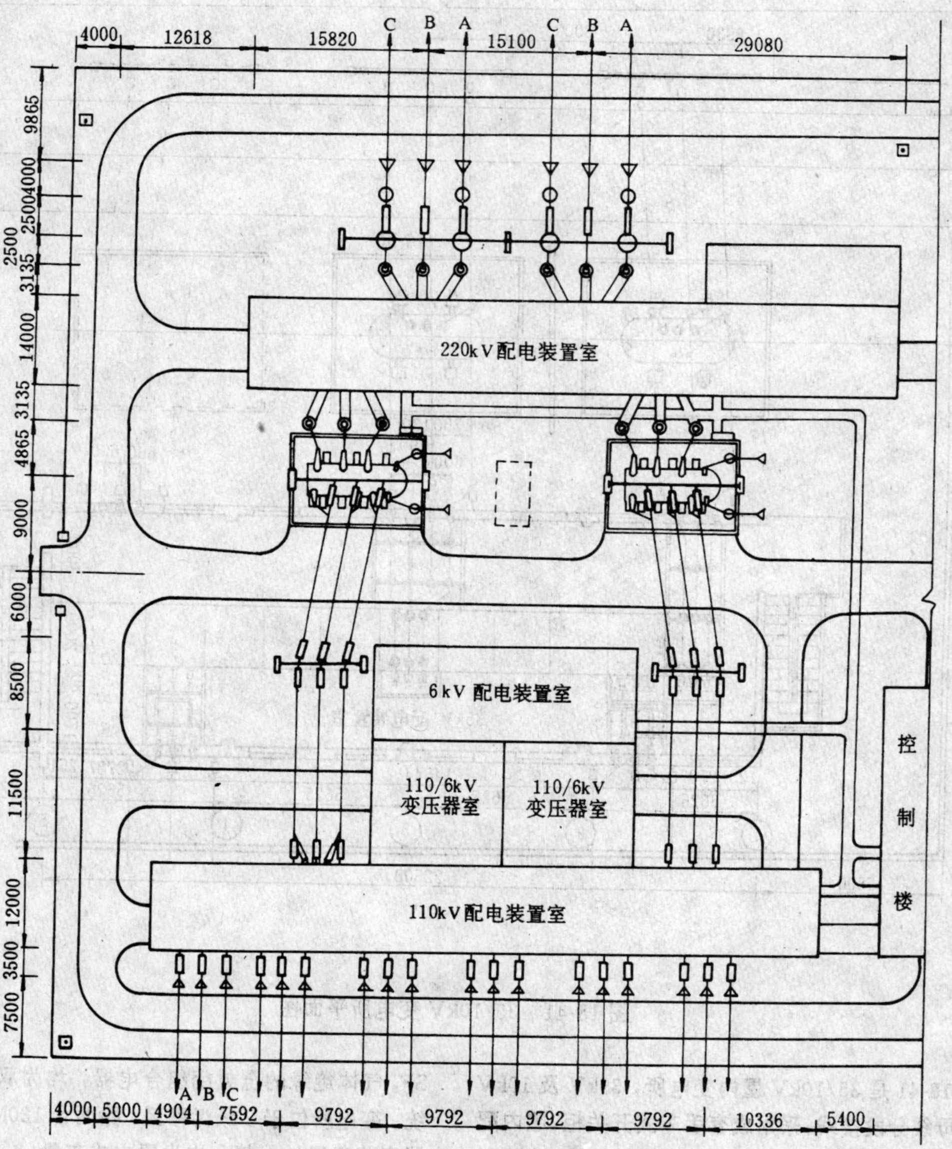

图 18-42 220/110、110/6kV 变电所总平面图

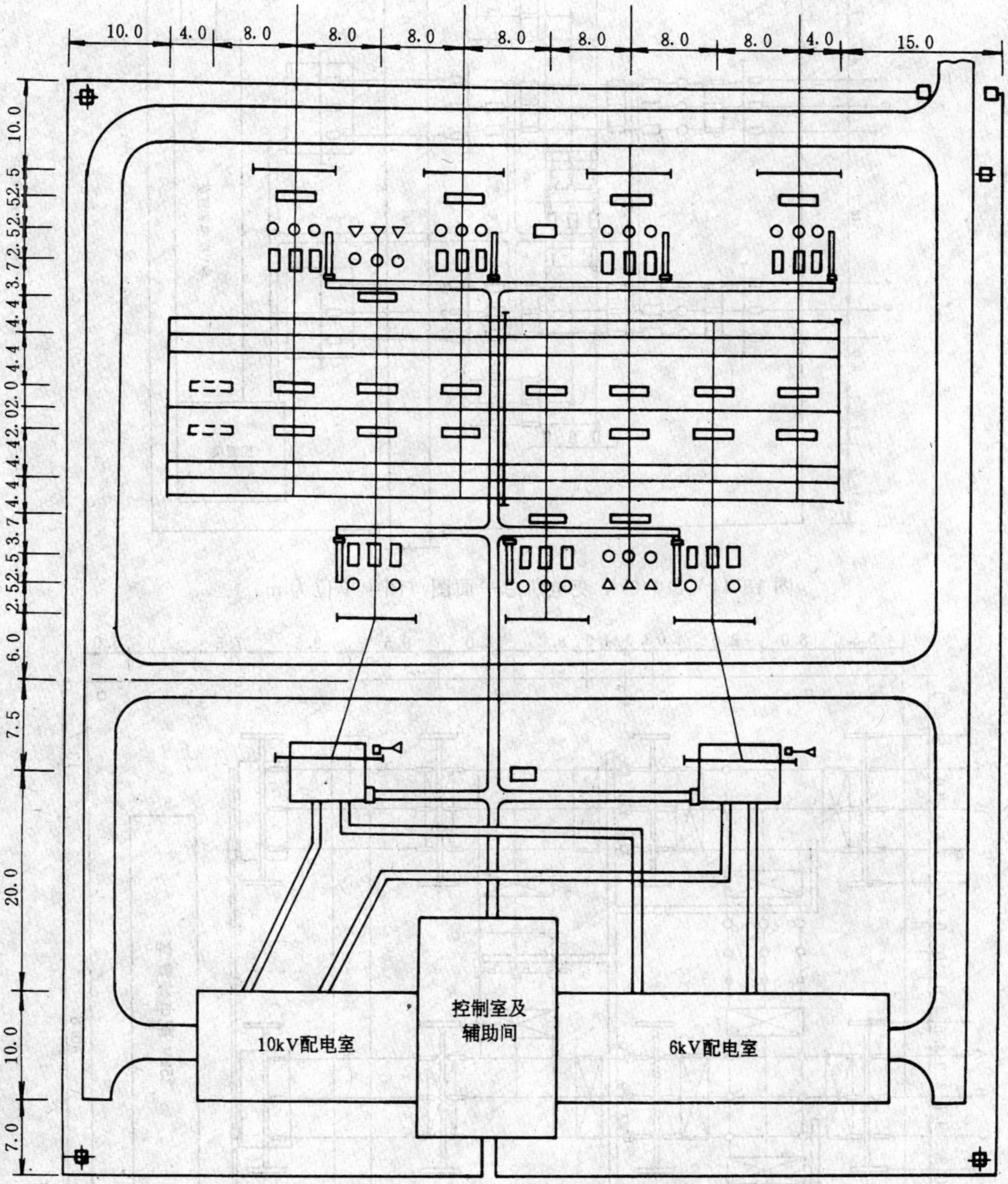

图 18-43　110/10/6kV 变电所总平面图（图中单位为 m）

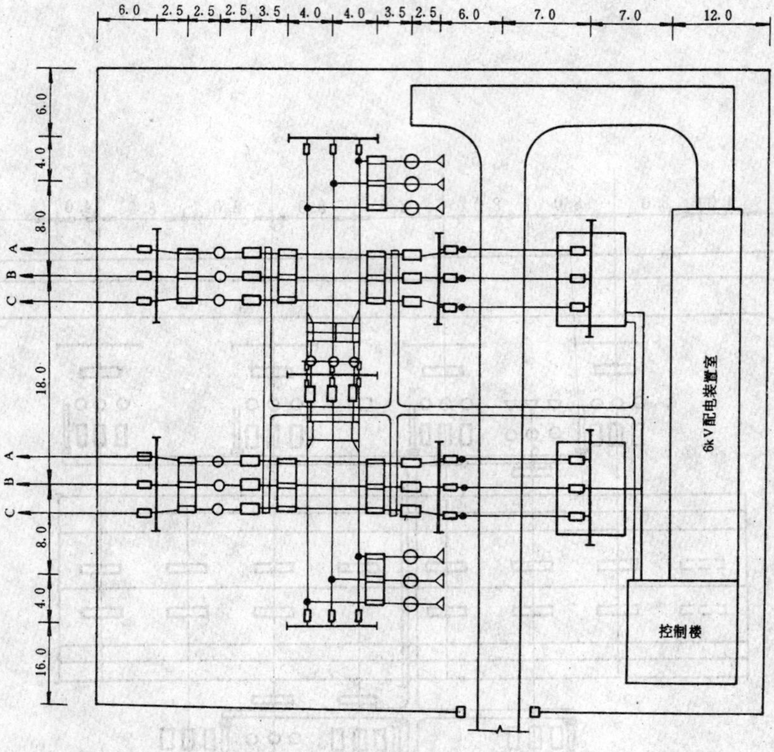

图 18-44 110/6kV 变电所总平面图（图中单位为 m）

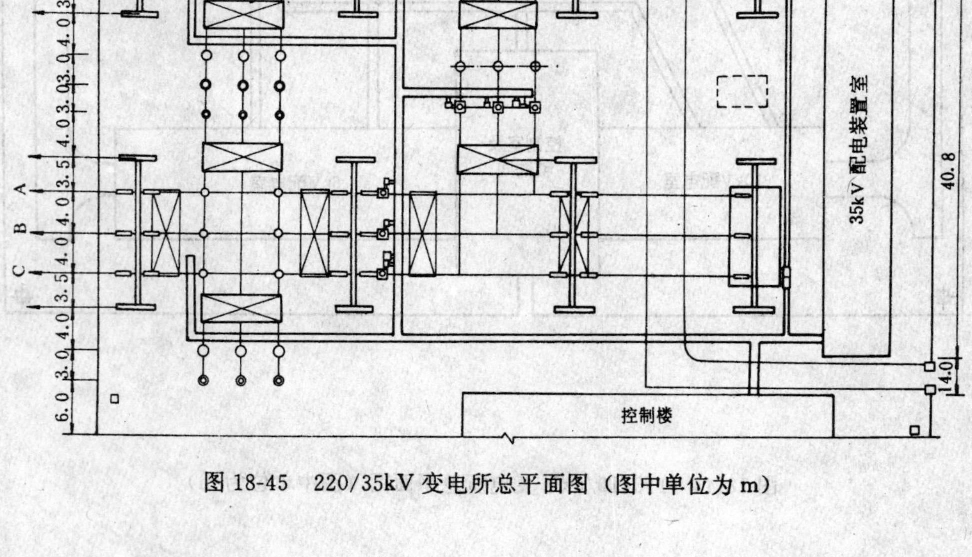

图 18-45 220/35kV 变电所总平面图（图中单位为 m）

18.6 10kV 及以下变（配）电所

10kV 及以下变（配）电所，仅指车间内或厂内电压为 10kV 及以下，用以对高压用电设备进行配电，或以 10（6）kV 变压为 10/6（3）kV 及 10（6）/0.4kV 的变电所，为简单起见，以下统称为车间变（配）电所。

18.6.1 变（配）电所位置的选择

车间变（配）电所的位置应综合考虑下列要求：

（1）接近负荷或网络中心和大容量用电设备。

（2）进出线方便。

(3)不应妨碍工厂或车间的发展，根据需要考虑扩建的可能。

（4）应尽量设在污染源的上风侧。

（5）避免设在有剧烈震动的场所。

（6）不应设在地势低洼和可能积水的场所。

(7)变(配)电所附设于车间并兼作车间变电所时，与该车间建筑物间无防火间距要求。

(8)露天或半露天变电所不应设在有腐蚀性气体，多尘或附近有易燃物大量集中的露天堆场等场所。

（9）附设于车间的露天变电所不宜设在屋面倾斜的一侧，以防屋檐水或其他物体落到变压器上，否则应考虑防护措施，或设计成半露天式变电所(或敞开式变压器室)。

18.6.2 变（配）电所形式与布置

18.6.2.1 变（配）电所形式

变（配）电所形式有以下几种：

（1）车间变电所的形式和适用范围一般可参考表 18-25 选定。

（2）高低压配电装置一般采用屋内式成套装置。

(3)变压器装置采用屋内式或屋外式，应根据周围环境条件及变压器型式确定，见表 18-26。

(4)屋内变压器装置在防火要求较高的场所，可采用干式变压器。

（5）车间内变电所应尽量采用成套装置。

（6）在耐火等级为三、四级的建筑物内，不应设置车间内变电所。耐火等级为二级的车间内变压器室，应采取局部防火措施（如将出风窗做成可关闭的）。

表 18-25 车间变（配）电所形式和适用范围

形　式	适用范围
车间外附式	车间的主要负荷在厂房边沿，或虽在厂房中间但其周围或边内无法设置配电装置时
车间内附式	车间的主要负荷在厂房边沿，或虽在厂房中间但边内允许设置变配电装置时
车间内式	负荷大的多跨厂房中间允许设置变配电装置时
独立式	向几个车间供电的变(配)电所，其负荷中心不在某个车间时对防爆车间供电的变电所，在不能作成车间内式或内、外附式时
露天、半露天式	与车间外附式相似，周围环境正常，厂房边内又无法设置变压器装置时
杆上式	对零星小负荷供电的变电所或远离厂区的小负荷独立变电所

表 18-26 变压器装置的型式和适用范围

变压器装置的型式	适用范围
屋外式	正常环境中的普通型电力变压器或布置上无特殊要求的专用变压器。下列环境中的密闭型和防护型电力变压器： 空气污秽 导电尘埃较多 可燃粉尘，可燃纤维较多
屋内式	下列环境中的普通电力变压器： 空气污秽 导电尘埃较多 沿海严重盐雾 严寒多雪或日照强烈，多特大暴雨地区 有可燃、难燃屋檐，且未采取防火措施的建筑物旁 布置上有要求的普通型电力变压器（如车间内变电所）或专用变压器

18.6.2.2 变（配）电所的布置要求

变配电所的布置要求有：

(1)布置应紧凑合理，便于设备的操作，检修和搬运。

(2)尽量利用自然采光和自然通风，变压器室和电容器室尽量避免西晒，值班室尽可能朝南。

(3)高压配电装置一般装设在单独的配电室内，并应留有适当数量的开关柜发展位置。每段母线一般不少于两个，备用开关柜根据需要设置。

(4) 配电装置屋内不应通过非其本身所用的管道和明敷线路。

(5) 高压电力电容器装置一般装设在单独的房间内，但数量较少时，(每段母线不多于一个柜) 可装设在高压配电装置室。低压电力电容器装置可与低压配电装置并列安装。

(6)有人值班的变（配）电所，宜有单独的值班室。当变电所有低压配电装置室时，值班室可与低压配电装置室合并，此时在值班人员经常工作的一面，低压配电装置到墙的距离不应小于 3m。

(7) 采用手车式配电装置的变（配）电所，手车台数在 20 台以上时，应设置存放备用手车的准备间或维修间。

(8) 变（配）电所通常设计成单层建筑物，在用地面积受到限制或布置有特殊要求时，可设计成多层建筑物。为考虑设备搬运和吊装方便，一般不超过两层。

(9)有人值班的变配电所，根据需要设置其它辅助间及上下水等卫生设施。

18.6.2.3 变（配）电所布置方案

变（配）电所布置参考方案列于表 18-27。

18.6.3 屋外变压器装置

18.6.3.1 对屋外变压器装置的一般要求

对屋外变压器装置的一般要求有：

(1) 10kV 及以下屋外变压器装置的最小安全净距、通道、围栏、防火蓄油设施及布置尺寸应满足 18.4 节的要求。

屋外变压器装置的布置对建筑物外墙的防火要求距离不应小于表 18-11 的要求，供给一级负荷用电的两相邻变压器外廓之间的净距不应小于 10m，否则应设置防火隔墙。

(2)落地安装的屋外变压器装置，其带电部分离地面高度低于 2.5m 时或带电部分虽高于 2.5m 但位于变电所围墙外易为外人接近时，均应设置固定围栏，围栏应开有能锁的门。

(3) 杆上变压器台的变压器容量不宜超过 315kVA，变压器底部距地面不应小于 2.5m，隔离开关或跌落式熔断器断开后，其带电部分距变压器底部的垂直距离应不小于 2.5m。

跌落式熔断器如安装在主杆上时，则其安装高度一般距地面 4.5～5m。

表 18-27 变（配）电所布置参考方案

主要特点			屋内式	露天式或半露天式
有 6～10kV 高压配电装置				
车间外附式	有值班室	一台变压器	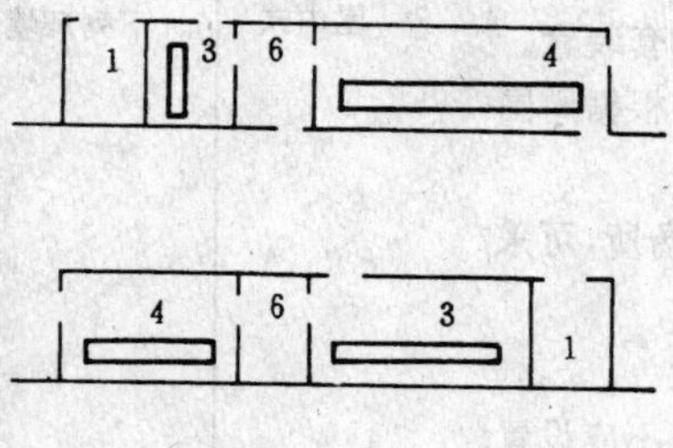	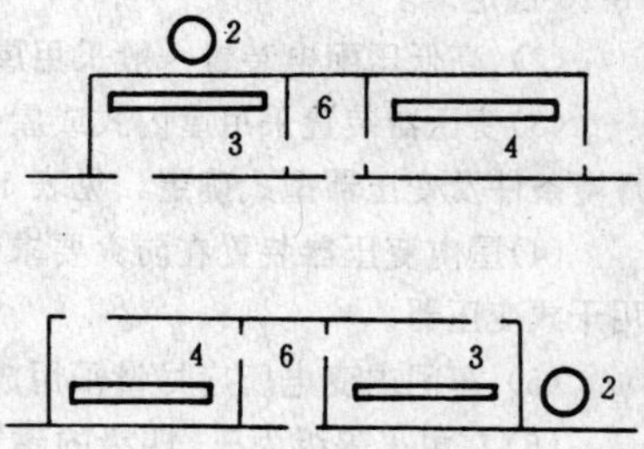

续表 18-27

主要特点			屋内式	露天式或半露天式
有 6～10kV 高压配电装置				
车间外附式	有值班室	两台变压器	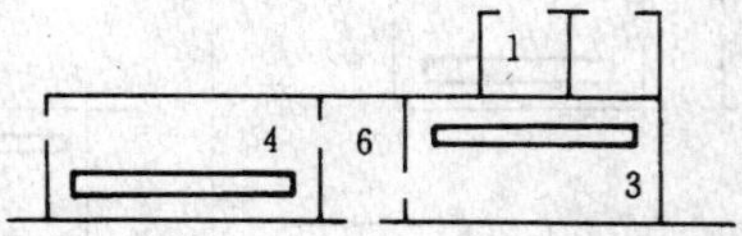	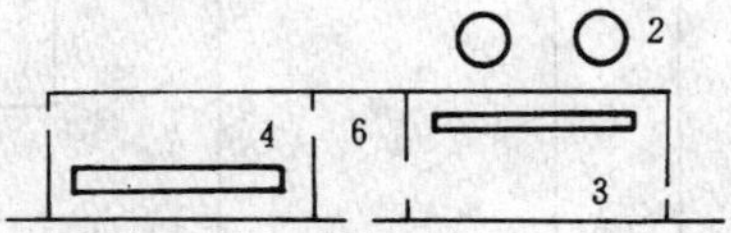
			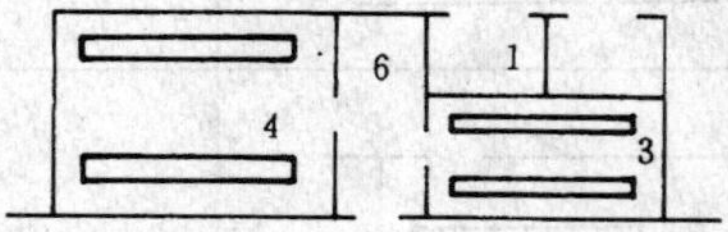	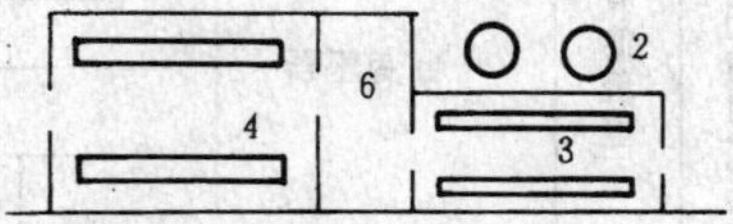
			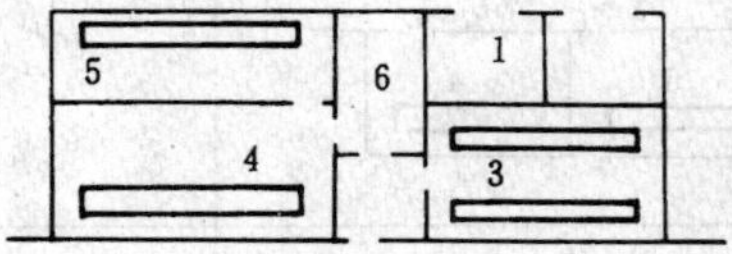	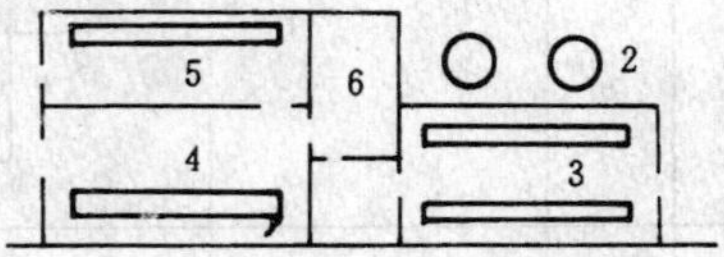
车间外附式	无值班室	一台变压器	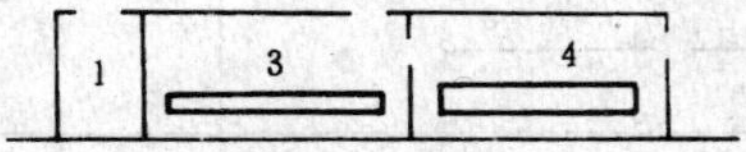	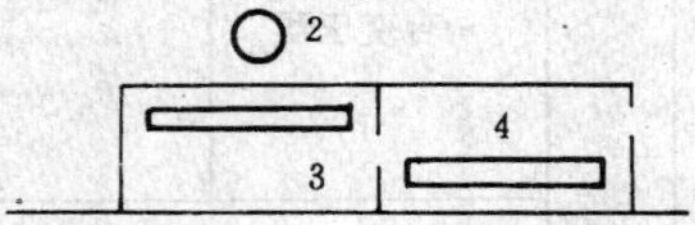
		两台变压器	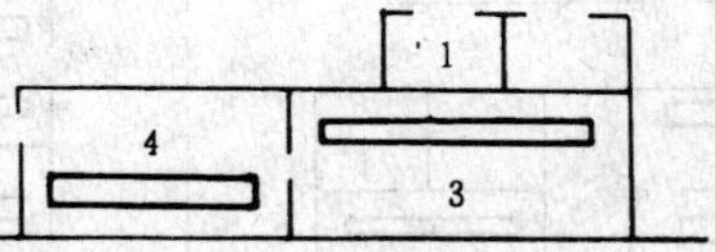	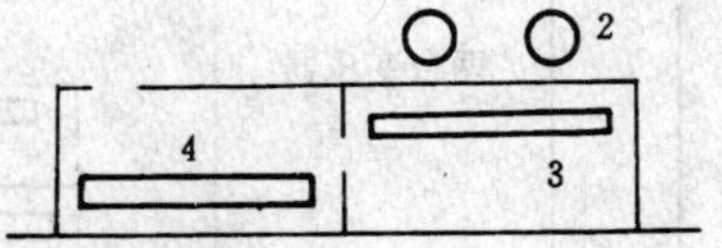
			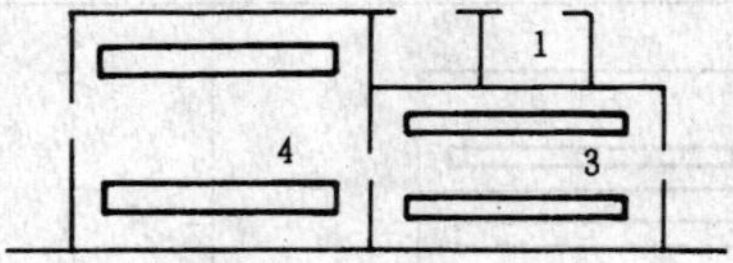	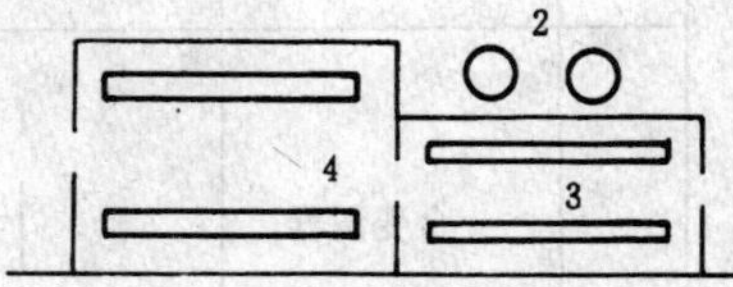
			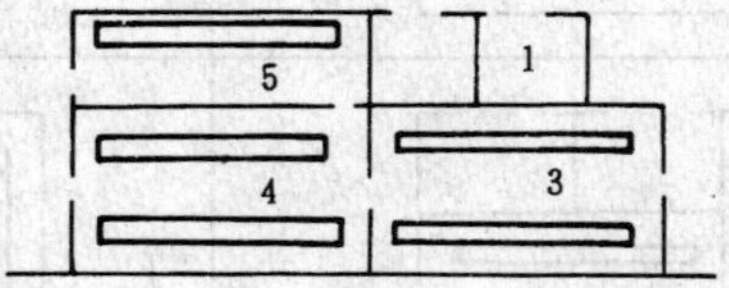	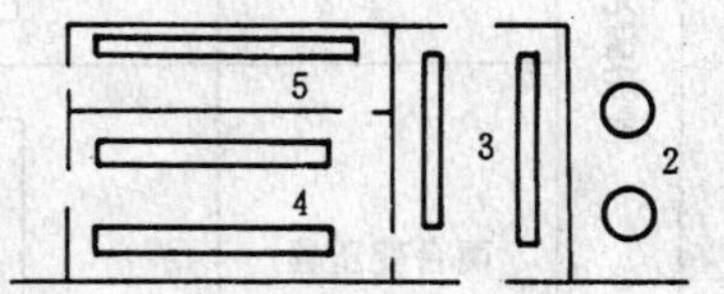

续表 18-27

主要特点			屋内式	露天式或半露天式
有6～10kV高压配电装置				
车间内附式	有值班室	一台变压器	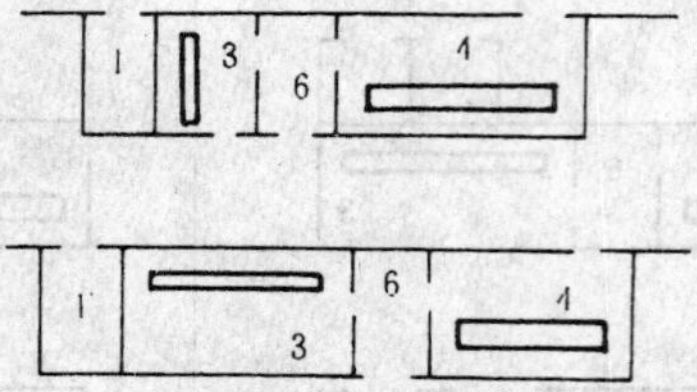	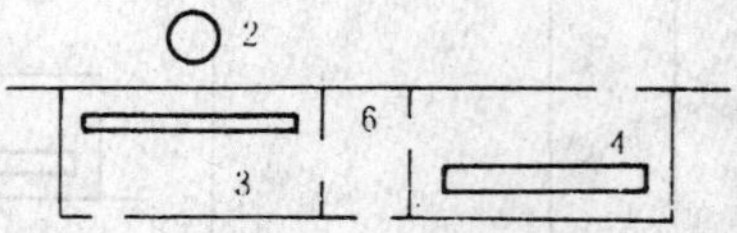
			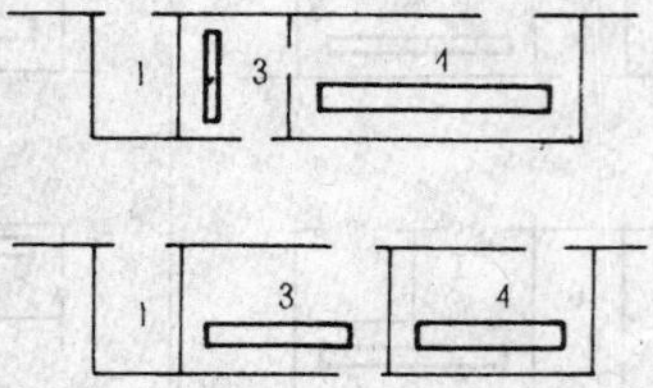	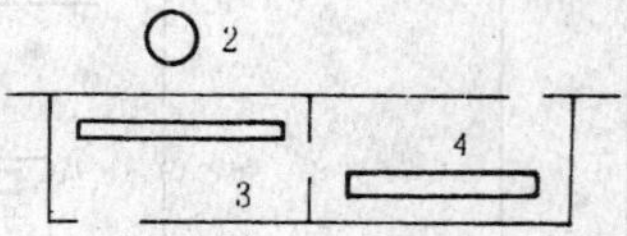
独立式	有值班室	一台变压器	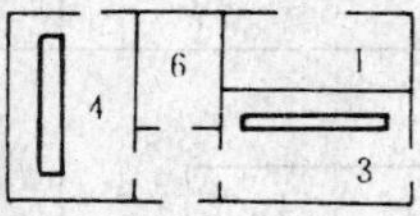	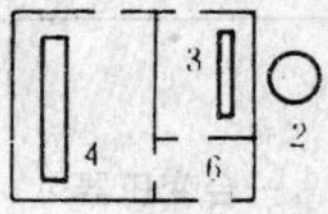
		两台变压器	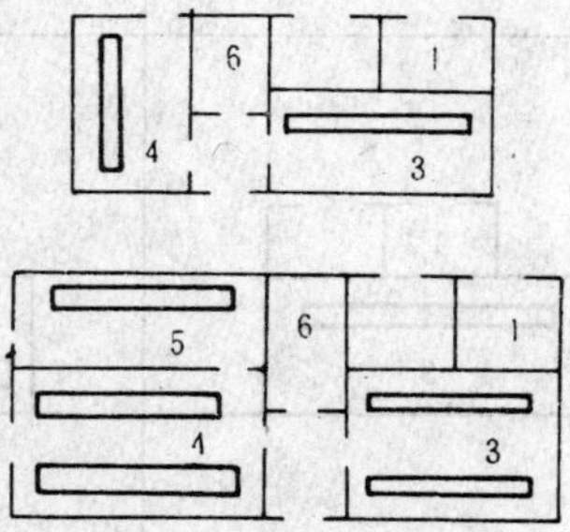	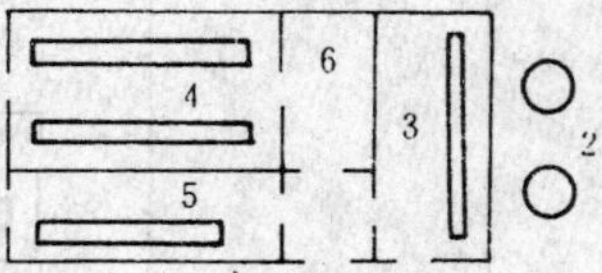
	无值班室	一台变压器	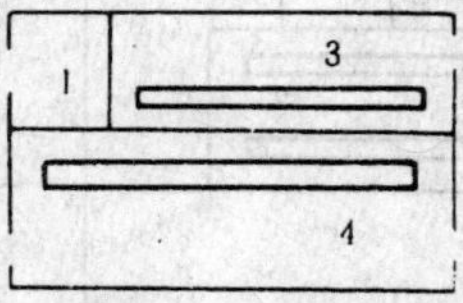	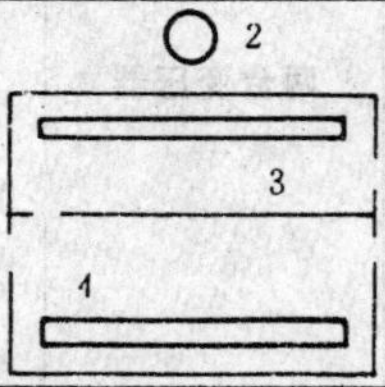
		两台变压器	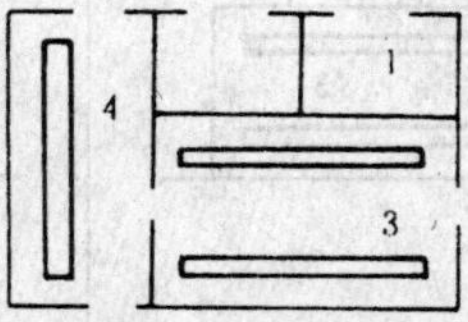	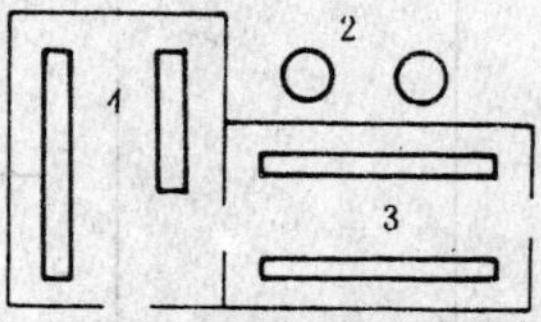

续表 18-27

主要特点			屋内式	露天式或半露天式
无 6～10kV 高压配电装置				
车间外附式	无值班室	一台变压器	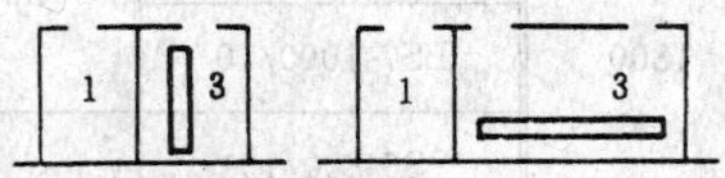	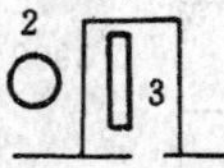
		两台变压器	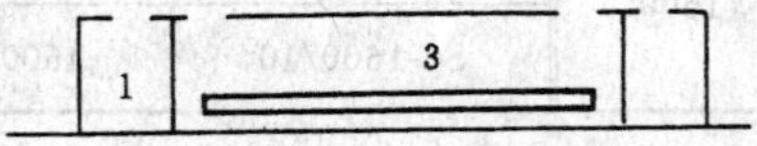	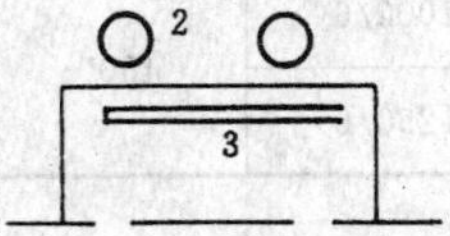
车间内附式		一台变压器	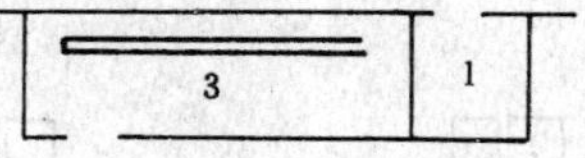	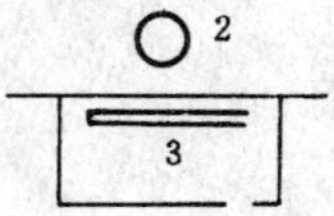
		两台变压器	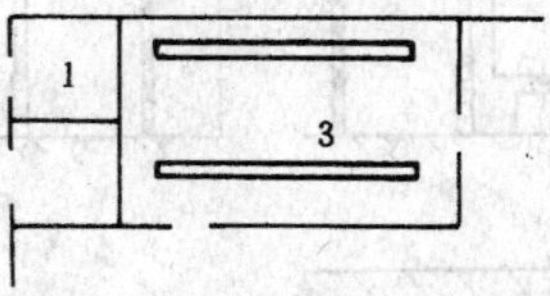	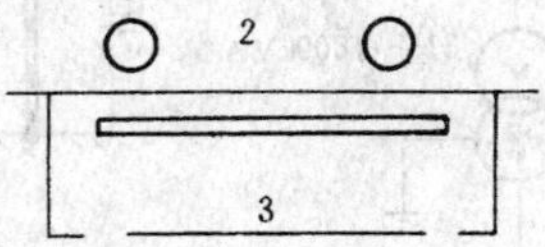

注：表中 1—变压器室；2—屋外变压器装置；3—低压配电装置室；4—高压配电装置室；5—高压电力电容器装置室；6—值班室。

18.6.3.2 防护型和密闭型变压器装置

防护型变压器具有一定的防护、防尘能力，其高低压出线套管的带电部分不敞露，分别用母线盒封闭起来。密闭型变压器是一种为尽量避免变压器内所含冷却介质与外部大气互相交换的非呼吸式变压器，具有防腐蚀与可爆性气体隔离和一定防爆作用等特点，目前福州变压器厂生产的 S6 型防护变压器，北京变压器厂生产 BS7，BS9 全封闭型变压器，高压出线套管经出线盒用电缆引出，低压出线经出线盒与母线罩连接，可用硬母线引出或用电缆引出，适用于空气污秽，尘埃较多的露天工作场所。

防护型变压器装置和密闭型变压器装置的布置示于图 18-46，参考尺寸见表 18-28。

表 18-28 布置尺寸

变压器型号	参考尺寸（mm）			变压器型号	参考尺寸（mm）		
	A	*B*	*C*		*A*	*B*	*C*
BS_{9}^{7}-315/6	3600	3800	1800	BS7-630/10	3700	3000	1400

续表 18-28

变压器型号	参考尺寸（mm）			变压器型号	参考尺寸（mm）		
	A	*B*	*C*		*A*	*B*	*C*
BS_9^7-400/6	3900	3800	1800	BS7-800/10	3900	3200	1600
BS_9^7-500/6				BS7-1000/10		3200	1600
BS_9^7-630/6				S6-800/10	4300	3700	1750
BS_9^7-800/6	4300	3800	1800	S6-1000/10			
BS_9^7-1000/6	4500	3200	1600	S6-1250/10	4300	4000	1800
BS_9^7-1250/6				S6-1600/10	4600	4000	1800

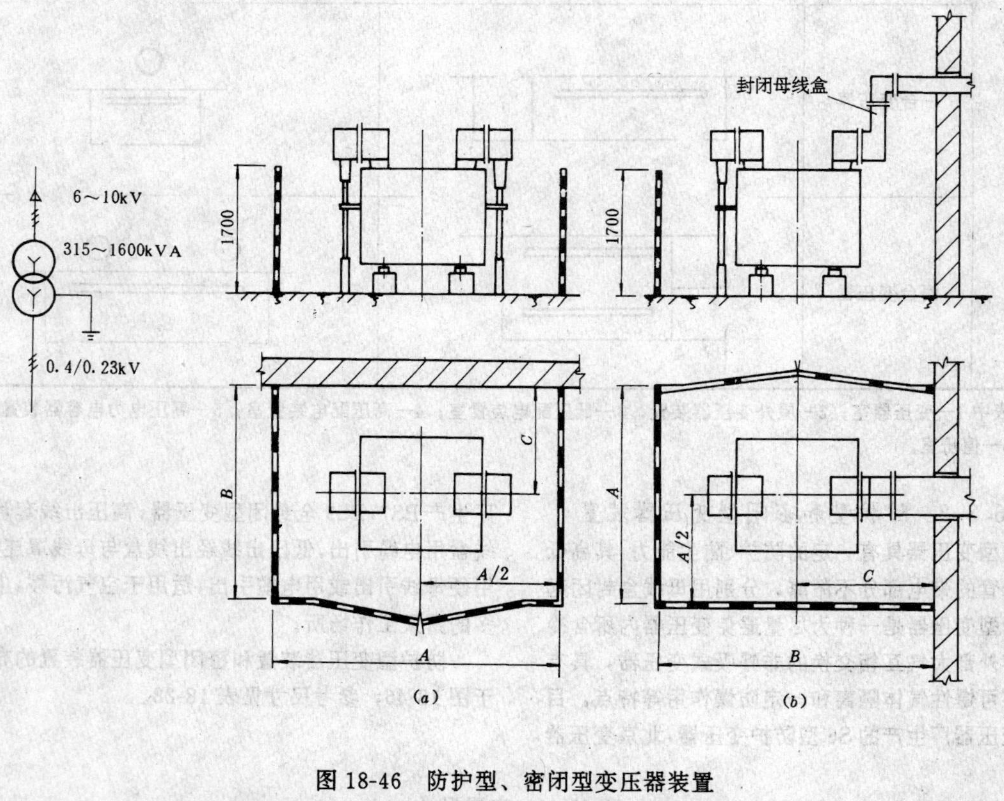

图 18-46　防护型、密闭型变压器装置

(*a*)—高压侧电缆进线，低压侧电缆引出；(*b*)—高压侧电缆进线，低压侧母线引出

18.6.3.3　普通型变压器装置

正常环境下的露天变电所，一般采用普通变压器。变压器一般附设于车间或低压配电装置屋外墙的外侧，高压进线有架空进线或电缆进线，低压出线一般采用硬母线出线，并经穿墙隔板与低压受电屏（柜）连接或经受电开关与车间干线相连接。

露天变压器的布置示例见图 18-47、图 18-48，参考尺寸见表 18-29。

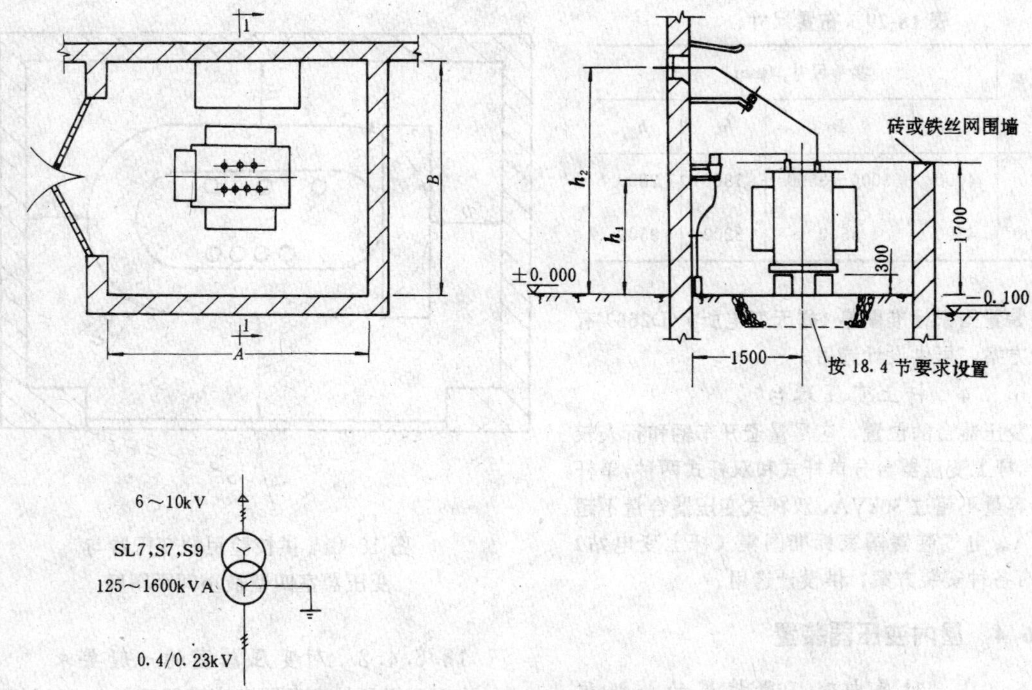

图 18-47 露天变压器布置示例（一）

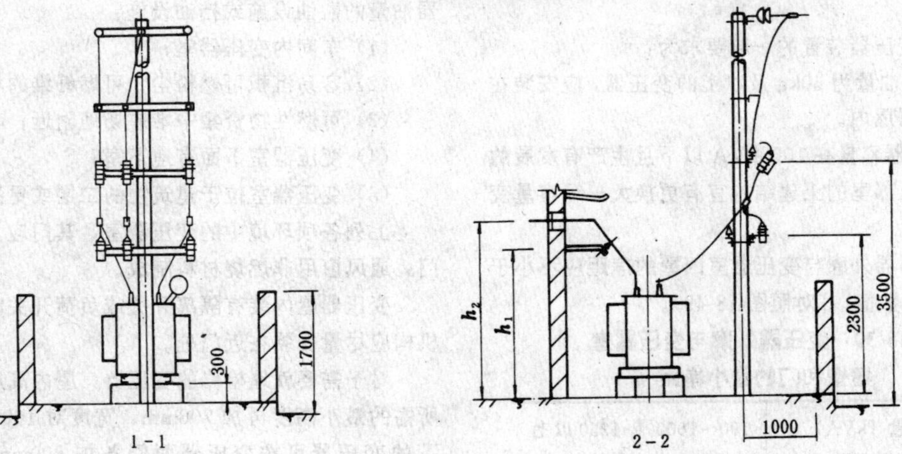

图 18-48 露天变压器布置示例（二）

表 18-29 布置尺寸

变压器容量 (kVA)	参考尺寸 (mm)			
	A	B	h_1	h_2
125～630	4000	3000～3500	1800	2800
800～1600	4500	4500	2200	3500

电气装置国家标准图集《露天变电所》(D266) 有各种布置方案，可供设计选用。

18.6.3.4 杆上变压器台

杆上变压器台的位置，应尽量避开车辆和行人较多的场所。杆上变压器台分单杆式和双杆式两种，单杆式变压器容量不超过 30kVA，双杆式变压器容量不超过 315kVA。电气装置国家标准图集《杆上变电站》(D265) 有各种安装方案，供设计选用。

18.6.4 屋内变压器装置

18.6.4.1 对屋内变压器装置的一般要求

对屋内变压器装置的一般要求为：

(1) 每台油量为 60kg 及以上的变压器，应安装在单独的变压器屋内。

(2)变压器容量在 1000kVA 以下且生产有发展的可能时，变压器室的土建结构宜有更换大一级容量变压器的可能。

(3) 变压器外廓与变压器室四壁的净距应不小于表 18-30 中的数值。(对照图 18-49)。

表 18-30 变压器外廓与变压器室墙壁和门的最小净距

变压器容量 (kVA)	100～1000	1250 以上
变压器与后壁、侧壁的净距 D_1 (mm)	600	800
变压器与门的净距 D_2 (mm)	800	1000

(4)宽面推进的变压器低压侧应向外，窄面推进的贮油柜宜向外。

(5)需要经常进入变压器屋内部(变压器侧面或背面)检查设备时，变压器的敞露高压带电部分如低于表 18-2 中规定的 C 值时，宜设置网状遮拦以保证安全。

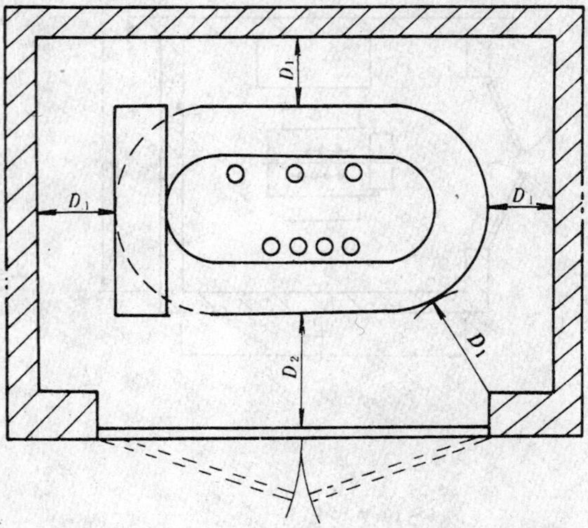

图 18-49 供校验用的变压器与变压器室四壁最小间距图解

18.6.4.2 对变压器室的一般要求

在下列场所的变压器室应设置容量为 100%变压器油量的贮油设施或挡油设施：

(1) 车间内变压器室；

(2) 容易沉积可燃粉尘、可燃纤维的场所；

(3) 可燃性物资集中堆放场地附近；

(4) 变压器室下面有地下室；

(5) 变压器室位于建筑物的二层或更高层。

上列各项环境中的变压器室，其门应为耐火实体门，通风窗用非燃烧材料制成。

变压器屋内装有隔离开关或负荷开关时，其操动机构应尽量安装在近门处。

对于需要就地检修的变压器，屋内高度可按吊芯所需的最小高度再加 700mm，宽度对 1000kVA 及以下的变压器可按变压器两侧各加 800mm 考虑。对 1250kVA 及以上的变压器，按变压器两侧各加 1000mm 考虑。

变压器屋内，不应通过与变压器无关的管道和明敷线路。

18.6.4.3 10/3～6kV 变压器室

10/3～6kV 变压器室的布置示于图 18-50，适用于容量为 3150～6300kVA 的变压器。高压侧为电缆引出，低压侧为电缆引出或母线引出。

18.6.4.4 6～10/0.4～0.23kV 变压器室

6～10/0.4～0.23kV 变压器室在工程设计中广泛采用，电气装置国家标准图集《电力变压器室布置》(88D264) 适用于独立式、附设式和车间内式变电所。变压器型号为 SL7、S7、S9，容量从 200～1600kVA 的油浸电力变压器。

变压器室形式分敞开式（变压器室的门为金属网门）和封闭式，变压器宽面布置和窄面布置。

变压器安装分高式(变压器抬高，下部为进风窗及贮油坑）和低式（变压器落地安装在基础上）。低压侧用母线经穿墙板引出，根据出线的部位分后墙引出、右侧墙和左侧墙引出，高压侧分架空进线和电缆进线。

变压器室安装示于图 18-51、图 18-52，对应的布置尺寸见表 18-31，18-32。变压器的主接线方案见表 18-33。

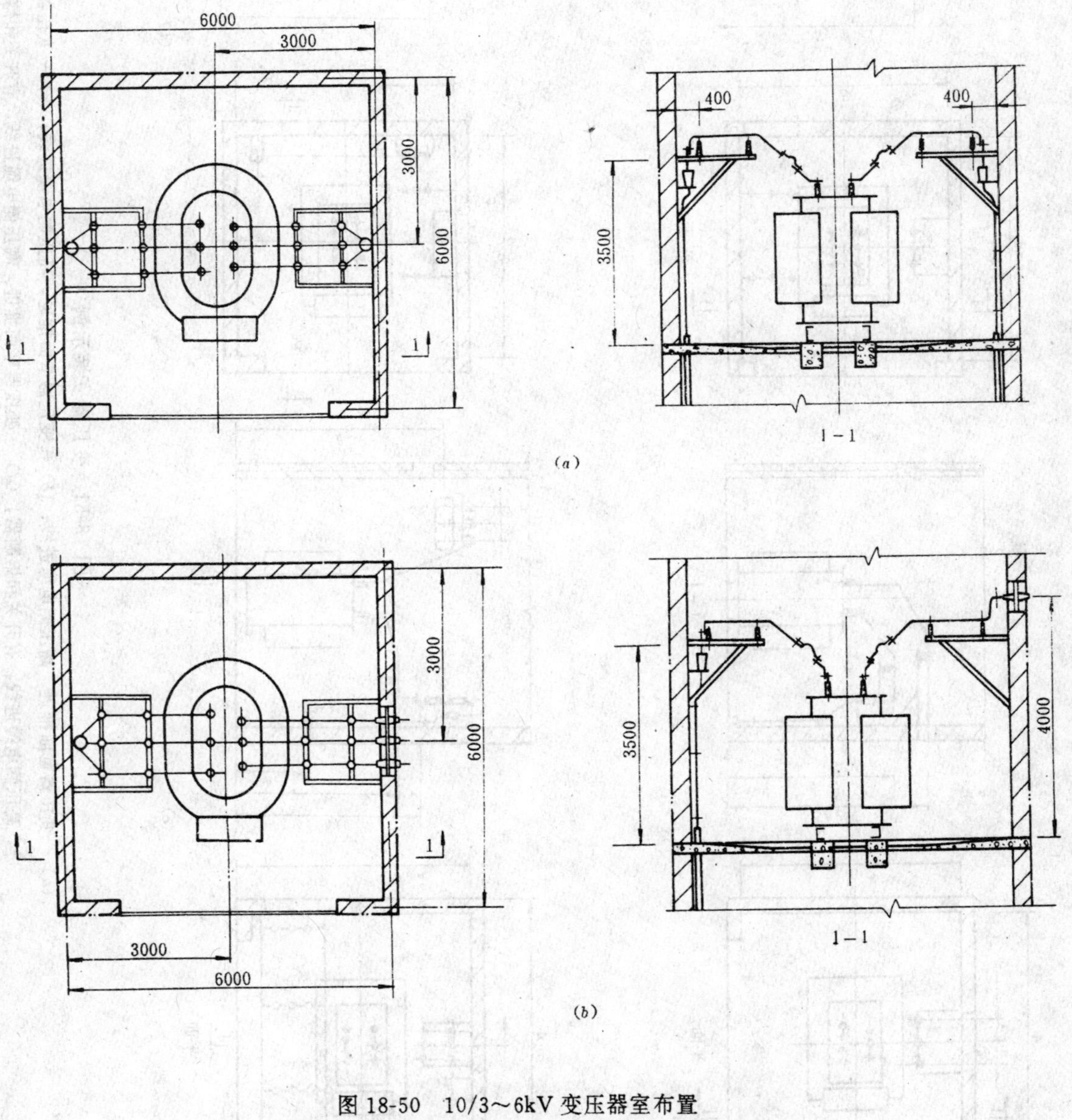

图 18-50　10/3～6kV 变压器室布置

(a) 一高低压侧电缆引出；(b) 一高压电缆引出，低压母线引出

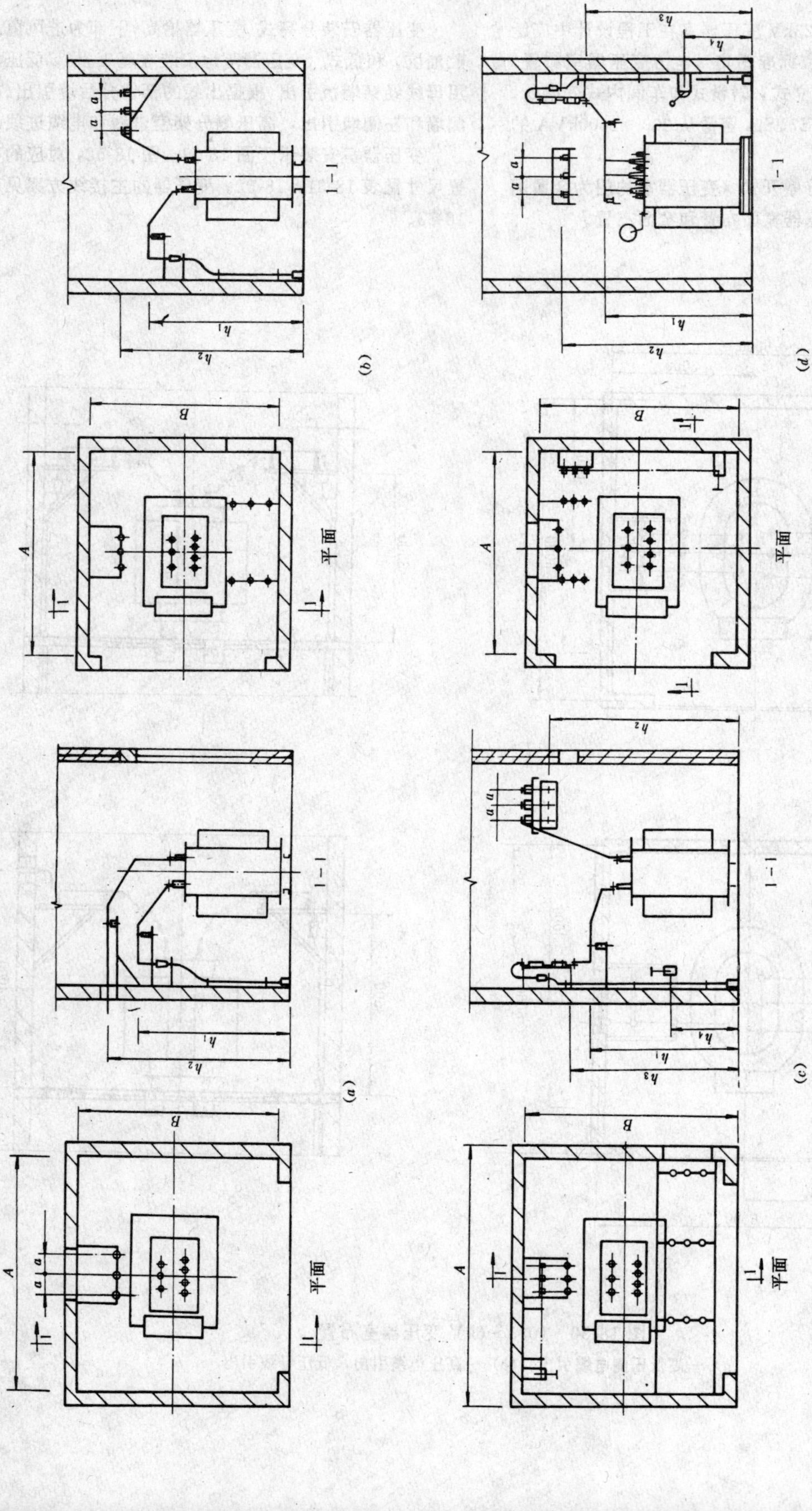

图 18-51 变压器安装示例（一）

(*a*) 一变压器宽面推进，高压侧电缆进线；(*b*) 一变压器窄面推进，高压侧电缆进线；(*c*) 一变压器宽面推进，高压侧电缆进线，有开关和熔断器；(*d*) 一变压器窄面推进，高压侧电缆进线，有开关和熔断器

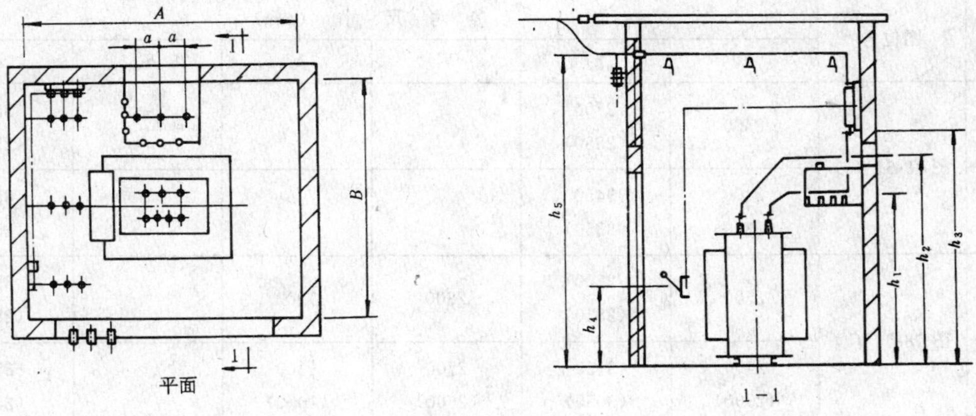

(*a*)

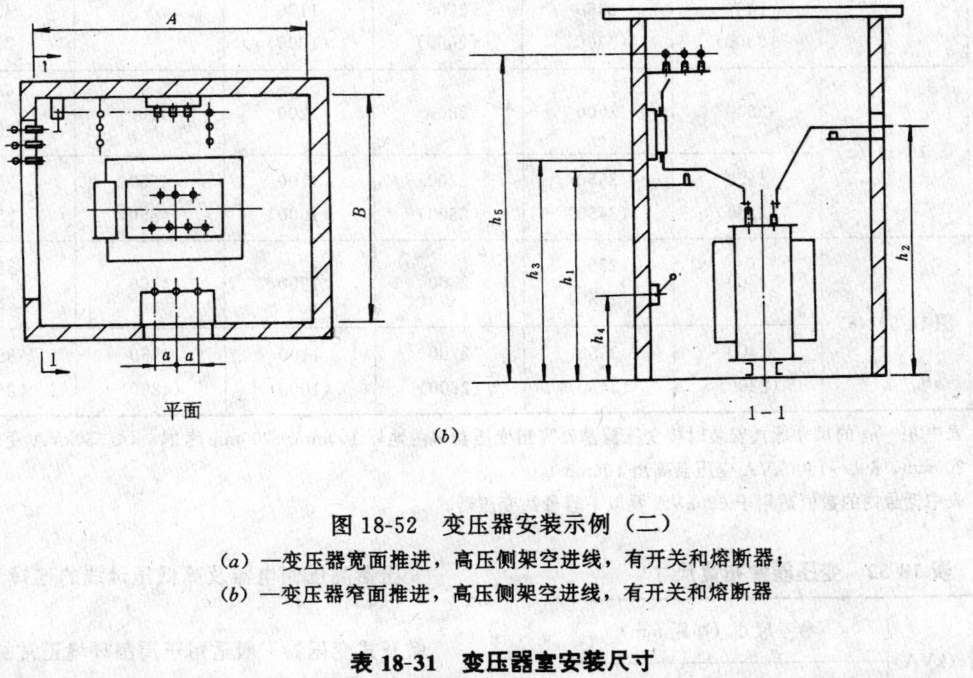

(*b*)

图 18-52　变压器安装示例（二）

(*a*) —变压器宽面推进，高压侧架空进线，有开关和熔断器；

(*b*) —变压器窄面推进，高压侧架空进线，有开关和熔断器

表 18-31　变压器室安装尺寸

变压器安装方式	图位号	参考尺寸 (mm)					
		h_1	h_2	h_3	h_4	h_5	a
高式	图 18-51 (*a*)	2500	3000				350 (250)
低式		2400 (2300)	3100 (3000)				350 (250)

续表 18-31

变压器安装方式	图位号	参考尺寸 (mm)					
		h_1	h_2	h_3	h_4	h_5	a
高式	图 18-51 (*b*)	2500	2700 (2850)				350 (250)
低式	图 18-51 (*b*)	2400 (2300)	3450 (3350)				350 (250)
高式	图 18-51 (*c*)	2500	2700 (2850)	2800	1200		350 (250)
低式	图 18-51 (*c*)	2400 (2300)	3150 (3050)	2700 (2600)	1100 (1000)		350 (250)
高式	图 18-51 (*d*)	2500	3000	2800	1200		350 (250)
低式	图 18-51 (*d*)	2400 (2300)	3450 (3350)	2700 (2600)	1100 (1000)		350 (250)
高式	图 18-52 (*a*)	2500	3000	2800	1200	4100	350 (250)
低式	图 18-52 (*a*)	2400 (2300)	3550 (3450)	2700 (2600)	1100 (1000)	4950 (4850)	350 (250)
高式	图 18-52 (*b*)	2500	2700 (2850)	2800	1200	4100	350 (250)
低式	图 18-52 (*b*)	2400 (2300)	3550 (3450)	2700 (2600)	1100 (1000)	4950 (4850)	350 (250)

注：1. 表中 h_1～h_5 的尺寸低式安装时按变压器基础高出变压器屋内地坪 100mm～200mm 考虑。(≤630kVA 变压器高出 200mm，800～1600kVA 变压器高出 100mm)。

2. 表中括号内的数值适用于 630kVA 及以下容量的变压器。

表 18-32 变压器室布置尺寸

变压器容量 (kVA)	参考尺寸 (净距 mm)	
	A	B
200～400	3360	3060
500～630	3560	3160
800～1000	4160	3260
1250～1600	4160	3660

变压器高压侧电器及高低压母线的选择见表 18-34。

敞开式变压器一般适用于周围环境正常的附设式变电所，变压器室的金属网门向屋外开启，对变压器自然通风冷却较为有利。封闭式变压器室适用于周围环境污秽，日照强烈，多特大暴雨、雪地区，以及周围构筑物有防火和生产安全要求的地区。

变压器的布置应首先考虑宽面布置，这有利于土建开设进、出风百页窗的有效面积，只有在变电所受土建建筑布置限制时，才考虑窄面布置方案。

变压器高式安装，对变压器自然通风冷却效果较

表 18-33 变压器主接线方案

方案号	1	2	3	4	5	6	7	8	9	10	11
主接线系统	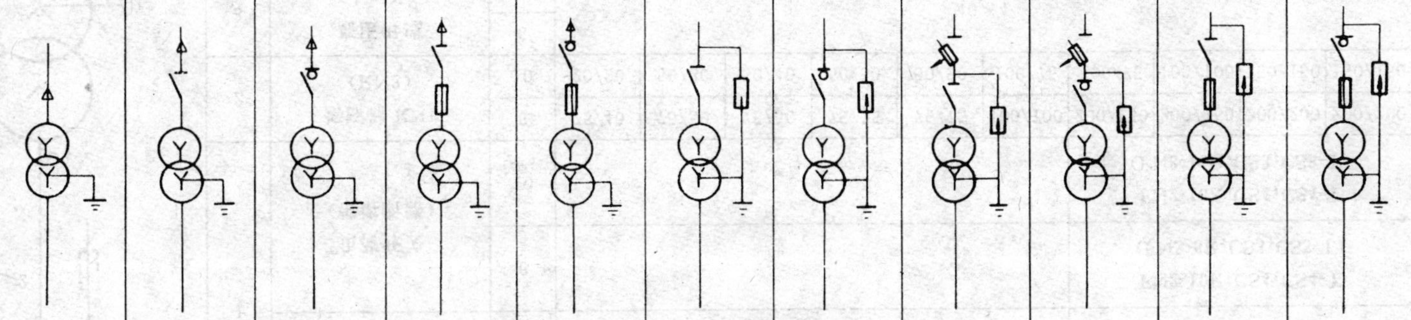										
变压器容量 (kVA)	200～1600	200～630	800～1600	200～630	800～1600	200～630	800～1250	200～630	800～1250	200～630	800～1250
进线方式	高压电缆引入低压母线引出					高压架空引入低压母线引出					
变压器室形式	敞开式或封闭式					敞开式				封闭式	

表 18-34 变压器室高压侧电器及高低压母线选择表

主接线

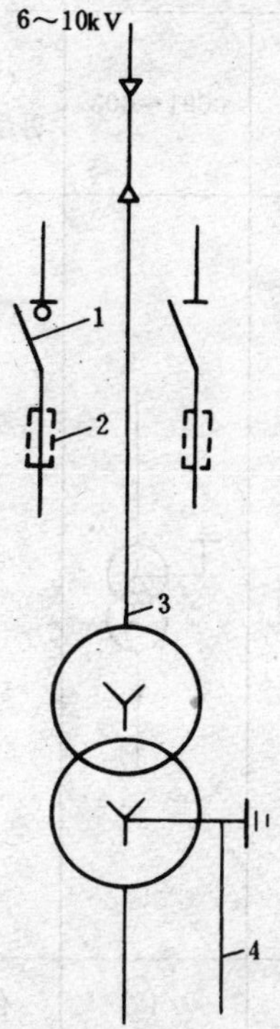

编号	名称	电压 (kV)	变压器容量 (kVA)									
			200	250	315	400	500	630	800	1000	1250	1600
	高压侧的额定电流(A)	6	19.2	24	30.3	38.5	48	60.6	77	96.2	120.3	154
		10	11.6	14.4	18.2	23	28.9	36.4	46.2	57.7	72.2	92.4
1	隔离开关或负荷开关	6	GN6-6T/400			CS6-1T			FN2-10,CS4;CS4-T (FN3-6,CS3;CS3-T)			
		10	GN6-6T/400			CS6-1T			FN2-10,CS4;CS4-T (FN3-10,CS3;CS3-T)			
	负荷开关(带熔断器)	6							FN2-10R,CS4;CS4-T (FN3-6R,CS3;CS3-T)			
		10							FN2-10R,CS4;CS4-T (FN3-10R,CS3;CS3-T)			
2	熔断器 RN1 (RN3)	6	75/40	75/50	75/50	75/75	75/75	100/100	200/150	200/150	200/200	200/200
		10	20/20	50/30	50/40	50/50	50/50	100/75	100/75	100/100	150/150	150/150
3	高压母线 LMY	6	40×4									
		10										
4	低压母线 LMY	0.4～0.23	40×4+40×4	40×4+40×4	50×5+40×4	60×6+40×4	80×6+50×5	80×8+50×5	100×8+60×6	120×10+80×6	2(100×10)+80×8	2(100×10)+80×10

注:表中所选设备极限通过电流为一定值,在工程设计中应按实际短路电流进行校验。

好，但不便于变压器的运入及安装和值班人员巡视的出入。容量较小的变压器可采用低式布置，在选用低式布置方案时，屋内地坪应高出屋外地坪，以防屋外地面水倒灌进入屋内。

18.6.5 成套变电站

成套变电站系 6～10kV 中小容量独立变电站，变电站由高低压开关柜和变压器柜组合而成，具有占地面积小，施工安装方便等特点，适用于车间内，多层建筑物内和工矿的露天工作场所。

成套变电站是近年来发展起来的产品，各制造厂的产品型号尚不统一，因此在选用时应注意成套变电站的主接线系统及设备元件的选型并与制造厂商定，取得外形尺寸及基础安装尺寸等资料。户外型成套变电站应设在地势较高处，四周向外排水，变电站的外围最好设置高度不低于 1.7m 的金属围栏。

18.6.5.1 户外成套变电站

户外成套变电站由高压室、变压器室和低压室三部分组合成箱式结构，高压屋内可装负荷开关，隔离开关或 ZN 型真空断路器，整流储能设备及计量仪表等，低压室可装抽屉式或固定式低压开关柜及功率因数自动补偿装置。站内还可加装排风扇、加热器以满足高温、高寒高湿度地区的特殊要求。

由于变电站受体积限制，一般只用作终端变电站，变压器容量不宜超过 630kVA，高、低压室均为电缆进出线。

18.6.5.2 户内成套变电站

户内成套变电站的优点是能够深入负荷中心，进入车间、多层建筑、地下设施等建筑物内，采用不燃性和非爆炸性的电气元件，提高安全供电的可靠性。变电站由高压开关柜、干式变压器柜和固定式或抽屉式开关柜三种基本单元组成，高压柜内安装 ZN 型真空断路器。

18.6.6 低压配电装置

低压配电装置一般采用双面维护的防护式成套配电柜。

18.6.6.1 配电装置的布置要求

配电装置的布置要求有以下几个方面：

(1) 配电装置的布置应便于操作，搬运及检修。

(2) 成排布置的配电装置，其柜（屏）前、后的通道宽度不应小于表 18-35 中的数值。

表 18-35 低压配电装置前后的通道宽度

布置方式 装置种类	单排布置		双排布置		双排对背布置		多排同向布置	
	柜（屏）前 (m)	柜（屏）后 (m)	柜（屏）前 (m)	柜（屏）后 (m)	柜（屏）前 (m)	柜（屏）后 (m)	柜（屏）前 (m)	柜（屏）后 (m)
固定式	1.5 (1.3)	1.0 (0.8)	2	1.0 (0.8)	1.5 (1.3)	1.5	2.0	
抽屉式（出）	2.0	1.0	2.3	1.0	2.0	1.5	2.3	
控制屏（柜）	1.5	无设备时 1.2 有设备时 1.7	2.0	无设备时 1.2 有设备时 1.7			2.0	屏前检修时 靠墙安装

注：括号内的数值为在建筑物的个别突出处的最小尺寸。

(3) 成排布置的配电装置的后面维护通道出口数目，按配电装置的长度确定。

长度小于 6～7m 时，一个出口；

长度为 6～15m 时，两端各一个出口；

长度超过 15m 时，两端各一个出口，在中间增加出口，使两个出口间距离不超过 15m。

当维护通道的净宽为 3m 及以上时，则不受上述限制。

表 18-36 开启式配电装置裸带电部分的安全净距

名　　称			额定电压 400V
裸带电部分至接地部分间（mm）		A_1	20
不同相的裸带电部分（mm）		A_2	20
裸带电部分至栅栏（mm）		B_1	800
裸带电部分至网状遮栏（IP2x）（mm）		B_2	100
裸带电部分至板状遮栏（mm）		B_3	50
裸带电部分至地（楼）面（mm）	屏前通道	C_1	2500
	屏后通道	C_2	2300
不同时停电检修的无遮栏裸带电部分之间的水平间距（mm）		D	1875

(4)开启式配电装置位于出口处的一侧，应安装防护板。

(5) 开启式配电装置的裸带电部分用遮护物遮护时，二者之间的净距，不应小于表 18-36 中的数值（对照图 18-53）。

(6)开启式配电装置，其未遮护的裸带电部分，离地高度小于 2.3m 时，应设置遮栏，遮栏与裸带电部分的水平净距不应小于 0.8m。遮栏内屏前、屏后的通道宽度应符合表 18-35 中的数值。

(7)配电装置屋内，通道上方的裸带电部分，在屏前低于 2.5m 屏后低于 2.3m 时，应加遮护，遮护后的高度不应低于 1.9m，其宽度应符合表 18-35 的规定。

(8)同一配电装置屋内的两段母线，如任一段母线有一级负荷时，则母线分段处应有防火隔板或隔墙。

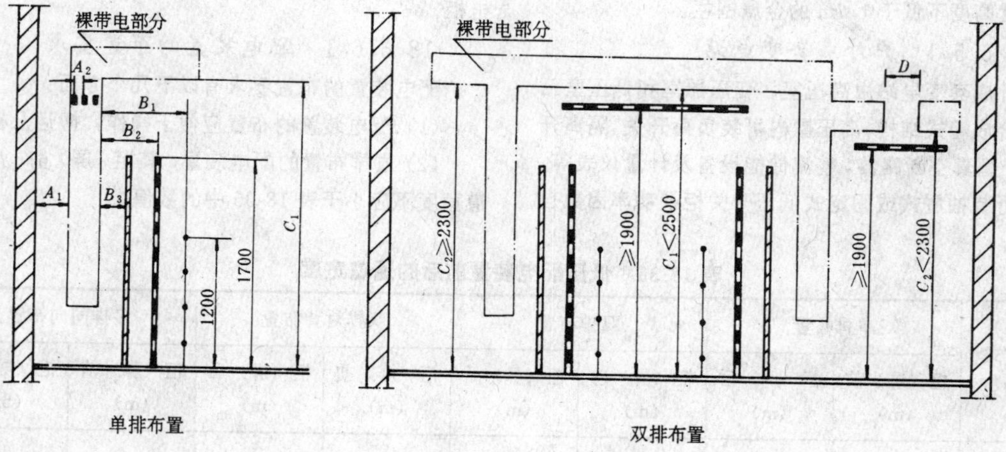

图 18-53 开启式配电装置裸带电部分的安全净距示图（供校验用）

18.6.6.2 低压配电装置室的布置要求

(1) 低压配电装置室的位置应尽量靠近配电变压器，与变压器室或屋外变压器装置相毗连，以便于采用硬母线连接。

(2)当变电所为多层建筑时，配电装置室可设在配电变压器室的上层。如变压器与配电装置之间用硬母线联接时，可采用封闭型母线引上。

(3)有人值班的变电所，配电装置室可与值班室合并，此时屏（柜）组与屏（柜）组之间宜保持一定的距离，如为单排布置时，其间距不应小于 0.8m，配电装置的正面距墙不宜小于 3m。

(4)配电装置室除本室采暖、通风管道外，不允许有与屋内配电装置无关的管道通过。

(5) 配电装置的长度超过 8m 时，应有两个出口，并应尽量布置在配电装置室的两端。楼上楼下布置的配电装置室，楼上部分至少应设一个通向屋外走廊或楼梯间的安全出口。

(6) 配电装置屋内凡有通向电缆沟（或电缆隧道）的洞孔，以及多层建筑上下层布置的配电装置下部开有电缆进出孔的部分，均应用非燃烧材料封堵，以防火灾蔓延和小动物进入。

18.6.6.3 低压成套配电装置

在工程设计中常用的成套配电装置主要型式有固定式和抽屉（出）式两种，其结构形式和技术特征见表

18-37。

表 18-37 常用低压成套配电装置的结构形式和主要技术特征

型号	结构形式	主要技术特征	柜内主要电器	备 注
PGL-1	双面维护，固定板面式开启式装置，正面、侧面有防护板，顶部水平母线有防护罩。屏后为开启式 外形尺寸（mm）： 宽 400，600，800，1000 深 600 高 2200	装置分断能力 15kA，适用于单台变压器，容量为 500kVA 及以下的变、配电所	DW 型，DZ 型空气断路器 RT0 熔断器 CJ 12，CJ 20接触器	
PGL-2	同上	装置分断能力 30kA，适用于单台变压器容量为 500～1000kVA 的变配电所	DW15，DZX10，DZ20 空气断路器 RT0 熔断器 CJ 12，CJ 20接触器	
GGL	双面维护，固定式封闭式装置，柜底可加装封板，架空进线柜柜顶水平母线分前后两排，外形尺寸（mm）： 宽 600，800 深 600，1000 高 2200	装置分断能力 （1）32kA （2）39kA （3）50kA 适用于单台变压器容量为 （1）1000kVA 及以下 （2）1250kVA （3）1600kVA 的变配电所	ME，TG 空气断路器 HR 刀熔开关 HT 熔断器 B 系列 CJ 20接触器 T 系列热继电器	
GCL1	双面维护，抽出式封闭式装置，柜中各功能单元之间设有隔板，柜顶有水平母线室和二次小母线室，柜底有封板，架空进线柜由柜顶直接引入至主开关 外形尺寸（mm）： 宽 600，800，1000 深 1220 高 2200	装置分断能力：50kA，80kA 适用于单台变压器容量为 2000kVA 及以下的变配电所	ME、DWX15、DW15C 空气断路器 QSA 刀熔开关，NT、am4 熔断器 CJ 20接触器	
GCK1	双面维护（用于背靠背安装时可单面维护），抽屉（出）式和固定封闭式装置，柜中各功能单元之间有隔板，柜顶水平母线采用 H 型母线，柜底有封板，架空进线柜柜顶水平母线分前后两排 外形尺寸（mm）： 宽 800，1200 深 500，1000 高 2200	水平电线额定电流分 1600A、3000A。装置分断能力 配电柜 30kA，50kA，80kA 电动机柜 15kA，30kA 每柜二次系统设有公用电路供控制测量、信号用	ME，DZX10，DZ20 空气断路器，DZ15L 漏电开关，NT 熔断器，CJ 20，B 系列接触器	

续表 18-37

型号	结构形式	主要技术特征	柜内主要电器	备　注
BFC-□	双面维护，抽屉（出）式，固定封闭式装置，柜中各功能单元之间有隔板	装置分断能力 40kA，50kA，60kA，70kA，100kA 适用于集中控制的电动机和配电	ME，DWX15C，DWX15，DW12，DZX10，DW95，DW914 空气断路器 RT0NT，am4 熔断器 CJ 20接触器	装置分断能力各制造厂不相同
JK□-□	双面维护，分固定板面式，抽屉式，手车式和控制板（不作独立产品使用可组装在柜内）四类。控制柜并列使用时柜与柜之间及底部，可根据用户要求加装隔板，外形尺寸（mm）： 宽　400，800，1000，1200 深　650，1300 高　2200，2000（单机配套用），1800（非瓦斯矿井用）	装置分断能力 1 型　15kA 2 型　30kA 3 型　50kA 适用于受电及电机功率为 315kA 及以下的长期工作制，重复短时工作制，带反接制动能耗制动和频繁起动电阻分级起动等方案	ME，DW15，DZ20 空气断路器 HR5 刀熔开关 am、gf、NT 熔断器 CJ 20接触器	

18.7　土建、采暖、通风、通讯设计条件

18.7.1　土建设计条件

18.7.1.1　对建筑的要求

变（配）电所建筑的要求见表 18-38。

18.7.1.2　对土建结构的要求

变（配）电所对土建结构的要求有：

(1) 土建结构应能承受电器设备安装运行时所产生的静荷载和动荷载。

(2)配电装置室的楼板除承受所装设备的荷重外，还需承受安装工作时的临时荷重。

(3) 在装有笨重设备的房间内，为了安装检修方便，应考虑起吊时装设吊钩的可能。必要时也可装设起吊用横梁。

(4) 一般设备基础应高出地面 200～300mm。

(5)屋外电力变压器的基础应高出地面 300mm 以上，当变压器用轨道搬运时，则基础面上的轨顶应与搬运钢轨顶面标高一致。

(6)配电室应考虑安装、搬运方便，如配电室在二层或三层时，应在楼板或墙上设置安装孔洞，安装孔的尺寸一般按设备外形加 300mm。

(7) 对于需要考虑地震设防的地区，应符合现行《工业与民用建筑抗震设计规范》（GBJ11－89）的要求。

18.7.1.3　结构的荷载

断路器的计算荷载为设备搬运时的静荷载及操作时的荷载，静荷载及动荷载应以制造厂提供的数据为依据，如工程设计中缺乏所需资料时，可参照表 18-39，表 18-40 和表 18-41 确定。

表 18-38 变(配)电所对建筑物的要求

项目	变(配)电所各种房间的名称										
	油浸变压器室	高压配电装置室	低压配电装置室	6~10kV电力电容器室	计算机室	控制室	值班室	辅助间	蓄电池室(酸性)	电缆夹层电缆室	室内电缆沟
建筑物耐火等级	一级	二级	二级	二级							
屋面	应有保温和隔热层及良好可靠的防水措施										
屋檐	应有檐沟集中排水,防止雨水沿墙面流下										
顶棚	不允许抹灰,可喷白浆或刷白	水泥砂浆抹平,涂料罩面。采用SF_6组合电器时,应刷漆	水泥砂浆抹平,涂料罩面		水泥砂浆抹平,涂料罩面或用难燃烧体轻型结构吊顶		抹灰刷白		水泥砂浆抹平,涂耐酸材料	水泥砂浆抹平或刷白	花纹钢盖板
内墙面	勾缝、刷白,基础防止油浸蚀				水泥砂浆抹光,涂料罩面或油漆墙裙、贴墙布或喷塑				耐酸瓷砖墙裙,其他需作防酸处理		
地坪	高式:用水泥抹光并向中间通风孔及排油坑作2%的坡度 低式:用卵石或碎石铺设,厚度为250mm,室四周沿墙600mm用水泥砂浆抹平	高标号水泥压光采用SF_6组合电器时,应用水磨石	高标号水泥压光		水磨石或铺设地板		高标号水泥压光		耐酸性材料地坪,并有排水沟	水泥砂浆抹平	沟壁、沟底要有防水措施,水泥砂浆抹平
采光和采光窗	不允许设置	可设不宜开启的采光窗,窗内侧加保护网(网孔不大于10×10mm)。如设可开启的窗,应有防止雨雪和小动物进入的安全措施(如纱窗等)。窗要考虑擦洗方便,采用SF_6组合电器时,可装双层窗,或嵌橡皮条的密闭窗			自然采光窗并设纱窗		自然采光窗		自然采光窗,应防止日晒。向阳的窗装有色玻璃。为避免风砂或保温需要可用双层玻璃,窗户作耐酸处理	一般不设窗	

续表 18-38

项目	变（配）电所各种房间的名称										
	油浸变压器室	高压配电装置室	低压配电装置室	6~10kV 电力电容器室	计算机室	控制室	值班室	辅助间	蓄电池室（酸性）	电缆夹层电缆室	室内电缆沟
通风窗	上、下百叶窗，窗内侧加保护铁丝网（网孔不大于 10×10mm）			上、下百叶窗，窗内侧加保护铁丝网（网孔不大于 10×10mm）						条件允许时设百叶窗，内侧加铁丝网保护（网孔不大于 10×10mm）	
门	向外开，开度大于 120°，门外侧设把手及锁搭扣（或锁环门闩）。双扇门的单门宽大于或等于 1200mm 时宜在其中的一扇上加开供维护人员出入的小门，门宽 600～700mm，小门能自动闭锁，且室内不用钥匙开启（如装弹簧锁）敞开式变压器的门，宜采用轻型金属网门，其网格上半部不大于 40×40mm，下半部不大于 10×10mm，门高不低于 1800mm	通向室外的门向外开，门上方设雨搭，门应能自动闭锁，且内部不用钥匙开启，炎热地区还应设纱门。在通向相邻房间都有设备的房间的门，应开向电压低的房间或可向两面开。低压配电装置室的门允许用木制门		通向室外的门，向外开门上方设雨搭门应能自动闭锁，且内部不用钥匙能开启，炎热地区还应设置纱门	允许用木制门炎热地区设置纱门			允许用木制门	耐酸材料制作或门上涂耐酸材料	门向外开	
		搬运设备的门，其高度和宽度应按搬运设备中的最大的外形尺寸再加 200～400mm，但门宽不应小于 900mm，门高不应低于 2100mm。仅供通行的门可采用宽 750mm，高 1900mm									

注：1. 建筑物的门窗，宜采用钢门窗。

2. 蓄电池室对建筑的要求，还应符合《工业建筑防腐蚀设计规范》及第 38，39，40 章防爆防火与防腐设计的有关条款。

表 18-39 成套高、低压开关柜的计算荷载

设备名称	型 号	计算荷载图	设备名称	型 号	计算荷载图
高压开关柜	JYN1-35 GBC-35 手车式开关柜	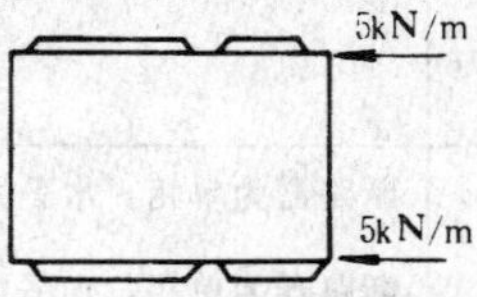	高压开关柜	GG-IA（F）	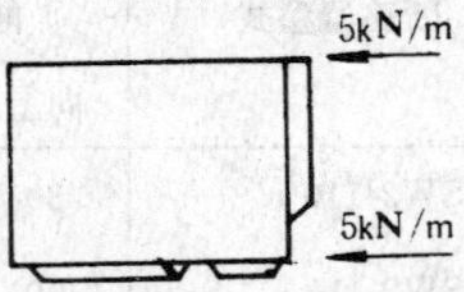
高压开关柜	JYN2-10 GFC-18G KGN-10 手车式开关柜	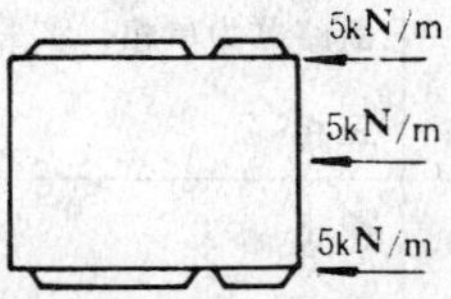	低压开关柜（屏）	抽屉式开关柜	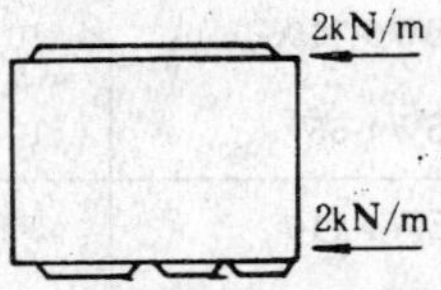
高压开关柜	GFC-3B GFC-10A GFC-15 GSG-1A（F） 手车式开关柜	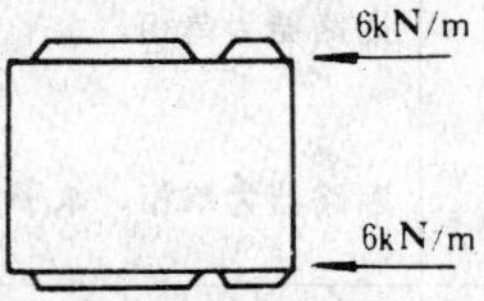	低压开关柜（屏）	固定式开关柜（屏）	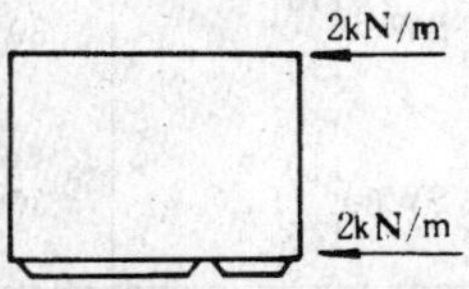

注：开关柜尚需考虑操作时的荷载。

表 18-40 断路器的操作荷载

断路器型式	操作荷载（kN）					备 注
	断路器		操动机构		水平力	
	向上	向下	向上	向下		
SN 10-10 Ⅰ、Ⅱ	3	5				三相
SN 10-10 Ⅲ	5	5				三相
SN3-10	5	15	5	15		三相
SN4-$\frac{10}{20}$G	10	45	15	45		三相
SN 10-35	5	5				三相
ZN4-10					3	三相（北京开关厂数据）
ZN4-10	5	5				三相（沈阳高压开关厂数据）
ZN-35	10	15				三相（沈阳高压开关厂数据）
DW1-35D	30	40				三相
DW2-35	60	80				三相
DW6-35	20	25				三相
DW8-35 Ⅰ	60	60				三相
DW8-35 Ⅱ	60	80				三相
SW2-35	20	30	20	20		三相
SW2-60G	10	10			20	断路器为单相，水平力为三相

续表 18-40

断路器型式	操作荷载（kN）					备　注
	断路器		操动机构		水平力	
	向上	向下	向上	向下		
SW2-110 I	30	30	5	5	40	断路器为单相，水平力为三相
SW2-110 Ⅱ	10	30	20	60	40	断路器为单相，水平力为三相
SW3-110G	10	30	20	60	45	断路器为单相，水平力为三相
SW4-35	10	10				三相
SW4-110	30	30	50	55		单相
SW6-$\frac{110}{145}$	30	30	10	10	45	断路器为单相，水平力为三相
SW6-$\frac{110}{145}$I	30	30	10	10	60	断路器为单相，水平力为三相
SW7-110	40	40	10	10	30	断路器为单相，水平力为三相

表 18-41　通道及楼（地）板的计算荷载

序号	名　　称	计算荷载（kN/m²）	备　注
1.	10kV 配电装置		
	采用 SN 10-10 型断路器	5	
	采用 SN3-10 型断路器	9	
	采用 SN4-10 型断路器	10	
	采用手车式开关柜	10	
	采用固定式开关柜	7	
2	35kV 配电装置		
	采用 SW2-35 型断路器	10	
	采用 GBC-35 型开关柜	5	
3	维护通道或操作通道	2.5	不包括重量超过250kg设备的搬运荷载
4	控制室、载波机室、微机室	4	
5	低压配电室	5	
6	电缆夹层	3.5	

注：表 18-40，表 18-41 摘自《电力工程电气设计手册》。

18.7.2　采暖通风设计条件

采暖通风设计条件为：

(1) 变（配）电所的通风，采暖设计应符合现行的国家标准《采暖通风与空气调节设计规范》(GBJ19－87)、《建筑设计防火规范》(GBJ16－87) 和《工业企业设计卫生标准》(TJ36－79) 的有关规定。

(2) 变（配）电所房间对通风、采暖的要求见表 18-42。

(3) 蓄电池室的冬季通风设计中采用《采暖通风和空气调节设计规范》中规定的冬季采暖屋外计算温度。

(4) 变（配）电所各房间的温度条件，一般可参考表 18-43 确定。

18.7.3　水道设计条件

水道设计条件为：

(1) 厂区范围内的企业总变（配）电所及有人值班的其他变（配）电所应设有厕所和水池的给排水设施。

(2) 在企业总变（配）电所附近已有消防管道时，还应设置消防栓。

(3) 蓄电池室考虑排水设施，以便在检修及正常运行时冲洗地面，污水应能从屋内直接排至屋外下水道中。调酸屋内应设有给排水管道及水池。

表 18-42　变(配)电所对采暖、通风的要求

项目	变(配)电所各房间的名称											
	油浸变压器室	高压配电室		6～10kV 电容器室	低压配电室	计算机室	控制室	值班室	辅助间	蓄电池室	电缆夹层及电缆室	电抗器室
		有充油电气设备时	SF_6 组合电器									
通风	应有自然通风，当自然通风不能满足要求时，应采用机械通风，其通风管道应采用非燃烧材料制作	一般采用自然通风，当自然通风不能满足要求或发生事故而排烟有困难时，应增设机械通风装置。通风换气次数不低于每小时10次，事故排风机可兼作日常通风。事故排风机的控制开关应同时装在室内和室外便于开启处	室内空气中SF_6含量，正常运行时不超过20ppm，事故处理时在15分钟内降到1000ppm以下。通风机吸气口(负压侧)一般应装在配电室的底部。室的上部仍应装设事故排风装置	一般采用自然通风或将地坪抬高，且进风口设在电容器柜下面，如冷却条件不能满足要求时，应采用机械通风装置	一般采用自然通风	一般采用自然通风。夏季根据地区情况设置电扇、冷风机组或空气调节装置	一般采用自然通风夏季根据地区情况设置电扇。大型变电所的主控制室设置空气调节装置或冷风机组	一般采用自然通风夏季根据地区情况设置电扇		采用机械通风，室内空气严禁再循环。换气次数：固定开口式每小时不低于15次；防酸隔爆式每小时不低于6次；调酸室每小时不低于5次，通风机及其电动机应为防爆式，并应直接连接	一般采用自然通风，当自然通风不能满足要求时，应采用机械通风	
采暖	一般不设			一般不设，如室内温度低于制造厂的规定时，也应采暖	一般不设采暖，当与值班室或控制室合并时，在规定采暖区亦应采暖	在规定采暖地区要采暖或设置空气调节装置	在规定采暖区要采暖			不应采用明火采暖，散热器应采用焊接的光滑钢管，不应有法兰或螺纹接头和阀门等，地面下不应有采暖通风的沟道		

注：1. 通风采暖方式应根据地区具体条件确定，但确定的采暖方式应符合防火的要求；

2. 在采用机械通风且周围环境污秽时，宜加装空气过滤装置。

表 18-43 变（配）电所各房间的温度条件

<table>
<tr><th rowspan="2">序号</th><th rowspan="2">房间名称</th><th colspan="3">作业地带温度（℃）</th><th rowspan="2">夏季进风和排风温差不超过（℃）</th><th rowspan="2">计算换气量的有害物</th></tr>
<tr><th>冬季</th><th colspan="2">夏季屋内温度不超过</th></tr>
<tr><td>1</td><td>控制室、载波机室、微机室</td><td>18</td><td colspan="2">见表 18-42</td><td></td><td>余热</td></tr>
<tr><td>2</td><td>继电器室及变送器室</td><td>10</td><td colspan="2">40</td><td></td><td>余热</td></tr>
<tr><td>3</td><td>空气压缩机室</td><td>16</td><td colspan="2">40</td><td></td><td>余热</td></tr>
<tr><td>4</td><td>蓄电池室</td><td>16</td><td colspan="2">40</td><td></td><td>氢气，硫酸雾气</td></tr>
<tr><td>5</td><td>高压配电装置</td><td></td><td colspan="2"></td><td></td><td></td></tr>
<tr><td></td><td>（1）高压配电室</td><td></td><td colspan="2">见表 18-42</td><td></td><td>有充油设备时，油燃烧的产物</td></tr>
<tr><td></td><td>（2）油断路器室</td><td></td><td colspan="2">见表 18-42</td><td></td><td></td></tr>
<tr><td></td><td>（3）SF_6 组合电器室</td><td></td><td colspan="2">见表 18-42</td><td></td><td>SF_6 及低氟化物气体</td></tr>
<tr><td></td><td>（4）电抗器室</td><td></td><td rowspan="5">夏季排风温度不超过</td><td>55</td><td>30</td><td>余热</td></tr>
<tr><td></td><td>（5）母线室</td><td></td><td>45</td><td>15</td><td>余热</td></tr>
<tr><td>6</td><td>变压器室</td><td></td><td>45</td><td>15</td><td>余热</td></tr>
<tr><td>7</td><td>电力电容器室</td><td></td><td>40</td><td></td><td>余热</td></tr>
<tr><td>8</td><td>电缆隧道</td><td></td><td>40</td><td>10</td><td>余热</td></tr>
</table>

注：1. 表中所列温度一般作为工作人员常驻地点或电气设备要求的温度；

2. 电气设备对屋内温湿度若有特殊要求时，应按制造厂要求确定屋内温湿度。

18.7.4 通讯设计条件

企业总变（配）电所应根据企业总变（配）电所的规模和需要设置企业的供电调度电话和行政电话，对外与电力部门的联系应根据企业的调度方式及电力部门的要求设置调度电话或载波电话，有人值班的车间变（配）电所可设置行政电话，并按需要设置与企业总变（配）电所的调度电话。

电缆隧道、电缆室、计算机室、继电器室、控制室应设置火灾自动报警系统。

参考文献

［1］GBJ 53—83 工业与民用 10kV 及以下变电所设计规范（试行）.

［2］GBJ 54—83 低压配电装置及线路设计规范（试行）.

［3］GBJ 232—82 电气装置安装工程施工及验收规范.

［4］SDJ 5—85 高压配电装置设计技术规程.

［5］SDGJ 63—84 变电所总布置设计技术规定.

［6］SDJ 1—84 火力发电厂设计技术规程.

［7］YBJ 217—89 冶金电气设备安装工程施工及验收技术规范.

［8］北京钢铁设计院等编，钢铁企业电力设计参考资料，冶金工业出版社，1976.

［9］西北电力设计院编，电力工程电气设计手册（第一册），水利电力出版社，1989.

第19章

高压电缆选择与敷设

19.1 电缆型号及其使用范围

在供配电线路中，常用的 3～110kV 电力电缆，按其绝缘材料及护套的不同，有以下几类：

(1) 橡皮绝缘电力电缆；

(2) 聚氯乙烯绝缘聚氯乙烯护套电力电缆；

(3) 交联聚乙烯绝缘聚氯乙烯护套电力电缆；

(4) 粘性油浸纸绝缘金属套电力电缆；

(5) 不滴流油浸纸绝缘金属套电力电缆；

(6) 超高压充油电力电缆。

粘性油纸和不滴流油纸的金属套有铅套和铝套两种，但铝套生产质量不过关，不滴流电缆已投入生产，在使用中不受高差限制。

聚氯乙烯（简称 PVC）绝缘和橡皮绝缘电缆制成电压在 6kV 及以下，其护套一般也是 PVC。6kV 橡皮绝缘电缆仅有单芯，XQ、XLQ 铜芯和铝芯铅包电力电缆，且不作推荐产品，本章不再详述。

交联聚乙烯绝缘电缆是在生产过程中对聚乙烯进行物理的或化学的方法交联处理而成，交联后其机械强度及耐热性能大大提高，故其允许载流量较大。

为防止电缆火灾的发生和蔓延，研制出了阻燃和耐高温电缆来，但目前成熟的产品只有 1000V 以下的电缆。6000V 以上尚没有经过鉴定的正式产品，但 6000V 以上电缆的聚氯乙烯护套可以制成阻燃的，一般在电缆型号后面加 ZR，以表示阻燃电缆。

19.1.1 电缆型号编制及字母含义

各种固体绝缘电力电缆，以绝缘代号字母为首位，按表 19-1 规律编制电缆型号。

表 19-1 固体绝缘电力电缆型号用字母含义

类别用途	导 体	绝 缘	内护套	外护层
X——橡皮电缆	T——铜	X——橡皮	Q——铅	金属套及非金属
V——塑料电缆	L——铝	V——聚氯乙烯	V——聚氯乙烯	外护层见表 19-3
YJ——交联聚乙烯电缆		YJ——交联聚乙烯	F——氯丁胶	表 19-5
			Y——聚乙烯	

注：铜芯代号字母“T”一般省略。

例

(1) VLV

聚氯乙烯护套

铝线芯

聚氯乙烯绝缘

即铝芯聚氯乙烯绝缘聚氯乙烯护套电力电缆。

(2) YJLV

聚氯乙烯护套

铝线芯

交联聚乙烯绝缘

即铝芯交联聚乙烯绝缘聚氯乙烯护套电力电缆。

油浸纸绝缘金属套电力电缆，以绝缘字母“Z”为首位，按表 19-2 规律编制电缆型号。

表 19-2　油浸纸绝缘电力电缆型号字母含义

类别用途	导　体	绝　缘	内护套	特　征	外护层
Z——纸绝缘电缆	T——铜 L——铝	Z——油浸纸	Q——铅套 L——铝套	CY——充油 F——分相 D——不滴流油 C——滤尘用	金属套外护层 见表 19-5

注：铜芯代号字母“T”一般省略。

例

```
(1)     ZQ
         │└──铅护套
         └───纸绝缘
```

即铜芯粘性油纸绝缘铅套电力电缆

```
(2)     ZLQD
         │││└─不滴流油
         ││└──铅护套
         │└───铝线芯
         └────纸绝缘
```

即铝芯不滴流油浸纸绝缘铅套电力电缆。

额定电压 1～35kV 挤包固体绝缘电力电缆，非金属套电缆通用外护层的型号、名称和主要敷设场所见表 19-3。

非金属套电缆外护层的结构，由表 19-4 规定的同心层组成。

金属套电缆通用外护层的型号，名称和主要敷设场所见表 19-5。

金属套电缆通用外护层的结构，由表 19-6 规定的同心层组成。

表 19-3　非金属电缆外护层型号及主要适用敷设场所

型号	名　称	主要适用敷设场所										
		敷设方式							特殊环境			
		室内	隧道	电缆沟	管道	埋地		竖井	水下	易燃	严重腐蚀	拉力
						一般土壤	多砾石					
12	联锁钢带铠装聚氯乙烯外套	△	△	△		△	△			△	△	
22	钢带铠装聚氯乙烯外套	△	△	△		△	△			△	△	
23	钢带铠装聚乙烯外套	△		△		△	△				△	
32	细圆钢丝铠装聚氯乙烯外套					△	△	△	△	△	△	△
33	细圆钢丝铠装聚乙烯外套					△	△	△	△		△	△
41	粗圆钢丝铠装纤维外被								△		○	△
42	粗圆钢丝铠装聚氯乙烯外套							△	△	△	△	△
43	粗圆钢丝铠装聚乙烯外套							△	△		△	△
62	铝带铠装聚氯乙烯外套	△	△	△		△	△			△	△	
63	铝带铠装聚乙烯外套	△		△		△	△				△	
441	双粗圆钢丝铠装纤维外被								△		○	△
241	钢带-粗圆钢丝铠装纤维外被								△		○	△

注：△表示适用；○表示当采用涂塑钢丝或具有良好非金属防蚀层的钢丝时适用。

表 19-4 非金属套电缆外护层结构

型号	外护层结构		
	内衬层	铠装层	外被层
12	绕包型：塑料带或无纺布带 挤出型：塑料套	联锁铠装	聚氯乙烯外套
22		双钢带铠装	聚氯乙烯外套
23			聚乙烯外套
32		单细圆钢丝铠装	聚氯乙烯外套
33			聚乙烯外套
62		双铝带（或铝合金带）铠装	聚氯乙烯外套
63			聚乙烯外套
42	塑料套	单粗圆钢丝铠装	聚氯乙烯外套
43			聚乙烯外套
41		双粗圆钢丝铠装 双钢带-单粗圆钢丝铠装	胶粘涂料-聚丙烯绳或电缆沥青-浸渍麻-电缆沥青-白垩粉
441			
241			

表 19-5 金属套电缆外护层型号及主要适用敷设场所

型号	名称	被保护的金属套	主要适用敷设场所												
			敷设方式									特殊环境			
			架空	室内	隧道	电缆沟	管道	埋地		竖井	水下	易燃	强电干扰	严重腐蚀	拉力
								一般土壤	多砾石						
02	聚氯乙烯外套	铅 套	△	△	△	△	△					△		△	
		铝 套	△	△	△	△	△	△		△		△		△	
		皱纹钢套或铝套	△	△	△	△	△	△				△		△	
03	聚乙烯外套	铅 套	△	△		△	△							△	
		铝 套	△	△		△	△	△		△				△	
		皱纹钢套或铝套	△	△		△	△	△						△	
22	钢带铠装聚氯乙烯外套	铅 套		△	△	△		△	△			△		△	
		铝套或皱纹铝套		△	△	△			△			△	△	△	
23	钢带铠装聚乙烯外套	铅 套		△		△		△	△					△	
		铝套或皱纹铝套		△		△			△				△	△	

续表 19-5

型号	名称	被保护的金属套	主要适用敷设场所												
			敷设方式									特殊环境			
			架空	室内	隧道	电缆沟	管道	埋地 一般土壤	埋地 多砾石	竖井	水下	易燃	强电干扰	严重腐蚀	拉力
32	细圆钢丝铠装聚氯乙烯外套	各种金属套						△	△	△	△	△		△	△
33	细圆钢丝铠装聚乙烯外套	各种金属套						△	△	△	△			△	△
41	粗圆钢丝铠装纤维外被	铅套									△			○	△
42	粗圆钢丝铠装聚氯乙烯外套	铅套								△	△	△		△	△
43	粗圆钢丝铠装聚乙烯外套	铅套								△	△			△	△
441	双粗圆钢丝铠装纤维外被	铅套									△			○	△
241	钢带-粗圆钢丝铠装纤维外被	铅套									△			○	△

注：△表示适用；○表示当采用涂塑钢丝等具有良好非金属防蚀层钢丝时适用。

表 19-6　金属套电缆外护层结构

<table>
<tr><th rowspan="2">型号</th><th colspan="3">外护层结构</th></tr>
<tr><th>内衬层</th><th>铠装层</th><th>外被层</th></tr>
<tr><td>02</td><td>无</td><td>无</td><td>电缆沥青（或热熔胶）-聚氯乙烯外套</td></tr>
<tr><td>03</td><td>无</td><td>无</td><td>电缆沥青（或热熔胶）-聚乙烯外套</td></tr>
<tr><td>22</td><td rowspan="4">绕包型：电缆沥青-塑料带或电缆沥青-塑料带-无纺麻布带或电缆沥青-塑料带-浸渍纸带（或浸渍麻）-电缆沥青
挤出型：电缆沥青-聚氯乙烯套或电缆沥青-聚乙烯套</td><td rowspan="2">双钢带</td><td>聚氯乙烯外套</td></tr>
<tr><td>23</td><td>聚乙烯外套</td></tr>
<tr><td>32</td><td rowspan="2">单细圆钢丝</td><td rowspan="2">聚氯乙烯外套
聚乙烯外套</td></tr>
<tr><td>33</td></tr>
<tr><td>41</td><td rowspan="5">电缆沥青（或热熔胶）-聚乙烯套
允许用：
电缆沥青-塑料带-浸渍麻-电缆沥青</td><td rowspan="3">单粗圆钢丝</td><td>胶粘涂料-聚丙烯绳或
电缆沥青-浸渍麻-电缆沥青-白垩粉</td></tr>
<tr><td>42</td><td>聚氯乙烯外套</td></tr>
<tr><td>43</td><td>聚乙烯外套</td></tr>
<tr><td>441</td><td>双粗圆钢丝</td><td rowspan="2">胶粘涂料-聚丙烯绳或电缆沥青-浸渍麻-电缆沥青-白垩粉</td></tr>
<tr><td>241</td><td>双钢带-单粗圆钢丝</td></tr>
</table>

19.1.2　聚氯乙烯绝缘电力电缆型号、电压等级、标称截面及芯数

聚氯乙烯绝缘电力电缆的使用条件为：

（1）根据电缆不同型号可用于室内外敷设或埋地敷设，不受落差限制，有的能承受拉力，有的不能承受拉力；

（2）电缆适用于 0.6/1kV～6/10kV；

（3）电缆线芯最高长期允许工作温度为 65℃；

（4）短路温度不得超过 160℃；

（5）单芯、多芯电缆允许弯曲半径见表 19-49。

聚氯乙烯绝缘电力电缆型号、电压等级、标称截面

及芯数见表 19-7。

表 19-7 电缆型号、电压等级、标称截面及芯数

型号				芯数	额定电压（kV）		
					0.6/1	1.8/3	3.6/6、6/6、6/10
铜芯		铝芯			标称截面（mm^2）		
VV	VY				1.5～800	10～800	10～1000
		VLV	VLY	1	2.5～1000	10～1000	10～1000
VV22	VV23	VLV22	VLV23		10～1000	10～1000	10～1000
VV	VY				1.5～185	10～185	10～150
		VLV	VLY		2.5～185	10～185	10～150
VV22	VV23	VLV22	VLV23	2	4～185	10～185	10～150
VV	VY				1.5～300	10～300	10～300
		VLV	VLY		2.5～300	10～300	10～300
VV22	VV23	VLV22	VLV23	3	4～300	10～300	10～300
VV32	VV33	VLV32	VLV23				16～300
VV42	VV43	VLV42	VLV43				16～300
VV	VY	VLV	VLV	3+1	4～300	10～300	
VV22	VV23	VLV22	VLV23		4～300	10～300	
VV	VY	VLV	VLV	4	4～185	10～185	
VV22	VV23	VLV22	VLV23		4～185	10～185	

注：单芯电缆铠装应采用非磁性材料或采用减少磁损耗结构。

四芯电缆的截面有等截面和不等截面（3+1 芯）两种，不等截面的第四芯截面见表 19-8。根据经验，选择四芯电缆时，要注明中性线电压与相电压一致。

表 19-8 不等截面的线芯截面

主线芯（mm^2）	第四芯（mm^2）	主线芯（mm^2）	第四芯（mm^2）	主线芯（mm^2）	第四芯（mm^2）
4	2.5	35	16	150	70
6	4	50	25	185	95
10	6	70	35	240	120
16	10	95	50	300	150
25	16	120	70	400	185

19.1.3 交联聚乙烯绝缘电力电缆型号、电压等级、标称截面及芯数

交联聚乙烯绝缘电力电缆的使用条件为：

(1) 根据电缆不同型号可用于室内外敷设或埋地敷设或适于水中或高落差地区，有的能承受拉力，有的不能承受拉力；

(2) 电缆分别适用于工频额定电压 0.6/1kV～26/35kV；

(3) 1～35kV 电缆线芯最高长期允许工作温度为 90℃；

(4) 线芯短路温度不得超过 250℃，持续最长时间

不超过 5s；

(5) 单芯与多芯电缆允许弯曲半径见表 19-49；

(6) 当敷设温度低于 0℃敷设时，必须预先加热，按规程要求处理，但不能超过最高长期允许工作温度 90℃；

(7) 敷设不受水平落差限制。

交联聚乙烯绝缘电力电缆型号、电压等级、标称截面及芯数见表 19-9。

表 19-9 电缆型号、电压等级、标称截面及芯数

型号		芯数	额定电压（kV）					
			0.6/1	1.8/3	3.6/6、6/6	6/10、8.7/10	8.7/15～12/20	18/20～26/35
			标称截面（mm^2）					
YJV	YJLV	1	1.5～800	10～800	25～1200	25～1200	35～1200	50～1200
YJY	YJLY	1	2.5～1000	10～1000	25～1200	25～1200	35～1200	50～1200
YJV32	YJLV32	1	10～1000	10～1000	25～1200	25～1200	35～1200	50～1200
YJV33	YJLV33	1	10～1000	10～1000	25～1200	25～1200	35～1200	50～1200
YJV42	YJLV42	1	10～1000	10～1000	25～1200	25～1200	35～1200	50～1200
YJV43	YJLV43	1	10～1000	10～1000	25～1200	25～1200	35～1200	50～1200
YJV	YJLV	3	1.5～300	10～300	25～300	25～300	35～300	
YJY	YJLV	3	2.5～300	10～300	25～300	25～300	35～300	
YJV22	YJLV22	3	4～300	10～300	25～300	25～300	35～300	
YJV23	YJLV23	3	4～300	10～300	25～300	25～300	35～300	
YJV32	YJLV32	3	4～300	10～300	25～300	25～300	35～300	
YJV33	YJLV33	3	4～300	10～300	25～300	25～300	35～300	
YJV42	YJLV42	3	4～300	10～300	25～300	25～300	35～300	
YJV43	YJLV43	3	4～300	10～300	25～300	25～300	35～300	

注：单芯电缆铠装应采用非磁性材料或采用减少磁损耗结构。

19.1.4 高压单芯自容式铅包充油电力电缆

高压单芯自容式铅包充油电力电缆的使用条件为：

(1) 电缆线芯长期允许温度＋75℃；

(2) 电缆长期允许油压：50～600kPa；

(3) 电缆敷设时弯曲直径不小于铅包外径 50 倍，温度不低于－10℃；

(4)电缆在系统中使用之必备附件，如终端盒压力油箱等，根据实际使用情况由制造厂与电缆一起配套供应。

高压单芯自容式铅包充油电力电缆的型号、名称及用途见表 19-10。

表 19-10 高压单芯自容式铅包充油电力电缆

型号	名称	用途
ZQCY21 ZQCY22	铜芯铅包径向钢带加固充油电力电缆	敷设于土壤沟道、空气中，能承受机械外力作用，不能承受大的拉力，允许落差不大于 30m
ZQCY25	铜芯铅包径向钢带加固粗钢丝铠装电力电缆	适用于水中敷设、能承受较大的拉力

部分充油电力电缆的规格及其载流量见表 19-44～表 19-48。

19.1.5 110kV 交联聚乙烯绝缘电力电缆型号、名称及用途

110kV 交联聚乙烯绝缘电力电缆的电缆型号、名称及用途见表 19-11。

表 19-11 型号、名称及用途

型号		名称	用途
铜芯	铝芯		
YJV	YJLV	交联聚乙烯绝缘聚氯乙烯护套电力电缆	电缆可敷设在隧道或管道中，电缆不能承受拉力和压力
YJY	YJLY	交联聚乙烯绝缘聚乙烯护套电力电缆	同上，电缆防潮性较好
YJLW02	YJLLW02	交联聚乙烯绝缘皱纹铝包防水层聚氯乙烯护套电力电缆	同上，电缆可在潮湿环境及地下水位较高的地方使用，并能承受一定的压力
YJQ02	YJLQ02	交联聚乙烯绝缘铅包聚氯乙烯护套电力电缆	同上，但电缆不能承受压力
YJQ41	YJLQ41	交联聚乙烯绝缘铅包粗钢丝铠装纤维外被电力电缆	电缆可承受一定拉力，用于水底敷设

电缆额定电压、标称截面及芯数见表 19-12。

表 19-12 额定电压、截面及芯数

型号		芯数	额定电压 (kV)	标称截面 (mm^2)
YJV	YJLV	单芯	64/110	240
YJY	YJLY			300、400
YJLW02	YJLLW02			500、630
YJQ02	YJLQ02			800、1000
YJQ41	YJLQ41			1200

19.2 电缆型号的选择

19.2.1 电缆导体及外护层的确定

电缆型号的选择应根据环境条件、敷设方式、用电设备的特殊要求等来确定。

(1)电力电缆一般应采用铝芯电缆，但在振动剧烈的场所应采用铜芯电缆；有爆炸危险的场所要求选用铜芯电缆；另根据工程规模及重要性可采用铜芯电缆。

(2)直接埋设在地下的电缆，一般采用有外护层的铠装电缆，在无机械损伤可能的场所，也可采用聚氯乙烯护套电力电缆。

(3) 在可能发生位移的土壤中（如沼泽地、流砂、大型建筑物附近），直埋敷设电缆时，应采用钢丝铠装电缆或采取措施（如预留电缆长度，用板桩或排桩加固土壤等）以消除位移时作用在电缆上的应力。

(4)在有化学腐蚀或杂散电流腐蚀的土壤中，应尽量不采用直埋敷设电缆，而应推广电缆桥架配线，应采用防腐型电缆或采取防止杂散电流腐蚀电缆的措施。

(5)敷设在管子或排管内的电缆，宜采用聚氯乙烯护套电缆，也允许采用铠装电缆穿非金属管敷设。当采用铠装电缆穿钢管时，其穿管长度不宜超过 20m。

(6)在电缆隧道或电缆沟内敷设的电缆，可以采用铠装电缆、塑料护套电缆。

(7)在生产厂房内明敷的电缆，一般应采用铠装电缆。当敷设在无机械损伤可能的场所，也允许采用无铠装电缆。

(8)在有腐蚀性介质的房屋内明敷的电缆，应视介质性质的不同，采用塑料护套电缆或防腐型电缆。

(9) 在建筑物外面和敞露的天棚下沿非燃性结构明敷时，宜采用有塑料外护套的电缆。

(10) 当电缆敷设在较大高差的场所，宜采用全塑电缆、不滴流电缆。

(11) 三相制网络应尽量采用三芯电缆，在特殊情况下如果需要特长的整根电缆，或采用单芯电缆在经济上有利时，允许采用单芯电缆构成三相网络，但应采

用无钢带铠装的或具有隔磁性能铠装的电力电缆和交联聚乙烯电缆，单芯电缆敷设时应满足以下要求：

1）使并联电缆间的电流分布均匀；

2）接触电缆的外皮时应无危险；

3）防止邻近金属部件的发热；

4）电缆应可靠地固定。

19.2.2 各种绝缘材料的特性和选择

各种电缆的绝缘材料特性及各种绝缘电缆的长期允许温度见表19-13、表19-14。

表19-13 各种绝缘材料特性

性能	聚氯乙烯 PVC	交联聚乙烯 XLPE	乙丙橡皮 EPR、EPDM	粘性油纸 PILC	不滴流油纸 MLND
绝缘电阻系数 ρ_v (Ω·m)(20℃)	10^{11}～10^{13}	10^{15}～10^{16}	10^{12}～10^{13}	10^{12}～10^{13}	10^{12}～10^{13}
介电常数 ε	6～9	2.3	2.5～4.0	3.5	3.5
介质损失角正切 $\mathrm{tg}\delta$	6～10	0.04～0.07	0.2～1.4	0.8～1.0	0.8～1.0
正切增值 $\Delta\mathrm{tg}\delta$	0.0065	0.002	0.0025	0.024	0.012
击穿场强 (kV/mm)	25～35	40～50	25～40	40～45	30～35
6/10kV电缆绝缘厚度 (mm)	4.0	3.4	3.4	3.2	3.2
18/30kV电缆绝缘厚度 (mm)		8.0	8.0	7.5	7.5
短路温度 (℃)	160	250	250	160～250	160～250
过载温度 (℃)	100～120	130	130	130	130
热阻系数 (m·℃/W)	7.00	3.20～4.00	3.50	5.50	5.50～7.00
耐寒温度 (℃)	−20	−60	−60		

表19-14 各种绝缘电缆的长期允许温度

电缆型式及电压等级 (kV)		导体的最高长期允许工作温度（℃）
粘性油纸绝缘电缆	3及以下	80
	6	65
	10	60
	20～35	50
不滴流油纸电缆	6及以下	80
	10	65
	20～35	65
橡皮绝缘电缆	6及以下	65
聚氯乙烯绝缘电缆	6及以下	65
交联聚乙烯绝缘电缆	10及以下	90
	20～35	80
自容式充油电缆	110～330	75

由以上两表看出聚氯乙烯有工作温度低，绝缘性能差及介质损耗高的缺点，我国目前这种电缆最高电压做到6kV。由于有这些严重缺点，导致了多消耗铜、铝导电材料及绝缘和护套。聚氯乙烯在火灾中还放出黑烟和氯化氢等有毒气体。聚氯乙烯电缆宜用在1kV以下电压等级，6kV及以上电缆宜用交联聚乙烯绝缘电力电缆和不滴流油纸绝缘电力电缆。

粘性油纸电缆被广泛用于35kV以下线路中。但这种浸渍剂存在滴流缺陷，使其使用场所的工作温度和垂直敷设的高差受到限制。不滴流电缆的生产工艺和产品结构与普通粘性油电缆基本相同，其优点如下：

（1）不滴流电缆适用高落差和垂直敷设；

（2）不滴流电缆允许工作温度较高；

（3）不滴流电缆比粘性油电缆有更好的耐老化性能和电气稳定性。粘性油纸电缆即使在较小高差情况下(10m)，也会由于浸渍剂流淌而扩大电缆的气隙，使其性能变坏以致发生事故。

交联聚乙烯绝缘电力电缆是中低压电缆以至高压(110kV以上)电缆的主要发展品种，在使用上有质量轻易于安装，不怕落差，载流量大，连接封端方便等优点。

乙丙橡皮绝缘电缆，具有优良的耐热性能，电气绝缘性能，耐电晕，耐游离放电，耐水树枝放电，柔软性较好，较易达到阻燃性能要求。因此更适合火电，核电要求阻燃及高温场合。目前此种电缆我国尚无标准。

高压电缆我国生产有充油电缆和交联聚乙烯电缆。充油电缆电压有110、220、330（380）kV三种；交联聚乙烯电缆有64/110kV一种。

19.2.3 电缆电压的确定

我国对中、低压电缆规定的电压以U_0/U表示。电压等级有0.6/1.0、3.6/6.0、6/6、6/10、8.7/10、12/20、18/20、21/35、26/35kV等9种。

U_0的电压是以接地故障持续时间的多少来区分。

IEC55—1978标准，分为两类，第一类每次接地故障时间不超过8h，每年总持续时间不超过125h，超过第一类所有的持续时间即为第二类。

IEC183—1984标准，分为三类，第一类1min，第二类1h，第三类无时间限制。

我国的国家标准《额定电压35kV及以下铜芯、铝芯塑料绝缘电力电缆》（GB12706—91），额定电压35kV以下铜芯、铝芯塑料绝缘电缆，其有关定义及数据如下：

(1) 额定电压，用U_0/U表示，单位为kV。U_0为电缆设计用的导体与屏蔽或金属之间的工频额定电压有效值。U为电缆设计用的相间导体的工频额定电压有效值。

(2) 按接地故障持续时间，分为两类：

第一类用于单相接地故障时间，每一次一般不大于1min的系统，亦可用于最长不超过8h，每年累计不超过125h的系统；

第二类用于接地故障时间更长的系统；对电缆绝缘性能要求较高的场所，也应采用第二类。

三相系统用电缆的额定电压如表19-15规定。

表19-15 电缆额定电压U与U_0值（kV）

U		1	3	6	10	15	20	35
U_0	第一类	0.6	1.8	3.6	6	8.7	12	21
	第二类	1	3	6	8.7	12	18	26

我国大部分地区的6～35kV电力系统均为中性点不接地系统，系统在发生单相接地情况下，每次接地故障时间均大于1min，因此选用电缆电压U_0时，宜采用第二类。

19.3 电缆截面的选择及其载流量

19.3.1 按持续工作电流选择电缆

$$I_{xu} \geqslant I_{js} \tag{19-1}$$

式中 I_{xu}——电缆按发热条件允许的长期工作电流，A；它是经介质温度、敷设条件校正后所得值；

I_{js}——通过电缆的半小时最大计算电流，A。

19.3.2 电力电缆长期允许电流的计算条件

(1) 敷设场所的周围介质温度

1）土壤温度：采用一年中最热月的地下（离地面700～1000mm）平均温度。

2）空气温度：室外空气温度采用室外一年中至少出现重复三次的最热日昼夜平均温度；室内空气温度采用室内一年中至少出现重复三次的最热日昼夜平均温度。

在电缆隧道或电缆沟内的计算空气温度，除采用上述昼夜平均温度以外，尚需根据电缆发热、散热和通风效果来确定，电缆散热计算见第31章。当缺乏计算资料时，一般可按上述空气温度加5℃来考虑。

(2) 校正系数

1）当电缆敷设的周围环境温度不是规定的介质温度时，其长期允许电流值应乘以温度校正系数，温度校正系数K_1由下式确定

$$K_1 = \sqrt{\frac{t - t_0}{t - t_1}} \tag{19-2}$$

式中 t——电缆芯线最高长期允许工作温度，℃；

t_0——敷设处实际环境温度，℃；

t_1——介质计算温度，℃。

K_1值也可由表19-16查得。

表 19-16　当周围介质温度不同于计算温度时，电缆的温度校正系数 K_1

介质计算温度（℃）	缆芯最高长期允许工作温度（℃）	实际介质温度（℃）时的载流量校正系数 K_1											
		−5	0	+5	+10	+15	+20	+25	+30	+35	+40	+45	+50
25	90	1.2	1.18	1.14	1.11	1.07	1.04	1.00	0.96	0.92	0.88	0.83	0.78
30		1.26	1.22	1.19	1.15	1.12	1.08	1.04	1.00	0.96	0.91	0.86	0.82
15	80	1.14	1.11	1.08	1.04	1.00	0.96	0.92	0.88	0.83	0.78	0.73	0.68
25		1.24	1.20	1.17	1.13	1.09	1.04	1.00	0.95	0.90	0.85	0.80	0.74
15	70	1.17	1.13	1.09	1.045	1.00	0.955	0.905	0.85	0.79			
25		1.29	1.24	1.20	1.15	1.11	1.05	1.00	0.94	0.88	0.81	0.74	0.67
15	65	1.18	1.14	1.10	1.05	1.00	0.95	0.89	0.84	0.77	0.71	0.63	0.55
25		1.32	1.27	1.22	1.17	1.12	1.06	1.00	0.94	0.87	0.79	0.71	0.61
15	60	1.20	1.15	1.12	1.06	1.00	0.94	0.88	0.82	0.75	0.67	0.57	0.47
25		1.36	1.31	1.25	1.20	1.13	1.07	1.00	0.93	0.85	0.76	0.66	0.54
15	55	1.22	1.17	1.12	1.07	1.00	0.93	0.86	0.79	0.71	0.61	0.50	0.36
25		1.41	1.35	1.29	1.23	1.15	1.08	1.00	0.91	0.82	0.71	0.58	0.41
15	50	1.25	1.20	1.14	1.17	1.00	0.93	0.84	0.76	0.66	0.54	0.37	
25		1.48	1.41	1.34	1.26	1.18	1.09	1.00	0.89	0.78	0.63	0.45	

2）当数根电缆并列敷设在地中（包括敷设在管内），电缆间（或管间）的净空距离为 100、200 及 300mm 时，电缆的允许电流应乘以表中所列的校正系数 K_2，此时，不应考虑备用电缆的根数。

并列在地中（包括直埋及穿管）的工作电缆校正系数 K_2 见表 19-17。

表 19-17　地下电缆（直埋或穿管）并列系数 K_2

电缆间的净距离（mm）	电缆的数量（根）				
	1	2	3	4	6
100	1.0	0.88	0.84	0.80	0.75
200	1.0	0.90	0.86	0.83	0.80
300	1.0	0.92	0.89	0.87	0.85

3）在直埋电缆敷设中，一般规定电缆上下 100mm 填充经筛过的细土或砂子，在电缆运行时，由于电缆发热（特别在电缆满负荷运行条件下），电缆周围的土壤或砂子发生水分迁移，使土壤的热阻系数大大增加。因此对于重要的长期满负荷运行的电缆周围的填充物，不应简单的使用砂子、土壤，而应使用热特性稳定的混合物，据上海电缆研究所介绍，这种混合物有砂石水泥混合物，煤粉灰混合物和钢渣混合物等。

当土壤的热阻系数不同于 0.80m·℃/W 时，应将直埋电缆的长期允许电流值乘以土壤热阻系数校正系数 K_3，K_3 值见表 19-18。

表 19-18　土壤热阻系数校正系数 K_3

土壤热阻系数 ρ_t（m·℃/W）	电缆芯线截面（mm^2）		
	2.5～16	25～95	120～240
0.60	1.06	1.08	1.09
0.80	1.0	1.0	1.0
1.20	0.9	0.88	0.86
1.60	0.83	0.80	0.78
2.00	0.77	0.73	0.71

注：土壤热阻系数的适用范围：0.60～0.80m·℃/W——潮湿土壤，指沿海、湖、河地带雨量多地区，如华东、华南等；1.20m·℃/W——普通土壤，如平原地区东北、华北等；1.60～2.00m·℃/W——干燥土壤，如高原地区雨量少山区、丘陵、干燥地带。

4）电缆的穿管系数按下列条件选择。

单根电缆穿管（管内无人工通风）并敷设于空气中，其长期允许电流的校正系数如下：

电压 1kV 及其以下，截面 95mm² 及以下的电缆——0.90；

电压 1kV 及其以下，截面 120～185mm² 的电缆——0.85；

敷设在地中的穿钢管的单根电缆，其长期允许电流按敷设在空气中考虑。

5）电缆允许短时过负荷（持续到 2h）系数，按载流量表列数值乘以 1.10（3kV 以下电缆）或 1.15（6kV 及 10kV 电缆）。

6）多根电缆在空气中敷设时，应乘以校正系数 K_4，见表 19-19。

表 19-19 电缆在空气中多根并列敷设时载流量的校正系数 K_4

电缆根数		1	2	3	4
排列方式			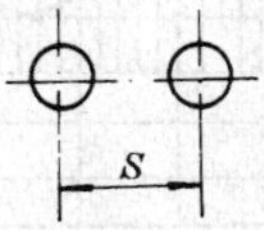	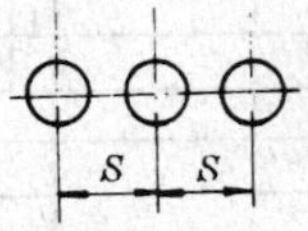	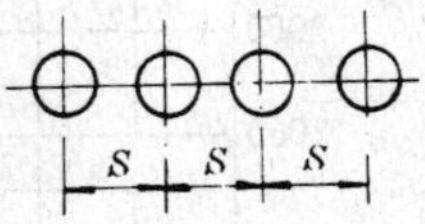
电缆中心距离	$S=d$	1.0	0.9	0.85	0.82
	$S=2d$	1.0	1.0	0.98	0.95
	$S=3d$	1.0	1.0	1.0	0.98

电缆根数	6	4	6
排列方式	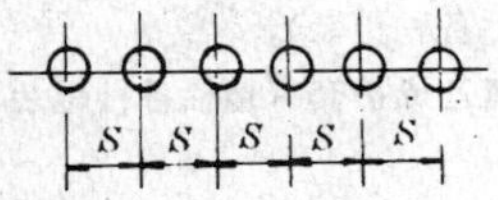	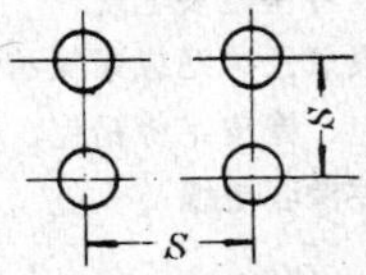	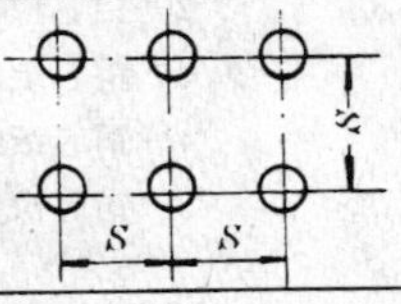
电缆中心距离	0.80	0.80	0.75
	0.90	0.9	0.90
	0.96	1.0	0.96

注：电缆外径相同时的载流量校正系数，d 为电缆的外径；当电缆外径不同时，d 值建议取各产品外径的平均值。

上述各种载流量的校正系数，不同型号的电缆，由于结构不同，散热条件也不同，因此有不同的校正系数。由于这是一个相当困难的工作，当有某种特定型号的校正系数时应分别采用。当没有时可以采用上述的校正系数。

19.3.3 按经济电流密度选择电缆

$$S_n = \frac{I_{js}}{J_n} \tag{19-3}$$

式中 S_n——电缆的经济截面，mm²；

I_{js}——通过电缆半小时最大计算负荷，A；

J_n——经济电流密度，A/mm²。

10kV 以下的电力电缆的经济电流密度见图19-1。

19.3.4 按短路电流热稳定选择电缆

一般电缆线路应按第 13 章进行短路电流热稳定校验，求取导体最小截面。但在下列情况，可允许不作短路校验：

(1) 用熔断器作为短路保护的电缆线路；

(2) 次要负荷的单独用电设备或小型配电所的电缆线路，当故障损坏时，不致引起爆炸、火灾或损坏附近其他线路和设备，且在更换电缆时不致造成很困难者；

(3) 重要负荷的单独用电设备（包括电压为 10kV 及以下总容量为 1250kVA 及以下的车间变压器）的电缆线路，当故障损坏时，除了须符合上述第 (2) 项要求外，并有备用设备不致影响生产者。

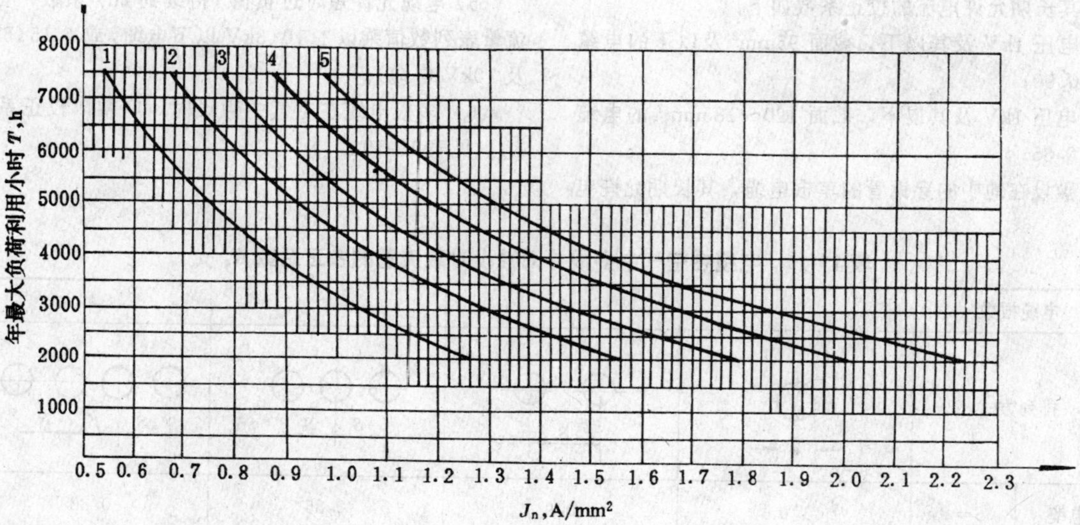

图 19-1　工矿企业用电缆经济电流密度（10kV 及以下）

1—铝芯纸绝缘铅包、橡皮绝缘聚氯乙烯护套、聚氯乙烯绝缘聚氯乙烯护套（包括各种铠装）；
2—铝芯橡皮绝缘铅包及各种铠装电缆；
3—铜芯纸绝缘铅包、聚氯乙烯绝缘聚氯乙烯护套（包括各种铠装）；
4—铜芯纸绝缘分相铅包、橡皮绝缘铅包、橡皮绝缘聚氯乙烯护套（包括各种铠装）；
5—铜芯橡皮绝缘非燃性橡套电缆

19.3.5 不滴流油纸绝缘电力电缆载流量及其校正系数

不滴流油纸绝缘电力电缆的载流量是根据最近几年上海电缆厂的产品样本数据摘录编制的。

19.3.5.1 电缆载流量

电缆载流量见表 19-20～表 19-25。

表 19-20 不滴流油纸 1.9/3.3kV、3.8/6.6kV 电缆在空气中载流量

（电缆型号 ZQD22，ZLQD22，ZQD32，ZLQD32）

芯数×截面 (mm²)	电缆长期允许载流量（A）							
	+80℃							
	铜芯				铝芯			
	25℃	30℃	35℃	40℃	25℃	30℃	35℃	40℃
1×25	173	165	155	144	131	125	118	109
1×35	210	200	188	174	163	155	146	135
1×50	257	245	230	213	200	190	179	165
1×70	326	310	291	270	252	240	226	207
1×95	399	380	357	331	310	295	277	257
1×120	462	440	414	383	357	340	320	296

续表 19-20

芯数×截面 (mm²)	电缆长期允许载流量（A）							
	+80℃							
	铜芯				铝芯			
	25℃	30℃	35℃	40℃	25℃	30℃	35℃	40℃
1×150	530	505	475	439	410	390	367	339
1×185	614	585	550	509	473	450	423	392
1×240	735	700	658	609	567	540	508	470
1×300	851	810	761	705	662	630	592	548
3×25	121	115	108	100	92	88	83	77
3×35	147	140	132	122	116	110	103	96
3×50	179	170	160	148	137	130	122	113
3×70	221	210	197	183	179	170	160	148
3×95	278	265	249	231	215	205	193	178
3×120	326	310	291	270	252	240	226	209
3×150	378	360	338	313	294	280	263	244
3×185	436	415	390	361	336	320	301	278
3×240	520	495	465	431	404	385	362	335
3×300	583	555	522	483	457	435	409	378

注：单芯电缆一般采用三角形相互接触排列，其载流量参见上海电缆研究所 1994 年电缆连续负荷载流量（以下各表均同）。

表 19-21 不滴流油纸 6.35/11kV 电缆在空气中载流量

（电缆型号 ZQD22，ZLQD22，ZQD32，ZLQD32）

芯数×截面 (mm²)	电缆长期允许载流量（A）							
	+70℃							
	铜芯				铝芯			
	25℃	30℃	35℃	40℃	25℃	30℃	35℃	40℃
1×25	134	125	115	105	102	95	87	80
1×35	176	165	152	139	139	130	120	109
1×50	230	215	190	181	182	170	156	143
1×70	289	270	246	227	225	210	193	176
1×95	358	335	308	281	298	260	239	218
1×120	412	385	354	323	321	300	276	252
1×150	476	445	409	374	369	345	317	290
1×185	546	510	467	429	428	400	368	336
1×240	653	610	561	512	508	475	437	399

续表 19-21

芯数×截面 (mm²)	电缆长期允许载流量（A）							
	+70℃							
	铜芯				铝芯			
	25℃	30℃	35℃	40℃	25℃	30℃	35℃	40℃
1×300	760	710	653	597	589	550	506	462
3×25	103	96	88	81	80	75	69	63
3×35	123	115	106	97	97	91	84	76
3×50	150	140	129	118	118	110	101	92
3×70	193	180	166	151	149	140	127	118
3×90	235	220	202	185	182	170	150	143
3×120	273	255	235	214	214	200	184	168
3×150	310	290	267	244	241	225	201	199
3×185	350	335	308	281	278	260	231	219
3×240	447	395	363	332	332	310	285	260
3×300	471	440	405	370	375	350	322	294

表 19-22　不滴流油纸 19/33kV 电力电缆在空气中载流量

（电缆型号 ZQD22，ZLQD22，ZQD32，ZLQD32）

芯数×截面 (mm²)	电缆长期允许载流量（A）							
	+65℃							
	铜芯				铝芯			
	20℃	25℃	30℃	35℃	20℃	25℃	30℃	35℃
1×50	219	205	190	173	167	157	145	132
1×70	270	254	235	214	213	200	185	168
1×95	331	313	290	264	259	243	225	205
1×120	391	367	340	309	299	281	260	237
1×150	449	421	390	355	345	324	300	273
1×185	518	486	450	410	403	378	350	319
1×240	610	572	530	482	472	443	410	373
1×300	707	664	615	560	546	513	475	432
3×50	184	173	160	146	144	135	125	114
3×70	230	216	200	182	178	167	155	141
3×95	276	259	240	218	219	205	190	173
3×120	316	297	275	250	247	232	215	196
3×150	362	340	315	287	282	265	245	223

续表 19-22

芯数×截面 (mm²)	电缆长期允许载流量（A）							
	+65℃							
	铜芯				铝芯			
	20℃	25℃	30℃	35℃	20℃	25℃	30℃	35℃
3×185	414	389	360	328	322	302	280	255
3×240	482	454	420	382	380	356	330	300
3×300	552	518	480	437	437	410	381	340

表 19-23　不滴流油纸 1.9/3.3kV 3.8/6.6kV 电缆直埋土壤中载流量

土壤热阻系数为 1.20m·℃/W

（电缆型号：ZQD02，ZLQD02，ZQD22，ZLQD22，ZQD32，ZLQD32）

芯数×截面 (mm²)	电缆长期允许载流量（A）							
	+80℃							
	铜芯				铝芯			
	15℃	20℃	25℃	30℃	15℃	20℃	25℃	30℃
1×25	202	192	185	176	153	146	140	133
1×35	245	234	225	214	185	177	170	162
1×50	294	280	270	256	229	218	210	200
1×70	360	343	330	314	283	270	260`	446
1×95	436	416	400	380	338	322	310	295
1×120	501	478	460	437	387	369	355	337
1×150	566	541	520	494	441	421	405	385
1×185	648	619	595	565	501	478	460	437
1×240	758	723	695	660	588	562	541	513
1×300	866	827	795	755	670	640	615	548
3×25	125	120	115	109	98	94	90	86
3×35	153	146	140	133	120	114	110	105
3×50	185	177	172	162	142	135	130	124
3×70	229	218	210	199	174	166	160	153
3×95	273	260	250	238	213	202	195	185
3×120	316	301	290	276	245	235	225	214
3×150	354	338	325	308	273	260	250	240
3×185	403	385	370	352	316	302	290	276
3×240	469	447	430	409	365	348	335	318
3×300	518	495	475	451	409	390	375	356

表 19-24 不滴流油纸 6/10kV 电缆直埋土壤中载流量

土壤热阻系数为 1.20m·℃/W

（电缆型号：ZQD02，ZLQD02，ZQD22，ZLQD22，ZQD32，ZLQD32）

芯数×截面 (mm²)	电缆长期允许载流量（A）							
	+70℃							
	铜芯				铝芯			
	15℃	20℃	25℃	30℃	15℃	20℃	25℃	30℃
1×25	161	152	145	136	116	110	105	98
1×35	211	199	190	184	155	147	140	132
1×50	226	252	240	256	205	194	185	174
1×70	327	310	295	277	255	241	230	216
1×95	400	378	360	338	311	294	280	263
1×120	455	430	410	385	355	336	320	300
1×150	516	488	465	431	400	378	360	338
1×185	588	556	530	498	455	430	410	385
1×240	694	656	625	588	532	504	480	451
1×300	794	750	715	672	610	577	550	517
3×25	111	105	100	94	87	82	78	73
3×35	133	126	120	113	104	97	94	88
3×50	161	152	145	136	128	121	115	108
3×70	200	189	180	169	155	147	140	132
3×95	239	266	215	202	189	178	170	160
3×120	277	262	250	235	211	200	190	178
3×150	310	294	280	263	244	231	220	206
3×185	355	336	320	300	277	263	250	235
3×240	410	388	370	348	322	304	290	273
3×300	455	430	410	385	360	341	325	306

表 19-25 不滴流油纸 19/33kV 电缆直埋土壤中载流量

土壤热阻系数为 1.20m·℃/W

（电缆型号：ZQD22，ZLQD22，ZQD32，ZLQD32）

芯数×截面 (mm²)	电缆长期允许载流量（A）							
	+65℃							
	铜芯				铝芯			
	15℃	20℃	25℃	30℃	15℃	20℃	25℃	30℃
1×50	230	217	205	193	174	164	155	146
1×70	280	265	250	235	218	207	195	183

续表 19-25

芯数×截面 (mm²)	电缆长期允许载流量（A）							
	+65℃							
	铜芯				铝芯			
	15℃	20℃	25℃	30℃	15℃	20℃	25℃	30℃
1×95	342	323	305	287	263	249	235	221
1×120	403	382	360	338	314	297	280	263
1×150	454	429	405	380	353	334	315	296
1×185	521	493	465	437	403	382	360	338
1×240	610	578	545	513	476	450	425	399
1×300	700	663	625	587	543	514	485	456
3×50	168	159	150	141	134	127	120	113
3×70	207	196	185	174	162	154	145	136
3×95	246	233	220	207	195	185	175	165
3×120	280	265	250	235	224	212	200	188
3×150	319	302	285	368	246	233	220	207
3×185	364	344	325	306	280	265	250	235
3×240	420	397	375	352	330	313	295	277
3×300	470	445	420	395	375	355	335	315

19.3.5.2 不滴流油纸电缆载流量校正系数

(1) 在空气中敷设

环境空气温度：30℃；

空气循环：不应受限制（如电缆敷于墙上，它们间的空间距离至少为 20mm）；

为防止太阳光直射，电缆必须置遮阳板。

各种空气温度下，运行的电缆载流量校正系数见表 19-26。

表 19-26 电缆载流量校正系数

最高长期允许工作温度（℃）	空气温度								
	5	10	15	20	25	30	35	40	45
65	1.35	1.29	1.22	1.15	1.08	1.00	0.91	0.82	0.72
70	1.32	1.26	1.20	1.13	1.07	1.00	0.92	0.84	0.76
80	1.26	1.21	1.16	1.11	1.05	1.00	0.94	0.87	0.80

（2）直埋敷设

土壤温度：25℃；

土壤热阻系数：1.20m·℃/W；

标准敷设深度（自地表测至电缆中心）1kV 及以下 700mm；1kV～33kV 800mm。

不同敷设深度电缆载流量校正系数见表 19-27，不同土壤温度电缆载流量校正系数见表 19-28，不同土壤热阻系数电缆载流量校正系数见表 19-29。

表 19-27 各种敷设深度下运行的电缆载流量校正系数（至电缆中心）

敷设深度 (m)	0.6/1kV		1.9/3.3、19/33kV
	$500mm^2$ 及以下	70～300 mm^2	$300mm^2$ 及以下
0.5	1.00	1.00	
0.6	0.99	0.98	
0.8	0.97	0.96	1.00
1.0	0.95	0.94	0.98
1.25	0.94	0.92	0.96
1.50	0.93	0.91	0.95

表 19-28 各种土壤温度下电缆载流量校正系数

最高导体的长期允许工作温度（℃）	土壤温度（℃）						
	5	10	15	20	25	30	35
65	1.22	1.17	1.12	1.06	1.00	0.94	0.87
70	1.20	1.15	1.11	1.05	1.00	0.94	0.88
80	1.17	1.13	1.09	1.04	1.00	0.95	0.90

表 19-29 不同土壤热阻系数下的载流量校正系数（平均值）

电压 (kV)	截面范围 (mm^2)	土壤热阻系数（m·℃/W）							
		0.80	1.00	1.20	1.50	1.80	2.00	2.50	3.00
0.6/1	35 及以下	1.12	1.05	1.00	0.94	0.88	0.85	0.79	0.75
	50～120	1.15	1.06	1.00	0.93	0.85	0.82	0.74	0.69
	150～300	1.16	1.07	1.00	0.92	0.85	0.82	0.74	0.69
1.9/3.3～3.8/6.6	35 及以下	1.12	1.05	1.00	0.94	0.88	0.85	0.79	0.74
	50～150	1.14	1.06	1.00	0.94	0.87	0.84	0.77	0.71
	150～300	1.16	1.07	1.00	0.92	0.86	0.83	0.75	0.70
6.35/11	35 及以下	1.10	1.05	1.00	0.95	0.88	0.86	0.80	0.74
	50～150	1.13	1.06	1.00	0.94	0.87	0.85	0.78	0.72
	150～300	1.14	1.07	1.00	0.93	0.86	0.83	0.75	0.70
12.7/22～19/33	50～90	1.10	1.05	1.00	0.95	0.89	0.86	0.80	0.75
	120～240	1.13	1.06	1.00	0.94	0.88	0.85	0.79	0.72
	300	1.14	1.07	1.00	0.95	0.89	0.86	0.80	0.73

注：ρ_t 在载流量表中为 1.20m·℃/W。

19.3.6 35kV 及以下交联聚乙烯绝缘电力电缆载流量及其校正系数

35kV 及以下交联聚乙烯绝缘电力电缆的载流量是根据最近几年上海电缆厂的产品样本数据摘录编制的。

19.3.6.1 电缆的载流量

电缆载流量见表 19-30～表 19-39。

表 19-30 交联聚乙烯 3.6/6、6/6、8.7/10 kV 电缆在空气中载流量

（电缆型号：YJV，YJLV，YJV22，YJLV22）

芯数×截面（mm^2）	电缆长期允许载流量（A）							
	+90℃							
	铜芯				铝芯			
	25℃	30℃	35℃	40℃	25℃	30℃	35℃	40℃
1×25	198	190	181	171	151	145	138	131
1×35	239	230	219	207	187	180	171	162
1×50	286	275	261	248	224	215	204	194
1×70	359	345	328	311	276	265	251	239
1×95	432	415	394	374	338	325	309	293
1×120	499	480	456	432	390	375	356	338
1×150	572	550	523	495	442	425	404	383
1×185	655	630	599	567	510	490	466	441
1×240	775	745	708	671	603	580	551	522
1×300	894	860	817	774	692	665	632	599
1×400	1045	1005	955	905	816	785	746	707
1×500	1217	1170	1112	1053	946	910	865	819
3×25	151	145	138	131	114	110	105	99
3×35	182	175	166	158	135	130	124	117
3×50	213	205	195	185	166	160	152	144
3×70	265	255	242	230	203	195	185	176
3×95	317	305	290	275	244	235	223	212
3×120	364	350	333	315	286	275	261	248
3×150	410	395	375	356	322	310	295	279
3×185	473	455	432	410	369	355	337	320
3×240	551	530	504	477	432	415	394	374
3×300	624	600	570	540	494	475	451	428

注：单芯电缆无 22 型护套，32 型护套有隔磁措施。

表 19-31 交联聚乙烯 3.6/6、6/6、8.7/10 kV 电缆直埋载流量

土壤热阻系数为 1.0m·℃/W

（型号：YJV，YJLV，YJV22，YJLV22）

芯数×截面 (mm²)	电缆长期允许载流量（A）							
	+90℃							
	铜芯				铝芯			
	20℃	25℃	30℃	35℃	20℃	25℃	30℃	35℃
1×25	218	210	202	193	172	165	158	152
1×35	260	250	240	230	203	195	187	179
1×50	312	300	288	276	244	235	226	216
1×70	385	370	355	340	302	290	278	267
1×95	468	450	432	414	364	350	336	322
1×120	536	515	494	474	416	400	384	368
1×150	603	580	557	534	468	450	432	414
1×185	684	660	634	607	530	510	490	469
1×240	801	770	739	708	619	595	571	547
1×300	910	875	840	805	707	680	653	626
1×400	1050	1010	970	929	822	790	758	727
1×500	1217	1170	1123	1076	946	910	874	837
3×25	146	140	134	129	114	110	106	101
3×35	172	165	158	152	135	130	125	120
3×50	203	195	187	179	156	150	144	138
3×70	250	240	230	221	200	185	178	170
3×95	302	290	278	267	234	225	216	207
3×120	343	330	317	304	265	255	245	235
3×150	380	365	350	336	296	285	274	262
3×185	432	415	398	382	333	320	307	294
3×240	499	480	461	442	390	375	360	345
3×300	562	540	518	497	442	425	408	391

注：单芯电缆无 22 型护套，32 型护套有隔磁措施。

表 19-32 交联聚乙烯 3.6/6kV 单芯电缆在空气中载流量

（型号：YJV32，YJLV32）

芯数×截面 (mm²)	电缆长期允许载流量（A）							
	+90℃							
	铜芯				铝芯			
	25℃	30℃	35℃	40℃	25℃	30℃	35℃	40℃
1×25	213	205	195	185	166	160	152	144
1×35	255	245	233	221	192	185	176	167
1×50	307	295	280	266	239	230	219	207
1×70	359	345	323	311	281	270	257	243
1×95	437	420	399	378	338	325	309	278
1×120	499	480	456	432	390	375	356	338
1×150	572	550	523	495	442	425	404	383
1×185	655	630	599	567	510	490	466	441
1×240	775	745	708	670	598	575	546	518
1×300	894	860	817	774	692	665	632	599
1×400	1040	1000	950	900	811	780	741	702
1×500	1227	1180	1121	1062	946	910	865	819

交联聚乙烯 3.6/6kV 单芯电缆直埋载流量

土壤热阻系数为 1.0m·℃/W

（型号：YJV32，YJLV32）

芯数×截面 (mm²)	电缆长期允许载流量（A）							
	+90℃							
	铜芯				铝芯			
	20℃	25℃	30℃	35℃	20℃	25℃	30℃	35℃
1×25	218	210	202	193	182	175	168	161
1×35	260	250	240	230	208	200	192	184
1×50	312	300	288	276	265	255	245	235
1×70	374	360	346	331	291	280	267	258
1×95	452	435	418	400	343	330	317	304
1×120	515	495	475	455	395	380	365	350
1×150	582	560	538	515	452	435	418	400
1×185	666	640	614	589	515	495	475	455
1×240	780	750	720	690	603	580	557	534
1×300	884	850	816	782	686	660	634	583
1×400	1030	990	950	911	790	760	730	672
1×500	1186	1140	1094	1049	915	880	845	810

表 19-33 交联聚乙烯 $\frac{6/6}{8.7/10}$kV 单芯电缆在空气中载流量

（型号：YJV32，YJLV32）

芯数×截面 (mm²)	电缆长期允许载流量（A）							
	+90℃							
	铜芯				铝芯			
	25℃	30℃	35℃	40℃	25℃	30℃	35℃	40℃
1×25	198	190	181	171	156	150	143	135
1×35	239	230	208	207	187	180	171	162
1×50	286	275	261	248	224	215	204	194
1×70	354	340	323	306	276	265	252	239
1×95	437	420	399	378	338	325	309	293
1×120	499	480	456	432	385	370	352	333
1×150	572	550	523	495	442	425	404	383
1×185	655	630	599	567	504	485	461	437
1×240	770	740	703	666	598	575	546	518
1×300	889	855	812	770	686	660	627	594
1×400	1040	1000	950	900	811	780	741	702
1×500	1206	1160	1102	1044	936	900	855	810

交联聚乙烯 $\frac{6/6}{8.7/10}$kV 单芯电缆直埋载流量

土壤热阻系数为 1.0m·℃/W

（型号：YJV32，YJLV32）

芯数×截面 (mm²)	电缆长期允许载流量（A）							
	+90℃							
	铜芯				铝芯			
	20℃	25℃	30℃	35℃	20℃	25℃	30℃	35℃
1×25	208	200	192	184	172	165	158	152
1×35	255	245	235	225	198	190	182	175
1×50	302	290	278	267	234	225	216	207
1×70	369	355	341	327	286	275	264	253
1×95	447	430	413	396	348	335	322	308
1×120	510	490	470	451	395	380	365	350
1×150	582	560	538	515	447	430	413	396
1×185	655	630	605	580	510	490	470	451
1×240	770	740	710	681	593	570	547	524
1×300	879	845	811	777	676	650	624	598
1×400	1019	980	941	902	790	760	730	699
1×500	1165	1120	1075	1030	905	870	835	800

表 19-34 三芯交联聚乙烯 3.6/6kV 电缆在空气中载流量

（型号：YJV32，YJLV32）

芯数×截面 (mm²)	电缆长期允许载流量（A）							
	+90℃							
	铜芯				铝芯			
	+25℃	+30℃	+35℃	+40℃	+25℃	+30℃	+35℃	+40℃
3×25	146	140	133	126	114	110	105	99
3×35	172	165	157	149	135	130	124	117
3×50	203	195	185	176	156	150	143	135
3×70	250	240	228	216	198	190	181	171
3×95	296	285	271	257	229	220	209	198
3×120	338	325	309	293	260	250	238	225
3×150	380	365	347	329	296	285	271	257
3×185	421	405	385	365	328	315	299	284
3×240	494	475	451	428	385	370	352	333
3×300	589	545	518	491	447	430	409	387

三芯交联聚乙烯 3.6/6kV 电缆直埋载流量

土壤热阻系数为 1.0m·℃/W（型号：YJV32，YJLV32）

芯数×截面 (mm²)	电缆长期允许载流量（A）							
	+90℃							
	铜芯				铝芯			
	+20℃	+25℃	+30℃	+35℃	+20℃	+25℃	+30℃	+35℃
3×25	140	135	130	124	109	105	101	97
3×35	166	160	154	147	130	125	120	115
3×50	198	190	182	175	151	145	139	133
3×70	239	230	221	212	187	180	173	166
3×95	281	270	259	248	224	215	206	198
3×120	317	305	293	281	255	245	235	225
3×150	348	335	322	308	281	270	259	248
3×185	385	370	355	340	312	300	288	276
3×240	463	445	427	409	369	355	341	327
3×300	536	515	494	474	432	415	398	382

表 19-35 三芯交联聚乙烯 $\frac{6/6}{8.7/10}$ kV 电缆在空气中载流量

(电缆型号：YJV32，YJLV32)

芯数×截面 (mm²)	电缆长期允许载流量 (A)							
	+90℃							
	铜芯				铝芯			
	+25℃	+30℃	+35℃	+40℃	+25℃	+30℃	+35℃	+40℃
3×25	146	140	133	126	114	110	105	99
3×35	177	170	162	153	135	130	124	117
3×50	208	200	190	180	161	155	147	140
3×70	250	240	228	216	198	190	181	171
3×95	302	290	276	261	234	225	214	203
3×120	343	330	314	297	265	255	242	230
3×150	395	380	361	342	307	295	280	252
3×185	452	435	413	392	354	340	323	306
3×240	525	505	480	455	411	395	375	356
3×300	603	580	551	522	473	455	432	410

三芯交联聚乙烯 $\frac{6/6}{8.7/10}$ kV 电缆直埋载流量

土壤热阻系数为 1.0m·℃/W

(电缆型号：YJV32，YJLV32)

芯数×截面 (mm²)	电缆长期允许载流量 (A)							
	+90℃							
	铜芯				铝芯			
	+20℃	+25℃	+30℃	+35℃	+20℃	+25℃	+30℃	+35℃
3×25	140	135	130	124	109	105	101	97
3×35	166	160	154	147	130	125	120	106
3×50	198	190	182	175	156	150	144	138
3×70	239	230	221	212	187	180	173	166
3×95	281	270	259	248	218	210	202	193
3×120	322	310	298	285	260	250	240	230
3×150	359	345	331	317	291	280	269	258
3×185	406	390	374	359	333	320	307	294
3×240	484	465	446	428	390	375	360	345
3×300	567	545	523	501	458	440	422	405

表 19-36 交联聚乙烯 21/35，26/35kV 单芯电缆在空气中载流量

（型号：YJV，YJLV）

芯数×截面 (mm²)	电缆长期允许载流量（A）							
	+90℃							
	铜芯				铝芯			
	+25℃	+30℃	+35℃	+40℃	+25℃	+30℃	+35℃	+40℃
1×50	286	275	261	248	218	210	200	189
1×70	354	340	323	306	276	265	251	239
1×95	432	415	394	374	333	320	304	288
1×120	494	475	451	428	385	370	352	333
1×150	562	540	513	486	437	420	399	378
1×185	645	620	589	558	499	480	456	432
1×240	759	730	694	657	588	565	537	509
1×300	874	840	798	756	676	650	618	585
1×400	1035	995	945	896	811	780	741	702
1×500	1206	1160	1102	1044	952	915	869	824

表 19-37 交联聚乙烯 21/35kV，26/35kV 单芯电缆直埋载流量

土壤热阻系数为 1.0m·℃/W

（型号：YJV，YJLV）

芯数×截面 (mm²)	电缆长期允许载流量（A）							
	+90℃							
	铜芯				铝芯			
	+20℃	+25℃	+30℃	+35℃	+20℃	+25℃	+30℃	+35℃
1×50	296	285	274	262	229	220	211	202
1×70	364	350	336	322	281	270	259	248
1×95	437	420	403	386	338	325	312	299
1×120	499	480	461	442	385	370	355	340
1×150	562	540	518	497	437	420	403	386
1×185	645	620	595	570	499	480	461	442
1×240	754	725	696	667	582	560	538	515
1×300	863	830	797	764	666	640	614	589
1×400	1009	970	931	892	790	760	730	699
1×500	1175	1130	1085	1040	910	875	840	805

表 19-38 交联聚乙烯 21/35kV，26/35kV 单芯电缆在空气中载流量

（型号：YJV32，YJLV32）

芯数×截面 (mm²)	电缆长期允许载流量（A）							
	+90℃							
	铜芯				铝芯			
	+25℃	+30℃	+35℃	+40℃	+25℃	+30℃	+35℃	+40℃
1×50	286	275	261	248	218	210	200	189
1×70	354	340	323	306	270	260	247	234
1×95	416	400	380	360	333	320	304	288
1×120	489	470	447	423	380	365	347	329
1×150	556	535	508	482	432	415	394	374
1×185	634	610	580	549	494	475	451	428
1×240	749	720	684	648	582	560	532	504
1×300	863	830	789	747	672	646	614	581
1×400	962	925	879	833	749	720	684	648
1×500	1056	1015	964	914	822	790	751	711

注：单芯钢丝铠装电缆具有隔磁措施。

表 19-39 交联聚乙烯电缆 21/35kV，26/35kV 单芯电缆直埋载流量

土壤热阻系数为 1.0m·℃/W

（型号：YJV32，YJLV32）

芯数×截面 (mm²)	电缆长期允许载流量（A）							
	+90℃							
	铜芯				铝芯			
	+20℃	+25℃	+30℃	+35℃	+20℃	+25℃	+30℃	+35℃
1×50	291	280	269	258	224	215	206	198
1×70	354	340	326	313	276	265	254	244
1×95	432	415	398	382	333	320	307	294
1×120	489	470	451	432	380	365	350	336
1×150	551	530	509	488	426	410	394	377
1×185	692	605	581	557	489	470	451	432
1×240	738	710	682	653	572	550	528	506
1×300	842	810	778	745	650	625	600	575
1×400	952	915	878	842	744	715	686	658
1×500	1045	1005	965	923	816	785	754	722

注：单芯钢丝铠装电缆具有隔磁措施。

19.3.6.2 35kV及以下交联聚乙烯绝缘电力电缆载流量值的校正系数

(1) 电缆运行状态及参数：

导线最高长期允许工作温度：90℃；

短路温度：250℃，持续最长时间不超过5s；

敷设的环境温度：空气中以30℃为基底；

土壤以25℃为基底；

直埋敷设深度：700mm；

土壤热阻系数：1.00m·℃/W；

交联聚乙烯热阻系数：4.00m·℃/W；

聚氯乙烯热阻系数：7.00m·℃/W。

(2)环境温度校正系数：当实际环境温度不是基准温度时，应根据实际环境温度按表19-40、19-41数值进行校正。

表19-40 空气环境温度校正系数

空气温度（℃）	25	30	35	40	45
校正系数	1.04	1.0	0.95	0.9	0.84

表19-41 土壤环境温度校正系数

土壤温度（℃）	20	25	30	35
校正系数	1.04	1	0.96	0.92

(3)并列敷设校正系数：电缆在空气中多根并列敷设时，载流量可根据表19-42数值进行校正。

表19-42 电缆在空气中多根并列敷设载流量的校正系数

敷设根数	排列	$S=d$	$S=2d$	$S=3d$
1	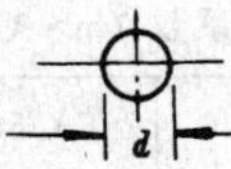	1.00	1.00	1.00
2	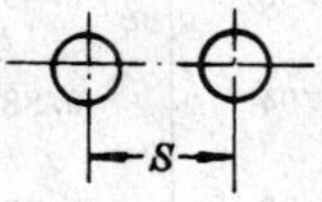	0.85	0.95	1.00
3	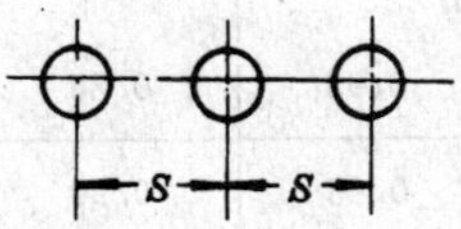	0.80	0.95	1.00
4	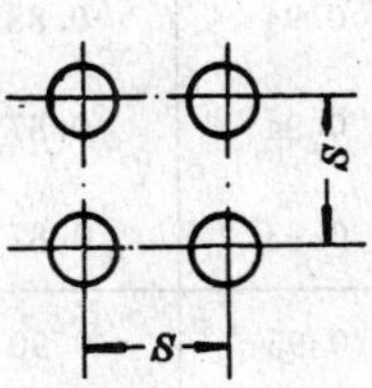	0.70	0.90	0.95
6	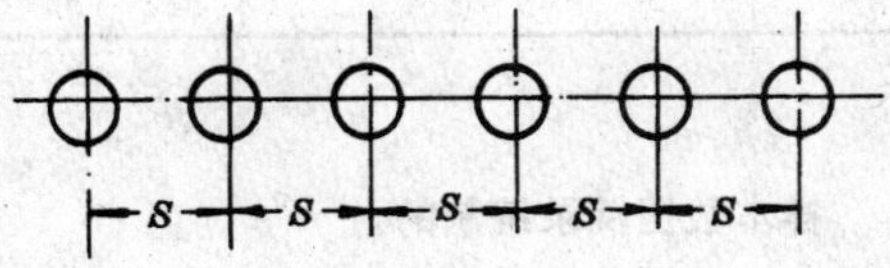	0.70	0.90	0.95

续表 19-42

敷设根数	排　　列	$S=d$	$S=2d$	$S=3d$
6	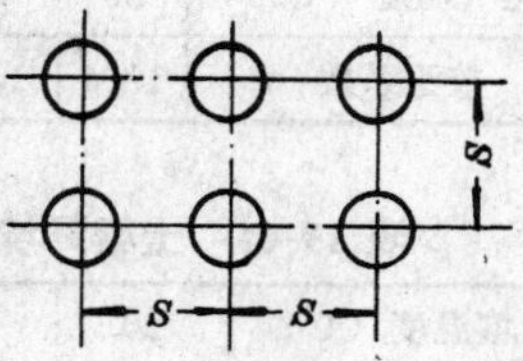	0.60	0.90	0.95

注：d 为电缆外径。

(4) 土壤热阻系数不同的校正系数：土壤热阻系数以 1.00m·℃/W 为基准，当实际的土壤热阻系数不同时，载流量可根据表 19-43 数值进行校正。

表 19-43　不同土壤热阻系数的载流量的校正系数

电　压 (kV)	截面范围 (mm²)	土壤热阻系数（m·℃/W）					
		0.80	1.00	1.20	1.50	1.80	2.00
6	35 及以下	1.06	1.00	0.95	0.89	0.84	0.81
	50～120	1.07	1.00	0.94	0.88	0.82	0.79
	150～300	1.08	1.00	0.93	0.86	0.80	0.77
	400 及以上	1.08	1.00	0.93	0.85	0.79	0.76
10	35 及以下	1.05	1.00	0.95	0.90	0.84	0.82
	50～120	1.06	1.00	0.94	0.88	0.82	0.80
	150～300	1.07	1.00	0.94	0.87	0.81	0.78
	400 及以上	1.07	1.00	0.93	0.87	0.81	0.77
20～45	50～95	1.05	1.00	0.95	0.90	0.85	0.82
	120～240	1.06	1.00	0.94	0.88	0.83	0.80
	300 及以上	1.06	1.00	0.93	0.88	0.83	0.80

19.3.7　110kV 铜芯充油电力电缆载流量

110kV 铜芯充油电力电缆是根据机械工业部产品样本数据摘录编制的。

电缆载流量见表 19-44～表 19-48。

表 19-44 110kV 铜芯铅包径向铜带加固充油电力电缆在空气中敷设时允许载流量

（电缆型号：ZQCY22）

截面 (mm²)	电缆长期允许载流量（A）+75℃							
	电缆间距离 250mm							
	一端接地				两端接地			
	25℃	30℃	35℃	40℃	25℃	30℃	35℃	40℃
100	367	348	328	307	337	320	310	282
180	522	494	466	435	450	427	402	376
240	601	571	537	503	495	470	443	411
270	644	610	575	538	522	496	467	437
400	805	763	720	674	603	573	539	504
600	1028	973	918	858	685	650	613	573
700	1129	1070	1009	945	730	693	652	611
	电缆间距离 500mm							
100	367	348	328	307	328	311	293	274
180	522	494	466	435	430	408	384	360
240	601	571	537	503	469	445	419	392
270	644	610	575	538	491	466	439	411
400	805	763	720	674	558	529	499	467
600	1028	973	918	858	628	596	561	525
700	1129	1070	1009	945	667	633	596	558
	电缆间距 1000mm							
100	367	348	328	307	319	303	285	267
180	522	494	466	435	410	389	367	343
240	601	571	537	503	448	425	400	375
270	644	610	575	538	465	441	415	389
400	805	763	720	674	522	495	467	437
600	1028	973	918	858	585	555	523	490
700	1129	1070	1009	945	622	590	556	520

表 19-45 110kV 铜芯铅包径向钢带加固充油电力电缆（护套一端接地）在土壤中直埋敷设时允许载流量

土壤热阻系数 $\rho_t=0.8m\cdot℃/W$

（电缆型号：ZQCY22）

截面 (mm²)	电缆长期允许载流量（A）+75℃											
	埋设深度 500mm											
	间距 250mm				间距 500mm				间距 1000mm			
	15℃	20℃	25℃	30℃	15℃	20℃	25℃	30℃	15℃	20℃	25℃	30℃
100	374	356	342	324	393	375	359	340	410	391	374	355
180	536	512	490	465	566	541	518	490	593	566	542	518
240	602	575	550	521	635	606	580	550	661	632	605	574
270	660	630	603	571	698	667	638	605	731	698	668	633
400	800	763	731	694	848	810	775	735	890	848	812	770
600	993	948	907	860	1058	1010	966	916	1110	1061	1015	963
700	1079	1029	986	935	1153	1100	1053	1000	1215	1160	1110	1052
	埋设深度 1000mm											
100	349	334	319	302	366	350	334	316	384	366	350	332
180	495	473	452	429	521	497	476	451	550	525	502	476
240	556	531	509	482	585	560	535	507	616	589	563	534
270	607	580	555	526	641	612	586	556	676	645	618	586
400	736	704	673	638	777	741	710	674	820	783	750	711
600	910	868	831	788	966	922	882	837	1022	975	934	885
700	985	940	900	854	1050	1002	958	908	1112	1063	1017	965
	埋设深度 1500mm											
100	336	321	307	291	351	336	321	305	367	350	335	318
180	475	453	433	410	498	475	455	432	524	500	479	454
240	534	510	488	463	560	535	512	485	590	562	538	510
270	582	556	532	505	611	584	559	530	645	618	589	559
400	705	672	644	610	741	708	677	642	781	745	714	678
600	867	828	793	752	908	865	829	786	970	927	887	842
700	940	896	858	814	996	951	910	863	1044	997	954	904

表 19-46 110kV 铜芯铅包径向铜带加固充油电力电缆（护套一端接地）在土壤中直埋敷设时的允许载流量

土壤热阻系数 $\rho_t=1.2m\cdot℃/W$

（电缆型号：ZQCY22）

截面 (mm²)	电缆长期允许载流量（A）+75℃											
	埋设深度 500mm											
	间距 250mm				间距 500mm				间距 1000mm			
	15℃	20℃	25℃	30℃	15℃	20℃	25℃	30℃	15℃	20℃	25℃	30℃
100	338	322	308	292	358	341	327	311	376	360	344	326
180	475	454	434	412	509	486	465	441	539	515	492	467
240	538	515	492	467	575	548	525	499	606	579	554	525
270	585	559	534	506	626	597	571	542	661	632	605	575
400	710	679	649	615	762	727	696	661	808	771	738	700
600	877	837	801	760	945	903	864	820	1007	961	920	874
700	938	895	857	814	1028	981	939	891	1097	1047	1002	950
	埋设深度 1000mm											
100	309	295	282	268	328	312	299	284	346	331	316	300
180	431	412	394	374	459	437	419	398	490	468	447	425
240	490	468	447	425	520	496	475	451	552	528	505	480
270	530	505	484	459	564	538	515	489	600	574	549	520
400	642	613	587	557	679	648	620	588	732	700	669	635
600	790	753	721	685	845	808	773	734	908	866	829	786
700	852	815	779	739	917	875	837	795	984	940	899	853
	埋设深度 1500mm											
100	295	282	269	255	311	297	284	269	329	314	300	284
180	410	391	375	356	435	414	397	377	462	440	422	400
240	467	446	426	405	494	471	451	428	523	500	478	454
270	504	481	460	436	535	510	488	463	566	543	519	493
400	610	583	557	529	649	618	592	562	691	669	631	600
600	748	713	683	648	797	761	729	691	853	815	779	739
700	806	770	736	699	863	824	788	748	924	882	844	801

表 19-47 110kV 铜芯铅包径向铜带加固充油电力电缆（护套两端接地）在土壤中直埋敷设时的允许载流量

土壤热阻系数 ρ_t＝0.8m·℃/W

（电缆型号：ZQCY22）

截面 (mm²)	电缆长期允许载流量（A）+75℃											
	埋设深度 500mm											
	间距 250mm				间距 500mm				间距 1000mm			
	15℃	20℃	25℃	30℃	15℃	20℃	25℃	30℃	15℃	20℃	25℃	30℃
100	350	335	320	304	357	340	326	310	360	344	329	312
180	473	452	432	410	479	457	437	415	479	457	437	415
240	503	480	459	435	502	480	459	435	500	478	457	434
270	546	521	499	474	545	521	499	473	542	517	495	470
400	600	573	548	520	594	567	542	514	587	560	536	508
600	671	640	613	582	659	620	601	570	650	620	593	563
700	700	668	639	605	686	655	626	595	676	646	618	586
	埋设深度 1000mm											
100	324	310	296	281	330	315	301	285	336	321	307	292
180	430	411	393	373	435	415	397	377	440	420	402	381
240	459	438	419	398	458	437	418	397	461	440	421	400
270	496	474	453	430	495	472	451	427	495	472	452	429
400	542	517	495	470	535	510	488	463	535	510	488	463
600	601	575	550	521	588	562	537	510	586	560	535	508
700	626	597	511	541	610	583	557	529	608	581	556	527
	埋设深度 1500mm											
100	310	296	283	269	316	301	288	274	322	308	294	279
180	411	392	375	356	412	393	376	357	417	398	382	361
240	436	416	399	378	436	415	397	376	437	416	399	378
270	471	450	430	407	466	446	426	405	469	448	428	406
400	514	490	469	445	505	482	461	437	506	481	461	436
600	568	542	519	492	552	527	505	480	551	525	503	477
700	590	564	539	511	572	545	522	495	570	545	521	495

表 19-48　110kV 铜芯铅包径向铜带加固充油电力电缆（护套两端接地）在土壤中直埋敷设时的允许载流量

土壤热阻系数 $\rho_t = 1.2m \cdot ℃/W$

（电缆型号：ZQCY22）

截面 (mm²)	电缆长期允许载流量（A）＋70℃											
	埋设深度 800mm											
	间距 250mm				间距 500mm				间距 1000mm			
	15℃	20℃	25℃	30℃	15℃	20℃	25℃	30℃	15℃	20℃	25℃	30℃
100	314	300	287	282	323	308	293	280	329	314	300	284
180	415	396	379	359	424	405	387	367	426	406	389	369
240	445	425	406	386	448	427	409	388	449	429	410	389
270	477	456	436	413	481	459	439	416	480	458	438	415
400	525	500	479	454	525	500	479	454	420	496	475	450
600	582	555	531	503	575	550	526	500	570	545	521	495
700	605	577	552	524	596	570	545	516	592	566	541	513
	埋设深度 1000mm											
100	286	273	261	248	294	280	268	254	301	288	275	261
180	373	356	340	323	379	362	346	328	386	368	352	334
240	399	381	364	345	401	382	366	348	406	388	371	352
270	428	408	390	370	427	408	390	370	432	412	394	374
400	467	445	426	405	462	441	422	400	466	445	425	403
600	514	490	489	445	505	482	461	438	507	483	463	440
700	531	506	485	460	522	497	476	452	524	500	478	454
	埋设深度 1500mm											
100	272	260	245	235	278	266	254	241	286	273	261	248
180	353	336	322	306	356	340	325	306	361	345	331	314
240	377	360	344	326	377	360	344	326	382	365	349	331
270	403	384	368	349	400	383	386	347	405	386	369	350
400	440	420	401	380	433	413	395	374	436	416	398	378
600	482	460	440	417	471	450	430	408	472	450	431	409
700	497	475	454	430	485	463	443	420	486	464	444	421

19.4 电缆的敷设

19.4.1 选择敷设方式的一般原则

选择敷设方式的一般原则为:

(1)在确定敷设方式之前,一般要搜集有关线路敷设地区的下列资料:

1) 地区自然地形和平土后的标高;

2) 地区公路、铁路和地下构筑物(包括设备和建筑物基础、管线、管道)的平断面资料;

3) 地区土壤和地下水的化学分析资料,一般可按表 19-50 所列项目来进行分析,判断其对电缆的侵蚀程度;

4) 地区地下水位资料;

5) 在寒冷地区尚需冻土深度资料;

6) 室内、室外空气温度和土壤温度资料;

7) 土壤的热阻系数。

(2)在选择敷设方式时,应首先考虑采用电缆直埋敷设的可能性。因为电缆直埋敷设,施工最简单,投资最省,对电缆的散热条件最好。但是直埋敷设方式受到敷设地区土壤和地下水性质以及同一路径电缆根数的限制,一般在对电缆无侵蚀作用的地区且同一路径电缆根数不超过 6 根时,应尽量采用直埋敷设。

向重要用户变电所配电的两路电源电缆,应尽量不敷设在同一土沟内。

(3)当电缆线路与地下管网交叉不多,地下水位较低,且无金属液体高温介质溢出可能的地区,同一路径电缆根数较多,可采用电缆沟敷设,沟内电缆一般不宜超过 12 根,但当高低压电缆在同一沟内敷设时,根数可适当增加。

(4) 当同一路径电缆根数在 15 根以上时,可采用电缆隧道敷设,在特殊情况,电缆根数少也可采用隧道。

(5)电缆在排管内敷设的方式,施工复杂,电缆的敷设、检修和更换亦不方便,且散热最不好,一般不推荐采用,仅在电缆数量不多(不超过 12 根),而与铁路、公路交叉较多,路径拥挤,或有金属液体等高温介质溢出可能的地区,不宜于采用直埋或电缆沟敷设时才采用。

(6) 电缆的弯曲半径不应小于表 19-49 中所规定的倍数。电缆穿钢管敷设时,管子内径不应小于电缆外径的 1.5 倍。

(7)粘性油纸绝缘电力电缆,其敷设水平高差不大于下列数值:

1～3kV	无铠装电缆	20m
1～3kV	铠装电缆	25m
6～10kV	铠装或无铠装电缆	15m
20 及 35kV	铠装或无铠装电缆	5m

如油浸纸绝缘电缆敷设的高差不能满足要求时,应另选用不滴流、塑料电缆等电力电缆。

不滴流油纸、塑料绝缘、橡皮绝缘电缆不受高差限制。

(8)除上述几种电缆敷设方式外,根据近年来的发展,尚有充砂电缆沟、架空敷设和电缆桥架敷设。

1) 在有爆炸危险区域及其附近,宜采用充砂电缆沟。电缆根数可多达 40～50 根。全沟充砂消除了爆炸危险气体积聚的可能,也就消除了起火爆炸的可能性。在发生电缆故障时也不致扩大事故,影响面小。

2) 将电缆敷设在地面以上的各种结构上,统称之为架空敷设。它有各种形式,如钢索悬挂、支架等。

架空敷设和桥架敷设,其路径选择余地大,配置灵活,与其他管道交叉容易处理;施工比较方便,增加更换电缆容易;易于查找、发现故障和维护修理;不受地下水,地下腐蚀介质,重组分爆炸危险物质积聚的影响。但是,电缆桥架敷设要消耗较多的钢材,线路引上引下使电缆长度有所增加,电缆易受火灾、工艺管道泄漏及检修的影响。

(9) 电缆桥架选择见第 31 章。

(10)电缆敷设的设计深度见钢铁企业电缆选择与敷设的设计技术暂行条例。

表 19-49 各种电缆敷设允许最小弯曲半径及最低温度

电缆型式		允许最小弯曲半径		最低温度
		8.7/10kV 以下	21/35kV	
粘性油纸及不滴流油纸铅套电缆	单芯	18 ($D+d$)	25 ($D+d$)	0℃
	多芯	15 ($D+d$)		
	分相		18 ($2.15D+d$)	

续表 19-49

电　缆　型　式	允许最小弯曲半径		最低温度
	8.7/10kV 以下	21/35kV	
聚氯乙烯绝缘及护套电缆 交联聚乙烯绝缘聚乙烯护套电力电缆	单芯及多芯	单芯 20 ($D+d$) 多芯 15 ($D+d$)	0℃
橡皮及绝缘电缆 XLV，XL，XLF，XF，XLV29，XV29 XLQ，XQ XLQ2，XQ2，XLQ2，XQ20	单芯及多芯	6kV 及以下 10 倍电缆外径 10 倍电缆外径 10 倍电缆外径	−15℃ −20℃

注：D 是金属套外径，如为分相电缆，仅指一芯外径。d 是圆形导电线芯直径，如为非圆形，则等周长的等效直径。

表 19-50　土壤和地下水化学分析

土壤和地下水的侵蚀程度	侵　蚀　指　标						
	氢离子浓度 (pH)	一般酸性或碱性 (mg/lKOH)	土壤里有机物 (%)	一般硬度 (度)	硫酸离子数量 (mg/l)	碳酸气体数量 (mg/l)	硝酸离子数量 (mg/l)
不侵蚀	6.8～7.2	0.05 以下	2 以下	15 以上	100 以上	30 以下	不计算
中等侵蚀程度	6.8～6 和 7.2～8 之间	0.05～1	2～5	14～9	60～100	30～80	0.05 以上
侵蚀的	6 以下和 8 以上	1 以上	5 以上	8 以下	60 以下	80 以上	0.05 以上

注：1. pH 用 pH 计来确定。

2. 有机物的数量用焙烧试量（约 50g）的方法来确定。

3. 自地面下每隔 200mm 取 200g 土样，挖至 1000mm 深为止，作为化学分析用土壤样品。

19.4.2　电缆直接埋地敷设

电缆直埋敷设方式及与其他设施的平行、交叉的最小距离和要求见国家标准图《35kV 及以下电缆敷设》(D164)。

直埋电缆的埋设深度一般为 700～1000mm，但不得小于 700mm。

在选定电缆线路的路径和埋设深度时，必须考虑该地区有否平土的可能性，以免电缆在平土时暴露或埋设过深和过浅。

电缆从地下引出地面时，在有机械损伤可能的场所，应有 2m 金属管或保护罩加以保护。

为防止化学腐蚀或地中杂散电流的腐蚀直埋方式敷设的电缆，应采用塑料护套或各级防腐型电缆。

地下直埋电缆，也可以采用充砂的电缆槽的敷设方式，一般不应将不同电压级的电缆放在同一槽内。高压电缆，每槽可放一至两根，低压电缆，在槽内的占有率不大于 40%。

将直埋电缆引入沟道、隧道或竖井等构筑物时，应将电缆穿入管中，并在管口处予以堵塞，以防漏水或渗水。

19.4.3　电缆在沟内敷设

室内电缆沟其盖板应与地坪相平。当地面容易积水时，常用水泥砂浆将其缝隙抹死，如图 19-2 至图 19-4 所示。电缆沟内电力电缆间水平净距 35mm，但不小于电缆外径尺寸。控制电缆间距不作规定。当沟底敷设电缆时，6kV 以上的电力电缆与控制电缆间的净距不应小于 100mm。图 19-3 和图 19-4 中括号内的数字用于 H 为 500mm 的电缆沟。无支架室、单侧支架、双侧支架、电缆沟尺寸见表 19-51～19-53。

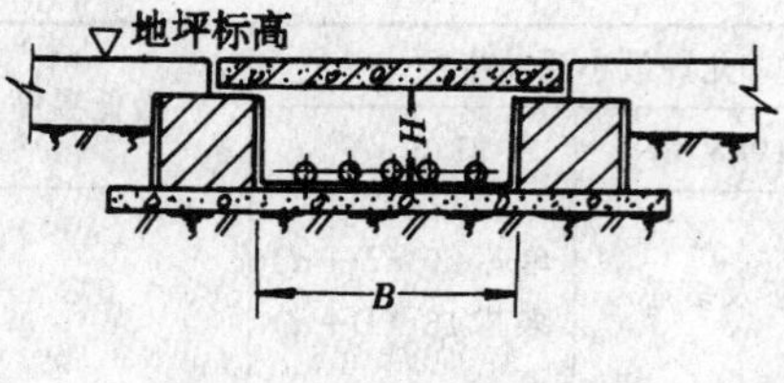

图 19-2　无支架室内电缆沟

表 19-51　无支架电缆沟尺寸

沟宽 B (mm)	沟深 H (mm)
600	200
500	200
400	200
300	200

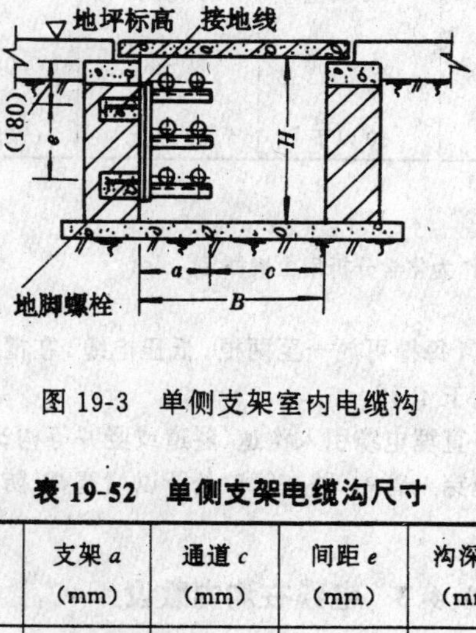

图 19-3　单侧支架室内电缆沟

表 19-52　单侧支架电缆沟尺寸

沟宽 B (mm)	支架 a (mm)	通道 c (mm)	间距 e (mm)	沟深 H (mm)
900	300	600	710 510	1100 或 900
800	200			
800	300	500	310	700
700	200			
700	300	400	160	500
600	200			

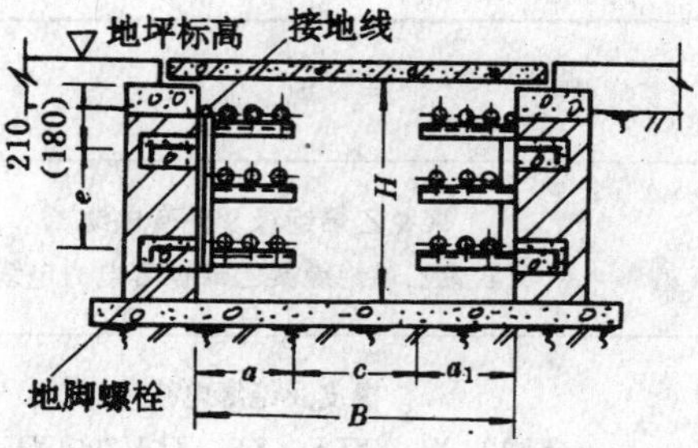

图 19-4　双侧支架室内电缆沟

表 19-53　双侧支架电缆沟尺寸

沟宽 B (mm)	支梁 a、a_1 (mm)	通道 c (mm)	间距 e (mm)	沟深 H (mm)
1200	$a=300$ $a_1=300$	600	710 510	1100 或 900
1100	$a=300$ $a_1=200$			
1000	$a=200$ $a_1=200$			
1100	$a=300$ $a_1=300$	500	310	700
1000	$a=300$ $a_1=200$			
900	$a=200$ $a_1=200$			
1000	$a=300$ $a_1=300$	400	160	500
900	$a=300$ $a_1=200$			
800	$a=200$ $a_1=200$			

变电所屋外配电装置的电缆沟，其盖板需高出地面 100mm，并可兼作操作走道，如图 19-5 和图 19-6。图中 B 为电缆沟宽，H 为沟深，e 为底脚螺栓间距，尺寸与图 19-4 相同，电缆沟内电力电缆间的水平净距为 35mm，但不小于电缆外径尺寸，控制电缆不作规定，括号内的数字用于 H 为 500mm 的电缆沟。

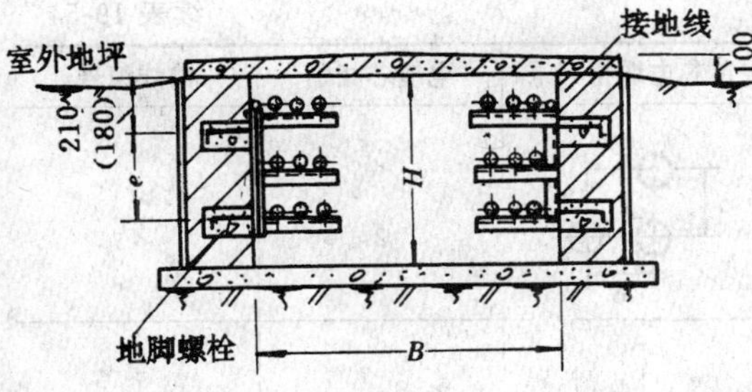

图 19-5　无覆盖层双侧支架屋外电缆沟

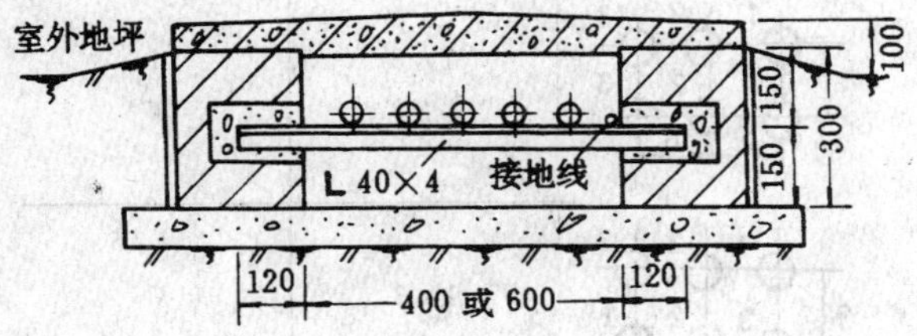

图 19-6　无覆盖层屋外电缆沟

厂区电缆沟的盖板顶部一般低于地面 300mm，盖板上铺以细土或砂子，如图 19-7。图中 B 为电缆沟宽，H 为沟深，e 为底脚螺栓间距，尺寸与图 19-4 相同，电缆沟内电力电缆间的水平净距为 35mm，但不小于电缆外径尺寸，控制电缆不作规定，括号内的数字用于 H 为 500mm 的电缆沟。

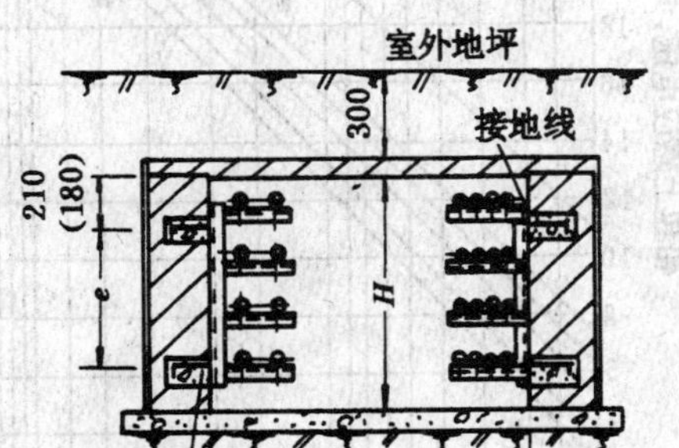

图 19-7　有覆盖层屋外电缆沟

电缆沟与铁路或公路的交叉地段应采用加固措施，或改为电缆穿管敷设。

电缆沟一般采用钢筋混凝土盖板，盖板的重量以两人能提起为度。在室内需经常开启的电缆沟盖板宜采用钢盖板（设活动提手）。

电缆沟可为砖结构，当地下水位高于沟底时，则应为混凝土结构，电缆沟及其盖板应能承受其所在地可能出现的荷重。

电缆沟应采取有效的防水和排水措施，沟底要有不小于 0.5%的坡度，并有地漏排水，将积水排入排洪沟或生活用排水井中，或引入集水井后用抽水的方法排出。电缆沟盖板与沟要接触严密，电缆沟盖的间隙要用水泥砂浆抹严。

室外电缆沟进入变电所或厂房内，入口处应有耐火隔墙，或用填砂处理方法，并将电缆保护管填以密封胶。

电缆沟通道的最小距离，电缆构架层间和至沟顶、沟底最小距离以及电缆支架跨距的最大值见有关规程。

19.4.4　电缆在充砂沟内敷设

电缆在充砂沟内敷设电缆沟的做法与普通电缆沟一样，电缆层间距离 100mm，电缆净间距不小于 35mm，沟中电缆最多放置三层。

砂要填满整个电缆沟内，盖板要压紧砂层，以利散热和消除有积聚爆炸危险气体的空间。

与普通电缆沟一样，充砂电缆沟也要考虑防水和排水问题。严禁其他管道穿过电缆沟和废液、污水排入电缆沟内。在可能通过重物的地方，要考虑沟的承重问题。

19.4.5　电缆在隧道内敷设

电缆隧道应为钢筋混凝土结构，对可能受重物压力或通过的地段，应视荷重情况予以加固。

电缆隧道的净空高度，可根据电缆构架的层数来确定，但不应小于 2m。对于和其他沟道交叉的局部区段，其净高应尽量不小于 1.5m。

电缆隧道应采取可靠的防水措施和有效的排水措施。隧道底部应有不小于 0.5%坡度的排水沟，隧道另一侧向排水沟的坡度可取 2%。排出的水经集水井用泵将水排出，一般采用自动排水方式，也可经过滤网排入雨水或生活用水排水沟。

应防止各种水、油渗入隧道，在预埋出线管处，应设置可靠的封堵措施。

为防止有害气体的积聚和保护人员的安全，隧道应每隔 30～40m 设置一个通风竖井，必要时可安装机械通风，此时距离可加大至 75m 左右。

当隧道的长度超过 7m，应在其两端设置出口（包括人孔）。如两个出口间距离超过 75m 时，还应增加出口。人孔直径不应小于 0.7m。

电缆隧道通风口和维修人员出入口的地坪或门档应高出室外地坪 0.5m，以防止雨水流入。

电缆隧道应设置固定式照明，采用船用防潮灯，照明电压可为 36V 或 220V。

19.4.6 电缆架空敷设

当电缆根数较多，且电缆经过地区跨越公路、铁路、厂区干道、地下沟渠等较多，采用隧道有困难时，可采用电缆通廊。通廊离地面高度 4.5～7.0m，通廊本身一般高 2.3m，宽 2.0～2.4m，电缆支架结构与电缆隧道基本相同，也可用电缆梯架。架空通廊的通风，可在适当距离设置百叶窗。

上述电缆通廊可改为露天的电缆桥架，一侧或两侧设置电缆支架，为防止太阳直射，支架上加护罩，维护检修用通道宽度，一般不宜小于 0.8m。

当电缆根数少，且用地下敷设方式不便时，可用钢索悬挂方式。电力电缆固定点间最大距离为 0.75m，控制电缆为 0.6m。

19.4.7 单芯电缆护层保护和接地

单芯电缆在三相交流电网中，线芯电流产生的一部分磁通与金属套相链，使之产生感应电压。感应电压的值与电缆排列中心距和金属套平均半径之比的对数成正比，并与线芯的负荷电流、频率及电缆的长度成正比。在等边三角形排列的线路中，三相感应电压相等，在水平排列的线路中，边相的感应电压较中相的感应电压高。

单芯电缆在按表 19-54 的六种排列情况下，对应线芯电流为 100A、1km 长电缆金属套上的感应电压与电缆芯线间距离对金属平均半径之比的关系见图 19-8。

表 19-54 单芯电缆排列型式

单芯电缆排列	电缆芯相别	曲线编号
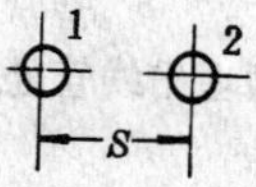	1，2	V
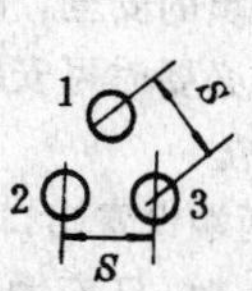	1，2，3	V

续表 19-54

单芯电缆排列	电缆芯相别	曲线编号
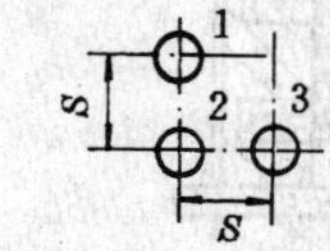	1，3 2	Ⅳ Ⅴ
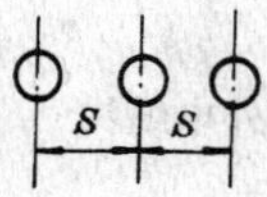	1，3 2	Ⅱ Ⅴ
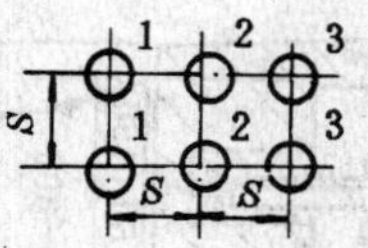	1，3 2	Ⅰ Ⅲ
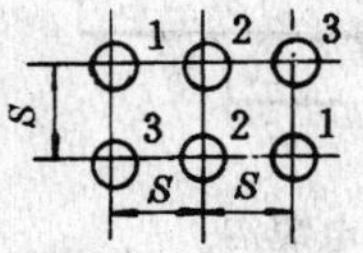	1，3 2	Ⅵ Ⅲ

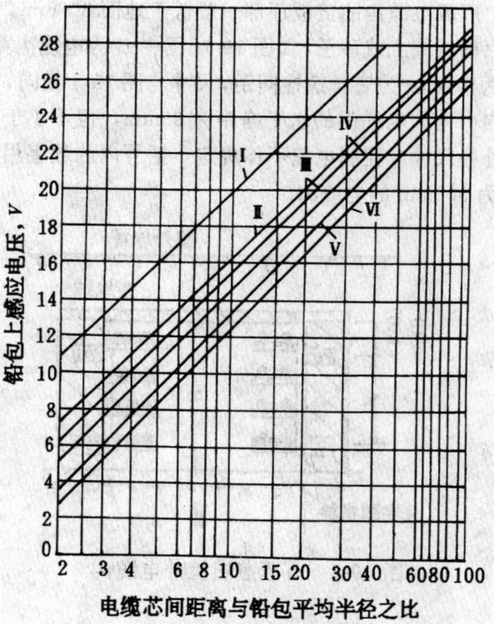

图 19-8 单芯电缆在 100A，1km 时的感应电压与电缆排列的关系曲线（曲线Ⅰ～Ⅵ编号见表 19-54）

按图 19-8 查出的单芯电缆 100A，1km 的感应电压后，乘以电缆的计算电流和实际的长度即得电缆金属套的感应电压。

单芯电缆金属套两端接地后，由于感应电压在金属套内产生循环电流，造成护层损耗发热，降低电缆的输送容量，一般电缆截面越大，降低的输送容量也越大，见有关的载流量表。

单芯电缆金属护层只一端接地时，护层上任一点的正常感应电压不超过 50V，当采取不能任意接触的安全防护措施时，则可不超过 100V。

对单相电缆金属护层的接地方式，一般有三种，即一端并联接地，另一端经护层保护器接地；两端分别并联接地；三相金属层交叉互联两端接地。

一端接地，另一端经护层保护器接地方式如图 19-9。这种接地方式，护层电流消除了，但开路端正常运行时有感应电压，在雷击线路时，护层上产生外过电压。当倒闸操作，系统短路时产生内过电压，护层的开路端出现很高的过电压。为了防止护层绝缘击穿，开路端要设护层保护器。当线路发生故障时，在金属护层内没有回路电流来抵消由线芯中故障电流产生的磁通，使邻近辅助电缆产生很大的感应电压，为了减少此电压，可采用平行敷设一根有足够截面非磁性材料的回流导线，以形成反磁回路。

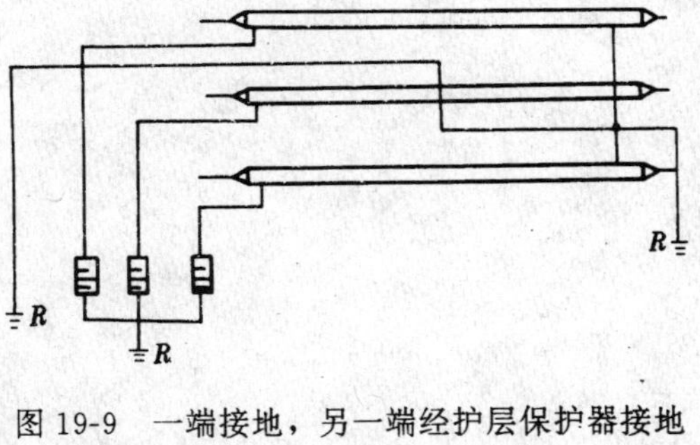

图 19-9　一端接地，另一端经护层保护器接地

交叉互联接线，其原理见图 19-10。交叉互联是以三段等长度电缆组成一交叉互联段，中间以绝缘接头相连接。绝缘接头是将电缆的油道和导体连通，而金属护层由接头盒外壳的绝缘法兰予以隔离，在绝缘接头处金属护层由同轴引线加以换位至另一相，使三相金属套感应电压的矢量和近于零。在这种情况下，金属套仍为两端接地，因此对邻近干扰较小。在发生内外过电压时，绝缘接头两侧也会发生过电压，因此也应装设护层保护器。在水平排列的三相电缆中，中相护层感应电压较边相低，为了使交叉互联有更好的效果，可以使用电缆换位法，如图 19-11 所示。

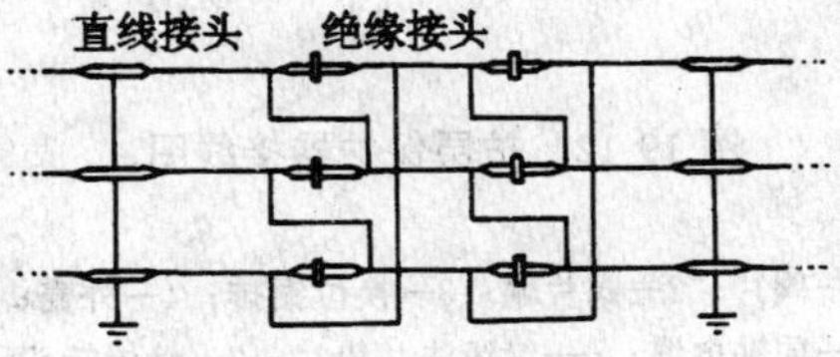

图 19-10　交叉互联原理图

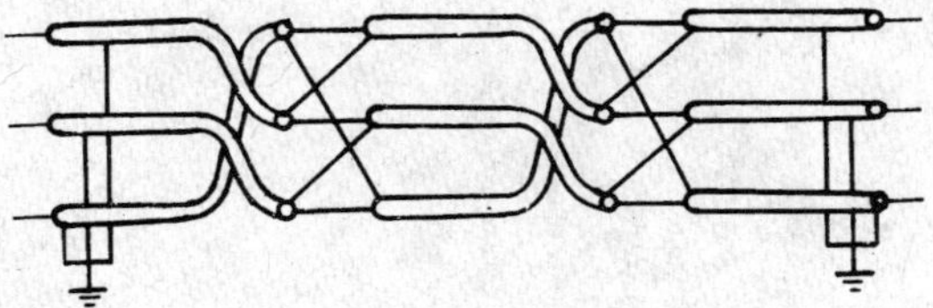

图 19-11　电缆换位的交叉互联接线

护层保护器阀片规格及性能，如表 19-55 所示。

表 19-55　护层保护用的阀片规格及性能

阀片种类	规　　格 (mm)	10kV 冲击电流残压 (kV)	工频 2s，1200V 时 试品电流值	残压比	非线性系数
氧化锌	ϕ80×6	3.3		2.7	0.03～0.05
	ϕ80×15	3.4	3.6mA	2.8	0.059
碳化硅	ϕ100×15	4.3	28A①	4.3	0.16

①为工频 2s 1000V 时试验品电流值。

阀片的残压选择应与电缆护层绝缘和终端头底板隔离绝缘子的绝缘水平配合。电缆护层绝缘较好的时候，阀片应能承受系统发生单相接地故障时出现的过电压，即阀片可多用几片、残压虽高些，但工频过电压时阀片不会爆炸。由表 19-55 可见，氧化锌阀片的性能较碳化硅阀片的性能好。

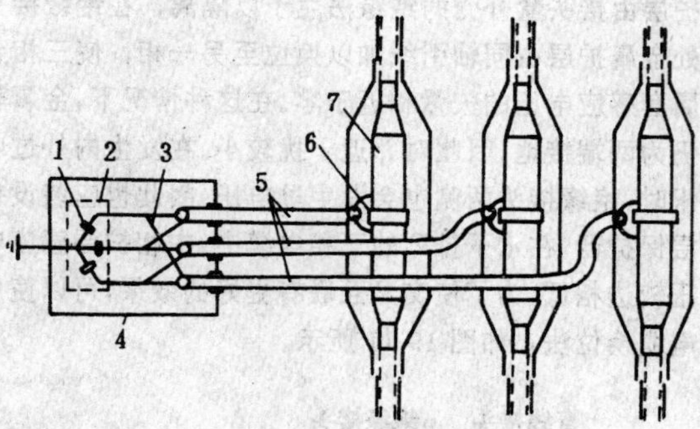

图 19-12　护层保护器接线图

1—阀片；2—阀片罐；3—换位铜排；4—外壳；
5—同轴电缆；6—绝缘法兰垫片；7—绝缘接头

护层保护器有单相式与三相式的两种。单相式是将一片或数片阀片装在一个密封罐内或密封在一环氧树脂的铸件内。单相式适用于终端或在电缆人井内的绝缘接头上。三相式的保护器是将三片或三组阀片接成星形接线，放在一个密封罐内。三相式的保护器与换位铜排一起装在换位箱的外壳内，用三根同轴引出线（或称同轴电缆）与绝缘接头相连。直埋式的绝缘接头处的交叉互联的接线是由同轴引出线与换位箱来组成的，如图 19-12 所示。

参考文献

[1]上海供电局，电力电缆安装运行技术问答，电力工业出版社，1981.

[2] GB2952.1～2952.4—89　电缆外护层.

[3] GB11017—89　额定电压 110kV 铜芯、铝芯交联聚乙烯电力电缆.

[4] GB12706—91　额定电压 35kV 以下铜芯、铝芯塑料绝缘电力电缆.

第20章

母线的选择

20.1 概述

母线一般是用导电率高的铝、铜型材制成(又称硬母线)，用绝缘子支持。由于铝的成本低，除要求高机械强度等特殊情况下用铜导体外，普遍使用铝导体。

最大的单片矩形母线工作电流可达2kA左右。当工作电流较大时可采用2～4片组成，片间留有宽度等于片厚的通风间隙。但4片矩形母线载流能力一般为4kA左右。更大的电流母线，具有以下的一些特点：

(1)由于截面增大，电流集肤效应强，多片矩形已不是合理的截面形状，而让位于接近空心圆管的形状，如双槽形、菱形等。

(2) 母线的强磁场能使附近的钢结构受到电磁感应产生功率损耗而发热，为此必须采取措施。

一般频率为50Hz，工作电流3kA以上，并采用类似空心圆的母线称为大电流母线。

20.2 母线截面的选择

母线截面按以下几个条件选择。

(1) 按持续工作电流选择；

(2) 按经济电流选择；

(3) 按短路时热稳定校验；

(4) 按短路时机械强度校验。

对于大电流母线来说，起控制作用的是(1)、(2)两项，第(3)项所决定的截面往往小于(1)、(2)两项所决定的截面积。第(4)项，由于导体截面较大，机械强度较高，往往可以采用调整绝缘子跨距和母线间垫块来满足要求，所以一般也不是决定导体截面积的控制条件。

本章仅包括母线截面的选择及大电流母线的有关内容，对母线的热稳定，动稳定的验算见第13章。

20.2.1 按持续工作电流选择母线

$$I_{xu} > I_g \tag{20-1}$$

式中 I_{xu}——相当于某一周围环境温度与母线放置方式，(如矩形母线竖放或平放)下，长期容许载流量，见表20-1至表20-5。

当实际环境温度不是25℃时，应乘以温度校正系数K_θ，K_θ可由下式计算或由表20-6查得。

$$K_\theta = \sqrt{\frac{70-\theta}{70-25}} = 0.15\sqrt{70-\theta} \tag{20-2}$$

20.2.2 按经济电流密度选择母线

除汇流母线外，对于母线较长，传输电流较大的回路(如主变压器，母线通道等)均应按经济电流密度选择。

$$S_n = \frac{I_g}{J_n} \tag{20-3}$$

式中 S_n——经济截面，mm^2；

I_g——工作电流，A；

J_n——经济电流密度，A/mm^2 (J_n值见图20-1)。

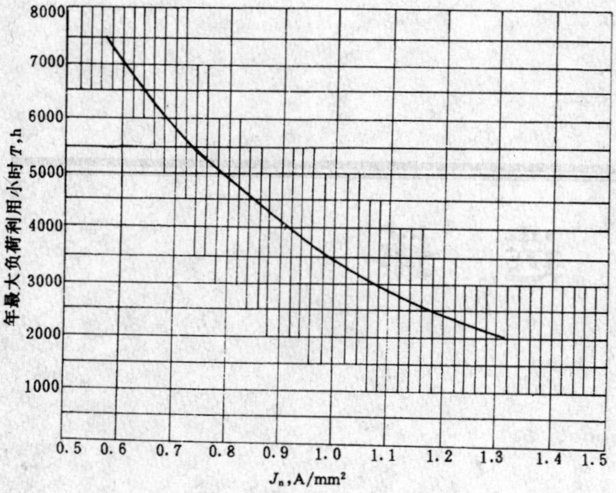

图 20-1 矩形、槽形铝母线经济电流密度

表 20-1 圆形铝母线载流量

（最高允许温度 70℃）

直径 (mm)	截面 (mm²)	载流量（A）			集肤效应系数 K_f
		25℃	35℃	40℃	
6	28.27	120	106	97	1.0
7	38.48	150	132	122	1.0
8	50.27	180	158	146	1.0
10	78.54	245	215	198	1.0
12	113.1	320	282	259	1.0
14	153.9	390	343	316	1.0
15	176.7	435	383	352	1.0
16	201.1	475	418	385	1.0
18	254.5	560	493	453	1.0
19	283.5	605	532	490	1.0
20	314.2	650	572	527	1.0
21	346.4	695	612	563	1.0
22	380.1	740	650	600	1.0
25	490.9	885	778	717	1.04
27	527.6	980	862	793	1.04
28	615.8	1025	900	830	1.05
30	706.9	1120	985	907	1.05
35	962.1	1370	1210	1110	1.07
38	1134	1510	1330	1220	1.08
40	1257	1610	1420	1300	1.10
42	1385	1700	1500	1380	1.12
45	1590	1850	1630	1500	1.13

表 20-2 管形母线载流量

（最高允许温度 70℃）

内径/外径 (mm)	截面 (mm²)	载流量（A）			集肤效应系数 K_f
		25℃	35℃	40℃	
管形铝母线					
13/16	68.2	295	260	239	1.0
17/20	87.1	345	304	279	1.0
18/22	126	425	374	344	1.0
27/30	134.5	500	440	405	1.0
26/30	176	575	506	465	1.0
25/30	216	640	563	518	1.0
36/40	239	765	673	620	1.0
36/40	294	850	748	688	1.0
40/45	335	935	823	757	1.0
45/50	373	1040	915	842	1.0
50/55	412.5	1145	1007	927	1.013
54/60	539	1340	1180	1085	1.0
64/70	631	1545	1360	1250	1.013
74/80	725	1770	1560	1432	1.011
72/80	954	2035	1790	1650	1.0
75/85	1260	2400	2110	1940	1.0
90/95	727	1925	1695	1560	1.0
90/100	1495	2840	2500	2300	1.0
管形铜母线					
12/15	63.5	340	299	275	1.0
14/18	100.5	460	405	372	1.0
16/20	113	505	445	410	1.0
18/22	126	555	488	450	1.0
20/24	139	600	528	485	1.0
22/26	151	650	572	526	1.0
25/30	217	830	730	672	1.0
29/34	248	925	814	749	1.0
35/40	294	1100	967	890	1.0
40/45	335	1200	1055	970	1.0
45/50	373	1330	1170	1078	1.0
49/55	490	1580	1390	1280	1.0
53/60	621	1860	1636	1505	1.0
62/70	829	2295	2020	1860	1.0
72/80	954	2610	2296	2114	1.0
75/85	1260	3070	2700	2485	1.0
90/95	727	2460	2160	1990	1.0
93/100	1062	3060	2690	2480	1.0

表 20-3 矩形母线载流量

（最高允许温度 70℃）

宽×厚 (mm)	截 面 (mm²)	载流量 (A) 25℃ 竖放	25℃ 平放	35℃ 竖放	35℃ 平放	40℃ 竖放	40℃ 平放	集肤效应系数 K_f
矩形铝母线								
15×3	45	165	156	145	138	134	127	1.0
20×3	60	215	204	190	180	175	166	1.0
25×3	75	265	252	230	219	215	204	1.0
30×4	120	365	347	325	309	300	285	1.0
40×4	160	480	456	425	404	395	375	1.0
40×5	200	540	518	475	452	440	418	1.0
50×5	250	665	632	585	556	545	518	1.0
50×6	300	740	703	650	617	600	570	1.0
60×6	360	870	826	770	731	715	680	1.0
80×6	480	1150	1050	1010	930	935	860	1.0
100×6	600	1425	1310	1260	1160	1100	1070	1.0
60×8	480	1025	975	900	855	830	788	1.0
80×8	640	1320	1215	1155	1060	1070	985	1.0
100×8	800	1625	1495	1425	1300	1315	1210	1.0
120×8	960	1900	1750	1675	1530	1550	1420	1.0
60×10	600	1155	1100	1010	960	935	890	1.0
80×10	800	1480	1360	1295	1190	1200	1105	1.0
100×10	1000	1820	1675	1595	1470	1475	1360	1.1
120×10	1200	2070	1905	1830	1685	1760	1620	1.1
2(80×8)	1280	2040	1876	1795	1651	1650	1580	1.12
2(80×10)	1600	2410	2237	2120	1950	1965	1801	1.14
2(100×8)	1600	2390	2200	2100	1930	1950	1794	1.19
2(100×10)	2000	2860	2630	2500	2310	2315	2130	1.20
2(120×10)	2400	3200	2945	2840	2615	2620	2410	1.24
3(80×8)	1920	2620	2410	2300	2118	2140	1970	1.22
3(80×10)	2400	3120	2870	2725	2530	2530	2330	1.28
3(100×8)	2400	3050	2800	2680	2490	2490	2290	1.28
3(100×10)	3000	3640	3350	3190	2935	2950	2715	1.40
3(120×10)	3600	4100	3770	3610	3320	3360	3090	1.47
4(100×10)	4000	4150	3820	3650	3361	3400	3130	1.62
4(120×10)	4800	4650	4275	4090	3765	3810	3505	1.70
矩形铜母线								
15×3	45	210	200	185	176	171	162	
20×3	60	275	261	245	233	225	214	
25×3	75	340	323	300	285	285	271	
30×4	120	475	451	415	394	385	366	
40×4	160	625	593	550	522	510	484	
40×5	200	700	665	551	588	580	551	

续表 20-3

宽×厚 (mm)	截 面 (mm²)	载流量 (A) 25℃ 竖放	25℃ 平放	35℃ 竖放	35℃ 平放	40℃ 竖放	40℃ 平放	集肤效应系数 K_f
50×5	250	860	816	760	721	705	669	
50×6	300	955	906	840	797	775	735	
60×6	360	1125	1069	990	940	920	873	
60×8	480	1320	1251	1160	1101	1070	1016	
60×10	600	1475	1395	1295	1230	1195	1133	
80×6	480	1480	1360	1300	1195	1205	1110	
80×8	640	1690	1553	1480	1361	1370	1260	
80×10	800	1900	1747	1665	1531	1541	1417	
100×6	600	1810	1665	1592	1557	1475	1356	
100×8	800	2080	1911	1820	1674	1685	1546	
100×10	1000	2310	2121	2025	1865	1870	1720	
120×8	960	2400	2210	2110	1940	1955	1800	
120×10	1200	2650	2435	2340	2152	2170	1996	
2(80×8)	1280	2620	2410	2515	2117	2120	1950	
2(80×10)	1600	3100	2850	2735	2575	2550	2350	
2(100×8)	1600	3060	2810	2690	2470	2490	2290	
2(100×10)	2000	3610	3320	3185	2935	2970	2735	
2(120×10)	2400	4100	3770	3620	3330	3360	3090	
3(80×8)	1920	3370	3100	2970	2730	2750	2530	
3(80×10)	2400	3990	3670	3510	3230	3250	2990	
3(100×8)	2400	3930	3610	3460	3180	3200	2945	
3(100×10)	3000	4650	4280	4060	3735	3750	3450	
3(120×10)	3600	5200	4780	4600	4230	4260	3920	
4(100×10)	4000	5300	4875	4670	4290	4350	4000	
4(120×10)	4800	5900	5430	5190	4770	4840	4450	

表 20-4 双槽形（[ ]）铝母线载流量

（最高允许温度 70℃）

高×宽×厚 (mm)	截 面 (mm²)	载流量 (A) 25℃	35℃	40℃	集肤效应系数 K_f
2(75×35×5.5)	1390	2670	2350	2160	1.02
2(100×45×4.5)	1550	2820	2480	2280	1.025
2(100×45×6)	2020	3500	3080	2830	1.035
2(125×55×6.5)	2740	4640	4080	3760	1.05
2(150×65×7)	3570	5650	4970	4580	1.075
2(175×80×8)	4880	6430	5660	5210	1.103
2(200×90×10)	6870	7550	6640	6120	1.175
2(200×90×12)	8080	8830	7770	7150	1.24
2(225×105×12.5)	9760	10300	9070	8350	1.285
2(250×115×12.5)	10900	10800	9500	8750	1.31

表 20-5 菱形母线载流量(最高允许温度 70℃)

简图	截面尺寸(mm)				母线组截面 (mm²)	载流量 (A)			集肤效应系数 K_f
	h	b	h_1	H		25℃	30℃	40℃	
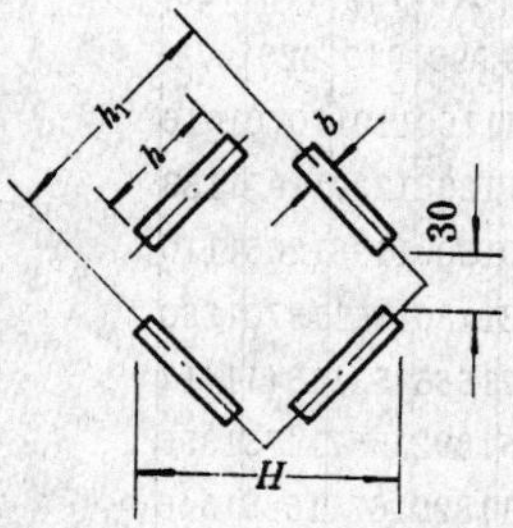	80	8	140	157	2560	4550	4000	3680	1.04
	80	10	144	160	3200	5100	4480	4130	1.06
	100	8	160	185	3200	5550	4880	4500	1.06
	100	10	164	188	4000	6200	5450	5020	1.07
	120	10	184	216	4800	7300	6420	5910	1.09

表 20-6 温度校正系数 K_θ 值

实际环境温度 (℃)	最高允许温度为+70℃											
	−5	0	5	10	15	20	25	30	35	40	45	50
K_θ	1.29	1.24	1.20	1.15	1.11	1.05	1.00	0.94	0.88	0.81	0.74	0.67

20.3 母线型式的选择

导体的允许电流与其交流电阻和散热表面积有关。圆柱形或管形导体虽具有较小的集肤效应,但其散热表面积较小。矩形导体具有较大的散热表面积,由于单条导体常用的截面积不超过 1200mm²,当用于输送大电流时,需采用多条矩形母线并列的母线组,但由于并列矩形母线的散热情况变坏,一般不宜采用大于 2~3条的母线组。

输送大电流的母线,一般采用槽形或菱形母线,与多条矩形母线相比,其集肤效应可大大减少,电流分布可较均匀,散热条件亦较好,例如 4 (120×10) 铝菱形母线比同截面矩形母线的载流量要高 1.57 倍,其机械强度亦较大。在实际应用中,应广泛地采用槽形母线,虽然槽形母线在有色金属消耗方面较多,但电能损失较小,且较菱形母线容易组装。

20.3.1 集肤效应系数

圆管形、方管形及菱形母线在厚度及截面相同时,集肤效应的差别如图 20-2 所示。

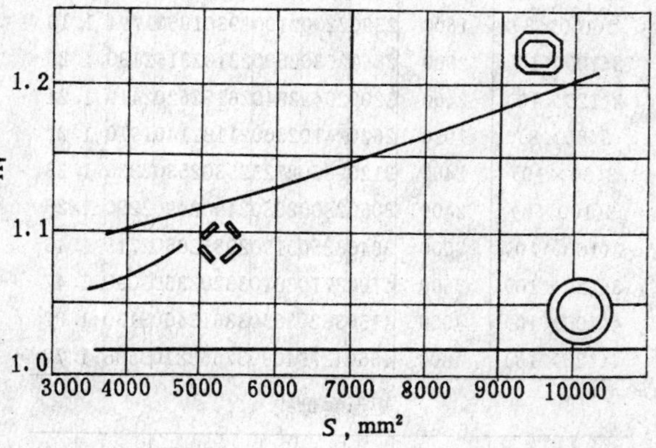

图 20-2 厚度为 10mm 的不同形状铝母线集肤效应系数与截面积的关系

集肤效应随着导体壁厚的增加而增大。以铝圆管为例,在频率 50Hz,交流电阻与壁厚的关系如图 20-3 所示。

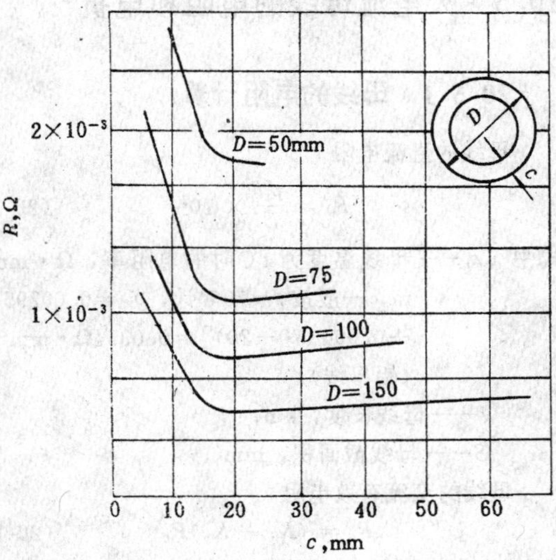

图 20-3 频率为 50Hz、长度为 1000m 的铝圆管导体交流电阻与壁厚的关系

从图 20-3 可以看出，壁厚较小时，交流电阻随着壁厚的增加迅速下降，随着壁厚的继续增加，交流电阻下降的速度逐渐变慢，当壁厚增大到约 20mm 后，壁厚再增加，交流电阻不仅不再下降，反而略有回升，这是集肤效应系数迅速增大引起的。对应于最低交流电阻的厚度称为临界厚度。显然，超过临界厚度的那部分导体，不但无用，反而增加功率损耗和发热，因此，所用厚度大于临界值是不合理的，所用厚度接近临界厚度也是不值得的。实际上，厚度在临界厚度的 70%以上时，超过部分的利用率已经很差，因此，一般使用的厚度不宜大于临界厚度的 70%。临界厚度不仅与截面形状和外形尺寸有关，更主要地与导电率和电流频率有关。当温度为 70℃、频率为 50Hz 时，铝圆管导体的临界厚度约为 20mm，铜圆管约为 14mm，其它形状导体略比同材料的圆管导体小些。

对于方管形母线实用的集肤效应曲线如图 20-4 所示。

20.3.2 邻近效应系数

一根载流导体位于返回导体或别相导体附近，受到后者交变磁场感应而产生涡流，从而改变其电流分布，这就是邻近效应。由于不同相的涡流可以互相迭加，结果中相的邻近效应附加电阻与边相和单相的比为 $\Delta\gamma_{L(B)}:\Delta\gamma_{L(A,C)}:\Delta\gamma_{L(1)}$单相≈2.5∶1∶1，三相平均邻近效应附加电阻与单相之比为 1.5∶1。对于方管形中相导体邻近效应附加电阻系数 $\Delta\gamma_{LB}/\gamma_0$ 与 S/h（相间距离/母线高）关系曲线见图 20-5。

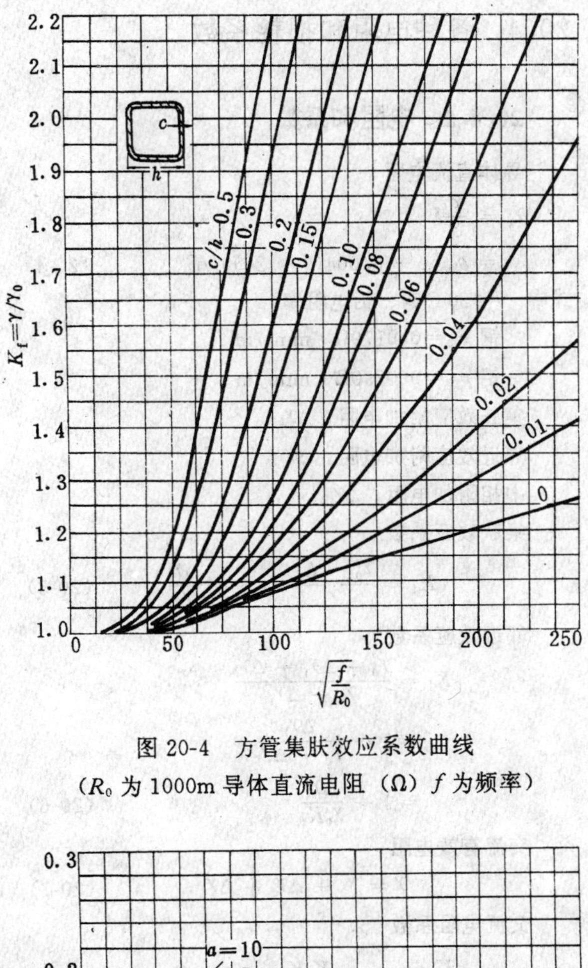

图 20-4 方管集肤效应系数曲线

（R_0 为 1000m 导体直流电阻（Ω）f 为频率）

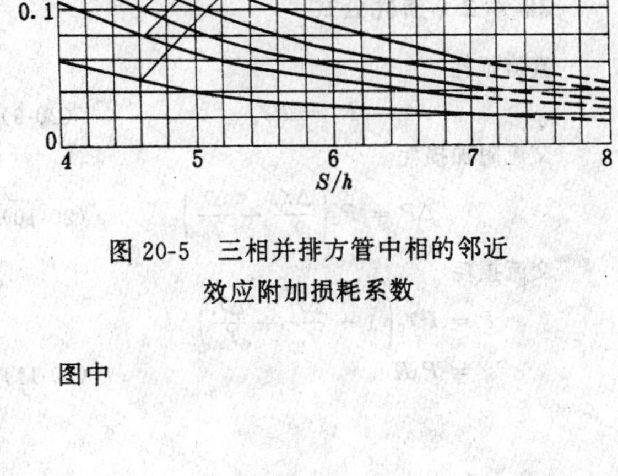

图 20-5 三相并排方管中相的邻近效应附加损耗系数

图中

$$\alpha = \frac{\omega}{\gamma_0} \times 10^{-7}$$

$\gamma'_0 = \frac{\gamma_0}{l}$ = 单位长度直流电阻，Ω/m

20.4 各种电阻和损耗系数

20.4.1 电阻和系数

导体直流电阻

$$\gamma_0 = \frac{\rho}{S} l = \rho_{20}(1 + 0.004(\theta - 20))l/S \quad (20\text{-}4)$$

式中 $t = 20$℃铜、铝电阻率：

铜 $\rho_{20} = 0.0179\Omega \cdot mm^2/m$

铝 $\rho_{20} = 0.0290\Omega \cdot mm^2/m$。

集肤效应附加电阻，$\Delta\gamma_f$。

邻近效应附加电阻，$\Delta\gamma_l$。

中相附加电阻，$\Delta\gamma_{lB}$。

集肤效应系数

$$K_f = \frac{\gamma_0 + \Delta\gamma_f}{\gamma_0} = 1 + \frac{\Delta\gamma_f}{\gamma_0} \quad (20\text{-}5)$$

邻近效应系数

$$K_l = \frac{\gamma_0 + \Delta\gamma_f + \Delta\gamma_l}{\gamma_0 + \Delta\gamma_f} = 1 + \frac{\Delta\gamma_l}{\gamma_0 + \Delta\gamma_f} = 1 + \frac{\Delta\gamma_l}{\gamma_0 K_f} \quad (20\text{-}6)$$

交流有效电阻

$$\gamma = \gamma_0 + \Delta\gamma_f + \Delta\gamma_l \quad (20\text{-}7)$$

交流电阻系数

$$K_j = \frac{\gamma}{\gamma_0} = K_f K_l = 1 + \frac{\Delta\gamma_f}{\gamma_0} + \frac{\Delta\gamma_l}{\gamma_0} \quad (20\text{-}8)$$

20.4.2 损耗公式

直流损耗

$$P_0 = I^2\gamma_0 \quad (20\text{-}9)$$

交流附加损耗

$$\Delta P = P_0\left(\frac{\Delta\gamma_f}{\gamma_0} + \frac{\Delta\gamma_l}{\gamma_0}\right) \quad (20\text{-}10)$$

交流损耗

$$P = I^2\gamma_0\left(1 + \frac{\Delta\gamma_f}{\gamma_0} + \frac{\Delta\gamma_l}{\gamma_0}\right) = P_0 K \quad (20\text{-}11)$$

20.5 大电流母线的电阻和电抗

20.5.1 母线的电阻计算

母线的直流电阻

$$R_0 = \frac{\rho_t l}{S} \times 10^3 \quad (20\text{-}12)$$

式中 ρ_t——母线温度为t℃时的电阻率，$\Omega \cdot mm^2/m$，一般按 $t = 70$℃计，$\rho_{70} = 0.00295[1 + 0.004(70-20)] = 0.0354\Omega \cdot mm^2/m$（铝母线）；

l——母线长度，km；

S——母线截面积，mm^2。

母线的交流有效电阻

$$R_a = (K_j + K_g)R_0 \quad (20\text{-}13)$$

式中 K_j——由于母线的集肤效应和邻扰效应引起的交流电阻系数见式 20-8；

K_g——母线附近钢结构的附加损耗系数，对地面上母线通道，$K_g = 1.5$；对地下钢筋混凝土母线隧道，$K_g = 1.9 \sim 2.0$。

母线的交流有效电阻也可按以下公式计算

$$R_a = K_j R_0 + R_g \quad (20\text{-}14)$$

式中 R_g——母线附近钢结构的有效电阻，一般可采用下列经验数值：$R_g = 0.016 \times 10^{-3} N$； (20-15)

N——每相每公里母线支架数。

当母线为水平或垂直排列时，尚需考虑有功功率由一相向另一相转移的因素，故每相母线的有效电阻将按下式计算

$$R_{p1} = R_a + \frac{\sqrt{3}}{2}\omega(M_{12} - M_{13}) = R_a + \frac{\sqrt{3}}{2} \times 628\ln 2 \times 10^{-4} = R_a + 3.77 \times 10^{-2} \quad (20\text{-}16)$$

$$R_{p2} = R_a \quad (20\text{-}17)$$

$$R_{p3} = R_a - 3.77 \times 10^{-2} \quad (20\text{-}18)$$

式中 R_a——每相母线平均有效电阻，Ω·km；

M_{12}、M_{13}——母线间的互感，H（可按公式 20-20 计算）。

20.5.2 母线的电抗计算

具有任意截面的自感 L 及两条平行母线间的互

感 M 一般可按下式求得

$$L \approx 2l\left(\ln\frac{2l}{g}-1\right)\times 10^{-9} \quad (20\text{-}19)$$

$$M_{12} = 2l\left(\ln\frac{2l}{g_{12}}-1\right)\times 10^{-9} \quad (20\text{-}20)$$

式中　l——母线长度，cm；

g——母线横截面的自几何均距，cm；

g_{12}——母线 1 和 2 间的互几何均距，cm。

g 和 g_{12}的数值按照母线的几何尺寸由附录 20-1 中所列公式计算，当两条母线的中心距离 D_{12}与母线的尺寸相比甚大时，可以认为其互几何均距等于中心距离，即 $g_{12}=D_{12}$。

对称三相母线的电感按下式计算

$$L_{p1} = L - M_{31} + (M_{12} - M_{31})a \quad (20\text{-}21)$$

$$L_{p2} = L - M_{12} + (M_{23} - M_{12})a \quad (20\text{-}22)$$

$$L_{p3} = L - M_{23} + (M_{31} - M_{23})a \quad (20\text{-}23)$$

式中　L——每相母线自感，H；

M_{12}、M_{23}、M_{31}——母线相间的互感，H。

$$a = e^{-j\frac{2\pi}{3}} = -0.5 - j0.866 \quad (20\text{-}24)$$

三相母线按等边三角形布置的感抗

$$X_{p1}=X_{p2}=X_{p3}=\omega\ (L-M_{12}) \quad (20\text{-}25)$$

将式 20-19、式 20-20 代入式 20-25，并使母线长度以公里计，即 $l=10^5$cm，则

$$X_{p1}=X_{p2}=X_{p3}=628\ln\frac{d}{g}\times 10^{-4} \quad (20\text{-}26)$$

式中　d——母线相间中心距离，cm。

三相母线按水平或垂直布置（第一至第二相之间和第二相至第三相之间的距离为“d”，第一相至第三相之间的距离为“$2d$”）的感抗可按以下公式计算

$$X_{p1} = 628\left(\ln\frac{d}{g}+0.346\right)\times 10^{-4} \quad (20\text{-}27)$$

$$X_{p2} = 628\ln\frac{d}{g}\times 10^{-4} \quad (20\text{-}28)$$

$$X_{p3} = 628\left(\ln\frac{d}{g}+0.346\right)\times 10^{-4} \quad (20\text{-}29)$$

式中　d——母线相间中心距离，cm。

对于非对称布置并有换位的母线的感抗，母线全长按三次换位后（见图 20-6），每相电感平均值相同并等于

$$L_p = \frac{1}{3}[(L_1 - M_{31}) + (L_3 - M_{23}) + (L_2 - M_{12})] \quad (20\text{-}30)$$

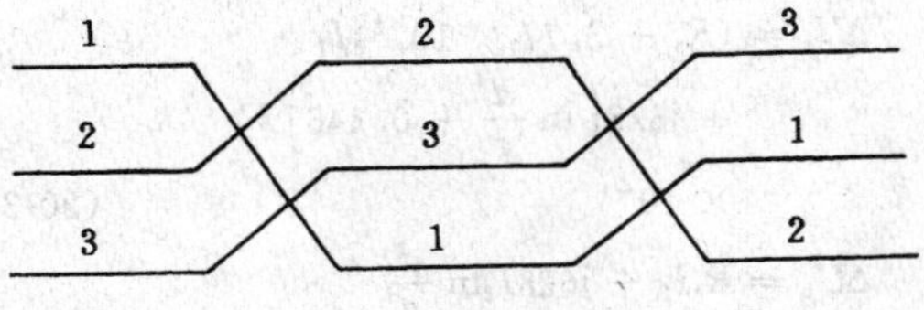

图 20-6　非对称布置母线的换位

当三相母线按水平或垂直布置时，且 $L_1=L_2=L_3$，每相电感平均值可由下式计算

$$L_p = \frac{1}{3}(3L - M_{13} - 2M_{12}) = 2l\left(\ln\frac{d}{g}+0.231\right)\times 10^{-9} \quad (20\text{-}31)$$

式中　l——母线全长，cm；

d——母线相间距离，cm；

g——每相母线自几何均距，cm。

母线每公里长度的感抗为

$$X_p = 628\left(\ln\frac{d}{g}+0.231\right)\times 10^{-4} \quad (20\text{-}32)$$

20.6　三相母线电压降及换位计算

三相不对称排列（垂直或水平排列）的母线，各相阻抗值相差较大，特别在输送大电流和长距离的母线供电系统中，母线末端三相电压很不平衡。当在企业内部 6～10kV 系统的不平衡电压超过 2%时，应采取三相依次换位的措施，以达到平衡。换位时至少要互换一个循环，即要互换三次。

在一般情况下，当单回路供电的线路长度不超过 300～400m 时，可以不进行换位。

20.6.1　三相单回路母线电压降计算

当三相母线按等边三角形布置时

$$\Delta U_a = \Delta U_b = \Delta U_c = R_a I + j628I\ln\frac{d}{g}\times 10^{-4} \quad (20\text{-}33)$$

式中　I——母线电流，A；

R_a——每相母线电阻，Ω/km。

当三相母线按水平或垂直布置时，如图 20-7。

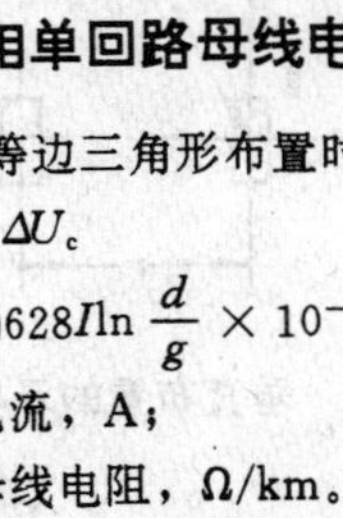

图 20-7　水平布置的三相母线

$$\Delta U_{a}=(R_{a}+3.77\times 10^{-2})I_{1}+\mathrm{j}628\left(\ln\frac{d}{g}+0.346\right)I_{1}\times 10^{-4} \quad (20\text{-}34)$$

$$\Delta U_{b}=R_{a}I_{2}+\mathrm{j}628I_{2}\ln\frac{d}{g}\times 10^{-4} \quad (20\text{-}35)$$

$$\Delta U_{c}=(R_{a}-3.77\times 10^{-2})I_{3}+\mathrm{j}628\left(\ln\frac{d}{g}+0.346\right)I_{3}\times 10^{-4} \quad (20\text{-}36)$$

20.6.2 双回路平行母线电压降计算

在同一母线通道内平行敷设的双回路母线或同一回路按分裂平行布置的母线，其电压降的计算应考虑其相互的影响。并且必须采取换位措施，以防止相邻工作母线对停运母线感应过高电压而影响维护人员安全。

当双回路三相母线按垂直或水平布置时（如图 20-8 所示），在进行换位后的电压降计算如下

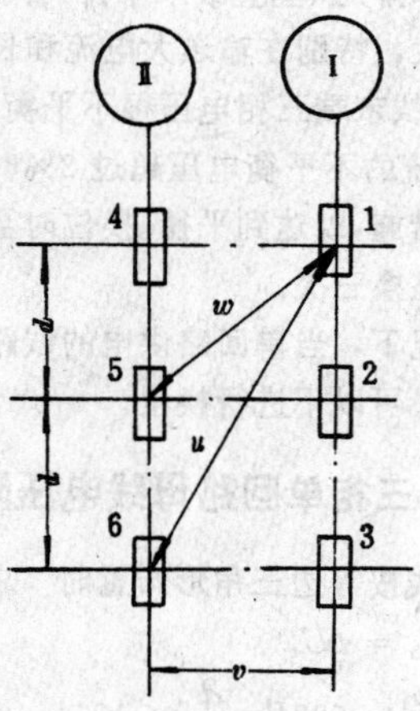

图 20-8 垂直布置的双回路母线

20.6.2.1 计算条件

各相电流比为

$$\frac{\dot{I}_{2}}{\dot{I}_{1}}=\frac{\dot{I}_{3}}{\dot{I}_{2}}=\frac{\dot{I}_{1}}{\dot{I}_{3}}=a=\mathrm{e}^{-\mathrm{j}\frac{2\pi}{3}}=-0.5-\mathrm{j}0.866 \quad (20\text{-}37)$$

两回路母线通过的电流比为

$$\frac{\dot{I}_{\mathrm{I}}}{\dot{I}_{\mathrm{I}}}=K \quad (20\text{-}38)$$

按图 20-9 布置的母线间电感

$M_{12}=M_{23}$，

$M_{14}=M_{25}=M_{36}$，

$M_{16}=M_{34}$

$M_{15}=M_{24}=M_{26}=M_{35}$ 和

$L_{1}=L_{2}=L_{3}=L$

20.6.2.2 双回路平行母线的阻抗计算

(1) 按图 20-9 所示方案 A 换位后，双回路平行母线的阻抗计算。

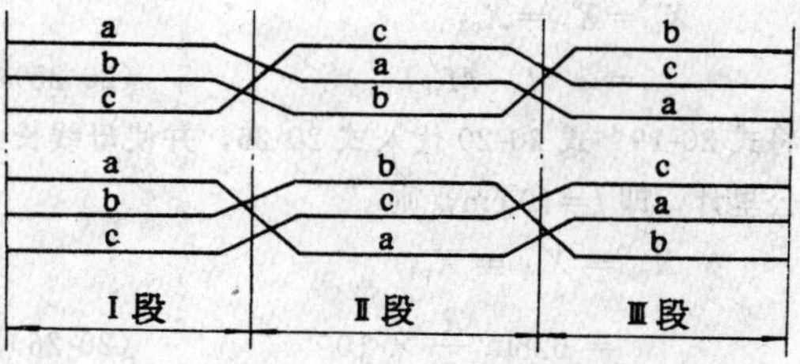

图 20-9 换位方案 A

母线感抗可按下式计算

$$X_{a}=\frac{2}{3}\omega\left[\left(3\ln\frac{d}{g}+0.693\right)+K\ln\frac{u}{w}\right]\times 10^{-4}=628\left(\ln\frac{d}{g}+0.33K\ln\frac{u}{w}+0.231\right)\times 10^{-4} \quad (20\text{-}39)$$

$$X_{b}=\frac{2}{3}\omega\left[\left(3\ln\frac{d}{g}+0.693\right)-2K\ln\frac{u}{w}\right]\times 10^{-4}=628\left(\ln\frac{d}{g}-0.66K\ln\frac{u}{w}+0.231\right)\times 10^{-4} \quad (20\text{-}40)$$

$$X_{c}=\frac{2}{3}\omega\left[\left(3\ln\frac{d}{g}+0.693\right)+K\ln\frac{u}{w}\right]\times 10^{-4}$$

$$=628\left(\ln\frac{d}{g}+0.33K\ln\frac{u}{w}+0.231\right)\times10^{-4} \quad (20\text{-}41)$$

母线有效电阻可按下式计算

$$R_{p1}=R_a+3.63K\ln\frac{u}{w}\times10^{-2} \quad (20\text{-}42)$$

$$R_{p2}=R_a \quad (20\text{-}43)$$

$$R_{p3}=R_a-3.63K\ln\frac{u}{w}\times10^{-2} \quad (20\text{-}44)$$

(2)按图 20-10 所示方案 B 换位后，双回路平行母线的阻抗计算。

母线感抗可按下式计算

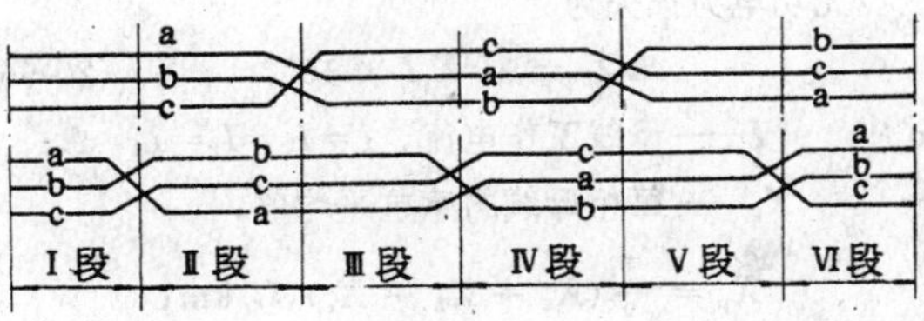

图 20-10 换位方案 B

$$X_a=\frac{2}{3}\omega\left[\left(3\ln\frac{d}{g}+0.693\right)-0.5K\ln\frac{u}{w}\right]\times10^{-4}$$

$$=628\left(\ln\frac{d}{g}-0.165K\ln\frac{u}{w}+0.231\right)\times10^{-4} \quad (20\text{-}45)$$

$$X_b=\frac{2}{3}\omega\left[\left(3\ln\frac{d}{g}+0.693\right)-0.5K\ln\frac{u}{w}\right]\times10^{-4}$$

$$=628\left(\ln\frac{d}{g}-0.165K\ln\frac{u}{w}+0.231\right)\times10^{-4} \quad (20\text{-}46)$$

$$X_c=\frac{2}{3}\omega\left[\left(3\ln\frac{d}{g}+0.693\right)+K\ln\frac{u}{w}\right]\times10^{-4}$$

$$=628\left(\ln\frac{d}{g}+0.33K\ln\frac{u}{w}+0.231\right)\times10^{-4} \quad (20\text{-}47)$$

母线有效电阻可按下式计算

$$R_{p1}=R_a+\sqrt{3}\,\omega K\ln\frac{u}{w}\times10^{-4}$$

$$=R_a+5.43K\ln\frac{u}{w}\times10^{-2} \quad (20\text{-}48)$$

$$R_{p2}=R_a-\sqrt{3}\,\omega K\ln\frac{u}{w}\times10^{-4}$$

$$=R_a-5.43K\ln\frac{u}{w}\times10^{-2} \quad (20\text{-}49)$$

$$R_{p3}=R_a \quad (20\text{-}50)$$

以上两个方案中按方案 B 换位可使三相感抗较为平衡，但需多换位一次，比较复杂，一般按方案 A 换位不能满足时，才考虑按方案 B 进行换位。

20.6.2.3 双回路平行母线的电压降计算

双回路平行母线的电压降为

$$\Delta U_a=(R_{p1}+jX_a)I_1 \quad (20\text{-}51)$$

$$\Delta U_b=(R_{p2}+jX_b)I_2 \quad (20\text{-}52)$$

$$\Delta U_c=(R_{p3}+jX_c)I_3 \quad (20\text{-}53)$$

20.6.3 平行的备用母线上感应电压计算

与工作母线平行的备用母线或检修中的母线由于工作母线正常电流或短路电流感应产生的电压可由下式确定

$$E_g\approx MI\omega l\times10^{-4}$$

$$\approx Z_K I\times10^{-4} \quad (20\text{-}54)$$

式中 M——平行母线间的互感，H；

I——相邻母线通过的电流（工作电流或短路电流），A；

l——母线长度，km；

Z_K——平行母线间的互感引起的阻抗，$Z_K=\omega Ml$，Ω。

20.7 电力损失计算

20.7.1 有功电力损失计算

有功电力损失为

$$\Delta P_m=3I^2R_pl\times10^{-3} \quad (20\text{-}55)$$

式中 ΔP_m——有功电力损失，kW；

I——母线工作电流，$I=I_1=I_2=I_3$，A；

R_p——每相母线的交流有效电阻平均值，$R_p=\frac{1}{3}(R_{p1}+R_{p2}+R_{p3})$，Ω/km；

l——母线长度，km。

20.7.2 无功电力损失计算

无功电力损失为

$$\Delta Q_m = 3I^2 X_p l \times 10^{-3} \quad (20\text{-}56)$$

式中 I——母线工作电流，$I=I_1=I_2=I_3$，A；

X_p——每相母线的感抗平均值，

$$X_p = \frac{1}{3}(X_a + X_b + X_c), \Omega/\text{km};$$

l——母线长度，km。

20.8 计算实例

20.8.1 单回路母线的计算实例

例 母线的工作电流 $I_g=4000$A，电压为 10kV，周围空气温度 $t_0=35$℃，最大负荷利用时间 $T_{zd}=5000$h，母线通道在地面上敷设，长度 $l=1$km，通道内母线三相垂直布置，相间距离 $d=650$mm。

截面选择：按允许电流选择，查表 20-4 得双槽形（[ ]）175×80×8 母线，截面为 4880mm²，载流量为 5660A。

按经济电流密度选择，查图 20-1 得 $J_n=0.8$。

$$S_n = \frac{I_g}{J_n} = \frac{4000}{0.8} = 5000\text{mm}^2 \approx 4880\text{mm}^2$$

故选用 [ ] 175×80×8 母线。

母线电阻

$$R_a = (K_f + K_k)\frac{\rho_i l}{S} \times 10^3 = (1.103 + 1.5) \times \frac{0.0354}{4880} \times 10^3 = 2.61 \times 0.0072 = 0.0188\Omega$$

$$R_{p1} = 0.0188 + 0.0377 = 0.0565\Omega$$

$$R_{p2} = 0.0188\Omega$$

$$R_{p3} = 0.0188 - 0.0377 = -0.0189\Omega$$

母线电抗

$$X_{p1} = 628\left(\ln\frac{65}{10.2} + 0.346\right) \times 10^{-4} \times 1 = 0.138\Omega$$

式中 $g=10.2$，由附录式 20-80 求得，即 $g=0.5812h=0.5812\times17.5=10.2$。

$$X_{p2} = 628\ln\frac{65}{10.2} \times 10^{-4} \times 1 = 0.116\Omega$$

$$X_{p3} = X_{p1} = 0.138\Omega$$

母线电压降

$$\Delta U_a = 4000(0.0565 + j0.138) = 596\text{V}$$

$$\Delta U_b = 4000(0.0188 + j0.116) = 470\text{V}$$

$$\Delta U_c = 4000(-0.0189 + j0.138) = 557\text{V}$$

母线额定电压

$$U_\phi = 10000/\sqrt{3} = 5780\text{V}$$

三相不平衡电压

$$\frac{\Delta U_a - \Delta U_b}{U_\phi} = \frac{596 - 470}{5780} = 2.17\% > 2\%$$

需采取换位措施，经换位后

$$R_{p1} = R_{p2} = R_{p3} = 0.0188\Omega$$

$$X_{p1} = X_{p2} = X_{p3} = 628\left(\ln\frac{65}{10.2} + 0.231\right) \times 10^{-4} \times 1 = 0.1306\Omega$$

母线电压降

$$\Delta U_a = \Delta U_b = \Delta U_c = 4000(0.0188 + j0.1306) = 527\text{V}$$

20.8.2 双回路平行母线的计算实例

例 原始数据：母线电压 $U=10000$V

母线全长 $l=1$km

母线换位段长$=\frac{1}{3}l=0.33$km

母线截面积 4×100×10mm²（菱形布置）

考虑双回路平行母线布置在同一隧道中，母线按方案 A（见图 20-9）换位。相间距离 $d=70$cm，$u=240$cm，$v=200$cm，$w=210$cm，每段母线的具体断面布置如图 20-11。

母线电阻

$$R_0 = \frac{0.0354 \times 1}{4000} \times 10^3 = 8.8 \times 10^{-3}\Omega$$

$$R_g = \frac{1000}{2.25} \times 0.016 \times 10^{-3} = 7.1 \times 10^{-3}\Omega$$

（母线支架按每 2.25m 一处考虑）

$$R_a = K_f R_0 + R_g = (1.07 \times 8.8 \times 10^{-3} + 7.1 \times 10^{-3}) \times 1 = 16.5 \times 10^{-3}\Omega$$

当母线全长按方案 A 换位后的电压降下计算：

母线每相有效电阻

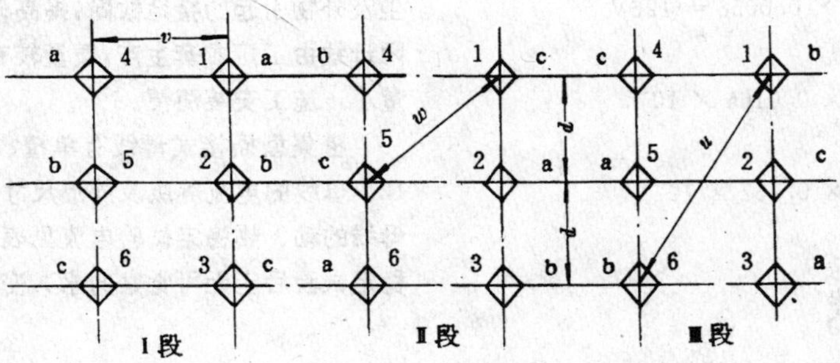

图 20-11　每段母线的具体断面布置

$$R_{p1}=\left(16.5\times10^{-3}+3.63K\ln\frac{240}{210}\times10^{-2}\right)\times1$$

$$=(0.0165+0.0049K)\Omega$$

$$R_{p2}=0.0165\Omega$$

$$R_{p3}=\left(16.5\times10^{-3}-3.63K\ln\frac{240}{210}\times10^{-2}\right)\times1$$

$$=(0.0165-0.0049K)\Omega$$

母线每相感抗

$$X_a=628\left(\ln\frac{70}{5.81}+0.231+0.33K\ln\frac{240}{210}\right)\times10^{-4}\times1$$

$$=(0.171+0.0028K)\Omega$$

式中　g——5.81，由附录式 20-80 得，$g=0.581b=0.581\times10=5.81$。

$$X_b=628\left(\ln\frac{70}{5.81}+0.231-0.66K\ln\frac{240}{210}\right)\times10^{-4}\times1$$

$$=(0.171-0.0056K)\Omega$$

$$X_c=628\left(\ln\frac{70}{5.81}+0.231+0.33K\ln\frac{240}{210}\right)\times10^{-4}\times1$$

$$=(0.171+0.0028K)\Omega$$

设母线电流 $I=3500$A，且 $K=1$ 时

$$\Delta U_a=3500(0.0214+j0.1738)$$

$$=613V$$

$$\Delta U_b=3500(0.0165+j0.1654)$$

$$=581V$$

$$\Delta U_c=3500(0.0116+j0.1738)$$

$$=609V$$

三相电压不平衡度$\dfrac{613-581}{10000/\sqrt{3}}=0.55\%$

平行母线上的感应电压计算：

当母线正常工作电流 $I=3500$A，短路电流 $I^{(3)}_{d_{max}}=35000$A 时，

$$Z_{ak}=0.0049+j0.0028$$

$$=0.0056\Omega$$

$$Z_{bk}=-j0.0056=0.0056\Omega$$

$$Z_{ck}=-0.0049+j0.0028$$

$$=0.0056\Omega$$

Z_{ak}、Z_{bk}、Z_{ck}中，电阻和电抗均取母线电阻和电抗的第二项数值，即 R_{p1}、R_{p2}、R_{p3}和 X_a、X_b、X_c 中的第二项数值，为两回母线之间的互感值。

正常工作电流下

$$E_g = 3500 \times 0.0056 = 19.6V$$

短路电流作用下

$$E_g = 35000 \times 0.0056 = 196V$$

电力损失计算

$$\Delta P_m = 3 \times 3500^2 \times 0.0165 \times 10^{-3} = 605kW$$

$$\Delta Q_m = 3 \times 3500^2 \times 0.157 \times 10^{-3} = 5780kvar$$

20.9 封闭式母线

将带电的母线用外壳加以封闭保护，即为封闭母线。封闭母线按电压有高压和低压之分，按绝缘方式有空气绝缘和固体绝缘，按封闭形式有分相封闭和共相封闭之别。

低压封闭母线，一般使用密集型插接式母线，有三线、四线、五线三种。导电材料有用铜排和用铝排的。导体用聚四氟乙烯薄膜包缠绝缘，紧固封闭在钢板外壳内。同时备有各种水平、垂直转弯接头，T 型及十字分支接头，变容接头，调节接头，膨胀节等功能元件。电流 100A 到 4000A。

高压封闭母线，一般用空气绝缘，由绝缘子固定，共相式母线电压制成 35kV 以下，电流 400～3500A，可用于 2.5 万 kW 以下的发电机母线及中型发电厂的厂用电母线及励磁系统等。分相式封闭母线由母线导体、支持绝缘子及铝制外壳制成，一般用在大型发电机的引出线，因冶金工厂很少用到，本节不详述。

封闭母线有外壳保护，可基本上消除外界潮气、灰尘及外物引起的接地故障，提高母线运行的可靠性。封闭母线由工厂成套生产，质量较有保证，运行维护工作量小，施工安装简便。

密集型插接式母线有单槽、双槽之分，见图 20-12。母线的电流等级及外形尺寸见表 20-7 和表 20-8。母线的动、热稳定试验电流见表 20-9。母线经动、热稳定试验后应无可觉察的永久变形。

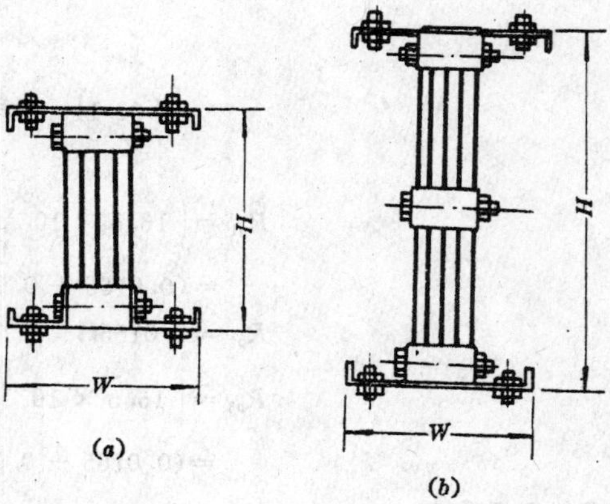

图 20-12 密集型插接式母线

(a) 一单槽；(b) 一双槽

表 20-7 CMC 型铝质母线电流等级及外形尺寸

额定电流 (A)	每相母线 (mm)	三线制			四线制			图号
		W(mm)	H(mm)	质量(kg/m)	W(mm)	H(mm)	质量(kg/m)	
250	6×40	125	100	9	140	100	11	图 20-12*a*
400	6×50	125	120	11	140	120	13	
630	6×60	125	120	13	140	120	15	
800	6×80	125	170	16	140	170	19	
1000	6×100	125	170	18	140	170	23	
1250	6×140	125	230	23	140	230	28	
1600	8×170	125	230	29	140	230	31	

表 20-8　CMC 型铜质母线电流等级及外形尺寸

额定电流(A)	每相母线	三线制			四线制			图号
	(mm)	W(mm)	H(mm)	质量(kg/m)	W(mm)	H(mm)	质量(kg/m)	
100	3×30	125	70	13	120	80	15	
250	6×30	125	100	15	140	100	18	
400	6×40	125	100	18	140	100	22	
630	6×50	125	120	19	140	120	23	
800	6×60	125	120	25	140	120	25	图 20-12*a*
1000	6×80	125	170	30	140	170	31	
1250	6×110	125	170	41	140	170	39	
1600	6×150	125	230	44	140	230	51	
2000	6×200	125	260	50	140	260	55	
2500	6×250	125	310	57	140	310	63	
3000	2×6×140	125	520	80	140	360	98	
3500	2×6×170	125	520	88	140	520	110	图 20-12*b*
4000	2×6×200	125	520	100	140	520	126	

表 20-9　母线动、热稳定试验电流值 (kA)

母线额定电流 I_n (A)	1s 热稳定电流有效值 (kA)	动稳定电流峰值 (kA)
$100<I_n<250$	12	25
$250<I_n<400$	20	40
$400<I_n<630$	25	50
$600<I_n<1000$	30	70
$1000<I_n<1600$	35	90
$1600<I_n<2500$	55	120
$2500<I_n<4000$	85	170

母线连接处接触面最大允许温升，见表 20-10。

表 20-10　母线连接处允许温升 (℃)

导电部分名称	最大允许温升 (℃)	
	无镀层	镀锡
母线与母线紧固接合处	45	60
插孔插头与母线接触处		

高压共相母线电压，电流等级及外形尺寸，见表 20-11，其外形尺寸见图 20-13。

表 20-11　GFM 型高压共相封闭母线电压、电流等级及外形尺寸

额定最高工作电压 (kV)	额定电流 (A)	铝导体			铜导体			图号
		W (mm)	H (mm)	质量 (kg)	W (mm)	H (mm)	质量 (kg)	
	400	670	310	47	670	310	51	
	600	715	310	50	670	310	53	
	800	715	310	53	715	310	59	
	1000	790	310	59	790	310	67	
6.9	1200	790	310	60	715	310	71	图 20-13
	1500	940	310	71	790	310	83	
	2000	790	510	85	940	310	104	
	2500	940	510	96	790	510	119	
	3000	940	510	101	790	510	130	

续表 20-11

额定最高工作电压(kV)	额定电流(A)	铝导体			铜导体			图号
		W (mm)	H (mm)	质量 (kg)	W (mm)	H (mm)	质量 (kg)	
11.5	400	790	370	55	790	370	59	图 20-13
	600	835	370	58	790	370	61	
	800	835	370	60	835	370	66	
	1000	910	370	66	910	370	74	
	1200	910	370	68	835	370	78	
	1500	1060	370	78	910	370	90	
	2000	910	570	94	1060	370	112	
	2500	1060	570	105	910	570	128	
	3000	1060	570	110	910	570	139	
40.5	200	1630	770	112	1630	770	118	
	400	1630	770	115	1630	770	120	
	600	1675	770	118	1675	770	122	
	800	1675	770	123	1675	770	127	
	1000	1750	770	129	1750	770	135	

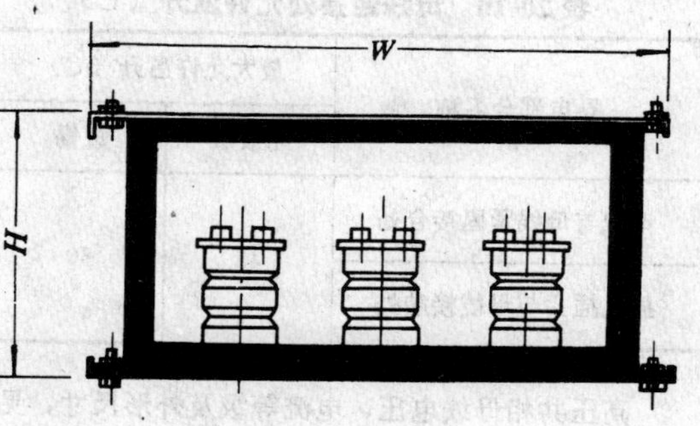

图 20-13 高压共相母线

W—外壳宽；H—外壳高

附录 20.1 各种形状母线截面的几何均距

(1) 圆形截面的自几何均距，见附图 20-1。

$$g = r\,e^{-\frac{1}{4}} = 0.7788r \qquad (附 20\text{-}1)$$

$$\ln g = \ln r - \frac{1}{4} \qquad (附 20\text{-}2)$$

式中 r——圆形半径，cm。

附图 20-1 圆形母线截面的几何均距

(2) 管形截面的自几何均距，见附图 20-2。

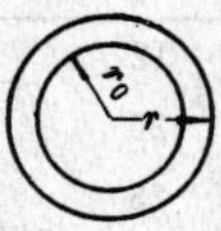

附图 20-2 管形母线截面的几何均距

$$\ln g = \ln r - \frac{r_0^4}{(r^2 - r_0^2)^2}\ln\frac{r}{r_0} + \frac{3r_0^2 - r^2}{4(r^2 - r_0^2)} \qquad (附 20\text{-}3)$$

式中 r——管子外半径，cm；

r_0——管子内半径，cm。

(3) 方形截面的自几何均距，见附图 20-3。

$$g = 0.4471a \qquad (附 20\text{-}4)$$

$$\ln g = \ln a - 0.8051 \qquad (附 20\text{-}5)$$

式中 a——方形边长，cm。

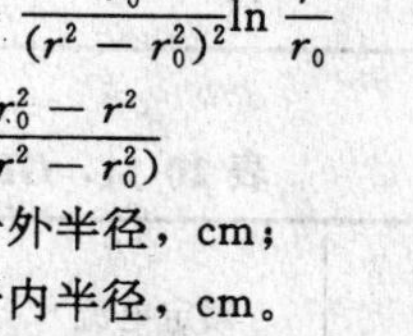

附图 20-3 方形母线截面的几何均距

(4) 矩形截面的自几何均距，见附图 20-4。

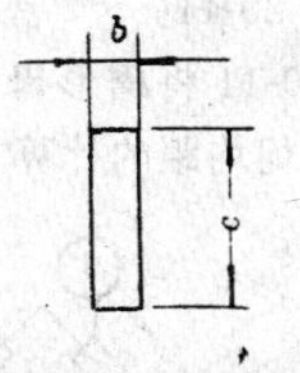

附图 20-4 矩形母线截面的几何均距

$$g = K(b + c) \qquad (附 20-6)$$

式中 b、c——母线的宽和高，cm；

K——系数，$K=0.2236$。

（5）椭圆截面的自几何均距，见附图 20-5。

$$g = \frac{a+b}{2}e^{-\frac{1}{4}} \qquad (附 20-7)$$

$$\ln g = \ln\frac{a+b}{2} - \frac{1}{4} \qquad (附 20-8)$$

式中 a、b——椭圆的长轴与短轴半径，cm。

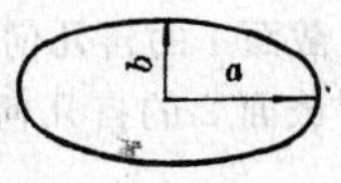

附图 20-5 椭圆形母线截面的几何均距

（6）两个圆形截面的互几何均距等于两个圆形截面的圆心距离，见附图 20-6。

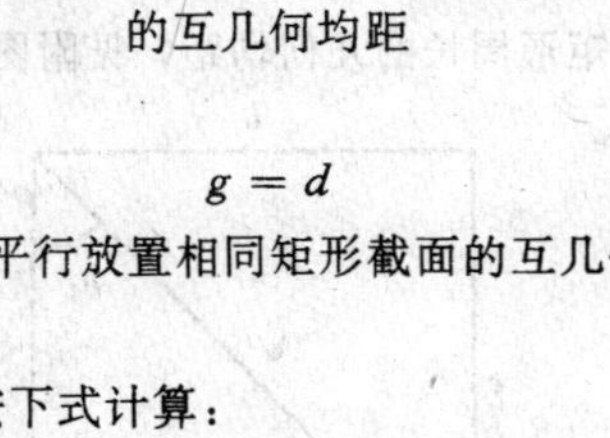

附图 20-6 两个圆形母线截面的互几何均距

$$g = d \qquad (附 20-9)$$

（7）两个平行放置相同矩形截面的互几何均距，见附图 20-7。

一般可按下式计算：

$$\ln g = \ln K + \frac{1}{2}\left(\frac{d}{b}+1\right)^2 \times \ln(d+c+b) + \frac{1}{2}\left(\frac{d}{b}-1\right)^2 \ln(d+c-b) - \left(\frac{d}{b}\right)^2 \ln(d+c) \qquad (附 20-10)$$

式中 K——系数，$K=0.2236$。

式附 20-10 无论 $b>c$ 或 $c>b$ 时均是适用的。

当两个狭长的矩形截面相隔较远时，其互几何均距可以认为等于相应线段的互几何均距。即

$$\ln g = \ln d + \Delta \qquad (附 20-11)$$

当 $c \gg b$ 时

$$\Delta = \frac{\gamma^2}{12}\left(1 - \frac{\gamma^2}{5} + \frac{\gamma^4}{14}\cdots\right) \qquad (附 20-12)$$

当 $b \gg c$ 时

$$\Delta = -\frac{\beta^2}{12}\left(1 + \frac{\beta^2}{5} + \frac{\beta^4}{14}\cdots\right) \qquad (附 20-13)$$

式中 γ——c/d；

β——b/d。

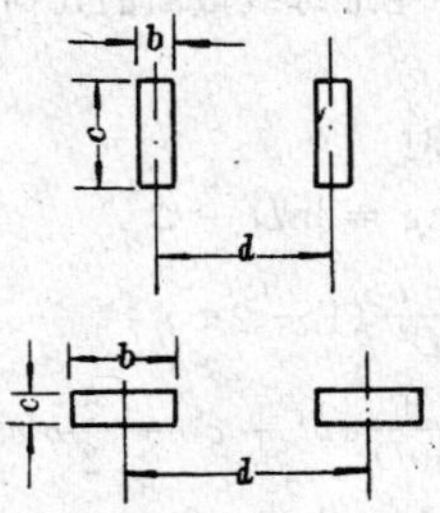

附图 20-7 两个平行放置相同矩形母线截面的互几何均距

（8）两个垂直放置相同矩形截面的互几何均距，见附图 20-8。

当 $D>c$ 时

$$\ln g = \ln D + \Delta \qquad (附 20-14)$$

$$\Delta = \frac{b^4 + c^4}{240D^4}(1 - 8\mu^2 + 8\mu^4) \qquad (附 20-15)$$

式中 μ——$\cos\theta$；

θ——两个矩形截面中心联线与矩形截面水平线间夹角，°；

D——两个矩形截面中心间距离，cm。

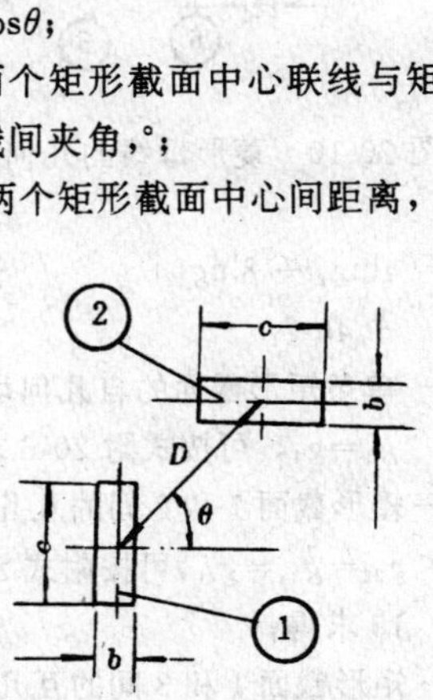

附图 20-8 两个垂直放置相同矩形母线截面的互几何均距

(9) 两个平行但错开放置的相同矩形截面的几何均距，见附图 20-9。

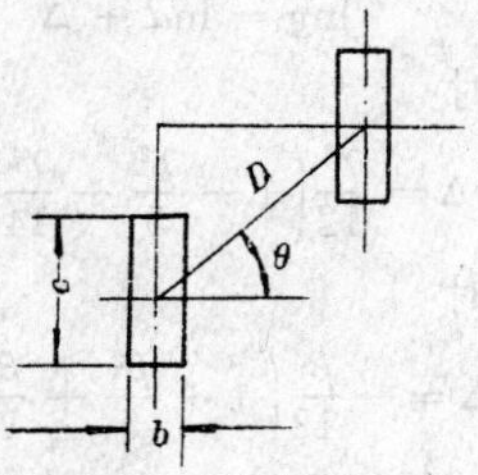

附图 20-9 两个平行错开放置的相同矩形母线截面的几何均距

当 $D>c$ 时

$$\ln g=\ln D+\Delta \quad \text{(附 20-16)}$$

$$\Delta=\frac{b^2-c^2}{12D^2}(1-2\mu^2)-\frac{1}{60D^4}\left(b^4+c^4-\frac{5}{2}b^2c^2\right)\times(1-8\mu^2+8\mu^4) \quad \text{(附 20-17)}$$

式中 $\mu=\cos\theta$。

(10) 菱形母线（由 4 个相同矩形截面组成）的几何均距，见附图 20-10。

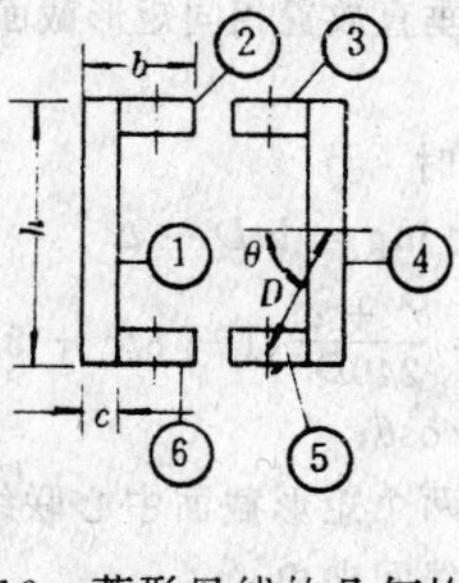

附图 20-10 菱形母线的几何均距

$$16\ln g_A=4\ln g_1+8\ln g_{12}+4\ln g_{13} \quad \text{(附 20-18)}$$

式中 g_1——单条矩形截面的自几何均距，$g_1=g_2=g_3=g_4$，可按式附 20-6 求得；

g_{12}——矩形截面 1 和 2 间的互几何均距，$g_{12}=g_{23}=g_{34}=g_{41}$，可按附式 20-14、附式 20-15 求得；

g_{13}——矩形截面 1 和 3 间的互几何均距，$g_{13}=g_{24}$，可按附式 20-11、附式 20-12 求得。

(11) 槽形母线（由两个相同槽形截面组成）的几何均距，见附图 20-11。

可按附图 20-11 将槽形母线分为 6 个矩形单元，再按矩形截面几何均距的计算方法进行。

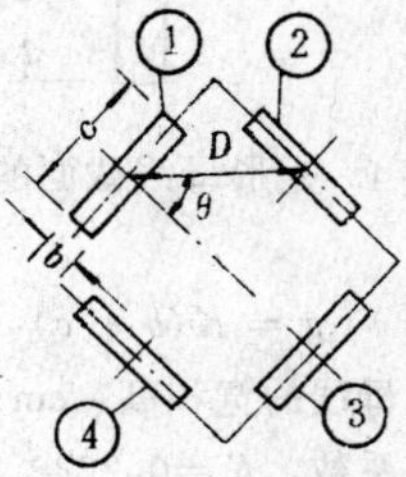

附图 20-11 槽形母线的几何均距

$$36\ln g_A=2\ln g_1+4\ln g_2+8\ln g_{12}+4\ln g_{26}+2\ln g_{14}+8\ln g_{13}+4\ln g_{23}+4\ln g_{25} \quad \text{(附 20-19)}$$

式中 g_1——矩形截面 1 的自几何均距，$g_1=g_4$；

g_2——矩形截面 2 的自几何均距，$g_2=g_3=g_5=g_6$；

g_{12}——矩形截面 1 和 2 间的互几何均距，$g_{12}=g_{16}=g_{34}=g_{45}$；

g_{26}——矩形截面 2 和 6 间的互几何均距，$g_{26}=g_{35}$；

g_{14}——矩形截面 1 和 4 间的互几何均距；

g_{13}——矩形截面 1 和 3 间的互几何均距，$g_{13}=g_{24}=g_{15}=g_{46}$；

g_{23}——矩形截面 2 和 3 间的互几何均距，$g_{23}=g_{56}$；

g_{25}——矩形截面 2 和 5 间的互几何均距，$g_{25}=g_{36}$。

(12) 矩形周长的几何均距，见附图 20-12。

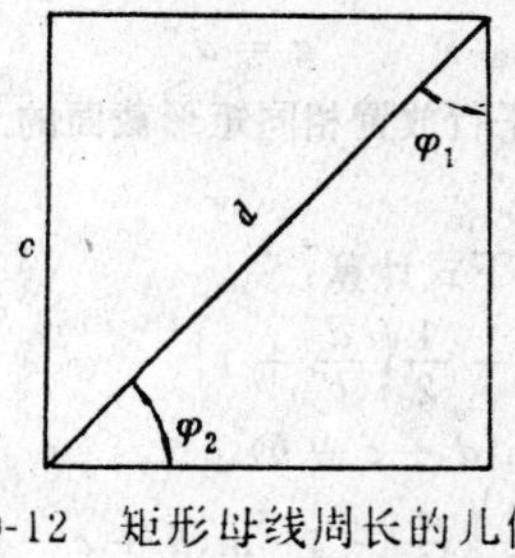

附图 20-12 矩形母线周长的几何均距

$$(b+c)^2\ln g_A=b^2\ln b+c^2\ln c+2bc\ln d+c(b+c)\varphi_1+b(b+c)\varphi_2$$

$$-\frac{3}{2}(b+c)^2 \qquad (附 20\text{-}20)$$

对于正方形，即 $b=c$，$\varphi_1=\varphi_2=45°$

$$\ln g_A = \ln b - 0.5413 \qquad (附 20\text{-}21)$$

$$g_A = 0.5812b$$

对于菱形或槽形母线的边宽与厚的比甚大时，可以认为等于由四条线段组成的矩形周长，其几何均距亦可按上式进行近似计算。

附录 20.2　大电流母线附近钢结构的损耗和发热

载大电流母线附近的钢结构或钢筋混凝土中的钢筋，由于交变磁场而产生的涡流损失，引起钢结构或钢筋发热，并使母线周围的空气温度升高。当温度超过了允许温度时会使钢结构机械强度破坏。钢筋混凝土碎裂，甚至引起设备人身事故，设计应尽可能减少损耗，降低温度，一般不应超过下列温度。

工作人员在运动中易于接触的部分（如保护构架）70℃

工作人员不易接触的部分：钢筋混凝土构件表面温度　60℃；钢结构表面温度 100℃。

（1）钢结构的功率损耗及温升计算。

与母线轴线平行的钢结构，其涡流损失和发热都很少，一般可不必考虑，而着重考虑与母线轴线垂直的钢结构和母线附近的闭合钢框的损耗和发热。

1）与三相母线轴线垂直的钢结构。

每根钢条的涡流损失可按下式计算

$$P_w = \frac{1}{2}\left[\left(\frac{P}{S}\right)_{max} + \left(\frac{P}{S}\right)_{min}\right]lu \qquad (附 20\text{-}22)$$

式中　l——与母线轴线垂直的整块钢条长度，cm；

u——钢条横断面的周长，cm；

$\left(\frac{P}{S}\right)_{max}$——钢条表面相应在最大磁场强度 $H_{c_{max}}$ 的单位表面损耗（W/cm^2），可由附图 20-13 查得；

$\left(\frac{P}{S}\right)_{min}$——钢条表面相应在最大磁场强度 $H_{c_{min}}$ 的单位表面积损耗（W/cm^2），可由附图 20-13 查得。

关于常用型钢周长 u 及自几何均距 g 的计算式见附表 20-1。

钢条表面的磁场强度 H_c，可根据母线电流 I_m 和钢条与母线的距离 a 及母线相间距离 D 的关系按附图 20-14 至附图 20-16 求得。

附表 20-1　常用型钢周长 u 自几何均距 g 的计算式

型钢截面	周长 u	自几何均距 g 的近似式	自几何均距 g 的精确式
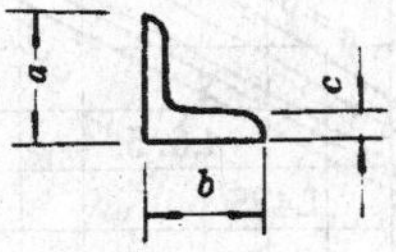	$u=1.95\ (a+b)$	$g=0.1u=0.4a$	$g=0.393a$
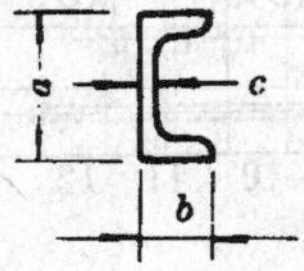	$u\approx 2\ (a+2b)\ -5c$	$g=0.1u=0.4a$	$g=0.379a$
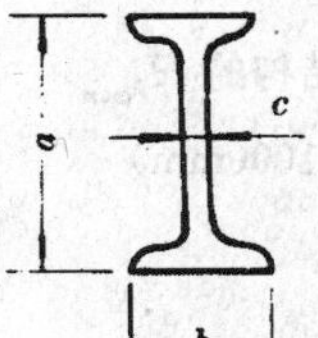	$u\approx 2\ (a+2b-4c)$	$g=0.1u=0.4a$ $\left(b=\frac{a}{2}\right)$	$g=0.348a$

续附表 20-1

型钢截面	周长 u	自几何均距 g 的近似式	自几何均距 g 的精确式
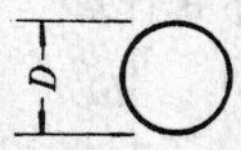	$u=\pi D$	$g=R=0.16u$	$g=R$
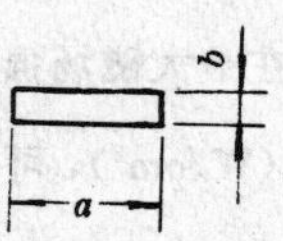	$u=2\ (a+b)$	$g=0.1u=0.2a$	$g=0.223a$

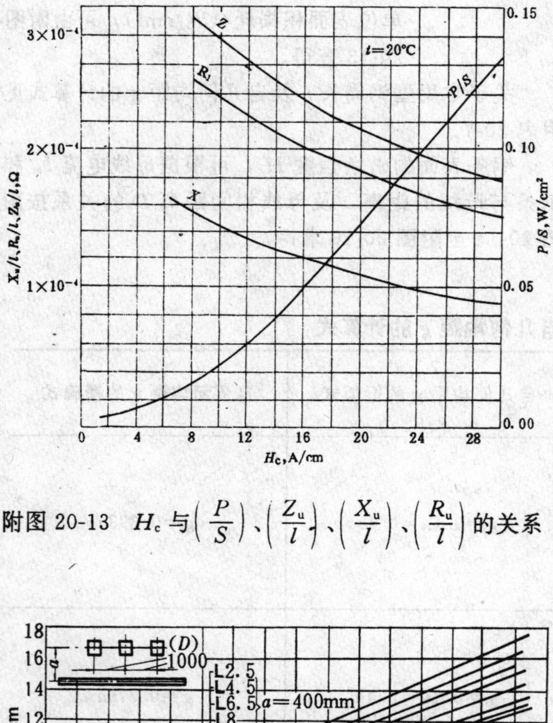

附图 20-13 H_c 与 $\left(\frac{P}{S}\right)$、$\left(\frac{Z_u}{l}\right)$、$\left(\frac{X_u}{l}\right)$、$\left(\frac{R_u}{l}\right)$ 的关系

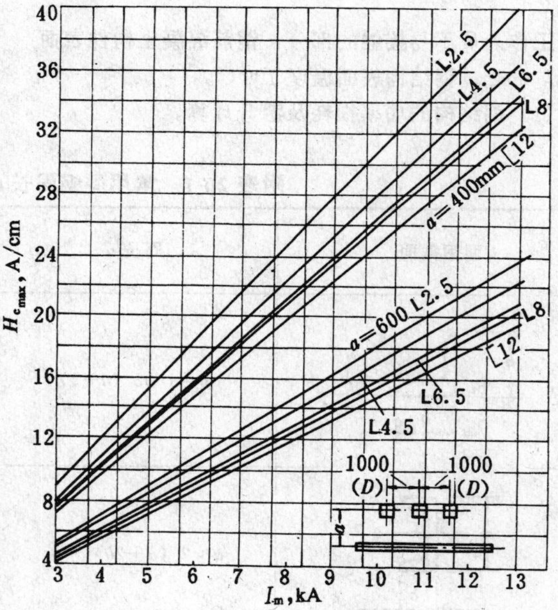

附图 20-14 单根钢结构的 $H_{c_{max}}$ 与 I_m 的关系（$D=1000$mm）

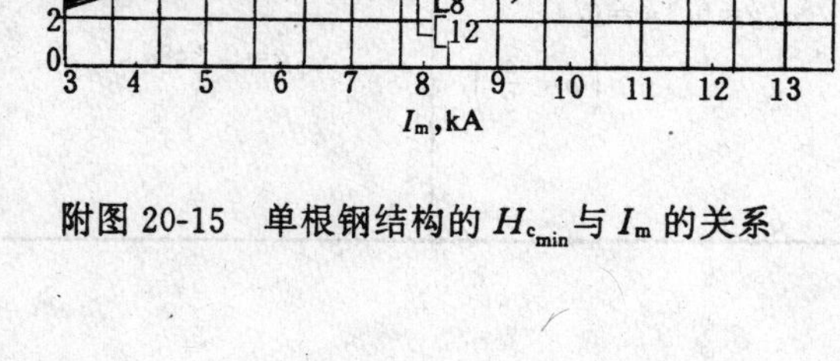

附图 20-15 单根钢结构的 $H_{c_{min}}$ 与 I_m 的关系

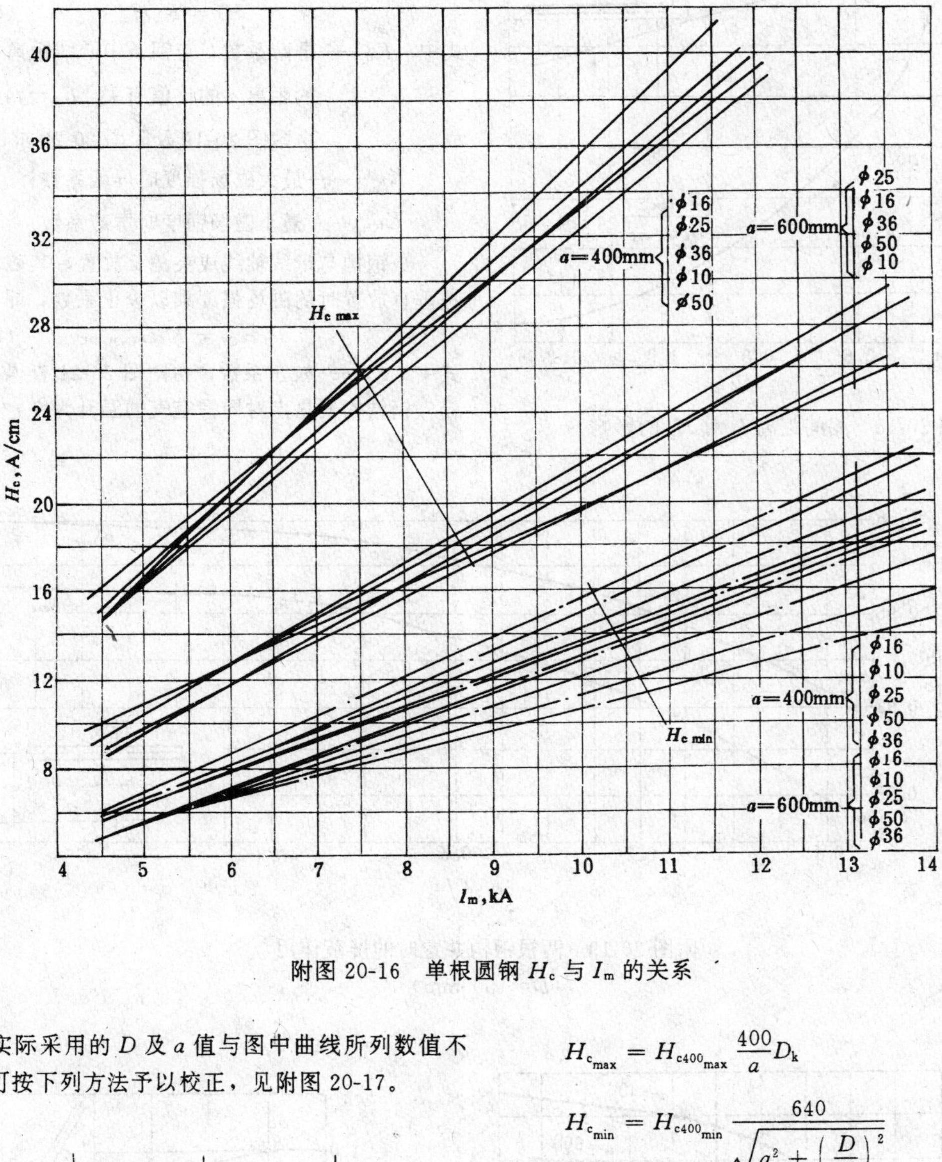

附图 20-16　单根圆钢 H_c 与 I_m 的关系

当实际采用的 D 及 a 值与图中曲线所列数值不同时，可按下列方法予以校正，见附图 20-17。

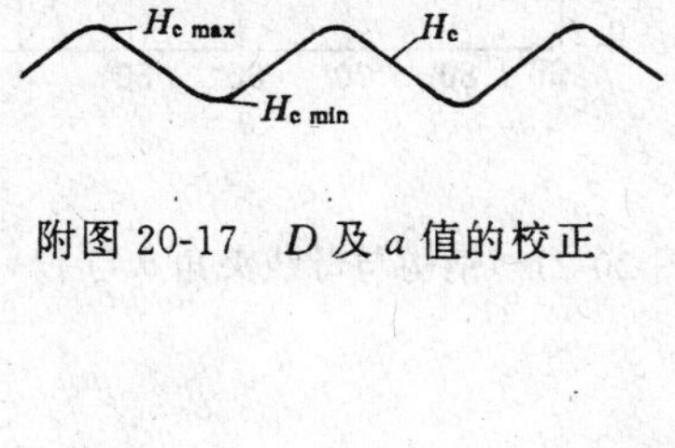

附图 20-17　D 及 a 值的校正

$$H_{c_{max}} = H_{c400_{max}} \frac{400}{a} D_k \tag{附 20-23}$$

$$H_{c_{min}} = H_{c400_{min}} \frac{640}{\sqrt{a^2 + \left(\frac{D}{2}\right)^2}} \tag{附 20-24}$$

式中　D——母线相间距离，mm；

a——钢条与母线的距离，mm；

D_k——系数，与 a/D 有关，

当 $a/D \leqslant 0.4$ 时，$D_k \simeq 1$；

当 $a/D > 0.4$ 时，D_k 值由附图 20-18 求得。

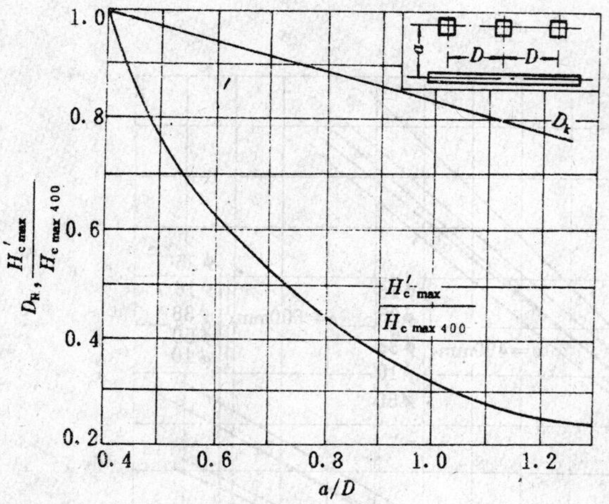

附图 20-18 相间距离 D 对 H_c 的影响

当有两根以上的钢条并置时，由于对磁场的相互屏蔽作用，将使 H_c 值减小。

$$H_c = K_b H_c \qquad (附 20\text{-}25)$$

式中 K_b——屏蔽系数，与钢条中心线距离 d 为母线的距离 a 的比值有关，$K_b=f\left(\frac{d}{a}\right)$，可由附图 20-19 及附图 20-20 求得。

$K_{b_{max}}$——最大磁场强度时屏蔽系数；

$K_{b_{min}}$——最小磁场强度时屏蔽系数。

当钢构与母线轴线成夹角 θ 放置，其磁场强度可按垂直放置时的磁场强度乘以校正系数，即

$$H_{C\theta} = K_\theta H_{C90°} \qquad (附 20\text{-}26)$$

式中 K_θ——校正系数，由附图 20-21 查得。

钢结构最热点对周围空气的温升为

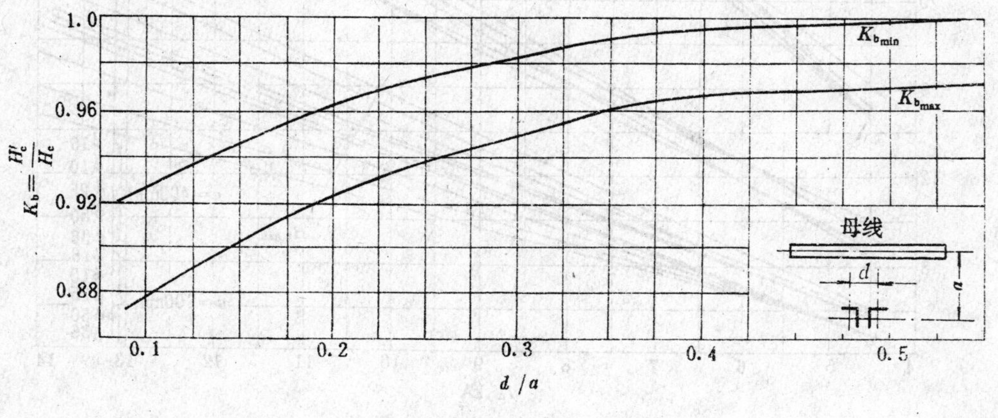

附图 20-19 两根钢构并置时的屏蔽作用

(D=1000mm)

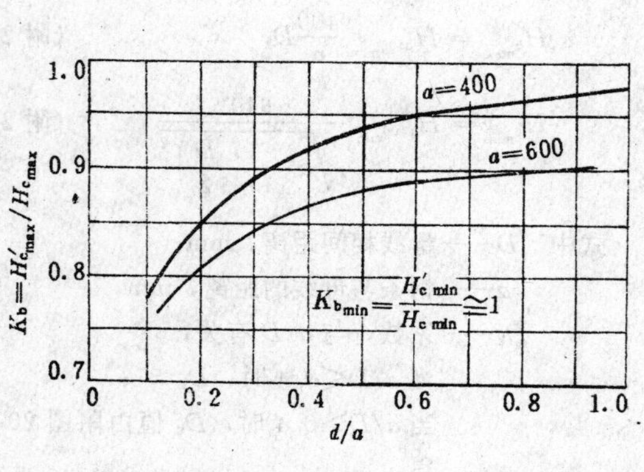

附图 20-20 多根圆钢并置时的屏蔽作用

(D=1000mm)

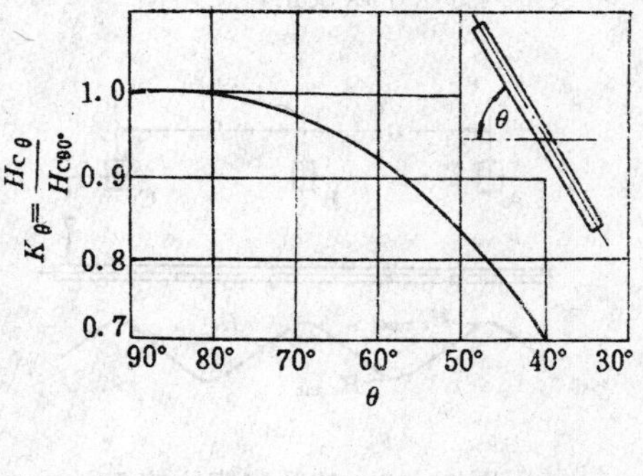

附图 20-21 钢构与母线夹角 θ 与 H_C 的影响

$$\tau = \left(\frac{P}{S}\right)_{max} \Big/ K \qquad (附 20\text{-}27)$$

式中 $\left(\frac{P}{S}\right)_{max}$——钢构最热点单位表面积的最大功率损耗，$W/cm^2$；

K——钢构最热点对较冷部分及周围空气的散热系数，$W/cm^2 \cdot ℃$（一般可采用 $K=1.5\times10^{-3}$ $W/cm^2 \cdot ℃$）。

2）与母线轴线平行的闭合钢框。

与母线轴线平行的闭合钢框的损耗发热，包括钢框中垂直于母线的钢构由于涡流引起的损耗发热和平行于母线的钢构中感应电流所引起的损耗发热两部分组成。

垂直于母线的钢构涡流损耗可按以上所述方法计算求得，由平行于母线的钢构产生的感应电流损耗及发热计算如下：

两根平行钢构中感应的电势见附图 20-22。

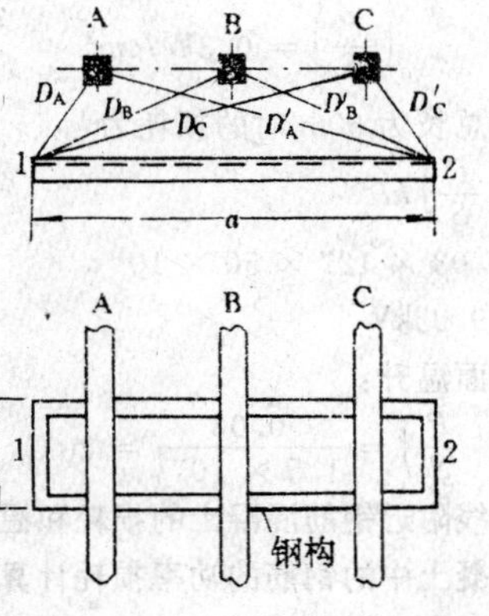

附图 20-22　两根平行钢构中的感应电势

$$E_{g1,g2} = E_{g1} - E_{g2}$$
$$= 2\omega I_m \left[\ln\frac{D'_A}{D_A} + a\ln\frac{D'_B}{D_B} + a^2\ln\frac{D_C'}{D_C}\right] b \qquad (附 20\text{-}28)$$

当钢框与母线对称布置时

$$D_A = D_C', D_A' = D_C, D_B = D_B'$$

因而

$$E_{g1,g2} = 2\omega I_m \left[\ln\frac{D_A'}{D_A} + a^2\ln\frac{D_A}{D_A'}\right] b \times 10^{-7}$$
$$= 2.18 f I_m b \ln\frac{D_A'}{D_A} \times 10^{-6} \qquad (附 20\text{-}29)$$

式中 I_m——母线电流，A；

b——钢构长度，m；

D_A、D_A'——A 相母线与钢构 1，2 的距离，cm；

f——电流的频率，等于 50Hz。

平行钢构中的感应电流可由下式计算

$$I_g = \frac{E_{g1,g2}}{\sqrt{R^2 + (X_N + X_W)^2}} \qquad (附 20\text{-}30)$$

式中 R——钢构沿电流方向全长的交流电阻，Ω；

X_N——钢构沿电流方向全长的内电抗，Ω；

X_W——钢构沿电流方向全长的外电抗，Ω。

R 及 X_N 值可按附图 20-13 中曲线 $\frac{Ru}{l} = f(H_c) = f\left(\frac{I_g}{u}\right)$ 和 $\frac{Xu}{l} = f(H_c) = f\left(\frac{I_g}{u}\right)$ 以渐近法求得（即先假定一感应电流 I_g 值再反复核算即得）。图中 u 为载感应电流钢构横截面周长（cm），l 为钢构沿电流方向全长（cm）。

钢构的外电抗按下式计算

$$X_W = 2.52 f l \ln\frac{a}{g} \times 10^{-6} \qquad (附 20\text{-}31)$$

式中 a——两平行钢构 1 与 2 间距离，cm；

g——钢构的自几何均距，cm；

l——钢构全长，m；

f——电流频率，（50Hz）。

平行钢构中感应电流的损耗及温升

功率损耗　$P_g = \left(\frac{P}{S}\right) ul \times 10^{-3}$　（附 20-32）

钢构温升　$\tau = \frac{1}{K}\left(\frac{P}{S}\right)$　（附 20-33）

式中 K——系数，$K=1.5\times10^{-3} W/cm^2 \cdot ℃$；

$\left(\frac{P}{S}\right)$——钢构的单位表面积损耗，W/cm^2。

$\left(\frac{P}{S}\right) = f(H_c) = f\left(\frac{I_g}{u}\right)$，可由附图 20-13 曲线求得。

对闭合钢框中垂直母线的钢构损耗，除涡流损耗外还通过感应电流产生损耗，考虑其温升发热应以总损耗计，即

$$\left(\frac{P}{S}\right)_\Sigma = \left(\frac{P_W}{S}\right) + \left(\frac{P_g}{S}\right) \qquad (附 20\text{-}34)$$

式中 P_W——涡流损耗，W；

P_g——感应电流产生的损耗，W。

再按公式 20-86 求其最热点温升。

当求得钢构的平均温度超过附图 20-13 中曲线所列数值时，其电阻 R 和内电抗 X_N 应乘以校正系数 K_t

$$K_t \approx 1 + 0.003(t - 20) \qquad (附 20\text{-}35)$$

例　水平排列三相母线的支持钢框架如附图 20-23 所示，母线电流 $I_m=8400A$，计算两平行钢构中的

感应电流及温升。

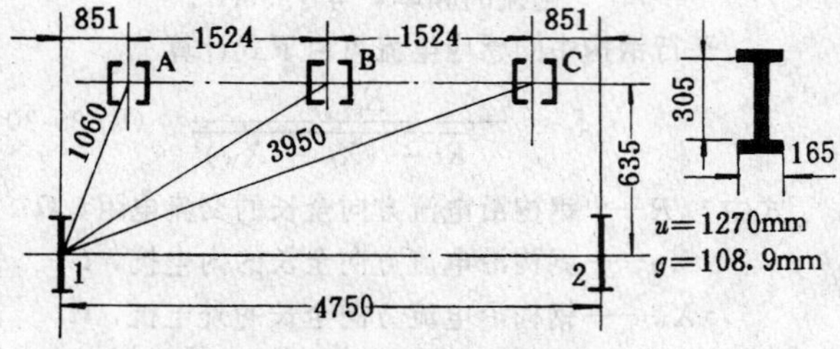

附图 20-23 水平排列三相母线的支持钢框架

当不计垂直钢构的影响时，计算单位长度 $b=1\text{m}$，在构成闭合回路的情况下，感应电势为

$$E_{g1,g2}=2.18fbI_m\ln\frac{D_A'}{D_A}\times10^{-6}$$

$$=2.18\times50\times1\times8400\ln\frac{3950}{1060}\times10^{-6}$$

$$=1.196\text{V}$$

钢构回路外电抗

$$X_W=2.52fl\ln\frac{a}{g}\times10^{-6}$$

$$=2.52\times50\times1\times\ln\frac{4750}{108.9}\times10^{-6}$$

$$=4.75\times10^{-4}\Omega$$

用渐近法求 R 及 X_N 的值：

设回路感应电流

$I_g=1300\text{A}\left(\approx\frac{E_{g1,g2}}{2X_w}\right)$，则钢构表面磁场强度

$$H_c=\frac{I_g}{u}=\frac{1300}{127.0}$$

$$=10.23\text{A/cm}$$

查附图 20-13 中曲线可得回路电阻和内电抗

$$R=\frac{1}{u}\times2.35\times10^{-4}$$

$$=\frac{200}{127}\times2.35\times10^{-4}$$

$$=3.7\times10^{-4}\Omega$$

$$X_N=\frac{1}{u}\times1.42\times10^{-4}$$

$$=\frac{200}{127}\times1.42\times10^{-4}$$

$$=2.24\times10^{-4}\Omega$$

回路感应电流

$$I_g=\frac{E_{g1,g2}}{\sqrt{R^2+(X_N+X_W)^2}}$$

$$=\frac{1.196}{7.82\times10^{-4}}$$

$$=1535\text{A}$$

计算结果较所假设的电流值大，再令较大的 I_g 值逐次代入，使计算值与所假设值接近相等得

$$I_g=1520\text{A}$$

相应的电阻及内电抗为

$$R=3.53\times10^{-4}\Omega$$

$$X_N=2.14\times10^{-4}\Omega$$

钢构中感应电流产生的功率损耗：

利用附图 20-13 曲线求得

$$\left(\frac{P}{S}\right)=0.3\text{W/cm}^2$$

当钢构总长为 50m 时的损耗为

$$P_g=\left(\frac{P}{S}\right)ul$$

$$=0.03\times127\times50\times10^2$$

$$=19.05\text{kW}$$

钢构表面温升：

$$\tau=\frac{1}{K}\left(\frac{P}{S}\right)=\frac{0.03}{1.5\times10^{-3}}=20℃$$

（2）母线附近钢筋混凝土的损耗和温升计算。

钢筋混凝土中的钢筋的功率损耗计算方法和在空气中的钢构相同。可利用附图 20-13 及附图 20-16 经计算求得，垂直于母线的横筋发热显著，平行于母线的纵筋发热极小，但应尽量避免构成闭合回路，以减少感应电流引起的损耗。对钢筋混凝土单层钢筋的温升计算如下（见附图 20-24）。

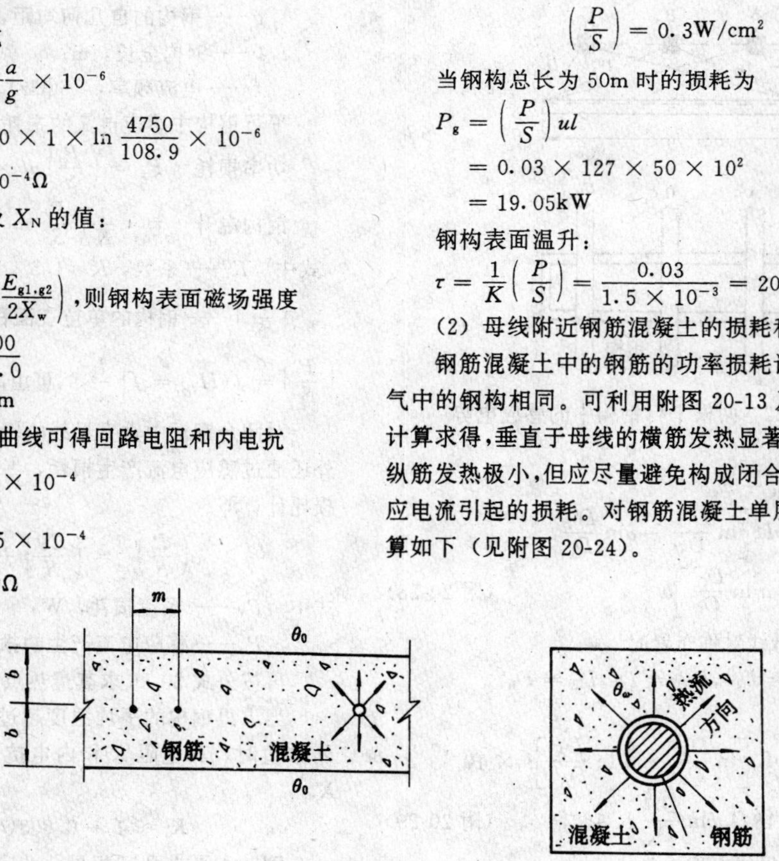

附图 20-24 钢筋对周围空气的温升

1）钢筋对周围空气的温升

$$\tau_{co} = \theta_c - \theta_0 = \left(R_{cw} + \frac{1}{ma}\right)\theta \qquad (附 20\text{-}36)$$

钢筋对混凝土壁面的温升

$$\tau_{cw} = \theta_c - \theta_w = R_{cw}\theta \qquad (附 20\text{-}37)$$

混凝土壁面对周围空气的温升

$$\tau_{wo} = \theta_w - \theta_0 = \frac{\theta}{ma} \qquad (附 20\text{-}38)$$

式中 θ——每根钢筋单位长度平均发势量，θ=1.63P、kJ/m·h；

P——每根钢筋单位长度平均损耗，W/m；

m——横筋间距，m；

a——混凝土对空气散热系数，kJ/m²·℃·h；

R_{cw}——钢筋对壁面热阻，m·h·℃/kJ，可按下式计算，

$$R_{cw} = \frac{1}{2\pi\lambda}\ln\left(\frac{2m}{\pi d}sh\frac{2\pi b}{m}\right) \qquad (附 20\text{-}39)$$

式中 λ——混凝土的导热系数，λ=1.1kJ/m·h·℃；

b——横筋埋设深度，m；

d——横筋直径，m。

2）钢筋最热点附近混凝土中的温度梯度（沿热流方向单位长度的温差）。

钢筋单位表面积单位时间的发热量为

$$q = \frac{\lambda(\theta_c - \theta_w)}{r_c\ln\frac{r}{r_c}} = \frac{\lambda\tau_{cw}}{r_c\ln\frac{r}{r_c}} \qquad (附 20\text{-}40)$$

式中 r——以钢筋圆心算起的混凝土外半径；cm；

r_c——钢筋半径，cm。

钢筋最热点附近混凝土中的温度梯度为

$$\frac{d\tau}{dr} = \frac{q}{\lambda}\frac{r_c}{r} \qquad (附 20\text{-}41)$$

在钢筋表面 $r=r_c$ 时，混凝土中的温度梯度最大。

参考文献

[1] 吴励坚主编，大电流母线的理论基础与设计，水力电力出版社，1985.

[2] SDGJ14—86 导体和电器设计技术规定.

第21章

架空电力线路

由钢铁设计部门设计的架空电力线路，电压一般不超过110kV。包括35～110kV送电线路，3～10kV高压配电线路及380V低压配电线路。35～110kV送电线路仅做一些厂区内部由受电变电所到车间（或分厂）变电所的短线路，或由自备电厂到车间（或分厂）变电所的联络线或配电线。这些线路根据厂区的范围，很少超过5～10km。冶金厂区线路，有以下特点：

(1)冶金厂区多为平地或一般的丘陵地带，很少遇到高山大川或少有的地质复杂地带，因此有关这方面的内容，本章不予列入。

(2)各种电压等级的路径选择，往往不能单纯按电气的要求来选择，而要与厂区总图和城市规划一起来决定，但电气必须认真考虑杆塔位置的合理性，选定合适的杆塔型式。

(3)在冶金厂区线路与各种建筑物、构筑物、公路、铁路、配电线及通讯线路交叉跨越很多，而线路路径又受限制，但是各种交叉跨越物是冶金工厂专用的情况下，对交叉水平距离应区别具体情况予以对待，征得有关部门同意即可，不必硬套有关规程。但是交叉跨越垂直距离应予满足。在有些情况下，考虑到厂区道路绿化及照明等因素，线路的对地高度应适当提高。

(4) 冶金厂区内35～110kV线路杆塔，受立塔场地及杆塔高度限制，在钢筋混凝土杆不能使用时，应选用已有的各种类型的铁塔。铁塔线路虽然投资较大，但可靠性高，使用寿命长，得到运行维护单位的欢迎。

(5) 冶金厂区内受各种炉窑排出的污秽气体的影响，一般都要求加长绝缘子串的泄漏距离，在绝缘设计中应予以注意。

(6) 冶金厂区内35～110kV送电线路导线一般选用新型钢芯铝绞线中钢芯截面较小的一种，安全系数取3～5，以便在改用较大的导线时，仍可用已有较小截面作计算条件的杆塔。对10kV以下的配电线路，一般以铝绞线为主，安全系数也取3～5，一般较小的导线安全系数取小一些，较大的导线安全系数取大一些，这是为了在小导线时充分利用杆塔的强度，在大导线时又不致使杆塔构件过大，对于分裂导线杆塔尤应注意。对于输送距离较长的（如水源地等）而负荷又不很大，导线截面较小时，可以使用钢芯铝绞线，以便增大挡距，充分利用杆塔强度。导线施工安装用的架线曲线，不管是35～110kV的送电线路还是10kV以下的配电线路，都是必不可少的，有架线曲线才能控制导线紧线后的应力，按经验是很难做到这点的。不过10kV以下的配电线路，由于挡距范围有限，可以用导线安装表来表示，这种安装表在10kV以下标准设计中，已有计算好的资料。

21.1 架空电力线路的设计

对架空电力线路的设计要求：

(1) 送电线路设计可分初步设计和施工图两阶段进行，亦可先做一个施工图方案，接着做施工图。配电线路设计亦可不分阶段。

(2) 应尽量采用标准化图集或行之有效的通用设计。

(3)设计架空电力线路时，既要注意现有的地貌和建筑物，又要与城镇规划相协调，考虑到将来的地面标高和建筑物及其它设施，并要考虑运输、施工、运行的方便，以及建成后的外观，不致影响市容美观。

21.1.1 初步设计

初步设计确定主要的设计原则，有电力系统设计，确定导线、避雷线的规格、型号；决定导线、避雷线安全系数及导线和避雷线的防震措施；确定绝缘子型式、绝缘子串的片数和联数；区分清洁地区和污秽地区的不同型式；选定杆塔型式，说明杆塔的使用条件及线路路径的选择。

初步设计附图有：

(1) 送电线路路径平面图；

(2) 导线及避雷线力学特性曲线；

(3) 全线杆塔一览图。

21.1.2 施工图设计

施工设计是按照初步设计原则和审核意见所作的具体设计，包括下列设计内容：

(1) 施工图总说明及附图；

(2) 线路平断面图及杆塔明细表；

(3) 机电施工图及说明书；

(4) 杆塔施工图及说明书；

(5) 基础施工图及说明书。

21.2 电气部分

21.2.1 线路正序阻抗

线路正序阻抗

$$Z_1 = R + jX_1$$

式中 R——相导线电阻，Ω/km；

X_1——相导线正序电抗，Ω/km；

(1) 单回路单导线正序电抗

$$X_1 = 0.0001\pi\mu f + 0.0029 f\lg\frac{d_m}{r_m}$$

或
$$X_1 = 0.0029 f\lg\frac{d_m}{r_m} \qquad (21\text{-}1)$$

其中
$$d_m = \sqrt[3]{d_{ab}d_{bc}d_{ca}} \qquad (21\text{-}2)$$

$$r_m = e^{-\frac{1}{4}}r_0 \approx 0.779r_0 \qquad (21\text{-}3)$$

式中 μ——导线的相对导磁率，对有色金属 $\mu=1$；

f——频率，Hz；

d_m——相导线间的几何均距，m；

d_{ab}、d_{bc}、d_{ca}为三相导线间距离，m；

r_0——导线半径，m；

r_m——导线有效半径，m。

(2) 单回路分裂导线正序电抗

$$X_1 = 0.0001\pi\mu f + 0.0029 f\lg\frac{d_m}{D_e}$$

或
$$X_1 = 0.0029 f\lg\frac{d_m}{R_m} \qquad (21\text{-}4)$$

式中 D_e——相分裂导线的等价半径，或称分裂导线自几何均距，m；

R_m——相分裂导线有效半径，m。

当分裂导线按正多角形排列，且分裂间距等于 S 时，则

$$D_e = (nr_0A^{n-1})^{\frac{1}{n}}$$

$$R_m = (nr_mA^{n-1})^{\frac{1}{n}}$$

$$A = \frac{s}{2\sin\frac{\pi}{n}}$$

式中 n——相分裂导线根数；

A——分裂导线所占圆周半径，也称分裂导线半径，m。

下面分别列出 $n=2\sim4$ 根 r_m 计算式

$$n = 2 \qquad R_m = (r_mS)^{\frac{1}{2}}$$

$$n = 3 \qquad R_m = (r_mS^2)^{\frac{1}{3}}$$

$$n = 4 \qquad R_m = 1.091(r_mS^3)^{\frac{1}{4}}$$

根据导线绞合情况及其半径 r_0，导线的有效半径 r_m，见表 21-1。

表 21-1 导线的有效半径 r_m

导线种类		r_m
有色金属绞线		
	7 股	$0.726r_0$
	19 股	$0.758r_0$
	37 股	$0.768r_0$
	61 股	$0.772r_0$
钢芯铝线约为		$0.81r_0$
空芯有色金属绞线及忽略钢芯影响的钢芯铝线		
	两层 26 股	$0.809r_0$
	两层 30 股	$0.826r_0$
	三层 54 股	$0.81r_0$
单层钢芯铝线		$0.35r_0\sim0.70r_0$

某些导线的电阻及电抗见表 21-2 和表 21-3。

表 21-2 LJ 型裸铝导线的电阻和电抗

导线型号	LJ-16	LJ-25	LJ-35	LJ-50	LJ-70	LJ-95	LJ-120	LJ-150	LJ-185	LJ-240
电 阻 (Ω/km)	1.98	1.28	0.92	0.64	0.46	0.34	0.27	0.21	0.17	0.132
线间几何均距 (m)	电 抗 (Ω/km)									
0.6	0.358	0.344	0.334	0.323	0.312	0.303	0.295	0.287	0.281	0.273
0.8	0.377	0.362	0.352	0.341	0.330	0.321	0.313	0.305	0.299	0.291
1.0	0.390	0.376	0.366	0.355	0.344	0.335	0.327	0.319	0.313	0.306
1.25	0.404	0.390	0.380	0.369	0.358	0.349	0.341	0.333	0.327	0.319
1.5	0.416	0.402	0.392	0.380	0.369	0.360	0.353	0.345	0.339	0.330
2.0	0.434	0.420	0.410	0.398	0.387	0.378	0.371	0.363	0.356	0.348
2.5	0.448	0.434	0.424	0.412	0.401	0.392	0.385	0.377	0.371	0.362
3.0	0.459	0.445	0.435	0.424	0.413	0.403	0.396	0.388	0.382	0.374
3.5			0.445	0.433	0.423	0.413	0.406	0.398	0.392	0.383

表 21-3 LGJ 型钢芯铝绞线的电阻和电抗

导线型号	LGJ -16	LGJ -25	LGJ -35	LGJ -50	LGJ -70	LGJ -95	LGJ -120	LGJ -150	LGJ -185	LGJ -240	LGJ -300	LGJ -400
电 阻 (Ω/km)	2.04	1.38	0.85	0.65	0.46	0.33	0.27	0.21	0.17	0.132	0.107	0.082
线间几何均距 (m)	电 抗 (Ω/km)											
1.0	0.387	0.374	0.359	0.351								
1.25	0.401	0.388	0.373	0.365								
1.5	0.412	0.400	0.385	0.376	0.365	0.354	0.347	0.340				
2.0	0.430	0.418	0.403	0.394	0.383	0.372	0.365	0.358				
2.5	0.444	0.432	0.417	0.408	0.397	0.386	0.379	0.372	0.365	0.357		
3.0	0.456	0.443	0.428	0.420	0.409	0.398	0.391	0.384	0.377	0.369		
3.5	0.466	0.453	0.438	0.429	0.418	0.406	0.400	0.394	0.386	0.378	0.371	0.362

21.2.2 导线及避雷线选择

1kV 以上高压配电线路及 35～110kV 送电线路的导线截面，首先按经济电流密度选择，采用允许电压损失及最大负荷时按发热条件进行校验。

验算导线载流量时，铝绞线及钢芯铝线的最高允许温度是按＋70℃考虑。

21.2.2.1 导线的经济电流密度

$$S_n = \frac{I_g}{J_n}$$

式中 S_n——经济截面，mm^2；

I_g——工作电流，A；

J_n——经济电流密度，A/mm^2（J_n 值见图 21-

1)。

对于1kV以下线路，是否按经济电流密度选择，目前尚无定论。但笔者认为，年最大负荷利用小时超过5000h，且负荷稳定的线路，可以参照图21-1中的10kV以下选择导线。年最大负荷利用小时小于3000h的线路，可以不按经济电流密度选择。

避雷线的选择按选定的导线配合，常见的避雷线和导线的配合见表21-4。

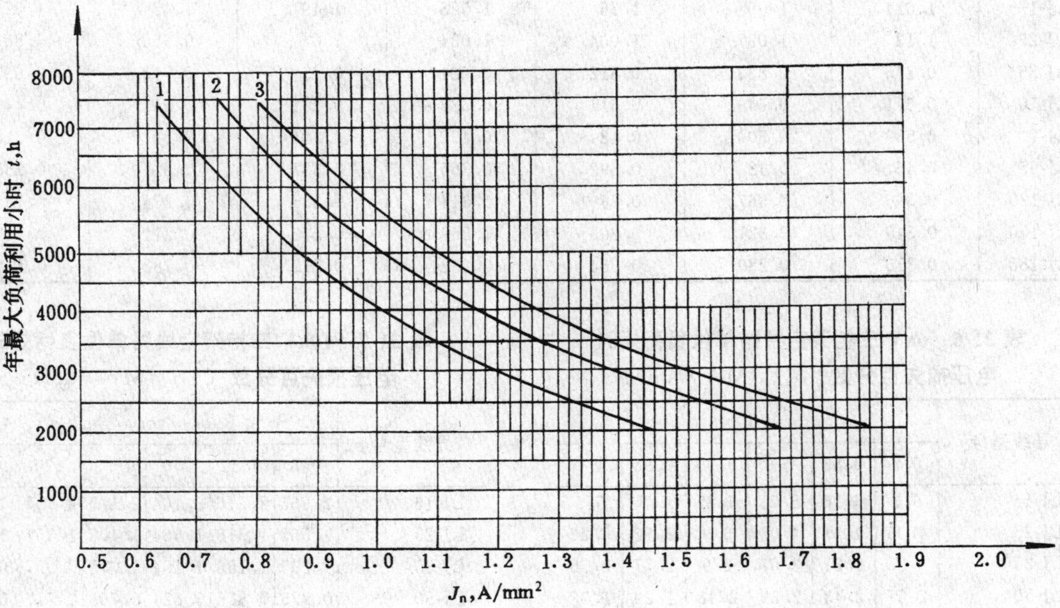

图21-1 软导线经济电流密度

曲线1—导线为LJ线，10kV及以下导线；曲线2—导线为LGJ型，10kV及以下导线；

曲线3—导线为LGJ型、LGJQ型，35～220kV导线

表21-4 导线与避雷线配合表

导线型号	LGJ-35 LGJ-50 LGJ-70	LGJ-95 LGJ-120 LGJ-150 LGJ-185	LGJ-240 LGJ-300 LGJQ-300 LGJQ-400	LGJ-400 LGJQ-500 及以上
避雷线型号	GJ-25	GJ-35	GJ-50	GJ-70

21.2.2.2 电压损失

三相架空线路电压损失百分数按下式计算

$$\Delta U\% = \frac{R_0 + X_0 \mathrm{tg}\varphi}{10U^2}PL$$
$$= \Delta u\% PL = \Delta u\% M \quad (21\text{-}5)$$

式中 R_0、X_0——线路单位电阻及感抗，Ω/km，35kV送电线路X_0取平均值0.4Ω/km；高压配电线路X_0取平均值0.38Ω/km；低压配电线路X_0取线间几何均距为0.6m时之值；

φ——负荷功率因数角；

U——线路线电压，V；

P——负荷，kW；

L——线路长度，km；

M——负荷距，kW·km；

$\Delta u\%$——线路每1kW·km负荷矩时的电压损失百分数。

如负荷P的单位改为MW(亦即负荷矩M的单位改为MW·km)，则式21-5改为下式，同时$\Delta U\%$相应改为每1MW·km负荷矩时的电压损失百分数。

$$\Delta U\% = \frac{R_0 + X_0 \mathrm{tg}\varphi}{U^2}100PL$$
$$= \Delta u\% PL = \Delta u\% M \quad (21\text{-}6)$$

380V、6kV，10kV及35kV三相架空线路单位负荷矩的电压损失百分数，见表21-5至表21-8。

表 21-5 380V 三相架空线单位负荷矩时电压损失百分数〔%/(kW·km)〕

导线型号	cosφ						
	0.7	0.75	0.8	0.85	0.9	0.95	1.0
LJ-16	1.624	1.59	1.56	1.523	1.49	1.45	1.37
LJ-25	1.13	1.097	1.064	1.034	1.0	0.965	0.887
LJ-35	0.875	0.833	0.812	0.781	0.75	0.713	0.637
LJ-50	0.671	0.64	0.611	0.582	0.551	0.517	0.443
LJ-70	0.539	0.509	0.48	0.452	0.424	0.39	0.318
LJ-95	0.45	0.42	0.392	0.365	0.337	0.304	0.235
LJ-120	0.396	0.367	0.34	0.314	0.286	0.254	0.187
LJ-150	0.349	0.321	0.295	0.269	0.242	0.211	0.145
LJ-185	0.316	0.289	0.264	0.238	0.212	0.182	0.118

表 21-6 6kV 三相架空线路单位负荷矩时电压损失百分数〔%/(MW·km)〕

导线型号	cosφ					
	0.8	0.85	0.9	0.95	0.98	1.0
LJ-16	6.3	6.16	6.01	5.85	5.7	5.5
LJ-25	4.35	4.21	4.07	3.9	3.77	3.56
LJ-35	3.35	3.21	3.07	2.9	2.77	2.56
LJ-50	2.57	2.43	2.29	2.13	1.99	1.78
LJ-70	2.07	1.93	1.79	1.63	1.49	1.26
LJ-95	1.74	1.6	1.46	1.291	1.16	0.945
LJ-120	1.54	1.41	1.26	1.1	0.965	0.75
LJ-150	1.375	1.24	1.1	0.93	0.797	0.584
LJ-185	1.264	1.13	0.98	0.82	0.686	0.472
LJ-240	1.153	1.02	0.88	0.715	0.58	0.367

表 21-7 10kV 三相架空线路单位负荷矩时电压损失百分数〔%/(MW·km)〕

导线型号	cosφ					
	0.8	0.85	0.9	0.95	0.98	1.0
LJ-16	2.265	2.216	2.164	2.105	2.057	1.98
LJ-25	1.565	1.516	1.464	1.405	1.357	1.28
LJ-35	1.205	1.156	1.104	1.045	0.997	0.92
LJ-50	0.925	0.876	0.824	0.765	0.717	0.64
LJ-70	0.745	0.696	0.644	0.585	0.537	0.46
LJ-95	0.625	0.576	0.524	0.465	0.417	0.34
LJ-120	0.555	0.506	0.454	0.395	0.347	0.27
LJ-150	0.495	0.446	0.394	0.335	0.287	0.21
LJ-185	0.455	0.406	0.354	0.295	0.247	0.17
LJ-240	0.417	0.368	0.316	0.257	0.209	0.132

表 21-8 35kV 三相架空线路单位负荷矩时电压损失百分数〔%/(MW·km)〕

导线型号	cosφ							
	0.8	0.85	0.9	0.95	0.98	1.0	−0.98	−0.95
LJ-35	0.094	0.0896	0.0852	0.0801	0.0761	0.0694	0.0628	0.0586
LJ-50	0.0776	0.0734	0.0689	0.0639	0.0597	0.0531	0.0464	0.042
LJ-70	0.062	0.0578	0.0532	0.0484	0.0442	0.0376	0.0309	0.0264
LJ-95	0.0514	0.0472	0.0427	0.0378	0.0336	0.027	0.0203	0.158
LJ-120	0.0465	0.0424	0.0378	0.0328	0.0286	0.022	0.0154	0.0109
LJ-150	0.0416	0.0374	0.033	0.0278	0.0238	0.0172	0.0105	0.006
LJ-185	0.0383	0.0342	0.0297	0.0246	0.0205	0.0139	0.0073	0.0028
LJ-240	0.0353	0.031	0.0266	0.0215	0.0174	0.0108	0.0042	0.0004
LJ-300	0.0332	0.029	0.0246	0.0195	0.0154	0.0087	0.0021	−0.002
LJ−400	0.0312	0.0269	0.0224	0.0175	0.0132	0.0067	0.0002	−0.0041

21.2.2.3 允许负荷及负荷矩

环境温度为+25℃，导线最高允许温度为+70℃时，三相架空线路的允许负荷及负荷矩（cosφ=0.9时）见表21-9至表21-12。

表中的负荷矩采用下式计算而得

$$M=\frac{\Delta U\%}{\Delta u\%} \qquad (21\text{-}7)$$

式中 M——负荷矩（kW·km或MW·km），$M=PL$；

$\Delta U\%$——全线电压损失百分数；

$\Delta u\%$——单位负荷电压损失百分数，其单位与负荷矩 M 相应为%/（kW·km）或%/（MW·km）。

表21-9 380V三相架空线路允许负荷及负荷矩（cosφ=0.9）

导线型号	允许负荷		全线电压损失百分数（ΔU%）为下列数值时的负荷矩（kW·km）									
	电流（A）	功率（kW）	1	2	3	4	5	6	7	8	9	10
LJ-16	105	62	0.67	1.34	2.01	2.68	3.36	4.03	4.70	5.37	6.04	6.71
LJ-25	135	80	1.0	2.0	3.0	4.0	5.0	6.0	7.0	8.0	9.0	10.0
LJ-35	170	100	1.33	2.67	4.0	5.33	6.67	8.0	9.33	10.66	12.0	13.33
LJ-50	215	127	1.82	3.63	5.45	7.26	9.08	10.89	12.71	14.52	16.34	18.15
LJ-70	265	157	2.36	4.72	7.08	9.44	11.8	14.16	16.52	18.88	21.24	23.6
LJ-95	325	192	2.97	5.93	8.9	11.87	14.84	17.8	20.7	23.74	26.7	29.67
LJ-120	375	220	3.5	6.99	10.49	14.99	17.48	20.98	24.48	27.97	31.47	34.97
LJ-150	440	260	4.13	8.26	12.4	16.53	20.65	24.79	28.93	33.06	37.19	41.32
LJ-185	500	296	4.72	9.43	14.15	18.87	23.59	28.30	33.02	37.74	42.46	47.17

表21-10 6kV三相架空线路允许负荷及负荷矩（cosφ=0.9）

导线型号	允许负荷		全线电压损失百分数（ΔU%）为下列数值时的负荷矩（MW·km）									
	电流（A）	功率（MW）	1	2	3	4	5	6	7	8	9	10
LJ-16	105	0.98	0.166	0.333	0.499	0.666	0.832	0.998	1.165	1.331	1.498	1.664
LJ-25	135	1.26	0.246	0.491	0.737	0.983	1.229	1.474	1.72	1.966	2.211	2.457
LJ-35	170	1.59	0.326	0.651	0.977	1.303	1.629	1.954	2.28	2.606	2.931	3.257
LJ-50	215	2.01	0.437	0.873	1.31	1.747	2.184	2.62	3.057	3.494	3.93	4.367
LJ-70	265	2.48	0.559	1.117	1.676	2.235	2.794	3.352	3.911	4.47	5.028	5.567
LJ-95	325	3.04	0.685	1.37	2.055	2.74	3.425	4.109	4.794	5.479	6.164	6.849
LJ-120	375	3.51	0.794	1.587	2.381	3.175	3.969	4.762	5.556	6.35	7.143	7.937
LJ-150	440	4.12	0.909	1.818	2.727	3.636	4.546	5.455	6.364	7.273	8.182	9.091
LJ-185	500	4.68	1.02	2.04	3.06	4.08	5.10	6.12	7.14	8.16	9.18	10.20
LJ-240	610	5.71	1.14	2.27	3.41	4.55	5.68	6.82	7.95	9.09	10.23	11.36

表 21-11　10kV 三相架空线路允许负荷及负荷矩（cosφ=0.9）

导线型号	允许负荷		全线电压损失百分数（ΔU%）为下列数值时的负荷矩（MW·km）									
	电流(A)	功率(MW)	1	2	3	4	5	6	7	8	9	10
LJ-16	105	1.64	0.462	0.924	1.386	1.848	2.311	2.773	3.235	3.697	4.159	4.621
LJ-25	135	2.11	0.683	1.366	2.049	2.732	3.416	4.099	4.782	5.465	6.148	6.831
LJ-35	170	2.65	0.906	1.812	2.717	3.623	4.529	5.435	6.341	7.246	8.152	9.058
LJ-50	215	3.35	1.214	2.428	3.642	4.856	6.07	7.284	8.498	9.712	10.926	12.14
LJ-70	265	4.13	1.553	3.106	4.659	6.212	7.765	9.318	10.871	12.424	13.977	15.53
LJ-95	325	5.07	1.908	3.816	5.724	7.632	9.54	11.448	13.356	15.264	17.172	19.08
LJ-120	375	5.85	2.203	4.406	6.609	8.812	11.015	13.218	15.421	17.624	19.827	22.03
LJ-150	440	6.86	2.538	5.076	7.614	10.152	12.69	15.228	17.766	20.304	22.842	25.38
LJ-185	500	7.8	2.825	5.65	8.475	11.3	14.125	16.95	19.775	22.6	25.425	28.25
LJ-240	610	9.5	3.165	6.329	9.494	12.658	15.823	18.987	22.152	25.316	28.481	31.645

表 21-12　35kV 三相架空线路允许负荷及负荷矩（cosφ=0.9）

导线型号	允许负荷		全线电压损失百分数（ΔU%）为下列数值时的负荷矩（MW·km）									
	电流(A)	功率(MW)	1	2	3	4	5	6	7	8	9	10
LGJ-35	175	9.54	11.8	23.5	35.3	47.0	58.8	70.6	82.3	94.1	105.8	117.6
LGJ-50	210	11.4	14.5	29.0	43.5	58.0	72.5	86.9	101.4	115.9	130.4	144.9
LGJ-70	265	14.4	18.9	37.7	56.6	75.5	94.4	113.2	132.1	151.0	169.8	188.7
LGJ-95	330	18	23.3	46.5	69.8	93.0	116.3	139.6	162.8	186.1	209.3	232.6
LGJ-120	380	20.7	26.3	52.6	79.0	105.3	131.6	157.9	184.2	210.6	236.9	263.2
LGJ-150	445	24.3	30.3	60.7	90.9	121.2	151.5	181.8	212.1	242.4	272.7	303.0
LGJ-185	510	27.8	33.3	66.7	100.0	133.3	166.7	200.0	233.3	266.6	300.0	333.3
LGJ-240	610	33.2	37.6	75.2	112.8	150.4	188	225.6	263.2	300.8	338.4	376.0
LGJ-300	690	37.6	40.7	81.3	122.0	162.6	203.3	243.9	284.6	325.2	365.9	406.5
LGJ-400	835	45	44.6	89.3	133.9	178.6	223.2	267.9	312.5	357.1	401.8	446.4

在某些钢芯铝绞线，在最高温度为+70℃及+80℃时，其长期允许载流量见表 21-13。

表 21-13 钢芯铝绞线长期允许载流量（A）

导线型号	最高允许温度	
	+70℃	+80℃
LGJ-10		86
LGJ-16	105	108
LGJ-25	130	138
LGJ-35	175	183
LGJ-50	210	215
LGJ-70	265	260
LGJ-95	330	352
LGJ-95（1）	330	317
LGJ-120	380	401
LGJ-120（1）	380	351
LGJ-150	445	452
LGJ-185	510	581
LGJ-240	610	618
LGJ-300	690	755
LGJ-400	835	810
LGJQ-150	450	455
LGJQ-185	505	513

续表 21-13

导线型号	最高允许温度	
	+70℃	+80℃
LGJQ-240	605	551
LGJQ-300	690	708
LGJQ-300（1）	690	721
LGJQ-400	825	835
LGJQ-400（1）	825	857
LGJQ-500	945	932
LGJQ-600	1050	1047
LGJQ-700	1220	1159
LGJJ-150	450	468
LGJJ-185	515	539
LGJJ-240	610	639
LGJJ-300	705	758
LGJJ-400	850	881

注：带（1）者铝芯根数少，但每根铝芯截面较大。

如环境温度不是+25℃，表 21-8 至表 21-12 中的允许负荷及负荷矩，应乘以温度校正系数 K，见表 21-14。

表 21-14 导线载流量温度校正系数 K

导线最高允许温度 t_1（℃）	环境温度 t_0（℃）											
	−5	0	+5	+10	+15	+20	+25	+30	+35	+40	+45	+50
+70	1.29	1.24	1.20	1.15	1.11	1.05	1.00	0.94	0.88	0.81	0.74	0.67
+90	2.14	1.95	1.14	1.11	1.07	1.04	1.00	0.96	0.92	0.88	0.83	0.79

21.3 电线力学计算

21.3.1 气象条件

为保证架空线路安全运行，满足线路结构强度及电气性能的要求，应对沿线经过地段气象情况进行全面了解。搜集资料的项目及主要用途见表 21-15。

全国送电线路及配电线路气象区的划分，见表 21-16 及表 21-17。

表 21-15 气象资料及用途表

序号	项目	用途
1	最高气温	计算电线最大弧垂，使电线对地面或其它构筑物保持一定的安全距离
2	最低气温	在最低气温时，电线可能产生最大应力，检查绝缘子串上扬或电线上拔及防震计算等
3	年平均气温	防震设计一般用平均气温时电线的应力作为计算控制条件
4	历年最低气温月的平均气温	计算电线或杆塔安装检修时的初始条件

续表 21-15

序号	项目	用途
5	最大风速及最大风速月的平均气温	风荷载是考虑杆塔和电线强度的基本条件
6	地区最多风向及其出现频率	用于电线的防震、防腐及绝缘防污设计
7	电线覆冰厚度	杆塔及电线强度的设计依据，验算不均匀覆冰时电线纵向不平衡张力及垂直布置的导线接近距离
8	雷电日数（或小时数）	防雷计算用
9	大雷、大雨、雾天的持续小时数	计算电晕损失的基本数据
10	土壤冻结深度	用于杆塔基础设计
11	常年洪水位及最高航行水位气温	确定跨越杆塔高度及验算交叉跨越距离
12	最高气温月的日最高气温的平均值	用于计算导线发热温升

表 21-16 送电线路典型气象区

计算条件		气象区								
		Ⅰ	Ⅱ	Ⅲ	Ⅳ	Ⅴ	Ⅵ	Ⅶ	Ⅷ	Ⅸ
大气温度（℃）	最高	+40								
	最低	−5	−10	−10	−20	−10	−20	−40	−20	−20
	覆冰	−5								
	最大风	+10	+10	−5	−5	+10	−5	−5	−5	−5
	安装	0	0	−5	−10	−5	−10	−15	−10	−10
	大气过电压	+15								
	内部过电压年平均气温	+20	+15	+15	+10	+15	+10	−5	+10	+10
风速（m/s）	最大	35	30	25	25	30	25	30	30	30
	覆冰	10								
	安装	10								
	大气过电压	15	10							
	内部过电压	0.5×最大计算风速（不低于15m/s）								
覆冰厚度（mm）		0	5	5	15	10	10	10	15	20
冰的比重		0.9								

表 21-17 配电线路典型气象区

计算条件		气象区 I	Ⅱ	Ⅲ	Ⅳ	Ⅴ	Ⅵ	Ⅶ
大气温度（℃）	最高	+40						
	最低	−5	−10	−5	−20	−20	−40	−20
	导线覆冰	−5						
	最大风	+10	+10	−5	−5	−5	−5	−5
风速（m/s）	最大	30	25	25	25	25	25	25
	导线覆冰	10						
	最低、最高气温	0						
覆冰厚度（mm）		0	5	5	5	10	10	15
冰的比重		0.9						

计算架空线路时，根据沿线的气象资料及已有线路的运行经验，直接选用接近的典型气象区中的一类。

21.3.2 电线的品种规格和机械特性

电线的种类和用途见表 21-18。

表 21-18 电线的种类和用途

电线类型	品种	型号	电线结构概况	用途及选用原则
硬铝线	硬圆铝单线	LY	用硬拉铝制成的单股线	送电线路不许使用
	铝绞线	LJ	用圆铝单线多股绞制的绞线	对 35kV 架空线路铝绞线截面不得小于 $35mm^2$，对 35kV 以下的线路不得小于 $25mm^2$
钢芯铝绞线	钢芯铝绞线	LGJ	内层（或芯线）为单股或多股镀锌钢绞线，主要承担张力，外层为单层或多层硬铝绞线，为导电部分	本型电线、一种铝芯线，配有不同钢芯截面。根据使用地区和需要强度选用
防腐型钢芯铝绞线	轻防腐 中防腐 重防腐	LGJF	结构型式及机械、电气性能与普通钢芯铝绞线相同 轻防腐型——仅在钢芯上涂防腐剂 中防腐型——仅在钢芯及内层铝线上涂防腐剂 重防腐型——在钢芯和内、外层铝线均涂防腐剂	用于沿海及有腐蚀性气体的地区

续表 21-18

电线类型	品种	型号	电线结构概况	用途及选用原则
镀锌钢线	硬镀锌钢单线	GY	以碳素钢拉制成的单股线，外表镀锌	一般均做架空避雷线用。用做导线时，35kV以上架空线不允许使用单股线，绞线截面不小于16mm²； 10kV以下线路单线直径不小于3.5mm；绞线截面不小于10mm²，大跨越段可采用高强度镀锌钢绞线做芯线或导线，但做导线时应具有较高的导电率
	镀锌钢绞线	GJ		
铝合金线	铝合金单线 铝合金绞线 钢芯铝合金绞线	LH LHJ LHGJ	以铝、镁、硅拉制成的圆单线或用多股做成绞线，抗拉强度接近铜线，导电率及重量接近铝线	抗拉强度高，可减少弧垂，降低线路造价。单股线在线路上不许使用
铝包钢绞线	铝包钢绞线	GLJ	以单股钢线为芯，外面包以铝层，作成单股或多股绞线	线路的大跨越及地线通信使用
压缩型（光体）钢芯铝绞线	普通型 加强型	LGJY LGJJY	将一般钢芯铝绞线，进行径向压缩，外层线变成扇形，表面光滑	LGJY型适用于农村、山区小档距及具有一定拉力强度的线路；LGJJY型适用于农村、山区大档距拉力强度较大的线路 与普通钢芯铝线比较，同截面时强度高；同强度时外径小，空气动力系数低，故承受风压荷载、冰雪荷载小
硬铜线	硬圆铜单线 硬铜绞线	TY TJ	用硬拉铜制成的单股线或多股制成绞线	铜导线在一般情况下不推荐使用，必须使用铜线时，导线的最小截面规定如下：35kV以上线路不许使用单股线；铜绞线截面不小于25mm²，10kV及以下线路单股线不小于16mm²，绞线不小于16mm²

铝绞线和钢芯铝绞线型号规格及机械特性见表21-19　至表21-22。

表 21-19　LJ 铝绞线规格及长期允许载流量

标准截面 (mm²)	单线根数及直径		计算截面 (mm²)	外径 (mm)	直流电阻不大于 (Ω/km)	计算拉断力 (N)	计算重量 (kg/km)	交货长度不小于 (m)	长期允许载流量 (A)	
	根数	直径 (mm)							+70℃	+80℃
16	7	1.70	15.89	5.10	1.802	2840	43.5	4000	112	117
25	7	2.15	25.41	6.45	1.127	4355	69.6	3000	151	157
35	7	2.50	34.36	7.50	0.8332	5760	94.1	2000	183	190
50	7	3.00	49.48	9.00	0.5786	7930	135.5	1500	231	239
70	7	3.60	71.25	10.80	0.4018	10950	195.1	1250	291	301
95	7	4.16	95.14	12.48	0.3009	14450	260.5	1000	351	360
120	19	2.85	121.21	14.25	0.2373	19420	333.5	1500	410	420

续表 21-19

标准截面 (mm²)	单线根数及直径		计算截面 (mm²)	外径 (mm)	直流电阻不大于 (Ω/km)	计算拉断力 (N)	计算重量 (kg/km)	交货长度不小于 (m)	长期允许载流量 (A)	
	根数	直径 (mm)							+70℃	+80℃
150	19	3.15	148.07	15.75	0.1943	23310	407.4	1250	466	476
185	19	3.50	182.80	17.50	0.1574	28440	503.0	1000	534	543
210	19	3.75	209.85	18.75	0.1371	32260	577.4	1000	584	593
240	19	4.00	238.76	20.00	0.1205	36260	656.9	1000	634	643
300	37	3.20	297.57	22.40	0.09689	46850	820.4	1000	731	738
400	37	3.70	397.83	25.90	0.07247	61150	1097	1000	879	883
500	37	4.16	502.90	29.12	0.05733	76370	1387	1000	1023	1023
630	61	3.63	631.30	32.67	0.04577	91940	1744	800	1185	1180
800	61	4.10	805.36	36.90	0.03588	115900	2225	800	1388	1377

表 21-20 铝绞线的弹性系数和线膨胀系数

单线根数	最终弹性系数（实际值）	线膨胀系数
	(N/mm²)	(1/℃)
7	59000	23.0×10^{-6}
19	56000	23.0×10^{-6}
37	56000	23.0×10^{-6}
61	54000	23.0×10^{-6}

注：1. 弹性系数值的精确度为±3000N/mm²。

2. 弹性系数适用于受力在15%～50%计算拉断力的铝绞线。

表 21-21 钢芯铝绞线的弹性系数和线膨胀系数

结构		铝钢截面比	最终弹性系数（实际值）	线膨胀系数（计算值）
铝	钢		(N/mm²)	(1/℃)
6	1	6.00	79000	19.1×10^{-6}
7	7	5.06	76000	18.5×10^{-6}

续表 21-21

结构		铝钢截面比	最终弹性系数（实际值）	线膨胀系数（计算值）
铝	钢		(N/mm²)	(1/℃)
12	7	1.71	105000	15.3×10^{-6}
18	1	18.00	66000	21.2×10^{-6}
24	7	7.71	73000	19.6×10^{-6}
26	7	6.13	76000	18.9×10^{-6}
30	7	4.29	80000	17.8×10^{-6}
30	19	4.37	78000	18.0×10^{-6}
42	7	19.44	61000	21.4×10^{-6}
45	7	14.46	63000	20.9×10^{-6}
48	7	11.34	65000	20.5×10^{-6}
54	7	7.71	69000	19.3×10^{-6}
54	19	7.90	67000	19.4×10^{-6}

注：1. 弹性系数值的精确度为±3000N/mm²。

2. 弹性系数适用于在受力15%～50%计算拉断力的钢芯铝绞线。

表 21-22 LGJ 钢芯铝绞线规格及长期允许载流量

标准截面铝/钢 (mm^2)	单线根数及直径				计算截面(mm^2)			外径 (mm)	直流电阻不大于 (Ω/km)	计算拉断力 (N)	计算质量 (kg/km)	交货长度不小于 (m)	长期允许载流量 (A)	
	铝		钢											
	根数	直径 (mm)	根数	直径 (mm)	铝	钢	总计						+70℃	+80℃
10/2	6	1.50	1	1.50	10.60	1.77	12.37	4.50	2.706	4120	42.9	3000	88	93
16/3	6	1.85	1	1.85	16.13	2.69	18.82	5.55	1.779	6130	65.2	3000	115	121
25/4	6	2.32	1	2.32	25.36	4.23	29.59	6.96	1.131	9290	102.6	3000	154	160
35/6	6	2.72	1	2.72	34.86	5.81	40.67	8.16	0.8230	12630	141.0	3000	189	195
50/8	6	3.20	1	3.20	48.25	8.04	56.29	9.60	0.5946	16870	195.1	2000	234	240
50/30	12	2.32	7	2.32	50.73	29.59	80.32	11.60	0.5692	12620	372.0	3000	250	257
70/10	6	3.80	1	3.80	68.05	11.34	79.39	11.40	0.4217	23390	275.2	2000	289	297
70/40	12	2.72	7	2.72	69.73	40.67	110.40	13.60	0.4141	58300	511.3	2000	307	314
95/15	26	2.15	7	1.67	94.39	15.33	109.72	13.61	0.3058	35000	380.8	2000	357	365
95/20	7	4.16	7	1.85	95.14	18.82	113.96	13.87	0.3019	37200	408.9	2000	361	370
95/55	12	3.20	7	3.20	96.51	56.30	152.81	16.00	0.2992	78110	707.7	2000	378	385
120/7	18	2.90	1	2.90	118.89	6.61	125.50	14.50	0.2422	27570	379.0	2000	408	417
120/20	26	2.38	7	1.85	115.67	18.82	134.49	15.07	0.2496	41000	466.8	2000	407	415
120/25	7	4.72	7	2.10	122.48	24.25	146.73	15.74	0.2345	47880	526.6	2000	425	433
120/70	12	3.60	7	3.60	122.15	71.25	193.40	18.00	0.2364	98370	895.6	2000	440	447
150/8	18	3.20	1	3.20	144.76	8.04	152.80	16.00	0.1989	32860	461.4	2000	463	472
150/20	24	2.78	7	1.85	145.68	18.82	164.50	16.67	0.1980	46630	549.4	2000	469	478
150/25	26	2.70	7	2.10	148.86	24.25	173.11	17.10	0.1939	54110	601.0	2000	478	487
150/35	30	2.50	7	2.50	147.26	34.36	181.62	17.50	0.1962	65020	676.2	2000	478	487
185/10	18	3.60	1	3.60	183.22	10.18	193.40	18.00	0.1572	40880	584.0	2000	539	548
185/25	24	3.15	7	2.10	187.04	24.25	211.29	18.90	0.1542	59420	706.1	2000	552	560
185/30	26	2.98	7	2.32	181.34	29.59	210.93	18.88	0.1592	64320	732.6	2000	543	551
185/45	30	2.80	7	2.80	184.73	43.10	227.83	19.60	0.1564	80190	848.2	2000	553	562
210/10	18	3.80	1	3.80	204.14	11.34	215.48	19.00	0.1411	45140	650.7	2000	577	586
210/25	24	3.33	7	2.22	209.02	27.10	236.12	19.98	0.1380	65990	769.1	2000	587	601
210/35	26	3.22	7	2.50	211.73	34.36	246.09	20.38	0.1363	74250	853.9	2000	599	607
210/50	30	2.98	7	2.98	209.24	48.82	258.06	20.86	0.1381	90830	960.8	2000	604	607
240/30	24	3.60	7	2.40	244.29	31.67	275.96	21.60	0.1181	75620	922.2	2000	655	662
240/40	26	3.42	7	2.66	238.85	38.90	207.75	21.66	0.1209	83370	964.3	2000	648	655
240/55	30	3.20	7	3.20	241.27	56.30	297.57	22.40	0.1198	102100	1108	2000	657	664
300/15	42	3.00	7	1.67	296.88	15.33	312.21	23.01	0.09724	68060	939.8	2000	735	742
300/20	45	2.93	7	1.95	303.42	20.91	324.33	23.43	0.09520	75680	1002	2000	747	752
300/25	48	2.85	7	2.22	306.21	27.10	333.31	23.76	0.09433	83410	1058	2000	754	760
300/40	24	3.99	7	2.66	300.09	38.90	338.99	23.94	0.09614	92220	1133	2000	746	754
300/50	26	3.83	7	2.98	299.54	48.82	348.36	24.26	0.09636	103400	1210	2000	747	756
300/70	30	3.60	7	3.60	305.36	71.25	376.61	25.20	0.09463	128000	1402	2000	766	770
400/20	42	3.51	7	1.95	406.40	20.91	427.31	26.91	0.07104	88850	1286	1500	898	901

续表 21-22

标准截面铝/钢 (mm^2)	单线根数及直径				计算截面(mm^2)			外径 (mm)	直流电阻不大于 (Ω/km)	计算拉断力 (N)	计算质量 (kg/km)	交货长度不小于 (m)	长期允许载流量 (A)	
	铝		钢											
	根数	直径 (mm)	根数	直径 (mm)	铝	钢	总计						+70℃	+80℃
400/25	45	3.33	7	2.22	391.91	27.10	419.10	26.64	0.07370	95940	1295	1500	879	882
400/35	48	3.22	7	2.50	390.88	34.36	425.24	26.82	0.07389	103900	1349	1500	879	882
400/50	54	3.07	7	3.07	399.73	51.82	451.55	27.63	0.07232	123400	1511	1500	898	899
400/65	26	4.42	7	3.44	398.94	65.06	464.00	28.00	0.07236	135200	1611	1500	900	902
400/95	30	4.16	19	2.50	407.75	93.27	501.02	29.14	0.07087	171300	1860	1500	920	921
500/53	45	3.75	7	2.50	497.01	34.36	531.37	30.00	0.05812	119500	1642	1500	1025	1024
500/45	48	3.60	7	2.80	488.58	43.10	531.68	30.00	0.05912	128100	1688	1500	1016	1016
500/65	54	3.44	7	3.44	501.88	65.06	566.94	30.96	0.05760	154000	1897	1500	1039	1038
630/45	45	4.20	7	2.80	623.45	43.10	666.55	33.60	0.04633	148700	2060	1200	1187	1182
630/55	48	4.12	7	3.20	639.92	56.30	696.22	34.32	0.04514	164400	2209	1200	1211	1204
630/80	54	3.87	19	2.32	635.19	80.32	715.51	34.82	0.04551	192900	2388	1200	1211	1204
800/55	45	4.80	7	3.20	814.30	56.30	870.60	38.40	0.03547	191500	2690	1000	1413	1399
800/70	48	4.63	7	3.60	808.15	71.25	879.40	38.58	0.03574	207000	2791	1000	1410	1396
800/100	54	4.33	19	2.60	795.17	100.88	896.05	38.98	0.03635	241100	2991	1000	1402	1388

注：1. LGJF 型的计算质量，应在表 21-22 规定值中增加防腐涂料的质量，其增值为：钢芯涂防腐涂料者增加 2%，内部铝钢各层间涂防腐涂料者增加 5%。

2. 本表载流量系按基准环境温度 25℃，风速 0.5m/s、辐射系数及吸热系数为 0.5，海拔高度为 1000m 的条件计算的，最高允许温度+70℃未考虑日照影响，最高允许温度+80℃，考虑 0.1W/cm^2 日照的影响。

21.3.3 电线的比载

电线上每单位长度（m）在单位截面（mm^2）上的荷载，称为比载，以 γ 表示，单位为 N/（m·mm^2）。其意义及算式见表 21-23。

表 21-23 电线比载计算公式表

比载种类	符号	计算公式	说明
自重	γ_1	$P_1 g/A$	A—电线截面积，mm^2
冰重	γ_2	$0.9\pi \frac{b(b+d)}{A} g \times 10^{-3}$	P_1—电线单位质量，kg/m；b—电线覆冰厚度，mm
自重加冰重	γ_3	$\gamma_1+\gamma_2$	d—电线直径，mm
无冰时风荷载	γ_4	$\alpha K W_0 d \times 10^{-3}$	W_0—理论风压，N/m^2
覆冰时风荷载	γ_5	$\alpha K W_0 (d+2b) \times 10^{-3}$	α—风速不均匀系数
无冰时综合荷载	γ_6	$\sqrt{\gamma_1^2+\gamma_4^2}$	K—空气动力系数
覆冰时综合荷载	γ_7	$\sqrt{\gamma_3^2+\gamma_5^2}$	

表 21-63 内有关公式的详细说明：

(1) $$W_0=\frac{1}{2}\rho v^2=0.6128v^2$$

式中 W_0——理论风压，Pa；

v——风速，m/s；

ρ——空气密度 1.2255kg/m^3。

(2)风速不均匀系数 α 沿电线上所受的风压，不可能在整个档距内各点都一样大，为了使选用的风速值与档距中电线受风情况一致，应考虑一个降低的系数，就是风速不均匀系数 α，见表 21-24。

表 21-24 风速不均匀系数

风速 v (m/s)	v<20	20≤v<30	30≤v<35	v≥35
风速不均匀系数 α	1.0	0.85	0.75	0.70

注：计算杆塔时，风速不均匀系数为 1.0。

(3) 空气动力系数 K 及风向因素 $\sin^2\theta$。物体所受的风压与物体的形状及气流的方向有关，这种影响以空气动力系数来表示。表面光滑及具有流线体型的物体，系数就小。对于电线，空气动力系数 K 见表 21-25。

表 21-25 电线的空气动力系数

电线直径 d (mm)	$d<17$	$d\geqslant17$	覆冰（不论直径大小）
空气动力系数 K	1.2	1.1	1.2

在计算电线风压时，有时要计算风向与线路成某一 θ 角的情况，此时与电线成 θ 角的风压减小到 $\sin^2\theta$ 倍。

至于 LJ 型铝绞线及 LGJ 钢芯铝绞线的技术特性及比载见表 21-26 及表 21-27。

21.3.4 电线状态方程及其求解

(1) 按悬挂点等高的情况：

$$\sigma_m - \frac{\gamma_m^2 l^2 E}{24\sigma_m^2} = \sigma - \frac{\gamma^2 l^2 E}{24\sigma^2} - \alpha E(t_m - t) \tag{21-8}$$

令上式中 $\frac{l^2\gamma_m{}^2E}{24\sigma_m^2}-\sigma_m-\alpha E\ (t_m-t)\ =a$

$$\frac{\gamma^2 l^2 E}{24} = b$$

则式 21-8 可简化为

$$\sigma^2(\sigma + a) = b \tag{21-9}$$

式中 σ_m、σ——分别为已知和待求情况下的电线应力，N/mm²；

γ_m、γ——分别为已知和待求情况下的电线比载，N/（m·mm²）；

l——电线挡距，对具有悬垂绝缘子串的直线杆塔的连续挡，则为耐张段的代表挡距 l_r；

E——电线的弹性模数，N/mm²；

α——电线的温度伸长系数，1/℃。

式 21-9 为三次方程，下面介绍其求解法。

目前设计人员大都有计算器，利用它可很快地解出精确的应力值。现将解法列下：

式 21-9 状态方程式中，b 值永远为正，而 a 值可正可负，为便于讨论，将 a 值的正负号分出来，即化为

$$\sigma^2(\sigma + cA) = b$$

式中 $A=|a|$

$c=\frac{a}{|a|}=\pm1$ 与 a 的正负号相同。

设状态方程式的判别式为

$$\Delta = 13.5\frac{b}{A^3} - c$$

则当 $\Delta>1$ 时，设 $\theta=\mathrm{ch}^{-1}\Delta$，可解得

$$\sigma = \frac{A}{3}\left(2\mathrm{ch}\frac{\theta}{3} - c\right)$$

当 $\Delta<1$ 时，设 $\theta=\cos^{-1}\Delta$，可解得

$$\sigma = \frac{A}{3}\left(2\cos\frac{\theta}{3} - c\right)$$

当 $\Delta=0$ 时，则得 $\sigma=\sqrt[3]{b}$

如计算器带有微型程序功能，则可用公式 $\sigma_{i+1}=\sqrt{\frac{b}{\sigma_i+a}}$（其中 σ_i，当 $i=1$ 时的应力值可由经验确定）求解较为方便。

(2) 悬挂点不等高的情况。对于具有高差的重要跨越挡或高差很大的挡距，为使其应力或弧垂的计算误差不致超出允许范围，应考虑采用式 21-10 计算应力变化或进行校验计算。

$$\sigma_m - \frac{\gamma_m^2 l^2 E\cos^3\beta}{24\sigma_m^2} = \sigma - \frac{\gamma^2 l^2 E\cos^3\beta}{24\sigma^2} - \alpha E\cos\beta(t_m - t) \tag{21-10}$$

式中 β 对于孤立挡，为悬挂点高差角，对于具有悬垂绝缘子串的连续挡，式中的 $l^2\cos^3\beta$ 应为不等高代表挡距 l_r^2；$\alpha\cos\beta$ 应为代表温度伸长系数 α_r。

21.3.5 连续挡的代表挡距

对于耐张段间具有若干直线杆塔的连续挡中，各挡电线水平应力 σ_0 是按同一值架设的。当气象条件变化时，由于各挡挡距及高差不一定相同，从而使直线杆塔产生张力差，使悬垂绝缘子串产生偏斜。偏斜的结果又使各挡的应力趋于基本相同在某一数值上。这个应力称为耐张段内的代表应力，其值是用耐张段内的代表挡距代入电线状态方程求出的。

(1) 不考虑悬挂点高差，代表挡距公式为

$$l_r = \sqrt{\frac{l_1{}^3 + l_2{}^3 + l_3{}^3 + \cdots + l_n{}^3}{l_1 + l_2 + l_3 + \cdots + l_n}} = \sqrt{\frac{\sum l^3}{\sum l}} \tag{21-11}$$

式中 l_r——代表挡距，m；

l_1、l_2、$l_3\cdots l_n$——耐张段内各挡的挡距，m。

(2) 考虑高差影响的代表挡距与代表温度伸长系数，是与考虑高差影响的电线状态方程式 21-10 相配合，其公式为

表 21-26 LJ 铝绞线特性及单位荷重

导线型号			LJ-50	LJ-70	LJ-95	LJ-120	LJ-150	LJ-185	LJ-210	LJ-240	LJ-300	LJ-400	LJ-500	LJ-630	LJ-800
技术特性	计算直径(mm)		9.00	10.80	12.48	14.25	15.75	17.50	18.75	20.00	22.40	25.90	29.14	32.67	36.90
	计算截面(mm^2)		49.48	71.25	95.14	121.21	148.07	182.80	209.85	238.76	297.57	397.83	502.90	631.30	805.36
	温度线膨胀系数 α(1/℃)		23.0×10^{-6}	23.0×10^{-6}	23.0×10^{-6}	23.0×10^{-6}	23.0×10^{-6}	23.0×10^{-6}	23.0×10^{-6}	23.0×10^{-6}	23.0×10^{-6}	23.0×10^{-6}	23.0×10^{-6}	23.0×10^{-6}	23.0×10^{-6}
	弹性模量 E(N/mm^2)		59000	59000	59000	56000	56000	56000	56000	56000	56000	56000	56000	54000	54000
	αE[$N/(mm^2\cdot℃)$]		1.357	1.357	1.357	1.288	1.288	1.288	1.288	1.288	1.288	1.288	1.288	1.242	1.242
	计算拉断力(N)		7930	109.50	14450	19420	23310	28440	31260	36260	46850	61150	76370	91940	115900
各种状态时的比载[$\times10^{-2}$ $N/(m\cdot mm^2)$]	无冰无风时自重 γ_1		2.74	2.74	2.74	2.75	2.75	2.75	2.75	2.75	2.75	2.76	2.76	2.76	2.76
	覆冰时冰重 γ_2	$b=5$	4.00	3.14	2.60	2.25	1.98	1.74	1.60	1.48	1.30	1.09	0.96	0.84	0.74
		$b=10$	10.87	8.26	6.69	5.66	4.92	4.26	3.88	3.55	3.08	2.55	2.20	1.75	1.65
		$b=15$	20.60	15.36	12.26	10.24	8.82	7.55	6.57	6.22	5.34	4.36	3.72	3.21	2.73
	无风覆冰时风荷重 γ_3	$b=5$	6.74	5.87	5.34	5.00	4.73	4.49	4.35	4.23	4.06	3.85	3.71	3.61	3.50
		$b=10$	13.60	10.99	9.42	8.41	7.67	7.00	6.63	6.31	5.84	5.31	4.95	4.52	4.41
		$b=15$	23.33	18.09	14.99	13.00	11.57	10.30	9.32	8.97	8.09	7.12	6.48	5.96	5.50
	无冰时风荷重 γ_4	$v=10$	1.36	1.14	0.98	0.881	0.797	0.717	0.67	0.63	0.56	0.488	0.43	0.39	0.34
		$v=25$	7.24	6.04	5.22	4.68	4.23	3.50	3.27	3.06	2.74	2.38	2.12	1.89	1.67
		$v=30$	9.21	7.67	6.64	5.95	5.38	4.39	4.10	3.84	3.45	3.02	2.66	2.38	2.10
		$v=35$	11.70	9.75	8.43	7.56	6.84	5.63	5.25	4.92	4.42	3.82	3.41	3.04	2.69
	覆冰时风荷重 γ_5	$v=10$ $b=5$	2.88	2.19	1.77	1.50	1.30	1.13	1.03	0.94	0.82	0.676	0.58	0.51	0.43
		$v=10$ $b=10$	4.53	3.24	2.56	2.12	1.81	1.54	1.38	1.25	1.07	0.86	0.73	0.62	0.53
		$v=15$ $b=15$	13.30	9.66	7.53	6.16	5.21	4.38	3.92	3.53	2.97	2.37	1.98	1.67	1.40
	无冰有风时总重 γ_6	$v=10$	3.40	2.96	2.91	2.89	2.86	2.80	2.83	2.82	2.81	2.80	2.79	2.79	2.78
		$v=25$	7.74	6.63	5.90	5.43	5.05	4.45	4.27	4.06	3.89	3.64	3.48	3.35	3.23
		$v=30$	9.61	8.15	7.18	6.55	6.04	5.18	4.94	4.73	4.42	4.09	3.83	3.64	3.47
		$v=35$	12.01	10.12	8.87	8.04	7.37	6.26	5.93	5.64	5.21	4.71	4.30	4.11	3.86
	有风有冰时总重 γ_7	$v=10$ $b=5$	7.33	6.26	5.63	5.22	4.91	4.63	4.47	4.34	4.14	3.91	3.76	3.64	3.53
		$v=10$ $b=10$	14.33	11.47	9.76	8.68	7.88	7.17	6.77	6.43	5.93	5.37	5.01	4.56	4.44
		$v=15$ $b=15$	26.85	20.53	16.78	14.38	12.28	11.20	10.12	9.64	8.62	7.49	6.78	6.20	5.67

表 21-27 LGJ 钢芯铝绞线特性及单位荷重

导线型号			LGJ-50/8	LGJ-50/30	LGJ-70/10	LGJ-70/40	LGJ-95/15	LGJ-95/20
技术特性	计算直径（mm）		9.60	11.60	11.40	13.60	13.61	13.87
	计算截面（mm^2）		56.29	80.32	79.39	110.40	109.72	113.96
	温度线膨胀系数 α（1/℃）		19.1×10^{-6}	15.3×10^{-6}	19.1×10^{-6}	15.3×10^{-6}	18.9×10^{-6}	18.5×10^{-6}
	弹性模量 E（N/mm^2）		79000	105000	79000	105000	76000	76000
	αE〔N/（mm^2·℃）〕		1.5809	1.6065	1.5089	1.6065	1.4364	1.406
	计算拉断力（N）		16870	42620	23390	58300	25000	37200
各种状态时的比载〔$\times10^{-2}$ N/（m·mm^2）〕	无风无冰时自重 γ_1		3.46	4.63	3.46	4.63	3.47	3.60
	覆冰时冰重 γ_2	$b=5$	3.67	2.92	2.92	2.38	2.40	2.34
		$b=10$	9.85	7.60	7.62	6.05	6.10	5.92
		$b=15$	18.55	14.06	14.12	10.10	11.06	10.75
	无风覆冰时总重 γ_3	$b=5$	7.13	7.55	6.39	7.02	5.87	5.93
		$b=10$	13.32	12.24	11.09	10.68	9.56	9.51
		$b=15$	22.01	18.69	17.58	15.62	14.54	14.34
	无冰时风荷重 γ_4	$v=10$	1.28	1.08	1.07	0.92	0.93	0.91
		$v=25$	6.79	5.75	5.72	4.91	4.94	4.85
		$v=30$	8.63	7.31	9.70	6.24	6.27	6.16
		$v=35$	11.75	9.96	9.89	8.49	8.45	8.38
	覆冰时风荷重 γ_5	$v=10$ $b=5$	2.61	2.02	2.02	1.60	1.61	1.57
		$v=10$ $b=10$	3.94	2.94	2.97	2.29	2.28	2.23
		$v=15$ $b=15$	11.87	8.74	8.80	6.66	6.70	6.50
	无冰有风时总重 γ_6	$v=10$	3.69	4.75	3.63	4.72	3.60	3.70
		$v=25$	7.63	7.39	6.68	6.75	6.03	6.03
		$v=30$	8.98	8.65	8.06	7.77	7.17	7.13
		$v=35$	12.23	10.98	10.48	9.67	9.22	9.12
	有冰有风时总重 γ_7	$v=10$ $b=5$	7.60	7.82	6.70	7.20	6.09	6.13
		$v=10$ $b=10$	13.89	12.60	11.48	11.61	9.83	9.77
		$v=15$ $b=15$	25.00	20.63	19.66	16.79	16.00	15.74

续表 21-27

导线型号			LGJ -95/55	LGJ -120/7	LGJ -120/20	LGJ -120/25	LGJ -120/70	LGJ -150/8	LGJ -150/20	LGJ -150/25	LGJ -150/35	LGJ -185/10
技术特性	计算直径 (mm)		16.00	14.50	15.07	15.74	18.00	16.00	16.67	17.10	17.50	18.00
	计算截面 (mm^2)		152.81	125.50	134.49	146.73	193.40	152.80	164.50	173.11	181.62	193.40
	温度线膨胀系数 α (1/℃)		15.3 $\times10^{-6}$	21.2 $\times10^{-6}$	18.9 $\times10^{-6}$	18.5 $\times10^{-6}$	15.3 $\times10^{-6}$	21.2 $\times10^{-6}$	19.6 $\times10^{-6}$	18.9 $\times10^{-6}$	17.8 $\times10^{-6}$	21.2 $\times10^{-6}$
	弹性模量 E (N/mm^2)		105000	66000	76000	76000	105000	66000	73000	76000	80000	66000
	αE [N/ (mm^2 · ℃)]		1.6065	1.3992	1.4364	1.406	1.6065	1.3992	1.4306	1.4364	1.424	1.3992
	计算拉断力 (N)		78110	27570	41000	47880	98370	32860	46630	54110	65020	40880
各种状态时的比载 [$\times10^{-2}$ N/(m · mm^2)]	无风无冰时自重 γ_1		4.63	3.02	3.47	3.59	4.63	3.02	3.34	3.47	3.72	3.02
	覆冰时冰重 γ_2	$b=5$	1.94	2.20	2.11	2.00	1.68	1.94	1.86	1.81	1.75	1.68
		$b=10$	4.82	5.52	5.27	4.96	4.11	4.42	4.59	4.43	4.28	4.09
		$b=15$	8.61	9.97	9.49	9.00	7.24	8.61	8.17	7.87	7.59	7.23
	无风覆冰时总重 γ_3	$b=5$	6.57	5.22	5.58	5.59	6.31	4.96	5.20	5.28	5.47	4.70
		$b=10$	9.45	8.54	8.74	8.55	8.12	7.44	7.93	7.90	8.01	7.12
		$b=15$	13.24	13.00	12.96	12.48	11.87	11.63	11.51	11.34	11.31	10.26
	无冰时风荷重 γ_4	$v=10$	0.78	0.87	0.84	0.80	0.70	0.78	0.76	0.74	0.72	0.70
		$v=25$	4.17	4.61	4.46	4.27	3.71	4.17	4.03	3.61	3.52	3.40
		$v=30$	5.30	7.85	5.67	5.42	4.71	5.30	5.13	4.53	4.42	4.27
		$v=35$	6.87	7.97	7.71	7.39	6.41	7.21	6.98	5.81	5.66	5.47
	覆冰时风荷重 γ_5	$v=10$ $b=5$	1.27	1.47	1.40	1.31	1.08	1.28	1.21	1.17	1.13	1.06
		$v=10$ $b=10$	1.77	2.06	4.68	1.82	1.47	1.77	1.67	1.61	1.55	1.47
		$v=15$ $b=15$	5.08	6.00	5.65	5.26	4.19	5.08	4.78	4.59	4.41	4.19
	无冰有风时总重 γ_6	$v=10$	4.70	3.14	3.57	3.68	4.68	3.12	3.42	3.54	3.79	3.10
		$v=25$	6.44	5.51	5.65	5.58	5.93	5.15	5.24	5.00	5.12	4.55
		$v=30$	7.04	6.58	6.65	6.50	6.61	6.10	6.12	5.71	5.78	5.23
		$v=35$	8.29	8.52	8.45	8.22	7.91	7.82	7.74	6.77	6.78	6.25
	有冰有风时总重 γ_7	$v=10$ $b=5$	6.70	5.42	5.75	5.74	6.40	5.12	5.34	5.41	5.59	4.82
		$v=10$ $b=10$	9.61	8.79	8.96	8.74	8.85	7.64	8.10	8.06	8.15	7.27
		$v=15$ $b=15$	14.18	14.31	14.14	13.54	12.58	12.69	12.46	12.24	12.15	11.08

续表 21-27

导线型号			LGJ-185/20	LGJ-185/30	LGJ-185/45	LGJ-210/10	LGJ-210/25	LGJ-210/35	LGJ-210/50	LGJ-240/30	LGJ-240/40	LGJ-240/55
技术特性	计算直径（mm）		18.90	18.88	19.60	19.00	19.98	20.38	20.86	21.60	21.66	22.40
	计算截面（mm^2）		211.29	210.93	227.83	215.48	236.12	246.09	258.06	275.96	277.75	297.57
	温度线膨胀系数 α（1/℃）		19.6 $\times10^{-6}$	18.9 $\times10^{-6}$	17.8 $\times10^{-6}$	21.2 $\times10^{-6}$	19.6 $\times10^{-6}$	18.9 $\times10^{-6}$	17.8 $\times10^{-6}$	19.6 $\times10^{-6}$	18.9 $\times10^{-6}$	17.8 $\times10^{-6}$
	弹性模量 E（N/mm^2）		73000	76000	80000	66000	73000	76000	80000	73000	76000	80000
	αE〔N/（mm^2·℃）〕		1.4308	1.4364	1.424	1.3992	1.4308	1.4364	1.424	1.4308	1.4364	1.424
	计算拉断力（N）		59420	64320	80190	45140	65990	74250	90830	75620	83370	102100
各种状态时的比载〔$\times10^{-2}$（N/m·mm^2）〕	无风无冰时自重 γ_1		3.34	3.47	3.72	3.02	3.34	3.47	3.72	3.34	3.47	3.72
	覆冰时冰重 γ_2	$b=5$	1.60	1.60	1.53	1.57	1.50	1.45	1.42	1.36	1.36	1.30
		$b=10$	3.87	3.87	3.67	3.81	3.57	3.50	3.38	3.24	3.22	3.08
		$b=15$	6.81	6.82	6.44	6.69	6.29	6.10	5.90	5.63	5.60	5.31
	无风覆冰时总重 γ_3	$b=5$	4.94	5.07	5.25	4.60	4.83	4.93	5.14	4.70	4.83	5.03
		$b=10$	7.21	7.35	7.40	6.83	6.93	6.96	7.10	6.98	6.70	6.81
		$b=15$	10.15	10.29	10.17	7.92	9.63	9.57	9.62	8.98	9.07	9.06
	无冰时风荷重 γ_4	$v=10$	0.67	0.67	0.64	0.66	0.64	0.62	0.61	0.59	0.58	0.56
		$v=25$	3.27	4.27	3.14	3.22	3.10	3.03	2.96	2.86	2.85	2.75
		$v=30$	4.10	5.11	3.95	4.05	3.88	3.80	5.71	3.60	3.58	3.45
		$v=35$	5.26	5.27	5.05	5.18	4.98	4.87	4.75	4.60	4.58	4.43
	覆冰时风荷重 γ_5	$v=10$　$b=5$	1.03	1.03	0.97	1.00	0.95	0.92	0.90	0.86	0.85	0.82
		$v=10$　$b=10$	1.38	1.38	1.30	1.36	1.27	1.23	1.19	1.13	1.12	1.07
		$v=15$　$b=15$	3.90	3.91	3.67	3.84	3.57	3.45	3.32	3.16	2.92	2.97
	无冰有风时总重 γ_6	$v=10$	3.41	3.54	3.77	3.10	3.40	3.53	3.77	3.39	3.52	3.76
		$v=25$	4.67	4.77	4.87	3.25	4.55	4.60	4.75	4.40	4.49	4.63
		$v=30$	5.29	5.38	5.43	5.72	5.12	5.15	5.25	4.91	5.00	5.08
		$v=35$	6.23	6.31	6.28	6.57	6.00	5.98	6.04	5.70	5.75	5.78
	有冰有风时总重 γ_7	$v=10$　$b=5$	5.04	5.18	5.38	4.70	4.93	5.01	5.22	4.78	4.90	5.09
		$v=10$　$b=10$	7.34	7.47	7.51	7.00	7.05	7.07	7.20	6.68	6.78	6.89
		$v=15$　$b=15$	10.88	11.01	10.81	10.45	10.27	10.18	10.18	9.51	9.53	9.53

续表 21-27

导线型号			LGJ -300/15	LGJ -300/20	LGJ -300/25	LGJ -300/40	LGJ -300/50	LGJ -300/70	LGJ -400/20	LGJ -400/25	LGJ -400/35	LGJ -400/50
技术特性	计算直径（mm）		23.01	23.43	23.76	23.94	24.26	25.20	26.91	26.64	26.82	27.63
	计算截面（mm²）		312.21	324.33	333.31	338.99	348.36	376.61	427.31	419.01	425.24	451.55
	温度线膨胀系数 α（1/℃）		21.4 $\times10^{-6}$	20.9 $\times10^{-6}$	20.5 $\times10^{-6}$	19.6 $\times10^{-6}$	18.9 $\times10^{-6}$	17.8 $\times10^{-6}$	21.4 $\times10^{-6}$	20.9 $\times10^{-6}$	20.5 $\times10^{-6}$	19.3 $\times10^{-6}$
	弹性模量 E（N/mm²）		61000	63000	65000	73000	76000	80000	61000	63000	65000	69000
	αE〔N/（mm²·℃）〕		1.3054	1.3167	1.3325	1.4308	1.4364	1.424	1.3054	1.3167	1.3325	1.3317
	计算拉断力（N）		68060	75680	83410	92220	103400	128000	88850	95940	103900	123400
各种状态时的比载〔$\times10^{-2}$ (N/m·mm²)〕	无风无冰时自重 γ_1		3.01	3.09	3.17	3.34	3.47	3.72	3.00	3.09	3.16	3.35
	覆冰时冰重 γ_2	$b=5$	1.27	1.24	1.22	1.21	1.19	1.13	1.06	1.07	1.06	1.02
		$b=10$	3.00	2.92	2.87	2.83	2.78	2.64	2.44	2.47	2.45	2.36
		$b=15$	5.16	5.03	4.93	4.87	4.78	4.53	4.16	4.22	4.17	4.00
	无风覆冰时总重 γ_3	$b=5$	4.28	4.33	4.39	4.55	4.66	4.86	4.07	4.16	4.23	4.36
		$b=10$	6.00	6.00	6.04	6.17	6.25	6.36	5.45	5.56	5.62	5.70
		$b=15$	8.18	8.12	8.11	8.22	8.25	8.25	7.17	7.31	7.35	7.35
	无冰时风荷重 γ_4	$v=10$	0.55	0.54	0.53	0.53	0.52	0.50	0.47	0.48	0.47	0.46
		$v=25$	2.70	2.64	2.61	2.58	2.54	2.45	2.30	2.32	2.31	2.24
		$v=30$	3.38	3.30	3.27	3.24	3.20	3.07	2.90	2.92	2.90	2.81
		$v=35$	4.33	4.25	4.19	4.15	4.09	3.93	3.70	3.74	3.71	3.60
	覆冰时风荷重 γ_5	$v=10$ $b=5$	0.80	0.77	0.76	0.75	0.74	0.70	0.65	0.65	0.65	0.62
		$v=10$ $b=10$	1.03	1.00	0.98	0.97	0.95	0.90	0.82	0.83	0.83	0.79
		$v=15$ $b=15$	2.86	2.78	2.72	2.68	2.63	2.47	2.25	2.28	2.25	2.15
	无冰有风时总重 γ_6	$v=10$	3.06	3.13	3.21	3.38	3.51	3.75	3.05	3.13	3.21	3.38
		$v=25$	4.04	4.06	4.11	4.22	4.31	4.45	3.79	3.87	3.92	4.03
		$v=30$	4.53	4.51	4.58	4.65	4.72	4.85	4.17	4.25	4.29	4.37
		$v=35$	5.27	5.25	5.26	5.33	5.36	5.42	4.77	4.85	4.88	4.91
	有冰有风时总重 γ_7	$v=10$ $b=5$	4.35	4.51	4.46	4.61	4.72	4.91	4.12	4.21	4.28	4.42
		$v=10$ $b=10$	6.09	6.09	6.12	6.25	6.33	6.43	5.52	5.63	5.68	5.75
		$v=15$ $b=15$	5.46	8.58	8.55	8.64	8.66	8.64	7.51	7.66	7.68	7.66

$$l_r=\sqrt{\frac{l_1{}^3\cos^2\beta_1+l_2^3\cos^2\beta_2+l_3^3\cos\beta_3+\cdots+l_n{}^3\cos^2\beta_n}{\frac{l_1}{\cos\beta_1}+\frac{l_2}{\cos\beta_2}+\frac{l_3}{\cos\beta_3}+\cdots+\frac{l_n}{\cos\beta_n}}}=\sqrt{\frac{\sum l^3\cos^2\beta}{\sum\frac{l}{\cos\beta}}} \tag{21-12}$$

式中　l_1、l_2、$l_3\cdots l_n$——耐张段内各挡的挡距，m。

β_1、β_2、$\beta_3\cdots\beta_n$——耐张段内各挡的高差角。

$$\alpha_r=\alpha\frac{\sum l}{\sum\frac{l}{\cos\beta}} \tag{21-13}$$

式中　α_r——耐张段内代表温度伸长系数；

α——电线温度伸长系数。

21.3.6　水平挡距和垂直挡距

21.3.6.1　水平挡距

当计算杆塔结构所承受的电线风荷载时，其荷载近似认为等于电线单位长度上风压与杆塔两侧挡距平均值的乘积，其挡距平均值称为水平挡距，即

$$l_h=\frac{l_1+l_2}{2}$$

在高差较大而又需要准确计算杆塔水平荷载时，其水平挡距按下式计算

$$l_h=\frac{\left(\frac{l_1}{\cos\beta_1}+\frac{l_2}{\cos\beta_2}\right)}{2} \tag{21-14}$$

式中　l_h——水平挡距，m；

l_1、l_2——分别为杆塔两侧的挡距，m；

β_1、β_2——分别为杆塔两侧的高差角。

21.3.6.2　垂直挡距

当计算杆塔所承受的电线垂直荷载时，垂直挡距近似认为电线单位长度上的垂直力与杆塔两侧电线最低点水平距离之乘积，其计算式为

$$l_V=l_{1V}+l_{2V}=\left(\frac{l_1}{2}+\frac{\sigma_{10}h_1}{\gamma_V l_1}\right)+\left(\frac{l_2}{2}+\frac{\sigma_{20}h_2}{\gamma_V l_2}\right) \tag{21-15}$$

当为直线杆塔时，$\sigma_{10}=\sigma_{20}=\sigma_0$

$$l_V=\frac{l_1+l_2}{2}+\frac{\sigma_0}{\gamma_V}\left(\frac{h_1}{l_1}+\frac{h_2}{l_2}\right)=l_h+\frac{\sigma_0}{\gamma_V}\alpha_s \tag{21-16}$$

上两式中　l_{1V}、l_{2V}——分别为某一杆塔两侧的垂直挡距，m；

σ_{10}、σ_{20}——分别为某一杆塔两侧的电线水平应力，N/mm^2；

α_s——杆塔的综合高差系数；

l_1、l_2、l_h——分别为杆塔两侧的挡距和杆塔的水平挡距，m；

h_1、h_2——分别为杆塔两侧的悬挂高差，m，当邻塔悬挂点低时取正号，反之取负号；

σ_0——耐张段内的电线水平应力，N/mm^2；对于耐张塔，应取两侧可能不同的应力，按对应注角号分开计算垂直挡距；

γ_V——电线的垂直比载，$N/m\cdot mm^2$；

当高差很大，需精确计算杆塔承受的垂直荷载时，可按电线单位荷载分别增大 $\sec\beta_1$、$\sec\beta_2$ 倍，再与 l_{1V}、l_{2V}相乘之和计算。β_1、β_2 见下式

$\beta_1=\mathrm{tg}^{-1}\frac{h_1}{l_1}$、$\beta_2=\mathrm{tg}^{-1}\frac{h_2}{l_2}$分别为杆塔两侧高差角。

21.3.7　极大挡距

架空线路设计是按导线在弧垂最低点的应力 σ_0 计算的，但实际上导线其它各点都比最低点应力大，在一挡中悬挂点应力为最大。弧垂最低点应力不得超过破坏应力的 40%，而悬挂点应力可较弧垂最低点应力高 10%，即不得超过破坏应力的 44%。

在线路设计中，一般的挡距当弧垂最低点应力为40%时，其悬挂点应力不致超过 44%的破坏力。如果某挡挡距很大，导线悬挂点应力达到 44%破坏应力时，则称此挡距为极大挡距。由于极大挡距在冶金厂区线路中很难碰到，故不再详述。

21.3.8　电线的特性曲线

在线路设计中，为全面了解电线在各种气象条件下运行的力学特性，便于在杆塔计算和绝缘设计中查用各种数据，需将各代表挡距（或孤立挡距）下各种气象条件时的电线应力及有关弧垂计算出来，绘成随代表挡距变化的弧垂应力曲线。此弧垂应力曲线即称之为电线特性曲线。

21.3.8.1　电线最大使用应力的选定

架空线路长期在旷野、山区、厂区或湖海边运行，经受风、冰等处负荷作用和气温的剧烈变化。在最恶劣条件下，导线发生的应力也最大（如最大风、冰荷载或最低气温时）。此时导线还应具有一定的安全系数，以电线的破坏强度 σ_p被安全系数 F 除，即得电线的最大使用应力（指电线弧垂最低点应力），表达式为.

$$\sigma_m = \frac{\sigma_p}{F} \qquad (21\text{-}17)$$

式中 σ_m——最大使用应力，N/mm²；

σ_p——电线的破坏强度，N/mm²；

F——电线的安全系数。

电线的安全系数不应小于 2.5，避雷线的安全系数宜大于导线安全系数。

在冶金厂区内的 35～110kV 送电线路，一般交叉跨越多，转角点多，也就是耐张段短。一方面厂区内或居民区内希望安全系数大一些，以确保安全；另一方面往往负荷大导线粗，如按最小安全系数选用，必然加大杆塔受力，使杆塔结构加大，有时甚至难以选出已有的通用性杆塔。因此宜选用较大的安全系数，一般导线选用 $F=3\sim5$，视选用的杆塔及通过地区而定。

21.3.8.2 平均运行应力的限制

为了防止电线振动的危害，对电线平均运行应力有一个限制。当有防震措施的情况下，导线和避雷线平均运行应力不超过瞬时破坏应力的 25%。如采取加大安全系数的做法，一般是不会超过这一数值的。

21.3.8.3 避雷线最大使用应力的选定

避雷线的安全系数一般比导线大。在导线系数 $F=3\sim5$ 时，避雷线取 $F=4\sim7$。同时根据防雷要求，导线与避雷线在挡距中央应保持 $(0.02l+1)$ m 的间距，根据这一要求，应在施工设计中注意验算。

21.3.9 电线架线曲线

架空线架设在杆塔上，必须符合设计的应力，它是以架空线的弧垂来控制的。施工时如果弧垂过小，则架空线必将产生过大的张力，降低了架空线路运行的安全程度；如果弧垂过大，则架空线对地、交叉跨越物的距离减少，也将影响架空线的安全运行。因此设计给出一个正确施工安装用架线曲线是很重要的，架线用弧垂曲线不仅对 35～110kV 送电线路是需要的，就是对 3～10kV 配电线路也是需要的，因为一年四季温度变化很大，电线的品种规格繁多，按经验是很难掌握的。

由于一条线路中有很多不同代表挡距的耐张段，且挡距、高度差各不相同，故不宜也不可能选定其观察挡单独进行计算。一般均以代表挡距和架线气温为变数，不计高差影响，计算架线应力及挡距为 100m 时的弧垂。绘制以代表挡距 100m 观察弧垂，不仅能放大绘图比例，且便于不同观察挡的弧垂换算。

架空线导线及避雷线的特性曲线及架线曲线示例见图 21-2 及表 21-28～表 21-30；图 21-3 及表 21-31～表 21-33；图 21-4，图 21-5。

表 21-28 LGJ-240/30，$F=3.5$ 导线力学特性曲线的规格

名称	符号	数 值	单位
计算截面	A	275.96	mm²
外径	d	21.6	mm
单位长度重量	W	0.922	kg/m
弹性系数	E	73000	MPa
线膨胀系数	α	19.6×10^{-6}	1/℃
拉断力	T_p	71830	N

表 21-29 LGJ-240/30，$F=3.5$ 导线力学特性曲线的荷载（N/m）

名称	符号（b，V）	数值
自 荷 载	P_1（0，0）	9.0437
冰 荷 载	P_2（5， ）	3.6878
自荷载加冰荷载	P_3（5， ）	12.7315
无冰时的风荷载	P_4（ ，10）	1.4563
无冰时的风荷载	P_4（ ，15）	3.2766
无冰时的风荷载	P_4（ ，25）	7.7365
覆冰时的风荷载	P_5（5，10）	2.3242
无冰时综合荷载	P_6（ ，10）	9.1602
无冰时综合荷载	P_6（ ，15）	9.6190
无冰时综合荷载	P_6（ ，25）	11.9014
覆冰时综合荷载	P_7（5，10）	12.9419

表 21-30 LGJ-240/30，$F=3.5$ 导线力学特性曲线的气象条件

曲线	代表情况	温度（℃）	风速（m/s）	冰厚（mm）
①	最低气温	−20	0	0
②	平均气温	10	0	0
③	最大风	−5	25	0
④	覆冰	−5	10	0
⑤	最高气温	40	0	0
⑥	安装	−10	10	0
⑦	外过电压（无风）	15	0	0
⑧	外过电压（有风）	15	10	0
⑨	内过电压	15	15	0

表 21-28、21-29、21-30 对应图 21-2。

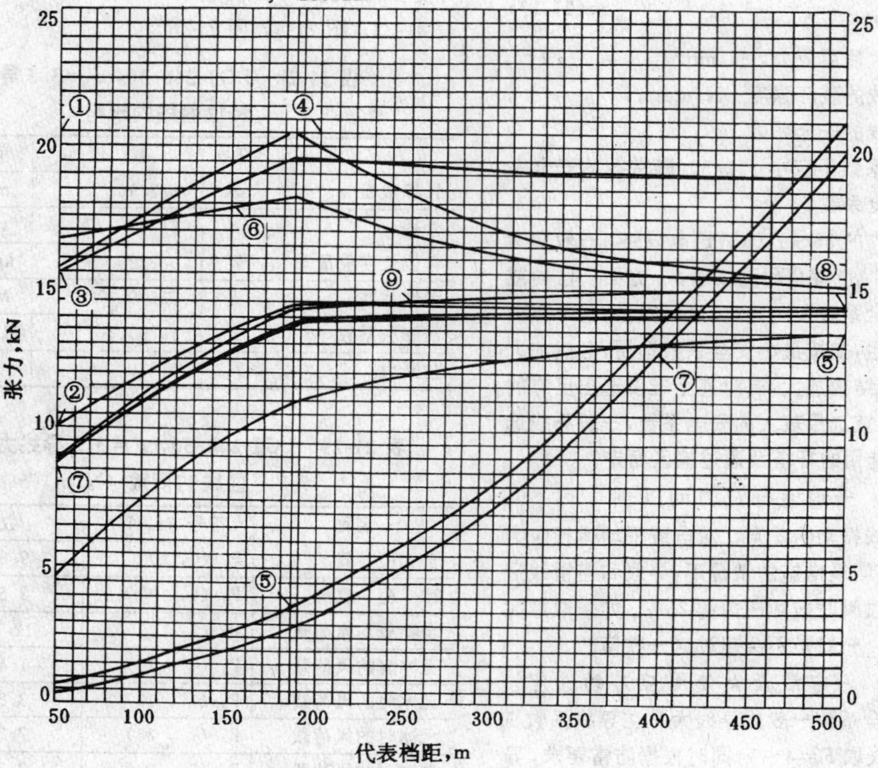

图 21-2 LGT-240/30 $F=3.5$ 导线力学特性曲线

表 21-31 GJ-50，$F=5$ 避雷线特性曲线的规格

名称	符号	数值	单位
计算截面	A	49.5	mm^2
外径	d	9	mm
单位长度重量	W	0.400	kg/m
弹性系数	E	196133	MPa
线膨胀系数	α	12×10^{-6}	1/℃
拉断力	T_p	58250	N

表 21-32 GJ-50，$F=5$ 避雷线特性曲线的荷载（N/m）

名称	符号（b，V）	数值
自 荷 载	P_1（0，0）	

续表 21-32

名称	符号（b，V）	数值
冰 荷 载	P_2（5， ）	3.9227
自荷载加冰荷载	P_3（5， ）	1.9409
无冰时的风荷载	P_4（ ，10）	5.8636
无冰时的风荷载	P_4（ ，15）	0.6619
无冰时的风荷载	P_4（ ，25）	1.4894
覆冰时的风荷载	P_5（5，10）	3.5166
无冰时综合荷载	P_6（ ，10）	1.3974
无冰时综合荷载	P_6（ ，15）	3.9781
无冰时综合荷载	P_6（ ，25）	5.2682
覆冰时综合荷载	P_7（5，10）	6.0278

表 21-33　GJ-50，$F=5$ 避雷线特性曲线的气象条件

曲线	代表情况	温度（℃）	风速（m/s）	冰厚（mm）
①	最低气温	−20	0	0
②	平均气温	10	0	0
③	最大风	−5	25	0
④	覆冰	−5	10	0
⑤	最高气温	40	0	0

续表 21-33

曲线	代表情况	温度（℃）	风速（m/s）	冰厚（mm）
⑥	安装	−10	10	0
⑦	外过电压（无风）	15	0	0
⑧	外过电压（有风）	15	10	0
⑨	内过电压	15	15	0

表 21-31、表 21-32、表 21-33 对应图 21-3。

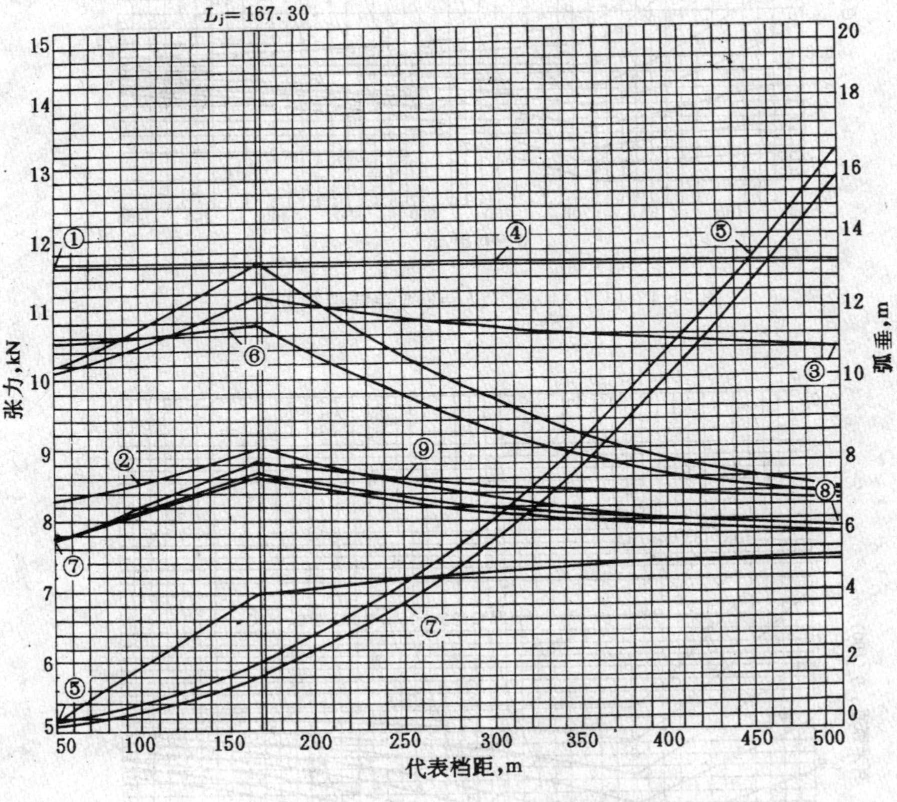

图 21-3　GJ-50、$F=5$ 避雷线特性曲线

图 21-4、图 21-5 中的曲线观测弧垂计算公式

$$f_x=\frac{f(100)}{\cos\beta}\left(\frac{l_x}{100}\right)^2$$

式中　f（100）——观测挡所处耐张段代表挡距下的百米弧垂，m；

l_x——观测挡挡距，m；

β——高差角 $\beta=\text{tg}^{-1}\frac{h}{l_x}$；

h——观测挡电线悬挂点高差，m。

图 21-4 中曲线已按降温 20℃考虑了初伸长，观测时可按实际气温查相应弧垂曲线，若实际气温与曲线所列温度值不符时，可用插入法求得其弧垂值。

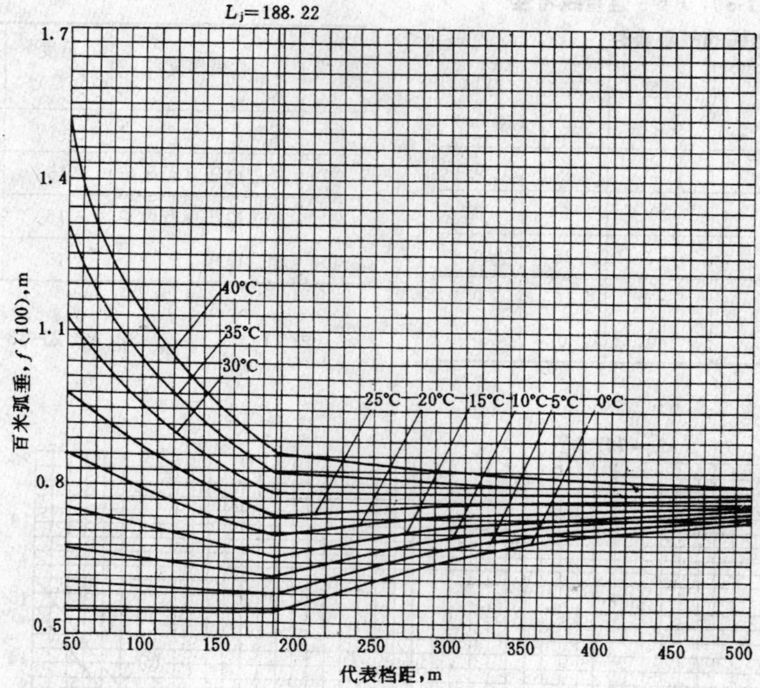

图 21-4　LGJ-240/30、$F=3.5$ 导线架线曲线

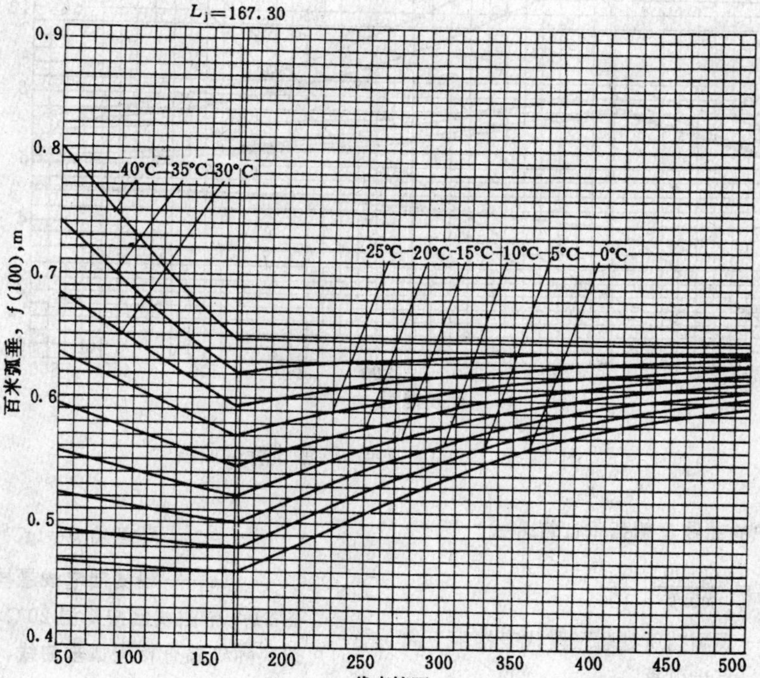

图 21-5　GJ-50、$F=5$ 避雷线架线曲线

图 21-5 中，曲线已按降温 10℃考虑了初伸长，观测时可按实际气温查相应弧垂曲线，若实际气温与曲线所列温度值不符时，可用插入法求得其弧垂值。

架线曲线在实际架线使用时，先根据耐张段的代表挡距查出与观察气温相对应的 f_{100}，然后根据观察挡的挡距、高差，换算出观察挡的架线弧垂。公式为

$$f_1 = f_{100}\left(\frac{l}{100}\right)^2$$

式中　f_{100} ——观察挡代表挡距下 100m 挡距的弧垂（由架线曲线查出），m；

l——观察挡挡距，m；

f_1——观察挡弧垂，m。

架设新导线及避雷线时要先考虑受张力后会产生永久变形，即初伸长，引起弧垂增大。一般采用降温方法予以补偿，降低的温度可采用下列数值：

钢芯铝线 15～20℃

轻型钢芯铝绞线 20～25℃

加强型钢芯铝绞线 15℃

钢绞线 10℃

21.3.10　电线的断线张力

经验和调查结果表明，高压送电线路的断线事故，实际上是很少的，且断线情况无规律可言。线路的电压愈高，导线截面愈大，断线的概率就愈小。因为断线无规律，也就没有必要用繁琐的理论来推算断线情况和断线张力。按照设计技术规程规定，直线杆塔的断线张力见表 21-34。

表 21-34　单导线断线张力

钢芯铝线截面 (mm^2)	断线张力（最大使用张力的百分数）		
	钢筋混凝土杆及拉线铁塔	铁塔	大跨越杆塔
95 及以下	30	40	60
120～185	35	40	60
240 及以上	40	50	60

两分裂导线张力，对于平地取一根导线最大张力的 40%，对于山地取一根导线最大张力的 50%。

避雷线不平衡张力，钢筋混凝土杆取避雷线最大张力的 15～20%，拉线铁塔为 30%，铁塔为 50%。

对耐张杆塔，导线断线张力取最大使用张力的 70%，避雷线取最大张力的 80%。

21.3.11　电线的防振

21.3.11.1　振动风速

在平坦宽阔地区，风速均匀、平稳，容易振动。当挡距较大时，导线悬挂点也较高，提高了振动风速的上限。小于 100m 的挡距，很少看到电线振动。在平原宽阔地区，使电线振动的风速范围与电线的高度及挡桓大小的关系见表 21-35。

表 21-35　振动风速表

挡距（m）	电线悬挂点高度（m）	引起振动风速的范围（m/s）
150～250	12	0.5～4.0
300～450	25	0.5～5.0
500～700	40	0.5～6.0
700～1000	70	0.5～8.0

21.3.11.2　防振措施与电线应力的关系

目前广泛采用的是防振锤，阻尼线的作用与防振锤相似，安装距离也相同。护线条的作用是增加线夹出口附近电线的刚度，减小弯曲力及挤压力和摩擦，对振动也起一定的阻尼作用。

根据运行经验，电线的平均运行应力与安装防振锤的关系见表 21-36。

21.3.11.3　防振锤的型号及安装距离

目前我国使用的防振锤有 FD 和 FG 型。FD 型为导线使用，FG 型为避雷线使用，详见水利电力出版社出版的《金具手册》。

防振锤的安装距离应尽量接近波腹，以最大限度的消耗导线振动能量。而电线振动的频率及波长是在一定范围内波动。为了使防振锤对各种振动都能发挥消振作用，其安装位置应能照顾到最大及最小波长的振动，对中间波长的振动自然也能起作用。

表 21-36 防振锤安装范围表

条件		平均运行应力限度（瞬时破坏强度的%）		
		防振级别		
		Ⅰ	Ⅱ	Ⅲ
电线种类	铝绞线	17	20	25
	钢芯铝绞线	16	18	25
	钢线	12	18	25
挡距（m）	＜120	不需要	不需要	开阔地区需要
	120～500	不需要	开阔地区需要，一般地区不需要	需要，但地形能屏蔽者，不需要
	＞500 或悬点高于 40m	需要	需要	需要

防振锤的安装距离由下式求得

$$b=\frac{\frac{\lambda_m}{2}\frac{\lambda_M}{2}}{\frac{\lambda_m}{2}+\frac{\lambda_M}{2}} \tag{21-18}$$

式中 b —— 防振锤安装距离，m；

λ_m —— 电线振动最小波长，m；

λ_M —— 电线振动最大波长，m。

电线振动波长 λ 由下式求得：

$$\frac{\lambda}{2}=\frac{d}{400v}\sqrt{\frac{T}{m}} \tag{21-19}$$

式中 d —— 电线直径，mm；

v —— 垂直于电线的风速，m/s；

T —— 电线的张力，N；

m —— 电线的单位长度质量，N/m。

由式 21-19 可知，风速大时波长短，反之则长。用最低气温时电线的最大张力和最小风速，求得最大波长；用最高气温的最小张力和最大风速求得最小波长。然后可求得防振锤安装距离 b。

由于电线处在最高及最低气温的情况很少，因此不必要采用复杂公式，且张力的变化对波长的影响比风速变化的影响小得多。因此多数采用平均运行应力及最大风速求波长，并且按下式确定防振锤安装距离

$$b=0.9\sim0.95\left(\frac{\lambda_m}{2}\right) \tag{21-20}$$

式 21-20 有一个范围，是便于 b 值取一个整数。

防振锤的安装位置从悬垂线夹或耐张线夹的活动点上算起。

双分裂导线的防振与单导线同等对待。三分裂以上导线在各类地区一般不加防振锤。

防振锤的安装个数与电线直径和挡距有关，我国每挡每端安装防振锤的数量见表 21-37。

表 21-37 防振锤安装数量表

导线直径 d（mm）	挡距（m）		
	一个	两个	三个
$d<12$	≤300	300～600	600～900
$12\leqslant d\leqslant 22$	≤350	350～700	700～1000
$22<d<37.1$	≤450	450～800	800～1200

21.4 绝缘子及金具

21.4.1 绝缘子的种类及其选择

21.4.1.1 针式绝缘子

高压针式绝缘子按电压分为 6kV、10kV、15kV、20kV 及 35kV 五种，低压仅有 500V 一种。其铁脚有木担直脚（M），铁担直脚（T），弯脚（W）及加长的木担直脚（MC）四种。近年来，木杆及木横担已经很少使用，故仅用铁担直脚一种。

针式绝缘子，最初以用在木横担上为主，用在铁横担上时规程规定宜采用高一级绝缘水平的绝缘子。虽然这样，由于铁脚顶部与导线捆扎的凹槽处的体绝缘

距离较小，在雷击严重地区，凹槽处的体绝缘被击穿，以致烧坏甚至烧断导线，造成事故。但是在一般地区，针式绝缘子应用还是很广泛的。

21.4.1.2　瓷横担绝缘子

瓷横担绝缘子是同时起到横担和绝缘子作用的一种实心绝缘结构，有降低杆塔高度，节约钢材，降低造价等优点。且绝缘的泄漏距离较大，全部为实心绝缘，不会发生象针式绝缘子那样的绝缘击穿现象。但是也有强度降低，较易断裂的缺点。因此宜使用在中、小导线的Ⅱ、Ⅲ级线路上，使用时对允许的水平挡距和垂直挡距应予以验算，并对横担进行探伤检查。

21.4.1.3　棒形针式绝缘子

棒形针式绝缘子，其结构为铁脚固定在底帽上的实心棒式绝缘子，也有类似瓷横担的不击穿和泄漏距离较大的优点。其安装方式与普通针式绝缘子的铁担脚一样，因此可以很方便的与针式绝缘子置换使用。同时其强度也比较大，可以在大导线上使用。目前在华东地区山东、江苏等地应用较为普遍。此种绝缘子仅有10kV一种，由江苏、山东省等地电瓷厂生产。

21.4.1.4　盘形悬式绝缘子

盘形悬式绝缘子按绝缘性能分有普通型和防污型；按制作材料分有普通陶瓷的和钢化玻璃绝缘子；按连接方式分有球形和槽形两种；按机电破坏强度分有6kV、7kV、10kV、16kV、21kV、30kV等几种。这种绝缘子是高压线路中最常用的绝缘子，其机电性能优越可靠，可以串接起来，满足各种电压等级的要求。

在沿海、冶金粉尘区、化工污染及一般较严重的工业污染区，常采用防污型。

21.4.1.5　棒形悬式合成绝缘子

棒形悬式合成绝缘子，是用玻璃钢棒芯和合成材料的许多散片组成，一种电压制成一整根，目前已制成电压66kV～500kV。这种绝缘子有重量轻，耐污染等优点，是近年来的新品种。

21.4.1.6　绝缘子选择

绝缘的机械强度安全系数，按下式计算

$$K=\frac{T}{T_{\max}} \qquad (21\text{-}21)$$

式中　T——瓷横担的受弯破坏荷载，N；

针式绝缘子受弯破坏荷载，N；

悬式绝缘子1h机电试验的试验荷载，N；

蝴蝶式绝缘子的破坏荷载，N；

$T_{\max}$——绝缘子的最大使用荷载，N。

对配电线路绝缘子的安全系数，不应小于下列数值：

瓷横担　3.0

针式绝缘子　2.5

悬式绝缘子　2.0

蝴蝶绝缘子　2.5

对送电线路除运行情况满足上述要求外，事故断线的安全系数应不小于：

瓷横担　2.0

悬式绝缘子　1.3

直线杆塔上悬式绝缘子的数量，应采用表21-38所列的数值。耐张绝缘子串的绝缘子应比悬式绝缘子串的绝缘子多一片。

对全高超过40m有避雷线的杆塔，高度每增加10m应增加一片绝缘子；对全高超过100m的杆塔，绝缘子可根据运行经验综合计算确定。

表21-38　直线杆塔上悬垂绝缘子串的绝缘子数量

电压（kV）	6～10	35	60	110	220
X-4.5或XP-7型绝缘子数	1	3	5	7	13

架空电力线路经过污秽地区时，宜采用防污绝缘子或根据运行经验和可能污染的程度，增加绝缘子数量或瓷横担的泄漏距离，或采取其它防污措施，如无运行资料可参照表21-39。

表21-39　空气污秽地区线路绝缘子串的绝缘水平

污秽地区	污秽情况	单位泄漏距离（cm/kV）
1	空气污秽的工业区附近；盐碱地地区；炉烟污秽地区	2.2～2.5

续表 21-39

污秽地区	污 秽 情 况	单位泄漏距离 (cm/kV)
2	空气污秽较严重地区；盐海地带及盐场附近；重盐碱地地区；空气污秽而又重雾的地带；距化学性污源300m以外的地区	2.6～3.2
3	导电率很高的空气污秽地区（如大工厂和冶金工厂附近）；位于大发电厂的烟囱附近且有冷水塔时；严重的盐雾侵袭地区；距化学污源300m以内的地区	≥3.8

21.4.2 线路金具

将杆塔、导线、避雷线和绝缘子连接起来的金属零件，称 为线路金具。线路金具的分类及用途见表 21-40。

表 21-40 线路金具的分类和用途表

分 类	名 称	用 途
悬垂线夹	悬垂线夹	用于将导线固定在直线杆塔的悬垂绝缘子串上，或将避雷线悬挂在直线杆塔的避雷线支架上
耐张线夹	螺栓型耐张线夹	用于将导线固定在耐张、转角杆塔的绝缘子串上，适用于固定中小截面导线
	压缩型耐张线夹	压缩型耐张线夹分两种，一种用于将导线（钢芯铝绞线）固定在耐张、转角杆塔的绝缘子串上，适用于固定大型截面导线。另一种用于将避雷线（镀锌钢绞线）固定在耐张、转角杆塔上
	楔型耐张线夹	用于将避雷线（镀锌钢绞线）固定在耐张、转角杆塔上
联结金具	U型挂环、二联板、直角挂板、延长环、U型螺丝等	这类金具又称为通用金具，多用于绝缘子串与杆塔之间、线夹与绝缘子串之间、及避雷线线夹与杆塔之间的联结
	球头挂环、碗头挂板	联结球窝型绝缘子的专用金具
接续金具	接续管（圆形）	一种用于大截面导线（钢芯铝绞线）的接续，另一种用于避雷线（镀锌钢绞线）的接续
	接续管（椭圆形）	用于中小截面导线的接续
	补修管	一种用于导线（钢芯铝绞线）的补修，另一种用于避雷线（镀锌铝绞线）的补修
	并沟线夹	一种用于导线作为跳线时的接续，另一种用于避雷线（镀锌钢绞线）作为跳线时的接续

续表 21-40

分　类	名　称	用　途
保护金具	防振锤	抑制导线、避雷线振动、起保护作用
	预绞丝护线条	起保护导线的作用
	预绞丝补修条	导线损伤时补修用
	重锤	抑制悬垂绝缘子串及跳线绝缘子串摇摆角过大及直线杆塔上导线、避雷线上拔
	间隔棒	固定分裂导线排列的几何形状
拉线金具	UT 型线夹	可调式的用于固定和调整杆塔拉线下端，不可调试的用于固定杆塔拉线上端
	楔型线夹	用于固定杆塔拉线上端
	拉线二联板	用于联结两根组合拉线

21.4.2.1 绝缘子串的组装

绝缘子串可分为悬式组装和耐张组装两种。每一组又可分为单串或双串（或多串）。需考虑的主要问题有绝缘子型式和并接的串数；绝缘子串与杆塔的连接；绝缘子与导线的连接等。此外，金具零件的机械强度，互相间的尺寸配合，方向等都要选择正确。

图 21-6 和图 21-7 为单串悬垂和耐张绝缘子串组装图，表 21-41 和表 21-42 为对应的零件表。

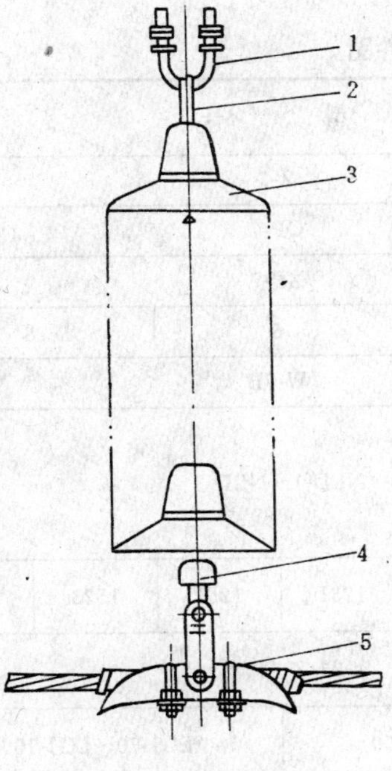

图 21-6　悬式绝缘子串

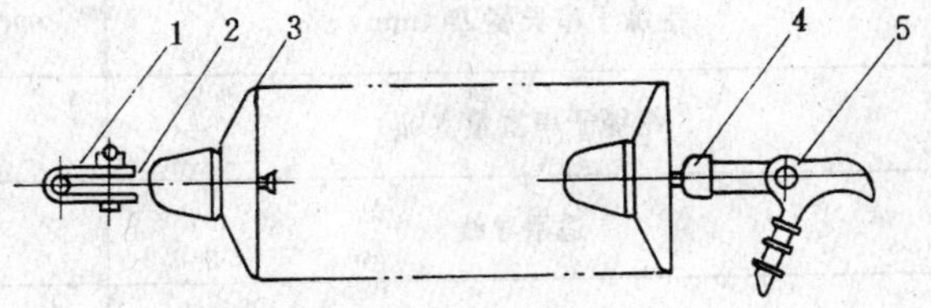

图 21-7　耐张绝缘子串组装图

对双串耐张绝缘子串的组装见图 21-8，有单点固定及双点固定两种形式。

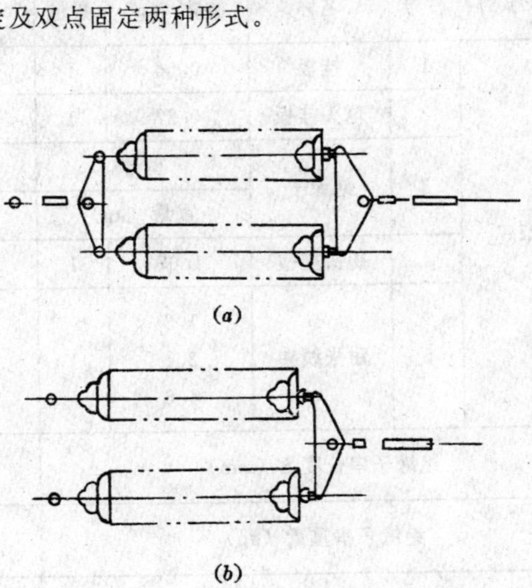

图 21-8　双串耐张绝缘子串组装图

(*a*) —单点固定；(*b*) —双点固定

表 21-41 悬垂绝缘子串组装零件表

<table>
<tr><th>图号</th><th>件号</th><th>名称</th><th>重量（kg）</th><th>数量</th><th colspan="6">型　　号</th></tr>
<tr><td rowspan="6">图 21-6</td><td>1</td><td>U 型螺丝</td><td>0.72</td><td>1</td><td colspan="6">U-1880</td></tr>
<tr><td>2</td><td>球头挂环</td><td>0-30</td><td>1</td><td colspan="6">Q-7</td></tr>
<tr><td rowspan="2">3</td><td rowspan="2">绝缘子</td><td colspan="2">型号</td><td colspan="6">XP-7</td></tr>
<tr><td colspan="2">数量</td><td colspan="2">3</td><td colspan="2">5</td><td colspan="2">7</td></tr>
<tr><td>4</td><td>磁头挂板</td><td>0.82</td><td>1</td><td colspan="6">W-7A</td></tr>
<tr><td>5</td><td>悬垂线夹</td><td>1.8
2.0
3.0</td><td>1</td><td colspan="6">XQU-2～XQU-4</td></tr>
<tr><td colspan="5">绝缘子串长度 L（mm）</td><td>690</td><td>710</td><td>1002</td><td>1012</td><td>1304</td><td>1304</td></tr>
<tr><td colspan="5">绝缘子串重量（kg）</td><td colspan="6">18.6～40.0</td></tr>
<tr><td colspan="5">适用导线</td><td colspan="6">LGJ-70～LGJ-240</td></tr>
<tr><td colspan="5">适用电压（kV）</td><td colspan="2">35</td><td colspan="2">60</td><td colspan="2">110</td></tr>
</table>

表 21-42 耐张绝缘子串组装零件图

<table>
<tr><th>图号</th><th>件号</th><th>名称</th><th>重量（kg）</th><th>数量</th><th colspan="6">型　　号</th></tr>
<tr><td rowspan="6">图 21-7</td><td>1</td><td>挂板</td><td>0.56</td><td>1</td><td colspan="6">Z-7</td></tr>
<tr><td>2</td><td>球头挂板</td><td>0.27</td><td>1</td><td colspan="6">QP-7</td></tr>
<tr><td rowspan="2">3</td><td rowspan="2">绝缘子</td><td colspan="2">型号</td><td colspan="6">XP-7</td></tr>
<tr><td colspan="2">重量（kg）</td><td colspan="2">4</td><td colspan="2">6</td><td colspan="2">8</td></tr>
<tr><td>4</td><td>碗头挂板</td><td>1.07</td><td>1</td><td colspan="6">W-7B</td></tr>
<tr><td>5</td><td>耐张线夹</td><td>1.3
2.1
4.6</td><td>1</td><td colspan="6">NLD-1～NLD-3</td></tr>
<tr><td colspan="5">绝缘子串长度 L（mm）</td><td>929</td><td>939</td><td>1231</td><td>1261</td><td>1523</td><td>1553</td></tr>
<tr><td colspan="5">绝缘子串重量（kg）</td><td colspan="6">23.2～46.5</td></tr>
<tr><td colspan="5">适用导线</td><td colspan="3">LGJ-35～LGJ-150</td><td colspan="3">LGJ-70～LGJ-150</td></tr>
<tr><td colspan="5">适用电压（kV）</td><td colspan="2">35</td><td colspan="2">60</td><td colspan="2">110</td></tr>
</table>

21.4.2.2 避雷线金具组装

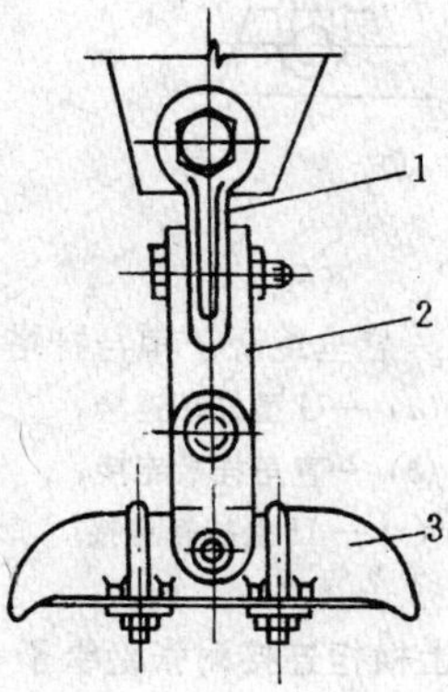

图 21-9 避雷线悬垂组装图之一

避雷线悬垂组装见图 21-9 和图 21-10，对应的零件表见表 21-43 和表 21-44。

表 21-43 避雷线的组装零件表之一

图号	件号	名称	重量(kg)	数量	型号	
图 21-9	1	直角挂板	0.58	1	ZS-7	
	2	直角挂板	0.58	1	ZS-7	
	3	悬垂线夹	1.4 1.8	1	XGU-1	XGU-2
适用钢绞线					GJ-25 GJ-35	GJ-50 GJ-70

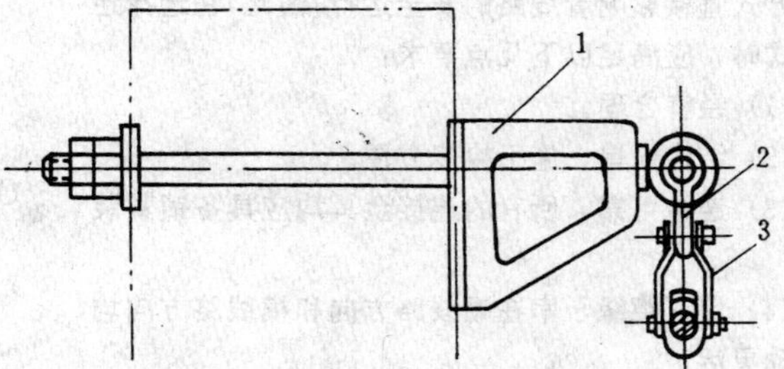

图 21-10 避雷线悬垂组装图之二

表 21-44 避雷线的组装零件表之二

图号	件号	名称	重量(kg)		数量	型号	
图 21-10	1	避雷线悬垂吊架	4.26 4.77	5.25 7.10	1	DJ-1839 DJ-2244	DJ-2451 DJ-2762
	2	直角挂板	0.58		1	ZS-7	
	3	悬垂线夹	1.4 1.8		1	XGU-1	XGU-2
适用钢绞线						GJ-25 GJ-50 GJ-35 GJ-70	

避雷线耐张组装见图 21-11 和表 21-45。

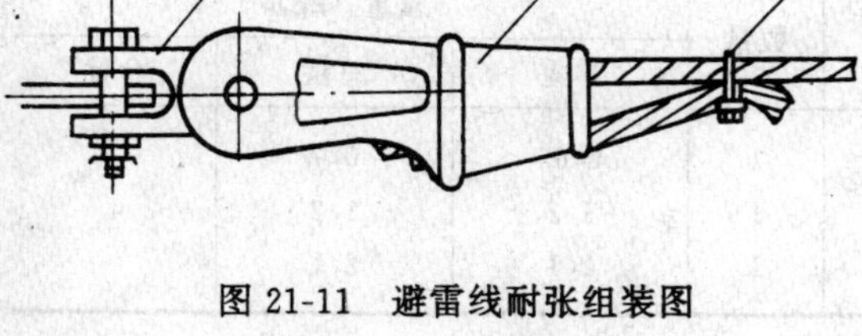

图 21-11 避雷线耐张组装图

表 21-45 避雷线耐张组装零件表

图号	件号	名称	重量(kg)	数量	型号	
图 21-11	1	直角挂板	0.58 0.90	1	ZS-7	ZS-10
	2	楔型线夹	1.2 1.8	1	NX-1	NX-2
	3	钢线卡子	0.18 0.30	1	JK-1	JK-2

续表 21-45

图号	件号	名称	重量(kg)	数量	型号	
适用钢线					GJ-25 GJ-35	GJ-50 GJ-70

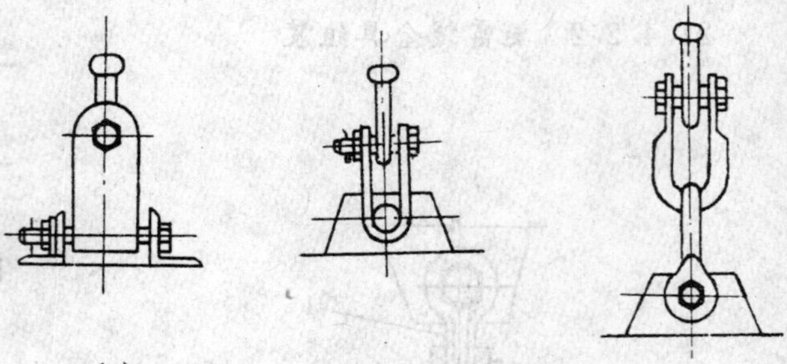

(a) (b) (c)

图 21-12 悬垂绝缘子串与杆塔连接

(a) —U 型挂环连接；

(b) —直角挂板连接；

(c) —U 型挂板连接

21.4.2.3 导线和避雷线挂线点的选择

导线和避雷线的挂线点，应视杆塔结构型式而定，连接方式直接影响着线路的安全运行，因此，在选择连接方式时，应满足以下几点要求：

(1) 经济合理。

(2) 结构简单，施工检修方便。

(3) 连结可靠，所有的连接金具均应具备锁紧装置。

(4) 保证绝缘子串在顺线路方向和横线路方向均能转动灵活。

(5)应保证有足够强度，必要时相连接的第一个零件其标称破坏荷重应加大一级。

(6) 尽量减少因振动和摆动造成元件磨损。

现在架空电力线路上绝缘子串与杆塔的连接方式均与定型的杆塔结构相一致。

钢筋混凝土电杆均为铁横担，其悬挂点与铁塔相一致。

铁横担上悬挂悬垂绝缘子串可选用 U 型挂环，直角挂板和 U 型挂板，如图 21-12 所示。

在耐张杆塔上横担连接耐张绝缘子串时，通常用 U 型挂环和直角挂板，如图 21-13 所示。

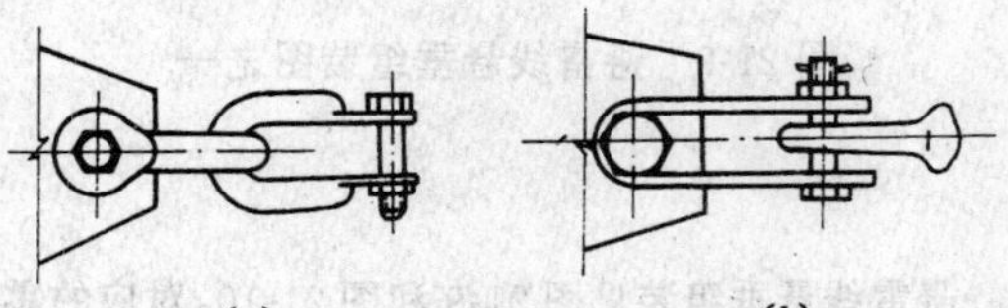

(a) (b)

图 21-13 耐张绝缘子串与杆塔连接

(a) —U 型挂环连接；(b) —直角挂板连接

21.4.2.4 拉线金具组装

拉线金具有单拉线及双拉线两种，单、双拉线金具的组装图及对应的零件表见图 21-14，表 21-46；图 21-15，表 21-47。

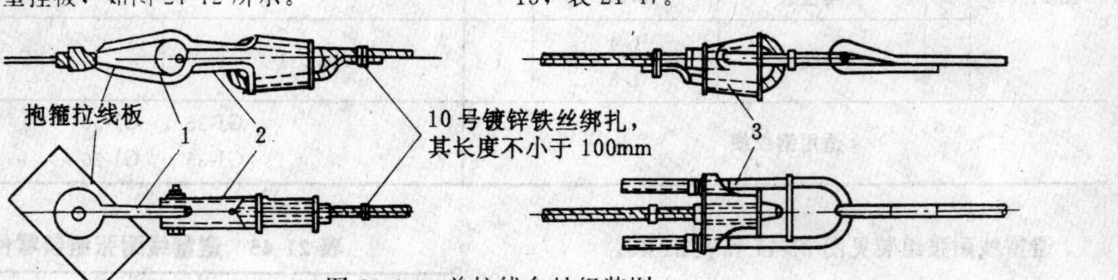

图 21-14 单拉线金具组装图

表 21-46 单拉线金具组装图零件表

适用范围	序号	名称	型号	单位	数量	重量 (kg)		
						单重	总重	合计
GJ-35	1	U 型挂环	UL-7	个	1	0.65	0.7	4
	2	楔型线夹	NX-1	个	1	1.2	1.2	
	3	UT 型线夹	NUT-1	个	1	2.1	2.1	

续表 21-46

适用范围	序号	名称	型号	单位	数量	重量（kg）		
						单重	总重	合计
GJ-50 GJ-70	1 2 3	U 型挂环 楔型线夹 UT 型线夹	UL-10 NX-2 NUT-2	个 个 个	1 1 1	0.92 1.8 3.2	0.92 1.8 3.2	5.92
GJ-100 GJ-120	1 2 3	U 型挂环 楔型线夹 UT 型线夹	UL-16 LX-3 NUT-3	个 个 个	1 1 1	1.64 3.2 5.4	1.64 3.2 5.4	10.24
GJ-135 GJ-150	1 2 3	U 型挂环 楔型线夹 UT 型线夹	UL-20 LX-4 NUT-4	个 个 个	1 1 1	2.9 5.3 7.2	2.9 5.3 7.2	15.4

注：当用于反向拉线或分角拉线 时，取消 U 型挂环，用单连板代替。

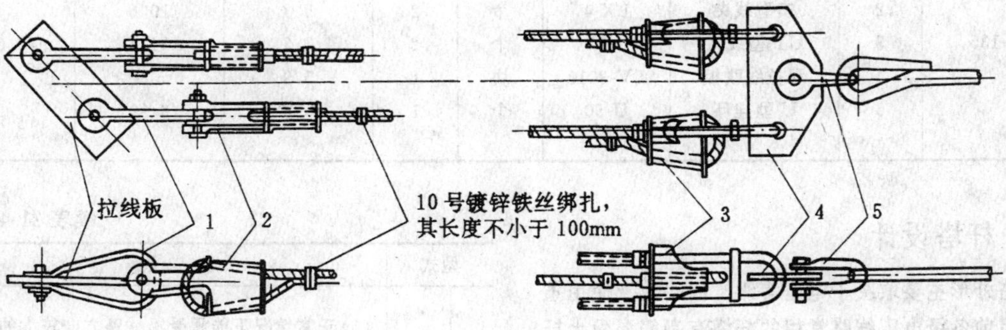

图 21-15　双拉线金具组装图

表 21-47　双拉线金具组装图零件表

适用范围	序号	名称	型号	单位	数量	重量（kg）		
						单重	总重	合计
2GJ-70	1 2 3 4 5	U 型挂环 楔型线夹 UT 型线夹 双拉线联板 U 型挂环	UL-10 NX-2 NUT-2 LV-1214 U-25	个 个 个 块 个	2 2 2 1 1	0.92 1.8 3.2 2.35 2.79	1.84 3.6 6.4 2.35 2.79	16.98

续表 21-47

适用范围	序号	名称	型号	单位	数量	重量（kg）		
						单重	总重	合计
2GJ-100	1	U 型挂环	UL-16	个	2	1.64	3.28	26.68
	2	楔型线夹	LX-3	个	2	3.2	64	
	3	UT 型线夹	NUT-3	个	2	5.4	10.8	
	4	双拉线联板	LV-2015	块	1	2.5	2.5	
	5	U 型挂环	U-30	个	1	3.7	3.7	
2GJ-120	1	U 型挂环	UL-16	个	2	1.64	3.28	26.68
	2	楔型线夹	LX-3	个	2	3.2	6.4	
	3	UT 型线夹	NUT-3	个	2	5.4	10.8	
	4	双拉线联板	LV-2015	块	1	2.5	2.5	
	5	U 型挂环	U-30	个	1	3.7	3.7	
2GJ-135	1	U 型挂环	UL-20	个	2	2.9	5.8	43.69
	2	楔型线夹	LX-4	个	2	5.3	10.6	
	3	UT 型线夹	NUT-4	个	2	7.2	14.4	
	4	双拉线联板	LV-3018	块	1	5.9	5.9	
	5	U 型挂环	U-50	个	1	6.99	6.99	

21.5 杆塔设计

杆塔外形主要取决于电压等级、回路数及使用条件等。目前各级电压线路常用的杆塔有钢筋混凝土杆和铁塔两种。

杆塔型式见表 21-48。

表 21-48 杆塔型式（按用途分）

型式		特点
直线型	直线杆塔	(1) 正常情况下不承受沿线路方向较大的不平衡张力 (2) 断线时不能限制事故范围 (3) 紧线时不能用以支持线条拉力 (4) 送电线路一般不能转角，有的可兼有不大于 5°的小转角，配电线路视导线大小可做 小于等于 15°或 30°的转角

续表 21-48

型式		特点
耐张型	耐张杆塔	(1) 正常情况下能承受沿线路方向较大的不平衡张力 (2) 断线时能限制事故范围 (3) 紧线时能用以支持线条拉力 (4) 能转不大于 5°的小转角
	转角杆塔	特点同耐张杆塔，但位于线路的转角点，转角一般分为 30°、45°、60°、90°几种
	终端杆塔	特点同转角杆塔，但位于线路的起端和终端；有时因受地形、地面建（构）筑物的限制转角大于 90°
	特殊杆塔	有跨越杆、换位杆、分支杆等

对于冶金工厂 110kV 以下的各级线路，已有各种

国内通用设计的典型的杆塔可供选用。各设计院及各地供电局的各种杆塔设计也可有条件的选用或参考。

各级线路在便于运输和施工的地区应采用钢筋混凝土杆；在运输和施工困难，使用带拉线的钢筋混凝土杆场地不允许时，宜使用自立式铁塔。

21.5.1 送电线路杆塔的荷重条件

各类杆塔均应按线路的运行情况，断线情况及安装情况的荷重来计算。

（1）运行情况：

1）最大风速，无冰，未断线。

2）覆冰，相应风速，未断线。

3）最低气温，无冰，无风，未断线。

4）断线情况（仅适用于采用悬垂式绝缘子的线路）。

（2）直线型杆塔的断线情况的计算条件：

1）不论几回路的杆塔，断一根导线，避雷线未断，无冰，无风。

2）单导线的断线张力，应采用表 21-56 所列数值。

3）导线未断，对具有避雷线的 35kV 线路，还要计算避雷线的不平衡张力，此时无冰，无风。

4）避雷线的不平衡张力，对钢筋混凝土电杆，不应小于避雷线最大使用张力的 15～20%；对铁塔，不应小于 50%。

（3）耐张型杆塔断线情况的计算条件：

1）不论几回路的杆塔，在同一挡内断两相导线，避雷线未断，无冰，无风。

2）断一根避雷线，导线未断，无冰，无风。

在断线情况下，所有导线张力宜取导线最大使用张力的 70%，所有避雷线张力宜取避雷线最大使用张力的 80%。

此外，终端杆塔应按进线挡架线与未架线两种情况计算。需暂时挂一回路线的双回路杆塔，还应按挂一回路线的情况计算。单回路终端杆塔还应按断一相导线，无冰，无风条件计算。

（4）安装情况：无冰，相应的风速，安装荷重，考虑导线及避雷线紧线，还应考虑采用临时补强措施（例如采用临时拉线及个别部件临时补强等），考虑提升导线或避雷线及其附近的荷重（一般按两倍考虑）安装工人及携带工具的重量按 100kg 验算，考虑杆塔的成组安装。

（5）除满足上述计算条件外，还应考虑下述条件：

1）断线张力还应按覆冰、无风、气温 −5℃ 计算，覆冰荷载不应小于计算覆冰荷载的 50%。

2）各类杆塔还应按三相导线及避雷线不均匀脱冰（一般按一侧冰重 100%，一侧冰重不大于 50%），所产生的不平衡张力验算；对直线杆塔，一般考虑导线及避雷线不同时产生不平衡张力，耐张杆根据具体情况确定。

3）地震烈度为 9 度及以上地区的各类杆塔，应进行抗震强度验算，此时风速取最大风速之半，无冰，未断线。

21.5.2 导线及避雷线在杆塔上的布置

（1）导线与避雷线的架设要求如下：

按挡距中导线接近条件决定线间距离时，应根据运行经验确定。

对 1000m 以下挡距，其水平线间距离 d 一般按下式计算

$$d = 0.4\lambda + \frac{U}{110} + 0.65\sqrt{f} \qquad (21\text{-}22)$$

式中 d —— 水平线间距离，m；

λ —— 悬垂绝缘子串长度，m，对瓷横担 $\lambda=0$；

U —— 线路额定电压，kV；

f —— 导线最大弧垂，m。

（2）35kV 架空电力线路的导线，一般采用三角排列或水平排列；3～10kV 架空电力线路的导线，一般采用三角排列或水平排列；多回路线路的导线，宜采用三角、水平混合排列或垂直排列。

3kV 以下架空线路的导线，一般采用水平排列。

在同一走廊内的 3～10kV 架空电力线路与 3kV 以下架空电力线路，宜同杆架设。

（3）10kV 及以下加空电力线路的挡距，应根据运行经验确定，如无可靠运行资料时，一般采用表 21-49 中所列数值。

表 21-49 10kV 及以下架空电力线路的挡距（m）

地区	线路电压（kV）	
	3～10	3 以下
城区	40～50	40～50
郊区	50～100	40～60

35kV 架空电力线路耐张段的长度 3～5km。10kV 及以下架空电力线路耐张段的长度不宜大于 2km。

(4) 架空电力线路导线的线间距离应根据运行经验确定。如无可靠运行资料时，不应小于表21-50所列数值。

(5) 覆冰地区35kV架空电力线路上下层导线间或导线与避雷线间的水平偏移为：对设计冰厚为10mm地区，不应小于0.2m；对设计冰厚为15mm地区，不应小于0.35m。覆冰严重地区导线应水平排列，导线与避雷线水平偏移应较冰厚增加50cm。

表21-50 架空电力线路导线间的最小距离（m）

导线排列方式	挡距（m）												
	40及以下	50	60	70	80	90	100	110	120	150	200	300	350
采用悬式绝缘子的35kV线路导线水平排列										2.0	2.5	3.0	3.25
采用悬式绝缘子的35kV线路导线垂直排列										2.0	2.25	2.5	2.75
采用针式绝缘子或瓷横担的3～10kV线路，不论导线排列形式	0.6	0.65	0.7	0.75	0.85	0.9	1.0	1.05	1.15				
采用针式绝缘子的3kV以下线路，不论导线排列形式	0.3	0.4	0.45	0.5									

注：3kV以下线路，靠近电杆两侧导线间的水平距离不应小于0.5m。

(6) 同杆架设10kV及以下双回路或多回路线路的横担间垂直距离，不应小于表21-51中所列数值。

10kV及以下线路与35kV线路同杆架设时，导线间垂直距离不应小于2.0m。

35kV双回路或多回路线路的不同回路不同相导线间的距离，不应小于3.0m。

表21-51 同杆架设10kV及以下线路的横担间最小垂直距离（m）

横担间导线排列方式	直线杆	分支或转角杆
3～10kV与3～10kV	0.80	0.45/0.60
3～10kV与3kV以下	1.20	1.0
3kV以下与3kV以下	0.60	0.30

注：表中0.45/0.60是指距上面的横担取0.45m，距下面的横担取0.60m。

(7) 导线三角排列时，斜向线间距离需按式21-23化为等值水平线间距离考虑。

$$d_z=\sqrt{d_n^2+\left(\frac{4}{3}d_r\right)^2} \tag{21-23}$$

式中 d_z——等值水平线间距离，m；

d_n——水平投影距离，m；

d_r——垂直投影距离，m。

(8) 导线及带电体与杆塔构件（包括拉线、脚钉等）之间的最小空气间隙，在相应气象条件下，应满足表21-52的要求。

表21-52 最小空气间隙（m）

验算时的计算条件	线路电压（kV）		
	35	60	110
最大工作电压	0.10	0.20	0.25 (0.40)
内部过电压	0.25	0.50	0.70 (0.80)
大气过电压	0.45	0.65	1.00

注：1. 表中数值适用于海拔不超过1000m时。海拔超过1000m时，每增100m，最大工作电压和内部过电压的最小空气间隙应较表中值增大1%，因高海拔或高杆塔而增加绝缘子时，大气过电压间隙应按绝缘子片数比例增大。

2. 110kV括号中数值用于消弧线圈接地系统。

(9)杆塔上避雷线对外侧导线的保护角，一般采用20°～30°。山区避雷线路宜采用25°。两根避雷线的距离，不应超过避雷线与导线之间高度的5倍。导线与避雷线在15℃无风时的最小距离 s（m）按图21-2～图21-5确定。

（10）380kV以下线路的零线应靠近电杆或房屋侧，不高于相线的位置。在同一地区内，零线的位置应统一。低压路灯线不宜高于相线及零线的位置，熔断器应装在导线之下。

（11）10kV配电线路与弱电流线路在特定条件下才允许同杆架设。

（12）3～10kV架空电力线路的过引线（引流线）、引下线至邻相导线之间的净空距离，不应小于0.3m；1kV以下时，不应小于0.15m。

（13）3～10kV架空电力线路的导线与拉线、导线与电杆、导线与构件的净空距离，不应小于0.2m；3kV以下时，不应小于0.05m。

（14）3～10kV架空电力线路的引下线与低压线间的距离不宜小于0.2m。

（15）接户线的线间距离应符合表21-53的要求。

表21-53　接户线的线间距离

接户线型式	支持点距离（cm）	线间距离（cm）
低压接户线 自电杆引下	25及以下 25及以上	15 20
低压接户线 沿墙敷设	6及以下 6及以上	10 15
高压接户线		45

（16）低压接户线的零线和相线交叉处，为防止混线应保持一定距离，必要时应采取绝缘措施，例如加绝缘套管等。

（17）低压接户线与通讯线路的交叉距离不应小于下列数值：

低压接户线在通讯线上方不应小于600mm；

低压接户线在通讯线下方不应小于300mm。

如不能满足要求可用瓷管隔离。通讯线与低压接户线间距离，不论这些线路导线的排列形式如何，其相邻近两根导线之间距离不应小于600mm。

电力线路与通讯线路交叉角：

通讯线路等级	交叉角
一级	≥45°
二级	≥30°
三级	不限制

21.5.3　杆塔外荷重计算

21.5.3.1　水平荷重（风荷重）

作用于杆塔的导线及避雷线的风荷重，线路转角为 ψ 时，考虑风向与线路内转角的等分线方向一致，见图21-16。

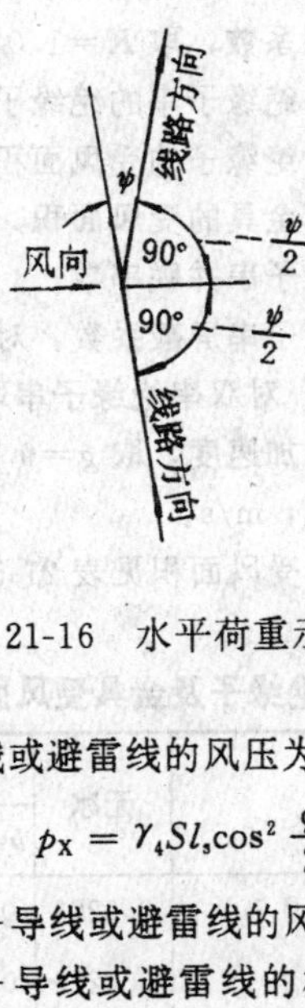

图21-16　水平荷重示意图

杆塔的导线或避雷线的风压为

$$p_X = \gamma_4 S l_s \cos^2\frac{\psi}{2} \qquad (21\text{-}24)$$

式中　p_X——导线或避雷线的风压，N；

γ_4——导线或避雷线的相应风速比载，N/(m·mm^2)；

S——导线或避雷线的计算截面，mm^2；

l_s——水平挡距，m；

ψ——线路转角。

杆塔本身的风荷重：

锥形杆风荷重

$$p_g = K\left(\frac{d_1+d_2}{2}\right)h\frac{v^2}{16}g \qquad (21\text{-}25)$$

等径杆风荷重

$$p_g = Kdh\frac{v^2}{16}g \qquad (21\text{-}26)$$

式中　p_g——锥形杆、等径杆风荷重，N；

d_1、d_2——分别为锥形杆梢径和地面处直径，m；

g—— 重力加速度，取 $g=9.81m/s^2$；

d—— 等径杆直径；m；

h—— 电杆地面以上高度，m；

K—— 体型系数，取 $K=1.0$；

v—— 风速，m/s。

对配电线路，计算转角杆塔本身风荷重时，应认为风向与线路内转角的等分线一致；计算其它杆塔时，则应认为风向在电杆受力最不利的方向。

绝缘子串的风荷重

$$P_\lambda = aK(nA + A_0)N\eta \frac{v^2}{16}g \qquad (21\text{-}27)$$

式中 P_λ—— 绝缘子串的风荷重，N；

a—— 风速不均匀系数，取 $a=1.0$；

K—— 体型系数，取 $K=1.0$；

n—— 每串绝缘子串的绝缘子片数；

A—— 每片绝缘子的受风面积，m^2；

A_0—— 每套金具的受风面积，m^2；

N—— 绝缘子串并联串数；

η—— 绝缘子串屏蔽系数，对单串绝缘子串取 1.0；对双串绝缘子串取 0.8；

g—— 重力加速度，取 $g=9.81m/s^2$；

v—— 风速，m/s。

绝缘子及金具受风面积见表 21-54。

表 21-54 绝缘子及金具受风面积（m^2）

型号	无冰	覆冰	
		b=5mm	b=10mm
一片 X-4.5，XP-7	0.0203	0.0237	0.0273
一片 X_1-4.5	0.0226	0.0263	0.0302
一片 X-7	0.0239	0.0276	0.0316
一片 XF-4.5	0.0334	0.0390	0.0448
单串绝缘子金具	0.0142		

21.5.3.2 垂直荷重

导线及避雷线的垂直荷重

$$Q = \gamma S l_c \qquad (21\text{-}28)$$

式中 Q—— 导线及避雷线的垂直荷重，N；

γ—— 计算条件下的自重比载或自重和冰重综合比载，N/（m·mm^2）；

S—— 导线或避雷线的计算截面，mm^2；

l_c—— 垂直挡距，m。

安装时应考虑牵引线对杆塔的下压力。

绝缘子串及金具的垂直荷重见表 21-55。

21.5.3.3 导线及避雷线的不平衡张力

导线及避雷线的不平衡张力见图 21-17。

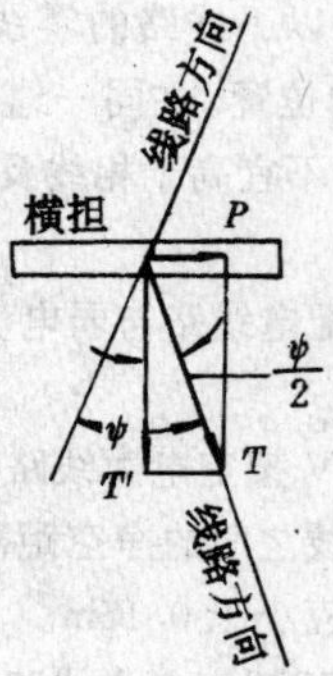

图 21-17 不平衡张力示意图

正常情况一侧导线或避雷线的张力

$$T = \sigma S \qquad (21\text{-}29)$$

式中 T —— 导线或避雷线的张力，N；

σ—— 导线或避雷线的应力，N/mm^2；

S—— 导线或避雷线的计算截面，mm^2。

一侧导线或避雷线的张力顺横担方向的分力

$$P = T\sin\frac{\psi}{2} \qquad (21\text{-}30)$$

$$= \sigma S\sin\frac{\psi}{2}$$

式中 P—— 导线或避雷线张力的分力，N；

ψ—— 线路转角。

一侧导线或避雷线的张力垂直于横担方向的分力

$$T' = T\cos\frac{\psi}{2} = \sigma S\cos\frac{\psi}{2} \qquad (21\text{-}31)$$

式中 T'—— 导线或避雷线张力的分力，N。

断线情况送电线路直线杆塔（采用悬式绝缘子）的断线张力计算见本章对耐张杆、转角杆及终端杆，导线断线张力取其最大使用张力的 70%；避雷线断线张力取其最大使用张力的 80%。

21.5.4 杆塔外荷重作用情况及计算式

带避雷线的门型直接杆及耐张转角杆各种受力情况及计算式见表 21-56 和表 21-57。

表 21-55　绝缘子串长度及荷重

荷重名称及气象条件		X-4.5 4片	X-4.5 8片	X-4.5 增减一片	XF-4.5 4片	XF-4.5 8片	XF-4.5 增减一片	X1-4.5 4片	X1-4.5 8片	X1-4.5 增减一片	X-7 4片	X-7 8片	X-7 增减一片	采用压接式耐张线夹时的校正值
λ		829	1413	146	1005	1765	190	925	1605	170	925	1605	170	−30
Q_1		23.52	45.12	5.00	31.92	61.92	7.5	27.92	53.92	6.5	31.52	61.12	7.4	+0.04
Q_2	$b=5mm$	2.597	4.837	0.56	5.117	9.877	1.19	2.837	5.317	0.62	3.033	5.709	0.67	+0.047
	$b=10mm$	5.599	10.359	1.19	11.079	21.319	2.56	6.159	11.479	1.33	6.487	12.135	1.41	+0.068
Q_3	$b=5mm$	26.117	49.957	5.56	37.037	71.797	8.69	30.757	59.237	7.12	34.553	66.829	8.07	+0.087
	$b=10mm$	29.119	55.479	6.19	42.999	83.239	10.06	34.079	65.399	7.83	38.007	73.255	8.81	+0.018
Q_4	$v=10m/s$	0.592	1.102	0.127	0.923	1.758	0.209	0.653	1.218	0144	0.684	1.280	0.149	0
	$v=25m/s$	3.721	6.886	0.791	5.771	10.986	1.304	4.083	7.611	0.882	4.279	8.004	0.931	0
	$v=30m/s$	5.357	9.916	1.140	8.309	15.820	1.878	5.879	10.960	1.270	6.165	11.530	1.341	0
	$v=35m/s$	7.292	13.497	1.551	11.310	21.533	2.556	7.994	14.909	1.729	8.386	15.685	1.825	0
Q_5	$v=10m/s$　$b=5mm$	0.596	1.192	0.149	0.974	1.949	0.244	0.657	1.314	0.164	0.692	1.383	0.173	0
	$v=10m/s$　$b=10mm$	0.682	1.365	0.171	0.120	2.239	0.280	0.754	1.509	0.189	0.789	1.578	0.197	0
	$v=15m/s$　$b=10mm$	1.536	3.071	0.384	2.519	5.038	0.630	1.698	3.395	0.424	1.775	3.550	0.444	0
Q_6	$v=10m/s$	23.528	45.133	5.002	31.933	61.945	7.503	27.928	53.934	6.501	31.527	61.133	7.401	+0.041
	$v=25m/s$	23.789	45.631	5.062	32.437	62.887	7.612	28.217	54.455	6.559	31.809	61.642	7.458	+0.040
	$v=30m/s$	24.102	46.186	5.128	32.984	63.909	7.731	28.532	55.023	6.622	32.117	62.198	7.521	+0.039
	$v=35m/s$	24.604	47.074	5.235	33.864	65.557	7.987	29.042	55.943	6.726	32.616	62.303	7.622	+0.038
Q_7	$v=10m/s$　$b=5mm$	26.124	49.971	5.562	37.050	71.823	8.693	30.764	59.252	7.122	34.560	66.843	8.072	+0.086
	$v=10m/s$　$b=10mm$	29.127	55.496	6.192	43.002	83.269	10.064	34.087	65.416	7.832	38.015	73.727	8.812	+0.108
	$v=15m/s$　$b=10mm$	29.159	55.564	6.202	43.049	63.391	10.079	34.121	65.485	7.841	38.048	73.341	8.821	+0.106

注：1. 本荷重表系按与螺栓耐张线夹连接时计算的，若采用压接式耐张线夹时，可按本表校正值进行校正；

2. 表中长度（λ）单位为 mm，荷重（Q）单位为 kg。

表 21-56 送电线路有避雷线直线杆塔外荷重作用情况与计算式

（覆冰 $b<20$mm）

荷重条件		外荷重作用情况	符号		计算式
正常情况	正常情况Ⅰ： $b=0$ v=设计最大风速 t=相应气温	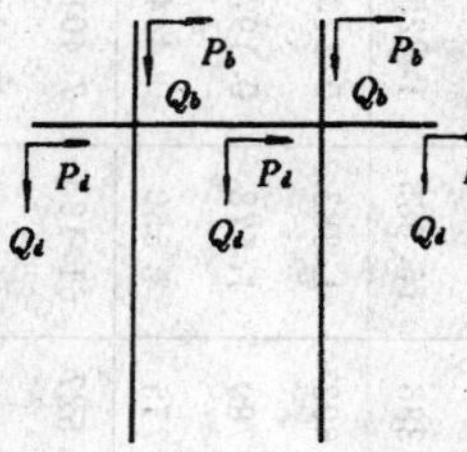		P_d P_b Q_d Q_b	$\gamma_{4d}S_d l_s+P_\lambda$ $\gamma_{4b}S_b l_s$ $\gamma_{1d}S_d l_c+Q_\lambda$ $\gamma_{1b}S_b l_c+Q_0$
	正常情况Ⅱ： b=设计覆冰 v=相应风速 t=相应气温			P_d P_b Q_d Q_b	$\gamma_{5d}S_d l_s+P'_\lambda$ $\gamma_{5b}S_b l_s$ $\gamma_{3d}S_d l_c+Q'_\lambda$ $\gamma_{3b}S_b l_c+Q'_0$
断线情况	断相导线： $b=0$ $v=0$ t=年平均气温	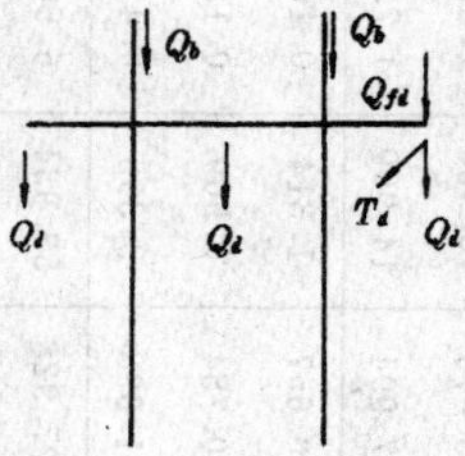	断线相 断线侧	Q_d'	$\frac{1}{2}\gamma_{1d}S_d l_c$①$+Q_{fd}$
			断线相 未断线侧	Q_d'' T_d	$\frac{1}{2}\gamma_{1d}S_d l_c+Q_\lambda$ （0.3～0.5）$\sigma_{md}S_d$②
			未断线相	Q_d Q_b	$\gamma_{1d}S_d l_c+Q_\lambda$ $\gamma_{1b}S_b l_c+Q_0$
	避雷线张力差： $b=0$ $v=0$ t=年平均气温	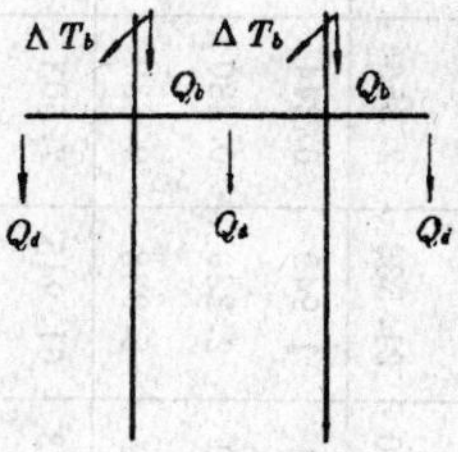		Q_d Q_b ΔT_b	$\gamma_{1d}S_d l_c+Q_\lambda$ $\gamma_{1b}S_b l_c+Q_0$ $0.15\sigma_{mb}S_b$
安装情况	导线未装，安装避雷线： $b=0$ v=安装情况下风速 =10m/s t=相应气温	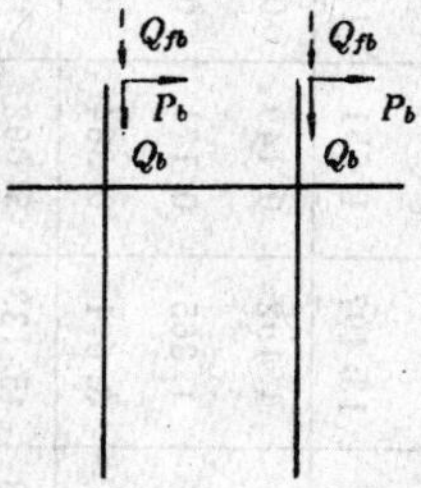		P_b Q_b	$\gamma'_{4b}S_b l_s$ $K_{3b}\gamma_{1b}S_b l_c+Q_0+Q_{fb}$
	避雷线已装、安装导线： $b=0$ v=安装情况下风速 =10m/s t=相应气温	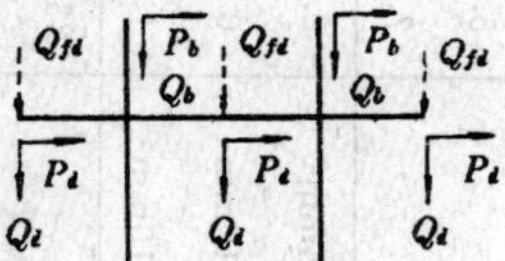		P_d P_b Q_d Q_b	$\gamma'_{4d}S_d l_s+P_\lambda''$ $\gamma'_{4b}S_b l_s$ $2K_{3d}\gamma_{1d}S_d l_c+Q_\lambda+Q_{fd}$ $\gamma_{1b}S_b l_c+Q_0$

注：①系考虑修复时接上导线。

②断线张力系数见直线段杆塔断线张力表。

1. 对安装情况的选择，应根据具体的施工条件和方法而定。

2. 各式中：

P_λ、P'_λ、P_λ''——相应计算条件下的绝缘子串及金具的风荷重，N；

Q_λ、Q_λ''——相应计算条件下的绝缘子串及金具（包括防震金具）的垂直荷重，N；

Q_0、Q'_0——相应计算条件下的避雷线金具的垂直荷重，N；

Q_{fd}——导线附加荷重，N；

Q_{fb}——避雷线附加荷重，N；

K_{3d}、K_{3b}——安装条件下导线及避雷线的冲击系数，均取 1.2；

σ_{md}、σ_{mb}——导线及避雷线的最大使用应力，N/mm²。

表 21-57 送电线路转角杆塔外荷重作用情况与计算式

（覆冰 $b\leqslant 20$mm）

荷重条件		外荷重作用情况	符号	计算式
正常情况	正常情况 Ⅰ： $b=0$ v=设计最大风速 t=相应气温	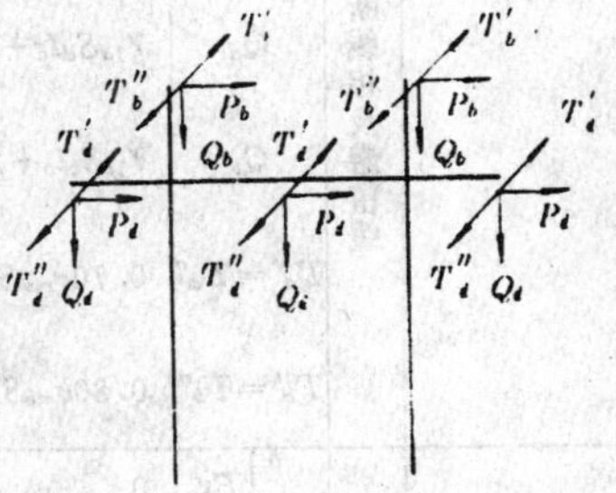	P_d	$\gamma_{4d}S_dl_s\cos\frac{\psi}{2}+2P_\lambda+2\sigma_dS_d\sin\frac{\psi}{2}$
			P_b	$\gamma_{4b}S_bl_s\cos\frac{\psi}{2}+2\sigma_bS_b\sin\frac{\psi}{2}$
			Q_d	$\gamma_{1d}S_dl_c+2Q_\lambda$
			Q_b	$\gamma_{1b}S_bl_c+2Q_0$
			$T_d'=T_d''$	$\sigma_dS_d\cos\frac{\psi}{2}$
			$T_b'=T_b''$	$\sigma_bS_b\cos\frac{\psi}{2}$
	正常情况 Ⅱ： b=设计覆冰 v=相应风速 t=相应气温		P_d	$\gamma_{5d}S_dl_s\cos\frac{\psi}{2}+2P'_\lambda+2\sigma_dS_d\sin\frac{\psi}{2}$
			P_b	$\gamma_{5b}S_bl_s\cos\frac{\psi}{2}+2\sigma_bS_b\sin\frac{\psi}{2}$
			Q_d	$\gamma_{3d}S_dl_c+2Q'_\lambda$
			Q_b	$\gamma_{3b}S_bl_c+2Q'_0$
			$T_d'=T_d''$	$\sigma_dS_d\cos\frac{\psi}{2}$
			$T_b'=T_b''$	$\sigma_bS_b\cos\frac{\psi}{2}$

续表 21-57

荷重条件		外荷重作用情况	符号			计算式
断线情况	断两相导线： $b=0$ $v=0$ $t=$年平均气温	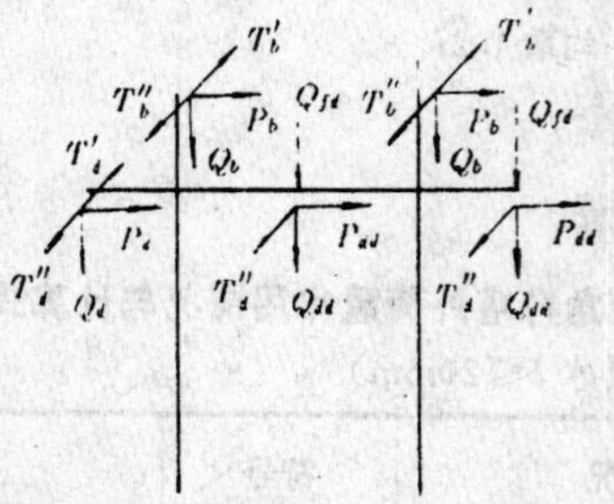 $P_{dd}=P_d'+P_d''$ $Q_{dd}=Q_d'+Q_d''$	断线相	断线侧	P_d'	0
					Q_d'	$\frac{1}{2}\gamma_{1d}S_b l_s$①$+Q_\lambda$
					T_d'	0
				未断线侧	P_d''	$0.70\sigma_{md}S_d\sin\frac{\psi}{2}$
					Q_d''	$\frac{1}{2}\gamma_{1d}S_d l_c+Q_\lambda+Q_{fd}$
					T_d''	$0.70\sigma_{md}S_d\cos\frac{\psi}{2}$
			未断线相及避雷线		P_d	$2\times0.7\sigma_{md}S_d\sin\frac{\psi}{2}$
					P_b	$2\times0.8\sigma_{mb}S_b\sin\frac{\psi}{2}$
					Q_d	$\gamma_{1d}S_d l_c+2Q_\lambda$
					Q_b	$\gamma_{1b}S_b l_c+2Q_0$
					$T_d'=T_d''$	$0.70\sigma_{md}S_d\cos\frac{\psi}{2}$
					$T_b'=T_b''$	$0.80\sigma_{mb}S_b\cos\frac{\psi}{2}$
	断一根避雷线： $b=0$ $v=0$ $t=$年平均气温	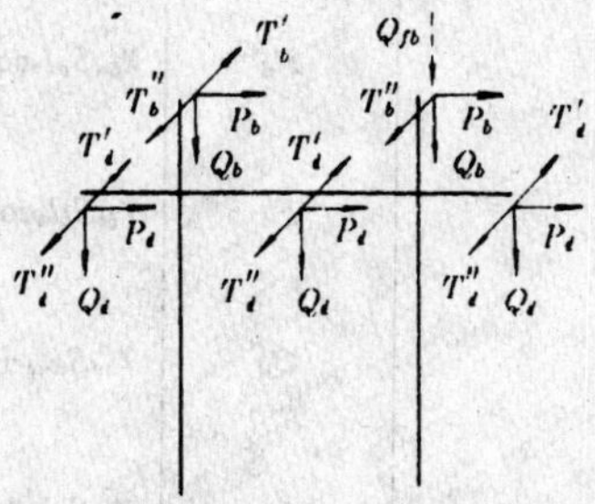 $P_{db}=P_b'+P_b''$ $Q_{db}=Q_b'+Q_b''$	断避雷线	断线侧	P_b'	0
					Q_b'	$\frac{1}{2}\gamma_{1b}S_b l_c$①$+Q_0$
					T_b'	0
				未断线侧	P_b''	$0.80\sigma_{mb}S_b\sin\frac{\psi}{2}$
					Q_b''	$\frac{1}{2}\gamma_{1b}S_b l_c+Q_0+Q_{fb}$
					T_b''	$0.80\sigma_{mb}S_b\cos\frac{\psi}{2}$
			导线及未断避雷线		P_d	$2\times0.7\sigma_{md}S_d\sin\frac{\psi}{2}$
					P_b	$2\times0.8\sigma_{mb}S_b\sin\frac{\psi}{2}$
					Q_d	$\gamma_{1d}S_d l_c+2Q_\lambda$
					Q_b	$\gamma_{1b}S_b l_c+2Q_0$
					$T_d'=T_d''$	$0.7\sigma_{md}S_d\cos\frac{\psi}{2}$
					$T_b'=T_b''$	$0.8\sigma_{mb}S_b\cos\frac{\psi}{2}$

续表 21-57

荷重条件		外荷重作用情况	符号		计算式
安装情况	一侧导线及避雷线全紧好，另一侧导线未装，正在本塔安装避雷线： $b=0$ v=安装情况下风速 $=10\text{m/s}$ t=相应气温	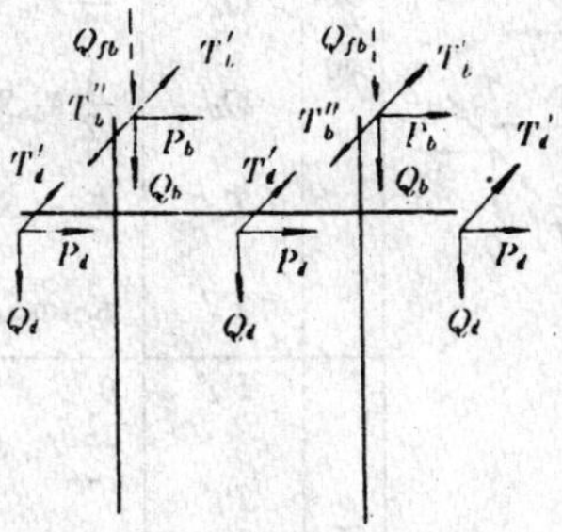 $P_d=P_d'+P_d''$ $P_b=P_b'+P_b''$ $Q_d=Q_d'+Q_d''$ $Q_b=Q_b'+Q_b''$	已架线侧	P_d'	$\frac{1}{2}\gamma_{4d'}S_d l_s\cos\frac{\psi}{2}+P_\lambda''+K_{1d}\sigma_d S_d\sin\frac{\psi}{2}$②
				P_b'	$\frac{1}{2}\gamma_{4b'}S_b l_s\cos\frac{\psi}{2}+K_{1b}\sigma_b S_b\sin\frac{\psi}{2}$
				Q_d'	$\frac{1}{2}\gamma_{1d}S_d l_c+Q_\lambda$③
				Q_b'	$\frac{1}{2}\gamma_{1b}S_b l_c+Q_0$
				T_d'	$K_{1d}\sigma_d S_d\cos\frac{\psi}{2}$
				T_b'	$K_{1b}\sigma_b S_b\cos\frac{\psi}{2}$
			正在架线侧	P_d''	0
				P_b''	$\frac{1}{2}\gamma_{4b''}S_b l_s\cos\frac{\psi}{2}+K_{1b}K_{2b}\sigma_b S_b\sin\frac{\psi}{2}(1-\cos\alpha)$
				Q_d''	0
				Q_b''	$\frac{1}{2}\gamma_{1b}S_b l_c+Q_0+K_{1b}K_{2b}\sigma_b S_b\sin\alpha+Q_{fb}$
				T_d''	0
				T_b''	$K_{1b}K_{2b}\sigma_b S_b\cos\frac{\psi}{2}(1-\cos\alpha)$
	一侧导线及避雷线全紧好，另一侧避雷线亦紧好，正在本塔安装导线： $b=0$ v=安装情况下风速 $=10\text{m/s}$ t=相应气温	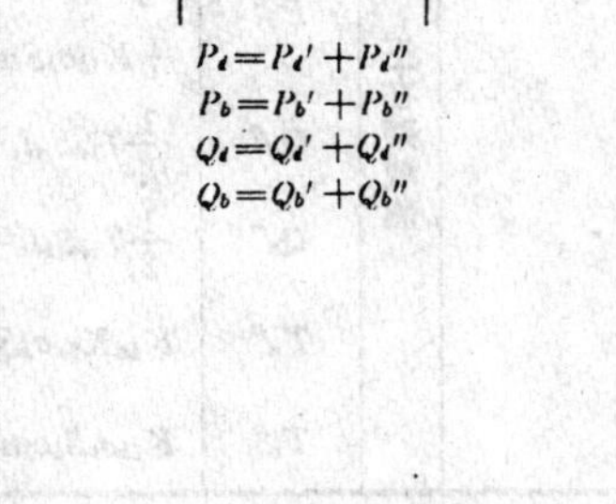 $P_d=P_d'+P_d''$ $P_b=P_b'+P_b''$ $Q_d=Q_d'+Q_d''$ $Q_b=Q_b'+Q_b''$	已架线侧	P_d'	$\frac{1}{2}\gamma_{4d'}S_d l_s\cos\frac{\psi}{2}+P_\lambda''+K_{1d}\sigma_d S_d\sin\frac{\psi}{2}$
				P_b'	$\frac{1}{2}\gamma_{4b'}S_b l_s\cos\frac{\psi}{2}+K_{1b}\sigma_b S_b\sin\frac{\psi}{2}$
				Q_d'	$\frac{1}{2}\gamma_{1d}S_d l_c+Q_\lambda$
				Q_b'	$\frac{1}{2}\gamma_{1b}S_b l_c+Q_0$
				T_d'	$K_{1d}\sigma_d S_d\cos\frac{\psi}{2}$
				T_b'	$K_{1b}\sigma_b S_b\cos\frac{\psi}{2}$
			正在架线侧	P_d''	$\frac{1}{2}\gamma_{4d'}S_d l_s\cos\frac{\psi}{2}+P_\lambda''+K_{1d}K_{2d}\sigma_d S_d\sin\frac{\psi}{2}(1-\cos\alpha)$
				P_b''	$\frac{1}{2}\gamma_{4b'}S_b l_s\cos\frac{\psi}{2}+K_{1b}\sigma_b S_b\sin\frac{\psi}{2}$
				Q_d''	$\frac{1}{2}\gamma_{1d}S_d l_c+Q_\lambda+K_{1d}K_{2d}\sigma_d S_d\sin\alpha+Q_{fd}$
				Q_b''	$\frac{1}{2}\gamma_{1b}S_b l_c+Q_0$
				T_d''	$K_{1d}K_{2d}\sigma_d S_d\cos\frac{\psi}{2}(1-\cos\alpha)$
				T_b''	$K_{1b}\sigma_b S_b\cos\frac{\psi}{2}$

续表 21-57

荷重条件		外荷重作用情况	符号		计算式
安装情况	一侧导线及避雷线全紧好，另一侧导线未装，正在另一塔安装避雷线： $b=0$ v=安装情况下风速 $=10\text{m/s}$ t=相应气温	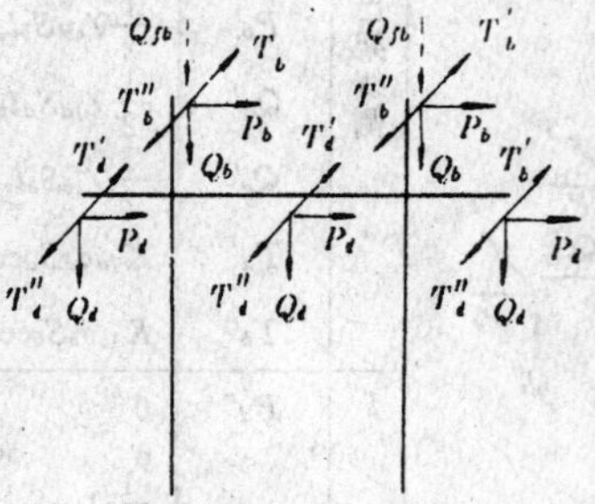 $P_d=P_d'+P_d''$ $P_b=P_b'+P_b''$ $Q_d=Q_d'+Q_d''$ $Q_b=Q_b'+Q_b''$	已架线侧	P_d'	$\frac{1}{2}\gamma_{4d}'S_dl_s\cos\frac{\psi}{2}+P_\lambda''+K_{1d}\sigma_dS_d\sin\frac{\psi}{2}$
				P_b'	$\frac{1}{2}\gamma_{4b}'S_bl_s\cos\frac{\psi}{2}+K_{1b}\sigma_bS_b\sin\frac{\psi}{2}$
				Q_d'	$\frac{1}{2}\gamma_{1d}S_dl_c+Q_\lambda$
				Q_b'	$\frac{1}{2}\gamma_{1b}S_bl_c+Q_0$
				T_d'	$K_{1d}\sigma_dS_d\cos\frac{\psi}{2}$
				T_b'	$K_{1b}\sigma_bS_b\cos\frac{\psi}{2}$
			正在架线侧	P_d''	0
				P_b''	$\frac{1}{2}\gamma_{4b}'S_bl_s\cos\frac{\psi}{2}+K_{1b}K_{2b}\sigma_bS_b\sin\frac{\psi}{2}$
				Q_d''	0
				Q_b''	$\frac{1}{2}\gamma_{1b}S_bl_c+Q_0+Q_{fb}$
				T_d''	0
				T_b''	$K_{1b}K_{2b}\sigma_bS_b\cos\frac{\psi}{2}$
	一侧导线及避雷线全紧好，另一侧避雷线亦紧好，正在另一塔安装导线： $b=0$ v=安装情况下风速 $=10\text{m/s}$ t=相应气温	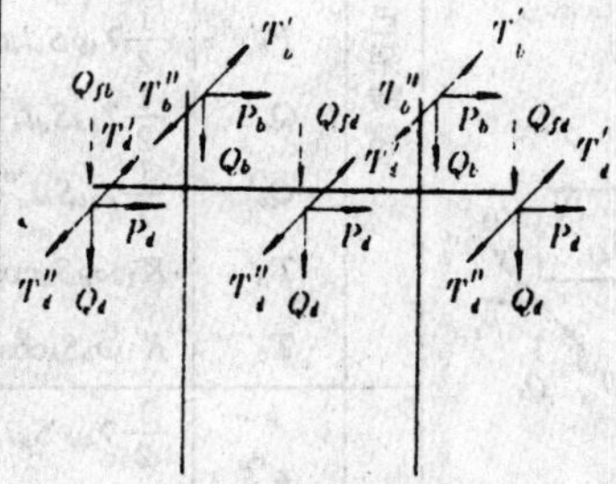 $P_d=P_d'+P_d''$ $P_b=P_b'+P_b''$ $Q_d=Q_d'+Q_d''$ $Q_b=Q_b'+Q_b''$	已架线侧	P_d'	$\frac{1}{2}\gamma_{4d}'S_dl_s\cos\frac{\psi}{2}+P_\lambda''+K_{1d}\sigma_dS_d\sin\frac{\psi}{2}$
				P_b'	$\frac{1}{2}\gamma_{4b}'S_bl_s\cos\frac{\psi}{2}+K_{1b}K_{2b}\sigma_bS_d\sin\frac{\psi}{2}$
				Q_d'	$\frac{1}{2}\gamma_{1d}S_dl_c+Q_\lambda$
				Q_b'	$\frac{1}{2}\gamma_{1b}S_bl_c+Q_0$
				T_d'	$K_{1d}\sigma_dS_d\cos\frac{\psi}{2}$
				T_b'	$K_{1b}\sigma_bS_b\cos\frac{\psi}{2}$
			正在架线侧	P_d''	$\frac{1}{2}\gamma'_{4d}S_bl_s\cos\frac{\psi}{2}+P''_\lambda+K_{1d}K_{2d}\sigma_dS_d\sin\frac{\psi}{2}$（$1-\cos\alpha$）
				P_b''	$\frac{1}{2}\gamma_{4b}'S_bl_s\cos\frac{\psi}{2}+K_{1b}\sigma_bS_b\sin\frac{\psi}{2}$
				Q_d''	$\frac{1}{2}\gamma_{1d}S_dl_c+Q_\lambda+K_{1d}K_{2d}\sigma_dS_d\sin\alpha+Q_{fd}$
				Q_b''	$\frac{1}{2}\gamma_{1b}S_bl_c+Q_0$
				T_d''	$K_{1d}K_{2d}\sigma_dS_d\cos\frac{\psi}{2}$（$1-\cos\alpha$）
				T_b''	$K_{1b}\sigma_bS_b\cos\frac{\psi}{2}$

注：①系考虑修复时接上导线或避雷线。

②如 l_b 在已架线侧的部分超过 $\frac{1}{2}l_b$ 较多时，应按具体情况计算。

③如 l_c 在已架线侧的部分超过 $\frac{1}{2}l_c$ 较多时，应按具体情况计算。

1. 对安装情况的选择，应根据具体的施工条件和方法而定。

2. 各式中：

ψ——线路转角；

P_λ、P_λ'、P_λ''——相应计算条件下的绝缘子串及金具的风荷重，N；

Q_λ、Q_λ'——相应计算条件下的绝缘子串及金具（包括防震金具）的垂直荷重，N；

Q_0、Q_0'——相应计算条件下的避雷线金具的垂直荷重，N；

Q_{fd}——导线附加荷重，N；

Q_{fb}——避雷线附加荷重，N；

K_{1d}、K_{1b}——导线及避雷线的初伸长系数；

K_{2d}、K_{2b}——导线及避雷线的过牵引系数；

σ_{md}、σ_{mb}——导线及避雷线的最大使用应力，N/mm²；

d——牵引线对地夹角，一般采用 30°。

21.5.5 杆塔强度及拉线计算

21.5.5.1 不带拉线杆塔

A 单杆直线杆塔

正常情况受力见图 21-18。地面处杆塔的弯矩为

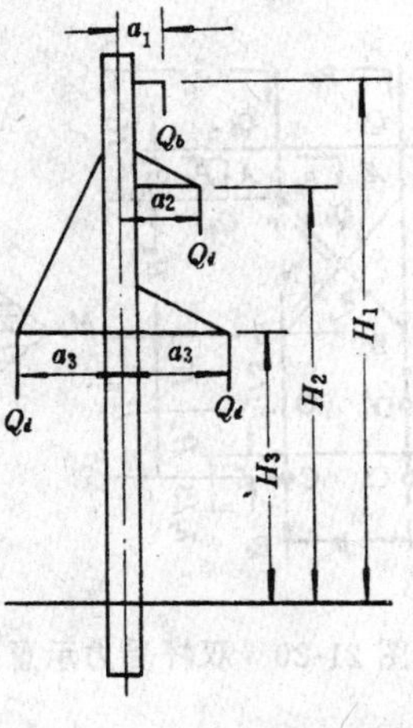

图 21-18 单杆受力示意图

$$M_{mi} = \Sigma P_i H_i \pm \Sigma Q_i a_i + \Sigma Q_i \delta_i + Q_0 H \delta_0 + \frac{P_0 H^2}{2} \tag{21-32}$$

式中 M_{mi}——地面处杆塔的弯矩，N·m；

$\Sigma P_i H_i$——各水平荷重产生的弯矩，N·m；

$\Sigma Q_i a_i$——各垂直荷重产生的弯矩，N·m；

$\Sigma Q_i \delta_i$——各垂直荷重因杆塔变形产生的附加弯矩，N·m；

$Q_0 H \delta_0$——杆塔地面以上部分自重由于杆塔变形产生的附加弯矩，N·m；

$\frac{P_0 H^2}{2}$——杆塔地面以上部分的风荷重产生的弯距，N·m；

P_0——杆塔地面以上部分单位长度（或平均单位长度）所受的风荷重，N·m；

Q_0——杆塔地面以上部分单位长度（或平均单位长度）自重，N·m。

对一般杆塔，可用下列近似式计算

$$M_{mi} = K\left(\sum P_i H_i \pm \sum Q_i a_i + \frac{P_0 H^2}{2}\right) \tag{21-33}$$

式中 K——计入杆塔变形产生附加弯矩的经验系数，一般采用 1.1～1.15。

断导线时避雷线的支持力 ΔT_b 的计算见本章 21.5.4 节导线及避雷线力学计算。此时无风，外力的作用情况见图 21-19。

要计算沿线路方向与垂直线路方向的杆塔在地面处的弯矩 M_{mix} 及 M_{miy}，计算如下：

对固定横担：

断上导线时

$$M_{mix} = T_{dd} H_2 - \Delta T_b H_1 \tag{21-34}$$

$$M_{miy} = Q_b a_1 + Q_{dd} a_2 \tag{21-35}$$

断左侧下导线时

$$M_{mix} = T_{dd} H_3 - \Delta T_b H_1 \tag{21-36}$$

$$M_{miy} = Q_b a_1 + Q_d a_2 + (Q_d - Q_{dd})\, a_3 \tag{21-37}$$

式中 M_{mix}、M_{miy}——沿线路方向与垂直线路方向杆

塔地面弯矩，N·m；

T_{dd}——导线断线后张力，N；

ΔT_b——避雷线支持力，N；

Q_{dd}——导线断线后，断线相导线的垂直荷重（包括绝缘子及金具），N。

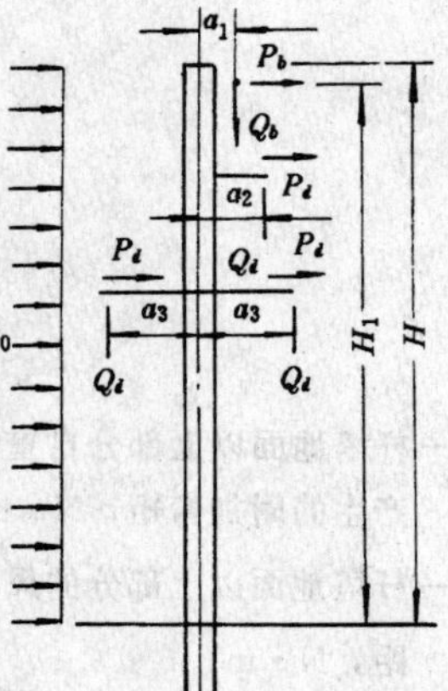

图 21-19 断线时受力示意图

电杆总弯矩

$$M = \sqrt{M_{mix}^2 + M_{miy}^2} \qquad (21\text{-}38)$$

式中 M——电杆总弯矩，N·m。

带避雷线的直线杆塔尚需以避雷线张力差（导线未断）验算电杆强度。

计算时不考虑导线的支持作用，避雷线的张力差直接传到电杆的地面处，并考虑 12% 的附加弯矩。

对钢筋混凝土杆塔，其地面处弯矩为：

$$M_{mi} = 1.12 \times 0.15\sigma_{mb}S_bH_1 = 0.168\sigma_{mb}S_bH_1 \qquad (21\text{-}39)$$

式中 σ_{mb}——避雷线最大使用应力，N/mm²；

S_b——避雷线计算截面，mm²；

H_1——避雷线悬挂点离地高度，m。

B 双杆直线杆塔

钢筋混凝土双杆在正常及断线情况下，受力的分配系数 m 在缺乏试验资料时，可按表 21-58 选用。

对无叉梁的双杆主杆受力分配确定后，其正常情况下及断线情况下的受力，均可按单杆计算。

对有避雷线有叉梁的双杆：

(1) 正常情况力与弯矩的分布见图 21-20。

表 21-58 双杆受力分配系数 m

杆塔型式	杆塔受力简图	正常情况	断线情况
无避雷线 无叉梁	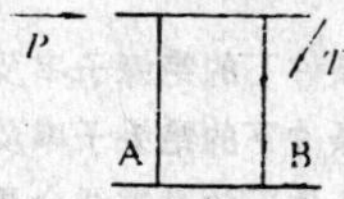	A：0.5P B：0.5P	A：0 B：1.0T
有避雷线 无叉梁	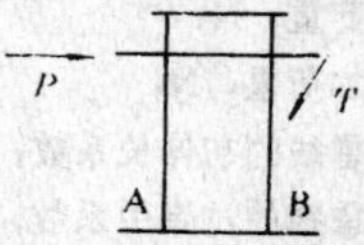	A：0.5P B：0.5P	A：−2.0T B：1.2T
无避雷线 有叉梁	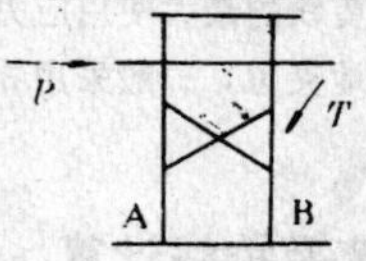	A：0.45P B：0.55P	A：0.25T B：0.75T
有避雷线 有叉梁	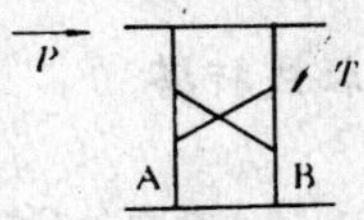	A：0.45P B：0.55P	A：−0.2T B：1.2T

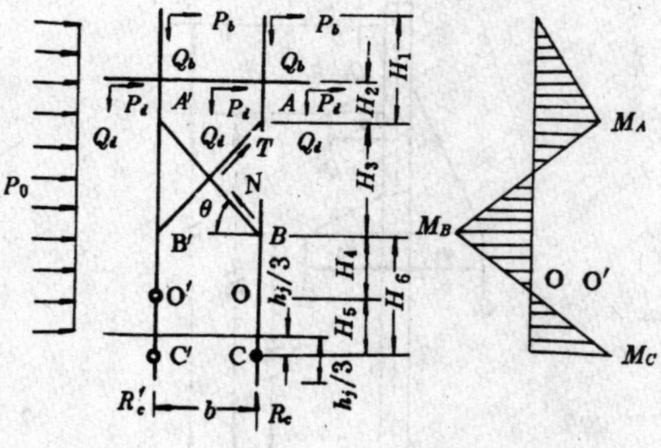

图 21-20 双杆受力示意图

图中 CC′ 为杆塔在地中的嵌固处，通常假定在地下埋深 h_j 的 1/3 处。

图中 OO′ 处的弯矩为零，其位置可计算如下

$$H_5 = H_6 \frac{W_C}{W_B + W_C} \qquad (21\text{-}40)$$

式中 H_5——OO′ 处弯矩为零的位置，m；

W_B、W_C——主杆 B、C 处的截面系数，cm³。

环形截面主杆的截面系数按下式计算：

$$W = \frac{\pi}{32} \frac{D^4 - d^4}{D} \qquad (21\text{-}41)$$

式中 W——环形截面主杆的截面系数，cm^3；

D——截面外径，cm；

d——截面内径，cm。

对等径杆，$W_B=W_C$，$H_5=\frac{1}{2}H_6$，或 $H_4=H_5$

各截面处的弯矩为：

$$M_A = 0.55(2P_bH_1 + 3P_dH_2 + P_0H_1^2) \quad (21\text{-}42)$$

$$M_B = 0.55(\Sigma P)H_4 \quad (21\text{-}43)$$

$$M_C = 0.55(\Sigma P)H_5 \quad (21\text{-}44)$$

式中 M_A、M_B、M_C——分别为A、B、C处的弯矩，Nm。

叉梁的张力或压力为：

$$T \text{ 或 } N = \frac{0.55\Sigma M_0}{H_3\cos\theta} \quad (21\text{-}45)$$

式中 T、N——叉梁的张力或压力，N。

杆塔基础上的反作用力为

$$R_C = \frac{\Sigma M_C}{b} + \frac{\Sigma Q}{2} \quad (21\text{-}46)$$

$$R'_C = \frac{\Sigma M_C}{b} - \frac{\Sigma Q}{2} \quad (21\text{-}47)$$

式中 R_C、R'_C——杆塔基础上的反作用力，N；

P_0——杆塔地面从上部分单位长度（或平均单位长度）所受的风荷重，N/m；

ΣP——各水平荷重的代数和，N；

ΣM_0——各水平荷重对零力矩轴（OO′）的力矩的代数和，N·m；

ΣM_C——各水平荷重对电杆嵌固处（CC′）的力矩的代数和，N·m；

ΣQ——各垂直荷重（包括杆塔自重）的代数和，N。

(2) 断线情况杆塔嵌固处C的弯矩为

$$M_C = K[mT_{dd}(H_2 + H_3 + H_6) - \Delta T_{minb}(H_1 + H_3 + H_6)] \quad (21\text{-}48)$$

式中 M_C——杆塔嵌固处C的弯矩，N·m；

K——考虑附加弯矩的系数，取1.12；

m——事故情况下主杆受力分配系数，见表21-58，对有避雷线有叉梁的杆塔 $m=1.2$；

T_{dd}——导线断线后张力，N；

ΔT_{minb}——避雷线的最小支持力，N。

横担处的弯矩为

$$M_n = \Delta T_{bmax}(H_1 - H_2) \quad (21\text{-}49)$$

式中 M_n——横担处的弯矩，N·m；

ΔT_{bmax}——避雷线的最大支持力，N。

(3) 校验避雷线张力差。此时导线未断，杆塔嵌固处C的弯矩为

$$M_C = 1.12 \times 0.15\sigma_{maxb}S_b(H_1 + H_3 + H_6) = 0.168\sigma_{maxb}S_b(H_1 + H_3 + H_6) \quad (21\text{-}50)$$

式中 M_C——导线未断时杆塔嵌固处C的弯矩，Nm；

σ_{maxb}——避雷线最大使用应力，N/mm^2；

S_b——避雷线计算截面，mm^2。

21.5.5.2 带拉线的杆塔

拉线平衡了一部分弯矩，故对带拉线的杆塔，其受力分两部分考虑：拉线点以上部分，其受力计算原则上和不带拉线的杆塔相同；拉线点以下部分，则按弯压构件分析。

为简化计算，在拉线受力计算中忽略拉线的初应力、自重、风荷重以及温度影响，这样计算出每组拉线受力后，再乘以增大系数 K。

A 双杆直线杆塔

带两组V型拉线的耐张杆塔见图21-21。

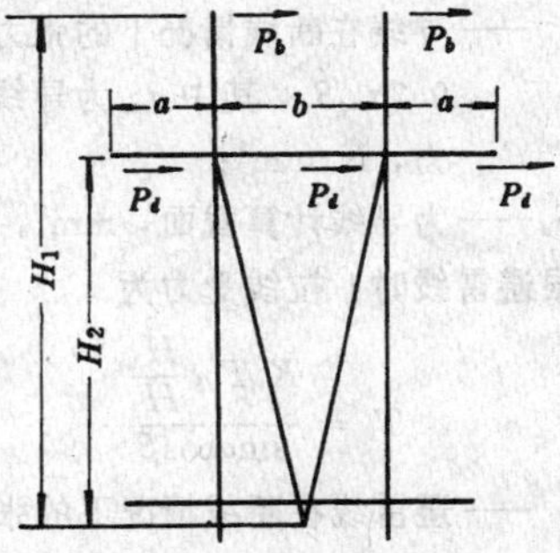

图 21-21 V型拉线拉力图

(1) 正常情况拉线结点荷重为

$$R = 2P_b\frac{H_1}{H_2} + 3P_d \quad (21\text{-}51)$$

拉线受力为

$$T_1 = \frac{K_0\left(2P_b\frac{H_1}{H_2} + 3P_d + \frac{P_0H_1^2}{H_2}\right)}{2\cos\alpha\cos\beta} \quad (21\text{-}52)$$

一根杆柱的下压力为

$$N = 2T_l\sin\beta + \frac{\Sigma Q}{2} \quad (21\text{-}53)$$

上两式式中

N——一根杆柱的下压力，N；

P_0——杆塔地面以上部分单位长度（或平均

单位长度）所受的风荷重，N/m；

α——拉线对横担的水平夹角；

β——拉线对地夹角；

ΣQ——杆塔的总垂直荷重，N；

T_l——拉线受力，N。

（2）断线情况：断两相导线时（见图 21-22）拉线受力为

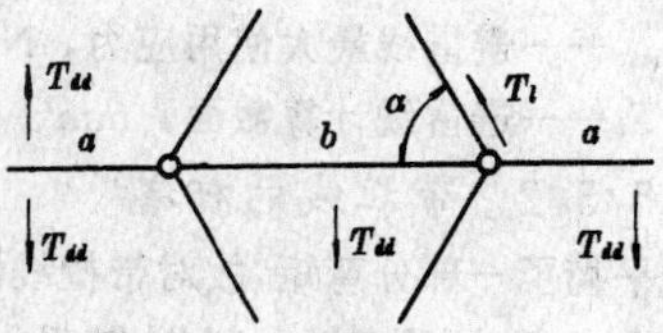

图 21-22 断线时拉线拉力图

$$T_l = \frac{K_0 T_{dd}(1.5 + \frac{a}{b})}{\sin\alpha\cos\beta} \tag{21-54}$$

当 $a=\frac{b}{2}$时

$$T_l = \frac{2K_0 T_{dd}}{\sin\alpha\cos\beta} \tag{21-55}$$

式中 T_{dd} ——导线在断线情况下的张力，N；$T_{dd}=0.7\sigma_{md}S_d$，其中 σ_{md}为导线最大使用应力，N/mm²；

S_d——为导线计算截面，mm²。

断一根避雷线时，拉线受力为

$$T_l = \frac{K_0 T_{db}\frac{H_1}{H_2}}{\sin\alpha\cos\beta} \tag{21-56}$$

式中 T_{db} ——避雷线在断线情况下的张力，N；$T_{db}=0.8\sigma_{mb}S_b$，其中 σ_{mb}为避雷线最大使用应力，N/mm²；

S_b——避雷线计算截面，mm²。

一根杆柱的最大下压力

$$N_m = T_{ml}\sin\beta + \frac{\Sigma Q}{2} \tag{21-57}$$

式中 N_m ——一根杆柱的最大下压力，N；

T_{ml}——拉线在断线情况下的最大受力，N。

断避雷线时，电杆在横担处的弯矩为

$$M_n = T_{db}(H_1 - H_2) \tag{21-58}$$

式中 T_{db}——同式 21-56 的参数说明。

B 耐张转角杆塔

耐张转角杆塔见图 21-23。

（1）正常情况 当避雷线横担与导线横担之间设有拉杆，以传递避雷线合力至导线横担时

$$T_l = \frac{K_0 K\left(2P_b + 3P_d + \frac{P_0 H_1^2}{H_2}\right)}{4\cos\alpha\cos\beta} \tag{21-59}$$

式中 K——考虑到 A、B 两杆拉线受力不均匀采用的不均匀系数取 1.1；

P_0——杆塔地面以上部分单位长度（或平均单位长度）所受的风荷重，N。

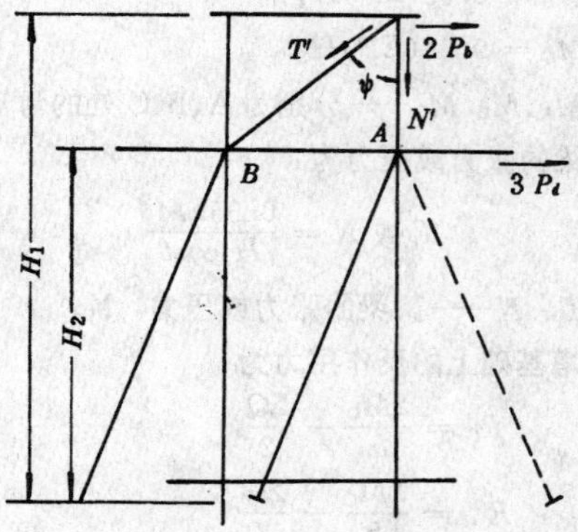

图 21-23 拉杆受力图

当导线横担和避雷线横担之间未设拉杆时，考虑 A、B 两杆均匀受力

$$T_l = \frac{K_0\left(2P_b\frac{H_1}{H_2} + 3P_d + \frac{P_0 H_1^2}{H_3}\right)}{4\cos\alpha\cos\beta} \tag{21-60}$$

当导线横担和避雷线横担之间未设拉杆时，还应计算电杆在横担处的弯矩为

$$M_n = P_b(H_1 - H_2) + \frac{1}{2}P_0(H_1 - H_2)^2 \tag{21-61}$$

拉杆的受力为

$$T' = \frac{2P_b}{\sin\psi} \tag{21-62}$$

式中 T'——拉杆的受力，N。

主杆 A 顶部的下压力

$$N' = T'\cos\psi = 2P_b\mathrm{ctg}\psi \tag{21-63}$$

式中 N'——主杆 A 顶部的下压力，N。

故主杆 A 对基础的下压力为

$$N = 2T_l\sin\beta + \frac{\Sigma Q}{2} + 2P_b\mathrm{ctg}\psi \tag{21-64}$$

式中 N——主杆 A 对基础的下压力，N。

（2）断线情况：带拉线的耐张型转角杆塔断线受力控制条件是断中导线和长臂侧导线，见图 21-24。

拉线受力为

$$T_{l1}=K_0\left(\frac{2T_{ddy}+T_{dby}}{\cos\alpha\cos\beta}-\frac{2a}{b}\frac{T_{ddy}}{\sin\alpha\cos\beta}\right) \tag{21-65}$$

$$T_{l2}=K_0\left(\frac{2T_{ddy}+T_{dby}}{\cos\alpha\cos\beta}-\frac{T_{ddx}}{\sin\alpha\cos\beta}\right) \tag{21-66}$$

$$T_{l3}=0$$

$$T_{l4}=\frac{K_0\left(1+\frac{2a}{b}\right)}{\sin\alpha\cos\beta}T_{ddx} \tag{21-67}$$

式中 T_{ddx}、T_{ddy}——断线情况下导线张力 T_{dd} 相应地在 x 及 y 方向的分力，N；分别按式 21-68 及式 21-69 计算；

T_{dby}——断线情况下避雷线张力 T_{db} 在 y 方向的分力，N，按式 21-63 计算。

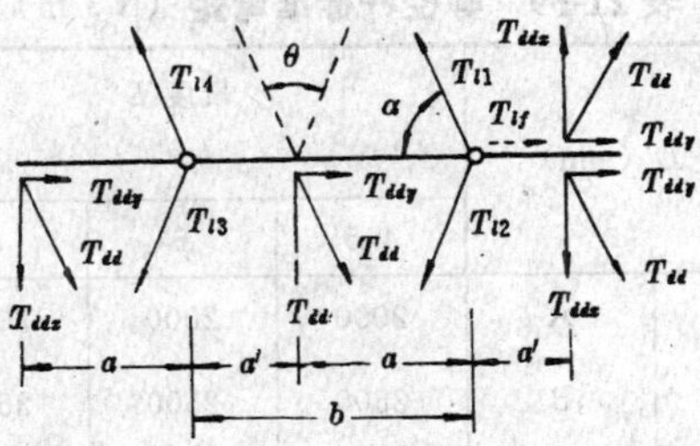

图 21-24 断线时受力图

T_{ddx}、T_{ddy} 与 T_{dby} 计算如下

$$T_{ddx}=T_{dd}\cos\frac{\theta}{2}=0.7\sigma_{md}S_d\cos\frac{\theta}{2} \tag{21-68}$$

$$T_{ddy}=T_{dd}\sin\frac{\theta}{2}=0.7\sigma_{md}S_d\sin\frac{\theta}{2} \tag{21-69}$$

$$T_{dby}=T_{db}\sin\frac{\theta}{2}=0.8\sigma_{mb}S_b\sin\frac{\theta}{2} \tag{21-70}$$

式中 σ_{md}、σ_{mb}——分别为导线及避雷线的最大使用应力，N/mm²；

S_d、S_b——分别为导线及避雷线的计算截面，mm²。

由式 21-65 至式 21-67 可知，当 $a>\frac{b}{2}$ 时，$T_{l2}>T_{l1}$，拉线的受力应选取 T_{l2} 与 T_{l4} 中较大者。

分析式 21-65，如 $\frac{2T_{ddy}+T_{dby}}{\cos\alpha\cos\beta}<\frac{2a}{b}\frac{T_{ddx}}{\sin\alpha\cos\beta}$ 或 $\frac{2T_{ddy}+2T_{dby}}{2T_{ddx}}<\frac{a}{b}\mathrm{ctg}\alpha$，则 T_{l1} 将出现负值，此时应在顺横担方向装置反向拉线，见图 21-25，考虑安全系数 K 后，加反向拉线的条件可写成：

$$\mathrm{tg}\alpha<K\frac{a}{b}\frac{2T_{ddx}}{2T_{ddy}+T_{dby}} \tag{21-71}$$

式中 K——安全系数，取 1.3。

反向拉线的受力为

$$T_{lf}=K_0\left(\frac{2a}{b}\frac{T_{ddx}}{\mathrm{tg}\alpha\cos\gamma}-\frac{2T_{ddy}+T_{dby}}{\cos\gamma}\right) \tag{21-72}$$

式中 γ——反向拉线对地夹角。

选用镀锌钢绞线作为拉线时，瞬时破坏强度为 120N/mm²，故拉线截面可用下式求得

$$S\geqslant\frac{T_{ml}K}{120} \tag{21-73}$$

式中 S——拉线截面，mm²；

T_{ml}——拉线最大拉力，N；

K——安全系数，取 2.2。

此外，断 B 杆避雷线是计算断线情况下电杆在横担处弯矩的控制条件，见图 21-25，此时电杆在横担处的弯矩为

$$M_n=T_{db}\ (H_1-H_2)=0.8\sigma_{mb}S_b\ (H_1-H_2) \tag{21-74}$$

式中 M_n——弯矩，N/mm²。

杆塔一根电杆的最大下压力为

$$N=T_{ml}\sin\beta+\frac{\Sigma Q}{2}+4T_{dby}\mathrm{ctg}\psi \tag{21-75}$$

式中 T_{ml}——拉线的最大拉力，N；

ΣQ——杆塔的总垂直荷重，N；

ψ——拉杆与电杆的夹角，见图 21-23；

N——下压力，N。

21.5.5.3 横担计算

(1) 正常情况导线及避雷线覆冰时横担在截面 C 处承受最大弯矩见图 21-25。

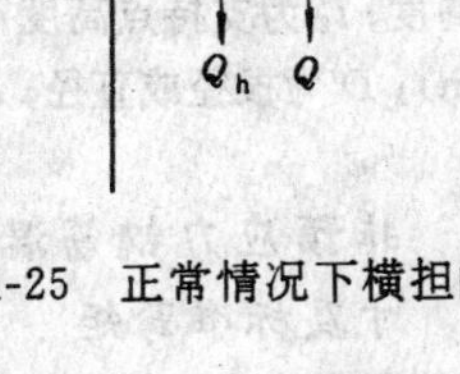

图 21-25 正常情况下横担的荷重

$$M_{cm}=Qa+Q_h\frac{a+e}{2} \tag{21-76}$$

式中 M_{cm}——横担在截面C处承受的最大弯矩，Nm；

Q——导线的垂直荷重，N；

Q_h——横担伸臂的自重，N。

(2)断线情况：垂直荷重所产生的弯矩（考虑修复时接上导线）为

$$M_{c1}=(Q_f+Q)a+Q_h\frac{a+e}{2} \qquad (21\text{-}77)$$

导线断线张力所产生的弯矩为

$$M_{c2}=T'_{dd}a \qquad (21\text{-}78)$$

式中 M_{c1}、M_{c2}——分别为垂直荷重及导线断线张力所产生弯矩，Nm；

Q_f——附加荷重，N，见图21-26；

T'_{dd}——导线断线后张力垂直于横担方向分力，N。

横担在截面C处承受弯矩为

$$M_c=\sqrt{M_{c1}^2+M_{c2}^2} \qquad (21\text{-}79)$$

式中 M_c——横担在截面C处承受的弯矩，Nm。

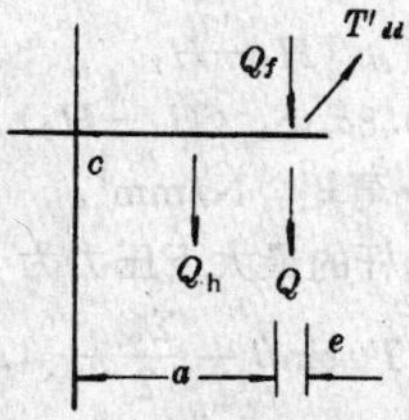

图21-26 断线情况下横担荷重

21.5.6 离心成型环形钢筋混凝土电杆

非预应力的离心成型环型钢筋混凝土电杆的国家技术标准见《环形钢筋混凝土电杆》(GB396—84)。

21.5.6.1 电杆外形

电杆按外形分为锥形杆及等径杆两种，见图21-27。

锥形杆又称拔稍杆，其锥度1∶75，图中L为杆长；l_1为荷重点高度；l_2为支持点高度；l_3为梢端至荷重点距离(0.25m)；D为根径或直径；d为梢径；δ为壁厚。

21.5.6.2 非预应力钢筋混凝土电杆尺寸及标准弯矩

非预应力钢筋混凝土电杆尺寸及标准弯矩见表21-59及表21-60。

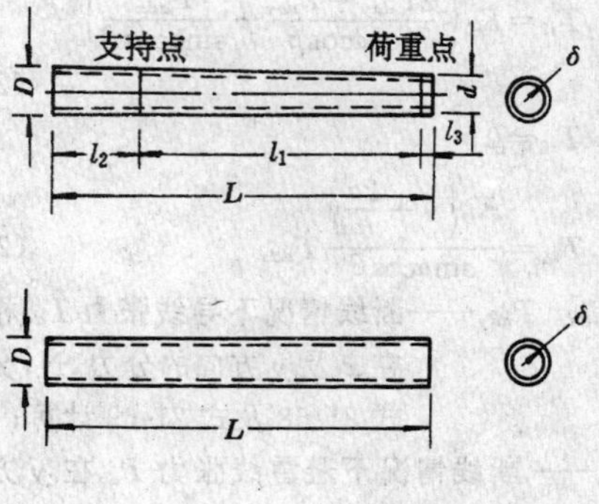

图21-27 电杆外形图

表21-59 等径杆标准弯矩 (N·m)

直径D(mm)		长度L (m) 4.5	6	9
30	A	2000	2000	2000
	B	2500	2500	2500
	C	3000	3000	3000
	D	3500	3500	3500
	E	4000	4000	4000
	F	4500	4500	4500
40	A	4500	4500	4500
	B	5000	5000	5000
	C	5500	5500	5500
	D	6000	6000	6000
	E	7000	7000	7000
	F	8000	8000	8000
55	A	15000	15000	15000

注：1. 用悬臂式试验时，标准弯矩即支持点断面处弯矩，用简支式试验时，标准弯矩即跨中断面处弯矩。

2. 破坏弯矩为标准弯矩的两倍。

3. A、B、C、D、E、F表示同种杆型的不同标准弯矩代号。

表 21-60　锥形杆标准弯矩（N·m）

梢径 (mm)	长度（m）											
	L	6	6.5	7	7.5	8	8.5	9	10	11	12	15
	l_1	4.25	4.75	5.25	5.75	6.25	6.75	7.25	7.95	8.75	9.75	12.25
	l_2	1.5	1.5	1.5	1.5	1.5	1.5	1.5	1.8	2.0	2.0	2.5
150	A	600	600	900	1100	1200	1200	1300	1500			
	B	800	800	1100	1300	1400	1400	1500	1800			
	C	1000	1000	1300	1500	1600	1600	1700	2100			
	D	1200	1200	1500	1700	1800	1800	1900	2400			
170	A	1100	1100	1250	1250	1500	1500	1650	1900	2000	2100	
	B	1300	1300	1450	1450	1700	1700	1850	2100	2400	2500	
	C	1500	1500	1650	1650	1900	1900	2050	2300	2800	2900	
	D				1850	2100	2100	2250	2500	3200	3300	
	E				2050	2300	2300	2450	2700	3600	3700	
190	A	1500	1700	2000	2000	2000	2000	2000	2100	2500	2700	3600
	B	1700	1900	2300	2300	2300	2300	2400	2500	3000	3200	4200
	C	1900	2100	2600	2600	2600	2600	2800	2900	3500	3700	4800
	D				2900	2900	2900	3200	3300	4000	4200	5400
	E				3200	3200	3200	3600	3700	4500	4700	6000
230	A	2000				2500	2500	2800	3500	3500	3600	4500
	B	2400				3000	3000	3300	4000	4000	4200	5300
	C	2800				3500	3500	3800	4500	4500	4800	6100
	D	3200				4000	4000	4300	5000	5000	5400	6900
	E	3600				4500	4500	4800	5500	5500	6000	7700
270	A	3500				4600		4900	5100	5100	5300	6000
	B	4000				5300		5600	5900	5900	6100	7000
	C	4500				6000		6300	6700	6700	6900	8000
	D	5000							7500	7500	7700	9000
310	A	4000		4000		4800		4800	5800	6000	6000	7500
	B	4500		4700		5500		5600	6600	6800	6900	8500
	C	5000		5400		6200		6400	7400	7600	7800	9500
	D	5500		6100		6900		7200	8200	8400	8700	10500
	E	6000		6800		7600		8000	9000	9200	9600	11500
350	A	4800				6000		6000	7500	8000	8000	10000
	B	5600				6900		7000	9000	10000	10000	12000
	C	6400				7800		8000	10500	12000	12000	14000
	D	7200				8700		9000	12000	14000	14000	15000
	E	8000				9600		10000	13500	15000	15000	
390	A	6000						8000				
	B	7000						9000				
	C	8000						10000				
	D	9000						11000				
	E	10000						12000				

续表 21-60

梢径 (mm)	长度 (m)											
	L	6	6.5	7	7.5	8	8.5	9	10	11	12	15
	l_1	4.25	4.75	5.25	5.75	6.25	6.75	7.25	7.95	8.75	9.75	12.25
	l_2	1.5	1.5	1.5	1.5	1.5	1.5	1.5	1.8	2.0	2.0	2.5
430	A	7000										
	B	8000										
	C	9000										
	D	10000										
	E	11000										
	F	12000										

注：1. 标准弯矩即支持点断面处弯矩，将标准弯矩除以荷重点高度，即折算成标准荷重。

2. 破坏弯矩为标准弯矩的两倍。

3. A、B、C、D、E、F 是表示同种杆型的不同标准弯矩的代号。

21.6 线路路径的选择及杆塔定位

21.6.1 概述

选择线路路径应全面考虑国家各种建设利益，解决与牵涉到的各种设施的协议关系，充分研究和比较各种地形、地质条件，寻找一个安全、经济、便利的最优越的方案。

最短的路径总是设计人员首先追求的目标。路径短不仅造价降低，而且运行费用少，运行维护的工作量也小。但要注意在选线中不能片面地追求路径短，而要和其他条件一起权衡考虑。

沿线道路条件对于施工、运行维护和抢修都是很重要的，特别是运行维护（施工期短，比较容易克服）尤需要有一定的交通条件。

地形和地质条件的好坏，直接关系到施工、运行的难易和杆塔结构的种类。一般的讲，山岳高地离道路远，会造成运输和维护困难，但走平地要占用耕地，与必须坚持节约用地的原则，不占良田，少占农田的政策相违背，并且地质不好，障碍物多，因此最好选择山脚缓坡或丘陵地带，这就要和其它条件很好的权衡，综合考虑，做到全面经济合理。遇到大跨越，应进行综合技术经济比较来确定路径方案，应尽量避开下列处所。

（1）应采取有效措施，防止对邻近设施如电台、弱电线路等的影响；

（2）应尽量减少与其它设施的交叉；

（3）应尽量避开有爆炸物，易燃物和可燃液（气）体的生产厂房、仓库、贮罐等；

（4）应尽量避开需要拆除房屋的居民区；

（5）应尽量避开不良地质地带；

（6）应尽量避开可能塌陷的矿区；

（7）应尽量避开长期积水的沼泽地带；

（8）应尽量避开人造林区；

（9）应尽量避开空气严重污秽的地段；

（10）应尽量避开农村固定场院（稻谷脱粒场所）；

（11）应尽量避开洼地，冲刷地带以及易被车辆碰撞等处；

（12）不应引起交通和机耕困难；

（13）应与城镇规化相协调。

根据发电厂、变电所的总体位置，进出线应有统一规则。必要时宜采用双回路或多回路。

送电线路的转角位置应尽量考虑运行、施工条件并结合耐张段长度确定，大跨越应自成一个独立的耐张段。

线路通廊应按其防护要求及对建筑物、树木等安全距离来定。

在杆型未定时，可大致按表 21-61 尺寸考虑，待杆型定后再做复核。

表 21-61 单回路混凝土杆塔线路通廊大致宽度（m）

经过地区	10kV 及以下单杆	35kV		60～110 kV 双杆
		单杆	双杆	
非居民区	13	25	30	30
居民区或厂区	6	12	15	18

送、配电线路与各种设施交叉，接近的基本要求见　　表21-62。

表21-62　架空电力线路与铁路、道路、通航河流、管道、索道及各种架空线路交叉或接近的基本要求

项目		铁路			公路和道路		电车道（有轨及无轨）	
导线或避雷线在跨越档接头		标准轨距：不得接头 窄轨：不限制			一、二级公路和城市一、二级道路：不得接头 三、四级公路和城市三级道路：不限制		不得接头	
交叉档导线最小截面		35kV采用钢芯铝绞线为$35mm^2$ 10kV及以下采用铝绞线或铝合金线为$35mm^2$，其它导线为$16mm^2$						
交叉档针或绝缘子或瓷横担支撑方式		双固定			一、二级公路和城市一、二级道路为双固定		双固定	
最小垂直距离（m）	线路电压（kV）	至标准轨顶	至窄轨顶	主承力索或接触线	至路面		至路面	至承力索或接触线
	35～110	7.5	7.5	3.0	7.0		10.0	3.0
	3～10	7.5	6.0	3.0	7.0		9.0	3.0
	3以下	7.5	6.0		6.0		9.0	3.0
最小水平距离（m）	线路电压（kV）	杆塔外缘至轨道中心			杆塔外缘至路基边缘		杆塔外缘至路基边缘	
					开阔地区	路径受限制地区	开阔地区	路径受限制地区
	35～110	平行：最高杆（塔）高加3m			交叉：8m 平行：最高杆（塔）高	5.0	交叉：8m 平行：最高杆（塔）高	5.0
	10及以下				0.5		0.5	
其它要求		不宜在铁路出站信号机以内跨越						

项目	通航河流	次要通航河流	架空明线弱电线路	电力线路	特殊管道	一般管道、索道
导线或避雷线在跨越档接头	不得接头	不限制	一、二级：不得接头 三级：不限制	35kV线路：不得接头 10kV及以下线路：不限制	不得接头	不得接头
交叉档导线最小截面	35kV采用钢芯铝绞线为$35mm^2$ 10kV及以下采用铝绞线或铝合金线为$35mm^2$，其它导线为$16mm^2$					
交叉档针或绝缘子或瓷横担支撑方式	双固定	不限制	一、二级为双固定	10kV线路跨越6～10kV线路为双固定	双固定	双固定

续表 21-62

项目		通航河流		次要通航河流		架空明线弱电线路		电力线路		特殊管道	一般管道、索道
最小垂直距离（m）	线路电压（kV）	至常年高水位	至最高航行水位的最高船桅顶	至常年高水位	至最高航行水位的最高船桅顶	至被跨越线		至被跨越线		至管道任何部分（导线在上，不站人）	至管道、索道任何部分（导线在上）
	35～110	6.0	2.0	6.0	2.0	3.0		3.0		4.0	3.0
	3～10	6.0	1.5	6.0	1.5	2.0		2.0		3.0	2.0
	3 以下	6.0	1.0	6.0	1.0	1.0		1.0		1.5	1.5
最小水平距离（m）	线路电压（kV）	边导线至斜坡上缘（线路与拉杆小路平行）				边导线间		边导线间		边导线至特殊管道、一般管道、索道任何部分	
						开阔地区	路径受限制地区	开阔地区	路径受限制地区	开阔地区	路径受限制地区
	35～110	最高杆（塔）高				最高杆（塔）高（m）	4.0	最高杆（塔）高（m）	5.0	最高杆（塔）高（m）	4.0
	3～10						2.0		2.5		2.0
	3 以下						1.0		2.5		1.5
其它要求		最高洪水时，有抗洪抢险船只航行的河流，垂直距离应与有关主管部门协商确定				(1)电力线路应架设在上方 (2)按过电压保护要求		电压较高的线路一般架设在电压较低线路的上方，电力接户线与相同电压或较低电压的专用线路交叉，电力接户线宜架设在上方		(1)与索道交叉，如索道在上方，索道的下方应装设保护措施 (2)交叉点不应选在管道的检查井（孔）处 (3)与管道、索道平行、交叉，管、索道应接地	

注：1. 跨越杆塔的悬垂线夹（跨越河流除外）应采用固定型。

2. 架空线路与弱电线路交叉时，由交叉点至最近一基杆塔的距离，应尽量靠近，但不应小于 7m（架设在城市的线路除外）。

3. 架空线路跨越三级弱电线路，且有接头时，其接头应符合有关规定。

4. 表中最小水平距离值未考虑对弱电线路的危险和干扰影响，如需考虑时应另行计算。

5. 管、索道上的附属设施，均应视为管、索道的一部分。

6. 特殊管道指架设在地面上输送易燃、易爆物的管道。

7. 对路径长限制的地区的最小水平距离的要求，应计及架空电力线路导线的最大风偏。

21.6.2 选线、定位所需资料和准备工作

进行选线、定位工作之前，先要取得下列资料和做好下列主要准备工作：

(1) 取得平断面图。所要取得的平断面图包括：有关厂区综合总平面图（比例 1∶1000～1∶2000），有关厂外地区地形图（比例 1∶5000～1∶50000），两端变电所进出线平断面图，线路平断面图（根据初步定线后测得的，供定位使用）。

线路平面图和纵断面图的 x 轴比例，在厂区内最好与厂区综合总平面图比例一致，在厂外地区为 1∶1000；线路纵断面图的 y 轴比例，在平坦地带一般为

1∶100，在高差较大的山区可用1∶200比例。

线路平面图测量范围一般为线路中心线两侧各20m，在此范围内的各种交叉或接近物应准确示出。

线路纵断面图一般仅为线路中心线。当地形起伏较大，在离线路中心线5m处有1m以上高差时，则需加测边线。当横断面上坡度超过45°时，需加测此特殊横断面图。

(2)制作或选择定位模板。准备好定位时所需的各种校验曲线与数据。准备好杆塔资料。

21.6.3　定位模板的制作和使用

21.6.3.1　模板的制作

导线的弧垂计算式21-80可改写成 $f=\frac{\gamma}{2\sigma}\left(\frac{l}{2}\right)^2$，或写成抛物线公式

$$y=Kx^2 \tag{21-80}$$

式中　y——纵坐标，代表导线的弧垂，m；

K——系数，$K=\frac{\gamma}{2\sigma}$，γ 为导线比载（N/（m·mm²））。σ 为导线应力，N/mm²；

x——横坐标，代表线路水平方向距离，m。

由式21-80可绘出抛物线，即模板曲线，从而作成模板。绘制模板曲线时，纵、横坐标比例相应与线路纵断面图的 y、x 轴比例相同。制作模板时，如用透明硬片或透明纸，则使用时更为方便。模板的尺寸范围应根据实际工程需要，一般平地线路 x 绘制范围可由+400～−400m，山地线路 x 绘制范围可由+700～−400m。

按不同用途和气象条件，可做出多种模板，最常用的有热模板（又称最大模板）和冷模板（又称最小模板）两种。

用最大弧垂时的导线比载和应力计算出的 K 值而制作的模板称为热模板，表示导线最大弧垂，用以排定杆位；用最低气温时的导线比载和应力计算出的 K 值而制作的模板称为冷模板，用以检查杆塔的上拔现象。

21.6.3.2　定位模板的使用

用热模板来进行定位工作。用热模板可绘出三条曲线，见图21-28。

曲线1称为弧垂曲线，由曲线1下移等于导线对地安全距离的数值即得曲线2，称为限距曲线，考虑到测量及模板制作的误差，取限距曲线时，应留一定的裕度，一般挡距700m以下取1.0m，大于700m及孤立挡取1.5m。

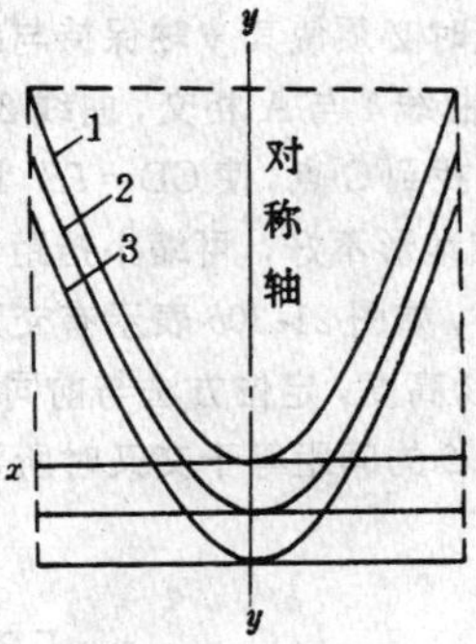

图21-28　热模板图之（一）
1—弧垂曲线；2—限距曲线；
3—地面曲线

由线1下移等于导线悬挂高度，即得曲线3，称为地面曲线。

在实际使用中通常仅需曲线1和曲线2，故热模板可按曲线1及曲线2的间距作成如图21-29的形状。

这样，其内边表示曲线1，而其外边表示曲线2。

用热模板定位前，先假定一代表挡距，其值根据以往工程经验，平地一般采用设计挡距的90%，山地则采用80～85%，这样假定的代表挡距与实际定位后的代表挡距相差不至很大。如定位后发现实际代表挡距与假定的相差较大，应按实际代表挡距另作模板校正。

在线路纵断面图上定杆位时，自耐张杆开始，布置好一个耐张段的杆位后再布置下一耐张段杆位。

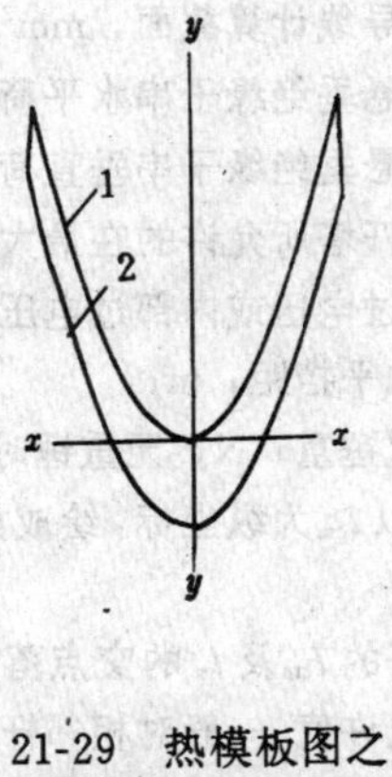

图21-29　热模板图之（二）
1—弧垂曲线；2—限距曲线

定位举例如图 21-30。图 21-30a 表示无交叉跨越物的一般挡距，B 点为已定杆位，H 及 H' 为杆塔悬挂点高度，推模板时必须使其 y 轴保持与线路纵断面图的 x 轴垂直，使曲线 1 与 A 相交，曲线 2 与地面相切，然后在曲线 1 上找到 C 点，使 CD=H'，D 点即为初定的杆位，如 D 点地形不好，可缩小挡距，如要放大挡距则要加高杆塔。如图 21-30b 表示有交叉跨越物的挡距，h 为被跨越物高度，定位方法与前同，但此时应改用曲线 1 及曲线 2 的间距等于交叉时所要求的安全距离与裕度之和的模板。

21.6.4 选线、定位工作中的验算

21.6.4.1 直线杆塔悬垂绝缘子串摇摆角验算

直线杆塔在最大工作电压，大气过电压及内部过电压下都应保持一定的放电间隙，见表 21-52，亦即导线对杆塔有一最大允许摇摆角临界曲线按下式计算

$$l_{cm}=\frac{\sigma_{fm}}{\sigma\gamma_{fm}S}\left[\frac{P_\lambda-Q_\lambda \mathrm{tg}\theta}{2\mathrm{tg}\theta}+l_s\left(\gamma_{fm}S\frac{\sigma}{\sigma_{fm}}-\gamma_1 S+\frac{\gamma_4 S}{\mathrm{tg}\theta}\right)-W\right] \tag{21-81}$$

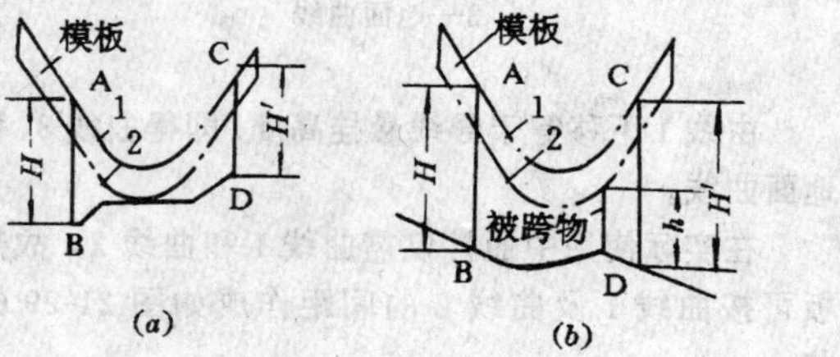

图 21-30 定位示例

式中 l_{cm}——最大弧垂时的垂直挡距，m；

σ_{fm}——最大弧垂时的导线应力，N/mm²；

σ——最大工作电压，大气过电压或内部过电压时相应的导线应力，N/mm²；

γ_{fm}——最大弧垂时的导线比载，N/（m·mm²）；

S——导线计算截面，mm²；

P_λ——悬垂绝缘子串水平荷重，N；

Q_λ——悬垂绝缘子串垂直荷重，N；

θ——杆塔所允许的在最大工作电压、大气过电压或内部过电压下的摇摆角；

l_s——水平挡距；m；

W——重锤重，N，无重锤时 $W=0$。

用式 21-81，以 l_{cm} 为纵坐标，绘成如图 21-31 或图 21-32 的曲线。

定位后某杆塔的 l_{cm} 及 l_s 的交点落在曲线以下时，说明摇摆角超过允许值，一般对相邻杆位高差较大，位于较低处杆塔的水平挡距比垂直挡距大时需进行校验。先用不带重锤时的曲线来校验，超过允许值时的改进措施有：调整杆塔位置；加重锤；改用较高杆塔以加大垂直挡距；改变杆型。

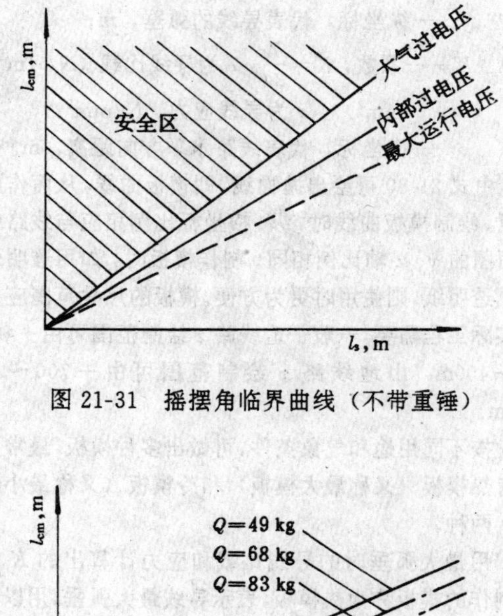

图 21-31 摇摆角临界曲线（不带重锤）

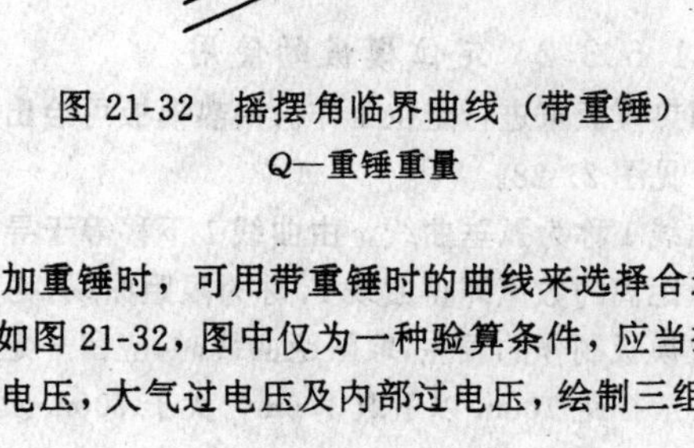

图 21-32 摇摆角临界曲线（带重锤）

Q—重锤重量

加重锤时，可用带重锤时的曲线来选择合适的重锤，如图 21-32，图中仅为一种验算条件，应当按最大工作电压，大气过电压及内部过电压，绘制三组曲线。

使用重锤时，还应注意经常运行情况（一般取+15℃）下导线不应产生上拔动，否则应改用耐张杆塔；当在最低气温时产生上拔，而在经常运行情况下并不上拔，还宜用重锤。

21.6.4.2 直线杆塔的上拔校验

若发现某直线杆塔的悬挂点高度在相邻两侧杆塔悬挂点连线之下时，应校验是否发生上拔。校验方法有以下三种。

A 利用冷模板

冷模板的制作见前。以两侧杆塔的悬挂点为支点，用冷模板量出弧垂曲线，若被校验杆塔的悬挂点在曲线之下，如图 21-33，则表示将产生上拔。

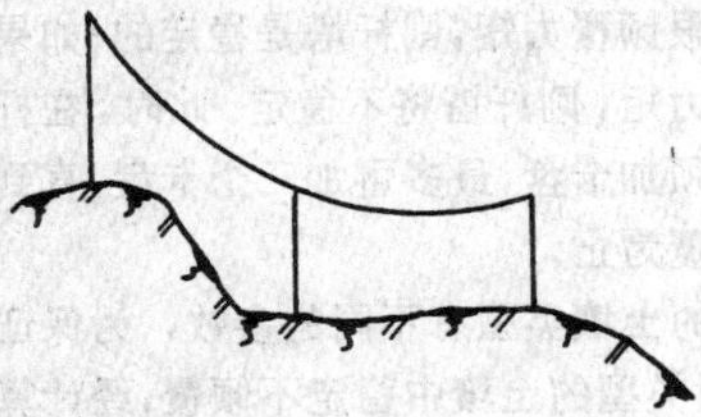

图 21-33 上拔校验图

B 利用临界曲线

如无冷模板，亦可按下式绘制临界曲线

$$l_{cm}=l_s\left(1-\frac{\sigma_{fm}\gamma_{t_{min}}}{\sigma_{tmin}\gamma_{fm}}\right) \quad (21\text{-}82)$$

式中 l_{cm}——最大弧垂时的垂直挡距，m；

l_s——水平挡距，m；

σ_{fm}、$\sigma_{t_{min}}$——分别为最大弧垂及最低气温时的导线应力，N/（mm²）；

γ_{fm}、$\gamma_{t_{min}}$——分别为最大弧垂及最低气温时的导线比载，N/（m·mm²）。

根据式 21-82，以 l_{cm}为纵坐标，l_s 为横坐标，可做出 $l_{cm}=f(l_s)$ 临界曲线（实际上是条直线）。当实际定位时某杆塔的 l_{cm}与 l_s 的交点落在临界曲线以下时表示产生上拔。

C 利用热模板

用热模板亦可校验上拔，其法是将热模板求得的最大弧垂时的垂直挡距，计算出控制上拔时气象条件的垂直挡距，若该挡距为负值，则将产生上拔。校验步骤如下：

（1）用热模板求出最大弧垂时垂直挡距 l_{cm}，然后用下式计算出与水平挡距 l_s 的差值 Δl_{cm}。

$$\Delta l_{cm}=l_{cm}-l_s \quad (21\text{-}83)$$

式中 Δl_{cm}——垂直挡距 l_{cm}与水平挡距 l_s 的差值，m。

（2）按下式计算换算系数 K

$$K=\frac{\sigma_{t_{min}}\gamma_{fm}}{\sigma_{fm}\gamma_{t_{min}}} \quad (21\text{-}84)$$

上式中各参数含义同式 21-82。

（3）计算控制气象条件下的垂直挡距与水平挡距的差值 Δl_{cm}。

$$\Delta l_{cm}=K\Delta l_{cm} \quad (21\text{-}85)$$

式中 Δl_{cm}——控制气象条件下的垂直挡距与水平挡距的差值，m。

（4）求控制气象条件下的垂直挡距 l_{cn}

$$l_{cn}=\Delta l_{cn}+l_s \quad (21\text{-}86)$$

式中 l_{cn}——控制气象条件下的垂直挡距，m。

当 l_{cn}为负值时产生上拔。上拔力的大小按下式计算

$$Q_{sb}=\gamma_n S l_{cn} \quad (21\text{-}87)$$

式中 Q_{sb}——上拔力的大小，N；

γ_n——产生上拔气象条件下的导线（或避雷线）比载，N/（m·mm²）。

有时最大风速或覆冰时垂直挡距会比最低气温时要小，此时可能产生上拔，因最大风速出现时间很短，故可不考虑，但覆冰时产生上拔应验算。

可能出现覆冰时上拔的条件是

$$\frac{\gamma_3}{\sigma_3}\leqslant\frac{\gamma_{tmin}}{\sigma_{t_{min}}} \quad (21\text{-}88)$$

如$\frac{\gamma_3}{\sigma_3}$仅稍大于$\frac{\gamma_{t_{min}}}{\sigma_{t_{min}}}$，且在最低气温时垂直挡距负值较大，则在覆冰时亦可能上拔。此时应分别计算出最低气温及覆冰时的垂直挡距，并按式 21-87 计算上拔力进行比较。

21.6.4.3 耐张绝缘子串倒挂的校验

当相邻杆塔高差较大，致使位于低处的耐张杆塔上绝缘子串上拔时，其裙边内将积水，从而降低绝缘强度，因此当绝缘子串在经常运行情况（即年平均气温下，若当地无此数据，一般可取+15℃，无风，无冰）下产生上拔时，该绝缘子串应倒挂。

可按下式计算确定是否应倒挂

$$l_{ljm}=\left(\frac{G_\lambda}{2\gamma_1 S}+\frac{l}{2}\right)\frac{\sigma_{fm}\gamma_1}{\sigma_{pj}\gamma_{fm}}-\frac{l}{2} \quad (21\text{-}89)$$

式中 l_{ljm}——最大弧垂时耐张绝缘子串倒挂临界挡距，m；

G_λ——绝缘子串重力，N；如最大弧垂发生于

覆冰、无风时，G_λ 应包括冰重；

σ_{fm}，σ_{pj}——分别为最大弧垂时及年平均气温时的导线应力，N/mm^2；

γ_1，γ_{fm}——分别为导线的自重比载及最大弧垂时的比载，N/ (m·mm²)；

l——校验挡的实际挡距，m。

如果最大弧垂时的垂直挡距大于 l_{ljm}，则应倒挂。

在定位检查中，除上述几种外，还有交叉跨越间距的验算；导线悬挂点应力校验；绝缘子串强度校验等，因遇到机会较少，本节不予评述。

21.6.5 定位的原则

21.6.5.1 杆（塔）位的选定原则

杆（塔）位的选定原则有：

(1) 应尽量少占耕地和良田，减少土石方工作量。

(2) 杆（塔）应尽量避开地质条件不良的处所，对于带拉线的杆塔应考虑打拉线处的条件。

(3) 应有较好的施工条件，包括组、立塔及紧线场所。

21.6.5.2 挡距的配置

相邻挡距的大小不应十分悬殊，以免过分地增大不平衡张力。

不同的杆（塔）或不同的导线排列方式相邻时，挡距的大小应考虑挡中导线接近情况，如换位杆（塔）间由于导线交叉要适当减少挡距。

尽量避免孤立挡（特别是小挡距孤立挡）。

21.6.5.3 杆塔的选用

尽可能选用最经济的杆塔型式或高度，充分利用杆塔的使用荷载条件。

尽量避免设计特殊杆塔，对较高的转角杆塔应尽量降低杆塔高度。

充分利用地形，排位时高、矮塔应尽量配合使用。

21.7 混凝土杆塔基础

21.7.1 概述

埋设杆塔的土壤有碎石、粗砂、中砂、细砂、粉砂、粘性土等不同土壤。各种不同的土壤允许承载力、抗剪角、被动土抗力都不同，如果杆塔的下压力大于埋设杆塔地点土壤的允许承载力则在该处必须装设底盘，以增加杆塔与土壤的接触面积，增加土壤的承载力，经计算选出底盘的型号。

杆塔是否倾覆或稳定，其判定依据是：杆塔的实际倾覆力矩乘上基础上拔及倾覆稳定安全系数，如果小于杆塔极限倾覆力矩，则杆塔是稳定的；如果大于杆塔极限倾覆力矩，则杆塔将不稳定。此时，在杆塔埋入地下部分必须加卡盘，最多可加三个卡盘，直到经计算后杆塔不倾覆为止。

不同的土壤类型有不同的参数，为保证不同的杆塔，在不同类型的土壤中稳定不倾覆，经计算后或不加底盘和卡盘，或加不同类型的底盘加一个不同类型的卡盘，加两个不同类型的卡盘，加三个不同类型的卡盘。

钢筋混凝土杆增加底盘及卡盘，固然增加了电杆的稳定性及承载力，但是也给施工增加了难度，加大了土石方工作量，增加了施工费用。因此，对于不带拉线的直线杆，杆高 18m 以下，土壤为硬塑以上时，可以不加底盘及卡盘，方便施工，节约投资。对于带拉线钢筋混凝土杆一般要下底盘，以免电杆下沉，引起拉线松弛。

各类土壤的计算参数见表 21-63。

表 21-63 土壤分类和计算参数

土壤分类	计算容重 γ_r (kN/m³)	计算上拔角 (α_b)	计算倾覆抗剪角 (β_j)	被动土抗力 $m=\gamma_r tg^2\left(45°+\frac{\beta_j}{2}\right)$ (kN/m³)	允许承载力 P'_2 (kN/m²)
大块碎石	19.6	32°	40°	90.3	294～490
粗　砂	17.7	30°	37°	70.6	343～441

续表 21-63

土壤分类		计算容重 γ_r（kN/m³）	计算上拨角 (α_b)	计算倾覆抗剪角 (β_j)	被动土抗力 $m=\gamma_r \mathrm{tg}^2\left(45°+\frac{\beta_j}{2}\right)$ (kN/m³)	允许承载力 P'_2 (kN/m²)
中砂		16.7	28°	35°	61.5	245～343
细砂		15.7	26°	32°	51.2	147～294
粉砂		14.7	22°	25°	36.2	98～245
粘性土	坚硬	16.7	30°	40°	76.7	245～343
	硬塑	16.7	25°	35°	61.5	196～245
	可塑	15.7	20°	30°	47.1	147～196
	软塑	15.7	10°～15°	20°	32.0	98～147

注：1. 表中各类土壤的计算参数，系指采用原来的土壤回填，如换土回填时，就不应按原土壤参数计算。

2. 最高地下水位以下，土的浸水容量可采用 8.8～10.8kN/m³，或按力学原理计算；混凝土和钢筋混凝土基础处于地下水位以下时其计算容量可分别采用 11.8 和 13.7kN/m³。

3. 软弱土壤计算参数可根据试验确定。

4. 采用钻孔或爆扩开坑时，被动土抗力可较表中值适当提高。

21.7.2 土壤的允许承载力

当基础的宽度为 0.6～1.0m，埋深为 1.5～2.0m，按正常工作情况下所受荷重计算地基时，土壤的允许承载力 p'_2 可参考表 21-63 的数据确定。

当基础宽度和埋深改变时，土壤允许承载力 p'_2 应修正如下：

(1) 当基础宽度为 5m 或大于 5m 时，p'_2 应乘以修正系数 m_0。

1) 对于除粉砂外的大块碎石类土及砂土类土 m_0 取 1.5；对于粉砂及粘土类土 m_0 取 1.2；

2) 当基础宽度介于 1～5m 之间时，可采用插入值。

(2) 当基础埋深大于 2m 或小于 1.5m 时，p'_2 应再乘以修正系数 m_1 或 m_2。

1) 当埋深大于 2m 时

$$m_1 = 1 + \frac{\gamma_r}{p'_2}K(h_j - 2) \qquad (21\text{-}90)$$

2) 当埋深小于 1.5m 时

$$m_2 = 0.5 + 0.33h_j \qquad (21\text{-}91)$$

式中 γ_r ——基础底面上计算容重，kN/m³；

p'_2——允许承载力，kN/m²；

K——系数，对粘土为 1.5；对亚粘土及亚砂土为 2.0；对砂土类土和大块碎石类土为 2.5；

h_j——基础埋深，m。

土壤的计算参数可参考采用表 21-62 的数值。有试验依据时，应按具体情况采用。

21.7.3 关于基础的一些规定

电杆基础应根据当地运行经验，材料来源和地质情况等进行设计。有条件的地方。宜采用岩石底盘、卡盘和拉线盘。采用岩石预制基础时，应选择结构完整，质地坚硬的石料(如花岗岩等)，并应进行强度试验。其强度安全系数，不应小于下列数值：

岩石底盘	3
岩石卡盘	4
岩石拉线盘	5

对于风化严重的页岩、泥岩以及断裂发育地段不应采用岩石基础。

凡覆盖土层较薄，岩石风化较轻，可直接在岩石中钻孔灌浆埋置底脚螺栓或拉线棒。

杆塔基础的上拔和倾覆稳定安全系数，按极限土抗力计算时，不应小于下列数值：

直线杆塔	送电及配电线路 1.5
耐张杆塔	送电及配电线路 1.8
转角、终端杆塔	送电线路 2.2；配电线路 2.0

普通钢筋混凝土基础的强度安全系数，不应小于1.7；混凝土基础的强度安全系数，不应小于 2.7。

预制基础的混凝土标号，不宜低于 200 号，普通钢筋混凝土基础混凝土标号，不宜低于 150 号，混凝土基础的标号，不应低于 100 号。

在细砂，粉砂和粘性土中的基础埋深应大于冻结深度，并不应低于 0.6m。

钢筋混凝土杆埋在易于冻裂之处时，地面以下杆段应采取措施，如采用预制基础或将杆段灌实，设排水孔。

应尽量采用装配式预制基础，在山区有条件时可采用岩石基础。

21.7.4 底盘及其选择

作用于底盘上的压力按下式计算

$$\frac{N+G+W}{F} \leqslant p'_2 \qquad (21\text{-}92)$$

式中 N——钢筋混凝土杆荷重，kN；

G——底盘自重；kN；

W——底盘上部的土重，kN；

F——底盘底面积，m^2；

p'_2——埋深 2m 处天然地基允许承载力，kN/m^2，如埋深不同时应予修正。

如底盘已定，则其允许承受的下压力 N' 可用式 21-92 推得如下

$$N' = p'_2 F - G - W \qquad (21\text{-}93)$$

对于 35kV 及以下线路，在 $p'_2 > 200kN/m^2$ 处，不带拉线的直线杆一般可不装底盘。

在同一厂区内，各杆位的土壤可能不同，应根据各杆位情况研究确定。

无拉线单杆允许稍有下沉，其地基允许承载力可不按表 21-64 的要求。

表 21-64 中列出国家标准图集中各种标准底盘的允许承受的下压力 N'。

表 21-64 的使用举例：

已知：杆型 JM33-2，$h_j = 1.5m$，$p'_2 = 200kN/m^2$，$N = 147kN$。

试选：底盘 1.0m，由表 21-64 查得允许承受的下压力 $N' = 165.8kN$

结果：因 $N' > N$ 选定底盘 DP-10 型。

21.7.5 卡盘

卡盘是一种加固电杆基础的钢筋混凝土矩形构件，固定在电杆基础内的方向与导线横担垂直。

卡盘一般安装位置见图 21-34。

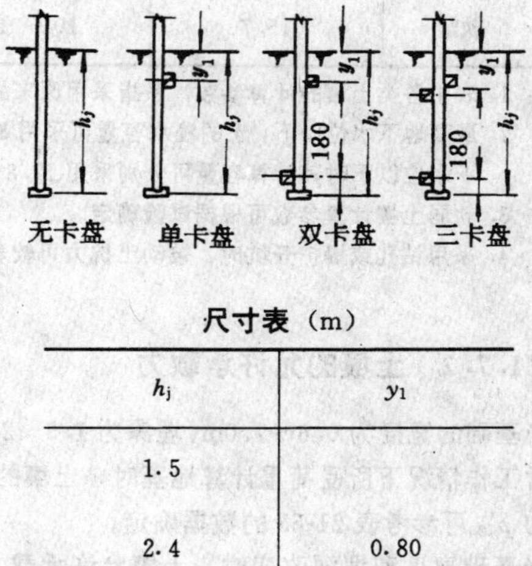

尺寸表（m）

h_j	y_1
1.5	
2.4	0.80
2.6	0.85
2.8	0.90
3.0	1.00

图 21-34 卡盘位置尺寸

卡盘处电杆直径 D_k 及电杆埋入地下部分平均直径 D_p 见表 21-65，常用卡盘规格见表 21-66。

表 21-64 底盘允许下压力 N'（kN）

h_j（m）		1.5					2.4				
宽度（m）		0.6	0.8	1.0	1.2	1.4	0.6	0.8	1.0	1.2	1.4
p'_2（kN/m²）	98	24.5	43.2	67.7	97.1	132.4	23.5	42.2	65.7	95.2	129.5
	147	42.2	74.6	116.7	167.8	228.6	41.2	72.6	114.8	165.8	225.6
	196	59.8	105.9	165.8	238.4	324.7	58.9	105.0	163.8	236.4	322.7
	245	77.5	137.3	214.8	309.0	420.8	76.5	136.4	212.9	307.1	417.9
	294	95.2	168.7	263.9	379.6	517.0	94.2	167.8	261.9	377.7	515.0
	343	112.8	200.1	312.9	450.3	613.1	111.8	198.2	311.0	447.3	611.2
	392	130.5	231.5	362.0	520.9	709.3	129.5	229.6	360.0	518.0	706.3
	441	148.1	262.9	411.0	591.5	805.4	147.2	261.9	409.1	588.6	803.4
	490	165.8	294.3	460.1	662.2	901.5	164.8	292.3	458.1	659.2	900.6
底盘型号		DP6	DP8	DP 10	DP 12	DP 14	DP6	DP8	DP 10	DP 12	DP 14
A 型杆底盘型号		DP6-A	DP8-A	DP 10-A	DP 12-A	DP 14-A	DP6-A	DP8-A	DP 10-A	DP 12-A	DP 14-A
h_j（m）		2.8					3.0				
宽度（m）		0.6	0.8	1.0	1.2	1.4	0.6	0.8	1.0	1.2	1.4
p'_2（kN/m²）	98	26.5	46.1	73.6	105.0	142.2	27.5	49.1	76.5	110.9	149.1
	147	44.1	77.5	122.6	175.6	238.4	45.1	80.4	125.6	181.5	245.2
	196	61.8	108.9	171.7	247.2	335.5	62.8	111.8	174.6	252.1	341.4
	245	79.5	140.3	220.7	317.8	431.6	80.4	143.2	223.7	322.7	438.5
	294	97.1	171.7	269.8	388.5	527.8	98.1	174.6	272.7	393.4	533.7
	343	114.8	203.1	318.8	459.1	622.5	115.8	206.0	321.8	463.0	629.8
	392	131.5	234.5	367.9	528.8	720.1	133.4	237.4	370.8	534.6	726.9
	441	150.1	266.8	407.1	600.4	815.2	151.1	268.8	419.9	605.3	822.1
	490	166.8	297.2	456.2	670.0	910.4	168.7	300.2	468.9	674.9	918.2
底盘型号		DP6	DP8	DP 10	DP 12	DP 14	DP6	DP8	DP 10	DP 12	DP 14
A 型杆底盘型号		DP6-A	DP8-A	DP 10-A	DP 12-A	DP 14-A	DP6-A	DP8-A	DP 10-A	DP 12-A	DP 14-A

注：1. 底盘为正方形，表中各型号中的数字表示边长，例如 DP 12，边长为 1.2m，余类推，底盘的厚度对 DP6～DP 10为 0.18m，对 DP 12～DP 14为 0.21m。

2. 表中已考虑不同埋深时的修正系数。

3. 在事故及安装情况下，表中数值应乘以 1.2 的增大系数。

表 21-67 宽度校正系数 K_0

计算抗剪角 β_j	土壤名称	h_j/b_0												
		11	10	9	8	7	6	5	4	3	2	1	0.8	0.6
15	粘土	1.86	1.79	1.71	1.63	1.55	1.47	1.39	1.31	1.24	1.16	1.08	1.06	1.05
	亚粘土、亚砂土	1.72	1.65	1.59	1.52	1.46	1.39	1.33	1.26	1.20	1.13	1.07	1.05	1.04
	砂土	1.46	1.41	1.37	1.33	1.29	1.25	1.21	1.17	1.12	1.08	1.04	1.03	1.02
20	粘土	2.08	1.98	1.88	1.78	1.68	1.59	1.49	1.39	1.30	1.20	1.10	1.08	1.06
	亚粘土、亚砂土	1.92	1.84	1.75	1.67	1.59	1.50	1.42	1.34	1.25	1.17	1.09	1.07	1.05
	砂土	1.58	1.53	1.48	1.42	1.37	1.32	1.26	1.21	1.16	1.11	1.05	1.04	1.03
22	粘土	2.19	2.09	1.98	1.87	1.76	1.65	1.54	1.43	1.33	1.22	1.11	1.09	1.07
	亚粘土、亚砂土	2.00	1.91	1.82	1.72	1.63	1.54	1.45	1.36	1.27	1.18	1.09	1.07	1.05
	砂土	1.63	1.57	1.51	1.46	1.40	1.34	1.29	1.23	1.17	1.12	1.06	1.05	1.03
25	粘土	2.32	2.20	2.08	1.96	1.85	1.73	1.60	1.48	1.36	1.24	1.12	1.10	1.07
	亚粘土、亚砂土	2.11	2.01	1.91	1.81	1.71	1.61	1.50	1.40	1.30	1.20	1.10	1.08	1.06
	砂土	1.69	1.63	1.56	1.51	1.44	1.38	1.32	1.25	1.19	1.13	1.06	1.05	1.04
28	粘土	2.45	2.32	2.19	2.06	1.93	1.79	1.66	1.53	1.40	1.26	1.13	1.11	1.08
	亚粘土、亚砂土	2.20	2.10	1.99	1.88	1.77	1.66	1.55	1.44	1.33	1.22	1.11	1.09	1.07
	砂土	1.76	1.69	1.62	1.56	1.49	1.42	1.35	1.28	1.21	1.14	1.07	1.06	1.05
30	粘土	2.53	2.39	2.25	2.11	1.98	1.84	1.70	1.56	1.42	1.28	1.14	1.11	1.08
	亚粘土、亚砂土	2.28	2.16	2.05	1.93	1.81	1.70	1.58	1.46	1.35	1.23	1.12	1.09	1.07
	砂土	1.81	1.73	1.66	1.58	1.51	1.44	1.37	1.29	1.22	1.15	1.07	1.06	1.05
32	粘土	2.60	2.46	2.31	2.16	2.02	1.88	1.73	1.58	1.44	1.29	1.15	1.12	1.09
	亚粘土、亚砂土	2.34	2.22	2.09	1.98	1.83	1.73	1.61	1.49	1.36	1.24	1.12	1.10	1.07
	砂土	1.84	1.77	1.69	1.61	1.54	1.46	1.38	1.31	1.23	1.15	1.08	1.06	1.05
35	粘土	2.71	2.56	2.40	2.23	2.08	1.93	1.78	1.62	1.46	1.31	1.15	1.12	1.09
	亚粘土、亚砂土	2.41	2.28	2.15	2.02	1.90	1.77	1.63	1.51	1.38	1.25	1.13	1.10	1.08
	砂土	1.90	1.82	1.74	1.66	1.57	1.49	1.41	1.33	1.25	1.16	1.08	1.07	1.05
37	粘土	2.79	2.62	2.45	2.30	2.14	1.98	1.80	1.65	1.49	1.33	1.16	1.13	1.10
	亚粘土、亚砂土	2.53	2.39	2.25	2.11	1.98	1.84	1.70	1.56	1.42	1.28	1.14	1.11	1.08
	砂土	1.94	1.86	1.77	1.69	1.60	1.52	1.43	1.34	1.26	1.17	1.09	1.07	1.05
40	粘土	2.88	2.71	2.54	2.37	2.19	2.02	1.85	1.68	1.51	1.34	1.17	1.14	1.10
	亚粘土、亚砂土	2.55	2.41	2.28	2.14	2.00	1.84	1.71	1.57	1.42	1.28	1.14	1.10	1.09
	砂土	1.99	1.90	1.81	1.72	1.68	1.54	1.45	1.36	1.27	1.18	1.10	1.08	1.05
45	粘土	3.02	2.84	2.66	2.47	2.29	2.11	1.92	1.74	1.55	1.37	1.18	1.15	1.11
	亚粘土、亚砂土	2.69	2.53	2.38	2.23	2.08	1.93	1.77	1.62	1.46	1.31	1.15	1.13	1.09
	砂土	2.07	1.97	1.88	1.78	1.68	1.59	1.49	1.39	1.29	1.20	1.10	1.08	1.06

注：$K_0=1+\frac{2}{3}\xi\frac{h_j}{b_0}\mathrm{tg}\beta_j\cos\left(45°+\frac{\beta_j}{2}\right)$；$\xi$ 为土壤侧压力系数，对粘土取 0.72；亚粘土及亚砂土取 0.6；砂土取 0.38。

表 21-65　卡盘处电杆直径 D_k 及电杆埋入地下部分平均直径 D_p

电杆			D_k (m)	D_p (m)
梢径 (mm)	全长 (m)	埋深 h_j (m)		
300	不定	不定	0.3	0.3
230	15	2.4～2.8	0.404～0.428	0.413
230	18	2.4～2.8	0.444～0.468	0.453
230	21	2.6～3.0	0.484～0.508	0.491
190	15	2.4～2.8	0.364～0.388	0.373
190	18	2.4～2.8	0.404～0.428	0.413
190	21	2.6～3.0	0.444～0.468	0.453

表 21-66　卡盘常用规格

型号	构件尺寸 (m)			重量 (N)	杆径 (m)	容许力 (kN)
	长	高	宽			
KP8	0.8	0.3	0.25	1700	0.45/0.53	95①
KP10	1.0	0.3	0.25	2100	0.45/0.53	76
KP12	1.2	0.4	0.3	3400	0.45/0.53	84
KP14	1.4	0.4	0.3	4700	0.45/0.53	104
KP16	1.6	0.4	0.3	5400	0.45/0.53	91
KP18	1.8	0.4	0.3	7000	0.45/0.53	81

①由于卡盘没有统一的规格，故应以具体选用图纸为准。

21.7.6　不带卡盘的杆塔倾覆稳定计算

杆塔受力如图 21-35 所示。

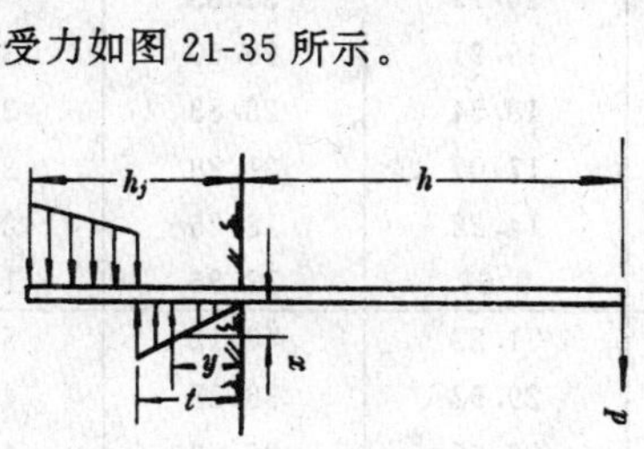

图 21-35　杆塔受力图

应力分布为

$$X = \gamma_r y \mathrm{tg}^2\left(45° + \frac{\beta_j}{2}\right) = my \tag{21-94}$$

杆塔倾覆稳定条件为

$$M_j = \frac{mbh_j^3}{\mu} \geqslant mK \tag{21-95}$$

式中　M_j ——杆塔极限倾覆力矩，kN·m；

$m=\gamma_r \mathrm{tg}^2\left(45°+\frac{\beta_j}{2}\right)$ ——被动土抗力，或称土壤特性系数，kN/m³，可从 γ_r 及 β_j 计算求得或直接由表 21-62 查得，γ_r 单位为 kN/m³；

$b=K_0 b_0$ ——杆塔埋入地下部分的计算宽度，m，K_0 为电杆宽度校正系数，见表 21-67，b_0 为电杆实际宽度，m；

h_j ——埋深，m；

μ ——常数，决定于 h/h_j，见表 21-68；

$$M = ph$$

式中　M ——实际力矩，kN·m。

p ——外作用力，kN；

h ——合力点高度，m；

K ——基础稳定安全系数。

表 21-68　一般杆型的常数 μ

h/h_j	μ
2.9～3.8	12.5
3.8～5.2	12.0
5.2～7.4	11.5
7.4～10.0	11.0

如为双基杆时，见图 21-36。

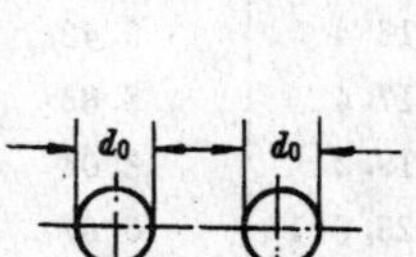

图 21-36　电杆断面图

b_0 值计算如下

双基杆联合作用时：$b_0=d_0+D$；

双基杆独立作用时：$b_0=2d_0$；

M_j 值亦可从表 21-69 中查得。

表 21-69 无卡盘杆塔极限倾覆力矩 M_j（kN·m）

D_p	μ	β_j (h_j=2.4m)					
		15°	20°	25°	30°	35°	40°
0.30	16.4	7.06	9.32	12.16	15.79	20.50	26.78
	17.4	6.57	8.63	11.28	14.72	19.13	25.02
	19.2	6.08	7.95	10.40	13.44	17.56	22.96
	23.0	5.00	6.67	8.63	11.28	14.62	19.13
	34.0	3.43	4.51	5.87	7.65	9.91	12.95
0.373	11.0	12.16	15.89	20.50	26.49	34.24	44.54
	11.5	11.67	15.21	19.62	25.31	32.77	42.58
	12.0	11.18	14.52	18.84	24.23	31.39	40.81
	12.5	10.79	14.03	18.05	23.35	30.12	39.24
	16.4	8.24	10.69	13.73	17.76	22.96	29.92
	17.4	7.65	9.91	12.85	16.58	21.39	27.86
	19.2	6.97	9.12	11.77	15.21	19.62	25.51
	23.0	5.89	7.55	9.81	12.65	16.38	21.29
	34.0	3.92	5.10	6.67	8.53	11.09	14.42
0.413	11.0	13.15	16.97	21.88	28.15	36.20	47.09
	11.5	12.56	16.28	20.90	26.88	34.63	45.03
	12.0	12.07	15.60	20.01	25.80	33.16	43.16
	12.5	11.58	14.91	19.23	24.72	31.88	41.40
	16.4	8.83	11.38	14.72	18.84	24.33	31.59
	17.4	8.24	10.59	13.73	17.56	22.66	29.43
	19.2	7.55	9.71	12.56	16.09	20.80	26.98
	23.0	6.28	8.14	10.50	13.15	17.27	22.46
	34.0	4.22	5.49	7.06	9.12	11.67	15.21
0.453	11.0	14.03	18.15	23.25	29.72	38.26	49.54
	11.5	13.44	17.27	22.17	28.45	36.59	47.38
	12.0	12.85	16.58	21.29	27.27	35.02	45.42
	12.5	12.36	15.89	20.40	26.19	33.65	43.56
	16.4	9.42	12.16	15.60	19.91	25.60	33.26
	17.4	8.83	11.28	14.52	18.54	23.83	30.90
	19.2	8.04	10.40	13.34	17.07	21.88	28.35
	23.0	6.67	8.63	11.09	14.22	18.25	23.64
	34.0	4.51	5.89	7.55	9.61	12.36	15.99
0.491	11.0	14.91	19.13	24.53	31.29	40.12	51.89
	11.5	14.32	18.34	23.45	29.92	38.38	49.64
	12.0	13.73	17.66	22.46	28.65	36.79	47.58
	12.5	13.15	16.87	21.58	27.57	35.32	45.71
	16.4	10.01	12.85	16.38	20.99	26.88	34.83
	17.4	9.32	11.97	15.30	19.52	25.11	32.47
	19.2	8.53	10.99	14.03	17.95	22.96	29.72
	23.0	7.16	9.22	11.67	14.91	19.13	24.82
	34.0	4.81	6.18	7.95	10.10	12.95	16.78

续表 21-69

D_p	μ	β_j ($h_j=2.6m$)					
		15°	20°	25°	30°	35°	40°
0.30	16.4	9.22	12.26	15.99	21.00	27.17	35.61
	17.4	8.63	11.38	14.91	19.52	26.29	33.35
	19.2	7.85	10.40	13.64	17.85	23.25	30.41
	23.0	6.57	8.73	11.38	14.91	19.42	25.41
	34.0	4.41	5.89	7.75	10.10	13.15	17.17
0.373	11.0	15.89	20.80	26.98	34.83	45.13	58.86
	11.5	15.21	19.91	25.80	33.35	43.16	56.31
	12.0	14.62	19.03	24.72	31.98	41.39	53.96
	12.5	14.05	16.25	23.74	30.71	39.73	51.80
	16.4	10.69	13.93	18.05	23.35	30.31	39.53
	17.4	9.91	13.05	16.87	21.78	28.15	36.79
	19.2	9.12	11.87	15.50	20.01	25.90	33.75
	23.0	7.65	9.91	12.85	16.68	21.58	28.06
	34.0	5.10	6.77	8.73	11.28	14.62	19.03
0.413	11.0	17.07	22.17	28.65	36.98	47.68	62.10
	11.5	16.38	21.19	27.47	35.32	45.62	59.35
	12.0	15.70	20.31	26.29	33.84	43.75	56.90
	12.5	15.01	19.52	25.21	32.47	41.99	54.64
	16.4	11.48	14.91	19.23	24.82	31.98	41.59
	17.4	9.81	13.93	17.95	23.05	29.82	38.85
	19.2	9.81	12.75	16.38	21.19	27.37	35.61
	23.0	8.14	10.59	13.73	17.66	22.76	29.63
	34.0	5.49	7.16	9.32	11.97	15.40	20.11
0.453	11.0	18.25	23.64	30.41	39.04	50.23	65.24
	11.5	17.46	22.56	29.04	37.28	48.07	62.39
	12.0	16.78	21.68	27.86	35.81	46.01	59.84
	12.5	16.09	20.80	26.78	34.34	44.24	57.39
	16.4	12.26	15.79	20.40	26.19	33.75	43.75
	17.4	11.38	14.72	19.03	24.33	31.39	40.71
	19.2	10.50	13.54	17.36	22.37	28.74	37.38
	23.0	8.73	11.28	14.52	18.64	24.03	31.20
	34.0	5.89	7.65	9.81	12.65	16.28	21.09
0.491	11.0	19.33	24.92	31.98	41.01	52.68	68.28
	11.5	18.54	23.84	30.61	39.24	50.33	65.33
	12.0	17.76	22.86	29.33	37.57	48.27	62.59
	12.5	17.07	21.97	28.15	36.10	46.31	60.04
	16.4	12.95	16.78	21.48	27.47	35.32	45.81
	17.4	12.16	15.60	20.01	25.60	32.86	42.67
	19.2	11.09	14.32	18.34	23.45	30.31	39.14
	23.0	9.32	11.97	15.30	19.52	25.11	32.67
	34.0	6.28	8.04	10.40	13.24	17.07	22.07

续表 21-69

D_p	μ	β_j ($h_j=2.8m$) 15°	20°	25°	30°	35°	40°
0.30	16.4	11.87	15.79	20.70	27.08	35.32	46.40
	17.4	11.09	14.72	19.33	25.21	32.86	43.26
	19.2	10.10	13.44	17.66	23.15	30.12	39.63
	23.0	8.44	11.28	14.81	19.23	25.11	32.96
	34.0	5.69	7.55	10.00	13.05	17.07	22.37
0.373	11.0	20.31	26.68	34.73	45.02	58.47	76.32
	11.5	19.42	25.51	33.26	43.07	55.92	73.08
	12.0	18.64	24.43	31.88	41.30	53.56	70.04
	12.5	17.85	23.45	30.61	39.63	51.40	67.20
	16.4	13.64	17.95	23.35	30.21	39.24	51.21
	17.4	12.75	16.68	21.68	28.15	36.59	47.68
	19.2	11.67	15.30	19.91	25.80	33.45	43.75
	23.0	9.71	12.75	16.68	21.58	27.96	36.49
	34.0	6.57	8.63	11.28	14.62	18.93	24.72
0.413	11.0	21.78	28.45	36.89	47.68	61.61	80.34
	11.5	20.90	27.17	35.32	45.52	58.96	76.81
	12.0	20.01	26.00	33.84	43.65	56.51	73.67
	12.5	19.23	25.02	32.47	41.89	54.25	70.73
	16.4	14.62	19.13	24.72	31.98	41.30	53.86
	17.4	13.64	17.76	23.05	29.82	38.55	50.23
	19.2	12.46	16.28	21.09	27.27	35.32	46.01
	23.0	10.40	13.64	17.66	22.76	29.43	38.36
	34.0	7.06	9.22	11.97	15.41	19.91	26.00
0.453	11.0	23.25	30.21	39.04	50.23	64.84	84.27
	11.5	22.27	28.94	37.28	48.07	62.00	80.64
	12.0	21.29	27.66	35.71	46.01	59.45	77.31
	12.5	20.50	26.59	34.34	44.15	57.00	74.16
	16.4	15.60	20.31	26.19	33.65	43.46	56.51
	17.4	14.62	18.64	24.33	31.39	40.52	52.78
	19.2	13.34	17.27	32.37	28.77	37.08	48.27
	23.0	11.09	14.42	18.64	23.94	30.90	40.32
	34.0	7.55	9.81	12.65	16.28	21.00	27.27
0.491	11.0	24.62	31.88	41.01	52.68	67.79	88.09
	11.5	23.54	30.51	39.24	50.42	64.84	84.27
	12.0	22.56	29.23	37.57	48.27	62.20	80.74
	12.5	21.68	28.06	36.10	46.40	59.67	77.50
	16.4	16.58	21.39	27.57	35.32	45.58	59.06
	17.4	15.40	19.91	25.60	32.96	42.38	55.03
	19.2	14.13	18.25	23.54	30.21	38.36	50.42
	23.0	11.77	15.21	19.52	25.11	32.37	42.08
	34.0	7.95	10.30	13.24	17.07	21.97	28.45

续表 21-69

D_p	μ	β_j ($h_j=3.0m$)					
		15°	20°	25°	30°	35°	40°
0.30	16.4	15.01	20.01	26.39	34.53	45.13	59.35
	17.4	13.93	18.64	24.53	32.08	41.99	55.33
	19.2	12.75	17.07	22.46	29.43	38.55	50.72
	23.0	10.69	14.22	18.84	24.53	32.18	42.18
	34.0	7.26	9.61	12.75	16.67	21.78	28.65
0.373	11.0	25.60	33.75	44.05	57.19	74.46	97.41
	11.5	24.53	32.27	42.18	54.74	71.22	93.20
	12.0	23.45	30.90	40.42	52.48	68.18	89.27
	12.5	22.56	29.72	38.75	50.42	65.53	85.74
	16.4	17.17	22.66	29.72	38.36	49.93	65.33
	17.4	15.99	21.09	27.57	35.81	46.50	60.82
	19.2	14.72	13.33	25.21	32.77	42.67	55.82
	23.0	12.26	16.19	21.09	27.37	35.51	46.50
	34.0	8.24	10.89	14.22	18.54	24.03	31.49
0.413	11.0	27.37	35.90	46.70	60.43	77.39	102.22
	11.5	26.19	34.34	44.64	57.78	74.95	97.81
	12.0	25.11	32.86	42.77	55.43	71.81	93.78
	12.5	24.13	31.59	41.10	53.17	88.96	89.96
	16.4	18.34	24.03	31.29	40.52	52.58	68.57
	17.4	17.17	22.37	29.13	37.77	48.95	63.96
	19.2	15.70	20.60	26.78	34.63	44.83	58.08
	23.0	13.15	17.07	22.27	28.84	37.47	48.85
	34.0	8.80	11.58	15.11	19.52	25.31	33.06
0.453	11.0	29.23	38.06	49.25	63.57	82.21	107.13
	11.5	27.96	36.40	47.19	60.82	78.61	102.51
	12.0	26.78	34.92	45.22	58.27	75.34	98.10
	12.5	25.70	33.45	43.36	56.02	72.40	94.27
	16.4	19.62	25.51	33.06	42.67	55.13	71.91
	17.4	18.25	23.84	30.80	39.73	51.31	67.00
	19.2	16.78	21.78	28.25	36.40	47.09	61.31
	23.0	13.93	18.15	23.54	30.41	39.34	51.21
	34.0	9.42	12.36	15.99	20.60	26.59	34.63
0.491	11.0	30.90	40.12	51.80	66.61	86.94	111.74
	11.5	29.53	38.36	49.54	63.77	82.21	106.93
	12.0	28.35	36.79	47.48	61.12	78.77	102.42
	12.5	27.17	35.32	45.52	58.66	75.64	98.39
	16.4	20.70	26.88	34.73	44.73	57.68	74.95
	17.4	19.33	25.11	32.27	41.59	54.76	69.84
	19.2	17.76	22.96	29.63	38.16	49.25	63.96
	23.0	14.81	19.13	24.72	31.88	41.10	53.37
	34.0	10.00	12.95	16.78	21.58	27.86	36.21

21.7.7 带单卡盘（一个上卡盘）的杆塔倾覆稳定计算

杆塔受力如图 21-37 所示。

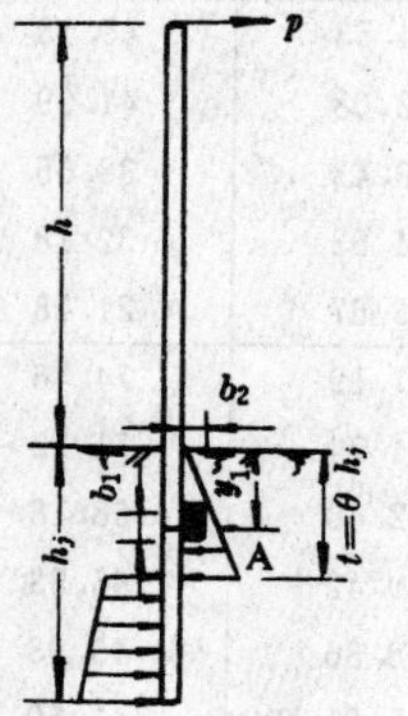

图 21-37 杆塔受力图

(1) 杆塔倾覆稳定条件为

$$M_{j1} = M_j + Ay_1 \geqslant MK \qquad (21\text{-}96)$$

式中 M_{j1} —— 带单卡盘的杆塔极限倾覆力矩，kNm；

M_j —— 不带卡盘的杆塔极限倾覆力矩，kNm。可用式 21-95 计算或从表 21-69 中查得；

A —— 上卡盘的作用力，kN；

y_1 —— 上卡盘埋深，m；

M —— 实际力矩，kNm；$M=ph$，p 为外作用力，kN；h 为合力点高度，m。

A 值按下式计算

$$A = l_1 y_1 (mb_1 + 2\gamma_s b_2 \mathrm{tg}\beta_j) \qquad (21\text{-}97)$$

式中 l_1 —— 上卡盘计算长度，m；$l_1=l_0-D_k$，l_0 为上卡盘全长，m；D_k 为上卡盘处电杆直径，m；

y_1 —— 上卡盘埋深，m；

b_1、b_2 —— 上卡盘高度与宽度。

Ay_1 值亦可从表 21-70 中查得。

表 21-70 单卡盘杆塔的部分极限倾覆力矩 Ay_1（kN·m）

卡盘型号	D_p	β_j (h_j=2.4m)					
		15°	20°	25°	30°	35°	40°
KP8	0.300	2.2	2.6	3.7	3.9	4.8	5.9
	0.373	1.9	2.3	3.3	3.3	4.1	5.1
	0.413	1.7	2.1	2.5	3.0	3.8	4.6
	0.453	1.5	1.9	2.3	2.7	3.3	4.1
	0.491	1.3	1.7	2.0	2.5	2.9	3.6
KP10	0.300	2.9	3.6	4.5	5.5	6.7	8.3
	0.373	2.6	3.2	4.0	4.9	6.0	7.5
	0.413	2.6	3.0	3.7	4.6	5.6	7.0
	0.453	2.4	2.8	3.5	4.3	5.2	6.5
	0.491	2.2	2.6	3.2	4.0	4.9	6.1

续表 21-70

卡盘型号	D_p	β_j (h_j=2.4m)					
		15°	20°	25°	30°	35°	40°
KP12	0.300	3.8	4.7	5.8	7.1	8.6	10.7
	0.373	3.5	4.3	5.3	6.5	7.9	9.8
	0.413	3.3	4.1	5.0	6.2	7.6	9.3
	0.453	3.1	3.9	4.8	5.9	7.2	8.8
	0.491	3.0	3.7	4.5	5.5	6.8	8.4
KP14	0.300	4.7	5.8	7.1	8.6	10.5	13.0
	0.373	4.4	5.4	6.6	8.0	9.8	12.2
	0.413	4.2	5.2	6.3	7.7	9.6	11.7
	0.453	4.0	5.0	6.1	7.4	9.1	11.2
	0.491	3.9	4.8	5.8	7.1	8.7	10.8
KP16	0.300	5.5	6.8	8.3	10.2	12.5	15.4
	0.373	5.2	6.4	7.8	9.6	11.8	14.5
	0.413	5.1	6.2	7.6	9.3	11.4	14.0
	0.453	4.9	6.0	7.4	8.9	11.0	13.6
	0.491	4.7	5.8	7.1	8.6	10.6	13.1
KP18	0.300	6.4	7.8	9.6	11.7	14.4	17.8
	0.373	6.1	7.5	9.1	11.2	13.6	16.9
	0.413	5.9	7.3	8.8	10.8	13.2	16.5
	0.453	5.8	7.1	8.6	10.5	12.9	16.0
	0.491	5.6	6.9	8.3	10.2	12.6	15.5

续表 21-70

卡盘型号	D_p	β_j (h_j=2.6m)					
		15°	20°	25°	30°	35°	40°
KP8	0.300	2.5	2.9	3.6	4.4	5.2	6.7
	0.373	2.1	2.6	3.1	3.7	4.6	5.7
	0.413	1.9	2.3	2.8	3.4	4.2	5.2
	0.453	1.7	2.1	2.5	3.0	3.7	4.6
	0.491	1.5	1.9	2.3	2.7	3.3	4.1
KP10	0.300	3.3	4.1	5.1	6.5	7.6	9.5
	0.373	3.0	3.7	4.5	5.5	6.8	8.4
	0.413	2.8	3.4	4.2	5.2	6.4	7.8
	0.453	2.6	3.2	3.9	4.8	5.9	7.4
	0.491	2.5	3.0	3.6	4.5	5.5	6.9
KP12	0.300	4.3	5.3	6.5	7.9	9.8	12.1
	0.373	4.0	4.9	6.0	7.4	8.9	11.1
	0.413	3.8	4.6	5.7	7.0	8.5	10.5
	0.453	3.6	4.4	5.4	6.6	8.1	10.0
	0.491	3.4	4.2	5.1	6.3	7.7	9.5
KP14	0.300	5.3	6.5	7.9	9.7	12.0	14.7
	0.373	4.9	6.1	7.5	9.2	11.1	13.7
	0.413	4.7	5.9	7.2	8.7	10.7	13.2
	0.453	4.6	5.6	6.9	8.3	10.3	12.7
	0.491	4.4	5.4	6.6	8.0	9.9	12.2
KP16	0.300	6.3	7.7	9.4	11.5	14.1	17.4
	0.373	5.9	7.3	8.8	10.9	13.2	16.4
	0.413	5.7	7.1	8.6	10.5	12.9	15.9
	0.453	5.5	6.8	8.3	10.1	12.5	15.3
	0.491	5.3	6.6	8.0	9.8	12.0	14.8
KP18	0.300	7.3	8.9	10.8	13.2	16.3	20.1
	0.373	6.9	8.4	10.3	12.6	15.4	19.1
	0.413	6.7	8.2	10.0	12.3	15.0	18.6
	0.453	6.5	7.9	9.7	11.9	14.6	18.1
	0.491	6.3	7.7	9.4	11.6	14.1	17.6

续表 21-70

卡盘型号	D_p	β_j ($h_j=2.8m$)					
		15°	20°	25°	30°	35°	40°
KP8	0.300	2.6	3.2	4.0	5.0	6.1	7.6
	0.373	2.3	2.8	3.4	4.2	5.2	6.4
	0.413	2.1	2.6	3.1	3.8	4.7	5.8
	0.453	1.9	2.3	2.8	3.4	4.2	5.2
	0.491	1.7	2.1	2.6	3.0	3.7	4.6
KP10	0.300	3.8	4.6	5.7	7.0	8.5	10.5
	0.373	3.4	4.1	5.1	6.2	7.5	9.4
	0.413	3.0	3.9	4.8	5.8	7.2	8.8
	0.453	2.9	3.6	4.4	5.4	6.7	8.2
	0.491	2.7	3.3	4.1	5.0	6.2	7.7
KP12	0.300	4.9	6.0	7.3	8.9	10.9	13.5
	0.373	4.5	5.5	6.7	8.2	10.0	12.4
	0.413	4.2	5.2	6.4	7.8	9.5	11.8
	0.453	4.0	5.0	6.1	7.5	9.1	11.2
	0.491	3.8	4.7	5.8	7.1	8.6	10.7
KP14	0.300	6.0	7.3	8.9	10.9	12.9	16.5
	0.373	5.5	6.8	8.3	10.2	12.5	15.4
	0.413	5.3	6.6	8.0	9.8	11.8	14.8
	0.453	5.2	6.3	7.7	9.4	11.5	14.2
	0.491	4.9	6.1	7.4	9.0	11.0	13.6
KP16	0.300	7.1	8.6	10.5	12.9	15.8	19.5
	0.373	6.7	8.1	9.9	12.2	14.9	18.4
	0.413	6.4	7.8	9.6	11.8	14.4	17.9
	0.453	6.2	7.7	9.3	11.4	13.9	17.3
	0.491	6.0	7.4	9.0	11.0	13.4	16.7
KP18	0.300	8.1	9.9	12.2	14.8	18.2	22.6
	0.373	7.7	9.8	11.6	14.1	17.4	21.4
	0.413	7.5	9.5	11.3	13.7	16.9	20.8
	0.453	7.3	8.9	10.9	13.3	16.4	20.2
	0.491	7.1	8.7	10.6	12.9	15.9	19.6

续表 21-70

卡盘型号	D_p	β_j ($h_j=3.0m$)					
		15°	20°	25°	30°	35°	40°
KP8	0.300	3.3	4.1	5.0	6.1	7.5	9.2
	0.373	2.8	3.5	4.3	5.2	6.4	7.9
	0.413	2.6	3.1	3.8	4.7	5.8	7.2
	0.453	2.4	2.8	3.4	4.2	5.2	6.5
	0.491	2.1	2.6	3.1	3.7	4.6	5.7
KP10	0.300	4.7	5.7	7.0	8.5	10.5	12.9
	0.373	4.2	4.8	6.3	7.7	9.8	11.6
	0.413	3.9	4.8	5.9	7.2	8.8	10.9
	0.453	3.6	4.5	5.5	6.7	8.2	10.1
	0.491	3.4	4.1	5.1	6.2	7.7	9.4
KP12	0.300	6.0	7.4	9.0	11.0	13.4	16.7
	0.373	5.7	6.8	8.2	10.1	12.4	15.3
	0.413	5.2	6.5	7.8	9.6	11.8	14.6
	0.453	5.0	6.1	7.5	9.1	11.2	13.8
	0.491	4.7	5.8	7.1	8.6	10.6	13.1
KP14	0.300	7.4	9.0	11.0	13.4	16.5	20.4
	0.373	6.9	8.4	10.3	12.6	15.4	19.0
	0.413	6.6	8.0	9.9	12.1	14.8	18.2
	0.453	6.3	7.7	9.4	11.6	14.2	17.6
	0.491	6.1	7.5	9.1	11.1	13.6	16.9
KP16	0.300	8.6	10.6	12.9	15.9	19.4	24.0
	0.373	8.1	10.0	12.3	15.0	18.3	22.8
	0.413	7.9	9.7	11.9	14.5	17.8	22.0
	0.453	7.7	9.4	11.5	14.0	17.2	21.2
	0.491	7.4	9.0	11.1	13.5	16.6	20.5
KP18	0.300	10.0	12.3	15.0	18.3	22.5	27.8
	0.373	9.5	11.7	14.2	17.5	21.4	26.4
	0.413	9.2	11.4	13.8	17.0	20.8	25.9
	0.453	8.9	11.0	13.4	16.5	20.2	24.9
	0.491	8.7	10.7	13.0	16.0	19.6	24.2

(2) 已定上卡盘的高度，宽度与安装位置，但长度未定时，从外作用力计算卡盘需要长度，计算步骤如下：

先计算 A 值，由于卡盘长度 l_1 未定，A 值不能从

式 21-97 求得，应改用下式计算

$$A=\frac{1}{2}mbh_j^2(1-2\theta^2)+pK \qquad (21\text{-}98)$$

式中除 θ 外，其它各值见式 21-95 的参数说明。θ 值按下式计算

$$\theta^2\left(1.33\theta-\frac{2y_1}{h_j}\right)=0.667-\frac{y_1}{h_j}-\frac{2pK(y_1+h)}{mbh_j^3} \qquad (21\text{-}99)$$

亦可从表 21-70 查得 Ay_1 值，从而再计算得 A 值。

A 值求出后，代入式 21-97 求得 l_1，则上卡盘全长 $l_0=l_1+D_k$。

21.7.8 带双卡盘（上、下卡盘各一个）的杆塔倾覆稳定计算

杆塔受力如图 21-38 所示。

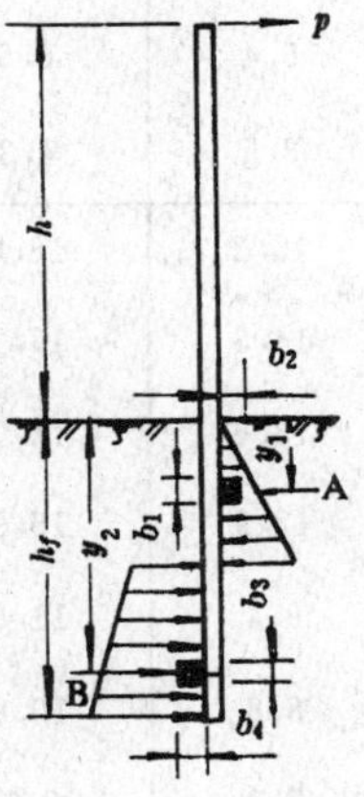

图 21-38 杆塔受力图

(1) 杆塔倾覆稳定条件为

$$M_{j2}=M_j+(By_2-Ay_1)\geqslant MK \quad (21\text{-}100)$$

式中 M_{j2}——带双卡盘的杆塔极限倾覆力矩，kNm；

M_j——不带卡盘的杆塔极限倾覆力矩，kNm，可用式 21-95 计算或从表 21-69 中查得；

A、B——分别为上下卡盘的作用力，kN；

y_1、y_2——分别为上下卡盘埋深，m；

M——实际力矩，kNm；$M=ph$，p 为外作用力，kN；h 为合力点高度，m。

(By_2-Ay_1) 值可以从表 21-71 中查得。

(2) 已定卡盘的高度、宽度与安装位置，但长度未定时，从外作用力计算卡盘需要长度，计算步骤如下

$$A=\frac{(pK-p_{jx})(h+y_2)}{y_2-y_1} \qquad (21\text{-}101)$$

$$B=\frac{(pK-p_{jx})(h+y_1)}{y_2-y_1} \qquad (21\text{-}102)$$

式中 p_{jx}——为杆塔的极限倾覆力，按下式计算

$$p_{jx}=\frac{mbh_j^3}{\mu h} \qquad (21\text{-}103)$$

A、B 值求得后，上卡盘计算长度 l_1，可从式 21-97 求得，下卡盘计算长度 l_2 为

$$l_2=\frac{B}{y_2(mb_3+2\gamma_r b_4\mathrm{tg}\beta_j)} \qquad (21\text{-}104)$$

卡盘全长为计算长度与卡盘处电杆直径之和。

表 21-71 双卡盘杆塔的部分极限倾覆力矩 By_2-Ay_1（kN·m）

上卡盘型号	下卡盘型号	μ	β_j (h_j=2.4m)					
			15°	20°	25°	30°	35°	40°
KP12	KP8	11.0	5.5	6.8	8.3	10.1	12.5	15.4
		11.5	5.2	6.4	7.8	9.6	11.8	14.5
		12.0	5.0	6.1	7.5	9.1	11.2	13.7
		12.5	4.7	5.8	7.1	8.6	10.6	13.1
		16.4	3.4	4.2	5.1	6.3	7.7	9.5
		17.4	3.2	3.9	4.8	5.9	7.2	8.9
		19.2	2.8	3.5	4.3	5.3	6.5	7.9
		23.0	2.4	2.8	3.5	4.3	5.3	6.5
		34.0	1.6	1.9	2.4	2.8	3.5	4.3

续表 21-71

上卡盘型号	下卡盘型号	μ	β_j ($h_j=2.4$m)					
			15°	20°	25°	30°	35°	40°
KP14	KP8	11.0	6.9	8.4	10.4	12.7	15.5	19.2
		11.5	6.6	8.0	9.8	12.0	14.7	18.1
		12.0	6.2	7.7	9.3	11.4	13.9	17.3
		12.5	5.9	7.3	8.8	10.8	13.2	16.3
		16.4	4.3	5.3	6.5	7.8	9.6	11.9
		17.4	4.0	4.9	6.0	7.4	9.0	11.2
		19.2	3.6	4.4	5.4	6.6	8.0	10.0
		23.0	2.9	3.6	4.9	5.4	6.6	8.1
		34.0	2.0	2.4	2.9	3.5	4.3	5.5
KP16	KP8	11.0	8.2	10.2	12.5	15.2	18.6	23.1
		11.5	7.7	9.6	11.8	14.3	17.7	21.8
		12.0	7.5	9.1	11.2	13.6	16.7	20.7
		12.5	7.1	8.7	10.6	12.9	15.9	19.6
		16.4	5.1	6.3	7.7	9.4	11.6	14.3
		17.4	4.8	5.9	7.3	8.8	10.8	13.3
		19.2	4.3	5.3	6.5	7.8	9.7	12.0
		23.0	3.5	4.3	5.3	6.4	7.8	9.7
		34.0	2.4	2.8	3.5	4.3	5.2	6.5
KP18	KP10	11.0	9.7	11.9	14.5	17.8	21.7	26.9
		11.5	9.1	11.2	13.7	16.8	20.5	25.4
		12.0	8.6	10.7	13.0	15.9	19.5	24.1
		12.5	8.2	10.1	12.4	15.1	18.5	23.0
	KP8	16.4	6.0	7.4	9.0	11.0	13.4	16.7
		17.4	5.6	6.9	8.4	10.3	12.6	15.6
		19.2	5.0	6.2	7.6	9.2	11.3	13.9
		23.0	4.1	5.0	6.1	7.1	9.2	11.4
		34.0	2.7	3.3	4.1	5.0	6.1	7.6

续表 21-71

上卡盘型号	下卡盘型号	μ	β_j (h_j=2.6m)					
			15°	20°	25°	30°	35°	40°
KP12	KP8	11.0	6.6	8.0	9.8	12.0	14.7	18.1
		11.5	6.2	7.6	9.3	11.4	13.9	17.2
		12.0	5.9	7.2	8.8	10.8	13.1	16.3
		12.5	5.6	6.9	8.3	10.2	12.6	15.5
		16.4	4.0	5.0	6.1	7.5	9.1	11.3
		17.4	3.8	4.6	5.7	7.0	8.5	10.5
		19.2	3.4	4.1	5.1	6.2	7.7	9.6
		23.0	2.7	3.3	4.1	5.0	6.2	7.7
		34.0	1.9	2.0	2.7	3.3	4.1	5.1
KP14	KP8	11.0	8.1	10.0	12.2	15.0	18.3	22.8
		11.5	7.7	9.5	11.6	14.2	17.4	21.5
		12.0	7.4	9.0	11.0	13.4	16.5	20.4
		12.5	7.0	8.5	10.5	12.8	15.7	18.4
		16.4	5.1	6.2	7.7	9.3	11.4	14.1
		17.4	4.7	5.8	7.1	8.6	10.6	13.1
		19.2	4.2	5.2	6.4	7.7	9.5	11.8
		23.0	3.4	4.1	5.2	6.3	7.6	9.5
		34.0	2.3	2.8	3.4	4.2	5.1	6.4
KP16	KP8	11.0	9.8	12.1	14.7	18.0	22.1	27.3
		11.5	9.3	11.4	13.9	17.0	20.9	25.8
		12.0	8.8	10.8	13.2	16.1	19.9	24.4
		12.5	8.3	10.3	12.6	15.3	18.8	23.2
		16.4	6.1	7.5	9.1	11.2	13.6	16.9
		17.4	5.7	7.0	8.5	10.4	12.8	15.8
		19.2	5.1	6.3	7.7	9.3	11.5	14.1
		23.0	4.1	5.0	6.2	7.5	9.1	11.1
		34.0	2.7	3.3	4.1	5.0	6.2	7.7
KP18	KP10	11.0	11.5	14.0	17.2	21.0	25.7	31.9
		11.5	10.8	13.3	16.3	19.8	24.2	30.1
		12.0	10.3	12.7	15.4	18.8	23.1	28.5
		12.5	9.7	12.0	14.6	17.9	22.0	27.2
	KP8	16.4	7.1	8.7	10.7	12.9	15.9	19.7
		17.4	6.7	8.1	9.9	12.2	14.9	18.4
		19.2	5.9	7.3	8.9	10.9	13.3	16.5
		23.0	4.8	5.9	7.2	8.7	10.9	13.3
		34.0	2.9	3.9	4.8	5.9	7.2	8.9

续表 21-71

上卡盘型号	下卡盘型号	μ	β_j (h_j=2.8m)					
			15°	20°	25°	30°	35°	40°
KP12	KP8	11.0	7.7	9.4	11.5	14.0	17.2	21.3
		11.5	7.3	8.9	10.9	13.2	16.3	20.1
		12.0	6.8	8.4	10.3	12.6	15.4	19.0
		12.5	6.5	8.0	9.8	12.0	14.6	18.1
		16.4	4.7	5.8	7.1	8.6	10.6	13.1
		17.4	4.4	5.4	6.7	8.1	9.9	12.3
		19.2	3.9	4.9	6.0	7.3	8.9	11.0
		23.0	3.2	3.9	4.8	5.8	7.2	8.8
		34.0	2.2	2.6	3.2	3.9	4.8	5.9
KP14	KP8	11.0	9.5	11.8	14.3	17.6	21.5	26.6
		11.5	9.0	11.1	13.5	16.6	20.3	25.1
		12.0	8.5	10.5	12.9	15.7	19.2	23.8
		12.5	8.1	10.0	12.3	14.9	18.3	22.7
		16.4	5.9	7.3	8.8	10.8	13.2	16.4
		17.4	5.5	6.8	8.3	10.1	12.4	15.3
		19.2	4.9	6.1	7.5	9.0	11.1	13.7
		23.0	4.0	4.9	6.0	7.4	9.0	11.1
		34.0	2.6	3.2	4.0	4.9	6.0	7.4
KP16	KP8	11.0	11.5	14.1	17.3	21.0	25.8	31.9
		11.5	10.8	13.3	16.3	19.9	24.3	30.1
		12.0	10.3	12.7	15.4	18.8	23.1	28.5
		12.5	9.8	12.0	14.7	18.0	22.0	27.2
		16.4	7.1	8.7	10.7	12.9	15.9	19.7
		17.4	6.7	8.1	9.9	12.2	14.9	18.4
		19.2	5.9	7.3	8.9	10.9	13.3	16.5
		23.0	4.7	5.8	7.2	8.7	10.7	13.1
		34.0	3.2	3.9	4.8	5.8	7.2	8.9
KP18	KP10	11.0	13.3	16.5	20.1	24.5	30.1	37.2
		11.5	12.7	15.5	19.0	23.2	28.4	35.1
		12.0	12.0	14.7	18.1	22.0	27.0	33.4
		12.5	11.4	14.0	17.2	20.9	25.6	31.7
	KP8	16.4	8.2	10.2	12.5	15.2	18.5	23.0
		17.4	7.7	9.5	11.6	14.1	17.4	21.5
		19.2	7.0	8.5	10.4	12.7	15.6	19.2
		23.0	5.5	6.8	8.2	10.1	12.5	15.3
		34.0	3.7	4.6	5.6	6.9	8.3	10.3

续表 21-71

上卡盘型号	下卡盘型号	μ	β_j (h_j=3.0m)					
			15°	20°	25°	30°	35°	40°
KP12	KP8	11.0	8.8	10.9	13.2	16.2	19.8	24.6
		11.5	8.3	10.3	12.6	15.3	18.7	23.2
		12.0	7.9	9.7	11.9	14.5	17.8	22.0
		12.5	7.6	9.2	11.3	13.8	16.9	20.9
		16.4	5.5	6.7	8.1	10.0	12.3	15.2
		17.4	5.1	6.3	7.7	9.6	11.5	14.1
		19.2	4.5	5.6	6.9	8.3	10.2	12.7
		23.0	3.6	4.8	6.5	6.8	8.2	10.2
		34.0	2.5	3.0	3.7	4.5	5.5	6.9
KP14	KP8	11.0	11.1	13.5	16.6	20.2	24.8	30.7
		11.5	10.4	12.9	15.7	19.1	23.4	29.0
		12.0	9.9	12.2	14.8	18.1	22.3	27.5
		12.5	8.8	11.6	14.1	17.3	21.1	26.2
		16.4	6.8	8.3	10.2	12.5	15.3	18.9
		17.4	6.4	7.8	9.6	11.7	14.3	17.8
		19.2	5.7	7.0	8.5	10.5	12.8	15.9
		23.0	4.6	5.7	7.0	8.5	10.4	12.9
		34.0	3.0	3.7	4.6	5.6	6.9	8.5
KP16	KP8	11.0	13.2	16.3	19.9	24.3	29.8	36.9
		11.5	12.6	15.4	18.8	23.0	28.2	34.8
		12.0	11.9	14.6	17.9	21.8	26.7	33.0
		12.5	11.3	13.8	17.0	20.7	25.4	31.4
		16.4	8.1	10.0	12.3	15.0	18.3	22.8
		17.4	7.7	9.4	11.5	14.0	17.2	21.3
		19.2	6.9	8.4	10.3	12.6	15.4	19.0
		23.0	5.6	6.8	8.3	10.2	12.5	15.3
		34.0	3.7	4.5	5.5	6.8	8.2	10.2
KP18	KP10	11.0	15.5	19.0	23.2	28.4	34.7	43.0
		11.5	14.6	18.0	22.0	26.8	32.9	40.6
		12.0	13.8	17.0	20.8	25.4	31.1	38.6
		12.5	13.1	16.2	19.8	24.1	29.6	36.6
	KP8	16.4	9.5	11.7	14.3	17.5	21.5	26.5
		17.4	8.9	11.0	13.3	16.4	19.7	24.8
		19.2	7.9	9.8	12.0	13.7	18.0	22.2
		23.0	6.5	7.9	9.7	11.9	14.6	13.1
		34.0	4.3	5.3	6.5	7.8	9.6	12.0

21.7.9 带三卡盘（两个上卡盘，一个下卡盘）的杆塔倾覆稳定计算

杆塔倾覆稳定条件与双卡盘的杆塔同，仅将式 21-100 中之 A 以 A_1 代替，代替后的（$By_2-A_1y_1$）值应查表 21-72。

表 21-69 至表 21-72 为选择卡盘用的杆塔极限倾覆力矩表。使用这些表时应注意以下几点：

(1) 表 21-69 系按亚粘土、亚砂土的地质条件制作。当用于粘土时，表中的数值应乘以 1.08 校正系数；

当用于砂土，大块碎石时，则应乘以 0.85。

（2）表 21-69 至表 21-72 系按土壤容重 10.8kN/m³ 制作，对一般土壤容重，应将表中值乘以 $\gamma_r/10.8$ 校正系数，γ_r 为实际土壤容重。

这些表中卡盘型号中的数字表示长度，例如 KP8 为长 800mm，又如 KP16 为长 1600mm。卡盘的高度均为 300mm。卡盘的宽度 KP8～KP14 为 200mm，KP16～KP18 为 220mm。

表 21-72　三卡盘杆塔的部分极限倾覆力矩 $By_2-A_1y_1$（kN·m）

上卡盘型号	下卡盘型号	μ	β_j (h_j=2.4m) 15°	20°	25°	30°	35°	40°
两个 KP10	KP8	11.0	8.24	10.20	12.46	15.21	18.64	23.05
		11.5	7.75	9.61	11.77	14.32	17.66	21.78
		12.0	7.46	9.12	11.18	13.64	16.68	20.70
		12.5	7.06	8.73	10.59	12.95	15.89	19.62
		16.4	5.10	6.28	7.75	9.42	11.58	14.32
		17.4	4.81	5.89	7.26	8.83	10.79	13.34
		19.2	4.32	5.30	6.47	7.85	9.71	11.97
		23.0	3.53	4.32	5.30	6.38	7.85	9.71
		34.0	2.35	2.84	3.53	4.32	5.20	6.47
两个 KP12	KP10	11.0	11.09	13.54	16.58	20.31	24.82	30.71
		11.5	10.40	12.85	15.60	19.13	23.45	29.04
		12.0	9.91	12.16	14.91	18.15	22.27	27.57
		12.5	9.42	11.58	14.13	17.27	21.19	26.19
		16.4	6.87	8.44	10.30	12.56	15.40	19.03
	KP8	17.4	6.38	7.85	9.61	11.77	14.42	17.85
		19.2	5.79	7.06	8.63	10.50	12.95	15.99
		23.0	4.71	5.69	7.06	8.63	10.50	13.05
		34.0	3.14	3.83	4.71	5.69	6.97	8.63
两个 KP14	KP12	11.0	13.83	16.97	20.70	25.31	31.00	38.36
		11.5	13.05	15.99	19.62	23.94	29.33	36.30
	KP10	12.0	12.36	15.21	18.64	22.76	27.86	34.43
		12.5	11.77	14.52	17.66	21.58	26.49	32.77
		16.4	8.53	10.50	12.85	15.70	19.23	23.84
		17.4	8.04	9.81	12.07	14.72	18.05	22.27
		19.2	7.16	8.83	10.79	13.15	16.09	19.91
		23.0	5.89	7.16	8.83	10.69	13.15	16.28
	KP8	34.0	3.92	4.81	5.79	7.16	8.73	10.79
两个 KP16	KP12	11.0	16.58	20.31	24.92	30.41	37.28	46.11
		11.5	15.70	19.23	23.54	28.74	35.22	43.56
		12.0	14.81	18.25	22.37	27.27	33.45	41.30
		12.5	14.13	17.36	21.19	25.90	31.78	39.34
	KP10	16.4	10.30	12.65	15.40	18.84	23.15	28.55
		17.4	9.61	11.77	14.42	17.66	21.58	26.68
		19.2	8.63	10.59	12.95	15.79	19.33	23.94
		23.0	7.06	8.53	10.50	12.7	15.70	19.42
		34.0	4.61	5.69	6.97	8.53	10.50	12.95
两个 KP18	KP14	11.0	19.33	23.74	29.04	35.41	43.46	53.76
		11.5	18.25	21.58	27.47	33.55	41.10	50.82
		12.0	17.36	21.29	26.00	31.78	38.95	48.27
		12.5	16.48	20.31	24.82	30.21	37.08	45.91
	KP12	16.4	11.97	14.72	18.05	21.97	26.98	33.35
		17.4	11.18	13.73	16.87	20.60	25.21	31.20
		19.2	10.01	12.36	15.11	18.44	22.56	27.96
	KP10	23.0	8.24	10.01	12.26	14.13	18.34	22.76
		34.0	5.40	6.67	8.14	10.01	12.16	15.11

续表 21-72

上卡盘型号	下卡盘型号	μ	β_j ($h_j=2.6m$)					
			15°	20°	25°	30°	35°	40°
两个 KP10	KP8	11.0	9.81	12.07	14.72	17.95	22.07	27.27
		11.5	9.32	11.38	13.93	16.97	20.90	25.80
		12.0	8.83	10.79	13.24	16.09	19.82	24.43
		12.5	8.34	10.30	12.56	15.30	18.84	23.25
		16.4	6.08	7.46	9.12	11.18	13.64	16.87
		17.4	5.69	6.97	8.53	10.40	12.75	15.79
		19.2	5.10	6.28	7.65	9.32	11.48	14.13
		23.0	4.12	5.00	6.18	7.46	9.12	11.28
		34.0	2.75	3.34	4.12	5.00	6.18	7.65
两个 KP12	KP10	11.0	13.05	16.09	19.62	24.03	29.43	36.40
		11.5	12.36	15.21	18.50	22.66	27.76	34.43
		12.0	11.77	14.42	17.66	21.48	26.39	32.67
		12.5	11.18	13.73	16.78	20.50	25.11	31.00
		16.4	8.14	9.91	12.16	14.81	18.25	22.56
	KP8	17.4	7.55	9.32	11.38	13.93	16.97	21.09
		19.2	6.77	8.34	10.20	12.46	15.21	18.84
		23.0	5.49	6.67	8.24	10.01	12.36	15.30
		34.0	3.63	4.51	5.49	6.67	8.24	10.20
两个 KP14	KP12	11.0	16.38	20.11	24.53	30.02	36.79	45.52
		11.5	15.50	19.03	23.25	28.35	34.73	42.97
	KP10	12.0	14.62	18.05	21.97	26.88	32.96	40.81
		12.5	13.93	17.17	20.90	25.60	31.29	38.85
		16.4	10.10	12.46	15.21	18.54	21.58	28.15
		17.4	9.42	11.67	14.22	17.36	21.29	26.29
		19.2	8.44	10.40	12.75	15.50	19.03	23.54
		23.0	6.87	8.34	10.50	12.46	15.30	18.64
	KP8	34.0	4.61	5.59	6.87	8.44	10.30	12.75
两个 KP16	KP12	11.0	19.62	24.13	29.43	36.00	44.15	54.54
		11.5	18.54	22.76	27.86	34.04	41.69	51.60
		12.0	17.56	21.58	26.39	32.27	39.53	48.95
		12.5	16.68	20.50	25.11	30.71	37.57	46.50
	KP10	16.4	12.16	14.91	18.25	22.27	27.27	33.75
		17.4	11.38	13.93	17.07	20.80	25.51	31.59
		19.2	10.20	12.46	15.30	18.64	22.86	28.25
		23.0	8.14	9.91	12.26	14.91	18.25	22.56
		34.0	5.49	6.77	8.24	10.10	12.36	15.30
两个 KP18	KP14	11.0	22.86	28.15	34.43	41.99	51.60	63.67
		11.5	21.68	26.59	32.47	39.73	48.66	60.23
		12.0	20.50	25.21	30.80	37.67	46.11	57.09
		12.5	19.52	23.94	29.33	35.81	43.85	54.25
	KP12	16.4	14.13	17.36	21.29	26.00	31.88	39.44
		17.4	13.24	16.28	19.91	24.33	29.82	36.89
		19.2	11.87	14.62	17.85	21.78	26.68	23.16
	KP10	23.0	8.73	11.77	14.32	17.46	21.78	26.68
		34.0	6.38	7.85	9.61	11.77	14.42	17.85

续表 21-72

上卡盘型号	下卡盘型号	μ	β_j (h_j=2.8m)					
			15°	20°	25°	30°	35°	40°
两个 KP10	KP8	11.0	11.48	14.13	17.27	20.99	25.80	31.88
		11.5	10.79	13.34	16.28	19.91	24.33	30.12
		12.0	10.30	12.65	15.40	18.84	23.05	28.55
		12.5	9.81	11.97	14.72	17.95	21.97	27.17
		16.4	7.06	8.73	10.69	12.95	15.89	19.72
		17.4	6.67	8.14	9.91	12.16	14.91	18.44
		19.2	5.89	7.26	8.93	10.89	13.34	16.48
		23.0	4.71	5.79	7.16	8.73	10.69	13.15
		34.0	3.24	3.92	4.81	5.79	7.16	8.93
两个 KP12	KP10	11.0	15.30	18.74	22.96	28.06	34.33	42.58
		11.5	14.42	17.78	21.68	26.49	32.47	40.22
		12.0	13.73	16.87	20.60	25.11	30.80	38.06
		12.5	13.05	15.99	19.52	23.94	29.23	36.20
		16.4	9.42	11.58	14.22	17.36	21.19	26.29
	KP8	17.4	8.83	10.89	13.24	16.19	19.82	24.53
		19.2	7.95	9.71	11.87	15.21	17.76	21.97
		23.0	6.38	7.85	9.52	11.67	14.03	17.66
		34.0	4.22	5.20	6.38	7.85	9.61	11.87
两个 KP14	KP12	11.0	19.13	23.45	28.74	35.02	42.97	51.40
		11.5	18.05	22.17	26.59	33.16	40.61	50.23
	KP10	12.0	17.17	20.99	25.70	31.39	38.46	47.68
		12.5	16.28	20.01	24.43	29.82	36.59	45.32
		16.4	11.77	14.52	17.76	21.68	26.59	32.86
		17.4	11.09	13.54	16.58	20.21	24.82	30.71
		19.2	9.91	12.16	14.81	18.15	22.17	27.47
		23.0	7.95	9.81	11.97	14.72	18.05	22.17
	KP8	34.0	5.30	6.57	8.07	9.81	11.97	14.81
两个 KP16	KP12	11.0	22.96	28.15	34.43	42.08	51.60	63.77
		11.5	21.68	27.57	32.57	39.73	48.76	60.23
		12.0	20.50	24.72	30.90	37.67	46.21	57.19
		12.5	19.52	24.03	29.33	35.81	43.95	54.35
	KP10	16.4	14.13	17.36	21.29	26.00	31.88	39.44
		17.4	13.24	16.28	19.91	24.33	29.82	36.89
		19.2	11.87	14.52	17.85	21.78	26.88	32.96
		23.0	9.42	11.58	14.22	17.46	21.39	26.29
		34.0	6.38	7.85	9.61	11.77	14.42	17.76
两个 KP18	KP14	11.0	26.78	32.86	40.22	49.05	60.14	74.46
		11.5	25.31	31.10	37.96	46.40	56.80	70.53
		12.0	23.94	29.43	36.00	43.95	53.86	66.71
		12.5	22.76	27.96	34.24	41.79	51.21	63.37
	KP12	16.4	16.48	20.31	24.82	30.31	37.18	46.01
		17.4	15.40	19.03	23.25	28.35	34.73	42.97
		19.2	13.83	16.97	20.80	25.41	31.10	38.46
	KP10	23.0	11.09	13.44	16.38	20.21	24.92	30.61
		34.0	7.46	9.12	11.18	13.44	16.78	20.70

续表 21-72

上卡盘型号	下卡盘型号	μ	β_j ($h_j=3.0$m)					
			15°	20°	25°	30°	35°	40°
两个 KP10	KP8	11.0	13.24	16.28	19.91	24.33	29.82	36.89
		11.5	12.56	15.40	18.84	22.96	28.15	34.83
		12.0	11.87	14.62	17.85	21.78	26.68	33.06
		12.5	11.28	13.83	16.97	20.70	25.41	31.39
		16.4	8.14	10.01	12.26	15.01	18.34	22.76
		17.4	7.65	9.42	11.48	14.03	17.17	21.29
		19.2	6.87	8.44	10.30	12.56	15.40	19.03
		23.0	5.59	6.77	8.34	10.20	12.46	15.30
		34.0	3.73	4.51	5.49	6.77	8.24	10.20
两个 KP12	KP10	11.0	17.66	21.68	26.59	32.37	39.73	49.15
		11.5	16.68	20.50	25.11	30.61	37.57	46.40
		12.0	15.79	19.42	23.74	29.04	35.61	44.05
		12.5	15.01	18.44	22.56	27.57	33.84	41.89
		16.4	10.89	13.44	16.38	20.01	24.53	30.31
	KP8	17.4	10.20	12.56	15.30	18.64	22.86	28.35
		19.2	9.12	11.18	13.73	16.68	20.50	25.31
		23.0	7.36	9.52	10.99	13.44	16.48	20.40
		34.0	4.91	6.08	7.36	9.03	11.09	13.64
两个 KP14	KP12	11.0	22.07	27.17	33.16	40.52	49.64	61.41
		11.5	20.90	25.60	31.39	38.26	46.89	58.08
	KP10	12.0	19.82	24.33	29.72	35.32	44.44	55
		12.5	18.84	23.05	28.25	24.33	40.42	47.68
		16.4	13.64	16.78	20.50	25.02	30.61	37.87
		17.4	12.75	15.60	19.13	23.35	28.65	35.41
		19.2	11.38	14.03	17.07	20.90	25.60	31.69
		23.0	9.22	11.38	13.83	16.97	20.70	25.70
	KP8	34.0	6.28	7.55	9.22	11.28	13.83	17.07
两个 KP16	KP12	11.0	26.49	32.57	39.83	48.56	59.55	73.67
		11.5	25.02	30.80	37.57	45.91	56.31	69.65
		12.0	23.74	29.14	35.61	43.56	53.37	66.02
		12.5	22.56	27.76	33.94	41.40	50.72	62.78
	KP10	16.4	16.38	20.11	24.53	30.02	36.79	45.52
		17.4	15.30	18.74	22.96	28.06	34.34	42.48
		19.2	13.64	16.78	20.50	25.11	30.71	38.06
		23.0	11.09	13.44	16.58	20.40	24.82	30.61
		34.0	7.36	9.03	11.09	13.54	16.58	20.50
两个 KP18	KP14	11.0	30.90	37.96	46.40	56.70	69.55	86.03
		11.5	29.23	35.90	43.85	53.56	65.63	81.22
		12.0	27.66	34.04	41.59	50.82	62.29	77.01
		12.5	26.29	32.37	39.53	48.27	59.15	73.18
	KP12	16.4	19.03	23.45	28.65	35.02	42.87	53.07
		17.4	17.85	21.88	26.78	32.67	40.02	49.54
		19.2	15.99	19.62	23.94	29.23	35.90	44.34
	KP10	23.0	12.95	15.79	19.42	23.74	29.23	36.10
		34.0	8.63	10.59	12.95	15.79	19.33	23.94

21.7.10 基础计算实例

(1) 无卡盘杆塔倾覆计算。

稳定条件

$$M_j \geqslant MK$$

已知：某型直线杆塔，梢径 $d=230$mm，18m，埋深 $h_j=2.8$m，$M=80$kNm，$h=12.2$m。

地质条件：粘土，硬塑，$\beta_j=35°$，$\gamma_r=17\text{kN/m}^3$。

计算：$\frac{h}{h_j}=\frac{12.2}{2.8}=4.36$；从表 21-68 查得：$\mu=12.0$，又从表 21-65 查得，并乘粘土系数和容重系数。

$D_p=0.453$m，取 $K=1.5$

故 $MK=80\times1.5=120\text{kN}\cdot\text{m}$

从表 21-69 查表并算得 $M_j=59.45\times1.08\times\frac{17}{10.8}=101\text{kN}\cdot\text{m}$

结果：$M_j<MK$ 需加大埋深或加卡盘。

加大埋深至 $h_j=3.0$m

同上查表亦算得 $M_j=75.34\times1.08\times\frac{17}{10.8}=128\text{kN}\cdot\text{m}>120\text{kN}\cdot\text{m}$

由上计算可知，当埋深不足时，增加埋深可满足要求。但在土质松软，地下水位较高的地方，埋深过大会使施工困难，经济上也不合理。此时，应加卡盘。

(2) 单卡盘杆塔倾覆计算。

稳定条件 $M_{j1}=M_j+Ay_1\geqslant MK$

已知：某型直线杆塔，梢径 $d=190$mm，15m，埋深 $h_j=2.6$m，$M=54.7\text{kN}\cdot\text{m}$，$h=10.2$m；

地质条件：亚粘土，硬塑，$\beta_j=35°$，$\gamma_r=17\text{kN/m}^3$。

计算：$\frac{h}{h_j}=\frac{10.2}{2.6}=3.92$，从表 21-68 中，确定 $\mu=12.0$，又从表 21-65 中查得 $D_p=0.373$m，查得 $K=1.5$。

故：$MK=54.7\times1.5=82\text{kN}\cdot\text{m}$

从表 21-69 查得无卡盘电杆的极限倾覆力矩，并乘以容重系数，得 $M_j=41.39\times\frac{17}{10.8}=65.2\text{kN}\cdot\text{m}$，因 $M_j<MK$ 需加卡盘。

试选 KP16，从表 21-70，查得 $Ay_1=13.2\times\frac{17}{10.8}=20.8\text{kN}\cdot\text{m}$

故 $M_{j1}=M_j+Ay_1=65.2+20.8=86\text{kN}\cdot\text{m}$

结果 $M_{j1}>MK$，选定 KP16 型卡盘 1 个。

(3) 双卡盘杆塔倾覆计算：

稳定条件：$M_{j2}=M_j+(By_2-Ay_1)\geqslant MK$

已知：同 (1) 例无卡盘杆，但 $M=69\text{kN}\cdot\text{m}$。

地质条件：粘土，可塑 $\beta_j=30°$，$\gamma_r=16\text{kN/m}^3$。

计算：无卡盘杆塔倾覆计算得 $MK=69\times1.5=104\text{kN}\cdot\text{m}$

$M_j=46.1\times1.08\times\frac{16}{10.8}=73.8\text{kN}\cdot\text{m}$

考虑加单卡盘，试选 KP18，从表 21-70 中查得 $Ay_1=13.3\times\frac{16}{10.8}=19.7\text{kN}\cdot\text{m}$

故 $M_{j1}=M_j+Ay_1=73.8+19.7=93.5\text{kN}\cdot\text{m}$

因 $M_{j1}<MK$，单卡盘 KP18 不够，无更大的卡盘，故需改为加双卡盘。

试选 KP18 为上卡盘，KP10 为下卡盘，从表 21-71 查得

$$By_2-Ay_1=22\times\frac{16}{10.8}=32.5\text{kN}\cdot\text{m}$$

$$M_{j2}=M_j+(By_2-Ay_1)=73.8+32.5=106.3\text{kN}\cdot\text{m}$$

结果：$M_{j2}>MK$，选定 KP18 为上卡盘，KP10 为下卡盘。

(4) 三卡盘杆塔倾覆计算。

稳定条件：$M_{j3}=M_j+(By_2-A_1y_1)\geqslant MK$

已知：某型直线杆塔，梢径 $d=230$mm，18m，埋深 $h_j=2.8$m，$M=82\text{kN}\cdot\text{m}$，$h=12.2$m。

地质条件：亚粘土，可塑，$\beta_j=30°$，$\gamma_r=16\text{kN/m}^3$。

计算：$\frac{h}{h_j}=\frac{12.2}{2.8}=4.36$，从表 21-68，查得 $\mu=12.0$，又从表 21-65 查得 $D_p=0.453$m，取 $K=1.5$

故 $MK=82\times1.5=123\text{kN}\cdot\text{m}$

从表 21-69 查得 $M_j=46\times\frac{16}{10.8}=68\text{kN}\cdot\text{m}$

经计算，双卡盘尚不能达到稳定，计算从略，应采用三卡盘。

试选 2 个 KP18 为上卡盘，1 个 KP14 为下卡盘，从表 21-72 查得

$$By_2-A_1y_1=44\times\frac{16}{10.8}=65\text{kN}\cdot\text{m}$$

故 $M_{j3}=M_j+(By_2-A_1y_1)=68+65=133\text{kN}\cdot\text{m}$

结果 $M_{j3}>MK$，选定 2 个 KP18 为上卡盘，1 个 KP14 为下卡盘。

21.7.11 拉线盘

拉线盘受力如图 21-39 所示。

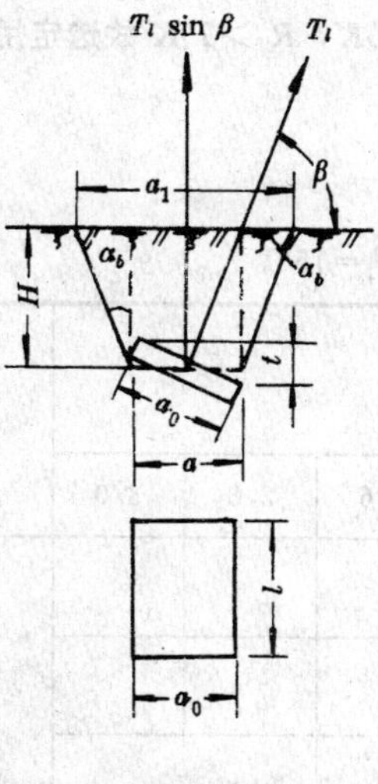

图 21-39 拉线盘受力图

拉线盘可产生垂直方向抗力（或称垂直抗拨力）R_1，与水平方向抗力 R_2，根据此两种抗力，可分别计算出拉线方向的极限抗力 R_{j1} 及 R_{j2}。

拉线盘的稳定条件为

$$R_{j1} \geqslant T_l K \qquad (21\text{-}105)$$

$$R_{j2} \geqslant T_l K \qquad (21\text{-}106)$$

式中 R_{j1} ——受垂直方向抗力控制的，拉线方向的极限抗力，kN；

R_{j2}——受水平方向抗力控制的，拉线方向的极限抗力，kN；

K——基础稳定安全系数。

（1）垂直与水平方向抗力 R_1 与 R_2。

1）垂直方向抗力 R_1（或称上拨抵抗力）。当拉线盘平均埋深不超过拉线盘宽度的 3 倍时，按下式计算

$$R_1 = G + Q \qquad (21\text{-}107)$$

式中 G——拉线盘自重，kN；

Q——拉线盘以上土壤锥体的重量，kN。

Q 值按下式计算

$$Q = \frac{H}{6}\left[(2a + a_1)l + (2a_1 + a)l_1\right]\gamma_r \qquad (21\text{-}108)$$

$$a = a_0 \sin\alpha_b \qquad (21\text{-}109)$$

$$a_1 = a + 2H\text{tg}\alpha_b \qquad (21\text{-}110)$$

$$l_1 = l + 2H\text{tg}\alpha_b \qquad (21\text{-}111)$$

式中 H——拉线盘平均埋深，m；

a_0、l——拉线盘宽度和长度，m；

α_b——土壤计算上拨角；

γ_r——土壤计算容重，kN/m^3。

当拉线盘平均埋深超过拉线盘宽度的 3 倍时，应按实际试验情况确定。

2）水平方向抗力 R_2。按下式计算

$$R_2 = \gamma_r H t l \text{tg}^2\left(45° + \frac{\beta_j}{2}\right) + T_l \sin\beta \text{tg}\beta_j \qquad (21\text{-}112)$$

$$t = a_0 \cos\beta \qquad (21\text{-}113)$$

式中 β ——拉线角；

β_j——土壤计算倾覆抗剪角；

T_l——拉线实际拉力，kN；

γ_r、H、a_0、l——同式 21-108 至式 21-111 中参数说明。

（2）拉线方向的极限抗力 R_{j1} 与 R_{j2}。

1）受垂直方向抗力 R_1 控制的拉线方向极限抗力 R_{j1}，按下式计算

$$R_{j1} = \frac{R_1}{\sin\beta} \qquad (21\text{-}114)$$

式中 R_1——垂直方向抗力，kN，由式 21-107 求得。

2）受水平方向抗力 R_2 控制的拉线方向极限抗力 R_{j2}，按下式计算

$$R_{j2} = \frac{R_2}{\cos\beta} \qquad (21\text{-}115)$$

式中 R_2——水平方向抗力，kN。

将式 21-112 代入式 21-115 得

$$R_{j2} = \frac{\gamma_r H t l \text{tg}^2\left(45° + \frac{\beta_j}{2}\right)}{\cos\beta} + T_l \text{tg}\beta \text{tg}\beta_j \qquad (21\text{-}116)$$

（3）拉线盘选用表使用说明及使用举例。

1）拉线盘选用表。表 21-73 至表 21-78 为拉线盘选用表，表中各种拉线盘型号中的数字表示长度，宽度为长度的 1/2，而厚度均为 180mm。如 LP6，长×宽×厚＝600×300×180mm。

2）表 21-73 至表 21-78 的使用说明。表中土壤容重系综合选取之值，当实际值与之不同时，一般不必换算，如果要换算则 R_{j1} 和 R_{j2} 的常数项乘以 $\frac{\gamma_r\text{（实际值）}}{\gamma_r\text{（表列值）}}$ 的系数。

3）拉线盘选用表的使用举例。已知：JM11 型耐张杆塔

地质条件：$\alpha_b = 15°$，$\beta_j = 25°$，$\gamma_r = 15kN/m^3$；

拉线受力：正常时 $T_l = 55kN$；事故时 $T_l = 54kN$；$\beta = 45°$

选用：$K = 1.8$

正常控制：$T_lK=55\times1.8=99\text{kN}$

试选 LP14 拉线盘，平均埋深 $H=2.2\text{m}$

查表 21-75 得 $R_{j1}=117\times\frac{15}{16}=110\text{kN}$

$$R_{j2}=83\times\frac{15}{16}+0.5\times55=105\text{kN}$$

因 $R_{j1}>T_lK$，$R_{j2}>T_lK$ 故选定用 LP14 拉线盘。

表 21-73　拉线盘选用表（一）

拉线盘极限抗力（$\alpha_b=10°$，$\beta_j=15°$）

拉线对地夹角 β	型号	方向	H (m) ($\gamma_r=10.8\text{kN/m}^3$)								备注
			1.6	1.8	2.0	2.2	2.4	2.6	2.8	3.0	
45°	LP6	R_{j1}	11.8								R_{j2}=表中所列数值 $R'_{j2}+0.3T_l$
		R'_{j2}	4.9								
	LP8	R_{j1}	17.7	21.6	25.5						
		R'_{j2}	5.9	10.8	11.8						
	LP10	R_{j1}	23.5	27.5	33.4	39.2	45.1				
		R'_{j2}	14.7	16.7	18.6	20.6	21.6				
	LP12	R_{j1}		36.3	42.2	49.1	56.9	64.7	74.6		
		R'_{j2}		23.5	26.5	29.4	31.4	34.3	37.3		
	LP14	R_{j1}			52.0	59.8	68.7	78.5	89.3	100.1	
		R'_{j2}			36.3	39.2	43.2	47.1	50.0	54.0	
	LP16	R_{j1}			62.8	72.6	82.4	93.2	105.0	117.7	
		R'_{j2}			47.1	52.0	55.9	60.8	65.7	70.6	
60°	LP6	R_{j1}	10.8								R_{j2}=表中所列数值 $R'_{j2}+0.5T_l$
		R'_{j2}	4.9								
	LP8	R_{j1}	15.7	18.6	22.6						
		R'_{j2}	9.8	10.8	11.8						
	LP10	R_{j1}	20.6	25.5	29.4	34.3	40.2				
		R'_{j2}	14.7	16.7	18.6	20.0	21.6				
	LP12	R_{j1}		32.4	38.3	44.1	51.0	57.9	66.7		
		R'_{j2}		23.5	26.5	28.4	31.4	34.3	37.3		
	LP14	R_{j1}			47.1	54.0	62.8	70.6	80.4	90.3	
		R'_{j2}			25.3	39.2	43.2	46.1	50.0	54.0	
	LP16	R_{j1}			57.9	65.7	75.5	83.4	95.2	106.9	
		R'_{j2}			47.1	51.0	55.9	60.8	65.7	69.7	
75°	LP6	R_{j1}	9.8								R_{j2}=表中所列数值 $R'_{j2}+T_l$
		R'_{j2}	4.9								
	LP8	R_{j1}	14.7	17.7	21.6						
		R'_{j2}		10.8	11.8						
	LP10	R_{j1}	19.6	23.5	28.4	33.4	38.3				
		R'_{j2}				19.6	21.6				
	LP12	R_{j1}		31.4	36.3	42.2	48.1	54.9	62.8		
		R'_{j2}						34.3	37.3		
	LP14	R_{j1}									
		R'_{j2}									
	LP16	R_{j1}									
		R'_{j2}									

续表 21-73

拉线对地夹角 β	型号	方向	H (m) ($\gamma_r=15.68kN/m^3$)								备注
			1.6	1.8	2.0	2.2	2.4	2.6	2.8	3.0	
45°	LP6	R_{j1}	17.7								R_{j2}=表中所列数值$R'_{j2}+0.3T_l$
		R'_{j2}	7.8								
	LP8	R_{j1}	24.5	30.4	36.3						
		R'_{j2}	13.7	15.7	16.7						
	LP10	R_{j1}	32.4	39.2	47.1	55.9	64.7				
		R'_{j2}	21.6	23.5	26.5	29.4	32.4				
	LP12	R_{j1}		51.0	59.8	69.7	80.4	93.2	105.9		
		R'_{j2}		34.3	38.3	42.2	46.1	50.0	54.0		
	LP14	R_{j1}			73.6	85.3	98.1	111.8	126.5	143.2	
		R'_{j2}			52.0	57.9	62.8	67.7	73.6	78.5	
	LP16	R_{j1}			87.3	102.0	116.7	132.4	150.1	168.7	
		R'_{j2}			67.7	75.5	81.4	89.3	96.1	105.9	
60°	LP6	R_{j1}	15.7								R_{j2}=表中所列数值$R'_{j2}+0.5T_l$
		R'_{j2}	7.8								
	LP8	R_{j1}	21.6	26.5	32.4						
		R'_{j2}	13.7	15.7	16.7						
	LP10	R_{j1}	29.4	35.3	42.2	50.0	57.9				
		R'_{j2}	21.6	23.5	26.5	29.4	31.4				
	LP12	R_{j1}		46.1	54.0	62.8	72.6	83.4	95.2		
		R'_{j2}		34.3	38.3	42.2	46.1	49.1	53.0		
	LP14	R_{j1}			66.7	76.5	89.3	101.0	114.8	128.5	
		R'_{j2}			52.0	56.9	62.8	97.1	72.6	77.5	
	LP16	R_{j1}			81.4	93.2	106.9	118.7	136.4	152.1	
		R'_{j2}			67.7	74.6	81.4	88.3	95.2	102.0	
75°	LP6	R_{j1}	14.7								R_{j2}=表中所列数值$R'_{j2}+T_l$
		R'_{j2}	7.8								
	LP8	R_{j1}	20.6	25.5	30.4						
		R'_{j2}		15.7	16.7						
	LP10	R_{j1}	28.4	34.3	39.2	47.1	54.9				
		R'_{j2}				29.4	31.4				
	LP12	R_{j1}		44.1	51.0	59.8	68.7	78.5	89.3		
		R'_{j2}						50.0	53.0		
	LP14	R_{j1}									
		R'_{j2}									
	LP16	R_{j1}									
		R'_{j2}									

表 21-74 拉线盘选用表（二）

拉线盘极限抗力（$\alpha_b=12°$，$\beta_j=20°$）

拉线对地夹角 β	型号	方向	H（m）（$\gamma_r=10.8kN/m^3$） 1.6	1.8	2.0	2.2	2.4	2.6	2.8	3.0	备注
45°	LP6	R_{j1}	14.7								R_{j2}＝表中所列数值 $R'_{j2}+0.4T_l$
		R'_{j2}	5.9								
	LP8	R_{j1}	20.6	24.5	30.4						
		R'_{j2}	10.8	12.8	13.7						
	LP10	R_{j1}	26.5	32.4	38.3	46.1	54.0				
		R'_{j2}	17.7	19.6	21.6	24.5	26.5				
	LP12	R_{j1}		40.2	48.1	56.9	65.7	76.5	87.3		
		R'_{j2}		28.4	31.4	34.3	38.3	41.2	44.1		
	LP14	R_{j1}			58.9	68.7	79.5	91.2	104.0	117.7	
		R'_{j2}			43.2	47.1	52.0	55.9	60.8	64.7	
	LP16	R_{j1}			70.6	81.4	94.2	106.9	120.7	136.4	
		R'_{j2}			55.9	61.8	67.7	73.6	78.5	84.4	
60°	LP6	R_{j1}	12.8								R_{j2}＝表中所列数值 $R'_{j2}+0.6T_l$
		R'_{j2}	5.9								
	LP8	R_{j1}	17.7	21.6	26.5						
		R'_{j2}	10.8	12.8	13.7						
	LP10	R_{j1}	23.5	28.4	34.3	40.2	48.1				
		R'_{j2}		19.6	21.6	24.5	26.5				
	LP12	R_{j1}		36.3	43.2	51.0	58.9	67.7	77.5		
		R'_{j2}			31.4	34.3	38.3	41.2	44.1		
	LP14	R_{j1}			53.0	61.8	70.6	81.4	92.2	104.0	
		R'_{j2}					52.0	55.9	60.8	64.7	
	LP16	R_{j1}			63.8	73.6	84.4	96.1	108.9	121.6	
		R'_{j2}							78.5	84.4	
75°	LP6	R_{j1}	11.8								
		R'_{j2}									
	LP8	R_{j1}	16.7	20.6	24.5						
		R'_{j2}									
	LP10	R_{j1}	22.6	27.5	32.4	38.3	45.1				
		R'_{j2}									
	LP12	R_{j1}		34.3	41.2	48.1	55.9	63.8	72.6		
		R'_{j2}									

续表 21-74

拉线对地夹角 β	型号	方向	H (m) (γ_r=15.68kN/m³) 1.6	1.8	2.0	2.2	2.4	2.6	2.8	3.0	备注
45°	LP6	R_{j1}	21.6								R_{j2}=表中所列数值 $R'_{j2}+0.4T_l$
		R'_{j2}	8.8								
	LP8	R_{j1}	28.4	35.3	42.2						
		R'_{j2}	16.7	18.6	20.6						
	LP10	R_{j1}	37.3	45.1	54.9	65.7	77.5				
		R'_{j2}	25.5	28.4	32.4	35.3	38.3				
	LP12	R_{j1}		56.9	68.7	80.4	94.2	108.9	124.6		
		R'_{j2}		41.2	46.1	51.0	54.9	59.8	64.7		
	LP14	R_{j1}			83.4	97.1	112.8	129.5	148.1	168.7	
		R'_{j2}			62.8	68.7	75.5	81.4	87.3	94.2	
	LP16	R_{j1}			99.1	114.8	133.4	152.1	172.7	196.2	
		R'_{j2}			81.4	89.3	98.1	105.9	114.8	122.6	
60°	LP6	R_{j1}	18.6								R_{j2}=表中所列数值 $R'_{j2}+0.6T_l$
		R'_{j2}	8.8								
	LP8	R_{j1}	25.5	33.4	38.3						
		R'_{j2}	16.7	18.6	20.6						
	LP10	R_{j1}	33.4	41.2	49.1	57.9	67.7				
		R'_{j2}		28.4	32.4	35.3	38.3				
	LP12	R_{j1}		52.0	63.8	72.6	84.4	97.1	110.9		
		R'_{j2}			46.1	51.0	54.9	59.8	58.9		
	LP14	R_{j1}			75.5	87.3	101.0	116.7	132.4	149.1	
		R'_{j2}					75.5	81.4	87.3	94.2	
	LP16	R_{j1}					120.7	137.3	155.0	175.6	
		R'_{j2}							114.8	122.6	
75°	LP6	R_{j1}	17.7								
		R'_{j2}									
	LP8	R_{j1}	24.5	29.4	35.3						
		R'_{j2}									
	LP10	R_{j1}	31.4	38.3	46.1	54.9	63.8				
		R'_{j2}									
	LP12	R_{j1}	31.4	50.0	57.9	67.7	79.5	91.2	105.0		
		R'_{j2}									

表 21-75　拉线盘选用表（三）

拉线盘极限抗力（$\alpha_b=15°$，$\beta_j=25°$）

拉线对地夹角 β	型号	方向	H (m) ($\gamma_r=10.8kN/m^3$) 1.6	1.8	2.0	2.2	2.4	2.6	2.8	3.0	备注
45°	LP6	R_{j1}	18.6								R_{j2}＝表中所列数值 $R'_{j2}+0.5T_l$
		R'_{j2}	7.8								
	LP8	R_{j1}	24.5	31.4	38.3						
		R'_{j2}	13.7	15.7	16.7						
	LP10	R_{j1}	31.4	39.2	47.1	56.9	67.7				
		R'_{j2}	21.6	23.5	26.5	29.4	32.4				
	LP12	R_{j1}		48.1	54.9	68.7	81.4	95.2	109.9		
		R'_{j2}		34.3	38.3	42.2	46.1	50.0	54.0		
	LP14	R_{j1}			69.7	81.4	96.1	110.9	128.5	146.2	
		R'_{j2}			52.0	56.9	62.8	67.7	72.6	78.5	
	LP16	R_{j1}			81.4	96.1	110.9	128.5	147.2	167.8	
		R'_{j2}			67.7	74.6	81.4	88.3	95.2	102.0	
60°	LP6	R_{j1}	15.7								R_{j2}＝表中所列数值 $R'_{j2}+0.8T_l$
		R'_{j2}	7.8								
	LP8	R_{j1}	21.6	27.5	33.4						
		R'_{j2}	13.7	15.7	16.7						
	LP10	R_{j1}	28.4	34.3	42.2	50.0	59.8				
		R'_{j2}		23.5	26.5	29.4	32.4				
	LP12	R_{j1}		42.2	51.0	60.8	70.6	82.4	95.2		
		R'_{j2}				42.2	46.1	50.0	54.0		
	LP14	R_{j1}			62.8	73.6	85.3	98.1	112.8	129.5	
		R'_{j2}					62.8	67.7	72.6	78.5	
	LP16	R_{j1}			73.6	86.3	100.1	114.8	135.4	148.1	
		R'_{j2}								102.0	
75°	LP6	R_{j1}	14.7								
		R'_{j2}									
	LP8	R_{j1}	20.6	25.5	31.4						
		R'_{j2}									
	LP10	R_{j1}	26.5	32.4	39.2	47.1	54.9				
		R'_{j2}									
	LP12	R_{j1}		41.2	48.1	56.9	67.7	78.5	90.3		
		R'_{j2}									
	LP14	R_{j1}									
		R'_{j2}									

续表 21-75

拉线对地夹角 β	型号	方向	H (m) (γ_r=15.68kN/m³) 1.6	1.8	2.0	2.2	2.4	2.6	2.8	3.0	备注
45°	LP6	R_{j1}	26.5								R_{j2}=表中所列数值$R'_{j2}+0.5T_l$
		R'_{j2}	10.8								
	LP8	R_{j1}	35.3	44.1	54.9						
		R'_{j2}	19.6	22.6	24.5						
	LP10	R_{j1}	44.1	55.9	67.7	81.4	98.1				
		R'_{j2}	30.4	34.3	38.3	42.2	46.1				
	LP12	R_{j1}		68.7	78.5	98.1	116.7	136.4	157.9		
		R'_{j2}		50.0	55.9	60.8	66.7	72.6	77.5		
	LP14	R_{j1}			98.1	116.7	137.3	158.9	184.4	209.9	
		R'_{j2}			75.5	83.4	91.2	98.1	105.9	113.8	
	LP16	R_{j1}			115.8	136.4	158.9	184.4	210.9	240.3	
		R'_{j2}			99.1	108.9	118.7	128.5	138.3	148.1	
60°	LP6	R_{j1}	22.6								R_{j2}=表中所列数值$R'_{j2}+0.8T_l$
		R'_{j2}	10.8								
	LP8	R_{j1}	30.4	39.2	48.1						
		R'_{j2}	19.6	22.6	24.5						
	LP10	R_{j1}	39.2	49.1	60.8	72.6	85.3				
		R'_{j2}		34.3	38.3	42.2	46.1				
	LP12	R_{j1}		60.8	72.6	86.3	102.0	118.7	137.3		
		R'_{j2}				60.8	66.7	72.6	77.5		
	LP14	R_{j1}			88.3	105.0	122.6	141.3	164.8	186.4	
		R'_{j2}						99.1	106.9	113.8	
	LP16	R_{j1}			105.0	122.6	142.2	163.8	194.2	212.9	
		R'_{j2}								148.1	
75°	LP6	R_{j1}	21.6								
		R'_{j2}									
	LP8	R_{j1}	29.4	36.3	44.1						
		R'_{j2}									
	LP10	R_{j1}	37.3	46.1	55.9	66.7	79.5				
		R'_{j2}									
	LP12	R_{j1}		57.9	69.7	82.4	96.1	111.8	129.5		
		R'_{j2}									
	LP14	R_{j1}									
		R'_{j2}									

表 21-76　拉线盘选用表（四）

拉线盘极限抗力（$\alpha_b=20°$，$\beta_j=30°$）

拉线对地夹角 β	型号	方向	H (m) ($\gamma_r=10.8kN/m^3$)								备注
			1.6	1.8	2.0	2.2	2.4	2.6	2.8	3.0	
45°	LP6	R_{j1}	26.5								R_{j2}=表中所列数值$R'_{j2}+0.6T_l$
		R'_{j2}	9.8								
	LP8	R_{j1}	33.4	43.2	54.0						
		R'_{j2}	16.7	18.6	20.6						
	LP10	R_{j1}	41.2	53.0	65.7	80.4	97.1				
		R'_{j2}	25.5	29.4	32.4	35.3	39.2				
	LP12	R_{j1}		62.8	77.5	94.2	112.8	133.4	156.0		
		R'_{j2}		42.2	47.1	51.0	55.9	60.8	65.7		
	LP14	R_{j1}			90.3	108.9	129.5	152.1	177.6	205.0	
		R'_{j2}			63.8	69.7	76.5	82.4	89.3	95.2	
	LP16	R_{j1}			104.0	124.6	147.2	171.7	199.1	230.5	
		R'_{j2}				91.2	99.1	107.9	115.8	124.6	
60°	LP6	R_{j1}	22.6								R_{j2}=表中所列数值$R'_{j2}+T_l$
		R'_{j2}	9.8								
	LP8	R_{j1}	29.4	37.3	47.1						
		R'_{j2}	16.7	18.6	20.6						
	LP10	R_{j1}	36.3	46.1	56.9	68.7	83..4				
		R'_{j2}			32.4	35.3	39.2				
	LP12	R_{j1}		55.9	67.7	81.4	97.1	114.8	135.4		
		R'_{j2}					55.9	60.8	65.7		
	LP14	R_{j1}			79.5	95.2	112.8	132.4	154.0	177.6	
		R'_{j2}							89.3	95.2	
	LP16	R_{j1}			92.2	104.0	128.5	151.1	173.6	200.1	
		R'_{j2}									
75°	LP6	R_{j1}	21.6								
		R'_{j2}									
	LP8	R_{j1}	27.5	34.3	43.2						
		R'_{j2}									
	LP10	R_{j1}	34.3	43.2	53.0	63.8	77.5				
		R'_{j2}									
	LP12	R_{j1}		52.0	63.8	76.5	91.2	108.9	124.6		
		R'_{j2}									
	LP14	R_{j1}									
		R'_{j2}									

续表 21-76

拉线对地夹角 β	型号	方向	H (m) (γ_r=15.68kN/m³) 1.6	1.8	2.0	2.2	2.4	2.6	2.8	3.0	备注
45°	LP6	R_{j1}	38.3								R_{j2}=表中所列数值 $R'_{j2}+0.6T_l$
		R'_{j2}	13.7								
	LP8	R_{j1}	48.1	62.8	78.5						
		R'_{j2}	24.5	27.5	30.4						
	LP10	R_{j1}	58.9	70.6	94.2	114.8	139.3				
		R'_{j2}	37.3	42.2	47.1	52.0	56.9				
	LP12	R_{j1}		90.3	110.9	134.4	160.9	191.3	224.6		
		R'_{j2}		60.8	67.7	74.6	81.4	88.3	95.2		
	LP14	R_{j1}			129.5	156.0	186.4	218.8	255.1	295.3	
		R'_{j2}			92.2	101.0	110.9	119.7	128.5	138.3	
	LP16	R_{j1}			148.1	173.6	209.9	247.2	287.4	331.6	
		R'_{j2}				132.4	145.2	157.0	168.7	181.5	
60°	LP6	R_{j1}	33.4								R_{j2}=表中所列数值 $R'_{j2}+T_l$
		R'_{j2}	13.7								
	LP8	R_{j1}	41.2	54.0	67.7						
		R'_{j2}	24.5	27.5	30.4						
	LP10	R_{j1}	52.0	65.7	81.34	99.1	119.7				
		R'_{j2}			47.1	52.0	56.9				
	LP12	R_{j1}		79.5	97.1	116.7	140.3	165.8	195.2		
		R'_{j2}					81.4	88.3	95.2		
	LP14	R_{j1}			113.8	136.4	161.9	178.5	220.7	256.0	
		R'_{j2}							129.5	138.3	
	LP16	R_{j1}			131.5	157.0	184.4	214.8	250.2	287.4	
		R'_{j2}									
75°	LP6	R_{j1}	30.4								
		R'_{j2}									
	LP8	R_{j1}	39.2	50.0	62.8						
		R'_{j2}									
	LP10	R_{j1}	48.1	61.8	75.5	92.2	110.9				
		R'_{j2}									
	LP12	R_{j1}		74.6	90.3	109.9	130.5	157.0	180.5		
		R'_{j2}									
	LP14	R_{j1}									
		R'_{j2}									

表 21-77 拉线盘选用表（五）

拉线盘极限抗力（$\alpha_b=25°$，$\beta_j=35°$）

拉线对地夹角 β	型号	方向	H (m) ($\gamma_r=10.8kN/m^3$) 1.6	1.8	2.0	2.2	2.4	2.6	2.8	3.0	备注
45°	LP6	R_{j1}	36.3								R_{j2}＝表中所列数值 $R'_{j2}+0.7T_l$
		R'_{j2}	11.8								
	LP8	R_{j1}	45.1	58.9	74.6						
		R'_{j2}	20.6	23.5	25.5						
	LP10	R_{j1}	54.0	69.7	87.3	107.9	132.4				
		R'_{j2}	31.4	36.3	40.2	44.1	48.1				
	LP12	R_{j1}		81.4	101.0	124.6	151.1	180.5	213.9		
		R'_{j2}		52.0	56.9	62.8	68.7	74.6	80.4		
	LP14	R_{j1}			115.8	140.3	169.7	201.1	236.4	277.6	
		R'_{j2}		70.6	78.5	86.3	93.2	101.0	108.9	116.7	
	LP16	R_{j1}			131.5	158.9	190.3	224.6	262.9	307.1	
		R'_{j2}				111.8	122.6	132.4	142.2	153.0	
60°	LP6	R_{j1}	31.4								R_{j2}＝表中所列数值 $R'_{j2}+1.2T_l$
		R'_{j2}	11.8								
	LP8	R_{j1}	38:3	50.0	63.8						
		R'_{j2}		22.6	26.5						
	LP10	R_{j1}	47.1	59.8	75.5	92.2	112.8				
		R'_{j2}				44.1	48.1				
	LP12	R_{j1}		70.6	87.3	106.9	129.5	154.0	181.5		
		R'_{j2}						74.6	80.4		
	LP14	R_{j1}			101.0	122.6	147.2	173.6	200.1	233.5	
		R'_{j2}								116.7	
	LP16	R_{j1}			114.8	138.3	164.8	194.2	226.6	263.9	
		R'_{j2}									
75°	LP6	R_{j1}	28.4								
		R'_{j2}									
	LP8	R_{j1}	35.3	46.1	58.9						
		R'_{j2}									
	LP10	R_{j1}	43.2	55.9	69.7	86.3	104.0				
		R'_{j2}									
	LP12	R_{j1}		65.7	81.4	99.1	119.7	143.2	168.7		
		R'_{j2}									
	LP14	R_{j1}									
		R'_{j2}									

续表 21-77

拉线对地夹角 β	型号	方向	H（m）（$\gamma_r=16.66kN/m^3$） 1.6	1.8	2.0	2.2	2.4	2.6	2.8	3.0	备注
45°	LP6	R_{j1}	55.9								R_{j2}＝表中所列数值 $R'_{j2}+0.7T_l$
		R'_{j2}	17.7								
	LP8	R_{j1}	68.7	90.3	114.8						
		R'_{j2}	31.4	35.3	39.2						
	LP10	R_{j1}	81.4	105.9	133.4	165.8	202.1				
		R'_{j2}	49.1	54.9	61.8	67.7	73.6				
	LP12	R_{j1}		123.6	154.0	190.3	230.5	276.6	327.7		
		R'_{j2}		79.5	88.3	97.1	105.9	114.8	123.6		
	LP14	R_{j1}			175.6	213.9	258.0	308.0	361.0	425.8	
		R'_{j2}			120.7	132.4	144.2	157.0	168.7	180.5	
	LP16	R_{j1}			199.1	241.3	289.4	343.4	402.2	469.9	
		R'_{j2}			157.0	172.7	189.3	204.0	219.7	235.4	
60°	LP6	R_{j1}	47.1								R_{j2}＝表中所列数值 $R'_{j2}+1.2T_l$
		R'_{j2}	17.7								
	LP8	R_{j1}	57.9	77.5	98.1						
		R'_{j2}		35.3	39.2						
	LP10	R_{j1}	70.6	91.2	114.8	142.2	172.7				
		R'_{j2}				67.7	73.6				
	LP12	R_{j1}		106.9	133.4	162.8	198.2	236.4	279.6		
		R'_{j2}						114.8	123.6		
	LP14	R_{j1}			153.0	187.4	223.7	265.9	314.9	365.9	
		R'_{j2}								180.5	
	LP16	R_{j1}			174.6	210.9	251.1	296.3	347.3	404.2	
		R'_{j2}									
75°	LP6	R_{j1}	44.1								
		R'_{j2}									
	LP8	R_{j1}	54.9	70.6	90.3						
		R'_{j2}									
	LP10	R_{j1}	65.7	84.4	106.9	131.5	159.9				
		R'_{j2}									
	LP12	R_{j1}		100.1	124.6	152.1	183.4	218.8	259.0		
		R'_{j2}									
	LP14	R_{j1}									
		R'_{j2}									

表 21-78　拉线盘选用表（六）

拉线盘极限抗力（$\alpha_b=30°$，$\beta_j=40°$）

拉线对地夹角 β	型号	方向	H（m）（$\gamma_r=10.8kN/m^3$） 1.6	1.8	2.0	2.2	2.4	2.6	2.8	3.0	备注
45°	LP6	R_{j1}	50.0								R_{j2}＝表中所列数值 $R'_{j2}+0.8T_l$
		R'_{j2}	14.7								
	LP8	R_{j1}	58.9	77.5	98.1						
		R'_{j2}	25.5	28.4	31.4						
	LP10	R_{j1}	69.7	90.3	115.8	144.2	177.6				
		R'_{j2}	40.2	45.1	50.0	54.9	59.8				
	LP12	R_{j1}		104.0	130.5	161.9	200.1	239.4	285.5		
		R'_{j2}		64.7	71.6	78.5	86.3	93.2	100.1		
	LP14	R_{j1}			148.1	181.5	220.7	264.9	313.9	368.9	
		R'_{j2}			97.1	106.9	116.7	126.5	136.4	146.2	
	LP16	R_{j1}			163.8	201.1	241.3	288.4	341.4	399.3	
		R'_{j2}			126.5	140.3	152.1	164.8	177.6	190.3	
60°	LP6	R_{j1}	42.2								R_{j2}＝表中所列数值 $R'_{j2}+1.5T_l$
		R'_{j2}	14.7								
	LP8	R_{j1}	50.0	66.7	85.3						
		R'_{j2}		28.4	31.8						
	LP10	R_{j1}	58.9	77.5	98.1	122.6	151.1				
		R'_{j2}				54.9	59.8				
	LP12	R_{j1}		89.3	112.8	139.3	169.7	204.0	243.3		
		R'_{j2}						93.2	100.1		
	LP14	R_{j1}			127.5	156.0	188.4	225.6	266.8	314.9	
		R'_{j2}									
	LP16	R_{j1}			142.2	174.6	209.9	249.2	294.3	344.3	
		R'_{j2}									
75°	LP6	R_{j1}	38.3								
		R'_{j2}									
	LP8	R_{j1}	46.1	60.8	78.5						
		R'_{j2}									
	LP10	R_{j1}	54.9	71.6	90.3	112.8	138.3				
		R'_{j2}									
	LP12	R_{j1}		83.4	103.0	128.5	156.0	187.4	222.7		
		R'_{j2}									
	LP14	R_{j1}									
		R'_{j2}									

续表 21-78

拉线对地夹角 β	型号	方向	H (m) ($\gamma_r=17.64kN/m^3$)								备注
			1.6	1.8	2.0	2.2	2.4	2.6	2.8	3.0	
45°	LP6	R_{j1}	79.5								R_{j2}＝表中所列数值 R'_{j2}＋0.8T_l
		R'_{j2}	23.5								
	LP8	R_{j1}	95.2	125.6	162.8						
		R'_{j2}	42.2	46.9	52.1						
	LP10	R_{j1}	111.8	145.2	186.4	233.5	289.4				
		R'_{j2}	64.7	73.1	81.2	89.3	97.1				
	LP12	R_{j1}		166.8	210.9	261.9	321.8	389.5	465.0		
		R'_{j2}		105.0	116.7	128.5	140.3	152.1	163.3		
	LP14	R_{j1}			237.4	294.3	356.1	429.7	510.1	600.4	
		R'_{j2}			158.9	175.6	190.3	207.0	222.7	238.4	
	LP16	R_{j1}			265.9	324.7	392.4	467.9	555.2	650.4	
		R'_{j2}					249.2	270.8	291.4	312.0	
60°	LP6	R_{j1}	67.7								R_{j2}＝表中所列数值 R'_{j2}＋1.5T_l
		R'_{j2}	23.5								
	LP8	R_{j1}	81.4	107.9	137.3						
		R'_{j2}		47.1	52.0						
	LP10	R_{j1}	96.1	125.6	159.9	200.1	245.3				
		R'_{j2}				89.3	97.1				
	LP12	R_{j1}		144.2	182.5	225.6	274.7	331.6	396.3		
		R'_{j2}						152.1	163.8		
	LP14	R_{j1}			205.0	252.1	306.1	366.9	435.6	512.1	
		R'_{j2}									
	LP16	R_{j1}			231.5	281.5	339.4	404.2	477.7	559.2	
		R'_{j2}									
75°	LP6	R_{j1}	62.8								
		R'_{j2}									
	LP8	R_{j1}	74.6	99.1	127.5						
		R'_{j2}									
	LP10	R_{j1}	88.3	115.6	147.2	183.4	224.6				
		R'_{j2}									
	LP12	R_{j1}		134.4	167.8	208.0	253.1	304.1	360.0		
		R'_{j2}									
	LP14	R_{j1}									
		R'_{j2}									

21.8 10（6）kV 相分裂架空线路

21.8.1 概述

在 10（6）kV 架空线路中，普通使用针式绝缘子的线路，单导线最大截面铝绞线为 $240mm^2$，按经济电流密度，在年最大负荷利用小时为 5000～6000h 时，经济电流密度为 $0.75 \sim 0.85A/mm^2$，其输送电流为180～204A。这 200A 左右的电流，不能满足目前许多中大型车间的需要，如增加回路数，不仅投资增加，运行维护复杂，而且要占用大量的架空线通廊，甚至难以实现。如单导线截面继续增大，将要改针式绝缘子为悬式绝缘子，杆塔结构大为改变，投资也将大大增加，其输送容量不能成正比增加，这是因为架空线的电抗值减少不多，电压损失相对较大，还将使末端短路容量相对较小，影响大型电机等的起动，并使正常电压波动较大。因此增大单导线的截面或增加回路数都是不合理的。如果将每相导线由单导线改 2 根或 3 根以上，即所谓相分裂导线。此时输送容量增加较大，当双分裂导线时，电抗值约为单导线 2/3 左右，当三分裂时电抗值约为单导线的 1/2，电压损失较小。

目前我国 6～10kV 配电装置断路器多数为 1000A，冶金工厂许多车间均为Ⅰ、Ⅱ级负荷，正常双回路送电同时工作，事故时单回路担负全车间负荷。如果双分裂导线为 2（LJ-240）铝绞线，正常单回输送电流 400A 左右，事故单回路达 800A 左右，这也是油断路器正常运行最大电流。因此也就充分的利用了 6～10kV 的断路器，单回路电流过小，使配电回路数增加，配电设备不能充分利用，也是不够合理的。这是目前我国 2 根 $240mm^2$ 以下相分裂导线用得最多的原因。更大的相分裂导线如 2～4 根 300～600 导线，相对来说用得比较少，而且应该经过详细的技术经济比较，因为在某些情况下，把降压变电所移至该大负荷车间附近也许更合理一些。但是作为本节的内容，作为传输 500～2000A 的大电流的输送方式，无疑使用相分裂架空线是最经济合理的，且有供电可靠，运行安全，施工简便，建设速度快，维护简单等优点。

本节将对 $300mm^2$ 以上的多根相分裂导线着重介绍，而对 2 根 $240mm^2$ 以下的两分裂导线也作必要的叙述。

21.8.2 导线选择

相分裂架空线路的导线，按经济电流密度进行选择，其计算电流按正常负荷确定。在事故情况下作发热及电压损失校验。在本章第 2 节内容仍可使用，不足部分在下面补充。

每相导线分裂根数，应根据具体工程输送电流的大小来考虑。根据目前架空线路金具情况，及 220～500kV 实际相分裂导线使用情况，按经济电流密度选择的导线总截面在 $1200mm^2$ 以下时，以选用 2 根 $600mm^2$ 以下导线为宜；大于 $1200mm^2$ 时，以选用 4 根 $300mm^2$ 以上导线为宜。3 根相分裂导线很少使用，因为 3 根与 4 根导线在杆塔上所占地方一样大，而效果不如 4 根。

导线一般选用 LJ 型铝绞线或钢芯截面较少的 LGJ 型钢芯铝绞线。

21.8.2.1 按导线的允许载流量（即按导线长期发热情况）校验

导线按温升选择截面应满足下式

$$I_e \geqslant I_{js}$$

$$S_{max} = \sqrt{3} U_e I_e \times 10^3$$

式中 I_e —— 导线按发热条件允许的长期工作电流，A；

I_{js} —— 线路计算电流，A；

S_{max} —— 按发热条件计算的持续极限传输容量，MVA。

相分裂导线允许载流量和极限传输容量，在一般相分裂 2～3 根导线的允许载流量，当分裂导线的间距 $l \geqslant 40cm$ 时，可按分裂相内一根导线的允许载流量乘以分裂导线的根数计算。6（10）kV 相分裂导线的允许载流量和极限传输容量列于表 21-79 中。

21.8.2.2 按电压损失校验

三相平衡负荷 相分裂导线电压损失可按下式计算

$$\Delta U\% = \frac{R + X\mathrm{tg}\varphi}{U_e^2} PL \times 100 = \Delta u\% PL \tag{21-117}$$

式中 R，X ——相分裂导线单位长度的电阻及电抗，Ω/km；

U_e——额定线电压，kV；

P——负荷，MW；

L——线路长度；km。

10（6）kV 三相平衡负荷相分裂导线电压损失值列于表 21-80 和表 21-81 中。

表 21-79 10（6）kV 相分裂导线允许载流量和极限传输容量

额定电压 (kV)	导线根数、型号及截面 (mm^2)	25℃		30℃		35℃		40℃	
		I_e (A)	S_{max} (MVA)	I_e (A)	S_{max} (MVA)	I_e (A)	S_{max} (MVA)	I_e (A)	S_{max} (MVA)
6	2×LJ-300	1360	14.134	1278.4	13.268	1196.8	12.438	1101.6	11.448
	2×LJ-400	1660	17.251	1560.4	16.216	1460.8	15.181	1344.6	13.973
	2×LJ-500	1960	20.369	1842.4	19.147	1724.8	17.925	1587.6	16.499
	2×LJ-600	2280	23.694	2143.2	22.273	2006.4	20.851	1846.8	19.192
	3×LJ-400	2490	25.877	2340.6	24.324	2191.2	22.772	2016.9	20.960
	3×LJ-500	2940	30.553	2763.6	28.720	2587.2	26.887	2381.4	24.748
	2×LGJQ-300	1380	14.341	1297.2	13.481	1214.4	12.620	1117.8	11.617
	2×LGJQ-400	1650	17.147	1551.0	16.118	1452.0	15.090	1336.5	13.889
	2×LGJQ-500	1890	19.641	1776.6	18.463	1663.2	17.284	1531.0	15.910
	2×LGJQ-600	2100	21.824	1974.0	20.514	1848.0	19.205	1701.0	17.677
	3×LGJQ-400	2475	25.721	2326.5	24.178	2178.0	22.634	2004.9	20.834
	3×LGJQ-500	2835	29.462	2664.9	27.694	2494.8	25.927	2296.5	23.864
10	2×LJ-300	1360	23.556	1278.4	22.143	1196.8	20.729	1101.6	19.080
	2×LJ-400	1660	28.752	1560.4	27.027	1460.8	25.302	1344.6	23.289
	2×LJ-500	1960	33.948	1842.4	31.911	1724.8	29.874	1587.6	27.498
	2×LJ-600	2280	39.491	2143.2	37.121	2006.4	34.752	1846.8	31.987
	3×LJ-400	2490	43.128	2340.6	40.540	2191.2	37.953	2016.9	34.934
	3×LJ-500	2940	50.922	2763.6	47.867	2587.2	44.812	2381.4	41.247
	2×LGJQ-300	1380	23.902	1297.2	22.468	1214.4	21.034	117.8	19.361
	2×LGJQ-400	1650	28.579	1551.0	26.864	1452.0	25.149	1336.5	23.149
	2×LGJQ-500	1890	32.736	1776.6	30.772	1663.2	28.807	1531.0	26.516
	2×LGJQ-600	2100	36.373	1974.0	34.191	1848.0	32.008	1701.0	29.462
	3×LGJQ-400	2475	42.868	2326.5	40.296	2178.0	37.724	2004.9	34.723
	3×LGJQ-500	2835	49.104	2664.9	46.157	2494.8	43.211	2296.5	39.774

表 21-80 10kV 三相平衡负荷相分裂导线电压损失

导线工作温度（℃）	导线根数、型号及截面（mm^2）	相分裂导线电阻 R（Ω/km）	电压损失〔%/（MW·km）〕				
			cosφ	0.95	0.90	0.85	0.80
			X（Ω/km）	tgφ 0.329	tgφ 0.484	tgφ 0.62	tgφ 0.75
70	2×LJ-300	0.0650	0.238	0.143	0.180	0.213	0.244
	2×LJ-400	0.0505	0.233	0.127	0.163	0.195	0.225
	2×LJ-500	0.0408	0.230	0.116	0.152	0.183	0.213
	2×LJ-600	0.0348	0.227	0.109	0.145	0.176	0.205
	3×LJ-400	0.0337	0.195	0.098	0.128	0.155	0.180
	3×LJ-500	0.0272	0.192	0.090	0.120	0.146	0.171
	2×LGJQ-300	0.0665	0.236	0.144	0.181	0.213	0.244
	2×LGJQ-400	0.0505	0.232	0.127	0.163	0.194	0.225
	2×LGJQ-500	0.0421	0.228	0.117	0.152	0.183	0.213
	2×LGJQ-600	0.0369	0.226	0.111	0.146	0.177	0.206
	3×LGJQ-400	0.0337	0.194	0.098	0.128	0.154	0.179
	3×LGJQ-500	0.0281	0.192	0.091	0.121	0.147	0.172
40	2×LJ-300	0.0585	0.238	0.137	0.174	0.206	0.237
	2×LJ-400	0.0454	0.233	0.122	0.158	0.190	0.220
	2×LJ-500	0.0368	0.230	0.112	0.148	0.179	0.209
	2×LJ-600	0.0314	0.227	0.106	0.141	0.172	0.202
	3×LJ-400	0.0302	0.195	0.094	0.125	0.151	0.176
	3×LJ-500	0.0245	0.192	0.088	0.117	0.144	0.169
	2×LGJQ-300	0.0600	0.236	0.138	0.174	0.206	0.237
	2×LGJQ-400	0.0454	0.232	0.122	0.158	0.189	0.219
	2×LGJQ-500	0.0379	0.228	0.113	0.148	0.179	0.209
	2×LGJQ-600	0.0332	0.226	0.108	0.143	0.173	0.203
	3×LGJQ-400	0.0302	0.194	0.094	0.124	0.150	0.176
	3×LGJQ-500	0.0253	0.192	0.088	0.118	0.144	0.169

注：X_0 系取 D_p＝2.6m，e＝40cm 时的电抗值。

表 21-81　6kV 三相平衡负荷相分裂导线电压损失

导线工作温度（℃）	导线根数、型号及截面（mm^2）	相分裂导线电阻 R（Ω/km）	cosφ / X（Ω/km）	电压损失〔%/（MW·km）〕			
			cosφ	0.95	0.90	0.85	0.80
			X（Ω/km）	tgφ 0.329	tgφ 0.484	tgφ 0.62	tgφ 0.75
70	2×LJ-300	0.0650	0.238	0.398	0.501	0.590	0.676
	2×LJ-400	0.0505	0.233	0.353	0.454	0.542	0.626
	2×LJ-500	0.0408	0.230	0.324	0.423	0.509	0.593
	2×LJ-600	0.0348	0.227	0.304	0.402	0.488	0.570
	3×LJ-400	0.0337	0.195	0.272	0.356	0.429	0.500
	3×LJ-500	0.0272	0.192	0.251	0.334	0.406	0.476
	2×LGJQ-300	0.0665	0.236	0.400	0.502	0.591	0.676
	2×LGJQ-400	0.0505	0.232	0.352	0.452	0.540	0.624
	2×LGJQ-500	0.0421	0.228	0.325	0.423	0.510	0.592
	2×LGJQ-600	0.0369	0.226	0.309	0.406	0.492	0.573
	3×LGJQ-400	0.0337	0.194	0.271	0.354	0.428	0.498
	3×LGJQ-500	0.0281	0.192	0.254	0.336	0.409	0.478
40	2×LJ-300	0.0585	0.238	0.380	0.482	0.572	0.658
	2×LJ-400	0.0454	0.233	0.339	0.439	0.527	0.612
	2×LJ-500	0.0368	0.230	0.312	0.411	0.498	0.581
	2×LJ-600	0.0314	0.227	0.295	0.392	0.478	0.560
	3×LJ-400	0.0302	0.195	0.262	0.346	0.420	0.490
	3×LJ-500	0.0245	0.192	0.244	0.326	0.399	0.468
	2×LGJQ-300	0.0600	0.236	0.382	0.484	0.573	0.658
	2×LGJQ-400	0.0454	0.232	0.338	0.438	0.526	0.609
	2×LGJQ-500	0.0379	0.228	0.314	0.412	0.498	0.580
	2×LGJQ-600	0.0332	0.226	0.299	0.396	0.481	0.563
	3×LGJQ-400	0.0302	0.194	0.261	0.345	0.418	0.488
	3×LGJQ-500	0.0253	0.192	0.246	0.328	0.401	0.470

注：X_0 系取 $D_p=2.6$m，$e=40$cm 时的电抗值。

21.8.2.3　导线排列方式及间距的选择

二分裂导线排列方式，有水平和垂直两种。110kV以上电压的线路，以垂直排列居多，这是因为垂直排列不影响线间距离，仍可用原有的横担等结构形式，仅在排杆位时注意对地距离及间隙即可。同时垂直排列碰线可能性较小，从而可减少甚至取消间隔棒，实际许多的线路都没有装间隔棒。三分裂用的较少，常用的为四分裂，我国 500kV 线路均为四分裂。分裂导线的间距对整个导线的电气特性有较大的影响，因而在选择间距时，必需从各方面综合考虑。对超高压线路，主要由电晕决定；对 10 (6) kV 线路，电晕则可不必考虑，电容也可不考虑。

每相几根分裂导线之间的距离越大，则电抗越小。电抗随间距变化见图 21-40。

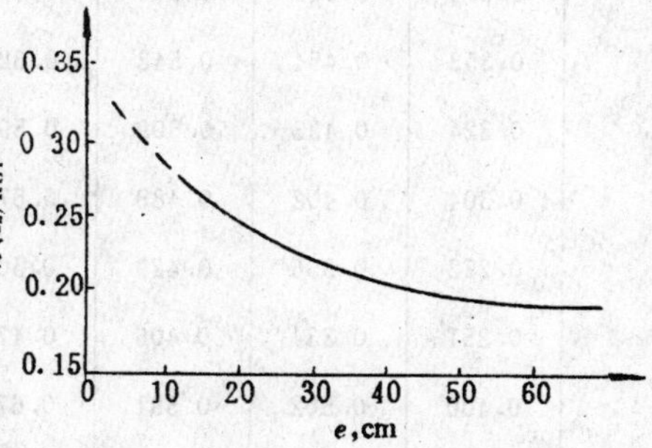

图 21-40 电抗随间距变化曲线

由图 21-40 可知，距离大于 30cm 后，电抗值变化较小，且将加大杆塔结构。若间距缩小，风压的屏蔽效果将增加，使风压降低，但增加了碰线、缠绕的可能性。由图 21-40 还可看出，间距在 20cm 以下，间距变化时的电抗变化大，当线路因风摆动时，线路参数变化将影响线路的运行，所以间距应取在电抗变化较小的地方，现在一般取 30～45cm。目前国产两导线间隔棒长度为 40cm，所以认为 10(6)kV 相分裂导线间距宜取 40cm。四分裂导线悬挂金具的间距为 45cm，所以取 45cm。

21.8.3 线路电气参数计算

21.8.3.1 电阻计算

交流电阻按下式计算

$$R_0 = C_1 C_2 R_{ZL20} \tag{21-118}$$

$$C_1 = 1 + 0.004(t - 20)$$

式中 C_1——温度校正系数；

t——导线温度，℃，导线按经济电流密度运行时，t 可取 40℃，$C_1=1.08$；按允许载流量运行时 t 取 70℃，$C_1=1.2$；

C_2——表面效应系数，1.03～1.12 导线较大时，数值也较大。

R_{ZL20}——为导线 20℃时的直流电阻，Ω/km，见表 21-82。

分裂导线总电阻为几根导线电阻并联，即 n 根导线的电阻是单根导线的 $1/n$，严格说来，由于不平衡电流的影响，电阻的有效值有微小的增加，但工程实用中可不计。相分裂导线的有效电阻见表 21-82。

表 21-82 相分裂导线有效电阻

导线根数、型号及截面 (mm²)	R_{ZL20} (Ω/km)	R_0 (Ω/km)		导线根数、型号及截面 (mm²)	R_{ZL20} (Ω/km)	R_0 (Ω/km)	
		40℃	70℃			40℃	70℃
2×LJ-300	0.0530	0.0585	0.0650	2×LGJQ-300	0.0540	0.0600	0.0665
2×LJ-400	0.0400	0.0454	0.0505	2×LGJQ-400	0.0400	0.0454	0.0505
2×LJ-500	0.0315	0.0368	0.0408	2×LGJQ-500	0.0325	0.0379	0.0421
2×LJ-600	0.0260	0.0314	0.0348	2×LGJQ-600	0.0275	0.0332	0.0369
3×LJ-400	0.0267	0.0302	0.0337	3×LGJQ-400	0.0267	0.0302	0.0337
3×LJ-500	0.0210	0.0245	0.0272	3×LGJQ-500	0.0217	0.0253	0.0281

21.8.3.2 电抗计算

相分裂导线的每相电抗在 50Hz 时，计算如下

$$X = \omega L = 2\pi f\left[\frac{0.5\mu}{n} + 2l_n \frac{D_p}{r_f}\right] \times 10^{-4}$$

经变换整理为

$$X = 0.1445\lg\frac{D_p}{r_f} + \frac{0.0157}{n} \tag{21-119}$$

对于每相两分裂导线

$$X = 0.1445\lg\frac{D_p}{r_f} + 0.00785 \tag{21-120}$$

对于每相呈等边三角形排列的三分裂导线

$$X = 0.1445\lg\frac{D_p}{r_f} + 0.00523 \tag{21-121}$$

按式 21-120 与式 21-121 求得的相分裂导线电抗

值列于表 21-83。

表 21-83　相分裂导线电抗值

三相线间几何均距 D_p（m）			2.0	2.2	2.4	2.6	2.8	3.0
导线根数、型号及截面（mm^2）		e（cm）	线路电抗（Ω/km）					
铝绞线与轻型钢芯铝绞线	2×LJ-150	30	0.244					
	2×LJ-185	30	0.239					
	2×LJ-240	30	0.234					
	2×LJ-300 2×LGJQ-300	e=30	0.230	0.236	0.242	0.247	0.252	0.256
		e=40	0.221	0.227	0.233	0.238	0.242	0.247
	2×LJ-400 2×LGJQ-400	e=30	0.226	0.232	0.237	0.242	0.247	0.251
		e=40	0.217	0.223	0.228	0.233	0.238	0.242
	2×LJ-500 2×LGJQ-500	e=30	0.222	0.228	0.234	0.239	0.243	0.248
		e=40	0.213	0.219	0.225	0.230	0.234	0.239
	2×LJ-600 2×LGJQ-600	e=30	0.219	0.225	0.231	0.236	0.240	0.245
		e=40	0.210	0.216	0.222	0.227	0.231	0.236
	3×LJ-400 3×LGJQ-400	e=30	0.190	0.196	0.202	0.207	0.212	0.216
		e=40	0.178	0.184	0.190	0.195	0.199	0.204
	3×LJ-500 3×LGJQ-500	e=30	0.188	0.194	0.199	0.204	0.209	0.213
		e=40	0.176	0.182	0.187	0.192	0.197	0.201

注：三分裂导线系假定每相分裂导线呈等边三角形排列。

21.8.4　分裂导线间电气作用力的计算

由于分裂导线每相导线分裂成几根，平行排列，且电流同相较大，在正常运行时导线间有互相电磁吸引力和静电推斥力，但静电推斥力很小，一般忽略。当吸引力很大时，就可能使导线发生碰线，从而引起摩擦和缠绕而损伤导线，并将改变线路电感电容等参数，影响线路运行。

21.8.4.1　电磁吸引力计算

电流通过两平行导线时，由于磁场的作用，产生了相互作用的吸引力，可按下式计算

$$F_{m2}=\frac{I_1 I_2}{e}\times 2.04\times 10^{6}\times 9.81$$

式中　F_{m2}——两平行导线相互作用的吸引力，N；

I_1、I_2——分别通过两平行线中的电流，A；

e——两平行导线之间的距离，cm。

对于二分裂导线，流经两根导线间的电流相等，则

$$I_1=I_2=\frac{I}{2}$$

$$F_{m2}=\frac{I^2}{4e}\times 2.04\times 10^{-6}\times 9.81 \qquad (21\text{-}122)$$

式中　I——相分裂导线每相总电流，A。

对于三分裂导线，每根导线的电流为$\frac{I}{3}$。假定三分裂导线呈等边三角形排列，如图 21-41 所示。每两根导线之间不考虑第三根导线影响时的电磁吸引力可按下式计算

$$F_{m3}=\frac{I^2}{9e}\times 2.04\times 10^{-6}\times 9.81 \qquad (21\text{-}123)$$

考虑第三根导线的影响后，两导线间总电磁力为

$$\begin{aligned}F'_{m3}&=F_{m(1-2)}+F_{m(2-3)}\cos\frac{\pi}{3}=1.5F_{m3}\\&=1.5\times\frac{I^2}{9e}\times 2.04\times 10^{-6}\times 9.81\\&=\frac{I^2}{6e}\times 2.04\times 10^{-6}\times 9.81\end{aligned} \qquad (21\text{-}124)$$

三分裂导线顶点外接圆轴向向心力，可用下式计

算

$$F''_{m3} = \sqrt{3}\,F_{m3} = \sqrt{3}\,\frac{I^2}{9e} \times 2.04 \times 10^{-6} \times 9.81 = \frac{I^2}{3e} \times \frac{2.04}{\sqrt{3}} \times 10^{-6} \times 9.81 \tag{21-125}$$

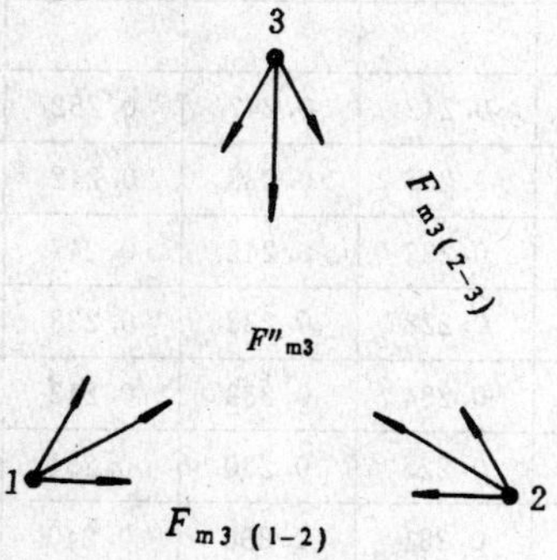

图 21-41 三分裂导线间相互作用力

对于四分裂导线，一般为正方形排列，导线作用力之间均互相垂直，这时，在计算两根导线间的电磁力时，无需考虑另外导线的影响，但在计算轴向力时，仍需利用几何迭加。其计算公式分别为

$$F_{m4} = \frac{I^2}{16e} \times 2.04 \times 10^{6} \times 9.81 \tag{21-126}$$

$$F''_{m4} = \frac{1}{\sqrt{2}}F_{m4} = \frac{I^2}{16e} \times \frac{2.04}{\sqrt{2}} \times 10^{6} \times 9.81 \tag{21-127}$$

按上列公式求得的二分裂、三分裂导线的电磁吸引力值列于表 21-84 和表 21-85。因铝绞线与钢芯铝绞线计算值相差甚小，故用同一值。

通过上述公式可以看出，分裂导线电磁作用力与电流平方成正比，与间距成反比。在系统发生故障时，将通过很大短路电流，因而必须考虑电磁力的作用。

表 21-84 二分裂导线电磁吸引力计算值

导线根数、型号及截面 (mm²)	I (A)	F_{m2} (N/m)	
		e=30 (cm)	e=40 (cm)
2×LJ-300	715	0.08525	0.06396
2×LGJQ-300	1360	0.30843	0.23132
2×LJ-400	950	0.15049	0.11291
2×LGJQ-400	1660	0.45960	0.34463
2×LJ-500	1202	0.24093	0.18070
2×LGJQ-500	1960	0.64070	0.48049
2×LJ-600	1450	0.35061	0.26301
2×LGJQ-600	2280	0.86691	0.65021

表 21-85 三分裂导线电磁吸引力计算值

导线根数、型号及截面 (mm²)	I (A)	F_{m3} (N/m)		F'_{m3} (N/m)		F''_{m3} (N/m)	
		e=30 (cm)	e=40 (cm)	e=30 (cm)	e=40 (cm)	e=30 (cm)	e=40 (cm)
3×LJ-400	1426	0.15049	0.11291	0.22573	0.16932	0.26065	0.19551
3×LGJQ-400	2490	0.45960	0.34463	0.68935	0.51699	0.79598	0.59694
3×LJ-500	1804	0.24093	0.18070	0.36140	0.27105	0.41732	0.31304
3×LGJQ-500	2940	0.64069	0.48049	0.96099	0.72074	1.10961	0.83218

注：假定三分裂导线呈等边三角形排列。

21.8.4.2 正常负荷运行时导线摆动计算

正常负荷下运行的导线，在电磁吸引力作用下，将产生摆动，现以分裂导线常见的两种排列方式进行摆动计算。

A 水平排列二分裂导线

图 21-42 为水平二分裂导线摆动情况，导线间距为 e (cm)，相邻间隔棒间距离（或次挡距）为 l (cm)，导线弧垂为 f (cm)，导线重心近似地认为在 $f_p=\frac{2}{3}f$ (cm) 处，导线单位长度的重量为 q (N/m)。

电磁吸引力和重力作用在重心上，使导线产生偏移 p (cm)，间距由 e 变为 $e-2p$，此时，电磁吸引力

$$F_m=\frac{I^2}{4(e-2p)}\times 2.04\times 10^{-6}\times 9.81$$
$$=K_m\frac{I^2}{e-2p} \qquad (21\text{-}128)$$

电磁吸引力使导线偏移，重力使导线恢复原位，当力矩平衡时，则

$$F_m f_p\cos\theta=qf_p\sin\theta$$

将式 21-128 代入，得

$$K_m I^2=q(e-2p)\text{tg}\theta$$

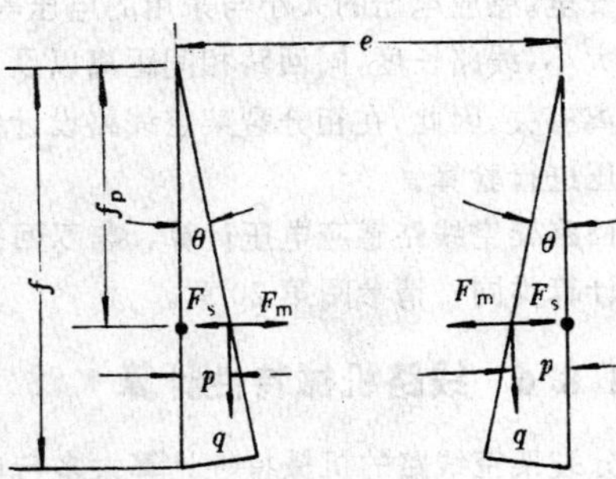

图 21-42　水平二导线摆动情况示意图

在正常情况下，导线偏移的位置很小，因而 θ 实际数值很小，故

$\text{tg}\theta\cong\sin\theta=\frac{p}{f_p}$，整理后得

$$2p^2-ep+K_m I^2\frac{f_p}{q}=0$$

令　$K=K_m I^2\frac{f_p}{q}$，

则　$2p^2-ep+K=0$，解此方程式，得偏移值

$$p=\frac{e-\sqrt{e^2-8K}}{4} \qquad (21\text{-}129)$$

$$K=K_m I^2\frac{f_p}{q}=I^2\times\frac{2.04}{4}\times 10^{-6}$$

B　逆三角排列的三分裂导线

图 21-43 为逆三角形排列三分裂导线摆动情况。

A，A′导线由于电磁吸引力而向内偏移 p(cm)，间距 e 变为

$$e_1=e-2p$$

A″导线受 A 及 A′导线吸引有向上力，但此力大大小于导线重力，所以 A″导线位置不动，h 几乎不变，则 A 与 A″，A′与 A″间距 $e_2=\sqrt{h^2+\left(\frac{e_1}{2}\right)^2}$。AA′导线间吸引力为 $F_m=\frac{K_m I^2}{e_1}=\frac{K_m I^2}{e-2p}$；AA″导线间吸引力 $F'_m=\frac{K_m I^2}{e_2}$，A′A″导线间吸引力亦为此值。其水平分力为

$$F'_{mx}=\frac{K_m I^2}{e_2}\cos\gamma=\frac{K_m I^2}{e_2}\frac{(e-2p)/2}{e_2}=\frac{K_m I^2}{2e_2^2}e_1$$

式中　$K_m=\frac{2.04}{9}\times 10^{-6}\times 9.81$。

A 导线的力矩方程式

$$M=M_1-M_2=(F_m+F'_{mx})f_p\cos\theta-qf_p\sin\theta$$

因 θ 很小，

$$M=M_1-M_2=(F_m+F'_{mx})f_p-qp$$
$$=K_m I^2 f_p\left[\frac{1}{e-2p}+\frac{2(e-2p)}{4h^2+(e-2p)^2}\right]-qp \qquad (21\text{-}130)$$

当 $M=0$ 时，解式 21-130 求 p 即得偏移值。

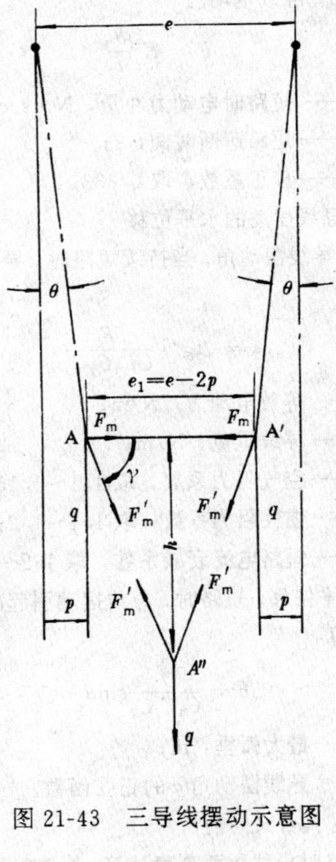

图 21-43　三导线摆动示意图

21.8.4.3　短路时导线摆动计算

在故障短路时，因短路电流很大，将产生很大的电磁冲击力，而使导线发生鞭击。分裂导线的少数鞭击，实践证明对导线的影响不大，在此仅提供一种计算方法。

(1) 短路时电动力。

1）短路时电动力的冲量按下式计算

$$J_3 = 2.04 \times 0.81 \times 9.81 \times \frac{1}{a} I_\infty^{(3)2} (t_{jz} + t_{jf}) \tag{21-131}$$

式中 a——导线相间距离，m；

$I_\infty^{(3)}$——三相短路时稳态电流有效值，kA；

t_{jz}——短路电流周期分量作用的假想时间，s；

t_{jf}——短路电流非周期分量作用的假想时间，s。

t_{jf}可按下式近似求得

$$t_{jf} = 0.05\beta''^2$$

式中 β''，当求 $t_{jz}^{(3)}$时，$\beta''=I''/I_\infty$

当求 $t_{jz}^{(2)}$时，$\beta''=I''^{(2)}/I_\infty^{(2)}=0.87I''/I_\infty^{(2)}$

t_{jz}可查曲线求得。

2）等效电动力

$$F = K\frac{J}{t} \tag{21-132}$$

式中 J——短路时电动力冲量，N·s/cm；

t——短路遮断时间，s；

K——校正系数，取 0.833。

（2）导线摆动的水平位移。

1）导线摆动角。当持续短路时，导线的摆动角为

$$\alpha = 2\text{tg}^{-1}\frac{F}{GC_1C_2C_3} \tag{21-133}$$

式中 F——等效电动力，N/m；

G——导线重量，N/m；

C_1——空气阻力系数，取 1.1～1.15；

C_2——惯性阻力系数，取 1.1～1.2；

C_3——短路电流衰减系数，取 1.2～1.3。

2）水平位移。短路时，导线摆动引起的水平位移按下式计算

$$b = \frac{f}{C_1C_2C_3}\sin\alpha \tag{21-134}$$

式中 f——最大弧垂，m；

$\sin\alpha$——导线摆动角 α 的正弦函数。

C_1、C_2、C_3 其含义同前。

3）短路时导线跳跃高度计算。短路时导线在电动力与重力的作用下产生摆动并出现跳跃，其跳跃高度按下式计算

$$h = \frac{v^2}{2g} \tag{21-135}$$

式中 g——重力加速度，$g=9.81\text{m/s}^2$；

v——导线摆动跳跃速度，m/s。

$$v = \frac{Fgt}{C_1g_1}$$

式中符号含义同前。

21.8.5 感应电压计算

相分裂导线采用双回路共杆塔时，当一回路正常供电，另一回路停电检修；或在特殊情况下，一回路正在停电检修，而另一正常供电的回路突然发生短路事故。这两种情况所产生的感应电压都会危及操作人员的人身安全。感应电压的大小与采用的电压等级，负荷容量的大小，线路长度，同回路相间距离以及双回路之间的距离有关。因此，在相分裂架空线路设计中必须对感应电压进行验算。

双回路架空线路感应电压计算，与双回路母线感应电压计算类同，请参阅第 20 章。

21.8.6 线路机械特性计算

相分裂架空线路的机械特性计算大多与单导线架空线路的机械特性计算相同或类似。这里主要介绍其不同之处，对于相同的部分只在计算中引用，不再重复叙述。

21.8.6.1 相分裂导线安全系数

安全系数的选取是 10（6）kV 相分裂导线的重要问题之一，因相分裂导线根数多，截面大，如按一般架空线一样取安全系数，必使杆塔受力很大，结构复杂，造成投资加大，技术经济上将不合理。特别是 10（6）kV 相分裂架空线路多在工厂厂区内或厂区附近，供电距离较短，若选用的档距不太大时（一般在 100m 以下），弧重不会很大，这样就允许将安全系数放大，并选用 LJ 型铝绞线，从而使应力降低，减轻杆塔受力。如某工程选用 3×LJ-400 三分裂导线，其档距为 100m 左右，安全系数采用 7。

同一线路中安全系数一般取同一数值，但遇到地形复杂（既有山地，又有平地）时，若取同一安全系数，抛必引起部分杆塔弧垂增大（当安全系数取值大时）或部分杆塔受力增大（当安全系数取值小时），这都不够经济合理，这时可以在不同耐张段内分别选择安全系数。在一工程中，因地形复杂且有跨越，选用 3×LGJQ-400 三分裂导线，不同的耐张段选用不同的安全系数，最大安全系数取值为 10。

安全系数的选择应作技术经济比较，所选数值是否合适，是关系到杆塔设计是否经济合理的重要因素之一。

21.8.6.2 相分裂导线风压计算

相分裂水平排裂两根导线的风压，与风速 (v) 的大小及同相内分裂导线间的距离 (e) 有关。风速大时，背风导线的风压降低比较显著。

日本曾进行试验，当分裂导线的间距 $e=10d$ 时 (d 为单根导线的直径)，则相分裂水平排列两根导线的风压为单根导线的 1.8 倍。当 $e=20d$ 时，约为 1.9 倍。

试验导线为 2×LGJQ-240，$e=40cm$，$v=40m/s$。实测结果，单根导线风压为 $1000kN/m^2$，相分裂水平排列两根导线的风压为 $1800kN/m^2$。计算弧垂时，每根导线的风压取平均值 $900kN/m^2$。

有的国家的风速较日本为小，因此水平排列两根接近的导线，得不到降低风压的效果。目前，瑞典、前苏联、法国均按两倍风压计算。

结合我国的情况，当分裂导线的间距 $e \geqslant 10d$ 时，相分裂水平排列两根导线的风压一般可仍按两倍风压计算，不考虑同相中迎风的一根导线对背风的一根导线的屏蔽作用，比较安全。在同一条件下，对于呈三角形排列的三分裂导线的风压一般可按三倍风压计算。

21.8.6.3 相分裂导线应力和弧垂的计算

相分裂导线应力和弧垂的计算一般只计算分裂导线中一根导线的应力和弧垂，计算公式与单导线相同，不过在计算比载时须考虑间隔棒重量的影响。同一工厂生产的规格结构相同的导线，其初伸长值几乎相等，因此同相内多根导线架设时应具有相等的应力和弧垂，而 n 根分裂导线的张力应为单导线的 n 倍。

对于交叉跨越，其计算也与高压架空线路相同。

当适应电力网的发展，从原来单导线改为相分裂导线时，则后架导线必须慎重考虑导线的初伸长问题。因为导线长度极小的变化，对张力及弧垂能引起很大的影响，形成同相内多根导线的弧垂差别很大。在这种情况下，一般需对后架导线进行预张拉，然后架线。

21.8.6.4 相分裂导线直线杆塔断线条件的选择

相分裂导线线路杆塔设计的顺线路荷重条件主要取决于断导线条件的选择，它对杆塔耗用钢材的指标有很大影响。如何采用符合于我国国情的断线条件，做到既安全可靠又经济合理，是工程设计中一项重要任务。

相分裂导线直线杆塔的断线条件，只考虑断一相中的一根导线。对二分裂导线断线张力取一根导线最大使用张力的 40%。

21.8.7 间隔棒安装

21.8.7.1 相分裂导线碰线问题

相分裂导线的碰线一般由以下几方面引起：

(1) 电磁吸引力作用。相分裂导线每相分裂成几根，平行排列，且电流较大，在正常运行时导线间有互相吸引力和推斥力，当吸引力很大时，就可能使导线发生碰线，从而引起摩擦和缠绕而损伤导线。在故障短路时，电流很大，将产生很大的电磁冲击力，导线将发生碰击。

(2)风力作用。水平排列的分裂导线有互相对风力的屏蔽作用，上风向的导线风压较大，下风向导线风压较小，这个风力将使导线产生不同风偏，上风向导线风偏大，下风向导线风偏小，相当于互相吸引。此外，当大风时导线可产生不同步摆动。这都可使导线发生碰线。

(3)雪冰作用。当两导线附着冰雪厚时，起吸引力作用，下风向导线冰雪厚时，起推斥力作用。在吸引力作用下，导线亦可能发生碰线。

架空线路常年运行于野外，受着风、雪、雷电的气象条件的影响，尤其在山谷地段的线路，受气候条件的影响更大。据日本一资料介绍，在风、雪、冰的影响下(有时也因短路电流冲击力作用)，分裂导线将出现鞭击（因风等原因引起同相中各导线间互碰撞的现象称为鞭击)、扭转（分裂导线各相上导线因冰或季节性的风引起位置相互翻转的现象称为扭转)、振动（一是由于导线风压，覆冰脱落，短路大电流冲击力等原因产生的较大纵向或横向的振动；另一是因微风引起导线振幅数毫米的振动，亦称微振动)、舞动（覆冰导线遇到风，由于覆冰的形状，它和飞机机翼的原理一样，导线承受扬力，发生自励振动）以及跳跃等现象，这些现象也可统归为相分裂导线碰线问题，有些现象虽出现较少，但在相分裂导线的设计中（包括线路路由的选择）应予以足够重视。

为了避免分裂导线缠绕发生磨擦和碰线，保持一定的分裂间距，必须在档距中每隔适当的距离安装间隔棒。据日本一资料介绍，设装间隔棒的两导线风压是单导线的两倍。

对于防止因故障短路时产生很大电磁冲击力而引起的导线碰击，仅加装间隔棒，即使数量很多，效果并不理想。这时可在加装间隔棒的基础上加装横联装置。

某工程中，在160m档距内，加装两处横联装置，使线路分成三段，每段约55m，加横联装置后导线弧垂减少，解决了导线碰击问题。

21.8.7.2 间隔棒安装距离计算

间隔棒之间的距离，取决于线路的弧垂、张力、风力、最大负荷电流及最大短路电流等因素。

A 按正常负荷运行时电气作用力计算

(1) 水平排列二分裂导线。

水平排列二分裂导线吸引净力距 M 为

$$
\begin{aligned}
M &= M_1 - M_2 \\
&= F_m f_p \cos\theta - (F_s f_p \cos\theta + q f_p \sin\theta) \\
&= (F_m - F_s) f_p \cos\theta - q f_p \sin\theta
\end{aligned}
$$

因为 θ 很小，$\cos\theta \cong 1$，$\sin\theta \cong \dfrac{p}{f_p}$，所以

$$
\begin{aligned}
M &= (F_m - F_s) f_p - \frac{qp}{f_p} f_p \\
&= \left(\frac{K_m e^2}{e-2p} - \frac{K_s U^2}{e-2p}\right) f_p - \frac{qp}{f_p} f_p \\
&= \left(\frac{K}{e-2p} - p\right) q \qquad (21\text{-}136)
\end{aligned}
$$

令 $K = K_m I^2 \dfrac{f_p}{q} - K_s U^2 \dfrac{f_p}{q}$，忽略静电推斥力时，则

$$K = K_m I^2 \frac{f_p}{q} \qquad (21\text{-}137)$$

在正常负荷时，I 及 e 均为定值，则式21-130表示 M 和 p 的关系。当导线开始偏移时，$p=0$，电磁吸引力矩 $M_1 = \dfrac{K_m I^2}{e} f_p$，忽略静电推斥力，恢复力矩 $M_2 = 0$，导线将由于吸引而偏移。

在偏移过程中，p 逐渐增加，$M_1 = \dfrac{K_m I^2}{e-2p} f_p$ 也逐渐增加，而重力恢复力矩也逐渐增加，当 M_2 比 M_1 增加得快时，$M = M_1 - M_2$ 将随 p 值增加而逐渐减小，即 $\dfrac{dM}{dp} < 0$，当 p 为某一值时 $M=0$，即达力矩平衡状态而使导线静止，故不会碰线。

若偏移过程中 M_1 比 M_2 增加得快，则 $M = M_1 - M_2$ 将随 p 值增加而增加，即 $\dfrac{dM}{dp} > 0$，故不能达到力矩平衡，直至碰线为止。所以导线不碰线的条件为 $\dfrac{dM}{dp} < 0$，由式21-136得

$$\frac{dM}{dp} = \frac{d}{dp} q\left(\frac{K}{e-2p} - p\right) < 0$$

则 $2K - (e-2p)^2 < 0$

$$e - 2p > \sqrt{2K} \qquad (21\text{-}138)$$

由式21-137 $K = K_m I^2 \dfrac{f_p}{q}$，而 $f_p = \dfrac{2}{3} f = \dfrac{2}{3} \dfrac{\gamma l^2}{8\sigma}$（$\sigma$ 为应力，γ 为比载），算出满足式21-138的最大的 e 值，即为允许的最大的间隔棒安装距离。

在工程计算中，先假设一间隔棒距离，计算出 f，f_p，用式21-137求出 K，再由式21-129求出 p，即可验证式21-138是否可以成立，若能成立，即不会碰线，然后再假定更大的 l 值，作同样计算，直到式21-138不成立，取其中最大的不会碰线的 l 值，即为间隔棒最大安装距离。

(2) 逆三角排列的三分裂导线

根据图21-43和式21-130

$$
\begin{aligned}
M &= M_1 - M_2 \\
&= K_m I^2 f_p \left[\frac{1}{e-2p} + \frac{2\ (e-2p)}{4h + (e-2p)^2}\right] - pq
\end{aligned}
$$

若要不碰线必须导线稳定在某一 p 值的位置上，此时 $M=0$，若 p 值再增加，恢复力矩 M_2 将大于吸引力矩 M_1，M 为负值。

若偏移过程中，吸引力矩 M_1 总大于恢复力矩 M_2，M 总为正数，导线必然碰线。

计算时，可先假设一间隔棒距离 l，算出 f，f_p，求出此 f_p 时的 $M = f\ (p)$ 的方程式，再给定各种 p 值，算出相应 M 值，若 M 出现零或负值，则不会碰线。再假设更大的 l 值，作同样计算，若所有 M 值均为正数，则将要碰线。取最大的不碰线的 l 值为间隔棒安装距离。计算见第21.8.9节。

B 按风偏计算

水平排列二分裂导线可按下列经验公式计算

$$l = \sqrt{\frac{4(e-d-\delta)}{\gamma_b \sin\varphi}}\ \sqrt{\sigma} \qquad (21\text{-}139)$$

式中 l——间隔棒的距离，m；

e——分裂导线间距，m；

d——导线直径，m；

δ——分裂导线间接近的裕度，取0.02～0.04m；

γ_b——导线在风偏时的综合比载，N/（m·mm²），取最大风压时比载；

φ——风偏角，$\mathrm{tg}^{-1}\dfrac{g_4}{g_1}$；

σ——与 γ_b 对应的导线应力，N/mm²。

C 实际安装距离选择

间隔棒实际安装距离要选取以上两法中计算出的最小值。这个数值为平均一般距离，使用时应结合实际档距来确定间隔棒距离和数目。通常靠近线夹处的间

隔棒距离较档距中间为小，并使一档中的间隔棒的距离对称排列。

上述两种方法计算间隔棒的安装距离均欠准确，仅作参考。在实际选择中，还应参考已有线路的运行经验来确定实际使用的间隔棒距离和数目。例如某工程10kV，3×LJ-400三分裂导线间隔棒安装距离为20m左右，最大不超过25m。又如一工程中，10kV，3×LGJQ-400三分裂导线间隔棒安装距离为25m左右。

对双分裂架空线路，目前投入运行的很多，有一些运行时间达到20年左右。导线大多在2×LJ-150～2×LJ-240，安全系数为3.5～4.5，双分裂为水平排列。实际挂距一般不大，但超过80m～120m左右的还是不少。设计规定档距超过80m～120m的，中间应加间隔棒一只，可能是施工比较困难的原因，间隔棒一直未加。现场反映，有风时经常看到和听到导线鞭击，但检查结果，损害不大。大电机起动时也有鞭击，同样也损害不大。从此也可以看到，分裂导线不装间隔棒鞭击是有的，但损害不大。110kV高压架空线路，双分裂水平排列(看到的为旧有单导线再加一根)，装有间隔棒，500kV四分裂装有间隔棒，间隔棒的距离为60m到80m。两分裂垂直排列的110kV～220kV架空线大都没有装间隔棒。

21.8.7.3 间隔棒的结构

目前我国间隔棒，二分裂、三分裂和四分裂都有。二分裂间隔棒也可以装在三分裂及四分裂导线上，两根导线间依序装三只就是三分裂，装四只就成为四分裂。

二分裂间隔棒为球绞式、阻尼式两种。分裂间距也是400和450mm两种。三分裂和四分裂为标准阻尼式，间距均为450mm。各种间隔棒在《金具手册》及样本中均有详细介绍。

21.8.8 杆塔及基础设计

21.8.8.1 设计原则

10 (6) kV相分裂架空线路按电压划分虽属高压配电线路范围，但由于它多为重要电源线路，且杆塔受力较大，施工复杂，所以按送电线路计算杆塔荷重较为合适。

其它杆塔及基础计算与一般单导线架空线路相同。

21.8.8.2 杆塔型式简介

相分裂架空线路杆塔型式有钢筋混凝土电杆与铁塔两种，杆塔的选型与线路所经路由的地形、地质等条件有关，要经综合比较而定。

二分裂导线架空线路直线杆，可采用针式绝缘子，也可采用悬式绝缘子。采用针式绝缘子结构简单，造价也低。在档距较大或有酸碱等腐蚀气体和粉尘的地方才采用悬式绝缘子。三分裂导线架空线路直线杆塔一般宜采用悬式绝缘子。

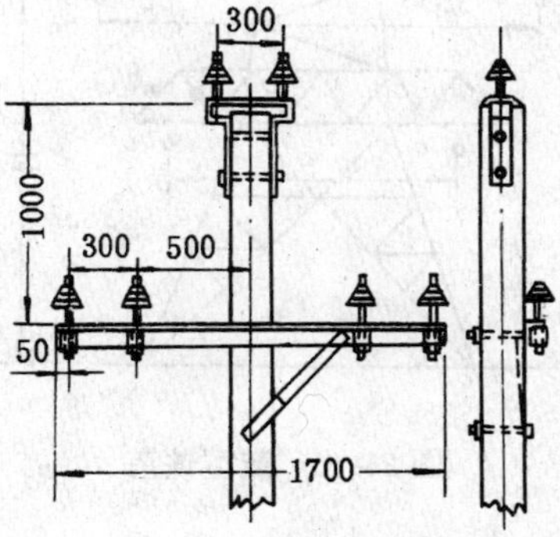

图 21-44 二分裂导线直线杆杆顶结构

$240mm^2$ 及以下二分裂导线架空线路采用针式绝缘子的杆顶结构如图21-44所示。

对于双回路共杆的三分裂导线的杆型可见第21.8.9节中所示例图。

铁塔在10 (6) kV相分裂导线中亦有采用。一工程地处大孔土地带，地形高差25m左右，又为2路3×LGJQ-400导线，故经技术经济比较，采用了铁塔型式，并作了酒杯型与鼓型比较，其塔型分别见图21-45与图21-46。在设计中为满足感应电压以及短路状态下摇摆角的要求，进行了线间距离及相间距离的计算，经比较，采用了鼓型铁塔。

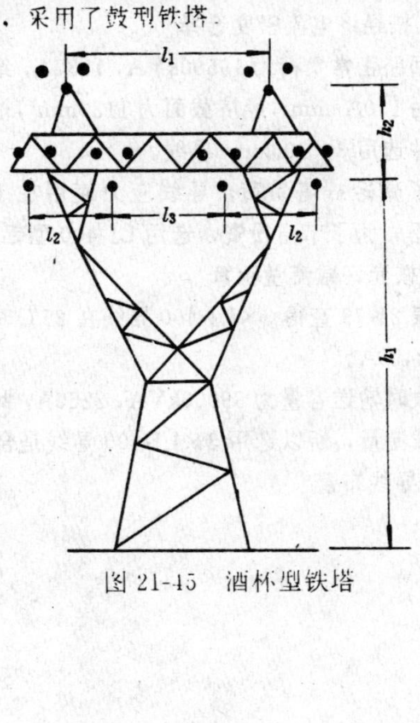

图 21-45 酒杯型铁塔

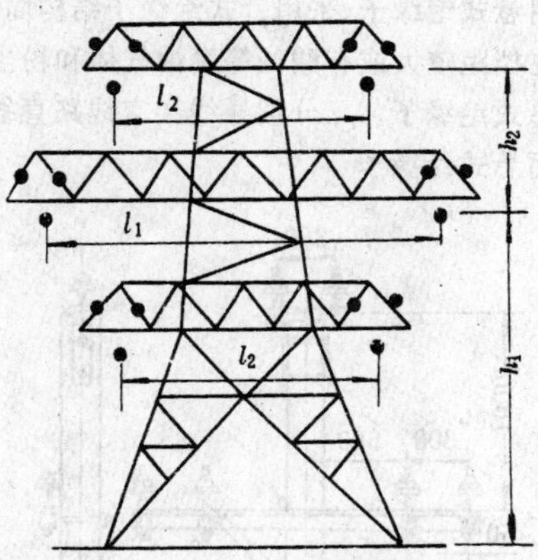

图 21-46 鼓型铁塔

21.8.9 某工程的 10kV 3×LJ-400 相分裂导线架空线简介

21.8.9.1 设计条件

由区域变电所以 10kV 向某铁合金厂供电，距离 1.362km，路径为丘陵地区，输送总容量为 39000kVA，$\cos\varphi=0.9$，双回路供电，正常时每回路输送总容量的一半，事故时一回路输送全部容量。区域变电所出口短路容量为 412MVA。气象条件为最高温度+40℃，最大风速 25m/s，覆冰厚度 10mm，雷电日 50。线路示意断面图见图 21-47。

21.8.9.2 导线选择和布置

A 按经济电流密度选择

每回路正常负荷为 19500kVA，1130A，经济电流密度选用 1.0A/mm²，经济截面为 1130mm²，根据施工单位条件选用 3×400mm² 导线。

为了减轻杆塔负荷，导线应力使用在 19.62N/mm² 以下，为了节省投资，选用 LJ-400 型铝线。

B 按允许载流量验算

由表 21-79 查得 3×LJ-400 导线在 25℃时允许载流量为 2490A。

事故时输送容量为 39000kVA，2260A，此电流小于允许载流量，所以选用 3×LJ-400 导线是合适的。

C 导线布置

线路的主要部分长 1212m，采用相分裂导线，每相三根导线，采用两上一下等边三角形布置，每边长 40cm。在两端变电所进出线部分共长 150m，采用组合导线方式，即三导线水平排列，间距 120mm，每米装两只双软母线固定线夹。由于沿途路径限制，容不下两回路单杆线路，所以采用双回路共杆，杆型图见图 21-48～图 21-53。

D 电抗计算

用式 21-119

$$X = 0.1445\lg\frac{D_p}{r_f}+\frac{0.0157}{n}$$

计算 $D_p=\sqrt[3]{a_1a_2a_3}=\sqrt[3]{234\times333\times275}=278\text{cm}$

a_1、a_2、a_3 各相导线间相互距离，cm。

$$r_f=\sqrt[n]{ra_p{}^{n-1}}=\sqrt[3]{\frac{2.58}{2}(40)^2}=12.7\text{cm}$$

结果 $X=0.194\ \ \Omega/\text{km}$

E 电压降计算

正常负荷为 $S=19500\text{kVA}$，$P=17500\text{kW}$，$\text{tg}\varphi=0.48$。

正常负荷时导线温度取 40℃，LJ-400 导线由表 21-82 查得，并经式 21-118 计算，得电阻为 0.0903Ω/km，三根导线并联，电阻

$$R=\frac{0.0903}{3}=0.0301\Omega/\text{km}.$$

电压降根据式 21-117 求得

$$\Delta U=\frac{R+X\text{tg}\varphi}{10U^2}PL\times\%$$
$$=\frac{0.0301+0.194\times0.48}{10\times10^2}\times17500\times1.362\%$$
$$=2.95\%$$

事故时：$S=39000\text{kVA}$，$P=35000\text{kW}$，$\text{tg}\varphi=0.48$，$R=\frac{0.1010}{3}=0.0337\Omega/\text{km}$。

$$\Delta U=\frac{R+X\text{tg}\varphi}{10U^2}PL\times\%$$
$$=\frac{0.0337+0.194\times0.48}{10\times10^2}\times35000\times1.362\%$$
$$=6.09\%$$

21.8.9.3 导线力学计算

A 导线比载

导线的比载见表 21-86。

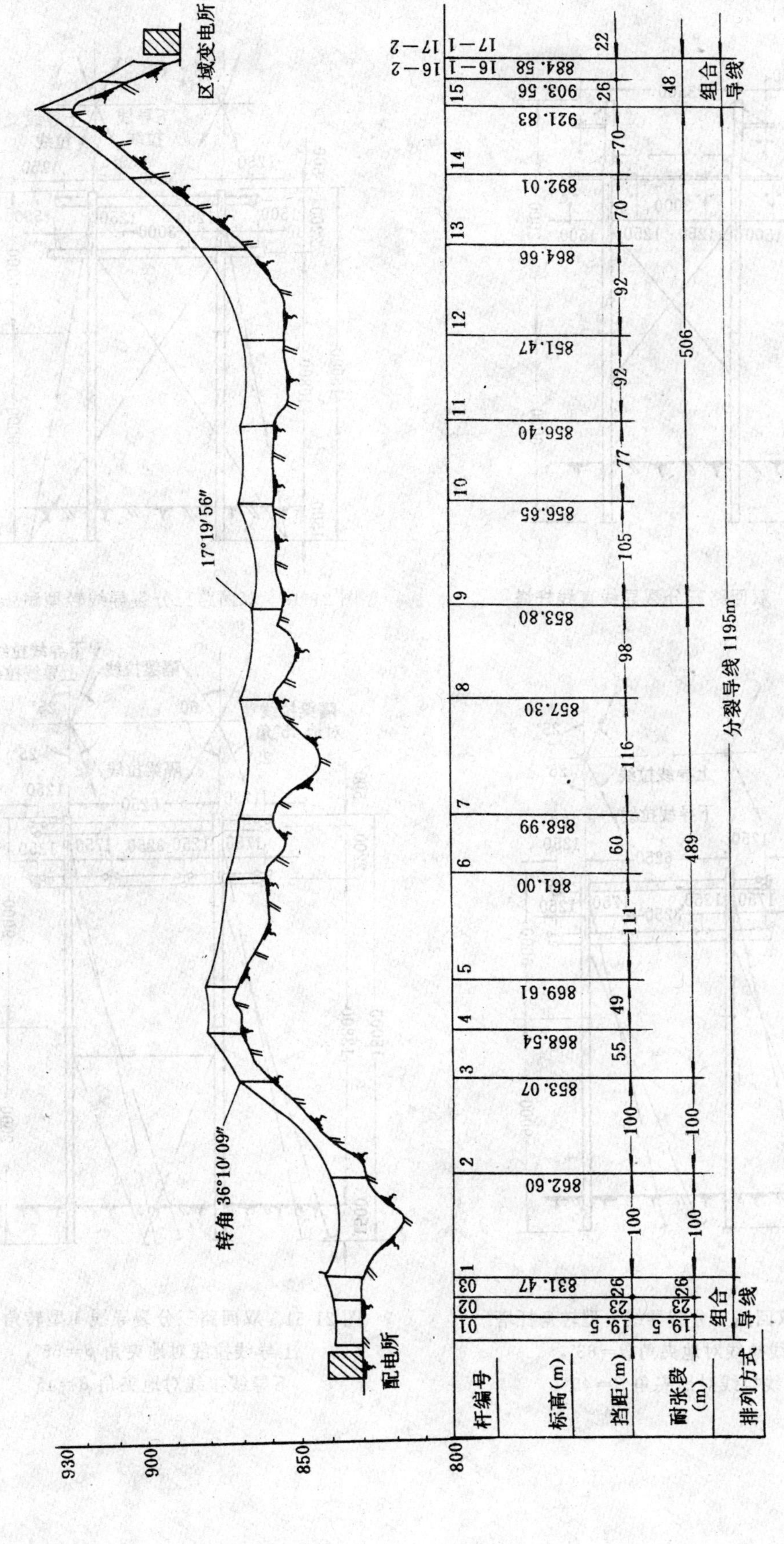

图 21-47 线路示意断面图

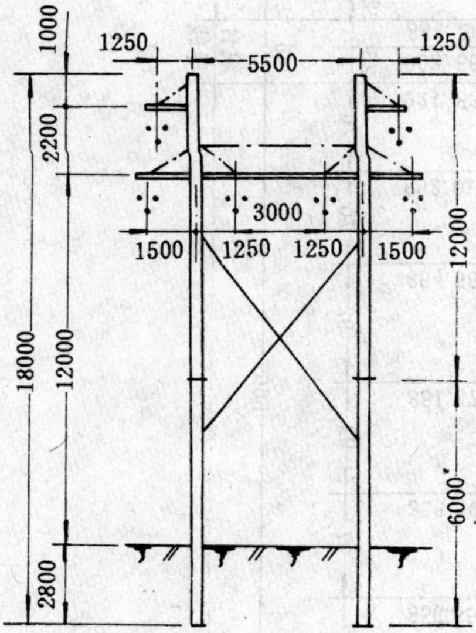

图 21-48 双回路三分裂导线直线杆塔

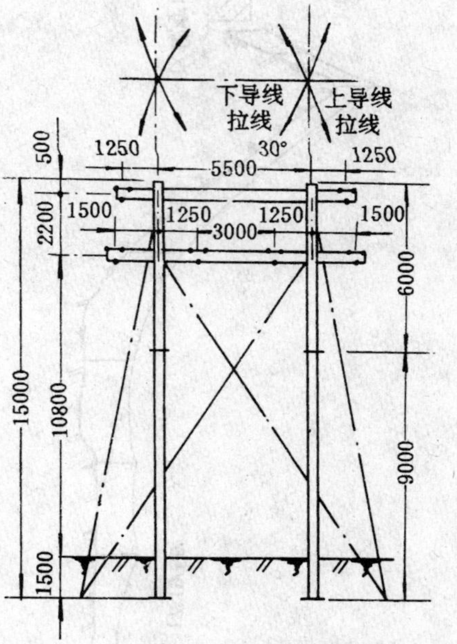

图 21-49 双回路三分裂导线轻型耐张杆塔

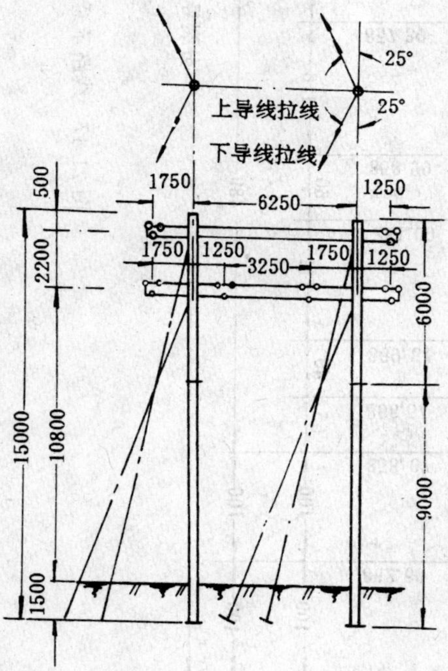

图 21-50 双回路三分裂导线Ⅰ型转角杆塔

上导线拉线对地夹角 $\beta=63°$，

下导线拉线对地夹角 $\beta=45°$

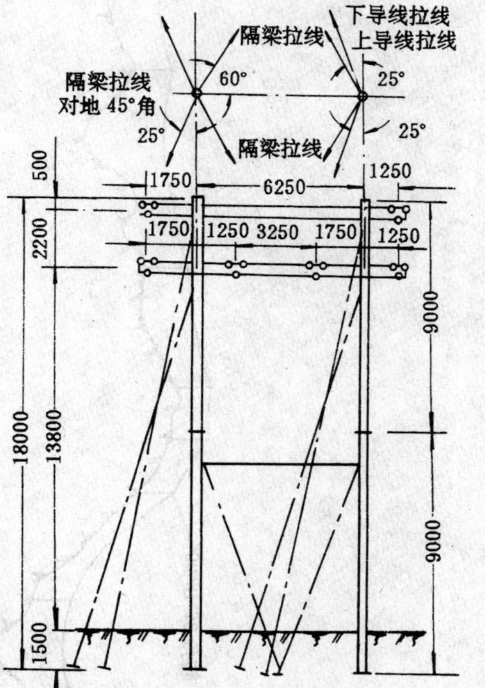

图 21-51 双回路三分裂导线Ⅱ型转角杆塔

上导线拉线对地夹角 $\beta=55°$，

下导线拉线对地夹角 $\beta=45°$

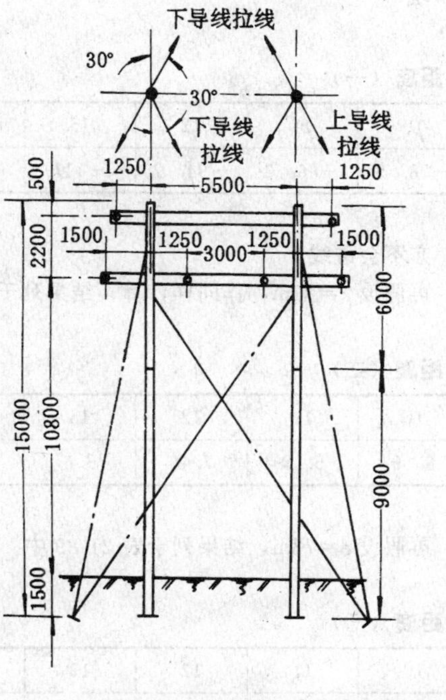

图 21-52　双回路三分裂导线 I 型终端杆塔

下导线拉线对地夹角 $\beta=45°$

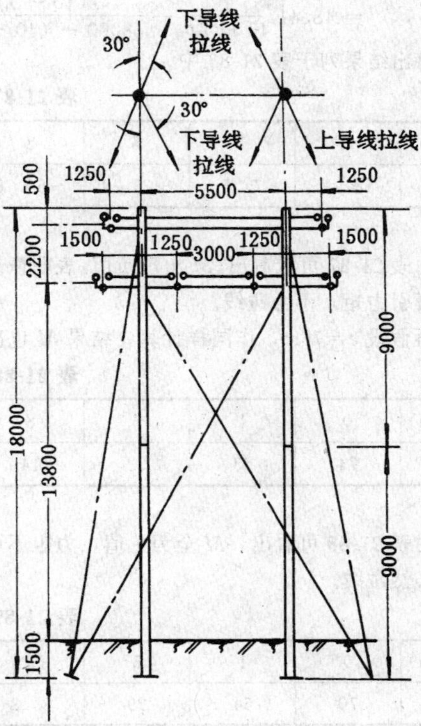

图 21-53　双回路三分裂导线 Ⅱ 型终端杆塔

下导线拉线对地夹角 $\beta=60°$

表 21-86　导线比载

重量（N/m）	比载〔N/（m·mm²）〕	备　注
1. 导线及间隔棒自重　$q_1=(3\times1.087+\frac{4}{20})9.81=33.95$	$\gamma_1=2.855\times10^{-2}$	每 20m 安装一只重 39 的间隔棒
2. 导线冰重　$b=10$mm　$q_2=29.78$	$\gamma_2=2.506\times10^{-2}$	
3. 导线自重及冰重　$q_3=63.74$	$\gamma_3=5.361\times10^{-2}$	
4. 导线风压（25m/s 风速）　$q_4=35.58$	$\gamma_4=2.995\times10^{-2}$	导线风压不考虑导线互相屏蔽系数
导线风压（10m/s 风速）　$q'_4=5.71$	$\gamma'_4=0.481\times10^{-2}$	
5. 导线覆冰时风压（10m/s 风速）　$q_5=10.12$	$\gamma_5=0.852\times10^{-2}$	
6. 自重及风压综合（25m/s 风速）　$q_6=\sqrt{q_1^2+q_4^2}=49.15$	$\gamma_6=4.14\times10^{-2}$	
7. 自重及风压综合（覆冰时）　$q_7=\sqrt{q_3^2+q_5^2}=65.33$	$\gamma_7=5.44\times10^{-2}$	
8. 自重及风压综合（安装情况）　$q'_6=34.34$	$\gamma'_6=2.894\times10^{-2}$	

B　间隔棒安装距离计算

(1) 按运行时电气作用力计算。

由式 21-130

$$M=M_1-M_2$$

$$=K_mI^2f_p\left[\frac{1}{e-2p}+\frac{2\ (e-2p)}{4h^2+\ (e-2p)^2}\right]-qp$$

先假设 $e=40$m，由已算出的弧垂曲线在 40℃，$e=100$m 时，$f=400$cm，则 $e=40$m 时，

$$f_p=\frac{2}{3}\times\left(\frac{40}{100}\right)^2\times400=42.6\text{cm}。$$

代入式 21-130 得

$$M=\frac{2.04}{9}\times10^{-6}\times9.81\times(2260)^2\times42.6\left[\frac{1}{40-2p}+\frac{2(40-2p)}{4(34.6)^2+(40-2p)^2}\right]-1.087p$$

$$=48.4\left[\frac{1}{40-2p}+\frac{2(40-2p)}{48000+(40-2p)^2}\right]-10.66p$$

算出结果列于表 21-87 中。

表 21-87 间隔棒安装距离（一）

p (cm)	0	1	5	8	9	10	11	12	15	18.5
M	18. 1	7. 5	−31. 4	−60. 8	−68. 7	−78. 5	−86. 3	−94. 2	−111	−35. 3

由表 21-87 可以看出，M 出现负值，表明恢复力矩大于吸引力矩，不会碰线。

再假设 $e=75$m，作同样计算，结果 M 也出现负值，亦不会碰线。

再假设 $e=80$m，作同样计算，结果列于表 21-88 中。

表 21-88 间隔棒安装距离（二）

p (cm)	0	1	5	8	9	10	11	12	15	18.5
M	74	63	32	14	10	6. 9	5. 9	7. 8	3.6	457

由表 21-88 可看出，M 全为正值，力矩不可能平衡，必然碰线。

再假设 $e=78$m，结果列于表 21-89 中。

表 21-89 间隔棒安装距离（三）

p (cm)	0	1	5	8	9	10	11	12	15	18.5
M	70	64	29	8. 8	5. 9	1. 0	0	1. 0	2.7	427

由表 21-89 可以看出，M 只出现零值，未出现负值，表示这个距离是不碰线的临界距离，即间隔棒安装距离不大于 78m。

（2）按风偏计算。

考虑下导线对上导线风偏碰线影响不大，所以按水平排列二分裂导线公式 21-139 计算

$$e=\sqrt{\frac{4\ (e-d-\delta)}{\gamma_6\sin\varphi}}\times\sqrt{\sigma}$$

$$=\sqrt{\frac{4\ (0.4-0.0258-0.02)}{4.22\times10^{-3}\times0.72}}\times\sqrt{1.4}=25\text{m}$$

其中 $\sin\varphi=0.72$ 是根据 $\varphi=\mathrm{tg}^{-1}\dfrac{\gamma_4}{\gamma_1}=\mathrm{tg}^{-1}\dfrac{2.995\times10^{-2}}{2.855\times10^{-2}}=46.5°$求出的。

根据以上计算，按风偏算出为 25m，按电磁吸引力为 78m，选用其中较小值即 25m，确定每 20m 左右装一只间隔棒，最远不超过 25m。

C 弧垂及应力计算

1）安全系数及导线使用最大应力。安全系数采用 7，LJ-400 导线截面为 396mm²，拉断力为 52483.5N，则最大使用应力 $\sigma_{max}=\dfrac{52483.5}{396\times7}=18.914\text{N/mm}^2$。

2）弧垂计算。各种跨距和弧垂计算同一般单导线架空线，最大档距为 116m 时，最大弧垂约为 5.5m。

D 电杆负荷计算

电杆负荷计算同 21.5.3 节送电线路计算方法。

直线杆断线张力经过计算断一根导线后，其余两根导线的最大拉力为每根 10104.3N 合 25.506N/mm²，大大小于拉断应力 137.34N/mm²，所以不会继续拉断。经计算结果，断一相中一根导线杆塔受张力 618.03N/相，因数值很小，计算杆塔时可不考虑。

21.8.9.4 金具及杆塔型式

A 间隔棒

因南京线路器材厂只生产用于 LGJQ-330 型导线的二分裂导线间隔棒，使用这种间隔棒的线夹，将连杆改为三分裂导线的，使用在本工程，因 LGJQ-330 型和 LJ-400 型导线直径相近，可以使用。

B 耐张线夹等金具

因 LJ-400 导线没有定型金具，经南京线路器材厂试验，可以使用 LGJQ-330 型导线用的 NY-330Q 型耐张线夹，试验时握力及拉断力均在 52974N 以上，大于 LJ-400 导线拉断力 52483.5N。

悬垂绝缘子串组装见图 21-54。

为了避免在耐张杆跳线时上导线跳线和下导线绝

缘子相碰，上边两导线采用延长的耐张绝缘子串见图21-56，下边导线用不延长的耐张绝缘子串见图21-55。

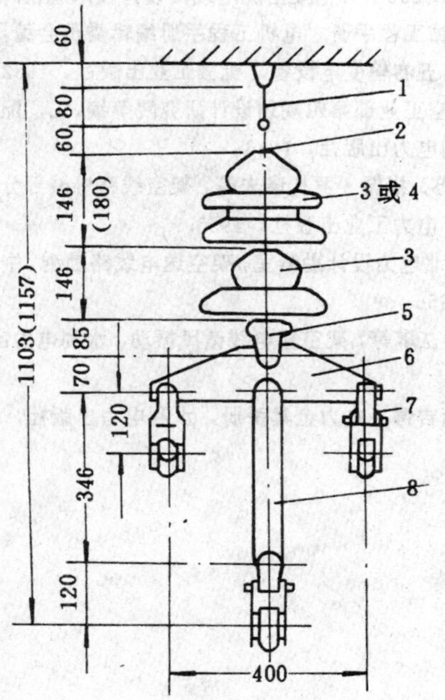

图 21-54　悬垂绝缘子串组装图

1—U 型挂环 U_1-6C 型；2—球头挂环 QP-6 型；3—悬式绝缘子　X-4.5 型；4—防污悬式绝缘子　XW-4.5 型；5—双联碗头挂板 W_2-6 型；6—二联板 L-12 型；7—固定型悬式线夹 XG-4 型；8—延长平行挂板

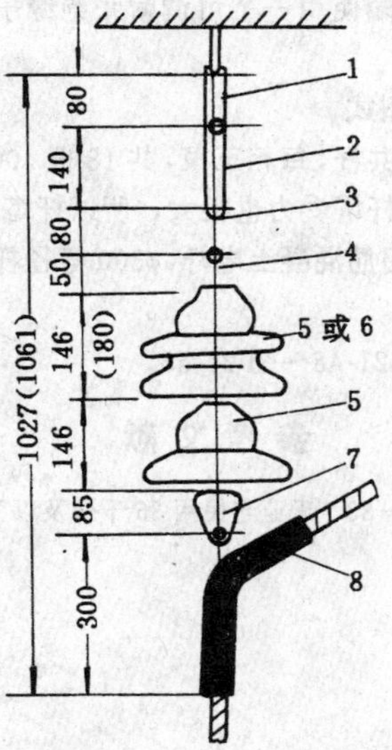

图 21-56　延长的不可调耐张绝缘子串组装图

1—直角挂板；2—延长环 YH-Q614 型；3—U 型挂环；4—球头挂环；5—悬式绝缘子；6—防污悬式绝缘子；7—双联碗头；8—压接型耐张线夹

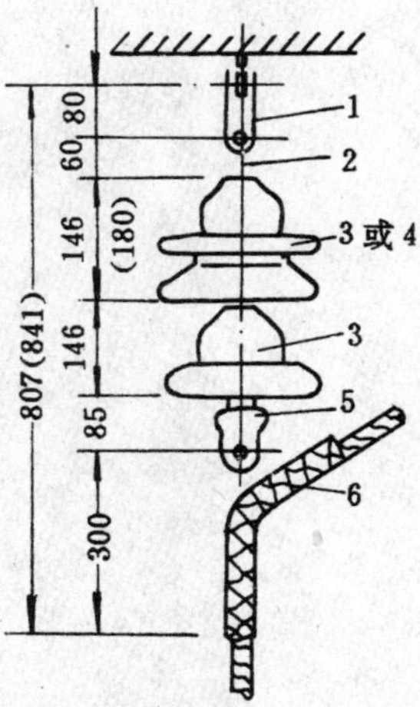

图 21-55　不可调耐张绝缘子串组装图

1—直角挂板 Z-6 型；2—球头挂环 QP-6 型；3、4—防污悬式绝缘子 XW-4.5 型；5—双联碗头挂板 W_2-6 型；6—压接型耐张线夹 NY_1-330Q 型

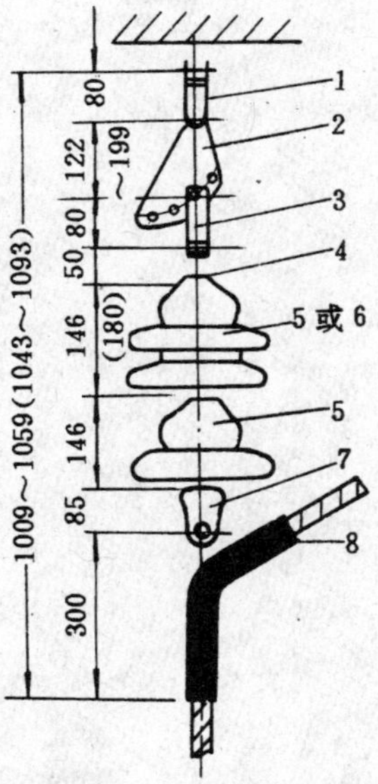

图 21-57　可调耐张绝缘串组装图

1—直角挂板；2—耐张绝缘子串调整板 G7-6 型；3—直角挂板；4—球头挂板 QP-6 型；5—悬式绝缘子；6—防污悬式绝缘子；7—双联碗头挂板；8—压接型耐张线夹（可卸开式）NY_2-330Q 型

为了使每相三导线的弧垂容易调整到相等，在每耐张段导线一端使用一个可调耐张绝缘子串见图 21-57。

C 杆塔型式

因双回路共杆，每相三根，共 18 根 400mm² 导线，虽放松拉力，杆塔受力也很大，所以杆塔是特殊设计的。电杆使用钢筋混凝土电杆，ϕ300 等径杆和梢径 230 的拔梢杆。

杆型见图 21-48～图 21-53。

参考文献

[1] GBJ61－83 工业与民用 35 千伏及以下架空电力线路设计规范.

[2] SDJ3－87 架空送电线路设计技术规程.

[3] SDJ206－87 架空配电线路设计技术规程.

[4]机械工程手册 电机工程手册编辑委员会编，电机工程手册，第五卷输变电设备，机械工业出版社，1982.

[5]航空工业部第四规划设计研究院等编，工厂配电设计手册，水利电力出版社，1983.

[6]〔苏〕格姗·罗札诺夫等，架空线路机械部分计算的几个问题，电力工业出版社，1955.

[7]东北电力设计勘测室，架空送电线路勘测，中国工业出版社，1956.

[8]郑立琪等，架空输电线微风振动，水利电力出版社，1987.

[9]董吉谔，电力金具手册，水利电力出版社，1984.

第22章

电 炉 短 网

22.1 工频电炉短网

22.1.1 概述

电炉是钢铁工业的重要工艺装备。电炉用来加热钢坯、钢材、钢水；冶炼优质合金钢、铁合金；熔化涂层材料等。近来由于短流程工艺的发展，电炉还用来冶炼普通钢。常用的电炉种类有：交流炼钢电弧炉，直流炼钢电弧炉，铁合金电弧炉、电渣炉、感应炉、电阻炉等。本节主要是叙述炼钢电弧炉、铁合金炉、电渣炉的短网。在电炉冶炼过程中，必须往炉内输送数千安乃至数万安的强大电流，这样大的电流就是靠短网输送的。短网也称大电流线路，系指从电炉变压器二次出线端到电极（包括电极）的载流体的总称。

短网主要是矩形母线排（有的为水冷空心导电铜管）挠性电缆、水冷铜管及电极等部件组成。当然，补偿器、电极夹头等也是短网不可分离的部件，但对短网参数起决定作用的部件还是铜母线排（或水冷空心铜管）、挠性电缆、水冷铜管及电极四大部分。图 22-1 示出炼钢电弧炉的典型短网结构。

通常短网随电炉和电炉变压器成套供应，短网设计属成套设备的设备设计范围，水冷铜管和电极则属电炉本体结构设计范围。但工厂设计应根据工艺要求，对短网提出技术要求，协助建设单位与制造厂签定技术协议。

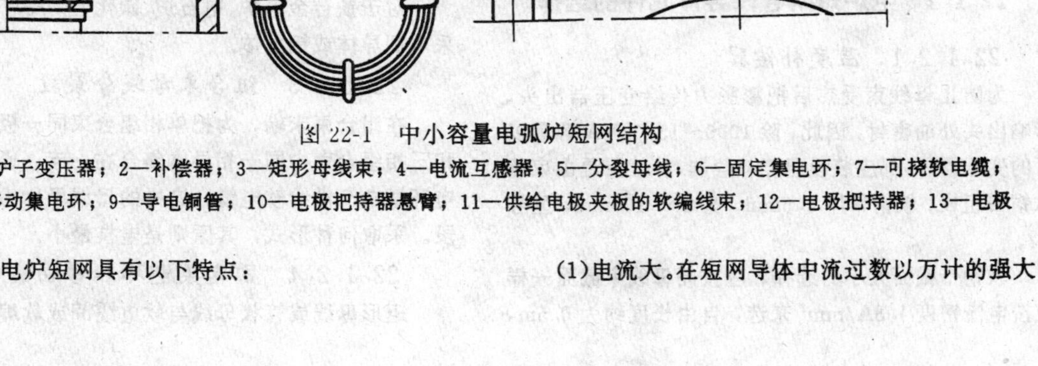

图 22-1 中小容量电弧炉短网结构

1—炉子变压器；2—补偿器；3—矩形母线束；4—电流互感器；5—分裂母线；6—固定集电环；7—可挠软电缆；8—移动集电环；9—导电铜管；10—电极把持器悬臂；11—供给电极夹板的软编线束；12—电极把持器；13—电极

工频电炉短网具有以下特点：

(1)电流大。在短网导体中流过数以万计的强大电流，必将在短网导体四周形成强大的磁场，在短网导体及其周围的钢铁构件中将产生非常大的功率损耗，引起发热。如不采取有效措施（如尽量减少短网阻抗、并避免在短网导体附近有磁性金属闭合回路），则势必降低电炉的工作效率，影响电炉的正常运行。此外，由于大电流，特别是在电弧炉熔化期内频繁的工作短路电流，使短网导体之间存在着与电流平方成正比的极大电动力。由于这个缘故，经常有工作短路的电炉装置，应采用铜母线。负荷平稳的电炉装置可考虑采用铝母线。

(2)长度短。整个短网长度，大型炉子不超过20m，小型炉子仅为10m左右，由于短网损耗非常大。在设计短网时，必须尽量缩短短网长度，特别是挠性电缆的长度，以便最大限度地降低短网损耗。

(3) 结构复杂。短网各段导体的结构，形状不同，并联导体根数不同，排列方式也不同，因此，在进行短网设计时，既要考虑集肤效应和邻近效应的影响，按规定的电流密度选择导体截面，又要注意导体的合理配置，最佳换位，使有效电感尽量减小，各导体电流均衡及各相参数尽量接近。

(4) 工作环境恶劣。短网导体是在温度特别高，导电尘埃非常多的恶劣环境下工作的。为此，必须注意短网母线的冷却问题，具体的如抗蚀性问题，绝缘的防污问题，并重视短网导体及其绝缘物的清洁工作。

实践证明，短网的电参数对炉子正常运行起着决定性作用，炉子的生产率，炉衬寿命及功率损耗、功率因数数值在很大程度上取决于短网的电参数选择。

一个合理的短网设计必须保证炉子电弧稳定燃烧，具有最小的电损耗，既具有较高的电效率；并具有较高的功率因数；三相功率平衡。为此，必须使短网的电阻和电抗为合理的最小值，三相阻抗平衡。对短网结构的材料使用方面，要尽量节省，特别是有色金属的消耗要尽量少，维护简单，运行可靠。

22.1.2 电炉短网各段导体元件的选择

22.1.2.1 温度补偿器

为防止母线束受热后把膨胀力传给变压器出头，影响出头处油密封，因此，除1000～1500kVA容量以下的变压器外，都应装设温度补偿器，补偿器是由束状软铜带组成，软铜带厚0.5mm，宽80～100mm，型号T2。

软铜带截面大小的选择，应按硬母线束截面一样或按电流密度1.3A/mm^{2}来选，自由长度约为0.5m，并有1～2个弯。

22.1.2.2 组合母线束

短网组合母线束是电炉短网最长的一段，应尽一切办法减少其电抗。目前的做法是把一相中来去电流的导体交替并排排列，即所谓的双线制排列；还有三相导体A，B、C依次交替排列，即所谓的三相组合束排列，见图22-2。

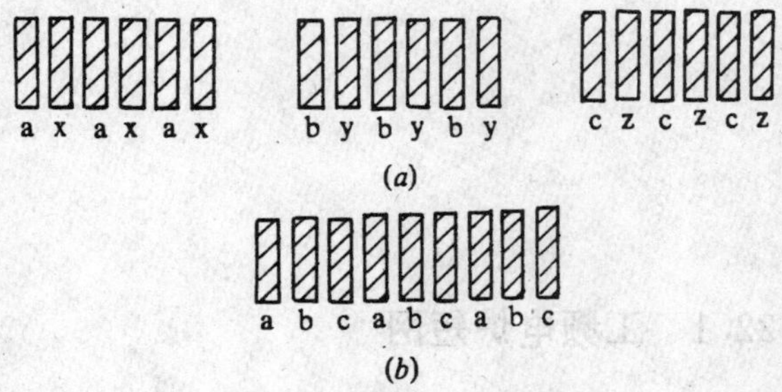

图22-2 组合束母线排列

(a) 一单相；(b) 一三相

由于采用导体组合，虽然组合束长度约占短网一半以上，但其电抗只占短网电抗的10～15%。

组合束母线导体，除用铜或铝矩形母线外，也可用铜或铝水冷管状导体，组合原则是使电抗最小，各相电抗近似相等。

导体材质（铜或铝）的选择，除考虑材料重量和电流密度关系，即铜消耗的重量是铝消耗重量的2½倍外，还取决于下列因素：

(1) 对车间和炉子气体的抗蚀性；

(2) 炉子工作制度；

(3) 电流大小；

(4) 机械和热对导体的影响；

(5) 炉子和短网结构的特点。

因此，对于电弧炉短网母线束应采用铜导体。

对于铁合金电炉、电石炉、碳化硅炉等矿热炉一般采用铜导体或铝导体。

22.1.2.3 组合束母线分裂段

在组合束末端，为把单相组合束同一极性的导体和三相组合束中同一相导体集合在一起，通过固定集电环把电流供给软电缆，这样的母线段称为母线分裂段。采取何种形式，其原则是电抗最小。

22.1.2.4 固定集电环和移动集电环

矩形母线或管状母线与软电缆间或软编线与电极

表 22-1　铸造集电环用金属物理机械性能及化学成分一览表

金属名称	牌　号	比重 γ (g/cm³)	导热系数 λ (W/m·k)	熔点 (℃)	铸造温度 (℃)	电阻率 ρ (Ω·mm²/m)	电阻温度系数 α 20～100℃	流动性 (cm)	抗拉强度 σ_b (MPa)	主要化学成分（%）					
										铜	锡	锌	铅	铝	铁
铸造黄铜	ZHZn96-4	8.85	2.428 ×10⁴	1070	1160～1200	0.031	0.0027		441（硬）	95～97		3～5			
铸锡锌铅青铜	ZQSn6-6-3	8.82	0.9378 ×10⁴	967	1150	0.09		40	196	其余	5～7	5～7	2～4		
铸锡锌铅青铜	ZQSn3-12-5	8.69		998		0.075		50～65	176.4～205.8	其余	2～4	8～15	3.6～6		
铸铝铁青铜	ZQAl9-4	7.6	0.5861 ×10⁴	1040	1120～1140	0.124		85	294～490	其余				8～10	2～4

旁水冷导电铜管间，要经过集电环接触连接起来。

集电环有铸造的和用T2牌号铜板焊成的两种，应保证接触良好。铸造的集电环用水冷却。这两种集电环相比，应优先选用T2牌号铜板焊接的，因铜板重量轻，电损耗小，不需水冷。

铸造的集电环材料，应有足够的机械强度和好的铸造性能、易于加工、抗腐蚀性能好和导电率高。因而应首先选用含少量锌的铸造黄铜，其次是铸锡锌铅青铜和铸铝铁青铜，其化学成分及物理机械性能见表22-1，铸造黄铜ZHZn96-4编号是根据GB340－76自行编制的，其化学成分及物理机械性能同压力加工黄铜H96。

22.1.2.5 可挠电缆

A 电弧炉

电弧炉短网可挠软线较长，要能保证电极垂直方向移动，出钢和出渣时炉体倾斜及炉盖旋转等几个方向动作。10t以下容量的电弧炉，采用型号为TRJ铜芯裸软电缆，10t以上的采用TRJ铜芯裸软电缆穿橡胶管水冷。TRJ铜芯裸软电缆数据见表22-25。

江苏宜兴冶金电炉附件厂生产一种水冷电缆型号为WCCB，其优点是：

(1) 电缆两端为平面接头，连接简单可靠，且接头内有水冷；

(2) 冷却水流合理，每根单股线都能充分冷却，导体得到有效利用；

(3) 各股缆线与铜接头用特殊方法一次压联而成，避免了用焊接方法带来的各种弊病；

(4) 各股缆线之间用软绝缘材料隔开，避免了相互间摩擦；

(5) 各股缆线用中心管支撑，既使在运行时相对位置也保持不变。

(6) 所有紧固件用高电阻非磁性材料制作。

B 矿热炉

矿热炉可挠软电缆，除使用TRJ裸软电缆外，还采用100×1～250×1（宽×厚）铜带，作为封闭式炉星接短网固定集电环与移动集电环间可挠软线用。

可挠软线与电极间距离，由炉子附近温度条件决定。对于开口式炉子，可挠软线应布置在炉罐范围之外；封闭式炉子则尽量靠近电极，以延长组合束母线，降低电抗。

C 真空自耗炉

对于真空自耗炉，重要的是要保证可挠软线部分的紧凑性及电气绝缘，为此采用水冷可挠软电缆。

22.1.2.6 导电铜管

供给电极卡子电流，都用水冷铜管，一般常使用的铜管规格，见表22-2。

表22-2 T2牌号铜管（沿着电极旁和电极把持臂上敷设）

外径/内径（mm）	50/25	60/35	70/45	60/30	70/40	85/65
铜管截面（mm^2）	1473	1865	2258	2121	2592	2360
集肤效应系数	1.126	1.137	1.145	1.245	1.26	1.06

22.1.2.7 接触夹板

接触夹板又称电极卡子，是把电流导给电极的一个部件。为了保证接触良好，需要有一定接触压力，对于矿热炉通常取98～147kPa，电弧炉取490～980kPa。

对于大功率电炉，夹板尺寸和加给电极的压力值，是以不潜入电极为准。

接触夹板和电极接触处，有很大的功率损失，约占炉子总有效功率的2～6%，对于大功率炉子可达上百千瓦。接触夹板电抗，占短网电抗的2～4%。制造接触夹板所用材料，一般为含少量锌的铸造黄铜，型号为ZHZn96-4，其化学成分及物理机械性能见表22-1；最好的材料为铬青铜，型号为ZQCr0.5，含0.5～0.8%铬，铬青铜具有耐急冷急热性，电阻率低，在20℃时，为0.019（Ω·mm^2）/m，导热系数高，为纯铜的0.8倍，且耐磨。

22.1.2.8 电极

电极是短网的重要组成部分。据统计，电极中的电气功率损失约占主回路全部电气功率损失的40%。因此，应较为详细地讨论它的结构和性能。

为了保证电弧炉正常工作，电极应具有足够高的机械强度，使它能经得起料块崩塌时可能发生的侧面撞击，电极还应具有较低的电阻率和良好的高温抗氧化性能。

炼钢电弧炉多半采用直径600mm以下，长2500mm以下的圆形截面石墨电极。安装在炉内的每相电极由二至三根组成。每根电极之间采用石墨端头联结，端头旋入电极的端部。石墨端头也称为石墨内接头。接长电级时，应保证电极紧密联接。结合处越是紧密，其接触电阻就越小，接合处在运行时松懈的危险性就越小。拧得不紧密时，接头就要担负全部负荷电流。这就引起接头中电功率损失增加，接合处的电极则过分发热，电极就会过早地损坏。因此可以说，用内接头来保证和保持电极的可靠联接，是提高炉子工作可靠性和提高生产率的条件之一。

电极联接的可靠性决定于拧电极时的扭矩大小，对于不同直径的石墨电极推荐旋紧扭矩如表 22-3 所示。

表 22-3　不同电极直径所需扭矩

电极直径（mm）	200	250	300	350	400	450	500
旋紧扭矩（kN·m）	0.49	0.736	1.18	1.97	2.46	3.24	4.12

旋紧新电极不是在炉子上进行，而是在工作台上利用专用机床进行（以上指炼钢电弧炉）

矿热炉的炉体有敞开式和封闭式两种，现代化的矿热炉多数是封闭式的，具有密封炉盖。采用封闭式结构可把生产过程中产生的废气收集起来综合利用，并可减少电炉的热损失，降低电极上部的温度，改善操作条件，见图 22-3。

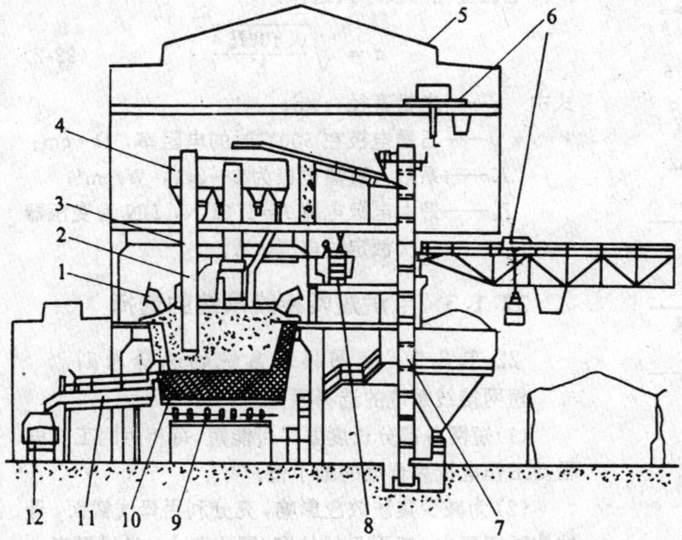

图 22-3　一种铁合金炉及其附属设备的简图

1—出气口；2—电极夹持器；3—电极；4—加料斗；5—厂房；6—行车；7—装料系统；8—电炉变压器；9—炉体旋转托架；10—炉体；11—出料槽；12—装料桶

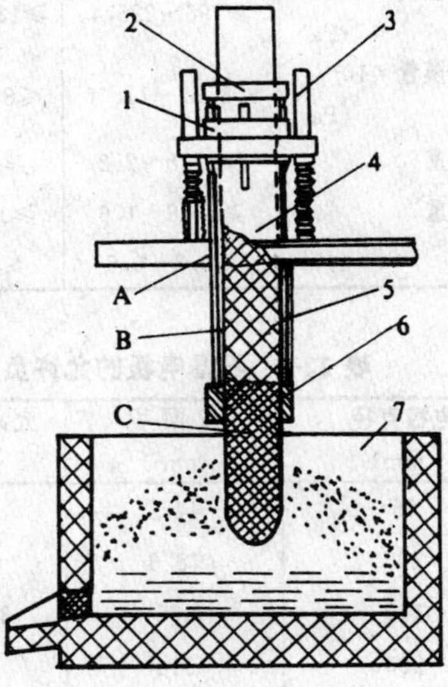

图 22-4　自焙电极

1—下夹环；2—上夹环；3—电极吊挂用液压缸；4—电极套筒；5—钢板外壳；6—接电靴；7—炉体；A—受热变软的电极料；B—部分烧结的电极料；C—电极的烧结部分

矿热炉上用的电极有成型的石墨电极（或碳素电极）和自焙电极两种。前者就是普通炼钢电弧炉所用的电极。自焙电极是一种用无烟煤、焦炭和沥青煤焦油拌和成的电极料在电炉工作过程中自己焙烧成的电极。大多数的矿热炉使用自焙电极，其外径有大到 2m 左右，见图 22-4。

电极的物理机械性能见表 22-4；石墨电极的物理性能见表 22-5；石墨电极的允许负荷见表 22-6。

表 22-4　电极的物理机械性能

参　　数	电　　极		
	碳　　素	石　　墨	自焙烧结
电阻率（Ω·mm²/m）	42～55	8～14	50～70
允许电流密度（A/cm²）	5～11	13～28	5～6
单位重量（g/cm²）	1.5～1.7	1.5～1.7	1.5～1.6
抗拉强度（kPa）	6860～9800	4900～7350	1960～3920
抗压强度（kPa）	19600～29400	15680～27440	14700～19600

表 22-5　石墨电极的物理性能

指标	电极直径（mm）	
	75～250	300～500
电阻率（Ω·mm²/m）	≤8～10	≤7～11
抗弯强度×10⁵（Pa）	≥78.4～98	≥176.4～225.4
抗压强度×10⁵（Pa）	≥196～225.4	≥176.4～225.4
弹性模量×10⁵（Pa）	≤8.31～11.76	≤8.31～11.76
真比重	≥2.18～2.2	≥2.18～2.2
假比重	≥1.58～1.6	≥1.52～1.62
灰分　（%）	≤0.3～0.5	≤0.3～0.5

表 22-6　石墨电极的允许负荷

电极直径（mm）	截面积（cm²）	允许负荷电流（kA）
75	44.2	1～2
100	78.6	1.5～3
150	176	3.5～5.4
200	314	5～10
250	490	7～13
300	706	10～17.4
350	962	13.5～24
400	1256	18～32
450	1590	22～40
500	1960	25～48

在电弧炉中，电极的总长度可按下式确定

$$l_{\Sigma}=h_1+h_2+h_3+h_4+h_5+(100\sim150) \qquad (22\text{-}1)$$

式中　l_{Σ}——电极的总长度，mm；

h_1——炉子工作空间高度，即从炉底最低点到炉顶最高点，mm；

h_2——炉盖厚度，mm；

h_3——炉盖上面冷却器突出部分高度，mm；

h_4——电极夹持器夹持部分高度，mm；

h_5——保持 2～3 炉的储备高度，mm。

电极直径可按下式选择：

$$d=\sqrt{\frac{0.406I_m^2\rho}{K}} \qquad (22\text{-}2)$$

式中　d——电极直径，cm；

ρ——石墨电极在 500℃时的电阻率，Ω·cm；

K——系数，石墨电极为 2～2.1，W/cm²；

I_m——最大电极电流 $I=1.2I_2N$，I_2N 为变压器二次额定线电流，A。

22.1.3　电炉短网接线系统的选择

22.1.3.1　短网接线系统的选择原则

短网接线系统的选择原则为：

(1)短网各部分长度要尽可能短，每相短网工作电阻及工作电抗为合理的最小值。

(2)为减少集肤效应影响，充分利用母线截面，母线的厚度要小，矩形母线的宽/厚比要大（母线厚度一般不超过 10～12mm，宽度约为厚度的 10～20 倍）。

(3)电流相反方向的导线要尽可能靠近，使各导线的磁场互相抵消，即尽量按“双线制”接线法，区别不同情况在不同位置上接成三角形。

(4) 力争三相平衡，避免产生“增强相”和“减弱相”的功率转移现象。

22.1.3.2　电弧炉短网接线系统

电炉变压器低压线圈在短网上的封口点，一般有以下四种方案：

(1) 在变压器出线端接成三角形，如图 22-5a。一般说来，此种方案仅适用于 5t 以下的小型电弧炉。这里，母线穿过变压器墙后，应分开一定距离，悬挂软电缆，短网所有各段均流过变压器的线电流，这种系统结构简单，省铜。因为在 5t 以下的小型电弧炉中，短网电感比较小，在电弧炉熔化期还必需接入电抗器，所以在小型电弧炉中，不需要采用“双线制”短网接线系统。

（2）在铜排母线末端接成三角形——三角形汇集于挠性电缆的固定联接座上，如图 22-5*b*。此种方案，适用于中型电弧炉。此时，“双线制”母线束从变压器箱体上引至硬铜排末端。冶炼硅铁的铁合金炉也用此种方法接线。

（3）在可挠性电缆末端接成三角形——三角形汇集于挠性电缆的可动联接座上。如图 22-5*c*。此种方案用于大型电弧炉，在这种情况下，硬铜排和挠性电缆均为“双线制”接线，短网电抗能够明显减少，但是结构较复杂。

（4）在电极上接成三角形的短网电路——双线制一直至电极夹头上。如图 22-5*d*。此种方案结构复杂，除了能获得较低的电抗外，别无其它任何优点，选用时务必慎重考虑。

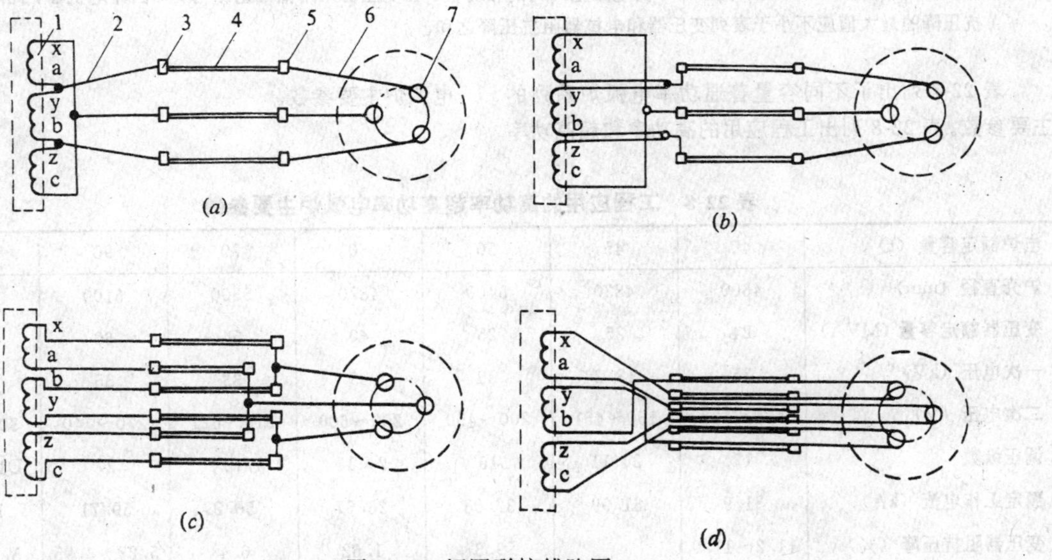

图 22-5　短网联接线路图

（*a*）—在变压器低压出线端接成三角形；（*b*）—在铜排末端接成三角形；

（*c*）—在挠性电缆末端接成三角形；（*d*）—在电极夹头上接成三角形

1—电炉变压器；2—硬铜母线排；3、5—接头；4—挠性电缆；6—水冷铜管；7—电极

为了使各相的感抗值更趋接近，原苏联提出了有第四立柱的对称三角形线路，其它国家还提出了有分离立柱的对称三角形线路。然而附加在电极夹持器上的支撑架使得结构复杂化，而且使用不方便。这些都妨碍了这两种线路的实际应用。

表 22-7　普通功率炼钢电弧炉系列的主要参数

电炉额定容量（t）	0.5	1.5	3	5	10	20	30	50	75	100
炉壳直径（mm）	1600	2100	2500	3000	3500	4200	4600	5200	5800	6400
变压器额定容量[①]（kVA）	650	1250	2200	3200	5500	9000	12500	18000	25000	32000
一次电压（kV）	10（或 6）					35	35（或 110）			
二次电压（V）及调压级数	200	210	220	240	260	300～140 12 级 以上	340～150 12 级 以上	380～160 12 级 以上	430～170 12 级 以上	480～180 12 级以上
	170	180	190	210	240					
	116	121	127	139	210					
	98	104	110	121	139					

续表 22-7

电炉额定容量（t）	0.5	1.5	3	5	10	20	30	50	75	100
额定工作电流（kA）	1.88	3.44	5.78	7.71	12.21	17.31	21.21	27.38	33.6	38.53
电抗器额定容量②（kVA）	120	200	250	320	350	400				
电抗器电抗压降（%）	18.5	16	11.4	10	6.4	4.4				
变压器阻抗压降③（%）	10～11	9～10	8～9	7～8	7～8（10或35kV） 8.5～9.5（110kV）			6～7（35kV） 7.5～8.5（110kV）		
短网相对电抗（%）不小于	5	8	12	15	20	26	28	32	35	38

① 变压器额定容量是指二次电压最高时的容量。

② 0.5～10t 炉电抗器附设在变压器内部（内附式），20t 炉的电抗器是外附式的。

③ 变压器阻抗压降（%）是指变压器二次电压电高时的相对值。当变压器采用漏磁组结构时，因无电抗器，此时变压器阻抗压降的最大值应不小于表列变压器和电抗器阻抗压降之和。

表 22-7 列出了不同容量普通功率电弧炉系列的主要参数。表 22-8 列出工程应用的高功率和超高功率电弧炉主要参数。

表 22-8　工程应用的高功率超高功率电弧炉主要参数

电炉额定容量（t）	40	45	50	50	70	90	150
炉壳直径（mm）	4600	4830	5400	4870	5300	6100	7000
变压器额定容量（MVA）	24	25	25	40	54	60	90
一次电压（kV）	35	18.2	35	33	33	35	33
二次电压（V）	170～522	150～451	200～450	200～600	210～621	270～740	300～892
调压级数	17	2×11	16	2×11	15	27	D17　y17
额定工作电流（kA）	31.9	31.99	32.08	26.67	50.2	59.71	75.31
变压器阻抗压降（%）	11.2～11.0		9.5	1.62	6.4	5.23～3.95	5.38～15
变压器最大容量（MVA）	28			48	65	72	100
短网电抗（mΩ）	2.4	3.392	2.916	3	3.24	2.18	2.9（阻抗）
短网电阻（mΩ）		0.357	0.85	0.3		0.29	

22.1.3.3　*矿热炉短网接线系统*

设计矿热炉短网要注意以下几点：

(1)矿热炉工作电压，大多数情况下，低于电弧炉工作电压。因此，在同样功率下，比电弧炉电流大 1.5～3 倍。

(2)矿热炉熔池尺寸，通常比电弧炉大，而且形式多样，对于开口炉子，软电缆及水冷导电铜管的温度条件，比电弧炉要恶劣得多；但现代化的矿热炉是封闭式的，具有密封炉盖，这些条件近似相同。

(3)大多数矿热炉是固定式，大型矿热炉的炉体常做成能绕中心轴线缓慢旋转（几十小时一圈）。这样可避免高温区上面的炉料结盖，使炉气能顺利排出。矿热炉较电缆长度一般较电弧炉软电缆短几倍。

(4)矿热炉短网接线方式，导体形式及短网布置应与炉子装料系统相协调，如用管或料槽装料时，短网母线与软电缆布置应留有足够余地，以便布置加料管和能在炉顶上工作。

(5)大多数情况下，炉子生产是连续的，工作应当可靠，特别是短网导体等电气接触应可靠。

(6)大多数矿热炉都三相供电，对于圆形炉膛的电炉，三相电极就像炼钢电弧炉的那样，按正三角形对称位置布置在炉膛的中间。这样的电炉一般只有一个出料槽。对于长方形或椭圆形炉膛的电炉，电极布置在一条直线上，每一相用一根或两根电极，这时，一般每一相有一个出料槽。

不同类型矿热炉接线系统如下：

(1) 大功率矩形电炉短网可以在电极上接成星形接线系统，电炉变压器的出头，按低压并联线圈数，A、B、C、A、B、C 等引至器身外，另一头在器身内连在一起，成为星形的零点，见图 22-6，其缺点是：这一类短网系统，炉子后侧，几乎全被分裂母线占据，因此，由该侧装料困难，由于短网不对称，功率转移达平均工率的 20～30%。

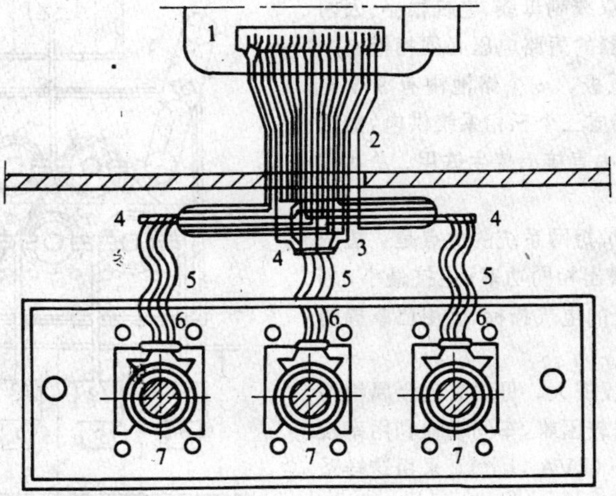

图 22-6　在电极上接成星形的矩形电炉短网

1—炉子变压器；2—三相组合母线束；3—分裂母线；4—固定集电环；5—软电缆；6—移动集电环；7—电极

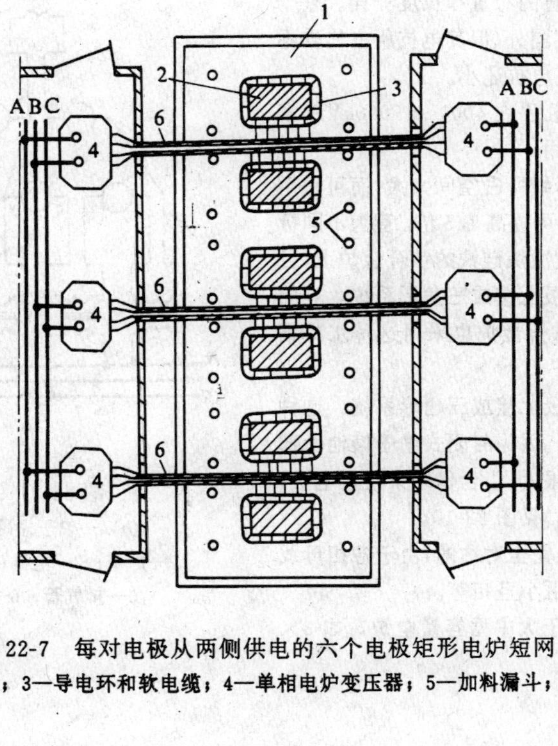

图 22-7　每对电极从两侧供电的六个电极矩形电炉短网

1—炉子；2—电极；3—导电环和软电缆；4—单相电炉变压器；5—加料漏斗；6—组合母线束

大功率多电极矩形电炉单相短网系统，由于大直径自焙烧电极的复杂性和供给大电流的困难，而用在一个熔池内，增加电极数量的办法来实现。图 22-7 为 6 个矩形断面电极（电极尺寸 650×2800mm）的炉子短网系统，容量 40000kVA，作为冶炼碳化物用。

每对电极由二个单相变压器并联供电，这样炉子的短网几乎全是往复交错双线制母线，电抗很小。因两个单相变压器并联，变压器的短路电压必须相等。

图 22-8 为圆形尺寸电极，一个熔池内有 9 个电极，使用 9 个单相变压器接成三个三相系统供电，见图 22-8*b*，炉子是作为从矿石中直接冶炼生铁用。总功率为 75000kVA。

大功率多电极矩形电炉短网系统的优点是：短网完全对称，每个电极下释放出相同功率；电抗最小；加料装置布置容易；具有最好的电气指标，使用已掌握的电极尺寸。

其缺点是：电气设备投资大，母线有色金属消耗多，炉子变压器装拆和维修较困难，车间场地利用率较低，但对于大型电炉（50000kVA 以上），采用这样系统是适宜的。

（2）大中功率圆形电炉短网可以在电极上接成三角形系统，电炉变压器每相线圈的头和尾交替引至器身外。单相往复交错双线制围着炉子，见图 22-9。

软电缆及水冷导电铜管的布置和长度一样。整个短网，除组合束母线长度不同外（但其电抗所占比重不大），几乎全部对称，而且电抗还小。

这种短网接线方式，几乎在 4000～17000kVA 容量范围的矿热炉中全部采用。

大容量电炉，因矩形母线所占空间太大，而可采用水冷铜管，这样，电流密度可提高 1.5 倍。管为不同极性交错排列。我国在大容量冶炼硅铁的铁合金炉上，目前都是采用水冷铜管在电极上接成三角形系统，有的在 6000kVA 冶炼硅铁的铁合金炉也采用这种水冷铜管。

三个单相变压器在电极上接成三角形系统，这种接线，更适用于封闭式炉子。因为封闭式炉子熔池上部温度条件与开口炉子差别很大，组合母线束接近电极，而软电缆布置在炉拱上方，见图 22-10。

显然，这种形式短网是完全对称的，由于各相母线束长度短，每相电抗和电阻小且相等。

这种形式短网，适用于大中型容量电炉，如 3×17000kVA 变压器。某铁合金厂、冶炼硅铁铁合金的 3×8330kVA 炉子，就是这种系统，见图 22-11。

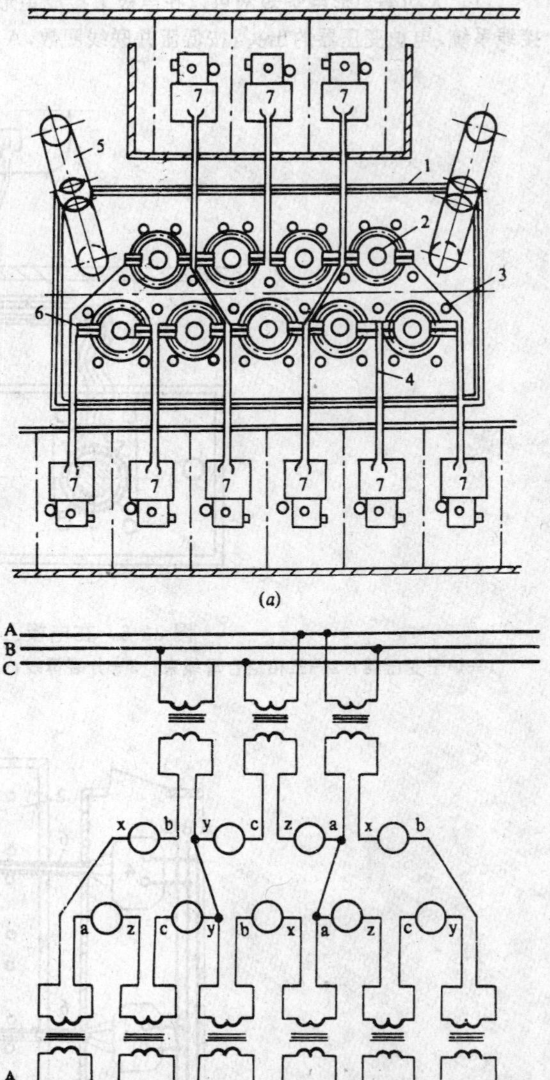

图 22-8　9 个电极的炉子短网

（*a*）—炉子短网平面图；（*b*）—展开系统

1—炉子；2—电极；3—料管；4—单相组合导体；5—排气管；6—至电极母线；7—变压器

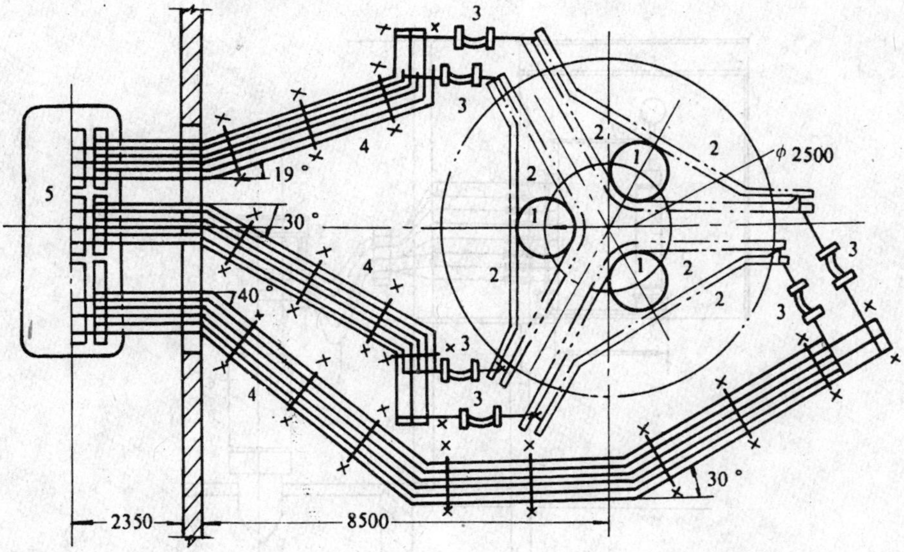

图 22-9　电极上接成三角形系统的容量 10000kVA 圆形炉子短网

1—电极；2—移动横梁（吊挂移动环及铜管）；3—软电缆；4—组合母线；5—变压器

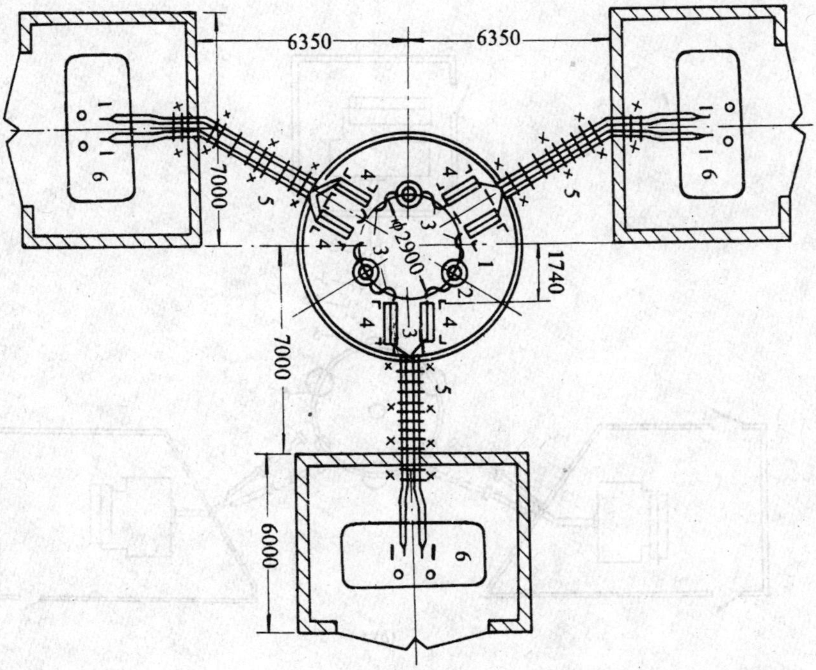

图 22-10　容量 10000～16000kVA 封闭式圆形炉短网

1—炉子；2—电极；3—铜管；4—软电缆；5—组合母线束；6—变压器

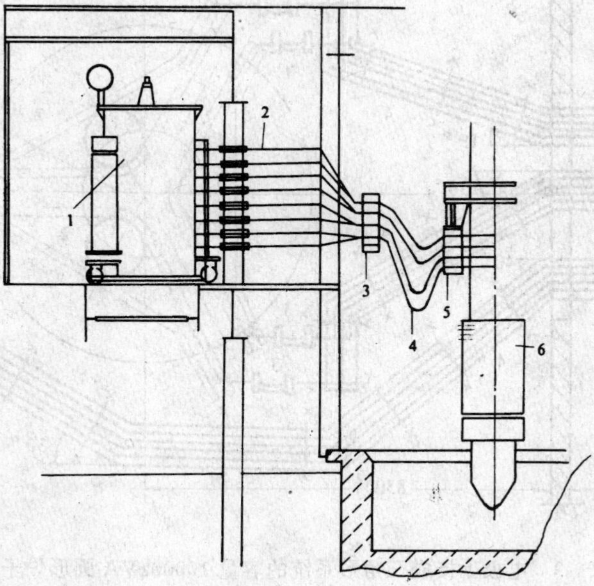

(a)

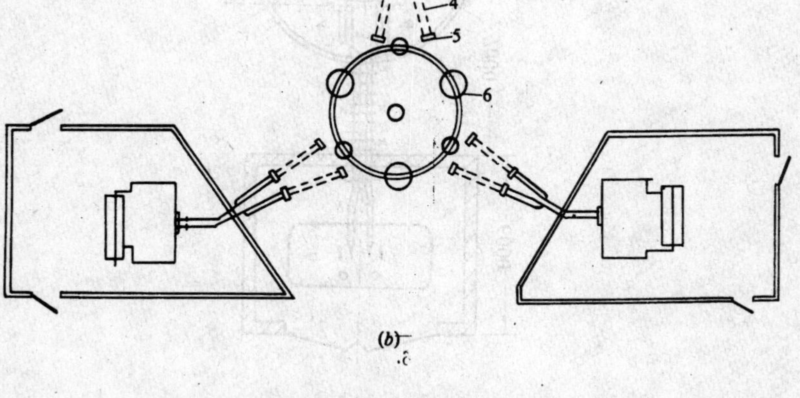

(b)

图 22-11　单相变压器侧出线矿热炉短网示意图

(a) 一侧面图；(b) 一平面图

1—炉子变压器；2—铜管母线束；3—固定集电环；4—可挠水冷软电缆；5—移功集电环；6—电极

在圆形电极上接成星形系统。接成星形的三相变压器出头，按相数排成三排（A、B、C），用水冷铜管排成组合母线束，一直敷设到炉拱顶中心处，然后管束分裂开，接至电极固定集电环上，如图 22-12。

这样形式的短网，结构简单和布置容易。无论是电抗值的减少还是对称性，都有很大改善。这种短网，省铜是其主要优点。

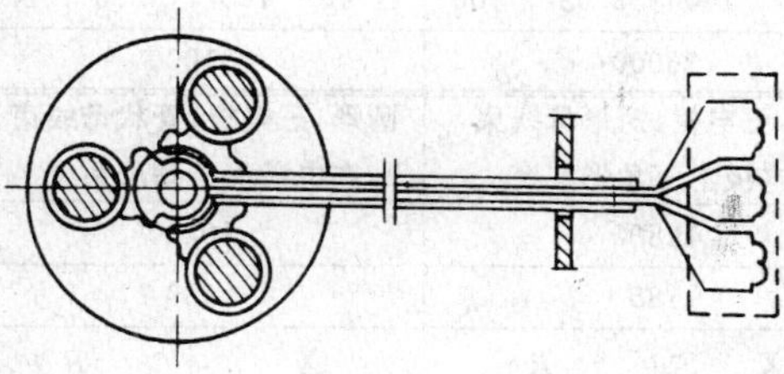

图 22-12　在圆形炉电极上接成星形系统

铜管组合母线束中导体间相互布置及距离见图 22-13。

不同相的相邻导体是等距的，中心距离为 d，同相的相邻导体间中心距离为 $\sqrt{3}\,d$，三相相邻导体总磁通可近似为零，因此，每相电抗很小。

对于大中型封闭式电炉，为改善炉子工况，不应经常靠调节电极来调节电流，而是采用分相有载调压电炉变压器来调节电流，对于这样的电炉，应采用在电极上星形接线系统。如 35000kVA 电石炉，即为这样形式短网。

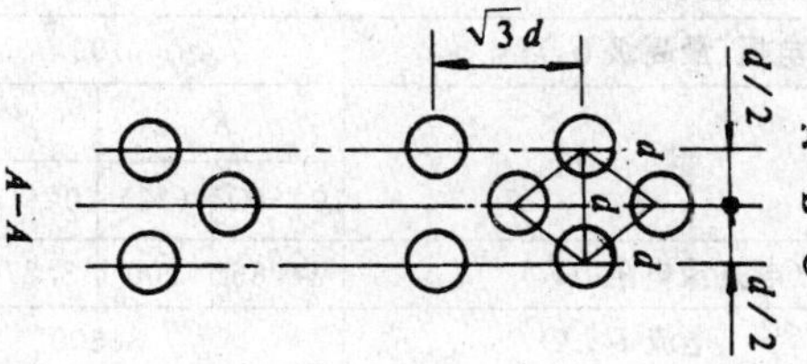

图 22-13　铜管组合母线束中导体间相互布置及距离

这样形式短网的缺点是，由于提高了水冷铜管电流密度，铜损大。

（3）小功率圆形电炉短网。功率在 3000～4000kVA 的为小功率电炉。

1800kVA 及以下容量的电弧炉，直接采用线电流供电的短网，即在电极上接成星形接线。这种接线，节省有色金属和结构简单。

1800～4000kVA 容量的电炉，如变压器有首尾六个出头，采用在组合母线束上接成三角形接线。

表 22-9 列出几种矿热炉短网接线形式的电阻及电抗数据。数值为已换算成星形接线时的一相参数。

表 22-9　矿热炉短网参数

炉子结构形式和短网系统		圆形，三电极；矩形母线束，在电极上三角形系统				圆形，三电极；矩形母线束，在电极上三角形系统				圆形，三电极；管状母线束，在短网上三角形系统			
变压器容量(kVA)		10545				10350				7800			
二次电压(最高级 U_2)(V)		199				166				145			
阻　抗		X		R		X		R		X		R	
		10^{-4}(Ω)	(%)	10^{-4}(Ω)	(%)	10^{-4}(Ω)	(%)	10^{-4}(Ω)	(%)	10^{-4}(Ω)	(%)	10^{-4}(Ω)	(%)
短网系统各部名称	变压器	3.78	25.4	0.930	24.0	1.43	14.9	0.36	11.9	1.10	9.85	0.40	10.6
	从变压器至固定集电环间母线	2.03	13.7	0.260	6.7	0.61	6.3	0.17	5.6				
	软编线与集电环	1.48	10.0	0.120	3.1	1.49	15.5	0.21	7.0				
	载流铜管									8.90	79.6	2.524	66.8
	卡子	6.97	46.9	1.026	26.5								
	卡子-电极间接触					4.54	47.4	0.87	28.8				
	电　极	0.60	4.0	1.540	39.7	1.53	15.9	1.41	46.7	1.18	10.55	0.856	22.6

续表 22-9

炉子结构形式和短网系统	圆形，三电极；矩形母线束，在电极上三角形系统				圆形，三电极；矩形母线束，在电极上三角形系统				圆形，三电极；管状母线束，在短网上三角形系统			
变压器容量(kVA)	10545				10350				7800			
二次电压(最高级 U_2)(V)	199				166				145			
阻　抗	X		R		X		R		X		R	
	10^{-4}(Ω)	(%)	10^{-4}(Ω)	(%)	10^{-4}(Ω)	(%)	10^{-4}(Ω)	(%)	10^{-4}(Ω)	(%)	10^{-4}(Ω)	(%)
总计(电抗或电阻)(Ω)	14.86	100	3.876	100	9.60	100	3.02	100	11.18	100	3.76	100
电流 I_2(A)	30500				36000				31000			

炉子结构形式和短网系统		圆形，三电极；矩形母线束，在电极上三角形系统				圆形，三电极；矩形母线束，在电极上三角形系统				圆形，三电极；管状母线束，在电极上三角形系统			
变压器容量(kVA)		12500				12800				10440			
二次电压(最高级 U_2)(V)		178.5				185				199			
阻　抗		X		R		X		R		X		R	
		10^{-4}(Ω)	(%)	10^{-4}(Ω)	(%)	10^{-4}(Ω)	(%)	10^{-4}(Ω)	(%)	10^{-4}(Ω)	(%)	10^{-4}(Ω)	(%)
短网系统各部名称	变压器	1.330	17.4	0.353	13	1.42	18.1	0.380	13.6	3.78	24.5	0.930	24.3
	从变压器至固定集电环间母线	0.439	5.75	0.240	8.8	0.473	6.0	0.250	8.9	2.06	13.2	0.275	7.2
	软编线与集电环	1.59	20.8	0.358	13.2	1.643	20.9	0.337	12	1.66	10.8	0.151	3.9
	载流铜管	2.600	33.8	0.253	9.3	2.630	33.7	0.270	9.6				
	卡子	0.905	11.8	0.166	6.1	0.867	11.1	0.180	6.4	7.47	48.4	1.135	29.6
	卡子-电极间接触			0.400	14.6			0.413	14.8				
	电　极	0.800	10.5	0.950	35.0	0.800	10.2	0.970	34.7	0.48	3.1	1.340	35
总计(电抗或电阻)(Ω)		7.663	100	2.720	100	7.833	100	2.800	100	15.45	100	3.831	100
电流 I_2(A)		41500				40000				30300			

炉子结构形式和短网系统		圆形，三电极 矩形母线束，在短网上三角形系统				矩形，三电极 管状母线束，在电极上星形系统			
变压器容量(kVA)		3000				40000			
二次电压(最高级 U_2)(V)		183.5				250			
阻　抗		X		R		X		R	
		10^{-4}(Ω)	(%)	10^{-4}(Ω)	(%)	10^{-4}(Ω)	(%)	10^{-4}(Ω)	(%)
短网系统各部名称	变压器	10.53	32.7			1.0	13	0.26	20.2
	从变压器至固定集电环间母线								
	软编线与集电环								
	载流铜管	20.70	64.3	5.5	60	2.3	30	0.15	11.6
	卡子								
	卡子-电极间接触					4.4	57	0.24	18.6
	电极	0.97	3	3.7	40			0.64	49.6
总计(电抗或电阻)(Ω)		32.20	100	9.2	100	7.7	100	1.29	100
电流 I_2(A)		9480				88700			

续表 22-9

炉子结构形式和短网系统		圆形,三电极 矩形母线束,电极上三角形系统				圆形,三电极 管状母线束,在电极上星形系统			
变压器容量(kVA)		12500				25000			
二次电压(最高级 U_2)(V)		148(额定电压)				180			
阻　抗		*X*		*R*		*X*		*R*	
		10^{-4}(Ω)	(%)	10^{-4}(Ω)	(%)	10^{-4}(Ω)	(%)	10^{-4}(Ω)	(%)
短网系统各部名称	变压器	1.36	23	0.222	10.8	0.94	11	0.34	20.4
	从变压器至固定集电环间母线	0.198	3.35	0.11	5.37	0.884	9.87	0.1172	7
	软电缆与集电环	1.46	24.6	0.0567	2.71	2.033	23.88	0.0825	4.95
	载流铜管	1.30	21.9	0.0443	2.12	4.72	55.25	0.0154	0.93
	卡子	0.435	7.5			4.72	55.25		
	卡子-电极间接触			0.12	5.84	4.72	55.25	0.113	6.77
	电　极	1.16	19.65	1.495	73.16	4.72	55.25	1	60
总计(电抗或电阻)(Ω)		5.913	100	2.048	100	8.53	100	1.6681	100
电流 I_2(A)		48000				80000			

电渣炉短网见图 22-14。

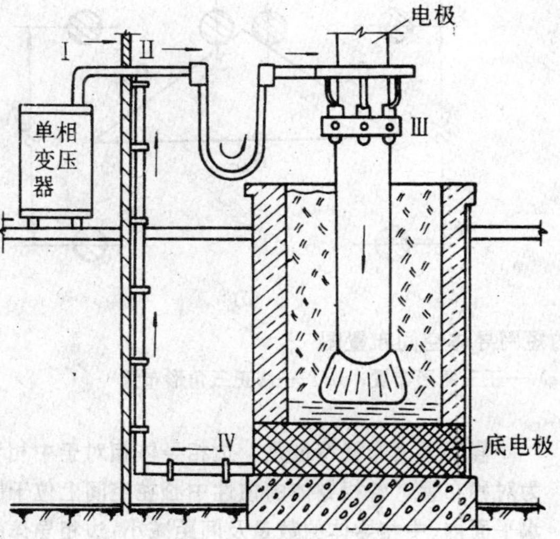

图 22-14　2.5t 以下容量电渣炉短网

单相往复交错组合母线束，只在 I-II 段内实现，其余段皆为单极母线束,故电渣炉短网电抗较大,功率因数也低。

目前 2.5t 以下的电渣炉，皆采用图 22-14 形式短网。

对于大容量电渣炉,为改善电气指标,建议采用如图 22-15 形式短网。采用这样形式短网,对于目前通行的炉子结构来说，要做些改动。

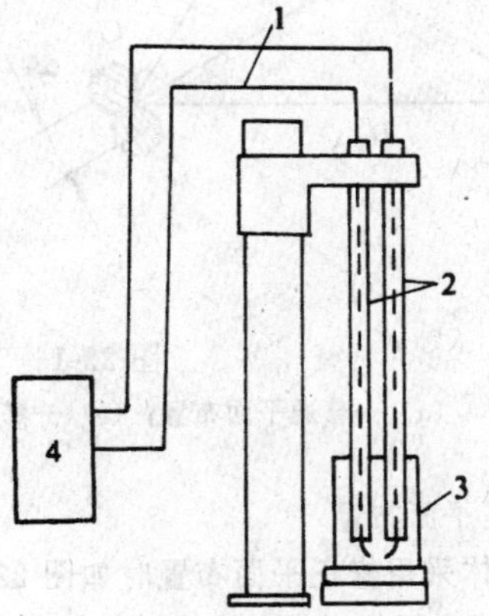

图 22-15　二电极单相电渣炉短网

1—单相往复交错组合母线；2—电极；3—结晶器；4—变压器

22.1.3.5　三角形联接点之后短网导体的布置

在三角形联接点之后，流过线电流的短网导体空间配置形式如图 22-16，下面分别讨论不同配置方式的特征，优缺点及适用范围。

A 普通平面布置

短网导体采用普通平面布置如图 22-16*a* 所示。两侧边相导体相对于中相导体来说为对称布置，各相导体的数量及布置形式完全相同。

$$S_A = S_B = S_C \quad (22\text{-}3)$$

式中 S_A、S_B、S_C——自几何均距，cm。

$$D_{AB} = D_{BC} = \frac{1}{2}D_{AC} \quad (22\text{-}4)$$

式中 D_{AB}、D_{BC}、D_{AC}——互几何均距，cm。

各相导体的惯性中心在空间位于同一平面，结构简单，设计容易，三相阻抗严重不平衡，因而导致各相负荷分布不均匀，这对于电炉工作是很不利的，所以该种布置方式仅适用于 5t 以下的小型电弧炉。

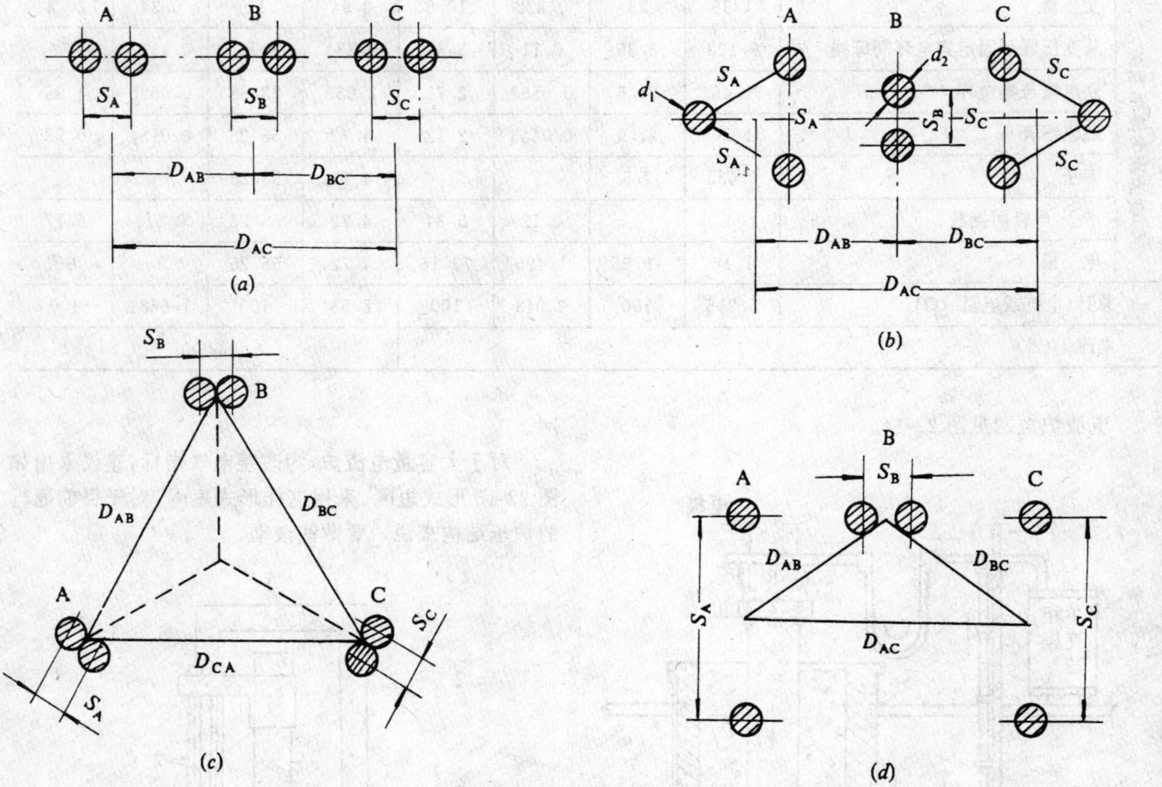

图 22-16 流过线电流的短网导体空间布置图

(*a*) 一普通平面布置；(*b*) 一修正平面布置；(*c*) 一正三角形布置；(*d*) 一修正三角形布置

B 修正平面布置

短网导体采用修正平面布置时如图 22-16*b* 所示由于普通平面布置的三相电抗差别太大，必然导致炉内三相电弧功率分配的严重不平衡，因此，应当设法使三相导体的电抗趋于一致。如果我们将中间相导体的直径取得比外侧相导体的直径小一些，将中间相并联导体的距离加以缩小，而外侧相各并联导体之间的距离加以扩大，则构成了修正平面布置（图 22-16*b*）方式。

修正平面布置特征是：边相导体相对于中相导体为对称布置，各相导体的惯性中心在空间上位于同一水平面内。中相导体的数量及间距减小；边相导体的数量及间距增大。

$$S_A = S_C \neq S_B \quad (22\text{-}5)$$

$$D_{AB} = D_{BC} = \frac{1}{2}D_{AC} \quad (22\text{-}6)$$

$$d_2 = \frac{d_1}{4} \quad (22\text{-}7)$$

结构简单，可实现三相电抗平衡。

一种 50t 电弧炉（18MVA，5.4m 炉壳直径），炉顶导电铜管为修正平面布置，如图 22-17。

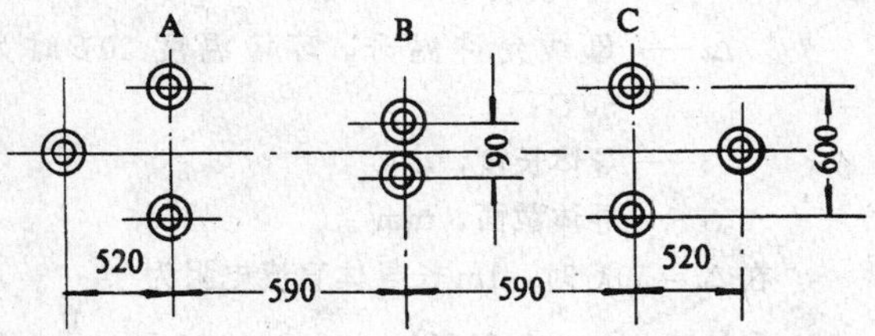

图 22-17　50t 电弧炉炉顶导电铜管布置图

变压器二次线圈在硬铜排末端接成三角形。水冷挠性电缆也是中相靠拢，边相分开，每相电缆总截面积不同，中相 16 根。每根 400mm²，共 6400mm²，边相 24 根，每根 300mm²，共 7200mm²，每相电缆由 8 股组成，相互分开布置，以扩大 d，降低电抗 X。技术指标很好，短网电抗为 $2.63\times10^{-3}\Omega$（不包括变压器电抗）短网电抗的不对称度为 4.85%。

C　正三角形布置

短网导体采用正三角形布置时，三相导体在空间位于等边三角形的三个顶点上，布置完全相同，因而三相导体的电抗完全相等。这种布置（见图 22-16*c*）适宜用 10t 以上电弧炉。

$$S_A = S_B = S_C \tag{22-8}$$

$$D_{AB} = D_{BC} = D_{CA} \tag{22-9}$$

正三角形布置的缺点是：提高中相导体高度会受到厂房高度的限制。另外，为了便于安装挠性电缆，需要加大变压器到电炉之间距离，当车间作业面积受到限制时，该方案不易实现。

电炉在运行期间，由于电弧长度各不相等，所以各个电极臂实际上处于不同高度上，研究发现，在“正三角形布置”中只要任何一相电极在垂直方向上处于不同位置时，就会带来比修正平面更为严重的不平衡，研究还发现，只要中相导体位于等边三角形中垂线的中点以上，三角形布置就具有平衡化作用。

修正平面布置也给安装工艺带来了一些麻烦，因为必须要把两边的挠性电缆安装成特殊要求的复杂结构形式。

一般说来，对于大型电炉倾向于采用修 正平面布置，而对于较小型电炉则常常采用正三角形布置。

如果吸收上述两种布置方式各自的优点，则可组成更为理想的布置方式，即修正三角形布置。

D　修正三角形布置

短网导体采用修正三角形布置时，三相导体的惯量中心在空间位于一个两锐角三角形的三个顶点上，各相导体的数量相同，中相导体的间距缩小，边相导体的间距加大。由于导体截面形状类似蝴蝶翅膀，所以也称蝶形布置（见图 22-16c）。

$$S_A = S_C \neq S_B \tag{22-10}$$

$$D_{AB} = D_{BC} \neq D_{AC} \tag{22-11}$$

结构紧凑，能实现三相电抗平衡。可用于 20t 以上的大、中型电弧炉上。瑞典 ASEA 公司生产的 100t 钢包精炼炉炉顶铜管即采用修正三角形布置，其电抗不平衡系数小于 5%，据介绍在 $\cos\varphi=0.707$ 运行时，如果相电抗不平衡度小于 5%则电弧功率的不平衡度在 7.5%以内。这时，炉墙各部位耐火材料的烧损很难看出有明显的差异。根据测定表明，普通平面布置的短网不平衡度一般均超过 20%，远远超过标准规定。因此，对于小型电弧炉来说，应当采用正三角形布置方式来代替指标较差的普通平面布置方式。

短网各段允许电流密度见表 22-10。

表 22-10　短网各段允许电流密度

短网导体	允许电流密度（A/mm²）
矩形铜母线	1.3～1.6
铜质软电缆	1.4～1.7
水冷铜管	3.5～5
水冷电缆	2.8～3.6

22.1.4　电阻和电抗计算

22.1.4.1　计算说明

短网的特点是长度短，电流大，截面大，形状复杂，因此，短网的计算也非常繁琐和复杂。并且这种复杂性由于短网联接线路和空间布置的多样化而更加复杂，因此，短网的计算还只能是近似的，并仅能确定电阻和感抗的数值范围。这种计算却又异常重要，因为它能帮助我们分析和比较各种不同的短网结构，和在其中选择最佳结构，还能帮助我们事先了解和估算所设计电炉设备的电气参数，除此之外，还能帮助我们预先估计短网各个区段在电能平衡中所起的作用。因此，短网计算在电弧炉设计当中是必不可少的计算步骤。

22.1.4.2 电阻计算

交流电流的电流密度在导线截面上的分布是不均匀的，因此导线截面没有完全被利用，使导线的电阻在通过交流电时要比通过直流电时大些。

短网母线等有效电阻计算要考虑集肤效应和邻近效应之影响。

(1) 导体交流电阻：

$$R = R_o K_s K_c = R_o K = \rho_{20}(1 + \alpha \Delta t)\frac{l}{S}K \tag{22-12}$$

式中 R——导体交流电阻，Ω；

R_o——母线温度 70℃时之直流电阻，Ω；

K_s——集肤效应系数；

K_c——邻近效应系数；

K——综合系数，$K=K_sK_c$；

ρ_{20}——电阻率，Ω·mm²/m（在 20℃时，铜为 0.0175Ω·mm²/m，铝为 0.029Ω·mm²/m；在 1000℃时，自焙烧电极为 64Ω·mm²/m，石墨电极为 12Ω·mm²/m，碳质电极为 50Ω·mm²/m，在 70℃时。铸铝铁青铜 ZQAl9-4 为 0.15Ω·mm²/m)；

α——电阻温度系数，铜为 0.0043，铝为 0.0036；

Δt——母线允许温升，环境温度 20℃时为 50℃；

l——导体长度，m；

S——导体截面，mm²。

在 $\Delta t=50$℃时，1m 长导体直流电阻为

铜导体：$R_o = 0.0175(1 + 0.0043 \times 50)\frac{1}{S}$

$$= \frac{21}{S} \times 10^{-3} \tag{22-13}$$

铝导体：$R_o = 0.029(1 + 0.0036 \times 50)\frac{1}{S}$

$$= \frac{35}{S} \times 10^{-3} \tag{22-14}$$

(2) 集肤效应系数 K_s。集肤效应系数 K_s 的值与很多因素有关（电阻率、磁导率、电流频率、导线截面大小和形状等），因此我们不可能用一个公式表示 K_s 值，而是借助于曲线来取 K_s 值。

对于实心圆导线的集肤效应系数 K_s 的曲线如图 22-18。

在图 22-19 中示出圆管导线的集肤效应系数

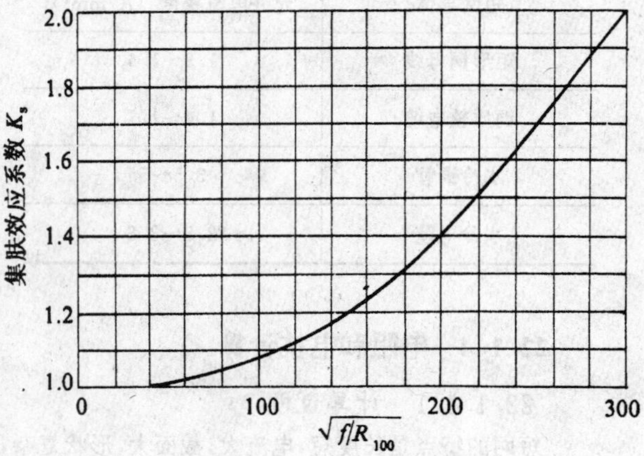

图 22-18 实心圆导体的集肤效应系数

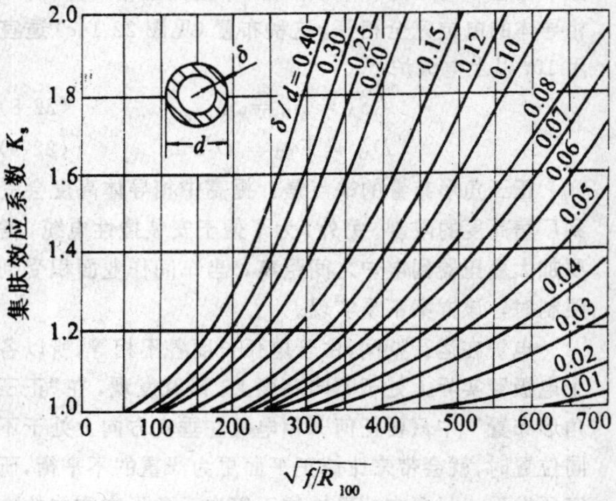

图 22-19 圆管形导体的集肤效应系数

欲求交流有效电阻 R_i，需先计算截面一定，长 100m 的导线在直流电时的电阻 R_{100}（Ω），再算出 $\sqrt{\frac{f}{R_{100}}}$；（f 为交流电的频率，Hz）然后在图 22-18 或图 22-19 的曲线上截取对应的集肤效应系数 K_S，并以此值乘以该导体在直流电时的电阻 R_{100} 则得出。

在矩形截面中，集肤效应不仅与截面大小有关，并与其边比有关；在一定的截面积，边比愈大，集肤效应系数愈小。

用来求矩形截面导线的集肤效应系数曲线示于图 22-20 中。

对于由磁性材料制成的导线的集肤效应的计算比较复杂，这是由于磁性材料磁导率是变化的，它的电阻

增加系数随着导线中电流密度之不同而变化。

(3) 邻近效应系数 K_c。磁通除了对流有电流的导体本身电阻产生影响外，当多根导体平行布置，它们的磁通还互相影响。

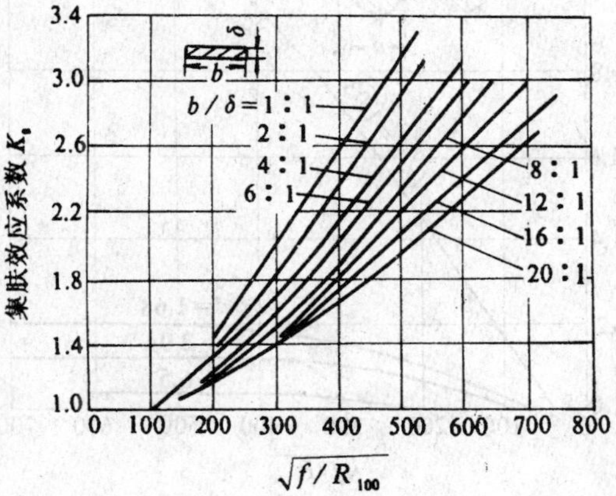

图 22-20　矩形导体的集肤效应系数

当一导体的电流产生磁通穿过另一导体时，就在其中产生互感电势，导体彼此放置得愈近，则链绕着它们的磁通愈多，在每一导体中，由该种磁通产生的电动势，使得导体横截面上各点的感抗不相同，这就造成全部电流在导体的横截面上不均匀分布，也就加大了导体中的损失。

一导体对另一导体的影响称为邻近效应。用邻近效应系数 K_c 来计算邻近效应，K_c 就是一导体处在另一导体磁场中时的电阻与该导体单独存在时的电阻之比，邻近效应系数总是大于 1。

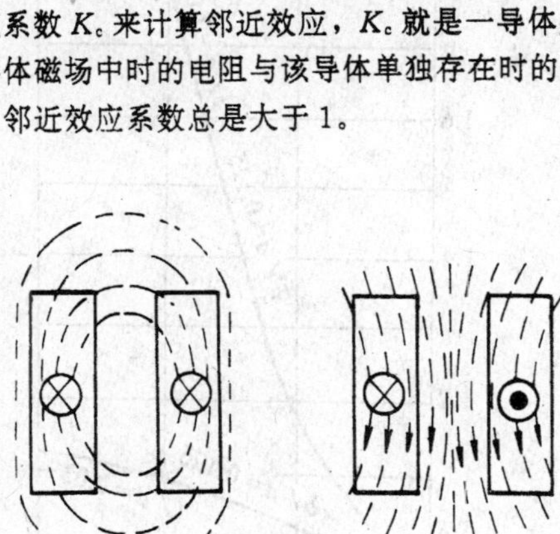

图 22-21　在平行导线中的邻近效应
(a) —两导体中电流同相位；
(b) —两导体中电流相位相反

当两根平行导线中的电流大小相等，方向相同时，二导线中的互感电势如图 22-21a 中所示的方向，其电流密度在两导线相邻的一边为最小，而在相背的一边为最大。

在电流大小相等但方向相反时，互感电势的方向如图 22-21b 所示，而电流密度则在相邻的一边为最大，在相背的一边为最小。

决定邻近效应的因素，比决定集肤效应的因素还要多。

邻近效应系数 K_c，一般有如下数值：

1) 矩形单相往复交错组合母线 K_c 取 1.03。

2) 矩形三相组合母线 K_c 取 1.03。

3) 单极母线束（如片间距离不大于母线厚度两倍时），则把单极束看成一个整导体，来求得 K_c 值，然后再求出束中一片导体的 K_c 值，两个 K_c 值相除后，即得一片母线的最大 K_c 值。

4) 电极上接成三角形，至电极夹板的水冷导电的 K_c 值取 1.07。

5) 电极上接成星形的短网，三相组合管束的 K_c 值；电极上接成三角形的短网单相组合管束的 K_c 值取 1.07。

6) 用软电缆组成的软编束 K_c 取 1.3。

7) 对于圆形导线，邻近效应系数 K_c，可用下面普遍公式表示

$$K_c = f\left(\sqrt{\frac{f}{R_0}}, \frac{l}{d}\right) \tag{22-15}$$

式中　f——交流电频率，Hz；

R_0——直流电阻，Ω；

l——两导线间的距离，cm；

d——导线的直径，cm。

管形导线的邻近效应系数还与导线直径对厚度 δ 的比值有关。

$$K_c = f\left[\sqrt{\frac{f}{R_0}}, \frac{l}{d}, \frac{d}{\delta}\right] \tag{22-16}$$

即使两导线之间的距离比较小时，邻近效应系数值也不大，图 22-22 和图 22-23 所示为两根矩形母线在两种可能位置时的邻近效应系数曲线，图 22-23 所示的导线布置最为合理，因为导线这样布置时，邻近效应可使导线的电阻减小，图 22-24 和图 22-25 分别示出圆形母线和圆管形母线邻近效应系数曲线。

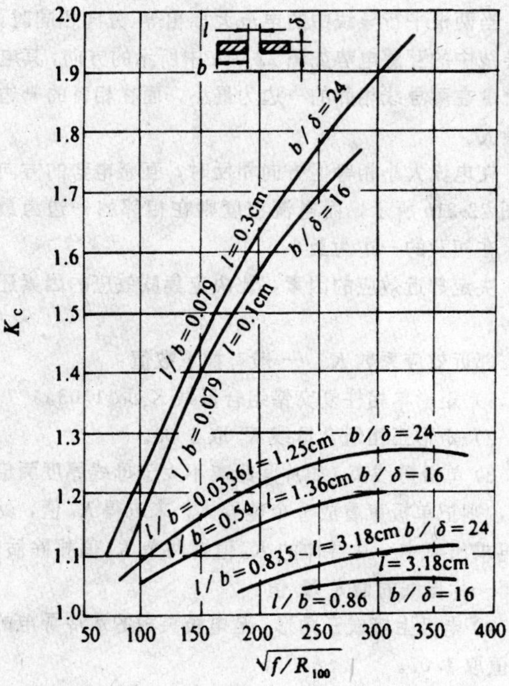

图 22-22　窄边与窄边相对的两矩形母线的邻近效应系数

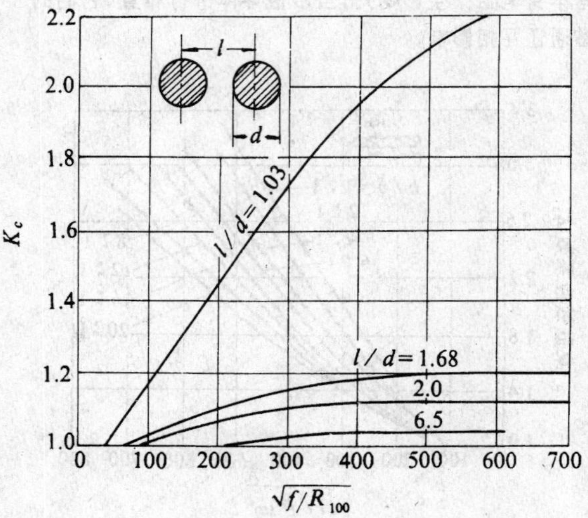

图 22-24　圆形母线的邻近效应系数

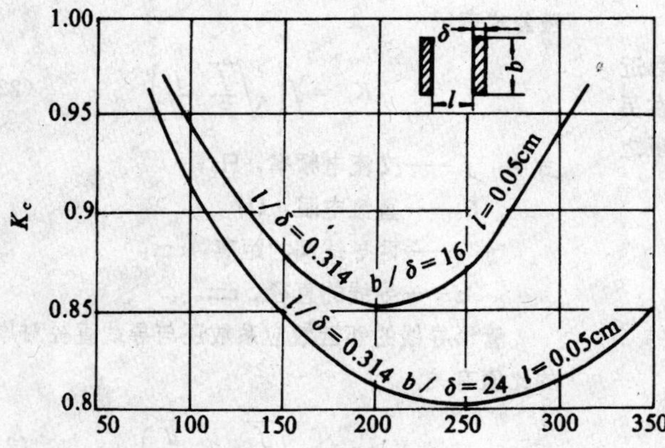

图 22-23　宽边与宽边相对的两矩形母线的邻近效应系数曲线

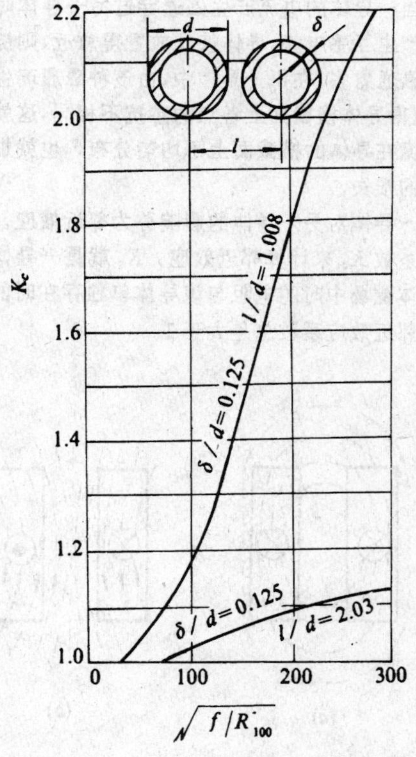

图 22-25　圆管状母线的邻近效应系数

(4) 由几根平行导线所组成的导线束的电阻计算可按下列方法进行：

1）首先算出导线在通以直流电时的电阻 R_o。

2）在集肤效应系数曲线上查出集肤效应系数 K_s。

3）确定相邻导线中的每一导线的邻近效应系数 K_{c1}、K_{c2}、K_{c3}、$K_{c4}\cdots K_{cn}$。

导线在通以交流电时的电阻 R，可由下式确定：

$$R = R_o K_s K_{c1} K_{c2} \cdots K_{cn} \tag{22-17}$$

用同样方法算出每一导线的电阻，然后再取其平均值，

$$R_a = \frac{R_1 + R_2 + R_3 + \cdots + R_n}{n} \tag{22-18}$$

全导线束总电阻则为

$$R_{ta} = \frac{\sum_{i=1}^{n} R_a}{n^2} \tag{22-19}$$

式中 R_{ta}——全导线束总电阻，Ω；

n——该段导线根数。

(5)接触电阻。大电流回路的接触电阻在短网总电阻中起着重要作用。短网中接触联接的地方很多，并且接触联接的电阻甚至会超过整个短网导体本身的电阻。如果接触不良，将使导体在联接处过热，并使炉子的工作遭到损害，因此，短网在运行情况下，可靠的接触是至关重要的。

接触电阻决定于下列因素：

1）接触面材料的电阻率；

2）接触面上的压力，它随着压力的增加而减小；

3）接触面的表面状态，当金属表面存在着氧化物时，接触电阻将增加许多倍；

4）接触面的温度，随着金属导体温度的升高而增加。

任何形式的接触电阻值都可以按下式求得：

$$R_c = \frac{C}{9.8pm} \tag{22-20}$$

式中 R_c——接触电阻，Ω；

C——与材料和接触面状态有关的系数，表 22-11 列出了表面清除了氧化物的条件下各种接触面的 C 值；

p——接触面上的总压力，N；

m——与接触点的数量和接触方式有关的系数，面接触为 1；线接触为 0.7；点接触为 0.5；对电极夹持器可取 0.5。

短网中所遇到的接触电阻中间，数值特别大的是电极夹持器与电极之间的电阻，该电阻值取决于电极夹头的夹紧程度及电极和夹头的材料。电极夹持力可按下式计算。

$$p = \frac{G_{tw}}{2f} \tag{22-21}$$

式中 G_{tw}——电极总重，kg；

f——电极对电极夹头内表面的摩擦系数，一般取 0.2。

表 22-11 接触面材料的 C 值

接触面材料	接触面状况	C 值	接触面材料	接触面状况	C 值
铜-铜	无氧化物	$(0.8\sim1.4\times)\times10^{-4}$	钢-钢	无氧化物	76×10^{-4}
铜-镀锡铜	无氧化物	$(0.9\sim1.1)\times10^{-4}$	青铜-石墨	(用于电极夹持器)	20×10^{-4}
镀锡铜-镀锡铜	干燥	1.0×10^{-4}	黄铜-石墨	(用于电极夹持器)	40×10^{-4}
铝-铝	无氧化物	$(30\sim67)\times10^{-4}$	钢-石墨	(用于电极夹持器)	80×10^{-4}
钢-铜	无氧化物	31×10^{-4}			

此处压力一般可取为电极质量的 4 倍。对于接触连接母线，整个接触面积上平均单位压力为：

铜-铜接触单位压力为 9.8MPa；

铝-铝接触单位压力为 4.9MPa。

图 22-26 列出了在表面不同加工情况下铜母线的接触电阻与压力关系曲线。

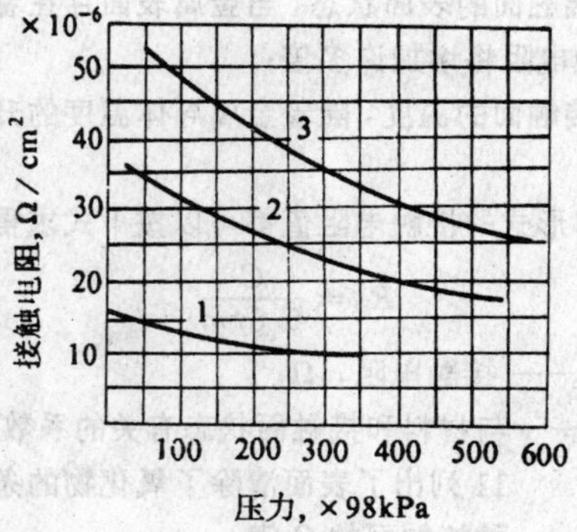

图 22-26 在表面不同加工情况下铜母线的接触电阻与压力的关系曲线

1—用砂纸修整接触表面；2—用锉加工（无凡士林油）接触表面；3—在接触表面之间放置锡箔

表 22-12 列出了电极——电极夹持器之间接触电阻。

接触面积的大小根据接触材料的允许电流密度来选择，见表 22-13。

表 22-12 电极—电极夹持器之间接触电阻

电　极	电极夹持器夹头	接触电阻（mΩ）
石墨电极	黄铜	0.08
石墨电极	钢	0.35
碳素电极	黄铜	0.42

表 22-13 接触面允许电流密度（A/mm²）

铜-铜	铝-铝	黄铜-黄铜	钢-钢	铜-铝	铜-钢	黄铜-钢
0.12	0.09	0.048	0.036	0.09	0.06	0.036

(6) 介入电阻。在靠近带电体的电炉结构件，在磁场强度相当大的交变磁场中受到磁感应作用。如果这些构件是用磁性材料制造的，就会产生附加的能量损耗。考虑到这种附加损耗，我们给短网导体的有效电阻引进一个附加电阻叫做介入电阻。

介入电阻对电弧炉短网取短网电阻的 20～30%；对铁合金电炉短网取短网电阻的 5%。

22.1.4.3 电感的基本计算

A 计算说明

电炉短网是由一系列不同导体段组成，因此，只能分段计算，然后各段电抗相加，得出总电抗。

电炉短网各段导体形状不同；轮廓复杂，在电感计算中要适当简化，计算只能是近似的。

B 自感和互感计算基本公式

任意断面形状直线导体的自感和平行直线导体的互感，其基本计算公式为：

导体束的感抗

$$X = 2\pi fL \tag{22-22}$$

式中 X——导体束的感抗，Ω；

L——导体束的感应系数，H；

f——电流频率，Hz。

$$L(M) = 2l\left[\ln\frac{1+\sqrt{\left(\frac{g}{l}\right)^2+1}}{\frac{g}{l}} - \sqrt{\left(\frac{g}{l}\right)^2-1}+\frac{g}{l}\right]\times 10^{-9} \tag{22-23}$$

方括弧内的式子与长度无关，而仅与 g/l 有关，用 F 表示，式 22-23 可变为下式

$$L(M) = 2Fl \times 10^{-9} \tag{22-24}$$

式中 l——导体长度，cm；

g——导体断面自几何均距（计算 L 时），或导体断面的互几何均距（计算 M 时），cm；

L（M）——导体的自感（互感），H；

$2F$——与 g/l 有关的值，由表 22-14 查得。

如 l 远远大于 g 时，电感计算公式为

$$L(M) = 2l\left(\ln\frac{2l}{g} - 1\right)\times 10^{-9} \tag{22-25}$$

表 22-14 式 22-24 中 2F=f (g/l) 值

g/l	2F	差	g/l	2F	差
0.0001	17.80718		0.0035	10.70328	0.05780
	16.42108	1.38610		64714	5614
	15.61036	0.81072		59254	5460
	03520	0.57516		53942	5312
				48766	5176
0.0005	14.58910	0.44610	0.0040	10.43722	0.05044
	22466	36444		38804	4918
	13.91656	30810		34006	4798
	64970	26686		29318	4688
	41434	23536		24742	4576
0.0010	13.20380	0.21054	0.0045	10.20266	0.04476
	01338	19042		15892	4374
	12.83956	17382		11608	4284
	67968	15988		07418	4190
	53166	14802		03314	4104
0.0015	12.39388	0.13778	0.0050	9.99292	0.04022
	26500	12888		95350	3942
	14396	12104		91488	3862
	02984	11412		87698	3790
	11.92190	10794		83980	3718
0.0020	11.81952	0.10238	0.0055	9.80330	0.03650
	72214	0.09738		76746	3584
	62030	9284		73226	3520
	54060	8870		69768	3458
	45568	8492		66368	3400
0.0025	11.37422	0.08146	0.0060	9.63028	0.03340
	29598	7824		59742	3286
	22070	7528		56510	3232
	14818	7252		53330	3180
	07818	7000		50200	3130
0.0030	11.01060	0.06758	0.0065	9.47118	0.03082
	10.94520	6540		44086	3032
	88192	6328		41098	2988
	82056	6136		38154	2944
	76108	5948		35254	2900

续表 22-14

g/l	2*F*	差	*g/l*	2*F*	差
0.0070	9.32396	0.02858	0.0105	8.52000	0.01894
	29580	2816		50124	1876
	26802	2778		48266	1858
	24064	2738		46426	1840
	21362	2702		44602	1824
0.0075	9.18698	0.02664	0.0110	8.42769	0.01806
	16070	2628		41006	1790
	13474	2596		39232	1774
	10912	2562		37474	1758
	08384	2528		35732	1742
0.0080	9.05888	0.02496	0.0115	8.34006	0.01726
	03424	2464		32294	1712
	00990	2434		30598	1696
	8.98586	2404		28916	1682
	96210	2376		27248	1668
0.0085	8.93864	0.02346	0.0120	8.25592	0.01656
	91544	2320		23952	1640
	89252	2202		22320	1626
	86986	2266		20714	1612
	84746	2240		19114	1600
0.0090	8.82532	0.02214	0.0125	8.17528	0.01586
	80342	2190		15954	1574
	78176	2166		14392	1562
	76034	2142		12844	1548
	73916	2118		11308	1536
0.0095	8.71818	0.02098	0.0130	8.09784	0.01524
	69744	2074		08270	1514
	67692	2052		06770	1500
	65660	2032		05280	1490
	63650	2010		03802	1478
0.0100	8.61660	0.01990	0.0135	8.02334	0.01468
	59688	1972		00878	1456
	57738	1950		7.99432	1446
	55806	1932		97998	1434
	53894	1912		96574	1424

续表 22-14

g/l	2F	差	g/l	2F	差
0.0140	7.95160	0.01414	0.0175	7.51224	0.01126
	93756	1404		50106	1118
	92362	1394		48992	1114
	90980	1382		47886	1106
	89606	1374		46784	1102
0.0145	7.88242	0.01364	0.0180	7.45690	0.01094
	86886	1356		44602	1088
	85542	1344		43520	1082
	84206	1336		42444	1076
	82878	1328		41374	1070
0.0150	7.81558	0.01320	0.0185	7.40308	0.01066
	80250	1308		39250	1058
	78950	1300		38198	1052
	77658	1292		37152	1046
	76376	1282		36110	1042
0.0155	7.75100	0.01276	0.0190	7.35076	0.01034
	73834	1266		34046	1030
	72576	1258		33020	1026
	71326	1250		33002	1018
	70086	1240		30988	1014
0.0160	7.68852	0.01234	0.0195	7.29980	0.01008
	67624	1228		28976	1004
	66404	1220		27978	0.00998
	65194	1210		26984	994
	63990	1204		25998	986
0.0165	7.62794	0.01196	0.0200	7.25014	0.00984
	61606	1188		24038	976
	60426	1180		23068	970
	59252	1174		22100	968
	58084	1168		21134	966
0.0170	7.56924	0.01160	0.0205	7.20176	0.00958
	55772	1152		19220	956
	54626	1146		18272	948
	53486	1140		17328	944
	52350	1136		16390	938

续表 22-14

g/l	2F	差	g/l	2F	差
0.0210	7.15454	0.00936	0.0245	6.85316	0.00798
	14524	930		84522	794
	13598	926		83730	792
	12678	920		82942	788
	11760	918		82158	784
0.0215	7.10848	0.00912	0.0250	6.81376	0.00782
	09940	908		80596	780
	9034	906		79820	776
	08134	900		79048	772
	07240	894		78280	768
0.0220	7.06348	0.00892	0.0255	6.77514	0.00766
	05462	886		76750	764
	04578	884		75990	760
	03700	878		75234	756
	02824	876		74480	754
0.0225	7.01952	0.00872	0.0260	6.73728	0.00752
	01086	866		72980	748
	00222	864		72236	746
	6.99362	860		71494	742
	98508	854		70754	740
0.0230	6.97656	0.00852	0.0265	6.70018	0.00736
	96808	848		69284	734
	95964	844		68552	732
	95124	840		67824	728
	94286	838		67100	724
0.0235	6.93452	0.00834	0.0270	6.66378	0.00722
	92624	828		65658	720
	91798	826		64940	718
	90976	822		64226	714
	90158	818		63514	712
0.240	6.89342	0.00816	0.0275	6.62806	0.00708
	88530	812		62100	706
	87722	808		61396	704
	86916	806		60696	700
	86114	802		59998	698

续表 22-14

g/l	2F	差	g/l	2F	差
0.0280	6.59302	0.00696	0.0315	6.36434	0.00618
	58608	694		35820	614
	57916	692		35208	612
	57228	688		34598	610
	56544	684		33990	608
0.0285	6.55860	0.00684	0.0320	6.33384	0.00606
	55180	680		32778	606
	54502	678		32176	602
	53824	678		31576	600
	53150	674		30978	598
0.0290	6.52480	0.00670	0.0325	6.30380	0.00598
	51812	668		29786	594
	51146	666		29192	594
	50482	664		28602	590
	49820	662		28012	590
0.0295	6.49160	0.00660	0.0330	6.27424	0.00588
	48502	658		26838	586
	47846	656		26256	582
	47196	650		25674	582
	46546	650		25094	580
0.0300	6.45898	0.00648	0.0335	6.24516	0.00578
	45250	648		23938	578
	44606	644		23364	574
	43966	640		22790	574
	43326	640		22220	570
0.0305	6.42690	0.00636	0.0340	6.21650	0.00570
	42054	636		21082	568
	41422	632		20516	566
	40790	632		19952	564
	40162	628		19390	562
0.0310	6.39536	0.00626	0.0345	6.18830	0.00560
	38912	624		18270	560
	38290	622		17712	558
	37670	620		17156	556
	37052	618		16602	554

续表 22-14

g/l	2F	差	g/l	2F	差
0.0350	6.16050	0.00552	0.0385	5.97676	0.00500
	15498	552		97176	500
	14950	548		96678	498
	14402	548		96180	498
	13854	548		95686	494
0.0355	6.13310	0.00544	0.0390	5.95192	0.00494
	12768	542		94698	494
	12226	542		94208	490
	11686	540		93718	490
	11148	538		93230	488
0.0360	6.10612	0.00536	0.0395	5.92742	0.00488
	10076	536		92256	486
	09544	532		91770	486
	09012	532		91288	482
	08482	530		90806	482
0.0365	6.07952	0.00530	0.0400	5.90324	0.00482
	07424	528		89844	480
	06898	526		89366	478
	06374	524		88888	478
	05850	524		88412	476
0.0370	6.05328	0.00522	0.0405	5.87938	0.00474
	04808	520		87464	474
	04290	518		86992	472
	03772	518		86520	472
	03256	516		86050	470
0.0375	6.02742	0.00514	0.0410	5.85582	0.00468
	02228	514		85114	468
	01716	512		84648	466
	01206	510		84182	466
	00698	508		83718	464
0.0380	6.00190	0.00508	0.0415	5.83254	0.00464
	5.99684	506		82792	462
	99180	504		82332	460
	98678	502		81874	458
	98176	502		81416	458

续表 22-14

g/l	$2F$	差	g/l	$2F$	差
0.0420	5.80958	0.00458	0.0455	5.65634	0.00420
	80502	456		65214	420
	80046	456		64796	418
	79594	452		64378	418
	79142	452		63962	416
0.0425	5.78690	0.00452	0.0460	5.63546	0.00416
	78238	452		63132	414
	77790	448		62718	414
	77342	448		62304	414
	76894	448		61892	412
0.0430	5.76448	0.00446	0.0465	5.61480	0.00412
	76002	446		61070	410
	75558	444		60662	408
	75116	442		60254	408
	74674	442		59848	406
0.0435	5.74234	0.00440	0.0470	5.59442	0.00406
	73794	440		59036	406
	73356	438		58630	406
	72918	438		58226	404
	72482	436		57824	402
0.0440	5.72046	0.00436	0.0475	5.57422	0.00402
	71612	434		57020	402
	71178	434		56620	400
	70746	432		56220	400
	70314	432		55822	398
0.0445	5.69884	0.00430	0.0480	5.55424	0.00398
	69454	430		55028	396
	69026	428		54632	396
	68598	428		54238	394
	68172	426		53844	394
0.0450	5.67746	0.00426	0.0485	5.53450	0.00394
	67322	424		53058	392
	66898	424		52666	392
	66476	422		52274	392
	66054	422		51884	390

续表 22-14

g/l	2F	差	g/l	2F	差
0.0490	5.51496	0.00388	0.0550	5.29564	0.00688
	51108	388		28876	688
	50720	388		28192	684
	50334	386		27510	682
	49948	386		26832	678
0.0495	5.49562	0.00386	0.0560	5.26154	0.00678
	49178	384		25480	674
	48796	382		24810	670
	48414	382		24140	670
	48032	382		23474	666
0.0500	5.47652	0.00380	0.0570	5.22808	0.00666
	46892	760		22146	662
	46136	756		21488	658
	45382	754		20830	658
	44634	748		20176	654
0.0510	5.43886	0.00748	0.0580	5.19524	0.00652
	43144	742		18876	648
	42402	742		18228	648
	41664	738		17582	646
	40928	736		16940	642
0.0520	5.40198	0.00730	0.0590	5.16300	0.00640
	39468	730		15662	638
	38744	724		15026	636
	38020	724		14394	632
	37300	720		13762	632
0.0530	5.36582	0.00718	0.0600	5.13132	0.00630
	35868	714		12506	626
	35156	712		11882	624
	34448	708		11258	624
	33742	706		10638	620
0.0540	5.33038	0.00704	0.0610	5.10020	0.00618
	32338	700		09406	614
	31640	698		08792	614
	30946	694		08178	614
	30252	694		07570	608

续表 22-14

g/l	$2F$	差	g/l	$2F$	差
0.0620	5.06962	0.00608	0.0690	4.86922	0.00542
	06356	606		86382	540
	05754	602		85844	538
	05152	602		85306	538
	04554	598		84770	536
0.0630	5.03956	0.00598	0.0700	4.84238	0.00532
	03360	596		83706	532
	02768	592		83174	532
	02176	592		82646	528
	01586	590		82120	526
0.0640	5.01000	0.00586	0.0710	4.81594	0.00526
	00414	586		81070	524
	4.99832	582		80548	522
	99250	582		80026	522
	4.98670	580		79506	520
0.0650	4.98094	0.00576	0.0720	4.78988	0.00518
	97518	576		78472	516
	96942	576		77958	514
	96372	570		77444	514
	95802	570		76934	510
0.0660	4.95232	0.00570	0.0730	4.76424	0.00510
	94666	566		75914	510
	94102	564		75408	506
	93538	564		74902	506
	92978	560		74398	504
0.0670	4.92418	0.00560	0.0740	4.73894	0.00504
	91860	558		73394	500
	91306	554		72894	500
	90752	554		72394	500
	90198	554		71898	496
0.0680	4.89648	0.00550	0.0750	4.71402	0.00496
	89100	548		70908	494
	88552	548		70416	492
	88008	544		69924	492
	87464	544		69434	490

续表 22-14

g/l	2F	差	g/l	2F	差
0.0760	4.68946	0.00488	0.0830	4.52668	0.00446
	68458	488		52226	442
	67972	486		51784	442
	67488	484		51344	440
	67006	482		50904	440
0.0770	4.66524	0.00482	0.0840	4.50466	0.00438
	66044	480		50030	436
	65564	480		49594	436
	65086	478		49158	436
	64610	476		48724	434
0.0780	4.64136	0.00474	0.0850	4.48292	0.00432
	63662	474		47860	432
	63190	472		47430	430
	62718	472		47000	430
	62248	470		46572	428
0.0790	4.61780	0.00468	0.0860	4.46144	0.00428
	61312	468		45716	428
	60846	466		45292	424
	60382	464		44868	424
	59918	464		44446	424
0.0800	4.59456	0.00462	0.0870	4.44024	0.00422
	58994	462		43602	422
	58536	462		43182	420
	58078	458		42762	420
	57620	458		42346	416
0.0810	57164	0.00458	0.0880	4.41930	0.00416
	56708	456		41514	416
	56256	452		41098	416
	55804	452		40684	414
	55352	452		40272	412
0.0820	4.54902	0.00450	0.0890	4.39860	0.00412
	54452	450		39448	412
	54006	446		39038	410
	53560	446		38630	408
	53114	446		38222	408

续表 22-14

g/l	$2F$	差	g/l	$2F$	差
0.0900	4.37816	0.00406	0.0970	4.24168	0.00376
	37410	406		23794	374
	37004	406		23422	372
	36600	404		23050	372
	36198	402		22678	372
0.0910	4.35796	0.00402	0.0980	4.22308	0.00370
	35394	402		21938	370
	34994	400		21568	370
	34594	400		21200	368
	34196	398		20834	366
0.0920	4.33800	0.00396	0.0990	4.20468	0.00366
	33404	396		20102	366
	33010	394		19736	366
	32616	394		19372	364
	32222	394		19008	364
0.0930	4.31830	0.00392	0.100	4.18646	0.00362
	31438	392		16846	0.01800
	31046	392		15066	1780
	30656	390		13304	1762
	30268	388		11562	1742
0.0940	4.29880	0.00388	0.105	4.09836	0.001726
	29492	388		08130	1706
	29106	386		06442	1688
	28722	384		04770	1672
	28338	384		03116	1654
0.0950	4.27954	0.00384	0.110	4.01478	0.01638
	27570	384		3.99858	1620
	27190	380		98252	1606
	26810	380		96664	1588
	26430	380		95090	1574
0.0960	4.26052	0.00378	0.115	3.93534	0.01556
	25674	378		91992	1542
	25296	378		90464	1528
	24920	376		88950	1514
	24544	376		87450	1500

续表 22-14

g/l	2F	差	*g/l*	2F	差
0.120	3.85964	0.01486	0.155	3.41296	0.01112
	84492	1472		40196	1100
	83034	1458		39102	1094
	81590	1444		38016	1086
	80158	1432		36940	1076
0.125	3.78740	0.01418	0.160	3.35870	0.01070
	77332	1408		34808	1062
	75938	1394		33752	1056
	74556	1382		32706	1046
	73188	1368		31666	1040
0.130	3.71830	0.01358	0.165	3.30632	0.01034
	70484	1346		29608	1024
	69150	1334		28592	1016
	67828	1322		27580	1042
	66516	1312		26578	1002
0.135	3.65216	0.01300	0.170	3.25580	0.00998
	63928	1288		24592	988
	62648	1280		23608	984
	61380	1268		22632	976
	60120	1260		21660	972
0.140	3.58874	0.01246	0.175	3.20696	0.00964
	57636	1238		19742	954
	56408	1228		18790	952
	55192	1216		17846	944
	53984	1208		16906	940
0.145	3.52784	0.01200	0.180	3.15974	0.00932
	51594	1190		15048	926
	50416	1178		14128	920
	49244	1172		13216	912
	48084	1160		12308	908
0.150	3.46030	0.01154	0.185	3.11404	0.00904
	45788	1142		10508	896
	44652	1136		09618	890
	43526	1126		08732	886
	42408	1118		07852	886

续表 22-14

g/l	2F	差	g/l	2F	差
0.190	3.06978	0.00874	0.225	2.79444	0.00714
	06110	868		78736	708
	05224	866		78030	706
	04388	856		77326	704
	03534	854		76628	698
0.195	3.02688	0.00846	0.230	2.75936	0.00692
	01848	840		75246	690
	01010	838		74558	688
	00176	834		73876	682
	2.99350	826		73196	680
0.200	2.98526	0.00824	0.235	2.72520	0.00676
	97710	816		71850	670
	96896	814		71180	670
	96088	808		70514	666
	95286	802		69852	662
0.205	2.94488	0.00798	0.240	2.69192	0.00660
	93694	794		68538	654
	92906	788		67886	652
	92120	786		67238	648
	91342	778		66592	646
0.210	2.90564	0.00778	0.245	2.65948	0.00644
	89794	770		65310	638
	89026	768		64676	634
	88266	760		64042	634
	87508	758		63414	628
0.215	2.86754	0.00754	0.250	2.62786	0.00628
	86006	748		62164	622
	85260	746		61544	620
	84518	742		60928	616
	83782	736		60314	614
0.220	2.83048	0.00734	0.255	2.59702	0.00612
	82320	728		59094	608
	81596	724		58490	604
	80876	720		57888	602
	80158	718		57288	600

续表 22-14

g/l	2F	差	g/l	2F	差
0.260	2.56692	0.00596	0.295	2.37480	0.00508
	56098	594		36976	504
	55510	588		36472	504
	54992	588		35972	500
	54336	586		35472	500
0.265	2.53752	0.00584	0.300	2.34974	0.00498
	53174	578		34480	494
	52598	576		33986	494
	52022	576		33496	490
	51452	570		33008	488
0.270	2.50884	0.00568	0.305	2.32520	0.00488
	50318	566		32034	486
	49754	564		31552	482
	49194	560		31072	480
	48636	558		30594	478
0.275	2.48080	0.00556	0.310	2.30116	0.00478
	47528	552		29642	474
	46976	552		29170	472
	46430	546		28700	470
	45884	546		28230	470
0.280	2.45340	0.00544	0.315	2.27764	0.00466
	44800	540		27300	464
	44262	538		26838	462
	43726	536		26376	462
	43194	532		25916	460
0.285	2.42662	0.00532	0.320	2.25460	0.00456
	42134	528		25004	456
	41608	526		24552	452
	41084	524		24100	452
	40562	522		23650	450
0.290	2.40042	0.00520	0.325	2.23200	0.00450
	39526	516		22754	446
	39012	514		22310	444
	38500	512		21868	442
	37988	512		21428	440

续表 22-14

g/l	2F	差	g/l	2F	差
0.330	2.20988	0.00440	0.365	2.06646	0.00384
	20552	436		06164	382
	20116	436		05882	382
	19682	434		05502	380
	19250	432		05124	378
0.335	2.18818	0.00432	0.370	2.04746	0.00378
	18390	428		04370	376
	17964	428		03996	374
	17538	426		03622	374
	17114	424		03250	372
0.340	2.16692	0.00422	0.375	2.02880	0.00370
	16272	420		02512	368
	15854	418		02144	368
	15436	418		01778	366
	15020	416		01412	366
0.345	2.14606	0.00414	0.380	2.01050	0.00362
	14194	412		00688	362
	13784	410		00328	360
	13374	410		1.99968	360
	12966	408		99610	358
0.350	2.12558	0.00408	0.385	1.99252	0.00358
	12152	406		98894	358
	11750	402		98540	354
	11348	402		98186	354
	10948	400		97836	352
0.355	2.10550	0.00398	0.390	1.97484	0.00352
	10154	396		97136	348
	09758	396		96788	348
	09364	394		96440	348
	08972	392		96094	346
0.360	2.08580	0.00392	0.395	1.95748	0.00346
	08190	390		95404	344
	07802	388		95062	342
	07414	388		94720	342
	07030	384		94380	340

续表 22-14

g/l	2F	差	g/l	2F	差
0.400	1.94042	0.00338	0.435	1.82860	0.00302
	93704	338		82560	300
	93368	336		82260	300
	93032	336		81960	300
	92696	336		81662	298
0.405	1.92362	0.00334	0.440	1.81366	0.00296
	92030	332		81070	296
	91700	330		80774	294
	91370	330		80480	294
	91040	330		80188	292
0.410	1.90712	0.00328	0.445	1.79896	0.00292
	90386	326		79604	292
	90060	326		79314	290
	89736	324		79024	290
	89112	324		78736	288
0.415	1.89090	0.00322	0.450	1.78448	0.00288
	88768	322		78160	288
	88446	322		77874	286
	88128	318		77588	286
	87810	318		77304	284
0.420	1.87494	0.00316	0.455	1.77020	0.00284
	87178	316		76738	282
	86862	316		76456	282
	86548	314		76176	280
	86236	312		75896	280
0.425	1.85924	0.00312	0.460	1.75616	0.00280
	85614	310		75338	278
	85304	310		75062	276
	84996	308		74786	276
	84688	308		74510	276
0.430	1.84380	0.00308	0.465	1.74234	0.00276
	84074	306		73960	274
	83770	304		73686	274
	83446	304		73414	272
	83162	304		73144	270

续表 22-14

g/l	2F	差	g/l	2F	差
0.470	1.72874	0.00270	0.505	1.63896	0.00244
	72604	270		63652	244
	72334	270		63410	242
	72066	268		63168	242
	71798	268		62926	242
0.475	1.71532	0.00266	0.510	1.62684	0.00242
	71266	266		62446	242
	71002	264		62208	242
	70738	264		61968	240
	70476	264		61730	238
0.480	1.70212	0.00264	0.515	1.61492	0.00238
	69950	262		61256	236
	69690	260		61020	236
	69430	260		60786	234
	69170	260		60552	234
0.485	1.68910	0.00260	0.520	1.60318	0.00234
	68652	258		60084	234
	68394	258		59852	232
	68138	256		59620	232
	67884	254		59388	232
0.490	1.67630	0.00254	0.525	1.59158	0.00230
	67376	254		58928	230
	67122	254		58698	230
	66870	252		58468	230
	66618	252		58240	228
0.495	1.66366	0.00252	0.530	1.58012	0.00228
	66116	250		57786	226
	65866	250		57560	226
	65616	250		57334	226
	65368	248		57110	224
0.500	1.65120	0.00248	0.535	1.56886	0.00224
	64874	246		56662	224
	64628	246		56440	222
	64384	244		56218	222
	64140	244		55996	222

续表 22-14

g/l	2F	差	g/l	2F	差
0.540	1.55774	0.00222	0.575	1.48394	0.00202
	55552	222		48194	200
	55332	220		47994	200
	55114	218		47794	200
	54896	218		47594	200
0.545	1.54678	0.00218	0.580	1.47394	0.00200
	54460	218		47196	198
	54242	218		46998	198
	54026	216		46800	198
	53810	216		46604	196
0.550	1.53594	0.00216	0.585	1.46408	0.00196
	53380	214		46212	196
	53166	214		46016	196
	52952	214		45820	196
	52738	214		45626	194
0.555	1.52526	0.00212	0.590	1.45432	0.00194
	52314	212		45238	194
	52104	210		45046	192
	51894	210		44854	192
	51684	210		44662	192
0.560	1.51474	0.00210	0.595	1.44470	0.00192
	51266	208		44280	190
	51058	208		44090	190
	50850	208		43900	190
	50642	208		43710	190
0.565	1.50436	0.00206	0.600	1.43522	0.00188
	50230	206		43334	188
	50024	206		43146	188
	49818	206		42958	188
	49614	204		42770	188
0.570	1.49410	0.00204	0.605	1.42584	0.00186
	49206	204		42398	186
	49002	204		42212	186
	48798	202		42026	186
	48596	202		41842	184

续表 22-14

g/l	2F	差	g/l	2F	差
0.610	1.41658	0.00184	0.645	1.35484	0.00170
	41474	184		35314	170
	41290	184		35146	168
	41108	182		34978	168
	40926	182		34810	168
0.615	1.40744	0.00182	0.650	1.34614	0.00166
	40562	182		34478	166
	40380	182		34312	166
	40200	180		34146	166
	40020	180		33980	166
0.620	1.39840	0.00180	0.655	1.33816	0.00164
	39662	178		33652	164
	39484	178		33488	164
	39306	178		33324	164
	39128	178		33160	164
0.625	1.38950	0.00178	0.660	1.32996	0.00164
	38772	178		32832	164
	38594	178		32670	162
	38418	176		32508	162
	38242	176		32346	162
0.630	1.38066	0.00176	0.665	1.32184	0.00162
	37892	174		32022	162
	37718	174		31862	160
	37544	174		31702	160
	37370	174		31542	160
0.635	1.37196	0.00174	0.670	1.31382	0.00160
	37024	172		31222	160
	36852	172		31064	158
	36680	172		30906	158
	36508	172		30748	158
0.640	1.36336	0.00172	0.675	1.30590	0.00158
	36164	172		30432	158
	35994	170		30276	156
	35824	170		30120	156
	35654	170		29964	156

续表 22-14

g/l	2F	差	g/l	2F	差
0.680	1.29808	0.00156	0.715	1.24568	0.00144
	29652	156		24424	144
	29496	156		24280	144
	29342	154		24138	142
	29188	154		23996	142
0.685	1.29034	0.00154	0.720	1.23854	0.00142
	28880	154		23712	142
	28726	154		23570	142
	28572	154		23428	142
	28420	152		23288	140
0.690	1.28268	0.00152	0.725	1.23148	0.00140
	28116	152		23008	140
	27964	152		22868	140
	27812	152		22728	140
	27662	150		22588	140
0.695	1.27512	0.00150	0.730	1.22448	0.00140
	27362	150		22310	138
	27212	150		22172	138
	27062	150		22034	138
	26912	150		21896	138
0.700	1.26764	0.00148	0.735	1.21758	0.00138
	26616	148		21620	138
	26468	148		21482	138
	26320	148		21344	138
	26172	148		21208	136
0.705	1.26024	0.00148	0.740	1.21072	0.00136
	25876	148		20936	136
	25730	146		20800	136
	25584	146		20664	136
	25438	146		20528	136
0.710	1.25292	0.00146	0.745	1.20392	0.00136
	25146	146		20258	134
	25000	146		20124	134
	24856	144		19990	134
	24712	144		19856	134

续表 22-14

g/l	2F	差	g/l	2F	差
0.750	1.19722	0.00134	0.785	1.15226	0.00124
	19588	134		15102	124
	19454	134		14978	124
	19322	132		14854	124
	19190	132		14730	124
0.755	1.19058	0.00132	0.790	1.14608	0.00122
	18926	132		14486	122
	18794	132		14364	122
	18662	132		14242	122
	18532	130		14120	122
0.760	1.18402	0.00130	0.795	1.13998	0.00122
	18272	130		13876	122
	18142	130		13754	122
	18012	130		13634	120
	17882	130		13514	120
		130			
0.765	1.17752	0.00130	0.800	1.13394	0.00120
	17622	130		13274	120
	17494	128		13154	120
	17366	128		13034	120
	17238	128		12914	120
					120
0.770	1.17110	0.00128	0.805	1.12794	0.00120
	16982	128		12676	118
	16854	128		12558	118
	16728	126		12440	118
	16602	126		12322	118
0.775	1.16476	0.00126	0.810	1.12204	0.00118
	16350	126		12086	118
	16224	126		11968	118
	16098	126		11850	118
	15972	126		11734	116
0.780	1.15846	0.00126	0.815	1.11618	0.00116
	15722	124		11502	116
	15598	124		11386	116
	15474	124		11270	116
	15350	124		11154	116

续表 22-14

g/l	2F	差	g/l	2F	差
0.820	1.11038	0.00116	0.855	1.07136	0.00108
	10922	116		07028	108
	10806	116		06920	108
	10692	114		06812	108
	10578	114		06704	108
0.825	1.10464	0.00114	0.860	1.06598	0.00106
	10350	114		06492	106
	10236	114		06386	106
	10122	114		06280	106
	10008	114		06174	106
0.830	1.09894	0.00114	0.865	1.06068	0.00106
	09782	112		05962	106
	09670	112		05856	106
	09558	112		05750	106
	09446	112		05644	106
0.835	1.09334	0.00112	0.870	1.05540	0.00104
	09222	112		05346	104
	09110	112		05332	104
	08998	112		05228	104
	08886	112		05124	104
0.840	1.08774	0.00112	0.875	1.05020	0.00104
	08664	110		04916	104
	08554	110		04812	104
	08444	110		04708	104
	08334	110		04604	104
0.845	1.08224	0.00110	0.880	1.04502	0.00102
	08114	110		04400	102
	08004	110		04298	102
	07894	110		04196	102
	07784	110		04094	102
0.850	1.07676	0.00108	0.885	1.03992	0.00102
	07568	108		03890	102
	07460	108		03788	102
	07352	108		03686	102
	07244	108		03586	100

续表 22-14

g/l	$2F$	差	g/l	$2F$	差
0.890	1.03486	0.00100	0.925	1.00068	0.00094
	03386	100		099974	94
	03286	100		99880	94
	03186	100		99786	94
	03086	100		99692	94
0.895	1.02986	0.00100	0.930	0.99598	0.00094
	02886	100		99504	94
	02786	100		99410	94
	02686	100		99316	94
	02586	100		99222	94
0.900	1.02488	0.00098	0.935	0.99130	0.00092
	02390	98		99038	92
	02292	98		98946	92
	02194	98		98854	92
	02096	98		98762	92
0.905	1.01998	0.00098	0.940	0.98670	0.00092
	01900	98		98578	92
	01802	98		98486	92
	01704	98		98394	92
	01606	98		98302	92
0.910	1.01508	0.00098	0.945	0.98210	0.00092
	01410	98		98118	92
	01312	98		98028	90
	01216	98		97938	90
	01120	98		97848	90
0.915	1.01024	0.00096	0.950	0.97758	0.00090
	00928	96		97668	90
	00832	96		97578	90
	00736	96		97488	90
	00640	96		97398	90
0.920	1.00544	0.00096	0.955	0.97308	0.00090
	00448	96		97218	90
	00352	96		97128	90
	00256	96		97038	90
	00162	94		96950	88

续表 22-14

g/l	2F	差	g/l	2F	差
0.960	0.96862	0.00088	0.995	0.93848	0.00084
	96774	88		93764	84
	96686	88		93680	84
	96598	88		93596	84
	96510	88		93514	82
0.965	0.96422	0.00088	1.000	0.93432	0.00082
	96334	88		92612	0.00820
	96246	88		91804	808
	96158	88		91010	794
	96070	88		90228	782
0.970	0.95982	0.00088	1.05	0.89460	0.00768
	95894	88		88704	756
	95806	88		87960	744
	95720	86		87228	732
	95634	86		86508	720
0.975	095548	0.00086	1.10	0.85800	0.00708
	95462	86		85104	696
	95376	86		84418	686
	95290	86		83742	676
	95204	86		83076	666
0.980	0.95118	0.00086	1.15	0.82420	0.00656
	95032	86		81774	646
	94946	86		81138	636
	94860-	86		80512	626
	94774	86		79896	616
0.985	0.94668	0.00086	1.20	0.79288	0.00608
	94604	84		78690	508
	94520	84		78100	590
	94436	84		77518	582
	94352	84		76944	574
0.990	0.94268	0.00084	1.25	0.76378	0.00566
	94184	84		75820	558
	94100	84		75270	550
	94016	84		74728	542
	93932	84		74194	534

续表 22-14

g/l	2F	差	g/l	2F	差
1.30	0.73668	0.00526	1.65	0.58926	0.00340
	73148	520		58590	336
	72636	512		58258	332
	72132	504		57928	330
	71634	498		57602	326
1.35	0.71142	0.00492	1.70	0.57280	0.00322
	70656	486		56962	318
	70176	486		56646	316
	69702	474		56334	312
	69234	468		56024	310
1.40	0.68772	0.00462	1.75	0.55718	0.00306
	68316	456		55416	302
	67866	450		55118	298
	67422	444		54824	294
	66984	438		54532	292
1.45	0.66552	0.00432	1.80	0.54244	0.00288
	66124	428		53958	286
	65702	422		53674	284
	65286	416		53394	280
	64876	410		53116	278
1.50	0.64472	0.00404	1.85	0.52840	0.00276
	64074	398		52568	272
	63680	394		52300	268
	63290	390		52034	266
	62904	386		51770	264
1.55	0.62522	0.00382	1.90	051508	0.00262
	62144	378		51250	258
	61770	374		50994	256
	61400	370		50740	254
	61032	368		50488	252
1.60	0.60668	0.00364	1.95	0.50238	0.00250
	60310	358		49992	246
	59958	352		49748	244
	59610	348		49506	242
	59266	344		49266	240

续表 22-14

g/l	2F	差	g/l	2F	差
2.00	0.49030	0.00236	2.35	0.41940	0.00174
	48796	234		41768	172
	48564	232		41598	170
	48334	230		41428	170
	48106	228		41260	168
2.05	0.47880	0.00226	2.40	0.41094	0.00166
	47656	224		40928	166
	47434	222		40764	164
	47212	222		40602	162
	46992	220		40440	162
2.10	0.46774	0.00218	2.45	0.40280	0.00160
	46558	216		40120	160
	46344	214		39962	158
	46132	212		39804	158
	45922	210		39648	156
2.15	0.45714	0.00208	2.50	0.39492	0.00156
	45510	204		39338	154
	45308	202		39186	152
	45108	200		39034	152
	44910	198		38884	150
2.20	0.44714	0.00196	2.55	0.38736	0.00148
	44518	196		38588	148
	44324	194		38442	146
	44132	192		38296	146
	43942	190		38152	144
2.25	0.43752	0.00190	2.60	0.38008	0.00144
	43564	188		37866	142
	43378	186		37724	142
	43194	184		37584	140
	43010	184		37444	140
2.30	0.42828	0.00182	2.65	0.37306	0.00138
	42648	180		37168	138
	42468	180		37032	136
	42290	178		36896	136
	42114	176		36762	134

续表 22-14

g/l	2F	差	g/l	2F	差
2.70	0.36630	0.00132	3.05	0.32498	0.00106
	36498	132		32394	104
	36366	132		32290	104
	36236	130		32188	102
	36106	130		32086	102
2.75	0.35978	0.00128	3.10	0.31984	0.00102
	35850	128		31884	100
	35724	126		31784	100
	35598	126		31684	100
	35472	126		31584	100
2.80	0.35348	0.00124	3.15	0.31486	0.00098
	35224	124		31388	98
	35100	124		31290	98
	34978	122		31194	96
	34858	120		31098	96
2.85	0.34738	0.00120	3.20	0.31002	0.00096
	34620	118		30908	94
	34502	118		30814	94
	34384	118		30720	94
	34268	116		30626	94
2.90	0.34152	0.00116	3.25	0.30534	0.00092
	34036	116		30442	92
	33922	114		30350	92
	33808	114		30258	92
	33694	114		30168	90
2.95	0.33582	0.00112	3.30	0.30078	0.00090
	33470	112		29988	90
	33360	110		29900	88
	33250	110		29812	88
	33140	110		29724	88
3.00	0.33032	0.00108	3.35	0.29636	0.00088
	32924	108		29548	88
	32816	108		29462	86
	32710	106		29376	86
	32604	106		29290	86

续表 22-14

g/l	2F	差	g/l	2F	差
3.40	0.29204	0.00086	3.75	0.26514	0.00070
	29120	84		26444	70
	29036	84		26374	70
	28952	84		26304	70
	28868	84		26236	68
3.45	0.28786	0.00082	3.80	0.26168	0.00068
	28704	82		26100	68
	28622	82		26032	68
	28540	82		25964	68
	28460	80		25896	68
3.50	0.28380	0.00080	3.85	0.25830	0.00066
	28300	80		25764	66
	28220	80		25698	66
	28142	78		25632	66
	28064	78		25566	66
3.55	0.27986	0.00078	3.90	0.25502	0.00064
	27908	78		25438	64
	27832	76		25374	64
	27756	76		25310	64
	27680	76		25246	64
3.60	0.27604	0.00076	3.95	0.25182	0.00064
	27528	76		25118	64
	27454	74		25056	62
	27380	74		24994	62
	27306	74		24932	62
3.65	0.27232	0.00074	4.00	0.24870	0.00062
	27158	74		24808	62
	27084	74		24746	62
	27012	72		24686	60
	26940	72		24626	60
3.70	0.26868	0.00072	4.05	0.24566	0.00060
	26796	72		24506	60
	26724	72		24446	60
	26654	70		24386	60
	26584	70		24328	58

续表 22-14

g/l	2F	差	g/l	2F	差
4.10	0.24270	0.00058	4.45	0.22380	0.00050
	24212	58		22330	50
	24154	58		22280	50
	24096	58		22230	50
	24038	58		22180	50
4.15	0.23980	0.00058	4.50	0.22132	0.00048
	23922	58		22084	48
	23866	56		22036	48
	23810	56		21988	48
	23754	56		21940	48
4.20	0.23698	0.00056	4.55	0.21892	0.00048
	23642	56		21844	48
	23586	56		21796	48
	23530	56		21748	48
	23476	54		21702	46
4.25	0.23422	0.00054	4.60	0.21656	0.00046
	23368	54		21610	46
	23314	54		21564	46
	23260	54		21518	46
	23206	54		21472	46
4.30	0.23152	0.00054	4.65	0.21426	0.00046
	23098	54		21380	46
	23046	52		21334	46
	22994	52		21288	46
	22942	52		21242	46
4.35	0.22890	0.00052	4.70	0.21198	0.00044
	22838	52		21154	44
	22768	52		21110	44
	22734	52		21066	44
	22682	52		21022	44
4.40	0.22630	0.00052	4.75	0.20978	0.00044
	22580	50		20934	44
	22530	50		20890	44
	22480	50		20846	44
	22430	50		20802	44

续表 22-14

g/l	2F	差	g/l	2F	差
4.80	0.20758	0.00044	5.15	0.19354	0.00038
	20714	44		19316	38
	20672	42		19280	36
	20630	42		19244	36
	20588	42		19208	36
4.85	0.20546	0.00042	5.20	0.19172	0.00036
	20504	42		19136	36
	20462	42		19100	36
	20420	42		19064	36
	20378	42		19028	36
4.90	0.20336	0.00042	5.25	0.18992	0.00036
	20294	42		18956	36
	20252	42		18920	36
	20212	40		18884	36
	20172	40		18848	36
4.95	0.20132	0.00040	5.30	0.18812	0.00036
	20092	40		18776	36
	20052	40		18740	36
	20012	40		18704	36
	19972	40		18670	34
5.00	0.19932	0.00040	5.35	0.18636	0.00034
	19892	40		18602	34
	19852	40		18568	34
	19812	40		18534	34
	19772	40		18500	34
5.05	019734	0.00038	5.40	0.18466	0.00034
	19696	38		18432	34
	19658	38		18398	34
	19620	38		18364	34
	19582	38		18330	34
5.10	0.19544	0.00038	5.45	0.18296	0.00034
	19506	38		18262	34
	19468	38		18228	34
	19430	38		18196	32
	19392	38		18164	32

续表 22-14

g/l	$2F$	差	g/l	$2F$	差
5.50	0.18132	0.00032	5.85	0.17048	0.00030
	18098	34		17020	28
	18066	32		16992	28
	18034	32		16964	28
	18002	32		16936	28
5.55	0.17970	0.00032	5.90	0.16908	0.00028
	17938	32		16880	28
	17906	32		16852	28
	17874	32		16824	28
	17842	32		16796	28
5.60	0.17810	0.00032	5.95	0.16768	0.00028
	17778	32		16740	28
	17746	32		16712	28
	17714	32		16684	28
	17682	32		16656	28
5.65	0.17650	0.00032	6.00	0.16628	0.00028
	17618	32		16600	28
	17588	30		16572	28
	17558	30		16544	28
	17528	30		16516	28
5.70	0.17498	0.00030	6.05	0.16488	0.00028
	17468	30		16460	28
	17438	30		16434	26
	17408	30		16408	26
	17378	30		16382	26
5.75	0.17348	0.00030	6.10	0.16356	0.00026
	17318	30		16328	28
	17288	30		16302	26
	17258	30		16276	26
	17228	30		16250	26
5.80	0.17198	0.00030	6.15	0.16224	0.00026
	17168	30		16198	26
	17138	30		16172	26
	17108	30		16146	26
	17078	30		16120	26

续表 22-14

g/l	$2F$	差	g/l	$2F$	差
6.20	0.16094	0.00026	6.55	0.15236	0.00024
	16068	26		15214	22
	16044	24		15190	24
	16018	26		15166	24
	15992	26		15144	22
6.25	0.15966	0.00026	6.60	0.15122	0.00022
	15942	24		15098	24
	15916	26		15076	22
	15890	26		15054	22
	15864	26		15030	24
6.30	0.15840	0.00024	6.65	0.15008	0.00022
	15814	26		14986	22
	15788	26		14964	22
	15764	24		14942	22
	15740	24		14920	22
6.35	0.15714	0.00026	6.70	0.14898	0.00022
	15690	24		14876	22
	15666	24		14854	22
	15642	24		14832	22
	15618	24		14810	22
6.40	0.15594	0.00024	6.75	0.14790	0.00020
	15570	24		14768	22
	15546	24		14746	22
	15522	24		14724	22
	15498	24		14702	22
6.45	0.15474	0.00024	6.80	0.14680	0.00022
	15450	24		14660	20
	15426	24		14638	22
	15402	24		14616	22
	15378	24		14594	22
6.50	0.15354	0.00024	6.85	0.14572	0.00022
	15330	24		14552	20
	15306	24		14530	22
	15284	22		14508	22
	15260	21		14488	20

续表 22-14

g/l	$2F$	差	g/l	$2F$	差
6.90	0.14468	0.00020	7.25	0.13772	0.00018
	14448	20		13752	20
	14426	22		13732	20
	14406	20		13714	18
	14386	20		13696	18
6.95	0.14364	0.00022	7.30	0.13678	0.00018
	14344	20		13658	20
	14324	20		13640	18
	14304	20		13620	20
	14282	22		13602	18
7.00	0.14262	0.00020	7.35	0.13584	0.00018
	14242	20		13566	18
	14222	20		13548	18
	14202	20		13530	18
	14182	20		13512	18
7.05	0.14162	0.00020	7.40	0.13494	0.00018
	14142	20		13476	18
	14122	20		13458	18
	14102	20		13440	18
	14082	20		13422	18
7.10	0.14062	0.00020	7.45	0.13404	0.00018
	14042	20		13386	18
	14022	20		13368	18
	14004	18		13350	18
	13984	20		13332	18
7.15	0.13964	0.00020	7.50	0.13314	0.00018
	13946	18		13296	18
	13926	20		13280	16
	13906	20		13262	18
	13888	18		13244	18
7.20	0.13868	0.00020	7.55	0.13226	0.00018
	13848	20		13208	18
	13830	18		13190	18
	13810	20		13174	16
	13790	20		13156	18

续表 22-14

g/l	2F	差	g/l	2F	差
0.760	0.13138	0.00018	7.95	0.12562	0.00016
	13120	18		12546	16
	13104	16		12530	16
	13086	18		12514	16
	13068	18		12498	16
7.65	0.13052	0.00016	8.00	0.12484	0.00014
	13034	18		12468	16
	13016	18		12452	16
	13000	16		12436	16
	12984	16		12422	14
7.70	0.12968	0.00016	8.05	0.12406	0.00016
	12950	18		12390	16
	12934	16		12376	14
	12918	16		12360	16
	12900	18		12344	16
7.75	0.12884	0.00016	8.10	0.12330	0.00014
	12868	16		12314	16
	12850	18		12298	16
	12834	16		12282	16
	12818	16		12268	14
7.80	0.12802	0.00016	8.15	0.12252	0.00016
	12786	16		12238	14
	12770	16		12222	16
	12754	16		12208	14
	12738	16		12194	14
7.85	0.12722	0.00016	8.20	0.12180	0.00014
	12706	16		12164	16
	12690	16		12148	16
	12674	16		12134	14
	12658	16		12120	14
7.90	0.12642	0.00016	8.25	0.12104	0.00016
	12626	16		12090	14
	12610	16		12076	14
	12594	16		12062	14
	12578	16		12048	14

续表 22-14

g/l	2F	差	g/l	2F	差
8.30	0.12034	0.00014	8.65	0.11546	0.00014
	12018	16		11534	12
	12004	14		11520	14
	11990	14		11506	14
	11976	14		11494	12
8.35	0.11960	0.00016	8.70	0.11482	0.00012
	11946	14		11468	14
	11932	14		11454	14
	11918	14		11442	12
	11904	14		11428	14
8.40	0.11890	0.00014	8.75	0.11414	0.00014
	11876	14		11402	12
	11862	14		11388	14
	11848	14		11376	12
	11834	14		11364	12
8.45	0.11820	0.00014	8.80	0.11352	0.00012
	11806	14		11340	12
	11792	14		11326	14
	11778	14		11314	12
	11764	14		11302	12
8.50	0.11750	0.00014	8.85	0.11288	0.00014
	11736	14		11276	12
	11722	14		11264	12
	11708	14		11250	14
	11694	14		11238	12
8.55	0.11680	0.00014	8.90	0.11224	0.00014
	11668	12		11212	12
	11654	14		11200	12
	11640	14		11188	12
	11626	14		11176	12
8.60	0.11614	0.00012	8.95	0.11162	0.00014
	11600	14		11150	12
	11586	14		11138	12
	11574	12		11126	12
	11560	14		11112	14

续表 22-14

g/l	2F	差	g/l	2F	差
9.00	0.11100	0.00012	9.35	0.10686	0.00010
	11088	12		10674	12
	11076	12		10662	12
	11064	12		10650	12
	11052	12		10640	10
9.05	0.11038	0.00014	9.40	0.10628	0.00012
	11026	12		10616	12
	11014	12		10606	10
	11002	12		10594	12
	10990	12		10582	12
9.10	0.10978	0.00012	9.45	0.10572	0.00010
	10966	12		10560	12
	10954	12		10548	12
	10942	12		10538	10
	10930	12		10526	12
9.15	0.10918	0.00012	9.50	0.10516	0.00010
	10906	12		10504	12
	10894	12		10494	10
	10882	12		10482	12
	10870	12		10472	10
9.20	0.10858	0.00012	9.55	0.10460	0.00012
	10848	10		10450	10
	10836	12		10438	12
	10824	12		10428	10
	10812	12		10416	12
9.25	0.10800	0.00012	9.60	0.10406	0.00010
	10788	12		10394	12
	10778	10		10384	10
	10766	12		10372	12
	10754	12		10362	10
9.30	0.10742	0.00012	9.65	0.10352	0.00010
	10732	10		10340	12
	10720	12		10330	10
	10708	12		10320	10
	10696	12		10308	12

续表 22-14

g/l	$2F$	差	g/l	$2F$	差
9.70	0.10298 10288 10278 10266 10256	0.00010 10 10 12 10	9.90	0.10092 10082 10072 10062 10052	0.00010 10 10 10 10
9.75	0.10246 10236 10224 10214 10204	0.00010 10 12 10 10	9.95	0.10042 10032 10022 10012 10002	0.00010 10 10 10 10
9.80	0.10194 10184 10174 10162 10152	0.00010 10 10 12 10	10.00	0.09992	10
9.85	0.10142 10132 10122 10112 10102	0.00010 10 10 10 10			

C　短网电感计算常用公式

(1) 具有一个电流方向的几根并联导体的电感

$$L=\frac{1}{n^2}\sum_{1}^{i=n}L_i \qquad (22\text{-}26)$$

式中　L_i——i 导体电感，H。

每一根导线的电感：

$$L_1=L_{11}+M_{11}+M_{12}+\cdots+M_{1n} \qquad (22\text{-}27)$$

$$L_2=L_{22}+M_{21}+M_{22}+\cdots+M_{2n} \qquad (22\text{-}28)$$

$$\vdots \quad \vdots \quad \vdots \quad \vdots \quad \vdots$$

$$L_i=L_{ii}+M_{i1}+M_{i2}+\cdots+M_{in} \qquad (22\text{-}29)$$

然后确定一根导线的平均电感

$$L_a=\frac{L_1+L_2+\cdots+L_n}{n} \qquad (22\text{-}30)$$

所以全束的电感

$$L=\frac{L_a}{n}=\frac{1}{n^2}\sum_{1}^{i=n}L_i \qquad (22\text{-}31)$$

如母线 l 远远大于 g，即母线断面自几何均距大大小于母线长度，则 i 导体自感为

$$L_i=2l[n(\ln 2l-1)-(\ln g_{ii}g_{i1}g_{i2}\cdots g_{in})]\times 10^{-9} \qquad (22\text{-}32)$$

式中　L_i——导体自感，H；

l——导体长度，cm；

n——导体并联根数；

g_{ii}——导体断面自几何均距，cm；

g_{i1}——导体 1 与导体 i 间断面互几何均距，cm。

式 22-32 表明，若使同极母线束的电感减小，只有增大导体断面的自几何均距和互几何均距。

如图 22-27 所示同极母线束电感为

$$L=\frac{4l}{n^2}\left[\ln\frac{(2l)^{n^2/2}}{g_{11}^{n/2}g_{12}^{n-1}g_{13}^{n-2}\cdots g_{1(n-1)}^{2}g_{1n}}-\frac{n^2}{2}\right]\times10^{-9} \tag{22-33}$$

式中 L ——同极母线束电感，H；

l——导体长度，cm；

n——束中导体数；

g_{11}——导体断面自几何均距，cm；

$g_{12}\cdots g_{1n}$——导体1与导体2…n间断面互几何均距，cm。

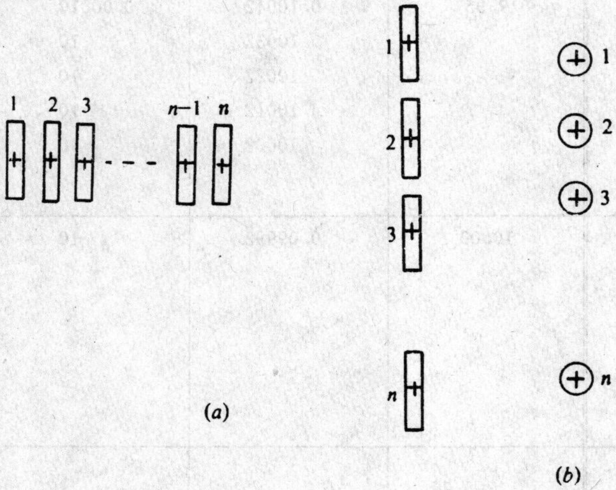

图 22-27 同极母线束

(*a*) —矩形导体；(*b*) —圆形导体

(2) 单相往复交错组合母线束电感。

假定束中各导体电流均匀分配，则导体电感为

$$L_1=L_{11}+(M_{13}+M_{15}+\cdots)-(M_{12}+M_{14}+\cdots) \tag{22-34}$$

$$L_2=L_{22}+(M_{24}+M_{26}+\cdots)-(M_{21}+M_{23}+\cdots) \tag{22-35}$$

依此类推，可写出其余导体电感，见图22-28。

上列各导体电感公式表明，具有负号括弧内的多项式数值，大于具有正号括弧内的多项式数值，导体电感大大地小于导体自感。

整个束来去导体电感，按下式计算

$$L=\frac{1}{\left(\frac{n}{2}\right)^2}\sum_{1}^{i=n}L_i \tag{22-36}$$

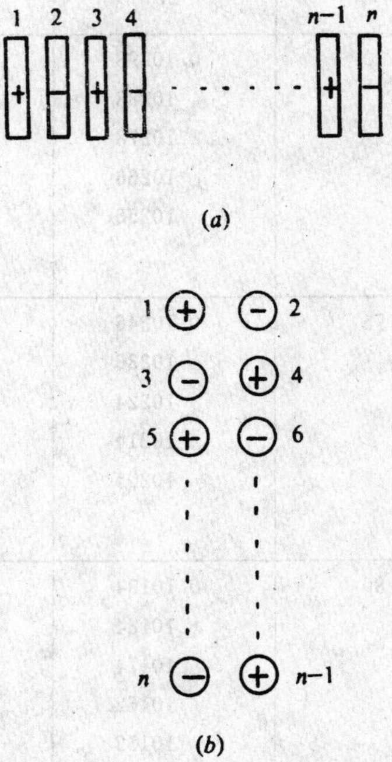

图 22-28 单相往复交错组合母线束

(*a*) —矩形导体；(*b*) —圆形导体

22.1.4.4 常用基本导体组合形式的电感计算

(1)单相往复交错矩形导体组合母线束电感(包括来去电流导体)，见图22-28*a*。

$$L=\frac{16l}{n^2}\ln\frac{g_{1n}g_{3n}^{3}g_{5n}^{5}\cdots g_{(n-3)n}^{n-3}g_{(n-1)n}^{n-1}}{g_{11}^{n/2}g_{2n}^{2}g_{4n}^{4}\cdots g_{(n-4)n}^{n4}g_{(n-2)n}^{n-2}}\times10^{-9} \tag{22-37}$$

式中 L ——导体组合母线束电感，H；

l——组合束长度，cm；

g_{11}——导体断面自几何均距，cm；

g_{2n}——导体2与导体n间断面互几何均距，cm；

n——束中导体总数。

(2)单相往复交错圆形导体组合母线束电感(包括来去电流导体)，见图22-28*b*。

$$L=\frac{16l}{n^2}\ln\frac{g_{12}^{n/2}g_{14}^{n-2}g_{16}^{n-4}\cdots g_{1(n-4)n}^{6}g_{1(n-2)}^{4}g_{1n}^{2}}{g_{11}^{n/2}g_{13}^{n-2}g_{15}^{n-4}\cdots g_{1(n-3)}^{4}g_{1(n-1)}^{2}}\times10^{-9} \tag{22-38}$$

式中符号同上。

(3) 单相二极母线束电感见图22-29。

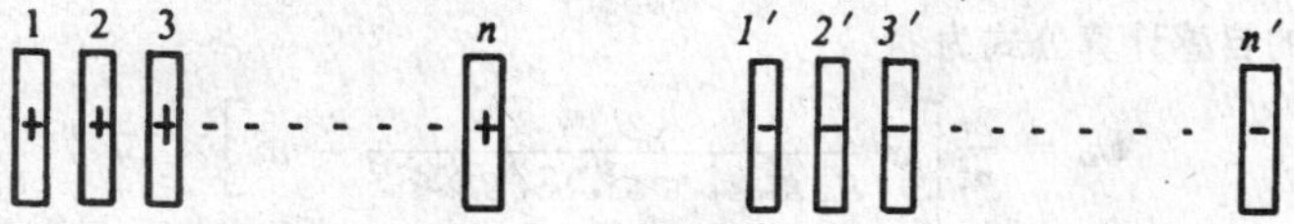

图 22-29 单相二极母线束

正极或负极母线束电感公式为

$$L=\frac{2l}{n^2}\left[\ln\frac{(2l)^{n^2}}{g^n g_{1n}^2 g_{2n}^4\cdots g_{(n-2)n}^{2(n-2)} g_{(n-1)n}^{2(n-1)}}-n^2\right]\times 10^{-9} \tag{22-39}$$

式中 L ——母线束电感，H；

n——一个极束的导体数；

g——导体断面自几何均距，cm；

$g_{(n-1)n}$——$n-1$ 号导体与 n 号导体间断面互几何均距，cm；

l——一个束的长度，cm。

正极束与负极束间互感公式为

$$M=\frac{2l}{n^2}\left[\ln\frac{(2l)^{n^2}}{(g_{1n'}g_{2n'}^2g_{3n'}^3\cdots g_{(n-1)n'}^{n-1}g_{nn'}^{n})(g_{n1'}g_{(n-1)1'}^2g_{(n-2)1'}^3\cdots g_{31'}^{n-2}g_{21'}^{n-1})}-n^2\right]\times 10^{-9} \tag{22-40}$$

式中 $g_{(n-1)n'}$——$n-1$ 号导体与 n'号导体间断面互几何均距，cm。

二极母线束电感（包括来去电流导体）公式为

$$L=2(L-M) \tag{22-41}$$

$$L=\frac{4l}{n^2}\ln\frac{(g_{1n'}g_{2n'}^2g_{3n'}^3\cdots g_{(n-1)n'}^{n-1}g_{nn'}^{n})g_{n1'}g_{(n-1)1'}^2g_{(n-2)1'}^3\cdots g_{31'}^{n-2}g_{21'}^{n-1})}{g^n g_{1n}^n g_{2n}^4\cdots g_{(n-2)n}^{2(n-2)}g_{(n-1)n}^{2(n-1)}}\times 10^{-9} \tag{22-42}$$

（4）三相母线电感。三相母线布置见图 22-30。

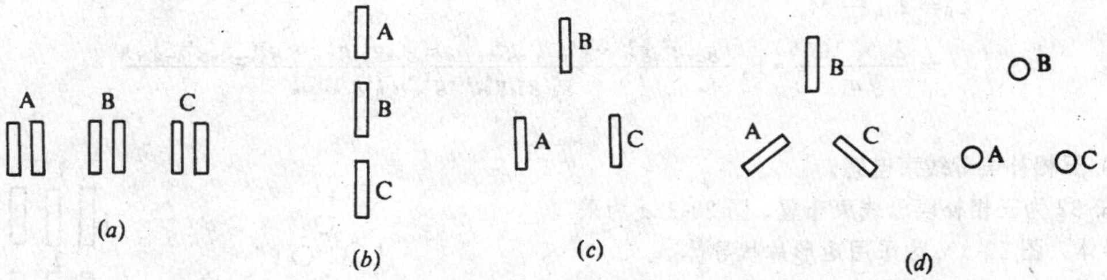

图 22-30 三相母线布置

(*a*)、(*b*)、(*c*) —相应中间相 B 对称布置；(*d*) —对称布置

假定每相导体中的电流值相等且相位差 120°，三相母线电感计算公式如下

$$\left.\begin{aligned}L_A&=L_{aa}-0.5(M_{ab}+M_{ac})\\L_B&=L_{bb}-0.5(M_{ab}+M_{bc})\\L_C&=L_{cc}-0.5(M_{ac}+M_{bc})\end{aligned}\right\} \tag{22-43}$$

1）相应中间相 B 对称布置电感。

图 22-30*a*、*b*、*c* 布置形式为相应于中间相 B 对称布置，每相电感按下式计算

$$\left.\begin{aligned}L_A&=L_C=2l\ln\frac{(g_{ab}g_{ac})^{0.5}}{g_{aa}}\times 10^{-9}\\L_B&=2l\ln\frac{g_{ab}}{g_{aa}}\times 10^{-9}\end{aligned}\right\} \tag{22-44}$$

2）对称布置的电感。

图 22-30*d* 布置形式为对称布置，每相电感暂按下式计算

$$L_A=L_B=L_C=2l\frac{g_{ab}}{g_{aa}}\times 10^{-9} \tag{22-45}$$

式中 g_{ab}、g_{bc}、g_{ac} ——a 相与 b 相；b 相与 c 相；a 相与 c 相导体断面间互几何均距，cm；

g_{aa}——a 相导体断面自几何均距，cm。

（5）三相交错组合母线束电感，布置见图 22-31。

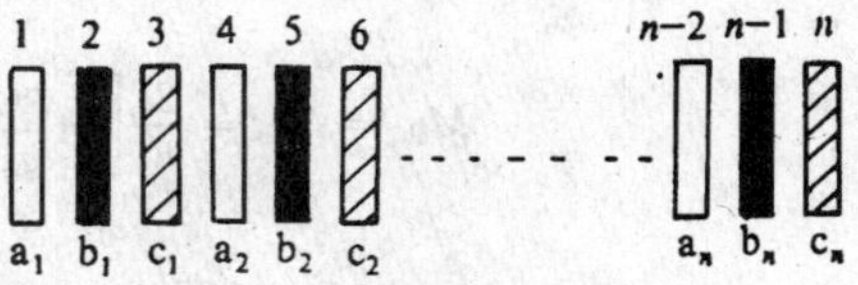

图 22-31 三相交错组合母线束

其中一相导体束的自感计算公式为

$$L_{aa}=\frac{2l}{n_1^2}\left[\ln\frac{(2l)^{n_1^2}}{g_1^{n_1}g_{3n}^2g_{6n}^4\cdots g_{(n-6)n}^{2(n_1-2)}g_{(n-3)n}^{2(n_1-1)}}-n_1^2\right]\times10^{-9}\tag{22-46}$$

式中　L_{aa}——一相导体束自感，H；

l——组合束长度，cm；

n——三相组合束总片数；

n_1——$n_1=n/3$ 每一相片数；

g_1——导体断面自几何均距，cm；

g_{3n}——导体 3 与导体 n 间断面互几何均距，cm。

a 相与 b 相导体束间互感计算公式为

$$M_{ab}=M_{bc}=\frac{2l}{n_1^2}\left[\ln\frac{(2l)^{n_1^2}}{(g_{2n}g_{5n}^2g_{8n}^3\cdots g_{(n-4)n}^{n_1-1}g_{(n-1)n}^{n_1})(g_{4n}g_{7n}^2g_{10n}^3\cdots g_{(n-5)n}^{n_1-2}g_{(n-2)n}^{n_1-1})}-n_1^2\right]\times10^{-9}\tag{22-47}$$

a 相与 c 相导体束间互感计算公式为

$$M_{ac}=\frac{2l}{n_1^2}\left[\ln\frac{(2l)^{n_1^2}}{(g_{1n}g_{4n}^2g_{7n}^3\cdots g_{(n-5)n}^{n_1-1}g_{(n-2)n}^{n_1-1})(g_{5n}g_{8n}^2g_{11n}^3\cdots g_{(n-4)n}^{n_1-2}g_{(n-1)n}^{n_1-1})}-n_1^2\right]\times10^{-9}\tag{22-48}$$

假定三相交错组合母线中，电流向量是对称的，按式 22-43，a 相或 c 相电感计算公式为

$$\begin{aligned}L_A=L_C&=L_{aa}-0.5(M_{ab}+M_{ac})\\&=\frac{2l\times10^{-9}}{n_1^2}\ln\frac{\sqrt{g_{1n}g_{4n}^3g_{7n}^5\cdots g_{(n-5)n}^{2n_1-3}g_{(n-2)n}^{2n_1-1}}\sqrt{g_{2n}g_{5n}^3g_{8n}^5\cdots g_{(n-4)n}^{2n_1-3}g_{(n-1)n}^{2n_1-1}}}{g_1^{n1}g_{3n}^2g_{6n}^4g_{9n}^6\cdots g_{(n-6)n}^{2(n1-2)}g_{(n-3)n}^{2(n_1-1)}}\end{aligned}\tag{22-49}$$

假定三相交错组合母线中，电流向量是对称的，按式 22-43，b 相电感计算公式为

$$\begin{aligned}L_B&=L_{bb}-M_{ab}\\&=\frac{2l\times10^{-9}}{n_1^2}\cdot\ln\frac{(g_{1n}g_{5n}^2g_{8n}^3\cdots g_{(n-4)n}^{n_1-1}g_{(n-1)n}^{n_1})(g_{4n}g_{7n}^2g_{10n}^3\cdots g_{(n-5)n}^{n_1-2}g_{(n-2)n}^{n_1-1})}{g_1^{n1}g_{3n}^2g_{6n}^4\cdots g_{(n-6)n}^{2(n_1-2)}g_{(n-3)n}^{2(n_1-1)}}\end{aligned}\tag{22-50}$$

（6）三相补偿母线束电感。

图 22-32 为三相补偿母线束布置，图 22-32a 为采用铜管导体，图 22-32b 为采用矩形片状导体。

1）铜管三相补偿母线电感如图 22-32a，每相导体自感计算公式皆为

$$L=\frac{2l}{n^2}\left[\ln\frac{(2l)^{n^2}}{g^ng_{1n}^2g_{2n}^4\cdots g_{(n-2)n}^{2(n-2)}g_{(n-1)n}^{2(n-1)}}-n^2\right]\times10^{-9}\tag{22-51}$$

式中　l——组合束长度，cm；

g——导体断面自几何均距，cm；

$g_{(n-1)n}$——$n-1$ 号导体与 n 号导体断面间互几何均距，cm；

n——a 相最后一个导体号。

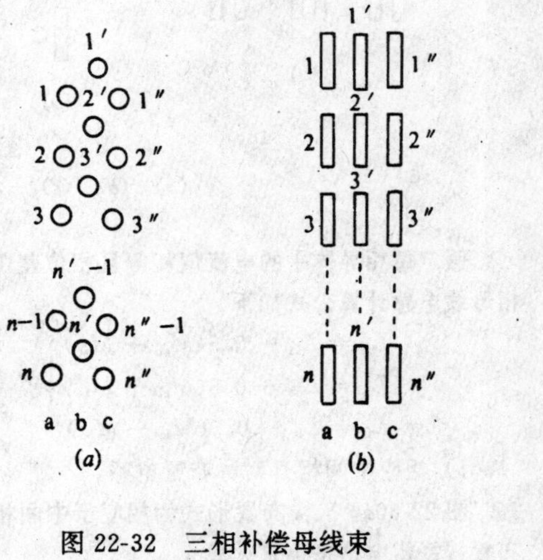

图 22-32　三相补偿母线束

（a）—铜管；（b）—矩形导体

a 相与 b 相或 b 相与 c 相导体束间互感计算公式为

$$M_{ab}=M_{bc}=\frac{2l}{n^2}\left[\ln\frac{(2l)^{n^2}}{g_{n1'}g_{1n'}^3g_{2n'}^5g_{3n'}^7\cdots g_{(n-2)n'}^{2n-3}g_{(n-1)n'}^{2n-1}}-n^2\right]\times10^{-9}\tag{22-52}$$

式中　$g_{(n-1)n'}$——a 相 $n-1$ 号导体与 b 相 n' 号导体断面间互几何均距，cm。

a 相和 c 相导体束间互感计算公式为

$$M_{ac}=\frac{2l}{n^2}\left[\ln\frac{(2l)^{n^2}}{g_{nn''}^{n}g_{1n''}^{2}g_{2n''}^{4}\cdots g_{(n-2)n''}^{2(n-2)}g_{(n-1)n''}^{2(n-1)}}-n^2\right]\times 10^{-9}$$

(22-53)

式中 M_{ac} ——a 相和 c 相导体束间互感，H；

$g_{(n-1)n''}$ ——a 相 $n-1$ 号导体与 c 相 n''号导体截面互几何均距，cm。

假定各相电流值相等且相位差 120°，则每相电感计算公式为

$$L_A=L_C=L-0.5(M_{ab}+M_{ac})$$

$$=\frac{2l}{n^2}\ln\left[\frac{\sqrt{g_{n1'}g_{1n'}^{3}g_{2n'}^{5}\cdots g_{(n-2)n'}^{2n-3}g_{(n-1)n}^{2n-1}}\sqrt{g_{nn''}^{n}g_{1n''}^{2}g_{2n''}^{4}\cdots g_{(n-2)n''}^{2(n-2)}g_{(n-1)n''}^{2(n-1)}}}{g^{n}g_{1n}^{2}g_{2n}^{4}g_{3n}^{6}\cdots g_{(n-2)n}^{2(n-2)}g_{(n-1)n}^{2(n-1)}}\right]\times 10^{-9} \quad (22\text{-}54)$$

$$L_B=L-M_{ab}=\frac{2l}{n^2}\left[\ln\frac{(g_{n1'}g_{1n'}^{3}g_{2n'}^{5}\cdots g_{(n-2)n'}^{2n-3}g_{(n-1)n'}^{2n-1}}{g^{n}g_{1n}^{2}g_{2n}^{4}\cdots g_{(n-2)n}^{2(n-2)}g_{(n-1)n}^{2(n-1)}}\right]\times 10^{-9} \quad (22\text{-}55)$$

2）矩形导体三相补偿母线束电感如图 22-32b 布置所示，假定各相电流相等且相位差 120°，每相电感计算公式为

$$L_A=L_C=L-0.5(M_{ab}+M_{ac})$$

$$=\frac{2l}{n^2}\cdot\left[\ln\frac{\sqrt{g_{n1'}^{1}g_{1n'}^{2}g_{2n'}^{4}\cdots g_{(n-2)n'}^{2(n-2)}g_{(n-1)n'}^{2(n-1)}}\sqrt{g_{11''}^{n}g_{1n''}^{2}g_{2n''}^{4}\cdots g_{(n-2)n''}^{2(n-2)}g_{(n-1)n''}^{2(n-1)}}}{g^{n}g_{1n}^{2}g_{2n}^{4}\cdots g_{(n-2)n}^{2(n-2)}g_{(n-1)n}^{2(n-1)}}\right]\times 10^{-9} \quad (22\text{-}56)$$

$$L_B=L-M_{ab}=\frac{2l}{n^2}\left[\ln\frac{(g_{11'}^{n}g_{1n'}^{2}g_{2n'}^{4}\cdots g_{(n-2)n'}^{2(n-2)}g_{(n-1)n'}^{2(n-1)}}{g^{n}g_{1n}^{2}g_{2n}^{4}\cdots g_{(n-2)n}^{2(n-2)}g_{(n-1)n}^{2(n-1)}}\right]\times 10^{-9} \quad (22\text{-}57)$$

22.1.4.5 短网电感简化计算及其它

A 计算说明

上列短网电感计算常用公式，其中有些可用简化方法计算，有些段软电缆束，矿热炉电极旁水冷铜管等电感计算非常复杂，在工程计算中，只有把这些导体束简化成简单的形状，计算才有可能。

至于复杂导体如何简化，以及简化计算后误差多大，有些是很难估量出来的，现就电炉短网，常碰到的简化方法，列出如下：

B 三相补偿母线束简化

见图 22-32 把三个相的分裂导体，分别看成三个整块片状矩形导体，矩形片状导体高度为 1 号导体上端至 n 号导体下端的距离（包括分裂导体间隙），宽度为管外径。

C 单相往复交错组合母线束的简化（矩形片状导体）计算

见图 22-28a，母线束电感（包括来去电流导体）简化公式为

$$L=\frac{4\pi l}{nb}\left(d+\frac{a}{3}\right)\times 10^{-9} \quad (22\text{-}58)$$

式中 l ——束长度，cm；

n——束中总片数；

b——导体高度，cm；

d——导体间净距离，cm；

a——导体宽度，cm。

式 22-58 适用于束中片数不大于 8，导体高度比导体宽度及导体间净距大得多的情况，用简化公式计算出的电感值，比按式 22-37 算出的值小 2～3 倍，但考虑单相往复交错组合母线的电感占短网总电感很小分量，所以可以做为简化计算用。

D 软电缆束及平行直线导体的简化

电炉软电缆束是由几十根大截面铜芯软电缆组成，束断面轮廓形状，可为矩形（如矿热炉、电渣炉及电弧炉用的软电缆）也可为圆环束（如例题中 50t 电弧炉）。若简化就按束实际轮廓尺寸，当成一个实心矩形断面或当成一个大铜环来计算。

实心矩形断面和圆环断面软电缆束轴线形状，本为悬索曲线形状，但在简化计算中，看成如图 22-33 中虚线所示形状。

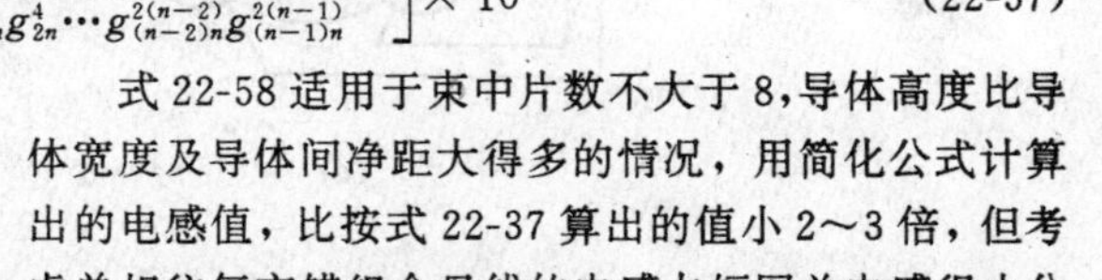

(a) (b)

图 22-33 短网简化计算示意图

(a) —软电缆束轴线形状简化；

(b) —非平行直线导体简化

图 22-33b 中，实线为一个平面上非平行直线导体，简化成图中虚线所示的平行导体，其平均距离取

$$d = \frac{d_1 + d_2}{2} \tag{22-59}$$

E　电极旁水冷导电铜管的简化

把电极一周的导电铜管看成一个同心电极的大铜管，铜管内径为电极把持筒直径，铜管外径为把持筒直径加上两倍铜管直径。

F　三角形接线化成星形接线的电阻和电抗计算

在电极上接成三角形的短网在组合母线束上接成三角形的短网见图 22-34。

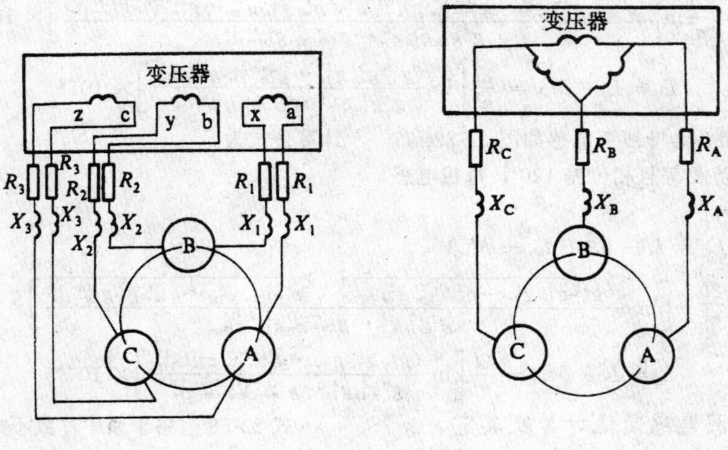

(a)　　　　(b)

图 22-34　在电极上接成三角形示意图

(a) 一三角形接线短网的电抗和电阻；(b) 一星形下的电抗和电阻

在计算其电阻和电抗时，最后都要化成星形接线下的相电阻和相电抗，见式 22-60、式 22-61、式 22-62 和式 22-63。

$$\left.\begin{aligned} R_A &= \frac{2R_1R_3}{R_1 + R_2 + R_3} \\ R_B &= \frac{2R_1R_2}{R_1 + R_2 + R_3} \\ R_C &= \frac{2R_2R_3}{R_1 + R_2 + R_3} \end{aligned}\right\} \tag{22-60}$$

当 $R_1 = R_2 = R_3$ 时则

$$R_A = R_B = R_C = \frac{2}{3}R_1 \tag{22-61}$$

$$\left.\begin{aligned} X_A &= \frac{2X_1X_3}{X_1 + X_2 + X_3} \\ X_B &= \frac{2X_1X_2}{X_1 + X_2 + X_3} \\ X_C &= \frac{2X_2X_3}{X_1 + X_2 + X_3} \end{aligned}\right\} \tag{22-62}$$

当 $X_1 = X_2 = X_3$ 则

$$X_A = X_B = X_C = \frac{2}{3}X_1 \tag{22-63}$$

G　断面自几何均距断面间互几何均距

断面自几何均距的确定见表 22-15；断面间互几何均距的确定，见图 22-35 及表 22-16。

表 22-15　导体面积自几何均距

导体形状	导体尺寸（cm）	导体断面自几何均距
实心圆	r：实心圆半径	$g = 0.7788r$（cm）

续表 22-15

导体形状	导体尺寸（cm）	导体断面自几何均距
圆管	r：外半径 r_0：内半径	$\ln g=\ln r-\ln\xi$，$\ln\xi=f\left(\frac{r_0}{r}\right)$ 由表 22-17 查得 近似计算可取：$g=\frac{r+r_0}{2}$（cm）
矩形	a：矩形导体宽 b：矩形导体高	$g=0.2236(a+b)$（cm）
方形	a：边长	$g=0.4471a$ 或 $\ln g=\ln a-0.8051$
复杂轮廓外形导体 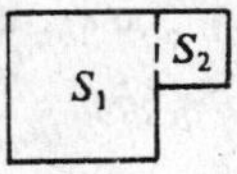	由两个矩形断面 S_1 和 S_2 组成的导体	$(S_1+S_2)^2\ln g_{(1+2)}=S_1^2\ln g_1+S_2^2\ln g_2+2S_1S_2\cdot\ln g_{12}$ $g_{(1+2)}$——整个面积自几何均距，cm g_1——S_1 面积自几何均距，cm g_2——S_2 面积自几何均距，cm g_{12}——S_1 和 S_2 间面积间互几何均距，cm g_1、g_2、g_{12}借助上列公式计算
复杂轮廓外形导体	由几个相同断面导体组成的导体束	$(S_1+S_2+\cdots+S_n)^2\ln g=\sum_{1}^{k=n}S_k^2\cdot\ln g_k+\sum_{1}^{k=n}\sum_{k\neq i}^{i=n}iS_kS_i\ln g_{ki}$ g——整个面积的自几何均距，cm g_k——任一导体面积的自几何均距，cm g_{ki}——任意两个导体面积间的互几何均距，cm S_k——任一导体面积 $S_1\cdots S_n$——1 号导体…n 号导体的面积 n——导体数 g_k 和 g_{ki}借助上列公式计算

表 22-16 导体面积间互几何均距

导体形状及布置	导体尺寸及距离（cm）	导体面积间互几何均距
任意布置的二个圆管或实心圆导体	d：导体中心距	$g=d$（cm）

续表 22-16

导体形状及布置	导体尺寸及距离(cm)	导体面积间互几何均距
窄边平行布置成一条线的两个矩形导体 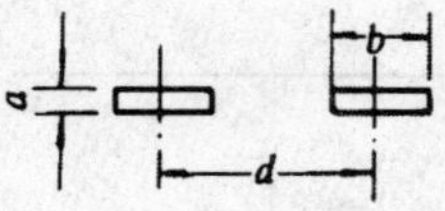 	d：导体中心距 b：矩形导体高 a：矩形导体厚	按下图曲线，根据 a/b 和 b/d 参数，查得 d/g，然后再求出 g。 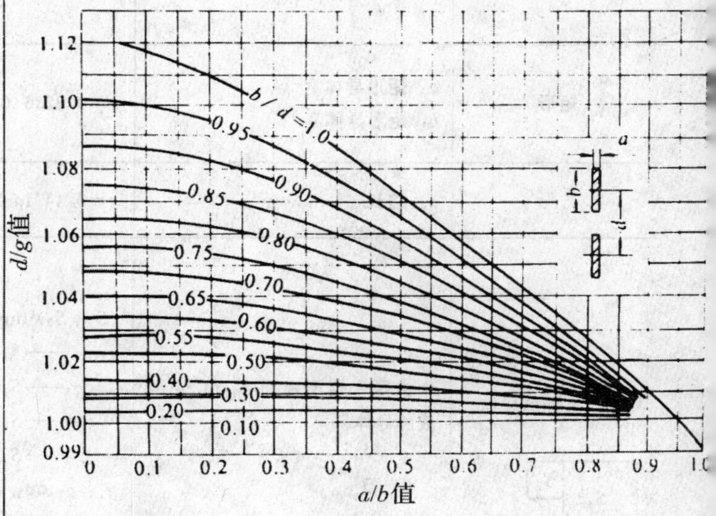 窄边平行的两个相同矩形面积间几何均距确定曲线
宽边平行任意布置的两个矩形导体 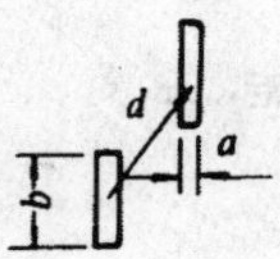 	当 d：导体中心距	当 d 比 b 和 a 大很多时 $g\doteq d$ (cm) 否则，把导体分成数个边为 a 的正方形，然后按复杂轮廓外形导体来算
两个复杂轮廓外形导体 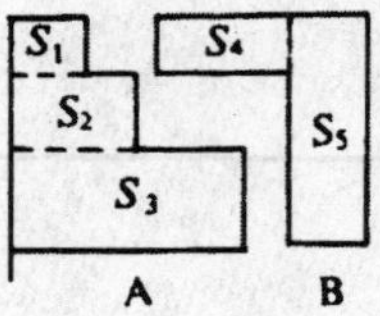 	A、B：为两个复杂轮廓外形导体 S_1、S_2、S_3：为 A 导体的面积 S_4、S_5：为 B 导体的面积	$(S_1+S_2+S_3)(S_4+S_5)\ln g_{AB}=S_1S_4\ln g_{14}+S_2S_4\ln g_{24}+S_3S_4\ln g_{34}+S_1S_5\ln g_{15}+S_2S_5\ln g_{25}+S_3S_5\ln g_{35}$ 如导体中的各面积 S 及外形相同，则为 $\ln g_{AB}=\frac{1}{6}(\ln g_{14}+\ln g_{24}+\ln g_{34}+\ln g_{15}+\ln g_{25}+\ln g_{35})$ 当轮廓面积间距离与其尺寸相比很大时，轮廓面积间互几何均距认为等于其重心间距离。

表 22-17 $\ln\varepsilon = f\left(\frac{r_0}{r}\right)$ 值

$\frac{r_0}{r}$	$\ln\varepsilon$	$\frac{r_0}{r}$	$\ln\varepsilon$	$\frac{r_0}{r}$	$\ln\varepsilon$
0	0.2500	0.42	0.1827	0.72	0.0924
0.05	0.2488	0.44	0.1772	0.74	0.0860
0.10	0.2452	0.46	0.1717	0.76	0.0795
0.15	0.2395	0.48	0.1660	0.78	0.0729
0.20	0.2320	0.50	0.1603	0.80	0.0663
0.22	0.2285	0.52	0.1544	0.82	0.0598
0.24	0.2248	0.54	0.1485	0.84	0.0532
0.26	0.2208	0.56	0.1426	0.86	0.0466
0.28	0.2166	0.58	0.1365	0.88	0.0400
0.30	0.2123	0.60	0.1304	0.90	0.0333
0.32	0.2078	0.62	0.1242	0.92	0.0267
0.34	0.2031	0.64	0.1180	0.94	0.0200
0.36	0.1982	0.66	0.1117	0.96	0.0314
0.38	0.1932	0.68	0.1053	0.98	0.0067
0.40	0.1880	0.70	0.0989	1.00	0

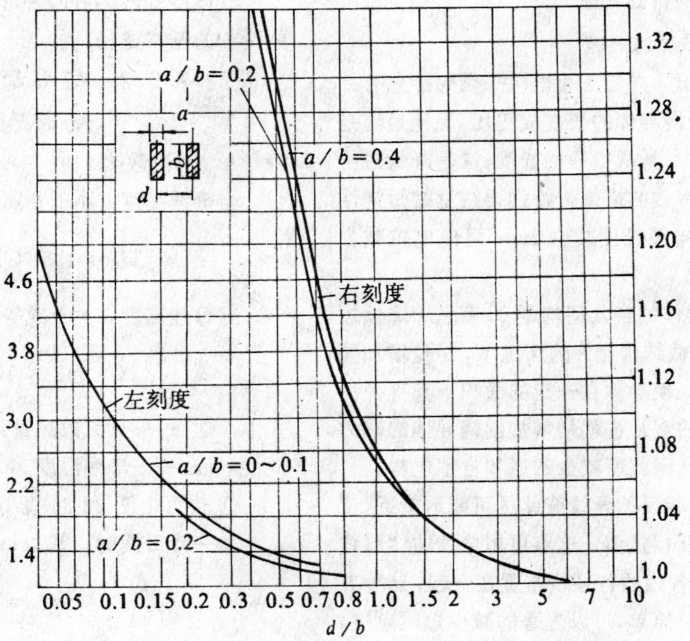

图 22-35 矩形导体横排列时的互几何均距（g）

我们可以将短网计算的顺序归纳如下：首先根据不同的结构特点，将短网分割成若干部分，然后计算各个部分的电阻和电抗（感抗）。如果导体是由许多根平行导体所组成，在计算时就要考虑导线之间的集肤效应和邻近效应的影响。

一相的总电阻是各部分的电阻相加而得；总感抗是各部分的电感相加而得。

在常见的典型结构图 22-11 中，通常分成四个部分来计算：

硬母线、挠性电缆、导电铜管和电极。因此可以把 A 相的感抗写成如下形式

$$X_a = X_{a1} + X_{a2} + X_{a3} + X_{a4} \qquad (22\text{-}64)$$

其它各相都可写成同样形式。

上述计算自感和互感的公式，仅仅适用于电流密度在导体截面内均匀分布的情况，可是，在电炉短网内，常常不能满足此条件。由于导体集肤效应的影响，互感和自感计算是近似的。

总而言之，短网的一切计算数据，只是实际情况的近似值，一般在做设计时，如果有类似炉子短网结构，短网结构不做修改时，往往短网的电感电阻计算可省略，只有在对不同的短网结构方案进行分析对比时，经过计算设计出合理的短网结构。

H　三相电抗平衡的措施

减少短网电抗值，并使三相电抗平衡的措施有：

(1)相电抗与短网导体的长度成正比，无论短网是何种结构，都应设法尽量减少短网长度，这是降低短网电抗和短网电阻最有效的措施。特别要注意缩短挠性电缆的长度，因为电缆长度减少 1m，可使电抗减少 5～8%。

(2)增加各相导体的自几何均距 g，有利于降低短网电抗，因此，在机械结构允许的情况下，尽量增加同一相导体间的距离，使导体在一定的面积下其直径尽可能大，增加导体的直径也就是增加围绕导体的磁力线长度，增加磁阻，因此而减少磁通和自感电势。

(3)使电流方向相反的导线彼此尽可能地接近，使其相反方向的磁场互相抵消，这点可用导线的“双线制”来实现，即指将各相的各导线布置在一起，这种方法制造和维护都比较简单，可以显著的减少短网电抗，其缺点是需要耗费较多的铜。

(4)缩小不同相导体间的距离 d，不仅有利于降低短网电抗值，而且有利于相电抗的平衡，使短网尺寸减小，结构紧凑。

(5)短网导体应布置得当，使三相短网电抗平衡，对于铜排部分，可做成组合母线束，即不同极性的导体交错排列，这样可使铜排部分的三相电抗均匀减小，对于挠性电缆及导电铜管，由于中相电抗值小于边相的，所以，应尽量减小边相电抗，适当增加中相电抗。即应增大边相导体的自几何均距尽量远离；对于中相，则相反，应适当减少导体根数，并使导体尽量靠近。

22.1.5　导体冷却及发热计算

22.1.5.1　计算说明

电炉短网的导体尺寸比一般电气装置中常用的导体尺寸要大的多，没有现成资料可利用，要进行导体发热及冷却计算来确定导体截面。

电炉短网由变压器至电极的路径上有不同的热场。变压器室的温度是稳定的，不存在影响导体温度的热辐射源。车间工作场地内的温度差别很大，根据炉子结构而异，并与距炉子远近有关。

根据上述情况，对导体选择和冷却提出一定的要求，即应防止导体受外部热辐射作用，如导体是向外部大气散热，则导体轮廓外形应使导体散热加快。

导体冷却散热有两种形式：对流和辐射。对流是导体冷却的基本途径。

22.1.5.2　矩形母线立放在静止空气中的散热

A　对流散热

当母线高度 b 小于 30cm 时，对流散热为

$$Q_c = 1.5 \times 10^{-4}(\Delta t)^{1.35} \qquad (22\text{-}65)$$

当母线高度 b 大于或等于 30cm 时，对流散热为

$$Q_c = 2 \times 10^{-4}(\Delta t)^{1.25} \qquad (22\text{-}66)$$

式中　Q_c ——对流散热量，W/cm²；

Δt——母线温度 70℃与空气温度 t_0 之差，℃。

Q_c 也可由图 22-36 查得。

当一片母线时，其 1cm 长母线总对流散热量为

$$\Sigma Q_c = Q_c F_c$$

式中　ΣQ_c ——1cm 长母线总对流散热量，W/cm²；

F_c——1cm 长母线的散热面积，cm²。

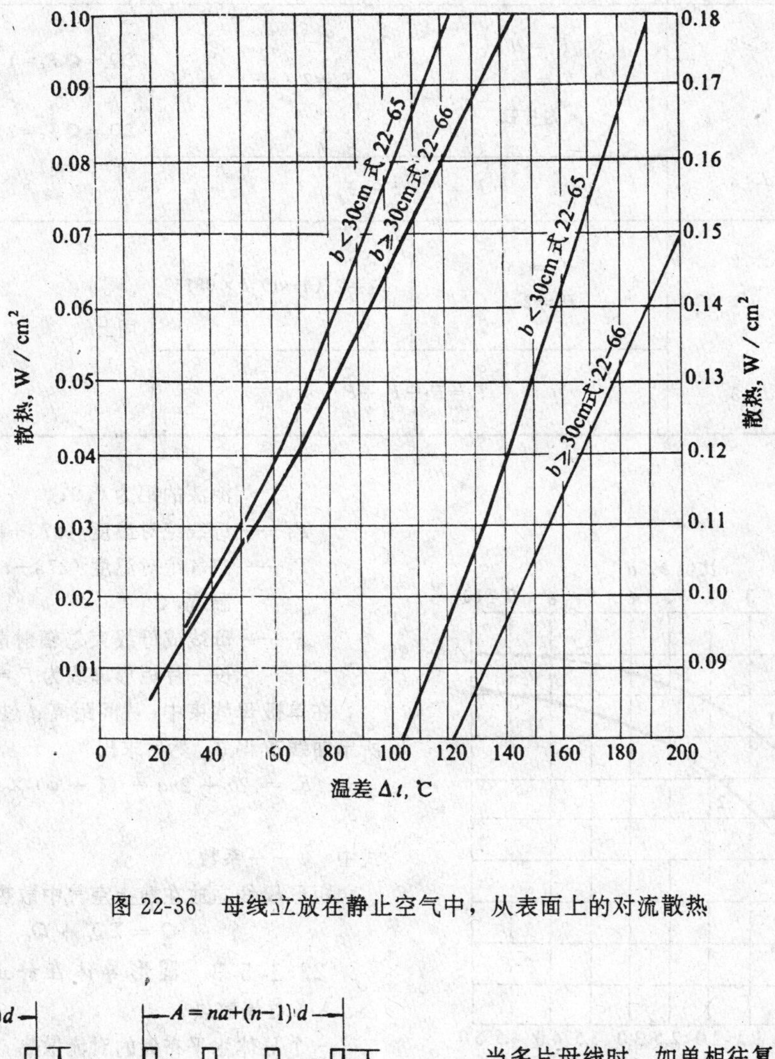

图 22-36　母线立放在静止空气中，从表面上的对流散热

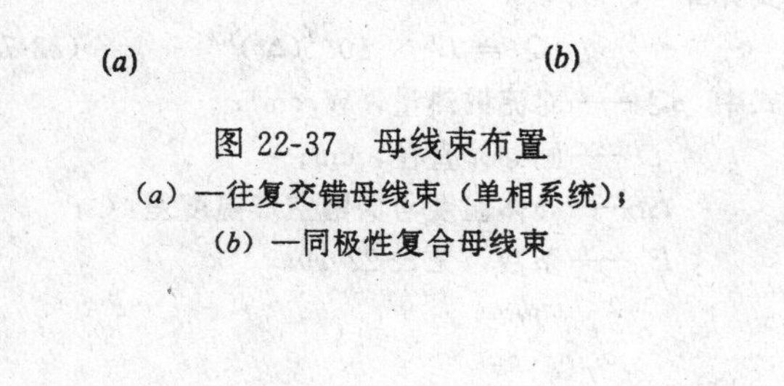

图 22-37　母线束布置

（a）一往复交错母线束（单相系统）；

（b）一同极性复合母线束

当多片母线时，如单相往复交错组合母线束或同极母线束见图 22-37，在 $b<250$mm，$d\geqslant20$mm 及 $b>250$mm，$d\geqslant30$mm 条件下，则母线束对流散热表面为各片导体面积和。

当片间净距不符合上述条件，即 $b>250$mm，$d<30$mm，则母线内侧对流散热面积应减少 25%。

多片母线束对流散热面积计算公式见表 22-18。

表 22-18　多片母线束对流散热面积

母线高度 b (cm)	片间净距 d (cm)	外侧面对流散热面积 (cm^2)	内侧面对流散热面积 (cm^2)	对流总散热量 (W/cm^2)
$b<25$	$d \geqslant 2$	$F_1=2b$ $F_2=2na$ n 为片数	$F_3=2(n-1)b$	$\Sigma Q_c=Q_cF_c=1.5\times10^{-4}(\Delta t)^{1.35}\times F_c$ ($b<30$cm) $\Sigma Q_c=Q_cF_c=2\times10^{-4}(\Delta t)^{1.25}F_c$ ($b>30$cm)
$b>25$	$d \geqslant 3$	$F_c=F_1+F_2+F_3$		
$b<25$	$d<2$	$F_1=2b$ $F_2=2na$	$F_3=2(n-1)b\times0.75$	同上
$d>25$	$d<3$	$F_c=F_1+F_2+F_3$		

B　辐射散热

辐射散热公式

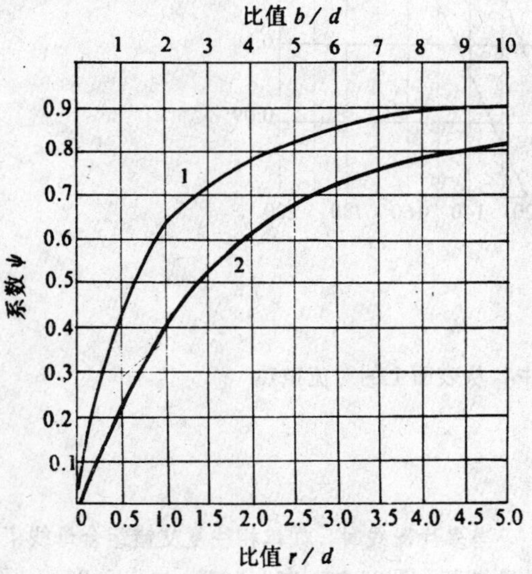

图 22-38　$\psi=f\left(\frac{b}{a}\right)$、$f\left(\frac{r}{d}\right)$

1—矩形导体（上刻度）；2—圆导体（下刻度）

$$Q_r = 5.7\zeta\left[\left(\frac{T_1}{1000}\right)^4-\left(\frac{T_0}{1000}\right)^4\right]F_r \quad (22\text{-}67)$$

式中　Q_r——辐射散热量，W；

ζ——相对辐射能力系数，铜为 0.6，铝为 0.1，涂漆的铝为 0.9；

T_1——母线绝对温度 $(273+t)$，t 为 70℃，℃；

T_0——空气绝对温度 $(273+t_0)$，t_0 为实际空气温度，℃；

F_r——母线或母线束总辐射散热表面积，1cm 长一片矩形母线为 $F_r=2(b+A)$，cm^2。

在单极母线束中，片间距离 d 过大时，按图 22-38 所示曲线查得 ψ，然后求出。

$$F_r = 2b + 2na + (1+\psi)\times 2(n-1)b \quad (22\text{-}68)$$

式中　ψ——系数。

矩形母线立放在静止空气中散热可由下式表示为

$$Q = \Sigma Q_c + Q_r \quad (22\text{-}69)$$

22.1.5.3　圆形导体在静止空气中散热

A　对流散热

一个导体水平布置的对流散热

$$Q_c = 3.5\times10^{-4}\frac{1}{D^{0.25}}(\Delta t)^{1.25} \quad (22\text{-}70)$$

如果导体与水平成一倾斜角时，则对流散热按下式计算

$$Q_c = B'\times10^{-4}(\Delta t)^{1.24} \quad (22\text{-}71)$$

式中　Q_c——对流散热量，W/cm^2；

D——圆导体直径，cm；

Δt——导体温度与周围空气温度差，℃；

B'——系数，见表 22-19。

表 22-19 B'值

管径 (cm)	B'值与水平倾斜角的关系						
	0°	15°	30°	45°	60°	75°	90°
2	3.13	3.13	3.01	2.9			
4	2.66	2.55	2.55	2.43	2.22		
6	2.44	2.43	2.32	2.24	2.08	1.86	1.51
8	2.29	2.28	2.24	2.19	2.06	1.86	1.51
10	2.2	2.2	2.19	2.16	2.06	1.86	1.51
12	2.18	2.18	2.18	2.16	2.06	1.86	1.51

当为圆导体束时，如果水平导体间净距为 15mm 以上,则对流散热面积为各导体面积和。如垂直方向布置几层时，相邻层导体应错开布置。

1cm 长导体总对流散热，按下式计算

$$\Sigma Q_c = Q_c F \tag{22-72}$$

式中 ΣQ_c——1cm 长导体总对流散势，W/cm^2；

F——对流散热面积，cm^2；

Q_c——导体水平布置或倾斜布置时，对流散热，W/cm^2，见式 22-70 及式 22-71。

B 辐射散热

对于二个相同半径的圆导体，其间距为 d，平行布置在一个平面上，一个导体 1cm 长总辐射散热公式为：

$$Q_r = 5.7\xi\left[\left(\frac{T_1}{1000}\right)^4 - \left(\frac{T_0}{1000}\right)^4\right]F\left(1-\frac{\psi}{2}\right) \tag{22-73}$$

式中 Q_r——总辐射散热，W/cm^2；

ξ——相对辐射能力系数，铜为 0.6，铝为 0.1，涂漆的铝为 0.9；

T_1——母线绝对温度 ($273+t$)，$t=70℃$，℃；

T_0——空气绝对温度 ($273+t_0$)，t_0 为实际空气温度，℃；

F——一根导体 1cm 长之外表面积，cm^2；

ψ——与 r/a 比值有关系数，见图 22-38 曲线。

C 圆形导体在静止空气中总散热

$$Q = \Sigma Q_c + Q_r \tag{22-74}$$

22.1.5.4 圆管导体通水冷却

强迫水冷散热公式为：

$$Q = B_2\left(\frac{\omega^{0.8}}{D^{0.2}}\right)\left(\frac{P_{rf}}{P_{r\omega}}\right)^{0.25}\Delta t \times 1.163 \tag{22-75}$$

总散热量为

$$\Sigma Q = QF \tag{22-76}$$

式中 ΣQ——总散热量，W；

B_2——与水温有关的系数，见表 22-20；

ω——水在管内流速，m/s；

D——管内径，cm；

Δt——为管温与进出水平均温度差，℃；

$\left(\frac{P_{rf}}{P_{r\omega}}\right)^{0.25}$——勃郎特里准则常数，见表 22-20；

F——管内表面积，cm^2。

例 求直径为 50/30mm，长度为 3m 水冷铜管的散热。管温取 70℃，进出水平均温度为 $t_f=40℃$，管内水速为 0.5m/s，所取水速为紊流制度（短网母线水冷皆为紊流状态），按式 22-75 和式 22-76 计算其总散热能力。

$$\Sigma Q = B_2\left(\frac{W^{0.8}}{D^{0.2}}\right)\left(\frac{P_{rf}}{P_{r\omega}}\right)^{0.25}\Delta t \times 1.163F$$

$$= 1900\left(\frac{0.5^{0.8}}{0.03^{0.2}}\right) \times 1.14 \times 30 \times 1.163 \times 3.14 \times 0.03 \times 3$$

$$= 24.5kW$$

表 22-20 $\left(\frac{P_{rf}}{P_{r\omega}}\right)^{0.25}$ 及 B_2 系数与水温的关系

平均水温 (℃)	系数 B_2	$\left(\frac{P_{rf}}{P_{r\omega}}\right)^{0.25}$	平均水温 (℃)	系数 B_2	$\left(\frac{P_{rf}}{P_{r\omega}}\right)^{0.25}$
0	1200	1.52	60	2180	1.04
10	1370	1.39	70	2300	1
20	1580	1.29	80	2420	0.96
30	1750	1.19	90	2540	0.93
40	1900	1.14	100	2640	0.91
50	2050	1.09			

确定在这样冷却条件下，导体能允许通过多大电流

$$I=\sqrt{\frac{\Sigma Q}{P_{\rm c}(1+{\rm d}t)\frac{l}{S}K_s}}$$

$$=\sqrt{\frac{24500\times1256}{0.0162(1+0.004\times70)\times3\times1.06}}$$

$=21600\text{A}$

相应的电流密度

$$\Delta i=\frac{21600}{1256}=17.2\text{A/mm}^2$$

22.1.6 导体允许负荷

22.1.6.1 导体允许温度

规定短网导体允许负荷的标准是导体的极限温度和电气功率损失。电气装置中，规定导体极限温度是70℃，这个温度是从经济合理而规定的。电炉短网也是按此温度条件来选择导体。

22.1.6.2 多片母线束的允许负荷

根据导体中电气功率损失与导体散向空间的热损失相等原则，来确定允许负荷电流

$$I=\sqrt{\frac{\Sigma QS}{R}}=\sqrt{\frac{\Sigma Q}{n\rho_0(1+\alpha t)K_{\rm s}K_{\rm c}}} \quad (22\text{-}77)$$

式中 I ——允许负荷电流，A；

ΣQ——从1m长母线束表面上，对流和辐射的总散热，W；

S——一个极或一相母线总截面积，mm^2；

ρ_0——在零度时的电阻率，铜为0.0162Ω·mm^2/m，铝为0.0285Ωmm^2/m；

α——电阻温度系数，铜0.0043，铝为0.0036；

$K_{\rm s}$——集肤效应系数；

$K_{\rm c}$——邻近效应系数；

n——束中极数或相数，单相往复交错组合母线束为2；三相往复交错组合母线束为3。

多片母线束允许负荷见表22-21至表22-24。允许负荷电流计算的条件：

(1) 交流50Hz；

(2) 矩形母线立放；

(3) 静止空气；

(4) 空气温度为20℃；

(5) 母线极限温度70℃；

(6) 母线束为不同极性或不同相矩形导体交错排列；

(7) 片间净距，对于母线高250mm以下为20mm，母线高大于250mm为30mm；

(8) 母线没涂漆。

由允许负荷表知，随着母线尺寸增大和束中片数增多，电流密度降低，铜由2A/mm^2降到1.53A/mm^2；铝由1.33A/mm^2降到0.79A/mm^2。铜是铝的允许负荷的1.5～1.33倍。

22.1.6.3 各种因素对允许负荷的影响

表22-21至表22-24允许负荷是在一定计算条件下得出的。当实际空气温度，束中片间距离不同时，应按以下修正。

表22-21 一条母线的允许负荷（t_0=20℃）

铜					铝				
带子尺寸 (mm)	断面 (mm^2)	1m长损失 (W)	允许电流 (A)	平均电流密度 (A/mm^2)	带子尺寸 (mm)	断面 (mm^2)	1m长损失 (W)	允许电流 (A)	平均电流密度 (A/mm^2)
100×10	1000	118	2200	2.20	100×10	1000	78	1380	1.38
120×10	1200	140	2570	2.14	120×10	1200	92	1630	1.36
140×10	1400	161	2925	2.09	140×10	1400	106	1860	1.33
160×10	1600	183	3265	2.04	160×10	1600	120	2095	1.31
180×10	1800	204	3600	2.00	180×10	1800	134	2330	1.29
200×10	2000	226	3970	1.985	200×10	2000	148	2560	1.28
225×10	2250	258	4425	1.97	200×12	2400	150	2800	1.17
250×10	2500	249	4840	1.94	200×20	4000	155	3580	0.895

续表 22-21

铜					铝				
带子尺寸(mm)	断面(mm^2)	1m 长损失(W)	允许电流(A)	平均电流密度(A/mm^2)	带子尺寸(mm)	断面(mm^2)	1m 长损失(W)	允许电流(A)	平均电流密度(A/mm^2)
275×10	27500	305	5290	1.93	250×20	5000	191	4360	0.87
300×10	3000	333	5750	1.92	300×20	6000	226	5030	0.84

表 22-22　单相往复交错组合束铜母线允许负荷（t_0=20℃）

带子尺寸(mm)	一个极母线断面(mm^2)	1m 长损失(W)	允许电流(A)	平均电流密度(A/mm^2)	一个极母线断面(mm^2)	1m 长损失(W)	允许电流(A)	平均电流密度(A/mm^2)
		2 片				4 片		
100.10	1000	201	2000	2.00	2000	367	3820	1.91
120.10	1200	235	2325	1.94	2400	426	4410	1.84
140.10	1400	270	2635	1.88	2800	486	5000	1.79
160.10	1600	304	2930	1.83	3200	545	5500	1.72
180.10	1800	338	3230	1.80	3600	604	6100	1.70
200.10	2000	372	3550	1.78	4000	665	6700	1.68
225.10	2250	415	3930	1.75	4500	740	7420	1.65
250.10	2500	457	4320	1.73	5000	811	8150	1.63
275.10	2750	504	4740	1.72	5500	900	8970	1.63
300.10	3000	547	5150	1.72	6000	975	9720	1.62
		6 片				8 片		
100.10	3000	532	5620	1.88	4000	698	7450	1.86
120.10	3600	616	6500	1.81	4800	807	8600	1.79
140.10	4200	703	7360	1.76	5600	920	9720	1.74
160.10	4800	787	8160	1.70	6400	1028	10800	1.69
180.10	5400	871	8980	1.67	7200	1137	11850	1.65
200.10	6000	958	9870	1.64	8000	1250	13000	1.62
225.10	6750	1065	10900	1.62	9000	1389	14400	1.60
250.10	7500	1166	11950	1.60	10000	1520	15750	1.58
275.10	8250	1295	13180	1.60	11000	1690	17400	1.58
300.10	9000	1402	14250	1.58	12000	1830	18800	1.57
		12 片				16 片		
100.10	6000	1039	11100	1.85	8000	1360	14700	1.84
120.10	7200	1188	12770	1.77	9600	1569	16950	1.76
140.10	8400	1353	14450	1.72	11200	1786	19200	1.71

续表 22-22

带子尺寸 (mm)	一个极母线断面 (mm^2)	1m 长损失 (W)	允许电流 (A)	平均电流密度 (A/mm^2)	一个极母线断面 (mm^2)	1m 长损失 (W)	允许电流 (A)	平均电流密度 (A/mm^2)
160.10	9600	1512	16000	1.67	12800	1994	21200	1.66
180.10	10800	1671	17600	1.63	14400	2204	23300	1.62
200.10	12000	1835	19300	1.61	16000	2420	25600	1.60
225.10	13500	2038	21300	1.58	18000	2668	28250	1.57
250.10	15000	2230	23330	1.56	20000	2939	31000	1.55
275.10	16500	2482	25750	1.56	22000	3272	34150	1.55
300.10	18000	2682	27900	1.55	24000	3544	37000	1.54
		20 片				24 片		
100.10	10000	1692	18350	1.84	12000	2024	22000	1.83
120.10	12000	1950	21150	1.76	14400	2333	25300	1.76
140.10	14000	2219	23900	1.71	16800	2652	28650	1.70
160.10	16000	2478	26500	1.65	19200	2961	31700	1.65
180.10	18000	2737	29100	1.62	21600	3270	34850	1.61
200.10	20000	3006	31900	1.59	24000	3588	38200	1.59
225.10	22500	3337	35250	1.57	27000	3990	42250	1.57
250.10	25000	3648	38550	1.55	30000	4361	46200	1.54
275.10	27500	4064	42550	1.55	33000	4854	51000	1.54
300.10	30000	4394	46150	1.54	36000	5245	55000	1.53

表 22-23 单相往复交错组合束铝母线允许负荷（$t_0=20℃$）

带子尺寸 (mm)	一个极母线断面 (mm^2)	1m 长损失 (W)	允许电流 (A)	平均电流密度 (A/mm^2)	一个极母线断面 (mm^2)	1m 长损失 (W)	允许电流 (A)	平均电流密度 (A/mm^2)
		2 片				4 片		
100.10	1000	149	1330	1.33	2000	293	2640	1.32
120.10	1200	176	1550	1.29	2400	344	3070	1.28
140.10	1400	203	1790	1.27	2800	397	3540	1.26
160.10	1600	229	1990	1.24	3200	449	3940	1.23
180.10	1800	256	2225	1.24	3600	501	4400	1.22
200.10	2000	284	2460	1.23	4000	553	4850	1.21
200.12	2400	286	2690	1.12	4800	559	5310	1.11
220.12	2640	313	2925	1.11	5280	611	5800	1.10
200.20	4000	298	3450	0.86	8000	583	6830	0.85
250.20	5000	365	4160	0.83	10000	714	8250	0.83

续表 22-23

带子尺寸（mm）	一个极母线断面（mm^2）	1m 长损失（W）	允许电流（A）	平均电流密度（A/mm^2）	一个极母线断面（mm^2）	1m 长损失（W）	允许电流（A）	平均电流密度（A/mm^2）
300.20	6000	431	4850	0.81	12000	843	9570	0.80
		6 片				8 片		
100.10	3000	436	3940	1.31	4000	580	5250	1.31
120.10	3600	514	4600	1.28	4800	682	6100	1.27
140.10	4200	591	5300	1.26	5600	785	7050	1.26
160.10	4800	669	5900	1.23	6400	888	7850	1.23
180.10	5400	745	6580	1.22	7200	991	8750	1.22
200.10	6000	823	7260	1.21	8000	1093	9670	1.21
200.12	7200	831	7940	1.10	9600	1104	10560	1.10
220.12	7920	909	8650	1.09	10560	1207	11500	1.09
200.20	12000	869	10100	0.85	16000	1154	13600	0.85
250.20	15000	1062	12300	0.82	20000	1411	16400	0.82
300.20	18000	1254	11300	0.80	24000	1665	19020	0.80
		12 片				16 片		
100.10	6000	866	7850	1.31	8000	1154	10480	1.31
120.10	7200	1020	9150	1.27	9600	1355	12200	1.27
140.10	8400	1173	10540	1.25	11200	1561	14050	1.25
160.10	9600	1327	11750	1.22	12800	1766	15650	1.22
180.10	10800	1478	13100	1.21	14400	1969	17460	1.21
200.10	12000	1630	14450	1.20	16000	2173	19260	1.20
200.12	14400	1650	15800	1.10	19200	2195	21060	1.10
220.12	15840	1803	17220	1.09	21120	2400	22950	1.09
200.20	24000	1725	20350	0.85	32000	2296	27100	0.85
250.20	30000	2108	24500	0.82	40000	2806	32700	0.82
300.20	36000	2189	28500	0.79	48000	3315	38000	0.79
		20 片				24 片		
100.10	10000	1440	13100	1.31	12000	1727	15800	1.31
120.10	12000	1695	15230	1.27	14400	2033	18250	1.27
140.10	14000	1949	17540	1.25	16800	2338	21050	1.25
160.10	16000	2204	19550	1.22	19200	2644	23500	1.22
180.10	18000	2456	21800	1.21	21600	2945	26180	1.21
200.10	20000	2710	24050	1.20	24000	3247	28850	1.20
200.12	24000	2741	26200	1.09	28800	3288	31500	1.09

续表 22-23

带子尺寸 (mm)	一个极母线断面 (mm²)	1m长损失 (W)	允许电流 (A)	平均电流密度 (A/mm²)	一个极母线断面 (mm²)	1m长损失 (W)	允许电流 (A)	平均电流密度 (A/mm²)
220.12	26400	2995	28650	1.08	31680	3591	34350	1.08
200.20	40000	2866	33850	0.85	48000	3437	40600	0.85
250.20	50000	3593	40800	0.82	60000	4200	49000	0.82
300.20	60000	4134	47450	0.79	72000	4956	56900	0.79

表 22-24 三相组合束铜母线允许负荷（$t_0=20℃$）

带子尺寸 (mm)	一相母线断面 (mm²)	1m长损失 (W)	允许电流 (A)	平均电流密度 (A/mm²)	一相母线断面 (mm²)	1m长损失 (W)	允许电流 (A)	平均电流密度 (A/mm²)
		3片				6片		
100.10	1000	284	1940	1.94	2000	532	3755	1.88
120.10	1200	330	2240	1.87	2400	616	4330	1.81
140.10	1400	378	2550	1.82	2800	703	4910	1.76
160.10	1600	425	2830	1.77	3200	787	5450	1.70
180.10	1800	471	3120	1.73	3600	871	6000	1.67
200.10	2000	519	3425	1.71	4000	958	6580	1.64
225.10	2250	578	3790	1.68	4500	1065	7240	1.62
250.10	2500	634	4150	1.66	5000	1166	7960	1.60
275.10	2750	702	4750	1.66	5500	1295	8780	1.60
300.10	3000	761	4960	1.65	6000	1402	9510	1.58
		9片				12片		
100.10	3000	780	5560	1.85	4000	1039	7410	1.85
120.10	3600	902	6420	1.78	4800	1188	8510	1.77
140.10	4200	1028	7280	1.73	5600	1353	9640	1.72
160.10	4800	1149	8050	1.68	6400	1512	10680	1.67
180.10	5400	1270	8860	1.64	7200	1671	11720	1.63
200.10	6000	1397	9740	1.62	8000	1835	12860	1.61
225.10	6750	1552	10740	1.59	9000	2038	14200	1.58
250.10	7500	1697	11780	1.57	10000	2230	15560	1.56
275.10	8250	1888	12970	1.57	11000	2482	17200	1.56
300.10	9000	2041	14050	1.56	12000	2682	18600	1.55
		18片				24片		
100.10	6000	1525	11000	1.83	8000	2024	14620	1.83
120.10	7200	1760	12700	1.76	9600	2333	16900	1.76

续表 22-24

带子尺寸(mm)	一相母线断面(mm^2)	1m 长损失(W)	允许电流(A)	平均电流密度(A/mm^2)	一相母线断面(mm^2)	1m 长损失(W)	允许电流(A)	平均电流密度(A/mm^2)
140.10	8400	2002	14330	1.71	11200	2652	19100	1.70
160.10	9600	2235	15900	1.66	12800	2961	21120	1.65
180.10	10800	2470	17470	1.62	14400	3270	23200	1.61
200.10	12000	2715	19200	1.60	16000	3588	25450	1.59
225.10	13500	3014	21200	1.57	18000	3990	28200	1.57
250.10	15000	3291	23200	1.55	20000	4361	30800	1.54
275.10	16500	3667	25600	1.55	22000	4854	34000	1.54
300.10	18000	3962	27650	1.54	24000	5245	36750	1.53

A　空气温度

当空气温度不同时应按图 22-39 查出相对电流值，再乘以允许负荷电流，即为实际空气温度下的允许负荷电流。

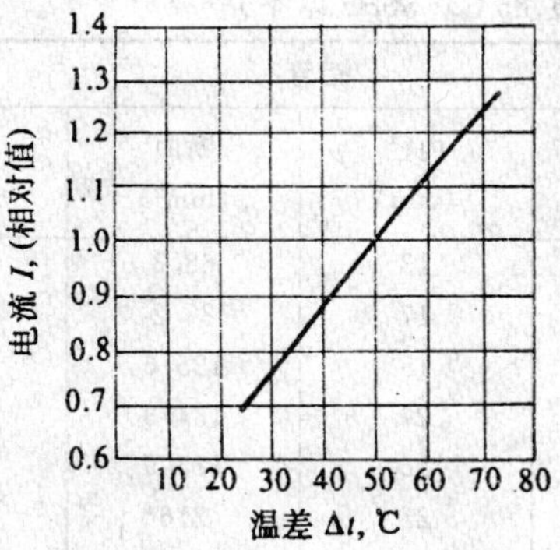

图 22-39　温差对母线束的影响
($\Delta t=50℃$负荷取为 1)

B　空气运动

当空气为非静止，按表 22-25 系数修正

表 22-25　当空气为非静止负荷电流修正系数

空气速度(m/s)	静止空气	0.2	0.4	0.6	0.8	1	1.2
负荷电流 I(相对值)	1	1.03	1.07	1.11	1.15	1.21	1.41

C　片间距离

片间净距 20～40mm，都可利用表中的允许电流值；如在含有灰尘大的碳化硅和石墨化车间，为防止片间积灰，造成短路，而增大片间距离时，则允许负荷要做重新计算，这时也仅是提高热辐射，原则上也可直接按表查得。

D　铝母线涂漆

母线涂漆可提高允许负荷电流，涂漆效果见图 22-40。

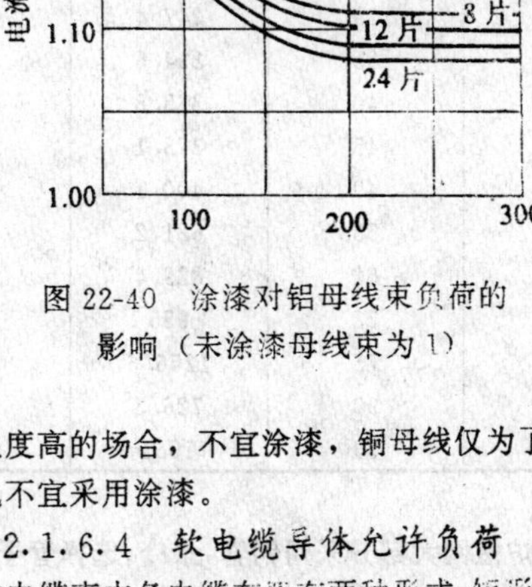

图 22-40　涂漆对铝母线束负荷的影响（未涂漆母线束为 1）

温度高的场合，不宜涂漆，铜母线仅为了提高负荷，也不宜采用涂漆。

22.1.6.4　软电缆导体允许负荷

软电缆束中各电缆布置有两种形式：矩形和圆形。电炉短网中，通常是使用 TRJ 型软电缆，其数据见表

22-26。

表 22-26 铜芯裸软电缆 TRJ 规格（空气温度 20℃，电缆允许温度 70℃）

标称截面（mm²）	240	300	400	500
股数×根数×单线直径（mm）	61×7×0.75	27×19×0.85	37×19×0.85	37×19×0.95
电缆外径（mm）	23	26.1	29.8	33.3
电缆重量（kg/m）	2.28	2.745	3.76	4.7
直流电阻 20℃时（Ω/m）	81×10^{-6}	69×10^{-6}	49×10^{-6}	39×10^{-6}
允许电流（A）	500	600	740	850
电流密度（A/mm²）	2.08	2	1.65	1.7

这段电缆总是靠近炉子附近，不可避免地受到热辐射，所以一般是按电流密度来选择，电流密度规定如下：

无水冷裸软电缆 1～1.5A/mm²

有水冷软电缆 3～4A/mm²

软铜带束 1～1.2A/mm²

22.1.6.5 铜管及铝管允许负荷

当管子在 25℃静止空气中冷却时，管子的允许电流见表 22-27。

表 22-27 铜管和铝管允许电流（在空气温度 25℃，50Hz 以下）

铜管				铝管			
外径（mm）	内径（mm）	断面（mm²）	电流（A）	外径（mm）	内径（mm）	断面（mm²）	电流（A）
15	12	63.6	340	16	13	68.3	295
18	14	100.5	460	20	17	87.2	345
20	16	113.1	505	22	18	125.6	425
22	18	125.6	555	30	27	134.3	500
24	20	138.2	600	30	26	175.9	575
26	22	150.8	650	30	25	216	640
30	25	216	830	40	36	238.8	765
34	29	247.4	925	40	35	294.5	850
40	35	294.5	1100	45	40	333.8	935
45	40	333.8	1200	50	45	373.1	1040
50	45	373.1	1330	55	50	412.3	1145
55	49	400.1	1580	60	54	537.2	1340
60	53	621.2	1860	70	64	631.5	1545
70	62	829.4	2295	80	74	725.7	1770
80	72	955	2610	80	72	955	2035
85	75	1256.6	3070	85	75	1256.5	2400
95	90	726.5	2460	95	90	1011.5	1925
100	93	1061	3060	100	90	1492.2	2840

电炉短网大部分采用铜管，水冷。选择管子的唯一标准是电气功率损失。管子的允许负荷是按管温 40℃和冷却水 20℃条件下的电气功率损失及电阻与矩形母线温度 70℃和空气温度 20℃条件下的电气功率损

失及电阻相等而导出，在此条件下

$$I^2R_{0-}=I^2R_0\text{ 或 }\frac{\rho_0(1+\alpha t_{40})K_{s_0}}{S_0}$$

$$=\frac{\rho_0(1+\alpha t_{70})K_{s\_}}{S_-}$$

得出等值于管子的矩形母线断面为

$$S_-=1.105\times\frac{K_{S\_}}{K_{s_0}}S_0$$

式中　S_-——矩形母线断面，mm^2；

S_0——管断面，mm^2；

K_{s-}——矩形母线集肤效应系数；

K_{s_0}——管子集肤效应系数。

在同一管断面下，S/K_s 越大，导体断面利用的越好，表22-28 列出短网中使用铜管规格，以选用 10mm 壁厚为最有利。如果要增加管子的断面，应选用大管径而不是壁厚的管子。

表 22-28　短网用铜管规格

管直径（mm）	50/30	60/40	70/50	80/60	50/25
管断面 S（mm^2）	1256.64	1570.8	1884.95	2199.12	1472.63
集肤效应系数 K_s	1.060	1.062	1.065	1.068	1.126
比值 S/K_s	1184	1480	1770	2060	1310
管直径（mm）	60/35	70/45	60/30	70/40	85/65
管断面 S（mm^2）	1865.32	2258	2120.57	2591.81	2360
集肤效应系数 K_s	1.137	1.145	1.245	1.260	1.06
比值 S/K_s	1630	1970	1706	2060	2224

一根铜管或多根铜管的组合束的管温 40℃，进水温度 20℃，管子的允许负荷见表 22-29。

由表看出，在同样电气功率损失下，管子比矩形母线允许负荷大 1.3～1.5 倍，因此采用管子比采用矩形母线省铜约 25～33%。

在不能略去邻近效应的情况下，表 22-27 中的铜管允许负荷按 $1/\sqrt{K_c}$ 关系减少，如矿热炉在电极上接成三角形系统短网的电极旁水冷铜管，邻近效应系数 1.07，这段铜管的允许负荷为：

表 22-29　铜管允许负荷

（管温 40℃，进水 20℃）

管径（mm）	管断面（mm^2）	等值矩形母线（mm）	最大允许电流（A）	管中电流密度（A/mm^2）	管与矩形母线电流密度比（$\Delta i_0/\Delta i_-$）
ϕ50/30	1257	175×10	3500	2.79	1.32
ϕ60/40	1571	230×10	4550	2.89	1.46
ϕ70/50	1885	285×10	5500	2.92	1.51
ϕ80/60	2199	335×10	6400	2.91	1.53

管径（mm）	50/30	60/40	70/50	80/60
允许负荷（A）	3380	4400	5300	6200

当多片母线束与管束比较，管束比多片母线束省铜约 50%。

电炉短网水冷铜管，也可按电流密度 3～4A/mm^2 选择，对于电弧炉水冷铜管，由于长度较短，电流密度可按 6～7A/mm^2 选择，但管壁厚以选用 10mm 为宜。

22.1.7　短网安装结构

22.1.7.1　母线束固定

A　矩形导体母线束固定

矩形导体母线束通常有矩形导体单相往复交错组合母线束，矩形导体三相组合母线束及矩形导体单极母线束三种。固定和吊挂见图 22-41。

图 22-41 中，加紧装置夹板 1 为环氧树脂玻璃布板 $\delta=15mm$，用双头螺栓 2 拉紧，矩形导体间距离用夹紧垫片 3 为 3240 环氧酚醛玻璃布板 $\delta=12mm$，夹紧垫块 4 为石棉水泥板；当束中片间距离过大时，母线束固定采用图 22-42 形式，梳子 1 为石棉水泥板制，母线嵌到梳槽内，框用铸铜铝合金 ZL2，框肩有两个吊挂铜钩环。

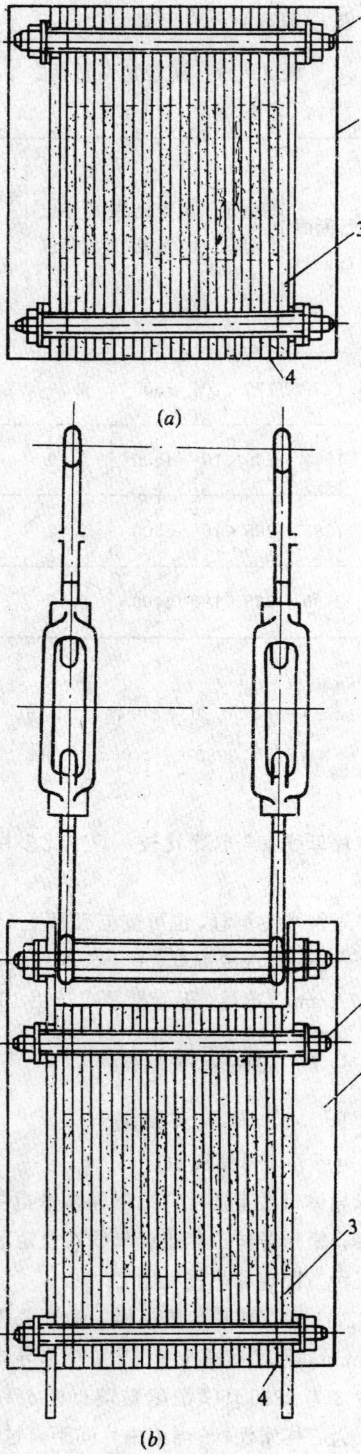

图 22-41　矩形导体母线束固定和吊挂

（a）—母线束固定；（b）—母线束吊挂；

1—夹板；2—双头螺栓；3—夹紧垫片；4—夹紧垫块

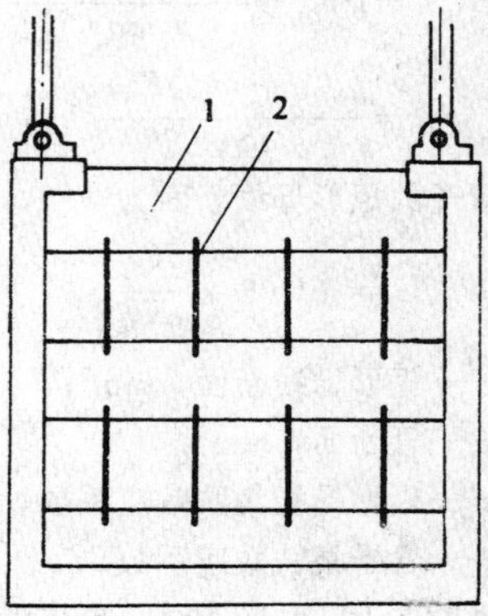

图 22-42　单极母线束吊挂

1—石棉水泥板梳子；2—母线

对于电渣炉、电弧炉及感应炉母线敷设的地点温度不高时，母线束夹板也可木质夹板。

导体间石棉水泥垫板应选用未浸渍石棉水泥板，型号为建标 25-61，牌号为 300，其规格及数据见表 22-30。

表 22-30　建标 25-61 未浸渍石棉水泥板

指标	未浸渍石棉水泥板牌号		
	250	300	400
抗弯强度（kPa），不小于	24500	29400	39200
抗冲击强度（kPa），不小于			
厚　3～6mm	196	196	196
厚　8～10mm	294	294	294
厚　12～20mm	490	490	490
厚　25mm 以上	588	588	588
击穿强度（kV/mm），不小于	1.5		
吸水率（为干燥时重量的）%	15～25		
单位重量（g/cm³）	1.7～1.8		
耐弧性	耐弧		

B　管状导体母线束固定

三相补偿式管状母线束通常用管夹板固定和吊挂。图 22-43 管夹板材料为铸铝铁锰黄铜，也可以用铸铜铝合金 ZL2 或纯铜，前者较后者重量轻，省铜，但其强度较低，管夹断面应适当放大，以提高夹紧时刚度。吊挂鼻子断面应能承受螺栓的剪切力。

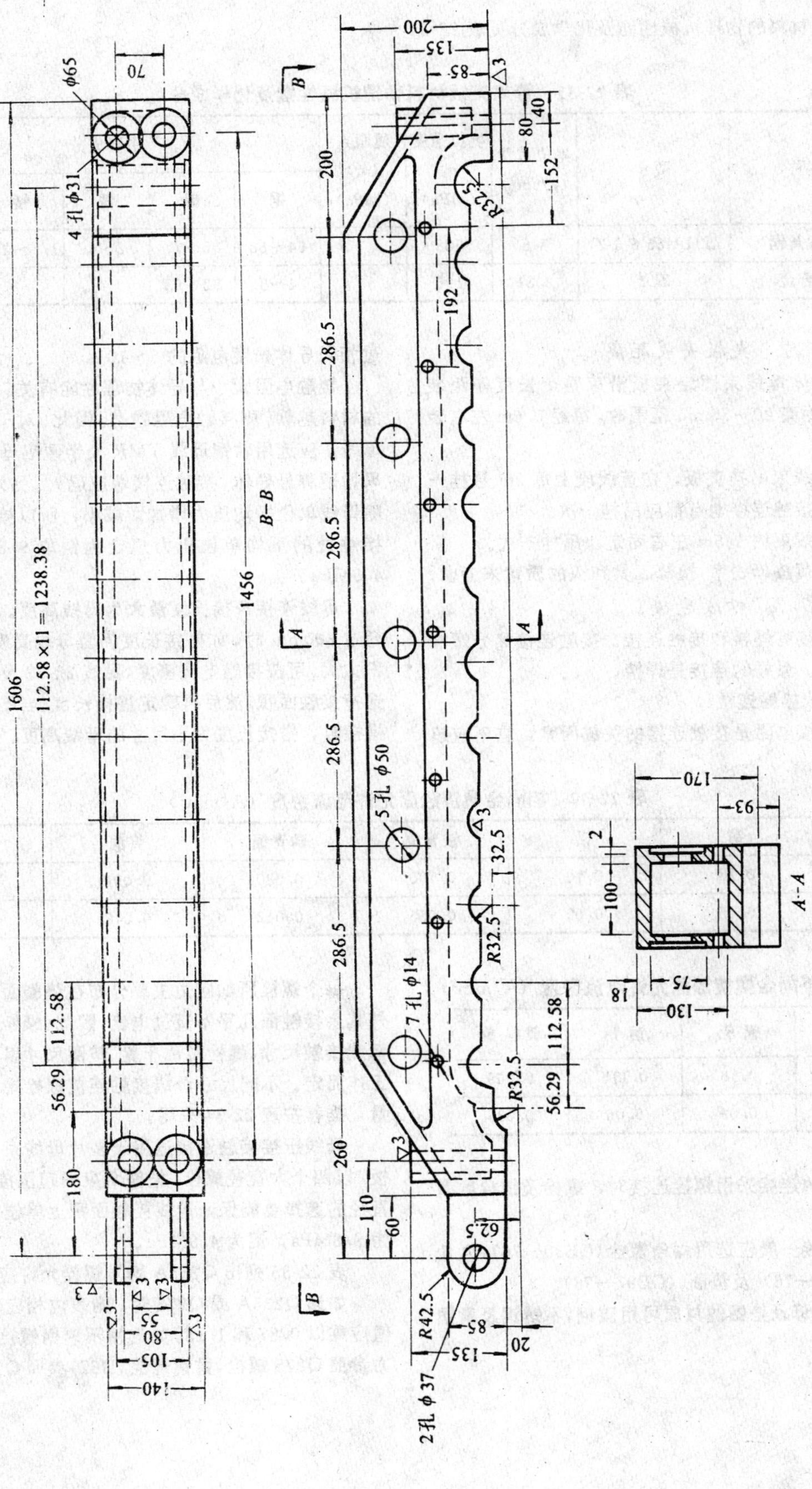

图 22-43 三相补偿式管状母线束管夹板

管夹板材料的物理机械性能及化学成分见表 22-31。

表 22-31 管束夹板材料物理机械性能及化学成分

材料名称	型号	单位重量 (g/cm³)	抗拉强度 σ_b (MPa)	屈服点 (σ_s) (MPa)	主要成分				
					铜	铝	铁	锰	锌
铸铝铁锰黄铜	ZHAl66 6-3-2	8.5	588		64～68	6～7	2～4	1.5～2.5	余量
铸铜铝合金	ZL2	2.81	196		4～5	92～93			

22.1.7.2 夹板安装距离

矩形导体母线束固定夹板沿束整个长度等距装设，母线间距离 20～30mm 范围时，每经 0.6m 左右装设一个。

矩形母线束吊挂夹板，在直线段上每 2m 悬挂一次，凡过渡接触连接地点都应吊挂一次。

管状母线束约 1.5m 左右固定和吊挂一次。

吊挂负荷按母线束，检修工具和人的质量来考虑。

22.1.7.3 母线连接

母线连接有焊接和接触连接。接触连接又分螺栓连接和压接。最好的连接是焊接。

A 母线接触连接

接触连接电阻是接触连接的关键因素。它不应超过相同导体长度电阻的 5～10%。

接触电阻大小与导体物理性能有关，导电率越高的材料越软，则接触电阻越小。因此，对于接触连接的母线，应选用软铜母线 TMR 及半硬铝母线 LYB。如采用硬牌号导体，接触连接端应退火。另外，接触电阻随母线单位平均压力增加而减小，所以接触连接母线接触处的平均单位压力规定为铜取 9.8MPa，铝取 4.9MPa。

母线连接搭接长度最大为母线高度。当母线高度超过 300mm 时，如搭接长度仍为母线高度，则接触面积太大，可按接触电流密度（见表 22-32 及表 22-33）来选择接触面积，然后再确定搭接长度。当不同母线高度搭接时，搭接长度为小尺寸的母线高度。

表 22-32 相同金属接触面允许电流密度（A/mm²）

电流	铜	铝	铍青铜	磷青铜	黄铜	钢
2000A 以下	0.23	0.16	0.105	0.080	0.091	0.069
2000A 以上	0.15	0.09	0.055	0.042	0.048	0.036

表 22-33 不同金属接触面允许电流密度（A/mm²）

电流	铜-铝	铜-钢	黄铜-钢
2000A 以下	0.16	0.115	0.069
2000A 以上	0.09	0.06	0.036

当母线的连接采用螺栓连接时，螺栓及螺栓数量的选择如下：

接触连接一般应选用六角螺栓（GB30—76）、六角螺母（GB54—76）及垫圈（GB97—76）。

螺栓，螺母及垫圈的材质可用碳钢，不锈钢及黄铜等。

每个螺栓所加应力主要分布在垫圈面积内，垫圈外其余接触面几乎不流过电流。因此，螺栓数量是根据母线接触尺寸，螺栓对称布置、垫圈尺寸以及方便搬手工作而定。不同尺寸母线接触连接螺栓规格及螺栓数量，推荐按表 22-34 采用。

母线压接接触连接适用于多片母线束，用两块压板，以四个大直径螺栓，把整个束一起压接连接。螺栓直径的选择要能保证母线接触面积上单位压力值，铜为 9.8MPa，铝为 4.9MPa。

表 22-35 列出 Q255A 牌号螺栓允许应力。

如选 Q235A 或 Q275 时，则表内相应应力和压力值应乘以 0.87 和 1.13。如选用不锈钢螺栓，其允许应力参照 Q275 螺栓，黄铜螺栓（H62）参照 Q235A 螺栓。

表 22-34 螺栓直径及螺栓数量选择

母线尺寸 (mm)	搭接长度 (mm)	螺栓直径 (mm)	螺栓数量 (个)
100×10	100	12	4
200×10,200×15	200	14	12
300×10,300×15	300	16	16

对于压接接触连接应选用每侧带有两个螺母的双头螺栓。

所有母线连接用螺栓，螺母及垫圈均应镀锌、镀镉或烧蓝。

B 母线焊接

母线连接中，焊接是最好的连接方式，焊接示例见图 22-44。

图 22-44d 及图 22-44e 的焊接，无需水冷，质量轻、电气损耗小，优于铸造的固定集电环；图 22-44f 及图 22-44g 的过渡部件，省去铸造移动集电环，电气功率损耗小及并联跨接，使每个支路电流趋于平衡。

表 22-35 Q255A 牌号钢制螺栓极限允许应力

螺栓直径 (mm)	有效断面 (mm^2)	搬手长度 (mm)	搬手上允许应力 (N)	螺栓允许应力 (N)	垫片支承台内的压力 (kPa)	
					一般的	放大的
8	30.8	125	73.5	5880	29792	
10	49.2	140	127.4	9212	35476	31360
12	71.8	170	186.2	13524	36750	17444
14	98.9	210	235.2	18620	41356	
16	137	240	323.4	25872	42140	28126
18	166	240	460.6	31360	42728	
20	215	270	588	40768	51744	
22	270	270	803.6	50960	52528	
24	310	270	1019.2	58800	53410	
27	410	300	1332.8	77616	57624	
30	495	330	1617	93296	57624	
36	730	400	2352	137200	54880	

22.1.7.4 管状母线绝缘及对冷却水的要求

三相补偿式管母线，管间距离很小，管应分别包扎绝缘。包扎方法及材料如下：

(1) 管表面应清洗干净；

(2) 涂一次环氧树脂；

(3) 接着用有机硅玻璃云母带，按二重卷缠扎两次；

(4) 在二重卷上再涂一次环氧树脂；

(5) 接着按三重卷缠扎一次，外扎白布带一次；

(6) 最后再涂一次环氧树脂。

包扎范围：距固定集电环把子 100mm 内及距首端 180mm 内不包扎，其余范围全部包扎。

管包扎见图 22-45，有机硅玻璃云母带性能见表 22-36。

管状母线正常工作条件之一是水冷。其水质条件为：

硬度 mg/L 小于或等于 0.5

碱性 mg/L 小于 30

氯化物含量 mg/L 小于 3000

固体残渣 mg/L 小于 30000

冷却水进水温度一般为 20～30℃。为避免管内结垢，出水温度不应高于 55℃，为节约用水，但不应低于 45℃。排出的水，经冷却后最好重复使用，因这样水硬度小，在任何情况下，回水都不应与其它工业水混合，因这些水含有过高的盐、碱和酸。

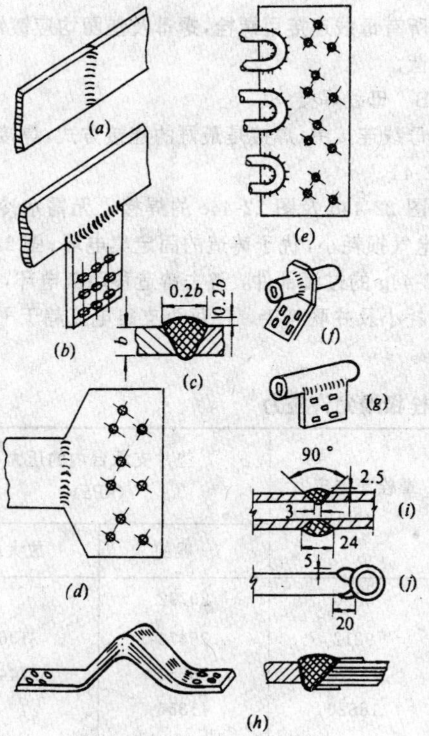

图 22-44 短网焊接连接

(*a*) —母线对接；(*b*) —母线 T 接；(*c*) —母线对焊缝断面；(*d*)、(*e*) —母线与连接软电缆的铜板的焊接；(*f*)、(*g*) —软电缆与管接触连接的过渡部件；(*i*)、(*j*) —铜管焊接；(*h*) —软铜带焊接

表 22-36 有机硅玻璃云母带

型号	云母带尺寸			击穿强度 (kV/mm)	抗张力 (N)	工作温度 (℃)	胶粘有机硅玻璃云母带使用材料
	标称厚度 (mm)	宽度 (mm)	每卷长 (m)				
5450	0.13	20 25 30 35	20	16	68.6	180	环氧树脂型号 E44

22.1.7.5 部分短网参考图

电极上接成三角形的短网。见图 22-46。短网的特点是：固定集电环用铜板焊成，质量轻，无需水冷且加工方便。但为减少固定集电环与铜鼻子接触电阻，集电环应用石棉帘遮住炉子热辐射。短网母线束末端集中跳线，对于大中容量炉子，母线条数多，这种跳线形式的组合母线束电抗小。

这类短网，一般在集电环前较长一段距离要开始依次跳线，结果电抗必然要大。

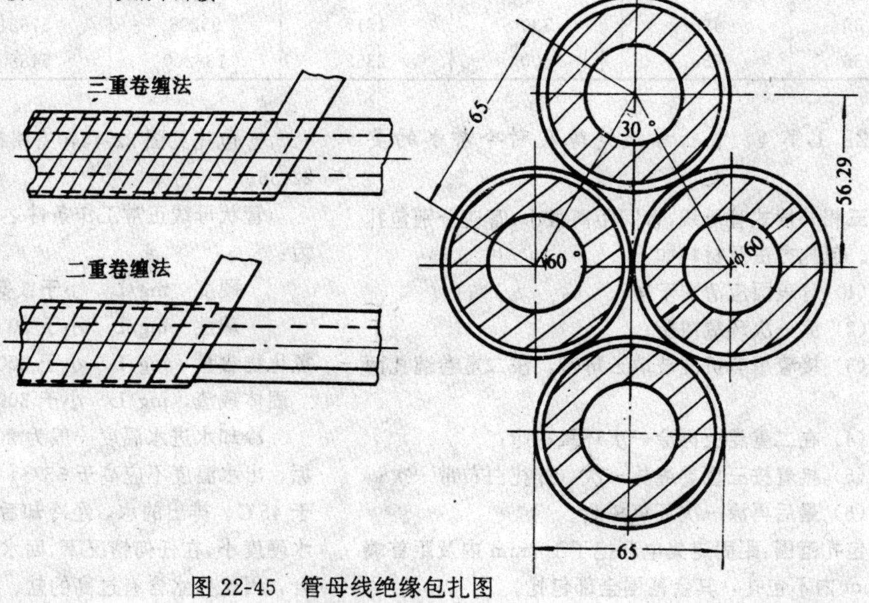

图 22-45 管母线绝缘包扎图

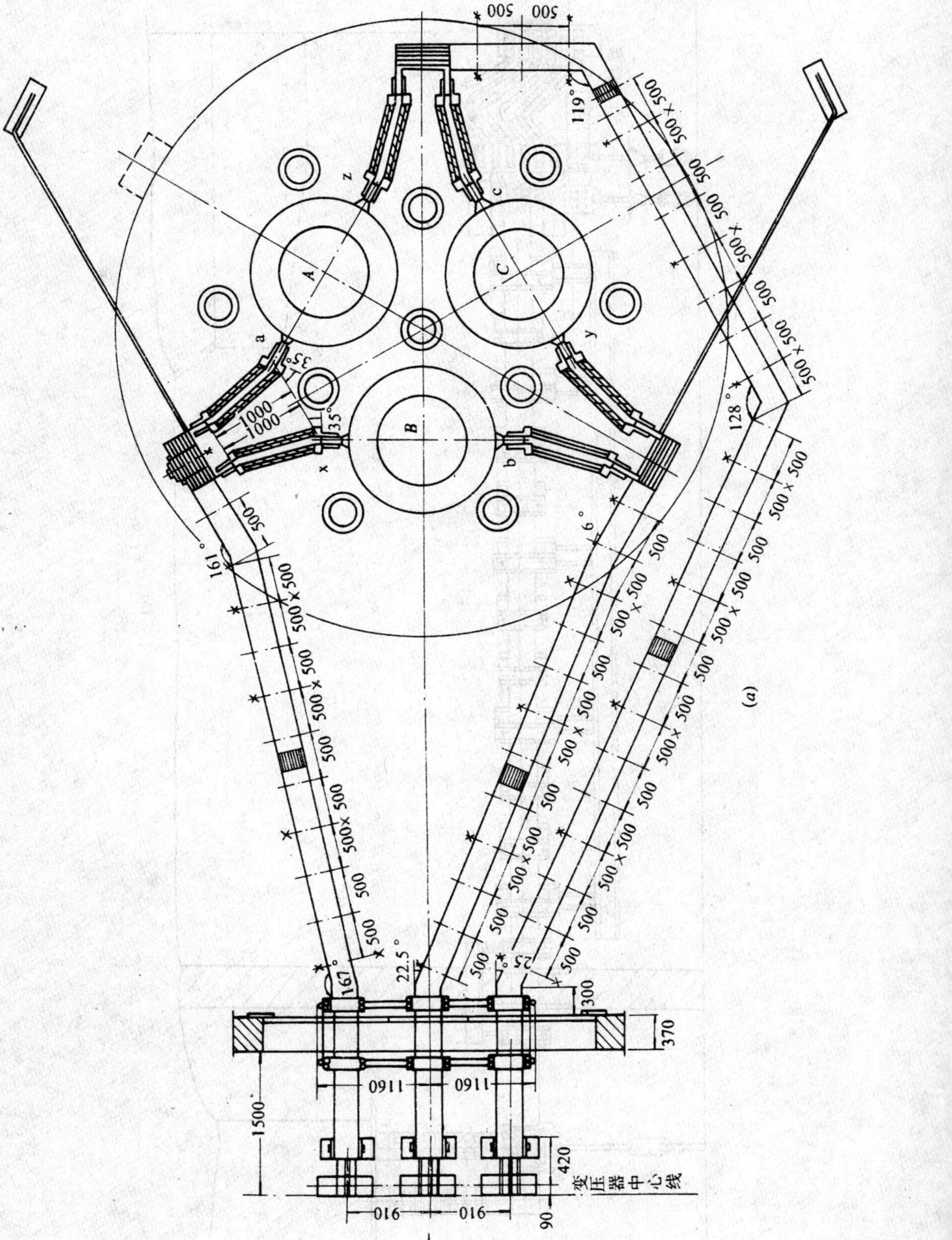

(a)

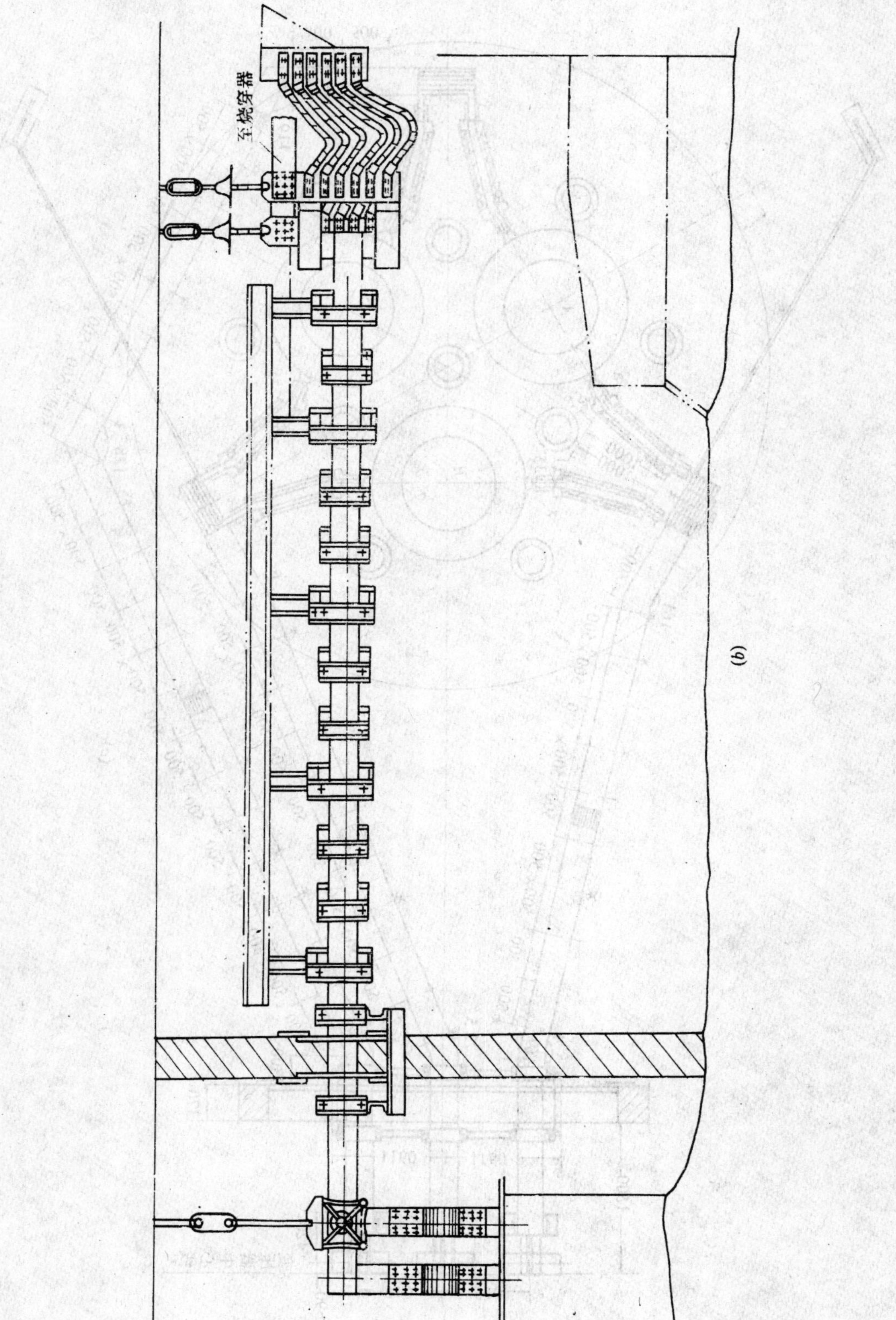

(b)

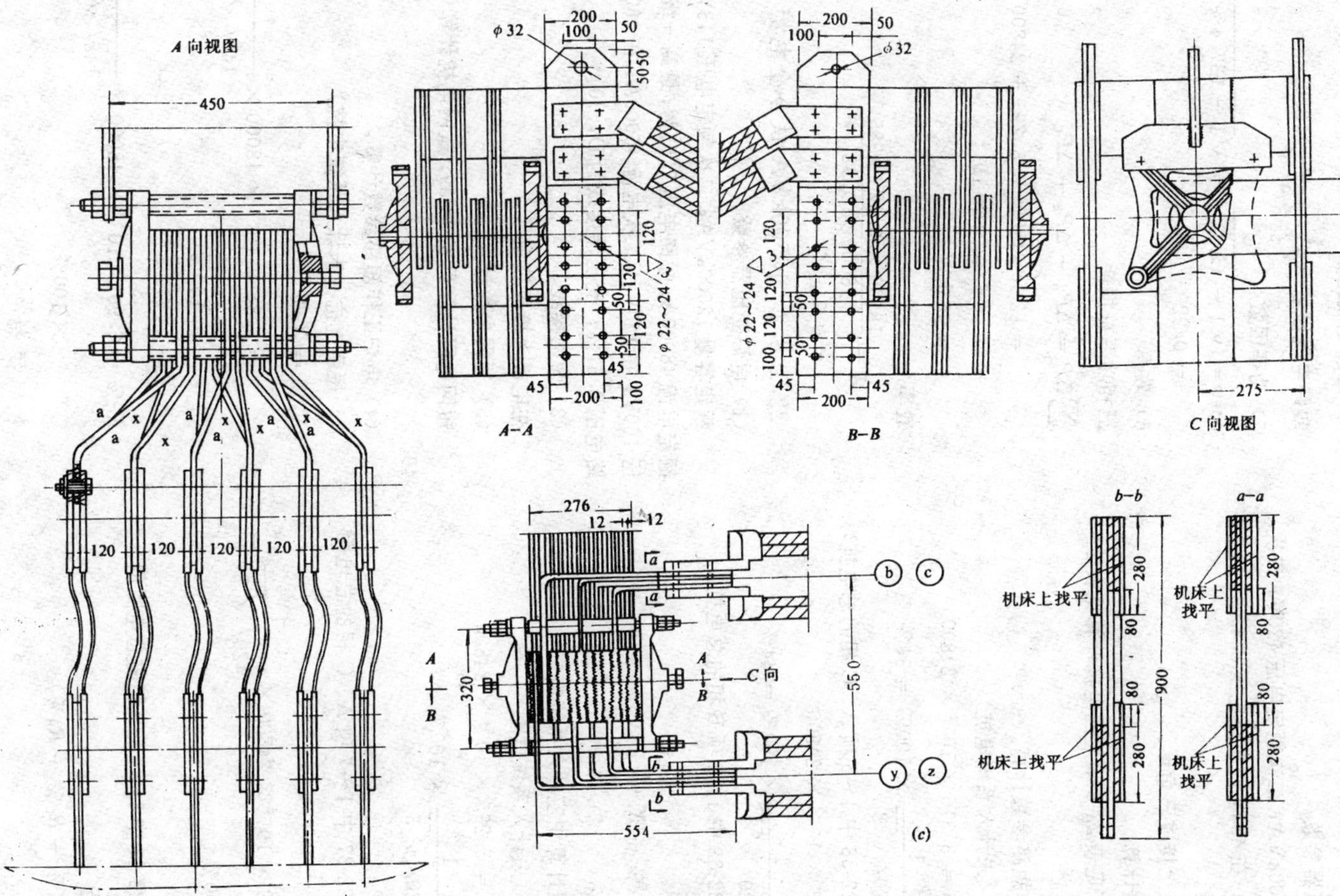

图 22-46 在电极上接成三角形的短网

(a)—在电极上接成三角形短网平面图；(b)—在电极上接成三角形短网断面图；(c)—在电极上接成三角形短网首末端路线图

22.1.8 计算实例

22.1.8.1 50t 电弧炉

(1) 电炉变压器参数。

额定容量 18000kVA；二次额定电压 420V；二次额定电流 24800A；在 420V 时短路电压 8.4%。

(2) 短网接线。

在组合母线束上接成三角形。

(3) 短网参数计算。

短网电阻计算见表 22-37，短网电抗计算见表 22-38。

(4) 电炉工作短路参数计算。

1) 短路电抗（未计入系统电抗）

$$X_A\% = X_C\% = 3.316 \times 10^{-3} \times 24800 \times \frac{1}{420/\sqrt{3}} \times 100\% = 34\%$$

(3.316 为表 22-38 中 1～5 项 A、C 相的总电抗)

$$X_B\% = 4.325 \times 10^{-3} \times 24800 \times \frac{1}{420/\sqrt{3}} \times 100\% = 44\%$$

(4.325 为表 22-38 中 1～5 项 B 相的总电抗)

平均短路电抗

$$X\% = \frac{1}{3}(X_A\% + X_C\% + X_B\%) = 37.4\%$$

在实际的工程计算中应计入系统电抗。

2) 短路电阻（未计入系统电阻）

$$R_A\% = R_C\% = 5.295 \times 10^{-4} \times 24800 \times \frac{1}{420/\sqrt{3}} \times 100\% = 5.4\%$$

(5.295 为表 22-37 中 1～7 项 A、C 相的总电阻值)

$$R_B\% = 5.449 \times 10^{-4} \times 24800 \times \frac{1}{420/\sqrt{3}} \times 100\% = 5.6\%$$

(5.449 为表 22-37 中 1～7 项 B 相的总电阻值)

平均短路电阻

$$R\% = \frac{1}{3}(R_A\% + R_C\% + R_B\%) = 5.5\%$$

在实际工程计算中宜计入系统电阻。

3) 短路阻抗

$$Z\% = \sqrt{X^2\% + R^2\%} = \sqrt{(37.4\%)^2 + (5.5\%)^2} = 37.8\%$$

4) 短路电流倍数

$$短路电流倍数 = \frac{1}{Z\%} = \frac{1}{37.8} = 2.65 倍$$

5) 功率因数

$$\cos\varphi = \sqrt{1-(X\%)^2} = \sqrt{1-(37.4\%)^2} = 0.92$$

6) 效率

三相功率总损耗

$$\sum \Delta P = \Delta P_A + \Delta P_B + \Delta P_C = (2 \times 24800^2 \times 5.295 + 24800^2 \times 5.449) \times 10^{-4} = 985\text{kW}$$

效率

$$\eta = \frac{18000 \times 0.92 - 985}{18000 \times 0.92} = 0.94$$

22.1.8.2 12500kVA 铁合金电炉

(1) 电炉变压器参数。

额定容量 12500kVA；二次额定电压 148V；二次额定电流 48000A；短路电压 7.55%；最高一级二次电压 160V；在 160V 下二次电流 45000A；在 160V 下短路电压 6.61%；变压器接线为 D，d0。

(2) 短网接线。

在电极上接成三角形。

(3) 短网参数计算。

短网电阻计算见表 22-39；短网电抗计算见表 22-40。

(4) 电炉工作短路参数计算。

1) 短路电抗（未计入系统电抗）

$$X_A\% = X_B\% = 5.84 \times 10^{-4} \times 48000 \times \frac{1}{148/\sqrt{3}} \times 100\% = 33\%$$

$$X_C\% = 5.96 \times 10^{-4} \times 48000 \times \frac{1}{148/\sqrt{3}} \times 100\% = 34\%$$

平均短路电抗

$$X\% = \frac{1}{3}(X_A\% + X_B\% + X_C\%) = 33.5\%$$

表 22-37　50t 电弧炉短网电阻计算

序号	计算项目	原始参数	单位长度直流电阻 $R_0=\rho\frac{1}{S}$ (Ω/m)	集肤效应系数		邻近效应系数 K_c	总电阻 $R=R_0K_sK_cl$ (Ω)	备注
				计算	K_s			
1	石墨电极	计算长度 $l=4.5m$ 电极直径 $d=0.5m$	$R_0=12\times\frac{1}{\frac{\pi}{4}+500^2}$ $=0.61\times10^{-4}$	$\sqrt{\frac{f}{100R_0}}=90.5$	1.02	1	$R=0.61\times10^{-4}\times1.02\times1\times4.5$ $=2.75\times10^{-4}$	
2	电极与电极颊板间接触电阻	电极重 $G=1.8t$					$R_c=\frac{C}{P^m}$ $=\frac{80\times10^{-4}}{(5\times1800)^{0.5}}$ $=0.835\times10^{-4}$	
3	电极把持臂上载流铜管	A、C 相铜管各三根，每根长 $l=8.3m$，B 相铜管二根，每根 $l=7.2m$ 管径 $\phi85/65$	$R_0=0.021\times\frac{1}{\frac{\pi}{4}(85^2-65^2)}$ $=0.089\times10^{-4}$	$\sqrt{\frac{f}{100R_0}}=237$ $\delta/d=0.12$	1.06	1	A、C 相 $R=0.089\times10^{-4}\times1.06\times1\times8.3\times\frac{1}{3}$ $=0.26\times10^{-4}$ B 相 $R=0.089\times10^{-4}\times1.06\times1\times7.2\times\frac{1}{2}$ $=0.34\times10^{-4}$	

续表 22-37

序号	计算项目	原始参数	单位长度直流电阻 $R_0=\rho\frac{1}{S}$ (Ω/m)	集肤效应系数 计算	集肤效应系数 K_S	邻近效应系数 K_c	总电阻 $R=R_0K_sK_cl$ (Ω)	备注
4	软电缆	A、C 相各三束，每束有 8 根水冷电缆（$S=300mm^2$ $\phi=25.4mm$）B 相有两束，每束有 8 根水冷电缆（$S=400mm^2$，$\phi=30mm$，）电缆长 $l=11m$	A、C 相 $R_0=0.021\times\frac{1}{300}$ $=0.7\times10^{-4}$ B 相 $R_0=0.021\times\frac{1}{400}$ $=0.525\times10^{-4}$	A、C 相 $\sqrt{\frac{f}{100R_0}}=85$ B 相 $\sqrt{\frac{f}{100R_0}}=98$	1.05 1.08	1.3 1.3	A、C 相 $R=0.7\times10^{-4}\times1.05\times1.3\times11\times\frac{1}{24}$ $=0.437\times10^{-4}$ B 相 $R=0.525\times10^{-4}\times1.08\times1.3\times11\times\frac{1}{16}$ $=0.51\times10^{-4}$	
5	单相往复交错组合母线束	铜 350×15mm 每相 4 片，每极二片，$l=6.81m$ 母线间距 120mm	$R_0=0.021\times\frac{1}{350\times15}$ $=0.038\times10^{-4}$	$\sqrt{\frac{f}{100R_0}}$ $=363$ $b/\delta=23$	1.6	1.03	$R=0.038\times10^{-4}\times1.6\times1.03\times6.81\times\frac{1}{2}$ $=0.214\times10^{-4}$	化成星形，每相电阻 $R=\frac{2}{3}\times0.214\times10^{-4}$ $=0.143\times10^{-4}\Omega$
6	组合母线束末端角接部分分裂段	母线规格同上，平均长度 $l=1m$	$R_0=0.038\ \times10^{-4}$	$\sqrt{\frac{f}{100R_0}}=363$ $b/\delta=23$	1.6	~1.06	$R=0.038\times10^{-4}\times1.6\times1.06\times1\times\frac{1}{2}$ $=0.032\times10^{-4}$	化成星形，每相电阻 $R=\frac{2}{3}\times0.032\times10^{-4}$ $=0.021\times10^{-4}\Omega$ 本段计算为近似，因其角接部分复杂

续表 22-37

序号	计算项目	原始参数	单位长度直流电阻 $R_0=\rho\frac{1}{S}$ (Ω/m)	集肤效应系数		邻近效应系数 K_c	总电阻 $R=R_0K_sK_cl$ (Ω)	备注
				计算	K_S			
7	变压器	变压器容量： $S=18000$kVA 二次额定电压： $U=420$V 二次额定电流： $I_{N2}=24800$A 420V 时短路电压 8.4% 铜损 130kW 铁损 27kW 总损耗： $\sum\Delta P=157$kW					$R=\frac{\sum\Delta P}{3}\frac{1}{I_{2e}^2}\times10^3$ $=\frac{157}{3}\times\frac{1}{24800^2}\times10^3$ $=0.85\times10^{-4}$	
	1～6 项短网电阻						A、C 相 $R=4.445\times10^{-4}$ B 相 $R=4.599\times10^{-4}$	
	1～7 项总电阻						A、C 相 $R=5.295\times10^{-4}$ B 相 $R=5.449\times10^{-4}$	

表 22-38　50t 电弧炉短网电抗计算

序号	计算项目及原始参数	自感计算	互感计算	工作电感及工作电抗计算	备注
		$L=2Fl\times10^{-9}$ l——导体长度,cm $2F$——与 g/l 有关的值见表 22-14 g——断面自几何均距,cm	$M=2Fl\times10^{-9}$ l——导体长度,cm $2F$——与 g/l 有关的值见表 22-14 g——断面间互几何均距,cm		
1	石墨电极 直径 $d=500$mm 长度 $l=4500$mm	$L_{AA}=0.7788r=0.7788\times50/2$ $=19.5$cm $L_{AA}/l=19.5/450=0.0434$ $2F=5.7467$ $L_{AA}=L_{BB}=L_{CC}$ $=5.7467\times450\times10^{-9}$ $=2581.8\times10^{-9}$H	$g_{AB}=g_{BC}=g_{AC}=120.1$cm $g_{AB}/l=120.1/450$ $=0.2664$ $2F=2.528$ $M_{AB}=M_{BC}=M_{AC}$ $=2.528\times450\times10^{-9}$ $=1174\times10^{-9}$H	按式 22-43 计算 $L=L_{AA}-0.5(M_{AB}+M_{AC})$ $=(2581.8-1174)\times10^{-9}$ $=1407.8\times10^{-9}$H $X=2\pi fL=314\times1407.8\times10^{-9}$ $=0.44\times10^{-3}\Omega$	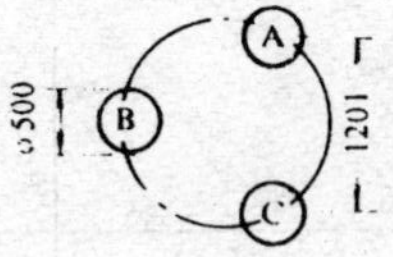电极布置
2	电极把持臂上载流铜管:规格 $D/d=85/65$mm A、C 相铜管各 3 根,长 $l=8300$mm B 相铜管 2 根长 $l=7200$mm	按表 22-15 几何均距公式计算 $g_{AA}g_{CC}$: $(S_1+S_2+S_3)^2\ln g_{AA}$ $=3S_1^2\ln g_{11}+2S_1^2\ln g_{12}+2S_1^2\ln g_{13}+2S_1^2\ln g_{23}$ $\ln g_{AA}=\frac{1}{9}\ln g_{11}^3 g_{12}^2 g_{13}^2 g_{23}^2$ $\ln g_{11}=\ln r-\ln\xi$ $r_0/r=32.5/42.5=0.764$ 见表 5-17 得: $\ln\xi=0.0795$ $\ln g_{11}=\ln4.25-0.0795=1.37$ $g_{11}=3.94$cm;$g_{12}=52$cm $g_{13}=\sqrt{52^2+60^2}=79.25$cm $g_{23}=60$cm 代入后得: $g_{AA}=25.5$cm $g_{AA}/l=25.5/830=0.037$ $2F=6.053$ $L_{AA}=6.053\times830\times10^{-9}$ $=5002\times10^{-9}$H	按表 22-16 几何均距公式计算 $g_{AB}g_{BC}$: $(S_1+S_2+S_3)(S_4+S_5)\times$ $\ln g_{AB}=S_1^2\ln g_{14}+S_1^2\ln g_{15}+2S_1^2\ln g_{35}+2S_1^2\ln g_{34}$ $\ln g_{AB}=\frac{1}{6}\ln g_{14}g_{15}g_{34}^2g_{35}^2$ $g_{14}=\sqrt{111^2+34.5^2}=116$cm $g_{15}=\sqrt{111^2+25.5^2}=114$cm $g_{34}=\sqrt{59^2+25.5^2}=64.3$cm $g_{35}=\sqrt{59^2+34.5^2}=68.5$cm $g_{AB}=80$cm,$g_{AB}/l=80/720$ $=0.111$ $2F=3.9985$ $M_{AB}=M_{BC}=3.9985\times720\times10^{-9}$ $=2878\times10^{-9}$H $(S_1+S_2+S_3)(S_6+S_7+S_8)$ $\ln g_{AC}=S_1^2\ln g_{18}+2S_1^2\ln g_{17}+2S_1^2\ln g_{16}+2S_1^2\ln g_{28}+2S_1\ln g_{27}$		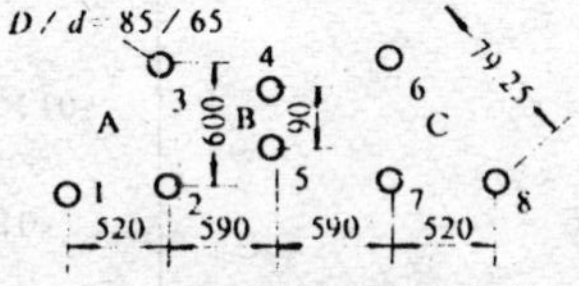电极把持臂上铜管布置

续表 22-38

序号	计算项目及原始参数	自感计算 $L=2Fl\times10^{-9}$ l——导体长度,cm $2F$——与 g/l 有关的值见表 22-14 g——断面自几何均距,cm	互感计算 $M=2Fl\times10^{-9}$ l——导体长度,cm $2F$——与 g/l 有关的值见表 22-14 g——断面间互几何均距,cm	工作电感及工作电抗计算	备注
2		按表 22-15 几何均距公式计算 g_{BB}: $(S_4+S_5)^2\ln g_{BB}=$ $2S_4^2\ln g_{44}+2S_5^2\ln g_{45}$ $\ln g_{BB}=\frac{1}{2}\ln g_{44}g_{45}$ $g_{44}=3.94$cm $g_{45}=9$cm $g_{BB}=5.96$cm $g_{BB}/l=5.96/720=0.083$ $2F=8.985$ $L_{BB}=8.985\times720\times10^{-9}=6470\times10^{-9}$H	$\ln g_{AC}=\frac{1}{9}\ln g_{18}g_{17}^2、g_{16}^2、g_{26}^2、g_{27}^2$ $g_{18}=222$cm; $g_{17}=170$cm $g_{16}=\sqrt{170^2+60^2}=181$cm $g_{26}=\sqrt{118^2+60^2}=134$cm $g_{27}=118$cm $g_{AC}=150$cm $g_{AC}/l=150/830=0.18$ $2F=3.15974$ $M_{AC}=3.15974\times830\times10^{-9}$ $=2670\times10^{-9}$H	按式 22-43 计算 $L_A=L_C$ $=L_{AA}-0.5(M_{AB}+M_{AC})$ $=[5020-0.5(2878+2670)]\times10^{-9}$ $=2246\times10^{-9}$H $X_A=X_C=2\pi fL$ $=314\times2246\times10^{-9}$ $=0.706\times10^{-3}\Omega$ $L_B=L_{BB}-M_{AB}$ $=(6470-2878)\times10^{-9}$ $=3592\times10^{-9}$H $X_B=2\pi fL_B$ $=314\times3592\times10^{-9}$ $=1.13\times10^{-9}\Omega$	
3	软电缆 A、C 相各有 3 束,每束有 8 根水冷电缆,电缆断面 $S=300\text{mm}^2$ 电缆外径 $\phi=25.4$mm B 相有二束,每束有 8 根水冷电缆 电缆断面 $S=400\text{mm}^2$ 电缆外径 $\phi=30$mm 电缆长度 $l=11$m	把每一根电缆束,看成臂厚 25.4mm (A、C 相)和 30mm (B 相)的铜管计算: $\ln g_{AA}=\frac{1}{3}\ln g_{11}g_{12}^2$ $\ln g_{11}=\ln r-\ln\xi$,$r_0/r=59.3/84.7=0.7$ 见表 22-17 得 $\ln\xi=0.0989$ $\ln g_{11}=\ln8.47-0.0989$ $g_{11}=7.7$cm　$g_{12}=60$cm $g_{AA}=30$cm $g_{AA}/l=30/1100=0.0273$ $2F=6.6422$ $L_{AA}=6.6422\times1100\times10^{-9}$ $=7300\times10^{-9}$H $\ln g_{BB}=\frac{1}{2}\ln g_{44}g_{45}$、 $\ln g_{44}=\ln r-\ln\xi$ $r_0/r=0.655$　$\ln\xi=0.114$ $g_{44}=7.8$cm　$g_{45}=20$cm $g_{BB}=12.5$cm $g_{BB}/l=12.5/1100=0.01135$ $2F=8.374$ $L_{88}=8.374\times1100\times10^{-9}=9200\times10^{-9}H$	$\ln g_{AB}=\frac{1}{3}\ln g_{14}g_{24}g_{34}$ $g_{14}=111.5$cm　$g_{24}=71.2$cm $g_{34}=62.5$cm　$g_{AB}=79$cm $g_{AB}/l=79/1100=0.0718$ $2F=4.795$ $M_{AB}=4.795\times1100\times10^{-9}$ $=5260\times10^{-9}$H $\ln g_{AC}=\frac{1}{9}\ln g_{18}g_{16}^4、g_{26}^2、g_{36}^2$ $g_{18}=222$cm、　$g_{16}=172.7$cm、 $g_{26}=132$cm、　$g_{36}=118$cm; $g_{AC}=155$cm $g_{AC}/l=155/1100=0.141$ $2F=3.576$ $M_{AC}=3.576\times1100\times10^{-9}$ $=3940\times10^{-9}H$	按式 22-43 计算 $L_A=L_C$ $=L_{AA}-0.5(M_{AB}+M_{AC})$ $=[7300$ $-0.5(5260+3940)]$ $\times10^{-9}$ $=2700\times10^{-9}$ $X_A=X_C=2\pi fL_A$ $=314\times2700\times10^{-9}$ $=0.85\times10^{-3}\Omega$ $L_B=L_{BB}-M_{AB}$ $=(9200-5260)10^{-9}$ $=3940\times10^{-9}$H $X_B=2\pi fL_B$ $=314\times3940\times10^{-9}$ $=1.235\times10^{-3}\Omega$	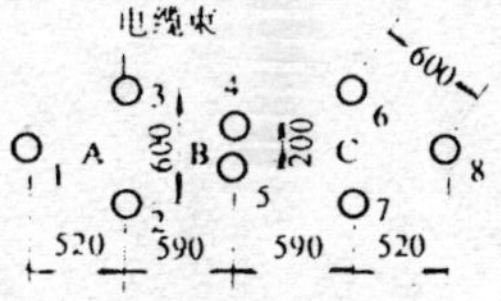 软电缆束布置 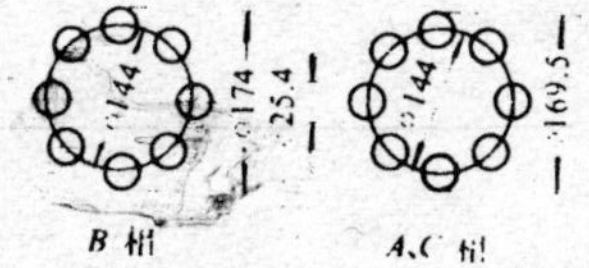 每束中电缆布置

续表 22-38

序号	计算项目 及 原始参数	自感计算 $L=2Fl\times10^{-9}$ l——导体长度,cm $2F$——与 g/l 有关的值见表 22-14 g——断面自几何均距,cm	互感计算 $M=2Fl\times10^{-9}$ l——导体长度,cm $2F$——与 g/l 有关的值见表 22-14 g——断面间互几何均距,cm	工作电感及工作电抗计算	备　注
4	单相往复交错组合母线及其末端角接部分： 母线规格 铜 350×15mm,每相 4 片,每极 2 片,片间距离 120mm 平均长度 $l=6.81$m 角接部分长度 $l=1$m			此部分电感为上 3 项和的 25% $X_A=X_C=0.25\times1.996\times10^{-3}$ $=0.5\times10^{-3}\Omega$ $X_B=0.25\times2.805\times10^{-3}$ $=0.7\times10^{-3}\Omega$	
5	变压器 $S=18000$kVA $U_{N2}=420$V $I_{N2}=24800$A 420V 时短路电压 8.4%			$Z=\frac{420^2}{18000}\times\frac{8.4}{100}\times\frac{1}{10^3}$ $=0.82\times10^{-3}\Omega$ $X=\sqrt{Z^2-R^2}$ $=\sqrt{(0.82\times10^{-3})^2-(0.85\times10^{-3})^2}$ $=0.82\times10^{-3}\Omega$	
	1～4 项短网电抗			$X_A=X_C$ $=2.496\times10^{-3}\Omega$ $X_B=3.505\times10^{-3}\Omega$	
	1～5 项总电抗			$X_A=X_C$ $=3.316\times10^{-3}$ $X_B=4.325\times10^{-3}\Omega$	

表 22-39 12500kVA 铁合金电炉短网电阻计算

序号	计算项目	原始参数	单位长度直流电阻 $R_0=\rho\frac{1}{S}$ (Ω/m)	集肤效应系数		邻近效应系数 K_c	总电阻 $R=R_0K_sK_cl$ (Ω)	备注
					K_s			
1	自焙烧电极	计算长度 $l=1.8m$ 电极直径 $d=1m$	$R_0=64\times\frac{1}{\frac{\pi}{4}\times1000^2}$ $=0.814\times10^{-4}$	$\sqrt{\frac{f}{100R_0}}=78$	1.017	～1	$R=0.814\times10^{-4}$ $\times1.017\times1\times1.8$ $=1.495\times10^{-4}$	
2	电极把持筒与夹板间接触电阻	电极重 $G=12.5t$ 夹板为黄铜，电极把持筒为钢板					$R_c=\frac{C}{P^m}$ $=\frac{30\times10^{-4}}{(5\times12500)^{0.5}}$ $=0.12\times10^{-4}$	
3	电极旁水冷铜管	铜管 $\phi60/30$，每个电极有16根铜管，一个极性为8根并联，每根长4m	$R_0=0.021\times\frac{1}{\frac{\pi}{4}(60^2-30^2)}$ $=0.1\times10^{-4}$	$\sqrt{\frac{f}{100R_0}}$ $=224$ $\delta/d=0.25$	1.24	1.07	$R=0.1\times10^{-4}\times1.24$ $\times1.07\times4\times\frac{1}{8}$ $=0.0665\times10^{-4}$	化成星形接线，每相电阻 $R=\frac{2}{3}\times0.0665\times10^{-4}$ $=0.0443\times10^{-4}\Omega$
4	软电缆	型号 TRJ 500mm² 电缆外径 $\phi=33.3mm$，长度 $l=2.5m$ 每个电极共有2×48根电缆，一个极性48根电缆并联和有8个铜鼻子	$R_0=0.021$ $\times\frac{1}{500\times6}$ $=0.07\times10^{-4}$ （一个电缆鼻子有6根电缆）	$\sqrt{\frac{f}{100R_0}}=267$	3.1	1.3	$R=0.07\times10^{-4}\times3.1$ $\times1.3\times2.5\times\frac{1}{8}$ $=0.085\times10^{-4}$	化成星形接线，每相电阻 $R=\frac{2}{3}\times0.085\times10^{-4}$ $=0.0567\times10^{-4}\Omega$

续表 22-39

序号	计算项目	原始参数	单位长度直流电阻 $R_0=\rho\frac{1}{S}$ (Ω/m)	集肤效应系数		邻近效应系数 K_c	总电阻 $R=R_0K_sK_cl$ (Ω)	备注
					K_s			
5	单相往复交错组合母线束	每相有12片，每极为6片 母线规格： 铝250×20mm 片间净距离：20mm A、B相长： $l=5$m C相长： $l=15$m	$R_0=0.035\times\frac{1}{250\times20}$ $=0.070\times10^{-4}$	$\sqrt{\frac{f}{100R_0}}=267$ $b/\delta=12.5$	1.42	1.03	A、B相一个极的电阻 $R=0.070\times10^{-4}\times1.42\times1.03\times5\times\frac{1}{6}$ $=0.086\times10^{-4}$ C相一个极的电阻 $R=0.070\times10^{-4}\times1.42\times1.03\times15$ $=0.258\times10^{-4}$	化成星形接线，按式22-60，每相电阻 $R_A=R_C=$ $\frac{(2\times0.086)(2\times0.258)\times10^{-8}}{2\times(0.086+0.086+0.258)\times10^{-4}}$ $=0.13\times10^{-4}\Omega$ $R_B=$ $\frac{(2\times0.086)(2\times0.086)\times10^{-8}}{2\times(0.086+0.086+0.258)\times10^{-4}}$ $=0.0344\times10^{-4}\Omega$
6	温度补偿器段	每相12组，每极为6组 规格：100×20（高×厚） 长：$l=0.9$m	$R_0=0.021\times\frac{1}{100\times20}$ $=0.1\times10^{-4}$	$\sqrt{\frac{f}{100R_0}}=224$ $b/\delta=5$	1.37	~1	$R=0.1\times10^{-4}\times1.37\times1\times0.9\times\frac{1}{6}$ $=0.02\times10^{-4}$	化成星形接线：每相电阻 $R=\frac{2}{3}\times0.02\times10^{-4}$ $=0.0133\times10^{-4}$
7	变压器	变压器容量： $S=12500$kVA 二次额定电压： $U_{N2}=148$V 二次额定电流： $I_{N2}=48000$A 铜损：139kW 铁损：14.1kW 总损耗：$\sum\Delta P=153.1$kW					$R=\frac{\sum\Delta P}{3}\frac{1}{I_{N2}^2}\times10^{-3}$ $=\frac{153.1}{3}\times\frac{1}{48000^2}\times10^3$ $=0.222\times10^{-4}\Omega$	

续表 22-39

序号	计算项目	原始参数	单位长度直流电阻 $R_0=\rho\frac{1}{S}$ (Ω/m)	集肤效应系数		邻近效应系数 K_c	总电阻 $R=R_0K_sK_cl$ (Ω)	备注
					K_s			
	1～6 项短网电阻						A、C 相： $R=1.860\times10^{-4}\Omega$ B 相： $R=1.76\times10^{-4}\Omega$	
	1～7 项总电阻						A、C 相 $R=2\times10^{-4}\Omega$ B 相 $R=2\times10^{-4}\Omega$ 如再考虑短网附近金属构件的介入电阻，则： A、C 相 $R=1.2\times2\times10^{-4}$ $=2.4\times10^{-4}\Omega$ B 相 $R=1.2\times2\times10^{-4}$ $=2.4\times10^{-4}\Omega$	

表 22-40　12500kVA 铁合金电炉短网电抗计算

序号	计算项目及原始参数	自感计算	互感计算	工作电感及工作电抗计算	备注
		$L=2Fl\times10^{-9}$ l——导体长度,cm $2F$——与 g/l 有关的值见表 22-14 g——断面自几何均距,cm	$M=2Fl\times10^{-9}$ l——导体长度,cm $2F$——与 g/l 有关的值见表 22-14 g——断面间互几何均距,cm		
1	自焙烧电极 电极直径 $d=1$m 计算长度 $l=1.8$m	$g_{AA}=0.7788r$ $=0.7788\times50=39$cm $g_{AA}/l=39/180=0.217$ $2F=2.852$ $L_{AA}=2.852\times180\times10^{-9}$ $=0.513\times10^{-6}$H	$g_{AB}=208$cm $g_{AB}/l=208/180=1.156$ $2F=0.805$ $M_{AB}=0.805\times180\times10^{-9}$ $=0.145\times10^{-6}$H	$L_A=L_{AA}-0.5(M_{AB}+M_{AC})$ $=[0.513-0.5(0.145+0.145)]\times10^{-6}$ $=0.368\times10^{-6}$H $X_A=2\pi fL_A=314\times0.368\times10^{-6}$ $=115.6\times10^{-6}\Omega$	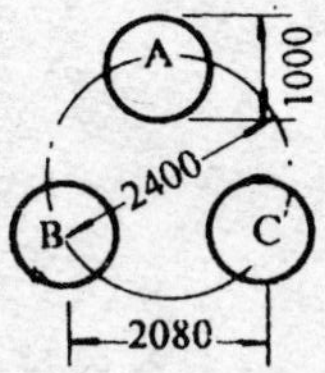
2	电极夹板每个电极 8 块每块尺寸: 高×宽×厚 1100 × 375 × 80mm	把电极夹板看成一个圆筒计算 $\ln g_{AA}=\ln r-\ln\varepsilon\dfrac{r_0}{r}=\dfrac{500}{500+80}=0.86$ 查表 $\ln\varepsilon=0.0466$ $\ln g_{AA}=\ln50-0.0466=3.9$ $g_{AA}=50$cm $g_{AA}/l=50/110=0.455$ $2F=1.77$ $L_{AA}=1.77\times110\times10^{-9}=195\times10^{-9}$H	$g_{AB}/l=208/110=1.9$ $2F=0.515$ $M_{AB}=0.515\times110\times10^{-9}$ $=56.5\times10^{-9}$H	$L_A=L_{AA}-M_{AB}=(195-56.5)\times10^{-9}$ $=138.5\times10^{-9}$H $X_A=2\pi fL_A=314\times138.5\times10^{-9}$ $=43.5\times10^{-6}\Omega$	
3	电极旁水冷铜管 铜管 $\phi60/30$ 每个电极有 16 根铜管,每相 8 根,铜管长 $l=4$m	取铜管在电缆端及在电极夹板端电抗平均值,作为铜管电抗。把铜管在软电缆端看成整块铜板;在电极夹板端看成大铜环来计算 一、铜管在软电缆端侧:			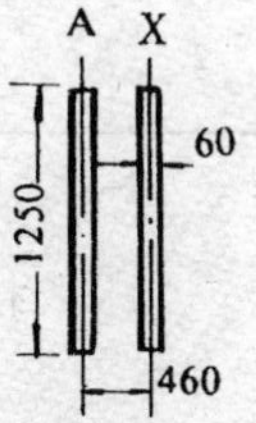铜管在电缆端外形尺寸
		$g_{AA}=0.2236(a+b)=0.2236(6+125)$ $=29.3$cm $g_{AA}/l=29.3/400=0.0734$ $L_{AA}=4.754\times400\times10^{-9}$ $=1900\times10^{-9}$H $2F=4.75$	$d/b=460/1250=0.368$ 查图 22-35 $g_{AX}/d=1.5$　$g_{AX}=63$cm $g_{AX}/l=63/400=0.1575$ $2F=3.39$ $M_{AX}=3.39\times400\times10^{-9}$ $=1355\times10^{-9}$H	$L_A=L_{AA}-M_{AX}$ $=(1900-1355)\times10^{-9}$ $=545\times10^{-9}$H	

续表 22-40

序号	计算项目及原始参数	自感计算	互感计算	工作电感及工作电抗计算	备注
		$L=2Fl\times10^{-9}$ l——导体长度,cm $2F$——与 g/l 有关的值见表 22-14 g——断面自几何均距,cm	$M=2Fl\times10^{-9}$ l——导体长度,cm $2F$——与 g/l 有关的值见表 22-14 g——断面间互几何均距,cm		
3	电极旁水冷铜管 铜管 $\phi60/30$ 每个电极有 16 根铜管,每相 8 根,铜管长 $l=$ 4m	二、铜管在电极夹板端侧: 把 16 支铜管看成一圆环,外径 $\phi=114+3=117$cm,内径 $\phi_0=114-3=111$cm $r_0/r=0.95$, $\ln\xi=0.016$ $\ln g_{AA}=\ln r-\ln\xi=4.76-0.016$ $g_{AA}=100$cm $g_{AA}/l=100/400=0.25$ $2F=2.63$ $L_{AA}=2.63\times400\times10^{-9}$ $=1050\times10^{-9}$H	$g_{AB}=208$cm $g_{AB}/l=208/400=0.52$ $2F=1.603$ $M_{AB}=1.603\times400\times10^{-9}$ $=642\times10^{-9}$H	$L=L_{AA}-M_{AB}$ $=(1050-642)\times10^{-9}$ $=468\times10^{-9}$H 化成三角形接线,一个极性(+或-)为: $L=\frac{3}{2}\times468\times10^{-9}$ $=700\times10^{-9}$H	铜管在夹板端外形尺寸
		三、平均值		$L=\frac{1}{2}(545+700)\times10^{-9}$ $=622.5\times10^{-9}$H 化成星形接线,每项电抗为: $L=\frac{2}{3}\times622.5\times10^{-9}=415\times10^{-9}$H $X=2\pi fL=314\times415\times10^{-9}$ $=130\times10^{-6}\Omega$	

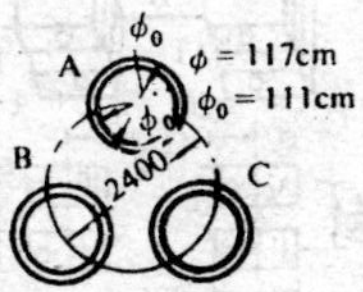

续表 22-40

序号	计算项目及原始参数	自感计算	互感计算	工作电感及工作电抗计算	备注
		$L=2Fl\times10^{-9}$ l——导体长度,cm $2F$——与 g/l 有关的值见表 22-14 g——断面自几何均距,cm	$M=2Fl\times10^{-9}$ l——导体长度,cm $2F$——与 g/l 有关的值见表 22-14 g——断面间互几何均距,cm		
4	软电缆型号:TRJ 500mm² 电缆外径 $d=33.3$mm 长度 $l=2.5$m 每个电极接有 2×48 根电缆:每一极性 48 根电缆,8 个鼻子,每个鼻子 6 根电缆	软电缆计算,非常复杂,在计算中,把软电缆束,看成实心整体计算,束的轴线,看成三个直线段 $g_I=0.2236(a+b)$ $=0.2236(32.2+87.1)=26.8$cm $l_I=123.55$cm $g_I/l_I=26.8/123.55=0.217$ $2F=2.852$ $L_I=2.852\times123.55\times10^{-9}$ $=350\times10^{-9}$H $g_V=g_I=26.8$cm $l_V=177.1$cm $g_V/l_V=26.8/177.1=0.152$ $2F=3.446$	$b/d_{I\,II}=871/1771$ $=0.492$ $a/b=322/871=0.37$ 查表 22-16 曲线得: $d/g_{I\,II}=1.02$, $g_{I\,II}=175$cm $g_{I\,II}/l_I=175/123.5=1.41$ $2F=0.683$ $M_{I\,II}=0.683\times123.5\times10^{-9}$ $=84.5\times10^{-9}$H $d_{I\,III}/b=460/871$ $=0.528$ $g_{I\,III}/d=1.2$	$L=L_I+L_{II}+L_V+2M_{I\,IV}-2(M_{I\,II}+M_{I\,III})-M_{V\,VI}$ $=[2\times350+615+2\times80.4-2(84.5+220)-167]\times10^{-9}$ $=690\times10^{-9}$H 化成星形接线,每相电抗为: $L=\frac{2}{3}\times690\times10^{-9}$ $=460\times10^{-9}$H $X=2\pi fL=314\times460\times10^{-9}$ $=144.5\times10^{-6}\Omega$	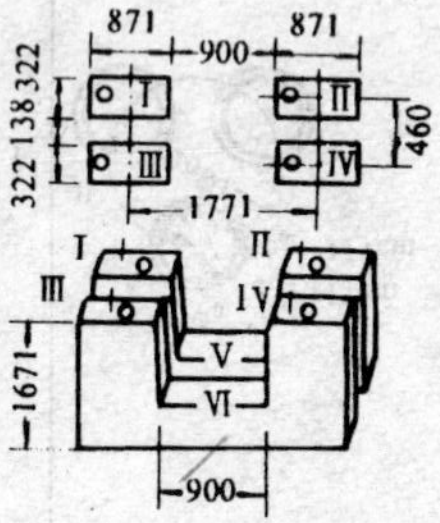

续表 22-40

序号	计算项目及原始参数	自感计算 $L=2Fl\times10^{-9}$ l——导体长度,cm $2F$——与 g/l 有关的值见表 22-14 g——断面自几何均距,cm	互感计算 $M=2Fl\times10^{-9}$ l——导体长度,cm $2F$——与 g/l 有关的值见表 22-14 g——断面间互几何均距,cm	工作电感及工作电抗计算	备注
4	软电缆型号: TRJ $500mm^2$ 电缆外径 $d=33.3mm$ 长度 $l=2.5m$ 每个电极接有 2×48 根电缆;每一极性 48 根电缆,8 个鼻子,每个鼻子 6 根电缆	$L_V=3.446\times177\times10^{-9}$ $=615\times10^{-9}H$	$g_{IM}=55.7cm$ $g_{IM}/l=55.7/123.5=0.452$ $2F=1.778$ $M_{IM}=1.778\times123.5\times10^{-9}H$ $=220\times10^{-9}H$ $g_{IN}=\sqrt{177.1^2+46^2}=183cm$ $g_{IN}/l_I=183/123.5=1.48$ $2F=0.652$ $M_{IN}=0.652\times123.5\times10^{-9}$ $=80.4H$ $g_{IN}=g_{II}=175cm$ $g_{VM}/l_V=175/177.1=0.983$ $2F=0.945$ $M_{VM}=0.945\times177.1\times10^{-9}$ $=167\times10^{-9}H$		
5	单相往复交错组合母线束。每相有 12 片,每极有 6 片,母线规格为铝 250×20mm 母线净距 20mm A、B 相长 $l=5m$ C 相长 $l=15m$			按式 22-58 计算,束总电感 $L=\frac{4\pi l}{nb}\times\left(d+\frac{a}{3}\right)\times10^{-9}H$ A、B 相 $L=\frac{4\pi\times500}{12\times25}\left(2+\frac{2}{3}\right)\times10^{-9}$ $=56\times10^{-9}H$ C 相 $L=3\times56\times10^{-9}$ $=168\times10^{-9}H$ 化成星形接线,每相电抗为: $L_A=L_C=\frac{56\times168\times10^{-18}}{(56+56+168)\times10^{-9}}$ $=33.7\times10^{-9}H$ $X_A=X_C=10.55\times10^{-4}\Omega$ $L_B=\frac{56\times56\times10^{-18}}{(56+56+168)}=11.2\times10^{-9}H$ $X_B=3.5\times10^{-4}\Omega$	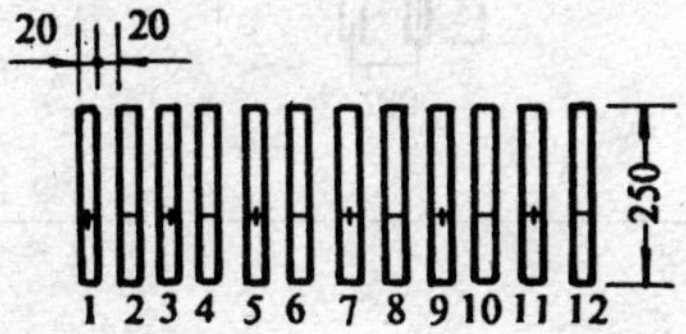

续表 22-40

序号	计算项目及原始参数	自感计算	互感计算	工作电感及工作电抗计算	备注
		$L=2Fl\times10^{-9}$ l——导体长度,cm $2F$——与 g/l 有关的值见表 22-14 g——断面自几何均距,cm	$M=2Fl\times10^{-9}$ l——导体长度,cm $2F$——与 g/l 有关的值见表 22-14 g——断面间互几何均距,cm		
6	首端补偿器段(包括温度补偿器,铜铝接头,变压器出线端接头等) 长 $l=0.9$m	把此段三相六个极,分别看成一整块板计算 $g_{AA}=0.2236(a+b)=0.2236(2+150)$ $=34$cm $g_{AA}/l=34/90=0.378$ $2F=2.01778$ $L_{AA}=2.01778\times90\times10^{-9}$ $=181\times10^{-9}$H	$d/b=260/1500$ $=0.1735$ $g_{AX}/l=0.349$ $g_{AX}=0.349\times150=52.4$cm $g_{AX}/l=52.4/90$ $=0.5822F=1.469$ $M_{AX}=1.469\times90\times10^{-9}$ $=132\times10^{-9}$H	$L_A=L_{AA}-M_{AX}$ $=(181-132)\times10^{-9}$ $=49\times10^{-9}$H 化成星形接线时,每相电抗 $L=32.7\times10^{-9}$H $X=2\pi fL=314\times32.7\times10^{-9}$ $=10.3\times10^{-6}\Omega$	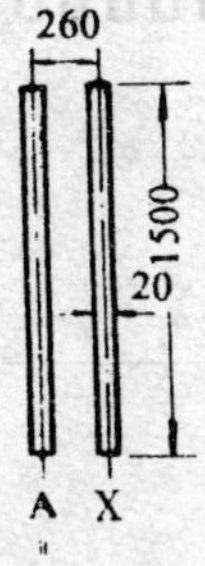
7	变压器 $S=12500$kVA 二次额定电压 $U_2=148$V 额定电压下,二次电流 $I_2=48000$A 变压器接线 D,d_{12} $Z\%=7.55\%$			$Z=\frac{7.55}{100}\times\frac{148^2}{12500\times10^3}$ $=1.38\times10^{-4}\Omega$ $X=\sqrt{1.38^2-0.222^2}\times10^{-4}$ $=1.36\times10^{-4}\Omega$	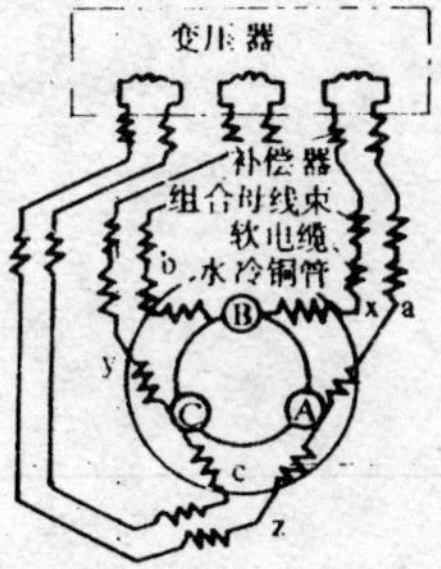
	1～6 项短网电抗			A、B 相: $X=449.6\times10^{-6}\Omega$ C 相: $X=461.2\times10^{-6}\Omega$	
	1～7 项总电抗			A、B 相: $X=584.66\times10^{-6}\Omega$ C 相: $X=596.2\times10^{-6}\Omega$	

在实际工程计中应计入系统电抗。

2）短路电阻：

$$R_A\% = R_B\% = 2.4\times10^{-4}\times48000\times\frac{1}{148/\sqrt{3}}\times100\% = 13.5\%$$

$$R_C\% = 2.5\times10^{-4}\times48000\times\frac{1}{148/\sqrt{3}}\times100\% = 14\%$$

平均短路电阻：

$$R=\frac{1}{3}(R_A\%+R_B\%+R_C\%) = 13.5\%$$

在实际工程计算中宜计入系统电阻。

3）短路阻抗：

$$Z\% = \sqrt{(X\%)^2+(R\%)^2} = \sqrt{(33.5\%)^2+(13.5\%)^2} = 35.8\%$$

4）短路电流倍数：

$$短路电流倍数=\frac{1}{Z\%}=\frac{1}{35.8\%}=2.8\ 倍$$

（5）功率因数：

$$\cos\varphi=\sqrt{1-(X\%)^2} = \sqrt{1-(33.5\%)^2} = 0.94$$

6）效率：

三相功率总损耗

$$\sum\Delta P=\Delta P_A+\Delta P_B+\Delta P_C = (2\times48000^2\times2.4+48000^2\times2.5)\times10^{-4} = 1680\text{kW}$$

效率

$$\eta=\frac{25000\times0.94-1680}{25000\times0.94}=0.93$$

22.1.8.3 25000kVA 铁合金电炉

（1）电炉变压器参数。

额定容量 25000kVA；二次额定电压 180V；二次额定电流 80000A；短路电压 7.76%。

（2）短网接线。

在电极上接成星形。

（3）短网参数计算。

短网电阻计算见表 22-41；短网电抗计算见表 22-42。

（4）电炉工作短路参数计算。

1）短路电抗（未计入系统电抗）：

$$X_A\% = X_C\% = 8.595\times10^{-4}\times80000\times\frac{1}{180/\sqrt{3}}\times100\% = 66\%$$

$$X_B\% = 8.365\times10^{-4}\times80000\times\frac{1}{180/\sqrt{3}}\times100\% = 64.5\%$$

平均短路电抗

$$X\%=\frac{1}{3}(X_A\%+X_B\%+X_C\%) = 65\%$$

在实际工程计算中应计入系统电抗。

2）短路电阻（未计入系统电阻）：

$$R_A\% = R_C\% = 1.6628\times10^{-4}\times80000\times\frac{1}{180/\sqrt{3}}\times100\% = 12.8\%$$

$$R_B\% = 1.6788\times10^{-4}\times80000\times\frac{1}{180/\sqrt{3}}\times100\% = 12.9\%$$

平均短路电阻：

$$R\%=\frac{1}{3}(R_A\%+R_B\%+R_C\%) = 12.8\%$$

在实际工程计算中宜计入系统电阻。

3）短路阻抗：

$$Z\% = \sqrt{(X\%)^2+(R\%)^2} = \sqrt{(65\%)^2+(12.8\%)^2} = 67\%$$

4）短路电流倍数：

$$短路电流倍数=\frac{1}{Z\%}=\frac{1}{67\%}=1.5\ 倍$$

（5）功率因数：

$$\cos\varphi=\sqrt{1-(X\%)^2} = \sqrt{1-(0.67\%)^2} = 0.75$$

（6）效率：

三相功率总损耗

表 22-41 25000kVA 铁合金电炉短网电阻计算

序号	计算项目	原始参数	单位长度直流电阻 $R_0=\rho\frac{1}{S}(\Omega/m)$	集肤效应系数	集肤效应系数 K_s	邻近效应系数 K_c	总电阻 $R=R_0K_sK_cl$ (Ω)	备注
1	自焙烧电极	计算长度 $l=2m$ 电极直径 $d=1.3m$ 电极中心距 $a=2.859m$	$R_0=64\frac{1}{\frac{\pi}{4}\times1300^2}$ $=0.48\times10^{-4}$	$\sqrt{\frac{f}{100R_0}}=102$	1.036	1	$R=0.48\times10^{-4}\times1.036\times1\times2$ $=1\times10^{-4}$	
2	电极把持筒与夹板间接触电阻	电极重 $G=14t$ 夹板为紫铜电极把持筒为钢板					$R_c=\frac{V}{P^m}$ $=\frac{31\times10^{-4}}{(5\times14000)^{0.5}}$ $=0.113\times10^{-4}$	
3	电极旁水冷铜管	$\phi60/35$ $l=1820mm$ 每个电极 16 根管并联	$R_0=0.021\times\frac{1}{\frac{\pi}{4}(60^2-35^2)}$ $=0.113\times10^{-4}$	$\sqrt{\frac{f}{100R_0}}=210$ $\delta/d=0.208$	1.12	1.07	$R=0.113\times10^{-4}\times1.12\times1.07$ $\times1.82\times\frac{1}{16}$ $=0.0154\times10^{-4}$	
4	固定集电环与移动集电环间软铜带	$2250\times250\times25mm$ 长×宽×厚 每一相 10 组	$R_0=0.021\frac{1}{250\times50}$ $=0.0336\times10^{-4}$	$\sqrt{\frac{f}{100R_0}}=386$ $b/\delta=10$	1.76	1.07	$R=0.0336\times10^{-4}\times1.76$ $\times1.07\times2.25\times\frac{1}{10}$ $=0.0142\times10^{-4}$	
5	固定集电环	$\phi2260/\phi1960$ 高 $h=400mm$ 集电环断面 $S=25000mm^2$ 集电环材质，铸铝铁青铜(ZQAl9-4) 计算长取周长的 1/4	$\rho=0.15\Omega\cdot mm^2/m(70℃)$ $R_0=0.15\frac{1}{25000}$ $=0.06\times10^{-4}$	$\sqrt{\frac{f}{100R_0}}=289$ $\delta/d=0.066$	1.1	1	$R=0.06\times10^{-4}\times1.1\times1$ $\times\frac{(2.26+1.96)}{2\times4}\times\frac{1}{2}$ $=0.055\times10^{-4}$ 取圆周的四分之一长为电流路径	

续表 22-41

序号	计算项目	原始参数	单位长度直流电阻 $R_0=\rho\frac{1}{S}$(Ω/m)	集肤效应系数	K_s	邻近效应系数 K_c	总电阻 $R=R_0K_sK_cl$ (Ω)	备注
6	固定集电环受电把	A、C 相受电把高×宽×厚：1250×270×300mm B 相受电把二块，每块：高×宽×厚：1250×130×300mm 计算长度取高的二分之一， 材质：铸铝铁青铜(ZQAl9-4)	A、C 相 $R_0'=0.15\times\frac{1}{270\times300}$ $=0.0185\times10^{-4}$ B 相 $R_0=0.15\times\frac{1}{130\times300}$ $=0.0385\times10^{-4}$	A、C 相 $\sqrt{\frac{f}{100R_0}}=520$ B 相 $\sqrt{\frac{f}{100R_0}}=360$	3.2 2.2	1 1	A、C 相 $R=0.0185\times10^{-4}\times3.2\times1\times\frac{1.25}{2}$ $=0.037\times10^{-4}$ B 相 $R=0.0385\times10^{-4}\times2.2\times1\times\frac{1.25}{2}\times\frac{1}{2}$ $=0.0265\times10^{-4}$	
7	铜管组合母线	$\phi60/\phi30$ 铜管水冷 A,C 相管长 $l=8977$mm B 相管长 $l=9547$mm 每相 12 根并联	$R_0=0.021\times\frac{1}{\frac{\pi}{4}(60^2-30^2)}$ $=0.1\times10^{-4}$	$\sqrt{\frac{f}{100R_0}}=224$ $\delta/d=0.25$	1.24	1.07	A、C 相 $R=0.1\times10^{-4}\times1.24\times1.07\times8.977\times\frac{1}{12}$ $=0.1\times10^{-4}$ B 相 $R=0.1\times10^{-4}\times1.24\times1.07\times9.547\times\frac{1}{12}$ $=0.1265\times10^{-4}$	
8	连接端板	高×厚：110×30mm 长 $l=680$mm 每相 12 片	$R_0=0.021\times\frac{1}{110\times30}$ $=0.065\times10^{-4}$	$\sqrt{\frac{f}{100R_0}}=277$ $b/\delta=3.66$	1.5	~1	$R=0.065\times10^{-4}\times1.5\times1\times0.68\times\frac{1}{12}$ $=0.0055\times10^{-4}$	

续表 22-41

序号	计算项目	原始参数	单位长度直流电阻 $R_0=\rho\frac{1}{S}$ (Ω/m)	集肤效应系数	K_s	邻近效应系数 K_c	总电阻 $R=R_0K_sK_cl$ (Ω)	备注
9	温度补偿器	高×厚： 100×30mm 长： l=300mm 每相 12 片	$R_0=0.021\times\frac{1}{100\times30}$ $=0.069\times10^{-4}$	$\sqrt{\frac{f}{100R_0}}=269$ $b/\delta=3.3$	1.6	~1	$R=0.069\times10^{-4}\times1.6\times1$ $\times0.3\times\frac{1}{12}$ $=0.00274\times10^{-4}$	
10	变压器	变压器容量： S=25000kVA 二次额定电压： U_{N2}=180V 二次额定电流 I_{N2}=80000A 铜损：600kW 铁损：46.4kW 总损耗：$\Sigma\Delta P$：646.6kW					$R=\frac{\Sigma\Delta P}{3}\frac{1}{I_{ez}^2}\times10^3$ $=\frac{646.4}{3}\times\frac{1}{80000^2}\times10^3$ $=0.34\times10^{-4}$	
	1~9 项 短网电阻						A,C 相： $R=1.3228\times10^{-4}\Omega$ B 相： $R=1.3388\times10^{-4}\Omega$	
	1~10 项 总电阻						A,C 相： $R=1.6628\times10^{-4}\Omega$ B 相： $R=1.6788\times10^{-4}\Omega$	

表 22-42　25000kVA 铁合金电炉短网电抗计算

序号	计算项目及原始参数	自感计算	互感计算	工作电感及工作电抗计算	备注
		$L=2Fl\times10^{-9}$ l——导体长度,cm $2F$——与 g/l 有关的值见表 22-14 g——断面自几何均距,cm	$M=2Fl\times10^{-9}$ l——导体长度,cm $2F$——与 g/l 有关的值见表 22-14 g——断面间互几何均距,cm		
1	电极,导电铜管,夹板及弧柱 电极直径 $d=1.3$m 导电铜管直径:$\phi60/35$ 每个电极有16 根管,其它有关参数见右图	把电极、铜管,夹板及弧柱,看成不同直径的圆柱体计算		$L=L_{AA}-M_{AB}$ $=(2500-1000)\cdot10^{-9}$ $=1500\times10^{-9}$H $X=2\pi fL$ $=314\times1500\times10^{-9}$ $=472\times10^{-6}\Omega$	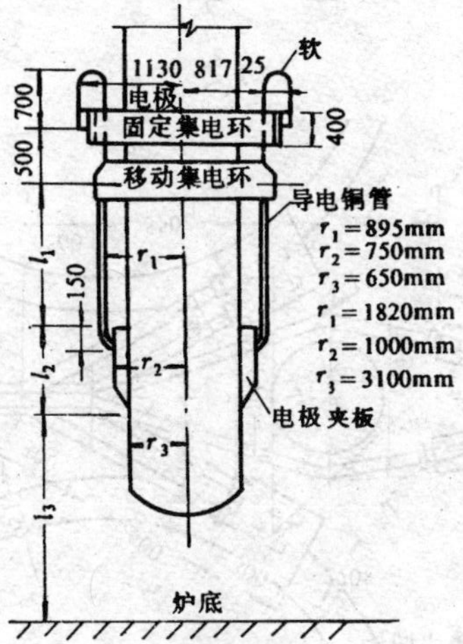
		$g_{AA}=0.7788(r_1l_1+r_2l_2+r_3l_3)/(l_1+l_2+l_3)=0.7788(89.5\times182+75\times100+65\times310)/(182+100+310)$ $=57.8$cm $g_{AA}/l=57.8/592=0.0977$ $2F=4.23$ $L_{AA}=4.23\times592\times10^{-9}$ $=2500\times10^{-9}$H	$g_{AB}=285.7$cm $g_{AB}/l=285.7/592=0.482$ $2F=1.6969$ $M_{AB}=1.6969\times592\times10^{-9}$ $=1000\times10^{-3}$H		
2	软铜带连接固定集电环与移动集电环,每个电极共有 10 组其规格尺寸 250×25 宽×厚长 2250mm	把软铜带看成圆筒形导体,对于来去电流同心部分圆筒形的电感,略去不计		$L=L_{AA}-M_{AB}$ $=(29-8.7)\times10^{-9}$ $=20\times10^{-9}$H $X=2\pi fL$ $=314\times20\times10^{-9}$ $=6.3\times10^{-6}\Omega$	
		$g_{AA}=81.7+2.5=84.2$cm 计算长度 $l=50$cm $g_{AA}/l=84.2/50=1.68$ $2F=0.579$ $L=0.579\times50\times10^{-9}$ $=29\times10^{-9}$H	$g_{AB}=285.7$ $g_{AB}/l=285.7/50=5.7$ $2F=0.174$ $M_{AB}=0.174\times50\times10^{-9}$ $=8.7\times10^{-9}$H		
3	炉芯侧母线束变形部分	炉芯侧母线束变形部分见右图,图中所示尺寸,是按图量出的概略尺寸便于计算,按等值简化,分三段进行。			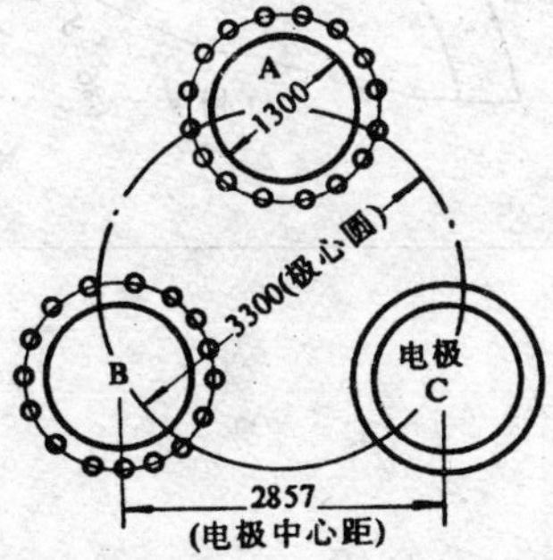
		a、b 段 $g_{AA}=0.2236(a+b)$ $=0.2236(19+129.8)$ $=33.3$cm $g_{AA}/l=33.3/30=1.11$ $2F=0.851$ $L_{AA}=0.851\times30\times10^{-9}$ $=25.5\times10^{-9}$	把 A,C 相导体宽 $a=190$,看成为 B 相导体宽 $a=60$ 的三倍来计算 按表 22-16 中公式求出互几何均距 $\ln g_{AB}=\frac{1}{3}\ln g_{12}g_{13}g_{14}$		

续表 22-42

序号	计算项目及原始参数	自感计算	互感计算	工作电感及工作电抗计算	备注
		$L=2Fl\times10^{-9}$ l——导体长度,cm $2F$——与 g/l 有关的值见表 22-14 g——断面自几何均距,cm	$M=2Fl\times10^{-9}$ l——导体长度,cm $2F$——与 g/l 有关的值见表 22-14 g——断面间互几何均间距,cm		
3	炉芯侧母张束变形部分	$g_{AB}=0.2236(6+129.8)$ $=30.6\times10^{-9}H$ $g_{BB}/l=30.6/26=1.175$ $2F=0.811$ $L_{BB}=0.811\times26\times10^{-9}$ $=21\times10^{-9}H$	$d_{12}/b=\dfrac{19.5+6.33}{129.8}=0.2$ $g_{12}/d=1.86\quad g_{12}=48cm$ $d_{13}/b=19.5/129.8=0.15$ $g_{13}/d=2.2\quad g_{13}=43cm$ $d_{14}/b=\dfrac{19.5-6.33}{129.8}=0.101$ $g_{14}/d=2.9$ $g_{14}=38.2cm$,代入后得 $g_{AB}=43cm$ $g_{AB}/l=43/26=1.65$ $2F=0.5892$	$L_A=L_C=L_{AA}-0.5(M_{AB}+M_{AC})$ $=[25.5-0.5(15.3+11.35)]$ $\times10^{-9}=12.15\times10^{-9}H$ $X_A=X_C=2\pi fL_A$ $=314\times12.15\times10^{-9}$ $=3.82\times10^{-6}\Omega$ $L_B=L_{BB}-M$ $=(21-15.3)\times10^{-9}$ $=5.7\times10^{-9}H$ $X_B=2\pi fL_B=314\times5.7\times10^{-9}$ $=1.79\times10^{-6}\Omega$	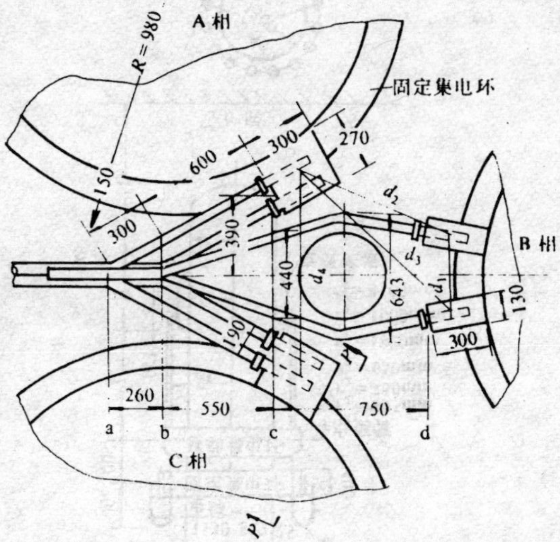
			$M_{AB}=0.5892\times26\times10^{-9}$ $=15.3\times10^{-9}H$ $d_{AC}/b=39/129.8=0.3$ $g_{AC}/d=1.5\quad g_{AC}=58.4cm$ $g_{AC}/l=58.4/26=2.26$ $2F=0.4357$ $M_{AC}=0.4375\times26\times10^{-9}$ $=11.35\times10^{-9}H$		
		b、c 段: $g_{AA}=0.2236(19+106)$ $=28cm$ $g_{AA}/l=28/60=0.467$ $2F=1.736$ $L_{AA}=1.736\times60\times10^{-9}$ $=104\times10^{-9}$	把 B 相导体($a=220$)看成与 A 相导体($a=190$)宽度一样来计算 $d_{AB}/b=195/106=0.184$ $g_{AB}/d=0.192$ $g_{AB}=37.6cm$ $g_{AB}/l=37.6/55=0.685$	$L_A=L_C=L_{AA}-0.5(M_{AB}+M_{AC})$ $=[104-0.5(71+54)]\times10^{-9}$ $=40\times10^{-9}H$	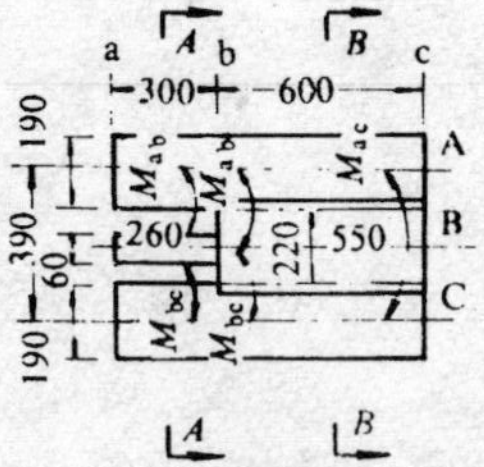

续表 22-42

序号	计算项目及原始参数	自感计算	互感计算	工作电感及工作电抗计算	备注
		$L=2Fl\times10^{-9}$ l——导体长度,cm $2F$——与 g/l 有关的值见表 22-14 g——断面自几何均距,cm	$M=2Fl\times10^{-9}$ l——导体长度,cm $2F$——与 g/l 有关的值见表 22-14 g——断面间互几何均间距,cm		
3	炉芯侧母线束变形部分	$g_{BB}=0.2236(22+106)=28.6cm$ $g_{BB}/l=28.6/55=0.52$ $2F=1.603$ $L_{BB}=1.603\times55\times10^{-9}$ $=88\times10^{-9}H$	$2F=1.290$ $M_{AB}=1.290\times55\times10^{-9}$ $=71\times10^{-9}H$ $d_{AC}/b=39/106=0.369$ $g_{AC}/d=1.36\quad g_{AC}=53cm$ $g_{AC}/l=53/55=0.96$ $2F=0.968$ $M_{AC}=0.968\times55\times10^{-9}$ $=54\times10^{-9}H$	$X_A=X_C=2\pi fL_A$ $=12\times10^{-6}\Omega$ $L_B=L_{BB}-M_{AB}$ $=(88-71)\times10^{-9}$ $=17\times10^{-9}H$ $X_B=5.35\times10^{-6}\Omega$	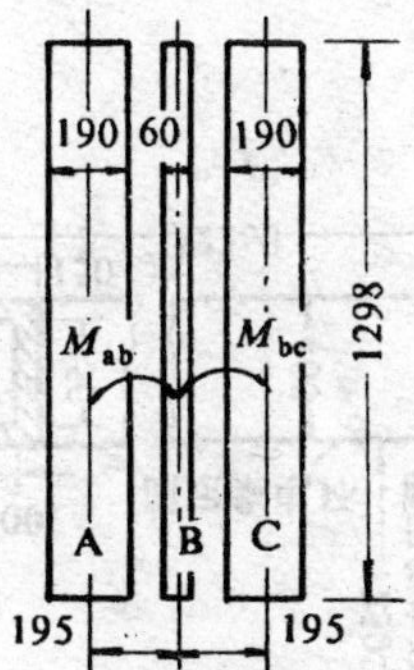 A—A 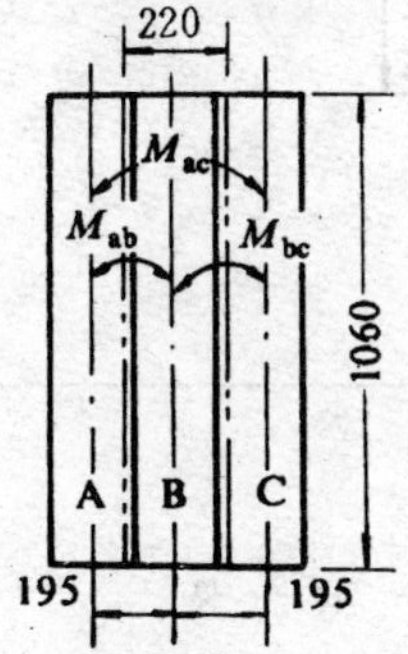 B—B
		c、d 段: 此段只有 B 相导体,按二根直线平行矩形导体计算,其间距认为: $\frac{643+440}{2}=541cm$ 高 $b=1060mm$ $g_{BB}=0.2236(a+b)$ $=0.2236(6+106)$ $=25cm$ $g_{BB}/l=25/75=0.333$ $2F=2.196$ $L_{BB}=2.196\times75\times10^{-9}$ $=165\times10^{-9}H$	$d_{BB}/b=54.1/106=0.51$ $g_{BB}/d=1.2\quad g_{BB}=66.3cm$ $g_{BB}/l=66.3/75=0.885$ $2F=1.039$ $M_{BB}=1.039\times75\times10^{-9}$ $=77.5\times10^{-9}H$	$L_B=\frac{1}{2}(L_{BB}+M_{BB})$ $=\frac{1}{2}(165+77.5)\times10^{-9}$ $=121.2\times10^{-9}H$ $X_B=2\pi fL_B=314\times121.2\times10^{-9}$ $=38\times10^{-6}\Omega$	
				$X_A=X_C=(3.82+12)\times10^{-6}$ $=15.82\times10^{-6}\Omega$ $X_B=(1.79+5.35+38)\times10^{-6}$ $=45.14\times10^{-6}\Omega$	

续表 22-42

序号	计算项目及原始参数	自感计算 $L=2Fl\times10^{-9}$ l——导体长度,cm $2F$——与 g/l 有关的值见表 22-14 g——断面自几何均距,cm	互感计算 $M=2Fl\times10^{-9}$ l——导体长度,cm $2F$——与 g/l 有关的值见表 22-14 g——断面间互几何均间距,cm	工作电感及工作电抗计算	备　注
4	固定集电环受电把 A、C 相把高: $b=1250$mm 宽:270mm 厚:300mm B 相: $b=1250$mm 宽:130mm 厚:300mm	$g_{AA}=g_{CC}=0.2236(a+b)$ $=0.2236(27+30)$ $=12.74$cm $g_{AA}/l=12.74/125=0.104$ $2F=4.11$ $L_{AA}=L_{CC}$ $=4.11\times125\times10^{-9}$ $=515\times10^{-9}$H $g_{B1}=0.2236(a+b)$ $=0.2236$ $(13+30)=9.61$cm $d_1/b=46/30=1.535$ $g_{B1B2}/d=1.03$ $g_{B1B2}=47.5$cm $\ln g_{BB}=\frac{1}{2}(\ln g_{B1}+\ln g_{B1B2})$ $=\frac{1}{2}(\ln 9.6+\ln 47.5)$ $g_{BB}=21.4$cm $g_{BB}/l=21.4/125=0.171$ $2F=3.24$ $L_{BB}=3.24\times125\times10^{-9}$ $=405\times10^{-9}$H	取受电把间几何均距,为其各把间重心距离: $g_{AB_1}=d_2=75$cm $g_{AB_2}=d_3=90.7$cm $g_{AC}=d_4=100$cm $\ln g_{AB}=\frac{1}{2}(\ln g_{AB_1}+\ln g_{AB_2})$ $=\frac{1}{2}(\ln 75+\ln 90.7)$ $g_{AB}=81$cm $g_{AB}/l=81/125=0.647$ $2F=1.35$ $M_{AB}=1.35\times125\times10^{-9}$ $=169\times10^{-9}$H $g_{AC}/l=100/125=0.8$ $2F=1.133$ $M_{AC}=1.133\times125\times10^{-9}$ $=142\times10^{-9}$H	$L_A=L_C$ $=L_{AA}-0.5(M_{AB}+M_{AC})$ $=[515-0.5(169+142)]\times10^{-9}$ $=360\times10^{-9}$H $X_A=2\pi fL_A$ $=314\times360\times10^{-9}$ $=113\times10^{-6}\Omega$ $L_B=L_{BB}-M_{AB}$ $=(405-169)\times10^{-9}$ $=236\times10^{-6}$H $X_B=2\pi fL_B=314\times236\times10^{-9}$ $=74\times10^{-6}\Omega$ 取把长的一半,做为计算高度: $X_A=56.5\times10^{-6}\Omega$ $X_B=37\times10^{-6}\Omega$	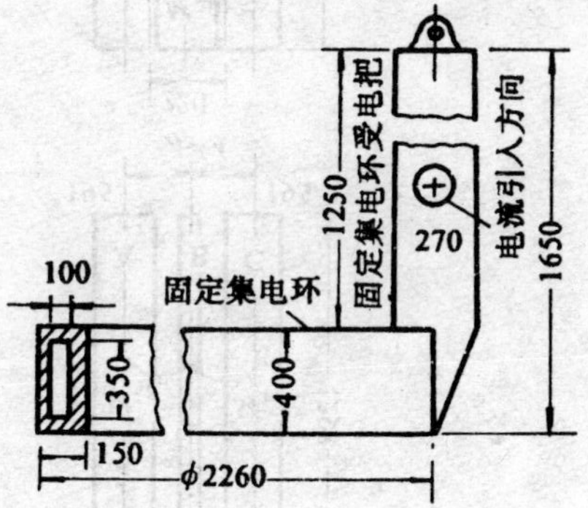 P—P

续表 22-42

序号	计算项目及原始参数	自感计算	互感计算	工作电感及工作电抗计算	备注
		$L=2Fl\times10^{-9}$ l——导体长度,cm $2F$——与 g/l 有关的值见表 22-14 g——断面自几何均距,cm	$M=2Fl\times10^{-9}$ l——导体长度,cm $2F$——与 g/l 有关的值见表 22-14 g——断面间互几何均间距,cm		
5	固定集电环	固定集电环电感计算非常复杂,作如下简化: (1)$i/2$ 电流,流过 1/4 周长 (2)a、b、c、d、e、f 段为计算环互感的等值段,其尺寸按图量出的 (3)认为 a 段与 b、c、d、e、f 段垂直			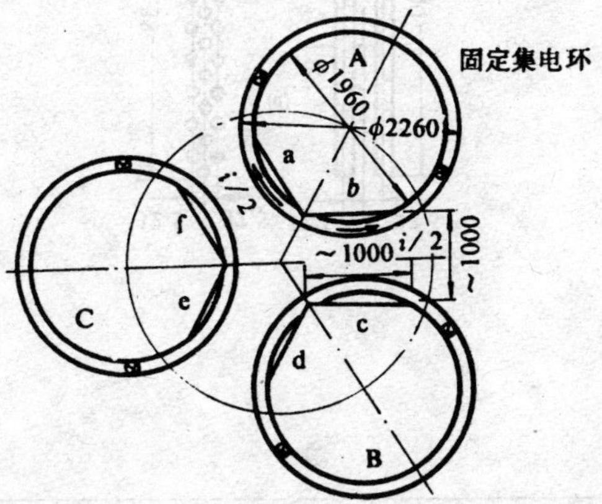
		$g_{bb}=0.2236(a+b)$ $=0.2236(15+40)$ $=12.4cm$ 电流路径为周长一半 $l=\frac{1}{2}[0.5(226+196)]\pi$ $=332cm$ $g_{bb}/l=12.4/332=0.0373$ $2F=6$ $L_{bb}=6\times332\times10^{-9}$ $=1992\times10^{-9}H$ 因假定 $i/2$ 电流,全流过 1/4 周长,所以: $L_{bb}=995\times10^{-9}H$	$g_{bc}=100cm$ $g_{bc}/l=100/100=1$ $2F=0.934$ $M_{bc}=0.934\times100\times10^{-9}$ $=93.4\times10^{-9}H$	对于 b 段导体,只有 c 段与其产生互感 $L_B=L_{bb}-0.5M_{bc}$ $=(995-0.5\times93.4)\times10^{-9}$ $=938\times10^{-9}H$ 每相为二根并联: $L_A=L_B=L_C$ $=469\times10^{-9}H$ $X_A=X_B=X_C$ $=147.5\times10^{-6}\Omega$	

续表 22-42

序号	计算项目 及 原始参数	自感计算	互感计算	工作电感及 工作电抗计算	备　注
		$L=2Fl\times10^{-9}$ l——导体长度,cm $2F$——与 g/l 有关的值见表 22-14 g——断面自几何均距,cm	$M=2Fl\times10^{-9}$ l——导体长度,cm $2F$——与 g/l 有关的值见表 22-14 g——断面间互几何均间距,cm		
6	铜管组合母线束: 长度 $l=7287$mm 管径:$\phi60/130$ 每相 12 根	把三个相铜管,分别看成三个平行的矩形导体计算 $g_{AA}=0.2236(a+b)$ $=0.2236(6+130)$ $=30.4$cm $g_{AA}/l=30.4/728.7$ $=0.04183$ $2F=5.818$ $L_{AA}=5.818\times728.7\times10^{-9}$ $=4239.5\times10^{-9}$H	$d_{AB}/b=3.25/130$ $=0.025$ $g_{AB}/d=4.2$ $g_{AB}=13.65$cm $g_{AB}/l=13.65/728.7$ $=0.001873$ $2F=7.379$ $M_{AB}=7.379\times728.7\times10^{-9}$ $=5377\times10^{-9}$H $d_{AC}/b=6.5/130=0.05$ $g_{AC}/d=3.9$ $g_{AC}=25.35$cm $g_{AC}/l=25.35/728.7$ $=0.03479$ $2F=6.172$ $M_{AC}=6.172\times728.7\times10^{-9}$ $=4498\times10^{-9}$H	$L_A=L_C=L_{AA}-0.5(M_{AB}+M_{AC})$ $=[4239-0.5(4203+4103)]\times10^{-9}=86\times10^{-9}$H $X_A=X_C=27.6\times10^{-6}\Omega$ $L_B=L_{BB}-M_{AB}$ $=(4239-4203)\times10^{-9}$ $=36\times10^{-9}$H $X_B=11.3\times10^{-6}\Omega$	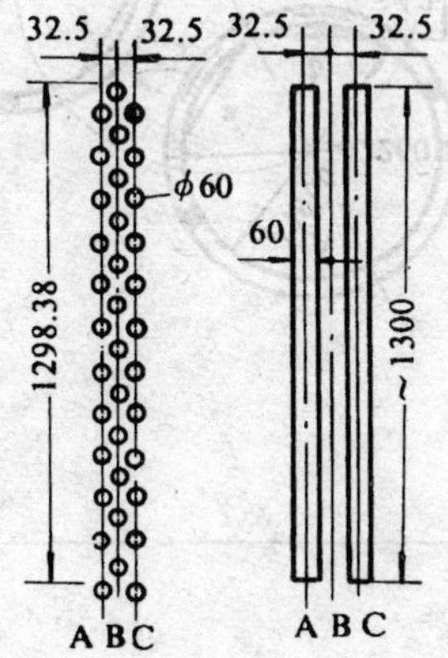

续表 22-12

序号	计算项目及原始参数	自感计算 $L=2Fl\times10^{-9}$ l——导体长度,cm $2F$——与 g/l 有关的值见表 22-14 g——断面自几何均距,cm	互感计算 $M=2Fl\times10^{-9}$ l——导体长度,cm $2F$——与 g/l 有关的值见表 22-14 g——断面间互几何均间距,cm	工作电感及工作电抗计算	备注
7	变压器侧母线束,非组合段 A、C 相长 $l=79$cm B 相长 $l=70$cm 平均高 $b=147.5$cm 宽:$a=60$mm $d_{AB}=\frac{400+32.5}{2}$ $=216$mm $d_{AC}=432$mm	$g_{AA}=0.2236(a+b)$ $=0.2236(6+147.5)$ $=34.3$cm $g_{AA}/l=34.3/79=0.434$ $2F=1.8316$ $L_{AA}=L_{CC}$ $=1.8316\times79\times10^{-9}$ $=145\times10^{-9}$H $g_{BB}=34.3$cm $g_{BB}/l=34.3/70=0.49$ $2F=1.676$ $L_{BB}=1.676\times70\times10^{-9}$ $=117\times10^{-9}$H	$d_{AB}/b=216/1475=0.1465$ $g_{AB}/d=2.3$ $g_{AB}=47$cm $g_{AB}/l=47/70=0.674$ $2F=1.3$ $M_{AB}=M_{BC}=1.3\times70\times10^{-9}$ $=91\times10^{-9}$H $d_{AC}/b=432/1475=0.293$ $g_{AC}/d=1.6, g_{AC}=65.2$cm $g_{AC}/l=65.2/70=0.934$ $2F=0.992$ $M_{AC}=0.992\times70\times10^{-9}$ $=69.4\times10^{-9}$H	$L_A=L_C=L_{AA}-0.5(M_{AB}+M_{AC})$ $=[145-0.5(91+64.9)]\times10^{-9}$ $=65\times10^{-9}$H $X_A=X_C=20.4\times10^{-6}\Omega$ $L_B=L_{BB}-M_{AB}$ $=(117-91)\times10^{-9}$ $=26\times10^{-9}$H $X_B=2\pi fL_{BB}$ $=314\times26\times10^{-9}$ $=8\times10^{-6}\Omega$	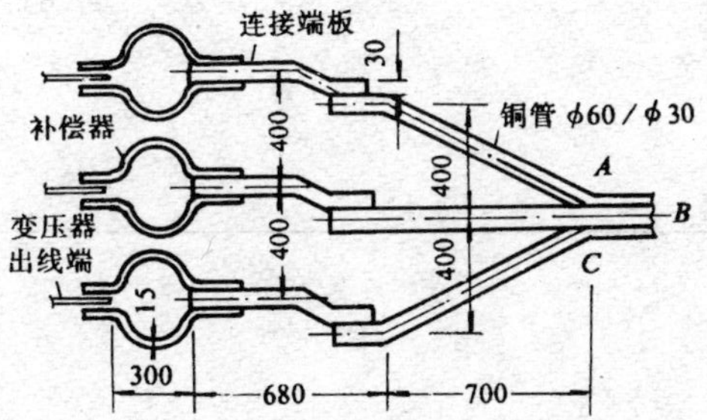
8	连接端板 $l=68$cm $b=165$cm $a=3$cm $d_{AB}=40$cm $d_{AC}=80$cm	$g_{AA}=0.2236(3+165)$ $=37.5$cm $g_{AA}/l=37.5/68=0.55$ $2F=1.535$ $L_{AA}=1.535\times68\times10^{-9}$ $=104.5\times10^{-9}$H	$d_{AB}/b=400/1650=0.243$ $g_{AB}/d=1.65$ $g_{AB}=66$cm $g_{AB}/l=66/68=0.97$ $2F=0.959$ $M_{AB}=0.959\times68\times10^{-9}$ $=65.2\times10^{-9}$H $d_{AC}/b=800/1650=0.485$ $g_{AC}/d=1.3, g_{AC}=100$cm $g_{AC}/l=100/68=1.47$ $2F=0.657$ $M_{AC}=0.657\times68\times10^{-9}$ $=44.7\times10^{-9}$H	$L_A=L_C=L_{AA}-0.5(M_{AB}+M_{AC})$ $=[104.5-0.5(65.2+44.7)]$ $\times10^{-9}$ $=49.6\times10^{-9}$H $X_A=X_C=15.6\times10^{-6}\Omega$ $L_B=L_{BB}-M_{AB}$ $=(104.5-65.2)\times10^{-9}$ $=39.3\times10^{-9}$H $X_B=12.4\times10^{-6}\Omega$	

续表 22-42

序号	计算项目及原始参数	自感计算 $L=2Fl\times10^{-9}$ l——导体长度，cm $2F$——与 g/l 有关的值见表 22-14 g——断面自几何均距，cm	互感计算 $M=2Fl\times10^{-9}$ l——导体长度，cm $2F$——与 g/l 有关的值见表 22-14 g——断面间互几何均间距，cm	工作电感及工作电抗计算	备注
9	温度补偿器段： $l=300mm$ $b=1650mm$ $a=30mm$ $d_{AB}=400mm$ $d_{AC}=800mm$	$g_{AA}=37.5$ $g_{AA}/l=37.5/30=12.5$ $2F=0.7637$ $L_{AA}=0.7637\times30\times10^{-9}H$ $=22.9\times10^{-9}H$	$g_{AB}=66cm$ $g_{AB}/l=66/30=2.2$ $2F=0.447$ $M_{AB}=0.447\times30\times10^{-9}$ $=13.4\times10^{-9}H$ $g_{AC}=100cm$ $g_{AC}/l=100/30=3.33$ $2F=0.298$ $M_{AC}=0.298\times30\times10^{-9}$ $=9\times10^{-9}H$	$L_A=L_C=L_{AA}-0.5(M_{AB}+M_{AC})$ $=[22.9-0.5(13.4+9)]\times10^{-9}$ $=11.7\times10^{-9}H$ $X_A=X_C=3.68\times10^{-6}\Omega$ $L_B=L_{BB}-M_{AB}$ $=(22.9-13.4)\times10^{-9}$ $=9.5\times10^{-9}H$ $X_B=3\times10^{-6}\Omega$	
10	变压器 $S=25000kVA$ $U_{N2}=180V$ $I_{N2}=80000A$ 短路电压 7.76%			$Z=\frac{7.76}{100}\times\frac{180^2}{25000\times10^3}$ $=0.1\times10^{-3}\Omega$ $X=\sqrt{(0.1\times10^{-3})^2-(0.034\times10^3)^2}$ $=0.94\times10^{-4}\Omega$	
	1～9项短网电抗			A、C相：$X=765.5\times10^{-6}\Omega$ B相：$X=742.5\times10^{-6}\Omega$	
	1～10项总电抗			A、C相：$X=859.5\times10^{-6}\Omega$ B相：$X=836.5\times10^{-6}\Omega$	

$$\sum \Delta P = \Delta P_A + \Delta P_B + \Delta P_C$$
$$= (2 \times 80000^2 \times 1.6628 + 80000^2 \times 1.6788) \times 10^{-4}$$
$$= 3205\text{kW}$$

效率

$$\eta = \frac{25000 \times 0.75 - 3205}{25000 \times 0.75} = 0.83$$

22.2 中频电炉短网

22.2.1 概述

中频电炉，它的工作频率范围高于工频，低于10kHz，通用频率等级是：150、(250)、450、1000、2500、4000、8000、10000Hz。

中频电流导体的电阻和电抗都比工频的大。电阻增大是集肤效应和邻近效应引起的；电抗的增大是由高的频率造成的。

由于存在集肤效应，在导体截面上的电流分布是不均匀的，导体的直径越大和电流的频率愈高，集肤效应就越显著，因而，输送交流电流（特别是中、高频电流）时，导体的截面得不到全部利用。

若将两根通有交流电流的导体互相靠近，则导体内的电流分布就要改变，即产生邻近效应。由于存在邻近效应，使电流偏于某一侧表面通过，因而进一步缩小了导体截面的利用率。

设计者就要充分考虑到集肤效应和邻近效应的影响，选择合理的结构形式，通过对中频电流导体的计算，确定其电阻、电抗、允许负荷电流、功率损失和电压损失，尽量扩大导体的有效利用截面积，降低网络阻抗（特别是电抗值），使功率得到充分利用。

22.2.2 中频主电路

中频感应炉熔炼装置和淬火装置的主电路是由电源回路和谐振回路组成，见图 22-47。

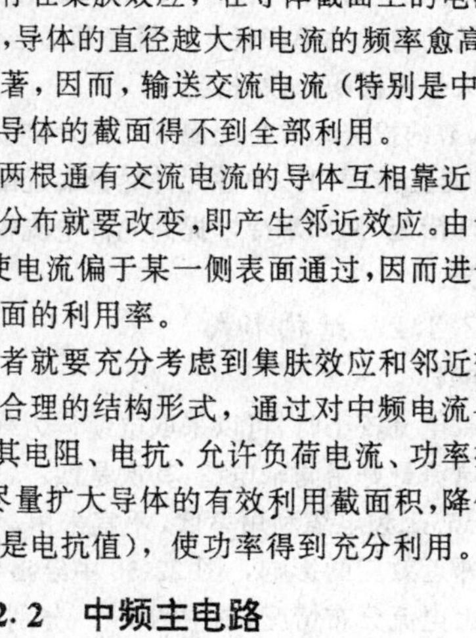

图 22-47 中频主电路
C—电容器组；G—感应器

电源回路内包括中频电源装置和中频电流传送线；谐振回路包括电容器组，感应器和谐振回路中频电流传送线。一般谐振回路电流为电源回路电流10倍左右。为了减少谐振回路传送线中功率损失，电容器C应尽量靠近感应器布置。有些感应装置谐振回路传送线，由制造厂成套供货，此时工程设计中不再另选传送线，而主要是使布置合理。

22.2.3 传送线的参数计算

电源回路示于图 22-48，电压电流向量图示于图 22-49。

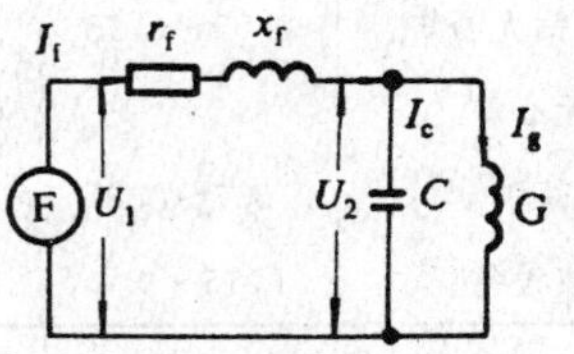

图 22-48 电源回路

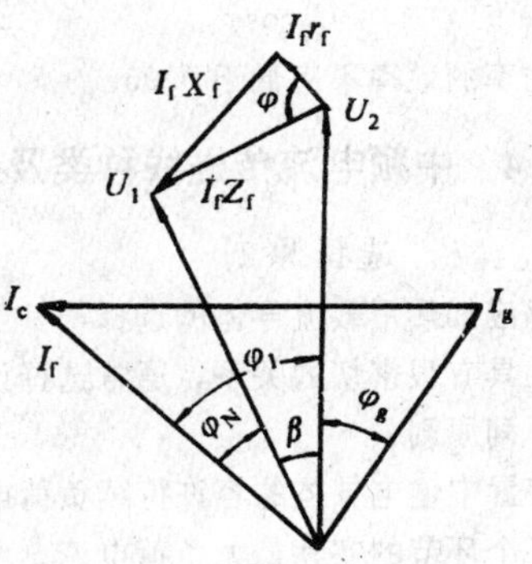

图 22-49 向量图

传送线阻抗

$$z_f = \sqrt{r_f^2 + X_f^2} \tag{22-79}$$

传送线功率因数：

$$\cos\varphi = \frac{r_f}{x_f} \tag{22-80}$$

传送线功率损失

$$\Delta P = I_f^2 r_f \times 10^{-3} \tag{22-81}$$

传送电压损失：

$$\Delta U = |U_2 - U_1| = |U_1[\frac{\sin(\varphi + \varphi_2 - \beta)}{\sin(\varphi + \varphi_2)} - 1]| \tag{22-82}$$

式中 φ_2——是在传送线末端，用相位计测下的。

$$\varphi_2 = \varphi_N + \beta$$

式中 φ_N——中频电源装置额定功率因数。

$$\varphi = \mathrm{arctg}\,\frac{x_f}{r_f} \qquad (22\text{-}83)$$

$$\sin\beta = \frac{z_f I_f \sin(\varphi_2 + \varphi)}{U_1} \qquad (22\text{-}84)$$

线路末端电压 U_2 与传送线负荷电流和感应器的功率因数有关，因为随感应器功率数的变化，负荷功率因数也变化，一些感应器的自然功率因数见表 22-43。

在大的超前电流和大的线路电抗下，线路终端电压 U_2 可能比线路始端电压 U_1 高，感应器、电容器线路应按此电压选择。

表 22-43 感应炉的自然功率因数

炉种	炉料					
	铜和铸铁	黄铜和铜镍合金	铜和其它铜合金	铝和铝合金	锌和锌合金	镁和镁合金
耐火材料坩锅无心炉	0.05～0.25	0.15～0.20	0.12～0.18	0.12～0.2		
铁坩锅无心炉				0.3～0.35	0.4～0.5	0.3～0.4
有心熔炼炉	0.7～0.8	0.6～0.85	0.4～0.5	0.2～0.4	0.8～0.9	
感应透热设备	0.15～0.4	0.15～0.35	0.12～0.30	0.12～0.35		

22.2.3.5 传送功率的效率

$$\eta = \left(1 - \frac{I_f r_f}{U_1 \cos\varphi_N}\right) \times 100\% \qquad (22\text{-}85)$$

传送功率的效率不应低于 0.95。

22.2.4 中频电流传送线种类及选择

22.2.4.1 选择原则

中频感应加热用载流导体的选择与其工艺结构布置的合理性具有很密切的关系，通常选择设计载流导体应遵循下列原则：

(1) 装置中输电导体的容许持续负荷电流必须满足装置中各个环节的实际最大负荷电流。

(2) 选择的载流导体应能保证在正常运行下网络电压损失在规定范围内，通常由装置出口侧至感应器端头处的网络电压损失不应超过工作电压的 5%。

(3)载流导体的安装应确保运行安全可靠，施工维护方便。

(4)从节约电能，降低运行费用的观点出发，应尽量减少网络的有功功率损耗，这就必须适当降低电流密度，增大导体面积，改进接头。

(5)从节约投资和有色金属观点出发，应尽量缩短网络，特别是让谐振回路中各元件尽量靠近配置。采取必要的冷却措施，例如水冷以提高允许电流密度，减少导体截面积。

22.2.4.2 结构形式

A 电缆

当负载电流较小时，可以采取电缆作为载流导体。输送中频电流最好用同轴电缆，其次是四芯，双芯工频电缆. 而三芯工频电缆利用率低，不宜采用。考虑到集肤效应和邻近效应的影响，图 22-50 中绘出各种电缆的横截面上电流分布情况，图中的＋、－分别表示输送电流的往回线。

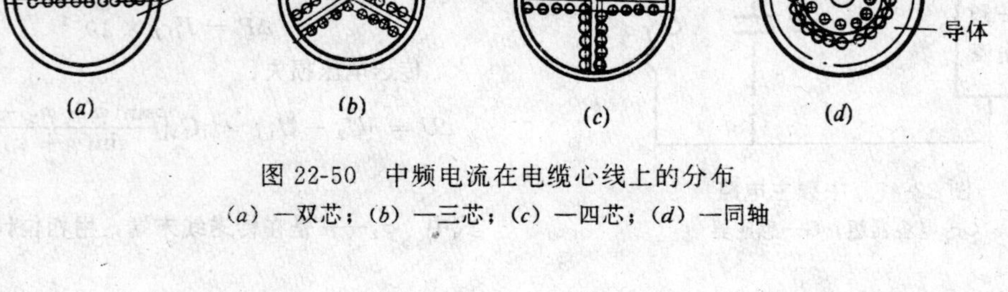

图 22-50 中频电流在电缆心线上的分布

(a) 一双芯；(b) 一三芯；(c) 一四芯；(d) 一同轴

显然，在通过中频电流时，电缆芯线的截面不能完全被利用，电缆内的电能损耗增加了，尽管电缆的散热能力未变（主要取决于电缆外表面积）。为使电缆不过热，而必须减少它的载流量。

电缆容许流过各种频率电流的大小，可根据它输送某一频率电流时的容许电能损耗必须小于或等于用它输送标准频率（工频）电流时的电能损耗来确定。因此，电缆的容许最大中频电流值可根据式 22-86 计算。

$$I_{iN}^2\rho\frac{l}{S}=I_N^2\rho\frac{l}{S}\quad I_{iN}=I_N\sqrt{\frac{S_x}{S}}\qquad(22\text{-}86)$$

式中 I_{iN}——电缆容许流过的最大中频电流，A；

I_N——产品说明书中列出的电缆芯线上容许的直流负荷，一般可近似认为容许的工频电流最大值，A；

S_X——电缆芯线上通过中频电流时的有效截面积，cm^2；

S——电缆芯线的标称截面积，cm^2；

ρ——电缆芯线的电阻率，$\Omega\cdot mm^2/m$；

l——电缆芯线的长度，m。

表 22-44 中列出了双芯和四芯电缆流过不同频率电流的容许持续负荷值，若是输送间歇性负荷电流，则可酌情把表中容许电流值提高到 1.5～2 倍。

表 22-44 铜或铝多芯电缆在流过各种频率电流时的长期容许负荷电流（A）

缆芯标称截面积(mm²)	允许长期负荷电流									
	500Hz		1000Hz		2500Hz		8000Hz		10000Hz	
	双芯	四芯	双芯	四芯	双芯	四芯	双芯	四芯	双芯	四芯
25	115/100		95/80		76/66		57/47		55/45	
35	130/115		110/95		86/75		65/55		60/50	
50	150/130	290/235	120/105	235/205	96/84	185/160	75/65	135/115	70/60	130/110
70	180/155	320/280	150/130	265/230	115/100	210/185	90/75	155/135	85/70	150/130
95	205/180	385/335	170/150	325/305	135/120	250/220	100/85	190/160	95/80	180/150
120	225/200	430/370	190/170	355/310	150/135	280/250	115/105	210/180	105/95	200/170
150	260/225	470/415	215/185	385/340	170/150	310/260	130/110	230/195	120/105	200/190

注：表列数据系指环境温度 25℃，最高温升 55℃时之值；分子为铜芯电缆，分母为铝芯电缆，四芯电缆中电流方向应符合图 22-50c 中所示的方向。

B 汇流母线

输送大电流多用铜的或铝的汇流母线。形式可以是平板式，管式和同轴圆管式的。

由于集胶效应，一般来说，导体中电流密度是按下式规律变化

$$J_x=J_0e^{-x/\delta_x}\qquad(22\text{-}87)$$

式中 J_x——距导体表面深 X 处的电流密度，A/cm^2；

J_0——导体表面的电流密度，A/cm^2；

δ_X——电流透入深度，cm。

透入深度可用下式表示

$$\delta_X=5030\sqrt{\frac{\rho}{\mu f}}\qquad(22\text{-}88)$$

式中 f——交变电流的频率，Hz；

μ——导体的磁导率，H/m；

ρ——导线的电阻率，$\Omega\cdot mm^2/m$。

C 平板式母线

从改善冷却效果和提高母线的载流量出发，应尽量立放母线，见图 22-51a、b，不应平放，如图 22-51c。平放时，即使是输送工频电流，其容许负荷也要比立放时降低 5%，对于输送中频电流就更不合理。

为了减少集肤效应的影响，充分利用母线截面，母

线厚度要小，矩形母线的高厚比最好为10～20倍，母线的厚度δ最好取为电流透入深度δ_X的1.57倍，这样可以使母线上的功率损耗达到最小。

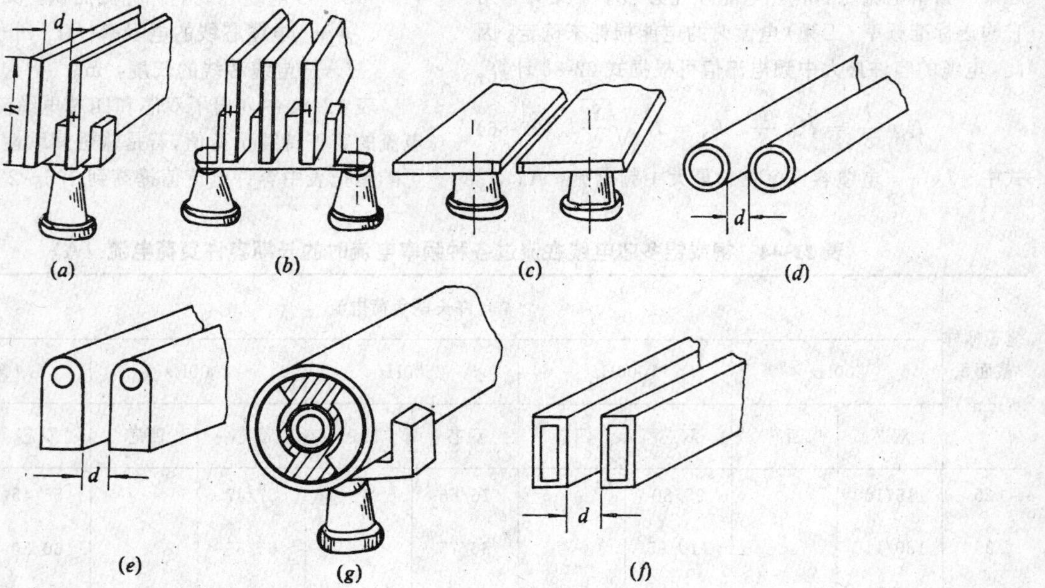

图 22-51 各种汇流母线

即使在此基础上再增加厚度，也不会明显降低损耗，而只会造成有色金属的无谓浪费。一般当δ大于或等于$1.2\delta_X$时，就已足够。但对于多片母线组合成的载流导体（见图22-51*b*）来说，在中间导体上，电流沿两侧流过，该母线的最佳厚度应为电流透入深度的3.14倍。当然，多片组合母线，其合理的配置应该是往线和回线交替排列，这样即可降低邻近效应的影响，又可降低载流导体本身感抗。

多片电流方向不同的母线间距d，0.5kV以下取d为10～15mm，0.5～1kV取d为15～20mm；1～1.5kV取d为20～25mm。

根据冷却条件，容许负荷电流随着母线距离的增大而增加，当母线间距等于其高的$\frac{1}{4}$时，负荷电流达到理想值。若非为了防止电击穿，则将母线间距扩大到超过母线高度$\frac{1}{4}$时是不好的。

有关手册通常只给出自然空冷条件下的长期允许直流（或工频）电流值，当频率改变时，容许的载流量I_N可根据这样的原则来换算：每单位长度输电线的有功损耗对所有频率都保持恒定，具体可按下式换算

$$I_{iN}=K_{iN}(n-1)I_N\ \sqrt{\delta_X/\delta} \qquad (22\text{-}89)$$

式中 I_{iN}——汇流排长期容许直流（或工频）电流，A；

K_{iN}——系数；对双条汇流排，$K_{iN}=1$，多条时，$K_{iN}=0.7$；

n——汇流条的条数；

δ_X——汇流排材料的电流透入深度，cm；

δ——汇流条的厚度，cm；对两侧汇流条应有δ大于$1.2\delta_X$，中间汇流条$\delta=2.4\delta_X$。

表22-45列出了两条（来去电流）矩形母线，静止空气中立放，1m长的参数。

表 22-45 两条（来去电流）矩形母线，静止空气中立放，1m 长参数（母线温度 70℃；空气温度 25℃）

频率（Hz）				500			1000			2500			8000			10000		
渗透深度 Δ（mm）				3.3/4.2			2.4/3.0			1.5/1.9			0.84/1.06			0.75/0.95		
母线最小厚度（mm）				4.0/6.5			3.0/4.7			2.0/3.0			1.0/1.7			1.0/1.5		
母线尺寸（mm）	母线间距（mm）	1m 长损失（W）	一条母线直流（A）	$r_f\times10^6$（Ω）	$x_f\times10^6$（Ω）	最大负荷电流（A）	$r_f\times10^6$（Ω）	$x_f\times10^6$（Ω）	最大负荷电流（A）	$r_f\times10^6$（Ω）	$x_f\times10^6$（Ω）	最大负荷电流（A）	$r_f\times10^6$（Ω）	$x_f\times10^6$（Ω）	最大负荷电流（A）	$r_f\times10^6$（Ω）	$x_f\times10^6$（Ω）	最大负荷电流（A）
铜母线																		
50×6	10	125		270	900	680	370	1630	580	590	3730	460	1100	11200	340	1200	13800	320
	15	135	960	270	1160	700	370	2150	605	590	5040	480	1100	15300	350	1200	19000	335
60×6	10	150		225	800	815	315	1450	690	490	3340	555	880	10000	410	1000	12400	390
	15	170	1145	225	990	870	315	1830	735	490	4290	590	880	13000	440	1000	16200	410
80×6	10	180		170	600	1040	240	1100	865	370	2520	695	660	7540	520	750	9400	480
	15	210		170	800	1120	240	1500	935	370	3510	750	660	10760	560	750	13400	530
	20	220	1510	170	930	1135	240	1760	955	370	4170	770	660	12830	575	750	16000	540
100×6	15	220		135	625	1280	190	1170	1050	300	2750	855	525	9375	645	600	10400	605
	20	250		135	765	1360	190	1450	1150	300	3440	915	525	10700	690	600	13200	645
	25	265	1875	135	900	1400	190	1710	1180	300	4100	940	525	12700	710	600	15800	665
120×8	15	260		110	540	1540	160	1020	1275	250	2400	1040	440	7300	770	500	9100	720
	20	290		110	680	1620	160	1300	1350	250	3100	1080	440	9560	810	500	11900	760
	25	320	2600	110	775	1710	160	1490	1430	250	3580	1130	440	11100	850	500	13800	800
铝母线																		
50×6	10	116		340	970	585	475	1735	495	745	4000	395	1340	11440	290	1490	14100	280
	15	125	745	340	1230	625	475	2255	525	745	5200	420	1340	15590	310	1490	19300	280
60×6	10	139		280	855	700	395	1430	590	625	2475	470	1120	10220	355	1240	12640	355
	15	154	880	280	1045	735	395	1910	620	625	4425	495	1120	13290	370	1240	16440	350
80×6	10	168		210	640	890	295	1155	755	465	2615	600	840	7720	445	935	9535	425
	15	194		210	840	960	295	1555	810	465	3605	645	840	10940	480	935	13535	455
	20	200	1770	210	970	975	265	1815	830	465	4265	660	840	13010	490	935	16135	465
100×6	15	208		170	660	1120	236	1215	935	370	2820	750	670	8520	560	745	10545	530
	20	235		170	800	1200	236	1500	1000	370	3510	800	670	10770	590	745	13345	560
	25	250	1455	170	835	1230	236	1755	1020	370	4170	820	670	12840	610	745	15950	580
120×8	15	248		140	570	1360	197	1060	1120	310	2460	895	560	7440	665	620	9220	630
	20	280		140	710	1430	197	1340	1180	310	3360	950	560	9680	710	620	12020	670
	25	300	2040	140	805	1470	197	1530	1260	310	3640	995	560	11210	740	620	13920	700

注：渗透深度、母线最小厚度分子为铜母线，分母是铝母线。

表 22-46 列出了多条往复交错组合铝母线，母线　　间距 20mm，静止空气中立放，1m 长的参数。

表 22-46　多条往复交错组合铝母线，母线间距 20mm，静止空气中立放，1m 长的参数（空气温度 25℃，母线温度 70℃）

母线数量	参数	1000	2500	8000	10000
频率（Hz）		1000	2500	8000	10000
渗透深度 Δ（mm）		3.0	1.9	1.06	0.95
2 条母线（6×100，1 去 1 回）	I_f（A）	1000	800	590	560
	$r_f\times10^6$（Ω）	236	370	670	745
	$X_f\times10^6$（Ω）	1500	3510	10770	13345
3 条母线（6×100，2 去 1 回）	If（A）	1410	1130	830	790
	$r_f\times10^6$（Ω）	118	185	335	370
	$X_f\times10^6$（Ω）	750	1755	5385	6670
4 条母线（6×100，2 去 2 回）	I_f（A）	2120	1700	1250	1180
	$r_f\times10^6$（Ω）	79	123	223	249
	$X_f\times10^6$（Ω）	500	1170	3600	4450
5 条母线（6×100，3 去 2 回）	If（A）	2820	2260	1660	1580
	$r_f\times10^6$（Ω）	59	93	170	186
	$X_f\times10^6$（Ω）	376	875	270	3340
6 条母线（6×100，3 去 3 回）	I_f（A）	3540	2820	2070	1980
	$r_f\times10^6$（Ω）	47	74	134	148
	$X_f\times10^6$（Ω）	300	700	2160	2670
7 条母线（6×100，4 去 3 回）	I_f（A）	4240	3390	2500	2370
	$r_f\times10^6$（Ω）	40	62	112	124
	$X_f\times10^6$（Ω）	250	555	1800	2220
8 条母线（6×100，4 去 4 回）	I_f（A）	4830	3940	2900	2760
	$r_f\times10^6$（Ω）	34	53	96	107
	$X_f\times10^6$（Ω）	214	500	1940	1920

利用多条矩形铝母线时，按往复电流导体交错排列。如回路电流过大，可选用铜母线，此时要进行发热计算来选择母线。

例　回路电流 8000A，电压 1500V，频率 2500Hz，从母线发热选用母线片数。

解　(1) 选用铝质导体，从机械强度角度考虑，选用 6mm 厚；

(2) 按电压条件选择片间净距为 20mm；

(3) 母线极限温度 70℃，环境温度 25℃，自然空冷；

(4) 预选 10 片 200×6mm 铝母线，布置见图 22-52，试算能否通过回路电流？

按对流散热公式 22-65

$$Q_C = 1.5\times10^{-4}(\Delta t)^{1.35}Fl$$
$$= 1.5\times10^{-4}\times45^{1.35}\times20(20+0.6)\times100$$
$$= 1060\text{W}$$

按辐射散热公式 22-67，1m 长母线束总辐射散热

$$Q_r = 5.7\xi\left[\left(\frac{T_1}{1000}\right)^4 - \left(\frac{T_0}{1000}\right)^4\right]F_r l$$

$$= 5.7 \times 0.95 \left[\left(\frac{273° + 70°}{1000}\right)^4 - \left(\frac{273° + 25°}{1000}\right)^4\right] \times 2(20 + 24) \times 100$$

$$= 280\text{W}$$

辐射散热中，按刷色考虑，

1m 长母线束总散热：

$$Q = Q_C + Q_r = 1340\text{W}$$

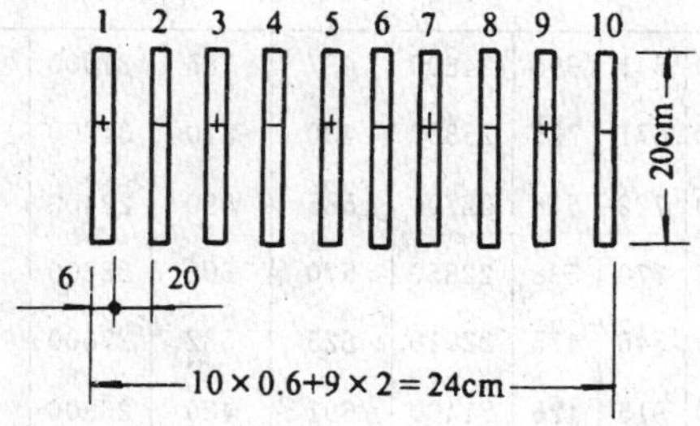

图 22-52　母线布置

1m 长母线束总电阻：

$$R_{70} = \rho_{70}\frac{2l}{S}$$

$$= 3.5 \times 10^{-6} \times \frac{2 \times 100}{9\Delta b}$$

$$= 3.5 \times 10^{-6} \times \frac{200}{9 \times 0.19 \times 20}$$

$$= 20 \times 10^{-6}\Omega$$

允许电流

$$I = \sqrt{\frac{Q}{R}} = \sqrt{\frac{1340}{20 \times 10^{-6}}} = 8200\text{A}$$

从发热来看，选 10 片 200×6mm 铝母线能满足要求。

管式母线的主要特点是便于通水冷却，节省铜材，其截面形状有圆形、矩形和异形（见图 22-51d、图 22-51e、图 22-51f）。

管式母线的最佳管壁厚度（特别是往、回线相靠近的一侧）应为 $1.57\delta_x$，实际中，选大于 $1.2\delta_x$。管式母线的最小相间距离可取 $d \geqslant 4(2R_2+2)$ cm，其中 R_2 为管式母线的外半径。此外，平板式母线中所述的选择截面和确定载流量的原则也应用于管式母线。

圆铜管和圆铝管 1m 长的参数，见表 22-47。

表 22-47　铜管和铝管 1m 长参数（管温 70℃，管温升 45℃，管净间距 20mm）

频率 (Hz)				500			1000			2500			8000			10000		
渗透深度 Δ (mm)				3.3/4.2			2.4/3.0			1.5/1.9			0.84/1.06			0.75/0.95		
管径 (mm)	壁厚 (mm)	1m 长损失 (W)	一根导体直流负荷电流 (A)	$r_f \times 10^6$ (Ω)	$x_f \times 10^6$ (Ω)	负荷电流 I_f (A)	$r_f \times 10^6$ (Ω)	$x_f \times 10^6$ (Ω)	负荷电流 I_f (A)	$r_f \times 10^6$ (Ω)	$x_f \times 10^6$ (Ω)	负荷电流 I_f (A)	$r_f \times 10^6$ (Ω)	$x_f \times 10^6$ (Ω)	负荷电流 I_f (A)	$r_f \times 10^6$ (Ω)	$x_f \times 10^6$ (Ω)	负荷电流 I_f (A)
铜　管																		
20/40	2.0	115	600	320	1710	600	321	3400	598	510	8500	476	700	27200	405	809	34000	377
22/26	2.0	123.5	650	293	1645	650	292	3290	651	465	8230	515	645	26300	440	740	32900	408
25/30	2.5	141	830	205	1580	830	230	3160	780	310	7900	676	577	25200	495	646	31600	467
29/34	2.5	153	925	179	1505	925	198	3010	877	268	7520	755	507	24000	550	570	30100	517
35/40	2.5	181.5	1100	150	1430	1100	167	2860	1040	226	7150	895	430	22800	650	480	28000	615
40/45	2.5	194.5	1200	133	1380	1200	147	2760	1150	200	6900	972	380	22000	716	425	27600	676
45/50	2.5	210	1330	119	1340	1330	131	2680	1260	180	6700	1160	342	21400	784	382	26800	741
49/55	2.5	226	1580	97	1305	1530	106.2	2610	1460	166	6530	1170	310	20900	855	342	26100	812
53/60	3.0	246	1860	79.5	1280	1760	95	2560	1610	156	6400	1251	284	20420	930	318	25600	880

续表 22-47

频率（Hz）				500			1000			2500			8000			10000		
渗透深度 Δ（mm）				3.3/4.2			2.4/3.0			1.5/1.9			0.84/1.06			0.75/0.95		
管径（mm）	壁厚（mm）	1m 长损失（W）	一根导体直流负荷电流（A）	r_f ×10⁶（Ω）	x_f ×10⁶（Ω）	负荷电流 I_f（A）	r_f ×10⁶（Ω）	x_f ×10⁶（Ω）	负荷电流 I_f（A）	r_f ×10⁶（Ω）	x_f ×10⁶（Ω）	负荷电流 I_f（A）	r_f ×10⁶（Ω）	x_f ×10⁶（Ω）	负荷电流 I_f（A）	r_f ×10⁶（Ω）	x_f ×10⁶（Ω）	负荷电流 I_f（A）
62/70	3.5	281	2295	61.5	1230	2140	80	2440	1810	132.5	6150	1460	242	19750	1080	272	24600	1020
72/80	4.0	317	2610	53.5	1190	2440	70.5	2380	2120	118	5950	1640	212	19060	1220	238	23800	1151
铝　管																		
26/30	2.0	133	575	404	1550	575	404	3100	575	456	7750	541	696	24800	437	785	31000	410
25/30	2.5	134	640	328	1580	640	328	3160	640	398	7800	571	725	25300	430	810	31600	407
36/40	2.0	176	765	302	1420	765	302	2840	765	338	7100	722	516	22700	585	590	28400	546
35/40	2.5	173.5	850	241	1430	850	241	2860	850	294	7150	770	538	22850	570	602	28600	556
40/45	2.5	185	935	212	1380	935	212	2760	935	259	6900	846	475	22010	625	532	27600	591
45/50	2.5	206	1040	190	1340	1040	190	2680	1040	247	6700	915	426	21400	697	480	26800	656
50/55	2.5	225	1145	172	1300	1145	172	2600	1145	210	6500	1030	387	20800	765	435	26000	721
54/60	3.0	237	1340	132	1280	1340	144.5	2560	1280	188	6400	1120	362	20500	812	402	25600	770
64/70	3.0	268	1545	112	1230	1545	123	2460	1780	161	6150	1250	310	19700	930	344	24600	885
74/80	3.0	306	1770	97.7	1200	1770	107	2400	1700	149	6000	1485	270	19200	1062	300	24000	1010
72/80	4.0	308	2035	79.5	1200	2040	92	2400	1830	147	6000	1450	270	19200	1070	300	24000	1019

注：表中分子为铜管；分母为铝管。

同轴圆管式母线。同轴圆管式母线是在难于解决水冷同轴电缆的情况下自制的同轴母线。采用粗细两种直径的铜管互相套入，中间用绝缘瓷环支持，形成同轴输电线（见图 22-51g）。内管本身可通水冷却，外管自然风冷或在铜管外侧焊冷却水管。这种同轴母线与前几种母线相比，电压损失最小，对母线沿途周围设备的干扰最小，特别适用于较长距离输送交流电流，甚至用于输送高频电流也是最好的。

水冷电缆。采用编织软铜绞线穿在两端封焊的橡皮套管内并通水冷却的水冷电缆；也有采用空心镀锌铜质蛇管外护橡套，内通水冷却的内心水冷电缆。采用水冷电缆时，应特别注意电流透入深度对截面利用率的影响，单纯地扩大芯线线径非但不能充分地利用有效截面，而且有时会导致网络感抗增加。

实际工作中，为节省用铜量，一般都采用水冷母线（平板、管式和电缆等），平板式母线条侧面加焊水冷铜管即成水冷母线。水冷母线的载流量通常与其允许电流密度和经济电流密度有关。所谓允许电流密度系指母线采用水冷后，确保其出口水温不超过允许值时的最大电流密度；所谓经济电流密度系指考虑到所有其它因素（主要是有功损耗）在内的电流密度。两者数值相差悬殊，对水冷铜管而言，容许电流密度最大可达 80～120A/mm²，而经济电流密度往往只选 20A/mm² 左右，如果输电线路很长，则还应选得更小一点。注意这里所说的电流密度都是指考虑了电流透入深度后的实际截面积而言的。不能以导体的标称截面积去计算电流密度。此外，这里讨论的允许电流密度和经济电流密度的关系，适合于所有通水冷却的铜制零件（如感应器等）。

江苏宜兴冶金电炉附件厂生产一种水冷电缆型号

为 WCC。(见图 22-53 及表 22-48)。

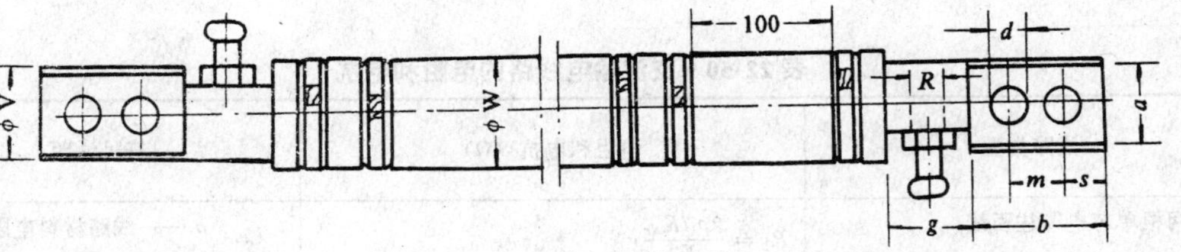

图 22-53 WCC 水冷电缆

表 22-48 水冷电缆规格

型号	电缆尺寸 (mm)								截面积 (mm^2)	载流容量 (A)	冷却水耗量 (m^3/h)	最小弯曲半径 (mm)
	a	b	m	s	d	g	φw	φV				
WCC120	25	50	25	13	11	20	35	25	120	1800	0.15	110
WCC185	30	60	30	15	13	30	41	30	185	2600	0.22	170
WCC300	30	60	30	15	13	30	47	35	300	3800	0.34	200
WCC400	30	80	40	20	17	30	54	42	400	4550	0.48	220
WCC500	30	80	40	20	17	30	54	42	500	5600	0.50	220

注：冷却水耗量为 4m 长的水冷电缆耗水量。

中频同轴电缆。电缆内导体及外导体均用铝；内外屏蔽层均用半导体纸，绝缘层为聚脂薄膜；外护层为塑料。最高允许温度为 85℃，环境温度 35℃，载流量见表 22-49。

表 22-49 中轴同轴电力电缆允许电流

电压 (V)	频率 (Hz)	电流 (A)	有效截面 (mm^2)		电缆外径 (mm)
			内导体	外导体	
1500	1000	250	94	134	30
1500	1000	410	176	211	42
1500	2500	164	45	78	24
1500	2500	260	82	144	32
1500	2500	352	130	167	43
1500	2500	400	159	201	46
750	8000	176	41.5	69	30
750	8000	313	96	122	46

表 22-50 中列出了几种常用的交流输电线路的电阻 R_x 和电抗 X_x 的计算公式，表中有关数值可以从图 22-54 查得。

表 22-50 交流输电线路的电阻和电抗

线路类型	电阻和电抗（Ω）	符号说明
（1）两根单芯电缆往回线 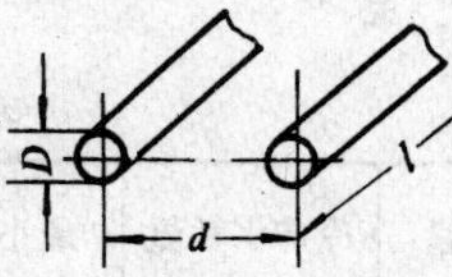	$R_1=\frac{2\rho_1 lK_{dr}}{S_1}$ $X_1=\frac{2\rho_1 lK_{dX}}{S_1}+2.89\times10^{-8}fl\lg\frac{2d}{D}$	ρ_1——线路材料电阻率，$\Omega\cdot mm^2/m$ l——线路长度，m D——电缆外径，cm S_1——电缆截面积，mm^2 $S_1=\frac{0.75\pi D^2}{4}$ d——电缆间中心距，cm f——电流频率，Hz K_{dr}，K_{dx}——系数，可查图 22-54，图中 $\beta=D/\Delta$ Δ——线路材料的电流透入深度，cm
（2）四根单芯，电缆往回线 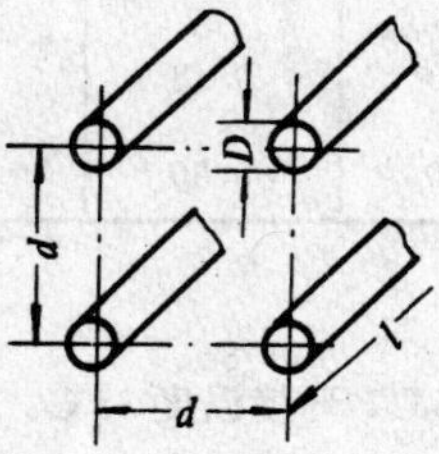	$R_1=\frac{\rho_1 lK_{dX}}{S_1}$ $X_1=\frac{\rho_1 lK_{dX}}{S_1}+2.89\times10^{-8}fl\lg\frac{2d}{D}-2.51\times10^{-8}fl\left(\frac{d}{D}\right)[1+\frac{3}{2}(\frac{d}{D})]$	
（3）汇流母线往回线 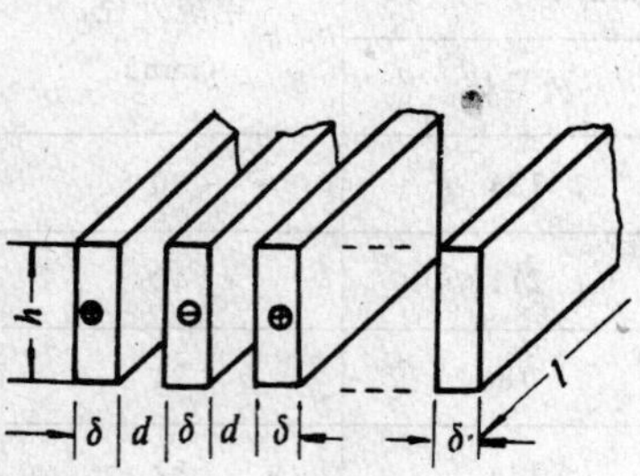 （共 n 条）	$R_1=\frac{\rho_1 lK_{0r}}{h\delta}$ $X_1=\frac{\rho_1 lK_{0X}}{h\delta}+\frac{7.9\times10^{-8}fdl}{(n-1)h}$ 式中，当 n 为偶数时，$(n\geqslant2)$，则系数为 $k_{0r}=\frac{4K_{sr}K_{1r}}{2K_{sr}+(n-2)K_{1r}}$ $k_{0x}=\frac{4K_{sx}K_{1x}}{2K_{sx}+(n-2)K_{1x}}$ 当 n 为奇数时 $(n\geqslant3)$，则系数为 $K_{0r}=\frac{4K_{sr}[2K_{sr}+(n-2)K_{1r}]}{(n-1)[4K_{sr}+(n-3)K_{1r}]}$ $K_{0x}=\frac{4K_{sx}[2K_{sx}+(n-2)K_{1x}]}{(n-1)[4K_{sx}+(n-3)K_{1x}]}$ 当频率很高 $\delta/\Delta\geqslant4$ 时，系数为 $K_{0r}\approx K_{0x}\approx\frac{2\delta}{\Delta(n-1)}$	ρ_1，l，f，Δ——（同前） h——汇流条高度，mm δ——汇流条厚度，mm d——汇流条之间的间距，cm n——汇流条的条数 K_{sr}，K_{sx}，K_{1r}，K_{1x}——系数，可查图 22-54，图中 $\beta=\frac{\delta}{\Delta}$

续表 22-50

线路类型	电阻和电抗（Ω）	符号说明
（4）双芯电缆 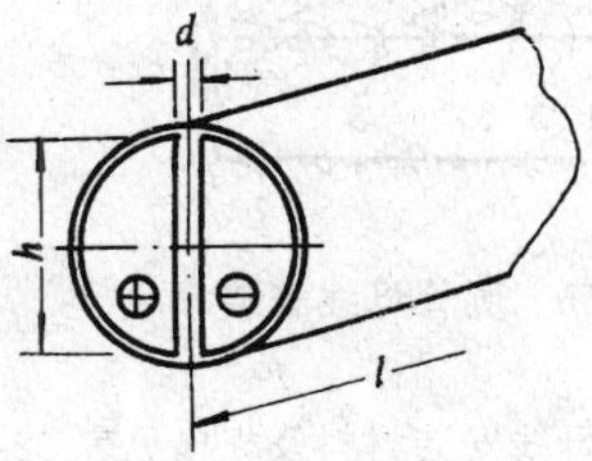	$R_1=\frac{2\rho_1 lK_{1r}}{S_1}$ $X_1=\frac{2\rho_1 lK_{1r}}{S_1}+7.9\times10^{-8}\frac{fdl}{h}$	ρ_1，l，f，Δ——（同前） d——缆心间距，cm h——缆芯宽度，cm S_1——每股缆心的截面积，mm^2 K_{1r}，K_{1x}——系数，可查图 22-54，图中 $\beta=\frac{h}{\Delta}$
（5）四芯电缆 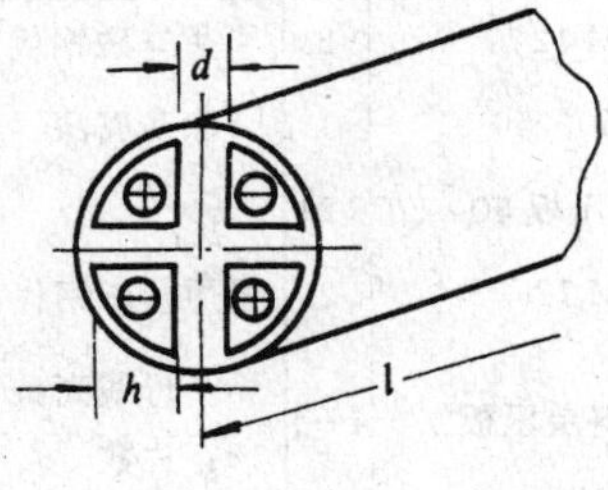	$R_1=\frac{\rho_1 lK_{1r}}{2S_1}$ $X_1=\frac{\rho_1 lK_{1x}}{2S_1}+7.9\times10^{-8}\frac{fdl}{4h}$	
（6）同心电缆或同轴管式母线 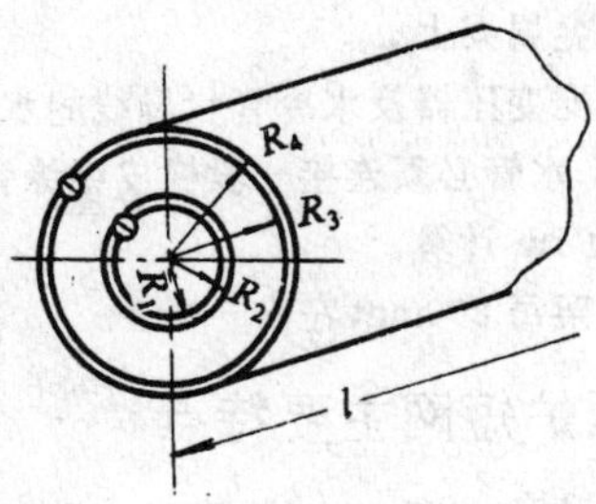	$R_1=\frac{\rho_1 l}{\pi}\left[\frac{K_{1r2}}{(2R_2-\Delta)(R_2-R_1)}+\frac{K_{1r3}}{(2R_3+\Delta)(R_4-R_3)}\right]$ $X_1=4\pi fl\times10^{-9}\left[\ln\frac{R_3}{R_2}+\frac{\Delta^2K_{1x2}}{2(R_2-R_1)R_2}+\frac{\Delta^2K_{1x3}}{2(R_4-R_3)R_3}\right]$	ρ，l，f，Δ——（同前） R_1、R_2、R_3、R_4——分别为内，外管的内，外径，mm K_{1r2}，K_{1r3}，K_{1x2}，K_{1x3}可查图 22-54 K_{1r2}按 $\beta=\frac{R_2-R_1}{\Delta}$查 K_{1r}曲线 K_{1r3}按 $\beta=\frac{R_4-R_3}{\Delta}$查 K_{1r}曲线 K_{1x2}按 $\beta=\frac{R_2-R_1}{\Delta}$查 K_{1x}曲线 K_{1x3}按 $\beta=\frac{R_4-R_3}{\Delta}$查 K_{1x}曲线

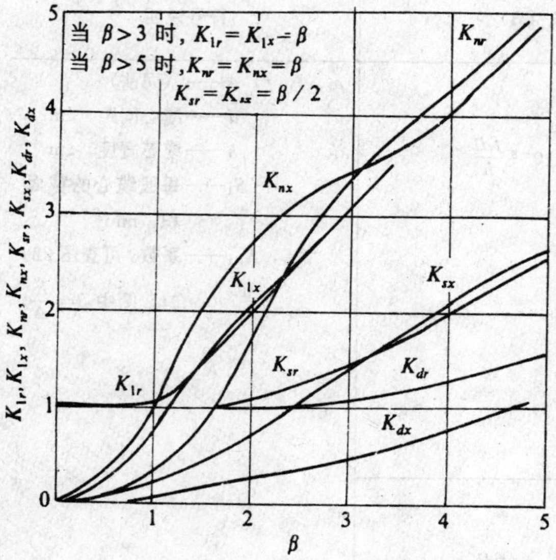

图 22-54　表 22-50 中的几个系数值

22.2.5　中频电流传送线安装及注意事项

矩形母线及管状母线用酚醛塑料层压板做的夹板两块上下夹住，夹板间用黄铜或非磁性材料制成的螺栓拧紧。

中频母线接触连接，也必须采用黄铜或非磁性材料制成的螺栓、螺母及垫片。

矩形母线及管状母线安装见图 22-55 及图 22-56。

图 22-55　矩形母线安装

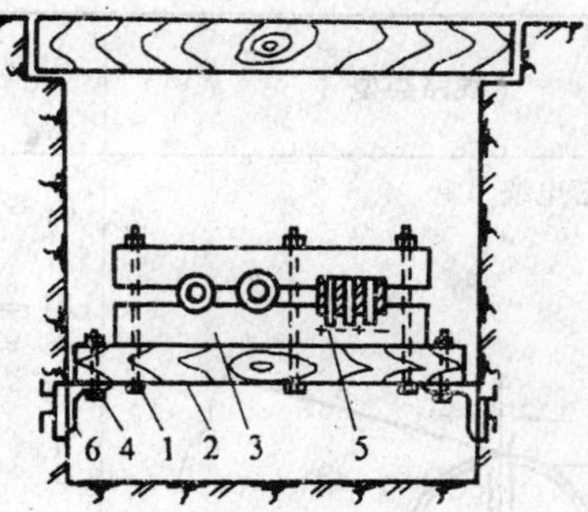

图 22-56　圆管母线安装

图 22-56 中管状母线安装材料及规格见表 22-51。

表 22-51　管状母线安装材料及规格

序号		材料及规格	数量	备　注
1	螺栓	铜 M 12	2	可用非磁钢代
2	支架	硬木 50×50	1	涂防腐漆
3	夹板	酚醛塑料层压板 50×50	2	
4	螺栓	铜 M 12	2	可用非磁钢代
5	隔板	酚醛塑料层压板	$n-1$	h：母线高，n：片数
6	支架	l50，$l=60$	2	

中频母线附近 200mm 范围内，不应有磁性金属构件，母线沟盖板用木质材料。

二芯或四芯电缆，每根电缆内流过来去电流，则电缆可并排敷设在磁性金属架上。

中频电容器，匹配变压器及水冷管状母线的水冷管，为防止电流漏泄，水管必须连接一段橡皮绝缘管，橡皮管长度按 1kV 为 1m 计算。

中频母线固定支架每 800mm 左右一个。

22.3　直流电弧炉短网主要特点

直流电弧炉是 80 年代发展起来的，国际上已开始在钢铁工业中推广应用，我国尚在试点阶段，尚无成熟的资料，故对其短网只能简要介绍其主要特点，见图 22-57。

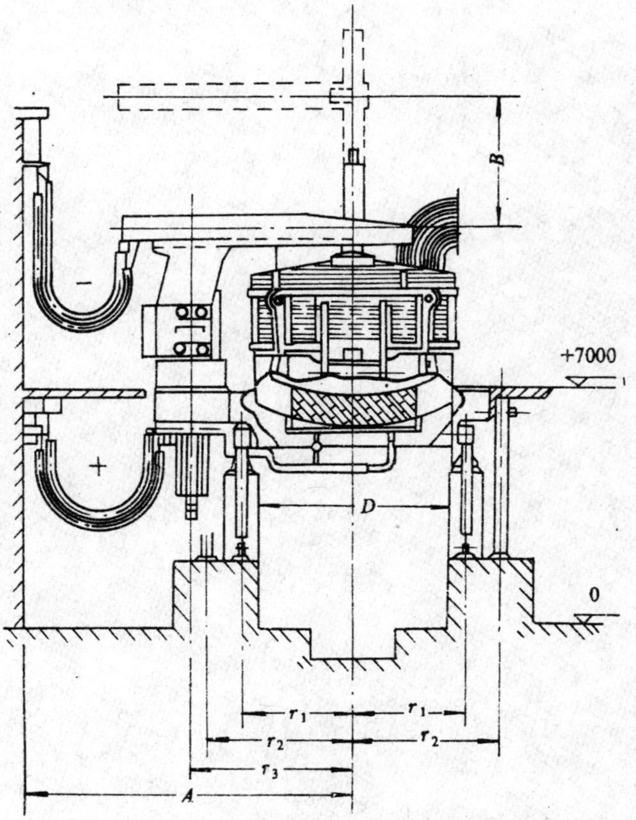

图 22-57 直流电弧炉短网

直流电弧炉短网的主要特点为：

(1) 短网通过的是直流。与交流短网相比，直流短网没有集肤效应，故短网导体的截面上负载电流几乎是均匀的，另外由于没有交变磁场的影响，大电流导体中的损耗大大降低，短网压降减少，短网阻抗对电炉的影响比交流短网减少了。

(2) 电流更大了。同样容量的电炉，直流短网通过的电流更大了，成倍地增加。

(3) 短网结构不同。直流短网分成了两部分，“－”阴极短网在上面连接到电极，与交流短网结构相当；而“＋”阳极连接到炉底，其炉底电极结构则完全不同，从而对炉底提出了特殊要求。

参考文献

[1] 机械工程手册　电机工程手册编辑委员会编，电机工程手册，机械工业出版社，1982.

[2] 花皑，梁正敏，炼钢电弧炉电气设备，机械工业出版社，1987.

[3] 潘天明，工频与中频感应炉，机械工业出版社，1986.